JN152365

土木計画学
ハンドブック

土木学会　土木計画学ハンドブック編集委員会 編

コロナ社

【Ⅰ編】

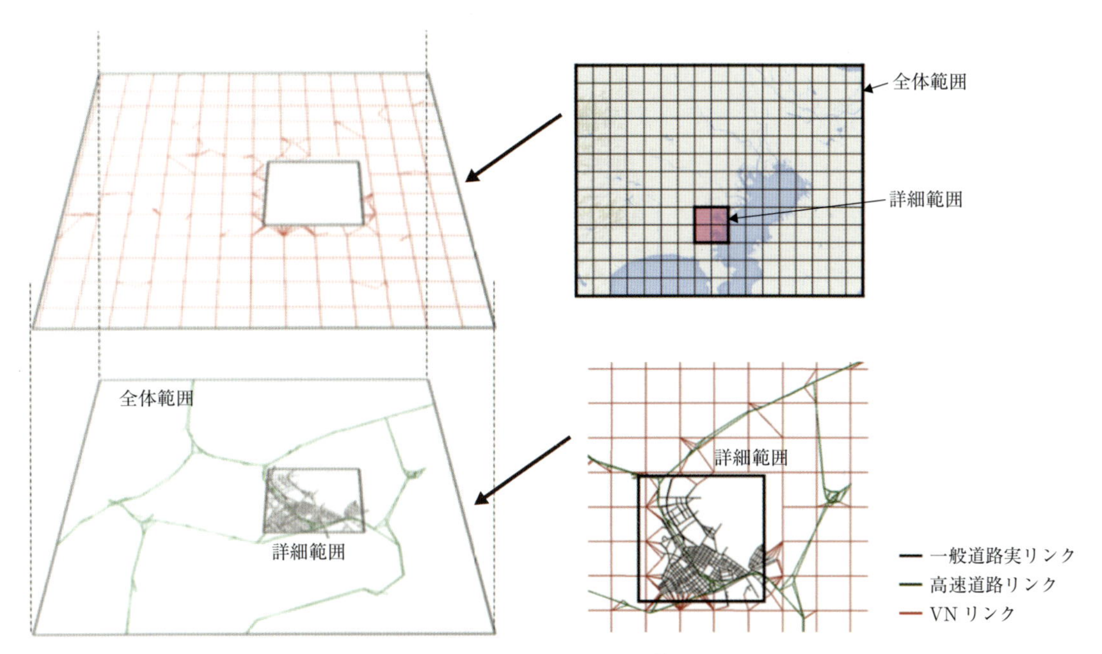

口絵 1　マルチスケールシミュレーションの概念[64]（本文 144 ページ，図 4.5）

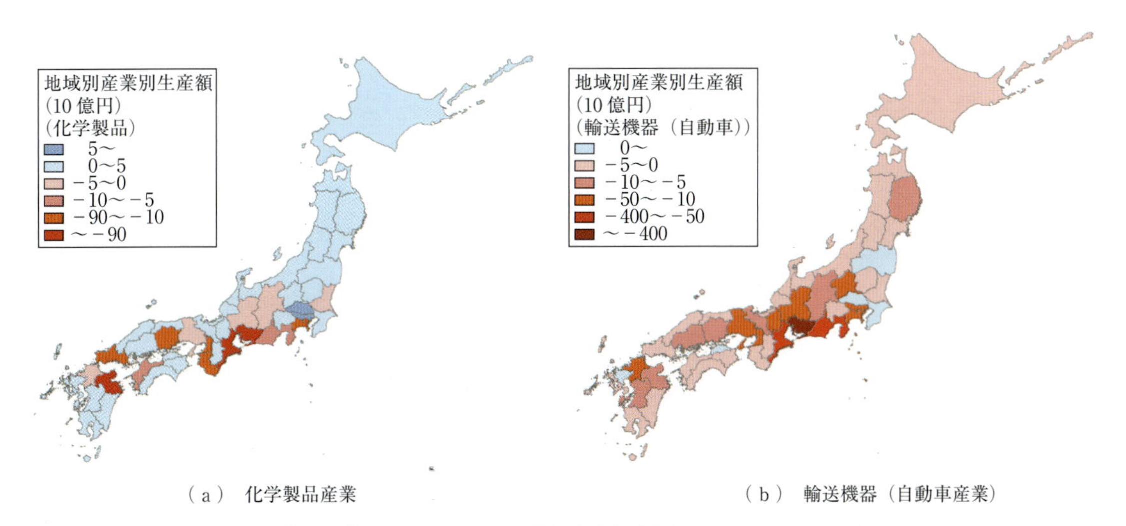

（a）　化学製品産業　　　（b）　輸送機器（自動車産業）

口絵 2　南海トラフ沖地震の間接経済被害（本文 225 ページ，図 5.12）

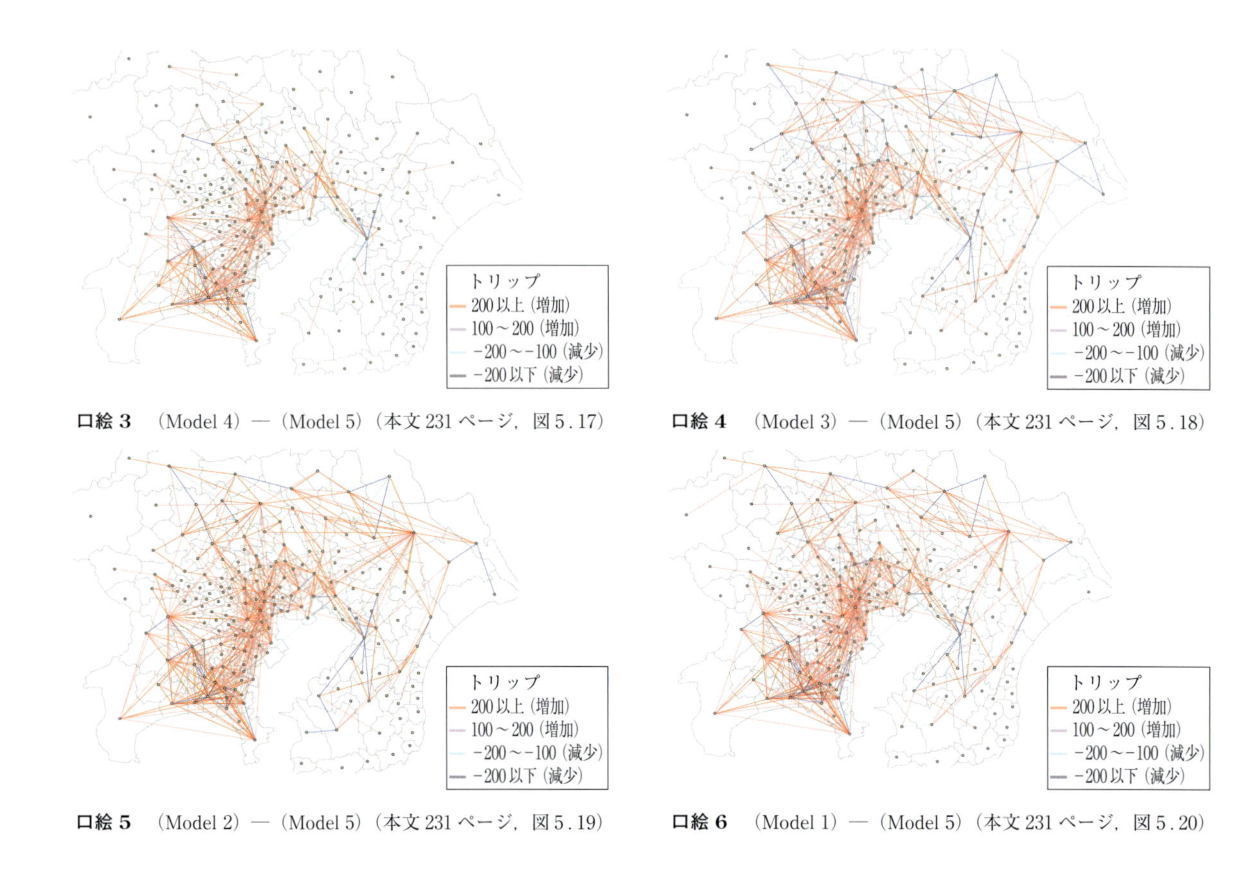

口絵 3　（Model 4）―（Model 5）（本文 231 ページ，図 5.17）

口絵 4　（Model 3）―（Model 5）（本文 231 ページ，図 5.18）

口絵 5　（Model 2）―（Model 5）（本文 231 ページ，図 5.19）

口絵 6　（Model 1）―（Model 5）（本文 231 ページ，図 5.20）

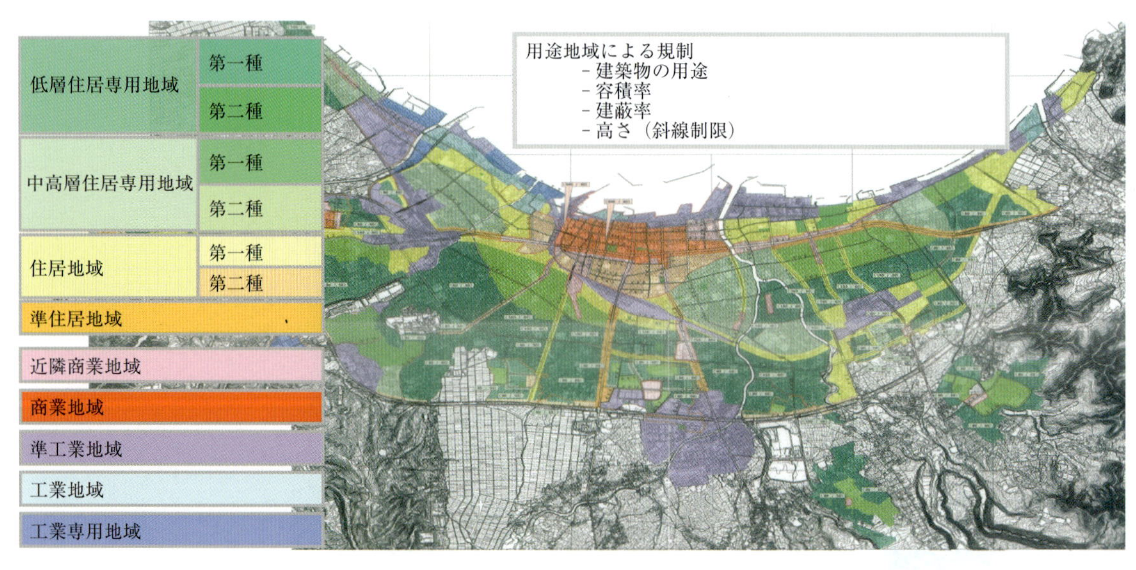

口絵 7　用途地域（出典：国土交通省）（本文 254 ページ，図 5.26）

【Ⅱ編】

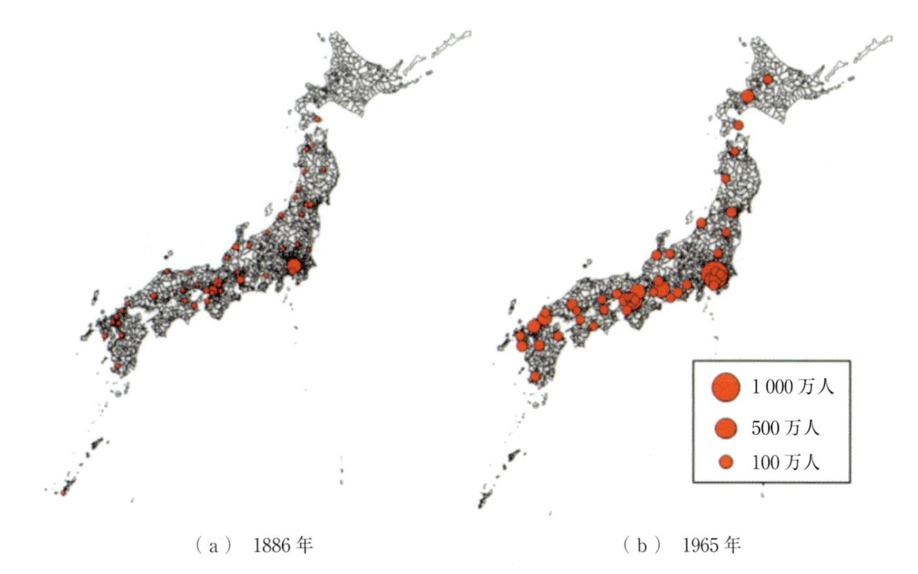

（a） 1886 年　　（b） 1965 年

口絵 8　全国各都市の人口（本文 298 ページ，図 1.3）

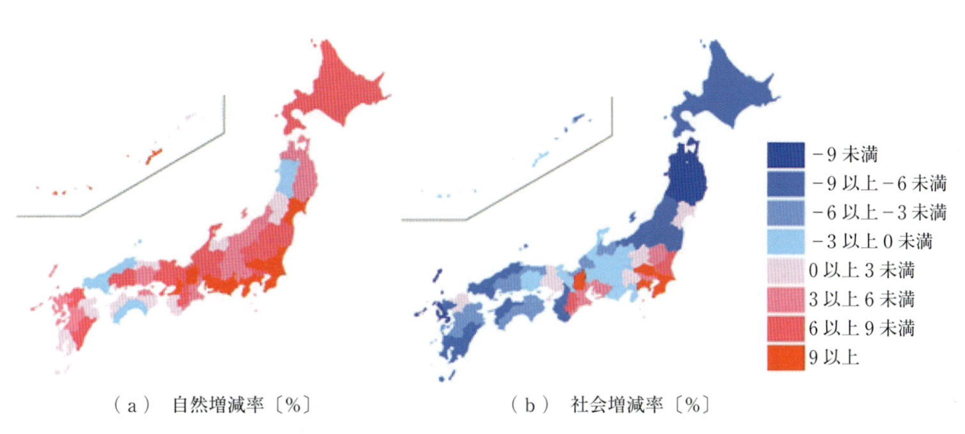

（a） 自然増減率〔%〕　　（b） 社会増減率〔%〕

口絵 9　自然増減率と社会増減率の推移（1980 ～ 2010 年）（本文 299 ページ，図 1.4）

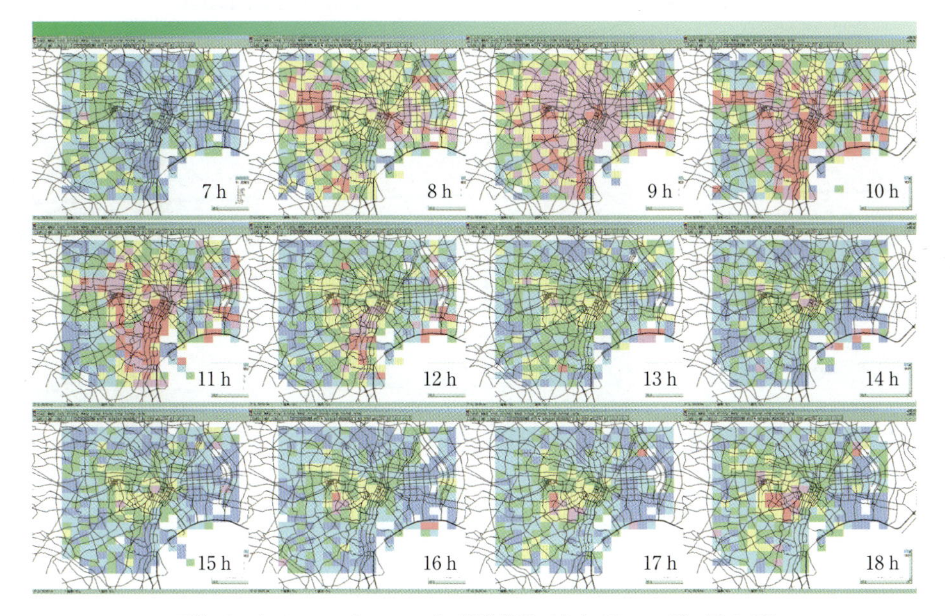

口絵10　トラフィックスコープの流動指数（本文 461 ページ，図 7.19）

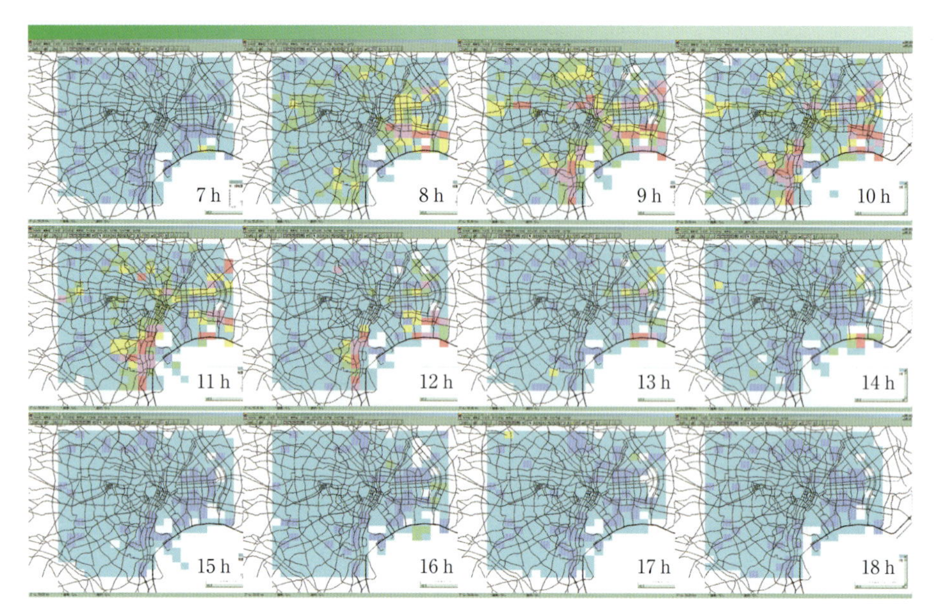

口絵11　トラフィックスコープの特異指数（本文 462 ページ，図 7.20）

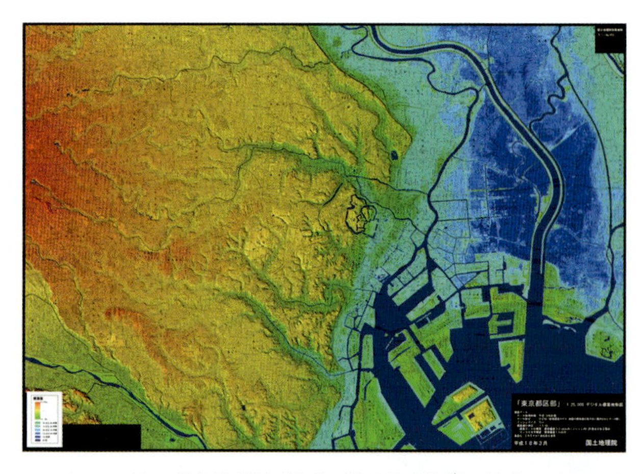

口絵12　1：25 000 デジタル標高地形図（出典：国土地理院[8]）（本文 678 ページ，図 15.9）

（a）　東京都墨田区における Quickbird パンクロマチック画像（解像度 0.5 m）

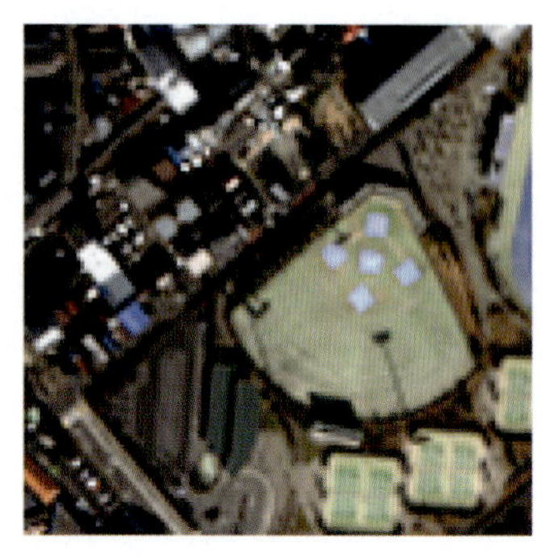

（b）　マルチスペクトル画像（解像度 2.0 m）

（c）　パンシャープン画像（解像度 0.5 m）

口絵13　パンシャープン処理で生成された画像（図（a）～（c）は 250 m × 250 m の範囲）（本文 682 ページ，図 15.13）

刊行のことば

土木学会に土木計画学研究委員会が設立されたのは1966（昭和41）年である。設立の目的は，「土木計画のあるべき姿，その問題点を検討し，併せて計画に関する調査，策定，研究等を行うこと」としている。土木計画学は，その誕生の瞬間から，現場の視点から，社会基盤に携わる当事者が直面している課題や問題をまるごと把握し，その解決を目指して具体的な処方箋を現地の人たちと一緒に考えていくというきわめて実践的な工学として発展してきた経緯がある。伝統的学問は，すべからくそれ自体の中に方法概念，方法論という学問体系を包摂しているのがつねである。しかし，実践的学問として出発した土木計画学は，それ自体としての固有の方法概念，方法論を体系化するという方向で進化を遂げてきたわけではない。むしろ，土木工学だけでなく関連する分野であるシステム工学，経済学，心理学，社会学等々，関連する伝統的学問分野の研究成果を積極的に活用し，目の前にある問題解決に向かって貢献する。それと同時に，現実問題への適用という応用研究の成果を用いて，逆に，それぞれの学問分野の発展に貢献する。さらに，その成果を土木計画学が対象とする現実問題に対して適用していく。このような実践的学問としてのPDCAサイクルを展開していくことにより発展を遂げてきた。このため土木計画学研究委員会設立当初より，土木計画学の固有の領域があるのかという問題，言い換えれば，土木計画学とは何かという問いを，それを学ぶ研究者や専門家が，自らつねに問い求めることが義務付けられたのである。土木計画学とは「土木・計画学」か，あるいは「土木計画・学」かという議論が起こり，それぞれの立場から土木計画学の存在の論理と学問的追及の必要性について論じた。土木計画学は問題中心の発想に立つがゆえに，それは土木計画・学でなければならないことは論を待たない。それと同時に，土木計画学の科学化，問題解決の客観化を可能な限り達成するためには，問題・課題別の計画学に共通する普遍の原理を求めていく土木・計画学でなければならない。

半世紀にわたる土木計画学の歴史の中で，土木計画の手法論，方法論の開発に関わる研究発表が主流を占めてきたことは否めない。土木事業は，一人の研究者や技術者の手で成し遂げられるようなものではない。個人の研究活動で成し得ることは，問題の発見や新しい分析結果や政策の提示，土木計画技術の開発等，土木事業の実践全体から見れば部分的貢献にすぎない。しかし，土木計画学に携わる研究者，専門家や技術者は，土木・計画学のみに興味を持っているわけではない。土木事業が抱える問題や課題を見据えて，その解決を模索するという動機付けを持っている。いわば，土木計画・学と土木・計画学の間を行ったり来たりする。個々の土木計画学プロフェショナルが切磋琢磨して成し得た貢献を踏まえて，それを土木計画の高度化と実践のための総合的知として集大成していく。さらに，実践の結果得られた課題を，土木計画学プロフェショナルのための研究課題としてフィードバックしていく。土木計画学研究委員会は，このような土木計画学研究と実践の橋渡しの場として，過去半世紀にわたって活動を続けてきたといっても過言ではないだろう。

2016（平成28）年に，土木計画学研究委員会は50周年を迎えた。本ハンドブック（以下，本書）は，土木計画学研究委員会50周年を記念して，土木計画学の分野で発表されてきた研究成果を1冊のハンドブックとしてとりまとめることを目的としている。しかし，過去50年間において，土木計画学研究委員会が開催する研究発表会，ならびに，土木学会論文集や土木計画学研究・論文集をはじめとして，関連する論文集で発表されてきた研究成果は膨大な量に及ぶ。これらの土木計画学の研究成果を包括的にとりまとめることは不可能である。本書の編集に当たっては，土木計画学ハンドブック編集委員会を設立し，可能な限り新進気鋭の委員の方々に原稿の執筆をお願いした。併せて，土木学会計画学研究委員会の中に，土木計画学ハンドブック編集小委員会を設置し，土木計画学研究委員会の御意見を可能な限り反映させる努力を行った。もとより，本書で土木計画学分野のすべての研究成果を網羅することは不可能である。本書で取り上げられなかった重要な研究成果も数多い。各章の執筆に当たっては，若手研究者の自主性を尊重したため，本書では比較的最近の研究成果に偏りがあることも認めざるを得ないと思う。土木計画学研究委員会設立の目的に謳われる「土木計画のあるべき姿」を論ずるためには，「社会そのもののあるべき姿」を論ずることが不可欠である。土木計画学という学問分野では，「よりよき社会」に関して自由な意見を発表し，それについて議論する場が開かれている。このような「よりよき社会」に関する議論は膨大な量に及ぶため，本書でとりまとめることは不可能である。このような「よりよき社会」に関するビジョンに関しては，土木計画学プロフェショナルが貢献した数多くの計画実務や政策論議，学界等で発表された膨大な数の論文や報告，さらに委員会メンバーらが出版した成書等を参照してほしい。また，土木計画学の一分野を構成する土木史に関する研究事例に関しても，同様の理由で割愛せざるを得なくなった。

本書は，2編構成になっている。第Ⅰ編では，土木計画学の基礎理論について紹介する。具体的には，基礎理論として，計画論，基礎数学，交通学基礎について説明するとともに，土木計画学の関連分野として経済分析，経済モデル，費用便益分析，心理学，法律の分野の基礎的理論について紹介している。土木計画学の基礎的知識を修得したいと考えている読者やこれから土木計画学プロフェショナルとして活躍したいと考えている方々は，第Ⅰ編に書かれている基礎的理論に精通していただきたいと考えている。第Ⅱ編は各論であり，土木計画学を構成する各分野における研究成果を取りまとめている。言い換えれば，土木計画学プロフェショナルたちが，問題解決に当たって利用可能なレパートリー群が示されている。その内容として，国土・地域・都市計画，環境都市計画，河川計画，水資源計画，防災計画，観光，道路交通管理・安全，道路施設計画，公共交通計画，空港計画，港湾計画，まちづくり，景観，モビリティ・マネジメント，空間情報，ロジスティクス，公共資産管理・アセットマネジメント，プロジェクトマネジメントを取り上げることとした。これらのキーワードは，土木計画学を構成する主要な分野であり，いまも土木計画学プロフェショナルにより，精力的な研究努力が蓄積されている分野である。第Ⅱ編は，いわば土木計画学の研究フロンティアに関する研究レビューを紹介している。第Ⅱ編に含まれる各章から，読者には近年における土木計画学の研究内容や今後の研究の方向性に関する情報を獲得していただければと考えている。

土木計画学ハンドブック編集委員会では，本書をとりまとめるに当たって，土木計画学のすぐれた実践事例について紹介すべきかどうかに関して議論を重ねた。これまで重ねて言及してきたように，土木計画学が土木計画の実践を志向した学問である以上，本書にすぐれた土木計画学の実践事例を報告すべきであることは論を待たない。もちろん，土木計画の実践に関しては，官民問わずおびただしい量の事例が存在する。しかし，土木計画学の実践研究は，土木計画に関する実践の記録ではない。土木計画学プロフェショナルたちが，どのように対象となる問題を認識し，問題の解決プロセスの中で出会った困難にどのように立ち向かい，最終的な結論に至ったのか，という土木計画学の実践については，ほとんど記録が残っていないのである。このような土木計画学の実践，言い換えれば学問の実践モデルに関しては，例えばケース教材という形態で記録を残すことは可能であろう。しかし，土木計画学は，土木計画学に関する実践自体を研究対象としてこなかったのである。だからといって，土木計画学プロフェショナルが，土木計画学の実践を怠ってきたわけでは決してない。日夜，土木計画学の実践に関して思い悩み，研鑽を積み重ねているのが正しい理解である。土木計画学が対象とする問題は，規模が大きく，しかも複雑であり，一人の土木計画学プロフェショナルで対処可能なものではない。対象とする社会の問題を解決するための組織的プラットフォームが形成され，これらのプラットフォームが社会事業として，土木計画学の実践を行っていると考えることができる。また，土木学会土木計画学研究委員会自体が，土木計画学の実践的知識に関する情報交換や切磋琢磨の機会を与える場となっている。また，土木計画学のレパートリーの蓄積やその実践に関する方向性を議論する場でもある。すなわち，土木計画学自体が，土木計画学の実践を行っているのである。このような議論の結果，本書において，土木計画学の実践事例を紹介することを断念した次第である。むしろ，土木計画学の実践に興味を持った読者には，土木計画学プロフェショナルとして，土木計画学の実践の中に飛び込んでいただきたいと思う次第である。

編集に当たっては，土木計画学研究委員会の中に土木計画学ハンドブック編集小委員会を設置し，編集方針や編集過程の時間管理を行った。本小委員会活動に対して，適切なご助言・ご支援いただいた歴代の土木計画学研究委員会委員長，谷口栄一先生（当時京都大学），桑原雅夫先生（東北大学），屋井鉄雄先生（東京工業大学）ならびに副委員長，幹事長，および委員の皆様に感謝の意を表したいと考える。さらに編集委員会の幹事をお引き受けいただいた赤羽弘和先生（千葉工業大学），多々納裕一先生（京都大学），福本潤也先生（東北大学），松島格也先生（京都大学），各節の編集をお願いした編集担当主査の先生方，ならびに執筆者の皆様に感謝申し上げる次第である。最後に，本書がコロナ社創立90周年を記念して出版されることは，執筆者一同にとっても，このうえない名誉である。本書の出版の編集にあたって，執筆者各位との打ち合わせの労をお取りいただいたコロナ社に深甚の感謝の意を表したい。

2017年1月

土木学会 土木計画学ハンドブック編集委員会

委員長　小　林　潔　司

編 集 委 員 会

編集担当主査

【Ⅰ 編】

【Ⅱ 編】

執筆者一覧

（執筆順）

小　林　潔　司　〔京都大学〕　I 編 1 章，II 編 17.6

藤　井　　　聡　〔京都大学〕　I 編 2.1，II 編 14.1.2，14.4

福　本　潤　也　〔東北大学〕　I 編 2.2.1，2.2.2，5.1.5，5.2.9

大　西　正　光　〔京都大学〕　I 編 2.2.3，5.1.2，II 編 18.2.3，18.5

屋　井　鉄　雄　〔東京工業大学〕　I 編 2.3.1

山　中　英　生　〔徳島大学〕　I 編 2.3.2

秀　島　栄　三　〔名古屋工業大学〕　I 編 2.3.3

小　川　圭　一　〔立命館大学〕　I 編 3.1.1〔1〕

奥　嶋　政　嗣　〔徳島大学〕　I 編 3.1.1〔2〕

山　田　忠　史　〔京都大学〕　I 編 3.1.1〔3〕，II 編 16 章

竹　林　幹　雄　〔神戸大学〕　I 編 3.1.1〔4〕，II 編 10.1，10.3，10.4，11.3.3〔3〕

長　江　剛　志　〔東北大学〕　I 編 3.1.2〔1〕，4.2.8

平　田　輝　満　〔茨城大学〕　I 編 3.1.2〔2〕，II 編 10.7

貝　戸　清　之　〔大阪大学〕　I 編 3.1.2〔3〕，II 編 17.4，17.5

鈴　木　聡　士　〔北海学園大学〕　I 編 3.1.2〔4〕

菊　池　　　輝　〔東北工業大学〕　I 編 3.1.3〔1〕

北　詰　恵　一　〔関西大学〕　I 編 3.1.3〔2〕

堤　　　盛　人　〔筑波大学〕　I 編 3.2.1，3.2.3〔1〕〔2〕〔6〕，5.3.3

村　上　大　輔　〔国立環境研究所〕　I 編 3.2.2，3.2.3〔5〕

黒　田　　　翔　〔筑波大学〕　I 編 3.2.3〔1〕〔2〕

瀬　谷　　　創　〔神戸大学〕　I 編 3.2.3〔3〕〔4〕

吉　田　崇　紘　〔筑波大学〕　I 編 3.2.3〔6〕

爲　季　和　樹　〔株式会社価値総合研究所〕　I 編 3.2.3〔7〕

羽　藤　英　二　〔東京大学〕　I 編 4.1.1

倉　内　慎　也　〔愛媛大学〕　I 編 4.1.2

佐々木　邦　明　〔山梨大学〕　I 編 4.1.3

山　本　俊　行　〔名古屋大学〕　I 編 4.1.4

柳　沼　秀　樹　〔東京理科大学〕　I 編 4.1.5

朝　倉　康　夫　〔東京工業大学〕　I 編 4.2.1，4.2.3

中　山　晶一朗　〔金沢大学〕　I 編 4.2.2，4.2.5

円　山　琢　也　〔熊本大学〕　I 編 4.2.4

井　料　隆　雅　〔神戸大学〕　I 編 4.2.6

福　田　大　輔　〔東京工業大学〕　I 編 4.2.7

吉　井　稔　雄　〔愛媛大学〕　I 編 4.3.1

和　田　健太郎　〔東京大学〕　I 編 4.3.2

井　料　美　帆　〔東京大学〕　I 編 4.3.3

西　内　裕　晶　〔高知工科大学〕　I 編 4.3.4

松　島　格　也　〔京都大学〕　I 編 5.1.1，II 編 17.1～17.3

河　野　達　仁　〔東北大学〕　I 編 5.1.3

織田澤　利　守　〔神戸大学〕　I 編 5.1.4，II 編 3.2

髙　木　朗　義　〔岐阜大学〕　I 編 5.2.1，5.2.2

横　松　宗　太　〔京都大学〕　I 編 5.2.2，5.2.3，5.2.6，5.2.7，II 編 3.7，5.2

武　藤　慎　一　〔山梨大学〕　I 編 5.2.4

森　杉　壽　芳　〔東北大学名誉教授〕　I 編 5.2.5

大　野　栄　治　〔名城大学〕　I 編 5.2.8

小　池　淳　司　〔神戸大学〕　I 編 5.3.1，5.3.2

石　倉　智　樹　〔首都大学東京〕　I 編 5.3.2，II 編 10.6

山　崎　　　清　〔株式会社価値総合研究所〕　I 編 5.3.3

矢　守　克　也　〔京都大学〕　I 編 5.4.1

谷　口　綾　子　〔筑波大学〕　I 編 5.4.2，II 編 14.1.1，14.2.1～14.2.4

松　田　曜　子　〔長岡技術科学大学〕　I 編 5.4.3

畑　山　満　則　〔京都大学〕　I 編 5.4.4，II 編 5.3.1～5.3.3

御手洗　　　潤　〔京都大学〕　I 編 5.5

谷　口　　　守　〔筑波大学〕　II 編 1.1

森　本　章　倫　〔早稲田大学〕　II 編 1.2，II 編 2.2

田　村　　　亨　〔北海道大学〕　II 編 1.3

菊　池　雅　彦　〔国土交通省〕　II 編 1.4，II 編 12.5

谷　本　圭　志　〔鳥取大学〕　II 編 1.5

加　藤　博　和　〔名古屋大学〕　II 編 2.1

松　橋　啓　介　〔国立環境研究所〕　II 編 2.3

藤　田　　　壮〔国立環境研究所〕Ⅱ編 2.4
戸　川　卓　哉〔国立環境研究所〕Ⅱ編 2.4
大　西　　　悟〔東京理科大学〕Ⅱ編 2.4
藤　井　　　実〔国立環境研究所〕Ⅱ編 2.4
柴　原　尚　希〔産業環境管理協会〕Ⅱ編 2.5
戸　田　圭　一〔京都大学〕Ⅱ編 3.1
羽　鳥　剛　史〔愛媛大学〕Ⅱ編 3.3
湧　川　勝　己〔国土技術研究センター〕
Ⅱ編 3.4，3.7
立　川　康　人〔京都大学〕Ⅱ編 3.5
市　川　　　温〔京都大学〕Ⅱ編 3.6
堀　　　智　晴〔京都大学〕Ⅱ編 4.1，4.3，4.4.1
田　中　茂　信〔京都大学〕Ⅱ編 4.2
野　原　大　督〔京都大学〕Ⅱ編 4.4.2
角　　　哲　也〔京都大学〕Ⅱ編 4.4.3
竹　門　康　弘〔京都大学〕Ⅱ編 4.5
多々納　裕　一〔京都大学〕Ⅱ編 5.1，5.2
牧　　　紀　男〔京都大学〕Ⅱ編 5.3.4
平　野　勝　也〔東北大学〕Ⅱ編 5.4
清　水　哲　夫〔首都大学東京〕
Ⅱ編 6.1.1，6.5，6.6
岡　本　直　久〔筑波大学〕Ⅱ編 6.1.2，6.3
日比野　直　彦〔政策研究大学院大学〕Ⅱ編 6.2
古　屋　秀　樹〔東洋大学〕Ⅱ編 6.4
大　口　　　敬〔東京大学〕Ⅱ編 7.1
中　村　英　樹〔名古屋大学〕Ⅱ編 7.2
後　藤　　　梓〔名古屋大学〕Ⅱ編 7.2
田　中　伸　治〔横浜国立大学〕Ⅱ編 7.3
小根山　裕　之〔首都大学東京〕Ⅱ編 7.4
宇　野　伸　宏〔京都大学〕Ⅱ編 7.5
堀　口　良　太〔株式会社アイ・トランスポート・ラボ〕
Ⅱ編 7.6
毛　利　雄　一〔計量計画研究所〕Ⅱ編 8 章
野　中　康　弘〔株式会社道路計画〕Ⅱ編 8 章
松　中　亮　治〔京都大学〕Ⅱ編 9.1，9.5
東　　　　　徹〔システム科学研究所〕Ⅱ編 9.2
波　床　正　敏〔大阪産業大学〕Ⅱ編 9.3
吉　田　　　樹〔福島大学〕Ⅱ編 9.4
花　岡　伸　也〔東京工業大学〕Ⅱ編 10.2，10.5
古　市　正　彦〔京都大学〕Ⅱ編 11.1，11.3.3〔1〕
安　部　智　久〔国土交通省〕Ⅱ編 11.2.1
西　村　悦　子〔神戸大学〕Ⅱ編 11.2.2
飯　田　純　也〔国土交通省〕Ⅱ編 11.2.3
渡　部　富　博〔国土交通省〕
Ⅱ編 11.3.1〔1〕，11.3.3〔4〕
赤　倉　康　寛〔国土交通省〕
Ⅱ編 11.3.1〔2〕，11.3.3〔2〕
柴　崎　隆　一〔国土交通省〕
Ⅱ編 11.3.2，11.3.3〔5〕〔6〕
川　﨑　智　也〔東京工業大学〕Ⅱ編 11.3.3〔7〕
石　黒　一　彦〔神戸大学〕Ⅱ編 11.4
鈴　木　　　武〔国土交通省〕Ⅱ編 11.5.1，11.6
小　野　憲　司〔京都大学〕Ⅱ編 11.5.2
久保田　　　尚〔埼玉大学〕Ⅱ編 12.1
中　村　文　彦〔横浜国立大学〕Ⅱ編 12.2
小　嶋　　　文〔埼玉大学〕Ⅱ編 12.3
寺　内　義　典〔国士舘大学〕Ⅱ編 12.4
大　熊　久　夫〔埼玉大学〕Ⅱ編 12.6
佐々木　　　葉〔早稲田大学〕Ⅱ編 13.1
福　井　恒　明〔法政大学〕Ⅱ編 13.2
星　野　裕　司〔熊本大学〕Ⅱ編 13.3
中　井　　　祐〔東京大学〕Ⅱ編 13.4
牧　村　和　彦〔計量計画研究所〕Ⅱ編 14.2.5
宮　川　愛　由〔京都大学〕Ⅱ編 14.3
布　施　孝　志〔東京大学〕Ⅱ編 15.1，15.3
石　坂　哲　宏〔日本大学〕Ⅱ編 15.2
佐　田　達　典〔日本大学〕Ⅱ編 15.2
須　﨑　純　一〔京都大学〕Ⅱ編 15.4
井　上　　　亮〔東北大学〕Ⅱ編 15.5
兵　藤　哲　朗〔東京海洋大学〕Ⅱ編 16 章
大　島　都　江〔京都ビジネスリサーチセンター〕
Ⅱ編 17.6
堀　田　昌　英〔東京大学〕Ⅱ編 18.1
高　野　伸　栄〔北海道大学〕
Ⅱ編 18.2.1，18.2.2，18.4.1
永　田　尚　人〔株式会社熊谷組〕Ⅱ編 18.3
木　下　誠　也〔日本大学〕Ⅱ編 18.4.2

（所属は 2017 年 1 月現在）

凡　　例

1. 構成および編・章・節・項の区分

（a） 全体を2編構成とし，章・節・項はポイントシステムを採用した。

（b） まず，編・章・節から成る総目次を設け，章・節・項から成る目次を，各編のはじめに示した。

（c） 本文中において，担当箇所の文章末尾に執筆者名を示した。

（d） 図，表，式は，各編の中で章ごとの一連番号とした。

（e） ページの付け方は全体の通しページとした。

2. 用　　語

（a） 原則として，『土木用語大辞典』（土木学会），『学術用語集「土木工学編」』（文部科学省）によることとした。これらに決められていない用語については，なるべく広く使われている標準的な用語をとることにした。

（b） 各編・章における観点の違い，独自性を尊重するため，同じ項目を別の術語で表現する場合を認めている。

（c） 術語中の数字は，原則として算用数字とした。

（d） 外来語の表記については，そのまま日本語の用語として使用されているものは片仮名書きとし，日本語の用語が統一されていないものは原語で表記した。

（e） 外国語の略語には原則として原語（フルスペル）を示した。

（f） 外国人名は，一般的な人名および定理や方法などに冠するときは片仮名書きとし，その他の場合は原語で表記した。

（g） 主要な用語に対しては，その初出時に対応英語を括弧書きで付けた。

3. 単　　位

単位は国際単位系（SI）を用いることを原則とした。ただし，文献を引用した場合や広く慣用的に用いられている場合は，SI以外の単位表記を認めている。

4. 数学記号・量記号・単位記号および図記号

（a） 一般の数学記号，量記号，単位記号および図記号は，JISによることを原則とした。

（b） ただし，分野が多方面にわたるため，各章の独自な記号表記を認め，そのつど定義して使用することにした。

5. 文　　献

（a） 文献は各章末または節末に一括し，文献番号は章または節ごとの一連番号とした。

（b） 文献は，本文中のその事項の右肩にカッコ付きの番号を付けて表記した。

（c） 文献の記載の仕方は，つぎのとおりとした。

〈雑誌，論文誌の場合〉

　著者名：（標題），誌名，巻（Vol.），号（No.），ページ（発行年）

〈図書の場合〉

　著者名：書名，ページ，発行所名（発行年）

6. 索　　引

巻末に五十音順，アルファベット順，数字順で記載した。また，本文中で訳語の付いた学術用語は，索引中も訳語を併記した。

総　目　次

I. 基　礎　編

Ⅱ. 応　用　編

I. 基　礎　編

1. 土木計画学とは何か

2. 計　画　論

3. 基 礎 数 学

4. 交通学基礎

5. 関 連 分 野

1. 土木計画学とは何か

1.1 土木計画学の概要

1.1.1 土木計画学の発展と課題

土木計画学（infrastructure planning and management）は，日本社会の発展とともに成長を遂げてきた実践的な学問である。わが国において，土木計画学という学問の必要性が認識されたのは，1958（昭和33）年京都大学土木工学科のカリキュラムに加えられたことが始まりだといわれる。吉川[1)†]によれば，それ以前においても，土木工学の分野ごとにさまざまな計画に関連した講義が行われ，研究が進められてきたという。例えば，多くの土木工学を学んだ技術者たちが官庁などにおいて国土計画，地域計画，都市計画などの立案や事業の推進に中心的役割を果たしていた。河川，港湾，道路，鉄道，橋梁，上下水道，公園などの事業を行うに当たっては，事業に先立ってそれぞれの計画を立案しなければならない。したがって，河川工学，鉄道工学，道路工学などの分野別の土木工学においても，それぞれの分野における計画の立て方，手法などがそれぞれの学問分野の一部として位置付けられてきた。しかし，技術開発が多面的になり，土木施工能力が増大するにつれて，また社会環境が複雑化するに従って，各部門内だけの計画では真に人間活動を支えるための計画とはいえないようになってきた。ここに，いわゆる総合開発・保全のための計画が必然的に要請されるようになったという[2)]。長尾は，「土木計画学は，計画に関わる共通理論，課題を見いだし，土木工学の新たな発展を期そうという動機を持っていた」と指摘する[3)]。このような背景の下で産声を上げた土木計画学は，誕生の段階から，**問題中心的**（problem oriented）な発想が基本となっており，価値中立的ではあり得ず，人間的・社会的な価値観を明示的に取り上げてきたという経緯がある。したがって，土木計画学は，当然自然科学・工学を基調としながらも，社会科学，人文科学の領域も包含した広い学問の上に立った思索と行動の体系として組み立てられなければならない。

土木学会に土木計画学研究委員会が設立されたのは1966（昭和41）年である[4)]。設立の目的は，「土木計画のあるべき姿，その問題点を検討し，併せて計画に関する調査，策定，研究等を行うこと」としている。長尾は，土木計画学は，その設立の段階で，学問の存立基盤を危ぶむ声があったと述懐している[3)]。都市計画，道路計画，河川計画はあっても，土木計画というものは存在しないという批判である。こうした各分野の計画も，学問としては経済，社会，理学の諸学問を融合したものであるという見方である。土木計画学の固有の領域があるのかという問題，言い換えれば，土木計画学とは何かという問いを，それを学ぶ研究者や専門家が，自らつねに問い求めることが義務付けられたのである。土木計画学研究委員会では，土木計画学とは「土木・計画学」か，あるいは「土木計画・学」かという議論が起こり，それぞれの立場から土木計画学の存在の論理と学問的追及の必要性について論じた。土木計画学は問題中心の発想に立つがゆえに，それは土木計画・学でなければならないことは論を待たない。それと同時に，土木計画学の科学化，問題解決の客観化を可能な限り達成するためには，問題・課題別の計画学に共通する普遍の原理を求めていく土木・計画学でなければならない。

半世紀にわたる土木計画学の歴史の中で，土木計画の手法論，方法論の開発に関わる研究発表が主流を占めてきたことは否めない。本ハンドブックに収録している多くの研究成果や知見も，このような土木・計画学のカテゴリーに属するものが圧倒的に多い。土木事業は，一人の研究者や技術者の手で成し遂げられるようなものではない。個人の研究活動で成し得ることは，問題の発見や新しい分析結果や政策の提示，土木計画技術の開発等，土木事業の実践全体から見れば部分的貢献にすぎない。しかし，土木計画学に携わる研究者，専門家や技術者（以下，総称して土木計画学プロフェショナルと呼ぼう）は，土木・計画学のみに興味を持っているわけではない。土木事業が抱える問題や課題を見据えて，その解決を模索するという動機付けを持っている。いわば，土木計画・学と土木・計画学の間を行ったり来たりする。個々の土木計画学プロフェショナルが切磋琢磨して成し得た貢献を踏まえて，それを土木計画の高度化と実践のための総合的知として集大成していく。さらに，実践の結果得られた

† 肩付き数字は，章末または節末の引用・参考文献番号を表す。

課題を，土木計画学プロフェショナルのための研究課題としてフィードバックしていく。土木計画学研究委員会は，このような土木計画学研究と実践の橋渡しの場として，過去半世紀にわたって活動を続けてきたといっても過言ではないだろう。

海外の土木学会に交通工学，交通モデリング等の各論的分野は存在しているが，いわゆる社会基盤の計画，整備，マネジメントを包括的に対象とする土木計画学という学問体系は存在していない。土木計画学は，その誕生の瞬間から，つねに現場の視点から，社会基盤に携わる当事者が直面している課題や問題をまるごと把握し，その解決を目指して具体的な処方箋を現地の人たちと一緒に考えていくというきわめて実践的な工学として発展してきた経緯がある。長尾が指摘する[3]ように，戦後の民主主義の過程の中で，それぞれの土木計画の分野で，技術者が計画立案に関して責任のある地位に就くことが多くなったわが国特有の事情が土木計画学の確立を必要としたのかもしれない。そのために土木計画学プロフェショナルは，実践的学問が要求するような「フィールド的な知」の発想を身に付け，自らが取り組んでいる問題の解決に対して自分の経験や知識を動員することを職務とするようになった。それと同時に，土木計画学が学問として進化を遂げるためには，実社会における現象や問題を意識しつつも，そこから距離をおいて純粋学問として研究内容を深掘りしていくことが必要となる。伝統的学問は，すべからくそれ自体の中に方法概念，方法論という学問体系を包摂しているのがつねである。しかし，実践的学問として出発した土木計画学は，それ自体としての固有の方法概念，方法論を体系化するという方向で進化を遂げてきたわけではない。むしろ，土木工学だけでなく関連する分野であるシステム工学，経済学，心理学，社会学等々，関連する伝統的学問分野の研究成果を積極的に活用し，目の前にある問題解決に向かって貢献する。それと同時に，現実問題への適用という応用研究の成果を用いて，逆に，それぞれの学問分野の発展に貢献する。さらに，その成果を土木計画学が対象とする現実問題に対して適用していく。このような実践的学問としてのＰＤＣＡサイクルを展開していくことにより発展を遂げてきた。この意味で，土木計画学は，日本社会が直面する課題や問題に対応するために，個別学問領域を超え，「フィールド的な知」の発想方法，問題解決に向かうための実践的方法論を，その学問領域の内部に包含することを宿命としてきた。

いま，グローバル化した世界において，フィールド的な知の発想を身に付けた土木計画学プロフェショナルは，「グローバル社会における問題解決にどのように立ち向かうのか？」，そのためには，「これからの土木計画学が，どのような進化を遂げればいいのか？」という問題に立ち向かうことが要請されている。もちろん，交通工学や交通行動モデリングなど，すでに海外で確立している研究分野や，経済学や心理学等の関連分野において，国際的な研究活動を展開している土木計画学プロフェショナルは数多い。このような国際研究活動の重要性は論を待たない。その一方で，「実践的学問としての土木計画学のグローバル化はいかにして可能か？」。この問題に対して答えを要することは簡単ではない。適切な回答を準備するためには，つぎの半世紀にわたる研究成果と議論が必要になるかもしれない。1章においては，実践的科学の立場から，土木計画学の学問的方法論に関して試論を提示するとともに，グローバル化した社会における土木計画学の展開の可能性について一つのシナリオを示してみたいと考える。

1.1.2　実践的学問としての土木計画学

今日ほど，土木計画学プロフェショナルの実践における責任と倫理が問われている時代はない。実践において直面する問題は，個々の専門分野をはるかに超える越境性と他分野の問題を包摂する複合性を有している。土木計画学プロフェショナルは問題解決において，不安感の中で複雑性，不確実性に立ち向かい，価値観のコンフリクトに行く手を阻まれる。一方で，土木計画学プロフェショナルには，問題解決に当たり独自性と同時に，知識・技術と見識の総体が求められる。このような越境性，複合性に立ち向かう土木計画学プロフェショナルの知恵が問い直されており，新たなプロフェショナル像を確立していることが要請されている。

かつて，論壇において「知の転換」が議論された時代があった。従来の諸学問が依拠してきた基本原理を，１）普遍性の原理，２）論理性の原理，３）客観性の原理に求め，このような科学概念からはみ出した領域における学問論への転換が模索されたことがある[5]。例えば，精神医学，動物行動学，看護学，教育・保育実践学に代表されるように，対象との身体的な相互行為を中核とする臨床的領域，あるいは地域学，文化人類学のように個体的フィールドを対象とする領域が新しい学問領域として位置付けられ，「臨床的・個体的分野において，いかに学問が成立し得るか」という問いが発せられた。これらの学問は，いずれも，個々の場所や時間の中で，対象の多義性を十分考慮に入れながら，それとの交流の中で事象を捉えるという「フィールド的な知」の発想が必要とされる。

「フィールド的な知」は，実践と密接に関連している。現実社会における実践と関わる土木計画学では，伝統的学問概念が依拠してきた原理の有効性そのものが議論の対象となり得る。すなわち，1）普遍性の原理には個別性の原理，2）論理性の原理にはシンボリズムの原理，3）客観性の原理には能動性の原理という異なる要素が対峙された。実践的学問は，数学モデルのように匿名性を有した抽象的空間を取り扱うわけではなく，時間・空間が指定された個別的フィールドを対象とする（個別性の原理）。対象とする問題には，簡単な数学モデルや因果関係に還元できない領域が介在する。個別的フィールドの問題は，対象を多様な意味を持つ総体として把握せざるを得ないという特性を持っている（シンボリズムの原理）。さらに，研究の対象とする事象は，分析者自身が能動的に働きかけをしようとする客体であり，逆に客体により分析者自身の働きかけが変更される場合もある。そこでは「主観」と「客観」，「主体」と「対象」を厳密に分離することは不可能であり，研究者自身が研究対象に働きかけようとする意思を持っている（能動性の原理）。個別性，シンボリズム，能動性という概念は，伝統的学問観において意図的に排除されてきた要素であるが，実践を研究対象とする限り，これらの3要素が土木計画学の中核に位置せざるを得ないという宿命を持っている。

例えば，地域活性化という実践を考えよう。土木計画学には，まさに対象とする「地域」で「いま」起こっている現実的な問題を明らかにし，それに対して問題解決の方向性を示唆することが要請される。多くの地域において幅広く適用可能な一般的な政策論ではなく，目の前に展開している問題の解決に役に立つ個別的な処方箋の提示が求められる。土木計画学プロフェショナルは，問題解決のために，需要予測モデルや分析モデルを作成し，最終的な意思決定に役に立つような情報を作成する。しかし，モデルは対象とする問題の中から一部を切り取り，概念化，抽象化の操作を経て構築されたものであり，いくら精緻なモデルを定式化したとしても，モデルにより地域で展開している問題全体を記述することは不可能である。また，そのような精緻なモデルを作成する意味もないだろう。地域の問題は，さまざまな意味を持つシンボリズムの総体として存在している。土木計画学プロフェショナルには問題解決に当たり，このようなシンボリズムの総体を把握する努力が求められる。さらに，対象から距離を置く客観的な観察者として存在するのではなく，客体としての地域に能動的に働きかけ，地域に変革をもたらす意図を持っている。しかし，対象とする地域（客体）側から，さまざまな意見や反応が表明され，土木計画学プロフェショナルはつねに自分の試みが正しいかどうかを判断し，必要とあれば働きかけの内容を変更していくことが求められる。

このように，土木計画学における実践には，すべからく個別性，シンボリズム，能動性の原理が介在している。このような営みがいかにして学問の対象と成り得るかに関して，いみじくも中村[5]が提示した「フィールド的な知」としての体系化と同様の知的営為が必要となる。デカルトの方法序説[6]以来，実証的科学は方法概念と方法論という両輪で構成されてきた。方法概念，方法論を構築するためには，普遍化，論理化，客観化の操作が不可避となる。実践的学問においても，伝統的学問が準拠してきた普遍性，論理性，客観性という3原理が不必要になったわけではない。経験や知識，価値観が異なる人々の間で，コミュニケーションが可能になるためには，フィールド的な暗黙知[7]を，形式知に変換することが不可避であることは論を待たない。実証的科学では，知の体系を論理的・匿名的に形式化し，命題の正しさを証明することが可能であることを前提としてきた。しかし，実践的学問は，知の重要な部分が経験で構成される場合も少なくなく，その正しさを実証的科学と同じような方法で証明することはできない場合が少なくない。経験は論理に比べて曖昧さを含み，自己を根拠付けるための方法を欠いている。このような「フィールド的な知」を対象とした研究行為が，いかに学問の対象と成り得るのか？　土木計画学は，この「問い」に答えることが必要である。

前述したように，実践的学問が学問としての定位置を占めるためには，伝統的学問の基本的原理である普遍化，論理化，客観化によるフィールド的な暗黙知の形式知への変換操作が不可避である。このような形式知化の操作は，伝統的学問において蓄積された方法概念という分析枠組みに準拠し，分析者が所属する学術世界において共有化された方法論を用いて，一定の仮定から結論を論理的に導出する。このようなフィールド的な知の形式化操作は，「客観化」と呼ばれる。しかし，実践的学問は，フィールド的な実践に要請される個別性，シンボル性，能動性の課題に応えることが必要である。すなわち，実践的学問では，分析者が用いた方法概念，方法論自体が，対象とする問題に対して，有意義な道具となり得ているのかを論証することが必要である。このような実践知の形式化過程自体の妥当性を検証しようとする操作を，「客観化の客観化」[8]と呼ぶこととする。実践的研究では，分析者が利用可能な客観化過程の道具立て（レパートリー）を蓄積するとともに，「客観化の客観化」を実施するための道具立て（実践モデル）を開発することが必要となる。「客観化」の過程においては論理的展開における厳密性が要求されるが，「客観化の客観化」の過程においては，対象とする個別的文脈における適切性が指導的な評価原理となる。もとより，土木計画学を対象とした実践的研究における客観化の客観化の道具立てに関する研究は緒に就いたばかりであり，ほとんど研究の蓄積がないのが実情である。このような実践モデルとして，1.3 節では，フィールド実験，フレーム分析，橋渡し理論，省察について紹介する。なお，理念的には，「客観化の客観化過程」に関して，さらにそれを客観化する操作が無限に続くという無限後退の可能性がある。しかし，実践的研究では，分析者自身が客体に対して能動的に働きかけをすると同時に，逆に客体により分析者自身の働きかけが変更される場合もある。そこでは「主観」と「客観」，「主体」と「対象」を厳密に分離することは不可能であり，研究者自身が分析自体の適切性を分析者自身が問い続けるという省察が必要となる。このような能動性の原理により，客観化操作の無限後退が遮断されることになる。

1.1.3　土木計画学とは

土木計画学は，きわめて多義的な内容を持っている。それに関わるすべての人々が合意するような定義を求めることは，ほとんど不可能であるように思える。しかしながら，土木計画学プロフェショナルの間では，漠然とではあるが，ある種の共有した「思い」というのが存在することも事実である。いま，1.1.2 項で述べたような議論を踏まえれば，一つの作業仮説として「社会が直面する問題に対して，社会基盤整備等の手段を通じて解決を図ろうとする社会的試みを合理化，科学化するための実践的学問である。」と定義することも可能である（より，本質的な定義は，のちに 1.3.2 項で提示する）。このような作業仮説を提示するとしても，さらにあいまいな言葉や問題が定義の中に含まれることになる。すなわち，「社会が直面する問題」とは何か，「社会基盤整備等」には何が含まれるのか，「解決する」とはどういうことか，という問いが立ちはだかる。さらに，「このような問題の明確化や，その解決を図る行為主体とは誰なのか」が問題になる。しかし，土木計画学が対象とする問題の範囲や，解決のための手段の範囲を定義することは，あまり意味がないように思える。社会基盤整備等の内容も，ハードな施設だけでなく，ソフトなシステムや制度，さらには文化や風土も含め広範囲にわたる。人々の価値観，自然環境，社会的・経済的環境や利用可能な技術体系が時間とともに変化していく。それに伴って，土木計画学の射程範囲も大きく変化していく。土木計画学が，誕生した第一世代では，土木事業の推進に関わる意思決定者として，暗黙のうちに，公的部門や（公共性の高い）民間部門における意思決定者が想定されていた。しかし，時代が進むにつれて，意思決定者が誰かということは，必ずしも自明ではなくなってきた。

現在，公共事業に対してさまざまな批判が投げかけられている。公共事業の決め方に対する批判と社会基盤そのものに対する批判が，時として同一視されているところに不幸がある。かつて，キケロはローマの元老院で「市民は政治的決定に必要な知識を持っていない。したがって，意思決定は十分な知識を持っている専門家に委ねなければならない」と主張した。キケロ主義とも呼ぶべきこの考え方は，一つの政治的ドグマとしてローマ帝政の時代から今日まで生き続けてきた[9)]。しかし，キケロ主義はいま歴史的な解体の時期を迎えつつある。キケロ主義は論理的にも誤っていた。仮に，「市民は政策判断に必要な知識を持っていない」という前提を認めたとしても，そこから「専門家が市民に代わって意思決定すべきである」という結論を導く論理は飛躍している。「市民が必要な知識を専門家から学び意思決定に関与する」という論理も同時にあり得る。国づくり，まちづくりに関わる喜びは専門家だけの特権ではない。仮に，行政の首長が国民や地域住民に代わって土木計画に関わる意思決定を行うことがあっても，その意思決定の正統性が担保されているかどうかが問われるのである。意思決定の合理化や高度化や意思決定過程の正当性を担保するだけでなく，意思決定に関わるさまざまな社会的討論や社会的コミュニケーションを通じて，意思決定の内容に関する合意形成の努力を十分に行い，社会的に受容可能になったかどうかという意思決定の正統性が問題になるのである。

社会資本はわれわれ世代だけでなく，これから生まれてくる子供たちの世代にも役に立つ。社会資本の整備には，いまの消費を切り詰めるという自己犠牲が必ず伴う。誰もが自分の消費ばかりを優先させる社会には社会資本は蓄積されない。われわれは，人類がこれまでに綿々と努力を重ねて蓄積した社会資本から多くの恩恵を受けている。過去の人々が社会資本を残した背景には，為政者であれ市民であれ，社会資本を後世に残すことを「よし」とする社会的モラリティがあった。戦争で焦土と化した日本には，敗者の卑屈や憎悪に堕するのではなく，敗北を抱きしめながらも民主主義の実現と社会資本の発展に対する力強い国民の合意があった。その結果が奇跡的な経済発展をもたらした。現在，このような意味での社会資本づくりが，ようやく終わりを遂げたのかもしれない。「よりよい社会とは何なのか」，この途方もない大問題に対する答えが求められている。新しい時代の国づくりにおいて何を理想として抱きしめるべきか，それに対する国民的合意の可能性を求め続けるのが土木計画学の使命だろう。「よりよい社会」とは何か？　この問題に対して，合意形成を形成するのは簡単なことではない。しかし，「よりよい社会」に関する社会像を提示し，国民的議論を引き起こしていくことーそれは土木計画学が果たすべき大きな役割であるように思える。

このような「よりよい社会」に関する議論は，当然のことながら価値観から中立的ではあり得ない。むしろ，新しい価値観を創出することが求められている。それと同時に，土木計画の分析過程においては，可能な限り，価値中立的な立場から土木計画の科学化，客観化を追求することが求められる。前者を対象とするのが土木計画・学であるとすれば，後者は土木・計画学が目指すところであるということもできよう。両者の間には，立場の違いという緊張関係がつねに存在する。しかし，土木計画学は，両者の間を行ったり来たりしながら，このような矛盾を方法論的に解決し，問題解決を目指して知的な努力を積み重ねることを志向する。このような矛盾の方法論的解決，それが1.1.2項で述べた「客観化の客観化」であり，土木計画学が実践的学問であると定義される理由である。

以上の問題意識に基づいて，1.2節では，土木計画学が抱える現代的な問題をいくつか取り上げ，土木計画学の発展のためにおいて考慮すべき課題について議論する。1.3節では，実践的学問としての土木計画学の方法論について述べるとともに，その実践への適用において留意すべき点について言及する。1.4節では，土木計画学の実践が社会に受け入れられ，社会において定位置を確保するための条件，すなわち土木計画学の実践が具備すべき正統性について議論する。土木計画学の実践が有する正統性の問題は，実践のグローバル化において，より先鋭な形で現れる。そこで，1.5節では，土木計画学に残された大きな課題であるグローバル化の問題について，一つの試論を展開したいと考える。最後に，1.6節では，本書の構成について議論し，本章を締めくくることとする。

1.2 土木計画学が抱える課題

1.2.1 土木計画学の専門性

地域の生活者や企業等の公共サービス利用者，その他納税者や各種団体等，さまざまな利害関係や多様な価値観が交錯する中で社会基盤整備に関わる意思決定がなされる。このような意思決定の正統性を担保する上で，土木計画学プロフェショナルによる評価，情報提供，監査が重要な役割を果たす。社会基盤整備を進める上で，意思決定者は多様なステークホルダーの中で，どの主体の要望を満足させるかを決めざるを得ない。意思決定者は社会基盤整備に至った判断過程に関する専門的アカウンタビリティ[10)〜13)]を示すことが求められる。このような専門的アカウンタビリティを議論する場合，土木工学や関連分野における専門的知識や，それに精通する土木計画学プロフェショナルが，行政活動の専門的アカウンタビリティにどのように貢献し得るかが重要な関心事となる。

土木計画学の誕生以来，土木計画学プロフェショナルは，社会的意思決定の正統性を裏付けするために重要な役割を果たしてきた。しかし，自然災害リスク，汚染物質リスク，原子力発電リスク等，土木計画学プロフェショナルも確かな専門的知識を持ち得ない問題に対して，判断を下さなければならない状況が増えつつある[14)]。プロフェショナルの間でも，科学的・技術的判断を巡って意見が異なる場合も起こり得る。また，プロフェショナルの科学的・技術的判断が，プロフェショナル個人が有する価値観に影響を受けていることも否定できない[15)]。

土木計画学は，土木工学の専門的知識に基づいて，社会基盤整備に関わる科学的・技術的判断の妥当性を評価する。土木計画学の判断の根拠となる妥当性の範囲をフレームと呼ぶことにする。さらに，土木計画学プロフェショナルは，自分の専門領域において，自分の判断の根拠や判断の過程を正当化するための理論やモデル等の道具立て（レパートリー）[16)]を持っている。しかし，土木計画学が対象とする問題が，土木計画学のフレームを大きく超えるような越境性や複合性を有する場合が少なくない。このような土木計画学のフレームを超えるような問題に対しても，プロフェショナルとしての判断が求められる。また，他の分野の研究者や技術者との対立が発生する場合もある。さらに，土木計画学のフレームの中でも，科学的・技術的判断をめぐって，専門家や技術者の間で意見の対立が生じることもある。さらに，プロフェショナルと一般の利害関係者との間にはより大きなフレームの違いが存在する[15]。

このような意見の対立が生じる理由として，科学的・技術的判断における厳密性と適切性のジレンマが挙げられる[17]。プロフェショナルは，土木学会や関連の学協会をはじめとする場において厳しい学問的競争にさらされている。そこでは，プロフェショナルは精密なデータや確固たる理論展開を判断の拠とし，科学的・技術的判断における厳密性が要求される。しかし，一般の利害関係者は技術的判断の厳密性よりも，自分の関心にとって有用であるか，技術的な判断が常識的な内容であるかという技術的判断の適切性を問題とする。プロフェショナルは，技術的判断の厳密性を重要視するか，実践的な観点に立って，利害関係者の意向を調整するために適切性を重視するか，判断が必要となる[17]。さらに，多様な価値観や利害関心を有する関係者は，それぞれ異なったフレームを有している。問題解決のために適切なフレームを見いだすために，異なる主体が主張するフレーム間の調整を図ることが必要となる。このような調整を達成するためには，土木計画学プロフェショナルが多様な利害関係者や他分野の専門家とのコミュニケーションを行うことにより[18]，自らのフレームを相対化する努力が必要である。その上で，新しいフレームを再構築するという手続きを経ることとなる。

1.2.2　フレームの相対化の必要性

土木計画学のフレームの相対化は，専門的知識の閉鎖性を回避するために重要である。土木計画学プロフェショナルは，自分の有する専門的知識におけるフレームの状況依存性を把握し，自己が有するフレームが実は限定された条件や変数の下でのみ有効な知見であることの再認識を求められることがある。このようなフレームはしばしば土木計画学プロフェショナルが所属している土木学会や関連学協会等の共同体に内化しているため，プロフェショナルが特定の研究分野のみに特化した限定的なフレームを無意識に受け入れている可能性がある。土木計画学プロフェショナルは，自分の有するフレームと他の分野のプロフェショナルが有するフレームとの差異を認識しなければならない。さらに，対象とする地域における生活者が，対象とする社会基盤整備に対して抱いている認識構造の総体（シンボリックな意味の構造）を把握することが重要である。このように，同じ問題であってもそれを認識するフレームが実はきわめて多様であることを認識し，フレーム群全体の中で自己のフレームの位置関係を明確にすること（すなわち，フレームの相対化）がきわめて重要な課題となってくる。

このようなフレームの相対化努力を通じて，専門的知識を有するプロフェショナルと地域で生活する利用者とのコミュニケーションの糸口が開かれるのである。特に，地域で生活する利用者が社会的決定を下す上での貴重な判断材料となる経験的知見を有する場合が少なくない。地域の生活者は，地域の実情に即したローカルな知識（現場知）を有している。プロフェショナルの有するフレームが限定的な条件の下で得られた知見に基づいて形成されたものである場合，現場の条件に適合したフレームになっている保証はない。このとき，プロフェショナルは自分の有するフレームを省察するとともに，現場の声に「理を与える」ことが求められるのである。

社会基盤整備における正統性は，多様な利害関係が存在する中で，ステークホルダーたちの要求や関心（フレーム）を把握するとともに，より多くの主体に受け入れられるようなフレームの設定を行うことによって確保される。異なるフレームの間で異分野摩擦が生じるように，その行為と他の認識的正統性を有する行為とは相いれない障壁が形成される。このようなフレーム間のコンフリクトを解決する上で，以下の三つの条件が必要となる。第一に，各専門分野の責任範囲（すなわち，各専門分野のプロフェショナルが有するフレーム）を明確にすることが重要である。自然災害による建築物の倒壊リスクを例に挙げれば，倒壊リスクに関する工学的な予測可能性が工学者にとって重要なフレームとなる。一方，法学者にとって，職責の範囲，結果回避可能性に関して法的な責任を問うことができるか否かが重要なフレームとなる[19]。このように土木計画学プロフェショナルの判断が，どのようなフレームに準拠しているのかが明確にされなければならない。第二に，共同体は，現実の政策・プログラム判断が，どのような共同体によって実施され，どのような情報や証拠に基づいて意思決定がなされているのかを公開しなければならない。第三に，問題が複合性や越境性を有する場合，実践者が自分とは異なるフレームやレパートリーを有するプロフェショナルや研究者とのパートナーシップが必要となる。実践者は実践者自身の本来的な専門領域におけるレパートリーと，新たに獲得した越境的なレパートリーの間の正確さのギャップに対して敏感でなければならない。

1.2.3　価値観の多様化と土木計画の正統性

吉川[2]が指摘するように，土木計画のプロセスは，まず初めに計画目的が何であるかを明確にすること，つぎに目的を達成するための代替案を列挙開発すること，さらに計画に対する評価の基準を明確にすることによって，代替案を評価し，代替案の中からできるだけ望ましいものを選択することであるといわれている。このような方法論はシステムズアナリシスとして体系化されている。システムズアナリシスの考え方に関しては，のちに3.1節において説明することとする。しかし，土木事業のように不特定多数の人々を対象とする場合には，計画目的の設定はそう容易ではない。いま，計画が作成される過程において，自分の意図を計画案の中に盛り込むことのできた人や，その案に示された内容に自分の意図がある程度盛り込まれていると感じた人々は，この計画案が実施される場合には，計画に賛成する送り手社会を構成する。ところが，現実の社会にはこの計画案が実施されたとき，多かれ少なかれ影響を受ける人々，すなわち計画案の受け手となる人々が存在する。この人々もこの計画の参加者であることには違いはない。そして，計画案に賛成する送り手社会と計画案に反対する受け手社会が存在するかぎり計画の実行は困難である。このため土木計画においては，目的は往々にして多元的とならざるを得ない。そしてこれらの目的の中には一つの目的をより多く達成しようとすれば，他の目的の達成を一部犠牲にしなければならないというトレードオフの関係が生ずることが多い。このことが公共土木計画の複雑性を高めている一つの大きな理由である。

アリストテレスは社会的意思決定の問題は，最終的には「人々は誰のいうことを信じるのか」という問題であるといった。アリストテレスは政治の基盤を徳という政治家個人の資質に求めた[20]。しかし，都市国家アテネと異なり，現代社会では人々は意思決定者の個人的資質を詳しく知り得ない。現代社会では，他人のことをよく知らないという状況の中で，さまざまな人々が政治的決定の問題に対して自由に発言し，人々は「誰のいうことを信じるのか」を決定している。結局のところ，人々は「その人のいうこと」を信じるに足るかどうかを，「なぜ，その人がそのようなことをいうのか」という簡単な，しかし重要な糸口を用いて判断している。合意形成－それは政治哲学の永遠のテーマである。社会契約論で有名なルソーは，合意形成に対して懐疑的であり，「人類が合意に成功したことがあるならば，それは多数決を民主主義の意思決定手段とすることに合意したとき以外にないだろう」といった[21]。ルソーがいうように，無知のベールという誰が損をし，誰が得をするかが明らかでない状況では，「ものごとの決め方」について合意が形成されるかもしれない。現実的には，無知のベールという理想化された状態で，意思決定がなされることはほとんどない。意思決定問題に対して，合意形成を実現するのは簡単なことではない。

経済成長という幻想が終焉を迎えると同時に，よき国土像に関する価値観が多様化する中で，社会基盤整備に関わる意思決定者には，これまで以上に意思決定の正統性に関する説明責任が求められるようになった。このような状況を背景として，意思決定の正統性を担保するために，行政において**ニューパブリックマネジメント**（new public management，**NPM**）等[13]の行政マネジメントの方法論，費用便益分析，総合評価手法を用いた公共事業評価手法，多様な住民の価値観を計画策定過程に導入するためのパブリックインボルブメント手法等の積極的な導入が図られた。さらに，価値観が多様化する中で，計画・政策の実効性を担保するために，政策の心理的効果を活用したモビリティ・マネジメント手法の導入や，NPO，NGOをはじめとするさまざまなボランティア組織の役割が評価され，従来の行政主導とは異なる計画論が展開された。このような社会的背景の変化は，当然のことながら土木計画学の分野においても，このような価値観の多様化時代に対応するための計画技術，計画方法論に関する研究が蓄積されるようになってきた。

1.2.4　想定外の災害と土木計画学

半世紀にわたる土木計画学の歴史を振り返るに当たり，1995年の阪神・淡路大震災，2011年の東日本大震災等の地震災害が土木計画学に及ぼした影響には計り知れないものがあることを指摘せざるを得ない。阪神・淡路大震災という未曽有の災害は，土木計画学に携わる研究者や実務家に大きな衝撃をもたらした。もとより，阪神・淡路大震災以前においても，土木計画学の領域の中で災害，防災に関する研究は行われていたものの，必ずしも体系化された内容になっていたわけではない。阪神・淡路大震災の経験により，防災計画，災害リスクマネジメント，災害復旧・復興，リスクコミュニケーションという新しい研究分野が誕生し精力的な研究が展開された。しかしながら，このような研究成果が，むろんいくつかの例外を除いて，東日本大震災による被害軽減や2016年の熊本地震への対応問題に対して，どの程度反映できたのかという点に関して，忸怩（じくじ）たる思いが横切るのは筆者だけではないだろう。あらゆる防災計画や災害リスクマネジメントという行為は，起こり得る災害シナリオに対する想定を行うところから出発する。しかし，東日本大震災は，このような伝統的な計画行為そのものに対する信頼性を瓦解させたといっても過言ではない。防災に関わるあらゆる計画行為は，想定される外力，被害を前提として，その範囲の中における意思決定の合理化行為である。しかし，その想定をはるかに超える外力に対して，土木計画学はいかなる意味で計画の合理化を成し得るのか？　このような問題意識の下に，従来の防災という考え方に加えて，減災という新しい考え方が生まれた。

近代市民社会は，個人の理性と自由意思による個人の合理的選択を前提として成立している[22)]。個人は外的世界の諸々の事象，すなわち「客体」の間にある原因と結果の間に存在する規則性や法則性を明らかにする。個人は「主体」として，自由意思でもってそれらを参照しつつ，外的世界へ働きかける。通常の理性と判断力を備えた人間であれば，自由意思の適切な使用によって回避できる類の損害に対しては，自らの意思と責任でそれを回避しなければならない。しかし，東日本大震災を経験することにより，通常の理性と判断力を持った人間であっても因果関係を把握できず，それゆえ，予測不可能であるような災害が起こり得ることを改めて認識させられることとなった。

東日本大震災の経験を契機に，人々は防波堤や防潮堤などの社会基盤施設のみでは，大規模地震の発生に伴う被害を完全に抑止することが困難であることを知った。千年に一度発生するかどうかという大規模災害に対しては，被害の発生を抑止するという防災の思想だけでは限界があり，被害の発生・増大を可能な限り抑制しようとする減災の思想に立脚せざるを得ない。自然の脅威の前には，高度な科学技術を用いても災害リスクを完全には制御できない。減災の思想は，われわれが栄知を尽くしても制御しきれない大規模な災害リスクが存在し得るという土木技術の限界を謙虚に受け止めるという発想の転換に基づいている。それと同時に，防災の思想の前提となる想定の壁を越えるような災害が起こった危機的状況においても，「自分の命を守る」という最低限の選択の可能性を保証するという宣言でもある。近代社会は，個人の尊厳と自由意思を最大限に尊重し，個人の合理的選択を前提として社会システムが機能することを前提としている。災害という危機的状況においても，「（最低限の）自由な選択肢を保証する」という近代社会の存在論的枠組みを堅持する。それが減災の思想である[22)]。

減災の思想は，防災というシステムの壁の外側に，さらに減災システムを新たに構築しようとする多重防御の発想に基づいている。防災と減災の境界，公的領域と私的領域の境界をどのように設定するのか，境界の内と外をどのように連携するのか，未解決な課題が山積している。土木計画学には減災の哲学と，それを実践する方法論を構築する責務がある。防災と減災，公的領域と私的領域は，明確に区別されるものでもなく，両者が相互に関連し合って，システム全体としてガバナンスが機能するような複合的システムとして理解することが適切である。そこでは，信頼というソーシャルキャピタルで支えられた人々の協働が期待されている。阪神・淡路大震災のときもそうであったが，東日本大震災の被災後には，人々の善意や助け合いの精神に支えられた数多くのボランタリーな組織が生まれた。また，災害時における日本人の行儀の良さや秩序の良さに対する海外メディアの賞賛に対して，多少の面映（おもは）ゆさを感じつつも，それを誇りに思った日本人は少なくないだろう。互いに助け合うことを尊重するような人々のつながりが，被災地の復興のための機運となり，さらによりよい地域づくりにつながっていくことを可能にする。このような信頼のネットワークは現代社会を支える重要な社会基盤であるが，このような信頼関係はどのようにして生まれるのだろうか？

現代社会においては，「個人は見知らぬ他人のことをどのように信頼するか」が重要な課題となる。最近の信頼に関する研究成果によれば，**戦略的信頼**（strategic trust）と**道徳的信頼**（moral trust）を区別することが有用であることが指摘されている[23)]。すなわち，前者は被信頼者の信頼性に関する予測に基づいて形成される信頼を表しており，後者はそのような予測が不完全な状況の下でさえも，相手を信頼するべきであるという信頼者の道徳的ルールを表している。信頼者が被信頼者のことを正確に知らないような状況の下で，相手を信頼するためには，道徳的信頼が不可欠となる。個人の自由意思を尊重し，かつ社会全体において広範囲に信頼成立するためには，戦略的信頼を構成する個人の合理性の条件を緩めるとともに，道徳的信頼を高めるようなメカニズムが必要であることが知られている。人々の記憶容量や解析能力に限界があれば，期待が裏切られても信頼性は維持可能である。忘却の徳が生まれる。周知のように，日本語の「諦める」ということばは，「明らかにする」という意味を持つ。自分を取り巻く世界において生起していることに対して明晰な理解を持つ。その上で，そのできごとを「まるごと」受け止める。それが，諦めることにつながる。そこには，寛容の精神が貫かれている。明晰な理解と寛容の精神，これが日本的土壌において信頼関係をおりなすための基盤，すなわちソーシャルキャピタルであるように思われる。このようなコンテクストと信頼の関係に関しては，ほとんど研究成果が蓄積されていないのが実情であろう。のちに述べる土木計画学の国際化を果たす上でも，文化的コンテクストと信頼の基盤となるソーシャルキャピタルの関係に関する研究が重要な課題になっている。

1.3 実践的学問としての土木計画学

1.3.1 わが国における実践的研究の意義

中世ヨーロッパにおいてプロフェショナルは，**学問的専門職**（learned professionals）のことを意味していた。ボローニャ大学を嚆矢とする中世の大学は専門職大学（Universitas societas magistrorum discipulorumque；教師と学生による協働制度）として出発したが，そこではプロフェショナルは，神学，法学，医学という3職業を意味していた。専門職とは「文化的・観念的な学問的基盤に支えられ，自由で機知に富んだ妨害されることのない知性」を意味し，ボローニャ大学は豊饒な学問的専門職の母なる大地（motherhood for flourished learning professionals）とたたえられた。実務における実践の世界は，必ずしも専門職を必要とするわけではない。しかし，人類が蓄積してきた知性と教養は，実務における実践を通じて万民の手元に届くことになる。ここから，実務における実践の世界と知性・教養の世界との関わり合いの在り方を探求することが必要となり，双方の架け橋を担う学問的専門職の役割が必要となった[24)]。学問的専門職は実社会との関わりを持ち続けることが使命である。それと同時に実社会から自由であり続けなければならない。この二つの互いに矛盾する目的を同時に達成することは容易ではないが，そのためには，現実社会の要求に対して，基礎的学問基盤に基づいた知的対決を不断に試みることが必要となる。

19世紀になり，フンボルトにより「研究大学」という新しい大学モデルが提唱され，フンボルト理念に基づいてベルリン大学が創設された。アメリカにおいても，研究大学としてジョン・ホプキンス大学が設立されて以来，高等教育研究機関において，形式知に基づく科学的・客観的知識（**know-why**）の体系化という学問観が支配的になった。大学や学会に代表される学術研究機関は，基礎研究や応用研究を偏重し，実践的（実務的）な能力やプロフェショナルのわざ（artistry）をあえて無視するという特殊な認識論や知識観に支配されてきた。一方で，実務の世界では「自分が知っていることは，とても言葉に表現できるものではない」，「自分が知っていることを述べようとすれば，自分が駄目になってしまう」という職人肌的資質が支配しており，大学とプロフェショナル，研究と実践，思想と行為との間に埋めがたい溝が広がっている。その結果，土木工学は実社会と密接に関わるエンジニアリングという実学の一分野でありながら，土木工学の成果が結実される実社会における実践を研究対象として取り上げない，という奇妙な事態が常態化している。その結果，実証的科学におけるフォーマルな知とわざや表に出ない意見などのフィールド的な知との二分法が確立し，研究を基盤とした知の活用法や守備範囲についてより深く理解したいと希望する実践者やプロフェショナルが行う新しい実践を理解しようとする研究者が育ちにくくなっている。まさに，土木計画学は，このような土木工学と実社会の実践との間をつなぐ橋渡しの学問として誕生した。しかし，土木計画学の実践の成果としての土木事業に関して膨大な記述が残されているものの，土木計画学プロフェショナルが問題解決に対してどのように思い悩み，1.1.2項で述べたような「客観化の客観化」を達成したのかという土木計画学の実践に関しては，また，ほとんど研究対象として取り上げられてこなかったのも事実である。

一般に，大学が取り扱う専門的知識はknow-whyの体系である。know-whyはある専門領域に固有の知識（domain-specific）であり，それを応用する文脈から独立して形式化しやすい。しかし，個別の構成要素に対応したknow-whyだけでは，土木工学の成果を現実世界における社会基盤等のアウトプットとして実現することはできない。構成要素をシステム全体へと統合する知識が必要になる。統合の知識は**know-how**であり，やってみることによる学習を通じて獲得される。know-howは文脈に依存した知識（dependent knowledge）であり，形式化や言語化が難しい。欧米のプロフェショナル教育では，ケースワーク，ワークショップの実施を通じて，know-whyの知識を基礎としてknow-howを修得するために徹底的なトレーニングを実施する。一方，日本社会は複雑なシステムの構成要素をうまく組み合わせながら部分を全体へととりまとめあげるknow-howに支えられてきた。know-whyを所与としながらknow-howに基づいて，システムの組合せを変えていくという日本企業の実践原理は，一定の枠組みの中でシステムのファインチューニングを繰り返すというやり方である。しかし，このような日本型経営方式が行き詰まりを見せていることも事実であろう。いま，日本のビジネスリーダーとして育成すべき人材は何よりも新しい独自のコンセプトを創造する意思と力のある人材である。テクニカルスキルの修得を通じて経営を論理的に相対化して考える**know-what**が必要である。新しいコンセプトの創造はknow-whatに依存しており，know-whatの進化なしには新しいコンセプトは生まれない。

わが国の大学・大学院は研究者養成機関としてだけではなく，基礎的知識はもとより，最新の基礎および応用的知識を効率よく学ぶことができる広範で質の高い教育プログラムを提供し，名実ともに高等教育拠点となる必要がある。そのためには，社会ニーズが大学院教育に反映されることが必要である。工学系大学院では，修士研究を通じて，学生に know-why を修得させるだけでなく，研究成果の実際的な意味（know-what）を考える機会を与えるという実践教育を実施することが求められる。土木計画学の研究発表の場は，社会のニーズに対して，学会における学問的基盤が知的対決を行う場であり，研究成果の価値が現実社会で直接評価される機会を与える場となる。さらに，研究者が社会のニーズに合わせ，新しい研究領域を発掘し，専門分野を拡大するためのドライビングフォースを与える場になり得よう。

1.3.2　実践と行為の中の省察

シェーンは，**技術的合理性**（technical rationality）に基づいた**技術的熟達者**（technical expert）という伝統的なプロフェショナル像に対峙させて，**行為の中の省察**（reflection in action）に基づく**反省的実践家**（reflective practitioner）という新しいプロフェショナル像を提示した[15]。近代のプロフェショナル像は，実証的科学を基盤として形成された技術的合理性を根本原理として成立している。技術的合理性原理の下では，実践とは科学的技術の合理的適用を意味している。現代社会が直面する問題は複合的であり，土木計画学プロフェショナルは専門分化した自らの領域を越える越境性に対峙せざるを得ない。そこで必要とされる土木計画学プロフェショナル像は，「技術的合理性」のみならず，対象とする問題の個別的な文脈の下で，対象とする問題のシンボリズム総体に目配りし，問題に能動的に働きかける「実践的合理性」を有しているプロフェショナルである。

土木計画学プロフェショナルは問題に対して適切なフレームを設定し，技術的合理性に支援された道具立て（レパートリー）だけでなく，必要な外部のプロフェショナルのレパートリーも導入することにより，対象とする問題に実践的に働きかける。このような実践の適切性は，直面する複雑で複合的な問題との**状況との対話**（conversation with situation）によって評価され修正される。土木計画学プロフェショナルは，このような主体と客体の間の相互作用を通じて学習し，フィールド的な知見を蓄積し，行為の合理化に反映させていく。シェーンは，このような実践的行為を行為の中の省察と呼んでいる。さらに，行為の中の省察を実践するプロフェショナルを反省的実践家と呼ぶ[15]。

土木工学は，土木技術が社会基盤として結実されることによって，その有用性が評価されてきた。したがって，土木工学の実務分野において，土木技術者による「行為の中の省察」はつねに実践されてきたといってよい。現場では，ベテランの実践者による行為を通じて，若手技術者が実践について多くのことを学んできた。このような試みは，「有能な土木技術者は，自分が言葉に出して語る以上のものを知っている」ことを意味する。有能な土木技術者は，**実践の中の知の生成**（knowing-in-practice）を行っているが，その行動の多くは暗黙のうちになされている。土木技術者は，実践の中で知識や技術，個人の経験や見識に基づいて，不確実で多くの矛盾をはらんだ実践状況の中で意思決定を行い，その成果からフィードバックすることによって自己の知の適切性を評価している。まさに，「行為の中の省察」を実践してきたと考えてよい。

実践的研究は，行為の中の省察が有している独自な構造を分析することに始まる。これまで何度も言及したように，実践的研究には伝統的な土木工学に基づいた技術的合理性モデルによる客観化の操作という実証的研究が含まれている。しかし，土木計画学の実践においては，技術的合理性の厳密性に関する議論にとどまらず，特に根拠なく広く信じられている考え方や，現実世界において土木計画学プロフェショナル自身が関与する人間関係や制度的文脈等に由来する**制約**（limit）の影響に関して目配りをすることが求められる。したがって，**土木計画学とは，「既往の土木技術や土木計画学のレパートリーの単なる適用にとどまるのではなく，状況との対話を通してフィールドの知を生成するという土木計画学プロフェショナルの知のプロセスの在り方を，具体的な実践事例の分析を通して解明する学問である」と定義できる**。さらに，具体的な実践プロセスを通じて，土木計画学プロフェショナルの知を拘束する組織的・制度的制約の在り方に関して具体的な改善を試みる。このような対象としては，社会基盤整備の計画，実施，運用過程の改善の在り方，パブリックな意思決定のためのコミュニケーション過程の改善，公共性実現のための担い手としてのプロフェショナル像の提起，土木計画学プロフェショナルが設定する実践フレームの転換などが含まれよう。このような PDCA サイクルを通じて，土木計画学プロフェショナル像をより大きな社会的文脈の中で位置付けることが可能となる。

1.3.3　実践的研究の特性

実践的研究（practical research）とは，具体的な場所や時間の中で，対象の多義性を十分考慮に入れながら，それとの交流の中でフィールド的な暗黙知を形式知に転換する試みである。しかし，実践的研究が有する 1）個別性の原理，2）シンボリズムの原理，3）能動性の原理に起因して，実践的研究に必然的に付随する陥穽（かんせい）について留意することが必要である。

第一に，実践的研究の対象が，現在という時点とそれが位置する空間に拘束される。実践的研究を，対象とする問題が置かれている個別的な文脈から切り離して実施することはできない。このことより，ともすれば，実践的研究が単なる個別的事例の記述に堕する危険性が存在する。実践的研究は，具体的・個別的な事例を対象としながらも，そこから普遍的な「知」の体系を構築するという客観化の操作が必要となる。それと同時に，対象とする実践事例に即して，普遍的な知の体系から乖離（かいり）している個別性を見極めるという相対化の努力が必要となる。さらに，土木工学の実践には，現実の制度的な制約や財源的・人的制約の下で実施されるという制度従属性の問題がある。すなわち，評価の方法や視点が制度に従属しており，実践に対する評価が所与の制度的枠組みの下でのみ有効である場合が少なくない。現実の社会では，ある制度に関わる問題が，実は別の制度との関係にも影響されるという制度的補完性の問題が存在する。ここにも，制度的個別性と普遍性との対立という問題が介在する。このように，普遍性を求めながらも，同時に相対化を通じて個別性を見極めるという相対主義の難題が存在している。

第二に，対象とする問題に，実践者としての研究者だけでなく，利害関係や価値観の異なる他者が介在している点が挙げられる。土木計画学プロフェショナルは社会基盤整備に関する情報をメッセージとして関係する主体に発信する。送り手の伝達する情報は，送り手の認識体系の下での予想に基づくものであり，認識体系の異なる受け手が送り手の情報に対して異なる解釈をする可能性がある。一般に，利害関心や価値観の異なる主体間のコミュニケーションを通じて，相手の立場や認識に関する共通の理解を達成することは非常に難しい。関係主体間の円滑なコミュニケーションを阻害する大きな要因として，参加者間の認識体系の違いが挙げられる。コミュニケーションを行う参加者は，自分の要求や置かれている立場について発言するが，他の参加者がそのメッセージ内容に対して共通の解釈を持つとは限らない。心理学の分野における多くの実験的研究において，人々は自分の認識フレームを用いて相手の言葉や事象を捉え，主観的な解釈を当てはめることが指摘されている[25),26)]。これらの研究が示唆している点は，1）メッセージの持つ意味は唯一ではない，2）意味は必ずしも共有されないことである[27)]。第一に，1人の個人の有する認識体系においても，言葉の意味は個人の置かれた状況や文脈に応じて多数存在する。個人が自分の発する言葉にどのような意味を付与しているかは，個人が自分の置かれた状況をどのように認識しているかに依存する。第二に，言葉の有するシンボリックな意味は，各個人の経験や知識に基づいて構造化され，異なる経験や知識を有する他の主体との間で言葉の意味に関する一致を見ることは容易ではない。対象とする問題に関与するステークホルダーは，対象とする問題に対して，さまざまな認識を有し，異なった意味を付与する。このような多様な認識や意味を有するシンボリックな総体として位置付け，対象とする問題の意味の構造を分析することが必要である。既存の公共事業を対象とした実証分析を通じて，行政と住民とのコミュニケーションの失敗をもたらす原因として，利害関心の違い[28)]，視覚の違い[29)]，状況の定義のずれ[26)] 等が指摘されている。梶田[29)] によると，公共事業における視覚の違いは，「同一の社会問題が，別々の主体によって別々の問題として把握され体験される」現象として説明されている。さらに，公共事業の是非を巡り行政と住民との間で行われた対話を基に，このような認識のずれを生み出した会話のメカニズムが分析されている[30)]。異なる認識体系を有する関係主体の間で円滑なコミュニケーションを実現するためには，可能な限り認識の共有化を図る努力が必要となろう。

第三に，実践的研究の担い手は，対象とする問題と無関係に独立した存在ではなく，むしろ対象自体の中に課題性あるいは病理性を見いだし，対象の状態を改善することを目的として，対象に能動的に働きかける存在である。このような能動性の原理により，実証的研究自体が本質的次元でいくつかの陥穽を持っている[31)]。土木計画学の実践が価値自由ではあり得ず，ある種の複雑さを持った**社会的事業**（social enterprise）[32)] である限り，実践的研究が，現実的な政治の要請に対して距離ないし緊張を保てないことからくる学問の非中立化傾向が存在する。また，実践的研究者自身が，自らの帰属する歴史や文化性とは無関係でないという存在被拘束性の問題に目配りを怠り，特定の文化観や価値観に対する反省を忘れたとき，実践的研究特有の非中立性の陥穽に陥るという「関わりの**エトス**（ethos）の問題」が発生する。「関わりのエトス」は，実践的研究の対象とする地域に対するフレーム設定の適切性を吟味し，研究者自身による知的，学問的関与のスタンスの適切性を定める配慮にほかならない。さらに，実践的研究における能動性の原理は，「実践者自身が実践の評価主体となる」という方法論上の問題も引き起こす。実践的研究は実践的行為に対する評価を必ず伴うが，多くの場合は，実践者自身が自己の実践を評価することになる。この場合，実践者による実践の分析結果に，実践者自身の日常的な認識・解釈や制度的制約による限定が介入し，調査研究の客観性が損なわれる可能性がある。この難点を克服するためには，実践的研究に従事する者は，自分自身の実践を対象として観察する場合にも，できる限り自分自身から身を引き離して観察することが必要である。実践者による「実践の客観化」と「実践の客観化を行う行為そのものを客観化する」視点がいる。実践的研究は，「実践者が成し得た行為を評価する」，「実践がいかなるものか」を理解するために，実践を記述するモデルを作成する行為である。しかし，実践的研究はそれにとどまらず，いかなる意味において，「実践を分析する行為」が，対象とする問題との関係において適切性を有するかということを，可能な限り客観的な方法で説明する道具立てが必要となる。本章では，実践的研究におけるこのような過程を「客観化の客観化」と呼んでいる。

土木計画学プロフェショナルが，これまでの関与してきた実践の多くは，国や地方自治体が進める土木事業であり，そこでは社会的事業の適切性は事業主体により担保されているという前提で土木計画学プロフェショナルの関与が求められることが少なくなかった。したがって，実践的研究における客観化の客観化操作に思い悩み，客観化の客観化の方法論の開発に取り組む機会はそれほど多くはなかった可能性がある。しかし，国民の価値観が多様化し，問題が複雑化した今日，社会的事業を進めるに当たって，事業主体も含めて客観化の客観化の重要性は否応（いやおう）なく増加してきている。さらに，1.5.4項で紹介するように，日本の土木計画学プロフェショナルが海外の土木計画に関与する場合，現地のコンテクストを踏まえ自らの実践の適正性を客観化するとともに，さらにその客観化の客観化に向けて努力することが強く求められることになる。

1.3.4　実践モデル

実践的学問が学問としての定位置を占めるためには，1）実践的研究における実践の形式化操作（「客観化」），2）実践の形式化操作の形式化（「客観化の客観化」）という二重の形式化操作が必要となる。前者は，技術的合理性に基づく厳密性が支配する領域であり，後者はフィールド的な実践に要請される個別性，シンボル性，能動性の原理に基づいて，実践的研究における客観化操作が，実践の要求に対して適切性を有するのかが議論される領域である。実践的研究は，分析者が利用可能な客観化過程の道具立て（レパートリー）を蓄積するとともに，「客観化の客観化」を実施するための道具立て（実践モデル）が必要である。これら二つの過程は，互いに独立して存在するのではなく，互いに不可分に関係している。そこには，実践的研究に特有の「自と他」，「個と全体」，「内と外」，「相対時間と絶対時間」，「愛着と客観化」，「厳密性と適切性」という背反・矛盾するアポリアが存在する。実践的研究では，分析者自身が客体に対して能動的に働きかけをすると同時に，逆に客体により分析者自身へのフィードバックを通じて，つねにアポリアを止揚していくという弁証法的実践が必要となる。シェーンは，このような弁証法的実践を省察的実践[15)]と定義している。実践的研究とは，実践者による省察的実践に関する研究にほかならない。そこでは，研究と実践がつねに直接的にコミュニケートしており，「行為の中の省察」はそれ自体が研究と実践の手段となる。実践的研究では，伝統的な技術的合理性モデルを用いた客観化レパートリーを蓄積すると同時に，客観化の客観化を達成するための実践モデルの開発が求められる。土木計画学の分野における実践モデルに関する研究事例は少ないが，シェーンは，臨床的分野の実践研究事例を蓄積し，1）フレーム分析，2）フィールド実験，3）橋渡し理論，4）「行為の中の省察」プロセスという実践モデルを提案している[15)]。シェーンが提案した実践モデルは，土木計画学の実践モデルを開発していく上でおおいに参考になると考える。

〔1〕　フレーム分析

土木計画学プロフェショナルは，具体的な問題を対象とするに当たり，対象の固有性を踏まえた問題のフレームを設定することが必要となる。プロフェショナルは，過去の経験，類似の事例，科学技術に関する知識に基づいて，対象とする現実の個別問題に対してフレーム設定を試みる。このとき，実践者が設定するフレームの内容は，プロフェショナルが適用可能な技術や知の体系，経験の総体に依存する。実践者が理解し行動するために利用可能な道具立ての集合をレパートリーと呼ぶ。プロフェショナルは，自らが持つレパートリー内にある知識や経験で利用可能なものを探索し，あるいは利用可能な外部知識や技術を利用して，対象とする問題の解決のための道具立てを再構築することが必要となる。実践的研究において，レパートリーの再構築が重要な領域を占めることはいうまでもない。レパートリーの再構築に当たっては，土木工学の分野や自然科学，社会科学をはじめとする関連分野における技術的合理性モデルが重要な役割を果たす。しかし，このようなレパートリー再構築の過程において，「既知の状況で起こった事例に基づいて，プロフェショナルが直面している状況を問題として設定し，必要とされるレパートリーを構想する能力」が動員される。このような実践的行為においては，1）既往事例の調査と利用可能なレパートリーの抽出，→ 2）新たな視点，問題点の抽出によるフレーム分析，→ 3）レパートリーの再構築とフィールド実験による仮説の検証，という省察のプロセスが繰り返される。

土木計画学プロフェショナルの「わざ」は，未知の状況に持ち込むレパートリーの幅と多様さに依存する。プロフェショナルが未知の状況に出会った場合，自分自身が利用できるレパートリーの範囲を拡大するために「フレーム分析」が必要となる。フレーム分析とは，自分が問題解決において利用するレパートリーの範囲や分析の対象を明示的に記述することを意味する。フレーム分析において，取り上げるべき要因としては

1）問題解決のために用いる道具立て（レパートリー）のリスト
2）問題状況を記述するモデル
3）問題のシンボリック構造を記述するための包括的理論
4）実践の参加者と役割フレーム

等である。このようなフレーム分析を通じて，プロフェショナルは自分が依存する暗黙のフレームを再認識することが可能となる。さらに，フレーム分析の結果に基づいて，クライアントやステークホルダーとコミュニケーションすることにより，対象とする問題に対する視点が，多元的であることを認識することができる[33]。また，自らの実践を構成している複数の役割フレームに気付く場合もあろう。それにより，暗黙のフレームを，「行為の中で省察する」ことが可能となる。その際，実践者はともすれば，すでに確立している理論や技術のカテゴリーに頼り，既存事例のフレームを踏襲しようとする可能性があることに留意することが重要である。特に，実践者が個人的，組織的にすでに確立した既存フレームを維持しようとすることは，実践者が自身の探求について省察しないことにほかならない。換言すれば，既往事例において用いられたフレームを暗黙知として神格化することにつながる。このとき，実践者に対して，既存フレームによる自己規制を打破し，直面する問題における個別的文脈の中で自分の役割フレームを見直し，フレームを改善するための学習行為を動機付けることが必要となる。以上の考察に基づけば，フレーム分析において，留意すべき点として，以下の事項を指摘することができる。

1）すでに確立している理論や技術のカテゴリーに頼らず，行為者の省察を通して，独自の事例について新しい理論を構築することが重要である。
2）手段と目的を分離せず，両者を問題状況に枠組みを与えるものとして相互的に捉えることが必要である。

〔2〕 フィールド実験

伝統的学問観の下では，実験は科学的・技術的仮説を検証するための道具的手段として位置付けられ，他人が同じ方法で実験を実施した場合に，同じ結果が得られるように実験プロセスを管理することが要請される。研究者は実験プロセスに，自分の関心や好みが介在しないように，対象との距離を維持することにより実験の客観性を保つことが要請される。しかし，実践的行為においても，土木計画学プロフェショナルはフィールドにおいて，さまざまな種類の実験を実施している。地盤探査や試行的な実験，手立てや仮定を試す実験，社会的実験など，工事の実施や政策の実践の準備をするための試行的なフィールド実験が該当する。フィールド実験の目的は，科学的・理論的仮説モデルを検証することを目的とした管理された科学的実験とは異なる。実践の中で行われるフィールド実験は，プロフェショナルが「自らが直面している状況の不確実性を減らすことにより，より望ましい意思決定や判断を行う」ことを目的としている。言い換えれば，土木計画学プロフェショナルにとって，実験の目的は科学的理論や技術的命題を検証することではなく，プロフェショナルが取り組んでいる問題自体を実験対象とし，問題の解決に当たって，より良い結果をもたらす手立てを見いだすことを目的としている。

土木計画学プロフェショナルによるフィールド実験の目的は，必要とする情報のタイプや内容，不確実性の程度に依存している。したがって，実験の成否は，実験結果の精緻性・厳密性や学術的新規性により判断されるのではなく，「問題の状況をどの程度把握できたか」，「プロフェショナルが置かれている情報や分析環境をどの程度改善できたか」，というフィールド実験の適切性によって判断される。生じた状況の変化が，実験の成果である。それゆえ，フィールド実験のプロセスは，科学的手続きによって設計されることはいうまでもないが，それ以上に

1）意思決定や判断のために，必要な情報が得られるのか？
2）状況に新しい意味を与え，疑問の性質が解明されるか？

という課題に応えられるように設計されなければなら

ない。この点において，実践的なフィールド実験は，ポッパー[34]がいうような科学的仮説を反証するという反証主義に基づく実験ではない。そこでは，フィールド実験を通じて，意思決定の合理化が達成できるのかという，実験の適切性に関する検証が重要な課題となる。

このようなフィールド実験は試験室や現場における実験にとどまらない。土木計画学プロフェショナルがメモやスケッチ，走り書きをすることは，土木計画学プロフェショナルが作り出した仮想的な世界において実験をしていることにほかならない[15]。現実社会において実験することが困難な場合でも，シミュレーションや思考実験を通じて，より良い判断や決定を行うための努力が必要である。この場合，土木計画学プロフェショナルは思考実験を実施し，それを問題解決に利用するという実践と，対象に対する働きかけを通じて思考実験を実施する能力を高める実践という二重の意味の実践を行うことになる。このような実践が可能になるためには，土木計画学プロフェショナルには，自分が対象に対して働きかけた部分と，自分の意思とは無関係に対象がそれ自体として機能した部分を峻別できる省察能力が要請される。このような省察能力を通じて，土木計画学プロフェショナルは，思考実験の結果に従って，対象に対して能動的に働きかけるが，是正すべきことがあれば，いつでも行動を取りやめ，別の方法を考えるための思考実験を行う必要性をあらかじめ準備しておくことが可能となる。

〔3〕 橋渡し理論

土木計画学プロフェショナルには，対象とする問題とそれを解決するために必要なレパートリーをマッチングさせることが求められる。しかし，土木計画学プロフェショナルが，自分が持っているレパートリーだけでは，直面する問題に対して十分に対処できない場合がある。その場合，土木計画学プロフェショナル自身が，自分が置かれている状況が「自分の過去の経験や知の体系とは相いれないような新しい状況である」ことを理解するために，状況を再構築するための理論が必要となる。土木計画学プロフェショナルは自分が有しているレパートリーと，自分の外部に存在する経験や知の体系とを結び付け，レパートリーを再構築することが必要となる。このようなレパートリーを結び付けるための理論や方法が必要となるが，このようなレパートリーを再構築するための理論を「橋渡し理論」と呼ぼう。土木計画学プロフェショナルは，橋渡し理論を用いて，実践行為を説明することが可能となる。典型的な橋渡し理論は

1）普遍的法則ではなく，固有の事象に内在する主題的なパターンを発見する方法
2）主題的なパターンを個別的な文脈に適した形に翻訳する方法
3）科学的厳密性を求めるのではなく適切な厳密性を求める方法

で構成される。橋渡し理論は，土木計画学プロフェショナルが，既往の実践事例やエピソードを検証し，フレームの再認識とレパートリーを再構築するために用いる方法である。実践的研究は，橋渡し理論の内容やその適用成果をケーススタディとして記述するものであり，形式知化された実践の事例研究を通じて他の実践者たちが問題の見方やレパートリーの再構成方法を学ぶことになる。

問題が複合性や越境性を有する場合，土木計画学プロフェショナルは，自分とは異なるフレームやレパートリーを有する他分野のプロフェショナルとパートナーシップを組むことが必要となる。このため，1.2.2項で述べたように，土木計画学プロフェショナルは自分自身の本来的な専門領域におけるレパートリーと，新たに獲得した越境的なレパートリーの間の正確さのギャップに対して敏感でなければならない。土木計画学における実践的課題の知の領域は，土木工学の分野をはるかに超え，例えば社会科学や人文科学の領域までも拡大する場合が多々ある。拡大する領域のレパートリーが必要な場合でも，それぞれの分野を専門とする分野の実践者と同等それ以上の内容を持つレパートリーを用いることが必要である。越境する分野に対する生半可な知識や独りよがりの理解を応用してしまうという愚を犯してはならない。実践者が自ら知の越境を試みる場合には，越境した領域に飛び込み，その領域における方法概念と方法論を本気で修得し，その領域の実践者や研究者たちとの学問的競争に取り組むことが求められる。

シェーンは，実践者と研究者の協働は，互いに「往還できる境界（permeable）」を持ち，互恵的な行為の中の省察に基づく関係の下で実践されると述べた[15]。そこでは，「実践者としての研究者」と「研究者としての実践者」とのパートナーシップが必要となる。さらに，彼は実践者と研究者とのパートナーシップは，研究者自らが自己の省察力を高め，つぎに実践者の省察力も育成するように援助する必要があると指摘している。研究者には，自身の実践者を省察し，さらには実践者の省察をも援助するという二重の課題が課せられている。産官学共同モデルが提唱されて久しいが，土木計画学の分野で産官学共同が実を結んだ実例はそれほど多くない。橋渡し理論に基づけは，**パートナーシップを実践するためには，まずは知の形式化**

のプロフェショナルである研究者の方から「実践者としての研究者」として実践者に歩み寄り，実践者の暗黙知を形式知に変換するアクションを起こすことが出発点になる。

〔4〕 省察の中の考察

土木計画学プロフェショナルは実践の過程の中で，当初設定したフレームの適切性，再構築したレパートリーの有効性，フィールド実験の適切性について，状況との対話を通じて省察することが必要である。すなわち，土木計画学プロフェショナルは

1）設定したフレームは問題を解決するために適切であるか？

2）現在のレパートリーを用いて，問題を解決することが妥当であるか？

3）思考過程やフィールド実験による検討過程が理路整然としているか？

4）対象とする問題の意味の構造（シンボリックな意味）を正しく把握しているか？

5）現在の方向性で探究を推進し続けることが可能か？

という問いを自分自身に向かって問い続けることが必要である。

土木計画学プロフェショナルは省察の中の考察を通じて，問題フレームの設定を転換していく。しかし，問題の枠組みを転換した時点で，どのような解決法があるのかを知らないし，新たな問題を解決できるという確信を持っていない場合も多々ある。しかし，問題フレームを転換することにより，問題や状況に対する理解が進んでいることを確かめ，新しいレパートリーを再構築することが可能となる。また，プロフェショナルが再構築したレパートリーは新しい効果や予期せぬ効果を生み出すが，効果自体に新しい意味や有用性が発見できるかという視点より，新たなレパートリーの適切性を評価することになる。問題のフレーム変換と新しいレパートリーの導入により，対象とする問題や状況に新しい変化が生じる。土木計画学プロフェショナルはこのような問題や状況の変化と対応して，適宜問題のフレーム転換を行っていくのであり，それは問題状況との省察的な対話によって可能となる。

1.3.5 実践的研究の評価

実践的研究は個別性，シンボル性，能動性という特性を有している。実証科学的な学問の基準に照らせば，実践的研究の知は普遍性，論理性，客観性という視点において，その妥当性や正当性が疑われる可能性がある。土木工学における実践を「フィールド的な知」を産出する方法と位置付ければ，実践的研究による知の信頼性をどう評価するかが問題となる。実践知に関する論客であるフェンスターマッハー[35]は，文脈依存的な実践知と，文脈を越えて一般化可能な形式知を峻別している。その上で，主張の根拠と正当性の確立が実践知の確立において不可避であるという立場から，実践知の正当化が，フォーマルな形式知を生み出す実証的科学という方法論を採用せずに達成できるという主張に異議を唱えている。一方，リチャードソン[36]は，実践的探求の知とフォーマルな研究の知を区別して，実践者による実践的研究は，実践の変化やそのための理解を目的としており，一般法則の定立の目的のためには実施されないとし，個別性を有する実践知の記述を通じて新しい課題や関心を提供することにより，逆にフォーマルな研究を動機付けるものとして実践的探求を擁護している。しかし，これらの研究は，いずれも実践知と形式知に対して厳格な二分法を採用している点に特徴があり，実践的研究が技術的合理性による「厳密性基準」に準拠したレパートリーの産出というフォーマルな研究を内包しつつ，状況との対話の中で「適切性基準」に基づいて，実践的行為に対する省察を通じて，弁証法的方法論により問題解決を目指すという視点を無視している。このような視点から，アンダーソン・ヘアー[37]は，実践的研究が実証科学的研究を評価する厳密性基準と同じ基準で評価されるべきではないとしながらも，実践的研究を誤った方向に導かないように新たな基準が求められるとしている。ここでは，アンダーソン・ヘアーが試験的に提案した五つの基準[37]（以下，A・H 基準と呼ぶ）について紹介しておく。

1）**結果的妥当性基準**　実践的研究の対象となる実践的行為により，どの程度対象とする問題の解決につながったのか？

2）**プロセス的妥当性基準**　データ収集や分析など，実践で用いたレパートリーとその適用方法がどの程度妥当であるか？

3）**民主的妥当性**　問題に関わる関係者やステークホルダーの多様な視点をどの程度考慮したのか。あるいは，関係者の協働をどの程度実現できたのか？

4）**触媒的妥当性基準**　実際の変革を実現していくに当たり，参加者や関係者をどの程度動機付けたのか？

5）**対話的妥当性基準**　研究の参加者の間で，どの程度省察的な対話がなされたのか？

A・H 基準は，実践的研究におけるレパートリーの妥当性や，成果の評価だけでなく，民主的関係や協働的関係の形成過程も評価の射程に入っていることが特

徴的である。一方で，実践的研究のすべてに適用可能な評価基準を開発することに懐疑的な見解[38]もあり，実践的研究の評価基準に関しては丁寧な議論を積み重ねていくことが重要である。

土木計画学における実践的研究は，個別性，シンボリズム，能動性という特性を持つがゆえに，普遍性，論理性，客観性という実証科学的な基準を用いて，その妥当性を十分に評価できないという本質的な問題をはらんでいる。その結果，土木計画学プロフェショナルによる実践は，1）プロフェショナルの意味が正しく捉えられておらず，行為の中の省察が十分であるとはいい難い。2）自分たちは技術的熟達者であるという見方にとらわれて，実践の世界の中で省察を行う機会が少ない。3）省察的実践者は，行為の中の省察を形式知として記述できていないという状況に陥っている場合が少なくないと考える。こうした状況の打開に向けて，1）省察の中の考察について研究を深めることがきわめて重要である，2）厳密性か適切性のジレンマに関わる認識論を，事例解決を通じて蓄積していくことが求められる。土木計画学は，まさに土木工学の実践の中から発展してきた学問体系である。それにもかかわらず，土木計画学の実践的研究の重要性が認識されてまだ日も浅く，十分な研究が蓄積されているとはいい難い。実践的研究を発展させるに当たり，以下のような研究課題を考えることができる。第一に，土木計画学の実践におけるレパートリーの拡大と蓄積を図る必要がある。レパートリーの開発に当たっては，実証科学の分野における目的合理性や技術的合理性を考慮することが重要であり，A・H基準の中でプロセス的妥当性基準を用いた評価が可能である。第二に，1）フレーム分析，2）フィールド実験，3）橋渡し理論，4）「行為の中の省察」プロセス等の実践モデルに関する研究の蓄積が必要である。実践モデルの開発に当たっては，実践的研究の個別性，シンボル性，能動性を考慮した視点が必要であり，良質な実践事例やエピソード等に関するフィールド的な知を形式知化する努力を積み重ねることが重要である。実践モデルの評価に当たっては，結果的妥当性，民主的妥当性，触媒的妥当性，対話的妥当性基準等，実践的研究特有の視点が必要となろう。第三に，実践的研究の評価基準とA・H基準を例示したが，これらの評価基準の概念的深化が必要である。一方で，実践的研究のために画一的な評価基準を導入することの危険性も指摘されており，実践的研究の評価方法に関して今後研究を蓄積していくことが必要である。

1.4　土木計画学の発展のために 1：正統化の課題

1.4.1　行政・市民パートナーシップ

土木計画学が対象とする問題には，政府，企業，家計だけでなく，NPO，NGO，市民団体など，さまざまな組織が関与する。地域における公共的問題を解決する上で，市民参加やボランタリー組織といった「新たな公」に期待される役割は必ずしも小さくない。しかし，ボランタリー組織は企業と比較すれば，制度的な統制が効きにくい組織である。したがって，行政とのパートナーシップが機能するためには，両者の間に適切なガバナンスが働くことが前提となる。行政は将来にわたり存続することを前提としており，いわば行政は最終的な責任者として逃げ道のない立場にある。行政・市民パートナーシップを実践する上で，行政は最終責任者としてボランティア組織との間に「健全な委託者－受託者関係」を維持する責務を持っている。そのために，ボランタリー組織と公共主体との契約およびリスク分担や，意思決定および政策論議におけるアカウンタビリティ等，ボランタリー組織が適切に機能するための制度的枠組みを整備することが重要である。

近年，行政による意思決定において，意思決定に至った理由を市民に対して説明することが求められるようになってきた。このような説明責任はアカウンタビリティと呼ばれる。アカウンタビリティという概念は，もともと組織内における上司と部下という二者関係に対して用いられてきた[10]。現在，公的アカウンタビリティ概念は，伝統的な二者関係の問題として捉えきれない内容を持つようになっている。そもそも，間接民主主義制度においては，立法機関は行政機関を政治的に統制することにより，自らの政治的アカウンタビリティを果たすべき立場にある。行政機関は立法機関に対してアカウンタビリティを示す義務がある。しかし，近年，行政が直接的に市民に対してアカウンタビリティを示すことが求められている。さらに，行政による委託により，ボランティア組織が公共サービスを提供するとき，ボランティア組織には行政に対してアカウンタビリティを果たすことが求められる。さらに，行政は，市民に対して「ボランティア組織との間の委託－受託関係の実態と成果」に関してアカウンタビリティを果たすことが求められる。

委託－受託関係におけるアカウンタビリティの基本的な構造は，「委託－受託内容に関して当事者の間でどのように合意が達成されているのか（意味の構造）」，「受託者は自己の行為をどのような基準で正統化するのか（正統化の構造）」,「委託－受託関係がどのようなガバナンスで機能しているのか（支配の構造）」という三つの基本的な部分構造を通じて把握することができる[39]。公的アカウンタビリティは行政が市民の信頼を獲得するための手段であり，行政による意思決定の正統性（legitimacy）を高める機能を有し，行政と市民の間で互いに共有，合意し得る条件を引き出し，無用な紛争を防ぐ上で重要である。事業の失敗や破綻処理に関わる費用の最終的な負担者は市民である。したがって，行政は行政・市民パートナーシップの妥当性に関して，可能な限り市民の賛同を獲得しておくことが要請される。多様なボランティア組織が存在する中で，行政はすべてのボランティア組織との間でパートナーシップを締結することは不可能である。ある特定のボランティア組織との間で，排他的にパートナーシップ契約を締結することとなる。そこで,「どのようなボランティア組織のパートナーシップを妥当なものとして認めるのか」,「パートナーシップの成果は妥当であるか」という正統化の問題がつねに重要となる。

1.4.2 土木計画の正統性

社会基盤整備は，行政，利用者，納税者，企業，組織等のさまざまな利害関係者に直接的・間接的な影響を及ぼす。利害関係者は，多様な価値観や利害関心を有しており，それぞれ特定の立場から，社会基盤整備に対する異なる要求水準を有している。多様な利害関係が存在する中で，すべての主体を満足させるような合意を形成することは実質的に不可能である。そこで，誰の意見，要望を妥当なものとして認めるかが重要な問題となる。すなわち，意思決定の正統性をどのように賦与するかという問題である。

サッチマンは，正統性を確保する上での三つの課題として，1）利害関心の異質性，2）正統性の硬直性，3）敵対者の形成を挙げている[40]。第一に，関連する主体が，互いに異なる利害関心を有している場合に正統性が必要とされる。すべての主体を満足させる行為が存在すれば，正統性の問題は生じない。第二に，ある特定の立場の意見や要望が妥当であると判断される（正統性が認められる）と，正統性を付与された立場が硬直化し，それと異なる立場の意見や要望を排除する傾向が生まれる。第三に，社会的意思決定における判断が硬直化すれば，異質な利害関心が存在するために，それに対する敵対者を生み出す。

多様な利害関係が存在する中で，すべての関連主体を満足させる社会基盤整備を実施することはきわめて困難である。そこで,「どのような立場の意見や要望を妥当なものとして認めるか」という正統化の問題が重要となる。このような正統化の形成に対して，社会基盤整備に関わる利害関係者がどのような要求内容や関心を有しているかを理解し，総合的，俯瞰的立場から整備水準を評価する組織が重要な役割を演じる。さらに，社会基盤整備においては，高度に専門的な判断が要請される。社会基盤整備における意思決定の正統性を確保するためには，多様な利害関係者の要求内容や関心を把握するとともに，専門的な観点から意思決定の内容の妥当性を評価することが土木計画学に求められる。

正統性に関しては，社会学の分野で多くの研究が進展した。例えば，マウアー[41]は，階層的組織における評価の視点に着目し,「正統性は，ある組織が，自分の行動や意思決定に関して，上部システムや同等に位置するシステムの同意を得る過程である」と定義している。また，フィーファーらは文化的受容の観点から，正統性は「組織の活動に関連するもしくはその活動に内在する社会的価値と社会システムにおける許容された活動規範との調和」を表すものと定義する[42]。さらに，メイヤー，スコットは，組織が望ましいかどうかよりも，理解可能であるか否かを組織の正統性の根拠としている[43]。こうした多様な定義を踏まえた上で，サッチマンは正統性を「ある主体およびその行為を，規範，価値，信念，定義等が社会的に構造化されたシステムの中で，望ましく妥当であり，あるいは適切であるという一般化された認識」と定義する[40]。サッチマンによる正統性の定義は，ある主体や組織の行為に対して外部的な観察者（observer），あるいは観衆（audience）の視点を包含している。すなわち，正統性とは，特定の観察者とは独立した概念であり，ある主体の行為を集団としての観衆の視点から捉えたものである。ある主体の行為に対して，観衆の中には，その行為に対して否定的な見解を有するものも存在するが，観察者の集団全体として見れば，その行為に対する承認や支持を与えている場合，その行為は正統性を有していると考える。

サッチマンは，このような正統性を三つに分類している[40]。すなわち，1）**実用的正統性**（pragmatic legitimacy），2）**道徳的正統性**（moral legitimacy），3）**認識的正統性**（cognitive legitimacy）である。第一の実用的正統性は，ある主体の行為がそれに関連する人々の利益の増進につながるかどうかに基づく正統性である。実用的正統性は，ある主体の行為が，関連する主体に対して利益をもたらす場合や，社会全体にとって利益が期待される場合に付与される。社会基盤整備の実用的正統性を確保する手法として，費用便益分析等が利用される。しかし，社会基盤整備により，関連するすべての主体が利益を享受することを保証することは実質的に不可能である。したがって，実用的正統性の概念のみにより，社会基盤整備を正統化することには限界がある。第二の道徳的正統性は，行為が正しいかどうかという評価に基づくものである。道徳的正統性における評価は，1）行為の結果に対する評価，2）行為の手続きに対する評価，3）行為主体に対する評価に分類される。社会基盤整備という行為がもたらす結果の評価とは，不利益を被る主体や環境に対して十分な配慮がなされ，可能な限り負の影響が及ぶ範囲を縮減し，その影響を緩和するための対策が十分かどうかに関する評価を意味する。行為の手続きに対する評価とは，社会基盤整備に関わる意思決定が，一連の公正なルールに基づいて実施され（手続き的に妥当であり），その過程の透明性が保証されることを意味する。行為の主体に対する評価とは，行為の主体が受託者として適切な誘因・報酬構造を有しているかという問題である。例えば，ある主体が利益相反する目的を有する場合，適切な誘因・報酬構造を有しているとはいい難い。観衆がある主体の行為が適切であるかどうかを判断することができるのは，当該の主体が行為を実施するために適切な能力とそれを実施するための適切な誘因・報酬構造を有している場合である。第三の認識的正統性は，利益や評価ではなく，社会的に必要性が認識されることに基づく正統性である。このような正統性の基準として，**理解可能性**（comprehensibility）と**当然性**（take-for-grantedness）がある[40]。理解可能性は，ある行為がもたらす結果が予測可能で，かつ行為の内容とそれがもたらす結果がわかりやすいかどうかを意味する。一方，当然性は，ある行為とそれがもたらす結果に対して，十分な議論や検討がなされて，その内容が社会的に当然のこととして受け入れられる程度に成熟したものであることを意味する。

社会基盤整備において，関係主体が多様な価値観を持ち，互いに利害が対立するような環境において合意を形成することはきわめて難しい。現在，パブリックインボルブメント（以下，PIと略す）をはじめとして，多くの市民参加型の計画学プロセスが提案されている[44),45]。このような計画学プロセスにおける意思決定が正統性を持つためには，一義的には実用的正統性，道徳的正統性を達成することが必要である。しかし，これら二つの正統性概念だけでは，社会基盤整備の正統性を完全には保証できない。最終的には，社会基盤整備がプラス・マイナスの影響に関して，事前に十分に検討し，認識的正統性を確保し得たかどうかが重要な課題となる。

1.4.3　起業的アプローチとボランタリー組織

多くの地方都市や中山間地の活性化の中で，ボランタリー組織が欠くことのできない役割を果たしている。ボランタリー組織には，NPO，NGOのみならず，きわめて多様なものが含まれる。ボランタリー組織を「新たな公」と呼ぶことがあるが，ボランタリー組織には従来の「官民協働」の枠組みにとらわれない新しいタイプの行政・企業・住民パートナーシップを推進する役割が期待されている。ボランタリー組織の形態はさまざまであるが，1）組織という枠組みに拘束されない，2）自主的・自発的に参加している，という共通した特性を持っている[46]。「組織でない組織」，「入るのも，出るのも自由な組織」が一体として行動するためには，組織をまとめあげていくロジックが必要となる。多くのボランタリー組織は，価値観や行動の目的を共有化する人々が集まって作られる場合が多い。そこでは，メンバーの間の信頼関係が重要視されている。特に，メンバーがリーダーに信頼を寄せるためには，リーダーがすぐれた知識や技能を持っているとともに，人柄や誠意という人間性に魅力がなければならない。このように，ボランティア組織は，入るのも自由，出るのも自由な集まりであり，その責任遂行能力に限界がある場合も少なくない。

人間がボランティアとして動くのには限界がある。ボランタリー組織が地域活性化の主役になっていくためには，収入源を確保し，自立的組織としての陣容を整えていくことが必要である。多くのボランタリー組織は，リーダーの交代や金銭的チャネルの枯渇による消滅の危機にさらされている。このように，持続性に問題があるボランタリー組織も少なくない。しかし，多くの地域活性化の現場において，ボランタリー組織の活動が期待されている背景には，もとより「ボランタリー組織が泡のような存在である」ことが暗黙の了解となっている。むしろ，地域社会が大量の泡を必要としているといった方がいい。「ブクブク泡だってくれる」ことが，地域社会を変えるために必要なのである。

地域住民，民間企業と行政が協働しながら地域活性化を図っていくような方法を起業的アプローチと呼んでみよう。起業的アプローチでは，民間企業や住民組織等が，地域ビジネスや地域活性化方策に関して新しいアイデアを発案し，行政との協力関係の下で実験的に，少しずつ地域活性化に向けて歩みを進めていく。そこでは，地域住民，民間企業，行政等のパートナーシップが期待されている。パートナーシップ型の起業的アプローチは，これまでの行政主導型アプローチに対して，1）時間コストの低減，2）行政サービスの革新，3）個別事例の重視（easy of tailoring programs），4）潜在的なクライエントの検出等が期待されている[47]。行政が政策を実施する場合，予算措置や行政組織内の意思決定が必要となるため，どうしても決定が遅くなる。また，民間企業や地域住民の方が，新しいアイデアを持っている場合も少なくないだろう。しかし，筆者は，民間企業やボランタリー組織が，地域活性化における「個別事例の重視」，「潜在的な顧客の検出」の点においてすぐれた役割を果たすと考えている。行政は，公共サービスの提供においてつねに**普遍主義**（impartiality）原理を考慮しなければならない[47]。行政はある特定の個人やコミュニティを「えこひいき」できないのである。行政に対してなんらかのリクエストをしたときに，行政が「あなたの指摘はよく理解できます。しかし，あなただけを特別扱いできないのですよ。」というような返答を耳にした読者は大勢いると思う。しかし，それが行政の基本原理なのである。行政がその場その場の要求に対して，「えこひいき」を繰り返したら，現場は混乱してしまう。

その一方で，地域住民のニーズはコミュニティによって千差万別であり，このような公共サービスを，普遍主義原理の下で提供するのは不可能に近い。さらに，特定の個人（顧客）が有している特殊なニーズに関しては，顧客の身近にいる人々の方がきめ細かい情報を持っている。地域活性化においては，このような個別事例が重視されることが多いため，地域における民間企業やボランティア組織による起業的アプローチが有効なのである。一方で，ボランティア組織によって提供される公共サービスが，普遍主義原理を満足する保証はない。行政は，あくまでも普遍主義原理に従って，住民に「公平に公共サービスが提供されているか」，「効率的に公共サービスが提供されているか」について評価し，必要とあればボランティア組織の活動を支援し，不足するサービスを補完することが必要となる。

1.4.4 地域学習の重要性と権源的アプローチ

起業的アプローチでは，起業を担うリーダーを養成することが重要である。さらに，地域の価値を高めることを目的として，リーダーたちが情報交換や相互学習するためのネットワークが形成されれば，リーダーや関係者の学習が促進される。また，行政は，民間企業やボランタリー組織との協働によって，地域活性化のための条件や，問題解決の方法について多くの情報を獲得することができる。このような，行政，企業，住民の間の協働活動を通じて，地域で活動する人々の集団的な学習が行われる。

起業的アプローチでは，それぞれの活性化活動を試みるリーダーがイニシアティブをとり，地域の人，物，資金，知識をネットワーク化することで，地域のソーシャルキャピタルを再整備し，地域の潜在的な価値を引き出すことが求められる。ボランタリー組織は活動のために何がしかの資金や資産を持っているが，これらの資源はメンバー全員が共有する財産と認識されている場合が少なくない。組織内のガバナンスは契約関係で成立されているわけではない。むしろ，メンバー間の信頼関係に依存しており，メンバー間における資源・役割配分においては効率性よりも，公平性，公正性が重視される場合が多い。ボランタリー組織が効率的，効果的に行動するか否かは，ボランティア活動の指導者のリーダーシップの特性に依存する。リーダーシップのあるべき条件として，以下のような条件が挙げられる[48]。1）組織のミッション（目的）を明確にして，ぶれないこと，2）重要な活動やイベントを実施するときに，多くの人を動員する能力があること。関係者が「あの人のためなら動こう」という気持ちを持つためには，日頃から人徳を蓄えておく必要がある。3）未来のことに対して，小さいことばかりをいうのではなく，夢を与えるためには「ほら吹き」であることが望ましい。実現性のない「大ぼら」は逆効果であるが，同じことでも元気がでるような「言い方（レトリック）」を身に付けていることが重要である，4）異なる組織と協力関係を築きながら新しい組織を立ち上げようとするといろいろな矛盾が現れる。このとき，「新しい事業に協力するためには，議論のための境界条件をはっきりさせろ」という声が参加者の間でつねに発生する。しかし，新しいことを始めるときに，境界条件などどこにもない。リーダーは，複数の組織の間にある矛盾を一手に引き受け，その矛盾を克服するために新しい制度的・組織的枠組みを作り出す才能や才覚を持ち合わせておく必要がある。5）自分たちの活動や組織が，ほかにはない「どのようなオンリーワンを持っている」か，を創り出すことが必要である。はじめからオンリーワンなるものは存在しない。それはすべて創り上げられたものである，6）メンバーの意識を高めるためには，競争相手，ライバルをつくり，「打倒○○」という意識を共有することが重要である。7）起業行動には必ずリスクが伴う。リーダーはリスクを引き受けるとともに，リスクが発生した場合の対処方法を用意しておくことが必要である。

地域活性化の課題は，地域によって多様に異なる。風土，生産環境等，きわめて個別的である。とりわけ，リーダーの資質や地域住民の気質といった人間的な条件が決定的な影響を及ぼす場合が多い。地域の問題を解決するための万能な特効薬など存在しない。行政，民間企業，住民が，互いに協力しながら実態の解明とその解決の方向に向けて努力を重ねていかざるを得ない。そのためには，地域に居住するさまざまなリーダーや関係者（いわゆる，ステークホルダーたち）が，互いに都市・地域問題の解決に向かって学習していくメカニズムを確立することが必要となる。このような地域学習のガバナンスを確立するためのアプローチとして，1）住民参加アプローチ，2）ステークホルダーアプローチ，3）権源的（entitlement）アプローチが考えられる。このうち，住民参加アプローチは，例えば社会実験のように，行政が地域学習の機会を提供し，そこに住民が参加することにより，住民に学習する機会を与える方法である。ステークホルダーアプローチは，例えば，起業塾のような形でステークホルダーの教育を行い，それを通じてステークホルダーの行動を誘導しようとするアプローチである。しかし，これら二つのアプローチにおいては，地域住民の学習過程が受動的であるという限界がある。

権源的アプローチは，地域住民に公的サービスの生産や政策立案に対して関与できる機会を与える方策である。地域住民の能動的な学習過程を実現するためには，ボランタリー組織や地域住民に対して公共サービスの企画立案や生産のために必要な（一部の）資源と意思決定における裁量を賦与することが必要となる。それと同時に，ボランタリー組織や関連する地域住民に，行動内容やその成果に関して報告義務（アカウンタビリティ）を求めることが必要となる。このような権源的アプローチは，ある一定の進化過程を遂げることが知られている。行政，民間企業，住民等によるパートナーシップの形態としては，1）生産活動への共同参加（joint creation），2）生産活動に関わる意思決定過程への参加（coprovision），3）資金の提供（cofinancing）という三つの段階が存在する。共同参加は行政や民間企業がイニシアティブをとり，それに対して住民が参加していく形態をとる[49)]。さらに，共同参加のプロセスが発展すると，住民が意思決定過程に参加するようになる。しかし，協働生産が，共同参加，意思決定への参加という形態をとる場合，住民の参加は受動的なレベルにとどまる。資金提供とは，コミュニティファンドのように，町民が地域における起業に対して資金参加をするようなパートナーシップを意味している。生産活動，意思決定への共同参加の段階と，資金提供の段階の間には，非常に大きな差異がある。町民が資金提供をする以上，起業者は融資者に対してアカウンタビリティを示さなければならない。共同参加に対する町民の真剣度がまったく異なる。資金提供がなされる以上，収益性を保証しなければならない。ボランティア活動の段階に，いつまでもとどまるわけにはいかなくなる。

行政，民間企業，住民によるパートナーシップを実現するためには，地域住民による積極的な関与が不可欠である。このようなパートナーシップが成立するための条件として，1）あくまでも住民の参加が前提であり，2）住民による建設的な参加が不可欠である，3）パートナーシップは行政，民間企業，町民による協働であり，応諾や習慣ではない，4）受け身ではなく住民による積極的な参加が必要である，5）多くの地域には，自治会やさまざまな団体，集団があり，それらの既存の制度をパートナーシップに取り込む，6）特定の個人や団体との関係ではない，という点を指摘できる[50)]。さらに，パートナーシップを通じて，ステークホルダーたちによる地域学習過程を成功させるためには，1）学習活動を進める制度的なフレーム，2）既存のソーシャルキャピタルの活用，3）地域活動の成果を正しく評価する人間，4）地域学習におけるビジョンの共有化，5）危機感の共有化，6）ビジョン重視のリーダーシップが不可欠である[51)]。行政と地域住民の間に，相互に依存しながら，地域住民が自立するという関係を確立することが望ましい。これら六つの条件の中でも，3）で指摘する評価者の役割がきわめて重要である。「いいものをいい」と判断する（信頼される）評価者の存在，とりわけ，コミュニティビジネスを成功させるためには，1）ビジネスを立ち上げ，運営するための資金を獲得すること，2）ビジネスで生産したサービスや商品の販路を獲得することが生命線となる。このような生命線を確保する上で，評価者の役割がきわめて大きいことは論を待たない。

1.5　土木計画学の発展のために 2：グローバル化

1.5.1　土木計画学のグローバル化

土木計画学は，多かれ少なかれ日本的文脈の中で育まれてきた学問である。それは，ハード，ソフトにかかわらず，インフラストラクチャーの整備を通じて問題解決を図るための実践的な学問である。土木計画学は，このような実践的問題解決のための多くのレパートリーを開発してきた。さらには，多くの土木技術者や土木計画学プロフェショナルの努力により，土木事業を実現化するための実践的方法論を開発してきた。土木計画学プロフェショナルは，このように蓄積してきた土木計画学の学問的業績を，国際社会の発展のために活用したいという思いを強く持っているだろう。とりわけ，土木計画学を支える要素技術的なレパートリーの中には，要素技術単体として，相手国において実用化されるものも存在するだろう。しかし，土木計画学を支える多くのレパートリーは，土木事業を実現するための制度的スキームと密接な関連を持っている場合が少なくない。例えば，パーソントリップ調査を主体とする交通需要予測手法を考えてみよう。パーソントリップ調査を実施するためには，国や地方自治体など，関連するステークホルダーたちが協働できるような制度的プラットフォームが必要である。海外においてこのような交通需要予測手法を活用するためには，相手国においてパーソントリップ調査結果を実施するような制度的プラットフォームを構築しなければならない。そのためには，相手国の同意が不可欠となる。

土木事業を実施するためには，事業に必要な資金や技術，知識や情報を調達することが必要となる。そこでは，フィージビリティスタディを遂行し，事業計画を具体化するためのコンサルタント，エンジニアリング，現実に土木事業を実現するためのコンストラクション業務の受注をめぐって，日本企業は厳しい国際市場競争に直面している。世界経済が急速にグローバル化する中で，多くの日本企業が国際社会で通用するような新しいビジネスモデルを模索している。技術標準の国際化，製品のモジュール化が進展し，国際的なモジュール開発競争，システム間競争が激しくなっている。製品仕様や設計基準，技術規格，マネジメント規格の国際標準化，国際会計基準等の普及，さらには環境問題や企業倫理に関する意識の高まりも企業の技術開発・経営システムの変革を要請している。土木計画学に対しても，このような日本企業の海外展開を支援することが要求されている。前述したように，土木計画学が，純粋に価値中立的であることは不可能であるにしても，このような国際市場競争を前にして，土木計画学は，どのような立ち位置を占めればいいのか。あくまでも土木計画学の学問的中立性を保とうとする立場に立つのか，日本企業のビジネスを支援するための道具として位置付けるのか？　いずれも極論ではあるが，土木計画学の立ち位置は，これらの考え方も含めて，もっと多様であり得る。土木計画学の実践それ自体は，きわめて個別的な問題を対象として展開されるが，土木計画学の実践的方法論は普遍性を持っている。相手国の文脈において，現地で認識された問題に対する解決策を模索し，社会的事業として展開していく。このような実践的方法論の科学化に対して，土木計画学は貢献をなし得ると考える。当然のことながら，土木計画学が開発してきた要素技術的レパートリーを，そのままの形で現地において適用することが困難な場合もあり得ようが，それを現地の文脈に適合するように再構成して活用することは可能である。このような土木計画技術の海外における脱構築と再構成は，土木計画学がチャレンジすべき重要な研究課題の一つであろう。

土木分野に限らず，多くの日本企業は，1）インハウスエンジニアによる行政指導，2）国内閉鎖市場と政府調達，3）業界内技術標準の形成という政府・企業間リレーションシップの下で，独自の技術開発，経営システムを確立してきた。しかし，日本で開発された多くの要素技術，インフラ技術の国際的対応が遅れており，護送船団方式に代わる新しいビジネスモデルの確立とマーケットマインドを有するエンジニアの育成が急務の課題となっている。日本企業が海外でプロジェクトを展開する場合に陥りやすい問題として，1）技術が優れていれば市場競争力があると考える技術中心主義，2）フレキシブルな資金調達を考えない資金計画の自己完結主義，3）狭い専門性の範囲の中でのみ技術を評価し，市場のニーズを考えない専門家主義，4）システムを構成するすべての要素に国産技術，技術基準を用いようとする国粋主義，5）要素技術にこだわりシステム全体の構想力が欠如する要素技術偏重主義等が挙げられる。技術がいくら優れていても，市場で選択されなければ，技術の経済価値が生まれないという当たり前のことを，まずもって理解しなければならない。

一方，1997年のアジア通貨危機，2009年のリーマンショックを通じて，アメリカ型の市場至上主義的な経済運営に対する信頼性も瓦解した。欧米流の画一的なビジネスモデルが，社会経済制度や文化的背景が異なる国々においても最適であるわけがない。多様なビジネスモデル間の競争と提携が展開していく中で，「（企業買収ではなく）自社努力による技術開発」，「ジャストインタイムシステム」など，日本独自の技術開発・経営モデルが採用されている事例も少なくない。リレーションシップに基盤を置く日本型ビジネスモデルも，現地の市場環境への適合性という点で，新しい展開の可能性を持っている。グローバル社会において，リレーション型ビジネスモデルを展開する過程では，現地におけるステークホルダーたちとの利害の調整や新しい価値の共創が一層必要となるが，このような異文化コミュニケーションに基づく価値共創に貢献できるグローバル人材の養成カリキュラムの開発が，土木計画学分野においても緊急の課題になっている。

残念ながら，日本の要素技術偏重は相変わらず温存されたままであり，なかなか日本技術の総合化，システム化を目指したグローバル化戦略が生まれてこない。総合化技術，システム化技術は，要素主義的な個別技術，分析技術をリストアップし，それを積み上げるという方法論だけでは開発できない。サプライサイドで発想するのではなく，市場のニーズ，現地社会のニーズに関する情報とシステムのコアを形成する要素技術に関する情報に基づいて，俯瞰的な立場から総合技術がつくりあげるサービスのありようや，システムの構造や機能を設計し，それに必要な要素技術の開発や既存の要素技術とのインターフェイスを設計していくという土木計画学的思考が求められる。

1.5.2 国 際 標 準

国際市場をめぐる競争は，伝統的な価格や製品の質をめぐる競争から，技術標準，ビジネスモデルをめぐるシステム間競争に変質しつつある。設計基準や技術基準の国際標準化，国際会計基準等の普及，さらには企業倫理に関する意識の高まりも企業の技術開発・経営システムの変革を要請している。ハードな技術やインフラ技術を輸出すればいいという単純な発想は，国際建設市場においては時代遅れの神話になったと考えてよい。

国際的な技術標準として，**ISO**（International Organization for Standardization）や関連政府機関など公的機関が定めるデジュール標準が存在する。さらに，コンピューターのOSの分野でマイクロソフトが圧倒的な市場シェアと高い成長率と利益率を獲得するようになり，市場競争におけるデファクト標準の重要性が着目されるようになった。技術標準にはインターフェイス/互換性標準とクォリティ標準が存在する。インターフェイス/互換性標準はマニュアル，業務プロセス，経営システム等，人間のつきあい方に関する標準である[52]。一方，クォリティ標準には品質，仕様，製造・プロセスに関わる技術標準が含まれる。広義には，クォリティ標準も，モノとモノ，ヒトとモノ，ヒトとヒトが連携するために不可欠な境界情報であり，インターフェイス標準と考えることができる。技術標準の経済価値は，インターフェイスの標準化による直接的な取引コストの減少と，インターフェイスの共有化により接続される資源量の増加にある。また，技術標準には，利用者に心理的安心感を与えるという間接効果がある。製品やシステムの品質は，それを購入する政府や顧客が理解しにくい情報であり，製品やシステムのマーケティング，販売やメンテナンスに関わるさまざまなサービスは，顧客に対して製品の品質に関わる情報を伝達するという役割を果たす。日本国内では，長期的な契約関係を通じて，ステークホルダー間に製品やシステムの品質に関する信頼関係が成立している。海外市場でも日本ブランドという評判効果は存在し得るが，製品・システムに付随するサービスも信頼形成のために重要な役割を果たしている。

日本のインフラ産業が海外展開する場合，欧米諸国で開発された技術標準がすでに相手国に先行的に導入されている場合が少なくない。相手国がすでに導入している技術標準を，新たな技術標準に切り替えるための費用は非常に大きい。先行する技術標準との互換性を確保しながら，中長期的に技術標準を切り替えていくためのロードマップを示す必要がある。一度，先行する技術標準が導入された場合，その技術を前提とした社会・技術的な制度ができあがるため，後発の技術標準に多少の優位性があったとしても，新しい技術標準に置き換えるメリットが存在しない場合も多い。

しかし，単一の技術標準が，世界のどこでも画一的に通用するというものではない。技術標準を現地のコンテクストに合わせてカスタマイズすることが有用な場合も少なくない。例えば，製品やシステムを活用するような付帯事業，ノウハウの販売，補完的製品の販売，ブランドや集客力の活用，リクルーティングや社内活性化策としてのブランドの活用，市場情報による顧客満足の向上等の新しいビジネスチャンスが生まれる。技術が複雑化すればするほど技術を活用するサービスの重要性が増加する。知的所有権をオープンソースとする場合，標準化の対象となる製品は無料で提供されるが，それを基盤とした製品の展示・説明，受発注処理，決済，品質保証，メンテナンス，サポート，インテグレーション，コンサルティング，教育・出版，講演，ブランド活用などの付帯事業が収益事業の対象となる。もちろん，クローズ標準や自社技術の直接的価値による事業展開を否定するわけではない。可能であれば徹底して追求すべきである。しかし，それが困難な場合には自社技術の導入に固執せずに，既往の技術標準の活用化にビジネスチャンスを求めることも重要である[53]。コア技術が国際標準であっても，安全・安心技術，健康，快適等の価値を付加する付帯事業にビジネスチャンスが生まれることもある。

土木計画学技術のカスタマイズ化，さらにはローカル化を達成するために，現地の政府，企業，あるいは多様な組織とのアライアンス戦略，あるいは複数の国家や地域をまたぐ国際的アライアンス戦略が重要な意味を持つ。このようなアライアンスを形成するためには，コア技術の普及，流通，あるいは，カスタマイズ化の実現化を目指して価値共創を行う戦略的アライアンス集団を組織化することが不可欠である。このようなアライアンス集団には，ビジネスを展開しようとする企業や組織だけではなく，目的を共有化し得る現地の企業や組織，個人との協力関係も含まれる。以下では，このように共通の目標を持ってビジネスモデルを構築し，現地でビジネスを展開しようとするアライアンス集団をプラットフォームと呼ぶ。

一般に，コンテクストを脱構築し，再構築するタイミングにより，事前バインディングと事後バインディングの2種類があるといわれる[54)]。土木計画学をグローバル展開する際には，現地におけるインフラの価値を明確化したメタモデルを作成し，それに基づいて土木計画学技術を脱構築，再構築するという事後バインディングの方法が不可欠であることを指摘したい。事後バインディングにおいては，日本型技術を構成する価値概念の継承と現地における新しい価値の共創，共創された価値を現地でコンテクスト化するためのメタモデルの作成，さらには，現地においてビジネスモデルを展開していくために必要となる要素技術を日本国内で発達した土木計画学技術の中から取捨選択するという行為が実施される。プラットフォームは，このような事後バインディングによる日本型コンテクストの脱構築－再構築を目的とした戦略的アライアンス集団である。実際，異なった文化的背景を有する人間どうしが，互いに，相手の人間や組織を取り巻く文化的・社会的コンテクストを完全に理解することは不可能である。ここに，異文化コミュニケーションの難しさが存在する。しかし，互いに相手のコンテクストを尊重し，理解しようと努めながら，ともに新しい価値の創造を目指して努力すること，すなわち，価値共創を目指した異文化コミュニケーションは可能である。筆者らは，アジア諸国において，道路や橋梁，いわゆるインフラの**アセットマネジメント**（以下，**AM**と略する）に関するプラットフォームを立ち上げる努力を行ってきた[55)]。以下では，その一端を紹介しながら，相手国におけるプラットフォーム形成の重要性について考察したい。

1.5.3　ベトナムにおけるAM技術教育

現在，世界銀行をはじめとする国際金融機関が，開発途上国における道路，鉄道，港湾・空港などのインフラプロジェクト融資に当たり，被融資国にインフラのAMを実施することを義務付けている。さらに，AMを支援する標準的ソフトウェアの利用を推奨している。例えば，舗装マネジメントでは多くの国際金融機関がHDM-4というソフトウェア[56)]の利用を推奨しており，HDM-4はデファクト標準として国際市場を席巻している。HDM-4を利用した舗装マネジメントのコンサルタントビジネスが確立しており，HDM-4以外のソフトウェアを用いたAMは排斥されているのが実情である。日本の舗装マネジメントは海外で認知されておらず，日本製ソフトウェアを導入している国は皆無であろう。国際標準ソフトウェアの多くは入出力様式が規定された仕様規定型国際標準ソフトウェアであり，各国の多様なニーズにもかかわらず単一のソフトウェア（単一化標準システム）で対応せざるを得ない。これらのソフトウェアは，その導入が制度化されているにもかかわらず，現場レベルではほとんど機能していない。筆者らは，このような単一化標準システムに対して，**多様化標準システム**を提唱してきた。多様化標準システムでは，必要最低限の技術を標準化する一方，個々の機能については現地の状況に応じてカスタマイズするという標準化戦略を採用する。

HDM-4は，すでに150以上の国々に導入されている。ベトナムでは2002年，2004年，2007年に舗装調査が実施され，HDM-4による予算計画が策定された。HDM-4が完全に機能するためには，150項目以上にもわたる入力データが必要となる。HDM-4では舗装の劣化予測モデルとして力学モデルを採用しており，現地の実態に適合させるためにパラメーターを恣意的に設定する必要がある。ベトナム政府もこのようなHDM-4の問題点を認識している。さらに，HDM-4を駆使できる技術者等が不足しており，HDM-4による舗装マネジメントは機能していない。

これに対して，筆者らは，簡便な舗装マネジメントシステムを開発し，わずかな入力データを用いながらも，精度良く舗装の劣化予測，ライフサイクル費用評価が可能であることを示した[55)]。筆者らが開発したシステムは，現実の計測データを用いて劣化予測モデルを統計的に推計する方式を採用しており，日本国内の実務において採用されている。舗装マネジメントでは，舗装の劣化過程が初期施工の条件や維持管理状態，道路の使用環境等，さまざまな要因の影響を受ける。そのため，本システムは，劣化予測モデルを実測データに基づいて作成し，現場の視点から，より実態に即した舗装マネジメント上の課題を検討することをシステム開発の基本的理念としている。

筆者らは，2005年以降，ベトナム交通通信大学において，日本型AM技術の普及を目的とした集中講義を，ベトナム政府・関係機関に所属する実務者や大学の研究者を対象として毎年実施してきた。集中講義に参加した学生数は300名を越す。その成果に基づいて，ハノイ交通通信大学の研究者，集中講義の卒業生，日本企業からの参加者により，ベトナムの実情に即した舗装マネジメントシステムの共同開発を目的としたプラットフォームを立ち上げた。このプラットフォームの目的は，ベトナムの技術的条件や制度的条件を踏まえて，現地において実働可能な舗装マネジメントシステムの開発である。プラットフォームにおけるシステム開発戦略として，① 従来システムとのデータ上のコンパチビリティの確保，② ソフトウェアのオープン化，③ ベトナムの行政組織の実情に応じた制度補完的なカスタマイズ化，④ 徹底した現場主義，という四つの開発理念を設けた。このような四つの条件は，舗装マネジメントシステムを開発するための基本理念であり，プラットフォームに参画する研究者や実務家は，この基本理念を共有することがつねに求められる。このような基本理念は，ベトナムで舗装マネジメントを具体的に展開するための指針を与えるモデルであり，メタモデルと位置付けることが可能である。さらに，メタモデルに従って，日本国内で先行開発した舗装マネジメントシステムを構成する要素技術やモジュールを取捨選択し，現地事情に合わせてカスタマイズ化されたベトナム版舗装マネジメントシステムを開発した。まさに，事後バインディングによる日本型舗装マネジメントシステムの脱構築－再構築のプロセスである。

このような多様化標準システムのカスタマイズ化に関するプラットフォームを組織化するに当たり，筆者らがハノイ交通通信大学の研究者と，2005年から継続的に実施してきた集中講義が果たした役割は大きい。集中講義を通じて，日本型舗装マネジメントシステムの基本的な考え方や劣化予測手法，ライフサイクル費用評価，予算計画，財務シミュレーション等の要素技術を理解できる支援者を一定程度確保できたからである。コンテクストそのものの海外移転はきわめて困難である。しかし，サービスの中核的なコンテンツ性が高い技術に関しては海外移転が容易である。特に，大学・研究機関の研究者が，コンテンツ化された学術的技術情報を共有化することは比較的簡単である。このように共有化された情報・知識を手掛かりに，互いに切磋琢磨し，互いに相手の主張の背景にあるコンテクストについて理解を深めることができるようになる。このようなアライアンス戦略が発展し，プラットフォームとベトナム交通省道路局との協議やJICAの財務的支援により，北ベトナム地域においてプラットフォームが開発した舗装マネジメントシステム（京都モデルと名付けた）の社会的実装を試行するまでに至った[55)]。

ベトナムにおける京都モデルの実装が本格化し，2016年現在では舗装マネジメントの最初のPDCAサイクルを機能させる段階に到達している。2012年に北ベトナム全域にわたり，路面点検車を用いて，路面性状調査を実施した。その際，わが国で実用化されている路面点検車の機能を思い切って単純化し，現地の予算制約を満足するように，必要最低限の機能のみを搭載した路面点検車を現地で組み立てた。そのうえで北ベトナムの国道を対象として路面性状調査を実施し，定期点検データベースを作成している。さらに，ベトナム国道の舗装の劣化予測モデルを作成し，舗装補修計画を作成した。データベースが充実するためには，今後も路面性状調査を継続的に実施していくことが不可欠であり，補修計画に基づいた補修業務の実行，路面性状調査の継続的実施をベトナム政府に働きかけている。このような努力もあり，2016年度には，ベトナム全土を対象とした舗装補修計画を策定している。

以上では，日本で開発された高度な内容を持つ舗装マネジメントシステムの中から，それを構成する要素技術をメタモデルの要請に基づいて取捨選択し，ベトナム流にカスタマイズ化された舗装マネジメントシステムを構築したプロセスについて説明した。もとより，以上のケースは一つの特殊事例に過ぎない。しかし，そこから，日本型土木計画技術をグローバル展開する上で生じるいくつかの重要な論点を抽出することができる。日本型舗装マネジメントのベトナム展開において，現地におけるカスタマイズ戦略を検討するプラットフォームが重要な役割を果たしている。とりわけ，プラットフォームに参画するステークホルダーたちが，舗装マネジメントシステムの開発理念というメタモデルに関して合意していることが，アライアンス戦略を検討する上で重要な意味を持っている。プラットフォームでは，メタモデルを作成するために，「ベトナム社会が何を求めているのか」というニーズの把握と，それに対して「AMモデルが技術的に実現可能か，そのために日本側が何を提供できるのか」というシーズとの「切磋琢磨の価値共創」により，舗装マネジメントシステムの価値が協議される。さらに，メタモデルを具体的にAMモデルとして展開するために，プラットフォームは政府や行政との協議，資金・資材・労働力の調達，サービス生産プロセスの構築，サプライチェーンの構成，マーケットチャネルの開発等，ビジネス立上げのために必要な一連の活動に責任を持つことになる。このようなAMモデルの展開においては，現地の状況や資源の調達可能性に基づいて，柔軟に対応することが必要である。

1.5.4 現地社会との関わりにおいて何が求められるのか

ベトナムにおける舗装マネジメントシステム導入事例の場合，日本企業と現地企業，日本の大学と現地大学，日越両国政府等からの参加者により，プラットフォームが形成された。文化的・社会的コンテクストの詳細は，それぞれの国の人間でないと理解できない。プラットフォームでは，文化的異質性を越えた新しい価値の創造を目指した努力がなされる。プラットフォームが価値共創を目指して協働するためには，プラットフォームのメンバー間で実施される異文化コミュニケーションのガバナンスが必要となる。さらに，新しいAMモデルが，現地の文化的コンテクストの中に埋め込まれるためには，AMモデルの価値やプラットフォームの一連の活動が現地社会における文化的コンテクストの中で受容可能でなければならない。

これまでローカルな世界だけで運用されてきた領域に対して，よそ者が関わりを許されるために必要となる手続きとその働き全体をガバナンスと呼ぶ。ガバナンスの問題は，外国企業や組織，あるいはそこで働くよそ者が，現地社会と「関わり」を持つ場合に必ず発生する。よそ者が現地社会に対してなんらかの形で「コミット」することを決定する。それを現地社会の人々に提示する段階を経て，「コミットメント」がよそ者による意見の押し付けではなく，「現地社会のコンテクストを尊重しつつ，現地のコンテクストに足りない部分を補う働きをする」ことが理解されることによって，プラットフォームのガバナンスが機能する。ガバナンスとは，「人間の社会的集団の統治に関わるシステムを構成する諸社会的行為者の相互関係の構造と行為者間の相互作用のプロセス」を意味する。プラットフォームのガバナンスを，1.4.1項で言及したような意味の構造，正統性の構造，支配の構造という三つの側面から検討してみよう。構造とは，ルールや資源のシステムであり，秩序として複数の主体間の相互作用に影響を及ぼすとともに，その相互作用によって再生産されるものを意味している。

意味の構造は，さまざまなステークホルダーが新しいAMモデルに対して有する認識体系の総体を表している。プラットフォームが決定したメタモデルは，AMモデルを通じて現地におけるコンテクストに埋め込まれ，新しい価値を生み出す。メタモデルは，新しいAMモデルを作り出そうとする関係主体間のコミュニケーションを維持するための解釈スキームとして機能するとともに，関係主体間のコミュニケーションを通じて再生産される。メタモデルの意味の構造とは，プラットフォームにおける関係主体が有する認識体系だけを意味するだけでなく，現地社会における数多くのステークホルダーが有する認識体系全体を意味している。相手国にAMを導入するためには相手国にAMに関する専門的知識に明るい人材が必要となる。プラットフォームのガバナンスを確保するためには，相手国側にコア知識を伝達するための教育の機会が必要である。それが，AM技術教育の役割である。

正統性の構造は，プラットフォームが開発するAMモデルが現地の文化的・社会的コンテクストの中で受容され，発展していくための規範的秩序を意味している。正統性は，よそ者が現地に対して関わり合いを持つことが許容される条件であると同時に，よそ者が現地の人間といっしょに展開しようとする試みが現地社会において受容され，それに対する期待を再生産する原動力となる。1.4.2項で言及したように，実用的正統性，道徳的正統性，認識的正統性という3種類の正統性を考慮する必要がある。第一の実用的正統性は，新しいAMモデルが，現地社会の人々の利益の増進につながるかどうかに基づく正統性である。第二の道徳的正統性は，AMモデルにより提供されるサービスが「道徳的に正しい委託者・受託者関係により提供されているかどうか」という評価に基づくものである。道徳的正統性における評価は，1）行為の結果に対する評価，2）AMに関与するステークホルダー間の委託者・受託者関係に対する評価，3）プラットフォームやそれに参画するステークホルダーの信頼性に対する評価に分類される。行為の結果に対する評価とは，不利益を被る主体や環境に対して十分な配慮がなされ，可能な限り負の影響が及ぶ範囲を縮減し，その影響を緩和するための対策が十分かどうかに関する評価を意味する。委託者・受託者関係に対する評価とは，ビジネスを遂行するための一連の契約が，公正なルールに基づいて締結され（手続き的に妥当であり），その過程の透明性が保証されていることを意味する。信頼性に対する評価とは，行為の主体が受託者として適切な能力や誘因・報酬構造を有しているかという問題である。第三の認識的正統性は，AMモデルによるサービスの提供の社会的必要性が認識されることに基づく正統性である。このような正統性の基準として，理解可能性と当然性がある。理解可能性は，AMモデルの内容とそれがもたらす結果が，現地社会の人々に理解できるかどうかを意味する。一方，当然性は，AMモデルが提供するサービスの価値が，その社会的において当然のこととして受け入れられることを意味する。

最後に，支配の構造は，サービス価値提供に関わるプラットフォームと地域社会との間の信頼の構造を表している。プラットフォームと地域社会との信頼関係を議論する場合，地域社会を構成する人々はサービスの内容やその成果に基づいてその善しあしを判断する十分な手段を与えられていないことに留意すべきである。このような状況において，両者の間の信頼関係を構築するためには，サービス価値を提供するプラットフォームによる信頼性向上の努力が不可欠となる。

土木計画学のカスタマイズ化，さらにはローカル化を達成するために，現地の政府，企業，あるいはNGO，NPO組織とのアライアンス戦略，あるいは複数の国家や地域をまたぐ国際的アライアンス戦略が重要な意味を持っている。このようなアライアンスを形成するためには，土木計画学のコア技術の普及，流通，あるいは，カスタマイズ化の実現化を目指して価値共創を行う戦略的アライアンス集団を組織化することが不可欠である。このようなアライアンス集団には，コラボレーションを展開しようとする大学や企業だけではなく，目的を共有化し得る現地の企業や組織，個人との協力関係も含まれる。このように共通の目標を持って実践モデルを構築し，現地で活動を展開しようとするアライアンス集団がプラットフォームである。プラットフォームでは，1）参加者がコア技術，コアサービスに容易にアクセスできること，2）現地における参加者間に，コア技術，コアサービスを用いて展開しようとする実践モデルの価値に関して共通認識（メタモデルと呼ぶ）が形成されていること，3）プラットフォームが開発した技術やシステムを容易に利用できるような支援機能が存在すること，4）実践モデルを導入する際に生じるコンフリクトを解決できる機能が存在すること，5）実践モデルのコア価値が現地においてブランドとして育成されること，6）可能な限り現地でカスタマイズされる実践モデルのモジュール化を達成し，現地の市場ニーズやセグメントに応じてモジュール機能に（例えば，松竹梅のように）品質格差を設けること，が必要である。以上の六つの条件は，日本国内において高コンテクスト化された実践モデルを脱構築し，現地のコンテクストに応じて再構築するために必要な条件である。

わが国の海外技術協力の基本スタンスは，**需要主導（demand driven）方式**であるといわれる。それは，自国で開発したシステムや技術を相手国に導入することを目的とする**供給主導（supply driven）方式**とは異なる。需要主導方式とは，自国の技術やシステムを相手国に導入するにしても，相手国の社会・経済の状況や文化的コンテクストに合わせて，システムや技術をカスタマイズすることにより，海外技術協力の正統性を確保しようとする試みである。このような海外技術協力のありようは，供給主導方式よりも，はるかに高度な技術移転のための技術が必要となる。しかし，成功すれば，供給主導方式よりも相手国の発展に，より貢献し得る可能性が大きいと考える。残念ながら，現在のところ需要主導方式の海外技術協力の理念が確立しているとはいいがたい。また，海外技術協力のための技術や方法論が発展していないため，せっかくの需要主導方式の海外技術協力が，供給主導方式と大差がない結果に終わっている場合も少なくないように思える。需要主導方式による海外技術協力が国際社会における定位置を獲得するためにも，土木計画学のグローバル化が焦眉の急になっているように思えてならない。

1.6　本書の構成

2016（平成28）年に，土木計画学研究委員会は50周年を迎えた。本書は，土木計画学研究委員会50周年を記念して，土木計画学の分野で発表されてきた研究成果を1冊のハンドブックとしてとりまとめることを目的としている。しかし，過去50年間において，土木計画学研究委員会が開催する研究発表会，ならびに，土木学会論文集や土木計画学研究・論文集をはじめとして，関連する論文集で発表されてきた研究成果は膨大な量に及ぶ。これらの土木計画学の研究成果を包括的にとりまとめることは不可能である。本ハンドブックの編集に当たっては，土木計画学研究委員会の中に，ハンドブック編集小委員会を設立し，小委員会委員の方々に可能な限り新進気鋭の研究者に原稿の執筆をお願いした。もとより，本ハンドブックで土木計画学分野のすべての研究成果を網羅することは不可能である。本書で取り上げられなかった重要な研究成果も数多い。各章の執筆に当たっては，若手研究者の自主性を尊重したため，本ハンドブックでは比較的最近の研究成果に偏りがあることも認めざるを得ないと思う。また，藤井[57]が指摘するように，研究委員会設立の目的に謳われる「土木計画のあるべき姿」を論ずるためには，「社会そのもののあるべき姿」を論ずることが不可欠である。1.3節で言及したように，土木計画学は，「よりよき社会」に関する展望を示すという重要な役割がある。土木計画学という学問分野では，「よりよき社会」に関して自由な意見を発表し，それについて議論する場が開かれている。このような「よりよき社会」に関する議論は膨大な量に及ぶため，本書でとりまとめることは不可能である。このような「よりよき社会」に関するビジョンに関しては，土木計画学プロフェショナルが貢献した数多くの計画実務や政策論議，学会等で発表された膨大な数の論文や報告，さらに委員会メンバーらが出版した成書等を参照してほしい。また，土木計画学の一分野を構成する土木史に関する研究事例に関しても，同様の理由で割愛せざるを得なくなった。

本書は，2編構成になっている。第Ⅰ編では，土木計画学の基礎理論について紹介する。具体的には，基礎理論として，計画論，基礎数学，交通学基礎について説明するとともに，土木計画学の関連分野として経済分析，経済モデル，費用便益分析，心理学，法律の分野の基礎的理論について紹介している。土木計画学の基礎的知識を修得したいと考えている読者やこれから土木計画学プロフェショナルとして活躍したいと考えている方々は，第Ⅰ編に書かれている基礎的理論に精通していただきたいと考えている。第Ⅱ編は各論であり，土木計画学を構成する各分野における研究成果を取りまとめている。言い換えれば，土木計画学プロフェショナルたちが，問題解決に当たって利用可能なレパートリー群が示されている。その内容として，国土・地域・都市計画，環境都市計画，河川計画，水資源計画，防災計画，観光，道路交通管理・安全，道路施設計画，公共交通計画，空港計画，港湾計画，まちづくり，景観，モビリティ・マネジメント，空間情報，ロジスティクス，公共資産管理・アセットマネジメント，プロジェクトマネジメントを取り上げることとした。これらのキーワードは，土木計画学を構成する主要な分野であり，いまも土木計画学プロフェショナルにより，精力的な研究努力が蓄積されている分野である。第Ⅱ編は，いわば土木計画学の研究フロンティアに関する研究レビューを紹介している。第Ⅱ編に含まれる各章から，読者には近年における土木計画学の研究内容や今後の研究の方向性に関する情報を獲得していただければと考えている。

土木計画学ハンドブック編集小委員会では，本書をとりまとめるに当たって，土木計画学の優れた実践事例について紹介すべきかどうかに関して議論を重ねた。これまで重ねて言及してきたように，土木計画学が土木計画の実践を志向した学問である以上，ハンドブックに優れた土木計画学の実践事例を報告すべきであることは論を待たない。もちろん，土木計画の実践に関しては，官民問わずおびただしい量の事例が存在する。しかし，土木計画学の実践研究は，土木計画に関する実践の記録ではない。土木計画学プロフェショナルたちが，どのように対象となる問題を認識し，問題の解決プロセスの中で出会った困難にどのように立ち向かい，最終的な結論に至ったのか，という土木計画学の実践については，ほとんど記録が残っていないのである。このような土木計画学の実践，言い換えれば学問の実践モデルに関しては，例えばケース教材という形態で記録を残すことは可能であろう。土木計画学は，土木計画学に関する実践自体を研究対象としてこなかったのである。だからといって，土木計画学プロフェショナルが，土木計画学の実践を怠ってきたわけでは決してない。日夜，土木計画学の実践に関して思い悩み，研鑽を積み重ねているのが正しい理解である。土木計画学が対象とする問題は，規模が大きく，しかも複雑であり，1人の土木計画学プロフェショナルで対処可能なものではない。対象とする社会の問題を解決するための組織的プラットフォームが形成され，これらのプラットフォームが社会事業として，土木計画学の実践を行っていると考えることができる。また，土木学会土木計画学研究委員会自体が，土木計画学の実践的知識に関する情報交換や切磋琢磨の機会を与える場となっている。また，土木計画学のレパートリーの蓄積やその実践に関する方向性を議論する場でもある。すなわち，土木計画学自体が，土木計画学の実践を行っているのである。このような議論の結果，本書において，土木計画学の実践事例を紹介することを断念した次第である。むしろ，土木計画学の実践に興味を持った読者には，土木計画学プロフェショナルとして，土木計画学の実践の中に飛び込んでいただきたいと思う次第である。　　　　（小林潔司）

引用・参考文献

1）吉川和広：土木計画における最適化，オペレーションズ・リサーチ，Vol.28，No.5，pp.201～209（1984）
2）吉川和広：地域計画の手順と手法，森北出版（1978）
3）長尾義三：土木計画学の発展過程と今後の課題，土木学会論文集，347，Ⅳ-1，pp.29～32（1984）
4）土木学会土木計画学研究委員会幹事会：土木計画の考え方，第3回土木計画学研究委員会シンポジウム，3，pp.9～18（1969）
5）中村雄二郎：哲学の現在，岩波書店（1981）
6）デカルト，谷川多佳子訳：方法序説，岩波書店（1997）
7）Polanyi, M.：Personal knowledge: Towards a post-critical philosophy, London: Routledge（1958），長尾史郎訳：個人的知識－脱批判哲学をめざして，ハーベスト社（1985）
8）Bourdieu, P.：Homo academicus, Stanford University Press（1988），石崎晴己ほか訳：ホモ・アカデミクス，藤原書店（1997）
9）Sandel, M.J.：Liberalism and the limit of justice, Cambridge University Press（1983），菊地理夫：リベラリズムと正義の限界，勁草書房（2009）
10）Littleton, A.C.：Structure of accounting theory,

American Accounting Association（1953）
11）Kohler, E.L. : A dictionary for accounting, Prentice-Hall（1975）
12）Day, P. and Klein, R. : Accountability: Five public services, Tavistock Publications（1987）
13）Bovens, M. : Public accountability, Paper for the EGPA Annual Conference,（2003）
14）Beck, U. : Risikogesellschaft, Auf dem Weg in eine andere Moderne}, Suhrkamp Verlag, Frankfurt am Main,（1986），東　廉，伊藤美登里訳：危険社会，法政大学出版局（1998）
15）Schön, D.A. : The Reflective Practitioner; How Professionals Think in Action: Basic Books（1983），柳沢昌一，三輪建二監訳：省察的実践とは何か－プロフェッショナルの行為と思考，鳳書房（2007）
16）Schein, E. : Professional Education: McGraw-Hill（1973）
17）Jasanoff, S. : What judge should know about the sociology of science, Jurimetrics Journal, 32, pp.345～359（1992）
18）Forester, J. : Planning in the face of power, Journal of the American Planning Association, 48, pp.67～80（1982）
19）藤垣裕子：専門知と公共性－科学技術社会論の構築へ向けて，東京大学出版会，（2003）
20）アリストテレス，山本光雄訳：政治学，岩波文庫，岩波書店（1961）
21）ルソー，桑原武夫，前川貞次郎訳：社会契約論，岩波文庫，岩波書店（1954）
22）小林潔司：想定外リスクと計画理念，土木学会論文集D3，Vol.29，No.5，pp.1～14（2013）
23）山岸俊男：信頼の構造－こころと社会の進化ゲーム，東京大学出版会（1998）
24）小林潔司：経営管理大学院の設置について，京都大学工学紀要，45，pp.15～17（2006）
25）脇田健一：コミュニケーション過程に発生する「状況の定義のズレ」，都市問題，Vol.93，No.10，pp.57～68（2002）
26）Tversky, A. and Kahneman, D. : Rational Choice and the Framing of Decisions, Journal of Business, 59, pp.251～278（1986）
27）Krippendorff, K. : Content analysis: an introduction to its methodology, Sage Publication, Inc.（1980）（三上俊治，椎野信雄，橋元良明訳：メッセージ分析の技法－「内容分析」への招待，勁草書房（1989）
28）舩橋晴俊：環境問題と情報－公共権の豊富化をめぐって，社会と情報，No.3，pp.53～74（1997）
29）梶田孝道：テクノクラシーと社会運動－対抗的相補性の社会学，東京大学出版会（1988）
30）足立重和：公共事業をめぐるディスコミュニケーション－長良川河口堰問題を事例として，都市問題，Vol.93，No.10，pp.43～56，東京市政調査会，（2002）
31）矢野暢編：地域研究，講座政治学 IV，三嶺書房，（1987）
32）Orlans, H. : The Political Uses of Social Research, The Annals of Political and Social Science, 394, p.28（1978）
33）Edwards, A. : Scientific Expertise and Policy-Making: The Intermediary Role of the Public Sphere, Science and Public Policy, Vol.26, No.3, pp.163～170（1992）
34）Popper, K.R. : Conjectures and refutations : the growth of scientific knowledge, Routledge（1963），藤本隆志ほか訳：推測と反駁：科学的知識の発展，法政大学出版局（1980）
35）Fenstermacher, K.G. : The Knower and the Known: The Nature of Knowledge in Research and Teaching, Review of Research in Education, 20, pp.3～56（1995）
36）Richardson, V. : Conducting Research on Practice, Educational Researcher, Vol.23, No.5, pp.5～10（1994）
37）Anderson, G. and Herr, K. : The New Paradigm Wars: Is There Room for Rigorous Practitioner Knowledge in School and Universities?, Education Researcher, 28, pp.12～40（1999）
38）Zeichner, K. : Education action research, in Richardson, V.（ed.）: Handbook of Research on Teaching, American Educational Research Association（2001）
39）越水一雄，羽鳥剛史，小林潔司：アカウンタビリティの構造と機能：研究展望，土木学会論文集D，Vol.62，No.3，pp.304～323（2006）
40）Suchman, M.C. : Managing Legitimacy: Strategic and Institutional Approaches, Academy of Management Review, Vol.20, No.3, pp.571～610（1995）
41）Maurer, J.G. : Readings in organizational theory: Open system approaches, New York: Random House（1971）
42）Pfeffer, J. and Salancik, G. : The external control of organizations: A resource dependence perspective, New York: Harper and Row（1978）
43）Meyer, J.W. and Scott, W.R. : Centralization and the legitimacy problems of local government, In: J.W. Meyer and W.R. Scott（eds.）: Organizational environments: Ritual and rationality, pp.199～215, Beverly Hills, CA:Sage（1983）
44）屋井鉄雄，前川秀和監修，市民参加型道路計画学プロセス研究会編集：市民参画の道づくり－パブリック・インボルブメント（PI）ハンドブック，ぎょうせい（2004）
45）松田和香，石田東生：わが国の社会資本整備政策・計画におけるパブリック・インボルブメントの現状と課題，都市計画論文集，37，pp.325～330（2002）
46）Douglas, J. : Political theories of nonprofit organization, in: W.P. Walter（eds.）, The nonprofit sector, Yale University Press（1987）
47）Saidel, J.R. : Dimensions of Interdependence: The State and Voluntary-Sector Relationship, Nonprofit

and Voluntary Sector Quarterly, 18, pp.335～347 (1989)

48) 田尾雅夫：ボランティア組織の経営管理，有斐閣 (1999)

49) Sundeen, R.A. : Coproduction and Communities: Implications for Local Administration, Administration & Society, 16, pp.387～402 (1985)

50) Brudney, I.L. and England, R.E. : Toward a Definition of the Coproduction Concept, Public Administration Review, 52, pp.474～480 (1992)

51) Waddock, S.A. : Understanding Social Partnership: An Evolutionary Model of Partnership Organizations, Administration & Society, 21, pp.78～100 (1989)

52) 土井教之：技術標準と競争，日本経済評論社 (2001)

53) 日置弘一郎，川北眞史編著：日本型 MOT，中央経済社 (2004)

54) 小林潔司，原 良憲，山内 裕：日本型クリエイティブ・サービスの時代，日本評論社 (2014)

55) Thao, N.G., Aoki, K., Kato, T., Toan, T.N., Kobayashi, K., and Kaito, K. : Practical Process to Introduce a Customized Pavement Management System in Vietnam, Journal of JSCE, Vol.3, No.1, pp. 246～258 (2015)

56) Kerali, H.G.R. : The highway development and management Series Vol. 1: Overview of HDM-4, World Road Association, Paris, France (2002)

57) 藤井 聡：土木計画学の新しいかたち，－社会科学・社会哲学と土木の関わり－，計画学研究・論文集，Vol.22，No.1，pp.1～18 (2005)

2. 計　画　論

2.1 計画プロセス論

2.1.1 は じ め に

先の章で土木計画学について論じられたところであるが，本章では，『土木計画学：公共選択の社会科学』（藤井[1]）にて論じた土木計画論に準拠して，そうした土木計画を進めていくに当たってのプロセスについて論ずる。

ただし，このプロセスを論ずるに先立って，本節においても，このプロセスしようとする対象としての土木計画を，あらためて確認しておくこととしたい。そもそも，「計画」という言葉それ自体の中に，プロセスが含意されているからであり，その点を確認していくことが，本節の議論においても有用であると考えられるからだ。

まず，土木計画とはいうまでもなく，「土木についての計画」である。ここに「土木」とは，漸次的改善のための社会的営為である。では，「計画」とは一体何であろうか。

『広辞苑』によるなら，「計画」という言葉は，「物事を行うに当たって，方法・手順などを考え企てること。また，その企ての内容」という意味を持つ。ここで，この定義における「物事を行う」という部分は，「考え，企てる」に当たっての「目的」を意味する部分であるので，「計画」とはつねに，「目的」を持つものである，ということがわかる。ここで，「土木計画」における目的は，いうまでもなく「土木という営みを行う」ということにほかならないが，「その土木という営み」は，「漸次的な社会的改善」を目的としたものであり，その究極的目的は「善い社会の実現」である。この点を踏まえると，つぎのように土木計画を定義することができる。

（土木計画の定義）

土木計画とは，われわれの社会に存在するさまざまな土木施設を「整備」し，そしてそれを「運用」していくことを通じて，われわれの社会をより善い社会へと少しずつ改善していこうとする社会的な営みを行うに当たっての方法・手順などを考え企てること，また，その企ての内容を意味する。

2.1.2 土木計画におけるプランとプランニング

さて，このように定義したように，土木計画には「方法・手順などを考え企てること」と「その企ての内容」の2種の意味が付与されているが，これは，「計画」という言葉に「動的側面」と「静的側面」の二面が存在することに対応している（長尾[2]）。

ここに，動的なるものとしての「計画」とは，「方法・手順などを考え企てること」という日本語に対応するものであり，これは，**プランニング**（planning）と呼称される。これは，目的を達成するために，あれこれを考える思考過程そのものを意味する。したがって，この思考過程＝思考プロセスそのものが，本節のタイトルである「計画プロセス」そのものなのである。

一方で，静的なるものとしての「計画」とは，「その企ての内容」を意味するもので，これは，**プラン**（plan）と呼称される。このプランなるものは，プランニングによって構成されたものであって，方法や手順そのものである。

例えば，ある街の都市交通計画を考えてみた場合，いつ，どこに，どのような交通施設を整備し，その運用をどのようにしていくかを明記した文書，および，図面が静的な「プラン」である。その一方で，そのプランを考える過程そのものが「プランニング」である。

なお，土木が「計画，設計，施工，管理，技術的運用，社会的運用」の6段階の行程を持つものであると述べたが，その第一の行程としていわれている「計画」とは，「プラン」を意味するものであり，「プランニング」を意味するものではない。「プランニング」とは，この6段階の行程のすべてをどのように進めていくかを考える，あるいは，考え続ける営為そのものを意味している。

ここで，土木計画におけるこうしたプランとプランニングの関係を，**図 2.1** を用いながら，簡単に述べてみよう。図 2.1 は，左から右にかけての時系列を意味しており，右の方がより未来，左の方がより過去を意味している。そして，一番下に記した直線が時間軸を意味しているが，その上に記した点線の曲線が「プランニング」を意味している。そして，一番上に太い実線で記した曲線が「自然・社会状況」を意味してい

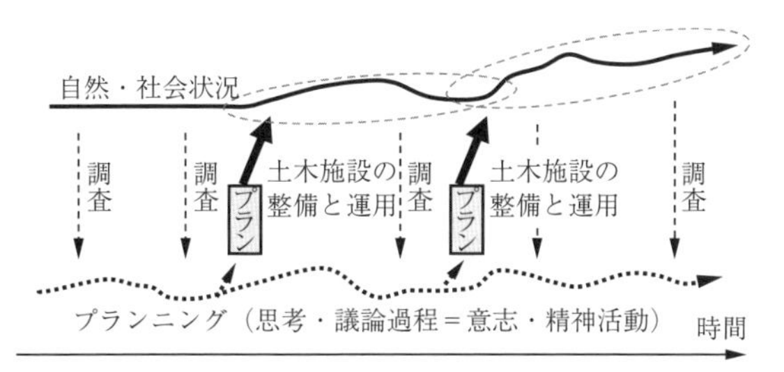

図 2.1 土木計画におけるプランとプランニング

る。

さて，「プランニング」は，どのようにすればより善い社会に資するような状態へと改変できるかを持続的に考えている，という「思考過程」を意味している。無論，複数人がこのプランニングに関与している場合には，その過程は思考過程というよりは「議論過程」と呼称した方が適切であるともいえる。また別の言葉でいうならば，プランニングとは，より善い社会の実現を志す「意志の流れ」あるいは「精神の流れ」そのものということができる。そして，上記のように，複数人を想定するなら，善い社会の実現を目指した「集合意志の流れ」，あるいは「集合的精神の流れ」と呼称することができる。

さて，こうしたプランニングを進めるために不可欠なのが「調査」である。これは，実際の自然・社会状況を把握するという行為である。現状を知らずして，その改善を目指すことなど望めないのは，論ずるまでもないところである。

一方，「プランニング」は思考・議論過程，あるいは意志や精神の流れを意味するものであるから，それだけでは，社会を改善していくことはできない。そこで必要になるのが，「土木施設の整備と運用」という，自然・社会状況に対する「働きかけ」である。そして，その働きかけを，具体的にいつ，どこで，どのように進めていくか，についての取決めが「プラン」である。そして，このプランを絞り出す源泉が，この図に示したようにプランニングなのである。

ところで，この「プラン」は，「一定期間」の間，具体的な自然・社会状況に対する働きかけの具体的方法を規定するものである。そして一般に，その期間が長いものが長期プラン（計画），短いものが短期プラン（計画）と呼ばれているが，いかにその期間が長くても，無限の長さの超長期プランを策定することはできないことは自明である。しかも，定期的な調査を繰り返せば，当初想定していなかった不測の事態が生じることが把握されることとなる。いうまでもなく，われわれ人間の予測可能性は限定的なものにしか過ぎないのであるから，すべてを見通した完璧なプラン・計画を立案することなど不可能であるからである。それゆえ，土木なる社会的営為を行うに当たっては，定期的に調査をしながら，プランを逐次的に臨機応変に改定しつつ，より社会を改善するためには，どのような土木施設の整備と運用が必要であるのかを持続的に考えていく「プランニング」が不可欠なのである。

なお，プランニングを通じて，定期的調査を踏まえながら逐次的にプランを改定していく様子は，**図 2.2** に示したような **plan（計画）— do（実施）— see（評価）** の 3 行程から成るマネジメントサイクル（運用循環）で表現することができる。なお，この 3 行程の評価（see）の段階を**確認（check）**と**改善（action）**の二つにさらに分類し，plan — do — check — action の 4 行程として，マネジメントサイクルを表現する場合もある。この場合のサイクルは，その頭文字をとって **PDCA サイクル**（PDCA cycle）と呼称される場合もある。このマネジメントサイクルにおいては，まず，当面の間の「計画」(plan) を立て，そして，「実施」(do) し，そして一定期間が経過した後に，当該の土木事業の「目的」に照らし合わせた上で今回実施した対策が，どの程度有効であったのかを「評価（調査）」(see) する。そして，その評価結果に基づいてその実施体制や財源の在り方などを改めて精査する一方で，つぎにどのような対策を講ずるべきかをさらに検討を加える，すなわち，つぎの「計画」(plan) を検討する。こうして，計画，実施，評価，計画，実施，評価，計画，… を繰り返していくことを通じて，一定の「計画性」を担保しつつ「臨機応変」に，計画目的の実現を目指していく。これが，この図 2.2 で表現したマネジメントサイクルの概要であり，プランニングという活動における標準的な持続的活動形態を表現するものである。

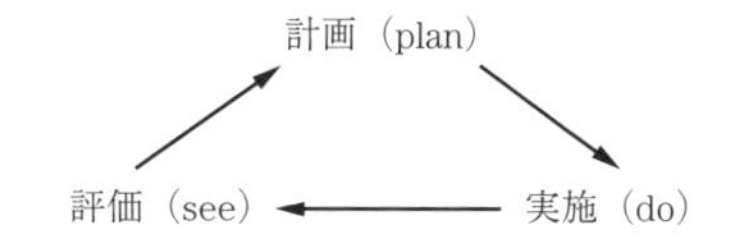

図 2.2 「プランニング」の持続的活動形態を表現するマネジメントサイクル

無論，「神」のような絶対者が存在しその「御業（みわざ）」によって，完全なる幸福な状態へと社会を導き得るような「プラン」を策定し，かつ，それを実施することができるのなら，定期的に評価・調査を実施してプランを逐次的に改定していく「プランニング」なる精神活動は一切不要となろう。しかし，そうしたプランを，限定的な能力しか持ち得ぬ人間が策定することなど，不可能であることはわざわざ論証するまでもないほど自明である。そうであるからこそ，プランという「単なる決めごと」よりも，むしろプランニングという「精神活動」こそが，土木計画において何よりも重要とされているのだということを，土木計画に携わる者は片時も忘れてはならないのである。言い換えるなら，いかなる土木計画者であってもきわめて限定的な能力しか持ち得ないのだということを，そして，そうであるにもかかわらず，長期的な計画に携わり続けているうちにある種の万能感を得たかのような傲慢なる錯覚を覚えてしまう危険性をはらんだ生身の人間なのであることを前提として，土木計画に携わらなければならないのである。

2.1.3　土木計画のプラン

〔1〕 プランの階層性

ではここで，この「土木計画のプロセス」の中で策定される「プラン」の構造についてとりまとめておこう。この「プラン」はもちろん，狭義の土木計画ということも可能なものである。

あるいは，先に述べたように，土木計画にはプランニングとプランという二重性を持つものであると述べたが，このプランが，プランニングのプロセスの中で策定される，ある特定時点において策定されるものである。

さて，こうした「プラン」は階層性を持つものである。例えば，「洪水を避ける」という計画目的を考えてみよう。これを治水計画と呼ぶなら，その計画の内容は，その目的を達成するための種々の具体的な「手段」から構成されることとなる。例えば，「ダムをつくる」とか「堤防を築く」といった諸項目が，治水という目的のための「手段」となる。ここで，それらの諸手段を達成するためには，また個別的な「計画」が必要となる。さらに，それらの個別の計画目的を達成するためには，それらを達成するための，さらなる下位の「手段」が必要となる。このように，「目的」と「手段」は，上位目的のための手段そのものが目的となり，さらなる下位の手段を必要とする，という構造となっている。

一方，「洪水を避ける」という計画目的は，「地域の安全を確保する」というより上位の計画目的のための「手段」となっている。さらに，「地域の安全を確保する」という計画目的は，「豊かな地域をつくる」という，さらに上位の計画目的の「手段」となっている。このように，おのおのの計画目的は，より上位の計画目的の「手段」となっているのである。

〔2〕 目的と手段の多面性

しかしながら，現実の土木計画においては，上記のような整然とした階層構造が存在しているだけではなく，さらに多面的である点を忘れてはならない。例えば，「ダム」という1個の存在が，「治水」のためだけに存在しているのではなく，生活用水，工業用水，農業用水の供給や，発電施設や観光施設等にも活用される。あるいは，河川敷は，同じく治水のための施設としても活用されるほか，レクリエーションの空間や自然保護の空間，あるいは，良質な風景を供給する空間でもある。このように，個々の土木施設は，多様な目的を持つものなのであり，その点を踏まえるなら，その土木施設の整備，ひいては，そのための土木計画は，おのずから「多目的」なものとなる。

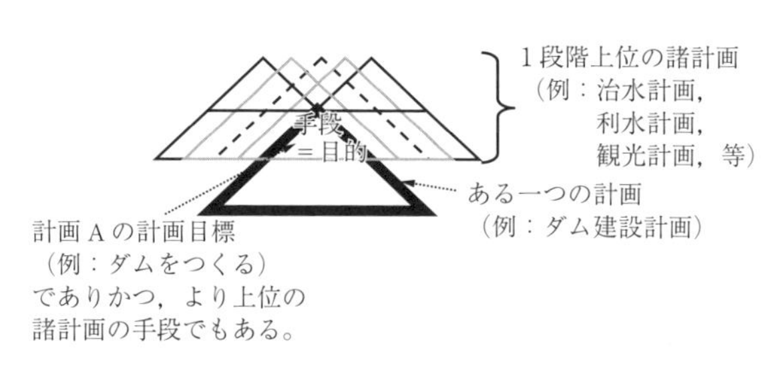

図2.3　現実の土木計画における多面性を考慮した場合の計画の階層性・目的手段連関のイメージ図

この点を加味したイメージ図を示すとするなら，**図2.3**のように，ある一つの計画が，さまざまな上位計画の手段的な下位計画として位置付けられる，という形で示すことができる。そして，現実の土木計画においては，一つの計画のために多様な計画が必要とされているのみならず，一つの計画が多様な目的のための手段となっているという，**図2.4**に示すような，目的

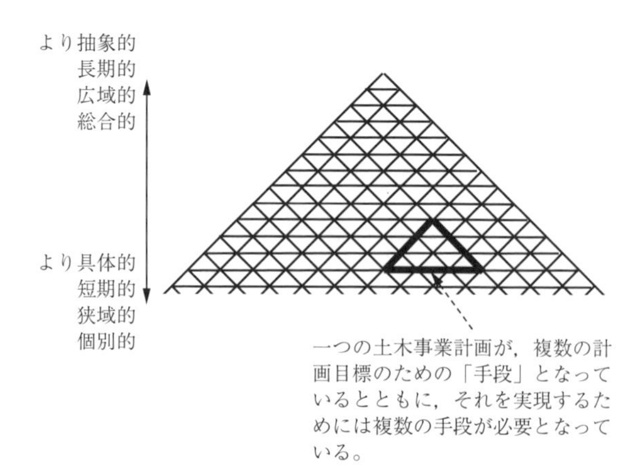

図2.4　現実の土木計画における多面性を考慮した場合の計画の階層性・目的手段連関の複雑性を加味したイメージ図

と手段が高度に入り組んだきわめて複雑な目的-手段連関関係が存在しているのである。

〔3〕 **土木計画の三層構造**

ところで，「目的の質」に着目するなら，計画の階層構造におけるより上位の計画は，より下位の計画の「ある目的を実現するための目的，を実現するための目的，を実現するための目的，……，を実現するための目的」なのであるから，必然的に，その抽象度は高いものとなる。例えば，「国民の真の幸福」，「美しい国」といった非常に抽象度の高い目的を持つものとして上位計画が策定される。一方で，下位の計画は，「ある手段を実行するための手段，を実行するための手段，を実行するための手段，……，を実行するための手段」なわけであるから，必然的にその手段の具体性は高い。例えば，「資材の調達」，「人員の確保」といった非常に具体的な目的を持つものとして下位計画が策定される。

ついては土木計画のプランでは，この点に着目し，「**基本構想—基本計画—実施計画**」の三層構造で構成されることがしばしばである。ここに基本構想とは，ビジョンと呼ばれることもあり，抽象的な方針を提示するものである。一方，基本計画とは，その基本構想を実現するために，具体的にどのような土木施設の整備と運用をなしていくかの計画である。最後に，実施計画とは，基本計画にて提示されている各種の土木施設の整備と運用を実施するために，どのように資金を調達し，どのような組織や制度を配するのか，という具体的な内容が時系列とともに提示される。

2.1.4 土木計画におけるプランニング：技術的プランニングと包括的プランニング

以上，土木計画における「プラン」の階層性，多面性を論じた上で，その具体的な諸計画事例を述べたが，それらを「絞り出す」源（みなもと）となるのは，「プランニング」という計画策定の活動である。この活動からまずは，プランにおける「構想計画」が策定され，それに基づいて「基本計画」，そしてそのための「実施計画」が策定されることとなるものである。いうならば，プランという「形のある言語」の源となる「社会的・精神的な活動そのもの」がプランニングである。

ここに，このプランニングは，「善き社会を志す」という「意志」を中核としてなされるものであり，個人的，組織的，集合的，社会的な思考過程・精神活動そのものをいう。また，その思考過程・精神活動が社会的なものである以上，その過程は「政治的活動」そのものでもある。

ただし，プランニングの中核は，こうした「意志」あるいは，「思考過程・精神活動・政治的活動」であるものの，具体的な「プラン」を策定する段階では，「技術的」な思考が必要とされる。例えば，より善い地域を目指すに当たって，いったん，所与の物流需要を「効率的」に処理可能な物流システムを計画するという具体的な目的が設定されたのなら，どの地点に，どの規模の物流施設を，どの程度配置することが「合理的」かという基準で「数理計算」を行うことが必要となる。同じく，道路計画においても，特定の需要を満たす道路を計画するという目的がいったん設定されたのなら，まずはどの程度の道路交通需要があるのかを数理的に算定し，その上で，どの程度の車線数の道路を整備することが最適であるか，ということを検討することが必要となる。

こうした「技術的」なプランニングにおいて共通しているのは，「特定の目的が設定されている」という条件である。例えば，上記の物流計画の例では「特定の物流需要を満たす効率的な物流システムを構築する」という特定の目的が設定されており，道路計画の例では「特定の需要を満たす道路を整備する」という特定の目的が設定されている。しかも，そうした目的を達成するためには，必ずしも人間の暮らしや意識，あるいは，社会的，政治的な判断を考慮に入れる必要はなく，必要とされているのは，計算上の合理性であったり，純粋に技術的な合理性である。それゆえ，このような主として数理的，技術的な検討が必要とされる一方，とりたてて人間の精神性や価値論的な議論が必ずしも必要とされないプランニングは**技術的プランニング**と呼称することができよう。その一方で，本節の冒頭で述べたような，「プランニング」という活動の中核であるところの善き社会に向けた思考過程，精神活動，政治的活動は，上記の技術的プランニングを包括する形で展開されるものであることから，**包括的プランニング**ということができよう。

ここで，先の図2.1に示した「プランニング」の流れの中で，技術的プランニングと包括的プランニングの関係を述べることとしよう。図2.1に示したように，プランニングとは，善き社会を目指して。現実の自然・社会状況にどのように働きかけようかと考え続ける継続的な精神活動である。そして，その流れの中で，特に，直接的に「プラン」を策定しようと考えるプランニングが，「技術的プランニング」である（**図2.5**参照）。その一方で，その技術的プランニングそのものの源となる流れが，「包括的プランニング」である。これは，「川の流れ」として，この両者の関係を理解するとわかりやすい。技術的プランニングとは，プランニング全体を川の流れと考えたときの川の

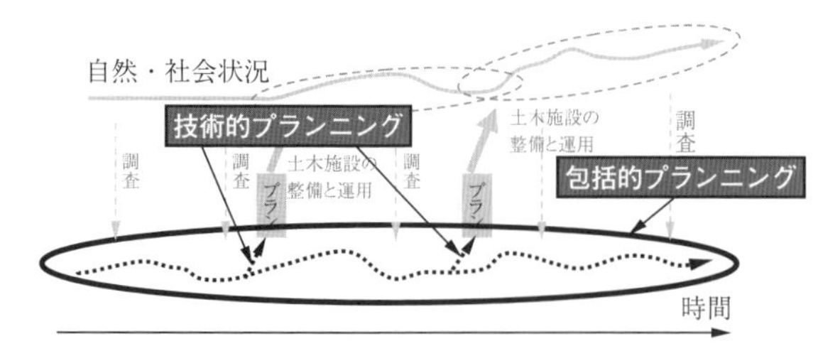

図 2.5　技術的プランニングと包括的プランニング

「支流」に当たる。そして，包括的プランニングとは，そうした支流を含めた，その川の流れの総体を意味するものである。

包括的プランニングは，つねに，自然と社会の全体の流れを把握しつつ，その改善を目指しているものである。そして，その時々の状況に応じて，具体的に自然・社会の状況を改善する特定の方策，あるいは，プロジェクト，土木事業を実施しようとする。そのときに作成するのが，個々の「プラン」であり，その具体的なプランを策定しようと考えるのが「技術的プランニング」である。この技術的プランニングは，包括的プランニングの「本流」からは一部乖離（かいり）した支流的な作業である。なぜなら，当該の「プラン」は，「善き社会の実現」という究極的な目的から演繹（えんえき）された「個別的」な目的を達成するための「具体的」な計画に過ぎないのであるから，「善き社会を目指す」という究極的目的を携えたプランニングの本流からは，微妙に「乖離」せざるを得ないのである。

とはいえ，具体的な物理的な形を持たない精神の流れが，具体的な物理的な形を持つ自然・社会状況に働きかけるためには，こうした具体的プランを一つひとつ実行していくことが必要不可欠である。言い換えるなら，こうした具体的プランなくして，精神の流れが自然・社会状況になんらかの影響を及ぼすことなどあり得ない。それゆえ，たとえ技術的プランニングがプランニングの本流から部分的に乖離していたとしても，その乖離は漸次的な社会の改善を目指す作業を行うための不可欠なものとして受け入れざるを得ないのである。

一方，「包括的プランニング」は，こうした具体的なプランと最終的な理想との乖離を十二分に理解し，またその乖離ゆえに生ずる種々の問題を最小化するために調査を定期的に行い，また，新しいプランを立案する「機会」をうかがう，という一連の作業を行うものである。いうまでもなく，包括的プランニングを行う際には，個別のプランの目的を（例えば，構想計画という形で）設定することが必要となる。そして，その上でその目的を達成するための種々の技術的課題に対処するための技術的プランニングを遂行していくことが必要となる。このような種々の作業を行うものが，包括的プランニングである。

ここでさらに，技術的プランニングと包括的プランニングの相違を，図 2.4 に示した「プラン」の階層的構造の図を援用しつつ論じよう。

図 2.4 は，個々の「プラン」は，より上位のプランのための「手段」となっている一方，より下位のプランのための「目的」となっているということを含意しているものである。プランニングとは，文字どおりこうした階層的プランを構築し続ける作業を意味するが，技術的プランニングとは，こうした階層的構造において，下へ下へと掘り下げていく活動を意味している。すなわち，特定の目的を与えられたときに，その目的を達成するためにはどのような「手段」が必要とされているのかを検討していくのが，技術的プランニングなのである。そして，当初の目的を達成可能な手段が複数見いだされた場合には，どの手段が最も合理的か（あるいは最適か），という問いの答えを，「技術的」に探り出そうとするのであり，こうした「技術」が必要とされているところが，技術的プランニングの大きな特徴なのである。

このように，技術的プランニングは，プランの階層構造を下に掘り下げていこうとする「下降運動」を旨とするプランニングの営為であるが，包括的プランニングは，こうした下降運動のみを行うものではない。例えば，善き都市をつくるという都市計画における包括的プランニングにおいては，効率的な物流や運輸システムを構築するという下降運動のみに専心するのではなく，善き都市とはどのような都市なのかについて改めて考えたり，人々とさまざまな議論を重ねたりする作業が必要となってくる。このような「目的」そのものを問い直す運動は，合理的な手段を追い求める下降運動とは逆に，階層的なプランの構造の上方を志向した「上昇運動」ということができよう（西部[3)]）。

さらに，包括的プランニングにおいて手段を検討する「下降運動」においても，技術的プランニングのそれとは異なった様相を帯びる。技術的プランニングにおいて遂行される下降運動は，当初の目的を達成可能な適切な手段を，「技術的」に探ろうとする活動であった一方で，包括的プランニングにおける下降運動は，技術的プランニングによって与えられる「技術的最適解」のみをもってして「手段」を選択し，プランを確定するものでは決してない。包括的プランニングにおいては，技術的プランニングによる技術的最適解は単なる一つの「参考値」にしか過ぎないのであり，技術的な側面では加味できない種々の側面を総合的に判断することが求められる。例えば，経済的に合理的な道路システムが，当該地域の景観や風土に調和するものとは限らない。逆に，一見経済的に不合理に見える道路システムが，当該の地域の社会の営みに調和するものであるがゆえに，長期的には地域経済を活性化させることとなる，というケースもあり得る。すなわち，人間の判断を介在せずに，なんらかの数理的な「技術」のみによって得られる解のみに基づいて真に合理的な土木事業を推進しようとするのなら，将来を完全に見通すことが不可欠である一方，そのような完全な将来予測など不可能なのであり，それゆえ，技術論にのみ頼る技術的プランニングでもってして，将来において合理的に機能し得るプランを策定することは不可能なのである。いうまでもなく，社会や自然の将来は，移ろいやすい一人ひとりの気分や，いつ生ずるともわからない天変地異の可能性につねに影響を受けるのであり，それらを逐一予測することができる者などこの世には存在し得るはずなどない。それゆえ，適切なプランを立案しようとするのなら，「技術」の限界を適切に把握した上で，技術によって導き出された最適解を解釈し，参考にしつつ総合的に判断していく態度が不可欠となるのである。もし，特定の土木技術者がプラン策定における特定の判断を下すことが求められる立場にいるのなら，数値に基づく合理的計算を行いつつも，さまざまな社会的な要素や自然界におけるさまざまな不確実性を加味しつつ，総合的に判断することが不可欠なのである。同様に，特定の組織や社会そのものが特定の判断を下すことが求められている場合においても，そうした総合的な判断を組織的，社会的に下していくことが不可欠なのである。いずれにしても，このような総合的判断を適切に下すことができる能力こそが土木技術者における「真の技術力」と呼ぶべきものなのであり，単なる数値演算を正確になす能力は，土木技術者における技術力の一要素にしか過ぎない（この点を失念した者は一流の土木技術者には断じてなり得ない）。

このように，包括的プランニングは，技術的プランニングをその全体の中の限定された部分的な領域に含む，文字どおり包括的なプランニングの活動を意味するものなのである。その特徴は，合理的な手段を考える下降運動のみでなく目的の在り方そのものを問う上昇運動を併せて行うものであり，技術的・数理的な思考に加えて社会的・価値論的な側面に配慮する総合的な判断を伴うものであり，かつ，大局的，かつ，継続的な時間的・空間的スケールを持つものなのである。

2.1.5 包括的プランニングの基本的要件

以上，プランニングにおける技術的プランニングと包括的プランニングのそれぞれについて述べたが，ここでは，持続的な精神活動であるところの包括的プランニングが適切に進められるための基本的な二つの条件を述べることとしたい。

〔1〕「記憶」の重要性

まず，包括的プランニングとは，いうまでもなくプランニングそのものを意味する活動である点に留意されたい。前項においてあえて「包括的」という接頭語を付与した概念を定義したのは，「技術的プランニング」という部分的なプランニングと本来のプランニングを峻別（しゅんべつ）するための便宜的な措置であったに過ぎない。それゆえ，以下においては，特に断りなく「プランニング」という用語を用いている場合には，それは「包括的プランニング」を意味するものとして解釈されたい。

さて，適切な形でプランニングが遂行されていくために第一に必要とされているのは，そのプランニングの時間的継続を保障する「記憶」の存在が保障されているという点である。これは，記憶を持つ能力を一切持たない人間に，精神が宿ることはあり得ないことと同様の理由による。それゆえ，社会の漸次的改善を志すプランニングにおいては，現在における状態を把握し将来を見通すことのみではなく，過去においてどのような取組みがなされてきたのか，そして，そのときにどのような議論がなされてきたのかを，一人ひとりが，あるいは，一つひとつの組織が持続的に「記憶」し続けていく態度が不可欠なのである。無論，当該の組織に新たに参入する個人がいたのなら，過去の議論とその背景に流れる人々の「思い」や「意志」を十二分に理解しようと努めることが必要となる。そうした努力があってはじめて，それぞれの組織に「記憶」が伝承されていき，仮に構成員の全員が入れ替わったとしても，当該の組織に，さながら一つの記憶と精神と意志の力が流れ続けているかのような形でプランニングが推進されていくこととなる。そしてそれがあってはじめて，そのプランニングは実りある結果を生み出し得る可能性を手に入れることができる。

例えば，特定地域の河川計画を考えるに当たって，当該地域の歴史的背景から始まり，当該地域の河川計画についてのそれまでの検討経緯や諸事業のすべてを無視した上で，特定個人が頭の中だけで考えた特定の「アイディア」に基づいて河川計画を立案し，実施した場合を考えてみよう。その場合，なんらかの「不整合」が生じてしまうことは避けがたい（例えば，桑子[4]）。なぜなら，特定の「アイディア」が網羅し得るのは，決壊しないような安全な堤防を作る，といった程度のせいぜい一つや二つの単純な目的を達成するにしか過ぎないからである。しかしながら，前項にて論じたように，個々の土木事業は多面的な影響を及ぼすものである。例えば，水辺空間は，洪水をもたらす危険地域であるのみならず，生活用水路・排水路でもあり，レクリエーションのための親水空間でもあり，自然環境の保存地域でもあり，場合によっては古くから短歌や俳句に詠まれた歴史的・伝統的空間ですらある場合もある。特定の地域の河川は，そうした重層的な機能を担うものなのであり，それに手を加える河川計画を考えるに当たっては，どのような河川計画がその河川について織りなされてきたのか，そして，その計画の中で，さまざまな河川の機能の一つひとつがどのように取り扱われ，その結果，どのような改善がもたらされ，その一方でどのような問題点がもたらされたのか，といった諸点を十分に配慮していかなければならない。いうまでもなく，そうした諸点に配慮するためには，それらの諸点に関わるさまざまな「記憶」が残されていなければならない。なぜなら，当該の河川の諸機能も，その河川についてのこれまでの取組みも，皆過去に属する事柄だからである。そうした記憶は，具体的な一人ひとりの「記憶」という形で保存されている場合もあれば，先人からの「言い伝え」という形で継承されていることもあろう。また，場合によっては「資料」として残されている場合もあれば，当該地域の風土や伝統に陰に陽に「刻印」されている場合もあろう。いずれにしても，例えば河川計画の場合であるなら，ありとあらゆる形で保存されている当該河川に関わるあらゆる「記憶」を踏まえることこそが，河川計画の「プランニング」において不可欠な要件となるのである。そうした「記憶」を携える能力を一言でいうとしたら，ある種の**歴史感覚**であるということができよう。すなわち，歴史感覚なきところには，プランニングは存立し得ないのである。

〔2〕 善き社会に対する志向性

さて，土木計画におけるプランニングという精神活動において不可欠なもう一つの条件は，善き社会を目指そうという意志，言い換えるなら「善き社会に対する志向性」である。これは，本書冒頭で定義したように，土木という営為そのものが，「善き社会の実現を目指した社会的営為」であり，かつ，土木計画が，それをその実現のための計画を考えるものである，というところからして自明の用件であるといえる。

例えば，プランニングの活動を計画―実施―評価の3行程のマネジメントサイクルで表現するなら，「善き社会に対する志向性」を携えたプランニングとそれを携えざるプランニングは，**図2.6**のようにまったく異なった挙動を示すこととなることがわかる。すなわち，「善き社会に対する志向性」なる目的を携えていれば，大局的な観点からプランニング活動を評価（see）することが可能となり，「試行錯誤」を通じて少しずつ目的とする「善き社会」へと近付いていくことが可能となる一方で，そうした目的もなく，ただ漫然と近視眼的にプランニングを続けていけば，図2.6（a）に示したように，「糸の切れた凧」のように，無意味が挙動を半永久的に続けていくほかなくなるのである。

ところが，土木計画のプランの策定に携わる作業を続ける間に，残念ながら，この自明の用件が忘れ去られることがしばしば起こり得る。それは，例えば社会学では一般に「目標の転移」（goal－displacement）と呼ばれている現象（マートン[5]）であり，2.1.3項で述べた「プランの階層構造」に起因する問題である。

例えば，ある階層の計画に従事している人物を考えてみよう。その計画に従事することとなった当初は，

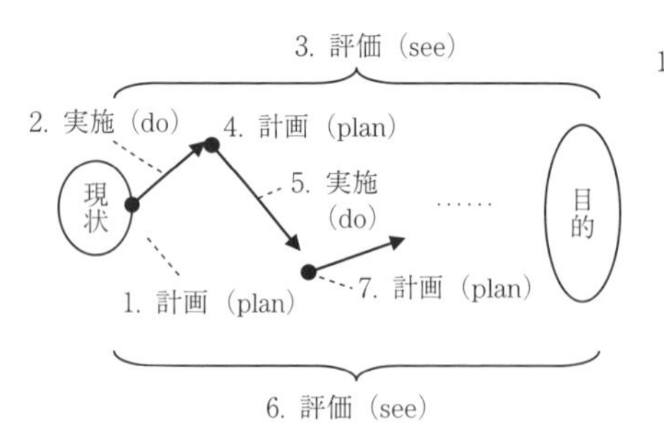

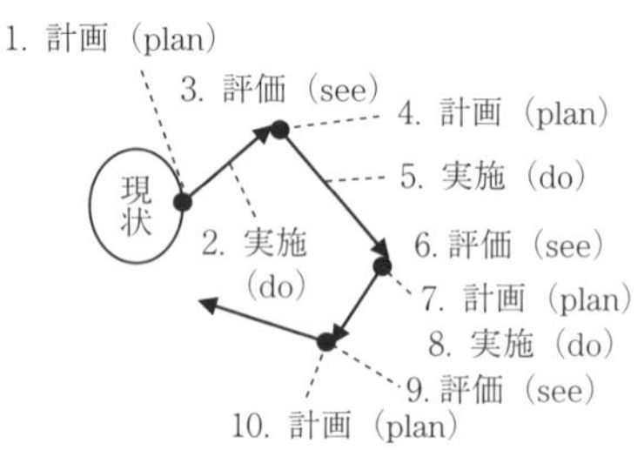

（a） 目標が存在するプランニング活動　　（b） 目標が存在しないプランニング活動

〔注〕 1.～7. ならびに1.～10. までの数値はそれぞれ順番を意味する。この図に示したように，「善き社会に対する志向性」なる「目的」が存在しなければ，近視眼的にしか評価（see）することができなくなり，それゆえ，プランニングは「糸の切れた凧」のような無意味な動きとならざるを得ない。

図2.6 「目的」が存在する場合と存在しない場合のプランニング活動の相違

その計画はどのような目的があり，またその目的のさらなる上位目的は何であったのか，ということを考えようとする可能性は必ずしも低くはないであろう。しかし，当初は，計画目的が何であったのかを考えていた人物であっても，その計画に長らく従事しているうちに，その目的が何であったかを想起する機会がほとんどなくなり，その計画が，「善き社会の実現」という究極目的の中で，どのような位置付けであったのかを忘却してしまう危険性が高くなってしまう。なぜなら，多くの場合，ある階層の計画に従事する，ということは，その計画目的を達成するための，具体的な「手段」を考える作業だからである。例えば，先に引用した「治水計画」に従事している人物の場合，治水計画が「何のために求められているのか」を想起する機会よりも，治水のために「何が必要なのか」を考えたり，あるいは，その必要なもののために「さらに何が必要なのか」ということを考える機会の方が圧倒的に多いからである。これは，図2.4の計画の階層構造を引用するなら，一般的な日常業務は，図2.4における三角形の底辺へと向かう「下降運動」（すなわち，手段を考え，手段の手段を考える，という作業）が大半を占めている一方で，三角形の頂点（すなわち，善き社会を実現する）へと向かう「上昇運動」が求められる機会は必ずしも多くはない，というように表現できるであろう。

それゆえ，計画，とりわけプランニングに携わる者は（単なる手段的目的を最終目的と錯覚してしまうような目標の転移が生じてしまうことを避けるために），「意図的」に，当該の計画の目的，さらに，より上位の目的が何であるのかを考える「上昇運動」を忘れずに続けていくことが不可欠なのである。そして，つねに「善き社会を実現する」という最上位の計画目的を考え，その実現を志す強固な意志を持ち続けることが不可欠なのである。

それでは，「善き社会」とはいかなるものなのであろうか……。

この問いは，純粋に哲学的な問いであり，事実，例えば西洋哲学をひもとけば，その始祖たるソクラテスの時代から考えられ続けている問いである。

善き社会とは何か，についての，最も安易な（そして，最も「ありがち」な）回答は，つぎのようなものである。それはすなわち，「善き社会とは，人それぞれの主観的な「価値観」に依存するのであり，一概にはいえない」という回答である。これは，哲学的には，「相対主義」といわれる考え方に基づく回答である。

しかし，この相対主義は，古くはソクラテスの時代のソフィストたちによって，新しくはポストモダンにおける現代思想家たちによって，さまざまな時代において，手を替え品を替え，繰り返し主張されてきた考え方であるものの，いわゆる哲学の本流（あるいは，「王道」）の地位を獲得することはなく，いつの時代も退けられてきているのが実情である。なぜなら，哲学は，究極的に「善く生きるとは何か」を探求する営みであり（戸田山[6]），そうであればこそ，究極的には相対主義を受容するわけにはいかないからである。そして，善く生きるためには，種々の岐路において「選択」をなすことが不可避なのであり，その選択をなすためには価値観を携えることが不可避だからである。それゆえ，究極的には選択不能な状態に陥らざるを得ない相対主義は，「善く生きる」ことを志す以上は退けなければならないのである。

同様にして，「善き社会」を目指す土木においても，相対主義は退けられなければならない。もしも退けないのであるのならば，「改善」なる概念そのものが否定されるのであり，そこに存在するのは「変化」のみとなろう。そして，その時代時代に「相対的」に設定される「任意な価値基準」に基づいて，当該の国土や地域や都市が計画され，改編されるであろう。そして，しばらくして価値観が変化すれば，また別の価値基準に基づいて計画がなされていくこととなろう。かくして，もしも完全なる相対主義の立場に立つのなら，当該の国土や地域の姿は，さながら「糸の切れた凧」のように，（あるいは，図2.6（a）のように）時代の中をさまようほかないであろう。

こうした議論を経て，価値にまつわる哲学・思想（ひいては宗教）においては，伝統的に「真・善・美」が究極的に目指すべき最善の価値であるということが想定されてきた。ここに，「真」とは，哲学的アプローチによって接近し得る最上位の価値であり，「善」とは宗教的アプローチによって接近し得る最上位の価値であり，そして，「美」とは芸術的アプローチによって接近し得る最上位の価値である。これら三者は，われわれの「主観」でしか感得し得ぬものではあるが，それはあくまでも「主観」の外側に，すなわち，「客観的」に存在するものとして想定される。そしてあくまでも，それらは相対的なものではなく，唯一無二の存在であることが想定される。ここで，こうした「真善美」は主観の「外側」に存在するものと想定されるがゆえに，人間，あるいは，「計画者」は，何が真善美であるのか，そしてその真善美を胚胎（はいたい）する「善き社会」とは何かを「探し求める」という態度が必要となる。そして，それが何かは的確に表現することが必ずしも容易ではないとしても，「完璧なる善き社会」は唯一無二である，と「想像」し，かつ，それを「追い求める」という精神が存在するところではじめて，「ああでもない，こうでもない……」，という「探求」が始まるのである。この「探求」の過程こそが，「プランニング」と呼ばれる精神活動にほかならないのである。

繰り返していうなら，プランニングなる精神活動は，価値なるものは，気まぐれな人間の主観の内側にしか存在しないのだ，と構える価値相対主義者には到底実現不可能な精神的活動なのである。「完璧なる善き社会」は唯一無二であると想定し，しかも，その実現が絶望的に難しいということを知りながらも，完全なる絶望を廃し，まれではあったとしてもそこには必ず望みが存在するという「希望」を携えつつ，それを追い求める強靭な精神があってはじめて成し遂げられ得る活動こそが「プランニング」なのである。

なお，ここでは「完璧なる善き社会」がいかなるものであるのかについて，はなはだ不完全な表現ではあるが，読者の理解を助けるという趣旨のために，散文的に記する†。

2.1.6　プランとプランニングの関係

以上，土木計画におけるプランとプランニングの概要について述べたが，ここでは両者の関係を改めて整理することとしたい。

まず，繰り返し指摘したように，「プラン」とは土木を進めるに当たっての方法や手順の内容そのものを意味するものである一方，「プランニング」とはそれを考え企てることそのものを意味している。それゆえ，プランは土木計画の「静的」な側面を意味する一方，プランニングは土木計画の「動的」な側面を意味している。

また，プランニングがプランを生み出す源泉であるという側面が存在している一方で，プランニングはその時点におけるプランに影響を受けるものでもある。なぜなら，一般にプランは階層性を有しており，かつ，下位レベルのプランは上位レベルのプランの枠内で策定されるからである。それゆえ，その下位レベルのプランを策定するためのプランニングの活動は，その上位レベルのプランに影響を受けざるを得ない。例えば，ある「短期的」なプランを「プランニング」する活動は，そのプランニングの時点に策定されている「中期的プラン」に影響を受けざるを得ない。さらに，その中期的なプランのプランニングにおいては，より「長期的なプラン」に影響を受けざるを得ない。すなわち，プランとプランニングは「入れ子構造」を有しているのである。

とはいえ，この両者の関係は，どちらが先なのかを決することはできない，というような関係にあるのではない。最も長期的な部分に位置するもの，言い換えるなら土木計画のすべての源は，プランではなくプランニングにある。これは，超長期的なプランなるものが，人間の社会的・歴史的活動と独立に存在しているとは考えられないからである。一方，最も短期的なところに存在しているのは，プランニングではなくプランである。なぜなら，プランとは，プランニングなるなんらかの「意志」あるいは「思い」を形にする契機を与えるものであり，それゆえ，いかなるプランニングであってもなんらかの「プラン」を生み出し，それを通じて，実際の現実の世界になんらかの影響を及ぼそうとするものだからである。

このプランとプランニングの間の入れ子構造を，図2.2に示した「計画（plan），実施（do），評価（see）」

---

† 完璧なる善き社会においては，いうまでもなく，戦争の可能性も犯罪の発生頻度も最小化されている。ただし，戦争や犯罪などの万一の事態に対して適切に備えようとする努力を惜しむことはない。同様に自然災害は存在するものの，そのための備えは人智の及ぶ範囲最善の対策がなされている。それにもかかわらず自然災害による被害が生じたとしても，人々はそれを運命として受け入れる。しかし，そうした被害が生ずるたびに，人々はその被害から新たな知見を得るとともに，それを軽減するための最善のさらなる努力を重ねようとする。都市部においても田園地域においても，長い歴史と伝統の中で育まれた良質な風景が保持されている。そして，人々はそうした良質の風景を保持するための公共的努力を惜しまない。必要とされる土木施設は長い年月をかけて徐々に整備されており，人々は現存する土木施設が長い年月をかけて先人から引き継いだものであることを十分に理解し，その整備と維持のために必要な労力と財源を喜んで提供し，後生に残そうとする。同様に無形の文化たる言語や風習，芸術についても，有形の文化たる土木施設に対する態度と同様，その発展のために必要な労力と財源を提供し，後生に残そうと努力する。万人が自らの役割，ないしは身の丈を理解し，その役割の責任を精一杯果たしつつ，他者が各自の役割についての仕事をなしていることについて最大の敬意と感謝の念を惜しまない。そして，特に「真善美」への接近に対する努力を惜しまない人々（すなわち，哲学者，宗教者，芸術家，ひいては，その具現を目指す政治家）に対しては，人々はおおいなる敬意を抱く。一方で，その社会の人々の諸活動は，自然の生態系の中で十全なる調和を保っており，それゆえに，社会全体の持続可能性は保障されている。そのため必然的に，その社会は，第一次産業を重視し，それを中心とした経済構造，社会構造を有している。……以上が，はなはだ不完全なる表現ではあるが，筆者が想像するところの「理想の社会」を言語表現したものであるが，これは，例えば，ソクラテス，プラトンが『国家』[7]の中で論じたものや，ゲーテがファウストの最終章で提示した理想社会，あるいは，わが国の議論においては例えば福沢諭吉が『文明論之概略』[8]にて想定した真の文明社会や，（戦前戦後のわが国を代表する文芸評論家である）保田與重郎が『絶対平和論』[9]の中で論じた理想的社会等において見られるような，内外の哲学・文学の中で表現されてきた理想的社会と大きく乖離するものではない。

の3行程から成るマネジメントサイクルを用いると，つぎのように表現することができる。すなわち，ある次元のマネジメントサイクルにおいて，ある「計画」（プラン）を立案し，それを「実施」しようとすれば，それを実施するために，より詳細かつ具体的な「計画・実施・評価」のマネジメントサイクルを循環させることが必要となる。そして，そのより詳細なマネジメントサイクルの「実施」の段階においても，さらにより詳細なマネジメントサイクルが必要とされる。こうした階層的なマネジメントサイクルの中でも，最も詳細なマネジメントサイクルは，数日，あるいは，数時間単位で，計画を立てて実施し評価する，という循環を繰り返すものである一方，より大きなマネジメントサイクルは，数十年，数百年の長期計画を伴うマネジメントサイクルである。ここで，より短期的なマネジメントサイクルにおいて検討される土木事業は，既存の土木施設の存在を前提として，それを短期的にどのように上手に活用していくのかという，土木施設の「技術的運用」ならびに「(短期的）社会的運用」という営みが主体となる。その一方で，より長期的なマネジメントサイクルにおいて検討される土木事業は，土木施設の「整備」そのものである傾向が強くなる。そして，さらに超長期的なマネジメントサイクルにおいて検討される土木事業は，土木施設の整備そのものを規定する社会的な風潮や制度に対する働きかける「(長期的）社会的運用」である傾向が強くなる。このように，「土木施設の整備と運用」として定義される土木という営みそのものが，さまざまな階層におけるマネジメントサイクルによって，相互連携の下で一体的に進められていくものなのである。

こうした議論は，プランニングならざるプランは，特定の目的を与えられた際に，特定の目的を達成するための具体的な「手段・道具」であることを意味している。このことはさらに，プランとは，土木計画の階層構造（図2.4参照）における「下降運動」(特定の目的を達成するために，具体的な手段を検討していく作業）の「結果」として与えられるものであることを示唆している。一方，プランニングとは，具体的なプランを策定しようとする「下降運動」を行うとともに，当該の土木的営為の「目的」を見定める「上昇運動」を同時に行うもの（すなわち，包括的プランニング）なのである。　（藤井　聡）

引用・参考文献（2.1節）

1）藤井 聡：土木計画学―公共選択の社会科学，学芸出版社（2008）
2）長尾義三：土木計画序説：公共土木計画論，共立出版（1972）
3）西部 邁：知性の構造，角川春樹事務所（1996）
4）桑子敏雄：風景のなかの環境哲学，東京大学出版会（2005）
5）ロバート・K. マートン著（1949），森 東吾，金沢実訳：社会理論と社会構造，みすず書房（1961）
6）戸田山和久：社会科学における人間観とその役割―人の統合的理解に向けて―，日本心理学会第68回大会，関西大学（2003）
7）プラトン著，藤沢令夫訳：国家（上・下），岩波文庫，岩波書店（1979）
8）福沢諭吉：文明論之概略，岩波文庫，岩波書店（1875；1962）
9）保田與重郎：絶対平和論／明治維新とアジアの革命，新学社（1955初版，2003再版）

2.2 計　画　制　度

土木計画が対象とするプロジェクトは，社会基盤施設の整備や運用に関する具体的なものから，目指すべき都市・地域の将来像の策定といった抽象的なものまで実に多様である。本節では土木計画を「都市や地域を良くするため，社会基盤施設の整備運用や関連施策を実施するプロジェクトの目標と内容を事前に定める行為」（プランニング）ならびに「作成された計画」（プラン）と定義する。

土木計画はそれを取り巻く諸要因の制約を受ける。例えば，法定都市計画や河川整備計画といった行政計画では，実定法や関連法令により計画策定権者・計画内容・計画策定手続き等が定められている。すなわち，法による直接的な制約を受けている。作成された計画が最終的に実施されるかどうかは予算措置に依存するため，国や地方の財政制度による間接的な制約も受ける。また，あるプロジェクトの計画はそれ以前に作成された他計画との整合性を求められることが多く，先行計画の制約も受けている。さらに，利害調整の成否は計画策定主体の権威やリーダーシップ，計画策定主体に対する信頼等にも依存するため，計画プロセスはリーダーシップや信頼といった要素による制約も受ける。

元来，プランニングとは未来の地図を描く創造的な行為である。それゆえ，上記の諸要因はプランニングの自由度を引き下げ，作成されるプランやプランニングの質の低下をもたらすと考えられる。しかし，実際には自由度の低下がプランとプランニングの質を向上させる側面がある。なぜなら，自由度の低下は計画プロセスの安定化を促し，プロジェクトに関わる個人や組織による計画プロセスの共有化を可能とするからである。多様な主体が関与する土木計画のプロジェクトにおいて，各主体が認識する計画プロセスが大きく異なれば，関係者間での利害調整やプロジェクトの実現が期待できないことは容易に想像されよう。

以下では「土木計画を制約する一方で，計画プロセスの安定化や共有化をもたらす諸要因」を計画制度と呼ぶ。計画制度の定義については2.2.1項で改めて議論する。以降で計画プロセスと呼ぶ場合，個別のプランを作成するプロセスだけでなく，作成したプランを実施するプロセスや，複数のプランの作成と実施を含むプロセス全体（2.1節の包括的プランニングのプロセス）を意味するものとする。

計画制度は土木計画の質を大きく左右するため，より良い計画制度を模索する必要がある。ただし，計画制度の影響は実に多様である。例として，実定法が定める計画策定手続きが変更された場合を考えてみよう。この場合，行政は法に従ってただちに手続きを変更する。手続きの変更は関係者がそれまで共有してきた計画プロセスに揺らぎをもたらし，短期的には実定法の変更が計画プロセスの不安定化を引き起こす。結果的に，プランニングやプランの質が低下する可能性がある。ただし，変更後の手続きに従う計画策定の事例が蓄積すれば，徐々に実定法変更後の計画プロセスの共有化が進む。結果として，長期的にはプランニングやプランの質が実定法変更前より向上する可能性がある。以上の例は，計画制度の機能や役割を多面的な角度から考察する必要性を示唆している。

以下，2.2.1項では社会科学における制度の定義を敷衍（ふえん）し，計画制度の定義について再検討する。2.2.2項では計画制度の機能と構造について議論する。土木計画の特徴と計画制度の役割について議論した後に，実定法の機能と構造を敷衍する。さらに，土木計画のガバナンスと計画制度の見直しについても議論する。2.2.3項では計画制度の変化プロセスについて議論する。

2.2.1　計画制度の定義

〔1〕 制　　度

計画制度を定義するため，ひとまず経済学・社会学・組織理論等における制度の定義を整理する。

（1）　規則システムとしての制度　　**制度**（institutions）は多義的な概念であり，使用する人や使用される場面によって意味が異なる。国語辞書で制度について調べると，「国家・社会・団体を運営していく上で，制定される法や規則」（例：社会保障制度）ならびに「社会的に公認され，定型された決まりや慣習」（例：徒弟制度，家族制度）という二つの定義が示されている。両者は無関係ではないが，一見した限りでは関係性がわかりにくい。

上記の定義の意味を理解する上で，新制度派経済学者ノース[1)]の議論が有用である。彼は制度を**社会におけるゲームのルール**（rules of the game in a society）と定義した。さらに，「制度は人々が自分たちの相互作用を形作るために考案したどのような形態の制約も含む」と指摘し，「そうした制約にはフォーマルな制約－例えば人が考案するルール－とインフォーマルな制約－例えば慣習や行為コード－のいずれもがあり得る」と指摘した。上述の国語辞書の定義にあった「法や規則」と「定型された決まりや慣習」は，いずれも人々や組織の行動を制約し，インセンティブ構造を通して人々の選択に影響を与える点で共通している。ただし，前者が人々の理性によって設計・創造されるのに対し，後者は長い年月を経て社会に緩やかに定着していくという違いがある。フォーマルな制約とインフォーマルな制約にそれぞれ対応している。

制度が人々や組織の行動を制約する規則として働くという発想は，計画制度を理解する上でも重要な視点である。都市計画や河川整備計画では，実定法において計画策定主体・計画内容・計画効力・計画手続きなどが定められている。これらが行政による計画を強く規定している。実定法は行政による土木計画の制度の中心であるといっても過言ではない。他方，各種行政計画の策定に当たり，関係省庁・部署間で，あるいは計画に基づく事業・施策の重要なステークホルダーに対し，事前に根回しを行う慣行が広く見られる。根回しの慣行が実定法による利害調整手続きを形骸化させているケースもある。実定法の規定とともに行政慣行も計画手続きに大きな影響を及ぼしているといえる。

（2）　制度の構成要素　　制度の機能は人々や組織の行動規則にとどまらない。組織社会学者スコット[2)]は，経済学・政治学・社会学・組織論における制度研究を敷衍した上で，制度を「社会的行動に対して安定性と意味を与える規則的・規範的・認知的な構造と活動から成り立っている」と定義した。さらに，制度は「シンボル体系－認知的構造物や規範的規則－と社会的行動を通じて実行され，社会的行動を形作る規制的プロセスを組み込んだ，多面的なシステムであり」，「個々の行為者によって構築され，維持されているとはいえ，非人格的で客観的な現実を装う」と指摘した。制度を**規則システム**（regulative），**規範システム**（normative），**認知システム**（cultural-cognitive）という三つの視点から捉え直し，それらを総合する定義を与えている点に特徴がある。また，制度が**レジリエンス**（resilience）を有し，社会的行動に安定性をもたらす点を強調している点も特徴的である（**表 2.1** 参照)。

表 2.1　三つの制度観の強調点の差異[2)]

	規制的	規範的	認知的
服従の基礎	便宜性	社会的義務	当然性
メカニズム	強制的	規範的	模倣的
論理	道具性	適切性	伝統性
指標	規則，法律，制裁	免許，認可	普及，異種同形
正統性の基礎	法的裁可	道徳的支配	文化的指示，概念的正確性

（3）**規範システムとしての制度**　規範システムとしての制度は，価値と規範の双方を含むものである。価値は人々の行為やその帰結を評価する基準を，規範は価値ある行為を規定する社会的規則を意味する。規範は人々や組織の行動を制約するため，ノースのインフォーマルな制約の一例であるように思われるかもしれない。しかし，規則が社会で維持される理由に対する見方が異なる。制度を規則システムとして捉える場合，人々や組織が「自分の利益になることは何か」を判断して行為を選択すると考える。すなわち，規則を守ることが個々人の利益につながるため，規則が維持されると考える（道具主義の論理）。一方，制度を規範システムとして捉える場合は，人々や組織が「自らの役割を所与とした上で，自分に期待されているものは何か」を判断して行為を選択すると考える。すなわち，規則（規範）を人々が受け入れることで規則が維持されると考える（適切性の論理）。

制度を規範システムとして捉えることで，計画制度についての理解も膨らむ。例えば，行政計画の作成過程において事前の根回しの慣行が固定化しているが，その理由として以下の二つが考えられる。一つは道具主義の論理に基づく理由であり，それが計画手続きや計画内容の合理化につながるからである。もう一つは適切性の論理に基づく理由であり，根回しの役割を担うことが他の組織から期待されていると考えるからである。いずれの見方も現実のある側面を正しく捉えていると考えられるが，どちらの見方をするかで事前の根回しに対する評価が異なってくる。別の例として，計画に対する人々の態度の違いを挙げておく。策定された計画に対して「計画は絵に描いた餅に過ぎず，必ずしも従う必要はない」と考える人もいれば，「計画に従うことは社会的義務である」と考える人もいる。前者は道具主義の論理に従う立場であり，後者は適切性の論理に従う立場である。計画の実現可能性がステークホルダーの計画に対する態度に決定的に依存することは明らかであり，制度の規範的側面にも目を向ける必要があるといえる。

（4）**認知システムとしての制度**　認知システムとしての制度観では社会的行為に参加する人々の認知フレームに着目する。人々は認知フレームを通して社会的行為を制約する規則や関与する人々の役割を社会的な**構成規則**（constitutive rules）として認識すると考える。そして，人々の利害関心や行動は認識された構成規則によって規定されていると考える。規範システムとしての制度観では，人々は規範によって期待される行動を選択すると考えたが，認知システムとしての制度観では，人々が認知フレームを通して確認した自らのアイデンティティ・役割に従って行動すると考える。

認知システムとしての制度観は**限定合理性**（bounded rationality）の理論とも関連している。サイモン[3)]は人間の知識と計算能力は限定的であり，人間行動・社会行動の分析者が知覚する世界像と分析対象の人々が知覚するそれを区別する必要があると指摘した。加えて，分析者が使用する推論と分析対象のそれも区別する必要があると指摘した。認知システムとしての制度観では，限定合理的な人々の認知フレームが行動のルーティンを生み出し，そうした行動の反復が認知フレームの自己強化と共有化を促し，社会的行為の安定化を引き起こすと考える。

認知システムとしての制度観は，制度の変化プロセスを議論する上でとりわけ有益である。同制度観では，社会的行為を取り巻く外的環境が変化したり社会的行為を制約する法・規則が変更されると，人々が認識する社会的な構成規則に揺らぎが生じ，制度が不安定化すると考える。また，不安定化した制度の下で人々が社会的行為を行い相互に影響を及ぼし合うと，新しい状況に対応した社会的な構成規則が新たに生成し，それが徐々に共有化されて新しい状況に対応した制度が形成されると考える。

認知システムとしての制度観に基づけば，個々の関係者が認知する計画プロセスや関係者が共有する計画プロセスも一つの制度と捉えることができる。2.2.2項で後述するとおり，土木計画では複数の計画プロセスが垂直的・並列的に相互連関して全体的な計画プロセスを形成している。関係者が認知する計画プロセスの共有化は，計画策定手続きの合理化や計画の実現可能性向上の必要条件であると考えられる。これより，計画制度を認知システムとして捉える必要性が示唆される。

〔2〕 定　　　義

〔1〕での議論を踏まえて，土木計画の計画制度を

「プランニングとしての土木計画を制約する一方で，計画プロセスの安定化をもたらす規則的・規範的・認知的な諸要因」と定義する。

〔3〕 **計画制度の見直し**

土木計画の質を高めるため，より良い計画制度を模索する必要がある。ただし，計画制度を構成する要素には，理性的に設計可能な要素と社会的な相互作用を通じて自生的に進化する要素がある。2.2.2項で解説する実定法の規定は前者の具体例である。ガイドラインやそれらの運用方法も該当する。立法府や行政がイニシアティブを発揮すれば比較的変更が容易な要素といえる。一方，計画担当者の規範や計画プロセスに参画する人々や組織が認知する計画プロセス等は後者の具体例である。土木計画の実践を通して緩やかに変化していく要素である。

計画制度の変化を促し，より良い土木計画の実現を目指していく必要があるが，そのためのアプローチは以下の二つに大きく区分される。一つは，理性的に設計可能な要素を見直すアプローチである。計画に関連する法律や各種ガイドラインの見直しが典型例である。ただし，それらの変更は社会的相互作用を通じて自生的に進化する要素（例えば，担当者の規範，計画プロセスの認識）の変化をも促す。後述するとおり，計画プロセスは行政計画法等の規定に加えて，規定の運用や規定のない事項への対応による部分が多く，それらは自生的に進化する要素によって強く規定されている。自生的進化のメカニズムを見定めた上での理性的設計が求められる。

二つ目は，自生的に進化する要素に直接働きかけるアプローチである。土木教育を通じた公共心の涵養，倫理教育を通じた専門職倫理の涵養，事例研究の蓄積を通じた計画プロセスについての理解の促進などが具体例として挙げられる。短期的効果は期待しにくいが，長期的視野を持って取り組んでいく必要がある。

2.2.2 計画制度の機能と構造

〔1〕 **計画プロセスの特徴と計画制度の役割**

土木計画の計画プロセスの特徴を整理し，計画制度の在り方を議論する上での論点について整理する。

（1） **主体的な目標設定**　　プランとしての計画は一般に目標と手段の二つで構成される。個人や組織による意図的な行為であれば，つねになんらかの形で目標と手段の関係が意識されるが，両者の関係を積極的に明らかにしていく点に計画の特徴がある。目標は計画に先立って与えられる場合もあれば，計画を通じて設定される場合もある。土木計画では後者に該当する場合が少なくない。基本構想や将来ビジョンといった上位レベルの計画はほぼすべてが後者に該当する。

目標設定が必要になる理由として，以下の二つを指摘できる。第一に，価値観の多様化によりプロジェクトに対する期待が人や地域により大きく異なる。第二に，多くのプロジェクトの価値が市場で評価されない。機械製品や電気製品の開発であれば，新製品を購入する顧客を見定め，彼らの要望に沿う製品を開発することがプロジェクトの最終目標となる。最終目標として別の目標が掲げられる場合であっても市場の評価が最終目標を強く規定する。一方，土木計画のプロジェクトは市場で評価されないことが多い。治水計画・環境計画・防災計画等を思い浮かべれば明らかである。市場で評価されないため，計画策定主体がプロジェクトを実施する目的を主体的・積極的に定める必要がある。

（3）で後述するとおり，土木計画のプロジェクトでは計画策定段階と実施段階の両方で多様な主体による協働が行われる。設定した目標の妥当性について関係者から同意が得られない場合，計画策定段階や実施段階においてさまざまな支障が生じる。それゆえ，計画策定主体は目標の妥当性について関係者から同意を得る必要がある。同意を得るための必要条件に以下の二つがある。一つは，十分な議論が行われ，議論の結果を踏まえた目標設定となっているかどうかである（内容合理性）。もう一つは，透明で公正な手続きを経て目標設定に至ったかどうかである（手続き妥当性）。計画制度の在り方を考える上で，目標設定における内容合理性と手続き妥当性を担保する仕組み，別の言い方をすると目標設定における**正統性**（legitimacy）を担保する仕組みを模索する必要がある。

（2） **利害調整の必要**　　土木計画のプロジェクトは多様な影響を地域や社会にもたらすが，影響の大きさや種類は人によって大きく異なる。計画策定段階においてプロジェクトの目標や内容について議論して利害調整を図る必要がある。

利害調整には「開発を重視すべきか環境保全を重視すべきか」，「全体利益を優先すべきか個別不利益に配慮すべきか」といった規範レベルの議論もあれば，「新規施設の建設場所をどの地点にするか」，「周辺住民の不利益に配慮した施設の運用はいかにあるべきか」といったナマの利害レベルの議論もある。土木計画の利害調整ではこれら多元的な利害の調整が求められる。行政計画では，利害の次元を区別した上で段階的に利害調整を図る手続きを広く採用している。具体的には，基本構想や将来ビジョンといった上位計画では抽象的・包括的な全体計画や配慮事項を決定し，事業計画等の下位計画では具体的・個別的な手段を決定する。目標と手段の関係として捉え直すと，上位計画の手段が下位計画の目標となる階層的関係を形成している。階層的関係は2層の場合もあれば3層以上の場合もある。

目標設定の場合と同様，計画策定主体は利害調整の結果の妥当性について関係者から同意を得る必要がある。規範レベルの利害調整であれば，求められる要件と内容は目標設定の場合とほとんど変わらない。一方，ナマの利害レベルの調整の場合，内容の合理性と手続きの妥当性が求められる点は同じであるが，それぞれの内容が大きく異なる。内容の合理性については，科学的手法を用いて利害の中身や大きさを可能な限り客観化・定量化し，そこでの結果を踏まえた利害調整が求められる。手続きの妥当性については，プロジェクトの利害関係者（特に不利益を被る人々）が意見表明したり，計画策定プロセスに直接的・間接的に参加できる機会を開くことが求められる。

内容の合理性を担保するため，**環境アセスメント**（environmental impact assessment）や**費用便益分析**（cost benefit analysis）の実施が義務付けられ，全体利益と個別不利益のバランスや，特定の人々の不利益を軽減・最小化する方策がすでに模索されている。また，手続きの妥当性を担保するため，**パブリックインボルブメント**（public involvement）等の**コミュニケーションプロセス**（communication process）の導入が図られている。ただし，前者には科学の限界という課題があり，後者にも利害関係者の数が大きい場合への対応が難しいという課題がある。利害関係者が一堂に会するのが困難な場合，コミュニケーションの場に誰を参画させるか，参画しない人達（例えば，サイレントマジョリティ）や参画できない人達（例えば，将来世代など）の意見をどのように扱うか等が具体的な課題となる。また，表明された対立意見をどのように集約するかも大きな課題である[4)]。計画制度の在り方を考える上で，利害調整における内容合理性と手続き妥当性を担保する仕組みを模索する必要がある。

（3）実現可能性の限界　計画が策定されたとしても必ず実施される保証はない。土木計画の実現可能性は計画制度に依存する。

計画の実現可能性を法的根拠の有無により3段階に分けることができる。実現可能性が最も高いのは，計画の規制効や給付効が法律で裏付けられている行政計画である。例えば，法定都市計画では，市街化区域・同調整区域の区域区分や用途地域等の地域区分が持つ規制効が都市計画法や建築基準法に記されている。都市計画を決定した段階で規制効が発効し，計画内容が部分的に実現する。実現可能性がつぎに高いのは，規制効や給付効はないが法律に基づいて策定される行政計画である。具体例として，河川法に基づいて策定される河川整備計画が挙げられる。同計画は計画が策定された段階では計画に書かれた事業が必ず実施されるかどうかは不明である。ただし，計画策定主体には計画の実現を目指す法的義務がある。長期的には計画の実現に向けて事業が実施されることを期待できる。最後に，最も実現可能性が低いと考えられるのは法的根拠を持たない計画である。計画を確定表明する行為を通じて計画策定主体には**コミットメント**（commitment）に起因する**内部統制効果**（inner control）が働く。ただし，内部統制効果の強さは法律による外部統制効果より一般に弱く，統制効果がほとんど働かない場合もある。

上記3分類のそれぞれに該当する土木計画の数は不明だが，実現可能性が高いとはいえない無数の計画が存在することは明らかである。実現可能性の低い計画はそもそも策定の必要が疑われる。計画の**信頼性**（credibility）をいかに担保するかは，計画制度の在り方を考える上で最も重要な論点といえる。

（4）多様な主体の協働　土木計画の実施段階ではさまざまな主体による協働が行われる。個別的な計画（例えば，道路施設の事業計画）では，調査や設計にコンサルタント会社が関わったり，施工に元請や下請の建設会社が関わったりする。都市や地域を良くするための総合計画では，協働する主体の数がさらに増える。総合計画には，複数の事業や施策が盛り込まれることが多く，計画策定主体とは異なる主体が実施する事業や施策が盛り込まれる場合もある。例えば，衰退都市の活性化を目的とする総合計画には，国や地方公共団体による基盤施設整備以外に，地域の企業や市民団体による「まちづくり」の取組みが盛り込まれたりする。

（3）で指摘した実現可能性の限界は，多様な主体の協働という土木計画の特性によりさらに深刻化する。規制効や給付効が法律で裏付けられた行政計画を除けば，計画がその実現に向けた強い統制効果を持つのは基本的には計画策定主体に対してのみである。その他の協働主体に対する統制効果は必ずしも強いとはいえない。多様な主体が協働する土木計画の信頼性をいかに担保するかが問われる。

事業主体が計画を策定して事業を実施する個別的な計画では，事業主体は建設コンサルタント会社や建設会社と協働する必要がある。しかし，事業主体が社会的利益の最大化を目指すのに対し，協働する民間企業が自社利益の最大化を目指すなど，**利害不一致の問題**（problem of conflicting interests）に直面する。両者の間には，建設工事を取り巻く技術的・社会的環境に関する情報の**非対称性の問題**（problem of asymmetric information）も存在する。その結果，**モラルハザード**（moral hazard）や**逆選択**（adverse selection）といった状況が生じ，事業の効率性が損なわれる危険がある。こうした問題を防ぐため，建設コンサルタント会社や建設会社と結ぶ契約内容や報酬体系の工夫が求められる。また，不確実性が大きい建設プロジェクトにおいて生起し得るリスクをすべて予見したり，リスク分担の取り決めを事前に確定することが難しい契約の**不完備性**（incompleteness）の問題もある。事業主体は建設プロジェクトの特性を踏まえ，契約内容等の工夫を通じて協働主体の**インセンティブ構造**（incentive structure）をコントロールする必要がある[5)]。最近では**PFI**（private finance initiative）　や**DBO**（design-build-operate）といった多様な形態の建設プロジェクト方式の導入・試行が進んでおり，発注者と受注者の二者契約を基軸とする従来の仕組みからの転換が図られている。そうした動きに対応した計画制度の見直しをめぐる議論については2.2.3項を参照されたい。

多様な主体の協働に起因する計画の実現可能性の低下は，計画に盛り込まれた事業や施策の権限が分散している総合計画において特に顕著である。計画は絵に描いた餅に過ぎないといった認識が広まれば，各主体が計画の実現に協力するインセンティブがさらに阻害されることになる。総合計画の実現可能性の問題は（6）で改めて議論する。

（5）　**計画プロセスの相互連関**　土木計画の計画プロセスは複雑に相互連関している。第一に，利害調整における多元性への対応から上位計画と下位計画という階層関係が広く観察される。第二に，複数の計画が並列関係を形成している。

計画プロセスが相互連関している場合，ある計画の実現は他の計画の実現に影響する。二つの事業の事業計画の関係性に着目すると，それらは代替関係もしくは補完関係にある。代替関係にある場合，一方の事業計画が実現するともう一方の事業計画の実現可能性が低下する。具体例として，地下鉄新線の整備事業と並行する道路新線の整備事業の関係が挙げられる。地下鉄が先に整備されると並行道路に対する住民の要望が低下し，後者の事業計画が中止・延期となる可能性がある。補完関係にある場合，一方の事業計画が実現するともう一方の事業計画の実現可能性が上昇する。具体例として，地下鉄新線の整備事業と新駅へのアクセス道路の整備事業の関係が挙げられる。

（6）　**帰結の複数均衡性**　総合計画では，より良い都市や地域の実現を目的として掲げ，補完関係にある複数の事業・施策を組み合わせたプロジェクトとして確定表明する。総合計画に位置付けられた二つの事業が補完関係にある場合，一方の事業の実現が他方の事業の実現を後押しする反面，停滞は他方の停滞を引き起こす。すなわち，補完関係にある複数の事業で構成された総合計画には，それらの事業が計画どおりに実現する帰結と計画どおりに実現しない帰結の2種類があり得る。総合計画の帰結には**複数均衡**（multiple equilibria）の問題が潜んでいるといえる。

総合計画の実現に対する**予想**（expectation）が高い場合，総合計画に位置付けられた個々の事業・施策の実施が後押しされる。他方，予想が低い場合には個々の事業・施策の阻害要因となる。すなわち，総合計画の実現に対する予想は自己実現的性質を有している。総合計画の実現可能性を担保するため，高い予想を維持するための方策，別言すると総合計画の信頼性を維持する方策が問われる。

予想の形成メカニズムをどのように想定するかで，予想の維持方策に対する問いの答えも変わってくる。形成メカニズムとして社会的仮説と合理的仮説の2種類が考えられる。前者では，人間は自らが認知する社会的な構成規則に従って他人の行動を予想すると考える。構成規則は規則と整合する選択や行動の反復により強化されるため，総合計画に従った各種事業の実施事例の蓄積が，事業主体の事業遂行の意図や能力に関する信頼へとつながり，総合計画の実現可能性の高い予想につながると考える。

他方，合理的仮説では予想相手の動機や環境を分析した上で合理的に相手の行動を予想すると考える。すなわち，総合計画を構成する事業主体を取り巻く環境を分析した上で事業が実施されるかどうかを予想したり，総合計画が実現するかどうかを予測する。政府の政策の成功条件を分析したグレイザー・ローゼンバーグ[6)]の議論を参考にすると，総合計画の実現可能性に対する予想の維持方策について以下の示唆が得られる。

第一に，総合計画を構成する個別事業の統制効果を強化する必要がある。計画の統制効果は外部統制効果と内部統制効果に分かれる。前者は計画策定根拠となる実定法の規定や予算との連動に依存する。一方，後者は計画策定手続きにおける関係組織との協議や地域社会とのコミュニケーションの熟度，事業主体の計画遂行意志・能力に対する市民の信頼の有無等に依存する。第二に，補完関係にある複数の事業・施策を組み合わせた計画を作成する必要がある。代替関係にある事業を組み合わせた場合，総合計画の信頼性が低下することは自明である。第三に，計画プロセスの透明化と共有化を図る必要がある。個々の事業の実施主体は，代替・補完関係にある関連事業の実施や進捗の見通しの下に自らの事業に関する意思決定を行う。その際，自らの事業の計画プロセスは正確に理解していたとしても，関連事業の計画プロセスを正確に理解しているとは限らない。さらに，複数の事業・施策で構成される総合計画の全体プロセスともなれば，各事業主体が認知する計画プロセスは一般に一致しないと考えられる。関連事業の実施や進捗に関する不確実性は，個々の事業主体が事業推進の意思決定をする際の留保要因となる。計画プロセスの透明化を通じて不確実性を可能な限り取り除いていく必要がある。また，個々の事業主体が認識する計画プロセスが相違する場合にも同様の問題が生じるため，関係主体による協議・連絡調整機会の設置等を通じて，計画プロセスの共有化を図っていく必要がある。

（7） **正統性と信頼性**　経営学者ドラッガー[7]は「計画とは未来のことに関する意思決定である」と述べた。個人的・私的な計画と比べると土木計画は以下の二つの点が特徴的である。第一に，意思決定の行為が社会的性質や公共的性質を帯びている点である。第二に，意思決定の内容が総合性と協働性を帯びている点である。

第一の性質に起因して，土木計画の意思決定では計画の確定に当たり関係者から同意を得る必要がある。すなわち，意思決定の正統性が問われ，（1）と（2）で述べたとおり，計画内容の合理性や計画手続きの妥当性が求められる。第二の性質に起因して，土木計画は作成されたとしても実現する保証はまったくない。すなわち，計画の信頼性が問われる。（3）から（6）で述べたとおり，計画手続きの工夫や計画プロセスの透明化・共有化等が求められる。

意思決定の正統性と計画の信頼性は補完的な関係にある。計画の実現可能性が疑われる場合，すなわち計画の信頼性が著しく低い場合には当該計画は絵に描いた餅としか認識されない。その結果，正統性の要件の一つである内容合理性が疑われ，関係者から妥当な計画であると認められない危険がある。一方，意思決定段階で関係主体から計画内容や策定手続きの妥当性が認められない場合，すなわち意思決定の正統性が低い場合には，計画の実施段階でさまざまな障害に直面することが容易に予想され，計画の信頼性が疑われることになる。〔2〕では，行政が作成する土木計画において，意思決定の正統性と計画の信頼性を担保するためにいかなる工夫がなされているか概観する。

〔2〕 行政計画の機能と構造

土木計画のプロジェクトの多くは，社会基盤施設の整備事業や運用施策を中心に企画される。必然的に多くの土木計画が行政組織によって策定・実施されている。重要な行政計画の多くは法律により計画内容や計画手続きが定められており，行政計画法が計画制度の重要部分を構成している。以下では，西谷[8]に基づいて行政計画の機能と構造について考える。

（1） **行政法と行政計画の関係**　国家は，国防・警察・司法・市場秩序といった社会的秩序を維持する役割を一義的に担っている。伝統的に，行政機関が政策を立案して施策を実行する役割を担い，立法府が行政法の制定を通じて行政機関を統制する役割を担ってきた。社会秩序の維持には国民の権利の制限や義務の設定が必要であり，行政法は権利義務の設定における行政権力の濫用を防止する役割をおもに担ってきた。

ただし，行政需要の対象は社会的秩序の維持を目的とする行政活動にとどまらない。教育・経済政策・地域開発等の分野における行政需要は古くから存在する。加えて，福祉・環境といった比較的新しい分野における行政需要が時代とともに増大している。社会的秩序の維持を目的とする活動とは異なり，それらの活動では状況に応じた個別的・具体的対応や状況変化に応じた弾力的対応が一般に求められる。しかし，一般性・抽象性や不変性を特徴とする行政法により，それらの活動を統制することは容易ではない。個別的・具体的対応や弾力的対応が求められる活動，すなわち行政裁量の余地が大きい活動を統制するために積極的に活用されているのが行政計画である。行政法と行政計画はいずれも政策を実現するための手段ではあるが，**表 2.2** に示される違いがある。

表 2.2　法律と計画の違い

法　律	計　画
強制力あり	強制力なし
一般性・抽象性	個別性・具体性
不変性	弾力性
緩やかな目的手段関係	明確な目的手段関係
手段の限定性	手段の非限定性
立法のコントロール	法律のコントロール

〔注〕 出典：西谷[8]を基に著者作成

（2） **計画効力による行政計画の分類**　行政計画の機能と構造について議論する前に，計画の効力に基づいて行政計画を区分する。行政計画は，行政外部の市民や企業に対する効力を持つ外部効計画と行政外部には効力がなく行政内部に対してのみ効力を持つ内部効計画の 2 種類に区分される。外部効は，規制効，給付効，合意的手法に基づく効力の 3 種類に区分される。内部効は異種行政主体間効力と同一行政主体内部組織間効力の2種類に区分される（**図2.7**参照）。

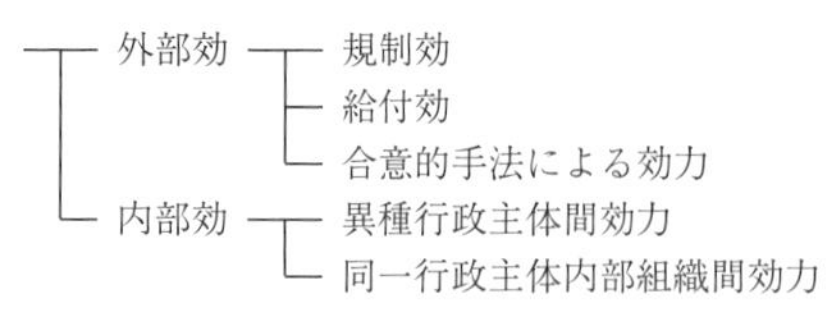

図2.7　計画効力の分類[8)]

外部効計画のうち規制効計画は私人の権利の制限を伴う計画である。具体例として，用途地域や地区計画を指定する法定都市計画が挙げられる。行政が私人の権利を制限する場合，必ず法律によりその根拠を定める必要がある。例えば，法定都市計画では，都市計画法や建築基準法が規制の根拠や原則を定めており，地方公共団体が作成する個々の法定都市計画は法律に書かれた権利制限の実施に際して必要となる詳細を定めている。規制効を有する計画では，法律留保の原則により行政法と行政計画の役割分担が定められており，実定法による根拠がない限り行政が計画を作成できない点で他の外部効計画や内部効計画と大きく異なる。必然的に，規制効計画とその他の計画では行政法の規定（例えば，計画策定根拠，計画手続き規定）も大きく異なる。

（3）　**計画の策定根拠**　　行政計画は行政が任意で作成する計画と行政法を策定根拠とする計画の2種類に区分される。前者は，行政組織が自ら内部統制を図るために作成する計画である。一方，後者は，立法府が目標設定と手段総合を必要とする行政計画の作成を要請し，行政組織による内部統制を求める計画である。さらに，作成した行政計画の公表や計画策定プロセスへの利害関係者の参加を要請することで，行政組織による広く社会に対する**アカウンタビリティ**（accountability）を要請する計画でもある。立法府は，行政組織を直接外部統制する代わりに行政計画の作成や公表を義務付けることで間接的な外部統制を図っているともいえる。行政法を策定根拠とする行政計画は法の理念の実現を目的とするものであり，**合法的正統性**（legal legitimacy）を備えている。

外部効計画以外の行政計画の特徴として，行政庁に計画内容に関する幅広い**裁量**（discretion）が認められている点が挙げられる。行政法に基づいて策定される計画であっても，法には計画策定の基本理念・配慮事項・計画項目などが記されているに過ぎない。計画では一般に**公益**（public interest）を目標として掲げるが，何をもって公益とするかは目標設定や利害調整を通じて決まる。すなわち，法に掲げられた基本理念や配慮事項と背反しない限り，利害関係者の意見集約の結果や利害関係者との討議の結果を計画の目標や手段とすることが認められている。また，計画目標を達成する上で有効であれば，計画策定主体が権限を有さない施策や事業であっても計画手段として盛り込むことが認められている。

（4）　**計画体系と計画間調整**　　行政計画を策定する行政庁には幅広い計画裁量が認められており，複数の計画が相互に関連することが多い。計画間での内容や手続きの不整合を回避するため，多くの行政計画法には計画間調整を図るための規定が設けられている。計画間調整の規定は実体規定と手続き規定の2種類に区分される。

計画間調整の実体規定は，複数の計画の関係性を法律で定めたものである。実体規定はさらに，1）複数の計画を規定する法律内で当該計画間の関係を定める規定と，2）ある計画を規定する法律内で当該計画と（別の法律等で規定される）別の計画の関係を定める規定，の2種類に細区分される。1）の具体例として，河川法における河川整備基本方針と河川整備計画の位置付けに関する規定が挙げられる。河川法以外にも，上位計画と下位計画という階層関係にある複数計画を定めている行政計画法は多い。上位計画の策定プロセスでは，目標設定や抽象的・包括的な利害調整を行うのに対し，下位計画の策定プロセスでは，事業の具体的内容を議論する。段階的な手順を踏むことで土木計画のプロジェクトが不可避とする多元的な利害調整の課題に対処している。

一方，2）の具体例として，多くの行政計画法に見られる「主務大臣等は，○○計画の案を作成するときは，××法に規定する△△計画との調整を図らなければならない」等々の条文が挙げられる。計画間調整の規定では「調整」以外にも「基づき」，「基本として」，「適合」，「調和」といった用語が用いられている。これらの実体規定は，異なる法律に基づいて作成される複数の計画間の関係を定めており，緩やかな計画体系を形成している。計画の調整内容に目を向けると，先行計画が定める理念・基本方針との合致やそれらへの配慮を求めるケースから，具体の事業や施策に相違や矛盾が生じないことを求めるケースまで幅がある。

実体規定は計画間調整の必要性は規定しているが，計画間調整の方法は一般に規定していない。調整方法を実質的に規定しているのは，行政計画法の計画策定手続きの規定や法定されていない行政庁内の手続きや慣行である。

（5）　**計画手続き規定**　　行政計画法の計画手続き

規定は，1）情報提供手続き，2）客観性・科学性確保手続き，3）直接利害調整手続き，4）間接利害調整手続き（計画間調整手続き），の4種類に区分される。

1）の情報提供手続きに該当するのは，説明会の開催や計画案の縦覧・公告などである。計画決定時に情報提供を行うことは多数の行政計画法で法定されている。一方，計画策定段階における情報提供手続きは必ずしも法定されていない。法定されている場合も利害調整機能を有する2）から4）の手続きと同時にとられることが多い。計画策定段階における情報提供が利害調整の必要性を顕在化させるためである。

利害調整を実質的に担うのは2）から4）の手続きである。2）の客観性・科学性確保手続きに該当するのは，審議会の開催や計画策定に先立つ調査の実施である。計画策定主体は，学識経験者で構成される審議会委員の意見を聴くことで，個別利害から極力離れ，客観的な利害調整を行うことが求められる。利害調整の客観性担保を目的とする第三者委員会の開催は，法律の規定の有無によらず広く採用されている手続きである。また，計画策定に先立ちプロジェクトの技術的・経済的・社会的環境に関する調査を実施し，客観的事実に基づいて利害調整を図ることが求められる。特に，国が実施する公共事業の場合には，予算措置を講じる段階で事前評価を必ず実施することが行政評価法により定められている。事業計画の作成に際し，費用対効果分析を実施して事業の経済合理性を確認することは，計画の目的合理性を担保する上で重要な手続きとなっている。また，分析結果の公表は，計画プロセスの透明化や市民に対するアカウンタビリティを確保する上で重要な役割を担っている。

3）の直接利害調整手続きに該当するのは，いわゆる住民参加手続きである。行政計画法において，計画案に対する意見募集，公聴会の開催，都市計画法等における計画案作成の要請，建築協定等に対する公的認証等が規定されている。住民参加手続きは，計画の実施がもたらす直接的な利害の調整を図り，特定の個人や地域が著しい不利益を被る事態を避ける上で，あるいは住民紛争に陥るリスクを避ける上で重要な役割を担う。法定都市計画等の規制効を有する計画では，国民の権利侵害を未然に防ぐため，住民参加手続きが法令で一般に定められている。一方，規制効を持たない行政計画では住民参加手続きは必ずしも法令で規定されていない。

住民参加手続きについては，**パブリックインボルブメント**（public involvement，**PI**）等の導入により，法定された手続き以外にも行政と市民のコミュニケーションを図る多様な手続きが履践されている。行政と市民による計画の共同作成を試みるワークショップ形式は，行政計画法が規定する直接利害調整手続きとは明らかに性格を異にしている。そうした違いの背景に〔3〕で後述するヒエラルキーに基づくガバナンスからネットワークに基づくガバナンスへの移行という社会的潮流があると考えられる。東日本大震災の復興まちづくりや中心市街地の活性化計画では，行政と地域住民の共同作業が不可避であり，これらはネットワーク型ガバナンスに基づく計画事例といえる。同様に道路事業の構想段階へのPIの導入などもネットワーク型ガバナンスの取組みの一つとみなせる。現在，ヒエラルキー型ガバナンスを前提とする行政計画法の仕組みと，ネットワーク型ガバナンスの取組みをいかに擦り合わせていくかが問われている（〔3〕参照）。

4）の間接利害調整手続きに該当するのは，行政機関相互間の意見交換である。意見交換する行政組織により，① 国の機関相互間，② 国・地方公共団体間，③ 地方公共団体間の3種類に区分される。また，意見交換の形態には，① 協議，② 意見聴取，③ 意見申出，の三つの形態がある。行政はヒエラルキー型ガバナンスに従うため，各組織・機関・部署の権限が明確に区分されている。しかし，土木計画の策定主体には広範な計画裁量が認められており，加えて計画対象となるプロジェクトや事業の特性により，計画内容が相互に抵触しやすい。協議等の手続きが複数計画間の整合性を担保する中心的役割を担っている。

間接利害調整手続きは，計画間調整に加えて計画の実効性を担保する機能も担っている。計画策定段階での協議等への参加が法定されている場合，計画の最終決定権や原案策定権を持たない行政庁であっても計画権限を部分的に有することを意味し，計画決定後は計画の実現に協力する社会的義務を負うことになる。計画策定段階における協議の熟度が高いほど計画の実現可能性が高くなることも経験的に知られている。

（6） 計画効力規定 計画が予定どおり実行されるかどうかは，1）作成された計画の私人や行政に対する効力，2）他の計画に対する効力，3）計画の実効性担保を目的とする規則や手続き，4）計画策定プロセスにおける住民参加の程度や利害調整の熟度等に依存する。以下では，1）から3）を計画効力と呼ぶ。（2）で述べたとおり，計画効力は外部効と内部効に区分される。前者は私人に対する効力，後者は行政に対する効力を意味する。

外部効は規制効，給付効，合意的手法に基づく効力の3種類に区分される。規制効は私人の権利を制限する効力を意味し，規制効を伴う計画は必ず法定される必要がある。規制効計画には，計画決定により直接的に私権を制限するものと，計画決定に後続する行政手続きと連担して私権を制限するものがある。法定都市計画の場合，用途規制や建築物の形態・容積率規制は前者に該当し，開発許可規制は後者に該当する。後続する手続きには規制権者の裁量の余地もあるため，規制効計画の実効性は，法定の有無に加えて，規制権者たる行政に対する信頼の有無や規制効計画の策定プロセスにおける議論の熟度にも依存する。

給付効は，租税特別措置や補助金給付により私人を公的に支援する効力を意味する。給付効計画では私計画認定方式が広く用いられている。同方式では，最初に行政が政策目標に関する行政計画を策定し，事業計画の策定を私人に対して働きかける。つぎに，私人が政策目標に沿った事業計画を策定する。行政はそれら計画を審査して認定した計画に対して公的支援を行う。地域活性化や地域コミュニティの課題解決に資する事業を募集し，審査を通った事業に対して支援する各種の提案型地域政策支援事業等が該当する。規制効を伴う計画とは異なり，必ずしも行政計画法に基づいて法定される必要はない。財源の有無が給付効計画の実現可能性を実質的に制約する。

合意的手法に基づく効力は，規制や給付といった行政からの一方的措置ではなく，私人の意思による契約や協定に基づく効力を意味する。法定の有無によらず，契約・協定により実効性が担保される。私人間で締結された契約・協定を行政が認可することで効力が働く場合と行政と私人が契約・協定を締結する場合があり，地区計画や建築協定は前者に，PFI法による公共施設の管理者と民間事業者の協定等は後者に該当する。自発的意思に基づく契約・協定行為と自由度の高い計画行為は親和性が高く，地域コミュニティに密着した計画において特に活用されている。

内部効は同一行政主体内部組織間効力と異種行政主体間効力に区分される。前者は，地方公共団体において総合計画を策定する企画部門が事業実施部門や財政部門に対して有する効力を指す。法律上の規定ではなく，企画部門による計画策定方式の工夫や地方公共団体内での組織間連携のさまざまな工夫により実効性の担保を試みている。

一方，後者は計画を策定する行政主体が，事業や施策を実施する別の行政主体に対して有する効力を指す。さらに，1）国による地方公共団体の財政支援，2）国による地方公共団体の指導，3）都道府県の市町村に対する措置，4）国の行政機関相互間の措置，に細区分される。1）は給付効計画の地方公共団体版ともいえ，地域ブロックの開発や条件不利地域の振興を目的とした計画で広く用いられている。具体的な支援方法として，地方交付税の特例，補助金・負担金の特例，地方債の特例等がある。補助金・負担金の場合は，採択された事業に対して公的支援が行われるため，給付効計画同様，財源の有無が計画の実効性を大きく左右する。一方，2）から4）では，計画策定主体に助言・勧告等の権限を与えることで計画の実効性を担保する。国が基本方針を定めて都道府県が実施計画を策定・実行する場合や，内閣や内閣府が複数の行政庁にまたがる総合計画を策定して各行政庁が具体の事業や施策を実施する場合に広く用いられている。計画間調整を要する開発計画や空間計画でも同様である。これらの規定が実効性をどの程度担保するかは運用による部分が大きい。助言・勧告が表だって行われることは一般に少なく，計画策定プロセスにおける発言力などを通して間接的に実効性に影響していると考えられる。

〔3〕 計画制度とガバナンス

計画制度の在り方を問うことは，土木計画の**ガバナンス**（governance）の在り方を問うこととほぼ同義である。ガバナンスは1980年代以降に行政学・国際関係論・比較政治学・開発研究等の分野で広まった概念である。制度概念と同じくさまざまな定義が並立しているが，一般的には「社会的集団の統治構造や統治活動とそれらの結果として出現するパターン」を意味する[9]。社会的集団は，多国間関係・国際機関・国家・地方公共団体・社会組織・地域コミュニティ・法人等を含んでおり，統治活動は社会的集団の進路決定・舵取り・統制・管理等を意味する。以下では，行政学におけるガバナンス論を振り返り，計画制度の検討方向について考察する。

（1） **ガバナンスの形態**　政府は国家を統治するための社会機構であり，伝統的に**議会制民主主義**（representative parliament）により統治されると考えられてきた。すなわち，国民が直接政府を統制するのではなく，選挙で選ばれた議員で構成される立法府が公共サービス供給を一手に担う行政を統制すると考えられてきた。行政組織は**ヒエラルキー**（hierarchy）と呼ばれる階層的な組織構造を形成し，各部署が直接の上位組織から統制され，直接の下位組織を統制する体制を敷いてきた。

1970年代，先進各国が福祉国家を目指して行政の活動領域を拡大させたが，すぐに財政危機に直面して政府部門の効率性が疑われるようになった。政府のガバナンス能力が問われ，議会制民主主義やヒエラルキーモデルの正統性までもが疑われた。1980年代，各国が政府改革に取り組み，ヒエラルキーモデルを代替・補完する仕組みを模索した。そうした動きの中で新たに認識されるようになったモデルが**NPM**（new public management）モデルと**ネットワーク**（network）**モデル**である。前者は民間企業の経営手法を模倣し，**市場**（market）の規律付けを活用するモデルである。1980年代の規制緩和・民営化・エージェンシー化等による小さな政府実現や官民連携に向けた政府改革，政府部門の成果測定により政府部門を規律付ける仕組みの導入等を通じて，意図的に導入が図られたモデルである。一方，後者は公共サービス供給に政策に関わる多様な組織がネットワークを形成し，**ネットワーク**内の協議により公共サービス供給の目標，実施方法，組織間の役割分担などを決定するモデルである。ネットワークとは公共サービス供給に関わる相互依存的なアクターの集合である[10)]。1980年代以降にNPMモデルの導入が図られ，エージェンシー化やPFIの導入など**PPP**（public private partnership）が推進された。その結果，企画立案主体と実施主体が分離したり，民間企業がサービス供給に参入する等，公共サービス供給にそれ以前より多様な主体が関わるようになった。ネットワークモデルとは，そうした変化の下，公共サービスの効率的な供給方法を模索する過程で自己組織的・非意図的に発生したモデルである。

（2）　行政学におけるガバナンス　土木計画のプロジェクトの多くは行政が実施主体である。行政学におけるガバナンス論は土木計画の計画制度の在り方を考える上で示唆に富んでいる。行政学においてガバナンスはおもに二つの意味で用いられている[11)]。一つは自己組織的な**ネットワークのマネジメント**（network management）という意味であり，もう一つは公共政策の企画立案や実施に関わる広義のルールや仕組みの見直しという意味である。後者はメタガバナンスとも呼ばれる[12)]。

ネットワークマネジメントとは，ネットワーク内の議論を促進したり合意形成を図ることで公共サービス供給の効率化を図る取組みである。ヒエラルキーモデルでは公共サービス供給に関与する主体の役割と権限が法規などのルールによって明確に定められていた。そこでは，ルールに基づいて公共サービス供給に伴う利害調整や意思決定が行われる。一方，ネットワークモデルでは法規などの強制力を持つルールは必ずしも存在しない。ネットワークを構成する主体間の議論や交渉を通じて利害調整や役割分担に関する集団的意思決定が行われる。各主体の行動の統制も強制力を伴うルールではなく，それぞれの規範や相互の信頼に委ねられている。ネットワークマネジメントでは，**ネットワークの舵取り**（network steering）を通じて行政が公共サービス供給の効率化を目指す。

メタガバナンスは，公共政策の企画立案や実施に関わる広義のルールや仕組みの見直しを意味する。ガバナンスのガバナンスという語法からも推測されるとおり，特定のガバナンスモデルを前提とせず，それらの最適な組合せの模索も視野に入れた取組みを指す。ヒエラルキーとネットワークは相違するモデルだが，現実の公共政策プロセスでは両者の重複が見られる。ネットワークの役割や重要性が増してきているが，依然として行政が重要な役割を担っているのも明らかである。メタガバナンスとは，ヒエラルキーとネットワークの境界を見直したり，最適な組合せ方を模索する行為，あるいは見直しの在り方等を議論するための分析概念や規範を意味する（**表2.3**参照）。

表2.3　ヒエラルキーとネットワーク[11)]

	マーケット	ヒエラルキー	ネットワーク
基本的関係性	契約と財産権	雇用関係	資源交換
依存性	独立的	依存的	相互依存的
交換媒体	価格	権限	信頼
紛争解決・調整手段	司法	規則と命令	駆け引き
文化	競争	従属	互恵性

（3）　計画制度の検討方向　価値観の多様化や将来の不確実性の増大など社会情勢が大きく変化する中，土木計画の計画制度の在り方が問われている。ガバナンス論との対比より計画制度の在り方の検討方向として以下を指摘できる。

第一に，ネットワークマネジメントの観点から計画制度の在り方を検討する必要がある。地域社会に広範な影響を及ぼす一方で多様な主体による協働を必要とする土木計画のプロジェクトでは，古くからネットワークの役割は意識されてきた。特に，国の省庁間あるいは国と地方公共団体という行政組織間のネットワークは強く意識されてきた。行政計画法に基づく計画行為の隆盛も，ヒエラルキーモデルの弱点に対処するための制度的方策であったといえる。ただし，土木計画のプロジェクトは，社会基盤施設整備やそれに伴う都市・地域開発から，施設の利用・保全や都市・地域の創生へと大きく変化している。それに伴いこれまで以上に多様な主体の参画が求められている。

東日本大震災の復興まちづくりは典型例である。被災市町村は計画策定に当たり住民・民間企業・市民団体等と議論する場を設定して意見調整を図る必要があった。計画の最終決定においてもネットワーク内での同意を得る必要があった。すなわち，形式的には行政に決定権があっても実質的にはネットワークに決定権があったといえる。計画の実施に関しても公共施設の整備は行政が担うものの，公共施設以外の施設整備やソフト施策の多くは行政以外の主体が担う。計画の策定・決定・実施の各段階においてネットワークが重要な役割を担っていることは明らかである。

土木計画の策定手続きにおいて効果的なネットワークマネジメントが求められる。その成否は，プロジェクトを取り巻く社会環境，ネットワーク内の利害関係・信頼関係，マネジメント主体の調整能力・コミュニケーション能力，行政計画法による計画策定手続きや策定権限の規定等にも依存する。ネットワーク内での協議不調により計画策定に至らない**ガバナンスの失敗**（governance failure）のリスクを小さくするネットワークマネジメントの在り方を問う必要がある。

第二に，ネットワークのアカウンタビリティの在り方を検討する必要がある。ヒエラルキーモデルでは計画の策定権限や決定権限を有する行政は立法府により外部統制され，立法府に対するアカウンタビリティを備えてきた。一方，ネットワークモデルにおけるネットワークは自律的な組織であり，直接的な外部統制を受けない。しかし，ネットワークの決定により実施されるプロジェクトは，ネットワークに所属しない組織や個人にも影響を及ぼす。ネットワークが決定する土木計画の正統性と信頼性を担保する上でも，ネットワークが誰に対するアカウンタビリティを備えるべきか，いかなる形でアカウンタビリティを確保すべきか等を問う必要がある。

第三に，第一と第二の議論の前段として，ネットワーク内での協議や意思決定の特性について理解を深める必要がある。ある現象について理解を深めるには，当該現象に関する事例を複数収集し，それらの共通点から因果関係を推論するアプローチを採ることが多い。しかし，土木計画の多くのプロジェクトは単発的で状況依存的である。ネットワークに参加する主体の構成やネットワークマネジメントを取り巻く外的環境も大きく異なる。一定数のサンプル収集を前提とするLarge-nアプローチによりネットワークの特性についての理解を深めるには限界がある。

Large-nアプローチの代わりにSmall-nアプローチを採用する必要があると考えられる。同アプローチは社会科学の定性的研究等で採用されており，少数の事例について深い洞察を加えることで現象の背後に潜む因果関係を理解することを試みる。具体的な方法の一つに，単一あるいは少数の事例の詳細な過程を追跡することで，因果関係のメカニズムを推論したり，仮説構築と仮説検証・修正作業を連続的に行っていく**過程追跡**（process tracing）による因果推論がある。同推論は，ネットワーク内での協議や意思決定の特性について理解を深める上で有益であると考えられる。

第四に，行政が直接的に関与しない地域コミュニティによる地域おこしやまちづくりといったボトムアップ型プロジェクトのガバナンスの在り方を問う必要がある。行政が関与するプロジェクトでは，計画の策定や実施に関するネットワークマネジメントにおいて行政が果たす役割が必然的に大きくなる。行政計画の法規・ガイドライン・手続き等を見直すことで，行政によるネットワークマネジメントの変化を促すことができる。一方，行政が直接的に関与しない場合，そもそもネットワークが自己組織的でありネットワーク内の議論を主導すべき主体は元より参加者すら確定しない。**コミュニティガバナンス**（community governance）の成功要因として住民組織の**エンパワーメント**（empowerment）や**ソーシャルキャピタル**（social capital）の醸成の必要性が一般に指摘される。ただし，具体的な実践方法は定まっておらず，状況依存的な対応が求められている。ネットワークガバナンスの場合と同様，定性的事例分析の蓄積により，コミュニティガバナンスの特性について理解を深める必要がある。

最後に，土木計画のメタガバナンスをつねに問いかける必要がある。土木計画のプロジェクトにおいてもネットワークによるガバナンスの重要性が増している。ただし，ネットワークモデルは従来のヒエラルキーモデルやNPMモデルを代替するものではない。むしろ現実にはそれぞれが重複して補完的に機能している。例えば，行政評価法により実施が義務付けられている政策評価はNPMモデルの考え方に基づき導入されたものであるが，政策評価の実施と評価結果の公開は行政組織のアカウンタビリティと密接に関わっており，ヒエラルキーやネットワークに基づくガバナンスにも影響している。また，建設プロジェクトや施設の維持管理においてPPPの推進が求められるなどNPMモデルによるガバナンスが必要とされる領域もある。ヒエラルキー，マーケット，ネットワーク，コミュニティといったガバナンスモデルの境界の見直しも検討していく必要がある。特定のガバナンスモデルを前提とせず，それらの最適な組合せを検討することで，土木計画の策定や実施に関わるルールや仕組みの在り方を問いかけていく必要がある。　（福本潤也）

2.2.3　制度移行プロセスと土木計画論

土木計画は，社会をより良い社会へと少しずつ改善していこうとする社会的な営みである[13)]。社会の有り様は，個々の人間の行動が相互に影響を及ぼし合いながら形作られる。制度は社会で広く認められている一定のルール（きまり）と定義できる[14]。したがって，制度は人々の行動への影響を通じて社会の有り様を規定する一つの要因となる。土木計画が社会の改善に資する営みであれば，社会の有り様を規定する制度は土木計画における重要な政策対象と位置付けられよう。

社会計画者にとっての関心事項は，社会を改善するために，どのように制度を形作ればよいのかという点であろう。社会計画者が制度を通じて社会の改善を企図するとき，望ましい制度とはどのようなルールなのか，現在の制度を望ましい形に移行させるために，社会の改善を意図する主体は，どのように振る舞うべきなのか，といった問いに対して合理的な考え方を有しておくことが望ましい。本項は，土木計画という目的のために，計画者がいかにして制度を扱うべきかについて論じる。

〔1〕 制 度 の 要 件

制度が社会の状態を規定する要因の一つであるとすれば，計画論の中において望ましい制度とは何か，どうすれば望ましい制度に移行できるのかを考えることに意義がある。制度が制度たるためには，それが社会で広く認められる必要がある。したがって，制度は計画者が制度を通じて社会の改善を試みるとき，その制度の具体的な形を社会に対して示し，認められた上で実効性が生じる。

社会で認められるルールのみが制度として位置付けられる。ここで，ルールが社会で認められるとは，何を意味するのであろうか？社会で認められているルールは，まずそのルールが社会のすべての構成員に認識されていなければならない。つぎに，社会の個々の構成員がそのルールから逸脱した行動をとれば，自らにとっても望ましくない結果になると予想していることが必要である。さらに，他のすべての構成員もそのルールに従うであろうと予想できることが求められる。

計画者が社会を改善するためのルールを思い描いても，そのルールが以上で示したような制度たるための資格を備えていなければ実効性がない。以下では，計画者が制度を通じて社会を改善していくための二つのアプローチを示す。

〔2〕 制度設計アプローチ

（1） 意図的構造物としての制度　計画者が対象とする社会において，立法者としての支配的権力を有する場合，あるいはそれを前提とする場合，制度は制御可能なものとしてみなすことができる。立法者たる計画者が描いたルールは，社会の法的制度に位置付けられる。法治国家では，ルールがその国の法律に位置付けられれば，当該ルールは社会の構成員すべてが従わなければならない対象として認識される。また，会社では，最高経営責任者が会社組織内部の立法者となる†。最高経営責任者の下で決定されたルールは，会社のすべての構成員が従うべきものとして認識される。

以上のような制度の考え方は，計画者が対象とする社会に対する支配的権力を背景とし，制度を計画者の目的を実現するための**意図的構造物とする見方**（the intentionally created perspective）[15]を反映している。制度の定義には，ゲームのルールとする仕方とゲームの均衡とする仕方の二つがあったことを思い出そう。制度を意図的構造物とする見方は，制度をゲームのルールと定義する考え方に対応している。制度を意図的構造物と見るとき，あたかも設計者が構造物を設計するように，制度は設計可能な対象物となる。計画者が制度を意図実現のために制度を設計し，支配的権力を背景に制度を移行するやり方をここでは**制度設計アプローチ**と呼ぶ。制度設計アプローチの考え方は，土木計画論を論じた藤井[13]における**構造的方略**（structural strategy）に対応している。

（2） 支配の構造　制度設計アプローチは，国や地方自治体，あるいは会社などの組織といった支配構造が明確に定義された社会において有効である。立法府で管轄される法律あるいは行政的権限で管轄される事業執行上のルールといった制度に対して有効に機能する。法治国家において立法府の支配的権力は裁判所を通じた強制力に裏付けられる。裁判所が当該国民に対して，法的ルールを強制する限りにおいて，そのルールは社会で広く認められる制度となる。また，あらゆる組織の単位でも，その組織の長は自らに与えられた裁量の範囲で組織的ヒエラルキーという支配−被支配の関係性において，ルールを強制することができる。

支配の構造は，国家権力や組織的ヒエラルキー以外にも存在する。例えば，電気分野を除く工業分野の国際規格を決定する**国際標準化機構**（International Organization for standardization，**ISO**）も，国際標準規格を定めることができる実質的権限を有している。また，国際的な建設工事における請負契約では，

† 無論，会社内部の意思決定は，取締役会の決済を経なければならないため，最高経営責任者が独裁的にすべてを決める立場にはない。しかし，会社内部のルールの決定に対して，最終的な責任を負う立場として，会社における立法者は最高経営責任者とみなすことができる。

国際コンサルティング・エンジニア連盟（**FIDIC**，Fédération Internationale des Ingénieurs-Conseils）が発刊する標準契約約款が用いられる。標準契約約款で規定される取引ルールはFIDICが設計する。

ある社会において，支配の構造が確立されるためには，その社会における支配者としての**正統性**（legitimacy）を有する主体が存在していなければならない。正統性の普遍的な源泉の一つは，過去にその主体が公布したルールが守られてきたという事実である[15]。

土木計画学で制度設計アプローチに基づいた政策論を展開する場合，分析者はいかなる社会的集団におけるルールを対象としているのかを明確に定義しなければならない。さらに，その社会的集団において，支配の構造が確立されているという前提を確認しておく必要がある。

（3）**制度設計の方法論**　制度設計アプローチでは，支配的権力を持つ主体が被支配者である社会の構成員の行動を特定の方向に仕向けるやり方で社会の改善を試みる。

行政は，ある政策的目的を実現するために，補助金を支給したり，罰則を科したりして，人々の行動を制御できる。建設プロジェクトにおける契約では，発注者は，工期どおりに工事が完成しない場合の約定損害賠償をルールとして規定することにより，請負者に対して工期を遵守する努力を引き出すことができる。このように，制度は人々がある特定の行動を起こしたり，抑制したりする**誘因**（incentive）となる。人や組織の行動を意図する方向に仕向けるために誘因を与えるルールは至る所で用いられている。

ゲーム理論は制度設計を理性的に行うのに役立つ方法論である。制度設計のためには，制度に関係するプレイヤーの間の戦略的関係をシステムとして表現する必要がある。ゲーム理論は，まさにプレイヤー間の戦略的構造を数学的に表現するための道具立てを提供してくれる。ゲーム理論は，ルールの違いが社会的帰結にもたらす影響を演繹的に分析するのに役立つ。

プレイヤーの最適行動は，自らの行動に対して他のプレイヤーがどのように反応するかという予想に基づく。このように複数のプレイヤーの予想が重層的に依存し合う環境の下で，すべての合理的なプレイヤーが逸脱した行動をする誘因がないような行動の組合せを特定することができる。このようにして導かれた行動の組合せが**ナッシュ均衡**（Nash equilibrium）である。ナッシュ均衡における行動の組合せは**自己拘束的**（self-enforcing）である。自己拘束的とは，他のプレイヤーが期待されている行動に従うという期待を各個人が持っている場合に，自らも期待されている行動に従うのが最適である状態をいう[15]。ナッシュ均衡がただ一つの行動の組合せとして特定できれば，ナッシュ均衡の下で実現する社会的状態が，ある特定のルールすなわち制度の下で導かれる社会的帰結の演繹的な推論結果とみなせる。

（4）**制度設計の目的**　制度は，「人や組織の行動をある目的に誘導したい」と企図する主体と行動を誘導される主体という関係性の中で概念付けられる。伝統的なインセンティブの理論では，他者の行動をある目的のために誘導しようと企図する主体を**プリンシパル**（principal）と呼び，行動を誘導される主体を**エージェント**（agent）と呼ぶ。インセンティブの理論は，プリンシパルがエージェントの属性や行動を観察できないような状況において，どのようなアメとムチを与えて，プリンシパルが意図する行動を導くのかを分析できる。

要するに，制度は設計できるという立場に立てば，ゲーム理論という道具を用いて制度をルールとして表現し，その社会的帰結を推測するためのシステム的装置を構築することができる。その際，計画者は制度の帰結を推論するために用いるゲーム理論の前提が，扱おうとする制度を分析する上で本当に妥当かどうかを十分に確認しておかなければならない。

対象とする社会においてゲームの存在がアプリオリに想定されている。ゲーム理論では，プレイヤーの間でゲームの構造が**共有知識**（common knowledge）となっていることが前提とされる。したがって，制度をゲームのルールとする見方に基づいた制度設計という政策アプローチでは，社会全体でゲームの構造が共有知識となっていなければならない。ゲームの構造は，個人が行動を選択する上で認識されたモデルである。制度設計アプローチとして有効性を持つためには，行動選択のために認識されたモデルが社会全体で共有化されている必要がある。

〔3〕**制度危機アプローチ**

制度設計アプローチでは，制度は支配的権力者によって設計される意図的構造物として概念化された。制度設計アプローチでは，計画者は制度をゲームのルールとして表現し，その効果を演繹的に推測することができる。

一方，制度は，意図的構造物としての見方のほかに**進化的な制度としての見方**（the evolutionary perspective）[15]がある。繰返しゲームの枠組みでは，例えば囚人のジレンマのような単純なゲームの繰返しゲームであっても，複数の均衡解が存在することが知られている。ゲームが複数の均衡解を持つとき，プレイヤーはいずれの行動を選択すればよいかを一意に決めることができない。

一方，歴史的経緯の中で，いずれの均衡解が選択されてきたかをプレイヤー全員で共有していれば，いずれのプレイヤーも共有化された均衡プレイから逸脱する誘因はない。歴史的経緯の流れで社会の中でいずれの均衡解が選択されてきたかを知っているプレイヤーは，ある状況で，どのように振る舞うべきかを知っていることにほかならない。複数の均衡が存在するようなゲーム的文脈において，歴史的経緯から一つの均衡解が選択されることによって，行動がルール化されている場合も，社会に広く認められたルールという意味において，ゲームの均衡は制度である。ここでの制度の概念は，Schelling[16]による**フォーカルポイント**（focal point）に対応している。フォーカルポイントは，相手がどう予測するかと自分が予測するかについての相手の予測を各人がどう予測するかについての手がかりとなる。フォーカルポイントは主体間の関わりを通じた調整過程で形成されるものであり進化的である。

制度が均衡として定義される場合，それはシステムの中で内生的に決まるものであり，計画者が自らの意図のために制御できるものではない。制度は自らの自己拘束性のため，いったん制度として確立すると異なる制度への移行は容易ではない。自己拘束的な制度が他の制度に移行するためには，すべてのプレイヤーの行動と予想が一気に変わらなければならない。

いったん確立した制度が他の制度に移行するためには，既存の制度が必ずしも社会の中で満足するような結果をもたらさないという認識が広がる必要がある。既存の制度に対する不満が認識されるための環境的要因には

・新たな行動を選択可能にするような技術革新
・閉鎖的な取引環境の開放的市場との接触
・外国競争相手との生産性・革新ギャップの認識
・強い制度的補完性のある制度の変化

などが挙げられる[17]。環境的要因は既存の制度以外の制度の可能性を模索するきっかけを与える。しかし，環境的要因のみで制度の移行は生じない。制度が実際に変化するためには，プレイヤーの行動や予想が一気に遷移させるレベルの累積的変化が必要となる。累積的変化が生じるためには，既存の制度では必ずしも最適ではない行動を採用し，新たな制度において必要な能力を有するプレイヤーが相当数蓄積されなければならない。

このように環境的要因が引き金となり，既存の制度では必ずしも最適ではない行動を選択する突然変異的なプレイヤーによる模索，学習過程を通じて新たなフォーカルポイントが見いだされ，多くのプレイヤーにより，その価値が認識され始める。新たに見いだされたフォーカルポイントは，社会で広く認められる新しい制度として正統性を高める一方，既存の制度は正統性を失っていく。このような共有予想の崩壊は**制度危機**（institutional crisis）と呼ばれる[17]。

計画者が社会の改善のために変更すべきとする制度が均衡としての制度であれば，支配的主体が権力を背景に制度をあたかも構造物のように設計することは不可能である。計画者が制度変更を実現するために可能な行動は，既存の制度に対する制度危機をもたらすためのプロセスを活性化させることのみである。したがって，このような制度変化の政策アプローチを制度危機アプローチと呼ぼう。

意図的に制度危機を生み出すことは，決して容易なことではない。制度危機は社会の構成員の学習過程を通じて生み出される。計画者は，率先して既存制度に縛られない実験を通じて，新たなフォーカルポイントの可能性を見いださなければならない。さらに計画者は，社会の構成員の学習を促すために，新たなフォーカルポイントによって実現する社会の望ましさを社会に対して理解可能な形で説明することが求められる。

社会の改善を企図する計画者の役割は，自らが新たなフォーカルポイントの開拓者となることだけではない。社会の構成員自身が新たなフォーカルポイントの開拓者となり，さまざまな空間や集団でより良い社会を目指した実験的取組みを行うようなアプローチもある。このとき，計画者は社会における個々の構成員が社会的改善のための取組みを行う自覚と責任を認識させる形で社会に働きかけることができる。

〔4〕 制度間の相互依存性

（1） 制度の階層性・補完性 社会の改善を企図する土木計画学において，制度設計アプローチは，社会でゲームの構造が共有化されている場合に有効であると述べた。ある特定の行動に罰則を科すようなルールを法律化するというアプローチは，司法制度が存在するおかげでゲームの構造が共有化されているからこそ意味を持つ。そこでは，違反行為を発見するためのモニタリング組織，裁判所のように違反行為を客観的に立証するための仕組み，違反者を罰するという社会的インフラストラクチャーが整備されている必要がある。国家の権力基盤が脆弱な国で見られるように，このような社会的インフラストラクチャーが存在しない場合，法律に基づく制度設計によって社会を改善しようとする試みは必ずしも有効ではないかもしれない。

法律化されたルールは，司法制度という社会的イン

フラストラクチャーの上で機能する。このように，制度は階層性を有している。司法制度が社会的インフラストラクチャーとして社会に広く認識され受け入れられているためには，司法制度が正統性のある権力者によってもたらされなければならない。正統性の権力者が存在するためには，民主主義システムのように，正統性のある権力者が社会で同定されるためのさらにメタレベルの制度が必要となる。

ある制度は，すでに存在している別の制度の下でのみ機能する。メタレベルの制度は，社会計画者にとっても制度設計の対象にはなり得ない価値観や規範といったものであるかもしれない。あるいは，法律化されたルールのメタの制度も法律化されたルールとしての制度かもしれない。このとき，計画者は，ある社会的状態を実現するために，メタレベルの法律も併せて制度設計の対象にしなければならないかもしれない。メタレベルの法律化されたルールが機能するかどうかは，またさらにメタレベルの制度の下でしか機能し得ないという事実を考慮しなければならない。

このように，制度が機能する仕組みにおいて階層性が存在するという事実は，制度のもう一つの側面を示している。制度設計が可能になるためには，その制度に実効性を与えるためのメタレベルの制度が必要である。メタレベルの制度は，社会計画者が自由に選択できるとは限らない。メタレベルの制度は，個人の行動に影響を及ぼすルールであり，それに従うことが各個人にとって最適な選択であり，かつ他のすべての人もそのルールに従うと予想できるものである。あるルールが制度として確立するためには自己拘束的でなければならない。メタレベルの制度も自己拘束的である。

一般に，ある制度はメタレベルの制度を含む他の複数の制度と補完的に機能している。ある制度の存在が他の制度の存在自由となっているような場合，これらの制度は制度的補完の関係にあると呼ばれる。また，複数の制度でのこのような補完性は，**制度的補完性**（institutional complementarity）と呼ばれる。

制度的補完性が存在する場合，ある制度が他のいかなる制度と補完的に機能しているのかについて配慮する必要がある。例えば，制度Aが制度αと補完的に機能している場合を考えよう。このとき，制度βが確立している社会において，制度Aを導入しても，制度αが確立した社会と同じような社会的帰結を得ることはできないかもしれない。このように，計画者が制度の変化を通じた社会の改善を企図するとき，対象とする制度と制度的補完性がある制度を見落としたり，見誤ったりすれば，期待した結果が得られない可能性がある。

（2） 制度的補完性の例　　制度的補完性の性質を理解するために，つぎのような例を考えてみよう。わが国の公共建設工事で用いられる標準契約約款で規定される内容は，国際的な建設工事における標準契約約款であるFIDICと比較して明らかに少ない。国際的な建設工事では，契約当事者の権利および義務が詳細に記載されている。また，契約変更が行うための手続きも詳細に取り決められている。一方，わが国では契約当事者の間での協議を通じて解決すると記載されているのみであり，詳細な変更手続きは定められていない。

国際的な建設工事の契約における権利および義務について係争が生じた場合，仲裁や裁判といった第三者による裁定に委ねることが一般的である。実際に，国際的な建設工事では，仲裁などの代替的紛争解決手段がしばしば用いられる。

一方，わが国の建設工事において，契約紛争の解決を第三者の裁定に委ねる事態に至ることは伝統的に少ない。わが国の建設工事における契約変更では，発注者が主導的役割を果たす。発注者側にインハウスエンジニアが存在しており，請負者との間に意図および能力に関する信頼関係が存在する場合，発注者と請負者の間で契約紛争は生じにくい。

わが国の建設請負企業は，国際的な工事で用いられるFIDICの下でのマネジメントに適応していないことが問題点として指摘されている。世界的な潮流の中で，わが国でもFIDIC契約約款を用いて工事を行う試みも考え得るであろう。

しかし，FIDICは契約当事者の紛争を第三者の裁定に委ねて解決するというシステムを前提としている。第三者に紛争の解決を委ねる場合には，契約当事者の主張を立証しなければならない。そのため，契約書内において権利および義務を詳細に記述し，また契約変更に至る手順も厳密に取り決めておく必要がある。このように，第三者による裁定に依存した契約方法では，契約書を準備し，運用するために少なからず取引費用が発生する。

ところが，わが国では，取引上の問題が生じた場合にも，契約当事者はすぐに契約書の内容に基づいて自らの主張をするわけではない。契約事項とは別に，両者の信頼関係に基づき話し合いを通じて対処方法を見いだそうとする。そのため，わが国の建設工事の商慣習では，契約は形式上のものであり，実際に契約書の中身を見る機会はほぼないというのが実態である。このように，契約ではなく，契約当事者の信頼関係に基づいて取引を行う制度が確立している環境に，FIDICのように異なる形式の契約を導入しても，大きな影響は受けない可能性が高い。

以上の例は，FIDIC が国際的な建設事業の環境において効果を発揮する契約ルールであり，必ずしもいかなる環境においても効果的であるとは限らないことを示している。わが国の建設事業では，何度も同じ相手と取引関係に入る。そのため，契約変更が必要な事態が生じた場合でも，契約当事者は長年の関係性に基づき，契約書に細かく書いていなくても，発注者が主導的な役割を果たして適切に解決されるという予想を共有している。このようにわが国の建設事業のプレイヤーの間で共有された予想は制度である。以下では，このような制度を発注者主導型制度と呼ぼう。発注者主導型制度は，わが国のプレイヤーにとって自己拘束的な均衡である。

一方，国際的な建設事業では，日本国内で見られるような長期的な関係性は存在しない。したがって，契約当事者が取引における自らの権利を保護するための手段は，書面に記載した合意事項しか存在しない。契約の内容は，仲裁廷や裁判所のように契約当事者が正統と認める第三者によって実効性を与えられ，強制される。また，係争が生じた場合にも，第三者による判断に委ねざるを得ない。すなわち，国際的な建設事業の取引環境では，契約当事者は契約の記載内容のみが自らの権利を保護する手段であり，係争が生じれば第三者に判断を委ねるという予想を共有している。このように，最終的には第三者に依拠して契約変更の事態に対処するという予想も均衡としての制度である。以下では，このような制度を第三者依拠制度と呼ぼう。

一方，契約で規定されるルールは，明らかに契約当事者の行動に影響を与えるという意味で制度である。以下では，契約で規定されるルールを契約制度と呼ぼう。契約制度は，設計可能な制度である。契約制度は，契約当事者の間での取引関係において第三者依拠制度が成立している場合にのみ効果を有する。したがって，契約制度と第三者依拠制度は補完的である。一方，日本的な発注者主導型制度では，契約制度は契約当事者間の行動にそれほど大きな影響を及ぼさないかもしれない。（大西正光）

引用・参考文献（2.2 節）

1）North, D.C.：Institutions, Institutional Change and Economic Performance, Cambridge University Press（1990），竹下公視 訳：制度・制度変化・経済成果，晃洋書房（1994）

2）Scott, W.R.：Institutions and Organizations, Sage Publications（1995），河野昭三，板橋慶明 訳：制度と組織，税務経理協会（1998）

3）Simon, H.A.：A behavior model of rational choice, The Quarterly Journal of Economics, Vol.69, pp.99～118（1955）

4）福本潤也：多様な意見と社会の決定，土木学会誌編集委員会編，合意形成論－総論賛成・各論反対のジレンマ－，土木学会（2004）

5）Bolton, P. and Dewatripont, M.：Contract Theory, MIT Press（2005）

6）Glazer, A. and Rothenberg, L.S.：Why Government Succeeds and Why It Fails, Harvard University Press（2001），井堀利宏，土居丈朗，寺井公子 訳：成功する政府 失敗する政府，岩波書店（2004）

7）Drucker, P.F.：Management – Tasks, Responsibilities, Practice, Harper Business（1993），有賀裕子 訳：マネジメント－務め，責任，実践，日経 BP 社（2008）

8）西谷 剛：実定行政計画法－プランニングと法－，有斐閣（2003）

9）Kooiman, J.：Governing as Governance, SAGE（2003）

10）Rhodes, R.A.W.：The new governance: Governing without government, Political Studies, Vol.44, pp.652～667（1996）

11）Kajaer, A.M.：Governance, Polity（2004）

12）Jessop, R.：Governance and meta-governance: On reflexivity, requisite variety, and requisite irony, in Bang, H.(Ed.) Governance as Social and Political Communication, Manchester University Press（2003）

13）藤井 聡：土木計画学，p.49，学芸出版社（2008）

14）青木昌彦：経済システムの比較制度分析，東京大学出版会（1996）

15）Greif, A.：Institutions and the Path to the Modern Economy: Lessons from Medieval Trade, 岡崎哲二，神取道宏監訳：比較歴史制度分析，NTT 出版（2009）

16）Schelling, T.：The Strategy of Conflict, Harvard University Press, 河野 勝監訳：紛争の戦略：ゲーム理論のエッセンス，勁草書房（2008）

17）Aoki, M.：Towards a Comparative Institutional Analysis, MIT Presss, 瀧澤弘和，谷口和弘訳）比較制度分析に向けて，NTT 出版（2001）

2.3 合 意 形 成

土木計画における**合意形成**（consensus making）には大別して二つの種類がある。前者は，① **住民合意形成**ともいわれるもので，地区計画や住民協定等，コミュニティの利害に関わる計画等で意見の一致を図ることを目的にしている。一方，広域根幹的な社会基盤整備等の土木計画に関わる合意形成は，② **社会的合意形成**や**地域的合意形成**，あるいは国民的合意形成等と称されるものなどであり，計画の及ぼす効果と影響が一つの狭い地区等にとどまらず，関係主体全員の参加や合意が困難な条件の下で，政策，計画，事業等を決定する場合の合意形成である。ここでいう合意形成は，当該の決定行為を行うための必要条件と捉えることができ，全員の合意を得るものとは考えられていない[1)]。

本節では①の合意形成が，ワークショップ等の手法を軸に広く運用され成果を挙げていることも踏まえ，土木計画のチャレンジすべき大きな課題として，②の合意形成問題を念頭に解説する。コミュニティの問題を自ら解決するような地域完結型の取組みも増しているが，社会基盤のいっそう効率的な整備や利活用の在り方，生活に密着する防災や環境の長期的な取組み，自転車交通等も含む道路空間の再配分，さらには市街地の地下や上空の利活用に至るまで，コミュニティを超えて合意形成を図る課題は増している。

また，新たな社会基盤整備についても開発途上国では合意形成上の工夫を必要としている。したがって，さまざまな価値が対立する厳しい場面を念頭に合意形成を体系的に捉える必要性は増していると考えられる。

さて，②の合意形成の実現のためには，一般に市民や住民等が抱くさまざまな関心ごとに適切に対応する取組みが必要となる。コミュニケーションの分野では以前より，人々の関心ごとが，**手続き的関心ごと**（procedural interest），**実質的関心ごと**（substantial interest），**心理的関心ごと**（psychological interest）の三つに分類できるとされてきた[2)]。そのことも踏まえて，本節では，①手続き的関心ごとに配慮した計画手続きの在り方，②実質的関心ごとに適切に向き合う対話の在り方，③行政の信頼性等，心理的関心ごとに関わる計画主体の良きガバナンスの在り方，という三つの観点より解説することとした。

すなわち，2.3.1項では，個々の計画や事業の取組みにおいて紛争を未然に防ぐために計画手続きの正当性が必要となることから，コミュニケーションプロセスの理論を解説し，2.3.2項では，紛争発生時などの問題解決や当事者間の合意形成のための，対話技術を駆使したコンセンサスビルディングの理論を解説し，2.3.3項では，計画の策定主体である行政等の信頼を平時から高めるための善きガバナンスの在り方等について解説することで，先に述べた後者の合意形成のための必要条件を概観することとしている。

最後に合意形成と関わりの深い住民投票について，本節での立場を述べておく。近年，手続きや情報公開等が十分ではないとの理由から，住民投票で決定すべきとの意見が示されることも少なくない。住民投票については，それがただちに否定されるものではない。しかし，より多くの参加者による直接投票の結果が正当化されるための条件は，個々の参加者がそれぞれに正しい選択を行える場合に限られる。したがって，手続きが十分でない場合に，情報が欠落したまま不十分な知識の下で賛否を問うことでは，かえって誤った結論に導かれることも否定できない。手続き上の問題を有する決定に際しては，住民投票に向かうのではなく，手続きや情報公開を改善する要求をすべきであり，そのことでより善い解を導く方向を目指すべきであると考える。

2.3.1　コミュニケーションプロセスの理論

ここでは，まず計画策定時のコミュニケーションの在り方を総括的に解説する。

〔1〕 計画策定におけるコミュニケーションの定義

土木計画でコミュニケーションが行われる取組みは数多く存在するが，特に近年重要と考えられているものは以下の3種である。

クライシスコミュニケーション（crisis communication, 以下本節では**CC**と略）は，SARS，パンデミック，エボラ，原発事故等の災害が発生した非常時に行われ，Crisis & Emergency Risk Communication や Outbreak Communication 等ともいわれ，住民等の不安を和らげ軽率な行動を抑制することで，効果的な対策や計画の実行を図ることをねらいとしている。

リスクコミュニケーション（risk communication, 以下**RC**と略）は，地球温暖化や気候変動，地震防災，食品安全，発癌，原発の安全等に対するリスクを，住民等に平常時に気付かせることで，早期の行動を促し，そのことで対策や計画の効果を高め，発災時の被害を未然に軽減することを目的に行われる。

これらに対して**パブリックコミュニケーション**（public communication, 以下**PC**と略）は，政策や計画の立案時等に常時行われるものと考えられ，土木計画，都市計画，交通計画等の策定・実施段階等で行われる**パブリックインボルブメント**（public involvement, 以下**PI**と略）や**市民参加**（citizen participation）等がこれに該当する。住民等に政策や計画の効果・影響について早期に気付いてもらい，計画目標の共有や計画への理解・協力を目的とすることが多い。

これら3種のコミュニケーションにおいて予想される住民等の従前の意識の多くは，CCでは「私と家族だけでも助かりたい」，RCでは「私は無関係で安全だと思う」，そしてPCでは「私には無関係だし関心もない」であると考えられる。そのような意識を変えるきっかけを作ることが，おのおののコミュニケーションの目的となる。土木計画の策定と実行のプロセスにおいては，これらすべてがさまざまな場面で重要な役割を果たしていると考えられる。

〔2〕 計画策定におけるコミュニケーションの進展

ここでは，計画策定時に行われるコミュニケーションであるPCのうち，特にPIと呼ばれる取組みの過去からのおもな経緯を概観しておく。なお，計画におけるPIには，① 政策や上位計画の作成段階のPIと ② 都市計画の決定段階や事業段階のPIとの二つがある。②は利害がはっきりして，地権者等への対応を迫られる段階を含むことから，各国で古くから備わってきた。一方，① については，以下の取組みが知られている。

スケフィントンレポート（Skeffington report）は，上位計画である地域の構造計画（structural plan）に対して，適切なPI導入の必要性と具体的な方法を提案・勧告したもので，イギリスで1969年に公表され，その後各地方政府が導入を試みたことで知られる先駆的な提言であった。

一方，アメリカでは**総合陸上交通輸送効率化法**（Intermodal Surface Transportation Efficiency Act, **ISTEA**）が1991年に成立し，事業の上位計画である地域交通計画等の策定に当たりPIの導入を義務付けた。この時代のアメリカでは改めて大規模な交通投資が必要になっていたが，事業実施段階での合意形成が進まず，そのため，上位計画段階から計画の必要性を共有する取組みが必要とされたことに背景がある。その後，四半世紀が経過するが，計画策定におけるPIの取組みについては，その基本原則を一定程度強化しつつ制度を保って現在に至っている。

日本では，**キックオフレポート**が1997年に当時の建設省道路局から出されている。それは審議会を通したものであったが，道路行政に広く国民の声を反映することを試みたもので，その後，道路計画の構想段階をよりオープンにする取組みにつながった。そして，2002年に**市民参画型道路計画プロセスのガイドライン**が公表され，その後，同ガイドラインは2005年，2013年に改訂され現在に至っている。

また，国土交通省では2008年に全省的な取組みとして，**公共事業の構想段階の計画策定プロセスガイドライン**[3]を公表し，後述する三つの並行する計画プロセスと同等なプロセスを示し，計画の策定（planning）におけるPIの位置付けをより明確にしている。

〔3〕 計画理論とコミュニケーションプロセス

つぎに計画理論の歴史的発展を概観し，計画策定プロセスにおいて，**コミュニケーションプロセス**（communication process）がどのように位置付けられるのかを明確にする[4]。

合理的計画理論（rational planning theory）は，① 現状の分析と将来の予測，② 目的や目標の設定，③ 適切な手段の比較検討，④ 計画案の採択，といった一連の手順を計画主体が自ら行うことで進められるが，このような考え方は1950年代に欧州で登場し，各国に伝えられた。ただし，計算に基づく合理性に偏り過ぎると当初から批判も多く，**漸進的計画理論**（incremental planning）や**相互取引的計画理論**（transactive planning）等の考え方を生み出してきた。わが国では現在に至るまで，交通計画等の社会資本分野の計画検討手順として，おおむね支持されている。

一方，アメリカ等の都市計画分野では，1960年代前後から，**弱者擁護計画理論**（advocacy planning）が登場した。これは弱者の声に耳を傾ける手続きとして，都市計画の分野で注目されたものである。この背景には，当時の高速道路網の急速な整備推進等が挙げられる。アメリカでは1956年の道路信託基金の創設によって，本格的な高速道路整備が満を持して始まったが，大都市の都心部には，良好な郊外住宅地に転居できない多くの低所得者層が残り，そのような弱者の居住区に広幅員で地域を分断する高速道路の建設が相次いだ。

このような計画理論は，その後，**対話型計画理論**（communicative planning theory）に結び付いたと考えられる。そこではコミュニケーションによって相互理解が可能なのは，他者の発話が ① 理解に資するか，② 誠実であるか，③ 文脈上正当であるか，④ 真実であるかという四つの基準を満足するかに依存するとされる。これらはHabermasの**対話的合理性**（communicative rationality）で用いられる**妥当要求**（validity claim）[5]を基にしているが，対話的合理性が代表民主制と参加型民主制との結び付きをほとんど示していないため，計画者等にとって対話的合理性がどうすれば抽象的理論以上のものに成り得るかを想像しにくいとの批判等もある。

〔4〕 わが国の計画プロセスとコミュニケーションプロセス

これらに対して，わが国の国土交通省ガイドラインなどでは，**三つの並行する計画プロセス**が示され，合理的計画理論に基づく**計画検討手順**に加えて，**技術・専門的検討**と**住民参画促進**と呼ばれるコミュニケーションプロセスとの，合わせて三つを同時に位置付けた計画策定プロセスが2008年に登場している。

同ガイドラインでは，住民参画の下で，社会面・経済面・環境面等のさまざまな観点から総合的に検討を行い，計画を合理的に導き出す過程を住民参画の下で進めていくこととしており，いわゆる**戦略的環境アセスメント**（strategic environmental assessment）[6] を含む手続きとされ，この手続きで行われた土木計画の最初の事例として，那覇空港の構想段階の計画づくりが進められ，厳しい反対に直面することなくアセスメントを終了して2014年に工事が着工している。

また，同ガイドラインでは，公共事業の計画に関して国民の理解を得るためには，計画自体が適切であることはもちろんのこと，計画策定プロセスに対して透明性，客観性，合理性，公正性が確保されていることが重要とされている。

三つの並行する計画プロセスのように，計画策定の**発議**から決定に至る**計画検討プロセス**に，**技術検討プロセス**と**コミュニケーションプロセス**を加える考え方は，わが国においても，公共政策や土木計画の検討に当たり，**情報公開**や**説明責任**，**住民参加**や**市民参画**等が要請されるようになり，合理的計画理論の考え方を行政内部でのみ実践することでは，社会的な合意形成の達成が困難な状況が増してきたことを背景とする。

〔5〕 コミュニケーションプロセスの基礎理論[7]

以上に解説したような新たな計画策定プロセスを設計することによって，社会的な合意形成を実現するためには，果たしてどのような条件がそのプロセスに備わっている必要があるだろうか。

これには諸説があると考えられるが，少なくともつぎの四つの条件は必須といえるだろう。すなわち，**合法性**（法律手続きに反しないこと），**手続き公正性**（手続きが一律性を有し，不正がないこと），**手続き客観性**（手続きが特定の人物の価値等から独立し，事実や客観データに基づく判断がなされること），**手続き合理性**（代替案の合理的な比較検討や，瑕疵（かし）による遡及可能性が保証されており，最善の科学・技術に基づく検討がなされること）である。

さらにつぎの二つの条件は，コミュニケーションを前提とする手続きを行う際に必要といえるだろう。すなわち，**手続き誠実性**（手続きが丁寧になされ，計画主体の誠意が示されること）と**手続き妥当性**（手続きが社会で有効とされ，社会通念等に照らし受容されること）である。最後の手続き妥当性は，以下の四つの成立要件に分解されるコミュニケーションプロセスが有すべき条件と考えることができる。

すなわち，**手続き・情報の透明性**（手続きや計画に関わる情報が広く公開されていること），**説明方法の説得性**（情報の公開にとどまらず，その説明責任が全うされていること），**対話機会の十分性**（意見を述べる機会を含め，双方向のコミュニケーションが十分に行われていること），**意見反映の納得性**（計画検討に意見が反映されることや反映されないことに社会が納得できること）の四つである。

以上の条件のうち，手続き妥当性を満たすコミュニケーションプロセスが用意されることで，市民や住民等は計画検討プロセスや技術検討プロセスで行われている内容についても知る機会を得られ，計画策定に関わることも可能になる。そのことで計画案自体についても事前に理解することが可能になるばかりか，手続きに関わる合法性や公正性，客観性，合理性等についても独自に判断することが可能になる。

このような判断を実現可能とする手続きに関して，アメリカでは連邦規則（code of federal regulations, CFR）によって，PIをどのように実施するかを定める計画を，市民等の関係者と協議して策定するように義務付けている。

〔6〕 第三者機関の設置と計画プロセスの進行管理

コミュニケーションプロセスを伴う三つの並行する計画プロセスでは，それぞれのサブプロセスで取り扱う審議事項等について，計画主体に助言や勧告等を行う目的で**第三者機関**を設置することができる（**図2.8**参照）。これは先の国土交通省のガイドラインでも示されているが，ここでは三つのプロセスに対応させつつ解説することとする。

① **技術検討プロセス**に対応する第三者機関として，**技術・専門委員会**等を設置できる。この委員会は各分野の専門家で構成され，個々の専門性に照らして計画の技術的・専門的な事項が審議される。個々の**専門性**に照らして特定の計画内容を支持することが容認される点で，計画内容に対する**中立性**は必ずしも要求されない。

② 他方，**コミュニケーションプロセス**の適切さや妥当性を外部から評価して助言・勧告等を行う機関として，**コミュニケーション諮問委員会**等を設置することができる。

この委員会は，コミュニケーションの専門家らがコミュニケーションプロセスの全体計画や個々の取組みの**正当性**・**妥当性**を判断する役割を担う。意見の対立が予期されるような計画検討では，手続き面の正当性を中立的な立場から評価する必要があるため，計画内容に対する価値判断から距離を置くことが必要となる。

③ 上記の委員会が**計画検討プロセス**の適切さについても同時に審議対象にすることは少なくない。そのような場合に，計画プロセス検討委員会や計画プロセス審議・監視委員会等と呼ばれることがある。これらは計画検討プロセスの設計に関わ

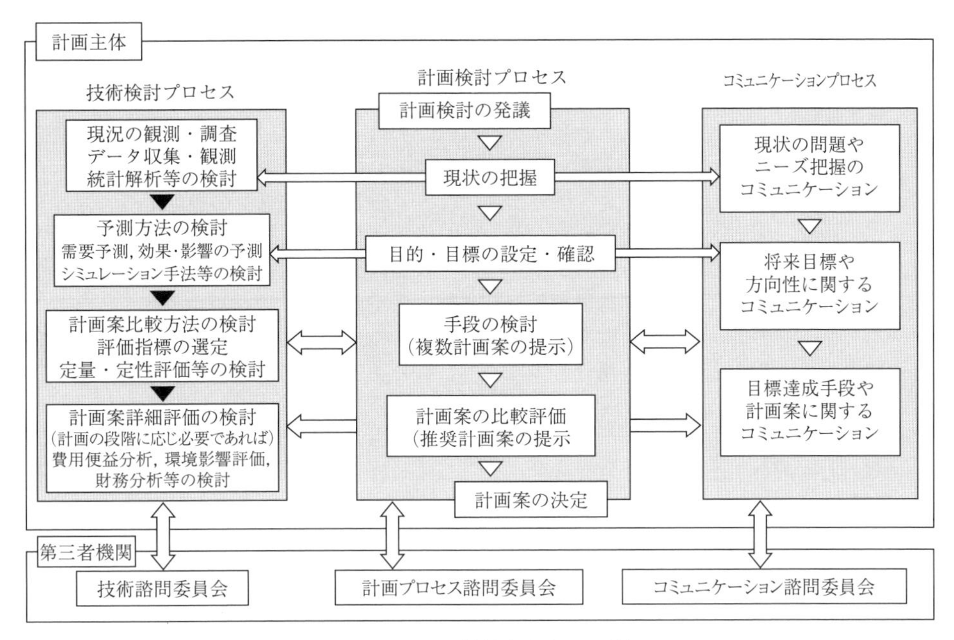

図 2.8　三つの並行計画プロセス例

り，つぎのステップに進むための確認判断を行うことも多い。

④　計画主体は，計画内容の全般に対して大所高所から意見を求めるために第三者機関を設置することができる。この委員会に求められる専門性や中立性等の条件について一律に定めることは難しいが，有識者会議，あるいは賢人会議のような性格を持つこともあり，計画の内容に踏み込んだ価値判断を行うことが多い。

⑤　計画主体は，さまざまな利害関係を許容しつつ各方面の団体や市民等の参加者によって委員会を構成することもできる。アメリカではこれを**市民諮問委員会**（Citizens Advisory Committee）等と呼び，一般にコミュニケーション活動の一つとみなされることが多い。

⑥　また，計画策定主体がさまざまな関係機関との間で行う協議・調整行為（**関係機関調整**）は，それを三つのプロセスとの関係で考えると，計画検討プロセスに含めてステップの終了判断前に行う行為と，コミュニケーションプロセスの一貫として行う行為とに分けられる。前者の場合，市民とのコミュニケーションの前に協議が整うと，その後の計画変更が困難になることも予想されるため，コミュニケーションと並行して行うことが原則となる。また，前者の場合，関係機関との協議・調整が行政の内部検討にとどまることから，必ずしも公開記録には残らないことが多い。上位官庁との協議等が該当すると考えられる。

一方，後者の位置付けで協議・調整を行う場合には，その会合自体を公開することや，あるいは議事録等を公開するなど，広くコミュニケーションとしての位置付けで行うことが考えられる。国や都道府県の計画の場合に，基礎自治体等との間で行われることがある。実際に，アメリカ等のPIではその種の会議記録もPIの公開対象書類とされていることがある。

〔7〕 コミュニケーションプロセスの運用

以上のような条件を満たすコミュニケーションプロセスをどのように運営することができるだろうか。これを計画の発議から順を追って，先の図2.8に示すプロセスで簡単に説明する。なお，コミュニケーションプロセスはすべてのステップのおのおのに対応して行われるので，以下の①から⑤のそれぞれで情報提供や意見聴取が行われると考える必要がある。

①　**計画の発議**によって，計画策定プロセスの全体スケジュールが公表される。ワークショップ等の開催数を決定してスケジュールを管理するのではなく，コミュニケーションを多段階で多面的に実施することを前提に，計画検討の各**ステップ**を合理的に進捗管理する方針が示される。また，計画検討プロセスを主軸にして，三つのプロセスの同時進行により，計画検討の発議から決定に至るタイムラインが明らかにされる。

②　**計画の必要性の確認**（あるいは**目標の設定**）に

よって，**上位計画**にすでに定められている当該計画の必要性を確認するか，あるいは当該計画の目標を新たに定めることが行われる。対応するコミュニケーションプロセスにおいては，市民や住民等の関心ごとを広く確認する必要があり，オープンハウスやニューズレター配布による情報提供，アンケート調査，メディアを活用した意見公募等が行われる。

計画の種類にもよるが，自治体の総合計画や都市計画マスタープランのような上位計画では，市民の大きな関心を集めることが難しい場合も少なくない。一方，社会基盤整備の**構想段階**などでは，その施設，例えば，道路や発電所の位置や規模が検討対象となるため，この段階から比較的多くの関心を集めると予想される。当該ステップのコミュニケーションを通じて，広く意見が出尽くし，それらがほぼ収集されたと考えられれば，それらの意見を以下の⑤の考え方で整理して，つぎのステップに進む判断を行うことができる。

③　**計画代替案の設定・比較検討**（あるいは**手段選択**）においては，複数のステップに細分化して複数代替案から一つの計画案に絞り込む検討が進められる。詳細な手順は計画の種類で異なるが，市民や住民等から新たな提案を受け入れる柔軟なコミュニケーションが必要と考えられ，オープンハウスなどが有効とされる。

各代替案を社会面・経済面・環境面，あるいは防災面等から特徴付けるために，技術検討プロセスで行われた調査・分析・予測等の成果が活用される。このステップで得られた意見に対しても⑤に示す整理を行い，かつ対応できることと，できないこととの両者に対して，第三者機関の審議を踏まえて，計画主体の考えを，絞り込まれた計画案とともに取りまとめて公表することが望ましい。

④　**計画案の選定**においては，合理的計画理論に対応する計画検討プロセスの最終段階として，計画案の選定あるいは決定行為がなされる。定量的・定性的な評価項目によって特徴付けられた代替案間の優劣を基に，計画主体が総合的な判断を行うことが一般的であり，費用便益比のような単一指標や集約化した単一指標等による安易な選定を行わないことが肝要とされる。その際に重要な役割を果たすのが，技術検討プロセスにおけるさまざまな副次的な知見や，コミュニケーションプロセスで得られた市民や住民どうしの対話を含む多くの関連する取組みとその成果である。

また，コミュニケーションとしては，この段階までに行われた方法がここでも用いられるが，さらに公聴会や説明会など比較的フォーマルな形式のコミュニケーションを行って合意形成を図ることも少なくない。

⑤　**収集された意見の整理**については，できるだけ冒頭に示した**三つの関心ごと**に着目し，ボタンのかけ違いを防ぐように工夫して意見を収集することが考えられる。関心ごとではなく，単に賛成反対の意見を集めてしまうと，その後の計画検討上の対応の手掛かりを得られなくなることも少なくない。

一方，集められた意見については，それらを三つのプロセスのうち，どのプロセスのどこで対応可能か整理することが望ましい。三つの関心ごとに関わる多様な意見のうち，（a）データや予測等に関わり，技術検討プロセスで対応すべきこと，（b）計画の進め方等に関わり，計画検討プロセスで対応すべきこと，（c）個人的な価値の表明に分類され，コミュニケーションプロセスの進捗に合わせて議論されるべきこと，の三つに区分けする。そして，それらを各プロセスに関わる第三者機関に諮り，対応方針について客観的な判断を依頼することが考えられる。

なお，収集された意見を各第三者機関に委ねるための整理については，ハーバマスの提案した四つの妥当要求の考え方を参考にできる。また，実際に膨大な数の意見を整理するために，機械学習による言語処理を積極的に応用してスクリーニングや分類・対応に活用することも検討されるようになっている。

〔8〕　コミュニケーションプロセスの実践

ここでは，土木計画の場面でコミュニケーションプロセスがどのように設計され実装されているかを簡単に紹介することで読者の理解を助けることとしたい。

（1）　道路計画の構想段階のプロセス[8)]　**図2.9**は，2005年に策定された国土交通省道路局の構想段階における市民参画型道路計画プロセスのガイドラインを2013年に改定したものであるが，この間に法制度化された環境影響評価の配慮書段階と計画段階評価とを，複数案の比較評価のステップに組み込んでいることが特徴である。わが国では，新規の道路計画は多くはないものの，このような整理の下に計画検討を進めることは，今後，異なる段階の計画づくりや，あるいは開発途上国の計画策定等に対しても参考になると考えられる。

（2）　自治体の復興計画における提案プロセス

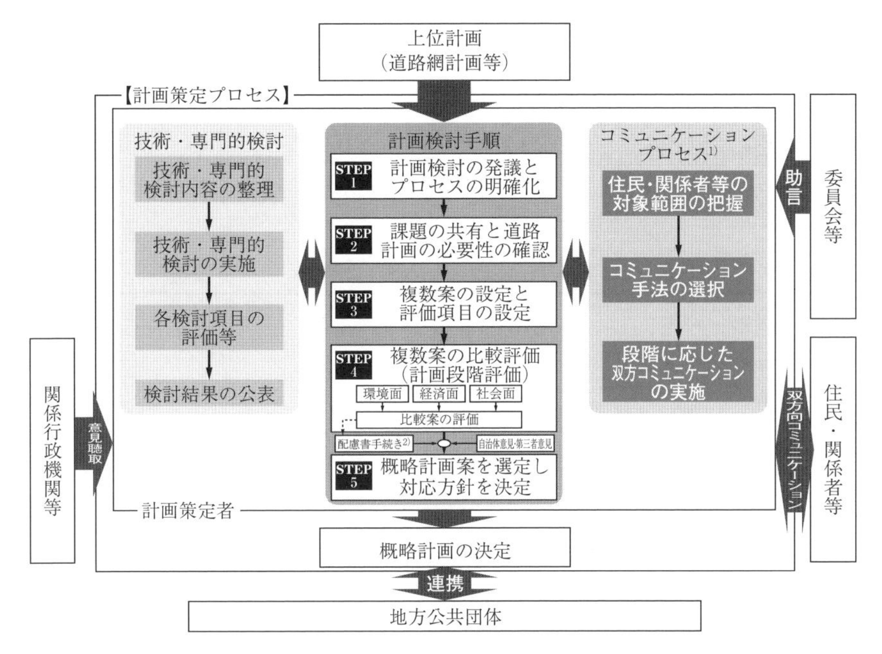

〔注〕 1）プロセスの設計の考え方を示しているもの　2）配慮書手続き対象事業の場合

図 2.9 道路計画の構想段階の計画プロセス

図 2.10 は，東日本大震災津波被害からの復興計画を策定するために，提案された計画プロセスである。当該自治体では 33 地区の被災地のうち，特に被災規模の大きな 10 地区の計画策定を限られた職員できめ細かくかつ効率的に進める必要があった。そこで，三つの並行する計画プロセスによる時間進捗管理が提案され実施された。実際には，計画策定終盤での市民アンケート調査は実施されていないが，ワークショップ形式を採用した検討会による計画案づくりを，行政とコンサルタントによる技術検討が支援した。被災者を中心とする検討会メンバーが，計画案を他の住民にオープンハウスの場で説明する独自の取組みも行われた。

（3） 自転車ネットワーク計画のプロセス[9] 図

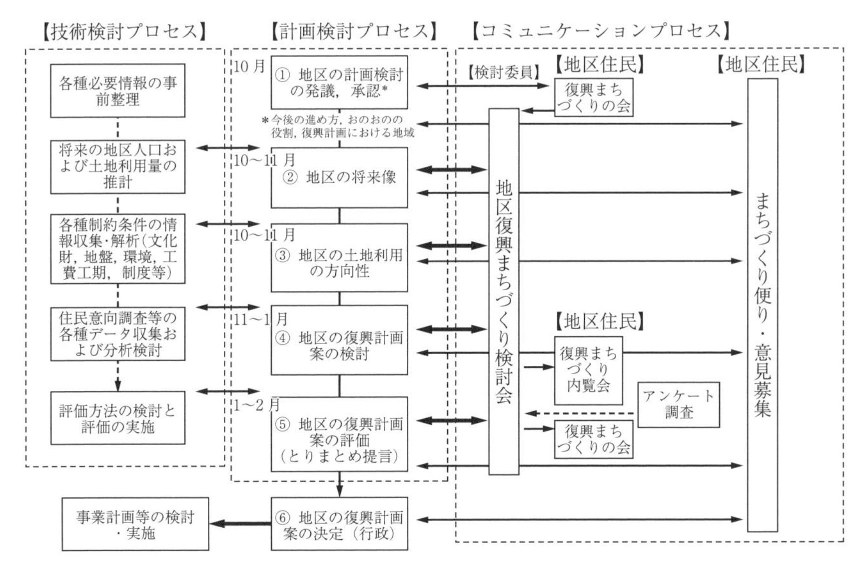

図 2.10 地方自治体の地区復興計画策定プロセス

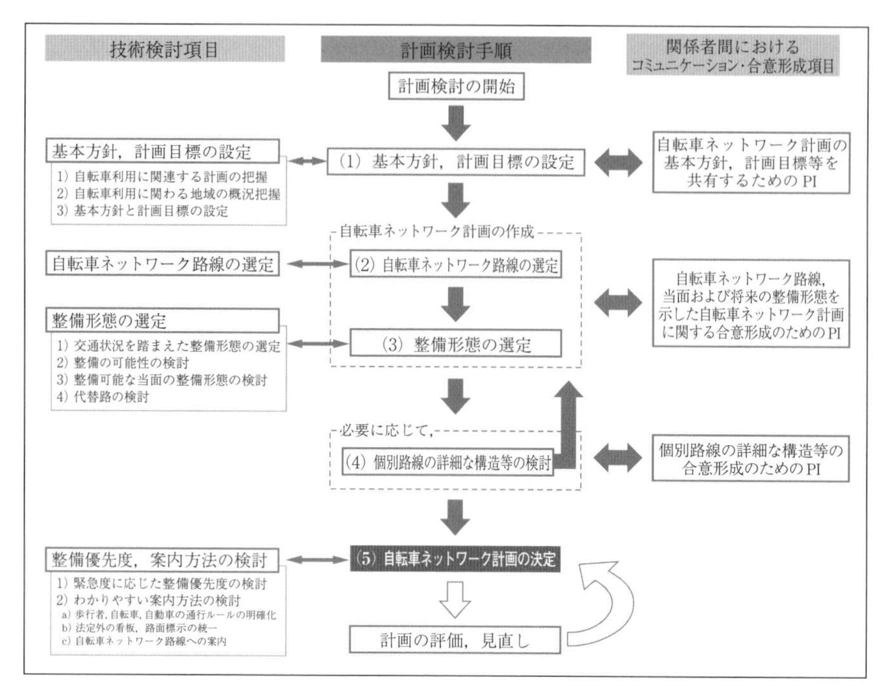

図 2.11　自転車ネットワーク計画策定プロセス

2.11は，2012年に国土交通省道路局と警察庁交通局より公表されたプロセスであり，既存の道路空間を再配分することなどで自転車ネットワークを形成するための計画プロセスである。新設道路等の計画とは異なり，地域の合意形成に不透明な要素が少なくないことから，コミュニケーションの必要性が強調されたプロセスとなっている。わが国ではいまだ自転車のネットワーク計画を策定する自治体が少ないことから，計画策定までの記載にとどめていたが，整備促進を図るため2015年には事業の実施や計画の見直しを含む段階までを含めた計画プロセスが新たに示されている。

（屋井鉄雄）

2.3.2　コンセンサスビルディングの理論と実践

地域や社会の課題に対する合意形成において，相反する利害を調整し，紛争の回避，合意案の策定・提案をするため，多様な主体の参加と対話・討議を基本とした手法が実践されるようになっている。

こうした手法は，課題に関わる主体として，代表者，専門家，または無作為に選定された者といった関係者が直接参加し，一定の手順に沿った効率的な話し合い**討議**を進めることで，問題構造の把握・理解を基盤として，関係者の抱える利害・関心の相互理解を促し，互恵的で**創造的な代替案**を創出したり，一定の**合意案の提案**を目指すものといえる。

しかも，抗争，策略，根回し，秘密交渉といった形とは異なり，一定の基準で選出された参加者が**協調的な関係**を維持しながら，**オープンな対話・討議**を行うという特徴を有している。こうした参加・討議型手法には，わが国で**ワークショップ**などと呼ばれる教育的手法，**調停・仲裁・交渉**などの実務から開発された手法，さらには**政治哲学実践**を起源とした**公共討議**などの手法が，土木計画の分野においても活用されている。こうした**参加・討議型の協調的合意形成**の取組みをここでは**コンセンサスビルディング**（consensus building）と呼ぶ。

以下では，利害・関心の多様性と相互依存性から，土木計画における協調的合意形成の位置付けを示した上で，特に，アメリカで紛争が懸念される社会資本整備施策で用いられている**メディエーション**（mediation）の手法を取り上げて解説する。さらに，政治学における**討議型デモクラシー**（deliberative democracy）から各国で発展・開発されている手法を整理し，わが国で多様な形態で普及している**ワークショップ**とともに，参加・討議型協調的合意形成における課題について論述する。

〔1〕　参加・討議型協調的合意形成の位置付け

社会で必要な物事を決めるための仕組みにはさまざまな考え方があるが，Iness[10] は**図 2.12** の分類を示している。ここで利害とは英語の interest で，主体が持つ，事項への利害・関心である。横軸は「**利害の多様性**」を示し，縦軸の「**利害の相反性**」は，利害・関心にトレードオフの関係が生じる度合いを示しており，二つの要因の組合せから四つのタイプが示されている。

相互依存性 (interdependence of interests) ＼ 多様性（diversity）	低い	高い
低い	技術官僚型 technical bureaucratic 説得 convincing	政治誘導型 political influence 選任 co-opting
高い	社会運動型 social movement 改造 converting	協働型 collaborative 共進 co-evolving

（出典：Iness, J. E. and Booher, D.E. : Collaborative dialogue as a policy making strategy, Deliberative Policy Analysis Maarten A. Hajer, and Hendrik Wagenaar eds.（2003）を基に著者が作成）

図 2.12　社会選択の四つのタイプ

（1）　**政治誘導型**　　政治家として選出された者に選択を任せる方法である。多様な課題が存在しており，それぞれの解決には対立が生じない場合，例えば，途上国などでは，食料不足，住宅難，水道，道路，電力不足など，多くの課題が噴出する一方で，各課題の解決への投資への反対は小さい。このような事態では，信任されたリーダーによる選択が効率的とされる。

（2）　**技術官僚型**　　目的にとって最も効果的な方法を探し，その最適性を市民に説得して物事を進める考え方である。例えば，道路整備は多くの国で，つねに必要性が広く指示されており，費用と効果の効率性の論理で整備が進められてきている。このように，課題が単純で反対者も少ない場合は，技術的最適性の論理は強い説得力を持っている。

（3）　**社会運動型**　　単純な利害について，相反が生じる課題では，社会的な論議が避けられない。例えば環境問題では，経済発展との相反に対して，住民運動や訴訟などが多発し，時に賛否を二分する議論が生じてきた。社会運動は法や制度の改革へつながるものとして重要とされるが，賛否や2案に単純化された対立はwin-loseの決着となりやすい。最近では，後述するように，このような社会課題でも，討議を通じて創造的解決案の提案を目指す取組みも見られる。

（4）　**協　働　型**　　多様な利害が存在し，互いに相反する場合では，協働的・協調的な方法が重要となる。多様な価値を認め合う社会においては，この第四の方法が重要な役割を果たすとされている。この方法は，立場や利害の異なる人々が直接対話することが基本となっている。

地域計画や土木計画の事柄には，利害の多様性や相反について，上記の四つのタイプが混在しており，上記の考え方はコンセンサスビルディングの手法を採用する際の指針としても有用であろう。ただし良質の合意形成を得るには，些細と思える利害・関心でも，その存在の可能性や深刻さに配慮する姿勢は重要であろう。

〔2〕　メディエーション

（1）　**メディエーションとは**　　まずここでは，調停や交渉，仲裁といった実務的な合意形成の実践からアメリカで生まれた手法としてメディエーションを紹介する。

アメリカでは，1960年代市民参加による訴訟，運動などが激化し，その結果，社会問題が放置されるという事態に至った。メディエーションはこうした対立を清算し，互恵的な現実的解決策を見いだす手法として発展した[11)]。1973年，ワシントン州のダム建設紛争に活用されたメディエーションの成功事例が契機とされ，その後，全米へ展開し，社会資本整備分野での一般的な手法となっている。こうした手法は「コンセンサスビルディング」とも呼ばれている。

（2）　**メディエーションの原則と手順**　　**メディエーション**は，利害関係者全員が直接話し合う場を構成して，**全員同意**を目指す**相互利益交渉**を原則とする。基本的に以下の5段階で実施される。

a）　招　集　　発議を決断するために利害関係者の特定，合意可能性の判断，予算算出を行うプロセスで，**紛争アセスメント**（**関係者分析**）という手続きが行われる（詳細は後述）。ここでは，中立的第三者（**メディエーター**）が関係者に対して，個別聞き取りを行うことで，利害の対立，共通性を分析し，話し合いのプロセスを提案する。**招集者**（事業者等）が作成した利害関係者リストを出発点に，ヒアリング者に候補者の紹介を受けて，対象を広げる**雪だるま式抽出**（snowball sampling）手法が活用され，利害をもれなく発見することが目指される。メディエーターによって，整理された利害・感心とともに，つぎのプロセスの提案（メディエーションの非実施も含む）が報告書として公開される。このように，メディエーションでは利害代表者の網羅的な参加を目指しており，それを実務的に確保しようとしている点に特徴がある。

b）　責任の明確化　　メディエーター，ファシリテーター，記録者などプロセスの関与者とその役割の特定，傍聴ルール，議事，規約を定めて関与者の責任とプロセスを特定する。ここで話し合いに関与する者の役割と話し合いの目的・範囲が明示され，参加者の承認を得る。

c） 審　議　問題の分析，解決策の探索，選択といった交渉である。ここでは賛否など，対立する**立場**でなく，その関係者の真の**利害・関心**に着目して，互いに**win/win**となる代替案を創造，探索する**相互利益交渉**（（3）で後述）が重視されている。さらに，論争が生じる専門的・科学的事項については，参加者が承認する専門家をメディエーターが招聘（しょうへい）して，信頼できる情報を整理するため，**共同事実確認**手続き（詳細は後述）が実施される。

d） 決　定　結論は多数決ではなく全員一致が原則である。全員合意に達しない場合は，両論併記，付帯事項併記などのメタ合意を目指すことになる。合意は提言書として公表され，行政や事業者等は提案書を尊重し政策・事業を実施するが，この合意は，法的・制度的な拘束力を持った決定事項とはみなされていない。

e） 合意事項の実現　合意事項の社会への公開，代表者の母体集団での社会的手続き，といった実現性を高める取組みを実施するプロセスである。

（3） 相互利益交渉（mutual gains approach to negotiation）　立場や利害の異なる人々の話し合いを**交渉**（negotiation）という。交渉とは，相手を言いくるめる巧妙な方法ではなく，「協調的な話し合いによって互いの利益を高めようとすること」を意味する。交渉参加者は自分になんらかの利益のある案でないと合意しない。つまり，参加者すべてに利益をもたらす案を目指すのが交渉である。これを，“**mutual gains approach**（**相互利益獲得**を目指すアプローチ）”や“**win/win negotiation**（両者勝者の交渉）”などと呼ぶ。すなわち，合理的な人間であれば，話し合いによって，全員合意の可能性はあるという信念を共通の基盤として，現実解（メタ合意）を求めようとするものである。

（4） 関係者分析　**紛争アセスメント**や**ステークホルダー分析**などと呼ばれる。関係者分析の目的は，関係者の関心事・利害を幅広く収集し，共通の利害・関心，相反する利害・関心を把握し，さらにそれらを公表することにある。これによって，代表者の選出，討議すべき議題の選出といった参加の場の設計，期限や会合方法，予算といったプロセスの設計がなされる。こうした手続きを行うことで，プロセスの適切さや，審議内容選択の公正さに対する信頼が高まり，審議の円滑な運営につながる。

さらに，このプロセスには中立者・調整役としてのメディエーターに対する**信頼構築**（building trust）の側面もある。メディエーターは紹介された人に直接会って，個別にヒアリングする。真の利害を把握するため，「個人を特定した聴取内容は委託者（事業者）にも秘匿する」と伝える。すなわち「○○さんの意見は△です」ではなく，「△という意見がありました」と示す。事業者から委託されたコンサルタントであっても，こうしたプロセスを実施することで，調整役としての**信頼**がヒアリング対象者との間に構築される。さらには，その担当者が事業内容に対する専門家であれば，その専門性についての信頼も構築できる。例えば，吉野川堤防設計の市民参加ワークショップを対象に，事前の関係者分析でヒアリングを受けた参加者と受けなかった参加者と比較した分析[12]がある。ヒアリングでは「内容の個人特定情報は委託者（国土交通省）にも秘匿する」と伝えていた。ワークショップで提案された案への評価には差異がないが，ヒアリングを実施し，ワークショップの運営をしたファシリテーターに対する**中立性**や**専門性**に対する信頼が，ヒアリングを受けた参加者は，受けなかった参加者より，有意に高くなっていた。さらに，興味深いことは，ヒアリングを受けた参加者は，ワークショップで自分の意見を気兼ねなく話せた，意見を十分いえたという率が，受けなかった参加者よりも有意に高くなっていた。事前に関心事を確認することが，その後の交渉の質を向上させる可能性が考えられる。

個別ヒアリングの行為が，調整役に対する信頼を構築し，その後の調整行為に大きな影響を及ぼす。このように，適切に構成されたプロセスと役割によって，中立的な専門家の立場を構成することも，合意形成の運営において重要な視点といえる。

（5） 共同事実確認　公共事業や公共政策の影響を完全に予想することは困難である。安全性や処理能力，環境影響など，不確定な要素は多々存在し，科学的な判断にも多様性が生じる。そのときに，異なる利害関係者が異なる科学的根拠や情報を持ち寄って，それらを論拠として主張を展開すると，関係者の利害調整であるべき交渉が，科学的知見の正しさの論争へと変質してしまい，往々にして抜けがたい論争に陥る。

こうしたことを避けるため，共同事実確認プロセスでは，先に関係者分析で特定された利害調整の対象となる当事者（ステークホルダー）の下で，科学的情報を整理して，両者が信頼できる科学的事実を確認する。調整役となるファシリテーターは，こうした内容を検討する協議の場を運営するとともに，複数の専門家からの科学的情報を参加者に提供する場を運営する。

共同事実確認は，学問的な真理や結論を得ようとするものではない。例えば，ある事項の生物への影響が疑われた場合，当事者が科学者らと論議した結果，「その影響についてはまだ科学的知見がない」が科学者や専門家の共通する結論となることもあり得る。このような場合には，事業を進めながら影響を監視するといった順応的管理が合意につながることもある。

共同事実確認については，松浦が日本での進め方を研究しており，成果として**ガイドライン**[13]を示している。ガイドラインでは当事者が主体となり，専門家との対話による情報整理，多様な学問分野からの情報提供，情報の入手不可能も含む不確実性への意識，などの指針が示されている。共同事実確認を行う**場のしつらえの作り方**（**図 2.13** 参照）も示されている。

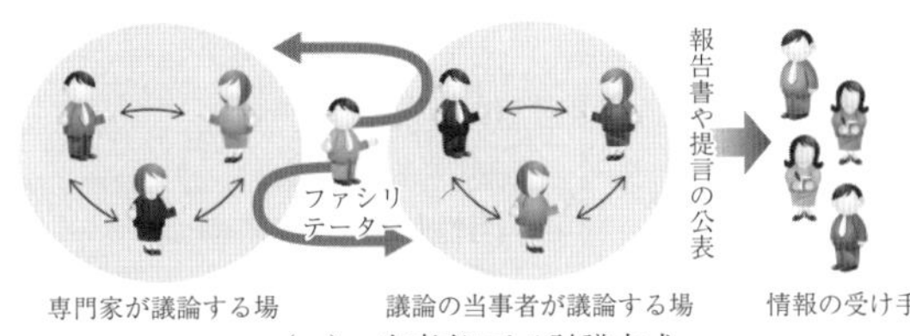
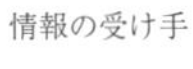

（a）　当事者による討議方式

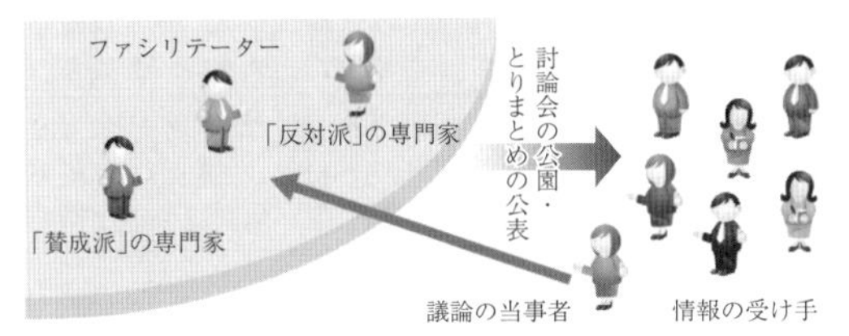

（b）　専門家による討議方式

図 2.13　共同事実確認の二つの形[13]

こうしたガイドラインの実行や検証はこれからであるが，利害調整と科学論争を区別するという態度は，きわめて重要な示唆といえる。

（6）　メディエーションの適用　メディエーションの手法は，2004 年に土木学会四国支部の研究会主催で研修会を開催し，2005 ～ 2006 年に国土交通省の事業として，徳島市北常三島交差点の安全対策検討に実験取組みを行っている[14]。その後，2006 年には国土交通政策研究所での社会資本整備での合意形成円滑化の研究で取り上げられ，2008 年には国土技術政策総合研究所で開催された検討会で**社会資本整備における合意形成円滑化のための手引き**（案）[15]が作成されている。

〔3〕　討議型デモクラシーの手法

政策決定における民主化の流れからも，協調的な合意形成の手法が開発されている。

篠原[16]によると，1990 年前後から，参加，討議による市民による民主を具体化する取組みが世界的に始まった。これらは **Habermas** による**協議デモクラシー**（deliberative democracy）や **Dryzek** による**討議デモクラシー**（discyrsive democracy）などの政治理論が支えになっているとされる。若松[17]は参加の目標から，多様な参加型手法を整理している，**表 2.4** はこの整理を基に，実際に海外等で実施されている手法を**情報提供**，**意見聴取**，**意向整理**，**提案**，**裁定**の五つの目的に分類したものである。情報提供や意見聴取の手法は，2.3.1 項で示したコミュニケーションプロセスやパブリックインボルブメントで多用されているもので，特に，意向整理，提案，裁定といった一定のメタ合意を目指す手法が，コンセンサスビルディングに用いられるものといえる。裁定の手法は，一種の法や制度に裏付けられた社会的決定という性格を有するが，意向整理，提案の手法は合意形成に向けて一定の**了解**や**提案**をする手続きである。

表 2.4　市民参加の目標から見た手法の分類

市民参加の目標	目標の内容	手法例
情報提供	情報を提供し，共通理解を促す。	オープンハウス サイエンスカフェ
意見聴取	専門家が行う分析・意思決定などに市民が意見を表明する。	パブリックコメント フォーカスグループ カフェセミナー 社会調査（アンケート） タウンミーティング
意向整理	専門家と市民が協議して，意見分布や素案を示す。	熟議投票（討議型世論調査） プラニングセル（計画細胞） シナリオワークショップ
提　　案	意識決定に向けて専門家と市民が共同して，提案を作成する	コンセンサス会議 多段階対話手続き（MDV）
裁　　定	市民の決定を履行する。	市民陪審制

表 2.5 は，上記のうちの意向整理，提案，裁定の手法を整理したものである。

これらの手法は開発グループによって改良されながら，定型的な手続きが定められているのが特徴といえる。また，表からわかるように，**討議型世論調査**，**コンセンサス会議**，**プランニングセル**など，源流といえる手法は，民主的決定への参加という趣旨から，**無作為抽出**で選定された市民を招聘（しょうへい）し，承諾した者が参加するという形態が用いられている。一方で，提言の

表 2.5　討議型デモクラシーの具現化手法

目的	手法 （開始国）	対象・目的 実施例	参加者 選出方法	手　順
意向整理	熟議投票 DP（討議型世論調査） イギリス	国レベルの社会問題への意見収集 ・ヨーロッパ統合など	無作為抽出による依頼・招聘参加者 250〜600 名程度	小グループでの学習・討議を繰り返すことで，学習による意見変容が期待され，開始時，討議後に意見分布を調査する。
	計画細胞（プランニングセル） ドイツ	地域課題への市民提言の作成 ・都市計画，道路計画など	無作為抽出による依頼，25 名 1 グループ，複数グループが基本	5 名の小グループを構成し，メンバーを変更ながら討議を繰り返し，提言を作成する。
	シナリオワークショップ デンマーク	不確実な将来に対する理解，未来像 例：都市環境の将来	事前に設定したセクター別に依頼した市民，関係者，専門家，25〜30 名程度	運営者から呈示されるシナリオを基に，セクター別会議，混成会議を繰り返し，行動計画を作成して公表する。
提案	コンセンサス会議 CC デンマーク	科学技術問題への市民関心の明確化 ・遺伝子操作技術など	無作為抽出依頼・承諾者から抽選 10 数名程度の市民パネル	市民パネルからの質問に対応して専門家パネルが回答し，市民パネルは討議の結果をとりまとめて公表する。
	プランニング フォーリアル イギリス	地域課題解決の提案 ・ヴォーバン住宅地の市民会館改築	自由参加（課題に興味ある関係者）	模型作成，アンケート，アイディアメモ提出，作業グループ別討議で優先度を決定。実現に資する投資・役務を提供する人の意見が優先される。
	多段式対話手続き（MDV） ドイツ	例：ブクステフーデ市 難民増加に関わる問題	無作為抽出および利害関係者・専門家選定	第 1 段階：無作為抽出市民へのインタビュー，第 2 段階：市民・専門家・利害関係者による調停会議，第 3 段階：プランニングセル方式を採用し提言
裁定	市民陪審制 イギリス	ローカルは事項	層化サンプリングによる選出 十数名程度	関係者証言等を受けながら少人数で討議，委託機関へ提言。委託機関は陪審の結果を採用しない場合は，理由明記

尊重が規定されている**市民陪審制**や，調停・仲裁機能を取り入れた多段階対話手続き，未来像の共有といった専門性を必要とする**シナリオワークショップ**などでは，**層化サンプリング**に加えて，**専門家**や**利害関係者**を取り入れる工夫がなされている。

〔4〕　**ワークショップ**

わが国では，ワークショップと呼ばれる対話集会が広く普及している。

（1）　**ワークショップの定義**　　中野[18]によると，ワークショップは「参加者が自ら参加・体験する，学びと創造のスタイル」としており，**Dewey** による教育哲学の実践から始まり，多様な分野で普及しているという。まちづくりの分野のワークショップは，参加者の体験・学びから創造（すなわち代替案）と合意（参加者による案の選択）が生まれることが期待されている。

（2）　**まちづくりにおけるワークショップ**　　ワークショップがわが国で公共施設やまちづくりの分野に採用されたのは，「デザインワークショップ」と呼ばれる手法である。1980 年代終わり頃から，公園デザインなど身近な施設の構想や設計に一般住民の参加を得て，体験・学習・対話を通じて「案」を作る集まりとして導入され，市民が楽しく，創造的な案作りを進めるための**デザインゲーム**と呼ばれる手法が開発された。

（3）　**社会的合意形成への展開**　　ワークショップは，河川整備，道路設計，港づくりなど公共事業にも採用され，社会的・地域的な合意形成を目指す課題にも採用される広がりを見せており，わが国ではワークショップは参加型対話の場の総称として使われている。ただし，多くのワークショップは，自由参加者による対話であり，市民の「**参加・学習・創造**」に重点が置かれている手法といえる。

景観整備や公益配分型の施設整備など，地域の総論として賛同が得られる施策では，参加型のワークショップによって創造的な案作り，施設への愛着の増進などの効果が生じるとされる。しかし，対立が生じる事項に対して，社会的，地域的な合意形成を目指す場合には，参加者と課題設定，参加者の学習方法，複数回の会議構成，結果の扱いといった，**参加プロセスの設計**が重要となるとされている。特に，社会的合意へ向けた提案には，参加者以外の意向を学習し，それを代弁することが要求されるため，参加者による調査，ヒアリング，専門的知識の習得などが重要である。

（4）**役割演技を活用したワークショップ**　ワークショップの参加型・学習の実践から，論理的で協働を促す手続きの開発など，多様な展開を見せている。例えば，岡田らは**四面会議**[19]というまちづくりの行動計画づくりのための手法を開発しており，この手法では，設定された四つの役割を参加者が分担して目的達成のための計画を時系列に作成し，さらに役割を交代しながらディベートすることで，協働による計画づくりを行う。ロールプレイ（**役割演技**）の要素を組み入れることで，包括的で相互連携のとれた取組みを形成できるとされている。基本的には紛争要素のない，協働を促す課題に活用されている。

このようなロールプレイによるゲームを用いた試みとして，杉浦[20]は**説得納得ゲーム**と呼ばれる一連の**フレームゲーム**を開発している。環境配慮行動のアイディアを出し合い，説得を受ける側（納得者）と説得する側（説得者）に分かれて1対1の説得を繰り返すもので，コミュニケーション能力教育に加えて，行動実践につながる知の創出にも有効としている。杉浦は，**利害調整ゲーム**と呼ばれる利害を可視化しながら，交渉を行うゲームも開発している。

（5）**対話の活用**　対立軸の深い社会課題においても，適切な**対話**（dialog）**の場**を設計し，ファシリテーターによる対話技術を駆使するといった取組みも見られる。例えば，八木[21]は科学的に対立に生じる社会課題として原子力問題を題材に対話の場づくりの実践とその効果を検証している。

一方，科学や産業のイノベーションの分野でも参加型の対話型手法の有用性が議論されており，**フューチャーセンター**と呼ばれる多様な対話手法を駆使する場づくりが施行されている[22]。

〔5〕**コンセンサスビルディングの課題**

（1）**参加者の不偏性・網羅性**　広瀬[23]は，社会心理学の立場から討議への参加者の選出手続きに着目し，希望者型，利害代表者型，無作為型の分類をしている。

社会的合意形成においては，討議に参加する少数者が，社会の縮図となっているかという**不偏性**とともに，合意が少数意見なども反映した利害をもれなく含んでいるかといった**網羅性**の相反する二つの要素が重要となる。

先に述べたように，教育に起源を持つワークショップは参加希望者で行われ，メディエーションのように利害代表の網羅にこだわる一方で，民主政治の基本として無作為抽出にこだわる手法が見られる。

このような葛藤について，広瀬は興味ある実例としてカールスルーへ市におけるトラム拡張論議を紹介している。この事例では，利害代表型で選出された委員会で否定された案が，その後，無作為抽出で選出されたやり直しの市民会議で採用されるという結果となっている。

この課題への配慮は，利害関係者の広がりや影響の深刻度などが影響する。対処法としては，役割演技の活用など，自分以外の利害に対する参加者の学習による配慮へ期待するなどが考えられる。ただし，少数者の議論を前提とする限り，正答はないのが事実である。

（2）**専門家の位置付け**　また広瀬は，**市民型**，**専門家型**，**ハイブリッド型**の参加形態の分類も示している。一般市民が問題の専門的内容を理解し，その改善を議論するには，専門家からの学習，支援を得ることが必要となる。さらには，専門家どうしが対立するようなリスク，将来予測，技術などを議題とする場合，先に示した共同事実確認に見られるように，専門家の選定，市民を想定した「場のしつらえ」の設計が重要となる。

（3）**公共性への配慮**　地域や社会の課題に対する合意形成においては，個人や組織の利害調整が重要となる民間交渉と異なり，社会，市民に対して有益なのか？　といった公共性の判断が重要となる。といって，こうした配慮から，大衆受けしやすいポピュリズム的施策に迎合してしまう危険性も有している。こうした公共性への配慮について，ワークショップの説明で述べたように，参加者の学習や専門家の関与，さらにはファシリテーターによる討議の**リフレーム**などが重要になる。（山中英生）

2.3.3 政策や計画の立案とガバナンス

1990年代以降，社会基盤整備を計画し，実施するに際しては効率性と説明責任が求められるようになった。基本的に，効率性は費用便益分析を行うことで検証される。説明責任は，パブリックインボルブメントや情報公開の諸手法によって果たされる。

このようにして社会基盤整備を適正に計画し，実施しようとするための社会的な枠組みを構築することは，突き詰めれば，**利害関係者**（stakeholder）を構成員とする社会の**ガバナンス**（governance）の問題に行き着く。社会がガバナンスを堅持するためには政策，施策およびそれらに対する評価について客観性，中立性，公正さをいかにして担保するかが重要となる。

必ずしも明文化されない規範によって社会が形成されてきたわが国では，ガバナンスの考え方はなじみにくい面がある。しかし，社会・経済のボーダーレス化によって公民を問わず，これを理解しないわけにはいかなくなってきている。

本項では，社会基盤整備に係る計画，実施，評価，そして社会のガバナンスとの関わり，それらの今後の展開の可能性について解説する。なお，公共事業評価の具体的な方法については5.2節で触れられる。

〔1〕 効率性と透明性の要請

（1） 要請の背景と経緯　かつてイギリスは，大英帝国としての勢いを失い，やがて深刻な財政難に陥った。1980年代，サッチャリズムが強力に推し進められ，公共事業および政府組織の**効率性**（efficiency）と**透明性**（transparency）が強く問われるようになった。そして公共事業に対する**費用便益分析**（cost benefit analysis）の方法と手順の標準化が求められた。具体的には**COBA**（COst Benefit Analysis）として知られている。

イギリスに端を発する，新たな行政運営の形はやがて**ニューパブリックマネジメント**（new public management）[24]として実際的かつ理論的な体系化が進み，他国にも広がっていった。その後，わが国においても政府，地方自治体ともに財政難が進行・拡大し，行政改革が進められてきた。その中で政策評価，行政評価，事業評価が始まった。

戦後の一直線的な需要追随型の公共事業の展開が困難となり，政府，地方自治体が市民の声をつかむことの重要性が高まっていった。**パブリックインボルブメント**（public involvement）の実施を通じて公共事業に対する市民の正しい理解を得ようとする動きが進んだ。行政は**納税者**（taxpayer）に向けて公共支出に関する**説明責任**（accountability）があるという。account（会計）+ability（能力）という言葉に見るように（企業の）会計に着想の基礎がある。株式会社が株主に負うべきことと可能な限り同じであるように仕組みが作り上げられていった。

（2） 政策評価・行政評価・事業評価　一般的に**政策**（policy）は複数の**施策**（program）によって構成される。施策は具体的な**事業**（project）を実施することによって達成される。これらをまとめて政策という場合もあるが，狭い意味での**政策評価**（policy evaluation）は，政治を含め政策立案過程を対象として評価を行うものである。**行政評価**（administrative evaluation）は，行政組織という**ゴーイングコンサーン**（going concern）の業務効率性，目標達成度などを評価するものである。**事業評価**（project evaluation）は，期限を有する，あるいは目的を完遂することによって終了するプロジェクトの成果を評価するものである。

1990年代，会計検査院と諸省庁が政策評価・行政評価・事業評価の導入へと動き出した[25]。他方，JICA（1974年の発足当時は「国際協力事業団」，2003年からは「国際協力機構」と呼ばれている）[26]が，ODAの使途を明確化させる必要性から，プロジェクトマネジメントの一環として従前より事業評価が行われており，計画策定手法である**PCM手法**（Project Cycle Management Method）に沿う形での評価方式が確立していた。

評価対象となる政策や事業に対して，事前・事中・事後の違いによってなすべきことが異なる。**事前評価**（ex ante evaluation）は，構想・計画を立案するための判断材料に用いられるものであり，予測を伴う。このため，採用される手法の多くは統計学に立脚する。他方，**事中評価**（middle evaluation），**事後評価**（ex post evaluation）は，目的達成度や利用状況など結果としての事実の数値を取り扱う。事中評価は，後続する計画や事業の進め方について改善をもくろむことを意図している。事後評価では，当該事業の成果，実効性を査定することが目的となる。

近年は，地球環境問題に直面し，環境負荷軽減の努力を公表したり，ほかにも労働者の権利保護，個人情報保護，社会的貢献など，いわゆる経済的効率性にとどまらないさまざまな側面からも組織の説明責任が問われている。

事前評価では，予測の正確性と手続き的な正当性が問われる。事中評価・事後評価では，手続き的な正当性とともに結果に対する原因が追求される。これらを含む形で計画を策定（plan）し，実行（do）し，評価（see）する，いわゆる**マネジメントサイクル**（management cycle）をプロセスとしてたどることが前提となっている。事中評価を事後評価に含む捉え方もあるが，予算について単年度制を採る行政において，評価結果を次年度以降の施策等に反映させることは実際上容易ではない。

政策評価には，有識者や市民を呼んで行う外部評価と，施策や事業を担当した行政職員自らが行う内部評価とに二分する捉え方がある。内部評価はそれだけでは客観性が担保されないため，一般的に外部評価と併用されるが，結果に至る事実関係など内部関係者でなければわかりにくい面があるのも事実である。行政組織の業務を全般的に見直すことを目的として「業務棚卸」と呼ばれる方法が採られることもある。

〔2〕 **評価と監査と情報公開**

（1） **評価・監査・情報公開の諸手法**　これまで「政策評価」を中心として取組みの効率性，成果の有効性を問う「評価」について述べてきた。こうした評価に加え，政策や事業が適正に執行されているか否か，組織の信用を問う「監査」も行われる。外部者（第三者）が行うものに加え，内部者によって業務が所期の目的に従い，かつ業務規定に沿って遂行できたかを自主的に評価するものもある。こうした**内部統制**（internal control）の枠組みは，私企業による**コーポレートガバナンス**（corporate governance）において先行的に確立された。2004年に成立した会社法は，これを法的に明確化したものである。

行政が進める手続きとその内容を市民が確認する手立てとしては，従来より都市計画や**環境影響評価**（environmental impact assessment）において**公告**（announcement），**縦覧**（public inspection），**住民説明会**（explanatory meeting）などが行われている。最近では**パブリックコメント**（public comment system）も行われ，実事例においてさらなる工夫が施されている。しかし，これらの方法だけでは外部者による監査を十分に果たすことはできない。1999年に成立した「行政機関の保有する情報の公開に関する法律」いわゆる「情報公開法」に従えば，政府・自治体は住民より請求があったときには公文書の全部または一部を**情報公開**（disclosure of information）しなければならない。また，諸省庁では独自に行政監査，事後検証の機会を持っている。国土交通省の地方整備局や自治体が実施する入札監視委員会がその一例である。他方，政府・自治体の活動を自主的に監視する市民団体がある。北欧で始まった動きで，**オンブズマン**（Ombudsman）と呼ばれる。

（2） **評価・監査・情報公開の諸課題**　これまでに述べてきたように，計画を立案したり事業を実施する当事者が，第三者によって評価や監査を受けることで一定のガバナンスは機能するが，そもそもガバナンスは，**国または中央政府**（national or central government）あるいは**地方自治体**（local public body）が法律や条例によって国または地域を運営する一方で，社会の構成員がその意思決定，合意形成に積極的に関わるものとして定義される。評価や監査だけで完遂されるものではない。

土木計画学分野で研究が積み上げられてきた**利害調整**（conflict management），**合意形成**（consensus building）の諸手法は本来的には有効なガバナンスの下で採られるべきものである。すなわち，社会のルールを，構成員がたとえ賛同できなくとも支持していることが前提条件となる。要するにガバナンスは，社会的意思決定のプロセスやスキームが構成員によって十分にデザインされ，支持されていることを要請する。

例えば，オンブズマンや**NGO**（non-governmental organization）が情報公開請求をしなくても，さまざまな情報が社会の構成員に十分に行き渡っていることが究極的な理想である。しかしながら実際には難しい。情報の送り手だけでなく受け手に起因する困難もある。ときに情報が不完全のまま市民は政策の有様，合意すべき事項について判断を下しているのが現実である。議会制民主主義では議会が市民の意見を集約し，議決が行われるが，各議員が持ち合わせる情報や知識が完全であるとは限らない。地域のガバナンスにおいて，**住民投票**（referendum）は，そのような不完全性を補強する意味合いを持つ。

政治分野では，選挙時に政党・候補者が有権者に対し，政策の具体的な数値目標・達成期限・財源などを示す**マニフェスト**（manifest）の在り方が問われ続けている。社会基盤整備のように長期的に評価されなければならないものと，こうした政治・政党に関わる評価の枠組みが現状ではほとんど整合していないことも課題であるといえる。

社会基盤整備を評価する手法の多くは，精緻さを求めるゆえに定量性を追求したり，要素分解的になりやすい。このため，社会基盤整備を行った後の地域の全体像を見失う危険性を伴う。総合的かつ長期的な視点に立って評価すること，またそのために既往の計画や事業を振り返ることも大切であるといえる。土木史や土木計画史の視点から，ストーリー（物語）性が大事であるという考え方も出てきている。

そもそも，社会基盤整備の効果は即座には発現しない。効果の原因を特定することが難しい場合がある。結果として，評価作業に相当なコストをかけなければ，評価者が正しく評価できない可能性がある。こうした観点から，利潤追求を目的とする企業と同様な方法で評価，監査を行うことが適当とはいえない面がある。社会基盤整備や地域整備に市民それぞれが求めるものは，利潤や株価の最大化といった企業の行動目的とは異なる。個々人の価値観に基づいて評価の視点が多様でもある。翻って何のための監査，評価かという問題に至る。

〔3〕 **地域のガバナンスと社会基盤整備**

（1） **脆弱な地域のガバナンス**　わが国は，戦後70年間，強力な中央集権の枠組みの下で経済成長を遂げてきたが，その反面で都道府県，市町村といった地域を単位とする社会のガバナンスが弱いといわざるを得ない。1995年には**地方分権推進法**（Act for Promotion of Decentralization）が制定され，以降の各政権はこれを支持してきたが，具体的には進んでいない。今後，地方分権が進むことがあるとしても地方自治体および地方議会がこれに適切に対応できるか疑わしい面がある。

例えば他地域と，あるいは地域内部で「合議」を経て意思決定を行うことに慣れていない。さらにいえば，合意を形成することに慣れていない。アメリカ合衆国のように，州と国といった上下関係にある主体が対立することはまれである。強いて例を挙げれば，戦後の沖縄基地問題において沖縄県と政府の間に対立が見られた。また，2015年の大阪市特別区設置住民投票では，府と市という階層関係にある自治体間の関係のみならず，議会と市民参加の関係も問われる機会となった。いうまでもなく議会には決定権がある。議員は投票者の負託を受けている。そうした民主主義的な営みが最善の形で発揮されているか，適切なプロセスが達成されているか，人々の関心が次第にこうしたことに寄せられつつある。

こうした問題を一種の資源配分問題として捉えるとわかりやすい場合がある。簡略化しすぎるきらいもあるが，配分の結果を問う議論と配分のルールを問う議論はメタの関係にある。**公平性**（fairness）の議論は，配分の結果とルールを同時に問うこととなる。国，地域，市民などによって構成される社会システムなどをこのように相対化して見る視点はわが国では著しく乏しい。

（2） **ガバナンスの強化に向けて**　われわれ市民は，社会基盤との関わり合いにおいて利用者，財源を負担する納税者，そして間接的ではあるが政策的判断に参画する市民という三つの側面を持っている。権利や資源を得失し得る利害関係者となる場合もある。ガバナンスという文脈では特に3番目の側面が引き出されなければならないが，特に地方自治において参政の意識は低く，よってガバナンスの新たな展開を見いだしにくいのが現状である。

地方自治体では総合計画や都市計画マスタープランなどを策定する際に**進捗管理**（progress management）を強化しようという動きが見られるようになった。従前であれば担当職員が注意していればよいことであった。こうしたところに，わが国におけるガバナンスへの意識の醸成の萌芽が見いだされる。

公聴会，タウンミーティング，パブリックコメントなど参加の枠組みの改善・強化も各地で見られる。インターネットの普及といった技術革新による面もあるが，ガバナンスの意識の高まりに裏打ちされた面もあると捉えられる。

不活性な議論の場を見て，住民参加，コミュニティはどう自治されるべきかといったことに関心が寄せられるようになってきた。大阪府池田市や愛知県名古屋市における地域委員会などはそのような動きの下で具現化された自治の枠組みであるといえる。これらの動きを総じて見てみると，審議会・委員会などの議事の進め方，議事録の在り方，市民の参加方式など，地域に関わるさまざまな主体の関心事から課題をどのようにくみ取り，正確に政策に反映させるか，いわゆる**コンサーンアセスメント**（concern assessment）には開発・改良の余地がおおいにある。

アメリカの自治体では，しばしば**シティマネージャー**（city manager）という役職を置いている場合がある。シティマネージャーは多くの政策的分野を管掌する。その横断性（アンブレラ）によって質の高い公共サービスの実現が可能となる。その一方で，政策・施策を立案する強い権限を有している。こうした役職は，ガバメントを横断的にあるいは外側から見ることができる市民が同意して初めて成立する。わが国でも近年の「国土強靱化」や「地方創生」などにおいて，これらの政策は他のあらゆる政策に優先するという，いわゆる「アンブレラ方式」が採られている。しかし，自治体内で諸施策がこれらの傘下にあるといっても，自治体の各部局はそれぞれに異なる省庁の許認可を受けており，結果的に横断性の意味を最高に発揮させる力に欠ける。

自治体と（自治体下の複数の）コミュニティの関係に目を向けると，ここにも土木計画が取り上げるべきキーワードが現れる。例えば，防災分野でいわれるところの自助・共助・公助の**共助**（mutual assistance）である。**公助**（public assistance）は政府から市民へ一方的なものであるのに対し，共助は誰がどのように共にいるべきかが話し合われていなければその意味をなさない。**ソーシャルキャピタル**（social capital）といった，価値を見いだすことができる人と人のつながりの間で，あるいは**リスクコミュニケーション**（risk communication）に見るように他者と自己の相互関係において解釈が異なり得る場面において，関係者間の議論というものが重要となる。

ガバナンスの周縁をかたどる主題として，最近では**シティプロモーション**（city promotion），ふるさと納税，自治体シンクタンクといった手段や組織を使うなどして自治体間の人口獲得の競争が起こりつつある。いうまでもなく，社会基盤も人口誘引の手段となり得る。このようにして地方自治体の戦略性が問われる時代となってきた。こうした戦略性はガバメント内部だけで強めていくことは不可能であり，ガバナンス，すなわちガバメント外部の能力や要求と相まって強められるものである。

このことも含め，自治体や国が市民のコンサーンをどのようにしてつかみ取るかということに多くの課題が残されている。声のばらつき，大小をどのように調整するか，受動的な枠組みだけで十分といえるか，これらの課題に対して系統立った方法論がまったく確立されていないことが最大の課題である。

（秀島栄三）

引用・参考文献（2.3 節）

1） 土木学会：合意形成論，総論賛成・各論反対のジレンマ，土木学会（2004）
2） Moore, C. W. : The Mediation Process : Practical Strategies for Resolving Conflict, Jossey-Bass (1986)
3） 国土交通省：公共事業の構想段階における計画策定プロセスガイドライン（2008）および同解説（2009）
4） 屋井鉄雄，泊 尚志：事実と価値との関わりを考慮した計画プロセスの新たな理論的枠組み，土木学会論文集 D 部門，Vol.70, No.1, pp.9〜27 (2014)
5） Habermas, J. : Theorie des kommunikativen Handelns : Band 1 Handlungsratinalität und gesellschaftliche Rationalisierung, Suhrkamp Verlag (1981)
6） 環境省総合環境政策局：戦略的アセスメント総合研究会報告書（2007）
7） 屋井鉄雄：手続き妥当性概念を用いた市民参画型計画プロセスの理論的枠組み，土木学会論文集 D, Vol.62, No.4, pp.621〜637 (2006)
8） 国土交通省道路局：構想段階における道路計画策定プロセスガイドライン（2013）
9） 国土交通省道路局，警察庁交通局：安全で快適な自転車利用環境創出ガイドライン（2012）
10） Iness, J. E. and Booher, D.E : Collaborative dialogue as a policy making strategy, Deliberative Policy Analysis Maarten A. Hajer, and Hendrik Wagenaar eds (2003)
11） ローレンス・E. サスカインド，ジェフリー・L. クルックシャンク著，城山英明，松浦正浩訳：コンセンサス・ビルディング入門－公共政策の交渉と合意形成の進め方，有斐閣（2008）
12） 山中英生，真田純子，竹内 綾：参加の場づくりのための関係者分析の有効性に関する一分析，土木学会論文集 D3（土木計画学），Vol.69, No.2, pp.84〜91 (2012)
13） 東京大学公共政策大学院「共同事実確認手法を活用した政策形成過程の検討と実装」プロジェクト：共同事実確認のガイドライン，2014 年 11 月 http://ijff.jp/publications/iJFF-guideline.pdf（2016 年 6 月現在）
14） 滑川 達，山中英生：コンセンサス・ビルディング手法による検討委員会設立・運営に対する参加者評価，土木計画学研究·論文集，Vol.24, No.1, pp.131〜138 (2007)
15） 住民参加に関わる紛争解決のあり方に関する検討会：社会資本整備における合意形成円滑化のための手引き（案），国土技術政策総合研究所建設マネジメント研究室，2008 年 3 月 http://www.nilim.go.jp/lab/peg/siryou/pi/tebiki.pdf（2016 年 4 月現在）
16） 篠原 一：市民の政治学－討議デモクラシーとは何か－，岩波新書，No.872，岩波書店（2004）
17） 若松征男：科学技術政策に市民の声をどう届けるか，東京電機大学出版局（2010）
18） 中野民夫：ワークショップ－新しい学びと創造の場，岩波新書，No.710，岩波書店（2001）
19） 羅 貞一，岡田憲夫：四面会議システムで行う知識の行動化形成課程の構造化検証に関する基礎的な研究，京都大学防災研究所年報，No.52B (2009)
20） 杉浦淳吉：説得納得ゲームによる経験の提示とその多様性の共有，愛知教育大学研究報告，No.58, pp.217〜225 (2009)
21） 八木絵香：対話の場をデザインする 科学技術と社会のあいだをつなぐということ，大阪大学出版会（2009）
22） 野村恭彦：フューチャセンターを作ろう－対話をイノベーションにつなげる仕組み，プレジデント社（2013）
23） 広瀬幸雄：リスクガバナンスの社会心理学，ナカニシヤ出版（2014）
24） 政策評価研究会：政策評価の現状と課題，木鐸社（1999）
25） 大住荘史郎：ニュー・パブリックマネジメント 理念・ビジョン・戦略，日本評論社（1999）
26） 国際協力機構評価部：JICA 事業評価ハンドブック Ver.1，国際協力機構（2015）

3. 基　礎　数　学

3

3.1　システムズアナリシス

社会の中の人，モノ，資源などの要素はそれぞれ独立に変化しているわけではなく，複雑な相互作用の中で時間とともに変化し，結果的に釣合いのとれた状態に落ち着くことが多い。もちろん，落ち着き先の状態は一つではなく，複数の状態から選ばれることもある。このように社会の中の一部分を，複数の要素とその相互作用から作られるシステムとみなし，その状態や変化，制御の方法を論理的に究明する方法が**システムズアナリシス**（systems analysis）であり，3.1 節ではそのうち，数学的な解析手法を紹介する。

土木工学を含む工学では，なんらかの目的を達成するためのものや仕組みを提案することを目指すため，往々にして「目的にかなうように，限られた人員や資源をいくつかのものに配分したり，異なる作業にどう割り当てるべきか」という問題に直面する。これに答えるための数学的手法が 3.1.1 項の**オペレーションズリサーチ**（operations research，**OR**）である。土木計画が対象とする社会システムの状態はわれわれが直接操作できない各種の要素の影響を受ける。そのため，将来の状態を確定的に知ることはできない中で，判断や意思決定を行う上では，複数の取り得る状態と確率の組合せを考えることが有用である。3.1.2 項では，**確率モデル**（stochastic model）と**意思決定論**（decision-making theory）について述べる。さらに，3.1.3 項では，将来のシステムの状態を予測するためのシミュレーション手法を解説する。

システムズアナリシス手法はコンピューターや計算技術とともに急速に進歩しつつある。土木計画での応用に当たっては，実際に取り扱うシステムや意思決定問題の性質をよく吟味し，適切な手法を選択することが必要となる。本節ではその基礎となるよう，代表的なシステムズアナリシス手法の考え方の解説に重点を置き，必要に応じて節末の引用・参考文献に沿って理解を深めていただくことを期待する。

3.1.1　OR

〔1〕 線 形 計 画 法[1)～3)]

土木計画学に限らず，工学の分野では，なんらかの制約条件の下で最適な計画を策定しなければならない場面が多くある。例えば，与えられた材料に上限があるという制約条件の下で利益を最大にする製品の生産量を求めたり，求められる性能を満たすという制約条件の下で費用を最小にする製品の設計を求めたりするようなものである。

このような問題を一般に**数理計画問題**（mathematical programming problem）と呼ぶ。このとき，最適化のために最大化あるいは最小化する関数を**目的関数**（objective function），変数が変化する範囲を定めている関数を**制約条件**（constraint）と呼ぶ。このうち，目的関数，制約条件のいずれもが線形関数で表されるものを**線形計画問題**（linear programming problem）と呼び，目的関数，制約条件のいずれかが線形関数ではないものを**非線形計画問題**（nonlinear programming problem）と呼ぶ（**表 3.1** 参照）。

表 3.1　数理計画問題の分類

		制約条件	
		線　形	非線形
目的関数	線　形	線形計画問題	非線形計画問題
	非線形	非線形計画問題	非線形計画問題

もちろん，土木計画学で取り扱う現実の計画問題が，すべてこのような単純化した数理計画問題として表せるわけではないが，ある程度の単純化を許容して数学的に解ける問題とすることにより，合理的な計画を策定するための方法論として利用することができる。

（1） **線形計画問題の定式化**　　数理計画問題のうち，線形計画問題を解く方法を**線形計画法**（linear programming）と呼ぶ。

例として，以下のような問題を考える。

2 種類の材料 A，B を用いて，2 種類の製品 S，T を生産する。製品 S を 1 kg 生産するためには材料 A，B がそれぞれ 3 kg，5 kg 必要であり，製品 T を 1 kg 生産するためには材料 A，B がそれぞれ 4 kg，2 kg 必要である。また，利用できる材料 A，B には上限があり，それぞれ 480 kg，520 kg である。製品 S の利益が 1 kg 当り 90 万円，製品 T の利益が 1 kg 当り 60 万円であるとき，利益が最大となるような製品S，Tの生産量を求めたい。

製品S，Tの生産量をそれぞれx_1，x_2とすると，この問題の目的関数は以下のようになる。

$$z = 90x_1 + 60x_2 \rightarrow \max \qquad (3.1)$$

また，この問題の制約条件は以下のようになる。

$$\left.\begin{array}{l} 3x_1 + 4x_2 \leqq 480 \\ 5x_1 + 2x_2 \leqq 520 \\ x_1 \geqq 0 \\ x_2 \geqq 0 \end{array}\right\} \qquad (3.2)$$

式(3.1)のzは，製品S，Tの生産量がそれぞれx_1，x_2であった場合の利益を表しており，式(3.1)はこれを最大化することを表している。また式(3.2)は，利用できる材料A，Bの上限がそれぞれ480 kg，520 kgであること，製品S，Tの生産量は0または正の値であることを表している。

このように，目的関数，制約条件のいずれもが線形関数で表される線形計画問題をより一般的に表すと，以下のようになる。

$$z = c_1x_1 + \cdots + c_nx_n \rightarrow \max \qquad (3.3)$$

$$\left.\begin{array}{l} a_{11}x_1 + \cdots + a_{1n}x_n \leqq b_1 \\ a_{21}x_1 + \cdots + a_{2n}x_n \leqq b_2 \\ \quad\vdots \\ a_{m1}x_1 + \cdots + a_{mn}x_n \leqq b_m \\ x_1, \cdots, x_n \geqq 0 \end{array}\right\} \qquad (3.4)$$

線形計画問題において，制約条件をすべて満たす変数の値を**実行可能解**（feasible solution）と呼び，そのうち目的関数を最大化（あるいは最小化）する変数の値を**最適解**（optimal solution）と呼ぶ。

（2）図解法　変数が二つの場合，図解法を用いて解くことが可能である。先の例題の場合，横軸にx_1，縦軸にx_2をとり，制約条件となる式(3.2)を図示すると，**図3.1**のようになる。図中の網掛け部分が制約条件をすべて満たす変数x_1，x_2の範囲であり，これを**実行可能領域**（feasible region）と呼ぶ。ここで，実行可能領域を表す四角形の各辺は，それぞれ式(3.2)の四つの不等式の不等号を等号とした場合の直線に相当している。

式(3.1)の目的関数を変形すると$x_2 = (-3/2)x_1 + (z/60)$となり，x_1－x_2平面上では傾き$-3/2$，切片$z/60$の直線となる。これを図3.1に重ねて描いたものが**図3.2**である。zの値の大小によって切片の値が変化するため，zの値によっては直線が実行可能領域を通過しない場合も存在する。

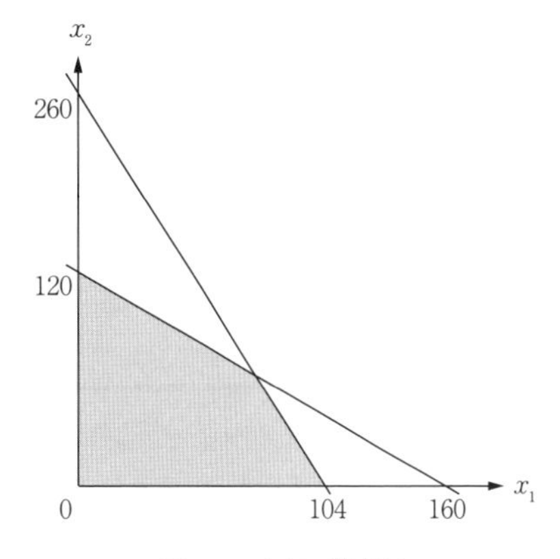

図3.1　実行可能領域

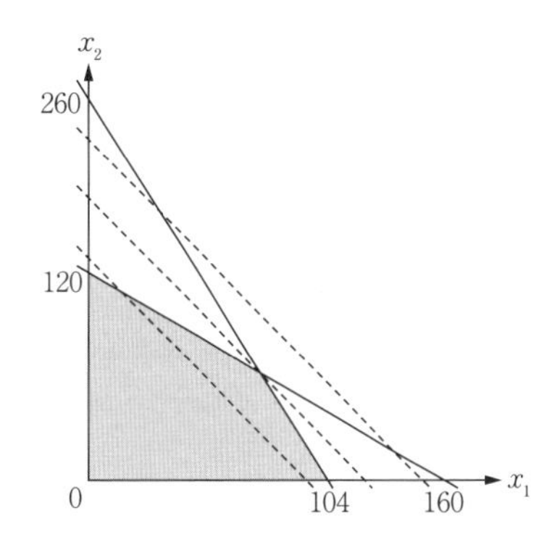

図3.2　実行可能領域と目的関数

制約条件を満たす範囲で目的関数を最大にするためには，直線が実行可能領域と交差するか接する範囲でzの値が最も大きくなる場合，すなわち切片の値が最も大きくなる場合を探索すればよい。この例題では，**図3.3**のように実行可能領域を表す四角形の端点(80，60)でzの値が最も大きくなるため，この点が最適解となる。また式(3.1)より，このときのzの

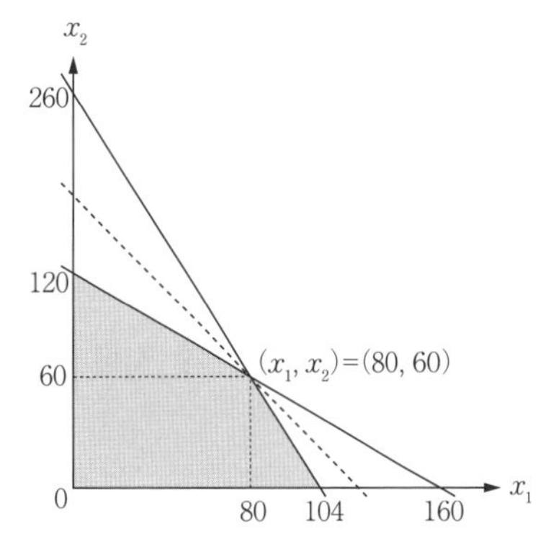

図3.3　最適解

値は 10 800 である。すなわち，利益を最大にする生産量は製品 S が 80 kg，製品 T が 60 kg であり，このときの利益は 10 800 万円であることがわかる。

線形計画問題では目的関数，制約条件のいずれもが線形関数で表されるため，変数が二つの場合，目的関数は直線，実行可能領域は凸多角形で表されることになる。このため，最適解は実行可能領域の内側に存在することはなく，実行可能領域の外周部分に存在する。目的関数の直線の傾きと制約条件の直線（実行可能領域の多角形の辺）の傾きが異なるという通常の場合には，図 3.3 のように最適解は実行可能領域を表す多角形の端点の一つとなる。ただし，目的関数の直線の傾きと制約条件の直線の傾きがたまたま等しい場合には，最適解は実行可能領域を表す多角形の一つの辺全体（両側の端点を含む）となることがある。

この性質は変数が三つ以上の場合でも同様であり，線形計画問題では，最適解は実行可能領域の端点，あるいは同じ目的関数値を持つ端点を結ぶ線，または平面となることがわかっている。

（3）**シンプレックス法**　図解法は簡便であるが，変数が三つ以上になると用いることができない。そこで上記のように，最適解が実行可能領域の端点となることを利用して，機械的に最適解を求めようという方法が**シンプレックス法**（**単体法**）(simplex method) である。

先の例題の場合，実行可能領域は四角形で表され，四角形の各辺は，式 (3.2) の四つの不等式の不等号を等号と置いた場合に相当している。すなわち，実行可能領域の端点は，式 (3.2) の四つの不等式のうち二つを等号とし，他の二つが不等号になっている場合に相当している。

これを解くため，式 (3.2) の不等式を，**スラック変数** (slack variable) λ_1，λ_2 を用いて等式に変換する。

$$\left.\begin{aligned}&3x_1+4x_2+\lambda_1=480\\&5x_1+2x_2+\lambda_2=520\\&x_1\geqq 0\\&x_2\geqq 0\\&\lambda_1\geqq 0\\&\lambda_2\geqq 0\end{aligned}\right\}\qquad(3.5)$$

なお，一般式の場合には，式 (3.4) の不等式を式 (3.6) のように等式に変換する。

$$\left.\begin{aligned}&a_{11}x_1+\cdots+a_{1n}x_n+\lambda_1=b_1\\&a_{21}x_1+\cdots+a_{2n}x_n+\lambda_2=b_2\\&\qquad\vdots\\&a_{m1}x_1+\cdots+a_{mn}x_n+\lambda_m=b_m\\&x_1,\cdots,x_n\geqq 0\\&\lambda_1,\cdots,\lambda_m\geqq 0\end{aligned}\right\}\qquad(3.6)$$

これを先の図解法と比較すると，実行可能領域の端点は変数 x_1，x_2 およびスラック変数 λ_1，λ_2 のうち二つが 0，他の二つが正の値となっている場合に相当している。このとき，正の値となっている変数を**基底変数** (basic variable)，0 となっている変数を**非基底変数** (non-basic variable) と呼ぶ。この組合せの数は ${}_4C_2$ すなわち 6 通りであるから，この中から実行可能領域に含まれ，かつ目的関数の値が最も大きくなるものを探索すればよいことになる。

しかしながら，変数や制約条件の数が多い場合にはこの組合せの数は大きくなるため，すべての組合せに対して目的関数の値を求めて探索することは困難である。そのため，変数 x_1，x_2 およびスラック変数 λ_1，λ_2 のうち二つを基底変数に選び，他の二つを非基底変数とした初期実行可能解を作成して，そこから目的関数の値が大きくなるように基底変数と非基底変数を入れ替えていくこととする。

シンプレックス法の計算手順は以下のとおりである。

まず，目的関数，制約条件の係数を基に，**表 3.2** のようなシンプレックス表を作成する。

表 3.2　シンプレックス表（初期実行可能解）

基底変数	基底変数の値	x_1	x_2	λ_1	λ_2	θ
λ_1	480	3	4	1	0	
λ_2	520	5	2	0	1	
z	0	−90	−60	0	0	

つぎに，z 行の値が負で絶対値が最も大きな値の列を選択する。この列にある変数の値を増加させることによって目的関数の値を増加させることができる。各行について，この列の値で基底変数の値を割り，その結果を θ の列に記入する。この値はこの変数の値を増加させるときに実行可能領域に含まれる上限値を表しており，この中から正で最も小さな値となる行を選択する。選択した列と行の交点をピボットとして，この値を 1 に，同じ列の他の値を 0 にするような掃出し計算を行う。これにより，基底変数と非基底変数を入

れ替えることができる。

この計算を，z 行の値がすべて 0 または正の値となるまで繰り返す。z 行の値がすべて 0 または正の値となった場合には，目的関数の値をこれ以上増加させることができないため，この時点での変数の値が最適解となる。

先の例題の場合，**表 3.3** のような計算過程となる。なお，表中の網掛け部分が上記の計算過程で選択された列と行であり，その交点がピボットである。最終段階での基底変数とその値を見ると，基底変数が x_1，x_2 でそれぞれの値が 80 と 60，また目的関数 z の値は 10 800 となっており，図解法による最適解と合致していることがわかる。

表 3.3 シンプレックス表（計算過程）

基底変数	基底変数の値	x_1	x_2	λ_1	λ_2	θ
λ_1	480	3	4	1	0	160
λ_2	520	5	2	0	1	104
z	0	−90	−60	0	0	
λ_1	168	0	14/5	1	−3/5	60
x_1	104	1	2/5	0	1/5	260
z	9 360	0	−24	0	18	
x_2	60	0	1	5/14	−3/14	
x_1	80	1	0	−1/7	2/7	
z	10 800	0	0	24	18/5	

また，計算過程における基底変数とその値を見ると，初期実行可能解は（0，0），そのつぎの実行可能解は（104，0），最適解は（80，60）に対応しており，図解法における実行可能領域の端点を順に移動していることがわかる。

このように，シンプレックス法であれば，変数や制約条件の数が多い場合であっても機械的に最適解を求めることができる。ここでは目的関数が式（3.3），制約条件が式（3.4）に表されるような標準形の線形計画問題を対象としているが，その他の形式，例えば目的関数を最小化する問題である場合，等式の制約条件がある場合，制約条件の不等号の向きが逆である場合などにも，技巧変数や罰金と呼ばれる数を導入することにより，シンプレックス法を用いて最適解を求めることが可能である。

（4） その他の解法 線形計画問題を解く方法には，図解法，シンプレックス法以外にも，**内点法**（interior point method）などがある。内点法は非線形計画問題にも適用することが可能である。（小川圭一）

〔2〕 その他の数理計画法 [4)〜6)]

数理計画問題は多様で，その目的関数および制約条件の特徴に応じて，各種の解法が提案されている。前述された線形計画法は，その一例として位置付けられる。ここでは，その他の数理計画問題として，**非線形計画問題**（nonlinear programming problem）から，形式に特定の特徴がある代表的な問題について記述する。

（1） 非線形計画問題の定式化 数理計画問題では，制約条件で規定される実行可能領域において，計画者の価値判断が表現された目的関数を最適化（最大化あるいは最小化）する解 $\boldsymbol{x}=(x_1, \cdots, x_n)$ を求めることが要求される。目的関数あるいは制約条件のいずれかが非線形関数で記述される場合には，非線形計画問題となる。目的関数 $f(x_1, \cdots, x_n)$ を最小化する非線形計画問題の基本型は，以下のように定式化される。

$$\min f(x_1, \cdots, x_n) \tag{3.7}$$

$$\text{subject to} \quad g_m(x_1, \cdots, x_n) \leqq 0 \qquad (m=1, \cdots, M) \tag{3.8}$$

$$h_j(x_1, \cdots, x_n) = 0 \qquad (j=1, \cdots, J) \tag{3.9}$$

式（3.8）は不等式制約を，式（3.9）は等式制約を表し，不等式制約のみ，等式制約のみが与えられる場合もある。また，これらの制約条件のない場合もある。これらの制約条件に加えて，以下のような変数の非負条件が制約として与えられる場合もある。

$$x_1 \geqq 0, \cdots, x_i \geqq 0, \cdots, x_n \geqq 0 \qquad (i=1, \cdots, n) \tag{3.10}$$

（2） 局所最適解と大域的最適解 代表的な形式の非線形計画問題として，目的関数が実行可能領域内において連続で微分可能である場合を考える。例として，**図 3.4** に示すような一変数の目的関数 $f(x)$ を持つ最小化問題を取り上げる。

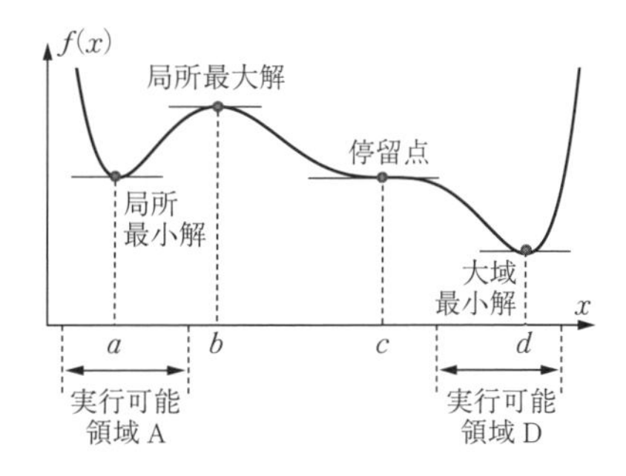

図 3.4 局所解と大域解

この問題では，目的関数に対する接線の傾き（微分係数）が 0 となる停留点のうち，その点の近傍で接線の傾きが単調増加する場合に，極小値を与える点となり，解の候補となる。このように極小値を与える点を

局所最小解（local minimum solution）という。例えば，図3.4ではa，dのように局所最小解が複数存在する。制約条件がない場合には，局所最小解が複数存在すれば，そのうちの少なくとも1点が**大域的最小解**（global minimum solution）となる。したがって，最小化問題ではまず局所最小解を与える条件（局所最適性の条件）が重要となる。

（3） **局所最適性の条件**　実行可能領域内において連続で二階微分可能な一変数の目的関数$f(x)$の最小化問題では，局所最小解x^*が満たすべき必要条件は，微分係数が0であり，かつ，二階微分係数が非負であることを表す式(3.11)のように整理できる。

$$\frac{df(x^*)}{dx}=0 \quad \text{and} \quad \frac{d^2f(x^*)}{dx^2}\geqq 0 \tag{3.11}$$

同様に，実行可能領域内において連続で二階偏微分可能な多変数の目的関数$f(x_1, \cdots, x_n)$の場合では，局所最小解x^*が満たすべき必要条件は，**勾配ベクトル**（gradient vector）∇fが0であることを表す式(3.12)および二階偏微分行列（Hessian行列）$\nabla^2 f$が非負定値行列であることを表す式(3.13)で規定される。

$$\nabla f(x^*)=\left(\frac{\partial f(x^*)}{\partial x_1}, \cdots, \frac{\partial f(x^*)}{\partial x_n}\right)^T=0 \tag{3.12}$$

$$(u_1, \cdots, u_n)\begin{bmatrix} \dfrac{\partial^2 f(x^*)}{\partial x_1^2} & \cdots & \dfrac{\partial^2 f(x^*)}{\partial x_1\, \partial x_n} \\ \vdots & \ddots & \vdots \\ \dfrac{\partial^2 f(x^*)}{\partial x_n\, \partial x_1} & \cdots & \dfrac{\partial^2 f(x^*)}{\partial x_n^2} \end{bmatrix}\begin{pmatrix} u_1 \\ \vdots \\ u_n \end{pmatrix}\geqq 0 \tag{3.13}$$

ここで$(u_1, \cdots, u_n)$は任意の微小ベクトルである。

（4） **凸計画問題とその最適解の種類**　実行可能領域が**凸集合**（convex set）であり，かつ目的関数が実行可能領域内で**凸関数**（convex function）である場合の非線形計画問題を凸計画問題と呼ぶ。実行可能領域内の任意の2点を結ぶ線分上の任意の点が，その領域内に含まれていることを凸集合の定義とする。また，領域内の任意の2点$\boldsymbol{x}_a$および$\boldsymbol{x}_b$について，$0<\lambda<1$を満たす任意λが与えられたとき，目的関数fに対してつねに式(3.14)が成立するとき，目的関数fを凸関数であると定義する。

$$f(\lambda \boldsymbol{x}_a+(1-\lambda)\boldsymbol{x}_b)\leqq \lambda f(\boldsymbol{x}_a)+(1-\lambda)f(\boldsymbol{x}_b) \tag{3.14}$$

さらに連続で二階偏微分可能な多変数の目的関数が凸関数であることは，実行可能領域内の任意の点で式(3.13)が成立し，Hessian行列$\nabla^2 f$が非負定値行列であることと同値である。また，式(3.13)の非負定値条件の成立は，Hessian行列$\nabla^2 f$のすべての固有値が非負であることと同値である。したがって，固有値の非負条件の成立は，目的関数fが凸関数であることと同値となる。

つぎに，実行可能領域との関係により最適解を分類する。ここでは例として，**図3.5**に示すような一変数の凸関数$f(x)$を目的関数とする最小化問題を取り上げる。目的関数が凸関数である場合，局所最小解は式(3.11)を満たせばよい。まず制約条件がない問題では，この局所最小解$x_A{}^*$が大域的最小解となる。

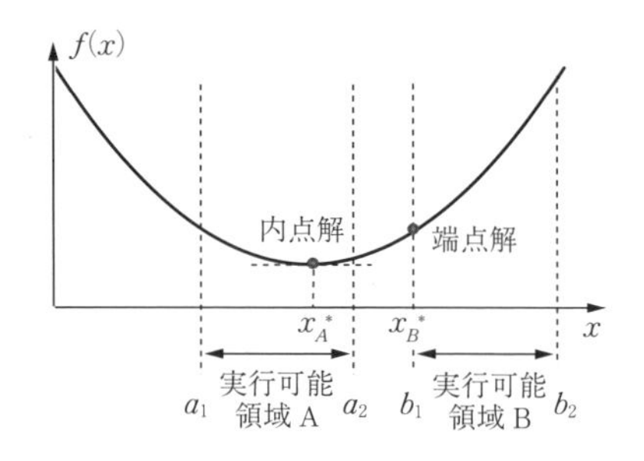

図3.5　内点解と端点解

つぎに，制約条件により実行可能領域が規定される場合を考える。図3.5の実行可能領域Aのように，その中に局所最小解$x_A{}^*$が含まれる場合，局所最小解$x_A{}^*$は大域的最小解であり，これを内点解と呼ぶ。一方で，実行可能領域Bのように，その中に極小値を与える点が存在しない場合，最適解は実行可能領域の境界となり，端点解と呼ぶ。このように，凸計画問題では，内点解あるいは端点解を求めることになるが，いずれもシステマティックに求解可能である。

一方，目的関数が凸関数でない場合には，凸関数として扱えるように実行可能領域を適当に分割し，分割後の領域内でそれぞれ最適解となる点を求め，それらの点から大域的最小解を探索すればよい。

（5） **不等式制約付き凸計画問題の最適性条件**

目的関数が多変数の二階微分可能な凸関数であり，すべての変数に非負制約($x_i\geqq 0$)があり，不等式制約により実行可能領域が凸集合となる最小化問題を考える。多変数の場合においても，最適解が内点解と端点解になる場合があり，それらが満たすべき条件（最適性条件）は相違する。ここでは，二変数（x_1およびx_2）で表される目的関数$f(x_1, x_2)$および2種類の制約条件$g_1(x_1, x_2)$および$g_2(x_1, x_2)$を持つ最小化問題を例として，最適性条件を整理する。

最適解と実行可能領域の位置関係で場合分けした4種類のケースにおける目的関数の勾配ベクトルを**図**

3.6（a）〜（d）に示す。すなわち，図（a）：内点解で実行可能領域の境界線を除く内部に解が存在する場合，図（b）：制約条件式で表される領域境界線上（線分 pq または線分 qr）の内分点 s が解となる場合，図（c）：端点解で領域の境界線の交点（点 q）が解となる場合，図（d）：領域境界線と非負制約を表す軸線との交点（点 p または点 r）が解となる場合，に分類して考える。

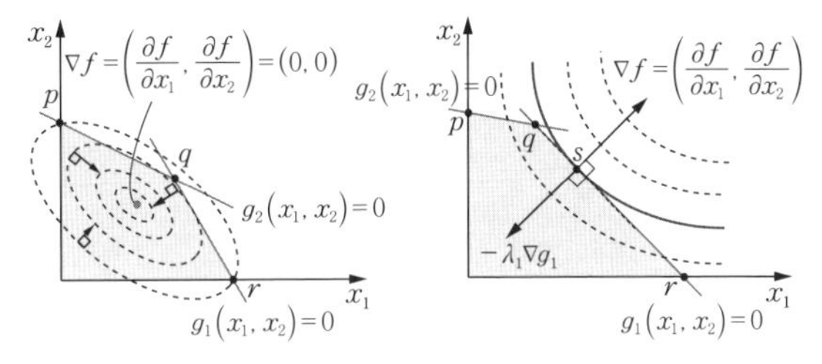

（a）　内点解：領域境界線を除く内部の点が解となる例　（b）　領域境界線上の点が解となる例

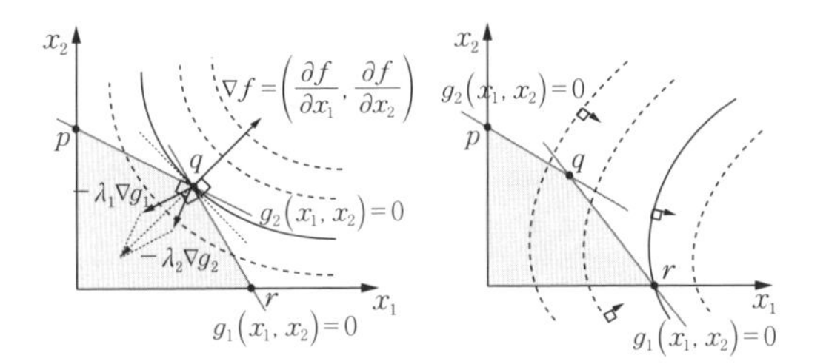

（c）　端点解：領域境界線の交点が解となる例　（d）　端点解：領域境界線の端点が解となる例

図 3.6　制約付き問題の最適性条件の整理

図（a）　実行可能領域の境界線を除く内部に解が存在する場合には，目的関数の勾配ベクトル ∇f が 0 となることが最適解の条件となる。したがって，式 (3.12) が成立する。

図（b）　不等式制約 g_l による実行可能領域境界線上の内分点が最適解 $\boldsymbol{x}^*$ となる場合には，その点で目的関数の等高線と領域境界線が接することになる。すなわち，目的関数の勾配ベクトルと有効な制約条件 g_l の勾配ベクトルは同一方向となるため，係数 $\lambda_l{}^*$ の値を適切にとれば，式 (3.15) が成立する。

$$\frac{\partial f(x^*)}{\partial x_i}=\lambda_l^*\frac{\partial g_l(x^*)}{\partial x_i}\qquad (i=1, \cdots, n)\quad (3.15)$$

図（c）　端点解で，実行可能領域境界線の交点が最適解 $\boldsymbol{x}^*$ となる場合には，目的関数の勾配ベクトルが有効な制約条件の勾配ベクトルの間に位置することになる。したがって，この場合，係数 $\lambda_m{}^*$ の値を適切にとれば，目的関数の勾配ベクトルが，制約条件の勾配ベクトルの非負線形結合で表される。

$$\frac{\partial f(x^*)}{\partial x_i}=\sum_{m=1}^{M}\lambda_m^*\frac{\partial g_m(x^*)}{\partial x_i}\qquad (i=1, \cdots, n)\quad (3.16)$$

図（d）　端点解で，不等式制約 g_l による領域境界線上にあり，変数 x_k の非負制約条件との交点が最適解 $\boldsymbol{x}^*$ となる場合，式 (3.17) が成立する。

$$g_l(x^*)=0 \quad \text{and} \quad x_k{}^*=0 \qquad (3.17)$$

（6）　不等式制約付き凸計画問題の解法　以上の最適解と実行可能領域の位置関係に着目した分類ごとに導出された最適性条件を，統一的に表すことを考える。ここで式 (3.8) の不等式制約 g_m に対応した**ラグランジュ乗数**（Lagrange multiplier）λ_m を用いて，式 (3.18) のように定義される**ラグランジュ関数**（Lagrange function）を導入する。

$$L(x, \lambda_1, \cdots, \lambda_M)=f(x)-\sum_{m=1}^{M}\lambda_m g_m(x)\quad (3.18)$$

このラグランジュ関数を変数 x_i により偏微分すると，式 (3.19) が得られる。

$$\frac{\partial L(x, \lambda)}{\partial x_i}=\frac{\partial f(x)}{\partial x_i}-\sum_{m=1}^{M}\lambda_m\frac{\partial g_m(x)}{\partial x_i}\qquad (i=1, \cdots, n)\quad (3.19)$$

ここで，図（c）実行可能領域境界線の交点が解となる場合には，ラグランジュの未定乗数 λ_m を適切な値 $\lambda_m{}^*$ と置くと，最適解 $\boldsymbol{x}^*$ について式 (3.16) が成立する。このため，式 (3.16) および式 (3.19) より，式 (3.20) に示すようにラグランジュ関数の勾配ベクトルが 0 となることがわかる。

$$\frac{\partial L(x^*, \lambda^*)}{\partial x_i}=\frac{\partial f(x^*)}{\partial x_i}-\sum_{m=1}^{M}\lambda_m^*\frac{\partial g_m(x^*)}{\partial x_i}=0\qquad (i=1, \cdots, n)\quad (3.20)$$

この式 (3.20) において，$\lambda_m{}^*=0(m=1, \cdots, M)$ とすれば式 (3.12) となり，$m=l$ の場合を除いて $\lambda_m{}^*=0$ とすれば，式 (3.15) が導出できる。したがって，図（a）実行可能領域の境界線を除く内部に解が存在する場合（内点解），および，図（b）不等式制約 g_l の領域境界線上の内分点が解となる場合にも，係数 $\lambda_m{}^*$ の値を適切にとれば，式 (3.20) は成立する。また，図（d）不等式制約 g_l による領域境界線上にあり（$g_l(x^*)=0$），変数 x_k の非負制約条件が有効（$x_k{}^*=0$）となる場合においても，$i=k$ の場合を除いて式 (3.20) が成立する。したがって，これらをまとめると以下のような**相補条件**（complementary condition）として整理できる。

$$x_i^* = 0 \quad \text{or} \quad \frac{\partial L(x^*, \lambda^*)}{\partial x_i} = 0 \qquad (i = 1, \cdots, n) \tag{3.21}$$

$$\lambda_m^* = 0 \quad \text{or} \quad g(x^*) = 0 \qquad (m = 1, \cdots, M) \tag{3.22}$$

以上より，最適解が満たすべき必要十分条件は，式（3.23）～（3.26）に示される **Karush–Kurn–Tucker 条件**が満たされることである。

$$x_i^* \frac{\partial L(x^*, \lambda^*)}{\partial x_i} = 0 \qquad (i = 1, \cdots, n) \tag{3.23}$$

$$x_i^* \geqq 0, \ \frac{\partial L(x^*, \lambda^*)}{\partial x_i} \leqq 0 \qquad (i = 1, \cdots, n) \tag{3.24}$$

$$\lambda_m^* \cdot \frac{\partial L(x^*, \lambda^*)}{\partial \lambda_m} = -\lambda_m^* g_m(x^*) = 0 \qquad (m = 1, \cdots, M) \tag{3.25}$$

$$\lambda_m^* \geqq 0, \ g_m(x^*) \leqq 0 \qquad (m = 1, \cdots, M) \tag{3.26}$$

ここまで，二変数を前提に最適性条件を整理したが，この Karush–Kurn–Tucker 条件は二変数以上の場合でも成立する。このため，Karush–Kurn–Tucker 条件で表される連立方程式を解くことで，最適解 $\boldsymbol{x}^*$ および最適なラグランジュ乗数 λ^* が求められる。

（7）　等式制約付き凸計画問題の解法　等式制約だけの非線形計画問題は，不等式制約付き問題の領域境界線上に解がある場合と同様に考えることができる。したがって，等式制約付き凸計画問題の最適解をシステマティックに導出する方法として，**ラグランジュの未定乗数法**（Lagrange multiplier method）が適用可能である。ここでラグランジュ関数は，式（3.9）の等式制約および等式制約 h_j に対応したラグランジュ未定乗数 λ_j を用いて，式（3.27）のように定義される。

$$L(x, \lambda_1, \cdots, \lambda_J) = f(x) - \sum_{j=1}^{J} \lambda_j h_j(x) \tag{3.27}$$

ここで最適解 $\boldsymbol{x}^*$ は，式（3.20）の不等式制約 g_m を等式制約 h_j に置き換えた式（3.28）を満たす。

$$\frac{\partial L(x^*, \lambda^*)}{\partial x_i} = \frac{\partial f(x^*)}{\partial x_i} - \sum_{j=1}^{J} \lambda_j^* \frac{\partial h_j(x^*)}{\partial x_i} = 0 \qquad (i = 1, \cdots, n) \tag{3.28}$$

したがって，最適解 $\boldsymbol{x}^*$ においては，ラグランジュ関数の勾配ベクトルが 0 となる。この式（3.28）および等式制約式（3.9）で構成される連立方程式を解けば，最適解 $\boldsymbol{x}^*$ および最適なラグランジュ乗数 λ^* が求められる。

（8）　鞍点定理　凸計画問題において，ラグランジュ関数 L に最適解 $\boldsymbol{x}^*$ および最適なラグランジュ乗数 λ^* を代入すると，相補条件により式（3.25）が成立しているので，目的関数 f の最適値が得られる。

$$L(x^*, \lambda^*) = f(x^*) \tag{3.29}$$

図 3.7 に示すように，ラグランジュ関数 L のラグランジュ乗数を λ^* に固定した場合，関数 $L(x, \lambda^*)$ は下向きに凸関数となり，制約条件なしでの $\boldsymbol{x}$ に関する最小化問題 $\min L(x, \lambda^*)$ の解は，目的関数 f の最小化問題の最適解 $\boldsymbol{x}^*$ と一致する。一方，ラグランジュ関数 L の変数を $\boldsymbol{x}^*$ に固定した場合，ラグランジュ乗数 λ を変数とした関数 $L(x^*, \lambda)$ は凸関数となり，制約条件なしでの λ に関する最大化問題 $\max L(x^*, \lambda)$ の解は，目的関数 f の最小化問題の最適解 $\boldsymbol{x}^*$ と一致する。以上より，式（3.30）に示す鞍点定理が成立する。

$$L(x^*, \lambda) \leqq L(x^*, \lambda^*) \leqq L(x, \lambda^*) \tag{3.30}$$

したがって，最適解 $\boldsymbol{x}^*$ は，ラグランジュ関数の停留点である。

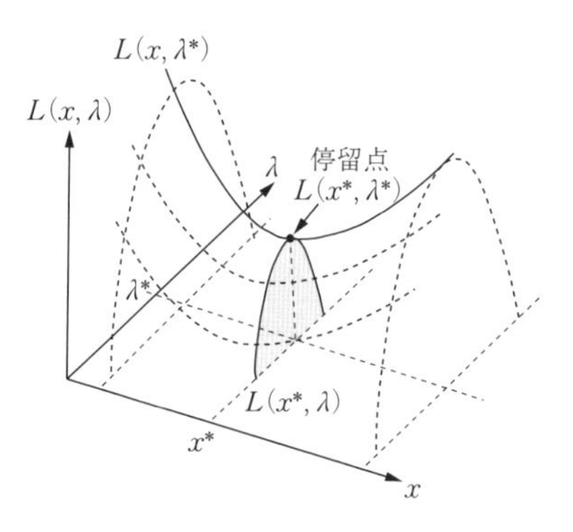

図 3.7　ラグランジュ関数の停留点

（9）　数理計画問題の数値解法　変数あるいは制約条件が多数ある数理計画問題では，コンピューターを用いて数値解を求める場合も多い。制約条件のない凸計画問題には，最急降下法，ニュートン・ラプソン法，共役勾配法などの数値解法が適用できる。例えば最急降下法では，当該点 $\boldsymbol{x}^{[t]}$ に対して，［1］負の勾配ベクトルを降下方向とし，［2］降下方向で目的関数値が最小となる係数 α を求め，［3］式（3.31）により解を更新する。

$$x^{[t+1]} = x^{[t]} - \alpha \nabla f(x^{[t]}) \tag{3.31}$$

この過程を繰り返し，目的関数の勾配ベクトル $\nabla f(x^{[t]})$ が 0 に収束するまで探索を行う。ニュートン・ラプソン法では，Hessian 行列 $\nabla^2 f$ の逆行列を用いた式（3.32）で解の更新を行うことで，収束計算の効率を高めている。

$$x^{[t+1]}=x^{[t]}-\left[\nabla^2 f\left(x^{[t]}\right)\right]^{-1}\nabla f\left(x^{[t]}\right) \quad (3.32)$$

制約条件がある凸計画問題には，逐次二次計画法，ペナルティ関数法などが適用できる。逐次二次計画法では，探索方向ベクトルを変数とし，ラグランジュ関数をテイラー展開した二次近似を目的関数，制約条件を一次近似した最小化問題を解いて，探索方向が決定される。このように，凸計画問題の数値解法では，勾配ベクトルに基づいて探索方向を決め，逐次的に解を更新していく計算法となっている。　（奥嶋政嗣）

〔3〕　**メタヒューリスティクス**

（1）　**近似的な解と解法**　土木計画の分野における，公共施設の最適配置問題，交通ネットワーク上の起終点間の最短経路（最小費用経路）問題や，起点からの最短巡回路問題などは，数理計画の分野においては，**組合せ最適化問題**（combinatorial optimization problem）として，取り扱うことができる。これらの問題は，0か1かをとるような，もしくは，整数値をとるような，**離散変数**（discrete variable）を含む最適化問題として定式化できることが多い。一般に，組合せ最適化問題は，有限個の**実行可能解**（feasible solution）（以下，単に解と呼ぶ）から成る実行可能集合の中から，目的関数の値が最小もしくは最大となる解，すなわち，**大域的最適解**（global optimal solution）を見つける問題である。

組合せ最適化問題においては，解の数が有限なので，すべての解について目的関数の値を計算して列挙する**列挙法**（enumeration method，complete enumeration）を用いれば，必ず大域的最適解が見つかる。しかし，列挙法は，変数が多くなり組合せ数が増大すると，計算時間の面から使用できなくなる。**分枝限定法**（branch and bound method）や**動的計画法**（dynamic programing）も，組合せ最適化問題の大域的最適解を求める方法，すなわち，**厳密解法**（strict solution method，exact solution method）であるが，これらの方法も本質的には列挙法であるので，計算量が問題の大きさに対して指数関数的に増加する問題，いわゆる**NP困難**（NP (nondeterministic polynomial time)-hard）な問題に対しては，組合せ数が大きくなると，適用できない。

一般に，NP困難な問題に対しては，最適解を求めることをあきらめて，現実的な計算時間内で実行可能解，すなわち，**近似解**（あるいは，**近似最適解**（approximate solution））を求めることになる。その際に使用される解法には，**近似解法**（approximation algorithm，approximation method）と**ヒューリスティクス**（あるいは，**ヒューリスティック解法**，**発見的解法**（heuristics））がある。両者に明確な定義はないが，例えば，上界や下界など，解の精度保証があるアルゴリズム（計算法）を近似解法と呼び，精度保証がないものをヒューリスティクスと呼んで区別されることがある。ただし，近似解法とヒューリスティクスのいずれであっても，優れたアルゴリズムとは，最適解に近い高精度な解を，比較的小さな計算時間で効率的に求解できるものを指す。

ヒューリスティクスは，発見的解法とも呼ばれるように，対象とする問題に対して，経験や知見を通して解を見つける，あるいは，解を改善するアルゴリズムの総称である。ヒューリスティクスとは，いわば，対象とする問題の性質や構造を熟慮して，その問題のためにカスタマイズされた近似解法である。

ヒューリスティクスを用いて得られた近似解に対して，追加的で部分的な修正を繰り返し実施すると，近似解の精度が向上すること，すなわち，最適解に近付くことが多い。そのような戦略を有する基本アルゴリズムの総称が，**メタヒューリスティクス**（metaheuristics）である。つまり，メタヒューリスティクスは，ヒューリスティクスに操作を追加して，多くの問題を扱えるように汎用性を高めたアルゴリズムである。この追加的操作がまたヒューリスティクスであることも多く，ヒューリスティクスを有機的に結合したアルゴリズムともいえる。ヒューリスティクスを核としたさまざまな手法の集合体であること，ないしは，ヒューリスティクスがヒューリスティクスを内包すること，すなわち，メタ構造を有する手法であることから，「メタ」ヒューリスティクスと称される。

（2）　**アルゴリズムの特徴**　上述のように，複数の手法を内包した構造であるので，メタヒューリスティクスに属するアルゴリズムは一般的に，多くの操作とパラメーターを含む。したがって，その性能は，実装する操作や設定するパラメーターの値に大きく左右される。近似解法やヒューリスティクスと比較して，メタヒューリスティクスは，汎用性を有するので，当然ながら，連続変数から成る最適化問題や，パターン認識問題にも適用可能である。ただし，ヒューリスティクスと同様に，メタヒューリスティクスに属するアルゴリズムがもたらす解の精度には，理論的な保証はなく，アルゴリズムの理論的解明もそれほど進んではいない。

メタヒューリスティクスには，アルゴリズムの終了条件をユーザーが定めることができる，すなわち，計算終了時間を自由に制御できる特性がある。多数の解を生成，評価し，その中で最良の解を出力するので，計算時間をかければかけるほど，良い解（精度の高い解）を探索できる可能性が高くなる。そのため，コンピューターの演算速度が，アルゴリズムの性能に強い影響を及ぼす。また，ランダム性や確率性を有する操作が包含されるので，到達する近似解は，試行回によって異なる可能性がある。

メタヒューリスティクスでは，基本的に，過去に探索した履歴を基にして新しい解を生成する操作と，生成された解を評価してつぎの解の探索に必要な情報を抽出する操作を含み，両操作の反復からアルゴリズムが構成される。前者の操作において，効果的に探索するために，**集中化**（intensification）と**多様化**（diversification）が活用される。集中化とは，良い解の近傍には，より良い解が存在する可能性が高いという概念に基づいて，良い解の周辺を集中的に探索することである。集中化は，ヒューリスティクスの代表的なアルゴリズムである**局所探索法**（local search，あるいは，**近傍探索法**（neighborhood search），**山登り法**もしくは**丘登り法**（hill climbing method））に類似する。それゆえ，メタヒューリスティクスに属するアルゴリズムの大半は，局所探索法を拡張したものとみなせる。局所探索法では，任意の解 $\boldsymbol{x}$ の一部を修正して得られる解の集合を近傍 $N(\boldsymbol{x})$ として，$N(\boldsymbol{x})$ の中で目的関数の値を改善できるものがあれば，それに置き換えるという操作を繰り返す。目的関数の値を改善できるものがなければ計算を終了する。この手順は，**局所解**（あるいは，**局所最適解**，**局所的最適解**（local optimal solution））の定義そのものであるので，局所探索法で得られる解は，最適解ではなく，局所解である。

集中化だけでは，狭い領域内で，もはや改善しようのない状態になり，悪い（精度の低い）局所解に陥る可能性がある。多様化は，局所解の周辺で探索が停滞することを避けるために，集中的に探索した空間とは異なる空間へと探索を強制的に遷移させる操作である。メタヒューリスティクスが，高精度な解を効率的に発見できるのは，集中化と多様化をバランスよく実現しながら解の探索を行うためである。集中化と多様化を実現する方法にはさまざまなものがあり，その設計や選択がアルゴリズムの性能に大きな影響を及ぼす。

メタヒューリスティクスに属するアルゴリズムは，単一の解を保持しながら探索するか，あるいは，複数解を保持しながら探索するかで区別できる。また，改善型か構築型かによっても，分類できる。改善型は，初期解から徐々に解を改善していく手法であり，ヒューリスティクスでいえば局所探索法が相当する。一方，構築型とは，解を徐々に作っていくようなアルゴリズムであり，ヒューリスティクスでは，**貪欲法**（あるいは，**欲張り法**（greedy algorithm））が知られている。貪欲法では，目的関数への貢献度に基づいて解要素を局所的に評価し，その評価に基づいて，解を構築していく。

（3）　代表的なアルゴリズム　　以下に，メタヒューリスティクスに属する代表的なアルゴリズムについて，その概略を示す。

局所探索法では，精度の低い局所解に到達して，探索が終了してしまう可能性がある。この可能性を減らすために，初期解を変えて局所探索法を繰り返すアルゴリズムが，**多スタート局所探索法**（multi-start local search）である。その中で，初期解がランダムに生成される場合が，ランダム多スタート局所探索法であり，初期解の生成に工夫を加える場合が，**反復局所探索法**（iterated local search）である。反復局所探索法では，近傍 $N(\boldsymbol{x})$ とは別に，近傍 $N'(\boldsymbol{x})$ を定義して，局所探索を行う。そこで得られた解 $\boldsymbol{x}'$ に対して，近傍 $N'(\boldsymbol{x}')$ 内の一つの解 $\boldsymbol{x}''$ をランダムに生成して初期解とする。近傍 $N'(\boldsymbol{x}')$ の適切なサイズを固定的に定めることは難しいことから，$N'(\boldsymbol{x}')$ のサイズを適応的に変化させた反復局所探索法が，**可変近傍探索法**（variable neighborhood search）である。解の評価に用いる関数は，目的関数をそのまま用いて評価関数とするのが通常であるが，探索の状況に応じて評価関数を変化させることも可能である。**誘導局所探索法**（guided local search）は，評価関数の構成に工夫を加えた方法で，評価関数をアルゴリズムの途中で適応的に変形することによって，局所解からの脱出を図る。これら一群の局所探索法に基づくアルゴリズムはすべて，単一の解を保持しながら探索する改善型アルゴリズムである。

シミュレーテッドアニーリング（あるいは，**アニーリング法**，**焼なまし法**，**疑似焼なまし法**（simulated annealing，**SA**）では，解が改悪となる場合でも，目的関数値の差の大きさに応じて，ある確率でつぎの解として選ばれることを許す。それゆえ，改悪されていたとしても，つぎの解への移動が可能であるので，局所解からの脱出が可能となる。その確率は，物理現象である焼なましを模倣して，温度と呼ばれるパラメーターによって制御される。温度が高いと，相対的に悪い解でも採用される可能性が大きくなり，温度が低いと，良い解の近傍を集中的に探索するようになる。温度の調整方法は冷却スケジュールと呼ばれる。シミュレーテッドアニーリングも，単一の解を保持しながら探索する改善型アルゴリズムである。

人間の記憶過程にアナロジーを持つ，単一の解を保持しながら探索する改善型アルゴリズムが，**タブー探索法**（あるいは，**タブーサーチ**，**禁断探索法**（tabu search，**TS**）である。タブー探索法では，近傍に含まれる解がすべて評価され，それが改善であれ改悪であれ，現在の解を除く最良の解がつぎの解として選ばれるので，局所解からの脱出が可能である。ただし，この操作だけでは，同じ解が繰り返し現れること，すなわち，サイクリングが生じかねない。そのため，過去の探索における移動パターンを，タブーリストと呼ばれる解集合を作って記憶しておき，この集合に含まれる解への移動を一定期間において禁止する。タブーリストは，探索が進むにつれて，古いものから新しいものへと更新される。

複数解を保持しながら探索する改善型アルゴリズムの代表例が，**遺伝的アルゴリズム**（genetic algorithm，**GA**）である。遺伝的アルゴリズムでは，生物の進化過程が応用されている。すなわち，個体群（解集合）における個体（解）の交叉や突然変異によって新しい個体群が形成され，弱い個体は淘汰されて強い個体が生き残る。複数の世代（繰返し回）にわたって，これら一連の操作が繰り返される。個体群における複数の個体を組み合わせて，新たな解を生成する操作が交叉である。突然変異は，多様性を高めるために，各個体にわずかな変化を施して，新たな個体を生成する操作である。交叉や突然変異によって新たな個体群を生成し，現在の個体群と新たな個体群における個体の中から，淘汰（あるいは，再生）と呼ばれる確率的操作に従って，一定数をつぎの世代の個体群として保持する。ただし，単純な遺伝的アルゴリズムは，集中化の能力が弱いために，局所探索法が組み合わされることがある。このアルゴリズムは，**遺伝的局所探索法**（genetic local search，**GLS**，または memetic algorithm）と呼ばれる。

粒子群最適化法（particle swarm optimization，**PSO**）も，複数解を保持しながら探索する改善型アルゴリズムである。鳥や魚などの群れの採餌行動をアナロジーに持つ手法であり，複数の粒子（解）が粒子群（解集合）を構成し，粒子間の相互作用によって，各粒子が実行可能領域を動き回ることにより，有望な領域を探索する。各粒子は，位置ベクトル（現在の解）を保持しており，位置ベクトルを更新してつぎの解へと移動する。各粒子のつぎの位置ベクトルは，現在の位置ベクトルと，移動の方向を定める速度ベクトルから決定される。速度ベクトルは，以前の速度ベクトル，その粒子がそれまでに経験した最良解の位置ベクトル，粒子群全体でそれまでに経験した最良解の位置ベクトルを用いて算定される。

貪欲法に基づいて，単一の解を保持しながら探索する構築型アルゴリズムが，**GRASP 法**（greedy randomized adaptive search procedure）である。貪欲法では，目的関数への貢献度が最も高い要素が選択されるが，貢献度の高い方から順にいくつかの候補を有して，その中からランダムに選択するのが，ランダム化貪欲法である。GRASP 法では，ランダム化貪欲法により解を得て，それになんらかの局所探索法を適用するという，一連の操作が繰り返される。

複数解を保持しながら探索する構築型アルゴリズムの一つが，**アント法**（あるいは，**アントコロニー最適化法**，**アントシステム**（ant colony optimization，**ACO**，または ant system）である。蟻がコロニーを形成しながら知性的行動をとることが，コロニーで共有するフェロモンを使った非直接的なコミュニケーションによって説明できることにヒントを得た手法である。アント法では，リンクとノードから成るグラフ上を，道標となるフェロモンに基づいて，蟻が確率的に探索し，その確率的手順で解要素を逐次的に追加して，解が構築される。複数の蟻が同時に独立に意思決定するので，良い解のリンクとノード上には，フェロモンが増加する。

メタヒューリスティクスには，上述のもの以外にも，多数のアルゴリズムが存在する。メタヒューリスティクスの包括的な紹介や，各アルゴリズムの詳細については，例えば，文献 7）～14）を参照されたい。

（4）　適用する際の留意点　数理モデルを開発ないしは使用する際には，それが規範的であれ，記述的であれ，モデル内に最適化問題が包含されることが多い。それゆえ，最適化手法の役割は重要であり，土木計画の分野においても，2000 年代以降，メタヒューリスティクスの使用が増加している。ただし，メタヒューリスティクスを適切に使用するためには，以下の点に留意する必要がある。

高精度の解を効率的に探索するには，アルゴリズムに含まれるパラメーターを適切な値に設定し，有効な操作を組み込む必要がある。タブー探索法や遺伝的アルゴリズムは，高精度な解を探索できる可能性が高く，それゆえ多様な分野での広範な適用事例が見られるが，実際のところ，これらの有力なアルゴリズムにおいても，基本的な操作のみを使い，精査されていないパラメーター値を用いた場合には，精度の低い解が得られることが多い。

解の精度に理論的保証がないからといって，得られた解の精度に関して何の情報も開示しないのは誤りである。実装した操作や設定したパラメーターの値次第では，ランダムに探索した解と大差のないことが十分に起こり得るからである。操作やパラメーター値が適切であるかどうかについては，対象とする問題が，ベンチマーク問題と呼ばれる基本問題と同じか，同種の構造である場合には，ベンチマーク問題に適用して，アルゴリズムの性能検証をすべきである。ベンチマーク問題がない場合には，丹念な数値実験により，操作とパラメーター値の妥当性を示さなければならない。

先述のように，アルゴリズムが到達する近似解は，試行回によって異なる可能性があるので，全試行回における近似解の**最良値**（best solution），**最悪値**（worst solution），**平均値**（average solution）などを用いて，計算結果が評価されなければならない。したがって，例えば，最悪値と最良値の差が5％であった場合，最良値だけを示して5％未満の改善効果を提示しても，最悪値では効果が保証されないために，その提示は意味を持たない。

メタヒューリスティクスは本質的に，先述の「メタ」構造を有しており，集中化と多様化の操作設計の自由度が高いので，さまざまな拡張が可能である。一般に，少数の単純な操作から成るアルゴリズムは，計算時間は小さいが，解の精度は低くなる。一方，多数の複雑な操作を組み込めば，精度向上の可能性は高まるが，計算時間を要してしまう。それゆえ，両者のバランスを保つように設計することが肝要である。さらに，同じアルゴリズムを用いたとしても，有効な追加的操作は，対象とする問題によって異なる。つまり，メタヒューリスティクスは，汎用性を高めたアルゴリズムでありながら，その性能を高めるためには，対象とする問題に応じて個別に修正する必要があり，カスタマイズ指向であるヒューリスティクスとしての特性が強まるのである。また，この高い操作性ゆえに，異なるアルゴリズムの優劣を論じようとしても，例えば，タブー探索法と遺伝的アルゴリズムのどちらが優秀かを論じようとしても，アルゴリズムに実装する操作次第で性能が変わるので，比較に関する一般的な結論を出すことは難しい。

最後に，いうまでもないことであるが，厳密解法が適用可能な問題に対しては，厳密解法を用いるべきである。　　（山田忠史）

〔4〕 ネットワークデザインに関わる基礎数学

海上輸送や航空輸送，あるいはトラック輸送など，第三者にヒト・モノの移動行為を委託することを一般に**輸送**（transport）と呼ぶ。輸送を行う際には，その基本となる輸送ネットワークを設計する必要がある。

輸送ネットワークは単純なリンクの集合体ではない。輸送ネットワーク設計のためには，① 輸送に供用する輸送機材，② 輸送時間，③ ターミナルでのさまざまな制約，を考慮する必要がある。通常，輸送主体（キャリア carrier と呼ばれることが多い）は利潤最大化を目的とした企業として設定されることが多く，企業戦略立案のためには上記の項目に加えて顧客の行動も考慮されるべきものとして組み込まれる。また，長期的な戦略として，ハブやデポなどのベースをどこに設置するのか（hub setting problem）[15),16)]，機材割当てを含めたスケジュールの管理[17)]，運航に関わるクルーの割当てをどのようにするのか（crew dispatch problem）[18)] といった問題も，古典的なものから最新のものまで幅広く課題として設定されている[18)]。

これらのネットワークデザイン問題には共通の特徴がある。輸送ネットワーク設計に関して最も基本的なものは，「路線を張る・張らない」を決定する**整数計画**（integer programming problem，**IP**）として規定される。例えば，ある時間帯 t に空港 i から空港 j に運航される便の有無を示す変数を δ_{ij}^{t} と表すとしよう。ネットワークデザインでは目的に従って（例えば全体の運航費用を最小にする，など），この便を設定する $\left(\delta_{ij}^{t}=1\right)$，あるいは設定しない $\left(\delta_{ij}^{t}=0\right)$ を決定することとなる。ネットワークデザインでは**図 3.8** に示すように時空間ネットワーク上でのデザインとなることも少なくないため，しばしば数学的には相当複雑になる。

図 3.8 は単純な飛行機の機材スケジュール例である。この例では飛行機は 06 時に空港 B を出発し，空港 A → 空港 D → 空港 C → 空港 B の順で運航され，空港 B で 22 時以降駐機されることを示している。その

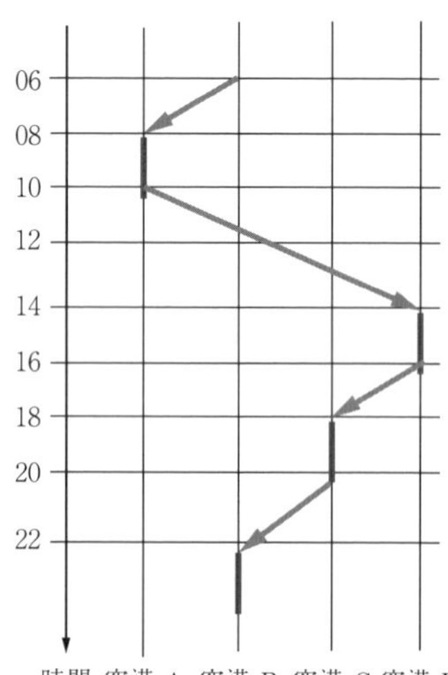

図 3.8　時空間ネットワークの設計例（機材スケジュール）

間に各空港に2時間ずつ滞在していることを示している。このようなスケジュール管理には「飛行時間帯」,「飛行方向」という二つの制御が存在することになり，複雑な管理が必要なことがわかるであろう。

ネットワークデザイン問題の典型的（基本的）な定式化としてはつぎのように定式化される。

$$\min z = f(\boldsymbol{x})$$

subject to

$$\boldsymbol{x} = (0, 1) \tag{3.33}$$

$f(\boldsymbol{x})$ はなんらかのネットワーク評価関数（目的関数）であり，$\boldsymbol{x}$ はリンクに関わる運航の有無を示す制御変数であるとする（前出の δ^t_{ij} などに対応する)。制御変数が前出の例のように $(0, 1)$ の二値変数になっていることから，この問題はIPとして取り扱われる。

さて，輸送ネットワークを整数計画問題として設計する場合，通常2種類のアプローチの適用が一般的である。厳密解法とヒューリスティック解法である。後者については，3.1.3項で紹介されているので，ここでは厳密解法について簡単に触れておく。

IPの厳密解法で最もよく知られた方法論は**分枝限定法**（branch and bound, **BB**）と呼ばれる探索型の最適化手法である。これは最小化問題を考える際に，変数の制約に整数制約が加わっている場合，変数の値の変更によって生み出される目的関数の改善値を下限値として利用し，既存の解よりも改善できる見込みがある組合せの方向に再帰的に探索方向を絞り込む，というものである。

図3.9はBBの探索イメージを簡単に示したものである。まず，いま，階層 k 番目の第1番目のブランチに対して，そこから可能な分岐候補 $(a, b, \cdots)$ の値を計算する。このとき，さらに分岐を持つ場合 $(i, ii, \cdots)$ は，その候補が生成する値を比較する。これらによって生成された値をそれぞれ候補 a, b のブランチの値として列挙し，最も改善される値が得られるものを k ブランチの値として採用し，つぎのブランチ（階層 k に属する第2番目のブランチ）の計算に移行する，というものである。

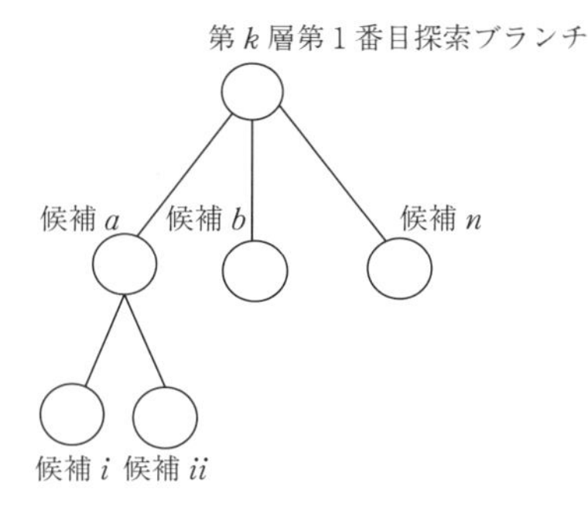

図3.9 BBの探索イメージ

BBにおける原始的なパターンは，各ブランチで可能な組合せを発生させていき，後に挙げる「探索停止条件」を満たすまでさらに下位のブランチに進んで候補の計算を行うというものである。例えば，P, Q, R という変数がそれぞれ $(0, 1, 2)$, $(0, 1)$, $(0, 1)$ という整数値のみを選択可能であるとする。このとき最初のブランチで $P=0$ をとるとして，このブランチの下位に $Q=0$ の候補ブランチと $Q=1$ の候補ブランチが構成できる。さらに $Q=0$ のブランチの下位に $R=0$ のブランチと $R=1$ のブランチが構成され，これらの計算値に基づき $Q=0$ のブランチの値を計算できる。これらを順に行い，解が改善されるブランチの情報のみを残していく，というものである。

このようにBBは，基本的には全数探索に近い形で探索を行うため，厳密に実行する（整数探索のみで列挙型で実施する）には大規模すぎることが往々にしてある。なぜなら，次元数が上昇すると探索のブランチ数が指数関数的に増加して，事実上探索が不可能となるためである。ゆえに合理的な探索を行う場合，整数制約をなんらかの形で緩和し，そこから最小限の整数探索を実施することで解を得る**緩和法**（relaxation method）の導入が不可欠となる[19]。最も簡単なものは整数制約を緩和して連続問題として解くものである。いま，簡単のために線形整数計画問題を考える。

$$\min z = \boldsymbol{cx}$$

subject to

$$\boldsymbol{Ax} \leqq \boldsymbol{B}$$

$$\boldsymbol{x} : \text{integer} \tag{3.34}$$

上記において，$\boldsymbol{x}$: integer という条件が問題を扱いにくいものとしている。これを例えば $\boldsymbol{x} \geqq 0$ という実数制約に緩和して「普通の」線形計画問題として解き，さらにそこから整数の探索を行う場合にBBを適用する，というアルゴリズムが考えられる。以降，緩和問題を内蔵するBBについて簡単にその構造に触れておく。

いま，探索すべきあるブランチにて緩和問題の解を得たとする。その解を $\tilde{\boldsymbol{x}}$ とする。$\tilde{\boldsymbol{x}}$ の要素 $\tilde{x}_j$ は通常，整数解ではないので，つぎのような子問題を構成し，$\tilde{x}_j$ が整数解として採択されるまで分岐を続ける[20),21)]。

【子問題の形成：今野らの整理による**】**[21)]

A：元の問題の制約を，x_j の下限値 $\leqq x_j \leqq \tilde{x}_j$ の整数値（切下げ），に変更して解を求める。

B：元の問題の制約を，$\tilde{x}_j$ の整数値 $+1 \leqq x_j \leqq x_j$ の上限値，に変更して解を求める。

これらの子問題を構成し，その解をすでに得られている解と比較することで，より好ましい新しいブランチに限定して探索を進めることができる。なお，計算の効率化のためには，すでに計算した解の中で最も望ましい値を記憶して，計算ごとにこの値を更新して計算を進めていく，という方法がとられる。

さて，前出の原始的なパターンの場合も含めて，BBではブランチ探索をなんらかの基準で停止する必要がある。「探索停止条件」としてはつぎのようなものが挙げられる[21]。

【BBにおける探索停止条件】

（ⅰ） 緩和問題において，得られた解がすべて整数解となった場合

（ⅱ） 解の改善が見られない場合

（ⅲ） 実行可能解を持たない場合

これらの条件のいずれかを満足した場合，ブランチの生成を止める（分枝停止）こととなる。換言すると，あるブランチからさらに枝分かれを発生させる（分枝操作）過程はつぎのような構造を持つ。いま，第k番目ブランチにおいて，（ⅰ）ブランチからさらに分岐する「子問題」に分解されていない，または，（ⅱ）対応する子問題が分枝停止になっていない，という条件が満たされた場合にのみ，探索すべき条件を備えたブランチであるとして，子問題を構成し，枝分かれを続ける[21]。

ブランチの計算効率と精度は両立させることが困難であるため，できるだけブランチの探索値を精密に行う（深さ優先）か，より多くの最適解候補の可能性を探索するか（幅優先）は，設計者の意図により変える必要がある。ただし，これらの工夫をもってしても依然として大規模計算であることには変わりはなく，ヒューリスティクスなど他の解法と併用するなど計算量緩和の方法が検討されている。また，問題構造によっては，線形計画問題の構造を利用し計算量を縮小する**列遅延生成法**（column generation）を組み合わせたり[22]，ブランチごとに解探索に有効な不等式を付加し，BBの緩和問題を効果的に解くことができるように工夫したBranch and Cut[23]などが提案されている。これらの計算過程の工夫は，問題構造に大きく依存するため，問題構造の見極めが重要であることはいうまでもない。 （竹林幹雄）

3.1.2 確率モデルと意思決定論

〔1〕 確率的意思決定

社会基盤事業の多くは，当該事業から発生する便益が不確実であることが多い。本項では，こうした不確実性の下での合理的な意思決定を取り扱う。

（1） リスク中立的意思決定[24] 現在（$t=0$）と将来（$t=1$）の2時点を考え，$t=1$で起こり得る事象の集合をΩで表す。事象$\omega\in\Omega$の生起確率を$P(\omega)$で表す。(Ω, P)を確率空間と呼ぶ。可能な意思決定の集合をSで表す。ある意思決定$s\in S$において当該事象において事業から発生する利得を$f_s(\omega)$で表す。意思決定$\boldsymbol{x}$に対する利得の期待値は$E\left[\tilde{f}_s(\boldsymbol{x})\right]=\sum_{\omega\in\Omega}P(\omega)f_s(\omega)$と表される。**図3.10**は，二つの選択肢$s=1,2$について，確率空間$\Omega=(\omega_1,\omega_2,\omega_3)$，$P=(0.2,0.5,0.3)$上での各利得を示したものである。

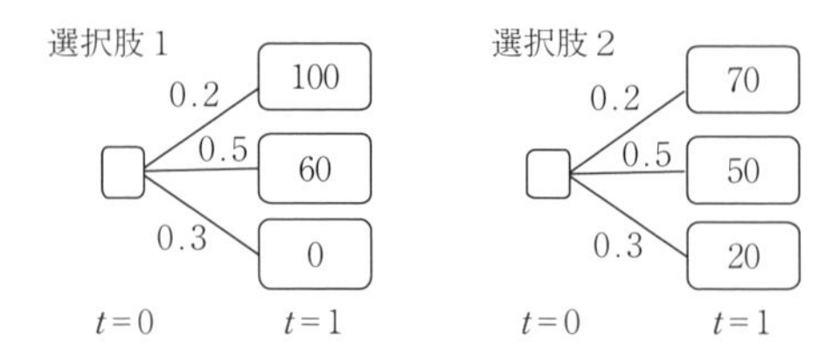

図3.10 確率的利得の例

確率的意思決定の最もシンプルな基準は，利得の期待値が最大となる意思決定を行うもの（期待値基準）である。

$$\max_{s\in S} E\left[\tilde{f}_s\right] \tag{3.35}$$

図3.10の例に期待値基準を採用した場合，より期待値の大きい選択肢1が選ばれる。

（2） 期待効用理論とリスクプレミアム[24),25)]

上述の期待値基準では，例えば，確実に500億円の便益をもたらす堅実な事業と，5％の確率で1兆円の便益をもたらすが95％の確率で1円の便益ももたらさないギャンブル性の高い事業が無差別（リスク中立的）になってしまう。

意思決定者のリスクに対する態度（中立的／回避的／愛好的）を表現する手法として標準的なのが期待効用理論である。期待効用基準は，利得の期待値そのものではなく，利得$\tilde{f}_s$に対する効用$U\left(\tilde{f}_s\right)$の期待値を最大化するような意思決定を行う。

$$\max_{s\in S} E\left[U\left(\tilde{f}_s(\boldsymbol{x})\right)\right] \tag{3.36}$$

リスク回避的選好は凸な効用関数，リスク愛好的選好は凹な効用関数で表現できる。リスク回避（愛好）の度合いは限界効用$U'(\cdot)$で表される。

図3.10の例に対して$U(f)=\sqrt{f}$なるリスク回避型の効用関数を用いた期待効用基準を採用する場合，よりリスクの小さな選択肢2が選ばれる。確率的利得$\tilde{f}$と確定的利得gが無差別，すなわち$E\left[U(\tilde{f})\right]=U(g)$となるとき

$$\rho=\frac{E[\tilde{f}]-g}{E[\tilde{f}]} \tag{3.37}$$

を**リスク プレミアム レート**（risk premium rate）と呼ぶ。ρ は確実な所得 g と比較した不確実な収益 $\tilde{f}$ の割引率として解釈できる。

（3） **動学的不確実性と多段階意思決定**　社会基盤整備事業の多くは，発生する便益が（景気，為替，人口，気候などの影響を受けて）確率動学的に変動する。こうした動学的不確実性の下では，時々刻々獲得される情報に応じた多段階意思決定が必要となることも少なくない。

こうした動学的不確実性下での多段階意思決定問題を記述・分析するには，**図3.11**に示すような状態推移モデル（図(a)参照）や意思決定木（図(b)参照）を用いる方法が必要である。織田澤・長谷川・小林[26]は，供用後の事業価値の動学不確実性を考慮した上で，公共事業の休止・再評価を考慮した事業評価問題を多段階意思決定として記述・分析する枠組みを示している。長江・赤松[27]は，より複雑な連鎖的意思決定構造を有向グラフとして表現するオプション グラフ モデルとその定量的分析手法を構築している。

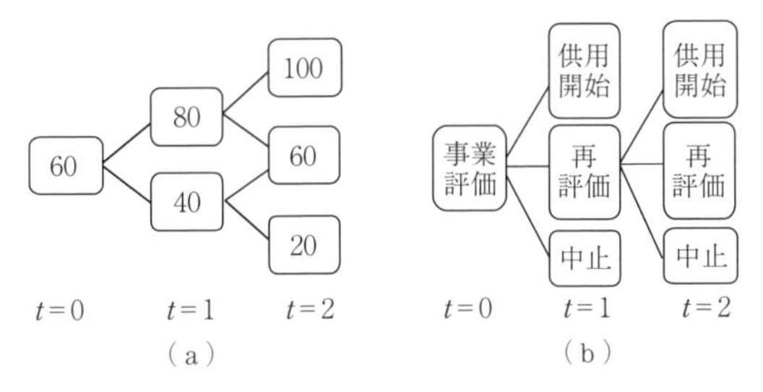

図3.11　事業価値の推移モデル（図(a)）と意思決定木（図(b)）

（長江剛志）

〔2〕 **待ち行列モデル**

（1） **待ち行列システムの定義と表記法**　駅改札での乗客の滞留，高速道路料金所での車の渋滞，航空機が空港へ着陸する際の上空待機など，人や物があるサービスを受ける際に待ちが発生するシステムの性能評価にしばしば使用される理論が**待ち行列理論**（queueing theory）である。例えば，平均的な待ち時間や待ち行列の長さといったシステムの特性に関する諸量を計算することが目的となる。この待ち行列システムを一般的に図で表すと**図3.12**のようになる[28]。つまり，改札のようにあるモノを処理する（サービスを提供する）窓口に客が到着し，サービス終了後そこを退出する，といったシステムである。

待ち行列システムは，通常つぎのような六つの要素で特徴付けられ，それら要素から成る確率モデルとして表現される[29]。

到着　待ち行列　サービス　退出
客 ⟶ ▷▷▷▷ 窓口 ⟶

図3.12　待ち行列システム

a）客の到着分布
b）窓口の処理時間分布
c）窓口の数
d）システムの容量（許容可能な待ち行列長）
e）システムに来る客の数（無限または有限母集団）
f）サービスの規範（先着順，後着順など）

以下，それぞれの要素について概説する。

a）　客の到着分布　客の到着の仕方，つまりどのような時間間隔で到着するかは，システムの入力過程となり，待ち行列の特性を決める重要な要素である。対象としているシステムで実際に測定された到着分布に最も適合する確率分布を当てはめて考えることが必要になるが，最も基礎的なものは客がランダムに（でたらめに）到着するというポアソン過程モデルであり，その到着時間間隔は指数分布となる。指数分布ではつぎの客が到着するまでの時間間隔が現在の状態だけに依存して決まり，過去の経緯とは無関係であるという**マルコフ性**（Markov property）を有するため，後述のケンドールの記号ではMと表す。乗客や車がある場所へ到着する際には，それぞれの人が特に申し合わせをすることなくバラバラに到着することがしばしばであるので，そのようなケースではランダム到着を仮定すればよいが，到着のスケジュールが決まっていたり，対象のシステムに入る前になんらか整流化されていたりする場合も存在するため，そのようなケースでは規則型到着（D：Deterministic）を仮定することになる。また，ランダム型と規則型の中間的な分布としてアーラン分布（E：Erlang）があり，一般の分布を考えるときはG（General）の記号で表す。

b）　窓口の処理時間分布　サービスを提供する窓口で客を処理する時間の長さの分布も，到着分布とともに待ち行列の特性を決める重要な要素となる。到着分布と同等，最も基礎的な分布として仮定されるのが指数分布であるが，対象としているシステムの実際の分布に合わせて適当な確率分布を仮定する必要がある。

c）　窓口の数　サービスを提供する窓口の数であり，単一窓口の場合と複数窓口の場合がある。

d）　システムの容量　窓口がサービス中でふさがっているときに待ち行列を作ることができる容量で

あり，待合室の大きさのようなものである。無限の場合と有限の場合がある。

e）　システムに来る客の数　　システムにやってくる可能性のある客の数であり，多くの場合は無限であると考える（無限母集団）。有限である場合（有限母集団）もある。

f）　サービスの規範　　待ち行列に待っている客をどのような順序でサービスするかのルールであり，多くの場合は先着順（first come first served, **FCFS**）である。そのほか，最後の客からサービスをする後着順，またランダム順や優先権を持った客からサービスされる場合もある。

以上の各要素から多くの型の待ち行列システムを考えることができるが，その型を表現するために以下の**ケンドールの記号**（Kendall's notation）がよく用いられる。

$$A/B/C/K/m/Z$$

ここで，A から Z はそれぞれ前述の要素に対応しており，つまり，A は客の到着分布，B は窓口の処理時間分布，C は窓口数，K はシステム容量，m はシステムに来る客の数，Z はサービスの規範を表す。後半三つの記号は省略されることも多く，その場合はそれぞれ $K=\infty$，$m=\infty$，$Z=FCFS$ であるとされる。または K をカッコ付きで記載し $A/B/C(K)$ と記載することもある。例えば，客の到着分布が指数分布 M で，窓口サービスの処理間隔が一般分布 G で，窓口の数が s 個，待ち行列の上限が N である待ち行列システムは $M/G/s(N)$ と表す。

（2）　待ち行列システムの基本方程式（$M/M/1$）

まず，最も基本的な待ち行列システムである $M/M/1$ を考える。このシステムでは客の到着がランダムで到着時間間隔が指数分布（平均到着間隔：$1/\lambda$）に従い，窓口は一つでそのサービス時間間隔も指数分布（平均サービス時間・$1/\mu$）に従い，システムの容量が無限である。

はじめに，システム内にいる人数に関して時間軸上の過渡状態を考える。システム時刻 t におけるシステム内の客の数（待っている客＋サービスを受けている客）を $N(t)$ とする。t から Δt 後の人数 $N(t+\Delta t)$ が n 人となるためには，以下の状態変化が必要となる。なお，微小時間 Δt ではシステムの状態は隣接する状態にのみ変化するものと考える（つまり Δt ではたかだか1人しか到着，またはサービス終了をしない）。

① $N(t)=n$ で Δt の間に状態が変化しない（新しい客も到着せず，サービスを受けている客も退出しない）。

② $N(t)=n-1$ で Δt の間に新しい客が来て，かつサービスは終了しない。

③ $N(t)=n+1$ で Δt の間に新しい客は到着せず，サービスが終了する。

ここで到着間隔が指数分布であるため，t 時間の間に少なくとも1人が到着する確率 $A(t)$，つまり指数分布の分布関数は

$$A(t)=1-\exp(-\lambda t) \tag{3.38}$$

で表される。$\exp(-\lambda t)$ をテイラー展開すると $1-\lambda t+(\lambda^2/2!)t^2-\cdots$ となるから，微小な時間区間 Δt に対して $A(\Delta t)$ を考え，Δt 以上の高次の微小量を無視すれば

$$A(\Delta t)=\lambda\Delta t \tag{3.39}$$

となる。サービス時間間隔についても指数分布であることから同様に，Δt の間にサービスが終了する確率 $B(\Delta t)$ は

$$B(\Delta t)=\mu\Delta t \tag{3.40}$$

となる。以上から，$N(t+\Delta t)=n$ となる確率 $P_n(t+\Delta t)$ は上記三つの状態変化の確率の和となるため

$$\begin{aligned}P_n(t+\Delta t)=&P_n(t)(1-\lambda\Delta t)(1-\mu\Delta t)\\&+P_{n-1}(t)(\lambda\Delta t)(1-\mu\Delta t)\\&+P_{n+1}(t)(1-\lambda\Delta t)(\mu\Delta t)\end{aligned} \tag{3.41}$$

となる。Δt 以上の高次の微小量を無視し，整理すると

$$\frac{P_n(t+\Delta t)-P_n(t)}{\Delta t}=\lambda P_{n-1}(t)-(\lambda+\mu)P_n(t)+\mu P_{n+1}(t) \tag{3.42}$$

となる。$\Delta t\to 0$ とすれば，次式が得られる。

$$P_n'(t)=\lambda P_{n-1}(t)-(\lambda+\mu)P_n(t)+\mu P_{n+1}(t) \tag{3.43}$$

$P_0(t+\Delta t)$ は別途

$$\begin{aligned}P_0(t+\Delta t)=&P_0(t)(1-\lambda\Delta t)\\&+P_1(t)(1-\lambda\Delta t)(\mu\Delta t)\end{aligned} \tag{3.44}$$

となり，同様にして次式を得る。

$$P_n'(0)=-\lambda P_0(t)+\mu P_1(t) \tag{3.45}$$

適当な初期条件を与えて，これら微分方程式を解けばよいが，一般にはこの過渡方程式を解くことは難しいので，システムの定常状態を考える。つまり $t\to\infty$ として $P_n(t)$ が t に無関係な P_n が存在すれば $P_n'(t)=0$ となるから，式（3.45），（3.43）は次式のようになる。

$$-\lambda P_0(t)+\mu P_1(t)=0 \tag{3.46}$$

$$\lambda P_{n-1}(t)-(\lambda+\mu)P_n(t)+\mu P_{n+1}(t)=0 \tag{3.47}$$

これが待ち行列システムの定常状態における基本方程式であり，システム内の客数に関して隣接する状態

確率の間の釣合い式を表す。この基本方程式とすべての客数状態確率の和が1になるという式（3.48）の条件から，待ち行列システムに関する諸量の解析解が得られる。

$$\sum_{n=0} P_n = 1 \qquad (3.48)$$

式（3.47）を順次解くと

$$P_n = \rho^n p_0 \quad (n = 1, 2, \cdots)$$

となる。ここで $\rho_n = \lambda/\mu$ である。全確率の式（3.48）から，$\rho < 1$ であれば

$$\sum_{n=0} P_n = p_0 \frac{1}{1-\rho} = 1 \qquad (3.49)$$

となるから

$$p_0 = 1-\rho \qquad (3.50)$$

である。したがって，システム内に n 人の客がいる確率 P_n は次式となる。

$$P_n = \rho^n(1-\rho) \qquad (3.51)$$

なお，$\rho > 1$ のとき待ち行列長や待ち時間は発散する（待ち行列長に上限がある $M/M/1(N)$ などではシステムがいっぱいのときには客は立ち去る前提なので $\rho > 1$ でもかまわない）。以下，式（3.51）の P_n からさまざまな待ち行列の特性を表す諸量を求めることができる。例えば，システム内に客がいない確率 P_0 は

$$P_0 = 1-\rho \qquad (3.52)$$

となる。したがって，ρ は窓口が利用されている確率を表すため，利用率と呼ばれることがある。システム内にいる平均客数 L は

$$L = \sum_{n=1}^{\infty} nP_n = (1-\rho)\sum_{n=1}^{\infty} n\rho^n = \frac{\rho}{1-\rho} \qquad (3.53)$$

となり，窓口でサービスを受けている人を除いた平均待ち行列長 L_q は，L から窓口利用確率 ρ を引けばよいので

$$L_q = L - \rho = \frac{\rho^2}{1-\rho} \qquad (3.54)$$

となる。ここで，平均客数 L と平均滞在時間 W（待ち時間＋サービス時間）の間には

$$L = \lambda W \qquad (3.55)$$

の関係が成立する。これを**リトルの公式**（Little's law）というが，客がシステム内に平均 W 時間滞在する間に平均して λW〔人〕がシステムに到着することになるので，それがシステム内平均客数となることを意味する。これより，システム内での平均滞在時間 W は

$$W = \frac{L}{\lambda} = \frac{\rho}{\lambda(1-\rho)} = \frac{1}{\mu-\lambda} \qquad (3.56)$$

となり，サービスを受けるまでの平均待ち時間 W_q は

$$W_q = \frac{L_q}{\lambda} = \frac{\rho^2}{\lambda(1-\rho)} = \frac{\lambda}{\mu(\mu-\lambda)} \qquad (3.57)$$

となる。

（3）　サービス時間が一般分布の場合（$M/G/1$）

客の到着とサービスの確率分布がランダム，つまり指数分布に従う場合の待ち行列システムの特性値は比較的簡単に解析解が得られることがわかった。一方，到着はランダムであってもサービスの処理時間が一定である場合やその他の確率分布に従う場合も多いが，一見解析がやさしそうな規則型を含め，ランダム型以外の分布では一般に解析が困難である。そのようなシステムの待ち行列解析でも適用可能な便利な公式が**ポラチェック・ヒンチンの公式**（Pollaczek-Khinchine formula）である。

いま，B をサービス時間（平均サービス時間・$1/\mu$），R を新しい客が到着したときに窓口でサービスを受けている客の残りサービス時間を表す確率変数とする。そうすると，新たに来た客がサービスを受けるまでに平均して待つ時間 W_q は，すでに待っている客数 L_q がすべて処理される時間と R の期待値の和であるので

$$W_q = \frac{L_q}{\mu} + \rho E(R) \qquad (3.58)$$

となる。リトルの公式から $L_q = \lambda W_q$ であるので，これを代入して以下の式を得る。

$$W_q = \frac{\rho E(R)}{1-\rho} \qquad (3.59)$$

ここで，i 番目の客のサービス時間が $B = b_i$ であるとき，その客へのサービス開始時点から s 時間後（$0 \leqq s < b_i$）の R は $R = b_i - s$ となり，b_i 時間後にはつぎの客のサービス時間 b_{i+1} に不連続に変化し，再び同様に時間経過に応じて線形に R は減少する。時間経過に応じて R はこれを繰り返すことになるため，R の期待値 $E(R)$ は

$$E(R) = \lim_{t\to\infty}\frac{1}{t}\int_0^t R dt = \lim_{t\to\infty}\frac{1}{t}\sum_{i=1}^{\infty}\int_0^{b_i}(b_i - s)ds$$

$$= \lim_{t\to\infty}\frac{1}{t}\sum_{i=1}^{\infty}\frac{b_i^2}{2} = \lim_{t\to\infty}\frac{1}{E(B)}\frac{1}{\dfrac{t}{E(B)}}\sum_{i=1}^{\infty}\frac{b_i^2}{2} \qquad (3.60)$$

となる。ここで，$t/E(B)$ は t 時間に処理される平均客数であるため

$$\frac{1}{t/E(B)}\sum_{i=1}^{\infty} b_i^2 = E(B^2) \tag{3.61}$$

となる。したがって

$$E(R) = \frac{1}{E(B)}\frac{E(B^2)}{2} \tag{3.62}$$

となり（余命の平均[29]），式 (3.59) はけっきょく

$$W_q = \frac{\rho}{1-\rho}\frac{E(B^2)}{2E(B)} = \frac{\lambda}{\mu-\lambda}\frac{\sigma^2+E(B)^2}{2E(B)}$$

$$= \frac{\lambda}{\mu(\mu-\lambda)}\frac{c_B^2+1}{2} \tag{3.63}$$

と表せる。式 (3.63) をポラチェック・ヒンチンの公式という。σ^2 は B の分散，c_B は B の変動係数である。この式から $M/G/1$ のサービス分布の平均と分散がわかれば平均待ち時間が求まり，分散が大きいほど待ち時間が大きくなることがわかる。また，$M/G/1$ の平均待ち時間は $M/M/1$ の場合の $(c_B^2+1)/2$ 倍になることもわかる。なお，システム内の平均滞在時間 W と客数の平均 L はそれぞれ以下の式で求められる。

$$W = W_q + E(B) \tag{3.64}$$

$$L = L_q + \rho \tag{3.65}$$

さて，この公式は $M/G/1$ にも適用可能だが，当然ながら指数分布でも規則型（確定）分布でも適用可能である。例えば，$M/M/1$ では B の変動係数は 1 であるので式 (3.57) に一致することがわかる。また $M/D/1$ であれば B は規則型なので分散・変動係数ともに 0 となり

$$W_q = \frac{\lambda}{2\mu(\mu-\lambda)} \tag{3.66}$$

となり，$M/M/1$ の待ち時間の半分になることがわかる。ランダム型（指数分布）と規則型の中間であるアーラン分布は，サービス間隔が指数分布である窓口が k 個直列につながった場合のトータルのサービス時間 t の分布を表し，平均サービス時間を $1/\mu$ とした場合のその分布は k 相アーラン分布と呼ばれ

$$f(t) = \frac{(k\lambda)^k}{(k-1)!}t^{k-1}e^{-k\lambda t} \tag{3.67}$$

で表される。$k=1$ で指数分布，$k=\infty$ で規則型となる（**図 3.13** 参照）。

なお，0 がピークで単調減少する指数分布は実際のサービス間隔に合わないこともあり，その場合にはある値にピークを持つ単峰形のアーラン分布の方が望ましいこともある。k 相アーラン分布のサービス時間の分散は $1/k\mu^2$ であるため，平均待ち時間は

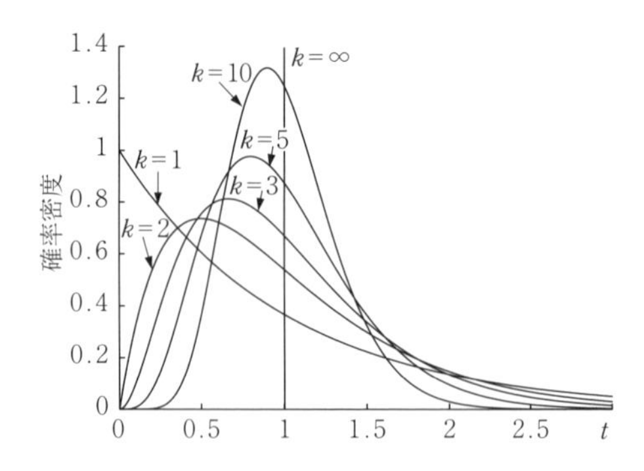

図 3.13　k 相アーラン分布（$\lambda=\mu=1$）

$$W_q = \frac{\lambda}{2\mu(\mu-\lambda)}\left(\frac{1}{2}+\frac{1}{2k}\right) \tag{3.68}$$

となり，平均待ち時間は $M/D/1$ と $M/M/1$ の間になる。以上のような代表的な確率分布以外の一般分布においても平均と分散がわかればポラチェック・ヒンチンの公式で平均待ち時間等が求められる。

（平田輝満）

〔3〕 マルコフ過程とアセットマネジメントの基礎

（1） アセットマネジメントとマルコフ過程　**アセットマネジメント**（asset management, **AM**）を実践する上での当面の目標は，社会基盤施設の**ライフサイクル費用**（life cycle cost）を最小化するような補修施策を決定することである。一般的には予防保全か，事後保全かを選択することになる。ライフサイクル費用の算出に際しては，補修費用の積算もさることながら，補修タイミングを決定するための**劣化予測**（deterioration prediction）が重要な要素技術となる。

劣化予測に関しては力学的な挙動や材料特性を考慮した方法論がその中心であったが，近年のアセットマネジメント分野においては統計的劣化予測が主流となってきている。これは，社会基盤施設に対する点検は目視が主体であり，目視点検を通して得られる情報が離散的な多段階の健全度情報であることに起因する。つまり，離散的健全度間の推移状態を記述することができれば劣化過程を表現することが可能となるが，これは**マルコフ過程**（Markov process）と整合的であることが従来から指摘されていた。さらに，マルコフ過程に基づいて劣化予測を行った上で，補修工法と補修費用に関する情報を追加すれば，マルコフ決定過程を援用することによりライフサイクル費用最小化を達成するような補修施策を決定することができる。すなわち，現状の点検体制に則した形でアセットマネジメントを実践することができる。

（2） 目視点検の不確実性と確率過程　社会基盤

施設に対する目視点検データは通常，多段階の離散的な健全度として与えられる。いま，ある社会基盤施設の劣化過程が**図3.14**のように与えられたと仮定する。さらに目視点検データがJ段階の健全度で評価されると考える。健全度1が新設状態であり，健全度Jは最も劣化が進行した使用限界状態である。同図において，社会基盤施設は時点τ_{i-1}で健全度$i-1$からiへ，時点τ_iで健全度iから$i+1$へ進展している。

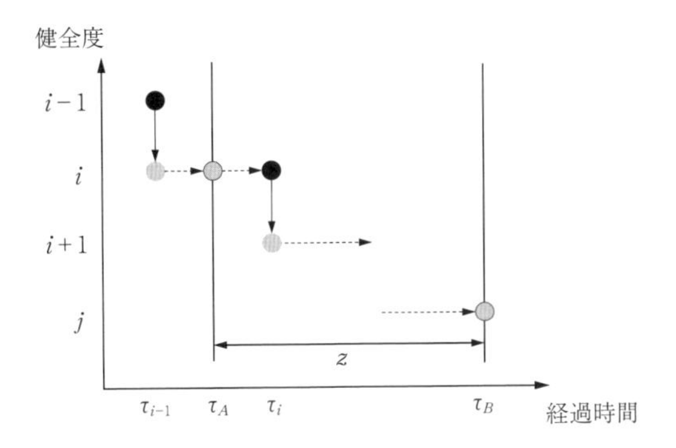

図3.14　社会基盤施設の劣化過程

継続的なモニタリングが実施可能である場合には，当該社会基盤施設をセンサー等により常時監視することによって，図3.14のような劣化過程に関する完全な情報を得ることができる。一方で，τ_Aとτ_Bは目視点検を実施した時点をそれぞれ表している。容易に理解できるように，目視点検を通して劣化過程に関して獲得できる情報は，1回目の目視点検の時点τ_Aで健全度がiであること，2回目の目視点検の時点τ_Bで健全度がjであることだけである。すなわち，目視点検は点検時点での健全度を記録しているに過ぎず，任意時点の健全度からつぎの健全度に推移する正確な時点(τ_{i-1}やτ_i)を捉えることはできない。したがって，目視点検データを用いて劣化予測を行う場合には，このような目視点検データに介在する不確実性に留意することが重要である。

また，実際の健全度の推移に基づいて劣化予測を行う場合には，2回の目視点検の点検間隔z($z=\tau_B-\tau_A$)が重要となる。すなわち，健全度が同じiからjに推移するような場合であっても，点検間隔zが異なると劣化過程も異なる。点検間隔はマニュアルなどで定められてはいるものの，すべての社会基盤施設に対して厳密には一律ではない。点検間隔zも変数であり，不確実性を含む。先述したように，目視点検では劣化過程に関する限定的な情報しか獲得できないばかりか，獲得可能な情報にも不確実性が介在する。しかしながら，限定的かつ不確実性を有する情報のみであっても，確率モデルにより劣化過程を定式化し，目視点検データを用いて劣化過程を統計的に推計することで，社会基盤施設の劣化予測を行うことが可能である。

（3）　**マルコフ過程適用の前提**　　社会基盤施設の管理者が初期時点$t=0$から無限に続く各時点t($t=0, 1, \cdots$)において，当該施設のアセットマネジメントを永続的に実施するような状況を考える。社会基盤施設は無期限にわたり供用され，要求性能レベルは一定に保たれるものとする（つまり，機能向上は考慮しない）。各時点tの直前に目視点検が行われ，社会基盤施設の健全度が判定され，その結果に基づいて，時点tの直前で必要に応じて補修や更新が実施されると考える。管理すべき社会基盤施設は数多く存在するが，その中にある特定の社会基盤施設k($k=1, 2, \cdots, K$)に着目する。対象とする社会基盤施設の健全度は，J段階の離散的な健全度i($i=1, \cdots, J$)で表され，社会基盤施設の劣化が進むにつれてiの値が大きくなる。健全度$i=J$は使用限界状態の健全度であり，健全度がJになっても，当該施設に対してただちに補修が行われない場合，社会基盤施設ごとに設定されたリスク費用が発生するものとする。

以上のような条件の下で，社会基盤施設の管理者がアセットマネジメントを実践していくためには，社会基盤施設の健全度の推移過程を例えばマルコフ過程（具体的には，マルコフ劣化ハザードモデル[30]）によって記述した上で，その劣化予測結果と連動する形であらかじめ最適補修施策を決定しておく必要がある。ここで，「最適」とはライフサイクルを通した補修費用とリスク費用の総和で算出される期待ライフサイクル費用の最小化を意味する。

（4）　**社会基盤施設の補修過程**　　最適補修施策を決定するためには，複数の補修施策案を作成して，それらのライフサイクル費用を相対比較する必要がある。それぞれの補修施策の内容は，社会基盤施設の各健全度に対して採用された「補修アクション」と「補修費用」の組合せにより記述される。

補修アクションは，健全度に応じて補修工法を決定するルールである。いま，社会基盤施設kの補修アクションベクトル$\boldsymbol{\eta}^{d_k}$を

$$\boldsymbol{\eta}^{d_k}=\left(\eta^{d_k}(1), \cdots, \eta^{d_k}(J)\right) \tag{3.69}$$

と表す。ここに補修施策$d_k \in D_k$は，各健全度iに対して，その時点で実施する補修アクションを指定する一連のルールである。また，D_kは社会基盤施設kに対して適用可能な補修施策の集合を表す。補修施策d_kを構成する補修アクション$\eta^{d_k}(j) \in \eta_k(j)$は，健全度$j$の社会基盤施設$k$に対して補修を実施し，健全度

が $\eta^{d_k}(j)$ に推移することを意味する。例えば，補修アクション $\eta^{d_k}(j)=i$ は健全度が j のときに補修を実施すると，補修により健全度が i に回復するというアクションを表現する。$\eta_k(j)$ は健全度 j の社会基盤施設 k に対して採用可能な補修アクションの集合を表し，補修アクション集合と呼ぶ。補修アクション集合には，「補修をしない」というアクションも含まれ，$\eta^{d_k}(j)=j$ と表される。

つぎに，補修費用について定義する。補修アクションベクトル $\boldsymbol{\eta}^{d_k}$ に必要となる社会基盤施設 k の補修費用を費用ベクトル $\boldsymbol{c}^{d_k}=(c_1^{d_k},\cdots,c_j^{d_k})$ により表す。社会基盤施設 k の健全度を j から $i(1\leqq i\leqq j)$ へ回復させるための補修費用を c_{ji} と表せば，$\eta^{d_k}(j)=i$ のとき，$c_j^{d_k}=c_{ji}$ が成立する。補修を実施しない場合（$\eta^{d_k}(j)=j$ が成立する場合）には $c_j^{d_k}=c_{jj}=c$ が成立する。ここで，c は定常的な清掃・維持費用である。ただし，補修費用は条件

$$c_{ii}\leqq\cdots\leqq c_{ji}\leqq\cdots\leqq c_{Ji}\qquad(i\leqq j\leqq J;j=1,\cdots,J)\tag{3.70}$$

を満足すると仮定する。このことは補修前の健全度が悪い方が同一の健全度に回復するための費用が大きくなることを意味する。このとき，社会基盤施設 k の補修施策 $d_k\in D_k$ の内容は，各健全度 i に対して採用される補修アクション $\eta^{d_k}(j)$ と補修費用 $c_j^{d_k}$ の組合せ $(\eta^{d_k}(j),c_j^{d_k})$ により記述される。各健全度に対して利用可能な補修アクションの数は有限個である。補修施策は各健全度に対して利用可能な補修アクションの組合せにより定義できるため補修施策も有限となる。

時点 t の健全度を状態変数 $h(t)$ によって表す。さらに，時点 t の健全度 $h(t)=i$ から，時点 $t+1$ で健全度 $h(t+1)=j$ に推移する確率を

$$\mathrm{Prob}\left[h(t+1)=j\,\middle|\,h(t)=i\right]=\pi_{ij}\tag{3.71}$$

と表すこととする。ここで推移確率 π_{ij} はマルコフ劣化ハザードモデルを利用して式(3.71)で与えられる。さらに，社会基盤施設 k のすべての健全度間の推移確率を

$$\boldsymbol{\Pi}_k=\begin{bmatrix}\pi_{11}&\pi_{12}&\cdots&\pi_{1J}\\0&\pi_{22}&\cdots&\pi_{2J}\\\vdots&\vdots&\ddots&\vdots\\0&0&\cdots&\pi_{JJ}\end{bmatrix}\tag{3.72}$$

と行列表記して定義する。推移確率行列 $\boldsymbol{\Pi}_k$ の (i,j) 要素である π_{ij} は推移確率であり，当然ながら非負の値をとる。補修がない限りつねに劣化が進行するため $\pi_{ij}=0(i>j)$ が成立する。さらに，推移確率の定義より，$\sum_{j=i}^{j}\pi_{ij}=1$ が成立する。また，補修がない限り，π_{JJ} はマルコフ連鎖における吸収状態であり，$\pi_{JJ}=1$ が成立する。

つぎに，補修施策 $d_k\in D_k$ を構成する補修アクション $\eta^{d_k}(i)$ により生じる社会基盤施設の健全度の変化を

$$q_{ji}^{d_k}=\begin{cases}1&\eta^{d_k}(j)=i\text{のとき}\\0&\text{それ以外のとき}\end{cases}\tag{3.73}$$

と定義する。つまり，補修が実施された後の健全度 j は確率1で健全度 i に推移し，補修が実施されない場合は，確率1で健全度 j にとどまることを示している。式(3.72)に示すように，補修を考慮しない場合には社会基盤施設の健全度が自然に回復することはない（$\pi_{ij}=0(i>j)$）。したがって，補修による健全度の回復を定義する必要があり，これを推移確率 $\boldsymbol{Q}^{d_k}$ として整理することにより，次式を得る。

$$\boldsymbol{Q}^{d_k}=\begin{bmatrix}q_{11}^{d_k}&q_{12}^{d_k}&\cdots&q_{1J}^{d_k}\\q_{21}^{d_k}&q_{22}^{d_k}&\cdots&q_{2J}^{d_k}\\\vdots&\vdots&\ddots&\vdots\\q_{J1}^{d_k}&q_{J2}^{d_k}&\cdots&q_{JJ}^{d_k}\end{bmatrix}\tag{3.74}$$

以上のような補修施策の下で管理される社会基盤施設の劣化・補修過程を健全度分布の推移として表現する。社会基盤施設 k に対する目視点検が z 期ごとに実施されると想定する。このとき，任意時点 $t=T(t\leqq z)$ における健全度分布 $\boldsymbol{s}^{T,d_k}$ は

$$\boldsymbol{s}^{T,d_k}=\boldsymbol{s}^{0,d_k}\boldsymbol{\Pi}^{z-1}\left\{\boldsymbol{Q}\boldsymbol{\Pi}^{z}\right\}^{l-1}\boldsymbol{Q}\boldsymbol{\Pi}^{\tau+1}\tag{3.75}$$

と表される（ただし，$\boldsymbol{\Pi}$ の添字 k および $\boldsymbol{Q}$ の添字 d_k は略記している）。ここで健全度分布 $\boldsymbol{s}^{T,d_k}$ は，補修施策 d_k を採用したときに，時点 $t=T$ における健全度の比率を示した行ベクトルである。また，上式中の l は時点 T までの点検回数，τ は最終点検の実施時点から時点 T までの期間であり，$T=lz+\tau$ が成立する。ただし，初期時点 $t=0$ において目視点検と補修が実施されるものと考える。さらに，ここではより単純化するために，① 最も健全な状態を表す健全度1では補修を実施しない；$\eta^{d_k}(1)=1$，② いずれの補修工法を用いた場合であっても健全度は1に完全に回復する $\eta^{d_k}(j)=1(j=2,\cdots,J)$；という二つの仮定を設ける。なお，このような仮定を設けたとしても大半の問題に対しては実用性を損ねるほどの影響はないものと考えているが，上記の仮定を設けない一般的な劣化・補修過程に関しては文献32）を参照されたい。ちなみに補修施策を考慮しない単純な劣化過程を健全度分布の

推移で表現する場合には，$\boldsymbol{Q}^{d_k}$ を単位行列と考え，次式を得る。

$$\boldsymbol{s}^T=\boldsymbol{s}^0\boldsymbol{\Pi}^{z-1}\left\{\boldsymbol{\Pi}^z\right\}^{l-1}\cdot\boldsymbol{\Pi}^{\tau+1}=\boldsymbol{s}^0\boldsymbol{\Pi}^{lz+\tau}=\boldsymbol{s}^0\boldsymbol{\Pi}^T \tag{3.76}$$

（5） ライフサイクル費用評価と最適補修施策

現在時点における健全度分布 $\boldsymbol{s}^0$，劣化過程に関する推移確率行列 $\boldsymbol{\Pi}_k$，補修施策 $d_k\in D_k$，目視点検・補修の実施間隔 z が決まれば，将来時点 t の健全度分布 $\boldsymbol{s}^{t,d_k}$ を求めることができる。さらに，この健全度分布に対し，各社会基盤施設の補修費用，リスク費用を用いることで，対象期間における期待ライフサイクル費用を算出することが可能となる。対象とする K 個の社会基盤施設すべてに対して補修施策 $d\in D$，目視点検・補修の間隔 z を採用した場合を想定する。任意の社会基盤施設 k に対する現在時点の健全度分布を $\boldsymbol{s}_k^{0,d_k}$，劣化過程に関する推移確率行列を $\boldsymbol{\Pi}_k$ とすると，将来時点 t の健全度分布 $\boldsymbol{s}_k^{t,d_k}$ が式（3.76）に示した方法により求まる。

ここで，時点 t において補修が実施される場合に生じる費用に着目する。補修施策 $d_k\in D_k$ に基づいて各健全度における補修の実施の有無，補修内容が決まり，各健全度における補修費用 $\boldsymbol{c}_k^{d_k}=\left(c_{k,1}^{d_k},\cdots,c_{k,j}^{d_k}\right)$ が定まる。このとき，期待補修費用は

$$CM_k^{t,d_k}=\boldsymbol{s}_k^{t,d_k}\left\{\boldsymbol{c}_k^{d_k}\right\}^T \tag{3.77}$$

となる。補修が実施される場合，健全度が J の社会基盤施設に対しては補修が必ず実施されるために，リスク費用は発生しない。つぎに，時点 t において補修が実施されない場合に生じる費用に着目する。補修を実施しない場合，補修費用は生じないが，最も健全度が悪い健全度が J の社会基盤施設には社会的損失が発生する。このとき，期待リスク費用は

$$CR_k^{t,d_k}=x_k^{t,d_k}(J)c_k^r \tag{3.78}$$

となる。ただし，$x_k^{t,d_k}(J)$ は時点 t において社会基盤施設 k が健全度 J に達する確率，c_k^r は部材 k のリスク費用である。以上より，部材 k の現在時点から対象期間 T におけるライフサイクル費用 $LCC_k^{d_k}$ は

$$LCC_k^{d_k}=\sum_{t=0}^{T}\gamma^t\left(\delta^{t,d_k}CM_k^{t,d_k}+\left(1-\delta^{t,d_k}\right)CR_k^{t,d_k}\right) \tag{3.79}$$

と求めることができる。ただし，γ^t は社会的割引率，δ^{t,d_k} は補修の実施の有無を表す変数であり

$$\delta^{t,d_k}=\begin{cases}1 & \text{補修が実施される場合}\\ 0 & \text{補修が実施されない場合}\end{cases} \tag{3.80}$$

である。したがって，K 個の社会基盤施設すべてのライフサイクル費用 LCC^{d_k} は

$$LCC^{d_k}=\sum_{k=1}^{K}LCC_k^{d_k} \tag{3.81}$$

である。このとき，期待ライフサイクル費用最小化を実現する最適補修施策は

$$d_k^*=\min_{d_k\in D}\left\{LCC^{d_k}\right\} \tag{3.82}$$

として選定される。

（6） おわりに アセットマネジメントの概要を説明するために，目視点検データに基づく劣化予測手法として近年着目されているマルコフ過程と，それと連動するマルコフ決定モデルによってライフサイクル費用最小化を達成する最適補修施策の決定手法についても説明を行った。一般的なライフサイクル費用評価であれば，ここで述べた方法を適用することによって，ある程度の評価は可能である。しかし，割引率の適用をどのように考えるか，それに関連して割引現在価値最小化法と平均費用最小化法[31]のいずれを適用するのか，という問題を検討していくためには，さらに高度な方法論を習得する必要がある。また，近年では **PFI**（private finance initiative）や **BOT**（build operate transfer）をはじめとして，ある一定年数の間，社会基盤施設を維持管理するという事例も増加してきている。そのような場合には維持管理の終了期における社会基盤施設の健全度をどの段階に設定するかで，それ以前の最適補修施策が変化する。この問題を扱う場合には，本節で述べたような単純なマルコフ決定過程を適用することはできない。さらに，社会基盤施設の廃棄を含めた最適補修施策を検討する際には，リアルオプションアプローチ[32]などを援用して問題の解決を図る必要がある。（貝戸清之）

〔4〕 評価モデル（DEA，AHP）

土木計画学の評価モデルには，多くの場合「多基準」であることが求められる。これは，社会基盤整備の効果や影響が広範囲にわたるからである。このような観点から，多基準分析による評価モデルが，土木計画学において多く利活用されている。

ここでは，多基準分析による評価モデルの代表的手法である**包絡分析法**（data envelopment analysis，以降 **DEA**）と**階層分析法**（analytic hierarchy process，以降 **AHP**）について説明する。

DEA は，事業体の活動に関する効率性を多入力・多出力の比を用いて，比率尺度で相対的に測定することが可能な手法である。既存の重回帰分析等は，事業体データの平均像を分析し，予測などに活用する手法であるが，DEA は最優秀事業体群を発見し，これらをベンチマークとして他の事業体の効率性を評価する

手法である点に特徴を有している。DEAは人間の価値観などの情報は一切含まず，「データに語らせる」という観点から，事業体活動の効率性の客観的評価等に適する手法である。

AHPは，問題を評価要因と代替案に分解し，これらを比較評価して重み付けを行い，評価要因の重要度やその重要度を加味した代替案の評価を定量的に分析することが可能な手法である。すなわち，人間の主観的・感覚的な評価を定量的・多基準的に分析が可能な点に特徴を有している。「人間の価値観を定量化する」という観点の評価モデルであり，参加型計画立案プロセスにおける集団合意形成支援等に適する手法である。

以降において，これらの評価モデルを概説する。

（1） **DEA**[33),34)]　DEAの基本モデルとして，Cooperらによって提案されたCCR（Charnes-Cooper-Rhodes）モデルがある。このモデルは，規模に関して収穫一定を仮定したモデルである。以降においては，入力指向型CCRモデルを説明する。

まず，DEAでは分析対象（事業体等）を一般にDMU（decision making unit）という。ここで，n 個のDMUがあると仮定し（$\mathrm{DMU}_j, j=1, \cdots, n$），それぞれ m 個の入力項目と s 個の出力項目があると仮定する。それらの中で評価対象とする任意のDMUを DMU_o と表し，その入力データを x_{mo}，出力データを y_{so} と表す。各入力項目に関する各ウエイトを $v_m (m=1, \cdots, M)$，各出力項目に関する各ウエイトを $u_s (s=1, \cdots, S)$ とするとき，それらのウエイトを算出する問題は以下のように定式化される。

$$(FP_o) \qquad \max_{v,u} \qquad \theta_o = \frac{\sum_s u_s y_{so}}{\sum_m v_m x_{mo}}$$

$$\text{subject to} \quad \frac{\sum_s u_s y_{sj}}{\sum_m v_m x_{mj}} \leqq 1 \quad (j=1, \cdots, n) \qquad (3.83)$$

$$v_m \geqq 0, \quad u_s \geqq 0$$

式(3.83)の最適解を$(v_m{}^*, u_s{}^*)$，最適目的関数値を $\theta_o{}^*$ と表す。この DMU_o に関する $\theta_o{}^*$ の値が効率性の評価値を与える。このとき，$\theta_o{}^*=1$ ならば DMU_o は効率的であり，$\theta_o{}^*<1$ ならば DMU_o は非効率的であることを示す。

さらに，入力項目の一律 θ^* 倍の縮小による効率性改善案を提示する入力指向型CCRモデルにおける効率性改善案$(\hat{x}_o, \hat{y}_o)$は式(3.84)，(3.85)のとおりである。

$$\hat{x}_o = \theta^* x_{mo} - slack^{-*} \qquad (3.84)$$

$$\hat{y}_o = y_{so} + slack^{+*} \qquad (3.85)$$

ここで，$slack^{-*}$ は入力の余剰，$slack^{+*}$ は出力の不足である。これらの効率性スコアならびに改善案のモデルイメージ（全DMUの出力を一定とし，2個の入力を仮定した入力空間）を**図3.15**に示す。

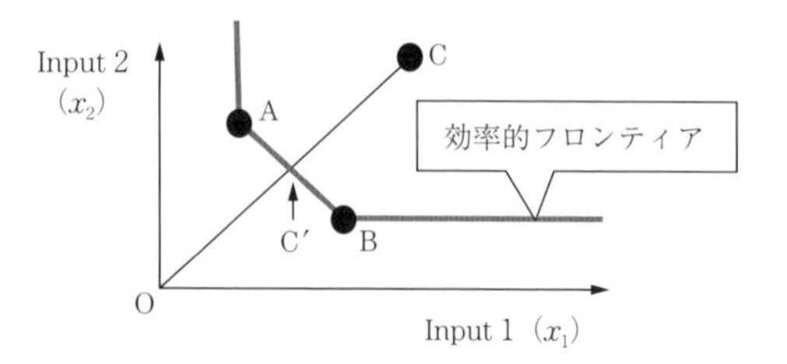

図3.15　効率性スコアと改善案のモデルイメージ

図3.15において，点A，B，CはDMUであり，AとBは効率的，Cは非効率的である。さらに，Cの効率性評価値は $\theta^*=\mathrm{OC}'/\mathrm{OC}<1$ となる。また，入力指向型CCRモデルによるCの効率性改善案は，式(3.84)のとおり入力値 x の一律 θ^* 倍の縮小（点C′への移動）として表される。

DEAの特長は，既述のとおり多入力・多出力の多基準的観点から，事業体の効率性を評価することが可能な点にある。すなわち，一般的な重回帰分析等の手法では，1出力（目的変数）と多入力（説明変数）の関係を分析するものに限られており，多入力・多出力のケースを分析することができなかった。また，式(3.83)にあるように，最も効率性スコアが高くなるような最適ウエイトが，DMUごとにそれぞれ異なって設定されることから，それぞれのDMUの特性なども併せて分析・把握することが可能になる。さらに，式(3.84)，(3.85)に示すように，効率的フロンティアに到達するための効率性改善案も併せて提示できること，等が挙げられる。

適用における注意点として，入出力項目が多数となる場合，効率的と評価されるDMUが多数出現することになる。これは，最適ウエイトがDMUごとにすべて異なって設定されることに起因する。よって，事業体の評価を目的とした適用においては，入出力項目の選定を慎重に行う必要がある。さらに，最適ウエイトの設定が極端になるケースがある。例えば，入力項目1にすべてのウエイトが付与され，入力項目2にはウエイトがまったく付与されない場合等がある。よって，総合的な観点から事業体を評価することを分析目的とする場合には，ウエイト設定に制約を設けたモデル（領域限定法）適用の検討等が必要となる。また，算出された効率性改善案は非効率と評価されたDMUが効率的フロンティアに到達するための指標値を表しているものの，実現可能性等を考慮した改善案ではない，ということを理解しておく必要がある。

このような特性を踏まえ，DEAは公益事業体評価，公共交通事業体評価，バス路線評価，交通システム効率性評価，道路効率性評価，空港運営・経営評価，自治体経営評価，環境・エネルギー効率性評価，等の分野で多く適用されている。

また，今後の手法の発展方向性として，効率性の新たな計測方法の開発，効率性改善案創出に関する新モデルの開発，最適ウエイト設定における意思決定者の選好情報の組入れ，等が挙げられる。

（2） AHP[35]　AHPは，Saatyによって提案された手法であり，多基準的観点から成る複雑な意思決定問題を構造化・定量化することが可能である。これは，**図3.16**に示すように，問題を総合目的（goal）－評価要因（criteria）－代替案（alternative）に整理し階層図を設定する。

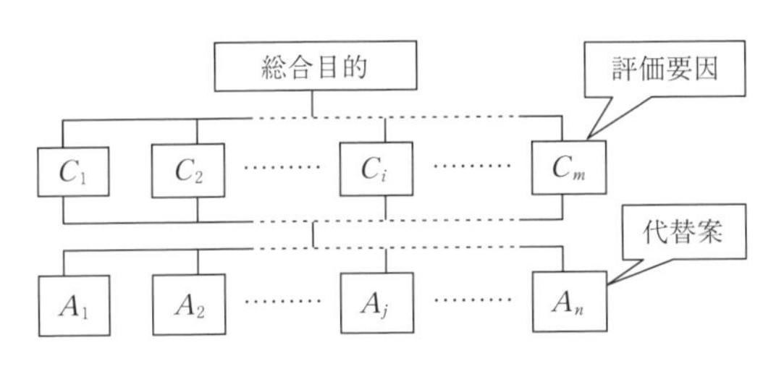

図3.16　階層図の一般例

ここで，C_iは評価要因$i\,(i=1\sim m)$，A_jは代替案$j\,(j=1\sim n)$である。これらから，代替案A_jの総合ウエイトX_jは式(3.86)により求めることができる。

$$\left[X_j\right]=\begin{bmatrix}X_1\\X_2\\\vdots\\X_j\\\vdots\\X_n\end{bmatrix}=\begin{bmatrix}s_{11}&s_{21}&\cdots&s_{i1}&\cdots&s_{m1}\\s_{12}&s_{22}&\cdots&s_{i2}&\cdots&s_{m2}\\\vdots&\vdots&\ddots&&\ddots&\vdots\\s_{1j}&s_{2j}&&s_{ij}&&s_{mj}\\\vdots&\vdots&&&\ddots&\vdots\\s_{1n}&s_{2n}&\cdots&s_{in}&\cdots&s_{mn}\end{bmatrix}\begin{bmatrix}W_1\\W_2\\\vdots\\W_i\\\vdots\\W_m\end{bmatrix}\tag{3.86}$$

ここで，X_jは代替案jの総合ウエイト，s_{ij}は評価要因iに関する代替案jの評価値，W_iは評価要因iのウエイトである。このように，W_iは被験者の価値観を表しており，どの評価要因がどの程度重視されているかを把握できる。また，X_jはこのW_iを勘案した総合評価値である。このs_{ij}ならびにW_iは，一般的に一対比較法によって各要素間の重要度を評価し，その評価値に基づき一対比較マトリックスを作成して，その固有値を用いた固有値法（多くの場合，簡易計算法である幾何平均法が用いられる）によって算出される。また，各被験者の回答の整合性については，コンシステンシー指数を用いて確認できる。

AHPの特長は，特に定量化が困難であった人間の価値観をシステム的に分析可能な点にある。例えば，既存の費用便益分析等においては，貨幣的計測が可能な項目の便益のみを対象としていたが，AHPを活用すれば，非市場的価値の定量化が可能になることから，多基準的観点から道路整備の評価[36]が可能になる。また，評価のプロセスにおいては，地域住民などのステークホルダーがアンケートの被験者になることから，手続き的公正を高める効果があり，参加型計画立案プロセスにおける集団合意形成支援等が可能になる。

適用における注意点として，既存の重回帰モデル等においては，その信頼性は統計学的観点から担保されるが，AHPにおいては，各被験者の回答の首尾一貫性はコンシステンシー指標によって判断可能ではあるものの，AHPの評価値と実際の意思決定や行動などとの整合性の検証方法は，まだ十分に確立されているとはいえない。また，回答においては，一対比較による要素間の総当たり評価が必要になることから，評価要因と代替案の要素数が多くなる場合，被験者の評価負担が増加し，整合性が担保された回答が得られにくくなる問題点等がある。さらに，新規代替案を追加して再評価した場合，それまでの評価結果の順位が逆転する可能性（順位逆転現象）がある。

このような特性を踏まえ，AHPは道路投資評価，交通施設機能評価，バス事業活性化方策評価，防災計画評価，景観評価，建設優先順位決定，中心市街地活性化計画評価，空港・航空計画評価，都市空間評価，歩行環境評価，鉄道計画評価，居住環境評価，都市・交通バリアフリー評価，住民参加型計画支援，合意形成支援，等の分野で多く適用されている。

また，今後の手法の発展方向性として，各要素間の関連性を考慮可能なモデルの開発，被験者の評価負担の軽減が可能な評価法の開発，等が挙げられる。

（鈴木聡士）

3.1.3　シミュレーション手法

コンピューター演算処理能力の著しい向上により，土木計画分野へのシミュレーション手法の適用が盛んに行われている。ここでは，手法の概要と特性を整理したのち，政策評価の留意点を説明する。

〔1〕 シミュレーションの基礎

土木計画が対象とする問題は，その構造が複雑であり，システム全体の振舞いを直接かつ正確に記述することは難しい。そのような場合，システムがある状態から別の状態へ移行する要因を単純化したモデルで記述し，計算機を用いて個々の要因の挙動やシステムへの影響を実験的に解析する手法が**シミュレーション**（simulation）である。シミュレーションは必ずしも計算機を利用するものではないが，大量の計算量や乱数を必要とすることが多く，現在では必然的に計算機を利用している。シミュレーション手法の特性として，つぎのようなことが挙げられる。

① 解析的な解の導出が困難である問題に対して，近似解を得る手段となる。

② 解あるいは特定の状態に至る動的な過程を観察することができる。

③ 確率的事象を簡単に取り扱える。

④ 時間的・空間的な連続性を取り扱える。

⑤ 感度分析が容易に行える。

⑥ 主体の行動合理性を限定したり，主体間の相互作用を考慮することが可能である。

⑦ 結果の頑健性を示すには，初期値やパラメーター値の設定，乱数シードを変えながら，多数回計算しなければならない。

⑧ 最適解を得られるとは限らない。

⑨ 初期値・パラメーター値の自由度が大きいため，それらの設定により結果が大きく変化することもある。結果の妥当性は慎重に検証する必要がある。

このような特性から，シミュレーション手法はおもにつぎのような場合に用いられる。

① 厳密な数理モデル構築が不可能な場合。もしくは数理モデル構築は可能だが，代数的に解を得ることが困難な場合。

② 複数の代替案を比較検討する場合。特に，コストやリスクの問題から，現実世界での実験的試行が困難な場合。

（1） **分析の流れ**　ここではシミュレーションによる分析手順および注意点を説明する。シミュレーション分析においては，問題設定に合致した機能を持つシミュレーションモデルを開発（もしくは既存のモデルを選択）することが重要であるとともに，分析に耐え得るデータを取得可能かについて吟味し，必要に応じて新たなデータ収集を行う必要がある。一般的なシミュレーション分析の流れはつぎのような段階に分けられる。

① 問題の明確化：何をどこまで明らかにしたいのか，すなわち分析対象とする問題を設定することから始まることは通常のシステムズアナリシスのプロセスと変わりない。この段階で特に重要なのは，分析対象範囲（空間的な範囲や分析対象とする時間長，およびそれらの詳細度），何を主体とするのか（個人，世帯，企業，ドライバー等），そして主体の詳細な属性設定（年齢，性別等）である。

② シミュレーションモデルの構築：問題設定に合致した機能を有する既存のシミュレーターを選択するか，新たにシミュレーションプログラムを開発する。新たに開発する場合は，まず主体（間）の行動を表現する数理モデルや論理モデルを作成する。また，コンピューター言語への変換を行う前に**シミュレーションクロック**（simulation clock）の進行方式を決定する必要がある。進行方式はピリオディックスキャニング方式とイベントスキャニング方式に分類することができる。ピリオディックスキャニング方式は，一定の単位時間ずつシミュレーションクロックを進行させる単純な方法であり，前の時刻の状態を前提としてつぎの時刻の状態を順次更新する，車両の軌跡を表現するような場合は一般にこの方法が用いられる。また，シミュレーション内でつぎに変化する事象がいつ生起するのかが予測できる場合には，イベントスキャニング方式が効率的である。これは，車両が異なる道路区間に移動するといったなんらかの事象が発生するごとに，不定間隔でシミュレーションクロックを進行させる方式である。一般に，イベントスキャニング方式はピリオディックスキャニング方式に比べ演算時間が短くて済む場合が多い。

③ データ整備：問題設定に見合った精度のデータを収集する。どのようなデータが必要となるかは，シミュレーションの構造に依存している。大別するならば，統計資料や調査などから入手や観測が可能なデータと，シミュレーションのアルゴリズム上なんらかの値を任意に設定する必要があるパラメーターに分けることができる。パラメーターについては，初期値の与え方や許容設定範囲を事前に整理しておく必要がある。

④ **妥当性検証**（internal verification）：プログラムの演算論理の確認を行うとともに可能であれば現況再現を行い，各パラメーターのキャリブレーション（調整）を実施する。

⑤ 実験計画とシナリオ分析：問題設定に合致した実験計画を設計し，複数のシナリオの計算結果を比較する。なお，比較に当たっては問題設定に合致した評価指標が求められる。

（2） **モンテカルロ法**　もともと**モンテカルロ法**（Monte Carlo method）とは，決定論的な数学の問題を乱数を用いて解くことを意味していたが，一般に確率的なモデルを組み込んだシミュレーションと同義に使われる場合もある。モンテカルロ法を実行する場合に不可欠なものが**疑似乱数**（pseudorandom number）である。計算機で疑似乱数を生成する方法はさまざま開発されているが，それらはすべて一様分布に従った乱数（一様乱数）を生成する。最も普通に使われている方法は，単純な線形漸化式を利用するものであり，その中でSPSSやMATLAB，Rなどのソフトウェアパッケージに採用されているのが，**メルセンヌツイスター**（Mersenne twister）[37]である。きわめて高速なアルゴリズムで，しかもその周期は$2^{19937}-1$と巨大であり，そして一様分布性にたいへん優れている。シミュレーションで疑似乱数を利用する場合，一様分布以外の分布に従う疑似乱数が必要となることが多い。例えば定常状態における車頭時間は指数分布に従い，歩行者の歩行速度の分布は正規分布に従うとされている。これらの分布に従う乱数は，一様乱数からの変換によって作成することができる。

① 指数乱数への変換：確率密度関数$f(x)=\lambda e^{-\lambda x}$に従う指数乱数$X$は，一様乱数$U$を用いて，式（3.87）によって得る。

$$X=-\left(\frac{1}{\lambda}\right)\ln U \tag{3.87}$$

② 標準正規乱数への変換：二つの独立な一様乱数U_1, U_2を用い，式（3.88）によって変換されるXとYは，確率密度関数$f(x)=\left(1/\sqrt{2\pi}\right)e^{-x^2/2}$に従う独立な標準正規乱数となる。

$$\left.\begin{aligned} X&=\sqrt{-2\ln U_1}\cos\left(2\pi U_2\right)\\ Y&=\sqrt{-2\ln U_1}\sin\left(2\pi U_2\right)\end{aligned}\right\} \tag{3.88}$$

指数分布や標準正規分布に従う疑似乱数の生成法は，多数存在する。また，一般によく用いられる他の確率分布についても，一様乱数の変換という厳密手法によって生成可能である。

（3）マルコフ連鎖モンテカルロ法　任意の分布に従う疑似乱数列を近似的に生成する汎用手法として**マルコフ連鎖モンテカルロ法**（Markov chain Monte Carlo method，**MCMC法**）がある。その概略は，**マルコフ連鎖**（Markov chain）と呼ばれる確率過程の性質を利用し，モンテカルロ法により，所望の確率分布からのサンプリングを行うものであり，**メトロポリス・ヘイスティング アルゴリズム**（Metropolis-Hastings algorithm，**MH** algorithm）や**ギブスサンプラー**（Gibbs sampler）など複数の技法が提案されている。ある確率密度関数$f(X)$を**目標分布**（target distribution）とし，これに従う疑似乱数列を生成するMHアルゴリズムの概要を以下に示す。

① 初期値X_0を設定

② $t=0, 1, \cdots$に対して以下のステップを実行

（i） $Y \sim q\left(Y \mid X_t\right)$を生成

（ii） 一様乱数Uを生成し，確率

$$\alpha(X, Y)=\min\left\{\frac{f(Y)q\left(X \mid Y\right)}{f(X)q\left(Y \mid X\right)}, 1\right\} \tag{3.89}$$

に対して

$$X_{t+1}=\begin{cases} Y, & U \leqq \alpha\left(X_t, Y\right)\text{の場合} \\ X_t, & \text{その他の場合}\end{cases} \tag{3.90}$$

と更新

③ 十分に大きなt以降のX_tを近似的に$f(X)$に従う疑似乱数列とみなす

ここで，$q\left(Y \mid X\right)$は**提案分布**（proposal distribution）と呼ばれ，状態Xを所与とした条件付き確率分布，つまり状態Xから状態Yへのマルコフ推移を記述する関数である。また確率$\alpha(X, Y)$は**採択確率**（acceptance probability）と呼ばれる。目標分布が多峰型の場合に局所的なサンプリングとならないように，この採択確率によって確率が低い状態もときどきサンプリングし，提案分布によるマルコフ推移を調整する役割を果たす。

提案分布の代表的な設定法に**酔歩過程**（random walk）がある。正規分布などの対称な分布に従う確率変数Zを用いて$Y=X_t+Z$とすれば，式（3.89）は式（3.91）のように表される。

$$\alpha(X, Y)=\min\left\{\frac{f(Y)}{f(X)}, 1\right\} \tag{3.91}$$

例えば，目標分布が効用関数に基づく選択確率を表す場合，式（3.91）により選択確率式の分母が約分できるため，全事象の効用値を計算することなく，少ない計算量でサンプルが得られる。この性質を利用することで，巨大な選択肢集合からの確率的選択シミュレーションを効率的に行うことができる[38]。

MHアルゴリズムとともに，よく用いられるMCMC法の技法にギブスサンプラーがある。MHアルゴリズムとの相違点はX_tの更新方法にあり，提案分布を設定することの代わりに**全条件付き分布**（full conditional distribution）を用いてサンプリングを更新していく。確率密度関数$f(X)$に従う具体的なギブスサンプラーのアルゴリズムはつぎのようになる。

① 初期値$X_0=\left(X_{(0)1}, X_{(0)2}, \cdots, X_{(0)n}\right)$を設定

② $t=0, 1, \cdots$に対して，$Y=(Y_1, Y_2, \cdots, Y_n)$を以下

のステップによって生成する。

i） $Y_1 \sim f\left(X_1 \middle| X_{(t)2}, \cdots, X_{(t)n}\right)$ を生成

ii） $i=2, \cdots, n-1$ に対して
$Y_i \sim f\left(X_i \middle| Y_1, \cdots, Y_{i-1}, X_{(t)i+1}, \cdots, X_{(t)n}\right)$ を生成

iii） $Y_n \sim f\left(X_n \middle| Y_1, \cdots, Y_{n-1}\right)$ を生成

③ $\boldsymbol{X}_t = \boldsymbol{Y}$ とする。

④ 十分に大きな t 以降の $\boldsymbol{X}_t$ を近似的に $f(\boldsymbol{X})$ に従う疑似乱数列とみなす。

MCMC 法は，離散変数・連続変数を問わず，また目標分布が高次元であっても適用できるという利点がある一方，得られた標本は高い相関を持つ，目標分布からの厳密な独立標本による推定量よりも分散が大きくなる場合があるなどの問題点を持つ。（菊池　輝）

〔2〕 マイクロシミュレーション

（1） マイクロシミュレーションの特徴　シミュレーションのうち，**活動主体**（agent）が個人やドライバーなどのように個別の行動をとる場合，あるいは世帯や企業などのように目的に照らして個別の行動をとるとみなせる場合，**マイクロシミュレーション**（micro simulation）と呼ぶ。社会現象を個々の主体の行動ベースで捉えようとする手法群の一つである。交通流解析，土地利用モデル，大気環境予測，財政・税・社会保障制度の影響評価などに用いられ，その活用範囲が広がっている[39]。各主体間のマイクロな相互関係を扱うことができ，その影響が全体のシステムにどのように及ぶかを知ることができるツールである。

（2） セグメント　取り扱う問題に求められる精度，入手できるデータ制約，コンピューター性能などによって，主体の**セグメント**（segment）を設定する。そのとき，どの主体間相互関係に着目するかが重要なポイントとなる。例えば，土地利用モデルにおいて，ある個人が，異なる勤務先を持つパートナーと夫婦であり，地元小学校区と密接な関係を持つ子供を持ち，介護の心配を抱える親を郊外に独居させているといったケースでは，夫婦・同居親族・家族といったセグメントとそれらの相関関係の設定がそれぞれ可能である。同居・別居するか，転居するか，リフォームするか，どこに住むかといった選択行動は，セグメント内外の相互関係を踏まえた個々の主体の意思決定に基づき行われる。

（3） シミュレーションサイクル　多くの場合，目標年次は設定されているであろうが，それに向けてシミュレーションを実行する時間サイクルを決める必要がある。交通流であれば秒単位，土地利用変化や社会保障制度評価であれば5年単位の場合もある。扱う主体ごとに遷移サイクルが異なる場合には，設定が複雑になる。交通問題は，時間や日単位で変化可能であるが，その基礎となる土地利用分布は年単位の変化が通常用いられる。シミュレーションサイクルはより短い時間間隔に合わせて設定され，長期変化をする主体の行動は短期変化をする行動分析の与件として扱われることが多い。このとき，短期変化する主体の行動が長期変化する主体の行動に及ぼす影響の盛込み方に配慮が必要である。大別するならば，サイクルの初期あるいは末期などの一時期に一括して相互関係を反映させる場合と，短期変化量の閾値を設定して長期変化に反映させる場合が考えられる。

（4） 主体属性遷移　時間経過とともに主体属性が遷移する。年次変化による年齢，自然増減・婚姻関係変化などによる家族構成，所得などがこれに当たる。入手可能なマクロデータをできるだけ詳細なセグメント単位で得て遷移確率を設定し，乱数の発生等によって主体の属性遷移を求めることが多い。各主体は，遷移した属性のパラメーターに基づき行動することになる。ただし，例えば，10年後の40歳の行動パラメーターが現在の40歳のものと同じとするか異なるとするかといった時期の異なる同じ属性の行動パラメーターの考え方は，分析の前提として定めなければならない。

（5） クローズかオープンか　シミュレーションする地域範囲や対象属性範囲などは，初期設定の段階で定められる。主体総数を固定しその範囲で行う場合は**クローズシステム**（closed system）となる。一方，主体がシステムの外部と出入りする場合は**オープンシステム**（open system）となる。この場合，システム外への移転を表す転出モデルは作成しやすいが，外部からの転入モデルの作成は困難であり，どのような属性を備えた主体に転入させるかが問題となる。基本的には外生的に与えることになるが，シミュレーション結果に与える影響を感度分析などで把握しておく必要があろう。

（6） 初期データの作成　国勢調査などの全数調査に基づいて作成されたデータであればよいが，多くの場合は属性値の集計された周辺分布とサンプルデータによる詳細属性値しか知ることができない。マイクロシミュレーションを実施するに当たり，初期状態を表現するデータ群を作成する必要がある。ここでは，おもに，**IPF**（iterative proportional fitting）法[40]と**モンテカルロサンプリング**（Monte Carlo sampling）による方法を説明する。

a） IPF 法　属性の周辺分布を制約条件として，サンプルデータから得られた分布に近い分割表の

各要素を推計する方法である。二次元の場合は，式（3.92）に基づき行われる。ベースとなる考え方は，最も確率的に生起しやすい分布を推定するということである。

$$\left.\begin{aligned} p_{ij(k+1)} &= \frac{p_{ij(k)}}{\sum_j p_{ij(k)}} Q_i \\ p_{ij(k+2)} &= \frac{p_{ij(k+1)}}{\sum_i p_{ij(k+1)}} Q_j \end{aligned}\right\} \tag{3.92}$$

ここで，p_{ijk} は，k 回目における i 行 j 列の分割表の要素で，Q は周辺分布である。なお，この方法は，式（3.93）で与えられる Kullback-Leibler 情報量の最小化問題と等価である。

$$I(p^*, \pi) = \min_{p \in K} I(p, \pi) = \min_{p \in K} \sum_i \sum_j p_{ij} \log\left(\frac{p_{ij}}{\pi_{ij}}\right) \tag{3.93}$$

ここで，p^* は推定する分布，π は初期分布，K は凸集合である。この方法は，推定後も属性間のオッズ比が等しく，その点での再現性が高いとされる。なお，多次元となった場合，制約条件数および分割表内の要素数が増加することにより初期分布の信頼性が低下することが，この手法の限界と考えられる。

b）モンテカルロサンプリング　属性の一次元の周辺分布を，モンテカルロ法を用いて発生させた乱数に基づいて個別データとして配分し，段階的に各データの複数の属性を決定する作業を繰り返し，最終的に多属性のマイクロデータを作成する手法である。属性決定のときに，サンプルデータによって得られる複数属性間の確率分布を援用し，推定する分布の精度を向上させようとする。作成フローを，**図 3.17** に示す。

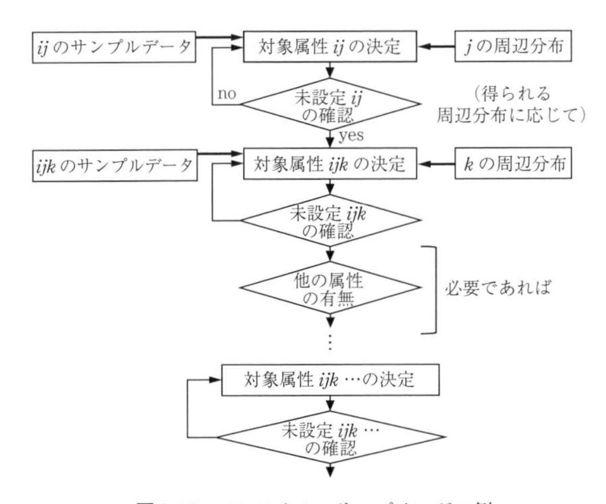

図 3.17　モンテカルロサンプリングの例

（7）シミュレーション　目的に応じて複数のシナリオを設定し，多数回計算して比較することで，シナリオ設定の違いによる影響を求める。ここでは，マイクロシミュレーションの特徴である主体間の相互作用を盛り込むことが重要である。相互作用には，利己的／利他的行動，協調／非協調（妨害）／回避行動などの種類がある。シミュレーションの中で，なんらかの選択行動や状態変化を取り扱うことになるが，それを説明する効用関数や関係式に，個々の主体間の影響を互いに盛り込む。マイクロシミュレーションは，個々の行動主体のようなマイクロな現象が，全体のシステムの挙動に直観的には把握しにくい変化をもたらす場合に，その効果を発揮する。

（8）政策マーケティング　ドライバーへの交通情報の提供や転居後の居住条件変化，税制の変更による可処分所得の違いなど，個々の主体を直接対象とした政策効果を知ることができることが特徴である。このため，どの属性の主体が各政策によってどのように行動変化するかを見極める**政策マーケティング**（policy and marketing）が特に必要である。高い精度でシミュレーションを行う上で，政策とそれに対する応答が，適切な属性区分による主体区分によって過不足なく示されることがポイントとなる。その判断には，差の検定や Simpson 指数に端を発して発展したさまざまな多様性指数などの統計量が有効である。

（9）結果の評価　シミュレーションでは通常同じ条件下であっても複数回計算するため，結果も複数得られる。これらの結果から，ゾーンや時間などで集計した値の平均値や最大／最小値（あるいは5%除外値等）や分散などの統計指標を求めてアウトプットとすることになる。また，個々の結果は起こり得る一つの可能性を示していると考えて，リスク評価のための統計指標を求めてアウトプットすることも考えられる。そしてそのアウトプットを用いて，どのような基準でどのような主体群に対して評価するかを定めておく必要がある。大別すれば，シミュレーション結果が最大化されているか，あるいは基準値を満たしているかという判断を行うことが多いが，それらの条件を個々の主体すべて（あるいはある一定比率以上）に対して求める場合，政策ターゲット単位ごとに集計された主体群に対して求める場合，対象とする全主体について集計した値に対して求める場合などがあり得る。マイクロシミュレーションの特徴からいえば，個々の主体に対して評価を行うことが適切であるが，個々の評価の総括をする際にはやはり集計を求められることになる。

また，多様なアウトプットの可視化技術が求められる。これは，分析者が結果を総合的に判断するためGISや3D画像などで表示された結果群を見ることを想定したもののほか，市民参加や複数のステークホルダー間での合意形成の場面で，シナリオ選択や政策決定のための結果群の表示を想定したものなどが考えられる。異なる意図を持つ主体が，主体ごとの結果と総合的な結果を共に見ながら議論できることは，マイクロシミュレーションの一つの大きなメリットとなっている。

マイクロシミュレーションは，計算結果が多様に存在するため，問題設定や目的の明確化，それに応じたシミュレーションの枠組み設定から計算，評価に至るまでの全体像の設計が，特に重要なツールであると認識されて利用されるべきものである。　（北詰恵一）

引用・参考文献（3.1 節）

1） 飯田恭敬編著：土木計画システム分析（最適化編），森北出版（1991）
2） 藤田素弘編著：社会基盤の計画学－確率統計・数理モデルと経済諸法－，理工図書（2013）
3） 新田保次監修，松村暢彦編著：図説 わかる土木計画，学芸出版社（2013）
4） 河上省吾：土木計画学（土木教程選書），pp.228～235，鹿島出版会（1991）
5） 秋山孝正，上田孝行編著：すぐわかる計画数学，pp.115～131，コロナ社（1998）
6） 藤井 聡：土木計画学（公共選択の社会科学），pp.109～120，学芸出版社（2008）
7） 柳浦睦憲，茨木俊秀：組合せ最適化－メタ戦略を中心として，朝倉書店（2001）
8） Ribeiro, C. and Hansen, P. : Essays and Surveys on Metaheuristics, Kluwer Academic Publishers, Dordrecht, The Netherlands (2001)
9） Michalewicz, Z. and Fogel, D.B. : How to Solve It: Modern Heuristics, Springer-Verlag, Berlin, Germany (2002)
10） Glover, F. and Kochenberger, G.A. : Handbook of Metaheuristics, Kluwer Academic Publishers, Boston, MA (2003)
11） Herz, A. and Widmer, M. : Guidelines for the use of metaheuristics in combinatorial optimization, European Journal of Operational Research, 151, pp.247～252 (2003)
12） Resende, M.G.C. and Pinho de Sousa, J. : Metaheuristics: Computer Decision-Making, Kluwer Academic Publishers, Dordrecht, The Netherlands (2004)
13） 古川正志，川上 敬，渡辺美知子，木下正博，山本雅人，鈴木育男：メタヒューリスティクスとナチュラルコンピューティング，コロナ社（2012）
14） Gogna, A. and Taya, A. : Metaheuristics: review and application, Journal of Experimental & Theoretical Artificial Intelligence, 25, No.4, pp.503～526 (2013)
15） Bryan, D.L. and O'Kelly, M.E. : Hub-and-spoke networks in air transportation: an analytical review, Journal of Regional Science 39, No.2, pp.275～295 (1999)
16） Campbell, J.F. : Hub location and the P-median problem, Operations Research 44, No.6, pp.923～935 (1996)
17） Lohatepanont, M. and Barnhart, C. : Airline schedule planning: integrated models and algorithms for schedule design and fleet assignment, Transportation Science 38, No.1, pp.19～32 (2004)
18） Barnhart, C., Belobaba, P., and Odoni, A.R. : Applications of operations research in the air transport industry, Transportation Science 37, No.4, pp.368～391 (2003)
19） B.コルテ，J.フィーゲン：組み合わせ最適化，第5章5.6，シュプリンガーフェアラーク東京（2005）
20） ネムハウザーほか編著（伊理正夫，今野 浩，刀根薫監修）：最適化ハンドブック，第6章，整数計画法，朝倉書店（1995）
21） 今野 浩，鈴木久敏：整数計画法と組み合わせ最適化，日科技連出版社（1982）
22） Barnhart, C., et al. : Branch-and price: column generation for solving huge integer programs, Operations Research 46, No.3, pp.316～329 (1998)
23） Ropke, S. and Cordeau, J.F. : Branch and cut and price for the pickup and delivery problem with time windows, Transportation Science 43, No.3, pp.267～289 (2009)
24） イツァーク・ギルボア著，松井彰彦訳：合理的選択，みすず書房（2013）
25） 武隈慎一：ミクロ経済学，新世社（1989）
26） 織田澤利守，長谷川専，小林潔司：インフラ経営における事業評価制度－リアル・オプション価値の計測－，日本リアルオプション学会（編）リアルオプションと経営戦略，シグマベイスキャピタル（2006）
27） 長江剛志，赤松 隆：連鎖的な意思決定構造を持つプロジェクトの動学的評価法：オプション・グラフ・モデルとその解法，土木学会論文集，No.772/IV-65，pp.185～202（2004）
28） 五十嵐日出夫編著：土木計画数理，朝倉書店（1976）
29） 大石進一：待ち行列理論，コロナ社（2003）
30） 津田尚胤，貝戸清之，青木一也，小林潔司：橋梁劣化予測のためのマルコフ推移確率の推定，土木学会論文集，No.801/I-73，pp.69～82（2005）
31） 貝戸清之，保田敬一，小林潔司，大和田慶：平均費用法に基づいた橋梁部材の最適補修戦略，土木学会論文集，No.801/I-73，pp.83～96（2005）
32） 織田澤利守，石原克治，小林潔司，近藤佳史：経済的寿命を考慮した最適修繕政策，土木学会論文集，No.772/IV-65，pp.169～184（2004）
33） Cooper, W.W., Seiford, L.M., and Tone, K. : Introduction to Data Envelopment Analysis and its Uses, Springer (2006)

34) 刀根 薫：経営効率性の測定と改善，日科技連出版社（1993）
35) 木下栄蔵：AHP の理論と実際，日科技連出版社（2000）
36) 道路投資の評価に関する指針検討委員会：道路投資の評価に関する指針（案）第 2 編（総合評価），日本総合研究所（1999）
37) Matsumoto, M. and Nishimura, T. : Mersenne Twister: A 623-dimensionally equidistributed uniform pseudorandom number generator, ACM Transactions on Modeling and Computer Simulation, 8, No.1, pp.3～30（1998）
38) 菊池 輝，山本俊行，芦川 圭，北村隆一：MCMC 法を用いた巨大選択肢集合下での目的地選択行動の再現，土木計画学研究・論文集，18, No.3, pp.503～508（2001）
39) Zaidi, A., Harding, A., and Williamson, P.（eds）: New Frontiers in Microsimulation Modeling, Ashgate（2009）
40) Waddell, P., Borning, A., Noth, A., Freier N., Becke M., and Ulfarasson, G. : Microsimulation of Urban Development and Location Choice: Design and Implementation of UrbanSim, Networks and Spatial Economics, 3, No.1, pp.43～67（2003）

3.2 統　　　　計

3.2.1 項では，まず，土木計画における統計調査・分析の重要性について簡単に説明する。3.2.3 項では，土木計画において用いられる標準的な統計分析に用いる指標や解析手法をいくつか紹介する。それらの内容を理解する上で必要となる，あるいは統計調査そのものを行う際に知っておくべき，確率・統計学に関する基礎的な概念については，その前の 3.2.2 項で説明する。

3.2.1 土木計画における統計調査・統計分析

社会資本の整備や地域あるいは都市の計画を考える際には，まず，その地域や都市の特性や実情とともにそこでの課題を適切に把握する必要がある。わが国では，可住地面積，人口，従業者数など，地域の地理的あるいは社会経済的な状況に関するさまざまな**地域統計**（area statistics）や**経済統計**（economic statistics）が整備されている（例えば，東京大学教養学部統計学教室[1] 参照）。都道府県や市町村といった自治体を単位とした統計だけでなく，国土を緯度・経度により方形の小地域区画（メッシュ）に細分し，それぞれのメッシュに統計調査の結果を対応させて編集された地域メッシュ統計も整備されている。そういったデータを 3.3.3 項で紹介するような統計解析手法を用いて分析することで，地域の特徴を把握したり，複数時点のデータを時系列的に分析して動向を考察したりすることが可能となる。また，地価公示のような地点に対する統計情報も，社会基盤整備の企画・立案等の基礎資料として用いられている。例えば便益評価において，資産価値法へのヘドニックアプローチ（I 編 5.2.8 項参照）の適用のために地価関数を同定する際には，公的地価調査のデータを用いてパラメーターの推定を統計学的に行うことが多い。

土木計画学の分野，とりわけ交通計画に関しては，さまざまな調査が行われてきている。例えば，一定の調査対象地域（都市圏）内において「人の動き」を調べるパーソントリップ（PT）調査は，代表的な交通調査の一つである。PT 調査では，発着場所や時刻，交通目的・手段，手段別所要時間などのトリップ特性に加え，住所，性別，職業，自動車の保有台数といった世帯・個人属性等の詳細なデータを得る。これにより，都市圏における複雑で多様な交通実態を把握することが可能となり，総合的な将来交通計画・マスタープランの策定，交通における個別課題への対応や駅等の特定施設の計画に関するさまざまな検討を行う上で必要となる交通需要予測が可能となる（I 編 4.2.4 項など参照）。

土木計画学の分野では，現実の複雑な社会経済システムを経済理論に基づきモデル化し，将来予測等の計量分析を行うことも盛んに行われている（I 編 5.3 節参照）。そのような経済モデルのパラメーターは，多くの場合，分析の対象とする地域によって異なるため，上述のような実際の統計データを用いることでその値を推定する。その際には，3.2.3 項で説明するような回帰分析を用いることが多い。

公的機関が作成する統計（公的統計）とは別に，各種事業や施策の計画・立案あるいは土木構造物の維持管理のために，独自にアンケートや点検等の調査によりデータを取得する場合も多い。その際，データを分析する段階ではもちろんのこと，どれだけの標本（サンプル）をどのように取得するのかという調査設計の段階においても，統計学的な知見が必要となる。最近では，行動の変容だけでなく，社会心理学のアプローチに基づく態度の変容に関する研究も盛んであり（II 編 14 章参照），そこでは，直接観測できない要因が多数に絡み合った現象を分析することも多い。

このように，土木計画のさまざまな場面で，統計解析手法を用いたデータ分析が必要となり，そのためには，統計学や計量経済学などの専門書を参考にしながら，適切な解析手法を選んで用いなければならない。

なお，土木計画学の分野で扱うデータの中には，地理空間的な位置を持ったデータも少なくない。そのようなデータを用いた統計解析手法については，**空間統計学**（spatial statistics）や**空間計量経済学**（spatial econometrics）と呼ばれる分野で新たな解析手法が開発されている。瀬谷・堤[2]などを参照されたい。

（堤　盛人）

3.2.2　標準的な統計分析における基本的な考え方

さまざまな統計ソフトウェアが普及した今日，データや統計手法に関する知識がほとんどなくても統計分析の結果を得ることが可能となった。それとともに，背後にある理論を理解しないまま誤った統計分析やそれに基づく結論を導く可能性も高くなっており，データや統計手法について理解することの重要性がいっそう増しているともいえる。

そこで本項では，統計分析を行う上で最低限理解しておきたい事項や基本的な考え方を概説する。

〔1〕 データの種類

図3.18に示すように統計分析で用いられるデータは**質的データ**（qualitative data）と**量的データ**（quantitative data）に分類できる。

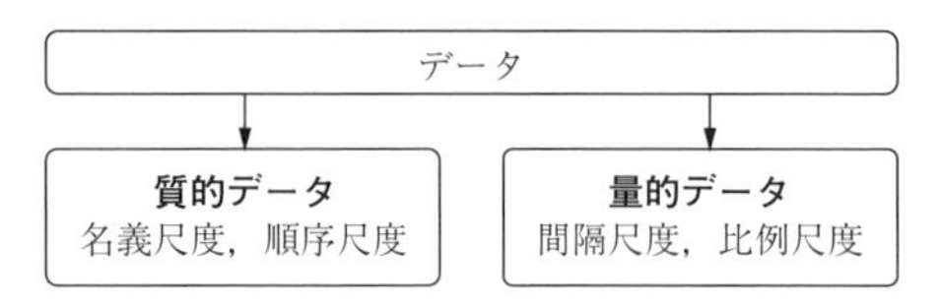

図3.18　データと尺度の分類

質的データ（カテゴリーデータ，カテゴリカルデータ，定性的データ）とは，男性・女性のように四則演算ができないデータである。質的データは，その尺度に応じてつぎの2種類に分類できる。

① **名義尺度**（nominal scale）を用いたデータ：各カテゴリーが順序を持たない質的データである。例えば，交通機関選択（自動車，鉄道，…）はその一例である。

② **順序尺度**（ordinal scale）を用いたデータ：各カテゴリーが順序を持つ質的データである。例えば，住環境に対する5段階評価などはその一例である。

一方，量的データ（定量的データ）とは，数値で推し量ることができ，数字の大小に意味を持つデータである。量的データは，その尺度に応じてつぎの2種類に分けることができる。

① **間隔尺度**（interval scale）を用いたデータ：時間や摂氏温度など，数値の差には意味があるが，絶対的な原点を持たないために比率には意味がないデータである。例えば，西暦が1000年から2000年になることは，「1000年経過する」とはいうが「西暦年が2倍になる」とは解釈しない。

② **比例尺度**（ratio scale）を用いたデータ：人口や交通量など，数値の差だけではなく，数値間の比率にも意味があるデータである。例えば，居住人口が50万人から100万人になることは「人口が50万人増加する」とも「人口が2倍になる」とも解釈できる。

名義尺度に順序の情報を導入したものが順序尺度，順序尺度に観測値間の差の情報を導入したものが間隔尺度，間隔尺度に比率の情報を加えたものが比率尺度と，理解することもできる。

統計分析を行う際に用いる方法は，データの種類に応じて適切に選択しなければならない。量的データについては，各観測値の起こりやすさを表現する分布（本項〔5〕参照）をあてはめることで分析が進められることが多い。

上述のようなさまざまなデータは，通常，長方形型または正方形型（**図3.19**参照）に格納された後に一般に提供される（松原ら[3]）。長方形型データとは各主体に対して一つまたは複数の属性を付与したデータであり，正方形型データとは主体間の関係を記述したデータである。土木計画で用いられる典型的な長方形型，正方形型のデータを**表3.4**，**表3.5**に示す。

データの尺度だけでなく，データの構造によっても適用可能な分析手法は異なり，統計手法は慎重に選択する必要がある。

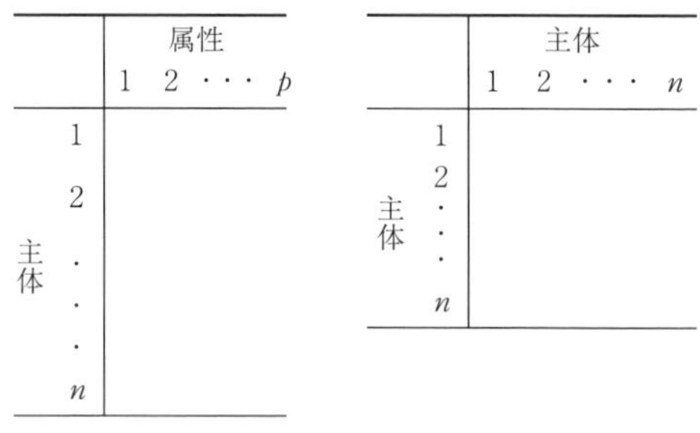

図3.19　長方形型データと正方形型データ
（参考：松原[3]）

〔2〕 母集団と標本

土木計画で用いられるデータの多くは何らかの調査を通して収集される。調査の対象となる集団全体は**母集団**（population）と呼ばれる。例えば国勢調査の場合であれば母集団は日本国内に居住するすべての人であり，母集団全体そのものを対象とした調査（全数調

表 3.4　土木計画における長方形型データの例

	データの内容
時系列データ	単一主体（$n=1$）の複数時点（$p>1$）における属性
クロスセクションデータ	複数主体（$n>1$）の単一時点（$p=1$）における属性
パネルデータ	複数主体（$n>1$）の複数時点（$p>1$）における属性
コーホートデータ	性別等で分類された集団（主体：$n>1$）ごとの世代別人口（属性：$p>1$）

表 3.5　土木計画における正方形型データの例

名　称	データの内容
OD（origin-destination）データ	発着地（それぞれ $n>1$）間の人や物の流量・所要時間

査：census）が５年に１度実施されている。母集団は，そのサイズ N が無限大の無限母集団と N が有限の定数で与えられる有限母集団に分類できる。

母集団全体を調査するのは調査時間や調査コストの観点から困難，あるいは不可能である場合が多く，実際には母集団の一部を取り出した**標本**（sample）について調査されることが多い（**図 3.20** 参照）。その際に抽出する標本の数は**標本数**（sample size）[†1] と呼ばれる。例えば，家計調査やパーソントリップ調査などは標本調査の例である。標本の具体的な抽出方法については本項〔３〕を参照されたい。

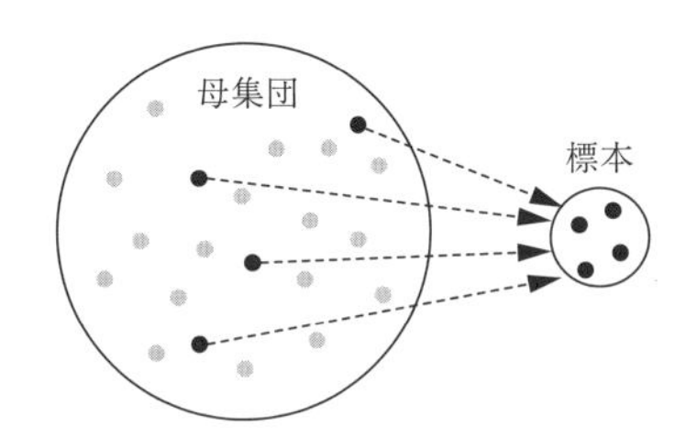

図 3.20　母集団と標本

多くの場合，標本を用いた分析の目的は母集団の特性を明らかにすることである。したがって，標本と母集団の関係を知ることは非常に重要である。例えば平均と分散については，無限母集団を仮定すると，標本の平均値である**標本平均**（sample mean）式（3.94）は標本数を大きくするにつれて母集団の平均（**母平均**, population mean）μ に収束する（限りなく近付く）が，標本の分散である**標本分散**（sample variance）式（3.95）は標本数を大きくしたとしても母集団の分散（**母分散**, population variance）σ^2 には収束しないことが知られている[†2]。

$$\hat{\mu}=\frac{1}{n}\sum_{i=1}^{n}x_i \tag{3.94}$$

$$\hat{s}^2=\frac{1}{n}\sum_{i=1}^{n}\left(x_i-\hat{\mu}\right)^2 \tag{3.95}$$

ここで，$x_i\,(i=1,\ 2,\ \cdots n)$ は標本の実現値である。そのため，母集団の分散を知りたい場合は，母分散に収束するように標本分散を修正した不偏分散の式（3.96）が用いられる。

$$\hat{\sigma}^2=\frac{1}{n-1}\sum_{i=1}^{n}\left(x_i-\hat{\mu}\right)^2 \tag{3.96}$$

以上では無限母集団を仮定してきたが，有限母集団の場合の不偏分散は式（3.97）となる。

$$\hat{\sigma}^2_{\text{finite}}=\frac{N-1}{N}\frac{1}{n-1}\sum_{i=1}^{n}\left(x_i-\hat{\mu}\right)^2 \tag{3.97}$$

N を極限まで大きくすると，$\hat{\sigma}^2_{\text{finite}}$ は式（3.96）となる。また，有限母集団全体で x_i を定義した場合，$N=n$ となり，$\hat{\sigma}^2_{\text{finite}}$ は標本分散の式（3.95）に一致する。

母平均や母分散のような母集団についての特性値は**母数**または**パラメーター**（parameter）と呼ばれる。本項〔５〕以降ではパラメーターの推定について概説する。

さて，標本平均 $\hat{\mu}$ が既知の下では，標本 $x_1,\ \cdots,\ x_n$ の一つ x_i が欠けていたとしても x_i の値は式（3.94）から逆算できる。そのため，既知の $\hat{\mu}$ を含む標本分散の値は $(n-1)$ 個の標本の実現値のみで決まることとなる。このような，特性値を決める変数の数は自由度（degree of freedom）と呼ばれる。自由度に基づいて標本分散を修正したものが不偏分散である。

〔３〕　標　本　抽　出

母集団の特性を十分に反映するような標本を抽出することは，統計分析の第一歩として重要となる。標本抽出の基礎的な方法に**有意抽出**（non-random selection）と**無作為抽出**（random sampling）がある。有意抽出とは属性データや専門家の意見等を踏まえながら標本を意図的に選択する方法である。例えば，募集に応じた調査協力者を標本とする方法や，属性データから典型的と判断された対象を標本とする方法は，有意抽出の例である。有意抽出は調査を容易にする反面，標本抽出が恣意的となる可能性や，無作為抽出とは異なり標本の信頼性が統計学的に評価できない点などの短所がある。

無作為抽出とは乱数を用いて標本を無作為に選択する方法であり，この方法を用いることで客観的な標本

---

†1　サンプル数，サンプルサイズなどとも呼ばれる。
†2　変動しない（唯一の値をとる）母平均 μ と標本のとり方に応じて変動する標本平均 $\hat{\mu}$，という差異に起因する。

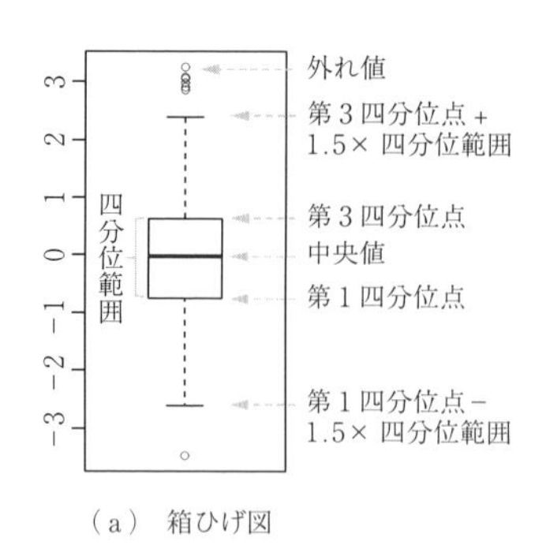

（a）箱ひげ図

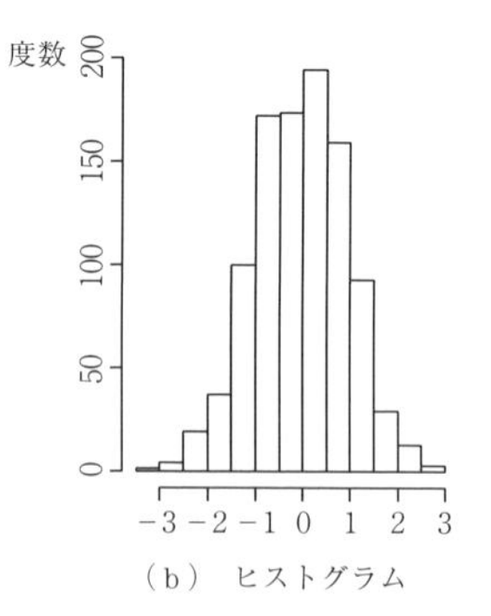

（b）ヒストグラム

図 3.21　$N(0, 1)$ に従う確率変数の視覚化の例

抽出が可能となる。無作為抽出は選択される標本の重複を許す**復元抽出**（random sampling with replacement）と許さない**非復元抽出**（random sampling without replacement）に分類できる。

無作為抽出を用いた場合，標本平均の分散 σ_μ^2 が評価できる（復元抽出の場合：σ^2/n，非復元抽出の場合：$\{(N-n)/(N-1)\}\sigma^2/n$）。標本平均が母平均に収束することを勘案すれば，分散 σ_μ^2 は「標本平均が母平均からどの程度ずれ得るか」の指標と解釈できる。標本平均と母平均のずれのように，母集団と標本から得られる特性値間の乖離は**標本誤差**（sampling error）と呼ばれる。

上述の標本抽出法に加え，無作為抽出の考え方を基礎としつつ，有意抽出のように属性データを考慮することで効果的に標本の抽出を行おうという標本抽出法が数多く提案されてきた。例えば，母集団を年齢や性別などに応じた複数のグループに分け，各グループ内で無作為抽出を行う**層化抽出**（stratified sampling）はその一例である。グループ内の等質性を高め，かつグループ間の異質性を高めるように層化抽出を行うことで，理論上は標本誤差の小さい標本の抽出が可能となる。また，調査の対象が空間的な広がりを持つ場合，調査エリアを選定するための無作為抽出を行い，つぎに選択されたエリア内で無作為抽出を実施する**二段階抽出**（two-stage sampling）も幅広く用いられている。二段階抽出を行うことで調査エリアが限定されるため，調査コストが削減できる。なお，二段階抽出を多段に拡張した抽出法は多段階抽出と呼ばれる。より簡便に，母集団に番号を付けて等間隔で標本を抽出する**系統抽出**（systematic sampling）もしばしば用いられる。

〔4〕 標本分布と統計量

統計分析を進めるに当たり，抽出された標本の特性を知ることは重要である。標本の特性を表す数値は**統計量**（statistic），特に分布の特性を要約する統計量は**要約統計量**（summary statistics）と呼ばれる。

要約統計量は（m 次）**モーメント**（積率，moment）式 (3.98) に基づくものも多い。

$$\frac{1}{n}\sum_{i=1}^{N}\left(x_i-\mu_0\right)^m \tag{3.98}$$

μ_0 と m はパラメーターである。例えば，標本平均の式 (3.94)（$\mu_0=0$, $m=1$）や標本分散の式 (3.95)（$\mu_0=\hat{\mu}$, $m=2$）は基礎的な要約統計量である。また，標本分散は二乗された値であり観測値とは次元（単位）が異なるため，実際には標本分散の平方根である（標本の）**標準偏差**（standard deviation）が用いられることも多い。上記以外にも，分布の非対称性の統計量である歪度（$\mu_0=\hat{\mu}$, $m=3$）や，分布の峰の鋭さを表す尖度（$\mu_0=\hat{\mu}$, $m=4$）などが広く用いられている。なお，モーメントに基づく要約統計量を質的データには適用できない。これは式 (3.98) が和，差およびべき乗を含むためである。

モーメントに基づく要約統計量以外には，値の順序に基づく統計量である順序統計量が存在する。例えば n が奇数の場合，n 個の観測値を昇順に並べたときの 1 番目，$(n+1)/2$ 番目，n 番目のそれぞれの値である**最大値**（maximum），**中央値**（median），**最小値**（minimum）はその代表例である。なお，n が偶数の場合の中央値は $n/2$ 番目と $(n/2)+1$ 番目の両観測値の算術平均で与える。昇順のうちの $[(1/q)n]$ 番目†の観測値である **q 分位点**（q-quantile）も頻繁に用いられる。加えて順序（統計量）を視覚化する便利なツールに**箱ひげ図**（box plot）がある。**図 3.21**（a）には最小値，第 1 四分位点，中央値，第 3 四分位点，および最大値を示しており，これにより観測値の大まかな分布を把握することができる。順序等計量は名義尺度以外の各尺度で定義されたデータに適用できる。

† $[(1/q)n]$ は $m \leqq (1/q)n$ を満たす最大の整数 m を表す（床関数）。これは，任意の実数をとり得る $(1/q)n$ を整数に対応付けるために用いられる。

さらに，値の大小に基づいて区分された各階級内の標本の数（**度数**，frequency）の分布である**度数分布**（frequency distribution）や，度数分布を棒グラフで視覚化した**ヒストグラム**（histogram）は観測値の分布を知る上で役立つ（図3.21（b）参照）。度数が最大となる階級の値は**最頻値**（mode）と呼ばれる。

〔5〕 確 率 分 布

ここでは，母集団をモデル化するために用いられる「確率分布」について説明する。

いま，ある人Aの通勤に要した時間を100日にわたって分単位で記録してプロットしたものが**図3.22**であるとする。この図によれば，通勤時間が55分となる確率は25/100となる。また60分となる確率は2/100である。このように各値に確率が付随した変数は**確率変数**（stochastic variable, probability variable, random variable）と呼ばれる。土木計画で用いられるデータの多くは確率変数である。

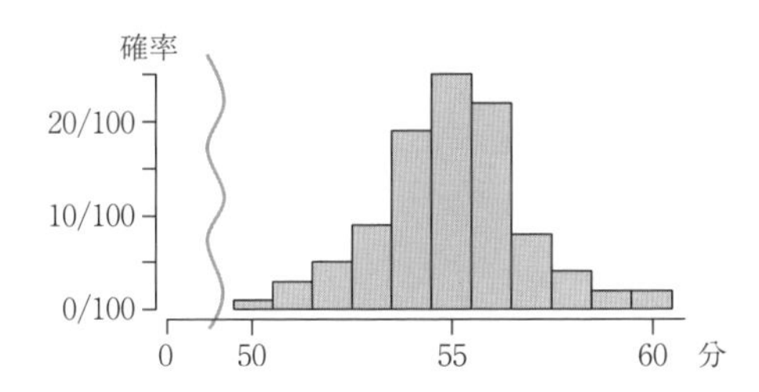

図3.22 ある人Aの通勤所要時間の確率分布。それぞれの棒は通勤時間がx分台となった割合を表しており，それらの横幅自体には意味はない。

確率変数xがある値$k_j (j=1, 2, \cdots, m)$をとる確率は$\Pr(x=k_j)$のように表記する。上の例であれば$\Pr(x=55)=25/100$と$\Pr(x=60)=2/100$である。ここで，確率の特性より$\Pr(x=k_j) \geqq 0$かつ$\sum_j \Pr(x=k_j)=1$である。また$p(x)=\{\Pr(x=k_j), j=1, 2, \cdots, m\}$を$k_i$の各値について並べたものは**確率分布**（probability distribution）と呼ばれる。すなわち，図3.22はAの通勤時間の確率分布である。

つぎに，Aが退勤時間帯ごとに帰宅に要した所要時間を縦軸に，退勤時刻（時）を横軸にとることで，通勤所要時間と退勤時間帯の関係を考える（**図3.23**参照）。図中の$p(x)$は図3.22で示した所要時間の確率分布に相当する。この図が示すような二つ以上の変数によって確率が付与された確率分布は**同時分布**または**結合分布**（joint distribution）と呼ばれる。xを所要時間，yを退勤時間とすると，同時分布は$p(x, y)$のように表記される。

図3.23に図示した$p(x)$は$p(x, y)$から所要時間

所要時間 (x) ＼ 退勤時間帯 (y)	$p(x)$	6	7	8	9	10
$p(y)$		0.11	0.24	0.32	0.24	0.09
50	0.01	0.01	0	0	0	0
51	0.03	0.01	0.01	0.01	0	0
52	0.05	0.01	0.02	0.01	0.01	0
53	0.09	0.02	0.04	0.02	0.01	0
54	0.19	0.03	0.06	0.07	0.02	0.01
55	0.25	0.02	0.06	0.1	0.06	0.01
56	0.22	0.01	0.04	0.08	0.07	0.02
57	0.08	0	0.01	0.02	0.03	0.02
58	0.04	0	0	0.01	0.02	0.01
59	0.02	0	0	0	0.01	0.01
60	0.02	0	0	0	0.01	0.01

$p(x|y=9)$ ← 列 9（破線枠）　$p(x, y)$ ← 各セル

図3.23 同時分布，周辺分布，および条件付き分布のイメージ

xについての情報のみを取り出すことで得られる分布である。このように，同時分布から特定の変数の影響のみを抽出することで得られる確率分布は**周辺分布**（marginal distribution）と呼ばれる。また，yが与えられた下でのxの確率分布は**条件付き確率**（conditional distribution）と呼ばれ，$p(x|y)$のように表現される。例えば退勤時間帯が9時台であった場合の所要時間の条件付き分布は$p(x|y=9)$である。

ここで，$p(x)p(y)=p(x, y)$が成り立つ場合「$p(x)$と$p(y)$は**独立**（independent）である」といわれ，xとyは無関係に決まることとなる。しかしながら，図3.23を見ると，退勤時間yが遅い場合に，所要時間xが長い。したがって，この例では$p(x)$と$p(y)$は独立ではない。

上の例では離散値をとる確率変数（離散確率変数）の分布が$p(x)=\{\Pr(x=k_j), j=1, 2, \cdots, m\}$と表現されることを示した†。一方，連続値をとる確率変数（連続確率変数）の場合は，一つの値k_jをとる確率は0となるため（数直線上の一点の長さはゼロであるように），$\Pr(x=k_j)$ではなく，xの値が区間(a, b)に入る確率$\Pr(a \leqq x \leqq b)$を用いて分布が表現される。さらに$\Pr(a \leqq x \leqq b)=\int_a^b f(x)dx$が仮定される。$f(x)$はそれぞれの値の相対的な起こりやすさを表す**確率密度関数**（probability density function）と呼ばれる関数であり，$f(x) \geqq 0$かつ$\int_{-\infty}^{\infty} f(x)=1$である。

多くの統計分析では，母集団の特性を明らかとするためにデータになんらかの**理論分布**（theoretical distribution）があてはめられる。離散確率変数の場合は理論分布を$p(x)$に直接あてはめ，連続確率変数の場合は理論分布を$f(x)$にあてはめる。

† 厳密には，所要時間も時刻も連続変数であるが，上の例では，時間帯等の区間を設定して離散化している。

連続確率変数に対する代表的な理論分布として**正規分布**（normal distribution）が知られている。正規分布は提案者のドイツの数学者 Carolus Fridericus Gauss（1777〜1855 年）の名を冠して**ガウス分布**（Gaussian distribution）とも呼ばれる。正規分布はつぎの確率密度関数に従う。

$$f(x)=\frac{1}{\sqrt{2\pi\sigma^2}}\exp\left(-\frac{(x-\mu)^2}{2\sigma^2}\right) \tag{3.99}$$

正規分布は平均 μ と分散 σ^2 のみに依存する分布であり $N(\mu,\ \sigma^2)$ のように表記する。正規分布を例示した**図 3.24** からもわかるように，μ は分布の位置を決めるパラメーター，σ^2 は分布の幅を決めるパラメーターである。また，正規分布は**再生性**（reproductive property）を有し，二つの正規分布 $N(\mu_1,\ \sigma_1^2)$ と $N(\mu_2,\ \sigma_2^2)$ から独立に生成した二つの確率変数の和は正規分布 $N(\mu_1+\mu_2,\ \sigma_1^2+\sigma_2^2)$ に従う。

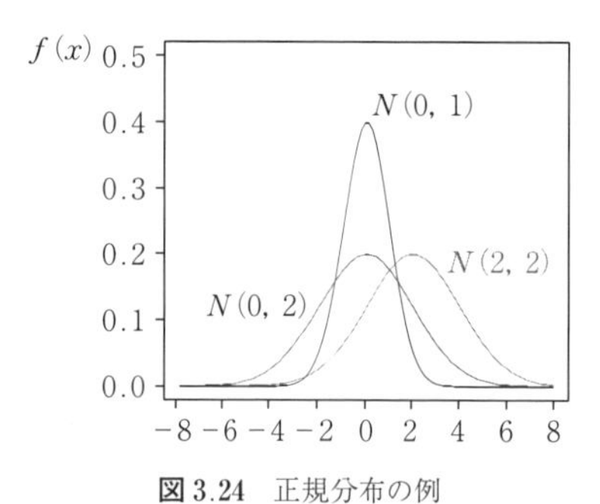

図 3.24　正規分布の例

いま，N 個の変数 $w_j (j=1,\ \cdots,\ N)$ に依存する連続確率変数 x を $x=\frac{1}{N}\sum_{j=1}^{N} w_j$ と表現する。N が十分に大きな数であり，w_j が平均 μ，分散 σ^2 の任意の分布に従って独立に発生していると仮定すると，x は w_j の分布によらず正規分布 $N(\mu,\ \sigma^2/N)$ に収束することが知られている（**中心極限定理**，central limit theorem）。そのため，正規分布は，多数の要因の影響を受けて実現値が決まるような連続確率変数のばらつきを表現する確率分布として重要視されてきた。なお，$N(0,\ 1)$ は**標準正規分布**（standard normal distribution）と呼ばれている。

非負の離散確率変数に対する代表的な確率分布に次式で定義される**ポアソン分布**（Poisson distribution）がある。

$$p(x)=\frac{\lambda^x e^{-\lambda}}{x!} \tag{3.100}$$

ここで，λ はパラメーター，e は自然対数の底（$=2.7182\cdots$）である。ポアソン分布は「ある一定の期間あるいは領域において平均的に λ 回発生することが期待されるランダムな事象が x 回発生する確率」を求めることで得られる確率分布であり，その平均と分散はともに λ となる。例えば，交通事故発生数や犯罪件数のばらつきはポアソン分布で表現できる。なお，独立なポアソン分布の和はポアソン分布となる（再生性）。いくつかのポアソン分布の例を**図 3.25** に示す。

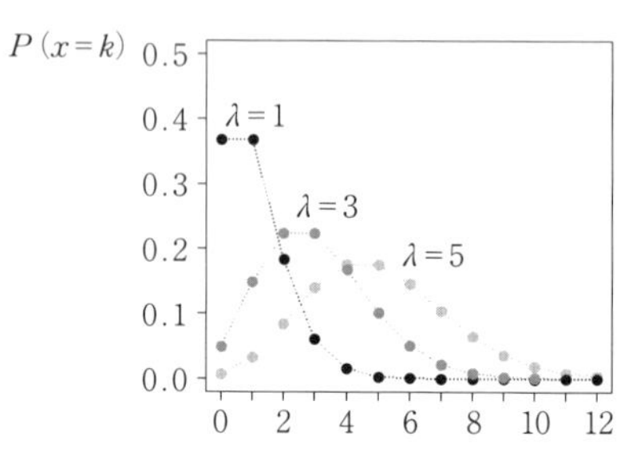

図 3.25　ポアソン分布の例

離散確率変数と連続確率変数の**期待値**（expectation）は，それぞれ式（3.101），（3.102）で定義される。

$$E[x]=\sum_j k_j \Pr(x=k_j) \tag{3.101}$$

$$E[x]=\int_{-\infty}^{\infty} x f(x)dx \tag{3.102}$$

正規分布に従う確率変数の期待値は μ，ポアソン分布に従う確率変数の期待値は λ となる。

以上で説明した $\Pr(x=X)$ や $\Pr(a\leqq x\leqq b)$ に加え（X は任意の実数），一定以下（以上）の値をとる確率 $\Pr(x\leqq X)$ を知ることが，例えば後述の仮説検定などで重要となる。$\Pr(x\leqq X)$ をとり得るすべての X について並べた関数は**累積分布関数**（cumulative distribution function）と呼ばれる。累積分布関数 $F(X)$ は，離散確率変数に対しては $F(X)=\sum_{x\leqq X} p(x)$，連続確率変数に対しては $F(X)=\int_{-\infty}^{X} f(x)dx$ で定義される。$F(X)$ は定義から非減少関数であり，$\lim_{X\to\infty} F(x)=1$ かつ $\lim_{X\to-\infty} F(x)=0$ である。正規分布の累積分布関数の例を**図 3.26** に示す。

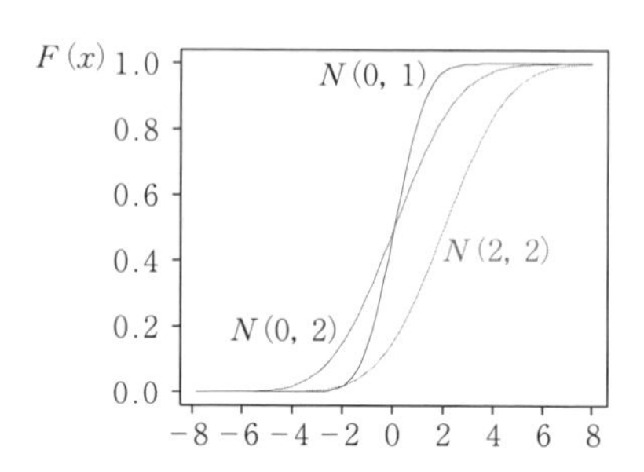

図 3.26　正規分布の累積分布関数の例

理論分布となる確率分布は，このほかにもこれまでに数多くのものが知られており，データの特性に応じて適切に選択する必要がある。確率分布について詳しくは養谷[4]を参照されたい。

〔6〕 **統計モデルと推定**

通常，統計分析はデータになんらかの統計モデルをあてはめることで行われる。例えば，連続値をとるデータであれば正規分布を統計モデルとして用いることで後述の仮説検定などが可能となる。統計モデルのあてはめは，データに最も適合するパラメーターθ（例えば正規分布の場合であれば平均μあるいは分散σ^2）の値をデータ$\boldsymbol{x}=\{x_1, \cdots, x_I\}$の関数$\hat{\theta}(\boldsymbol{x})$で推定することで行う。この関数は**推定量**（estimator）と，またその実現値は**推定値**（estimate, estimated value）と，それぞれ呼ばれる（簡単のため，以降では$\hat{\theta}(\boldsymbol{x})$は$\hat{\theta}$と表記する）。

$\hat{\theta}(\boldsymbol{x})$を例えば$\sum_i \hat{w}_i x_i$で与えることを考える。$\hat{w}_i$は標本$i$の重みでありデータ$\boldsymbol{x}$から推定する。$\hat{\theta}(\boldsymbol{x})=\sum_i \hat{w}_i x_i$は，**線形性**（linearity）を有する，すなわち変数x_iの加重和（線形和，線形結合）で表現される意味で，**線形推定量**（linear estimator）と呼ばれる。

推定量$\hat{\theta}$が満たすことが望ましい統計学的な性質に**不偏性**（unbiasedness），**有効性**（efficiency），**一致性**（consistency）がある。不偏性とは$\hat{\theta}$の期待値$E[\hat{\theta}]$がθの理論値に一致すること，すなわち$E[\hat{\theta}]=\theta$を満たす性質である。有効性とは不偏性を満たす推定量の中で$E[(\theta-\hat{\theta})^2]$が最小であるという性質である。一致性とは標本数が大きくなるにつれて$\hat{\theta}$が一意の値に収束する性質であり，任意の数$\varepsilon>0$に対して$\lim_{n\to\infty} \Pr(|\theta-\hat{\theta}|>\varepsilon)=0$となる性質を意味する。それぞれの性質のイメージを**図3.27**に示す。

これまで，不偏性，一致性，有効性を有するさまざまな推定量（線形推定量以外も含む）が提案されてきた。ここでは代表的な推定法として**最小二乗法**（least squares method）と**最尤法**（maximum likelihood method）の二つを紹介する。

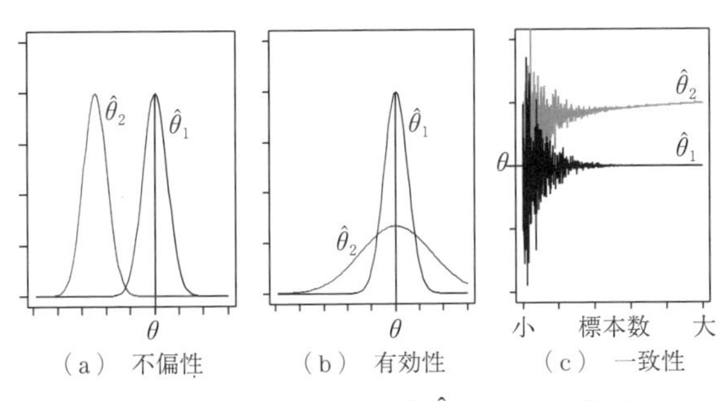

図3.27 推定量に望まれる性質。$\hat{\theta}_1$は望ましい推定量，$\hat{\theta}_2$はそうでない推定量を表す。

最小二乗法とは残差二乗和の式（3.103）を最小化するθを推定する手法である。

$$\frac{1}{n}\sum_{i=1}^{n} w_i \{x_i - f_i(\theta)\}^2 \tag{3.103}$$

ここでw_iはi番目の標本の重みである。f_iには線形和$\sum_p z_{i,p}\beta_p$が仮定されることが多い。$z_{i,p}$はx_iを説明し得るp番目の変数，β_pはその影響の強さを表すパラメーターである。w_iにはいろいろな値のとり方があるが，特に$w_i=1$とし，また$f_i=\sum_p z_{i,p}\beta_p$とした場合の最小二乗法は**通常最小二乗法**（ordinary least squares method）と呼ばれる（詳しくは3.2.3項参照）。$f_i=\sum_p z_{i,p}\beta_p$を仮定した場合の最小二乗推定量は標準的な仮定の下では不偏性，一致性，有効性を有し，また，一般に$f_i \neq \sum_p z_{i,p}\beta_p$とした場合でも一致性は成り立つことが知られている（養谷[5]）†。

なお，最小二乗法は二次モーメントの最小化を行う手法であるが（式（3.98）参照），より高次のモーメントまで考慮しようという**一般化モーメント法**（generalized method of moments）もまた幅広い適用が見られる推定法である。

最尤法とは標本データの分布パターンに最も近い確率分布を求める方法である。例えば，ある標本データを正規分布に当てはめる場合であれば，観測値の組合せが起こる確率（**尤度**，likelihood）が最大となるような正規分布（のパラメーターμとσ^2）を推定することとなる。観測値x_iの起こりやすさはx_iを確率密度関数式（3.97）に代入した$f(x_i)$で評価できるため，確率の乗法定理を用いれば，観測値の組合せ$\{x_1, x_2, \cdots, x_n\}$の起こりやすさは$L=f(x_1)f(x_2)\cdots f(x_n)$となる。$L$は**尤度関数**（likelihood function）と呼ばれ，これを最大化するμとσ^2を求めることとなる。ただし，積を繰り返すLは非常に小さな値をとり得るため，実際には対数尤度$\log L=\sum_i[\log f(x_i)]$を最大化することが多い。先述の正規分布の例において対数尤度は式（3.104）となる。

$$\begin{aligned}\log L &= \sum_{i=1}^{n} \log\left[\frac{1}{\sqrt{2\pi\sigma^2}} \exp\left(\frac{(x_i-\mu)^2}{2\sigma^2}\right)\right] \\ &= -n\log\left(\sqrt{2\sigma^2}\right) - \frac{1}{2\sigma^2}\sum_{i=1}^{n}(x_i-\mu)^2\end{aligned} \tag{3.104}$$

$\log L$を最大化するμとσ^2は，それぞれ$\partial \log L/\partial\mu=0$と$\partial \log L/\partial\sigma^2=0$を解くことでつぎのとおり求められる。

$$\hat{\mu}=\frac{1}{n}\sum_{i=1}^{n} x_i \tag{3.105}$$

† 最小二乗推定量は，一般に後述の漸近正規性も有する。

$$\hat{\sigma}^2=\frac{1}{n}\sum_{i=1}^{n}\left(x_i-\hat{\mu}\right)^2 \qquad (3.106)$$

ここで式(3.106)は不偏分散の式(3.96)に一致しないことがわかる。しかしながら，標本数nを大きくするにつれて式(3.106)は不偏分散に近付く。この「近付く」性質は**漸近性**（asymptotic property）と呼ばれる。

尤度を最大化する推定量$\hat{\mu}$や$\hat{\sigma}^2$は**最尤推定量**（maximum likelihood estimator）と呼ばれる。一般に最尤推定量はつぎの特性を有する（蓑谷[5]），一致性；漸近的正規性（nを大きくするにつれて推定量の確率分布が正規分布に近付く），漸近的有効性（漸近的不偏性と漸近的正規性を有する推定量の中で最も分散が小さくなる）。また多くの場合，不偏性あるいは漸近的不偏性（nを大きくするにつれて推定量の偏りが小さくなる（不偏となる））も成り立つことが知られている。

以上で説明した一つの値$\hat{\theta}$を推定する**点推定**（point estimation）のほかに，パラメーターが入る区間を推定する**区間推定**（interval estimation）がある。一般に，パラメーターθが区間(I_1, I_2)で値をとる確率がα〔%〕であれば，この区間はθの**α〔%〕信頼区間**（α〔%〕confidence interval）と呼ばれる。αは90，95，99%などで与えられる。

例えば，正規分布の母平均μの95%信頼区間を求めたいとする。正規分布はμを中心に左右対称であり，中心極限定理に基づけば，μの分布はnが十分に大きくなるにつれて$N(\hat{\mu}, \hat{\sigma}^2/n)$に収束する。したがって，$\mu$の95%信頼区間は次式で表現できる。

$$\hat{\mu}-c\sqrt{\frac{\hat{\sigma}^2}{n}}\leqq\mu\leqq\hat{\mu}+c\sqrt{\frac{\hat{\sigma}^2}{n}} \qquad (3.107)$$

標本数が十分に大きければcは1.96となる。これは標準偏差$\sqrt{\hat{\sigma}^2/n}$の1.96倍が正規分布の上裾2.5%の点（すなわち$\Pr(\hat{\mu}+1.96\sqrt{\hat{\sigma}^2/n}\leqq\mu)=2.5\%$）であることから与えられる（**図3.28**参照）。式(3.107)は正規分布の［上側47.5%］+［下側47.5%］で95%信頼区間を与える式である。適切なcの値は標本数とαによって変化する。そのため，標本数別α別にcの値（通常，それらが整理された正規分布表を基に）を与える必要がある。

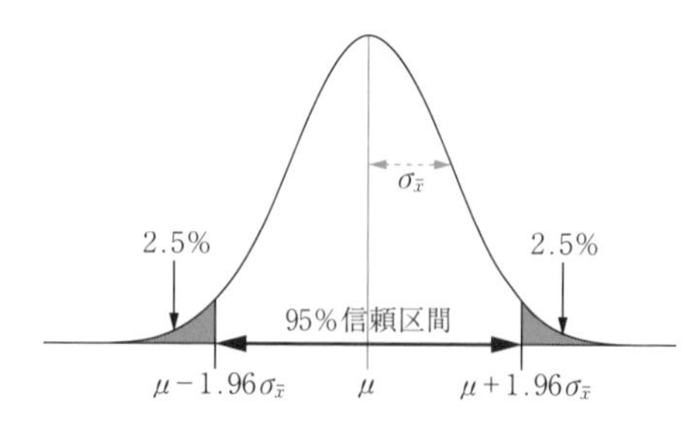

図3.28　正規分布の母平均μの95%信頼区間のイメージ。ここでは$\sigma_{\bar{x}}=\sqrt{\sigma^2/n}$とした。

さて，最尤法のような，母集団の分布になんらかの仮定を置くパラメーター推定法はパラメトリック推定と呼ばれる。これに対し，母集団の分布に一切の仮定を置かない推定法はノンパラメトリック推定法と呼ばれる。例えば，カーネル関数を用いた平滑化によりデータに最も適合する関数を特定するカーネル密度推定は，代表的なノンパラメトリック推定法の一つである。ノンパラメトリック推定はデータに分布を仮定することが困難な場合などに用いられ，標本数が小さい場合でも比較的良好な結果を与える傾向である，すなわち**頑健**（robust）であることが知られている。一方で，データがなんらかの分布に従う場合は，パラメトリック推定の有効性がノンパラメトリック推定を上回ることが知られており，どちらを用いるかは頑健性と有効性のトレードオフを踏まえて決める必要がある。

最尤法が，データ$\boldsymbol{x}$が得られる確率$p(\boldsymbol{x}|\boldsymbol{\theta})$を最大にするパラメーター$\boldsymbol{\theta}=\{\theta_1, \cdots, \theta_P\}$を探索する手法であるのに対し，**ベイズ推定**（Bayesian estimation）法はデータが所与の下で$\boldsymbol{\theta}$が得られる確率$p(\boldsymbol{\theta}|\boldsymbol{x})$を最大にするパラメーター推定法として知られている。ベイズ推定を行うことで尤度の評価が困難となるような複雑なモデルの推定が可能となる場合があり，近年その議論が活発化している（例えば，安道[6]参照）。

〔7〕仮　説　検　定

仮説検定（hypothesis testing）とは，あらかじめ立てた母集団についての仮説が**真**（true）か**偽**（false）かを検定することである。その一般的な方法では，まずは（a）否定したい**帰無仮説**（H_0：null hypothesis）と，帰無仮説を否定することで立証したい**対立仮説**（H_1：alternative hypothesis）を設定する。例えば節電キャンペーンの前後で住民の電力使用量が変化したかを検定したい場合の帰無仮説H_0は$\bar{x}_{bef}=\bar{x}_{af}$，対立仮説$H_1$は$\bar{x}_{bef}\neq\bar{x}_{af}$となる。ここで$\bar{x}_{bef}$と$\bar{x}_{af}$はそれぞれキャンペーン前後の平均電力使用量を表す。つぎに（b）帰無仮説，上の例であれば「キャンペーン前後で平均電力使用量が変化していない（$\bar{x}_{bef}=\bar{x}_{af}$）」が真である確率$\hat{p}$を評価する。最後に，（c）この確率$\hat{p}$があらかじめ決めた**有意水準**（significance level）pを下回れば帰無仮説を**棄却**（reject）して対立仮説を**採択**（accept）する。例えば$p=0.05$の場合，帰無仮説が真である確率$\hat{p}$が0.05未満であれば帰無仮説を棄却する。

有意水準pとしては0.10，0.05，0.01などが用いられる。pを小さくすることで，「帰無仮説が真であるにもかかわらず対立仮説を採択する」という**第一種の過誤**（type I error）を減らすことができる。しかしながら，有意水準を小さくしすぎると帰無仮説を採択する確率が限りなく0に近付く。したがって，pは第一種の過誤の起こりやすさをどの程度まで許容するかを踏まえて慎重に設定する必要がある。一方，「対立仮説が真であるにもかかわらず帰無仮説を採択する」という**第二種の過誤**（type II error）は，標本数を増やしたりモデルを適切に選択したりすることで減らすことができる。

上述の手順（a）～（b）では，帰無仮説が真である確率$\hat{p}$を評価することで仮説を検定している。$\hat{p}$はデータに確率分布をあてはめることで評価できる。先の例であれば，キャンペーン前の電力使用量が正規分布$N(\bar{x}_{bef}, \sigma^2)$に従うと仮定すれば，キャンペーン前の平均電力使用量は$N(\bar{x}_{bef}, \sigma^2/n)$に従う†。したがって，帰無仮説$\bar{x}_{bef}=\bar{x}_{af}$の下でのキャンペーン後の平均電力使用量は$N(\bar{x}_{af}, \sigma^2/n)$となる。ここで$\sigma^2$は母分散である以上の結果を用いると，$\bar{x}_{af}$と$\bar{x}_{bef}$の差の分布を基準化した$z$は標準正規分布$N(0, 1)$に従うことがわかる（式(3.108)参照）。

$$z=\frac{\bar{x}_{af}-\bar{x}_{bef}}{\sqrt{\dfrac{\sigma^2}{n}}} \tag{3.108}$$

そのため，zがどの程度0に近いかを見ることで帰無仮説$\bar{x}_{bef}=\bar{x}_{af}$が正しいか否かが検定できる（図3.28参照）。この検定方法は***z*検定**（z-test），また式(3.108)の値は***z*値**（z-value）と呼ばれる。

母分散σ^2が未知の場合は，式(3.108)のσ^2を標本分散$\hat{s}^2$に置き換えた***t*値**（t-value）式(3.109)が検定に用いられる。t値による検定は***t*検定**（t-test）と呼ばれる。

$$t=\frac{\bar{x}_{af}-\bar{x}_{bef}}{\sqrt{\dfrac{\hat{s}^2}{n}}} \tag{3.109}$$

t値の確率分布（***t*分布**，t-distribution）は標本数が小さくなるにつれて裾野が広くなり，また標本数が大きくなるにつれて正規分布に近付く。t検定は，標本数が小さい場合でも妥当な結果を与える傾向がある，すなわち**頑健**（robust）といわれる。

z値やt値を用いた検定には2種類ある。一つめはH_0：$\bar{x}_{bef}=\bar{x}_{af}$，$H_1$：$\bar{x}_{bef}\neq\bar{x}_{af}$のように一方と他方が等しいかどうかを検定する**両側検定**（two-sided test）である。有意水準p〔%〕での両側検定を行う場合であれば，分布の下裾$p/2$〔%〕未満または上裾$p/2$〔%〕以上であれば対立仮説を採択する（**図3.29**（a）参照）。もう一つは，H_0：$\bar{x}_{bef}=\bar{x}_{af}$，$H_1$：$\bar{x}_{bef}>\bar{x}_{af}$のように一方が他方よりも大きい（小さい）かどうかを検定する**片側検定**（one-sided test）である。有意水準p〔%〕での片側検定を行う場合，分布の上裾（下裾）p〔%〕未満であれば対立仮説を採択する（図3.29（b）参照）。

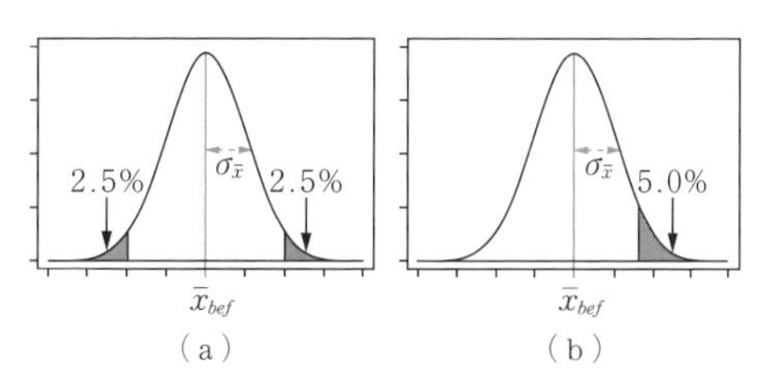

図3.29　p=5%の場合の両側検定（図（a）参照）と片側検定（図（b）参照）のイメージ。ここで$\sigma_{\bar{x}}=\sqrt{\sigma^2/n}$である（$z$検定の場合）。$\bar{x}_{af}$が網掛け部分のエリア（棄却域）に入れば帰無仮説が棄却され，対立仮説H_1が採択される。

なお，仮説検定の方法にはここで紹介した方法以外にもさまざまな方法が存在する。仮説検定について詳しくは東京大学教養学部統計学教室[7]などを参照されたい。　（村上大輔）

3.2.3　標準的な統計解析の指標・手法

統計解析に用いられる指標や手法には，多種多様なものがあり，それらを本書の限られた紙面の中で網羅的に説明することは不可能に近い。ここでは，それらの中で，最も基礎的かつ土木計画学の分野において用いられることの多い統計指標と**多変量解析**（multivariate analysis）手法を紹介する。

多変量解析とは，多変量間の関係を統計学的な手法に基づきデータ解析することの総称である。多変量解析にはさまざまな手法があるが，以下では，武藤[8]に従って，データ解析の目的とそのおもな解析手法を列挙する（下線は，〔2〕～〔6〕で扱う手法を示す）。

① ある特定の要因の予測：回帰分析，数量化理論I類
② 対象の分類：判別分析，数量化理論II類
③ 対象の類似度の測定：正準相関分析，数量化理論III類，クラスター分析
④ 対象の特性を要約する総合的指標の作成：主成分分析
⑤ 各要因間の関係を説明：因子分析
⑥ 各要因の効果およびその交互作用についての検定・推定：分散分析，共分散分析
⑦ 各要因・各対象の関係を表す尺度の構成：数量

† 中心極限定理を用いた。

化理論Ⅳ類

以下，〔1〕では，本格的な統計解析を行う前の変量間の予備的な分析において最もよく用いられる指標の一つである相関係数について説明する。続いて，〔2〕において回帰分析について説明し，その後〔3〕～〔6〕において，主成分分析，因子分析，判別分析，クラスター分析について説明する。これらとは別に，①と②の双方の分析目的で，土木計画学において用いられることの多い離散選択モデルについて，〔7〕で簡単に説明する。

ところで，わが国においては統計学者の林知己夫氏によって開発された**数量化理論**（Hayashi's quantification methods）に基づく手法もデータ解析の中で広く用いられてきた。土木計画学においても，いまなお盛んに数量化理論が用いられている。しかし，例えば数量化Ⅰ類と呼ばれる手法は質的変数 X によって量的変数 Y（外的基準と呼ばれる）を予測する手法であるが，〔2〕で説明する量的変数 X を用いる回帰分析において，説明変数に**ダミー変数**または代理変数（dummy variable，質的データ（3.2.2項〔1〕参照）に対して例えば男性は0，女性は1のように，代理の数字によって表したもの）を用いたものであり，同様にして，質的変数 X によって質的変数 Y を予測する手法である数量化Ⅱ類は，量的変数 X を用いる判別分析と類似するため，あえてそれらについてここで触れることはしない（なお，数量化理論は元来Ⅰ類からⅥ類まであったが，現在でも使用されているのはⅠ類からⅣ類までの手法にとどまるようである）。詳細は武藤[8]などを参照されたい。

ここで扱う伝統的な多変量解析に加え，特に，人々の行動とその背後にある意識や心理のような，観測できない要因が多数に絡み合った現象を分析する際には，因子分析，主成分分析，回帰分析，パス解析を組み合わせて拡張した共分散構造分析などの手法も，土木計画分野では盛んに用いられている（それに用いるモデルは**構造方程式モデル**，structural equation model と呼ばれる）。これについては，豊田[9]などの文献を参照されたい。

その他，**多次元尺度構成法**（multi-dimensional scaling, **MDS**）などの手法も土木計画で用いられることの多い統計解析手法である。

なお，ここで扱う解析の手法は，原則としてクロスセクションのデータ（cross section data），すなわちある一時点のデータを前提としている。時系列データを原系列のまま伝統的な多変量解析の手法に適用することは誤った結果を導く場合が多いため，注意を要する。本来であれば，本書でも時系列データの統計分析手法について説明すべきであるが，**時系列解析**（time series analysis）は統計学の中で一つの分野ともいえるほどの内容があるため，ここでは説明を割愛する。単変量/多変量の時系列データの分析については山本[10]や沖本[11]を参照されたい。

さらに近年では，個別主体に関するデータが時系列的にも標本として得られている**パネルデータ**（panel data）が広く利用可能となっている。マーケティングの分野やミクロ計量経済学と呼ばれる分野を中心に，**パネルデータ分析**（analysis of panel data）に関する研究の進展も著しい中，土木計画学の分野においても時系列解析と併せて重要な内容となりつつある。これについては，シャオ[12]などを参照されたい。

（堤　盛人）

〔1〕相 関 係 数

一般に，二変量間の関係を相関関係と呼び，特に統計学では二変量間の直線（線形）関係について相関関係という語を用いる。両変数ともに質的データの場合は**分割表**（contingency table）または**クロス表**（cross table），連関表が用いられる。一方の変数が質的データでもう一方が量的データの場合は，量的データの側を適当な階級で分割することで分割表の形式を用いることができ，これは相関表と呼ばれる。二変量の関係を表によってではなく一つの代表値（スカラー）として表す際に**相関係数**（correlation coefficient）が用いられる。

ここでは，二変量の分割表について考える（なお三変量の分割表は多重分割表と呼ばれる）。第一の変数 A が A_1, …, A_k の k カテゴリー，第二の変数 B が B_1, …, B_l の l カテゴリーである場合，分割表は**表3.6**のように表される。

表3.6 $k\times l$ 分割表

$A\diagdown B$	B_1	…	B_l	計
A_1	$f_{1,1}$	…	$f_{1,l}$	$f_{1\cdot}$
⋮	⋮		⋮	⋮
A_k	$f_{k,1}$	…	$f_{k,l}$	$f_{k\cdot}$
計	$f_{\cdot 1}$		$f_{\cdot l}$	n

ここで，実測度数を $f_{i,j}$ とするセル (i, j) の期待度数は

$$F_{i,j}=\frac{f_i f_j}{n} \tag{3.110}$$

によって定義される。任意の (i, j) に対して

$$f_{i,j}=\frac{f_i f_j}{n} \tag{3.111}$$

が成立するとき，変数 A と変数 B は**独立**である。二変量間の関連の強さはカイ二乗（χ^2）

$$\chi^2=\sum_{i=1}^{k}\sum_{j=1}^{l}\frac{(F_{i,j}-f_{i,j})^2}{F_{i,j}} \quad (3.112)$$

によって測定することができる。カイ二乗は

$$0\leqq\chi^2\leqq n\times\min(k-1,\ l-1) \quad (3.113)$$

の範囲の値をとり，無連関の場合には0を，高い連関の場合には高い値をとる。最大値をとる場合は完全連関の状態にある（$k=l$），または最大連関の状態にある（$k\neq l$）と呼ばれる。

相関係数には積率相関係数と順位相関係数があるが，単に相関係数と表記されている場合はピアソンの**積率相関係数**（Pearson product moment correlation）を指す場合が多い（例えば，東京大学教養学部統計学教室[7]）。ピアソンの積率相関係数 $r_{x,y}$ は二変量（x, y）の量的データに対して適用され，次式によって与えられる。

$$r_{x,y}=\frac{\mathrm{Cov}(x,y)}{\sqrt{V(x)}\sqrt{V(y)}}=\frac{\sum(x_i-\bar{x})(y_i-\bar{y})}{\sqrt{\sum(x_i-\bar{x})^2}\sqrt{\sum(y_i-\bar{y})^2}} \quad (3.114)$$

ここで，$\mathrm{Cov}(x,\ y)$ は上の式の分子で定義される二変量（x, y）の**共分散**（covariance），$V(x)$，$V(y)$ は，x, y の分散をそれぞれ表す。

$r_{x,y}$ は -1 から1までの値をとり，$1(-1)$ に近い値の場合には両変数が正（負）の相関関係にあると呼ぶ。変数のうち少なくとも一方が順序尺度の場合，ピアソンの積率相関係数ではなく**順位相関係数**（rank correlation coefficient）を適用する。順位相関係数の定義としてはスピアマン（Spearman）による定式化とケンドール（Kendall）による定式化が知られている。

ここで，相関関係は**因果関係**（causality）の必要条件でも十分条件でもないことに留意が必要である。いかなる因果関係にもない二変量であっても，**疑似相関**（spurious correlation）によって強い相関関係を示す相関係数が計算される場合があり，逆に非線形的な因果関係のためにピアソンの積率相関係数では相関関係を捉えられない場合もある。疑似相関を生じさせている第三の変数（交絡因子と呼ばれる場合がある）が既知である場合には，この第三の変数（z）の影響を除外した二変量（x, y）の線形関係を**偏相関係数**（partial correlation coefficient）

$$r_{x,y|z}=\frac{r_{x,y}-r_{x,z}r_{y,z}}{\sqrt{1-r_{x,z}^2}\sqrt{1-r_{y,z}^2}} \quad (3.115)$$

によって計算することができる。ここで，$r_{x,y}$，$r_{x,z}$，$r_{y,z}$ は，それぞれ式（3.114）に基づく。

なお，相関係数を用いた分析という意味で，「相関分析」という用語もよく見かけるが，『統計学辞典』（竹内編[13]）やその他の多くの専門書の索引には掲載されておらず，以下の〔2〕以降と比べた際に統計解析手法と呼ぶほどの内容に乏しいため，本書では〔2〕以降の手法とは区別して指標としての相関係数という見出しとした。

〔2〕 回　帰　分　析

回帰分析（regression analysis）は統計的方法の中で最も広く使用されており，変数 X, Y のデータの関係を**回帰式**（回帰方程式，regression equation）によって定量的に表すものである。Y を**従属変数**（dependent variable），**応答変数**（response variable），**被説明変数**（explained variable）などと呼び，X を**独立変数**（independent variable），**説明変数**（explanatory variable）などと呼ぶ。以下，ここでは，それぞれ被説明変数，説明変数と表記することとする。

（1）**回帰方程式**　最も標準的な分析では Y と X の関係を，未知の定数 β_0，β_1（パラメーター（母数）（parameter）と呼ぶ）を用いて次式のように表す。

$$Y=\beta_0+\beta_1X \quad (3.116)$$

この式を**回帰方程式**（regression equation），**回帰関数**（regression function）などと呼び，「Y を X に回帰する」と表現する。

式（3.114）のように，被説明変数をパラメーターの線形関数（線形結合）で仮定する場合を**線形回帰**（linear regression）と呼ぶのに対し，それ以外の非線形的な関係を仮定する場合を**非線形回帰**（non-linear regression）と呼ぶ。ここでは前者のみを扱うこととする。

実際に観測される Y や X の複数のデータに関して，同一の回帰方程式が厳密に満たされることはきわめてまれである。そこで，回帰方程式に**誤差項**（error term）ε を導入した

$$Y=\beta_0+\beta_1X+\varepsilon \quad (3.117)$$

を**回帰モデル**（regression model）あるいは母回帰方程式（population regression equation）と呼ぶ。ここで誤差項 ε は**攪乱項**（disturbance term）とも呼ばれる。β_0，β_1 は（**母**）**回帰係数**（(population) regression coefficient）または母集団偏（partial）回帰係数と呼ばれる。

回帰分析においては複数の変数（X_1, X_2, …）が説明変数として採用されることも多く，このような回帰分析を，式（3.117）のような説明変数が一つの場合

の**単回帰**（simple regression）モデルと区別して**重回帰**（multiple regression）モデルと呼ぶ場合があるが，本書では特に両者を区別することなく単に回帰モデル，あるいは回帰分析のように呼ぶこととする。サンプルのうちi番目をY_iのように示すこととすれば，定数項を除いてk個の説明変数がある回帰モデルは次式で表される。

$$Y_i=\beta_0+\beta_1X_{i,1}+\beta_2X_{i,2}+\beta_kX_{i,k}+\varepsilon_i \tag{3.118}$$

ここで，説明変数や回帰係数を

$$\boldsymbol{Y}=\begin{bmatrix}Y_1\\ \vdots\\ Y_n\end{bmatrix},\ \boldsymbol{X}=\begin{bmatrix}1 & X_{11} & \cdots & X_{1k}\\ \vdots & \vdots & \ddots & \vdots\\ 1 & X_{n1} & \cdots & X_{nk}\end{bmatrix},\ \boldsymbol{\beta}=\begin{bmatrix}\beta_0\\ \vdots\\ \beta_k\end{bmatrix},\ \boldsymbol{\varepsilon}=\begin{bmatrix}\varepsilon_1\\ \vdots\\ \varepsilon_n\end{bmatrix} \tag{3.119}$$

のように行列ベクトル表記すれば，回帰モデルは

$$\boldsymbol{Y}=\boldsymbol{X\beta}+\boldsymbol{\varepsilon} \tag{3.120}$$

と表される。$\boldsymbol{X}$の1列目は定数項部分に相当する。以降では行列ベクトル表記で記述する。

後述する最小二乗法などの方法によって推定された回帰係数を標本回帰係数と呼び，この標本回帰係数$\hat{\boldsymbol{\beta}}$を用いて

$$\hat{\boldsymbol{Y}}=\boldsymbol{X}\hat{\boldsymbol{\beta}} \tag{3.121}$$

とすると，実測値$\boldsymbol{Y}$とあてはめ値$\hat{\boldsymbol{Y}}$の差

$$\boldsymbol{e}=\boldsymbol{Y}-\hat{\boldsymbol{Y}}=\boldsymbol{Y}-\boldsymbol{X}\hat{\boldsymbol{\beta}} \tag{3.122}$$

を計算できる。この$\boldsymbol{e}$を**残差**（residual）または回帰残差と呼ぶ。残差は誤差項の推定値に相当すると考えることができる。

古典的回帰モデル（classical regression model, **CRM**）では以下のような仮定が置かれる。

仮定1　$E(\boldsymbol{\varepsilon})=\boldsymbol{0}$

仮定2　$V(\boldsymbol{\varepsilon})=\sigma^2\boldsymbol{I}$（誤差は均一分散で独立）

仮定3　$\boldsymbol{X}$は非確率的で所与

σ^2は定数（分散）であり，仮定1と仮定2は

$$E(\varepsilon_i)=0\quad(\forall i) \tag{3.123}$$

$$V(\varepsilon_i)=\sigma^2\quad(\forall i) \tag{3.124}$$

$$\mathrm{Cov}(\varepsilon_i,\ \varepsilon_j)=0\quad(i\neq j) \tag{3.125}$$

を意味しており，$V(\boldsymbol{\varepsilon})$は，**分散共分散行列**（variance-covariance matrix）と呼ばれる。

これらの仮定の順番や記述の仕方は文献によって多少異なり，回帰モデルが線形であることを最初の仮定に加えるものもある。また，仮定2については，式(3.124)，(3.125）のように（自己）分散と共分散のそれぞれ別の仮定とするものもある。仮定3に関しては，$(k+1)<n$と

$$\mathrm{rank}(\boldsymbol{X})=k+1 \tag{3.126}$$

が暗黙に仮定されているが，それらが明示的に仮定として示されている場合もある。

このあと説明するとおり，モデルのパラメーターを最尤法で推定する際や，推定されたモデルの有意性を検定する際には，上述の仮定に加えてつぎの仮定が追加される。

仮定4　$\boldsymbol{\varepsilon}\sim N(\boldsymbol{0},\ \sigma^2\boldsymbol{I})$

これは，仮定1により$E(\boldsymbol{Y})=\boldsymbol{X\beta}$が成立することから，仮定2と仮定3により$\boldsymbol{Y}\sim N(\boldsymbol{X\beta},\ \sigma^2\boldsymbol{I})$と同値である。

仮定1～4の仮定を満足する回帰モデルを，古典的正規回帰モデルと呼ぶことがある。

（2）**回帰係数の推定と検定**　回帰分析を行うには，現実に得られたサンプル（標本）によって真の回帰係数（母回帰係数$\boldsymbol{\beta}$）の推定を行う必要がある。最も標準的な手法の一つは**最小二乗法**（ordinary least squares, method of least squares）であり，これはモデルの残差二乗和

$$\boldsymbol{e}'\boldsymbol{e}=\sum_{i=1}^{n}e_i^2 \tag{3.127}$$

を最小にするように母回帰係数を推定するものである。最小化問題の一階の条件

$$\frac{\partial}{\partial\boldsymbol{\beta}}\boldsymbol{e}'\boldsymbol{e}=\frac{\partial}{\partial\boldsymbol{\beta}}(\boldsymbol{y}-\boldsymbol{X\beta})'(\boldsymbol{y}-\boldsymbol{X\beta})=0 \tag{3.128}$$

より回帰の正規方程式（normal equation）$\boldsymbol{X}'\boldsymbol{Y}=\boldsymbol{X}'\boldsymbol{X\beta}$が導出でき，これによって

$$\hat{\boldsymbol{\beta}}=(\boldsymbol{X}'\boldsymbol{X})^{-1}\boldsymbol{X}'\boldsymbol{Y} \tag{3.129}$$

が得られる。幾何学的には，誤差項ベクトル$\boldsymbol{\varepsilon}$と説明変数ベクトル$\boldsymbol{X}$が直交するときに誤差二乗和が最小となることを用いて，つぎのように求めることもできる。

$$0=\boldsymbol{X}'\boldsymbol{\varepsilon}=\boldsymbol{X}'(\boldsymbol{Y}-\boldsymbol{X\beta})=\boldsymbol{X}'\boldsymbol{Y}-\boldsymbol{X}'\boldsymbol{X\beta} \tag{3.130}$$

最小二乗法によって推定された古典的回帰モデルの回帰係数は**最良線形不偏推定量**（best linear unbiased estimator, **BLUE**）となることが知られており，これを**ガウス・マルコフの定理**（Gauss-Markov theorem）と呼ぶ。ここで最良（best）とは，最小分散のことを意味しており，線形かつ不偏な推定量の中で最小分散となる推定量が得られることを意味する（3.2.2項〔5〕参照）。

被説明変数Yが従う条件付きの分布が既知である場合，回帰係数は**最尤法**（maximum likelihood method）によって推定することもできる。最尤法とはパラメーター（回帰モデルの場合では回帰係数や誤差分散に相当）で条件付けた際のデータ（回帰モデルの場合では被説明変数$\boldsymbol{Y}$）の得られる確率を**尤度**（likelihood）として，データ($\boldsymbol{Y}$)の確率密度関数によって**尤度関数**（likelihood function）を定義し最大化することによってパラメーターを得る手法である。例えば仮定4が成

立する場合，既述のとおり被説明変数 $\boldsymbol{Y}$ が正規分布に従う。i 番目の被説明変数 Y_i の確率密度関数 f は，i 番目の説明変数ベクトル（$\boldsymbol{X}$ の第 i 行目を取り出した行ベクトルを転置した列ベクトル）を $\boldsymbol{x}_i$ と表すこととすると

$$f\left(Y_i|\boldsymbol{x}_i,\boldsymbol{\beta},\sigma^2\right)=\frac{1}{\sqrt{2\pi\sigma^2}}\exp\left\{-\frac{1}{2\sigma^2}\left(Y_i-\boldsymbol{x}_i'\boldsymbol{\beta}\right)^2\right\} \tag{3.131}$$

であるから，尤度関数 L は

$$L=\prod_{i=1}^{n}f\left(Y_i|\boldsymbol{x}_i,\boldsymbol{\beta},\sigma^2\right) \tag{3.132}$$

として定義される。この対数をとってつぎのような対数尤度関数とすることで，代数的な扱いが容易となる。

$$\begin{aligned}l=\log L&=\sum_{i=1}^{n}\log f\left(Y_i|\boldsymbol{x}_i,\boldsymbol{\beta},\sigma^2\right)\\&=-\frac{1}{2}\log\left(2\pi\sigma^2\right)-\frac{1}{2\sigma^2}\sum_{i=1}^{n}\left(Y_i-\boldsymbol{x}_i'\boldsymbol{\beta}\right)^2\end{aligned} \tag{3.133}$$

対数尤度関数を最大化することは式（3.133）の中で

$$\sum_{i=1}^{n}\left(Y_i-\boldsymbol{x}_i'\boldsymbol{\beta}\right)^2=(\boldsymbol{Y}-\boldsymbol{X\beta})'(\boldsymbol{Y}-\boldsymbol{X\beta})=\boldsymbol{e}'\boldsymbol{e} \tag{3.134}$$

の部分を最小化することに等しくなる，つまり残差二乗和の最小化に等価となり，この場合，$\boldsymbol{\beta}$ の最尤推定量は最小二乗推定量に一致する。

推定された個別の係数を検定する方法のうち，最もよく用いられる **t 検定**（t-test）について説明する。

上述の四つ目の正規性の仮定によって回帰係数の推定量が正規分布に従うことが導かれ，これによって j 番目の説明変数 X_j について

$$\frac{\hat{\beta}_j-\beta_j}{S_j}\sim t\left(n-(k+1)\right) \tag{3.135}$$

$$S_j=\sqrt{\frac{\boldsymbol{e}'\boldsymbol{e}}{n-(k+1)}(X\ X)^{j,j}} \tag{3.136}$$

が成立する。S_j は X_j の標本回帰係数 $\hat{\beta}_j$ の**標準誤差**（standard error）であり，$t\left(n-(k+1)\right)$ は自由度 $\left\{n-(k+1)\right\}$ の t 分布を表し，$(\boldsymbol{X}'\boldsymbol{X})^{j,j}$ は行列 $\boldsymbol{X}'\boldsymbol{X}$ の j 行 j 列目の成分を表す。ここでは，β_0，…，β_k の合計 $(k+1)$ 個の未知パラメーターを有する回帰モデルを n 個のサンプルを用いて推定することを考えており，**自由度**（degree of freedom）とは，この未知のパラメーターが動くことのできる空間の次元数のことである（嚢谷[14] 参照）。自由度がゼロのときには，誤差ゼロとして回帰方程式が解けてパラメーターが確定的に求まることとなる。

これによって，推定された標本回帰係数 $\hat{\beta}_j$ がある特定の値 $\beta_{j,0}$ と有意に差があるか否かについて t 検定を行うことができる（3.2.2 項〔6〕参照）。

多くの場合では $\beta_{j,0}=0$，つまり $\hat{\beta}_j$ が有意に 0 と異なる値をとるか否かを検定することが多い（帰無仮説：$\hat{\beta}_j=0$）。

推定された標本回帰係数について個別に検定を行うのではなく係数の部分ベクトルに対して検定を行う場合は **F 検定**（F-test）が用いられる。詳細は，例えば浅野・中村[15] を参照されたい。

（3）回帰モデルの評価・診断とモデル選択　推定された回帰方程式の当てはまりの良さ（説明変数 $\boldsymbol{X}$ が被説明変数 $\boldsymbol{Y}$ をどの程度説明したか）を測る基礎的な指標は決定係数（coefficient of determination）R^2 であり，次式によって定義される。

$$R^2=\frac{\mathrm{ESS}}{\mathrm{TSS}}=1-\frac{\mathrm{RSS}}{\mathrm{TSS}}=1-\frac{\sum e_i^2}{\sum\left(Y_i-\bar{Y}\right)} \tag{3.137}$$

決定係数の正の平方根は（**重**）**相関係数**（(multiple) regression coefficient）と呼ばれ，実測値 $\boldsymbol{Y}$ とあてはめ値 $\hat{\boldsymbol{Y}}$ のピアソンの積率相関係数に等しい。**TSS**（total sum of squares）は被説明変数の平均 $\bar{Y}$ からの乖離の二乗和，**ESS**（explained sum of squares）は説明変数によって説明された変動，**RSS**（residual sum of squares）は TSS のうち説明変数によって説明されなかった変動であり，三者の間には（TSS）=（ESS）+（RSS）の関係が成り立つ。TSS は総変動，RSS は残差二乗和と呼ばれる。R^2 は 0 から 1 の間の値をとり，$\boldsymbol{X}$ が $\boldsymbol{Y}$ の変動を説明するのにまったく役立っていない場合は $R^2=0$，逆に $\boldsymbol{X}$ によって $\boldsymbol{Y}$ の変動を完全に説明できている場合には $R^2=1$ となる。

回帰モデルに説明変数を追加すれば残差二乗和 RSS は必ず減少するが，思考節約の原理（「オッカムの剃刀」とか「ケチの原理」とも呼ばれる）の観点からはなるべく少ない説明変数が望ましい。そこで，説明変数の数の増加による ESS の上昇を割り引いたあてはまりの尺度として，次式で定義される**自由度修正（済み）決定係数**（adjusted coefficient of determination）（または自由度**調整**済み決定係数）が広く用いられている。

$$\begin{aligned}\bar{R}^2&=1-\frac{\mathrm{ESS}}{\mathrm{TSS}}\frac{n-1}{n-(k+1)}\\&=1-\left(1-R^2\right)\frac{n-1}{n-(k+1)}\end{aligned} \tag{3.138}$$

ただし，この自由度修正済み決定係数を，候補となる複数の回帰モデルの中でいずれのモデルを選択するか（**モデル選択**（model selection））の基準としては用い

るべきではないとされる。

モデル選択の基準として広く用いられているのが**赤池情報量規準**（Akaike information criterion, **AIC**）である。AICは一般に

$$\mathrm{AIC} = -2\log f\left(X|\hat{\theta}\right) + 2p \qquad (3.139)$$

で与えられる。$\hat{\theta}$は最大対数尤度をもたらすパラメーターの推定量（最尤推定量）で，pはパラメーターの数を示す。最大対数尤度は大きいほど説明力が高いため，それに負の定数（-2）を乗じた第1項は小さいほどよく，モデルの複雑性を表現する第2項も小さいほどよい。モデル選択においてはAICがより小さいモデルが選択される。AICは予測力の最大化を目的とした情報量規準であり，真のモデルを選択する規準としては定義されていない点に留意すべきである。AICのほかに**ベイズ型情報量規準**（Bayesian information criterion, **BIC**）や**一般化情報量規準**（generalized information criterion, **GIC**）など複数の情報量規準があり，それぞれ適用の前提としている仮定や目的が異なる。詳細は小西・北川[16]を参照されたい。

（4）　**回帰分析を行う上での注意**　推定された回帰モデルは，ここまでに説明した回帰係数の検定，決定係数等による評価に加えて，経済学的な理論基礎や長年にわたって一般に認められた定説などに基づく符号条件によっても検証・診断される。

古典的回帰モデルの仮定のうち，仮定1については，これが満足されるように定数項（β_0）で調整可能であるので，通常憂慮する必要はない。

仮定2に対する違背のうち**不均一分散**（heterogeneity）に対しては，加重最小二乗法と呼ばれる方法が適用されることが多い。誤差項間が独立でない場合のうち，時系列データで頻繁に見られる**系列相関**（serial correlation）に対しては時系列分析の手法（例えば山本[10]）を適用する必要がある。地理空間データで頻繁に見られる**空間的自己相関**（spatial autocorrelation）に対しては空間計量経済学の手法（例えば瀬谷・堤[2]）を適用することができる。

仮定3（非確率的X）の違背に対しては，いくつかの条件下ではX所与の下で導かれた結論を変える必要はない（蓑谷[17]）。Xのrankに対する違背に関連して多重共線性に起因する問題が知られている。

多重共線性（multi-collinearity）は複数の説明変数が似通った変動をすることによって生じる現象で，推定される回帰係数の標準誤差が大きくなるという問題を引き起こす。説明変数のうちいずれかが他の説明変数の一次結合によって表されるとき，つまり$X_1 = a + bX_2$のような関係が成立しているときは説明変数間に完全な多重共線性が存在すると呼ばれる。例えば，男性を1とするダミー変数と女性を1とするダミー変数を両方説明変数としてモデルに投入した場合には，このような問題が生じる。完全な多重共線性が生じている場合，回帰係数を推定することはできない（式(3.126)が満たされず，$(X'X)^{-1}$が存在しないため）。完全ではない多重共線性が生じている場合では回帰係数を数値的に計算することはできるものの，係数の標準誤差が大きくなる，データのわずかな変動に対して推定値が過敏に反応する（推定の不安定性）という問題が生じる。回帰係数の標準誤差が大きくなることでt値は小さくなり，個別の回帰係数についての帰無仮説は棄却されにくくなる。またデータの小さな変動に対して不安定になるために，回帰係数の推定値が理論的に想定される値や許容範囲から著しく乖離する可能性がある。多重共線性を検出するために一般的に用いられるのは**分散拡大因子**（variance inflation factor, **VIF**）（分散増幅因子ともいう）で，j番目の説明変数に対しては

$$\mathrm{VIF}_j = \frac{1}{1-R_j^2} \qquad (3.140)$$

によって定義される。ここでR_j^2はj番目の説明変数を他の説明変数（$\{1, \cdots, j-1, j+1, \cdots, k\}$番目の説明変数行列）に回帰した際に得られる決定係数である。VIFが5から10程度の大きさを超えている説明変数については多重共線性が生じていると判断されるケースが多い。計量経済学の立場からは，多重共線性を生じさせている説明変数を回帰モデルから除外することは，特定化の誤りを起こし望ましくないとの見方があるが（浅野・中村[15]），工学的な観点からは別の変数に置き換えることも行われ得る（奥村[18]）。また，リッジ回帰（ridge regression）などの正則化手法や〔3〕の最後で説明する主成分回帰を適用することもある。

仮定4（Yの正規性）を満たさない場合，変数の**対数変換**（logarithmic transformation）や対数変換を特殊形として含む**Box–Cox変換**（Box–Cox transformation）（例えば，蓑谷[14]）を適用して対処することが多い（これらは，誤差項の不均一分散への対処法として用いられることも多い）。あるいは一般化線形モデルの適用などが試みられる（ドブソン[19]参照）。

回帰モデルにおいて推定されたパラメーターは，検定のところでも説明したとおり誤差を含む確率変数である。したがって，推定されたパラメーターを用いて計算された被説明変数の推計（**予測**，forecast）値も確率変数であり，誤差（予測誤差）を含むことに十分

留意が必要である。予測値とその信頼区間に関しては，簑谷[14]などを参照されたい。

（黒田　翔・堤　盛人）

〔3〕 主成分分析

主成分分析（principal component analysis）は，〔4〕で説明する因子分析手法の一つとして提案されたという経緯があるが，現在では異なるものとして区別して考えるのが一般的である。

主成分分析は，データの持つ情報を縮約するための多変量解析手法の一つである。例えば，高齢化率と空家率という二次元の情報を「まちの年齢」という一次元の情報に縮約する例を考えよう（まちの年齢というのはここで便宜的に付けた名称に過ぎない）。**図3.30**において，一つひとつの○は地区の（空家率，高齢化率）という二次元データを座標軸上でプロットしたものである。ここに，まちの年齢という新たな軸を導入し，この座標軸のみでサンプルの特徴を捉えることを考える（例えば，○から新たな軸に垂線を下ろし，その足から原点までの距離によって特徴を捉える）。軸（ア）と軸（イ）を比較すると，軸（ア）の方が各地区の差異をうまく捉えられる。主成分分析は，このように，（サンプルのちらばり）≒（分散）を最大化する方向に軸を設定するのである。

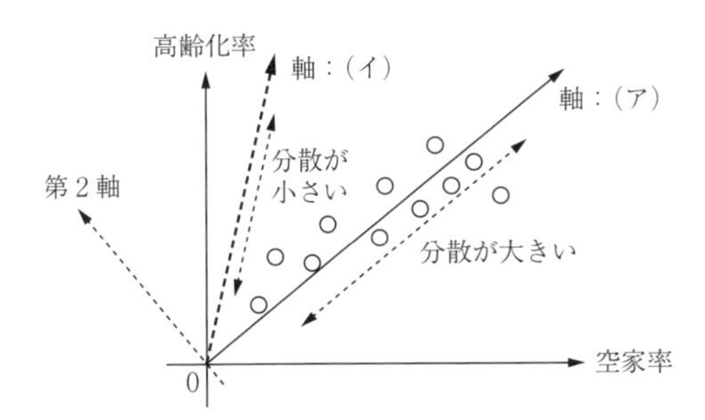

図3.30　主成分分析の考え方

このことを，空家率と高齢化率の二変量の例で見てみよう。空家率を表す変数をy_1，高齢化率を表す変数をy_2とする。サンプルサイズをnとすれば，各データは，高齢化率と空家率のペアとして

$$\boldsymbol{y}_1=(y_{1,1},\ y_{2,1})',\ \boldsymbol{y}_2=(y_{1,2},\ y_{2,2})',\ \cdots,\ \boldsymbol{y}_n=(y_{1,n},\ y_{2,n})' \tag{3.141}$$

と書ける。これらのデータを，「まちの年齢」を表すZ軸に射影すると，i番目のサンプルは

$$Z_i=w_1y_{1,i}+w_2y_{2,i}=\boldsymbol{w}'\boldsymbol{y}_i \tag{3.142}$$

によって与えられる（ただし，$\boldsymbol{w}=(w_1,\ w_2)'$は係数ベクトル）。$Z_1$, …, Z_nの平均と標本分散は，それぞれ

$$\bar{Z}=\boldsymbol{w}'\bar{\boldsymbol{y}} \tag{3.143}$$

$$s^2=\boldsymbol{w}'\boldsymbol{S}\boldsymbol{w} \tag{3.144}$$

となる（小西[20]）。ただし，$\bar{\boldsymbol{y}}=(\bar{y}_1,\ \bar{y}_2)'$は標本平均から成るベクトル，$\boldsymbol{S}$は2×2次元の標本分散共分散行列であり，合成変数$Z$の分散は，いわゆる二次形式の形で与えられる。

前述のとおり，主成分分析では，合成変数の分散を最大にするように軸を定める。したがって，$\boldsymbol{w}'\boldsymbol{S}\boldsymbol{w}$を最大化すればよい。ただし，係数を大きくすればするほど分散はいくらでも大きくできるため，通常$\boldsymbol{w}'\boldsymbol{w}=1$という制約を置く。本制約下での分散最大化問題は，ラグランジュの未定乗数法を用いて次式のように定式化できる。

$$F(\boldsymbol{w},\ \lambda)=\boldsymbol{w}'\boldsymbol{S}\boldsymbol{w}+\lambda(1-\boldsymbol{w}'\boldsymbol{w}) \tag{3.145}$$

Fを$\boldsymbol{w}$で微分して$\boldsymbol{0}$と置けば，$\boldsymbol{S}\boldsymbol{w}=\lambda\boldsymbol{w}$が得られる。この解は，固有方程式$|\boldsymbol{S}-\lambda\boldsymbol{I}|=0$（ただし，$|\cdot|$は行列・の行列式）を解くことによって得られる最大固有値λ_1に対応する固有ベクトル$\boldsymbol{w}_1=(w_{11},\ w_{12})'$である。ここで，第1主成分$Z_1$は$Z_1=\boldsymbol{w}'_1\boldsymbol{y}$によって得られ，第1主成分の分散は$s_{z_1}^2=\boldsymbol{w}_1'\boldsymbol{S}\boldsymbol{w}_1=\lambda_1$と固有値そのものによって与えられる（小西[20]）。第2主成分は，式(3.145)の最適化問題に，$\boldsymbol{w}$と$\boldsymbol{w}_1$が直交するという条件：$\boldsymbol{w}_1'\boldsymbol{w}=0$を加えればよいから，分散最大化問題は

$$F(\boldsymbol{w},\ \lambda,\ \gamma)=\boldsymbol{w}'\boldsymbol{S}\boldsymbol{w}+\lambda(1-\boldsymbol{w}'\boldsymbol{w})+\gamma\boldsymbol{w}_1'\boldsymbol{w} \tag{3.146}$$

と定式化できる。これを解くと，係数ベクトルは，第2番目の固有値λ_2に対応する固有ベクトル$\boldsymbol{w}_2=(w_{21},\ w_{22})'$として得られる。第2主成分は$Z_2=\boldsymbol{w}'_2\boldsymbol{y}$となり，第2主成分の分散は$s_{z_2}^2=\boldsymbol{w}_2'\boldsymbol{S}\boldsymbol{w}_2=\lambda_2$と，固有値によって与えられる。

以上の議論を一般化してまとめよう。いま，p次元のデータ$\boldsymbol{y}_i=(y_{1,i},\ y_{2,i},\ \cdots,\ y_{p,i})'\ (i=1,\ \cdots,\ n)$の平均と標本分散が，式(3.143)，(3.144)によって与えられるとする（ただし，$\boldsymbol{w}=(w_1,\ w_2,\ \cdots,\ w_p)'$，$\bar{\boldsymbol{y}}=(\bar{y}_1,\ \bar{y}_2,\ \cdots,\ \bar{y}_p)'$であり，$\boldsymbol{S}$は$p\times p$の標本分散共分散行列）。主成分分析においては，対象の各変数のスケールが大きく異なる場合，変数を平均0，分散1となるように基準化（平均成分を引き，標準偏差で除する）する必要がある（Everitt and Hothorn[21]）。以下では，変数が基準化されているものと考える。このとき，$\bar{\boldsymbol{y}}=(0,\ 0,\ \cdots,\ 0)'$が成り立ち，標本共分散行列$\boldsymbol{S}$は標本相関行列$\boldsymbol{R}$に等しくなる。具体的な主成分分析の流れは以下のとおりである。

まず，標本相関行列$\boldsymbol{R}$の固有値分解によってp個の固有値を計算し，それらを大きい順にλ_1, …, λ_pとする。このとき，第k主成分は，k番目の固有値に対応する固有ベクトル$\boldsymbol{w}_k$を用いて，$Z_k=\boldsymbol{w}_k'\boldsymbol{y}$と与える

ことができる。したがって，係数 $\boldsymbol{w}_k'$ によって，i 番目のデータは，$Z_{k,i}=\boldsymbol{w}_k'\boldsymbol{y}_i$ に射影される。何番目までの固有値を用いるかという主成分数の選択基準にはさまざまなものがあるが，それらについては〔4〕の因子分析の節で説明する。

主成分分析において，$\boldsymbol{R}$ の固有値は合成変数の分散を表した。したがって

$$\frac{\lambda_k}{\lambda_1+\cdots+\lambda_p} \tag{3.147}$$

は，第 k 主成分に含まれている情報の量を示し，**寄与率**（contribution）と呼ばれる。また

$$\frac{\lambda_1+\cdots+\lambda_k}{\lambda_1+\cdots+\lambda_k+\cdots+\lambda_p} \tag{3.148}$$

は**累積寄与率**（cumulative contribution）と呼ばれる。累積寄与率は，しばしば簡便な主成分数の選択基準としても用いられる（例えば 80% など）。

最後に，主成分分析は，回帰分析における**多重共線性**（multi-collinearity）の問題の緩和策として用いることもできることを指摘しておく（例えば，堤[22]）。すなわち，説明変数行列を $\boldsymbol{X}$ としたとき，$\boldsymbol{X}'\boldsymbol{X}$ を固有値分解し，ゼロに近い固有値に対応する成分を除いた後の固有ベクトルから成る行列を $\boldsymbol{X}$ に右から乗じたものを新たな説明変数とするアプローチであり，主成分回帰と呼ばれる。

〔4〕 因　子　分　析

（1） 因子分析の考え方　〔3〕の主成分分析は，p 個の変数を固有ベクトルを重みとして総合化し，新たな変量 Z を「合成」する手法であった。一方で因子分析は，潜在的な因子を，観測変数に「分解」する手法である。例えば，節電行動の度合い（無：0〜頻繁に：100 の間の連続変数とする），公共交通利用頻度（回/月）という 2 要素が観測されているとき，因子分析は，「環境意識」という因子（潜在変数）をこれらの観測変数で説明するモデルである。因子は複数設定することができ，**図 3.31** において，因子から観測変数への影響は，実線と点線の 2 種類で示されている。ここで，点線を削除することを考えると，環境意識は節電行動の度合いと公共交通利用頻度に影響を与え，防災意識は避難訓練参加の頻度（回/年），ハザードマップ認知の度合い（無：0〜非常に詳しく知っている：100 の間の連続変数とする），防災投資額（円/世帯所得）に影響を与える。このように，なんらかの理論仮説や事前知識に基づいて事前に因果関係を想定し，その因果関係を検証するタイプの因子分析は，**確証的因子分析**（confirmatory factor analysis，**CFA**）と呼ばれる。それに対して，実線と点線を区別せずに，すべての観測変数がすべての因子の影響を受けているとするタイプの因子分析は，**探索的因子分析**（explanatory factor analysis，**EFA**）と呼ばれる。ここでは，このうち特に後者について説明を行う（無論，図 3.31 の例の場合は CFA のほうが妥当である）。

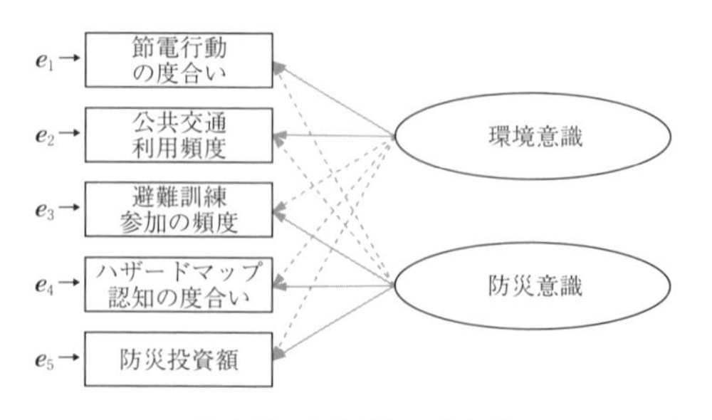

図 3.31　因子分析の考え方

因子分析の流れの概略を，**図 3.32** に示す。まず，因子数の決定およびモデルのパラメーター推定を行い，それに基づいて解釈を容易にするための因子の回転を行う。以下，これらを具体的に説明する。

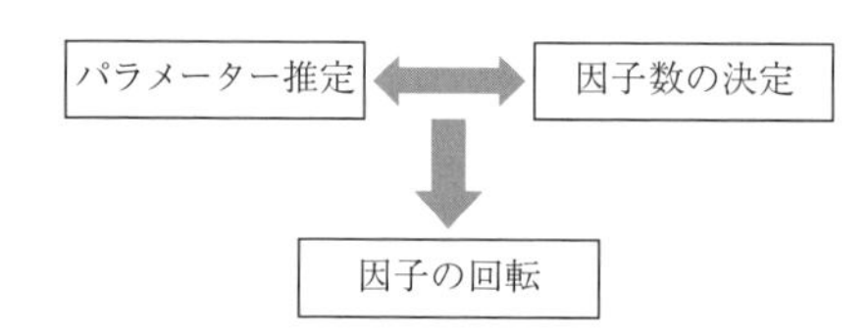

図 3.32　因子分析の流れ

（2） 因子分析のモデル　探索的因子分析（EFA）の基本モデルを以下に示す。

$$y_{k,i}=a_{k1}f_{1,i}+\cdots+a_{km}f_{m,i}+\sigma_k u_{k,i}$$
$$(k=1,\ \cdots,\ p,\ i=1,\ \cdots,\ n) \tag{3.149}$$

ただし，$y_{k,i}$ は個人 i の k 番目の属性を示す。ここで，主成分分析のときと同様に，$y_{k,i}$ は基準化されていると仮定しよう。$f_{j,i}$ は**共通因子**（common factor）と呼ばれる個人 i の j 番目の潜在変数であり，その係数 a_{kj} は**因子負荷**（factor loading）と呼ばれる。$f_{j,i}$ の具体的な値は，**因子スコア**（factor score）と呼ばれる。上の式を行列表記すると

$$\boldsymbol{y}_i=\boldsymbol{A}\boldsymbol{f}_i+\boldsymbol{D}\boldsymbol{u}_i \quad (i=1,\ \cdots,\ n) \tag{3.150}$$

が得られる。ただし，$\boldsymbol{y}_i=(y_{1,i},\ \cdots,\ y_{p,i})'$，$\boldsymbol{A}$ は，$\boldsymbol{a}_j'$ を 1 から p まで縦に並べたもの（**因子負荷行列**），$\boldsymbol{f}_i$ は $f_{1,i}$ から $f_{m,i}$ を縦に並べたもの，$\boldsymbol{D}$ はその対角成分を σ_k で与える $p\times p$ 行列，$\boldsymbol{u}_i=(u_{1,i},\ \cdots,\ u_{p,i})'$ である。また，$\boldsymbol{f}_i\sim N(\boldsymbol{0}_m,\ \boldsymbol{I}_m)$，$\boldsymbol{u}_i\sim N(\boldsymbol{0}_p,\ \boldsymbol{I}_p)$ が仮定される（ただし，$\boldsymbol{0}_m$ はその成分を 0 で与える次元 m のベクトル，$\boldsymbol{I}_m$ は次元 $m\times m$ の単位行列である）。このとき，$\boldsymbol{y}_i$ は，平均ベクトルを $\boldsymbol{0}_p$，分散共分散行列を

$\boldsymbol{AA}' + \boldsymbol{D}^2$ で与える多変量正規分布 $\boldsymbol{y}_i \sim N(\boldsymbol{0}_p, \boldsymbol{AA}' + \boldsymbol{D}^2)$ に従う。このとき，対数尤度関数は

$$\log p(\boldsymbol{y}|\Sigma) = \text{const} - \frac{n}{2}\left[\text{tr}(\Sigma^{-1}\boldsymbol{R}) - \ln|\Sigma^{-1}|\right] \quad (3.151)$$

で与えられる。最尤推定量を得るためには，$\boldsymbol{D}$ と $\boldsymbol{A}$ に関して本式を最大化すればよい。具体的なアルゴリズムとしては，例えばEMアルゴリズムが用いられる（豊田[23]）。パラメーターの推定方法としては，ほかに最小二乗法，主因子法，ベイズ推定法などがある（市川[24]）。

各個人の因子スコアに興味がある場合，$\boldsymbol{Y} = (\boldsymbol{y}_1, \cdots, \boldsymbol{y}_n)'$，$\boldsymbol{F} = (\boldsymbol{F}_1, \cdots, \boldsymbol{F}_n)'$，$\boldsymbol{U} = (\boldsymbol{u}_1, \cdots, \boldsymbol{u}_n)'$ とし，式 (3.150) を

$$\boldsymbol{Y} = \boldsymbol{FA}' + \boldsymbol{UD} \quad (3.152)$$

と書いたとき，例えばThurstoneの最小二乗法により，$\hat{\boldsymbol{F}} = \boldsymbol{YR}^{-1}\boldsymbol{A}$ と推定することができる。ただし，因子スコア行列 $\boldsymbol{F}$ は不定であり，ある因子負荷行列 $\boldsymbol{A}$ に対して，無数の組合せで存在することには注意が必要である。すなわち，$\boldsymbol{F}$ は**算出**（calculate）することはできず，**推定**（estimate）しなければならない。

（3）　**因子数の決定**　　因子数の決定のために現在までにさまざまなアプローチが提案されてきた。代表的なアプローチとしては，標本相関行列 $\boldsymbol{R}$ の固有値に基づくものと，適合度指標を用いるものが挙げられる。

前者のうち，その単純性から広く用いられているアプローチは，**カイザー・ガットマン基準**（Kaiser-Guttman criterion）を用いるものである。本基準は，標本相関行列 $\boldsymbol{R}$ の1より大きい固有値の数を因子数とする簡便なものである。**スクリーテスト**（scree test）は，$\boldsymbol{R}$ の固有値を降順に並べてプロットした折れ線グラフに基づき，固有値の大きさが急激に減少する直前までの固有値の個数を用いるというアプローチである。**平行分析**（parallel analysis）は，データと同じサイズの乱数データを作成し，$\boldsymbol{R}$ の固有値と乱数データの相関行列の固有値との比較によって因子数を決定する方法である（豊田[23]）。他のアプローチについては，市川[24]や豊田[23]を参照されたい。

適合度指標に基づくアプローチには，尤度比検定を用いるものや，情報量規準に基づくものがある。後者では，次式に基づくAICやBICを最小化するような因子数を求める。

$$\text{AIC} = \chi^2 - 2 \times df \quad (3.153)$$

$$\text{BIC} = \chi^2 - \ln(n) \times df \quad (3.154)$$

ここで

$$\chi^2 = (n-1)\left\{\text{tr}(\hat{\Sigma}^{-1}\boldsymbol{R}) - \ln|\hat{\Sigma}^{-1}\boldsymbol{R}| - p\right\} \quad (3.155)$$

$$df = \frac{p(p+1)}{2} - \left[pm + p - \frac{m(m-1)}{2}\right] \quad (3.156)$$

（4）　**因子数の回転**　　因子数として，2因子以上を想定した場合，結果の解釈上の理由から，因子（負荷行列）の回転を行うことが一般的である。すなわち，各観測変数が多くの因子から影響を受ける場合，因子の解釈がしにくいため，各観測変数が少数の因子からのみ影響を受けるように因子負荷行列を変換（回転）する。

因子負荷行列の回転に当たっては，因子負荷行列の複雑さが小さくなることを目標とする。ここで，複雑さは，$\boldsymbol{A}$ の回転後の行列 Λ の各列における0でない成分数によって定義でき，次式

$$\Lambda = \begin{bmatrix} * & * & * & 0 & 0 & 0 & 0 & 0 & 0 \\ 0 & 0 & 0 & * & * & * & 0 & 0 & 0 \\ 0 & 0 & 0 & 0 & 0 & 0 & * & * & * \end{bmatrix} \quad (3.157)$$

のように9個の観測変数がそれぞれ一つの因子からのみ影響を受けているような状況（複雑さが1）は，**完全クラスター解**（perfect cluster solution）と呼ばれる（$*$は0でない実数）。回転は，このような単純性を志向して行われる（市川[24]）。

因子の回転には，直交回転と斜交回転がある。直交回転は，因子間の相関を許容せず，因子が相関を持たないという制約下で回転を行う。一方で斜交回転は，このような制約を置かない。例えば，図3.15の例でいえば，「環境意識」と「防災意識」に相関があることを許容しないのが直交回転である。実証研究では，斜交回転が妥当な場合が多いであろう。

直交回転は，適当な回転行列 $\boldsymbol{T}$ を $\boldsymbol{A}$ に右から乗じることによって行う。回転後の因子負荷行列を Λ と呼べば

$$\Lambda = \boldsymbol{AT} \quad (3.158)$$

によって与えられる。一方，斜交回転の場合は

$$\Lambda = \boldsymbol{A}(\boldsymbol{T}'^{-1}) \quad (3.159)$$

となる（豊田[23]）。

因子負荷行列の回転は，基本的には Λ が単純構造となるような $\boldsymbol{T}$ を探索する形で行う。具体的には，直交回転の場合は，$\boldsymbol{TT}' = \boldsymbol{I}$，斜交回転の場合は，$\text{diag}(\boldsymbol{TT}') = \boldsymbol{I}$ の条件下で，単純構造の指標 $Q(\Lambda)$ を最大化（または最小化）する。例えば，直交回転の基準としては，バリマックス基準が有名である。

$$Q = \sum_{k=1}^{m}\sum_{j=1}^{m}\lambda_{kj}^4 - \frac{1}{p}\sum_{j=1}^{m}\left(\sum_{k=1}^{p}\lambda_{kj}^2\right)^2 \quad (3.160)$$

ただし，λ_{jk} は回転後の因子負荷である。また，斜交

回転には，オブリミン基準

$$Q=\sum_{j=1}^{m}\sum_{j\neq j}^{m}\left\{\sum_{k=1}^{p}\lambda_{kj}^2\lambda_{kj}^2-\frac{w}{p}\left(\sum_{k=1}^{p}\lambda_{kj}^2\right)\left(\sum_{k=1}^{p}\lambda_{kj}^2\right)\right\} \tag{3.161}$$

などがある（w は 0, 1/2, 1 などで与える重み）。詳細については，豊田[23] などを参照されたい。

以上をまとめると，因子分析は，まず大きく確証的因子分析と探索的因子分析に分けられる。不定性の問題により，因子分析の結果は因子スコアの推定法，因子回転の方法に依存し，また，パラメーター推定法や因子数の決定法，回転の種類（直交，斜交）によっても結果は大きく変わり得る。したがって因子分析を実施した際には，これらを適切に報告する必要がある。

（瀬谷　創）

〔5〕 判 別 分 析

判別分析（discriminant analysis）とは，標本の属性情報を基に各標本がどの 2 群（カテゴリー）に所属するかを推定する手法である。例えば航空写真の各ピクセルにおける三原色（赤色，緑色，青色）を用いて判別分析を行うことで，各ピクセルが緑地か否かを判別できる。以降ではこの例のような 2 群の判別を例に議論を進める。

判別分析では**判別関数**（discriminant function）と呼ばれる関数の符合を基に，各標本の群を推定する。例えば，基本的な判別分析として知られる**線形判別分析**（linear discriminant analysis）の判別関数は次式で与えられ，その実現値が正の場合は群 1，負の場合は群 2，のように割り振られる（**図 3.33** 参照）。

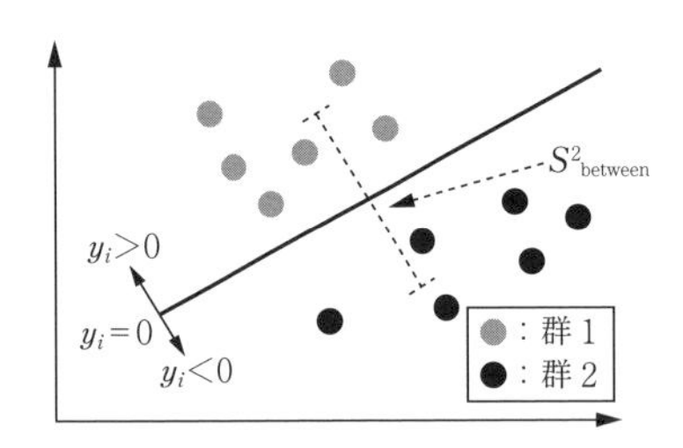

図 3.33　線形判別分析のイメージ

$$y_i=\sum_{p}x_{i,p}\beta_p \tag{3.162}$$

ここで $x_{i,p}$ は標本 i の p 番目の説明変数，β_p はその係数である。判別関数の実現値 y_i は**判別得点**（discriminant score）と呼ばれる。

β_p は次式で示される**フィッシャーの判別基準**（Fisher's linear discriminant）J を最大化することで推定される。

$$J=\frac{S^2_{\text{between}}}{S^2_{\text{within}}} \tag{3.163}$$

$$S^2_{\text{between}}=\left(\bar{y}^{(1)}-\bar{y}^{(2)}\right)^2$$

$$S^2_{\text{within}}=\sum_{i\in n^{(1)}}\left(y_i-\bar{y}^{(1)}\right)^2+\sum_{i\in n^{(2)}}\left(y_i-\bar{y}^{(2)}\right)^2$$

$\bar{y}^{(1)}$（$\bar{y}^{(2)}$）は群 1（群 2）に判別された標本についての判別得点 y_i の平均値，$\bar{y}$ は y_i の平均値である。また S^2_{between} は群間の y_i のばらつき（群間変動），S^2_{within} は群内の同ばらつき（郡内変動）を表す。J を最大化することで，群間の分離度を表す S^2_{between} を大きくするとともに（図 3.30 参照），群内の変動を表す S^2_{within} を小さくする。なお，S^2_{within} を小さくすることで判別の精度が大きく向上することが一般に知られている。

J を最小化する β_p を特定するために式 (3.162) を代入した J を β_p で偏微分すると次式が得られる。

$$\begin{bmatrix} s_{1,1} & s_{1,2} & \cdots & s_{1,P} \\ s_{2,1} & s_{2,2} & \cdots & s_{2,P} \\ \vdots & \vdots & \ddots & \vdots \\ s_{P,1} & s_{P,2} & \cdots & s_{P,P} \end{bmatrix}\begin{bmatrix} \beta_1 \\ \beta_2 \\ \vdots \\ \beta_P \end{bmatrix}=\begin{bmatrix} \bar{x}_1^{(1)}-\bar{x}_1^{(2)} \\ \bar{x}_2^{(1)}-\bar{x}_2^{(2)} \\ \vdots \\ \bar{x}_P^{(1)}-\bar{x}_P^{(2)} \end{bmatrix} \tag{3.164}$$

$$s_{p,q}=\frac{1}{n^{(1)}+n^{(2)}-2}\left(\sum_{i\in n^{(1)}}\left(x_{i,p}^{(1)}-\bar{x}_p^{(1)}\right)\left(x_{i,q}^{(1)}-\bar{x}_q^{(1)}\right)+\sum_{i\in n^{(2)}}\left(x_{i,p}^{(2)}-\bar{x}_p^{(2)}\right)\left(x_{i,q}^{(2)}-\bar{x}_q^{(2)}\right)\right)$$

ここで $\bar{x}_p^{(g)}$ は群 g に判別された標本についての $x_{i,p}$ の平均値である。式 (3.164) を $\boldsymbol{S\beta}=\bar{\boldsymbol{x}}^{(1)}-\bar{\boldsymbol{x}}^{(2)}$ と表現すると，η^2 を最小化する係数ベクトル $\boldsymbol{\beta}$ の推定値は次式で与えられることがわかる。

$$\hat{\boldsymbol{\beta}}=\boldsymbol{S}^{-1}\left(\bar{\boldsymbol{x}}^{(1)}-\bar{\boldsymbol{x}}^{(2)}\right) \tag{3.165}$$

これから推定された係数を式 (3.164) に代入することで線形判別関数が与えられ，この関数を用いて新たな標本の判別が可能となる。

以上では線形の判別関数を仮定したが，実際には線形の関数ですべての標本を正しく判別することは不可能である場合が多い。近年では非線形の判別関数を用いる手法や，**ニューラルネットワーク**（neural network）や**サポートベクターマシン**（support vector machine）といったより柔軟な判別手法が**パターン認識**（pattern recognition）の分野で活発に議論されており，例えば画像認識や音声認識などへの幅広い応用が見られる。それらの手法についてはビショップ[25] に詳しい。

（村上大輔）

〔6〕 クラスター分析

分析の対象とするデータにいくつかの特徴のものが混在している際，それらを群（グループ）に分類したり，群に分類した上で各群についてさらに詳しく分析したりする場合がある。**図 3.34** の●▲■で示した点は，ある地域の地区ごとの（昼間人口，夜間人口）を座標軸上にプロットしたものとする。これらの地区は，例えば，C_1は夜間人口に対して昼間人口が少ないベッドタウン型の地区，逆にC_3は昼間人口が多いのに対して夜間人口は少ない業務都心型の地区，C_2は昼間人口と夜間人口があまり変化しないそのどちらでもない地区に分類することができそうである。また，それ以外にも，さまざまな分類が考えられそうである。

判別（discrimination）が，興味の対象となるデータがある群に属するときに対象がどの群に所属するかを推測するのに対し，**分類**（classification）は，なんらかの類似性（あるいは非類似性/差異性）に基づいてデータをいくつかの群（**クラスター**，cluster）に分けることをいう。〔5〕で説明した判別分析が**教師ありの分類**（supervised classification）法と呼ばれるのに対し，ここで説明するクラスター分析（あるいはクラスター化法，クラスター生成法）は**教師なしの分類**（unsupervised classification）法と呼ばれる。（ここでの「教師」は「正解」の意味である）。教師データがある場合には，いかにそれが精度良く再現できるかで手法の善し悪（あ）しを判断することができるが，教師データがない場合には，得られた結果が直感に整合的であるとか解釈が容易であるといった主観によって手法の善し悪しを判断せざるを得ない。そのため，多くの研究分野において扱うデータの特性や分類の目的等に応じてさまざまな手法が提案され，今日に至っている。『統計学辞典』[13]によれば，「**クラスター分析**（cluster analysis）とはデータを分類する手法のかなり漠然とした総称であり，ある特定の手法が存在するわけではない」。したがって，ここで紹介するクラスター分析も代表的な一例に過ぎないことを断っておく。

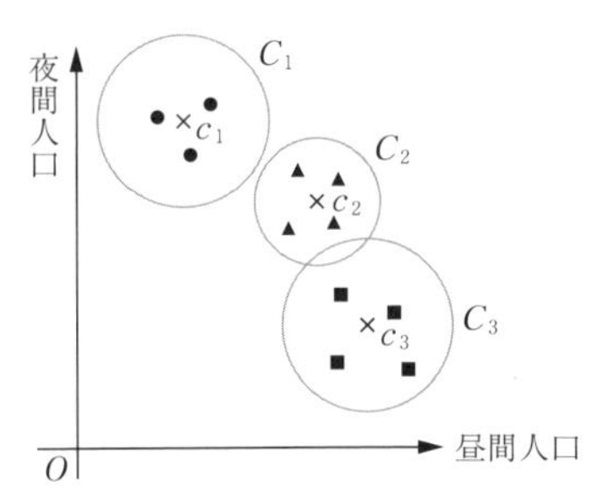

図 3.34　クラスターの例

データをクラスターに分ける（クラスタリングする）ためには，扱うデータの種類や目的などに応じて，類似度あるいは非類似度を定義する必要がある。

最も簡単でよく用いられるのは，非類似度を対象i, jの属性ベクトル$\boldsymbol{x}_i$, $\boldsymbol{x}_j$の**ユークリッド距離**（Euclidean distance）で定義する方法であろう。

N個の対象から成るデータに対し，初めに，1個の対象だけを含むN個のクラスターC_1, C_2, ..., C_3を設定する。クラスター間の非類似度（距離$d(C_i, C_j)$）を定義し，最も距離が小さいクラスターを併合する。併合されたクラスターとそれ以外のすべてのクラスターとの間で同様に距離を計算し，同様の併合作業を決められた回数あるいはクラスターが一つになるまで

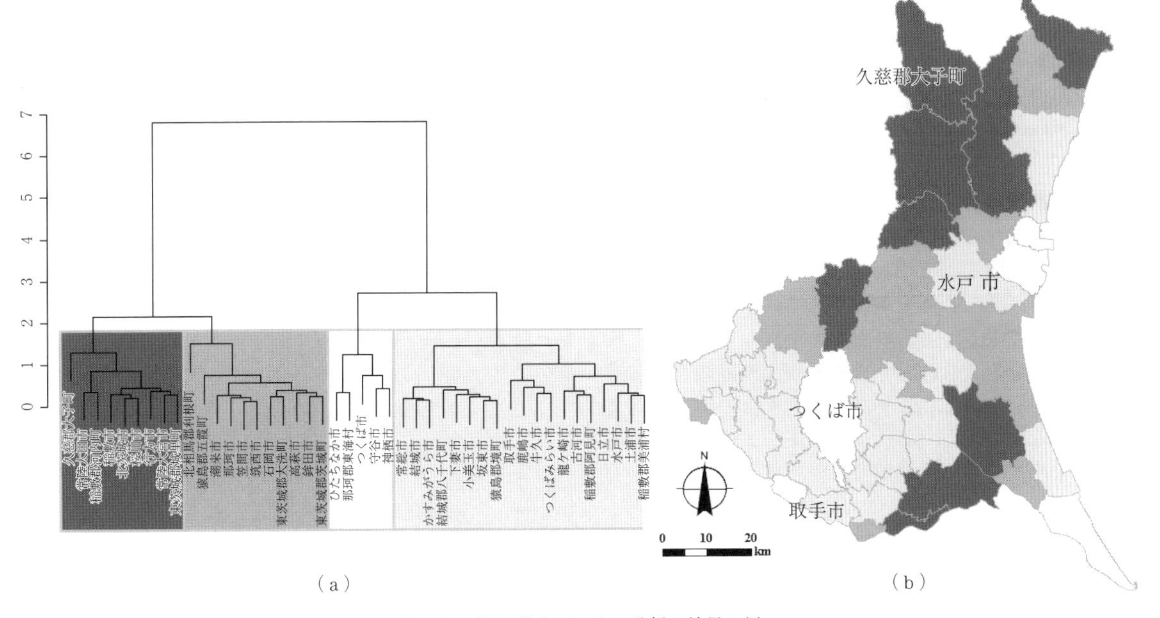

図 3.35　階層的クラスター分析の結果の例

逐次統合していく。このような方法は「階層的クラスター分析」と呼ばれる。それは，**図 3.35**（a）に示す**樹形図**（dendrogram）が示すように，階層構造を作るような分類手法であるためである。代表的な手法はウォード（Wald）法であり，クラスターの重心まわりの偏差平方和を最小にするように他のクラスターを併合する方法である（例えば，村山・駒木[26]）。この方法は，**鎖状効果**（chaining effects）と呼ばれる連鎖的な分類（大きなクラスターへの吸収）が起こりにくく，また，球形のクラスターを作りやすいことから解釈が容易であるため，比較的よく用いられている。

茨城県 44 市区町村の 5 歳階級別人口構成比データを対象に，ウォード法を用いた階層的クラスター分析を行った分析例を図 3.35 に示す。図 3.35（b）は 4 クラスターに分けたときの地域区分を地図に示したものである。比較的高齢者の多い県北地域とつくば市などの若い世代が多い県南地域が区分されているなど，おおむね直観に沿った結果といえるだろう。

階層的クラスター分析に対し，図 3.34 のように，階層を持たないようにクラスター化する手法もある。最も代表的なものは，k-means（k-平均）法と呼ばれる手法であり，クラスターの代表点を $\boldsymbol{c}_i$（通常は C_i に属する各データの算術平均ベクトル）とするとき，あらかじめ決めたクラスターの個数 k に対して，以下の最小化問題を解くものである。

$$\min \sum_i \sum_{\boldsymbol{x} \in C_i} d\left(\boldsymbol{x}, \boldsymbol{c}_i\right) \tag{3.166}$$

判別分析同様，機械学習の分野でもさまざまなクラスター分析の手法が開発されている（例えば，ビショップ[25] 参照）。土木計画学で扱うことの多い地理空間データでは，クラスターが地理空間上で連担することが解釈の容易さから求められることもあり，そのような手法の開発も進んでいる。

（吉田崇紘，堤　盛人）

〔7〕 離散選択モデル

個人が限られた選択肢の中から一つを選ぶ事象を記述する際に離散選択モデルが用いられる。最も単純な離散選択は，ある行動をするかしないかといった 1 か 0 の二項変数で置き換えることができ，二項選択と呼ばれる。被説明変数のとり得る値が 1 か 0 の 2 項では二項選択モデル，3 項以上では多項選択モデルとして区別されるが，ここでは二項選択モデルについて説明する。多項選択モデルに関する詳細はⅠ編 4 章などを参照されたい。

被説明変数が質的変数である場合，〔2〕で説明した線形回帰モデルを用いた分析は望ましくない。$\boldsymbol{y}=(y_1, y_2, \cdots, y_n)$ が二項変数のときを例にとると，線形回帰モデル $y_i = X_i\beta + \varepsilon_i$ は $y_i=1$ となる確率 $p_i = \Pr(y_i=1|X_i)$ をモデル化したものとなり，β_k は X_k が 1 単位変化したときの $y_i=1$ となる確率の変化を表していると捉えることができる（線形確率モデルと呼ばれる）。したがって，推定されたパラメーターを基に統計的推論を行うことはある程度可能である。しかしながら誤差項は，$y_i=1$ のとき $\varepsilon_i = 1 - X_i\beta$，$y_i=0$ のとき $\varepsilon_i = -X_i\beta$，とそれぞれ確率 p_i と $1-p_i$ で二つの可能な値をとるため，その分散は $\mathrm{Var}(\varepsilon_i) = X_i\beta(1 - X_i\beta)$ となり，不均一分散となる（Greene[27]）。さらに，予測確率は誤差項に制約を課さない限り $0 \leqq \hat{p}_i = X_i\hat{\beta} \leqq 1$ とはならないため，得られる結果は解釈が困難となるおそれがある。一方で，離散選択モデルでは予測確率がつねに 0 から 1 の間をとる特徴を有している。

最も基本的な離散選択モデルである**ロジットモデル**（logit model）は，選択確率の式が閉形式であり解釈が容易であることから広く使用されている。なお，ロジットモデルとロジスティック回帰モデルは同じモデルであり，プロビットのアナロジーとして Berkson[28] がロジットという単語を用いたのが始まりとされている（Cramer[29]）。

条件付き確率の対数オッズ比が $\boldsymbol{X}$ の線形和で表されると仮定すると

$$\log \frac{\Pr\left(y_i = 1|X_i\right)}{\Pr\left(y_i = 0|X_i\right)} = \log \frac{p_i}{1-p_i} = X_i\beta \tag{3.167}$$

となる。$\mathrm{logit}(z) = \log[z/(1-z)]$ はロジット関数と呼ばれる（ただし $0 \leqq z \leqq 1$）。また，条件付き確率をロジスティック分布の分布関数（標準シグモイド関数）$F(z) = \exp(z)/[1+\exp(z)]$ を用いて

$$p_i = F\left(X_i\beta\right) = \frac{\exp\left(X_i\beta\right)}{1+\exp\left(X_i\beta\right)} \tag{3.168}$$

と表すこともでき，$0 \leqq p_i \leqq 1$ となることがわかる。ロジット関数と標準シグモイド関数は互いに逆関数であるから，式 (3.167) と式 (3.168) はどちらも同じロジットモデルである。ロジットモデルの対数尤度関数は，ベルヌーイ試行における成功確率を式 (3.168) と置くことで

$$\ln L = \sum_{i=1}^{n} \left\{ y_i \log F\left(X_i\beta\right) + \left(1-y_i\right) \log\left(1 - F\left(X_i\beta\right)\right) \right\} \tag{3.169}$$

となるため，一般化線形モデルの枠組みで反復重み付き最小二乗法（iterative reweighted least squares method）を用いてパラメーター推定を行うのが一般的である。

一方，条件付き確率を標準正規分布の分布関数

$\Phi(z)$ を用いて

$$p_i = \Phi\left(X_i\beta\right) = \int_{-\infty}^{\beta x} \frac{1}{\sqrt{2\pi}} \exp\left(\frac{-t^2}{2}\right) dt \quad (3.170)$$

と仮定したものが**プロビットモデル**（probit model）である。したがって，ロジットモデルとプロビットモデルの違いは，条件付き確率に関する分布関数の仮定にあることがわかる。プロビットモデルの対数尤度関数は，式（3.169）の $F(X_i\beta)$ を $\Phi(X_i\beta)$ に置き換えたものであり，関数の中にインテグラルが含まれ複雑になることから，計算機性能が低かった一昔前は計算の簡便さからロジットモデルの方が好まれていた。

ロジスティック分布と標準正規分布の双方の分布関数は非常に似ており，ロジットモデルとプロビットモデルで得た結果は似る傾向がある。しかし，ロジスティック分布の分布関数の裾は $x \to \infty$ で漸近的に $\exp(-x)$ に減衰するのに対して，標準正規分布のそれは $x \to \infty$ で漸近的に $\exp(-x^2)$ に減衰することから，プロビットモデルの方が外れ値に対して敏感であるという特徴がある（ビショップ[25]）。

さて，わが国では土木計画学の分野において「非集計ロジット」，「集計ロジット」という言葉が散見される（例えば，土木学会土木計画学研究委員会[30]）。これは，分析の際に利用するデータが個票データ y_i（i=1, …, n）か，なんらかの単位 I（例えばゾーン等）で集計されたデータ $S_I = \sum_{i \in I} y_i$ かで区別するために用いられる独自の用語である。集計量で与えられる S_I は二項変数ではないが，これを $P_I = S_I / N_I$（N_I は $y_{i \in I}$ の総数）と比率データに変換し，ロジットモデルにおける選択確率とみなしてモデルを推定することが可能である。簡便な方法として，式（3.167）のモデルに対して平均 0，分散 $\sigma_I^2 = 1/[N_I P_I(1-P_I)]$ の誤差項 υ_I を仮定し，重み付き最小二乗法（最小カイ二乗法）を用いる方法がある。これは Berkson[28] によって提案され Theil[31] によって多項ロジットモデルへと拡張された手法である。$\mathrm{logit}(P_I)/\sigma_I$ を X_I/σ_I で回帰するのみであり，計算が非常に簡便であるのが特徴だが，近年の計算機性能の向上によりこの方法の利点はほぼ失われている（Cameron and Trivedi[32]）。

（爲季和樹）

引用・参考文献（3.2 節）

1）東京大学教養学部統計学教室：人文・社会科学の統計学（基礎統計学），東京大学出版会（1994）
2）瀬谷 創，堤 盛人：空間統計学，朝倉書店（2014）
3）松原 望，美添泰人，岩崎 学，金 明哲，竹村和久，林　文，山岡和枝：統計応用の百科事典，pp.94〜95，丸善出版（2011）
4）蓑谷千凰彦：統計分布ハンドブック，朝倉書店（2010）
5）蓑谷千凰彦，縄田和満，和合 肇：計量経済学ハンドブック，朝倉書店（2008）
6）安道知寛：ベイズ統計モデリング（統計ライブラリー），朝倉書店（2010）
7）東京大学教養学部統計学教室：統計学入門（基礎統計学），東京大学出版会（1991）
8）武藤眞介：統計解析ハンドブック（普及版），p.476，朝倉書店（2010）
9）豊田秀樹：共分散構造分析 入門編—構造方程式モデリング（統計ライブラリー），朝倉書店（1998）
10）山本 拓：経済の時系列分析，創文社（1988）
11）沖本竜義：経済・ファイナンスデータの計量時系列分析，朝倉書店（2010）
12）チェン・シャオ：ミクロ計量経済学の方法　パネル・データ分析（国友直人訳），東洋経済新報社（2007）
13）竹内 啓編集委員代表：統計学辞典，東洋経済新報社（1989）
14）蓑谷千凰彦：線形回帰分析，p.20，pp.240〜241，朝倉書店（2015）
15）浅野 晳，中村二朗：計量経済学（第 2 版），6 章，有斐閣（2009）
16）小西貞則，北川源四郎：情報量規準，朝倉書店（2004）
17）蓑谷千凰彦：数理統計ハンドブック，p.827，みみずく舎（2009）
18）奥村 誠：土木計画学（土木・環境系コアテキストシリーズ E-1），p.23，コロナ社（2014）
19）アネット・ドブソン（田中 豊，森川敏彦，山中竹春，冨田 誠訳）：一般化線形モデル入門（原著第 2 版），共立出版（2008）
20）小西貞則：多変量解析入門（第 3 刷），p.228，岩波書店（2014）
21）Everitt, B. and Hothorn, T. : An Introduction to Applied Multivariate Analysis with R, Springer, New York（2011）
22）堤 盛人：地価の回帰分析（土木学会応用力学委員会逆問題小委員会編『土木工学における逆問題入門』（第 6 章第 4 節），土木学会（2000）
23）豊田秀樹：因子分析入門，東京図書（2012）
24）市川雅教：因子分析，p.108，朝倉書店（2010）
25）C.M. ビショップ（元田 浩，栗田多喜夫，樋口知之，松本裕治，村田 昇監訳）：パターン認識と機械学習　上・下，丸善出版（2012）
26）村山祐司・駒木伸比古：地域分析ーデータ入手・解析・評価，古今書院（2013）
27）Greene, W.H. : Econometric Analysis 7th edition, Prentice Hall, p.684（2012）
28）Berkson, J. : Maximum likelihood and minimum chi-square estimations of the logistic function, Journal of the American Statistical Association, 50, pp.130〜161（1955）
29）Cramer, J.S. : The early origins of the logit model,

Studies in History and Philosophy of Science Part C : Studies in History and Philosophy of Biological and Biomedical Sciences, 35, pp.613～626 (2004)

30) 土木学会土木計画学研究委員会：非集計モデルの理論と実際，土木学会 (1995)

31) Theil, H. : A multinomial extension of the linear logit model, International Economic Review, 10, pp.251～259 (1969)

32) Cameron, A.C. and Trivedi, P.K. : Microeconometrics methods and applications, Cambridge University Press, pp.480～481 (2005)

4. 交 通 学 基 礎

4.1 交通行動分析

4.1.1 交通行動分析概論

〔1〕 交通行動分析の潮流

土木計画学における**交通行動分析**（travel behavior analysis）の役割は，第一に**四段階推計法**（**四段階推定法**ともいう，four-step estimation method）の諸段階で必要とされる発生・集中交通，分布交通，交通機関分担，配分に関わる各種交通行動の分析とモデリングである。第二に，自動運転やシェアリング，ロードプライシングといったさまざまな交通サービスや交通管制の運用において，交通行動の変化を正確に予測・制御することである。第三に，交通行動のよりよい理解（good understanding travel behavior）そのものが交通行動分析の目的となり得る。

交通行動分析において開発されてきたトリップ発生・集中モデル，分布交通モデル，交通機関分担モデル，経路選択モデルといった離散型の非集計選択モデルは，交通需要予測において重要な役割を果たしてきた。こうした初期のモデル群は，1980 年代から 1990 年代にかけて，計算機の性能向上を背景に均衡配分からシミュレーションモデルやアクティビティモデルの開発において多くの研究成果が蓄積されることとなった（**図 4.1** 参照）。

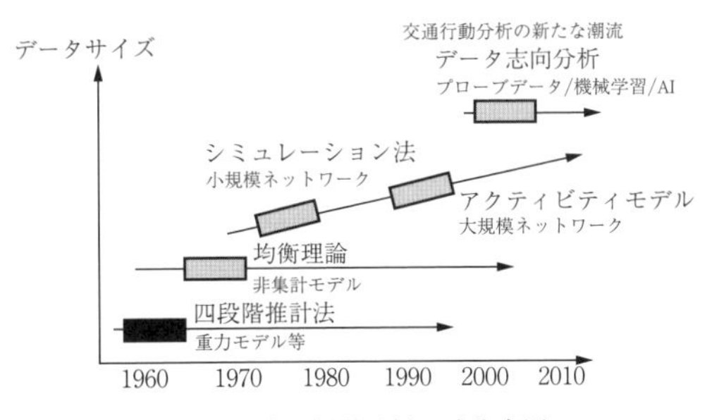

図 4.1 交通行動分析の時代変遷

Kitamura[1] によるパネルデータを用いた交通行動モデルの動学化と，Yai, Iwakura & Morichi[2] による首都圏鉄道の多様な経路の重複を表現するための確率項の構造化，Morikawa, Yamada and Ben-Akiva[3] による心理学的メカニズムの行動モデルへの取込み，杉恵，藤原，小笹[4] や，佐々木，西井，土屋[5] による仮想的な政策シナリオに対する SP 分析は，現実の交通計画において実用化されている交通行動分析の成果といえる。またトリップを基本単位とする四段階推計法から移動は活動の派生需要であることを前提としたアクティビティモデルとして，Bowman & Ben-Akiva[6] や Arentze & Timmermans[7] による都市政策評価のためのモデル開発が進んでおり，実務への適用も見られる。

このように，交通行動分析は土木計画や都市計画の基本的ツールとなり得る一方で，その原理は合理的な個人を仮定しており，個人と世帯の生活行動を支える意思決定問題における動的メカニズムや相互意思決定といった行動概念が正確に定義され明らかになっているとはいいがたいという課題もある。このため，規範的なアプローチに基づくネットワーク配分や交通流理論と比して，日々の交通行動の観測結果に基づく探索的な研究アプローチもまた重視されている（Jones, et al.）[8]。

交通行動モデルは広範な領域をカバーしている。交通ネットワーク計画や都市施設計画に限らず，高速道路のランプ制御やプライシングといった交通管制やソフト政策評価においてもさまざまな交通行動モデルが用いられるようになってきている。さらに近年では，プローブパーソン技術などの進展により日々の連続的な交通行動データの利用が可能になったことで，機械学習や並列計算を援用したデータ志向な交通行動分析へと大きく変貌を遂げようとしている。

〔2〕 観 測 と 理 論

交通行動分析において，交通行動の理論化（モデル化）と，理論化した現象の観測は相互に影響を受けながら進展してきたといっていい。McFadden[9] や Ben-Akiva[10] によって体系化された離散選択モデルは交通行動分析における理論モデルの代表例であり，サンフランシスコの高速鉄道 BART の需要予測をはじめ，世界各国の交通プロジェクトの需要予測に用いられてきた。一方，PT 調査や道路交通センサス，大都市交通センサスといった交通調査は，交通行動観測の代表的方法であり，都市圏単位で交通行動を把握するための調査として定期的に行われ，交通計画や都市計画に欠かせない調査手法として定着するに至っている。

交通行動の観測データは，行動モデルのパラメーターを推定するために用いられる。交通行動分析の多くは観測された行動結果から要因の効果を推定する逆問題であることに特徴がある（これに対して原因から結果を求めるために行動を規範的に扱い，その定式化を重視するネットワーク配分理論や交通流理論は順問題を扱うことが多い）。このため，交通行動分析では，解の存在と一意性，安定性解析が重要となり，観測データと仮定する行動理論の統計的性質に基づいた推定手法の選択が求められる。

（1） **交通行動の観測**　交通行動の観測は，トリップを単位とする調査方法と，日々の活動の連鎖に着目したダイアリー調査に大別される。

前者の代表は**PT 調査**（**パーソントリップ調査**（person trip survey））であり，出発地・時刻，到着地・時刻，交通機関や乗換え地点などを調査票形式で尋ねるもので，交通行動分析の基本となる概念はトリップであり，トリップの発地となるゾーン i と着地となるゾーン j の組合せごとにトリップ数 T_{ij} を集計した OD 表が分析単位となる。一方，**アクティビティダイアリー調査**（activity diary survey）は，被験者は 1 日の移動を日誌形式で調査票に記述し回答することになる。トリップを単位とする分析に対して，活動の派生需要として発生する移動の制約条件をより正確に把握することで，前後の活動文脈の影響を分析することが可能になる。

現存しない交通政策の分析には SP データが用いられる。SP データは現実の行動である revealed preference に対して，仮想的な交通政策シナリオを被験者に提示することで得られる回答データのことであり，政策操縦バイアスや正当化バイアスといったバイアス補正のための手法と，さまざまな心理尺度の導入が図られることで，現実の交通政策評価に用いられるようになっている。

また交通行動の調査は，観測する際の視点の置き方によってオイラー的な方法とラグランジュ的な方法に大別することもできる。オイラー的な方法とは，交通ネットワーク上の複数の定点において，旅行者の状態や ID を記録することで，断面交通量を把握するとともに，通過 ID 情報を用いて，旅行者の通過経路を推計する方法である。ナンバープレートマッチング調査のような方法から，Wi-Fi の基地局に記録された Mac アドレスから回遊経路を識別する方法まで，さまざまな観測機器を用いた調査が行われている。

一方，ラグランジュ型の観測方法には，移動体通信システムを用いたプローブパーソン調査のように，携帯端末を使った追跡行動調査が用いられる。近年では，衛星画像から CCD カメラまで，広域から局所的な交通挙動のデータが画像処理技術を用いて利用することが可能になりつつある。こうした方法では観測精度が観測場所によって大きく異なるため，観測方程式と行動モデルを組み合わせた一般状態空間モデルやデータ同化による推定・推計手法の開発が行われている。

（2） **交通行動観測の自動化**　交通行動分析において，旅行者自ら携帯する位置特定機能付きの移動体通信システムを用いることで，彼もしくは彼女の空間的な位置を自動的に計測することが可能となっている。このような調査は**プローブパーソン調査**（probe person survey）と呼ばれ，長期にわたる調査とデータ蓄積が可能になりつつある。こうした膨大なデータと交通ネットワークデータを用いて day-to-day の経路選択や OD 交通推計に関わる分析が可能になりつつある。**マップマッチング**（map matching）はこうしたデータ分析の基本となるデータ処理手法であり，リンク a に対する点 k の距離を算出し，総和距離が最短となるようなリンク集合を経路として特定するアルゴリズムである。一方，GPS の位置データだけでは，交通機関や交通目的について知ることは難しい。そこで交通機関や移動目的といった被験者の回答が教師データとして必要になる。教師データと自動的に計測可能なセンサー情報を組み合わせて，機械学習などの方法を用いることで，交通行動の識別が可能になる。移動体通信システムの携帯機器に付帯する加速度センサーや地磁気センサーを使って蓄積され続けるデータを用いることで，データから有用な特徴量と判断基準を抽出し，自動的に交通機関や交通目的を推計することも可能になりつつある（Hato）[11]。加速度センサーの情報を 10 Hz 程度の周期で移動平均で集計し，特徴量とした上で 100 サンプル程度の教師データを作成すれば，Random Tree や SVM といった方法を用いることで，交通機関や移動目的の自動識別が 9 割以上の精度で可能となっている（Shafique & Hato）[12]。

〔3〕 **交通行動分析の基礎理論**

交通行動を分析しようとする場合，発生・集中，分布，分担，配分といった四段階のステップに分割し，集計量を基に分析する方法と，交通行動を行う旅行者の意思決定そのものに着目して分析する方法に大別される。後者は，トリップベースアプローチとアクティビティベースアプローチに分けられる。意思決定に着目する場合，旅行者の個別の意思決定について価値，不確かさといった事柄を数学的かつ統計的に確定していく問題として記述する必要がある。

交通行動モデルでは，一般的に，効用最大化理論が仮定され，旅行者はさまざまな選択肢の情報を処理しながら効用が最も高くなる選択肢を選択することが仮定される。このとき，旅行者の効用関数を確定項と確率項の和で記述し，確率項にガンベル分布を仮定すると，ロジットモデルを導出することができる。互いの選択肢は無相関であるという仮定を緩和するために，正規分布やG関数を用いることで，選択肢間の相関が任意の形式で記述可能なプロビットモデルやGEVモデルを導出することが可能となる。また，認識処理できる情報量には限りがあることから，限定合理性を仮定したモデルが用いられることも少なくない。劣位の条件を持つ変数の効果を優位な変数の効果で埋め戻さない非補償型モデルや，着目する変数効果の足きり基準の影響を受けるEBAモデルや辞書編纂型モデルなどが限定合理性を取り入れたモデルとして挙げられよう。

つぎに，アクティビティアプローチによって交通行動を捉えようとする場合，現実都市の交通ネットワーク上で行われる交通行動では，交通機関の速度や，始業時刻などに起因する活動時刻制約の記述と，連鎖するトリップとアクティビティの記述が重要になる。前者はプリズム制約（近藤）[13] などを取り込んだスケジューリング問題であり，後者は**アクティビティチェイン**（activity chain）と呼ばれる連続する移動–活動パターンの記述手法である（Kitamura, et al.）[14]。複雑なアクティビティチェインの選択問題は，Bowman & Ben-Akiva 型モデル[6]，Bhat 型[15]，Arentze & Timmermans 型[7]，Gan & Recker 型[16] といったモデルに大別される。Bowman & Ben-Akiva 型モデルは，離散型の選択肢で複雑なアクティビティチェインをネスト構造で記述したモデルある。Bhat 型は，離散連続モデルによって，制約を有する活動時間の配分を確率的に割り付けるモデルである。Arentze & Timmermans 型は，ルールベースのアクティビティシミュレーション用に開発されたエージェントモデルである。Gan & Recker 型は，膨大な移動–活動パスの探索そのものを最適化問題として記述したモデルであり，さまざまなアクティビティモデルの開発が進められている。

〔4〕 交通行動分析における今後の課題

交通行動分析の課題として，a）動学化，b）相互化，c）最適化が挙げられよう。行動分析は，1980年代のアクティビティ分析の時代から，1990年代には動学化の時代に入ったといわれ，パネル調査による政策効果の動学的予測について多くの研究が蓄積されてきた。状態依存効果などの確認がなされるとともに，パネル調査時の消耗バイアスの補正方法が確立された。相互化については福田ら[17] による社会的相互作用による複数均衡の可能性が示唆されており，構造推定の適用による相互動学化やゲーム理論などとの整合的な分析フレームワークの確立が求められている。一方，最適化については，旅行者個人の交通行動と交通事業者の意思決定問題を組み合わせたrevenue managementの研究なども近年重要度を増しており，自動運転車両の共同利用サービスでは，利用者のスケジューリング意思決定を経路探索問題と車両資源配分と同時に解くような問題の解法が必要とされているといっていい。計算機の性能向上とZDDのようなDB検索理論の進展により，組合せ最適化問題に関する研究進展と相まって，膨大な行動データのリアルタイム収集・蓄積技術の進展が，交通行動分析の理論を大きく更新しようとしている。（羽藤英二）

4.1.2 行動モデリングの基礎理論

交通行動の予測や理解に用いられてきた行動モデルは多岐にわたるが，ここでは，交通需要予測や便益評価において研究・実務の両面で最も頻繁に用いられてきた**確率効用最大化モデル**（random utility maximization model, **RUM**モデル）に焦点を絞って説明する。

〔1〕 合理的選択と効用最大化

人間の行動を客観的・定量的に表現しようとする試みは，ミクロ経済学の消費者行動分析において最も精力的に行われてきた。消費者行動分析では，人間の意思決定における**合理性**（rationality）を前提としている。これは，意思決定主体はいくつかの目標を持ち，それらの目標に照らし合わせて行動代替案を総合評価でき，代替案を選好の順に並べることができる，というものである。これを公理体系的に書けば以下のようになる。

① 再帰性
　任意の代替案 X に対して $X(\geqq)X$
　（$X(\geqq)Y$ は「X は Y より選好されるかまたは無差別である」を表す）

② 完全性
　任意の代替案 X，Y に対して $X(\geqq)Y$ または $Y(\geqq)X$

③ 推移性
　任意の代替案 X，Y，Z に対して $X(\geqq)Y$ かつ $Y(\geqq)Z$ ならば $X(\geqq)Z$

④ 連続性
　任意の代替案 Y に対して $\{X : X(\geqq)Y\}$ と $\{X : X(\leqq)Y\}$ は閉集合

上記①〜③が成り立てば，すべての代替案を選好の順に並べることができ，さらに④が成り立てば無差別曲線を定義することができるため，選好を**効用関数**（utility function）で表現することができる。なお，効用関数は，代替案 X に対して $U(X)$ なる関数がスカラー数を与え，X が Y より選好される（$X(>)Y$）場合は $U(X)>U(Y)$，X と Y が選好無差別である（$X(=)Y$）場合は $U(X)=U(Y)$ となる写像である。

効用関数を持つ合理的個人は，効用値が大きい代替案を選好するため，複数の代替案の中から最大の効用をもたらす代替案を選択するという**効用最大化**（utility maximization）の行動原理が演繹される。

〔2〕 制約条件下での最適化行動

交通行動を含むなんらかの活動を行うためには，少なからず時間等の有限な資源が必要となる。ゆえに，合理的個人の効用最大化行動は，制約条件下での最適化行動として以下のように表すことができる。

$$\text{Max} \quad U_n = f(x_{1n}, x_{2n}, \cdots, x_{Jn}) \tag{4.1}$$

$$\text{Subject to} \quad g_{kn}(x_{1n}, x_{2n}, \cdots, x_{Jn}, p_{k1}, p_{k2}, \cdots, p_{kJ}) = E_{kn} \quad (k=1, 2, \cdots, K) \tag{4.2}$$

ここで，U_n は個人 n が J 個の行動代替案に時間等の資源を配分することで得られる効用を表す**直接効用関数**（direct utility function）であり，当該個人は時間や所得等の K 個の資源制約の下で，この値が最も大きくなるような各行動代替案の消費量 x_{jn} の組合せを選択するものと考える。なお，E_{kn} は個人 n の k 番目の資源の総量であり，p_{kj} は k 番目の資源に関する代替案 j の単位消費量（価格等）である。

式（4.1）と式（4.2）で表される最適化問題を，ラグランジュの未定乗数法を用いて x_{jn} について解くと，最大の効用を与える x_{jn} の消費量として

$$x_{jn}^* = x_{jn}(p_{11}\cdots, p_{1J}, \cdots, p_{K1}\cdots, p_{KJ}, E_{1n}, \cdots, E_{Kn}) \tag{4.3}$$

が求められる。式（4.3）は，それぞれの資源に関する各代替案の重み p_{kj} と各資源の総量 E_{kn} が与えられたときの各行動代替案の最適な消費量を示す関数であり，需要関数と呼ばれる。また，この最適な需要量を式（4.1）の効用関数に代入して得られる最大効用値

$$\begin{aligned} U_n^* &= f(x_{1n}^*, \cdots, x_{Jn}^*) \\ &= Y(p_{11}\cdots, p_{1J}, \cdots, p_{K1}\cdots, p_{KJ}, E_{1n}, \cdots, E_{Kn}) \end{aligned} \tag{4.4}$$

は，p_{kj} と E_{kn} の関数 Y によって間接的に定まるため，これを**間接効用関数**（indirect utility function）と呼ぶ。なお，式（4.3）の需要関数は，直接効用関数の最大化から求めたが，**ロワの恒等式**（Roy's identity）によって，間接効用関数から需要関数を導出できることもできる[18]。

〔3〕 標準的 RUM モデルのフレームワーク

交通行動の選択は，交通手段や目的地，経路のように，選択対象となる代替案が離散変数であることが多い。そこで，ここでは互いに排反かつ網羅的な離散的代替案の中から最大の効用を与える一つの代替案を選ぶという行動を記述する**離散選択モデル**（discrete choice model）を説明する。

標準的な離散選択モデルは，前述の効用関数のうち，最適化行動の結果として得られる間接効用関数に基づいてモデル化がなされる。ここで，意思決定者は自身の効用が最大となる代替案を選択するが，これを分析者から見た場合，意思決定主体が持つ効用の全体像が不確定にしかわからない。そこで，効用を分析者にとって観測可能な部分と観測できない部分に加法分解し[19]，観測できない部分を確率項で表したものが確率効用最大化（RUM）モデルである[9]。この考えに即して，RUM に基づく離散選択モデルのフレームワークを数理的に表現すれば，以下のようになる。

$$U_{in} = V_{in}(X_{in}; \beta_n) + \varepsilon_{in}(\theta_n), \quad i \in C_n \tag{4.5}$$

$$\delta_n(i) = \begin{cases} 1: \text{if } U_{in} > U_{jn}, & \forall j (j \neq i) \\ 0: otherwise \end{cases} \tag{4.6}$$

ここに

U_{in}：個人 n の代替案 i に関する総効用

V_{in}：個人 n の代替案 i に関する効用の確定項

X_{in}：代替案 i および個人 n の特性ベクトル

β_n：個人 n の嗜好を表す効用パラメーター

ε_{in}：個人 n の代替案 i に関する効用の確率項

θ_n：効用の確率項の分布型を規定する平均や分散などの母数パラメーター

C_n：個人 n の選択肢集合

$\delta_n(\cdot)$：個人 n の選択結果を表すダミー変数

である。なお，効用の確率項には，以下のような要因が含まれると考えられる[20]。

① 効用最大化以外の意思決定による影響

② 意思決定者の情報の不完全性に起因する要因

③ 分析者が観測できない意思決定者や代替案の属性などの要因

④ 分析者が観測できない意思決定主体間の個人差

⑤ 属性の観測誤差

⑥ instrumental variables の影響：効用に影響を与える特定の要因が計量できないような時（交通手段の快適性），別の計量可能な要因（座席数）を代理変数として用いることによる近似誤差

さて，式（4.5）のように，分析者から見た場合，意思決定者の効用には未知の部分（確率項）があるため，選択される行動は確率的に見えることになる。したがって，個人 n が代替案 i を選ぶという行動は，確率モデルとして以下のように表すことができる。

$$P_n(i) = \Pr[U_{in} > U_{jn}, \quad \forall j (j \neq i)] \tag{4.7}$$

式（4.5）～（4.7）で表されるモデルが確率効用最大化に基づく離散選択モデルであり，式（4.5）に含まれる要素（関数や変数など）に関して，なんらかの仮

定を置くことにより，特定のモデルが導出される。以降では，そのうち，長年にわたりさまざまな理論展開がなされてきた確率項の特定化に絞って代表的なモデルを紹介する。なお，紙面の都合上，より詳細なレビューについては文献21)～23）を参照されたい。

〔4〕 **確率項の特定化**

（1） **多項プロビットモデル**　前述のように，効用の確率項にはさまざまな要因が含まれる。したがって，確率項の分布形としては，**中心極限定理**（central limit theorem）により**多変量正規分布**（multivariate normal distribution）を仮定することが理にかなっていると考えられる。そこで，確率項として，期待値が0ベクトル，代替案間の確率項の相関構造を表す分散共分散行列がΣなる多変量正規分布を仮定すると，個人 n が代替案 i を選ぶ確率は次式で与えられる。

$$P_n(i)=\int_{\varepsilon_{1n}=-\infty}^{\varepsilon_{in}+V_{in}-V_{1n}}\cdots\int_{\varepsilon_{in}=-\infty}^{\infty}\cdots\int_{\varepsilon_{Jn}=-\infty}^{\varepsilon_{in}+V_{in}-V_{Jn}}\phi(\varepsilon_n)\,d\varepsilon_{Jn}\cdots d\varepsilon_{1n}$$

$$\phi(\varepsilon_n)=\frac{1}{(\sqrt{2\pi})^{J-1}\left|\sum\right|^{1/2}}\exp\left(-\frac{1}{2}\varepsilon_n{\sum}^{-1}\varepsilon_n'\right)$$

$$\sum=\begin{bmatrix}\sigma_1^2 & \sigma_{12} & \cdots & \sigma_{1J}\\ \sigma_{12} & \sigma_2^2 & \cdots & \sigma_{2J}\\ \vdots & \vdots & \ddots & \vdots\\ \sigma_{1J} & \sigma_{2J} & \cdots & \sigma_J^2\end{bmatrix} \qquad (4.8)$$

これが**多項プロビットモデル**（multinomial probit model，**MNP モデル**）[24]であり，分散共分散パラメーター σ により，代替案間の確率項の相関や異分散性を考慮できるため，一般性の高いモデルであるといえる。その反面，選択確率式に多重積分が含まれるため，モデルに含まれる未知パラメーターの推定にかかる計算負荷が大きいという欠点がある。なお，未知パラメーターの具体的な推定方法については次項にて説明する。

（2） **多項ロジットモデル**　多肢選択モデルでも，プロビットモデルのように選択確率に積分形が残らず，解析的に計算できるモデルの代表例として**多項ロジットモデル**（multinomial logit model，**MNL モデル**）が挙げられる。多項ロジットモデルは，それぞれの代替案の確率効用項に，互いに独立で同一の分散を持つ**ガンベル分布**（Gumbel distribution）を仮定したものであり，その確率密度関数は次式で与えられる。

$$f(\varepsilon_n)=\mu\exp\{-\mu(\varepsilon_n-\eta)\}\exp[-\exp\{-\mu(\varepsilon_n-\eta)\}] \qquad (4.9)$$

ここに，μ は分布のばらつきを表すスケールパラメーター，η は分布の位置を表すロケーションパラメーターである。すべての確率項について $\eta=0$ と置き，式（4.7）と式（4.9）を用いて整理すると，多項ロジットモデルの選択確率は次式のようになる。

$$P_n(i)=\frac{\exp(\mu V_{in})}{\sum_{j\in C_n}\exp(\mu V_{jn})} \qquad (4.10)$$

多項ロジットモデルは，選択確率が解析的に計算できたり，利用者便益の評価における消費者余剰の計算を容易に行うことができる[25]など，その操作性の高さからこれまで実務においても頻繁に用いられてきた。しかしながら，式（4.10）からもわかるように，任意の二つの代替案の選択確率の比が，選択肢集合に含まれるその他の代替案の影響を受けないという **IIA**（independence from irrelevant alternatives）**特性**を有するため，選択確率の交差弾性値がすべての代替案で同じ値になるという問題を抱えている。つまり，実際には確率項間に相関があるにもかかわらず，多項ロジットモデルを適用した場合には，相関の高い代替案の選択確率が過大評価されるなど，非現実的な予測値をもたらす危険性がある。なお，IIA 特性には長所もあり，それらについてのより詳細な説明や，実証分析において IIA の仮定の妥当性を検証する方法等については，文献20）を参照されたい。

（3） **GEV モデル**　多項ロジットモデルのように選択確率に積分形を含まない閉形式（closed-form）モデルの一般型として，誤差項に**一般化極値分布**（generalized extreme value distribution，**GEV**）を仮定した **GEV モデル**[26]が提案されている。ここで，一般化極値分布の累積分布関数は，次式で与えられる。

$$F(\varepsilon_{1n},\cdots,\varepsilon_{Jn})=\exp[-G\{\exp(-\varepsilon_{1n}),\cdots,\exp(-\varepsilon_{Jn})\}] \qquad (4.11)$$

ただし，この関数 G は以下の条件を満たさなくてはならない。

① $\varepsilon_{1n},\cdots,\varepsilon_{Jn}\geqq 0$ について非負。つまり
$G(\varepsilon_{1n},\cdots,\varepsilon_{Jn})\geqq 0$

② 正の定数 μ について μ 次同次関数。つまり
$G(\alpha\varepsilon_{1n},\cdots,\alpha\varepsilon_{Jn})=\alpha^{\mu}G(\varepsilon_{1n},\cdots,\varepsilon_{Jn})$

③ すべての ε_{jn} について $\varepsilon_{jn}\to\infty$ の極限は $+\infty$。つまり
$\lim_{\varepsilon_{jn}\to\infty}G(\varepsilon_{1n},\cdots,\varepsilon_{Jn})=\infty,\ i=1,\cdots,J$

④ ε_{jn} の任意の k 個の組合せについて，関数 G の偏微分は k が奇数のときは非負，k が偶数のときは非正。つまり

$$\frac{\partial^k G}{\partial\varepsilon_{1n},\cdots,\partial\varepsilon_{kn}}=\begin{cases}\geqq 0, & \text{if } k=2m-1\\ \leqq 0, & \text{if } k=2m\end{cases},\quad m=1,2,\cdots$$

式 (4.7) と式 (4.11) を用いて整理すると，GEVモデルの選択確率は次式のようになる。

$$P_n(i)=\frac{\exp(V_{in})G_i\left\{\exp(V_{1n}),\cdots,\exp(V_{Jn})\right\}}{\mu G\left\{\exp(V_{1n}),\cdots,\exp(V_{Jn})\right\}} \tag{4.12}$$

ここに，G_i は関数 G を $\exp(-\varepsilon_{in})$ について偏微分した関数である。関数 G として

$$G(\varepsilon_{1n},\cdots,\varepsilon_{Jn})=\sum_{j\in C_n}\varepsilon_{jn}^{\mu} \tag{4.13}$$

と置けば，選択確率は，式 (4.10) で表される多項ロジットモデルが導出できる。また，関数 G に確率項間の相関構造を表すパラメーターを導入することにより，閉形式を保持したままさまざまな非IIAモデルを導出することができるという点で一般性の高いモデルである。加えて，従来は関数 G が所定の条件を満たしているか複雑な証明が必要であったが，近年では，確率項間の相関関係をネットワーク構造で表現しモデル化することで，比較的容易に新しいGEVモデルを導出する方法[27]が提案されている。

（4） **MXLモデル**　GEVモデルのような閉形式のモデルではないが，「効用最大化に基づくあらゆる離散選択モデルが近似可能である」という**ミックストロジットモデル**（mixed multinomial logit model，**MXLモデル**）[28]を紹介する。

MXLモデルでは，式 (4.5) における確率項を，独立で同一な分散を持つガンベル分布 ν と，任意の相関が考慮できるプロビット型の確率項 η に加法分解し，効用関数を次式のように特定化する。

$$U_{in}=V_{in}(X_{in};\beta_n)+\eta_{in}(\theta_n)+\nu_{in}(\mu),\ \ i\in C_n \tag{4.14}$$

これにより，確率項間の相関構造を表す分散共分散行列 $\mathrm{Cov}(\varepsilon)$ は次式のようになる。

$$\mathrm{Cov}(\varepsilon)=\begin{bmatrix}\sigma_1^2 & \sigma_{12} & \cdots & \sigma_{1J}\\ \sigma_{12} & \sigma_2^2 & \cdots & \sigma_{2J}\\ \vdots & \vdots & \ddots & \vdots\\ \sigma_{1J} & \sigma_{2J} & \cdots & \sigma_J^2\end{bmatrix}+\begin{bmatrix}\pi^2/6\mu^2 & 0 & \cdots & 0\\ 0 & \pi^2/6\mu^2 & \cdots & 0\\ \vdots & \vdots & \ddots & \vdots\\ 0 & 0 & \cdots & \pi^2/6\mu^2\end{bmatrix} \tag{4.15}$$

右辺第1項は，式 (4.8) のプロビット型の確率項の相関構造を，また第2項はロジット型のそれを表している。さて，ここでプロビット型の確率項を仮定した η が所与であるとすると，η が与えられた下での代替案 i の条件付き選択確率は次式のようにロジット式で表すことができる。

$$\Lambda_n(i|\eta)=\frac{\exp\left\{\mu\left(V_{in}+\eta_{in}(\theta_n)\right)\right\}}{\sum_{j\in C_n}\exp\left\{\mu\left(V_{jn}+\eta_{jn}(\theta_n)\right)\right\}} \tag{4.16}$$

η は実際には確率変数であるため，式 (4.16) を η の分布に従って評価すると，代替案 i の選択確率は次式のようになる。

$$\begin{aligned}P_n(i)&=\iiint_{\eta}\Lambda_n(i|\eta)f(\eta)d\eta\\ &=\iiint_{\eta}\frac{\exp\left\{\mu\left(V_{in}+\eta_{in}(\theta_n)\right)\right\}}{\sum_{j\in C_n}\exp\left\{\mu\left(V_{jn}+\eta_{jn}(\theta_n)\right)\right\}}f(\eta)d\eta\end{aligned} \tag{4.17}$$

ここに，$f(\eta)$ は η の確率密度関数を表している。なお，実証分析においては，式 (4.15) の第1項のようにすべての分散共分散パラメーターを同時に推定するわけではなく，相関が生ずると思われる代替案間にのみ共通の確率項を導入したり，異分散性が想定される場合には，異なる分散を持つ独立的な確率項を導入した上で，その分布パラメーターの推定ならびに統計的検定を通じて，発見探索的に分散共分散構造の推定を行うのが一般的である。MXLモデルにおける確率項の代表的な特定化については文献29) を参照されたい。また，式 (4.17) には積分形が残るため，多項プロビットモデルと同様，選択確率を解析的に求めることはできない。通常は η の分布に従う乱数をシミュレーションによって繰り返し発生させ，その平均値を選択確率の推計値とみなしてモデル推定がなされる。その詳細については，次項にて説明する。

〔5〕 **離散-連続モデル**

これまでは，交通手段や目的地の選択など，選択対象となる代替案が離散変数である場合を説明したが，自動車の購入に当たっての車種選択と購入した自動車の利用度（例として年間走行距離など）の選択や，1日の活動種別とその活動時間の選択のように，離散選択と連続選択の組合せとして行われる選択行動も多い。このとき，購入車種と利用度の選択の例では，車種の選択は想定する自動車の利用度の関数と考えられると同時に，自動車利用は選択された車種の関数と考えられる。したがって，車種と自動車利用度はおのおののモデルの従属変数であり，モデル系内で同時に決定されるべき内生変数である。このように，離散的な選択行動と連続量に関する選択行動とが部分的に共通な要因によって関連付けられている状況を記述するための行動モデルが**離散-連続モデル**（discrete-continuous model）である。離散-連続モデルは，近年精力的に開発が行われ，さまざまなモデルが提案されているが，ここでは，複数の離散選択肢を同時に選択するこ

とを許容しているという点で一般性の高い**MDCEVモデル**（multiple discrete-continuous extreme value model）[30]を紹介する。なお，離散-連続モデルの包括的なレビューについては，文献31）を参照されたい。

MDCEVモデルの説明に当たり，ここでは，離散選択として活動種別を，連続量の選択として活動時間を取り上げる。MDCEVモデルは，本項の〔2〕で述べた直接効用関数の最大化を考えることでモデル化がなされる。いま，活動種別jの活動時間をt_jとすると，利用可能な時間TをJ種類の活動に配分することで得られる効用は次式で表すことができる。

$$U=\sum_j\left[\exp(\beta X_j+\varepsilon_j)\right](t_j+\gamma_j)^{\alpha_j} \tag{4.18}$$

ここで，$\exp(\beta X_j+\varepsilon_j)$は活動種別$j$の活動時間の重みを表す基準効用であり，分析者にとって観測不能な要因等が含まれるため，確率項ε_jを導入している。また，γ_jは一部の活動種別への配分時間が0となる，すなわち，端点解をとる場合を考慮するためのパラメーターであり，α_jは限界効用の逓減度合いを表すパラメーターである。意思決定主体は，利用可能なすべての時間をなんらかの活動に配分するため，$\sum_{j=1}^{J}t_j=T$なる制約条件の下で式（4.18）が最大となるよう，活動種別jの活動時間を選択する。この問題をラグランジュの未定乗数法を用いて解くと，活動種別jの最適配分時間t_j^*に対するキューン・タッカー条件は以下のように表現される。

$$\begin{aligned}&\left[\exp(\beta X_j+\varepsilon_j)\right]\alpha_j(t_j^*+\gamma_j)^{\alpha_j-1}=\lambda,\\&\qquad\qquad \text{if } t_j^*>0,\ j=1,\cdots,J\\&\left[\exp(\beta X_j+\varepsilon_j)\right]\alpha_j(t_j^*+\gamma_j)^{\alpha_j-1}<\lambda,\\&\qquad\qquad \text{if } t_j^*=0,\ j=1,\cdots,J\end{aligned} \tag{4.19}$$

ここで，λはラグランジュの未定乗数である。さて，利用可能時間についての等式制約から，未知変数は$J-1$個の活動種別の活動時間である。そこで，一つめの活動種別には必ず活動時間を配分するものとした上で，一つめの活動以外の活動時間にのみ着目すると，式（4.19）は以下のように書き直すことができる。

$$\begin{aligned}&V_j+\varepsilon_j=V_1+\varepsilon_1,\ \text{if } t_j^*>0,\ j=2,\cdots,J\\&V_j+\varepsilon_j<V_1+\varepsilon_1,\ \text{if } t_j^*=0,\ j=2,\cdots,J\\&V_j=\beta X_j+\ln(\alpha_j)+(\alpha_j-1)\ln(t_j^*+\gamma_j),\ j=1,\cdots,J\end{aligned} \tag{4.20}$$

式（4.20）の確率項ε_jとして，独立で同一な分散を持つガンベル分布を仮定すると，J個の活動種別のうち，1～M番目の活動種別にはt_j^*なる正の活動時間が配分され，残りの活動種別には活動時間が配分されない，すなわち活動が実行されないような最適時間配分パターンが生起する確率は，最終的に次式で表すことができる。

$$\begin{aligned}&P(t_2^*,t_3^*,\cdots,t_M^*,0,0,\cdots,0)\\&=\left[\prod_{i=1}^{M}c_i\right]\left[\sum_{i=1}^{M}\frac{1}{c_i}\right]\left[\frac{\Pi_{i=1}^{M}\exp(V_i)}{\left\{\sum_{j=1}^{J}\exp(V_j)\right\}^{M}}\right](M-1)!\\&c_i=\frac{1-\alpha_i}{t_i^*+\gamma_i}\end{aligned} \tag{4.21}$$

ここで，$M=1$のとき，つまり，一つの活動種別にのみ時間が配分されるとき，式（4.21）は式（4.10）の多項ロジットモデルに帰着する。それゆえ，MDCEVモデルは，既往の離散選択モデルとの整合性を保ちつつ，複数の離散選択肢が同時に選択される状況も記述することができる高い汎用性を有したモデルである。同時に，ここでは確率項ε_jとして，独立で同一な分散を持つガンベル分布を仮定した場合を説明したが，MXLモデルのように柔軟な分散共分散構造を持つ確率項とに加法分解することも容易であり，非常に強力な分析ツールとなるポテンシャルを有しているといえよう。（倉内慎也）

4.1.3 離散選択モデルの推定法

前項で示したように，離散選択モデルは，2項選択モデルを出発点に，より現実の課題に適切に対応可能な汎用性の高い（仮定の緩い）モデルの開発が行われてきた。行動モデルの基本的考え方は，効用が観測可能な要因x_{jn}および，観測不可能な要因ε_{in}によって規定されており，ε_{in}を確率的に取り扱うことで行動を確率的に表現する。ここで行動を規定する変数がある値y_nをとることを示す関数を$y_n=h(x_{jn},\varepsilon_{in})$とすると

$$\Pr(y_n|x_{jn})=\Pr(\varepsilon_{in}\ s.t.\ h(x_{jn},\varepsilon_{in})=y_n) \tag{4.22}$$

になる。行動結果を1－0変数に変換する関数$\mathrm{I}[\cdot]$を導入すると

$$\begin{aligned}\Pr(y_n|x_{jn})&=\Pr\left(\mathrm{I}[h(x_{jn},\varepsilon_{in})=y_n]=1\right)\\&=\int\mathrm{I}[h(x_{jn},\varepsilon_{in})=y_n]f(\varepsilon_{in})d\varepsilon\end{aligned} \tag{4.23}$$

となる。この確率を尤度として最大化することでパラメーターを求めるが，この確率には積分が含まれるためにこの積分を評価する必要がある。その方法として，前項で述べられたように確率関数に適切な仮定を置いて積分を含まない**閉形式**（closed-form）に変形する方法，また，確率分布に従った乱数に基づくシミュレーションによって積分を評価する方法，さらには前項で示されたMXLモデルのように，複数の積分の一部を閉形式にし，積分の負荷を低減するという三つの解決策がある。閉形式で確率が表現できるものは通常の最尤推定法で推定可能なため，ここではおもに積分を伴うモデルのパラメーター推定について説明を行う。

〔1〕 シミュレーション

MNPやMXL等の尤度関数に積分を含むモデルのパラメーター推定には，積分を評価する必要がある。積分を評価する方法として，コンピューターの速度向上に伴い，数多くの数値計算を繰り返す乱数に基づくシミュレーションが計算コスト的に現実的になった。以下ではシミュレーションによるパラメーター推定方法について文献32）に基づいて示す。

〔2〕 選択確率のシミュレーション

選択確率をシミュレーションする方法はいくつかの方法があるが，ここではその代表的な方法である**A-R**（Accept-Reject）**法**について解説する。A-R法の基本的な考えは，確率項の分布に従う乱数を発生させ，その値に確率項を置き換えて確定値に変換し，確定的な選択を再現することを繰り返すことで，選択確率を近似するものである。その手順を以下に示す。

① 確率項の密度関数を設定し，選択 肢の数の次元の（準）乱数を発生させる。

② この乱数を確率項の確定値として，各代替案の効用値を計算する。

③ 代替案iの効用値とその他の代替案の効用との値を比較し，代替案iの効用値が最大値になった場合にはAcceptとして1を，その他の場合はRejectとして0を，変数G^1に記録する。

④ ①～③のステップをR回繰り返し，各回の結果をG^rとして記録する。

⑤ シミュレーションによる代替案iの選択確率の推定値$\check{P}_{in}$は，Acceptの比率$P_{in}=\frac{1}{R}\sum_{r=1}^{R}G^r$を用いる。この値は不偏推定量である。

このA-R法は，確率項の密度関数の設定が可能ならば，基本的にどのような関数に対しても計算が可能である。しかし，シミュレーションであるため，特定の代替案の選択確率が0になる可能性があることや，パラメーターの変化に対して尤度が不連続に変動することが問題となることがある。この問題を解消するために，尤度が連続的になるような**平滑化**（smoothed）**A-Rシミュレーター**がある。その手順は以下のとおりである。

① 確率項の密度関数から選択肢の数の次元の乱数を発生させる。

② この乱数を確率項の確定値として，各代替案の効用値を計算する。

③ 各効用値を$S^r=\frac{e^{U^r_{ni}/\mu}}{\sum_j e^{U^r_{nj}/\mu}}$のようにロジット変換し，0－1間の連続的な変数に変換する。

④ ①～③のステップを繰り返す。その反復回数をRとする。

⑤ シミュレーションによる選択確率の推定値$\check{P}_{in}$は$P_{in}=\frac{1}{R}\sum_{r=1}^{R}S^r$となり，これは不偏推定量である。

これはロジット型の関数を使うことからロジット平滑化と呼ばれているが，スケールパラメーターであるμの設定によって値が変化し，階段関数に近い平滑化から，直線的に変化する関数までさまざまなタイプの関数になる。適切なμを知るためには，いくつかのμを用いてその変化を確認することが望ましい。

また，多項プロビットモデルのような多変量正規分布の推定には，GHKシミュレーターを使うことができる。GHKシミュレーターは，まず選択肢iを基準にして，選択肢iとの効用差$\tilde{U}_{nji}$で，$J-1$のすべての効用関数を再定義する。

$$\tilde{U}_{nji}=\tilde{V}_{nji}+\tilde{\varepsilon}_{nji} \tag{4.24}$$

このとき，選択肢iは効用が0になっているので，選択肢iが選択される確率は，すべての再定義された選択肢の効用が負になる確率になる。

$$P_{ni}=\Pr(\tilde{U}_{nji}<0)\ \forall j\neq i \tag{4.25}$$

新たに定義された$J-1$の選択肢の効用関数の確率項の同時分布は多変量正規分布であるが，分散共分散行列を**コレスキー分解**（Cholesky decomposition）によって$J-1$個の標準正規分布η_kの和に変換する。すべての選択肢の確率項は，元の分散共分散行列を維持したまま新たに以下のように書き直すことができる。

$$\begin{aligned}\varepsilon_1&=c_{11}\eta_1\\ \varepsilon_2&=c_{21}\eta_1+c_{22}\eta_2\\ &\vdots\\ \varepsilon_{J-1}&=c_{J-11}\eta_1+c_{J-12}\eta_2+\cdots+c_{J-1J-1}\eta_{J-1}\end{aligned} \tag{4.26}$$

ただし，$c_{i,j}$は誤差項の共分散行列のコレスキー行列の要素である。

ここで，η_1から順に切断正規分布に従う乱数を発生させ，各選択肢の効用が負になる確率を求める。この操作を再度繰り返し，得られた確率の平均値をとることで，選択肢iの選択確率をシミュレートすることができる。

〔3〕 効率的シミュレーション

ここまで述べたようにシミュレーションによる推定においては確率項をどのように抽出するかが重要である。そこで，ここではその抽出方法について述べる。パラメーターを推定する言語に希望の分布に従う乱数発生ルーチンがある場合には，それを利用して抽出することが可能であるが，GHK シミュレーターで示したように，多変量正規分布を正規分布の和で示すことや，多変量分布を条件付き分布の繰返しから求める**ギブスサンプリング**（Gibbs sampling）や，**メトロポリスヘイスティング法**（Metropolis-Hastings algorithm）によって多くの分布を近似する数列が生成可能である。数値積分を効率的に行うためには，積分領域をうまくカバーし，シミュレーションの分散を小さくする抽出が重要である。例えば，一様乱数からランダムに抽出する場合には，積分領域をうまくカバーしないことがある。また，共分散が 0（独立）よりも，共分散が負である場合にはシミュレーションの分散が小さくできる。このような特性を持つ系統的な抽出が可能であればシミュレーションの効率が向上する。その代表的なものとして **Halton 数列**（Halton sequence）がある。Halton 数列は通常ある素数（prime number）p に対して

$$s_{t+1}=\left\{s_t, s_t+1/p^t, s_t+2/p^t\cdots, s_t+(p-1)/p^t\right\} \tag{4.27}$$

のような数列を形成する。例えば素数として 3 をとった場合，初期値 0 として 1/3, 2/3, 1/9, 4/9, 7/9, 2/9, 5/9, 8/9 ……となる数列が形成される。これは**図 4.2** に示すように，ランダム抽出よりも領域内を広く適切にカバーし，また，数列間に負の相関があるためシミュレーションの分散を小さくすることができる。

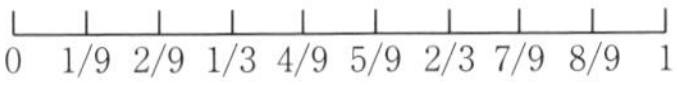

0　1/9　2/9　1/3　4/9　5/9　2/3　7/9　8/9　1

図 4.2　P-3 の Halton 数列を $t=8$ まで生成

次元の数だけの素数を選び，それぞれの Halton 数列を各次元の要素とすることで，多次元化した Halton 数列を作ることもできる。ただし，数列の初期部分を廃棄するなどの処理が必要である。また，高次元の積分を行う場合には，大きな数の素数に対して Halton 数列を作る必要があり，Bhat[33] が示すように，大きな素数に対しては高い相関を持つため積分を効率的には行えなくなる。そこで，数列を作った後に順序をランダムに入れ替えるスクランブル Halton 数列などによってその問題を回避することが必要になる。また，このように系統的に発生された数値によっては，乱数特性に基づく推定量の評価はできないが，そもそもコンピューターのルーチンとしての乱数自体，あるアルゴリズムに基づく疑似乱数であることから，Halton 数列による評価が必ずしも乱数による場合に劣るわけではない。Halton 数列に（疑似）一様乱数を加えることで，より乱数に近い性質を持たせることも可能である。

〔4〕 シミュレーションによるパラメーター推定方法

シミュレーションによる尤度最大化には，おもに三つの手法がある。それぞれ maximum simulated likelihood（**MSL**），method of simulated moments（**MSM**），method of simulated scores（**MSS**）である。MSL は選択確率をシミュレーションで計算すること以外は最尤推定法と同一の手順であり，MSM は線形回帰モデルのモーメント法を模した方法で，操作変数を用いた最尤推定法の一般形に当たる。また，MSS はある観測データについての尤度のパラメーター値での偏微分をスコアと定義し，観測データの平均スコアが 0 になるようにパラメーターを推定する手法である。これら三つの推定手法の特性として，MSL が固定した反復回数では必ずしも一致性をもたらさないが，MSM や MSS はいずれもその問題を回避できる。しかし，MSM はモーメント法と同様に条件に合う操作変数の選択が必要であることや，MSS はスコアをシミュレーションの確率で近似するために，MSM や MSS が必ずしも優れるとはいえない。

例として，MSL の具体的なパラメーター推定のための手順は，本項で先に示した A-R 法によって求められる選択確率 $\check{P}_n$ を用いて，下記の尤度関数を最大化することになる。

$$\mathrm{SLL}(\theta)=\sum_n \ln \check{P}_n(\theta) \tag{4.28}$$

ただし，θ はモデルのパラメーターベクトルである。

〔5〕 離散選択モデルのベイズ推定

ここまで述べてきた方法はすべて最尤推定の枠組みである。しかし，そのアルゴリズムには最大化が含まれており，その最大化にさまざまな問題がある。例えば，初期値の選定と局所的最大化の問題である。複雑なモデルは尤度関数の全域での単峰性が保証されず，最大化問題は局所的な最大値になる可能性がある。またシミュレーションによる推定では，抽出された確率項の数とサンプルサイズの関係が重要になり，積分計算に使う抽出数はサンプル数に応じて増加させなければならない。ベイズ推定はこのような問題を回避できるが，収束の判定については困難をもたらす。これらのトレードオフを考えたとしても，ベイズ推定が有効な場面は行動モデルにおいて数多く存在する。ベイズ推定は，漸近的には最尤推定と同等の特性を持つことが知られるため，ベイズ推定によってパラメーターを得たのち，最尤推定と同様の解釈を行うことができる。

多項ロジットモデルを例に考えると[33]

$$\Pr(y|\beta)=\Pi_{t=1}^{n}\Pr\{y_t=j\}$$
$$=\Pi_{t=1}^{n}\frac{\exp(x_{jt}\beta)}{\exp(x_{1t}\beta)+\cdots+\exp(x_{Jt}\beta)} \quad (4.29)$$

で与えられる尤度関数に，パラメーターの事前分布として正規分布 $\beta \sim N(\beta_0, A_0)$ を仮定した場合には

$$\Pr(\beta)\propto|A_0|^{-1/2}\exp\{(\beta-\beta_0)'A_0^{-1}(\beta-\beta_0)\} \quad (4.30)$$

と，尤度関数の積により事後確率 $\Pr(\beta|y)\propto\Pr(\beta)\Pr(y|\beta)$ が評価される。この場合，条件付き事後分布は利用できないため，メトロポリスヘイスティング法を用いる。そのときの新たなパラメーターの採用確率としては $\alpha(\beta,\beta')=\min\left\{\frac{p(y|\beta')p(\beta')}{p(y|\beta)p(\beta)},1\right\}$ を用いることになる。また，プロビットモデルを考えるときには，データ拡大[34]と呼ばれる方法で選択結果 y のほかに潜在変数として効用 u を推計し，$\begin{cases}g_1(u|y,\beta)\\g_2(\beta|u)\end{cases}$ を用いて，ギブスサンプリングでパラメーターの推定が可能になる。

〔6〕 **MACMLによるパラメーターの推定**

Bhat[35]は**近似合成周辺尤度最大化法**（maximum approximate composite marginal likelihood（**MACML**））を，正規分布のオープンフォームを持つMNP等のモデル推定をシミュレーションよりも高速かつ高精度に推計する方法として提案した。モデルに含まれる J 次の多変量標準正規分布を，一つの二変量正規分布関数と $J-2$ の条件付き単変量正規分布関数の積で近似する。さらに，インディケーターと呼ばれる変数を用いて単変量正規分布によって近似する。これによって，多変量正規分布の計算が大幅に軽減される。続いて，上記から定義される尤度を選択結果に応じていくつかの周辺尤度に分割し，そのすべてをかけたもの（**合成周辺尤度**（composite marginal likelihood））を用いてパラメーター推定を行う。これは，一般に分割の方法によって良い近似になり得る。事例研究から，MACML推定法は，シミュレーションと比較して高速で精度の良い推定が可能であることが示されている。

〔7〕 **パラメーターの構造推定**

これまでは与えられた条件下での選択問題を扱ってきたが，その枠組みが適用困難な事例がある。その一つの例として選択要因が個々の選択結果から決まるという内生的な問題がある。また，政策介入による適応的な行動変化も，ある条件下での選択を取り扱う従来型のモデルでは推定が困難である。例えば，混雑緩和のためのフレックスタイムの導入による出社時刻の変更問題を考える。他のすべての主体が同じ時間帯に変更しては意味をなさない一方，業務においてはある程度同じ時間に業務を行う必要性があるため，出発時刻の変更は他者の行動を含めるとさまざまな因果関係が予測される。さらに手段選択まで考慮すると，道路の混雑緩和は出発時刻の変更だけでなく，手段転換が発生することも考えられる。このよう場合には，いわゆる構造推定アプローチが必要となる。

この場合，構造パラメーターを推定する方法として，柳沼ら[36]はNested Pseudo Maximum Likelihood（**NPL**）を適用した。その手順を以下に示す。

① 他者の行動結果について初期値を与える。
② その値を基に個人の行動モデルを構築し，尤度関数を最大化する構造パラメーターを推定する。
③ 得られたパラメーターに基づいた個人の行動を予測する。
④ 予測された結果を基に内生変数値を求め，再度尤度最大化によりパラメーターを求める。
⑤ 以下②～④を繰り返し収束した場合にそれを推定値として用いる。

このように，段階的に繰り返し計算を行うパラメーター推定を提案した。

さまざまな個人データでありながら，スケールの大きなデータが利用可能になっている現在，多くの問題で構造推定のアプローチによるモデリングが有効になると期待されている。　（佐々木邦明）

4.1.4 行動モデルの類型と展開

交通行動分析モデルは集計型交通需要予測モデルシステムである四段階推計法の代替として構築されてきた経緯[36]があり，いくつかの行動モデルは四段階推計法の各段階に対応した分類が可能である。すなわち，発生・集中交通量の予測，分布交通量の予測，分担交通量の予測，配分交通量の予測の4分類である。ここでは，各段階に対応したモデルを紹介する。具体的には，トリップ頻度モデル，目的地選択モデル，交通手段選択モデル，経路選択モデルの4モデルである。このうち，交通手段選択モデルは最も早くから構築され数多くの発展が見られるため，最初に交通手段選択モデルについて紹介し，それに続いてその他のモデルを紹介する。また，行動モデルは四段階推計法の問題点を克服する形でさまざまな発展をしてきたため，それらのモデルで着目された視点に基づく分類が可能である。ここでは，交通は活動の派生需要であるとの認識に基づくアクティビティ分析，および，交通需要は時間とともに変化するとの認識に基づく動学化

を取り上げ，それぞれ紹介する。

〔1〕 **交通手段選択モデル**

交通手段選択モデル（travel mode choice model）はトリップを行う際の交通手段を予測するモデルである。ここでトリップとは出発地から目的地までの1回の移動である。都市圏を対象とした交通需要予測モデルシステムでは，都市圏内でのトリップを分析対象としており，都市圏間の移動は対象外としている。よって，分析対象となる交通手段は鉄道，バス，自動車，二輪車，徒歩等であり，飛行機等は対象外である。一方，都市間交通需要等の分析においては，飛行機が分析対象に加わる一方，徒歩や二輪車等のおもに単距離トリップを担う選択肢は対象外となる。いずれの場合も，これらの交通手段の利用を予測するに当たり，効用最大化行動を仮定した離散選択モデルがおもに用いられてきた。離散選択モデルは限られた数の選択肢集合から一つの選択肢を選択する確率をモデル化するものである。交通手段選択行動は選択肢集合の設定が非常に容易であることも，交通手段選択モデルが交通行動分析モデルにおいて最初に構築された理由である。

ただし，トリップの途中で交通手段を変更し，1トリップ中に複数の交通手段を用いる場合もある。このような場合，都市圏パーソントリップ調査等で交通手段別のトリップ数や分担率を算出する際には代表交通手段を用いる。代表交通手段は鉄道，バス，自動車，二輪車，徒歩の優先順位を用いて1トリップ中に利用された複数の交通手段のうち，最も優先順位の高い交通手段を指す。交通手段選択モデルの構築に当たっても，都市圏交通需要予測システムへの活用を念頭に代表交通手段を対象として離散選択モデルが用いられることが多い。

（1） **効用最大化モデル**　　**効用最大化**（utility maximization）理論は選択肢集合に含まれる各選択肢の効用を比較し，効用が最大の選択肢を選択するという意思決定を仮定しており，離散選択モデルによって交通手段選択行動を精度良く予測するには選択肢の効用を的確にモデル化することが重要である。交通手段選択モデルの効用関数には，おもに**交通サービス水準**（level of service）と意思決定者の社会経済属性，トリップ属性が用いられる。このうち，交通サービス水準は所要時間や費用，乗換え回数等の選択肢に依存する要因である。意思決定者はこれらの選択肢ごとの交通サービス水準を比較検討し，最も望ましい選択肢を選択すると考えられる。ただし，交通サービス水準の重要度は意思決定者によって異なることも考えられる。このような個人間の異質性をモデル化するために，意思決定者の社会経済属性値によって個別に交通サービス水準のパラメーターを設定したり，意思決定者を社会経済属性値によってグルーピングして，グループごとに個別の離散選択モデルを構築することもある。一方で，モデル構造をできるだけ単純にしたい場合には，交通サービス水準の重要度は共通としつつ，交通サービス水準では表現しきれない意思決定者の選択肢に対する選択傾向を表す定数項を社会経済属性値の関数とすることが多い。

トリップ属性は通勤や買い物といったトリップ目的やトリップの出発時刻，トリップの目的地等の属性を指し，社会経済属性と同様に選択肢に依存しない属性である。トリップ属性も社会経済属性と同様に交通サービス水準のパラメーターを個別化したり，選択肢の定数項を関数化することで離散選択モデルに導入される。

（2） **選択肢間の誤差相関**　　離散選択モデルでは，効用関数に上記で説明した交通サービス水準や社会経済特性，トリップ属性による確定項に加えて特定の確率分布で表される確率項が含まれており，確率分布の仮定によりさまざまな離散選択モデルが導かれる。交通手段選択行動は選択肢が明確で選択肢数が少ないという特徴に加えて，選択肢間の類似性，すなわち確率項の相関関係もわかりやすいという特徴がある。例えば，鉄道，バス，自動車，二輪車，徒歩のうち鉄道とバスはどちらも公共交通機関である一方，自動車と二輪車は個別交通手段であるため，それぞれ選択肢間の類似性が高く確率項に正の相関があると仮定されることも多い。また，代表交通手段の選択ではなく1トリップ中に利用したすべての交通手段の組合せを選択肢とする複合交通手段選択を分析対象とする場合，例えば，自宅から自転車で駅まで行って，駅から鉄道で目的地へ向かうという選択肢と同じく鉄道を使うが駅まではバスで行く選択肢を別の選択肢として取り扱う。このような場合，両選択肢に鉄道という同じ交通手段が含まれているため，代表交通手段の選択以上に選択肢間の類似性が高くなる傾向がある。このような選択肢間の確率項の相関を考慮するために，4.1.2項で紹介したようなさまざまな離散選択モデルが開発されてきている。このうち，最も普及しているモデルは**ネスティッドロジットモデル**（nested logit model）であり，選択肢間の相関を**図4.3**のようなツリー構造で表現することが多い。

図4.3では，鉄道とバスはどちらも公共交通機関であり確率項に正の相関を持つこと，自動車と二輪車は個別交通手段であり同様に正の相関を持つことを仮定している。ツリー構造を用いることでこれらの相関関係を明確にすることが可能である。ただし，ツリー構

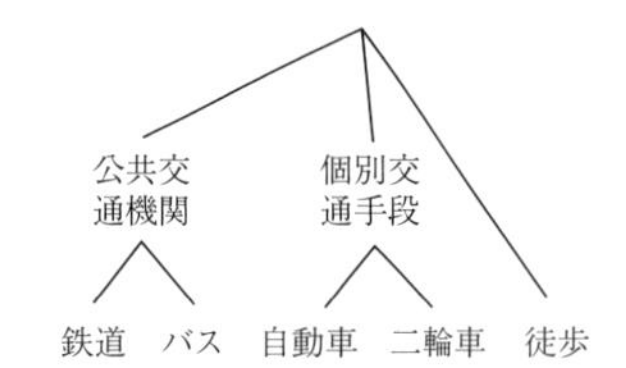

図 4.3　交通手段選択モデルのツリー構造例

造を選択の順序（公共交通機関か個別交通手段かを選択した上で，公共交通機関を選択した場合に鉄道かバスを選択する）と誤解することのないように注意されたい。

〔2〕 トリップ頻度モデル

発生交通量はある地域を出発地とするトリップ数を表す。発生交通量はトリップ目的別に予測することが多く，非集計交通行動モデルでは，個人の一定期間内でのトリップ頻度を被説明変数としたモデル化が一般的である。特に，通勤トリップや通学トリップといったトリップ数が固定的なトリップよりも，交通サービス水準や社会経済属性等に影響を受けやすい買い物目的トリップや自由目的トリップを対象とした分析が主である。

（1） 線形重回帰モデル　　トリップ頻度は非負の整数として観測されるが，トリップ頻度を被説明変数とする場合，いくつかの方法が用いられている。最も単純な形で定式化する方法として，トリップ頻度を連続変数と捉える**線形重回帰モデル**（linear regression model）が挙げられる。線形重回帰モデルでは，トリップ頻度は交通サービス水準や社会経済属性の線形関数（重み付線形和）で表現し，関数による予測値と観測値の誤差が正規分布に従うと仮定してパラメーター（各説明変数の重み）を推定する。線形重回帰モデルは以下のように定式化される。

$$y_i=\beta X_i+\varepsilon_i \tag{4.31}$$

ただし，y_i：観測された個人 i のトリップ頻度，X_i：説明変数ベクトル，ε_i：正規分布に従う誤差項，β：パラメーターベクトルである。ここで，正規分布は無限区間において正の確率密度を持つため予測値は負の値をも取り得る。1箇月間の自由トリップ頻度等を対象とした場合には，観測されるトリップ頻度が十分に大きく実用上の問題は少ないが，1日の買い物トリップ頻度等を対象とした場合には，観測されるトリップ頻度が0に近いため，予測値が負の値をとる危険性が高くなり，実用上の問題が大きい。

（2） トビットモデル　　トリップ頻度が非負であることを予測時に考慮する方法として，予測値が負値である場合，予測値を0に修正することが考えられる。ただし，モデルのパラメーター推定時に線形重回帰モデルを適用し，予測時のみ，そのような修正を行った場合には，予測値の平均値が観測値の平均値と一致するという線形重回帰モデルの利点が保たれず，モデルによる予測がバイアスを含んだものとなる。そこで，パラメーター推定時にも被説明変数が非負であるという条件を線形重回帰モデルに加味した**トビットモデル**（Tobit model）が用いられる。トビットモデルではトリップの発生頻度を規定するトリップ発生強度を想定し，トリップ発生強度が0以下の場合にトリップ発生頻度の観測値が0となり，トリップ発生強度が正値の場合にトリップ発生頻度がトリップ発生強度に一致する，と仮定してモデルのパラメーターを推定する。トビットモデルは以下のように定式化される。

$$y_i=\begin{cases} y_i^* & \text{if } y_i^*>0 \\ 0 & \text{if } y_i^*\leqq 0 \end{cases} \tag{4.32}$$

$$y_i^*=\beta X_i+\varepsilon_i \tag{4.33}$$

ただし，y_i^*：トリップ発生強度である。

（3） オーダードレスポンスモデル　　トビットモデルを用いることで，トリップ頻度の予測値が負値となることを回避することが可能であるが，予測値が正値の場合は依然として連続数として取り扱っており，実際に観測されるトリップ頻度が整数であることと整合的ではない。そこで，予測値が整数のみをとる，より整合的なモデル化の方法として**オーダードレスポンスモデル**（ordered response model）も用いられる。オーダードレスポンスモデルは以下のように定式化される。

$$y_i=\begin{cases} n & \text{if } \theta_{n-1}<y_i^*\leqq\theta_n\,(n=1,2,\cdots) \\ 0 & \text{if } y_i^*\leqq 0 \end{cases} \tag{4.34}$$

$$y_i^*=\beta X_i+\varepsilon_i \tag{4.35}$$

ただし，θ_n：閾値であり，$\theta_0=0$ である。オーダードレスポンスモデルでは，トビットモデルと同様にトリップ発生強度が0以下の場合にトリップ発生頻度の観測値が0となることに加えて，トリップ発生強度が正値の場合にも閾値との大小関係によって特定の整数値を取ることを表している。線形重回帰モデルやトビットモデルでは誤差項の分布として正規分布を用いることが多いが，オーダードレスポンスモデルでも誤差項の分布として正規分布を仮定した場合は**オーダードプロビットモデル**（ordered probit model）となる。また，正規分布以外の分布としてロジスティック分布を仮定した場合は**オーダードロジットモデル**（ordered logit model）となる。ロジスティック分布を仮定する利点は，離散選択モデルで誤差項にガンベル分布を仮定するのと同様に，モデルのパラメーター推定に用いる尤度関数が数値積分を含まない閉形式で与えられることであるが，計算機の計算速度の向上した現代ではオーダードプロビットモデルに対する優位性はない。

オーダードレスポンスモデルでは，線形重回帰モデルやトビットモデルと同様にパラメーターベクトルβを推定するほか，閾値θ_nも推定する必要がある。よって，観測されたトリップ頻度が大きいケースを含む場合は多くの閾値を推定する必要があるし，観測されたトリップ頻度の分布が連続していない場合（0回が3ケース，1回が0ケース，2回が6ケース，3回が4ケース，…等）はすべての閾値を推定することができない。また，観測された最大のトリップ頻度以上の頻度に対する閾値も推定できない。このような問題を回避するためには，閾値を$\theta_n=n(n=1, 2, \cdots)$と固定してパラメーターベクトル$\beta$のみを推定することも考えられる。

（4）**ポアソン回帰モデル**　予測値が非負の整数をとることを担保しつつ，閾値の推定に関する問題の生じないモデル化の方法として，**ポアソン回帰モデル**（Poisson regression model）が用いられる。ポアソン回帰モデルはトリップの発生がポアソン過程に従うと仮定したモデルであり，トリップの発生強度が時間にかかわらず一定である場合に，一定の時間内に観測されるトリップ頻度はポアソン分布に従う。ポアソン回帰モデルは以下のように定式化される。

$$\Pr(y_i|X_i)=\frac{\lambda_i^{y_i}\exp(-\lambda_i)}{y_i!} \tag{4.36}$$

$$\lambda_i=\exp(\beta X_i) \tag{4.37}$$

ただし，$\Pr(y_i|X_i)$：説明変数ベクトルがX_iの場合にトリップ頻度y_iが観測される確率，λ_i：トリップ発生強度である。ここで，ポアソン分布の期待値はλ_i，すなわちトリップ発生強度となる。ポアソン回帰モデルでは，トリップ発生強度が正値であることを担保するため，線形重回帰モデルやトビットモデル，オーダードレスポンスモデルと異なりトリップ発生強度を説明変数ベクトルの重み付き線形和の指数で表すことが多い。また，トリップ発生強度の関数には誤差項は含まれておらず，トリップ頻度が確率分布するのは，トリップ発生強度が固定値であっても，単位時間にトリップが発生するか否かがポアソン過程に従う確率事象であるためである。線形重回帰モデル等と同様に，トリップ発生強度に影響を及ぼす要因を完全には把握できず，発生強度の関数には誤差項が含まれると仮定することも考えられる。この場合，トリップ発生強度がガンマ分布に従うと仮定すれば，**負の二項分布モデル**（negative binomial regression model）となる。

（5）**離散選択モデル**　上記のモデル化では，交通手段選択モデルと異なり意思決定者の効用や意思決定者によるトリップ頻度の選択という側面を明示的に取り扱っていない。トリップ頻度が非負の整数であることを考慮しつつ，これらを明示的に取り扱う方法としては，トリップ頻度0回，1回，2回，…をそれぞれ個別の選択肢と捉え，それらを選択肢集合として各選択肢に効用を設定し，最も効用の高いトリップ回数を選択するという意思決定を仮定した**離散選択モデル**（discrete choice model）が用いられる。ただし，トリップ回数を選択肢とする場合には，0回と1回，1回と2回といった隣り合った選択肢間に誤差項の相関が生じることが想定される。これに対応したモデル化の方法としては，**図4.4**（a）のようなツリー構造のモデルが考えられる。ただし，誤差項間の相関を考慮した最も基本的なモデルであるネスティッドモデルでは，各選択肢は複数のネストに属することを表現できない。したがって，図のようなツリー構造を表現するためには，**クロスネスティッドロジットモデル**（cross nested logit model）等のより高度なモデルを適用する必要がある。

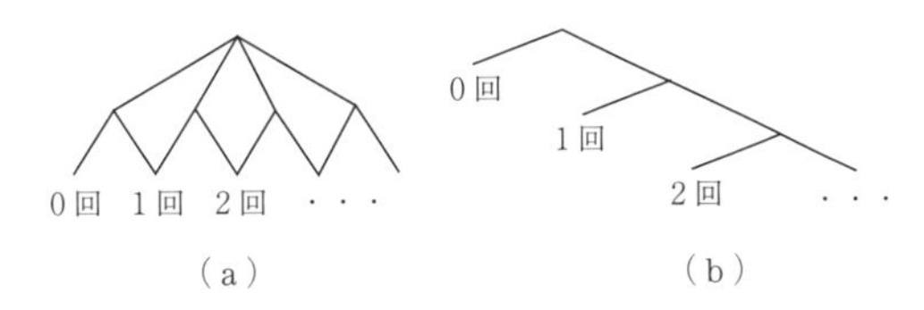

図4.4　トリップ頻度のツリー構造例

ネスティッドロジットモデルで上記の誤差相関を近似するには，図4.4（b）のようなネスティッドロジットモデルが用いられる。このツリー構造においてすべてのログサム変数の係数が1（選択肢間に誤差相関がない）の場合は多項ロジットモデルに帰着し，ログサム変数の係数が0（ツリーの下位の選択肢の効用が上位の選択肢の選択に影響しない）の場合は上位の選択肢を選択するか否かを選択した後，下位の選択肢間の選択を行うという段階的な意思決定プロセスを表す。例えば，図4.4（b）で上から2番目の分岐におけるログサム変数の係数が0の場合，トリップ頻度が0回か1回以上かを選択する際に，トリップ頻度が1回の場合の効用や2回の場合の効用が選択に影響しないことを表す。

いずれのツリー構造を用いる場合でも，選択肢集合の設定に関しては，オーダードレスポンスモデルと同様に，選択肢数が多くなるとパラメーターの推定が困難になるという問題がある。したがって，これらのモデルは1週間の買い物頻度等の最大のトリップ回数がそれほど多くないトリップを対象とするのが望ましい。

〔3〕 目的地選択モデル

分布交通量はある地点から発生したトリップの目的地分布を表す。非集計交通行動モデルでは，ある地点から発生したトリップの目的地選択確率を交通サービス水準や社会経済属性，トリップ属性，目的地の土地利用属性等の関数として表す**目的地選択モデル**（destination choice model）が用いられる。ここで，各目的地をそれぞれ選択肢と捉えれば交通手段選択モデルと同様のモデル化が可能である。ただし，トリップの目的地をどのように定義するかによってモデルの精度や計算負荷が大きく影響を受ける。

（1） ゾーンシステム　従来の集計型交通需要予測モデルシステムである四段階推計法では，出発地や目的地は**ゾーンシステム**（zone system）を用いて表現していた。都市圏交通需要予測では，通常，市区町村や町丁目といった行政単位をゾーンとしてゾーンシステムを構成する。同様に，非集計の目的地選択モデルでも目的地として集計型交通需要予測モデルシステムと同一のゾーンシステムを用いることが多い。ただし，交通手段選択モデルと同様の離散選択モデルを適用する場合には，隣り合ったゾーン間に誤差相関が生じることが考えられる。離散選択モデルによるトリップ頻度の分析ではトリップ回数の選択肢は0回，1回，2回，…といった1次元で隣り合っているが，目的地選択の分析では選択肢は地理平面上に2次元で隣り合っており，それらの間の誤差相関を考慮するには**一般化ネスティッドロジットモデル**（generalized nested logit model）等のより複雑なモデル構造を用いる必要がある[38]。また，ゾーンシステムでは分析対象地域を有限個に分割して選択肢を設定しているが，各ゾーンが大きい場合はゾーン内の土地利用が均質でなくなり土地利用属性の設定が困難である。さらに，出発地から目的地までの交通サービス水準の設定もゾーン内のどの地点が実際の目的地かによって大きく異なることも考えられる（通常は中心点で代表される）。一方で，各ゾーンを小さくするとゾーン数が非常に多くなるとともに，隣り合うゾーン間の相関も大きくなるため，それらを考慮した適切なモデルの構築が困難となる。空間統計の分野ではゾーンの大きさの設定が分析結果に影響を及ぼすことは**可変単位地区問題**（modifiable areal unit problem, **MAUP**）と呼ばれており，ソーンの大きさに依存しない関数形について検討されている。

（2） 考 慮 集 合　より本質的な問題として，意思決定者は目的地選択行動においてゾーンを選択しているのではなく，個々の施設，商店や家等の個別の目的地を選択しているのであり，実際の意思決定とゾーンシステムでの目的地の表現に大きなずれが生じる。このようなずれはモデルの推定結果の解釈を困難にする可能性もある。目的地選択モデルにおいて意思決定者の選択行動と整合的な選択肢を設定することも考えられる。近年では，**地理情報システム**（geographic information system, **GIS**）を活用することで，個々の番地や施設を選択肢に設定することも可能である。GISを用いれば施設周辺の土地利用属性や施設までの交通サービス水準をきわめて正確に算出することが可能となり，目的地選択モデルの精度の向上が期待される。しかしながら，個々の施設を選択肢とした場合，ゾーンシステムにおいてゾーンサイズを小さくした場合と同様の問題，すなわち膨大な選択肢数と選択肢間の相関がより顕著な問題となる。膨大な選択肢数が存在する時，意思決定者はすべての選択肢を把握し，最も効用の高い選択肢を選択するという離散選択モデルの仮定は成り立たない。

実際には，意思決定者は物理的に選択可能な膨大な数の目的地の中で限られた数の選択肢集合を想定しており，各意思決定者が想定する選択肢集合から選択していると考えるのが自然である。この選択肢集合は物理的に選択可能な選択肢と区別する場合には**考慮集合**（consideration set）と呼ばれる。意思決定者が想定する選択肢集合の存在を考慮したモデル化には，選択肢集合形成過程を表すモデルと考慮集合からの選択を表すモデルを組み合わせた2段階モデル，および，考慮集合からの選択を表すモデル中の効用関数に選択肢集合形成過程を反映させたモデルの2通りのモデル化がある。前者では選択肢集合形成過程において意思決定者は2段階目の選択より単純なルールで考慮集合を決定すると仮定しており[38]，後者では考慮集合からの選択と同様の基準で考慮集合が決定されると仮定している[40]。

〔4〕 経路選択モデル

（1） 所要時間の不確実性　**経路選択モデル**（route choice model）は集計型需要予測モデルシステムの配分交通量の予測に対応する非集計分析手法である。ただし，集計型需要予測モデルシステムにおいては経路選択結果がもたらす需要の集中による交通サービス水準の変化，すなわち渋滞による所要時間の増加が経路選択行動にフィードバックされ，最終的な均衡状態を求めることに主眼があるのに対して，非集計交通行動モデルでは各意思決定者の選択行動の記述に主眼があり，需要の集中によるフィードバックについては明示的に考慮されていない。非集計型の経路選択モデルでは，所要時間が需要によって変動する影響について，所要時間を確定値ではなく確率的な変数と捉え，交通サービス水準として，平均所要時間に加えて所要時間の不確実性を説明変数に加えた離散選択モデルが用いられることが多い。経路所要時間の不確実性を表す指標としては，所要時間分布の分散や標準偏差，パーセンタイル値等が用いられることが多い。ただし，これらの指標は実際の日々の所要時間分布から算出された値をモデルの説明変数として用いることが多いが，意思決定者が実際の所要時間分布を正確に把握しているかについて議論の余地がある。

所要時間が不確実であることで影響が大きいのは始業時刻までに到着する必要がある出勤トリップ等の到着時刻に制約があるトリップである。このようなトリップを対象とした分析では，遅刻や早着に対する負効用を考慮し，所要時間の確率分布との積により算出される**期待効用**（expected utility）を用いる場合もある[41)]。この場合，所要時間分布として平均と分散以外に分布形そのものも期待効用に影響を及ぼす。

（2） **選択肢集合** 道路交通網を対象とした経路選択モデルでは，経路は出発地から目的地を結ぶ道路網上の一続きのリンク集合である。現実の道路網では，同一の出発地と目的地の組合せに対して膨大な数の経路が設定可能である。そのうちいくつかは部分的なリンクの重複や非常に遠回りの経路も考えられる。そのため経路選択行動の分析では，目的地選択行動の分析と同様に**選択肢集合**（choice set）の設定が重要となる。最も単純化された設定では，高速道路か一般道かの2肢選択を対象とした分析が行われてきた。この場合，高速道路を利用する経路集合，および，高速道路を利用しない経路集合のそれぞれで**最短経路**(shortest path）を抽出し，両者を選択肢とするといった方法が用いられてきた。このような単純化は交通政策的に重要な高速道路料金の設定に分析を特化したものと捉えることも可能であるが，従来は現実の膨大な経路集合の中で実際に使用された経路の観測が困難であったことも原因である。近年では，GPS等の利用により実際に利用された経路を特定することが容易になっており，現実の道路網上の経路を対象とした経路選択モデルが数多く構築されている。膨大かつ複雑な部分重複を含む現実の経路集合に対しては，重複による選択確率の低下を補正項で表現する path-size logit モデル等のモデルや選択肢間の誤差相関の設定に関して自由度の高いクロスネスティッドロジットモデル等が適用可能である[42)]。また，道路網上のすべての経路から限られた数の経路を確率的に抽出して効率的にパラメーター推定を行う方法も提案されている[43)]。ただし，個々の意思決定者の実際の選択肢集合の観測は依然として困難であり，膨大かつ複雑な部分重複を含む現実の経路集合を対象として，適切な選択肢集合形成モデルを推定することが重要である。道路網上での最短経路探索および経路選択肢集合については4.2.2項を参照されたい。

（3） **公共交通機関の経路** 集計型交通需要予測モデルシステムにおける配分交通量の予測は主に交通手段として自動車を選択した場合の道路網上の経路の選択を対象としてきたが，公共交通手段を選択した場合の経路選択についても同様の議論が可能である。ただし，公共交通手段の経路選択モデルでは，運行頻度や乗換え回数といった所要時間以外の交通サービス水準を考慮する必要があるとともに，複数の路線が乗り場を共有していることに起因する問題（common-line problem）も考慮する必要がある。前者は一般的な離散選択モデルと同様に効用関数の変数としてモデルに導入することで対応可能であるが，後者は選択肢の概念を修正する必要がある。一般的な経路選択モデルでは，実際に利用された経路を選択肢としてモデル化するが，出発地や乗換え地点で乗り場を共有している複数の路線が同一の目的地への経路を提供している場合，5分間隔等の頻度ベースで個々の路線が運行されている，あるいは時刻表ベースでも遅延確率が顕著であると出発地や乗換え地点においてどの路線の車両が先に乗り場に到着するかが不明であり，一番先に到着した路線に乗車するという意思決定をすることがある。これは，つぎに到着する路線が何分後に到着するかが不確実であり，一番先に到着した路線の所要時間がつぎに到着する路線の所要時間より長くてもその路線の到着を待つための待ち時間を考慮すると目的地に先に到着できる可能性が高い場合に生じる。このような場合，意思決定者は出発時において単一の路線を選択するのではなく，選択する可能性のある**経路群**（hyperpath）を選択肢として認識しており，意思決定者の認識に応じた選択肢の設定が必要となる[44)]。

（4） **逐次選択モデル** 歩行者の経路選択，特に都心部での回遊行動等を考えた場合，出発地から目的地までの経路を出発前に選択しているとは限らず，出発後に経路を変更したり目的地を変更したりすることも考えられる。もちろん，自動車や公共交通機関の経路選択でも同様のことは起こり得る。道路網をノードとリンク（エッジとも呼ぶ）から成るグラフで表し，各ノードでつぎに進むリンクを選択する**逐次選択モデル**（sequential choice model）を用いることでこのような動的な経路選択行動を表現することが可能である。逐次選択モデルでは，各ノードにおいてつぎのリンクを選択することで当該リンクから直接得られる効用とつぎのリンクの終点ノードにおいてつぎの選択を行うことで得られる将来の期待効用を合わせた効用に基づいてリンクの選択を行うと仮定する。ここで，再帰的な形で目的地までの経路について将来の期待効用を算出すると，逐次選択モデルによる経路選択確率は出発地から目的地までの経路を出発前に選択する通常の静的な経路選択モデルによる選択確率に一致する。一方，将来の期待効用を割り引いて評価したり，リンクを移動後に各リンクの効用が変化するケースでは，経路途中での動的な経路変化を表現する。逐次選択モデルを用いることで，経路途上での情報提供による効果の分析や時々刻々状況の変化する災害時の経路選択行動の分析等が可能である。

〔5〕 **統合モデル**

これまでに述べたトリップ頻度モデル，目的地選択モデル，交通手段選択モデル，経路選択モデルはそれぞれ四段階推計法の各段階に対応したモデルだが，四段階推計法の問題点として，段階間の交通サービス水準が整合しないという指摘がある。この問題の解決方法として分担交通量の予測と配分交通量の予測を統合した分担・配分統合モデルや分布交通量も統合した分布・分担・配分統合モデル等が開発されている。非集計の交通行動分析においても同様に，交通手段選択行動と経路選択行動を統合した交通手段・経路選択モデルや目的地選択行動と交通手段選択行動を統合した目的地・交通手段選択モデル等の統合モデルが構築されている。これらの統合モデルにおいて，個々の意思決定が離散的な選択肢を用いて表現される場合には，多段階での選択肢を組み合わせた選択肢（例えば目的地ゾーンと目的地へのトリップに利用する交通手段の組合せ）を列挙した選択肢集合を用いた離散選択モデルを構築することが可能である。ただし，組合せにより選択肢数が大きくなるとともに，選択肢間に誤差相関が生じることが考えられるため，これらについて適切にモデル化する必要がある。一方，トリップ頻度モデルの被説明変数が連続変数で表現され，目的地選択や交通手段選択等の離散的な選択肢の選択と組み合わされる場合には，**離散–連続モデル**（discrete-continuous model）となる。離散–連続モデルには，意思決定者の効用最大化原理を明示的に表現した資源配分モデルや選択肢間の誤差相関等に対する操作性を重視した誘導型の統計モデル等が用いられてきた[32]。近年では，MDCEV（multiple discrete-continuous extreme value）モデルおよびその拡張による離散–連続モデルの開発が進んでいる[31]。

さらに，1日に実行される複数のトリップに関する選択行動を統合した分析も行われている。例えば，自宅からある目的地へのトリップで自家用車を利用した場合，自宅への帰宅トリップについても自家用車を利用することがほとんどである。このような複数のトリップ間の関係性を考慮するのが**トリップチェイン**（trip chain）分析である。トリップチェイン分析では，自宅や職場といった出発地を出発して再び出発地に戻ってくるまでの一連のトリップを分析単位としてモデル化することが多い。ただし，複数のトリップに関する選択を同時に考慮すると選択肢数が指数関数的に増加するため，利用可能性に基づく選択肢の限定や意思決定者の考慮集合の設定が重要となる。

〔6〕 **アクティビティ分析**

トリップはその多くがトリップ自体を目的としたものではなく，目的地での活動を目的とした**派生需要**（derived demand）である。したがって，交通需要を予測するためにはトリップの本来の目的である活動を予測するのが合理的である。**アクティビティ分析**（activity analysis）は，本来の需要である活動の予測を通じてその派生需要であるトリップの需要も予測する分析手法である。アクティビティ分析では，個人の1日の生活行動を分析対象とすることが多く，1日の中で実行される複数の活動間の相互関係を考慮したモデル化が行われている。トリップチェイン分析では複数のトリップ間の相互作用を考慮していたが，アクティビティ分析ではトリップを活動の一部として含む複数の活動間の相互作用を考慮する必要があり，トリップチェイン分析の拡張と捉えることも可能である。ただし，アクティビティ分析ではさまざまな活動に着目しており，個人の生活行動は1日のうちの時刻と密接な関係があるためアクティビティ分析では活動開始時刻や活動時間帯という形で1日のうちの時刻を明示的に取り扱う。

派生需要であるトリップではなく本来の目的である活動に着目することは，需要予測の面だけでなく政策評価の面にも良い影響を及ぼす。交通施策の評価方法として社会的厚生水準の変化が用いられるが，交通施策の導入でトリップに要する所要時間が短縮された時，トリップに伴う運転負荷や車内混雑による不快感等の負効用が減少するとともに，トリップに費やされていた時間をその他の活動に割り当てることが可能となる。これによって生じる社会的厚生水準の向上を評価する上で，直接的に活動を取り扱うアクティビティ分析の優位性は明らかである。さらに，1日の生活行動による効用から究極的な政策目標である**主観的幸福度**（subjective well-being）を評価することも可能となる。

アクティビティ分析はトリップを含む複数の活動を

同時に扱うため，モデルの構造が複雑化する傾向にある。ここでは，活動間の相互作用に着目した構造方程式モデル，1日の生活行動の効用に着目した効用最大化モデル，1日の時間軸に沿った意思決定に着目した逐次的意思決定モデルについて紹介する。

（1）　**構造方程式モデル**　　1日の活動を活動数や活動時間，トリップ数等の被説明変数を用いてモデル化する場合，前述のように活動間の相互作用を考慮する必要があるため，被説明変数間の誤差相関をモデルで表現するとともに，一方の被説明変数が他方の説明変数となる直接的な因果関係についても表現可能な**構造方程式モデル**（structural equation model）が用いられる。構造方程式モデルでは被説明変数を内生変数と呼ぶが，連続変数に加えて離散変数も内生変数として取り扱うことができるため，活動数やトリップ数といった離散変数も含めた柔軟なモデル構造を仮定することが可能である。さらに，直接的な因果関係（直接効果）に加えて，ある活動の活動時間が変化することによって別の活動の活動時間が変化し，その結果としてトリップ数が変化するといった場合の最初の活動の活動時間の変化がトリップ数に及ぼす**間接効果**（indirect effect）についても出力できるため，施策実施による派生的影響についても評価が可能となる。

（2）　**効用最大化モデル**　　効用最大化モデルでは，意思決定者は1日の生活行動の効用を最大化するように生活パターンを選択しているという仮定に基づいてモデルが構築される。ここで，生活パターンとして，構造方程式モデルと同様に活動時間や活動数，トリップ数等に着目し，それらを説明変数としてさまざまな生活パターンを個別の選択肢と捉えることで，生活パターンの選択肢集合から最も効用の高い生活パターンを選択するという構造を持つ離散選択モデルが構築される。この場合，活動時間等の連続変数は離散変数で近似して選択肢の属性に用いることとなる。生活パターンとしては，上記に加えて午前か午後かといった活動のタイミングや活動場所，活動の順序や交通手段といったさまざまな要素を考慮可能である。ただし，トリップチェイン分析でも問題となる選択肢数の指数関数的増大による影響は生活行動の多くの要素を考慮するほど顕著なものとなるため，目的とする施策評価とモデルで表現される意思決定の妥当性に応じてモデル化すべき生活パターンの要素を取捨選択する必要がある。

さまざまな活動への活動時間の配分を連続変数のまま取り扱い，活動に伴うトリップ等に関する離散選択を組み合わせた最適化問題と捉えれば資源配分モデルの適用が可能である。1日の生活行動を考える上で利用可能な時間は24時間に固定されており，限られた資源（ここでは時間）を最適に配分するという資源配分モデルの枠組みはアクティビティ分析に適したモデル構造である。さらに，アクティビティ分析では，時間だけでなく活動やトリップに要する費用も可処分所得等の限られた資源と捉えて時間と費用の同時配分モデルとして最適化問題を定式化する場合もある。これらの資源配分モデルでは，観測される生活パターンは資源配分モデルにおいて配分を最適化した結果であるという仮定に基づいてモデルのパラメーターが推定される。

（3）　**逐次的意思決定モデル**　　構造方程式モデルや効用最大化モデルでは，1日の生活パターン全体を一度に最適化することを暗黙の裡に仮定しているが，実際の生活行動は時間軸に沿って実行されるため，午後の過ごし方についてはっきりとした予定を立てずに朝の活動を始めたり，予定していた活動内容や場所，活動時間を直前になって変更したり活動自体を取り止めたりすることも多い。このような時間軸と意思決定タイミングの関係を考慮するために，時間軸に沿って次の活動を一つずつ決定していくことを仮定した**逐次的意思決定モデル**（sequential decision-making model）が用いられる。

逐次的意思決定モデルでは，一度に決定する変数が少数となるため比較的単純なモデルの組合せによって生活パターンのさまざまな側面を柔軟にモデル化可能である。さらに，効用最大化モデルのように生活パターンの全選択肢集合を列挙する必要がないため，生活パターンの生成に要する計算時間を大幅に短縮することが可能となる。これらの特徴はモデルとしての利点であるだけでなく，実際の意思決定においても負荷が少なく，逐次的意思決定という仮定の妥当性を支持するものである。ただし，実際の意思決定が完全に逐次的であるとも考えにくく，効用最大化モデルと逐次的意思決定モデルを組み合わせることでより現実的な意思決定過程を表現することも考えられる。

なお，より現実的な意思決定過程を仮定したモデルとしては，満足化原理に基づくモデルや意思決定の情報処理過程に着目したモデル等がある。満足化原理に基づくモデルは，交通施策等の環境変化により現状の生活パターンの満足度が許容値を下回った場合に現状を基本としていくつかの活動を変更することで実行可能な生活パターンを生成し，満足度が許容値を上回るパターンが見つかればそれを実行するというモデルである。一方，意思決定の情報処理過程に着目したモデルは過去の記憶が行動に及ぼす影響や活動の実行による記憶の蓄積等，生活パターン選択の意思決定過程を忠実に再現しようとするモデルであり，生活パターンの定量的予測よりもスケジュール形成過程についての概念理解を主目的としている。

〔7〕 **動　学　化**

交通行動の分析の多くは行動を静的に捉え，観測された交通現象が均衡状態にあることを暗黙裡に仮定してきた。均衡の概念は4.2節で説明される交通ネットワークの分析においても非常に重要な仮定として用いられるが，交通行動分析においては各意思決定者が自らを取り巻く環境，あるいは意思決定者が持つ選好構造に変化が生じた時，ただちに自らの行動を最適に変更するというきわめて強い仮定の上に成り立つ。実際には，環境変化の認知，情報の収集，適応策の探索，そしてそれら方策の有効性の学習には時間を要するため，環境変化に対する行動の変化はしばしば時間的なずれを生じる。また，適応策の探索や学習は意思決定主体が十分な動機を持たない場合には開始されず，習慣や行動の慣性により行動変化がいっさい生じない場合もある。さらに，環境変化に対する行動変化の大きさは環境変化の方向によって異なることが知られている。例えば，収入の変化と自動車保有台数について，収入の増加が自動車保有台数の増加に及ぼす影響よりも収入の減少が保有台数の減少に及ぼす影響は小さいといわれている[45]。

（1） **交通行動変化の観測**　従来の交通行動分析が均衡状態の仮定に基づいていたのは，交通行動の動的側面に関する観測が困難であったことにも関係する。従来の交通行動の観測は一時点の断面調査によるものがほとんどであり，観測された意思決定主体間の交通行動の差異に基づいて交通サービス水準や社会経済属性が交通行動に及ぼす影響を推定してきた。しかしながら，個々人の行動変化が個人間の差異によって説明できる保証はない。近年では，同一の意思決定主体にある期間をおいて同じ調査を繰り返し行う**パネル調査**（panel survey）や，GPSによる位置観測や公共交通ICカードによる連続的かつ長期的な交通行動調査も行われている。これらの調査によって交通行動の変化の直接観測が可能となっている。これらの観測データに基づき，交通行動モデルも動学化が進められている。

（2） **動的モデル**　パネル調査データを用いて複数の調査時点での交通行動をモデル化する場合，ある時点の説明変数の値が同時点の交通行動に及ぼす影響だけでなく，将来の交通行動に影響を及ぼす遅れ効果やより以前の交通行動に影響を及ぼす先取り効果，ある時点の交通行動がつぎの時点の交通行動に影響を及ぼす慣性の影響を考慮することが可能である。ここで，先取り効果としては，子どもの誕生より前に子育てに備えて転居したり，定年退職するより前に定年後の生活に備えて自家用車を処分したりといったことが考えられる。さらに，交通行動がある状態から別の状態へ遷移する際の遷移パターンに着目したマルコフモデルや経過時間に着目した**生存時間解析**（survival analysis）手法を用いたモデル化も進められている。

（山本俊行）

4.1.5 行動分析の応用

前項までに紹介した行動モデルは，Domencich and McFadden[46]によるアメリカのサンフランシスコの都市鉄道システムBART（Bay Area Rapid Transit）の交通需要予測への応用を嚆矢として，これまでに社会科学分野から工学分野まで幅広く応用されてきた。交通計画分野では，BARTへの適用以降，離散選択モデルを下敷きとした交通需要予測手法の開発が理論面と実務面の双方から活発に進められてきた。これらの成果はMcFaddenが2000年にノーベル経済学賞を受賞した際の理由の一つに挙げられており，当該分野が高度化・深化に大きく貢献したことがうかがえる[24),33]。

交通計画や空間計画は，多額の投資を伴う社会基盤整備であるため，計画の経済的な妥当性や効率性を収益分析や費用便益分析に基づいて評価することが必須である。これらの結果は交通需要に強く依存しており，高精度で交通量を予測することが重要な課題となる。加えて，予測手法は理論性や客観性，再現性を担保することが求められるため，これまでに調査手法，モデリング，パラメーター推定などの観点から開発が行われてきた。

わが国では，1970年代後半から行動モデルに着目した応用研究が開始されており，森地ら[47]は首都圏鉄道需要予測への応用を念頭に離散選択モデルの適用可能性を検討しており，1985年には鉄道需要予測の実務に非集計行動モデルが導入された。以降，経路重複問題やモデルの時間的・空間的移転性といった課題に対して精力的に研究が進められており，行動分析の黎明期から現在に至るまで多くの成果を挙げている。

本項では，交通計画分野を対象に，最近の研究動向を踏まえながら，わが国における行動モデルの具体的な応用事例を紹介する。

〔1〕 **四段階推計法の鉄道需要予測への応用**

首都圏を対象とした鉄道路線整備計画は1925年の内務省告示に始まり，1946年の戦災復興院告示，1956年の都市交通審議会第1号答申があり，それ以降はおおむね15年ごとに実施されてきた。その結果，世界的に見てもまれな広域かつ高密度・高頻度な鉄道ネットワークを形成するに至っている。わが国の首都圏鉄道路線整備計画では，1970年代から四段階推計法に基づく需要予測が行われており，時代背景や施策，各種技術の進歩に合わせて手法の精緻化が図られてきた。

（1）**鉄道整備計画と予測モデルの変遷**[48] 鉄道需要予測モデルの変遷を整理した結果を**表4.1**に示す。

本格的な需要予測は1972年の都市交通審議会答申15号（都交審15号）が最初であり，最新の交通政策審議会答申198号（交政審198号）まで四段階推計法が適用されている。都交審15号が示された1970年代は，都市の郊外化による通勤需要の急増を背景に新線整備を中心とした施策が評価対象であった。予測モデルは東京駅を中心におおむね50 km圏内を行政境界に基づいて約40のゾーンに分割しており，グラビティモデルを用いたゾーン間移動需要，集計ロジットによる機関分担，最短経路配分による経路選択を予測している。また，ゾーンを都心3区，14区，23区，その他近郊地区（神奈川，三多摩，埼玉西，埼玉東，千葉・茨木の5方面）のブロックに集約し，都心3区を中心に5方面の通過断面交通量を予測している点に特徴が見れる。これは現在の手法と比較して非常に粗い手法であると感じられるが，当時の主たる政策課題が都心業務地域と郊外居住地域間の交通需要を処理可能な路線計画を策定することであり，入力データや計算機性能の制約を加味した上で大局を判断するに足る構造を模索した結果，このようなモデル構造になったと推察される。

1985年の運輸政策審議会答申7号（運政審7号）では，前回の答申とは異なり，既存路線の活用，副都心や筑波エリアの開発，空港アクセス拡充等に対応すべく，より精緻な予測が求められた。そのため，前回

表4.1 鉄道需要予測モデルの変遷

	都市交通審議会答申15号（1972年）	運輸政策審議会答申7号（1985年）	運輸政策審議会答申18号（2000年）	交通政策審議会答申198号（2015年）
推計年次	1985年（昭和60年）	2000年（平成12年）	2015年（平成27年）	2030年（平成42年）
時代背景・課題	激しい混雑の緩和，都市の外延化による通勤・通学の長距離化への対応	激しい混雑の緩和，人口増加と都市圏構造の変化（千葉・埼玉・茨城方面）による需要変化への対応	副都心地区への業務地集積，ピーク時の速度低下（遅延），高齢化社会への対応	少子高齢化・人口現象社会，都市の国際競争力の強化，三環状整備による影響，災害リスクへの対応
施　策	新線整備（副都心線等），大規模延伸による郊外との接続，車両の高速化や輸送力の拡大など	新線整備（埼京線，京葉線等），羽田空港アクセス路線整備，貨物線整備など	供給施策による混雑緩和，相互直通による速達性の向上，バリアフリー化・シームレス化など	空港アクセスの改善，列車遅延への対応，駅空間の質的向上とまちづくりとの連携，防災対策，国際化対応
ゾーン数	40ゾーン程度	658ゾーン	1 812ゾーン	2 843ゾーン
目的区分	―	通勤，通学（2区分）	通勤，通学，業務，私事，帰宅（5区分）	通勤，通学，業務，私事，帰宅（10区分）
属性区分	―	―	・性別区分：男女 ・年齢区分：発生・集中交通量の推計で考慮	・性別区分：男女 ・年齢区分：全段階の推計で個別に考慮
機関分担モデル	・集計ロジット ・変数：総時間，総費用，	・非集計ロジット ・変数：総時間，総費用，自動車保有台数，都心ダミー	・非集計ロジット ・変数：総時間，総費用，自動車保有台数，都心ダミー	・非集計ロジット ・変数：ラインホール時間，費用，自動車保有台数，都心ダミー，駅端末利便性，短距離ダミー
経路選択モデル	・最短経路配分 ・変数：所要時間	・非集計ロジット ・変数：乗車時間，総費用，アクセス・イグレス時間，乗換回数	・構造化プロビット ・変数：乗車時間，総費用，アクセス・イグレス時間，乗換時間（待ち時間を含む），混雑指標	・構造化プロビット ・変数：乗車時間，総費用，乗換水平移動時間，乗換上下移動時間，乗車待ち時間，駅端末交通利便性，混雑指標
備　考	―	―	・空港アクセス機関選択と経路選択モデルを導入	・空港アクセスモデル ・時間信頼性指標の導入 ・Hyperpathによる待ち時間設定の導入

の需要予測と同じ四段階推計法が適用されたが，時代背景を考慮したいくつかの改善点が見られる。一つめは機関分担と経路配分に当時最先端であった**多項ロジットモデル**（multinomial logit model，**MNL モデル**）が適用され，路線単位での詳細な断面交通量の予測が行われた。さらに，首都圏の通勤圏がより郊外化と発着地点の多様化を踏まえて，40 ゾーンから 658 ゾーンの詳細なゾーニングが採用された。これらの改善によって前回答申よりもきめの細かい需要予測を実現している。

2000 年の運輸政策審議会答申 18 号（運政審 18 号）では，これまでの予測モデルを踏襲しているが，特筆すべき点として経路選択モデルに屋井ら（1998）[49] が開発した**構造化プロビットモデル**（multinomial probit model with structured covariance，**MNPSC**）が導入されている。この背景には，鉄道路線の高密度化や運行種別の多様化により，重複区間を持つ類似経路が無数に存在するため，IIA を仮定した MNL を用いて予測を行うことには問題があり，高い予測精度を確保するためにも経路重複を考慮したモデルの開発が求められていた。このような実務的問題に対処すべく MNPSC は開発されたが，離散選択モデルの理論的課題である経路重複問題に一石を投じており，学術的な貢献も大きい。MNPSC 型の経路選択モデルの現況再現性はすべての路線で断面交通量が実績の ±10% 以内に収まっており，高精度な予測を実現している。次項にてモデルの概要を紹介する。

2015 年に発表された最新の交政審 198 号では，これまでの時代背景とは大きく変わり，大規模な新線整備からネットワークの有効活用を見据えた短絡線や直通運転等の施策にシフトしており，少子高齢化と人口減少，国際化に対応した質的なサービスレベルの向上求められている。そのため，需要予測モデルは運政審 18 号を踏襲しているが，ゾーン数を 1.5 倍とし，さらにトリップ目的を 10 区分，各段階のモデルに応じた年齢階層を導入して，高解像度化を図っている。

（2） 構造化プロビットモデルの概要　確率項に正規分布を仮定したプロビットモデル（multinomial probit model，**MNP モデル**）は，分散共分散行列を用いて選択肢間の相関構造が明示的に表現可能である。しかしながら，MNP 型の経路選択モデルを構築するためには，大きく二つの課題が存在する。まず一つめは，分散共分散行列の設定に関する理論的課題である。具体的には，OD ペアごとに選択肢集合に含まれる個々の経路に対して分散共分散行列を設定する必要があり，首都圏のような膨大な OD ペアが存在する場合には困難である。加えて，新たな選択肢を追加した際にも既存の経路選択肢との共分散を追加する必要があり，予測の作業が困難となる。二つめは，パラメーター推定に関する実務的課題である。MNP は open-form モデルであるため，選択確率の計算には選択肢数 −1 回の多重積分が必要となる。また，実際の推定の際には，サンプル数と収束計算の繰返し回数に依存して多重積分の計算が必要となるため，膨大な演算時間が要求される。そのため，多数の代替案を検討する実務の予測作業ではきわめて重大な問題となる。

構造化プロビットモデルの基本的なアイディアは，式（5.38）に示すように経路 i の誤差項 ε_i を経路長に依存する誤差 ε_i^1 と経路固有の誤差 ε_i^0 に分解し，さらに経路選択肢に依存しない形に分散共分散行列 Σ を再定義した点にある。

$$\varepsilon_i = \varepsilon_i^1 + \varepsilon_i^0$$
$$\Sigma = \Sigma^1 + \Sigma^0 \tag{4.38}$$

初めに ε_i^1 は単位距離ごとに独立に発生すると仮定しよう。このとき，経路 i の分散は経路長のみに依存すると仮定する。すなわち，式（4.39）に示すように距離に比例して誤差が増大する。

$$\mathrm{var}(\varepsilon_i^1) = L_i \sigma^2 \tag{4.39}$$

ここで，L_i は経路 i の経路長，σ^2 は単位距離当りの分散である。同様に，共分散も式（4.40）に示すように経路 i と経路 j の重複区間長 L_{ij} のみに比例して誤差が増大する仮定する。

$$\mathrm{Cov}(\varepsilon_i^1, \varepsilon_j^1) = L_{ij} \sigma^2 \tag{4.40}$$

一方，経路固有の誤差 ε_i^0 は経路ごとに独立に発生すると仮定し，以下のような分散 σ_0^2，共分散 0 の正規分布に従うとする。

$$\mathrm{Cov}(\varepsilon_i^0, \varepsilon_j^0) = \begin{cases} \sigma_0^2 & i = j \\ 0 & i \neq j \end{cases} \tag{4.41}$$

以上より，分散共分散行列 Σ は式（4.42）に示すような構造化が可能となる。

$$\Sigma = \sigma^2 \begin{bmatrix} L_1 & L_{12} & \cdots & L_{1n} \\ L_{21} & L_2 & \cdots & L_{2n} \\ \vdots & \vdots & \ddots & \vdots \\ L_{1n} & L_{2n} & \cdots & L_n \end{bmatrix} + \sigma_0^2 I \tag{4.42}$$

なお，効用関数のパラメーターとの識別の観点から分散比パラメーター σ^2/σ_0^2 を推定する。

以上より，構造化プロビットモデルは，誤差項を分解して巧みに構造化を行うことで，無数のパラメーターで構成される分散共分散を分散比パラメーターのみに還元した点が，モデルの大きな特徴である。これは理論的な経路重複問題を解決し，さらに実務的な操作性を確保した優れた事例であるといえよう。

（3） 費用便益分析との整合性 わが国では，1960年代後半より公共事業を対象とした費用便益分析の実務への導入が検討されており，1997年には運輸省から鉄道事業を対象とした便益計測マニュアルが公表された。その背景には，投資効果を適切に評価することに加えて，当時は公共事業の必要性や採択の不透明性に対する社会からの強い批判があった。これらを真摯に受け止めた結果として，新規事業採択時における費用便益分析が導入された。

事業の有無による便益の評価は，四段階推計法に基づく需要予測手法と整合しており，予測手法と一体的に利用者便益を計測が可能となっている。具体的には，Williams[24]が示した便益計測式を用いており，交通機関分担や経路配分に適用されている離散選択モデルのログサム変数を用いて，事業有無による効用の差分と需要の差分による台形公式によって便益が推定される。これらの詳細については，岩倉ら[50]による理論面・実務面の整理が詳しい。

〔2〕 需要予測モデルの高度化とその応用

近年，大都市圏においては，これまでの都心と郊外を結ぶ路線整備から地域の質的な向上を目指した路線拡張や空間整備，時差出勤や時間差課金などの施策に移行している。そのような中，従来型の四段階推計法に基づく手法から新たな施策に対応したより精緻な交通需要予測が求められている。

（1） 四段階推計法の限界 四段階推計法は，マクロな交通流動をトリップ単位で解析する**トリップベースドアプローチ**（trip based approach）手法であり，空間をゾーン単位に集約し，かつ時間軸を捨象している。そのため，おもに朝ピーク時の通勤・通学トリップなどのある断面の交通行動を記述するにとどまる。加えて，各段階が独立したモデルで構成されているため理論的整合性が欠如しており，サービス水準の変化による誘発交通量を捉えることができない。北村[51]が指摘しているように，TDMなどの交通施策の多様化や四段階推計法の課題点を根本的な解決するためには，交通需要を個人の活動の派生需要として捉える**アクティビティベースドアプローチ**（activity based approach）に基づく評価手法が必要となる。アクティビティモデルでは，交通をトリップチェイン単位として時間軸を考慮した活動と移動の相互作用を離散選択モデルに基づいて記述しており，四段階推計法では考慮できなかったアクティビティパターンやトリップチェインの変化を捉えることが可能である。

（2） 離散選択モデルの精緻化と応用 四段階推計法が持つ構造的な問題の解決と平行して各段階に組み込まれている離散選択モデルに対しても予測実務における課題点を踏まえた改良が行われてきた。具体的には，意思決定ルールや誤差項，選択肢集合の設定について改善がなされてきた。

交通システムの新規整備において，存在しない交通手段の選好を評価することは困難であり，すでに存在する交通手段や経路と比較して予測誤差が大きくなることが知られている。1980年代後半より，将来の利用意向であるSPデータ（stated preference）を効率的に収集して予測モデルのパラメーター推定を行う手法[52]がわが国の実務にも応用されてきた。また，Ben-Akiva and Morikawa[53]はこれまでの利用実績であるRPデータ（reveled preference）とSPデータを統合したデータ融合推定手法が提案しており，予測精度の向上に貢献している。

快適性などの観測されない潜在的・主観的要因が予測精度に与える影響は小さくはない。例えば，森川ら[54]では測定方程式と構造方程式から成る多指標多因子モデルと離散選択モデルを統合した手法を構築し，交通機関選択モデルなどに適用されている。

自動車の保有や利用は，活動パターンに強く影響を与えるため，需要予測を実施する上で重要な要因であり，これまでにさまざまなモデリングが行われてきた。山本[55]は，これまで明示的に扱われてこなかった世帯に着目し，車種選択と世帯内配分，年間走行距離を記述する離散選択モデルを構築している。

また，離散選択モデルの意思決定ルールに対して，限定合理性における意思決定方略を導入したモデリングが試みられている。具体的には，選択肢集合形成プロセスを加味した二段階モデルを基本として，辞書編纂型の意思決定方略を導入した離散選択モデル[56]が構築されており，複雑化する交通行動に対応したモデリングの必要性を示唆している。このような手法は直接的に需要予測の実務に導入されてはいないが，変数や選択肢集合の設定などに知見が生かされている。

離散選択モデルは意思決定が個人の効用に基づいて行われており，他者の影響を受けないことが暗に仮定されている。しかしながら，例えば混雑はすべての個人の交通機関や経路選択の結果として生じるものであり，当該個人が混雑を避ける行動は他者の選択を考慮して自身の選択を調整していると考えられる。そのため，意思決定者と他者との関係である**社会的相互作用**（social interaction）を考慮したモデリングが今後重要となる。福田[57]は他者の選択行動を内生化した二項選択モデルを放置駐輪問題に適用している。これ以降，相互作用を考慮した離散選択モデルと**構造推定**（structural estimate）を組み合わせた手法開発が進められており，例えば松村ら[58]による鉄道経路選択や原ら[59]によるカーシェアリングへの適用などが挙げられる。

（3） **新たな需要予測手法の首都圏への適用**　実務レベルの分析を念頭に四段階推計法の課題点を克服した手法がいくつか開発されており，一部は首都圏に適用されている。円山[60]は四段階推計法の全段階を離散選択モデルで統合した予測手法を開発している。具体的には，Nested logit モデルを用いることでログサム変数を下位から上位にフィードバックすることで，誘発交通量を加味した四段階統合モデルを定式化している。さらに，利用者便益の算出方法や立地パターンの変化についても検討している。実際に首都圏の需要予測に適用した結果，既存の四段階推計法よりも現象記述力が優れており，実務利用で問題となる解の安定性や計算時間の面からも耐え得る手法であることを示した。

一方，わが国においてもアクティビティモデルの開発が1980年代後半より進められており，北村ら[61]は生活行動シミュレーション PCATS（Prism-Costrained Activity-Travel Simulator）と交通マイクロシミュレーション DEBNetS（Dynamic Event-Based Network Simulator）を統合したシミュレーションシステムを構築している。PCATS はプリズム制約と効用理論を融合した手法であり，離散選択モデルを下敷きとした世帯レベルの生活行動が予測可能である。これまでに関西エリアを中心に実適用事例が蓄積されているが，首都圏を対象とした事例は見られない。近年では，福田ら[62]は鉄道需要予測の改善を念頭に，Nested logit でアクティビティを記述する Bowman 型モデル[6]を首都圏に適用している。四段階推計法に代わる新たな需要予測手法になり得ることを示唆しているが，出発時刻選択モデルや目的地選択モデルの精度向上が課題として挙げられている。また，澤田ら[63]は福田らと同様に首都圏を対象としたアクティビティモデルを構築しているが，モバイル空間統計を用いた**データ同化**（data assimilation）を導入することで現況再現性の向上を図っており，その有効性を示している。そのような中で伊藤[64]は，商業施設の立地や駅周辺の開発など 1 km^2 の詳細な交通行動の変化を評価することを目的として，これまでのアクティビティモデルを踏襲しながらも，パーソントリップ調査とプローブパーソン調査を融合した個人の行動データの生成や異なる空間スケールを重ね合わせたマルチスケールでの空間表現を導入したシミュレーションを構築している。ここで，マルチスケールとは，分析対象エリアを粗い全体範囲と細かい詳細範囲に分けることで，本質を損なうことなく計算量を削減する手法である。具体的には，**図4.5**（口絵1参照）に示すように，全体範囲を覆う抽象的な格子ネットワーク上で広域の移動を近似的に表現し，施策が実施される詳細範囲を覆う実ネットワーク上でドットレベルの移動軌跡を精緻に表現している。マルチスケールを適用するメリットは，施策の影響が弱い地域を計算量の少ないモデルで粗く計算し，影響が強い地域を計算量の多い高分解能な個人単位のマイクロシミュレーションで細かく計算することで，予測精度を確保しながら実利用可能な計算時間に抑えることにある。しかし，各スケールを接続する境界条件の設定が予測精度に影響することに注意したい。首都圏を対象に2020年に実施される東京オリンピック・パラリンピックにおける競技会場周辺の交通対策分析に応用している。

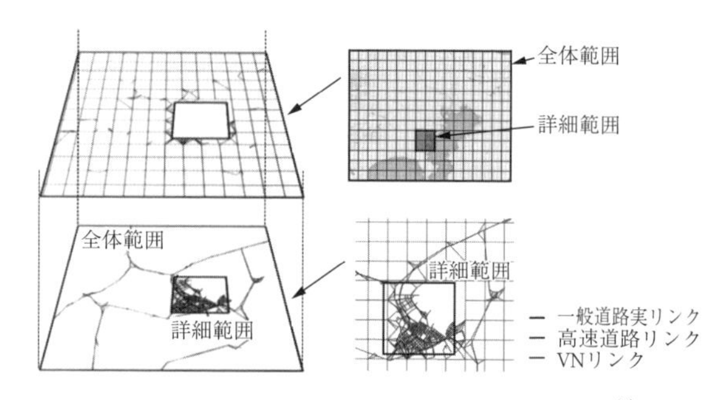

図4.5　マルチスケールシミュレーションの概念[64]

首都圏の鉄道需要予測では交政審198号においても四段階推計法が適用されているが，今後の施策の複雑化，データの高頻度・高分解能化，国際化を含めた個人の多様化を踏まえた評価を実施するためには，観測・予測・制御を一体的に扱う予測手法の構築が必須であり，これらのアプローチはそれに資する可能性を有している。

〔3〕 マイクロレベルの空間評価への応用

交通システムが概成した都市では，空間の高質化とその評価が課題であり，再開発による1km四方での交通流動の変化や駅空間の改良による歩行軌跡の変化などマイクロレベルの行動を記述することが求められる。近年では駅構内や駅広場などのリノベーションが活発化しており，これらの空間計画の効果を評価するためには，マイクロな**歩行者挙動**（pedestrian walking behavior）を解析することが施設設計を検討する際に重要となる。ここでは，歩行挙動モデルの定式化とその応用事例に焦点を当てて紹介する。

（1） **二次元空間上での歩行行動選択**　これまでの歩行者挙動は，物理学の引力・斥力のアナロジーを援用した social force モデルが主流であったが，

Antonini, et al.[65] は離散選択モデルを援用した新たな手法を提案している。ここでは，歩行行動を瞬間的な空間選択として捉えている点に特徴があり，先に紹介した交通機関選択や経路選択とは異なる非常にユニークなモデリングがなされている。このような空間選択の考え方は，自動車のミクロな挙動解析にも適用されており，汎用性が高い手法である。

ある時刻 t から $t+1$ の歩行行動として「角度」と「速度」を重ね合わせた空間を選択する問題として考える。具体的には，**図 4.6** に示す 7 段階の方向（角度）と 3 段階（加速，定速，減速）の速度により定義される 21 個の離散化された空間選択肢から，つぎの瞬間の移動先を選択すると仮定する。なお，歩行空間選択肢は歩行者ごとに現在の速度に従って時々刻々とサイズが変化する。

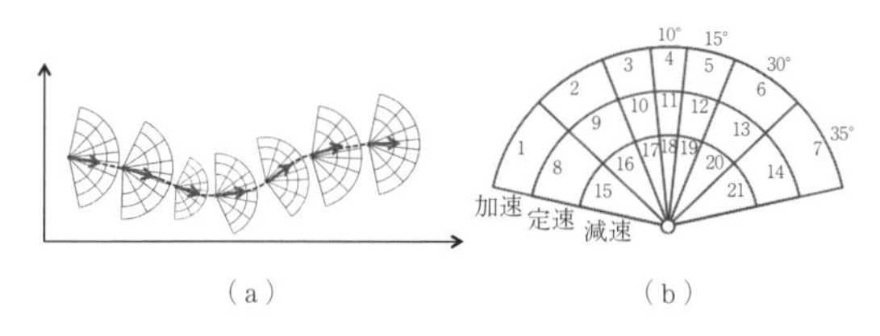

（a）　（b）

図 4.6　歩行空間選択肢

定義した歩行空間選択肢は，近接する選択肢間で相関することが容易に想像できる。そこで，**図 4.7** に示すような速度と角度に対してネスト構造を仮定した CNL（cross hested logit）モデルを適用している。この理由として，すべての選択肢が角度ネストおよび速度ネストの両者に重複して帰属するため，このような相関構造を持つ場合には CNL が適切だと考えられるためである。

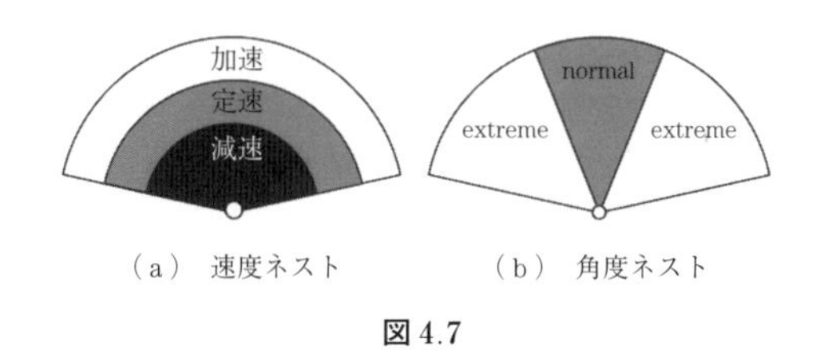

（a） 速度ネスト　（b） 角度ネスト

図 4.7

（2） 応用モデルの構築と実適用　具体的な適用分析を行う上で，対象に応じて実際の行動に沿った効用関数を特定化することが重要となる。歩行に影響する要因として，歩行者の行動特性に基づく変数と周辺環境や他者の存在により規定される変数が考えられる。前者は歩行者の直進性や目的地方向との乖離，歩行速度の調整，障害物の視認性などが挙げられる。一方，後者は先行歩行者に追従する性質や他の歩行者を避ける性質などが挙げられる。これらの詳しい定式化については，柳沼ら[66] を参照されたい。離散選択型の歩行者挙動モデルの利点は，既存モデルでは困難であった変数の柔軟な設定や実挙動データに基づくパラメーター推定を可能にした点にある。

具体的な応用事例として，瀬尾ら[67] は，Plan-Action の概念を援用して短期的な目的地選択を内生化した拡張モデルを定式化しており，駅構内の改札付近におけるシミュレーション分析を実施している。また，大型ターミナル駅の一つである大宮駅を対象に，全ての改札とプラットフォームを含めた大規模な駅構内の歩行者流動シミュレーションを行っており，混雑による速度低下箇所の抽出を試みている。また，中西ら[68] は，歩行者挙動が周辺状況に応じて時々刻々と変化することに着目して，モデルのパラメーターを逐次的に推定する枠組みを提示している。具体的には，観測モデル（ビデオカメラによる観測データ）とシステムモデル（離散選択モデルを基本とした歩行者挙動モデル）を組み合わせた一般化状態空間モデルに基づくデータ同化手法が適用されており，パラメーターの時系列変化を捉えることで歩行者挙動の記述能力が向上している。なお，同様の枠組みは自動車の運転挙動分析[69] にも応用されており，これまで十分に取り扱われていなかった動的な車線変更行動を記述することで，既往のマイクロシミュレーションの高度化を図る研究も見られる。以上のような，マイクロレベルの交通挙動を記述する手法は，質的な充実が求められる今後の空間整備に資することが期待される。

交通動分析に基づく交通需要予測は，時代を追うごとに複雑化する施策の定量的評価を可能にすべく，ゾーンから個人，マクロからミクロ，静的から動的に進化を遂げており，その結果，調査や予測分析の時間的・空間的解像度を飛躍的に高めることとなった。それらを後押ししたのは，行動分析に関連する理論の深化と計算機科学や情報通信技術の進展であり，今後もこれらの動向を注意深く捉えて，より精度の高い交通需要予測手法の開発と応用に取り組むことが求められる。（柳沼秀樹）

引用・参考文献（4.1 節）

1） Kitamura, R.：Panel analysis in transportation planning: An overview, Transportation Research A, Vol.24, No.6, pp.401～415（1990）
2） Yai, T., Iwakura, S., and Morichi, S.：Multinomial Probit with Structured Covariance Matrix for Route Choice Behavior, Transportation Research, Vol.31B,

No.3 pp.195〜207（1997）
3）Morikawa, T., Ben-Akiva, M.E., and Yamada, K.：Forecasting Intercity Rail Ridership Using Revealed Preference and Stated Preference Data, Trnsp. Res. Rec., No. 1328, pp. 30〜35（1991）
4）杉恵頼寧，藤原章正，小笹俊成：選好意識パネルデータを用いた交通機関選択モデルの予測精度，土木学会論文集（576），pp.11〜22（1997）
5）佐々木邦明，西井和夫，土屋勇太：パークアンドバスライド利用意向がマクロの利用率から受ける影響に関する研究，土木計画学研究・論文集，Vol.20，pp.835〜842（2003）
6）Bowman, J.L. and Ben-Akiva, M.E.：Activity-based disaggregate travel demand model system with activity schedules, Transportation Research Part A 35, pp.1〜28（2001）
7）Arentze, T.A. and Timmermans, H.J.P.：A learning-based transportation oriented simulation system, Transportation Research Part B, Vol.38, No.7, pp.613〜633（2004）
8）Jones, P.M.，Dix, M.C.，Clarke, M.I.，and Heggie, 8.G.：Understanding Travel Behaviour, Gower（1983）
9）McFadden, D.：Conditional Logit Analysis of Qualitative Choice Behavior, in P. Zarembka（ed.），FRONTIERS IN ECONOMETRICS, pp.105〜142, Academic Press: New York（1973）
10）Ben-Akiva, M.E.：Structure of passenger travel demand models, Transportation Research Record 526, pp.26〜42（1974）
11）Hato, E.：Development of behavioral context addressable loggers in the shell for travel-activity analysis, Transportation Research C, Vol18（1），pp.55〜67（2010）
12）Shafique, A. and Hato, E.: Use of acceleration data for transportation mode prediction, Transportation Vol.42, No.1, pp.163〜188（2015）
13）近藤勝直：交通行動分析，晃洋書房（1988）
14）Kitamura, R., Chen, C., and Pendyala, R.M.：Generation of Synthetic Daily Activity-Travel Patterns, Transportation Research Record, 1607, pp.154〜162（1997）
15）Bhat, C., et al.：Incorporating a multiple discrete-continuous outcome in the generalized heterogeneous data model: Application to residential self-selection effects analysis in an activity time-use behavior model, Transportation Research B, Vol.91, pp.52〜76（2016）
16）Gan, L.P. and Recker, W.：A mathematical programming formulation of the household activity rescheduling problem, Transportation Research Part B, Vol.42, No.6, pp.571〜606（2008）
17）福田大輔，上野博義，森地 茂：社会的相互作用存在下での交通行動とミクロ計量分析，土木学会論文集，Vol.2004，No.765, pp.49〜64（2004）
18）ヴァリアン，H.：ミクロ経済分析，佐藤隆三，三野和雄訳，勁草書房（1986）
19）Thurstone, L.：A law of comparative judgment, Psychological Review, Vol.34, pp.273〜286（1927）
20）Ben-Akiva, M. and Lerman, S.：Discrete Choice Analysis: Theory and Application to Travel Demand, The MIT Press（1985）
21）Hensher, D. A. and Button, K.J.（eds.）：Handbook of Transport Modelling, Pergamon（2000）
22）羽藤英二：ネットワーク上の交通行動，土木計画学研究・論文集，Vol.19，No.1，pp.13〜27（2002）
23）山本俊行：離散選択モデルの発展と今後の課題，交通工学，Vol.47，No.2，pp.4〜9（2012）
24）Daganzo, C.：Multinomial Probit, Academic Press（1979）
25）Williams, H. C. W. L.：On the formation of travel demand models and economic evaluation measures of user benefit, Environment and Planning Part A, Vol.9, pp.285〜344（1977）
26）McFadden, D.：Modeling the choice of residential location, In A. Karlqvist, L. Lundqvist, F. Snickars, and J. Weibull（eds.）：Spatial Interaction Theory and Planning Models, North-Holland, Amsterdam, pp.75〜96（1978）
27）Daly, A. and Bierlaire, M.：A general and operational representation of generalised extreme value models, Transportation Research Part B, Vol.40, pp.285〜305（2006）
28）McFadden, D. and Train, K.：Mixed MNL models for discrete response, Journal of Applied Econometrics, Vol.15, pp.447〜470（2000）
29）Walker, J. L., Ben-Akiva, M., and Bolduc, D.：Identification of parameters in normal error component logit-mixture（NECLM）models, Journal of Applied Econometrics, Vol.22, No.6, pp.1095〜1125（2007）
30）Bhat, C.R.：A multiple discrete-continuous extreme value model: formulation and application to discretionary time-use decisions, Transportation Research Part B, Vol.39, pp.679〜707（2005）
31）福田大輔，力石 真：離散-連続モデルの研究動向に関するレビュー，土木学会論文集 D3（土木計画学），Vol.69，No.5（土木計画学研究・論文集第 30 巻），pp.I_497〜I_510（2013）
32）Train, K.：Discrete Choice Methods with Simulation，Cambridge University Press（2003，2009）
33）Bhat, C.R.: Simulation estimation of mixed discrete choice models using randomized and scrambled Halton sequences, Transportation Research Part B, Vol.37, pp.837〜855（2003）
34）照井伸彦，ベイズモデリングによるマーケティング分析，東京電機大学出版局（2008）
35）Bhat, C.R. and Sidharthan, R.: A simulation evaluation of the maximum approximate composite marginal likelihood（MACML）estimator for mixed multinomial probit models, Transportation Research Part B: Methodological, Vol.45, No.7, pp.940〜953（2011）

36) 柳沼秀樹，福田大輔：混雑外部性を内生化した離散選択モデルと構造推定，土木計画学研究講演集，Vol.37（2008）
37) 北村隆一，森川高行，佐々木邦明，藤井 聡，山本俊行：交通行動の分析とモデリング－理論／モデル／調査／応用－，技報堂出版（2002）
38) Bhat, C. R. and Guo, J. Y.：A mixed spatially correlated logit model: formulation and application to residential choice modeling. Transportation Research Part B, Vol.38, pp.147～168（2004）
39) Manski, C.：The structure of random utility models. Theory and Decision, Vol.8, pp.229～254（1977）
40) Swait, J.：Choice set generation within the generalized extreme value family of discrete choice models. Transportation Research Part B, Vol.35, pp.643～666（2001）
41) Noland, R. B. and Small, K. A.：Travel-time uncertainty, departure time choice, and the cost of morning commuters. Transportation Research Record, 1493, pp.150～158（1995）
42) Prato, C. G.：Route choice modeling: past, present and future research directions. Journal of Choice Modelling, Vol.2, pp.65～100（2009）
43) Frejinger, E., Bierlaire, M., and Ben-Akiva, M.：Sampling of alternatives for route choice modeling. Transportation Research Part B, Vol.43, pp.984～994（2009）
44) Spiess, H. and Florian, M.：Optimal strategies: a new assignment model for transit networks. Transportation Research Part B, Vol.23, No.6, pp.83～102（1989）
45) 北村隆一：変動についての試行的考察，土木計画学研究・論文集，Vol.20, No.1，pp.1～15（2003）
46) Domencich, T. A. and McFadden, D.：Urban travel demand -a behavioral analysis, North-Holland（1975）
47) 森地 茂，酒井通雄，井原勝美：「大都市圏における交通機関選択分析」，土木計画学研究・論文集，No.1（1979）
48) 八十島義之助：東京の通勤鉄道路線網計画に関する研究，土木学会論文集，No.371，pp.31～43（1986）
49) 屋井鉄雄，中川隆広，石塚順一：シミュレーション法による構造化プロビットモデルの推定特性，土木学会論文集，Vol.604, pp.11～21（1998）
50) 岩倉成志，家田 仁：鉄道プロジェクトの費用対効果分析 実用化の系譜と課題，運輸政策研究，Vol.1，No3，pp2～13（1999）
51) 北村隆一：交通需要予測の課題：次世代手法の構築にむけて，土木学会論文集，No.530，Ⅳ-30，pp.17～29（1996）
52) 杉恵頼寧，藤原章正：選好意識データを用いた交通手段選択モデルの有効性，交通工学，Vol.25，No.5，pp.21～pp.30（1989）
53) Ben-Akiva, M. and Morikawa, T.：Estimation of switching models from revealed preferences and stated intentions, Transportation Research Part A: General, Vol.24, No.6, pp.485～495（1990）
54) 森川高行，佐々木邦明：主観的要因を考慮した非集計離散型選択モデル，土木学会論文集，No.470，pp.115～124（1993）
55) 山本俊行，北村隆一，河本一郎：世帯内での配分を考慮した自動車の車種選択と利用の分析，土木学会論文集，No.674，pp.63～72（2001）
56) 森川高行，倉内慎也：合理的選択の拡張とモデリングへのインプリケーション，土木学会論文集，No.702，pp15～29（2002）
57) 福田大輔，上野博義，森地 茂：社会的相互作用存在下での交通行動とミクロ計量分析，土木学会論文集，No.765，pp.49～64（2003）
58) 松村杏子，武藤滋夫，福田大輔，柳沼秀樹：混雑した都市鉄道における出発時刻選択モデルの構造推定：ゲーム理論に基づいた実証研究，第45回土木計画学研究・講演集（2008）
59) 原 祐輔，羽藤英二：共同利用型交通サービスにおけるネットワーク上での予約システムの提案，土木学会論文集D3，Vol.67，No.5，pp.509～519（2011）
60) 円山琢也，原田 昇，太田勝敏：誘発交通を考慮した混雑地域における道路整備の利用者便益推定，土木学会論文集，Vol.2003，No.744，pp.123～137（2003）
61) Pendyala, R., Kitamura, R., Kikuchi, A., Yamamoto, T., and Fujii, S.：Florida activity mobility simulator: overview and preliminary validation results. Transportation Research Record: Journal of the Transportation Research Board,（1921），pp.123～130（2005）
62) 亀谷淳平，福田大輔：鉄道利用者を対象としたActivity-based交通行動モデルに関する研究，第53回土木計画学研究・講演集（2016）
63) 澤田 茜，川辺拓也，白須瑛紀，佐々木邦明：アクティビティマイクロシミュレーションと観測データの融合による需要予測手法，第53回土木計画学研究・講演集（2016）
64) 伊藤創太：異なる尺度を持つデータの統融合手法を援用した移動-活動シミュレーションの開発，東京大学大学院修士論文（2013）
65) Antonini, G., Bierlaire, M., and Weber, M.：Discrete choice models of pedestrian walking behavior, Transportation Research Part B: Methodological, Vol. 40, No. 8, pp. 667～687（2006）
66) 柳沼秀樹，福田大輔，山田 薫，松山宜弘：離散選択型歩行者挙動モデル推定のための歩行者座標の自動抽出に関する基礎的研究，土木学会論文集D3（土木計画学），Vol.67，No.5，pp.I_787～I_800（2011）
67) 瀬尾 亨，柳沼秀樹，福田大輔：Plan-Action構造を考慮した歩行者挙動モデリングとその適用―駅改札 付近を対象として，土木学会論文集D3（土木計画学），Vol.68，No.5，pp.I_679～I_690（2012）
68) 中西 航，高橋真美，布施孝志：歩行者挙動モデルのパラメータ推定への一般状態空間モデルの適用，土木学会論文集D3（土木計画学），Vol.71，No.5，pp.I_559～I_566（2015）

69) 庄司 惟，北澤俊彦，柳沼秀樹：ドライバー間の相互作用を考慮した二次元車両挙動モデルの構築，土木計画学研究・論文集（2016）

4.2 交通ネットワーク分析

都市空間を移動するヒト・モノ・クルマが利用する空間は，点と線が組み合わされたネットワーク構造を持っている。また，障害が発生したり，多くの交通需要が集中する場合には，ネットワークの流れが悪くなり，交通サービスに大きな影響が生じる。本章では，交通システムの現象分析と計画の参照点とするために必要となるネットワークの分析とモデル化の方法に関する数理的アプローチを取りまとめる。

4.2.1 項から 4.2.3 項では，交通ネットワーク分析を行う際の前提となる交通システムのネットワーク表現，利用者の行動規範，およびネットワーク交通流が満足すべき条件について述べる。4.2.4 項と 4.2.5 項では静的なネットワーク交通流を扱う，確定的および確率的な**利用者均衡モデル**（user equilibrium）について述べる。4.2.6 項はネットワーク交通流の動的なモデリング手法を説明する。これらの 3 項で扱う方法論は，いずれも利用者の行動と混雑現象の相互作用をモデル化することにより，ネットワーク交通流を記述するものであり，交通システムの計画変数が与えられた場合の現象分析や予測を行う際に用いるものである[1),2)]。したがって，これらのモデルの出力は，ネットワークフロー（交通量）とそれに対応するサービス水準（旅行時間や速度）である。

これに対し，4.2.7 項と 4.2.8 項の 2 項では，ネットワークの評価と計画に関する方法論を扱う。4.2.7 項では，ネットワークのサービス水準の中で信頼性指標に焦点を当て，その評価方法を述べる。4.2.8 項ではネットワークの計画と設計について，最適化手法によるアプローチを紹介する。これらのモデルでは，4.2.4 項から 4.2.6 項で述べるネットワーク交通流モデルの出力を使うか，または，それを内包した構造のモデル化が行われる。

4.2.1 交通システムのネットワーク表現

地図に描かれた道路網や鉄道網を例に挙げるまでもなく，都市・地域スケールで交通移動が可能な空間をマクロに見ると，それは**点**（node）が**線**（link）で連結された**ネットワーク**（network）の構造を持っている。交通空間でのヒトやモノの移動は，交通ネットワーク上の移動であるといってよい。以下では，移動空間をネットワークとして表現するための方法を説明する。

システムをノードとリンクの集合である**グラフ**（graph）で記述し，その数学的性質を研究するのがグラフ理論である。グラフ理論では，ノードとリンクのつながり方が関心の対象である。交通ネットワークもノードとリンクの集合であることに変わりはないが，リンクに距離や時間といった**抵抗**（impedance）や**サービス水準**（level of service, **LOS**）を持たせる点に特徴がある。交通ネットワーク解析では，リンクに方向性を持たせる（directed link）ことが多い。

ノードは交通の発生や集中のあるノードとそれ以外の通過ノードに分けられる。集計的な交通解析では，都市空間は複数のゾーンに分割され，交通需要はゾーンペアの間の OD 交通量として表現される。このとき，OD 交通量は，起点ゾーンを代表する仮想的な一つのノードから発生し，終点ゾーンの一つの仮想ノードに集中するとみなす。交通の発生や集中のある仮想ノードをゾーン中心という意味で**セントロイド**（centroid）と呼ぶ。セントロイドは実ネットワーク上のノードであっても構わない。

実際の交通ネットワークをノードとリンクで記述する際の表現方法は必ずしも 1 通りではない。必要とされる解像度に合わせて，実ネットワークからノードとリンクを抽出し，運用ルールを表現すればよい。例えば，交差点での進行方向規制を考慮する必要のないマクロな解析であれば，一つの交差点を一つのノードで代表させればよい。進行方向規制を表現する必要があるならば，ダミーノードとダミーリンクを用いてそれを記述すればよい（**図 4.8** 参照）。

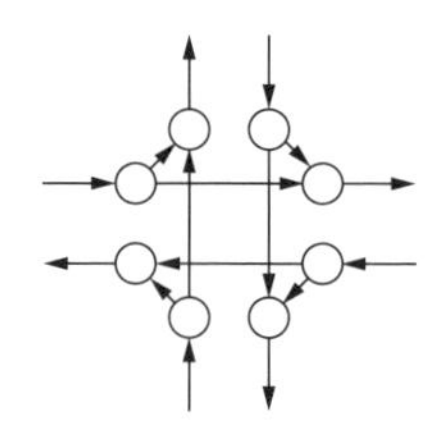

図 4.8　交差点のネットワーク表現の例（右折禁止）

公共交通ネットワークでは，駅や停留所がノードとなり，それらの間がリンクとなる。優等列車が運行されている場合は，停車する駅間をリンクで結合していけばよい。駅での乗換えを表現するには，ダミーリンクを用いればよい。

経路（path, route）は，二つの異なるノード間を途切れなく接続するノードとリンクの集合である。ネットワークが連結網であれば，任意の二つのノードペア

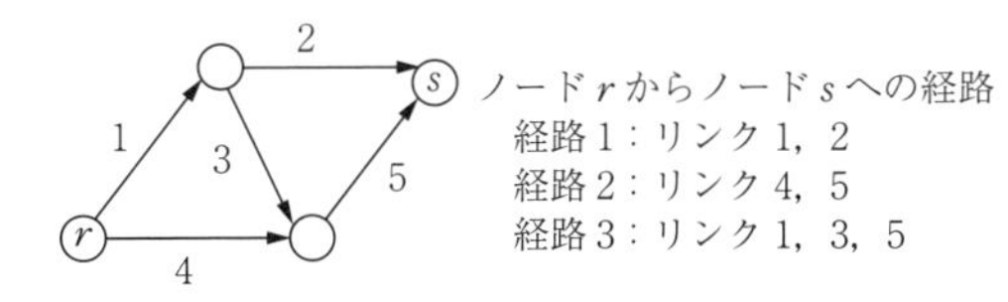

図4.9　ネットワーク上の経路

間には最小でも1本の経路が存在する（**図4.9**参照）。

（朝倉康夫）

4.2.2　経　路　選　択

交通行動分析での一つの主要な問題は離散選択であり，経路選択はその離散選択問題の一つである。交通ネットワーク分析や交通量配分でも経路選択は重要であり，交通行動と整合的なモデル化を図るため，交通行動分析の分野で開発された各種離散選択モデルが用いられる。しかしながら，交通ネットワーク分析や交通量配分における経路選択問題は，ネットワーク上の経路を扱うものであり，その選択肢集合が膨大となる場合があり，そのときは選択肢集合自体を作成することが困難となる。

〔1〕　経路選択肢集合

交通ネットワーク分析では，合理的な利用者が仮定されており，利用者が認知している経路の集合から一つの経路を選択すると想定していることが多い。この合理的な利用者が確定的に最短経路や最小旅行コストの経路を選択する場合，必ずしも経路選択肢集合がなくとも，ネットワークが特定されれば（ネットワーク内の各リンクの距離や旅行コストが与えられれば），最短経路や最小旅行コストの経路を決めることができ，利用者はその経路（のみ）を選択する。つまり，その経路の選択確率（そのような経路が複数の場合はそれらの経路選択確率の合計）は1.0となる。このように確定的な経路選択の場合には，経路選択肢集合を用意する必要がない。しかしながら，確率的に経路を選択する場合，通常ロジットモデルなど各種離散選択モデルが用いられる。（通常用いられる）確率効用理論に基づいた離散選択モデルでは選択確率が0.0となる選択肢は存在しない。よって，基本的には，選択肢集合のすべての経路の選択確率を計算する必要がある。大規模ネットワークの経路数は膨大になることがあり，その場合すべての経路の選択確率を計算することは困難である。

前述のとおり，ネットワーク上の経路数は膨大になることがある。さらに，ある地点から再びその地点に戻るというサイクルを含んだ**サイクル経路**（cyclic path）を含めると，経路数は無限大となり得る。通常は，サイクルを含まない**シンプル経路**（simple path or acyclic path）が対象となる。ネットワークが大きいと，シンプル経路であってもその数は膨大になる。例えば，ノード数が10 000のネットワークを考えよう。その場合，9 990 000のODペア（起点・終点のペア）があり得て，そのそれぞれに20経路存在すると仮定すると，経路総数は199 800 000（約20億）となる。ネットワークが大きい場合，すべての経路を利用者が認知するというのは現実的には想定しにくい。また，計算上も，その膨大な数の経路のすべてを扱うことは困難である。実用的には，選択肢集合に含める経路になんらかの制限を設けることになる。

経路選択肢集合を作成することに困難が伴う理由は経路数の問題だけでなく，経路間重複の問題もある。ある二つの経路を考えよう。その二つの経路は互いにまったく重複する部分（リンク）がない場合，それらを独立な二つの経路であるとみなすことに問題はない。しかし，二つの経路に重複する部分（リンク）がある場合，それらを別個の二つの経路とみなすには問題があり得る。重複する部分の割合が多い場合は特に問題が大きい。ほとんど同じ経路ではあるものの，ごくわずかに異なった部分がある二つの経路をまったく重複がない二つの経路と同様に二つの経路としてもよいのかという問題が起こる。

以上のように，大規模ネットワークでの経路選択肢集合を設定することには困難が伴うため，実際に大規模ネットワークの配分を行う際には，選択肢集合に含める経路を限定することになる。例えば，各ODペアでk番目最短経路まで（最短経路，2番目に短い経路，…，k番目に短い経路）を経路集合とすることや，いくつかの特性を決め，それらの特性を持った経路のみを経路集合とすることなどがある。配分で最もよく用いられる確率的経路選択は，4.2.3項で述べるダイヤルアルゴリズムである。

〔2〕　最　短　経　路

交通ネットワーク分析では，人間の意思決定による経路選択を扱っており，ほとんどの場合，**効用**（utility）が最大となる経路を選択すると仮定される。つまり，**効用最大化原理**（utility maximization principle）が適用される。効用が距離のみに依存して確定的に決まる場合，距離が最も短い経路が選択される。このような経路は最短経路と呼ばれる。最も基本的で多用される経路選択が最短経路の選択である。確定的利用者均衡（ワードロップ均衡）の計算の際に用いられることも多い。

代表的な最短経路探索法は**ダイクストラ法**（Dijkstra's algorithm）である。ダイクストラ法は，各リンクに（非負の）距離（旅行時間や旅行費用でも構わない）が与えられたネットワーク内のある起点ノードから他の（すべての）ノードへの最短経路を探索する方法である。

ダイクストラ法による最短旅行時間経路探索の基本的な考え方は，1）ノードから1本のリンクでつながるすべてのノードについて起点からの暫定的な最短時間を計算・更新し，2）暫定最小時間のうち最小のものを確定する。これが起点からそのノードへの最短時間となる。3）確定に寄与するリンク（最短時間経路上のリンク）を記憶させる。4）確定したノードを出発点として，1）から順に同じ作業を繰り返す。すべてのノードが確定すると探索は終了となる。

図4.10のネットワークを例にとると，起点ノードOからつながるノードはA，B，Cであり，起点からそれらのノードへの暫定最短時間をリンク時間からそれぞれ5，4，2とする。その暫定最短時間のうち最小のものは2であるノードC（起点からノードCへの暫定最短時間が最も小さい）であり，ノードCが確定する。つまり，起点からノードCへの最短時間は2で確定する。そして，それに寄与するリンクOCを起点からノードCへの最短時間経路として記憶する。つぎに，ノードCからつながるノードB，Eまでの（起点からの）暫定最短時間を更新・計算する。起点からノードBへのもともとの暫定最短時間は4であったが，起点からノードCを経由してノードBへ行く場合もあり得る。起点からノードCへの最短時間は2で確定しており，ノードCからノードBへの行き方は1通りのみでその時間は3である。よって，ノードCを経由して起点からノードBへの旅行時間は5である。これは，もともとの暫定最短時間よりも大きいため，ノードBの暫定最短時間は4のままとなる。ノードAへの暫定最短時間は5のままであり，ノードEへは新たに8という暫定最短時間が与えられる。この時点で，暫定最短時間があるノードはA，B，Eであり，そのうち最小のものはノードBの4である。

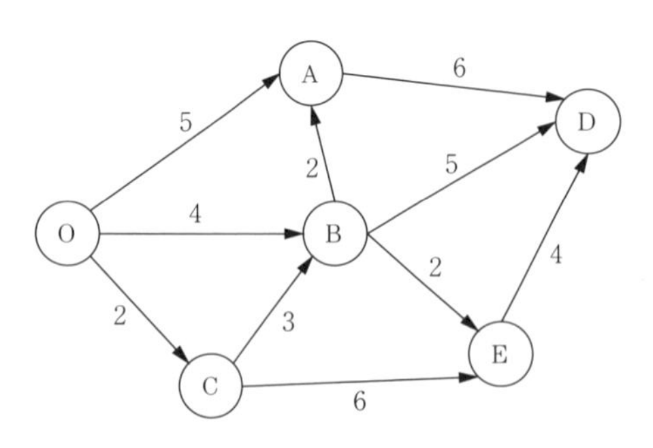

図4.10　ネットワーク

よって，ノードBが確定する。つまり，起点からノードBへの最短時間は4となる。それに寄与するリンクOBを記憶する。ノードBからつながるノードはA，D，Eであり，これまでと同様に暫定最短時間を更新・計算すると，ノードAが5のままであり，ノードDへは新たに9が与えられ，ノードEの暫定最短時間は6へ減少する。暫定最短時間があるノードはA，D，Eであり，そのうち最小はノードAであり，ノードAが確定する。ノードAの最短時間は5で，それに寄与するリンクOAを記憶する。ノードAからつながるノードはDである。ノードDの暫定最短時間はもともと9であり，ノードAを経由する場合の時間は11となり，暫定最短時間は9のままとなる。暫定最短時間が与えられているノードはD，Eであり，そのうち最小はノードEであるため，起点からノードEへの最短時間は6で確定する。それに寄与するリンクはリンクOBとリンクBEであり，それを記憶する。起点からノードEへの最短時間経路は，リンクOBとリンクBEであることがわかる。それに伴い，残りノードDの最短時間は9で確定し，起点からノードD（終点）の最短時間経路は，リンクOBとリンクBDを通る経路であることがわかる。

〔3〕 確率的経路選択

確定的な効用に基づいて合理的な経路選択を行う場合は，〔2〕最短経路で述べた最短経路の選択が用いられる。しかしながら，最短経路は確定的な経路選択であり，旅行時間等がわずかにでも変化すると，選択される経路がまったく別のものに変化することがある。また，当然ながら，最短経路のみの経路選択であり，現実にはもっと多様な複数の経路が選択されているとも思われる。実際のネットワークへ適用する場合には，確定的な経路選択は極端な設定となり，当てはまりが悪いこともある。

上述のような確定的な経路選択だけでなく，確率的経路選択もある。確率的経路選択では，経路選択にはロジットモデルやその拡張モデル，プロビットモデルなどの**確率効用最大化モデル**（random utility maximization model）が用いられる。これらは，交通行動分析で用いられるものと同じであるが，交通ネットワーク分析では，前述のとおり，経路選択肢集合の作成が困難となることがあり，リンクベースで用いることができるのかどうかが重要視される。その理由は，〔1〕経路選択肢集合で述べたように，ネットワークでは多数の経路があり，もともとの選択肢である多数の経路をそのまま扱うと，計算コストが非常に大きくなる。したがって，その数が経路よりも圧倒的に少ないリンクで計算できることが望ましいためである。**ダイヤルアル**

ゴリズム（Dial's algorithm）[3] は，経路列挙や経路選択肢集合をつくる必要のない確率的経路選択計算アルゴリズムであり，ロジットモデルによる経路選択確率と等価な計算ができる。また，マルコフ連鎖としても計算可能である。ダイヤルアルゴリズムは，経路列挙や経路選択肢集合をつくる必要はないものの，暗に考慮される経路を限定している。ダイヤルアルゴリズムには，さまざまなバージョンがあるものの，逆戻りしない（最短旅行時間が増える方向にしか進まない）経路に限定されることになる。また，リンク旅行時間が変化すると，この暗に限定した経路選択肢集合が変化し，配分計算上収束しない原因となることがあるため，注意が必要である。（中山晶一朗）

4.2.3 ネットワークフロー

〔1〕 フローが満たすべき条件[1),2)]

ネットワークを流れるフローを特徴付ける用語のうち，**品種**（commodity）とは属性によって区別されたフローの種類である。交通ネットワークを流れるフローは，起点と終点の組合せであるODペアによって区別されるので，個々のODペアがここでいう属性にほかならない。つまり，複数のODペアを持つ交通ネットワーク上のフローは，**多品種流**（multi-commodity flow）である。同様の表現として，行動規範や時間価値の異なる複数の利用者のグループが同一のネットワーク上に存在するとき，それぞれの利用者グループを**利用者クラス**（user class）と呼ぶことがある。

ネットワークを流れる交通量は，それをどのように集計するかによって，**OD交通量**（OD flow），**経路交通量**（path flow），**リンク交通量**（link flow）のように区別して表現される。OD交通量は起点ノードと終点ノードペア間の交通量であり，どのリンクやノードを経由するかは問題にしていない。経路交通量は，ODペア間に少なくとも1本ある経路を利用する交通量であり，それぞれのOD間では経路交通量の和はOD交通量に一致する（式(4.43)参照）。リンク交通量は1本のリンクを通過する交通量の総量である。ODペアや経路によってそれを区別しない場合は，あるリンクを経由するすべての経路交通量の和がリンク交通量に等しくなる（式(4.44)参照）。

$$\sum_{k\in K_{rs}} f_k^{rs} = q_{rs} \tag{4.43}$$

$$\sum_{r\in R}\sum_{s\in S}\sum_{k\in K_{rs}} f_k^{rs}\delta_{a,k}^{rs} = x_a \tag{4.44}$$

ここで，q_{rs}：ODペア r–s 間のOD交通量，f_k^{rs}：ODペア r–s 間の k 番目経路の経路交通量，x_a：リンク a のリンク交通量，$\delta_{a,k}^{rs}$：ODペア r–s 間の k 番目経路がリンク a を経由するとき1，そうでなければ0となるクロネッカーデルタ，R, S, K_{rs}：それぞれ起点，終点，およびODペア r–s 間の経路の集合である。

旅行時間のように，経路のサービス水準がリンクのサービス水準の単純和であるとき，その関係は式(4.45)で表現できる。

$$\sum_{a\in A} t_a\delta_{a,k}^{rs} = c_k^{rs} \tag{4.45}$$

ここで，t_a：リンク a のサービス水準，c_k^{rs}：ODペア r–s 間の k 番目経路のサービス水準である。なお，距離比例料金や均一料金は，同様にリンクから経路に集計できるが，距離逓減料金のように経路のサービス水準をリンクから積み上げできない場合もあることに注意されたい。

4.2.4項と4.2.5項で述べる静的な利用者均衡モデルでは，経路交通量を変数として問題を扱うことが多い。このとき，ネットワークフローが満足すべき条件は，式(4.43)，(4.44)と交通量が非負であるという条件になる。

〔2〕 ネットワークフロー問題[4)]

最大フロー問題（maximum flow problem）とは，リンクが容量制約を持つときに，OD交通量の総和を最大にするようネットワークに交通量を負荷する問題である。一方，1組みのODペアについて，**最小カット問題**（minimum cut problem）とは，そのODペア間に経路が存在しなくなるようにリンクを除去したときに，除去したリンクの容量の総和を最小にする問題である。最大フローは最小カットと等しく，これを最大フロー最小カット定理と呼ぶ。

最小費用フロー問題（minimum flow problem）とは，リンクが容量制約と単位交通量当りの輸送費用を持つときに，リンク容量制約の下で総輸送費用が最小となるように，与えられた発生交通量（供給量）が集中交通量（需要量）を満たすよう，ネットワークに交通量を負荷する問題である。この問題は，線形計画法で解くことができる。

交通量配分（traffic assignment）とは，与えられたOD交通量をなんらかのルールでネットワークに負荷することであり，network loadingとも呼ばれる。リンクに容量制約がなく，リンク交通費用が交通量によらず一定のとき，ネットワーク全体の総交通費用を最小化するには，それぞれのODペア間で経路交通費用が最小の経路を求め，そこにすべてのOD交通量を流すのが最適である。このような交通量配分問題を**All-or-Nothing配分問題**と呼ぶ。

明示的なリンク容量制約はないものの，リンク交通費用がリンク交通量の増加とともに単調に増加する関係にあるとき，ネットワーク全体の総交通費用を最小化する交通量配分問題を**システム最適化配分**（system optimum traffic assignment）と呼ぶ。リンク交通費用が旅行時間で表現されるとき，総走行時間最小化配分という。

配分（assignment）という用語は，システム管理者が交通需要をネットワークに割り当てるという語源を持つが，交通混雑のあるネットワーク上で，個々のネットワーク利用者が自由に経路選択を行うとしたときに，ネットワークに流れる交通流を求める問題も交通量配分と呼んでいる。ネットワーク利用者の経路選択に関する仮定と，交通状態の時間推移に関する仮定により，4.2.4 項から 4.2.6 項で述べるいくつかの配分モデルが存在する。　（朝倉康夫）

4.2.4　確定的な利用者均衡

ここでは，交通量配分の基本モデルとして知られる確定的な利用者均衡について説明する。確定的とは，利用者の行動，混雑，均衡表現などに確率変数などの確率概念を利用しないモデルを指す。

〔1〕　利用者均衡の概念[1),2),5)~7)]

交通量配分は通常，自動車交通を対象としている。ドライバーの経路選択行動と道路混雑現象の結果として生じ得る状態として利用者均衡が基本として知られる。この均衡にはつぎの二つの前提条件がある。

1）　すべての利用者（ドライバー）は，旅行時間が最小となる経路を選択する

2）　利用者は，経路の所要時間について完全な（正確な）情報を得ている

1）の前提から最短経路に交通量が集中するが，その経路で混雑が発生するため，その経路は最短経路ではなくなり，2）より利用者は別の経路が最短経路であることを知り，別の経路にも交通量が流れる。この状態変化を繰り返すと，以下の状態になることが想定される。

利用者均衡（user equilibrium, **UE**）：OD ペア間で利用されている経路の所要時間はすべて等しい。その値は，利用されていない経路の所要時間よりも小さいか，せいぜい等しい。

この均衡は，Wardrop 均衡とも呼ばれる。この均衡状態を具体的に計算するには，ネットワーク上の各リンクでの混雑現象を表現するための**リンクコスト関数**（**リンクパフォーマンス関数**：link performance function）が利用される。この関数は，リンクの交通量の増加によるリンクの旅行時間の増加を表現し，利用者均衡配分では以下の **BPR 関数**（BPR function）が利用されることが多い。

$$t_a(x_a) = t_{a0}\left\{1+\alpha\left(\frac{x_a}{c_a}\right)^{\beta}\right\} \tag{4.46}$$

ここで，$t_a(.)$：リンク a の所要時間，t_{a0}：リンク a の自由旅行時間，x_a：リンク a の交通量，c_a：リンク a の交通容量，α, β：パラメーターである。この BPR 関数は**米国道路局**（US Bureau of Public Roads）で開発されたことが名前の由来であり，オリジナルの関数では，$\alpha=0.15$，$\beta=4$ が利用されてきた。わが国では，この α, β のパラメーターを実測データで推定する研究の蓄積もされている[6)]。その際に，自由旅行時間 t_{a0} を交差点密度，沿道条件，規制速度などで説明する実証研究もなされている。

ここで，BPR 関数は，交通量が交通容量を超える領域でも定義されており，また交通量に対して単調増加な関数が設定されている。これらは，利用者均衡を数理的に取り扱いやすくするための条件設定である。ここで BPR 関数における交通容量は，交通量がそれ以上増加しないという本来の交通容量ではなく，便宜的な基準値とも解釈し得る。また，交通量に対して所要時間が増加関係にある自由流領域のみを利用者均衡は，表現しているとも解釈できる。なお，交通容量を超える需要によって発生する渋滞現象を的確に表現するためには，交通量の時間変化を表現する動的な配分モデルが必要となる。

リンクコストとしては，上記では所要時間のみを考慮しているが，有料道路が含まれるネットワークでは，その料金を考慮することが必要となる。一般には，料金を**時間価値**（value of time）で除して時間の単位に変換してリンクコストに加えた一般化時間が均衡すると考える。この際，時間価値によって有料道路の交通量が大きく変化するため，その設定は重要となる。

なお，リンクコスト関数は道路交通に限らず鉄道車内における混雑の表現にも利用される。具体的に，わが国では，車内混雑によって発生する不効用を乗客数の増加関数として表現する混雑不効用関数の推定・適用事例も多いのが特徴である。

リンクコスト関数は，交通量の変化による所要時間などの交通コストの変化を表現するネットワークの供給側の性能（パフォーマンス）を表現する関数である。それに対して，交通コストの変化による交通需要量の変化を表現するのが**需要関数**（demand function）である。具体的に，確定的な利用者均衡においては，OD ペア r–s 間の最小交通コスト c_{rs} による，OD 交通量 q_{rs} の変化を表現する需要関数 $D_{rs}(.)$ が利用され，

一般に以下の式で表現される。

$$q_{rs}=D_{rs}(c_{rs}) \tag{4.47}$$

後述する需要固定型の利用者均衡は，この需要関数が定数と設定したとも解釈できる。需要変動型の利用者均衡は，まさに，この需要関数の設定によってOD交通量の変化を表現している。

利用者均衡の概念は，経済学における需要と供給の均衡と類似している。ただ，厳密には，供給関数ではなく，リンクコスト関数という性能関数を利用しているため，利用者均衡は，需要–供給均衡ではなく，需要–パフォーマンス均衡と呼べる概念である。

なお，需要関数を利用することで，消費者余剰も定義することが可能となり，交通均衡配分モデルを利用した政策評価において，経済学的基礎を持った便益を算出することが可能になる。

〔2〕　需要固定型の利用者均衡

需要固定型の利用者均衡はOD交通量が，交通サービスレベルによって変化しないと仮定したモデルで，実務で一般に利用される基本モデルである。

上述した利用者均衡を数理的に表現すると，以下のようになる。

$$f_k^{rs}\left(c_k^{rs}-c_{rs}\right)=0 \tag{4.48}$$

$$c_k^{rs}-c_{rs}\geqq 0 \tag{4.49}$$

ここで，f_k^{rs}，c_k^{rs} は，それぞれODペア r–s 間経路 k の経路交通量と経路コスト，c_{rs} は，ODペア r–s 間の最小コストである。式(4.48)において利用されている経路 $\left(f_k^{rs}>0\right)$ では，$c_k^{rs}-c_{rs}=0$ となり，経路コストは c_{rs} にすべて等しくなる。利用されていない経路 $\left(f_k^{rs}=0\right)$ では $c_{rs}^{k}-c_{rs}\geqq 0$ となり，c_{rs} は，利用されていない経路のコストよりも小さくなっている。つまり，上述した利用者均衡が表現されていることが確認できる。なお，式(4.48)，(4.49)は，数理的には相補性条件とも呼ばれる。

利用者均衡配分とは，この2式に加えて，ネットワーク上でのフローの保存則が同時に成立する状態を求めることになる。これは，いわば連立方程式を解くことに相当するが，その方程式を直接解くことは一般には困難である。幸いなことに，その方程式と等価な数学的問題に置き換えて，その問題を数値計算で解くというアプローチが開発されている。数学的問題とは，数理最適化問題，非線形相補性問題，変分不等式問題などがある。まず，等価な最適化問題を示す[1),2),5),6)]。

$$\min z(\boldsymbol{x})=\sum_{a\in A}\int_0^{x_a} t_a(\omega)\,d\omega \tag{4.50}$$

subject to

$$q_{rs}=\sum_{k\in K_{rs}} f_k^{rs},\quad x_a=\sum_{r\in R}\sum_{s\in S}\sum_{k\in K_{rs}} f_k^{rs}\delta_{a,k}^{rs}$$
$$\left(f_k^{rs}\geqq 0\right) \tag{4.51}$$

この最適化問題の最適解が満足するべき条件（カルーシュ・キューン・タッカー条件）を求めると，式(4.48)，(4.49)などの利用者均衡条件が導かれる。よって，この最適化問題の利用者均衡との等価性が確認できる。

また，解の一意性，安定性などの解の特性についても，この最適化問題の数理的特性から確認できる。結論のみを紹介すると，リンク交通量の一意性は保証される。すなわち，利用者均衡を表現する連立方程式の解はリンク交通量については，一通りのみであることが証明されている。これは，交通計画という公共政策を議論するモデルとしては重要な性質である。つまり同じ条件であれば，どの分析者が，どのプログラムで計算しても，（正しく計算していれば）同じ計算結果が得られるため，政策評価の結果の透明性・客観性の向上に有用であるためである。

一方，経路交通量の一意性は必ずしも保証されていない。経路交通量の一意性を保証するためには，後述する確率均衡を利用する，算出される複数の経路交通量から最も起こりやすい解を求めるなどのアプローチがある[6)]。なお，解が一意に決まらないことは，正しい解を求められないというわけではない。均衡条件を満たす一つの経路交通量の解を出力すること自体は容易である。

解の一意性が保証されていない指標を利用する場合，政策の代替案を比較する際に，その差が，代替案間の差なのか，それとも解が一意でないことによるものなのかを区別できない。このような点に配慮しながら結果を解釈することが必要である。

さて，利用者均衡配分が式(4.50)の最適化問題への変換が可能となるためには，1）経路コストが経路を構成するリンクコストの和で表現され，2）リンクコスト関数がそのリンクの交通量のみの関数となっている，という条件が必要となる。

1）の条件が満たされないのは，有料道路の料金体系が，料金抵抗をリンク単位で表現できない場合である。IC別に料金が決められている場合などが想定され，非加法性料金と呼ばれる。幸いなことに，多くの非加法性料金についても，それを考慮したモデルの等価な最適化問題は，式(4.50)を若干変更することで構築できることが知られている[6)]。最適化問題を構成することで解の性質が明快なモデルが構築できる。

一方，2）の条件が満たされず，リンクコストが他のリンクの交通量の関数となっている場合（例：$t_a=$

$t_a(\boldsymbol{x})$）は，リンクコスト間に相互干渉がある場合と呼ばれ，等価な最適化問題への変換は一般には困難である。この場合，非線形相補性問題，変分不等式問題として表現し，モデルの特性やアルゴリズムの開発を行うのが一般的である[1]。

例えば，変分不等式問題は以下で示される。

$\forall \boldsymbol{x} \in \Omega$ について，以下の不等式が成立する $\boldsymbol{x}^*$ を求める。

$$\sum_{a \in A} t_a(\boldsymbol{x}^*)(x_a - x_a^*) \geqq 0 \tag{4.52}$$

ここで，Ω は，フローの保存条件 式（4.51）を満たす集合である。

ここで提示した問題は，リンク交通量で表現しているが，経路交通量で表現した形式，双対問題による表現などがあり，文献1）に詳しい。これらの表現は，リンクコスト関数の仮定の緩和や，モデルの数理特性の解明，モデル間の構造比較，アルゴリズムの開発などに有用となる。

〔３〕 利用者均衡とシステム最適

利用者均衡配分は，ドライバーの現実の行動を記述することを想定しているので**記述モデル**（descriptive model）に分類される。一方，社会の望ましい状態を表現する**規範モデル**（normative model）として**システム最適配分**（system optimal assignment, **SO**）が知られる。これは，ネットワーク上のリンクの総旅行時間を最小化するように車両を配分するものである。数理的には

$$\min z_s(\boldsymbol{x}) = \sum_{a \in A} x_a t_a(x_a) \tag{4.53}$$

subject to 式（4.51）

と表現される。利用者均衡は **Wardrop の第一原理**（Wardrop's first principle），システム最適は **Wardrop の第二原理**（Wardrop's second principle）とも呼ばれる[7]。

利用者均衡の目的関数は，なんら政策的意味は持たず，それを最小化すると利用者均衡条件が導出でき，解法の構築に利用できることに意義があった。一方で，システム最適では，目的関数が総旅行時間そのものであり，その値を最小化する交通配分を計算する。

一般に，記述モデルと規範モデルを比較することで，現実社会を改善するために必要となる政策についての示唆を得ることができる。では，利用者均衡とシステム最適の比較からは，何がわかるのであろうか。まず，式（4.53）の目的関数を変形すると

$$z_s(\boldsymbol{x}) = \sum_{a \in A} \int_0^{x_a} \left[\frac{d\{x t_a(x)\}}{dx} \right] dx$$

$$= \sum_{a \in A} \int_0^{x_a} \left[t_a(x) + x \frac{dt_a(x)}{dx} \right] dx \tag{4.54}$$

と表現される。つまり，リンクコスト関数が次式で与えられる場合，利用者均衡はシステム最適に一致することになる。

$$\tilde{t}_a(x_a) = t_a(x_a) + x_a \frac{dt_a(x_a)}{dx_a}, \quad \forall a \in A \tag{4.55}$$

この式の右辺第1項は所要時間関数である。第2項が一般に限界費用と呼ばれる項で，これに相当する料金を混雑課金として，すべてのリンクに課せば，利用者均衡はシステム最適に一致する。この課金は，**限界費用課金**（marginal cost pricing），もしくは**最適課金**（first best pricing）と呼ばれる。なお，「限界」という呼び方は経済学の用語であるが，「微分」概念と理解してよい。今回の場合，車両がリンクに追加される場合の総旅行時間の増分を微分により求めていることを表現している。

利用者均衡では，ドライバーは自分の所要時間のみを最小化することを考えて行動し，その結果は総旅行時間を最小化するとは限らない。ここで，限界費用課金を課して，総旅行時間への影響を考慮させると，ドライバーの交通コスト最小化行動が，システム全体の総旅行時間最小化につながる。

一般に，利用者均衡とシステム最適の交通配分結果は異なるものである。この違いに起因した，つぎの Braess のパラドックス[9]が有名である。

図 4.11 のネットワークで OD 間に $q=6$ の交通量が流れるとする。図の条件に従って，利用者均衡を求めると，$x_1=x_2=x_3=x_4=3$ で総旅行時間は，498 となる。ここで，交通サービスレベルの改善を意図して，リンク5を新たに建設するシナリオを考える。この場合，利用者均衡を計算すると $x_1=x_2=x_5=2$，$x_3=x_4=4$ で総旅行時間は，552 となり，新規リンクの建設によりサービスレベルが悪化することになる[1),2),8)]。

新規リンクの建設は，総旅行時間の減少を意図して

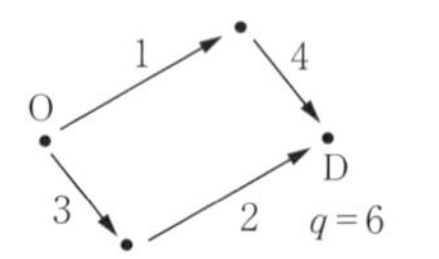

（a） Without ネットワーク

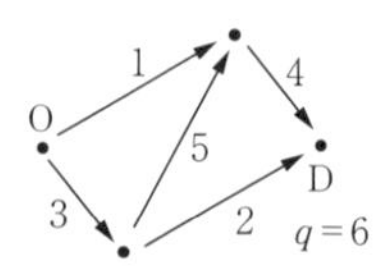

（b） With ネットワーク

図 4.11 Braess のパラドックスの交通ネットワーク

いるが，利用者は自分の旅行時間の最小化を考えて行動しており，このような結果になる。このようなパラドックスが生じるということは，現存する道路リンクの封鎖が，総旅行時間の減少につながり得ることを示唆する。例えば，高速道路におけるランプ流入制御の必要性の根拠ともいえる。

なお，システム最適配分の下で，このようなパラドックスは生じず，総旅行時間は減少する（もしくは変化しない)。つまり，限界費用課金が課せられている場合にはパラドックスは生じないともいえ，混雑課金の導入の根拠の一つになり得る。

〔4〕 需要変動型の均衡（統合モデル）

これまでのモデルは，OD 表は所与で変化しないと考えていたが，現実には，交通政策によって OD 需要は変化し得る。例えば，道路建設によって道路のサービスレベルが上昇することによって，公共交通利用者が自動車に手段を変更することや，より遠距離の目的地を選択すること，トリップの頻度の増加が生じ得る。これらの誘発交通や転換交通による OD 需要の変化を的確にモデル化しないと，混雑地域における道路建設の効果・便益を過大に推計する可能性がある。逆に，混雑が激しくない地方部における道路建設の効果・便益は過小に推計する可能性もある。

伝統的な四段階推定法では，これらの需要変動の扱いは不十分といえる。例えば，配分結果から得られる OD 間所要時間は，分布モデルや分担モデルで利用される OD 間所要時間とは，一般に一致していない。一致させることを意図した繰り返し計算がされる場合もあるが，その計算が収束する保証はない。

需要変動型利用者均衡（user equilibrium with variable demand/elastic demand）は，これらの課題を解決する。これは，段階推定法の各段階のモデルを統合する場合が多いので，**統合モデル**（combined model）とも呼ばれる[1),2),6)]。これらは，予測モデル全体の整合性や理論的一貫性に配慮されているため，経済理論と整合的な便益評価も可能になるという特徴もある。

最も基本的な需要変動モデルは，以下の最適化問題で表現されるモデルである。

$$\min z_e(\boldsymbol{x},\boldsymbol{q}) = \sum_{a\in A}\int_0^{x_a} t_a(\omega)\,d\omega - \sum_{r\in R}\sum_{s\in S}\int_0^{q_{rs}} D_{rs}^{-1}(\omega)\,d\omega \tag{4.56}$$

subject to 式（4.51）

ここで $D^{-1}(.)$ は逆需要関数である。この最適化問題の Kuhn-Tucker 条件を求めると，式（4.48），（4.49）の利用者均衡条件に加えて，式（4.47）の需要関数が導かれる。すなわち，需要変動型利用者均衡条件が導出され，等価性が確認される。なお，利用者均衡は Wardrop[7)] が概念を提唱し，Beckmann, et al.[9)] が，そのモデルが上記の数理最適化問題として定式化できることを示したことにより，飛躍的に発展した歴史的経緯がある。

このモデルを実際に適用する方法としては，需要弾力性パラメーターを外生的に設定して，この需要関数を OD 別に設定するという方法がある。ほかに，実データで推定した分担モデル・分布モデルを需要関数とみなす方法がある。これらは，それぞれ，分担・配分統合モデルや分布・配分統合モデルと呼ばれる。このほかにもトリップチェーン単位で需要関数を設定する方法などもある。多くの場合，等価な最適化問題が構成可能で解の特性（一意性など）が明確なモデルが構築される。ただ，分担・配分統合モデルでは，バスの所要時間が自動車の混雑で変化することを表現するモデルを構築しようとすると，リンクコスト関数が非対称となり，一般に等価な最適化問題は存在しない[1)]。

現在，わが国の実務で利用されている統合モデルの例として，高速転換率内生型利用者均衡モデル[6)]がある。このモデルは，高速利用と一般道利用の選択を手段選択行動のように扱っているので，分担・配分統合モデルの一種とみなせる。有料の高速道路をモデル化するには，外生的に与えた時間価値で料金を一般化時間に変換する先に紹介した料金抵抗型のモデルが最も単純である。ただ，モデルの現状再現性，政策感度の視点で改良が必要な場合がある。この場合，現実の高速利用の選択行動データを利用して，高速選択有無の行動モデルを構築することが有効となる。このモデルは時間価値も推定し得るものであるが，それらを組み込んだ均衡モデルが構築できる。

〔5〕 利用者均衡のアルゴリズム

利用者均衡を計算するアルゴリズム（解法）は，多数開発されている[1),6)]。交通量配分の解法で重要な点は，多数のリンク，OD ペアで構成される現実都市の大規模なネットワークでも効率的に計算できること，求めるべき均衡解への収束が保証されていることである。代表的なアルゴリズムとして，需要固定型利用均衡配分では，Frank-Wolfe 法，需要変動型利用者均衡配分では部分線形化法がある。どちらも考え方が単純で理解しやすいが，計算速度は遅い方法である。

この課題を解決するために最近でも高速な解法の研究開発が盛んである。現時点では，TAPAS と呼ばれる解法が最も高速とされている。簡易な高速化の方法としては，計算の並列化がある。現在，海外で市販されている交通量配分のソフトウェアには，これらの高速計算法が実装されている場合も多い。具体的な計算法については，文献6）に譲り，ここでは，厳密な均衡解を求める意義と，収束判定基準について述べる。

現実の交通状態は均衡状態にあるとは限らず，また交通量配分の入力値にも誤差が含まれているため，厳密な均衡解を求める意義は理解されにくい場合がある。その意義の一つは，妥当で合理的な政策感度が得られる点にある。新規道路の建設有無のシナリオ別に配分を行い，その二つの結果を比較し，便益の算出などが実施される。ここで，厳密な均衡解を算出していない場合，本来正であるはずの便益値が負の値になることもある。これは，厳密な均衡解を求めずに配分結果に収束誤差が含まれる場合，本来計測したい施策の有無別の差よりも，収束誤差が大きくなっているためである。このほかにも，高速道路の料金をわずかに変化させた場合の変化などを妥当に計測するためには，厳密な均衡解の算出が必要となろう。もちろん，配分の予備的な検討時には，計算時間を優先して収束条件を緩めるなどの対応が求められる。　　（円山琢也）

4.2.5 確率的利用者均衡

〔1〕 一般的定式化

確率効用最大化モデルによる経路選択に従った利用者均衡は，確定的利用者均衡と対比して，**確率的利用者均衡**（stochastic user equilibrium）と呼ばれている。なお，確率効用最大化としての利用者による均衡であり，必ずしも交通量等は確率的であるとは限らず，注意が必要である。

利用者の（確率）効用は，経路費用（もしくは経路旅行時間）が小さいほど大きいと考えられる。そこで，ODペア r-s 間（ノード r が起点でノード s が終点のノードペア）の経路 k の効用関数を

$$U_k^{rs} = -c_k^{rs} + \xi_k^{rs} \tag{4.57}$$

とする。ここで，c_k^{rs} は経路費用，ξ_k^{rs} は確率項である。確率項の分散が固定される場合は正のパラメーター θ を導入した $U_k^{rs} = -\theta c_k^{rs} + \xi_k^{rs}$ を用いる。例えば，累積分布関数が $\exp[-\exp(-x)]$ の標準ガンベル分布を誤差項として用いる場合は，（分散が固定の確率項に対する）経路費用の重みを特定するためにパラメーターが必要で，$-\theta c_k^{rs} + \xi_k^{rs}$ が用いられる。分散を固定しない場合は確率項の分散によって，経路費用の重みを調整することができるため，パラメーターの必要はなくなる。標準ガンベル分布ではなく，（一般の）ガンベル分布を用いるとパラメーターは必要なく，代わりにガンベル分布の分散を特定する必要がある。確率効用理論（ランダム効用理論）により，ODペア r-s 間の経路 k が選択される確率 P_k^{rs} は

$$P_k^{rs} = \Pr\left[U_k^{rs} \geqq \max_{k' \neq k}\left\{U_{k'}^{rs}\right\}\right] \tag{4.58}$$

で与えられる。ただし，$\Pr[\cdot]$ は確率を与え，$\max[\cdot]$ は最大値を与える演算子である。この経路選択率を用いて，経路の交通量 f_k^{rs} は

$$f_k^{rs} = q_{rs}\Pr\left[U_k^{rs} \geqq \max_{k' \neq k}\left\{U_{k'}^{rs}\right\}\right]\left(= q_{rs}P_k^{rs}\right) \tag{4.59}$$

と表される。ここで，q_{rs} はODペア r-s 間の交通需要である。各ODペアで経路選択が行われるが，すべてのODペアのすべての経路について上式が成り立つ配分が確率的利用者均衡である。ただし，U_k^{rs} には経路費用 c_k^{rs} が含まれており，経路費用は経路旅行時間に依存し，旅行時間は交通量によって決まる。すなわち，式(4.59)の右辺も経路交通量の関数となる。よって，確率的利用者均衡は式(4.59)による非線形連立方程式の f_k^{rs} についての解として与えられる。

以上は，一般的な確率的利用者均衡の定式化を示したが，確率的経路選択モデル（式(4.58)参照）を具体的にどのように決めるかによってさまざまなバリエーションがある。それらは，大きくは，誤差項の確率分布，選択対象とする経路集合の二つによって分類できる。誤差項の確率分布については，互いに独立なガンベル分布としたロジットモデル，ガンベル分布を使うものの，より複雑なネスティッドロジット，クロスネスティッドロジット等のGEVファミリーモデル，あるいは正規分布を仮定したプロビットモデルが一般的である。ロジットモデルの場合，経路交通量は以下の式で与えられる。

$$f_k^{rs} = \frac{q_{rs}\exp\left[-\theta c_k^{rs}\right]}{\sum_{k' \in K_{rs}}\exp\left[-\theta c_{k'}^{rs}\right]} \tag{4.60}$$

ここで，K_{rs} はODペア r-s 間の経路集合である。プロビットモデルの場合は，解析的に経路選択確率の式を与えることはできないため，経路数が多い場合には，計算コストが大きい。選択対象とする経路集合については，すべての（サイクルを含まない）シンプル経路の集合，ある規則によって抽出した限定的な経路集合，（サイクル経路を含む）限定なしのすべての可能経路の集合などが提案されている。限定なしのすべての可能経路の集合を対象とする場合，リンク費用（リンク旅行費用）が与えられればマルコフ連鎖としてリンクベースで計算することができる。

先に定式化した確率的利用者均衡モデルでは，効用と経路費用の関係を式(4.57)で定義して，効用を最大化するような経路選択を行うと考えた。これは，

$-U_k^{rs}=c_k^{rs}-\xi_k^{rs}$ を最小化するような経路選択を行うと考えることと同義である。確率項を認知誤差と解釈すると，$-U_k^{rs}=c_k^{rs}-\xi_k^{rs}$ は（確率的な）認知費用と考えることができる。これを $\tilde{c}_k^{rs}\left(=-U_k^{rs}=c_k^{rs}-\xi_k^{rs}\right)$ と表記することとする。ここで，OD ペア r-s 間の最小認知費用の期待値を与える関数を定義する。

$$S_{rs}\left(\boldsymbol{c}_{rs}\right)\equiv \mathrm{E}\left[\min_{k\in K_{rs}}\left\{\tilde{c}_k^{rs}\right\}\right] \tag{4.61}$$

ただし，E［·］は期待値を与える演算子であり，$\boldsymbol{c}_{rs}$ は OD ペア r-s 間の各経路費用ベクトル，すなわち，$\left(c_1^{rs}, c_2^{rs},\cdots\right)$ である。この関数は，その定義から明らかなように，**期待最大効用**（expected maximum utility）の符号を逆にしたものとなる。ロジットモデルを用いた場合，この**期待最小費用**（expected minimum cost）は以下の式で与えられる。

$$S_{rs}\left(\boldsymbol{c}_{rs}\right)=-\frac{1}{\theta}\ln\sum_{k\in K_{rs}}\exp\left[-\theta c_k^{rs}\right] \tag{4.62}$$

これは交通行動分析で多用されるログサムと呼ばれるものとなっている。

期待最小費用関数は以下のような特徴的な性質を持つ。

1．各経路費用に対する期待最小費用の変化率が選択確率となる。つまり

$$\frac{\partial S_{rs}\left(\boldsymbol{c}_{rs}\right)}{\partial c_k^{rs}}=P_k^{rs} \tag{4.63}$$

2．経路費用ベクトル $\boldsymbol{c}$ に関して連続・微分可能な狭義凹関数である。

3．経路集合中のどの経路の費用よりも小さい。

$$S_{rs}\left(\boldsymbol{c}_{rs}\right)\leqq\min\left\{\boldsymbol{c}_{rs}\right\} \tag{4.64}$$

4．経路集合のサイズに関して単調減少関数である。

$$S_{rs}\left(c_1^{rs},\cdots,c_k^{rs},c_{k+1}^{rs}\right)\leqq S_{rs}\left(c_1^{rs},\cdots,c_k^{rs}\right) \tag{4.65}$$

〔2〕 確率的利用者均衡の最適化問題

一般に，多数の非線形方程式を同時に解くことは困難であり，確率的利用者均衡では，式（4.59）による非線形連立方程式を直接解くのではなく，それと等価な最適化問題を解くことがほとんどである。前述のとおり，確率的利用者均衡にはさまざまなバリエーションがあるが，最もよく用いられ，実用的にも利用可能であるのは，ロジットモデルによる経路選択の確率的利用者均衡（ロジット型確率的利用者均衡）である。それと等価な最適化問題の定式化は以下のとおりである。

$$\min z'(\boldsymbol{x})$$
$$=\sum_{a\in A}\int_0^{x_a}t_a(\omega)\,d\omega+\frac{1}{\theta}\sum_{r\in R}\sum_{s\in S}\sum_{k\in K_{rs}}f_k^{rs}\ln f_k^{rs} \tag{4.66}$$

$$\text{subject to}\sum_{k\in K_{rs}}f_k^{rs}=q_{rs},\ \ \forall r\in R,\ \forall s\in S \tag{4.67}$$

$$x_a=\sum_{r\in R}\sum_{s\in S}\sum_{k\in K_{rs}}\delta_{a,k}^{rs}f_k^{rs},\ \ \forall a\in A \tag{4.68}$$

$$f_k^{rs}\geqq 0\ \ \ \forall r\in R,\ \forall s\in S,\ \forall k\in K_{rs} \tag{4.69}$$

ここで，x_a はリンク a の（リンク）交通量，$t_a(\cdot)$ はリンク a の（リンク）旅行時間関数，$\delta_{a,k}^{rs}$：OD ペア r-s 間の経路 k にリンク a が含まれていれば 1，いなければ 0 となる変数，θ は（標準ガンベル分布に対するロジットモデルの）パラメーターである。

上述のロジット型確率的利用者均衡配分の最適化問題の目的関数の第 1 項は，4.2.4 項「確定的な利用者均衡」の利用者均衡の最適化問題の目的関数（式（4.50）参照）と同じである。第 2 項はエントロピー項と呼ばれている。この最適化問題から，ロジット型確率的利用者均衡配分は確定的な利用者均衡配分の一般化となっていることも容易にわかる。なぜなら，この最適化問題で $\theta\rightarrow+\infty$ とすれば，エントロピー項は消え，確定的な利用者均衡配分の等価最適化問題と一致するからである。なお，ロジット型確率的利用者均衡配分のみならず，一般に，確率的利用者均衡配分は確定的な利用者均衡配分の一般化となっている。

各リンクの旅行時間関数が狭義凸関数であるならば，式（4.66）の目的関数は狭義凸関数となる[1)]。また，式（4.67）～（4.69）の制約条件についてであるが，それらは線形等式と非負条件のみであり，解の実行可能領域は閉凸集合である。よって，式（4.66）～（4.69）の最適化問題は**凸計画問題**（convex programming problem）となる。

凸計画問題の最適性の必要十分条件は，**カルーシュ・キューン・タッカー条件**（Karush–Kuhn–Tucker condition）によって与えられる。式（4.66）～（4.69）の最適化問題のカルーシュ・キューン・タッカー条件がロジット型確率的利用者均衡と一致することが確認でき[1)]，その最適化問題はロジット型確率的利用者均衡と等価となっている。

つぎに，この問題の解が一意的に決まるかどうかについてであるが，前述のとおり，この最適化問題は，目的関数が経路交通量に関して狭義凸関数である凸計画問題である。したがって，その解は経路交通量に関して唯一に決まる。それに伴い，リンク交通量も唯一に決まる。

このようにロジット型確率的利用者均衡は，リンク交通量のみならず，経路交通量に関しても解が唯一に決まる。ロジット型にかかわらず，目的関数が狭義凸であるならば，どのような確率的利用者均衡もリンク

交通量のみならず，経路交通量について解が唯一に決まる。なお，4.2.4項「確定的な利用者均衡」で述べたとおり，確定的な利用者均衡ではリンク交通量に関して，解は唯一であるが，経路交通量に関しては必ずしも唯一ではなかったことに注意する必要がある。

■ 一般的な確率的利用者均衡の最適化問題

式(4.66)～(4.69)で示した最適化問題はロジット型確率的利用者均衡と等価な問題である。経路選択はロジットモデル以外でも与えることができ，それらに対応した確率的利用者均衡がある。確率効用理論に基づいた離散選択モデルを採用すると，式(4.61)で与えた期待最小費用関数を用いて，各種確率的利用者均衡に対する等価な最適化問題は，以下のように与えられる。

$$\min z''(\boldsymbol{x})$$
$$= -\sum_{a\in A}\int_{t_{a0}}^{t_a} x_a(\omega)\,d\omega + \sum_{r\in R}\sum_{s\in S} d_{rs}s_{rs}\left[\boldsymbol{c}_{rs}(\boldsymbol{t})\right] \quad (4.70)$$

ここで，$x_a(\cdot)$は旅行時間関数の逆関数で，リンクaの旅行時間を入力すると，それに対応した交通量を出力する。また，t_{a0}はリンクaの自由走行時間である。式(4.63)などを用いると，(紙面の関係上省略するが)上述の最適化問題が等価であることを容易に確認することができる[1)]。なお，確率効用離散選択モデルによって期待最小費用関数形は異なったものになるが，さまざまな確率効用離散選択モデルの期待最小費用関数を式(4.70)の問題に入れることができる。当然のことながら，ロジットモデルの期待最小費用関数である式(4.62)のログサムも入れることができる。これは式(4.66)～(4.69)で示した最適化問題の**双対問題**(dual problem)となっている。

〔3〕 確率的利用者均衡の計算アルゴリズム

最適化問題を解けばその解として確率的利用者均衡の経路交通量が得られるが，変数の数が多いなどのために，一般的な制約付き非線形最適化問題の解法を直接適用することは難しいことも多い。通常の確定的な利用者均衡ではリンク交通量が変数になることがほとんどであるが，確率的利用者均衡では経路交通量が変数になるため，「4.2.2項 経路選択」でも述べたように，変数の数が特に多くなる。あくまでも経路交通量を変数として計算するアルゴリズムとするのか，リンク交通量を変数として計算するのかの二つのアプローチがある。当然のことながら，後者のアルゴリズムの方がメモリーが少なくて済み，(アルゴリズムによるものの)一般に計算時間も少ない。

ロジット型確率的利用者均衡では，リンクベース計算が可能であり，アルゴリズムも比較的単純なダイヤルアルゴリズムを用いた逐次平均法(method of successive averages)がよく使われる。ただし，計算に必要な繰返し数が多くなるため，計算時間は短くはないという問題点がある。逐次平均法以外にも，**部分線形化法**(partial linearization method)や**単体分解法**(simplicial decomposition method)なども使われている[1)]。なお，「4.2.2項 経路選択」で述べたように，計算アルゴリズムの中でダイヤルアルゴリズムを用いている場合，ダイヤルアルゴリズムが暗に限定した経路選択肢集合が変化し，配分計算上収束しない原因となることがあることに注意が必要である。

(中山晶一朗)

4.2.6 動的ネットワーク交通流モデル

〔1〕 時間帯別均衡配分

時間帯別均衡配分(time-of-day user equilibrium)は分析対象の時間帯を複数の時間帯に分割し，時間帯ごとに利用者均衡配分を行う。それぞれの時間帯の交通状態の間に一切の依存関係がない，と仮定できるのであれば時間帯別均衡配分は単純である。すなわち，それぞれの時間帯で与えられたOD交通量を，静的な利用者均衡配分の手法によりネットワークに配分すればよい。

しかし，上述のような仮定は現実的とはいえない。異なる時間帯の境目においてネットワークに車両がまったく存在しないことが保証されない限り，車両の一部は出発した時間帯と異なる時間帯に目的地に到着することになる。それにより，ある時間帯の交通状態は，それ以降の時間帯の交通状態に影響を及ぼす。

このことを考慮する手法はいくつか提案されている。そのうち修正OD法と呼ばれる方法では，一つの時間帯内で目的地に到着できなかったOD交通量をつぎの時間帯のOD交通量に繰り越す。この方法は交通流の状態を正確に反映しないが，静的な交通量配分問題と同様に，等価最適化問題を用いた効率的な計算方法が適用できるというメリットがある。また，均衡解の存在や一意性も保証される。交通流の状態をより再現しようとする方法にはリンク修正法がある。

時間帯別均衡配分では，静的利用者均衡配分で用いられる技術をそのまま適用できる場面が多く，数理的性質の簡明さや計算の手間という観点からは有利である。しかし，交通流理論との整合性が良くないことには注意すべきである。

〔2〕 ネットワーク交通流の状態の記述法

ネットワーク上の交通流の状態を，LWRモデル(4.3節参照)のような，その正当性が交通工学の分野で一般に認められている動学的な交通流理論と整合しつつ，なおかつ，交通量配分の計算に適した簡潔な方法で記述する方法はいくつか提案されている。そのうち，本項では動的交通量配分においてよく用いられる「ボトルネックモデル」，「セルトランスミッションモデル」，「Whole-Link モデル」の3種を解説する。

（1） **ボトルネックモデル**　ボトルネックモデル（bottleneck model）は，一定の容量を持つボトルネックに，その容量を超過する交通流が流入したときに発生する渋滞の遅れ時間を評価するモデルである。ボトルネックモデルでは，しばしば，渋滞の待ち行列の延伸を無視する仮定が置かれる。このような仮定を置いたモデルは，車両がボトルネック直近の路外で待ち行列を形成すると考えるので，**ポイントキューモデル**（point queue model）（または**バーティカルキューモデル**（vertical queue model））と呼ばれることがある。実際の道路ではこのような現象は当然発生しないので，一見すると非現実的な仮定にも見えるが，待ち行列が他の交通を阻害することがなければ，LWR モデルで計算する遅れ時間と整合する結果が得られる。渋滞の空間的分布に興味がない状況においては簡便かつ有用なモデルである。

ボトルネックでの遅れ時間はボトルネックへ流入する累積交通量をグラフで描く（**累積図**）ことにより視覚的に計算できる。**図4.12** にその方法を示す。ボトルネックから流出する交通量は，待ち行列がなければ流入交通量と等しく，あれば交通容量と等しい。よって，累積流出交通量を示す曲線（**流出曲線**）は，交通容量に等しい傾きの直線を累積流入交通量の曲線（**流入曲線**）に接させることにより描ける。待ち時間は流入曲線と流出曲線の間のギャップの幅で示される。

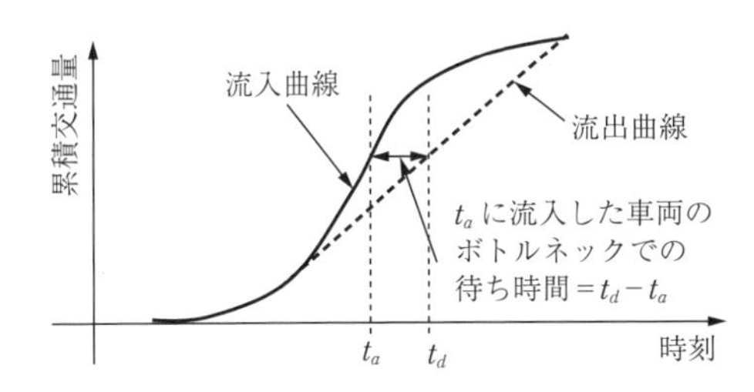

図4.12　累積図によるボトルネックでの待ち時間の計算

（2） **セルトランスミッションモデル**　**セルトランスミッションモデル**（cell transmission model, **CTM**）は，LWR モデルによる交通流の時空間的な変化を，時間および空間の双方を離散化することによって計算する。CTM モデルでは，**図4.13** に示すような台形の基本ダイヤグラムを前提としている。この基本ダイヤ

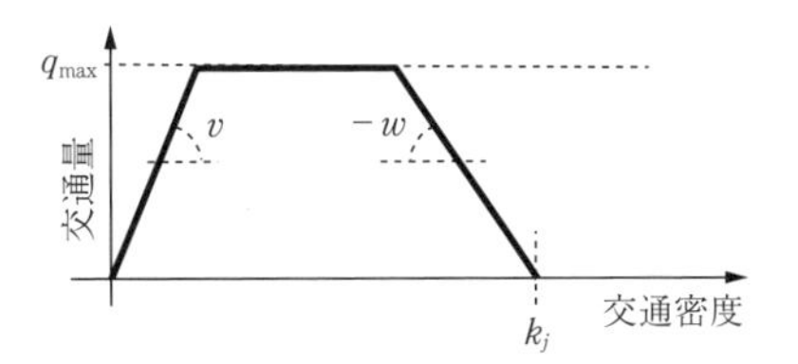

図4.13　CTM における基本ダイヤグラム

グラムは，自由流速度（v），backward wave speed（$-w$，ただし $w \leqq v$），交通容量（$q_{\max}$，ただし $q_{\max} \leqq k_j(1/v+1/w)$），最大密度（$k_j$）の四つのパラメーターを決めることにより，その形が決定する。CTM は Daganzo により1994年に提案された[10]。

CTM の離散化には特徴的な制約がある。CTM では，リンクを長さ L のセルに分割し離散化するが，この際，離散化された時間帯の幅 Δt は，$L=v\Delta t$ の関係を満たさなくてはならない。すなわち，セルの長さは，自由流速度で走行する車が単位時間帯に走行する距離に等しくなるように設定しなくてはならない。

CTM の計算は，以下の式（4.71）を時間帯の早い方から順に計算することによって行う。

$$n_i(t+1)=n_i(t)+y_i(t)-y_{i+1}(t) \qquad (4.71\,\mathrm{a})$$

$$y_i(t)=\min\{n_{i-1}(t),\ Q_i(t),\ (w/v)[N_i(t)-n_i(t)]\} \qquad (4.71\,\mathrm{b})$$

ここで，t は時間帯の通し番号，i はセルの通し番号（上流側から数える），$n_i(t)$ はセルに存在する車両の台数，$Q_i(t)$ は時間帯当りの容量，$N_i(t)$ はセルに存在できる最大の車両数（＝最大密度×セルの長さ）である。$y_i(t)$ は，あるセル i の直上流のセルであるセル $i-1$ から時間帯 t から $t+1$ にかけて流入する交通量を示す。$y_i(t)$ の定義式（4.71 b）は，流入しようとする交通量は $n_{i-1}(t)$ であるが，実際に流入できる交通量は容量（$Q_i(t)$）や，セル i に追加できる車両台数の上限（$(w/v)(N_i(t)-n_i(t))$）に制約されることを反映している。

ネットワーク上の交通流を CTM で記述するときには，セルの合分流部における合流比や分流比を外生的に指定する必要がある。交通量配分では分流比を外生的に与えられないので，セル内の車両の台数を経路別に管理し，そこから分流比を計算する[11]。

（3） **Whole-Link モデル**　**Whole-Link モデル**（whole link model）は，リンクの旅行時間をリンクの流入流出交通量，およびリンクに滞在する車両の台数に依存する関数で計算するモデルの総称である。これに属するモデルとしてよく知られるものには Friesz によるもの[12]がある。Whole-Link という名前自体は

Heydecker and Addison[13] による。

Whole-Link モデルは，一般には LWR との整合性は保証されない。さらに，モデルの定式化によっては，First In First Out（FIFO）原理を満たさなくなる[14]。また，ボトルネックモデルと同様に，交通流の空間的分布の再現にも向かない。Carey and Ge[15] は，流入流出交通量に依存するリンク旅行時間関数において，自由流部分での LWR との関係性を示しているが，渋滞流部分は考慮されていない。Friesz の定式化は FIFO 原理を満たすが，リンク長が有限のときは LWR と対応しなくなる。Whole-Link モデルは既存研究での使用例が多いが，その結果の解釈には注意が必要である。

〔3〕 **動的な交通量配分原則**

動的な交通量配分における配分原則の基本的な考え方は，静的な交通量のそれとなんら変わらない。すなわち，利用者ができるだけ一般化費用が小さい選択肢を選ぶという原則を用いるということはまったく同じである。均衡配分であれば，Wardrop の第一原理を用いることが一般的であるが，**確率的利用者均衡**（stochastic user equilibrium, **SUE**）配分に準じる原則を適用することも可能である。

動的な配分原則の静的なものとの差は，すべて，時刻という概念の有無によって生じる。時刻の概念があるということは，ドライバーが経路だけでなく時刻を選び得ることを意味する。混雑の状況は時刻により変動し得るため，経路旅行時間の定義も 1 通りにはならない。以下ではいくつかの代表的な例を示す。

（1） **適応的利用者最適配分**　適応的利用者最適配分では，ドライバーは各時刻において，その時刻における交通状況が継続すると仮定した上で，一般化費用が最小になる経路を選ぶとする。出発時刻選択は考慮されない。実際には交通状況は時刻に応じて変化するので，このような原則による経路選択行動はドライバーが最終的に経験する一般化費用を最小にするとは限らない。適応的利用者最適配分の解は，時刻の順番に従って交通流の状態を更新することにより比較的簡単に解ける[16]。収束計算を繰り返す必要がないので，交通流シミュレーションとの親和性も高い配分原則である。

適応的利用者最適配分は**動的利用者最適**（dynamic user optimal, **DUO**）配分と呼ばれることがある。ただし，動的利用者最適配分を後述の動的利用者均衡配分と同等の意味で使う文献も多いため注意が必要である。

（2） **動的利用者均衡配分**　**動的利用者均衡**（dynamic user equilibrium, **DUE**）配分では，ドライバーは最終的に経験する一般化費用を最小化するように経路を選択する。この原則では，ドライバーは過去の経験により将来の混雑を予測できることを前提としている。

DUE による配分問題は，ドライバーが起点を出発する時刻（出発時刻）を選ばない（外生的に与える）か選ぶかによって問題の特性が異なる。前者では経路選択のみを考慮し，一般化費用は経路上のリンクを走行することに起因するものが計上される。一方，後者（**出発時刻選択問題**（departure time choice problem）とも呼ばれる）では，目的地におけるスケジュール制約に起因する費用（**スケジュールコスト**）が一般化費用に加算される。ドライバーは混雑による費用とスケジュールコストとのトレードオフを考慮して出発時刻を選ぶことになる。

DUE を一般的なネットワーク形状で確実に解ける解法は，いまのところ知られていない。起点が唯一であれば，起点出発時刻で問題を分割する方法が有効である[17] ほか，すべての経路がボトルネックを 1 個しか含まないときも，収束が保証される求解法を構築できる[18]。

（3） **動的システム最適配分**　**動的システム最適**（dynamic system optimal, **DSO**）配分では，静的なそれと同様に，全車両の一般化費用の合計が最小になるように交通量を配分する。経路選択のみを制御するか，加えて出発時刻も制御するかで問題が異なるのは DUE と同様である。

一般に，DSO は凸最適化問題にはならないので，その厳密解がつねに解けるわけではない。ただし，出発時刻を固定し，CTM を用いた単一終点ネットワークに対しては，線形計画問題で DSO を記述できることが知られている[19]。また，出発時刻が選択される場合で，すべての経路がボトルネックを 1 個しか含まないネットワークにおいては，DUE，DSO いずれも同一の線形計画問題の解となり，それらの差異は待ち行列での遅れのみであることも知られている[20]。

〔4〕 **均衡解の特性**

歴史的に見ると DUE 問題は経路選択のない出発時刻選択問題が先に研究されている。特に，Vickrey[21] はボトルネックモデルをおそらく最も早く用いている。経路選択がある問題の初期の成果としては Smith[18] と Friesz[12] がある。そのほか，既存研究の詳細を知るにはレビュー論文[22)~24] や解説書[1] が有用であろう。

動的利用者均衡配分問題は，静的な利用者均衡配分問題と異なり，均衡解の一意性や安定性が必ずしも保証されない[25]。均衡解を求める解法については多くの研究があるものの，一意性や安定性が担保されない限りは得られた解が真に将来実現する交通状態であることは担保できない。この問題に関してはIryoによるレビュー論文[26]で詳述されている。（井料隆雅）

4.2.7 信頼性評価

本項では，交通ネットワークの信頼性評価について概説する。社会・経済活動の高度化とともに，道路や鉄道などの交通サービスに対して，単なる速達性向上の機能のみならず，多様な役割が求められるようになってきた。特に，昨今では「安定的に交通サービスを提供し続ける機能」，すなわち移動の信頼性の概念とその評価方法の確立が重要視されつつある[27]。

交通ネットワーク信頼性の研究は，それが災害発生時などの非平常時を対象とするのか，それとも平常時を対象とするのかによって様相が大きく異なる[28]。前者に関しては，ネットワークを構成するリンクやノード等の要素が損壊し，場合によっては物理的に移動可能な経路が存在しない起終点ペアが生じる状況を想定したネットワーク評価が重要であり，**連結信頼性**（connectivity reliability）をはじめとする信頼性概念によって評価される。一方平常時においては，旅行時間に代表される交通サービス水準が確率的に変動することに起因する利用者の不効用を評価する必要性が指摘されており，**旅行時間信頼性**（travel time reliability）の概念を中心とした評価が重要となる。

以下では，交通ネットワーク信頼性に関する代表的な指標の定義を概説した上で，評価の根幹を成す連結信頼性および旅行時間信頼性について詳説する。

〔1〕 信頼性の定義

JIS-Z8115：2000『信頼性用語』によると，信頼性は「与えられた条件で規定の期間中に要求された機能を果たすことができる性質」と定義されている。派生需要とみなされる通常の交通において，「与えられた条件」とは，ネットワークの構造や性能条件に相当すると考えられる。また「機能」とは，目的地への到達に際しての交通サービスに要求される「速達性」，「可達性（随意性）」，「定時性」などが相当する。ここで速達性については，平均旅行時間などの指標によって一般に測られるのに対し，可達性や定時性を評価するのが，以下で詳述する各種の信頼性指標である。

（1） 連結信頼性　可達性すなわち「必要なときに必要な場所へ行くことができる」ことは交通ネットワークに備わっているべき機能の一つであるが，災害発生時にはネットワークが寸断されることにより，本来必要な人や物資の移動ができなくなる。また，そのようなネットワーク機能の損壊は，確率的な事象として生じ得る。連結信頼性は，「与えられた出発地（起点）と目的地（終点）のペア（ODペア）に対し，（ある時間帯において）目的地へ走行することが可能なリンクで構成された経路が，少なくとも一つは存在する確率[27),28]」として定義される。

なお，公共交通，特に航空や鉄道などの都市間交通においては，異なる交通機関どうしの乗継ぎの可能性などの観点から，平常時においても連結信頼性の観点が重要視される場合もある。

（2） 遭遇信頼性　**遭遇信頼性**（encountered reliability）とは，「与えられたODペアに対して，最小費用経路を選択したという条件の下でリンク障害に遭遇しない確率」として定義される。連結信頼性では利用者の経路選択行動が考慮されていないのに対し，遭遇信頼性では利用者のリスク回避傾向を考慮した一般化費用を経路選択規範に用いることにより経路選択行動を考慮した信頼性評価が可能となる。さらに，リスク回避的な経路選択行動が考慮されている分だけ，同一ODペアに対する遭遇信頼性は一般に連結信頼性よりも小さくなる[27]。これにより，利用者に対する情報提供等によって遭遇信頼性を向上させる可能性があることが示唆される。

（3） 脆弱性　連結信頼性に類似した概念として**脆弱性**（vulnerability）が挙げられる。脆弱性についての統一的な定義はいまだ確立していないが，その関連研究の包括的なレビュー[28]に基づくと，生起確率とその被害額の乗算で与えられる期待値で評価することが困難な，甚大な被害をもたらすカタストロフ的災害に対するネットワーク全体のもろさの度合いと考えられることが多い。そこではおもに，ネットワークの構造上の脆弱さが評価の対象とされ，個々の利用者の選択行動は明示的に扱われない場合が多い。

連結信頼性と脆弱性の最たる違いは，一般に連結信頼性が確率論の俎上（そじょう）で議論される概念であるのに対し，脆弱性はカタストロフ的被害の影響も取り扱うため，非確率論的な評価（例えば，ワーストケースのみを想定した評価）等が状況に応じてなされる場合があることである。

（4） 容量信頼性　旅行時間や費用以外に着目した信頼性概念の代表例に**容量信頼性**（capacity reliability）がある。これは交通量に着目した信頼性概念であり，「与えられたOD交通量パターン（すなわち全ODペア交通量の相対比率）が一定の下で総交通量を徐々に変化させていったときの移動可能な最大総トリップ数（総交通量）」として定義される。あるいは，利用者の経路選択行動と交通均衡状態を明示的に考慮した場合には，「ODパターンが固定された特定の総トリップ数に対して，すべてのOD交通がネットワーク上でそのトリップを完了できる確率」として定義することが可能である[27]。

容量信頼性は，なんらかの理由で交通需要が過多になった場合に，利用者が移動不能になることなく（需要≦容量），どのくらいの需要増までネットワークが耐えることができるのかを指標化したものである。

（5） **旅行時間信頼性**　自然災害や大規模な輸送障害等が生じていないような平常時においても，旅行時間はさまざまな要因（例えば，交通需要の変動，道路容量の変動，交通事故等のインシデント）により確率的に変動する。旅行時間信頼性とは，Day-to-day あるいは Within-day における旅行時間の変動を表す概念であり，そのことを強調して**旅行時間変動**（travel time variability, **TTV**）と称されることもある。

旅行時間信頼性を考える上では，その背後にある旅行時間の確率分布を前提に考える場合がほとんどであり，分布のばらつきの度合いを表す指標や，分布の右裾（すなわち，非常に大きな旅行時間）の長さを表す指標によって説明される場合が多い。

〔2〕 連結信頼性の評価

以下では，連結信頼性の具体的な評価方法と計算アルゴリズムの概略を説明する[27]。

（1） **構 造 関 数**　ネットワーク上のあるODペアに対し，K：経路集合，A：リンク集合，A_k：経路 $k \in K$ に含まれるリンク集合を考える。このとき，リンク $a \in A_k$ が正常に機能している（一定以上のサービス水準を満足する）状況を二値変数 x_a で表す。

$$x_a = \begin{cases} 1 & \text{リンク } a \text{ が機能するとき} \\ 0 & \text{それ以外} \end{cases} \tag{4.72}$$

この二値変数をすべて（$|A| \equiv l$ 個）のリンクについて束ねた状態ベクトル $\boldsymbol{x} \equiv (x_1, \cdots, x_l)$ に対し，このODペアが連結していることを表す以下の**構造関数**（structural function）を定義する

$$\phi(\boldsymbol{x}) = \begin{cases} 1 & \text{ODペアが連結しているとき} \\ 0 & \text{それ以外} \end{cases} \tag{4.73}$$

構造関数は交通ネットワークの機能状態を表すものであり，ネットワーク形状に依存して定まる関数である。

さて，経路 k が機能している状況とは，それを構成するリンク集合 A_k に含まれるすべてのリンクが機能していることに相当することから，経路構造関数は $\Pi_{a \in A_k} x_a$ によって表される。さらに，ODペアが機能している状況とは，K に含まれる少なくとも一つの経路が機能している場合に相当することから，構造関数は

$$\phi(\boldsymbol{x}) = 1 - \Pi_{k \in K}(1 - \Pi_{a \in A_k} x_a) \tag{4.74}$$

によって具体的に与えられる。

（2） **リンク信頼度と連結信頼性指標**　以上の構造関数の概念を基にして連結信頼性指標を導出する。そのために，まず，各リンクの機能状態 x_a の期待値である**リンク信頼度**（link-level reliability）を

$$r_a \equiv E[x_a] \ \forall a \in A \tag{4.75}$$

として定義する。状態変数 x_a は1または0の値をとる二値変数であることから，r_a を「当該リンク a を走行可能な確率」と解釈することも可能である。

このとき，ODノード間の連結信頼性指標 R は，式（4.75）を式（4.74）に代入した上で式（4.74）の期待値をとることにより，次式で表される。

$$R \equiv E[\phi(\boldsymbol{x})] = E[1 - \Pi_{k \in K}(1 - \Pi_{a \in A_k} x_a)] \tag{4.76}$$

これは，「ODノード間が少なくとも一つの経路により接続されている確率」と解釈することができる。

以上より，連結信頼性とは，リンク信頼度 r_a, $\forall a \in A$ が与えられた条件の下で，ODペア間が連結している確率（式（4.76）参照）を求める問題とみなすことができる。

（3） **連結信頼性の計算方法**　上述の連結信頼性指標を，**図4.14**に示す単純な3経路（経路1＝{1, 4}，経路2＝{2, 5}，経路3＝{2, 3, 4}）ネットワークを例に算出する[28]。式（4.76）に直接代入することにより，連結信頼性が具体的に次式で得られる。

$$\begin{aligned} R &\equiv E\left[\phi(\boldsymbol{x})\right] = E\left[1 - \Pi_{k=1}^{3}\left(1 - \Pi_{a \in A_k} x_a\right)\right] \\ &= E\left[1 - \left(1 - x_1 x_4\right)\left(1 - x_2 x_5\right)\left(1 - x_2 x_3 x_4\right)\right] \\ &= E\left[\begin{array}{c} x_1 x_2 + x_2 x_5 - x_1 x_2 x_4 x_5 + x_2 x_3 x_4 - x_1 x_2 x_3 x_4^2 \\ - x_2^2 x_3 x_4 x_5 + x_1 x_2^2 x_3 x_4 x_5^2 \end{array}\right] \\ &= E\left[\begin{array}{c} x_1 x_2 + x_2 x_5 - x_1 x_2 x_4 x_5 + x_2 x_3 x_4 - x_1 x_2 x_3 x_4 \\ - x_2 x_3 x_4 x_5 + x_1 x_2 x_3 x_4 x_5 \end{array}\right] \end{aligned} \tag{4.77}$$

ここで，最後の式の導出には論理積に関するブール代数演算（$x_a \cdot x_a = x_a$）を用いている。

さらに，各リンク信頼度が互いに独立であることを仮定すると，式（4.77）は最終的に次式のようになる。

$$\begin{aligned} R = {} & r_1 r_2 + r_2 r_5 - r_1 r_2 r_4 r_5 + r_2 r_3 r_4 - r_1 r_2 r_3 r_4 \\ & - r_2 r_3 r_4 r_5 + r_1 r_2 r_3 r_4 r_5 \end{aligned} \tag{4.78}$$

これより，連結信頼性指標 R がリンク信頼度 r_a, $\forall a \in A$ の関数として表されることが確認できる。

しかし，現実の交通ネットワークでは，このように対象とするすべての経路を列挙することの計算負荷が

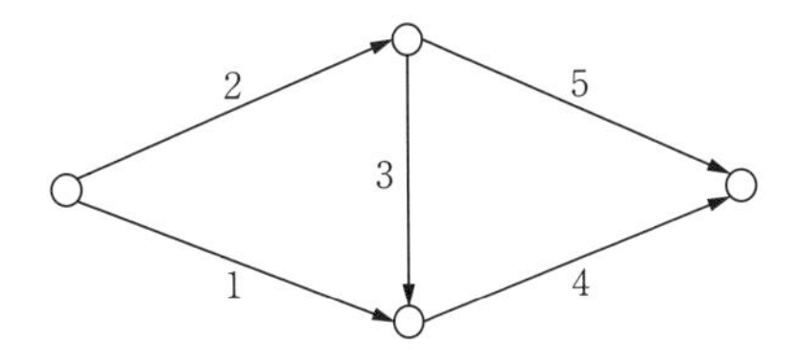

図 4.14　三経路ネットワーク

きわめて大きい。さらに，サイクリックな経路や現実には利用されないような非常に大きな費用の経路などが存在するため，式 (4.76) の厳密な計算を行うことは困難である。大規模ネットワークでも，連結信頼性指標の高精度な近似値を効率的に求める方法として，厳密値に近接した交点を極力少ないミニマムパス・ミニマルカット数によって探索する交点法[29] などが開発されている。

〔3〕 旅行時間信頼性の評価

以下では，旅行時間信頼性を測る代表的な指標を紹介する。その上で，特に近年検討が進展している時間信頼性向上便益の評価方法について概説する。

（1） 基本的考え方　旅行時間は，自由流旅行時間（混雑のない最小旅行時間）と，それからの「遅れ」とに分解して取り扱われることが多い。しかし，この遅れには，週末と平日の違いや，1日の中でのピーク時・オフピーク時の旅行時間の系統的な違いのように，予測可能で必ずしも不確実ではないものも含まれている。旅行者の観点から旅行時間変動を考える場合には，この遅れを，「システマティックな遅れ（周期的遅れ）」と，「説明や予測が不可能な遅れ（非周期的遅れ）」とに分離して考えるのが適切である。後者の予測不可能な遅れには，旅行者が知覚できなかったすべての遅れ時間による変動が含まれている。

（2） 旅行時間信頼性指標　以下では，交通工学の分野で多用されてきた旅行時間変動指標を紹介する（**図 4.15** 参照）。定式化に先立ち，ある道路区間の旅行時間 T が確率密度関数 f に従うと仮定する。また，T_x：旅行時間分布の X パーセンタイル値，T_{ave}：平均旅行時間，T_{max}：最大旅行時間とする。

まず，米国交通省連邦局（FHWA）において，道路のパフォーマンス評価指標としておもに採用されている代表的な時間信頼性指標は以下のとおりである。

$$\text{Buffer Time : BT} \equiv T_{95} - T_{ave} \tag{4.79}$$

$$\text{Buffer Time Index : BTI} \equiv \frac{\text{BT}}{T_{ave}} \tag{4.80}$$

$$\text{Planning Time : PT} \equiv T_{95} \tag{4.81}$$

$$\text{Planning Time Index : PTI} \equiv \frac{\text{PT}}{T_{ave}} \tag{4.82}$$

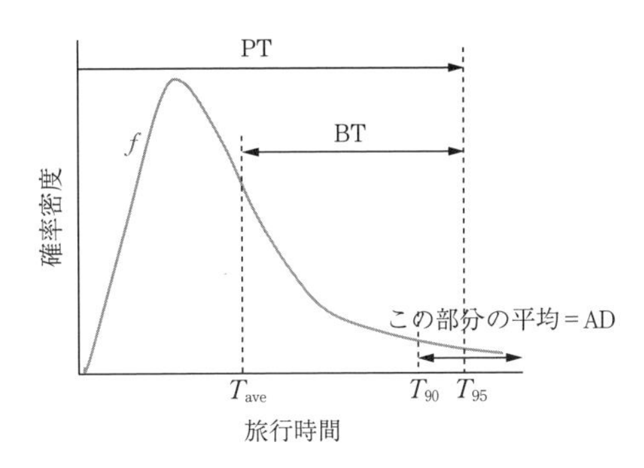

図 4.15　各種旅行時間信頼性指標

FHWA では伝統的に，平均旅行時間と 95 パーセンタイル旅行時間を用いた指標化がなされている。また，BTI と PTI は，平均旅行時間を用いた無次元化がなされた指標である。いずれの指標も値が小さいほど旅行時間信頼性が高い状況を表している。一般的に，パーセンタイル値をベースとする指標は，ロバストに計測でき，利用者にとって理解が容易という特徴を有している。

一方，イギリスの公共サービス規定では，次式で表される平均遅れ（average delay, AD）が用いられている[28]。

$$\text{AD} = \int_{T_{90}}^{\infty} \left(t - t^*\right) f\left(t\right) dt \tag{4.83}$$

ここで，t^* は参照旅行時間と呼ばれる。AD は，90 パーセンタイル旅行時間よりも大きい旅行時間のみの平均値を計算していることに相当する。

これらの指標以外にも，多様な旅行時間信頼性指標が提案されている[28]。また，経済評価の文脈では，旅行時間の標準偏差や四分位範囲等も用いられる。

（3） 旅行時間信頼性の経済評価　わが国の道路事業評価においては，いわゆる三便益（時間短縮，走行費用削減，交通事故削減）が便益評価項目として挙げられている。近年，旅行時間信頼性向上の経済便益を費用便益分析の俎上に載せるべくさまざまな研究が進んでいる。その研究の方向性は，旅行時間信頼性の貨幣価値原単位の推計，旅行時間信頼性の将来予測に大別される。以下では前者について概説する。

旅行時間信頼性の貨幣価値原単位は，**信頼性価値**（value of reliability）と呼ばれ，平均–分散アプローチとスケジューリングアプローチという，二つの代表的な推定方法が存在する。前者は，旅行時間の不確実性そのものによって生じる旅行者の不都合さを直接的に一般化費用に組み込んだモデルであり，旅行者の効用関数を，旅行費用，平均旅行時間，旅行時間変動（主として標準偏差）の線形和として表し，行動データよりそれらの係数を統計的に推定した上で，旅行費用と旅行時間変動の限界費用によって信頼性価値を求めることが一般的である。

一方，後者のアプローチは，旅行時間が変動する状況での出発時刻選択行動を直接的に記述するモデルで，希望到着時刻からのスケジュールの乖離による限界不効用と，旅行費用の限界不効用の比率によって信頼性価値を推計することができる。ミクロ経済学的な基礎を持つものの，推計のために必要とする情報量や観測データが平均-分散アプローチの場合よりも多くなる。

このように両アプローチはいずれもメリット・デメリットを有している。これに対し，近年，両者の相互補完を行うことを目指した「統合型アプローチ」も提案され，ケーススタディーも行われつつある[28]。

（福田大輔）

4.2.8 ネットワークの最適化

一般的な最適化問題は，つぎのように表現される。

$$\min_{y}\{f(y)\mid y\in\Omega\} \tag{4.84}$$

ここで，$y\in R^n$ は n 次元の**決定変数**（decision variable）ベクトルであり，$\Omega\subseteq R^n$ は y の**許容領域**である。写像 $f: R^n\to R$ は**目的関数**（objective function）である。問題によっては，決定変数とは別の未知変数として，系の状態を表す**状態変数**（state variable）$x\in R^m$ を明示的に考慮する場合もある。

$$\min_{y}\{f(x;y)\mid g(x;y)=0,\ y\in\Omega\} \tag{4.85}$$

ここで，$g(x;y)=0$ は，状態変数が従う方程式であり，決定変数に応じた状態変数の変化を表す。

本項では，決定変数の許容領域や状態方程式がなんらかのネットワーク構造を持った問題を取り扱う。

〔1〕 最適化問題のバラエティー

ネットワークの最適化問題には，決定変数，その許容領域，目的関数，状態方程式などの形状によって，さまざまなバラエティーが存在する。

（1） 決定変数　ネットワークを対象とした最適化問題において，決定変数の多くは，ノードもしくはリンクに対応付けられている。例えば，混雑料金問題では各リンクの料金が決定変数となり，施設配置問題では各ノードの施設設置の有無が決定変数となる。

交通容量や料金など，多くの決定変数はその下限や上限が定められていることが多い。さらに，複数の決定変数があるとき，通常は，それらを独立には決定できず，いくつかの制約条件を満足するように決定する必要がある。可能な決定変数の組をすべて列挙したものが許容領域 Ω である。

問題によっては，決定変数（の一部）として，離散値，特に0もしくは1のいずれかしかとることのできない二値変数が取り扱われることがある。二値変数は，リンクやノード集合の中から複数のリンクやノードの組を選び出す問題に多く利用される。例えば，ノード集合の中から施設を配置する（複数の）ノードを選び出す施設配置問題は，施設を配置するノードに1，ノードに0を割り当てる問題として定式化される。

（2） 状態変数　問題によっては，決定変数に従属して決まる未知変数を明示的に考慮する場合がある。特に，各リンクの交通量（フローパターン）を，決定変数である混雑料金とは別の未知変数（状態変数）として表すことで，見通しのよい定式化が可能な場合がある。

フローパターンを状態変数として定式化する場合，それを特徴付ける交通配分モデルの選択も重要となる。交通配分モデルとしてよく用いられるのは，最短経路にすべての交通需要を配分するAoN（all-or-nothing）モデル，最大流モデル，最小費用流モデル，利用者均衡配分モデルなどがある。通常，これらの配分モデルは，それ自体が，決定変数を与件とした数理計画問題として定式化される。このため，ネットワークの最適化問題は，しばしば，二段階最適化問題や均衡条件/相補性条件制約付き最適化問題として表される。

〔2〕 ネットワークデザイン

ネットワークの最適化の中で，どのノードとどのノードを接続するか，そして，それぞれのリンクの性能（例：交通容量や混雑料金）をどの程度にするか，を扱う問題は，ネットワークデザイン問題と呼ばれる。Yang and Bell[31]は，ネットワークデザイン問題を，その決定変数が離散的であるもの（discrete network design problem, **DNDP**），連続的であるもの（continuous network design problem, **CNDP**），およびその組合せ（mixed network design problem, **MNDP**）の三つに分類している。

本項では，CNDPのうち，限られた予算内で各リンクの容量を決定する容量配置問題と，各リンクの料金を決定する混雑料金問題を紹介する。これらの問題は，いずれも，決定変数（リンク容量や混雑料金）に対する個々の利用者の反応を考慮し，利用者均衡状態におけるリンク交通量を状態変数とすることがある。そこで，最後に，均衡制約付き最適化問題について概説する。

（1） 容量配置問題　容量配置問題（朝倉[30]）とは，所与の道路ネットワークに対して，それぞれのリンクの交通容量を決定する問題である。交通容量が大きいリンクほど混雑しにくい（所要時間を大きく増加させずにより多い交通量を通行させられる）が，より多くの施設費用（初期費用および維持管理費用）が必要となる。管理者は，施設費用の総和の上限を与件とし，総走行時間を最小化するように各リンクの容量を決定する。

（2）**混雑料金問題**　混雑料金問題は，各リンクに賦課する混雑料金を決定する問題である。個々の利用者は，賦課された料金に応じて行動を変更する。一般に，個々の利用者に関して以下が仮定される：リンクの所要時間（を金銭換算したもの）と混雑料金の和を，当該リンクの一般化費用とし，この総和がより小さい経路を選好する。このため，管理者は混雑料金の決定を通じて，フローパターンを（間接的に）制御できる。フローパターンを特徴付ける配分モデルとしては利用者均衡モデルが一般的に用いられる。

混雑料金は，通常，社会的便益を最大化するように決定される。社会的便益は，交通需要逆関数（各利用者のトリップに対する支払い意思額/留保価格を大きい順に並べたものと等価）を積分して得られる消費者租余剰と総走行時間の差で表される。交通需要が起終点間の所要時間とは独立の所与の定数として与えられる（固定需要）場合，消費者租余剰は定数であるため，混雑料金は総走行時間を最小化するように決定される。

（3）**均衡制約付き最適化問題**　容量配置問題および混雑料金問題は，管理者が決定する決定変数（リンク容量や料金）に対して決まるフローパターンが利用者均衡配分モデルに従うとすることが多い。すでに見たように，利用者均衡配分モデルは，それ自体が相補性問題（あるいは等価な凸最適化問題）として定式化される。そのため，こうした問題は，ある目的関数（総走行時間や利用者便益など）を最適化するように決定変数を決める上位問題と，決定変数に応じた均衡フローを求める下位問題で構成される二段階最適化問題，あるいは（下位問題を制約条件とみなした）**均衡制約付き最適化問題**（mathematical programming with equilibrium constraint, **MPEC**）と呼ばれる。

均衡制約付きネットワーク最適化問題については，一般に，決定変数に対する目的関数の凸性が保証されないことが知られている。そのため，大域的な最適解を求めることがきわめて困難である。朝倉[30]は，一般的な均衡制約付きネットワーク最適化問題を二段階最適化問題として定式化した。Yang and Bell[31]は均衡制約付きネットワーク最適化問題を，DNDP，CNDP および MNDP の三つに分類し，それぞれに対する解法を紹介している。課金可能なリンクが一部に限定されている問題は次善混雑料金問題と呼ばれる。次善混雑料金問題に関する研究蓄積は，円山[32]に見通しよく整理されている。Li, et al.[33]は，MNDP を**線形混合整数計画問題**（mixed integer linear programming, **MILP**）で近似することで，大域的最適解を求める手法を開発している。

〔3〕**ネットワーク上の施設配置**

前項までは決定変数がリンクについて定められた問題を取り扱ったが，ネットワークの最適化問題においては，決定変数がノードについて定められたものもある。以下では，物流における倉庫やデポといった輸送拠点をネットワーク上のどのノードに配置するか，という**施設配置問題**（facility location problem）を紹介する。

施設配置問題の中で最もシンプルなものは「ネットワーク上の一つのノードを輸送拠点とするとき，どれを選ぶか」を決定する問題であろう。選ばれた輸送拠点ノードを起点，それ以外のノードを顧客（終点）として物資が輸送される。各顧客の需要量，および各リンクを1単位の物資を輸送するのに必要な輸送費用は所与とする。各リンクは無限の容量を持つ（言い換えれば，すべての物資は起点から終点までの最短経路を流れる）とする。このとき，総輸送費用を最小化するように輸送拠点（起点ノード）を選ぶ問題が**メディアン問題**（median problem）であり，起点から最も遠い終点までの距離を最小とするように起点を選ぶ問題が**センター問題**（center problem）である。これらの問題を拡張して，p 個の輸送起点を配置する問題が，p-メディアン問題および p-センター問題である。すべての需要が満足されることを要請しない問題として，**最大被覆問題**（maximum covering problem）がある。これは，できるだけ多くの需要をカバーするように p 個の輸送拠点を配置する問題である。

施設数をも内生的に決定する問題に，単純施設配置問題および**集合被覆問題**（set covering problem）がある。単純施設配置問題は，各候補地に輸送拠点を開設するのに必要な費用を与件とし，施設開設費用と総輸送費用の和を最小化するように施設数およびその位置を決定する。集合被覆問題は，各顧客から最寄りの輸送拠点までの輸送費用に上限を設け，すべての顧客に供給を可能とする中で総開設費用を最小化するような施設数とその位置を決定する。

〔4〕**配送計画とスケジューリング**

本項では，ネットワーク構造，起終点や需要を与件として，効率的に輸送を行うための配送計画およびそのスケジューリングについて解説する。

（1） 配送計画問題と巡回セールスマン問題　輸送拠点から顧客を経由して再び拠点に戻ってくるまでの経路を求める問題を，**配送計画問題**（vehicle routing problem, **VRP**）と呼ぶ。複数の輸送車両があり，各輸送車両は，輸送拠点を出発した後，いくつかの顧客を経由して再び拠点に戻ってくる。各顧客の位置と需要量，各リンクの長さを与件とし，すべての車両の総移動距離を最小化するように各車両の経路を決定する問題がVRPである。VRPでは，通常，それぞれの輸送車両に最大積載量もしくは最大移動可能距離が与えられている。積載量制約付き配送計画問題では，1台の輸送車両が担当する経路上の顧客の総需要が，当該車両の積載量を超えてはならない，という制約が課せられる。積載量ではなく，各輸送車両の移動距離に上限が設けられた問題は距離制約付き配送計画問題と呼ばれる。

配送計画問題の特殊ケースとして，すべてのノードを一度だけ経由する巡回路（始点ノードと終点ノードが等しい経路）の中で，総移動距離が最小となる経路を求める問題を，**巡回セールスマン問題**（travelling salesman problem, **TSP**）と呼ぶ。TSPとその拡張であるVRPはNP困難であり，最初の顧客から徐々にルートを拡大して解を構成する構築法などが用いられる。

（2） スケジューリング　配送計画問題に時間の概念を取り入れ，各顧客を訪問できる時間枠（開始時刻および終了時刻）を与えた問題を，**時間枠付き配送計画問題**（vehicle routing problem with time-window constraints）と呼ぶ。時間枠付き配送計画では，顧客jに到着する時刻τ_jは，直前の顧客iに到着した時刻τ_i，当該顧客の下での所与の作業時間s_i，およびiからjへの所要時間t_{ij}の和で表される。この到着時刻が顧客jの訪問開始時刻e_jより小さい場合，輸送車両はe_jまで顧客jの手前で待機しなければならない。一方，τ_jが顧客jの訪問終了時刻l_jより大きい場合，その解は時間制約を満足しないので実行不可能となる。こうした時間枠付き配送計画や，航空機などの機材，乗務員のスケジューリング問題を一般化した問題は**運搬スケジューリング問題**（vehicle scheduling problem）と呼ばれる（久保[34]）。

〔5〕 数 値 計 算 法

施設配置問題や配送計画問題のようなNP困難な組合せ問題に対しては，大域的最適解を求めるための最悪の場合の計算時間がきわめて大きくなる（求解に必要なステップ数を入力サイズの多項式関数で抑えられない）。このため，こうした問題に対しては，以下のいずれかの方法が採用される。①「最悪の場合」の計算時間を多項式オーダーで抑えることを諦め，「平均的」な計算時間が実用的な範囲に収まる方法，②「厳密な最適解」を求めることを諦め，「適当な近似解」が実用的な時間内に，最悪の場合でも多項式時間で求められる方法。前者①を厳密解法，後者②を**メタヒューリスティクス**（metaheuristics）と呼ぶ。

本項では，まず，厳密解法の中で最も実用的であるとされる**分枝限定法**（branch and bound method）について述べる。メタヒューリスティクスについては，紙面の都合上，代表的なものを挙げるにとどめる。

（1） 分枝限定法　分枝限定法では，決定変数が取り得る組合せを探索木を用いて表し，その内部ノードに対応する近似問題の解を用いて，探索する必要のない部分木を「刈り取る」方法である。

例えば，三つの候補地（a, b, c）に一つもしくは二つの施設を配置する問題の場合，その可能なすべての組合せは**図4.16**に示した木の「葉」に対応する。いま，実行可能解の一つ，例えば，$\{a, b\}$に施設を配置した場合（左端の葉）の総費用$z_{\{a,b\}}$がすでにわかっていたとしよう。ここで，「$x_a=0$（aに施設を配置しない）」という部分木（点線部）に対し，残りのx_b，x_cについて整数制約を緩和した（x_b，x_cともに0以上1以下の実数値でよい）問題を考える。この緩和問題は，線形計画問題であるので，その最適値$\hat{z}^*\big|_{xa=0}$を効率的に計算できる。さらに，得られた最適値は，x_b，x_cに整数制約を置いた問題の最適値と同じかそれより小さいことが保証される。この$\hat{z}^*\big|_{xa=0}$が，既知の実行可能解の目的関数$z_{\{a,b\}}$以上であれば，「aに施設を配置しない」とした場合，残りの配置をどのように選んでも$\{a, b\}$より優れた解を構成できないことがわかる。つまり，この枝より先の部分木は，解の探索対象から外して（刈り取って）よい。こうして残った木について実行可能解を探索し，より良い実行可能解が見つかるたびに，上記の「枝刈り」を行う，という操作を繰り返すのが分枝限定法の基本的構造である。

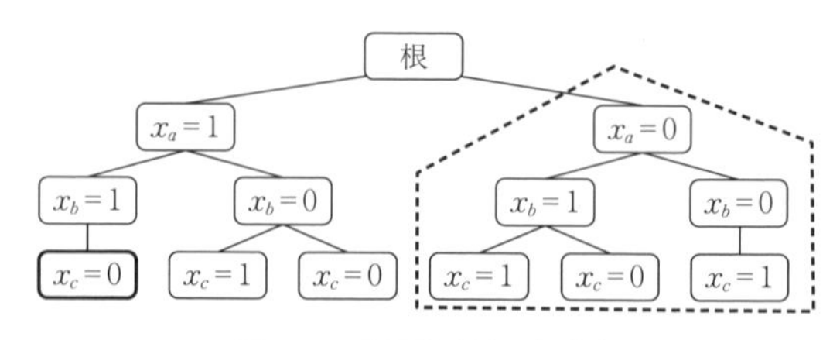

図4.16　分子限定法の探索木

（2） メタヒューリスティクス　メタヒューリスティクスとは，最適化問題を解くための経験的手法（ヒューリスティクス）を有機的に結び付け，「複数のパラメーターを導入することで（問題に応じたチューニングができる）自由度を持ち，実用的な時間内に適当な近似解を求める方法」である。代表的なメタヒューリスティクスとしては，**焼なまし法**（simulated annealing method），**禁断探索法**（tabu search method），**蟻群生法**（ant colony method），**遺伝的アルゴリズム**（genetic algorithm）などが挙げられる。それぞれの詳細については，久保・ペドロソ[35]を参照されたい。　（長江剛志）

引用・参考文献（4.2節）

1）土木学会：交通ネットワークの均衡分析―最新の理論と解法―，土木学会（1998）
2）Sheffi, Y. : Urban Transportation Networks : Equilibrium Analysis with Mathematical Programming Methods, MIT press（1985）
3）Dial, R.B. : A probabilistic multipath traffic assignment algorithm which obviates path enumeration, Transportation Research, Vol.5, pp.83～111（1971）
4）久保幹雄，田村明久，松井知己編：応用数理計画ハンドブック，朝倉書店（2012）
5）土木学会：道路交通需要予測の理論と適用　第Ⅰ編　利用者均衡配分モデルの適用に向けて，土木学会（2003）
6）土木学会：道路交通需要予測の理論と適用　第Ⅱ編　利用者均衡配分モデルの展開，土木学会（2006）
7）Wardrop, J. G. : Some theoretical aspects of road traffic research, Proceedings of the Institution of Civil Engineers, pp.325～378（1952）
8）Braess, D. : Über ein Paradoxon aus der Verkehrsplanung, Unternehmensforschung, 12, pp.258～268（1968）. [translated in Braess, et al.: On a paradox of traffic planning, Transportation Science, Vol.39, No.4, pp.446～450（2005）]
9）Beckmann, M., McGuire, C. B., and Winsten, C. B. : Studies in the Economics of Transportation, Cowles Commission Monograph, Yale University Press, New Haven, CN（1956）
10）Daganzo, C. F. : The Cell Transmission Model: A Dynamic Representation of Highway Traffic Consistent with the Hydrodynamic Theory, Transportation Research, Vol.28B, No.4, pp.269～287（1994）
11）Daganzo, C. F. : The Cell Transmission Model, Part II: Network Traffic, Transportation Research, Vol.29B, No.2, pp.79～93（1995）
12）Friesz, T. L., Bernstein, D., Smith, T. E., Tobin, R. L., and Wie, B. W. : A Variational Inequality Formulation of the Dynamic Network User Equilibrium Problem, Operations Research, Vol.41, No.1, pp.179～191（1993）
13）Heydecker, B. G. and Addison, J. D. : Analysis of Traffic Models for Dynamic Equilibrium Traffic Assignment, in M. G. H. Bell（Ed.）, Transportation Networks : Recent Methodological Advances : Selected Proceedings of the 4th EURO Transportation Meeting, Oxford, Pergamon, pp.35～49（1998）
14）Daganzo, C. F. : Properties of Link Travel Time Functions under Dynamic Loads, Transportation Research, Vol.29B, No.2, pp.95～98（1995）
15）Carey, M. and Ge, Y. E. : Comparing Whole-Link Travel Time Models, Transportation Research Part B, Vol.37, No.10, pp.905～926（2003）
16）Kuwahara, M. and Akamatsu, T. : Dynamic User Optimal Assignment with Physical Queues for a Many-to-Many OD Pattern, Transportation Research Part B, Vol.35, No.5, pp.461～479（2001）
17）Kuwahara, M. and Akamatsu, T. : Dynamic Equilibrium Assignment with Queues for a One-to-Many OD Pattern, in C. F. Daganzo（Ed.）, Transportation and Traffic Theory : Proceedings of the 12th International Symposium on the Theory of Traffic Flow and Transportation, New York, Elsevier, pp.185～204（1993）
18）Smith, M. J. and Ghali, M. : Dynamic Traffic Assignment and Dynamic Traffic Control, in M. Koshi（Ed.）, Transportation and Traffic Theory : Proceedings of the Eleventh International Symposium on Transportation and Traffic Theory, New York, Elsevier, pp.273～290（1990）
19）Ziliaskopoulos, A. K. : A Linear Programming Model for the Single Destination System Optimum Dynamic Traffic Assignment Problem, Transportation Science, Vol.34, No.1, pp.37～49（2000）
20）Iryo, T. and Yoshii, T. : Equivalent Optimization Problem for Finding Equilibrium in the Bottleneck Model with Departure Time Choices, in B. G. Heydecker（Ed.）, Mathematics in Transport. Oxford, Elsevier, pp.231～244（2007）
21）Vickrey, W. S. : Congestion Theory and Transport Investment, The American Economic Review, Vol. 59, No.2, pp.251～260（1969）
22）Peeta, S. and Ziliaskopoulos, A. : Foundations of Dynamic Traffic Assignment: The Past, The Present and The Future, Networks and Spatial Economics, Vol.1, No.3, pp.233～265（2001）
23）Boyce, D., Lee, D.-H., and Ran, B. : Analytical Models of the Dynamic Traffic Assignment Problem, Networks and Spatial Economics, Vol.1, No.3-4, pp.377～390（2001）
24）Szeto, W. Y. and Wong, S. C. : Dynamic Traffic Assignment : Model Classifications and Recent Advances in Travel Choice Principles, Central European Journal of Engineering, Vol.2, No.1, pp.1～18（2011）
25）Iryo, T. : Multiple Equilibria in a Dynamic Traffic Network, Transportation Research Part B. Vol.45, No.6, pp.867～879（2011）
26）Iryo, T. : Properties of Dynamic User Equilibrium

Solution : Existence, Uniqueness, Stability, and Robust Solution Methodology, Transportmetrica B : Transport Dynamics, Vol.1, No.1, pp.52～67 (2013)

27) 飯田恭敬：交通計画のための新パラダイム―交通ネットワーク信頼性とOD交通量逆推定―土木計画学，技術書院（2008）

28) 中山晶一朗，朝倉康夫編著：道路交通の信頼性評価，コロナ社（2014）

29) 飯田恭敬，若林拓史，吉木　務：ミニマルパス・カットを用いた道路網信頼度の近似計算法，交通工学，Vol.23, No.4, pp.3～13 (1988)

30) 朝倉康夫：利用者均衡を制約とする交通ネットワークの最適計画モデル，土木計画学研究・論文集　No.6, pp.1～19 (1988)

31) Yang, H. and Bell, M.G.H. : Models and algorithms for road network design : a review and some new developments, Transport Reviews, Vol.18, No.3, pp.257～278 (1998)

32) 円山琢也：都市域における混雑課金の政策分析：レビューと展望，土木計画学研究・論文集，Vol.26, No.1, pp.15～32 (2009)

33) Li, C., Yang, H., Zhu, D., and Meng, Q. : A global optimization method for continuous network design problems. Transportation Research Part B : Methodological, Vol.46, No.9, pp.1144～1158 (2012)

34) 久保幹雄：ロジスティクス工学，朝倉書店（2001）

35) 久保幹雄，J.P. ペドロソ：メタヒューリスティクスの数理，共立出版（2009）

4.3 交 通 工 学

4.3.1 交通流の特性

本項では，自動車，二輪車，自転車，歩行者による交通流の特徴を整理するとともに，今後の研究により明らかにすべき内容を探る。

〔1〕 自動車の交通流

自動車の交通流理論は，単体の各車両の挙動を直接的に取り扱うミクロ交通流理論と交通流を流体近似して取り扱うマクロ交通流理論とに大別される。また，交通流解析は，大きく単路部と交差点部に分けられ，1950年代以降，多数の研究成果が報告されている。また，一定の広がりを持つ道路ネットワークを対象に集計量として交通量と交通密度の関係（集計QK）を記述する交通流理論に関する研究も進められている。

（1） 単路部の交通流　単路部の交通流の取扱いは，**追従理論**（car following theory）を用いたミクロ交通流理論と流体近似によるマクロ交通流理論とが構築されている。

ミクロ交通流理論に関しては，Pipes[1]によって提案された追従モデル式（式（4.86）参照）に始まり，その後多数のモデル式が提案され，交通流特性の解析が行われている。しかしながら，ドライバーの運転挙動のばらつきが大きいことを理由に，現実の交通状況を適切に再現できるモデルが開発されるには至っていない。

$$\ddot{x}_{n+1}(t+T)=\lambda\left\{\dot{x}_n(t)-\dot{x}_{n+1}(t)\right\} \qquad (4.86)$$

ここで T：反応時間，$x_i(t)$：第 i 番目車両の時刻 t における位置，λ：定数である。

近年の交通流観測技術の進歩に伴い，時空間平面上における車両軌跡データがプローブカーによって獲得可能となった。また，プローブカーによっては前方を走行する車両との車間距離を計測することも可能となっている。そのため，これらのプローブカーによって獲得されるデータに基づく新しいミクロ交通流理論の構築が期待される。また，プローブカーによる車両軌跡データだけでなく，従前の車両感知器による交通流観測データを組み合わせることで新たな交通流モニタリング手法を開発することも今後の重要な研究課題の一つであろう。

対するマクロ交通流理論では，交通流を流体近似し，道路の各区間における速度を交通密度の関数として捉えるとともに，**交通密度**（traffic density）k〔台/km〕，速度 v〔km/h〕の2量を変数とする連続式（式（4.87）参照）を用いた基礎理論として，**ブロック密度法**[2]（block density method）などの交通流表現方法が提案され，車両移動モデルの基本原理として，多くの交通シミュレーションに活用されている。

$$\frac{\partial k}{\partial t}+\frac{\partial(kv)}{\partial x}=0 \qquad (4.87)$$

同理論では，交通密度と速度（あるいは交通密度と交通量）をもって交通流状態が表現される。また，交通密度の不連続面の伝搬速度 c は，交通量を q〔台/h〕$=kv$ として，下流側の交通流状態を $(k_1,\ q_1)$，上流側の交通流状態を $(k_2,\ q_2)$ とした場合

$$c=\frac{q_1-q_2}{k_1-k_2} \qquad (4.88)$$

にて算出される。

マクロ交通流理論を用いて現実の交通流を解析する際には，各道路区間における **q-k 関係**（fundamental diagram）が重要な要素となり，一般には，各道路区間における観測結果に基づいて q-k 関係を求める。

図4.17 に q-k 関係の例を示す。図中点Aの交通量は交通容量であり，安定して継続的に状態を維持することができる最大の交通量を示す。このときの交通密度が**臨界密度**（critical density）で，臨界密度以下の交通流状態が**自由流**（free flow），臨界密度を超える交通流状態が**渋滞流**（congested flow）となる。また，

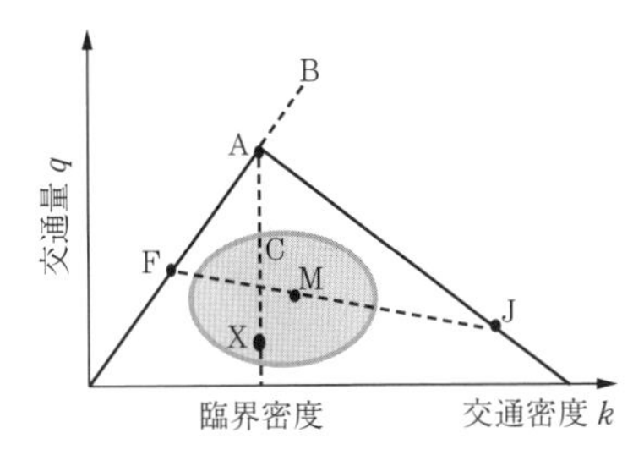

図 4.17 q–k 関係

現実の交通流では，渋滞発生の前に一時的に同交通容量を超えた交通量が実現される（図中の破線 B）。しかしながら，この交通流状態（以下，「過飽和状態」）は，安定した交通流状態ではないことから，上流からの交通量が減少して安定した自由流状態に戻ることがなければ，やがて渋滞流へと相転換して交通流率が減少する。後者による交通流率の減少，すなわち過飽和状態から渋滞流へと交通流状態が遷移する現象は，真のボトルネックが観測地点よりも下流側に位置する場合には，同ボトルネックで発生したショックウェーブが観測地点に到達することによって観測される。一方で，ボトルネック地点における相転換，すなわちなんらかの刺激が加わることによって過飽和状態から渋滞流へと交通流状態が遷移するメカニズムは明らかにされていない。そこで，ミクロな交通流解析を通して同相転換を誘発する要因を把握し，同現象の発生メカニズムを明らかにすることが今後の課題である。

ここで，大型車と普通乗用車とはその挙動が大きく異なることから，同一に扱うのではなく，一般に大型車の**乗用車換算係数**（passenger car equivalent, **PCE**）を用いて**乗用車換算台数**（passenger car unit, **PCU**）に換算した値が用いられている。この PCE の値は，縦断勾配などの道路幾何構造，あるいは速度や密度といった交通流の状態によって変化すると考えられることから，多様な状況下における PCE 値を把握し，状況に応じて適切な PCE 値を採用することが重要である。

対象とする道路区間における交通流状態は，図 4.17 に示す q–k 関係に従うが，現実に観測される交通流状態には多少のばらつきがあり，同 q–k 関係から乖離すると考えられる。しかしながら，例えば点 X に示すような臨界密度でありながら交通量が低い状態というのは出現しない。すなわち，q–k 関係から大きく乖離する交通流状態（図中の領域 C）が出現することはない。一方で，交通量と交通密度は，瞬間値ではなく，一定の時間，一定の空間で平均した値として観測される。

例えば，**図 4.18** に示すように，図 4.17 の自由流 F の交通流状態において事故が発生し，事故発生地点でのさばけ交通量が低下して，交通流状態 J の渋滞が上流に延伸している状況を考える。このとき，図 4.18 中の M で示される領域の交通密度と交通量を観測した場合，観測時間帯の初めのうちは自由流 F が観測されるのに対して，時間の経過とともに渋滞流 J が観測される。そのため，同時空間領域の交通流状態は，自由流 F と渋滞流 J の間に位置する値を示す。すなわち q–k 関係から大きく乖離する交通流状態（図 4.17 中の点 M）が観測される。このような，時間的・空間的な交通流状態の偏りによって観測される交通流状態は**混合流**[3]（mixed flow）と呼ばれる。このように，自由流と渋滞流が混在することによって見掛け上観測される混合流は，当該道路区間の q–k 関係を示すものでないことから，観測された交通流状態に基づいて q–k 関係を推定する際には，同混合流の出現を考慮することが必要であり，今後適切な推定手法を構築することが期待される。

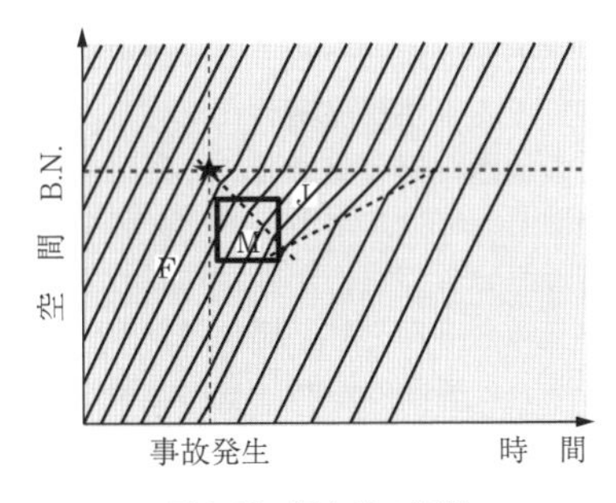

図 4.18 混合流の観測

また，q–k 関係は，走行挙動の異なる多数の車両走行軌跡を集計した値であるから，降雨の影響によって，あるいは車両性能が向上することによって変化する。そのため，q–k 関係を用いた交通流解析を行う際には，車両走行挙動の変化に注意を払わなければならない。

（2） 交差点部の交通流 交差点部の交通現象は信号の有無によって大きく異なる。また，多くの場合速度の変化よりも発進と停止に着目した分析が行われている。

信号交差点に関しては，信号切替り時の**損失時間**（lost time）を考慮し，**飽和交通流率**（saturation flow rate）に基づく **point queue** を適用した交通解析が一般的である。そのため，飽和交通流率の設定によって解析結果が大きく異なることから，同飽和交通流率の取扱いが重要なポイントとなる。また，飽和交通流率は，道路幅員や縦断勾配などの道路幾何構造に依存して変化することに加えて，**大型車混入率**（heavy vehicle ratio）や二輪交通の占める割合といった交通の構成によっても変化すると考えられる。そのため，信号交差点における交通現象解析を行うに際しては，これらの要因を考慮して飽和交通流率を決定することが必要となる。

無信号の交差点においては，従道路から主道路に進行する際の発進の判断を確率的に取り扱う**ギャップアクセプタンス**（gap acceptance）モデルなど，個々の挙動を確率的に取り扱う交通現象解析手法が確立されている。確率的モデルによる解析では，主道路における車頭間隔を確率変数として取り扱い，その分布形を仮定して同分布に含まれるパラメーターを求めることで，確率分布を推定するという方法や一般の分布形を仮定したノンパラメトリックな推定方法を用いて車頭間隔の確率分布を推定し，推定された確率分布に基づいて従道路側の進行可能台数を求めるという方法が主流であった。対して，近年ではシミュレーションを用いて車両のギャップアクセプタンス挙動をモデル化し，複雑な要因を考慮しつつ，より現実に近い形で交通現象を解析する手法が提案されている。

（3） その他道路部の交通流　単路部と交差点部以外の道路部としては，ボトルネックとなる区間を対象とした交通流容量の解析が行われており，合分流区間が近接する織込み部やサグ部などがそのおもな対象となっている。いずれの道路部も，区間内の交通流現象を解明することによって，適切な対策を考案することが可能となり，その対策実施によるボトルネック容量の増大，ひいては渋滞が軽減されることが期待されている。

高速道路のボトルネック部を対象とした交通流解析のうち，サグ部においては，1台の車両の減速が追従する車両に伝播する過程で，徐々にその減速の程度が大きくなり，やがて渋滞に至るとの現象が観測されている。しかしながら，ボトルネック部における車両挙動の解析においては，自由流における追従挙動と渋滞流における追従挙動の間の不連続性が指摘[4]されており，臨界状態付近での運転挙動の不連続な変化について，そのメカニズムを明らかにしていくことが今後の課題である。

（4） 道路ネットワークの交通流　前項までに道路単路部，交差点およびその他の道路区間に関する交通流理論について示した。いずれも特定の道路区間を対象とするものであるが，一定の広がりを持つ道路ネットワークを対象とし，マクロな視点から交通流の性質を捉える交通流理論が構築されている。

道路ネットワークの交通流解析では，道路単路部で用いられた q-k 関係をネットワークに拡大し，対象とする道路ネットワーク全体での交通流率（集計交通流率）と交通密度（集計交通密度）を用いて交通流状態を記述する。

都市部の道路ネットワークにおいては，車両の平均速度が車両停止回数の関数で表現されること，ならびに，車両停止回数が交通密度の累乗の関数で示されることが示されている[5]。すなわち，道路ネットワークの平均速度は交通密度の関数で表現することができる。この知見を利用して，Daganzo[6]は，目的地に到達した車両と対象ネットワークから流出した車両の合計台数（trip completion rate）とネットワーク内に存在する車両の台数（vehicle accumulation）の関係を分析し，混雑状況（交通流状態）がネットワーク内で均一であるとの条件の下では，両者の関係を示す **MFD**（macroscopic fundamental diagram）が存在することを示した。続いて，車両感知器のデータに基づくリンク単位の交通量と交通密度を用いて，集計交通流率 Q と集計交通密度 K を，以下のように表した。

$$Q=\frac{\sum_{i\in A}(q_i\cdot l_i)}{\sum_{i\in A}l_i} \tag{4.89}$$

$$K=\frac{\sum_{i\in A}(k_i\cdot l_i)}{\sum_{i\in A}l_i} \tag{4.90}$$

ここで，q_i：リンク i の交通量，l_i：リンク i のリンク長，k_i：リンク i の交通密度，A：対象ネットワーク内のリンクの集合と定義し，横浜市中心部の道路ネットワークを対象に集計交通流率 Q と集計交通密度 K の関係を調べ，両者の間に上に凸の関係があること，すなわち MFD が存在することを確認した[7]。

ここで，MFD が存在するためには，各時間帯においてネットワーク内の交通流が均一であることが条件とされる。しかしながら，一般の交通流においては，ネットワーク内の混雑状況が均一であるとは限らず，必ずしも MFD を満たすものではない。**図 4.19** は集計交通流率と集計交通密度の推移の例で，図に示されるように，交通流状態によって集計交通密度に対する集計交通流率の値は変化する。その変化の軌跡（hysteresis）は図では時計回りとなっているが，この軌跡と交通流との関係について把握することも今後の研究課題の一つである。

また，図 4.19 内に破線で示す線を MFD とすると，適切な交通制御を実施することで網掛け部分に示す集計交通密度を維持することができれば，高い集計交通流率を維持できる可能性がある。例えば，過飽和の都

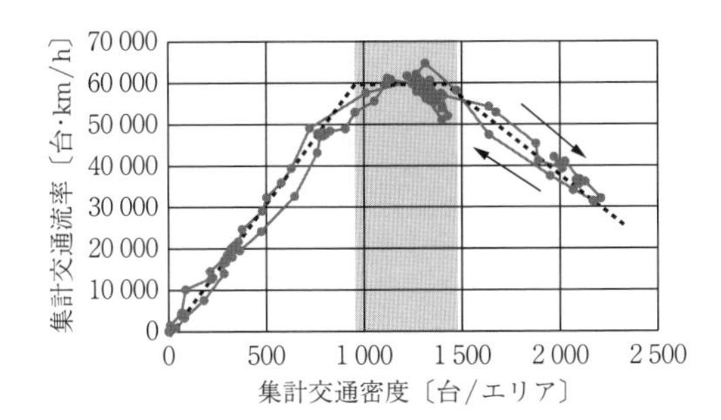

図 4.19 集計交通流率と集計交通密度の推移の例

市高速道路ネットワークを対象として，同ネットワークの集計交通密度を管理する**ランプメータリング**(ramp metering) 制御を実施することにより，ある交通流状態の下では大きく渋滞を緩和する可能性があることが示されており[8)]，今後の研究によって，MFD の特性を把握するとともに，MFD を活用した交通制御手法を確立することが期待される。

〔2〕 **二輪車・自転車・歩行者による交通流**

東南アジアの諸都市などでは，自動車だけでなく，多数の二輪車（オートバイ）や自転車が街路を走行しており，適切な交通マネジメントを行うために，二輪車を含む交通流の解析が必要となる。また，歩行者に対して適切な道路空間を配分し，快適な歩行空間を確保するために，歩行者交通流に関する知識を獲得することも必要とされる。

（1） **二輪車の交通流**　二輪車は，多くの場合，自動車（四輪車）と同一の道路空間を走行する。二輪車専用レーンや交差点に二輪車待機スペースを設けた場合において実現する**さばけ交通流率**（discharge traffic flow rate）の分析など，二輪車と四輪車を分離して取り扱う研究[9)]もなされているが，一般には二輪車の交通流解析は四輪車と二輪車とが混在した交通流（**混合交通流**（mixed traffic flow））を対象とする。混合交通流の解析に際しては，四輪車との比較において，車幅，車長ともに短い二輪車の道路占有面積が小さいことを考慮しなければならない。加えて，車線内で横方向に移動できるなど走行の自由度が高く，加減速性能が異なるなど走行性能も大きく異なっていることから，車両走行挙動の違いを考慮することも必要である。

混合交通流の解析においても，四輪車の交通流解析における大型車の扱いと同様に，主として乗用車換算係数を利用し，二輪車台数を乗用車換算台数に換算した上で，交通量 q，交通密度 k，**空間平均速度**（space mean speed）v をもって交通流状態を記述するマクロ交通流理論が適用されている。しかしながら，特に渋滞流中では，すり抜け走行に代表されるように，二輪車は四輪車と大きく異なる速度で走行することがあり，その挙動が大きく異なる。また，東南アジアの都市で見られるように（**図 4.20** 参照），二輪車が交通流に占める割合（二輪車混入率）が大きい場合には，その交通流の特質は日本をはじめとする先進諸国における交通流とは異なったものとなる。すなわち，二輪車混入率の違いによって交通流の特質が大きく異なるものと考えられる。このため，交通流の状況によって，乗用車換算係数は大きく変動することになる。大型車の乗用車換算係数に関しても，交通流状態によってその係数が変動すると考えられるが，渋滞流中での挙動の差が大きい二輪車の変動の程度は大型車のそれよりもさらに大きくなると考えられる。このことから，混合交通流を解析する際には，乗用車換算係数の変動を十分に考慮することが求められる。そこで，交通密度，交通量に二輪車混入率を加えた三次元空間において交通流状態を記述することが望ましく，**図 4.21** に示すように q-k 関係を q-k-r（r は二輪車混入率）の三次元に拡張した新しい理論の構築が期待される。

図 4.20 インドネシアにおける混合交通流

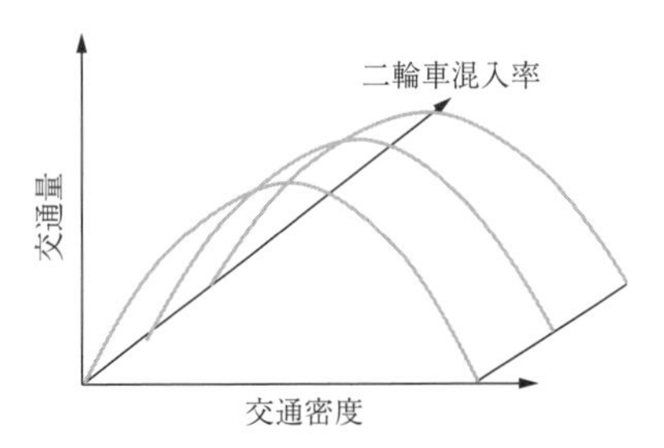

図 4.21 交通量・交通密度・二輪車混入率の関係

二輪車と四輪車は道路占有面積が異なることから，交通密度の単位として，四輪車の解析に用いた車線単位の車両台数〔台/km〕によって交通流状態を記述することには限界がある。そこで，これまでの交通密度の単位に代えて，単位道路面積当りの車両占有面積

〔-〕を用いること，あるいは交通量の単位として乗用車換算台数（pcu）に代えて道路占有面積を用いるなど，より二輪車の交通流解析にふさわしい単位を用いて解析を行っていくことが重要であろう。

（2）**自転車の交通流**　わが国においては，自転車は車道を通行することと定められている。しかしながら，現実には多くの自転車が歩道を走行している状況である。

自転車歩道通行可の規制がなされた区間において，歩道を走行する自転車の全自転車に対する割合と自動車交通量との関係を観測した結果，**図4.22**に示すように，自動車の交通量が大きくなるに従って，言い換えれば自動車に追い抜かれる機会が増えるに従って歩道を走行する自転車の割合が高くなっていることがわかる。このことは，自動車に追い抜かれる際に，自転車の運転者が事故発生の危険性を感じていることを示唆するものである。また，**表4.2**に示す自転車の種類と規格を見ると，ミニサイクルとスポーツ車では標準となる速度に倍半分の違いがあることがわかる。このため，ミニサイクルなどの特に走行速度の低い自転車は，自動車との速度差が大きくなり，自動車に混じって車道を走行する場合，スポーツ車などの走行速度の高い自転車との比較において，自動車の交通流により大きな影響を及ぼすと考えられる。よって，自転車の交通流を取り扱う際には，二輪車の交通流と同様に自動車，二輪車との関係を考慮に入れた新しい交通流理論の構築が期待される。また，すべての自転車を一律に取り扱うのではなく，自転車の規格に応じて，各種の自転車が自動車の交通流に与える影響を把握することも今後の研究課題の一つとなる。今後自転車に車道走行を促す際には，自転車が自動車の交通流に与える影響を勘案し，車道走行に適した自転車と歩道走行を認める自転車とに分類することも必要であろう。

一方通行の場合と二方向通行の場合の各状況下における自転車の走行速度と交通密度の逆数である車頭間隔の関係を計測すると，**図4.23**に見られるように，一方通行時よりも二方向通行時の方が観測結果のばらつきが大きく，一方通行時と二方向通行時とで，自転車の挙動に差があることが知られている。このことから，二輪車交通とは異なり，現状の自転車交通を対象とする場合には，進行方向の自由度を考慮した交通流解析を行うことも求められる。

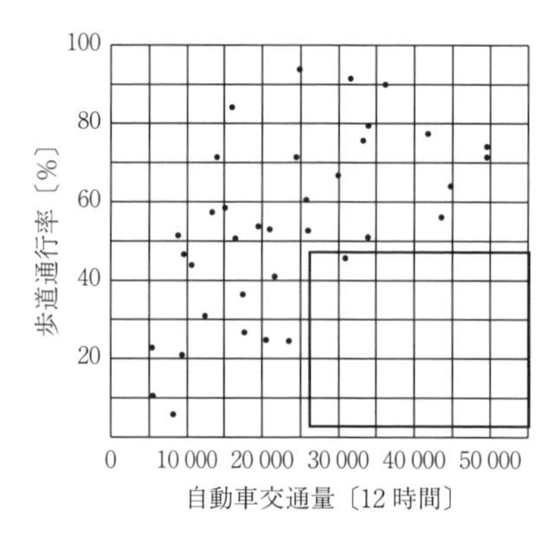

図4.22　自動車交通量と自転車が歩道を走行する割合（出典：自転車道路協会：大都市圏自転車道路－現状の問題点とその対策－（東京，大阪，札幌）(1980)，(1981)，(1982)）

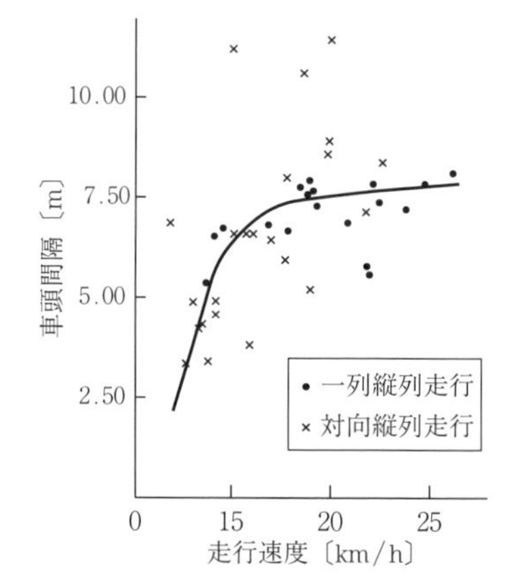

図4.23　自転車の走行速度と車頭間隔の関係（出典：日本道路協会：自転車道等の設計基準解説（1974））

表4.2　自転車の種類と規格

種　類	標準重量〔kg〕	形状				標準常用速度〔km/h〕
		全　長〔mm〕	ホイールベース〔mm〕	ハンドル幅〔mm〕	ペダルの最低地上高さ〔mm〕	
実用車	23	1 860以下	1 200以下	600以下	70以上	12
軽快車	20	1 860以下	1 200以下	550以下	70以上	14
ミニサイクル	20	1 660以下	1 100以下	550以下	50以上	8
スポーツ車	19	1 860以下	1 200以下	530以下	70以上	16

出典：日本道路協会：自転車道等の設計基準解説（1974）

（3） **歩行者の交通流** 歩行者交通流の解析に際しては，その移動の自由度が高いことから，自動車交通流における追従理論，すなわち前方を走行する1台の車両だけを考慮するのではなく，周辺に存在する歩行者や障害物などを複合的に考慮しなければならない。また，歩行者密度と歩行速度の関係は二次元空間における進行方向別の歩行者交通量に強く影響されるため，交通量と交通密度の関係は，歩行者用通路などの一方向（あるいは二方向）に歩行者が進行している状況に限った分析がなされている。**図4.24**に一般歩道と駅構内通路における歩行者交通流の観測結果例を示すが，自動車交通流と同様に歩行者交通流においても密度と速度の間に一定の関係があることがわかる。

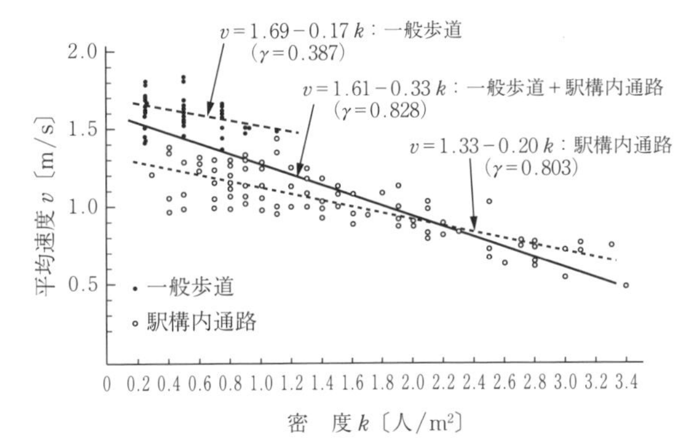

図4.24 通勤における密度と歩行速度の関係
（出典：吉岡昭雄：道路歩行空間の計画設計に関する交通工学的研究（学位論文）（1980））

近年では，Social Force Model[10]に代表される歩行者モデルを用いたシミュレーション解析による歩行者交通流解析が行われているが，今後は，二次元空間上での歩行者交通流を高い精度で再現する歩行者モデルを構築するなど，新しい理論の構築が期待される。

（吉井稔雄）

4.3.2 交 通 流 理 論

交通流理論（traffic flow theory）は，道路上のさまざまな交通現象を記述・解析・予測するための枠組みであり，分析目的や時空間スケール，表現する走行挙動の詳細度に応じて多数のモデルが開発されている。これらはおもに，車群を流体として近似して交通状態の時空間進展をモデル化する巨視的なモデル（本項で解説）と，車両の走行挙動や車両間の相互作用を直接モデル化する微視的なモデル（次項で解説）に大別される。

交通流理論は1930年代，Greenshields[11),12)]の交通状態量間の関係のモデル化（**fundamental diagram**）に端を発し，1950年代になると現在の標準となるいくつかの理論的枠組みが複数の研究者から独立に提案された。こうした世界的な交通研究への関心の高まりを受け，1959年に第1回の**国際交通流シンポジウム**（International Symposium on the Theory of Traffic Flow）が開催された。以来，より広範な交通理論を扱う**国際運輸・交通流シンポジウム**（**International Symposium on Transportation and Traffic Theory, ISTTT**）として，現在に至るまで交通分野の理論の発展に貢献している。わが国では，第7回京都（1977年），第11回横浜（1990年），最新の第21回神戸（2015年）と計3回開催されている。

〔1〕 交通流の表現法

交通流を分析するための最も基本的な手段は，その流れを描くことであり，この代表的な道具となるのが**時空間図**（time-space diagram）と**累積図**（cumulative plot）である。

（1） **時空間図と交通状態量** **図4.25**に示す時空間図は，時間-空間の二次元平面上で車両軌跡を表したものである。横軸が時刻t，縦軸が一次元の道路上の位置xであり，実線で描かれた各線が各車両の走行軌跡を表している。走行軌跡の傾きは車両速度を表し，ある位置での車両間の水平距離を車頭時間，ある時刻での垂直距離を車頭距離という。これらが個々の車両の動きを表す微視的な状態量である。

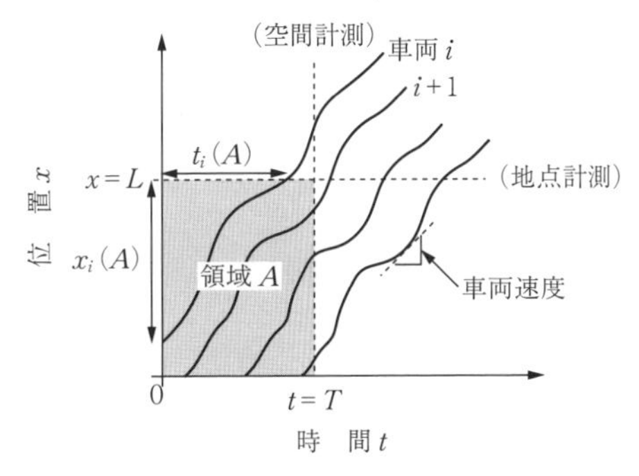

図4.25 時空間図

交通流の平均的な状態を表現する巨視的な状態量については，**交通流率**（traffic flow rate），**交通密度**（traffic density），速度がある。いま，地点$x=L$における水平方向の点線（地点計測）を考える。このとき，その地点を単位時間当りに通過する車両台数を交通流率（あるいは交通量）という。一方，時刻$t=T$における垂直方向の点線（空間計測）を考える。このとき，その瞬間に単位距離当りに存在する車両台数を交通密度という。平均速度は，地点断面での車両速度の算術平均である時間平均速度と，時間断面での車両速度の算術平均である**空間平均速度**（space mean speed）があるが，一般に後者が利用されるため単に「速度」といった場合には「空間平均速度」を指す。

これらの三つの状態量の関係を示すために，まず，交通流率と交通密度のより一般的な定義を与えよう[13]。いま，時空間図上の任意の領域Aを考える（図 4.25 では網掛け部分）。このとき，その領域の交通流率$q(A)$，密度$k(A)$は以下のように定義することができる。

$$q(A) \equiv \frac{\sum_i x_i(A)}{|A|},\quad k(A) \equiv \frac{\sum_i t_i(A)}{|A|} \tag{4.91}$$

ここで，$|A|$は領域Aの面積（$=TL$），$t_i(A)$，$x_i(A)$は各車両iが領域Aで費やす走行時間と走行距離である。一方，空間平均速度はつぎのように定義される。

$$v(A) \equiv \frac{\sum_i x_i(A)}{\sum_i t_i(A)} \tag{4.92}$$

この定義式 (4.92) より，明らかに

$$q = kv \tag{4.93}$$

が成立する。これは，交通流に関する最も基本的な関係式の一つである。なお，式 (4.91)，(4.92) が，上述した各状態量の定義の一般化となっていることは，（微小幅を持つ）地点・時間断面に定義式を適用することで確認することができる。

最後に，すべての車両（n台）がある区間（距離L）を走行するような時空間領域A^*を考えてみよう。このとき，定義式 (4.92) より

$$v(A^*) = \frac{n \cdot L}{\sum_i t_i(A^*)} \Leftrightarrow \frac{\sum_i t_i(A^*)}{n} = \frac{L}{v(A^*)}$$

が成り立つ。つまり，区間の平均旅行時間が空間平均速度から自然に導出される。空間平均速度が一般的に利用される理由は，式 (4.93) が成立することに加え，交通サービス指標の導出に適しているためである。

（2）　累積図と交通流の三次元表現　**図 4.26** に示す累積図とは，ある地点を通過する車両の累積台数の時間推移（累積曲線）を表したものである。横軸は時刻t，縦軸は累積台数であり，実線で描かれた滑らかな各線が各位置の累積曲線を表している（出入りがない限り累積台数がジャンプすることはない）。累積曲線は，本来，車両が通過するごとに1増加するという階段関数となるが，この図では車両を連続量（流体）として近似している。このとき，累積曲線の時々

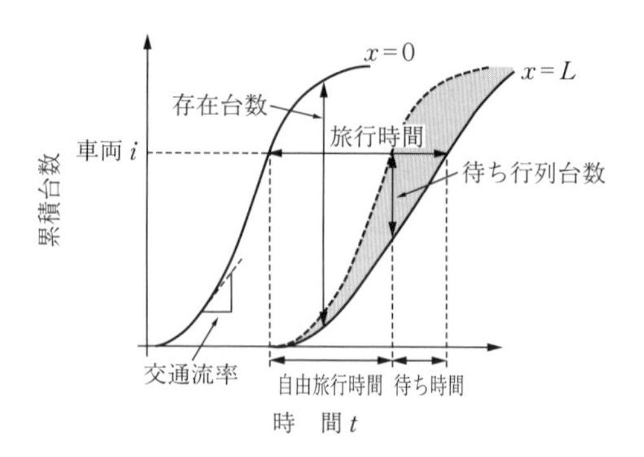

図 4.26　累積図

刻々の傾きは交通流率を表す。また，異なる2地点のある時刻での累積曲線の差は，（出入がなければ）その区間に存在する車両存在台数を表しており，交通密度を算出可能である。

累積図は，時空間図のように1台1台の詳細な車両軌跡を把握することはできないが，渋滞現象（待ち行列現象）を分析するための強力なツールである。いま，出入りおよび追越しのない（**First In First Out, FIFO**）道路区間を考える。このとき，道路区間の最上流$x=0$と最下流$x=L$の車の順序は保存されるため，各累積曲線の同じ高さの点は同じ車両を表す。したがって，2本の累積曲線の水平方向の差は，その高さに対応する車両の旅行時間を表している。また，最上流の累積曲線を自由旅行時間だけシフトさせた点線の累積曲線を考えると，その区間を通過するために余分に費やした待ち時間，待ち行列台数もわかる。図 4.26 の網掛け部分はこの待ち時間を車両について積分したものであり，その区間の総待ち時間を表している。

最後に，時空間図と累積図の関係について述べておく。Makigami, et al.[14] は，連続的な位置で累積曲線を描いたときに現れる曲面を用いて交通流を三次元表現する手法を提案した（**図 4.27** 参照）。この図において，位置断面は累積曲線を表しており，累積台数軸方向から見ると時空間図が現れる。つまり，累積台数の

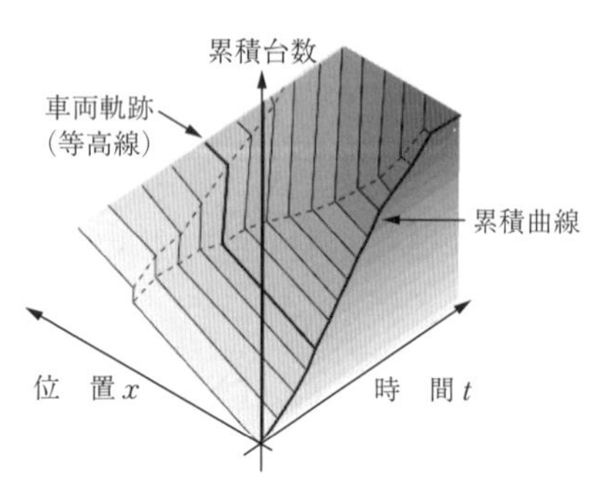

図 4.27　交通流の三次元表現

等高線が車両軌跡となる。この表現は，待ち行列現象と車両挙動を同時に含んでいるため，交通流解析においてきわめて有効な手法である。

〔2〕 **巨視的な交通流モデル**

（1） **Kinematic Wave 理論** 交通流を巨視的にモデル化する代表的な理論である **Kinematic Wave 理論**（kinematic wave theory）は，Lighthill & Whitham [15]，Richards [16] により提案された。この理論は，局所的な**交通量保存則**（conservation law）と道路特性を表す交通量-密度曲線（fundamental diagram）から構成される。

いま，ある時刻 t，位置 x の交通流率を $q(t,\ x)$，交通密度を $k(t,\ x)$ とすると，これらの二つの変数は交通量-密度曲線：$q(t,\ x)=Q(k(t,\ x),\ x)$ により関係付けられる（**図 4.28** 参照）。なお，式（4.93）から明らかなように，この図の原点からの傾きは速度となる。

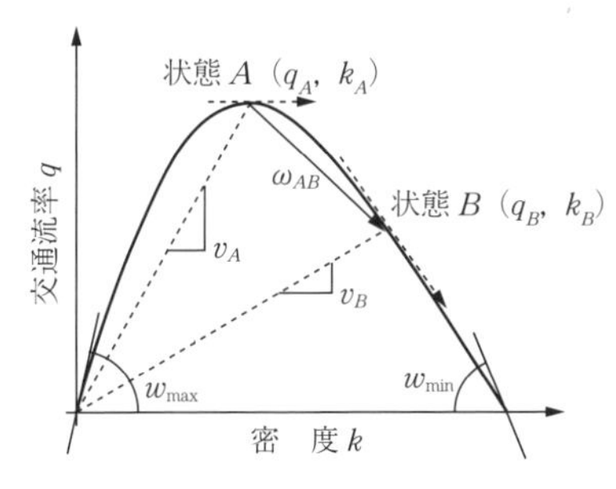

図 4.28 交通量 - 密度曲線

この理論では，交通状態が遷移するとき，その（時空間図上の）境界において交通流の不連続面が現れる（**図 4.29** 参照）。この不連続面は**衝撃波**（**shock wave**）と呼ばれ，渋滞末尾などの延伸・縮退現象を表す。衝撃波の速度は交通量保存則から導出される。図 4.28，図 4.29 に示す定常的な状態 A から状態 B への遷移を考えよう。衝撃波上を移動する観測者を追い越す車両の台数

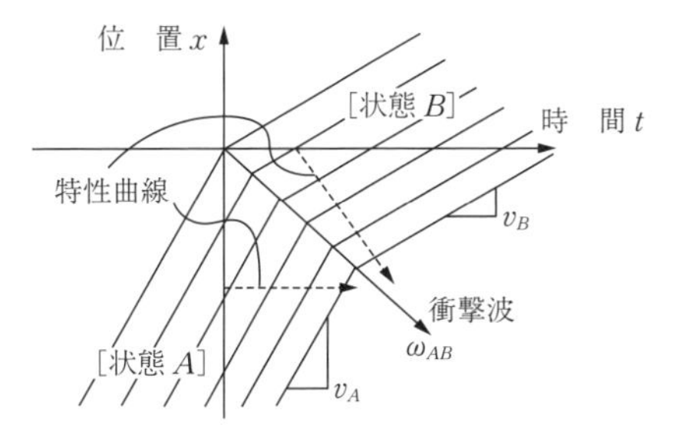

図 4.29 衝撃波の例

（相対交通量）=（相対速度）×（交通密度）

は状態 A，状態 B で等しい必要がある（交通量保存則）。この条件から，衝撃波の速度 ω_{AB} は

$$\omega_{AB}=\frac{q_A-q_B}{k_A-k_B} \tag{4.94}$$

と求めることができる。この速度は，交通量-密度曲線の二つの状態を結ぶ傾きとなる。

では，定常的な交通状態は時空間をどのように進むのであろうか。このことを考えるために，もう一度，交通量保存則を考えよう。不連続面を除く出入りのない道路区間での交通量保存則は

$$\frac{\partial k(t,x)}{\partial t}+\frac{\partial q(t,x)}{\partial x}=0 \tag{4.95}$$

と書くことができる。保存則（4.95）に交通量-密度曲線を代入すると，密度 k のみの偏微分方程式

$$\frac{\partial k(t,x)}{\partial t}+w(k)\frac{\partial k(t,x)}{\partial x}=-\frac{\partial Q(k,x)}{\partial x} \tag{4.96}$$

が得られる。ここで，$w(k)\equiv\partial Q(k,\ x)/\partial k$ は交通量-密度曲線の傾きでありウェーブ速度と呼ばれ，その範囲は図中の $[w_{\min},\ w_{\max}]$ である。

いま，ウェーブ速度で移動する観測者を考え，その軌跡を $x_w(t)$（特性曲線あるいはウェーブ軌跡という）とする。このとき，軌跡 $x_w(t)$ 上の密度変化 $dk(t,\ x_w(t))/dt$ は式（4.96）で与えられる。したがって，以下の連立常微分方程式を与えられた境界条件（初期条件，上下流端の条件等）の下で解くことにより，定常的な交通状態の時空間進展を求めることができる。

$$\begin{cases}\dfrac{dx_w(t)}{dt}=w(k)\\[2ex]\dfrac{dk\bigl(t,x(t)\bigr)}{dt}=-\dfrac{\partial Q(k,x)}{\partial x}\end{cases} \tag{4.97}$$

交通量-密度曲線が位置によって変化しない一様な道路を考えると，式（4.97）の第 2 式はゼロとなる。したがって，特性曲線上の密度は変化せず（境界条件で決まる），一定のウェーブ速度で時空間図上を進み（図 4.29 の点線矢印），複数の特性曲線が交わるところで衝撃波が生じる。なお，ウェーブ速度は負の速度もとり得るため，交通状態は空間的には上流にも下流にも進む。また，車両軌跡や衝撃波は現実に見えるが，特性曲線は視覚的に見ることは難しい。

（2） **交通流の変分理論** Kinematic Wave 理論は，提案以来長らく大きな理論的発展がなかったが，1990 年代にその応用範囲を大きく広げることとなったのが，Newell [17] の**最小包絡線原理**と後述の CTM の

提案である。さらに，Daganzo[18] は，最小包絡線原理を拡張し，**交通流の変分理論**（variational theory of traffic flow）を確立した。これらは，上述の方法（特性曲線および衝撃波の組合せ）では解析が難しかった，複雑な境界条件や衝撃波の挙動を理論的あるいは数値的に取り扱う方法を与えている。

Newell[17] は，式 (4.97) の第2式のように特性曲線上の密度を評価するのではなく，累積台数 $N(t, x)$ を評価することを提案した。ここで，$q(t, x) = dN(t, x)/dt$, $k(t, x) = -dN(t, x)/dx$ であることを利用すると，累積台数の変化は以下のように評価することができる。

$$\frac{dN\left(t, x_w(t)\right)}{dt} = q(t, x) - k(t, x)w(k) \tag{4.98}$$

これは，特性曲線に沿って移動する際に観測される相対交通量である。そして，この式および式 (4.87) により，与えられた境界条件の下，時空間上の任意の地点の累積台数を予測することができる。ただし，先にも述べたように特性曲線は一般に交わり得るため，時空間上のある地点に対して複数の累積台数が予測される。その際，その最小値をとることで，物理的に意味のある解が得られることを述べたのが最小包絡線原理である。

この原理は，一般に複雑な境界条件下では取扱いが難しい衝撃波の条件を明示的に考えることなく，Kinematic Wave 理論の解を得ることができるという点で画期的である。ただし，**図 4.30** からもわかるように，この相対交通量を評価するためには，その地点の密度 $k(t, x)$ を知る必要がある。そして，そのためには，連立常微分方程式 (4.97) を解く必要があるため，一様な道路以外では，一般的な解析は困難となる。

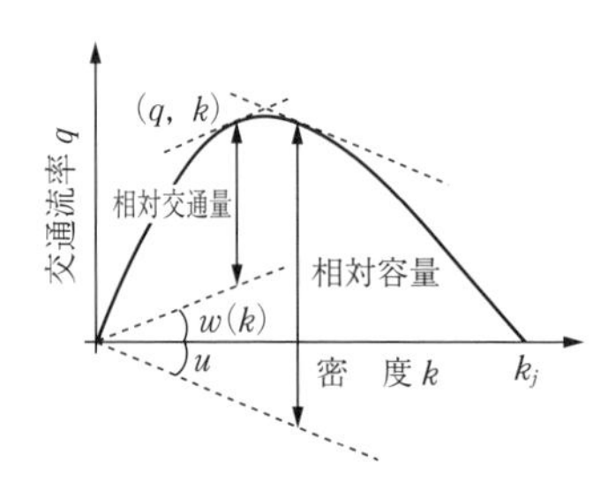

図 4.30　相対交通量と相対容量

そこで，実際の相対交通量ではなく，その上界である相対容量を評価するのが交通流の変分理論のアプローチである。いま，（ウェーブ速度とは限らない）速度 $u \in [w_{\min}, w_{\max}]$ で移動する観測者を考えたとき，相対容量 $RC(u, t, x)$ は

$$RC(u, t, x) = \sup_{k \in [0, k_j]} \left\{ q(t, x) - k(t, x)u(t, x) \right\} \tag{4.99}$$

と評価することができる。図 4.30 より，相対容量は速度 u の傾きと等しいウェーブ速度を持つ密度で決まることがわかる。したがって，$u = w(k)$ のとき，相対容量と相対交通量は一致する。

いま，与えられた境界条件から時空間上のある点 $P = (t_P, x_P)$ 上の累積台数 N_P を推定することを考えよう（**図 4.31** 参照）。点 P から速度 $u \in [w_{\min}, w_{\max}]$ を持つ妥当な経路 r を通って到達可能な境界 $B = (t_B, x_B)$ の累積台数を $N_{B(r)}$，妥当な経路の集合を R とする。

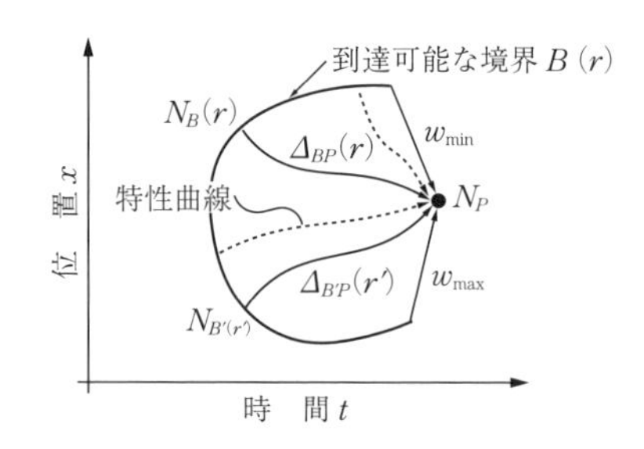

図 4.31　交通流の変分理論の概念図

また，その経路 r に沿った累積台数変化の上界を $\Delta_{BP}(r) \equiv \int_{t_B}^{t_P} RC(u, t, x)\,dt$ とする。このとき，累積台数 N_P はつぎのように評価することができる。

$$N_P \leqq N_{B(r)} + \Delta_{BP}(r), \quad \forall r \in R$$

さらにこの変分理論では，この制約条件を満たす累積台数のうち，最大値が実現することを仮定する。

$$N_P = \inf_{r \in R} \left\{ N_{B(r)} + \Delta_{BP}(r) \right\} \tag{4.100}$$

この理論で求められる累積台数は，妥当な経路集合に特性曲線が含まれ，かつ，特性曲線上の相対容量は相対交通量に一致するため，最小包絡線原理で求められる累積台数に一致する。

また，問題 (4.100) の目的関数は，経路 r の関数であり，相対容量 $RC(u, t, x)$ および $N_{B(r)}$ をコストとみなせば，最短経路問題（変分問題）であることがわかる。ただし，連続空間上の最短経路問題となっているため，実際に問題を解く際には，時空間上に構築したネットワーク上の最短経路問題として近似する。例えば，**図 4.32** に示すような二つのウェーブ速度を持つ三角形の交通量-密度関係を仮定した一様な道路の場合，そのウェーブ速度に沿ったリンク（コスト＝

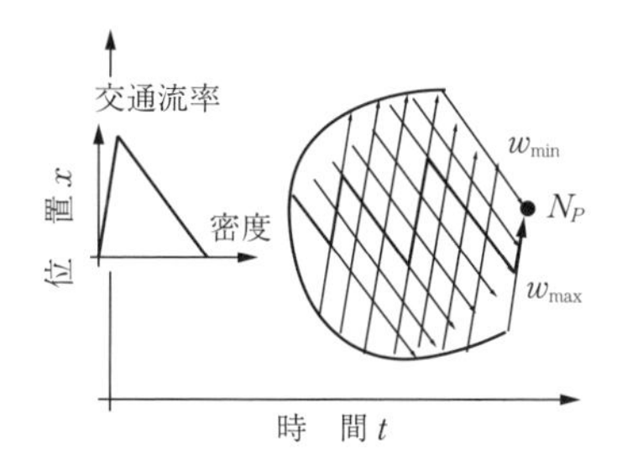

図 4.32 変分問題を解くためのネットワーク

相対容量）で構成されるネットワーク上での最短経路を求めればよい。なお，このような区分線形な交通量-密度関係を仮定した場合は，2 地点の累積台数の変化 $\Delta_{BP}(r)$ は経路に依存しない。つまり，経路選択は境界選択に帰着する。

〔3〕 巨視的な交通流シミュレーションモデル

Kinematic Wave 理論に基づく交通流シミュレーションモデルである **Cell-Transmission Model**（**CTM**）は，交通分野の世界で最もよく知られた交通流モデルの一つである。同種の手法は，わが国ではブロック密度法として 1970 年代前半に開発されていたが，Daganzo[19] によって，偏微分方程式 (4.96) の差分近似法（Godunov scheme）としてフォーマライズされ，その存在が広く知られるようになった。

CTM は，道路区間をセルに分割し，セル単位での交通流の時空間進展をモデル化するものである。CTM では，通常，区分線形近似した交通量-密度関係を仮定する（**図 4.33** 参照）。ここで，v_f は自由流速度（前進ウェーブ速度），$-w$ は後退ウェーブ速度，μ は容量，k_j はジャム密度である。また，セルは単位時間 Δt 当りに自由旅行速度 v_f で進む距離 $\Delta x = v_f \Delta t$ で分割される（**図 4.34** 参照）。CTM において，交通流率・密度に対応する変数は，時間 $t \sim t+\Delta t$ の間に地点 x を通過する交通量 $y_i(t)\,(=q_i(t)\Delta t)$ と時刻 t のセルの車両台数 $n_i(t)$ である。

CTM は，Kinematic Wave 理論同様，保存則と交通

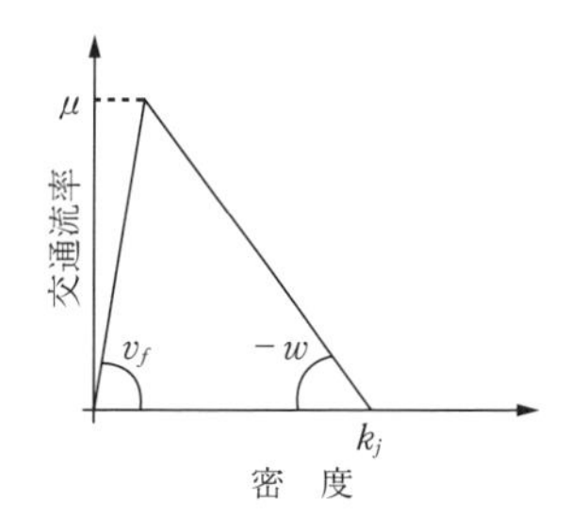

図 4.33 三角形の交通量 - 密度関係

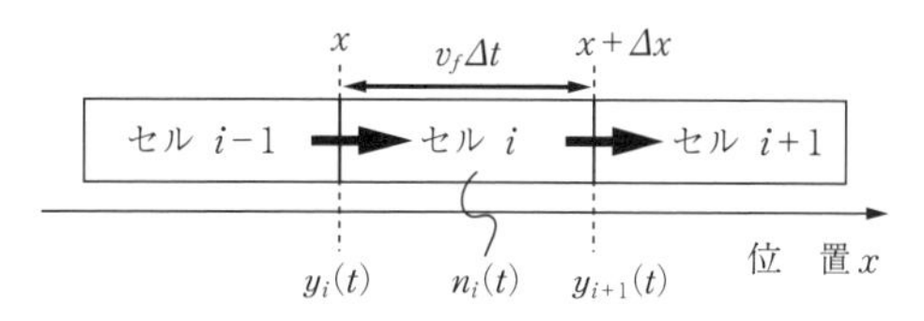

図 4.34 道路空間のセルによる表現

量-密度関係から構成される。具体的には，まず，車両台数の時間進展は，交通量保存則により以下のように表される。

$$n_i(t+\Delta t) = n_i(t) + y_i(t) - y_{i+1}(t) \quad (4.101)$$

一方，セル間を流れる交通量 $y_i(t)$ は，交通量-密度関係から決定される。

$$\begin{aligned} y_i(t) &= \min\left\{v_f k_{i-1}(t), w\left[k_j w - k_i(t)\right]\right\}\Delta t \\ &= \min\left\{n_{i-1}(t), \left(\frac{w}{v}\right)\left[\bar{n} - n_i(t)\right]\right\} \end{aligned} \quad (4.102)$$

上式より，式 (4.102) が交通量-密度関係を表したものであることがわかる。式 (4.102) の重要な点は，交通量-密度関係の自由流部分はセル断面の上流側交通状態 $n_{i-1}(t)$ により決まっており，渋滞流部分は下流側交通状態 $n_i(t)$ で決まっていることである。これは，交通状態がウェーブ速度で進展する（4.3.2 項〔2〕(1) 参照）ことに整合的である。より直感的には，右辺第 1 項は上流側からの交通需要を表しており，右辺第 2 項は下流側で受け入れ可能な台数，すなわち，供給制約を表している。そして，需給の制約を満たす交通量のうち最大の交通量がセル断面を流れることとなる。

〔4〕 現在の動向と今後の展望

Kinematic Wave 理論は，**交通流の不安定性**（traffic instability）を表現できないことや，衝撃波を横切る際に無限大の加速度で車両が挙動変更することなど，いくつかの限界を持っている。そのため，それらの現象を扱うために他の巨視的交通流モデルの開発も進められている[20]。しかし，現在のところ，"parsimonious" なモデルでありながら，さまざまな交通現象を表現できるという Kinematic Wave 理論の（工学上の）優位性は変わっていない。

Kinematic Wave 理論そのものについては，変分問題としての理論的基礎付けがされて以降，理論・応用研究が活発化している。その一つは，多様なソースから得られる交通データ（感知器，プローブ情報等）を整合的に融合する研究である[21]。ここでは，複雑な境界条件を統一的かつ容易に扱うことを可能にした相対容量（リンクコスト）という概念が大きく貢献して

いる。別の方向としては，変分理論により，巨視的な交通流理論と微視的な追従理論との関係性や等価性が明らかになってきており，互いの長所を持つような統合モデルの開発も行われている[22]。

本項で解説した単一道路の交通流理論をネットワークへと拡張する研究[23]や，より現実的な交通を取り扱うための複数車線や複数車種を考慮した研究[24]も進展している。これらは，Kinematic Wave 理論の応用上の幅を広げるだけでなく，簡便かつ計算コストを抑えながら多様な現象を表現する交通シミュレーションの開発にもつながると考えられる。

動的なネットワーク均衡問題や交通管理・制御問題のサブモデルとしても交通流理論は重要な役割を果たしており，その発展のインパクトは小さくない。例えば，交通流モデルを変分問題として表現することにより，全体の問題を従来と異なる方法でモデリングすることが可能となる。実際，和田ら[25]では，交通流の変分理論に基づき，系統交通信号の新たな最適化手法を提案している。また，交通流モデル自体の解の性質（準解析解の導出等）についても研究が進んでおり，こうした新たな見方・性質は，交通流理論をサブモデルとして含む問題の特性解明や進展に十分寄与する可能性がある。　（和田健太郎）

4.3.3　運転挙動・歩行挙動

本項では，個々の車両や歩行者の動きを表現する挙動モデルについて述べる。このようなモデルは，交通の流れを流体として巨視的に表現する前項の理論と対比して，**微視的モデル**（microscopic model）と呼ばれることもある。

〔1〕 挙動モデルの特性と分類

交通流理論では，**fundamental diagram** を用いて交通流の遷移状態を表現する。しかし，新設・改良後の道路構造や運用状態における fundamental diagram を事前に知ることは困難である。歩行者交通流に至っては，複数方向の流れを考慮した fundamental diagram の一般形はいまだ明らかになっていない。このように複雑な条件が混在する場合には，個々人の速度・加速度状態を，他の車両や歩行者から受ける影響を考慮しつつ表現する微視的モデルが有効である。

車両の微視的挙動は，**前後方向運動**（longitudinal movement）と**左右（横）方向運動**（lateral movement）に分けることができる。前者は，前方車との位置関係によって，**追従走行**（car-following）状態と単独走行状態に分けられる。追従走行状態は，車両が前方車の影響を受けつつ走行する状況であり，前方車両と自車両との距離や速度差などを調整しつつ自車両の速度・加速度を決定する。単独走行状態は，前方車両までの距離が十分遠く，その影響を受けずに単独で走行する場合である。左右方向の運動については，合分流部での合流・分流や追越し時などの**車線変更**（lane changing）挙動がある。

歩行者は進行方向が車線によって制限されるわけではなく，移動方向を 360 度自由に設定することができる。したがって，前後・左右の動きを統合して考え，周辺歩行者との位置関係や相対速度などから自分の速度・加速度ベクトルを求めるモデルが一般的である。

いずれもきわめて多数のモデルがこれまでに提案されているが，本項では，車両の追従，車線変更，歩行者挙動それぞれの主要なモデルとその特徴を紹介し，最後にこれらの課題を述べる。

〔2〕 追従挙動モデル

（1） GHR（GM）モデル　　古典的な追従挙動モデルは，以下のフィードバック制御の形で記述される。

反応（出力）＝反応強度（感度）×刺激（入力）

つまり，追従車両の運転者は前方車両との車間距離や相対速度の変化を入力として与えられ，ある感度の下に自車両の加速度を出力する，というモデル構造である。さらに，刺激を受けてから反応するまでには時間がかかることから，**反応遅れ時間**（reaction time）を考慮するのが通例である。

この形式の追従モデルとして著名なのが，Gazis, et al.[26] によるモデルである。提唱者3名の頭文字（Gazis, Herman, Rothery）をとって **GHR モデル**，あるいは彼らが所属していたことから **GM モデル**と呼ばれる。

$$\ddot{x}(t+\tau)=\alpha\frac{\left[\dot{x}_{i+1}(t)\right]^{m}}{\left[d(t)\right]^{l}}\left\{\dot{x}_{i}(t)-\dot{x}_{i+1}(t)\right\} \tag{4.103}$$

ここで

$\ddot{x}_{i+1}(t)$：時刻 t における追従車 $i+1$ の加速度〔$\mathrm{m/s^2}$〕

$\dot{x}_{i+1}(t)$：時刻 t における追従車 $i+1$ の速度〔m/s〕

$\dot{x}_{i}(t)$：時刻 t における前方車 i の速度〔m/s〕

τ：反応遅れ時間〔s〕

$\alpha,\ l,\ m$：モデルパラメーター

$d(t)$：時刻 t における追従車と前方車との車間距離〔m〕

である。

この式は，追従車速度が大きくなると反応強度が大きく，車間距離が大きくなると反応強度が小さくなる

ことを示している。

（2） **衝突回避モデル**　GHR モデルはあくまで刺激に対して設定した反応強度で応答するモデルであるが，車両どうしが衝突する可能性を排除することはできない。これに対し，前方車が予測しない急減速を行ったときに，自車両が衝突しないための**安全追従距離**（safe following distance）を確保することを制約条件として加速度を設定するのが**衝突回避**（collision avoidance）モデルである。Gipps[27] は，安全追従距離による制約を受ける状態とそうでない状態とに分けて加速度を選択するモデルを提案したが，後者の状態では希望速度に向けて加速する行動をとり，2 状態の加速度が不連続に遷移するという課題があった。緩やかな減速により 2 状態の遷移過程をより現実的に説明するものとして，Intelligent Driver モデル（**IDM**）が提案されている。

$$\ddot{x}(t+\tau)=a\left[1-\left(\frac{\dot{x}(t)}{v_0}\right)^{\delta}-\left(\frac{s^*(\dot{x}(t),\Delta v)}{d(t)}\right)^2\right] \tag{4.104}$$

$$s^*(\dot{x}_{i+1}(t),\Delta v)$$
$$=s_0+\max\left(0,\dot{x}_{i+1}(t)T+\frac{\dot{x}_{i+1}(t)\Delta v}{2\sqrt{ab}}\right) \tag{4.105}$$

$$\Delta v=\dot{x}_{i+1}(t)-\dot{x}_i(t) \tag{4.106}$$

ここで

v_0：追従車の希望速度〔m/s〕
s_0：最小車間距離〔m〕
T：希望車間時間〔s〕
a, b, δ：モデルパラメーター

である。

（3） **モデルの安定性**　追従挙動モデルでは，前方車の挙動になんらかの外乱（インパルス）が加わると，追従車の加速度の値が収束せず，定常振動したり発散したりすることがある。このような，前方車挙動への外乱に対する後続直近の追従車の制御安定性を**局所安定性**（local stability）と呼ぶ。

つぎに，2 台目，3 台目と後続の追従車両がつぎつぎにインパルスに対して連鎖的に反応していく状況を考える。後続の車両に行くほど反応が大きくなると，車群全体としての挙動が不安定になることから，後続車両ほど反応が小さくならなければならない。この安定性のことを，**漸次安定性**（asymptotic stability）または**連鎖安定性**（string stability）と呼ぶ。

図 4.35 は式（4.108）の GM モデルで $l=m=0$ と置いた線形モデルについて，先頭車両のインパルス速度変動に対する，2 台目以降の速度変動を示している。このモデルでは局所安定性を確保する条件は $\alpha\times\tau\leqq\pi/2$，漸次安定性を確保する条件は $\alpha\times\tau\leqq 1/2$ であることがわかっており，上は局所安定・漸次不安定，下は局所・漸次ともに不安定な状態である。

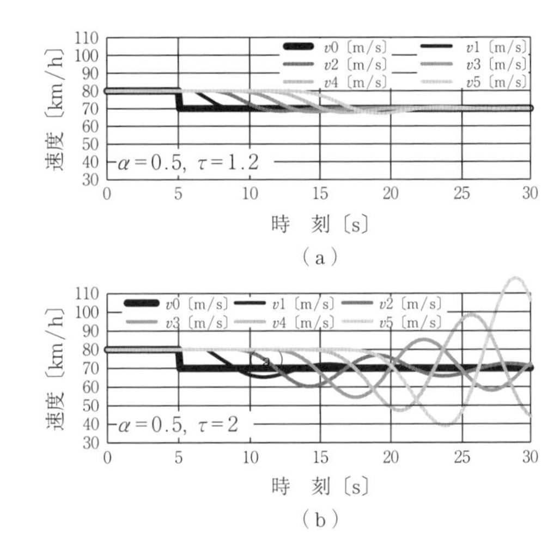

図 4.35　インパルス応答と追従安定性

（4） **「簡便な」追従挙動モデルとマクロな交通流特性**[28]　追従挙動の加速度項を無視したモデルを考える。すなわち，**図 4.36** の時空間図における先行車両・追従車両の軌跡（破線）を，線分の組合せによって表現する。追従車がある追従遅れ T と距離 D を伴って先行車の軌跡に追従するとき，以下の式が成り立つ。

$$s_A=v_AT+D$$

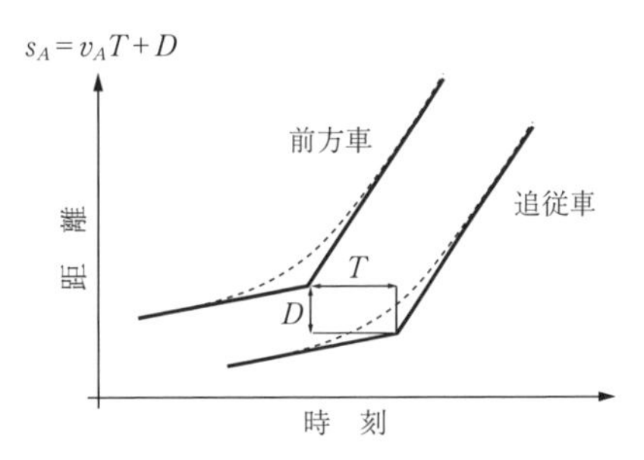

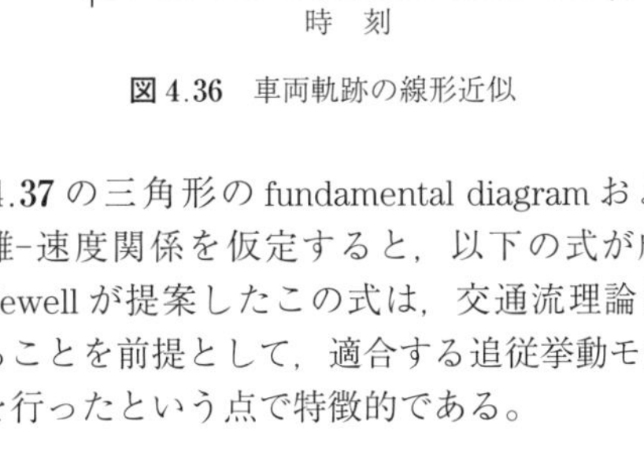

図 4.36　車両軌跡の線形近似

図 4.37 の三角形の fundamental diagram および車頭距離-速度関係を仮定すると，以下の式が成り立つ。Newell が提案したこの式は，交通流理論と整合をとることを前提として，適合する追従挙動モデルの検討を行ったという点で特徴的である。

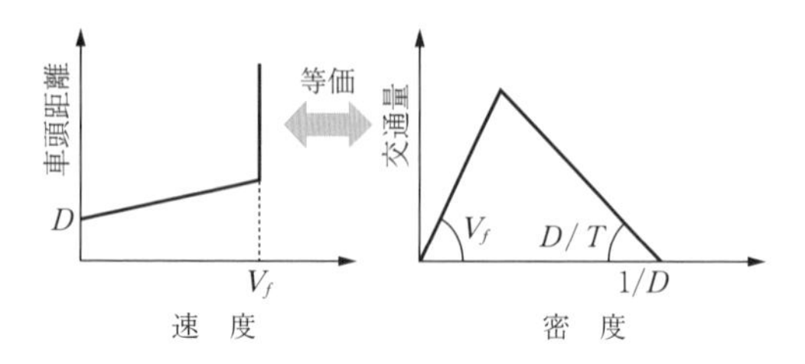

図 4.37　三角形 fundamental diagram

$$x_{i+1}(t+T)=x_i(t)-D$$

（5） fundamental diagram との関連性　一般的な追従挙動モデルについても fundamental diagram との関連性を議論することができる。追従挙動モデルは車両の加減速を動的に記述するモデルであるが，局所安定・漸次安定が保証される場合は，外乱がなければ最終的になんらかの均衡状態に落ち着く。

例えば GHR モデルで $l=m=0$ のときは線形常微分方程式になることから，密度 k は車頭距離の逆数であることに注意して，$k=k_j$ のとき $v=0$ であるという境界条件を用いると，以下の関係式が導かれる。

$$v=\alpha\left(\frac{1}{k}-\frac{1}{k_j}\right) \tag{4.107}$$

これは，密度に対する速度の単調減少関数であり，fundamental diagram にほかならない。同様に，各種の追従挙動モデルについて，均衡状態では fundamental diagram と整合することが明らかになっている。

〔3〕 車線変更モデル

（1） 車線変更モデルの基本構成　車線変更を行う状況は，合流部や車線減少時などのように進行するために必ず車線変更を行わなければならない場合（**強制的車線変更**（mandatory lane change））と，そうでない場合（**任意車線変更**（discretionary lane change））がある。後者は，運転者が自分の希望速度に近い，より良い走行環境で走行するために前方車を追い越す場合などである。

車線変更モデルは，1）車線変更を行うべきか否かの要求発生と，2）車線変更のタイミング判断の二つの過程に分けることができる。強制的車線変更ではすべての車両が車線変更せざるを得ない状態にあるが，任意車線変更では現在の車線の前方車速度が隣接車線の車両速度に比べて著しく低い場合などに車線変更の要求が発生する。車線変更を行うという要求を持っている車両は，変更先の車線における前後の車両との相対位置や速度を考慮しながら，安全に車線変更ができるタイミングを判断する。このとき，強制的車線変更では車線変更が可能な区間が決まっており，その限られた区間内で車線変更の意思決定を行うのに対し，任意車線変更では区間が定まっていないことが多い。

また車線変更時には，車線変更を行う車両だけではなく，周辺車両が速度調整や車線変更などの協調行動を行い，当該車両の車線変更をしやすくすることもある。これを避走という。

図 4.38 に，典型的な車線変更の状況を示す。V_2 が車線変更要求を持った車両で，V_1, V_3 はそれぞれ現在の前方車，後方車である。V_4, V_5 は車線変更先の車線の前方車，後方車である。V_4 と V_2 の進行方向に対する距離を**前方ラグ**（lead lag），V_2 と V_5 の進行方向に対する距離を**後方ラグ**（follow lag）と呼ぶ。これらの値がある閾値（しきいち）以上となったときに，車線変更が可能であると判断される。

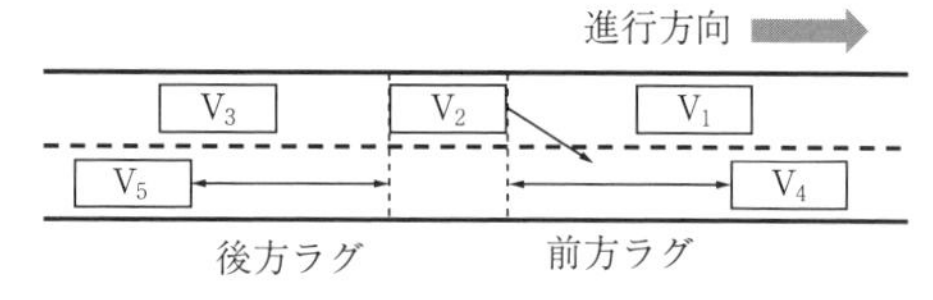

図 4.38　典型的な車線変更状況

（2） ルールベースの車線変更モデル　Gipps[29] は，一般道において車線変更を行うか否かを，衝突せずに車線変更することができるか，車線変更を行うことが必要な状況に置かれているか，車線変更をすることによって速度増加が望めるか，を考慮して決定するモデルを提案した。

Kesting, et al.[30] が提唱する MOBIL（Minimizing Overall Braking Induced by Lane changes）は，車線変更判定を加速度の変化から求める。加速度はシミュレーションでは追従走行モデルにより計算されるため，計算コストが小さいことが特徴である。ただし，現状では実測値による検証が不十分であり，今後の分析が待たれる。

（3） 効用最大化理論による車線変更モデル

個々の車線変更行動選択要因をルールベースで記述するのではなく，効用最大化の観点から，時々刻々の離散選択行動の積み上げとして行動を表現するモデルである。Ahmed, et al.[31] は，運転者が現在の車線および右車線，左車線を選択したと仮定したときの効用関数をそれぞれ推定し，車線変更のモデルパラメーターを求めた。強制的車線変更と任意車線変更の二つを一つの効用関数で説明したり，運転者の運転特性を複数のグループに分類し，運転特性別の効用関数を推定する試みも行われている[32]。

（4） 車両相互作用を考慮した車線変更モデル

多くのモデルでは，車線変更先の車両の挙動は対象車両の行動に影響されない。しかし交通量が多くなると，対象車両が安全なギャップを見つけることが困難となる。ギャップが小さいときに車線変更先の後続車両が減速し，対象車両が入るための空間を作るモデル[33]や，車線変更車両と後続車両の相互の意思決定をゲーム理論により説明するモデル[34]が提唱されている。

〔4〕 **歩行挙動モデル**

（1） **モデルで再現すべき交通現象**　歩行者交通は前述のとおり，前後方向と左右方向の移動が複合的に絡み合っている。特に混雑評価の観点からは，少なくとも以下の条件において挙動を再現することが必要と考えられている[35]。

一方向交通流（uni-directional flow）

- 直進交通流
- 角を曲がる流れ
- 狭幅員通路への流入・流出

複数方向交通流（multi-directional flow）

- 対向二方向交通流
- 交差交通流（二方向以上）
- ランダムな方向の交錯

またこのほかに，モデルが歩行者間の回避挙動を説明しているかどうかを確認するための定性的な指標として，**自己組織化現象**（self-organization phenomena）が用いられる。これは，個々の歩行者が回避行動をとった結果，交通流全体として観測される流動特性である。よく知られている自己組織化現象の例を示す。

- **車線の形成**（lane formation）
- **ファスナー効果**（zipper effect）
- **「急ぐほど遅い」効果**（faster-is-slower effect）

車線の形成は，同じ方向に移動する歩行者群がまとまり，車線を形成して移動する現象である。通路で対向二方向に移動する場合は当然のこと，交差交通でも斜め方向に車線を形成したときに，互いに安定して移動できる定常状態となることが知られている。ファスナー効果は，混雑した状況で歩行者が互い違いに空間を占有する現象で，前方歩行者との距離を保ちつつ密度の高い状態を実現する。faster-is-slower effect は，特に避難時のパニック状態などで，ボトルネック待ち行列後方の歩行者が無理に前方に進もうとすることでボトルネック周辺が高密度となり，さばけ交通量が著しく低下する現象である。狭い出口に殺到する歩行者の体が互いに組み合い，アーチ型を形成することで進めなくなってしまう，**アーチ効果**（arching effect）が一例である。

（2） **挙動表現の要素**　歩行者挙動モデルでは，まず歩行者は**希望移動方向**（desired direction）を持っていると仮定する。この希望方向は，歩行者の目的地や，目的地に至るまでの経路選択の結果得られる中間目的地の方向として与えられるもので，周辺に歩行者等がいない場合に移動する方向である。

以下では，歩行者挙動モデルのうち，著名なものの一部を紹介する。いずれのモデルも基本的には，歩行者が 1）なるべく希望方向に移動しようとする，2）周辺歩行者との衝突を回避する，3）急激な加減速を避ける，の3条件を満たすように速度または加速度（ベクトル）を選択する。また，歩行者の視野の範囲を限定し，視野内に入った周辺歩行者のみを回避対象として判断するモデルも多く見られる。

（3） **Social Force モデル**　Helbing, et al.[36]が提案した Social Force モデルは，歩行者加速度ベクトルや移動空間を連続量で扱うモデルである。実装が容易なこともあり，歩行者ミクロ挙動モデルの中では最も著名なモデルの一つとして知られている。Social Force モデルは，運動方程式のアナロジー，すなわち

（歩行者の質量）×（加速度）
　　＝（歩行者が受ける外力）

として歩行者の加速度を表現する。歩行者間，あるいは歩行者と障害物との間に反発方向の力が働いているとみなし，この反発力と，希望速度ベクトルに速度ベクトルを合わせようとする力との合力を歩行者の外力と考えるものである。反発力は周辺歩行者と自分との距離に応じた減少関数となるが，さらに周辺歩行者との相対速度や自分の向いている方向などを考慮した各種の拡張モデルが提案されている。

また，Hoogendoorn and Bovy[37]は，歩行者の加速度選択行動を個人の効用最大化問題として定式化し，それが前後方向と左右方向の動きの重み付けを行わない場合に Social Force モデルと等価であることを示した。

（4） **離散行動選択モデル**　離散行動選択モデル[38),39]は，歩行者の速度選択肢集合を離散的に与え，歩行者の希望方向，周辺歩行者の位置・速度等から求めた各選択肢の効用を基につぎの時刻の速度ベクトルを離散選択モデルによって決定するものである。この形式のモデルは，最初の提唱者である Antonini, et al.[38]も目的としていたように，画像処理による歩行者検出能力を向上させるために挙動モデルと組み合わせる，という用途に多く用いられている。各選択肢の選択確率を検討することができるため，画像処理における尤度（ゆうど）算定との親和性が高いことが理由の一つといえる。

（5） **速度探索モデル**　速度探索モデルは，個人が移動可能な空間を探しながら，最短軌跡を時空間上で積極的に探索していくモデルであり，おもにロボ

ティクスの分野で研究が進められてきた[40]。多くのモデルが周辺歩行者の速度を一定とみなしているが，周辺歩行者もそれぞれ個別に意思決定しつつ移動しているため，結果が必ずしも最適とはならない問題があった。

これに対し，Asano, et al.[41] の Fastest Trajectory モデルでは，歩行者は互いに将来の予定軌跡情報を知ることができると仮定し，相手の行動を考慮しつつ自己の予定軌跡を更新していく。このモデルは，比較的混雑した複数方向の交通流においても効率的な回避挙動をとることができる一方，モデル構造が複雑となりやすく，計算コストが大きくなる傾向がある。

（6）　希望速度ベクトル選択モデルとの連結

（3）〜（5）のモデルは，いずれも歩行者の希望速度ベクトルを所与とする。しかし，例えば角を曲がる交通を表現する場合などは，希望速度ベクトルは場所によって異なり，その与え方によっても歩行者群の集中・分散状況は変わることがわかっている。したがって，ネットワーク上の経路探索よりも詳細な単位で，歩行者位置に応じた希望速度ベクトルを精度よく設定することが重要である。空間上に移動コストポテンシャル面を算出し，その降下方向を希望速度ベクトルとみなすモデル[42] などが提案されている。

〔5〕　その他の車両モデル・混合交通モデル

発展途上国等，車両が必ずしも車線に従わず，1車線に2台以上が並走するような交通条件では，車線よりも細かい単位で横方向の移動を表現する必要がある。車両が車種に応じた幅員を占有することで，このような並走状況を表現するモデル[43] がある。

〔6〕　挙動モデル研究に関する今後の課題

本項冒頭に示したとおり，個々の車両・歩行者の微視的モデルは，fundamental diagram で説明できない詳細・複雑な状況を柔軟に説明できることに意義がある。しかし，現状の微視的モデルでは，自動車交通のボトルネック部分での渋滞発生現象すら満足に再現できているとはいいがたい。例えば高速道路サグ部では，交通量の増加に伴う追越車線への車線利用率の偏りや車群の形成，前方車両の速度低下とその後方への伝播（でんぱ）といった一連の既知のメカニズムを再現し，任意の交通需要や道路勾配を与えたときに渋滞発生確率を求められるモデルが望ましいモデルといえる。しかし，これを定量的に再現可能なモデルはいまだ存在しない。

分合流部などのその他のボトルネック地点に関しても同様である。特に合流部では，交通量が増大したときには実際には車両が交互に1台ずつ合流する（ファスナー合流）状況も見られるが，このような高度な協調行動を表現することはできていない。そこまで交通量が大きくない場合でも，協調行動を行わない車線変更モデルでは，後続車は対象者が車線変更してはじめて追従走行モデルにより速度調整を行うため，本線車は時に現実的でない急減速を強いられることもある。

歩行者モデルに関しては，これまでに多様なモデルが提案されているものの，〔4〕（1）で述べた状況すべてを再現できるものはいまのところまだ存在していない。また，そもそも再現すべき歩行者の巨視的な交通流について不明な点が多く見られることから，観測値と照らし合わせた検証を進めていくことが必要である。混合交通モデルも同様に，国や地域によっても車線の運用形態や車両の種類が異なることもあり，個々の交通条件に対する実測の知見がいまだ限られており，データの蓄積が望まれる。

挙動モデルは，モデルの精緻化だけでなく，利用者の挙動特性分布を捉えることも必要である。平日頻繁に運転するドライバーと休日まれに運転するドライバーとでは，追従時の感度や反応時間，車線利用選好などが異なる。歩行者は，移動目的や年齢などの属性，大きな荷物の有無などによって，希望速度や視野の範囲などが大きく変動する。これらの要因により，同じ交通量でも渋滞の発生しやすさは変わってくると考えられる。個人属性をモデルパラメーターからいかに推定するか，という点も重要な課題である。

（井料美帆）

4.3.4　交通信号制御

本項では，交通信号制御に関して〔1〕その考え方，〔2〕〜〔4〕基礎的な考え方（信号現示，制御パラメーター，交通容量）ならびに，〔5〕基本的な制御パラメーターの設定方法を示し，〔6〕今後の研究課題を整理する。なお，信号制御に関する書籍はすでに多く出版されており，ここでの内容に関して，特に注記がない場合は，文献44）〜47）に記述されている内容に準拠しており，詳細については当該文献を参照されたい。

〔1〕　交通信号制御の考え方

交通信号機は，同一平面上で相互に交差する交通に対してそれぞれの通行権を青，黄，赤などの表示で明示することにより，交差する交通流を時間的に分離し，安全で円滑な交通秩序を確保するために設置・運用される。さらに，円滑な交通流を確保することにより，大気汚染や騒音工学などを軽減して生活環境を保全することも目的である。

信号制御方法の企画においては，以下のような点に留意が必要である。

① 交差点における交通流の錯綜を最小化する
② 沿道地域社会に安全な横断路を確保する
③ 車両の走行速度を適正に制御する

交差点における信号機の設置においては，自動車等の交通量が最も重要な要件である。ある程度以下の交通量であれば，一時停止などの交通規則で処理し得るが，その範囲を超えると交通を円滑に処理できなくなり，ひいては無理な交差点侵入による事故発生を招くので，信号機の設置が検討される。また，もしも信号機が設置されていれば防止できたと判断される交通事故が，過去一定以上発生している場合には，事故防止を目的として信号機の設置を検討する。歩行者用信号機は，横断歩行者需要，車道の幅員，自動車等の交通量などを考慮して設置を検討する。

〔2〕 信 号 現 示

信号現示（signal phase）とは，一つの交差点において，ある1組みの交通流に対して同時に与えられる交通権またはその通行権が割り当てられている時間帯であり，より身近な表現をすると青表示の状態である。信号現示の組み方は，その交差点における自動車交通，横断歩行者交通ならびに自転車交通に対する安全性と効率の双方にとって大きな影響を及ぼす。信号現示は，四枝交差点，T字形交差点などの交差点形状，流入路別進行方向（直進，右折，左折）別交通量の構成および各方向別横断歩行者交通量などを総合的に判断して決定される。その例を**図4.39**に示す。図内の実線矢印は通行権が与えられる車両の動線を示し，破線矢印は，通行権が与えられる歩行者の動線を示している。図4.39（a）には四枝交差点において最も典型的な2現示制御の場合の信号現示の組合せを，図（b）には，図（a）に比べて右折車交通量が多い場合に見られる信号現示の例を示している。例えば，

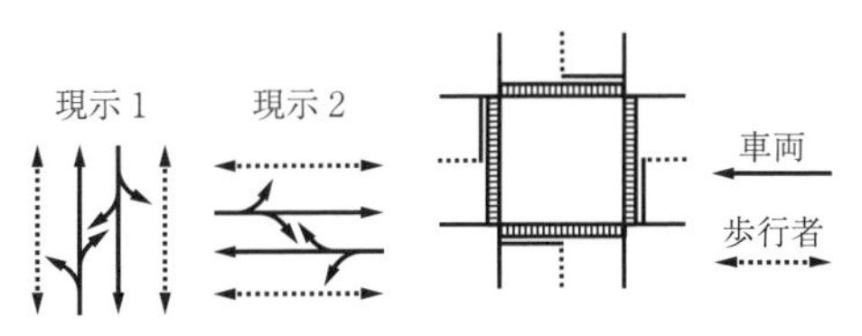

（a） 2現示の例（右左折車が少ないとき）

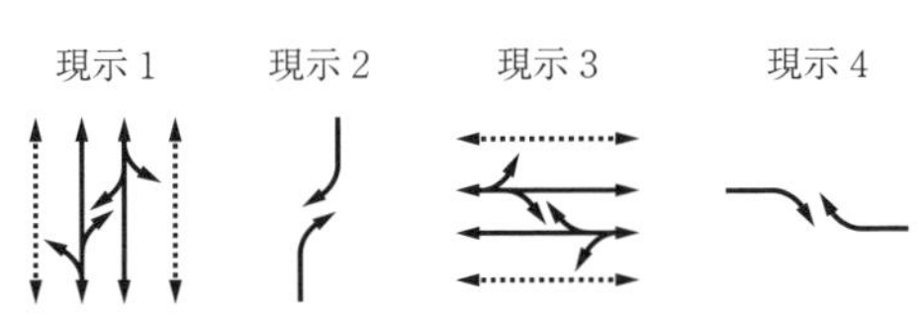

（b） 4現示の例（右折車が多いとき）

図4.39 四枝交差点における信号現示の例

歩行者交通量が特に多い場合に用いられる信号制御手法であるスクランブル制御等は，全方向への歩行者交通の現示が追加されるなど，信号交差点の設置箇所の交通特性に応じて決定される。

〔3〕 **制御パラメーター**

制御パラメーターには，サイクル長，スプリット，オフセットがある。以下ではそれぞれについて説明する。

（1） **サイクル長**　サイクル長とは，信号表示が一巡する時間〔s〕である。具体的には，ある青表示の開始時刻から，同じ青が再び表示されるまでの時間である。

（2） **スプリット**　スプリットとは，各現示に割り当てられる時間である。一般に，サイクル長に対する割合である。なお通常は，信号の実際の青表示時間ではなく，有効に使われる青時間の長さである「有効青時間」（後述〔4〕（1）参照）をサイクル長で割った値を用いる。この場合，各現示の有効青時間の総和は，サイクル長から各現示切替り時の損失時間（後述〔4〕（1）参照）の総和を引いたものに一致するため，各現示のスプリットの総和は1よりも小さくなる。

（3） **オフセット**　オフセットとは，一連の隣接する交差点を系統的に制御（系統制御）するためのパラメーターであり，各交差点の系統方向の青の開始時間の差（s，またはサイクル長に対する割合）である。特に，主道路青表示の開始時点の当該信号機群に共通な基準時点からのずれを絶対オフセットという。また，隣接交差点間の同一方向の青表示開始点のずれを相対オフセットという。

〔4〕 **信号交差点の交通容量**

（1） **飽和交通流率と損失時間**　信号制御のされた交差点の一つの停止線の流出交通量の累積値を時間の経過とともに示したのが**図4.40**である。青時間が始まると，車両の交差点からの流出が始まるが，十分な加速がなされていないため，先頭から2～3台目の車両の流出率は，それ以降の安定した流出率に比べて低くなるとされる。その安定したときの流出率のことを飽和交通流率という。具体的には，「信号が青を表示している時間の間中，車両の待ち行列が連続して存在しているほど交通需要が十分ある場合に，停止線を通過し得る最大流率」と定義され，それは各車線で定義される。通常は有効青1時間当りの通過台数〔台/有効青1時間〕を単位としている。ここで有効青時間とは，青時間の内，交通需要が十分にある状況においてその停止線の飽和交通流率に等しい発進により交通をさばくことが期待できる時間である。すなわち，有

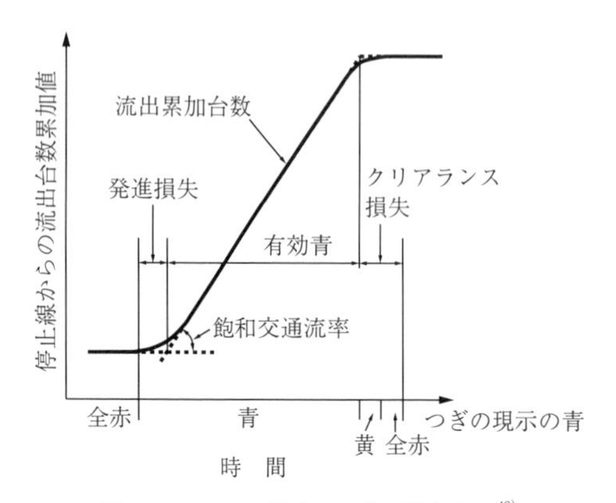

図 4.40　一つの現示における損失時間 [48)]

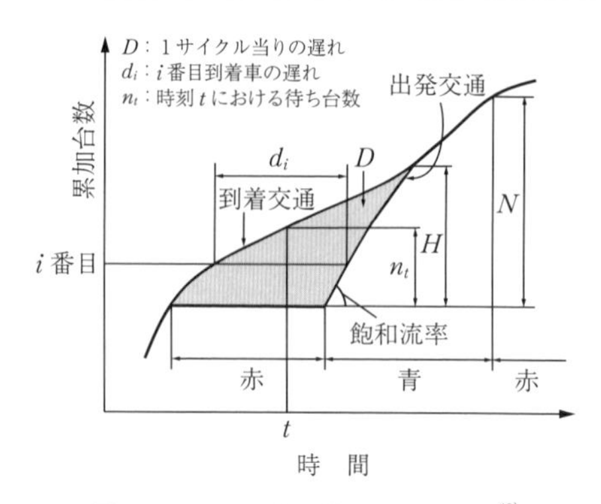

図 4.41　一つの停止線における遅れ [48)]

効青時間とは，一つの現示の青時間の開始時点からつぎの現示の青時間の開始時点までの時間から，つぎに示す発進損失時間とクリアランス損失時間を差し引いた時間を指す。

発進損失時間とは，青時間開始直後に見られる飽和交通流率より低い流率により生ずる時間的損失であり，実際の青時間の開始時刻から，有効青時間の開始時刻までの時間差である。クリアランス損失とは，最後の発進車が交差点を安全に通過できるように確保される時間であり，有効青時間の終了時刻から次現示の青時間の開始時刻までの時間差である。

通常，各現示の変わり目には，青表示の後に黄表示，その後つぎの現示の青表示が開始するまでにすべての方向に赤が表示される「全赤」表示の時間がある。一つの現示の変わり目におけるクリアランス損失とつぎの青表示における発進損失を足し合わせたものをその現示の変わり目の「損失時間」という。これを現示ごとに合計した値を「1サイクル当りの損失時間」という。

（2）　**遅 れ 時 間**　信号による遅れ時間とは，信号がなかったと仮定した場合，または信号による停止や減速がなかったと仮定した場合の対象とする区間の旅行時間と実際の旅行時間の差である。**図 4.41** は，信号交差点の一つの停止線における到着交通，流出交通の累加台数の時間変化の関係を示した交通量累積図である。赤時間は，流出交通流率がゼロとなることから，流出交通の曲線は横軸に並行となる。到着曲線と流出曲線の縦軸における差は，その時点の信号待ち行列長（台数）を表し，その横軸における差は，追越しがなければここの車両が信号待ちによって被る遅れ時間の長さを示している。青開始後に，信号待ち車両は準部飽和交通流率（流出曲線の傾き）で流れ始める状況を示している。

ここで，青時間中に到着曲線と流出曲線が交わると，それ以降の流出曲線は到着曲線に一致して重なった曲線となる。このとき，流入交通流率と流出交通流率とが等しいため，交通需要は交通容量以下であることがわかる。また，青表示終了までに両曲線が交わらない場合は，青表示終了時に信号待ち行列のさばけ残り（そのときの両曲線の縦軸の差）が生じていることを意味する。そのときは，交通需要が交通容量を超過しており，これを過飽和状態（**交通渋滞**（traffic congestion））という。また，その逆の状態を被飽和状態という。

なお，両曲線が囲む面積は，各車両の遅れ時間の和をとったことになり，これは1サイクルにおける総遅れである。

（3）　**現示，交差点の需要率**　需要率とは，設計交通量（道路の設計条件として与えられる交通需要の交通流率）を飽和交通流率で除した値である。対象とする交通量を非飽和状態でさばくためには，需要率と等しいスプリットが最小限必要となる。需要率の単位は，対象に応じて定義することになる。各現示に対しては「現示の需要率」を定義できる。これは，各信号現示における最大需要率と定義でき，同時に流れる交通のうちで最も長い有効青時間を必要とする交通の需要率である。「交差点の需要率」とは，各現示の需要率の合計値であり，これが1.0を超えるとどのように信号制御をしても設計交通量をさばくことができなくなりさばけ残りが生じる（過飽和状態）。ただし、実際の交差点では，必ず損失時間が発生するため，交差点の需要率が0.9程度を超えると設計交通量をさばくことができなくなりさばけ残りが生じる。その結果，交通渋滞が発生し，各流入路に待ち行列が生じて，交通の遅れが増大する。よって，現示方式の設計，車線数や車線構成の割振りなどを変更し，最終的には交差点の需要率が0.9未満となるように調整しなければならない。

図4.42は，2現示制御の四枝交差点の例を示す。具体的には，流入部iの交通量をq_i，飽和交通流率をs_iとして，現示jの需要率λと交差点の需要率λを求めた例である。本例は，おもに車両交通について示したものであり，このほかに横断歩行者等に対する検討も必要となる場合がある。

現示1の需要率　$\lambda_1 = \max\left(\frac{q_1}{s_1}, \frac{q_3}{s_3}\right)$

現示2の需要率　$\lambda_2 = \max\left(\frac{q_2}{s_2}, \frac{q_4}{s_4}\right)$

交差点の需要率　$\lambda = \lambda_1 + \lambda_1$

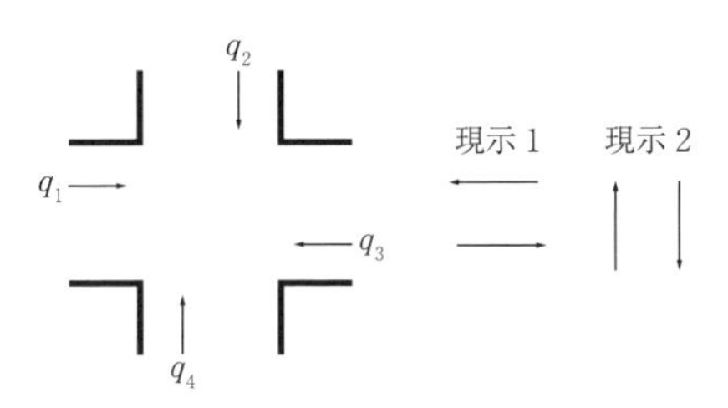

図4.42　2現示制御の四枝交差点の例

〔4〕 **飽和交通流率の実測例**　信号制御の方法を検討する際に，現示方式設計のつぎに現示の表示長さを検討することになるが，各方向の交通に対して，赤時間を長すぎず，青時間を短すぎず，バランスよく長さを決めることが重要である。よって，青表示中の単位時間にどれだけの台数の車両が処理されるかを適切に見積もらなければならず，飽和交通流率の適切な設定も重要となる。飽和交通流率の値は，交通条件，道路条件，天候条件などによって異なるほか，車両の大きさと性能，運転者の技量，さらには地域特性によっても異なる。したがって，飽和交通流率を設定するに当たっては，可能な限り実測結果に基づくことが望ましいとされている[46)]。また，新規に信号制御を設定する際には，類似した過去の事例を参考にすることとなるため，飽和交通流率を少しでも多く実測してデータを集めることも重要である[46)]。

ここでは，飽和交通流率の観測方法を簡単に示し、その実測事例を示す。**表4.3**は，筆者が新潟県警察本部と共同で2014年11月に実施した飽和交通流率の観測調査結果である。調査・計算方法の具体については，紙面の都合上，文献46）に委ねるが，各サイクルについて赤信号時に形成される待ち行列の中で先頭車から3台目以降の車両が停止線を通過した時刻から待ち行列の最後尾の車両が停止線を通過した台数と，そのときの所要時間から算出した有効青1時間当りの通過台数の値である。また，表4.3の値は文献46）

表4.3　飽和交通流率の観測調査結果

車線種別	交差点名	流入部車線数	車線名	車線幅員〔m〕	飽和交通流率〔台/青1時間〕
直進	大手大橋西詰（長岡市）	4	第3車線	3.30	1991
	寺島（長岡市）	4	第3車線	3.35	1514
	大島（長岡市）	3	第2車線	2.55	2040
	新町1丁目（東行き）（長岡市）	4	第3車線	3.50	1991
	新町1丁目（南行き）（長岡市）	3	第2車線	3.00	1317
右折	灰島新田（新潟市）	3	第3車線	3.00	1515
	上新田南（新潟市）	3	第3車線	3.00	2558
左折	大手大橋西詰（長岡市）	4	第1車線	3.10	1352
	井口スタンド前（長岡市）	2	第1車線	3.00	1824

の方法に従い，大型車が混入していないサイクルを対象に試算した。なお，表内の車線名は流入部の外側（左側）から第1車線，第2車線，…と定義している。表4.3より，飽和交通流率の値は交差点，車線によってばらつきが大きい。ばらつきの要因も交差点によりさまざまであると考えられるので，飽和交通流率は実測によりデータを蓄積することが今後重要であるといえる。

〔5〕 **制御パラメーターの設定方法**

ここでは，信号制御の基本となる制御パラメーター（サイクル長，スプリット，オフセット）の設定方法について概要を示す。

〔1〕 **サイクル長とスプリットの算定**　交差点の需要率と1サイクル当りの損失時間から，その現示方式に対するサイクル長を算定し，各現示のスプリットを求める。サイクル長設定の基本として，最適サイクル長と最小サイクル長が定義されている。ここでは，それぞれについて概要を説明する。

まず，サイクル長をC，損失時間をLとすると，実際に交通をさばくために使うことができる時間は，$(C-L)$となる。また，交差点における需要率をλとすると，$C\lambda$は設計交通量をさばくために必要最低限となる1サイクル当りの合計青時間長である。よって，設計交通量をさばくための要件として次式が成立する。

$$C-L \geqq C\lambda \tag{4.108}$$

この式を C について変形すると式（4.108）が得られる。

$$C=\frac{L}{1-\lambda}=C_{\min} \tag{4.109}$$

ここで，L：損失時間〔s〕，λ：交差点需要率である。

この $C_{\min}$ を最小サイクル長という。これは車両の到着間隔が一定（一様到着）のときに，遅れを最小とするサイクル長である。ここで，実際の交差点では，交通の到着間隔が一様到着であることは少ない。よって，最小サイクル長は，待ち行列長ならびに遅れが理論的には無限大になる（**図 4.43** 参照）。その中で，遅れが最小になる実際の最適サイクル長は，最小サイクル長よりも大きくなる。一様到着でない到着間隔として車両がランダム（ポアソン分布）で到着することを仮定した場合で，孤立交差点の最適サイクル長 C_{opt} は，英国道路研究所の Webster が計算機実験から提案した次式が知られる[49]。

$$C_{\mathrm{opt}}=\frac{1.5L+5}{1-\lambda} \tag{4.110}$$

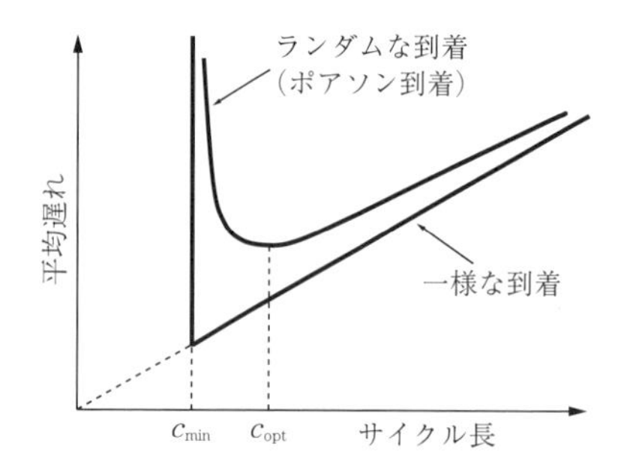

図 4.43　孤立した単独交差点における遅れとサイクル長の関係[48]

ここで，これらのサイクル長は，近隣に信号交差点のない独立した交差点に関するものであり，後述の交差点が連担していて系統信号制御を行う場合には必ずしも当てはまらないことが指摘されている。具体的には，連担する交差点の場合には，上流の交差点によって到着が制御されるため，交通流の到着分布はランダム性の影響が小さくなり，到着分布は周期性を持ったものとなることに注意する必要がある[46]。

サイクル長が決定し，それが交通容量の要件を満たした場合でも，スプリットが適切に設定されない限り，交通がさばききれずに渋滞の生じる現示が出てくる。よって，スプリットの適切な設定は非常に重要である。一般的に，式（4.110）に示すように，各現示の平均遅れを均等にするスプリットは，現示の需要率に比例して配分することによって設定される。

$$G_i=(C-L)\cdot\frac{\rho_i}{\lambda} \tag{4.111}$$

ここで，G_i：現示 i の青時間，ρ_i：は現示 i の需要率である。

（2）　系統制御に関する基本事項　隣接する交差点間の距離が短い場合で，サイクル長が短く，交通量が多い路線において，それぞれの交差点を単独で制御しては，信号待ちによる時間損失や発進・停止による燃料損失，運転者のいらだち等の非効率的な現象が起こってしまう。そのため，このような路線上の連続する複数の信号交差点を連動させることで，これらの負荷を少なくしようとする制御が**系統制御**（coordinated control）である。

まず，系統制御の場合のサイクル長は，共通のサイクル長が系統内のすべての信号に適用される。まれに共通サイクル長の2倍あるいは2分の1のサイクル長が適用されることもある。系統制御の共通サイクル長の決定方法としては，その系統内において最も需要率の高い重要交差点に適切なサイクル長をとることが一般的であるとされている。紙面の都合上，詳細は参考文献 45）に委ねるが，系統制御の共通サイクル長の決定方法に際しては以下のことに留意するとされている。

- 系統内で最も需要率の高い交差点の最小サイクル長よりも長いサイクル長とする
- 系統制御による効果が大きくなるようなサイクル長を設定する。具体的には，隣接する二交差点間を系統速度で往復するのに要する時間の整数分の1となるように設定する。
- 直進交通が主流でない交差点（三枝交差点等）と隣接する交差点までの間隔が小さい場合には，大きなサイクル長は交通容量を低下させる場合があるため，サイクル長が過大にならないように設定する。

これらを十分に配慮した上で共通サイクル長を設定し，隣接する交差点それぞれの青開始時間の差であるオフセットを算出する。近年では，適切なオフセットを算出するために，交通流シミュレーションを用いる場合がある。これは，対象とする路線について，オフセットを少しずつ変化させて交通流シミュレーションを実行し，車両の遅れ時間や停止回数の変化を確認し，より適したオフセットを選択する方法である。なお，交通流シミュレーションを用いた適切なオフセットの検討方法については，交通状況再現のための多量データを必要とすることや技術的な判断が要求されることが指摘されている[47]。

〔6〕　今後の研究課題

信号制御に関する今後の研究課題は多岐にわたるが，ここでは，本項に関連するいくつかの項目に関して研究課題を紹介する。これら以外にも，歩行者・自転車の挙動や道路幾何構造，あるいは新たな制御手法等に関しても重要な研究課題が多いことに注意いただきたい。

（1）損失時間の評価　信号切替り時に生じる損失時間は，信号交差点におけるサイクル長の長さに直接影響を与えるだけでなく，利用者が被る遅れ時間に大きく影響を与える[50)]。よって，信号交差点における損失時間の適切な評価が交差点の円滑性・安全性の面から重要な意味を持つ。しかしながら，これまでの研究成果はいくつかの交差点の評価が主であり，知見の蓄積と損失時間の適切な評価方法の構築が必要である。

（2）Probe Car 等の移動体データを活用した信号制御手法の構築　近年，Probe Car を代表とする各種センサーを搭載した車両の走行履歴情報を用いた交通渋滞解析や信号制御手法の検討がなされている[51)]。また，Probe Car データを用いた variational theory of traffic flow に基づく車両走行軌跡の推定方法も検討されている[21)]。今後，Probe Car データや他のセンシングデータを融合することによる，信号交差点における遅れ時間の適切な評価方法や信号制御手法の検討も必要である。

（3）サブエリアの最適化　わが国の系統・ネットワーク制御は，対象エリアをいくつかのサブエリアに分割し，各サブエリア内での信号制御パラメーターを設定する方法が多くとられている[52)]。しかしながら，サブエリアの境界でオフセットが設定されない等の課題も多い状況である。また，サブエリア構成の最適化の検討については，その事例も少なく[53)]，今後の当分野における重要な研究課題といえる。

（4）飽和交通流率のモデル推定式に関する研究

飽和交通流率は可能な限り実測を用いること，新規の場合でも類似した交差点を選んで飽和交通流率を実測することを前提としている。ただし，そのような条件が整わない場合に飽和交通流率を設定する場合は，基本値を交差点の状況に応じて調整するモデル推定式により推計する[46),47)]。一方で，飽和交通流率は，季節，地域，交通条件，道路条件により異なるため[54)]，飽和交通流率の変動に与える要因分析に基づく調整方法や，パラメーター値の妥当性等を検証する必要がある。（西内裕晶）

引用・参考文献（4.3 節）

1）Pipes, L.A. : A Proposed Dynamic Analogy of Traffic, Institute of Transportation and Traffic Engineering Report, University of California, Berkeley (1951)

2）交通工学研究会：交通管制における交通状況予測手法に関する研究，交通工学研究会報告書（1971）

3）兵頭　知，吉井稔雄，高山雄貴：車両検知器の5分間データを利用した交通流状態別事故発生リスク分析，土木学会論文集 D3, Vol.70, No.5, pp.I-1127～I-1134 (2014)

4）越　正毅：高速道路のボトルネック容量，土木学会論文集，No.371/IV-5, pp.1～7 (1986)

5）Herman, R. and Ardekani, S.A. : Characterizing traffic conditions in urban areas. Transportation Science, Vol.18, No.2, pp.101～140 (1984)

6）Daganzo, C.F. : Urban gridlock : macroscopic modeling and mitigation approaches. Transportation Research Part B, Vol.41, No.1, pp.49～62 (2007)

7）Geroliminis, N. and Daganzo, C. F. : Existence of urban-scale macroscopic fundamental diagrams: Some experimental findings, Transportation Research Part B, Vol.42, pp.759～770 (2008)

8）吉井稔雄，高山雄貴，松本洋輔：集計 QK を利用したランプ流入制御手法の有効性評価，土木学会論文集 D3, Vol.69, No.5, pp.I_579～I_586 (2013)

9）吉井稔雄，塩見康博，北村隆一：オートバイを含む交通流の容量解析，IATSS Review, Vol.29, No.3, pp.178～187 (2004)

10）Helbing,D., Farkas, I. J., Molnar P., and Vicsek, P. : Simulation of pedestrian crowds in normal and evacuation situations, Pedestrian and Evacuation Dynamics, pp.21～58 (2002)

11）Greenshields, B. D. : The photographic method of studying traffic behavior, In: Proceedings of the 13th Annual Meeting of the Highway Research Board, pp.382～399 (1934)

12）Greenshields, B. D. : A study of traffic capacity. In: Proceedings of the 14th Annual Meeting of the Highway Research Board., pp.448～477 (1935)

13）Edie, L. C. : Discussion of traffic stream measurements and definitions. In: Almond, J. (Ed.), Proceedings of the 2th International Symposium on the Theory of Traffic Flow. OECD, Paris, pp.139～154 (1963)

14）Makigami, Y., Newell, G.F., and Rothery, R. : Three-dimensional representation of traffic flow, Transportation Science, Vol.5, No.3, pp.302～313 (1971)

15）Lighthill, M. J. and Whitham, G. B. : On kinematic waves. I. Flood movement in long rivers. II. A theory of traffic flow on long crowded roads. Proceedings of the Royal Society A, Vol.229, No.1178, pp281～345 (1955)

16）Richards, P. I. : Shock waves on the highway. Operations Research, Vol.4, No.1, pp.42～51 (1956)

17) Newell, G. F. : A simplified theory of kinematic waves in highway traffic, part I: General theory, Transportation Research Part B, Vol.27, No.4, pp.281～287 (1993)
18) Daganzo, C. F. : A variational formulation of kinematic waves: basic theory and complex boundary conditions, Transportation Research Part B, Vol.39, No.2, pp.187～196 (2005)
19) Daganzo, C. F. : The cell transmission model: A dynamic representation of highway traffic consistent with the hydrodynamic theory. Transportation Research Part B, Vol.28, No.4, pp.269～287 (1994)
20) Treiber, M. and Kesting, A. : Traffic Flow Dynamics, Springer-Verlag Berlin Heidelberg (2013)
21) Mehran, B. and Kuwahara, M. : Fusion of probe and fixed sensor data for short-term traffic prediction in urban signalized arterials, Special Issue for the International Journal of Urban Sciences on Urban Transportation, pp.163～183 (2013)
22) Laval, L.A. and Daganzo, C.F. : Lane-changing in traffic streams, Transportation Research Part B, Vol.40, No.3, pp.251～264 (2006)
23) Jin,W.-L. : A kinematic wave theory of multi-commodity network traffic flow, Transportation Research Part B, Vol.46, No.8, pp.1000～1022 (2012)
24) Shiomi, Y., Taniguchi, T., Uno, N., Shimamoto, H., and Nakamura, T. : Multilane first-order traffic flow model with endogenous representation of lane-flow equilibrium, Transportation Research Part C, Vol.59, pp.198～215 (2015)
25) 和田健太郎，瀧川 翼，桑原雅夫：ネットワーク・モデリングによる系統交通信号の最適化，土木学会論文集 D3（土木計画学），Vol.71, No.4, pp.168～180 (2015)
26) Gazis, D.C., Herman, R., and Rothery, R.W. : Nonlinear follow the leader models of traffic flow, Operations Research, 9, pp.545～567 (1961)
27) Gipps, P.G. : A behavioural car following model for computer simulation, Transportation Research B, Vol.15, pp.105～111 (1981)
28) Newell, G.F. : A simplified car-following theory: a lower order model, Transportation Research B, Vol.36, pp.195～205 (2002)
29) Gipps, P.G. : A model for the structure of lane-changing decisions, Transportation Research Part B, Vol.20, No.5, pp.403～414 (1986)
30) Kesting, A., Treiber, M., and Helbing, D. : General lane-changing model MOBIL for car-following models, Transportation Research Record, 1999, pp.86～94 (2007)
31) Ahmed, K.I., Ben-Akiva, M.E., Koutsopoulos, H.N., and Mishalani, R.G. : Models of freeway lane changing and gap acceptance behavior, In: Proceedings of the 13th International Symposium on the Theory of Traffic Flow and Transportation, pp.501～515 (1996)
32) Toledo, T., Koutsopoulos, H.N., and Ben-Akiva, M.E. : Modeling integrated lane-changing behavior, Transportation Research Record, 1857, pp.30～38 (2003)
33) Hidas, P., Modelling lane changing and merging in microscopic traffic simulation, Transportation Research Part C, Vol.10 No.5–6, pp.351～371 (2002)
34) Kita, H. : A merging-giveway interaction model of cars in a merging section: a game theoretic analysis, Transportation Research Part A, Vol.33, pp.305～312 (1999)
35) Duives, D.C., Daamen, W., and Hoogendoorn, S.P. : State-of-the-art crowd motion simulation models, Transportation Research C, Vol.37, pp.193～209 (2013)
36) Helbing, D. and Molnar, P. : Social force model for pedestrian dynamics, Physical Review Part E, Vol.51, pp.4282～4286 (1995)
37) Hoogendoorn, S.P. and Bovy, P.H.L. : Simulation of Pedestrian Flows by Optimal Control and Differential Games. Optimal control applications & methods, Vol.24, No.3, pp.153～172 (2003)
38) Antonini, G., Bierlaire, M., and Weber, M. : Discrete choice model of pedestrian walking behavior, Transportation Research B, Vol.40, No.8, pp.667～687 (2006)
39) Robin, T.G., Antonini, G., Bierlaire, M., and Cruz, J. : Specification, estimation and validation of a pedestrian walking behavior model, Transportation Research B, Vol.43, No.1, pp.36～56 (2009)
40) Fiorini, P. and Shiller, Z. : Motion planning in dynamic environments using velocity obstacles, The International Journal of Robotics Research, Vol.17, No.7, pp.760～772 (1998)
41) Asano, M., Iryo, T., and Kuwahara, M. : A Pedestrian Model considering Anticipatory Behaviour for Capacity Evaluation, in Transportation and Traffic Theory 2009 (Lam, W.H.K., Wong, S.C., and Lo, H. K. (Eds.)), Springer, pp.559～581 (2009)
42) Hoogendoorn, H.P. and Bovy, P.H.L. : Pedestrian route-choice and activity scheduling theory and models, Transportation Research Part B, Vol.38, pp.169～190 (2004)
43) Arasan, V. and Koshy, R. : Methodology for Modeling Highly Heterogeneous Traffic Flow, Journal of Transportation Engineering, Vol.131, No.7, pp.544～551 (2005)
44) 越 正毅，明神 証：新体系土木工学 61 道路（I）—交通流—，技報堂出版（1989）
45) 交通工学研究会：道路交通技術必携 2013，交通工学研究会（2013）
46) 交通工学研究会：改訂 平面交差の計画と設計 基礎編，交通工学研究会（2013）
47) 交通工学研究会：改訂 交通信号の手引き，交通工学研究会（2013）
48) 越 正毅：交通信号制御の最適化について，IATSS

Review, Vol.1, No.1, pp.43～50 (1975)

49) Webster, F.V. : Delays at traffic signals, Fixed-Time Signals, Road Research Laboratory, Research Note2374

50) 大口 敬，山口智子，鹿田成則，小根山裕之：信号交差点における損失時間の実証分析－青から右折矢への切替り時のケーススタディー，土木学会論文集D3（土木計画学），Vol.68, No.5, I_1175～I_1183 (2012)

51) 花房比佐友，飯島護久，堀口良太：リアルタイム信号制御アルゴリズムのためのプローブ情報を利用した遅れ時間評価，第8回ITSシンポジウム (2009)

52) 桑原雅夫：期待される次世代信号制御ロジックの開発（最新の交通信号制御技術（安全性と円滑性を求めて）），交通工学，Vol.35, No.6, pp.3～6 (2000)

53) 西村茂樹，宇佐美勤，大田利文：ネットワーク全体を最適化するサブエリア構成方式，第29回土木計画学研究・講演集，CD-ROM (2004)

54) 北川春樹，佐野可寸志，西内裕晶：降雪地域における冬季の車両挙動を考慮した信号制御パラメータに関する研究，第50回土木計画学研究・講演集，CD-ROM (2014)

5. 関　連　分　野

5.1 経　済　分　析

土木計画学の分野において，ミクロ経済学に基づく経済分析の果たす役割はますます大きくなっている。現在，経済学の主流である新古典派経済学では，合理的な個人を仮定し，各個人は独立に意思決定を行い，非常に高い価格調整能力を持つ市場の機能により需要と供給が均衡し，結果として社会的に望ましい状態が実現するという立場に立つ。それに対して20世紀半ば以降，そういった市場の能力には限界があり，そこで発生する**市場の失敗**（market failure）に対して適切に対処するために，政府介入などのなんらかの解決策が必要であるという認識が高まっている。土木計画学が対象とするさまざまな問題も，なんらかの要因により万能でない市場への解決策を導き出すことが必要とされることが多い。

本節では，新古典派経済学に基づくミクロ経済学の体系（5.1.1項参照），戦略的な状況を分析するゲーム理論（5.1.2項参照），政府を代表とした公共部門の分析を行う公共経済学（5.1.3項参照），情報の非対称性・不確実な事象を扱う不確実性の経済学（5.1.4項参照），あるべき制度について分析する制度設計（5.1.5項参照），についてそれぞれ紹介する。

5.1.1 ミクロ経済学

ミクロ経済学は，個人や組織の行動規範を体系として表現した理論である。そこでは，限られた予算の中で消費計画を最適化する家計，生産技術の制約を踏まえて利潤を最大化する企業，といった行動主体が描かれる。個々の家計や企業の行動の分析を通じて，市場における価格機構や企業組織の役割を分析することができる。家計や企業の集計化された行動に基づいてGDPがどのように変化し，経済政策によって制御されるかを分析するマクロ経済学と対比される。

以降では，土木計画分野における経済分析を行う上で必要最小限のミクロ経済学の概念を説明する。各概念の詳細な説明については，ミクロ経済学の教科書（例えば，奥野[1]，石倉・横松[2]など）を参照されたい。

〔1〕 主体と行動原理

ミクロ経済学では，経済を構成する主体を家計と企業に分類する。家計は，**合理的**（rational）に行動するという仮説の下，労働や土地，賃金などの本源的資源を所有し，これらの資源を市場で売却/貸与することで所得を獲得して，獲得した所得を生産物の消費に用いる。企業は与えられた資源を用いて自らの利潤を最大化するという合理的行動を行う。

ここでいう合理的な主体とは，置かれた状況を完全に把握でき，それを最適化問題として定式化でき，かつ完全な計算能力を持つことを意味している。近年では，行動経済学などの分野において合理性や利己的選好を仮定しない研究も進められているものの，規範的行動原理としての新古典派経済学を素地として学ぶことの重要性はいまだに揺るぎない。

土木計画学の分野において取り扱う研究分野では，家計と企業のほかに政府という主体が採り上げられることが多い。道路混雑や環境問題，道路や空港/港湾といったインフラストラクチャーの供給など，公共財や外部性といった市場の失敗が生じている場合，政府が導入する政策を通じた市場への介入が必要となる。政府の役割を考慮した経済学の分野は公共経済学と呼ばれ，その知見を用いた分析については5.1.3項において詳述する。

以上の家計・企業による行動の相互作用を規定するのが市場である。経済学では市場において実現する価格および財の配分が決定されるメカニズムを**均衡**（equilibrium）として定義する。本項では，最も単純な構造として家計と企業のみを考慮した場合について説明する。

〔2〕 家計行動と需要関数

ミクロ経済学における家計の行動は，所得や価格によって規定されている消費可能な消費計画の中から，各家計が自らの嗜好に最も適した消費計画を選択することにより決定される。そういった家計の行動は，家計の嗜好を表す振舞いの良い効用関数uを仮定すると，以下の効用最大化問題として表現される。

$$\max_{x_1, x_2} u(x_1, x_2)$$
$$\text{subject to } p_1 x_1 + p_2 x_2 \leqq M \qquad (5.1)$$

ここに，(x_1, x_2)は財の消費量，(p_1, p_2)は財の価格，

5

Mは所得であり，以降簡単化のため財が2種類の場合で議論を進める。効用最大化問題を解けば，家計が選択する最適消費計画を表す**需要関数**（demand function）$x_i(p_1, p_2, M)$ が求められる。

土木計画の分野において経済分析を行う場合，価格や所得が変化したときの消費量の変化を分析することが多い。例えば，新たな道路が完成して交通費用が減少したときの交通需要を求める場面などが想定される。上記で求めた需要関数を用いて，このような所得変化や価格変化に対する消費量の変化を求めることができる。

すべての価格を固定した場合のある財への支出額と所得との関係をエンゲル曲線と呼ぶ。通常は所得の増加とともに需要量が増加するが，そのような財を正常財と呼び，一方所得の増加に伴って需要量が減少する財を下級財と呼ぶ。さらに，所得の変化に伴ってどれだけ需要が変化するのかを示す指標として，**需要の所得弾力性**（income elasticity of demand）

$$\varepsilon_{iM}\left(p_1, p_2, M\right) = \frac{\partial x_i\left(p_1, p_2, M\right)/\partial M}{x_i\left(p_1, p_2, M\right)/M}$$

が用いられる。

一方，他のすべての変数を固定してある財の価格と需要との関係を，**需要曲線**（demand curve）として表すことができる。価格の上昇に伴って需要量が減少する財を通常財，増加する財をギッフェン財と呼ぶ。任意の財の価格の変化に対する任意の財の需要の変化量は，**需要の価格弾力性**（price elasticity of demand）

$$\varepsilon_{ij}\left(p_1, p_2, M\right) = \frac{\partial x_i\left(p_1, p_2, M\right)/\partial p_j}{x_i\left(p_1, p_2, M\right)/p_j}$$

として表される。ある財の価格が変化したときの任意の財の需要量に与える効果は，他の財をより需要するようになる代替効果と，実質所得の変化に伴って消費量が変化する所得効果とに分解することができる。

〔3〕 企業行動と供給関数

合理的な行動をする企業は，生産要素を投入して自らの利潤が最も大きくなるように生産物を生産する主体として表される。代表的な生産要素として労働 L と資本 K を取り上げ，生産物 y との関係を表す生産関数を $y=f(L, K)$ とすると，当該企業の行動は

$$\max_{y, L, K} py - wL - rK$$
$$\text{subject to } y = f(L, K) \tag{5.2}$$

と表される利潤最大化行動として表現できる。ここに，p, w, r はそれぞれ生産物，労働，資本の価格である。この問題を解くことにより，企業の最適な生産計画 (y^*, L^*, K^*) が決定される。上記の問題ではすべての生産要素投入量を選択することができるとしているが，実際には土地など一部の生産要素投入量を変更できない場面がある。すべての生産要素投入量を調整できるスパンを長期，そうでない場合（固定費用が存在する場合）を短期として区別される。

生産関数は企業が持つ生産に関する技術を表現している。特に，投入要素量を変化させたときの生産量の限界的な変化量を表す**限界生産性**（marginal productivity）や，投入要素量と生産量との関係を示す**規模に関する収穫**（returns to scale）は，企業の性質を表す重要な概念である。

式（5.2）で表される利潤最大化問題を解くと，限界収入と限界費用とが等しくなる水準 $p = MC(y)$ で生産するのが最適であることがわかる。一方、価格がある一定水準を下回ると固定費用をまかなえない企業は生産を中止する。これらのことから，生産物価格と生産量との関係を表す**供給関数**（supply function）$y(p)$ が導出できる。

〔4〕 均 衡 と 余 剰

以上で定義された需要関数・供給関数は，いずれも個別の家計，企業の行動から導かれた。これらをすべての家計，企業について水平に足し合わせると集計化された市場需要曲線・集計供給曲線が求まる。市場が適切に機能すると，両曲線が交わる点で価格と供給（需要）量が決定される。こうした状態を**均衡**（equilibrium）と呼ぶ。

つぎに，家計・企業がそれぞれ財を均衡で求まる価格と量で購入・供給できることにより享受するメリットはそれぞれ，市場需要曲線と実際の価格との差を足し合わせた**消費者余剰**（consumers' surplus），実際の価格と市場供給曲線との差を足し合わせた**供給者余剰**（producers' surplus）により，定量的に評価できる。さらに両余剰を足し合わせたものを**総余剰**（total surplus）と呼び，市場において実現する均衡は，総余剰を最大にするという観点から社会的にとって最も望ましい状態である。

ここまでの議論は，ある特定の財市場に着目して需要と供給との関係を見たものであり，**部分均衡分析**（partial equilibrium analysis）と呼ばれる。それに対し，経済に存在するすべての財の需要と供給との関係に着目する手法を**一般均衡分析**（general equilibrium analysis）と呼ぶ。

一般均衡分析において，すべての家計が効用最大化行動を，すべての企業が利潤最大化行動をとり，さらにすべての市場で需要と供給が等しくなっているときに実現する価格と資源配分の組合せのことを**ワルラス均衡**（Warlasian equilibrium）と呼ぶ。ワルラス均衡で

実現する資源配分が社会的に望ましいかどうかを**パレート効率性**（Pareto efficiency）の概念を用いて評価する。パレート効率的な状態とは，その状態から別のいかなる状態に移ろうとも，いかなる家計・企業の状態を悪くすることなく誰かの状態を改善する余地がないことをいう。

ワルラス均衡において実現される資源配分はパレート効率的であるという，**厚生経済学の第1基本定理**（first fundamental theorem of welfare economics）が成立する。ただし，この定理が成立するためには，市場の普遍性や完全競争といった条件が必要なことを言及する必要がある。情報の非対称性や外部性，公共財といった財を取り扱う場合には市場の普遍性が満たされない状況や，独占市場や寡占市場といった特定の企業が価格支配力を持つ不完全競争下では，上記の定理は成立しないことに留意する必要がある。

（松島格也）

5

5.1.2　ゲーム理論

〔1〕ゲーム理論の役割

ゲーム理論は，**プレイヤー**（player）と呼ばれる意思決定主体が複数存在し，相互に影響を及ぼし合うような戦略的関係を数学的システムで表現するための方法論である。社会は個人や組織による意思決定が互いに影響を及ぼし合い，その姿が形作られる。ゲーム理論は社会的問題を扱う土木計画学においておおいに役立つ学術的方法論である。

ゲーム理論は，ある特定の社会現象を対象とした理論ではない。社会現象を理解するための分析的道具である。ゲーム理論の役割は，第一に，特定の動学的な競争関係をモデル化する言葉を与え，また分析する手法を与えてくれた点にある。第二に，ゲーム理論は，戦略的依存関係を規定する環境が変わった結果，その帰結にどのような変化がもたらされるかを予測するのに役立つ[3)]。

ゲーム理論は，1944年にフォン・ノイマンとモルゲン・シュテルンによって出版された “Theory of Games and Economic Behavior” を嚆矢として，近代における社会科学の主流的方法論となっている。現在に至るまでに，ゲーム理論に関するおびただしい数の教科書が出版されている。紙面の都合上，ゲーム理論のモデリングに関する技術的な内容については，既存の優れた専門の教科書に譲る。本項では，ゲーム理論の基本的な考え方を整理した上で，土木計画学が対象とする研究分野でゲーム理論がいかなる形で貢献できるかという視点に焦点を絞って論じる。

なお，ゲーム理論は伝統的に**非協力ゲーム理論**（non-cooperative game theory）と**協力ゲーム理論**（cooperative game theory）に大別されている。非協力ゲーム理論は，プレイヤー間の協力を前提とせず，個々のプレイヤーの意思決定レベルでの戦略的関係を対象とする。一方，協力ゲームではプレイヤー間が協力することを前提として，協力の仕方に関する戦略的関係を対象とする。しかし，近年ではプレイヤーの協力を前提とせずに，協力行動が生じる仕組みとその仕方を定式化する方法も開発されており，その違いは必ずしも明確ではなくなってきている[4)]。したがって，本項では，非協力ゲーム理論に焦点を絞り議論を展開する。

〔2〕非協力ゲーム理論の分析枠組み

（1）モデルの構造　非協力ゲームは，**戦略形ゲーム**（game in strategic form）と**展開型ゲーム**（game in extensive form）に分けられる。戦略形ゲームは

① プレイヤーと呼ばれる意思決定者
② 各プレイヤーが選択可能な戦略あるいは行動
③ すべてのプレイヤーの戦略の組合せに依存した各プレイヤーの**利得関数**（payoff function）

で構成される。戦略形ゲームは，すべてのプレイヤーが同時に戦略を決定する状況を前提としている。したがって，戦略形ゲームでは，すべてのプレイヤーが自らの戦略を選択する際，他のプレイヤーが実際にどの戦略を選択したのか観察できない。

一方，展開形ゲームは，戦略形ゲームと異なり，**ゲームの木**（tree of game）と呼ばれる表現方法を用いて，時間的順序関係を明示的に規定する動学モデルである。展開形ゲームは，ゲームの帰結に影響を及ぼす偶然的要素や各プレイヤーが戦略を決定する際に保有する情報を明示的に考慮することができる。展開形ゲームのモデルの構造化の仕方で，戦略形ゲームの構造を表現できるという点において，展開形ゲームは戦略形ゲームと比較して汎用性が高いタイプの構造化の方法である。

（2）ゲームの均衡解　ゲーム理論の役割は複数の合理的な意思決定者が戦略的に相互依存関係にある状況で，いかなる帰結が生じるかを演繹的に分析するための方法論である。プレイヤーは互いに相手の戦略を推論する。ゲーム理論ではプレイヤーの推論過程の末に行き着いた結果を生じる社会的帰結とみなしモデルの解と位置付ける。

ゲーム理論の最も基本的な解概念が**ナッシュ均衡**（Nash equilibrium）である。ナッシュ均衡とは，各プレイヤーが選択する戦略のあり得る組合せの中で，いずれのプレイヤーも他のプレイヤーが選択する戦略を所与としたときに他の戦略に逸脱する動機を持たない

ような組合せを意味する。ナッシュ均衡のこうした性質は**自己拘束性**（self-enforcing）と呼ばれる。ナッシュ均衡解では，各プレイヤーが選択する戦略は，他のプレイヤーが選択する戦略を所与とした最適応答となっている。

ナッシュ均衡は，自らの戦略を変更しても他のすべてのプレイヤーが戦略を変更しない場合を想定している。しかし，実際には「信憑性のない脅し」のように，自らの戦略変更を所与とすれば，他のプレイヤーはナッシュ均衡が指定する戦略とは異なる戦略が望ましくなる場合もあり得る。このようなナッシュ均衡を排除するために，展開型ゲームにおいて到達可能なすべての部分木においてナッシュ均衡となる**部分ゲーム完全均衡**（sub-game perfect equilibrium）が定義された。

（3） **情報と知識**　意思決定者が保有する情報は，その意思決定に決定的な影響を及ぼす。展開形ゲームでは，情報集合を用いて，プレイヤーが保有する情報構造がゲームの帰結に与える影響を分析できる。したがって，ゲーム理論は，経済社会における情報の役割に関心を持つ情報の経済学と呼ばれる分野を切り拓くのに大きな貢献を果した。情報の経済学では，経済的取引において，取引主体の一方が知っている情報をもう一方が知らないという**情報の非対称性**（information asymmetricity）が存在する場合の戦略的状況が分析される。情報の経済学は，さらに後述する契約理論として発展し，さまざまな分野における契約ルールの役割，意義の解明に貢献してきた。

（4） **プレイヤーの合理性と限界**　ゲーム理論における分析は，すべてのプレイヤーが**合理的**（rational）であるという前提に基づいている。こうした合理性が方法論上の前提であることを強調するために，プレイヤー像として分析者がよって立つ立場を**方法論的個人主義**（methodological individualism）と呼ぶ。方法論的個人主義を前提とすれば，自らの戦略が他のプレイヤーの戦略の選択にどう影響を与えるのかを知る能力があり，他のプレイヤーも同様の能力を持っていることを知っている。すなわち，プレイヤーの合理性に関して共有知識が成立している。

しかし，ムカデゲーム[5)]のように，方法論的個人主義に基づく合理的なプレイヤーを想定すれば，現実では起こりそうもない結果が導かれる場合も存在する。こうした方法論的個人主義に基づいた分析が不適切な状況も確かに存在する。現実的な人間は，もし自らが他の戦略を選択すれば，他のプレイヤーがどう振る舞うかについて，方法論的個人主義的合理性に基づいた複雑な計算を行うのではなく，社会で共有された文化や規範といったものに依拠する場合も少なくない。このように，ゲーム理論を適用して意味のある示唆を得るためには，対象とする問題を扱うのに妥当な前提を見極めることがきわめて重要となる。

〔3〕 ゲーム理論の応用分野

ゲーム理論は，複数の意思決定者が戦略的に相互依存関係にある状況における現象を分析するための方法論である。社会現象をその社会を構成するメンバーによる意思決定の蓄積の結果として見れば，ゲーム理論の枠組みは，きわめて広範な社会現象のメカニズムを分析，解明するための分析的道具として使うことができる。以下では，ゲーム理論の応用によって発展してきた研究分野の一部を紹介しよう。

（1） **契約理論**　**契約理論**（contract theory）は，経済活動の原初的な単位である取引レベルの戦略的メカニズムから生じる問題に関心を注ぐ。契約理論では，取引を**プリンシパル**（principal）と呼ばれる依頼者が**エージェント**（agent）と呼ばれる代理人に仕事を依頼する問題として定式化する。こうしたモデルは，**プリンシパル エージェント モデル**と呼ばれる。

契約理論は完備契約モデルと，不完備契約モデルに大別できる。完備契約モデルは，取引主体間に情報の非対称性が存在する下での最適契約の考え方を示してくれる。完備契約モデルでは，契約締結以前にエージェントがプリンシパルにとって観察できない情報を持つ場合と，契約締結以降にプリンシパルがエージェントの行動を観察できない場合の二つのケースがある。前者のケースを逆選抜あるいは**逆選択**（adverse selection）の問題と呼び，後者の**モラルハザード**（moral hazard）の問題と呼ぶ。非対称情報を含むモデルにおける関心は，エージェントがプリンシパルに対して，正しい情報を報告したり，望ましい行動を選択する**誘因**あるいは**インセンティブ**（incentive）を与えたりするような最適契約の構造である。

完備契約では，将来起こり得る事象と帰結をすべて契約に立証可能な形で記述できる状況を想定するのに対して，こうした前提が成立しないような契約を**不完備契約**（incomplete contract）と呼ぶ。不完備契約の下では，取引の実施内容を再交渉により決めざるを得ない。不完備契約では，効率的な帰結を導くための再交渉のルールが分析の関心事項となる。

組織や契約における多くのルールが，情報の非対称性や契約の不完備性が生じる問題への対処を目的としている。ウィリアムソンは，組織や契約といったルールの設計は，モラルハザードなどの問題を緩和することによる取引費用の削減が目的であるとしている。

（2） **法と経済学**　ゲーム理論は，法をゲームのルールと定式化することで，法と経済的効率性の関係を分析する上でおおいに役立つ。法は人々の行動を社会的観点から望ましい方向へ導くために企図される。土木計画学が扱う問題においても法は無視できない影響を持つ。**法と経済学**（law and economics）と呼ばれる分野では，法が社会の経済的資源配分に及ぼす影響に関心を払う。すなわち，法を経済的効率性という視点で分析を行う。

法と経済学における分析のアプローチには**実証的分析**（positive analysis）と**規範的分析**（normative analysis）がある[6)]。実証的分析では，実際の法が経済的効率性を改善する形で進化してきたという事実を明らかにする。そのような実証的分析を通じて，必ずしも明示的ではなかった法の規範的基準として経済的効率性が存在していたことを指摘する。

一方，規範的分析は経済的効率性を規範的基準とした場合，法はどのように構造化されるべきかを問う。法と経済学では，経済的効率性は社会における倫理的基礎としてみなす。

経済的取引に関わるルールとしての法を考える際，効率性を法の規範的基準とするやり方は，法学研究においても少なからず注目を集めた。しかし，望ましい方を論じる際に，経済的効率性は唯一の基準ではなく，分析の示唆は注意深く扱われるべきである。また，法と経済学は，**コモンロー**（common law）の国，とりわけアメリカで発展した法理論であり，その他の法体系に対して実証的にも規範的にも法と経済学の考え方が適合する保証はない。

〔4〕 **進化ゲーム理論**

（1） **進化ゲーム理論の目的**　ゲーム理論の目的は，ゲームのルールを与えたときに，プレイヤーの戦略の安定的な組合せとして定義される均衡解を同定することにある。しかし，こうした分析は，どの戦略の組合せが均衡解としての資格を有するかを明らかにするのみであり，どういう経緯でその均衡解に行き着くのかについては，何も語らない。**進化ゲーム理論**（evolutionary game theory）は，不均衡状態から安定的均衡に至る過程のメカニズムに焦点を当てる。進化ゲーム理論は，ある不均衡状態を初期点としたときに，いずれの均衡状態に行き着く可能性があるのか，あるいはないのか，また，ある均衡状態にたどり着くためには，どの不均衡状態からスタートしなければならないのかといった問いを明らかにする。

（2） **進化ゲーム理論の枠組み**　進化ゲーム理論では，プレイヤーは大規模な集団を構成していると考える。集団内のプレイヤーは，集団からランダムに選ばれる他のプレイヤーと戦略形2人対称ゲームをプレイする。プレイヤーは確率的に純戦略を選択する混合戦略を採用する。進化ゲーム理論における安定的戦略の概念は，**突然変異**（mutant）を起こしたプレイヤーが集団に侵入した場合を想定する。すなわち，集団内で大多数のプレイヤーがある戦略を選択しているところに，突然変異のために異なる戦略を採用するプレイヤーが侵入したとしても，当初の戦略の期待利得が最も高ければ，これを**進化的に安定な戦略**あるいは**ESS**（evolutionary stable strategy）と呼ぶ。進化的に安定な戦略が集団内で共有されている状態では，突然変異によるプレイヤーの侵入は自然淘汰される。

進化的に安定な戦略の概念では，一つの混合戦略を採用するプレイヤーで構成される単型集団を前提としている。一方，純戦略を採用するプレイヤーが一定割合で集団内に存在しており，純戦略の分布（以下，戦略分布）が安定的状態に推移するプロセスを分析することもできる。集団に属するプレイヤーは他のプレイヤーと1回戦略形ゲームをプレイする。ある純戦略を採用するプレイヤーの利得は，次世代に残せる子の期待数とみなす。こうすれば，現世代のプレイヤーが集団内でゲームを行った結果，次世代における戦略分布を計算することができる。こうした時間軸上の動学的変化は**レプリケーター動学**（replicator dynamics）と呼ばれる。

進化ゲームの考え方は，権力を持つ計画者が意図して作った制度ではなく，社会の中で自然発生的に生まれた**自生的秩序**（spontaneous order）と呼ばれる社会的規範の生成メカニズムを説明するために有用な方法論として用いられる。　（大西正光）

5.1.3 公共政策およびその財源調達

本項では，公共経済学のうち土木計画学に深く関係する〔1〕公共財や公共サービスの最適供給，〔2〕外部性に対処する最善政策（例：ピグー税）や次善政策（例：間接的市場での規制），そして〔3〕政策実行のための財源調達の効率的方法に関する基本概念を紹介する。

公共財や公共サービス（以降，合わせて公共財と略）が持つ特質として**非排除性**（non-excludability）と**非競合性**（non-rivalness）がある。非排除性とは「その財の利用制限が実行不可能」ということで，非競合性とは「ある人による財の利用が他の人による当該財の利用機会を制限しない」ことを意味する。なお，この二つの性質を純粋に満たす財は多くはない。例えば，混雑が発生する公園や道路は純粋な意味での非競合性を持っていない。また，アクセス制限が可能な公園や道路は排除性がある。このような限定的な非排除性や非競合性を持つ財を準公共財と呼ぶ。

非排除性は「料金を徴収できないこと」を意味するため，公共財にはフリーライダーが発生する。そのため，公共財は市場に任せても望ましい量を供給できない。また，非競合性があると公共財の追加的利用者の社会的費用はゼロであり，無償で供給されることが効率的である。公共財は，この２点から民間による最適供給は難しく，公的資金を用いて政府により供給されることが多い。そのときの望ましい供給量の決定方法を〔1〕で検討する。

都市活動をはじめ経済活動には，外部経済（例：集積の経済）や外部不経済（例：混雑）が多く存在する。このような外部性の調整は，課税や規制により可能である。課税や規制は法的強制力を必要とするため公的機関により通常行われる。このとき，税率や規制量を適切に決定する必要がある。この方法を〔2〕で検討する。

最後に，公共政策を行うために財源が必要である。特に，社会基盤整備や維持には膨大な費用がかかる。その財源調達方法は，利用者負担もあり得るし，他財源から調達することもできる。調達方法の違いは，その公共財の利用者のみならず経済に大きな影響を与える。〔3〕では，効率的財源調達方法を検討する。

〔1〕 望ましい公共財の供給量

公共財の供給量は多ければ多いほど良いわけではない。供給量増加に伴い供給費用が増加する上，他用途に利用可能な資源が減少する。例えば，道路や都市公園の供給のためには，その整備費用に加えて，住宅などの他用途に利用可能な土地が必要である。

それでは，望ましい供給量はどのように決定できるか？ この判断のために価値基準が必要である。その価値基準は，効率性と公平性の観点を考慮する必要がある（Ｉ編 5.2.9 項「効率性と公平性」参照）。

効率性の指標として経済学では，パレート効率性が広く用いられる。しかしながら，公共財の供給量評価にパレート効率性を純粋に適用することは現実的ではない。社会には、さまざまなタイプの住民や利益構造の異なる企業がいるため，ほとんどすべての政策は，誰かの効用水準を下げてしまう。そこで，カルドアによって提唱された「仮説的補償原理」が利用される（Ｉ編 5.2.3 項〔2〕「仮説的補償原理」参照）。この仮説的補償原理に近い基準で，より簡単であるのが，社会的余剰の増大である。（両者の厳密な関係は等価的偏差 EV や補償的偏差 CV の総和の正負と仮説的補償原理の関係に関する研究（例：Boadway[7]，または，Ｉ編 5.2.3 項：「便益評価の理論的基礎」を参照)。社会的余剰（または総余剰と呼ばれる）は，個人の効用をベースに構築される（Ｉ編 5.1.1 項〔4〕参照)。そのため，金銭的取引市場がない環境や景観などの評価もすべて考慮される。

一方，公平性の観点も重要である。しかしながら，公平性と効率性には一般にトレードオフがあり，公平性を考慮の上，各政策を行うと効率性が落ちてしまう。そこで，公平性に関しては所得再配分政策に任せて，個別政策については効率性を追求するという効率性と公平性の分離政策が有力な考えの一つである（Musgrave[8]）。この分離政策によって，経済全体の社会的余剰が増加する。また，政策ごとに利益を受ける人と損失を被る人が変わるため，仮に所得分配政策がなくとも，社会的余剰が正であるプロジェクトを実行し続ければ，最終的にすべての人の厚生が上がる可能性もある。これは，ヒックスの楽観主義と呼ばれる。

本項では，この効率性と公平性の分離政策の考え方に従って個別政策の効率面の検討を行う。公平性の観点からの所得分配政策については，公平性を考慮した社会厚生関数（Ｉ編 5.2.9 項：「効率性と公平性」参照）を最大化する分配を行うことが一つの方法である。

公共財の効率的供給量は，式 (5.3) の**ボーエン・サミュエルソン条件**（the Bowen-Samuelson condition）を満たす必要がある。

$$\sum_{i=1}^{I} MRS_i(\text{公共財, 基準財}) = MRTS(\text{公共財, 基準財}) \tag{5.3}$$

ここで，$i(=1, 2, \cdots, I)$ は個人を示し，MRS_i(公共財，基準財) は個人 i の公共財と基準財との限界代替率を示す。$MRTS$(公共財，基準財) は公共財と基準財の技術的限界代替率を示す。基準財は任意の財である。言い換えると，左辺は公共財の追加の価値を基準財で測ったものを利用者すべてについて総和したものであり，右辺は公共財の追加的供給費用を基準財で測ったものである。この条件は，私的財のパレート効率条件が各個人にとっての任意の財間の限界代替率がその財間の技術的限界代替率に一致するように表現されることと対照的である。

〔2〕 外部性に対処する課税や規制：最善政策と次善政策

厚生経済学の第一定理（Ｉ編 5.1.1 項〔4〕参照）が示すように，パレート効率性を達成するためには私的財であれば各市場において市場価格と限界費用が一致する必要がある。しかしながら，現実経済ではさまざまな要因により市場価格が限界費用から乖離する。この乖離を価格のゆがみという。

各市場における価格のゆがみは，課税や価格や量の規制を行えば調整可能である。特に外部性による価格のゆがみを調整する税金は**ピグー税**（Pigovian tax）と呼ばれる。仮にすべての市場で，価格のゆがみを取り除く課税や規制を行えば，パレート効率的な市場均衡を達成できる。これらを最善政策という。例えば，都市では交通混雑外部性が発生している。そこで，ピグー税を交通市場に課せばよい。

しかしながら，非金銭的な市場要素（例：所要時間，不便など）には課税や規制は困難である。また，特に公平性の配慮から政治的に課税や規制が困難な市場もある。そのような場合には，その市場と代替あるいは補完的な財市場での課税や規制により価格のゆがみを調整することができる。例えば，土地利用規制は，土地利用用途間に生じる外部性や混雑といった外部不経済に対する間接的市場（土地市場あるいはビル容積市場）における規制とみなせる。しかしながら，この場合，課税や規制を行った市場で新たに価格のゆがみが生じるため，パレート効率は達成できない。なお直接的市場に介入可能であっても，なんらかの理由で調整可能な範囲が限られ，価格のゆがみが完全に取り除かれない場合もある。例えば，道路混雑に対するピグー税の徴収システム構築には膨大な費用がかかる。そのため，より簡単なコードンプライシング方式の導入が行われている。以上のような価格のゆがみの調整をなんらかの制約付きで行う政策を次善政策という。

図 5.1 に価格のゆがみを示した。各市場の特質によって完全競争の場合の均衡量から乖離すると価格のゆがみ（価格−限界費用）が生じる。乖離によって生じる三角形の面積は**死荷重**（deadweight loss）と呼ばれる。ゆがみを発生させる市場特質は市場の失敗と呼ばれ，その例は不完全競争，税金の存在，外部性，公共財の存在，規制が挙げられる。なお，図では，完全競争の均衡点より少ない供給量が実現している状況を示した。しかしながら，市場均衡の右側，すなわち均衡量が完全競争状態よりも多いこともあり得る。例えば規制により多くの量が供給されている場合である。

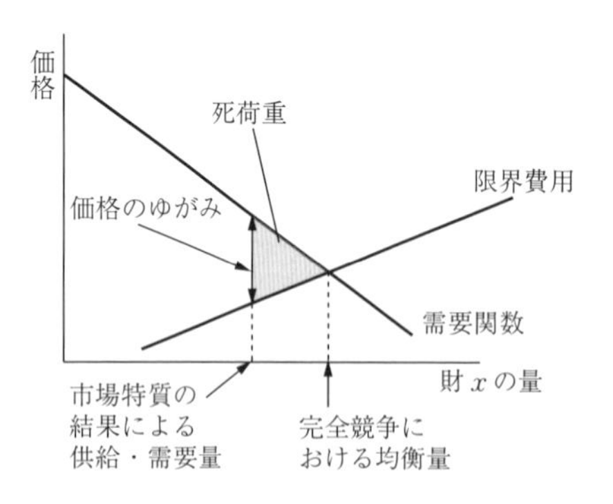

図 5.1　価格のゆがみ

現実経済には，価格のゆがみがさまざまな市場に存在する。さらに，財間には代替や補完関係があるため，ある市場の価格のゆがみの調整は他市場の価格のゆがみに影響を与える。すなわち，単一市場の価格のゆがみのみに着目したナイーブな政策は最善にも次善にもなり得ない（Lipsey and Lancaster[9]）。

複数の価格のゆがみが存在する下での課税や規制といった政策を考える上では，Harberger[10] の公式（5.4）が有用である。

$$\frac{dW}{dz}=\sum_{x=1}^{X} D_x \frac{dS_x}{dz} \tag{5.4}$$

ここで，W は社会的余剰，z は政策変数（課税や規制など），$x=1, \cdots, X$ は財の種類，D_x は財 x の価格のゆがみ（価格−限界費用），S_x は財 x の均衡供給量である。dS_x/dz は政策 z による財 x の均衡供給量の変化である。式 (5.4) が示すように，政策の効果はすべての市場の価格のゆがみの政策による変化を総和する必要がある。なお，D_x と dS_x/dz の符号はプラスとマイナスの場合もあり，さらにそれらの大きさも財 x によって異なる。このとき，どの財市場までを考慮する必要があるのか？　少なくとも $D_x=0$ あるいは $dS_x/dz=0$ の市場を考慮する必要はない。例えば，財 x が量規制された市場（例えば容積率規制）などであれば dS_x/dz 項はゼロである。さらに D_x と dS_x/dz が両方とも小さい市場も無視可能といえる。

〔3〕 政策実行のための財源調達方法

政策実行には財源が必要である。財源としては，例えば所得税，法人税，消費税，揮発油税，固定資産税，都市計画税，公債などさまざまな種類がある。ただし，課税する市場の需要あるいは供給が非弾力的でない限り，課税による死荷重が発生するため，ほとんどすべての財源調達で厚生損失が発生している。ここで，この財源調達費用は**公的資金の限界費用**（marginal cost of public funds）と呼ばれる。

すなわち，財源調達において，一般に 1 億円の財源は 1 億円以上かけて調達されていることになる。例えば，高速道路整備・維持費用のための財源として，利用者負担である高速道路料金収入や燃料税，さらに所得税も考えられる。従来研究で推計されているこれらの財源調達の費用を見ると，所得税に関しては絶対値 0.96 ～ 1.23 と推計されている（別所，赤井，林[11]）。道路料金については道路混雑がないケースでは 1.3 ～ 2.5，燃料税の限界費用は 1.1 ～ 1.3 と推計されている（森杉，河野[12]）。これらは，需要と供給の価格弾力性と現在の税（料金）率と需要規模から計算できる。

財源調達の社会的費用を最小化するためには，財源の組合せを最も公的資金の限界費用の低い財源から調達すればよく，複数財源を使う場合にはそれらの財源の限界費用がすべて等しくなるようにそれぞれの財源量を決定すればよい。一般に，税率の増加とともにその公的資金の限界費用は増大する。なお，公的資金を利用する政策は，すべてこの公的資金の限界費用を考慮しなくてはならない。例えば，費用対効果分析においても費用調達における公的資金の限界費用を考慮して費用をその分だけ割増しする必要がある。

（河野達仁）

5.1.4　情報・不確実性の経済学

〔1〕 リスク回避的行動とリスクプレミアム

一般に，人はリスクを嫌い，確実性を好む傾向がある。このような性質を危険回避性向と呼ぶ。資産を保有することによって得られる満足度を効用と呼び，資産が W である場合の効用を $U(W)$ で表すこととする。資産が増加することによって得られる満足度の増加分は，減少していくことが知られている。これを**限界効用逓減の法則**（the law of diminishing marginal utility）という。限界効用が逓減的であるような効用関数を持つ人は，危険回避的になる。**図 5.2** は，危険回避的な効用関数を示す。

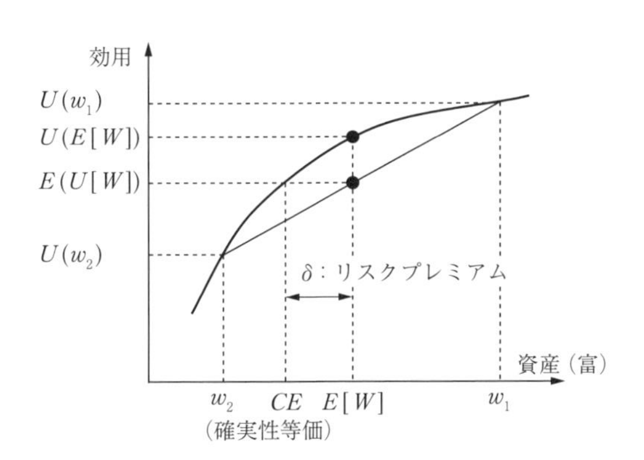

図 5.2　危険回避的な効用関数

選好関係に関する一定の条件を満たす（フォン・ノイマン＝モルゲンシュタイン）効用関数を持つ個人は，**期待効用**（expected utility）を最大化するように行動する（期待効用最大化原理）。いま，資産の値にリスクが存在する場合を考える。確率 $p\,(0\leq p\leq 1)$ で W_1 が，確率 $1-p$ で $W_2\,(W_1>W_2)$ がそれぞれ生起するものとする。このとき，期待効用：$E[U(W)]$ と期待資産額の効用：$U[E(W)]$ はそれぞれつぎのように表される。

$$E[U(W)]=pU(W_1)+(1-p)U(W_2) \tag{5.5}$$

$$U[E(W)]=U[pW_1+(1-p)W_2] \tag{5.6}$$

図 5.2 が示すように，危険回避的な主体にとっては $U[E(W)]>E[U(W)]$ が成立する。ここで，$U(CE)=E[U(W)]$ を満足する資産額 CE を**確実性等価**（certainty equivalence）という。すなわち，確実性等価とは，リスクのある資産の保有と同じと評価される，確実に得られる額である。また，期待資産額と確実性等価の差 $\delta=E(W)-CE$ は**リスクプレミアム**（risk premium）と呼ばれ，主体がリスクを回避するために支払ってもよいと思う額を表す。

〔2〕 不確実性下におけるプロジェクト評価

本項では，一般的な投資プロジェクトの評価問題について考える。初めに，リスクが存在しないプロジェクトを想定しよう。プロジェクトは，時点 $t\,(t=0,\cdots,T)$ において X_t のネットのキャッシュフローを確実に生み出すとする。なお，$X_t>0$ の場合にはキャッシュフローは，収益などプロジェクトのアウトプットを表し，$X_t<0$ の場合にはインプット，すなわち費用を表す。時点 t におけるキャッシュフロー X_t の現在価値は，$X_t/(1+r)^t$ である。なお，r は無リスク資産に対する割引率（リスクフリーレート）を表す。したがって，プロジェクトが生み出すすべてのキャッシュフローの割引現在価値の総額は

$$V=\sum_{t=0}^{T}\frac{X_t}{(1+r)^t} \tag{5.7}$$

となる。ただし，T はプロジェクトの終了時点を表す。このとき，投資プロジェクトを採択する条件は，ネット割引現在価値が正となることである。このようなプロジェクト採択ルールは**純現在価値**（net present value，**NPV**）法と呼ばれる。

つぎに，プロジェクトから生み出されるキャッシュフローにリスクのある場合の評価手法としては，（a）確実性等価を用いる方法と（b）リスク調整済割引率を用いる方法がある。前者は，各期のキャッシュフローの確実性等価 $CE(X_t)$ をリスクフリーレート r で割り引いて割引現在価値を求め，その上で NPV 法を適用する方法である。一方，後者は，キャッシュフローの期待値 $E(X_t)$ を，リスクプレミアムを含む割引率（リスク調整済割引率）で割り引いて割引現在価値を求め，その上で NPV 法を適用する方法である。

ここで，簡単な2時点モデルを用いて，上記の二つの評価手法の関係性について述べる。いま，プロジェクトから生み出される将来時点のキャッシュフローを

5

確率変数 X とし，その期待値を $E(X)$ と表す。また，将来時点のキャッシュフローの確実性等価を $CE(X)$ とする。このとき，リスクプレミアム δ は，$\delta=E(X)-CE(X)$ と表される。確実性等価 $CE(X)$ は，将来時点においてそれを確実に得られることが，不確実なキャッシュフローと同等の価値を持つと評価される額であることから，将来時点のキャッシュフローの価値は，$CE(X)$ をリスクフリーレート r を用いて現在価値化した $CE(X)/(1+r)$ となる。これは，（a）のルールに基づくプロジェクト評価である。いま，リスクプレミアムを $\delta=\xi E(X)$（$\xi>0$ は定数）と書き換えれば，$CE(X)=(1-\xi)E(X)$ より将来時点のキャッシュフローの価値は

$$\frac{CE(X)}{1+r}=\frac{(1-\xi)E(X)}{1+r}=\frac{E(X)}{1+\rho} \tag{5.8}$$

と表される。ここで，$1+\rho\equiv(1+r)/(1-\xi)$ であり，$\xi>0$ より $\rho>r$ であることがわかる。すなわち，キャッシュフローの割引現在価値は，期待値 $E(X)$ を r よりも大きいリスクプレミアムを含むリスク調整済割引率を用いて割り引くことによって求まることがわかる。これは，（b）の方法に基づくプロジェクト評価である。（b）の方法では「リスク」と「割引」という本来別々の概念が一緒くたに扱われていることに注意が必要である。なお，いずれの方法においても，投資家のリスクに対する選好の情報が必要である。

不確実性下における社会基盤整備プロジェクト評価問題については，多々納[13]が整理を行っている。社会基盤整備プロジェクトにおいて，キャッシュフローに相当するものは，毎期プロジェクトから生み出される便益である。不確実性下において家計が享受する便益を評価する手法は，これまでに数多く提案されている[14]。不確実性下の便益指標に関しては引用・参考文献[15]を参照されたい。

〔3〕 情 報 の 価 値

多くの場合，プロジェクトの実施には不確実性のみならず，不可逆性が伴う。行為の不可逆性とは，その行為が選択された結果として将来時点の選択肢の多様性が損なわれるような性質である。社会基盤施設は特定の用途にのみ利用可能で，その他の用途に転用できないため，プロジェクトへの既投資費用の一部もしくはすべてを事後的に回収することはできない。プロジェクトに投入した費用は埋没（サンク）費用となる。このとき，整備後に整備前の状態に復帰させることはきわめて困難であり，仮に可能であったとしても膨大な費用を要するため，そのような選択肢が選ばれることは少ない。

開発の不可逆性を考慮した戦略決定に関しては，環境経済学分野などに研究の蓄積がある[16]。純現在価値法では，プロジェクトを「現在行うか，あるいは二度と行わないか（now-or-never 原則）」という二者択一の選択として捉えることが前提となっている。しかし，多くの場合には，意思決定者は現時点での実施を留保することにより追加的な情報を得て，より正確な判断を行うことが可能となる。Arrow and Fisher[17]は，このように将来における選択の可能性が留保される価値を準 option 価値として定義し，今期におけるプロジェクト実施の機会費用として考慮しなければならないと指摘した。その後，準 option 価値は将来時点での選択の多様性を保証する選択肢を現時点において選択した場合に生じる情報価値と等価であることが示された[18]。

〔4〕リアルオプション

リアルオプション理論（real option theory）は金融オプション価格付け理論を実物資産に関する意思決定問題に拡張したものである。オプションとは将来においてなんらかの行動をとる権利である。例えば，コールオプションの所有者は定められた期間にわたり，ある価値を持った資産を行使価格で購入できる権利を持つ。オプションの行使は不可逆性を有し，一度行使すればオプションは復活できない。プロジェクトの投資機会をコールオプションと捉えることにより，便益の不確実性や投資の不可逆性を考慮した意思決定ができる。不確実性，不可逆性下での投資では，将来のリスクに効果的に対処するため多くのオプションを残しておくことが重要である。将来に多様な展開を可能とするオプションは大きな価値を有する。逆に，柔軟性を減少させるようなオプションの価値は低い。前項で述べた準オプション価値は，現在投資することを留保することによって得られる情報価値を意味しており，リアルオプションの一つである。リアルオプション理論により，準オプション価値だけでなく多様なオプションの価値を評価することが可能となる。リアルオプション理論の詳細については，引用・参考文献 19)，20）などを参照されたい。

土木計画分野においても，段階的治水投資評価[21]，プロジェクト遅延の経済損失評価[22]，公共事業の事前・再評価問題[23),24]，インフラ整備の where-and-when 問題[25]，交通インフラ投資問題[26),27]などへリアルオプション理論が応用されている。また，社会基盤整備プロジェクトの財務的分析・評価に対するファイナンス工学アプローチの適用に向けた理論の拡張・一般化も行われ[28]，従来のリアルオプション理論で

は解析不可能であった，複雑な連鎖的構造を持つ投資意思決定問題を解析するためのオプショングラフアプローチ[28)～32)]が提案されている。

元来，金融オプション価格付け理論は，市場において原資産が活発に取引され，オプションのペイオフを複製可能である場合（完備市場）を前提としている。これに対して，社会基盤整備プロジェクトのリアルオプション価格評価においては，その原資産に対応するプロジェクトキャッシュフローが市場で取引されてはいない（不完備市場）場合が多く，市場で観測される資産・証券価格の情報のみでは適切に評価することができないという問題がある。この問題に対しては，プロジェクトを不完備市場における資産とみなしてその取引価格を定量的に評価するための方法[33),34)]が提案されている。　（織田澤利守）

5.1.5　制度分析と制度設計

ゲーム理論の枠組みを用いると，土木計画の計画プロセスや制度の在り方についても分析できる。さまざまな拡張が可能であり，土木計画分野の適用事例も少なくない。ただし，分析対象の特徴に合わせてゲームが定式化されるため，一般的枠組みを示すことは難しい。以下では三つの話題を取り上げ，それぞれについて解説する：1）コンフリクト解析，2）入札メカニズムの設計，3）公益事業の規制改革。

〔1〕 コンフリクト解析

参加者間の意見の不一致や利害の相違により，土木事業をめぐってコンフリクトが生じることがある。**コンフリクト解析**（conflict analysis）では，そうした状況を参加者間のゲームとしてモデル化する。モデル分析を通じて，コンフリクトの本質的原因や問題構造を明らかにすることを目指す[35)]。

（1） モデル化の手順　以下の四段階の手順で行われる。

最初に，計画プロセスの参加者をゲームのプレイヤーとして定義する（**プレイヤー集合の定義**）。すべての参加者をモデル化するとモデルが過度に複雑になり，分析が困難になる。コンフリクトに深く関係する参加者を事前に見定めた上でプレイヤーを設定する必要がある。プレイヤー集合を $I=\{1,\cdots,N\}$ で表す。

第二に，ゲームのプレイヤーが選択できる行動の集合を戦略集合として定義する（**戦略集合の定義**）。土木事業の計画プロセスでは，事業主体が選択できる行動として，例えば，「住民説明会を開催する」や「代替案を提示する」が考えられる。同様に，地元住民が選択できる行動として「情報公開を求める」や「計画案の見直しを要求する」などが考えられる。プレイヤーiが行動jを選択することを $a_{ij}=1$ で表し，行動jを選択しないことを $a_{ij}=0$ で表すと，$a_i=(a_{i1},\cdots,a_{iM_i})(\in A_i)$ と $A_i\equiv 2^{M_i}$ がプレイヤーiが選択可能な戦略と戦略集合をそれぞれ表す。

第三に，ゲームの帰結（プレイヤーが選択した戦略の組）に対して，各プレイヤーの利得を対応させる関数として利得関数を定義する（**利得関数の定義**）。利得関数は $f_i:\Pi_{i\in I}A_i\rightarrow R$ と定義され，$u_i=f_i(a_1,\cdots,a_N)$ がプレイヤーiの利得を表す。分析者はコンフリクト事例を注意深く観察した上で，ゲームの帰結に対する各プレイヤーの選好順序を設定し，序数的な数値情報である利得として定義する必要がある。

最後に，以上で定義したゲームの帰結を求めるために必要な均衡概念を定義する（**均衡概念の定義**）。ゲームの帰結はプレイヤーの合理的選択行動の結果として決まると考える。均衡概念として標準的なナッシュ均衡を用いると，均衡解が無数に求まり有意義な分析を行えない場合がある。そこで，安定性概念等を用いてナッシュ均衡を精緻化した均衡概念が用いられることが多い。

（2） 分 析 手 順　コンフリクト解析の分析では，最初にゲームの均衡解を求める必要がある。つぎに求められた均衡解が現実のコンフリクト状況に対応しているかどうかを確認し，ゲームの現実的妥当性を確認する必要がある。以上の作業終了後は，プレイヤー集合・戦略集合・利得が異なるさまざまなゲーム的状況を想定し，それぞれについて均衡解を求めることで，具体の事例においてコンフリクトが生じた原因や解消された原因について理解を深めることができる。コンフリクトの発生が予想される場合に，回避方策に関する思考実験を行う上でも有益である。土木事業の計画プロセスはきわめて複雑であり，問題の本質を捉えた操作性の高いゲームを定義することは容易でないが，分析事例の蓄積を通してコンフリクトの要因や回避方策について理解を深めていく必要がある。

〔2〕 入札メカニズムの設計

メカニズムデザイン（mechanism design）と呼ばれる経済学や計算機科学にまたがる研究分野では，**情報の非対称性**（information asymmetry）の存在を前提とした上で，効率的な資源配分や社会的意思決定を分権的に実現するメカニズムの設計に関する研究が行われてきた。

公共部門が工事・役務・物品等を調達する場合，価格が低く質の高い調達先を選定する必要がある。調達先の選定ルールとして広く用いられている入札方式は代表的なメカニズムの一つである。調達者がすべての調達先の技術水準や費用構造を把握していれば調達先の選定は容易である。しかし，現実にはそれらの情報を把握できない。そこで，受注希望者に入札書を提出させた上で，事前に定めたルールに基づき入札書の評価を行い，最も点数の高い入札者を調達先として選定して契約を結ぶ。

（1）　**入札メカニズムの定式化**　　ある発注者が N 個の建設会社の中から1社を選定して建設工事契約を結ぶ状況を想定する。i 社 $(i=1,\cdots,N)$ の工事完成費用を $c_i \in C_i$ で表す。c_i は i 社の私的情報で，発注者と他の建設会社は確率密度関数 $f_i(c_i)$ に従うことだけを知っているとする。簡単化のため，N 個の建設会社は費用以外（工事品質等）はすべて同じであるとする。

各社が金額 $b_i \in B_i$ を入札した場合，価格ベクトル $\boldsymbol{b}=(b_1,\cdots,b_N)\in B$ に基づいて受注会社と支払金額を決定するメカニズムを考える。各社の受注確率の決定ルールを関数 $\pi_i : B \to [0,1]$ で，支払金額の決定ルールを関数 $\mu_i : B \to B_i$ で定義する[36]。

（2）　**入札メカニズムの具体例**　　上記表現を用いると一般価格競争入札は次式で表される（簡単化のため，最高入札額が等しい場合は除外している）。

$$\pi_i(\boldsymbol{b})=\begin{cases}1 \text{ if } b_i<\min\limits_{j\neq i} b_j \\ 0 \text{ if } b_i>\min\limits_{j\neq i} b_j\end{cases} \tag{5.9 a}$$

$$\mu_i(\boldsymbol{b})=\begin{cases}b_i \text{ if } b_i<\min\limits_{j\neq i} b_j \\ 0 \text{ if } b_i>\min\limits_{j\neq i} b_j\end{cases} \tag{5.9 b}$$

各社は他社の建設費用を推測して自社の期待利益を最大化するように入札金額を決定すると考えられる。入札戦略を $\beta_i : C_i \to B_i$ で表すと，一般価格競争入札におけるナッシュ均衡戦略 β_i^* は次式で定義される。

$$\begin{aligned}&m_i(\beta_i^*(c_i))-q_i(\beta_i^*(c_i))c_i \\ &\geqq m_i(b_i)-q_i(b_i)c_i \\ &\qquad\qquad {}^\forall b_i\in B_i,\ {}^\forall i\in\{1,\cdots,N\}\end{aligned} \tag{5.10}$$

ただし，$q_i(b_i)=\int\pi_i(b_i,\beta^*_{-i}(\boldsymbol{c}_{-i}))f_{-i}(\boldsymbol{c}_{-i})\boldsymbol{dc}_{-i}$ は金額 b_i を入札した場合の期待受注確率，$m_i(b_i)=\int\mu_i(b_i,\beta^*_{-i}(\boldsymbol{c}_{-i}))f_{-i}(\boldsymbol{c}_{-i})\boldsymbol{dc}_{-i}$ は期待支払金額である。

式(5.9) 以外にもさまざまな受注確率と支払金額の決定ルールが提案されており，それらの一部は現実に使われている。価格以外の要素（技術提案等）を加味した入札メカニズムも存在する。それぞれのナッシュ均衡戦略を比較することで，より優れた入札メカニズムの実装へとつなげていくことができる。

（3）　**入札メカニズムの設計問題**　　最適入札メカニズムの設計問題は次式で定式化される。

$$\min_{\{\pi,\mu\}}\sum_{i=1}^{N}\int m_i(\beta_i^*(c_i))dc_i \tag{5.11 a}$$

subject to　${}^\forall i\in\{1,\cdots,N\}$：

$$\beta_i^*(c_i)=\arg\max_{b_i} m_i(b_i)-q_i(b_i)c_i \tag{5.11 b}$$

$${}^\forall i\in\{1,\cdots,N\} : m_i(\beta_i^*(c_i))-q_i(\beta_i^*(c_i))c_i\geqq 0 \tag{5.11 c}$$

式(5.11 a) は目的関数であり，発注者が支払う契約金額の期待値を意味する。式(5.11 b) は誘因整合性条件と呼ばれ，各社が他社の入札金額戦略を所与として最適な入札金額戦略を選択していること，すなわち，ナッシュ均衡戦略を選択していることを意味する。式(5.11 c) は個人合理性条件と呼ばれ，各社に入札に参加するインセンティブが存在することを意味する。

式(5.11) より求まる最適入札メカニズムは実装可能な場合もあれば，そうでない場合もある。ただし，後者の場合であっても，現行の入札メカニズムを改良したり，複数のメカニズムを比較する際のベンチマークとして有用である。

（4）　**入札以外のメカニズム設計**　　メカニズムデザインのアプローチの適用対象は入札問題にとどまらない。希少資源（e.g. 離発着スロットや周波数帯）の割当て，利用者の選好の違いを考慮した料金差別化，ネットワーク産業の公的規制の設計等の問題についてすでに膨大な研究蓄積がある。土木計画分野のさまざまな問題への展開が期待される。

〔3〕　公益事業の規制改革

ゲーム理論は，電気・ガス・水道・通信・鉄道・バスなどの**公益事業**（public utilities）の規制改革の分析でも有用である。

（1）　**規制改革の進展**　　公益事業は規模の経済性や費用の補完性といった事業の技術的特性ゆえに自然独占性を一般に有する。そのため，地域独占や上下一体での事業運営が認められる代わり，厳しい公的規制がかけられてきた。しかし，1980年代以降，公益事業の非効率性が世界各国で問題視されるようになり，今日まで民営化・地域分割・上下分離・部門分割といった公益事業制度の見直しが進められてきた。

（2）　**見直しの論点**　　いかなる制度が望ましいかは，1）事業の技術的特性，2）技術進歩の速度，3）事業主体の費用構造等の観察可能性，4）ユニバーサルサービス性，5）新規参入の容易さ，等々に依存する。ただし，いずれの場合も，事業主体のインセンティブの規律付けや事業主体間のコーディネーションの促進，規制機関の透明性確保などは共通の論点である。事業主体や規制主体の相互依存関係をゲームとして捉えて分析することは，制度見直しのオプションを比較したり，それぞれの特性を理解する上で有益である。

（3） **アクセス料金** ネットワーク型公益事業で上下分離や部門分割を行う場合，サービス供給に欠かせない**エッセンシャルファシリティ**（essential facilities, **EF**）への公正なアクセスを確保する必要がある。アクセス権の設定方法の一つに**アクセス料金**（access charge）方式がある[37]。同方式で効率的な料金水準を設定する場合，事業主体の資産価値や営業費用を一定の精度で算定する必要がある。EFのアセットマネジメント技術が，アクセス料金の料金設定問題や上下分離・部門分割といった公益事業の見直しの是非にも関係する。

（4） **関連する話題** 上記の議論は公益事業の規制改革にとどまらない。公共サービスの**PPP**（public private partnership）の在り方を検討する上でも，ゲーム理論の枠組みを用いて，ほぼ同様の議論が可能である。PFI・BOT・DBO・指定管理者制度・市場化テストといったPPPの代表的なスキーム間の優劣を比較したり，公共サービスの特性に即したスキーム選択やスキーム構築を行う上で有用である。

（福本潤也）

引用・参考文献（5.1節）

1） 奥野正寛：ミクロ経済学，東京大学出版会（2008）
2） 石倉智樹，横松宗太：公共事業評価のための経済学（土木・環境系コアテキストシリーズE-7），コロナ社（2013）
3） Kreps, D.：Game Theory and Economic Modelling, p.5, Oxford University Press（1990）
4） 岡田 章：ゲーム理論〔新版〕, p.8，有斐閣（2011）
5） McKelvey, R.D. and Palfrey, T.H.：An experimental study of the centipede game, Econometrica, Vol.60, pp.803～836（1992）
6） Miceli, T.：Economics of Law－Torts, Contract, Property, Litigation－, Oxford University Press（1997）
7） Boadway, R.W.：The welfare foundations of cost-benefit analysis, Economic Journal 84, pp.926～939（1974）
8） Musgrave, R.A.：Theory of public finance; a study in public economy.（1959）
9） Lipsey, R.G. and Lancaster, K.：The general theory of second best, The review of economic studies, pp.11～32（1956）
10） Harberger, A. C.：Three basic postulates for applied welfare economics: An interpretive essay, Journal of Economic literature, Vol.9, No.3, pp.785～797（1971）
11） 別所俊一郎，赤井伸郎，林 正義：公的資金の限界費用，日本経済研究47号，pp.1～19（2003）
12） 森杉壽芳，河野達仁：道路整備財源調達に伴う厚生損失を考慮した高速道路料金の効率的水準，日本経済研究67号，pp.1～20（2012）
13） 多々納裕一：不確実性下のプロジェクト評価：課題と展望，土木計画学研究・論文集，No.15, pp.19～30（1998）
14） Johansson, P. O.：Cost-Benefit Analysis of Environmental Change, Cambridge University Press（1993）
15） 多々納裕一，高木朗義：防災の経済分析－リスクマネジメントの施策と評価，勁草書房（2005）
16） Henry, C.：Investment decisions under uncertainty: The irreversibility effect, American Economic Review, Vol.64, pp.1006～1012（1974）
17） Arrow, K. J. and Fisher, A. C.：Environmental preservation, uncertainty, and irreversibility, Quarterly Journal of Economics, Vol.88, pp.312～319（1974）
18） 多々納裕一：開発留保の便益と開発戦略，応用地域学研究，No.3，pp.21～32（1998）
19） Dixit, A. K. and Pindyck, R. S.：Investment under Uncer- tainty, Princeton University Press, Princeton（1994）
20） Schwartz, E. S. and Trigeorgis, L. eds.：Real Options and Investment Under Uncertainty: Classical Readings and Recent Contributions, MIT Press（2001）
21） 小林潔司，横松宗太，織田澤利守：サンクコストと治水経済評価；リアルオプションアプローチ，河川技術論文集，第7巻，pp.417～422（2001）
22） 横松宗太，織田澤利守，小林潔司：プロジェクトの実施遅延がもたらす経済損失評価，第36回日本都市計画学会学術研究論文集, pp.925～930（2001）
23） 織田澤利守，小林潔司：プロジェクトの事前評価と再評価，土木学会論文集，No.737/IV-60, pp.189～202（2003）
24） 織田澤利守，小林潔司，松田明広：評価費用を考慮したプロジェクトの事前・再評価問題，土木学会論文集，No.751/IV-62，pp.97～110（2004）
25） Brueckner, J.K. and Picard, P.M.：Where and when to invest in infrastructure, Regional Science and Urban Economics, Vol.53, pp.123～134（2015）
26） Saphores, J.D.M. and Boarnet, M.G.：Uncertainty and the timing of an urban congestion relief investment: the no-land case, Journal of Urban Economics, Vol.59, pp.189～208（2006）
27） Li, Z.C., Guo, Q.W., Lam, W.H.K., and Wong, S.C.：Transit technology investment and selection under population volatility: A real option perspective, Transportation Research Part B, Vol.78, pp.318～340（2015）
28） 赤松 隆，長江剛志：社会基盤整備・運用事業の経済リスク管理問題に対するファイナンス工学的アプローチ，土木計画学研究・論文集，Vol.23，pp.1～21（2006）
29） 長江剛志，赤松 隆：連鎖的な意思決定構造を持つプロジェクトの動学的評価法：オプション・グラフ・モデルとその解法，土木学会論文集，No.772/IV-65，pp.185～202（2004）

30） 赤松 隆，長江剛志：不確実性下での社会基盤投資・運用問題に対する変分不等式アプローチ，土木学会論文集，No.765/IV-64，pp.155～171（2004）

31） Nagae, T. and Akamatsu, T.：A Generalized Complementarity Approach to Solving Real Option Problems, Journal of Economic Dynamics and Control, Vol.32, No.6, pp.1754～1779（2008）

32） Akamatsu, T. and Nagae, T.：A network of options: Evaluating complex interdependent decisions under uncertainty, Journal of Economic Dynamics and Control, Vol.35, pp.714～729（2011）

33） 赤松 隆，長江剛志：経済リスクを考慮した社会基盤投資プロジェクトの動学的財務評価，土木学会論文集，No.751/IV-62，pp.39～54（2004）

34） 長江剛志，赤松 隆：不完備市場リスク要因を考慮したリアル・オプション評価，応用地域学研究，Vol.8，No.2，pp.81～93（2003）

35） 岡田憲夫，キース・W・ハイプル，ニル・M・フレーザー，福島雅夫：コンフリクトの数理－メタゲーム理論とその拡張，現代数学社（1988）

36） Krishna, V.：Auction Theory（2nd ed.），Academic Press（2009）

37） 依田高典：ネットワーク・エコノミクス，日本評論社（2001）

5.2 費用便益分析

5.2.1 費用便益分析の役割

〔1〕 費用便益分析の始まり

政府が実施する公共投資は，課税という制度によって強制的に家計や企業から資源を調達して実施される。また，民間投資は収益という結果によって市場で投資判断されるのに対して，多くの公共投資は収益が得られるわけではなく市場で判断できない。そのため，投資費用に対して十分な社会的便益が得られているかどうかをチェックする必要がある。これを行うのが費用便益分析であり，今日に至るまで，複雑かつ変化する社会経済状況下における諸課題を解決しながら，その理論体系の確立だけでなく，実際に適用するための技術や制度が構築されてきた。

費用便益分析は，19世紀フランスの土木エンジニアから始まる[1]。限られた国家予算下で複数の交通網整備事業の優先順位を決定する必要があり，合理的評価基準の確立を目指した。ナヴィエ・ストークス方程式で有名なNavierが考案した投資基準は，費用便益分析の重要性を認識していたと考えられる。また，便益の正確な計量化という課題に対して，Dupuitは後にMarshallによって確立される消費者余剰の概念を発想した。このように公共投資を科学的に評価するため経済学を取り入れた彼らは，エンジニア エコノミストと呼ばれる。

〔2〕 日本の事業評価制度

わが国では，1990年頃から国民のコスト意識の高まりや国・地方自治体の厳しい財政事情を背景に，社会基盤整備に対して投資に見合った効果が得られていない，事業決定過程が不透明であるなどさまざまな批判・指摘があり，情報公開・説明責任の観点から社会基盤整備事業を科学的に評価する必要性が叫ばれ始めた。1996年11月の第2次橋本内閣組閣時の所信表明において，「公共事業の投資効果を高め，その効率化を図る必要があり，公共事業の建設コストの低減対策，費用対効果分析の活用等を計画的に推進されたい。」と述べられ，公共事業評価制度の導入に至った。

2002年に「行政機関が行う政策の評価にする法律」が施行され，法制上でも費用便益分析が政策評価に位置付けられている。この法律の目的として，政策評価の客観的かつ厳格な実施と政策への反映ならびに情報公表により，効果的かつ効率的な行政推進および国民への説明責務が定められている。また原則として各府省が主体となり，事前および事後評価を実施し，合理的な手法を用いてできるだけ定量的に効果を把握するとともに，学識経験者の知見を活用することとなっている。

費用便益分析の実施に当たっては多くの省庁が要領や指針，マニュアルを策定し，手順や計算方法の統一化を図っている。このことは，行政コストの低減にも寄与している[2]。総務省の政策評価ポータルサイト[3]には，国土交通省：113編を筆頭に，農林水産省：20編，環境省（廃棄物処理施設整備事業，自然公園等事業）：5編，経済産業省（工業用水事業）：2編，厚生労働省（水道事業）：1編の計141編が掲載されている。これらの基本的な内容は変わらないものの，評価に関する課題解決や定量化の精度向上を図るとともに，社会情勢変化や新規事業にも対応できるよう適宜更新されている。

国土交通省の事業評価は，**図5.3**に示されるように① 新規事業採択時評価，② 再評価，③ 完了後の事後

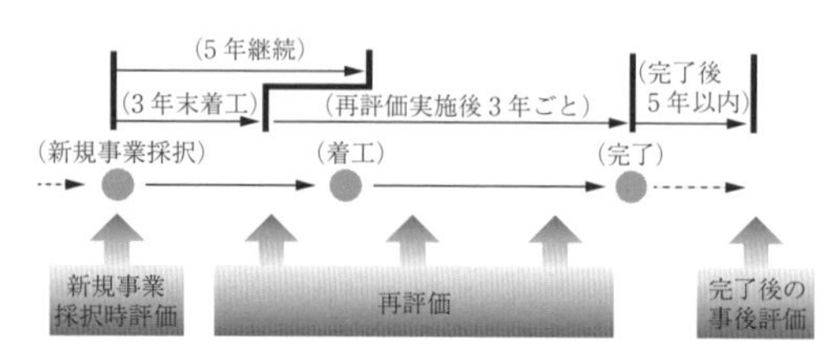

図5.3　国土交通省直轄事業における事業評価の流れ[4]

評価の3段階から成る。①は新規事業採択時において，費用対効果分析を含めた事業評価を行うものである。②は事業採択後一定期間が経過した時点で未着工または継続中の事業等について再評価を行い，必要に応じて見直しや中止するものである。③は事業完了後に事業の効果，環境への影響等の確認を行い，必要に応じて適切な改善措置，同種事業の計画・調査の在り方等を検討するものである。①と②は1998年度から，③は2003年度から導入されている。さらに，2012年より新規事業採択時評価の前段階として計画段階評価が実施されている[5)]。地域課題や達成目標，地域の意見等を踏まえて複数代替案の比較・評価，事業の必要性および内容の妥当性を検証するものである。なお，いずれの段階も費用便益分析を基本として評価が行われており，その客観性を担保するために事業評価監視委員会（第三者機関）が設置されている。

〔3〕 海外における制度と適用

わが国の事業評価制度の設立に当たり，道路投資評価研究会[6)]が海外の制度をつぎのように整理している。ドイツは，事業評価を法的に義務化し，結果を全面公開するとともに，RAS-Wと呼ばれる交通投資評価指針を策定して，費用便益比を基本としながらも，地域間公平性や弱者保護の観点も取り入れながら，古典的な費用便益分析よりも広い視野の総合評価を行っている。フランスは，1984年に制定されたLOTIと呼ばれる国内交通基本法に準拠し，環境影響を重視した10項目の評価基準を設けて多基準評価を実施している。この中で，費用便益分析は10項目の1項目として位置付けられると同時に，金銭換算可能な他の9項目の評価結果を集約したものとなっている。イギリスは，COBAと呼ばれる新規幹線道路計画の経済評価の

表5.1 諸外国の道路事業評価手法の類型と特徴

国	類　型	B/C	優先度の判断
ベルギー	多基準分析②	不採用	地域の要望や事情も考慮して総合的に判断
イギリス	多基準分析①	採用	地域状況，要望，地域バランスも考慮して判断
フランス	多基準分析①	採用	地域状況，要望も考慮して総合的に判断
ドイツ	費用便益分析	採用	費用便益分析，その他項目評価の2段階で判断
アメリカ	多基準分析③	採用	計画プロセスの中で総合的に判断
	費用便益分析	採用	

〔注〕 松田ら[7)]の表を簡略化して作成した。

ほか，環境評価（MEA），交通評価（TAM）を合わせた総合的な評価フレームワークを採用している。

松田ら[7)]は道路事業評価に先駆的に取り組む諸外国を対象に，道路事業評価手法を多基準分析①（項目列挙型），多基準分析②（総合得点化型），費用便益分析に類型化し，**表5.1**のように整理している。

またMURC[8)]によると，アメリカおよびイギリスにおける現在の政策評価制度では，事業レベルよりも大きなプログラムレベルで費用便益分析が実施されている例が多く見られ，費用便益分析の位置付けは，単に事業レベルでの評価や事業採択のためのツールにとどまらず，より良い施策の立案に資するよう，省庁レベルはもとより会計検査においても代替案の検討を強く求めている姿勢が示されていると報告している。

〔4〕 土木分野の適用例

国土交通省は，各事業評価の一連の経緯が一目でわかるよう，費用便益分析などのバックデータを含め，事業評価カルテとして一括管理し，インターネットで公表している[9)]。道路事業を対象とした新規事業採択時評価結果の事業評価カルテの事例を**表5.2**に示す。この表より，わが国の事業評価が費用便益分析を基本として，事業の影響などを考慮して実施されていることがわかる。また近年は，国内外を含めてより早い段階やより広い範囲で費用便益分析に基づく定量的な分析を実施する傾向が強まっている。　（髙木朗義）

5.2.2 費用便益分析の評価指標[10),11)]

〔1〕 費用と便益の現在価値

社会基盤の施設整備は，一般に初期に大きな費用が掛かり，供用後に便益が長期に発生する構造になっている。例えば，費用と便益の時間的な流列パターンは，**図5.4**（a）のようになる。これを現在価値に置き換えると図（b）のような形状に変わる。より遠い将来に生じる便益は現在価値に割り引かれると小さな値になる。費用便益分析は，このように時間的な視野も考慮して，現在価値の便益と費用の比較を行うものである。

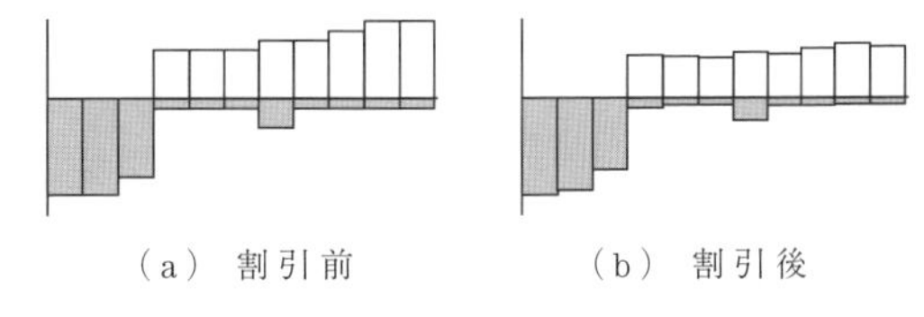

（a） 割引前　（b） 割引後

図5.4 便益と費用の流列

公共プロジェクトを社会的な立場から評価するための効率性指標として，**純現在価値**（net present value，**NPV**），**費用便益比**（cost-benefit ratio，**CBR**

表 5.2　事業評価カルテの例[9)]

<table>
<tr><td>事業名</td><td colspan="4">一般国道○号△△バイパス</td><td>事業区分</td><td>一般国道</td><td>事業主体</td><td colspan="2">国土交通省　地方整備局</td></tr>
<tr><td>起終点</td><td colspan="4">自：○○県△△　至：○○県</td><td></td><td></td><td>延長</td><td colspan="2">○.○ km</td></tr>
<tr><td>事業概要</td><td colspan="9">交通渋滞の改善により企業活動の支援および市街地部の交通安全の確保を目的に計画された道路。</td></tr>
<tr><td colspan="2">事業の目的，必要性</td><td colspan="8">対象区間の整備により，（中略）活発化する企業活動を支援するとともに，市街地部の通学路をはじめとする，生活道路の安心・安全を確保。</td></tr>
<tr><td colspan="2">全体事業費</td><td colspan="4">約○○億円</td><td>計画交通量</td><td colspan="3">約△△台/日</td></tr>
<tr><td colspan="2">事業概要図</td><td colspan="4">略</td><td></td><td colspan="3"></td></tr>
<tr><td colspan="3">関連する地方公共団体等の意見</td><td colspan="7">△△バイパスは，工業団地，空港とのアクセス道路として重要な路線であることから，△△バイパスの円滑な交通を確保することは重要な課題です。（中略）新規事業化と事業推進を強く希望します。</td></tr>
<tr><td colspan="3">学識経験者等の第三者委員会の意見</td><td colspan="7">新規事業化については妥当である。</td></tr>
<tr><td colspan="3">事業採択の前提条件</td><td colspan="7">費用対便益：便益が費用を上回っている。　手続きの完了：都市計画決定手続きを完了</td></tr>
<tr><td rowspan="7">費用便益分析</td><td rowspan="4">B/C</td><td rowspan="4">3.6</td><td>総費用</td><td>242 億円</td><td>総便益</td><td>864 億円</td><td rowspan="4">基準年</td><td rowspan="4" colspan="2">平成 27 年</td></tr>
<tr><td>事業費</td><td>220 億円</td><td>走行時間短縮便益</td><td>608 億円</td></tr>
<tr><td>維持管理費</td><td>22 億円</td><td>走行経費現象便益</td><td>167 億円</td></tr>
<tr><td></td><td></td><td>交通事故現象便益</td><td>89 億円</td></tr>
<tr><td rowspan="3">感度分析の結果</td><td>交通量変動</td><td colspan="3">B/C＝3.2　（交通量　−10%）</td><td colspan="4">B/C＝4.0　（交通量　+10%）</td></tr>
<tr><td>事業費変動</td><td colspan="3">B/C＝3.3　（事業費変動　+10%）</td><td colspan="4">B/C＝4.0　（事業費変動　−10%）</td></tr>
<tr><td>事業期間変動</td><td colspan="3">B/C＝3.3　（事業期間変動　+20%）</td><td colspan="4">B/C＝3.9　（事業期間変動　−20%）</td></tr>
<tr><td rowspan="10">事業の影響</td><td colspan="2">評価項目</td><td>評価</td><td colspan="6">根拠</td></tr>
<tr><td rowspan="3">自動車や歩行者への影響</td><td>渋滞対策</td><td>◎</td><td colspan="6">国道○号の物流の安定性が確保され，沿線地域の企業活動を支援
【渋滞損失時間の改善】現況　約 139 万人時間/年→整備後　約 46 万人時間/年（7 割減少）
【1 km 当り渋滞損失時間】現況　約 13 万人時間/年・km→整備後　約 4 万人時間/年・km（7 割減少）
【渋滞度曲線】　地方整備局管内直轄路線の 4 車線化・未事業化区間でワースト 1 位</td></tr>
<tr><td>事故対策</td><td>○</td><td colspan="6">国道○号の安全性が確保され，沿線地域の住民生活を支援
【死傷事故率】現況　約 143 件/億台 km→整備後　約 29 件/億台 km（8 割減少）
【事故率曲線】○○県内直轄道路の自専道区間でワースト 3 位（事業中区間除く）</td></tr>
<tr><td>歩行空間</td><td>−</td><td colspan="6">注目すべき影響はない。</td></tr>
<tr><td rowspan="5">社会全体への影響</td><td>住民生活</td><td>◎</td><td colspan="6">市街地部への迂回交通が減少し，生活道路の安全・安心を確保
［市街地の死傷事故率］現況　234 件/億台 km→整備後　185 件/億台 km（約 2 割減）※国道を除く</td></tr>
<tr><td>地域経済</td><td>−</td><td colspan="6">注目すべき影響はない。</td></tr>
<tr><td>災害</td><td>−</td><td colspan="6">注目すべき影響はない。</td></tr>
<tr><td>環境</td><td>−</td><td colspan="6">注目すべき影響はない。</td></tr>
<tr><td>地域社会</td><td>◎</td><td colspan="6">民間投資の拡大，企業活動活性化に貢献
（現在）企業進出問合せが近年増加傾向→（今後）事業規模拡大や新工業団地立地の見込み</td></tr>
<tr><td colspan="3">事業実施環境</td><td>○</td><td colspan="6">都市計画手続き完了，国道○号△△バイパス整備促進委員会より早期事業化を要望。</td></tr>
<tr><td colspan="2">採択の理由</td><td colspan="8">費用便益比が 3.6 と便益が上回っているとともに，都市計画決定手続きが完了していることから，事業採択の前提条件が確認できる。（中略）救急搬送時間短縮に伴う医療圏の拡大により救急医療活動の円滑化を支援することから，事業の必要性・効果は高いと判断できる。以上より，本事業の新規事業化については妥当である。</td></tr>
</table>

〔注〕 新規事業採択時評価結果の事業評価カルテの一部を抜粋して整理した。

または **B/C**），**内部収益率**（internal rate of return, **IRR**）の 3 種類がある。

〔2〕 **純現在価値**

純現在価値（NPV）とは，公共プロジェクトによって生み出される各期の便益から費用を差し引いた純便益を割引率で現在価値へと換算し，プロジェクトライフ全期間にわたって合計したものであり，公共プロジェクトによる純便益の大きさを直接的に表す指標である。これは式（5.12）で定義される。

$$\mathrm{NPV}=\sum_{t=0}^{T}\frac{B_t-C_t}{(1+r)^t} \tag{5.12}$$

ここで，r は社会的割引率である。NPV の値が正であれば，その公共プロジェクトの便益が費用を上回っていることを意味し，社会的に効率的であるといえる。したがって，効率性の観点から公共プロジェクトを実施してもかまわないと結論付けられる。NPV が大きいほど社会的に効率的であるといえるが，プロジェクトが大規模であるほど NPV も大きくなるため，小規模なプロジェクトが不利な評価となる可能性がある。

〔3〕 **費用便益比**

便益の現在価値を費用の現在価値で除した比率を費用便益比（CBR または B/C）といい，社会的に見て現在価値に換算された費用 1 単位がプロジェクトライフにおいて平均的にどれだけの便益を生み出すかを表している。これは式（5.13）のように定義される。

$$\mathrm{CBR}=\sum_{t=0}^{T}\frac{B_t}{(1+r)^t}\bigg/\sum_{t=0}^{T}\frac{C_t}{(1+r)^t} \tag{5.13}$$

CBR の値が大きいほど費用に対して得られる便益の割合が大きいといえ，その値が 1 を超える場合，便益が費用を上回ることになり，効率性の観点から公共プロジェクトの実施が妥当であると判断できる。

〔4〕 **内部収益率**

内部収益率（IRR）とは，公共プロジェクトの費用，すなわち投入した経済資源を便益として回収した場合に，どの程度の社会的割引率まで耐えられるかという指標であり，式（5.14）のように純便益がゼロとなる割引率の値として表される。

$$\sum_{t=0}^{T}\frac{B_t-C_t}{(1+IRR)^t}=0 \tag{5.14}$$

内部収益率は，公共プロジェクトの平均的な収益率を表しており，この値が高いほど費用に対する便益の比率が大きくなる。内部収益率が社会的割引率よりも大きければ，公共プロジェクトが実行に値すると判断できる。

〔5〕 **評価指標によって異なる優先順位**

単一のプロジェクトを評価する場合，以下の ① ～ ③ の条件は同値である。

① 純現在価値が正（NPV＞0）。

② 費用便益比が 1 以上（CBR＞1）。

③ 内部収益率が社会的割引率以上（IRR＞r）。

一方，複数のプロジェクトについて，各指標で優先順位を付けた場合，その順位は一致しない。例えば，ある社会的課題を解決するためのプロジェクトとして 3 種類の代替案が出され，各評価指標を計算したところ**表 5.3** のような結果が示されたとする。この場合，指標によって優先順位が異なることがわかる。どの指標が望ましいかという指標の選択ではなく，これら三つの評価指標をすべて算出し，公共プロジェクトの目的や性格を加味しながら，それぞれの結果を検討するという適用方法が妥当である。

表 5.3 費用便益分析の指標によって優先順位が異なる例

（社会的割引率：4%）

代替案	A		B		C		最高順位の代替案
時期	費用	便益	費用	便益	費用	便益	
0	1 000		2 000		5 000		
1	5	100	10	550	50	1 000	
2	5	200	10	550	50	1 200	
3	5	300	30	550	50	1 500	
4	20	400	10	550	50	1 500	
5	5	500	10	600	50	1 500	
現在価値の合計	1 035	1 301	2 062	2 490	5 223	5 920	
NPV	266		427		**697**		C
CBR	**1.257**		1.207		1.133		A
IRR	11.12%		**11.21%**		8.49%		B

（髙木朗義，横松宗太）

5.2.3 便益評価の理論的基礎

〔1〕 **非市場財と価値評価の前提**

非市場財（non-market goods）とは，市場で取引されない財やサービスのことをいう。非市場財には公共財や環境財，自由財が該当する。

市場財は市場価格を通じて経済的価値を評価することができる。個人がある価格で売られている財を購入するとき，その個人にとっての当該財の価値はその価格以上である。しかし価格が上昇したら，個人は財の購入をやめるかもしれない。市場に多数の売り手と買い手が存在する場合，価格は需給をバランスさせる水準に到達し，その価格が当該財の価値を表す。

それに対して，非市場財は市場で取引されないため価格がなく，価値を評価することが難しい。本項では，非市場財に対する価値評価の前提を示す。厚生評価には以下の二つの前提がある[12]。

1）各個人が，自身の厚生がベストになるように自分自身で判断をする。

2）財やサービスの組合せ（bundle）のどれを個人が選択するかを観察することで，各個人の厚生を推測することができる。

個人が自分自身の選好に基づいて選択肢を順番に並べること（rank）ができるとき，以下の二つの条件が満たされれば，**序数的効用関数**（ordinal utility function）を定義することができる。

1）「**より多いほうがより好ましい**（more-is-better）」

2）**代替可能性**（substitutability）

環境汚染のような負の財（しばしばgoodsに対して"bads"と呼ばれる）の場合にも，汚染水準に負の符号を付して「きれいな空気」のような財を定義すれば，"more-is-better"が該当する。また，代替可能性は，一つの財の減少に伴う効用の低下は，別の財を増やすことによって補うことができることを意味する。代替可能性は，任意の2財間の交換比率を決定する。この交換比率を知ることができれば，その財の貨幣価値を把握できるようになる。したがって，財の価値を**支払意思額**（willingness to pay, **WTP**）や**受取意思額**（willingness to accept, **WTA**）として表すことができるようになる。

非市場財の価値は，利用価値と非利用価値に分類される[13]。利用価値には実際の直接的・間接的利用価値に加えてオプション価値（将来の利用の可能性に関する価値）などがある。また，非利用価値は遺産価値や代位価値（他の人が将来利用するであろうという動機から発生する価値），存在価値（非市場財が存在するという情報から発生する価値）などを含んでいる。

〔2〕 パレート原理と仮説的補償原理

すべての個人の集合を$N=\{1, 2, \cdots, n\}$，配分全体の集合をA，個人iの効用関数をu^iとするとき，二つの配分$x=(x^1, x^2, \cdots, x^n)\in A$，$y=(y^1, y^2, \cdots, y^n)\in A$の間に

$$u^i(x^i)\geqq u^i(y^i)\quad \text{for all } i \tag{5.15}$$

かつ，少なくとも一人に関して強い不等号が成立するとき，配分xは配分yよりも「**パレートの意味で好ましい**（Pareto superior）」という。配分yから配分xへの変更を**パレート改善**（Pareto improvement）といい，パレート原理はパレート改善を実現する政策を正当化する。

しかし現実のほとんどの政策は，ある人々の状態を改善し，別の人々の状態を改悪することによって，その変化の是非をめぐる複雑な利害対立を生むものである。したがって，パレート原理に基づいて配分に関する社会的な厚生判断を行える状況は現実にはきわめてまれといえる。

そのような状況に対して，費用便益分析は**仮説的補償原理**（hypothetical compensation principle）を基礎とする。仮説的補償原理とは，ある政策によって利益を得る人々と損失を被る人々の間で，損失（あるいは逸失利益）に対する補償の**仮説的**（hypothetical）な支払いが行われるとした場合に，パレート改善された配分状態を作ることができれば（**潜在的パレート改善**（potential Pareto improvement）という），その政策は支持されるというものである。

〔3〕 補償原理の分類

仮説的補償原理は，仮説的な補償が行われるタイミングによって，**カルドア補償原理**（Kaldor Compensation Principle)」と**ヒックス補償原理**（Hicks Compensation Principle）に分類される。カルドア補償原理は，ある経済的変化の結果として利益を受ける人々が，この変化から損失を被る人々に対して十分な損失補償を行って損失者をむしろ変化以前よりも望ましい厚生状態に移したとしても，受益者になお残存利益があるとき（潜在的パレート改善がなされるとき）に，このような経済的変化を実現することは社会的に望ましいと判断する。それに対して，ヒックス補償原理は，ある経済的変化の結果として損失を被る人々が，この変化から利益を受ける人々に対して逸失利益の補償を行うときに，この補償が，変化後の状態に対して，潜在的パレート改善を実現する可能性がないときに，問題の変化を実現することは社会的に望ましいと判断する。

〔4〕 補償原理の論理的性能

しかしながら，いくつかの問題点も指摘されている[14]。第一に，補償の実際の支払いが前提にされていない点である。第二に，判定のための参照基準を，カルドア原理の場合は変化以前の，ヒックス原理の場合は変化以後の特定の分配状況に偏らせている点である。第三の問題点は，論理的矛盾の可能性である。例えば，状態0から状態1への変化はヒックス原理によって是認されるが，逆に状態1から状態0への変化も同じヒックス原理によって是認される場合，補償原理が導く政策決定に従うとしたら，社会は状態0と状態1の間を行ったり来たりすることになってしまう。この矛盾は**スキトフスキー パラドックス**（Scitovsky paradox）と呼ばれている。

補償原理は，経済厚生の完全な評価基準として提唱

されているわけではない。補償原理は**効率性基準**（efficiency criterion）を提供する役割を担っており，それを補完する**衡平性基準**（equity criterion）が必要となる。このように効率と衡平を分離させて，二重基準によって政策評価を行うことが標準的な考え方である。一方，果たして二重基準による評価手法が意味を持つのかどうかという疑義も示されている。

（横松宗太）

5.2.4 厚生指標

〔1〕 余剰の理論

便益計測の方法は，大きく分けて二つある。余剰変化から求める方法と効用変化分の貨幣換算により求める方法である[15)]。

余剰とは社会の利益を表す概念であり，消費者余剰と生産者余剰から成る。前者は消費者が財を消費して得られる利益を貨幣タームで表した概念であり，消費者がその財に対して支払ってもよいと考える価格（留保価格）から市場価格を差し引くことにより求められる。後者は生産者が財を生産して得られる利益を貨幣タームで表した概念であり，市場価格から生産者が財を供給する際に最低限受け取りたいと考える価格を差し引くことにより求められる。この消費者余剰と生産者余剰の合計が社会的余剰と呼ばれ，事業の実施による社会的余剰の増加分が便益となる。

費用便益分析マニュアル[16)]では，道路整備事業の有無に対する総走行時間費用の差により便益が計測されている。これは需要固定が仮定されているからであり，需要が固定的であり，さらに道路利用価格がx軸に対して平行であれば，総費用の差と余剰の増加分とは一致することが理由である。

上記の余剰増加分による便益計測は，ある一つの市場に着目して便益を計測する方法であり，部分均衡の概念に基づくものといえる。これに対し，事業の実施が他の市場にも波及的な影響を与える場合には一般均衡の概念に基づく必要がある[17)]。このときには，あらゆる財の市場価格，さらには労働，資本などの生産要素価格の変化を反映した効用に基づき便益が計測される。効用（厳密には効用水準）は，消費者の効用最大化行動などから導かれるものであり，財の価格，労働，資本等の生産要素価格の関数として表される。

〔2〕 CV，EV

効用水準に基づき事業実施による便益を求める場合は，まず事業実施による効用水準変化を計測し，つぎにその効用水準変化分を貨幣換算する。貨幣換算の方法は二つある。一つが**等価的偏差**（equivalent variation, **EV**）に基づくものであり，もう一つが**補償的偏差**（compensating variation, **CV**）に基づくものである。前者は，「事業実施ありの効用水準を維持するという条件で，事業をあきらめるために必要と考える最小受取補償額」により求められ，後者は「事業実施なしの効用水準を維持するという条件で，事業の実施に対して支払うに値すると考える最大支払意思額」により求められる。これを式で表すと，それぞれ以下のようになる。

$$\mathrm{EV}: V\left(\boldsymbol{p}^A, I^A + EV\right) = V^B \equiv V\left(\boldsymbol{p}^B, I^B\right) \tag{5.16}$$

$$\mathrm{CV}: V\left(\boldsymbol{p}^A, I^A\right) \equiv V^A = V\left(\boldsymbol{p}^B, I^B - CV\right) \tag{5.17}$$

ただし，$\boldsymbol{p}$：財価格ベクトル，I：所得（$I = wL_S + rK_S$。ただし，L_S, K_S：それぞれ労働供給量と資本供給量，w, r：それぞれ労働価格と資本価格），V：効用水準，添字A, B：それぞれ事業なし，ありを表す。

EVかCVのどちらを用いるかについては，EVが効用水準Vの単調変換であり，さらにEVの総和が正であることは社会的効率性基準の十分条件となるが，CVは必ずしもその性質を満たさないことから，EVの方が望ましいとされている。

（武藤慎一）

5.2.5 一般均衡理論と便益帰着構成表[18)]

〔1〕 便益帰着構成表

表5.4は，都市交通整備事業の便益帰着構成表（Morisugi Tableとも呼ばれる）である。表の行は，事業の効果，費用，便益，波及効果を示す項目を並べている。列には事業に関連する主体を並べている。マス目には主体の受益額または負担額の現在価値を記入する。交通事業者の欄は，財務分析を示す。そこでは，建設費29億円，維持運営費6億円，料金収入増10億円，補助25億円で，最下欄に示すようにこの事業体の収支が釣り合っていることを示している。

第2列目と第3列目は，それぞれ，世帯と企業との名称で，交通利用者，交通以外の財サービスの消費者と生産者，労働と資産の供給者と需要者とを兼ねた主体が，受ける便益・費用を示している。第4行の世帯の欄は，通勤・社交・買物などの私事交通利用者便益が28億円であり，企業の欄は，業務交通利用者便益が35億円であることを示している。第5行は，沿線道路交通の転換により混雑，騒音，大気環境改善便益があることを示している。第3行と6～8行は，波及効果である価格の変化の便益を示している。第3行の料金水準の上昇は，利用者には消費者余剰の減少（ここでは－10億円）をもたらし，交通事業者には同じ額の生産者余剰を与え，その合計（最右列）は，相互にキャンセルしてゼロとなる。なお，輸送費節約便益は，運営費の節約となり，第2行1列に記入する。そして，その合計はゼロではなくプラスの値となる。第

表 5.4　便益帰着構成表の例

（財務分析：交通事業者，効率性：合計）

項目＼主体	交通事業者	世　帯	私企業	地主（家主）	政府	合計
投資額	−29					−29
運営費	−6					−6
料金の変化	10	−3	−7			0
交通利用者便益（時間，事故）		28（私的交通）	35（業務交通）			63
交通環境改善便益		2	1			3
財の便益（価格の変化）		−1（消費者）	1			0
土地の便益（地代の変化）		−20（利用者）	−18（利用者）	38（供給者）		0
労働の便益（賃金率の変化）		9	−9			0
補助金	25				−25	0
税金		−2	−3	−16	21	0
合計（主体別帰着便益）	0	13	0	22	−4	31

〔注〕現在価値換算値

7 行の土地については，土地の所有者と借地者の間における便益と不便益を示している。第 9，10 行目は，補助という交通事業者の受益と政府の負担，企業と家計の税負担の増大と税収増という政府の受益がキャンセルすることを示している。最下欄は，負担と受益の分配状況である主体別帰着純便益を示す。私企業の利潤が発生しても，長期的には，配当などのように株主への報酬として支払いが行われ利潤はゼロとなる。世帯には 13 億円，地主に 22 億円，政府に −4 億円の帰着便益となっている。その合計（純便益）は 31 億円である。最後に，最右列に注目すると，ゼロでない項目は，プロジェクト費用と技術的外部性（おもに時間節約）による便益のみであることがわかる。その純便益は 31 億円であり，費用が 35 億円，便益が 66 億円で，費用便益比は 1.9 であることを示している。このように，最右列は，効率性指標であるプロジェクトの純現在価値を示す。わが国における費用便益分析マニュアルはこの最右列に着目した便益計算を採用している。なお，表 5.4 は 1 地域の表であるが，多数の地域に対しても同じように地域別帰着便益を表現する多地域便益帰着構成表を作成することができる。

〔2〕 一般均衡分析とショートカット理論

一般均衡分析とは，ある種の技術的外部性が与件であるとの前提で，多数の財サービスと労働・資本の市場が存在している経済における市場均衡が持つ性質・条件を示す理論である。その条件は，（1）多種の価格水準が満足すべき条件，および（2）達成可能な世帯の効用水準（あるいは効用を等価な消費水準に変換した等価消費）が均衡価格水準と技術的外部性の関数として表現することができる。技術的外部性を変化させたときの均衡価格水準と達成可能な効用水準（等価消費）の変化を求めることを一般均衡分析における比較静学という。便益帰着構成表は，この一般均衡分析における比較静学をそのまま表にしたものである。すなわち，世帯（地主を兼ねるものとする）の最下欄は等価消費の変化分を示し，それは，時間節約に代表される技術的外部性の便益と消費財（生産要素）の価格変化による消費者余剰（生産者余剰）の和として表現される。つぎに，交通事業者と企業の列が表現しているように，時間節約に代表される技術的外部性の便益と供給財（投入財）の価格変化の生産者余剰（消費者余剰）の和がゼロとなる。さらに，市場均衡が成立しているので，消費者余剰（生産者余剰）はマイナス生産者余剰（消費者余剰）に等しい。以上より，表が完成され，最右列が示すように，外部性が発生する市場（ここでは交通）のみに着目してその便益を算定すれば，価格変化という波及効果も計測していることになることを示している。この性質をショートカット理論といっている。なお，価格変化の消費者余剰（生産者余剰）の計算は，(1/2)(事業なしの市場均衡量＋事業ありの市場均衡量)×(価格変化) で近似できる。また，技術的外部性の代表である時間節約便益の計算は (1/2)(事業なしの時間価値×交通量＋事業ありの時間価値×交通量)×(時間変化) で近似できる。この便益帰着構成表を計算するには応用一般均衡モデル（5.3.3 項参照）の適用が適切である。　（森杉壽芳）

5.2.6 プロジェクトの長期性と将来便益の割引

〔1〕 将来価値の割引

道路や空港，港湾をはじめとした社会基盤施設は長い将来にわたって便益を発生する。適切な管理をすれば，百年を越える期間の利用が可能な施設もある。費用についても，最初にかかる建設費に加えて，供用開始後も維持管理費や更新費が発生する。社会基盤整備の費用便益分析では総費用と総便益を比較することになるが，その際には異時点間の価値を集計する作業が必要になる[10]。

異時点間の価値の比較は，各時点の価値を，特定のある時点の価値に等価換算した額を用いて行われる。多くの場合，比較を実施する現在時点の価値への換算が行われる。すなわち現在価値評価である。その方法を，単純な数値例を用いて説明しよう。現在得られる100万円と，1年後に得られる100万円の価値は同一ではない。なぜなら，現在得られる100万円を利子率5%の銀行に預けておけば，1年後には元利合計で105万円になるからである。2年後には105万円に5%の利子がついて110.25万円になる。同じ考え方によって，現在95.24万円を預金すれば，1年後には100万円になる。現在90.70万円を預金すれば，2年後に100万円になる。したがって，現在の100万円の1年後の価値は105万円であり，1年後の100万円の**現在価値**（present value）は92.24万円となる。2年後のケースも同様に解釈される。一般化して表現すると，V円のお金を利子率がrに固定された銀行に預けると，t年後には$V\cdot(1+r)^t$円になる。よって，現在のV円のt年後の価値は$V\cdot(1+r)^t$円であり，一方，1年後のV円の現在価値は$V/(1+r)^t$円になる。

複数の期にわたって発生する価値の集計は，初めに各t期の価値$V(t)$を現在価値に換算し，その後に足し合わせる手順によって計算する。すなわち

$$\mathrm{PV}(0)=\sum_{t=0}^{T}\frac{V(t)}{(1+r)^t} \tag{5.18}$$

によって，プロジェクト期間が0期からT期までの社会基盤施設の現在価値を算出する。

また，時間軸が連続的である場合，$V(t)$の現在価値は，自然対数の底eを用いて，$V(t)e^{-rt}$により表される。集計された現在価値は次式により算出する。

$$\mathrm{PV}(0)=\int_0^T V(t)e^{-rt}dt \tag{5.19}$$

各期の価値は効用単位のものでもよい。このように将来の効用水準（金銭単位の評価も含む）を割引率で現在価値に引き戻す理論は**割引効用理論**（discounted utility theory）と呼ばれている。

〔2〕 時間選好率の構造

割引効用理論の基礎には，完全競争と完全情報が満たされた市場がパレート効率的資源配分を達成するときに，「資本の限界生産力」と「消費者の（限界）時間選好率」と「市場利子率」の三つの要素の水準が一致する「三位一体命題」[19]がある。「三位一体命題」は以下のように表現することも可能である。

異時点間生産の限界変形率（marginal rate of transformation）
＝**異時点間消費の限界代替率**（marginal rate of substitution）
＝1＋市場利子率（前節のr）

それに対して，パレート効率的市場の想定の非現実性が問題となるケースでは，三位一体命題に準拠することはできない。

Fisherの2期間モデルでは，家計の目的関数である割引効用が以下のように設定される。

$$W=U(C_0)+\frac{U(C_1)}{1+\beta} \tag{5.20}$$

ただし，$U(\cdot)$は各期の消費に関する効用関数であり，$U'(\cdot)>0$，$U''(\cdot)\leqq 0$を満たす。C_0，C_1はそれぞれ第0期と第1期の消費である。βは**純粋時間選好率**（pure rate of time preference）である。一方，**粗時間選好率**（gross rate of time preference）は以下のように表される。

$$TPR=MRS-1=\frac{U'(C_0)}{U'(C_1)}(1+\beta)-1 \tag{5.21}$$

よって，粗時間選好率TPRは限界効用逓減と純粋時間選好率の複合的結果によって定まる。経済成長$C_1>C_0$が期待される社会においては，$r=TPR>\beta$となり，市場利子率が純粋時間選好率よりも大きくなる。さらに仮に純粋時間選好率βが0であっても，市場利子率や粗時間選好率は正になる。また，上式より，$U'(C_0)/U'(C_1)=(1+r)/(1+\beta)$が従う。そして$U(C)=A\log C+B$と特定化すると，$C_1/C_0=(1+r)/(1+\beta)$を得る。いま，経済成長率を$\rho=(C_1/C_0)-1$と置くと，近似的に$\beta\fallingdotseq r-\rho$を得る。依田は，この関係を用いて，市場利子率と経済成長率のデータから間接的に純粋時間選好率を推測する方法を提案している。

純粋時間選好率を内生的に決定するモデル化の試みもある。例えばRogersは，時間選好率は進化上安定的な均衡値として決定されており，いかなる突然変異的時間選好率も自然選択の結果淘汰されるという仮説を立てた[20]。そして親が子孫の繁栄を通じて血縁度を高めようとする行動を，将来便益のための投資と解釈し，進化的に中立な時間選好率を導いている。

〔3〕 時間選好率の一般化

価値割引の問題は主として経済学，心理学，生物学の分野で研究が進められてきている。伝統的に，経済学では$V=V(t)/(1+\beta)^t$（連続的時間軸の場合は$V(t)e^{-\beta t}$）という指数関数モデルが用いられることが多いのに対して，心理学や生物学では$V=V(t)/(1+kt)$という双曲線関数モデルが用いられることが多い[21]。実証的な観点からは，双曲線関数の方が当てはまりが良いことが報告されている[22]。それに対して，指数関数モデルはある公理体系に基づいた規範的な意義を持つ[23]。その公理体系の中で最も特徴的な公理が，以下の**定常性**である。

$$(x,t)\sim(y,s) \;\Rightarrow\; (x,t+\varepsilon)\sim(y,s+\varepsilon) \quad (\forall\varepsilon>0) \tag{5.22}$$

すなわち「t時間後に得られるx」と，「s時間後に得られるy」が無差別（等価値）であるならば，「$(t+\varepsilon)$時間後に得られるx」と，「$(s+\varepsilon)$時間後に得られるy」は無差別となる。一定の割引率を持つ指数関数は，定常性を満たす。

しかし，定常性の公準は現実的妥当性が疑われている。その疑義に端緒をなす公理体系の発展の方向の一つに，定常性を，以下の**二次定常性**に緩和したものがある。

$$(x,t)\sim(y,s)\ \&\ (x,t')\sim(y,s')$$
$$\Rightarrow\ (x,\varepsilon t+(1-\varepsilon)t')\sim(y,\varepsilon s+(1-\varepsilon)s')$$
$$(\forall\varepsilon\in[0,1])\quad(5.23)$$

「定常性」を「二次定常性」に置き換えた公理体系を満足する時間選好率関数には，例えば**一般双曲線型時間選好関数**$f(t)=(1+at)^{-b/a}$がある。これを用いると，現在価値は$V=V(t)/(1+at)^{b/a}$と与えられる。$a\to 0$のとき割引率一定の指数関数になるため，一般双曲線型時間選好関数は伝統的時間選好関数の一般化になっている[19]。

割引率一定の指数関数を用いては記述できない逸脱現象としては，1）遅延時間の増加に伴う割引率の低下，2）報酬量（利得）の増加に伴う割引率の低下（報酬量効果，重要度効果），3）利得に高い割引が，損失に低い割引が適用される傾向（利得と損失の間の非対称性），4）先延ばしと促進などの，報酬の提示文脈の効果（フレーミング効果）等が報告されている[24]。また割引率の大きさと関係する要因に，教育水準[25]や収入水準[26),27]があることも指摘されている。

負の時間選好率あるいは末上がり選好と解釈され得る経済心理学実験の結果もある[28]。そこでは，1箇月後と2箇月後の夕食として庶民的料理と高級料理を食べる順番を問うたとき，多くの被験者が「1箇月後に庶民的料理，2箇月後に高級料理」の順番を選択する。将来効用が割り引かれるのであれば，「1箇月後に高級料理，2箇月後に庶民的料理」の方が効用の和が増加するはずであるが，そうではない。この結果は，一連の消費を加法分離してはならず，一つのまとまりとしてみなさなければならない例と考えることもできる。

依田は，指数型時間選好関数の枠組みの中での時間選好率関数の一般化を図っている[19]。そこでは$V=V(t)e^{-\beta t}$における時間選好率βを定数とせず，**図5.5**のような形状で表される関数と考える。すなわち，1）人間には結果の遅滞時間と時間選好率の間に選択の**準拠点**（reference point）となるような心理的規範

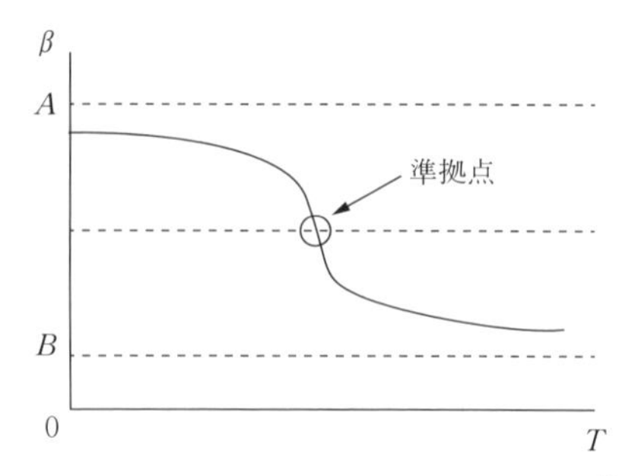

図5.5　一般化された時間選好率（出典：依田[19]）

が存在すること，そして2）未来の結果が心理的規範から現在に近付くほど近視眼的執着が強くなり，現在から遠ざかるほどその執着は薄れていくことが想定されている。このような性質を満たす関数には$\beta=\{AKe^{(B-A)T}-B\}/\{Ke^{(B-A)T}-1\}$などがある。この関数の場合，変曲点（準拠点）においては$\beta=(A+B)/2$となる。また伝統的な割引率一定の時間選好率は$A=B$のケースに該当する。一般化された時間選好率関数を用い，さらに，より大きな報酬に対してより小さな時間選好率を割り当てれば，二つのプロジェクトの現在価値の大小関係がある時間の経過後に逆転する**時間非整合**（time inconsistency）も記述され得る。そして依田は，公共プロジェクトを対象とした社会的な意思決定の場合にも，このような非整合が起こり得ることを自覚することが必要であると指摘している。また，便益が将来時点Tに発生するにもかかわらず，意思決定を行う現在の市場利子率を用いて将来便益を割り引くと，現在の市場利子率は現在の高い時間選好率$\beta(0)$（$>\beta(T)$）を反映している可能性が高いため，公共プロジェクトは過小評価される可能性があると述べている。

紙幅の都合上，本項では一部の成果のみしか紹介できなかったが，時間選好理論は理論と実証の両面において研究が重ねられている。例えば，消費水準Cに依存して内生的に決まる時間選好率関数$\beta(C)$は有名である[29]。また，報酬の実現前の期待と，実現後の回顧の効用を考慮に入れた時間選好理論を適用することによって，消費の意図的な延期や，サンクコストの効果を説明することができる[19]。

〔4〕 社会的割引率

民間企業の投資の意思決定は採算性の条件で決められる。外部経済性がないとしたら，企業による採算性に基づいた投資決定は，効率性の観点から社会的に望ましい。社会基盤施設整備（公共投資）には外部経済性が存在するため，政府（公共部門）が供給の役割を持つ。政府が投資を実施する場合，そのための資源が

政府に回されるため，民間部門の消費や投資が犠牲になる。したがって公共投資の意思決定の際には，その機会費用を適切に評価する必要がある[30]。社会基盤施設が生み出す将来便益を割り引く際に用いられる割引率を**社会的割引率**（social discount rate）と呼ぶ。現在実務では，社会的割引率として，市場利子率と同一という考え方の下で4% が用いられることが多い。しかし理論的な観点から，必ずしも社会的割引率が市場利子率と一致するとはいえない。本項では，両者の一致・不一致に着目した議論の一端を紹介する。

完全市場のファーストベスト経済であれば，公共投資の割引率は，民間投資の収益率，すなわち市場利子率に一致する。よって，社会的割引率として市場利子率を用いればよい。

社会的割引率の議論の初期の成果として知られるArrow-Kurz モデルでは，外生的な消費者の貯蓄性向 s の下で，公共投資の割引率は，消費の収益率と市場利子率を（$1-s$）対 s で重み付けした加重平均に決まる[31]。

また，家計と政府の将来視野の違いに着目した議論もある。人々は自身の生存期間が有限であるので将来価値の割引率が大きく，そのことが反映された市場利子率は，将来世代の便益も考慮する公共投資で用いる社会的割引率としては不十分であろうという主張がある。しかしながら，ここでも話はそれほど単純ではない。家計の生存期間が有限で，政府の将来視野が無限である**世代重複モデル**（overlapping generation model）を用いた分析によると，一括税による世代間の所得再分配が可能であれば，それを用いて社会厚生が最大化された経済において，民間投資の収益率は社会的割引率と等しくなる。すなわち社会的割引率と市場利子率が一致する。一方，一括税が利用不可能であり，資本所得税や労働所得税等の攪乱的な税しか用いることができない場合には，民間投資の収益率は社会的割引率と一致しない。どちらが大きくなるかは一概にいえず，課税の条件によっては市場利子率の方が小さくなることもある[30]。

そのほかにも資本市場の種々の不完全性に着目した分析[32]，人口成長率との関係[33]など，多様な視点から研究が重ねられている。

世代間の割引率については，Margin が簡潔な関係を提示している[34]。いま，個人の選好について，自分自身の消費の限界効用を1，将来世代の消費の限界効用を a，自分以外の現在世代の消費の限界効用を b とする。また現在世代と将来世代の構成員の数は等しく n とし，十分に大きいものとする。このとき私的割引率 r_p と社会的割引率 r_s は以下のように表される。

$$r_p=\frac{1}{a}-1,\quad r_s=\frac{1+(n-1)b}{na}-1\fallingdotseq\frac{b}{a}-1 \tag{5.24}$$

自然に想定される $0<a<1$ かつ $0<b<1$ の状況では，$r_p>0$ かつ $r_p>r_s$ が従う。

一方，動学経済分析の父といわれる Frank Ramsey は1920年代に，倫理的な観点から将来世代の便益を割り引くことは認められないと述べている。世代間のウェイトの問題に関しては，倫理学などを含めた学際的な議論が展開されている。

以上のように，望ましい社会的割引率の水準については，いまだ決定的な結論は出ていない。そして当面は市場利子率を社会的割引率の一次近似として用いるほかないということが標準的な見解となっている。井堀らは，現時点において4% という現行の基準割引率を拒否する強力な根拠はないことを指摘した上で，同時に6% や2% など，他の割引率を用いた感度分析を実施すべきことを主張している[30]。

5.2.7. 不確実性とリスクプレミアム

〔1〕期待効用理論とリスクプレミアム

不確実性下の費用便益分析は，Arrow and Lind[35]や Graham[36]らによって初期の発展を実現した。リスクの存在下でのプロジェクト便益は，少なくとも概念的には，プロジェクトの影響を被る個人の当該プロジェクトに対する「事前の」支払い意思額で評価されるべきであることに，ほとんどの専門家が同意している。すなわち「どの**偶発的状況**（contingency）が実際に生起するか判明する前に，そのプロジェクトを実行することに対して抱く支払い意思額の最大値」をプロジェクト便益と考えるべきであり，この値が**オプション価格**（option price）と呼ばれるものである。そして全家計のオプション価格を集計することによって，プロジェクトの集計的便益を得て，それを機会費用と比較することによってプロジェクトの採否を決定する。特定の contingency に依存しない事前の評価であることにより，他のプロジェクトとの比較における整合性等が保証される。したがって，不確実性下のプロジェクト評価において，理論的に正確な便益評価はオプション価格によってなされる。しかしながら，従来多くの場面で**期待余剰**（expected surplus）が用いられてきた。期待余剰はプロジェクトによって発生する状況依存的な余剰の期待値であり，防災投資問題の文脈においては，**期待被害軽減額**（expected-losses-reduction）と呼ばれることが多い。すなわち期待被害軽減額により評価した防災投資便益は，各外力の発生下において対象とする防災施設がない場合とある場合の損失の差を状況依存的な余剰と捉えて，各外力の発生確率によってそれらの期待値を算出した額に相当する。

期待効用水準と確実性等価，リスクプレミアムの関係は以下のように表される。所得水準を w，所得に依存した効用関数を $u(w)$ とする。効用関数は $u'(w)>0$，$u''(w)<0$ を満たし，個人の危険回避選好を反映している。w が確率変数であるときには，各 w の実現値に対する効用の期待値，すなわち期待効用水準 $E[u(w)]$ の最大化が個人の目的となる。期待効用水準 EU と確実性等価 w_c，リスクプレミアム ρ の関係は以下のように表される。

$$EU=E[u(w)]=u(w_c)=u(\bar{w}-\rho) \quad (5.25)$$

ただし，$\bar{w}$ は所得水準 w の期待値である。確実性等価 w_c は所得の単位（金銭単位）で表した厚生水準を意味する。またリスクプレミアム ρ は

$$\rho:=\bar{w}-w_c \quad (5.26)$$

によって定義される。それは，与えられた変動（分散の意味でのリスク）を回避して安定的な状態を得るための支払い意思額を意味する。期待値が同一であっても，変動が大きいほどリスクプレミアムは大きくなる。リスクプレミアムは，（変動の意味の）リスクを一元的に金銭評価した指標である。

〔2〕リスクプレミアムを含む防災投資便益

リスクプレミアムを考慮しない期待被害額評価は，小規模な危険事象が独立に多数生起するようなリスクを想定した方法である[37)〜39)]。ただし，ここで想定されている環境は，1）個々の家計や企業の被災事象が独立である。2）それゆえ保険市場では給付・反給付均等の原則を満たしたリスクフェアな保険が供給されている。3）家計はフルカバー保険を購入する。4）災害時にはその保険金により被害がフルカバーされ，損害が瞬時に修復されるという理想的な状況である。この状況では家計が支払う保険料と期待被害額が一致する。そしてハードの防災投資の経済便益は保険料の節約額，すなわち期待被害軽減額に一致することになる。

巨大性・集合性（カタストロフ性）を有する自然災害リスクに対しては，地域内の個人間で被害を均等化するための相互保険契約と，地域全体の被害の総和を地域外の主体とシェアするための状況依存的証券を組み合わせた災害保険システム（以下，「カタストロフ災害保険」）を導入することによって，パレート効率的な災害リスクの配分が市場で実現可能である[4)]。また，そのような理想的な災害保険市場において，災害危険度が高い地域の個人は損害を保険でフルカバーしないことを示している。すなわち部分カバー契約が社会的に効率的なリスク配分契約となる。そして，防災投資便益を，カタストロフ災害保険市場で行動する家計のリスク軽減に対する支払い意思額によって計測する方法を提案している。さらに，このようにして測られる防災投資便益に以下の大小関係があることを示している。

「保険システムがない場合の防災投資便益」
＞「市場に相互保険のみがある場合の防災投資便益」
＞「市場にカタストロフ災害保険がある場合の防災投資便益」
＞「期待被害軽減額」

提案する防災投資便益指標は3行目の値である。1〜3行目までの不等式は，保険の技術が進化するほど，ハードの防災施設への依存度が低くなる関係を示している。実際に，当研究で提案されているカタストロフ災害保険市場は理想的な環境であり，現実の市場はいまだそこからは遠いといわざるを得ない。にもかかわらず，三つめの不等号が示すように，カタストロフ災害保険市場においてさえも，防災投資便益は期待被害軽減額よりも大きくなる。換言すると，実務で用いられている期待被害軽減額は防災投資の便益を過小評価している可能性がある。

一方，横松，小林[39)]は，家計が災害により物的資産を喪失するリスクの下で資産を形成する動学的問題を定式化している。そこでも家計はフルカバーの災害保険を購入しないため，災害時には保険でカバーされない被害が残ることになる。そして，防災投資便益は「資産の高度化効果」と「事後的被害の減少効果」の和で構成され，その和は期待被害軽減額を上回ることを示している。　（横松宗太）

5.2.8　非市場財の計測手法

環境整備事業などによって非市場財が変化することに関する便益の計測手法には，**旅行費用法**（travel cost method，**TCM**），**ヘドニック価格法**（hedonic price method），**仮想市場評価法**（contingent valuation method，**CVM**），**コンジョイント分析**（conjoint analysis）などの方法がある。

〔1〕旅 行 費 用 法

旅行費用法（**TCM**）は「評価対象となる非市場財と密接に関係する私的財の市場（代理市場）を見つけることができれば，その代理市場における消費者余剰の変化分がその非市場財の変化の評価値を示している」という**弱補完性理論**（weak complementarity theory）に基づく方法である[40)]。したがって，環境整備事業の便益計測は，評価対象財の代理市場における消費者余剰の増加分で計測される。これを図解すると

図 5.6 のようになり，事業の便益は四角形 p^Cp^DBA の面積で表される。図において，需要曲線 X は非市場財を消費するための交通需要量を表し，事業によって非市場財の魅力が増すと，需要曲線が X^A から X^B へシフトして交通需要量が q^A から q^B へ増加する。このとき，交通費用は変わらないこと（$p^A=p^B$）に注意する。

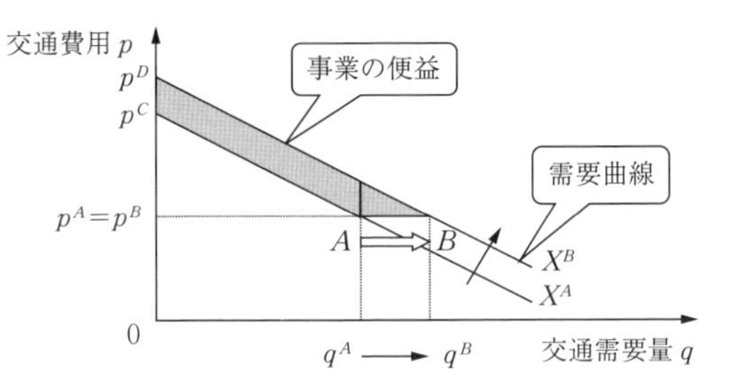

図 5.6 TCM に基づく便益の定義

TCM では非市場財の直接利用価値（レクリエーション価値）の計測に主眼が置かれている。また，TCM には ITCM（individual TCM）と ZTCM（zone TCM）がある。ITCM は個人のレクリエーション行動に焦点を当てた非集計モデルであり，ZTCM はゾーン単位でレクリエーション行動を捉えた集計モデルである。

〔2〕ヘドニック価格法

ヘドニック価格法は「非市場財の価値が代理市場の価格（例えば，土地市場の地価，労働市場の賃金など）に資本化する」という**キャピタリゼーション仮説**（capitalization hypothesis）に基づいて，非市場財の変化による代理市場の価格への影響分をその評価値とする方法である。まず，環境水準 q を含めた種々の属性 $x_1, x_2, \cdots$ を説明変数としたヘドニック価格関数 h（例えば，地価関数，賃金関数など）の推定を行う。

$$h=h(x_1, x_2, \cdots, q) \tag{5.27}$$

ここで，ヘドニック価格関数の推定には，原則として時系列データではなくクロスセクションデータを適用する。また，説明変数間において線形従属に近い関係があると，当該変数の推定パラメーターが不安定になり，その統計的有意性が落ちるので，説明変数の選択については注意を要する。

つぎに，環境水準 q の単位変化に対するヘドニック価格 h の単位変化の割合を求める。これは非市場財の**限界価値**（marginal value）MV_q にほかならない。

$$MV_q=\frac{\partial h}{\partial q} \tag{5.28}$$

式 (5.28) より，線形のヘドニック価格関数を定義すると，MV_q は環境水準 q の係数で与えられることがわかる。

ヘドニック価格法の分析において，市場価格データを扱うことから「ヘドニック価格法は市場価格関数を推定すること」と誤解されやすいが，本来は環境水準を含む種々の属性を持つ市場財に対して最大限支払ってもよいと思う価格の関数（付け値関数）を推定することである。これを図解したものが**図 5.7** である。

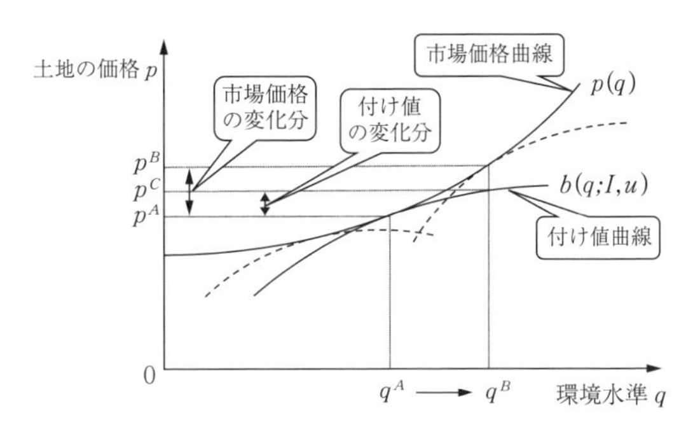

図 5.7 ヘドニック価格法に基づく便益の定義

図中の $b(q; I, u)$ は付け値関数であり，所得 I かつ効用水準 u である家計の環境水準 q に対する付け値を表す。$p(q)$ は市場価格関数であり，$b(q; I, u)$ の上側の包絡線で定義される。本来ならば，付け値関数を用いて価格変化を計測するので，図 5.7 において環境変化 $q^A \rightarrow q^B$ による価格変化 $p^A \rightarrow p^C$ を見るべきである。現実的には付け値関数を推定するためのデータ収集は困難であり，市場データを適用して市場価格関数を推定し，価格変化 $p^A \rightarrow p^B$ を見る。

ここで，先述の価格変化分 p^C-p^A は付け値の意味より「環境変化がない場合の効用水準を維持するという条件の下でその変化を獲得するために支払ってもよいと思う金額」と解釈できる[41]。この解釈が Rosen のヘドニック価格法である。

ヘドニック価格法が正確であるためには，個人や企業の地域間移転が自由であること（地域の開放性：open），事業規模が地域規模に対して十分に小さいこと（規模の狭小性：small）が必要とされる。これは **small-open 仮定**（small-open assumption）と呼ばれるが，現実的には厳しい仮定である。この仮定が成立しなければ，ヘドニック価格法は過大評価をもたらす[42]。

〔3〕仮想市場評価法

仮想市場評価法（**CVM**）は，**等価余剰**（equivalent surplus）あるいは**補償余剰**（compensating surplus）の定義に基づき，アンケートにより直接的に非市場財の変化に対する**支払意思額**（willingness to pay）あるいは**受取補償額**（willingness to accept compensation）

をたずねる方法である。

環境改善の場合，等価余剰の定義では「環境改善があった場合の効用水準を維持するという条件の下で，その変化を諦めるために家計が補償してほしいと考える最小補償額」をたずね，補償余剰の定義では「環境改善がなかった場合の効用水準を維持するという条件の下で，その変化を獲得するために家計が支払ってもよいと考える最大支払額」をたずねる。ここで，受取補償額は支払意思額に比べて過大評価の傾向にあるため，一般的には支払意思額が調査される。

CVM のアンケートにおける質問方式は，① 自由回答方式（自由に金額を記入してもらう），② 付け値ゲーム方式（提示金額に対して賛成／反対の回答を求め，反対の回答が得られるまで金額を上げていく），③ 支払いカード方式（選択肢の中から金額を選択してもらう），④ 二項選択方式（提示金額に対して賛成／反対を選択してもらう）の四つに大別される。現在，最も推奨される質問方式は二項選択方式である。

一方，アンケートに対して表明した金額には，ひずんだ回答を行う誘因によるバイアス，評価の手掛かりとなる情報によるバイアス，シナリオの伝達ミスによるバイアスなどが含まれると指摘されている[43),44)]。このようなバイアス問題は，聞き方によって結果が異なることを意味し，CVM の信頼性に影響を与えている。

二項選択方式のアンケートによって得られたデータより環境改善の便益を計測する方法は，非集計分析と集計分析の二つに大別される。ここでは単純な集計分析の方法を紹介する。まず，各提示金額について賛成割合を集計し，この結果を**図 5.8** に示される座標系（横軸：提示金額，縦軸：賛成割合）にプロットする。このグラフは，提示金額が上昇するに従って，社会において賛成する家計の割合が減少するという状況を表しており，提示金額に対する賛成割合の累積分布，すなわち環境改善に対する支払意思額の累積分布を示している。そこで，提示金額 t に対する賛成割合の累積分布関数 $F(t)$ を特定化すると，プロジェクトに対する家計の支払意思額の中央値 *Median* および平均値 *Mean* は，統計学の定義より，次式で与えられる。

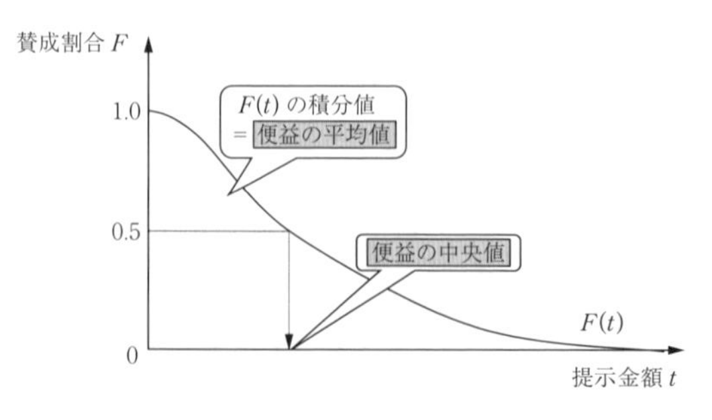

図 5.8　CVM に基づく便益の定義

$$F(Median) = 0.5 \tag{5.29}$$

$$Mean = -\int_0^\infty t \cdot dF(t) = \int_0^\infty F(t) \cdot dt \tag{5.30}$$

ここで，*Median* と *Mean* のどちらを採用するかについて議論がある。米国商務省海洋大気管理局の CVM ガイドライン[45)] に示される「控えめな評価」という観点では，経験的に（*Median*≦*Mean* の関係より）*Median* が望ましい。一方，その値に対象範囲の家計数を掛けて全体便益を評価するという観点では，理論的に *Mean* が望ましい。

CVM は等価変分や補償変分の定義に忠実ではあるが，その結果に対して信頼をどの程度置くことができるかが問題となる。そこで，国土交通省は CVM の適用指針をまとめ[46)]，公共事業評価における CVM の精度向上を図っている。

〔4〕コンジョイント分析

コンジョイント分析は計量心理学や市場調査の分野で発展してきた方法であり，CVM と同様なアンケートによる評価法である。

コンジョイント分析のアンケートにおける質問方式は，① 完全プロファイル評定方式（政策のプロファイルを示して，その政策がどのくらい好ましいかを評価してもらう），② ペアワイズ評定方式（二つの対立する政策のプロファイルを示して，どちらの政策がどのくらい好ましいかを評価してもらう），③ 選択方式（複数の政策のプロファイルを示して，最も好ましい政策を選択してもらう），④ ランキング方式（複数の政策のプロファイルを示して，好ましい順に政策を並べてもらう）の四つに大別される。これらの質問方式には一長一短があるが，選択方式が実際の消費行動に最も近い方式である。

選択方式のアンケート調査によって得られたデータより環境価値を計測する方法は以下のとおりである。まず，家計の効用関数 V を定義する。

$$V = V(x_1, x_2, \cdots, q, I - p) \tag{5.31}$$

式 (5.31) において，$x_1, x_2, \cdots$ は政策の属性，q は環境水準，p は政策に対する負担費用，I は所得を表す。つぎに，家計の選択行動の調査結果を適用して式 (5.31) の効用関数を推定する。そして，推定された効用関数に対して等価変分や補償変分の定義を適用することにより，非市場財の価値を計測することができる。

一方，以下のようにして非市場財に対する**限界支払意思額**（marginal willingness to pay）$MWTP_q$ を計測することもできる。まず，効用関数を全微分する。

$$dV=\frac{\partial V}{\partial x_1}dx_1+\frac{\partial V}{\partial x_2}dx_2+\cdots$$
$$+\frac{\partial V}{\partial q}dq+\frac{\partial V}{\partial I}dI-\frac{\partial V}{\partial p}dp \qquad (5.32)$$

ここで，効用水準を初期水準に固定し（$dV=0$），環境水準 q および負担費用 p を除く属性も初期水準に固定すると（$dx_1=0$，$dx_2=0$，$\cdots$，$dI=0$），環境水準 q の単位変化に対する負担費用 p の単位変化の割合が次式で与えられる。これは $MWTP_q$ にほかならない。

$$MWTP_q=\frac{dp}{dq}=\frac{\partial V}{\partial q}\bigg/\frac{\partial V}{\partial p} \qquad (5.33)$$

式 (5.33) より，線形効用関数を定義すると，$MWTP_q$ は環境水準 q の係数と負担費用 p の係数の比で計測されることがわかる。

コンジョイント分析の特徴は，CVM が単一属性の評価に限定されていることに対し，多属性の代替案の選択結果から属性ごとの限界支払意思額を明らかにできるという点である。（大野栄治）

5.2.9 効率性と公平性

費用便益分析は効率性の価値規範に基づく評価手法である。分配の公正性に十分配慮した方法とはいえず，おもに二つの批判が寄せられてきた。第一に，補償は仮説的なものに過ぎず，プロジェクトで大きな不利益を被る主体がいたとしても実際には補償されないという批判である。第二に，所得逆進的な性質を有するという批判である。所得の限界効用逓減性を仮定すると，費用便益基準は高所得者の効用変化を低所得者のそれより重視しているとの結論が論理的に導かれる。

〔1〕分配的費用便益分析

1960 年代後半から 1970 年代初頭にかけて，費用便益分析に分配面への配慮を組み込む取組みが進んだ。その結果，**分配的費用便益分析**（distributionally weighted cost-benefit analysis，**DWCBA**）の確立に至った。従来の費用便益分析は，家計に帰着する純便益の単純和である社会的純便益を評価指標としていた。これに対し，DWCBA では家計に帰着する純便益を分配ウェイトと呼ばれる係数で重み付けて集計した評価指標を用いる。家計 $i\in\{1,\cdots,n\}$ に帰着する純便益を実質所得の変化分 Δy_i で定義すると，伝統的な費用便益分析では

$$\textstyle\sum_i \Delta y_i \geqq 0 \qquad (5.34)$$

を満たす場合にプロジェクトの実施を望ましいと判定する。他方，DWCBA では分配ウェイト w_i を用いて

$$\textstyle\sum_i w_i\Delta y_i \geqq 0 \qquad (5.35)$$

を満たす場合に実施を望ましいと判定する[47]。

分配ウェイトの利用は**社会的厚生関数**（social welfare function，**SWF**）によって正当化できる。SWF は家計の効用水準に基づいて社会全体の厚生水準を評価する概念である。理論上は SWF の大きさで任意の公共政策を評価できる。家計 i の効用水準を V_i で表すと，SWF は $W=w(V_1,\cdots,V_n)$ と定義される。効率性と公平性の価値規範を反映するため，関数 w は $\partial w/\partial V_i>0$ と準凹性を満たすと一般に仮定される。代表的な関数形に以下の三つがある。

ベンサム型：$W=\sum_i V_i$ (5.36)

ナッシュ型：$W=\prod_i V_i$ (5.37)

ロールズ型：$W=\min_i V_i$ (5.38)

間接効用関数を $V_i=v(p,y_i)$ で定義すると，SWF を用いた評価は近似的に

$$\textstyle\sum_i \frac{\partial w}{\partial v_i}\frac{\partial v_i}{\partial y_i}\Delta y_i \geqq 0 \qquad (5.39)$$

と表される。これより，分配ウェイトを

$$w_i=\frac{\partial w}{\partial v_i}\frac{\partial v_i}{\partial y_i} \qquad (5.40)$$

と定めれば，式 (5.35) と式 (5.39) が一致する。すなわち，効率性と公平性の両方の価値規範を考慮した評価指標になる。他方，式 (5.34) の費用便益基準は $\partial w/\partial v_i=\partial w/\partial v_j$ と $\partial v_i/\partial y_i=\partial v_j/\partial y_j$ を暗黙の内に仮定している。家計間での厚生水準と所得水準の違いを反映しない点で，分配の公正性を考慮していないといえる。

〔2〕評価手法の選択と文脈依存性

DWCBA は途上国の開発プロジェクト評価の目的で開発され，1970 年代半ばには方法論が確立されたが，すぐに利用されなくなった。世界銀行の場合，以下の三つが理由として挙げられている[48]。

① 分配ウェイトの客観的な決め方の不在

② 帰着便益の計算の難しさ

③ プロジェクトごとに分配問題に配慮することの非効率性

①は，主観的判断を避けたい評価担当者が DWCBA の利用を躊躇（ちゅうちょ）したことを意味する。家計別／家計タイプ別の分配ウェイトの値を決める段階で評価担当者の主観的判断が避けられないからである。②は，家計別／家計タイプ別に便益の帰着を計算することが実務的に難しかったため，DWCBA の利用が避けられたことを意味する。③は，分配問題は所得再分配政策などで対処すべきであり，個別プロジェクトは効率性に基づいて評価すべきとの見解が広く支持されたために，DWCBA 利用の根拠が失われたことを意味する。

① と ② は方法論上の課題に起因する理由である。一方，③ は公共政策全般の在り方に対する思想や評価手法の選択をめぐる議論である。最近，地球温暖化対策の経済評価をめぐる議論の中でDWCBAが再び注目されているが[49]，そこでの論点は上記と基本的に同じである。費用便益分析において分配面を考慮すべきか否かは，方法論の確立の有無に加えて，プロジェクトの性質，意思決定プロセス，評価に関わる組織形態，公共政策の在り方に対する思想や立場などとも切り離せない関係にある。　　　　　（福本潤也）

引用・参考文献（5.2 節）

1）栗田啓子：エンジニア・エコノミスト－フランス公共経済学の成立，東京大学出版会（1992）
2）石倉智樹，横松宗太：公共事業評価のための経済学，土木・環境系コアテキストシリーズ E-7，pp.104～119，コロナ社（2013）
3）総務省：公共事業に関する評価実施要領・費用対効果分析マニュアル等の策定状況一覧（平成 28 年 7 月 22 日現在）
http://www.soumu.go.jp/main_sosiki/hyouka/seisaku_n/koukyou_jigyou.html（2016 年 8 月現在）
4）国土交通省：公共事業の評価
http://www.mlit.go.jp/tec/hyouka/public/index.html（2016 年 8 月現在）
5）国土交通省：国土交通省所管公共事業の計画段階評価実施要領（2012）
6）道路投資評価研究会：道路投資の社会経済評価，東洋経済新報社（1997）
7）松田和香，荻野宏之，塚田幸広：諸外国および地方公共団体における総合的な道路事業評価手法の特徴，土木計画学研究・講演集，No.30（2004）
8）三菱 UFJ リサーチ＆コンサルティング株式会社：アメリカ及びイギリスにおける費用便益分析の手法と実例に関する調査研究（2012）
9）国土交通省：事業評価カルテ検索
http://www.mlit.go.jp/tec/hyouka/public/jghks/chart.htm（2016 年 8 月現在）
10）石倉智樹，横松宗太：公共事業評価のための経済学，土木・環境系コアテキストシリーズ E-7，pp.89～103，コロナ社（2013）
11）森杉壽芳，宮城俊彦編著：都市交通プロジェクトの評価－例題と演習－，pp.123～126，コロナ社（1996）
12）Freeman, A. Myrick III: The Measurement of Environmental and Resource Values: Theory and Methods, RFF Press（2003）
13）林山泰久：非市場財の存在価値，土木計画学研究・論文集，No.16，pp.35～186（2004）
14）奥野正寛，鈴村興太郎：ミクロ経済学 II，岩波書店（1988）
15）西村和夫：ミクロ経済学，東洋経済新報社（1990）
16）国土交通省道路局都市・地域整備局：費用便益分析マニュアル，国土交通省（2008）
17）森杉壽芳：社会資本整備の便益評価：一般均衡理論によるアプローチ，勁草書房（1997）
18）森杉壽芳編：社会資本整備の便益評価，勁草書房（1997）
19）依田高典：不確実性と意思決定の経済学，日本評論社（1997）
20）Rogers, A.R. : Evolution of time preference by natural selection: The American Economic Review, pp.460~481（1994）
21）佐伯大輔：価値割引の心理学，昭和堂（2011）
22）Rachlin, H., Howard, J.B., and Cross, D. : Discounting in Judgments of Delay and Probability, Journal of Behavioral Decision Making, 13.2, pp.145～159（2000）
23）Prelec, D. and Loewenstein, G. : Decision Making over Time and under Uncertainty: A Common Approach: Management science, 37.7, pp.770～786（1991）
24）Benzion, U., Rapoport, A., and Yagil J. : Discount rates Inferred from Decisions: An Experimental Study, Management science, 35.3, pp.270～284（1989）
25）Viscusi, W.K. and Moore, M. J. : Rates of Time Preference and Valuations of the Duration of Life, Journal of public economics, 38.3, pp. 297～317（1989）
26）Hausman, J.A. : Individual Discount Rates and the Purchase and Utilization of Energy-using Durables, The Bell Journal of Economics, pp. 33～54（1979）
27）Lawrance, E.C. : Poverty and the Rate of Time Preference: Evidence from Panel Data, Journal of Political economy, pp. 54～77（1991）
28）Loewenstein, G. and Prelec, D. : Negative Time Preference, The American Economic Review, pp. 347～352（1991）
29）Uzawa, H. : Time Preference, the Consumption Function, and Optimum Asset Holdings,（J.N.Wolfe ed.）Value, Capital, and Growth: Papers in Honour of Sir John Hicks, pp.485～504, University of Edinburgh Press, Edinburgh（1968）
30）井堀利宏，福島隆司：費用便益分析における割引率，費用便益分析に係る経済学的基本問題，第 3 章，社会資本整備の費用効果分析に係る経済学的問題研究会（1999）
31）Arrow, K. J. and Kurz, M. : Public Investment, The Rate of Return, and Optimal Fiscal, The Johns Hopkins University Press（1970）
32）Sandmo, A. and Dreze, J.H. : Discount Rates for Public Investment in Closed and Open Economies, Economica, pp. 395～412（1971）
33）Feldstein, M.S. : The Social Time Preference Discount Rate in Cost Benefit Analysis, The Economic Journal, pp. 360～379（1964）
34）Marglin, S.A. : The Social Rate of Discount and the Optimal Rate of Investment, The Quarterly Journal

of Economics, pp. 95〜111（1963）
35） Arrow, K.J. and Lind, R.C. : Uncertainty and the Evaluation of Public Investment Decisions, American Economic Review, Vol. 60-3, pp.364〜378（1970）
36） Graham, D.A. : Cost-Benefit Analysis under Uncertainty, American Economic Review, Vol.71, pp.715〜725（1981）
37） 小林潔司，横松宗太：災害リスクマネジメントと経済評価，土木計画学研究・論文集，Vol.19, No.1，招待論文，pp.1〜12（2002）
38） 小林潔司，横松宗太：カタストロフ・リスクと防災投資の経済評価，土木学会論文集，No. 639/IV-46，pp.39〜52（2000）
39） 横松宗太，小林潔司：防災投資による物的被害リスクの軽減便益，土木学会論文集，No. 660/IV-49，pp.111〜123（2000）
40） Mäler, K. G. : Environmental Economics: A Theoretical Inquiry, Johns Hopkins University Press for Resources for the Future（1974）
41） Rosen, S. : Hedonic Prices and Implicit Markets: Product Differentiation in Pure Compensation, Journal of Political Economy, Vol.82, No.1, pp.34〜55（1974）.
42） 金本良嗣：ヘドニック・アプローチによる便益評価と理論的基礎，土木学会論文集，No.449，IV-17，pp.47〜56（1992）
43） Mitchell, R. C. and Carson, R. T. : Using Surveys to Value Public Goods: The Contingent Valuation Method, Resources for the Future（1989）
44） 栗山浩一，柘植隆宏，庄子 康：初心者のための環境評価入門，勁草書房（2013）
45） NOAA: Oil Pollution Act of 1990: Proposed Regulations for Natural Resource Damage Assessments, US Department of Commerce（1994）
46） 国土交通省：仮想的市場評価法（CVM）適用の指針，国土交通省（2009）
47） Boardman, A., et al. : Cost-Benefit Analysis（4th ed），Prentice Hall（2010）
48） Devarajan, S., et al. : Project appraisal at the World Bank，In Kirkpatrick, C. and Weiss, J. ed，Cost-Benefit Analysis and Project Appraisal in Developing Countries，Ch.3，Edward Elgar（1996）
49） Pearce, D.W., et al. : Cost-Benefit Analysis and the Environment－Recent Developments，OECD（2006）

5.3 経 済 モ デ ル

わが国では公共事業の評価についてすでに多くの指針（ガイドラインまたはマニュアル）が整備され定着している。そのほとんどは，すでに定型化されているといえる古典的・伝統的な費用便益分析に依拠しており，社会基盤施設の直接的な効果を中心に評価が行われている。例えば，道路整備事業に関してはその便益の大部分は時間短縮便益で構成されている。しかし，交通施設整備による交通費用の低下に代表される直接効果だけではなく，長期的には社会や地域には産業立地が生じて雇用が増加し，地域の生産や所得が拡大するといった間接効果が発現してくる。これらの間接効果を事前に定量的に把握しておくことが土木計画学において重要であることはいうまでもない。この間接効果の定量的計測手法を，ここでは経済モデルと称している。

5.3.1 経済モデルの意義

〔1〕 土木計画学において経済モデルを用いる意義

社会基盤整備の評価手法は，大別すると，経済社会に存在する資源をより無駄なく利用するという意味で効率性を評価する手法と，個人間や地域間で経済状態や福祉状態のバランスを図るという意味で，衡平性を評価する手法に分類される。しかし，後者は具体的な価値判断について広範で安定な合意がほとんど得られていないという理由で，わが国では実際の政策評価では正式には試みられていない。

実務で定着している現在の評価手法は，基本的には効率性を評価するものであり，特に交通関係分野では交通需要予測に基づいて，交通量と時間・費用の変化から社会的便益を計測する手法が標準となっている。指針，ガイドライン，マニュアル等で示されているのはこの手法であり，定型化された手法と呼ぶことができる。これらは，整備された社会基盤施設が生み出すサービスに着目しているという意味で，効果の発生ベースの評価手法とも呼ばれている。

それに対して，発生した効果がさまざまな経済活動に波及して，やがては地域の雇用や生産の変化を引き起こしていくような場合で効果を捉える方法は，波及・帰着ベースの評価と呼ばれる。この評価手法は，理論体系としては整合的で標準化されているといえるが，実際の事業を評価する際には非常に多様な分析となっている。したがって，いまだ定型化が完了していない。

社会基盤施設の整備を典型として，それが実施された前後での地域の航空写真や地図を比較すると，実際に沿線の土地利用が大きく変化している地域の有様が，いかに影響を受けたかを実感することができる。このように目に見える変化は，社会経済活動の変化が投影されたものであり，より厳密にかつ定量的に把握するには，人口，雇用，生産額，消費額，販売額，土地面積，価格といったさまざまな経済統計数値の変化として表現されなければならない。このような目的に資するための波及・帰着ベースの評価ツールが経済モデルである。これら経済モデルを用いることで，社会基盤整備の発生ベースの評価のみならず，波及・帰着ベースの評価を事前に行うことができ，上記の経済統計数値として把握される社会経済活動を網羅的に分析することが可能となる。特に，国・地域・ゾーン（地区）といった単位で出力することも可能であり，公共事業の効果を空間的な分布で表現することが可能となる。また，産業と生活，あるいは財政といった各場面で，経済主体（利害関係者）ごとに効果を把握することができるという特徴がある。さらに，公共事業や関連する政策がさまざまな地域の多岐にわたる経済主体に影響を及ぼす場面に，地域ごと，主体ごとに影響を把握しておくことは，計画を遂行する上で，きわめて必要性が高い。それは，事業や政策に対する当事者間の合意を形成したり，適切に負担を分担したりするなど協調を促す上で，これらの情報は本来不可欠であるためである。

〔2〕 土木計画学における経済モデルの発展

公共事業の間接効果を把握しようとする試み自体は近年になって行われるようになったわけではなく，むしろ，古くは19世紀フランスで費用便益分析の基礎理論が芽生えた時期からすでに議論は始まっていた。実際のデータを用いてある一定の確立した方法によって計測を行うとする試みは，四段階推定法に基づく交通需要予測手法が世界的に普及し定着するとともに，交通の発生・集中源として土地利用あるいはその投影元としての都市経済活動の変化を予測するための手法が土地利用交通相互作用モデルという一連の研究として発展した。これら**土地利用交通相互作用**（land use and transport interaction, **LUTI**）モデルは交通整備が都市構造を変化させていくプロセスを定量的に表現するものとして1980年代初頭にかけておおいに注目を集めた。

その後，交通分野ではネットワーク均衡を扱う数理的モデルが発展し，また，ロジットモデルに代表される離散選択行動が，実際的な分析ツールとして普及し，定量的な分析がより精緻化した。一方で，土地利用を分析するモデルは，都市経済学を理論的基礎としながら，これらの交通分野での発展を受けてより理論的・解析的に優れたモデルへと発展した。土地利用交通相互作用モデルの流れは，現在，**応用都市経済**（computable urban economic, **CUE**）モデルとして一応の標準型を形成するに至っている。

同時期には，ミクロ経済学における中心的な理論であるワルラス的一般均衡理論を実際のデータを用いて，計算可能なモデルとして実現するための研究が精力的に展開され，均衡解の探索アルゴリズムが計算機の性能向上と相まって実用段階に供されるまで至った。さらに近年ではGAMSを代表とする，実用的な数値計算ソフトの普及が著しく進んできた。その成果は**応用一般均衡**（computable general equilibrium, **CGE**）モデルとして体系化され，さらにそれらを空間的に拡張し，多地域を扱う構造として発展させたものが**空間的応用一般均衡**（spatial computable general equilibrium, **SCGE**）モデルとなっている。特に土木計画学において，間接効果の空間的分析を支える手法としてこのSCGEモデルが果たすべき役割は大きい。

CUEモデルとSCGEモデルはともに**ミクロ経済学の基礎**（micro-economic foundation）の上に構築されており，全体が均衡の概念の下に整合的に組み立てられている。そのため，すでに指針として定着している伝統的な費用便益分析とも理論に整合しており，便益の算定に用いることも可能である。この点において，従来の間接効果の計測手法よりも理論的な完成度が高いといえる。

以上のような理論的な発展経緯は**図5.9**のようにまとめることができる[1]。いずれの手法も最適化手法と均衡問題の数理モデルを中心として体系化が進められ，発展するにつれて相互の整合性がより精緻化されてきた。

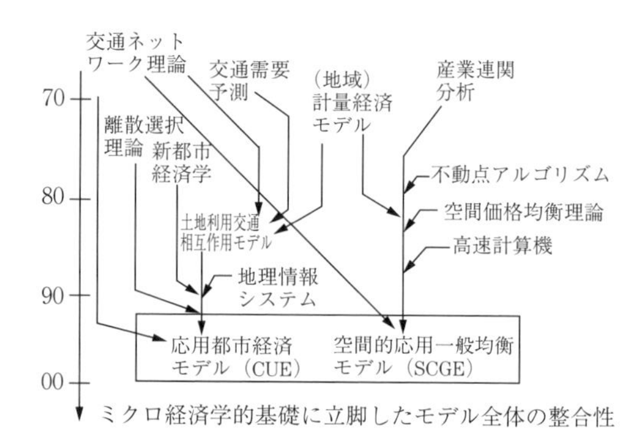

図5.9　公共事業評価のための経済均衡モデルの日本での発展

〔3〕 経済モデルの種類と位置付け

（1） 応用一般均衡モデル　応用一般均衡（CGE）モデル分析は，租税政策，貿易政策，環境政策などの経済効果分析への適用とともに発展した。CGEモデルの中でも，特に複数地域経済システムを扱うモデルは空間的応用一般均衡（SCGE）モデル，あるいは多地域CGEモデルと呼ばれる。土木計画学における応用一般均衡分析の試みは古く，安藤・溝上の『土木計画学における均衡概念と応用一般均衡（AGE）分析』[2]（招待論文）に詳しくまとめられている。土木計画学の分野では，特に交通政策の分析を中心として，独自のスタイルでSCGEモデルの発展を遂げて，経済モデルの中に明示的に交通・輸送を考慮するという点に大きな特徴がある。物流交通を扱った研究としては宮城・本部[3]が，人流交通を扱った研究としては小池ら[4]が先駆的業績である。これらを嚆矢として，わが国の土木計画学研究者によって，数多くのモデル開発，応用が進められており，多くの研究成果が蓄積されてきた。

（2） 応用都市経済モデル　応用都市経済（CUE）モデルは，現実的な国土・地域・都市計画，交通政策，環境政策等の横断的な政策展開による都市構造（土地利用と交通）への影響を予測するとともに，政策を統一的に評価するために開発されたモデルである。その起源は，〔2〕で述べたとおり，1980年代初頭にかけて世界的に注目を集めた土地利用・交通（相互作用）モデルに遡ることができ，ミクロ経済学的な基礎を導入した多市場同時均衡モデルである。

前述のSCGEモデルを，都市圏あるいは都市内といったより小さな地理的空間に対してそのまま適用するのは，実際にはさまざまな点から問題が多い。なぜなら，そのような空間スケールでは，居住や生産活動の拠点，すなわち立地が変化することを明示的に考える必要が生じるが，SCGEモデルでは立地は固定されているからである。また，立地を明示的に考慮する場合には，立地に対して大きな影響を及ぼす交通を詳細に考慮することが重要となり，交通機関分担や道路混雑などを考慮したいわゆる交通モデルを導入あるいは組み込むことが重要となる。逆に，SCGEモデルで内生的に決まる財・サービス価格のうちのいくつかは，分析・評価における興味の対象や実際のデータの入手可能性などに応じて，固定的に扱わざるを得なくなる場合もある。

CUEモデルは，〔2〕で紹介されているSCGEモデル同様，社会資本整備事業の客観的・科学的評価の要請にも応えるべく開発されてきたものである。Anas[5]を参考としながら，ミクロ経済学に忠実に，価格と需要・供給の関係を表現することで市場と立地の均衡がモデル化されており，交通ネットワーク均衡モデルのように首尾一貫した理論体系フレームの中でのモデル化に成功することで，旧来の土地利用交通モデルに対する理論的一貫性の欠如の批判に応えようとしている（Ueda, et al.[6]）。

（3） 応用一般均衡モデルと応用都市経済モデル

SCGEモデルとCUEモデルがおもに扱う空間スケールの違いを示したのが，**図5.10**である。これに伴い，扱うデータや依拠する原理が異なる。この相違の要因は，主として利用可能なデータの空間的集計単位による制約と，分析対象となる政策の時間的・空間的視野の大きさにある。モデルの理論的な観点からは，いずれのモデルも任意の空間スケールについて適用可能であるが，実際の適用に際して，これらのことに十分な配慮が必要となる。

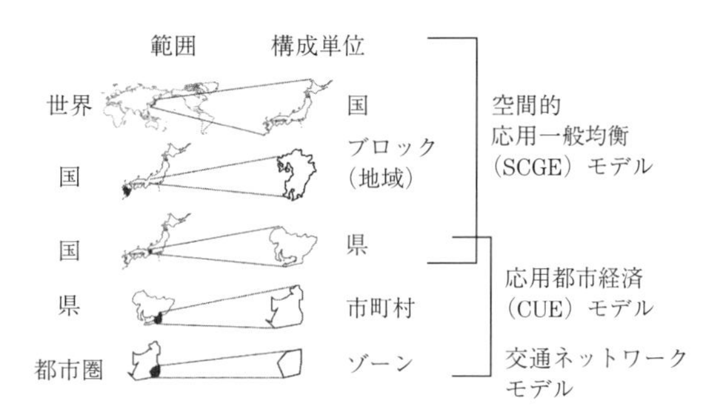

図5.10　経済モデルと空間適用範囲

（小池淳司）

5.3.2 応用一般均衡モデルの理論と応用

〔1〕 応用一般均衡モデルの意義

応用一般均衡モデル（computable general equilibrium model）（以下，**CGEモデル**と呼ぶ）は，主として政策実施がもたらす経済的な影響を評価する際に利用される。経済的側面からの政策評価というと，最初に連想されるものは**費用便益分析**（cost benefit analysis）かもしれない。結論からいえば，標準的な費用便益分析（古典的費用便益分析）で計測される便益と，応用一般均衡モデルで計測される便益は，概念としては同一であり，その点においては大きな差はない。

古典的費用便益分析における便益計測の方法としては，一般的には，**部分均衡**（partial equilibrium）概念に基づく消費者余剰法，すなわち発生ベースの便益計測方法が用いられる。このような古典的費用便益分析の視点は，事業の便益と費用を比較する効率性のみであり，いわば一次元的な評価指標といえる。つまり，便益が費用を上回るかどうか（純便益が正か負か），上回るとすればどれだけか（純便益の大きさ）でしか判断できず，複数の代替案比較においてもこの一次元指標のみで順位付けされる。したがって，古典的費用便益分析は，政策担当者が実際に必要とし，注意を払うべき，利害関係者間での受益と負担のバランスに対して，有用な情報を提供できないという課題がある[7]。

部分均衡の概念では，単一の市場における均衡のみが焦点となり，費用便益分析においては，政策実施が直接的に影響する市場がこれに相当する。これに対して，複数の市場を同時に考慮する**一般均衡理論**（general equilibrium theory）では，ある市場での変化が他の市場に及ぼす変化が明示的に扱われる。したがって，ある政策が実施されたときに，政策が直接的に関与しない市場において生じる影響も，評価の範疇（はんちゅう）になる。

このような一般均衡理論の特徴により，政策実施がもたらす影響の，経済主体による違いが観察可能となる。すなわち，上述した利害関係者間での受益と負担のバランスについての情報が得られる。さらに，古典的費用便益分析に即した消費者余剰法では，社会が完全競争市場であるとの前提があり，市場に著しいひずみ（外部性）が存在する場合，その便益を正確に計測することができないという欠点を持つ。この点においても一般均衡理論に外部性を導入した場合，便益を正確に計測することが可能であることが知られている。

CGE モデルは，その名のとおり，ミクロ経済学分野の一般均衡理論に基づく経済均衡モデルであるが，「応用」と名が付く点に大きな特徴があり，モデルに実際の経済統計データを当てはめて数値的な計量分析へ適用することを主目的とする手法である。通常，経済理論で用いられるモデルは，現実世界を高度に抽象化して表現し，数量的な分析よりも解析的な分析に用いられるものが多く，それらは定性的な結果をもたらすものである。CGE モデルは，それらとは対照的に，政策実施による効果を定量的に推定するために用いられる。同様の目的を持つ手法として，**産業連関モデル**（input-output model）が挙げられる。しかし，これらを比較すると，応用一般均衡モデルはミクロ経済理論と整合的に構築されているため，モデル分析の結果から，経済厚生評価の指標である便益を算出することができるという点が，産業連関モデルにはない長所である。

〔2〕 応用一般均衡モデルの基礎理論

CGE モデルは，通常，**産業連関表**（input-output table）や SNA 体系に基づく経済循環を行列表示した**社会会計行列**（social accounting matrix, **SAM**）を基準データとして用いて構築される。

まず，CGE モデルのミクロ経済理論的な背景を理解するため，最も単純な形で CGE モデルの基本形を示す。分析対象となる経済システムを，消費活動のみを行う家計と，財・サービスの生産活動のみを行う生産者の2種類の主体のみから成ることとする。さらに，対象地域経済外との交易が存在しない閉鎖経済であること，政府部門の存在は捨象すること，動学的な概念は導入せず貯蓄や投資は行われない，すなわち最終需要は家計消費のみとなること，を前提と置く。このように単純化することで，モデルにより表現される経済活動は，家計による消費と，生産者の生産活動のみに集約される。

まず，家計の行動について考える。家計は，以下のように，所得制約の下で効用最大化行動を行う。

$$\max_{\{c_i\}} U = f_U(\cdots, c_i, \cdots) \tag{5.41 a}$$

$$\text{subject to} \quad \sum_i p_i c_i \leqq \sum_k w_k L_k \tag{5.41 b}$$

すなわち家計は，財 $i(\in I)$ の消費量 c_i の組合せを，それぞれの財価格が p_i である状況下で，効用関数 U を最大化するように選択する。制約条件について，家計が保有する種類 $k(\in K)$ の生産要素 L_k を，価格 w_k で生産者に提供することの対価として得られる要素所得の和が予算制約となることを示している。生産要素の保有量は，外生的に固定されている。この効用最大化問題を解くと，それぞれの財の消費に関する需要関数 h_{Ci} が，財価格と要素価格および生産要素保有量の関数として得られる。

$$c_i = h_{Ci}(\cdots, p_i, \cdots, w_i, \cdots) \tag{5.42}$$

つぎに，生産者の行動について記述する。産業部門 $j(\in J)$ の生産者は，財 $j(\in J)$ のみを生産する。したがって，産業部門数 J と財の種類 I は等しくなる。各部門 j の生産者は，所与の生産技術 f_P を制約条件として，生産費用 Cos_j を最小化する。

$$\min_{\{x_{ij}, l_{kj}\}} Cos_j = \sum_i p_i x_{ij} + \sum_k w_k l_{kj} \tag{5.43 a}$$

$$\text{subject to} \quad f_p(\cdots, x_{ij}, \cdots, l_{kj}, \cdots) = X_j \tag{5.43 b}$$

ここで，x_{ij} は産業部門 j による財 i の中間投入を，l_{kj} は産業部門 j による生産要素 k の投入を表す。上記の費用最小化問題を解くと，以下のように，中間投入と要素投入についての需要関数がそれぞれ h_{xi}，h_{li} として得られる。

$$x_{ij} = h_{xj}(\cdots, p_i, \cdots, w_k, \cdots, X_j),\ \forall i, j \tag{5.44}$$

$$l_{kj} = h_{lj}(\cdots, p_i, \cdots, w_k, \cdots, X_j),\ \forall k, j \tag{5.45}$$

これらの需要は，費用関数にシェパードの補題を適用することで，直接導出することも可能である。

以上で，この経済における財と生産要素の需要がすべて導出される。おのおのの市場における需給均衡条件は

$$\sum_j p_i x_{ij} + p_i c_i = p_i X_i \qquad (i = 1, 2, \cdots, I) \tag{5.46}$$

$$\sum_j w_{kj} l_{kj} = w_{kj} L_k \qquad (k = 1, 2, \cdots, K) \tag{5.47}$$

となる。

財の生産費用に関して，供給される財の総費用すなわち価値は，すべての中間投入と，付加価値を構成するすべての生産要素へと分配される。これは，以下の

生産費用バランスの条件式（または価格形成）として表され，財の供給額が生産費用の総和と等価になることを意味している。

$$p_j X_j = \sum_i p_i x_{ij} + \sum_k w_k l_{kj} \qquad (j=1,2,\cdots,J) \tag{5.48}$$

式 (5.46) と式 (5.48) の本数は，それぞれ財の部門数と同じく $I(=J)$ であり，式 (5.47) の本数は生産要素の種類数 K であるので，合計 $2I+K$〔本〕の均衡条件式が得られる。内生変数は，財価格 p_i が I〔個〕，要素価格 w_k が k〔個〕，財生産量 X_j が $J(I)$〔個〕となり，合計 $2I+K$ であるので方程式数と一致することがわかる。

ここで，価格均衡条件（5.48）を，財の生産量 X_i について解くと

$$X_i = h_{Xi}\left(\cdots, p_i, \cdots, w_k, \cdots, L_k, \cdots\right) \tag{5.49}$$

の形で表されるので，中間投入需要式 (5.44) と生産要素の需要式 (5.45) へ代入すると，$x_{ij}(\forall i, j)$ と $l_{kj}(\forall k, j)$ も価格変数のみの関数となる。したがって，式 (5.46) の財市場均衡も

$$\sum_j p_i x_{ij} + p_i c_i = p_i h_{Xi} \qquad (i=1,2,\cdots,I) \tag{5.50}$$

となるので，モデルの全体系が価格変数のみを内生変数とする $I+k$〔本〕の方程式により表現される。

さらに，式 (5.47) と式 (5.50) のすべての和

$$\sum_i p_i\left(\sum_j x_{ij} + c_i - h_{Xi}\right) + \sum_k w_k\left(\sum_j l_{kj} - L_k\right) = 0 \tag{5.51}$$

は，財および生産要素市場の超過需要総和が 0 であることを意味し，**ワルラス法則**（Walras law）と呼ばれる。ワルラス法則は，すべての市場が均衡していない状態，つまりいずれかの市場において超過需要または超過供給が生じている状態であっても，つねに満たされなければならない。ワルラス法則により，任意の一つの市場を除く他のすべての市場において超過需要がゼロであれば，自動的に残りの一つの市場における超過需要もゼロとなる。したがって，I〔本〕の財市場均衡条件と K〔本〕の生産要素市場均衡条件のうち 1 本は冗長となり，市場均衡を決定する独立な式の数は $I+K-1$〔本〕となる。

また，すべての価格変数に任意の正の定数を乗じても，財および生産要素の需要はまったく変化しない。これは，価格に関する**ゼロ次同次**（homogenous of degree zero）と呼ばれる性質である。この性質により，ある一つの財あるいは生産要素の価格を基準価格として定めると，他の任意の財および生産要素の価格は，基準価格に対する相対価格として定義することができる。このため，独立な内生変数となる価格変数の数も，基準価格を除く $I+K-1$〔個〕となり，やはり方程式の数と一致する。基準価格の対象として，いずれの財または生産要素を選んでもよい。その対象を**ニューメレール**（numeraire）と呼ぶ。

ワルラス法則と価格のゼロ次同次は，一般均衡理論に基づくモデルが必ず満たさなければならない条件であり，CGE モデルが正しく構築されているかをチェックするための判断基準としても利用される。

〔3〕 簡単な空間的応用一般均衡モデルの例

CGE モデルを用いた分析が適用される分野は，財政政策，産業政策，貿易政策，環境政策など幅広いものであるが，土木計画学の分野では，運輸・交通政策の分析事例が多い。運輸・交通は，都市間，地域間，国際間など，地理的に離れた空間をつなぐ概念であり，その政策分析においても，複数の地域経済，空間的な距離を明示的に扱った方法が適用されることが一般的である。このように多地域，地域間の空間的隔たりを扱った CGE モデルは特に，**空間的応用一般均衡モデル**（spatial computable general equilibrium model）（以下，**SCGE モデル**）と呼ばれる。

SCGE モデルにおいて空間を考慮する方法はさまざまであるが，ここでは数理的な扱いが容易で，適用事例も多い**氷塊型輸送費用**（iceberg transport cost）の概念を用いたモデル化方法について説明する。

前提条件として，2 地域から成る閉じた経済システムを想定し，産業部門の数は一つ，生産要素の種類も一つである単純なモデルを考える。加えて，異なる地域で生産された財は差別化してみなすという，**アーミントン仮定**（Arimington assumption）を仮定することとする。

まず，家計の行動を描写することから始める。単地域の CGE モデルと同様に，家計は予算制約の下での効用最大化行動を行う。ただし，財の部門は一つとしているので，生産地でラベル付けされた財に対する消費量の選択が行われる。効用関数を Cobb-Douglas 型に特定化すると，地域 $s(=1, 2)$ の家計の効用最大化行動はつぎのように表される。

$$\max_{c_{1s}, c_{2s}} U = c_{1s}^{\alpha_{1s}} c_{2s}^{\alpha_{2s}} \qquad (s=1,2) \tag{5.52 a}$$

$$\text{subject to} \quad t_{1s} p_{1s} c_{1s} + t_{2s} p_{2s} c_{2s} \leqq I_s \qquad (s=1,2) \tag{5.52 b}$$

ここで，c_{rs} は s 地域家計による r 地域産財の消費量，p_{rs} は r 地域産財の s 地域における需要地価格，I_s は s 地域家計の消費支出上限，α_{rs} は選好に関するパラメーター（$\alpha_{1s}+\alpha_{2s}=1$）である。

需要地価格は，生産地価格に対して輸送に要する費

用が加わった価格であり，生産地価格よりも低くなることはない。氷塊型輸送費用とは，輸送される財の価値のうち一定の部分が，輸送に要する費用として消費される，という概念で輸送費用を扱う方法である。具体的には，需要地 s における生産地 r 産の財への需要額 V_{rs} を満たすためには，生産地 r から $t_{rs}V_{rs}$ の価値に相当する財が発送されなければならないとみなす考え方である。すなわち，需要地での1単位の財需要額に対して $t_{rs}-1$ 単位の価値の財が，輸送のために消費されることとなる。この $t_{rs}-1$ の割合のことは，輸送マージン率とも呼ばれる。また，氷塊型の輸送費用が存在するときには，需要地価格 p_{rs} と（r 地域産財の）生産地価格 p_r の関係は

$$p_{rs}=t_{rs}p_r \tag{5.53}$$

のように表される。

以上より，s 地域家計による r 地域産財に対する需要関数が導出され，輸送のために消失する分も考慮し，価値ベースで整理すると

$$t_{rs}p_{rs}c_{rs}=\alpha_{rs}I_s \tag{5.54}$$

となる。

つぎに，生産者行動についても，生産関数を Cobb-Douglas 型に特定化し，氷塊型輸送の概念を踏まえて費用最小化問題を定式化する。

$$\min_{x_{1s},\,x_{2s},\,l_s} Cos_s=\sum_{r=1}^{2} p_{rs}t_{rs}x_{rs}+w_s l_s \tag{5.55 a}$$

$$\text{subject to}\quad \eta_s x_{1s}^{\beta_{1s}}x_{2s}^{\beta_{12}}l_s^{\beta_{Ls}}=X_s \qquad (s=1,2) \tag{5.55 b}$$

ここで，Cos_s は s 地域産業の生産費用，w_s は s 地域における生産要素価格，x_{rs} は s 地域産業による r 地域産財の中間投入量，l_s は s 地域産業の生産要素投入量，X_s は s 地域における財生産量水準，η_s および $\beta_{rs}(r,\ s=1,\ 2)$，β_{Ls} は生産技術に関するパラメーター（$\beta_{1s}+\beta_{2s}+\beta_{Ls}=1$）である。

これを解き，輸送のために消失する分も考慮し，需要地における中間投入需要を価値ベースで整理すると

$$t_{rs}p_{rs}x_{rs}=\beta_{rs}\eta_s^{-1}\left(\frac{p_{1s}t_{1s}}{\beta_{1s}}\right)^{\beta_{1s}}\left(\frac{p_{2s}t_{2s}}{\beta_{2s}}\right)^{\beta_{2s}}\left(\frac{w_s}{\beta_{Ls}}\right)^{\beta_{Ls}}X_s \tag{5.56}$$

であり，同様に付加価値投入の需要は

$$w_s l_s=\beta_{Ls}\eta_s^{-1}\left(\frac{p_{1s}}{\beta_{1s}}\right)^{\beta_{1s}}\left(\frac{p_{2s}}{\beta_{2s}}\right)^{\beta_{2s}}\left(\frac{w_s}{\beta_{Ls}}\right)^{\beta_{Ls}}X_s \tag{5.57}$$

となる。

財市場の均衡条件は，財需要が中間投入需要と最終需要であることから

$$\sum_{s=1}^{2} t_{rs}p_{rs}x_{rs}+\sum_{s=1}^{2} t_{rs}p_{rs}c_{rs}=p_r X_r \qquad (r=1,2) \tag{5.58}$$

である。ここで

$$B_s=\eta_s^{-1}\left(\frac{p_{1s}t_{1s}}{\beta_{1s}}\right)^{\beta_{1s}}\left(\frac{p_{2s}t_{2s}}{\beta_{2s}}\right)^{\beta_{2s}}\left(\frac{w_s}{\beta_{Ls}}\right)^{\beta_{Ls}} \tag{5.59}$$

と置くと，財市場の均衡条件は

$$\begin{pmatrix}\beta_{11}B_1X_1+\beta_{12}B_2X_2\\ \beta_{21}B_1X_1+\beta_{22}B_2X_2\end{pmatrix}+\begin{pmatrix}\alpha_{11}I_1+\alpha_{12}I_2\\ \alpha_{12}I_1+\alpha_{22}I_2\end{pmatrix}=\begin{pmatrix}p_1X_2\\ p_2X_2\end{pmatrix} \tag{5.60}$$

と表される。したがって

$$\boldsymbol{A}=\begin{pmatrix}B_1\dfrac{\beta_{11}}{p_1} & B_2\dfrac{\beta_{12}}{p_1}\\ B_1\dfrac{\beta_{22}}{p_2} & B_2\dfrac{\beta_{22}}{p_2}\end{pmatrix},\ \boldsymbol{C}=\begin{pmatrix}\dfrac{\alpha_{11}I_1}{p_1}+\dfrac{\alpha_{12}I_2}{p_1}\\ \dfrac{\alpha_{21}I_1}{p_2}+\dfrac{\alpha_{22}I_2}{p_2}\end{pmatrix},$$
$$\boldsymbol{X}=\begin{pmatrix}X_1\\ X_2\end{pmatrix} \tag{5.61}$$

のように行列表記を定義し，財の生産量について解けば

$$\boldsymbol{X}=(\boldsymbol{I}-\boldsymbol{A})^{-1}\boldsymbol{C} \tag{5.62}$$

となり，産業連関モデルと対応した式が導出される。ただし，投入係数が固定係数である産業連関モデルと異なり，$\boldsymbol{A}$ の要素は財価格に応じて可変である点に注意が必要である。

生産要素市場の均衡条件は，先の定義を用いて

$$w_s l_s=\beta_{Ls}B_sX_s=w_sL_s \tag{5.63}$$

と書くことができる。

また，地域間の移出入がバランスしていない場合には，地域家計の消費支出 I_s と生産要素所得 w_sL_s が一致しない場合がある。しかし，2地域で閉じた経済においては，これらの差をすべて合計するとゼロになる，経済システム全体としての三面等価の原則が成立しなければならない。すなわち，ここで想定した2地域経済については

$$\begin{aligned}N_1&=I_1-w_1L_1\\ &=-N_2\bigl(=-\left(I_1-w_1L_1\right)\bigr)\end{aligned} \tag{5.64}$$

の関係が成り立つ。N_s はモデルの描く時点（一定期間）において，地域 s が他地域から受け取る純所得移転額を意味する。この N_s は，地域外への投資による資本移転の対価として生じるものであり，本来は動学的な性格を有するが，静的な SCGE モデルでは一般に動的な投資行動が捨象されることが多い。したがっ

て，SCGE モデルにおける N_s の扱い方については，定まった考え方はなく，モデル構築者によってさまざまな方法が採用される。ここでは，運輸交通政策による，地域間所得移転（資本移転）への影響が無視できるものと想定し，基準均衡時に観察される所得移転は外生的に固定された値であるとみなす。また，一般均衡理論においては，価格に関するゼロ次同次性より，すべての価値基準は相対価格により定義される。そこで，基準均衡時における所得移転の価値，すなわち価格を p_N と表し

$$N_s = p_N n_s \tag{5.65}$$

における所得移転の数量 n_s が固定されているものとみなす。経済システムが閉じているための条件である式（5.64）は

$$p_N \sum_{s=1}^{2} n_s = 0 \tag{5.66}$$

と記述される。

財の生産費用バランスの条件を整理すると

$$p_s X_s = t_{1s} p_{1s} x_{1s} + t_{2s} p_{2s} x_{2s} + w_s l_s \qquad (s=1,\ 2) \tag{5.67}$$

つまり，財の供給額が

$$\begin{cases} p_1 X_1 = \beta_{11} B_1 X_1 + \beta_{21} B_1 X_1 + \beta_{L1} B_1 X_1 \\ p_2 X_2 = \beta_{12} B_2 X_2 + \beta_{22} B_2 X_2 + \beta_{L2} B_2 X_2 \end{cases} \tag{5.68}$$

となる。したがって，式（5.60）と合わせて，財 r の市場均衡条件は

$$\begin{aligned} &\beta_{r1} B_1 X_1 + \beta_{r2} B_2 X_2 + \alpha_{r1} I_1 + \alpha_{r2} I_2 \\ &\quad - (\beta_{1r} B_r X_r + \beta_{2r} B_r X_r + \beta_{Lr} B_r X_r) = 0 \\ &\qquad (r=1,\ 2) \end{aligned} \tag{5.69}$$

と表される。財市場と生産要素市場の超過需要を合計したワルラス法則

$$\sum_{r=1}^{2} \left\{ \sum_{s=1}^{2} \left(\beta_{rs} B_s X_s + \alpha_{rs} I_s - \beta_{sr} B_r X_r \right) - \beta_{Lr} B_r X_r \right\} + \sum_{s=1}^{2} \left(\beta_{Ls} B_s X_s - w_s L_s \right) = 0 \tag{5.70}$$

がつねに成立しなければならないため，財市場の均衡条件（5.69）と生産要素市場の均衡条件（5.63）のうち 1 本は冗長となる。価格変数は，二つの財価格および二つの生産要素価格に，所得移転の価値 p_N が加わるが，ニューメレールとしていずれかの財，生産要素を選び，その価格を p_N とすることで，独立した内生変数の数も，方程式の数と等しくなる。

運輸交通政策の評価においては，まず，輸送サービスの費用削減に相当するように t_{rs} を変化させ，新たな均衡状態を得る。政策実施後の均衡価格と効用水準が算出されると，政策実施前である基準均衡時の価格および効用水準も用いて，地域別の便益を計測することが可能である。例えば，**等価変分**（equivalent valuation, **EV**）指標による便益評価の場合には

$$B_s = \frac{U_{Ws} - U_{WOs}}{U_{WOs}} I_{WOs} \tag{5.71}$$

により s 地域における便益 B_s が評価できる。ここで，U_{WOs} は基準均衡時の効用水準を，U_{Ws} は政策実施後の効用水準を，I_{WOs} は基準均衡時の消費支出額である。

また，政策実施後の地域別財別生産額や交易額の変化など，厚生指標以外の経済効果，いわゆる間接効果についても推定可能な点が SCGE モデル分析の特徴である。

〔4〕 応用一般均衡モデルの応用事例

土木計画分野における SCGE モデルの応用として，最も事例が多いものは運輸交通政策の評価であるが，環境政策評価や災害の経済被害推計などへの応用も進んでいる。ここでは，運輸政策の評価の事例と，災害被害の経済評価の事例を，それぞれ一つずつ紹介する。

運輸交通を明示的に考慮した SCGE モデルは Buckley[8] を嚆矢とし，宮城ら[3]，Bröcker[9] により地域間輸送費用の明示化の方法が確立されてからは，応用事例が拡大した。こうした運輸交通政策への応用を念頭に置いた SCGE モデルの発展については，Bröcker and Mercenier[10] に詳しい。また，従来の SCGE モデルは，財の交易すなわち物流に係る政策分析を対象とするものが中心であったが，小池ら[4] は，旅客トリップを交通サービスの需要として捉えてモデル化する手法を提案し，それ以降は人流への適用も進展した。

ここで取り上げる事例は，国際コンテナ港湾整備政策へのモデル適用[11] である。この応用事例においては，コンテナ港湾整備による直接的な効果を，日本からの輸出入に要する国際輸送マージンの低減と捉え，その空間的経済波及および地域別便益推定がなされている。

モデル分析の条件設定の詳細は，石倉[11] に譲ることとし，モデル適用の結果から得られる情報を簡単に整理する。まず，**表 5.5** に示すように，政策実施による便益が地域別に推定される点が，古典的費用便益分析とは大きく異なる。この事例では，国別の便益推定にとどまらず，日本と中国について国内地域別便益が評価されている点が特徴的である。また，産業連関表をモデル分析の基準均衡データとして用いており，政策実施後を想定したモデルの均衡解は，その状況下での産業連関表を推定したものとしても解釈できる。こ

表 5.5　コンテナ港湾整備政策による国別地域別便益

国・地域	便益〔100 万ドル〕	国・地域	便益〔100 万ドル〕
ASEAN5	117	北海道	16
中国東北	14	東　北	27
中国華北	7	関　東	544
中国華東	56	中　部	120
中国華南	46	近　畿	195
中国華中	23	中　国	58
中国西北	3	四　国	17
中国西南	5	九　州	52
韓国・台湾	94	アメリカ	326

れを基準均衡データと比較することで，地域別産業別の生産額変化なども把握可能である。この応用事例における，日本の関東，中部，近畿地方における生産額変化の推定結果を**図 5.11** に示す。このように，地域や産業によって，政策実施の影響が異なることが明確に表される。

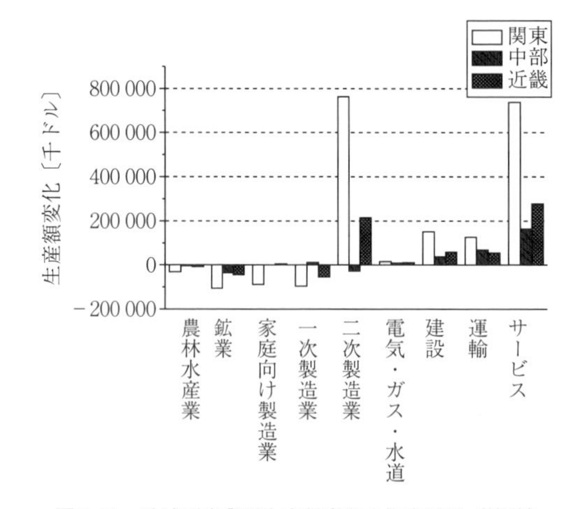

図 5.11　地域別産業別生産額変化の推定結果（抜粋）

つぎに，災害の経済被害計測への応用例を紹介する。自然災害の影響は，直接的な物的・人的被害以外にも，サプライチェーンを通じて被害が拡大する間接被害にも特徴がある。CGE 分析では，このようなサプライチェーンメカニズムを内包していることもあり，自然災害の間接的経済被害の計測，予測の適用が可能である。**図 5.12**（口絵 2 参照）は南海トラフ沖地震の影響で，愛知県，三重県，大阪府，和歌山県，大分県の石油精製所が被災した場合の産業別の間接経済被害を計測したものである。図の赤は生産量が減少した地域（間接被害）を，一方で青い地域は生産量が増加した地域を表し，左が化学製品産業，右が自動車産業を表している。結果から産業ごとに間接被害の空間的波及構造の違いを明確に知ることが可能である。

このような災害の経済被害計測は，災害に対する防災施設の計画，企業の BCP に重要な情報を提供することとなる。

〔5〕 応用一般均衡モデルの課題と展望

土木計画学における応用一般均衡モデル適用の課題と展望は下記のようなものが挙げられる。

（1） 代替弾力性の設定方法　CGE 分析の課題として，各種代替弾力性の設定に関する問題が指摘できる。通常，CGE 分析に内在するパラメーターのうち，代替弾力性と呼ばれるパラメーター以外は，基準均衡状態を再現するようにキャリブレーションと呼ばれる手法で決定できる。一方で代替弾力性に関しては，既存研究を参考にして設定する場合が多い。しかし，本来，代替弾力性は財の数や政策期間などに影響され，それに応じた設定が望ましい。さらにこの代替弾力性の設定は，最終的な政策分析結果への影響が大きいことも知られている。特に，土木計画学の分野への応用を考える上では，地域間交易に関する代替弾力性（Armington 弾力性）の設定が重要となっている。すでに，小池ら[12]の研究ではこれらの値に関する分析が進みつつあるが，さらなる研究蓄積が必要である。

（2） 外部性を考慮した分析　社会資本整備，特に交通施設整備のストック効果は時間短縮便益に代表される資源の物理的な増加以外に企業の生産性を向上させる効果があることが知られている。厳密にいえば，本項で紹介したモデルは，このうち資源の物理的な増加に着目したモデルである。外部性を考慮することにより，交通施設整備による企業の生産性の向上を計測しようとする試みは，ここ 20 年で急速に進歩してきている。代表的なものは，Bröcker[9]による独占的競争モデルを応用した CGEurope モデルである。これは交通施設整備が独占的競争のメカニズムを通じて内生的に生産性を向上させることを表現している。さらに，Bröcker[13]では人流が知識へのアクセス向上に寄与し，生産性を向上させるモデルを提案している。このように理論的には外部性を考慮したモデルが数多く提案されてきているが，一方で，実証分析として信頼性確保には，さらなる研究蓄積が必要である。

（3） 利用可能データの制約，産業連関表への依存

土木計画学の分野では，CGE 分析は特に空間分析に用いられる場合が多い。さらに，帰着分析という特徴から，より詳細に分割された地域への適用が期待されている。一方で，標準的な CGE 分析ではその分析適用は基準均衡データである産業連関表に依存しているため，比較的大きな地域を対象とせざるを得ない。これまで，より詳細地域への分析を試み，Koike, et

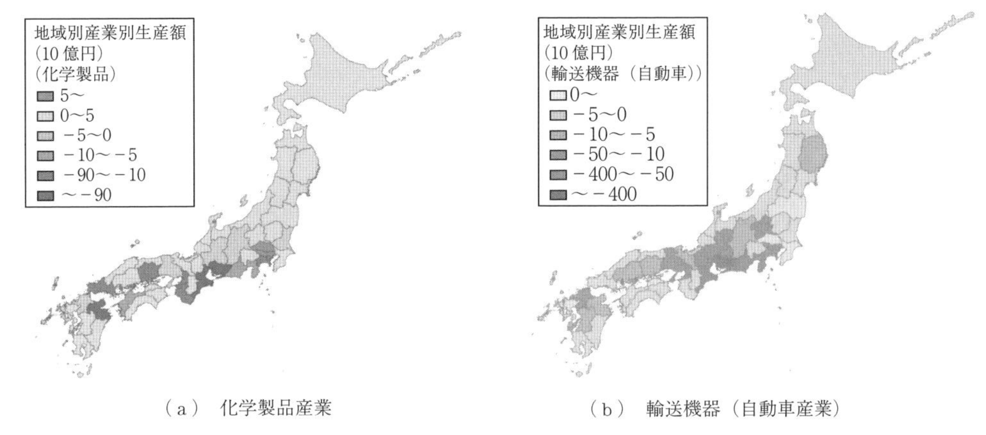

（a） 化学製品産業　（b） 輸送機器（自動車産業）

図 5.12 南海トラフ沖地震の間接経済被害

al.[14] のモデルが開発されつつある。しかし，単にデータを空間的に詳細化するだけでは十分な分析とはいいがたい。今後，モデルの理論的仮定の空間的・時間的安定性をより詳細に検討し，モデルの前提をいま一度検討することが求められている。

（4） **実務的課題**　土木計画学における CGE 分析は，十数年以上の歴史を持ち，すでに実務面でも多くの分析事例がある。一方で，CGE 分析に関する数多くの批判があることも確かである。その詳細は上田[1] に詳しい。さらに，CGE モデルは，モデル構築の際に多くの手間を必要とするばかりでなく，モデル自体がブラックボックス化しているとの批判もある。実際，間違ったモデルの氾濫，便益の過大推計の事例も報告され，それらの発見が困難という問題もあり，分析そのものの信頼性を脅かす事態になりかねない。

これらの問題の克服には，分析担当者がモデルを十分に理解するとともに，モデルをわかりやすく説明する努力が求められている。　（石倉智樹，小池淳司）

5.3.3 都市経済モデルの理論と応用

〔1〕 応用都市経済モデルの意義

応用都市経済モデル（computable urban economic model, **CUE モデル**）は，**都市経済学**（urban economics）を理論的ベースに構築されたモデルである（上田編[1]）。伝統的な都市経済学においては一次元の線形都市のように抽象化された都市空間を対象としたモデルが一般的であるが，実用的な都市・地域計画および交通計画の統合的な計画策定支援のための分析ツールとしての役割は限られる。そのため，あとで詳述するとおり，集計された経済主体を想定することで，土地利用・交通モデルにミクロ経済学的な基礎を導入したモデルである点が CUE モデルの特徴である。

社会基盤整備は，そこに住む人々や企業の活動に大きな影響を与える。例えば，鉄道や道路といった交通インフラが整備されると，駅の周辺に住宅地や商業地が形成され，人口の増加や店舗の集積が起こる。高速道路のインターチェンジの周辺には，物流ターミナル施設が設置されるなどさまざまな変化が生じる。このような立地の変化は，そこを行き交う交通そのものにも変化を与え，それらの間には，一種の相互作用が生じる。5.3.2 項で説明されている応用一般均衡モデルと本項で説明する CUE モデルは，後述するようにミクロ経済学の理論を基礎とする共通点を有す一方で，後者では，分析の対象とする空間スケールが小さいがゆえ，立地あるいは立地と交通の相互作用を明示的に考慮するという点において大きな違いがある。

家計や企業といった経済主体が，その活動を行うために地理的な位置の選択を行い，活動の拠点とするのが**立地**（location）であり，家計や企業といった主体が立地を行った結果，そこで行われる社会経済活動を土地に投影したものが**土地利用**（land use）である。すなわち，「立地」と「土地利用」は，**図 5.13** に示すように，表裏一体の関係にある。

本項で説明する CUE モデルや都市経済学など，主体の行動を明示的に考える際は，立地という行動そのものをモデル化する場合が多い。これに対し，都市計画ではスプロールの防止等を目的として，市街化区域の指定や用途地域指定など，実空間を対象に地図上で土地利用に関するさまざまな規制が課されることが多く，伝統的に土地利用という用語がよく用いられる。

土木計画学では，長年にわたり，この土地利用と交通の相互作用に着目した，**土地利用・交通相互作用モデル**（land-use/transport interaction model, **LUTI モデル**）に関する研究が盛んに行われてきた。それらの

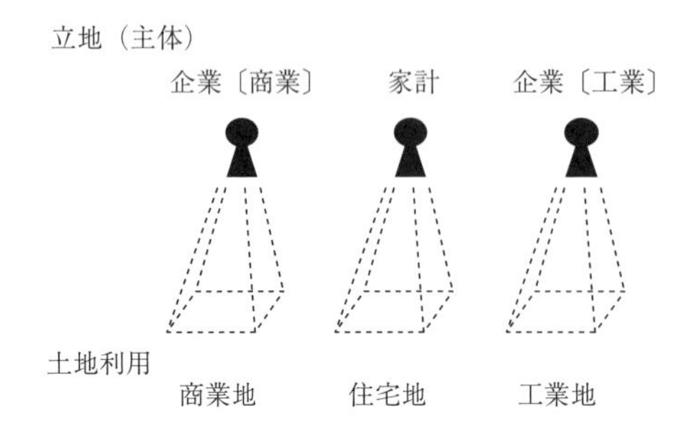

図 5.13　立地と土地利用の関係

表 5.6　CUE モデルの対象施策例

対　象	分　野	施策名
交通	道路政策	幹線的な道路整備
		ロードプライシング等の料金施策
	鉄道政策	都市鉄道，LRT 等の整備
		運賃政策
土地利用	都市計画	用途・容積等の土地利用規制
		区画整理，NT 開発等の面整備
	経済的手法	固定資産税等の税制，補助金
	拠点形成	企業誘致等

多くは，1950 年代に開発されたローリーモデル（Lowry Model）から大きな影響を受けている。その後のコンピュータ技術の目覚ましい発展，とりわけ地理情報システム（GIS）の発展に伴って実用性が飛躍的に増し，その間，1980 年代には LUTI モデルに関する国際的な学術研究組織 ISGLUTI が組織されている。LUTI モデルの発展経緯の詳細については，堤ら[15]を参照されたい。

〔2〕で説明するように，LUTI モデルは通常大規模でかつ複雑な構造を有しているため，モデルの操作性や計算負荷の観点から批判もあり，また，〔4〕で述べるように理論的にも解決すべき課題がいまだ残されているのも事実である。しかし，すでに，交通基盤整備等の政策による都市構造への影響や都市部での誘発・開発交通を把握するための有効な手法であることが示されてきており（例えば，わが国では，山崎・武藤[16]，山崎ら[17]），近年，多くの国・地域における社会基盤整備政策/施策/事業計画の策定の場面で適用されている。応用都市経済モデルを含む LUTI モデルを用いた政策立案の利点は，人口分布，就業者分布，交通流，交通混雑，地価など，都市圏における現象（指標）を横断的かつ総合的に取り扱い，都市現象のメカニズムの分析を可能にすることであり，道路や鉄道といった交通インフラ整備だけでなく，都市・地域の社会基盤整備に関する多様な施策を横断的かつ統一的に評価することが可能であることである（**表 5.6** 参照）。

CUE モデルにはさまざまなタイプのものがあるが（詳しくは，Ueda, et al.[18] 参照），本項では，典型的なモデルについて紹介する。

〔2〕 応用都市経済モデルの基礎理論

5.3.2 項で説明されている応用一般均衡モデル同様，CUE モデルは，ミクロ経済学の理論に基づく静学均衡モデルである。すなわち，立地主体である家計あるいは企業は，効用あるいは利潤最大化行動をとると仮定し，定式化する。そこから導かれる需要関数，供給関数を基にして，市場（ここで特に明示的に考慮するのは土地市場）の均衡を仮定し，定式化する。

これらに加えて，前述のとおり，立地を明示的に考慮して，交通と併せて均衡条件を考慮するのが CUE モデルの大きな特徴である（**図 5.14** 参照）。この点は Anas[5] の影響を大きく受けており，CUE モデルでは，立地と交通が同時に均衡する構造になっている。

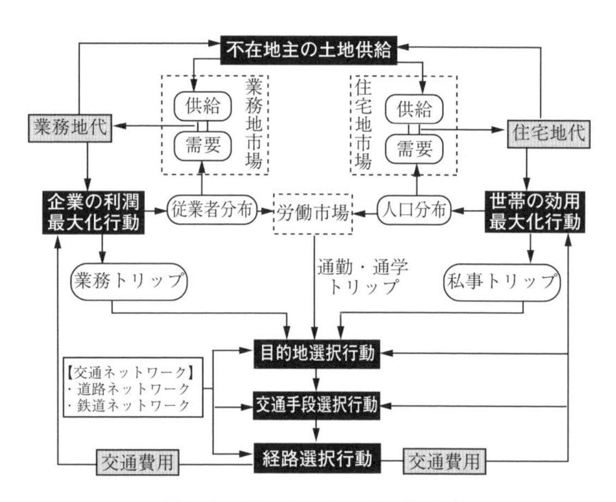

図 5.14　CUE モデルの基本的構造
（出典：文献 1）の p.117，図 5.3）

CUE モデルが静学均衡モデルであるのに対し，欧州において数多くの適用事例を持つ MEPLAN，TRANUS，DELTA，MUSSA では，需要関数や供給関数が経済主体の最適化行動から導出されたものではなく，さらに，市場均衡条件と価格調整メカニズムが整合していない点で大きく異なる。また，MEPLAN 等では，土地利用の変化と交通の変化にタイムラグがあり（同時に収束しない），モデル全体で準動学的な構造となっていて，土地利用と交通が同時に均衡するモデルではない点も，CUE モデルと異なる点である。

一方，アメリカで実用化されている Anas[19] のモデルは，一般均衡の枠組みで厳密にモデル化されているが，反面，そこでの交通モデルは混雑を考慮しない非常に簡易なものとなっており，実務的には課題が多い。一般均衡モデルではないものの，部分均衡の枠組みでミクロ経済学の理論に基づいており，かつ，交通混雑等を考慮した実用的な交通モデルをサブモデルとして具備し，土地利用と交通が同時に均衡する実用指向型の LUTI モデルが CUE モデルである。

（1） 家計の行動モデル　CUE モデルでは，いわゆる代表的家計を仮定し，所得制約の下で，家計の効用を最大化するように合成財，住宅地（面積），私事トリップ，を消費する。（4）で説明するように，その結果として得られる効用水準に基づき居住地選択を行う。

家計は，それぞれの立地場所（ゾーン i）において，以下のような効用最大化行動を行う。

$$\max_{z_i^H, A_i^H, x_i^H} U_i^H\left(z_i^H, A_i^H, x_i^H\right) \tag{5.72 a}$$

$$\text{subject to} \quad z_i^H + R_i^H A_i^H + q_i^H x_i^H = w\left(T - q_i^w x_i^w\right) \tag{5.72 b}$$

ここで，U_i^H：ゾーン i における世帯の効用，z_i^H：価格を 1 とした合成財の消費量（＝支出額），A_i^H：住宅地面積消費量，x_i^H：私事トリップ消費量，R_i^H：ゾーン i の住宅地代，q_i^H：私事トリップの一般化価格，w：賃金率，T：総利用可能時間（固定），q_i^w：通勤トリップの一般化価格，x_i^w：通勤トリップ消費量である。

効用関数として以下のような対数線形関数を採用することとする。

$$V_i^H = \max_{z_i^H, A_i^H, x_i^H} \left[\alpha_z \ln z_i^H + \alpha_a \ln A_i^H + \alpha_x \ln x_i^H\right] \tag{5.73}$$

ここで，V_i^H：ゾーン i の世帯の間接効用関数，α_z, α_a, α_x：（分配）パラメーター（$\alpha_z + \alpha_a + \alpha_x = 1$）である。

なお，堤ら[20] では，さらに経済主体として，本項では説明しない「開発者」が導入されており，これにより，都市部の土地価格（地代）が高い場所での高層化を表現できる構造となっている（その場合，ここでの土地面積消費量は住宅建物床面積消費量，地代は建物賃料となる）。

式（5.73）を解くと，各財・サービスの消費量が求まる。

$$z_i^H = \alpha_z I_i \tag{5.74}$$

$$A_i^H = \frac{\alpha_a}{R_i^H} I_i \tag{5.75}$$

$$x_i^H = \frac{\alpha_x}{q_i^H} I_i \tag{5.76}$$

ただし

$$I_i \equiv w\left(T - q_i^w x_i^w\right) \tag{5.77}$$

これらを式（5.73）に代入し，次式を得る。

$$V_i^H = \ln I_i - \alpha_a \ln R_i^H - \alpha_x \ln q_i^H + \alpha_z \ln \alpha_z + \alpha_a \ln \alpha_a + \alpha_x \ln \alpha_x \tag{5.78}$$

（2） 企業の行動モデル　企業は，それぞれの立地場所（ゾーン i）において，業務用地面積と業務トリップ，貨物トリップを投入して，生産技術制約（ここでは，式（5.79 b）に示すようなコブ・ダグラス型技術を仮定）の下で利潤が最大となるように生産を行うものとする。

$$\Pi_i^B = \max_{A_i^B, x_i^B, x_i^F} \left[Z_i^B - R_i^B A_i^B - q_i^B x_i^B - q_i^F x_i^F\right] \tag{5.79 a}$$

$$\text{subject to} \quad Z_i^B = \eta_i \left(A_i^B\right)^{\beta_a} \left(x_i^B\right)^{\beta_b} \left(x_i^F\right)^{\beta_f} \tag{5.79 b}$$

ここで，Z_i^B：合成財生産量，R_i^B：業務土地賃料（単位面積当り），A_i^B：業務用地投入量，q_i^B：業務トリップ一般化価格，x_i^B：業務トリップ投入量，q_i^F：貨物トリップ一般化価格，x_i^F：貨物トリップ投入量，η_i：生産効率パラメーター，β_a, β_b, β_f：分配パラメーターである。

これを解くことにより，企業の生産要素需要である業務用地投入量（A_i^B），業務トリップ（x_i^B），貨物トリップ（x_i^F）が以下のように求められる。

$$A_i^B = \left\{\frac{1}{\eta_i}\left(\frac{R_i^B}{\beta_a}\right)^{1-\beta_b-\beta_f}\left(\frac{\beta_b}{q_i^B}\right)^{-\beta_b}\left(\frac{\beta_f}{q_i^F}\right)^{-\beta_f}\right\}^{\frac{1}{\beta_a+\beta_b+\beta_f-1}} \tag{5.80}$$

$$x_i^B = \left\{\frac{1}{\eta_i}\left(\frac{q_i^B}{\beta_b}\right)^{1-\beta_a-\beta_f}\left(\frac{\beta_a}{R_i^B}\right)^{-\beta_a}\left(\frac{\beta_f}{q_i^F}\right)^{-\beta_f}\right\}^{\frac{1}{\beta_a+\beta_b+\beta_f-1}} \tag{5.81}$$

$$x_i^F = \left\{\frac{1}{\eta_i}\left(\frac{q_i^F}{\beta_f}\right)^{1-\beta_a-\beta_b}\left(\frac{\beta_a}{R_i^B}\right)^{-\beta_a}\left(\frac{\beta_b}{q_i^B}\right)^{-\beta_b}\right\}^{\frac{1}{\beta_a+\beta_b+\beta_f-1}} \tag{5.82}$$

これらを生産関数（5.79 b）に代入すると，生産物の供給量が次式のように求められる。

$$Z_i^B=\left\{\frac{1}{\eta_i}\left(\frac{R_i^B}{\beta_a}\right)^{\beta_a}\left(\frac{q_i^B}{\beta_b}\right)^{\beta_b}\left(\frac{q_i^F}{\beta_f}\right)^{\beta_f}\right\}^{\frac{1}{\beta_a+\beta_b+\beta_f-1}} \tag{5.83}$$

また，これらから利潤が次式のように導出される。

$$\Pi_i^B=\left(1-\beta_a-\beta_b-\beta_f\right)\left\{\frac{1}{\eta_i}\left(\frac{R_i^B}{\beta_a}\right)^{\beta_a}\left(\frac{q_i^B}{\beta_b}\right)^{\beta_b}\left(\frac{q_i^F}{\beta_f}\right)^{\beta_f}\right\}^{\frac{1}{\beta_a+\beta_b+\beta_f-1}} \tag{5.84}$$

（3） **土地供給者（不在地主）の行動モデル**　紙幅の都合で，ここでは土地供給関数のみ示す。ここでは，あらかじめ，住宅用地と業務用地を分けて，土地供給者はそれぞれに関して利潤（効用）を最大化するものとする。

$$y_i^H=\left(1-\frac{\sigma_i^H}{P_i}\right)Y_i^H \tag{5.85 a}$$

$$y_i^B=\left(1-\frac{\sigma_i^B}{P_i}\right)Y_i^B \tag{5.85 b}$$

ここで，y_i^H：住宅用地供給土地面積，y_i^B：業務用地供給土地面積，Y_i^H：住宅用供給可能土地面積，Y_i^B：業務用供給可能土地面積σ_i^H，σ_i^B：パラメーターである。

この供給関数を導く土地供給者の利潤最大化行動については，山崎・武藤[16]を参照されたい。

（4） **立 地 均 衡**　立地均衡とは，もはやどの主体も自らの立地選択確率を変更しても各主体の目的関数の水準を向上させることはできない，いわゆるパレート最適の状態である。

（1），（2）で示したようなモデル化に従い，確定論的な立地選択行動，すなわち，最も高い効用水準が得られるゾーンiに家計や企業が立地すると仮定すると，現実の人口分布や従業者分布をうまく説明できないことが多い。静学均衡モデルであるため，立地したことに伴い要したさまざまな費用（サンクコスト）は考慮されていない。効用関数，利潤関数，いずれもかなり単純化されているため，実際には考慮すべきでもモデルでは考慮されていない要因も多い。CUE モデルでは，それらモデルで考慮されていない多様な要因をまとめて一種の不確実性と捉えることとし，いわゆるロジットモデルを用いて，立地選択確率を以下のとおり定式化している。

$$P_i^H=\frac{\exp\left(\theta^H v_i^H\right)}{\sum_{i'}\exp\left(\theta^H v_{i'}^H\right)} \tag{5.86}$$

ここで，P_i^H：家計がゾーンiに立地する選択確率，v_i^Hは，間接効用関数および住環境や地形的要因などの地域固有の指標（e_i^H）から構成される「立地魅力度」である。

$$v_i^H=V_i^H+e_i^H \tag{5.87}$$

このとき，家計の期待最大効用S^Hは

$$S^H=\frac{1}{\theta^H}\ln\left[\sum_i\exp\left(\theta^H v_i^H\right)\right] \tag{5.88}$$

となる。

ゾーン人口は都市圏総人口（ここでは外生的に与える　N^T）に式(5.86)の立地選択確率を乗じた量となる。これから各ゾーンの集計された住宅地面積と私事トリップ数の需要関数を導出する。具体的には，家計1人当りの需要関数である式(5.75)，(5.76)に各ゾーン人口を乗じる。

$$ZA_i^H=A_i^H N^T P_i^H \tag{5.89}$$

$$ZX_i^H=x_i^H N^T P_i^H \tag{5.90}$$

ここで，ZA_i^H：ゾーン住宅地需要量，ZX_i^H：ゾーン発生私事トリップ数である。

企業についても，同様に，以下のとおり確率論的に立地選択行動を行うと仮定する。

$$P_i^B=\frac{\exp\left(\theta^B\pi_i^B\right)}{\sum_{i'}\exp\left(\theta^B\pi_{i'}^B\right)} \tag{5.91}$$

ここで，P_i^B：企業がゾーンiに立地する選択確率である。

住宅立地の場合同様，π_i^Bは，利潤関数（Π_i^B）と業務環境や地形的要因等の地域固有の指標（e_i^B）から構成される立地魅力度である。

$$\pi_i^B=\Pi_i^B+e_i^B \tag{5.92}$$

$$S^B=\frac{1}{\theta^B}\ln\left[\sum_i\exp\left(\theta^B\pi_i^B\right)\right] \tag{5.93}$$

ここで，S^B：企業の期待最大利潤である。

ゾーン別従業者は外生的に与える都市圏総従業者（E^T）に式(5.91)の立地選択確率を乗じた量となる。1企業当りの需要関数である式(5.80)～(5.82)に，各ゾーン従業者数を乗じることにより，各ゾーンの集計された業務用地需要量と業務トリップ数，貨物トリップ数の需要関数を導出する。

$$ZA_i^B=A_i^B E^T P_i^B \tag{5.94}$$

$$ZX_i^B=x_i^B E^T P_i^B \tag{5.95}$$

$$ZX_i^F=x_i^F E^T P_i^B \tag{5.96}$$

ここで，ZA_i^B：ゾーン業務用地需要量，ZX_i^B：ゾーン発生業務トリップ数，ZX_i^F：ゾーン発生貨物トリップ数である。

（5） **清 算 条 件**　立地数に関する清算条件は次式のように，おのおのの経済主体について，各ゾーン

の立地需要量の総和が都市圏の総立地者数と合致することである。

$$\sum_i N_i = N^T \tag{5.97}$$

$$\sum_i E_i = E^T \tag{5.98}$$

これらは，立地均衡にロジットモデルを用いていることから必然的に満たされる。

土地市場の清算条件は各ゾーンにおける土地面積需要量（式(5.89) もしくは式(5.94)）と各ゾーンの地主の土地面積供給量（式(5.85)）が合致することである。

$$ZA_i^H = y_i^H \tag{5.99}$$

$$ZA_i^B = y_i^B \tag{5.100}$$

（6） 交通モデル　交通行動は家計および企業からの発生交通の下で，目的地，交通機関，経路を決定するものであり，いわゆる四段階推定法の手順に従う（I編 4.2.4 項参照）。

発生交通は効用最大化および利潤最大化行動によって求められた家計の私事トリップ消費量（式(5.89) 参照），企業の業務トリップ消費量（式(5.95) 参照），貨物トリップ消費量（式(5.96) 参照）によって表される。

目的地，交通機関分担，経路選択はネットワーク均衡条件を満足するような需要変動型の利用者均衡モデル（ロジットモデルを採用）として定式化する。

詳細については，山崎，武藤[16] 参照。

〔3〕 応用都市経済モデルの応用事例

（1） 事例の概要　応用都市経済モデルは開発人口，誘発・開発交通が把握可能であり，これらを考慮した便益計測が可能になる。また，モデル適用の際に立地行動や交通行動の各段階を固定することによって，便益発生に対してどの行動変化が最も寄与しているのか，そして，どの段階まで行動変化を仮定すると交通量が増加するのか把握することが可能となる。

ここでは，標準的な CUE モデルにおいて，あえて立地行動および交通行動を部分的に固定的に扱うことにより，道路整備による開発人口，開発・誘発交通を把握するとともに，利用者便益および CO_2 排出量への影響・効果を計測した，山崎・武藤[16] を紹介する。

対象施策は首都圏 3 環状（都心から順に，「中央環状（首都高速道路中央環状線）」，「外環（東京外かく環状道路）」，「圏央道（首都圏中央連絡自動車道）」の三つの環状道路の総称）の供用とし，基準年次（without）は現状（ここでは 2000 年時点）とする。

表 5.7 に示すようなデータを用いていることで，モデルの中のパラメーターを，**カリブレーション**（calibration）と呼ばれる方法によって求める。

表 5.7　モデル構築に用いた各種データの出典

モデルの変数	分　類	出典等
利用可能面積	商業，住宅別	市街化区域面積 都市計画年報 （国土交通省都市局）
土地供給量	商業，住宅別	宅地面積 各都県の統計年鑑（統計書，県勢要覧，統計年報）
人口	年齢階層分類なし	国勢調査（総務省統計局）
従業者	産業分類なし	国勢調査（総務省統計局）
旅客トリップ数	移動目的（通勤，通学，私事，業務，帰宅）	東京都市圏パーソントリップ調査 （東京都市圏交通計画協議会）
自動車 OD	車種分類（乗用車，小型貨物車，普通貨物車）	道路交通センサス起終点調査 （国土交通省道路局）

そこで，構築されたモデルは**表 5.8** に示す五つである。なお，ここでの分析は東京都市圏を対象とした分析結果であるが，詳細については山崎ら[17] を参照されたい。

表 5.8　モデルの種類

	土地利用		発生交通	分布交通（OD トリップ）	手段選択	経路交通
	人口分布	企業分布				
Model 1	●	●	●	●	●	●
Model 2			●	●	●	●
Model 3				●	●	●
Model 4					●	●
Model 5						●

〔注〕 ●は各モデルにおいて明示的（内性的）に扱う行動を表す。

Model 1 は，本項で説明してきた CUE モデルであり，土地利用（立地）から交通体系まですべて可変的に扱うものである。これに対し，Model 2 は，土地利用（立地）を固定的に扱ったモデル，Model 3 は，さらに加えて各ゾーンの発生トリップ数を固定したモデル，Model 4 は，さらに旅客 OD トリップ数を固定したモデル，Model 5 は，さらに自動車 OD トリップ固定したモデルであり，交通行動をどこまでモデル化するかに違いがある。Model 2 では，四段階推計法のすべてが可変であり，Model 5 は，通常の道路計画等で行われる交通量配分（経路選択）のみの可変としたモデルである。

（2） 分析結果の一例

a） 都市圏全体の CO_2 排出量と利用者便益　現時点で3環状を整備した場合の各モデルにおける CO_2 排出量の変化は，Model 1（土地利用も可変），Model 2（発生交通量は可変）では増加し，土地利用および発生交通量を固定的に扱う Model 3 以降では減少していく（**図5.15**参照）。また，利用者便益を見ると，土地利用まで可変にした Model 1 では Model 5 の利用者便益に対して約11％減少する（**図5.16**参照）。

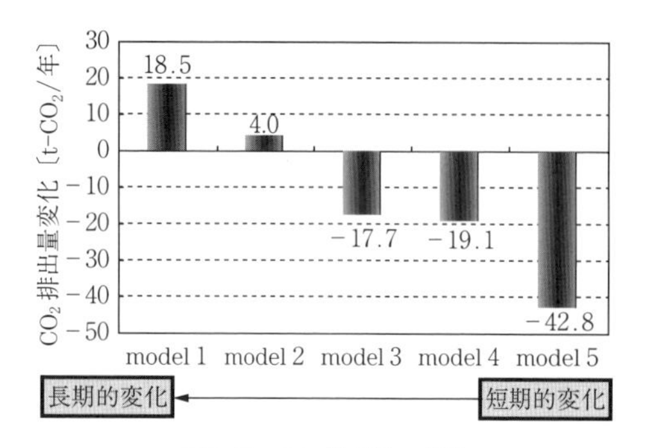

図5.15　CO_2 排出量の変化

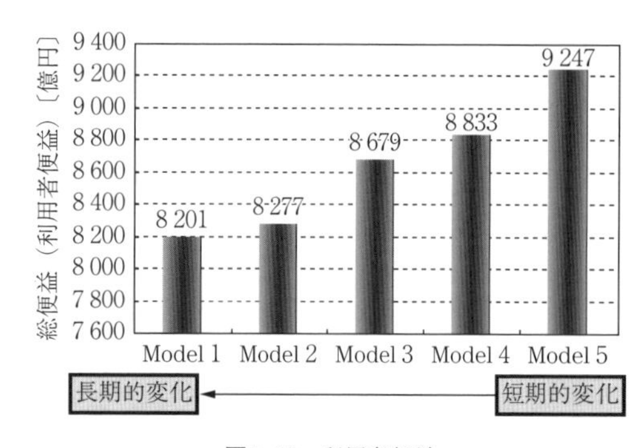

図5.16　利用者便益

この結果は，つぎのように，3環状の影響・効果の時間的な変化とも解釈できる。道路整備の最も短期的な効果は利用者の経路の変更のみが行われる場合である。利用者の居住，就業，トリップ回数，移動目的地，利用交通手段の変更がなされない場合には利用者便益は最も大きくなる。しかしながら，時間が経過し，交通手段，移動目的地，トリップ数，そして居住地，就業地まで変化していくと利用者便益は減少していく。これは開発交通，誘発交通の発生によるものであり，具体的には，混雑が Model 5 と比較して上昇することに起因するものである。

b） 自動車 OD の変化　また，Model 5（経路交通のみ変化）と各 Model の自動車 OD トリップを比較すると，Model 4（交通手段可変）の場合には現状で旅客トリップが多く，鉄道利用も多い東京都心〜神奈川，東京都心〜多摩等で自動車トリップ数が大幅に増加する（**図5.17**（口絵3）参照）。Model 3（OD 可変）の場合には，圏央道沿線でも自動車トリップ数が増加していく。Model 3 の場合には旅客 OD が可変であり，3環状の整備による3環状沿線の起終点間の利便性向上により，環状方向の自動車トリップ数が増加していく（**図5.18**（口絵4）参照）。Model 2（発生交通可変）の場合には Model 3 に加え，外環道沿線での自動車トリップも増加していく。圏央道沿線でも増加していく（**図5.19**（口絵5）参照）。Model 1（立地可変）の場合には，圏央道沿線への企業，家計の増加によって，さらに増加していく（**図5.20**（口絵6）参照）。

図5.17〜図5.20も時系列の変化と解釈でき，短期的な予測では自動車 OD はまったく変化しないが，図5.17→図5.18→図5.19→図5.20の順に新たな自動車 OD トリップが発生していき，長期的・潜在的には図5.20のような違いが発生する。

〔4〕 応用都市経済モデルの課題と展望

CUE モデルの課題と展望については，堤ら[15]に詳述されている。ここでは，その内容を引用・要約する形で，モデルの枠組みを大きく変えない範囲内での課題を中心に簡単に紹介する。

（1） 現行の枠組みの下での課題

a） データ利用の精緻化　CUE モデルは，パラメーターのカリブレーションのためにさまざまなデータを用いる。多くの場合，公的機関によって公開されている入手が容易な集計データを用いているため，特に市町村より小さなゾーンを分析に用いる際には，それに対応したデータの入手で困難を伴う場合も多い。

また，モデルで用いる地代は，人口や従業者数という集計量と違い，取扱いに注意を要する。モデルにおいては，暗黙にゾーン内の均一性が仮定されているが，実際には，ゾーン内に異なる値のデータが複数ある。そのような場合，単純平均で一つの値にしてよいのか，といった問題もある。

b） 設定するゾーンや主体の細分化　上述のような理由から，CUE モデルは，市区町村程度のゾーンを構築単位とすることが多い。しかしながら，いうまでもなく実際の土地市場は，市区町村境界で決まるものではなく，a）で述べたように市区町村全体について地代を一定としている点については，さらなる検討の余地が残されている。また，市区町村レベルでは，鉄道駅付近の容積率緩和施策の効果等の分析は難しい。一方で，ゾーンを細かくすれば，静学均衡とい

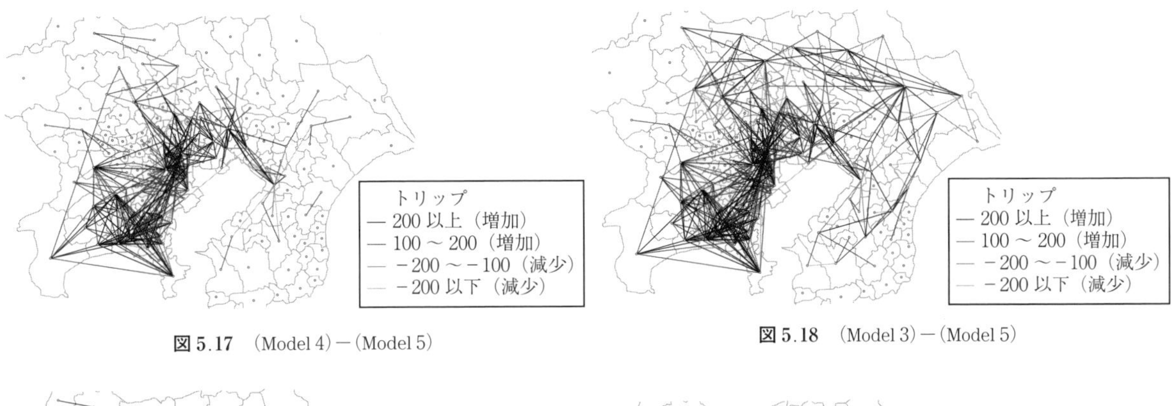

図 5.17　(Model 4)−(Model 5)

図 5.18　(Model 3)−(Model 5)

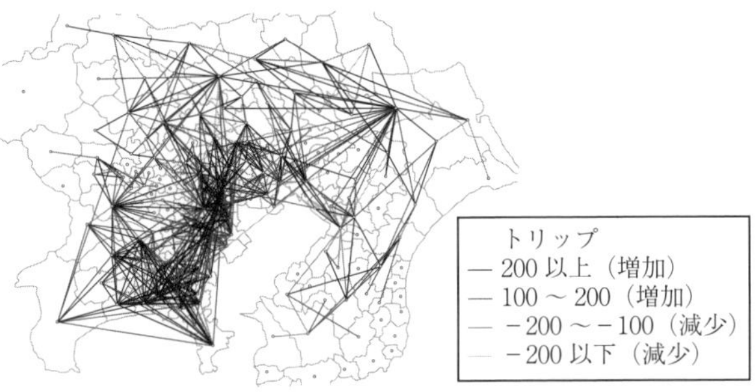

図 5.19　(Model 2)−(Model 5)

トリップ
— 200 以上（増加）
— 100 ～ 200（増加）
— −200 ～ −100（減少）
— −200 以下（減少）

図 5.20　(Model 1)−(Model 5)

う枠組み自体が成立するのか疑わしくなるため，細かければ細かいほどよいというわけでもない。

欧米のLUTIモデルには，世帯・所得タイプが詳細に分けられているものも少なくないが，それは，所得格差の存在や，所得レベルに応じて実際に土地市場が分かれているという実態がモデル化の背景としてあるのも事実である。年齢や世帯構成によって，居住地選択の嗜好（しこう）が異なることを考えると，住宅立地者のタイプを年齢別に分けることも考えられるが，今度は，年齢が進むに従って世帯構造そのものも変わってくるため，動学的な要素を考えざるを得なくなってしまうという問題に直面する。

c）　均衡計算の効率化　これまでの経験から，(集計）ロジットモデルを用いることに伴うCUEモデルの当てはまりの良さは，実際に事業や政策・施策の評価を行う上で大きな魅力となっている。しかしながら，ロジットモデルを用いているため，価格に関するゼロ次同次性を有しておらず，また，交通ネットワーク分析（交通量配分）においてはFrank-Wolfe法等を計算に用いるため，5.2.3項で説明されている応用一般均衡モデルの開発・適用に用いられるGAMSやGTAP（GEMPACK）等の数値計算プログラムを活用することができない。

立地や交通行動には外部性を伴うために，現在は，立地の均衡と交通の均衡の繰り返し計算により解を求めているが，解の性質を解明した上で，効率良く解を得るためのアルゴリズムの開発が望まれている。

d）　パラメーター推定法の精緻化　CUEモデルでは，個別の需要関数や供給関数に対して，通常，最小二乗法を適用する方法とカリブレーションが混用されている。しかしながら本来は，需要関数と供給関数を同時推定し，予測値の再現性を統計学的に評価できることが望ましい。

e）　便益計測の精緻化　CUEモデルは，モデル内の関数としてロジットモデルを用いることで，ゼロ次同次性を満たさない。また，CUEモデルは，多市場が同時に均衡するモデルではあるが，交通や土地（＋建物）以外の財・サービス市場や労働市場が考慮されていないため，一般均衡体系になっておらず，ワルラス法則という意味でモデルが完全に閉じているわけではない。そのため，企業や開発者の利潤は要素需要を通じてすべて分配される形にはなっておらず，利潤はゼロとはならない。対象とする事業・施策の規模がある程度より小さければ実用上の問題はないと予想されるが，CUEモデルにおいて，計測される便益がどの程度の近似になっているのか，さらに詳細な検討が必要である。

（2）　モデルの枠組みの変更を伴う課題

a）　空間的連結階層化　　モデル構築単位の問題に関する一つの方向性としては，異なる階層のモデル，例えば，都道府県，市町村，さらに小さなゾーンを連結するアプローチが考えられる。ただ，実際には，これら空間的レベルが違うことによる行動原理の違いは，社会現象として意思決定のレベルに影響し，モデル内では，意思決定の順序あるいはパラメーターに影響する。

b）　動学化　　都市地域政策を考える上で，将来世代の考慮など長期的視野に立つ分析が必要なことはいうまでもない。このような長期的な意思決定問題を分析する上において，さらには目標時点までの動的な経路を予測する上において，モデルの動学化が不可欠となる。一方で，CUE モデルが静学均衡モデルとして構築されているのは，これにより便益評価の強力な道具として利用が可能であるという理由も大きい。動学化に伴い静学均衡の枠組みから外れた場合，便益評価をいかに整合的に行うかという大きな問題に直面することとなり，便益評価理論の進展を待つ必要が生じる。

（3）　CUE モデルの普及に向けた課題　　CUE モデルの普及に向けても，以下のような課題がある。

① モデルの構築の費用軽減

② 教育の体系化

③ 政策担当部局間の意思疎通の改善

このように CUE モデルには残された課題も多いが，実務における必要性・期待も高まっている。CUE モデルに関する入門書としては上田編[1)]を参考にされたい。　（堤　盛人，山崎　清）

引用・参考文献

1）上田孝行編著：Excel で学ぶ地域・都市経済分析，コロナ社（2010）

2）安藤朝夫，溝上章志：土木計画学における均衡概念と応用一般均衡（AGE）分析，土木計画学研究・論文集，No.11, pp.29～40（1993）

3）宮城俊彦，本部賢一：応用一般均衡分析を基礎にした地域間交易モデルに関する研究，土木学会論文集，No.530/IV-30, pp.31～40（1996）

4）小池淳司，上田孝行，宮下光宏：旅客トリップを考慮した SCGE モデルの構築とその応用，土木計画学研究・論文集，No.17, pp.237～245（2000）

5）Anas, A. : Residential Location Markets and Urban Transportation : Economic Theory, Econometrics, and Policy Analysis with Discrete Choice Models, Academic Press, New York（1982）

6）Ueda, T., Tsutsumi, M., Muto, S., and Yamasaki, K. : Unified computable urban economic model, The Annals of Regional Science, online first（2012）

7）森杉壽芳編著：社会資本整備の便益評価，勁草書房（1997）

8）Buckley, P.H. : A transportation-oriented interregional computable general equilibrium model of the United States, the Annals of Regional Sciences 26, pp.331～348（1992）

9）Bröcker, J. : Operational spatial computable general equilibrium modeling, Annals of Regional Sciences 32, pp.367～387（1998）

10）Bröcker, J. and Mercenier, J. : General equilibrium models for transportation economics, in de Palma, A., Lindsey, R., Quinet, E., and Vickerman, R. ed., A Handbook of Transport Economics, Edward Elger（2011）

11）石倉智樹：多国多地域型空間的応用一般均衡モデルによるコンテナ港湾整備政策の国別地域別効果分析，運輸政策研究，Vol.17, No.3, pp.15～26（2014）

12）小池淳司，伊藤佳祐，中尾拓也：地域間交易の代替弾力性の推定，土木学会論文集 D3（土木計画学）Vol.68, No.5（土木計画学研究・論文集第 29 巻），I_55（2012）

13）Bröcker, J. : Wider economic benefits from communication-cost reductions: an endogenous growth approach, In: Environment and Planning B: Planning and Design 40.6, pp.971～986（2013）

14）Koike, A., Tavasszy, L.A., and Sato, K. : Spatial Equity Analysis on Expressway Network Development in Japan-Empirical Approach Using the Spatial Computable General Equilibrium Model RAEM-Light-, Journal of the Transportation Research Board, Vol. 2133, pp.46～55（2009）

15）堤　盛人，山崎　清，小池淳司，瀬谷　創：応用都市経済モデルの課題と展望，土木学会論文集 D3（土木計画学），Vol.68, No.4, pp.344～357（2012）

16）山崎　清，武藤慎一：開発・誘発交通を考慮した道路整備効果の分析，運輸政策研究，Vol.11, No.2, pp.14～25（2008）

17）山崎　清，上田孝行，武藤慎一：開発・誘発交通を考慮した道路整備効果の比較分析，高速道路と自動車，Vol.51, No.11, pp.22～33（2008）

18）Ueda,T., Tsutsumi, M.. Muto, S., and Yamasaki, K. : Unified Computable Urban Economic Model, The Annals of Regional Science, Vol.50, Issue 1, pp.341～362（2013）

19）Anas, A. : METROSIM A Unified Economic Model of Transportation and Land Use, Alex Anas & Associates, Williamsville, NY（1994）

20）堤　盛人，宮城卓也，山崎　清：建物市場を考慮した応用都市経済モデル，土木学会論文集 D3（土木計画学），Vol.68, No.4, pp.333～343（2012）

5.4 心　　理　　学

5.4.1 総論：土木計画（学）における心理学的アプローチ

〔1〕 計画の二面性：主体性と客体性

計画（plan）とは，「物事を行うに当たって，方法・手順等を考え企てること。また，その企ての内容」とされる（『広辞苑』）。まったく無目的に物事を行うことは通常想定されないので，計画とはつねに**目的**（purpose）を持ち，その目的の実現に向けた漸次的な社会的改善のための方法・手順を考え，それを実際に企てとして実践に移していくこと，と定義することができる[1)]。また，目的は，ある個人や集団，組織が，なんらかの価値観に基づき，対象となる現象を改変する，あるいは維持するという意図を持つことにより設定される[2)]。

「計画」をめぐるこれらの定義はきわめて明快で，そこには何の問題もないように思える。しかし，心理学の観点－計画や目的に関与する人間の観点－に立ってみると，計画という営為には非常に重要で本質的な矛盾が潜んでいることを見ないわけにはいかない。それは，人間の「主体性と客体性」との間の矛盾，言い換えれば，未来が持つ「未定性と既定性」との間の矛盾である。この矛盾は，上の定義に含まれる「物事」や「対象となる現象」に占める人間の関与性が大きくなればなるほど顕在化する。

つまり，一口に，「目的の実現」，「対象となる現象の改変」といっても，その対象を人間がなんらかの目的を持って主体的に自由に改変（変革）し得るという限りにおいて客観的な予測は不可能であるし，逆に，人間が対象を客観的に予測し得るという限りにおいて，それを主体的に改変することは不可能である[3),4)]。別の言い方をすれば，人間の主体性が未来の未定性（改変可能性）を担保している一方で，人間の客体性が未来の既定性（予測可能性）を保証している。

この矛盾に対して，「人間は部分的には客体的であり未来は部分的には規定的で確実に予測し得るが，他方で，人間は部分的には主体的であり未来は部分的には未定的で自由に創造し得る。土木計画学は，この中道・中庸の前提の下に推進されている」。このように主張することはたやすい。実際，多くの場合，この両者の間の矛盾はほどほどのところで折り合わせることができ，矛盾として表面化しない場合も多いからだ。

例えば，ある構造物が経年劣化により×年後には必要な強度を持たないと予測し，劣化を防ぐための方法・手順を考え実際にそれを実行に移す場合，計画の対象である構造物は完全な客体として扱うことができる。他方で，ある地域の住民が×年後にも環境負荷の大きな移動手段Aを選択し続けると予測し，そうでない手段Bへの移行を促すための方法・手順を考え実際にそれを実行に移す場合，計画の対象（少なくともその重要な一部）である住民たちは，Aを選択し続ける（Bは選択しない）と予測されている限りでは客体として扱われているが，まさにその選択を変更し得る存在だとみなされている限りでは主体として扱われていることになる。

〔2〕 客体としての人間に関する計画学研究

この矛盾の処理が，土木計画学と心理学の接点としては大きな焦点になるが，上記のとおり，矛盾はつねに顕在化するわけではないので，二つの研究領域は，まずは矛盾を無視し得る範囲内で相互補完のパートナーシップを築いてきた。実際，計画の対象が人間の場合でも，それを客体としてみなすことができる要素や場面が多々あることも事実で，心理学自体もそうしてきたからだ。すなわち，心理学においても，人間の主体性は棚上げして，人間を物であるかのように，または，あるインプットを与えれば－一定の不確実性は伴うものの－あるアウトプットを産出するところの情報処理マシンであるかのように扱う研究手法が主流を占めているからである。この種の研究は，人間を対象にした自然科学的（実証科学的）なアプローチであり，土木計画学を含む自然科学との折り合いが一般によい。

本節で取り上げる三つの研究手法のいずれも－特に，**サーベイリサーチ**（survey research）と**シミュレーション**（simulation）は－，そのような性質を持っている。例えば，人間（回答者）が，現時点でA，Bいずれの移動手段を選好しているのかについて，あくまで客観的に調査する目的でサーベイリサーチ（代表例は，質問紙調査）がしばしば活用される。

また，仮に，ある地域で，移動手段Aが例外的に強く好まれ，その理由がサーベイリサーチだけでは判明しなかったとしよう。このようなとき，その地域における綿密な**フィールドワーク**（fieldwork）（参与観察）でこの点の解明が図られることがある。さらに，この地域における手段Aへの強い選好とその特殊個別的な理由（と想定されること）を前提にして，ある誘因Xを付与して移動手段Bをこの地域に導入したとき，住民の選好が全体としてどのように時間的に変化するかについて，シミュレーションを通して検討することもできよう。

客体として見た人間について探るための手法として

のサーベイリサーチ，フィールドワーク，シミュレーション，そして，ここでは詳述できなかったが**物語（ナラティヴ）分析**（narrative analysis）[5]，これらの手法はいずれも，モビリティ・マネジメント，交通計画，景観計画，各種の社会インフラの整備計画，防災・減災，地域社会の活性化など，土木計画学の幅広い分野で多数利用されてきた。その具体例については，後続の三つの項，および，本書の該当章をそれぞれ参照願いたい。

これに対して，誘因Xは十分な効果を上げることができず，例えば地域住民自らが研究者に別の誘因Yの可能性を示唆して，もう一度移動手段をAからBへと誘導するための方法・手順等を考え，実際それを企てることになったとしよう。あるいは，地域住民から，「移動手段などではなく，別の地域課題の解決に手を貸してほしい」との声が上がったとしよう。これらの事例こそ，人間（研究対象）の主体性がより濃厚に現れている場面であり，「普遍性・論理性・客観性」（本項の用語では，客体性）という実証科学的な基準だけでは処理しづらく，「個別性・シンボリズム・能動性」（本項の用語では，主体性）を有した人間を対象とする科学（心理学）に特有の側面を無視できない状況である[6]。

〔3〕 目的論：主体的人間と計画学（1）

では，主体としての人間をも視野に入れた土木計画学を構築するためのパートナーとして心理学を見た場合，両者の間で，どのような共同関係がこれまで模索されてきたか。この点について，ここでは，目的論と実践論の二つの視点から概観しておくことにしよう。

冒頭で明記したように，計画とはつねに「目的」を持つのであった。つまり，（土木）計画とは，究極的には，（土木施設の整備と運用を通じて）善き社会を実現するための漸次的改善の社会的営為である[1]。つまり，当面の課題や下位目標群も，論理的にも現実的にも，善き社会の実現という究極の目的に連なっているはずである。そうだとすれば，「善き社会とは何か」という目的そのものに関する議論と考察が，計画学には不可欠となる。だが，善きことの基準－価値・規範・倫理－こそ，まさに人間の主体性が色濃く現れるポイントであり，それを土木計画学が内部化することは，実証科学としての屋台骨を揺るがすことになる。このため，計画学本体ではこの点は棚上げされ，すでに存在する基準を無条件に受け入れることも多い。

しかし，だからこそ，この点は，心理学やそれを含む人文・社会科学と土木計画学とが生産的な補完関係を結び得る接面となり得るともいえる。善き社会の達成と称した途端に，「何が善きことか」，「普遍的な善きことがあるのか」，「それはだれが決めるのか」，「どのように決める（決まる）のか」，これらのことが大難題として浮上する。これらは，これまで，哲学，倫理学，社会学，心理学といった分野が論じてきたことである。

例えば，岡田や杉万らが主導してきた議論は，善き社会の基準そのものが，時代相対的・文化相対的であるとの認識を，土木計画学に導入したものと位置付けることができる[7),8]。「マス化を基軸とした計画論理」と「スケール質を基軸とする計画論理」とを対照させ，前者から後者への移行の必要性，言い換えれば，土木計画学が善き社会の基準として「マス化」を無条件で受容してきたことを指摘した議論などである。また，善き社会の「内容」を論じることは容易ではないと留保する一方で，善き社会とは何かを「いかにして考えればよいのか」を論じることは可能だとする主張もある。そこでは，哲学における正義論や社会心理学における**ゲーム論**（game theory）が有益な示唆を提供し得るとされている[1),9),10]。

「善き社会」の構想については，**リスク社会**（risk society）に関する議論も重要である。「リスク社会」とは，時に誤解されているが，**リスク**（risk）（危険）に満ちあふれた社会のことではない。それなら，徒手空拳で自然と対峙していた古代社会の方がよほど危険だったはずであるが，「リスク社会」は，20世紀末以降（後期近代以降）の社会の特性を表現する用語として，ベックやギデンスといった社会学者によって提起された概念である[11]。「リスク社会」とは，そこに潜むリスクも含めて社会一般が，「すでにそこにあるもの」，つまり客体的なものではなく，それが人間の主体的な選択の所産，人間の主体的な活動の再帰的な産物だと自覚されている段階にある社会を意味している。ここで再帰的とは，本来，自らが主体的に生み出したものが，客体的な対象的世界と化してもう一度主体の前に戻って来るということである。

地球規模の温暖化に伴うリスクは，その典型である。それは，二酸化炭素等の温室効果ガスの大量排出という人間の側の主体的な活動の所産として認識されている。あるいは，広域的な放射能汚染というカタストロフィックなリスクも，原子力発電や核兵器という人間の側の行為の所産であることは，－その深刻さに関する理解にはばらつきがあるとしても－だれもが明確に意識している（原発については，地球温暖化に対する抑制効果があるとの論陣も張られているから，二重三重に再帰的である）。要するに，「リスク社会」とは，計画における人間の主体性が無視し得ない強度で表面化している社会のことなのである。

ここで，「リスク社会」が，倫理，つまり，「いかにして考えればよいのか」に関する基本的前提に大きな打撃をもたらすとの指摘がある点が重要である[12]。アリストテレス以来の倫理に関する基本的前提とは，美徳は「中庸」にあるとの前提である。例えば，民主主義も，この前提の枠内にある。何が普遍的な真理・正義なのかがわからない状況下でも，それがあるとすれば，理性的な人間の多くはそれに合意するはずだから，「多数派の見解が集中する平均・中間を真理や正義の代用品とする」ことで次善とする，これが民主主義の要諦だからだ[12]。

しかし，「リスク社会」で直面するリスクに対しては，この種の倫理観はときに無力である。「リスク社会」で予想されるリスクは，二つの特徴を持つ。第一に，それはきわめて大きく，回復不能な破壊的な結果（例えば人類を含む生物全体の滅亡すら）をもたらす。第二に，このようなことが生じ得る確率は，非常に低いか，あるいは計算不能である。このような場合，仮に地球温暖化が現に進行しているならば，いますぐラディカルな手を打たなければ手遅れである。対策しないという主体的選択の再帰的効果が加速度的に積み上がることも考慮すべきである。他方で，そのリスクが実際に無視できるのだとすれば，リスク回避のための膨大なコストはまったくの無駄に終わる。

他方で，確率論が示唆する選択肢，ないし民主主義の「中庸」が導く選択肢は，両者の中間を採って，例えば中途半端に石油の使用量を減らすことである。被害の大きさと生起確率が互いに互いを相殺する効果を持ち「期待値」が中間的な値をとるからだ。しかし，それこそが最も愚かな選択肢になってしまうのである[12]。

要するに，「リスク社会」のリスクに対する「中庸」（民主主義）の無力は，既往のリスク分析やそれに基づく対処の論理の限界点を示唆しているのである。この点については，予防原理とその限界について論じた小林の論考も併せて参照されたい[6]。

〔4〕 **実践論：主体的人間と計画学（2）**

上記〔2〕で，計画の対象となる人間を客体としてみなせるとき，心理学と土木計画学は蜜月関係を築きやすく，実際，サーベイリサーチ，シミュレーションなどの研究手法が大きな役割を果たしてきたと述べた。しかし他方で，計画には，目的の実現へ向けて人間が対象を主体的に自由に改変（変革）し得るという前提があり，対象に人間が含まれる場合，それは人間を主体として認めることにほかならず，そこには矛盾が生じるとも述べた。

では，サーベイリサーチ，シミュレーションといった研究手法を通して，客体としての人間を研究対象としているとき，人間の主体性はどこに行ってしまったのであろうか。もちろん，研究者の側に集中的に主体性が割り振られているのである。人間が本来持っている主体性をすべて研究者（人間）の側で引き受けることの裏側で，研究対象に完全な客体性を擬似的に付与しているわけである。

したがって，主体的人間と計画学について考えようとするとき，つまり，計画に関わる人間が本来持ち合わせていたはずの主体性と客体性の二面性に正面から向き合って計画学を構想しようとするとき，つぎの二つの道筋があることがわかる。一つは，客体性だけを帯びるとされている研究対象の側に主体性を復活させるという道筋で，ここでは，これを対象者の**参加**（participation）と呼ぶことにしよう。計画の対象でしかなかった人々が計画（その策定や運用）に「参加」するとの意味である。もう一つは，主体性だけを保有するとされている研究者の側に客体性を付与するという道筋で，ここでは，これを研究者の**省察**（reflection）と呼ぶことにしよう。計画の主体であった研究者が自らを分析・検証・反省の対象とするとの意味である。なお，「省察」という用語は，実践的研究について優れた洞察を残した教育学者のショーンの議論を踏まえたものである[13]。

「参加」については，土木計画学にすでに多くの先駆的事例がある。5.4.3項でも言及されている**アクションリサーチ**（action research）は，心理学領域における「参加」的アプローチの源流と位置付けられる存在である[14]。先述の杉万は，betterment のための計画作成や計画実施の主体の捉え方に見られる違いに注目している。例えば，「地域振興・整備」と「地域活性化」とを比較すると，前者は事業の主体が行政であるとの前提に立っているが，後者では多くの場合そうではないといった違いである[8]。また，先駆的に「参加的アプローチ」の重要性を説き，「四面会議システム」などユニークな「参加」のためのツールを開発してきた岡田の議論も同じ方向性を示している[15]。

「参加」については，このほかにも，地域計画や景観計画における「まちづくりワークショップ」の試み[16]，防災・減災分野における住民参加型リスク共有のための新しい工夫，「クロスロード」などゲーミング手法の活用[17)～19]，水俣病問題で苦しんだ水俣が生み出した「地元学」[20] など，多数の試みがある。

他方，「省察」については，土木技術者は自分の有するフレームを省察するとともに，現場の声に「理を与える」ことが求められるとの指摘があるが[6]，この主張は，土木技術者だけでなく，むろん土木研究者にもあてはまる。その作業こそが，自らが主体的に「方法・手順等を考え企て」ている最中に，同時に，自分自身を客体化して省察することにほかならないからである。もっとも「参加」と比べると，「省察」は，そのための具体的な手続きや方法を設定しにくいこともあって，目立った動きは見られない。

ただし，わずかではあるが参照すべき事例が心理学の関連分野に見られる。ここでは，「浦河べてるの家」が精力的に推進してきた「当事者研究」を例として挙げておこう[21]。「当事者研究」とは，精神病の患者（当事者）を苦しめる症状について，医師（研究者）ではなく患者自身が，ほかならぬ研究（自身で自分の症状をテーマに研究する）という実践を通して，当の症状の改善を図るという逆転の発想に基づく実践である。この極端なまでの逆転が試みられ，かつ大きな成果を上げた基盤には，精神病を治療し研究するという研究者の実践の背景にある研究者のトータルな主体性（裏返せば，患者のトータルな客体性）こそが，逆説的にも，治療の対象となる当の症状を生成・維持してきたのではないかとの反省（研究者の側の省察）がある。

例えば，べてるの家の医師は，「一般的な精神科の患者さんと比べて，ここの患者さんには饒舌な方が多いですね」と問われて，こう答えている。「病院という場が，そういう患者さんをつくってきたのだと思います」[22]。例えば，患者が，幻聴が強いと訴えれば，医師は，通例，より多くの薬を処方し，患者は薬が効いてぐったりしてしまう。それを知っているから患者はものをいわなくなる，というのである。そこから，「『無口な精神病患者』というのは，そういう環境に適応しただけなんですよ」との洞察が導かれる[22]。

また，ナラティヴセラピーと呼ばれるカウンセリング手法で活用される「リフレクティングチーム」の手続きも同様の発想に依拠している[23]。これは，患者やその家族についてセラピスト（医師たち）が議論している様子を，患者の側が観察する実践である。つまり，セラピストたちは，患者らによって客体化され（観察され），彼らから受けるフィードバックをヒントに，「自分の有するフレームを省察」し，患者に対するカウンセリングの改善に役立てるのである。ここで，セラピストを土木計画学の研究者に，患者を例えば地域住民に置き換えてみれば，この種のアプローチが，土木計画学に対して持っているラディカルな示唆の意味がよくわかる。　（矢守克也）

5.4.2　サーベイリサーチを中心としたアプローチ

〔1〕　土木計画学とサーベイリサーチ

土木計画学で用いられる「データ」はさまざまである。自動車・歩行者交通量をはじめ，交通事故件数や道路幅員・道路のリンク長，信号機の現示，建設・維持管理コスト，人々の**表明選好**（stated preferences），**顕示選好**（revealed preferences）などのデータを駆使し，おもに定量的な分析を行うことで土木計画学は「土木計画」に資する成果を上げてきた。その代表的な手法としてサーベイリサーチ（調査研究）がある。

心理学におけるサーベイリサーチの代表例として，**質問紙法**（questionnaire method）が挙げられる。いわゆるアンケート調査としての質問紙法は，人々の行動・嗜好・意向を定量的に把握可能な手法として土木計画学とは相性がよく，さまざまな場面で活用されている。〔2〕では，心理学の分野で洗練化されてきた質問紙法の概要について述べる。

〔2〕　サーベイリサーチとしての質問紙法

心理学における質問紙法は，言語を利用して人間理解を試みる手法である。近年はWebによる質問紙調査も簡便に行えるようになったが，基本は紙と筆記用具を使用し，紙面に印刷された質問項目に回答する。その回答結果の分析を通じて，個々人の内面を明らかにし，人間理解を行おうとするのである。

質問紙法の長所は，個人の内面を幅広く捉えることができること，過去や未来についても尋ねることができること，などがある。また，短期間に大人数に実施することができ，実施コストが比較的安価であること，調査対象者が自分のペースで考えながら回答できること等も長所といえる（小塩，西口）[24]。一方で，用意された質問以上に個人の内面を深く捉えることが難しいこと，調査対象者の防衛的態度（自分自身を望ましく見せようとしたり，あえて悪く見せたりしようとする）を反映しやすいこと，質問文を理解できなければ回答できないこと等の短所もある。質問紙法を用いる際は，これらを考慮する必要がある。

質問紙の設計詳細については他著（例えば鎌原ら）[25]に譲るとして，本項では，単なるアンケート調査にとどまらない，心理学で洗練化されてきた厳密な手続きについていくつか述べることとする。

（1）　**構成概念と尺度項目**　　質問紙を作成するということは，当然ながら，測定したいなんらかの**構成概念**（constructive concept）が存在するはずである。構成概念とは，直接的に観察することが困難で理論的に定義される概念をいう。例えば個人と社会の関係資本である「ソーシャルキャピタル」は，物理的に存在しているわけではなく，一種の構成概念であると

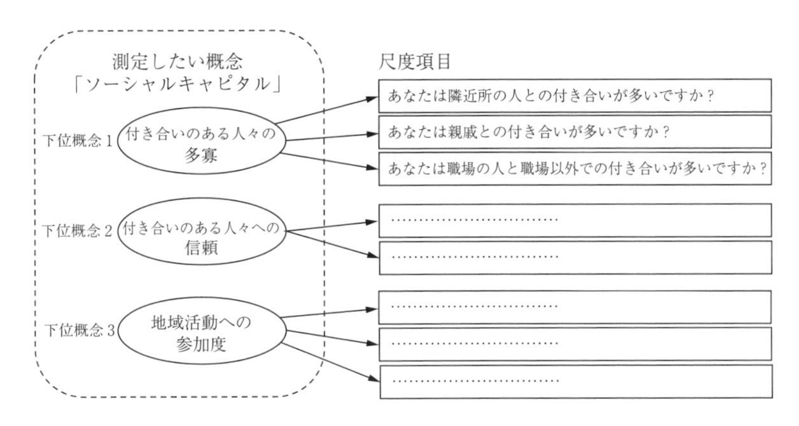

図 5.21　概念・下位概念・尺度項目の例

いえよう。ソーシャルキャピタルは直接観測できないが，間接的には「付き合いのある人々の多寡」，「付き合いのある人々への信頼」，「地域活動への参加度」等から測定できるかもしれない。ここで留意しなければならないのは，心理学においては「ある心理学的な特徴が行動に反映する」という考え方が基本となっている点である。つまり，付き合いのある人々が多いからソーシャルキャピタルが高い，付き合いのある人々を信頼しているからソーシャルキャピタルが高い，という考え方をする。そして，この「付き合いのある人々の多寡」，「信頼」等々を測定するための一つひとつの質問項目を**尺度項目**（scale items）という（**図 5.21** 参照）。

ここで，心理学で用いられる質問紙法で重要視されるのは，「概念の理論的裏付け」である。一般に，「これまでにないまったく新しい概念」を考え出すのは困難である。これまでに行われた研究成果をつぶさにレビューし，類似・関連する既存の構成概念から測定したい概念を設定し，その構造を吟味する必要がある。筆者の経験上，土木計画学の多種多様な質問紙において「調査者自ら考え出した新しい概念」はまず疑ってかかるべきで，（2）に述べる信頼性と妥当性を吟味する必要がある。これまで積み重ねられてきた心理学の知見の上に自らの研究成果が積み重なるという心理学者の謙虚な姿勢を，見習いたいものである。

（2）　尺度の信頼性と妥当性　心理学の測定で最も重要なことは，尺度の**信頼性**（reliability，安定して測ることができているか）と**妥当性**（validity，測りたい内容を測ることができているか）である。

簡易的な体脂肪計で体脂肪を測るとしよう。一度測った直後にもう一度測ると，数値が異なることがしばしばある。一般に体脂肪は簡易計測が困難であり，誤差が非常に大きいことが知られている。つまり，簡易的な体脂肪計は一般に信頼性に欠けているといえよう。同様に，ある人に質問紙を実施するごとに大きく得点が異なる，といった事態を避けるため，同じ質問紙を同一人物に 2 回実施し，調査の間の相関を求めることで信頼性を検討することがある。これを再検査信頼性という。また，一つの概念を測定するための複数の尺度項目のうち，あまりにもかけ離れた得点の尺度項目があると，内的整合性（内的一貫性）に欠けているといえる。この内的整合性，つまり信頼性を担保するために**クロンバックの α 係数**（Cronbach's alpha）という指標が用いられる。α 係数は 0.70〜0.80 以上あると十分な信頼性があるとされる。

心理実験では，信頼性を厳密に担保するために一つの概念を測定するのに五〜七つの尺度項目を用いることが多いが，土木計画学において一般の方々を質問紙の対象とする場合，回答者の負担を考慮する必要があることも多く，尺度項目を二〜三つに限定して用いることもある。

つぎに，妥当性とは「測定したいものを測定できているか」という概念である。最も包括的には，測定している得点が測定したい構成概念を適切に反映しているか，というもので構成概念妥当性という。妥当性の検証は，理論どおりの結果を予測できるか，他の調査対象群でも観察されるか，専門家による検討等により行われるべきものである。

以上，ここでは土木計画学において質問紙法を適用する際に特に検討を要すると思われる点について述べた。以下に，心理学を応用した土木計画学における事例を紹介する。

〔3〕　土木計画学における質問紙法の応用例

ここでは，心理学における「態度」，「行動意図」といった構成概念を交通行動変容プロセスモデルに援用し，交通手段への「態度」と「行動意図」，「交通行動」との関連性を確認したTaniguchi & Fujii[26]の例を紹介する。

心理学における「態度」とは，ある行動／事柄についての感情的好ましさで示される心理的傾向（「～が好きである」等」(Eagly & Chaiken)[27]であり，「行動意図」とは予定行動理論や合理的行為理論で仮定される「～しようと思う」，「～するつもりだ」という形の心理要因（Fishbein & Ajzen)[28]である（藤井)[29]。

Taniguchi & Fujii[26]では，札幌市内の小学校５年生208名を対象とし，モビリティ・マネジメント授業前後の２回の質問紙調査により，自動車への態度，自動車利用の抑制行動意図，交通行動変容（自動車利用回数の減少）を測定した。小学校５年生対象であったため回答の負担を考慮し，態度は２尺度項目，行動意図は３尺度項目で構成し，信頼性係数αは0.70，0.81であった。その上で，これら尺度項目の平均を用い，構成概念間の関係性を共分散構造モデルで推定している。

このように，心理学で洗練された手法は，自動車利用抑制のための交通行動変容プロセスを記述する等，土木計画学に応用可能であることが示されている。

〔４〕 量的研究の限界と質的研究の意義

土木計画上の諸問題を解決するために，質問紙法をはじめとするサーベイリサーチが有効であることは論を俟たない。しかし，サーベイリサーチだけに偏重することで，複雑な社会環境の理解が妨げられる可能性もある。

かつて，サーベイリサーチで取得した数量データを扱う**量的研究**（quantitative research）こそが「心理学の研究法」であった（南風原)[30]。量的データは，例えばそれが介入前後でどう変化したかが定量的に把握できるし，さまざまな統計的な分析も可能であるが，数量化（単純化）するために複雑な現象の限られた側面だけに注目することになり，それ以外の側面が検討対象外となってしまう。一方で質的データ（例えば，ある地域のまちづくりについて語る住民の言葉など数量化されないデータ）は，声の調子や周囲の状況，前後の文脈などを分析に使うことができるが，量的データのような統計解析や柔軟な操作は困難である。一般に，仮説検証型の研究は量的な方法，仮説生成型の研究は質的な方法が適しているとされるが，必ずしもそれだけに限るものではない。

土木計画学にも，人々の思いや経験，物語など，数量化は難しいものの「計画」に反映すべき事柄は多々存在する。これらの数量化できないデータを扱うことに「非科学的」の烙印を押し，計画策定のための検討要素から外すことは，社会の合意形成を困難にし，より良い土木計画を妨げる方向に作用すると考えられる。人間社会には数量化できない事柄の方がむしろ多いのである。量的研究と**質的研究**（qualitative research）のそれぞれが得意とする面を生かし，カバーしきれない部分を補い合うように両方の研究法を使いこなすことが望ましい。　（谷口綾子）

5.4.3 フィールドワークを中心としたアプローチ

〔１〕 土木計画学とフィールドワーク

フィールドワークは，研究者が人々の社会活動の場，日常生活の場などの現場（フィールド）に出て行う調査研究のことである[31]。研究室外で行われる調査はすべて広義のフィールドワークに含まれるが，ここでは，前項のサーベイリサーチと対照的に，ある程度事例を絞って，研究者が現場に入り，人々との対話を中心とする現場体験からデータを得る行為と考えよう。フィールドワークは，民族誌（エスノグラフィー）の作成を基本手法とする人類学にその起源があり，現在では心理学，社会学，教育学，経営学などで広く用いられ[32]，専門領域によって方法論はそれぞれ異なっている。

関連分野でフィールドワークが取り入れられれば，土木計画学においてもフィールドワークの手法を用いた研究が増えるのは自然の流れであるが，土木計画学においては，学問的動向以上に，実務的要請に応じてその機会を増やしてきたという一面もある。

土木計画学と社会実践との接点は，従来からある国土計画や都市計画，交通計画などの策定の場に加え，近年では住民ワークショップなど討議型で行われる社会的意思決定の場，モビリティ・マネジメントやリスクコミュニケーションなど態度変容に関わる施策の場，河川や道路整備等において市民が直接維持管理に携わるアダプト制度の場，防災や観光，地域活性化を目的としたまち歩きの場など，地域に密着した現場で研究者が市民と出会う場面が増えている。また，そこで専門家に求められる役割も，単なる専門的知識の提供にとどまらず，事業全体のデザインや運営，場における討議の促進（ファシリテーション），記録役や評価役など，多様な役割が求められるようになっている。

しかしながら，こうした実践現場の著しい変わりように比べ，土木計画学の側では現場に関わる研究の方法論についての検討や，現場に入るための教育プログラムの醸成が進んでいるとはいえない。そのため，研究者や学生に十分な自覚や準備がないまま，消極的な理由でフィールドワーク「的」手法を選択せざるを得ない場面もままあるものと推測できる。また，同様の事情から，単一，あるいはごく少数の現場事例を対象として取り上げた研究論文も増えてはきているものの，方法論の蓄積が少ないために，例えば関係者が表明した意見を数量的に把握し，統計的手法で分析して見せるなど，これまでの計画論がよりどころとしてきた数理計画になじみの良い手法に偏っている。

こうした現状を克服するためには，変化する実践の現場に応じて，学界の側が事例研究の評価の場を設け，評価軸の検討，確立も含めて，現場に入る研究の方法論について議論を深めることが必要になる。その際，研究の目的に即して多様な研究スタイルをどこまで（あるいはどのように）許容するかが一つの鍵になる。このような議論の場として，2009年度には土木技術者実践論文集が刊行され，創刊号にはその評価の仕方について，一つの見解が示されている[33]。このような場はおおいに活用されるべきである。

〔2〕 研究者と研究対象の位置関係

多様な研究スタイルを一つずつ見るために，簡単な事例を取り上げてみる。

まちづくりの世界でよく聞かれる言葉の一つに，「よそものが地域（あるいは「商店街」,「集落」など何でもよい）に入ると，地域が活性化する」というものがある。この言説に対してどのようなアプローチの研究が考えられるだろうか。

例えば，よそものが「いる地域」と「いない地域」を全国からサンプルとして集め，その活性化度を比較すればこの言説の妥当性を評価することができる。活性化度となる変数は，量的データであれば交流人口を採用してもよいし，住民に対するアンケート調査で評価してもよいし，住民へのインタビューの回答内容から判断してもよい。このうち三つめはフィールドワークの手法を採用しているが，いずれの手法も論理実証主義（客観的な事実に基づき経験的規則性を検証する手法）に基づいたアプローチであるといえる。

しかしながら，論理実証主義的なアプローチだけでは解を与えられない問題がある。それは，よそものが地域に入ると「なぜ」地域が活性化するのかというメカニズムに関する問いである。

これを知るために，別のアプローチを考える。一つは,「よそものが入り地域が活性化する」という現象の背後に横たわるメカニズムをモデル化し，説明する理論を構築するアプローチである。この種の研究は合理主義に基づく理論研究と呼ばれる。

もう一つは，研究者が実際によそもの（仮に「A氏」とする）のいる地域に入り込み，その人物が地域内で誰と接触し，どのような役割を果たしているのかをつぶさに観察するという研究が考えられる。もちろん，フィールドワークが適しているのは，このような研究のための調査である。特に，こうして長期にわたり現場に入り込んでデータを収集する方法を**参与観察**（participant observation）という。

さて，こうして研究者が現場に入り込む間に避けられない事態が生じる。それは研究者自身が地域の当事者になることである。A氏がある事業の実施について研究者に助言を請うかもしれない。あるいはA氏には心を開かない地元住民の相談相手を頼まれるかもしれない。または，いま地域で起きていることを記録し，住民に向けて発表することを求められるかもしれない。いずれにしても，地域を対象にする以上，地域とA氏を観察する研究者は独立した関係ではない。こうした考えに基づく研究を社会構成主義的アプローチという。フィールドワークでは，社会構成主義に基づく手法（これを，アクションリサーチという）が選択される場合が多い。

さらに，社会構成主義に基づくフィールドワークでは，研究も実践も，研究者と実践家が行ってきたことを振り返る対話によって深化していくことに着目すべきである。研究者の記録や分析によっていままで実践家であるA氏も気付かなかった事実が明らかになれば，その知識を共有することによって地域はまた新しい方向に変化するのである。こうした営為は**省察的実践**（reflective practice）[34]と呼ばれる。

ここで出てきた考え方を整理しよう。

論理実証主義では，研究者と研究対象の間に一定の距離を想定し，両者は互いに干渉し合わないものと仮定する。研究者は客観的に得られた経験的事実を基に，その規則性を確認する。経験的事実の表現は，必ずしも量的データである必要はないため,「会話内容」などの質的データに対しても実証主義的分析手法（例えば，グラウンデッドセオリー，計量的テキスト分析など）が開発されてきた。

一方，それらと一線を画するのが社会構成主義に基づくアクションリサーチのアプローチである。アクションリサーチは目標とすべき社会状態を共有する研究者と当事者とが展開する共同的な社会実践と定義され[14]，地域住民，実務家，研究者など，社会基盤整備や運用に携わる関係者が一堂に会して課題を検討し，新たな知識をともに獲得するプロセスと考える。

これら複数のアプローチは，互いに補い合うことで社会に関する知の発展を支えてきたもので，どちらかが不要というわけではない。ただし，土木計画学では工学の手法として蓄積が少ない後者の研究の評価軸が確立されていないため，実証研究に偏重していた傾向があるという指摘は先述のとおりである。議論，研究実績の蓄積とともに，今後フィールドワークに入る研究者が，「自分と研究対象の間の距離」という問題に対し，より敏感に意識を向けながら調査に臨むことも求められている。

〔3〕 **小さな実践としてのフィールドワーク**

最後に，よそものの事例における第三のアプローチを考えよう。それは「研究者自らが新たな地域でよそものになる」という選択である。先述のアクションリサーチと近いが，最初のアクションを自ら起こす，すなわち「必要性を感じた人がまず『わが事』として行い，自分が変わることで結果として周りを変える」というこの選択を岡田は「事起こし」と呼んでいる[15]。事起こしの要諦は，最初のアクションの規模がどんなに小さくてもよいという点である。

少し時代を遡るが，「美は芸術家ではなく民衆の中に宿る」として，民芸運動を興した戦前の思想家，柳宗悦（1889～1961年）の生きざまを引用してみよう[35]。批評家 若松英輔は柳を「大言壮語をするのではなく，具体的な小さな政治を信じた人」と評している。晩年，宗教哲学者としてすでに名を馳せていた柳は，昭和10年代になって民藝館を作る活動を始めた。周囲から「なぜそんなことをしているのか，哲学的な方向を極めるのがあなたの仕事ではないのか」と批判された際，柳は「いやいや，民藝館を作ることと宗教的論理を追求することは自分にとって同じことで別の側面なのだ」と答えたという。

柳の逸話からの学びは2点，一つは彼の言葉どおり，学問の追求と小さな実践は同じ次元の行為であるということ，もう一つは，学問（柳の場合は芸術や宗教）が誰のものであるのかをつねに意識せよという示唆である。これは学問を「計画論」と置き換えても有効なメッセージだ。

土木計画学が伝統的に扱ってきた公共空間は国，自治体，流域など比較的大きな領域であり，これを実践と結び付けるのは各研究者にとっては難しい。しかし，小さな実践であれば，地域活動，NPOの活動，大学のサークル，ボランティア活動の場などにあふれている。各自が問題意識を持ちながら，このような場に飛び込み，あるいは場を立ち上げて，人と人との対話の中から生まれる小さな公共空間に立ち会うのもフィールドワークの素養を磨く重要な手段である。

（松田曜子）

5.4.4 シミュレーションを中心としたアプローチ

〔1〕 **シミュレーションと心理学**

シミュレーション（simulation）とは，物理的に異なったシステムで他のシステムの振舞いを予測したり評価したりすることである[36]。土木計画学は，自然科学を基調としながらも社会科学をも包含する基礎の上に拡大された領域である。その計画の対象は人間および人間を取り巻く環境と設定されるので，人間系を包含する社会システムの振舞いの予測や評価，すなわちシミュレーションには，人間行動のモデル化が不可欠であり，そこに心理学の知見が用いられることは自然の流れであろう。

人間の心と行動に関する学問である心理学の分野では，実社会での人間行動の観察（フィールドワーク）や，インタビューや質問紙などによる社会調査（サーベイリサーチ）に加えて，ある種の制約を前提とした疑似的環境を準備し，その環境下で人間の心理や行動についての知見を得る実験的手法が古くから用いられており（19世紀に**実験心理学**（experimental psychology）として心理学の一つの領域を形成することとなる），現在のシミュレーションにつながっている。シミュレーションを用いるためには，現実世界における対象の振舞いを規定するモデル化が必要となる。モデル化の手法は，一般的に**実体モデル**（physical models）と**シンボリックモデル**（symbolic models）に大別される。前者は，実物を模擬した実体（疑似環境）により表現されるモデルであり，後者は，対象構造を，実体を伴わずにシンボル体系だけで構成したモデルである。シンボリックモデルは，**言語モデル**（verbal models，自然言語を用いて表現されるモデル）に端を発しており，現在まで社会心理学の多くの理論がこの手法によりまとめられているが，正確で定量的な結果が求められるにつれて数式での表現が取り入れられ，20世紀中頃には社会心理学においても数学体系と結び付けられた**数理モデル**（mathematical models）がこのカテゴリーに加えられている。さらに，20世紀後半からは，計算機能力の飛躍的な向上を受けて，モデルの振舞いをコンピュータープログラムで表現する**計算モデル**（computational models）が用いられるようになった。数理モデルの解析にもコンピューターは利用されてきたため，計算モデルは数理モデルの一つと捉える考え方もあるが，ミクロレベルの人間行動に代表される，明確な数理モデルが存在しない事象を分析するための第三のシンボリックモデルとしてここでは捉えるものとする[37]。

このような社会心理学分野でのモデルの変遷過程の中で，まず，実体モデルを用いたモデル化において，物理的な疑似環境の構築の面から土木工学を含むさまざまな工学的知見が用いられるようになった。さらに，技術が発達し，コンピューターで物理現象が再現できるようになると，疑似環境をコンピューターシミュレーションにより与えることも可能となった。

わが国において「土木計画学」という言葉が使われはじめ，学問体系の整備が進められた20世紀後半には，人間の心を情報処理システムと捉える立場（認知的アプローチもしくは情報処理的アプローチ）から研究する学問であり，知覚，記憶，思考，言語，学習などの認知の働きを解明しようとする**認知心理学**（cognitive psychology）が提唱された。心理学において人間行動をミクロな視点からモデル化することは，この認知心理学の分野で中心的に取り扱われるようになった。認知心理学の提唱や発展は，土木計画学を形成する一つの重要な要素である経済学の発展とも連動しており，心理学の知見を経済学に取り込んだ**行動経済学**（behavioral economics）の分野が確立され，盛んに研究されるようになったのもこの時期となる。

このような変換期に土木計画学が体系化されるに従って，シミュレーション技術は，人間社会に生じるさまざまな現象の分析や提案される代替案の評価のために活用されるようになり，価値観の多様性が重視されるに従って，人間行動をモデル化した心理学的なアプローチが取り入れられるようになってきた。すなわち，心理学実験のための仮想環境をシミュレーションとして提供する役割であった土木工学が，心理学を適用したシミュレーションを計画策定のための手法の一つとして活用されるようになってきたのである。

社会・市民からの要求（潜在的な要求も含む）に応える形で進められる計画策定で用いられるシミュレーションは，心理学的な要素を考慮しているものがほとんどであるが，数理モデルがベースのものは他の章に譲ることとし，本章では，直接，個々人の心理を表現可能な計算機モデルを用いたシミュレーション手法に焦点をあてていくものとする。

〔2〕 複雑系とエージェントベースシミュレーション

実験心理学の環境として提供されるシミュレーションは，その予測の裏付けを，物理法則などの基本的な法則に還元して理解する要素還元主義的に構成されていた。しかし，無機的な物事を対象とする物理学や化学においては有効であり，近代の科学技術の進化を支えてきた要素還元主義的なアプローチも，すべての現象を説明できる手法ではなく，適用に限界があることが明らかになってきた。要素還元主義的なアプローチの適用が困難な系は，20世紀後半のカオスの発見により**複雑系**（complex system）として体系化されることとなる。複雑系は，構成要素間の相互作用により全体として，なんらかの性質（あるいはそういった性質から導かれる振舞い）を見せる系であり，土木計画学が対象とする人間系を内包する社会システムもその一つと考えられている。

複雑系を取り扱う際の主要な課題の一つとしてシミュレーションの困難さが挙げられるが，その一つの実現手法として，1990年代後半から**エージェントベースシミュレーション**（agent based simulation）に注目が集まっている。エージェントは，人工知能の研究において自律知能や分散知能の構成要素として捉えられ，研究対象とされてきた[38]が，近年ではこれを拡張し，「環境の状態を知覚し，行動を行うことによって，環境に対して影響を与えることのできる自律的主体」と考えられている。エージェントベースシミュレーションは，エージェントを「相互作用を引き起こす基本単位」として構成されるシステム（**マルチエージェントシステム**（multi-agent system））を用いて協調や交渉などの相互作用の分析を行うものである。個々のエージェントを，計算モデルを用いて認知心理学の視点から設計することが可能なため，人間行動のミクロな部分に焦点を当てた分析には親和性が良いと考えられている。

土木計画学に関連し，心理学の知見を取り込んだエージェントベースシミュレーションは，交通行動分析の新たな手法として検討され[39]，避難行動の評価や計画策定への応用事例として多く見られるようになった。特に，**グループダイナミクス**（group dynamics）の分野で杉万らが行った避難誘導に関する実験[40]を，マルチエージェントとして計算モデルで記述し，再現することを試みた村上，石田らの研究[41]は，心理学の知見とエージェントシミュレーションの親和性の良さを示す例となった。これ以前にも，群衆行動を取り扱うマイクロレベルのシミュレーションは存在したが，多くは人の動きを粒子の振舞いと捉え，粒子どうしの力学的インタラクションとして数理モデル化する手法がとられていたのに対して，村上，石田らはこの研究において，プログラムにより人の行動を規定する計算モデルによりエージェントを設計しており，さらに杉万らの実験結果を検証材料とすることで，行動モデルの妥当性を示している。

別途行われた実験を再現するように人間行動をモデル化する手法は，以降も多く見られるが，さらにフィールドワークやサーベイリサーチから心理分析を行い，モデル化する手法も取り入れられている。このような計算モデル作成手法の検討に加えて，いくつかの汎用的なシミュレーション基盤が構築・提供されたことで，土木工学の分野にも飛躍的にエージェントベースシミュレーションの適用事例が増えている。

〔3〕 計算モデルによるシミュレーションの特徴

計算モデルによるエージェントベースシミュレーションは人間行動で生じるいくつかの選択を，個人レベルでルール化することができるという特徴があるが，この特徴ゆえに，シミュレーションが示す結果は，数理モデルが示すような「一般的な解答」ではなく，単なる「一つの事例」となることを認識しておく必要がある[42]。「一つの事例」が示されるということは，示された事例が引き起こされる可能性があることだけを示す。これは，すでに主張されていることの反例として価値を持つし，きわめて難しい問題（例えば，短時間での集団避難）に対する解の候補を示す場合もある。また，見落としていた，あるいは想像し得なかったシナリオを示す場合もある。これらは，あくまで可能性を示すものであるので，これらを本当に価値ある事例にするためには，示された結果の要因を特定する作業を慎重に行うことが求められることを確認しておきたい。計算モデルは，柔軟性が高く，構築が容易であるため，この過程を経ずに，結果を取り扱ってしまうと，無価値な結果を数多く生み出し，現象理解を混乱させることにつながる。つまり，着目すべき結果を見いだすことと，その結果を引き起こす要因を分析することが，計算モデルによるシミュレーションを行う際の必要条件となると考えられる。

また，特に着目すべき結果でないシミュレーションの結果にも価値を持たせることができる。計算モデルによるシミュレーションは，ミクロレベルのモデル化を行っているため，可視化しやすい特徴を持つ。住民参加型の計画プロセスを導入する際には，問題点の明確化や代替案の提案において，GIS などの可視化ツールを利用した説明が有効である。簡易にモデルの構築や修正ができ，結果の可視化も容易な計算機モデルは，計画プロセスにおける支援ツールとしても価値を発揮するだろう。

複雑系研究の基盤技術として開発されたエージェントベースシミュレーションは，個別要素と全体が互いに影響を与え合い，予測し得なかった現象が自発的に表れる「創発」を生み出すことも期待されている。個々人の特徴を詳細にモデル化し，シミュレーションを繰り返すことで「創発」を見いだすことができれば，新たな社会システムの創造につながるのではないだろうか。　　（畑山満則）

引用・参考文献（5.4 節）

1） 藤井 聡：土木計画学：公共選択の社会科学，学芸出版社（2008）
2） 奥村 誠：土木計画学，コロナ社（2014）
3） 真木悠介：人間解放の理論のために，筑摩書房（1971）
4） 矢守克也：アクションリサーチの〈時間〉，実験社会心理学研究，Vol.56，pp.48～59（2016）
5） 藤井 聡，長谷川大貴，中野剛志，羽鳥剛史：「物語」に関わる人文社会科学の系譜とその公共政策的意義，土木学会論文集 F5（土木技術者実践），Vol.67，No.1，pp.32～45（2011）
6） 小林潔司：想定外リスクと計画理念，土木学会論文集 D3（土木計画学），Vol.69，No.5，I_1～I_14（2013）
7） 岡田憲夫，杉万俊夫：過疎地域の活性化に関する研究パースペクティブとその分析アプローチ－コミュニティ計画学へむけて，土木学会論文集，No.56，2/IV-35，pp.15～25（1997）
8） 杉万俊夫：過疎地域の活性化－グループ・ダイナミックスと土木計画学の出会い，実験社会心理学研究，37，pp.216～222（1997）
9） 藤井 聡：土木計画学の新しいかたち－社会科学・社会哲学と土木の関わり－計画学研究・論文集，Vol.22，No.1，I1～I18（2005）
10） 藤井 聡：土木計画に社会心理学を役立てる，竹村和久編著，社会心理学の新しいかたち，pp.125～148，福村出版（2004）
11） ベック，U.：危険社会－新しい近代への道（東 廉・伊藤美登里訳），法政大学出版局（1998）
12） 大澤真幸：不可能性の時代，岩波書店（2008）
13） ショーン，D. A.：省察的実践とは何か－プロフェッショナルの行為と思考（柳澤昌一，三輪建二訳），鳳書房（2007）
14） 矢守克也：アクションリサーチ－実践する人間科学，新曜社（2010）
15） 岡田憲夫：ひとりから始める事起こしのすすめ，関西学院大学出版会（2015）
16） 田中尚人，柴田 久：土木と景観－風景のためのデザインとマネジメント，学芸出版社（2007）
17） 片田敏孝：人が死なない防災，集英社（2012）
18） 金井昌信，島 晃一，児玉 真，片田敏孝：洪水避難に関する行動指南情報のメタ・メッセージ効果の検討，災害情報，No.9，pp.161～171（2011）
19） 矢守克也：防災ゲームで学ぶリスク・コミュニケーション－「クロスロード」への招待，ナカニシヤ出版（2005）
20） 吉本哲郎：地元学をはじめよう，岩波書店（2008）
21） 浦河べてるの家：べてるの家の「非」援助論，医学書院（2002）
22） 川村敏明：わきまえとしての「治せない医者」 浦河べてるの家「べてるの家の『当事者研究』」pp.256～277，医学書院（2005）
23） アンデルセン，T.：リフレクティング・プロセス－会話における会話と会話　鈴木浩二翻訳，金剛出版（2001）
24） 小塩真司，西口利文：質問紙調査の手順，心理学基礎演習，Vol.2，ナカニシヤ出版（2009）
25） 鎌原雅彦，大野木裕明，宮下一博，中沢潤：心理

学マニュアル　質問紙法，北大路書房（1998）
26) Taniguchi, A. and Fujii, S. : Process model of voluntary behavior modification and effects of travel feedback programs, Transportation Research Record, Vol.2010, pp.45～52 (2007)
27) Eagly, A. H. and Chaiken, S. : The psychology of attitudes, Forth Worth, FL: Harcourt Brace Jovanovich. (1993)
28) Fishbein, M. and Ajzen, I. : Belief, attitude, intention, and behavior: An introduction to theory and research, Reading, MA: Addison-Wesley. (1975)
29) 藤井　聡：社会的ジレンマの処方箋～都市・交通・環境問題のための心理学～，ナカニシヤ出版（2003）
30) 南風原朝和：量的研究法，臨床心理学を学ぶ7，東京大学出版会（2011）
31) ウヴェ・フリック著，小田博志監訳，小田博志，山本則子，春日　常，宮地尚子訳：質的研究入門，春秋社（2011）
32) 箕浦康子：フィールドワークの技法と実際，ミネルヴァ書房（1999）
33) 小林潔司：土木工学における実践的研究：課題と方法，土木技術者実践論文集，Vol.1，pp.143～155（2010）
34) Schön, D. A. : The reflective practitioner：How professionals think in action, Vol. 5126, Basic books (1983)
35) 中島岳志，若松英輔：現代の超克，ミシマ社（2014）
36) 日本シミュレーション学会編：シミュレーション辞典，まえがき，コロナ社（2012）
37) Ostrom, T.M. : Computer simulation: The third symbol system, Journal of Experimental Social Psychology, 24, pp.381～392 (1988)
38) 石田　亨：エージェントを考える，人工知能学会誌，Vol.10，No.5，pp.663～667（1995）
39) 秋山孝正：知的情報処理を利用した交通行動分析，土木学会論文集No.688/IV-53，pp.37～47（2001）
40) Sugiman, T. and Misumi, J. : Development of a New Evacuation Method for Emergencies: Control of Collective Behavior by Emergent Small Groups, Journal of Applied Psychology, Vol.73, No.1, pp.3～10 (1988)
41) 村上陽平，石田　亨，河添智幸，菱山玲子：インタラクション設計に基づくマルチエージェントシミュレーション，人工知能学会論文誌，18巻5号E，pp.278～285（2003）
42) 竹村和久編：社会心理学の新しいかたち，9章　社会現象の計算機シミュレーション（高木英至），誠信書房（2004）

5.5 法　　　学

5.5.1 法律の基礎[1)～3)]

〔1〕 法律とは／法律の種類

「法律」は，唯一の立法機関である国会により定められる（憲法第41条）。法律は，① 市民間の権利義務関係およびそれに関する紛争解決を規律する「民事法」，② 犯罪およびその処罰について規律する「刑事法」，③ 行政機関等による社会管理の在り方を規律する「行政法」の分野に大きく分けられるが，土木計画の分野で特に関係が深いのは行政法である。

行政法は，① 行政活動を行う組織に関する「行政組織法」，② 行政組織が私人へさまざまな働きかけを行うルールである「行政作用法」，③ 行政による私人の権利利益の侵害に対する救済のルールである「行政救済法」に分類される。行政作用法には，さらに，① 行政や私人の権利義務を定める「行政実態法」，② 行政活動の守るべき手順や形式を定める「行政手続法」，③ 行政上の義務を最終的に実現する「行政執行法」が含まれる。なお，これらは概念上の分類であり，実際に制定された法律は，一つの法律でさまざまな性格を持つものも多い。

また，行政法には，都市分野，社会資本分野，社会保障分野，租税分野等の個別分野の法律と，分野を問わず共通に作用する「行政通則法」がある。行政作用法は，法律の数がきわめて多く，また土木計画との関わりもより直接的である。このため，本書では，5.5.1項で重要な行政通則法を概観し，5.5.2項以降でおもに土木計画に関連の深い行政作用法について，行政実態法と行政手続法部分を中心に，分野別に述べていく。

なお，法律には，後述の土地基本法等「基本法」と呼ばれるものがある。基本法は，目的，理念，関係者の責務，政策の方向性，組織等を規定するものであり，私人の権利義務を規定する場合は少ないが，例外もあり，一方で基本法の名称を持たない法律でも基本法的性格を持つものもある。基本法は通常の法律と手続きその他変わるところはなく，法的には他の法律に優越する効力を持つものではないが，行政その他の各般の施策の指針となるものであり，基本法の方向に沿って他の法律が制定されることもある。

法律には，内閣（政府）が閣議を経て国会に提出する閣法と，国会議員（衆議院では20名以上，参議院では10名以上）が提案する議員立法がある。現在，成立法案の多数を占めるのは閣法である。

〔2〕 法令実務の基礎

法令には，憲法・法律のほか，条例，命令，条約がある。憲法に違反する法令は無効となる（憲法第98条）。命令は行政機関が定めるもので，国の機関が定めるものとしては，内閣が閣議を経て定める政令（「○○法施行令」の名称を持つものが多い），内閣総理大臣が定める内閣府令，各府省の大臣が定める省令（「○○法施行規則」の名称を持つものが多い），内閣府や各省の外局である委員会や庁の長官，会計検査院や人事院が定める規則がある。なお，各省庁の大臣等が定める告示も命令の性格を持つ場合がある。命令は，法律・条例の委任を受け，または法律・条例の実施をするために定められるものであり，現在法律・条例に基づかず独立して定められることはない。条例は，都道府県および市町村の議会が定める。命令とは異なり，個別の法律の基づく委任条例と，個別の法律の授権なしに定められる自主条例とがある。条例は，「法律の範囲内で」制定することができるとされているが（憲法第94条），具体的には「条例が国の法令に違反するかどうかは，…それぞれの趣旨，目的，内容および効果を比較し，両者の間に矛盾抵触があるかどうか[†1]」により決せられる。地方公共団体が定める条例以外の法令として，知事・市町村長が定める規則や，教育委員会等の地方公共団体の委員会が定める規則その他の規程がある。

法令のほか，行政機関が通達やガイドライン，要綱や行政手続法に基づく審査基準等の行政規則を定めることもある。これらは，法令とは異なり，行政の内部組織の細目や営造物の規則，法令の解釈・判断基準や行政活動の準則等，国民の権利・義務には直接関わらない事項を定めるものであり，私人に直接に効果が及ぶものではない。行政規則には，法律の根拠は不要である。このように，土木計画の実務に際し，行政の定めた各種文書の性格を確認することが重要である。

行政活動は法律に従ってなされなければならない。また，違法な行政活動は裁判所により是正されなければならない。これらを「法律による行政」の原理という。法律による行政の原理はいくつかの内容を含むが，特に重要なのは，特定の行政活動を行う場合，事前に法律が定められていなければならないという，「法律の留保」である。この法律の留保が及ぶ範囲については，さまざまな学説があるが，実務は，私人の権利を制限し，または義務を課す侵害的な行政作用については，法律の根拠を必要とする侵害留保説に立つとされる。なお，この場合の法律には，条例が含まれると考えられている。すなわち，法律に直接の根拠がなくとも，自主条例を根拠に財産権等の私人の権利を制限し，または義務を課すことが可能であるが，政令や省令，要綱等を根拠として私人の権利の制限や義務の賦課を行うことはできない。

†1　最判昭和50.9.10

〔3〕 行 政 活 動

行政の活動はさまざまであるが，行政基準（行政立法），行政計画，行政行為，行政契約，行政指導，事実行為（法的効果を有しない事務事業の執行）等に区分することができる。

行政基準（行政立法）とは，前述の命令や行政規則の制定を指す。命令や行政手続法に基づく審査基準，処分基準を定める際には，行政手続法に基づき，意見公募手続（パブリックコメント）を行わなければならないこととされている。パブリックコメントは，行政基準の場面だけではなく，行政計画の策定・改定や個別事業の執行等の場面で用いられることも多いが，これらは行政手続法に基づき義務的に行われるものではなく，個別法に基づき，または事案ごとに個別の判断により行われるものである。

行政計画とは，行政機関が策定する法令の形式をとらない行政活動の基準である。行政計画には，私人に対しても効力を持つ計画（後述の都市計画等）と，行政活動の目標や指針等を定めるが私人には効果を持たない計画（後述の社会資本整備計画，河川整備計画等）がある。

行政行為とは，個別の事例において，直接・具体的に国民の権利利益に影響を及ぼす行政の一方的な認定判断行為である。法令上は許可，認可，確認，登録，免許等の言葉が用いられる。後述の都市計画法に基づく開発許可，土地区画整理法に基づく土地区画整理組合の設立認可，道路法に基づく占用許可等が例である。行政実務上は行政処分とも呼ばれる[†2]。行政行為は，その名宛人である私人の同意なく行政が一方的に具体的な権利義務関係を形成・変更・消滅することが可能であり，また行政行為により賦課された義務は強制執行の前提となる。行政行為は，許認可等の「申請に対する処分」と，命令等の行政庁が特定の者を名宛人として直接に義務を課しまたは権利を制限する「不利益処分」に分類することができ，〔5〕で後述の行政手続法でそれぞれについて手続きを定めている。行政行為を行政庁が行うに際し，法律が行政に認めた判断の余地を行政裁量という。この行政裁量について，法の許容する裁量の範囲の逸脱や法の趣旨に反した裁

†2　行政法学上の行政行為と実務における行政処分は完全に一致するわけではないとの指摘もある。引用・参考文献2）p.308

量権の行使があれば，行政行為は違法となる。また，行政行為は，行政不服審査，取消訴訟の中心的な対象である。

行政契約とは，行政主体が締結する契約のことをいい，私人等との間で意思表示の合致により成立する。競争入札による公共契約やPFI契約，5.5.3項〔5〕の都市緑地法に基づく市民緑地契約等が例である。このほかにも，産業廃棄物処理施設に関する権限をまったく持たない市町村が処理場への立入り調査や報告を要求することができる一方，廃棄物処理施設の設置者が地元からの同意を得て廃棄物処理施設を設置しやすくする公害防止協定，物資（食料・日用品・建設資材等）や機材（車両等）・専門的人材（医師等）等を持つ企業や団体が災害時に自治体に対してそれらを提供する災害時応援協定等もある。自治体間でも，行政契約の形式を用いて，災害時の救急救助や物資，役務の相互提供についての応援協定が結ばれる事例が増えている。

行政指導とは，行政機関が一定の目的を達成するために特定の者に作為・不作為を求める指導・勧告・助言等である。行政指導は法的拘束力を持たず，あくまで相手方の任意の協力によってのみ実現されるものである。行政指導には，法律・条例に根拠を持つ法定行政指導と，根拠のない非法定行政指導があり，後者にはさらに，法律・条例により行政行為の権限が与えられているにもかかわらず用いられている場合と，法律・条例上も無根拠の場合に分けられる。条例には，義務履行確保手段として行政行為の規定を持たず，勧告等の行政指導のみを規定するものが散見されるが，上述のように行政指導は強制力を持たないものであることに留意が必要である。なお，非法定行政指導の過剰を日本の特色とし，その理由を訴訟リスクの回避，日本の法執行システムの使い勝手の悪さの補完，業界との関係等とする文献もある†。

〔4〕 行 政 情 報

行政活動が行われるためには，情報が必要であり，行政の持つ情報収集，管理，利用について各種の法律が整備されている。

行政情報の利用については，行政機関の保有する情報の公開に関する法律（**情報公開法**：Act on Access to Information Held by Administrative Organs）がある。同法の対象となる情報は，決裁等の事務処理が済んだもののみではなく，行政機関の職員が組織的に用いるものとして保有しているものすべてをいう。電子的情報も含まれる。何人も開示請求が可能である。開示請求がなされた場合，相手方の行政機関は，文書が存在しないか，文書の中に不開示情報がある場合を除き，開示決定を行わなければならないこととされている。開示拒否には，見せられない部分だけを不開示とする通常の不開示と，文書の存否を明らかにせずに開示拒否するグローマー拒否がある。不開示情報には，個人情報（個人が識別される情報），法人等情報，国の安全等に関する情報，公共の安全等に関する情報，行政機関内部または相互間における意思形成過程情報，行政機関の行う事務事業情報がある。

行政機関の保有する個人情報の保護については，行政機関の保有する個人情報の保護に関する法律（**行政機関個人情報保護法**：Act on the Protection of Personal Information Held by Administrative Organs）が，個人情報の目的外収集・保有・利用の制限，情報の正確性の確保，情報セキュリティの確保について定めている。

また，行政機関の文書管理については，**公文書等の管理に関する法律**（Public Records and Archives Management Act）が，行政文書の作成，整理，保存，廃棄等について定めている。

なお，情報公開法，行政機関個人情報保護法，公文書等の管理に関する法律ともに，地方公共団体の持つ情報については対象とされておらず，地方公共団体ごとの条例に委ねられている。

〔5〕 行 政 手 続

後述する行政不服審査や行政訴訟等の事後的な救済制度のみによっては私人の権利利益を保護することには限界があることから，行政作用の事前手続を規定する**行政手続法**（Administrative Procedure Act）が制定されている。

行政手続法は，申請に対する処分について，行政庁に審査基準の策定義務と標準処理期間の設定の努力義務を課すとともに，申請が事務所に到達したときには遅滞なく審査を開始するとともに形式的要件に適合しない申請については速やかに補正または拒否処分を行うべき旨（到達主義），拒否処分を行う場合の理由の提示義務等の規定を置いている。届出については，形式上の要件に適合した届出が行政機関の事務所に到達したときに，届出義務が履行されたものと定めている。これらの規定から，申請や届出についてのいわゆる不受理は認められない。

不利益処分については，行政庁に処分基準の作成の努力義務と緊急の場合を除き処分理由の提示義務を課すとともに，不利益処分に際して聴聞または弁明の機会を付与しなければならない旨を定めている。行政指導については，相手方の任意の協力によってのみ実現

† 引用・参考文献3）p.73

されるものであること等が規定されている。

〔6〕 **行政上の義務履行確保**

行政行為その他の行政活動により課された義務が履行されない場合の履行確保手段としては，① 行政上の義務を強制的に実現させる方法と，② 過去の行政上の義務違反に制裁を科すことによって間接的に義務履行を促す方法がある。前者に関して，代替的作為義務を履行しない者に代わって行政庁が自らまたは第三者が当該義務を履行し，その費用を義務を懈怠（けたい）した者から徴収する仕組みが「行政代執行」であり，その一般法として**行政代執行法**（Act on Substitute Execution by Administration）が制定されている。同法に定める行政代執行の要件は，① 法律（法律の委任に基づく命令，規則および条例を含む）により直接に，または法律に基づき行政庁により命ぜられた行為であって，② 他人が代わって行うことのできるもの（＝代替的作為義務）について，③ 義務者がこれを履行しない場合において，④ 他の手段によってその履行を確保することが困難であり，かつ ⑤ その不履行を放置することが著しく公益に反すると認められるときである。同法に基づく行政代執行の手続きは，個別法に基づく義務の存在を前提に，① 相当の履行期限を定め，その期限までに履行がなされないときは代執行をなすべき旨をあらかじめ相手方に文書で通知する「戒告」を行った後，② 代執行の時期，派遣する執行責任者および代執行に要する費用の概算見積額等を「代執行令書」により通知し，③ 代執行を行うこととされている。行政代執行は，行政にとっての義務履行の最終手段といえるが，相手方の明確な意思に反し義務を強制するものであり，濫用されれば私人の権利侵害を招く懸念がある。しかし，現実には，多大の労力と専門知識を必要とし，また著しく公益に反することその他厳格な要件が定められていること等から，濫用よりもむしろ，行政代執行が実際にほとんど利用されていないという行政代執行の機能不全が指摘されることも多い[†1]。

また，代替的義務を命じようとする場合において，行政庁が過失がなくてその措置を命ずべき者を確知することができないときに行政庁自らまたは第三者が当該措置を行う「略式代執行」が個別法に定められる例もある（道路法第71条第3項，屋外広告物法第7条第3項等）。

国の金銭債権のうち，国税債権については，国税徴収法による滞納処分として強制徴収が可能である。国税債権以外にも，行政代執行に要した費用（行政代執行法第6条第1項），道路法に基づく処分により納付すべき負担金や占用料（道路法第73条），地方税，地方自治法に基づく分担金，過料，使用料（地方自治法第231条の3）等は，それぞれの法律の規定に基づき，滞納処分の方法による強制徴収が可能である。しかし，公営住宅家賃，水道料金，国公立学校授業料等については行政上の強制徴収の規定がなく，強制徴収を行うには民事訴訟を提起する必要がある。なお，国税以外の行政上の強制徴収についても，その機能不全の指摘がある[†2]。

他人が代わってなすことのできない非代替的作為義務のうち，金銭債務以外を履行させる手段としては，義務者の身体・財産に直接実力を行使して義務履行を実現する直接強制が考えられる。この方法は民事執行では原則形態として用いられるが，行政上の強制手段として定める立法例はきわめて少ない。

直接強制に類似する仕組みとして，義務を命ずる暇のない緊急事態や，犯則調査や泥酔者保護のように義務を命ずることによっては目的を達しがたい場合に，相手方の義務の不存在を前提に行政機関が直接に身体または財産に実力を行使して行政上望ましい状態を実現する即時強制の規定を定める例もある（道路法第44条の2，災害対策基本法第64条等）。なお，即時行政は，行政上の義務履行確保の類型には含まれない。

行政上の義務の履行確保手段の第二類型，すなわち過去の義務違反に対する制裁には，刑事罰規定に基づく行政刑罰と，行政上の秩序の維持のため違反者に過料を科す行政上の秩序罰がある。行政刑罰とは，行政上の義務違反に対して科される，死刑，懲役，禁固，拘留，科料，没収を指す。原則として刑事訴訟法の適用があり，刑事裁判の手続きを経て刑罰が科される。ただし，行政側の刑事告発回避傾向と検察側の行政刑罰事件の忌避等のため，刑事罰の威嚇力が弱くなっているという指摘がある[†3]。なお，行政刑罰であるものの刑事的な手続きをとらずに行政が処理を行い，それに応じない者のみ公訴を提起する仕組みとして，道路交通法の反則金制度等がある。

行政刑罰は反社会性の強い行為に対して科されるのに対し，行政上の秩序罰である過料は届出違反等の単純な義務懈怠に用いられるとされる。行政上の秩序罰は刑罰ではないので前科はつかない。法律に基づく過料は非訟事件として地方裁判所によって科される。条例に基づく過料は，1999年の地方分権改革に際し新設されたものであり，地方公共団体の長の行政処分に

†1　例えば，引用・参考文献2）p.229

†2　引用・参考文献2）p.233

†3　引用・参考文献3）p.81

より科され，不払いについては地方税滞納処分の例による。

〔7〕 行政救済法の基礎

違法な行政活動の是正を裁判により求める仕組みとして，行政訴訟がある。行政訴訟のうち最も一般的なものは，自己の権利利益に関わる訴訟である主観訴訟であり，その一般法として**行政事件訴訟法**（Administrative Case Litigation Act）が定められている。主観訴訟には，原因となった行政活動に対する不服の主張である「抗告訴訟」と，現在の法律関係に関する権利主張である「当事者訴訟」がある。抗告訴訟には，違法な行政活動により自己の国民の権利利益が侵害された場合に，① 違法な行政処分の取消しを求める取消訴訟や，② 当該処分の無効確認訴訟，③ 行政の不作為についての違法確認訴訟，④ 予想される処分を事前に差し止める差止訴訟，⑤ 申請権のない者が行政処分を求める直接型義務付け訴訟がある。以下，抗告訴訟のうち代表的な類型である取消訴訟について述べていく。取消訴訟が適法なものとして本案についての審理がなされるための訴訟要件のうち重要なのは，「処分性」，「原告適格」および「狭義の訴えの利益」である。処分性の有無は，① 公権力性，② 成熟性，③ 外部性，④ 法的効果の四つの要素により判断される。① の公権力性とは，当該活動が民事法には見られない権力性ないし一方性を有していることをいう。したがって，行政行為については公権力性が肯定される一方，行政契約については公権力性が否定される。② の成熟性とは，紛争が裁判所による判断を下すのに十分な具体性を持つに至っていることをいう。したがって，法律，条例および命令は原則として成熟性が否定される。また，例えば，5.5.3 項〔1〕の都市計画法に基づく用途地域の指定も，それによりただちに個人の個別の土地利用が制限されるわけではなく，建築物の建築に際しての建築確認の際に取消訴訟等で争えば足りると考えられることから成熟性が否定され，少なくとも取消訴訟の対象とはならないとされている。③ 外部性とは，当該活動が行政内部のみ効力を及ぼすのではなく，外部の国民の権利や法的地位に影響を与える性質をいう。このため，通達等の行政規則（〔2〕参照）の処分性は否定される。④ 法的効果とは，行政の活動が権利義務ないし法的地位の形成・確定・変更・消滅をもたらす効果を持つことをいう。したがって，物理的な事実行為の処分性は通常は否定されるが，人の収容や物の留置といった権力的な事実行為については例外的に処分性が認められる。原告適格とは，個別の事件において訴訟を提起する資格である。原告適格は，例えば都市計画法に基づく開発許可を受けて造成された宅地の周辺住民等，処分の名宛人以外の第三者が訴訟を提起する場合についておもに問題となる。行政事件訴訟法第 9 条第 1 項では，取消訴訟は「法律上の利益を有する者」に限り提起することができるとされている。この法律上の利益を有する者の意味について，学説はさまざまあるが，最高裁[†1]は，「当該処分により自己の権利もしくは法律上保護された利益を侵害されまたは必然的に侵害されるおそれのある者」をいい，「当該処分を定めた行政法規が，不特定多数者の具体的利益を専ら一般的公益の中に吸収解消させるにとどめず，それが帰属する個々人の個別的利益としてもこれを保護すべきものとする趣旨を含むと解される場合」には，法律上保護された利益に当たるとしている。また，行政事件訴訟法第 9 条第 2 項において，法律上の利益の有無を判断するに当たって，処分の根拠規定の文言だけによることなく，当該法令の趣旨，目的および利益の内容および性質を考慮するものとされており，法令の趣旨および目的を考慮するに当たっては目的を共通にする関係法令の趣旨及び目的をも参酌するものと，利益の内容および性質を考慮するに当たっては法令違反の処分がなされた場合に害される利益の内容，性質，態様および程度を勘案するものとされている。狭義の訴えの利益とは，時間の経過により紛争の中心となっている処分を取り消すことにより紛争解決上の意味がなくなったか否かである。例えば，都市計画法に基づく開発許可は，「これを受けなければ適法に開発行為を行うことができないという法的効果を有するものであるが，許可に係る開発行為に関する工事が完了したときは，開発許可の有する右の法的効果は消滅する[†2]」ため，訴えの利益は消滅するとされる。取消訴訟の判決には，訴訟要件を充足しない訴え却下判決，訴訟要件を満たす場合の本案判決があり，本案判決は，請求に理由がないとする請求棄却判決と，請求に理由があるので処分を取り消す請求容認判決の 2 種類が基本とされる。ただし，例外的に，本案判決において，処分が違法ではあるが，処分取消しによる公の利益への著しい障害と，原告の受ける損害の程度その他一切の事情を考慮した上，処分取消しが公共の福祉に適合しないと認めるときに，請求を棄却する事情判決がある（行政事件訴訟法第 31 条）。例えば土地収用における事業認定の違法性が確認されたとしても，当該土地上にダムや高速道路等の大規模公共施設が完成してしまっている場合等が考えられる。取消訴訟を提起しても，判決の確定に

†1　最判平成 4.9.22
†2　最判平成 5.9.10

は時間を要する上，時間の経過に伴う工事の完成等により訴えの利益が消滅する場合がある。このため取消訴訟が提起された場合において，重大な損害を避けるため緊急の必要があるときは，裁判所は，申立に基づき，処分の執行停止をすることができることとされている。

主観訴訟に対比される概念として，自己の権利・利益の救済を求めるのではなく，公益の実現を直接的に求める訴訟を客観訴訟という。客観訴訟のうち，地方公共団体の住民，選挙人等自己の法律上の利益に関わらない資格で違法行為等の是正を求める訴訟を民衆訴訟という。その典型として，地方公共団体の長や職員等の公金の違法な支出等に対して住民が是正を求める住民訴訟がある。**地方自治法**（Local Autonomy Act）が根拠となる。住民訴訟には四つの類型があるが，地方公共団体の長や職員等が行った違法な公金支出や財産の管理処分または違法に公金の徴収や財産の管理を怠る事実につき，地方公共団体の執行機関等に当該長個人や職員等に対しての損害賠償または不当利得返還を求める類型が最も多く用いられている。住民訴訟の訴訟要件は，当該普通地方公共団体の住民であること，その対象が財務会計行為であること，そして住民監査請求の結果が出てから行われるものであること（監査請求前置）等である。

裁判によらず簡易迅速に違法な行政活動の是正を求める仕組みとして行政上の不服申立があり，その一般法として，**行政不服審査法**（Administrative Appeal Act）がある。行政不服審査制度は，国と地方公共団体に共通の制度であり，行政訴訟と異なり違法・適法のみではなく裁量の当不当の判断が可能であり，手数料が無料であるという特徴がある。同法は2014年（公布）に約50年ぶりに抜本改正され，2016年4月から施行されている。同法の対象は，行政庁の処分その他公権力の行使に当たる行為および処分の申請に対しての不作為である。従来の審査請求と異議申立の2段階の仕組みは廃止され，審査請求に一本化された。ただし，国税等不服申立が大量にされる処分等については，処分庁に対する再調査の請求と審査庁に対する審査請求の選択制が導入されている。審査請求は，法律または条例に特別の定めがある場合を除き，処分庁に上級行政庁がない場合または処分庁が主任の大臣等のときは当該処分庁に，処分庁に上級行政庁がある場合は最上級行政庁または主任の大臣等に対して行うこととされている。審査請求をすることができる期間は，従来は処分があったことを知った日の翌日から60日とされていたが，3箇月に延長された。なお，個別法に定めがある場合には，審査請求の裁決に不服がある者は，例外的に再審査請求をすることができる。審査請求がされた行政庁（審査庁）においては，処分に関与しない職員（審理員）が審理手続を行うとともに，有識者から成る第三者機関（行政不服審査会等）が審査庁の判断をチェックすることとされている。また，今回の改正において，証拠書類等の閲覧・謄写，口頭意見陳述における処分庁への質問等審理手続における審査請求人の権利が拡充されている。審査請求に対する審査庁の判断は裁決と呼ばれ，却下，棄却および認容の3種類がある。さらに，行政訴訟の事情判決に相当する裁決もある。なお，従来，不服申立に対する裁決を経なければ行政訴訟をできないとする不服申立前置を定める個別法が96あったが，このうち68の法律について今回の改正で不服申立前置の廃止・縮小が行われた。

違法な行政活動によって生じた損害について金銭による補填を求める国家賠償の制度を定める法律として，**国家賠償法**（State Redress Act）がある。同法に基づき提起される国賠訴訟は，行政訴訟ではなく民事訴訟である。同法は，国家賠償の形態として二つの類型を定めている。その一は，国又は公共団体の公権力の行使に当る公務員が，その職務を行うについて，故意又は過失によって違法に他人に損害を加えたとき（国家賠償法第1条）である。この場合の公権力の行使の範囲は，国・地方公共団体のすべての作用から，国家賠償法第2条の責任と純粋経済作用を差し引いたものすべてとの理解が支配的とされる[†]。したがって，抗告訴訟では対象とされない行政基準，行政計画，行政契約，行政指導，事実行為，さらには立法作用や裁判作用も含まれる。また，規制権限の不行使についても，許容される限度を逸脱して著しく合理性を欠くと認められる場合には，国家賠償法第1条の適用上違法となり得る。国家賠償の類型のその二は，道路，河川その他の公の営造物の設置又は管理に瑕疵があったために他人に損害を生じたとき（国家賠償法第2条）である。この場合の瑕疵とは，営造物が通常有すべき安全性を欠いていることである。具体的な判断方法は，道路等の人工公物と河川等の自然公物では異なっている。道路の場合は，客観的な安全性を欠いているかを判断した上で，賠償責任には過失の存在を必要とせず，かつ安全確保のための費用が多額に上ることは賠償責任の免責事由にはならないとされている。また，設置・管理者が損害回避義務を果たしたかどうかも考慮要素となる。未改修や改修の不十分な河川の安全性は，河川が自然公物であることや治水事業の財

† 引用・参考文献3）p.142

政的・技術的・社会的制約等を考慮し，道路とは異なり，河川整備・改修の過程に対応する過渡的な安全性で足るとされている[†1]。一方，整備・改修済みの河川の瑕疵は，工事実施基本計画に定める規模の洪水から予測される災害の発生を防止するに足りる安全性を備えているかどうかによって判断すべきとされている[†2]。公の営造物が通常有すべき安全性を欠いているかの判断は，本来の用法による利用であったかどうかについても考慮され得る。例えば，転落防止のための道路防護柵で遊んでいた子供が転落した事例について，防護柵で遊ぶことは設置管理者が通常予測できず，防護柵が本来有すべき安全性を欠いていたとはいえないと判示された例がある[†3]。

憲法は，第29条第1項で財産権の不可侵を定めるが，同条第2項で公共の福祉への適合を定め，さらに第3項で私有財産を公共のために用いるに際し正当な補償を必要としている。この憲法第29条第3項に基づく，適法に行われる公共のための財産権の制約に伴う補償を，「損失補償」と呼んでいる。損失補償を定める立法例として，土地収用法に基づく補償金や都市緑地法に基づく特別緑地保全地区における通損補償等がある。損失補償が必要かどうかは，侵害行為が特別の犠牲に当たるか否かで判断される。具体的には対象者の特定性が考慮され，特定者を対象とした侵害については補償が必要と考えられる。また，侵害行為の強度も考慮され，財産権に内在する社会的制約を超える侵害については補償が必要となる。安全や秩序維持を目的とする消極目的規制であれば損失補償は不要と，積極的な経済社会政策目的の規制の場合は，損失補償が必要とされやすいといわれている。

〔8〕 行政組織法の基礎

行政主体（法人格を有する行政の担い手）には，国，地方公共団体のほか，独立行政法人，地方独立行政法人，国立大学法人，地方公社，公共組合等がある。内閣は，憲法に基づき行政権が帰属する機関であり，国務大臣により構成される合議機関である。内閣総理大臣は，合議体としての内閣の首長としての地位を持つとともに，内閣府および内閣直属部局である内閣官房や内閣法制局等の主任の大臣でもある。内閣府を除く国の行政組織の一般法として**国家行政組織法**（National Government Organization Act）があり，同法と各省の設置法に基づき，省（財務省，国土交通省等）が置かれる。各省の長は各省大臣である。なお，国務大臣は，現在の内閣法では17人以内とされているが，国務大臣には，各省の長たる大臣（財務大臣，国土交通大臣等）と，それ以外の担当大臣（経済再生担当，社会保障・税一体改革担当，内閣府特命担当等）がある。府省には1～2名の副大臣と，2～3名の政務官が置かれる。大臣，副大臣および政務官は，通常は国会議員が任命されるが，少ないながら例外もある。府省の外部部局として，委員会（国家公安委員会，公正取引委員会，原子力規制委員会等）と庁（国税庁，海上保安庁，観光庁，文化庁等）がある。また，府省には，調査審議，不服審査その他の事務を行う合議制の機関として，審議会等が置かれる（社会資本整備審議会，国土審議会等）。なお，委員会の名がつくものの中には，外局ではなく審議会等に当たるものもある（民間資金等活用事業推進委員会等）。省の中には官房および局が置かれ，その下に，順に部，課，室が置かれる。ただし，部と室は置かれない場合も多い。省の地方出先機関として地方支分部局（財務省の地方支分部局として財務局，国土交通省の地方支分部局として地方整備局，地方運輸局等）が置かれている。

独立行政法人（independent administrative institution）とは，公共上確実に実施される必要があるが，国が直接に実施する必要のない事務・事業のうち，民間の主体に委ねた場合には必ずしも実施されないおそれがあるものまたは独占的に行わせることが必要であるものを効果的かつ効率的に行わせるための法人である。**独立行政法人通則法**（the Act on General Rules for Incorporated Administrative Agency）および個別の法律により設立される。各府省の行政活動から政策の実施部門のうち一定の事務・事業を分離し，これを担当する機関に独立の法人格を与えて，業務の質の向上や活性化，効率性の向上，自律的な運営，透明性の向上を図ることを目的としている。① 国民の需要に的確に対応した多様で良質なサービスの提供を通じた公共の利益の増進を推進することを目的とする「中期目標管理法人」，② 科学技術の水準の向上を通じた国民経済の健全な発展その他の公益に資するため研究開発の最大限の成果を確保することを目的とする「国立研究開発法人」，および ③ 国の行政事務と密接に関連して行われる国の指示その他の国の相当な関与の下に事務および事業を正確かつ確実に執行することを目的とし，役職員が国家公務員の身分を有する「行政執行法人」の三つに分類される。①の中期目標管理法人の例として，高速道路保有・返済機構や都市再生機構（UR），国際協力機構（JICA）が，②の国立研究開発法人の例として土木研究所や科学技術振興機構（JST）が，③の行政執行法人の例として造幣局や統計センターが

†1　最判昭和59.1.26
†2　最判平成2.12.13
†3　最判昭和53.7.4

挙げられる。3類型合わせ，2016年4月1日現在法人数は88となっている。

都道府県および市町村は普通地方公共団体と呼ばれる。市のうち，政令指定都市（人口50万人以上の市から指定）と中核市（人口20万人以上の市から指定）は，都市計画や福祉等通常都道府県が処理する事務の一部を処理している。政令指定都市と中核市では処理する事務の範囲が異なる。なお，2015年（施行）の法改正により，特例市の制度が廃止され中核市と統合された。普通地方公共団体内部での地域自治に用いられる特別地方公共団体として特別区（東京23区）等が，普通地方公共団体の事務の共同処理を行う特別地方公共団体として一部事務組合や広域連合がある。一部事務組合が用いられている例としてごみ処理や消防，広域連合が用いられている例として介護保険や高齢者医療制度がある。地方公共団体の執行機関としては，首長のほか，教育委員会や農業委員会等の行政委員会がある。地方公共団体の事務には，国が本来果たすべき役割に係る事務であって，その適正な処理を特に確保する必要がある「法定受託事務」と，それ以外の「自治事務」がある（地方自治法第2条第8項および9項）。法定受託事務は同法または同法施行令で限定列挙されている。自治事務には，法律または政令により事務処理が義務付けられるものと，法律や政令に基づかず地方公共団体が任意に行うものがある。土木計画の分野における地方公共団体の事務の多くは自治事務であるが，例えば一級河川の指定区間や二級河川，国道の指定区間外の管理等法定受託事務となっているものもある。1999年の地方分権一括法による改正以前は，地方公共団体が行う事務の類型として，国の事務を地方公共団体の機関に委任する「機関委任事務」というものが存在した。現在の法定受託事務となっているもののほか，都市計画決定や開発許可等都市計画に関する多くの事務は機関委任事務とされていたが，同改正により機関委任事務という仕組み自体が廃止され，都市計画に関する事務もごく一部の例外を除き自治事務とされた。国の地方公共団体に対する関与は法律の根拠が必要であり，その類型は地方自治法に列挙されているが，法定受託事務と自治事務では，適用され得る類型が異なる。自治事務の場合，国の関与の類型は，助言・勧告，資料の提出要求，協議，是正要求という比較的弱い関与しか認められないが，法定受託事務については，指示や代執行という法的拘束力を有する強い関与も認められている。自治事務に関し国が地方公共団体に対して発出する通達等は，基本的にその事務の運営等についての技術的な助言である。

〔9〕 公物・公有財産

国や地方公共団体が直接の公の用に供する有体物を公物という。公物には，庁舎や公立学校の校舎等行政主体が直接に利用する公用物と，道路，河川等公衆の用に供される公共用物がある。

国や地方公共団体が所有する財産には，公の用に供される「行政財産」と，それ以外の「普通財産」がある。行政財産は公物であるが，公物は必ずしも行政財産だけではなく，例えば河川区域内の私有地等，私物に属する場合もある。

5.5.2 国土計画分野

〔1〕 国土形成計画法

国土形成計画法（National Spatial Planning Act）[†]は，国土の利用，整備，保全を推進するための総合的かつ基本的な計画である**国土形成計画**（national spatial strategies）について定める法律である。全国総合開発計画について定めていた国土総合開発法（1950年制定）が2005年に改正され，国土形成計画法となった。

国土形成計画は，① 全国的な見地から必要とされる基本的な施策等を定める全国計画（閣議決定）と，② 広域の見地から必要とされる主要な施策等について，ブロック単位ごとに国と都府県等が連携・協力して策定する広域地方計画から成る。国土形成計画（全国計画）は，総合的な国土の形成に関する施策の指針となるべきものとして，① 基本的な方針，② 目標，③ 全国的な見地から必要とされる基本的な施策について定めることとされている。2015年8月の閣議決定により従来の国土形成計画（全国計画）が変更され，同年からおおむね10年間の国土づくりの方向性を定める戦後7番目の新たな国土計画となった。同計画では，国土の基本構想として，それぞれの地域が個性を磨き，異なる個性を持つ各地域が連携することによりイノベーションの創出を促す「対流促進型国土」の形成を図ることとし（**図5.22**参照），この実現のための国土構造として「コンパクト＋ネットワーク」の形成を進めることとしている。

広域地方計画は，広域地方計画区域における国土の形成に関する① 方針，② 目標，③ 広域の見地から必要とされる主要な施策を定めるものである。現在の広域地方計画は，2015年8月に定められた国土形成計画（全国計画）を踏まえ2016年3月に定められた。全国八つのブロックについて，国，地方公共団体，経

† 法律名の英訳は，法務省「日本法令外国語訳データベースシステム」による（同サイト上の暫定版を含む）。同サイトで英訳がないものは，著者による。

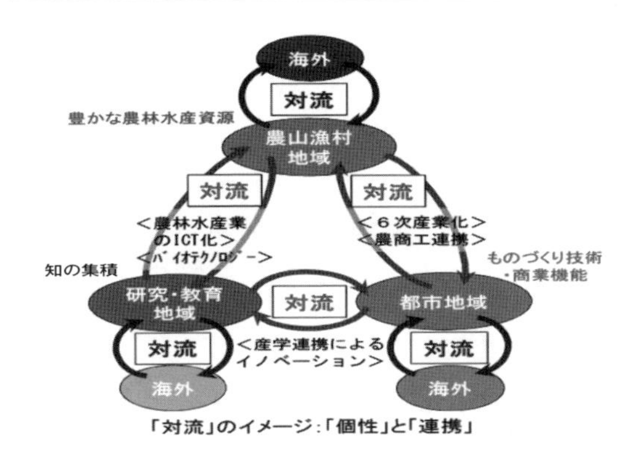

図 5.22　国土形成計画（全国計画）における対流のイメージ[4)]

済団体等で構成する広域地方計画協議会における検討・協議を経て，おおむね10年間の国土づくりの戦略が定められている。

〔2〕 国土利用計画法

国土利用計画法（National Land Use Planning Act）は，昭和40年代後半の投機的土地取引の増大による全国的な地価の高騰，土地の大量買い占め，乱開発による自然環境の破壊等に対処するため，1975年に制定された法律である。土地の投機的取引および地価の高騰が国民生活に及ぼす弊害の除去と，乱開発の未然防止，遊休土地の有効利用の促進を通じて総合的・計画的な国土利用を図ることを目的とする。その全体像は**図 5.23**のとおりである。

同法では，① 国土の利用目的別の長期計画である国土利用計画，② 都市地域，農業地域，森林地域，自然公園地域および自然保全地域の五地域区分とその調整に関する事項等を定める土地利用基本計画，③ 投機的取引および地価の高騰による弊害の除去等のための土地取引に係る措置，④ 遊休土地の利用促進のための遊休土地制度等を定める。

① の国土利用計画制度は，自然的，社会的，経済的，文化的といったさまざまな条件を十分に考慮しながら，総合的，長期的な観点に立って，公共の福祉の優先，自然環境の保全が図られた国土の有効利用を図ることを目的としている。国土利用計画には，全国計画，都道府県計画および市町村計画がある。国が策定する計画のうち，国土の利用に関するものについては，国土利用計画（全国計画）を基本とすることになっている。2015年8月に策定された現在の国土利用計画（全国計画）は，国土形成計画（全国計画）と一体的に検討された上で同時に策定されている。

② の土地利用基本計画における五地域は，**表 5.9**のとおりである。同計画制度は，縦割りとの批判の強かった個別法に基づく計画を総合的に調整する役割を持っている。しかし個別法に基づく地域指定を追認する形で計画が策定された結果各地域の重複が多く，調整機能を十分に発揮できていないとの批判もある。

③ の土地取引に係る措置は，全国的に一般的に適用される事後届出制と，地価の状況の程度等によって区域，期間を限定して適用される注視区域制度（事前届出制），監視区域制度（事前届出制）および規制区

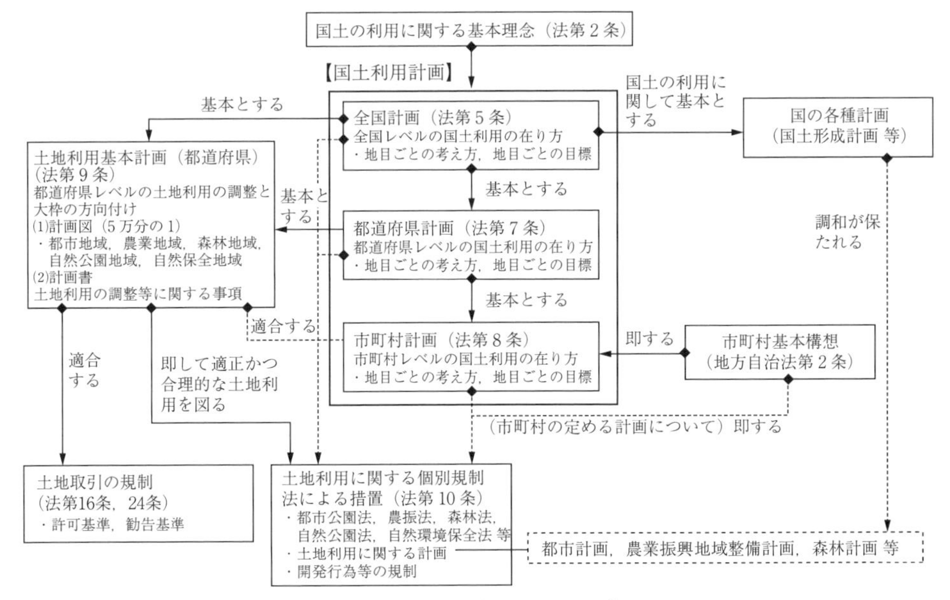

図 5.23　国土利用計画法の体系[5)]

表 5.9　土地利用基本計画における五地域[6)]

地域名	国土利用計画法上の規定	運　用
都市地域（10 247 千 ha）	一体の都市として総合的に開発し，整備し，および保全する必要がある地域	都市計画法に基づく都市計画区域として指定されることが予定されている地域
農業地域（17 239 千 ha）	農用地として利用すべき土地があり，総合的に農業の振興を図る必要がある地域	農業振興地域の整備に関する法律に基づく農業振興地域として指定されることが予定されている地域
森林地域（25 391 千 ha）	森林の土地として利用すべき土地があり，林業の振興または森林の有する諸機能の維持増進を図る必要がある地域	森林法に基づく国有林および地域森林計画対象民有林として指定されることが予定されている地域
自然公園地域（5 454 千 ha）	優れた自然の風景地で，その保護および利用の増進を図る必要がある地域	自然公園法に基づく国立公園，国定公園および都道府県立自然公園として指定されることが予定されている地域
自然保全地域（105 千 ha）	良好な自然環境を形成している地域で，その自然環境の保全を図る必要がある地域	自然環境保全法に基づく原生自然環境保全地域，自然環境保全地域および都道府県自然環境保全地域として指定されることが予定されている地域

〔注〕 五地域の面積は，2013（平成 25）年 3 月 31 日現在。

域制度（許可制）という三つの区域制度から構成されている。事後届出制は，適正かつ合理的な土地利用の確保を図る観点から，一定規模以上の全国の土地取引について，開発行為に先んじて，土地の取引段階において土地の利用目的を審査することで，助言・勧告によりその早期是正を促す仕組みとなっている。具体的には，対価を伴う契約により行われる土地に関する権利の移転または設定について，一定面積（市街化区域：2 000 m^2，市街化区域以外の都市計画区域：5 000 m^2，都市計画区域外 10 000 m^2）以上の土地について，土地売買等の契約を締結した場合に届出が必要とされている。区域制度は，現在は，東京都小笠原村で監視区域が指定されている以外は指定されていない。

〔3〕 **国土調査法**

国土調査法（National Land Survey Act）は，① 土地分類調査，② 水調査および ③ 地籍調査という三つの国土調査について定める法律である。

このうち，③ 地籍調査とは，おもに市町村が主体となって，一筆ごとの土地の所有者，地番，地目を調査し，境界の位置と面積を測量し，その結果を地籍図および地籍簿に取りまとめるものである。日本では，土地に関する記録は登記所において管理されているが，土地の位置や形状等を示す情報として登記所に備え付けられている地図や図面は，その半分ほどが明治時代の地租改正時に作られた地図（公図）などを基にしたものといわれる。このため，登記所に備え付けられている地図や図面は，境界や形状などが現実とは異なっている場合が多く，また，登記簿に記載された土地の面積も正確ではない場合がある。地籍調査が行われることにより，その成果は登記所にも送られ，登記簿の記載が修正され，地図が更新される。また，固定資産税算出の際の基礎情報となるなど，市町村におけるさまざまな行政事務の基礎資料としても活用される。地籍調査が行われない場合，土地の境界が不明確となり，土地取引におけるリスクとなったり，都市再生や都市整備事業の実施に際しての障害や遅延要因になったり，災害復旧に遅れが生じたり，固定資産税等の課税の不公平が生じたりするおそれがある。しかし，2015 年 3 月末の全国の地籍調査の進捗率は，51 %となっている。

また，国土調査（特に進捗が芳しくない地籍調査）の計画的な実施を促進するため，国土調査促進特別措置法が定められている。同法では，国土交通大臣が，閣議にかけて，国土調査促進十箇年計画を策定することとされている。現在，同法に基づき 2010 年 5 月に閣議決定された第 6 次国土調査事業十箇年計画に基づいて事業が行われている。

5.5.3 都　市　分　野

〔1〕 **都 市 計 画 法**

都市計画法（City Planning Act）は，高度成長を背景とする都市への人口流入に伴う都市内の環境悪化や都市周辺地域における土地利用の混乱を背景に，都市の無秩序な拡大を防止し，秩序ある発展を図るため制定された法律である。1968 年に，施設整備を中心としていた旧都市計画法を廃し，新たに制定された。その意義は，都市内の限られた土地資源を有効に配分し，農林漁業との健全な調和を図りつつ，健康で文化的な都市生活および機能的な都市活動を確保することである。都市分野の最も基本的な法律といわれる。5.5.3 項で解説する法律の多くは，都市計画に定める

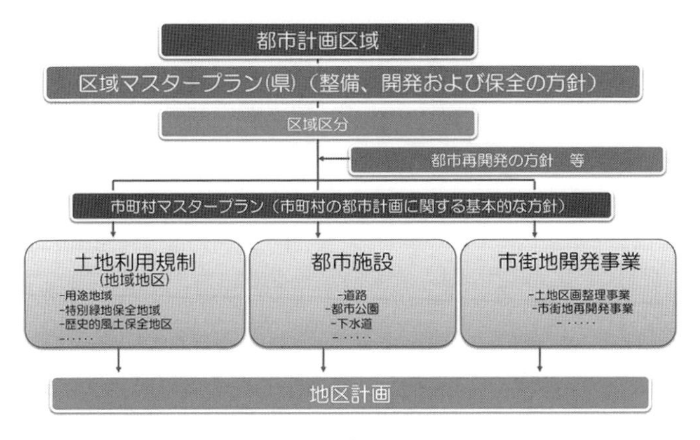

図 5.24　都市計画の構造①（出典：国土交通省資料）

都市計画区域
・一体の都市として整備，開発および保全を図る区域

市街化区域
・既成市街地および 10 年以内に優先的に市街化を図る区域

市街化調整区域
・原則的に開発は認められない。
・原則的に公共投資は行われない。

（a）

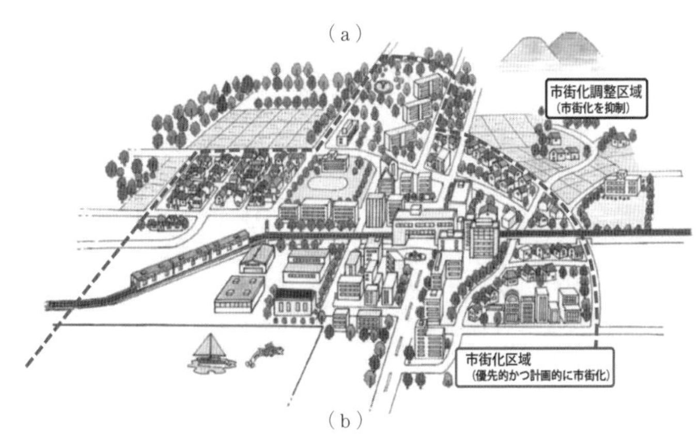

（b）

図 5.25　区域区分（図（b）は文献 7）から引用）

各種制度の実施・運用方法や特例を定める。

都市計画（city plan）は，① 都市計画区域または準都市計画区域の指定，② マスタープラン，③ 土地利用計画，④ 都市施設，⑤ 市街地開発事業等から構成される。その構造を図示すると，**図 5.24** のようになる。また，Ⅱ編 1.4.1 項の図 1.16 も参照されたい。

① の**都市計画区域**（city planning area）は，自然的および社会的条件ならびに人口，土地利用，交通量等の現況および推移を勘案して，一体の都市として総合的に整備し，開発し，および保全する必要がある区域を指定するものである。都市計画区域は都市の実際の広がりに合わせて定めるので，その大きさは一つの市町村の行政区域の中に含まれるものからいくつかの市町村にわたる広いものまでさまざまである。準都市計画区域は，相当数の建築や宅地造成等が現に行われ，または見込まれる区域を含み，かつ，自然的・社会的条件，土地利用の規制等を勘案してそのまま放置すれば一体の都市としての整備，開発および保全に支障が生じるおそれがある区域を指定するものである。

② のマスタープランには，都市計画区域ごとに都

道府県が定める整備・開発および保全の方針（都市計画区域マスタープラン）と，都市計画区域内の市町村が定める市町村マスタープランとがある。

③の土地利用計画の一つとして，**市街化区域**（urbanization promotion area）と**市街化調整区域**（urbanization control area）の区域区分がある。市街化区域とは，すでに市街地を形成している区域およびおおむね10年以内に優先的かつ計画的に市街化を図るべき区域であり，市街化区域とは市街化調整区域は市街化を抑制すべき区域である（**図5.25**参照）。

市街化調整区域では，原則として開発行為が規制されている。しかしながら，実際の市街地に比べ市街化区域が比較的広範囲に指定され，また人口の増加等に伴ってその拡大（市街化区域への編入）も頻繁に行われてきたため，結果として市街地が拡大してきた歴史があり，人口減少に伴い，このままでは薄く広がった市街地が残されてしまうという課題が全国で広く発生している。

また，土地利用計画には，**用途地域**（use district）に代表される地域地区制度がある。

用途地域とは，住居，商業，工業等の用途を適正に配分して都市機能を維持増進し，住居の環境を保護し，商業，工業等の利便を増進することを目的として，市町村が都市計画に，住居系地域（第一種低層住居専用地域等），商業系地域（商業地域等），工業系地域（工業専用地域等）を定めるものである。用途地域では，建築物の用途や建築物の形態制限（容積率，建蔽率，高さ等）について，地方公共団体が都市計画の内容として決定する（**図5.26**（口絵7）参照およびⅡ編1.4.1項表1.5）。

地域地区には，このほか，①建築物の用途に関し用途地域を補完したり特例を定めたりする特別用途地区，特定用途制限地域等，②建築物の耐火構造等を規制する防火地域等，③高さ，容積率，壁面の位置の制限等の建築物の構造等について定める高度地区・特定街区・都市再生特別地区等，④景観に関する規制を定める景観地区・風致地区等，⑤緑地の保全や緑化に関する規制を定める特別緑地保全地区，緑化地域等，⑥その他特定の機能に関する規制等を定める駐車場整備地区・流通業務地区等がある（Ⅱ編1.4.3項の表1.4参照）。

わが国の国土面積のうち約1/4が都市計画区域であり，そのうち約半分が区域区分された（線引き）都市計画区域，残りの約半分が区域区分の行われていない（非線引き）都市計画区域である。線引き都市計画区域のうち，市街区域の面積割合は3割弱となっている。なお，区域区分や用途地域指定等の土地利用規制を定める都市計画の決定については，判例上処分性（5.5.1項〔7〕参照）が否定されている。このため，土地利用規制を定める都市計画を訴訟で争う場合，具体的な開発や建築についての開発許可や建築確認の取消訴訟等で争うのが一般的である。

さらに，土地利用計画制度の一つとして，それぞれの地区の特性に応じて良好な都市環境の形成を図ることを目的として，きめ細やかな土地利用に関する計画と，小規模な公共施設に関する計画を一体的に定める**地区計画**（district plan）等がある（**図5.27**参照）。なお，地区計画等とは，地区計画のほか沿道地区計画等類似する五つの制度を指すが，ここではそれらの代表である地区計画について述べる。法的効果の観点からは，地区計画には三つの段階がある。最初の段階は，目標と当該区域の整備，開発および保全の方針の決定である。これはまさに地区のマスタープランを定めたのみであり，その後の地区整備計画や各種事業等の指針としての意味を持つが，個別行為への具体的な法的効果はない。第二の段階は，地区施設（街区内の

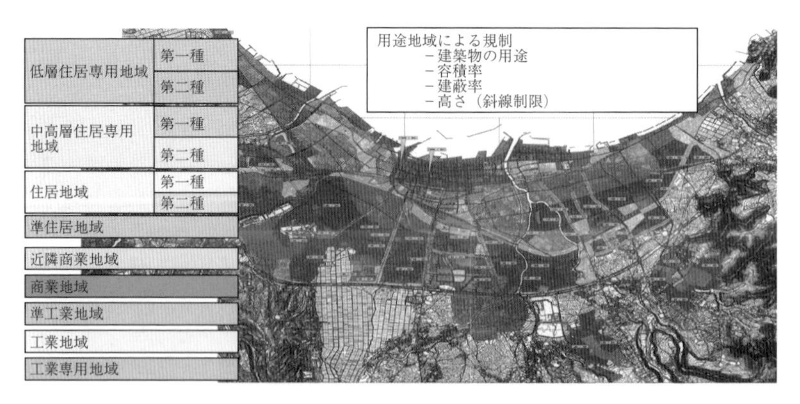

図5.26　用途地域（出典：国土交通省資料）

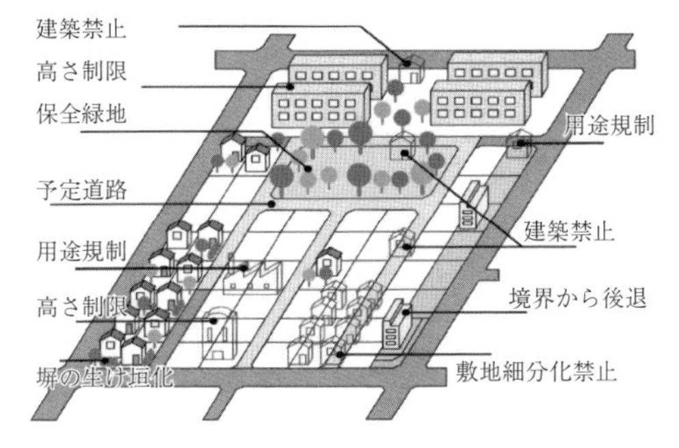

図 5.27　地区計画（出典：国土交通省資料）

居住者が主として利用する道路，公園等）および地区整備計画（建築物等の整備ならびに土地の利用に関する計画）の決定である。地区整備計画では，地区施設の配置・規模，建築物（等）の用途・容積率・高さ・建蔽率・敷地面積および建築面積の最低限度・緑化率の最低限度・壁面の位置の制限，樹林地・草地の保全等が定められる。地区整備計画が決定されると，土地の区画形質の変更や建築物の建築等に際し届出が必要となる。また，計画不適合の場合は市町村長が勧告を行うことができる。さらに，開発許可の基準にもなる。第三の段階は，地区整備計画の内容についての条例の制定であり，強制力を持つようになる。例えば，建築物の敷地，構造，建築設備または用途に関する地区計画等建築制限条例や，建築物の緑化率の最低限度について定める地区計画等緑化率条例の内容は，建築確認において担保されるし，建築物等の形態意匠について定める地区計画等形態意匠条例の内容は，当該条例に基づく市町村長の認定により担保される。地区計画等の案は，条例に基づき地権者等の利害関係者の意見を求めて作成することとされている。地権者等の一定割合以上の同意や地権者等からの申出を要件とする自治体も見られる。

都市計画法においては，開発行為をしようとする場合には，都道府県知事等の許可を受けなければならない（**開発許可**（development permission））。この許可が必要となるのは，市街化調整区域内においてはすべての開発行為，その他の地域では地域ごとに一定の面積以上の開発行為とされている（**表 5.10** 参照）。許可の基準として，すべての地域において，道路・公園・給排水施設等の確保，防災上の措置等の「技術基準」が適用される。具体的には，例えば，予定建築物の用途，規模等に応じて 6～12 m の道路に接すること，開発区域内の主要な道路が開発区域内の幅員 9 m（住宅開発の場合 6.5 m）以上の道路に接続すること，開発区域の面積の 3% 以上の公園を設けること等である。この技術基準を条例で強化・緩和している自治体もある。開発区域内の土地・建物等の権利者の相当数の同意を得ておくことも技術基準の一つである。このほか，開発行為に関係のある公共施設（接続する道路・下水道等）の管理者との協議・同意，および開発行為により設置される公共施設（開発区域内の道路・公園等）を管理する者（地元市町村等）との協議も，技術基準とされている。なお，これらの協議は，公共施設の適切な管理を確保する観点から行うこととされており，管理者の立場を超えた理由による協議・同意の拒否や手続遅延は許されない。また，市街化調整区域においては，市街化を抑制すべき区域という市街化調整区域の性格から，許可できる開発行為の類型が限定されている（「立地基準」と呼ばれる）。代表的な例を挙げると，市街化区域内の居住者のための公益施設や日常生活に必要な建築物等（学校，日用品販売店等），地区計画に適合する建築物等，市街化区域内に近接する既存集落の条例（11 号条例）指定地域内の一定の用途の建築物等のための開発行為や，市街化区域内において建築等することが困難または不適当なものとして条例（12 号条例）で定める開発行為が許可対象となる。また，開発審査会の議を経て，市街化を

表 5.10　開発許可の規制対象と基準

区　域			規制の対象となる開発行為	適用される許可基準
都市計画区域	線引き都市計画区域	市街化区域	1 000 m^2（三大都市圏の既成市街地，近郊整備地帯等は 500 m^2）以上 ※条例で 300 m^2 まで引下げ可	技術基準
		市街化調整区域	原則としてすべての開発行為	技術基準＋立地基準
	非線引き都市計画区域		3 000 m^2 以上 ※条例で 300 m^2 まで引下げ可	技術基準
準都市計画区域			3 000 m^2 以上 ※条例で 300 m^2 まで引下げ可	技術基準
都市計画区域および準都市計画区域外			1 ha 以上	技術基準

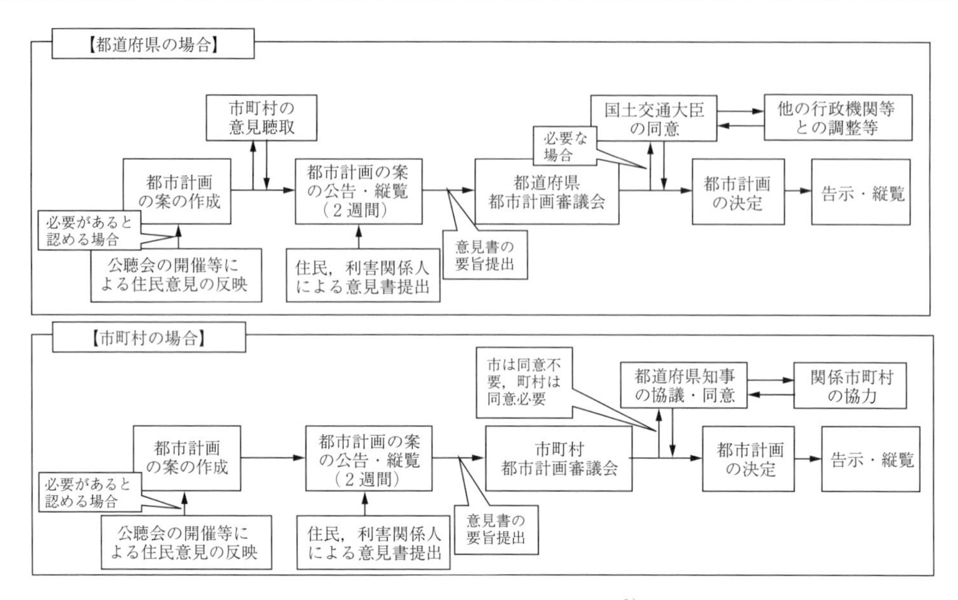

図 5.28　都市計画決定手続きの概要[9)]

促進するおそれがなく，かつ，市街化区域内において行うことが困難または著しく不適当と認める開発行為についても許可対象となる。この開発審査会の審査基準を類型化しあらかじめ定めている自治体も多い。開発許可の基準は，法令上は，申請に係る開発行為が，技術基準に適合し，法令に違反しない場合は「開発許可をしなければならない（都市計画法第33条第1項）」と，市街化調整区域内の開発行為については，同法第33条にかかわらず，技術基準のほか立地基準に該当すると認める場合でなければ「開発許可をしてはならない（同法第34条第1項）」とされており，許可権者の裁量を限定したとも考えられる。しかし一方で，11号条例や12号条例，開発審査会による個別許可等，法律上も一定の範囲内で手続的な裏付けを得た広い裁量を認めている上，「開発者と当該地域空間の他の利用者，当該地域空間を管理している市町村，そして都市全体に責任を持つ開発許可権者との調整に内容が委ねられる，という意味での裁量は，もっと広いものがあってよい[†1]」との見解もある。このように，開発許可制度は，良好な市街地の形成を図るため，宅地の一定の水準を確保するという目的のほか，市街化調整区域において区域区分を担保するという目的も有している。しかしながら，非線引き都市計画区域には立地基準が適用されないため，特に線引き都市計画区域と隣接する場合等に，市街地の拡大を招いている場合があるとの指摘もある。付近住民等の開発許可の取消訴訟の原告適格（5.5.1項〔7〕参照）の範囲については，まだ実務上確立されたとはいえないと考えられるが，少なくとも最高裁は，安全に関わる許可基準については，それが周辺居住者の利益をも保護する趣旨であるものと解し，原告適格を認めている[†2]。

用途地域に係る都市計画等に定められた建築物の用途や建築物の形態制限は，建築基準法に基づく**建築確認**（building certification）の手続きにおいて担保される。開発許可後の建築等についても同様である。

④の都市施設とは，道路，公園，下水道，ごみ焼却施設，学校等円滑な都市活動を支え，都市生活者の利便性の向上，良好な都市環境を確保する上で必要な施設である。都市計画に定められた都市施設は**都市計画施設**（city planning facility）と呼ばれ，その区域内に建築規制が及ぶ。さらに，都市計画施設について都市計画事業を行う者が事業認可を受けると，より厳しい建築規制が及ぶこととなる。また，都市計画事業の事業認可は，土地収用の手続上土地収用法の事業認定と同様の効果を持つ。なお，都市施設の都市計画決定についても判例上処分性は否定されており，これを訴訟で争うのは事業認可の段階となるのが一般的である。

⑤の市街地開発事業とは，市街地を面的，計画的に開発整備する事業であり，土地収用，換地，権利変換等の各種の手法により，宅地の整備やこれと一体となった公共施設の整備等を行うものである。土地区画

†1　引用・参考文献 8）pp.88～89

†2　最判平成 9.1.28

整理事業，都市再開発事業が例である（後述）。

都市計画は，広域的・根幹的なものは都道府県が，その他のものは市町村が決定する。その手続きは，決定権者や決定する都市計画により異なるが，おおむね，公聴会や説明会を経て決定権者が案を作成し，関係機関への協議と公告・縦覧を行った後，**都市計画審議会**（city planning council）にかけて決定される。市町村の定める都市計画については，都道府県知事への協議（町村にあっては協議に加えて同意）が必要とされている（**図 5.28** 参照）。また，土地所有者，まちづくり NPO 法人や社団法人，過去 10 年間に 0.5 ha 以上の開発行為を行った事業者等は，土地の所有者等の 3 分の 2 以上の同意を得て，0.5 ha 以上の一団の土地について，都市計画の決定や変更の提案をすることができる。

都市計画決定に関する事務は，1999 年（公布）の法改正により，法定受託事務（5.5.1 項〔2〕参照）から自治事務となった。近年においても，都市計画の地方分権が順次進められている。具体的には 2011 年 5 月（公布）に市の決定する都市計画についての都道府県の同意を不要とする等の法改正が，同年 8 月（公布）に三大都市圏の大都市の用途地域や市町村が設置・管理する大規模な都市施設に係る都市計画決定権限を市町村に，区域区分の権限を指定都市にそれぞれ移譲する等の法改正が，2014 年に都市計画マスタープランの決定権限を指定都市に移譲する法改正が行われている。その結果，分権の進捗を評価する声のほか，市町村の区域を超えた広域的な調整等分権に伴う課題を指摘する声も近年目立つようになってきている。開発許可権者は，都市計画法上は都道府県知事，指定都市および中核市の長とされているが，地方自治法に基づく事務処理委任を含め，2014 年度末現在 406 市町村長が開発許可権者となっている。

都市計画法の近年のおもな改正として，2006 年（公布）改正がある。この改正により，① 床面積 10 000 m^2 以上の大規模集客施設についての工業地域や非線引き都市計画区域の白地区域等における立地制限の強化，② 開発許可制度の見直し（市街化調整区域内の大規模開発を許可できる基準を廃止。病院，福祉施設，学校，庁舎等の公共公益施設を開発許可の対象に），③ 円滑な広域調整のため都道府県知事が関係市町村から意見の聴取等を行えるよう手続きを措置，④ 準都市計画区域の指定要件の緩和（農用地区域等も含めることが可能）および指定権者の都道府県への変更等が行われた。

〔2〕 都市再生特別措置法

都市再生特別措置法（Act on Special Measures concerning Urban Reconstruction）は，2002 年に公布された比較的新しい法律であるが，制定後も改正が相次ぎ，現在，① 民間活力を中心としたおもに大都市における都市再生，② 公共施設整備と民間活力の連携による全国の都市再生，および ③ 土地利用誘導等によるコンパクトシティの推進という三つを柱として，都市分野における新しいさまざまな課題に対応するための法律となっている。その定める内容は，都市計画や公共施設管理等に係る規制緩和や特別の措置，地権

図 5.29　都市再生の制度に係る基本的な枠組み[10)]

者等の合意による各種協定，財政的措置，金融支援や税制上の特別措置等である（**図 5.29** 参照）。

① 民間活力を中心としたおもに大都市における都市再生は，2002 年の創設当初からの本法の目的である。具体的には，内閣に置かれた都市再生本部が地方公共団体の申出を受けて，または意見を聞いて，政令により都市再生緊急整備地域を指定するとともに，都市再生緊急整備地域ごとに，都市再生本部が地域整備方針を定める。2011 年（公布）には，大都市の国際競争力を図るため，都市再生特別地域のうち特に緊急かつ重点的に整備を行う地域を特定都市再生緊急整備地域として定める制度が創設された。特定都市再生緊急整備地域内では，国，地方公共団体および民間の 3 者による都市再生緊急整備協議会を組織し，官民が協働して整備計画を定めることができる。そして，民間都市開発プロジェクトの許認可等の手続きのワンストップ化，民間都市開発プロジェクトの実施に必要な都市計画決定の迅速化等整備計画に基づく特別の措置が定められている。都市再生緊急整備地域内および特定都市再生緊急整備地域内では，道路の上空利用のための規制緩和を都市計画において定めることもできる。また，都市計画に都市再生特別地区を定め，既存の用途地域等に基づく規制等にとらわれず容積率，用途，高さの最高限度，壁面の位置の制限等を定めることもできる。なお，都市再生特別地区等の都市計画について，関係権利者の 2/3 以上の同意を得て，民間事業者が提案を行うことができる。また，都市再生緊急整備地域および特定都市再生緊急整備地域内において，国土交通大臣の認定を受けた大規模で優良な民間都市再生事業は，登録免許税，不動産取得税，都市計画税の特例等の税制上の支援と，民間都市開発推進機構による金融支援の対象となる。2012 年（公布）には，東日本大震災の際に大都市の交通結節点周辺等において多数の避難者・帰宅困難者による大きな混乱が発生したことを受けて，都市再生緊急整備協議会が，大規模な地震の発生に備え，一時退避の誘導と経路の確保，退避施設の確保，備蓄倉庫の確保，情報提供，避難訓練等を定める都市再生安全確保計画制度が創設された。また，2016 年（公布）には，災害時にエリア内のビルにエネルギーを継続して供給するためのビル所有者とエネルギー供給施設の所有者による協定制度が創設された。市町村長による認可後に本協定の区域内の土地の権利移転があった場合，新たに土地所有者等になった者に対しても本協定の効力が及ぶ（承継効）

② 公共施設整備と民間活力の連携による全国の都市再生については，2004 年（公布）に創設された都市再生整備計画制度がある。同計画は，市町村の自主性・裁量性が高い交付金（(旧）まちづくり交付金）により，道路，公園，下水道といった従来型の公共施設整備のみではなく，多目的広場，修景施設，地域交流センター等の都市再生整備計画に位置付けられたまちづくりに必要な幅広い施設や，市町村の提案に基づく事業，各種調査や社会実験等のソフト事業を一体的かつ柔軟に行うための計画である。都市再生整備計画の区域内で，国土交通大臣の認定を受けた都市再生整備計画に記載された事業と一体的に施行される民間都市開発事業は，民間都市開発推進機構による金融支援の対象となる。都市再生整備計画には，民間主体によるまちづくり活動も記載することができることとされており，官民連携まちづくりのプラットフォームとして機能することが期待されている。また，同計画に基づいて設置されるオープンカフェや広告板等について，道路の占用許可の特例が定められており，エリアマネジメント団体等により活用されている。また，2016（公布）年の本法改定により，同計画に基づいて設置される観光案内所，サイクルポート等について，都市公団の占用許可の特例が創設された。まちづくりのルールとして，道路，公園，広場，駐輪場，街灯等の都市利便増進施設の整備・管理・利用，さらにイベント等のソフトについて，地域住民（地権者等）どうしが締結し市町村が認定する都市利便増進協定の仕組みも定められている。同協定は，建築協定や緑地協定等とは異なり，全員合意ではなく地域の相当数の参加で締結できる一方，いわゆる承継効（本項〔5〕参照）は定められていない。また，地域のまちづくりを担う法人を市町村が指定する制度として，都市再生推進法人制度がある。同法人に指定されると，都市計画や都市再生整備計画の提案，都市利便増進協定への参画が可能となるほか，国の融資や民間都市開発推進機構による支援等の対象となる。しかしそれ以上に，市町村が地域のまちづくりの担い手として公的に指定することにより，当該法人の信用が担保されるとともに，位置付けが明確になることから，市町村にとっても積極的な支援が可能となるという重要な効果もある。なお，指定対象となる法人は，一般社団法人，一般財団法人，NPO 法人およびまちづくり会社等である。

③ 土地利用誘導等によるコンパクトシティの推進は，立地適正化計画制度が担っている。立地適正化計画は，地方都市における人口減少に伴う都市全体の人口密度の低下や大都市圏の高齢者の増加に直面する中，都市機能の維持・増進を図るため，医療・福祉施設，商業施設や住居等がまとまって立地し，高齢者を

はじめとする住民が公共交通によりこれらの生活利便施設等にアクセスできるなど，福祉や交通なども含めて都市全体の構造を見直し，「コンパクトシティ・プラス・ネットワーク」を進めるための計画である。本制度は，同じ趣旨で立案された地域公共交通の活性化及び再生に関する法律の一部改正法とともに，2014年（公布）の法改正により創設された。具体的には，市町村が都市機能増進施設および住宅の立地の適正化のため，居住を誘導する居住誘導区域，医療・福祉施設，商業施設等の都市機能増進施設の立地を誘導する都市機能誘導区域および同区域に都市機能誘導施設の立地を図るための事業等を定める立地適正化計画を定めることができる。都市機能誘導区域においては，立地適正化計画に定められた都市機能誘導施設の立地促進のための税財政・金融上の支援や建替え等のための容積率の緩和，歩いて暮らせるまちづくりのための附置義務駐車場の集約化等の措置が適用可能となっている。また，都市機能誘導区域外において都市機能誘導施設を開発または建築しようとする場合は届出を要することとされている。居住誘導区域外においては，一定規模以上の住宅の開発または建築等を行おうとする場合について，届出を要することとされている。さらに，都市計画決定を経て，一定規模以上の住宅の開発等について，開発許可制度の対象とし，立地基準を適用することも可能である。居住誘導区域外において，不適切な管理がされている跡地への情報提供，指導，助言や都市再生推進法人等が跡地を管理するための協定制度も定められている。立地適正化計画の概念については，II編 1.4.7 項の図 1.17 を参照されたい。

〔3〕 **土地区画整理法**

土地区画整理法（Land Readjustment Act）は，**土地区画整理事業**（land readjustment project）に関し，施行者，施行方法，費用の負担等を定める法律である。土地区画整理事業とは，道路，公園，河川等の公共施設を整備・改善し，土地の区画を整え宅地の利用の増進を図るため，地権者から少しずつ土地を提供してもらい公共施設用地に充てるほか，その一部を売却し事業資金の一部に充てる事業制度である（**図 5.30** 参照）。本法上は，① 都市計画区域内の土地について，② 公共施設の整備改善および宅地の利用の増進を図るため，③ 本法で定めるところに従って行われる④ 土地の区画形質の変更および公共施設の新設または変更に関する事業と定義される。

土地区画整理事業は一般の公共事業のような用地買収方式によらず，**換地手法**（replotting method）による。換地手法とは，従前の宅地の所有権等について，それらに代わるべきものとして各種権利者に**換地**

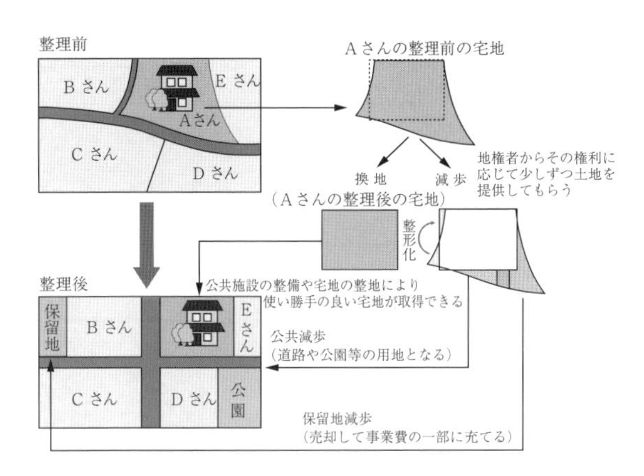

図 5.30　土地区画整理事業の仕組み[11)]

（replotted land）を指定することにより，従前の宅地についての権利関係を土地区画整理事業によって整備した宅地の上に移行させる手法である。換地の面積は，従前の宅地に比較して減少する。この減少を減歩という。公共用地が増える分に充てるための地権者の土地の減少分を**公共減歩**（land reduction for public space），事業資金に充てるための地権者の土地の減少分を**保留地減歩**（land reduction for reserved land）という。事業資金は，**保留地処分金**（disposition money of reserve land）のほか，公共側から支出される都市計画道路や公共施設等の整備費（用地費分を含む）に相当する資金，借入金等から構成される。これらの資金を財源に，公共施設の工事，宅地の整地，家屋の移転補償等が行われる。

土地区画整理事業の施行者は，民間施行として個人，土地区画整理組合および区画整理会社，公共施行として地方公共団体，国土交通大臣，都市再生機構および地方供給公社が本法に規定されている。ただし，これまでの施行実績を見ると，地方公共団体と土地区画整理組合で全体の大部分を占める。

個人施行の場合，一人または数人が規準または規約と事業計画を定め，地権者等全員の同意を得て，都道府県知事の認可を受けて施行する。組合施行の場合，7人以上の者が共同して定款および事業計画（または事業基本方針）を定め，都道府県知事の認可を受けて組合が設立される。認可の申請に当たっては，地権者等の 2/3（地権者数の 2/3 および面積の 2/3）以上の同意が必要である。また，組合施行の場合，認可に際して都道府県知事が事業計画の縦覧を行い，その際提出された意見書は都道府県知事が審査する。認可された組合は，法人格を持つ。あらかじめ同意していない者も含め，その施行区域内の地権者等がすべて組合

表 5.11　土地区画整理事業の主体と手続き

	施行者	地権者の同意	施行地区	事業開始時に定めるもの	認可の対象	認可権者
民間施行	個人	全員	都計区域	規準（規約） 事業計画	施行	知事
	組合	3分の2	都計区域	定款事業計画	組合の設立	知事
	区画整理会社	3分の2	都計区域	規準事業計画	施行	知事
公共施行	地方公共団体	—	都計区域 施行区域	施行規程 （条例） 事業計画	設計の概要	大臣または知事
	国土交通大臣	—	都計区域 施行区域	施行規程 （省令） 事業計画	—	—
	都市再生機構	—	都計区域 施行区域	施行規程 事業計画	施行規程 事業計画	大臣
	地方供給公社	—	都計区域 施行区域	施行規程 事業計画	施行規程 事業計画	大臣または知事

員となる（強制加入）。土地区画整理組合は，民間の組織であるもののこのように強制的権限をもって公共的事業を行うことから，公共組合と呼ばれ，行政法学上行政主体の一つとされている。また，定款の変更，事業計画の決定・変更，換地計画，仮換地の指定等は総会の議決を要することとされている。

地方公共団体施行の土地区画整理事業は，必ず都市計画に定められた土地区画整理事業の施行区域で行われる。具体的手続きは，まず，条例で施行規程を定めるとともに，事業計画を定める。事業計画の策定に際しては縦覧が行われ，その際提出された意見書は都道府県都市計画審議会に付議される。また，事業計画において定める設計の概要について，都道府県にあっては国土交通大臣の，市町村にあっては都道府県知事の認可を要する。土地区画整理事業の主体と手続きの詳細は**表 5.11** のとおりである。

規準，規約，定款および施行規程には，事業の名称，施行区域に含まれる地域の名称，事業の範囲等が定められる。事業計画は，施行地区（工区に分ける場合にはこれに加えて工区），設計の概要（設計説明書および設計図），施行期間および資金計画から成る。

施行や事業計画等の認可，事業計画の決定等の公告が行われた後は，施行区域内において建築行為等が制限される。そして，事業計画に準じた手続きを得て**換地計画**（land replotting plan）が定められる。ただし，公共施行の場合，土地区画整理事業ごとに選挙により選出された地権者の代表および学識経験者から成る土地区画整理審議会が設置され，審議が行われる。換地計画は，土地評価，換地計算などに基づき換地図を作成して定められる換地設計，各筆各権利別精算金明細（遅くとも換地処分までに定める）等から成る。換地計画において換地を定める場合，換地および従前の宅地の位置，地積，利用状況，環境等が照応するように定めなければならないこととされている（照応の原則）。照応の原則には，従前地と換地とがだいたい同一条件にあるという縦の照応と，同一施行地区内の各権利者相互間において換地がおおむね公平に定められているという横の照応がある。また，縦の照応には，位置，地積，利用状況，環境等の各要素がそれぞれ照応しているという個別照応と，各要素を個別に見ると多少照応していない部分があっても，これらの要素を総合的に勘案すれば従前地と換地とがだいたい同一条件にあるという総合照応の考え方がある。判例は，縦の照応および横の照応の双方を求めるとともに，縦の照応については，個別照応を検討しつつも，総合照応の考え方をとっているといわれる†。照応の原則の例外として，本法では，住宅先行建設区・市街地再開発事業区・高度利用推進区への換地，所有者の同意による換地不交付，過少宅地または借地についての地積の適正化，立体換地，公共公益施設や社会福祉施設に供している宅地への特別の配慮，一定の公共施設についての創設換地，文化財等が存する宅地，保留地等に関する規定が定められている。

実際の土地区画整理事業においては，換地計画の決定・認可の前に，工事の円滑化および権利関係の早期安定を図るため，将来換地とされる土地の位置，範囲を指定する**仮換地**（temporary replotting）の指定が施行者により行われ，地権者による住宅等の建築が可能となる。指定に際しては，個人施行の場合は全員の同意，組合施行の場合は総会（または部会もしくは総代

† 引用・参考文献 12）p.34

会）の同意，公共施行の場合は土地区画整理審議会への意見聴取の手続きが必要となる。仮換地の指定が行われると，従前地の所有者および使用収益権者は従前地の使用収益をすることができなくなる一方，仮換地について従前地と同じ内容の使用収益権を有することとなる。その後，建築物の移転・除却や移転補償，道路築造，公園整備，宅地整地等の工事が行われる。なお，仮換地の指定等が行われた場合，施行者は自ら建築物等の移転・除却を行うことができる。その際には，あらかじめ相当の期限を定めて所有者および占有者に通知を行うこととされている。ただし，民間施行の場合には，事前に市町村長の認可が必要である。

工事完了後，施行者により換地処分が行われ，従前の宅地上の権利が換地上に移行されるとともに，清算金が確定する。

施行後の公共用地率が大きい地区等においては，宅地の面積の減少が大きく，地区全体の宅地総価額が減少する。このような地区を減価補償地区といい，本法では宅地総価額の減少分が減価補償金として地権者に交付されることとなっている。実際の事業では，減価補償金相当額をもって宅地を先行買収し，公共用地に充てることにより，従前の宅地総価額を小さくし，減価補償金を交付しなくてすむようにしている。

換地設計の技術上，従前地の価値と実際に定められた換地の価値等との間の多少の不均衡が生ずる場合がある。この場合，位置，地積，利用状況，環境等を総合的に勘案し，清算金により精算することとされており，その額を換地計画に定めることとされている。施行者は，換地処分により確定した精算金を地権者等から徴収し，または地権者等に交付しなければならない。

自治体施行の土地区画整理事業における事業計画の段階で権利者が訴訟でこれを争うことができるか？最高裁は，かつて（1966（昭和41）.2.23）は事業計画は特定個人に向けられた具体的処分ではなくまだ事業の青写真にすぎない等として，処分性を否定していた。しかし，2008（平成20）.9.10の最高裁判決で，いったん事業計画の決定がされると，事業による権利への影響が具体的に予測可能になり，また特段の事情のない限りその後換地処分が当然に行われること等から，権利者は換地処分を受けるべき地位に立たされるため，法的地位に直接的な影響が生ずる上，換地処分等の段階では，実際上すでに工事等が進捗しており事情判決の可能性も相当程度あるとして，事業計画の処分性を認めるに至った。なお，組合施行の場合の組合設立認可は，強制加入制がとられていること等から，従来から処分性が認められている。

土地区画整理事業の実績については，Ⅱ編1.4.5項〔1〕を参照されたい。

特別法による土地区画整理法の特例を定めるものとして，大都市圏における住宅及び住宅地の供給の促進に関する法律（大都市法）に基づく特定土地区画整理事業，被災市街地復興特別措置法に基づく被災市街地復興土地区画整理事業等がある。前者は，高度成長と都市への人口集中に伴う大都市の住宅不足への対策として1975年に制定された法律であり，共同住宅地区，集合農地地区等利用形態ごとに土地を集約することができる制度となっている。後者は，阪神淡路大震災で被害を受けた市街地の緊急・健全な復興を目的として1995年に制定された法律であり，恒久法であることから，東日本大震災の被災地においても活用されている。

土地区画整理事業は，特に大規模なものになると長期間を要することになる。土地需要が旺盛で，地価が上昇傾向にあった時代では，大規模な土地区画整理事業を長期間かけて行っても，土地の価値は増進し，区画整理済み地の利用が行われてきた。しかし，人口減少時代に入り，地価が長期下落傾向にある今日，保留地が売却困難となる，換地後の土地の価値が増進しない等，長期にわたる土地区画整理事業の中には困難に直面するものも少なくない。しかしながら一方で，例えば空地が目立つ都市中心部における土地の集約・整形化や，都市再開発事業や法定外の建物共同化等土地利用のための多様な手法を組み合わせた連続的・段階的な事業，大街区化による高度利用の推進，公的不動産を種地とする連鎖型事業，また密集市街地対策など，今日的にもなお土地区画整理事業を活用することが想定される場面は少なくない。そして，柔軟かつ機動的・スピーディーな事業や事業後の土地利用ニーズの見極めが重要になってきている。

〔4〕 都市再開発法

都市再開発法（Urban Renewal Act）は，**市街地再開発事業**（urban area redevelopment project）に関し，施行者，施行方法，費用の負担等を定める法律である。都市における土地の合理的かつ健全な高度利用と都市機能の更新とを図り，もって公共の福祉に寄与することを目的とする。市街地再開発事業とは，本法では，① 市街地の土地の合理的かつ健全な高度利用と都市機能の更新とを図るため行われる，② 建築物および建築敷地の整備ならびに公共施設の整備に関する事業並びにこれに附帯する事業と定義されている。具体的には，敷地等を共同化し高度利用することにより，公共施設用地を生み出し，従前権利者の権利を等価で新しい再開発ビルの床に置き換え（**権利床**（floor area of right))，高度利用によって新たに生み出された床（**保留床**（reserved floor equivalent to project cost））を処分して事業費に充てる事業制度である（**図5.31**参照）。すでに建物が密集している等土地区画整理事業が使いづらく，土地の高度利用のニーズがある場所で適用される。

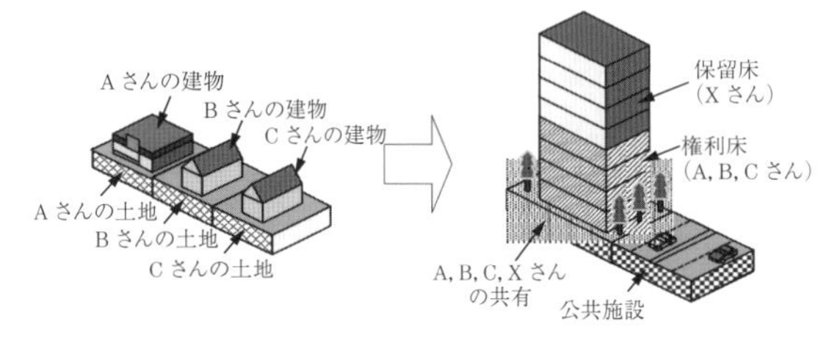

図5.31　市街地再開発事業のイメージ図[13)]

市街地再開発事業には，**権利変換**（exchange of equivalent right）方式による第一種市街地再開発事業と，管理処分方式による第二種市街地再開発事業がある。権利変換方式とは，工事着工前に，事業地区内すべての土地・建物について現在資産（評価）を再開発ビルの床に一度に変換する方法であり，土地区画整理事業の換地手法の立体版と捉えるとイメージがしやすい。管理処分方式とは，いったん施行者が土地・建物を買収し，買収した区域から順次工事に着手する方法であり，用地買収方式ともいわれる。

第一種市街地再開発事業は，民間施行として，個人，市街地再開発組合および再開発会社が，公共施行として地方公共団体，都市再生機構および地方住宅供給公社が施行者となり得る。第二種市街地再開発事業は，再開発会社，地方公共団体，都市再生機構および地方住宅供給公社が施行者となり得る。ただし，土地区画整理事業と同様，これまでの事業実績の大部分を，地方公共団体施行と市街地再開発組合施行が占める。また，個人施行以外は，必ず都市計画決定を経て事業を行うこととされている。

第一種市街地再開発事業を施行することができる土地の区域の要件は，① 高度利用地区，都市再生特別地区，特定地区計画区域等の区域内にあること，② 地区内の耐火建築物の割合が1/3以下，③ 十分な公共施設がないこと，土地が細分化されていること等，土地の利用状況が不健全であること，④ 土地の高度利用を図ることが都市機能の更新に貢献することの四つである。第二種市街地再開発事業の場合は，上記4要件に加え，⑤ 0.5 ha（防災再開発促進地区の区域内は0.2 ha）以上の地区であって，⑥ 安全上，防災上支障がある建築物が7/10以上または重要な公共施設の緊急整備が必要な地区とされている。

第一種市街地再開発事業の手続きは，土地区画整理事業と同様に，地方公共団体施行の場合は，条例で施行規程を定めるとともに，事業計画を定める。事業計画において定める設計の概要については，認可が必要である。組合施行の場合，5人以上の者が共同して定款および事業計画（または事業基本方針）を定め，地権者の3分の2以上の同意を得て，都道府県知事の認可により市街地再開発組合が設立される。事業計画の策定に際しては縦覧が行われる。事業計画の公告または組合の設立認可後，権利者は，権利変換を希望しない旨の申出を行い，補償金を得て地区から転出することができる。この点は土地区画整理事業との違いである。残存する権利者については，権利変換計画が定められ，権利変換期日に権利変換処分がなされ，従前の建築物が撤去されるとともに新たな施設建築物等の工事が行われる。工事完了公告が行われると，権利者は施設建築物の一部を取得し，併せて精算が行われる（**図5.32**参照）。

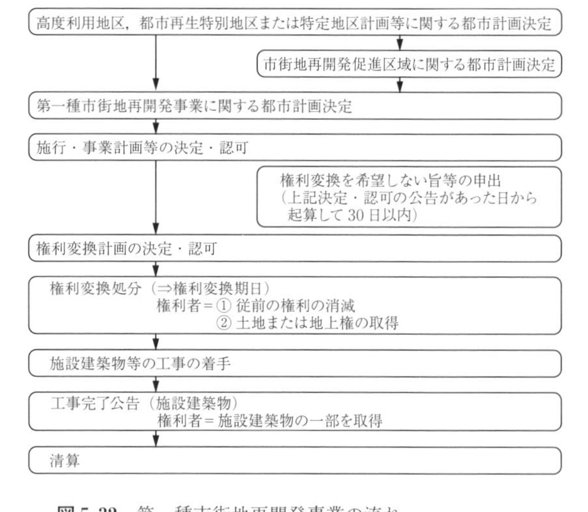

図5.32　第一種市街地再開発事業の流れ
（出典：国土交通省資料をもとに著者が修正）

市街地再開発事業の実績については，Ⅱ編1.4.5項〔2〕を参照されたい。

〔5〕 都 市 緑 地 法

都市緑地法（Urban Greenery Act）は，都市の緑地の保全と緑化の推進のため，総合的な計画と土地利用規制その他各種の措置を定める法律である。都市緑地法の全体像は，**図5.33**のとおりである。

本法では，市町村が緑地の保全および緑化の推進に関する総合的な計画を定めることとされており，一般に緑の基本計画と呼ばれている。その内容は，目標，

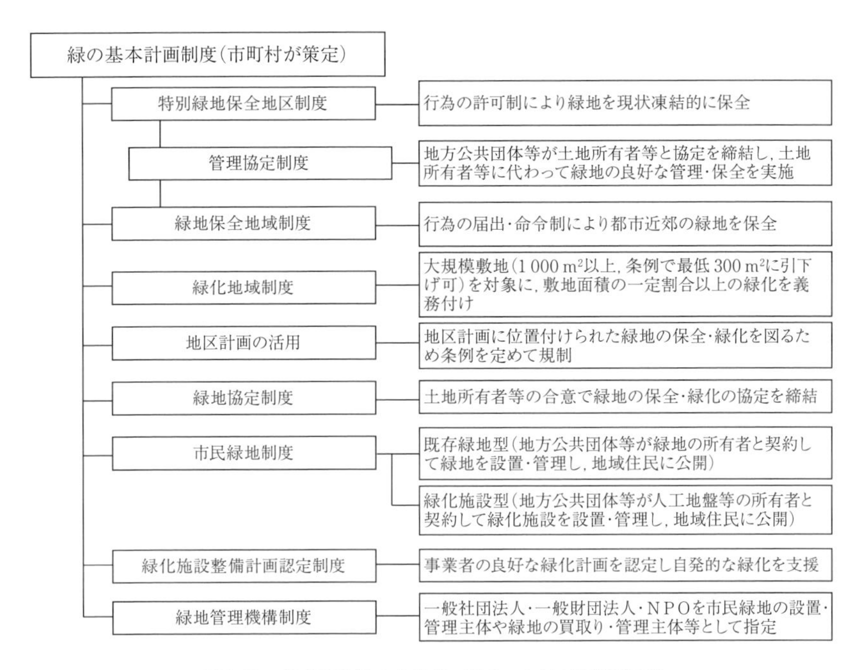

図 5.33　都市緑地法の全体像（出典：国土交通省資料）

本法に定める各種施策や都市公園の整備その他の緑地保全・緑化推進の方針と施策等である。2014 年 3 月 31 日現在，669 市町村で策定済みとなっている。

特別緑地保全地区制度は，都市の良好な自然的環境を形成している都市計画区域内の緑地について，現状凍結的に保全しようとする制度であり，都市計画の地域地区の一つである。特別緑地保全地区内で，建築物の建築，土地の区画形質の変更，木竹の伐採等を行おうとする場合，都道府県知事等の許可を要する。そして，都道府県知事等は，当該緑地の保全上支障があると認めるときは，許可をしてはならないこととされており，現状凍結的に緑地が保全される。このため，当該不許可によって生じた通常生ずべき損失については，憲法に基づく財産権の補償として，補償するものとされている。また，不許可の場合には，土地所有者の申出に基づき，都道府県知事等が土地を買い入れるものとされている。なお，このような行為規制が勘案され，山林・原野等の相続税の評価額がおおむね 8 割減じられている。2013 年 3 月末現在，493 地区約 12 515 ha が指定されている。また，屋敷林や社寺林等，身近にある小規模な緑地について，地区計画制度等を活用しつつ，条例で，特別緑地保全地区制度とほぼ同様に現状凍結的に保全する地区計画等緑地保全条例制度もある。

緑地保全地域制度は，里地・里山など都市近郊の比較的大規模な緑地において，届出・命令制による特別緑地保全地区制度と比較すると緩やかな行為の規制により緑地を保全する制度であり，やはり都市計画の地域地区の一つである。特別緑地保全地区制度と同様の通損補償が規定されているが都道府県知事等による買入れは規定されていない。

管理協定制度は，土地の所有者等の管理に対する負担を軽減するとともに，緑地の良好な管理を行うため地方公共団体または緑地管理機構が特別緑地保全地区または緑地保全地域内の土地の所有者等と協定を締結し，緑地の管理を行う制度である。協定期間 20 年などの条件を満たす管理協定の対象となる特別緑地保全地区内の山林・原野等については，相続税の評価がさらにおおむね 2 割減じられる。

市民緑地制度は，土地所有者等と地方公共団体または緑地管理機構が契約を締結し，緑地等を公開する制度である。これにより，地域の人々が利用できる公開された緑地等が提供される。雑木林，里山，屋敷林，社寺林等のほか，企業の敷地内の緑地や人工地盤上の緑化施設も対象となる。2014 年 3 月末現在，約 100 万 m^2 の市民緑地契約が締結されている。

緑化地域制度は，良好な都市環境の形成に必要な緑地が不足している地区において，一定規模以上の敷地面積の建築物の新築・増築に対し，敷地面積の一定割合以上の緑化を義務付ける制度である。緑化地域は，都市計画の地域地区の一つである。2014 年 3 月末現在，名古屋市，横浜市等 4 都市で指定されている。また，地区計画制度等を活用しつつ，条例で新築・増築に対し，敷地面積の一定割合以上の緑化を義務付ける地区計画等緑化率条例制度もあり，2014年3月末現在35都市で条例が制定されている。緑化地域制度または地区計画等緑化率条例による緑化率の規制は，建築基準関係規定となっており，建築確認により担保される。

緑化施設整備計画認定制度は，緑化地域または市町村が定める緑化重点地区内において，限られたスペースを効果的に活用した民間による自発的な緑化の取組みを促進するため，建築物の屋上，空地その他の敷地内の緑化施設の整備に関する計画について，市町村長の認定を受けることができる制度である。認定を受けた計画に基づき設置された緑化施設については，固定資産税の課税標準の特例措置が講じられていたが，2010年度末をもって同特例は廃止された。

緑地協定制度は，土地所有者等が全員の合意により緑地の保全または緑化に関するルールを定め，市町村長の認可を受けることができる制度である。認可後に協定の区域内の土地の権利移転があった場合，新たな土地所有者等に対しても協定の効力が及ぶ（承継効)。なお，全員合意の例外として，民間事業者等が分譲前に協定を定め，分譲後に発効する一人協定の制度がある。2014年3月末現在，1 615件5 196.57 haの実績となっている。

なお，首都圏近郊緑地保全法または近畿圏の保全区域の整備に関する法律に基づき，首都圏の近郊整備地帯または近畿圏の保全区域内における緑地の保全のため，届出・勧告制度により特別緑地保全地区制度・緑地保全地域制度と比較してさらに緩やかな行為の規制により，一定の土地利用との調和を図りながら緑地を保全する制度として，近郊緑地保全区域の制度がある。2014年3月末現在25区域97 329.7 haの近郊緑地保全区域が指定されている。なお，近郊緑地保全区域内で，特に保全すべき緑地等については，都市計画に近郊緑地特別保全地区を定めることができることとされているが，近郊緑地特別保全地区は行為規制・補償等について前述の特別緑地保全地区と同じである。

〔6〕 駐 車 場 法

駐車場法（Parking Lot Act）は，道路交通の円滑化のため，都市計画に定める**駐車場整備地区**（parking lots development district)，市町村が定める駐車場整備計画，**路上駐車場**（on-street parking place）や**路外駐車場**（off-street parking place）に関すること，建築物への駐車場の附置義務等を定める法律である。なお，本法においては，路上駐車場，路外駐車場とも一般公共の用に供される駐車場のことをいい，月極駐車場や従業員専用駐車場等一般公共の用に供されない自動車の保管場所は，本法の対象外である。

駐車場整備地区は，都市計画区域内の商業地区等またはその周辺の自動車交通が著しく輻輳（ふくそう）する地区で，道路の効用を保持し，円滑な道路交通を確保する必要があると認められる区域について，都市計画に定める地域地区である。駐車場整備地区が定められた場合，市町村は駐車場整備計画を定めることができる。また，駐車場整備地区が定められると，市町村長等は，その地区内に必要な路外駐車場に関する都市計画を定めなければならない。駐車場整備計画には，おおむね，路上駐車場および路外駐車場の整備の基本方針，目標年次，目標量および施策，駐車需要に応ずるため必要な地方公共団体の設置する路上駐車場の配置，規模および設置主体，ならびに主要な路外駐車場の事業計画の概要が定められる。そして，地方公共団体は，駐車場整備計画に基づいて路上駐車場を設置することとされている。この路上駐車場の駐車料金，不法駐車の割増金については条例で定めるとともに，徴収した駐車料金等を路上駐車場の管理費のほか路外駐車場の整備費に充てるように努めることとされている。

500 m^2 以上の路外駐車場の出入り口，車路，換気装置，照明装置その他の構造・設備は，本法施行令に定める技術的基準によらなければならない。ただし，同基準が予想しない特殊装置を用いる場合には，大臣認定を受けることができる。また，都市計画区域内で駐車料金を徴収する500 m^2 以上の路外駐車場を設置する者は，位置，規模，構造および設備等と，名称，管理者，供用時間および料金等について定めた管理規程を，あらかじめ都道府県知事等に届け出なければならない。2013年度末現在，全国で約170万台数分の駐車場の届出が行われている。都道府県知事等は，路外駐車場について，必要に応じ，報告徴収や立入り検査，違法な場合には是正命令をすることができることとされている。

駐車場整備地区，商業地域もしくは近隣商業地域内またはその周辺地域内において，地方公共団体は，一定規模以上の建築物の建築や，劇場，百貨店，事務所等への用途変更に際し，条例で，駐車施設を附置しなければならない旨を定めることができる。この条例に基づく義務により設置される駐車場は，**附置義務駐車場**（obligated parking lot）と呼ばれる。2013年度末現在，全国で約300万台数分の附置義務駐車場が設置されている。

〔7〕 都市の低炭素化の促進に関する法律

都市の低炭素化の促進に関する法律（Low Carbon City Development Act）は，二酸化炭素の相当部分が都市において発生していることに鑑み，都市の低炭素化の促進を図るため，国による基本方針の策定，市町村による低炭素まちづくり計画の作成およびこれに基づく特例措置等を定める法律であり，2012年に制定された。通称「エコまち法」と呼ばれる。

本法に基づき国土交通大臣，環境大臣および経済産業大臣が定めた基本方針には，① 都市の低炭素化の促進の意義および目標，② 政府の施策の基本的方針，③ 低炭素まちづくり計画に関する基本的事項，④ 低炭素建築物の普及の促進に関する基本的事項，⑤ 施策効果の評価に関する基本的事項，⑥ 都市の低炭素化の促進に関する重要事項が定められている。

低炭素まちづくり計画とは，都市の低炭素化に向けた取組みを後押しし，また，民間投資を促進するために，市町村が目指すビジョンや具体的な取組みを示すものであり，低炭素まちづくりのマスタープランとしての性格を有する計画である。「エコまち計画」と呼ばれる。同計画には，おおむね，① 区域，② 目標，③ 計画の目標を達成するために必要な事項，④ 計画の達成状況の評価に関する事項および ⑤ 計画期間が定められる。この ③ に掲載される事項は，都市機能の集約化，公共交通機関の利用促進，都市内物流の効率化の推進，自動車の低炭素化の促進，建築物の低炭素化の促進，非化石エネルギーの利用および化石燃料の効率的利用に資する施設整備の推進，緑地の保全および緑化の推進，建築物の性能向上による二酸化炭素の排出の抑制の促進，自動車運行に係る二酸化炭素の排出の抑制の促進等である。また，エコまち計画の作成についての協議および実施の連絡調整を行うため，市町村は，低炭素まちづくり協議会を組織することができる。同協議会に参加するメンバーとしては，公共交通事業者，貨物運送事業者，ディベロッパー，NPO等の事業の実施主体となり得る事業者や公安委員会，道路管理者，さらに都道府県，学識経験者，地域住民等が考えられる。2016年1月1日現在，21都市でエコまち計画が策定されている。

エコまち計画に関する特例措置として，本法では，集約都市開発事業の認定制度，附置義務駐車場の集約化に係る駐車場法の特例，共通乗車船券その他公共交通機関の利便増進，貨物運送の共同化，緑地の保全および緑化の推進に関する特例，下水熱の利用に関する下水道法の特例，都市公園・港湾における太陽光パネル等の占用許可の特例が定められている。

また，本法では，市街化区域等内における民間の低炭素建築物を認定し，所得税や登録免許税を軽減するとともに，蓄電池等の低炭素化に資する設備について容積率に算入しないこととする認定低炭素建築物制度が定められている。その認定要件は，エネルギーの使用の合理化等に関する法律（省エネ法）の省エネ基準に比べ，家電等のエネルギー消費量を除く一次エネルギー消費量が10％以上マイナスとなること，およびHEMSの導入，節水対策，木材の利用，ヒートアイランド対策等の措置のうち一定以上を講じていることとなっている。

〔8〕 中心市街地の活性化に関する法律

中心市街地の活性化に関する法律（Act on the Improvement and Vitalization of City Centers）は，少子高齢化，消費生活等の状況変化に対応して，中心市街地における都市機能の増進および経済活力の向上を総合的かつ一体的に推進するため，国による基本方針の策定，市町村による基本計画の作成およびその内閣総理大臣による認定，市街地の改善整備やまちなか居住の推進等に関する認定基本計画への支援措置等を定める法律である。

本法に基づく基本方針は，内閣総理大臣を本部長とし，全閣僚が本部員となる中心市街地活性化本部が案を作成し，閣議決定により作成されている。

基本計画は，市町村が策定し，内閣総理大臣の認定を受けることができる。基本計画には，おおむね，① 基本的な方針，② 位置および区域，③ 定量的な数値目標，④ 計画期間（おおむね5年以内），および ⑤ 中心市街地活性化のための事業が定められる。この ⑤ には，具体的には，市街地の整備改善事業（商業，業務，居住等の都市機能の集積，土地区画整理事業，市街地再開発事業，道路，公園，駐車場等の公共の用に供する施設の整備等），都市福利施設（学校，図書館，医療施設，高齢者介護施設，保育所等）の整備，まちなか居住の推進（公的賃貸住宅整備，民間優良住宅整備，居住環境の向上等の事業），経済活力の向上（中核的な商業施設等の整備，空き店舗の活用，既存店舗・商店街のリニューアル，テナントミックス事業，中心市街地のにぎわい創出に寄与するイベント）等が定められる。そして，認定基本計画に定められたこれらの事業等に対しては，関係省庁の交付金・補助金や融資，税制特例等により重点的な支援が行われることとなっている。また，本法には，通訳案内士法の特例，大規模小売店舗の迅速な立地を図るための大規模小売店舗立地法の特例，共通乗車船券，道路運送法の特例，土地区画整理事業の保留地の特例，道路や都市公園の占用の特例等の認定基本計画に関する特別の措置が定められている。

また，基本計画の作成，認定基本計画の実施その他中心市街地の活性化の推進について協議するため，中心市街地活性化協議会を組織することができることとされている。同協議会は，まちづくり会社，中心市街地活性化機構，商工会議所のほか，地域ごとに市町村，商業者，デベロッパー，交通事業者，地域住民，地域経済団体，関係行政移管等により構成される。2015 年 11 月 27 日現在，129 市で 183 の中心市街地活性化基本計画が認定されている。

5.5.4 景　観　分　野

〔1〕景　　観　　法

景観法（Landscape Act）は，2004 年に制定されたわが国初の景観に関する総合的な法律である。景観法の対象区域のイメージは，**図 5.34** のとおりである。制定の背景には，都市の人口増加と都市化が終焉しつつある中で，美しさや景観に対する国民意識・関心が高まり，その具現として全国の自治体において景観に関する自主条例が制定される等各地で良好な景観に関する取組みが進められていたことがある。

本法の狙いは，特に，良好な景観の形成に対する基本理念ならびに国・地方公共団体・事業者および住民の責務を明らかにするとともに，必要な場合に強制力を行使し得る具体的な規制の枠組みを備えることであった。景観法は，可能な限り自治体がその個性を発揮して規制の対象や基準等をカスタマイズすることができるよう，そして景観法制定以前からの自治体の自主条例と同様の規制等を行うことができ，またスムーズに景観法に基づく制度に移行することができるよう，腐心されている。さらに，建築物のほか，工作物，広告物や公共施設等の営造物，緑や自然，農村や里地・里山，山林等について総合的・横断的に施策を講じることができるよう工夫されている。景観法の全体像を図示すると，**図 5.35** のようになる。

本法は，景観に関する基本的な法律としての性格と，景観に関する規制誘導策等を定める実体法としての性格を有している。本法の総則部分（第 1 章）が，景観に関する基本法たる部分であり，目的，景観を「国民共有の資産」とし，その整備・保全の必要性を唱える基本理念，国・地方公共団体・事業者および住民の責務，ならびに定義を定めている。なお，良好な景観は地域ごとに異なるものであり，統一的な定義を置くと結果的に画一的な景観を生むおそれがあることから，本法には「景観」の定義は置かれていない。景観行政を担う主体である「景観行政団体」には，都道府県，指定都市，中核市は自動的に，その他の市町村は，都道府県知事との協議によりなることができる。これは，市町村が中心的な役割を担うことが望ましいという基本的な考え方を有しつつも，これまでの景観行政が都道府県・市町村それぞれの自主条例に基づいて行われてきた実態，市町村の中にはその組織・体制等から景観行政を担うことが難しいものもあるという実態を踏まえつつ，一つの地域における二重規制を避けるため導入された方法である。2015 年 9 月末現在 673 の地方公共団体が景観行政団体となっている。

景観計画は，景観行政団体が，景観行政を進める場として定める基本的な計画である。景観計画区域内で

図 5.34　景観法の対象地域のイメージ[14)]

図 5.35　景観法による行為規制と支援の仕組みの全体像[14)]

は，建築物の建築，工作物の建設，開発行為その他の行為をしようとする際に届出を行わなければならない。なお，届出対象行為は，条例で付加または除外が可能である。また，届出対象行為が上記景観計画の基準に適合しないと認められるときは，景観行政団体の長の勧告が可能である。さらに，建築物・工作物の形態・意匠の制限については，条例化することにより命令まで可能となる。2015 年 9 月末現在 492 の景観行政団体で景観計画が策定されている。

景観重要建造物制度および景観重要樹木制度は，地域のランドスケープになる景観上重要な建築物，工作物または樹木を保全するため，景観行政団体がこれらを指定し，所有者等に適正な管理義務を課す制度である。指定に当たっては，あらかじめ所有者の意見を聴くこととされている。一方，所有者からの指定の提案も可能である。建造物であれば増改築や修繕・色彩の変更等の現状変更行為，樹木であれば伐採・移植といった外観を変更する行為をしようとするときは，許可が必要とされている。なお，文化財とは異なり，建造物の内部の変更は許可不要である。そして，当該許可を受けることができないために損失を受けた場合の通損補償が規定されている。2015 年 9 月末現在 399 件の景観重要建造物と 588 件の景観重要樹木が指定されている。

景観地区は，市街地の良好な景観の形成を図るため，市町村が都市計画に定めることができる地域地区の一つである。規制の対象は建築物であるが，条例で工作物や開発行為も対象とすることができる。景観地区に関する都市計画には，建築物の形態意匠のほか，必要に応じ建築物の高さ等を定めることができる。これらの担保手段として，建築物の高さ等は，通常の都市計画による建築制限と同様建築確認で担保される。一方，建築物および工作物の形態意匠の制限については，周辺景観との調和といった裁量的・定性的な基準による制限等多様な場合が想定されるため，市町村長の認定で担保される。形態意匠の制限に違反した場合等には是正命令が可能である。また，開発行為・木竹の伐採等については市町村長の許可，工作物の高さ等は基準に対する直接の適合義務でそれぞれ担保される。2015 年 9 月末現在，景観地区は 39 地区で指定されている。また，地区計画における地区整備計画に定めた建築物の形態意匠の基準について，市町村長に対する届出・勧告制度に加えて，条例で定めた場合には，建築物の建築に際し市町村長が計画を認定するという景観地区と同様の仕組みが導入されている。なお，都市計画区域および準都市計画区域外において景観地区に準じた規制を行うため，市町村長が指定する準景観地区の制度がある。景観計画と景観地区の規制を比較すると，**図 5.36** のようになる。

景観協定とは，景観計画区域内の一団の土地の所有者等がその全員の合意により締結する良好な景観の形成に関する協定であり，景観行政団体の長の認可によ

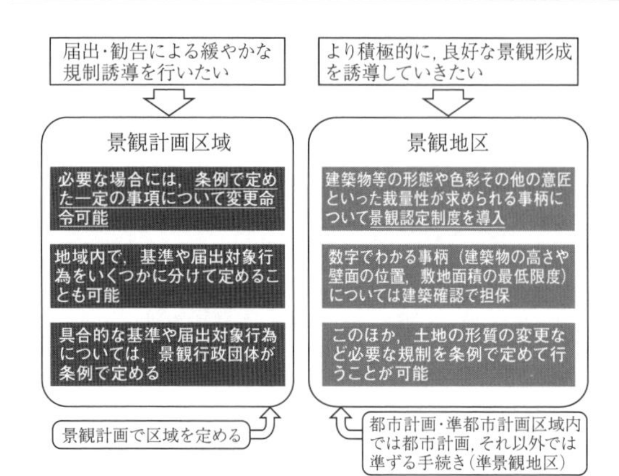

図 5.36　景観計画と景観地区の規制の比較[14]
（出典：国土交通省 Web ページ）

り有効となる。景観協定は，協定の認可後にその区域内の土地の所有者等になった者に対しても効力を有する。また，土地所有者が一人の場合の景観協定の特例（いわゆる一人協定。住宅団地の新規開発等において協定の認可後土地が分譲され新住民に対して効力を及ぼす）も規定されている。2015 年 9 月末現在 68 件の景観協定が認可されている。

〔2〕 屋外広告物法

屋外広告物法（Outdoor Advertisement Act）は，良好な景観の形成および風致の維持，ならびに公衆に対する危害の防止のため，屋外広告物および屋外広告業の規制の基準を定める法律である。

本法において屋外広告物とは，常時または一定の期間継続して屋外で公衆に表示されるものであって，看板，立看板，はり紙およびはり札並びに広告塔，広告板，建物その他の工作物等に掲出され，または表示されたもの，ならびにこれらに類するものをいう。したがって，商業用の広告物に限らず，非営利や公共のもの，案内標識やサイン等も含む広い概念である。

実際の規制は，本法に基づき都道府県，政令市，中核市の条例により行われる。また，景観行政団体である市町村および歴史まちづくり法に基づく認定市町村も，屋外広告物条例を定め規制を行うことができる（屋外広告業に関することを除く）。許可等の事務については，地方自治法に基づく事務処理委任により上記以外の市町村が行っている場合もある。

条例による規制の内容は自治体によりさまざまであるが，一般的なイメージを概説する。まず，指定された禁止区域内では，原則として屋外広告物の表示および屋外広告物の掲出する物件の設置（以下「屋外広告物の表示等」という）が禁止される。指定される地域の例は，住居専用地域，景観地区，風致地区等や重要文化財等周辺地域，保安林，高速道路・主要道路・鉄道等の沿線，公園，駅前広場等である。また，橋梁，トンネル，高架構造，街路樹，信号機，道路標識，ガードレール，郵便ポストおよび路上変圧，街路灯等が禁止物件とされ，屋外広告物の表示等が原則として禁止される。また，屋外広告物の表示等に際し許可が必要な許可区域は，広範囲に指定される場合が多い。また，はり紙，立看板，置看板，広告幕，屋上広告，突出広告，野立広告等の広告物の種類に応じて，面積や高さ，壁面に対する屋外広告物の面積の割合等が，許可の基準として，あるいは禁止される規格として定められることが一般的である。一方で，一定の広告物または掲出物件については禁止または許可の規制の適用除外とされる。その例は，法令の規定により表示する広告物，選挙ポスター，自家用広告物のうち基準に適合するもの，冠婚葬祭または祭礼のため一時的に表示する広告物，国または地方公共団体が公共目的をもって表示する広告物等である。そして，許可や禁止規格，適用除外等の基準を一律とせず，地域の特性に応じて禁止区域や許可区域の種別を分ける例も多く見られる。その際，面積や高さ等の物理的な基準のみではなく，色彩や光源の点滅等の基準を区域別に定める例も増えてきている。

違反者に対しては，一般的な法令同様に条例に命令や罰則が規定されているが，表現の自由の観点から，懲役または禁固の罰則は定めることができない。また，はり紙，はり札類，のぼり旗については，明確な違反であって，管理されずに放置されていることが明らかな場合には，本法に基づき，都道府県知事等が違反者への命令なくして除却できる（簡易除却）。

また，屋外広告業者は，条例により，都道府県知事等の登録を受けなければならないものとされている。

〔3〕 地域における歴史的風致の維持及び向上に関する法律（歴史まちづくり法）

わが国の街には，城や神社仏閣等の歴史上価値の高い建築物が，またその周辺には町家や武家屋敷等の歴史的な建造物が残されており，そこで歴史と伝統を反映した生活が営まれることにより，地域固有の風情・情緒等が形成されている。これらは，地域固有の歴史および伝統を反映した人々の活動とその活動が行われる歴史上価値の高い建造物および周辺市街地とが一体となって形成してきた良好な市街地の環境と定義付けることができ，これを**地域における歴史的風致の維持及び向上に関する法律**（Act on the Maintenance and Improvement of Historic Scenery in a Region，以下「歴史まちづくり法」という）では**歴史的風致**（historical scene）と呼んでいる。これらを保全するための制度としては，古都における歴史的風土の保存に関する特別措置法（古都保存法），文化財保護法，景観法，都市計画法等の制度があるが，古都保存法はその保存対象を京都，奈良，鎌倉等の古都周辺に限定している上，市街地とは区分された自然的環境の保全を主眼としていること，文化財保護法は文化財そのものの保存・活用を目的としており周辺環境の整備には限界があること，景観法・都市計画法は規制措置を中心としており歴史的資産を活用したまちづくりへの積極的支援措置がないこと等の限界があった。このため，維持管理の費用や手間の問題，高齢化や人口減少等により，古都や伝統的建造物群保存地区が指定されていない都市や指定されていてもこれらの地区外など，全国各地で歴史的建造物の滅失等に代表される良好な歴史的風致が失われつつあった。さらに，歴史的建造物のみではなく，空地空き家や低層市街地での高層マンションの出現等その周辺や背後地における景観の乱れも深刻化し，歴史的建造物や緑地，山や田園景観だけではなく，市街地に対する国の支援が望まれるようになった。

このような背景から，全国の市町村を対象に，まちづくり行政と文化財行政の連携により，歴史的風致を後世に承継するまちづくりを進めようとする取組みを国が支援するための新たな制度として，2008年に歴史まちづくり法が制定された。その全体像は，**図5.37**のとおりである。なお，この法律は，文化財行政を所管する文部科学省（文化庁）とまちづくりを所管する国土交通省・農林水産省との共管になっている。

歴史まちづくり法では，第一に，主務大臣が歴史的風致維持向上方針を策定するとともに，市町村は歴史的風致維持向上計画を作成し主務大臣の認定を受けることができることとされている。第二に，重要文化財等と一体となって歴史的風致を形成している建造物について，認定を受けた計画に基づき市町村が指定して保全する歴史的風致形成建造物制度がある。具体的には，当該建造物の増改築等に際しての届出・勧告制度，所有者等の適切な管理義務，文化庁長官の技術的指導等が定められている。第三に，歴史上価値の高い建築物の復原を市街化調整区域において行う場合の開発許可の特例，文化財保護法の現状変更の許可等の文化庁長官の権限の市町村の教育委員会への委譲，屋外広告物法に基づく条例制定権限の市町村への委譲等，歴史的まちづくりを市町村がすすめやすいよう法律の特例が定められている。第四に，地域の歴史および伝統を生かした物品の販売や料理の提供などを行う歴史的風致にふさわしい用途の建築物等について，用途制限の特例によりその立地を可能とする歴史的風致維持向上地区計画制度が定められている。

また，市町村が定めた歴史的風致維持向上計画に基づく事業や活動に対して，国が支援措置を講ずることとされている。例えば，歴史的風致形成建造物の修復・復原やその他のハード・ソフト事業に対する財政的支援，都市公園内での城跡・旧宅等に対する補助，農業用用排水施設の修復に対する財政的支援等であ

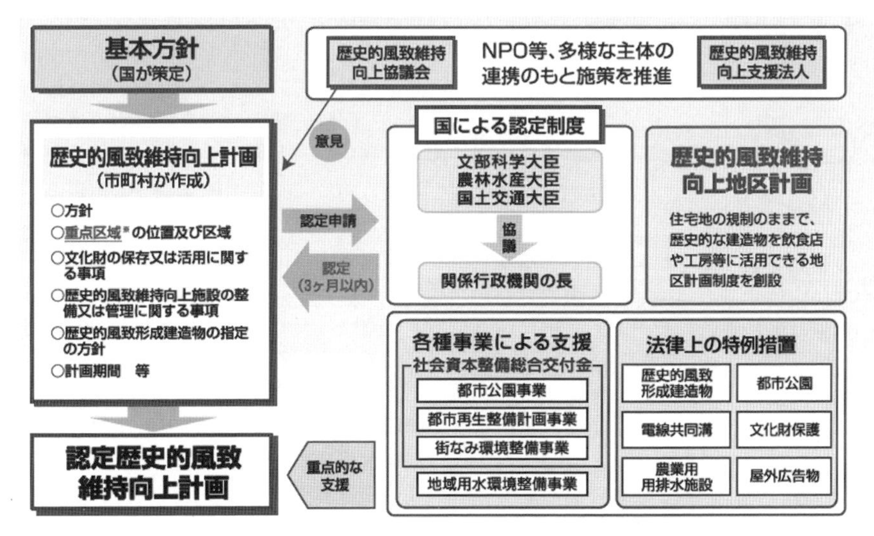

〔注〕 ※重点区域とは「重要文化財，重要有形民俗文化財または史跡名勝天然記念物として指定された建造物の用に供される土地」または「重要伝統的建造物群保存地区内の土地の区域」と，「その周辺の土地の区域」のことをいう。

図5.37　歴史まちづくり法の概要[15)]

る。

本法は，古都や文化財になるような著名な歴史的建造物がない普通のわが国の都市において，また歴史的建造物のみではなくその周辺市街地，そして人々の活動まで含んで一体として，その街の歴史や文化を保護しつつ街づくりに生かしていくという新たな方向性を法律として打ち出したことに意義がある。また，その際，規制のみではなく，国の認定（ブランド化）と財政的な支援が行われることが特徴であり，景観法とは「車の両輪の関係」にあると評価されている[16]。2016年5月19日現在，歴史的風致維持向上計画は56件認定されている。

5.5.5　社会資本分野

〔1〕 社会資本整備重点計画法

社会資本整備重点計画法（Act on Priority Plan for Social Infrastructure Development）は，社会資本整備事業を重点的，効果的かつ効率的に推進するため，道路，交通安全施設，鉄道，空港，港湾，航路標識，公園・緑地，下水道，河川，砂防，地すべり，急傾斜地，海岸をおもな対象として定められる社会資本整備重点計画の策定等について定める法律である。同法の制定以前には，道路整備緊急措置法等の個別の法律に基づき，道路整備五箇年計画等の分野別の長期計画が定められていた。しかしながら，これらの長期計画が，予算配分の硬直化，縦割りや連携不足等の原因，予算獲得のための手段に過ぎない等の批判を受けていたことから，道路，交通安全施設，空港，港湾，都市公園，下水道，治水，急傾斜地，海岸の合計9本の分野別の長期計画を一本化した計画とすべく，2003年に本法が制定された。

社会資本整備重点計画は，重点目標およびその達成のため実施すべき社会資本事業の概要，ならびに地域住民等の理解と協力の確保，事業相互間の連携の確保，既存の社会資本の有効活用，公共工事の入札および契約の改善，技術開発等による費用の縮減等事業を効果的かつ効率的に実施するため措置等を内容としている。一方，旧長期計画に定められていた計画期間における事業額は記載されていない。社会資本整備重点計画は，パブリックインボルブメント，都道府県からの意見聴取，環境保全の観点からの環境大臣への協議等の手続きを経て，閣議決定により定められる。

現在，2015年度から2020年度までを計画期間とする第4次社会資本整備重点計画が策定されている。同計画のポイントを**表5.12**，そのうち四つの重点目標と13の政策パッケージを，**図5.38**に示す。

表5.12　第4次社会資本整備重点計画のポイント[17]

1．厳しい財政制約の下，社会資本のストック効果が最大限に発揮されるよう，集約・再編を含めた戦略的メンテナンス，既存施設の有効活用（賢く使う取組み）に重点的に取り組むとともに，社会資本整備の目的・役割に応じて，「安全安心インフラ」，「生活インフラ」，「成長インフラ」について，選択と集中の徹底を図ることとしています。

　そのため，四つの重点目標と13の政策パッケージを設定し，計画期間に実施する重点施策とその進捗を示す指標を明示しました。

2．社会資本整備を支える現場の担い手・技能人材の安定的な確保・育成，現場の生産性向上などに向けた具体的な方策を明記しました。

3．社会資本整備を計画的かつ着実に実施し，担い手を安定的に確保・育成するため，安定的・持続的な公共投資の見通しの必要性を明らかにしました。

〔2〕 道　路　法[19]

道路法（Road Act）は，道路の定義，種類，路線の指定・認定方法，管理，構造，保全，費用負担等道路に関する基本的事項について定める法律である。道路網の整備を直接の目的と，交通の発達に寄与し公共の福祉を増進することを究極の目的としている。

本法では，道路とは，一般交通の用に供する道で，高速自動車国道，一般国道，都道府県道または市町村道のいずれかに該当し，道路と一体となってその効用を全うする施設または工作物（トンネル，橋，渡船施設等），および道路の附属物を含むものと定義される。道路の附属物とは，道路上の柵，道路管理者が設ける並木や街灯，道路標識等である。

一般国道（national highway）とは，都道府県庁所在地その他重要都市を連絡する道路や当該道路または高速自動車国道と人口十万以上の都市，重要な港湾，空港，国際的観光地等を連絡する道路等であって，高速自動車国道と併せて全国的な幹線道路網を構成する道路である。一般国道は政令で指定される（一般国道の路線を指定する政令）。都道府県道とは，市または人口五千人以上の町，主要港，主要駅，主要な観光地の間やこれらと高速自動車国道または一般国道を連絡する道路等であって，地方的な幹線道路網を構成する道路である。都道府県道は，都道府県議会の議決を経て都道府県知事が認定する。市町村道とは，市町村の区域内に存する道路であり，市町村の議会の議決を経て市町村長が認定したものである。なお，高速自動車国道の定義や指定方法は，後述の高速自動車国道法に定められている。

本法において，道路の管理権限および管理義務を有する**道路管理者**（road administrator）は，道路種別ごとに，**表5.13**のようになっている。

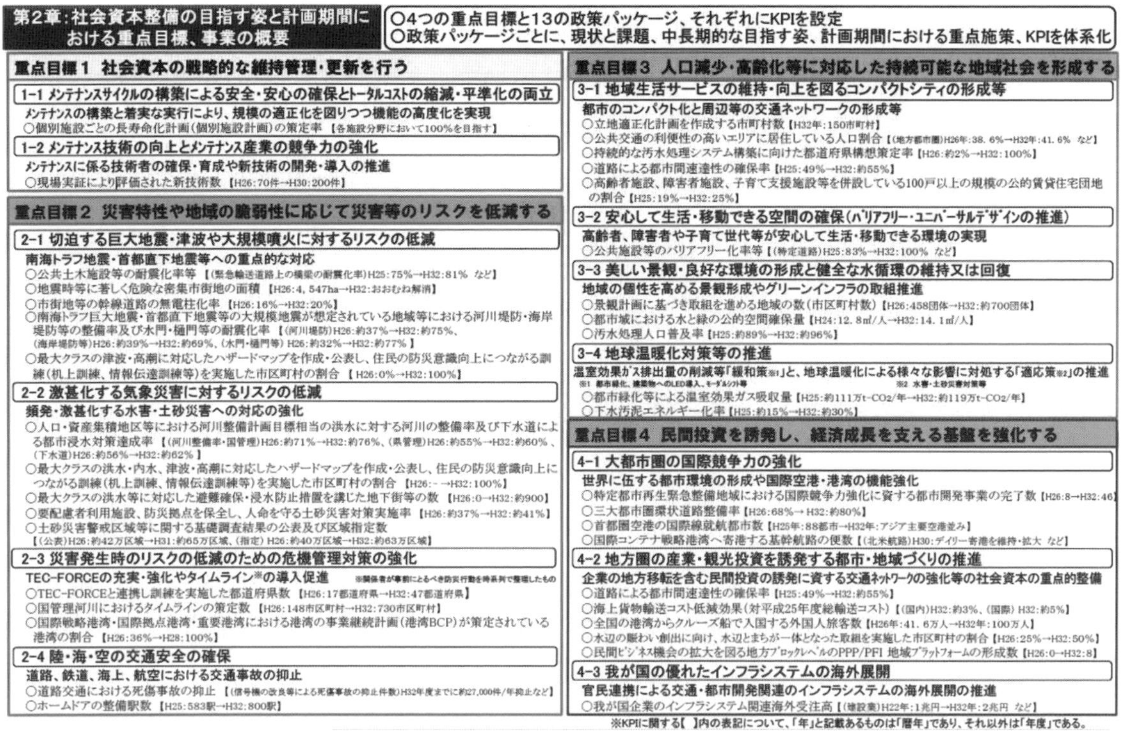

第2章：社会資本整備の目指す姿と計画期間における重点目標、事業の概要

○4つの重点目標と13の政策パッケージ、それぞれにKPIを設定
○政策パッケージごとに、現状と課題、中長期的な目指す姿、計画期間における重点施策、KPIを体系化

重点目標1　社会資本の戦略的な維持管理・更新を行う

1-1 メンテナンスサイクルの構築による安全・安心の確保とトータルコストの縮減・平準化の両立
メンテナンスの構築と着実な実行により、規模の適正化を図りつつ機能の高度化を実現
○個別施設ごとの長寿命化計画（個別施設計画）の策定率【各施設分野において100%を目指す】

1-2 メンテナンス技術の向上とメンテナンス産業の競争力の強化
メンテナンスに係る技術者の確保・育成や新技術の開発・導入の推進
○現場実証により評価された新技術数【H26:70件→H30:200件】

重点目標2　災害特性や地域の脆弱性に応じて災害等のリスクを低減する

2-1 切迫する巨大地震・津波や大規模噴火に対するリスクの低減
南海トラフ地震・首都直下地震等への重点的な対応
○公共土木施設等の耐震化率等【（緊急輸送道路上の橋梁の耐震化率）H25:75%→H32:81%　など】
○地震時等に著しく危険な密集市街地の面積【H26:4, 547ha→H32:おおむね解消】
○市街地等の幹線道路の無電柱化率【H26:16%→H32:20%】
○南海トラフ巨大地震・首都直下地震等の大規模地震が想定されている地域等における河川堤防・海岸堤防等の整備率及び水門・樋門等の耐震化率【（河川堤防）H26:約37%→H32:約75%、（海岸堤防等）H26:約39%→H32:約69%、（水門・樋門等）H26:約32%→H32:約77%】
○最大クラスの津波・高潮に対応したハザードマップを作成・公表し、住民の防災意識向上につながる訓練（机上訓練、情報伝達訓練等）を実施した市区町村の割合【H26:0%→H32:100%】

2-2 激甚化する気象災害に対するリスクの低減
頻発・激甚化する水害・土砂災害への対応の強化
○人口・資産集積地区等における河川整備計画目標相当の洪水に対する河川の整備率及び下水道による都市浸水対策達成率【（河川整備率・国管理）H26:約71%→H32:約76%、（県管理）H26:約55%→H32:約60%、（下水道）H26:約56%→H32:約62%】
○最大クラスの洪水・内水、津波・高潮に対応したハザードマップを作成・公表し、住民の防災意識向上につながる訓練（机上訓練、情報伝達訓練等）を実施した市区町村の割合【H26:-→H32:100%】
○最大クラスの洪水等に対応した避難確保・浸水防止措置を講じた地下街等の数【H26:0→H32:約900】
○要配慮者利用施設、防災拠点を保全し、人命を守る土砂災害対策実施率【H26:約37%→H32:約41%】
○土砂災害警戒区域等に関する基礎調査結果の公表及び区域指定数【（公表）H26:約42万区域→H31:約65万区域、（指定）H26:約40万区域→H32:約63万区域】

2-3 災害発生時のリスクの低減のための危機管理対策の強化
TEC-FORCEの充実・強化やタイムライン※の導入促進　※関係者が事前にとるべき防災行動を時系列で整理したもの
○TEC-FORCEと連携し訓練を実施した都道府県数【H26:17都道府県→H32:47都道府県】
○国管理河川におけるタイムラインの策定数【H26:148市区町村→H32:730市区町村】
○国際戦略港湾・国際拠点港湾・重要港湾における港湾の事業継続計画（港湾BCP）が策定されている港湾の割合【H26:36%→H28:100%】

2-4 陸・海・空の交通安全の確保
道路、鉄道、海上、航空における交通事故の抑止
○道路交通における死傷事故の抑止【（信号機の改良等による死傷事故の抑止件数）H32年度までに約27,000件/年抑止など】
○ホームドアの整備駅数【H25:583駅→H32:800駅】

重点目標3　人口減少・高齢化等に対応した持続可能な地域社会を形成する

3-1 地域生活サービスの維持・向上を図るコンパクトシティの形成等
都市のコンパクト化と周辺等の交通ネットワークの形成等
○立地適正化計画を作成する市町村数【H32年:150市町村】
○公共交通の利便性の高いエリアに居住している人口割合【（地方都市圏）H26年:38. 6%→H32年:41. 6%　など】
○持続的な汚水処理システム構築に向けた都道府県構想策定率【H26:約2%→H32:100%】
○道路による都市間速達性の確保率【H25:49%→H32:約55%】
○高齢者施設、障害者施設、子育て支援施設等を併設している100戸以上の規模の公的賃貸住宅団地の割合【H25:19%→H32:25%】

3-2 安心して生活・移動できる空間の確保（バリアフリー・ユニバーサルデザインの推進）
高齢者、障害者や子育て世代等が安心して生活・移動できる環境の実現
○公共施設等のバリアフリー化率等【（特定道路）H25:83%→H32:100%　など】

3-3 美しい景観・良好な環境の形成と健全な水循環の維持又は回復
地域の個性を高める景観形成やグリーンインフラの取組推進
○景観計画に基づき取組を進める地域の数（市区町村数）【H26:458団体→H32:約700団体】
○都市域における水と緑の公的空間確保量【H24:12. 8㎡/人→H32:14. 1㎡/人】
○汚水処理人口普及率【H25:約89%→H32:約96%】

3-4 地球温暖化対策等の推進
温室効果ガス排出量の削減等「緩和策※1」と、地球温暖化による様々な影響に対処する「適応策※2」の推進
※1 都市緑化、建築物へのLED導入、モーダルシフト等　※2 水害・土砂災害対策等
○都市緑化等による温室効果ガス吸収量【H25:約111万t-CO_2/年→H32:約119万t-CO_2/年】
○下水汚泥エネルギー化率【H25:約15%→H32:約30%】

重点目標4　民間投資を誘発し、経済成長を支える基盤を強化する

4-1 大都市圏の国際競争力の強化
世界に伍する都市環境の形成や国際空港・港湾の機能強化
○特定都市再生緊急整備地域における国際競争力強化に資する都市開発事業の完了数【H26:8→H32:46】
○三大都市圏環状道路整備率【H26:68%→ H32:約80%】
○首都圏空港の国際線就航都市数【H25年:88都市→H32年:アジア主要空港並み】
○国際コンテナ戦略港湾へ寄港する基幹航路の便数【（北米航路）H30:デイリー寄港を維持・拡大　など】

4-2 地方圏の産業・観光投資を誘発する都市・地域づくりの推進
企業の地方移転を含む民間投資の誘発に資する交通ネットワークの強化等の社会資本の重点的整備
○道路による都市間速達性の確保率【H25:49%→H32:約55%】
○海上貨物輸送コスト低減効果（対平成25年度総輸送コスト）【（国内）H32:約3%、（国際）H32:約5%】
○全国の港湾からクルーズ船で入国する外国人旅客数【H26年:41. 6万人→H32年:100万人】
○水辺の賑わい創出に向け、水辺とまちが一体となった取組を実施した市区町村の割合【H26:25%→H32:50%】
○民間ビジネス機会の拡大を図る地方ブロックレベルのPPP/PFI 地域プラットフォームの形成数【H26:0→H32:8】

4-3 我が国の優れたインフラシステムの海外展開
官民連携による交通・都市開発関連のインフラシステムの海外展開の推進
○我が国企業のインフラシステム関連海外受注高【（建設業）H22年:1兆円→H32年:2兆円　など】

※KPIに関する【　】内の表記について、「年」と記載あるものは「暦年」であり、それ以外は「年度」である。

図 5.38　第 4 次社会資本整備重点計画：第 2 章の概要 [18)]

表 5.13　道路管理者

道路の種別	道路管理者（原則）
高速自動車国道	国土交通大臣
一般国道（指定区間内）	国土交通大臣
（指定区間外）	都道府県または指定市
都道府県道	都道府県または指定市
市町村道	市町村

表 5.13 の例外としては，まず，指定区間（国土交通大臣が指定した区間をいう）外の国道の新設または改築については，特別の事情により都道府県が工事を行う場合を除き，国土交通大臣が行う。また，指定区間外の国道の災害復旧について，工事が高度の技術を要する場合等には，国土交通大臣が行うことができる。本法および関係法には，このほかにも多くの例外が定められている。

路線の指定・認定・変更等が行われた際には，道路管理者は，道路区域を決定する。これと前後し，道路用地の買収等の権原が取得される。そして，工事が行われ，完成後道路管理者が供用開始の公示を行い，供用が開始される。道路は，人工公物であるため，公共用物として成立するためには，公の目的に供する旨の行政主体の意思表示が必要であり，供用開始の公示がこれに当たる。

道路の構造について，本法では，技術的基準を，政令または条例で定めることとされている。この規定を受けて，道路が最小限保持すべき一般的技術的基準（一部については条例を定めるに当たっての参酌基準）として**道路構造令**（Order for Road Design Standards）が規定されている。具体的には，道路の区分（種別，級別），車道（設計車両，設計速度，車線数，車線幅員，車線の分離，中央帯，路肩，側帯等），自転車道，歩道，軌道，植樹帯，建築限界，平面線形，縦断線形，視距，舗装，横断勾配，排水施設，平面・立体交差，トンネル，橋・高架道路，横断歩道橋や防護柵，照明施設等の交通安全施設，非常駐車帯等の自動車駐車場，防雪・防護施設，専用道路等に関する技術的基準が定められている。なお，従来は都道府県道および市町村道の構造の技術的基準はすべて道路構造令に委任されていたが，第一次地域主権一括法（2012 年公布）による法改正により，一部を除き，条例に委任されることとなった。道路構造令は，安全性，円滑性の確保等の観点から最小限保持すべき基準を明示するという規範性を持つ一方，多くの柔軟規定が盛り込まれ，地域の実情に応じた幅広い運用が可能な制度となっている。

道路は本来一般交通の用に供され，その効果として一般の自由な通行が認められている。このような道路使用は，それが道路の本来の用法に従うことから，道路の一般使用と呼ばれる。これに対し，道路は，公共用物として，一定の空間を画しており，電気，ガス，水道，下水道，交通等の公益事業や一般の営利事業の施設のための場を提供する必要がある。そこで，このような道路の本来目的・機能を阻害しない範囲で行われる使用を，道路の特別使用という。特別使用の手続きとして，道路に工作物等を設け，継続して道路を使用しようとする場合においては，道路管理者の許可を受けなければならない。なお，このように公共用物を排他的かつ独占的に継続して使用することを**占用**（occupation）という。道路の占用許可が認められる物件は，前述の電柱，水道管，広告塔のほか，電線，郵便ポスト，下水管，ガス管，鉄道・軌道，地下街，通路，露店，看板，標識，幕，アーチ，太陽光・風力発電設備，津波一時避難施設，工事用板囲いその他の工事用施設，土石その他の工事用材料，高速自動車国道等の休憩所，サービスエリア等の食事・購買施設，トンネルの上または高架道路下の店舗等，本法および本法施行令に限定的に列挙されている。このほか，占用しようとする物件を道路の敷地外に設置する余地がないこと，道路の構造・交通に著しい支障を与えないものであること等が許可の基準となっている。なお，都市再生特別措置法に基づく占用許可の特例については，5.5.3項〔2〕を参照されたい。道路管理者は，道路の占用について占用料を徴収することができる。なお，2014年の法改正により，入札により占用者および占用料の額を定めることができる仕組みが導入された。

本法では，道路の保全等についても，各種の定めがある。具体的には，道路管理者が道路の維持・修繕をする義務，道路に対する損害行為の禁止，沿道区域における土地の管理者等の損害予防義務，車両から転落した積載物その他の道路上の放置物件についての措置，道路管理者の道路標識および区画線の設置権限および義務，道路管理者が一定の場合に道路の通行の禁止または制限を行うことができる旨等が規定されている。

本法では，道路構造の保全と交通の危険防止のため，道路を通行することができる車両の幅，重量，高さ，長さおよび最小回転半径を政令で定めることとされており，これに基づき**車両制限令**（Order for Vehicles Regulations）が定められている。車両制限令が定める制限を超える車両は，原則として，道路を通行させてはならない。ただし，車両の構造や積載する貨物が特殊でやむを得ないと認めるときは，道路管理者の許可を受けて道路を走行することが可能である。この場合，徐行等の条件が付されることがある。なお，本法とは別に，道路交通法および道路運送車両法にも車両諸元の制限が定められている。

交通が輻輳する大都市地域の交通の円滑化，または交通が輻輳する道路の交通の円滑化もしくは騒音の防止のため，供用開始前の道路を道路管理者が指定することにより，自動車専用道路とすることができる。自動車専用道路には，道路や休憩施設，利用者の相当数が当該自動車専用道路通行者と見込まれる商業施設やレクリエーション施設等，一定の施設以外の施設を連結させてはならないこととされている。また，これらの施設を自動車専用道路と連結させようとする場合には，自動車専用道路の道路管理者の許可が必要である。連結に際しては，道路管理者は連結料を徴収することができる。なお，高速自動車国道法にも類似の連結許可の制度が置かれている。

道路管理者は，本法や本法に基づく処分に違反した者等に対し，許可等の取り消し，工事その他の行為の中止，工作物等の除却その他必要な措置をとることまたは原状に回復することを命ずることができる。これを監督処分という。

指定区間外の国道の管理は，法定受託事務（5.5.1項〔2〕参照）と，都道府県道および市町村道の管理は自治事務（5.5.1項〔2〕参照）とされている。本法では，この事務区分に従い，国土交通大臣による道路管理者である地方公共団体に対する指示等の規定が定められている。

本法には，国土交通大臣が日本全国の道路と道路交通の実態を把握するための調査を行う根拠規定が置かれている。本規定に基づき，5年に一度全国道路・街路交通情勢調査（**道路交通センサス**（road traffic census））が行われている。

〔3〕 高速道路関係法

国土開発幹線自動車道建設法（National Development Arterial Expressway Construction Act）は，国土開発の根幹となるべき国土開発幹線自動車道の予定路線とその建設線の基本計画等について定める**高速自動車国道**（national expressway）の計画法である。国土開発幹線自動車道の予定路線は，本法で43路線が定められている。予定路線のうち建設を開始すべき路線について，国土開発幹線自動車道建設会議の議を経て，国土交通大臣が建設線の基本計画を決定することとされている。国土開発幹線自動車道建設会議は，衆参両院が指名した各院の議員と国土交通大臣が任命した学識経験者の合計20名で構成される。

高速自動車国道法（National Expressway Act）は，

高速自動車国道の予定路線の指定，整備計画，管理，構造等を定める法律であり，計画法と管理法の両方の性格を持つ。高速自動車国道とは，全国的自動車交通網の枢要部分を構成し，かつ国の利害に特に重要な関係を有する道路であって，① 国土開発幹線自動車道の予定路線のうちから政令でその路線を指定したもの，および ② 本法に基づき定められた高速自動車国道の予定路線のうちから政令で路線を指定したものをいう。高速自動車国道を指定する政令の制定・改廃および整備計画の策定・変更に当たっては，国土開発幹線自動車道建設会議の議を経ることとされている。高速自動車国道の予定路線は，現在，国土開発幹線自動車道建設法に基づくものと，本法に基づき国土交通大臣が内閣の議を経て定めたものを併せ，合計 47 路線が定められており，その総延長は約 11 520 km となっている。また，国土交通大臣は，高速自動車国道の新設または改築に係る**整備計画**（construction plan）を定めることとされている。

高速自動車国道の管理は，原則として国土交通大臣が行うこととされている。本法は，このほか，区域決定，供用開始，兼用工作物，道路・鉄道等との交差は立体交差とすべきこと，連結制限・連結許可・連結料，特別沿道区域，高速自動車国道への出入の制限，費用負担など，高速自動車国道の管理について，道路法の特例を定めている。

〔4〕 有料道路関係法

道路整備特別措置法（Act on Special Measures concerning Road Construction and Improvement）は，道路の整備の促進を図るため，借入金等による建設と料金による償還という有料道路制度とその新設，改築その他の管理を行う場合の特別の措置について定める法律である。**高速道路株式会社法**（Expressway Company Limited Act）は，高速道路の建設，管理，料金徴収を行う特殊会社である東日本高速道路株式会社（ネクスコ東日本），首都高速道路株式会社，中日本高速道路株式会社（ネクスコ中日本），西日本高速道路株式会社（ネクスコ西日本），阪神高速道路株式会社および本州四国連絡高速道路株式会社（以下本項において「会社」という）について定める法律である。なお，高速道路とは，高速自動車国道ならびに自動車専用道路およびこれと同等の規格・機能の道路をいう。**独立行政法人 日本高速道路保有・債務返済機構法**（Japan Expressway Holding and Debt Repayment Agency Act）は，高速道路資産の保有と会社への貸付け，債務の返済を行う独立行政法人である日本高速道路保有・債務返済機構（以下本項において「機構」という）について定める法律である。

これらの法律に基づき，高速道路に係る道路資産の保有と会社への貸付け，高速道路の新設等に係る旧日本道路公団からの承継債務および新規引受け債務の返済を機構が担うこととされている。なお，機構は，料金徴収期間の満了日（2065 年 9 月 30 日）までに債務の返済を完了させ，解散する。機構と会社は全国路線網（高速自動車国道およびネットワーク型一般有料道路），地域路線網（首都高速道路等）または一の路線（バイパス型一般有料道路）ごとに協定を締結しなければならない。協定の締結後，機構は，貸付料，債務返済計画等を記載した業務実施計画を作成し，国土交通大臣の認可を受けて，業務を実施する。会社が建設した道路資産は，原則として工事完了後に機構に帰属する。同時に会社が高速道路の建設等のために負担した債務は，機構が引き受ける。貸付料の額は，債務の返済に要する費用等を貸付期間内に償うよう設定される。また，機構は，会社が管理する高速道路について道路管理者の権限の一部を代行する。

一方，会社は，高速道路の新設または改築，機構から借り受けた道路の管理，サービスエリアの運営等の関連事業，国や地方公共団体等から受託した道路の建設・管理，道路に関する調査・設計等の業務を行う。業務を行う手続きとして，会社は，上記の機構との協定の締結後，新設・改築工事の内容，収支予算の明細，料金の額等について，国土交通大臣の許可を受けなければならない。この会社が徴収する高速道路料金の額は，貸付料および会社による維持管理費用を料金徴収期間内に償うよう設定される。また，政府（首都高速道路株式会社，阪神高速道路株式会社および本州四国連絡高速道路株式会社については，政府および地方公共団体）が，常時，総株主の議決権の 3 分の 1 以上の株式を保有していなければならないこととされている。なお，現在のところすべての会社の全株式を政府（前述 3 社については国と地方公共団体）が保有している。また，代表取締役の選定，社債および長期借入金等については，国土交通大臣の認可が必要とされている。なお，各会社の事業範囲は，おおむね地域別に高速道路株式会社法に定められている。ただし，この事業範囲以外の高速道路についての事業実施も可能である。

地方道路公社法（Local Road Public Corporation Act）は，地方公共団体が全額を出資し，設立する団体であって，地方公共団体の区域およびその周辺の有料道路の建設，管理等を行う地方道路公社について定める法律である。道路公社は，都道府県または政令で指定する人口 50 万以上の市のみが設立することができる。同法は，公社の設立，役員および職員，業務，財

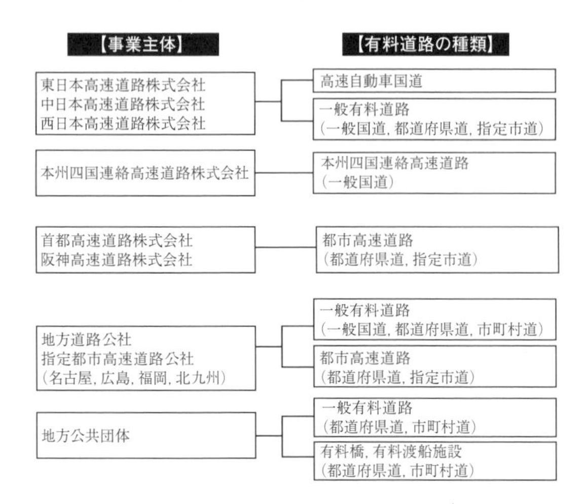

図 5.39　有料道路の種類と事業主体[20]

務，会計等について規定している。

なお，有料道路の種類と事業主体は**図 5.39** のとおりである。

〔5〕 河　川　法[21]

河川法（River Act）は，河川の定義，一級河川・二級河川・準用河川の指定方法・管理者，河川の管理，費用負担等を定める法律である。① 洪水，津波，高潮等による災害の防止，② 河川の適正な利用，③ 流水の正常な機能の維持，④ 河川環境の整備と保全の四つを目的とする。なお，④ の河川環境の目的は，1997 年の法改正により追加された。

本法において河川とは，公共の水流および水面とされているが，そのうち本法の適用対象となるのは，**一級河川**（class A river）および**二級河川**（class B river）であり，その河川管理施設を含むものとされている。一級河川とは，国土保全上または国民経済上特に重要な水系（一級水系）に係る河川で，政令で指定したものである。2014 年 6 月現在，一級河川は 109 水系，14 049 河川が指定されており，その延長は 88 073.3 km となっている。なお，**水系**（river system）とは，水源から河口に至るまでの本川や支川のまとまりである。二級河川とは，一級水系以外の水系の公共の利害に重要な関係がある河川で都道府県知事が指定したものである。河川管理施設とは，ダム，堰，水門，堤防，護岸等，河川管理者が設置または管理する施設である。このほか，河川法の適用対象ではないが，河川法の規定が準用される**準用河川**（provisional rank river）がある。準用河川とは一級河川および二級河川以外の河川で市町村長が指定したものであり，河川法の二級河川に係る規定が基本的に準用される。なお，これらの三つの河川法が適用または準用される河川を法河川と呼び，それ以外の河川を普通河川と呼んでいる。河川を構成する土地を河川区域と呼ぶ。河川区域は，土地の形態からして当然に河川区域となる土地（流水が継続して存する土地およびこれに類する状況を呈している土地，ならびに堤防等の河川管理施設の敷地）と，河川管理者の指定による区域から成る。

一級河川の管理は国土交通大臣が行う。しかし，一級河川でも国土交通大臣が指定した区間内については，都道府県知事または指定都市の長が河川管理者となる。二級河川の管理は，都道府県知事が行う。ただし，指定都市の区域内に存する部分は，指定都市の同意を得て都道府県知事が指定した場合は，指定都市の長が管理を行う。準用河川の管理は，市町村長が行う。これらを図示すると，**表 5.14** のとおりとなる。

表 5.14　水系・河川種別および河川管理者[22]

水系	模式図	河川種別	管理者
一級水系		一級河川	
		大臣管理区間	国土交通大臣
		指定区間	都道府県知事
		準用河川 ——	市町村長
		普通河川 -----	地方公共団体
二級水系		二級河川	都道府県知事
		準用河川 ——	市町村長
		普通河川 -----	地方公共団体
単独水系		準用河川 ——	市町村長
		普通河川 -----	地方公共団体

河川管理施設および許可を受けて河川管理者以外の者が河川区域内に設置する工作物のうち，治水上の影響が大きく，設置事例の多いダム，堤防，堰，水門，揚排水機場，橋等については，本法に基づき，構造の技術的基準である河川管理施設等構造令が定められている。また，本法に基づき，操作を伴うダム，堰，水門等の河川管理施設について，河川管理者が操作規則を定めることとされている。

河川は有機的に結合して水系をなしており，河川工事や河川の維持については，水系として一貫した計画の下に進めることが不可欠である。このため，本法に基づき，河川管理者は，水系ごとに，**計画高水流量**（design flood discharge）その他河川工事および河川の維持についての基本となるべき方針（**河川整備基本方針**（river development basic policy））を定めている。同方針は，水害発生の状況，水資源の利用の現況および開発ならびに河川環境の状況を考慮しつつ，その水系の河川の総合的管理が確保できるように定められる。また，同方針に沿って，河川管理者は，計画的に河川整備を行う区間についての整備に関する計画（河川整備計画）を定めることとされている。同計画には，対象区間，対象期間，目標，河川整備に関する事項が定められる。

農業，発電，上水道，工業水道，消雪，養魚等の目的で河川の流水を占用しようとする者は，河川管理者の許可を受けなければならない。河川の流水を利用する権利（**水利権**（water right））には，本法に基づくこの許可水利権のほか，旧河川法施行以前あるいは本法に基づく法河川として指定される以前から，特定の者による排他継続的な事実上の水の支配を基に社会的に承認されたいわゆる慣行水利権があり，これについては改めて本法に基づく許可を要することなく，許可を受けたものとみなされている。この慣行水利権については，河川管理者に対して，目的，量，取水位置等を届け出なければならないこととされている。しかし，その権利内容はもっぱら旧来からの取水実態に委ねられているため，いまなお不明確なものが少なくないといわれている。また，民有地以外の河川区域内の土地を占用しようとする者は，河川管理者の許可を受けなければならない。この場合の許可基準は，道路の場合と異なり，本法には特に定められておらず，河川敷地占用許可準則（1999（平成11）年8月5日建設省事務次官通達）が基準となっている。民有地以外の河川区域内の土地において土石や竹木，あし等を採取しようとする者も，河川管理者の許可を受けなければならない。また，河川区域内の土地（民有地を含む）において工作物の新築，土地の掘削や盛土・切土，竹木の植栽・伐採等を行おうとする者も，河川管理者の許可を受けなければならない。このほか，土石や廃物の投棄，特定の区域への自動車乗入れ，汚水の排出等についても，政令または条例によって禁止または制限が行われている。

本法では，ダムに関する特則として，河川管理者以外が設置するダムが河川管理に及ぼす影響についてダム設置者の責任を明確にするとともに，ダム災害を防止するためダム設置者がとるべき措置について規定されている。また，本法には，緊急時の措置として，洪水調節のための河川管理者によるダム設置者への指示，渇水時における水利権者間の水利使用の調整の努力義務，渇水時における他の水利権者へ水利使用をさせる場合の特例が定められている。

河川管理者は，河川管理の適正を確保するため，本法や本法に基づく処分に違反した者等に対し，許可等の取り消し，工事その他の行為の中止，工作物等の除却その他必要な措置をとること，または現状に回復することを命ずることができることとされている。

一級河川は国土保全上または国民経済上特に重要な水系に係る河川，二級河川は一級水系以外の水系で公共の利害に重要な関係があるものに係る河川であるため，それらの管理の事務は，本来国が実施するものと考えられている。したがって，指定区間内の一級河川および二級河川の管理は，法定受託事務（5.5.1項〔2〕参照）とされている。このため，河川管理上重要な事項について国土交通大臣が個別に監督するため，都道府県知事または指定都市の長が行う一級河川の河川整備計画の策定・変更，二級河川の河川整備基本方針および河川整備計画の策定・変更，高さ15メートル以上のダムや地下水圧管路の改良工事等について，国土交通大臣の認可を受けなければならないものとされている。

〔6〕 都市公園法

わが国において，一般に「公園」と呼ばれているものは，**営造物公園**（artificial park）と，地域制公園とに大別される。営造物公園とは，国または公共団体が一定区域内の土地の権原を取得し，一般に公開する営造物である公園であり，**都市公園**（urban park）がその代表である。地域制公園とは，国または公共団体が土地の権原に関係なく一定の区域を公園として指定し，土地利用規制や行為規制等により自然景観を保全することをおもな目的とする公園であり，国立公園等の自然公園に代表される。

都市公園法（Urban Park Act）は，営造物公園である都市公園の定義，都市公園の設置および管理に関する基準等を定める法律である。

本法において都市公園とは，公園または緑地であって① 地方公共団体が設置する都市計画施設（5.5.3項〔1〕参照）であるもの，② 地方公共団体が都市計画区域内において設置するもの，③ 一の都府県の区域を超えるような広域の見地から国が設置する都市計画施設であるもの，④ 国家的な記念事業として，またはわが国固有の優れた文化的資産の保存および活用を図るため閣議の決定を経て国が設置する都市計画施設であるものとされる。③ はイ号**国営公園**（national park）と，④ はロ号国営公園と呼ばれている。なお，都市公園には，設置者である地方公共団体または国が当該公園または緑地に設ける公園施設を含む。公園施設とは，都市公園の効用を全うするため都市公園に設けることができる施設であり，具体的には① 園路および広場，② 植栽，花壇，噴水その他の修景施設，③ 休憩所，ベンチその他の休養施設，④ ぶらんこ，すべり台，砂場その他の遊戯施設，⑤ 野球場，陸上競技場，水泳プールその他の運動施設，⑥ 植物園，動物園，野外劇場その他の教養施設，⑦ 売店，駐車場，便所その他の便益施設，⑧ 門，柵，管理事務所その他の管理施設，⑨ 展望台，集会所および災害応急対策に必要な施設であり，本法施行令に列挙されている。このうち，地方公共団体の設置する都市公園における③ 修景施設，④ 遊戯施設，⑤ 運動施設，⑥ 教養施設については，条例で公園施設を追加することが可能となっている。都市公園は，道路と同じく，供用の開始に際し公告を要する。

本法および本法施行令では，都市公園および公園施設の設置基準を定めている。具体的には，住民１人当り都市公園面積の基準，地方公共団体が設置する都市公園について住区基幹公園等公園種別ごとの配置および規模，イ号国営公園の配置，規模，位置および区域の選定ならびに整備の基準等である。また，都市公園に公園施設として設けることができる建築物の建築面積は，原則として都市公園の面積の2%とされている。ただし，休養施設，運動施設，教養施設，災害応急対策に必要な施設等については10%，文化財保護法に基づく国宝，重要文化財，登録有形文化財，景観法に基づく景観重要建造物（5.5.4項〔1〕参照），歴史的風致形成建築物（5.5.4項〔3〕参照）については20%上乗せすることが認められている。なお，地方公共団体の設置する都市公園の基準については，2011年（公布）の第二次地域主権一括法および関係政令による改正により，これらの基準を参酌しつつ，条例で基準を定めることとなっている。

都市公園の管理は，地方公共団体の設置する都市公園は地方公共団体が，国営公園は国土交通大臣が行う。公園管理者以外の者が公園施設の設置・管理を行う場合，公園管理者の許可が必要とされる。都市公園に公園施設以外の工作物その他の物件または施設を設けて都市公園を占用しようとする場合も，公園管理者の許可が必要である。都市公園の占用が認められる物件は，電柱，電線，下水管，水道管，ガス管，通路・鉄道・公共駐車場等で地下に設けられるもの，太陽光・風力発電設備，蓄電池，郵便ポスト，イベント等のための仮設工作物，備蓄倉庫等の災害応急対策に必要な施設，工事用板囲いその他の工事用施設，土石その他の工事用材料等本法および同法施行令において限定的に列挙されている。なお，2015年（公布），国家戦略特別区域法に基づき認定された国家戦略特別区域計画に定められた通所型の保育所等について占用許可の対象と認められるようになったところである。都市再生特別措置法に基づく占用許可の特例については，5.5.3項〔2〕を参照されたい。国営公園においては，本法に基づき，損傷・汚損行為，竹木の伐採，植物の採取，土石・竹木等の堆積が禁止され，物品の販売，集会やイベント等による独占的な都市公園の利用については公園管理者の許可を要することとされている。地方公共団体の設置する都市公園においては，このような行為の制限は条例で定められる。

都市公園は，① 他の都市計画事業が施行される場合その他公益上特別の必要がある場合，② 代替する都市公園が設置される場合，③ 借地により設置された都市公園の借地契約が終了等した場合のほか，みだりに都市公園を廃止してはならないこととされている。本規定や都市公園の建蔽率の制限，占用許可等の規定は，本法が成立する以前に住宅，学校等公園の機能と無関係な建物による敷地の占拠等による都市公園の荒廃が多々見られたという歴史を踏まえ，公共オープンスペースとしての都市公園を確保しようとの狙いがある。

公園管理者は，監督処分を行うことができる。監督処分の内容や相手方は，道路法とほぼ同様である。

〔7〕 下 水 道 法

下水道法（Sewerage Act）は，流域別下水道整備総合計画ならびに公共下水道，流域下水道および都市下水路の設置・管理の基準等を定める法律である。下水道を整備することによる都市の健全な発達，公衆衛生の向上および公共用水域の水質保全を目的とする。

本法において下水とは，汚水または雨水をいう。汚水とは，生活または事業に起因・付随する廃水である。**下水道**（sewerage system）とは，下水の排水施設（排水管，排水渠等），処理施設（水処理施設，汚泥処理施設等）とこれらの補完施設（ポンプ施設，貯留施設等）の総体である。**公共下水道**（public sewerage system）とは，① おもに市街地の下水を排除・処理するための下水道で，終末処理場を有するか，流域下水道に接続するもので，排水施設の相当部分が暗渠であるもの，または ② おもに市街地における雨水のみを排除するための下水道で，これを公共の水域・海域に放流するものまたは流域下水道に接続するものである。② は雨水公共下水道と呼ばれ，比較的発生頻度の高い内水に対する地域の実情に応じた浸水対策のため，公共下水道で汚水処理を行わない区域（合併浄化槽で汚水処理を行う区域等）でも，公共下水道で雨水排除をできるようにするため，2015年の法改正により創設された制度である。公共下水道は，原則として市町村が管理する。ただし，2以上の市町村が受益し，かつ，関係市町村のみでは設置することが困難であると認められる場合には，都道府県が管理することができる。**流域下水道**（regional sewerage system）とは，① もっぱら地方公共団体が管理する下水道からの下水を排除・処理するための下水道で，2以上の市町村の下水を排除し，終末処理場を有するもの，または②終末処理場を有する公共下水道または雨水公共下水道からの雨水のみを受けて，これを公共の水域・海域に放流するための下水道で，2以上の市町村の雨水を排除し，雨水の流量を調節するための施設を有するものである。②は雨水流域下水道と呼ばれ，市街化の進展や集中豪雨の頻発などを受け，都道府県が事業主体となり，複数市町村にまたがる区域を対象とした一体的な浸水対策を行うことが必要となったことから，2005年の法改正で制度化された。なお，流域下水道に接続する公共下水道を，流域関連公共下水道という。流域下水道は，原則，都道府県が管理するが，都道府県と協議の上，市町村が管理することもできる。都市下水路は，おもに市街地の下水を排除するための公共下水道および流域下水道以外の一定規模以上の下水道で，地方公共団体が指定したものである。もっぱら雨水排除を目的とし，終末処理場を有しない。都市下水路は，原則，市町村が管理する。

下水道事業のほか，本法に基づかない汚水処理の方法として，**農業集落排水**（agricultural community effluent）事業および**合併処理浄化槽**（septic tank of combined treatment）がある。農業集落排水事業は，農業用排水の水質保全や農業用用排水施設の機能維持，農村の生活環境改善，川や海の水質保全を目的に，農業振興地域内等の農業集落のし尿と生活雑排水を処理する施設を整備する事業である。地方公共団体が設置することが一般的である。合併処理浄化槽とは，下水道未整備地域の各家庭等においてし尿と生活雑排水を一括して処理する浄化槽である。下水道事業の予定処理区域外において，一般的には個人により設置される。これらを図示すると，**図5.40**のようになる。

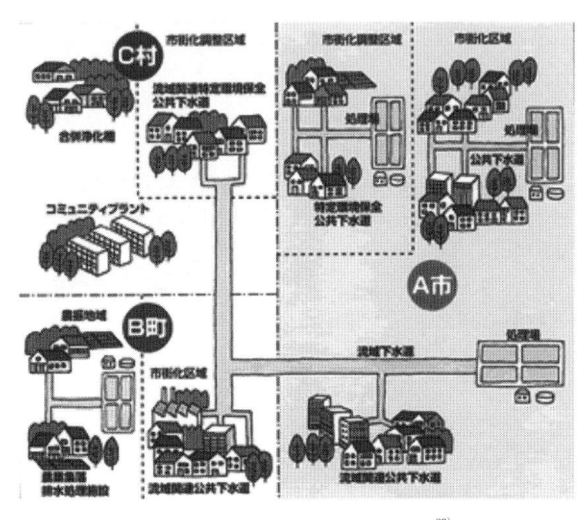

図5.40　汚水処理の方法の概念図[23)]

本法に基づき，都道府県は，環境基本法に基づく水質環境基準を達成するため，公共水域または海域ごとに，下水道の整備に関する総合的な基本計画（流域別下水道整備総合計画）を定めなければならないこととされている。同計画には，下水道整備の基本方針，根幹的施設の配置，構造および能力，事業実施順位，放流水の窒素・リンの削減目標量・削減方法等が記載される。

公共下水道および流域下水道の管理者は，これらの下水道の設置に際して，都道府県知事または国土交通大臣と協議の上，事業計画を定めることとされている。同計画には，排水施設・終末処理場等の配置・構造・能力，予定処理区域，工事の着手・完成の予定年月日等が記載される。同計画は，降水量・人口等を考慮すること，構造基準に適合すること，予定処理区域が施設能力等に相応すること，流域別下水道整備総合計画や都市計画等と適合すること等が要件とされている。

公共下水道および流域下水道（雨水流域下水道を除く）の構造，維持・修繕，放流水の水質，終末処理場の維持管理の基準は，政令（一部は政令の基準を参酌した条例）で定められている。

本法は，私人への規制も定める。具体的には，公共下水道の排水区域内の土地・建物の所有者等は，原則として，下水を公共下水道に流入させるために必要な排水設備を政令で定める技術基準に則って設置しなければならない。また，継続して一定の量または水質の下水を排除して公共下水道を使用する者について，下水の使用開始の時期等の届出義務が課されている。さらに，公共下水道の処理区域内においては，くみ取式便所を下水の処置開始日から3年以内に水洗便所に改造しなければならない。公共下水道管理者は，公共下水道または流域下水道の施設の機能の妨げまたは施設の損傷のおそれがある下水や基準に適合しない水質の下水を排除する者に対して，除害施設の設置等を義務付けることができる。また，カドミウムやダイオキシンを含む汚水等を排出する施設（特定施設）について，特定施設を設置する工場や事業所の下水の排除制限（水質基準），特定施設設置等の届出，構造等の変更の届出，届け出られた特定施設の計画の変更命令，事故時の措置その他の規定が定められている。公共下水道管理者は，条例で，使用者から使用料を徴収することができる。さらに，下水道の種別や暗渠・開渠の別に応じ，物件の設置について制限が設けられている。

2015年の法改正により，民間施設の地下空間を活用した内水対策を推進するため，浸水被害対策区域の制度が設けられた。具体的には，地下空間の利用が進み，内水対策のために下水道を整備することが困難な区域を市町村等が条例で浸水被害対策区域として指定することができる。そして，同区域内においては，市町村等が条例で，土地所有者等が公共下水道に下水を流入させる際に設けなければならない排水設備に雨水の一時的な貯留または地下への浸透機能を付加させることができることとされている。

下水道の管理に係る事務は自治事務（5.5.1項〔2〕参照）であるが，本法には，公衆衛生上の重大な危害または公共用水域の水質への重大な影響の防止のため，国土交通大臣または環境大臣の下水道管理者への緊急指示が規定されている。

また，下水道管理者は，監督処分を行うことができる。監督処分の内容や相手方は，道路の場合とほぼ同様である。

5.5.6 防　災　分　野

〔1〕 防災に関する法律概観

災害大国ともいわれるわが国には，さまざまな防災に関する法律がある。これらの法律を，まず，災害対策の場面で分類すると，① 災害予防，② 災害応急対策，③ 災害復旧・復興，④ これらの場面にまたがる総合的な法律に大別できる。

複数の場面にまたがる総合的な法律としては，後述する「災害対策基本法」がある。また，原子力災害および石油コンビナート災害の特殊性に鑑みた災害対策基本法の特別法である「原子力災害対策特別措置法」および「石油コンビナート等災害防止法」，ならびに東海地震を想定した防災体制の整備や地震防災応急対策等を定める「大規模地震対策特別措置法」も，複数の場面にまたがる総合的な法律に分類できる。

災害予防に関する法律としては，全国的な災害予防対策を定める法律として，「地震防災対策特別措置法」，「国土強靱化法」，「密集市街地整備法」，「宅地造成等規制法」，「耐震改修促進法」，「津波対策の推進に関する法律」，「津波防災地域づくり法」，「砂防法」，「地すべり等防止法」，「急傾斜地崩壊防止法」，「土砂災害防止法」，「特定都市河川浸水被害対策法」，「台風常襲地帯における災害の防除に関する特別措置法」，「豪雪地帯対策特別措置法」，「活火山法」がある[†]。これらのほか，特定の地震に対する予防策を定める法律として，「首都直下地震対策特別措置法」，「南海トラフ地震に係る地震防災対策の推進に関する特別措置法」，「日本海溝・千島海溝周辺海溝型地震に係る地震防災対策の推進に関する特別措置法」，「地震防災対策強化地域における地震対策緊急整備事業に係る国の財政上の特別措置に関する法律（地震財特法）」がある。さらにこのほか，前述の「河川法」，森林計画・保安林等の森林に関する基本的事項を定める「森林法」，および建築物の敷地，構造，設備および用途に関する最低の基準を定める「建築基準法」も，防災，国土保全ないし国民の生命の保護を目的の一つとする災害予防のための法律に分類することができる。加えて，避難地や避難路となる都市計画施設をはじめとする都市の防災構造をつくる「都市計画法」，災害に強い市街地をつくる「土地区画整理法」や「市街地再開発法」，避難地や避難路となる道路や都市公園の整備・管理について定める「道路法」や「都市公園法」なども，防災以外の広範な目的を持つ法律ではあるが，広い意味では災害予防に関連する法律といえよう。

災害応急対策のための法律には，避難所や応急仮設住宅の供与，食品・飲料水・生活必需品の給与，医療，被災者の救出等の災害救助を実施する体制，適用基準，救助の種類・程度・方法および期間，必要な物資の収用や医療・土木建築工事・輸送関係者への従事命令等の強制権の発動，救助費用の分担等について定める「災害救助法」がある。また，「消防法」，「水防法」も主として災害応急対策のための法律に分類できる。このほか，「消防組織法」，「警察法」，「自衛隊法」等の組織法を災害応急対策のための法律に分類することもある。なお，「災害対策基本法」も，災害時の緊急通行の確保，罹災証明等多くの災害応急対策を定める。

災害復旧・復興のための法制度には，いくつかの類型がある。① 被災した施設等の復旧事業について定める「公共土木施設災害復旧事業費国庫負担法」，「農林水産施設災害復旧事業国庫補助法」等，② 被災者への救済援助措置について定める「災害弔慰金の支給等に関する法律」，「被災者生活再建支援法」，「中小企業信用保険法」等，③ 災害廃棄物の処理について定める「廃棄物の処理および清掃に関する法律」，④ 保険や共済制度について定める「地震保険に関する法律」，「農業災害補償法」等，⑤ 居住に関する民事法の特例を定める「大規模な災害の被災地における借地借家に関する特別措置法」，「被災区分所有建物の再建等に関する特別措置法」等，⑥ 特に大きな災害に対する全般的な復旧・復興に関する特別措置を定める「激甚災害法」，「特定非常災害の被害者の権利利益の保全等を図るための特別措置に関する法律（特定非常災害法）」等，⑦ 災害からの復興について定める「大

---

† 一部の法律については略称。正式名称は5.5.6項〔3〕を参照のこと。

規模災害からの復興に関する法律」,「被災市街地復興特別措置法」,「防災集団移転促進特別措置法」等,⑧ 特定の大規模な災害からの復旧・復興に関する特別の措置を定める「東日本大震災に対処するための特別の財政援助及び助成に関する法律」,「東日本大震災による被害を受けた公共土木施設の災害復旧事業等に係る工事の国等による代行に関する法律」,「東日本大震災により甚大な被害を受けた市街地における建築制限の特例に関する法律」,「東日本大震災復興基本法」,「東日本大震災復興特別区域法」,「阪神・淡路大震災復興の基本方針および組織に関する法律（すでに失効）」等である。これらのほか，国土強靭化法，津波防災地域づくり法，土地区画整理法，都市計画法等災害予防のための法律に分類される法律に基づく制度が復興の場面で使われることも多い。

また，災害の種別に応じて法律を分類することもできる。災害の種別とは，地震，津波，風水害，火山，地滑り・土砂崩れ，豪雪，原子力，そして災害全般を想定するものである。特に予防のための法律の多くは災害種別ごとに分類が可能であるが，基本法である国土強靭化法のように，災害全般を想定するものもある。災害応急対策や復旧・復興対策のための法律は，災害全般を想定するものが多いが，水防法等の例外もある。この二つの視点からの分類を，内閣府において**図 5.41** に示している。

本項では，〔2〕以下において，防災の最も基本的な法律である災害対策基本法と，土木計画に関係の特に深い災害予防のための法律，そして復旧・復興のための法律のうち被災した公共施設等の復旧事業と災害からの復興について定める法律を中心に，おもなものを概観することとする。

防災に関する法律の特徴として，実際に発生した災

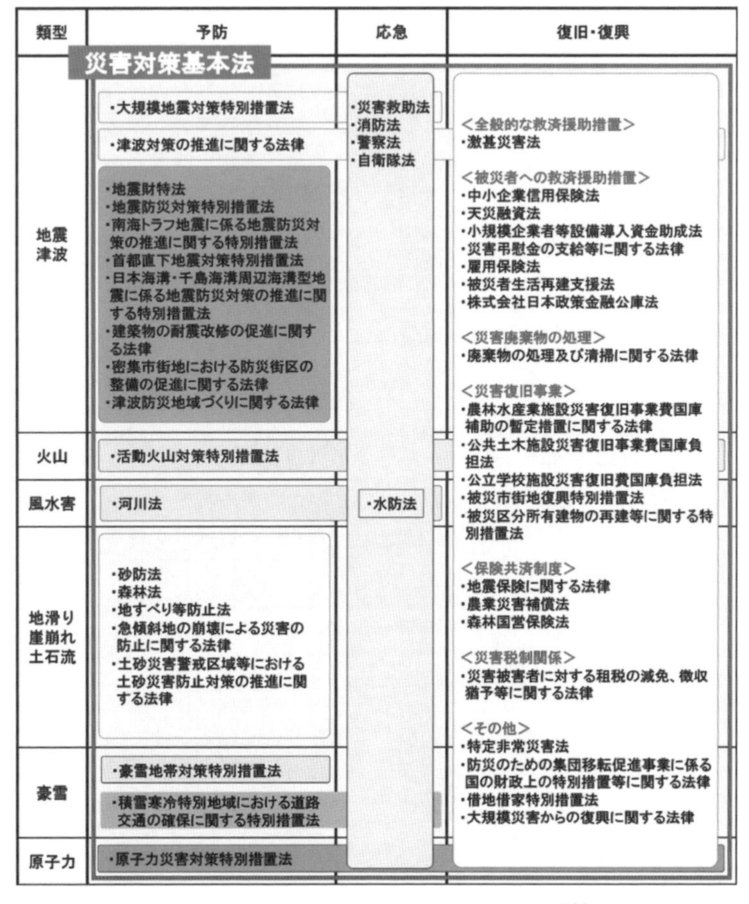

図 5.41　おもな災害対策関係法律の類型別整理表[24)†]

† 本表は内閣府の整理のよるものであるため，本文による著者の整理とは若干異なることに注意。

害の教訓を踏まえ制定・改正される場合が多いことが挙げられる。例えば，古くは災害対策基本法（1961年公布）は，伊勢湾台風（1959年）による被害を踏まえて立案されたものである。また，阪神淡路大震災（1995年）を踏まえ，地震防災対策特別措置法（1995年公布），被災市街地復興特別措置法（1995年公布），特定非常災害法（1996年公布），密集市街地整備法（1997年公布），災害対策基本法の一部改正（1995年公布）等多く法律が制定・改正されている。さらに，東日本大震災を踏まえて制定・改正された法律として，津波対策の推進に関する法律（2011年公布），津波防災地域づくりに関する法律（2011年公布），大規模災害からの復興に関する法律（2013年公布），災害対策基本法の一部改正（2012年公布および2013年公布），原子力災害対策特別措置法の一部改正（2013年公布）等がある。なお，一般的に前文を有する法律は珍しいが，例えば，津波対策の推進に関する法律には，「東日本大震災の惨禍を二度と繰り返すことのないよう…津波対策に万全を期する必要」といった前文が付されている。近年では，2014年に行われた都道府県による基礎調査の結果の公表の義務付け等が行われた土砂災害防止法の一部改正は同年の広島の土砂災害を，火山地域の関係者が一体となった警戒避難体制の整備等のために行われた2015年の活動火山対策特別措置法の一部改正は2014年の御嶽山の噴火を，それぞれ教訓として行われたものである。このような発生した災害の教訓を踏まえた防災法制度の経緯を，内閣府において**図5.42**に示している。

〔2〕 災害対策基本法

災害対策基本法（Basic Act on Disaster Control Measures）は，予防から災害応急対策，復旧までの災害全般への対策を定めるわが国の災害対策の基本的な法律である。

本法はまず，基本法として，防災に対する理念や国・自治体・関係機関・住民等の責務を規定する。

災害予防としては，国，都道府県および市町村それぞれ防災会議を置く。また，内閣府に置かれた中央防災会議が**防災基本計画**（master plan for disaster prevention）を，指定行政機関（関係省庁等）や指定公共機関（公共的機関および公益的事業を営む法人）が防災業務計画を，地方公共団体の地方防災会議が地域防災計画を定めることとされる。また，コミュニティレベルの計画である地区防災計画の仕組みが2013年の法改正で制度化された。指定行政機関，指定公共機関，地方公共団体，公共的団体，防災上重要な施設の管理者等に対し，防災組織の整備，防災訓練の実施，物資および資材の備蓄等の義務が課されるとともに，防災教育，円滑な相互支援のための措置および協定等の物資供給事業者等の協力を得るための措置についての責務規定が置かれている。また，市町村長は，（安全性等の一定の基準を満たす）指定緊急避難場所および（生活環境等を確保するための一定の基準を満たす）指定避難所を区別して指定しなければならない。市町村長は，避難に際し支援を要する者の名簿（避難行動要支援者名簿）を作成しておかなければならない。避難行動要支援者名簿の避難支援等関係者への提供についても定めが置かれている。また，市町村は，防災マップの作成に努めることとされている。

災害応急対策については，国における非常災害対策本部・緊急災害対策本部の体制，内閣総理大臣の災害緊急事態の布告，地方自治体の災害対策本部の体制，情報の収集・共有・伝達に係る各種の定め，避難勧告・避難指示，応急措置の実施，警戒区域の設定，応急公用負担，従事命令，自治体間または国による自治体への応援とその要求・調整，自衛隊の災害派遣の要請，都道府県または国による市町村または都道府県が行うべき応急措置の代行，災害時交通規制，災害時における道路管理者による車両の移動等，国による物資の供給，運送事業者等への物資等の輸送の要請，被災者の広域一時滞在，被災者の輸送，避難所の生活環境の整備，安否情報の提供，国・自治体とボランティアとの連携，市町村による罹災証明書の交付，市町村による被災者台帳の作成とその利用・提供，避難所と応急仮設住宅に係る消防法の特例や医療法・墓地埋葬法・廃棄物処理法等の特例等が定められている。災害緊急事態が布告されると，政府が対処基本方針を定めるとともに，すでに設置されている場合を除き緊急災害対策本部が設置される。また，上記の消防法や医療法等の特例や特定非常災害に定める被災者の権利保護のための特別措置が適用されるとともに，必要に応じ生活必需物資の配給等の制限や海外からの支援受入れ等に係る緊急政令の制定が行われる。

災害復旧についても，復旧の実施責任などの規定が定められている。

本法の実施に係る費用はそれぞれの実施責任者の負担とされている。一方，激甚な災害に関する国による財政上の措置も規定されている。

〔3〕 災害予防のための法律

本項では，〔1〕で災害予防のための法律に分類した法律のうち，おもなものを個別に概観する。

地震防災対策特別措置法（Act on Special Measures Concerning Advancement Countermeasures for Earthquakes）は，阪神・淡路大震災の教訓を踏まえて，わが国全体の地震防災対策の強化を図るため制定

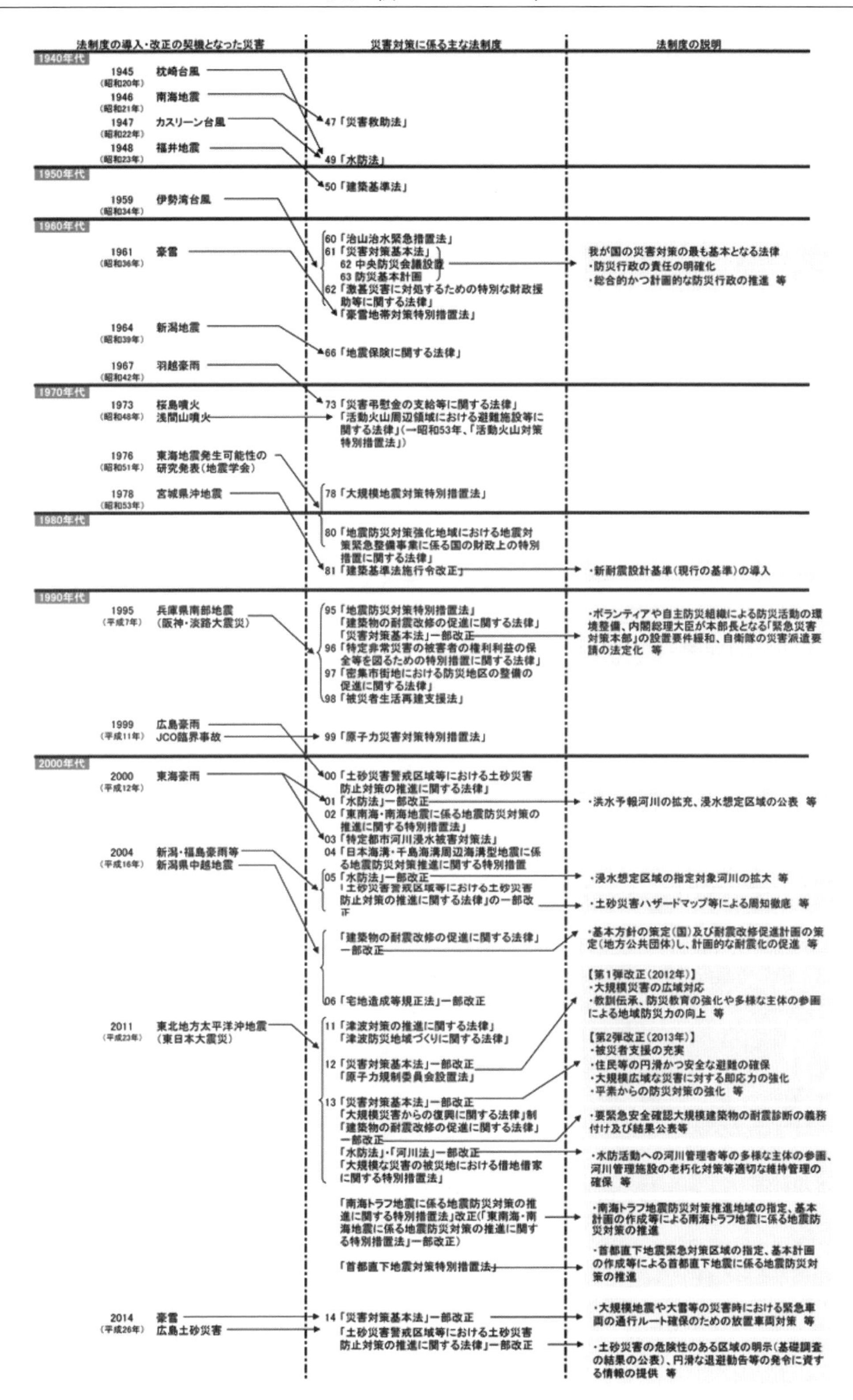

図 5.42　戦後の防災法制度・体制の歩み[25]

された法律であり，① 地震防災対策の目標の設定，② 都道府県知事による地震防災緊急事業五箇年計画の作成およびこれに基づく事業に係る国の財政上の特別措置（消防用施設，学校や幼稚園等の耐震補強・改築，防災行政無線設備，備蓄倉庫等），③ 地震に関する調査研究の推進のための体制の整備等について定める。

強くしなやかな国民生活の実現を図るための防災・減災等に資する国土強靱化基本法（**国土強靱化法**：Basic Act for National Resilience Contributing to Preventing and Mitigating Disasters for Developing Resilience in the Lives of the Citizenry）は，大規模自然災害等に備えた国土の全域にわたる強靱な国づくり（国土強靱化）の推進に関し，基本理念，国・地方公共団体・事業者・国民の責務，基本方針，国による国土強靱化基本計画の策定，自治体による国土強靱化地域計画の策定，内閣に置かれる国土強靭化推進本部の事務および組織等について定める基本法である。2013年に制定された。同法に基づく国土強靱化基本計画（2014年策定）はおおむね5年ごとに見直されることとされている。また，同計画に基づき国土強靱化推進本部が毎年国土強靱化アクションプランを策定している。

密集市街地における防災街区の整備の促進に関する法律（**密集市街地整備法**：Act Concerning the Promotion of Disaster Prevention Block Improvement in Concentrated Urban Areas）は，密集市街地の計画的な再開発または開発整備による防災街区の整備を促進するため，① 防災再開発促進地区における建築物の建替え等の促進，② 延焼防止と避難路の確保を目的とした道路等の公共施設の整備と耐火建築物への誘導を内容とする地区計画の一類型である防災街区整備地区計画，③ 権利変換による土地・建物の共同化を基本としつつ例外的に個別の土地への権利変換も認める事業手法を用いながら老朽化した建築物を除却し，防災性能を備えた建築物および公共施設の整備を行う防災街区整備事業，④ 防災都市施設の整備のための特別の措置等を定める。

宅地造成等規制法（Act on the Regulation of Housing Land Development）は，宅地造成に伴う崖崩れまたは土砂の流出による災害の防止のため，① 宅地造成に伴い災害が生ずるおそれが大きい市街地等の宅地造成工事規制区域への指定，② 宅地造成工事規制区域内における宅地造成工事等の規制，③ 相当数の居住者等に危害を生ずる宅地造成に伴う災害の発生のおそれが大きい造成宅地の造成宅地防災区域への指定，④ 宅地造成工事規制区域内および造成宅地防災区域の宅地所有者等に対する災害防止のための勧告・命令等を定める法律である。

建築物の耐震改修の促進に関する法律（**耐震改修促進法**：Act on Promotion of Seismic Retrofitting of Buildings）は，① 国による基本指針の策定，② 自治体による耐震改修促進計画の作成，③ a. 一定規模以上の病院・店舗・旅館等不特定多数の者が利用する大規模建築物，小学校・老人ホーム等避難弱者が利用する建築物のうち大規模なものおよび一定量以上の危険物を取り扱う大規模な貯蔵場等，b. 緊急輸送道路等の避難路の沿道にある一定の高さ以上の建築物，ならびにc. 庁舎・避難所等の防災拠点建築物に対する耐震診断と結果報告の義務付けや結果の公表，④ 上記以外の不特定多数の者が利用する建築物や避難弱者が利用する建築物のうち一定規模以上のもの，避難路沿道建築物，一定規模以上の危険物を取り扱う貯蔵場等に対する所管行政庁による耐震診断・耐震改修の指導・助言，指示，公表等を定める。また，⑤ 建築物の耐震改修計画の認定と認定を受けた建築物について地震に対する安全性が確認される場合は既存不適格のままで可とする特例や耐火建築物・建蔽率・容積率の特例，⑥ 区分所有建築物について耐震改修を行おうとする場合の決議要件の特例（3/4→1/2），⑦ 建築物の耐震性に係る表示制度等についても定められている。

津波対策の推進に関する法律（Act on Promotion of Tsunami Disaster Countermeasures）は，① 津波対策を推進するに当たっての基本的認識を明らかにするとともに，② 津波の観測体制の強化および調査研究の推進，③ 津波に関する防災上必要な教育および訓練の実施，④ 津波対策のために必要な施設の整備等のソフト面・ハード面両方にわたる全般的な津波対策を推進するための努力義務等を定めている。津波防災の日（11月5日）の根拠法でもある。なお，復旧・復興に当たっての配慮など，一部予防以外の場面についても定める。2011年に制定されており，東日本大震災の教訓を踏まえた前文を有するという特徴がある。

津波防災地域づくりに関する法律（**津波防災地域づくり法**：Act on Regional Development for Tsunami Disaster Prevention）は，① 国による基本指針の策定，② 市町村による推進計画の作成，③ 推進計画区域における特別の措置，④ 全面買収方式による一団地の津波防災拠点市街地形成施設に関する都市計画，⑤ 津波防護施設の管理，⑥ 津波災害警戒区域における警戒避難体制の整備，および ⑦ 津波災害特別警戒区域における一定の開発行為および建築物の建築等の制限等について定める。津波による災害の防止等の効果が高く，将来にわたって安心して暮らすことのできる安全な地域の整備等を総合的に推進することにより，津波による災害から国民の生命，身体および財産の保護を図ることを目的とする。本法は，東日本大震災の教訓を踏まえて2011年に制定された法律であるが，同震災により被害を受けた地域における復興について将来を見据えた津波災害に強い地域づくりを推進するのみならず，将来起こり得る津波災害の防止・軽減のため，全国で活用可能な一般的な制度となっている。

砂防法（Erosion Control Act），**地すべり等防止法**（Landslide Prevention Act），急傾斜地の崩壊による災害の防止に関する法律（**急傾斜地崩壊防止法**：Steep Slope Failure Prevention Act）は，① それぞれ砂防指定地，地すべり防止区域および急傾斜地崩壊危険区域の指定，② これらの区域内の施設・工作物の設置等地域ごとに一定の行為の禁止または制限，③ 各災害の防止のための設備・工事等について定める法律である。3法合わせて砂防三法と呼ばれることもある。

土砂災害警戒区域等における土砂災害防止対策の推進に関する法律（**土砂災害防止法**：Act on Sediment Disaster Countermeasures for Sediment Disaster Prone Areas）は，土砂災害から国民の生命を守るため，① 国による基本指針の作成，② 都道府県による土砂災害警戒区域の指定等の土砂災害防止対策に必要な基礎調査の実施と公表義務，③ 土砂災害警戒区域の指定と同区域内における危険の周知および警戒避難体制の整備，④ a. 土砂災害特別警戒区域の指定と同区域内における住宅宅地分譲，学校，医療施設等の建築のための開発行為に係る制限，b. 居室を有する建築物の構造規制，および c. 既存住宅の移転の勧告等の措置，⑤ 土砂災害が急迫している状況における土砂災害警戒情報および緊急調査等のソフト対策について定める法律である。

特定都市河川浸水被害対策法（Act on Countermeasures against Flood Damage of Specified Rivers Running Across Cities）は，① 浸水被害の発生またはそのおそれがあるにもかかわらず市街化の進展により河川整備による浸水被害の防止が困難な都市部を流れる河川（特定都市河川）およびその流域（特定都市河川流域）の指定，② 河川管理者，下水道管理者，関係都道府県知事および市町村の共同による浸水被害対策の総合的な推進のための流域水害対策計画の策定，③ 河川管理者による雨水貯留浸透施設の整備，④ 雨水浸透阻害行為の許可等の特定都市河川流域における規制，⑤ 都市洪水想定区域，都市浸水想定区域の指定等の浸水被害の防止のための対策の推進について定める法律である。

豪雪地帯対策特別措置法（Act on Special Measures concerning Countermeasures for Heavy Snowfall Areas）は，① 国による豪雪地帯および特別豪雪地帯の指定，② 国による豪雪地帯対策基本計画の策定，③ 道府県知事による道府県豪雪地帯対策基本計画の作成，④ 基本計画に基づく事業に係る優遇措置等を定める法律である。基本計画に基づく事業に係る優遇措置の内容としては，10年間の時限措置である a. 基幹的な市町村道の改築に係る道府県の代行および b. 公立小中学校の分校舎等の新築・改築等に係る国の負担割合の嵩上げと，恒久規定である c. 財政上の措置，d. 地方債への配慮，e. 資金の確保等が定められている。また，除排雪の体制の整備の配慮，豪雪地帯に適した産業の育成等への配慮，総合的な雪情報システムの構築への配慮等も規定されている。

活動火山対策特別措置法（**活火山法**：Act on Special Measures for Active Volcanoes）は，① 国による基本指針の策定，② 警戒避難体制を特に整備すべき地域である火山災害警戒地域の国による指定，③ 都道府県および市町村が設置しなければならないこととされている自治体の首長，気象台，国土交通省地方整備局，消防，警察，自衛隊，火山学者等から成る火山防災協議会の組織，④ 都道府県地域防災計画への情報の収集・伝達や予警報の発令・伝達，市町村地域防災計画に定める噴火警戒レベルと避難場所・避難経路の基準，避難救助に関する広域調整等の記載義務，⑤ 市町村地域防災計画への情報の収集・伝達や予警報の発令・伝達，噴火警戒レベル，避難場所・避難経路，集客施設・要配慮者利用施設（宿泊施設，駅，社会福祉施設，学校，医療等）の名称・所在地，避難訓練・救助等の記載義務，⑥ 市町村地域防災計画に位置付けられた火山災害警戒地域内の集客施設・要配慮者利用施設の管理者等による避難確保計画の作成と避難訓練の義務付け，⑦ 火山災害の被害防止のための施設を緊急に整備する地域である避難施設緊急整備地域の国による指定，⑧ 都道府県知事による避難施設緊急整備計画の作成および同計画に基づく事業経費の国の予算への計上や起債の特例，⑨ 市町村の行う降灰除去事業への国の補助，⑩ 火山の爆発に伴う降灰による日常生活への支障を防止・軽減するための施設等を整備する必要がある地域である降灰防除地域の国による指定および同地域内の教育施設，医療施設，中小企業者等に対する特別の措置，⑪ 火山現象の研究観測体制の整備等を定める。

特定の地震を予想し，国によるその地震に対する対策を推進する区域の指定，国による対策推進のための基本計画の策定，関係者による計画の策定，国の財政上の措置，観測施設の整備等総合的な防災対策の促進について定める法律としては，**首都直下地震対策特別措置法**（Act on Special Measures against Tokyo Inland Earthquake：**図 5.43** 参照），**南海トラフ地震に係る地震防災対策の推進に関する特別措置法**（Act on Special Measures for Promotion of Nankai Trough Earthquake Disaster Management：**図 5.44** 参照），日本海溝・千島海溝周辺海溝型地震に係る地震防災対策の推進に関する特別措置法がある。〔1〕で複数の場面にまたがる総合的な法律に分類した**大規模地震対策特別措置法**（Act on Special Measures Concerning Countermeasures for Large-Scale Earthquakes）も，地震財特法と相まって，東海地震を想定した災害予防に関して類似の仕組みを持つが，そのほかに地震予知情報が出された際の警戒宣言や地震災害警戒本部等の応急対策等も定められている。

〔4〕 復旧・復興のための法律

本項では，〔1〕で復旧・復興のための法律に分類した法律のうち，土木計画に関係の特に深い法律を中心に，おもなものを個別に概観する

公共土木施設災害復旧事業費国庫負担法（Act on National Treasury's Sharing of Expenses for Project to Recover Public Civil Engineering Works Damaged by Disaster）は，自然災害により被災した公共土木施設を迅速・確実に復旧するため，地方公共団体の負担する河川，海岸，砂防設備，林地荒廃防止施設，地すべり防止施設，急傾斜地崩壊防止施設，道路，港湾，漁港，下水道および公園の復旧費について，国が高率（2/3 以上）な費用負担をすることを定める法律である。

激甚災害に対処するための特別の財政援助等に関する法律（**激甚災害法**：Act on Special Financial Support to Deal with the Designated Disaster of Extreme Severity）は，著しく激甚な災害が発生した場合における国の地方公共団体に対する特別の財政援助または被災者に対する特別の助成措置について定める法律である。具体的には，災害発生時における**激甚災害**（disaster of extreme severity）およびこれに対し適用すべき措置を政令で指定する。対象区域を全国として，対象災害と適用措置の二つを指定するいわゆる本激と，本激の指定基準を満たさない局地的な災害であるいわゆる局激がある。局激は対象災害および適用措置に加え，対象区域（市町村）を明示して指定する。適用措置の例としては，① 公共土木施設の復旧事業等に関する特別の財政援助（公共土木施設災害復旧事業費国庫負担法よりもさらに高率の国庫負担），② 農地等および農林水産業共同利用施設の災害復旧事業等に係る特別措置その他の農林水産業に関する特別の助成，③ 中小企業に関する特別の助成，④ 公立社会教育施

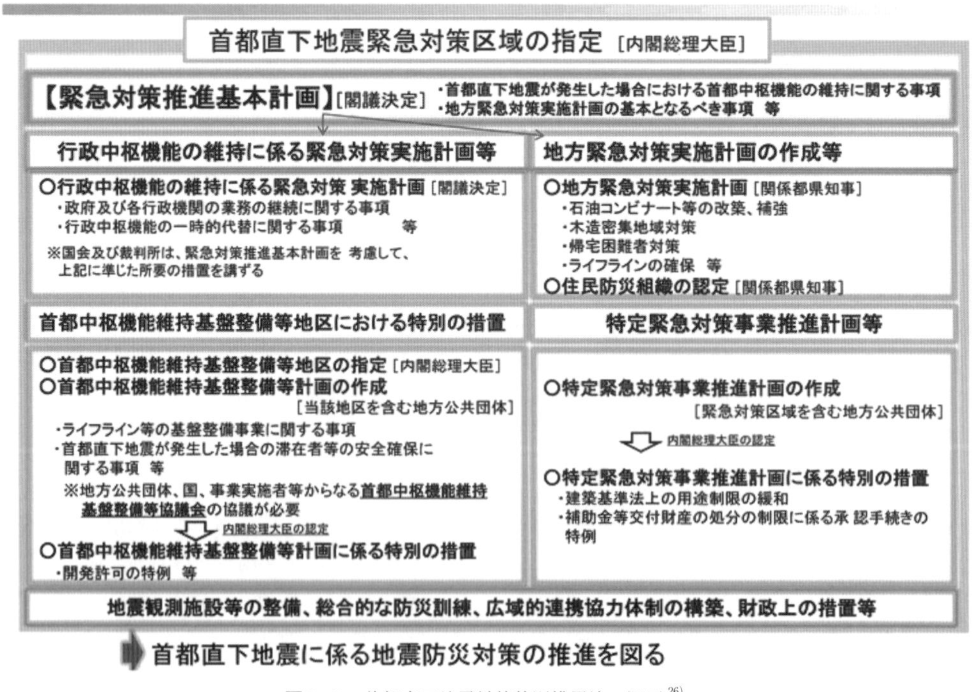

図 5.43　首都直下地震対策特別措置法の概要 [26]

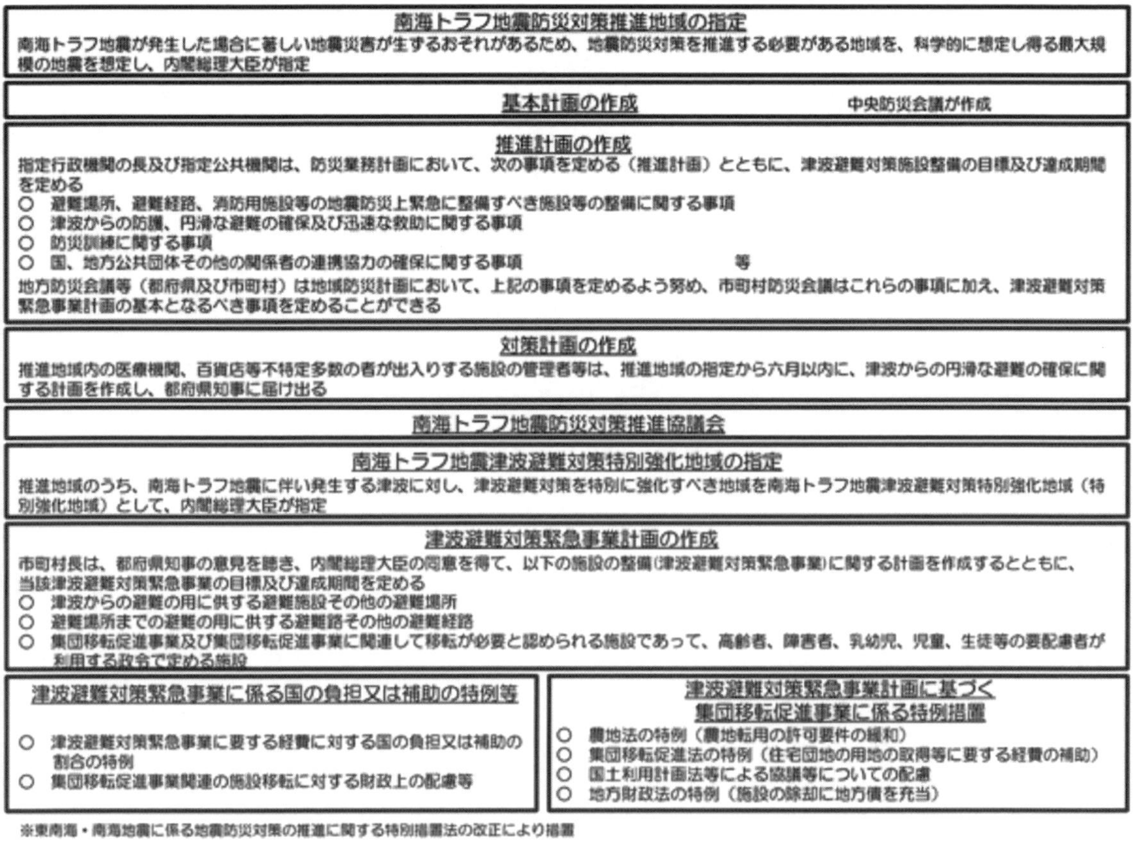

南海トラフ地震防災対策推進地域の指定
南海トラフ地震が発生した場合に著しい地震災害が生ずるおそれがあるため、地震防災対策を推進する必要がある地域を、科学的に想定し得る最大規模の地震を想定し、内閣総理大臣が指定

基本計画の作成　　中央防災会議が作成

推進計画の作成
指定行政機関の長及び指定公共機関は、防災業務計画において、次の事項を定める（推進計画）とともに、津波避難対策施設整備の目標及び達成期間を定める
○ 避難場所、避難経路、消防用施設等の地震防災上緊急に整備すべき施設等の整備に関する事項
○ 津波からの防護、円滑な避難の確保及び迅速な救助に関する事項
○ 防災訓練に関する事項
○ 国、地方公共団体その他の関係者の連携協力の確保に関する事項　等
地方防災会議等（都府県及び市町村）は地域防災計画において、上記の事項を定めるよう努め、市町村防災会議はこれらの事項に加え、津波避難対策緊急事業計画の基本となるべき事項を定めることができる

対策計画の作成
推進地域内の医療機関、百貨店等不特定多数の者が出入りする施設の管理者等は、推進地域の指定から六月以内に、津波からの円滑な避難の確保に関する計画を作成し、都府県知事に届け出る

南海トラフ地震防災対策推進協議会

南海トラフ地震津波避難対策特別強化地域の指定
推進地域のうち、南海トラフ地震に伴い発生する津波に対し、津波避難対策を特別に強化すべき地域を南海トラフ地震津波避難対策特別強化地域（特別強化地域）として、内閣総理大臣が指定

津波避難対策緊急事業計画の作成
市町村長は、都府県知事の意見を聴き、内閣総理大臣の同意を得て、以下の施設の整備(津波避難対策緊急事業)に関する計画を作成するとともに、当該津波避難対策緊急事業の目標及び達成期間を定める
○ 津波からの避難の用に供する避難施設その他の避難場所
○ 避難場所までの避難の用に供する避難路その他の避難経路
○ 集団移転促進事業及び集団移転促進事業に関連して移転が必要と認められる施設であって、高齢者、障害者、乳幼児、児童、生徒等の要配慮者が利用する政令で定める施設

津波避難対策緊急事業に係る国の負担又は補助の特例等
○ 津波避難対策緊急事業に要する経費に対する国の負担又は補助の割合の特例
○ 集団移転促進事業関連の施設移転に対する財政上の配慮等

津波避難対策緊急事業計画に基づく集団移転促進事業に係る特例措置
○ 農地法の特例（農地転用の許可要件の緩和）
○ 集団移転促進法の特例（住宅団地の用地の取得等に要する経費の補助）
○ 国土利用計画法等による協議等についての配慮
○ 地方財政法の特例（施設の除却に地方債を充当）

※東南海・南海地震に係る地震防災対策の推進に関する特別措置法の改正により措置

図 5.44　南海トラフ地震に係る地震防災対策の推進に関する特別措置法の概要[27)]

設や私立学校の災害復旧事業に対する補助，⑤ 地方公共団体が発行する小災害債に係る元利償還金の基準財政需要額への算入等がある。

大規模災害からの復興に関する法律（Act on Reconstruction after Large-Scale Disaster）は，災害対策基本法に基づく緊急災害対策本部が設置された災害からの復興に関し，① 基本理念，② 国の復興対策本部の設置と国・都道府県による復興基本方針の策定，③ 市町村等による復興計画の策定と当該計画の実施に係る特別の措置，④ 市町村の行う都市計画決定等の都道府県等による代行，⑤ 災害復旧事業等に係る工事の国等による代行等の復興のための特別の措置について定める法律である。復興計画の実施に係る特別の措置としては，復興計画に関する協議会による土地利用基本計画の変更等のワンストップ処理，復興整備事業に係る許認可の緩和，一団地の復興拠点市街地形成施設に関する都市計画等がある。本法は，これまで東日本大震災等大規模な災害の発災後にそのつど個別法の制定により対応してきた復興の枠組みについて，一般法化したものである。

被災市街地復興特別措置法（Act on Special Measures Concerning Disaster-Stricken Urban District Reconstruction）は，大規模な災害を受けた市街地の復興を図るため，市街地の計画的な整備改善，住宅の供給等について定める法律である。具体的には，都市計画に被災市街地復興推進地域を指定することができる。同地域内においては，最大2年間，建築行為および開発行為について都道府県知事等の許可を要するものとされる。この制限の内容は厳しく，許可が得られない場合は土地所有者は都道府県知事等に対し土地の買取り申出を行うことができる。また，被災市街地復興推進地域内の土地区画整理事業（被災市街地復興土地区画整理事業）について，復興共同住宅区制度等の土地区画整理法の特例を定める。さらに，公営住宅等の入居者資格の特例や復興に必要な住宅の供給のための都市再生機構（UR）と地方住宅供給公社の業務の特例も定められている。なお，建築基準法第84条では，被災市街地復興特別措置法の適用に至らない災害であっても，都市計画または土地区画整理事業のため，最大2箇月間区域を指定して建築制限を行うこと

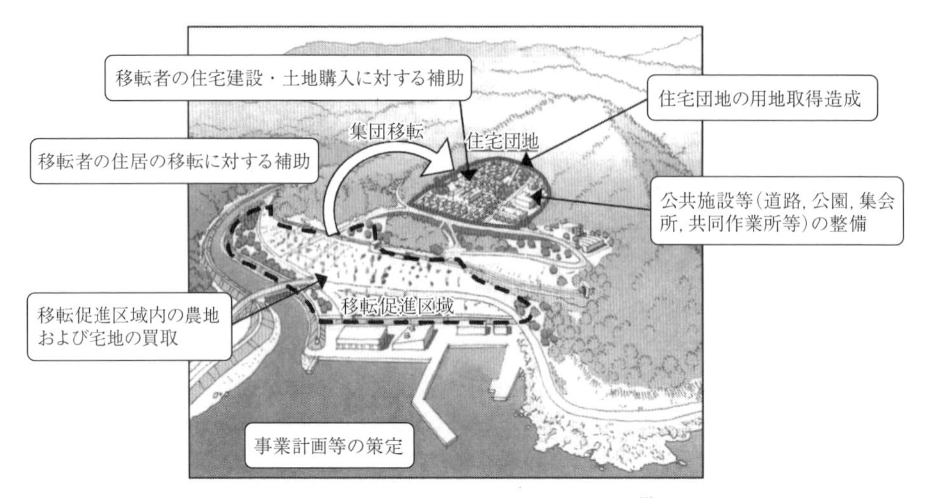

図 5.45 防災集団移転促進事業のイメージ[28)]

ができることとされている。

防災のための集団移転促進事業に係る国の財政上の特別措置等に関する法律（**防災集団移転促進特別措置法**：Act on Special Financial Support for Promoting Collective Relocation for Disaster Mitigation）は，市町村による集団移転促進事業計画の策定と国土交通大臣の同意，集団移転促進事業に係る経費に対する国の補助（補助率 3/4 以上）その他の特別措置について定める法律である。防災集団移転促進事業とは，住民の居住に適当でない区域にある 10 戸以上の住居の集団的移転を行う事業であり，市町村または都道府県が実施する（**図 5.45** 参照）。地方公共団体が移転促進区域内の宅地を買い取り，移転先となる住宅団地を整備し，住宅敷地を移転者に譲渡または賃貸する。なお，東日本大震災の被災地については，補助率や住宅団地の規模についての特例がある。本事業は，被災地のほか建築基準法に基づき指定された災害危険区域でも適用可能であり，本法は予防法の性格も持つ。

5.5.7 土 地 分 野

〔1〕 土 地 基 本 法[29)]

土地基本法（Basic Act for Land）は，土地についての基本理念，国，地方公共団体，事業者および国民の責務および土地に関する施策の基本となる事項を定める法律である。本法は，東京都心部に端を発し全国に広がった地価高騰が，住宅取得の困難さ，社会資本整備への支障，土地を持つ者と持たざる者の資産格差の拡大による不公平感の増大等の社会経済に対する重大な問題を引き起こし，土地問題が内政上の最重要課題となっていたことを背景に，国および地方公共団体が需給両面の施策を総合的に推進するとともに，国民各層が土地についての共通認識を確立し，国民の理解と協力を得るため，1989 年に制定された。

本法は典型的な基本法（5.5.1 項〔1〕参照）の一つであり，個人の権利の制限や義務の賦課といった直接的な法律効果を生じさせる法律ではなく，基本理念や施策の基本方針等の抽象的な事項を規定することにより，各種の土地に関連する法律や制度，施策の基本的な方向を示す法律である。

本法では，土地についての基本理念として，① 土地は，公共の利害に関係する特性を有していることに鑑み，公共の福祉が優先されるとされている。このほか，② 適正な利用および計画に従った利用，③ 投機的取引の抑制，ならびに④ 価値の増加に伴う利益に応じた適切な負担の合計四つの基本理念が定められている。また，土地に関する基本的施策として，国および地方公共団体が，土地利用計画の策定，土地利用規制等適正な土地利用の確保を図るための措置，投機的取引の規制等土地取引の規制等に関する措置，社会資本の整備に関連する利益に応じた適切な負担，税制上の措置，公的土地評価の適正化等の措置を講ずるものとされている。

〔2〕 土 地 収 用 法[30)]

土地収用法（Compulsory Purchase of Land Act）は，公共事業の用地取得に当たって地権者の同意が得られない場合等に，当該土地を強制的に取得するための法的手段である**土地収用**（land expropriation）制度について定める法律である。公共の利益の増進と私有財産との調整を図り，もって国土の適正かつ合理的な利用に寄与することを目的とする。土地収用制度は，私有財産の補償と表裏の関係にあり，本法の根拠は，憲法第 29 条第 3 項「私有財産は，正当な補償の下

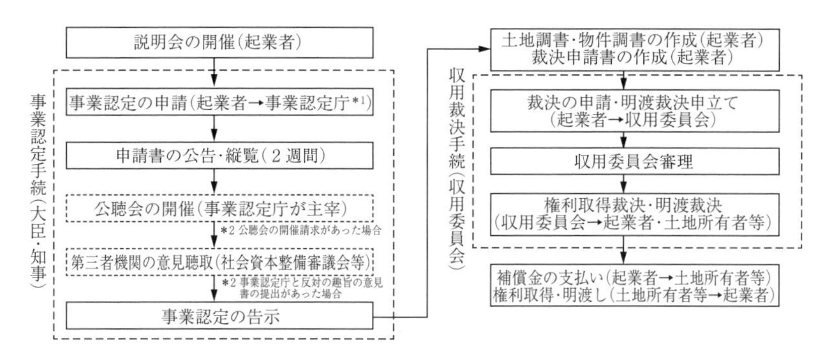

〔注〕 ＊1 事業認定庁 国土交通大臣（国または都道府県の事業等）
→ 権限委任：地方整備局長等（都道府県の事業等）
都道府県知事（市町村の事業等）
＊2 申請から3箇月以内に処分する努力義務あり。

図 5.46 土地収用法の主要手続[31)]

に，これを公共のために用ひることができる。」に求められる。

土地収用の手続きは，おもに，事業認定庁が申請事業が土地を収用するに値する公益性を有することを認定する事業認定手続と，収用委員会が土地所有者等に対する補償金の額等を決定する収用裁決手続から成る。その手続きの概要を図示すると，**図 5.46** のようになる。

事業認定は，起業者と事業認定庁とを可能な限り峻別すること等により，事業認定の公正・中立性を確保している。具体的には，国や独立行政法人等の事業については国土交通大臣（本省）が，都道府県等の事業については国土交通大臣（地方整備局等）が，市町村の事業や都道府県域を超えない民間事業については都道府県知事が事業認定庁となる。事業認定の要件は，① 申請事業が収用適格事業に関するものであること，② 起業者が事業を遂行する十分な意思と能力を有する者であること，③ 事業計画が土地の適正かつ合理的な利用に寄与するものであること，④ 土地を収用する公益上の必要性があるものであることとされている。① の収用適格事業は，a．道路，鉄道，港湾等の交通・物流関係事業，b．河川，砂防等の国土保全関係事業，c．農道，用排水路等の農業関係事業，d．電気通信設備等の通信事業，e．電気工作物，ガス工作物等の資源・エネルギー関係事業，f．水道事業，下水道関連施設，病院，廃棄物処理施設，自然公園の公園事業といった衛生・環境保全関係施設，g．学校，図書館等の教育関係施設，h．社会福祉施設等の福祉・労働関係事業，i．50戸以上の公営住宅等の住宅，j．庁舎等の国・地方公共団体の公用施設，k．公園，墓地等の国・地方公共団体の公共用施設等，およそ50程度の事業が定められている。事業認定が行われると，起業者は収用委員会へ収用裁決を申請することが可能となる。また，起業地について明らかに事業に支障を及ぼす形質の変更について，都道府県知事の許可が必要となる。

収用裁決手続とは，収用委員会が，土地等の権利者および起業者からの意見聴取や職権による調査等を経て，土地等の権利者に対する補償金の額，起業者が土地等の権利を取得する時期，土地等の権利者が土地等を明け渡す期限等について決定する手続きである。収用委員会とは，本法に基づき各都道府県に置かれる行政委員会である。法律・経済・行政に関して経験と知識を有する者の中から，都道府県議会の同意を得て知事が任命する7名の委員により構成され，知事やその他の機関から独立して職権を行使する。収用委員会の裁決には，却下の裁決，権利取得裁決，明渡裁決がある。権利取得裁決が行われると，同裁決に定められた権利取得の時期において，起業者が土地の所有権または使用権を取得する一方，起業者に補償金等の支払義務が発生する。なお，起業者が土地の所有権を取得する際に，担保権等所有権以外の当該土地に関するその他の権利も消滅する。また，明渡裁決が行われた場合には，土地または物件の占有者に引渡しまたは物件の移転義務が生ずる一方，起業者に補償金の支払義務が発生する。

（御手洗　潤）

引用・参考文献（5.5節）

1） 塩野 宏：行政法Ⅲ　行政組織法〔第四版〕，有斐閣（2012）
2） 宇賀克也：行政法概説Ⅰ　行政法総論（第5版），

有斐閣（2013）
3）原田大樹：例解行政法，東京大学出版会（2013）
4）国土交通省の Web ページ：国土形成計画（全国計画）概要
http://www.mlit.go.jp/common/001100228.pdf
（2016 年 6 月現在）
5）国土交通省の Web ページ：国土利用計画関係　参考図表
http://www.mlit.go.jp/singikai/kokudosin/keikaku/jizoku/14/sankou03.pdf（2016 年 6 月現在）
6）国土交通省土地総合情報ライブラリーの Web ページ：土地利用基本計画とは
http://tochi.mlit.go.jp/seido-shisaku/tochi-riyou#kihonkeikaku（2016 年 6 月現在）
7）国土交通省の Web ページ：みらいに向けたまちづくりのために
http://www.mlit.go.jp/crd/city/plan/tochiriyou/pdf/reaf_j.pdf（2016 年 6 月現在）
8）安本典夫：都市法概説（第 2 版），pp.88～89，法律文化社（2015）
9）国土交通省の Web ページ，都市計画制度小委員会：都市計画制度の概要（平成 21 年 7 月 30 日）をもとに著者が修正
http://www.mlit.go.jp/common/000046608.pdf
（2016 年 6 月現在）
10）国土交通省の Web ページ：都市再生関連施策
http://www.mlit.go.jp/toshi/crd_machi_tk_000007.html（2016 年 6 月現在）
11）国土交通省都市局市街地整備課の Web ページ：土地区画整理事業
http://www.mlit.go.jp/crd/city/sigaiti/shuhou/kukakuseiri/kukakuseiri01.htm（2016 年 6 月現在）
12）土地区画整理法研究会：よくわかる土地区画整理法，p.73，ぎょうせい（2007）
13）国土交通省都市局市街地整備課の Web ページ：市街地再開発事業
http://www.mlit.go.jp/crd/city/sigaiti/shuhou/saikaihatsu/saikaihatsu.htm（2016 年 6 月現在）
14）国土交通省景観まちづくりの Web ページ　都市・地域整備局　都市計画課：景観法の概要（平成 17 年 9 月）
http://www.mlit.go.jp/crd/townscape/keikan/pdf/keikanhou-gaiyou050901.pdf（2016 年 6 月現在）
15）国土交通省の Web ページ：歴史まちづくり
http://www.mlit.go.jp/common/001084854.pdf
（2016 年 6 月現在）
16）越澤 明：歴史まちづくり法の制定の意義，背景及び今後の政策展開，都市計画 58（1）（2009）
17）国土交通省の Web ページ：第 4 次社会資本整備重点計画の概要
http://www.mlit.go.jp/sogoseisaku/point/sosei_point_tk_000003.html（2016 年 6 月現在）
18）国土交通省の Web ページ：社会資本整備重点計画について，第 4 次社会資本整備重点計画
http://www.mlit.go.jp/common/001104257.pdf
（2016 年 6 月現在）
19）道路法令研究会編：道路法解説　改訂第 4 版，大成出版社（2016）
20）国土交通省の Web ページ：道路行政の簡単解説：Ⅱ．道路の種類
http://www.mlit.go.jp/road/sisaku/dorogyousei/2.pdf（2016 年 6 月現在）
21）河川法令研究会編：よくわかる河川法　第二次改訂版，ぎょうせい（2012）
22）国土交通省の Web ページ：河川別および管理者一覧表をもとに著者が修正　水管理・国土保全
http://www.mlit.go.jp/river/pamphlet_jirei/kasen/jiten/yougo/02.htm（2016 年 6 月現在）
23）国土交通省の Web ページ：下水道の種類
http://www.mlit.go.jp/crd/sewerage/shikumi/img/p90-1.gif（2016 年 6 月現在）
24）内閣府防災情報の Web ページ：平成 27 年版防災白書，主な災害対策関係法律の類型別整理表
http://www.bousai.go.jp/kaigirep/hakusho/h27/honbun/3b_6s_29_00.html（2016 年 6 月現在）
25）内閣府防災情報の Web ページ：平成 27 年版防災白書，戦後の防災法制度・体制の歩み
http://www.bousai.go.jp/kaigirep/hakusho/h27/honbun/3b_6s_28_00.html（2016 年 6 月現在）
26）内閣府防災情報の Web ページ：平成 27 年版防災白書，首都直下地震対策特別措置法の概要
http://www.bousai.go.jp/kaigirep/hakusho/h27/zuhyo/zuhyo01_02_13.html（2016 年 6 月現在）
27）内閣府防災情報の Web ページ：平成 27 年版防災白書，南海トラフ地震に係る地震防災対策の推進に関する特別措置法の概要
http://www.bousai.go.jp/kaigirep/hakusho/h27/zuhyo/zuhyo01_02_06.html（2016 年 6 月現在）
28）国土交通省の Web ページ：東日本大震災の被災地で行われる防災集団移転促進事業
http://www.mlit.go.jp/common/001049801.pdf
（2016 年 6 月現在）
29）国土庁土地局監修：逐条解説　土地基本法，ぎょうせい（1990）
30）小澤道一：要説　土地収用法，ぎょうせい（2005）
31）首相官邸の Web ページ：土地収用法の主要手続
http://www.kantei.go.jp/jp/singi/kaiyou/ritou_yuusiki/dai02/4.pdf（2016 年 6 月現在）

Ⅱ. 応　用　編

1. 国土・地域・都市計画

2. 環境都市計画

3. 河　川　計　画

4. 水 資 源 計 画

5. 防 災 計 画

6. 観 光

7. 道路交通管理・安全

8. 道路施設計画

9. 公共交通計画

10. 空 港 計 画

11. 港 湾 計 画

12. まちづくり

13. 景　観

14. モビリティ・マネジメント

15. 空　間　情　報

16. ロジスティクス

17. 公共資産管理・アセットマネジメント

18.　プロジェクトマネジメント

1. 国土・地域・都市計画

1.1 総　　　説

Ｉ編では土木計画学を構成する基礎的な概念および基礎理論を整理した。豊かで安全な社会を構築していくためには，これらの知識や智恵を援用し，さまざまな社会の動向を織り込みながら，各種の「計画」を実際に練り上げていくことが求められる。なお，各種の「計画」はそれぞれにその扱う問題の性格やスケールが異なり，「計画」として一様に定義すること自体そもそも容易ではない。

日本語の「計画」にこのような多様な要素が含まれることについては，それを英訳する場合に単に「plan」という単語が必ずしも当てはまるわけではないことからも確認できる。きわめて粗い整理の一例で，これ以外の考え方もあると思われるが，その多様性は**図 1.1** に示す２軸で確認することが可能である。まずその横軸として，その目標時点がずっと先なのか（長期），それともすぐの話なのか（短期）で整理が可能である。そして縦軸として，その「計画」の有する自由度の高低を整理している。

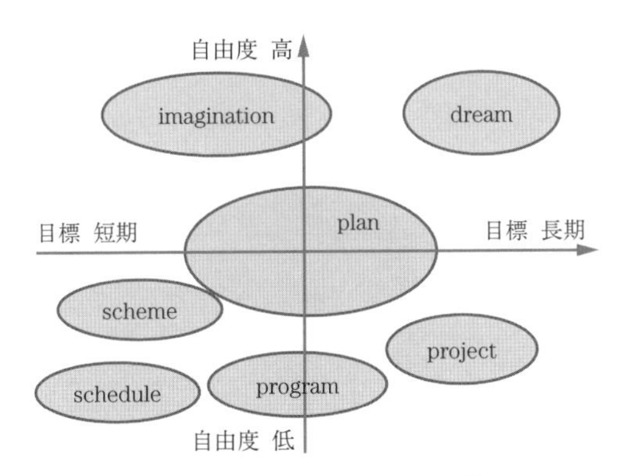

図 1.1 「計画」概念の広がり[1)]

国土全体をこれからどうしていくのか，またわが町の遠い先の将来像をどう考えるのか，そのような計画を議論する上で，その構成要素が必ず実現できるかどうかは保証できるものではない。それは夢（dream）としての要素を計画が含むからであって，だからといってそのことが批判されるということには当たらない。一方で，具体的な都市計画開発手法（scheme）に基づき，特定の具体的な地点での都市整備を，例えばオリンピックの開催までに間に合わせるように進める（schedule）というケースも存在する。決めたことをどう形にしていくかということも立派な計画なのである。

いずれの計画においても，その対象の現時点の立ち位置をよく理解しておくことがその成功への近道である。すなわち，わが国の国土・地域・都市の計画を的確に組み立てていくためには，その過去からの動向の流れの中で現状を理解し，関連する各種の実態情報をつまびらかにし，併せて今後の視野を広げておく必要がある。このため，本章ではわが国の各種の計画を考える上で広く前提となる「わが国の国土・地域・都市の現状」について，まず次節で整理を行った。

つぎに，各種の計画を考える上でその上位の計画となる「国土計画・広域計画」について，その考え方の変遷に重点を置いてその詳細を解説している。さらにこれらの状況を受け，都市域と農村域において，それぞれにどのような課題や具体の計画，および関連手法等が工夫されているのかについて「都市計画」，「農山村計画」の節を設け，その全体像を示している。

なお，図 1.1 に各種の計画が対象とするスケールを重ねると，一般的に対象地域の大きい計画ほどこの図の右上の要素が強くなり，この逆に小さな対象となるほど左下の要素が強くなるといえる。

以下の各節において詳述されるが，わが国は現在人口減少・高齢化社会への大きな転換点を迎えており，過去の成長期に導入されてきた各種の計画をそのまま延長することは不適切である。このような変化の時代においてこそ，課題の解決につながる新たな計画の提示とその実行が求められている。その策定・遂行について多くを担う土木計画学関係者にとって，その真価を発揮することが期待されているのである。

（谷口　守）

1.2 わが国の国土・地域・都市の現状

1.2.1 わが国の地域・都市に関する動向

〔1〕 わが国の人口の推移

有史以来，わが国の人口は戦火や大規模災害で短期的な減少を経験したものの，着実に増加してきた。特に，明治維新（1868年）以降の人口増加は目覚ましく，3 300万人であった総人口は4倍近くまで膨れ上がり，2010年に12 806万人に達した。日本の超長期の人口推移の**図1.2**を見ると，20世紀の人口爆発と21世紀の急激な人口縮退は，わが国の人口史上できわめて異常な変化であることがわかる。

〔2〕　国土の人口分布の推移

明治以降，わが国の人口は著しい増加を見せたが，同時に**人口分布**（population distribution）にも大きな影響を与えた。1886年当時の人口規模の上位10都市は，東京，大阪，京都，名古屋に続き金沢（5位），横浜（6位），広島（7位），神戸（8位），仙台（9位），徳島（10位）である。1965年時点の人口分布と比べると，大都市と地方都市の人口差が比較的少なく，日本海側や九州，四国などにも全国人口順の高い都市が存在した（**図1.3**（口絵8）参照）。それが時代の変化とともに大都市圏への集中傾向を見せるようになる。総じて，日本海側の都市人口が緩やかに成長しているのに対して，太平洋側の都市は急激に人口が増加したといえる。

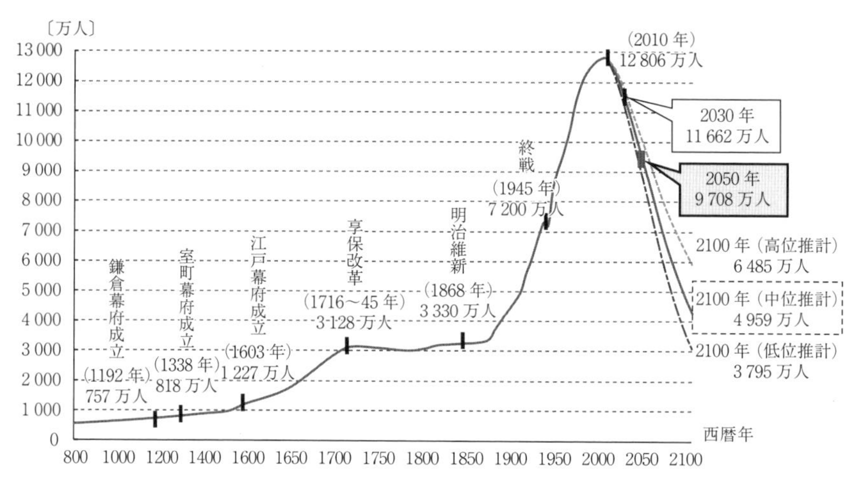

資料：2010年以前は総務省「国勢調査」，同「平成22年国勢調査人口等基本集計」，国土庁「日本列島における人口分布の長期時系列分析」（1974年），2015年以降は国立社会保障・人口問題研究所（社人研）「日本の将来推計人口（平成24年1月推計）」より国土交通省作成

図1.2　日本の人口の超長期推計[2)]

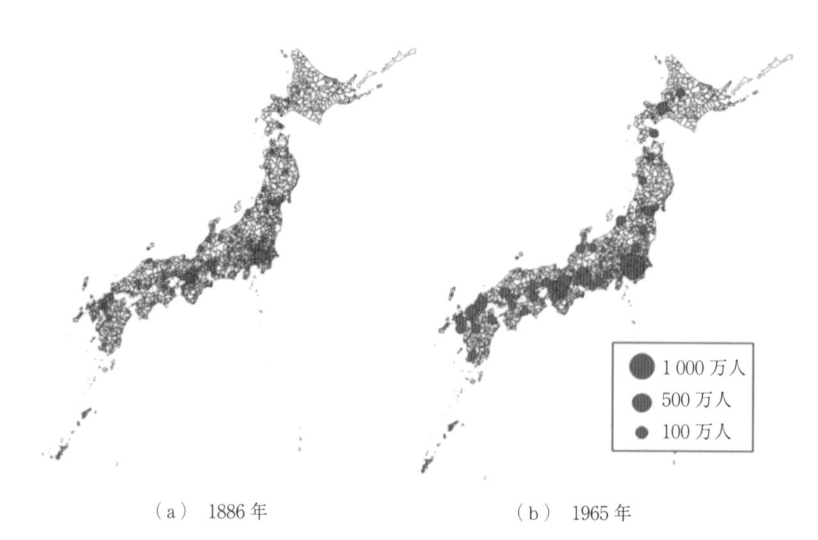

（a）　1886年　　　　（b）　1965年

図1.3　全国各都市の人口

〔3〕 地域間格差の増大

人口増減は出生死亡による自然増減と，転居による社会増減によって構成される。自然増減は地域別の人口構成や出生率などに影響を受け，社会増減は職場や住宅など地域での生活環境に左右される。

1980年から2010年までの過去30年間の都道府県別の自然増減率と社会増減率の推移を**図1.4**（口絵9参照）に示す。自然増減率を見ると，秋田・島根・山口・高知の4県はマイナスとなっており，人口減少が早い段階から進行していることがわかる。また，社会増減率においては三大都市圏を除き，ほぼマイナスの値を示し，地方から大都市への集中傾向がうかがえる。

人口動態をさらに詳しく見るために，総人口が飽和状態に達した2000年から2010年の人口増減率を**図1.5**に示す。これを見ると三大都市圏は増加傾向にあるものの，大都市圏から離れた秋田県，青森県，高知県といった地方圏では大きく減少し，その差が前後5年で広がっているのがわかる。

この原因の一つは大都市圏への相対的な機能集中にある。全国の事務所着工床面積の推移を見ると，850万m^2（2001年）から635万m^2（2010年）と総着工床面積は減少した。しかし，同期間の推移を圏域別に見ると，東京圏の事務所着工床面積は350万m^2から274万m^2と2割程度の減少に対して，地方圏では336万m^2から200万m^2と4割近く減少し，都市圏格差が広がった[4]。

このような地域格差は既存住宅ストックにも影響を与えた。日本全体の**空き家率**（ratio of vacant dwelling）は1988年の9.4%から，2008年には13.1%と悪化しているが，2008年の状況を都道府県別に見ると，空き家率が低いのが神奈川（10.5%），埼玉（10.7%），東京（11.1%）の大都市圏であるのに対して，空き家率が高いのは山梨（20.3%），長野（19.3%），和歌山（17.9%）といった地方圏に見られる。つまり，地方都市においては人口流出とともに空き家率も上昇し，社会的な基盤である既存住宅の一部が使われなくなっている。

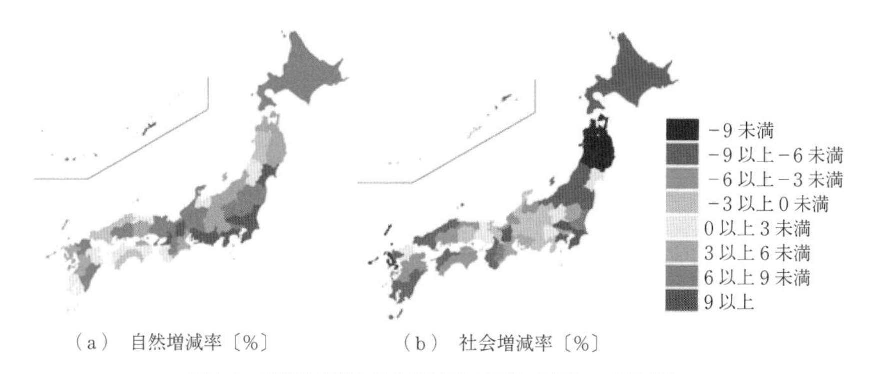

（a） 自然増減率〔%〕　（b） 社会増減率〔%〕

図1.4　自然増減率と社会増減率の推移（1980～2010年）

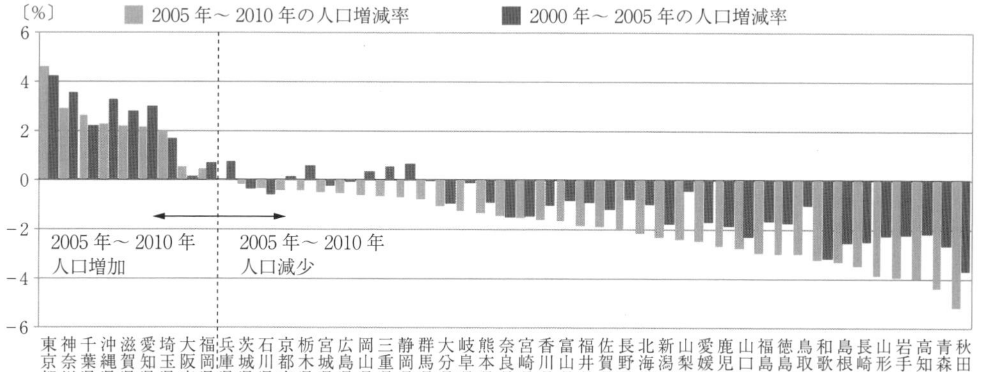

資料：総務省「国勢調査」より国土交通省作成

図1.5　都道府県別人口増減率（2000～2010年）[3]

〔4〕 ライフスタイルの変化

都市の動向を捉える上で重要なのは，人々の暮らしの変化を把握することである。近年，わが国の**ライフスタイル**（life style）は大きな変化を遂げた。特に顕著なのは，核家族化や単独世帯化の進行である。**表1.1**のように1990年時点では2 422万世帯であった核家族世帯は2010年には2 921万世帯と増加し，単独世帯も939万世帯から1 679万世帯へと大きな増加を見せている。また，核家族世帯の内訳を見ると，1990年時点では夫婦と子供の核家族世帯数は1 517万世帯であったが，2010年にはその数は1 444万世帯と減少し，一方で夫婦のみの世帯は629万世帯から1 024万世帯へ増加している。

表1.1　家族類型別の一般世帯数（単位：万世帯）[5]

年次	親族のみの世帯						非親族を含む世帯	単独世帯
	総数	核家族世帯				核家族以外の世帯		
		総数	夫婦のみ	夫婦と子供	片親と子供			
1990	3 120	2 422	629	1 517	275	699	8	939
2010	3 452	2 921	1 024	1 444	452	531	46	1 679

また，住宅の所有について，持ち家の割合は1990年に61.2%，2010年が61.9%とほとんど変化がないが，住宅の建て方に変化が見られる。一戸建てに住む一般世帯は1990年に2 433万世帯（61.9%）であったものが，2010年には2 843万世帯（55.7%）と，総数は増えているが，全体に占める割合は減少した。一方で，共同住宅に住む一般世帯は1990年に1 261万世帯（32.1%）が，2010年には2 123万世帯（41.6%）と，総数と割合ともに大きく増加した。

一方で，女性の社会進出が進むとともに，女性の労働に関する法制度も改正された。1999年に改正男女雇用機会均等法が施行され，男女平等を推進するため，労働基準法から女子保護規定が撤廃された。女性の深夜労働の制限が撤廃されるなどの改正も後押しをして，1982年から2007年までに女性の雇用者は約1.6倍に増加した。しかし，その大半は派遣社員，契約社員，パート，アルバイトなどの非正規雇用であり，女性の正規雇用はほとんど増えていない。この傾向は男性の雇用者にも当てはまり，男女とも雇用者の増加分はほとんど非正規雇用となっている。

1.2.2 都市の拡大とスプロール化

〔1〕 自動車依存の高まり

高度経済成長を経て，**モータリゼーション**（motorization）の進展が続き，地方都市において自動車は不可欠な交通モードとなっている。自動車依存度が高まる一方で，相対的に公共交通の利用者数は低下の一途を見せ，特に乗合バスの輸送人員は，1990年には65億人であったが，2010年には42億人と約2/3に減少しており，地方の路線バスは危機的な状況に置かれている（**表1.2**参照）。

表1.2　地方の公共交通の実態[6]

	1990年	2000年	2010年
乗合バス事業	65億人	48億人	42億人 （1990年に比べ35%減）
地域鉄道	5.1億人	4.3億人	3.8億人 （1990年に比べ25%減）

出典：自動車輸送統計年報，鉄道統計年報および国土交通省調査
〔注〕 乗合バスについては，過去5年間で約8 160 kmの路線が完全に廃止。鉄道については，過去5年で約7箇所約105 kmの路線が廃止。

〔2〕 中心市街地の衰退と大規模店舗の郊外立地

自動車依存の高まりは日々の生活行動にも変化を与え，広大な駐車場が確保できる郊外部への施設立地が進む一方で中心部の空洞化が進んだ。地方圏における小売業の売場面積の変化（2002～2007年，**図1.6**参照）を見ると，駅周辺の立地が−10.6%と減少し，市街地の立地も−9.1%と減少したが，ロードサイドの立地は36.4%も増加するなど小売店舗の郊外化が進行した。また，工業地区への小売業の立地が36.9

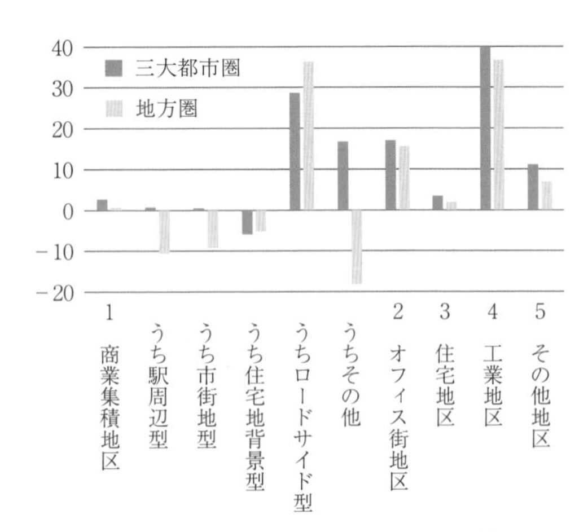

図1.6　小売業売場面積の立地別の増減[7]（2002～2007年）

％増を見せるなど，産業構造の変化に合わせて土地利用転換が起きていることがわかる。

〔3〕 農山村地域の問題

わが国の農地面積は工場用地や道路，宅地等への転用によって 609 万 ha（1961 年）から 459 万 ha（2010 年）までに減少している。農地減少の理由として「耕作放棄」によるものの割合が約 44％，非農業用途への転用によるものの割合が 55％となっており（平成 22 年耕地面積統計），優良農地の確保と有効利用を進めるためには，転用規制の厳格化に加えて，**耕作放棄地**（abandoned farmland，以前耕地であったもので，過去 1 年以上作物を栽培せず，しかもこの数年の間に再び耕作する考えのない土地）の解消と発生防止が喫緊の課題となっている。

耕作放棄地面積の推移を**図 1.7** に示す。これを見ると，1985 年までは約 13 万 ha と横ばいであったが，1990 年以降増え続け，2010 年には 39.6 万 ha と約 3 倍に増加した。耕作放棄地が増加している原因は，農業者の高齢化の進行，農作物価格の低迷，地域内に引受け手がいないなどが挙げられる。耕作放棄地の対策には地域の実情に合わせたきめのこまかい対策が必要とされ，関係者が一体となって取り組む地域の体制として，耕作放棄地対策協議会が設置されている。

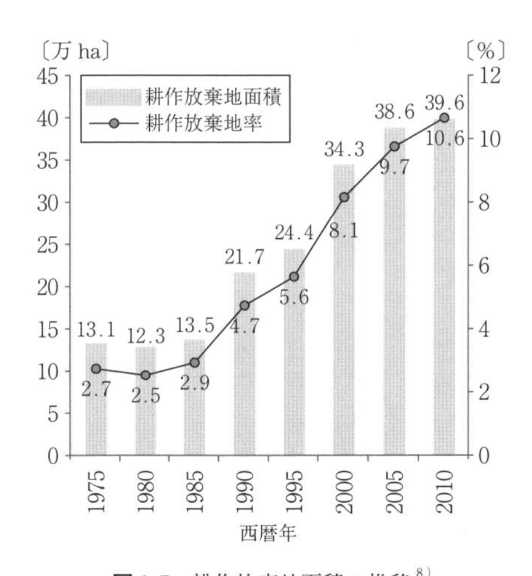

図 1.7　耕作放棄地面積の推移 [8)]

耕作放棄地とともに危惧されているのが，**限界集落**（過疎化などで人口の 50% 以上が 65 歳以上の高齢者になった集落）の問題である。1991 年に初めて用語として提起され，中山間地域や離島を中心に，過疎化や高齢化によって，冠婚葬祭などの地域の共同体としての機能が著しく失われつつあることが指摘された。国土交通省の集落状況調査（2006 年）によると，高齢者（65 歳以上）が半数以上を占める集落は 7 878 集落に上り，その数は全国の調査対象集落の 12.7% に当たる。さらに深刻な問題は，農山村集落に誰も住まなくなる（無住化）の進行である。10 年以内に消滅の可能性のある集落が 423 集落，いずれ消滅する可能性がある集落と合わせると 2 643 集落に及ぶ。

〔4〕 市街地の拡大

農地面積が減少する一方で，都市的な土地利用は拡大し続けている。**人口集中地区**（densely inhabited district, **DID**：人口密度が 4 000 人/km^2 以上の基本単位区が互いに隣接して人口が 5 000 人以上となる地区）の面積の推移を見ると，1980 年時点では全国で 1.00 万 km^2 であったが，2010 年には 1.27 万 km^2 と増加した（**図 1.8** 参照）。この 30 年間の日本の人口増加率は約 9％程度であるので，人口増加率を超えて DID が拡大したことがわかる。なお，2010 年時点での DID に居住する人の割合は全人口の 67.3% で，国民の 3 人に 2 人は DID に居住している。一方で DID 内の人口密度は 1980 年の 6 983 人/km^2 から 1995 年の 6 627 人/km^2 と低下したが，その後やや持ち直し 2010 年には 6 758 人/km^2 となっている。

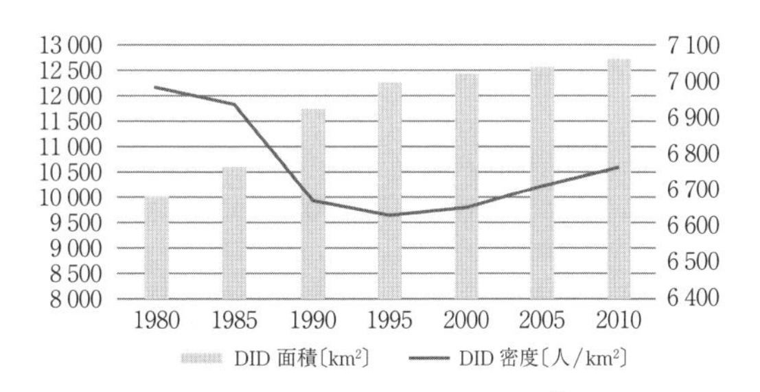

図 1.8　DID 面積と密度の推移 [9)]

出典：「国勢調査人口等基本集計」（総務省統計局）を基に作成。総務省統計局統計データ（http://www.stat.go.jp/data/index.htm）（2016 年 6 月現在）

1.2.3　新たな都市問題とコンパクト化政策

〔1〕 人口減少社会の到来

2005 年に初めて総人口の減少が確認され，人口減少社会が始まる。社人研の推計によると，2015 年で 1.27 億人の人口は，2060 年には 8 670 万人にまで減少すると予測されている。この間，約 4 000 万人の人口が減少するわけだが，生産年齢人口（15 歳から 64 歳）の人口が 7 680 万人から 4 420 万人と大幅に減少することで，従属人口指数（年少人口と高齢人口を足したものを生産年齢人口で割った数値）は 64.8％から 96.3％へと増加する（**図 1.9** 参照）。

つまり人口減少社会では，総人口の減少と生産年齢層への負担増の二つの影響が同時に起こる。特に，地

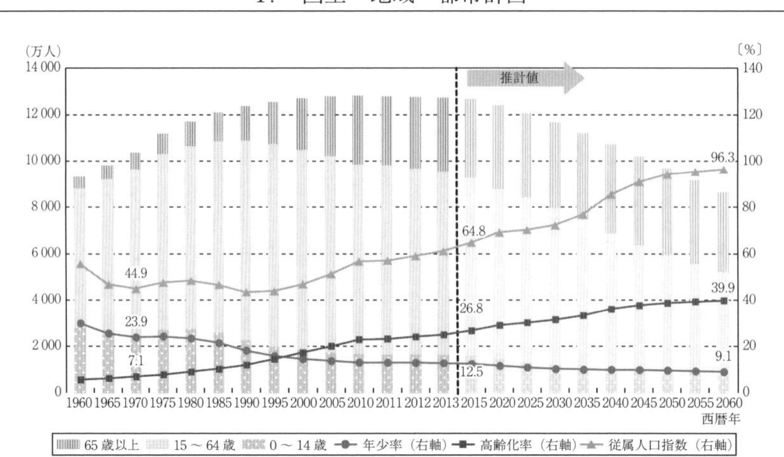

資料：総務省「国勢調査」，同「人口推計」，国立社会保障・人口問題研究所「日本の将来推計人口（2012 年 1 月推計）」の中位推計より国土交通省作成

図 1.9　年齢構成別の将来人口の推計 [10)]

方圏では総人口の減少が顕著であるのに対して，大都市圏では高齢化率の増加が大きな課題となる。

〔2〕　**地球環境問題への対応**

文明社会の発達に伴ってさまざまな環境問題が発生している。高度経済成長期には水質汚濁や大気汚染などが大きな社会問題となり，**環境汚染**（environmental pollution）が広く認知された。1990 年代に入ると地球規模での環境問題が注目を集め，「環境と開発に関する国連会議」（1992 年）が開催されるなど，国際的な議論が高まっていく。わが国でも，環境政策の基本となる環境基本法（1993 年）が制定され，国内の環境整備が進められた。また，1997 年には気候変動枠組条約第 3 回締約国会議（COP3）が京都で開催され，温室効果ガス排出量について削減約束を定めた京都議定書が採択された。この中で日本は温室効果ガスの排出量の削減割合を，基準年（1990 年）から 6% 減と設定された。これを受けて，1998 年に地球温暖化対策推進法が施行され，2001 年に環境省が設置されるなど，環境問題に対する制度や組織が拡充される。その後，地球温暖化に対する国際的な議論が進み，2012 年には 1992 年のリオ宣言から 20 年を経たフォローアップ会議として「国連持続可能な開発会議」が開催された。

一方で，1990 年以降のわが国の温室効果ガス排出量の推移を部門別に見ると，最も排出量の大きい産業部門では 1990 年当初から減少傾向を示しているのに対して，運輸・家庭部門はしばらく増加傾向を示し，運輸部門は 2001 年以降，家庭部門は 2007 年以降になってようやく減少へと転じた。しかし，その後再度増加するなど，現時点では必ずしも減少局面に入ったとはいえない。2013 年度の温室効果ガス総排出量は 14 億 800 万トンで，1990 年度と比べると 10.8% 増加しており，京都議定書の目標値の達成には多くの問題が山積している（**図 1.10** 参照）。

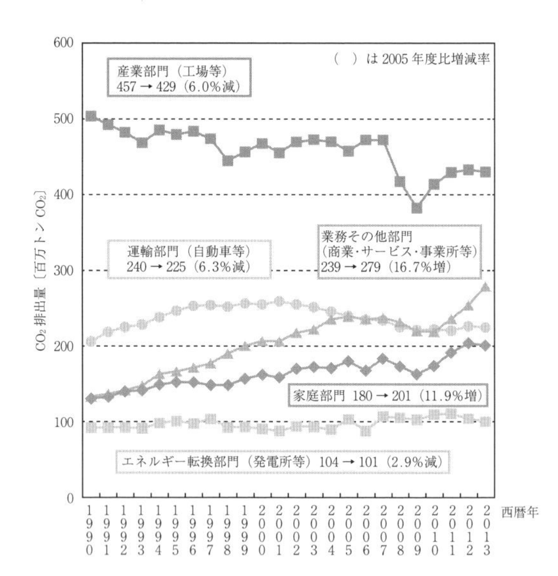

図 1.10　部門別エネルギー起源：二酸化炭素排出量の推移 [11)]

〔3〕　**大規模自然災害への対応**

日本は多数の活断層や活火山が分布し，地形的にも地震，津波，火山災害などの**自然災害**（natural disaster）に対して脆弱な特性を有している。また，政府の地震調査委員会が発表した南海トラフをはじめとする大地震の高い発生確率や，近年の集中豪雨の増加もあり，自然災害の危険性は増加しているといえる。例えば，

土砂災害発生数は 1994 ～ 2003 年に平均 840 件であったが，2004 ～ 2013 年には平均 1 180 件に増加している[12)]。

1990 年以降の大規模災害に着目すると，雲仙普賢岳の火砕流（1991 年）では死者・行方不明者 43 人，北海道南西沖地震（1993 年）では奥尻島を中心に火災や津波によって死者・行方不明者 230 人の大きな被害を出した。また，1995 年に発生した阪神・淡路大震災は，死者約 6 300 人，負傷者約 43 000 人，全壊建物約 10 万棟，焼失面積約 66 ha と甚大な被害をもたらした。その後，新潟県中越地震（2004 年）では 68 名が死亡した。2011 年には日本周辺における観測史上最大の地震（東日本大震災）が発生し，死者・行方不明者は 18 470 名（2015 年 5 月 8 日時点）と，戦後最大の犠牲者をもたらした。また，2014 年には豪雨による土砂災害が広島市で発生し，死者・行方不明者は 74 人に及んだ。

このような度重なる自然災害に対して，災害に強い国土づくりの重要性は増しており，防災や減災の観点からも行政や国民が一体となった取組みが必要である。特に，行政の役割強化に加えて，地域コミュニティによる自助，共助を効果的に活用することや，発災後の避難生活や復旧を支えるボランティアの役割も重要である。

〔4〕 都市のコンパクト化政策

環境問題が深刻化する中で，都市的な土地利用を一定範囲内に集約させ，持続可能な社会を形成することを目指して**コンパクトシティ**（compact city）の都市政策が注目を集めている。もともとコンパクトシティの概念は，1987 年に国連でブランドラント氏（ノルウェー首相）が委員長となってとりまとめた報告書「われら共通の未来」を端緒としている。この中で，未来の世代の可能性を損なうことなく，現代の必要に用いる開発として**持続可能な開発**（sustainable development）が提起された。これを受けるべく 1990 年に EC 委員会から「都市環境に関する緑書」が出され，コンパクトな都市形態が推奨された。

その後，多様な地域で多くの報告書や提言書が出されるなど，環境問題の高まりもあっていまやコンパクトシティは，持続可能な都市像として世界中で議論されている。その定義はまちまちであるが，総じてつぎのような特徴を有した都市である。

① 居住地と就業地の高い密度：一定以上のまとまった密度で都市生活をする。

② 複合的な土地利用：住宅，商業といった土地利用の用途を，上手に混在させてにぎわいを創出する。

③ 自動車だけに依存しない交通体系：車に過度に依存しない，人と環境にやさしい交通体系を形成する。

④ 多様な居住者と多様な空間：若い世代から高齢者世代まで，あらゆる人々が生活できる多様な空間を整備する。

⑤ 独自な地域空間：街の歴史や文化を尊重し，地域独自のまちづくりを進める。

都市モデルの系譜の中でコンパクトシティを位置付けると，諸説あるが総じて**図 1.11** のように捉えることができる。まず，都市と農村が共生する田園都市論を端緒に，持続可能で環境に優しいまちづくりを志向する一連の計画論が本流として存在する。一方で，ル・コルビュジエの輝く都市やダンツィッヒらの効率的な都市機能の配置論の流れを受けつつ，都市の多様性や用途混在，古い建物の必要性などを重視した J. ジェコブスの思想を包含する形で，現在のコンパクトシティの考え方が形成されていった。

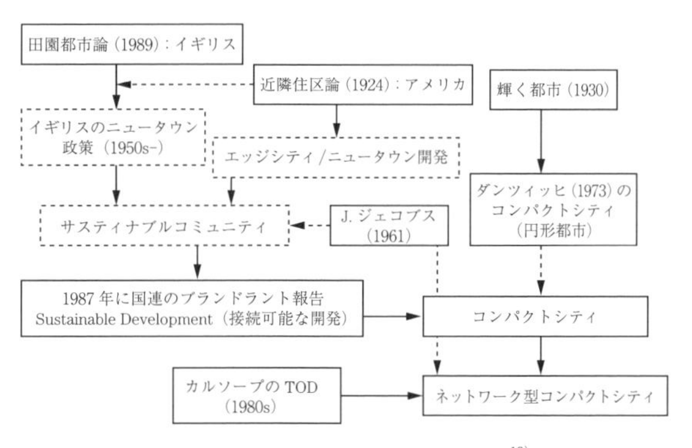

図 1.11　コンパクトシティの系譜[13)]

わが国におけるコンパクトシティの在り方を考えると，環境に優しいまちづくりであると同時に，人口減少社会に対応して市街地を賢く縮退（スマートシュリンク）する視点も重要となる。そこで鍵となるのは何を拠点に集約するかである。

国土の大部分を山地が占め，海に囲まれた日本では，平野部が小さく分散しており，その可住地をつなぐように，明治期以降鉄道を中心とした公共交通ネットワークが形成された。そのため，駅周辺には一定程度の機能集約が進み，現在その活用が課題となっている。そこで，日本に適したコンパクトシティ政策として公共交通を活用した都市の再構築が挙げられる。例えば，富山市の目指す将来像である「お団子と串」の都市構造はその典型である。日本では古くから大手私鉄を主として沿線開発が盛んに進められてきたが，

1980年代にアメリカで過度に自動車に依存しない社会への転換として**公共交通指向型開発**（transit oriented development）として提唱され，再び都市開発のモデルとして注目されている。

コンパクトシティの都市形状は，地域によって異なるが，公共交通を主軸とした拠点連携型のコンパクトシティを，ここでは「ネットワーク型コンパクトシティ」と定義する。これは，「都市の中の多様な魅力を複数の拠点として集約（コンパクト化）し，それを利便性の高い公共交通を中心とする多様な交通手段で連携（ネットワーク化）した都市」のことである。ネットワーク型コンパクトシティのイメージを**図1.12**に示す。なお，ネットワーク型コンパクトシティは災害にも強い特徴を有している。集約拠点をつなぐことで，仮に都市の一部が被災したとしても，都市内の**相互補完性**（redundancy）を確保することができる。また，他のエリアが弾力的に復旧活動を行うことで，都市全体の**回復力**（resilience）を高める効果も有している[14]。

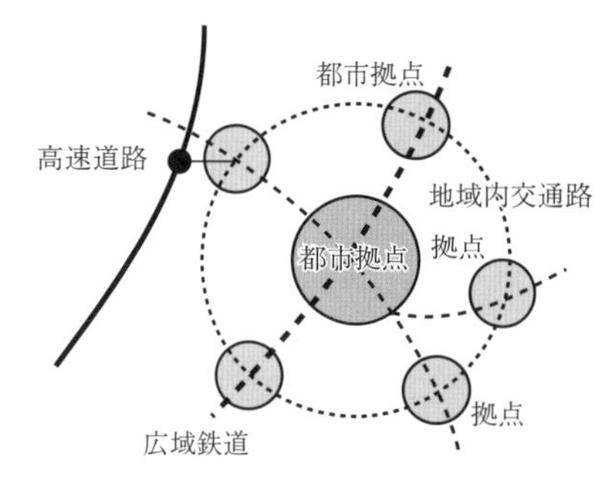

図1.12　ネットワーク型コンパクトシティのイメージ[15]

2014年8月に改正都市再生特別措置法が施行され，今後市町村は立地適正化計画を作成することで，コンパクト化に向けて都市機能や居住地の誘導策を推し進めることが期待されている。　　　　（森本章倫）

1.3　国土計画・広域計画

国土計画を策定する意義は三つある。まず，① 国土の在り方を国民に示すことで，将来への不安を軽減して地域生活の安寧感を増すことができる。また，② グローバリゼーションが進展する中，制度資本としての国土計画法が体系付けられていることで，主権・国民・領域から成る国家としての信頼性が担保される。そして，③ 社会資本整備や土地利用などの計画を国土計画の目的の下に整序化することで，透明性や説明責任を確保でき，国民のさまざまな利害やニーズを調整して集約する仕組みが形づくられる。

1.3.1　国　土　計　画

わが国の国土計画には，国土総合開発法（1950年制定）に基づく**全国総合開発計画**（Comprehensive National Development Plan）と，国土利用計画法（1974年，議員提案）に基づく**国土利用計画**（全国計画）（National Land Use Plan）とがある。全国総合開発計画は，国が全国の区域について定める総合開発計画であり，国民の活動の基礎をなす国土の総合的な利用・開発・保全についての基本的な方向を示す計画である。また，国土利用計画（全国計画）は，国土利用の基本理念に従い，総合的かつ計画的な国土利用を確保するために国，都道府県，市町村の各レベルで作成される計画のうち，国が全国の区域について定めるものである。

表1.3は国土計画の変遷をまとめたものである。表に示すように全国総合開発計画は五次にわたり策定されてきたが，これらの底流に流れていた国土の均衡ある発展が画一的な資源配分や地域の個性喪失を招いたという面もあった。また，国土の質的向上，ストックの活用，国民生活の安全・安心・安定の確保，地域の自立的発展を可能とする国土の形成といった計画事項等の拡充・改変が求められていた。このため2005年，「国土総合開発法」は「国土形成計画法」へと抜本改正され，開発を基調とした右肩上がりの時代の計画であった全国総合開発計画は，国土の利用・整備・保全に関する「国土形成計画（全国計画及び広域地方計画）」へと改正された。同法に基づき初めて策定されたのが2008年の**国土形成計画**（全国計画）（National Spatial Strategy）である。**図1.13**は，国土総合開発法から国土形成計画法への改正の要点をまとめたものである。

国土の利用に関する法律は，農業振興地域の整備に

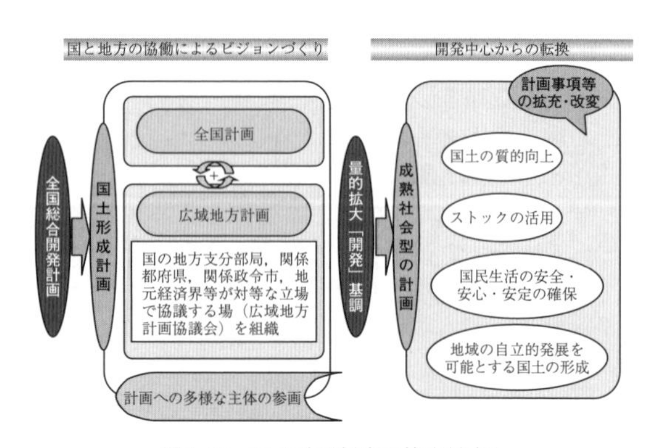

図1.13　国土計画制度の抜本見直し

表 1.3　国土計画の変遷[16)]

	全国総合開発計画（一全総）	新全国総合開発計画（新全総）	第三次全国総合開発計画（三全総）	第四次全国総合開発計画（四全総）	21 世紀の国土のグランドデザイン	国土形成計画（全国計画）
閣議決定	1962 年 10 月 5 日	1969 年 5 月 30 日	1977 年 11 月 4 日	1987 年 6 月 30 日	1998 年 3 月 31 日	2008 年 7 月 4 日
背　景	1. 高度成長経済への移行 2. 過大都市問題，所得格差の拡大 3. 所得倍増計画（太平洋ベルト地帯構想）	1. 高度成長経済 2. 人口，産業の大都市集中 3. 情報化，国際化，技術革新の進展	1. 安定成長経済 2. 人口，産業の地方分散の兆し 3. 国土資源，エネルギー等の有限性の顕在化	1. 人口，諸機能の東京一極集中 2. 産業構造の急速な変化等により，地方圏での雇用問題の深刻化 3. 本格的国際化の進展	1. 地球時代（地球環境問題，大競争，アジア諸国との交流） 2. 人口減少・高齢化時代 3. 高度情報化時代	1. 経済社会情勢の大転換（人口減少・高齢化，グローバル化，情報通信技術の発達） 2. 国民の価値観の変化・多様化 3. 国土をめぐる状況（一極一軸型国土構造等）
目標年次	1970 年	1985 年	1977 年から おおむね 10 年間	おおむね 2000 年	2010 年から 2015 年	2008 年から おおむね 10 年間
基本目標	地域間の均衡ある発展	豊かな環境の創造	人間居住の総合的環境の整備	多極分散型国土の構築	多軸型国土構造形成の基礎づくり	多様な広域ブロックが自立的に発展する国土を構築，美しく，暮らしやすい国土の形成
開発方式等	拠点開発方式 目標達成のため工業の分散を図ることが必要であり，東京等の既成大集積と関連させつつ開発拠点を配置し，交通通信施設によりこれを有機的に連絡させ相互に影響させると同時に，周辺地域の特性を生かしながら連鎖反応的に開発を進め，地域間の均衡ある発展を実現する。	大規模開発プロジェクト構想 新幹線，高速道路等のネットワークを整備し，大規模プロジェクトを推進することにより，国土利用の偏在を是正し，過密過疎，地域格差を解消する。	定住構想 大都市への人口と産業の集中を抑制する一方，地方を振興し，過密過疎問題に対処しながら，全国土の利用の均衡を図りつつ人間居住の総合的環境の形成を図る。	交流ネットワーク構想 多極分散型国土を構築するため，① 地域の特性を生かしつつ，創意と工夫により地域整備を推進，② 基幹的交通，情報・通信体系の整備を国自らあるいは国の先導的な指針に基づき全国にわたって推進，③ 多様な交流の機会を国，地方，民間諸団体の連携により形成。	参加と連携 －多様な主体の参加と地域連携による国土づくり－ （四つの戦略） 1. 多自然居住地域（小都市，農山漁村，中山間地域等）の創造 2. 大都市のリノベーション（大都市空間の修復，更新，有効活用） 3. 地域連携軸（軸上に連なる地域連携のまとまり）の展開 4. 広域国際交流圏（世界的な交流機能を有する圏域の形成）	（五つの戦略的目標） 1. 東アジアとの交流・連携 2. 持続可能な地域の形成 3. 災害に強いしなやかな国土の形成 4. 美しい国土の管理と継承 5.「新たな公」を基軸とする地域づくり

関する法律（1969 年），森林法（1951 年），自然公園法（1957 年），都市計画法（1968 年）など，それぞれの利用形態ごとに定められていたが，これらの基本となる法律として国土利用計画法が定められ，現在に至っている。

〔1〕　全国総合開発計画[17)]

（1）　全国総合開発計画（一全総）　1960 年 12 月，国民所得倍増計画が閣議決定され，計画を実現するため，既成の四大工業地域と連なるベルト状の適地に新規の工業地帯を整備するという，いわゆる「太平洋ベルト地帯構想」が提案された。しかし，既成の四大工業地域とそれ以外の地域との格差が拡大していたことから，地方からの反発が大きくなり，後進性の強い地域の開発優遇ならびに所得格差是正のため，速やかに国土総合開発計画を策定する必要性が高まった。そこで，1962 年 10 月に「全国総合開発計画」が策定された。

開発の目標は，高度成長の過程で生じた大都市の過密化を防止し，地域格差を縮小するため，わが国に賦存する自然資源の有効な利用および資本，労働，技術等諸資源の適切な地域配分を通じて，人口と産業の効果的分散を促し，地域間の均衡ある発展を図ることである。

開発方式を「拠点開発方式」として，東京，大阪，名古屋等の既成の大都市圏以外の地域にいくつかの大規模な開発拠点を設定し，その周辺に中規模，小規模な開発拠点を配置する。加えて，交通通信施設によりこれらを有機的に連結させ，相互に連携させつつ発展させるとともに，周辺の農林漁業にも好影響を与え連鎖反応的に発展させるとしている。

主要計画課題として，全国を過密地域（既成四大工業地域），整備地域（関東，東海，近畿，北陸），開発地域の三つに区分し，地域ごとの施策の重点を明らかにしている。過密地域においては，工場等の新増設の抑制，地域外への移転，副都心の建設等を，整備地域においては，既成過密地域の肩代わりのための大規模工業開発地区，中規模地方開発都市等の整備を進める。また，開発地域においては，大規模工業開発地区，大規模地方開発都市等を設定し積極的な開発を進めるとしている。

計画を具体化するための措置として，新産業都市建設促進法（1962 年），工業整備特別地域整備促進法（1964 年）が制定された。1964～1965 年にかけて新産業都市 15 地域が指定され，工業整備特別地域については法律に掲げられた 6 地区の範囲が定められた。

（2） 新全国総合開発計画（新全総）　第一次の全国総合開発計画策定後，わが国の経済は計画の想定をはるかに上回る速さで成長した。その過程で人口，産業の大都市への集中が依然として続き過密の弊害が深刻化する一方で，人口の流出が進んだ農村漁村では，地域社会の活動にすら支障をきたすという過疎問題がいっそう深刻になってきた。また，情報化，国際化，技術革新の進展に伴い，わが国の経済社会は新しい社会への移行が予想され，このような新しい社会に対応した国土計画の策定が必要となってきた。そこで，1969 年 5 月に第二次の全国総合開発計画として新全国総合開発計画（新全総）が閣議決定された。新全総は 1965 年度を基準年次とし，1985 年度を目標年次とする 20 箇年にわたる長期計画である。なお，沖縄の本土復帰に伴い，1972 年 10 月，沖縄開発の基本構想が追加決定された。

開発の目標は，長期にわたる人類と自然の調和，開発の基本条件の整備による開発可能性の全国土への拡大，各地域の特性に応じた国土利用の再編，都市・農村を通じた安全・快適で文化的な環境条件の整備という四つの課題を調和させつつ，高福祉社会を目指して，人間のための豊かな環境を創造することである。

開発方式を「大規模開発プロジェクト方式」とし，中枢管理機能の集積と物流流通の機構とを体系化するための新幹線，高速道路等の新しいネットワークを整備するとともに，これと関連させながら産業開発，環境保全に関する大規模開発プロジェクトを推進することにより，国土利用の偏在を是正し，過密・過疎・地域格差の解消を図ろうとしている。

主要計画課題として，日本列島の主軸となる国土開発の新骨格の建設，産業開発，環境保全等のプロジェクトを推進するとしている。

計画で提案された広域生活圏の形成を図るため，地方生活圏（建設省），広域市町村圏（自治省）の制度が実施された。法制度の面では，高速鉄道ネットワークの整備，地方の産業の振興等促進するために，全国新幹線鉄道整備法（1970 年），過疎地域対策特別措置法（1970 年），農村地域工業導入促進法（1971 年），工業再配置促進法（1972 年）等が制定された。

（3） 第三次全国総合開発計画（三全総）　1970 年代に入り，環境問題の深刻化，巨大都市の過密の進行等より，特に大都市圏を中心として土地，水，自然等の国土資源の有限性が顕在化した。また，1973 年に第一次石油危機が起こると，エネルギーや食料の安定供給の問題が国民の関心を呼んだ。一方，国民の価値観や欲求が多様化し，うるおいのある生活環境が強く求められるようになってきた。このような状況を受け，人間と国土の安定した関わりを実現することを基本的課題として，1977 年 11 月に三全総が閣議決定された。

計画策定時の国土をめぐる環境として注目すべきことは，1970 年代後半に入り，人口の地方定着，産業の地方分散の兆しが見えていたことである。三全総の課題は，この兆しを定着させ，さらに促進することであり，このため地方圏において定住感を損ねていた教育，文化，医療等の諸機能の適正配置を図ることが重要な課題となった。

開発の目標は，限られた国土資源を前提に，地域特性を生かしつつ，歴史的，伝統的文化に根ざし，人間と自然との調和のとれた安定感のある健康で文化的な人間居住の総合的環境を計画的に整備することである。

開発方式を「定住構想」とし，大都市への人口と産業の集中を抑制し，一方，地方を振興し，過密過疎問題に対処しながら，全国土の利用の均衡を図りつつ，自然・生活・産業の三つの環境が調和し人間居住の総合的環境（定住圏）の形成を図るとしている。地方都市および農山漁村の整備として，人間のさまざまな活動の分布と国土資源の分布との均衡を図るため，計画の圏域として流域圏を考慮したことは三全総の特徴の一つである。

主要計画課題は五つあり，国土の管理，国民生活の基盤整備，大都市圏およびその周辺地域の整備，地方都市および農山漁村の整備，国土利用の均衡を図るための基盤整備である。

定住構想を推進するための新しい生活圏づくりは，基本的には地方公共団体が主体となって推進するため，関係省庁間の連絡，調整を行うための定住構想推薦連絡会議が1978年に設置され，生活圏づくりの推進を進めるとした。

（4）　第四次全国総合開発計画（四全総）　1970年代後半は，人口が地方に定着する時代になったかに見えたが，1980年代前半以降東京圏への高次都市機能の一極集中とそれに伴う人口の再集中が生じ，逆に，地方圏では産業の不振等により雇用問題が深刻化して，人口も再び減少し始めるところが増えてきた。一方，わが国の経済は世界経済の1割を占めるようになり，国際経済社会への貢献が強く求められるようになってきた。さらに，将来に向けて技術革新，国際化，高齢化，国民意識の質的な変化等，経済社会を取り巻く諸情勢の急激な変化が予想されるようになってきた。この状況に対応するため，1987年6月に四全総が閣議決定された。

開発の目標は，安全でうるおいのある国土の上に，特色ある機能を有する多くの極が成立し，特定の地域への人口や経済機能，行政機能等諸機能の過度の集中がなく，地域間，国際間で相互に補完，触発し合いながら交流している多極分散型国土を形成することである。

開発方式を「交流ネットワーク構想」とし，交流の拡大による地域相互の分担と連携関係の深化を基本として，つぎの三つの観点から多極分散型国土の形成を図ることを目指した。それは，地域の特性と創意工夫を基軸とした定住・交流の場である地域の整備，高速交通体系の全国展開による全国主要都市間で日帰り可能な全国1日交通圏の構築，国・地方・民間諸団体の連携による多様な交流の機会の形成である。

主要計画課題は五つあり，安全でうるおいのある国土の形成，活力に満ちた快適な地域づくりの推進，産業の展開と生活基盤の整備，定住・交流のための交通と情報・通信体系の整備である。

多極分散型国土の形成を促進するため，1988年5月に多極分散型国土形成促進法が制定された。また，大規模リゾート地域の整備を多極分散型国土を形成するための戦略プロジェクトの一つとして位置付け，計画の決定に先立ち1987年6月に総合保養地域整備法が制定された（リゾート法）。同じく戦略プロジェクトの一つである高規格幹線道路（約14 000 kmから成る自動車専用道路のマスタープランが四全総で構想された）のうち，国土開発幹線自動車道（高速自動車国道と呼ばれている）として建設する路線を追加するため国土開発幹線自動車道建設法が1987年9月に改正された。これにより，国土開発幹線自動車道の総延長は11 520 kmとなった。

（5）　21世紀の国土のグランドデザイン　21世紀の幕開けを迎えようとしている1998年3月，地球時代への対応，人口減少・高齢化時代への対応，高度情報化時代への対応を図るべく2010～2015年を目標年次とした新しい国土計画が閣議決定された。ここで地球時代への対応とは，地球環境の保全と循環型資源利用の推進，国境を超えた地域間競争，経済発展する中国・アセアン等との国際交流などへの対応である。なお，1995年1月に発生した阪神・淡路大震災を受け，計画の分野別施策の最初に国土の保全と管理に関する施策を明示している点は，本計画の特徴である。

開発の目標は，経済的な豊かさとともに精神的な豊かさを味わうことができる，ゆとりと美しさに満ちた暮らしを実現するという国民意識の大転換を踏まえ，21世紀の文明にふさわしい国土づくりを進めていくことである。このために，分散を試みたものの太平洋ベルト地帯への一軸集中から東京一極集中へと至ってしまった国土構造形成のこれまでの流れを，多軸型国土構造の形成へと転換することが目標とされた。

開発方式は「参加と連携－多様な主体の参加と地域連携による国土づくり－」としている。人口減少・高齢化や国境を超えた地域間競争の中で，国土管理をはじめ多様な国民の要請に応え，質の高い自立的な地域社会を形成していくためには，既存の行政単位の枠を超えた広域的な発想が重要であり，関連する地域の主体的な取組みとしての連携による施策の展開が求められている。また，各地域において個性的で魅力的な地域づくりを実現させるためには，地域住民，ボランティア団体，民間企業等の多様な主体による地域づくりを全面的に展開していくことが必要とされている。

主要計画課題として，多軸型国土構造への転換の端緒を開くため，多様な主体の参加と地域間の連携を進めるとともに，多自然居住地域の創造，大都市のリノベーション，地域連携軸の展開，広域国際交流圏の形成の四つの戦略を挙げている。

〔2〕 国土形成計画

（1） 国土形成計画（全国計画）[18]　「21世紀の国土のグランドデザイン」の予想を上回る速さで，人口減少社会の到来や東アジアの経済成長，情報通信技術の発達による国民生活の変化が顕在化してきた。また，国民の価値観の多様化として，安全・安心，地球環境，美しさ・文化などに対する国民意識の高まりが見られ，ライフスタイルの多様化や「公」の役割を果たす主体の成長が進んできた。さらに，国土をめぐる状況として，① 一極一軸型国土構造からの脱却が進んでいないこと，② 地域の自立的発展に向けた環境の進展，都道府県を超える広域的課題の増加，③ 人口減少等を踏まえた人と国土の在り方の再構築の必要性，が生じてきた。そこで，これらに対応した新たな国土計画として，おおむね10年間を目標年次として，「国土形成計画（全国計画）」が2008年7月に，全国8ブロックごとの「広域地方計画」が2009年に策定された。

計画の目標は，多様な広域ブロックが自立的に発展するとともに，美しく，暮らしやすい国土の実現を図ることである。

主要計画課題として五つの戦略を挙げている。それは，① 東アジアとの円滑な交流・連携として，継ぎ目なく迅速かつ円滑な人流・物流，生産活動の連携や情報・文化の交流を実現させ，東アジアの成長のダイナミズムを取り込んでいくこと，② 持続可能な地域の形成により，都市から農山漁村までブロック内の各地域が活力と個性を失わず，暮らしの基盤を維持すること，③ 災害に強いしなやかな国土の形成として，災害へのハード・ソフト一体となった備えの充実を図ること，④ 持続可能な国土を形成していくための美しい国土の管理と継承を図ること，である。これに加えて，四つの目標を推進する上での横断的な目標として，「新たな公」を基軸とする地域づくりとして，多様な主体が協働して戦略的に取り組んでいく，としている。

（2） 新たな国土形成計画（全国計画）[19]　国土形成計画の策定後，急激な人口減少による地域消滅の危機，2011年3月11日の東日本大震災等を契機とした安全・安心に対する国民意識の高まりや首都直下地震や南海トラフ等巨大地震の切迫など，国土を巡る状況は大きく変化している。国は，これからの国土づくりの理念や考え方を示す「国土のグランドデザイン2050－対流促進型国土の形成－」を2014年7月にとりまとめた。ここでは，人口問題と大規模災害のほか，グローバリゼーションの激化，インフラの老朽化，食糧・水・エネルギーの制約と地球環境問題，ICTに関わる技術革新の劇的進歩といった「国土を取り巻く時代の潮流と課題」を指摘し，わが国の目指すべき国土の姿を提案している。

このグランドデザインや地方創生および国土強靭（きょうじん）化等に関する議論を踏まえて，2015年8月に新たな国土形成計画が閣議決定された。計画期間であるこれからの10年は，2020年東京オリンピック・パラリンピックを中間年とし，この期間における取組みがわが国の将来を左右する，いわば「日本の命運を決する10年」と位置付けられている。

国土の基本構想（計画の目標）を「対流促進型国土」とし，多様な個性を持つさまざまな地域が相互に連携し生じる地域間のヒト，モノ，カネ，情報等の双方向の動きを「対流」と定義し，この対流が全国各地でダイナミックに湧き起こる国土の形成を目指すとしている。

計画実現の方式として，対流促進型国土の形成を図るため，重層的かつ強靭な「コンパクト＋ネットワーク」の形成を掲げている。「コンパクト＋ネットワーク」の意図するところは，人口減少下において各種サービスを効率的に提供していくためには集約化（コンパクト化）が不可欠であるが，それだけでは圏域・マーケットが縮小してしまう。このため，各地域をネットワーク化することにより，各市の都市機能に応じた圏域人口が確保され，マーケットを維持できるようになる，というものである。ここで重要なことはコンパクトになる各地域の個性である。各地域が主体的に自らの地域資源を見いだし，その魅力に磨きをかけることにより，地域間の個性に違いが生まれる。そして，この個性の違いが対流を生み出し，地域の活力の源泉になると考えている。このような「コンパクト＋ネットワーク」の取組みによって，人口減少下でも質の高いサービスを効率的に提供し，新たな価値を創造することにより，国全体の生産性を高める国土構造を構築できるとしている。

なお，この取組みには，おのおのの地域特性に応じ，生活サービス機能から高次都市機能，国際業務機能までが提案され，これに沿ってイノベーションを創出するとともに，災害に強くしなやかな国土構造を実現する，としている。また，空間的な視点として，東京一極集中の是正と東京圏の位置付けを明示するとともに，集落地域・地方都市圏・地方広域ブロック・大都市圏といった地域別の整備の方向と，都市と農山漁村の相互貢献による共生の在り方，が示されている。

主要計画課題として，「ローカルに輝き，グローバルに羽ばたく国土」，「安定した社会を支える安全・安心な国土」，「国土を支える参画と連携」を展開していくとしている。この三つの課題に加えて，横断的な視点として，計画期間である10年間の取組みの明確化等の時間軸の設定，ICT等の技術革新の導入，民間活力を挙げている。

1.3.2 広　域　計　画

国土総合開発計画には，先に詳述した全国計画のほかに，ブロック計画，都道府県計画，特定地域振興に関する計画がある。ブロック計画はさらに大都市圏整備に関する計画（首都圏，中部圏，近畿圏の三圏域）と地方開発に関する計画（北海道総合開発計画，沖縄振興開発計画，東北・北陸・中国・四国・九州の開発促進計画）から構成されている。わが国の都道府県は，条例に基づき，あるいは任意の計画として総合計画を策定している。また，多くの市町村では，地方自治法第2条第5項に定める基本構想を策定している。国土総合開発計画の体系に含まれている都道府県計画については，都道府県が作成した後，内閣総理大臣への報告，国土審議会による審議等の手続きが国土総合開発法に定められているが，都道府県の既定の計画でこの手続きを踏んで策定されたものはない。

2005年に国土総合開発法を国土形成計画法へと法改正することにより，全国計画（閣議決定）に加えて広域地方計画（国土交通大臣決定）の策定が制度化された。これは，地域の自立に向けた環境の進展や広域的課題の増加等を踏まえれば，全国を一律に取り扱うよりも，都府県を超える広域ブロックごとにその特色に応じた施策展開を図り，自立的に発展する圏域の形成を目指すことが適当であるとの考えからである。具体的には，広域地方計画区域として，東北圏，首都圏，北陸圏，中部圏，近畿圏，中国圏，四国圏，九州圏の八つが定められた。法律上，広域地方計画の対象外となっているが，北海道および沖縄県はそれぞれ北海道総合開発計画および沖縄振興開発計画が存在していることから，これらも広域ブロックの計画に相当するものと考えるべきである。

ここで注意すべきことは道州制など地方分権の流れである。地方分権という言葉が計画に盛り込まれたのは，第五次の全国総合開発計画である「21世紀の国土のグランドデザイン」からであり，この流れは国土形成計画へと引き継がれた。国土総合開発計画における地方開発に関する計画と，国土形成計画における広域地方計画との違いは，前者が全国を空間的に分けた詳細計画であるのに対して，後者は「地域のことは地域が決める」という分権の政策含意を有することである。一般に，地方分権には政策的自立，財政的自立，機能的自立の三つが必要とされる（**図1.14**参照）。ここで機能的自立には，物質的な自立と経済文化的な自立の二つが必要とされ，これらは他地域との相互依存・連携によって達成されるものである。現段階におけるわが国の地方分権は，機能的自立にとどまっており，政策や財源の自立には至っていない。

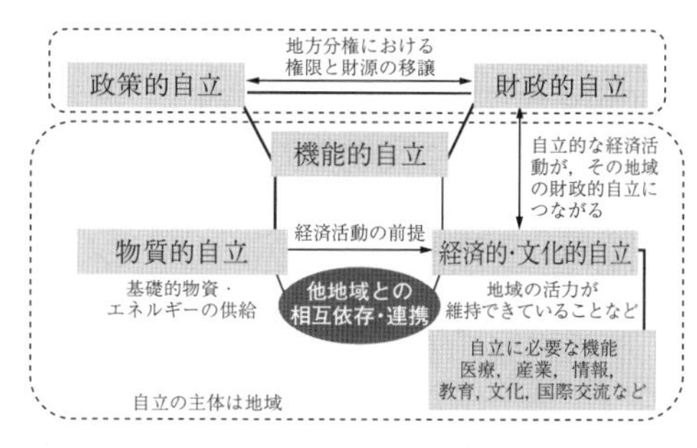

図1.14　地方分権における自立の要素

国土利用計画にも全国計画のほかに，都道府県計画，市町村計画がある。都道府県計画は都道府県議会の議を経て定められる任意計画である。市町村計画も任意計画であるが，最も地域に密着した計画として重要であることから，市町村の基本構想（地方自治法）に即し，住民の意向を十分に反映させて立案されることが求められている。

1.3.3 経済計画との関係

国土計画は，産業政策，環境政策，外交・通商政策，社会保障政策など，他の施策と相まって初めて総合的な効果を発揮する。中でも，国の経済・財政計画は，国土の将来像に大きな影響を及ぼし，さらに計画の実現性も左右するものである。1960年に定められた「所得倍増計画」から1979年の「新経済社会7か年計画」までの経済計画では，計画期間中の社会資本整備の部門別投資額を明らかにし，これを基準として各種の社会資本整備の長期計画が策定されていた。このため，三全総までの国土総合開発計画には計画期間中に事業化される道路延長など各種事業のアウトプット指標と予定投資額が明示された。

経済計画はその後，「1980年代の経済社会の展望と指針（1983年）」，「世界とともに生きる日本（1988年）」，「生活大国5ヵ年計画（1992年）」，「構造改革のための経済社会計画（1995年）」，「経済社会のあるべき姿と経済新生の政策方針（1999年）」と矢継ぎ早に立案されるも，四全総以降の国土計画との連携は図られなかった。2001年の小泉政権からは「小さな政府」が標榜（ひょうぼう）されて，経済計画は経済財政諮問会議で検討されることとなり，現在に至っている。

1.3.4　社会資本整備の動向と長期計画の根拠法

社会資本の整備順位など，そのつくり方によっても将来の国土や地域の姿は変わる。戦後の高度成長期から1980年代半ばまでは，国家百年の計を立てて国の一元管理の下で社会資本をつくってきた。この40年間は，都市化やモータリゼーションへの対応という需要追随型の整備であり，経済効率性向上，災害対策，環境対策，地域格差是正などが社会資本整備の目的とされた。具体的には，農業や漁業の市場拡大，工業立地，観光振興，流通革命など，資本整備が地域構造を変革させた時代である。

1985年のプラザ合意以降，生産機能の海外移転が始まり，東アジアの中でのわが国の国際市場戦略が問われるようになる。同じ頃から，地域経済の公共投資依存体質がいわれ，欧米や発展途上国で実施されていた「地域づくりシナリオを模索すること」の重要性が指摘された。すなわち，地域が主体となって，住民の意見が分かれる中で一つのシナリオを選択することの重要性である。扱う対象が国土レベルから地域・生活圏へと空間的にミクロになると，権利主体がより明確となり，人々の計画への参加意識が高まって短期的で具体的な計画が要求される。公共投資不要論，財政制約，社会資本の更新がいわれる状況下，社会資本を取り巻く環境は地球温暖化対策，国土の強靭化，少子高齢社会対応，地方創生へと変化してきている。施策メニューもこれまでに蓄積してきた社会資本をいかに賢く使うかが問われている。このように，地域が選択する時代は，合意に関わるプロセスが問われる時代ともいえる。

社会資本を構成する交通施設や河川などの国土保全施設などを計画的に整備するため，国土開発幹線自動車建設法（1957年），水資源開発促進法（1956年），港湾法（1950年）などが定められ，これに沿って個別の基本計画が定められていた。また，この基本計画を計画的に実現していくために，道路整備緊急措置法（1958年）や港湾整備緊急措置法（1961年）などが定められ，これを根拠に道路整備5箇年計画や港湾整備5箇年計画など，分野ごとに5年あるいは10年の施設整備量と経費的な規模を定めた長期計画が策定されていた。

2003年3月，社会資本整備事業を重点的，効果的かつ効率的に推進するため，**社会資本整備重点計画**（Priority Plan for Social Infrastructure Development）の策定等の措置を講ずることにより，交通の安全の確保とその円滑化，経済基盤の強化，生活環境の保全，都市環境の改善および国土の保全と開発を図り，もって国民経済の健全な発展および国民生活の安定と向上に寄与することを目的とする社会資本整備重点計画法が定められた。この計画は，道路や河川，港湾整備などの14項目のハード事業を束ねる計画であり，2003年から5年ごとに計画が策定され，2013年に第三次社会資本重点計画が策定され現在に至っている。国土形成計画と社会資本整備重点計画の関係は，**図1.15**のようにまとめられる。

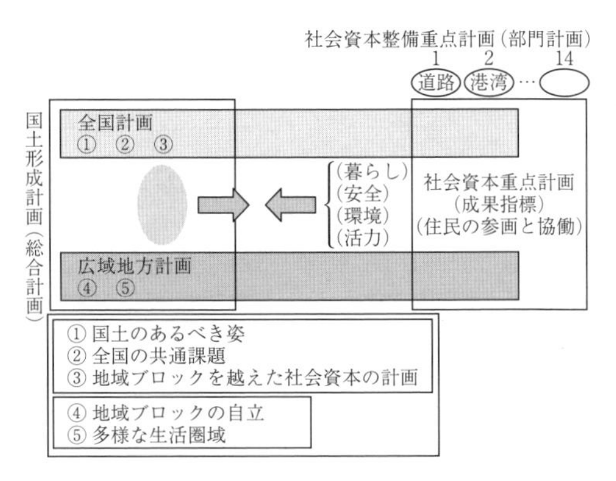

図1.15　計画の体系（国土形成計画と社会資本整備重点計画）

（田村　亨）

1.4　都　市　計　画 [1),19)〜22)]

1.4.1　都市計画に関わる制度構成

地域づくりの計画は，段階的・階層的に諸計画が構成されており，まず，国土計画体系においては，国土利用計画法に基づく土地利用基本計画において地域区分を行い，土地利用の方向付けを行っている。その具体的な実現手段については各個別規制法が担っており，**都市計画法**（City Planning Law）や農業振興地域の整備に関する法律をはじめとする関連制度は，国土計画体系の中では，都市地域の規制・整備を図るための制度体系として位置付けられる。

〔1〕　都市計画制度の変遷

都市計画制度としては，1888（明治21）年公布された**東京市区改正条例**（Tokyo City Replanning Ordinance）が日本の近代都市計画の誕生であり，これに基づく市区改正事業により，大正時代までに路面電車を敷設するための道路拡幅，上水道整備などが実施された。

第一次世界大戦を契機に軍需工業を中心とする日本の工業化が進み，都市の人口が増加した。これに伴う市街地の拡大に対処するため，都市整備の推進や建築規制の機運が高まり，1919（大正8）年，都市計画法（旧法）が，市街地建築物法（建築基準法の前身）と併せて制定され，翌年施行された。

戦後，1960年代（昭和30年代後半～40年代）にかけての高度経済成長の過程で，都市への人口や諸機能の集中が急激に進み，これに伴い，都市における土地利用の混乱，市街地の無秩序な外延化が生じ，このような社会経済情勢を背景として，全国に適用する一般法として都市計画法（新法）が1968（昭和43）年に制定され，翌年施行された。

旧法における都市計画は，施設整備が主体の制度であったが，新法においては，土地利用規制と施設整備を一体的に進める制度となり，急激な都市化の中で，スプロールを防止し，不足する都市施設を整備し，住宅地を供給することを目的として制定された。

〔2〕 都市計画の理念

都市計画法における都市計画の理念は，健康で文化的な都市生活および機能的な都市活動を確保するため，適正な制限の下に土地の合理的な利用を図ることであり，都市計画とは，都市の健全な発展と秩序ある整備を図るための土地利用，都市施設の整備および市街地開発事業に関する計画である。

これを言い換えれば，人口，産業が集積する都市の環境を保全し，その機能を高めるために，相当の長期の見通しに立って，その都市の範囲，密度，街割，必要な都市施設（街路，公園，下水道，駅，広場等）の位置・規模・配置などを決め，公共が必要な事業を行い，民間による開発・建築行為を規制・誘導し，計画的・段階的に，全体として調和のとれた市街地をつくり上げる計画ということができよう。

この目的を達成するためには，都市計画を実現する担保手段が必要となる。そこで，都市計画の法制度では，土地の利用についての「規制による私権の制限」と，公共的な整備のための「事業への権限付与」の二つがおもな手段となり，さらに都市計画に規制力と執行力をもたらす上で，誰がどのような方法で計画を決めるかという「手続き」が重要な要素となる。

〔3〕 都市計画制度の構造

都市計画は，まず，制度が適用される対象区域を画する都市計画区域の設定から始まる。つぎに，マスタープランの下，開発を許容し積極的に都市整備を図る「市街化区域」と，開発を抑制する「市街化調整区域」を分ける区域区分，いわゆる「線引き」が必要なところで行われ，さらに以下の各要素がそれぞれ決定される。

① 用途地域をはじめとする地域地区

② 道路・公園などの都市施設

③ 区画整理事業などの市街地開発事業

1968（昭和43）年に現在の法律ができた段階では，ここまでが都市計画のすべてだったが，1980（昭和55）年に地区計画制度を追加し，地区レベルで建築物の制限に関する事項と，公共施設の整備計画とを一体的に定めることができることとし，さらにその後，その時代の要請に応じた仕組みが整備され現在の体系ができあがった。それが**図1.16**のように1枚の都市計画図に重ね合わされていくこととなる。

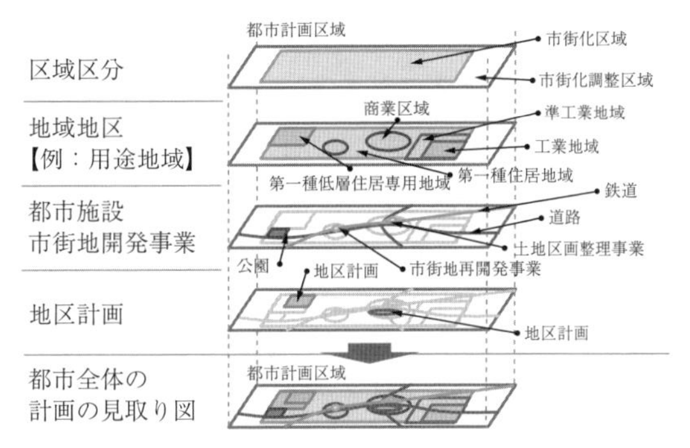

図1.16　都市計画制度の構造（出典：国土交通省資料）

〔4〕 都市計画区域

都市計画区域（city planning area）は，都市計画の根本をなす区域概念であり，その定義は「一体の都市として総合的に整備，開発又は保全すべき区域」とされ，都市計画の観点から土地利用のコントロールをする必要がある土地の範囲である。都市計画区域が指定されると，建築基準法の集団規定（接道，用途規制，形態制限など）が適用される。

都市は行政区域を越えて連担している実態があることから，都市計画区域は市町村の行政区域にとらわれず，実質の都市地域の範囲を設定するとされている。一方で，郊外化とモータリゼーションの進展により，日常生活圏が一つの都市計画区域を超えてはるかに拡大し，また市町村合併の結果，逆に一つの市の中に複数の都市計画区域が含まれてしまうというケースも生じている。

全国1 720市町村のうち1 353市町村，約8割に都市計画区域が存在し（2014年3月現在），都市計画区域の面積は国土面積の約1/4，人口の9割以上が集中して居住している。

〔5〕 **準都市計画区域**

準都市計画区域（quasi-city planning area）は2000（平成12）年改正で創設された制度である。都市計画区域の外の区域で，建築物が現に集まっているか，または集まることが確実な区域について，放置すれば環境の悪化などの問題が生じると見込まれるところについて，土地利用を制限することを可能とする。都市計画区域と同様に，接道義務や用途地域等による規制が行われるが，積極的に都市整備を行うものではなく，道路等の施設，市街地開発事業，地区計画は決定できず，また，土地利用規制も土地の高度利用を図るものは決定できないこととなっている。

1.4.2 マスタープラン

〔1〕 **都市計画区域マスタープラン**

都市計画区域マスタープラン（master plan for city planning area）は，法律上は「都市計画区域の整備，開発及び保全の方針」といわれ，都市計画区域が指定された後，最初に定める都市計画である。都道府県が定めることから，都道府県マスタープランと呼ばれることもある。

他のすべての都市計画は，このマスタープランに即して定めなければならず，内容は以下のとおりである。

① 都市計画の目標：どのようなまちづくりを行うか，将来の人口や産業の規模をどの程度と見込むのか等について記述する。

② 区域区分の有無，その方針：重要な都市計画である区域区分（線引き）の方針を定める。

③ 主要な都市計画の方針：土地利用，都市施設，市街地開発事業のおのおのについて方針を示す。

ここでは，おおむね20年後のまちづくりの在り方を想定しつつ，おおむね10年以内に優先的に市街化すべき区域や整備すべき施設，実施すべき事業をおおまかに示すものとしている。

〔2〕 **市町村マスタープラン**

市町村マスタープラン（municipal master plan）は，法律上「市町村の都市計画に関する基本的な方針」といわれ，1992（平成4）年に制度化された。市町村が定める計画であり，記載事項は法定されていないが，例えば，まちづくりの理念や都市計画の目標，全体構造や地域別構想等きめ細かく定めることができる。縦覧や意見書の提出等の都市計画手続きは必要ないが，住民の意見を反映させて決定することとされており，市町村によっては，ワークショップや地域ごとにまちづくり協議会を開催し，地道に住民の意見を吸い上げてマスタープランを作成するなどの取組みもなされている。

1.4.3 土地利用計画

〔1〕 **区　域　区　分**

都市計画法（新法）においては，スプロール現象を防止し，都市の秩序ある発展を図るため，一定期間内に積極的に市街化を促進すべき区域と市街化を抑制すべき区域とに分け，段階的な市街地形成を図る**区域区分**（delaination），いわゆる「線引き」が導入された。これは，市街地を一定の範囲に限ることにより，スプロール，無秩序な市街化を防止し，都市施設の整備に関する公共投資の集中化・効率化を図りつつ，併せて都市周辺の優良な農地を保全するという意図を持つ。

区域区分により設定される**市街化区域**（urbanization promotion area）は，既成市街地と今後10年以内に計画的に市街化すべき区域，**市街化調整区域**（urbanization control area）は市街化を抑制すべき区域であり，原則的に開発は認められず，公共投資も行われない区域である。

現行法制定時は，法律の本則ですべての都市計画区域に線引きが義務付けられた一方で，附則で当分の間，三大都市圏の既成市街地などの大都市から人口10万人以上の市までに義務付けを限っていた。結果として，線引きが義務付けられた都市計画区域は約350のみであり，900ほどは，本則では線引きが義務付けられながら，附則で当分の間義務が免除されるという状態に置かれていた。

その後，人口増加が沈静化し，スプロール対策が全国的課題ではなくなってきたことから，2000（平成12）年改正で，区域区分の実施は都道府県が地域の実情に応じて判断し選択することとされたが，三大都市圏および政令市については依然として市街化圧力が強く，また首都圏整備法等の法律上の位置付けにおいても一体として計画的市街化を図る必要性が大きいことから，引き続き区域区分を義務付けすることとされている。

市街化区域の設定は，人口，世帯数や産業活動の将来の見通しから市街地として必要と見込まれる面積をそのまま即地的に割り付ける人口フレーム方式により行われている。

〔2〕 **地　域　地　区**

都市計画法において土地利用を規制する**地域地区**（zoning district）は，都市計画区域内の土地をどのような用途に利用すべきか，どの程度の密度・ボリュームで利用すべきか等を都市計画に定め，建築物の用途，容積，構造等，あるいは土地の区画形質の変更，木竹の伐採等の行為に一定の制限を加えることにより，都市における土地利用に計画性を与え，適正な制限の下に土地の合理的な利用を図ろうとする制度である。

その目的によって用途，防火，形態，景観・歴史環境，緑，特定機能の六つに分類でき，それぞれについて，**表 1.4** にあるような地域地区が定められている。

表 1.4　地域地区の種類

類　型	地域地区
用　途	用途地域，特別用途地区，特定用途制限地域
防　火	防火地域，準防火地域，特定防災街区整備地区
形　態	高度地区，特定街区，高度利用地区，高層住居誘導地区，特例容積率適用地区，都市再生特別地区
景観・歴史環境	景観地区，伝統的建造物群保存地区，風致地区，歴史的風土特別保存地区，第一種歴史的風土保存地区，第二種歴史的風土保存地区
緑	緑地保全地域，特別緑地保全地区，緑化地域，生産緑地地区
特定機能	駐車場整備地区，臨港地区，流通業務地区，航空機騒音障害防止地区，航空機騒音障害防止特別地区

〔3〕 用　途　地　域

地域地区の代表である**用途地域**（land use zone）は，住環境の保護や商工業等の利便増進等を図るため，市街地の類型に応じた建築規制の根拠として定められる。

用途の混在は，例えば典型的には住宅や工場など相互に環境の悪化をもたらすことがあり，その純化，専用的土地利用が望まれる。また，業務・商業地域は，土地が高度利用されることで都市交通施設や供給処理施設への付加が大きく，これら施設の整備計画と土地利用が密接に関連している。

用途地域は現在 12 種類ある（**表 1.5** 参照）。具体的には，建築物の用途，容積率，建蔽率等を制限し，建築基準法の建築確認で担保をしている。

〔4〕 その他の地域地区

用途地域以外の代表的な地域地区として，**特別用途地区**（special land use district）がある。これは，全国一律に適用される用途地域の規制を，地区の実態に合うよう条例により強化・緩和できる制度として導入された。

また，**防火地域**（fire preventive district），**準防火地域**（quasi-fire preventive district）は，市街地における火災の危険を防除するために定める地域であり，地域内においては，建築物の規模に応じて，一定の防火・耐火性能が求められる。防火地域内においては，3 階以上，または延床面積が 100 m^2 を超える建築物は耐火建築物とし，その他の建築物は耐火建築物または準耐火建築物としなければならず，準防火地域内では，大規模な建築物は耐火建築物，それ以外の一定規模以上の建築物も耐火建築物・準耐火建築物としなければならない。

また，緑地や農地が適切に保全された，良好な都市環境を確保するため，都市公園の整備，緑地保全制度の活用のほか，農林漁業との調整を図りつつ，都市部に残存する農地の計画的な保全を図る仕組みとして，**生産緑地地区**（concerning agricultural land reserved in urbanization promotion area）の制度が講じられている。大都市地域の住宅・宅地供給のための市街化区域内農地の活用と，農地の計画的な保全の両方の観点から，市街化区域農地について，宅地化すべきものと保全すべきものの区分を明確にし，宅地化するものは，宅地並み課税とし，区画整理等の基盤整備により計画的宅地化を図る一方で，保全する農地については生産緑地地区として保全を図ることとなっている。

〔5〕 建築基準法（集団規定）との関係

建築基準法（building standard law）は建築物の安全，衛生等の確保の観点から，構造，設備等について規制する単体規定と，都市環境の整備の観点から，建築物相互間や道路との関係について規制する集団規定に分かれ，建築確認によりその適合が確認される。都市計画区域・準都市計画区域が指定されると，区域内の建築物はすべて建築基準法の集団規定の建築確認が必要となる。

地域地区の種類は都市計画法で定められているが，その建築規制の内容は，建築基準法の集団規定に定められており，両者が一体となって，都市における建築規制の機能を果たしている。例えば，用途地域における建築規制については，建築基準法で具体的な用途規制の内容と，容積率，建蔽率，斜線規制，日影規制などの形態規制の内容が定められている。

〔6〕 開　発　許　可

開発許可（development permission）は，都市計画における土地利用規制の根幹をなす制度である。開発を行う場合は許可を得ることが必要となり，その許可の基準は，すべての地域に適用される技術基準と，市街化調整区域にのみ適用される立地基準がある。

技術基準は，道路・公園・給排水施設等の確保，防災上の措置等に関する基準であり，良質な宅地水準を確保するための基準である。立地基準は，市街化調整区域において許容される開発行為の類型を定める基準であり，市街化を抑制すべき市街化調整区域の性格を担保している。

表 1.5　用途地域の構成

（□建てられるもの　■建てられないもの）

例　示	第一種低層住居専用地域	第二種低層住居専用地域	第一種中高層住居専用地域	第二種中高層住居専用地域	第一種住居地域	第二種住居地域	準住居地域	近隣商業地域	商業地域	準工業地域	工業地域	工業専用地域	用途地域の指定のない区域（市街化調整区域を除く）
住宅，共同住宅，寄宿舎													
幼稚園，小学校，中学校，高等学校													
神社，寺院，教会，診療所													
病院，大学													
2階以下かつ床面積 150 m² 以内の店舗，飲食店												4）	
2階以下かつ床面積 500 m² 以内の店舗，飲食店												4）	
上記以外の物品販売業を営む店舗，飲食店				1）	2）	3）	3）				3）		
事務所等				1）	2）								
ホテル，旅館					2）								
カラオケボックス等						3）	3）						
劇場，映画館							5）						
※劇場，映画館，店舗，飲食店，遊技場等で，その用途に供する部分の面積が 10 000 m² を超えるもの													
キャバレー，ナイトクラブ等													
自動車修理工場					6）	6）	7）	8）	8）				
危険性・環境悪化のおそれがやや大きい工場													
危険性・環境悪化が大きい工場													

〔注〕 1）については，3階以上または 1 500 m² を超えるものは建てられない。
2）については，3 000 m² を超えるものは建てられない。
3）については，10 000 m² を超えるものは建てられない。
4）については，物品販売店舗，飲食店は建てられない。
5）については，客席部分が 200 m² 以上のものは建てられない。
6）については，作業場の床面積が 50 m² を超えるものは建てられない。
7）については，作業場の床面積が 150 m² を超えるものは建てられない。
8）については，作業場の床面積が 300 m² を超えるものは建てられない。

〔7〕 地　区　計　画

地区計画（district plan）は，比較的小規模な道路等の公共施設を地区施設として定めるとともに，建築用途・建蔽率・容積率・高さ制限・形態意匠などを詳細に定め，用途地域等による一般的な規制を地域特性に応じて規制強化するものである。1980（昭和 55）年，ドイツの B プランなどを参考に創設された。

地区計画では，地区計画の目標と地区整備計画を定めることとされ，これにより，建築物の制限に関する事項を細かく定めることができる。例えば，1 階部分は住宅を禁止するなどの立体的な用途制限や，建築物の形態・意匠で，建物の外側の形状，材料，色彩等について制限を決めることができる。

地区計画および地区整備計画を都市計画決定するこ

とにより，地区内で行われる建築行為および開発行為はすべて，届出勧告の対象となる。建築行為については，制限内容を条例で定めた場合は，建築確認により強制力のある制限となる。開発行為については地区計画に適合することが開発許可の基準となる。

地区計画は，制度創設以来着実に活用されてきており，すでに6 600 地区超，面積で見ると約15 万 ha となっており，用途地域面積約186 万 ha の約8%に相当する（2014 年3 月現在）。

地区計画制度創設後，社会経済的状況や都市の状況の変化により，さまざまなバリエーションが地区計画には創設された。例えば，**再開発等促進区**（redevelopment promotion district）は，工場跡地等一体的かつ総合的な再開発が必要な区域について，地区内の土地の有効・高度利用を図るため必要な公共施設（2 号施設）の整備と併せて，建築物の用途，容積率等の制限を緩和することにより，良好なプロジェクトを誘導するものである。

開発整備促進区（large-scale store development promotion district）は，2006（平成18）年のいわゆるまちづくり三法の改正により創設されたものである。詳細は，1.4.5 項〔1〕を参照されたい。

1.4.4　都市施設計画

都市施設（urban facilities）は，円滑な都市活動を支え，都市生活者の利便性の向上，良好な都市環境を確保する上で必要な施設である。

〔1〕　都市施設の種類

都市施設の対象は，道路，公園，下水道などの社会基盤インフラから，教育文化施設，医療施設等の公共公益施設まで広い概念となっている（Ⅱ編12.5 節「都市施設とまちづくり」参照）。実際には都市施設のすべてが都市計画に定められているわけではなく，計画的に整備をする施設が都市計画を活用して整備されている。

〔2〕　都市計画制限

都市計画において都市施設が決定されることにより，その施設の区域内において**都市計画制限**（city planning restriction）として，建築規制が発生する。都市計画法の主要目的は，不足する都市施設をいかに計画的に整備するかであり，円滑な施行を確保するため，この区域内では，建築物の建築は原則として都道府県知事等の許可が必要であり，木造2 階建て以下など，容易に移転し，除去することができる建築物については許可されることとなっている。

〔3〕　都市計画事業

都市施設の整備は，**都市計画事業**（city planning project）により実施される。都市計画事業は，市町村施行事業は都道府県知事による認可，都道府県施行事業は国土交通大臣による認可を受けて行われるもので，事業認可により，事業地内の建築制限，先買権，買取請求等の効果が発生するとともに，収用の事業認定と同じ効果が発生することとなる。

〔4〕　都市計画税

都市計画税（city planning tax）は，都市計画事業または土地区画整理事業を行う市町村において，その事業に要する費用に充てるために，目的税として課されるものであり，固定資産税に上乗せして課税されている。都市計画税収額は1 兆1 828 億円（2014 年度決算額）であり，都市計画事業費に対する都市計画税収の割合は2～3 割で，そのうち約半分が下水道事業となっている。

1.4.5　市街地開発事業

市街地開発事業（urban development project）は，市街地を面的，計画的に開発整備する事業である。土地収用，換地，権利変換等の各種の手法により，宅地の整備やこれと一体となった公共施設の整備等が行われる。都市計画において市街地開発事業が決定されることにより，事業に先立ちその施行区域内に建築制限が及ぶこととなる。

〔1〕　土地区画整理事業

土地区画整理事業（land readjustment）は，公共施設が未整備の一定の区域において，地権者からその権利に応じて少しずつ土地を提供（減歩）してもらい，この土地を道路・公園などの公共用地に充てるほか，その一部を売却し，事業資金の一部に充てる仕組みである。地権者においては，事業後の宅地の面積は従前に比べ小さくなるものの，都市計画道路や公園等の公共施設が整備され，土地の区画が整うことにより，利用価値の高い，資産価値としては同等の宅地が得られる。

これまで全国で約12 000 箇所，約37 万 ha の事業に着手しており（2014 年3 月現在），これは全国の既成市街地等の約3 割に相当する。また約11 000 km の都市計画道路を整備しており，これは供用または完成済み都市計画道路の約1/4 に相当する。このように，土地区画整理事業により，都市計画道路，公園，駅前広場等の多くの都市基盤が整備されてきた。

〔2〕　市街地再開発事業

市街地再開発事業（urban redevelopment project）は，土地建物を個別にそれぞれ所有している形態から，敷地を共同化し高度利用することで，保留床と公共施設や公開空地を生み出す仕組みである。従前権利者の権利は，等価で再開発ビルの床に置き換えられる（権利床）。事業費は，高度利用によって新たに生み出された床（保留床）を処分して，回収する。

市街地再開発事業は，大きく，第一種と第二種に分かれる。第一種市街地再開発事業は，権利変換方式により，工事着工前に，事業地区内すべての土地・建物について，現在資産を再開発ビルの床に一度に権利変換する。これに対し，第二種市街地再開発事業は，管理処分方式により，いったん施行者が土地・建物を買収し，買収した区域から順次工事に着手する用地買収方式となっている。

これまで，全国で922地区1 288 ha（2014年3月現在）の市街地再発事業が施行され，耐火建築物による防災性の向上，敷地の高度利用による住宅整備や公共施設整備等の効果が上がっている。

1.4.6　都市計画の決定主体と合意形成

都市計画は地方公共団体が決定するのが原則であり，その手続きは法律で定められている。

〔1〕　都市計画の決定権者

都市計画法によって都市計画を定める権限を与えられている者を**都市計画決定権者**（planning authority）という。現行法で都市計画の事務は地方公共団体の役割となり，特に市町村を主体としていく考え方から地方分権の制度改正を累次にわたり取り組んできた結果，件数ベースで約8割が市町村決定となっている。

都道府県は，市町村の区域を越える広域または根幹の都市計画を決定することとされており，広域の調整が必要な土地利用（線引き，大都市の用途地域など），広域のネットワークを形成する広幅員の道路，まちづくりに根本的な影響を与える大規模な区画整理事業等が都道府県決定となっている。

このような決定権者間の調整を行うため協議・合意の制度が設けられている。市町村決定の事項については，広域的な調整や県の都市計画との整合性の担保のため，県との調整を必要としている（件数の約9割）。また，都道府県決定の案件のうち，国との利害調整の観点から国との調整を義務付けているものもある（件数の約4割）。

〔2〕　都市計画の決定手続き

都市計画は，住民の意見を聴いて決定する手続きとなっている。例えば，市町村が定める都市計画の手続きは，以下のとおりである。

① 市町村が原案を作成する際に，必要に応じ公聴会を開催し住民の意見を聴く。
② 原案ができた後，それを公告し住民の縦覧に供する。住民はこれについて意見書を提出できる（縦覧および意見書提出期間合わせて2週間）。
③ 市町村は，原案に意見書の概要を付して，学識経験者や関係行政機関の長などで構成する市町村都市計画審議会（当該市町村に置かれていない場合は，都道府県都市計画審議会）に付議する。
④ 市町村は，あらかじめ都道府県知事に協議する（町村にあっては都道府県知事の同意も必要）。
⑤ 決定したら，その旨を告示するとともに，決定図書を公衆の縦覧に供する。

なお，地区計画については，住民に身近な地区レベルの計画であることから，他の都市計画と違い，通常の手続きに加えて住民の意見反映手続きが付加されている。

① まず，利害関係者の意見を求めて作成することが義務付けられている。意見の提出方法等について条例で定めることになる。
② さらに地区計画の原案について住民等から申出ができることとされている。申出のために必要な要件等，手続きについては条例で定めることとされている。

〔3〕　都市計画提案制度

まちづくりに対する地域の取組みを都市計画行政に積極的に取り込んでいくことが求められている。このため，2002（平成14）年に**都市計画提案制度**（proposal system on city planning）として，土地所有者，まちづくり団体からの都市計画提案に係る手続きが設けられた。

土地所有者，まちづくりNPO等は，土地所有者等の2/3以上の同意を前提に，都市計画の具体的な決定・変更の案を都市計画決定権者に提案することができる。地方公共団体は提案に基づく都市計画の決定をするかどうかを判断し，都市計画を決定する必要があると認める場合は都市計画の手続きが行われ，決定する必要がないと認められるときは，都市計画審議会の意見を聴き，理由等を提案者に通知することとなる。2014年3月現在で，236件の提案が行われ，多くが決定・変更に結び付くなど地域に根ざした制度となっている。

なお，都市計画法のほか，都市再生特別措置法に基づく制度もあり，これは都市再生緊急整備地域の中に限られており，かつ提案できる都市計画の事項も都市再生特別地区等に限られている。

1.4.7　都市計画の新たな流れ

都市計画法やそれに関連する法律は社会情勢の変化に応じて順次改正されており，今後の高齢化，人口減少社会に対応するため，引き続きその見直しが行われている。最近の都市計画の新たな流れについて記載する。

〔1〕 **郊外の大規模店舗への対応**

大規模小売店舗法が1998（平成10）年に廃止されたことに合わせ，大規模小売店舗立地法，中心市街地活性化法の制定と都市計画法の改正が行われ，まちづくり三法と呼ばれるようになった。都市計画法においては，特別用途地域の類型を自由化し，公共団体が地域特性に応じて規制の目的・内容を定められることとし，これにより，郊外のバイパス沿道等で大規模集客施設の立地を制限することも可能となった。

さらに2006（平成18）年，まちづくり三法の改正が行われた。これは，中心市街地活性化法の改正により，まちなか居住や空地・空家の活用等への支援を充実するとともに，都市計画法の改正により郊外部でのショッピングセンター等の大規模集客施設について立地の規制を行ったものである。従来は，用途地域のうち第二種住居地域，準住居地域，工業地域や非線引き都市計画区域は，大規模集客施設の立地制限がなかったが，これらの地域では原則不可とし，用途地域の変更または地区計画決定（用途を緩和する**開発整備促進区**（large-scale store development promotion district）の決定）により立地可能とすることとした。

〔2〕 **都市再生への取組み**

都市機能の高度化と都市の居住環境の向上を図るため，2002（平成14）年に**都市再生特別措置法**（Act on Special Measures concerning Urban Renaissance）が制定され，都市計画の新たな地域地区として**都市再生特別地区**（special district for urban renaissance）が創設された。この特別地区は，容積率・高さ制限等について，用途地域による規制をいったん白紙に戻し，新たに定め直すものであり，都市再生のための具体的プロジェクトに対応して，規制内容を柔軟に変更できる仕組みとなっている。これにより民間の資金やノウハウを生かした都市再生プロジェクトが大都市のみならず地方都市の都心部で進められることとなった。

〔3〕 **景観への形成**

街並み・景観の規制・誘導を行う新たな体系として2004（平成16）年に**景観法**（Landscape Law）が制定され，景観計画・景観協定・景観重要建造物等の仕組みとともに，都市計画の地域地区として**景観地区**（landscape districts）が創設された。景観地区内では，高さ規制・壁面位置制限等とともに，建築物の色彩を含めた形態意匠（デザイン全般）が規制され，建築時には市町村の認定を受けることとなっている。

〔4〕 **居住機能，都市機能の立地の誘導**

都市のコンパクト化を推進するため，これらに積極的に取り組む市町村を支援する制度として，2014（平成26）年都市再生特別措置法を改正し，**立地適正化計画制度**（location optimization plan）が創設された。これまでの都市計画では，土地利用規制により市街地の拡大抑制を図ってきたが，地域公共交通再生活性化法による公共交通施策と連携し，居住や都市機能の誘導を図ることにより，人口減少下においても，一定の市街地の人口密度を維持していくことを目指している。

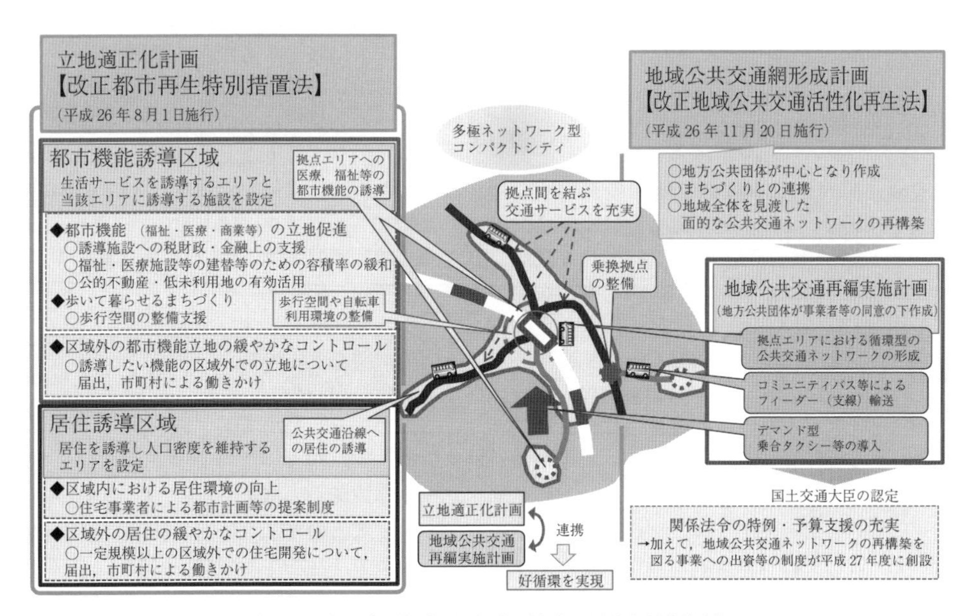

図1.17　立地適正化計画の概念（出典：国土交通省資料）

市町村は，都市全体を見渡しながら，どの区域に居住や都市機能を誘導するかを示したマスタープラン（立地適正化計画）を作成する。具体的には，**図1.17**にあるように駅や主要バス停等の周辺に都市機能誘導区域を設定するとともに，その周辺に居住を誘導すべき区域を設定する。都市機能誘導区域に必要な施設等を誘導するため，予算，金融，税制，容積率緩和などのインセンティブが講じられている。（菊池雅彦）

1.5 農山村計画

1.5.1 は じ め に

農山村計画は，土木学会の土木計画学分野のみならず，これまでにさまざまな学会で研究の蓄積がなされてきた。例えば，土木学会の中でも環境システム分野，本学会以外に目を向ければ，農村計画学会，日本都市計画学会，日本建築学会，交通工学研究会などがその代表である。

その文字どおり，「農山村計画」は農村計画学会において集中的に蓄積がなされてきた一方，その目標は農村環境，農村社会の創出にあり，産業や暮らしとしての「農業」という観点が陽にも暗にも前提となっている。しかし，農山村が抱える課題やその解決のための計画は必ずしもその前提にとらわれるものではなく，そのこともあってか土木計画学分野では「農村」ではなく，「過疎地域」，「中山間地域」を対象に研究が進められてきた経緯がある。以下では，これらの地域を含めて「農山村地域」という用語で代表するとともに，この地域に関する昨今の状況と土木計画学的な課題について述べる。

1.5.2 昨 今 の 動 静

農山村計画の変遷については多くの文献がある[23]。そこで以下では，土木計画学研究の初動期でもある1990年代以降に絞って話を進める。まずは，1991年に「限界集落」という言語的に刺激的な概念が大野により提唱された[24]。これにより，集落が消滅することの現実性が広く人々に認識されるようになった。次いで，いわゆる平成の市町村合併が1995年に行われた。その目的の一つは，基礎自治体の財政力の強化であった。裏を返せば，基礎自治体の財政力が低下し，そのまま放置しておけば財政的な持続可能性は危ういとの認識があったことを意味している。さらに2007年の夕張市の財政破綻はこの認識の正しさを強烈に裏付け，人口規模の少ない地方の自治体をはじめ，多くの自治体は破綻の可能性を直視せざるを得なくなった。

その翌年，日本の人口が12月にピークに達し，国としての人口減少が始まった。これにより，農山村地域が以前より経験してきた人口減少は，もはやこれらの地域のみの課題ではないことがこの事実をもって受け入れられた。その中で，東日本大震災が発生し，復興という形で人口が少ない地域での在り方が問われるとともに，2014年には日本創成会議による消滅可能性都市の発表があり，地域の持続可能性の危機感がこれまで以上に高まった。内閣府が2014年に行った世論調査によると，9割以上の国民が人口減少は望ましくないと回答しており，また，国土交通省の「国民意識調査」（2015年）によると，人口減少を実感しているのは都市圏で32.1%であるのに対して地方では49.5%であり，地方を中心にその変化が身をもって認識されている。

翻って1990年代以前を見ると，総合保養地域整備法（リゾート法）に象徴されるように，自治体・地域の持続可能性の危機というトーンは薄く，むしろ，それを克服する方向での楽観的な雰囲気がわが国にはあった。しかし，1990年代以降，そのような雰囲気は一掃され，2014年には「地方創生」という東京の一極集中是正と地方の再生の双方を克服するための国策が始動するに至っている。ただし，自治体や地域が消滅するという危機感だけではなく，人が都市から地方へ向かうという「地方回帰」の兆しがわずかにうかがえるという若干の希望が交錯した中での船出であった。

1.5.3 農山村計画における潮流

〔1〕 人口減少がもたらす課題

農山村地域の特徴には，高齢者が多い，地形的・地理的に厳しい環境にある，経済が停滞しているなどがあるが，いうまでもなく，最大の特徴は地域に居住する人々の継続的な減少である。人口減少が人々の生活や地域に与える影響については以下が考えられ，また，すでに農山村地域での集落では**図1.18**に示す課題が顕在化している。

- 生活関連サービス（小売，娯楽，飲食，教育，医療機関など）の縮小
- 就職先の減少
- 地域公共交通の撤退・縮小
- 空き家，空き店舗の増加
- 耕作放棄地の増加
- 鳥獣被害の増加
- 地域コミュニティの機能の低下
- 多様な文化・生活様式の消滅
- 行政サービスの低下

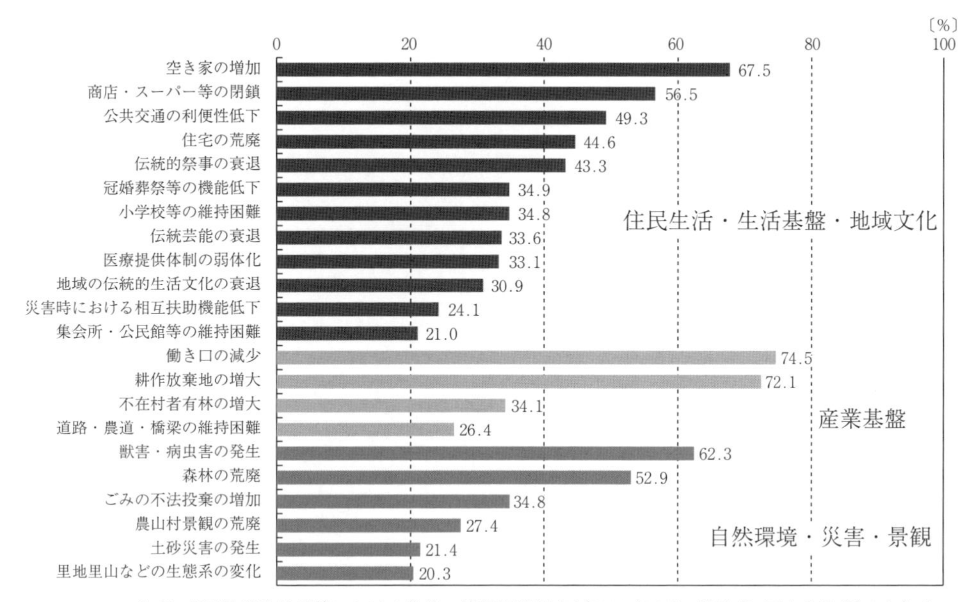

図 1.18 集落で発生している課題[25)]
（出典：国土交通省：平成 26 年度 国土交通白書，第Ⅰ部 p.98 図表 2-2-34（2015 年））

これらの課題はさらなる人口減少を招く要因にもなることから，人口減少の悪循環が生じ得る。なお，都市に居住する住民にとっても，食料の供給や水源の涵養の低下のみならず，農山村におけるレクリエーションの機会や将来における移住の機会の制限等の形で影響が及んでいる。また，離島などの沿岸域の人口減少は，国防上も望ましくない。

図 1.18 に示すさまざまな課題は，現在ではとりわけ農山村地域が直面している課題ではあるが，将来に本格的な人口減少を迎える多くの地域にとっての潜在的な課題でもある。

〔2〕 地方回帰の流れ

農山村地域のみならず三大都市圏を除いたいわゆる「地方」では，今後も都市への人口流出の傾向が予想されている。ただし，ここ数年においてはその動向とは異なる傾向がうかがえる。具体的には，社会増を実現した市町村数が占める割合に着目すると，過疎地域で社会増を実現した市町村が占める割合が横ばい，ないし微増の傾向が見られる[25)]。

これに加え，内閣府の「農山漁村に関する世論調査（2014 年）」によると，すぐにでも農山漁村に定住したいと考える割合は必ずしも高くはないが，過去に実施された「都市と農山漁村の共生・対流に関する世論調査（2005 年）」と比較すると，都市住民の農山漁村への定住願望がどの年齢層でも伸びている。特に，30，40 歳台の願望が 10% 台から 30% 台に伸びている（**図 1.19** 参照）。

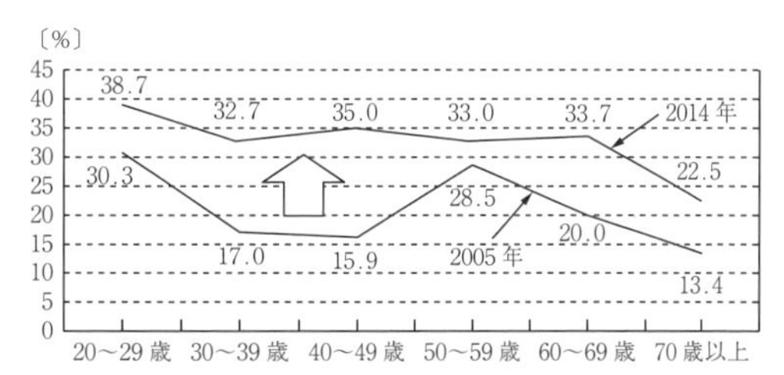

資料：内閣府「都市と農山漁村の共生・対流に関する世論調査（2005 年 11 月）」，「農山漁村に関する世論調査（2014 年 6 月）」より国土交通省作成

図 1.19 都市住民の農山漁村への定住願望[25)]
（出典：国土交通省：平成 26 年度 国土交通白書，第Ⅰ部 p.28 図表 2-1-5（2015））

このように，地方回帰の流れは必ずしも確固たるものではないが，それを促進するための努力に値する兆しは見られる。農山村地域では，人々を受け入れる側として，移住を希望する人が重視する条件も考慮した地域づくりが今後はよりいっそう重要になると考えられる（**図 1.20** 参照）。

〔3〕 小 さ な 拠 点

地方回帰の流れが本格化したとしても，人口が増加するほどの帰結を多くの農山村地域が期待するのは楽

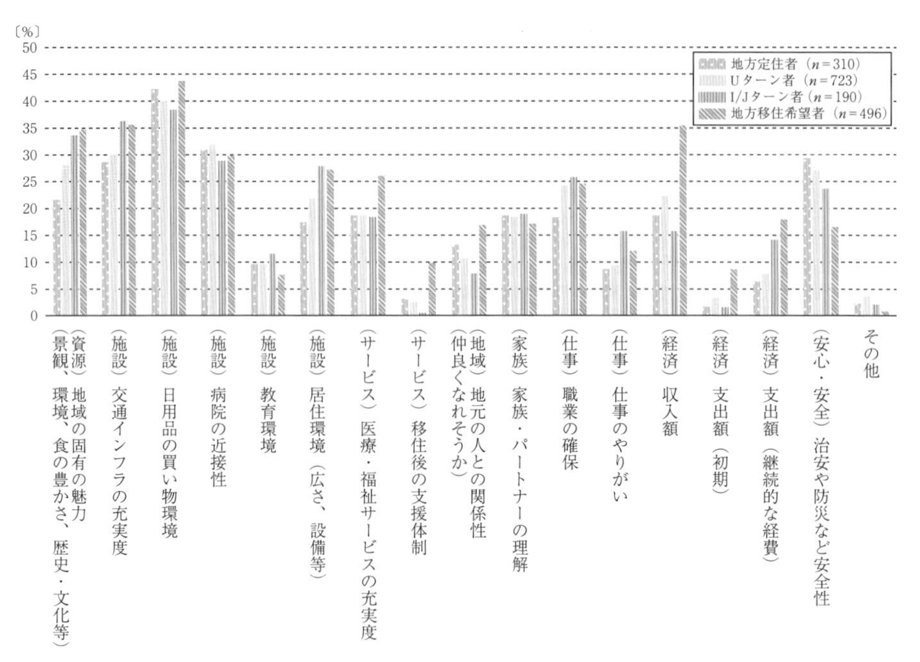

資料：国土交通省「国民意識調査」

図 1.20　移住・定住に際し重視した（重視する）条件[25)]
（出典：国土交通省：平成 26 年度 国土交通白書，第 I 部 p.36 図表 2-1-25（2015））

観的に過ぎるであろう。このため，地方回帰の促進と並行して人の少なさに適応した地域社会づくりを進めていくことが重要となる。

人が少ないことを前提とした上で，そこに住む人々にとって基礎的な生活関連サービスを効率的かつ持続的に供給できるようにするための方策として「小さな拠点」がある（**図 1.21** 参照）。小さな拠点とは，小学校区等の複数の集落が集まる地域において，商店や診療所，郵便局などの日常生活に不可欠な施設を徒歩で「はしご」できる範囲に配置するとともに，山間部の集落とは地域公共交通サービスや宅配等によってネットワークで結ぶものである。これにより，効率的に生活サービスを提供するとともに，人々の交流を促進する地域活動の場としての拠点を生活圏の中で確保することができる。

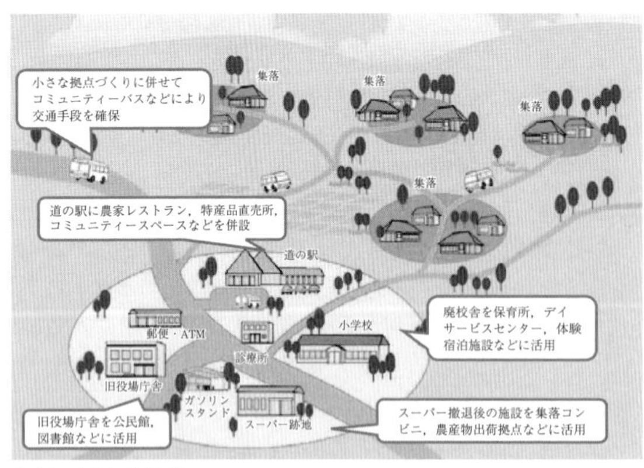

資料：国土交通省

図 1.21　小さな拠点のイメージ図[25)]
（出典，国土交通省：平成 26 年度 国土交通白書，第 I 部 p.99 図表 2-2-36（2015））

1.5.4　農山村地域における土木計画学的課題

農山村地域は長きにわたって人口の継続的な減少の下にあり，地域に居住する人々が少ないという前提の下での計画論ならびに計画手法の構築が学術的に本質的な関心となる。以下では，これまでの研究について，地域の持続可能性に関する研究と，さまざまな政策や事業を実施するに際しての効果分析に関する研究に焦点を当てて概観する。

〔1〕　持 続 可 能 性

土木計画学分野における農山村計画の研究は，地域の持続可能性を焦点として幕を切っている。1980 年代には，生活支援施設の経営成立性，家計の生計維持可能性といったように，生活を営む当事者である世帯と，それを支えるサービスや施設の維持可能性の双方から研究が進められた。その後，2000 年に入ると，そこに居住される人々の定住意向に焦点が当たり始めた。従来，農山村地域における人口減少の大きな要因は，その地域における就業機会の少なさにあるといわれてきた。しかし，この時代では，行政改革によるサービスの縮小，医師不足などに伴い，生活にとっての基礎的なサービスが確保できなくなり，それに伴い，就職する年齢層のみならず，幅広い世代の人口流出が危惧された。実際，夕張市の破綻に加え，地震や豪雪により高齢者が離村する現象が見られた時期でもある。また，コンパクトシティの文脈に基づき，居住地を集約することの影響を財政面などからシミュレーションする研究もなされている。このように，個々の施設やサービス，世帯といった視点のみならず，集落や地域という単位で，また，人口という視点で，将来の持続可能性を見据えるための基礎的な研究が進められた。

これと並行して，観光などにより地域の交流人口を増やす，UIJ ターン者を増やすという研究も進められた。特に，後者については，現在におけるわが国の大きなテーマである地方創生ともおおいに関係があるが，実態分析にとどまっており，政策提言に向けてはまだ多くの課題を克服しなければならない。

一方で，農山村地域では人口減少という大きな潮流の中で手をこまねいているわけではない。持続可能性を高めるために，コミュニティが主体となった地域づくり，人の少なさに適応したサービス・制度のイノベーションなど，新たな動きが始動している。土木計画学においても，このような動きを支援するための計画論，計画手法の開発に加え，最近ではフィールド実践的な研究も増えている。とりわけ，公共交通サービスに関しては多くの蓄積が見られる。

その反面，サービスの供給体制やビジネスモデルの研究は多くはない。すなわち，利用者から見たサービスの評価，サービスの運営方法（公共交通でいえば，路線をどのように設計するか）の研究は盛んであるが，供給者の持続可能性を根本的に改善するための蓄積は必ずしも十分ではない。古くより，産業面での農山村地域の深刻な課題が後継者不足に伴う生産・供給組織の持続可能性であることは周知の事実である。今後は，複合的なサービスの供給体制や，新たな官民の役割分担，住民との協働システムの探求が社会的にも重要になると考えられる。

〔2〕 効 果 分 析

農山村地域の特徴は人の少なさであるため，どのようなサービスでも基本的には需要者が少ない。このため，道路やライフラインといった社会基盤を整備するに際しては，需要者の少なさに見合った効果がその整備にあるのかを立証することが求められる。また，社会基盤の整備でなくても，同様の検討が求められる場面が多々ある。例えば，供給主体が民間企業であっても，そのサービスに公益的な価値が認められていれば，採算性が低いことに伴い撤退が見込まれる企業に対して自治体などの行政機関が補助を拠出したり，直営でサービスを代替的に供給することになる。その際にもやはり，行政支出額に見合った効果があるのかについての確認が必要となる。このように，人口が少ない分，公的な関与が求められるケースが必然的に多い。

一般にこのような場面では，費用便益分析の考え方に基づいて費用と便益の比較を行い，経済的な観点で評価を行うことが通常である。しかし，農山村地域における公的な関与の場面では，経済的な利点の追及がその目的であることは必ずしも多くはなく，基礎的な生活機能を維持することが目的であることが少なくない。このため，上記の分析によることはなじまないという考えがある。このため，農山村地域を対象とする研究には，そもそも効果をどのように分析・評価するのが適当かという規範的なアプローチならびにその下での実証的なアプローチが見られる。

具体的には，人々の **QoI**（Quality of life）の計測に基づく研究がある。その計測にはさまざまなアプローチがあり，人々の主観的な評価に基づくもの，人々を取り巻く環境を客観的な評価に基づくものなど多様であり，これらは**幸福学の研究**（happiness studies）にもおおいに関係している。また，上記のように，基礎的な生活機能が維持できるかという文脈は，A. Sen が提唱した**ケイパビリティアプローチ**（capability approach）のそれと同様であることから，このアプローチに基づいて新たな評価手法やそれに基づく計画論の構築が盛んである。また，このアプローチと親和性の高い**アクセシビリティ指標**（accessibility measure）についても，その意義の再評価と改良が進んでいる。今後，これらの蓄積がさらに進んでいくことが期待されるが，その際，QoI にせよケイパビリティにせよ，人々の生活全般を視野に入れた分析・評価が必要となることから，医療や福祉をはじめとしたさまざまな分野との異分野連携に基づく研究が有用である。実際，そのような活動が盛んに始められている。

1.5.5 お わ り に

農山村地域は今後わが国や諸外国が経験し得る人口減少を先取りしている。このため，そこでの課題に挑むことは農山村地域だけのためではなく，わが国全般ならびに国際的にも大きな意味がある。その際，人々の生活を持続的に維持するという普遍的・根本的な課題に向き合わざるを得ないため，従来の計画論・計画手法を批判的に省みながら進んでいくことが求められる。また，他分野との連携も必要となる。すでにその歩みが進められており[26]，今後の発展が期待される。

地方創生がわが国の目指す方向となったいま，現場での課題を実践を通じて解決することを試み，その中で解決支援手法の改善を図っていく営みの必要性がこれまでになく高まっている。この要請に応えつつ，学術的な知見を蓄積していくことが土木計画学における一つの大きな使命である。（谷本圭志）

引用・参考文献

1） 谷口 守：入門 都市計画，－都市の機能とまちづくりの考え方－，p.33，森北出版（2014）
2） 国土交通省：平成 25 年度 国土交通白書，図表 1-2-1（2014）
http://www.mlit.go.jp/hakusyo/mlit/h25/hakusho/h26/index.html （URL は文献 6），10） 共通）（2016 年 6 月現在）
3） 国土交通省：平成 23 年度 国土交通白書，図表 92（2012）
http://www.mlit.go.jp/hakusyo/mlit/h23/hakusho/h24/index.html（2016 年 6 月現在）
4） 国土交通省：平成 23 年版土地白書，図表 1-3-7（2011）
http://www.mlit.go.jp/hakusyo/tochi/h23/h23tochi_1.pdf（2016 年 6 月現在）
5） 総務省統計局：日本の統計 2011（2011）
http://www.stat.go.jp/data/nihon/back11/index.htm（2016 年 6 月現在）
6） 国土交通省：平成 25 年度 国土交通白書，図表Ⅱ-2-3-2（2014）
7） 国土交通省：平成 21 年度 国土交通白書，図表 32（2010）
http://www.mlit.go.jp/hakusyo/mlit/h21/hakusho/h22/index.html（2016 年 6 月現在）
8） 総務省統計局：農林業センサス・累計統計（農業編）（昭和 35 年～平成 22 年），16：耕作放棄地面積
http://www.e-stat.go.jp/SG1/estat/List.do?bid=000001047487（2016 年 6 月現在）
9） 総務省統計局：政府統計の総合窓口，統計表一覧
https://www.e-stat.go.jp/SG1/estat/GL08020103.do?_toGL08020103_&tclassID=000001053739&cycleCode=0&requestSender==search（2016 年 6 月現在）
10） 国土交通省：平成 25 年度 国土交通白書，図表 1-2-2（2014）
11） 環境省：平成 27 年版 環境白書・循環型社会白書・生物多様性白書，p.121，図 1-1-6
http://www.env.go.jp/policy/hakusyo/h27/pdf/full.pdf（2016 年 6 月現在）
（URL は文献 11），12）共通）
12） 平成27年版 環境・循環型社会・生物多様性白書，p.13，図 1-1-22
13） 国際交通安全学会：交通・安全学，pp.22 ～ 26，国際交通安全学会（2015）
14） Morimoto, A. : A preliminary proposal for urban and transportation planning in response to the Great East Japan Earthquake, IATSS Research, Vol.36, No.1, pp.20 ～ 23（2012）
15） 森本章倫：これからの都市計画と交通－都市・交通戦略の立案と実践－，土地総合研究，第 22 巻，第 1 号，pp.1 ～ 6（2014）
16） 国土交通省国土政策局総合計画課：これまでの国土政策と新たな国土形成計画の策定について，運輸と経済，Vol.75, No.4, p.6（2015）
17） 土木学会編：土木工学ハンドブック第 4 版，pp.2365 ～ 2399，技報堂出版（1989）
18） 森地 茂，『二層の広域圏』形成研究会 編著：人口減少時代の国土ビジョン－新しい国のかたち「二層の広域圏」－，日本経済新聞出版社（2005）
19） 国土交通省国土政策研究会編著：「国土のグランドデザイン 2050」が描くこの国の未来，大成出版社（2014）
20） 国土交通省都市局：都市計画運用指針第 8 版（2014）
21） 矢島 隆ほか編著：実用都市づくり用語辞典，山海堂（2007）
22） 国土交通省都市局都市計画課：平成 26 年（2014 年）都市計画年報，丸井工文社（2016）
23） 例えば，谷野 陽：国土と農村の計画－その史的展開，農林統計協会（1994）
24） 大野 晃：山村の高齢化と限界集落，『経済』，新日本出版社（1991）
25） 国土交通省：平成 26 年度 国土交通白書（2015）
http://www.mlit.go.jp/hakusyo/mlit/h26/hakusho/h27/pdfindex.html（2016 年 6 月現在）
26） 例えば，谷本圭志，細井由彦：過疎地域の戦略，学芸出版社（2012）

2. 環境都市計画

2.1 考慮すべき環境問題の枠組み[1)〜8)]

2.1.1 は じ め に

環境（environment）問題とは通常，人間の生産・生活活動によって生じる**環境負荷**（environmental load/burden）が，人間の生存や健康，そして生態系の健全さを脅かすこととして理解されている。しかしこの言葉は本来，もっと広い意味を持つものである。環境は「まわり」（環）と「さかい」（境）の二つの漢字から成る。つまり環境とは「ある主体（例えば人間）が活動する周辺の状況全般」のことである。同じように狭義に捉えられやすい言葉として**福祉**（welfare）が挙げられる。一般に，社会的に恵まれていない人々を助けることと解釈されているが，本来は「社会の誰もが最低限以上の幸せを得られるようにすること」を意味する。そう考えると「市民の福祉を最大化できるような環境をつくりだす」ことは，市民のための工学である土木工学が目指すべき基本的事項といってよいだろう。そして土木計画も，このような広義の環境改善や福祉向上を目的とするべきである。

一方で，環境問題とは，どこを「まわり」,「さかい」と捉えるか，つまりどこまでを対象として扱うか（システム境界の設定）によって評価が変化するものでもある。通常，環境問題は原因者と受容者（被害者）が異なり，それゆえに深刻化する。なぜなら，原因者にとっては，受容者が認識する環境問題は「さかい」の外であり，自分には直接影響がないからである。その場合，環境問題は目的変数でなく制約条件として捉えられる。すなわち，環境問題が起きないよう配慮した上で，例えば対象とする地域全体の純便益を最大化するといった具合に問題が設定されるのである。しかし，地球環境問題への懸念の深刻化に伴い，このような考え方も修正を迫られるようになっている。

人類が環境問題をどのように扱い，行動すべきかを論じる「環境倫理学」という分野がある。そこではさまざまな主張が展開されているが，基本的・普遍的な考え方は，「自然の生存権」,「世代間倫理」,「地球全体主義」に整理される。つまり，人間だけでなく生物の種や生態系などにも生存権があること，現代世代は未来世代の生存可能性に対して責任があること，地球の生態系は閉じた世界であること，の三つである。土木計画においても，これらの基本的考え方に則って「まわり」や「さかい」を捉えることが求められる。

本章では，環境に配慮した都市・地域をつくっていくために，土木計画がどのような点に配慮すべきかについて解説する。本節において環境問題の捉え方に関する基本的枠組みを整理し，土木計画への示唆を簡単に論じる。その上で，後の節においてその具体的な応用例を解説する。

2.1.2 環境科学的アプローチによる問題の捉え方

まずは人為による環境問題のメカニズムを整理する。環境問題を把握し解決する，あるいは未然防止するためには，環境問題の発生状況や発生に至ったメカニズムを明らかにする必要がある。メカニズムは大まかに**P–S–R**という3段階に整理される。これはOECD（経済協力開発機構）が提唱したもので，Pはpressure（環境への負荷），Sはstate（環境の状態），Rはresponse（環境問題への対応）を意味する。この**PSRフレームワーク**（PSR framework）は，国際機関や各国等が環境指標を開発する際の基礎として広く用いられている。さらに，PSRにD（driving force：駆動力）〈経済活動等〉とE（effect：環境への影響）（impact：環境へのインパクトとしてIを用いる場合もある）を加えた**DPSERフレームワーク**（DPSER framework）が用いられることも多い。そして，この各段階や，段階間の関係を解明する学問分野が環境科学である。

環境問題の内容は非常に多様である。例えば典型7公害と呼ばれた大気汚染・水質汚濁・土壌汚染・悪臭・騒音・振動・地盤沈下はそれぞれ，発生源から受容者に至るまでのメカニズムが異なり，人間や生態系に与える悪影響としての健康被害の態様も異なる。環境負荷も，物質や波動（エネルギー伝搬），地下水位低下などさまざまである。土木分野で扱うべき環境負荷の種類もどんどん増加しており，それは後述する環境影響評価で扱う環境要素の増加として現れている。

環境問題は，経済活動等（D）によって環境負荷（P）が発生することが原因である。Dを抑制すればよいが，それができないのであれば，D当りのPを小さくする，すなわち環境負荷排出原単位を抑制するための技術開発・普及が必要である。それを促進する施策として，排出規制や，後に説明する経済的手法が行われる。

一方，環境負荷はそれに人間等の受容者が曝露し被害として顕在化（S〜E）しなければ環境問題には発展しない。例えば工場起源の大気汚染では，空間的な濃度分布が重要である。したがって，汚染物質自体を削減するだけでなく，居住域に届かないよう工場と居住域を離したり，煙突を高くして希釈させたりといった対応がよく行われてきた。しかし，煙突から汚染物質がどのように拡散するかを，物質拡散シミュレーションやその入力となる風の解析などを行って適切に予測しておかないと，煙突を高くしたことで大気汚染被害がむしろ遠い地区で発生するといったことが起こり得る。水質汚濁でも同様であるが，その水域の魚介類を食べるのであれば，食物連鎖による生物濃縮についても理解しておく必要がある。

さらに，環境負荷に人間や生態系が曝露しても，それが具体的な被害として顕在化するかどうかの解明も必要である。一般に環境負荷は，ある値（閾値）を上回る水準に達してはじめて被害を生じる場合が多いが，低濃度でも長期間曝露することで被害が顕在化する場合もあるなど，種類によってさまざまである。その解明は医学（疫学）分野で研究されている。結果は，濃度×曝露時間と発病率との関係といった**用量-反応関係**（dose-response relationship）としてまとめられる。この用量-反応関係を関数化したものは，環境基準（環境問題が発生しているか否かの評価に用いる）や受忍限度（裁判における不法行為の判断に用いる）の値を決定することに活用できるとともに，空間的な濃度分布を発病率といった被害危険性の高低に変換することができる。これがハザードマップであり，緩衝帯設置や，用途規制といった土地利用計画を策定する上での資料として活用できる。

一方，オゾン層破壊や気候変動問題のように，地球規模の環境問題では発生源と受容者の位置関係を問わないものもある。その場合は原因物質の総排出量自体に着目することが必要である。

環境問題が多様というのは，それぞれ PSR フレームが異なることを意味し，結果として各現場で顕在化する種類や程度も異なってくる。それゆえ，環境問題を一括して取り扱うことは適切でなく，どの問題の深刻化が懸念されるかを明らかにし（スコーピング），その評価を丁寧に行うことが必要である。

〈土木計画への示唆〉

土木計画ではインフラ整備の時期や場所，具体的な内容を検討し決定するが，これらはさまざまな環境問題の発生や被害を直接および間接に規定する。例えば道路計画は，大気汚染・騒音といった局地環境問題や，CO_2（二酸化炭素）・N_2O（亜酸化窒素）といった温室効果物質発生をもたらす自動車走行の場所や状況を決定付けるものであり，計画においてはこれらの問題への配慮が必要である。また，沿道においては建設工事による環境負荷発生や土地改変，生態系への影響なども生じる。さらに道路整備後に地域の立地・活動状況の変化が見込まれ，それらに伴う環境負荷の発生や，曝露・被害の状況も空間的に変化する。このような，計画の実施に伴う地域の環境状況の変化を予測・把握した上で，それを悪化させない計画を策定していくことが求められる。

そのためには，発生側・受容側それぞれの対応や，その間の空間的位置関係の見直しを検討する必要があり，それは計画策定の本質的な部分に影響をもたらすはずである。この考え方に基づいて，アメリカなどでは，計画策定が具体化する前の構想段階から，環境状況を能動的に改善していくことを目指す**戦略的環境アセスメント**（strategic environmental assessment, **SEA**）が取り入れられているが，日本では 2011 年の改正環境影響評価法（環境アセスメント法）で制度化されたものの，具体的な導入はまだ十分でない。

日本では，環境影響評価法で規定されている，いわゆる事業アセスメントで環境問題を考慮することが制度として行われている。事業アセスメントは，社会資本整備事業を含む環境影響の大きい事業について，その計画の具体が固まってきた段階で，環境影響を評価し，改善すべき点があれば計画を修正するという手続きである（詳細は 2.5.2 項参照）。

これについては「実施ありき」，「計画の外部的なチェックに過ぎない」という批判がなされることもあるが，環境に配慮した社会資本整備や都市計画を進めるためには必要で，かつ事業主体や行政が積極的に活用すれば有効な改善手法として活用できる。また，さまざまな環境問題を網羅的にチェックできる仕組みであり，問題の所在を確認することにも役立つ。住民への情報公開や意見聴取の仕組みもある。法で定められた手続きの実施はもとより，各ケースの事情に応じた運用を行うことが求められるとともに，土木計画の立場でも事業アセスや SEA を十分理解し，計画実施に伴い環境改善が図られるような活用方法を主体的に考え実行するべきである。

2.1.3　環境経済学的アプローチによる問題の捉え方

環境問題を解決するためには，環境倫理を広めていくことがもちろん長期的に大事ではあるが，実際に起こっている問題についてはもっと即効的なアプローチが必要である。最も一般的なものは規制的アプローチで，環境倫理を規範として法律・制度に規定するものである。一方，環境問題を経済学から捉えるアプローチもあり，その示唆によって問題を緩和することが可能である。

ミクロ経済学的には，環境問題をもたらす原因である環境負荷は負の財（bads）と捉える。通常の財（goods）は，それを得ると効用が得られるので，得るためには対価を支払う必要がある。その対価は市場価格として自動的に決まる。環境負荷は不効用をもたらすので，受容者は負の対価を支払う，つまり補償を受ける必要がある（**汚染者負担原則**（polluter-pays principle，**PPP**））。しかし，環境負荷は受容者の承諾なく勝手に排出してしまうことができる（外部不経済と呼ばれる）ので，市場原理が成立せず，価格も決まらないため，正当な補償を受けることが保証されない。

そこで，環境負荷を経済学的に評価するために，値付けすなわち貨幣換算が行われる。その方法は環境経済学の分野で以前から研究されており，実際にかかった被害額や，被害を及ぼさないために必要な予防費用を調査して用いたり，あるいは実際に経験していない人に対して，それを回避するための**支払意志額**（willingness to pay，**WTP**）または被害に遭った場合の補償の**受取意志額**（willingness to accept，**WTA**）を，アンケート調査等を用いる貨幣換算手法である**仮想価値法**（contingent valuation method，**CVM**）や**コンジョイント分析**（conjoint analysis）によって推定する方法が開発されている。あるいは，公害等の場合には原因者と受容者との間の裁判によって賠償額が決まるため，これを費用として使用することもできる。むろん，これらの貨幣評価を行うためには，環境負荷と被害との間の因果関係を科学的に立証しておく必要があり，それを追求している環境科学分野の知見を十分理解し活用することが有効である。

その上で，算定した環境負荷の（負の）価格を，政府が排出者から徴収し，受容者に支払うことで，環境問題についての疑似市場が成立することになる。これは**ピグー税**（Pigovian tax）と呼ばれる。環境負荷への課税は，１）環境負荷の大きい活動を抑制する「インセンティブ効果」と，２）税収を補償に充当することができる「財源効果」の２種類の効果を生じることで，環境問題の改善に有効である。また，環境負荷を費用項目として費用便益分析に計上することで，環境面も考慮したプロジェクト評価も可能となる（Ⅰ編5.2節「費用便益分析」を参照）。

ところが，実際には環境負荷の貨幣価値換算は，上記の方法を用いても容易ではないことが多い。温室効果物質としてのCO_2の貨幣換算値算出はその好例である。算出例はすでに存在しているが，その値を費用便益分析に算入しても，値は無視できるほど小さいことが知られている。そうなればCO_2削減は不要なのかといえばそうではない。既往の算出法では気候変動の被害を十分に見積もることができておらず，不確定な要因も多いため，実際に生じる費用が上方に振れる可能性が高いからである。この場合，算出した値をそのまま費用便益分析に用いたり税率に使用したりすることは適切といえない。そこで，予測された被害規模を踏まえ，それをある程度にとどめるには環境負荷排出をどの程度まで抑制するかを求めておき，それを達成するためにどの程度の税を賦課すればよいかを調べて実施する**ボーモル・オーツ税**（Baumol Oates tax）の考え方がある。この場合，税率は目標達成状況に合わせて試行錯誤で決めることになる。一方で，税率すなわち環境負荷の価格を評価せずとも自動的に決定してくれる方法が**排出量取引**（emission trading）である。これは，市場全体で排出可能な環境負荷総量を決めておき，それを各排出者が購入するかあらかじめ割当てを行い，その後互いに排出枠を取引するというものである。この取引市場を設けることで，市場価格として環境負荷の価格が決まる。いずれにせよ，環境負荷排出量のモニタリングができることが必須である。

環境負荷排出への課税（環境税）は世界各国で実施されており，特にCO_2を対象としたいわゆる炭素税の導入は多い。排出自体に課税するのでなく，その原因となる石油や石炭の購入に課税する方式なので徴税費用は安く捕捉もしやすい。ただし，エネルギーは必需財のため価格弾力性が小さく，課税によるインセンティブ効果（消費量削減）は大きくないことが知られている。また財源効果についても，地球温暖化は将来発生することであり，現段階で被害者に税収を配分することはできない。生態系への被害についても金銭補償することはできない。そこで，税収を環境改善のための技術開発・普及など予防策に充当することで，「将来被害者や生態系への補償」の代替措置とする方法が考えられるが，諸外国でそのような措置をとっている国は必ずしも多くない。

日本では2012年度から石油石炭税に「地球温暖化対策のための課税」が特例的に上乗せされ，事実上の炭素税として機能しているが，税率は小さく，財源効果をおもに考慮したものという位置付けである。一方，同じく財源効果を考えた制度として，公害健康被害の補償等に関する法律に基づき，1974年度から自動車重量税の一部が国の公害健康福祉事業に充当されることとなっており，自動車に伴う大気汚染への補償として法的に位置付けられている。

〈土木計画への示唆〉

環境問題が顕在化し深刻化するほど，環境負荷排出に対する賦課や排出規制・排出枠の導入が進展するため，対策を施して環境問題を起こさないようにするか，起こした場合の支払いを余儀なくされるかのいずれかが迫られる。土木計画では環境問題をできる限り発生させないことが求められ，その配慮が必要な範囲は，計画実施のための社会資本建設の局面はもとより，整備後の都市・地域における諸活動の環境負荷排出量とその分布を変化させることにまで広がる。一方で，環境負荷排出への賦課や規制が強化されると，諸活動のための負担が上乗せされ，その態様に長期的な影響を与えることになる。これらも踏まえた形で，環境に配慮した都市・地域をあらかじめ計画することが必要である。

特に交通活動は，都市・地域の空間配置によって決まるとともに，住宅の近くで大気汚染や騒音・振動を起こしたり，多量の温室効果物質を排出するため，その削減策を加味した計画策定が重要である（2.2，2.3節参照）。また，土木計画は影響波及範囲が空間的にも時間的にも広いために，それらを包括的に扱う必要がある。時間的な広がりを考慮した評価として，2.5節で説明するライフサイクル思考に基づく評価がある。

いったん都市・地域の空間構造や交通システムがある程度できてしまうと，そこでの人間活動を規定するようになり，変更も困難となってしまう。例えば，自家用車の使用に慣れるとそこから抜け出すのは容易でなく，また自動車依存型空間構造形成との相乗作用も生じるため，モータリゼーションは半ば不可逆的な現象である。その状況で環境問題が深刻化し，環境税が増課されたり環境負荷排出規制が強化されたりすると，移動費用が上昇する一方で，移動パターンを変更することが難しく，一気に住みにくい地域となってしまう。対策を実施した場合も費用効率性が低い。その意味で，空間構造や交通システムを規定する土木計画における環境配慮は，長期にわたり環境問題を抑制するために決定的に重要である。

2.1.4　環境問題の発生／評価／対応

ここまで，環境問題のフレームワークを環境科学・経済学の各アプローチから概観した。環境問題はPSRやDPSERの各段階に整理でき，その各段階について関連する指標を整備し，それらの間の因果関係を定式化しておくことで，問題発生のモニタリングや予測や改善・回避策の検討が可能となる。そこで，D（driving force）からP（pressure）に至る環境負荷の発生，P・S（state）・E（effect）の各段階を評価する手法，そしてR（response）に当たる対応策について概括する。

〔1〕　**環境負荷の発生**

環境問題が生じるのは，人間活動によって環境負荷が排出されるためであるが，その要因としてエネルギーや資源の消費，および土地の改変がおもに考えられる。産業革命によって化石燃料を用いた大量生産・大量消費が一般化したために経済成長が急速になったが，それは限りのある化石燃料や各種資源を自然から採掘することで成立するものであり，資源枯渇が懸念されることとなった。特に石油やレアアースは存在場所が偏在しているため，戦乱等により供給が不安定になることが懸念される。また，化石燃料の燃焼は大気汚染や酸性化，温室効果の原因物質を排出し，資源を用いてつくり出された物質が時に環境に悪影響を与えることも起きるようになった。大量消費は大量の廃棄物を生み出し，その処分も問題となった。

経済成長を保ちながらこれら諸問題を抑制するためには，物質をなるべく人間社会の中で循環させ，自然とのやりとりを減らすことや，エネルギーも再生可能なものを使用することが必要である。CO_2 等の排出を抑制するとともに，化石燃料や希少資源の枯渇をも回避することができる。このような「循環型社会」の推進は2.4節で説明する。

エネルギー政策については，環境負荷排出との関連が深いため，環境問題を考える際の一要素として取り上げられることが多かった。また，日本においてエネルギー政策を扱うのは国や電力会社などであり，都市・地域レベルで検討できることは少なかった。しかし東日本大震災以降，再生可能エネルギーによるエネルギーの地産地消や，スマートグリッド等によるエネルギー消費の管理が注目されるようになり，エネルギー問題を地域レベルで検討することの重要性が高まっている。都市計画に関係するものとして，燃料電池・再生可能エネルギー活用や，蓄電池を組み込んだマイクログリッド・熱供給・コージェネレーションによる効率的なエネルギー供給網の整備，そしてエネルギー消費を削減し平準化する立地施策などが挙げられる。これらは都市計画のありようによって効果が変わってくるものもあり，今後は環境問題と併せて計画策定の中で考慮していくことが望まれる。

〔2〕　**環境問題の評価**

環境問題の評価に用いる定量指標として，Pには環境負荷排出量，Sには環境状況を表す濃度等の指標，そしてEには環境被害量がそれぞれ対応する。大気汚染を例にとると，環境負荷は大気汚染物質排出量，環境状況は汚染物質濃度，環境被害はぜん息患者数，などとなる。ただし，このように各段階の指標が明確ではない環境問題もある。また，環境影響評価の手続きなどにおいて環境負荷から環境被害までの因果関係を解明して予測評価することが行われるが，これには相当の手順を要する。特に計画段階では詳細な設定が決まっていないことから，予測評価が困難か相当な誤差を含むことが一般的であり，計画段階での環境配慮を難しくする要因である。

そのため，計画段階においては，環境負荷の原因となる活動の量当りで排出される環境負荷量である環境負荷排出原単位（emission factor）や，環境負荷当り被害量といった換算係数をあらかじめ算定しておき，それを用いて活動量から環境負荷，そして環境被害を推計し用いるのが一般的である。ここで用いられる換算係数は，実験や実際の観測，シミュレーションの結果などから求められるが，さまざまな状況に対応できるよう，その状況を表すパラメーターが含まれたり，地域状況によって異なる数値が用意されたりといった工夫が行われている。典型として，自動車による大気汚染物質やCO_2の排出原単位において，渋滞による排出量増加に対応するため平均旅行速度を説明変数とする関数となっている（2.3節参照）ことが挙げられる。環境被害についても例えば市街地とそれ以外の排出で異なる換算係数を用いることが多い。

また，最終的に計画・事業評価に用いる指標として適切なのは被害指標であるが，その予測・計測が困難な場合や，環境負荷量に比例すると考えてよい場合は，環境負荷指標を用いることがある。その典型がCO_2排出量である。また，被害指標についても，患者数や生育する生物種の数といった直接的な指標（**mid-point** あるいは **category end-point** と呼ぶ）を用いたり，被害の内容が異なるさまざまな環境問題を統合するため，余命減少量に換算する **DALY**（disability-adjusted life year，**障害調整生存年**）や，貨幣価値といった統合値（**end-point** と呼ぶ）に変換し用いたりする。評価指標はその使用の仕方に適したものを選択することが必要である。

〔3〕　環境問題の解決策

環境問題は顕在化するまでにさまざまなプロセスを経ることから，そのどこかに働きかけることによって発生を食い止めたり軽減できたりする。そのため，すでに述べた手法も含め，環境問題を解決するための施策は多様である。大きく1）手法による分類と2）結果による分類があり，その二つのマトリックスとして表現できる。

（1）　手法による分類　　**規制**（regulation），**経済**（economy），**倫理**（ethics），**情報**（information），**技術**（technology）の五つから成る。

規制的手法は，環境負荷を生じる活動を法律等で禁止・制限したり，逆に環境負荷を削減する取組みを義務付けたりするものである。経済的手法は，環境負荷を生じる活動に課金・課税したり，環境負荷削減活動に補助金を出したりするものである。倫理的手法は，環境負荷排出は悪いことだという意識を植え付けるものである。法律による罰則規定は，罰金・懲役といった経済的側面と，悪いことをしたと世間から見られるという倫理的側面が合わさったものである。情報的手法は，環境負荷がどれだけ排出され，それがどんな悪影響を及ぼしているか，環境負荷の少ない活動はどれかといったことを調査・公表し理解を進めるものである。技術的手法は，環境負荷の少ない技術を開発・普及させるものである。

（2）　結果による分類　　大きく**緩和**（mitigation）と**適応**（adaptation）に分けることができる。前者は環境問題を抑えようとするものであり，後者は環境問題の発生に対応できるように人間活動を変化させるものである。

健康被害をもたらす公害のような問題では緩和策が一般に行われるが，被害の大きい地域での居住を制限するような適応策がとられる場合もある。温室効果物質による気候変動問題では，従来は緩和策が注目されることが多かったが，現状では緩和策を可能な限り実施してもある程度の気候変動が生じることが予想されているため，適応策の検討も進められるようになっている。

さらに，緩和策は**回避**（avoid），**転換**（shift），**改善**（improve）の三つから成る。回避は，環境負荷を生じる活動そのものをやめたり減らしたりすることである。転換は，環境負荷の少ない別の活動に代替することである。そして改善は，環境負荷を低減したりそれが被害に至るプロセスに働きかけて顕在化を防いだりすることである。自動車によるCO_2排出を例にとると，例えば回避は都市構造やライフスタイルの見直しによる自動車移動回数・距離の削減，転換は大量輸送機関の利用，改善は燃費性能の高い車への買い換え，といったことを促進する施策が挙がってくる。

〔4〕　広義の環境問題－持続可能性－

本節の冒頭にも述べたように，環境問題は，原因者と受容者が別々であるがゆえに，原因者にとっては活動の制約条件として捉えられることが一般的である。ただし従来の環境問題では，環境負荷排出によって即座に，あるいは少し時間がたってから問題が顕在化しており，因果関係の把握も比較的容易であった。ところが，人間活動の拡大によって地球環境問題が認識され，ある地域や世代の活動によって発生した環境負荷が，遠く離れた地域や将来世代の生活基盤を脅かすことが顕在化したり懸念されるようになった。それに対応すべく，環境問題の枠組みを見直す新たな概念として現れたのが**持続可能性**（sustainability）である。この言葉は「現世代の活動が将来世代の活動を阻害しない」ことを意味する。地球環境問題のキーワードとして本格的に用いられるようになったのは，国際連合の「環境と開発に関する世界委員会」通称ブルントラント委員会が1987年に公表した報告書“Our Common Future”で「sustainable development（**持続可能な開発**）」という言葉が提示されたときである。これにおいて将来世代とは，今後発展を遂げるであろう開発途上国が発展を阻害されないようにすることも含むとされたことで，世界全体の共通目標として広まることになった。

持続可能性を評価するための指標としては，「環境」はもとより「社会」，「経済」も併せたtriple bottom lineの考慮が必要であるとされてきた。これは，環境問題が人間社会の持続可能性を脅かす可能性があることを念頭に，環境問題の範囲を広く捉えたことに相当するといえる。持続可能性指標についてはさまざまなものが提案，使用されてきたが，代表的なものとして，国連において，2000年に合意されたMillennium Development Goals（**MDGs**）を引き継ぐものとして2015年に合意されたSustainable Development Goals（**SDGs**）が挙げられる。17の分野別目標と169項目の達成基準から成るが，世界全体を考慮した内容であり，実際の土木計画に用いる場合には，対象地域によって目標や項目を絞ったり詳細化するなどして使用するとよい。

〈土木計画への示唆〉

土木工学は人間や生態系が存在する環境に直接・間接に働きかけ変化させる。それゆえに，環境問題をつねに意識した取組みや行動が求められるが，特に計画段階においては，問題発生の予測を必ずしも環境影響評価手続きのように詳細に行うことができない一方，計画の内容が将来的な環境影響を大きく規定してしまう可能性があることに留意する必要がある。そのため，まずは既往の類似事例や環境影響評価の手法を参考にしながら，起こり得る環境影響を列挙し，その程度をできる限り把握して，影響を少なくする対応をとることが求められる。なお，その際にはSEAの方法論も有効であり，日本の実務における早期の本格導入が求められる。

また，CO_2等の温室効果ガス排出量や，エネルギー消費量，資源投入・廃棄量については定量評価手法が提案されている部分があり，環境基本計画や低炭素都市計画，地域エネルギー計画，循環型社会形成計画といった自治体の計画で活用されている。そこで検討される都市空間構造や交通体系，エネルギーインフラの配置や内容は，土地利用計画や交通計画とも関連するものであり，それらと上記の環境関連計画とを連携して策定・運用するような事前検討や仕組みづくりも必要である。　（加藤博和）

2.2　環境負荷と都市構造

2.2.1　都市構造と環境負荷の変化

環境に優しい都市とはどのようなものか。この節では**都市構造**（urban structure, city structure）と**環境負荷**（environmental load）の関係について説明する。まず，都市の物的な形態としての都市構造に着目し，その形成過程と交通網の関係を概説する。その上で，都市の形や大きさが環境負荷に与える影響について述べる。

〔1〕　都市構造を規定する交通網

都市はさまざまな空間的構造を形成している。一般的に都市構造は山や川，海岸線といった地形制約による影響が強く，発展過程で地形に応じて整備された街路とその沿線に拡大した。そのため都市構造を理解するには，自然地形と交通網の発達史に着目する必要がある。一方で統治者によって計画的に都市が形成されたケースも多い。古都に見られる条里制など，碁盤目状に整備され，効率的な管理がなされた街区が見られる。

計画的な街路網と都市構造の代表的な関係を**図2.1**に示す。歩行が中心的な交通手段であった時代に，平

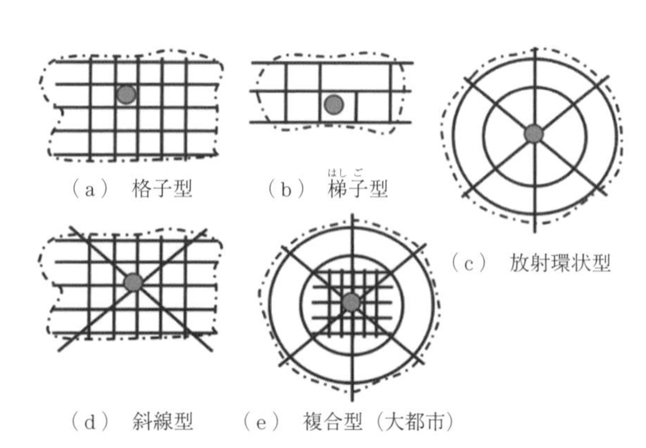

図2.1　計画的な街路網と都市構造の代表的な関係[9)]

野部に計画的に構築された都市は「格子型」の構造（図（a）参照）を有し，海や山などに囲まれ線形に伸びた都市は地形に沿った「梯子型」の構造（図（b）参照）を見せる。ところが近年，自動車交通が主たる交通手段となると，都心部の渋滞が問題となり，通過交通の排除のために環状道路が整備される。こうして，集散のための放射街路と分散のための環状道路が組み合わさり「放射環状型」の都市構造（図（c）参照）が誕生する。また，都市発展の過程でこれらの機能が複合した「斜線型」（図（d）参照）や「複合型」（図（e）参照）の都市構造も見られる。このような交通網の整備は，その沿道の土地利用の変化を通して，新たな都市構造を形成する。

都市における各種活動によって発生する環境負荷は，その都市的活動を規定する都市の形や大きさ，あるいは各種施設の立地分布に大きな影響を受ける。

〔2〕　都市規模と環境負荷の関係

環境負荷を部門別に大別すると，産業部門，民生部門，運輸部門に分類される。産業部門は産業立地との関係が強く，都市構造との直接的な関連性が弱いと想定されるため，ここでは民生部門と運輸部門に着目する。また，都市構造をその形状と規模で分けて考え，まず都市規模を示す指標の一つである都市人口との関連性に言及する。

都市人口と環境負荷はどのような関係にあるかについて，民生（家庭）部門と運輸部門を対象に実際のデータを用いて検討する。用いたデータは，家計調査年報による「都道府県庁所在市・政令都市別1世帯当り支出金額」である。ここでは民生（家庭）部門の環境負荷と関連性が大きい「光熱費」に着目する。1世帯当りの1年間の光熱費と都市人口の関係を**図 2.2** に示す。2014年の光熱費の平均は1世帯年間22万円で，都市によって約17万円（宮崎市）から約30万円（青森市）までの開きがある。総じて東高西低の傾向があるが，都市人口との明瞭な関係は見られない。民生（家庭）部門の環境負荷は，風土や気候の影響が強く，都市規模との直接的な関係は弱いと思われる。

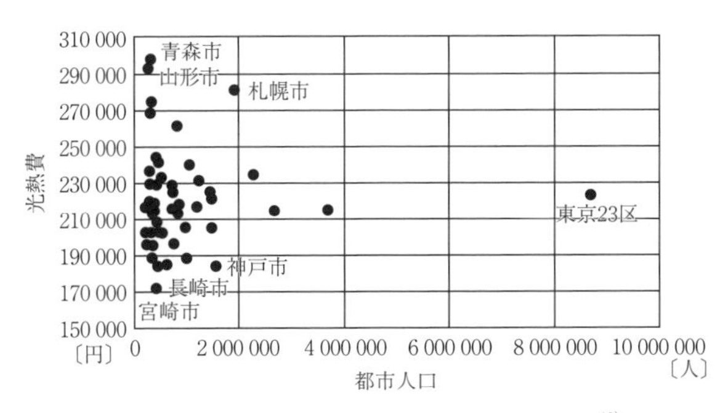

図 2.2　1世帯当りの光熱費と都市人口の関係[10)]

つぎに，運輸部門の環境負荷と関連性が大きい「ガソリン費」に着目する。1世帯当りの1年間のガソリン費と都市人口（都道府県庁所在地）の関係を**図 2.3** に示す。平均は約7.8万円で，最大は山口市の13.8万円，最小は東京23区の2.6万円となった。都市人口との関係を見ると，人口規模が大きくなるに従ってガソリン費が低下する傾向がうかがえる。これは大都市ほど鉄道やバスといった公共交通が整備されており，自動車への依存度が低下するためである。

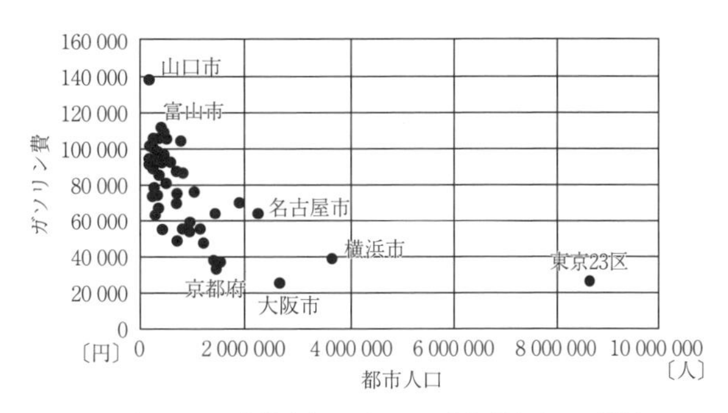

図 2.3　1世帯当りのガソリン費と都市人口の関係

これらの結果から，都市構造が環境負荷に直接的に影響を与える可能性が高いのは運輸部門であることがわかる。この分野の萌芽的な研究として，Newman & Kenworthy[11)] は，世界各国の都市間比較を通して，都市人口密度が高いほど輸送エネルギー消費が少ないことを明らかにした。また，国内では谷口ら[12)] によって，同様の傾向があることが実証されている。

なお，運輸部門の二酸化炭素排出量については，2000年以降は微減傾向にあるが，それ以前の1990年代は大きく増加していた。この実態を調べるために，この期間の都市別の交通エネルギー消費量を，全国パーソントリップ調査から推計した結果を**図 2.4** に示す。

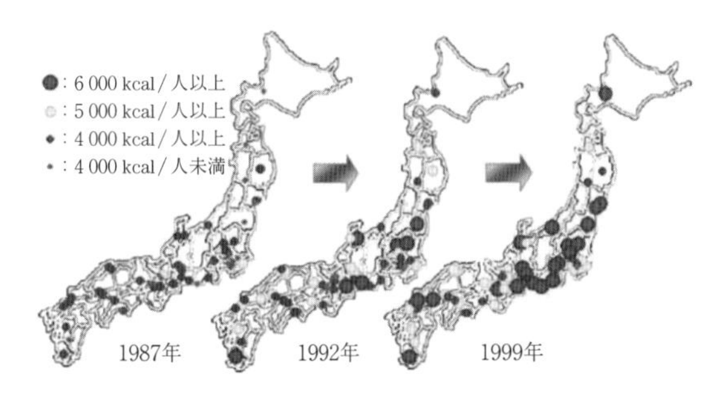

図 2.4　都市別の交通エネルギー消費量の推移[13)]

2

これを見ると，日本中の多くの都市で交通エネルギー消費が急激に増加したことがわかる。その理由の一つは自動車依存度の急激な上昇である。

2.2.2　都市構造と交通環境負荷

交通分野の環境負荷と都市構造の関係を把握するためには，まず交通環境負荷の推計方法を理解する必要がある。その上で，推計式を構成する各要素から環境負荷の小さい都市構造の特徴について学ぶ。

〔1〕 交通環境負荷の推計方法

道路交通を対象とした交通環境負荷の推計には，**表2.1** に示すように大きく分類して三つの手法がある。

表 2.1　交通環境負荷の推計方法

a）燃料消費からの推計
ガソリン販売量，家計調査年報等からエリアあるいは個人の消費量を基に推計する方法
b）観測交通からの推計
道路交通センサス，プローブデータ等から車両の挙動を基に推計する方法
c）交通行動からの推計
パーソントリップ調査，道路交通センサスOD調査等から移動の起終点（OD）を基に推計する方法

a）燃料消費からの推計　全国あるいは地域の総燃料消費量データを用い，対象地域の車種別保有台数等で案分して求める。簡便で精度が高い方法であるが，狭域の推計には向かず，都市政策の効果が反映しにくいなどの問題点もある。例えば，環境省がまとめた『地球温暖化対策地方公共団体実行計画（区域施策編）策定マニュアル』（2009年）[14] でも案分法として紹介されている。

b）観測交通からの推計　狭域での交通環境負荷量は，観測交通データから推計することができる。例えば，交差点改良による環境負荷量の変化は，改良前後の観測交通量と走行状況から推計できる。さらに交通流シミュレーションモデルを用いて車両の加減速等の走行挙動を再現することで，詳細な燃料消費量の推計が可能となる。局地的な環境負荷の推計にはきわめて有効な方法であるが，広域になると，膨大な観測交通量や信号制御データなどの取得が必要となり汎用的ではない。今後，GPSの活用によって移動時の交通情報を逐次集積するプローブデータ等を用いることで改善が期待される。

c）交通行動からの推計　多くの自治体の都市計画・交通計画の策定・評価に利用されている交通行動調査データを用いるものである。個人単位のトリップ目的，移動手段，発地・着地から，交通行動に起因する環境負荷量を推計することができる。この方法は，環境省がまとめた『地球温暖化対策地方公共団体実行計画（区域施策編）策定マニュアル』（2009年）[14] では「積み上げ法」として紹介されている。また，国土交通省が作成した『低炭素まちづくり実践ハンドブック』（2013年）[15] でも詳しく紹介されている。

都市構造と環境負荷の関連性を見る際には，都市の通過交通の影響を排除し，当該都市に起点を持つ交通から発生する環境負荷量を算出する必要がある。そのためには，上記 a）～ c）の三つの方法のうち，個々の交通行動を把握する「交通行動からの推計」が最も適切である。

交通行動から交通環境負荷を推計する際には，パーソントリップ調査などの交通行動調査の結果から，以下の計算式（交通環境負荷の構成式）で求めることができる[16]。

$$E = P \times G \times r \times d \times e \quad (2.1)$$

ここで，E：交通エネルギー，P：人口〔人〕，G：平均トリップ数，r：交通手段構成比，d：交通手段別平均トリップ長〔km〕，e：機関別運輸エネルギー原単位〔kcal/人km〕である。

この式を見ると，交通機関別の総移動距離にエネルギー原単位を乗じることで環境負荷量（この場合はエネルギー消費量）が算出されることがわかる。つまり環境負荷の小さい都市構造について，この推計式を構成する各要素から考察することができる。

推計式から考える交通負荷の低減要素

① 移動回数が少ない（G：平均トリップ数）

職住が一体化するなどの要因によって，1日の移動回数が減少することで環境負荷が減る。例えば，パソコンなどの情報通信機器を通して自宅などで仕事をする **SOHO**（small office home office）といった働き方が普及すれば，通勤トリップを削減することができる。

② 移動距離が短い（d：平均トリップ長）

多様な都市機能が一定エリア内にまとまり，目的地までの距離が縮まることで，移動距離が短くなり，環境負荷が下がる。**公共交通指向型開発**（transit oriented development，**TOD**）のように，鉄道駅周辺に日常生活に必要な機能を集約させることでトリップ長を短くすることができる。

③ 環境負荷の小さい移動手段を使う（r：構成比）

最も環境負荷の小さい移動手段は徒歩や自転車である。また，乗合型の公共交通は，たくさんの人が乗り合うほど1人当りの環境負荷は小さくなる。短距離の移動ならできるだけ徒歩や自転車を使い，一定距離以上の移動には公共交通を利用することができるような都市構造と交通網とすることが重要である。

④　燃費・電費が改善する（e：エネルギー原単位）

技術革新による燃費の向上や乗車効率を上げることで輸送エネルギー原単位を改善することができる。ハイブリッドカーや電気自動車などの低エネルギー消費車の普及は，都市構造の影響を大きく受けることなく，環境負荷を低減させる。

〔2〕　公共交通と環境負荷

一般的に公共交通は環境負荷の少ない乗り物であるといわれている。それはつぎのような数値によって裏付けられている。

『エネルギー経済統計要覧』（2011年版）によると，1人が1km移動するのに必要なエネルギーは，鉄道が48kcal，バスが164kcalであるのに対して，自家用乗用車は566kcalと大きな開きがある。つまり，乗用車での移動に対して，鉄道を利用すると1/10以下のエネルギーですむ。しかし，これは全国のデータを基に計算した平均値であり，この値を用いることは，全国平均の乗車人員での移動を前提にすることを意味する。乗合型公共交通は，大都市と地方都市で乗車率が大きく異なることについて注意が必要である。

乗用車の区分を，軽自動車（G4），5人乗り乗用車（G5），7人乗り乗用車（G7），5人乗りディーゼル車（D5），7人乗りディーゼル車（D7），電気自動車（EV）に分け，バスおよび鉄道と合わせてエネルギー原単位を推計した結果を示す（**図2.5**参照）。図の左側は平均的な乗車人員を基にした現況値（全国平均）を示し，右側は定員乗車時のエネルギー消費原単位を示す。ここで現況の公共交通のエネルギー原単位と，定員乗車時の乗用車のデータを比較すると，値はあまり変わらないことがわかる。

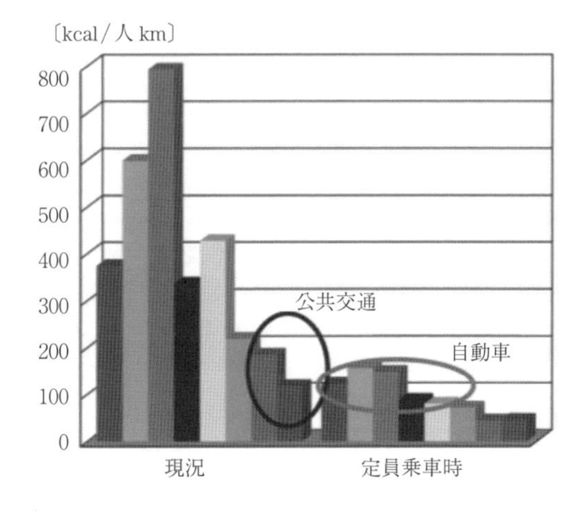

図2.5　乗車率から見たエネルギー原単位の比較[17)]

つまり，公共交通が環境負荷の小さい交通機関といえるのは，一定の乗車人数が確保できた場合に限る。また，乗用車でも定員乗車していれば，現況の公共交通と同程度の効率性を持っているといえる。

2.2.3　環境負荷の小さい都市構造

環境負荷の小さい都市の実現に向けた施策が各地で実施されている。ここでは，都市のコンパクト化政策が環境負荷に与える影響を考えつつ，集約型都市構造への転換に向けた土地利用・交通戦略について論じる。

〔1〕　コンパクト化

近年，低炭素でかつ持続可能な都市構造として**コンパクトシティ**（compact city）が注目を集めている。その実現のために，過度な自動車依存によってスプロール（蚕食）的に拡大した現状の市街地を，今後わが国で進展する人口減少に合わせて賢く縮退する**スマートシュリンク**（smart shrink）が重要である（**図2.6**参照）。

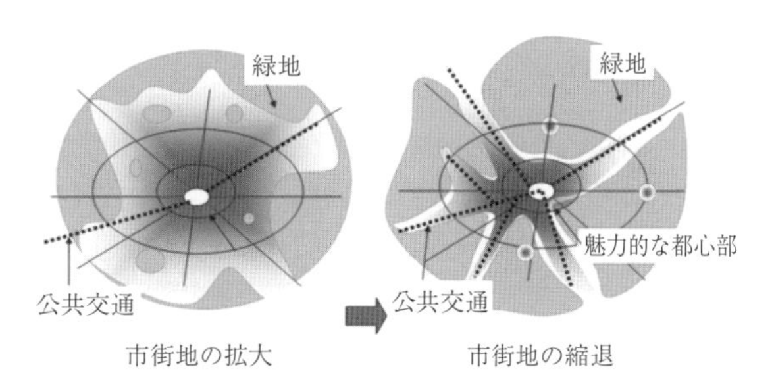

図2.6　都市のコンパクト化

都市をコンパクト化すると交通環境負荷にどのような影響を与えるか。コンパクトシティの都市構造上の特徴は，① 市街地のサイズが小さく，② 人口密度が高く，③ 土地利用用途が混合していることである。この特徴と交通環境負荷の推計要素を比較すると**表2.2**のような関係がある。

表2.2　コンパクトシティの特徴と環境負荷[18)]

特　徴	推計要素	効　果
面積減少	平均トリップ長 交通手段構成比	移動距離の減少 非動力系利用の増大
密度増加	交通手段構成比 自動車環境負荷原単位	公共交通機関利用の増大 混雑悪化により非効率化
用途混合	平均トリップ数 平均トリップ長	生成原単位の減少 移動距離の変化

これを見ると，市街地の面積が小さくなれば，平均トリップ長が短くなり，それによって徒歩や自転車などの**非動力系交通**（non-motorized transport）の利用割合が増大する。また，人口密度が上昇すれば，集まって移動する機会が増え，大量輸送機関の利用が増加する。しかし，都市機能が集積することで，道路混雑が悪化して自動車の走行量当り環境負荷発生原単位は上昇する可能性もある。一方で，住宅や商業，業務といった土地利用用途が混合することで，同一・近隣建物で都市活動する機会が増えると，トリップ生成原単位は減少し，さらにトリップ当り移動距離も変化する。

総じて交通環境負荷の推計要素の大半は，コンパクト化することで減少するため，コンパクトシティでは環境負荷は少ないとされる。このことを実証するいくつかの既存研究が見られる一方で，渋滞による影響により，コンパクト化しても環境負荷は下がらないとの指摘もある[18)]。

〔2〕 都市政策と環境負荷

わが国の実態調査から，都市構造がコンパクトであると，統計的に交通環境負荷が少ないことが明らかになっている。しかし，これらの多くは同一時点での都市間比較による知見であって，都市をコンパクト化していくと環境負荷がそれに応じて低下することを証明するためには不明な点が多い。例えば，仮に都市がコンパクトになっても，人々が交通行動を変えず，自動車に強く依存し続けるならば，むしろ混雑悪化の影響が強く出る可能性がある。

交通環境負荷と都市・交通施設の関係を**図 2.7** に示す。

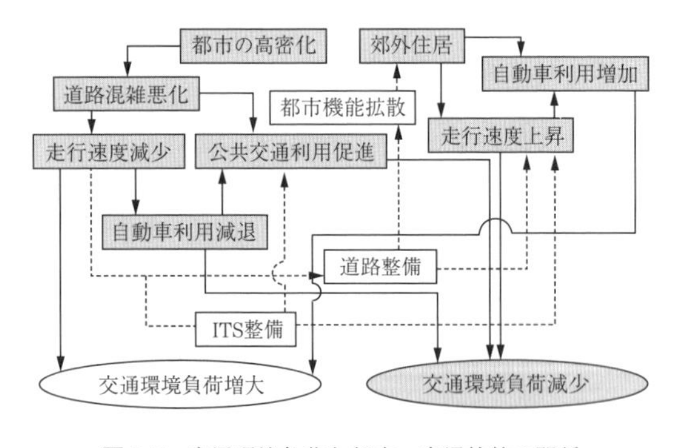

図 2.7　交通環境負荷と都市・交通施策の関係

都心居住の推進によって都市の高密化が進むと，公共交通利用者も増えるが，自動車交通も増加し，道路混雑が悪化する。自動車の走行速度は減少し，その環境負荷は増大する。一方で，走行速度の減少は同時に自動車利用の減退につながり，相対的に公共交通利用者が増加して，環境負荷は減少する。つまり，都心居住の促進施策は，交通環境負荷の増大と減少を同時に引き起こし得る。

郊外開発においても同様な関連性が見られる。居住地の分散は，市街地の過密抑制による環境の改善効果が現れる一方で，自動車利用の増大を通して交通環境負荷を増加させる。

このように都市政策が交通環境負荷に与える影響は，プラスの側面とマイナスの側面の双方を有し，そのどちらの効果が大きいかによって，環境負荷が低減できるかどうかが決まってくる。

都市政策の実施には，事前の十分な検討と，実施後の評価，それに基づく見直しに至る一連のプロセスが重要である。特に都市政策は環境だけでなく，経済や社会環境にも影響を与えるため，総合的な視点と継続的な **PDCA**（plan do check action）が必要である。

〔3〕 土地利用－交通の相互関係とコンパクトシティ－

環境負荷の小さいコンパクトシティを形成するためには，つぎの二つの視点での交通戦略が重要である。

戦略 1：土地利用に対応した交通戦略

都市機能が集約化されると交通密度が上昇する。高まる交通密度の中で，渋滞悪化を抑制しつつ，円滑な交通流を実現させるためには，徒歩や自転車，公共交通といった輸送密度の高い交通システムの整備が重要となる。一方で，縮退エリアでは密度が低下するため，変動する需要に対応でき環境負荷も小さい交通システムの導入，例えば **DRT**(demand responsive transport)やパーソナルモビリティが有用となる。

戦略 2：土地利用を誘導する交通戦略

交通整備を行うと立地ポテンシャルの分布が変化し，長い時間を経て土地利用が変わる。集約型都市構造へと誘導させるためには，意図的に立地需要を変化させる交通システムが必要となる。集約エリアでは土地市場が変化するほどの魅力的な交通システムの導入が鍵となる。

土地利用と交通の相互関係を**図 2.8** に示す。土地利用に合わせて交通を整備し，整備された交通はつぎの土地利用を変化させる。この両者のメカニズムを上手に活用することで，人口減少に対応した集約型都市構造に導くことができる。

20 世紀に自動車に過度に依存した都市が出現し，その影響は 21 世紀に入っても続いている。人口減少や超高齢化へ対応するためにも，徒歩，自転車，自動車，公共交通など多様な交通モードが，都市内に適切に配置され，目的に応じて使い分けできる社会への転

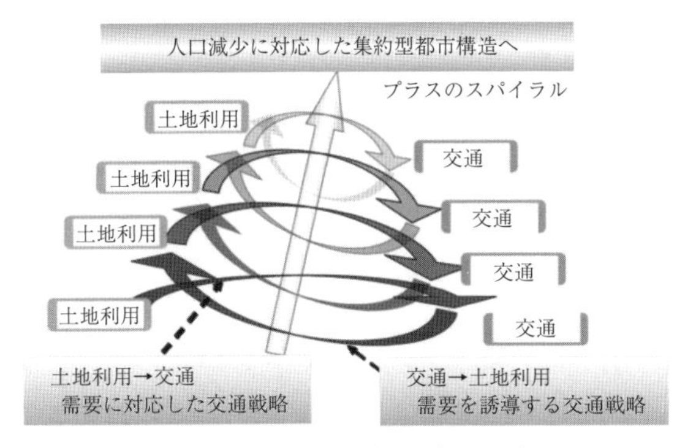

図 2.8　土地利用と交通の相互関係

換が急務である。そのためにも都市自体を根本から見直し，持続可能な構造へと再構築する時期に来ている。（森本章倫）

2.3　環境負荷と交通システム

交通網が都市構造と相まって，都市の環境負荷を規定する主要な要因であることを前節で説明した。それを受けて本節では，まず環境都市計画において考慮すべき環境問題に関連する環境負荷とその低減策を示す。また，特に低炭素の観点から望ましい交通システムの構成とその考え方，評価手法を示す。

2.3.1　交通システム

交通の構成要素を踏まえ，**交通システム**（transportation system）の基本構造について説明する。

〔1〕　交通の構成要素

交通は人間の意思に基づく人や物の空間的移動である。移動の主要な目的は，目的地で人が活動を行うことや，物が活動に使用されることである。このように，目的地での活動に主要な目的としての価値が置かれる場合，移動は「派生的需要としての交通」と呼ばれる。一方，旅行やドライブなど移動自体に価値がある場合は「本源的需要としての交通」と呼ばれる。

交通システムの構成要素は，人や物といった交通主体，車両・船体・機体といった交通具，道路・鉄軌道・海路・空路といった交通路の三つである。これらに，意思決定の主体，運用システム，経営システム，市場調整システムを加える場合もある。例えば，人を運ぶ交通手段は，交通具の単体で成り立つのではなく，交通路のネットワーク，運用システム等が備わり，他の交通手段との結節点があって初めて交通として機能する。これら複数の交通手段の全体として，交通システムが構成される。

〔2〕　交通システムの基本構造

対象地域の社会経済活動システムと，上述の交通システムと，交通流パターンが，**図 2.9** に示すような広義の交通システムのループを構成している[19]。

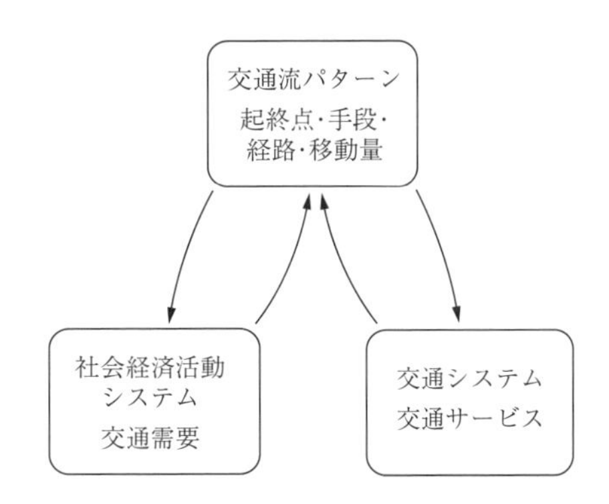

図 2.9　交通システムのループ

社会経済活動システムが規定する交通需要と，交通システムが供給する交通サービスが均衡する結果として，人・物の移動の起点，終点，手段，経路，移動量を表す交通流パターンが決まる。また，現在の交通流パターンは，提供される交通サービスやそのために消費される資源の両方を通して活動システムに影響する。さらに，現在の交通流パターンは，交通事業者や政府が資源を投入して交通サービスの開発や修正を行うことで交通システムに影響する。

これらのフィードバックループによって，交通システム全体の姿が決まる。

2.3.2　交通システムと環境負荷

環境都市計画において考慮すべき環境問題に関連する環境負荷の中から，交通システムの整備と運用に特に関係が深い環境負荷および主たる制約要因となる環境負荷を示す。

〔1〕　交通システムに関連する環境負荷

交通システムの運用段階に関連する環境負荷をリストアップした例を示す。つぎに，交通システムの整備の段階を含めて，関連する環境負荷を包括的に挙げる。

（1）　OECD/EST プロジェクトで扱った環境負荷　　経済協力開発機構（OECD）の環境政策委員会は，30～40 年先の交通を環境の側面から見て持続可能なものとすることを目的として，**環境的に持続可能な交通**（environmentally sustainable transport，**EST**）プロジェクトに取り組んだ[20]。考慮した環境の側面は，CO_2（二酸化炭素），NOx（窒素酸化物），PM（Particulate Matter，浮遊粒子状物質），VOCs（Volatile

Organic Compounds，揮発性有機化合物），土地利用（land take），騒音の六つである。その上で，各環境負荷について，例えばCO_2濃度を安定化させるために先進国では1990年の80%減が必要，といったかなり意欲的な目標が設定された。その上で，各目標を中長期的に達成するためにどのような取組みが必要かのロードマップを導出するという**バックキャスト**（back-cast）の考え方に基づく施策検討の必要性が提言された。

（2） **環境影響評価指針等で扱う環境負荷**　環境影響評価指針等では，道路の建設等を中心として，多様な環境項目が挙げられている。上述の負荷に加えて，樹木の伐採，陸地・海岸・海底・湖沼・干潟の地形の改造，地質の変更，地盤振動，低周波空気振動，悪臭，水質汚濁，土壌汚染，地盤沈下，動植物への影響，景観の変化などである。また，大規模地形変化に伴う残土の発生，高架化等に伴う日照の悪化，土地被覆の変化と排熱による熱環境の悪化やヒートアイランド現象の発生に加えて，透水性低下による都市洪水の増加といった自然災害への脆弱性増大，コミュニティの分断，文化的遺産への影響なども起こり得る。なお，VOCsが原因となる光化学オキシダントも挙げられている。

〔2〕 主たる制約要因となる環境負荷

環境負荷が悪い環境状況をもたらしても，その状況にさらされる曝露（ばくろ）を回避するような影響緩和策によって管理できる場合がある。しかし，影響が大きく回避が難しい環境負荷については，環境負荷自体を抑制することがより重要になる。その場合に，交通システムを制御することも課題となる。そこで，多様な環境負荷の中から，交通システムに対して，主たる制約要因になると考えられる環境負荷を検討しておく。

（1） **環境負荷と環境影響**　環境問題の基本構造は，**図2.10**に示すように，根本的原因となる人間活動（driving force），環境問題の直接的原因となる圧力（pressure），圧力を受けて変化する環境の状態（state），状態変化によって生じる影響（impact），社会側の対策や政策（response）の各段階に分けて考えることができる。環境影響を緩和するための環境対策には，人間活動，環境負荷，環境状況，環境影響の各段階に働きかけるものがある。なお，回避すべき環境影響としては，生命・健康，生物・生態系，物的・経済的影響，精神的影響が挙げられる[21]。

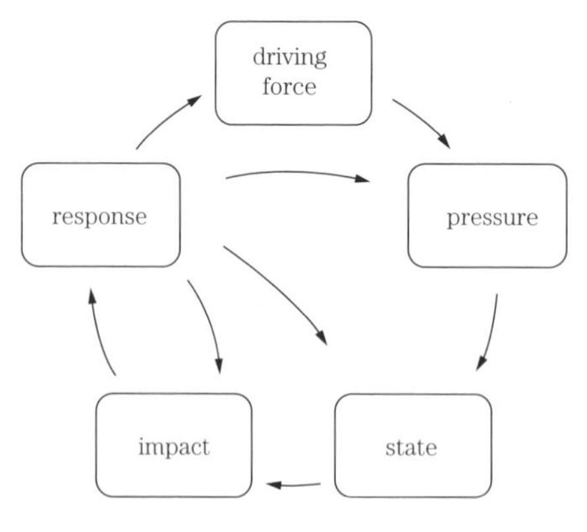

図2.10　DPSIRの枠組み

（2） **環 境 対 策**　交通システムに起因する大気汚染や騒音等の公害問題を改善するためには，環境負荷の発生を抑えることとともに，その拡散や集中を制御して環境中の汚染状況を改善することや，曝露を避けることも考えられる。すなわち，フィルター等による物理的除去や化学的反応による安定化を介した除去，自然風を活用した拡散，排出源の集中を避ける総量規制，幹線道路の沿道への緑地帯の設置，工場系地域と居住系地域の用途分離といった対策である。しかし，移動量と密度が増加するにつれて，排出原単位を抑制するためのエネルギー効率の向上や，活動量を効率化するための乗合輸送への転換といった対策の重要性が増していく。

（3） **制約要因となる環境負荷**　健康への影響に伴う被害額の大きさで考えると，さまざまな環境負荷の中では大気汚染の原因となるPMが重要であり，交通システムの制約要因の一つである。そこで，東京を中心とした八都県市には，排出基準を満たさないディーゼル車の乗入れを禁止する規制が行われた。併せて，ディーゼル粒子フィルターの装着，エンジンの改良，燃料の改善を行っている。これらに加えて，高速道路ネットワークを整備し，貨物輸送の一般道路の走行を極力避けるとともに，都市部での貨物の配送には電気自動車やハイブリッド車，台車，自転車を活用する対策が行われている。これらの結果，大型車交通量の多い幹線交差点近傍を除いては，PMの問題は解決に向けて動きつつある。

一方，中長期的には，影響の大きさや不確実性の幅の観点から，低炭素社会の実現が交通システムの転換を迫る厳しい制約になる可能性がある。低炭素化の必要性が高まることで，移動の制約が厳しくなることを避けるために，大幅な削減目標を達成する交通システムの実現可能性について，あらかじめ検討しておくことの重要性が高い。また，低炭素化は，省エネルギーとも関連が深く，大気汚染低減と共通する対策も多い点が特徴である。

なお，他の環境負荷も重要であり，場面に応じて，おのおのの条件を満たす必要がある。また，時代や地域に応じて，主要な制約要因となる環境負荷が変わってくることもある。例えば，今後は生物多様性の観点がより注目され，交通路の整備において，自然生態系の保全がますます重要になることが予想される。

2.3.3　低環境負荷型の交通システム

ここでは，今後都市の持続可能性を環境の面から考えていく上で主要な制約要因となると考えられる低炭素化の観点を中心として，低炭素社会に向けたCO_2削減目標と交通からの排出量の構成要因を踏まえて，望ましい交通システムの構成とその考え方，評価手法を示す。

〔1〕　低炭素社会に向けた削減目標

わが国では2050年までに温室効果ガス排出量を1990年比80％削減するという長期目標が第四次環境基本計画に定められている。**図2.11**に，交通システムからの1人当りCO_2排出量の推移を1990年の排出量を100％とした値で示し，2050年に1990年比80％削減するイメージを重ねて示した。

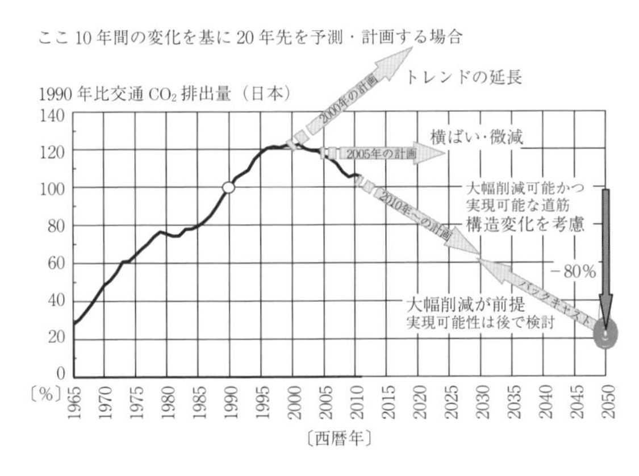

図2.11　低炭素交通への道筋

交通システムの計画を立てる際に，ここ10年間の推移に着目し，そのトレンドが続くと考えて将来20年間の計画を立てる場合のCO_2排出量の推移を，参考として矢印で示している。2000年時点の状況は右肩上がりであり，2005年時点では横ばいあるいは微減が予想され，2010年以降では，減少傾向を想定した交通システムの計画が立案されることとなる。

2000年時点と2010年時点とでは将来の想定が大きく異なっていることがわかる。現に，人口や交通量の将来予測についても，この間に大きな認識の変化が起き，方向性の異なる予測が出てきている。80％削減の長期目標からのバックキャストの矢印と比較すると，これに接続する交通システムを考えることの現実性がやや増してきたようにみえる。

大幅削減を確実に行うためには，1990年代に全国で進んだ郊外化とマイカーの普及・大型化の流れが変わりつつあることを認識し，新たな将来像に合致する交通システムの計画とすることが肝要である。

〔2〕　交通CO_2排出量の構成要因

交通に関するCO_2排出量は，交通手段別の走行量と排出係数の積和で表される。走行量と排出係数を構成する要因について，さらに詳しく見ると，式(2.2)のように表すことができる。

$$CO_2 = 交通サービス \times \frac{輸送キロ}{交通サービス} \times \sum_{交通手段} 分担率 \times \left(\frac{走行台キロ}{輸送キロ} \times \frac{燃料消費量}{走行台キロ} \times \frac{CO_2排出量}{燃料消費量} \right) \tag{2.2}$$

左から順に，トリップ頻度，トリップ長，交通手段分担率，輸送効率，燃費・エネルギー効率，炭素強度である。このうちの一つの要因だけで80％もの大幅削減を行うことは困難である。しかし，制約要因の強さに応じて各要因を少しずつ削減し，全体として大きな削減を達成することであれば，相対的に容易となると考えられる。

〔3〕　地域区分別の要因の推移

道路交通センサスの自動車起終点調査の個票データを基にして，わが国の地域区分別に乗用車に起因するCO_2排出量とトリップ長等の特徴の推移を求めることができる[22)]。推移を**図2.12**に示す。

1人当りの乗用車CO_2排出量は，都市規模が小さい地域区分ほど大きく，増加してきた傾向にある。1999年頃をピークにおおむね減少に転じている。

2005年までの排出量の削減は，排出係数の低減による影響が大きいが，2010年までの削減には，1人当り走行量の減少による影響が観察される。都市規模が大きい地域区分ほど，早くピークを迎えて，走行量が減少に転じている。なお，中核市は一般市に近い動向を示しているが，これは，周辺地域の合併によって包含した地域の多くが一般市の性質を示す地域であることが理由として考えられる。

1人当り乗用車保有車両数は，都市規模の小さい区分ほど右肩上がりで増加し，東京都区部だけ1999年頃をピークに減少に転じている。1台当りトリップ数は，ほぼ一貫して減少傾向にある。世帯規模の縮小とともに，一家に1台から1人に1台へとマイカーの普及が進み，送迎等が減少していることが理由として考えられる。

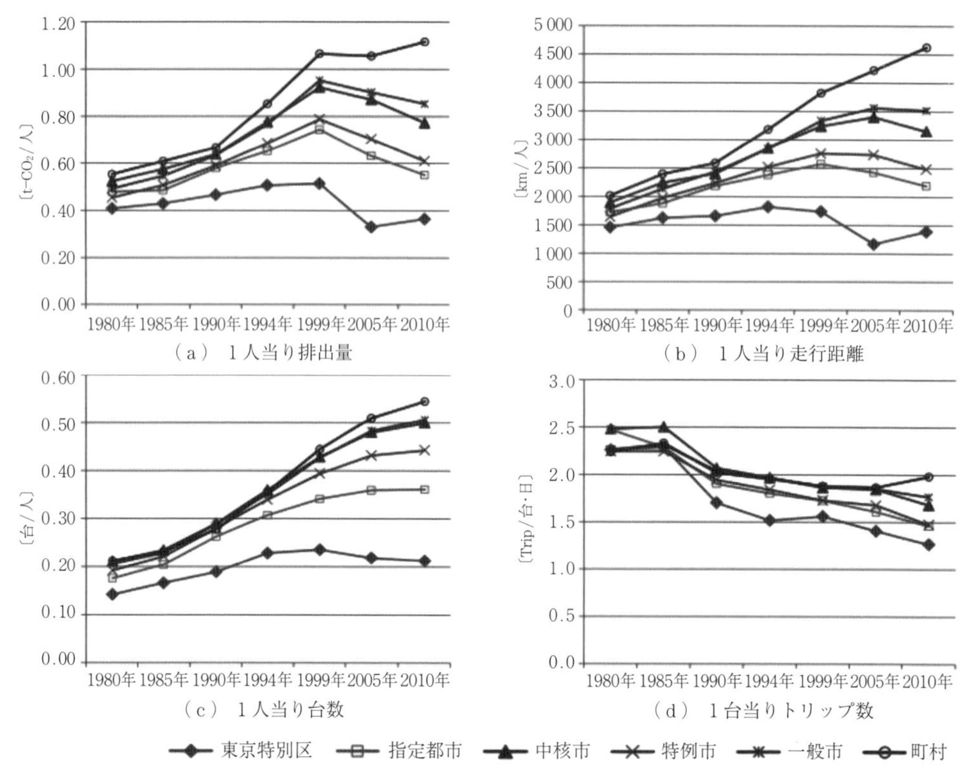

図 2.12　地域区分別乗用車 CO_2 排出量等の推移

図示していないが，これらに比べてトリップ長や排出係数は変化が少なく，安定的な傾向にある。

〔4〕 **低炭素型の交通システム**

これらの構成要因や地域区分別の推移を踏まえ，CO_2 排出量を大幅削減する低炭素型の交通システムのポイントについて，式 (2.2) に示す要因に着目し左の項から順に説明する。

（1） **低　頻　度**　交通サービスの利用頻度を下げることである。ITS を介した取引を活用して移動を代替することや，敷地内あるいは近隣の目的地を活用してエネルギーを要する移動を行わないこと，外出する用事をまとめて移動の頻度を減らすことなどが該当する。派生的需要である交通の発生回数を抑えつつ，価値のある活動を行うという目的を果たすことである。

（2） **短　距　離**　移動距離を短くすることである。相対的に近接した施設を目的地に選択すること，最短経路を選択することといった個々の移動の際の選択に加えて，移動頻度の高い施設を相互に近接して立地させることといった中長期的な選択および計画が該当する。なお，きわめて短距離の移動については，交通サービスとして扱わず，低頻度にすることとして分類される場合もある。

（3） **交 通 手 段**　低炭素型の交通手段を利用する割合を相対的に増やすことである。低炭素型の交通手段とは，乗り合いで高い輸送効率を持ち，加減速が少なく，運動エネルギーを最大限活用できるように転がり抵抗が小さくエネルギー効率が良いなど低燃費であり，ライフサイクルで CO_2 排出が少ない再生可能エネルギーからつくられる燃料や電力を用いるものである。これに貢献し得る交通政策の例として，短中期的には，大量輸送可能な公共交通機関の利用促進に資する，乗継利便性向上や経営安定化策があてはまる。中長期的には，公共交通機関等の計画・整備および公設民営化とともに，前節で述べた公共交通を利用しやすい都市構造への誘導策などがある。

（4） **高い輸送効率**　旅客輸送では乗車率を高くすること，貨物輸送では積載率を高くすることである。定員に対する乗車人員を上げる，あるいは最大積載量になるべく近い積載量にする方法がある。車両の走行キロ当りの輸送人キロや輸送トンキロを高くすることで，低炭素化につながる。一方，つぎの低燃費と考え合わせて，適切な規模の定員あるいは最大積載量を有する車両を用いることがあてはまる。輸送したい人や物に対する交通具の重量の割合を低下させることで，輸送効率が向上する。なお，過積載は危険であり，低炭素の観点からも問題がある。また，通勤等による時間帯別の輸送方向の偏りや，消費地に向けた品目別物資輸送の偏り，多頻度多品目少量配達など，交通サービス需要側の高い要求が輸送効率を低下させている側面がある。

（5） **低 燃 費** 走行距離当りの燃料消費量あるいはエネルギー消費量が小さい車両を利用することである。低燃費のための車両の改善策としては，おもに，停止時，加速時，定速走行時，減速時の別に考えることができる。順に，アイドリングストップ，車両の軽量化，ミッションやタイヤの摩擦や風の抵抗による損失の削減，エンジンの燃焼効率の改善，減速時の移動エネルギーの回生などが挙げられる。つぎの低炭素燃料の利用と考え合わせて，電動化もあてはまる。電気エネルギーをためる方法として，燃料電池とバッテリーが考えられている。水素燃料電池の方が高いエネルギー密度を得られる点で優れている。しかし，液体燃料にはかなわないため，軽量化との両立が電動化の課題である。ハイブリッド化は，エンジンとモーターの双方を備えることから，軽量化の点では優位性がないと考えられてきた。以上のことから，自動車やディーゼル鉄道車両の燃費向上に有効な技術として，小型のバッテリーとモーターを用いた簡易的なハイブリッド化が進んでいる。これによって，アイドリングストップや減速時のエネルギーの回生，大きな駆動力を必要とする加速時にモーターを用いることによるエンジンの小型軽量化などが可能となる。ボトルネックを生じにくい交通路ネットワークの設計や，規制および信号制御といった運用システムの改良により，減速の頻度を下げることも有効である。ただし，総走行距離の増加を誘発しないように留意する必要がある。

（6） **低炭素燃料** エネルギー消費量当り炭素含有量の少ないエネルギーを用いることである。ただし，車両走行時だけで評価するのでなく，ライフサイクル全体で見て，化石燃料等を用いて採掘・製造・輸送されたエネルギー源については，その炭素量をカウントする必要があることに注意が必要である。つまり，ライフサイクル評価の結果として低炭素・低環境負荷のものでないと導入すべきではない。したがって，低炭素な方法で精製されたバイオ燃料，水素，電力が該当する。特に，水素については，製造，輸送，貯蔵，充填，車載の方法を確立する必要があるため，普及に相当の時間を要する。また，低炭素な方法で十分な資源量を安定的に得られるかどうかも重要な点である。バイオ燃料では，食料生産用の農地との競合が起きて，食料価格の上昇や森林開発圧力の上昇などにつながるおそれがある。電力は，日本ではおもに原子力発電による夜間電力を用いた家庭・事業所での充電が想定されていた。しかし，2011年の東京電力福島第一原子力発電所の事故により，原子力発電がほとんど稼働しない状態となり，これを踏まえた見直しが必要である。また，風力や太陽光等の再生可能エネルギーによる電力の活用も求められているが，発電と充電の時空間的なマッチングを新たに行う必要があることがコストアップにつながり，大規模な普及への障害となっている。

〔5〕 低炭素型交通システムの実現方法

低炭素型交通システムの要点について要因別に述べてきた。実現のためには，これらの要因を組み合わせたシステム的な対応が必要となる。そこで，交通システムを取り巻くフィードバックループについて解説し，時間軸を踏まえるとともに，複合的な視点からの低炭素型交通システム実現方法をいくつか示す。

（1） **交通システムの因果連鎖図** 土地利用–交通の相互作用を示した図[23]を参考に作成した，日本における交通システムの因果連鎖とCO_2排出量を**図2.13**に示す。産業育成等のための自動車・道路優先施策による道路交通サービスレベルの向上が，自動車の保有そして利用の増加に働き，道路財源の増加を経て，さらなる道路交通サービルレベルの向上にフィードバックしてきた。同時に，人口増加傾向と土地所有優遇施策が，戸建て分譲住宅の建設と郊外開発を促し，自動車の保有そして利用の増加を加速した。一方，公共交通利用と中心市街地には，これらとは反対の衰退方向にフィードバックが働いた。これらのメカニズムにより，全体として，交通システムからのCO_2増加が進んだ。

2000年代を境に，全国的な人口減少が深刻化し，自治体経営の将来的な困難さが指摘され，また同時に低炭素化への取組みが必要になるなど，制約条件の変化が起きた。このような状況を踏まえて，前述したフィードバックループを逆転させるべく，住宅地や集客施設等の立地集約，および公共交通サービスレベル向上の施策を軸として，交通システムに関する施策全体を見直すことが重要な課題である。

（2） **交通とまちの中長期的ビジョン** 日本全体，そして多くの地域で，人口や交通量が増加から横ばい，減少に転じている。そのため，量的拡大に交通システムの整備で応えるのではなく，利用量に応じた交通システムへの転換を計画的に進めることが重要である。また，交通システムの供用期間を見渡した中長期的な交通とまちのビジョンを検討し，明らかにした

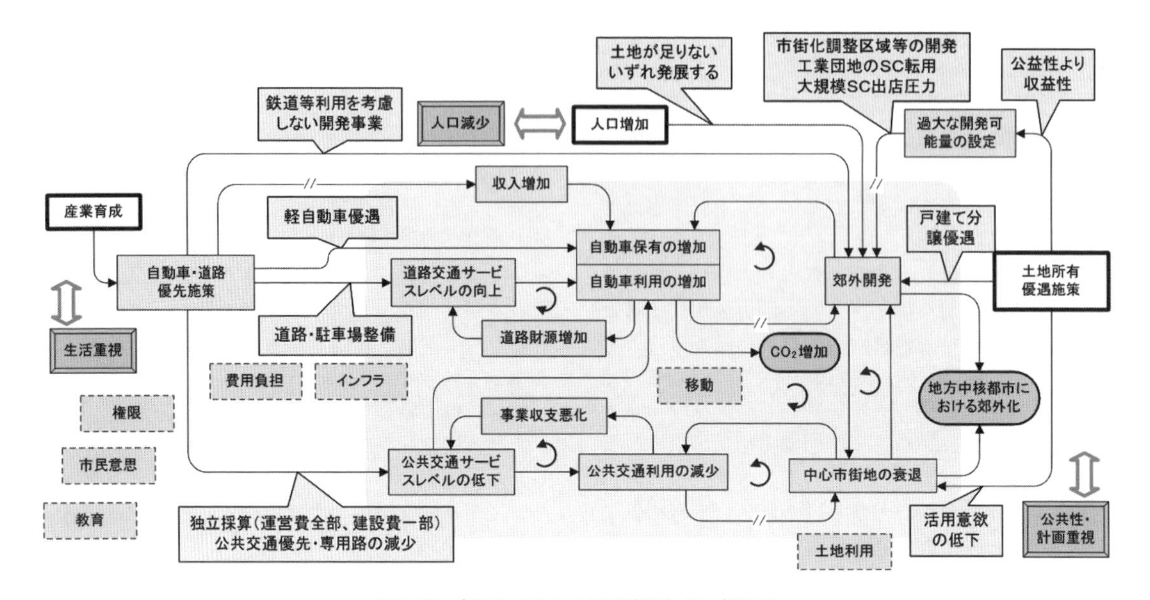

図 2.13　交通システムの因果連鎖と CO_2 排出量

上で，早期に計画変更等に着手することが必要になっている。

（3） **複合的対策**　この実現のためには，つぎのような多面的な対策を地域特性別に行うことが考えられる。

a）公共交通指向型の土地利用　乗合輸送機関で乗車人数がきわめて少ない場合，交通サービス当りの環境負荷は個別交通よりも大きくなる。そのため，輸送密度に応じた規模の車両を用いるとともに，公共交通の端末となる部分において，徒歩や自転車等の動力を必要としない移動手段や，電動アシストの移動手段が選択されやすいように，駅・停留所から徒歩圏内にまとまった土地利用を行うことが大切である。

b）新たな交通システムの導入　乗合輸送の電動化を進める際に，バッテリーの軽量化が課題となる。その場合，架線から離れて走行する距離が短いほど，バッテリーが小型で済む。すなわち，架線から電力を供給するか，停留所ごとに急速充電を行う仕組みが有望と考えられる。この結果，比較的に決まった路線を運行することとなり，勾配が大きいといった事情がある場合を除いては，摩擦が小さくエネルギー効率的な点で鉄軌道系を採用しやすくなる。また，地下や高架の連続は高コストになりやすく導入可能区間が限られるため，平面を基本としつつ，部分的に地下や高架を用いる LRT（light rail transit）の活用が重要な鍵となると考えられる。

c）超小型モビリティの活用　個別輸送についても電動化を進めるためには，バッテリーの軽量化が課題となる。その場合，航続距離を短くし，車両の小型軽量化を進めることが有望となる。また，人力を基本としてアシストとして電動とすることも考えられる。このときの個別輸送は，徒歩の延長となる役割を受け持ち，公共交通手段と組み合わせた交通システムとして機能することが期待される。

d）エコドライブ　車両の低炭素性能を発揮できるように，必要以上の加速と減速を行わずに済む運転と交通流の制御が重要である。自動運転技術が進み，信号制御と連動させることで，エネルギーの損失を回避することが可能となる。また，道路の段階構成を整備し，不要な交通の錯綜を避けることは，安全上も重要である。なお，車両の電動化により，手動でアイドリングストップを行う必要性はなくなってきている。　（松橋啓介）

2.4 循環型社会形成と都市

2.4.1 は じ め に

20 世紀の産業化，都市化がもたらした大量の生産，消費の社会は，暮らしの豊かさを押し上げることに大きく貢献した一方で，環境汚染などの深刻な弊害をもたらした。産業社会が 21 世紀に入って欧米と日本をはじめとする先進工業国のみならず，アジアと世界の発展途上国にも行き渡るにつれて，その影響はより深刻となっている。廃棄物の発生が増加して生活環境を圧迫する「ごみ問題」とともに，金属をはじめとする天然資源が希少化する「資源問題」を解決するために，資源の循環を進めて人間の活動と自然環境が共生する社会をつくっていくことが，持続可能な社会を実現する上で最も重要な命題の一つとなっている。本項では，資源の効率的な再生利用を進めることによって，生産から流通，消費，廃棄の資源の流れを経済と環境が両立することを目指す「循環型社会」の理念とともに，その土木計画・都市計画への展開の方向性を議論する。

2.4.2　循環型社会の目的と課題

〔1〕　循環型社会の基本理念

循環型社会では，産業活動が生み出す廃棄物の自然環境，社会環境への影響を軽減するとともに，天然資源が有限であることの制約の下で，人間活動を適正化するために生産と消費と廃棄のプロセスを再構築し，廃棄物を効率的に再利用する仕組みを備えることが必要となる。そのためには，ごみを分別したり，ごみの発生量を削減する取組みだけにとどまらず，生産側で廃棄物の発生を抑制するとともに，再生資源の受け入れを容易にする製品設計や資源回収システム構築等を進め，消費者や企業の消費パターンも循環型製品を志向するスタイルに誘導することが必要となる。それによって，生産から消費，廃棄，リサイクルを一体的に運用できる社会制度と，それを支える循環型の都市基盤を構築することで，経済，社会の活力を維持しつつ，長期的な環境への影響を低減する取組みが重要となる。

そのためには，廃棄物の処理施設だけでなく，工場や農業などの生産システムや，資源・製品・廃棄物の輸送システムなどの都市基盤などを含む**生産・消費連鎖**（production and consumption chain）を，自然の生態系に学び，生産と消費，廃棄が相互に依存する循環的な仕組みを持つ「環境産業共生型」に転換することが有効である。生産と消費，廃棄をまったく別々に計画，整備するのではなく，例えば生産活動から発生する熱や廃棄物などを他の工場のエネルギー源や原料として相互に利用したり，都市の廃棄物を工場で利用する仕組みを都市計画に取り込むことによって，産業を含む都市システム全体が環境的にも経済的にもより効率的となる。以上のような，産業社会を循環型に転換する理論や実践の体系は「産業エコロジー」[24]と呼ばれる。

産業エコロジーでは，産業システムを，資源採掘から部品，製品の生産，流通・消費サービスとそのための技術開発に至るまで，生産・消費連鎖の川上から川下までの資源とエネルギー等の流れを統合的に捉える。工業製品の生産システムでは通常，大量に自然資源が採掘，精錬されて，原材料として工場に搬入される。それに加工を施して部品等を作り，組み立てたものが最終製品として，流通過程を経て消費者の手に渡り，消費された後で廃棄物となる。

これまでの産業社会では，生産の過程で大量の「産業廃棄物」が発生してきた。それらは，製品の消費の後に都市から大量発生する「一般廃棄物」とともに，環境問題をもたらしてきた。ごみの焼却工場の処理にしても，埋立て地などの最終処分場がさまざまな環境問題を引き起こしてきた。そのため，廃棄物を効率的に収集して，効率的な焼却処理で減量化して，衛生的な最終処分施設を建設する技術開発が進められてきた。一方で，これらの廃棄物問題の本質は，大量消費・大量生産型の産業システムにあるともいえる。世界的な天然資源の希少化とともに，発生するごみを受け身で処理処分を効率化する「対症療法的」な方針による限りは，21 世紀中に地球全体で天然資源の枯渇と，廃棄物の処分スペース不足による生活空間の環境劣化をもたらす。産業システムそのものを循環型に転換することで，生産から消費，廃棄の各ステージにおける温室効果ガス排出を削減でき，地球温暖化対策に貢献することも期待される。

このように，産業エコロジーの示唆する循環的な産業施設と消費の場である都市を統合的に計画することが，21 世紀の都市づくりに期待される[25]。

〔2〕　リデュース，リユース，リサイクル

循環型社会の実現に向けて産業技術の分野ごとにさまざまな対策が議論されてきた。循環の取組みは，無駄な製品の生産と消費を抑制する**リデュース**（reduce，廃棄物の発生抑制），製品を社会全体で回収再利用する**リユース**（reuse，再利用），ゴミとして排出される廃棄物の収集・分別・再加工や，焼却時の発電等，再生資源やエネルギーとして利用する**リサイクル**（recycle，再生利用）の 3 種類の取組みに分類され，その頭文字をとって「**3R**」と呼ばれる。さらに，リサイクルには，ごみを破砕後に分別，精錬して素材資源として活用するマテリアルリサイクル，化学原料として利用するケミカルリサイクル，化石燃料の代替資源としてエネルギー転換して利用するサーマルリサイクル（あるいはエネルギーリサイクル）がある。

テレビを例にとると，テレビそのものの家族やグループでの共同利用などを通じて購入を控えること（リデュース），リサイクルショップなどで別の利用者が使用できる仕組みをつくること（リユース），廃棄されたテレビを解体，破砕，分別後に，金属資源やガラス，プラスチックとして再利用すること（リサイクル）などの取組みが進められている。分別が困難な混

合プラスチックなどは，化石燃料の代わりとして活用することで，サーマルリサイクルが可能になる。

〔3〕 **日本における資源循環の現状**

日本では都市人口の急速な増加に伴い，1960年代より特に都市部でごみ問題の深刻さが認識された。1970年に制定された，廃棄物の処理および清掃に関する法律（廃棄物処理法）では，廃棄物を「産業廃棄物」と「一般廃棄物」に分類し，前者は原則として発生企業の責任で，後者は地方自治体の責任で，安全で衛生的な処理に向けての技術と施策の導入が図られてきた。

日本の2012年度の物質循環フローを**図2.14**に示す[26]。投入される資源は日本の国内で調達されるものと海外からの輸入資源，製品の総和となり，この年の日本の社会経済活動が約16億tの物質の投入（総物質投入量）によって支えられていることがわかる。そして，この年の生産・消費活動を通じて約5.2億トンの工業製品や建設物などが国内で蓄積されている。一方で約5.5億トンの資源が廃棄物等として発生しており，約2.4億トンが再生資源としてリサイクル等で利用され，0.18億トンが埋立て地で最終処分されていることがわかる。なお2000年度では，総物質投入が約21億トン，循環利用量は約2.1億トン，最終処分量は約0.6億トンであった。その後，日本全体の資源の投入量が大きく削減されて，循環利用を拡大した結果，廃棄物の埋立てを半分以下に削減できたことがわかる。

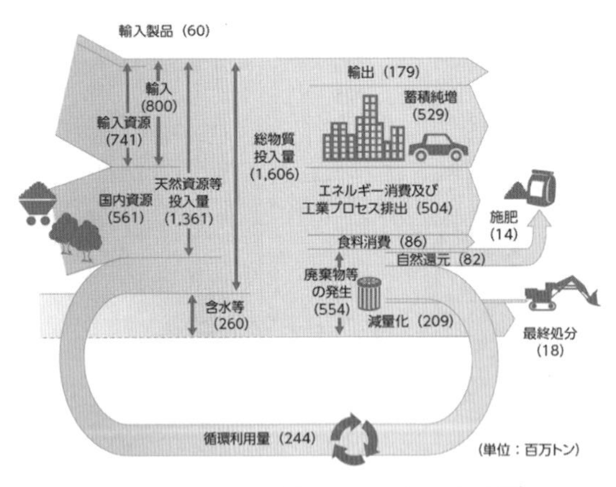

図2.14　日本の物質循環フロー（2012年度）[26]

循環型社会を支えるリサイクルが進展してきた一方で，日本では国民の3Rに関する意識は総じて低下の傾向にあり，資源循環をごみ問題の解決という視点から，より本質的な環境社会への転換の方策へと広げていくことが求められる段階を迎えている。

排出された廃棄物を再資源化することで天然資源の利用を低減するとともに，廃棄物の焼却に伴って発生する熱エネルギーを活用することによって温室効果ガスの削減に寄与することが注目されている。資源循環と地球温暖化防止を同時に達成する「コベネフィット」の技術開発や政策設計の期待も大きい[27]。

2.4.3　循環型社会に向けた日本の法律体系

〔1〕 **循環型社会形成推進基本法および関連法令**

循環型社会を実現するには国民の一人ひとりや企業の意識改革だけでは困難であり，廃棄物の発生抑制や分別，再利用のための制度設計が重要となる。日本の循環型社会への移行の過程で，その理念と全体の枠組みを定めた循環型社会形成推進基本法（循環型社会法）が基盤的な役割を果たしてきた。

循環型社会法は，「① 廃棄物・リサイクル対策を総合的かつ計画的に推進するための基盤の確立，② 個別の廃棄物・リサイクル関係法律の整備」について定めた法律で，2000年に公布された。この法律に基づく循環型社会形成推進基本計画を策定し，おおむね5年ごとに見直しを行っている。2013年5月には第三次循環型社会形成推進基本計画（循環基本計画）が閣議決定された[28]。従来の廃棄物量削減の取組みに加えて，リデュース・リユースの取組みの強化，希少性が高くなりつつある金属資源の回収と再利用，資源の特性に応じた都市や広域での資源循環の仕組み（地域循環圏）の強化とともに，災害廃棄物への対応や3Rのアジア等での展開を進める国際展開などが計画の柱となっている。

循環型社会法の下で，産業界の3Rへの取組みを進めるために，「資源有効利用促進法（資源の有効な利用の促進に関する法律）」が策定されている。さらに，消費行動を循環型に転換するために，環境配慮型製品の普及を進める「グリーン購入法（国等による環境物品等の調達の推進等に関する法律）」が策定されている。グリーン購入法では，国の機関が率先して環境負荷の小さい物品の調達を促すとともに，地方公共団体，企業や市民にグリーン購入を支援する情報を提供している。

循環利用を促すために廃棄物の処理そのものの規制も強化されてきた。「廃棄物の処理および清掃に関する法律」（廃棄物処理法）が数度にわたり改正される中で，不法投棄の取り締まりが強化されて循環利用に向かう廃棄物が増加した経緯もある。

第三次循環基本計画で示された「地域循環圏」では，地域で循環可能な廃棄物と再生資源についてはできるだけ地域で循環することを謳い，同時に広域で循環するべきものは「循環の環」を広域化して，循環圏を重層的に構築することを謳っている。これを具体化するためには，各循環圏の拠点施設と地区で新たな静脈産業の形成を可能とするまちづくりや，静脈物流インフラの効率的な整備をこれまでの輸送施設，都市施設と整合させる計画論が，都市計画に期待される[29]。

〔2〕　個別のリサイクル法

循環型社会法の下，循環資源ごとに個別リサイクル法が制定されてきている。

容器包装リサイクル法（容器包装にかかる分別収集および再商品化の促進等に関する法律：容リ法，2000年4月完全施行）は，容器包装として使用されたガラスびん，ペットボトル，紙類やプラスチック類を対象として施行され，市町村などによる分別収集が進み，資源回収量が増大した。家電リサイクル法（特定家庭用機器再商品化法，2001年4月）は，廃棄された冷蔵（凍）庫，テレビ，エアコン，洗濯機の4品目を対象としている。製造企業の責任で回収とリサイクル利用を行うことが義務付けられ，品目ごとにマテリアルリサイクルの達成率が規定されている。

食品リサイクル法（食品循環資源の再生利用等の促進に関する法律，2001年5月）は，食品製造，流通・外食などの事業者が，食品廃棄物を飼料や肥料等としたリサイクルの促進を目的としている。建設リサイクル法（建設工事にかかる資材の再資源化等に関する法律，2002年5月）は，土木，建築の建設や解体時に発生するコンクリート，アスファルトおよび木材などの建設廃棄物を対象とする。この法律は，建設廃棄物の分別，再資源化，廃棄物の原料化などを促進して，解体工事業者の登録などを規定している。自動車リサイクル法（2005年1月）は，廃棄自動車の再生利用を促し，自動車製造業者と輸入業者がエアバッグ，フロンガス，シュレッダーダストの3品目について適切な処理を行うことを義務付けている。

小型家電リサイクル法（使用済小型電子機器等の再資源化の促進に関する法律，2013年4月）は，家電4品目以外の携帯電話などを対象として制定された。鉄や銅，希少金属類などの有用な物質や，あるいは有害な物質の再資源化を促進している。

2.4.4　循環型まちづくりの展開

〔1〕　循環型の地域づくりの実践

循環型社会についての議論は，『成長の限界』が国際的な共通認識として浮上してきた1970年代から行われ，生態学の制約の下で産業の在り方を再構築する必要性が謳われた。その中で，経済・産業に対する自然・環境の制約の重要性が提示され，経済活動と環境との共生を唱える理論が発展していった。その後，Ayers and Udo[30]が，産業が調和的に代謝するべきであるとする，「産業メタボリズム」を提唱した。「新規資源とエネルギーを転換するあらゆる物理的プロセスは，最終製品に転換されなければならない」とし，企業を有機的な生物体に例え，産業システムが自然資源や都市社会ともバランスがとれた安定的な相互依存の企業の集合体であると捉えるべきであるとしている。これは現在に至るまでの産業エコロジー論の柱ともなっている。21世紀になって，具体的な地域づくりやまちづくりの基本的な理念になり得るとして再び注目されている。

産業化が国際社会に広く行き渡るとともに，21世紀には産業エコロジー的なアプローチが新たな都市づくりの理論として注目され，その先導的な事業が世界の各地で実現されつつある。

産業エコロジーのモデルとしては，デンマークのカルンボーで実現した循環型のまちづくりが世界的な先駆とされ，**図2.15**に示す物質エネルギーフローを数十年かけて自律的に実現してきた。1960年代に，新たに立地する製油会社（Statoil）が，資源の限られていた地下水を使用する代わりに湖水を利用するパイプラインの建設を担当し，産公民の協力関係から，水循環，熱エネルギー循環，資源循環の多様なネットワークが形成され，図に示す石炭火力発電所の排熱利用を核としたネットワークを形成している。このネットワークは産業地区にとどまらず，周辺の住宅や農業施設への供給も進んできた。事前に構築された計画に向けて実現したのではなく，産業，都市，農業などのさまざまな主体が自発的に，自己組織的な協議を通じて実現してきた経緯があるが，さまざまな循環を地域空間で可能にするプロセスは，21世紀のまちづくりにとっても規範的な役割を担い得る。

産業エコロジーの理念を生かして，環境と調和する産業団地や産業都市を計画する試みが，1990年代後半以降，世界の各地で進められた[32]。Chertow[33]は，デンマークのカルンボーに加え，アメリカのプエルトリコなどの世界各地での循環型産業団地の計画を分析し，「産業共生は，もともと別々であった複数の産業を，物質，エネルギー，水，副産物の交換に参加させることで，競争力を高める集団的なアプローチ」と定義している。また，カナダの産業共生事業を主導してきたCote[34]は，エネルギー・水・資源を含む問題を管理するための主体間の協働を通じて，環境と経済のパフォーマンスの改善を実現する「製造業・サービス業のコミュニティ」として，「エコインダストリアル

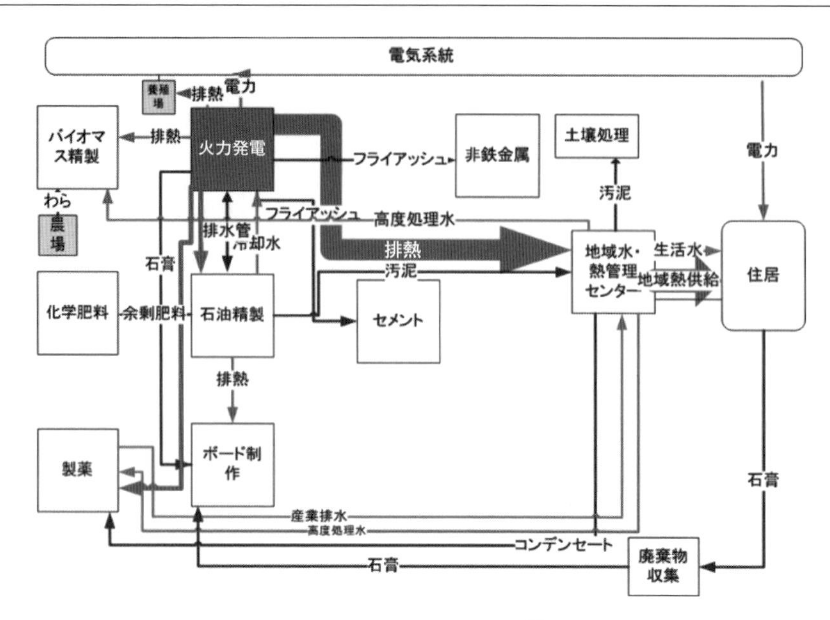

図 2.15　カルンボーにおける物質循環フロー（Jacobsen[31] などを分析し著者らが作成）

開発」を定義している。

〔2〕 **エコタウン事業－国内の循環型まちづくりの例－**

日本でも廃棄物問題の深刻化と，産業団地の活性化への政策的なニーズを背景として，循環型の産業団地，産業都市の形成が検討された。その具体化が，1997 年から通商産業省（のちに経済産業省）と厚生省（のちに環境省）が始めた「エコタウン」事業である。北九州市や川崎市，秋田県などをはじめとして日本全国で 26 の地域が「エコタウン」として認定され，現在までに 50 を超える循環事業がそれぞれのエコタウンで進められてきた。産業エコロジーの理念を事業として継続的に推進してきたことで，エコタウンは日本の循環型社会形成の象徴として国際的な関心も集まっており，発展途上国への循環産業の展開や，環境都市連携などの国際政策の起点として活用されている。また，2010 年からは既存のエコタウン事業を高度化して，資源循環機能を高めるとともに，低炭素事業を推進するためのモデル事業も進められている。

日本では，カルンボータイプの産業共生を一つのモデルとしながら，それにとどまらず，多様なリサイクル事業の推進を進めてきたことに特色がある。さまざまなリサイクル拠点の整備とその運用効率を高める政策体系が整備され，さらに当初の産業廃棄物の受け入れによる循環から，都市からの一般廃棄物の循環によって都市と産業の連携の起点となるような事業も見られる。今後，産業施設の立地誘導と都市空間の立地誘導を相互に連携して効率化することや，産業と都市の流通を支える「動脈型」の都市インフラとともに，廃棄物の収集・再利用を支える「静脈型」の都市インフラを整備するなど，循環型社会のための計画論の開発も期待される。

さらに，日本のエコタウンでの循環型まちづくりの経験からは，循環を産業団地だけでとどめずに，産業施設と近接する都市・地域との連携を形成して，一般廃棄物を効率的に産業で循環利用する「都市産業共生」のアプローチが，日本発信の計画論として具体化する可能性もある[35]。例えば，廃棄物発生源である住宅などの都市施設と，再生資源として活用できる産業施設を地理的に近接して立地させることで，これまでに形成されてきた機能分離的な都市空間よりも効率的に，廃棄物の循環利用を実現する計画が可能になる。廃棄物・資源の交換による環境効果と経済効果を得る都市空間へ誘導する新しい計画論の検討も期待される。

日本における循環型まちづくりの政策としてはほかに，国土交通省のリサイクルポート（総合静脈物流拠点港）事業では，港湾地区を物流とともに循環産業の拠点としての整備を進めており，2011（平成 23）年までに全国で 22 港が指定されている。農林水産省のバイオマスタウン事業では，地域全体での効率的なバイオマス資源の利用のシステム形成を目指している。

2.4.5　循環型社会を実現する評価手法の開発

循環型社会の技術や都市の計画と評価には，**ライフサイクルアセスメント**（life cycle assessment，**LCA**）

が活用されてきた。LCAは，資源採取から製造，流通，使用，廃棄に至る期間に，産業や製品が環境や社会に与える負荷をそれぞれの段階で算出し，それらを統合的に算定する手法であり，技術評価で広く用いられている。LCAは個別の工業製品を対象とした「製品LCA」から，道路や鉄道などの社会資本について建設から運用，廃棄までを対象とする「建設LCA」など，多様な検討が行われてきた。LCAでは投入エネルギー量，素材使用量，温室効果ガス排出量，汚染物質排出量などを計算して，その影響の大きさを算定する。

LCAは温室効果ガス排出削減など，利用の目標が確定している場合には有用な手法となる。一方で温室効果ガス排出削減に加えて，希少資源の消費削減，さらには健康影響の低減など独立的な異なる課題を同時に評価することについては，検討課題が残っている。

現在，多様な要素を総合的に評価するいくつかの試みがなされている。例えば，異なる領域への影響を統合化して扱う影響評価手法として，欧州ではEco-indicator99が開発されており，被害量を重み付けして算定する形で統合的に評価する手法となっている。被害量は各地の条件によって異なるため，日本国内ではLIME（日本版被害算定型影響評価手法）と呼ばれる手法が開発，利用されている。

LCAの詳細は2.5.3項で述べる。

2.4.6　21世紀の循環型地域づくり

循環型社会をまちづくりの具体的な政策や事業としての実現については，21世紀の初めまでは，カルンボーとともに日本のエコタウン都市が担ってきたともいえる。その後，世界の各地で循環型のまちづくりを試行する試みが具体化しつつある。例えば，イギリスでは，2002年に産業共生のコンセプトに基づき，工業団地間の環境効率を高めてその発展を目指す**産業共生国家プログラム**（National Industrial Symbiosis Program, **NISP**）が進められている[36]。廃棄物の相互交換市場形成のための廃棄物情報の収集と公開，循環利用推進の支援情報，循環利用を円滑に進める制度・規制の整備が議論されている。

発展途上国でも循環型社会によって環境と経済を両立させる地域づくりが積極的に議論されている。例えば中国では「循環経済」（circular economy）の実現に向けて，環境保護省に加えて国家発展改革委員会や商業省などが，20世紀の末よりエコインダストリアル開発の先導事業を計画してきた[37]。近年の産業化の急速な進展に伴う環境汚染の深刻化に伴い，その具体化が進められている。そのほかに，韓国，オーストラリア，フィンランド，オランダ，オーストリア，ブラジル，インド等でも，産業共生を目指すプロジェクトが官民によって進められている。

こうした地域循環の形成については，産業システムから議論するアプローチとともに，廃棄物の発生主体であり再生資源の利用主体である都市活動の効率的な立地誘導・立地転換の理論と手法，さらには循環型社会が求める機能と従来の土木計画・都市計画が提供する機能を整合する計画論の構築も求められている[38]。

さらに，低炭素社会の実現に向けて，資源循環からの貢献の期待も大きくなっている。産業と都市の立地を適正化することにより，地域内資源での生産を経済的にも可能にする資源循環圏を実現するとともに，産業施設の賦存熱を，資源・エネルギー循環ネットワークを生かして，都市の民生施設で利用を進めるなど，資源のみならずエネルギーの地産地消の実現も期待される。（藤田　壮，戸川卓哉，大西　悟，藤井　実）

2.5　個別プロジェクトの環境評価

2.5.1　は　じ　め　に

土木計画分野では，特定の目的の下に実施される**プロジェクト**（project）の環境評価が求められることが多い。例えば，交通施設や廃棄物処理施設等の整備事業が該当する。このような個別の**インフラ**（infrastructure）に関するプロジェクトを環境面から評価する場合，**環境・経済統合勘定**（system of integrated environment and economic accounting, **SEEA**）や**マテリアルフロー分析**（material flow analysis, **MFA**）といったマクロ的な手法では十分に捕捉できなかったり，現状から改変する事業や代替案比較の検討が困難であったりする。

一方，インフラ整備の経済的評価手法として，**費用便益分析**（cost benefit analysis, **CBA**）の適用が一般的となっており，環境影響についても負の便益項目として捉え，非市場価値であることから**ヘドニックアプローチ**（hedonic approach）や**仮想評価法**（contingent valuation method, **CVM**）を用いて貨幣価値に換算し組み込むことが行われてきた（Ⅰ編5.2.8項参照）。環境影響を貨幣評価する手法は，もともと公害などの局地環境問題により健康等の被害が生じた場合の補償・賠償金額を算定するために提案されてきた経緯がある。しかしこれらは，1）個人や社会が環境価値を適切に理解しているか不明である，2）理解していたとしても，貨幣価値という一元的な尺度に投影することで「環境固有の価値」を十分反映できない可能性がある，といった限界を内包し，また，影響に関する最新の科学的知見に必ずしも基づかない個人や社会の価値判断に依存した手法であることに注意が必要である。

本節では，環境への影響を定量的に評価する方法として建設分野で採用されている**環境アセスメント**（環境影響評価：environmental impact assessment，**EIA**）と**ライフサイクルアセスメント**（life cycle assessment，**LCA**）について，個別プロジェクトに適用するための具体的な方法を解説する。

2.5.2 環境アセスメント

EIA は，事業の実施場所およびその周辺地域の環境に及ぼす影響を科学的に調査し，その結果を事業主体の意思決定に反映させるための手続きを，社会的な仕組みとして定めたものである。土木プロジェクトは，環境や社会へまったく影響を及ぼさずに事業を進めることは不可能である。そのため，大気汚染や水質等の環境基準・排出基準を満たすのはもちろん，他のさまざまな環境要素への負の影響がより少ない持続可能な開発を支援するためのツールとして，EIA の活用が期待されている。

〔1〕 環境アセスメント制度の変遷

日本における環境影響評価法制定に至る経緯と，国・地方自治体の EIA 制度の変遷を以下に整理する。

（1） **国の制度**　1960 年代に公害や自然破壊が社会的な問題となり，港湾法，公有水面埋立法が改正され，港湾計画策定や公有水面埋立が環境に及ぼす影響についての検討が行われることになった。1970 年代には発電所，道路，整備新幹線等について，各省の行政指導により環境アセスメントを行うことを決定した。個別事業法等に基づき，さまざまな事業について EIA が実施されるようになった。

その後，EIA の法制化について議論され，1983 年に環境影響評価法案が国会に提出されたものの，国会解散により廃案となった。しかし，EIA についてはなんらかの形で実施する必要があるとの判断から，法案の内容を基に要綱がとりまとめられ，1984 年に環境影響評価の実施について閣議決定された。この要綱では，道路，ダム，飛行場等 11 種類の事業が対象とされた（閣議アセス）。

1993 年，公害対策基本法に代わる新たな法律として環境基本法が施行され，EIA の推進に関する条文が盛り込まれた。これを受けて関係省庁による環境影響評価制度研究会で法制化について検討が進められ，1997 年に環境影響評価法案が国会に提出され可決・成立，1999 年に全面施行された（法アセス）。

2007 年には，それまで行われてきた事業実施段階のアセスメント（事業アセスメント：project environmental impact assessment）より早期の計画段階での環境影響評価である**戦略的環境アセスメント**（strategic environmental assessment，**SEA**）の共通ガイドラインが定められた。この制定が，2011 年の計画段階配慮書手続き等を導入した改正環境影響評価法の成立と，2013 年からの全面施行につながった。

（2） **地方自治体の制度**　1970 年代後半から，環境問題が深刻な地域を中心に自治体での EIA の制度化が進んだ。1976 年に川崎市で全国初の条例が作られ，1978 年に北海道，1980 年に神奈川県と東京都で条例化され，閣議決定要綱に基づく EIA が始まった。1980 年代中頃には，都道府県・政令市の約 3 分の 1 が制度化していたが，条例を根拠とする制度は少なく要綱に基づいて実施されるものが主流であった。1990 年代には，行政手続法，環境影響評価法の制定を受け，EIA 制度の条例化が進むとともに手続きが充実した。2000 年以降，先進的な自治体では配慮書手続きに相当する早期段階での EIA が導入されている。

〔2〕 EIA の実施手順

EIA は事業の環境影響を特定・予測・評価する体系的な手続きであり，**図 2.16** に示す六つの段階に分けることができる。

（1） **スクリーニング**　実施しようとする事業に対して，EIA 手続きを適用するかどうか判断する。

（2） **スコーピング**　問題となりそうな環境要素を事業の性格，内容，段階，熟度等に応じて適切に選び，調査・予測・評価の項目を決定する。

（3） **調査・予測**　基礎データとして地域の環境の状況を把握し，事業による影響を想定しながら，スコーピングで選定した項目の予測に必要な情報を収集・整理する。そして，事業の実施による環境への影響の程度を推定する。

（4） **環境保全対策**　予測された影響に対し，影響軽減策を事業に組み込む。（3），（4）をまとめて評価し，環境影響をどのように回避・低減・代償するか，さまざまな可能性を検討し明らかにする。

（5） **審査**　（3），（4）がまとめられた文書に対するアドバイスをまとめる。

（6） **事後対策**　工事や事業が開始された後，モニタリング結果に応じて適切に対策を変更する。

六段階のうち，要となるのが（3）調査・予測である。（2）スコーピングで決められた方針に基づき，資料・現地調査によって明らかとなる地域・事業特性を基に想定される条件を考慮し，科学的な手法を用いて行われる。

〔3〕 EIA の対象事業

環境影響評価法に基づく EIA の対象は，**表 2.3** に示す 13 種類の事業である。このうち，規模が大きく

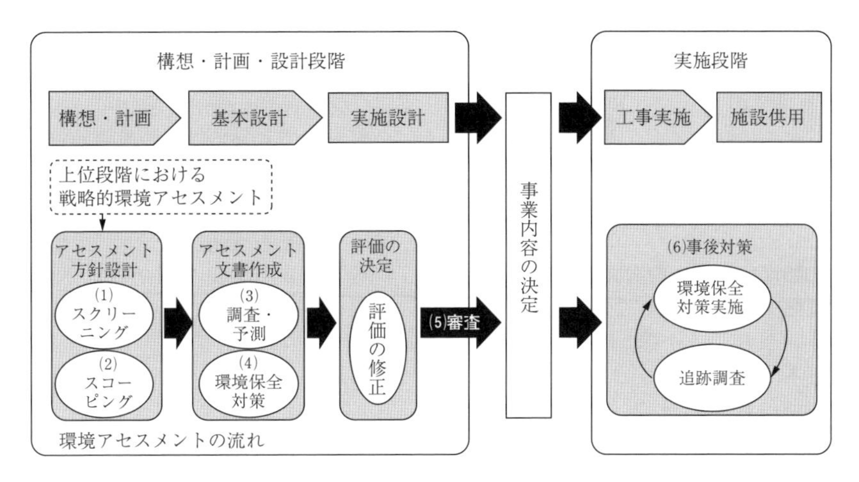

図 2.16　事業の構想・計画から実施までの流れと環境アセスメントの関係（文献 39）を参考に著者作成）

表 2.3　環境影響評価法に基づく EIA の対象事業

事業の種類	第一種事業	第二種事業
1．道路		
高速自動車国道	すべて	―
首都高速道路等	4 車線以上のもの	―
一般国道	4 車線以上 10 km 以上	4 車線以上 7.5〜10 km
林道	幅員 6.5 m 以上 20 km 以上	幅員 6.5 m 以上 15〜20 km
2．河川		
ダム，堰	湛水面積 100 ha 以上	湛水面積 75〜100 ha
放水路，湖沼開発	土地改変面積 100 ha 以上	土地改変面積 75〜100 ha
3．鉄道		
新幹線鉄道	すべて	―
鉄道，軌道	長さ 10 km 以上	長さ 7.5〜10 km
4．飛行場	滑走路長 2 500 m 以上	滑走路長 1 875〜2 500 m
5．発電所		
水力発電所	出力 3 万 kW 以上	出力 2.25 万〜3 万 kW
火力発電所	出力 15 万 kW 以上	出力 11.25 万〜15 万 kW
地熱発電所	出力 1 万 kW 以上	出力 7 500〜1 万 kW
原子力発電所	すべて	―
風力発電所	出力 1 万 kW 以上	出力 7 500〜1 万 kW
6．廃棄物最終処分場	面積 30 ha 以上	面積 25〜30 ha
7．埋立て，干拓	面積 50 ha 超	面積 40〜50 ha
8．土地区画整理事業	面積 100 ha 以上	面積 75〜100 ha
9．新住宅市街地開発事業	面積 100 ha 以上	面積 75〜100 ha
10．工業団地造成事業	面積 100 ha 以上	面積 75〜100 ha
11．新都市基盤整備事業	面積 100 ha 以上	面積 75〜100 ha
12．流通業務団地造成事業	面積 100 ha 以上	面積 75〜100 ha
13．宅地の造成の事業（住宅地，工場用地も含む）	面積 100 ha 以上	面積 75〜100 ha
○港湾計画	埋立て・掘込み面積の合計 300 ha 以上	

環境に大きな影響を及ぼすおそれがある事業を「第一種事業」として定め，EIA の手続きを必ず行う。また，おおむね第一種事業の 75% の規模の事業を「第二種事業」として定め，先述のスクリーニングにより手続きを行うかどうかを個別に判断する。なお，規模が大きい港湾計画についても港湾環境アセスメントの対象となる。

〔4〕 事業計画の熟度に応じた複数案の設定

EIA における環境配慮のための選択肢と事業進捗との間にはトレードオフがある。事業の実施段階で行われる事業アセスメントは，計画段階の意思決定後に行われるため，事業実施自体の環境面からの妥当性に疑いが生じたとしても，基本的な計画が決定されている以上，環境への影響に配慮する方法について選択の余地は少ない。一方，事業計画が固まる以前の構想・計画段階における意思形成過程（戦略的段階）で行われる SEA では，複数の代替案を環境面から比較するため，計画段階で環境配慮を行うことができる。「事業を実施しない」という選択肢を代替案として比較することさえも可能である。一方，事前評価のため予測が必須であり，そこに不確実性が伴うことはやむを得ず，しかも計画熟度が浅いほど利用できるデータの信頼性は低くなることに注意が必要である。**表 2.4** に事業計画の熟度と検討可能な代替案の関係を事業種ごとに整理する。事業の早い段階では位置や規模に関する複数案の設定が可能であり，計画が進むにつれ敷地における配置や構造が検討され，環境影響の回避・低減が図られる。

なお，戦略的段階とは，**政策**（policy），**計画**（plan），**プログラム**（program）の三つの P の段階を指すが，実際の EIA においてはどの段階から SEA と呼ぶか厳密に定義付けることは難しく，概念的な区分としてこれらの用語が使われている。

〔5〕 環境評価項目

閣議アセスの時代の EIA では，事業実施地域の大気汚染，水質汚濁，自然保護，景観等の属地環境項目にもっぱら焦点が当てられ，環境基準値を達成するための「目標クリア型」の評価であった。しかし，法アセス以降では，環境を良くすることを念頭に置く「ベスト追求型」評価が実施されるようになってきており，さらに温室効果ガスのような地球環境項目にも関心が向けられている。そして，戦略的環境アセスメント導入ガイドラインではさらに広範囲の環境要素が挙げられている。各項目について，調査・予測評価方法の概要を示す。予測結果は代替案ごとに特徴や不確実性の要因について比較整理される。

（1） 自然環境分野（動物・植物，生態系，景観，触れ合い活動の場）

① 環境影響を受けやすい，法令により指定されている，地域により注目されているといった観点から評価対象（種・場所・地域）を選定する。

② 既存資料から，重要な種，自然環境のまとまりの場，景観，触れ合い活動の場の分布情報を収集・整理・解析し，専門家から助言・意見を受

表 2.4　事業計画熟度と検討可能代替案の関係（文献 40）を参考に著者作成）

	低い ← 事業計画の熟度 → 高い			
点事業 （発電等）	位置	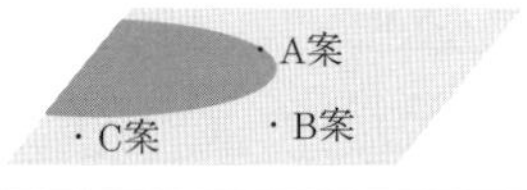 ・A案　・B案　・C案	配置	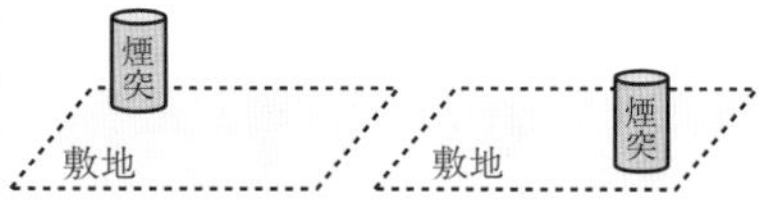 煙突　敷地　／　敷地　煙突
	規模	A案：○万kW B案：△万kW C案：□万kW A案：○機 B案：△機 C案：□機	構造	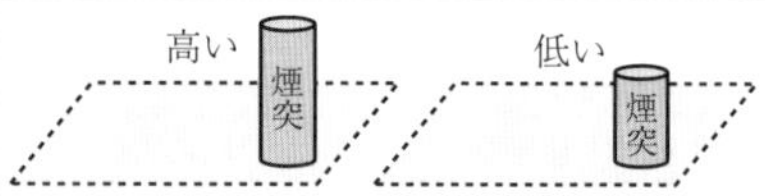 高い　煙突　／　低い　煙突
線事業 （鉄道，道路，林道等）	位置・規模	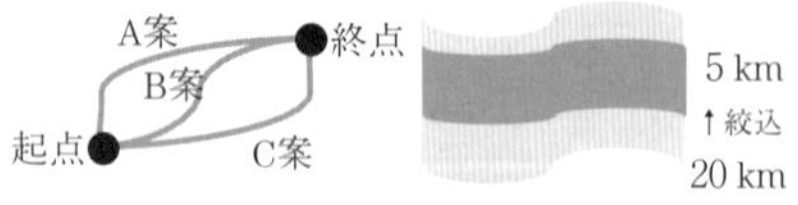 A案　B案　C案　起点　終点　5 km ↑絞込 20 km	配置・構造	
面事業 （廃棄物最終処分場，土地区画整理事業，ダム等）	位置	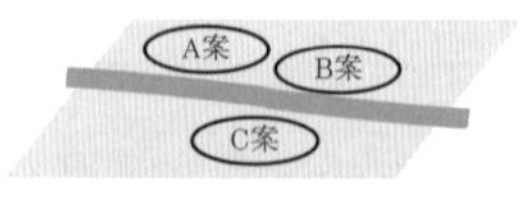 A案　B案　C案	配置	
	規模	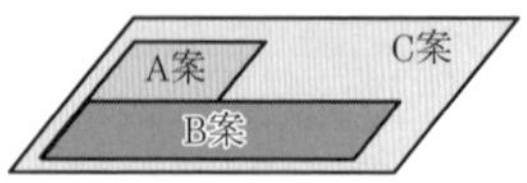 A案　B案　C案	構造	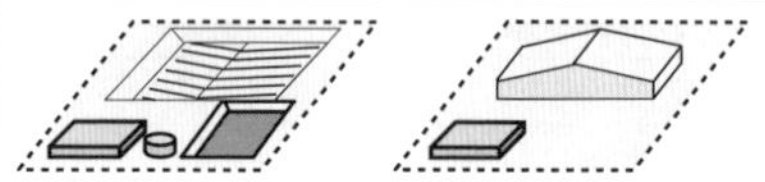

け，解析手法，現地調査の必要性を検討する。

③　重要な種等の生息・生育場所，自然環境のまとまりの場，景観資源，眺望点，触れ合い活動の場およびそれらへのアクセス性の，事業実施による改変の程度について把握し，重大な影響の有無を予測する。

④　個々の重要な種等についての生息・生育条件の閾値といった生態特性，成立・維持条件，存在期間など重要な環境のまとまりの場の特性，生息地・生態系ネットワークへの影響など，広域的な視点に留意して影響を予測する。

（2）　**大気環境（大気質，騒音・超低周波音，振動，悪臭）**

①　土地利用（用途地域，類型指定），現況濃度・騒音・振動レベルを把握する。

②　環境の現況等，被影響対象の分布状況，汚染物質等の発生に係る事業計画の諸元を把握する。

③　一定範囲内に存在する被影響対象の数や量または範囲，被影響対象までの離隔距離，活動量・排出量・発生強度，被影響対象に対しての濃度等を予測する。悪臭については，類似事例により定性的に予測する。

（3）　**水環境（水質，底質，地下水）**

①　水質については，環境基準類型指定を把握する。

②　環境の現況等，被影響対象の分布状況，汚濁物質等の発生に係る事業計画の諸元を把握する。地下水については，水位変化に係る事業計画の諸元も把握する。底質については，汚染底質の分布状況も把握する。

③　被影響対象との離隔距離等による影響の程度，汚濁物質の排出量，濃度等について予測する。地下水については，水位変化の程度の把握も含む。汚染底質については，事業計画との重ね合わせにより発生の可能性，発生量を予測する。なお，水質については，河川，湖沼等，海域に分けて記述する。

（4）　**土壌環境（地形・地質，地盤，土壌）**

①　重要な地形・地質・土壌と事業計画の位置関係について把握する。

②　地形改変の程度，汚染土壌の分布状況を把握する。

③　事業計画と重要な地形・地質・土壌を重ね合わせ，地形改変量（面積，量，勾配等）を予測する。また，汚染土壌の位置・規模との重ね合わせにより汚染土壌の発生可能性，発生量を予測する。

（5）　**廃棄物等，温室効果ガス等**

①　廃棄物・**温室効果ガス**（greenhouse gas，**GHG**）等の排出量を算出する原単位や類似事例を調査する。温室効果ガスについては，抑制策について整理する。

②　事業計画を基に，原単位法や類似事例から廃棄物等の発生量，温室効果ガス等の排出量を予測する。温室効果ガスについては，抑制策により抑制される程度も予測する。

以上の中で，（5）の地球温暖化問題に寄与する温室効果ガスは他の環境評価項目と異なり，要因と結果の間に時間的・空間的な隔たりがあるため，予測の不確実性が大きい要素である。GHGは大気中で安定であり，その影響は長期かつ広範囲に及ぶことから，排出総量で捉える必要がある。そのため，後述するLCAにより算定することが望ましいが，従来，事業者がライフサイクルにわたる排出量を把握することは困難であった。そのため，建設資材の調達や耐用年数経過後の施設の処分については対象外とすることが一般的である。ただし，対象事業者が排出量を管理・抑制できる場合，施設・設備からの直接排出以外に，電気・熱の使用や需要等の発生に伴う間接排出についても対象にすべきである。

温室効果ガスの排出量は以下の式（2.3），（2.4）で算定される。**二酸化炭素**（carbon dioxide，$\mathbf{CO_2}$）を基準に，他のGHGがどれだけ温暖化に寄与するかを表した**地球温暖化係数**（global warming potential，**GWP**）を用いて，CO_2換算量を求める。

$$\text{各 GHG 排出量} = \sum \left\{ \text{活動量} \times \text{排出係数} \right\} \tag{2.3}$$

$$\text{GHG 総排出量} = \sum \left\{ \text{各 GHG 排出量} \times \text{GWP} \right\} \tag{2.4}$$

以上について，より詳細な調査・予測・評価方法は，環境アセスメント技術ガイド等を参考にされたい。

〔6〕　**EIAの展開**

日本では，おもに大規模な開発行為を対象とした事業アセスメントとしてEIAが進展し適用されてきた。また，関係者の交流や学術・技術水準の向上を目的に，**環境アセスメント学会**（Japan Society for Impact Assessment，**JSIA**）が2002年に設立され，持続可能な社会構築に向けた意思決定ツールへの発展が期待されている。

ところが，法制度上は表2.3で示した大規模事業しか対象としていないため，世界各国と比べてきわめて少ない実施件数にとどまっており，環境に影響を及ぼす可能性のあるさまざまな事業についてその程度を科学的にチェックするという本来のEIAの理念が必ずしも十分には果たされていない。そのため，他国が実施している，詳細調査を実施するか否かを判断するために簡単なチェックとして行う簡易アセスメントや，法や条例で義務化されていない事業において積極的に環境配慮を組み込み，それをアピールするために柔軟な手順で実施するスモールアセスの導入が望まれている。

2.5.3　ライフサイクルアセスメント

LCAは，「対象とする製品を生み出す資源の採掘から素材製造，生産だけでなく，製品の使用・廃棄段階まで，ライフサイクル全体を考慮し，資源消費量や排出物量を計量するとともに，その環境への影響を評価する手法」である[41]。

LCAの特徴は，実際に見えている製品やサービスの使用段階での環境影響だけでなく，製品が製造されるまで，また廃棄に至るまでの目に見えないところでの環境影響を考えることができる点にある。**国際標準化機構**（International Organization for Standardization, **ISO**）により規格化され，工業製品分野を中心に発展してきた手法である。土木インフラを対象としたLCAは他分野とは異なった独自の発展経過をたどってきているため，**インフラLCA**（infrastructure LCA, **ILCA**）と呼び，**製品LCA**（product LCA, **PLCA**）と区別されることもある。

なお，土木分野ではエネルギー消費やCO_2排出量の評価に利用されることが多いが，このような特定の環境負荷だけではなく，多数の環境負荷を横断的に取り扱うことで，トレードオフが生じるような環境問題を分析し対策を立てるためにも有用な手法である。

〔1〕 LCAの一般的な手順

LCA実施のための一般的な枠組みは，ISO 14040：2006「LCAの原則及び枠組み」で定められ，詳細がISO 14044：2006「要求事項及び指針」に記述されている。なお，同じ内容がJIS Q 14040：2010，JIS Q 14044：2010規格としても制定されている。

図2.17にこれらの国際規格で定義されているLCAの四段階を示す。

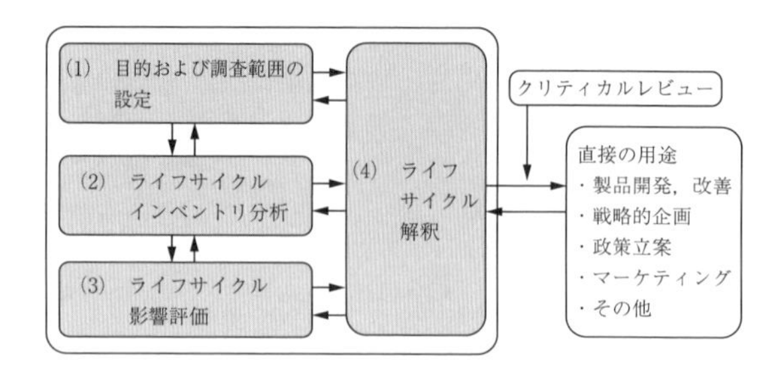

図2.17　LCAの一般的な手順

（1） 目的および調査範囲の設定（goal and scope definition）　何のために評価するか目的を定め，その目的に応じて，どの程度の詳細さでLCAを実施するか決める。

（2） ライフサイクルインベントリ分析（life cycle inventory analysis, **LCI**）　（1）で決めた詳細さに従い，対象のライフサイクルにわたり環境から採取した資源の量と環境へ排出した物質の量を計算する。これは以下の式で表すことができる。

$$L_i = \sum_j \left\{ e_{ij} \times x_j \right\} \qquad (2.5)$$

ここで，L_i：対象製品から発生する環境負荷iの量，e_{ij}：jの単位当りに発生する環境負荷iの量（原単位），x_j：プロセスjに投入される原材料やエネルギーの量（活動量）である。

（3） ライフサイクル影響評価（life cycle impact assessment, **LCIA**）　（2）で計算された結果を用いて環境への影響を評価する。目的で定めた地球温暖化やオゾン層破壊といった**影響領域**（impact category）への影響を考察する。影響領域に及ぼす影響は以下の式で表すことができる。

$$E_k = \sum_i \left\{ b_{ki} \times L_i \right\} \qquad (2.6)$$

ここで，E_k：対象製品が影響領域kに及ぼす影響，b_{ki}：iがkに及ぼす影響（特性化係数）である。

ISO 14044ではE_kの算出（特性化）までを必須要素としている。また，kの1単位が環境全体に与える影響を重み付けし，それらを総合的な統合評価指標で表すこともあるが，比較主張を行う場合には外部の利害関係者を含むレビューが必要といった制限がある。

（4） ライフサイクル解釈（life cycle interpretation）　（1）～（3）の計算結果を精査し，結論としていえることを明確にする。

なお，各段階が相互に矢印で結ばれているのは，（4）で目的を達していないことがわかれば（1）で調査範囲を見直し（2）の再計算を行うといった反復を行いながら実施することを意味している。

〔2〕 実務におけるLCA

ISOではLCAの具体的な実施方法が記述されているわけではない。そのため，日本化学工業協会におけるc-LCA（カーボンライフサイクル分析）手法のように業界ごとにガイドラインの整備が進められている。

LCA実施上の作業は，式(2.5)および式(2.6)における各パラメーターに関するデータ収集が主であり，すべての実データを自ら収集するのが原則である。しかし，実務的にそれは不可能であるため，原単位や特性化係数については文献値，業界平均値，国や公的機関等が整備した共通データといった二次データ（バックグラウンドデータ）を用いることが多い。一方，活動量については一次データ（フォアグラウンドデータ）を自社での測定や他社への聞き取りによって収集する。そのため，LCA の普及にとってはケーススタディの蓄積による各パラメーターの整備が不可欠であった。

土木計画分野では，鉄道建設・運輸施設整備支援機構[42]が鉄道整備の CO_2 排出量のライフサイクル評価手法を整備している。詳細設計が存在しない計画段階における適用を想定した手法であるため，鉄道システムを構成する要素を標準モデルに分解し，各標準モデルの LCI 結果を組み合わせることにより，システム全体での環境負荷量を概略的に推計する手法である。

また，2008〜2010 年度に国土技術政策総合研究所[43]により社会資本のライフサイクルを通した環境評価技術の開発が実施され，構想・設計・施工・資材選定レベルの各意思決定段階に応じた LCI 手法開発と環境負荷原単位（CO_2 排出量，廃棄物最終処分量，天然資源投入量）整備が行われている。

土木分野のみならず，LCI のための原単位データの充実は LCA 実施に不可欠な課題であった。しかし，統計情報を基に作成したデータで産業分類上での網羅性を確保し，使用頻度の高い製品について詳細なデータが用意された **IDEA**（inventory database for environmental analysis）が産業技術総合研究所と産業環境管理協会によって開発されるなど，LCI を実施する上で必要なインベントリデータが整ってきている。以上により，土木事業費積算における単価の代わりに環境負荷原単位を当てはめるような方法により，積算と同様の方法で LCI が実施できるようになった。

さらに，LCA の結果をわかりやすく公開する方法として，**エコリーフ**（ecoleaf）や**カーボンフットプリント**（carbon footprint of products）といった**環境ラベル**（environmental label）の活用が可能である。その際には，**商品種別算定基準**（product category rule，**PCR**：同一商品またはサービスの種別ごとに共通の算定基準）に則った算定が必要である。

〔3〕 被害算定型影響評価手法の確立

LCA 研究の多くは CO_2 排出量やエネルギー消費量をライフサイクルにわたり推計することにとどまり，LCIA の実施例は少なかった。さまざまな環境影響間の重み付け方法として，代替指標，パネル法，DtT（distance to target）法，経済評価法がある。1990 年代における統合化手法は，特性化結果から直接影響領域間の重み付けを行うことで単一指標を得る問題比較型の手法が主流であった。しかし，透明性や信頼性が欠落していると指摘され，確立された手法がなかったことが LCIA の実施まで踏み込めなかった要因の一つといえる。

そのため，人間健康や生物多様性等のエンドポイントレベルの被害量まで評価することにより，重み付けの対象項目数を最小化し，これらの比較により統合化を行う被害算定型の LCIA 手法の開発が 1990 年代後半から世界でいくつか行われた。日本では経済産業省主導で 1998 年以降進められ，成果は**日本版被害算定型影響評価手法**（life-cycle impact assessment method based on endpoint modeling，**LIME**）として取りまとめられ公開されている。

LIME の概念図と評価対象の範囲[44]を**図 2.18** に示す。特性化係数リスト，被害係数リスト，統合化係数リストが開示されているため，影響領域ごと，保護対象ごと，単一指標という目的に応じた LCIA 実施が可能である。また，統合化結果を日本円で表示できるため，費用対効果分析や費用便益分析，環境会計，環境効率，ファクターなどにも利用可能である。

〔4〕 LCA の展開

2004 年に**日本 LCA 学会**（The Institute of Life Cycle Assessment, Japan）が設立され，LCA 研究は学際的な環境研究の一分野として確立している。その中で ILCA 研究も進展し，理論的な課題はまだ残っているものの，費用便益分析手法や確率・統計的手法を参考にした評価が可能となっている[45),46]。実際の事業の計画段階で活用された例は少ないが，すでに実用化の段階に至っている。今後は，LCA 実施において過度な負担にならないデータ収集方法や情報提示方法の検討も重要である。

2.5.4　ま　と　め

土木計画における EIA・LCA 実施の重要な役割は，国や自治体による意思決定における環境面への配慮である。従来，属地環境問題は EIA，地球環境問題は LCA，あるいは化学物質の健康影響・生体影響等は**リスクアセスメント**（risk assessment，**RA**）というように，影響の種類によって異なる方法を相互補完し対応してきた。しかし，ILCA では，例えば高速道路建設の場合，建設段階での LCI を PLCA と同様に行うだけでなく，大気汚染等その事業実施場所の特性を重視して行う必要があるといった点で EIA に近い特徴をもともと有していた。そのため，各方法論の開発が進展するにつれ，EIA 側から見れば LCA の考え方の導入が，LCA 側から見れば SEA 制度への導入が求め

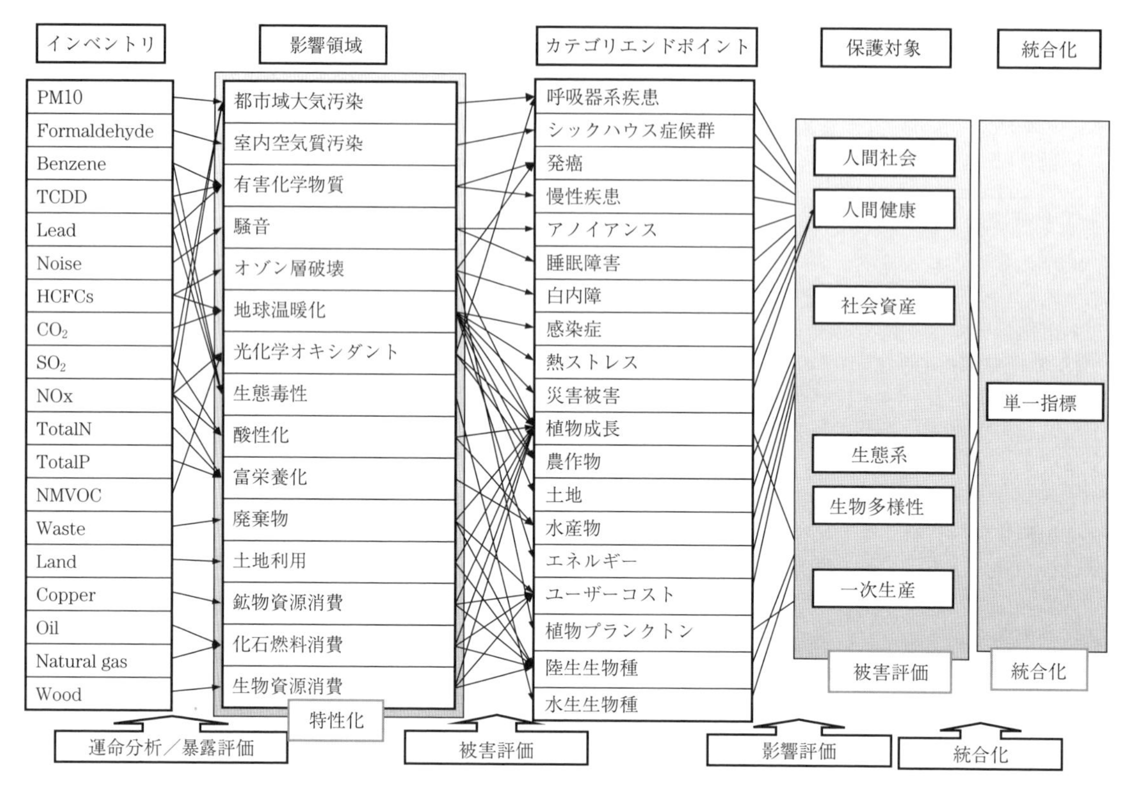

図 2.18　LIME の概念図と評価対象の範囲

られてきているのは必然の流れである。

手法の高度化により，精緻で多様な情報が提示できるようにもなってきているが，それに伴い算定作業負荷も増大してしまう。まず求められているのは社会への説明を図り，さまざまなステークホルダーとのコミュニケーションツールとして積極的に活用されることであり，そのためには実務的で効率的な算定手法の普及が必要とされている点も共通である。（柴原尚希）

引用・参考文献

1）金原 粲，泉 克幸，吉田泰彦，加賀宗彦，手塚 還，藤田 壮，矢尾板仁，宮脇健太郎，藤井 実，下 道國：環境科学 改訂版（専門基礎ライブラリ），実教出版（2014）
2）岡本博司：環境科学の基礎 第2版，東京電機大学出版局（2011）
3）栗山浩一，柘植隆宏，庄子 康：初心者のための環境評価入門，勁草書房（2013）
4）加藤尚武：新・環境倫理学のすすめ（丸善ライブラリー），丸善（2005）
5）土木学会環境システム委員会編：環境システム―その理念と基礎手法―，共立出版（1998）
6）栗山浩一，馬奈木俊介：環境経済学をつかむ 第2版，有斐閣（2012）
7）中西準子：環境リスク学，日本評論社（2004）
8）中村英夫，林 良嗣，宮本和明編：都市交通と環境―課題と政策―，運輸政策研究機構（2004）
9）交通工学研究会：交通工学ハンドブック，12章，交通工学研究会（2008）
10）政府統計 e-Stat：家計調査，家計収支編 http://www.e-stat.go.jp/SG1/estat/List.do?lid=000001129409（2016年7月現在）
11）Newman, P.W.G. and Kenworthy, J.R.：Cities and Automobile Dependence -A Sourcebook, Gower Technical（1989）
12）谷口 守，村上威臣，森田哲夫：個人行動データを用いた都市特性と自動車利用量の関連分析，都市計画論文集，34，pp.967〜972（1999）
13）森本章倫，古池弘隆：交通エネルギー消費の推移と都市構造に関する研究，土木計画学研究講演集 No.25，CD：全4p（2002）
14）環境省：地球温暖化対策地方公共団体実行計画（区域施策編）策定マニュアル（第1版）（2009）
15）国土交通省：低炭素まちづくり実践ハンドブック（2013）
16）森本章倫，小美野智紀，品川純一，森田哲夫：東京都市圏における PT データを用いた輸送エネルギー推計と都市構造に関する実証的研究，土木計

画学研究・論文集，No.13，pp.361〜368（1996）
17） 森本章倫，古池弘隆：公共交通のエネルギー消費の効率性と都市特性に関する研究，都市計画論文集，No.35，pp.511〜516（2000）
18） 森本章倫：交通環境負荷とコンパクトシティに関する研究動向と課題，土木計画学研究講演集，No.25，CD：全4p（2002）
19） 太田勝敏：交通システム計画（交通工学実務双書-3），p.51，技術書院（1988）
20） OECD：OECD Guidelines towards Environmentally Sustainable Transport（2002）
21） 松橋啓介，森口祐一，寺園 淳，田辺 潔：問題領域と保護対象に基づく環境影響総合評価の枠組み，環境科学会誌，Vol.13，No.3，pp.405〜419（2000）
22） 松橋啓介，米澤健一，有賀敏典：地域別乗用車起因 CO_2 排出量の2010年版の推計と考察，都市計画論文集，Vol.49，No.3，pp.891〜896（2014）
23） 中村英夫，林 良嗣，宮本和明：都市交通と環境，p.273，運輸政策研究機構（2004）
24） グラデル，T.E.，アレンビー，B.R.（後藤典弘訳）：『産業エコロジー　持続可能な地球社会に向けて』，トッパン（1996）
25） Geng, Y., Fujita, T., Park, H. S., Chiu, A. S., and Huisingh, D.：Recent progress on innovative eco-industrial development, Journal of Cleaner Production 114, pp.1〜10（2016）
26） 環境省：平成27年版　環境・循環型社会・生物多様性白書，第2節　廃棄物等の発生，循環的な利用及び処分の現状
https://www.env.go.jp/policy/hakusyo/h27/html/hj15020302.html（2016年7月現在）
27） 環境省：「廃棄物・リサイクル分野における国内コベネフィットプロジェクトに関する研究会」まとめ（特集　循環型社会と低炭素社会の統合的展開），生活と環境，55.5：pp.18〜24（2010）
28） 環境省：第三次循環型社会形成推進基本計画（2013）
29） 藤田 壮，大西 悟，秋山浩之：地域循環圏の高度化とエコタウン事業，環境都市の拠点としてのエコタウン事業の展開，全国都市清掃会議機関紙「都市清掃」，Vol.67，No.321，pp.498〜502（2014）
30） Ayres, R. U. and Udo, E. S.：Industrial metabolism: restructuring for sustainable development, United Nations University Press（1994）
31） Jacobsen, N.：Industrial symbiosis in Kalundborg, Denmark - A quantitative assessment of economic and environmental aspects, Journal of Industrial Ecology, Vol.10, No.1-2, pp.239〜255（2006）
32） 大西 悟，藤田 壮，Liang Dong，藤井 実：産業共生と都市共生に向けた研究のこれまでの流れと今後の展開，日本環境共生学会誌「環境共生」，25，pp.33〜44（2014）
33） Chertow, M. R.：Industrial symbiosis: Literature and taxonomy, Energy environment, 25, pp.313〜337（2000）
34） Cote, R. P.：A primer on industrial ecosystems: a strategy for sustainable industrial development, Halifax, Industrial Ecology Research and Development Group, Dalhousie University（2000）
35） Van Berkel, R. and Fujita, T.：Industrial and urban symbiosis in Japan: Analysis of the Eco-Town, Journal of Environmental Management, 90: pp.1544〜1556（2009）
36） Mirata, M.：Experiences from early stages of a national industrial symbiosis programme in the UK: determinants and coordination challenges, Journal of Cleaner Production, 12（8-10），pp.967〜983（2004）
37） Dong, L. and Fujita, T.：Promotion of Low-Carbon City through Industrial and Urban System Innovation: Japanese Experience and China's Practice, World Scientific Reference on Asia and the World Economy, 3, pp.257〜279（2015）
38） 戸川卓哉，藤田 壮，谷口知史，藤井 実，平野勇二郎：長期的な土地利用シナリオを考慮した地域エネルギー資源活用策の評価手法，土木学会論文集G（環境），（環境システム論文集，41），Ⅱ_401〜Ⅱ_412（2013）
39） 環境アセスメント学会編：環境アセスメント学の基礎，恒星社厚生閣（2013）
40） 環境省総合環境政策局環境影響評価課監修：環境アセスメント技術ガイド－計画段階環境配慮書の考え方と実務，成山堂書店（2013）
41） 稲葉 敦，青木良輔監修，伊坪徳宏，田原聖隆，成田暢彦著：LCA概論，産業環境管理協会（2007）
42） 森田泰智，山崎敏弘，加藤博和，柴原尚希：鉄道整備の CO_2 排出量のライフサイクル評価手法，日本LCA学会誌，Vol.7，No.4，pp.360〜367（2011）
43） 国土交通省国土技術政策総合研究所，土木学会：社会資本のライフサイクルをとおした環境評価技術の開発に関する報告－社会資本LCAの実践方策－，国土技術政策総合研究所環境研究部道路環境研究室（2012）
44） 伊坪徳宏，稲葉 敦編著：LIME2－意思決定を支援する環境影響評価手法，産業環境管理協会（2010）
45） 柴原尚希，加藤博和：交通社会資本評価における環境アセットマネジメント手法の提案：LRT整備プロジェクトへの適用，日本LCA学会誌，Vol.6，No.4，pp.303〜309（2010）
46） 森本涼子，加藤博和：交通社会資本プロジェクトのLCAにおける評価範囲設定が結果の不確実性に及ぼす影響の分析枠組，日本LCA学会誌，Vol.7，No.4，pp.329〜338（2011）

3. 河　川　計　画

3.1　河川計画と土木計画学

ここでは，河川計画に関連する基礎的な内容をまとめた後，河川計画，河川工学と土木計画学との関わりについて述べる。そして事例として，氾濫時の交通問題の研究を紹介する。

3.1.1　河川整備基本方針と河川整備計画

河川の管理に関する基本法が河川法であり，1997年に，河川法の目的の中に「河川環境の整備と保全」が追加され，河川の整備計画制度の改正などを含む大幅な改正が行われている。河川整備において，基本的で長期な目標を示す**河川整備基本方針**（fundamental policy for management of river）と当面の実施目標，具体的整備内容を示す**河川整備計画**（river infrastructure development project）の二つに区分される。

「河川整備基本方針」は，水系ごとの，後述する基本高水，計画高水流量など，河川工事および河川維持についての基本となる方針を定めたものである。河川法の改正後では，自然環境の保全や河川空間の利用の考え方を取り入れ，地域住民や関係機関と連携して，健全な水循環系を構築するための取組みや，個性ある川づくりをすることとしている。河川整備基本方針の策定に当たっては，客観的かつ公平なものとする必要があるため，一級河川では，国土交通大臣が社会資本整備審議会の意見を聞いて定める。二級河川において，都道府県河川審議会を置いているところでは，当該審議会の意見を聞かなければならない。

「河川整備計画」は，河川整備基本方針に沿った具体的な河川整備の計画である。河川整備計画の案を作成しようとする場合には，河川管理者は，必要に応じて河川に関する学識経験者（河川工学の専門家だけでなく，河川に関係するさまざまな分野の学識経験者）の意見を聞かなければならない。そして，地方公共団体の長や地域住民らの意見を聞いて定め，これを公表することになっている。作成に当たっては，さまざまな住民の意見を，いかに平等に集約するかが課題となっている。

3.1.2　河川基本高水と計画高水流量[1)]

河川整備の中でその根幹となるのは治水計画である。治水計画では，防御の対象とする洪水を定め，その対策を定めていく。洪水の規模である計画安全度を決め，それを基に，防御の対象流量である，基本高水，計画高水流量を決めていく。

治水計画の計画安全度は，対象とする水系について，河川の規模，氾濫区域の重要度，既往洪水による被害の実態，経済効果などを総合的に勘案して設定する。計画安全度は，洪水の発生する年超過確率で表現され，大河川で1/100～1/200，中小河川都市部で1/50～1/100，その他の河川で1/10～1/50程度の規模が採用されている。計画安全度の評価は，流域に降る降雨量に基づく方法（降雨確率）と，河道を流下する洪水流量に基づく方法（流量確率）とがある。データの蓄積があること，河道の変化や氾濫による影響を直接受けないことなどから，降雨確率による方法が多く用いられている。

基本高水（design flood）は，河川の洪水防御計画を検討する際に対象とする洪水であり，流域から流出する，基準点での流水の流量ハイドログラフ（流量-時間曲線）で表される。その流量ハイドログラフを基本高水流量というが，通常，そのピーク流量が基本高水流量と呼ばれ，これを略して「基本高水」ということが多い。

基本高水を降雨確率手法により設定する場合は，過去の流域内の降雨資料を整理検討し，統計解析を行い，実績の降雨を適宜引き延ばすことによって計画安全度に対応する超過確率の計画降雨を設定する。計画降雨は降雨の量ばかりではなく，降雨の時間分布，地域分布も併せて表現する。計画降雨は，通常，単一の降雨形でなく，さまざまな時間分布，空間分布を有する降雨群として設定される。つぎに，これら計画降雨群を基に流出解析を行ってハイドログラフ群を求め，カバー率の検討などを行い，基本高水を定める。

計画高水流量（design flood discharge）は，洪水防御計画における河道計画策定のための流量であり，基本高水を洪水貯留施設などにより調節した後に河道に流す計画流量に相当する。計画高水流量は，貯留施設の直下流での洪水調節効果相当分を各地点で低減させるのではなく，洪水流出モデルを用いて洪水調節後の下流の各地点での流量として評価する。

3.1.3　河川災害の予測とハザードマップ

コンピューターの発達や地盤標高などの各種数値データの整備が進み，河川災害の予測には，通常，数学モデルに基づく数値シミュレーションが行われる。数値シミュレーションモデルにはさまざまなものがあり，対象とする事象や対象地域の地形条件，計算時間，要求される結果の解像度などによって，その手法が選択される。

河川災害を予測するには，降雨を外力として，まず，それによって発生する河川洪水の流量や水位を予測する。各種水文モデルによって，斜面から河道までの流出流量を計算し，それを横流入流量として河道内の一次元解析を行う。

洪水の流況がわかれば，それを基に，河川からの越流による氾濫や河川堤防の破堤による氾濫を予測することができる。ただし破堤氾濫に関しては，発生箇所を予測するのは困難であることより，発生箇所をあらかじめ想定した上で影響範囲を予測することが一般的である。

堤内地での越流・破堤氾濫を予測する際には，通常，連続式と平面場の２方向の運動量式から構成される浅水方程式を基にした平面二次元の非定常流解析を行う。なお，河道の洪水流が堤内地への流入量によって大きく影響を受ける場合には，堤内地の二次元解析と河道の一次元解析を同時に進める解析法もある[2)]。

特に，都市域での氾濫現象を予測するに当たっては，降雨流出，洪水の発生と流下，氾濫，そして下水道による排水という水の動きを連続的に捉えて，流出解析，河道の洪水解析，氾濫解析，下水道解析を組み込んだ統合型のモデルを作成する。その際には，建造物による流れの遮断や道路に沿う流れの伝播を考慮する。また，場合によっては地下街や地下鉄といった地下空間の浸水解析もモデルに組み込む（**図3.1**参照）。

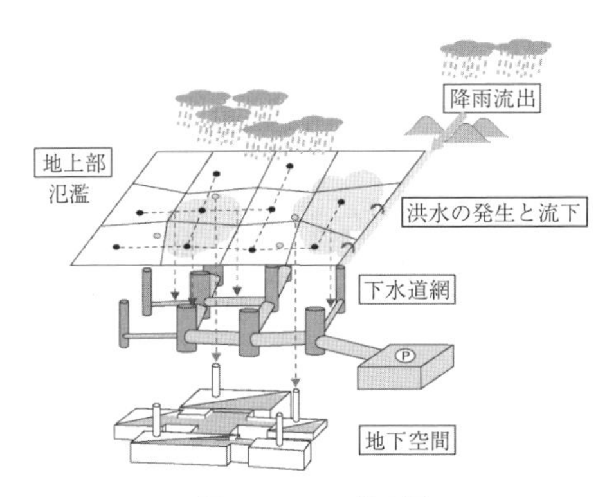

図3.1　モデル概念図

このようなモデルを用いたシミュレーション解析により，豪雨によって，街のどこで，どの程度の浸水が発生するかを地下空間も含めて予測することが可能となる。

このような氾濫シミュレーション解析の技術を基にして，**洪水ハザードマップ**（flood hazard map）が作成されている。洪水ハザードマップは，主として，計画降雨発生に伴う洪水により堤防が破堤した場合の浸水予想マップをベースに，浸水予想区域，最大浸水深，浸水実績，避難所，情報伝達経路図などが記載されている。複数の破堤箇所を想定しているものは，氾濫水の範囲，水深を包絡して示している。さらに，避難路や避難方向，避難に関する注意事項が記載されたものもある。

また大都市部では，短時間豪雨により頻発する内水氾濫を受けて，内水氾濫のハザードマップの作成が進んでいる。

3.1.4　河川計画と土木計画学

河川流域，特に都市河川流域において，河川管理と都市計画・地域計画を互いに連携させて水害に対する流域の安全性の向上や健全な水循環系の構築を図ること，河川整備とコンパクトシティなどのまちづくり政策を組み合わせて健全な都市の構築を図ることが重要な課題となっている。すなわち，河川計画，都市計画・地域計画は独立した計画として個別に進められるのではなく，実効性を高めるには，両者の連携・融合が不可欠である。

例えば，流域の水害リスク低減を図るには，治水施設の整備といったハード対策に加えて，さまざまなソフト対策を組み合わせる必要がある。ソフト対策には，避難や土地利用規制などが挙げられる。避難時の人間行動の分析や避難所，避難経路の適切な配置を考慮した避難システムの構築には，土木計画学の知見やアプローチがきわめて重要となる。また，土地利用規制については，将来の都市構造の変化を考慮した土地利用分析に基づいた考察が必要であり，ここでも土木計画学の果たす役割は大きい。さらに，洪水氾濫の渦中には交通障害が発生するが，その分析や対応策を考えるに当たっては，河川工学・土木計画学の連携が必要となる。

3.1.5　内水氾濫時の交通問題[3)]

河川工学と土木計画学の連携研究として，京都市を対象とした浸水解析によって市内の浸水深分布を求め，道路リンクの浸水深を考慮して交通量の配分計算を行い，浸水時における道路交通の混乱の程度について考察した事例を紹介する。

平常時の解析では，実測されたODデータを用い，実際の道路状況に応じて設定した道路リンクの交通容量と走行時間などを基に時間帯別の交通量配分を行い，交通量，混雑度，いくつかの地点間の所要時間を算出した。

浸水解析では，非構造格子に基づく平面二次元の氾濫解析モデルを用いた。解析では市内中小河川や下水道の雨水排除機能を考慮している。1999年6月29日に福岡市内で発生した降雨（1999年の福岡水害時の降雨）を京都市全域に与え，算出された内水氾濫時の浸水深分布に応じて，道路リンクの交通容量と走行時間を変化させ，平常時と同じODを仮定して同様の交通量配分を行った。そして両者で，道路の混雑度や地点間の所要時間を比較することにより，道路交通障害の程度を定量的に求めている（**図3.2**参照）。

解析に用いた道路ネットワークを**図3.3**に示す。内水氾濫時の混雑度の変化を**図3.4**に示す。浸水の影響を受けて，市中で混雑する道路が増える様子が表現されている。

2地点間の移動に要する時間を調べてみても，**図3.5**に示すように，南北方向での所要時間が増加する結果となっている。

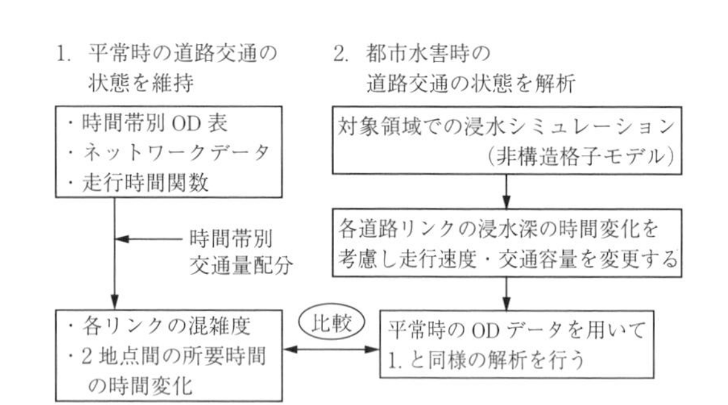

図3.2　解析の枠組み

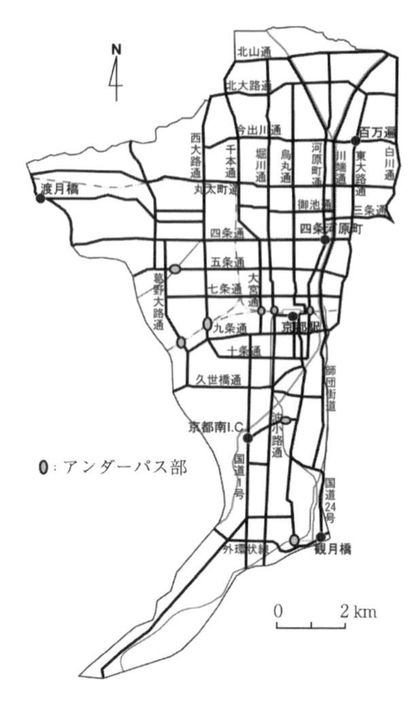

図3.3　解析に用いた道路ネットワーク

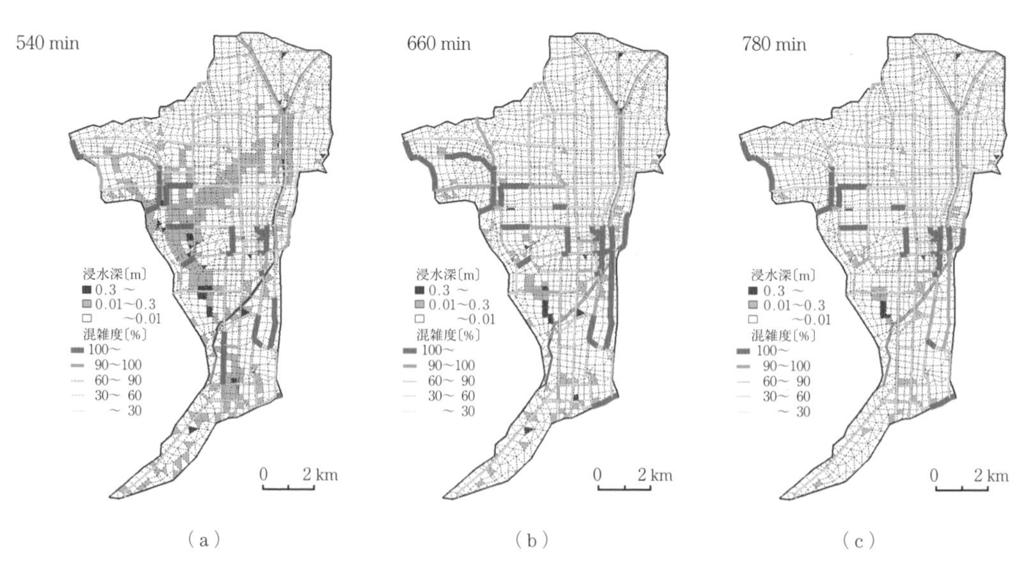

図3.4　内水氾濫時の混雑度の変化

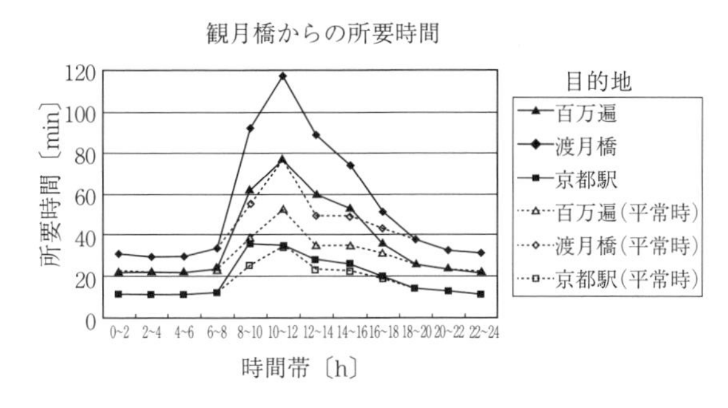

図 3.5　2 地間の移動時間の変化

（戸田圭一）

3.2　河川計画の評価制度

3.2.1　河川整備計画・評価制度の概要

1997（平成 9）年の河川法改正により，河川管理者は，長期的な視点に立った河川の総合的な保全と利用に関する基本的な方針を示す河川整備基本方針と 20～30 年後の河川整備の目標を示す河川整備計画を策定することが義務付けられることとなった。河川整備基本方針は，当該水系に係る河川の総合的な保全と利用に関する基本方針に加え，基本高水や計画高水流量配分等の河川整備の基本となる事項を定めるものである。一方，河川整備計画は，その策定過程において関係住民の意見を踏まえながら，具体的な整備の目標や整備実施に関する事項（工事・維持の目的，種類，施行場所など）を定め，個別事業を含む具体的な河川の整備内容を明らかにするものである。河川整備計画に沿って，個別の整備内容が事業化される際，事業の効率性および実施過程の透明性の確保を目的として事業評価が実施される（国土交通省が所管する一級河川の直轄整備事業を対象とする）。事業評価は，原則として事業の実施に係る意思決定の段階に応じて実施される。以上の流れを**図 3.6** にまとめる。

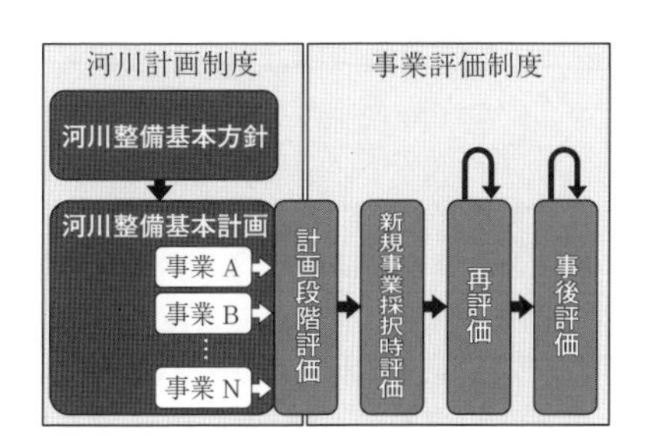

図 3.6　河川整備計画・評価の流れ

3.2.2　河川整備事業の段階的評価システム

公共事業の段階的評価システムは，2001（平成 13）年に導入され，その後も継続的に高度化，効率化が図られている[4]。現在では，実施時点の順に「計画段階評価」,「新規事業採択時評価」,「再評価」,「事後評価」の 4 段階で実施されることとなっている。ここでは，河川整備事業の各段階における事業評価について，その概要を順に説明する。

〔1〕　計画段階評価[5]

計画段階評価は，事業の必要性や内容の妥当性の検証を行うために，政策目標評価型事業評価の一環として 2010（平成 22）年度より新たに導入された事業評価であり，原則として新規事業採択時評価の前段階において実施される。河川およびダム事業における計画段階評価では，流域および河川の概要（流域や河川の概要，整備の経緯等），課題の把握・原因の分析，政策目標の明確化・具体的な達成目標の設定，複数案の提示・比較・評価といった視点から評価が行われる。なお，河川整備計画の策定や変更において，事業内容に関する複数案の比較・評価を行い，学識経験者らから構成される委員会等および都道府県の意見聴取を経ている事業については，計画段階評価においてその評価結果を活用することが認められている。

〔2〕　新規事業採択時評価（事前評価）[6]

事業の予算化段階において実施される事業評価が新規事業採択時評価（事前評価とも呼ばれる）である。新規事業の採否や優先度の決定を目的とする評価であり，重要度は高い。事前評価においては，事業の投資効果や事業の実施環境を視点とし，施設整備等のハード面だけでなく，それ以外のソフト面も含めた幅広い範囲から原則として複数案を対象として評価が行われる。河川およびダム事業における事前評価は，以下の項目に基づいて行われる。

①　災害発生時の影響
②　過去の災害実績
③　災害発生の危険度
④　地域開発の状況
⑤　地域の協力体制
⑥　事業の緊急度
⑦　水系上の重要性（河川事業のみ）
⑧　災害時の情報提供体制
⑨　関連事業との整合
⑩　代替案立案等の可能性
⑪　費用対効果分析

河川およびダムの環境整備に係る事業にあっては，上記の項目④，⑤，⑥，⑨および ⑪ に加えて

⑫　河川環境等を取り巻く状況

⑬ 河川およびダム湖等の利用状況

も評価される。

なお，⑪の費用対効果分析は，「治水経済調査マニュアル（案）」等に基づいて実施される。

〔3〕 **再 評 価**[7)]

再評価は，事業採択後一定期間を経過した後も未着工である事業や事業採択後長期間が経過している事業等を対象とする事業評価である。再評価では，事業の継続に当たり，必要に応じその見直しを行うほか，事業の継続が適当と認められない場合には事業中止の判断がなされる。再評価の視点および項目は，以下のように整理できる。

① 事業の必要性
- 事業を巡る社会経済情勢等の変化（事前評価項目①～⑤および⑨，環境整備事業の場合は加えて⑫，⑬）
- 事業の投資効果（事業全体の投資効率，残事業の投資効率およびそれらの感度分析）
- 事業の進捗状況（事業採択年，用地着手年・工事着手年，事業進捗状況等）

② 事業の進捗の見込み
- 今後の事業スケジュール等

③ コスト縮減や代替案立案等の可能性
- 代替案の可能性の検討
- コスト縮減の方策等

再評価後5年経過しても継続中の事業に対しては，再度，再評価が実施され，継続／中止の意思決定が行われる。

〔4〕 **事 後 評 価**[8)]

事後評価は，事業完了から一定期間（5年以内）が経過した事業を対象に実施される。事後評価の目的は，事業完了後の事業の効果・影響を確認し，評価に関連するデータを蓄積するとともに，当初事業計画，事前評価と実際の状況との比較を行い，計画・評価手法等に関する新たな知見を得ることである。事後評価の結果が当初見込みと違う場合は，その要因を分析し，必要に応じて改善措置を実施するとともに，計画・評価手法等の見直しに反映させる。事後評価の視点および項目を，以下に示す。

① 費用対効果分析の算定基礎となった要因（費用，施設の利用状況，事業期間等）の変化
- 事業着手時点の予定事業費，予定工期，費用便益比
- 完成時点の事業費，工期，費用便益比

② 事業の効果の発現状況
- 計画上想定される事業効果と完成後確認された事業効果，およびその他の事業効果

③ 事業実施による環境の変化
- 自然環境の変化
- 環境保全対策等の効果の発現状況

④ 社会経済情勢の変化
- 事業に関わる地域の土地利用，人口，資産等の変化
- その他，事業採択時において重視された事項の変化等

⑤ 今後の事後評価の必要性
- 効果を確認できる事象の発生状況
- その他，改善措置の評価等再度の評価が必要とされた事項

⑥ 改善措置の必要性

⑦ 同種事業の計画・調査の在り方や事業評価手法の見直しの必要性

事後評価の結果，その後の時間の経過，改善措置の実施等により効果の発現が期待でき，改めて事後評価を行う必要があると判断した事業には再事後評価が実施される。また，改善措置，再事後評価がともに必要ない場合は，「対応なし」と判定される。

3.2.3 河川計画・評価制度の特徴と課題

河川整備に当たっては，水系全体を計画単位として捉え，治水，利水，環境にわたる総合的な観点から計画が策定され，長期間にわたって段階的に整備が進められる。一方，（新規採択時評価以降の）事業評価では，一連の整備効果を発現する区間を評価単位と定め，基本的に個々の事業ごとに評価が行われる。このことから，計画段階と評価段階で単位のとり方が異なることがわかる。特に，治水計画・整備では，流域の資産集積や土地利用の状況等を総合的に勘案し，本支川，上下流および左右岸の治水安全度のバランスを適正に確保しつつ，適切な時期・順序で段階的に整備を進めることが重要となる[9)]。そのためには，個別事業の評価において，関連事業との整合性を適切に評価に反映すること，また，個別事業の評価結果を踏まえ，河川整備計画の内容を随時確認し，必要に応じて適宜見直していくことが必要である。

公共事業評価制度の導入から15年ほどが経過し，事後評価に関するデータの蓄積も進んでいる。評価を通じて得られた知見を，同種事業の計画・調査の在り方や事業評価手法の見直しに反映させることは事後評価の目的の一つとされるが，現状では個別事業ごとの定性的な評価に基づいて，「見直しの必要性なし」と報告されるケースが大半である。今後は，可能な限り定量的データを収集し統計的分析を行って，計画および事業評価手法の問題点を明らかにするとともに，そ

の改善を図っていくことが望まれる。（織田澤利守）

3.3　住民参加型の河川計画：流域委員会等

3.3.1　住民参加の背景と意義

日本社会が高度成長期を終えて成熟化するにつれて，人々が河川管理に求める役割や機能も徐々に多様化・高度化してきた。特に，多様な自然生態系，人々の憩いや交流の場としての親水空間等，河川が有する多様な価値への関心が高まる中，従来の治水・利水に加えて，良質な水環境の保全や整備が重要な課題となってきた。一方，全国各地において，NPOやボランティア団体等による河川清掃や環境保全等の活動が活発化しており，河川管理を進める上で，いかにして地域住民や市民組織による自発的・協力的な活動を促進し，行政と住民との協働を実現するかが模索されてきた。

1997（平成9）年の河川法の改正は，こうした背景の下，治水・利水・環境の総合的な河川整備を目指したものであり，河川管理の目的に河川環境の整備と保全を加えるとともに，河川整備計画の策定において，地域住民の意向を反映する手続きが規定された。すなわち，同法第16条第2項において「河川管理者は，河川整備計画の案を作成しようとする場合において必要があると認めるときは，公聴会の開催など関係住民の意見を反映させるために必要な措置を講じなければならない」と定められており，住民参加の仕組みが法的に位置付けられた。具体的には，河川整備計画の原案作成に当たって，あらかじめ有識者の意見聴取を行うとともに，関係住民の意見を聞いて，原案を提示する。そして，改めて有識者や住民の意見を求め，その意見に基づいて計画案を策定する。その上で，関係都道府県知事の意見を聞き，河川整備計画を決定することとしている。河川法の改正以降，住民参加の手続きを導入し，河川整備計画の策定を進める事例が全国的に増えてきた。さらに，2011（平成23）年の環境影響評価法の改正に伴い，**戦略的環境アセスメント**（strategic environmental assessment, **SEA**）の手続きが導入されており，上位の計画段階から，地域住民の意見を踏まえて環境評価を実施することが求められている。こうした背景の下，河川整備計画においても，地域住民が計画策定のより早い段階からそのプロセスに参加・関与する機会が増えつつある。

住民参加の目的は多様であるが，その重要な意義として，地域住民の河川整備・管理に関わる意見やニーズを可能な限りくみ取り，河川整備計画に反映させることによって，より質の高い河川整備・管理を実現することが挙げられる。特に，地域住民は，当該地域がその河川とどのような関わり合いを持ってきたかに関する地域固有の歴史的・文化的な知識を有している場合が少なくない。こうした地域固有の知識を河川計画に反映させることが，住民参加の重要な意義である。また，地域住民が河川整備の計画策定プロセスに参画することを通じて，住民自身において河川整備・管理の担い手として責任感や愛護意識が育まれる場合も少なくない。こうした教育的効果は，地域住民が河川管理に継続的・協力的に取り組む上で重要であり，住民参加を導入するに当たっては十分に配慮すべき事項であるといえよう。さらに，河川整備の計画策定プロセスを広く社会一般に公開することによって，計画策定プロセスの公正性・透明性を高め，河川整備事業の実施に関わる関係者間の合意形成を促進することも期待される。ただし，大規模な河川整備計画になるほど，関係者全員の合意を得ることは実質的に困難であり，合意形成自体を目的に住民参加を進めることは，河川整備に関わる計画プロセスの膠着化・形骸化を招くことにもなり兼ねない。この点に関しては改めて3.3.4項において述べる。

3.3.2　住民参加型の計画策定プロセス

図3.7に，住民参加型の河川整備計画の標準的な計画策定プロセスを示す。このプロセスは，「公共事業の構想段階における計画策定プロセスガイドライン（以下，ガイドライン）」[10]および「河川事業の計画段階における環境影響の分析方法の考え方」[11]の提言に基づく標準的な手続きを示したものである。まず，河川管理者は，河川整備の長期的な方向性を示した「河川整備基本方針」に基づいて，当該事業の目的や検討の進め方等を明確化し，河川整備の計画検討に着手することを一般に公表する。つぎに，河川整備に関わる

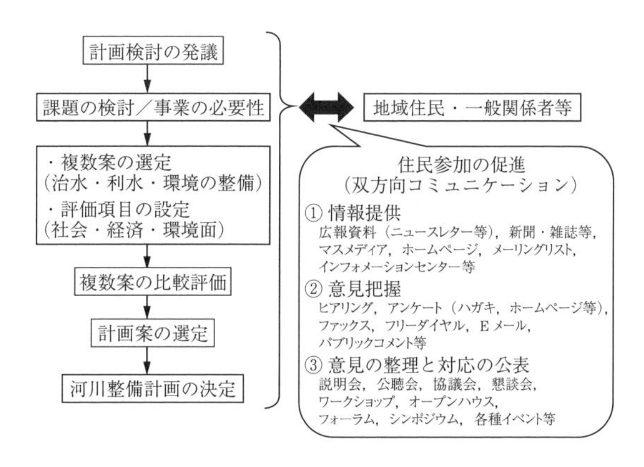

図3.7　住民参加型の河川整備計画策定プロセス

現状や課題を整理し，当該事業の必要性を明確化する。その際，地域住民や一般の関係者の関心や意見を収集し，地域固有の実情を把握するとともに，事業の必要性や課題について住民・関係者間でできる限り共有化することが求められる。その上で，課題の解決に向けて，治水・利水・環境に関わる代替案を複数設定する。例えば，目標安全度（「1/100年確率」等）や目標流量（「1 000 m^3/s」等）等を設定し，ダム建設，河道掘削，湿地再生等の具体的な方策やそれらを組み合わせた代替案が検討・設定される。それとともに，複数案の評価項目として，社会・経済・環境面等のさまざまな観点を考慮した項目が設定される。これらの段階においても，地域住民や関係者の関心や意見を踏まえて，地域の実情に即した複数案や評価項目を設定することが重要となる。河川管理者は，そうした評価項目に基づいて，複数案の優位性を評価し，その結果を住民や関係者に公表・説明する。それとともに，住民や関係者の意見を把握し，必要に応じて彼らの意見をどのように判断したかを説明することが求められる。こうしたプロセスを経て，河川管理者は，河川整備計画の最終案を決定することとなる。

このように，住民参加型の河川整備計画策定プロセスにおいては，河川管理者と住民や一般関係者との間でさまざまなコミュニケーションが展開する。「ガイドライン」によれば，コミュニケーションの内容は，大きく 1）情報提供，2）意見把握，3）意見の整理と対応の公表の三つに大別される（図3.7参照）。第一に，河川管理者は，住民や関係者が当該計画に関わる理解を深めるために，広報資料やホームページ等を通じて，必要な情報を適切に提供することが求められる。特に，一般の住民や関係者は，当該計画に関する情報を必ずしも十分に有しているとは限らない。住民や関係者が当該計画の内容について適切に理解する上では，その内容を適切なタイミングでわかりやすく説明する必要がある。第二に，河川管理者は，住民や関係者が当該計画に対して意見を述べる機会を適宜確保し，彼らが当該計画に対してどのような関心や見解を持っているかを把握することが求められる。その際，住民や関係者のさまざまな意見を俯瞰的・網羅的に把握し，当該計画に関わる論点を偏りなく洗い出すことが重要である。意見把握の方法として，例えば，計画案の縦覧期間を設けて意見を募集する方法，関係者への直接的なヒアリング，アンケート調査の実施，ハガキやファックスによる意見募集等がある。第三に，河川管理者は，住民や関係者間の当該計画に関わる議論の場を適宜設定し，こうした議論を通じて，多様な視点や見解に基づく熟慮された判断やその根拠を見いだすことが求められる。具体的な方法として，住民代表や各種の団体代表による協議会や懇談会，ワークショップやオープンハウス等が挙げられる。こうした議論を通じて，当該の計画案の内容を改善するとともに，その対応内容について一般に公表される。

3.3.3　流域委員会の展開

河川整備計画を策定するに当たり，地域の意向を反映するための具体的な方式として，**流域委員会**（river basin committee）を設置することが一般的である。流域委員会は，一般に河川整備計画の検討を目的として，流域住民や一般の関係者，学識経験者らが協議を行う場を指す。こうした流域委員会は，河川整備計画の社会的な妥当性を検証する重要な役割を担っている。流域委員会の構成や運営方法はさまざまであるが，その中でも2001（平成13）年に設置された淀川水系流域委員会の取組み[12]は，公開性・透明性・自主性を重視し，住民参加を徹底した先進事例として全国的な注目を集めた。この取組みは，いわゆる「淀川方式」と呼ばれ，具体的には，① 流域住民の選任の下，幅広い意見の聴取，② 計画原案の作成前の早い段階からの協議，③ 委員会の自主的な運営，④ 情報公開の徹底（発言者記名の議事録の公開，傍聴者に会議資料を提供，ホームページ等により資料を公開，一般住民の意見を常時受け付け，記録，公表），⑤ 委員自身による提言や意見書の執筆，⑥ 委員会庶務の民間シンクタンクへの委託等の特徴を有している。淀川水系流域委員会は，2001年に設置されてから2009年まで3回にわたって変遷しており，つぎのような構成となっている。

・第一次委員会（2001年2月～2005年1月）

委員会（第1回～第38回）と三つの地域別部会（琵琶湖，淀川，猪名川）と四つのテーマ別部会（環境・利用，治水，利水，住民参加）から構成された。委員は，治水，利水，環境，人文，その他の幅広い分野から選出されるとともに，地域の特性に詳しい委員が委員会とおのおのの部会に4名以上選出された。

・第二次委員会（2005年2月～2007年1月）

委員会（第39回～第56回）と四つの地域別部会（琵琶湖，淀川，猪名川，木津川上流）と二つのテーマ別部会（住民参加部会，利水・水需要管理部会）から構成された。委員は，治水，利水，環境，人文，地域の特性に詳しい委員等，幅広い分野から選出された。

・第三次委員会（2007年8月～2009年8月）

24名の委員による委員会（第57回～第88回）で構成された。委員は，河川，防災，水環境，生態系，利水，都市計画，地域の特性に詳しい委員等，幅広い分野から選出された。

以上の議論を踏まえて，2009年3月に「淀川水系河川整備計画」が策定されており，「川と人とのつながり」，「河川環境」，「治水・防災」，「利水」，「利用」，「維持管理」の六つのテーマについて，それぞれ整備目標と対応策が規定された。現在（2016年2月時点）は，「新たな流域委員会」として，「地域委員会」，「専門家委員会」が設置され，本整備計画に基づいて事業実施に関わる議論を継続している。

淀川水系流域委員会の取組みは，治水・利水・環境に関わるさまざまな課題に対して，計画原案の作成段階から住民参加を導入した事例として評価されており，他の地域においても流域委員会の協議に基づいて河川整備計画の策定を進める上で示唆するところが少なくない。ただし，淀川水系の事例を含め，流域委員会をどのように運営するかを巡ってはつねに議論の対象となる。実際に，流域委員会の設置に当たって，委員構成，委員会事務局，委員会の開催頻度，審議内容の公開等の運営方法は，河川管理者（地方整備局）に委ねられており，河川管理者ごとに運用の仕方が異なっているのが現状である。そのため，委員の選定が不透明である，地域住民の発言機会を十分に確保できていない等，流域委員会の運営を巡ってさまざまな批判を受けることも少なくない。河川管理者は，3.3.1項で述べた住民参加の意義を最大限に発揮することを念頭に置いて，地域の実情を踏まえつつ，質の高い河川整備・管理の実現を目指して，流域委員会の運営方法を検討・実施していく必要がある。

3.3.4 住民参加の課題

最後に，河川整備計画における住民参加の課題として，1）認識の不一致，2）規模の問題，3）合意と多様性のジレンマについて述べる[13)]。第一に，河川整備計画を策定する上では，専門的・技術的な判断が問われるが，地域住民がそうした判断に必要な専門知識を有しているとは限らない。むしろ，地域住民は河川整備の計画内容を日常的な感覚や経験に基づいて評価することが一般的であろう。そのため，河川整備に関わる議論の場において，専門家と地域住民や一般の関係者との間で認識の齟齬（そご）が生まれ，場合によってはこうした「ボタンの掛け違い」が深刻な利害対立を招く可能性もある。河川整備を巡る認識の不一致を解消し，関係者の間で円滑なコミュニケーションを実現する上では，いかにして専門家の有する専門的・技術的な認識フレームと地域住民の有する日常的な認識フレームを橋渡しし，両者の間で当該の整備問題に関して共通の理解を形成できるかが問われる。第二に，河川整備事業は多くの関係者に直接的・間接的な影響を及ぼすが，すべての関係者が当該の整備問題に関わる議論の場に参加することは実質的に不可能である。淀川水系流域委員会の取組みにおいても，当初，委員定数が多かったため，意見の調整に多くの時間を要したことが指摘されている。住民参加の規模・範囲に関わる問題に対処する上では，住民参加の対象者を限定せざるを得ないが，その際，当該の整備問題を巡るさまざまな価値観や利害関心をバランスよく代表できる関係者を選定することが肝要である。それとともに，河川管理者は，広く地域社会においてどのような議論が展開しているかについて俯瞰的・網羅的に把握することに努めることも重要であろう。第三に，上記の点と関連して，多様な関係者が関与する河川整備計画では，すべての関係者の合意を形成することは現実的でないだけでなく，合意志向的な議論は一部の少数者に対する排除や抑圧につながる危険性もある。むしろ，多様な価値観が併存する地域社会では，合意のみを追及するよりも価値の多様性を確保することが重要である。こうした合意と多様性のジレンマを解消する上では，関係者の間で当該の整備問題に関して議論を尽くすと同時に，関係者間の表面的な合意を目指すよりも，むしろ関係者が互いの見解や意見の相違を認識し合い，そうした意見の相違自体を共有化した包括的な合意を形成することが重要となる。淀川水系の新たな流域委員会においても，関係者間で十分な議論を行っても意見の一致を見ない場合には，賛否両論併記の形で議論の内容を取りまとめ，河川管理者が最終的に責任を持って判断することとされている。（羽鳥剛史）

3.4 治水経済調査

3.4.1 治水経済調査の歴史的経緯

費用便益分析の歴史はフランスの土木技術者J. Dupuitにまで遡る。Dupuitは河川堤防を事例として，1844年に「公共事業の効用の測定について」の論文を発表し，費用便益分析法を確立した。最初に費用便益手法が適用された公共事業は，実は河川事業であり，その後，河川事業以外の公共事業へ幅広く適用された[18)]。わが国において最初に治水経済調査が実施され，その成果が発表されたのは，1949（昭和24）年の第3回建設省直轄技術研究会であり，当時鳥取工事事務所長の中安米蔵が，「治水計画と計画洪水流量の経済的考慮（千代川改修計画の再検討を中心として）」としてとりまとめている[16),17)]。

当時のわが国は，第二次世界大戦によって荒廃した国土をどのように復興するかということが大きな課題であり，社会資本整備の優先順位，河川改修規模の決定方法（計画洪水流量の決定）とその優先順位の決定方法について理論的な背景を必要としていた[17)]。

現在の治水経済調査の体系が整備されたのは，1959（昭和34）年の伊勢湾台風水害経済調査においてであり，調査結果は後の治水経済調査の基礎となった。1961（昭和36）年からは全直轄河川について調査することをめどとして治水経済調査が開始された。このときは，「治水経済調査方針及び水害区域資産調査要領」により具体的な調査方法が示され，「水害区域資産調査要綱」と「水害区域資産調査実施要領」が「治水経済調査要綱」として一本化された。1970（昭和45）年には，治水経済調査要綱が改正され，年便益・年費用による評価方法が示された。さらには，社会経済活動の変化を踏まえ，1980（昭和60）年には，「治水経済調査マニュアル（案）」に改定され，2000（平成12）年，2005（平成17）年と改定され，今日に至る[17),18)]。

3.4.2　治水施設の財としての特徴

治水施設は社会インフラの中でも安全基盤であり，道路・鉄道などの活力基盤やライフラインなどの快適基盤と異なり，行政・司法，治安などの純粋公共財に近い。純粋公共財とは，「非競合性：もう一人追加的に公共財の便益を受けさせるため限界費用がまったくかからない」，「非排除性：公共財を享受することから個人を排除することが，困難または不可能」という性質を持つ財であり，公平性が重視される財である（**図3.8**参照）。このことから，治水事業は，「公平性の観点」と「効率性の観点」を踏まえ，総合的に検討して事業が実施されている。

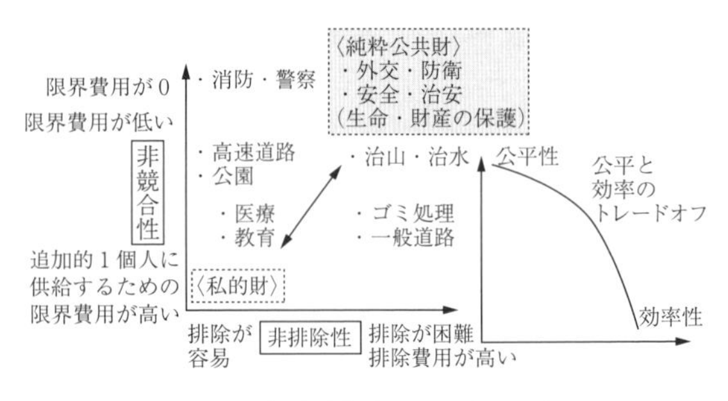

図3.8　純粋公共財と私的財の関係

3.4.3　治水経済調査の基本的な考え方

〔1〕　治水経済調査の目的

治水経済調査は，堤防やダム等の治水施設の整備によってもたらされる経済的な便益や費用対効果を計測することを目的に実施するものである。

〔2〕　治水経済調査の評価項目[17)]

治水事業のおもな効果項目は，「人的損失額」の軽減，「物的損害額」の軽減，および災害がいつ発生するかわからないという状況下における「被災可能性に対する不安」の軽減の三つの項目を基本としている（**図3.9**参照）。治水事業の便益は，人的損失額と物的損失額の和に災害の発生確率を乗じた「期待被害額」の軽減分と，「被災可能性に対する不安」の軽減分の合計である。

人的損失額は，災害時における死傷者の逸失利益や病院への搬送や治療等に費やす医療費などの「財産的損害額」と被災に伴う死傷者の家族らの悲しみや傷害者本人の苦痛などの「精神的損害額」に分類される（**図3.10**参照）。

ただし，「人的損失額」，「被災可能性に対する不安」の軽減分については，現在のところ評価手法に課題が

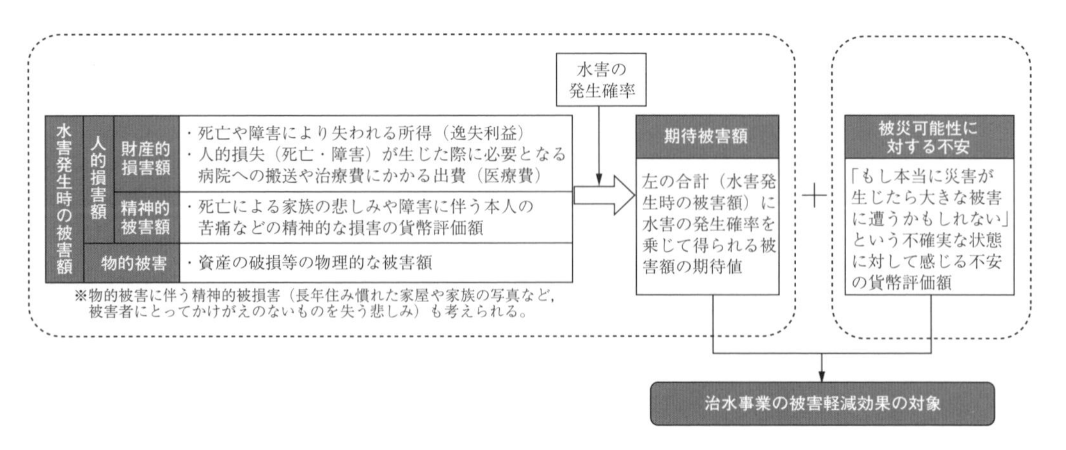

図3.9　治水事業の評価に当たり考慮すべき項目

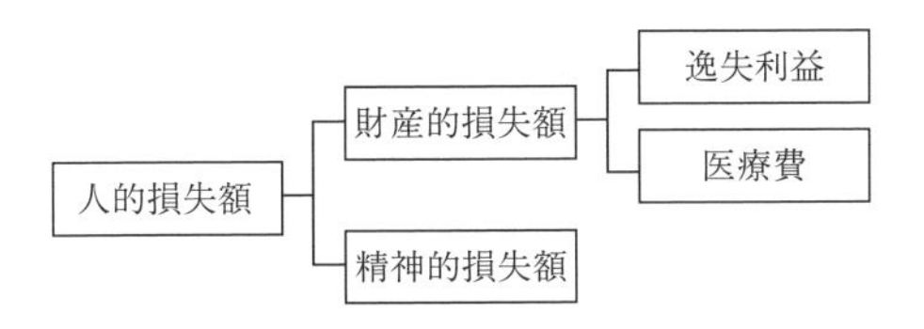

図 3.10 人的損失の構成

残されているため，評価手法の確立，評価値の精度向上が進められるまでは，物的損害額に災害の発生確率を乗じた「期待被害額」の軽減分を治水事業の便益としている。

〔3〕 **治水経済調査の基本的な考え方** [14),15)]

治水経済調査では，治水施設の整備および維持管理に要する費用と治水施設整備によってもたらされる総便益（被害軽減）を，割引率を用いて現在価値化し，水害被害の軽減による総便益と治水事業の実施にかかる総費用との比（便益／費用）を算出し評価することを基本としている。

このため，評価時点を現在価値化の基準時点とし，治水施設の整備期間と治水施設の完成から50年間までを評価対象期間にして，治水施設の完成に要する費用と治水施設の完成から50年間の維持管理費を現在価値化したものの総和から総費用（ただし，施設の残存価値は除く）を，年平均被害軽減期待額を現在価値化したものの総和から総便益を，それぞれ算定する（**図 3.11** 参照）。 （湧川勝己）

3.5 水害対応計画

3.5.1 水害対応のための計画と対策

災害に対応するための基本的な計画として**防災基本計画**（master plan for disaster prevention）がある。防災基本計画とは，災害対策基本法に基づき，中央防災会議が作成する政府の防災対策に関する基本的な計画である。災害予防，災害応急対策，災害復旧・復興について，国，地方公共団体，住民等の責務とそれぞれが行うべき対策が具体的に記述されている。災害予防として風水害に強い国づくり・まちづくりや防災活動等，災害応急対策として風水害に関する警報等の伝達や住民の避難誘導等，また災害復旧・復興等について基本的な方針が記述されている。防災基本計画に基づき，指定行政機関および指定公共機関は防災業務計画を，地方公共団体は地域防災計画を作成する[19),20)]。

水害予防や応急対策として，水害防止・軽減のためのハード対策（構造物の設置による水害防止・軽減対策）とソフト対策（構造物によらない対策）が講じられる。ハード対策は河川整備の一環として行われ，河川法に定められた河川整備基本方針と今後20年から30年程度の具体的な整備内容を示す河川整備計画に従って実施される。河川整備基本方針の中で流域ごとに定められる**基本高水**（design flood）は，治水計画の目標となる洪水であり，過去の降水や河川流量の観

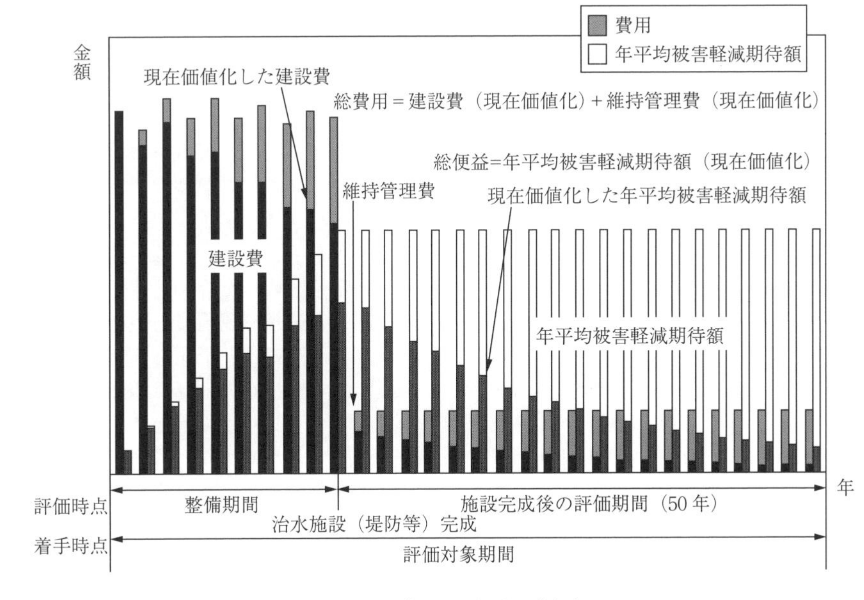

図 3.11 総費用，総便益の考え方

測データを確率統計解析し，再現期間とそれに対応する降水や流量の規模を分析して定められる（3.1.2項参照）。河川計画のために必要となる降水や河川流量の規模の予測であり，計画予知あるいは計画予測と呼ばれる。

ソフト対策としては，**ハザードマップ**（hazard map）の作成とその公表がある（3.1.3項参照）。ハザードマップとは，自然災害による被害軽減や防災対策に使用する目的で被災想定区域や避難場所・避難経路などの防災関係施設の位置などを表示した地図であり，水害に関しては浸水想定区域を指定し，洪水ハザードマップ等を公表することが水防法によって定められている。市町村が作成する地域防災計画には，洪水予報等の伝達方法，避難場所，避難経路等が定められており，ハザードマップはこれらの情報を住民等に周知する手段となる。2015年の水防法の一部改正に基づき，ある想定外力での浸水想定区域図に加えて，想定し得る最大規模の降雨や高潮に対しても浸水想定区域図を作成し，公表することとなった。これにより，最大規模の洪水や内水，高潮に対しても機能する避難計画等が作成されることになる。降水や洪水をリアルタイムで観測・モニタリングし，さらに，観測情報と数値シミュレーションモデルを駆使して数時間先までの降水や洪水を予測して，水防活動やダム管理，避難行動に備えることもソフト対策の重要項目である。

3.5.2 水害対応のための降水・洪水予測

水害予防や応急対策として，水害を防止し減じるためのハード対策とソフト対策があることを述べた。これらの対策が効果的に機能するためには，豪雨や洪水の予測が基本的な情報となる。降水予測や洪水予測は予測の対象によって3種類に分けることができる。

一つは洪水の発生頻度に対応する洪水の大きさを予測することである。洪水の規模の確率評価は，対象とする降水あるいは洪水がある確率法則に従って生起すると仮定し，その水文量を確率変数であるとみなすことが基本となる。つまり，確率変数である水文量をX，その実現値（観測値）をxとして，Xはある確率分布に従う母集団を形成し，その確率分布に従ってxが生起すると考える。確率変数Xの確率分布関数を$F_X(x)$とすると$F_X(x)$は確率変数Xがある実現値xを超えない確率であり，確率密度関数を$f_X(x)$とすると

$$F_X(x) = P(X \leqq x) = \int_{-\infty}^{x} f_X(\xi)d\xi$$

である。x_uが指定されたとき，x_uより小さな事象が発生する確率$F_X(x_u)$を非超過確率，x_uより大きな事象が発生する確率$1-F_X(x_u)$を超過確率という。安全性の水準は，通常この超過確率で評価される。Xとして年降水量や年最大（あるいは年最小）水文量を取り扱うとき

$$T = \frac{1}{1-F_X(x_u)}$$

で定められるTを水文量x_uの確率年または**リターンピリオド**（return period）という。また，このときのx_uをT年**確率水文量**（probabilistic hydrological value）という[21]。3.1.2項で述べたように，わが国では一般に降雨を対象として，ある降水継続時間での年最大T年確率雨量が定められ，その雨量を降雨流出モデルを介して河川流量に変換する。このとき，同じ年最大T年確率雨量であっても降水の時間・空間パターンによって河川流量は異なるため，複数の降水パターンを用いて流量を算定し，その中から基本高水を選定する。

もう一つの予測が，最大クラスの外力を想定した対策を進める[22]ための，最大規模の豪雨や洪水の予測である。最大規模の洪水を予測するためには，外力である最大規模の降雨を設定する必要がある。国土交通省は全国を15の地域に区分し，降水の地域性を考慮した上で，観測された最大の降雨量から実測データに基づいた想定最大規模降雨の設定手法を提案している[23]。また，発生位置をずらした台風シミュレーションやその擬似温暖化実験および降雨流出モデルを組み合わせて，物理的に最大規模の降雨や洪水を予測する試みもなされている[24]。これらの予測結果は，水害に強い国づくり・まちづくりの基礎情報を与えるとともに，次節で示すタイムライン（防災行動計画）で想定する大規模水害シナリオを提供することになるであろう。

三つめの予測は，天気予報と同様に豪雨や洪水が進行している最中に，数時間・数日先の洪水の大きさを時々刻々とリアルタイムで予測することである。実時間で洪水を予測することは，防災計画で定めるところの災害応急対策のための基本情報であり，水防活動や避難，治水施設の運用に必須の情報となる。リアルタイム予測手法では，予測モデルの精度を向上させるとともに，時々刻々得られる観測情報を予測モデルに組み入れて，予測精度を向上させる技術（データ同化技術）が開発されており，降雨流出予測の分野では，カルマンフィルターに始まるさまざまなフィルタリング手法が開発されている[25]。

3.5.3 タイムライン（防災行動計画）

タイムライン（防災行動計画）とは，災害対応のために関係機関が実施すべき対策を時間軸に沿って記述

した行動計画を表す。防災業務計画や地域防災計画では，「誰が」，「何を」実施するのかは記載されているが，「いつ」に関する具体的な記述がないことが多い。タイムラインでは特に大規模な災害を対象として，災害発生時点を予測し，災害発生前に遡って時間軸上で「いつ」，「誰が」，「何を」実施するかを，関係機関があらかじめ連携・協議して定めておく。数日前から災害の発生が予測できる台風等ではタイムラインが有効に機能すると考えられる。2012年にハリケーンサンディがニューヨークを直撃して甚大な被害をもたらした際，ニュージャージー州等ではタイムラインに従った実時間対応により人的被害を最小限に抑えることができたことが報告されている。わが国では大型の台風による水災害（洪水や高潮等）を対象として，大規模水災害に対するタイムラインの導入が検討されている[22]。

3.5.4 水害リスクカーブ

水害リスクを評価するためには，洪水氾濫域の浸水深や浸水時間，氾濫流域の土地利用，資産，人口分布から，水害による被害額を総合的に評価する必要がある。地震のリスク評価では，イベントカーブによる地震被害額の不確実性をある確率分布によって考慮し，被害額とその年超過確率の関係を示すリスクカーブが作成される。この地震リスクカーブは，地震保険の設計や国家として対応しなければいけないリスクの把握など，リスク分担を考える基本情報となっている[26]。洪水被害においても，降雨極値の確率的特性と被害額の関係を作成する技術を確立し，治水施設設備や都市・地域計画，損害保険などを組み合わせたリスク分散を図る必要がある。この場合，水害の発生域や被害の程度は，原因である降雨や洪水流量の強度，それらの時間・空間分布に大きく依存する。それらは不確実なものであるから，降雨強度が時間的・空間的に分布するとしてさまざまなパターンを適切に組み込んだリスクカーブの作成が重要な課題となる。

降水量の時空間分布を考慮し，ある期間内の年最大総降雨量の確率分布から年最大洪水ピーク流量の確率分布を推定する手法として総合確率法がある[27]。総合確率法では，降雨流出モデルを用いて降雨から河川流量を算定することで，年最大洪水ピーク流量の確率分布を導出する。この降雨情報から流量情報への変換過程を拡張し，氾濫シミュレーションモデルを用いて最大浸水深の空間分布を得て，さらに治水経済調査マニュアル（案）を利用して浸水想定被害額を得ることによって，浸水被害額とその超過確率との関係を得ることが試みられている[28,29]。

3.5.5 総合的な水害評価シミュレーションによる治水計画

降雨の規模が大きく河川で流下し得る規模を超えると，河川堤防を越えたり，破堤したりして外水が流域に氾濫することがある。また，本川水位が高くて支川から本川に排水することができず，雨水が流域に滞留して内水によって氾濫することがある。このような豪雨による水害に対応することが治水対策であり，そのための計画が**治水計画**（flood control plan）である。

水につかりやすい地域は田畑として利用し，住宅は高台または水につかりにくいところに建てる，遊水地をつくるなどして，土地利用を工夫して被害を抑えることが治水の基本であり，戦国・江戸時代には，このような考え方に基づいた治水工法が採用された。近代化に伴い，交通・運送の手段が海岸や平野部を通る鉄道・道路を中心とするようになると，下流平野部の都市部に人口・資産が集中するようになり，そこでの洪水災害を防ぐことが重要課題になった。そのため，都市部の河川に高い連続堤防を築いて，洪水が氾濫することを防ぐ工法が採られた。また，TVA（テネシー川流域開発公社）にならって上流域に発電などの利水目的と合わせた治水目的を持つ多目的ダムを構築して，下流の都市部への洪水流量を少なくするという方法も採られるようになった。

堤防建設や河川改修によって流下能力を上げる，上流にダムを建設して下流河川の負担を軽くするという高水工法により水害は軽減してきたが，それでも予想を上回る降雨・洪水が発生して水害が起きる。場合によっては，高水工法によって水害からの安全度が増した流域にさらに人口・資産が集中してくることによって，被害ポテンシャルが増加するということも起こってきた。また，都市化が流域の保水能力を低下させ，下水道網の発達によって急激な出水を都市河川が受けるようになって，河川の負荷が高くなるという事態が起こっている。

水害を防止するには高水工事だけでは不十分であり，総合治水対策やスーパー堤防，超過洪水対策，土地利用規制の必要性が認識されてきた。しかし，直接的な高水工法以外のこれらの方法の効果や費用を合理的に評価する方法が確立されていないため，概念的な努力目標でしかなく，政策として具体化されにくい。計画された治水投資をした場合とそうでない場合とを比べて，被害の軽減額がどのように分布するかを示すことが重要である。そのためには，水害の発生の仕方や水害による被害額を，洪水氾濫域の浸水深や浸水時間，氾濫流域の土地利用，資産，人口分布から総合的に評価する必要がある。水害の発生域や被害の程度は，原因である降雨や洪水流量の強度，それらの時間・空間分布に依存する。それらは不確実なものであるから，降雨強度が時間的・空間的に分布するとしてさまざまなパターンを考慮する必要がある。治水施設による水害対策だけでなく，土地利用規制や建築規制などさまざまな洪水管理対策をシミュレーションモデルに織り込んだ上で，雨水が流域や河川を流下し，資産・人口が分布する流域内を洪水が氾濫・滞留する様子を再現して，その被害額を算定できるようにする必要がある。

これらを実現するためには，降雨の時空間分布を確率的に模擬発生するシミュレーション技術，さまざまな治水対策や洪水管理対策を織り込んだ洪水シミュレーション技術の開発，洪水予測の不確かさを確率的に評価するシミュレーション技術，複雑なシミュレーションモデル構築を支援するモデリングシステムやシミュレーション結果をわかりやすく表示するポストプロセッサーの開発，治水対策の費用・便益を計測する技術の高度化，これらの水害評価シミュレーションの基本となるさまざまな情報の蓄積とデータベース化など，やらなければならないことは多い。

3.5.6　水資源開発基本計画

水資源（water resources）の確保に当たっては，水資源開発促進法に基づき，国土交通大臣が水資源開発水系を指定し，それらの水系において水資源開発基本計画（フルプラン）が定められ，総合的な水資源の開発と利用の合理化を進めることとされている。フルプランには，1）水の用途別の需要の見通しおよび供給の目標，2）供給の目標を達成するため必要な施設の建設に関する基本的な事項，3）その他水資源の総合的な開発および利用の合理化に関する重要事項，が記述されることとされており，現在六つのフルプラン（利根川・荒川水系，豊川水系，木曽川水系，淀川水系，吉野川水系，筑後川水系）が策定されている。

（立川康人）

3.6　土地利用・建築の規制・誘導

3.6.1　水害防止軽減のための土地利用・建築の規制・誘導

土砂災害に対しては，砂防ダムや傾斜地崩壊対策工のようなハード対策と同時に，土砂災害防止法，建築基準法等に法的根拠を持つ開発行為規制が存在する。これは土砂災害危険度が大きいと判断される区域を定め，その区域での土地利用に一定の規制をかけるものである。洪水氾濫のような水害に対しても，土砂災害と同様に，土地利用や建築物に対する規制・誘導といった流域管理的対策をとることで，被害の防止・軽減を図ることが考えられる。すなわち，水害危険度の空間分布を明らかにした上で，危険度の大小に応じて，土地利用の仕方や建築物の形態等を適切に指定もしくは誘導し，水害をできるだけ小さくするというものである。

本節では，土地利用と建築の規制・誘導に基づく水害対策を示すとともに，水害危険度に基づく土地利用規制に伴う便益と費用を評価する手法の一例を示す。

3.6.2　土地利用・建築の規制・誘導による水害対策

〔1〕　水害リスク情報の作成・公表

どこにどの程度のリスクがあるかわかれば，あらかじめそのリスクに備える，あるいはリスクを避ける行動をとることができる。水害に強い，適切な土地利用・建築を考える上で，水害リスク情報の作成・公表は最も基礎的な作業である。

ここでいう水害リスク情報とは，過去の水害の有無や浸水深の大小，潜在的な水害の危険性などを整理したものである。一般には，浸水実績図や浸水ハザードマップの形でまとめられていることが多い。

これらの情報を作成・公表することで，必要に応じて土地利用・建築の規制・誘導を実施したり，あるいは発災時の速やかな避難や水害リスクの高い地域からの移転といった，住民が自ら危険性を回避する行動を促すことが期待される。

〔2〕　水害リスク情報に基づく土地利用・建築の規制・誘導の事例

水害リスク情報に基づいて土地利用や建築の在り方を規制・誘導し，水害の防止・軽減を図っている事例をいくつか示す[30)]。

名古屋市では，伊勢湾台風（1959（昭和34）年）時の浸水範囲を基に，建築基準法に基づく建築条例を施行し，指定された災害危険区域内での建築制限を実施している。災害危険区域として4種類の臨海部防災区域を設定し，それぞれの区域で，建物1階の床の高さ，建築物等の用途・構造に対して一定の制限を設けている。

東京都中野区では，2005（平成17）年9月に大規模な洪水被害を経験したことから，「中野区水害予防住宅高床工事助成制度」を導入し，家屋の高床工事に対する助成を実施している。その一方で，建築物に対する高さ制限も実施していることから，高床化に支障をきたすケースも生じている。そこで，大雨による浸水被害の実績情報を基に，一部の地域については高さ制限を緩和して，高床化の促進を図っている。

以上の事例は浸水実績に基づくものだが，防災マップやハザードマップに基づくものもある。

兵庫県たつの市では，建築相談の窓口において，市の防災マップを基に，災害リスクを有する区域における建築行為等に対して災害への対策を講じるよう注意喚起を行っている。また，市街化調整区域において建築制限を一部緩和する措置を行っているが，緩和措置に該当する場合であっても，防災マップ等で危険性のある箇所については，新たな建築行為は原則禁止としている。

愛知県みよし市では，「まちづくり土地利用条例」の中で，洪水ハザードマップにおいて 50 cm 以上の浸水のおそれがあるとされている地域を防災調整区域に指定している。当該区域で宅地分譲等を行う際には，浸水リスク情報や実施した対応策を購入者に対して周知することを開発事業者に義務付けている。

最後に紹介したみよし市の事例は，リスクや対策の消費者への説明を開発事業者側に義務付けている点で画期的といえる。このような取組みを実施することで，水害に強いまちづくりがおおいに進むものと期待される。

3.6.3　水害危険度に基づく土地利用規制の費用便益評価手法[31, 32]

土地利用と建築の規制・誘導などの流域管理的手法は有効な水害対策となり得るが，その一方で，適用性や妥当性を定量的に分析する枠組みの整備が進んでいないという問題点がある。このような対策を効果的に活用するためには，水工施設の設置など他の水害対策と同様に，対策に伴う費用と便益を評価する手法が必要不可欠である。ここでは，土地利用規制に対する費用便益評価手法の一例を説明する。

〔1〕　土地利用規制の費用便益評価の手順

ここで説明する土地利用規制の費用便益評価は，つぎの3段階から成る。

① 雨水氾濫解析による水害危険度の評価と規制シナリオの作成

② 土地利用規制実施時の立地状況の予測

③ 土地利用規制に伴う費用便益の計測

水防災のための流域管理的対策を評価するために，まず，対象とする地域の水害危険度を明らかにする必要がある。地域の水害危険度を測る指標としては，過去の水害における浸水実績や浸水深などが考えられるが，水害ごとに雨の降り方が違っていたり，あるいは水害の発生した時期によって流域の条件（土地利用形態や治水施設の整備度など）が異なることから，過去の被災状況に基づいて水害危険度を公平に評価することは容易ではない。

こうした問題点を避けるため，洪水氾濫モデルによる雨水氾濫解析を用いて水害危険度を評価する。具体的には，対象流域においてさまざまな再現期間の降雨事象に対する雨水氾濫計算を行い，各地区で得られた最大浸水深で水害危険度を評価する。そして，規制の基準となる浸水深に基づいて規制シナリオを作成する。

つぎに，規制を実施した場合の立地状況を，立地均衡モデルによって予測する。立地均衡モデルは世帯や企業の立地選択行動と地主の不動産資産供給行動をモデル化し，土地もしくは建物床面積の需給量が一致するという条件（立地均衡条件）の下で，地代（家賃）と立地量を算定する。例えば，水害危険度の高い土地の利用を禁ずる規制を実施したとする。すると，土地の供給量が減ることから，地代は上昇し，また1世帯当りの住宅床面積は小さくなることが予想される。このような流域管理に伴う立地状況の変化を，立地均衡モデルを用いて予測する。規制対象とする地区は，先に求めた水害危険度に基づいて決定する。

最後に，規制に伴う費用（可処分所得や平常時の利便性の低下など）と便益（水害被害額の減少）を計測する。上述したように，土地利用規制のような対策を実施することで地代は上昇し，また1世帯当りの住宅床面積は小さくなることが予想される。すなわち，世帯の可処分所得は減少し，利便性も低下する。このマイナスの効果を金銭的に評価したものを土地利用規制による水害対策の費用と考える。一方，水害の防止・軽減を目的とした土地利用規制を実施すると，水害危険度の高い地域に住む世帯が減少することから，水害被害額は減少すると予想される。この水害被害額の減少が土地利用規制に基づく水害対策の便益となる。

〔2〕　立地均衡モデルの構成

立地均衡モデルはその考え方によってさまざまなバリエーションが考えられるが，本質的には，対象とする地域をいくつかの領域（ゾーン）に分割し，各ゾーンごとに土地や建物の需要と供給が一致するという条件（立地均衡条件）で，それぞれのゾーンの地代と立地量を求めるという構成になっている。

土地もしくは建物の需給構造について考える。現実の土地・建物の取引では，売買によるものと賃貸借によるものの2種類が存在するが，ここでは，すべて賃貸借によるものと仮定する。すなわち，各ゾーンの土地や建物は，対象地域の外に居住する地主（不在地主）が所有しており，世帯は地主から土地や建物を借りて利用していると考える。さらに，対象地域に在住する世帯の総数は一定であると仮定する（閉鎖型都市の仮定)。これらの仮定は立地均衡モデルのような都市経済モデルでしばしば用いられる仮定である。

立地選択主体である世帯は，自らの効用を最大化するように立地選択（ゾーン選択）する。一般に，世帯の効用は地代や利便性などの関数となっており，この関数から世帯の住宅に関する需要行動を表す住宅需要関数が導出される。その一方で地主は，自身が所有する土地の面積と地代を勘案して地代収入が最大となるように住宅を供給する。地主の住宅供給行動を数式で表したものを住宅供給関数と呼ぶ。住宅供給関数は，地主が所有する土地の面積と地代の関数となっている。

最終的に，これらの関数と立地均衡条件から構成される連立方程式を解くことで，全ゾーンの地代と立地量が算出される。

〔3〕 土地利用規制のモデル化と費用便益の計測

（1） 土地利用規制のモデル化　ここで想定する土地利用規制とは，水害危険度の高い地域を住宅地として利用することを禁じるというものである。土地利用規制が実施されると，地主は自分が所有する土地のうち，水害危険度の高い部分を住宅地として供給することができなくなる。

このような土地利用規制の影響を住宅供給関数を通じてモデル化する。地主の住宅供給行動を表現する住宅供給関数は，地主が所有する土地の面積（と地代）の関数であるから，土地利用規制に応じて地主が所有する土地の面積を小さくすれば，土地利用規制の影響がモデルに取り入れられたことになる。具体的には，雨水氾濫解析の結果に基づいて，各ゾーンごとに規制の対象となる面積を算出し，これを地主が所有する土地の面積から差し引くことで土地利用規制を表現する。

（2） 規制に伴う費用の計測　土地利用規制に伴う費用は，地代の上昇による可処分所得や住宅床面積の減少による効用水準の低下という形で世帯が負担する費用と，住宅供給者としての地主が負担する費用とから構成される。

世帯の費用は非限定等価的偏差で評価する。等価的偏差とは，なんらかの選択を行う際に基準となる要因が，ある状態から別の状態に変化したときに，その新しい状態における効用水準を元の状態のまま得るために必要な追加所得のことである。ここでは地代を規制前の状態に保ったまま，効用水準を規制後の値にするのに必要な追加所得ということになる。一般に，効用水準は規制前より規制後の方が低くなるので，追加所得といっても実際には所得の低下を意味する。これが土地利用規制に伴う世帯の費用ということになる。

地主は住宅の供給者であり，規制に伴う地主の費用は，供給者余剰の変化分として定義する。

（3） 規制に伴う便益の計測　規制に伴う便益は，水害被害額の低下であり，雨水氾濫解析結果に基づいて計測する。すなわち，規制の有無に応じた水害被害額を算出し，その差をとって，規制による水害被害額の低下分（便益）を求める。

（4） 適　用　例　以上の手法を実際の流域に適用して土地利用規制の費用と便益を算出した事例を紹介する。

対象流域は大阪府の寝屋川流域（270 km^2）である（**図 3.12** 参照）。流域の約 4 分の 3 は河川水面より低い低平地で，しばしば浸水被害を経験してきた地域である。この流域を対象に，中央集中型の降雨を与えて雨水氾濫解析を行い，いくつかの土地利用規制シナリオを作成した。**図 3.13** は，再現期間 40 年の降雨を与えて得られた最大浸水深の分布である。つぎに，立地均衡モデルを適用し，図 3.12 の区画（第三次メッシュ区画，約 1 km^2）ごとに各規制シナリオに対する地代と立地量を算定した。**図 3.14** は，再現期間 40 年の降雨に対する最大浸水深が 15 cm を超える地区の土地利用を規制するというシナリオの下で算出された土地利用規制面積（図（c）参照），世帯数の増減（図（b）参照），地代上昇額（図（a）参照）である。基本的に土地利用規制面積の大きい区画で世帯数が減少し，地代が上昇していることがわかる。

図 3.15 は，各規制シナリオに対する費用と便益をまとめたものである。便益から費用を差し引いた総便

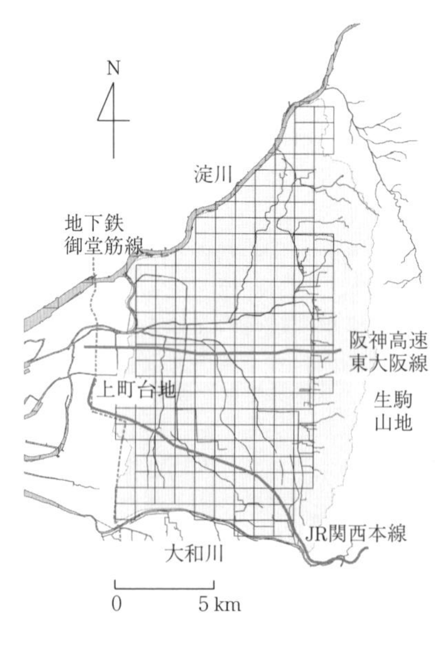

図 3.12　寝屋川流域

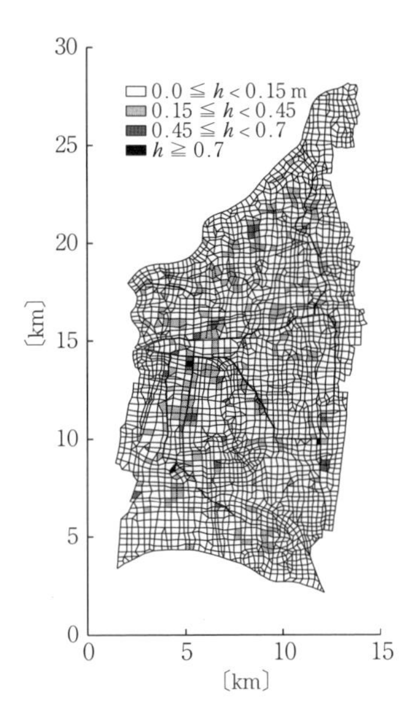

図 3.13 最大浸水深の分布

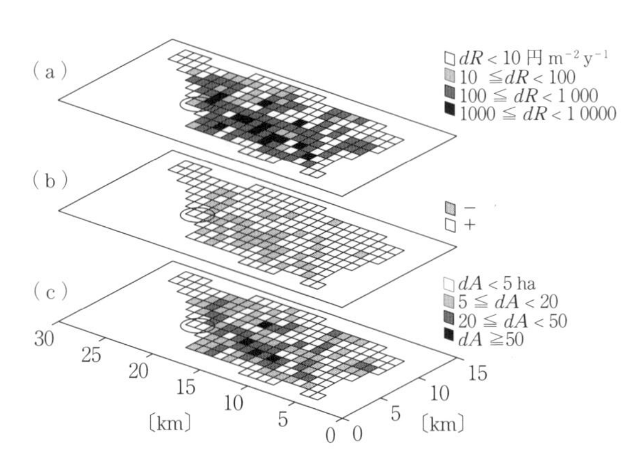

図 3.14 土地利用規制に伴う立地の変化

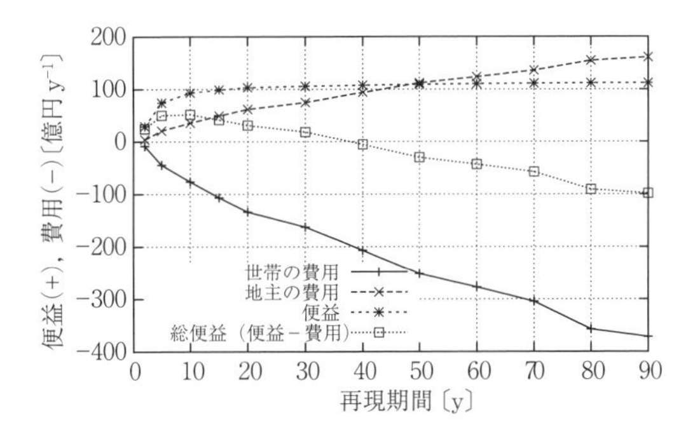

図 3.15 土地利用規制に伴う費用と便益

益も併せて示している。この図から，比較的弱い規制（再現期間 2〜30 年相当）では総便益が正で，社会的な便益が費用を上回っている。すなわち，比較的高い頻度で浸水する地区については住宅地として利用しない方が有利ということになる。再現期間 40 年相当の土地利用規制では費用と便益がほぼ一致し，それより強い規制では，地代の上昇など世帯の負担する費用が便益を上回っている。したがって，この地域では，再現期間が 40 年を超える降雨を基準とした土地利用規制は過剰であるということがわかる。 （市川 温）

3.7 水 害 保 険

3.7.1 日本の水害保険制度

わが国において水害保険は民間保険会社により運用されている。被保険者は火災保険の一種である住宅総合保険や特約火災保険に加入することにより，水害被害に対する補償を得ることができる。

昭和 20 年代から昭和 30 年代までにかけて巨大台風により多大な被害がもたらされ社会問題化した。1959 年の伊勢湾台風を契機に 1961 年 11 月に，民間保険会社が運営する住宅総合保険に「台風・暴風雨・洪水・高潮の風水害」をその他のリスクとともに運用することにより，家計分野の損害を経済的に軽減する保険制度の改善が行われた。水害保険制度の特徴としては，以下の 2 点が挙げられる。

① 火災とその他のリスクとを統合化した総合保険として販売されている。すなわち，住宅総合保険への加入は任意であるが，水害分のみの契約や，水害のみを外した契約はできない仕組みとなっている。

② 民間保険会社が営利目的で運営する保険制度であり，国の関与および国による再保険制度は存在しない。補償額を一定の割合で縮小したり（縮小補填），小規模な損害を免責にしたり（小損害免責）する仕組みが備わっている。

住宅総合保険の保険金支払実績において，水害被害への支払いは火災被害への支払いの 2 倍ほどであるといわれている。そして，水害リスクの高い場所は地価が低く，相対的に所得が低い家計が立地することが多い。仮に水害保険を独立の保険商品とすると，高い水害リスクを反映した高価な保険を低所得家計は購入できないおそれがある。① の総合保険化は，他のリスクを併せて保険のプールを大きくすることによって，低所得家計が保険に入りやすくするような福祉的な含意を持っている。一方，② の縮小補填や小損害免責は，保険加入者に一定規模（割合）の損失リスクを残すことによって，加入者自身が立地選択や住宅のかさ上げ，家具の配置などによって被害を減少させる努力をするインセンティブを与える意図を含んでいる。

住宅総合保険において担保する災害は，通常の住宅火災保険での補償内容に加え，水害・水漏れ・衝突・騒擾（そうじょう）・盗難・持出し家財の損害が補償対象となっている。水害に対する支払額は商品により異なるが，一般的な住宅総合保険では損害率に応じた免責と支払限度額がある。一般的に，被害の程度（被害額／再調達価格）が30%未満の被害は被害額に対して一律5～10%（小額免責），それ以上の被害（大規模水害を含む）に関しては，被害額の70%（縮小補償）が支払われる。一方，近年は被害額を100%補償する住宅総合保険が販売されたり，各保険会社が独自の商品を提供したりするようになってきている。

3.7.2　諸外国の水害保険制度の概要

海外諸国およびわが国の水害保険の概要をまとめると**表3.1**のようになる。

日本やフランス，ドイツ，イギリス，スイス，スペインでは複数のリスクを併せた総合保険化がなされているのに対して，アメリカと韓国には風水害のみを対象とした独立した水害保険制度が存在する。また，アメリカ，韓国，フランスでは，それぞれの形態で国の財政負担が存在する。アメリカでは保険金額の絶対額に上限が設けられている。

3.7.3　水害リスクの総合的管理のための保険制度の課題

水害リスクの巨大性や同時性，広域性を減少するためには，保険システムを，工学的な被害軽減策を含む

表3.1　主要国の水害保険の概要

<table>
<tr><th></th><th>引受け形態</th><th>担保危険</th><th>自然災害保険の料率</th><th>保険者</th><th>再保険者</th><th>保険金額の制限</th><th>自然災害保険の普及度</th><th>国の財政負担</th></tr>
<tr><td>アメリカ</td><td>独立した洪水保険で引受け</td><td>洪水</td><td>連邦緊急事態管理庁で実効料率を決定</td><td>連邦政府（連邦緊急事態管理庁）</td><td rowspan="2">なし</td><td>建物
25万$
財物
10万$</td><td>米国連邦洪水保険制度参加コミュニティ内の3%</td><td>連邦緊急事態管理庁の米国連邦洪水保険制度運営費用を負担</td></tr>
<tr><td>韓国</td><td>独立した風水害保険で引受け（2006年～）</td><td>風水害（洪水・強風・津波・大雪など）</td><td>風水害保険管理地図の危険度に応じた料率設定（地図ができていない）</td><td>国と約定を締結した民間保険会社</td><td rowspan="7">上限なし</td><td>約10%</td><td>保険料への国庫補助一定限度を超えたリスクを国が直接引受け</td></tr>
<tr><td>フランス</td><td rowspan="4">住宅保険で引受け・一部引受け不可</td><td rowspan="3">火災・盗難・自然災害</td><td>住宅保険の12%</td><td rowspan="3">民間保険会社</td><td>政府再保険会社
民間再保険会社</td><td>ほぼ全世帯</td><td>再保険会社の運営費用を負担</td></tr>
<tr><td>ドイツ</td><td>リスクマップにて判断</td><td rowspan="4">民間再保険会社</td><td>約20%</td><td>原則はないが，2002年洪水時に被災者支援を実施</td></tr>
<tr><td>イギリス</td><td>洪水：環境庁データを参考に算出</td><td>建物91%
家財71%</td><td>原則なし</td></tr>
<tr><td>スイス</td><td rowspan="2">火災・自然災害</td><td>民：料率一律
官：州内一律</td><td>民間保険会社
州営保険会社</td><td>ほぼ全世帯</td><td>なし</td></tr>
<tr><td>日本</td><td>住宅保険で引受け</td><td>参考純率</td><td>民間保険会社</td><td>火災保険加入率53.5%
（2002年）</td><td>原則なし</td></tr>
<tr><td>スペイン</td><td>一般の損害保険で引受け</td><td>自然災害・テロ・暴動など</td><td>原保険料率に対して一律の料率</td><td>独立行政法人特別災害保険組合（「暴動損害補償協会」が前身）</td><td>なし</td><td>不明（住宅ローン加入時に加入が義務付けられているので，普及度は高い）</td><td>原則なし</td></tr>
</table>

〔注〕 国土交通政策研究所研究発表会（2010年1月12日）資料を基に作成

表 3.2　自然災害保険の課題克服のための工夫

	被害軽減対策（リスクコントロール）との関連	加入者の確保・逆選択防止	巨大災害時の補償に対する対応
日本住宅総合保険	・治水事業との関連は特になし	・火災その他のリスクと総合化することにより，逆選択を防止	・縮小補填，小損害免責により支払額を抑制
日本地震保険	・家屋構造（木造／非木造），耐震対策の有無など，加入者の被害軽減対策に応じて料率を変化させている	・民間の火災（総合）保険を拡張付帯させることにより加入者を確保 ・危険度に応じた料率とすることにより逆選択を防止	・保険契約金額を主契約の30～50％に制限し，災害発生時の支払額を抑制 ・国が再保険を行うことで巨大災害時の支払いを補償（ただし限度額あり）
アメリカ洪水保険	・洪水保険制度は，治水施策の一環として実施されている ・洪水料率マップを通じて，水害危険度の周知を実施 ・土地利用規制により100年確率洪水の氾濫区域の保険料率は高額に設定されており，氾濫原への新規開発を抑制している	・危険度に応じた料率とすることにより逆選択を防止 ・危険地域への新規開発に関わる融資条件に洪水保険制度への加入を条件付けることで，逆選択を防止	・土地利用規制により危険地域の居住を制限し，洪水被害額自体を減少させる ・巨大災害時に損失が出た場合には連邦保険局（FIA）による補填措置がなされる
フランス自然災害保険	・治水事業との関連は特になし ・氾濫原内はおもに農地に利用されており家屋が少ないため河川氾濫に対する治水事業の規模が日本に比べて比較的少なくて済む	・加入率の高い火災保険等の損害保険に強制付帯することにより加入者を確保 ・洪水以外に地震などの自然災害リスクと総合化することにより逆選択を防止	・国の補償を持つ再保険会社に再保険にすることにより，巨大災害時の支払いを補償
スペイン特別災害保険	・治水事業との関連は特になし	・加入率の高い火災保険等の損害保険に強制付帯することにより加入者を確保 ・洪水以外に地震などの自然災害，テロ・暴動などの社会活動によるリスクと総合化することにより逆選択を防止	・巨大災害時には，コンソルシオの準備金の範囲内で補償額を縮小することで，被災者への支払いを対応

リスクコントロールと効果的に関連付ける必要がある。また福祉的な観点からも，巨大災害時に，より被災者全体に広く補償が行えるような仕組みが必要である。日本とアメリカ，フランス，スペインの対応を**表 3.2** に示す。

今後，わが国において水害リスクに対する保険市場の機能を高めるためには，治水施設整備を通じて治水安全度を一定レベル以上に高めることが重要である。また，すでに地震保険制度に適用されているように，国が再保険バックアップの機能を担う制度等の意義も改めて検討される必要があろう。それらによって民間保険会社の保険金支払い不可能リスクが減少し，一人の被災者に対する補償が大きくなることも可能となる。　　（湧川勝己，横松宗太）

引用・参考文献

1）玉井信行編：河川工学，オーム社，pp.82～84 (1999)
2）寶　馨，戸田圭一，橋本 学編：自然災害と防災の事典，丸善出版，pp.163～165 (2011)
3）深草 新，戸田圭一，宇野伸宏：内水氾濫に起因する道路交通障害予測に関する研究，河川技術論文集，第 14 巻，pp.223～228 (2008)
4）公共事業評価システム研究会：公共事業評価の基本的考え方 (2002)
5）国土交通省：河川及びダム事業の計画段階評価実施要領細目（2013 年 4 月施行）
6）国土交通省：河川及びダム事業の新規事業採択時評価実施要領細目（2009 年 12 月施行）
7）国土交通省：河川及びダム事業の再評価実施要領細目（2010 年 4 月施行）
8）国土交通省：河川及びダム事業の事後評価実施要領細目（2009 年 4 月施行）
9）小林潔司，横松宗太，織田澤利守：サンクコストと治水経済評価：リアルオプションアプローチ，河川技術論文集，第 7 巻，pp.417～422 (2001)
10）国土交通省：公共事業の構想段階における計画策定プロセスガイドライン (2003)

11) 河川事業の計画段階における環境影響の分析方法に関する検討委員会：河川事業の計画段階における環境影響の分析方法の考え方（2002）
12) 淀川水系流域委員会 Web ページ http://www.kkr.mlit.go.jp/river/yodoriver/（2016 年 3 月現在）
13) 羽鳥剛史，小林潔司，鄭　蝦榮：討議理論と公的討論の規範的評価，土木学会論文集 D3（土木計画学），Vol.69，No.2，pp.101～120（2013）
14) 国土交通省：公共事業評価の費用便益分析に関する技術指針（共通編）（2009）
15) 国土交通省河川局：治水経済調査マニュアル，平成 17 年 4 月（2005）
16) 中安米蔵：治水計画における洪水流量について～千代川を中心として～，1950 年 9 月
17) 湧川勝己：治水経済調査の概要と今後の方向性について，河川技術論文集，第 6 巻，pp.215～220（2000）
18) 末次忠司：治水経済史－水害統計及び治水経済調査手法の変遷－，土木史研究，第 18 号，pp.603～618（1998）
19) 林　春男：地域防災計画，防災学ハンドブック（京都大学防災研究所編），V. 防災の計画と管理，第 1 章，朝倉書店，pp.568～595（2001）
20) 寶　馨，戸田圭一，橋本学編：災害予防，自然災害と防災の辞典，丸善出版，pp.234～235（2011）
21) 椎葉充晴，立川康人，市川　温：水文量の頻度解析，水文学・水工計画学，第 9 章，京都大学学術出版会，pp.277～326（2013）
22) 国土交通省：新たなステージに対応した防災・減災の在り方，2015 年 1 月
23) 国土交通省 水管理・国土保全局：浸水想定（洪水，内水）の作成等のための想定最大外力の設定法，2015 年 7 月
24) Ishikawa, H., Oku, Y., Kim, S., Takemi, T., and Yoshino, J.：Estimation of a possible maximum flood event in the Tone River basin, Japan caused by a tropical cyclone, Hydrological Processes, Vol.27, No.23, pp.3292～3300（2013）, DOI: 10.1002/hyp.9830
25) 椎葉充晴，立川康人，市川　温：実時間流出予測の基礎理論，実時間流出予測の実際，水文学・水工計画学，第 15，16 章，京都大学学術出版会，pp.485～607（2013）
26) 兼森　孝：災害リスクのアセスメント：地震リスクの定量化，防災の経済分析－リスクマネジメントの施策と評価（多々納，高木編），第 3 章，勁草書房，pp.49～71（2005）
27) 椎葉充晴，立川康人：総合確率法の数学的解釈，土木学会論文集，Vol.69，No.2, pp.101～104（2013）
28) 田中智大，立川康人，萬　和明：降雨の時空間分布を考慮した浸水・氾濫に対する水害リスクカーブの作成，土木学会論文集，B1（水工学），Vol.71，No.4，pp.I_483～I_488（2015）
29) 田中智大，立川康人，市川　温，萬　和明：降雨継続時間に対する総降雨量の条件付き確率分布を用いた水害リスクカーブの作成，土木学会論文集，B1（水工学），Vol.72，No.4，pp.I_1219～I_1224（2016）
30) 国土交通省都市局都市安全課：災害リスク情報の活用と連携によるまちづくりの推進について（防災まちづくり情報マップと防災都市づくり計画の活用），http://www.mlit.go.jp/toshi/toshi_tobou_tk_000007.html（2015 年 5 月現在）
31) 市川　温，松下将士，堀　智晴，椎葉充晴：水災害危険度に基づく土地利用規制政策の費用便益評価に関する研究，土木学会論文集 B，Vol.63，No.1，pp.1～15（2007）
32) 市川　温，寺本雅子，沼間雄介，西澤諒亮，立川康人，椎葉充晴：水災害危険度に基づく建築規制の費用便益評価と土地利用規制との比較，土木学会論文集 B，Vol.66，No.2，pp.145～156（2010）

4. 水 資 源 計 画

4.1 水資源計画・管理の概要

水を資源とみなして管理を行うおもな目的は，水利用と水災害の防止である。水利用には，飲用や材料としての水の消費だけでなく，水辺空間やそれを踏まえたアメニティの確保も含まれる。最近では，こうした水を取り巻く空間だけでなく，水の循環環境そのものや水循環と密接な関係を持つ生態系の管理も水資源管理の中で語られるようになっている。

英語でwater resources managementといった場合，上記のように，水の利用や水資源の保全に関わる計画・管理とともに，洪水災害の防止や軽減のための計画も含めて取り扱われることが多い。しかしながら，本ハンドブックでは，治水のための計画・管理はⅡ編3，5章でも扱われることから，本章では，おもに，水の利用や水資源，生態系の保全に関わる計画について述べることにする。

さて，水利用とは，自然の水循環系（**水文循環**，hydrologic cycle）を移動する淡水を一時的に人工の循環系に取り込み，利用の後，それらを再び水文循環系に返す営みをいう。水は石油などと異なり，使用によって消滅してしまうことはない。自然の循環に従って繰り返し利用することができる**再生可能資源**（renewable resources）である。ただし，その再生可能性は循環の速さに依存する。地下水，特に不浸透層の間に蓄えられた**被圧地下水**（confined groundwater）の場合，その循環速度はきわめて遅いため過剰利用となり枯渇が懸念される事態が生じる。そのため，水利用計画の対象は，比較的循環の速い**表流水**（surface water，河川や湖沼に存在する水）となることが多い。

表流水による水供給計画を考える場合，資源量は年間の最低流量によって制限される。実際に利用可能な量は，最低流量から河川そのものの機能維持に必要とされる量を引いたものである。自然に存在する水を独占排他的に利用する権利を**水利権**（water right）と呼ぶ。水利権は水利秩序形成の歴史に依存し，国や地域によってさまざまな形態がある[1)]。わが国では長く稲作を中心とした水利秩序が形成されてきており，近代化以前に表流水には農業用水利権が設定されていることが多い。したがって，新たな水供給を行おうとすれば，河川の水資源量，すなわち最低流量を増加させることが不可欠になる。そのためには過剰な流量をいったん貯留し，不足時に補給するという仕組みを作らなければならない。そのための施設がダム貯水池などの流量調節施設であり，最低流量の増加分を**新規開発水量**（developed water）と呼ぶ。したがって，水供給計画の基本は，需要を満足するだけの新規開発水量を生み出すため貯留施設をどこにどれだけの規模で建設し，どの取水地点からどの需要地に配水することが，最も効率的かを知ることになる。

水供給計画を策定するためには，まず水需要量を把握しなければならない。ダム貯水池などの施設建設には長い時間を要するため，将来の水需要を予測する必要がある。つぎに，水源となる河川において需要を満足する新規開発水量を得るための施設計画が必要である。水資源施設の配置や規模は，取水地点と需要地の関係などに左右されるため，施設計画と取水・配水計画はセットとして考えなければならない。将来の対象となる時点の水需要を予測し，それを満足するように施設計画を策定した上で，実際の建設事業を進め，需要の増大に遅れることなく，こうした施設群の維持・管理フェーズに入っていくことが水資源管理には必要とされる。

代表的な水資源施設である貯水池は，流水を一時的に貯留し，不足時に補給することで，資源としての水量を増加させる。資源量の増分は貯水池の容量規模だけでなく，どのような放流を行うかといった操作方式にも大きく依存する。洪水の際に流水を貯留することで下流の氾濫被害を防ぎ，貯留水を渇水時に補給することができれば，限られた容量を有効に活用することができる。そのため，貯水池の操作は水資源管理の重要なテーマであり，数理最適化を通じた放流戦略の最適化など多くの研究がなされている。既存のダム貯水池をより長く効率的に維持管理していくかといった点も，水資源管理にとって重要であり，アセットマネジメントが注目されている。一方，ダム貯水池は河川の連続性を遮断し，環境に大きな影響を与える。ダムによる流況の調整が下流の生態環境に与える影響を把握することは，水資源環境管理の重要なポイントになってきている。

水利用をベースとしながらも，水災害を防止・軽減し，流域環境や生態系の保全にも密接に関係する水資源を適切に管理するためには，その枠組みとして総合的なアプローチが必要になる。こうした背景から，国際的には，**統合水資源管理**（integrated water resources management）の考え方が提唱された。統合水資源管理とは，「生命・生態系の持続性を犠牲にすることなく，公平なやり方で経済的・社会的厚生を最大化するために，水，土地，その他関連資源を調整のとれた形で開発・管理する過程」とされている[2)]。

（堀　智晴）

4.2　水需要および水資源量の把握と予測

水は人の生活や産業にとって不可欠な資源であり，人が中心となる社会システムの持続的発展にとって水資源の確保は重要な課題である。海洋は地球表面の約7割の面積を占め，そこにある海水は水循環の一部ではありながら，一般に水資源とは捉えられていない。わが国は四面環海で湿潤であり，年平均降水量約1 700 mm は世界平均約 970 mm の 1.8 倍であるが，列島中央に脊梁（せきりょう）山地を抱え，降雨は比較的短時間に海に流出する。このため，梅雨期や台風期に降雨が集中するなど降水の季節変動を受け，河川の流量も変動している。わが国は豊葦原（とよあしはら）の瑞穂（みずほ）の国と呼ばれ，古くからこの降水や河川流量の季節変動を生かして稲作が行われてきている。

2014（平成 26）年版日本の水資源[3)]によると，2011 年における取水量ベースの全国の水使用量は，合計約 809 億 m^3/年であり，**生活用水**（domestic water）と**工業用水**（industrial water）を合わせた**都市用水**（municipal water）が約 264 億 m^3/年，農業用水が約 544 億 m^3/年である。**農業用水**（agricultural water supply）は全水使用量の 3 分の 2 を占めている。

4.2.1　水利用の現況

〔1〕 農 業 用 水

農業用水は，① 水稲の生育等に必要な水田灌漑（かんがい）用水，② 野菜・果樹等の生育等に必要な畑地灌漑用水および ③ 牛，豚，鶏等の家畜飼育等に必要な畜産用水に大別され，それぞれの用水量は 511 億 m^3/年，29 億 m^3/年および 4 億 m^3/年である。この主要部分を占める水田灌漑用水は，水稲の作付面積が減少しているという減少要因がある一方で，水田利用の高度化や生産性向上のための水田の汎用化に伴う単位面積当り用水量の増加，用排水の分離による水の反復利用率の低下に伴う用水量の増加などの増加要因および農村の都市化等に伴い，支線水路や圃場へ必要な水量を送り込むための水位を確保する水位維持用水も必要となるが，農業用水量としては，近年減少傾向にある。一方，畑地灌漑用水は，畑地灌漑面積は微減しているもののほぼ横ばい傾向にある。畜産用水はほぼ横ばいである。

〔2〕 都 市 用 水

2011 年における生活用水使用量は約 152 億 m^3/年（前年比 1.7％減）となっており，1998 年頃をピークに緩やかに減少傾向にある。生活用水は，家庭用水と都市活動用水に大別される。家庭用水は，一般家庭の飲料水，調理，洗濯，風呂，掃除，水洗トイレ，散水などに用いる水であり，都市活動用水は，飲食店，デパート，ホテル等の営業用水，事業所用水，公園の噴水や公衆トイレなどに用いる公共用水などが含まれる。水道により供給される水の大部分を生活用水が占めており，水道は 1950 年代中頃から 1970 年代前半にかけて急速に普及し，1978 年には水道普及率が 90％を超え，2011 年度末の水道普及率は 97.6％，給水人口は約 1 億 2 466 万人となっている。生活用水使用量を給水人口で除した 1 人 1 日平均使用量（都市活動用水を含む）は，2011 年において有効水量ベースで 289 l/人・日（前年比 2.6％減）で，近年緩やかに減少傾向にある。全国を 14 の地域別に見ると，最高が四国の 315 l/人・日で，全国平均より多い地域が四国に次いで，南九州，沖縄，近畿臨海，北陸，東海，山陰，関東臨海，近畿内陸であり，最低が北海道の 255 l/人・日で，次いで，北九州，東北，関東内陸，山陽となっている。上水道事業の月別 1 日平均給水量を見ると，気温の高い夏期に増加し，気温の低い冬期に減少する傾向があるが，近年，その差は小さくなっている。また，給水人口規模別の上水道の 1 人 1 日平均給水量（有効水量ベース）は，かつては給水人口規模による差が大きかったが，近年はその差が小さくなってきている。

2011 年の工業用水使用量は約 465 億 m^3/年（前年比 8.5％減）である。工業用水においては，一度使用した水を再利用する回収利用が進んでいるので，河川水や地下水等から新たに取水する淡水補給量は約 113 億 m^3/年（前年比 3.3％減）で，そのうち河川水が 72％，地下水が 28％である。なお，工業出荷額（名目値）は 285.0 兆円（前年比 1.4％減）である。回収率は水の有効利用と排水規制に対応する必要から向上してきており，地域別には，関東臨海，近畿臨海，山陽，北九州において高く，80％を超える水準で推移している。業種別に淡水補給量を見ると，パルプ・紙・紙加工品製造業 25 億 m^3/年，化学工業 20 億 m^3/年，鉄鋼業 13 億 m^3/年，食料品製造業 11 億 m^3/年となっており，用水多消費3業種で全体の6割を占めている。淡水補給量は地域的にも業種的にも減少傾向または横ばいで推移している。

4.2.2　水需要の予測

水はわれわれの生活に不可欠なものであり，水需給を見通して，水需給に関するリスクを評価し，必要に応じて水資源確保のための対策を行うことは，土木計画上，最も重要なことの一つである。よく使われる将来推計手法は，過去の資料の延長線上で推計するものであるが，2014年7月に国土交通省より発表された「国土のグランドデザイン2050」[4]では，人口フレームや新しい社会構造が提示されており，これに沿った水資源計画を考える場合には，水需要の基本フレームやモデル構築において参考にすることができる。

比較的短期の予測を行う場合，水利用の現況で述べたようにどの用途も横ばいまたは減少傾向であり，全国や広域の地域ベースでは増えそうにない。しかしながら，流域で見る場合，上流の中山間地域の人口減のうち社会減は下流域などの都市域への移動の場合があり，水資源の反復利用でなくなることや，もともと中山間地域が給水区域外のため需要として計上されていなかったものが下流の需要として現れるなどの理由で，都市での生活用水需要を増大させる，またはさせてきた可能性がある。また，都市用水は年間を通じて変動は少ないが，水田灌漑用水や畑地灌漑用水は作物の種類により，需要量が時間的に変化する。上ではおもに年間の水利用について述べたが，河川流域での水資源開発の観点から水需要を考えるには，季節変動等を把握しておく必要がある。一般的に，年間を通して新規取水に対する余裕がある河川は少なく，不足している期間においてなんらかの水資源開発を必要とすることが多い。しかし，水資源開発施設の整備には長期間が必要であるので，遠い将来には需要が減る方向にあるにもかかわらず，短期的には水資源が不足するという非常に悩ましい状況にあり，短期～中長期の水需給を十分検討しておくことが重要である。

〔1〕 農　業　用　水

灌漑用水の基本要素は灌漑面積と作物からの蒸発散量であるので，計画年次における計画灌漑区域および作物など期別の利用方法を想定する必要がある。水田では湛水（たんすい）により下方への浸透が起こる。この浸透量と蒸発散量の和を日当りの水深で表したものが減水深である。水田用水量は，減水深から求められる水田の必要水量から降雨の恩恵（有効雨量：5 mm以上の降雨の8割とされる。上限64 mm）を差し引いた用水量に送水，配水の際のロスを勘案して推定する。一般に灌漑効率は85～90％程度である[5]。水田地帯で還元や反復利用がある場合は，これを考慮する必要がある。植物からの蒸発散量は気温により変化するので，水資源計画への気候変動影響を評価する際にはこれを含めて検討する必要がある。

〔2〕 都　市　用　水

都市用水の需要の基礎となるのは，人口と使用水量である。人口は，コーホート要因法や時系列傾向分析を用いて推定される。前者は，階級別人口ごとに設定した生存率，純移動率，出生率，出生性比を適用して将来年齢層別人口を推計する方法であり，対象地域外との人口移動が少ない場合や，将来の人口移動の把握が容易な地域では高い精度で推計が行える。後者は，実績人口に時間のみを変数とする時系列傾向曲線を当てはめて将来人口を予測する方法である。

将来の使用水量は原則として用途別に推計する。おもな推計手法としては，前述の① 時系列傾向分析による推計，② 重回帰分析（水需要と社会経済要因を結び付ける回帰モデル）による推計，③ 要因別分析（水使用に関連する要因の構造分析）による推計，④ 使用目的別分析（使用目的ごとに将来の需要量を予測）による推計，⑤その他の推計（多変量解析法，システムダイナミックス法など）があり，適用に当たっては，いくつかの手法を比較検討し，より適したものを選定することが重要である[6]。

生活用水のうち家庭用水の大部分は，トイレ，風呂，炊事，洗濯に用いられている。世帯構成人員の変化，生活スタイルの変化，水使用機器の導入，節水機器の開発・導入など，増加要因と減少要因が錯綜しており，複数の手法による十分な検討が必要である。都市活動用水は，飲食店，デパート，ホテル等の営業用水，事業所用水，公園の噴水や公衆トイレなどに用いる公共用水などが含まれ，それぞれの水使用形態が多様であり，説明できるほど簡単でない。複数の手法から適切な方法を選択組み合わせて推計する。観光都市では観光客の動向も考慮する必要がある。

工業用水の淡水補給量は業種ごとに原単位が異なるので，業種ごとに分析する必要がある。新たに大口取水の産業が予定される場合には，個別にヒアリングするなどして需要を予測する。既存の工業用水淡水補給量は，いずれの業種も減少または横ばいである。

4.2.3　水資源量の把握と予測

水需要に対して水供給が不足する場合には水資源開発が必要になる。長期間安定的な需要を満たすには，河川における開発が効率的であるので，河川における水資源開発可能量に焦点を当てる。なお，河川の流水は私権の目的となることができないので，使用目的には公益性が求められる。一般に，河川にはすでに**水利権**（water right）が設定されている場合がほとんどであるので，新たに水利権を得ようとする場合，既得水利権の取水に影響がないようにしなければならない。河川管理者は，河川整備基本方針およびそれに沿った河川整備計画に基づいて河川を総合的に管理しており，おおむね10年に一度生起する規模（30年の記録があれば3位）の渇水においても**正常流量**（normal discharge）が基準点で満足されるよう努めている。正常流量とは，流水の正常な機能を維持していくために最小限必要な維持流量（動植物の生育・生息，漁業，景観，水質の保持，舟運，河口部の塩害の防止，河口閉塞の防止，河川管理施設の保護および地下水位の維持などを総合的に考慮して定める）と基準点より下流の既得水利権流量の和である。したがって，新規利水を可能にするには，**図4.1**に示すように新規利水の流量が基準点で安定的に確保できるよう補給する必要がある。なお，渇水の規模は年間の最小流量ではなく，確保すべき流量を基準点で確保するために必要な補給施設の容量で順位付けする。

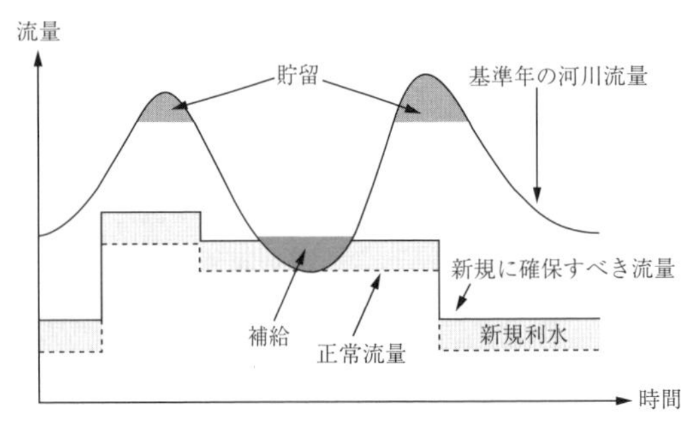

図4.1　貯留と補給と水資源開発の関係

10年しか記録がない場合の最も厳しい渇水と，30年間の3番目の渇水では前者の方が10年確率の値のばらつきが大きくなるので，なるべく長期の記録から10年に一度発生する規模を求める方が望ましい。至近10年で超大渇水を経験している場合には，今後記録が蓄積されてもしばらく最大渇水であり続ける可能性が大きく，このための利水補給の容量は非常に大きくなる。逆に，10年間で最大の渇水が2番目や3番目とあまり変わらない場合は，補給容量は比較的小さくなるが，記録が蓄積された場合に計画は比較的頻度が高い渇水となり，計画を超える渇水に遭遇する可能性が大きい。長期の記録があれば，平均的に10年に一度の事象は内挿で求めることができ，実際に生起した事象として客観的に説明しやすく，水利権実務で用いられてきている。将来の水資源量の評価を気候変動予測情報の降雨資料を用いて検討する場合などでは，最小値の極値分布を適用して水資源量の利水安全度の推定，所定の利水安全度における水資源開発量の推定ができる。洪水の場合は数十年の記録から外挿により100～200年に一度規模の極端現象を想定している。これは，起きたときの被害や社会的影響が非常に大きいので費用便益分析を行い，総合的に対策を検討している。これに比べ，渇水の場合には，従来，節水など互助の精神で関係者が助け合うことにより渇水を乗り切ることができている。

これまでは定常時系列を前提に水資源開発を考えてきたが，長期の降水量の変動特性を見てみる。**図4.2**は，全国155箇所の気象官署の観測開始から2013年までの年降水量と，年最大日降水量の変化傾向を示したものである。中央網掛け部分が統計的に有意とはいえない範囲である。多くの地点のプロットが有意とはいえない範囲にあるが，年降水量は減少気味，年最大日降水量は増加気味の地点が多い。

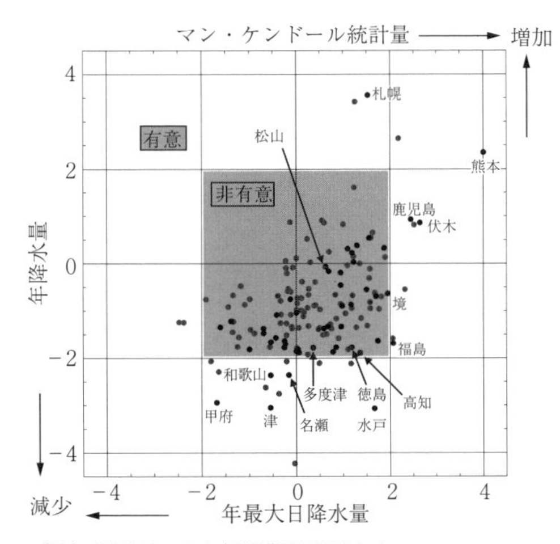

〔注〕観測所により観測期間が異なる。

図4.2　年降水量と年最大日降水量の変化傾向

水利権許可時の利水安全度10分の1は過去の資料で評価されたものであり，将来にわたって保証されているわけではない。気候変動により極端な降雨が増えると懸念されており，水資源開発施設の貯留能力以上の部分は海に流れてしまい，資源として活用することができない。図4.1でわかるように，水資源開発は年間の取水量に相当する容量を確保するわけではないので，豪雨と長期の無降雨の組合せにより，年降水量が減少するよりさらに厳しい状況になる。

ここまで，量を中心に述べてきたが，水資源は本来質と量を兼ね備えるべきである。水質が基準を満足しなければそれをそのまま使うことはできない。また，東日本大震災ではピーク時に230万戸の断水被害が生じている。ユーザーまでつながる水資源でなければ意味がない。供給システムを含めて水資源の安全性や安定性も併せて考える必要がある。　（田中茂信）

4.3　水資源システムの設計と安全度評価

水資源システムとは，人間が自然の水循環系から水の一部を人工の循環系に取り込み，利用に供した後，再び自然の循環系に返すための施設群とその操作方式，およびそれらを規定する社会制度を含む体系である。狭義には，4.1節で述べた水資源施設と取水，配水施設の組合せをいう。

4.3.1　水利用施設群の計画

狭義の水利用システムは，一般に**図4.3**のような構成で捉えることができる[7]。対象地域には水源となる河川があり，ダム貯水池建設の候補地がM箇所，取水施設の候補地がN箇所，需要地がL箇所存在する。このとき，建設すべき貯水池，取水施設の場所および規模を建設費用が最小となるように決定するという問題である。貯水池iによって得られる新規開発水量q_iはその規模v_iと上流に存在する貯水池の規模によって決まると考えられる。すなわち

$$q_i=f_i(v_i,\ V_i),\quad V_i=\{v_j|j\in I_i\}\qquad (i=1,\cdots,M)\qquad (4.1)$$

であり，I_iは貯水池iの上流に存在する貯水池番号の集合である。候補となる貯水池や取水施設には建設しないか，建設する場合，選択し得る規模の範囲が存在するため

$$v_i=0\quad \text{or}\quad v_i^{\min}\leqq v_i\leqq v_i^{\max}\qquad (i=1,\cdots,M)\qquad (4.2)$$

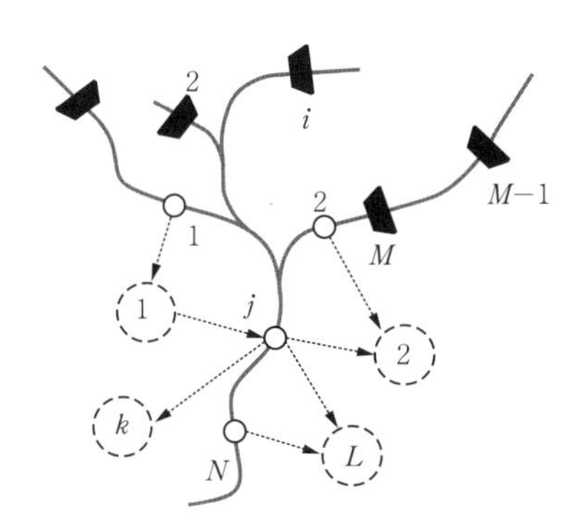

図4.3　大規模水資源システム

$$w_j=0\quad \text{or}\quad w_j^{\min}\leqq w_j\leqq w_j^{\max}\qquad (j=1,\cdots,N)\qquad (4.3)$$

と書ける。ただし，w_jは取水施設jの規模（取水量），$v_i^{\min}$，$v_i^{\max}$，$w_j^{\min}$，$w_j^{\max}$は，それぞれ貯水池i，取水施設jの建設可能な規模の下限および上限を表す。取水施設jのある地点の新規開発水量（取水可能な流量）Q_jは

$$Q_j=\sum_{k\in E_j}q_k-\sum_{k\in H_j}w_k\qquad (4.4)$$

で与えられる。ここで，E_j，H_jは取水地点jより上流に位置するそれぞれ貯水池と取水施設の集合である。地点jにおける流量Q_jは，その地点における取水量をw_j，環境流量をq_j^Mとすると

$$Q_j=\sum_{k\in E_j}q_k-\sum_{k\in H_j}w_k\geqq w_j+q_j^M\qquad (j=1,\cdots,N)\qquad (4.5)$$

を満足しなければならない。さらに，取水地点から需要地域への配水に関しては

$$w_j=\sum_k x_{jk}\qquad (j=1,\cdots,N)\qquad (4.6)$$

$$d_k=\sum_j x_{jk}\qquad (k=1,\cdots,L)\qquad (4.7)$$

を満たす必要がある。ここで，x_{jk}は取水地点jから需要地kに送られる水量であり，d_kは需要地kの水需要量である。

ダム貯水池と取水施設，配水施設（パイプライン）の建設コストは，これら施設を建設しない場合は0であり，建設する場合には規模の関数として与えられ

$$C_i^D=0(v_i=0)\quad \text{or}\quad g_i(v_i)(v_i^{\min}\leqq v_i\leqq v_i^{\max})\qquad (i=1,\cdots,M)\qquad (4.8)$$

$$C_j^W=0(w_j=0)\quad \text{or}\quad h_j(w_j)(w_j^{\min}\leqq w_j\leqq w_j^{max})\qquad (j=1,\cdots,N)\qquad (4.9)$$

$$C_{jk}^S=0(x_{jk}=0)\quad \text{or}\quad e_{jk}(x_{jk})(x_{jk}^{\min}\leqq x_{jk}\leqq x_{jk}^{\max})\qquad (j=1,\cdots,N;\ k=1,\cdots,L)\qquad (4.10)$$

と書くことができる。このとき，建設費を最小にする貯水池，取水施設および排水施設の規模を求めること，すなわち

$$\max_{v_i,w_j,x_{jk}}\left[\sum_{i=1}^{M}C_i^D+\sum_{j=1}^{N}C_i^W+\sum_{j=1}^{N}\sum_{k=1}^{L}C_{jk}^W\right]\qquad (4.11)$$

が目的となる。

以上のように，一般的な水資源システムの計画問題は，式(4.1)から式(4.5)，および式(4.6)から式(4.10)を制約条件とし，式(4.11)を目的関数とする最適化問題として定式化することができる。しかしながら，解を求めるためのアプローチは，対象となるシステムの特性や計画者の方針によってさまざまなものがあり得る。特に，得られた解の最適性を厳密に

求めるのか，システムの挙動の現実性をより厳密に求めるのかによって，アプローチの方法が大きく異なってくる。

解を求める過程の厳密性を追求するためには，上記の問題を数理最適化手法の適用可能な形に変換し，そのアルゴリズムに従って解を探索する必要がある。例えば，式(4.1)で与えられる貯水池容量と新規開発水量の関係や，式(4.8)から式(4.10)のコスト関数を線形式で表現できれば，線形計画法の適用を視野に入れることができる。実際には，決定変数となる施設の規模が，建設しない場合には0，建設する場合にはある範囲内の値をとるという不連続性を有するため，こうしたアプローチでは**混合整数計画法**（mixed integer programming）の適用が有力である[7]。

一方，計画問題を最適化手法に合致するように定式化していくことは，対象の挙動プロセスを単純化して表現することになる。水利用の信頼性は，自然の水循環機構やその不確実性に大きく影響されるため，水循環現象の過度な単純化は現実と乖離した解をもたらしてしまうことにも注意を払わなければならない。例えば，式(4.1)の$f_i(v_i, V_i)$は建設する貯水池の規模とそれによって生み出される新規開発水量の関係を表しているが，現実には，その関係は河川の流況によって異なってくるため，解析的な関数で与えることは困難である。単一のダム貯水池による水資源開発を考える場合には，ダム計画地点の流量と基準地点（取水地点）との流量の観測値を基に補給計算を行い，必要な貯水池容量を求めるマスカーブという方法が用いられる[8]。しかし，対象が複数貯水池・複数取水点から成るような大規模水資源システムの場合には，むしろ全体の挙動をシミュレーションによって把握する必要がある。こうした場合，流出解析やダムの操作，取水と配水を含んだ対象システム中の水の動きを追跡する必要が生じてくる。この場合は，決定変数群の一つの代替案について，計算負荷の高いシミュレーションによって評価を行う必要があるため，解空間の微分可能性などの性質を仮定する最適化手法は適用し難い。こうした求解の困難さに対しては，まず簡略化したシステム記述によって代替案を絞り込み，その後詳細なシミュレーションを行いながら絞り込まれた代替案近傍を探索するという，段階的なアプローチが考えられる[9]。

最近では，上記のような水量確保に関する問題設定にとどまらず，流水の貯留や取水による水質環境に対する影響も計画の評価に含めて考える必要性も高まっている。こうした場合，シミュレーションモデルはさらに複雑化することになる。計算負荷の高まりに対応する方法として，システムの挙動を水文・水理学的に計算する代わりに，**メタモデル**（metamodel）と呼ばれる近似モデルを用いる方法もある。メタモデルとして**ニューラルネットワーク**（artificial neural network）を用いて流量と塩素減衰を表現し，**遺伝的アルゴリズム**（genetic algorithm）によって水配分システムを最適化する試み[10]などが報告されている。さらに，水資源システムの性能を，需要量を満足するだけの水供給の問題としてだけではなく，水供給と気象条件から得られる作物収量を通じて評価し，農業生産計画の策定につなげようとする試み[11]もある。

4.3.2　水資源システムの安全度評価

水資源システムは，自然の水循環の過程から一部の水を人工の循環系に移動し利用するシステムであるため，自然の水循環の持つ変動による影響を受ける。したがって，計画されたシステムが水需要量などの必要要件をいつも満足できるわけではなく，河川の流況が著しく小さい場合には，供給可能量が需要量を下回ることもあり得る。したがって，システムの信頼性は確率的に評価されることになる。わが国の水資源計画では，再現期間10年に相当する低流況の際に式(4.5)で示される需給関係を満足することが基準とされている。この利水システムの対象外力規模は**利水安全度**（safety degree of water supply）と呼ばれる。

利水安全度を超える低流況が発生し，水供給に一時的に欠損が生じた状態が**渇水**（drought）である。渇水は長期にわたることが多く，不足水量だけでなく，その期間も被害を大きく左右する。したがって，水資源システムの安全性を正確に評価するためには，計画基準となる利水安全度だけではなく，さまざまな指標を用いることが必要となる。一方で，渇水被害は洪水被害とは異なり，金銭評価が難しいともいわれている。これは，特に生活用水などの場合，例えば時間給水などに対応して家庭で水の貯留をしたり，入浴を控えたりといった対応行動を価格評価することが難しいなど，その被害形態に起因する性質である。そこで，渇水の強度と継続時間の両方からその影響を指標化することを目的として，不足%・dayと呼ばれる指標E_1が用いられる。

$$E_1 = \sum_{i=1}^{I} \left| \min\left[\frac{q_i - d_i}{d_i},\ 0 \right] \times 100 \right| \qquad (4.12)$$

ただし，q_i, d_iはそれぞれ第i日の取水量，需要量であり，Iは評価対象とする期間（日数）である。また，不足量の割合の方が継続時間よりも社会的影響が大きいともいわれ，そのことを加味した指標E_2もあり，渇水被害関数と呼ばれる[9]。

$$E_2=\sum_{i=1}^{I}\left(\min\left[\frac{q_i-d_i}{d_i},\ 0\right]\right)^2\times100\times d_i \qquad (4.13)$$

ところで，水資源システムを時間とともに状態が変化するダイナミックなシステムと捉える場合，時々刻々の安全度指標として**信頼度**（reliability），**回復度**（resiliency），**深刻度**（vulnerability）が用いられる[9),12)]。信頼度 $S(t)$ は，時刻 t にシステムが必要な基準を満足している確率をいい，時刻 t のシステム状態（例えば取水量）が $x(t)$ で表されるとき

$$S(t)=\Pr\left[x(t)\geqq x^*\right]=\int_{x^*}^{\infty}f\big(x(t)\big)dx(t) \qquad (4.14)$$

で与えられる。ただし，x^* はシステムの状態に対する基準（取水量に対しては需要量），$f\big(x(t)\big)$ は，$x(t)$ の確率密度関数である。深刻度 $V(t)$ は，その時刻にシステムに異常が生じた場合の損害の期待値であり，次式のように与えられる。

$$V(t)=\int\left|\min\left[\frac{x(t)-x^*}{x^*},0\right]\right|^r f\big(x(t)\big)dx(t) \qquad (4.15)$$

回復度 $R(t)$ は，時刻 t にシステムが異常であったとき，次時刻に状態が正常になる条件付き確率であり

$$R(t)=\Pr\left[x(t+1)\geqq x^*\,\middle|\,x(t)<x^*\right]$$

と定義される。こうした指標を用いれば利水システムの時々刻々の状態を把握しながらリスク評価やデザインを行うことができる。指標の算定に際しては，確率特性に従って模擬発生させた多数の流量時系列に対して利水計算を行うモンテカルロシミュレーションのほか，最上流部の流量の確率分布を求め，その分布が貯水池の操作などによって変換されていく様子を遷移確率行列の形で表現する方法[13)]も提案されている。また，ダム貯水池からの利水補給に際して残留域からの流出量を考慮するか否かが，安全度評価に及ぼす影響についての議論もある[14)]。

水資源システムに関するリスク分析には，上記のような利水システムの挙動に基づく評価のほか，降水量や河川流量の時系列特性に着目する方法もあり，その代表的なものとして**渇水持続曲線**[15)]（drought duration curve）が挙げられる。渇水持続曲線は水文時系列の移動平均の年最小値を，再現期間と平均期間長とに対応付けたものであり，日単位の水文時系列データ $q(t)$ が N 年間存在する場合，非超過確率 $k/(N+1)$ に対応する渇水持続曲線 $f_k(m)$ は

$$f_k(m)=k-\text{th}\ \underset{j=1,\cdots,N}{\text{smallest}}\left[\min_{t_1\in j-\text{th year}}\frac{1}{m}\sum_{t=t_1}^{t_1+m-1}q(t)\right] \qquad (4.16)$$

で与えられる。ただし，m は移動平均を考える期間長であり，t_1 は各年の m 日移動平均の最小値を探すための起点である。渇水持続曲線は統計的に貯水池の確保水量を求めることに適しており，渇水調整の意思決定や貯水池の操作に用いられる。

水資源システムに内在するリスクは，水文循環の持つ不確実性だけでなく，水を必要とする社会の側の不確実性にも影響される。こうした点に注意し，水需要構造の変化が将来発生し得るという**強不確実性**（high uncertainty）下において，水利用施設の拡張問題に関するリスク分析を行った事例[16)]も見られる。また，水資源システムを大きな枠組みで捉えれば，例えば，生産拡大を追求した過剰な取水が水環境を悪化させ，悪化した衛生環境が水由来の疾病の増大を招いて人口増加に負のインパクトを与え，それが労働力や需要の減少につながるなど，社会のさまざまなセクターに水資源が関係していることがわかる。**気候変動**（climate change）が社会に及ぼす影響を把握しようとする場合などには，こうしたさまざまな主体間の相互因果関係をひもとく必要があり，**システムダイナミックス**（system dynamics）を用いたアプローチ[17)]が試みられている。

4.4　ダム貯水池システムの計画と管理

ダム貯水池は主要な水資源施設であり，その寿命の長期化や高度な運用によるいっそう高い安全度の実現，流域環境に与える影響の緩和など，今後の水資源計画・管理においても主要なテーマとなる。そこで，ここでは，多目的ダムに特有な費用配分の問題と，操作並びにアセットマネジメントについて解説する。

4.4.1　多目的ダムの容量およびコスト配分

多目的ダム貯水池とは，洪水調節や水道，農業用水，発電など目的を異にする事業主体が共同施設として一つのダムを建設するものである。したがって，貯水容量は計画に従って各用途に配分されることになるが，1年を洪水の発生が想定される時期（**洪水期**（flood season））と，**非洪水期**に分けて容量配分を設定することが多い。**図 4.4** に治水と利水の二つの目的を持つ多目的ダム貯水池の容量配分の例を示す。供用期間中に堆砂によって失われると想定される**堆砂容量**（capacity for sedimentation）を除いた部分が**有効貯水量**（effective capacity）である。堆砂容量の上限が最低水位であり，その上に**洪水期制限水位**（normal water level for flood season）と**常時満水位**（normal water level）が設定される。洪水期には，洪水期制限

4

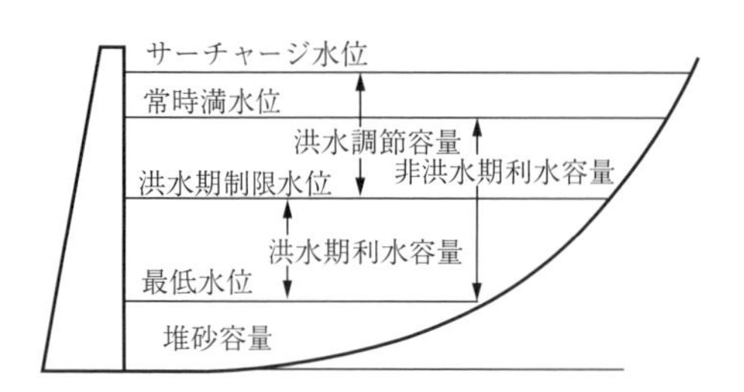

図 4.4　多目的ダム貯水池の容量配分

水位と**サーチャージ水位**（surcharge level）との間の容量を用いて洪水調節を行うことになる。一方，利水補給に使える容量は，洪水期には最低水位と洪水期制限水位の間にあるが，非洪水期には最低水と常時満水位の間に拡大する。なお，洪水期制限水位の下に**予備放流水位**を設けて洪水が予想される場合に事前に水位を低下させ，より多くの容量を洪水調節に供するダムもある。

洪水期制限水位を歴日によって設定するのではなく，洪水が予想される場合に事前に水位を低下させるように運用できれば，洪水期により多くの利水容量を確保することができるが，洪水の予測にはまだ課題も多く，その方法は，4.4.2 項で見るようにいまだ研究途上である。

さて，複数の事業主体が関わるダム貯水池の建設にかかる費用を各主体がどのように負担すべきかという問題はきわめて重要である。わが国の実際の多目的ダム事業においては，電源開発促進法や特定多目的ダム法などで費用配分方法が規定されており，**分離費用身替り妥当支出法**（separable costs-remaining benefits method, SCRB method）が用いられている[18]。いま，一つの多目的ダム事業に n 件の主体が関わるとき，主体 i の分離費用 S_i は，総事業費 C から，主体 i のみがその事業に参加しなかった場合の総費用の差として求められる。事業参加に当たって主体 i はまず S_i を負担しなければならない。通常総事業費は各主体の分離費用の合計より大きく，次式で表される残余共同事業費（非分離費用）が発生する。

$$R = C - \sum_{i=1}^{n} S_i \tag{4.17}$$

そして，R に対する主体 i の負担割合は

$$r_i = \min[B_i, C_i] - S_i \tag{4.18}$$

に応じて決定される。ここで，B_i は主体 i の妥当投資額，C_i は身替り建設費である。妥当投資額は多目的ダム事業に参加した際に，その供用期間中に得られる純便益を現在価値化したもの，身替り建設費は主体 i が単独でダム事業を行った際に必要となるコストを表している。この考え方は，多目的ダム事業への参加者が，まず自らの目的にもっぱらかかる経費（分離費用）を負担し，共通部分に係る経費は，分離費用だけでは各主体がまだ負担していないと考えられるコストの割合に応じて決定しようとするものである。

このほかにも，非分離費用を事業者に均等に割り振る**均等配分型・非分離費用法**（egalitarian non separable cost method）などがある。

一方，こうした実務現場で考案されてきた費用割振り法に対して，理論的公正さを規範とする方法も検討されている。代表的なものは，協力ゲーム理論に基づく考察であり，**仁**（nucleus）や**弱仁**（weak nucleus）による配分法が知られている。また，ゲームの費用関数の特性によって，ゲーム理論による費用割振り法と実務的割振り法が一致する場合があることも見いだされている[19]。　　　　（堀　智晴）

4.4.2　貯水池システムの操作

一般に，治水面や利水面における貯水池システムの効果は，貯水池システムをいかに運用・操作するかによって大きく左右される。それゆえ，計画段階または運用段階において，貯水池システムの操作の合理化を図ることは，水資源管理あるいは河川管理上，非常に重要である。こうした理由から，貯水池システムの操作の設計に当たっては，システムズアナリシスや各種最適化理論など，さまざまな計画理論の援用が検討されてきている。本項では，このうち，特に貯水池システムの最適操作理論を中心に概説する。

〔1〕 概　　要

一般に貯水池システムは，参画する事業者の目的にかなうように河川等の流況を制御することを目的として建設・運用される。その目的は，治水，新規都市用水や灌漑用水の確保，水力発電，正常な河川環境の維持のための用水の確保など，さまざまである。しかし，原則として，貯水池システムの役割は，本来大きく変動し得る自然の河川流況を可能な限り平滑化することであると考えて差し支えない。例えば，治水目的の運用にあっては，出水時に上流河川から貯水池に流入する水量を貯水池にできる限り貯め込み，下流河川へ放流する水量をいかに抑えるかが重要となる。一方，利水目的の運用にあっては，少雨が続くなどして河川の流況が低下し，下流における水需要を満たすほどの自然流況が望めない場合に，それまでの期間に貯水池に貯めた水量を活用しながら，できる限り下流の水需要を満たすよう，流入量に上乗せして放流することが求められる。こうした河川流況の平滑化を，限られた貯水容量を用いて可能な限り効果的に達成することが，貯水池システムに課せられた本質的な役割であ

る。

一方で，貯水池システムが制御の対象とするのは河川流量であり，その源となるのは降水である。気象システムは非常に非線形性の強い複雑なシステムであり，その一部を構成する降水もまた，大きな変動を伴う自然現象である。ゆえに，どの程度の降水がどの時点で発生するかをあらかじめ確定的に知ることは困難である。そのため，貯水池システムの計画・運用時においても，特に将来の降水や河川流量についてあらかじめ知ることは困難であり，こうしたいわばシステムの入力が持つ不確実性への対処が必要となることが，貯水池システムの操作における大きな特徴である。

以上のように，不確実な入力を考えながら，目的に沿う形で河川流量を制御するために貯水池システムは操作されるわけであるが，その操作方式は大きく二つに分けることができる。すなわち，計画操作と実時間操作である。いずれの操作でも，さまざまな制約や不確実性の下で最適な操作戦略を導出することを目的として，数理計画法などの各種計画理論が活用されている。以下では，計画操作と実時間操作に分けた上で，貯水池システムの最適操作理論について述べる。

〔2〕 貯水池システムの計画操作

過去の流況などを参考に，それらが生起した場合における貯水池の最適な操作方式をあらかじめ定めておき，実時間ではその操作方式に従って貯水池の操作を行う方法を，計画操作と呼ぶ。計画操作では，過去に実際に生起した流量系列やその確率的構造を抽出したものを入力として考えながら，原則として入力を既知として最適な操作を決定する。

このうち，最も単純な操作方式としては，固定ルール方式がある。これは，過去の実測データや水文統計解析結果を考慮しながら計画対象とする流況系列を決め，この流況系列に対して最も効果的に貯水池を操作できるよう，操作戦略を設計するものである。貯水池の運用時に実際に生起する流量系列は過去の流量系列とは異なるため，ここで得られた操作戦略に基づいて貯水池の操作を行っても必ずしも最適な操作とはならないが，操作方法が一つに定まり理解しやすく，操作規則として明文化しやすいことなどから，現行の貯水池管理において広く採用されている。例えば，治水操作においては，自然調整方式，一定量放流方式，一定率・一定量放流方式などがあり，実際の貯水池管理において広く採用されている[20]。一方，利水操作においては，過去の流況から逆マスカーブ法などを用いて季節別に必要とされる確保容量曲線[21]を求めておき，これを確保することを目安として貯水池を運用することなどが行われる。また，多目的ダムにおいては，一般に治水や利水，発電といった目的別に貯水容量が管理されることが多いが，過去の統計から季節的に出水が多いと考えられる期間について，出水に備えるため利水・発電容量を小さくし，治水容量を大きく取るために貯水位に上限を設ける制限水位方式も，河川流量の季節変動に対応する方策としてよく採用されており，広義では計画操作に含まれる。

一方，過去に生起した流況系列やその確率構造などを考慮し，これらを既知の入力と考えた上で，数理計画法を用いて貯水池システムの操作の最適化を図る方法も採られる。

〔3〕 貯水池システムの実時間操作

あらゆる場面において計画どおりに貯水池システムの操作ができればよいが，過去とまったく同じ流況が再現することはなく，流況によってはあらかじめ想定した計画操作では対応できない場合がある。そこで，貯水池の実時間操作が必要となる。実時間操作では，時々刻々と得られる降水や貯水池流入量，河川流量といった気象・水文変量の観測値や予測値を考慮しながら，実時間で貯水池システムの操作が決定される。貯水池システムの実時間操作は，大きく型紙方式と適応制御方式に分けることができる。型紙方式では，過去の流況系列などを基にして，代表的な複数の流量系列（シナリオ）に対して，あらかじめ最適な操作戦略（型紙と呼ばれる）を，最適化理論などを用いてそれぞれ求めておき，実時間では観測あるいは予測される流量系列が最も近いと思われるシナリオに対応する操作を実施する方法である。型紙となるシナリオをどの程度用意しておく必要があるのかや，どの型紙に近いのかを判断するための推論手法や，型紙間での操作の移行方法などに課題があるものの[22]，操作戦略の理解しやすさという点で利点があり，さまざまな方法論が提案されている[23]。

一方，適応制御方式では，時々刻々と得られる降水量や河川流量の観測値や予測値に基づいて，貯水池の操作量を逐次決定する。操作量の決定のために各種最適化理論が用いられるが，貯水池への流入量や河川流量に将来の予測値を考えるため，未知の入力を取り扱うことになる。そのため，入力の不確実性をどのように考慮するかが重要な課題となる。また，実時間で最適な操作を決定する必要があるため，最適化計算にかかる計算時間をいかに減らすかが大きな課題となっている。他方で，今後も計算機の性能が向上していくと予想されることから，実時間での操作最適化の有用性がこれから大きくなっていくものと思われる。

〔4〕 貯水池システムの最適操作理論

貯水池システムの操作最適化に用いられる最適化理

論は，線形計画法，非線形計画法，ネットワークフロー最適化モデル，動的計画法，発見的プログラミング，目標計画法などに分類することができる。各理論を適用している事例については，Yeh[24] や Labadie[25] に詳しい。計画操作を中心に，比較的単純な問題に対しては，線形計画法や局所線形問題を考えた非線形計画法などが適用されることもある。しかし，貯水池システムが持つ動的な性質から，特に時間方向の操作水量の分配に関する最適化手法には**動的計画法**（dynamic programming）を用いる場合が多い[26]。以下では，動的計画法を用いた貯水池システムのおもな最適操作理論について記す。

（1） 動的計画法による貯水池操作の最適化 治水や利水といった貯水池システムの運用目的の違いによって，最大化問題となるか最小化問題となるかの差異はあるが，一般的な決定論的動的計画法における貯水池操作の最適化問題を定式化するとつぎのようになる。

まず，目的関数については，いま単一の貯水池を考え，ある期間 T における洪水被害や渇水被害などの最小化問題を考えると，次式のようになる。

$$\min \sum_{t=1}^{T} H_t \tag{4.19}$$

ここで，H_t は第 t 期における操作の評価値である。一般に貯水池の操作は，下流の流況評価地点における河川流量 q_t を基準に行われることが多い。この場合，H_t は q_t の関数と考えることができ，式（4.19）は次式のように読み替えられる。

$$\min \sum_{t=1}^{T} H_t(q_t) \tag{4.20}$$

発電操作などのように，貯水位も評価の対象として重要である場合は，さらに各期の貯水位や貯水量を評価変数に加えるとよい。また，制約条件は，貯水池の物理的制約または操作規則と連続式からつぎのとおりとなる。

$$S_{\min} \leqq s_t \leqq S_{\max} \tag{4.21}$$

$$R_{\min} \leqq r_t \leqq R_{\max} \tag{4.22}$$

$$s_{t+1} = s_t + i_t - r_t - \alpha_t \tag{4.23}$$

ここで，s_t は第 t 期期首における貯水量，r_t，i_t はそれぞれ第 t 期における放流量および流入量，$S_{\min}$，$S_{\max}$ はそれぞれ物理的制約または規則によって定められる最小貯水量と最大貯水量，$R_{\min}$，$R_{\max}$ はそれぞれ物理的制約または規則によって定められる最小放流量と最大放流量，α_t は蒸発や地下への浸透などにより失われる損失水量である。なお，流況評価地点とダム地点との間の残流域流出 o_t を考える場合は，$q_t = r_t + o_t$ であり，流況評価地点がダム直下にある場合など，残流域流出を考える必要がない場合は $q_t = r_t$ となる。

一方，関数漸化式は，一般に状態量に各期の貯水量を考えて，次式のように定義される。

$$\left.\begin{aligned} f_T(s_T) &= \min_{r_T} H_T(q_T) \\ f_t(s_t) &= \min_{r_t} \left\{ H_t(q_t) + f_{t+1}(s_{t+1}) \right\} \quad (t = 1, \cdots, T-1) \end{aligned}\right\} \tag{4.24}$$

ここで，$f_t(s_t)$ は第 t 期から第 T 期までの最適放流時の評価値の積算値である。動的計画法における貯水池システムの最適化問題は，既出の制約条件の下で，$f_t(s_t)$ を第 T 期から第 1 期へと後退しながら順に求めることで解くことができる。すべての期間に対する $f_t(s_t)$ が算出された後，初期貯水量 s_1 と式（4.24）を用いながら，以下の式を $t=1$ から逐次的に用いることによって，各期の最適放流量（最適操作量）r_t^* が一意に決定される。

$$r_t^* = \min_{r_t} \left\{ H_t(q_t) + f_{t+1}(s_{t+1}) \right\} \qquad (t = 1, \cdots, T-1) \tag{4.25}$$

計画操作の場合には，流入量 i_t や残流域流出量 o_t は既知であり，過去の実測値などが用いられる。一方，実時間操作の場合には，将来の流入量や残流域流出量は未知であり，i_t や o_t には実測値の代わりに予測値を用いることになる。

（2） 確率的動的計画法 以上は，入力である流量系列を確定的に取り扱った場合における最適化手順であったが，実際には最適化計算で考えた流量系列がそのまま再現する可能性は小さい。そのため，単一の流量系列を考えるのではなく，過去の観測データや予測値などから推定した流量の確率的構造を考慮しながら貯水池操作の最適化を行いたい場合がある。このとき，**確率動的計画法**（stochastic dynamic programming）がよく用いられる[27),28)]。確率動的計画法では，関数漸化式は一般に次式のように記述される。

$$f_t(s_t) = \min_{R_{\min}^* \leqq r_t \leqq R_{\max}^*} \mathop{E}_{q_t} \left\{ H_t(q_t) + \mathop{E}_{q_t}\left[f_{t+1}(s_{t+1}) \right] \right\}$$

$$(s_{t+1} = s_t + i_t - r_t - \alpha_t) \tag{4.26}$$

ここに

$$\left.\begin{aligned} R_{\min}^* &= \max\left\{ R_{\min}, s_t + i_t - \alpha_t - S_{\max} \right\} \\ R_{\max}^* &= \min\left\{ R_{\max}, s_t + i_t - \alpha_t - S_{\min} \right\} \end{aligned}\right\} \tag{4.27}$$

である。第 t 期における貯水池への流入量が i_t となる確率を $P[i_t]$，ダム貯水池から評価地点までの残流域流出量が o_t となる確率を $P[o_t]$ とすると，目的関数および関数漸化式はそれぞれ以下のようになる。

$$\min_{R_{\min}^* \leqq r_t \leqq R_{\max}^*} \sum_{t=1}^{T} \left\{ \sum_{o_t} P[o_t] \cdot H_t(q_t) \right\} \tag{4.28}$$

$$f_t(s_t)=\min_{R^*_{\min}\leqq r_t\leqq R^*_{\max}}\sum_{o_t}P\left[o_t\right]\cdot\left\{H_t(q_t)+\sum_{i_t}P\left[i_t\right]\cdot f_{t+1}(s_{t+1})\right\}$$

$$(q_t=o_t+r_t)\qquad(4.29)$$

さらに，連続する期の流量の持続性や時系列性を考慮するためには，マルコフ連鎖を用いた確率動的計画法が用いられる[29]。この場合，貯水量だけでなく流入量も状態変数として考え，第 t 期において流入量が i_t であり，第 $t+1$ 期において流入量が i_{t+1} である遷移確率 $P[i_{t+1}|i_t]$ と，同様にして定義される流出量に関する遷移確率 $P[o_{t+1}|o_t]$ を用いて，関数漸化式はつぎのように記述される。

$$f_t(s_t,i_t)=\min_{R^*_{\min}\leqq r_t\leqq R^*_{\max}}\sum_{o_t}P\left[o_{t+1}|o_t\right]\cdot\left\{H_t(q_t)+\sum_{i_t}P\left[i_{t+1}|i_t\right]\cdot f_{t+1}(s_{t+1},i_{t+1})\right\}$$

$$(4.30)$$

この流量の生起確率や遷移確率については，過去の流量データから推定することが多いが，実時間操作にあっては，流量についての**確率予測情報**（stochastic prediction）から算出したものを代わりに用いる場合もある。

また，連続する期の流量の時系列性を陽に考慮したい場合には，状態変数に関する遷移確率を用いる代わりに複数の流況時系列を用いる**サンプリング確率動的計画法**（sampling stochastic dynamic programming, **SSDP**）を考える方法がある。SSDP による貯水池操作の最適化計算では，まず各予測流況系列が実際に発生した場合に見込まれる評価値がそれぞれ算定され，続いてそれらの評価値の期待値を用いて放流の最適化計算が行われる。

$$\min_{R^*_{\min}\leqq r_t\leqq R^*_{\max}}\left\{H_t(q_t)+\underset{n|m}{E}\left[f_{t+1}(s_{t+1},n)\right]\right\}\qquad(4.31)$$

$$f_t(s_t,m)=\min_{R^*_{\min}\leqq r_t\leqq R^*_{\max}}\left\{H_t(q_t)+f_{t+1}(s_{t+1},m)\right\}$$

$$(4.32)$$

ここで，m は流況系列のシナリオ，n は流況系列 m に引き続いて生じる流況系列シナリオである。つぎに，対象期以降にこれらの時系列が実現する確率を基に，評価値の期待値を求め，それらの時系列間の評価期待値を最小とするような放流量を最適放流量とする。計画操作においては，これらの流況シナリオとして過去に実際に生起した流況系列を考えることができる[30]。一方，実時間操作においては，初期値の異なる複数の予測時系列が提供されるアンサンブル予測技術の進展に伴い，アンサンブル水文予測情報によって提供される将来の複数の流況予測系列を流況シナリオとして考える方法も提案されており[31]，今後さらに SSDP の適用事例が増えるものと考えられる。

（3）　不確実性への対応　貯水池システムの操作最適化問題に内在する不確実性に対応するため，上述の確率動的計画法や SSDP のほかにも，さまざまなアプローチが検討されている。例えば，確率的な制約条件を取り扱った確率制約モデル[32]や，確率理論に加えてファジィ理論を導入することで水文量の確率的性質や遷移確率の不確実性を考慮した **FSDP**（fuzzy state stochastic dynamic programming）[33]，意思決定基準の持つ曖昧性を考慮したファジィ動的計画法の適用[34]や Type-2 ファジィ理論の導入などが試みられている[35]。

（4）　貯水池群への拡張　複数の貯水池群から成る貯水池システムの最適操作問題は，基本的には単一の貯水池システムの最適操作問題をそのまま拡張して考えることができるが，特に動的計画法を用いた最適化手法においては，貯水池の数が増えると計算負荷が著しく増大するため，なんらかの工夫が必要となる。例えば，ダム貯水池群の全体システムを，ダム貯水池の配置（直列，並列など）や評価地点との位置関係によって部分システムに分解し，各部分システムの内部で最適化を行い，つぎにその結果を用いて全体システムの最適化を行うことで計算量を減少させる方法が提案されている[36]。また，動的計画法の適用に当たっては，近似解法である **IDP**（incremental dynamic programming）や **DDDP**（discrete differential dynamic programming）を用いて計算量の軽減を図ったり[27]，ファジィ計画法を導入して状態のレベル数の削減により計算負荷を図ることも行われている[37]。また，近年は，必ずしも最適解への収束が約束されているわけではないものの，最適解近傍への合理的な時間での収束が期待される探索的最適化手法が用いられることもあり，貯水池システムの操作最適化への**遺伝的アルゴリズム**（genetic algorithm）などの導入も検討されている[38]。

（5）　評価関数と多目的最適化　貯水池システムの操作目的に対応して，操作最適化に関するさまざまな評価関数が用いられてきている。例えば，治水については，流況評価地点における最大流量や許容流量との比[22]，水供給を伴う利水目的については，流況評価地点における水需要に対する不足水量の関数[39]，発電目的については総発電量や期待発電量[40]などが用いられている。一方，二つ以上の操作目的を評価する場合は，複数の目的の評価関数をなんらかの方法で軽重を付けて結合した総合評価関数を決め，これを最大化または最小化するスカラー最適化と呼ばれる方法が採られる[41]。反対に，個々の目的についての評価関数を結合することなく，複数目的を同時に達成するような解を求めようとするアプローチもあり，代表的

な計算方法に**目標計画法**（goal programming）などがある[42]。　　　　（野原大督）

4.4.3 貯水池システムのアセットマネジメント

〔1〕 **概　　説**

ダムは，数ある社会基盤施設の中でも最も長期間の供用が期待される施設の中の一つである。その理由として，ダム堤体として本来十分な耐久性を有していることに加えて，ダム建設に要する準備期間の長さ，水没に伴う地域社会への影響およびさまざまな自然環境への影響を考慮すれば，使い捨てにせずに，適切な維持管理を行って長寿命化を図る必要がある。

近年，ダム点検整備基準に基づく日常管理における巡視・点検，維持・修繕等に加え，より効果的・効率的に維持管理を行うためダムの長寿命化計画を定め，計画的に維持管理を行うことが進められている。特に，ダム管理者が専門家の意見を聴いて長期的観点から実施するダム総合点検（30年以上経過ダム）が制度化された。また，貯水池の維持管理については，ダムのフォローアップ制度（5年ごと）が実施されている。

ダムのアセットマネジメントについては，耐用年数の短い機械設備等について適用が試みられ，また，水力ダムの劣化診断[43]や，ダムの維持管理費の実態調査[44]が実施されている。通常の維持管理費は，「操作・制御設備関係」が20％強，「放流・取水設備関係」，「営繕その他管理用諸設備関係」および「貯水池対策関係」がそれぞれ10～15％程度と，耐用年数の比較的短い機械設備，電気設備等が維持管理費の中心である[45]。

一方，ダムの長寿命化を実現させるための最大の課題は**ダム堆砂**（reservoir sedimentation）である。一般に，堆砂については，計画上の堆砂容量として100年間の容量を定めている。しかしながら，国土交通省所管の多目的ダムでは，調査対象の約1/4が計画の2倍以上の実績堆砂速度を示しており，堆砂問題が想定以上のスピードで顕在化しつつある。長期的な貯水機能維持の観点では，計画堆砂容量ではなく総貯水容量に対する堆砂速度で評価することも重要である。

適切な堆砂対策の実施による長寿命化は可能であり，ダムの**ライフサイクルコスト**（life cycle cost）を考える上で堆砂対策が重要となる。ダムの堆砂対策を後回しにしないことは，後世に負担を回さない**世代間の衡平**（intergenerational equity）の考え方にとってきわめて重要なポイントである。

以上のように，**耐用年数**（service life）の比較的短い機械，電気設備等の維持管理費の合理化とともに，より長期の課題であるダムの堆砂問題などについてもいまのうちから本格的に取り組んで，長期効用を発揮させるための戦略（＝ダムのアセットマネジメント）が重要となる（**表4.1**参照）。

表4.1　更新期間による施設区分とマネジメント[46]

更新期間	施設等	マネジメントの重点	備　考
短期 数年～数十年	機械設備 電気設備 建築物	点検，整備，補修，更新のトータル費用の低減	サービス水準向上 技術革新対応
長期 数十年～数百年	貯水池(堆砂)	長寿命化 ライフサイクルコストの低減	適切な対策をすれば更新時期は延びる
超長期(不明)	ダム堤体	点検 維持管理費用の低減 リスクアセスメント	適切な管理をすれば，更新が超長期不要となり，更新費用の現在価値が評価できない
偶発的	貯水池法面地すべり 地震対応等	点検 緊急時対応	一定レベルまでは建設時に対応

ここでは，このようなアセットマネジメントの考え方をダム施設に適用する場合の課題について，特に堆砂対策を効率的に推進する観点から解説する。

〔2〕 **アセットマネジメントの堆砂対策への適用**

（1） **ダム堆砂問題の状況**　**図4.5**は，総貯水容量で評価したダム建設後の経過年数別の貯水池堆砂率を示している。戦前に建設されたような経過年数の長い水力発電ダムにおいて堆砂が進行しているダムが数多く見られるが，これら水力発電ダムは，発電形式により堆砂による影響度には相違がある。一方，多目的ダムの中にも堆砂率が20～40％以上となっているダムもある。これらのダムでは，貯水容量の維持が洪水調節をはじめとするダム機能の維持に直結するため，

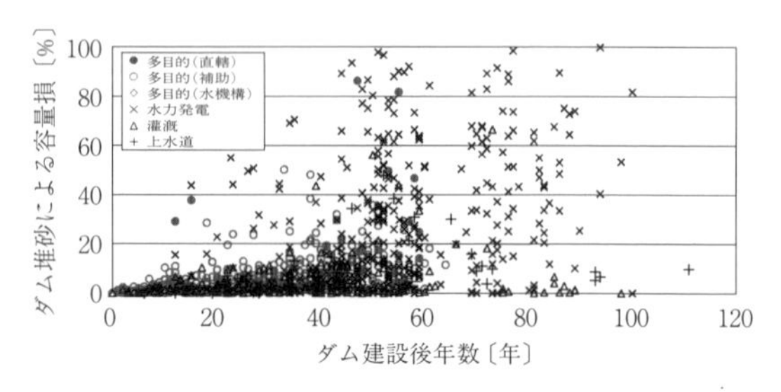

図4.5　日本のダム建設後年数と貯水池堆砂率

堆砂による影響度はより大きい。総貯水容量で評価した貯水池寿命では，1 000 年以上が 34％，500〜1 000 年が 25％，100〜500 年が 34％，100 年以下が 7％となり，平均は 400〜500 年程度となっている。

（2）　堆砂対策を考慮したマネジメントモデル

このようなダム堆砂に対する対策としては，大別すると，貯水池への流入土砂の軽減対策，貯水池へ流入する土砂を通過させる対策，貯水池に堆積した土砂を排除する対策に分けられる。

世界銀行は，持続可能なライフサイクル管理アプローチを目標とした，貯水池維持管理の実現可能性を評価する **RESCON モデル**（RESCON model）を作成しており，政策決定者に対して，持続可能で世代間の衡平を達成できる貯水池管理政策を促進するためのモデルを開発している[47),48)]。

日本では，掘削・浚渫（しゅんせつ）のような応急対策から，排砂バイパスや排砂ゲートのような恒久対策まで，さまざまな堆砂対策が進められてきている。

例えば，長野県西部地震（1984 年）により大規模な土砂が流入した牧尾ダムでは，延べ 9 箇年，約 300 億円の総事業費で，約 548 万 m^3 の堆砂が掘削・除去され土捨場などに運搬・処理された[49)]。

このような場合の堆砂対策の選択には，**費用便益分析**（cost benefit analysis）が行われる。堆砂対策の費用は，おもに掘削費，運搬費，処分費に大別され，大矢らは既往の実績を基に式（4.33）のように運搬距離 L〔km〕に対する単位体積当りの土処理コストとして表した[50)]。

$$C = p \cdot L + q \tag{4.33}$$

ここで，C：土砂処理コスト，大矢らの研究より，$p = 75$(円/m^3)/km, $q = 3\,000$ 円/m^3 である。さらに，これを例えば今後 50 年後に必要となる対策のために毎年積み立てると考えると，毎年の必要額は式（4.34）で表せる。

$$C_r = \frac{C_t \cdot r}{\left\{(1+r)^n - 1\right\}} \tag{4.34}$$

ここで，C_r：毎年必要額，C_t：対策事業費，利子率 $r = 0.04$，積立期間 $n = 50$ 年である。

堆砂処理量が大量になる場合には，排砂バイパスなどのダム改造を伴う恒久的な対策との比較を行う必要がある。なお，一般に 200 年を超えるような将来の投資は，**現在価値**（present value）がほぼゼロとなり評価が困難となるため，角らは，費用評価を 300 年時点の現在価値化した総費用とした[51)]。

（3）　堆砂進行と対策シナリオ　つぎに，堆砂対策実施の最適化を図るためには，堆砂による貯水池機能の劣化曲線（堆砂進行速度）とこれに対する対策メニューの組合せの明確化が必要であり，その際には，大規模な洪水の発生によって堆砂が大きく進むといった堆砂量の確率的な変動も考慮する必要がある[52)]。

いま，堆砂進行による堆砂容量の減少を経年劣化とし，その逆である堆砂空容量を健全度とすれば，時間的な変化を**図 4.6**（a）のように考えることができる。すなわち，当初の想定どおり堆砂が進行すれば 100 年間で計画堆砂容量が失われ，有効容量に食い込み始めることになる。なお，100 年間の途中段階で健全度を回復させるとした場合に除去すべき対象土砂量（一般的なダムを想定）は後になればなるほど増大する。これを限られた期間で処理しようとすれば，技術的難易度，土砂除去に伴う運用停止期間，コストおよび大量の土砂を搬出・輸送・処理するための環境負荷が増大することになる。

健全度＝堆砂空容量
1 年　10 年　30 年　100 年（大改修）
堆砂量増大
計画堆砂容量
有効容量
時間
対象土砂量：1〜数万　10 万　数 10 万　100〜500 万
技術的難易度大
運用停止期間大
コスト大
環境負荷大

（a）　堆砂による劣化曲線および対策難易度

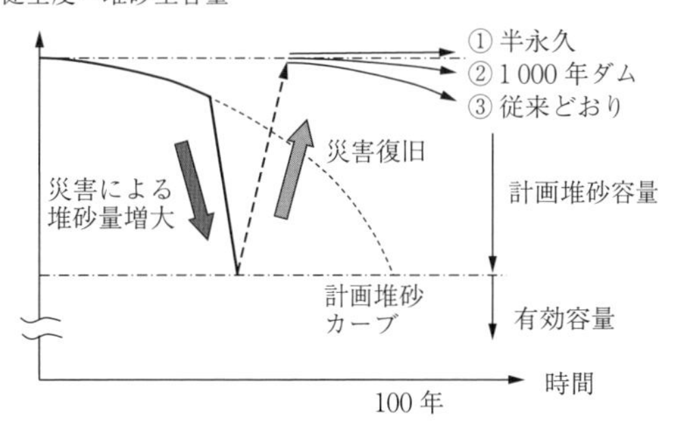

（b）　災害による堆砂進行と対策シナリオ

図 4.6

現在，先述の牧尾ダムのように大規模洪水や地震による堆砂量の急激な増加に伴って計画堆砂量が早期に失われたために，これを回復させる緊急堆砂対策（大規模掘削）が行われている事例が見られる。これを模式的に表したものが図4.6（b）である。なお，大規模対策後は，従来どおりの速度で再び堆砂を進行させてしまう（③）のではなく，本格的な堆砂対策を講じて従来よりも大幅に堆砂進行速度を低下させる（②）ことを目指す（長寿命化ダム＝1 000年ダム）必要がある。

〔3〕 ダムのアセットマネジメントの課題

ダムのアセットマネジメントを進めるための今後の課題として，1）大改修時のバックアップシステムの整備，2）堆砂対策実施に対するインセンティブの付与，3）ダムの資産評価と**インフラ会計**（infrastructure accounting）の整備，の3点が挙げられる。

1）に関しては，ダム群によるアセットマネジメントの一例として，新規ダムの「長寿命化容量」をベースにダム堆砂対策をローテーションで実施する計画が淀川水系木津川上流で進行中である。ここでは，各ダムの利水運用を一時的に休止して「リフレッシュダム」として位置付け，貯水位を一部低下させてダム湖内に堆積した土砂を陸上掘削することにより貯水容量の維持に努める構想である[53]。

このような考え方は，公共交通機関やライフラインなどの，休止が認められない高度な社会インフラの維持管理・更新の実現に大きな示唆を与えるものと考えられる。同様な考え方は，長崎水害を契機に，新規の多目的ダムの建設により確保された利水容量をベースに，ダム群全体としてダムの機能を低下させずに歴史的水道ダムのリニューアルを行った「長崎水害緊急ダム事業」にも通じる重要な考え方である[54]。

2）は，堆砂対策を早期に実施することのメリットをいかに管理者に意識させるかである。貯水機能の長期化による「**水資源**（water resources）（ダム自体）の視点」だけではなく，堆砂対策と河川・海岸の環境保全の連携による「流砂系総合土砂管理の視点」，さらに，従来からも実施されてきた堆砂の骨材利用などによる「資源リサイクルの視点」も重要である。ここでは，規制緩和や利用促進制度の創設（公共事業で一定量を必ず使用させる）や官民共同プロジェクトも進める必要があるとともに，ダムの長寿命化に加えて，環境改善や資源リサイクルなど多岐にわたる総合的な費用便益分析手法の確立が重要である[55),56]。

3）は，逆に対策を先送りすることのデメリットを意識させるための仕組み作りであり，ダムの資産評価とインフラ会計の整備が急務である。これには，本来実施すべき補修（負債）を先送りしていることを明示可能な**繰延維持補修会計**（deferred maintenance and repairs accounting）の導入が有効である。

（角　哲也）

4.5　水資源環境システムの管理計画

水資源に直接関わる陸水域の生態系には，河川生態系，湖沼生態系，汽水域生態系，そして地下水生態系などがある。これらは，それぞれ独立に存続しているのではなく，互いに影響を及ぼし合っているため，水資源環境システムの管理計画に際しては，これらの生態系を含む流域を統合的に検討する必要がある[57]。しかし，現状の水資源計画においては，流域スケールの**統合的水資源管理**（integrated water resources management）には至っておらず，個別生態系における局所対応に終わっているのが現状である。本節では，水資源環境の管理計画の現状と課題をまとめた上で，今後の水資源環境システムの管理計画の在り方についてまとめる。

4.5.1　水資源環境管理の現状と課題

〔1〕 水資源環境の現状と課題

水資源環境システムを構成する生態系は，**図4.7**のように階層的に構造化されている[58),59]。すなわち，流域の源流から河口までの流程ごとに河川生態系，湖沼生態系，汽水域生態系，地下水生態系が階層的に配置されおり，それらの組合せがシステム全体の特性を決定している[60]。さらに，現状の水資源環境システムは砂防堰堤，各種ダム，河道整正，堤防，護岸，取水堰堤，灌漑用排水路，河口堰，防潮水門，防潮堤，導流堤，地下水揚水などの人為影響下にある（図4.7（b）参照）。例えば，**氾濫原**（flood plain）に位置する河跡湖の生物相や物質循環は，原生状態では洪水時の撹乱によって規定されるが，連続堤防による氾濫の停止により**湿性遷移**（mesic succession）が進行する。このような湖沼環境を好適に管理するためには，遷移を適切な段階にとどめておくための撹乱体制を人為的に計画する必要がある[61]。一方，原生の氾濫原環境に適応した生物は，現状の人為影響下では，堤外のワンドや高水敷のタマリなどの水域に生息地が限定されている。このため，河川環境の保全対策として，ワンドやタマリの造成や一定レベルの撹乱を生じる流況管理が行われているのが現状である[62]。しかし，上記のような対策では，本来の生息地の条件を維持することが難しく，各地で希少種の絶滅と**生物多様性**（biodiversity）の低下を生じている[63]。こうした現状

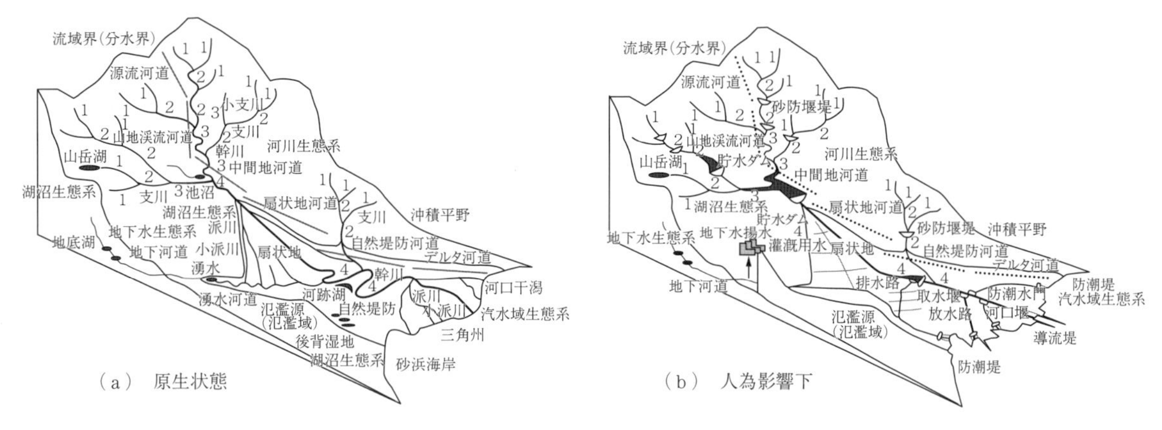

図 4.7　水資源環境システムを構成する水域生態系類型概念図

を改善するためには，河川と河跡湖の連続性を復活させることによって，河跡湖に洪水時の攪乱を波及させる対策が必要となる。すなわち，軽減の困難な人為インパクトについては，水資源環境システムの管理計画に撤去などの自然再生手段も含めて検討することが求められる[61]。ただし，たとえ河川と河跡湖の連続性が再生されたとしても，当該生態系に不可欠な地下水の湧出環境や水質環境などの条件を整えるには，また別の対策が必要となる。このような現状において好適な水資源環境を形成・維持するためには，図 4.7 の各生態系における現状を分析し，保全や再生の環境目標[64]を明確にした上で，水域の連続性，流況や位況，土砂動態，水質負荷などの境界条件を各種防災・水利用の要請と併せて統合的に検討する場が必要となる[65]。

〔2〕　環境関連法の現状と課題

わが国で水資源環境システムを管理する行為は，なにがしかの法律に基づいて計画・実施される。したがって，上述のような統合的な管理計画を実現させるためには，さまざまな主体が各自基盤とする法律を適切に解釈し環境目標[64),66)]に向けた活動実施へ有機的に結び付ける必要がある。

表 4.2 に示すように，水資源環境に関わる法律は，1970〜1980 年代には公害防止の必要性からおもに水質汚染・汚濁を規制するものであった。その結果，国内の陸水域の水質は 1990 年代以降大きく改善され各地で水生生物が回復しつつある[67]。一方，1990 年代には地球温暖化や酸性雨などの地球環境問題の顕在化により，生態系の果たす役割が再認識され，生物多様性条約と気候変動枠組条約の批准によって，生物多様性国家戦略に基づく法整備をすることが義務付けられた。このため，1997 年の河川法を皮切りに，海岸法，農業基本法，環境基本法などがつぎつぎに改正され，自然再生推進法，特定外来生物法，生物多様性基本法などが新たに制定された。これら一連の法改正は，環

表 4.2　水資源環境に関わる法律の変遷
（日本生態学会編（2012）[63] を改変）

年代	年	事項
1970	1968	大気汚染防止法
	1970	水質汚濁防止法・海洋汚染防止法・農用地汚染防止法
	1972	国連人間環境会議（ストックホルム）人間環境宣言
	1972	国連環境計画（UNEP）設立
1980	1973	瀬戸内海環境保全特別処置法
	1982	UNEP ナイロビ宣言
1990	1984	湖沼水質保全特別処置法（湖沼法）
	1990	多自然型河川通達，河川水辺の国勢調査開始
	1992	国連環境開発会議（地球サミット）生物多様性条約署名
	1993	環境基本法　気候変動枠組条約署名
	1995	第一次生物多様性国家戦略
	1996	米生態学会の健全な生態系管理勧告
	1997	河川法改正，環境影響評価法公布
2000	1999	海岸法改正，食料・農業・農村基本法
	2001	森林・林業基本法，UNEP ミレニアム・エコシステム・アセスメント
	2002	第二次生物多様性国家戦略，釧路湿原の自然再生事業開始
	2003	自然再生推進法
	2005	外来生物法
	2007	第三次生物多様性国家戦略，戦略的環境アセスメント導入ガイドライン
2010	2008	生物多様性基本法
	2010	生物多様性条約第 10 回締約国会議（COP10）
	2011	環境影響評価法改正（事業実施前の配慮事項）
	2014	水環境基本法

境保全を公共事業の目的に位置付けるためのパラダイム転換であり，水資源環境においても生態系保全が求められるようになった。

ただし，個々の法律の所轄となる行政部局が縦割りとなっているために，水資源環境システムの統合的管理計画の策定や事業化の妨げとなっている[68]。2014年に施行された水循環基本法では，「健全な水循環」を「人の活動と環境保全に果たす水の機能が適切に保たれた状態での水循環」と定義し，水循環基本計画の策定に当たって「流域として総合的かつ一体的な管理」を求めている。したがって，今後はこの目的達成のために，地域間や行政間が連繋した計画策定できるかどうかが問われている[69]。

また，1997年に施行され2000年に改正された環境影響評価法についても，各種事業における環境影響評価や環境対策が個別事業に終始し，時空間的な連繋を欠く問題がある[70]。この問題解決に向けて，2010年には**戦略的環境アセスメント**（strategic environmental assessment, **SEA**）導入ガイドラインが策定された。これにより，地域の環境特性や環境目標との整合性の観点から環境影響を評価する仕組みが導入されている[71]。

4.5.2　水資源環境システムの管理計画

以上のような水資源環境管理の現状把握に基づいて，本節では今後の水資源環境システムの管理計画について基本的な考え方ならびに事業の進め方について論じる。

〔1〕 水資源環境管理計画の基本的考え方

環境保全目的の管理計画策定において，これまで生態学的な最適解は，農業，工業，公園，運輸交通，商業等の水資源利用とコンフリクトを生じると捉えられがちであった。特に1997年以前には，環境は人の生命や財産に比べて軽いものであり，防災や利用の要請に対していわば配慮すべき事項でしかなかった。しかし，1997年以降の一連の法改正によって環境保全とのコンフリクトの落としどころを探ることが事業に求められてきた[72]。しかも，水資源環境管理計画においては，環境の要請は必ずしも対立図式になるとは限らないことを強調したい。2011年の東日本大震災や紀伊半島大水害は，われわれに災害を軽減するためにこそ，自然攪乱を許容する土地利用や国土管理が必要であることを知らしめた。減災のための防護帯を，生態系サービスの持続的享受のための場に位置付けることができれば，減災や利水事業と環境保全や自然再生とで共通の目標を見いだすことができる。これからの水資源環境管理計画においては，単目的の事業として位置付けるのではなく，計画アセスメントの考え方をさらに進めて，「地域の水資源環境目標に照らして個別事業が貢献できる役割を検討する」という考え方を基本にする必要がある。

〔2〕 水資源環境管理計画の進め方

流域の「健全な水循環」に基づいて，減災と水資源利用ならびに流域の生態系サービスを持続的に享受していくためには，各種制度や法律の整備を進めることも必要となる[1]。これは一種の社会変改ともいえる。したがって，水資源環境管理の目標についても「自然の仕組みに根ざしたわれわれ自身のライフスタイルの再生」といった社会全体に共通する目標を掲げるとよいだろう。そうすることによって，減災・防災，水利用，環境保全のいずれの目的においても，自然の仕組みを生かす手段を同じ土俵で検討することができる。

計画策定に際しては，具体的な地域の将来像について，多様な関係者が意見交換を通じて互いに教育・啓発・合意形成への努力を続けていく必要がある。そのためには，計画策定段階から，関係者各団体が対等に参加できる協議会を設けた上で，順応的な管理体制・管理計画を作り，実施していくことが重要である。

また，人為影響によって変容した流域の水循環や生態系が個別事業によって変化する結果については，必ずしも予測どおりになるとは限らない。したがって，基本計画や実施計画を固定的に捉えず，数年ごとに変更や見直しの機会を設けることも望まれる。

（竹門康弘）

引用・参考文献

1）　例えば，ジョン・W・ジョンソン著／京都大学防災研究所水管理と社会制度研究会訳：アメリカ合衆国水法への招待，p.282，日本評論社（2013）
2）　Hassing, J., Ipsen, N., Clausen, T.J., Larsen, H., and Jorgensen, P.L.：Integrated Water Resources Management in Action, The United Nations World Water Assessment Programme（2009）
3）　国土交通省Webページ：平成26年版日本の水資源 http://www.mlit.go.jp/mizukokudo/mizsei/mizukokudo_mizsei_fr2_000012.html（2016年4月現在）
4）　国土交通省Webページ：国土のグランドデザイン2050 http://www.mlit.go.jp/kokudoseisaku/kokudoseisaku_tk3_000043.html（2016年4月現在）
5）　ダム技術センター：多目的ダムの建設－平成17年版，第1巻計画・行政編，p.283，ダム技術セン

ター（2005）

6) 日本水道協会：水道施設設計指針，p.808，日本水道協会（2012）

7) 中川芳一：水資源の開発・配分計画に関するシステム論的研究，京都大学学位論文（1984）

8) 例えば，中澤弌仁：水資源の科学，pp.74～79，朝倉書店（1991）

9) 池淵周一：水資源工学，pp.136～137，森北出版（2001）

10) Broad, D.R., Dandy, G.C., and Maier, H.R.：Water Distribution System Optimization Using Metamodels, J. Water Resources Planning and Management, Vol.131, ASCE, pp.172～180（2005）

11) 岡本一真，吉弘昌史，堀 智晴，野原大督，Nazrul I. KAHN：水資源の変動を考慮した作物生産最適管理モデル，土木学会論文集B1（水工学），Vol.71，No.4，pp.I_1351～I_1356（2015）

12) Hashimoto, T., Stedinger, J.K., and Loucks, D.P.：Reliability, Resiliency and Vulnerability Criteria for Water Resources System Performance Evaluation, Water Resources Research,Vol.18 No.1,pp.14～20（1982）

13) 池淵周一，小尻利治，飯島 健：利水システムの安全度評価に関する研究，土木学会論文集，第381号，Ⅱ-7，pp.91～100（1987）

14) 岡田憲夫，多々納裕一：地域水利用システムの信頼性評価－渇水に対する信頼性をどのようにモデル化するか－，オペレーションズ・リサーチ，Vol.35，No.4，pp.201～205（1990）

15) 吉川秀夫，竹内邦良：渇水持続曲線の性質とその応用，土木学会論文報告集，第234号，pp.61～71（1975）

16) 岡田憲夫：強不確実性下の水利用施設の拡張計画問題に関するリスク分析，京都大学防災研究所年報，第28号B-2，pp.1～10（1985）

17) 小尻利治：水資源工学，pp.35～50，朝倉書店（2006）

18) 水文・水資源学会編：水文・水資源ハンドブック，pp.475～494，朝倉書店（1997）

19) 岡田憲夫，谷本圭志：多目的ダム事業における慣用的費用割振り法の改善のためのゲーム論的考察，土木学会論文集，No.524 Ⅳ-29，pp.105～119（1995）

20) 小尻利治：10.3.4 水資源実管理システムの実際，水文・水資源ハンドブック，pp.306～309，朝倉書店（1997）

21) 許士達広，下田 明：確率曲線を用いたダムの利水運用および計画の最適化（I），水文・水資源学会誌，Vol.8，No.3，pp.284～296（1995）

22) 高棹琢馬，瀬能邦雄：ダム群による洪水調節に関する研究（I）－DPの利用とその問題点－，京都大学防災研究所年報，Vol.13，No.B，pp.83～103（1970）

23) 例えば，辻本善博，萩原良巳，中川芳一：確率分布をもった型紙による渇水期貯水池群操作，第23回水理講演会論文集，pp.263～268（1979）

24) Yeh,W.W-G.：Reservoir Management and Operations Models：A State-of-the-Art Review, Water Resour. Res., Vol.21, No.12, pp.1797～1818（1985）

25) Labadie, J.W.：Optimal Operation of Multireservoir Systems：State-of-the-Art Review, Journal of Water Resources Planning and Management,Vol.130,No.2, pp.93～111（2004）

26) 池淵周一：ダム操作，オペレーションズ・リサーチ，1988年9月号，pp.447～451（1988）

27) Nandalal, K.D.W. and Bogardi, J.J.：Dynamic Programming Based Operation of Reservoirs－Applicability and Limits－, Cambridge University Press, New York, p.130（2007）

28) Nohara,D. and Hori,T.：Impact analysis of stochastic inflow prediction with reliability and discrimination indices on long-term reservoir operation, Journal of Hydroinformatics,Vol.16,No.2, pp.487～501（2014）

29) Loucks,D.P., Stedinger,J.R., and Haith,H.A.：Water Resources Systems Planning and Analysis, Prentice-Hall, Englewood Cliffs, New Jersey,p.559（1981）

30) Kelman,J. and Stedinger J.R.：Sampling Stochastic Dynamic Programming Applied to Reservoir Operation, Water Resources Research, Vol.26, No.3, pp.447～454（1990）

31) Faber,B.A. and Stedinger,J.：Reservoir optimization using sampling SDP with ensemble streamflow prediction（ESP）forecasts,Journal of Hydrology,Vol.249,pp. 113～133（2001）

32) Takeuchi,K.：Chance-constrained model for real-time reservoir operation using drought duration curve,Water Resources Research,Vol.22,No.4, pp.551～558（1986）

33) Mousavi,S.J., Karamouz,M., and Menhadj, M.B.：Fuzzy-state stochastic dynamic programming for reservoir operation, Journal of Water Resources Planning and Management,Vol.130,No.6,pp.460～470（2004）

34) 高棹琢馬，椎葉充晴，堀 智晴：渇水時貯水池操作における意思決定基準の曖昧性と流量予測精度との相互関係分析モデルの構築，京都大学防災研究所年報，Vol.38，No.B-2，pp.365～380（1995）

35) 堀 智晴，椎葉充晴：Type-2ファジィ集合を用いた渇水時貯水池操作意思決定機構の不確実性分析モデル，京都大学防災研究所年報，Vol.41，No.B-2，pp.109～117（1998）

36) 高棹琢馬，池淵周一，小尻利治：水量制御から見たダム群のシステム設計に関するDP論的研究，土木学会論文報告集，241，pp.39～50（1975）

37) Jairaj, P.G. and Vedula, S.：Multireservoir Sytem Optimization using Fuzzy Mathematical Programming, Water Resources Management, 14, pp.457～472（2000）

38) Ponnambalam, K., Karray,F., and Mousavi, S.J.：Minimizing variance of reservoir systems operations

benefits using soft computing tools, Fuzzy Sets and Systems, 139, pp.451～461（2003）
39）例えば，池淵周一，小尻利治，宮川裕史：中長期気象予報を利用したダム貯水池の長期実時間操作に関する研究，京都大学防災研究所年報，第33号，B-2，pp.167～192（1990）
40）例えば，Georgakakos, A.P. and Marks, D.H.：A New Method for Real-Time Operation of Reservoir Systems, Water Resour. Res., Vol.23, No.7, pp.1376～1390（1987）
41）Ikebuchi, S. and Kojiri, T.：Multi-Objective Reservoir Operation Including Turbidity Control, Water Resources Bulletin, Vol.28, No.1, pp.223～231（1992）
42）Foued, B.A. and Sameh, M.：Application of goal programming in a multi-objective reservoir operation model in Tunisia, European Journal of Operational Research, 133, pp.352～361（2001）
43）片岡幸毅，梅崎昌彦，木村哲也：関西電力における水力土木施設劣化診断の運用，電力土木 No.322，pp.23～27（2006）
44）金銅将史，川崎秀明：ダムの維持管理コストとライフサイクルマネジメント：土木技術資料 45-6，pp.46～51（2003）
45）金銅将史，谷田広樹，川崎秀明：ダムの維持管理コスト，ダム技術，No.204，pp.52～53（2003）
46）小林潔司，角 哲也，森川一郎：堆砂対策に着目したダムにおけるアセットマネジメントの適用性検討，河川技術論文集，第13巻，pp.65～68（2007）
47）The World Bank：Reservoir Conservation Volume I The RESCON Approach（2003）
48）角 哲也，井口真生子：RESCONモデルを用いたフラッシング排砂の適用性検討について，ダム工学，Vol.15，No.2，pp.92～105（2005）
49）愛知用水総合事業部：愛知用水二期事業の牧尾ダム堆砂対策について，水とともに，p.4（2007）
50）大矢通弘，角 哲也，嘉門雅史：ダム堆砂リサイクルのコスト分析とPFIによる事業化検討，ダム工学，Vol.13，No.2，pp.90～106（2003）
51）角 哲也，森川一郎，高田康史，佐中康起：木津川上流ダム群を対象とした堆砂対策手法に関する検討，河川技術論文集，第13巻，pp.59～64（2007）
52）角 哲也：堆砂対策に着目したダムのアセットマネジメント，河川，8月号，pp.30～34（2008）
53）小林潔司，角 哲也，山口健一郎，高田康史：「N+1」ダムによる水資源開発ダム群の長寿命化検討，河川技術論文集，第14巻，pp.247～252（2008）
54）角 哲也，岡林隆信：ダムのアセットマネジメント－長崎大水害を踏まえたダム群再開発「長崎方式」の先進性－，土木学会誌，Vol.100，No.3，pp.54～57（2015）
55）富田邦裕，角 哲也，渡邊 守：河川における総合土砂管理の経済評価－矢作川におけるダム長寿命化と環境改善を組み合わせた費用便益評価－，河川技術論文集，第16巻，pp.529～534（2010）
56）伴田 勝，角 哲也：土砂資源マネジメントの観点によるダム堆砂リサイクル事業の検討，河川技術論文集，第15巻，pp.247～252（2009）
57）和田英太郎監修：流域環境学　流域ガバナンスの理論と実践，p.564，京都大学学術出版会（2009）
58）Frissell, C.A., Liss, W.J., Warren, C.E., and Hurley, M.D.：A hierarchical framework for stream habitat classification: viewing streams in watershed context. Environmental Management 10, pp.199～214（1986）
59）Wohl, E.：Rivers in the landscape, Science and management, Willy Blackwell, p.318（2014）
60）楠田哲也，山本晃一監修：河川汽水域　その環境特性と生態系の保全・再生，p.353，技報堂出版（2008）
61）日本生態学会編：自然再生ハンドブック，p.264，地人書館（2010）
62）日本魚類学会自然保護委員会編：絶体絶命の淡水魚イタセンパラ　希少種と川の再生に向けて，p.265，東海大学出版会（2011）
63）日本生態学会編：生態学入門第2版，pp.227～263，東京化学同人（2012）
64）中村太士，辻本哲郎，天野邦彦監修：川の環境目標を考える－川の健康診断－，p.122，技報堂出版（2008）
65）芦田和男，江頭進治，中川　一：21世紀の河川学　安全で自然豊かな河川を目指して，p.265，京都大学学術出版会（2008）
66）畠山武道，柿澤宏昭編著：生物多様性保全と環境政策，p.421，北海道大学出版会（2006）
67）環境省：第5章　生物多様性の保全及び持続的な利用，平成27年版　環境・循環型社会・生物多様性白書（PDF版），pp.141～184，環境省（2015）
68）琵琶湖淀川の流域管理に関する検討委員会：琵琶湖淀川のこれからの流域管理に向けて　提言，p.50，滋賀県（2011）
69）渡辺暁彦：水循環基本法の成立と課題－転換期にある水法と水行政の行方－，滋賀大学環境総合研究センター研究年報，12，pp.37～54（2015）
70）原科幸彦：環境アセスメントとは何か－対応から戦略へ　岩波新書，p.210，岩波書店（2011）
71）計画段階配慮技術手法に関する検討会：計画段階環境配慮書の考え方と実務－環境アセスメント技術ガイド，p.216，成山堂書店（2015）
72）萩原良巳，坂本麻衣子：コンフリクトマネジメント　水資源の社会リスク，p.264，勁草書房（2005）

5. 防　災　計　画

5.1　防災計画と土木計画学

5.1.1　防災計画の定義

わが国の**防災計画**（planning of disaster prevention, disaster prevention planning）の体系は，**図 5.1** に示すように，国レベルの総合的かつ長期的な計画である**防災基本計画**（master plan for disaster prevention）と地方レベルの都道府県および市町村の地域防災計画から構成されている。さらに，2013（平成 25）年の災害対策基本法の改正により，「地区防災計画制度」が創設され，必要に応じて市町村地域防災計画に，一定の地区の居住者および事業者（以下，「地区居住者等」）が行う地区防災計画を位置付けることができるようになった。

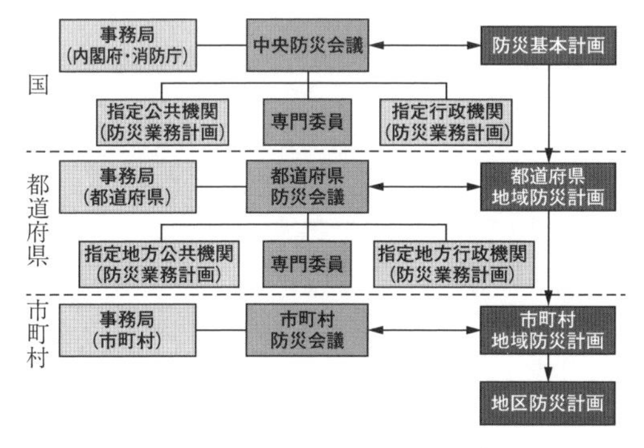

図 5.1　わが国の防災計画の体系

いずれの階層における「防災計画」も，基本的には，「災害予防」，「災害対応」，「災害復旧・復興」とから構成される施策体系を含んでいる。

「防災基本計画」を参照しながら，土木計画学との関わりにおいていかなる課題が存在するのか考えてみたい。現行の防災基本計画では，「第 2 章　防災の基本理念及び施策の概要」において，防災を「災害が発生しやすい自然条件下にあって，稠密な人口，高度化した 土地利用，増加する危険物等の社会的条件をあわせもつ我が国の，国土並びに 国民の生命，身体及び財産を災害から保護する，行政上最も重要な施策である」と位置付けた上で，「災害の発生を完全に防ぐことは不可能であることから，災害時の被害を最小化し，被害の迅速な回復を図る『減災』の考え方を防災の基本理念とし，たとえ被災したとしても人命が失われないことを最重視し，また経済的被害ができるだけ少なくなるよう，さまざまな対策を組み合わせて災害に備え，災害時の社会経済活動への影響を最小限にとどめなければならない。」としている。さらに，「防災には，時間の経過とともに災害予防，災害応急対策，災害復旧・復興の 3 段階があり，それぞれの段階において最善の対策をとることが被害の軽減につながる」とし，各段階における基本理念と実施すべき施策の概要を示している。

図 5.2 に災害マネジメントサイクルと防災計画との対応を示す。この図は，災害の発生時点を基準に，災害の発生前，発生後の各時点において実施されるべき，活動を整理したものである。災害発生前には，つぎなる災害に向けた災害の抑止・軽減方策の実施に関わる意思決定や，災害対応への事前準備（災害予防）が必要となる。一度，災害が発生すれば，まずは，救助救援活動をはじめとした緊急事態への対応（災害対応），被災の経験を踏まえた復旧・復興（災害復旧・復興）が必要となる。その上で将来の災害に備えた災害予防に関わる意思決定と実施などへと時間の経過とともにつぎつぎと施策が立案実施されていくことになる。

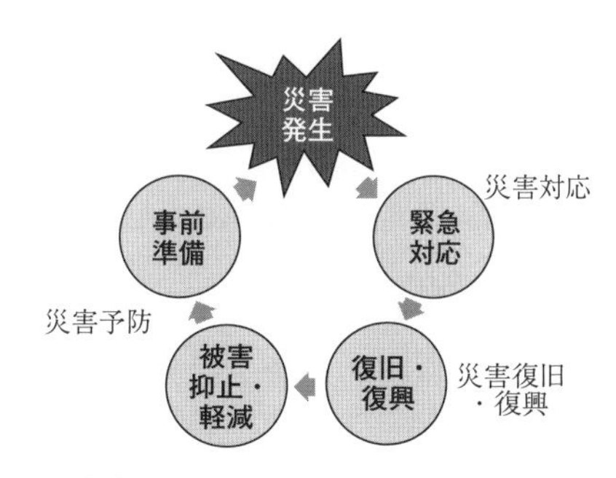

図 5.2　災害マネジメントサイクルと防災計画との対応

土木計画学は，実践科学としてこれらの施策決定の根拠を与えるための実証的根拠を提供するとともに，政策決定のプロセスの改善にも寄与するものである。本節では，後に議論する個々の施策ごとの計画（5.2 節：災害予防計画，5.3 節：災害対応計画，5.4 節：

災害復旧・復興）に関する検討に先立ち，個別の計画に包含されない一般的な原則と計画プロセスに関する議論を進めたい。

5.1.2 自然災害リスクの特性と防災計画構成上の留意点

〔1〕 自然災害リスクの構成要素[1)]

地震や台風，豪雨等の自然現象の発生は必ずしも災害をもたらすわけではない。それ自体は単なる自然現象であるが，われわれはこれらの自然現象の発生が被害を引き起こして初めて災害として認知するようになる。

災害を引き起こす自然現象を**災害誘因**（hazard）という。地震や台風，豪雨等，災害誘因が発生したところに，人口・資産といった被害対象（**暴露人口・資産**（exposure））が存在しており，かつ，それらが災害誘因に対して脆弱である，すなわち**脆弱性**（vulnerability）を有するという条件が重なることが，これらの災害誘因が単なる自然現象から災害へと変化する条件である。したがって，このような暴露人口・資産（exposure）や脆弱性の制御が，災害による損失を軽減するための鍵であると考えられる（**図 5.3** 参照）。

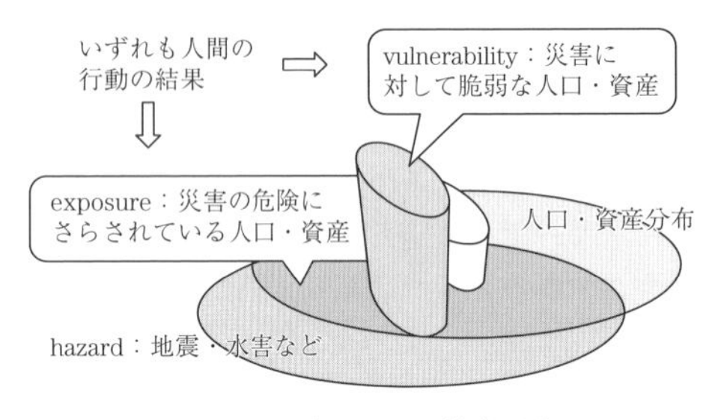

図 5.3 災害リスクの構成要素

都市への人口・資産の集積や，都市の災害に対する脆弱性は，いずれも人間の活動の帰結であり，社会の中で展開されている個人や企業の活動の結果でもある。政府の役割も重大ではあるが，実際に居住地や立地を選択しているのは個人や企業であり，また，被害軽減のための方策の大部分もまた個人や企業の選択に委ねられている。このため，個人や企業の選択行動を中心に据えて考察し，これらの主体の行動を安全で安心な社会が実現するように誘導していくための実践科学である土木計画学がきわめて重要となる。このためには，これらの主体の行動を理解し，施策の評価のための規範や方法を適切に構成しなければならない。それと同時に，非構造的な施策を含む施策がこれらの主体の行動や厚生にいかなる影響を及ぼすかを分析するツールを持たなければならない。

〔2〕 自然災害リスクの特徴

自然災害リスクの特徴としては，その発生頻度は低いが，一度生起するとその影響が甚大になるという特色を有するリスクである（low-frequent and high-impact event）ということをまずもって指摘する必要がある。ここでは，このような自然災害リスクの特徴が社会を構成する個人や企業などの主体の行動や厚生にいかなる影響をもたらし得るのかについて検討しよう。

（1） 災害の希少性とリスク認知　災害は，発生頻度の少ない希少な事象である。このことは，われわれが災害について多くの知識を得ることができない主要な要因となっている。災害のリスクに関しても日常の経験を通じて学習することが困難であるため，あいまいなリスク認知やバイアスが生じることとなる。

図 5.4 は，一般の人々が希少な事象に対するリスクをどのように評価しているかを調べたアンケート調査の結果である[2)]。この図から，よりまれにしか生じない事象に対しては，そのリスクが高めに見積もられ，そうでない場合には低めに見積もられる傾向が読み取れる。

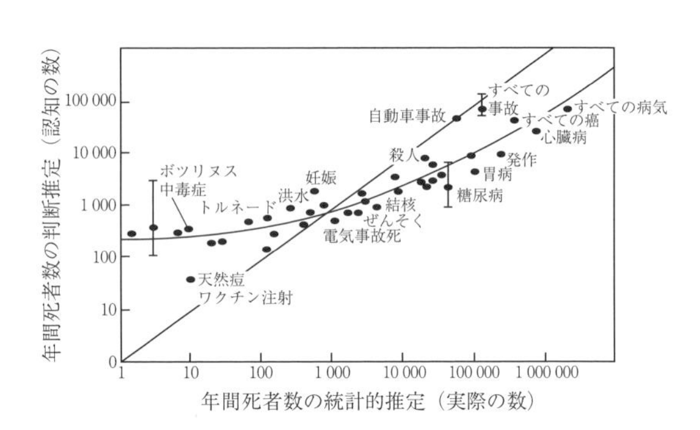

図 5.4 認知リスクと実際のリスク

Viscussi はその一連の研究[3),4)]の中で，合理的なベイズ学習を行う家計であっても，情報によって獲得された客観的なリスクのみで，家計の認知リスクが記述されるわけではなく，その情報を利用する以前に形成されていた先見的な認知リスク水準にも依存することを示した（**図 5.5** 参照）。パラメーターの事前分布がベータ分布，特定の期間内に災害が生起する確率が二項分布に従う場合には，客観的なリスクの限界的な変化の一部のみが実際に認知されるリスクの変化として認識されることになる。このことは，リスク軽減行動の効果が過小に評価される可能性を示唆するものである。

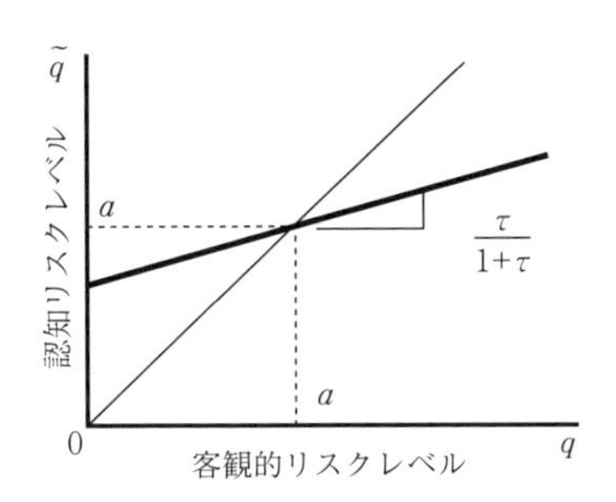

認知リスクレベルは先験的認知リスク q と客観リスク a との線形結合 $\tilde{q}=\dfrac{a+\tau q}{1+\tau}$ で与えられている。

図 5.5　客観的リスクと認知リスク（Viscussi モデル）

一般の人々によってなされる減災行動や居住地選択行動は，主観的に認知されたリスクに基づいてなされる。したがって，この種のバイアスの存在は災害に対して脆弱な都市構造を作り上げる要因の一つとなり得る。このような認知リスクのバイアスが存在する状況下では，主観的な効用を基に便益を評価すると社会的には望ましくない結果を招くおそれがある。山口，多々納，岡田[5]は客観的なリスク水準を用いて補正した厚生を基に便益評価を行う方法を示している。その上で，認知リスクのバイアスの存在が税・補助金もしくは情報提供といった間接的な手段による土地利用の誘導によっては，効率的な土地利用を実現することができないことを示している。このことは，このような認知リスクのバイアスの存在を前提とすれば，都市計画，土地利用計画等といった都市内の土地利用に関する直接的規制を用いることの正当性が導かれることを意味している。逆に，認知リスクのバイアスが存在しなければ，効率的な土地利用が市場を介して実現し得る。このことは，認知リスクのバイアスを除去するために，リスクコミュニケーション等を通じてバイアス自体を軽減することの重要性をも示唆している。

ただし，この種の議論は必ずしも市場機構を介した調整が自然災害リスクマネジメントとして有効でないということを主張しているわけではない。むしろ，完全ではないにしろ，市場機構を通じたリスク管理の可能性を示唆するものである。アメリカにおける研究成果からは，立地選択行動が自然災害のリスクの影響を受けているという想定を支持する結果がもたらされてきた（例えば，Berknoph, et al.）[6]が，地震危険度と地価や家賃の形成に関する実証的な研究（山鹿，中川，斎藤）[7),8)]によれば，わが国においても災害リスクの危険度は住宅市場における取引に影響を及ぼしており，市場機構を通じたリスク管理の可能性が支持される可能性が高いことが示されている。

（2）　被害の集合性・局所性とその帰結　災害の特徴としてもう一つ忘れてはならないのが，被害の集合性である。災害が生じた場合には，多くの人や資産が同時に被災する。しかしながら，必ずしもすべての家計が同時に被災するわけではない。

小林，横松[9]は，災害のこのような性質を集合リスクと個人リスクと呼び，災害が社会全体の損失を決定する過程（集合リスク）とその損失を個々人に分配する過程（個人リスク）との２段階のくじとして表現している。

大数法則が成り立つような世界では，集合リスクはほとんど消滅している。なぜなら，損失を社会全体でプールすれば，その損失はほぼ定常的となるからである。これに対し，災害の場合には，集合的なリスクこそが問題となる。大規模な災害による被害はまれにしか起こらないが，起こった場合の被害は大きく，単に社会全体でプールすることが不確実性を軽減することにつながらないからである。

小林，横松[9]は，この種のリスクのファイナンスの問題に着目し，集合リスクをアロー証券として地域間で取引し，個別リスクを地域内の相互保険（強制保険）によってファイナンスすることが有効であることを示している。

被害が空間的な相関性を持ち，局所的であるということも災害リスクの特徴である。特定の地域にのみ発生し得るリスクは，その移転が困難なリスクであった。これは，リスクをプールしても集合リスクを軽減できないためである。近年のリスクファイナンス技術の進展によって，この問題には一定の解決の可能性が見いだされてきた。リスクの証券化等の手段によれば，まったくリスクを負っていない主体も投資の機会としてこの種のリスクを負担する可能性が生じてきたからである。

しかしながら，このことはまったくリスクを負っていない主体にリスクの一部を移転することを意味している。このような移転が実現するためには，リスクを負っている主体は，彼が負うリスクの一部を引き受けてもらうために，その期待値以上のプレミアム（保険料）をリスクを引き受ける主体に支払うことが必要となる。このことは，災害のリスクファイナンスでは，支払い保険料が期待保険金額と一致するという給付＝反給付原則が成り立たないことを意味している（小林，横松）[9]。この場合，災害による損失を完全にカバーするような保険は必ずしも最適でなく，部分的な補償が実施されるような部分カバーの保険が効率的となる。

被害の局所性は，この種のリスクファイナンスに関わる困難性のみを生じさせるものではない。むしろ，地域の社会・経済構造に長期的な影響を介して，災害リスクの軽減方策の効果にもたらし得るのである。

例えば，都市の形成が集積の経済性と混雑の効果との関係によって定まるという都市経済学的な見地に立てば，都市システムにおける均衡は複数の可能な均衡の中から歴史に依存して（経路依存して）定まることになる。この場合，災害に対して脆弱な地域と安全な地域とがあったにせよ，そのいずれかの地域の都市が他の都市よりも人口・産業規模の大きな都市にもなり得ることが示唆される。すなわち，経済システム内で最も重要な大都市が災害に対して脆弱な地域に存在するような状況も発生し得るのである。この場合，個々の都市が交易等の経済活動を伴う関係性を有していれば，災害に対して脆弱な都市の安全性を高めることは，他の都市にとっても短期的には便益をもたらす。

しかしながら，長期的には，災害に対する安全性の向上が大都市の混雑を助長し，経済システム全体の厚生を低下させる場合が生じる。この効果は，災害に対して脆弱な大都市の安全性が向上することによって生じる他の都市への正の外部効果と混雑の効果とに依存して定まる（庄司，多々納，岡田）[10]。この結果が意味するところは，被害軽減施策の実施が長期的には正の便益をもたらさない場合が生じ得ることを意味している。

この種の問題に対処するためには，単に被害軽減施策を講じるのではなく，災害に対して脆弱な大都市の混雑を軽減するよう，小都市における生活環境の整備等を同時に実施するといった，複合的施策が重要であることを意味している。

また，被害の局所性は災害からの復興経路にも影響を及ぼす。Tatano, et al.[11] は，社会資本を共有する二つの地域（災害脆弱地域と安全な地域）の災害復興過程を，内生的経済成長モデルを用いて記述し，災害復旧過程が最適な資本構成比率に資本の構成が収束していく過程であることを示した。

その上で，復旧の程度は，被害の局所性，言い換えれば，被災を免れた資本がどれだけ存在するかに依存すること，地域間の共通資本である社会資本は，個々の地域の生産資本に比べて相対的に（平常時の最適資本比率を上回る程度の）軽微な被害であっても，優先的な復旧が必要となる場合があること等が示されている。したがって，効率的な経済の復興を図るためには，地域間の連携がきわめて重要となる。

〔3〕 自然災害リスクの管理方策

（1） 災害リスクマネジメントの手段　災害リスクマネジメントの手段は，**図5.6**に示すように，リスクコントロールとリスクファイナンスに分類される（例えば，山口）[12]。リスクコントロールは，損失の回避，軽減方策に分類される。例えば，自然災害の発生の危険の高い場所には立地しないという行動をとるという個人の選択や，堤防を築いて氾濫を防止するとか，土地利用の規制をかけて利用そのものを禁止するという政府の選択は，この回避方策に該当する。被害軽減方策は，災害によって発生する損失の程度を小さくする行為である。

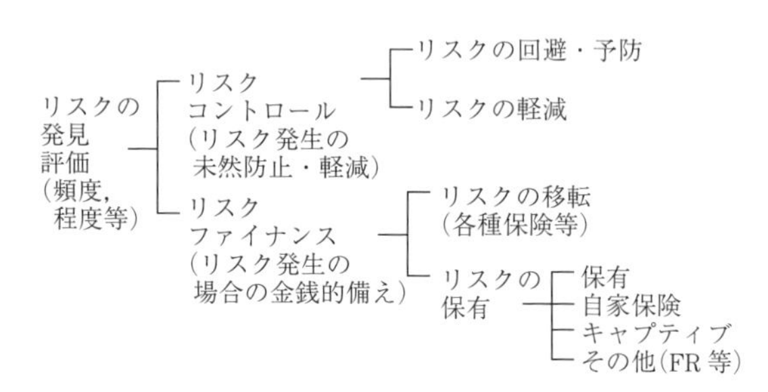

図5.6　災害リスクマネジメントの手段

リスクファイナンスは，災害後の復興を容易にし，被災後に生じるフローとして生じる被害を軽減するための事前の金銭的な備えである。代表的には，災害に備えた貯蓄や，基金の積み立て等の行動として現れるリスクの保有と，保険等によるリスクの移転がある。災害で生じた被害のうち，保険でカバーされた金額の割合はあまり大きくなく，多くの災害で被災後の再建や復興の過程で新たな金銭的困難が生じることも珍しくない。災害後の都市やくらしの再生がスムーズになされるよう事前の仕組み作りが重要なことは明らかである。

図5.7に示すように，このような状況下では，災害による経済の落ち込みを軽減・回避する被害軽減・回避方策と復旧の速度を支配するリスクファイナンス施策とが相互補完的な役割を果たす。さらに，**図5.8**に示すように，被害軽減・回避方策を用いて災害のリス

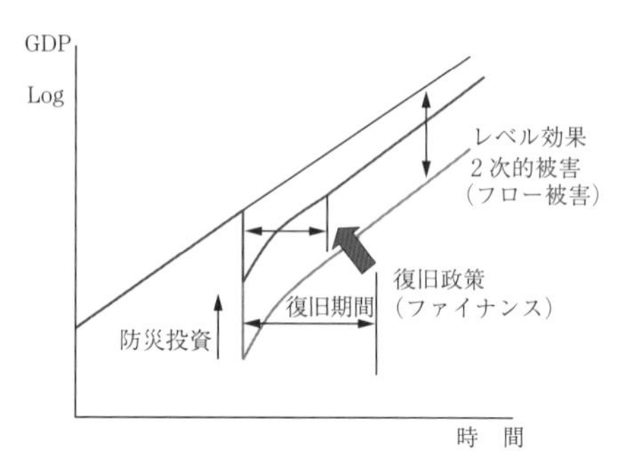

図5.7　災害からの復興とリスクマネジメント施策

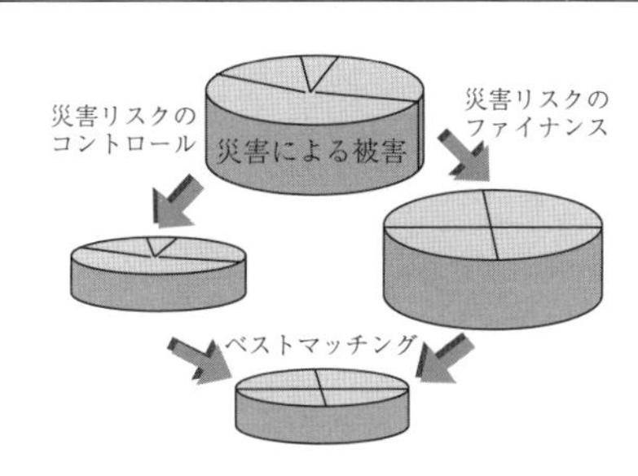

図 5.8　災害リスクマネジメントにおけるリスクコントロールとリスクファイナンスの相互補完性

クを制御すると全体の被害は小さくなるが，被害は一部の人に偏って生じてしまう。災害リスクのファイナンスを講じると，一部の人に生じた被害を多くの人で助け合う仕組みが生まれる。しかし，ファイナンスだけでは被害そのものを小さくすることはできない。このため，災害のリスクマネジメントではこれらの方策のベストマッチングを探し，安全で安心でかつ快適な都市や地域を形作ることを目指すことが重要となる。

（2）　災害リスク管理計画のプロセス　災害をめぐる問題の一つとして，もう一つ重要な側面として，知識の不完全性を挙げる必要がある。気象変動に伴う自然災害リスクに対する適応策を考える場合，その発生メカニズムやその発生確率等に関してわれわれは完全な知識を有しているわけではない。これには，災害が稀有な事象であるという性質が深く関わっている。

また，これに情報の非対称が関わり，自助的な減災行動やリスク移転に関する意思決定を行う家計や企業が，彼らの行動とその結果に関する対応関係を把握していると想定することは困難である。このような状況の下では，完全な知識を前提とした議論は限定的な有効性しか持ち得ない。

むしろ，意思決定に関わる個々の主体がより望ましい決定であると納得できるような意思決定を支援し，かつ，将来に向かってより望ましい決定が可能となるような意思決定プロセスの設計が重要であろう。

このためには，リスクコミュニケーションを介した認知バイアスの軽減と，科学的な証拠に基づいた共通理解の形成を進め，異なる意思決定主体間の協調を支援することが重要である。

その一つの方策として，モデルを介した相互学習過程としてマネジメントプロセスを捉え，適応的にそれをマネジメントしていこうとする適応的マネジメント（例えば，Sendzimir）[13] がある。生態学的な文脈の中で発展してきた方法であるが，知識の不完全性を前提として考えるとき，多くの共通点が見いだされる。これも，この種の課題克服のための一つの可能性ではないかと考えられる。

図 5.9 に **JIS Q 31000 リスクマネジメント**に採用されている標準的なリスク管理のプロセスを示す。

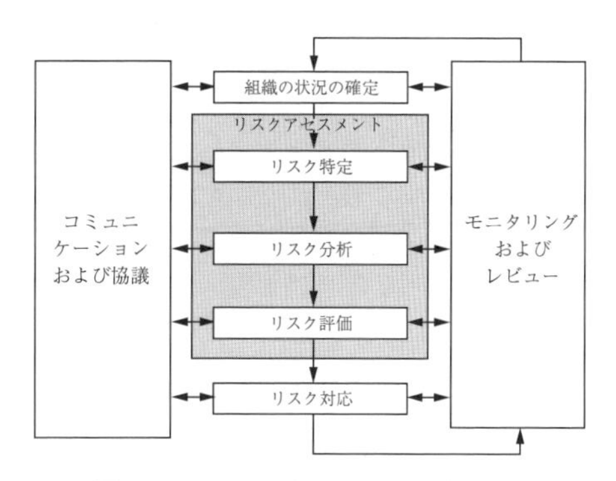

図 5.9　リスクマネジメントのプロセス

この規格では，主として企業等，単一の組織のリスク管理を念頭に置いており，そのプロセスは，リスクを同定（特定）し，現状を分析し，評価基準を満たし得る状態が達成できているかどうか評価する「リスクアセスメント」と，評価基準を満たし得る状態を達成するための対応策を設計・実施する「リスク対応」により，自らの組織のリスク管理を行うものと考えられている。同一の組織におけるリスクというように対象を絞り込んだとしても，組織の活動が他のステークホルダーに影響を及ぼし，影響を被ったステークホルダーが組織を訴える等の状況は，十分に考えられる。この意味では，ステークホルダーの関与はリスク管理上考慮すべき内容であると考えられる。ISO 31000は，基になったAU/NZ4360に盛り込まれたステークホルダーとの「コミュニケーションおよび協議」や「モニタリング・レビュー」等が明示的に盛り込まれているところに特色がある。

「組織のあらゆる活動には，リスクが含まれる。組織は，リスクを特定し，分析し，自らのリスク基準を満たすために，リスク対応でそのリスクを修正することが望ましいかを評価することによって，リスクを運用管理する。このプロセス全体を通して，組織は，ステークホルダーとのコミュニケーション及び協議を行い，更なるリスク対応が必要とならないことを確実にするために，リスク及びリスクを軽減するための管理策をモニタリングし，レビューする。この規格は，この体系的かつ論理的なプロセスを詳細に記述するものである。」（JIS Q 31000）

もう一つ，特色を示すと，それは「文脈の設定（establish the context）」である。これは，JIS Q 31000

の用語では，「組織の状況の確定」となる。これは，もちろん，リスク管理の対象となる組織に焦点を当てた記述である。しかしながら，同時に，同一の組織であるとはいっても，組織内部のサブ組織等では，必ずしも，リスク管理の目的や内容が共有されているとは限らない。このために，管理対象とするリスクやその目的等，リスク管理の内容を確定した上で，リスクアセスメントを実施することになっている。

（3） 災害リスクガバナンスとコミュニケーションのデザイン　災害リスクの管理，特に，総合的な災害リスク管理を指向する場合には，さまざまな主体が，それぞれ異なった形でリスク軽減に関与することを積極的に意思決定のプロセスに反映しておくことが重要である。

リスクガバナンスの問題の場合，あらかじめ，参加主体を明確に定義することも容易ではない。そのリスク事象がどれにどれくらいどのような影響を与えるのか，「回避・抑止」，「軽減」，「移転」，「保有」といった管理の手段を誰がどのように行使し得るのか，その影響は誰にどのように及ぶのかも問題となる。

図 5.10 は，IRGC のリスクガバナンスプロセス（IRGC）[14] を災害リスク軽減という，われわれの関心のある問題に適用するために，若干の修正を加えたものである（多々納，吉田）[15]。

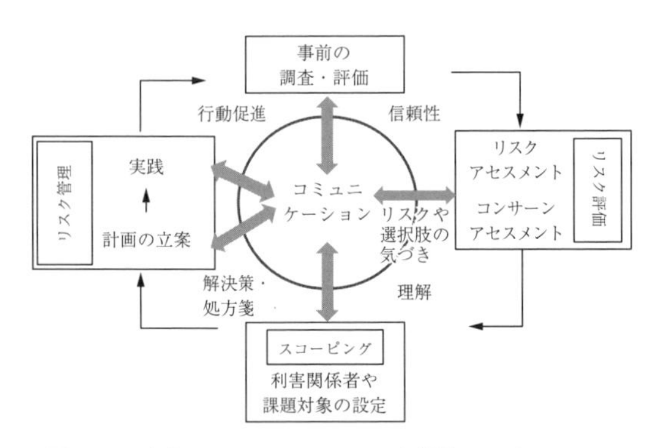

図 5.10　水害リスクガバナンスの各段階におけるリスクコミュニケーションの目的（Rowan[16] の CAUSE モデルと水害リスクガバナンスプロセスの関係）

このプロセスでは，「仮に」参加主体を特定し，そのリスク事象がどれにどれくらいどのような影響を与えるのか，「回避・抑止」，「軽減」，「移転」，「保有」といった管理の手段を誰がどのように行使し得るのか，その影響は誰にどのように及ぶのかといった問題のフレームをまず仮に設定する。この段階を事前分析と呼んでいる。

その後に，これらの主体を交えてリスクの査定をする必要がある。この際には，リスクアセスメントのみならず，関係主体が憂慮するリスク事象そのものや，それが及ぼす影響の範囲，または，それに関連する制度・組織等が抱える脆弱性等に関して，関心事分析（concern assessment）を実施しておくことが重要である。コンサーンアセスメントは，フォーマルな意見聴取という形で行われることもあるが，一般にはワークショップ等の場において表明される意見から，推測することによっても実施可能である。この段階を通じて，主体ごとのリスクや憂慮が明らかになり，形成されるべき意思決定の場の情報が徐々に明確となる。

例えば，水害時における避難の問題を考える場合に，昼間には老人や子供のみが地域におり，水防団の参集が難しく，避難等の誘導等が円滑に行えないとか，要援護者の避難を誰が担うのか，というような問題もある。このような場合，単に河川や防災の担当者，地域の代表等を参加主体としていても十分でない。少なくとも，福祉を担う部局の担当者や，老人の代表，できれば，雇用者である企業の参加も必要となろう。

スコーピングの段階では，リスク査定の段階で明らかになった問題群を整理し，グループとして取り組む問題を絞り込む。この際，参加すべき主体はだれか，利用可能な手段は何か，等，取り組もうとする問題の構造を明らかにしておくことが重要となる。

このような準備を経て，問題解決のためのリスク管理の手段を計画し，実施する過程が，リスク管理の段階である。

このプロセスを循環的に実施していくことによって，参加主体や取り扱われる問題の範囲等が徐々に変化しながら，改善されていくこととなる。

図 5.10 には同時に各段階におけるコミュニケーションの目的も整理している。Rowan[16] はリスクコミュニケーションの目的を各目的の頭文字をとって CAUSE という覚えやすいフレーズにまとめている。

- 信頼の確立（establish Credibility）
- リスクと対応策に関する気づきの形成
  （create Awareness of the risk and its management alternatives）
- リスクの複雑性に対する理解の促進
  （enhance Understanding of the risk complexities）
- 課題解決のための満足化や合意形成
  （strive for Satisfaction/agreement on resolving the issue）
- 行動に移るための戦略の提示
  （provide strategies for Enactment or moving to action）

リスクコミュニケーションにおける障害を分類し，それを軽減していくためのコミュニケーション上のステップと捉えることができる。すなわち，コミュニケーションの最初のステップでは，「信頼」の形成に重きが置かれる。信頼の定義にはさまざまなものがあるが，中谷内ら[17]に従い，「相手の行為が自分にとって否定的な帰結をもたらし得る不確実性がある状況で，それでも，そのようなことは起こらないだろうと期待し，相手の判断や意思決定に任せておこうとする心理的な状態」として定義しよう。伝統的には信頼の形成要素は「能力への信頼」と「意図への信頼」である。

また，近年の研究では価値観の類似性も信頼を規定する要素であることがわかっている。事前分析の段階では，ステークホルダーからの信頼を得るためのコミュニケーション，すなわち，ガバナンスプロセスへの関与者（主導者，外部者）の能力や意図を伝わるようなコミュニケーションを実施し，ステークホルダーの理解を得ることが重要である。その地域の成り立ちや歴史，同地域が抱えている問題点等を整理し，「われわれはあなたたちの問題を解決するお手伝いをするために来たのであり，あなたたちから何かを奪うために来たのではない」ということを伝える必要がある。信頼は築くのが難しく，失うのは簡単な財であるともしろ継続的な関係が重要だ。そうはいっても，昨日今日地域に現れたよそ者を安易に地域の人々が信頼するはずもない。地元で長期にわたって信頼を勝ち得てきた組織や人のネットワークを鍵として，参加型意思決定の場づくりを進めていくことが望ましい。

第二の段階では，リスクの査定がなされるが，これには二つの目的があった。一つは，リスクアセスメント（リスクの同定，分析，評価を含む）であり，現状のリスクの状況を把握し，施策の検討に用いて，住民に伝達してリスクの認知を高める施策，すなわち，水害リスクへの気づきを誘発する活動を含む。この段階のコミュニケーションの目標はリスクとその改善策に対する気づきの促進である。

もう一つは，コンサーンアセスメントであり，仮設定した問題構造がほぼ妥当なのかどうか，元のフレームで実施した場合に問題となる事柄はないかがはっきりとしてくる。

例えば，住民参加型でハザードマップを作成しようとするような場合，行政は管理対象の河川の浸水予想区域図に，避難経路や避難場所等の情報を付加したものでハザードマップとしようとすることが多い。このような場合，流域内に存在する管理対象の異なる河川（多くの場合は支川）や下水道等からの浸水の危険はないのかと尋ねられることになる。

行政からしてみれば，管理対象が異なるのだからデータがないし，その川の氾濫危険度をどうこういうことは越権行為である。このような理由によって，勢いあたかもこれらの河川や下水道からの浸水がないかのように扱われたハザードマップの作成が目指されることになる。

住民の側からは，大きな川よりも小さな川の浸水が起きやすいことを経験上知っていることが多い。例えば，大きな川からの氾濫によって浸水が始まるよりもずっと早い時点で，内水によって道路等が水没し，孤立してしまって避難が難しくなる可能性を懸念しているような場合が少なくないのだ。このような場合には，氾濫を引き起こす河川の範囲を広げて内水を含むようにすることが必要になる。もちろん，懸念の中には，もっと多様なものが含まれ得る。

Choi and Tatano[18]は，懸念を結果の広がりとリスクの構成要因に分けて整理するコンサーンテーブルを用いてこの種の問題を整理する方法を示している。この段階で必要なコミュニケーションは，複雑なリスクの構造を参加者が理解できるようにすることである。

リスクの構造の理解が進めば，問題を再構成する。その際に，ステークホルダーが納得し得る解決策を見いだし得るように，意思決定に必要なステークホルダーを巻き込むことが必要となる。ここでのコミュニケーションの要諦はやはり災害リスクをめぐる関係者間の複雑な関係の理解の促進にあるといえるだろう。

参加者の構成とその役割が明確になり，取り組むべき目標が明らかになれば，そのための手段を構成することは比較的容易となるであろう。リスク軽減のための手段を構成するための計画を立案し，実施する段階が「リスク管理」の段階である。ここでのコミュニケーションのポイントは，計画立案に際しては，解決策を見いだすためのコミュニケーション（solution）となるし，実施に際しては，行動に移るための戦略の提示（enactment）となる。 （多々納裕一）

5.2 災害予防計画

5.2.1 災害予防計画の定義

防災基本計画において，わが国は，災害予防段階における基本理念を以下のように定めている。

* 災害の規模によっては，ハード対策だけでは被害を防ぎきれない場合もあることから，ソフト施策を可能な限りすすめ，ハード・ソフトを組み合わせて一体的に災害対策を推進する。
* 最新の科学的知見を総動員し，起こり得る災害お

よびその災害によって引き起こされる被害を的確に想定するとともに，過去に起こった大規模災害の教訓を踏まえ，絶えず災害対策の改善を図ることとする。

すなわち，科学的知見に裏付けられた被害想定や過去の教訓を踏まえ，災害対策の改善を図ることを前提として，ハード対策とソフト対策を組み合わせた一体的災害対策施策を謳っている。このことは，前節で示した総合的災害リスク管理が目指されていると言い換えることもできよう。

さて，具体的な施策であるが，同計画においては，以下の点から成る施策を挙げている。

＊災害に強い国づくり，まちづくりを実現するため，主要交通・通信機能の強化，避難路の整備等地震に強い都市構造の形成，学校，医療施設等の公共施設や住宅等の建築物の安全化，代替施設の整備等によるライフライン施設等の機能の確保策を講じる。

＊事故災害を予防するため，事業者や施設管理者による情報収集・連絡体制の構築，施設・設備の保守・整備等安全対策の充実を図る。

＊国民の防災活動を促進するため，防災教育等による住民への防災思想・防災知識の普及，防災訓練の実施等を行う。併せて，自主防災組織等の育成強化，防災ボランティア活動の環境整備，事業継続体制の構築等企業防災の促進，災害教訓の伝承により，国民の防災活動の環境を整備する。

＊防災に関する研究および観測等を推進するため，防災に関する基本的なデータの集積，工学的，社会学的分野を含めた防災に関する研究の推進，予測・観測の充実・強化を図る。また，これらの成果の情報提供および防災施策への活用を図る。

＊発災時の災害応急対策，その後の災害復旧・復興を迅速かつ円滑に行うため，災害応急活動体制や情報伝達体制の整備，施設・設備・資機材等の整備・充実を図るとともに，必要とされる食料・飲料水等を備蓄する。また，関係機関が連携した実践的な訓練や研修を実施する。

災害に強い国づくり・まちづくりが，まず第一に掲げられ，ハード対策とソフト対策を組み合わせた一体的災害対策施策が志向されている。それに加え，防災教育や防災思想・防災知識など，国民の防災活動促進のための諸施策，防災に関する研究および観測等の推進策や発災時の災害応急対策，その後の災害復旧・復興を迅速かつ円滑に行うための事前準備に関する施策からなっている。

5.1節の図5.2の災害リスクマネジメントサイクルの中では，「被害抑止・軽減」に関わる諸施策や，つぎの災害に備えるための「事前準備」が対応する。これに，「リスク移転」方策を加え，以下では，それぞれの項目に対応する計画の内容に関して議論していく。

5.2.2　リスク管理と危機管理

リスク管理は，事前に被害を予防，軽減するための管理である。これに対し，危機管理は，事後に被害を抑止し，拡大防止し，さらには，終息させるための管理である。佐々[19]は，「リスク管理は金勘定であるのに対して，危機管理は存亡の管理である」といっている。事前の管理に重点を置くリスク管理は，さまざまな水準のリスクを対象とするが，事前にどこまで手当てしておくのかに関する意思決定を扱っており，対策のコストに見合う便益が得られるのかが判断の基準となる。これに対し，危機管理は，事後において被害の拡大を阻止し，迅速な復旧。復興に向けた対応を目指すことになる。このため，対策実施までの時間や利用可能な資源が限られた中で，優先すべき目標を絞り，対処していくこととなる。

危機管理のプロセスをAugustine[20]に従い，以下のように整理する。

Step 1：危機の予防・回避（avoiding the crisis）

この段階は，危機が発生しないように対策を講じる段階である。これは，災害予防計画の中核をなす「被害の抑止・軽減」に対応する。

さまざまなリスクを想定し，それぞれのリスクがもたらす影響を把握し，それぞれのリスクに対して被害の抑止や軽減策を作成し，効果分析を通じて実施するべき対策のリストを作成する。このことは，何もしない場合に比べれば，危機管理が対象とすべきリスクのリストを限定することに貢献する。換言すれば，この段階で予防・軽減の対象とならなかったリスクは危機管理の対象となるということとなる。

Step 2：危機管理の準備（preparing to manage the crisis）

この段階では，危機が実際に生じた場合にその対応が円滑に進むように事前の準備を進める段階である。具体的には，危機管理のための組織の設置やそのメンバーの事前の選任，危機対応計画の立案，緊急時のための連絡・通信手段の確保，また，そのための訓練・教育の実施などを含む。防災計画の文脈では，ここまでが，災害が発生する以前（事前）の段階で行うべきことであり，災害予防計画の対象となる。また，ハード対策とソフト対策の二分法を用いれば，Step 1は主としてハード対策，Step 2は主としてソフト対策ということになろう。

Step 3：危機の認識（recognizing the crisis）

危機が実際に起きていると認識することは，実際には容易なことではない。これは，個人のみならず企業や行政などの組織においても同様である。危機管理に関する文献でも，この段階が最も実行が難しいといっている[20)]。「多くの経営者は自分の会社が危機に直面しているとなかなか認めたがらない傾向を持つ。」火災，津波，洪水など，危機がそこまで迫っているはずなのに，実際には，驚くほど何もしない状況が発生することがある。例えば，正常性のバイアス，多数派同調バイアスなど，「なんでもない」，「大したことはない」とか「皆がそうしているからこれでいい」など，災害時に危機を認識すべき状況においても，自分がとっている行動や他の多くの人たちがとっている行動を言い訳にそれを正当化しようとする心の働きがあることを忘れてはならない。また，状況が十分わからないにもかかわらず，勝手に結果を説明できる（と思われる）原因や因果を決めつけて，それに従って意思決定してしまうという心的なショートカットを発生させてしまうこともあるという問題をつねにはらんでいるということにも留意することが必要である。（Kahneman[21)]を参照）

このように，危機の覚知が遅れてしまうために，被害の拡大防止や事態の収束のために必要な行動が実施できない場合は少なくない。平常時の管理のモードから，危機管理のモードへの移行である。したがって，危機管理モードに移行するためには，危機の覚知がスムースに行い得るように意識的に行動することが求められる。このような場合には，マニュアルやチェックリストなども有効な手段となることから，地域防災計画や災害対応マニュアルなどが整備されていると考えることもできる。ただ，マニュアルなどが整備されていない，もしくは，整備が十分でないような「想定外」の事態にも遭遇し得ることは，ほぼ確実である。このような事態に直面した場合には，Wick[22)]はこのような危機に対応することをつねに求められ，かつ，失敗の許されない組織として，航空管制システム，原子力発電所，送電所，石油化学プラント，救急医療センターなどを研究し，これらの**高信頼性組織**（High Reliability Organization，**HRO**）の特徴を整理している。具体的には，① 失敗に注目する，② 解釈の単純化を嫌がる，③ オペレーションに敏感になる，④ 回復に全力を注ぐ，⑤ 専門知識を尊重する，の五つの特徴を指摘し，特に，組織を mindful な状態に維持することが重要であるといっている。mindful な状態とは，「わずかな兆しにもよく気が付き，危機につながりそうな失敗を発見し修正する高い能力を持つ状態」のことであり，危機の覚知に際して，現実をありのままに受け入れ，意味を獲得すること（センスメーキング）ができることの重要性を強調している。

Step 4：危機の拡大防止（containing the crisis）

危機の発生が覚知されれば，被害の拡大防止に努めることとなる。この段階が危機管理の中核的な活動である。災害の場合は，避難等に関する意思決定や，救命・救急，救護・救援等の活動がこの段階に相当し，命を守ることが何よりも優先される段階である。ただし，この段階では，利用可能な情報や，人的・物的資源が限られるために，優先順位を明確にして被害の拡大防止に努めなければならない。

Step 5：危機の解消（resolving the crisis）

危機の拡大防止に成功すれば，危機を収束させ，平常時の活動に戻るための体制構築を進めることが必要になる。災害の場合，危機管理から復旧・復興への移行期がこの段階に相当する。命をつなぐことに成功した被災者が，被災後の「日常」に戻っていくことができるように準備を進める段階であるといってもよい。具体的には，避難所から仮設住宅への移行期や，復興ビジョン・復興計画等の被災地域の将来像を描き，共有していく時期に当たる。

Step 6：危機からの回復（recovering from the crisis）

危機の収束が実現されれば，平常時の機能を取り戻すような危機からの回復を進めるとともに，可能であれば，この危機の教訓や危機からの学びを生かし，危機を好機へと転換していくプロセスに移ることとなる。災害の場合は，復旧・復興のプロセスに相当する。

もちろん，危機管理の中核的プロセスは，Step 3 以降の危機の認知，拡大防止，解消へと続く危機対応のプロセスにある。しかしながら，実際の危機に臨んで，十分な危機対応ができるためには，それにリスク管理の中核プロセスでもある危機の予防・回避や危機管理の準備など危機への備えが重要である。

このように，危機管理のプロセスに防災計画の体系を対応付けると，おおむね，Step 1 および Step 2 が災害予防計画に，Step 3 および Step 4 が災害対応計画に，Step 5 および Step 6 が復旧復興計画に相当する。

本節は，災害予防計画を取り扱うので，その範囲は，先に示した Step 1 危機の予防に対応する災害リスクの抑止・軽減に関する計画を 5.2.3 項で，Step 2 危機管理の準備に対応する事前準備に関する計画を 5.2.4 項で取り扱う。ただし，災害に対する事前準備に関しては，地域防災計画の立案がまずもって重要で

5

ある。地域防災計画に関しては，つぎの5.3節で取り上げるので，5.2.4項では，災害リスク移転，中でもとりわけ，災害保険に関して議論する。

5.2.3　災害リスクの抑止・軽減に関わる諸施策の立案

〔1〕　災害リスク分析

図5.2に示したように災害リスクの分析のためには，災害を引き起こす外力の分布であるハザードに加えて，災害のリスクにさらされている人口や資産の分布であるエクスポージャ，それらの人口や資産の脆弱性であるヴァルナラビリティの3要因を把握することが必要である。

世界的に見れば，これらの要因を反映して災害リスクを分析するための方法はおおむね整理され，標準化されてきている。アメリカでは，FEMAを中心として，HASUSというオープンなシステムが利用可能であり，地震，洪水などの自然災害のリスクが分析可能となっている。また，これらのリスクを分析するソフト開発と，被害軽減やリスク移転等の対策を担う民間会社も育ってきている。

わが国においては，アメリカのように一般に利用可能な形で自然災害リスク分析を実施するためのツールは整備されていない。この点に関しては，今後改善の余地が大きいものと考えている。

地震に関しては政府に地震調査研究推進本部が設置され，全国地震動予測地図が公開されている。そこでは，確率論的地震動予測地図と震源断層を特定した地震動予測地図が整備されている。前者は確率論的地震ハザード予測，後者は確定論的またはシナリオ型地震ハザード予測と呼ばれるもので，いずれも，地震動の大きさなどのハザード分布を示したものである。リスク評価に用いるためには，エクスポージャやヴァルナラビリティに関する情報を併せて分析する必要があるが，これらの地震ハザード予測の結果はそのための基礎的な情報を提供する。リスク評価の結果は，災害による損失の超過確率分布である超過確率曲線・リスクカーブとして示されることが多い。

図5.11に地震リスクに関するリスクカーブ（損失の超過確率分布）の計量化のプロセス[23]を示す。まず，分析対象に影響を及ぼす可能性のある大小多数の想定地震を設定する。これら想定地震は，規模や震源位置に加えてその発生確率も併せて設定する。つぎにそれぞれの想定地震がもたらす損失額を予測する。こうして，すべての想定地震について，その予想損失額と発生確率を示す一覧表が得られる。この予想損失額一覧表を損失額の大きい順に並べ替え，損失額上位から順に想定地震の発生確率の累積確率，すなわち超過確率を計算する。**図5.12**に示すように，予想損失額を横軸に，年超過確率（累積確率）を縦軸にとって描いた曲線がイベントカーブである。

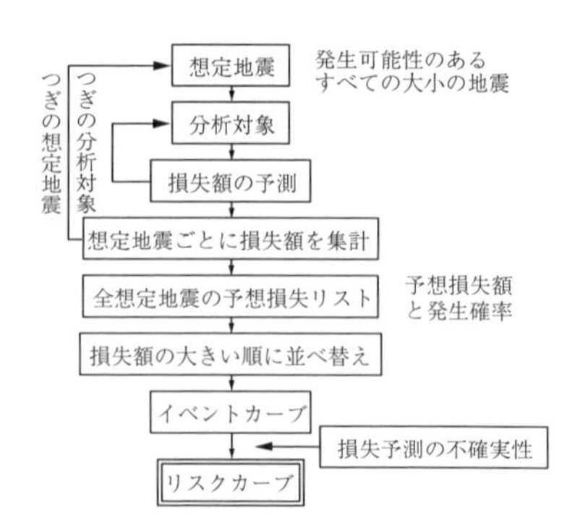

図5.11　リスクカーブの作成の流れ

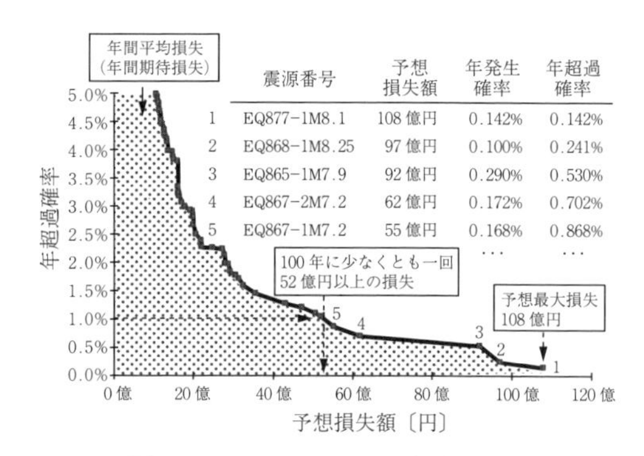

図5.12　イベントカーブの作成例

さて，イベントカーブにおける予想損失値の意味を改めて考えてみよう。イベントカーブの縦軸の超過確率は想定地震の発生確率から算出したものである。したがって，イベントカーブにおいては，地震の発生確率に関しては確率論的なアプローチがなされているものの，損失額の予測に関しては平均値あるいは安全側を考えた90パーセンタイル値というように確定論的な要素が残されている。地震リスクを経済面のリスクとして考えるのであれば，求める確率は地震の発生確率ではなく経済損失の発生確率でなくてはならない（**図5.13**参照）。リスクカーブは，イベントカーブに損失予測過程の不確実性を織り込んで，予想損失額とその損失額が生じる超過確率の関係を示す曲線とすることを意図するものである。

リスクカーブの算出方法を**図5.14**に模式的に示す。同図には，それぞれの想定地震における平均予想損失額とその予測誤差分布が示されている。ここで，ある損失額 X の超過確率を求めてみよう。それぞれ

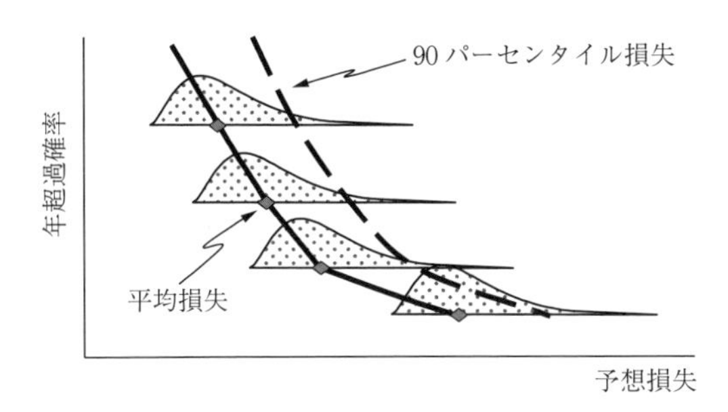

図 5.13 90 パーセンタイル損失のイベントカーブ

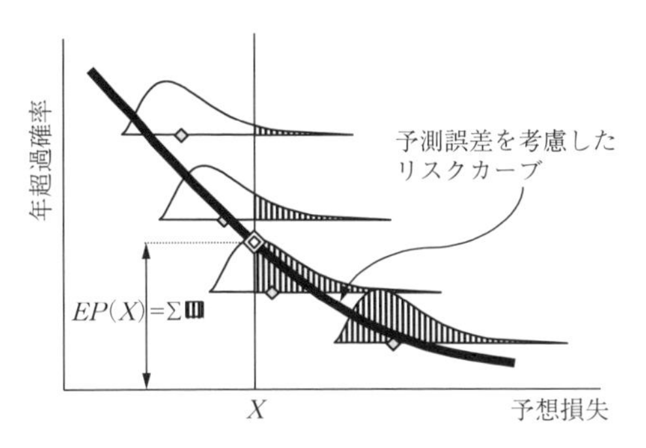

図 5.14 リスクカーブの作成方法

の想定地震において損失額 X 以上の損失が生じる確率は，同図の予測誤差分布においてハッチで示した部分である。この確率をすべて足し合わせた確率 $EP(x)$ が損失額 x 以上の損失を生じる超過確率となる。これを数式で表せば，次式のとおりである。

$$EP(x)=\sum_i\left\{\lambda_i\times P_i(x,\bar{x},\sigma)\right\}$$

ここで，x：損失額

$EP(x)$：損失額 x に対する超過確率

λ_i：イベント i の年間発生確率

P_i：予想損失 x の超過確率

$\bar{x}$：平均損失

σ：標準偏差

である。

この手順を予想損失額の軸上で繰り返して，同図に示す「予測誤差を考慮したリスクカーブ」が得られる。

図 5.15 に，平均損失のイベントカーブ，90 パーセンタイル損失のイベントカーブおよび予測誤差を考慮したリスクカーブを比較した例を示す。

水害や土砂災害に関しても同様の分析は可能である。しかしながら，わが国の場合，上述したように HASUS のような一般の方々が利用可能なモデルは存在しないが，滋賀県における先駆的な取組みを嚆矢として，地先の安全度の評価が進められている。この動

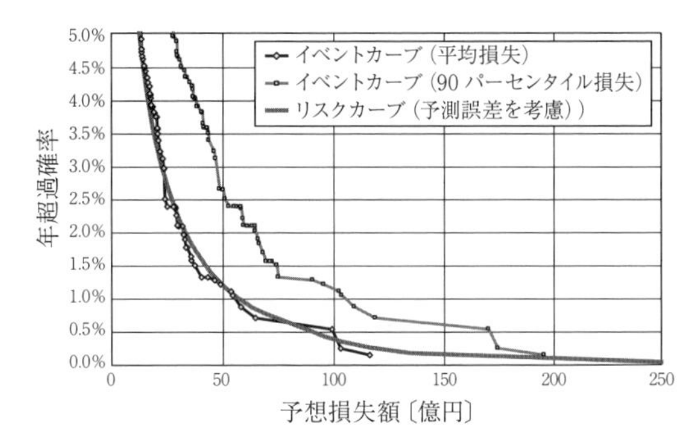

図 5.15 各種イベントカーブとリスクカーブの比較

きは，2015（平成 27）年 8 月の社会資本整備審議会からの答申「水災害分野における気候変動適応策の在り方について ～災害リスク情報と危機感を共有し，減災に取り組む社会へ～」においても，災害リスクの評価・災害リスク情報の共有の重要性が指摘され，同様の取組みが国においても開始されようとしている。

〔2〕 総合的なリスク管理のための被害計量化

（1） 経済損失の二重計算の問題 社会基盤の地震損傷に伴う被害を議論する場合のように，直接的な経済損失に加えて間接的な損失を議論する必要がある場合には，別途経済分析を実施する必要がある。この場合には，産業連関分析や応用一般均衡モデル等を用いた計量化[例えば 24),25)] が行われる。さらに，間接被害を含む経済損失を集計する際には，二重計算が生じないように留意する必要がある[26)]。

資産の価値が市場で正しく評価されているとすれば，当該資産（ストック）の価格（時価）はその資産が現在から将来にわたって生み出すサービス（フロー）の価値の純現在価値となっているはずである。一方，資産が損傷したことによって生じる間接被害は，通常，資産が利用できないことによって生じたサービスの減少の割引現在価値として表現される。このため，損傷した資産の価値と間接被害は互いに重複する部分を持っているのである。このために，直接被害として資産の毀損分を計上し，同時に，毀損した資産が利用できなったために生じた営業利益の減少を間接被害として計上すると明らかに被害の二重計算が行われていることになる。

このことを**図 5.16** を用いて説明しよう。この図の一番左側のパネルには被災によって資産が損傷を受けた場合の生産額のフローが描かれている。したがって，通常間接被害とみなされるのは同図中の被災によって生じたフローの減少分である。これを，二つの部分に分解した図が同じ図の中央および左のパネルに

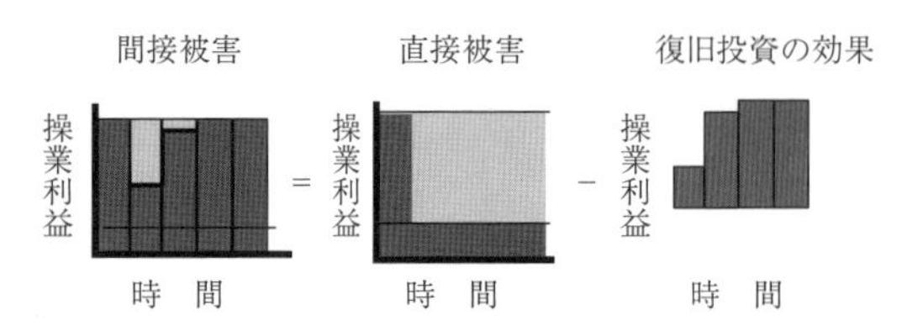

図 5.16　ストックの損傷に伴う間接被害と直接被害の関係[27)]

描かれている。中央のパネルは損傷を受けた資産が永久に回復しない場合のフローが描かれている。このフローの現在価値は損傷した資本の価値に等しい。一方，一番右のパネルは被災後に生じた生産額の回復を示している。したがって，文字どおり直接被害と間接被害を合算すると，間接被害分を二重に計算していることになるように見える。図 5.16 の一番右のパネルに描かれた生産額の回復はまったくコストをかけずに達成できるわけではないことに留意しよう。生産額の回復は復興のための投資によって達成されたのであり，もちろんコストが支払われている。したがって，① 災害が資産の損傷を招き，② 復興投資が生産額の回復をもたらしたという二つの行為が，「直接被害＋間接被害」という通常の理解の中でなされていることがわかる。言い換えれば，われわれは ① 復興投資を考えなければ，その割引現在価値が直接被害に等しいフォローの減少しか生じないが，② 復興投資によってそのフローの減少が緩和されるという二つの過程を併せて被害という概念を構成しているのである。このように考えると，「直接被害」+「復旧の純便益」を用いて災害の影響を分析すべきであろう。ここで，「復旧の純便益」=「復興の便益」−「復旧費用」である。このように，災害の影響を評価するとき，図 5.16 での関係，「間接被害」=「直接被害」+「復旧の便益」から，「直接被害」+「復旧の純便益」=「復旧費用」+「間接被害」として災害の影響が表現されることになる。ここで，「間接被害」は，実現した「営業利益の減少」であるから，けっきょく，間接被害を含む経済被害は

「復旧費用」+「営業利益の減少」

によって計量化される必要があるという結論を得る。

したがって，間接被害を含む経済被害を算定する場合には，通常「直接被害」と呼ばれているものを「復旧費用」に置き換え，「営業利益の減少」である「間接被害」との和を計算することが必要である。このことは現在まで一般になされている被害算定の方法と矛盾するように思われるかもしれないが，必ずしもそうではない。被害算定に際して直接被害が復旧費用として計量化されることは比較的普通のことだからである。

（2）**企業の経済被害の計量化方法**　前節では，被害の二重計算の問題を単一企業の例を用いて説明し，操業停止損失などの間接被害を含む経済被害の整合的な計量化方法として「復旧費用」と「営業利益の減少」を現在価値化してそれを被害とすればよいという議論を展開してきた。

この議論で重要な点は，「営業利益の減少」が緩和されるのは，「復旧」という行為がなされたからであり，そのために，発生した利益の回復分と費用が同時に考慮される必要があるということである。この種のデータは企業が持ついかなるデータの中に集約されるのであろうか？

実は，すべての費用および便益は，各期のキャッシュフローに反映される。なぜなら，地震が生み出した直接の効果は，キャッシュフローの（永続的な）減少として現れるし，復旧や復興プロジェクトの効果は，通常のプロジェクトと同様にキャッシュフローの変化として観測されるからである。したがって，事後的に各企業のキャッシュローを計測し，それと「地震がなかったら」生じていたはずのキャッシュフローとの差をとって，キャッシュフローの変化を求め，その現在価値を評価すればよい（**図 5.17** 参照）。具体的には，自然災害の発生から 1 期経過したとき，被災しなければ得られるはずのキャッシュフローから被災後に実現したキャッシュフローを差し引いた額を求め，それを 1 期の経済被害額とする方法である。2 期以降も同様に算出する。その上で，現時点を評価時点として，各期のキャッシュフロー減少額の現在価値を被災の影響が残る全期間にわたって合計することが必要である。

この方法は，評価時点で入手可能なキャッシュフローの情報を用いて被害を推計することが可能であるという意味で，事後評価には向いている。また，ライ

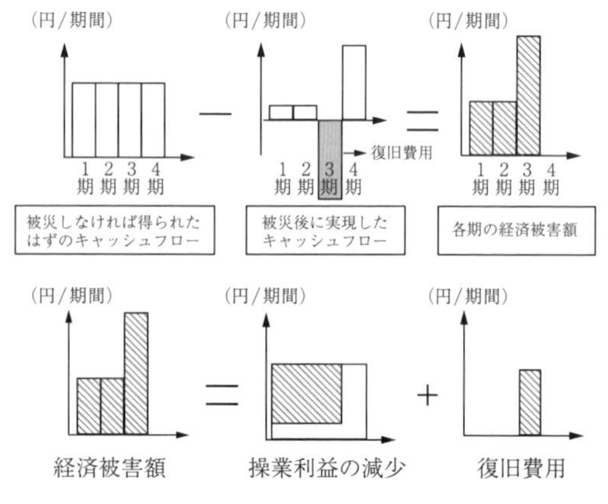

図 5.17　キャッシュフローと一企業の経済被害

フラインの早期復旧やリスクファイナンスの状況などの効果も実際に効果として表れることになる。

この方法に基づき実際に経済被害額を算出する上で注意しなければならないのは，キャッシャフローの中身である。ここでのキャッシュフローとは，人件費・原材料費など通常の業務にかかる費用に加えて被災により毀損した社屋・設備を復旧する費用を含めた費用を売上額から差し引いた金額である。つまり，通常業務の操業利益から社屋・設備の復旧費用を差し引いた額である。

従来の経済被害推計では，社屋の損壊，機械・設備，商品の破損等の被害は「直接被害」，自然災害による機会損失や得意先の喪失等による営業利益の減少額は「間接被害」として，別々に推計されることが多い。ただし，すでに議論したように，このような「直接被害」と「間接被害」の整合的な被害の計量化を行う場合には，二重計算をしないように留意する必要がある。間接被害は，従来の意味に従って，被災しなければ得られたはずの営業利益から被災後に得られた営業利益を差し引いた額（図5.17参照）としてよい。一方，「直接被害」は社屋・設備の復旧費用としてフローで計上しなければならない。もし，「直接被害」を被害を受けた社屋・設備の除却費（取得価格から減価償却額を差し引いた額）とすれば，被害の大きさの指標にはなるが，経済学的意味を持たない。また，時価の減少額とすれば，系統的な二重計算が発生することとなる。要点を整理すると，「ある企業の災害による経済被害額は，復旧費用（直接被害）と営業利益の減少額（間接被害）の合計で得られる」ということである。

（3） **産業部門に帰着する経済被害の整合的集計方法**　地域全体における経済被害の推計をするのに，各企業の被害額を単に地域全体で合計すればよいかは必ずしも自明ではない。なぜなら，自然災害の発生により建設・復旧需要が増大し，地域経済に正の波及効果をもたらす可能性があるからである。建設会社などの復旧サービスを提供する企業にとっては，自然災害による経済被害額は負（つまり便益）であることは十分に考えられる。この正の効果を無視したのでは被害を過大推計することになる。以下では，この点について検討する。

各期の経済被害を逐次推計する方法について検討する。まず，地域内に復旧サービスを供給する企業（例えば建設会社）が存在しない場合を考える。この場合，各企業は「操業利益の減少」に直面するが，復旧のために必要な労働や資材等を自ら調達し，復旧を実現する。したがって，この場合，各企業が負担する「復旧費用」は復旧を成し遂げるために費やされた人的・物的資源の機会費用となる。したがって，地域内全体での経済被害は，「操業利益の減少」と復旧を成し遂げるために費やされた人的・物的資源の機会費用である「復旧費用」を地域内すべての企業について集計したものとなる。

つぎに，地域内に復旧サービスを供給する企業が存在する場合を考えよう。復旧企業は，復旧のために必要な労働や資材等を調達し，地域内で復旧に必要なサービスを提供することでその対価を得るものとする。被災企業は，復旧に必要なサービスの一部または全部を復旧サービス提供企業から購入することができる。ここで，復旧サービス提供企業から購入されなかった復旧のための労働や資材等は被災企業が自ら調達することになるから，被災企業が支払う「復旧費用」は「復旧サービスの購入費用」と「復旧のために被災企業が自己調達した人的・物的資源の機会費用」とから構成される。一方，復旧サービス提供企業は，人的・物的資源を調達し，復旧サービスを提供し，被災企業から「提供した復旧サービスの報酬」を得る。したがって，復旧サービス提供企業の利潤の災害による変化は，「提供した復旧サービスの報酬」−「復旧サービス提供費用」となる。ここで，「復旧サービス提供費用」は「復旧サービス提供企業が復旧サービスを提供のために調達した人的・物的資源の機会費用」である。

被災企業の経済損失：

「操業利益の減少分」+「復旧費用」
=「操業利益の減少分」
+「復旧サービスの購入費用」
+「復旧のために被災企業が自己調達した人的・物的資源の機会費用」

復旧サービス提供企業の経済損失：

「操業利益の減少分」+「復旧費用」
= −「提供した復旧サービスの報酬」
+「復旧サービスを提供費用」
= −「提供した復旧サービスの報酬」
+「復旧サービス提供企業が復旧サービスを提供のために調達した人的・物的資源の機会費用」

ここで，地域が復旧サービス市場について閉じていると考えると，被災企業が支払う「復旧サービスの購入費用」の総和は，復旧サービス提供企業が受け取る「復旧サービスの報酬」の総和に等しい。また，「復旧を成し遂げるために費やされた人的・物的資源の機会費用」の総和は，「復旧のために被災企業が自己調達した人的・物的資源の機会費用」の和と「復旧サービス提供企業が復旧サービスを提供のために調達した人的・物的資源の機会費用」の和の合計に等しい。したがって，地域全体での経済損失の合計は，この場合でも，「操業利益の減少分」+「復旧費用」の和を地域内で集計することで求めることができるのである。このとき，地域内の経済被害の合計は「被災した企業の営業利益の減少分」と，「復旧を実現するために費やされた人的・物的資源の機会費用」の和 となっている。つまり，地域内に復旧サービスを供給する企業が存在し，復旧サービス需要をまかなっている場合も，地域内のすべての企業の経済被害（営業利益の減少額と復旧費用）を単に合計すればよいことになる。この議論は，復旧サービスを提供する企業の数や，それらが被災しているかどうか，それらの企業の技術や直面している市場条件にかかわらず成立する。このような考え方を実際の災害に適用した事例としては，中野ら[27]，古橋ら[28] などがある。

（4） **家計部門の被害評価**　家計部門の被害も同様に「仮設住宅の建設」や「民間借り上げ借家の提供」，「住宅再建に関する資金助成」などの事後的対応を含むリスク管理を分析のスコープに入れてこようとすれば，同様に住宅復興の純便益等を被害評価に反映する必要がある。住宅サービスが生み出していた便益（フロー）は**図 5.18** に示すように地震によって減少する。仮設住宅等に避難所から移り，さらに，修繕が完了して従前の住宅に戻る。この間，避難所や仮設住宅が生み出すサービスに対応する便益は，従前の住宅が生み出していた便益よりも低い。それぞれのサービスの提供費用（運営・維持管理費（減価償却費等の建設費用に関わる費用は除く））が変わらないものとすれば，この差が，住宅のユーザーである家計が被った損失（ユーザーコスト）であり，これに復旧費用（仮設住宅の建設費や住宅の補修費）を計上すればよい。前節での議論と同様に，産業部門の被害集計が同様の考え方でなされていれば，家計が支払う費用と建設業者等の収入は互いにキャンセルアウトし，仮設住宅の建

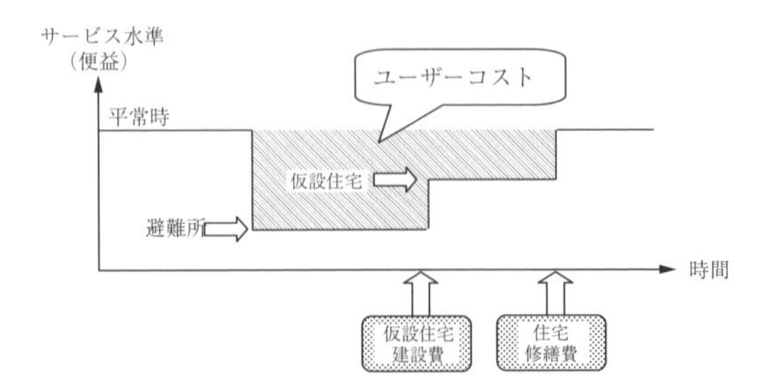

図 5.18　家計部門の地震被害の評価法：住宅被害を対象とした場合

設や住宅の補修に伴う機会費用のみが集計値に反映されることとなる。

藤見，多々納[29] では，図 5.18 のような考え方に基づき，震災後の居住環境の変化に伴い被災住民が甘受しているフロー被害の計量化方法を示している。具体的には，中越地震時に実施したアンケート調査に基づいて，コンジョイント分析によって，避難所，仮設住宅，公営住宅や賃貸住宅などのみなし仮設住宅などの居住環境の違いを支払い意志額の違いとして計量化している。その結果，長岡市における平均的世帯（所得 663 万円，世帯人数 3.25 人）の場合，自宅と避難所の効用差の金銭評価額は 20.6 万円 / 月，仮設住宅とのそれは 16 万円 / 月にも及び，早期の住宅復興が大きな効果を持ち得ることが実証されている。

〔3〕 災害リスクの抑止・軽減の代替案の設計・評価

（1） **地先のリスク評価に基づいた土地利用規制・安全な住まい方**　地先の安全度は，河川だけでなく身近な水路や下水道等からの氾濫も考慮した，人々の暮らしの舞台である流域内の各地点（地先）における水害に対する安全度である[30]。**図 5.19** に示すように，流域内のある地点に着目すると，その地点の安全度を規定する要因（ハザード）としては，河川からの氾濫，下水道や他の水路からの浸水など複数のハザードを挙げることができる。

図 5.19　地先の安全度の構成要素

いま，図 5.19 の中央の家に着目しよう。この図によれば，この家の水害リスクを考える際には，1/50 で整備されている河川（本川）と，1/20 で整備されている河川（支川），および雨水排水を担う二つの排水路（1/10 と 1/5 の整備水準）からの浸水をハザードとして考える必要があるとする。このとき，この家の水害リスクはどのようにして求めればよいのか？

この問題に対して，滋賀県では，任意の継続期間に対して同一の確率に対応する分位値（クアンタイル）となるように中央集中型のハイエトグラフを構成するという方法がとられている[31),32]。この方法では，異なる継続時間を持つ降雨どうしの相関は必要なく，周辺分布のみの情報があればハイエトグラフを定めることができる[33)~35]。この方法には，相関を考慮しないために，通常の観察される降雨に比べて極端に中央のピークのとがった波が形のみ分析の対象となってしま

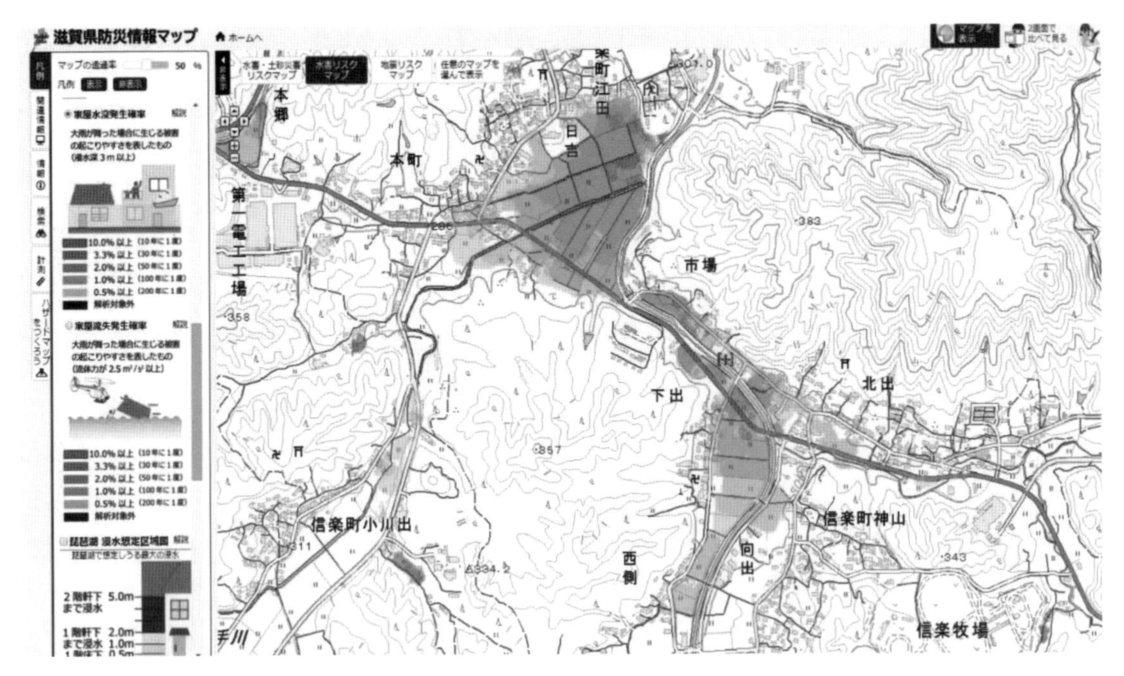

図 5.20 家屋水没確率図（滋賀県防災情報マップ：http://shiga-bousai.jp/dmap/top/index（2016 年 11 月現在））

うという欠点があるが，技術的な改良に関しても研究が進みつつある[36]。

滋賀県では，“降雨→流出→氾濫→被害”という一連の洪水災害の発生過程において内水氾濫および外水氾濫点の安全度を統一的にかつ整合的に求めることに成功している。この成果を受け，滋賀県では，2012 年 9 月～2015 年 8 月にかけて順次市町村ごとに地先の安全度マップを公開している（**図 5.20** 参照）。

（2） **滋賀県における流域治水**　滋賀県においては，2014 年 3 月定例県議会において，流域治水条例を可決した。流域市水条例は，条例前文の一部を引用し，その理念を確認しよう。

「水害から県民の生命と財産を守るためには，まず，河川の計画的な整備を着実に進めることが何より重要である。それに加えて，多くの県民が暮らしている氾濫原の潜在的な危険性を明らかにし，県民とその危険性の認識を共有することが必要である。その上で，河川等の流水を流下させる能力を超える洪水にあっても県民の生命を守り，甚大な被害を回避するためには，『川の中』で水を安全に『ながす』基幹的対策に加え，『川の外』での対策，すなわち，雨水を『ためる』対策，被害を最小限に『とどめる』対策，水害に『そなえる』対策を組み合わせた『滋賀の流域治水』を実践することが重要である。」

ここで，重要な点は滋賀県の流域治水は，超過外力に対する対策，とりわけ，氾濫原管理を強く意識した内容となっているということである。このために，多くの県民が暮らしている氾濫原の潜在的な危険性を明らかにし，県民とそのリスクを共有するとともに，「川の中」の対策のみならず，「川の外」の対策をも組み合わせた総合的な治水施策により，河川の能力を超える超過洪水の発生時においても，県民の命を守り，甚大な被害を回避しようとしている。

（3） **流域治水基本方針**　東日本大震災以降，特に，計画規模を上回る規模の津波に襲われた湾口防波堤や防潮堤の損壊に対して抱かれた疑問に対して，粘り強い堤防の整備等の必要性が共通認識となってきたが，滋賀県の条例は，少なくともそれに先立つ「住民会議」や「学識者部会」，「行政部会」の審議を経て，「流域治水の基本方針」（2012 年 3 月滋賀県議会承認）として結実していた。

「流域治水の基本方針」では，「地先の安全度」を流域治水対策の検討における基礎情報として位置付け，各種施策を「地先の安全度」に関連付けて検討している。例えば，個々の地先において地先の安全度を用いて図 5.20 のような評価がなされる。

図 5.21 の場合，当該地点に一般家屋がある場合に，① 家屋流失が 200 年に一度程度，② 家屋水没が 200 年に一度程度，③ 床上浸水が 50 年に一度程度，④ 床下浸水が 10 年に一度程度，の頻度で発生することを意味している。

流域治水基本方針では，土地利用・建築規制の対象

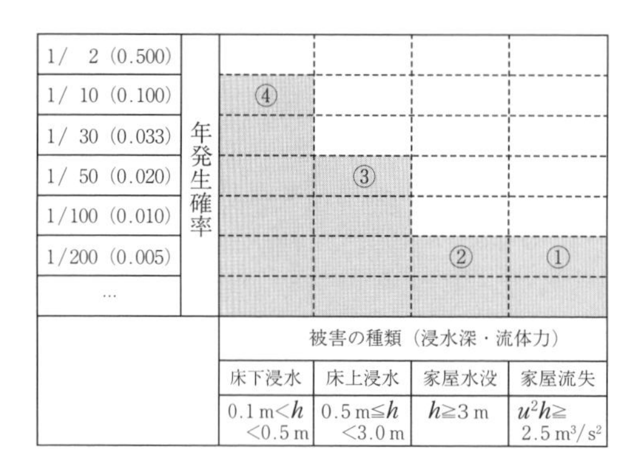

図 5.21　特定地点における地先の安全度

となるリスクを地先の安全度評価を基に以下のように設定することとしていた。すなわち，おおむね 10 年に一度（時間雨量 50 mm 程度）の降雨で床上浸水が発生するおそれのある地域に関しては新たに市街化区域に編入することを原則禁止（**図 5.22** 参照）とし，家屋流失や水没が想定される箇所については，災害危険区域（建築基準法 39 条）を活用した建築規制を行うこと（**図 5.23** 参照）としていた。

ただし，土地利用規制に関しては「被害回避に関わる技術基準を設けることなどにより，都市計画法の開発許可制度を連動させ，水害に対する最低限の安全性を確保した開発を促進すること」，建築規制に関しては「人的被害を回避するために必要な対策が講じられた場合には，建築を許可すること」が規定され，滋賀県は「既存建築物の建て替えや改築については助成を行う」こととなっていた。また，まちづくりに関しては「水害に強い地域づくり協議会」を設け，行政と住民が一体となって地域防災力の向上や安全な住まい方等に関して計画づくりを実施することになっていた。その計画に盛り込まれた除等の可能性に関し関しても想定されていた。

（4）　流域治水条例およびその後の経過 [37]　私権制限を含む土地利用・建築規制を含む基本方針を実現していくためには，条例の制定が不可欠となる。このため，基本方針の議会承認を経て，流域治水条例が制定された。条例制定の議論の過程で，さまざまな反発や意見等が巻き起こった。それらの意見を反映する形で基本方針と条例とは若干内容が異なっている。流域治水条例では，①「災害危険区域」という名称から「浸水警戒区域」という名称の変更がなされ，その対象も「家屋水没（浸水深 3m 以上）」に絞ることとなった。

②「浸水警戒区域」指定の手続きに関しても，あらかじめ「水害に強い地域づくり協議会」において地域の合意形成を図ることが必要とされた。併せて，③流域治水推進審議会の設置や④流域治水の実施状況の議会報告などが規定された。また，条例には明確に規定されてはいないが，浸水警戒区域にしてされた地域に対しては，建築物への助成に加えて，避難場所等の確保のための助成も検討されている。

条例制定後，滋賀県は 50 地区から成る重点地区を設定し，浸水警戒区域指定向けてモデル地区を設定し，毎年度 10 地区で地区指定に向けた取組みを開始していくこととしている。現在，2 モデル地域で先行して「災害に強い地域づくりワーキング」が組織され，地域指定に向けた話し合いが進んでいる。**図 5.24** に，モデル地区の一つである黄瀬地区（甲賀市信楽町）における検討の流れを示しておく。この図から，地域住民のニーズの高い避難計画の立案支援に合わせて，住まい方のルールに関する検討が進められている様子が読み取れる。

発生確率（年当り）	無被害	床下浸水	床上浸水	家屋水没	家屋流失
1/ 2 (0.500)			A	A	A
1/ 10 (0.100)			A	A	A
1/ 30 (0.033)					
1/ 50 (0.020)					
1/100 (0.010)					
1/200 (0.005)					
…					
都市計画法第13条 / 被害の程度（浸水深・流体力）	h<0.1 m	0.1 m<h<0.5 m	0.5 m≦h<3.0 m	h≧3 m	u^2h≧2.5 m³/s²

図 5.22　市街化区域への編入規制の範囲

発生確率（年当り）	無被害	床下浸水	床上浸水	家屋水没	家屋流失
1/ 2 (0.500)				B	B
1/ 10 (0.100)				B	B
1/ 30 (0.033)				B	B
1/ 50 (0.020)				B	B
1/100 (0.010)				B	B
1/200 (0.005)				B	B
…					
建築基準法第39条 / 被害の程度（浸水深・流体力）	h<0.1 m	0.1 m<h<0.5 m	0.5 m≦h<3.0 m	h≧3 m	u^2h≧2.5 m³/s²

図 5.23　災害危険区域の指定の範囲

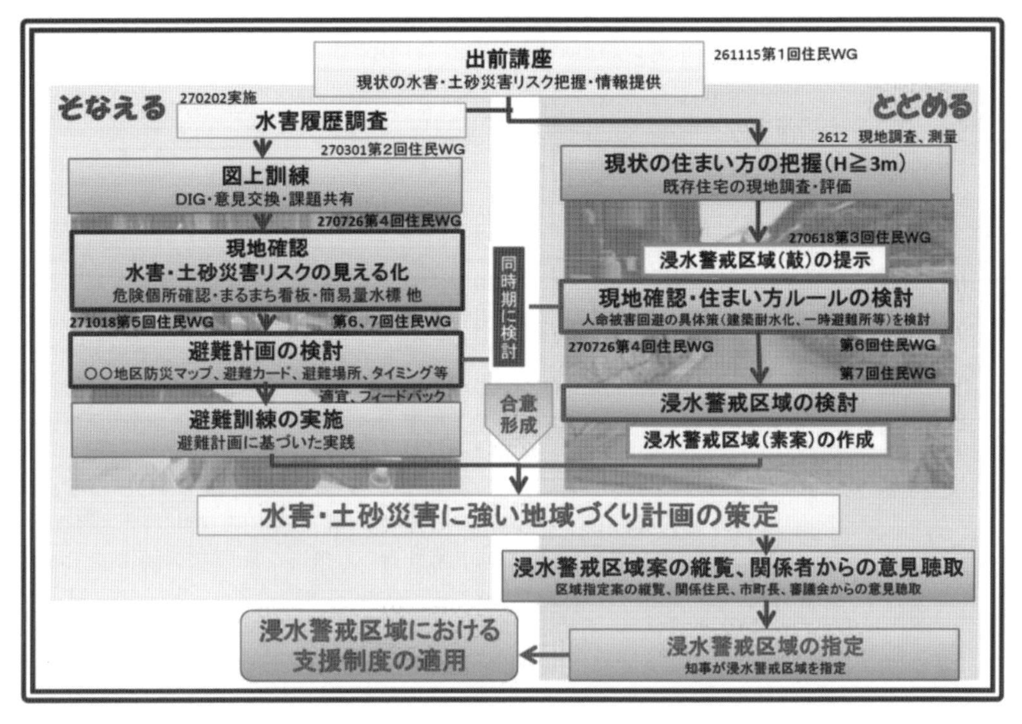

図 5.24 黄瀬地区(甲賀市信楽町)での取組みの概要

5.2.4 事前準備に関する諸施策の立案:災害リスクの移転方策

(1) 災害リスクファイナンスの機能 1990年代以降,多くの巨大災害が世界各地を襲った。いまや世界の人口の過半数は都市に居住している。このような都市域への人口・資産の集積は,大規模な災害が発生した場合の損害を巨大なものとしてきている。1995年に発生した阪神淡路大震災では,6 000人以上の死者・行方不明者が発生し,経済的被害も直接被害額のみでおおむね10兆円に昇った。ハリケーン・カトリーナをはじめ,リタ,ウィルマなど三つの巨大ハリケーンなどが発生した2005年のアメリカにおけるハリケーンの経済損失は1 700億ドルに達した。2011年に発生した東日本大震災においては,実に直接被害額だけで17.9兆円に達する見込みである。

また,各国の保険制度や普及状況等に違いはあるものの,1992年のハリケーンアンドリュー(アメリカ,249億ドル),1994年のノースリッジ地震(アメリカ,206億ドル),2005年ハリケーンカトリーナ(72.3億ドル)等,保険金支払額が1兆円を超える規模の災害も少なからず発生している。わが国における保険金支払金額では,1991年の台風19号による被害が最大で,5 675億円であったが,2011年の東日本大震災では2兆5千億円(7月7日現在)を超える保険金支払いが見込まれている。近年では直接被害額のうち,保険によってカバーされる割合はわが国においても増加しつつあるが,いまだ十分であるとはいい難い状況にある。

災害リスクのファイナンシングは,災害後の復興を容易にし,被災後に生じるフローとして生じる被害を軽減するための事前の金銭的な備えである。代表的には,災害に備えて貯蓄したり,基金を積んでおくことなどの行動として現れるリスクの保有と,保険等によるリスクの移転がある。

災害リスクのファイナンスは少なくとも,以下の二つの意味できわめて重要なリスクマネジメントの要素である。

(a) 所得の平滑化効果 保険等に代表されるリスクファイナンスの仕組みが利用可能であることは,被災後と被災前の所得の平滑化を可能とし,費用負担を軽減することができる。このことは,安心感の向上等をもたらし,事前の心理的な被害も軽減し得る。災害のリスクを制御すると全体の被害は小さくなるが,被害は一部の人に偏って生じてしまう。災害リスクのファイナンスを講じると,一部の人に生じた被害を多くの人で助け合う仕組みが生まれる。しかし,ファイナンスだけでは被害を小さくすることはできない。このため,災害のリスクマネジメントではこれらの方策のベストマッチングを探し，安全で安心でかつ快適な都市や地域を形作ることを目指すことが重要となる。

（b） レジリエンシーの増大の可能性　災害後の復旧・復興のための資金的手当がなされることによって，迅速な回復が可能となる。**図5.25**に示すように，迅速な復旧・復興によって，少なくとも間接的な被害は軽減される。理論上は，被災後ただちに災害前の状況に復旧できれば，間接的な被害は生じない。

実際には，復旧に要する資源の制約等によって即時の復旧は難しい。しかしながら，保険等が利用可能であれば，事後的な資金調達の問題に直面せず資金面での手当てが比較的容易に整うのである。事後的な資金の確保に関する制約（流動性制）と復旧や復興との関係，地域的な波及構造の問題，曖昧性回避などに関しては例えば，大西ら[38]，横松ら[39]，藤見・多々納[40]を参照されたい。

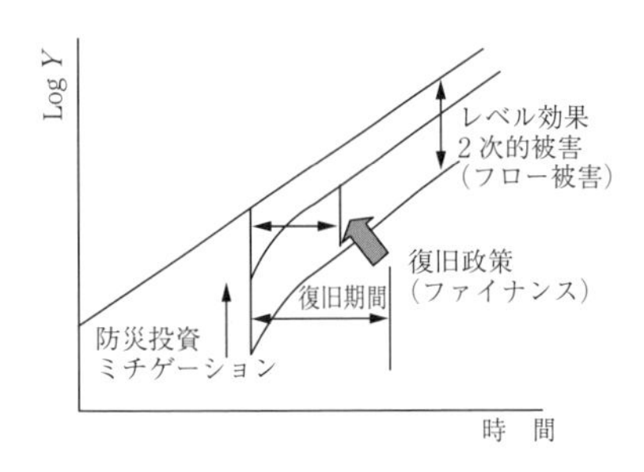

図5.25　災害後の復旧経路に及ぼすリスクファイナンスの効果

（2） リスクプーリングとリスク分散　複数の個人や企業の間で，一定期間に発生した損失を集計し，その平均値を均等に分担し合うような契約をプーリングアレンジメントと呼ぶ。このような契約が実現すれば，参加者数が多くなるに従い，参加者の損失額の分散は小さくなる。特に，大数の法則が成り立つ場合には，参加者の損失の分散はゼロに近付く。参加者の損失が独立な確率分布に従う場合には，大数の法則が成り立つから，参加者数が十分に多くなれば，プーリングアレンジメントによって，損失の変動を受けなくなる。ただし，損失が相関を持つ場合は，大数の法則は成り立たない。この場合にも，**図5.26**に示すように最終的にゼロには至らないものの，参加者数が多くなるにつれて損失の変動は徐々に減少する。

このように，個人や企業はプーリングアレンジメントに参加することで，自己のリスクを軽減できる。コストゼロでプーリングアレンジメントを構築できるならば，リスク回避的な個人や企業は参加への強い動機を持つであろう。しかしながら，実際にはプーリング

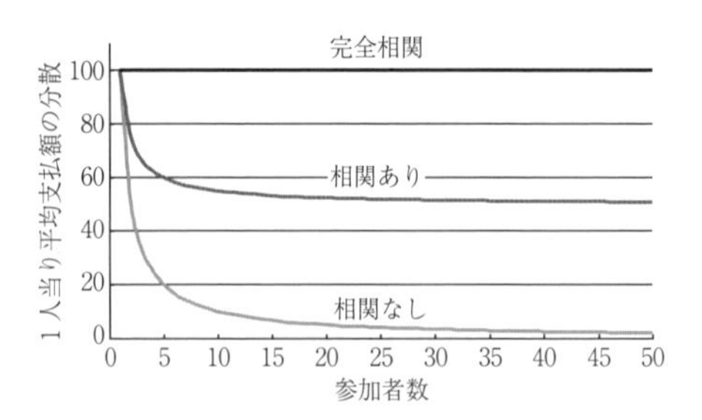

図5.26　参加者数とプーリングアレンジメント

アレンジメントをコストゼロでは管理できない。プーリングアレンジメントを実行するためには，契約の募集，応募者の選別，損害の査定，賦課金の徴収に関わる費用が必要となる。

保険は，プーリングアレンジメントで交わされる事後的な賦課金の徴収契約の代わりに，前払いの保険料の徴収を行い，損失の発生時には保険会社が保険金を支払うという仕組みになっている。このことによって，保険契約者は，保険会社から保険料を追徴されることがないので，損害が確定する前に保険料が確定する。このことによって，保険会社自身がリスクの一部を保有することになる。

（3） 再保険，代替的リスク移転手法　保険会社は，リスクプーリングだけではリスクを抱えた状態にある。特に，自然災害は，低頻度ではあるが大規模な損害を発生させるという特徴を持っており，保険料支払いの相関を無視できない。したがって，保険会社はなんらかの方法によって自己の保有するリスクの軽減を図ることが必要となる。

再保険は，保険会社が購入する保険である。自然災害に関連した保険金支払い額は空間的な相関を持っているが，地理的分散によって保険契約間の保険金支払いコストの相関を軽減することができる。再保険を購入することによって，保険会社が支払い不能となるリスクが軽減されることになる。再保険市場が十分大きければ，再保険が持つ地理的分散機能を通じて，ある地域のリスクは世界の他の地域のリスクに分散されていくこととなる。

1990年代の再保険料金の高騰を背景として，保険の証券化が考案され，取引が行われるようになった。伝統的な再保険市場でなく，証券市場を通じたリスク分散手法であることから，**代替的リスク移転手法**（alternative risk transfer，**ART**）と呼ばれる。代表的なものとしては災害債権（CatBond）などが挙げられる。通常の金融派生商品が株価や株式市場における指標（インデックス）に対して書かれた派生証券であるのに対し，ARTは災害による損失やその指標上に書

かれる派生証券である。

災害リスクと証券市場におけるリスクとは通常相関がないと考えられており，ARTは証券市場におけるリスクヘッジの一つの手段となり得る。しかしながら，伝統的な再保険に比べると，信用リスク（再保険会社が支払い不能に陥るリスク）がない代わりに，保険会社が被る損失と受け取れる金額とが必ずしも一致しないというベーシスリスクがあることなどの問題もある。

（4） わが国における災害保険の現状

（a） 地震保険　日本における火災保険の営業は1888年に開始された。当時は火災のみを補償する保険であった。地震リスクは，損害の巨大性や保険契約者へのリスク事象の到着の同時性，発生頻度の予測の困難性などの特殊性により，保険が困難なリスクと考えられてきた。しかし1964年の新潟地震を契機に地震保険制度を求める世論が高まり，保険審議会等で検討が重ねられた後，1966年に「地震保険に関する法律」が制定されることとなった。地震保険は居住用建物および家財を対象としており，火災保険への原則自動付帯であること，建物は5 000万円，家財は1 000万円の限度額が設けられていること（2014年1月現在），また1回の地震等によって政府と民間の損害保険会社が支払う保険金の総支払限度額は5兆5 000億円（2014年1月現在）であること等の特徴を持っている。また，公共性の高さから，保険料率には元受保険会社等の利潤は織り込まれていない。さらに，政府が再保険機能を提供している。

制定からしばらくの間は加入率が低く，1995年の阪神淡路大震災の際の保険金支払いは約780億円であったが，その後加入率が上昇し，東日本大震災では1兆2 000億円を超える支払いがなされた。日本の地震保険の仕組みは海外からも高く評価されている。

（b） 風水害保険　火災保険は1956年に「水災」危険と「風災」危険を特約で契約できるようになったが，保険料も高く普及は進まなかった。しかし，1959年の伊勢湾台風を機に，水害事故補償制度創設の世論が沸き上がり，1961年1月発売の住宅総合保険に風水害補償が始めて加えられた。1962年に店舗総合保険が創設された。

住宅総合保険では，洪水や豪雨などによる水災，台風などによる風災，ひょう災，雪災が補償の対象となる。支払われる保険金の額は，損害割合30%以上の場合には損害額の70%，床上浸水の場合は保険金額の5%などである。1991年の台風19号では全国に大量の家屋損壊被害が生じ，保険金支払総額は5 700億円に達した。10個の台風が上陸した2004年には年間の保険金支払総額が4 400億円になった。また，近年では自動車保険による支払額が多くなっている。

（c） 農業災害　自然災害による農業被害は，農業災害補償法に基づく農業共済制度により補償される。農業共済制度は，農家が共済掛金を出し合い，災害があったときに被災農家へ共済金を支払う制度である。国の公的保険制度であり，戦前の家畜保険と農業保険とを統合して1947年に発足した。農業の特殊性から，共済掛金のほぼ半分を国が負担し，また農業共済再保険特別会計を設けて共済金支払いを保証する仕組みになっている。本制度には建物被害を対象とする建物更正共済もある。

（d） 経済支援　わが国では家計は自己責任で自然災害に対応することを原則とし，福祉的目的から弱者に限って国が救出するものとされてきた。例えば1947年に制定された災害救助法においては，国や地方自治体による災害時の救助の内容は避難所・応急仮設住宅の設置や食品や飲料水の供与，医療・助産など，現物支給が原則となっている。しかし1998年に議員立法により被災者生活再建支援法が設立され，自宅が全壊した世帯に対して生活必需品の購入費として最高100万円が支給されることとなった。2004年には居住安定支援制度が創設され，支給額も最高200万円になった。そして2007年の改正では支給額は全壊の場合300万円になり，また，使途を定めない定額渡し切り方式になり，住宅本体の建設や購入にも支出できるようになった。年齢・収入要件も撤廃された。支給は都道府県が拠出した基金600億円から行い，国は支給する支援金の半分に相当する額を補助する。また，個人や中小企業・自営業を対象とした，災害関連の融資制度や税の減免制度，遺族に対する災害弔慰金などもある。

東日本大震災では，津波により被害を受けた家屋が多数存在したことから，航空写真や衛星写真で家屋の流失が確認されたものなどに対しては一律に全壊扱いとして，罹災証明書を不要にするなど，支援金の支払い手続きが簡素化された。一方，2013年5月の時点で福島第一原子力発電所事故の長期避難者への適用は認められておらず，法適用についての論争が続いている。　（多々納裕一，横松宗太）

5.3　地域防災計画・災害対応計画

本節では，災害発生前に策定する計画と災害時の行政・地域コミュニティ，支援団体の行動について，土木計画学の視点から述べる。

5.3.1　地域防災計画・災害対応計画の位置付け

災害対策基本法第三章によると，防災計画には，内閣府に設置される中央防災会議が作成する防災基本計画，指定行政機関，指定公共機関が作成する防災業務計画，都道府県・市町村に設置される防災会議が策定する**地域防災計画**（local disaster management plan）がある。また，2013（平成25）年の改正では，これらに加えて市町村の居住者や事業者による作成が可能な（必須ではない）**地区防災計画**（community disaster management plan）が明記され，より地域住民に近いレベルでの計画が策定可能となった。

災害対応に関しては，災害対策基本法には計画としての整備を求めてはいないが，第五章の災害応急対策において，対策すべき項目が明記されていることから，地域防災計画や地区防災計画を策定する際に，行動マニュアルなどの形でとりまとめられることがある。

地域防災計画や行動マニュアルは，事前にある程度の見通しがつく水害を対象とした水害編と，突発的に発生する地震編に分けて作成されている場合が多い（両編に共通の部分を共通編としている場合もある）。事前にある程度の見通しがつく水害に関しては，アメリカで大きな成果を上げている**タイムライン**（timeline）が注目されている。タイムラインは，「事前にある程度被害の発生が見通せるリスクに対して，あらかじめ関係機関が実施すべき対策を時系列でプログラム化した計画」であり，「先を見越した対応ができる」，「確認漏れを防ぐことができる」，「関係組織間の対応のばらつきを防ぐことができる」ことがメリットであるとされている[41)]。国土交通省では，2012年に発生したハリケーンサンディにおける災害対応に関する現地調査の結果を受けて，2014年より「日本型タイムライン（事前対応計画）」の作成を推進している。

事後に関しても時間軸の重要性は同様であり，タイムライン（事前対応計画）に適していない突発事象も含めて，行動マニュアルに時間軸を導入したものが行政機関レベル，地域活動レベル，企業レベル，個人レベルで作成されている（水害に関してはタイムラインに追記する形でまとめられる場合もある）。企業防災では，地震などによる災害被害を最小化する「防災」に加えて，災害時の企業活動の維持または早期回復を目指す「事業継続」の観点からアプローチがあり，「事業継続」に焦点を当てた**事業継続計画**（business continuity plan，**BCP**）の策定が推進されているが，この計画では，事業活動が中断した場合の目標復旧時間・目標復旧レベルを設定する必要があり，必然的に時間軸が意識されていた。事業継続計画の目的意識を明確にするために，防災計画と分けて説明されてきたこともあり，行動マニュアルを事業継続計画やこれを自治体に適応した業務継続計画，地域の社会機能に拡張した地域継続計画という枠組みで捉える動きもある。

5.3.2　災害発生前の計画

ハード整備時の想定を超える外力（超過外力）を伴う災害時には，災害発生後の対応だけでは被害を最小限に食い止めることはできない。災害前にできる準備について，以下にまとめる。

〔1〕　災害リスクの把握

効果的な準備のための最初にステップは，対象とする地域の**災害リスク**（disaster risk）を知ることである。災害リスクは，**ハザード**（hazard），**エクスポージャ**（exposure），**バルナラビリティ**（vulnerability）の三つの要素から構成されるため，これらの情報を把握することが求められる。

ハザードに関しては，近年，公的な機関がハザードマップとしてまとめ，積極的に公開する傾向にある。水害のハザードについては，2013年の水防法改正で，洪水時の円滑かつ迅速な避難を確保し，または浸水を防止することにより，水災による被害の軽減を図るため，洪水予報河川および水位周知河川について，浸水想定区域を指定することが義務付けられた。また，滋賀県や京都府のように，洪水予報河川，水位周知河川以外の河川をも対象としたハザードマップを公開する自治体もある。地震（それに伴う津波を含む）については，南海トラフ巨大地震や首都直下地震といった国レベルの対応が求められる巨大地震に加えて，地震調査推進本部が全国地震動予測地図を，産業技術総合研究所が活断層データベースを公開している。さらに，津波の危険を伴う地震については津波浸水区域図が作成されている。土砂災害については，土砂災害のおそれがある箇所として想定された土砂災害危険箇所が公表され，そのうち，土砂災害防止法に基づき土砂災害警戒区域，土砂災害特別警戒区域の指定と公表が進められている。火山については，活動火山対策特別措置法に基づき火山災害警戒地域が指定，公表されている。これらの情報は，調査・分析の末に公表している機関から想定や指定のプロセスが併せて公開されており，これらの情報と併せて取り扱うことが求められる[42)]。ハザード情報だけが独り歩きすると危険区域として想定されていない場所を，安全な場所と読み替えてしまうことが指摘されており，被害の拡大につながることも懸念される。

エクスポージャを知るためは，人口や資産分布を把握する必要がある。現在の人口分布については，国や市町村から公開されているが，**再現期間**（return period）の長い災害では，将来の人口分布の予測が必要となる。また，資産や企業立地の分布についても調査しておきたい。

バルナラビリティについては，災害の種類に応じてさまざまな要因が考えられる。求めるべき災害リスクを決めることで，被害拡大への影響を及ぼす要因を特定し，調査することが求められる。

〔2〕 土地利用規制・土地利用誘導

災害リスクが極度に高い場所については，土地利用を規制し，居住地として認めないことが求められる。建築基準法第三十九条では，危険の著しい区域を災害危険区域として指定することができることと，指定された危険区域には建築物の建築を禁止できることが規定されているが，「危険の著しい区域」の指定が難しく災害発生と連動しない規制は実現してこなかった。しかし，東日本大震災の発生を受け，被災地復興において国土交通省の防災集団移転促進事業が複数の地域で適応され，「危険の著しい地域」での土地利用規制と居住地移転が注目されてきた。また，2014年に施行された滋賀県流域治水の推進に関する条例では，「危険の著しい地域」での建築規制や，すでに居住している世帯に対して増築，改築時に一定の防災対策を求めるなど，事前の規制や誘導も少しずつであるが行われている。ただ，災害などのきっかけなしにすでに居住している人に移住を促すことは難しいのが現状である。今後，人口減少が進み，都市のコンパクト化を推進する際に，災害リスクの高い場所への居住を抑制していくことで災害に強い地域に変容させていくことが現実的であろうと考えられる。

〔3〕 災害情報の整備

災害リスクの高い場所に，居住者がいる場合には，人命を筆頭として守るべきものに優先順位を付け，状況判断から守れるものを守ることが求められる。災害発生の可能性が高まった時点で，できるだけ早く行動を開始することが人命の確保につながるため，公共機関では，そのきっかけとなる**早期警戒情報**（early warning）を発表している。気象庁が発する気象警報・注意報には，16種の注意報（大雨，洪水，強風，風雪，大雪，波浪，高潮，雷，融雪，濃霧，乾燥，なだれ，低温，霜，着氷，着雪），7種の警報（大雨，洪水，暴風，暴風雪，大雪，波浪，高潮）があり，2013年8月からは6種の特別警報（大雨，暴風，暴風雪，大雪，波浪，高潮）が加わっている。これらの情報は，予想される現象が発生するおおむね3～6時間前に，予想の難しい短時間の強い雨に関する大雨，洪水警報・注意報についても，おおむね2～3時間前に発表されることになっている。これらの**猶予時間**（lead time）は，情報が防災機関や住民に伝わり，避難行動などがとられるまでに要する時間を考慮して設定されているが，予測が難しい現象では，十分な時間が確保できない場合がある。また，警報の発表が夜間や早朝になる場合には，夕方に注意報を発表し，その発表文中に警報の発せられる可能性のある時間帯を記載するといった工夫もとられている。注意報や警報が早めの避難行動を促す情報であるのに対して，特別警報はただちに命を守る行動を促すための情報である。

気象庁は，これら以外にも，緊急地震速報，津波注意報・警報，土砂災害警戒情報，噴火警報，竜巻注意情報も発している。2007年より開始された緊急地震速報は，一般の人々が推定震度5弱以上のときに「（震度4以上の）強い揺れとなる地域」をテレビや携帯端末を通じて伝えるサービス（地震動警報）である（高度利用者向けに，発表基準が低く誤報の可能性が高いもののより詳細な情報を得ることができる地震動予報も存在する）。地震時の行動のきっかけとして利用されることも多いが，原理上は数十秒とれる可能性がある猶予時間が，条件によってはとれないこともあることを念頭に行動指針を検討する必要がある。津波については，大津波警報（3mを超える津波），津波警報（1m以上3m未満の津波），津波注意報（1m未満の津波）が地震発生から約3分を目標に発せられる。東日本大震災時の教訓を基に，過小評価の防止のため高さが未確定の時点では「巨大」という表現を使い非常事態であることを表現するなど発表方法に改善がなされた。この情報の精度は，原因となる地震の位置と大きさの特定の精度に依存するものであり，緊急地震速報と同様に，結果を保証するものではなく，最大限の努力をした結果（ベストエフォート）として受け止めておく必要がある。土砂災害警戒情報は，2008年より全国で運用が開始されたものであり，土壌雨量指数と警戒避難基準雨量による基準から発表の判断がなされている。現在でも判断基準や対象区域の詳細化についての検討が行われており，予測精度の向上が期待されている。噴火警報は，国内のすべての活火山を対象として2007年より運用が開始されており，噴火警報（居住地域），噴火警報（火口周辺），噴火予報がある。特に噴火警戒レベルが設定されている火山では，各レベルに「避難」，「避難準備」，「入山規制」，「火口周辺規制」，「活火山であることに留意」といったキーワードが関連付けられており，防災・減災活動への活用が意識されている。また，噴火警報発表中の火山において，人々の生活に影響を及ぼす降灰のおそれがある場合には降灰予報も発表される。竜巻注意情報は，雷注意報を補佐する情報として2008年より発表が開始された。おおむね県単位を対象とし，有効期間は1時間である。

市町村長は，上記の気象庁の発する災害情報を勘案し，災害対策基本法第六十条に基づいて適切なタイミングで**避難準備情報**（evacuation preparation information），**避難勧告**（evacuation advisory），**避難指示**（evacuation directive）（以下では，三つをまとめて避難勧告等と呼ぶ）を発することができる。避難勧告は避難のための行動を勧めるもの，避難指示は避難勧告より被害の危険が切迫したときに発せられるもので，拘束力が高くなる。避難準備情報は，要援護者避難情報とも呼ばれ，要援護者（避難行動に時間を要する人）が避難行動（避難支援者は支援行動）を，それ以外の人は，避難準備を開始するきっかけとして発せられる情報である。しかしながら，「適切なタイミング」の判断が難しく，これらの避難勧告等を出すことができなかったことも多い。避難勧告等もベストエフォート情報であるが，これを危険が迫ったときに必ず発表されるものと捉え，情報がなければ避難しない住民も数多く存在する。このため，避難勧告等が出ずに，人的被害が出た場合には社会問題となることが多い。内閣府では2005年に作成した「避難勧告等の判断・伝達マニュアル作成ガイドライン」を2014年に改定したが，この改定では，避難勧告等は，空振りをおそれず，早めに出すことを基本とされることとなった。

これら気象庁や行政の発する情報は，行動シミュレーションの入力情報として，また，避難計画や行動マニュアル作成時の時間軸として利用されることがあるが，その際にはそれぞれの情報の特徴を押さえ，発表者の意図に反した行動となってしまうことがないように注意することが必要である。

〔4〕 避難計画・地区防災計画

避難（evacuation）は，避難開始のタイミング（いつ），災害による危険が迫った際にいる場所（どこから），避難先（どこへ），避難経路，避難手段（どのように）といった要素によって決定される。避難対象となる領域が広く，市町村を超えた広域の避難が想定される災害（原子力発電所や化学プラント事故による災害も含む）では，避難効率を上げるために公共交通機関や行政の用意するバスの利用が想定されるため，行政が具体的な避難計画を策定することも可能であるが，対象となる領域が狭く，徒歩避難を原則とする場合には，避難を決定する要素は，避難する個人の主体的行動に依存するものであるため，行政の作成する避難計画は，避難勧告等の避難判断基準の決め方や避難先となる避難所の指定など個人が避難計画を作るために必要な事項を整理したものが主であった。しかし，東日本大震災の発生により避難の重要性が再認識され，より具体的な計画が求められることとなった。災害対策基本法において，地区防災計画が位置付けられたこと，指定緊急避難場所（災害が発生し，または発生するおそれがある場合にその危険から逃れるための避難場所），指定避難場所（災害の危険性があり避難した住民等を災害の危険性がなくなるまでに必要な間滞在させ，または災害により家に戻れなくなった住民等を一時的に滞在させるための施設）の指定が義務付けられたこと，危険な場所からの立ち退きによる避難（従来の避難，水平避難や立ち退き避難と呼ばれる）に加えて，屋内での待避等屋内における安全確保措置（垂直避難とも呼ばれる）が行動形態として追加されたことはこれを後押しするものであると考えられる。

具体的な避難計画は，地域コミュニティ単位で作られているものが多く，その一部は，地区防災計画として位置付けられている。計画を具体的にすることは，その効果とともに，実施可能性についても評価が求められるが，対象となる災害の特性に依存する項目であり注意が必要である。計画評価や実施可能性については，防災訓練やシミュレーションによって行われることが多いが，どの災害においても有効な「危険度が増す前に安全な場所への立ち退き避難」を前提にしたものがほとんどである。これは一つの理想的な避難の評価としては問題ないが，予測から災害発生までの猶予時間が短い災害では，そのとき居る場所やそのときの状況により立ち退き避難ではなく屋内での安全確保措置を選択する必要があり，複数の行動シナリオの評価が求められる。特に津波からの避難を想定した場合，緊急避難場所までの移動に目が向きがちであり，原因事象である地震からの避難であるその場での安全確保行動が考慮されていない場合も多い。

避難計画を作成するに当たっての大きな問題として，要支援者の避難に関する問題がある。災害対策基本法において，高齢者，障害者，乳幼児等の防災施策において特に配慮を要する方（要配慮者）のうち，災害発生時の避難等に特に支援を要する方（避難行動要支援者）の名簿作成も義務付けられたこともあり，この名簿の作成・活用に係る具体的手順等を盛り込んだ「避難行動要支援者の避難行動支援に関する取組指針」（2013年8月）が策定・公表された。この指針においても取り組むべき事項として挙げられているものの具体的な解決策が見いだしにくい問題として，要支援者の避難を支援する人（避難行動支援者）のマッチングと避難手段がある。要支援者と支援者のマッチングについては，指針ではできるだけ複数の支援者が互いに補完し合いながら避難支援に当たること，特定の支援者に役割が集中しないことが指摘されているが，どのようにマッチングするかについては地域で取り組む課題であるとされている。高齢化が進んだ地域はいうに及ばず，比較的高齢化率が低い地域であっても職住分離した地区では，時間帯によっては支援者となる人が十分に確保できないことがある。ボランティア団体などの民間団体との連携も指針では勧められているが，コーディネーションに関しては有効な手段は見いだされていないのが現状である。避難手段については，歩行に問題のある要支援者には特に重要であるが，災害予測から避難まで猶予時間が短く徒歩避難が難しい避難困難地域においても課題となっている。東日本大震災の経験から，対応策として自動車での避難が検討されているが，自動車利用により被害を拡大させないために，どのような条件であれば自動車避難をしてよいのかなどの事前のルール作成とその遵守の徹底が必要となる。

〔5〕 地域防災活動

事前の準備は，災害発生時の住民行動に結び付いて初めて効果を発揮する。そのためには，地域コミュニティ単位での防災活動が必要である。地域防災活動の主体は，自治体や町内会が母体となって自主的に防災活動を行う任意団体である**自主防災組織**（voluntary organization for disaster prevention）が担うことが多い（自主防災組織の活動カバー率（全世帯数のうち，自主防災組織の活動範囲に含まれている地域の世帯数の割合）は，全国で81.0%（2015年4月1日現在）であり年々上昇している）[43]。地域防災活動では，ハザードに対する知識を深め，防災訓練，防災まち歩き，地域安全マップ作製などを通して，災害時の地域の課題を探り，地域で実施可能な対応策を考える。対応策は訓練で実践してみることで，その効果を実感する。防災訓練は，オーソドックスな避難，安否確認，避難所開設，炊き出しといったものに加えて，シナリオを示さない訓練，夜の防災訓練，個別の避難トライアル，マンションを対象とした訓練など状況や条件を変えることで災害時のイメージを膨らませる工夫が凝らされたものも見られる。また，平常時のイベントに明示的に防災を絡めたり（防災運動会など），非明示的であっても主催者側が災害時の見立てを付け加えたりする（模擬店運営を炊き出しと見立てるなど）ことで地域のつながりを深め，地域防災力向上につなげることも行われている。

5.3.3 災害発生時の対応

災害時には，行政などの公共機関，地域コミュニティ，外部からの支援者が力を合わせて対応し，被害の拡大防止と被災者の生活再建に努めることとなる。以下に，災害対応についてまとめる。

〔1〕 災害対策本部

災害対策基本法に従い**災害対策本部**（disaster management headquarters）は，災害のレベルに応じて国，都道府県，市区町村に設置されることになる。国に対策本部が大規模な災害が発生した場合，災害対策本部は，対策の方針を決めるだけでなく，関連機関の調整を行う必要がある。このためには，通信・情報管理・広報といった機能，それらを支える総務の機能が必要とされる。なすべき対策とその時点での優先順位付けを決めることで，これらの機能が担う仕事は変化していくことになる。このため，防災計画で本部が置かれると想定されていた庁舎の周辺で災害が発生した場合は，運用に大きな影響をもたらすことになる。防災計画で想定した災害対応の体制が組めない場合には，上記に加えて，他地域からの支援を受け入れること（受援）が求められる。十分な情報が得られない中で大量の作業をこなしている状態での受援の判断は難しいため，近年では，事前に受援計画をまとめておくことも有効な手段であるといわれている。受援計画を策定する際には，どの程度の権限を移譲できるかについて検討し，必要に応じて他市町村と災害協定を締結しておくことが有効である。また，計画策定しないままに被災してしまった場合の受援では，四川地震や東日本大震災時に関西広域連合が行った対向支援が効果的であったことが報告されている。

〔2〕 災害状況の把握

災害時には，まず，現地状況を把握し，被害の様相を明らかにすることが求められる。すべての被災箇所を危機管理担当者が見て回ることが理想であるが，被災者対応がすぐに始まってしまい，十分な調査ができないことが多い。阪神・淡路大震災以降，このような状況に対応するため衛星画像を利用した被災状況の把握に関する研究が進められ，現在ではJAXAを通じて被災地の衛星写真が行政や関係機関には提供されるようになった。これに加え，国土地理院が災害直後に航空写真を撮影・公開している。これらに加え，ドローンの活用も検討されており，空からの情報は技術の発展に合わせて整備されている。また，災害調査にもレーザー計測可能な車両であるモバイルマッピングシステム（MMS）を利用することも提案され，地上での情報の自動取得にも期待が持たれている。スマートフォンの普及により携帯端末からのインターネット接続が可能になったことで，ソーシャルネットワークサービス（SNS）を通じて被災地内からの情報提供も行われるようになった。これまでは，行政などによる現地調査に頼っていたために情報は十分にとれなかったが，情報通信技術の進化により玉石混合ではあるが，情報があふれる状況になりつつある。今後の課題は，これらの情報から災害対応に必要なメッセージを取り出すための分析手法開発であり，分析機関と災害対策本部との連携も受援の一つ形態として考慮していく必要がある。

〔3〕 災害直後の行政対応

災害直後，特に最初の72時間は自衛隊やDMATなどの外部機関と連携しての救援・救命活動に大きな力が注がれる。しかし，同時に命を守った被災者のために，避難所を開設し，支援物資を支給することも求められる。これらは災害救助法の適応の有無で，自治体へのコスト負担が変わるので，必要に応じて災害救助法の適応申請といった作業もこなす必要がある。また，その後の復旧・復興を見越して被災者生活再建支援法など支援事業に係る法律の適応申請も行わなければならない。

インフラ被害があった場合には，早期のインフラ復旧を図る必要がある。特に，道路復旧は，救助活動の担い手となる自衛隊やDMATの搬送のために必要であり，被災地の土木事務所に加えて，国土交通省のTecForceを中心とする外部からの支援者が連携して対応することとなる。大規模な災害になれば，災害の影響を受けず通行可能な道路に，順次なされる道路啓開の状況を加えて得られる通行可能道路のリソースに対して，救援活動や支援物資の搬送を行う緊急車両の交通を優先的に割り当てるような管理が必要となる場合も多い。

水道・電気・通信については，官民の違いはあるもののこれまでの災害で支援・受援の体制が積極的に構築されてきており体制は組みやすい。復旧計画と進捗状況を見える化できれば被災者の不安を和らげることにつながるため，広報も重要性な要素であることを認識し，窓口となるホームページが更新できなくなった場合に備え，バックアップ体制などを検討しておくことが求められる。

〔4〕 災害ボランティア・支援組織

災害対応や復旧・復興段階における被災者支援では災害ボランティアの協力が必須となった。阪神・淡路大震災を契機に災害支援の在り方が議論されおり，災害ボランティアセンターの運営は，社会福祉協議会が担うことが一般的となった。しかしながら，社会福祉協議会との関係が明記されていない地域防災計画も散見され，早い段階からの行政との連携に課題を残す場合も多い。民間の支援団体は，被災者の視点に立ち，きめ細かな支援を目指している（廃棄物の処理などで，公的機関では，実施が困難な支援活動を担う団体も存在する）が，社会福祉協議会との連携・協力体制が構築できないときは，そのポテンシャルを十分に発揮できない場合もある。求められている支援内容を広く共有し，地域による隔たりをできるだけなくせる支援体制の構築が求められる。

〔5〕 避難所運営

2013年の災害対策基本法改正で，被災者の生活環境の整備についての項目が追加され，災害応急対策責任者が，遅滞なく，避難所を供与するとともに，避難所の安全性および良好な居住性の確保，食糧，衣料，医薬品その他の生活関連物資の配布および保健医療サービスの提供など被災者の生活環境の整備に努めること，やむを得ない理由により避難所以外の場所に滞在する被災者についても，同様に生活関連物資の配布，保健医療サービスの提供，情報の提供に努めることが明記された。避難所の開設は，基本的に行政職員が行うことになるが，実効性を考慮して地域の自主防災組織に委ねられている場合も多く，運営を担う場合もある。行政が運営を担う場合には，その他の対応業務での職員確保の観点から，避難所から職員を引き上げざるを得ない事態に陥る可能性があること，自主防災組織が運営を担う場合には，地域外からの避難者（帰宅困難者を含む）の受け入れなど，自治体職員でなければ判断に窮する事態が発生する可能性あることを考慮しておく必要がある。また，避難所での支援活動には，災害ボランティアや支援団体の協力も不可欠となっており，行政，自主防災組織，ボランティアの密な連携の下での運営体制の構築が求められる。

指定避難所に入れない人の対応も避難所運営の課題として指摘される。要支援者の滞在避難を目的とした福祉避難所の必要性も指摘されているが整備は十分でないのが現状である。容量を超える数の避難者が避難所に訪れた場合，避難者のトリアージ（滞在できる家屋がある人には避難所から退去してもらう）も検討されているが，実現が難しいことは熊本地震でも示された。避難所に入れなかった人に，どのように滞在避難場所を提供するかについても検討が求められている。

〔6〕 災害支援物資

東日本大震災の経験を受けて，国では，物資支援計画として，被災都道府県からの具体的な要請を待たないで，必要不可欠と見込まれる物資を調達し，被災地に緊急輸送を行う「プッシュ型支援」と，その実行のために，支援物資の集積地を多段階に設定することも検討されている。2016年に発生した熊本地震では，このプッシュ型支援，多段階の集積所設置が行われ，一定の効果を上げたことが報告されている。ただ，都道府県まで届いた物資を避難者まで届ける機能については課題が残った。プッシュ型支援は，災害発生直後の時期に限定されるものであり，被災地からの要望をまとめる機能が回復した場合には，要望に対応するプル型支援に切り替えられる。プル型支援の手段については，インターネットショッピングモールサイトやSNSを利用する形態が提案・実施され，必要なものを，必要な場所へ，必要なだけ届けることが可能となっている。一方で，支援物資過多による倉庫不足の問題も被災地では問題視されることが多く，時期に合わせたバランスの良い支援物資の供給が求められる。

〔7〕 生　活　再　建

災害対応は被災者の生活再建に至るまでは終わりではない。2013年の災害対策基本法改正では，生活再建支援事業の基礎資料となる罹災証明書の速やかな発行が，行政に義務付けられ，被災者の援護を総合的かつ効率的に実施するための台帳（被災者台帳）の作成が明記された。被災者台帳は，被災者（世帯）ベースで，支援事業に関する情報をまとめたものであり，被災者の生活再建をきめ細かにサポートするために利用されるものである。

支援事業により金銭的，物質的な支援を行うと同時に，被災者の健康面にも気を配る必要がある。PTSDをはじめとする精神的なストレスがかかった状態では生活再建へ向かうことも困難になるため，被災者のこころのケアにも十分な配慮が求められることになる。

（畑山満則）

5.3.4 使いやすい地域防災計画をつくる

〔1〕 読者を設定する

実際の災害対応では地域防災計画役に立たなかった，というコメントが聞かれることが多い。災害対策基本法では，地方自治体は地域防災計画を作成することにしており，内容について以下のように定めている。

1．当該市町村の地域に係る防災に関し，当該市町村及び当該市町村の区域内の公共的団体その他防災上重要な施設の管理者の処理すべき事務又は業務の大綱
2．当該市町村の地域に係る防災施設の新設又は改良，防災のための調査研究，教育及び訓練その他の災害予防，情報の収集及び伝達，災害に関する予報又は警報の発令及び伝達，避難，消火，水防，救難，救助，衛生その他の災害応急対策並びに災害復旧に関する事項別の計画
3．当該市町村の地域に係る災害に関する前号に掲げる措置に要する労務，施設，設備，物資，資金等の整備，備蓄，調達，配分，輸送，通信等に関する計画

地域防災計画は前述の災害対策基本法が定める三つの内容について網羅する数百ページにも及ぶ大部のものとなり，すべて読むことが困難かつ災害対応マニュアルとしても使い勝手が悪いといったことが原因であると考えられる。

そもそも計画においては，実施者ごとに必要な内容の詳細度は異なり，ISOのマニュアルでもレベルに応じて計画を階層化することが求められている[44]。奈良県橿原市や和歌山県海南市の地域防災計画では，市長・市民を対象とした計画本編，職員を対象とした災害時行動マニュアル，そして資料編という3層の計画の計画構成を持っている（**図5.27**参照）。計画本編には，行政は何を実施するのか（WHAT）についてのみ書かれており，どうやって実施するのか（HOW）については2層目の災害時行動マニュアルに書かれる。WHATとHOWを分離することにより，計画本編では行政が実施すべてき防災対策の全体像を容易に把握することが可能にしている。地域防災計画は，防災対策としてこういったことは行政が実施するが，それ以外については市民で実施してほしいという，災害対応についての行政と市民の契約書である必要がある。したがって，市民が容易に理解することができる内容であることも重要である。

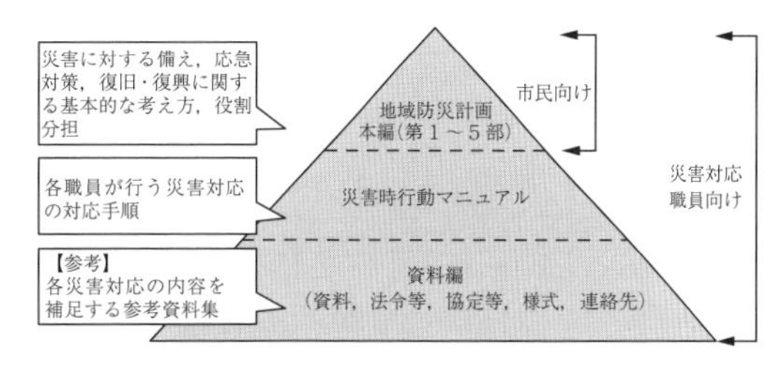

図5.27 地域防災計画の使い方
（出典：海南市地域防災計画本編）[45]

市民に対する契約という観点から，海南市の地域防災計画では，災害発生後，行政はどういった支援を実施可能なのかについて，「いつ」実施可能なのかについても記述が行われている（**図5.28**参照）。これは，行政はすべての支援を即時に実施することはできず，ある一定時間は市民が独自に対応してほしいという意味もある。

〔2〕 使いやすい地域防災計画

地域防災計画は，行政と市民の防災対策に関する契

第５節　飲料水等の供給

（１）目的

災害により水道施設が被災したことにより給水を受けられない者や医療機関等に対し、生命や身体を維持していくために必要な飲料水等を供給します。

（２）実施業務

業務内容	担当班	発災後~3時間	3時間~24時間	24時間~3日	3日~7日	7日~1カ月	1カ月~
1．備蓄物資供給、飲料水の調達・搬送	物資輸送・調達プロジェクト						
避難所情報や道路状況等の情報収集を行い、備蓄物資の飲料水を避難所に搬送し、配布します。また、県や他市町村、民間企業から、ペットボトル入りの飲料水を調達し、集積拠点に搬送します。							
2．給水活動の実施	水道総務班、給水班、物資輸送・調達プロジェクト						
拠点に集積したペットボトル入りの飲料水は一元的に管理することにより効率化を図り、各避難所等に搬送し、配布します。また、配水施設、浄水施設等の応急復旧等により、市内の拠点場所における給水と避難所や医療機関等への給水タンク車による運搬給水を実施します。							

図 5.28　タイムラインの明示
（出典：海南市地域防災計画本編）[45]

約書であること加えて，行政職員にとっては災害時の対応マニュアルという側面を持つ。使いやすい対応マニュアルであるためには，災害発生時に，自分が何を実施する必要があるのか，ということが簡単に理解できる必要がある。しかし，通常の地域防災計画では，自分が災害発生時に何をするのかについて規定した「事務分掌」は資料編に掲載されており，さらに事務分掌の規定する業務と地域防災計画の内容が一致しないという問題がある。海南市の地域防災計画は，**図 5.29** に示すように事務分掌を本編として掲載し，さらに事務分掌と計画の内容を一致させたものとなっている。

事務分掌と計画の内容を一致させることで，災害発生時の業務を1層目の計画本編，2層目の「災害時行動マニュアル」を関連付けること可能になり，地域防災計画が災害対応マニュアルとしても使いやすいものとしている。

＜災害対策本部の事務分掌＞

各課の事務分掌は次のとおりです。ただし、明記されていない業務は、そのつど定めます。

部名	部長・プロジェクト長	班名（担当課名）	事務分掌	詳細記載			
				部	編	章	節
本部事務局	総務部長	本部調整班（危機管理課）（選挙管理委員会事務局）（監査委員事務局）	配備体制の決定	3	1	1	1
			災害対策本部の設置	3	1	1	2
			災害対策本部会議の実施	3	1	1	2
			通信手段の確保	3	1	1	5
			通信手段の管理・運用	3	1	1	5
			応援要請	3	1	1	8
			避難情報の発令及び伝達	3	1	2	1
			緊急輸送活動の要請	3	1	2	10
			その他ライフライン施設の応急復旧	3	1	2	12
			活動体制の確立（海上災害対策）	3	2	1	1
			海上流出油等対策	3	2	1	1
			活動体制の確立（鉄道施設災害対策）	3	2	1	2
			人命救出救助活動等（鉄道施設災害対策）	3	2	1	2
			活動体制の確立（道路災害対策）	3	2	1	3
			人命救出救助活動等（道路災害対策）	3	2	1	3
			活動体制の確立（コンビナート災害対策）	3	2	1	4
			人命救出救助活動等（コンビナート災害対策）	3	2	1	4
			危険物災害応急対策	3	2	2	1
			有害物質漏えい等応急対策	3	2	2	1
			放射性物質事故応急対策	3	2	2	1
			本部の閉鎖	−	−	−	−
		広報財政班（企画財政課）（出納室）	地震、津波情報の収集・伝達	3	1	1	3
			市民への情報提供	3	1	1	6
			外部への情報発信	3	1	1	6
			財政措置	3	1	1	10
			避難情報の発令及び伝達	3	1	2	1
			道路交通の確保	3	1	2	7
			避難所避難者への情報伝達活動	3	1	3	7
			在宅避難者への情報伝達活動	3	1	3	7
			一時市外避難者への情報伝達活動	3	1	3	7
			活動体制の確立（海上災害対策）	3	2	1	1
			海上流出油等対策	3	2	1	1
			活動体制の確立（鉄道施設災害対策）	3	2	1	2
			活動体制の確立（道路災害対策）	3	2	1	3
			活動体制の確立（コンビナート災害対策）	3	2	1	4
			危険物災害応急対策	3	2	2	1
			有害物質漏えい等応急対策	3	2	2	1
			放射性物質事故応急対策	3	2	2	1

図 5.29　事務分掌と地域防災計画
（出典：海南市地域防災計画本編）[45]

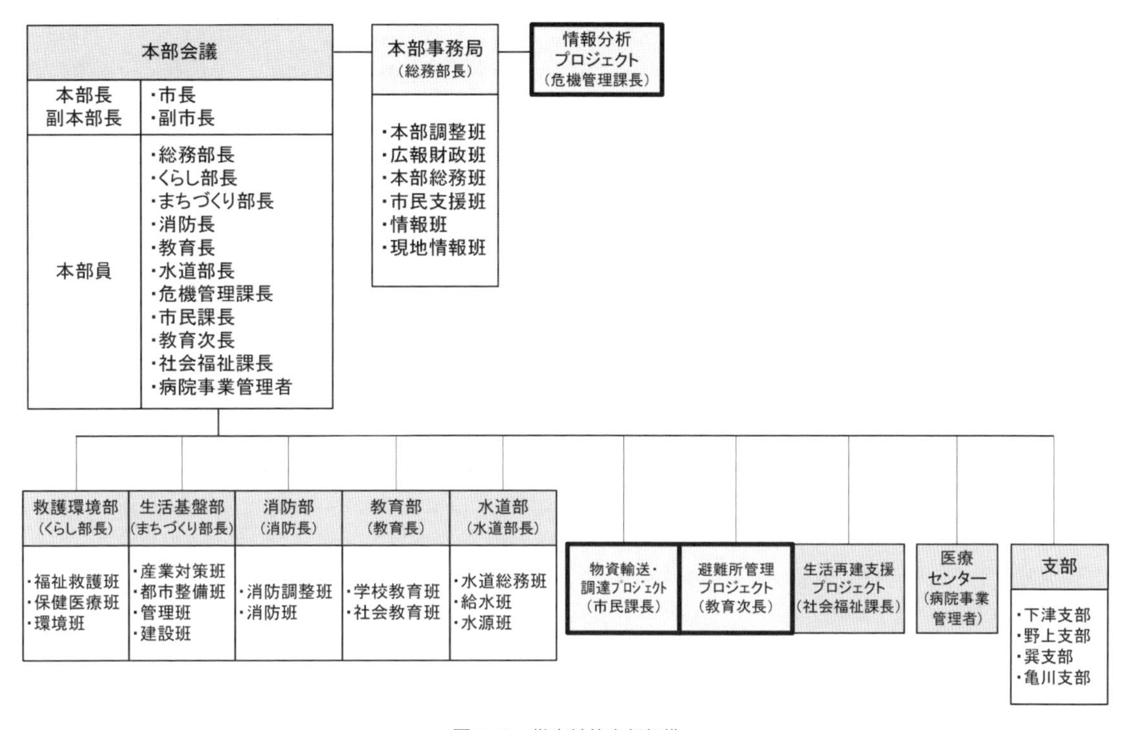

図 5.30　災害対策本部組織
（出典：海南市地域防災計画本編）[45]

また，**図 5.30** に示すように行政組織は通常業務を効率的に実施する組織体制となっており，災害時に新たに発生する業務に対応する組織とはなっていない。災害情報の分析，物資輸送・調達，避難所運営，生活再建支援といった業務は，災害時に新たに発生する業務であり，海南市の地域防災計画では，災害発生時にはプロジェクトチームを形成することで，より機動的に対応できる仕組みと，さらにあらかじめ担当部局を決めておくことで，業務の押し付け合いにならない仕組みを地域防災計画で規定し，効果的な災害対応を可能にしている。

〔3〕 地域防災計画と訓練

歌舞伎の世界で「型無し」と「型破り」という言葉が使われる。「地域防災計画は役に立たなかったので（計画を見ずに行動している場合も多い），自分で考えてさまざまな対応を行った，というのは，決して評価されることではなく，歌舞伎の言葉でいうと「形無し」である。災害対応においては，即興（improvisation）が重要であるということはよくいわれる。しかしそれは，継続的に計画の見直しを行っており，さらに計画に従って対応を行ったが，うまくいかなかったので，独自の対応を行う，という場合であり，歌舞伎の言葉で言うと「型破り」ということになる。

行政ではさまざまな災害対応訓練が行われている。しかし訓練を実施しても，訓練の評価を行わず，単に災害対応についての，こういった問題が発生する，という「気づきの場」として利用されている場合が多く，継続的な災害対応能力の向上にはつながっていっていない。

災害対応のあるべきすがたは「型破り」であり，まず地域防災計画に書かれた内容について手順通り実施できるのか，さらには計画の内容は適切なのか，について検証することで「方を身に着ける」ということが重要である。災害対応訓練を「気づきの場」ではなく，地域防災計画の策定・見直し，の場として災害対応訓練を実施していくことが求められる（**図 5.31** 参照）。

（a） 災害対策本部会議訓練

（b） 地域防災計画に基づく防災対応業務検証訓練

図 5.31　災害対応訓練の様子（和歌山県海南市）

（牧　紀男）

5.4　災害復興・復旧計画

本節では，まず，東日本大震災での津波被災からの復興事業の枠組みを整理し，復興計画の実際と課題を概観することで，今後起こり得る大規模災害の事前復興を含む，復興・復旧の備えのための基礎的情報をとりまとめる。その後，そうした教訓を踏まえた災害復興・復旧計画の在り方について，事前復興と災害後の復興とに分けて解説する。

5.4.1　東日本大震災における復興計画の実際と課題

〔1〕 津波防御水準

2011年3月11日，巨大津波が東北の太平洋沿岸を襲った。その復興において一つの鍵となったのは，やはり津波防御水準であった。土木学会東日本大震災特別委員会津波特定テーマ委員会によって，同年5月10日に，第一回の報告[46)]が行われ，二段構えの防災・減災方法が提言された。つまり，津波を明治三陸津波，昭和三陸津波のような，数十年から百数十年に一度というレベル1津波（以下L1津波），今次津波のような500年から1 000年に一度のレベル2津波（以下L2津波）に分け，L1津波に対しては，防潮堤などの海岸保全施設によって防御し，L2津波に対しては，総合的な防災計画により減災を図るという内容であった。

中央防災会議は，それを踏襲し，政府としての津波防災方針として「東北地方太平洋沖地震を教訓とした地震・津波対策に関する専門調査会　中間とりまとめ」[47)]を同年6月26日に公表した。このL2津波は物理的に防御しないという方針は，今回と同様の津波でまた被害が出るという方針であるため，復興まちづくりにおいて受け入れられるはずもなく，その結果，高台移転や高盛土道路など防潮堤以外の施設等によって，事実上のL2津波防災を考慮した計画とされるという齟齬を持ったまま，復興は進むことになった。

中央防災会議の中間とりまとめを受け，同年7月8日に設計津波設定方が国から「設計津波の水位の設定方法等について」の通知[48)]により，設計津波高さについての具体的な算定手順が示され，おおむね同年9月には各県で防潮堤の高さが公表された。

〔2〕 復興事業制度と体制

（1） 建築規制　大規模災害後は，後々復興計画との齟齬を起こさないように建築制限を行うことが多い。建築制限の方法は，建築基準法84条（被災市街地における建築制限），建築基準法39条（災害危険区域），被災市街地復興特別措置法によるものがある。

建築基準法84条（被災市街地における建築制限）は，発災後，最大二箇月間のいっさいの建築を制限することができる。今回の津波被災においては，被害が甚大であり復興計画の策定に時間を要することから，「東日本大震災により甚大な被害を受けた市街地における建築制限の特例に関する法律」により，発災後6箇月となる，2011年9月11日まで（もしくは，さらに二箇月延期し11月11日まで）の，建築制限延長が認められることとなった。

建築基準法39条（災害危険区域）に基づく建築制限は，防災集団移転促進事業，がけ地近接等危険住宅移転事業の実施要件となるため，復興事業と並行して指定された地区も多い。なお，中央防災会議の方針に則ったL1津波を守る防潮堤で守られた地位にもかかわらず，災害危険区域が適用されるのは，こうした事業要件の関係である。

一方，災害危険区域は，災害直後からの建築制限としての性格を持たせて実施された例もある。制限の内容は市町村条例で定めることとなっており，病院や住宅を制限するケース，宿泊施設まで制限するケースと市町村によってさまざまである。

「被災市街地復興特別措置法」に基づく「被災市街地復興推進地域」を指定することで，復興のための都市計画事業が確定するまで包括的に建築制限を行うものである。建築基準法による建築制限と異なり，「被災市街地復興推進地域」は都市計画区域内のみで建築制限が可能であり，その制限内容についても，おおむね都市計画事業区域における建築制限に近いもので木造二階建ての家屋等は建設できる制限となっている。

宮城県では多くの被災市町村で建築基準法84条を適用し，その後，市街地部においては，「被災市街地復興推進地域」の指定へとシフトしたケースがほとんどである。岩手県，福島県においては，災害危険区域と被災市街地復興推進地域による規制が用いられた。

（2） 復旧・復興事業制度と復興庁　大規模災害後の復旧に係る事業制度は「公共土木施設災害復旧事業費国庫負担法」に基づく災害復旧事業，さらには，災害対策基本法により激甚災害に指定された場合適用される「激甚災害に対処するための特別の財政援助等に関する法律」に基づくいわゆる激特事業がある。東日本大震災の復旧での復旧事業においては，「東日本大震災についての激甚災害及びこれに対し適用すべき措置の指定に関する政令」を定め，激甚災害として復旧事業が進められている。なお，今回の大地震に伴い，最大120 cmもの広域地盤沈下が発生したため，通常の災害復旧と異なり，沈下した分の高さを戻す工事（沈下戻し）についても災害復旧で手当てされることとなった。

社会基盤整備にかかる復興事業に関しては，2011年12月14日に制定された「東日本大震災復興特別区域法」による「復興交付金制度」が主たる事業手法となっている。復興交付金は，**表5.1**のように，文部科学省，厚生労働省，農林水産省，国土交通省，環境省がそれぞれ所掌する社会基盤施設，公共施設に関する基幹的な40事業を一括した事業制度である。また，効果促進事業として，基幹事業の効果を高めるために，基幹事業からは漏れたさまざまな事業に用いることのできる枠組みも用意された。例えば，石巻市では先述の広域地盤沈下に対して，自然排水が難しくなった土地の嵩上げについては，この効果促進事業が用いられる予定である。

なお，表5.1中の【新規】は，今回の復興事業のために新設された事業メニューである。また，東日本大震災復興特別区域法では，復興交付金のほかにも，さまざまな規制・課税等の特例が位置付けられている。

復興庁は，復興交付金の予算要求・配分権，東日本大震災復興特別区域法に係る事務等を一括して取り扱う省庁として，2012年2月10日に設置された。関東大震災からの復興を担った帝都復興院は事業実施権限も持っていたが，復興庁はあくまで，予算配分権限を中心とした，各種手続きのワンストップサービスを目指した，調整役との位置付けとなった。

社会基盤整備に関して，復興交付金の対象とならない事業については，通常の社会資本整備総合交付金制度に復興枠が設けられた。例えば，L2津波を減災するための高盛土道路や避難路などは，復興交付金の対象とならないため，こちらの手法が用いられている。

以上のように，東日本大震災からの復旧・復興は，大きく災害復旧事業，復興交付金事業，社会資本整備総合交付金事業（復興）の3種類によって進められている。これらの事業については，補助率の引上げと，自治体負担分の地方交付税交付金での担保という形で，事実上，国費100％の事業として進められている。ただし，発災から5年の集中復興期間を過ぎた2016年度からは，復興交付金の効果促進事業，社会資本整備総合交付金事業（復興）については，被災自治体の負担が検討されている。

〔3〕 復興計画における課題

東日本大震災による津波被災からの復興は，さまざまな課題に直面したまま進められている。ここでは，その課題について整理しておく。

（1） 人口減少下の復興　東日本大震災の発災以前から，東北地方の太平洋沿岸では人口減少と高齢化

表5.1　復興交付金の基幹40事業

○文部科学省
1　公立学校施設整備費国庫負担事業（公立小中学校等の新増築・統合）
2　学校施設環境改善事業（公立学校の耐震化等）
3　幼稚園等の複合化・多機能化推進事業
4　埋蔵文化財発掘調査事業
○厚生労働省
5　医療施設耐震化事業
6　介護基盤復興まちづくり整備事業【新規】（「定期巡回・随時対応サービス」や「訪問看護ステーション」の整備等）
7　保育所等の複合化・多機能化推進事業
○農林水産省
8　農山漁村地域復興基盤総合整備事業（集落排水等の集落基盤，農地等の生産基盤整備等）
9　農山漁村活性化プロジェクト支援（復興対策）事業（被災した生産施設，生活環境施設，地域間交流拠点整備等）
10　震災対策・戦略作物生産基盤整備事業（麦・大豆等の生産に必要となる水利施設整備等）
11　被災地域農業復興総合支援事業（農業用施設整備等）
12　漁業集落防災機能強化事業（漁業集落地盤嵩上げ，生活基盤整備等）
13　漁港施設機能強化事業（漁港施設用地嵩上げ，排水対策等）
14　水産業共同利用施設復興整備事業（水産業共同利用施設，漁港施設，放流用種苗生産施設整備等）
15　農林水産関係試験研究機関緊急整備事業
16　木質バイオマス施設等緊急整備事業
○国土交通省
17　道路事業（市街地相互の接続道路）
18　道路事業（高台移転等に伴う道路整備（区画整理））
19　道路事業（道路の防災・震災対策等）
20　災害公営住宅整備事業（災害公営住宅整備事業，災害公営住宅用地取得造成費等補助事業等）
21　災害公営住宅家賃低廉化事業
22　東日本大震災特別家賃低減事業【新規】
23　公営住宅等ストック総合改善事業（耐震改修，エレベーター改修）
24　住宅地区改良事業（不良住宅除去，改良住宅の建設等）
25　小規模住宅地区改良事業（不良住宅除去，小規模改良住宅の建設等）
26　住宅市街地総合整備事業（住宅市街地の再生・整備）
27　優良建築物等整備事業（市街地住宅の供給，任意の再開発等）
28　住宅・建築物安全ストック形成事業（住宅・建築物耐震改修事業）
29　住宅・建築物安全ストック形成事業（がけ地近接等危険住宅移転事業）
30　造成宅地滑動崩落緊急対策事業【新規】
31　津波復興拠点整備事業【新規】
32　市街地再開発事業
33　都市再生区画整理事業（被災市街地復興土地区画整理事業等）
34　都市再生区画整理事業（市街地液状化対策事業）
35　都市防災推進事業（市街地液状化対策事業）
36　都市防災総合推進事業（津波シミュレーション等の計画策定等）
37　下水道事業
38　都市公園事業
39　防災集団移転促進事業
○環境省
40　低炭素社会対応型浄化槽集中導入事業

が進んでいた。モータリゼーションの影響も含め，中心市街地の衰退も進んでいた。また，人口減少の時代を踏まえ，全国的にもいくつかの自治体で，維持費の観点から橋梁を廃止するといった動きも出始めている。

つまり，今回の復興は都市・地域の適切な縮退やコンパクト化が求められる時代の復興である。このことは，さまざまな課題につながっている。復興事業制度には，開発型のスキームしかない点，ともすると高台移転はコンパクトシティと逆行する計画となる点，災害公営住宅の供給が近い将来確実に過大になる点など枚挙に暇がない。さらには，中心市街地活性化や高齢者のモビリティの確保といった日本の地方部が抱える過大もそのまま存在している。

（2）　**人材不足と建設費の高騰**　　東日本大震災の被災規模があまりに甚大であり，事業量も膨大なものとなっている。被災自治体職員だけでは，膨大な調査・設計・工事の発注事務を処理することが不可能で，他自治体からの派遣職員に依存して発注が進められている。さらにUR都市機構が災害公営住宅事業や基盤整備に関し，被災自治体の事務を受託して，被災自治体の負荷の軽減が行われている。また一部ではPPP事業も取り入れられている。

同様にCMr方式も多く取り入れられており，工事調整といった，一般的に発注者が行う内容をも請負側が行うという取組みも進められている。

しかしながら，その一方で民間技術者そのものも不足しており，計画・設計・工事の質のみならず，被災地における労働環境も懸念される状態となってしまっている。

さらに，急激な需要の増加により，建設資材単価，労務単価も高騰している。高騰だけではなく必要資材の欠品なども発生しており，条件の悪い工事に関しては，入札不調が発生している（不落ではなく不調が多いようである）。また，建築工事においては，必要資材数が非常に多いため，大規模建築工事は欠品リスクが高くなるため，入札不調となることが相次いでいる。

こうした事態を避けるために，設計段階から施工会社を決めることになるデザインビルド方式も一部で取り組まれている。いずれにせよ，工事全般で土木の場合は大規模化を図るなど，入札不調を避けるための工夫が懸命になされている。

（3）　**復興計画・事業における合意形成**　　近年の公共事業においては，事業の合意形成も含め，住民参加で行われることが一般的となっている。住民参加型の計画・合意形成には，官民の間に立つ適切なファシリテーターが必要である上に，計画策定に時間を要する。事業推進の人材だけでも不足している状況で，どのように住民参加による合意形成をとりつつ事業を進めるのか，難しい状況となっている。また，復興は急がねばならないため，どのように時間管理を行いながら，住民参加型を実施できるのか，難しい課題となっている。住民側からも，「早ければなんでもよい」といった意見も多く出てしまう状況にあるため，地域の将来を考える住民との温度差が合意形成を難しくしているのが実情である。

（4）　**土地に関する課題**　　土地に関する課題は多岐にわたる。復興事業が新たな用地を必要とする場合は，避けて通ることのできない重大な課題であるだけでなく，土地に関するさまざまな課題に被災地では直面している。

一つめの課題は，地籍調査である。幸い東北地方は比較的地籍調査が進んでいたが，未整備であった場合，地権者立会の下で境界画定から始めなければならない。このことが復興事業を大きく遅らせる原因となりかねない。

二つめの課題は，登記の問題である。日本において土地の所有権登記は任意である。今回被災した三陸沿岸の漁村集落においては，コミュニティが小さいために，どこが誰の土地かはわかりきっており，登記せずとも係争となることがほとんどない。そのために，特に相続登記がなされていないケースが多く，この場合，登記簿記載の所有者から法定相続人を調べ上げ，全員の同意を得なければ用地買収ができない。所有者が今回の津波で死亡しているもしくは行方不明となっている場合は，特例措置による迅速化が図られたが，こうした一般のケースにおいては，用地担当が，法定相続人の実印を得るために全国を飛び回ることとなった。また，三陸沿岸の漁村集落では，昔ながらの講（集落ぐるみの互助組織）が残っているケースも多く，そうした場合は，入会地（集落の共有地）や共有水面を持っていることが多く，共有地，共有水面からの収益は，集会所の建設・維持などコミュニティのために使われている。このような入会地を収用する場合は，共有名義人が多く，かつ未相続の所有権者も多くいるため，高台移転候補地としてどれだけ適地であったとしても，収用に時間がかかりすぎる点から，断念せざるを得ないケースもあった。

三つめの課題は，土地・建物の流動性の低さである。例えば，発災後の石巻では，各地から支援活動にやってきた団体が支援拠点としての事務所を市街地に借りようとした際，被災した一階部分の改修を支援団体自ら行うという条件であっても，空き店舗を貸す家主はあまり多くなく苦労したと聞く。一般に，地方都市の中心市街地に土地・建物を所有する人は，郊外型店舗が隆盛する以前に形成した資産により，資産家として生計が成り立つ人が少なくない。そのため，リスクを抱えて空き店舗を貸店舗にする積極的理由がなく，むしろ積極的に空き店舗としているケースが存外に多い。同様に，こうした土地の流動性の低さは，市街地全体でも同様であり，例えば震災前から石巻市ではDID人口が減少していたにもかかわらずDID面積が増えるという減少が発生していた。震災後も同様に，石巻市の市街化区域内からの内陸移転先は，その件数の多さと，土地の流動性の低さから，市街化調整区域を新たに開発して受け皿を作らざるを得なかった。

四つめの課題としては，高台移転，内陸移転後の被災した土地の所有形態である。今回の防災集団移転促進事業は，被災者の生活再建のため，住宅として利用していた移転元地については，地権者の希望があれば市町村が買い取ることができる。売却を希望する被災者が多く，結果として被災した低平地は市町村が買い取ることのできない住宅地以外の土地と公有地がモザイク状に分布するということになった。こうした低平地は，多くの場合都市計画区域外であるため，土地交換だけの区画整理等を実施するとしても，都市計画区域指定から始めることになり，手続き上大変煩雑になるため，多くの被災自治体で手つかずのままである。

（5）　事業実施体制に関する課題　阪神・淡路大震災の復興事業においては，一部の区画整理を除き，社会基盤施設は原位置同規模復旧であった。そのため，各社会基盤施設管理者がそれぞれ復旧にあたれば迅速な復旧が可能であった。東日本大震災からの復旧・復興においては，災害危険区域を設定し，街を移動させる復旧・復興となっている。そのため，多くの地域で，ほとんどすべての社会基盤施設の位置形状の調整に膨大な労力が必要となった（**表5.2**参照）。例えば道路管理者は，道路が渡河する河川堤防の図面を同時に作成するような業務は基本的に発注できないため，事業主体として復興・復旧に参画する国や県に，そうした調整は原則できない。つまり，こうした全体の調整は，復興計画全体の担い手として市町村がイニシアティブを執ることになるが，今まで国・県から指導を受ける立場であった市町村にとっては，難しいマネジメントを強いられている。また，防潮堤計画では後背地の土地利用がさほど考えられないケースにおいても，用地買収をせずに高価な直立堤が選定されたり，そうでなくとも，海側に拡張して建設したりするケースが多い。そこには，そうした事業調整を避けて復旧・復興を急ぐ意味も含まれている。

さらに，こうした計画段階での事業調整だけでなく，今後進む工事に関しても，その調整にもさらに相当の労力を必要とすると考えられる。事業主体が細分化されそれを統合する方法が，一部の受託可能な例を除きあまりない制度上の課題であろう。

また，市町村内部においても，課題が存在した。平成の大合併を行った市では，発災時点で合併後10年程度しか経過していなかったため，合併前市町村の，組織，人事の融合は必ずしも進んでいる状況ではなく，巨大化した組織故に，意思決定に時間がかかるケースも見られた。

〔4〕　復興計画の実際

ここでは，以上のような制度・体制・課題の中で実際に行われた復興計画を概観する。

（1）　L2津波減災の実現パターン　先述のとおり，防潮堤がL1津波防御である一方，復興計画においては，住宅は事実上L2津波からの安全性を考慮した計画が進められている。L2津波の減災を復興計画として実現するパターンは地形条件により，おおむね以下の4通りである（**図5.32**参照）。

① 平野部防災緑地型
② 平野部高盛土道路型
③ リアス部単純移転型
④ リアス部盛土可住地併用型

表5.2　錯綜する事業主体

	国土交通省					農林水産省			環境省	総務省
	都市局	道路局	河川局	港湾局	住宅局	農村振興局	水産庁	林野庁		
国		国道 高速道路	建設海岸 河川事業					保安林 林野海岸		
県	広域 下水道	国道 県道	建設海岸 河川事業	運輸港湾 運輸海岸	災害公営	農地整備 農水海岸	漁港 漁港海岸	保安林 林野海岸	瓦礫処理 （除染）	
市町村	集団移転 区画整理 下水道	市町村道	河川事業		災害公営		漁港 漁港海岸 漁業集落		瓦礫処理 （除染）	避難ビル 避難路

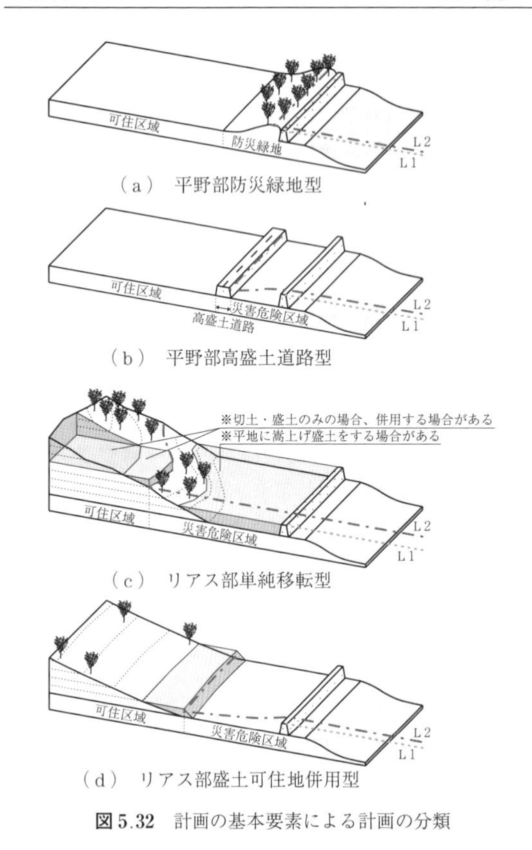

（a） 平野部防災緑地型

（b） 平野部高盛土道路型

（c） リアス部単純移転型

（d） リアス部盛土可住地併用型

図 5.32　計画の基本要素による計画の分類

なお，これらのパターンを検討する前提となるL2津波は，市町村によって潮位設定の差はあるが，防潮堤が破壊されないことを前提としている。一方，避難計画は，最悪想定として，満潮時に今次津波が発生するものと想定した上で，防潮堤はすべて破壊されることを前提とした津波浸水区域に基づき計画されることになっており，まちづくりとしてのL2津波と防災計画上のL2津波の，留意が必要である。

また「③ リアス部単純移転型」を除いた他の3パターンでは，一部例外はあるものの，L2津波に関しては，「2・2ルール」と呼ばれる考え方により，L2津波に対して，防災ではなく減災としての対応を採っていることになる。「2・2ルール」は，津波被害関数の推定結果に基づき，水深2m，流速2m以上で建物の全壊率が一気に高まることを念頭に置き，L2津波によって水深2m，流速2mまでの被害は許容するものである。

「① 平野部防災緑地型」は，海岸段丘のため平地の少ない福島県で多く採用されている方法である。

「② 平野部高盛土道路型」は，今次津波において，仙台東部道路の盛土によって津波が止められた経験から，仙台湾沿岸で多く採用されている。

「③ リアス部単純移転型」は岩手・宮城のリアス式海岸部の大多数で採用されている方法で，住宅地は切り土を基本としている。なお一部，盛土状の住宅地も持つバリエーションや，低平地を防潮堤の高さに合わせて嵩上げするバリエーションが存在する。

「④ リアス部盛土図可住地併用型」は，陸前高田市の高田地区（中心市街地），および大槌町の町方地区（中心市街地）で採用されている方法である。

（2） 復興計画の実例（女川町を例に）　ここでは，女川町の中心街を例に，実際の復興計画を紹介する（**図 5.33** 参照）。女川町中心街は先述のパターンで言えば，「③ リアス部単純移転型」の一部盛土状の住宅地と低平地を全面的に防潮堤の高さに合わせて嵩上げしたバリエーションの例である。

計画面での特徴は，震災前に低地に広く広がっていた商業地を，駅前のプロムナード周辺に集約すること，公共施設を生活軸と呼ばれる幹線道路沿いに集約することといった，いわゆるコンパクト化が積極的に取り組まれている点にある。さらに，各高台住宅地からの海への眺望景観や眺望軸の整備，駅前プロムナードの高質なデザインなど，景観・デザインに関しても，精力的に取り組まれている。詳細な内容は『女川町まちづくりデザインのあらまし第二版』[49] に詳しい。

5.4.2　東日本大震災での教訓を踏まえた災害復興計画の在り方

前項で整理・解説した東日本大震災での課題や教訓を踏まえ，つぎなる大規模災害復興計画のあるべき姿について，発災前の備え（事前復興）と発災後の対応について，それぞれ解説する。

〔1〕 事　前　復　興

（1） 災害への基本的備え　地域づくり，まちづくりの基本は土地にある。まず，地籍整備は円滑な災害復興のためにはきわめて重要である。平常時では地籍調査は境界論争などの「寝た子を起こす」と敬遠される側面があるが，そうした地域での災害復興は確実に遅くなることを銘記すべきであろう。また，相続登記の推奨や土地の流動性確保のための施策は，有効かつ的確に展開していかなければならない。特に土地の流動性確保は，復興だけではなく，通常の地域づくり，まちづくりにおいても，きわめて重要な課題である。

さらには，基本的な事業制度についても見直しが必要であろう。災害復興時に事業主体が錯綜し時間がかかる愚を繰り返してはならない。また，地域の産業が壊滅的被害を受けた今回のようなケースであっても，民間資本の損害に対し，公金による救済は行わないと

図 5.33 女川町中心市街地の骨格構造[49]

いう資本主義国家の原則が貫かれ，グループ補助金制度が作られるまでに時間を要した。個々の地域産業は，私的財であるが地域産業全体は公的財の性格を持つ。地域産業の壊滅に対して，公的補助を出す仕組みを準備しておかなければ，災害による地域の衰退をさらに深刻なものにする危険性が高い。

（2） **地域構造・都市構造としての将来像**　帝都復興，戦災復興など，過去の大規模災害等からの復興が成功してきた鍵は，平常時にはさまざまな問題で取り組めなかった整備を，災害を契機に一気に実現した点にある。東日本大震災からの復興においては，人口減少への時代の転換点にあったため，制度的にも地域戦略的にもその転換が追いついていなかった。そのため，災害を機に一気に進めるべきものが何なのかの合意形成ができていなかったといえる。例えば，震災後，宮城県では漁村集落の持続可能性のために漁港の集約・再編を試みたが，漁業協同組合の反発から実現することはできなかった。その一方で，震災前より検討されていた公立小中学校の統廃合は，震災を機に一気に進められている。

この経験からも，平常時において，地域の将来戦略を的確に議論し合意形成を進めていくことが，実は災害復興に関しても基本的な備えとなることがわかる。具体的な市街地の集約化，中心市街地の再整備とコンパクト化，さらには，地域構造の再編・集約やそれに併せた社会基盤施設の適切な統廃合や縮退といった人口減少下において必要となる具体目標の策定と合意が，災害時にも有効に機能する。

（3） **災害リスクと街が滅びるリスク**　さまざまな災害に対する防災力や強靱性を強化することが重要であることはもちろんだが，人口減少下においては，災害によって被害が出るリスクと，人口減少によって街が滅びるリスクとの両方のリスクを抱えていることを銘記すべきである。東日本大震災の津波被災地で，防潮堤問題が発生したのも，その双方のリスクがトレードオフになっているケースばかりである。防災施設は，平常時においては，景観，環境，利便性などさまざまな側面から，地域の将来戦略に対して負の影響を及ぼすことがある。これらの折り合いを平常時から適切につけながら，防災施設整備や強靱化を行っていく必要がある。事前復興とは決して，防災施設整備や強靱化だけにあるのではなく，あくまで地域の将来戦略と一体となっていることに留意が必要である。

〔2〕 発災後の復興

（1） 事前復興の延長としての復興計画　事前復興すなわち，災害リスクを含めた地域の将来戦略が明確であれば，復興計画は，その戦略を復興事業制度の中でどう一気に進めるかという問題に帰着する。将来戦略から実施する必要を検討してきたさまざまな地域構造再編や市街地の縮退，公共施設の統廃合，社会基盤施設の廃止，中心市街地活性化策等々を，災害を機に一気に進めるというのが基本骨格をなすはずだからである。

特にその中でも，人口増加の時代に，水害・津波等の危険性が高い地域に広がらざるを得なかった市街地を，適切に危険性の低いエリアに誘導することは，持続可能な地域づくりにおいては有効な方法となろう。

（2） 事業優先度の明確な設定　東日本大震災の復興では，被災規模が甚大であったため，調査，設計，施工すべてにおいて，人材，資材の不足・高騰を招いてしまった。計画や設計の質も高くなく，住民参加についても十分できなかった。つまり復興の期間をどのように分散させるかが，迅速かつ円滑な復興にとって，大きな鍵となる。東日本大震災では，恒久住宅地の復興を急ぐあまり，産業の復興が後手に回り，人口流出に拍車をかけた側面があった。一気にすべてをやることの無理を知り，適切な優先順位設定を行うことがきわめて重要である。　　（平野勝也）

引用・参考文献

1） 多々納裕一：気候変動の下での適応策としての災害リスク管理，西岡秀三，植田和弘，森杉壽芳 監修，損害保険ジャパン，損害保険ジャパン環境財団，損保ジャパン日本興亜リスクマネジメント 編著，「気候変動リスクとどう向き合うか：企業・行政・市民の賢い適応」，金融財政事情研究会，pp.45～59（2014）

2） Fischoff, B., Lichtenstein, S., Slovic, P., Derby, S.L., and Kneeny, R.：Acceptable Risk, Cambridge; Cambridge University Press（1981）

3） Viscussi, K.W.：Sources of Inconsistency in Social Responses to Health Risks, American Economic Review, Vol.80, No.2, pp. 527～554（1990）

4） Viscussi, K.W.：Fatal Tradeoffs, Oxford University Press（1992）

5） 山口健太郎，多々納裕一，岡田憲夫：リスク認知のバイアスが災害危険度情報の提供効果に与える影響に関する分析，土木計画学研究・論文集 No.17，pp.327～336（2000）

6） Berknoph, R.L., Brookshire, S., McKeeand, M., and Soller, D.L.：Estimating the Social Value of Geologic Map Information: A Regulatory Application, Journal of Environmental Economics and Management, 32, pp.204～218（1997）

7） 山鹿久木，中川雅之，齊藤 誠：地震危険度と地価形成：東京都の事例，応用地域学研究，No.7，pp.51～62（2002a）

8） 山鹿久木，中川雅之，齊藤 誠：地震危険度と家賃－耐震対策のための政策的インプリケーション，日本経済研究，No.46，pp.1～21（2002b）

9） 小林潔司，横松宗太：カタストロフ・リスクと防災投資の経済評価，土木学会論文集，639/IV-46，pp.39～52（2000）

10） 庄司靖章，多々納裕一，岡田憲夫：2 地域一般均衡モデルを用いた防災投資の地域的波及構造に関する分析，土木計画学研究・論文集，No.18，pp.287～296（2001）

11） Tatano, H., Honma T., Okada, N., and Tsuchiya, S.：Economic Restoration after a Catastrophic Event: Heterogeneous Damage to Infrastructure and Capital and Its Effects on Economic Growth, Journal of Natural Disaster Science, Vol.26, No.2, pp.81～85（2004）

12） 山口光恒：現代のリスクと保険，岩波書店（1998）

13） Sendzimir, J., Light, S., and Szymanowska, K.：Adaptively understanding and managing for floods. Environments, Vol.27, No.1, pp.115～136（1999）

14） IRGC：Risk Governance － Towards an Integrative Approach（White Paper），International Risk Governance Council（2005）

15） 多々納裕一，吉田 護：人間安全保障工学の視点からの総合的災害リスク管理，松岡 譲，吉田 護 編著「人間安全保障工学」，京都大学学術出版会，pp.135～172（2013）

16） Rowan, K. E.：What risk communicators need to know: An agenda for research, pp. 300～319. In B. R. Burelson（Ed.），Communication yearbook/18, Thousand Oaks, CA: Sage（1995）

17） 中谷内一也：安全。でも，安心できない…－信頼をめぐる心理学，筑摩書房（2008）

18） Choi, J. and Tatano, H.：A study of workshops that develop viable solutions for flood risk reduction through the sharing of concerns: A case study of the Muraida community, Maibara city, Shiga prefecture, Disaster Prevention Research Institute Annuals, B, pp. 67～74（2012）

19） 佐々淳行：危機管理，ぎょうせい（1997）

20） Augustine, N. R.：Managing the crisis you tried to prevent, Harvard Business Review, vol.73, No.6, p.147（1995）

21） Kahneman, D.：Thinking, fast and slow, Macmillan（2011）

22） Wick, C. W. and Leon, L. S.：The learning edge：How smart managers and smart companies stay ahead, McGraw-Hill Companies（1996）

23） 兼森 孝：災害リスクのアセスメント：地震リスクの定量化，多々納裕一・高木朗義 編著「防災の経済分析」勁草書房，pp.49～71（2005）

24) Tatano, H. and Tsuchiya, S.：A framework for economic loss estimation due to seismic transportation network disruption: A spatial computable general equilibrium approach, Natural Hazards, Vol.44, No.2, pp.253～265（2008）
25) 高橋顕博，安藤朝夫，文 世一：阪神・淡路大震災による経済被害推計，土木計画学研究・論文集，No.14，pp.149～156（1997）
26) 多々納裕一，高木朗義：災害リスクマネジメント施策の経済評価，多々納裕一・高木朗義 編著「防災の経済分析」勁草書房，pp.72～87（2005）
27) 中野一慶，多々納裕一，藤見俊夫，梶谷義雄，土屋 哲：2004年新潟県中越地震における産業部門の経済被害推計に関する研究，土木計画学研究・論文集，No.24，pp.289～298（2007）
28) 古橋隆行，多々納裕一，梶谷義雄，玉置哲也，奥村 誠：東日本大震災による産業部門への経済被害の推計方法に関する研究，土木学会論文集 D3（土木計画学），Vol.70，No.5，pp.I_197～I_210（2014）
29) 藤見俊夫，多々納裕一：災害後の応急・復興住宅政策がもたらす便益フローの定量評価，土木学会論文集 D，Vol.65，No.3，pp.399～412（2009）
30) 滋賀県：滋賀県流域治水基本方針－水害から命を守る総合的な治水を目指して－，p.15（2012）
31) 瀧健太郎，松田哲裕，鵜飼絵美，藤井 悟，景山健彦，江頭進治：中小河川群の氾濫域における超過洪水を考慮した減災対策の評価方法に関する研究，河川技術論文集 15，pp.49～54（2009）
32) 瀧健太郎，松田哲裕，鵜飼絵美，小笠原豊，西嶌照毅，中谷惠剛：中小河川群の氾濫域における減災型治水システムの設計，河川技術論文集 16，pp.477～482（2010）
33) 瀧健太郎，松田哲裕，鵜飼絵美，藤井 悟，景山健彦，江頭進治：中小河川群の氾濫域における超過洪水を考慮した減災対策の評価方法に関する研究，河川技術論文集 15，pp.49～54（2009）
34) 瀧健太郎，松田哲裕，鵜飼絵美，小笠原豊，西嶌照毅，中谷惠剛：中小河川群の氾濫域における減災型治水システムの設計，河川技術論文集 16，pp.477～482（2010）
35) Taki, K., Matsuda, T., Ukai, E., Nishijima, T., and Egashira, S.：Method for evaluating flood disaster reduction measures in alluvial plains, Journal of Flood Risk Management, Vol.6, No.3, pp.210～218（2013）
36) Jiang, X. and Tatano, H.：A rainfall design method for spatial flood risk assessment: considering multiple flood sources, Hydrol. Earth Syst. Sci. Discuss., 12, pp.8005～8033（2015）
37) 滋賀県 Web ページ：滋賀県流域治水の推進に関する条例制定後の取り組み
http://www.pref.shiga.lg.jp/h/ryuiki/jyourei/seiteigo26.html（2016年11月現在）
38) 大西正光，横松宗太，小林潔司：「流動性リスクと地震保険需要」，土木学会論文集，No.793/IV-68，pp.105～120（2005）
39) 横松宗太，湧川勝己，小林潔司：「家計の流動性制約と防災投資の経済評価」，土木学会論文集，Vol.64，No.1，pp.24～42（2008）
40) 藤見俊夫，多々納裕一：「曖昧性回避が地震保険の加入選択に及ぼす影響の定量分析」，日本リスク研究学会誌，Vol.18，No.2, pp.47～58（2008）
41) 東京海上日動リスクコンサルティング：災害時におけるタイムライン（事前対応計画）の導入，リスクマネジメント最前線，No.24（2014）
http://www.tokiorisk.co.jp/risk_info/up_file/201408181.pdf（2016年11月現在）
42) 日本損害保険協会：洪水ハザードマップ等の現状・課題に関する調査研究（2010）
http://www.sonpo.or.jp/news/file/00476.pdf（2016年11月現在）
43) 内閣府：平成28年度版 防災白書，p.3（2016）
44) 東田光裕，多名部重則，林 春男：実効性を重視した危機対応マニュアルの作成と訓練による検証－3層構造マニュアルの提案－地域安全学会論文集，No.10，pp.473～482（2008）
45) 海南市：海南市防災計画本編の Web ページ
http://www.city.kainan.lg.jp/ikkrwebBrowse/material/files/group/54/1honpen.pdf（2016年11月現在）
46) 土木学会：土木学会東日本大震災特別委員会津波特定テーマ委員会「第一回報告会資料」（2011）
http://committees.jsce.or.jp/2011quake/node/79（2016年11月現在）
47) 中央防災会議：東北地方太平洋沖地震を教訓とした地震・津波対策に関する専門調査会　中間とりまとめ（2011）
http://www.bousai.go.jp/kaigirep/chousakai/tohokukyokun/pdf/tyuukan.pdf（2016年11月現在）
48) 国土交通省他：設計津波の水位の設定方法等について（2011）
http://www.mlit.go.jp/report/press/river03_hh_000361.html（2016年11月現在）
49) 女川町：女川町まちづくりデザインのあらまし第二版（2015）
http://www.town.onagawa.miyagi.jp/hukkou/pdf/20141114_machi_design.pdf（2016年11月現在）

6. 観　　　光

6.1 観光学における土木計画学のこれまで

6.1.1 観光学と土木計画学

観光学（tourism study）で典型的に用いられているツーリズムモデルの中で，土木計画学にとって親和性が高いと考えられるものの一つにLeiperによるモデル（**図6.1**参照）[1]がある。このモデルでは，観光の行為を「出発地」，「目的地」，「経路」の三つの領域で説明している。観光に関わる主体は多様であるが，図に見るように，特に目的地には観光に直接関わる，または観光に影響を受ける多くの主体が存在する。そのため，**観光振興計画**（tourism development and promotion plan）の策定主体は基本的に行政か，もしくは公益的な振興組織が担当する。国や広域自治体による観光振興計画は，多様な目的地を前提とした出発地と経路に関わる施策の提案に主たる役割があり，基礎自治体による観光振興計画は，目的地での総合的な施策と出発地からの誘客対策の提案に主たる役割がある。

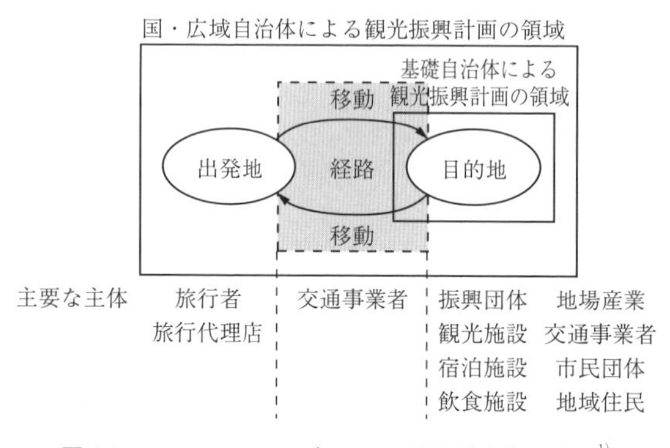

図6.1 Leiperのツーリズムモデルと関連主体・計画[1]

土木計画学が地域開発やインフラ整備，あるいはインフラを使ったサービスの在り方を司る学問であると考えれば，土木計画学は，Leiperモデルの上では，目的地での観光関連インフラ整備とそれらを活用した地域開発，および出発地から目的地までの移動サービスの提供とそれに必要なインフラ整備，の方法論を提供することに対して基本的責務を有している。しかし，インフラやサービスの必要量を見積もるためには，出発地で生じる事象への理解，すなわち**観光需要特性**（tourism demand characteristics）をもその研究対象に含めなければならない。すなわち，Leiperモデルのすべての領域が土木計画学の守備範囲であり，国や地域での観光政策・計画の策定現場では，土木計画学の専門家は不可欠な存在となっている。

以降の節でも述べるように，観光の現象や行為を理解し，これらに起因する諸課題を解決するためには，観光・旅行の発生頻度が他の活動と比べて圧倒的に小さいこと，時空間的な需要の偏在が大きいこと，旅行者の嗜好が多様であること，を考慮する必要があり，これらのことがそのまま観光学の学問分野上の困難さやチャレンジ性をよく説明している。

本章では，6.1.2項で土木計画学における観光研究の経緯を整理した上で，6.2節では観光需要と観光行動の要因やメカニズムを理解する方法論を解説する。6.3節では観光交通のマネジメント技術や手法について解説する。6.4節では観光地におけるインフラ整備や地域開発の計画論について解説する。6.5節では観光関連政策の評価手法について解説する。6.6節では土木計画学で今後対応していくべき観光研究の項目を提示する。（清水哲夫）

6.1.2 土木計画学における観光研究の経緯

土木計画学における観光分野への取組みは1960年代から始まっており，その歴史は古い（土木学会における土木計画学委員会設立が1966年であり，土木計画学の研究分野として観光が一つの重要な領域であったことは確かである）。

観光地の産業構造分析や誘致圏解析，観光資源評価といった側面から観光を対象とした研究が盛んに取り組まれた。東名高速道路，新幹線といった国土幹線の交通インフラの整備に伴って，わが国の交通需要はダイナミックに変貌する。同時に，常磐ハワイアンセンター等の大規模集客施設が全国に出現し始めたのも高度経済成長末期の産業構造変革の時代における一つの特徴であったといえる。

1960〜1970年代の土木計画学分野においては，交通需要の予測が大きな研究テーマになっていた。ちょうど1950年代に開発された四段階推定法が，広島都市圏のパーソントリップ調査に適用されたのを契機に（1967年），研究事例も増えた。日本においても非集計行動モデルの研究が進み（例えば屋井[2]），交通機関選択問題への適用から多様な交通行動の解明へと展開したが，その多くは都市交通あるいは都市間交通の平常時交通が対象であった（例えば森地ら[3]）。このように，都市交通や都市間交通の計画では，膨大な蓄積データに支えられた需要分析・効果計測技術の発展，交通問題解決のための交通管理計画の理論化と数多くの実施事例が存在し，計画立案のための体系化がなされた。

これに対して，これら技法の観光交通現象への応用は，ようやく1980年代後半になって研究事例が報告され始めた[4]。この時期は，所得の向上や週休2日制の定着に伴う余暇時間の拡大の影響を受け，観光交通需要の増加傾向が強まった時期である。モータリゼーションの進展，高速道路網の拡大に伴って，自動車による観光交通は，その量を増加させるとともに，目的地選択の多様化，活動範囲の広域化等の変化を生じさせた。わが国の観光地域における交通計画はこのような変化に対応できず，観光地へ連絡する道路における観光からの帰宅交通がもたらす渋滞，観光施設周辺における駐車場待ち車両による渋滞など，道路や駐車場等の交通施設の容量不足が原因と考えられる交通問題が発生した。観光地域に至る道路の整備によるアクセシビリティの向上は，地域への入込客数のみならず観光地域を巡る行動（周遊行動）をも変化させるため，観光地域内の道路網を，（1）観光地に至る高規格道路等より流入する交通量に対する容量的な連結性が確保されているか，（2）旅行者の望む周遊行動が実現できるか，（3）ボトルネックが生じないか，といった視点から評価し，観光交通の利便性を総合的に確保する工夫が必要となる。高規格道路が整備される地域の多くでは，観光が重要な産業となり得ることを考えれば，観光交通計画手法を確立し，観光交通の利便性等を確保することが課題であった。

これらが社会問題として顕在化すると，観光行動の解明に大きな関心が集まった。従来の計画立案のための分析技術は，分析対象である観光交通の特性が，都市交通とは大きく異なるため，対応困難とされていた。発生交通における個人属性の影響が，目的地への途上における目的地変更可能性，複数の目的地を巡る周遊性，目的地の魅力の計測困難性，配分問題における非最短所要時間経路の選択等の諸課題について，従来の四段階推定法による対応のみでは観光交通の分析が困難であった[5)~9)]。

この時期，高橋清（1991，北海道大学），岡本直久（1996，東京工業大学），古屋秀樹（1996，東京大学）が観光交通を対象とした研究論文で学位を取得しているのも，この時期の特徴であろう。

従来の観光地域道路計画には，局地的行動データに基づく分析が行われることが多く，観光地域あるいは観光地個別の計画立案がなされており，一般論的観光交通行動特性が検討されることは少なかった。30余年前から蓄積されている入込観光者数統計，全国旅行動態調査，観光の実態と志向等のデータも，精度，データ数の不足，対応する分析技法等に改善が見られていない。そのため，観光行動の一般的特性に対する分析，予測技術の進展に対する一つの大きな制約となっている。

しかしながら，1973年以来の道路交通センサスの休日実施（1990年および1994年），生活圏域間の移動の純流動を捉えた「全国幹線旅客純流動調査（1990年）」が整備され，また観光庁発足後に整備された旅行・観光消費動向調査や宿泊旅行統計調査等，すでに多くの観光交通に関わる調査データが整備されている。これらのデータ整備や利活用に土木計画学分野の研究成果が反映されているのはいうまでもない。

現在はモバイルセンシングデータ，いわゆるGPSやWi-Fiで取得される位置情報の活用可能性に関する研究が行われており，従来の統計調査では把握不可能であった詳細な観光行動時空間データが簡便に取得できる利点が，観光研究に進化をもたらすと期待されている。

一方，観光地評価の取組みも上述したように土木計画学分野で多様に展開してきたのも事実である。1970年代に日本観光協会や財団法人日本交通公社において行われた**観光資源**（tourism resources）の評価[10]は，重点的な観光地域開発のため，国内の観光震源分布を把握することが目的とされていた。それに対し，1980年代後半においても観光資源の評価が研究対象として再度注目された。上述のように観光交通の行動解明，需要予測の観点で，観光地の魅力度を数量化する必要性が生じたためである。しかしこれらは，必ずしも観光地そのものを評価する指標ではなかった。1998年に運輸政策叢書として発表された『新時代の国内観光』[11]において，AHP（analytic hierarchy process）手法に基づいた多角的な構成要素を取り込んだ新たな評価方法が提示されているものの，その後は大きな研究成果は報告されていない。（岡本直久）

6.2　観光行動・需要の分析手法

観光行動を正しく把握し，その需要を高精度に推計することは，観光政策を立案し，施策を実施する上では重要なことである。本節では，**観光行動**（tourist behavior）の分析方法，**観光需要**（tourist demand）の推計方法について，近年の観光を取り巻く環境変化を踏まえた上で，分析に使用するデータ等を含め解説する。

6.2.1 観光行動・需要分析の歴史

観光行動・需要の分析が始まったのは，いまから100年以上も前のことである[12]。イタリア政府統計局のL.Bodioが1899年に発表した論文「イタリアにおける外国人の移動およびそこで消費される金銭について（Sullamo vimento dei forestieri in Italia e sul denaro che vispendono）」が，最古の観光研究とされている。その後1920年代になると，同じくイタリアで，A. NiceforeやR.Beniniも**観光統計**（tourism statistics）を用いた観光行動に関する論文を発表している。このように，観光行動・需要の分析は歴史が長く，観光研究の主たる分析と位置付けても過言ではない。

イタリア，ドイツ等のヨーロッパ諸国では，古くから観光統計を用いて観光行動を分析し，その結果を政策に反映してきた。一方，わが国において観光研究が盛んになったのは，第二次世界大戦後からである。しかしながら，観光統計の整備が遅かったこともあり，当時は観光行動・需要の定量的な分析には至っておらず，欧米諸国が，入国申告書を基に観光客数や滞在期間の分析を行う中，大きく後れをとることになった。土木計画学の分野において観光研究が多く行われるようになったのは1960年代からであり，その経緯は6.1節の記載のとおりである。

わが国の観光に関する論文は，1990年代初めから急増している。観光，都市計画，土木計画を対象とした学会における観光に関する発表数を概観すると，すべての分野において増加傾向にある[13]。観光交通整備，観光地開発，マーケティング分析，制度論等，その内容はさまざまではあるが，共通している点は観光統計を活用した分析が少ないことである。大多数が定性的な議論を行ったものであり，定量的な分析を行っているものも観光交通に特化したものが多数を占める。また，それらの研究は，特定の観光地を分析対象とし，研究機関等が独自に調査したものが多いため，その観光地に関する詳細な分析は行っているものの，それぞれが別々の目的，期間，対象，精度等で行っていることもあり，研究により蓄積された知見が直接的に国の観光政策立案に活用されることは少なかった。

2000年代に入り，「ビジット・ジャパン・キャンペーン」を代表とするインバウンド政策の推進，観光庁の設置，各種統計調査の整備等，わが国における観光を取り巻く環境は大きく変化した[14]。2010年代には，観光庁が観光統計を用いた定量的な分析を積極的に推奨したことにより，観光統計を用いた論文として，都道府県が広域連携をした場合の宿泊数を予測するモデルを構築した論文[15]，「宿泊旅行統計調査」の結果にアクセシビリティ，企業数，国際会議開催数等の指標を加え，観光施策の効率性を包絡分析法により評価した論文[16]，宿泊旅行のネットワーク構造，季節変動等の安定性，地域ブロックの設定と休暇分散化による平準化の効果計測を行った論文[17]等が発表されている。また，土木計画学の分野においては，公益社団法人日本観光振興協会が実施している「国民の観光に関する動向調査」を用い，国内宿泊観光旅行の動向と観光行動の時系列変化を定量的に分析した論文[18]や旅行者の志向との関連性を分析した論文[19]，観光庁実施の「訪日外国人消費動向調査」を用い，訪日リピーターの消費行動を分析した論文[20]，さらには，「訪日外国人消費動向調査」に加え，日本政府観光局実施の「JNTO訪日外客訪問地調査」を用い，訪日外国人の日本国内における訪問先と活動を時系列に分析した論文[21]等があるものの，統計データを使用し，定量的な分析を行っている研究はいまだに少ない。

6.2.2 日常交通行動との違い

観光行動は，通勤・通学といった日常行われる都市内の交通行動とは異なる特徴を有している[22]。通勤・通学行動は，頻度が高く，行動原理が明確なことに対して，観光行動は，年に数回しか行われず，属性により大きく異なることが知られている。前者が「十人一色」といわれ，モデル化に適していることに対し，後者は「一人十色」ともいわれ，その行動を正確に記述し，需要を予測することは難しいとされてきた。例えば，性別，年齢，居住地等が同一であっても，志向や旅行形態によって行動は大きく異なり，単純な属性別のモデルだけでは需要を高精度に推計できない。

また，これまでの交通需要予測で用いられてきた，目的地を決め，つぎにそこへの交通手段を決めるといった行動が当てはまらない場合が多々見受けられる。例えば，幼児がいる場合等，自動車利用を前提に，自動車で行ける場所を選ぶという行動のように，交通手段の後に目的地を決定することも観光行動では頻繁に行われている。

さらに，季節変動が顕著であり，年間の需要を正確に把握することが困難であることも観光行動の特徴の一つである。例えば，春の花見，夏の海水浴，秋の紅葉狩り，冬のスキーといったように，その季節特有の行動は他の季節に実施された調査では観測できず，得られたサンプルがなければ，いくら拡大係数を乗じても，その需要を捉えることはできない。したがって，日常交通のように秋季に実施された大規模の統計データがあれば容易にモデル化できるというものではなく，調査だけでは捉えきれない要因を考慮することが必要となる。

また，対象とする観光行動も多岐にわたり，宿泊と日帰り，国内と国際，国際においてもインバウンドとアウトバウンドがあり，従来の交通需要予測方法とは異なる視点，分析方法が必要である。これまでに培ってきた日常交通を対象とした分析方法を踏まえ，観光行動に適したモデルを構築し，需要を推計することが必要となっている。

6.2.3　分析に用いる統計データ

近年は，わが国においても観光統計の整備が進み，観光行動・需要を分析可能な統計データが多数存在する[23)]。観光動向を取り扱う統計調査としては，「旅行・観光消費動向調査」，「宿泊旅行統計調査」，「国民の観光に関する動向調査」，「JTBF 旅行者動向調査」，「余暇活動に関する調査」，「JATA 旅行市場動向調査」，「観光地域経済調査」，「JNTO 訪日外客訪問地調査」，「訪日外国人旅行動向調査」，「全国観光入込客統計」等が挙げられる。観光目的の交通を取り扱う統計調査としては，「全国幹線旅客純流動調査」，「全国道路交通情勢調査」，「航空旅客動態調査」等が挙げられる。このように多くの調査がさまざまな主体によって実施されており，調査目的，調査時期，調査頻度，設問内容，サンプル数等が異なるため，分析データとして使用する際には留意が必要である。

また，季節変動がある低頻度の行動であるため，単独の統計データだけでは広範囲，長期間の行動を正確に捉え，政策等に用いることが可能な分析結果を出すことは困難である。そのため，各データの特徴を理解し，複数の統計データを適切に組み合わせることが重要となっている。

6.2.4　観光行動・需要の分析方法

観光行動・需要の分析方法は，観光目的のトリップを交通行動分析および交通需要予測の方法を応用して分析する方法と，入込客数，参加者数，参加率等を直接推計する方法と，大きく二つに大別できる。交通行動・需要の分析と同様の部分の説明は割愛し，ここでは観光行動特有の分析について詳述する。

先述のとおり，目的地，交通手段の決定順序を先に仮定し，段階的に分析することは，実現象との乖離が生じる可能性は高い。そこで目的地選択と交通手段選択を同時推定する方法が提案されてきた。さらには，旅行日程決定，出発時刻選択等も同様であり，一連の行動を同時に推定できるモデルの構築が必要とされている。しかしながら，広範囲に及ぶ複雑な行動であり，データ制約もあることから，部分的な同時推定は行えるものの，実務に適用できるレベルのシミュレーターの開発までには至っておらず，課題となっている。

これら課題に対し，観光地までの移動等は観光行動の派生需要であり，ドライブ等は本源重要であるという視点から，個々のトリップではなく，活動と交通の両方に着目するという分析が行われてきた。アクティビティダイアリー調査，プローブパーソン調査を実施し，それに基づいたモデル化，需要推計がなされてきた。近年では，スマートフォンの普及やICTの進展により，行動履歴データが以前よりも容易に収集できるようになったことから，ビッグデータを用いた行動分析・需要推計へと発展しつつある。

季節変動については，観光目的のトリップデータを年間の交通量から拡大するには限界があるため，年間を通じて観測している入込客数や宿泊数から分析するアプローチが採られている。また，「国民の観光に関する動向調査」のように年間の観光行動を調査したものを使用する方法も行われてきた。ただし，詳細なODが把握できない静的データから需要を推計することや，調査の抽出率の問題からどちらの方法にも課題があり，今後のビッグデータとのデータフュージョン等により，さらに精度の高い分析を行う必要があろう。

また，観光行動は過去の経験に大きく影響を受けることが知られている。そこで，観光行動は時代や年齢だけでなく，世代の特徴を考慮すべきとの視点からの分析も行われている。コーホート分析を適用することにより，人口変化に加え，各世代の有する志向を需要の変化に取り入れている。

以上のように，観光行動が持つ特性を考慮したさまざまな分析がなされてきた。訪日外国人のさらなる増加や観光を活用した地域振興への取組みが盛んになっている現状からも，観光行動分析の重要性は依然として高いと考えられ，新たなデータ・分析の適用によるモデルの精緻化，高精度の需要の推計が急務である。

（日比野直彦）

6.3　観光交通のマネジメント手法

観光交通の特性として，発生と集中の季節波動性が挙げられる。観光資源の利用には，適した季節，期間，あるいは時間が存在するため，観光交通はその観光資源を楽しむのに適した時期に集中する。その適した期間は短いものから，長いものまでさまざまであり，それぞれの観光資源の質に大きく左右される。また，活動内容によっては，天候等の物理的要因に影響される。このように，観光需要は大きな変動を伴う。

例えば，わが国の暦や活動快適性から，観光の発生は5月，8月，10月に集中することも特徴の一つである。観光交通のマネジメントを考える際には，この波動性の存在が大きな課題であることを認識しなければならない。

6.3.1　観光交通のサービス水準特性

初めに道路交通を考える。わが国の観光地は，京都，神戸等の，大都市観光地を除き道路交通への依存度が大きい。輸送効率が小さい自動車への依存が大きい観光地では，道路の供給能力（道路本数，車線数）が不足し，道路混雑とそれに伴う交通渋滞が発生する。特に供給能力は平日交通の30番目交通量を計画交通量としており，休日交通量は検討対象外とされることが多かった。そのため，ピーク時に合わせた供給はできず，どうしても渋滞が発生してしまうことになる。

また，幹線道路が高規格であるのに対し，そこからアクセスする観光道路は幅員が小さい場合が多い。高速道路を走行して観光地に向かうと出口付近から長い待ち行列に遭うことがある。この狭い道路と幹線道路との容量の不均衡が道路混雑の一因である。特に山岳地域では，空間制約からすれ違いに苦労するような小さな容量の道路も多い。また，無雪期には十分な幅員であっても積雪期では堆雪により走行に有効な幅員が狭くなるスキー場へのアクセス道路も多い。後述する駐車場の不足に伴う違法な路上駐車が道路容量を少なくし，混雑に拍車をかけることもある。

道路容量を上回る交通需要が観光地に発生した場合に混雑は避けられない。ただし，混雑の度合いとその解決方策は道路形状により異なる。観光地に至る道路の終点に観光地がある観光地，行き止まり型の道路形状の観光地では混雑時に車両の逃げ場がなく，混雑が発生した場合，混雑解消の手だてが少なく，解消まで時間がかかる。これに対して観光地を道路が貫通している通過型では，観光地内の駐車場に余裕のない場合など，他駐車場を探す，あるいは他の観光地へ向かう等の自由度が大きく，行き止まり型に比べ混雑対策の自由度が大きい。現在，自家用車を規制し公共交通へ誘導している事例（上高地，尾瀬など）は，道路形状が行き止まり型である場合がほとんどである。

しかも，2.1節で述べた観光交通特性から明らかなように，観光交通需要は波動性が大きく，きわめて限られた期間，時間に大きな需要が集中する。

公共交通サービスも同様に季節波動性に起因する課題は多い。観光地への輸送能力を向上するために大量，中量輸送機関である鉄道，索道（ケーブルカー，ロープウェイ），バスを整備している観光地も多いものの，必ずしも交通渋滞の解決には至っていない。

多くの観光地にバス路線があるが，一般的には便数が極端に少なく，目的地における観光行動にとって著しい制約である。軌道系の公共交通機関では需要の波動に応じた供給が十分にできないケースが多い。公共交通への依存度が多い観光地では，始発ターミナルで続行便が出ることもあるが，通勤電車並の混雑状況を強いられることもある。

また，公共交通利用者の減少や需要の時間的変動が交通企業の経営に負担となる。この負担を少しでも軽減するために割増運賃を取る例が多く，高い運賃が旅行者にとっては負担となる。

恵まれている通年型観光地を除き，季節波動性や需要そのものの変動が大きいことが，観光地の交通企業経営にとって安定的収益の障害となっている。

6.3.2　観光交通マネジメントの制約条件

観光交通計画は，現況の計画上の課題ばかりでなく，地域に存する観光資源の種類，現存する交通網の形態，地理的条件といった物理的制約条件と，卓越する観光行動形態，交通課題の時間レンジ，観光地域における居住人口規模等の量的制約条件の認識から始めなければならない。これら制約条件は，計画の目標，施策立案，計画評価の各段階における前提条件となる。

以下に，これらの制約条件を認識するための整理軸の例を示す[24)～27)]。

（1）　観光資源の種別による分類（日本交通公社の観光資源分類を参考）…山岳，高原，原野，湿原，湖沼，渓谷，滝，河川，海岸，岬，島，岩石・洞窟，動物，植物，自然現象，史跡，社寺，城祉，庭園・公園，歴史景観，郷土景観，年中行事，歴史建造物，碑像，近代建造物，建造物，他建造物，橋，近代公園，動植物園，近代景観，事業景観，温泉，スキー場，ゴルフ場

（2）　交通網，施設配置の形態による分類

①　周回型：房総，伊豆

②　どんづまり型：三浦

（3）　観光地域内における卓越する活動による分類

行動特性：流動（回遊）型，（単一活動）目的型，滞在型

活動期間：１季型，２季型，通年型

使用余暇時間：平日型，週末型，連休型，長期休暇型

（4）　交通課題の時間スケール

①　通年的交通課題

②　季節的交通課題

③　短期的交通課題

④　イベント時の交通課題

（5）　観光地の立地場所および観光地規模による分類

①　地方部（定住人口少）

1）拠点開発型：ハウステンボス等

2）広域観光地域：八が岳，軽井沢，伊豆等

②　都市および都市周辺部（定住人口大）

1）拠点開発型：八景島，ディズニーランド等

2）都市型観光地：京都，長崎等

また，当該観光地の将来的な課題を想定することも重要である。特に当該観光地域，観光地に対する現況の需要規模を把握した上で，将来それがどう変化するか見定める必要がある。交通施策によっても将来の観光需要をコントロールすることが可能であり，当該地域の需要に対するポテンシャルを認識することは，どれくらいの需要が望ましいのか，どの程度の需要に対応した施策を作成するか，需要をどうコントロールするか等，観光交通の計画目標や，施策案の作成に対して重要な知見を与える。

6.3.3　観光交通マネジメントの要件

これら計画対象の性質と計画課題は，計画の目標設定や，施策実現可能性に対する制約となり，観光地における居住人口規模等は計画代替案の評価基準設定において重要な要件となる。

観光交通マネジメントは，旅行者の満足度向上，観光地魅力の創出，観光資源の保護を基本的目標として，現況および将来の需要規模を想定した上で，個別交通施設の機能・配置ばかりでなく，交通システムとしての構成を計画することである。

観光地の魅力は，交通システムの交通容量，頻度，サービス時間，料金，乗継ぎ利便性，快適性，安全性等の要素によっても規定される。そのため，観光地の魅力を最大限に実現する交通システムを構築し，その運用を含む施策が立案されなければならない。

同時に，施策による緑地の減少等の直接的影響や，入込観光者量の増加による資源質の低下等，悪影響への配慮も必要となる。直接的資源の喪失に対しては，修景処理等の対策が用いられ，観光資源質や周辺景観との調和を狙いとした施策を講じる必要がある。

観光資源の保護は，交通施設・車両，観光施設，観光来訪者，各種活動等に対する保全を含む。交通施設・車両や観光施設から出される騒音，大気汚染物質，来訪者のもたらす廃棄物や自然質の損失等に対する環境面での対応策と，観光資源の効果的演出への阻害要因の排除等によって観光資源の保護と魅力向上を図れる可能性がある。

観光資源の保護を図る施策として，需要に応じた施設の容量確保とその配置等ハード面での整備と，法制度による開発規制や容量規制，交通管理計画や交通需要管理計画手法の導入等のソフト面でのコントロールを行う方法があり，両者のバランスを環境質，観光資源質，観光容量の面から規定しなければならない。特に観光容量は，地域への入口数と容量，交通施設の配置と制御，導入する交通システムの容量決定等の施策立案上の前提条件となる。

6.3.4　観光交通マネジメントの目標と施策

交通システムの構築とその運用を構成する各要素の決定は，観光地に対する需要規模に基づいて行う必要がある。また，観光資源の保護を図る施策の前提となる観光容量と，需要規模との相対的関係によって，採り得る施策も異なる。つまり，観光地に対する需要規模は観光地の交通施策を立案する上で，重要な要件となる。各観光地に対して，今後産業育成上需要を増やすべきか，需要は維持しつつ問題を解決する必要があるか，観光資源を保護するために需要を抑制しなければならないか等，その観光地自体の方向性によっても立案する施策メニューは異なる。

需要を促進する方策は，交通施設の利便性の向上，施設自体の魅力の向上，あるいは周遊性の促進を狙いとして，観光地の魅力を向上させ，積極的に需要の増加を図ることを意図するものである。移動利便性は，単体での交通施設の機能向上ばかりでなく，多様な交通手段の連携によって向上できる。また，交通結節点施設の修景処理は，観光地の質と合致し，「観光地への入口」として機能するデザインを用いることが肝要である。ここを起点に，どの順で巡らせるか，何を来訪者に印象的に見せるかも，観光地の魅力演出に大きな役割を果たす。

需要追随方策とは，現存する需要規模，あるいは将来的に予想される需要規模に応じた施策であり，需要に対する積極的な働きかけを行うものではない。観光地における交通渋滞は，道路容量の非連結性，附帯施設の処理能力の低さ等に起因しており，それらのボトルネックを解消すれば，交通の利便性を確保することが可能であることが多い。また，観光地居住者の生活環境保護を目的とする方策も，需要規模に応じて立案

表 6.1　観光地における交通対策の事例

分類軸	対策の目標	対策内容	代表的事例
需要促進	利便性の向上	・他種モードとの連携 ・交通サービスの拡充	・道の駅，ハイウェイオアシス
	景観への配慮	・屋外広告物の制限 ・ターミナル施設の景観設計 ・駐車場の景観対策	・野立看板規制指導地域 ・掛川インター ・奥日光三本松
	魅力の向上	・交通結節点等の個性化 ・移動手段の名物化	・トマム駅等 ・伊豆急アルファリゾート
	周遊促進	・周遊ルートの設定 ・割引料金システム	・日本ロマンチック街道 ・ウィーンカルテ
需要管理	需要の時間変動への対応 ①時間的集中	・交通情報提供 ・時間通行規制	
	②短期的集中	・パーク＆バスライド ・臨時駐車場の確保	・金沢，浜松市等 ・鈴鹿市
	③季節的集中	・入場予約制	・離宮庭園
	④オフピーク対策	・駐車場の多目的使用	・福島県台鞍スキー場 （冬季駐車場，夏季テニスコート）
需要追随	①生活交通との混乱	・生活道路の整備	・鹿児島県知覧町
	②交通安全問題		
	③環境への配慮	・ロードレスエリアの設置 ・カーレスエリアの設定 ・自動車の乗入れ規制 ・エコロードの設置 ・低公害バス	・エバーグレース ・ツェルマット ・豊平狭ダム ・上高地，日光 等
	④交通機能・交通容量低下	・バイパスの設置 ・代替交通手段の整備 ・ボトルネック解消	・島根県津和野町国道9号 ・パークアンドライド（ツェルマット） ・安房峠（峠道のトンネル化）

する必要があり，通過交通の排除等最小限の交通の流入にとどめる努力が求められる。

需要管理方策は，過剰需要のもたらす環境影響，交通渋滞等の問題への解決策として策定される。わが国においては，自然公園法に基づく自然公園地域における「車馬の使用等を規制する環境庁長官指定区域」の指定，道路交通法に基づく「自動車利用適正化対策」が指定され，国立公園内における交通手段の利用に関する法的な規制が実施されている地域もある。これら法令に基づく各種方策は環境保全を目的として，環境負荷の大きい自動車交通等の流入と使用を制限するものであり，観光地域への流入手段としてバス等の公共交通の整備，入口部での駐車場整備等来訪者の利便性を維持する方策も同時に講じられる必要がある。

また強制的に来訪者を排除する方策として，施設等への入込制限策が講じられている。これらの方策は規模が比較的小さい施設，観光地において実施されている例が多く，予約制，台数制限として上限値を定め，来訪者数，流入自動車台数を抑えている。

このような需要に対する態度によって分類・整理した既存事例の一部を**表 6.1** に示す。観光交通は人々の比較的自由な意志に基づく空間と時間の消費行動であり，**TDM**（transport demand management，**交通需要管理**）や **TSM**（transportation system management，**交通システムマネジメント**）に対して，日常交通よりも高い感度を期待できるため[28]，ハード面の施設整備方策と，ソフト面の施策を組み合わせることにより，より効果的な交通施策を展開することができる。

（岡本直久）

6.4　観光地における地域・インフラ整備計画手法

6.4.1　計画対象の設定

観光地を構成する要素を考えると，観光資源，観光対象に加えて，それらを結ぶ公共空間・インフラが存在し，総体として**観光地**（tourist destination）を形成する。そして観光地は，その空間的な広がりから，観光地点，観光地区，観光地域に区分され，それに応じて計画対象・課題・目標が異なる[29]。

おおむね歩行できる範囲の観光地点や観光地区では，個々の資源のあり様や歩行者向け標識やサインなどが着目されるのに対して，複数の観光地点，観光地区を包含する観光地域では，それらを結ぶ周遊行動のための道路等のインフラ整備や周遊ルート・コースの設定が着目される。さらに，インバウンド観光では日本全体が一つの目的地として認識されるケースもあり，観光地の整備に加えて空港整備をはじめとする交通環境整備，ビザ発給，外国へのプロモーションといった観光政策も重視される。

このように検討する範囲・対象の広がりによる検討事項の差異に留意する必要があるが，本節では対象範囲を明確に設定せずに，一般的な地域整備についての考え方を示す。

なお，観光地の整備に関連する行政計画を見ると，観光分野独自の法定計画は存在しない。その一方で，例えば地方自治体が策定を義務付けられている総合計画や法定都市計画，都市マスタープランなどにより，観光がその地域でどのように位置付けられるのか，おおまかに把握することができる。

また，道路計画で重要となる道路構造令では，地域区分として都市部・地方部の仕分けや，休日など特定の時間への利用の集中度合いを示すK値などにより観光地の特性を考慮した道路設計がなされる。また，景観行政団体が定める景観計画は，観光に影響を与える景観形成上重要な要素の保全や整備の方針などを示している。

さらに，国土形成計画，自然公園法，文化財保護法なども，観光と密接に関連する。したがって，当該地域に関連した各種計画を見極めながら，観光地における地域計画の策定とそれに基づく事業や取組みを行う必要がある。

6.4.2 地域の現状把握

当該地域への観光需要を充足させるために，第一義的には観光資源がその本質といえる。地域計画策定のためには，まず観光資源特有の性質を考えるとともに，その観光資源の種別，魅力度も併せて確認する必要がある。

〔1〕 観光資源の特性

資源の把握，調査に先立って，観光資源の特性を確認することが望ましい。この観光資源は，その性質から，自然に起因する「自然資源」と人間・文明が介在する「人文資源」，さらには地域の文化やそこに居住する人自体など有形無形の「その他要素」に区分できる。そして，その資源・財が非競合性，非排除性という性質を併せ持つか否かで，整備・供給される資源の量や観光資源の保護・活用に関わるステークホルダーが異なる。非競合性や非排除性は，下記のように示すことができる。

非競合性：同じ財やサービスを複数の消費者が同時に，追加費用なしに消費できること。

非排除性：対価を支払わず財を消費しようとする行為を排除することができないこと。

これら二つの性質を併せ持つものは**公共財**と呼ばれ，風光明媚な景観を有する観光資源が該当するケースが多い。これら地域では，来訪者が対価を支払わずに資源を利用できるため，良好な環境や景観を積極的に整備・保全するインセンティブが働かず，市場に任せた場合には供給過少となる。さらに，適切な保護・保全施策が講じられない場合，共有される資源が過剰に消費される「共有地の悲劇」が危惧される。

そのため，利用による環境への影響度合いを勘案しながら，利用者からその受益に相当する対価を徴収する仕組み，観光業者や住民などの関係主体を包括する地域マネジメント組織の存在，適切な保護・保全に向けた仕組みが必要不可欠である。そして，これらの関係主体を結び付けるとともに，資源の保護・保全に大きな役割を果たすことから，行政の担う役割は大きいといえる。

〔2〕 観光資源の把握

当該地にある観光資源の種別，魅力度も併せて確認し，その地域の特徴や強み，弱みを客観的に把握することが重要となる。観光資源を整理したさまざまな既存研究事例があるが，近年では，観光活動の多様化により「見ること」に加えて「体験すること」も観光資源と位置付けられる。資源種別を見直した文献30）では観光資源を24種別に分けて，誘致圏の範囲から特A級（わが国を代表する資源であり，世界にも誇示し得るもの），A級（特A級に準じ，わが国を代表する資源）の2区分で示している。

自然資源（10種別）

① 山岳，② 高原・湿原・原野，③ 湖沼，
④ 河川・峡谷，⑤ 滝，⑥ 海岸・岬，
⑦ 岩石・洞窟，⑧ 動物，⑨ 植物，⑩ 自然現象

人文資源（14種別）

⑪ 史跡，⑫ 神社・寺院・教会，
⑬ 城跡・城郭・宮殿，⑭ 集落・街，⑮ 郷土景観，
⑯ 庭園・公園，⑰ 建造物，⑱ 年中行事，
⑲ 動植物園・水族館，⑳ 博物館・美術館，
㉑ テーマ公園・テーマ施設，㉒ 温泉，㉓ 食，
㉔ 芸能・興行・イベント

これらによって当該地の強み，弱みを確認するとともに，広域の観光計画や広域観光ルート設定での活用も考えられる。加えて，観光マーケットにおけるニッチな観光需要も存在するため，地域の文化や資源の磨き直しを通じた地域の独自性把握も必要である。

〔3〕 来訪者数や経済的インパクトの実態把握

観光資源の把握に加え，現状の来訪者数や観光による地域経済への影響を把握し，当該地域における観光の果たす役割，位置付けを明確にする必要がある。さまざまな調査が存在するが，全国を網羅することから地域の相対的比較が可能な調査体系として観光庁によるものがある（**表6.2** 参照）。これは，おもに日本人と外国人の観光客や行動，消費に着眼したもので，来訪者数と1人当りの消費金額を把握しながら，地域における観光消費総額や経済効果の推定につながる一連の体系として整備されている[31]。

表6.2 観光の来訪者数・経済効果推定に関する調査

調査項目	日本人観光客・消費	外国人観光客・消費
来訪者数	・宿泊旅行統計調査 ・共通基準による観光入込客統計	・訪日外国人旅行者数（日本政府観光局）
消費原単位	・旅行・観光消費動向調査	・訪日外国人消費動向調査
経済効果分析	・観光地域経済調査 ・経済波及効果	

6.2節でも述べたように，これら以外に観光目的の移動・流動が把握できる調査として，全国幹線旅客純流動調査，都市圏交通調査，道路交通センサスなどがあるが，利用交通機関，トリップ目的，対象範囲，年次などでいくつかの制約があることに留意する必要がある。さらに，移動目的などは詳細に把握できないものの，携帯電話の位置データを用いて，調査期間，場所に制約されない移動データの活用が始まっている。

流動・移動データに加えて，人々の満足度，再訪意向，推奨意向などの意向データ，消費行動データも重要と位置付けられ，評価者の属性，評価対象と紐付けしたデータハンドリングが求められる。

6.4.3 効果的な観光地の地域計画策定に向けて

地域の観光資源，来訪者数などの現状把握の後，将来像の実現に向けた計画策定を行うことになる。その過程では，（1）対象地域を取り巻く環境の確認，（2）将来の方向性の明確化，（3）観光振興のためのメニューづくりの各項目が存在する。

（1）対象地域を取り巻く環境の確認として，経済や社会，国際情勢などの状況に加えて，オリンピック・パラリンピックや万国博覧会などの大規模イベント実施や観光立国に向けた取組みなどの時局，さらに地域固有の問題点解消などがある。さらに，観光主体のニーズの変化，行動様式・ライフスタイルの変化など，需要面への着眼も欠かせない。

これらを境界条件としながら，（2）将来の方向性の明確化を行う必要がある。観光と居住環境との折り合いをどのようにつけるのか，という問題から，その地域のブランディング，活用する資源とその活用方法などから望ましい姿を明らかにする段階といえる。

その姿の実現のための手段を考えるのが，（3）観光振興のためのメニューづくりである。メニューづくりでは，その地域を旅行者はどのように堪能するのか，という観点から，近年ではテーマ設定やストーリーづくりが数多くなされており，それらは前述の地域ブランディングと強い関連性がある。また，このメニューづくりは，顧客層の設定と表裏一体である。このメニューづくりでは，地域にすでに存在する資源やその磨き直しにより資源・コンテンツを有機的につなげるものであるともに，新たな資源の創出を行い補うことも検討される。

これらに加えて，計画策定や事業推進の主体についても十分検討する必要がある。数多くの地域の現状を考えると，これまでの整備によって社会資本が一定水準充足しており，観光地を「作る・整える段階」から「育てる段階」への変化に直面している。それに伴い，その地域において観光に対するスタンスをどう取るのか，さらには地域の整備，開発，保全をどう進めるのかについて考える「マネジメント」が重要になり，その決定では行政以外のステークホルダーの役割も大きくなっている。

「多様な関係主体の活動の総体として地域の観光魅力が創出される」と仮定すると，地域における将来の青写真を示す地域計画の策定では，当事者となる関係主体が積極的に関わり，決定することが望ましい。その理由としては，住民や観光産業を含む関係主体の寄与，互恵性の明確化によって計画の実効性を担保できるからである。

例えば，観光地の情報提供方法は，どのようなコンテンツを顧客に伝え，来訪を通じた満足度の醸成，さらには観光地における消費行動の実施にどうつなげるのか，一体的かつ戦略的に考えることができる。現状では，地域の観光協会が，観光客に観光地の魅力を情報発信し，観光事業を推進する事例が見られるが，法人格を持たない任意団体形式の中で活動資金を地方自治体から補助されるとともに，その運営に地方自治体職員が大きく関わるケースが多い。一部の地域では，財団法人や株式会社の形態に移行し，その業務範囲を拡大しながら収益拡大を視野に入れている。しかし，観光産業主体や住民など地域の多様な主体が構成員として含まれないこと，情報提供による効果を獲得する仕組みが不足していること，さらにこれら主体間の互酬性が明確でないため活動推進のインセンティブが明確でないことが多い。そのため，投入される資本を適切に回収するための仕組みを整えることが重要となり，関連主体が参画した計画の策定が必要不可欠となる。

この重要な役割が期待される住民，観光業者などは，社会に寄与することから「ソーシャルキャピタル」と呼ばれ，都市計画などで着目されている。「地域における観光振興は，地域の創意工夫によって実現できる」との考えに照らし合わせると，その地域の特色の再確認，磨き直しを行い，それを用いたテーマ・方向性の中で，多様な主体の参画・活動と，主体間の協力，協働が必須となる[32]。

このソーシャルキャピタルが観光地の競争力向上のため効率的・効果的な活動を行うためには，関係主体のネットワーク形成（包摂），信頼性，互酬性が必要とされ，それらによって社会的ジレンマ（個人利益の最大化行動と公共利益の最大化行動のいずれかを選択しなければならない社会状況）や「共有地の悲劇」を回避することができるといわれている[33]。

以上より，観光地における地域・インフラ整備計画をもとにして，その実現性，効果を高めるためには，① 地域の方向性の明確化および関係者間での理念共有，② 財源・意思決定の基盤が安定した，関係主体を網羅した自律的組織の構築，さらには③ 効果や効率を考慮しながら，継続的に目標達成に取り組む仕組みづくりの3点が重要になると考えられる。

〔1〕 地域の方向性の明確化

もともと多くの観光客を迎え入れてきた観光に肯定的な地域と，住民の生活とのバランスを勘案したり，環境影響に留意する必要がある地域では，観光へのスタンスが異なる。他産業の存在・規模や観光客受入による負の影響によっても，将来の方向性は異なる。文献34）では，観光地交通計画の策定に当たり留意すべき項目を示しているが，目標設定に関わる視点として資源論，容量論，需要論，開発論，効果論を，事業実施に関わる視点として，合意形成論，事業展開論を示している。どのような資源を用いて，整備，開発，保全のいずれを重視するのか，当該地域における関係主体の合意がまず初めに重要となる。

この決定は，一方で来訪者像や誘致圏の広がりといった需要側マーケットの規定と表裏一体をなす。例えば，STPマーケティングの検討手順と対比すると，地域の方向性の規定は，顧客の区分設定（segmentation）に続いて行われる，来訪者層の規定（targeting）や地域のイメージを規定（positioning）することにほかならない。観光地の特性や計画の方向性により，来訪者層をあらかじめ絞りこむことにつながっている点にも配慮が必要である。

また，観光への動機，ニーズの多様化も考慮する必要がある。見るだけの観光から，能動的，テーマ性などへ観光ニーズが変化していることが指摘されており，これらにはエコツーリズム，グリーンツーリズム，ヘルスツーリズム，フードツーリズム，スポーツツーリズム，産業観光，アニメフィルムツーリズム，世界遺産観光，まち歩き観光，**MICE**（meeting, incentive, conference, exhibition and event）などが挙げられる。さらに，社会，経済情勢が観光需要に与える影響も小さくないため，これらを継続的にチェックしなければならない。

〔2〕 自律的組織の構築

本項冒頭で示した多様な関係主体の包摂とその合意形成に加えて，関係主体間の信頼の醸成と互酬性の確保も重要な点として指摘できる。観光振興のために継続的に活動を進めることが必要であるが，自律的，継続的な活動のためにこれら二つの要因を特に考える必要がある。

例えば，道の駅を例にとると，魅力的な農産物生産は，道の駅をゲートとした観光地への誘客機能にプラスの効果を与え，逆に観光資源が魅力的であればその訪問に合わせて農産物をついでに購入することにつながる。これは道の駅を舞台とした「観光」と「農業」というテーマ間の互酬性の一例といえ，現在1 000を超える施設が存在し，売上高は大手コンビニチェーン並の道の駅の形態の一つであるゲートウェイ型（地域外から活力を呼ぶ形態）「道の駅」による一効果である。同様な例として，観光振興を行う組織に旅行部門を併設する動きや外国人誘客と留学生，企業誘致に同時に取り組むロンドン アンド パートナーズの事例も挙げることができる。

さらに，地域を構成する多様な主体の互酬性によって地域振興に取り組む事例として，**DMO**（destination management organization）[35]がある。DMOとは，多様なステークホルダーが地域振興に対する共通の目標，方針の下，関係主体協力しながら地域振興に向けて活動する組織で，マーケティング活動，マネジメント活動にも精力的に取り組んでいるものである。スピルオーバーする外部効果をDMOの構成メンバーでカバー，再配分することによって，収益の内生化や過少となる観光振興への取組みを補うとともに，魅力的な地域整備の実現に寄与する。

また，小規模の体験交流型イベントを数多く集めてイベントとしての魅力を相乗的に高めるオンパクプログラム（温泉博覧会）も互酬性が内生化されている仕組みの一例といえる。

〔3〕 継続的に目標達成に取り組む仕組みづくり

観光地における地域振興への取組みは，来訪者数の増加，経済効果のみならず，多様な主体，分野に影響を与えるため，なるべく多くの事項について調査，把握を行い継続的にモニタリングすることが望ましい。

持続可能な観光を確立するために観光客による環境負荷を当該地域の**環境容量**（carrying capacity）内におさめる考え方があるが，来訪者数などの指標と環境負荷との関連性が不明瞭である。そのため，定期的なモニタリングにより不可逆的な環境悪化の兆候を捉え，速やかに対応することが重要となる。**表6.3**は，観光振興によるさまざまな分野に与える影響・効果を示したものであり，指標として把握できるものは**重要業績評価指標**（key performance indicator，**KPI**）となり得る。

表6.3　観光振興による効果[36]

分　野	プラス効果	マイナス効果
経済効果	・観光収入の増加 ・雇用の創出	・特別イベント開催時の物価上昇 ・不動産市場の投機
物理的効果	・新規施設の建設 ・地域インフラの改善	・環境面でのダメージ ・混雑
社会的効果	・ボランティアを通じたコミュニティの強化	・greed factor（貪欲さ）の浸透 ・過度な都市化等，望ましくないトレンドの加速
心理的効果	・地域のプライドとコミュニティスピリットの醸成 ・地域外の感じ方に対する意識の強化	・ホスト地域に関する守りの姿勢 ・相互理解不足に基づく訪問客への敵対心
文化的効果	・他の文化と生活様式に触れることを通じた新しいアイディアの創出 ・地域の伝統と価値観の強化	・個々の活動の商業化

継続的に地域づくりを進めるためには，各期の活動がもたらす効果を把握して達成度合いの把握，互酬性のチェック，次期以降の意思決定への反映を念頭としたPDCAサイクルを併せ持つことが望ましく，効果は極力定量的に把握することが望ましい。特に，経済面における指標として，地域での観光客消費総額，産業連関分析による経済波及効果推定，**投資対効果**（return on investment，**ROI**）などがある。これらの指標算出に当たっては，日常的な商業活動と観光との仕分け，産業連関分析における産業部門や分析対象範囲の設定，行政以外に民間からなされる投資範囲の抽出方法などに留意する必要がある。一方，来訪者に関連したものとして，来訪時の満足度，他者への推奨意向，再訪意向なども地域のリピーター確保の観点から重要な指標といえる。

以上のような地域における活動，効果について事後に計測することも重要であるが，認証制度等を利用しながら地域の質，レベルを観光客に事前に提供する情報提供・周知も重要といえる。来訪者は地域に対する情報を十分保有していないことから，観光行動に対する事前期待を基に来訪動機が醸成される。そして，訪問を通じた事前期待と事後評価との対比から満足度が形成され，これがリピート行動につながるといえる。そのため，地域の状況，施設の実態を適切に情報提供することが望ましく，観光プロモーションと地域の品質保証は地域振興の両輪をなすといえる。

また，短期マクロ的な観光需要の動向を示す指標として短期観光動向調査（（公財）日本観光振興協会），旅行市場動向調査（（一社）日本旅行業協会）は，観光を取り巻く社会環境を反映していると考えられ，組織の活動を検討する上で参考となる。（古屋秀樹）

6.5　観光政策の効果評価手法

6.5.1　観光政策の学術的実情

観光の現象や行為を説明する要因・メカニズムは依然として十分に特定されているわけではなく，現象・行為のなんらかの変化がどのような政策や施策で生じたか特定することは依然として難しい状況にある。現状では，観光関連の法制度を実施したときの地域社会や旅行者等に生じた変化を丹念に調査して，そこからの知見を蓄積することが精一杯である。

また，観光行為自体は生活に不可欠な存在ではなく，あくまで個人の裁量で行われる。このような非日常の娯楽行為に対して権力を行使する必然性は決して高くない。そのため，観光振興に政府が関与する必然性は，インフラ整備や社会保障のような生活に直結する政策課題と比べて相対的に低くなることは否めず，行政における**観光政策**（tourism policy）の経験と蓄積もまた十分でない[37]。

以上の理由により，観光政策と関連施策の効果を定量的に評価する方法論は確立されておらず，依然として研究開発の初期段階にある。

6.5.2　観光政策の種類と土木計画学の貢献

各国の観光関連政策の実施状況を考えると，観光政策の領域と関連する主要施策は**表 6.4** のように整理される。観光政策は，社会・経済環境整備，インフラ整備，観光事業者の事業環境改善，観光地開発，人材育成と，そのカバーする範囲は多岐にわたる点が特徴である。これら七つの政策領域のうちで土木計画学が主としてその責務を負うのは，もちろん「③ 観光基礎インフラ整備の支援」である。しかし，インフラの規模・規格を決定するためには需要量をできるだけ正確に見積もる必要があり，そのためには ①, ②, ④, ⑤ も土木計画学で取り扱う必要のある政策領域であり，かつ土木計画学が蓄積してきた政策評価技術は ⑦ の進化にも大きく貢献できる。

6.5.3　観光政策の定量的効果評価手法

〔1〕 観光サテライト勘定（Tourism Satellite Account, **TSA**）

国連世界観光機関（United Nations World Tourism Organization, UNWTO）は Tourism Satellite Account: Recommended Methodological Framework（2008）[38] で国家観光統計の整備手法を示し，その適用を加盟国に求めており，現在 75 箇国がこれを導入している。TSA は国民経済計算のサテライト勘定の一つであり，日本では観光庁が毎年「旅行・観光産業の経済効果に関する調査研究」[39] で TSA を作成・公表している。

TSA は国民経済計算の産業連関表，国際収支統計，旅行消費に関するサンプル調査結果を用いて作成される。TSA では 10 表の作成を求めており，第 1〜4 表は**市場別旅行支出**（tourism expenditures according to forms of tourism）と**内部観光消費**（internal tourism consumption），第 5 表は**生産勘定**（production accounts），第 6 表は**国内供給**（domestic consumption），第 7 表は**雇用**（employment），第 8 表は**総固定資本形成**（gross fixed capital formation），第 9 表は**観光共同消費**（tourism collective consumption），第 10 表は**非金銭的関連指標**（non-monetary indicators）である。

旅行消費の調査では，消費場所別費目別消費額を回

表 6.4　観光政策の領域と主要な施策

政策領域	① 観光促進のための社会・経済環境の整備	② 外国人観光客受け入れ環境の改善	③ 観光基礎インフラ整備の支援	④ 観光事業者に対する規制・規制緩和とイノベーション支援
概要・目的	観光振興の前提条件として，観光の発生回数や消費額を増加させる。	外国人観光客のアクセシビリティや利便性を高める。	観光客を観光地に誘導し，快適に滞在させるためのインフラ整備を支援する。	旅行者の不利益を減じ，観光事業者の効率性や収益性を改善する法制度を整備するとともに，新たなビジネスモデルの創出を支援する。
主要な施策	・休日取得環境の改善 ・可処分所得の増加 ・旅行実施に対するインセンティブの提供	・ビザ撤廃・緩和 ・免税措置の導入 ・カード決済の拡充	・交通等インフラ整備の協力要請 ・運輸サービス導入 ・観光情報発信手法の開発支援	・運輸業，宿泊業，旅行業等の開業，料金・サービス水準，保安・安全・衛生基準に関わる規制・規制緩和 ・新規事業設立支援

政策領域	⑤ 観光地の魅力向上と接遇改善に対する支援	⑥ 観光関連人材育成の支援	⑦ 政策・施策のモニタリング・評価のための技術確立
概要・目的	魅力ある観光地の構築に向けて，新たな資源発掘・開発や DMO などの観光地運営組織の設立を支援する。	観光産業や観光地運営組織でトップマネジメントに関わる人材，あるいはホスピタリティ産業の従業員を安定的・効率的に輩出する仕組みを導入する。	政策や施策の効果をモニタリングするためのデータ・情報収集技術フレームと，それを活用した効果評価分析手法を開発する。
主要な施策	・DMO 設立支援 ・観光地整備計画の策定支援 ・補助金・助成金制度の確立 ・品質保証制度の設計	・大学等高等教育機関における教育カリキュラムの開発支援 ・先導的観光指導者の認定	・各種観光関連統計の高度化支援 ・新たな情報技術を用いた観光分析手法の開発 ・グッドプラクティスの蓄積・公開

答者に尋ねる形式がとられる。各消費費目は産業連関表の各産業部門に対応付けられる。これにより観光に特化した産業連関表であるTSA第6表が作成される。

〔2〕 **観光産業の経済波及効果分析**

上記のTSA第6表を用いれば，通常の産業連関分析と同様にレオンチェフ逆行列等を用いて生産波及効果，付加価値効果，雇用効果等を把握することは可能である。しかし，産業連関分析では個別政策による影響評価を明示的に分析できないことが欠点である。

近年の統計整備の進展と計算技術の向上に伴い，観光政策効果評価の分野においても，政策による影響を明示的に分析できる応用一般均衡（CGE）分析の適用が進みつつある。UNWTO（2014）[40]は技術レポートでCGE分析の適用事例をレビューしており，オリンピック・パラリンピック等大規模イベント開催，雇用創出施策，税制，環境政策，産業政策等の効果評価の事例を取り上げている。土木計画学分野でも，交通インフラ整備等の交通政策が観光産業に及ぼす影響の分析事例（例えば小池・佐藤[41]）が登場している。

6.5.4 観光政策分野における KPI 評価手法

近年の政策評価ではPDCAサイクルによる進捗管理が求められており，観光政策分野や関連する地方創生計画などでも企業経営手法の一つである重要業績評価指標（KPI）による施策評価手法の適用が始まっている。

国家レベルの観光競争力をKPIで比較する方法論は，**世界経済フォーラム**（World Economic Forum, **WEF**）による取組みが代表例である[42]。世界各国の観光競争力を環境，政策，インフラ（空港，陸上交通・港湾，旅行者サービス施設），自然・文化資源の14分野90指標（2015年版）に基づく総合指標で評価し，2007年から2年おきにランキングを公開している。しかし，観光客数・消費額に対する指標の貢献は不明である。そのため，Depeyras and MacCallum[43]は，経済開発協力機構（OECD）の技術レポートにおいて，観光客数，延べ宿泊者数，消費額の標準的な指標に加えて観光産業従事者の労働生産性，ビザ要件，生物多様性，文化的創造性を含む11の主要指標により，主として経済的側面での観光競争力を評価する方法を提示している。しかし，各KPI指標に対する**重要成功要因**（critical success factor）の対応関係は必ずしも整理されていない。

一方，個別の施策評価におけるKPI評価手法の検討も徐々に進んでおり，例えば日本では，観光地域づくりの主要施策である「観光圏整備事業」のKPI評価マニュアルを試行的に作成した例がある[44]。

6.6 観光学における土木計画学のこれから

ここまでに，観光の現象や行為を土木計画学のアプローチから理解し，かつ観光による地域振興に係る諸課題の解決するための学術的な方法論について整理してきた。土木計画学で培ってきた標準的な方法論に則って基本的な分析フレームを整備してきたが，これだけでは発生頻度の少なさや行動・嗜好の多様性といった観光現象・行為が本質的に持つ特性に十分対応することはできない。今後はビッグデータ解析や最新のマーケティング分析技術を積極的に取り込んでいく必要があり，これにより，特に研究の遅れている観光地域内二次交通体系の在り方やサービス導入に資する研究の活性化に期待したい。

さらに，多様なツーリズム形態の登場，頻発する災害等リスクへの対応，国際的なツーリズム政策の展開に対応するための新たな研究が必要である。具体例を以下に示す。

（1） **本源的需要としての観光交通に関する研究**

近年，フェリー・トレインクルーズ旅行の登場，観光列車の導入，水上交通の活性化，街路空間での交流機能，サイクルツーリズムの登場など，交通システム利用そのものが資源となるツーリズムが複数登場し，これらシステムの地域観光振興や交通事業環境改善への貢献に対する期待は大きい。これら交通サービスの経路空間でのインフラ整備や景観整備，結節点やターミナル空間の整備，サイン・誘導システムの整備の在り方を学術的に検討することが土木計画学の重要な役割であることはいうまでもない。

（2） **インフラのツーリズムへの活用に資する研究**

土木学会誌が2014年6月号で「土木観光」を特集するなど，インフラそのものを観光資源とする「インフラツーリズム」への期待が高まっている。地域を支えてきた歴史的価値のあるインフラや自然景勝地に立地するダムのような構造物はこれまでも観光資源として活用されてきたが，近年は近代的インフラの工事現場を見せるような観光企画が徐々に登場し，インフラツーリズムとしての厚みが拡がりつつある（例えば，佐々木[45]）。

ただ現状ではこのような「工事現場ツーリズム」は土木業界の広報的な位置付けを脱し切れておらず，真に競争力のある観光商品を造成するために，インフラの観光資源としての特性についての学術研究が求められている。中根[46]は，土木観光を台頭するニューツーリズムの一種と位置付け，土木観光を試行的に「スケール・形態・機能の優位性」，「建設工事現場」，

「歴史性」,「多用途への活用性」の四つのタイプに分類しているが,今後は観光学の資源評価アプローチによる検証・改良が必要である。

（3） 持続可能なツーリズムの実現に貢献する研究

持続可能なツーリズム（sustainable tourism）が,今後の観光振興のキーワードの一つである。UNWTOは,2005年の“Making Tourism More Sustainable”[47]の中で,持続可能なツーリズムは「環境資源の適切な利用」,「社会・文化の**真正性**（authenticity）の尊重」,「長期の経済効果の確立」の三点を考えるべきとしている。すなわち観光振興は,決して経済一辺倒ではなく,地球環境や生態系を保全し,かつ地域の生活文化や景観・建造物を保全することへの配慮と取組みが一層求められる。

持続可能なツーリズムが注目する領域で土木計画学と関係が深いものの一つが気候変動問題である。運輸部門は日本を含め,世界の主要な温暖化効果ガス排出源の一つであり,世界的な観光需要の増大によって必然的に航空機や自動車による移動距離が増加し,温暖化効果ガス排出量が増加することが懸念されている。旅行者の移動だけでなく,工業産品や農産品の移動量も増加し,これに伴って温暖化効果ガス排出量も同様に増加する。交通運輸システムを主要な研究領域とする土木計画学としては,今後温暖化効果ガスの排出量を抑制できるモビリティシステムやニューツーリズムを提案する必要がある。そのためには,観光の**カーボンフットプリント**（carbon footprint）や**エコロジカルフットプリント**（ecological footprint）に係る研究を発展させる必要があるが,研究事例は依然少ない（例えば清水・印[48]）。

また,今後の観光産業の成長に向けて,宿泊施設の不足,空港離発着容量の不足,さらには観光の担い手の不足など,その阻害要因となる課題も発生しており,地域の経済効果の面から持続可能なツーリズムを考えるための研究も重要である。　　（清水哲夫）

引用・参考文献

1） Leiper, N.：Tourist attraction systems, Annals of Tourism Research, Vol.17, No.2, pp.367～384（1990）
2） 屋井鉄雄：非集計行動モデルによる交通需要予測手法,交通と統計,No.15, 16（1986）
3） 森地 茂,屋井鉄雄,田村 亨：非集計行動モデルによるOD交通量推計方法,土木計画学研究・論文集（1985）
4） 森地 茂,田村 亨,屋井鉄雄,兵藤哲朗：観光交通量予測モデルの事後的分析,土木計画学研究・論文集5, pp.125～132（1986）
5） 高橋 清,五十嵐日出夫：観光スポットの魅力度を考慮した観光行動分析と入込み客数の予測,土木計画学研究・論文集8, pp.233～240（1990）
6） 森杉壽芳,林山泰久,平山賢二：集計Nested Logit?Modelによる広域観光行動予測,土木計画学研究・講演集8, pp.353～358（1986）
7） 溝上章志,森杉壽芳,林山泰久：広域観光周遊交通の需要予測モデルに関する研究,土木計画学研究・講演集14（1）, pp.45～52（1991）
8） 森地 茂,兵藤哲朗,岡本直久：時間軸を考慮した観光周遊行動に関する研究,土木計画学研究・論文集10, pp.63～70（1992）
9） 森川高行,佐々木邦明,東 力也：観光系道路網整備評価のための休日周遊行動モデル分析,土木計画学研究・論文集12, pp.539～547（1995）
10） 鈴木忠義ほか：観光地の評価手法,日本交通公社（1970）
11） 室谷正裕：新時代の国内観光,運輸政策叢書（1998）
12） 塩田正志：「観光学研究」Ⅰ,学術選書（1974）
13） 日比野直彦：土木計画学における観光研究の今後の方向性,第39回土木計画学研究・発表会,スペシャルセッション資料（2009）
14） 観光庁Webページ http://www.mlit.go.jp/kankocho/（2016年12月現在）
15） 清水哲夫：地域連携効果を考慮した訪日外国人宿泊数予測モデルの構築,観光統計を活用した実証分析に関する論文,観光庁,全11ページ（2010）
16） 小池淳司,平井健二,吉野大介：宿泊旅行統計を活用した観光施策評価手法の適用可能性に関する分析～ソフト施策を対象としたケーススタディ～,観光統計を活用した実証分析に関する論文,観光庁,全15ページ（2011）
17） 矢部直人：都道府県間流動データによる国内宿泊旅行圏の設定と休暇分散効果の検証,観光統計を活用した実証分析に関する論文,観光庁,全14ページ（2011）
18） 日比野直彦,佐藤真理子,森地 茂：複数の観光統計の個票データおよび都市間交通データを用いた国内宿泊観光行動の時系列分析,土木学会論文集D3（土木計画学）, Vol.69, No.5, pp.I_533～I_543（2013）
19） 古屋秀樹,全 相鎮：旅行者の志向と宿泊観光旅行との関連性分析,土木学会論文集D3（土木計画学）, Vol.70, No.5, pp.I_267～I_277（2014）
20） 栗原 剛,坂本将吾,泊 尚志：訪日リピーターの観光消費に関する基礎的研究,土木学会論文集D3（土木計画学）, Vol.71, No.5, pp.I_387-I_396（2015）
21） 松井祐樹,日比野直彦,森地 茂,家田 仁：訪日外国人旅行者の個人行動データを用いた訪問地および観光活動に着目した観光行動分析,土木学会論文集D3（土木計画学）, Vol.72, No.5, pp.I_533～I_546（2016）
22） 北村隆一,森川高行編著,佐々木邦明,藤井 聡,山本俊行著：第14章 非日常（休日）交通の分

析 14.3 観光行動分析,「交通行動の分析とモデリング 理論/モデル/調査/応用」, pp.258～266, 技報堂出版(2002)
23) 日比野直彦:第 15 章 交通統計 1511 観光統計,「交通経済ハンドブック」, pp.320～322, 日本交通学会編, 白桃書房(2011)
24) 鈴木忠義, 毛塚 宏, 永井 護, 渡辺貴介:土木工学体系 30 観光・レクリエーション計画, 彰国社(1984)
25) 森地 茂ほか:観光地における交通体系のあり方に関する調査, 運輸経済研究センター(1995)
26) ラック計画研究所編:観光・レクレーション計画論, 技報堂出版(1975)
27) 森地 茂・伊東 誠・毛塚 宏ほか:魅力ある観光地と交通, 国際交通安全学会編, 技報堂出版(1998)
28) 屋井鉄雄, 岡本直久:需要と行動の特性を踏まえた休日交通計画論, 都市計画, 184, pp.28～34(1993)
29) 国際交通安全学会:魅力ある観光地と交通, 技報堂出版(1998)
30) 中野文彦, 五木田玲子:観光資源の今日的価値基準の研究, 観光文化, 2014, Vol.222, pp.20～28(2014)
31) 観光庁 Web ページ(観光統計の概要と利活用について)
http://www.mlit.go.jp/kankocho/kankotoukei_gaiyou.html(2016 年 11 月現在)
32) 日本交通公社:観光地経営の視点と実践, 丸善出版(2013)
33) 小林重敬他:最新エリアマネジメント - 街を運営する民間組織と活動財源, 学芸出版社(2015)
34) 森地 茂, 岡本直久, 轟 朝幸:観光地交通計画の体系, IATSS Review, Vol.23, No.2, pp.29～38(1997)
35) 日本政策投資銀行:地域のビジネスとして発展するインバウンド観光－日本型 DMO による「マーケティング」と「観光品質向上」に向けて－(2013)
36) Queen's University Belfast: Destination of key indicators for the Analysis of the Impact of Culture Tourism Strategies on Urban Quality of Life, The PICTURE project(Financed by the European Commission, Sixth Framework Program of Research)(2005)
37) 寺前秀一編著:観光学全集第 9 巻 観光政策論, 原書房(2009)
38) World Tourism Organization:Tourism Satellite Account: Recommended Methodological Framework, United Nations Publication, Luxembourg(2008)
39) 観光庁:旅行・観光産業の経済効果に関する調査研究(2016)
40) World Tourism Organization:Statistics and TSA Issue Paper Series: Computable General Equilibrium Modelling for Tourism Policy- Inputs and Outputs, UNWTO, Madrid(2014)
41) 小池淳司, 佐藤啓輔:交通ネットワーク整備が観光産業の生産活動へ与える空間的影響の把握, 土木学会論文集 D3(土木計画学), Vol.68, No.5, pp.349～361(2012)
42) World Economic Forum:The Travel & Tourism Competitiveness Report 2015, Geneva(2015)
43) Depeyras, A. and MacCallum, N.:Indicators for Measuring Competitiveness in Tourism: A Guidance Document, OECD Tourism Papers, 2013/02, OECD Publishing(2013)
44) 観光庁観光地域振興部観光地域振興課:KPI を活用した観光圏整備事業の分析業務報告書(2012)
45) 佐々木正:旅行会社との連携によるインフラツーリズムの効果と課題, 道路, Vol.893, pp.26～29(2015)
46) 中根 祐:土木観光への期待, 土木学会誌, Vol.99, No.6, pp.12～15(2014)
47) World Tourism Organization:Making Tourism More Sustainable － A Guide for Policy Makers, World Tourism Organization Publications(2005)
48) 清水哲夫, 印 承煥:日韓観光産業からの二酸化炭素排出量推計－その抑制に向けた展望－, 観光科学研究, Vol.8, pp.71～79(2015)

7. 道路交通管理・安全

7.1 道路交通管理概論

道路交通は，安全かつ効率的に管理することが求められる。これは，「道路」というインフラが，人々や物資の移動において根幹をなすためであり，第一義的な機能が，こうした移動・通行を支えることにあるためである。

しかしながら，人々が集まって形成される集落，村落，町，市街地，大都市などの地域に存在する道路には，単に移動だけの機能を持つのではなく，移動を開始したり終了したりといったアクセス・イグレス機能（代表してアクセス機能と呼ぶことが多い），滞留機能も重要な機能となる。また，移動の方法は，バス・自動車・二輪車・自転車・歩行などさまざまである。

道路交通の管理を考えるに当たっては，まず対象とする道路が持つ機能を適切に把握する必要がある。こうした考え方を整理しているのが，7.2節「階層型道路ネットワークの計画・設計」である。ここでは，集落や都市の間をつなぐ**街道**（highway）と，集落・都市内部の**街路**（avenue, street）が担う交通機能の大きな違いと，交通行動の主体別に通行／アクセス／滞留の機能の程度の違いを道路階層別に整理し，各階層が提供すべき交通機能水準とこれを実現するための道路の計画・設計方法について論じている。

こうした考え方は，定性的に国土計画，都市計画，交通計画の中で古くから論じられてはきているが，例えば自動車の通行機能として実現すべき機能水準を具体的に検討し，これを実現するための道路計画，道路設計，さらには交差点の交通制御方法や，信号制御設計など交通運用と一体となった検討は，まだわが国で端緒についたばかりである。本節では，こうした新しい考え方とその最新の検討成果，および今後の方向性について論じている。

道路上の特に自動車の交通性能としては，交通渋滞が発生するかどうかで大きくその性能が変わってしまう。7.3節「交通容量上のボトルネックと交通渋滞」では，まず，交通渋滞を科学的に考える上で重要な，交通容量上のボトルネックという概念の説明と，交通渋滞現象の科学的な定義を導いている。すなわち，ボトルネックでは交通容量が相対的に低く，これを超過する交通需要の到着によりさばききれない交通が生じ，これがボトルネック上流にたまった状態が交通渋滞状態である。また，ボトルネック箇所における交通容量の特性の既存知見を概括している。

交通渋滞現象を定量的に理解するため，交通量累積図，交通密度-交通流率関係を示す**基本図**（fundamental diagram）などを導入し，交通渋滞の延伸・解消を定量的に計算する方法と，そこから交通渋滞の実態として交通需要がボトルネック交通容量を超過している割合が数%から十数%程度であることを示す。また交通渋滞のさまざまな特徴を示し，最後に，交通渋滞を軽減・解消するための対策技術について，確立された古典的な手法から，最新技術援用の事情までを概説している。

道路上の自動車交通流の処理には大きく二つの形態があり，一つは連続的に交通が流れ続けることのできる道路であり，交通流に対して外部からの介入が生じない道路施設である。高速道路などの通常区間（単路）や合流・分流区間がこうした区間である。もう一つが交通信号などにより，交通流に対して外部から強制的な介入が入り，交通容量など交通流特性はこの介入手法の効率性によって規定されるような道路区間である。後者の典型例である交通信号により制御される平面交差点は，交通信号の制御方法によって，この交差点の交通性能は大きく左右される。

7.4節「交通信号制御交差点の管理・運用」は，こうした観点から交通信号制御の方法や，交通事故や交通渋滞を生じさせないため，また信号待ち時間が無駄に大きくならないようにするために，どのような制御設計をしたらいいか，交差点部の車線数の割振り方など道路形状の設計とも併せて紹介している。

交通信号制御では，サイクル，青時間スプリット，オフセットという三つの変数が基本的な制御変数となる。これに関連するさまざまな制御に必要な概念とその定義，特性などが紹介された後，実際に制御設計の考え方，流れと，その設計上の留意点が説明されている。交差点において自動車だけを考えているのでは不十分で，歩行者の車道横断施設の設計とその横断時間への配慮が必要であるが，特にわが国では，他の先進国と比較して歩行者密度が高いため，歩行者の扱いが交通信号の制御設計を規定してしまうことも多い。こうした歩行者処理方法についても説明されている。

信号交差点は外部加入により強制的に車両を停止させるものであるため，隣接する交差点間の青時間のタイミングを適切に設定しないと，走行車両の停止回数が無駄に増えてしまう。これを系統制御という。系統制御は，想定する自動車の走行速度と交差点間の距離との関係で，両方向とも信号待ちを極小化できるような交差点条件の場合もあれば，一方向を優先するともう一方がつぎの信号で待たされ，もう一方優先でも同じことで，相互に痛み分けをしても総遅れでは違いが生じないような交差点条件もある。前者を系統効果が高い，後者を系統効果が低い（ない）という。こうした系統制御を適切に実施するための基本的な考え方と，実務上の制約で実際には系統制御の最適化にはまだ多くの余地が残されていることが示される。

最後に，近年，交通信号には青矢印を多用した信号制御が増えてきているが，これは多車線の流入部を持つ交差点が増えてきたことによって実現可能になってきている。これは都市計画道路の整備の進捗とも関係がある。従来の交通信号制御の設計手順の中には，基本的に直進と左折は同時に青表示がされ，右折は同じ青表示で進行が許される場合と，青矢印による右折専用信号でしか通行できない場合とがある。

しかし，多車線流入部では，方向別に別々の車線を割り当て，信号制御設計においても，同時に青表示がされて進行すると別の青表示の方向と交錯が起きることがないような制御設計が可能になってきた。これはまだ確立した手法ではないが，こうした「多車線流入部交差点」における安全で効率的な制御設計手法の確立へ向けた現状も紹介されている。

7.5 節「交通事故対策と交通安全管理」では，交通渋滞と並んで重大な問題である交通事故について，その実態把握方法，事故の軽減対策の基本的考え方から実際の適用上の課題などが示されている。

まず近年の交通事故発生状況について，年間の死者数，致死率，年齢層，状態別などの統計を示した上で，交通事故対策の最近の取組みが紹介される。2015 年までの第九次交通安全基本計画の考え方，取組み内容の概要が紹介される。

以上を踏まえて，高齢化社会における事故対策として，特に運転免許制度に関わる最新の話題，高速道路の逆走問題を論じている。また生活道路における取組みとして，「あんしん歩行エリア」や「ゾーン 30」の取組みが紹介され，さらに自転車事故の増大に伴い，取り組まれている最新施策が紹介される。

加えて未然に事故を防ぐための方策として，欧州で始まった道路安全監査の概念と，これに基づく PDCA サイクルの考え方に則って日本でも近年取り組まれている安全対策の持続的取組みが説明されている。

7.6 節では **ITS**（intelligent transport systems）分野におけるこれまでの約 20 年にわたる進展の歴史を概観するとともに，近年の新しい方向，今後へ向けた課題と展望が紹介されている。一つは，自動運転車の導入へ向けた最近の動向であり，もう一つはビッグデータの活用の方向性である。特にプローブデータの活用や，これにより動的なネットワーク交通状態の特徴を平均的なその季節・月・曜日・条件に比べて表現をする方法などの新しい考え方が示される。さらに，情報収集源の多様化とデータ量の増大を踏まえて，特にネットワーク交通流をシミュレーションする交通シミュレーション技術について，分類整理やこれまでの経緯を示すとともに，その現状と将来展望が紹介されている。特に新しい挑戦として，交通安全シミュレーション，環境インパクト評価用シミュレーション，今後，車両どうしや人と車両，道路と車両などが通信機器で結ばれることを想定した道路交通上における通信技術評価用のシミュレーション，さらには，リアルタイムに交通シミュレーション計算を並行して実行しながら，膨大なリアルタイムな実測結果とデータ同化技術を援用してリアルタイムにダイナミックな交通現象を計算し，さらに近未来を予測するリアルタイムシミュレーション，といった最新の技術開発動向についても紹介されている。

以上見てきたように，7 章では，道路ネットワークの計画・設計論や交通渋滞の特性と対策といった基礎的な知見に関する項目と，交通信号制御技術の概観と今後の方向性，さらに情報技術の進展とともに急速に道路交通技術と切り離すことが不可能になりつつある ITS 技術の現状と今後の展望といった道路交通管理の応用的な部分までをカバーしている。また，交通事故はきわめて深刻な人的被害をもたらすものであるだけでなく，社会的な損失もきわめて大きな問題であり，こうした交通安全に関する基礎的な理解と，交通事故対策，交通安全向上のための努力の最新事情が紹介される。

（大口　敬）

7.2 階層型道路ネットワークの計画・設計

道路交通を安全かつ効率的に管理するためには，道路ネットワークを階層的に計画・設計することが効果的である。ここでは，機能階層型道路ネットワーク計画・設計とその性能評価に関する基本コンセプトについて述べる。

7.2.1　道路の機能と性能

道路の機能には，大きく交通機能と空間機能の二つがあり，そのうち一義的な機能が交通機能である[1)]。

交通機能は，交通を円滑に流すためのトラフィック機能と，沿道の土地・施設に出入りするためのアクセス機能，駐停車や滞留のための滞留機能に分けられる（**図 7.1** 参照）。これらの機能は，自動車だけでなく歩行者や自転車を主体とした場合にも考慮されなければならない。

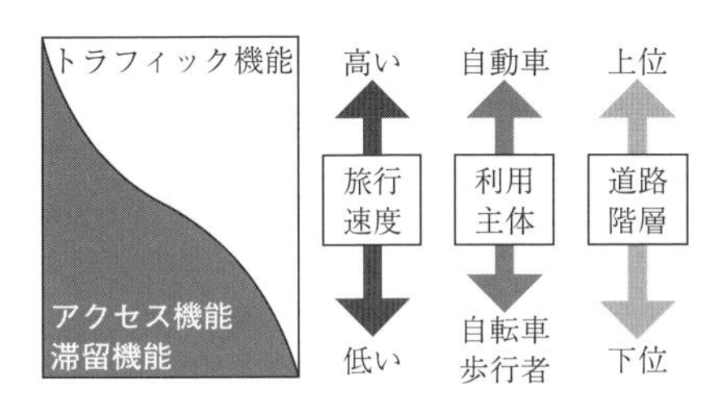

図 7.1　トラフィック機能とアクセス・滞留機能

道路ネットワークの計画・設計においては，ネットワークを構成する各道路の利用主体や機能を明確にするとともに，機能が実現されているかどうかを適切な**性能評価指標**（measure of effectiveness）で評価することが重要である。

従来，日本の道路の計画・設計では，交通容量による評価を中心として行われてきたが，性能評価では，渋滞させないことは前提とした上で，各道路で発揮される交通サービスの質を測る。したがって，サービスの享受者（利用主体）や種類（機能）に応じて，性能評価指標も異なる。性能評価指標は，自動車のトラフィック機能優先の道路では，交通密度・旅行速度（およびその信頼性）・追従走行区間割合・停止回数[2)]など走りやすさを表すものとなり，アクセス機能・滞留機能優先の道路では，アクセスのしやすさや滞留スペースなどを測るものとなる。また，歩行者・自転車の利用が卓越する道路では，これらの主体の観点からトラフィック機能やアクセス・滞留機能をそれぞれ評価することになる。

7.2.2　機能的階層型の道路ネットワーク構成

代表的な性能評価指標である旅行速度を用いて考えると，トラフィック機能を優先するほど旅行速度が高くなる必要がある。すると，沿道施設への入出庫や駐停車が多い道路では高速走行しづらいというように，トラフィック機能とアクセス・滞留機能はトレードオフ関係にあることがわかる（図 7.1 参照）。

このため，生活交通，出入交通，通過交通など異なる機能を求める交通を，道路ネットワークの中で適切に分離することが望ましい。同様に，自動車・自転車・歩行者などさまざまな利用主体についても，それぞれの道路の機能が担保されるよう分離することが重要である。

このためには，国土の根幹的道路ネットワークを形成し，都市間連絡を担うトラフィック機能に特化した高速道路から，居住地と直結するアクセス・滞留機能重視の生活道路までを機能的に分類した**機能階層型道路ネットワーク**（functionally hierarchical road network）を構成することが効率的である。

機能階層型道路ネットワークでは，求められる機能に応じた階層別の性能目標（代表的には，目標旅行速度）を規定し，それが担保されるような計画・設計・運用を一貫して行う。性能目標を達成させるためには，機能的にトレードオフの関係にある階層を直接接続できないように配慮することが重要である（**図 7.2** 参照）。

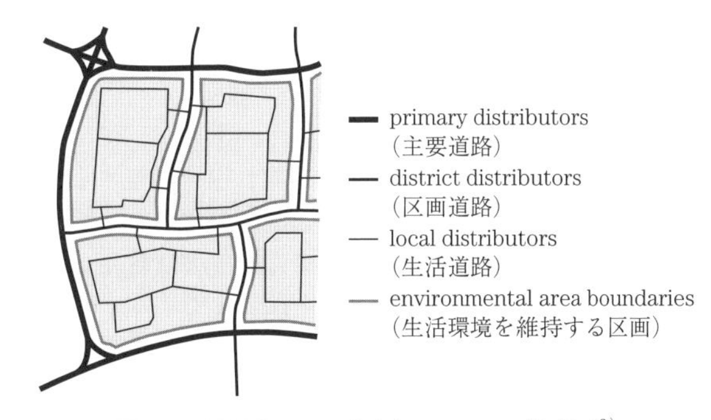

図 7.2　階層化された道路ネットワーク模式図[3)]

階層ごとに交通性能を差別化することにより，道路利用者は，**図 7.3** に示すように，起点からまず旅行速度の低い階層（アクセス機能重視）を使い，トリップ長が長いほど旅行速度の高い階層（トラフィック機能重視）へと段階的に階層を乗り換えながら移動を行う。そして終点に近付くと，また旅行速度の高い階層から低い階層へと降りて到着する。

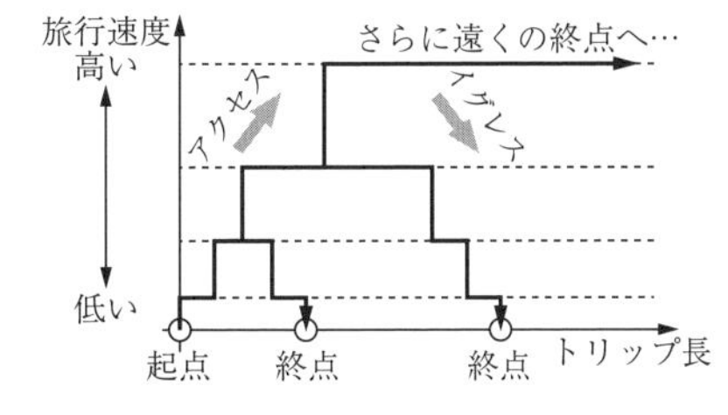

図 7.3　階層型道路ネットワークにおけるトリップ

これにより，トラフィック機能優先の階層では出入交通が制限されることで，交通が整流化され円滑性が向上する。一方，アクセス・滞留機能優先の階層からは，通過交通が排除されることにより静穏化が実現し，周辺環境が良好に保たれる。さらに，利用者間（例えば，歩行者と自動車，低速車と高速車など）の動線交錯が減少することで安全性の向上も期待できる。

現行の道路構造令では，道路を分類する種級区分[1]が，トラフィック・アクセス・滞留といった機能と必ずしも対応しておらず，性能目標も明確に示されていない。結果として，特に一般道路の機能分担が曖昧であり，自動車専用道路との間に性能面で大きな乖離が生じているほか，低速の幹線道路を嫌う通過交通の生活道路への流入などが課題となっている。このような課題を解決するためには，量的整備が収束しつつあるわが国においても，道路の機能改良や運用方法の再検討などによって，道路ネットワークを機能階層型に再編していくことが求められている。

7.2.3 性能照査による道路計画・設計

先に述べたとおり，階層型道路ネットワークでは，道路本来の機能を表す階層別の性能目標を設定することが必要である。道路の計画・設計・運用を行う際には，つねにこの階層別の性能目標に対して，推定または観測される性能が十分かどうか照査を行いながら道路の構造や運用方法を検討することが重要である。

〔1〕 計画・設計段階

道路交通流では，たとえ混雑していない状況下でも，平面交差点が密に存在する場合などには一定の遅れが生じる。よって，まずは需要を考えない段階で，階層間の接続可否やその間隔，立体交差か平面交差かといった基本的な接続形式を，照査しておくべきである。これに応じて，必要であれば，沿道からの出入交通を制限する**アクセス制御**（access control）を行う。また，トラフィック機能が主体の階層では，自動車の動線が歩行者・自転車の動線と可能な限り交錯しないようにしておくことも重要である。

つぎに，交通需要を考慮する段階では，交通容量による判定に加えて，交通量と発揮される性能の関係を考慮して平面交差形式（信号交差点，ラウンドアバウトなど）や車線数などの道路構造諸元を照査する。それぞれの階層の機能を考慮した代表的な性能確保策としては，**表 7.1** に示すようなものがある。

〔2〕 運 用 段 階

計画・設計段階で決定される道路構造に加えて，交通運用手法も道路の性能を大きく左右する。

表 7.1 性能を確保するための対策例

道路の機能	対　策	狙　い
トラフィック	・付加車線設置	適切な追越し機会の提供，車線利用率の是正，本線交通流の速度低下防止
	・直進車線の立体交差化	直進車線の遅れ解消
	・副道	出入交通の集約
	・右折車線，右折ポケット	沿道施設に出入する右折車による本線交通流のブロック防止
	・信号交差点のコンパクト化	信号サイクル長の短縮
	・バスベイ	バス停車による影響を軽減
	・荷さばきスペース	業務交通に停車空間を提供
アクセス	・駐停車マス	駐停車機会を提供
滞留	・ハンプ（凸部）・シケイン（屈曲部）・狭窄部・クルドサック	交通静穏化

トラフィック機能が主体の階層に関しては，自動車専用道路では，例えば車線運用による車線利用率の変化が性能に影響を与える。また，交通混雑や工事など一時的に高い需要が発生した場合でも，暫定的に路肩を活用することで車線を確保し，道路の性能が著しく低下しないような対応が望まれる。一般道路でも，例えば信号制御の最適化・高度化によってトラフィック機能を高めることができる可能性がある。また，通勤・帰宅のピーク時に合わせたリバーシブルレーンの導入なども検討できる。

これらに加えて今後は，ITS や情報提供の活用など，特にソフト面で，より多様な性能確保手法の検討が可能になると期待される。また，交通需要が著しく高い地域や時間帯などにおいて，道路の計画・設計・運用といった供給側の対策だけでは性能を確保できない場合には，混雑課金・ランプメータリングなどによる交通需要側の対策と連携して性能確保に努める必要がある。　　　　（中村英樹，後藤　梓）

7.3 交通容量上のボトルネックと交通渋滞

交通渋滞は道路交通においてきわめて普遍的に発生する問題であり，多くの人々が影響を受けるため，道路交通管理においては最も重要な課題の一つである。本節では交通渋滞現象のメカニズムを概説するとともに，交通渋滞対策の代表的な手法を最近の事例を交えて紹介する。

7.3.1　交通渋滞の理論

〔1〕　ボトルネックと交通渋滞

I編4.3.1項でも述べられているように，道路には一定時間内に断面を通過できる車両数の最大値があり，これを**交通容量**（traffic capacity）と呼ぶ。交通容量は道路の幾何構造（車線数など）により異なり，同じ路線上でも勾配条件など地点により異なる。ここで，ある範囲の道路区間における交通容量を調べた場合に，その中で交通容量が最も低い地点を，交通容量上の**ボトルネック**（bottleneck）と呼ぶ。

これらの用語を用いると，**交通渋滞**（traffic congestion）は，「ある道路区間にボトルネック交通容量を超える**交通需要**（traffic demand）が流入した場合に，ボトルネックを先頭にしてその上流側に車両列が滞留する状態」と定義することができる。**図7.4**はこれを模式的に表したもので，対象区間内で最も交通容量の低い地点がボトルネックとなり，そこを先頭に**待ち行列**（queue）が発生する様子を描いている。

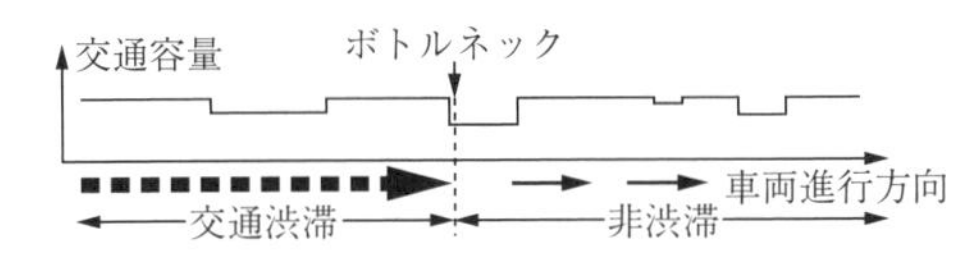

図7.4　ボトルネックと交通渋滞

ボトルネックは大きく，道路幾何構造条件によるものと交通条件によるものに分類される。前者の例として，車線減少部，合流部，サグ部，交差点などがある。ここで**サグ**（sag）とは，下り坂から上り坂のように縦断勾配が変化する地点のことである。一方，後者の例には路上駐車や故障車などがあり，また速度の遅い車両を先頭に渋滞が発生している状況では，その車両をmoving bottleneckと呼ぶことがある。

〔2〕　交通量累積図による渋滞の分析

交通渋滞の解析を行う際，ボトルネックの上流側（流入）と下流側（流出）の2地点において，横軸に時刻をとり車両が通過する時刻ごとに通過台数を上に積み上げるようにグラフを描くと，**図7.5**のような2本の階段状の線を描くことができる。通常は，これを滑らかな曲線で近似して**累積交通量曲線**（cumulative curve）と呼び，これを示した図を交通量累積図という。この図において，2本の曲線の水平方向の間隔は，その車両の2地点間の旅行時間を表す。また曲線の傾きは，単位時間当り何台の車両が通過したか，すなわち交通流率を表す。

観測開始から交通流率が小さい間は，2本の曲線は2地点間の自由旅行時間分だけ水平に離れて平行に推

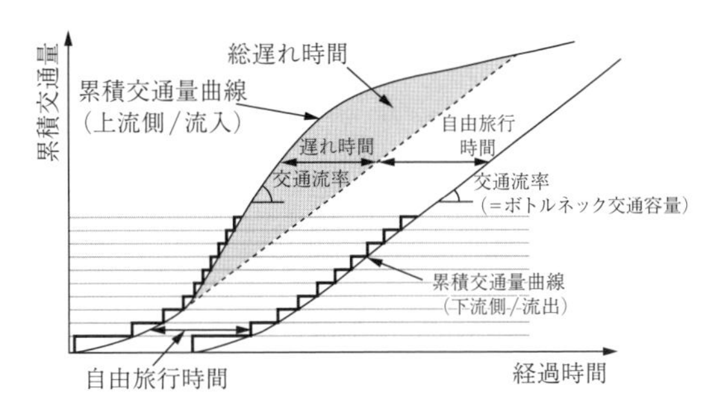

図7.5　渋滞時の交通量累積図

移する。やがて，流入交通流率が増加し上流側の曲線の傾きが急になっても，下流側の曲線の傾きはある程度までしか大きくならない。この傾きがボトルネック交通容量である。このとき，2本の曲線の水平方向の間隔は自由旅行時間より大きくなり，この増加分が渋滞によりその車両が被った**遅れ時間**（delay）を表す。そして，通過したすべての車両について遅れ時間を足し合わせることは，図の網掛け部分の面積を求めることに相当し，これが渋滞による**総遅れ時間**（total delay）である。このように，交通量累積図を用いると，渋滞による遅れ時間を視覚的に表現することができる。

なお，交通量累積図を用いて上記のような分析を行う場合，車両の動きに以下の二つのルールを仮定する。一つは，先に道路区間に流入した車両は先に流出する，すなわち，区間内で追越しは発生しないというものであり，**先入れ先出し**（first-in first-out, **FIFO**）と呼ばれる。もう一つは，渋滞列は物理的な長さを持たないという仮定であり，**縦積み行列**（vertical-queue または point-queue）と呼ばれる。一つ目の仮定により，2本の累積交通量曲線の水平方向の間隔は，1台の車両の2地点間の旅行時間と解釈することができる。また二つ目の仮定により，この2地点をボトルネックの直前直後に（自由旅行時間が0となるように）とることができ，以降の図ではこの状態を描いている。

図7.6は交通量累積図とともに，交通流率と渋滞長の時刻変動を示したものである。ボトルネックの交通容量cは交通量累積図では傾き，交通流率図では高さで表される。時刻t_1で流入交通流率が交通容量cを超えると累積流入曲線と累積流出曲線に乖離が生じ，この縦方向の差が渋滞内の滞留台数を表す。また，渋滞長図ではボトルネックを先頭にその上流側に渋滞流が形成され，この内部では個々の車両の車両軌跡の傾きが緩やかになっており，走行速度が低下していることを表している。流入需要は時刻t_2で最大となり，その後時刻t_3で交通容量cに再び一致する。この時

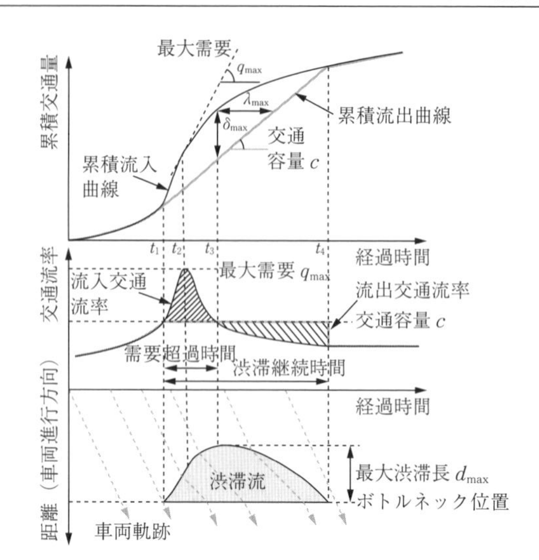

図 7.6　累積交通量・交通流率・渋滞長の関係

刻 t_3 で渋滞長は最大値 d_{max} となり，また，このとき流入した車両の遅れ時間は最大値 λ_{max} となる。時刻 t_3 を過ぎて流入交通流率が交通容量を下回ると渋滞長は縮小に転じ，累積流入曲線と累積流出曲線が一致する時刻 t_4 に渋滞が解消する。これは交通流率図では，流入交通流率が交通容量を上回ってからの面積と下回ってからの面積（図の斜線部分）が等しくなる時刻となる。交通流率図からわかるように，一般的には，需要（流入交通流率）が交通容量を超過する時間と比較して，渋滞が継続する時間はかなり長くなる。また，渋滞長が最も長くなる時刻 t_3 には，需要超過はすでに終了している。

〔3〕　渋滞の延伸と衝撃波理論

ボトルネックの上流側に形成される渋滞の伸び縮みを知るためには，渋滞を構成する待ち行列末尾がどう移動するかがわかればよい。この末尾は，上流側の自由流と下流側の渋滞流の境界面となっており，この面を境に交通流は不連続となっている。境界面の上流側（自由流）の交通流率を q_1，交通密度を k_1 とし，下流側（渋滞流）の交通流率はボトルネック交通容量に等しいので c，その交通密度を k_2 とすると，この境界面の移動速度は式（7.1）で与えられる。

$$u_{sw}=\frac{q_1-c}{k_1-k_2} \tag{7.1}$$

この境界面の移動を**衝撃波**（shock wave）と呼び，u_{sw} を衝撃波の伝播速度と呼ぶ。理論的な背景について詳しくはⅠ編 4.3.2 項を参照されたい。**図 7.7** はこれを q-k 図で表したものであり，境界面の上流側と下流側の交通状態を表す二つの点（k_1, q_1）と（k_2, c）を結ぶ線分の傾きが，衝撃波の伝播速度 u_{sw} となることがわかる。ここで u_{sw} の符号が負となるが，これは境界面が交通流と逆方向へ伝播することを意味している。

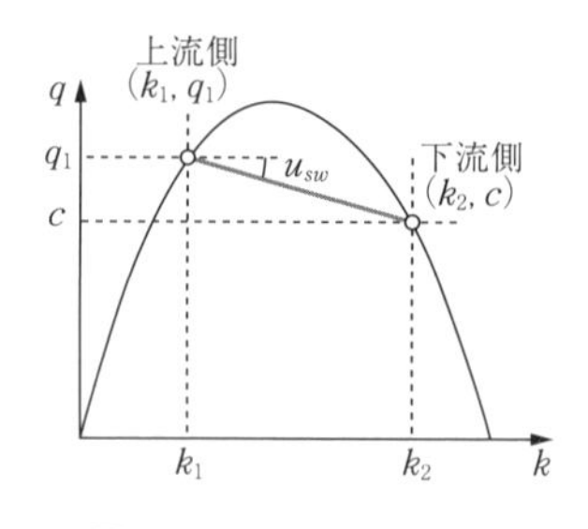

図 7.7　q-k 関係と衝撃波

7.3.2　交通渋滞と交通容量の実態

〔1〕　交通容量に関する技術指針

道路の交通容量に関する研究はアメリカを中心に発展し，その成果の集大成として 1950 年に「Highway Capacity Manual（**HCM**）」が完成した。これは道路の交通容量とサービス水準を求める手法を示した技術指針であり，アメリカにおける道路の計画，設計，運用の実務で大きな役割を果たしているのみならず，アメリカ以外の国々で策定されている同様な指針にも，多大な影響を与えている。HCM はその後の研究成果を反映して改訂が繰り返されており，現時点での最新版は HCM2010 [2] である。

〔2〕　交通容量の観測

実際の道路の交通容量を求める際は，実測に基づくのが原則である。このとき，観測を行う交通流の交通状態と観測地点により，観測される値が持つ意味が異なるため，注意が必要である。

図 7.8 はボトルネックを持つ道路において三つの地点 A ～ C で観測を行う様子を表している。渋滞時にはボトルネックを先頭に渋滞流が地点 B を超えて形成される。このとき 3 地点で観測を行うと，地点 A では流入交通需要が，地点 B と C ではボトルネック流出交通流率，すなわち交通容量が観測される。一

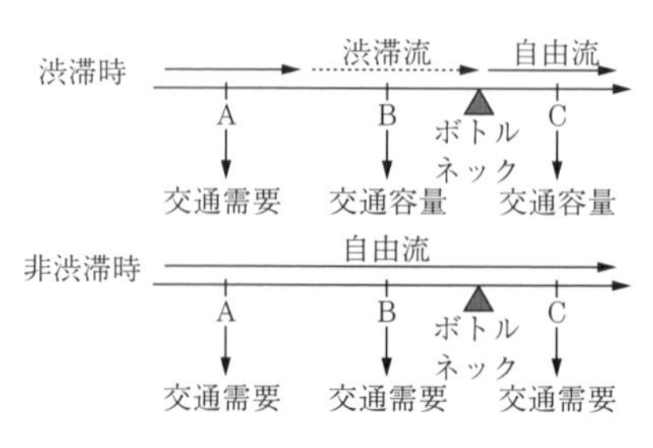

図 7.8　ボトルネック交通容量

方，渋滞流が形成されていない非渋滞時には，3 地点ともに流入交通需要が観測され，この場合はボトルネック交通容量を観測することはできない。このようにボトルネック交通容量を観測するためには，そのボトルネックを先頭とする渋滞が発生（ボトルネックが顕在化）していることが必要である。

実際の交通渋滞に即して交通容量と交通需要を観測した例として，首都高速道路 4 号線上りの朝の渋滞を観測したものがある[4)]。この渋滞では渋滞長が朝 7 時から 9 時の間に最大 7 km に達していたが，車両感知器のデータから交通容量は 2 車線合計で約 2667 台/h，交通需要は約 2 994 台/h であった。これより 2 994÷2 667＝1.123 となり，需要の容量超過割合は約 12.3% と求められる。このように，数 km に及ぶ渋滞が形成される場合であっても，需要の容量超過率は十数 % 程度とそれほど大きくはないことがわかっている。同様に一般街路の場合として，東京の青梅街道で朝ラッシュ時の 2 時間半に 3.5 km の渋滞が発生した例では，需要の容量超過率は 3 ～ 5% 程度と推定されている[5)]。以上のように，日常的な渋滞において交通需要が交通容量を超過する割合は数 % ～十数 % 程度であり，これはわずかな容量拡大または需要抑制の対策でも，渋滞が大きく緩和する可能性があることを意味している。

〔3〕 交通容量の変動

ある道路区間のボトルネックを観測した場合，その交通容量はつねに一定の値をとるわけではなく，渋滞の経過，交通の特性，環境条件などにより，ある程度の幅を持った値をとることが知られている。

ボトルネックとなるトンネルやサグにおいて，渋滞発生前から渋滞が発生し解消するまでの交通流率と速度を観測した調査研究[5)]によると，渋滞発生直前の交通流率に比べ，渋滞発生後の交通流率は 2 割前後低い値となることが明らかにされている。さらに，渋滞中も交通流率は徐々に低下し，その程度は通過車両の渋滞巻込れ時間が大きくなるにつれて増大することがわかっている。これは，いったん渋滞が発生すると渋滞流中のドライバーは自由流のときのような緊張感を持たなくなるため，ボトルネック地点を過ぎても渋滞を抜けたことに気付かず速度回復が緩慢になること，その影響は渋滞巻込れ時間が長いほど大きいことによるものと考えられている。

また，平日と休日ではその道路を利用する車両（ドライバー）の構成が異なっており，一般には平日は業務交通が多いのに対し休日は余暇交通が多い。その結果，交通容量も平日よりも休日は小さな値をとることが知られている[6)]。このように道路を利用する交通の特性も交通容量に影響を与える。

さらに，同じ曜日，同じ朝夕ピーク時間帯であっても，夏季より冬季に交通容量が小さくなるという観測事例も存在する[7)]。これは，冬季は日照時間が短いため，同じ時刻でも照度が低いことが影響しているものと考えられており，環境条件が交通容量に与える影響の一つである。

以上のように，交通容量が各種の条件により異なる値をとることは，近年の多くの研究事例により明らかにされつつある。前述したとおり交通渋滞を引き起こす需要の容量超過率はそれほど大きくないことを考えると，こうした事例を蓄積し，交通容量の変動要因を明らかにすることは大きな意義があると考えられる。

〔4〕 交通渋滞による環境面への影響

一般に速度が低い状態では車両は低速ギヤにより走行するため，駆動力が大きくなる代わりに燃費は悪化する。またⅠ編 4.3 節に示すように，渋滞中は平均的な速度で定常的に流れるのではなく，非定常的な流れになり発進停止を繰り返すため，加速のたびに燃料を消費する。したがって，交通渋滞状態では個々の車両の燃料消費量が大きくなり，二酸化炭素をはじめとする排出ガスも増える。すなわち，渋滞は環境面でも大きな影響を与えており，一般的には渋滞を減らすための対策はそのまま環境対策としても有効であるといえる。

〔5〕 交通渋滞による安全面への影響

交通渋滞が発生するような交通状態は，安全性にも影響を与えることが知られている。東名高速道路において渋滞・非渋滞といった交通状態と事故率（走行台キロ当り事故件数）を調査した研究[8)]では，非渋滞の交通状態と比較して渋滞状態および臨界状態（渋滞発生直前の高密度な交通状態）では事故率が数十倍大きくなることが報告されている。これは，臨界状態では比較的速度が高く，かつ車間距離が非常に短い車群が形成されていること，渋滞状態では停止・発進の繰返しによる車両間の速度変動が大きいことが原因となっていると考えられている。

7.3.3 交通渋滞対策

7.3.1 項で述べたように，渋滞は交通需要が交通容量を上回った結果発生するものであるので，渋滞対策としては需要を減らすか容量を増やすことが必要である。需要を減らす対策は交通需要抑制あるいは**交通需要マネジメント**（traffic demand management, **TDM**）と呼ばれ，交通手段の転換や出発時刻の調整等により需要の分散を図るものである。交通需要マネジメントについてはⅡ編 14 章も参照されたい。一方，容量を増やす対策としては，拡幅工事による車線数増のように物理的な容量拡大を図るのが根本的な対策であるが，近年では大規模な土木工事を必要としないソフト的な対策も盛んに実施されている。ここではそうした対策のいくつかを紹介する。

〔1〕 路 肩 利 用

道路用地を拡幅することが困難な場合や数年程度の短期間のみ容量改善が必要な場合には，用地内で道路の路肩部分を利用して車線数を増やす対策がなされることがある。東名高速道路の音羽蒲郡IC～豊田JCT間では，路肩と各車線の幅員を減少させ，同じ道路幅員内で片側2車線を片側3車線とし，併せて規制速度を引き下げる対策が行われている。これは新東名高速道路が部分開通することでこの区間の渋滞が悪化することが見込まれたため，残りの区間が開通するまでの暫定的な対策として行われたものである。各車線の幅員が減少するものの車線数が増える効果は大きく，実施前後で渋滞量が9割以上減少したという結果が報告されている[9)]。

またイギリス・ドイツ・オランダ等では，混雑時に路肩部分を走行車線として開放することで車線数を増やし容量を増大させる対策が行われている[10)など]。これは道路に交通流を監視する感知器やカメラを設置し，管制センターから需要に応じて路肩走行の可否を可変表示板により提示するというものである。路肩部分は大型車の走行にも耐えられるよう補強を行った上で供用されており，こうした運用はHard Shoulder Running（**HSR**）と呼ばれている。

〔2〕 流 入 制 御

交通流率が高い近飽和状態の高速道路でランプ入口からの流入交通量が多い場合，合流車両により本線交通流に乱れが生じ，それが収まる前につぎの合流車両が乱れを増幅させ，最終的に渋滞に陥るという過程を経ることが多い。このような場合に，流入部に信号機を設置して車両の流入を数秒おきに1台ずつに制限する制御を行うことがある。このような流入制御は**ランプメータリング**（ramp metering）と呼ばれ，欧米では広く導入されている。この制御により，合流車両の間隔が大きくなるため本線交通流は合流による乱れを受けにくくなり，制御前より高い交通流率を維持することが可能になる。ただし，ランプ入口では流入車両の待ち行列が長くなるため，滞留長を十分に確保できない場合には周辺の一般道路に影響を与える可能性があることに注意が必要である。

〔3〕 可変速度規制

一般に交通流を形成する個々の車両には走行速度のばらつきがあり，遅い車両を追い越すために車線変更が必要になる。これにより，交通流率が高い場合は交通流に乱れが生じ，渋滞発生のきっかけとなる。また，このような速度差がある状態は巨視的に見れば不均質な状態であり，均質状態よりも交通密度は低くならざるを得ない。すなわち，近飽和状態では速度のばらつきを小さくして車線変更を抑制し，均質な交通流を形成した方が，高い交通流率を維持することができる。この考え方に基づき，近飽和時に規制速度を段階的に低下させ，均質かつ高密度に交通流を整流させる制御を**可変速度規制**（variable speed limit, **VSL**）と呼び，欧州を中心に導入事例が見られる。実施に当たっては，交通流を監視するセンサー類とともに，規制速度をドライバーに伝達する可変標識が必要である。

以上〔1〕～〔3〕のように，交通状態に応じて積極的に交通流を制御する交通運用は**Active Traffic Management**（**ATM**）と呼ばれ，近年欧州を中心に導入が進んでいる。

〔4〕 情 報 提 供

7.3.2項〔3〕で述べたように，交通容量はドライバーの運転行動にも大きく左右されるため，混雑時にドライバーに注意を喚起する情報を提供することによって，容量を増大できる可能性がある。ドライバーが勾配の変化に気付きにくいサグ部において，「上り坂 速度低下に注意」といった標識を設置しているのはその一例であり，無意識な速度低下を防ぐことで渋滞発生を抑制する効果を期待するものである。渋滞発生後に渋滞先頭地点にLED標識車を配置して「ここで渋滞終了」と表示するのも同様で，ボトルネック地点を明示することでドライバーに素早い速度回復を促し，渋滞発生後の交通流率低下を抑えている。これらの対策にはすでに多くの実例があり，導入による容量改善効果も数多く報告されている。

〔5〕 視 線 誘 導

視野内の物体の移動のような視覚的な刺激により，自身の運動感覚が影響を受ける効果を，知覚心理学の分野で視覚誘導性自己運動感覚（**ベクション**，vection）と呼ぶ。これを応用して，サグ部のように無意識な速度低下が発生する区間において，路側に等間隔でLED発光体を設置し，進行方向に光が流れるように順次点滅させる視線誘導システムが近年各地で導入されている。このシステムは，ドライバーが設定速度で流れる光を追って走行することで，速度低下を抑制し渋滞を緩和することを目的としている。これまでに設置された区間では，走行速度が5 km/h前後上昇し，さばけ交通量も1割程度増加したといった効果が報告されている。同じシステムを用いて，長い下り坂のような場面では速度抑制効果を与えることも可能であ

7

り，即効性の高い渋滞対策として注目されている。

（田中伸治）

7.4　交通信号制御交差点の管理・運用

本節では，交通信号制御交差点の管理・運用について，信号制御手法を中心に概説する。なお，本節に記載されている事項は，『改訂 平面交差の計画と設計 基礎編』[11]，および『改訂 交通信号の手引』[12] の内容に準拠して記載されている。各項目については当該文献に詳細な説明があるので，当該文献も併せて参照されたい。

7.4.1　信号制御交差点に関する基本概念

〔1〕 基本的考え方

一般道路においては複数の方向からの交通が同一平面を利用するため，平面交差によって交通が処理される。これらの平面交差は，交通量が大きくない場合には，一時停止などの無信号制御や，ラウンドアバウト（環状交差点）による制御がなされるが，ある程度以上の交通量になると，交通流の円滑および安全の観点から信号制御により処理される。一般道路における渋滞のほとんどは信号制御交差点が原因であり，安全上も多くの課題があることから，道路交通において信号制御交差点の計画・設計およびその管理・運用が果たす役割はきわめて大きい。

平面交差の幾何構造と交通制御とはたがいに強い相互制約，相互依存関係にあって，おのおのを単独に扱うことができない。例えば，安全上の理由から右折専用現示を設けようとすれば，右折車線が必要である。また，同方向2車線を一時停止規制でさばくことは一般に危険であるので，従道路を拡幅すれば信号制御にしなければならないということも起きる。したがって，平面交差の計画設計においては，新設の場合であれ改良の場合であれ，つねに幾何構造と交通制御とを同時に検討し，それらの組合せとしての計画と設計を行う必要があることに留意すべきである。

〔2〕 交通信号制御交差点の管理・運用に関する基本要素

交通信号制御交差点の管理・運用に当たり基本となる要素について，簡単に説明する。なお，より厳密な定義や基本特性については，Ⅰ編4.3.4項「交通信号制御」も参照されたい。

（1） 信号現示　**信号現示**（signal phase）とは，一つの交差点において（歩行者も含む）ある1組の交通流に対して同時に与えられている通行権，またはその通行権が割り当てられている時間帯のことをいう。

（2） 制御パラメーター　信号制御パラメーターには，サイクル長，青時間スプリット，オフセットがある。

サイクル長（cycle time）は，信号現示が一巡する時間のことをいい，通常〔s〕で表す。

青時間スプリット（green split）とは，青表示の長さ（厳密には「有効青時間」）をサイクル長で割った値であり，「青時間率」とも呼ぶ。この場合，各現示の有効青時間の総和は，サイクル長から各現示切替り時の損失時間の総和を引いたものに一致するため，青時間スプリットの総和は1よりも小さくなる。

オフセット（offset）とは，隣接する信号交差点間の信号表示の時間的ずれのことをいい，系統制御における重要なパラメーターとなる。主道路青表示の開始時点の当該信号機群に共通な基準時点からのずれを絶対オフセットといい，また，隣接交差点間の同一方向の青表示開始点のずれを相対オフセットという。いずれも時間〔s〕またはサイクル長に対する百分率で表す。

（3） 飽和交通流率　**飽和交通流率**（saturation flow rate）とは，交差点流入部において単位時間当りに停止線を通過し得る最大の車両数であり，通常は有効青1時間当りの通過台数で表される〔台/有効青1時間〕。直進車線，右折専用車線，左折専用車線など，交通流の動線方向が異なると車線別飽和交通流率の値は異なり，車線幅員や大型車混入率など，道路・交通条件によっても異なる。

（4） 損失時間　信号現示の切替り時に発生する，車両の通行のためには有効に使われない時間を，**損失時間**（lost time）という。損失時間は一般に，現示終了時のクリアランス損失と次現示開始時の発進損失を合計したものとして捉えられる。これをすべての切替りについて合計した値を「1サイクル当りの損失時間」という。

（5） 需要率　**需要率**（flow ratio）とは，設計交通量（設計条件として与えられる交通需要）を飽和交通流率で除した値であり，その交通量をさばくために最低限必要な青時間スプリットを表す指標である。現示を構成する各方向別に定義された需要率を方向別需要率という。現示の需要率は，現示に含まれる方向に対する方向別需要率のうち，最大の需要率を表す。さらに，現示の需要率をすべての現示について合計したものを交差点需要率という。交差点需要率は，交差点における交通需要をさばくために最低限必要なスプリットの合計を表す。したがって，これが1.0を超えると，どのように信号制御をしても設計交通量をさばくことができず，過飽和状態となる。ただし，実際の信号制御では，現示切替りに伴う損失時間が発生すること，ランダム到着の影響を受けることから，1.0を下回っていてもさばけ残りが発生する。

（6）**信号制御方式**　信号制御方式を概念的に整理すると，制御対象の信号交差点間の関連性と制御パラメーターの設定方式という，二つの視点から分類できる。

制御対象の信号交差点間の関連性からは，つぎのように分類される。

a）地点制御（isolated control）　信号交差点を単独で制御する方式である。

b）路線系統制御（arterial coordinated control）　一連の隣接する交差点を相互に連動させて制御する方式である。系統制御する複数の信号に対して共通サイクル長を定め，オフセットを適切に設定することにより，車両の停止回数の減少，停止時間の短縮，安全性の向上などの効果が期待される。

c）面制御（area-wide coordinated control）　面的に広がる道路網に設けられた多数の信号機を一括して制御する方式である。

また，制御パラメーターの設定方式からはつぎのように分類される。

d）定周期制御（pre-timed control）　時間帯に応じてあらかじめ定められたパラメーターで制御される方式である。1日中同じ表示を繰り返す一段定周期制御や，曜日・時間帯に応じてあらかじめ制御パターンを作成しておき，定められた制御パラメーターの組合せ（プログラム）の中から一つを選択して制御する方式である多段定周期制御（定時式プログラム選択制御）などがある。

e）端末感応制御（actuated control）　車両感知器により，瞬間あるいは比較的短時間の交通需要や車両到着を感知し，青表示の開始や終了などを決定する信号方式である。全現示を感応式にしたものを全感応制御，一部の現示のみを感応式にしたものを半感応制御という。右折専用現示において右折車両の存在や到着を感知し，右折車両が多い場合には青表示の延長，右折車両が存在しない場合には青表示の打切りを行う制御などが端末感応制御の例である。

f）中央感応制御（adaptive control, responsive control）　路線系統制御，面制御される複数の交差点に対して，車両感知器等から得られた交通量などのデータに基づき制御パラメーターを変化させて制御する方式である。あらかじめ定められたプログラムの中から交通状態に最も適する一つを選択するプログラム選択制御，オンラインでパラメーターや信号表示の切替えタイミングが決定されるプログラム形成制御がある。

7.4.2　信号制御交差点の管理・運用の基本的考え方

先に述べたように，信号制御と幾何構造は相互依存関係にある。そのため，信号制御と幾何構造は併せて検討を進めていく必要がある。そのような観点から，信号制御交差点における計画設計の手順について，信号制御と幾何構造の相互関係も踏まえつつ，検討の手順および留意点について概説する。

〔1〕検討の手順

（1）**状況把握**　計画設計箇所の道路状況，交通状況，周辺状況について，それぞれ前提条件を把握し，整理する。

（2）**交差点の概略設計**　道路幅員などの前提条件を踏まえた上で，横断構成を設定する。設定した横断構成と前提条件として把握した交通状況を踏まえて，現示方式（現示の組み方）やその順番を設定する。この際，横断構成と現示方式は整合している必要があり，単に与えられた横断構成に従って現示方式を考えるのみならず，交通処理の安全・円滑上望ましい現示方式を検討した上で，それに合わせて横断構成を再検討することも重要である。

（3）**交差点内幾何構造の設計**　交差点内幾何構造の詳細を設計していく。ここで検討すべき事項としては，平面交差点の大きさを決定するための右左折車の走行軌跡の設定，走行軌跡に車両の旋回特性を反映させた上で交差点隅角部の詳細の決定，決定した歩道巻込み線に合わせた横断歩道や停止線等の路面標示の設計がある。

（4）**信号制御と交通処理検討**　まず，交差点流入部の接近速度および流入部の停止線からその対向車線の停止線までの距離を用いて，黄表示の時間と全赤時間（すべての信号が赤表示となる時間）を設定する。つぎに，方向別需要率，現示の需要率，交差点需要率を順次算出し，交差点需要率に基づきすべての交通をさばくことができるかどうか判定する。さばくことが困難な場合には，現示方式等を再検討する必要がある。交差点の需要率を用いてサイクル長を設定し，それぞれの青表示時間を設定する。最後に，設定したサイクル長，青時間を用いて交通処理能力が十分にあることを確認する。

（5）**交差点流入部幾何構造の設定**　右左折車線を設けた場合の車線長を決定する。右左折車線長は，右左折待ち車両が滞留して直進車線にあふれ出ることのないよう，必要な長さを確保する必要がある。その上で，交差点流入部における路面標示（矢印等）を決定する。

〔2〕　**信号制御に関する留意点**

（1）　**現示方式の設定**　　現示方式（現示の組み方）は，信号制御交差点の運用上最も重要な要素である。現示方式により動線の交錯・分離とその順番を規定することとなるため，現示方式は安全上大きな影響を及ぼす。また，現示方式が複雑になり，現示数が増加すると，現示の切替え時の損失時間が増加し，交差点の処理能力は低下する。したがって，現示方式は特に慎重に検討する必要がある。

現示方式は，交差点の構造，交通条件，交差点の立地条件に十分配慮した上で設定する必要がある。まず，互いに交差あるいは合流しない交通流線の組合せをつくり，それぞれを一つの現示の対象とする。このうち，交差あるいは合流が許容できるもの（直進と右折など）は，まとめて一つの現示を割り当てることもある。以下におもな例を示す。

a）　標準2現示方式　　標準的な十字交差点では，主として歩行者と右折交通の処理方法によって現示の組合せが決まる。歩行者や右折交通量が少なく，交差点の需要率が小さい場合には，2現示で処理することが可能である（**図7.9**（a）参照）。

交通需要の多い交通流線が交錯する場合や，自動車と歩行者の動線を分離して歩行者の安全性を高める場合などには，現示数を増やして多現示方式により制御することとなる。以下の例は多現示方式の例である。

b）　右折専用現示　　矢印信号灯器を用いて右折交通流に対して制御する信号現示を右折専用現示という（図7.9（b）参照）。十字交差点等において，右折需要が多く青信号表示でさばくことができない場合，または右折車両と対向直進車両等の衝突事故を防止するために直進・左折と分けて右折車両をさばく必要が高い場合に設置する。この際，右折専用車線もしくは右折待ち車両が滞留できる車線幅員のあることが必要となる。

c）　時差式信号現示　　複数方向を同時に流す現示の後にいずれか一方向の青信号表示を延長する信号現示を，時差式信号現示という。時差式信号現示は，右折専用車線が設置できない交差点や，右折専用車線の有無にかかわらず，右折，直進方向の交通需要がともに多い交差点への導入が有効である。時差式信号現示の例を図7.9（c）に示す。

d）　歩車分離方式現示　　横断歩道が設けられている場合には，歩行者の横断のための現示を確保しなければならない。歩行者交通流は，これと交差する自動車交通流が低速の場合にのみ両者を同一現示で処理できる。しかし，横断歩行者が多く，左折車両台数が十分に処理できない場合や，右左折車との交錯による事故の危険性がある場合は，歩行者の信号現示を分離する方法を検討する。

歩車分離方式としては，スクランブル現示があるほか，歩行者と車両の交錯がまったく生じない信号表示や歩行者と車両の交錯が少ない信号表示による現示方式が考えられる。その例を図7.9（d），（e）に示す。歩車分離方式現示の導入に当たっては，自動車処理能力の低下による渋滞の発生・悪化や，信号待ち時間の増加による歩行者や車両の信号無視を誘発するなどの悪影響が発生する場合もあるので，効果と悪影響を総合的に勘案する必要がある。

（2）　**黄・全赤時間の設計と損失時間**　　信号現示の切替え時には，それまで通行権を得ていた交通の流れを安全にしかも円滑に停止させることが必要である。このために必要な時間を黄時間と全赤時間によって設定しなければならない。

a）　クリアランス距離の考え方　　現示の切替り時において，前の現示の車両や歩行者が，つぎの現示の車両や歩行者の動線と交錯する位置を通り過ぎるまでに必要な移動距離をクリアランス距離という。全赤

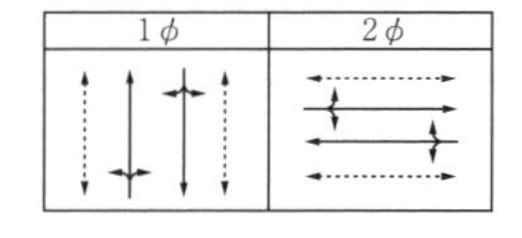

（a）　標準2現示

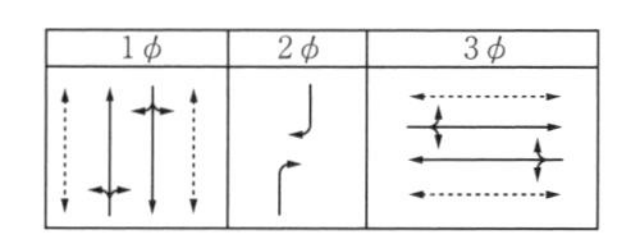

（b）　標準2現示に右折専用現示を加えた例

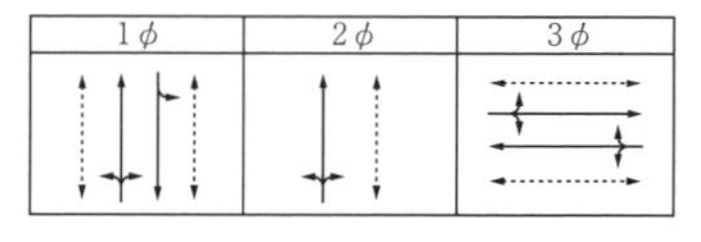

（c）　時差式信号現示の例

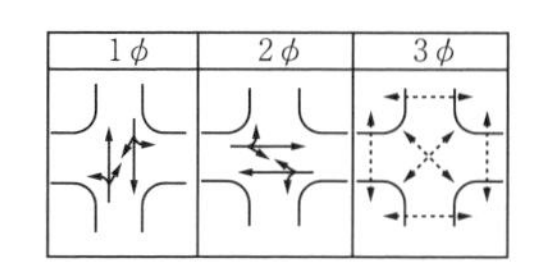

（d）　スクランブル現示

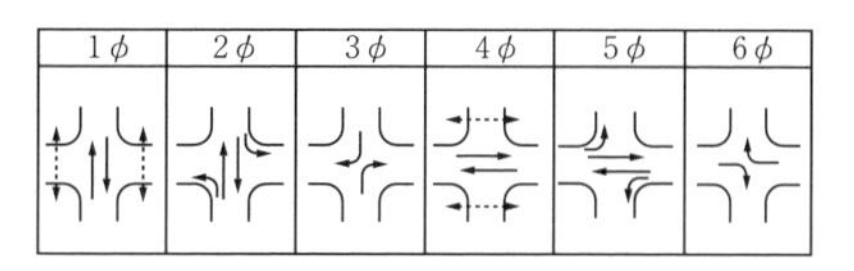

（e）　右左折車両分離方式

図7.9　現示方式の例[12]（実線：自動車，点線：歩行者）

時間を考えるに当たっては，クリアランス距離を考慮して動線が交錯しないように確保しなければならない。例えば，**図7.10**は，**図7.11**における現示2の右折動線と現示3の直進動線とが交錯する点Cに着目して両者の交錯を模式的に時間距離図に描いたものである。必要な全赤時間Δは$\Delta = T_f - T_l$で与えられる。ここで，T_fとは現示2の右折車が点Aから点Cに達するまでの時間，T_lとは現示3の直進車が点Bから点Cに達するまでの時間である。一般に，一つの現示では複数の動線に通行権が与えられるので，当該現示と次現示の交錯点も複数存在し得る。すべての交錯点のΔの最大値が，確保すべき全赤時間となる。なお，日本では安全側の立場から$T_l = 0$とする場合が多い。しかし，この場合には全赤時間が過大となるおそれがある。損失時間が大きくなると信号制御交差点全体の処理能力の低下につながることから，安全性に配慮しつつ，全赤時間を短くすることを検討すべきである。

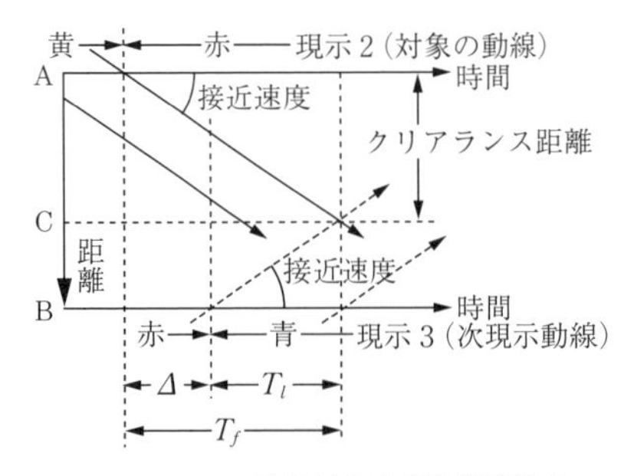

図7.10　黄時間と全赤時間の計算例[12)]

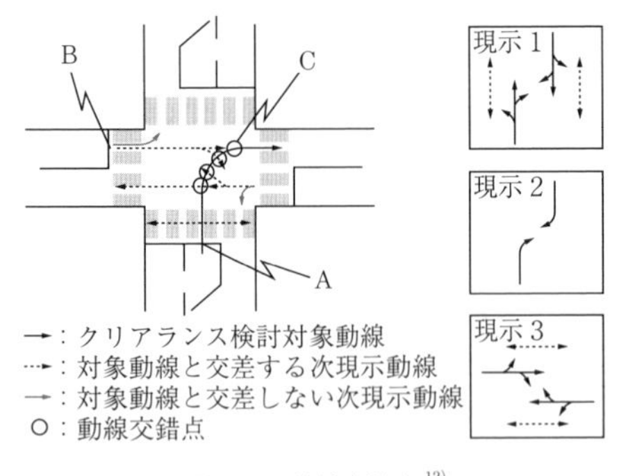

図7.11　動線交錯点[12)]

b）　現示切替え時の車両挙動　黄表示に直面した車両の運転者は，停止線等で安全に停止する必要があり，できない場合には，赤表示が始まるまでに停止線を越える必要がある。運転者の信号切替り時の予測・判断がうまくいかないと，急減速や急ハンドルなど錯綜が生ずることになる。こうした状態にあるかどうかを評価する手法として，ジレンマゾーン，オプションゾーン，コンフリクトゾーン，およびエスケープゾーンという考え方がある[13)]。**ジレンマゾーン**（dilemma zone）とは，通常の減速度で安全に停止することも，そのまま通過することも両方ともできない領域のことであり，**オプションゾーン**（option zone）とは，安全に停止すること，あるいはそのまま通過すること，どちらも選択できる領域のことである。一方，**コンフリクトゾーン**（conflict zone）とは，黄時間中に停止線を越えて交差点内へ進入することができるが，全赤表示が終了する前までに交差点を通過し終わることができない領域であり，**エスケープゾーン**（escape zone）とは，赤表示が始まってから停止線を越えて交差点内へ進入しても，全赤表示が終了するまでに交差点を通過し終わることのできる領域である。いずれも黄または赤表示開始時の交差点流入路の上流方向位置とそのときの接近速度によって規定される。なお，最適全赤時間長は，コンフリクトゾーンとエスケープゾーンの範囲がなるべく小さくなるように設定されるが，クリアランス距離と接近速度に依存しており，クリアランス距離が大きいほど長くなり，接近速度が高いほど短くなる。

c）　黄時間と全赤時間の設定　黄時間と全赤時間は，交差点への接近速度と交差点のクリアランス距離により異なり，交差点への接近速度が高い場合は，黄時間は長め，全赤時間は短めに設定する必要がある。また全赤時間は，クリアランス距離が大きいほど長めに設定する必要がある（図7.11参照）。しかし，実際には運転者が黄表示に直面したときに通過または停止を判断するためには，黄信号の長さは場所によらず一定であるほうが望ましい。また，全赤時間が長過ぎると黄表示に直面しても停止しなくなり，全赤表示開始後に停止線を越える車両が生じやすくなるほか，交差側停止車両の違法なフライングを誘発する危険が生ずる。そのため，実務的には先に述べた考え方により導出される値よりも変動範囲を小さく設定することとなる。

d）　損失時間の考え方　信号制御の損失時間は，交差点内の車両を一掃するためのクリアランス損失時間と青信号表示が開始後の発進損失時間を合わせたものである。実用的には，黄時間のうち有効に使われる時間と青表示開始直後の発進損失時間とが相殺され，有効青時間長は実青時間長に等しいとされることが多い。この場合，損失時間は黄表示と全赤表示の合計に等しくなる。しかし，黄時間が長い場合は上記の相殺条件は満たされずに，実際の損失時間は（黄時間＋全赤時間）よりも短くなる。そのため，全赤表示を伴い黄時間が 4 秒または黄時間と全赤時間の合計が 5 秒以上ある場合には，その現示の切替え時における損失時間は，（黄時間＋全赤時間）より 1 秒短い値と考えることがある。この場合，信号サイクル長の計算に用いる損失時間 L〔s〕は，（黄時間＋全赤時間）から，現示の切替え時に上記の条件を満たす場合の回数 n を差し引いた値となる。

（3）　横断歩行者の青時間　横断歩道が設置される場合，歩行者が安全に車道を横断するために必要な時間を確保しなければならない。青時間やサイクル長の最小値はこの点から制約を受ける場合が多い。歩行者が横断に要する時間は，式 (7.2) で表される。

$$t_p = \frac{L_p}{V_p} + \frac{p}{s_p \times W} \tag{7.2}$$

ここで，t_p：歩行者現示時間の最小値〔s〕，L_p：横断歩道の長さ〔m〕，p：歩行者青表示開始時の横断待ち歩行者数〔人〕，s_p：横断歩行者の飽和交通流率（単位横断歩道幅〔m〕当り）〔人/(m/s)〕，V_p：横断歩行速度〔m/s〕，W：横断歩道の幅〔m〕である。

横断歩行速度は，歩行者の性別，年齢層，横断形態，横断時間帯等によって異なるが，設計上は 1 m/s がよく用いられる。

歩行者現示時間は，歩行者青時間（PG），歩行者青点滅時間（PF）から構成される。道路交通法では，青点滅時には「道路の横断を始めてはならず，また，道路を横断している歩行者は，速やかに，その横断を終わるか，または横断をやめて引き返さなければならない」とされている。そのため，最低でも横断距離の半分を渡るのに必要な PF 時間を確保する必要があると考えられている。歩行者現示時間の最小値から，PF を差し引いた残りの時間が，PG の最小値となる。なお，歩行者青時間が極端に短いと青点滅時に急いで横断する歩行者が増え安全上望ましくないことから，歩行者青時間を 5 秒程度は確保するのが望ましい。

なお，同一現示で車両交通と横断歩行者が通行する場合には，右左折車を処理するために歩行者用現示を車両用現示より短く設定し，歩行者赤・自動車青時間（PR）を設定する。一般に，PR は 1 〜 5 秒がとられるが，右左折交通量に応じてこれより長い値を設定する。

（4）　青時間スプリットの算定　現示の有効青時間長は，サイクル長から損失時間を差し引いたものを現示の需要率で比例配分して次式に基づいて計算する方法がよく用いられる。この方法は，各現示の代表流入路の需要容量比（degree of saturation）を等しくするように通行権を配分することを意味する。

$$G_i = (C - L) \times \left(\frac{\lambda_i}{\lambda}\right) \tag{7.3}$$

ここで，G_i：現示 i の有効青時間長〔s〕，λ_i：現示 i の需要率，λ：交差点の需要率（$=\Sigma\lambda_i$），C：サイクル長〔s〕，L：損失時間〔s〕である。

各現示の青時間スプリット g_i は，有効青時間長 G_i のサイクル長 C に対する比として式 (7.4) により定義される。

$$g_i = \frac{G_i}{C} \tag{7.4}$$

なお，この青時間スプリットで車両用最小青時間や歩行者用最小青時間が確保されない現示がある場合には，その最小青時間を確保できるように有効青時間長とサイクル長を修正する必要がある。

（5）　サイクル長設定の考え方

a）　サイクル長の最小値　平面交差点では，赤信号による交通の中断の影響により，交差点の交通需要が交通容量より十分に小さい場合であっても遅れ時間が発生する。交差点遅れ時間は，交差点の交通量や交通容量だけでなく，交通流の到着分布の特性や交差点の交通制御方法と強い関連がある。

孤立交差点で，車両の到着交通流を一様到着として表現する場合，交通需要 1 台当りの平均遅れ時間は，以下の式 (7.5) のように表すことができる。

$$w = \frac{(1-g)^2}{2(1-\lambda)} C \tag{7.5}$$

ここで，s：飽和交通流率，q：交通需要，λ：需要率 ($\lambda = q/s$)，R：赤時間長（損失時間を含む），C：サイクル長，g：青時間スプリット ($g = G/C = (1-R)/C$) である。

b）　ランダム到着の場合の遅れ時間と最適サイクル長　交通流の到着分布をポアソン分布に従うと仮定した場合の平均遅れ時間は，以下の Webster の式 (7.6) で近似される[14]。

$$w = \frac{(1-g)^2}{2(1-\lambda)} C + \frac{x^2}{2q(1-x)} - 0.65\left(\frac{C}{q^2}\right)^{\frac{1}{3}} x^{(2+5G)} \tag{7.6}$$

ただし，$x = \lambda/g < 1$ である。この式の第 1 項は一様到着を仮定した遅れ時間の式 (7.5) に一致する。また，第 2 項はランダム到着で飽和流により出発した場合の平均遅れ時間に相当する。第 3 項は，シミュレーション実験によって求めた修正項であるが，一般的に非常に小さい。

実際の到着流はポアソン到着と一様到着の中間的な性質を有している場合が多く，平均遅れ時間は式（7.5）と式（7.6）の中間的な値であると考えられている。

一方，交差点需要率，損失時間 L の関係から，最小サイクル $C_{\min}$ が以下の式（7.7）で与えられる。

$$C_{\min}=\frac{L}{1-\lambda} \tag{7.7}$$

一様到着を仮定した場合，式（7.5）および式（7.7）から，遅れを最小とするサイクル長は最小サイクル長 $C_{\min}$ となる。一方，ランダム到着の影響を考慮した場合，Webster の式（7.6）を用いた遅れを最小とする最適サイクル長として，式（7.8）の C_{opt} が示されている[14]。

$$C_{\mathrm{opt}}=\frac{1.5L+5}{1-\lambda} \tag{7.8}$$

c）　実用サイクル長　1977 年の『平面交差の計画と設計』（交通工学研究会）によると，実用的な最小サイクル長を式（7.9）で与えることを提案している。

$$C_{\min'}=\frac{L}{1-(\lambda/0.9)} \tag{7.9}$$

d）　サイクル長を長くすることの弊害と最大サイクル長　交通需要が多く，需要率が大きい場合等において，必要な青時間比率を確保するためには，サイクル長を長くすることになる。一方，サイクル長を長くすることにより以下のような弊害が発生する。

・非飽和時の遅れが増大する。
・赤信号による待ち行列が上流側交差点まで延伸することにより，上流側交差点のさばけ台数を大幅に低下させる（先詰まりの発生）。
・右折待ち車両が右折専用車線の貯留可能台数を超えて到着し，あふれることにより，右折以外の直進交通などの車線閉塞を起こし，容量の大幅低下を招く。
・歩行者の信号待ち時間が増大し，心理的負担を増大させたり，信号無視を誘発するおそれがある。
・長い青信号は飽和交通流率を低下させることが知られている。そのため，長いサイクル長は処理効率の低下を招き，サイクル長を長くしても期待されるほどの容量増大効果は得られない。

したがって，交通需要が多い場合であっても，サイクル長はできるだけ短くする方向で検討することが望ましい場合が多い。一般的に 120 秒程度，最大でも 180 秒程度を最大とすべきである。一方，現示数が多くなると損失時間が増大し，計算上サイクル長が長くせざるを得ない場合がある。その際には，車線運用の見直しや交差点構造の改良なども併せ，現示方式の再検討を行う。

e）　系統制御の場合のサイクル長　複数の信号機群に対して系統制御を行う場合，共通のサイクル長を与えなければならない。この場合，最も高い需要率の交差点（重要交差点という）に適切なサイクル長を共通サイクル長とするのが一般的である。ただし，重要交差点以外の交差点の従道路の状況を考慮すると，総遅れ時間等に関しての最適解とは限らない。

非飽和時に隣り合う二つの信号交差点間のリンクに生ずる遅れは，相対オフセットとサイクル長によって決まる。往復所要旅行時間 T がサイクル長 C の整数倍（$T=nC$）のとき，相対オフセットの調整によってリンクの総遅れ時間を極小化でき，系統効果を最も高めることができる。逆に，$T=(2n-1)C/2$ のとき，両方向の交通量が均衡していると，オフセットによらずリンクの総遅れはあまり変わらず，系統効果は最も低くなる。街路網の一般的なリンク長と，系統速度においては，往復旅行時間 T に対して常用のサイクル長の範囲（90 ～ 180 秒）はほぼ T ～ $2T$ の範囲付近にある。そのため，できるだけ短いサイクル長を用いることにより総遅れ時間を小さくできる可能性がある。実際の設定においては，交通流シミュレーションを用いて，オフセットの検討を行い，系統全体の最適サイクル長を決定することが望ましい。なお，系統内に需要率の特に低い交差点がある場合には，それらの交差点のサイクル長には共通サイクル長の半分のサイクル長が適用されることもある。

（6）　オフセットの設定　オフセットは系統制御に特有な信号制御パラメーターであり，系統制御の効果に大きな影響を及ぼす。系統制御の最大の目的は遅れや停止回数を減らすことである。しかし，遅れ時間や停止回数を最小にするオフセットを解析的に求めることは容易ではない。そのため，従来はスルーバンド幅を最大にするという考え方を用いてきた。しかし，スルーバンド幅は，交通流における遅れや停止回数とは直接的な関連がないため，今日では系統効果の定量的評価基準として必ずしも適切でないという認識が広まっている。スルーバンド幅の最大化に代わるオフセット設計方法としては，交通流シミュレーションの活用が挙げられる。以下，オフセットに関する基本的な事項について述べる。

a）　平等オフセットと優先オフセット　上り，下りの両方向の交通に対してほぼ同等の系統効果を与えるようにオフセットを設定する方式を平等オフセットという。一方，上り，下りの方向別の交通需要に差がある場合などにおいて，いずれか一方向に対して優先的に高い系統効果を与えるようにオフセットを設定する方式を優先オフセット方式という。

b）　同時式オフセットと交互式オフセット　同時式オフセットとは，相対オフセットがほぼゼロとなるようなオフセット，交互式オフセットとは，相対オフセットがほぼ50％となるようなオフセットのことをいう。平等オフセット方式の場合，基本オフセット（一つのリンクについて交差点が飽和することがなく一様な流れから成る単純な直進交通流を仮定した場合に，リンクの遅れを最小にする相対オフセット）は，同時式オフセットあるいは交互式オフセットのいずれかとなり，リンクの長さが往復旅行時間 T，サイクル長 C の条件から以下のように整理される。

$$0<T\leqq\frac{C}{2}\qquad\text{同時式オフセット}$$

$$\frac{C}{2}<T\leqq3\frac{C}{2}\qquad\text{交互式オフセット}$$

$$3\frac{C}{2}<T\leqq5\frac{C}{2}\qquad\text{同時式オフセット}$$

（7）　多車線道路の場合の留意事項　多車線道路が2車線道路と異なるのは，右左折車線の設置など柔軟な車線運用が可能な点である。そのため，信号制御と車線運用の工夫によって，安全性と円滑性に配慮した柔軟な交通運用が可能となる。しかし，これまでは，信号制御については2現示を基本として2車線道路と同様の検討がなされ，多現示化が図られている場合が多い。このケースで多く見られるのは，標準2現示に右折専用現示を組み合わせた4現示制御である。しかし，4現示とするのであれば，12方向ある十字交差点の動線を（歩行者も含めて）すべて分離型で現示設計することが可能である（**図7.12**参照）。そのため，現示設計や方向別車線配分を，単純2現示／流入部別制御の発展型として考えるのではなく，分離された動線どうしの組合せで各現示を組み，異なる現示となる動線の車線も分離した形での現示設計を行うことをまずは検討すべきである。その上で，現場に即して，完全動線分離型での設計が難しい条件の場合に，一部，動線の交錯を許すことを考えていくことが望ましい。

（8）　運用開始後のモニタリングと設定値の修正　当初設定した信号パラメーターが交通状況に合っているとは限らず，また時の経過とともに交通状況が変化し，当初設定したパラメーターが合わなくなることは十分に考えられる。そのため，日常的に信号の運用状況と交通状況をモニタリングし，適切な信号パラメーターの設定になっているかどうかチェックすることが重要である。その上で，必要があれば設定値の修正を行う。

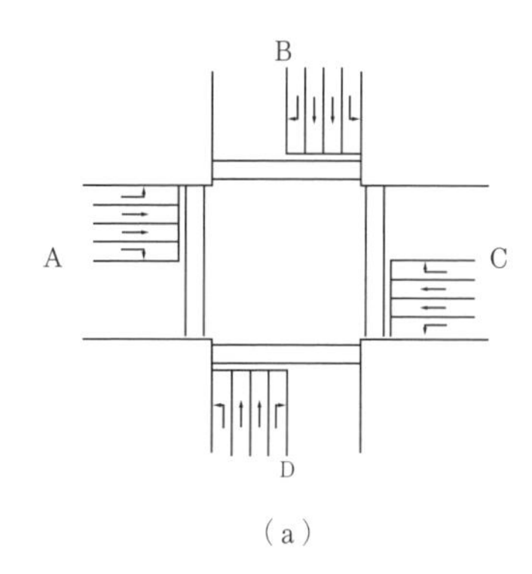

（a）

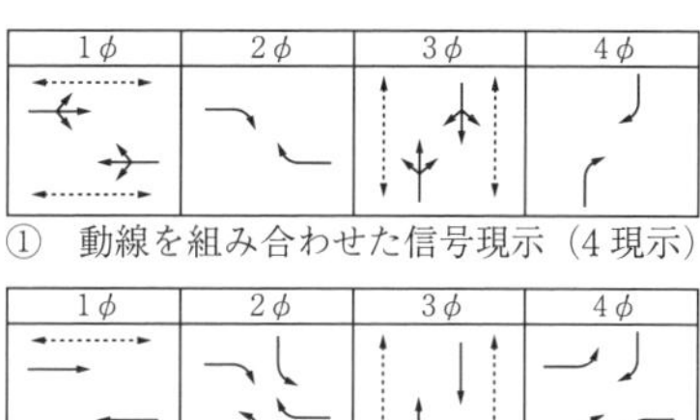

①　動線を組み合わせた信号現示（4現示）

②　動線分離方式による信号現示（4現示）

（b）

図7.12　多車線時の現示構成例[12)]

7.4.3　信号制御交差点の管理・運用に関する現状と今後の展望・課題

多くの都市においては，中央感応制御で制御パラメーターを自動調整するシステムが導入されている。数多くの運用実績を持つものとしてはイギリスで開発されたSCOOT[15)]，オーストラリアのSCAT[16)]，イタリアのUTOPIA[17)]等がある。わが国ではMODERATOが広く用いられている。これらの詳細については，文献12）にまとめられている。このような信号制御を高度化する研究開発は鋭意進められており，プローブデータを信号制御に用いるものや，系統制御において自動車に推奨速度を情報提供し停止を少なくするグリーンウェーブなど，さまざまな視点での高度化が進められている。

一方，日本における信号制御の課題の一つとして，横断歩行者の処理の問題がある。特に，主道路を横断する歩行者青が長くなると，サイクル長増加やさばけ台数減少につながる。対応として，2段階横断や，歩行者青と青点滅の配分見直しなどが考えられる。海外ではこのような事例は多く，日本でも実証実験等も行われたが事例は多くなく，さらなる検討が求められる。また，今後さらに増える高齢者への対応，自転車

の交差点内処理の対応などは，大きな検討課題になると考えられる。　（小根山裕之）

7.5 交通事故対策と交通安全管理

7.5.1 交通事故の発生状況[18)]

〔1〕 交通事故の発生状況の推移　交通事故対策に関する近年の状況を論じる前に，まずは事故発生状況について概括しておきたい。**図7.13**は，1993～2014（平成5～26）年の期間における事故発生件数，負傷者数，死者数（24時間，30日以内）を示したものである。なお，事故発生件数および負傷者数は左側の縦軸を，死者数は右側の軸により表示されている。死者数については，上記の期間において減少を続け，24時間以内の死者数で1993年時点では10 945人だったものが，2014年には4 113人まで減少している。一方，事故発生件数と負傷者数は，死者数とは異なる傾向を示し，2000年までは増加の傾向を見せ，その後2004年までは大きな増減はなく，2005年以降に大きく減少する傾向を示している。事故件数，負傷者数の最大値は，1 183 616件，952 709人（ともに2004年）であり，これが2014年にはおのおの711 374件，573 842人まで大きく減少している。

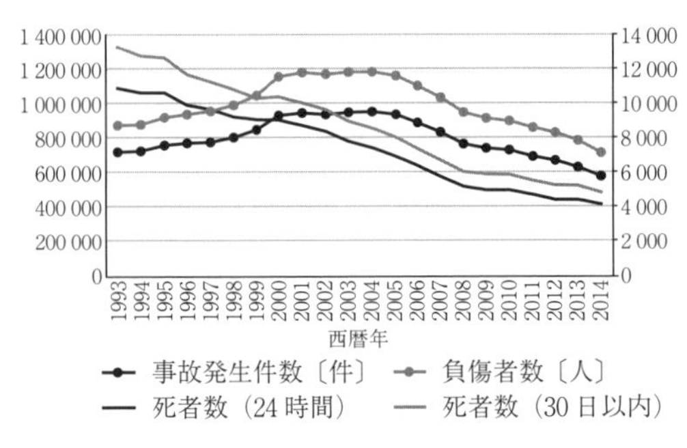

図7.13　交通事故発生状況の推移（1993～2014年）

図7.14は2004～2014年の期間における，24時間以内の交通事故による死者数（左側縦軸）と致死率（右側縦軸）の関係を示している。致死率とは，死者数を死者数と負傷者数を加算したもので除した比率である。図7.13でも確認したが，当該期間においては，死者数は単調に減少している。一方，致死率については，2013年，2014年とわずかではあるが増加傾向にある。これは，負傷者数の減少による致死率の増加と考えられるが，一方で死亡に至る重大事故の減少傾向が多少鈍化している可能性も考えられ得る。

〔2〕 高齢者事故の発生状況

高齢化の急速な進展に伴い，高齢者が巻き込まれる

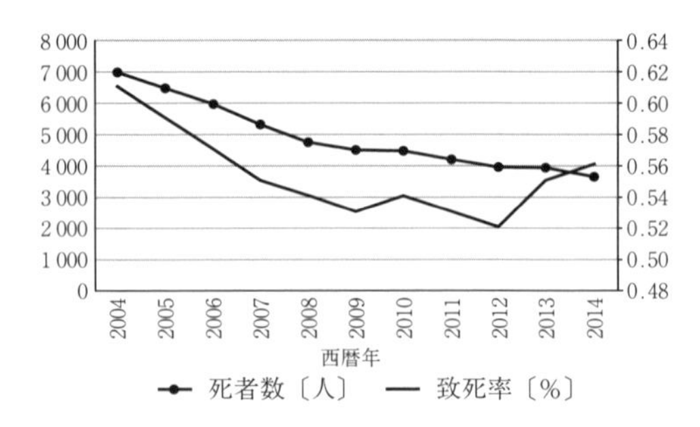

図7.14　死者数と致死率の経年変化（2004～2014年）

交通事故にも注目が集まっている。ここでは，年齢階層別の交通事故の死者数（24時間以内）および負傷者数の経年変化を示しておく。**図7.15**には年齢階層別の死者数を示しているが，1993～2014年の間の変化を見ると，高齢層（65歳以上）と運転免許取得可能な若年層（16～24歳）を除き，基本的には漸減する傾向にある。高齢層の死者数は2004年までは3 000人/年と高い水準にとどまっており，2004年以降減少傾向に転じているが，交通事故死者数の約半数は高齢者が占める結果となっている。若年層については，大きく減少しており，1993年時点で2 600人を超えていた死者数は，20年余りの間に300人強にまで大きく減少している。この結果からも，現状においては，高齢者に着目した交通安全対策の重要性が浮き彫りになるといえる。

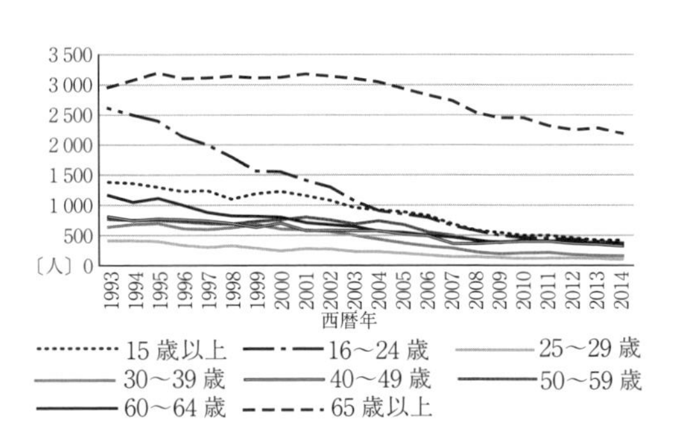

図7.15　年齢階層別の死者数（1993～2014年）

図7.16は，年齢階層別の交通事故による負傷者数の経年変化を示したものである。負傷者数については，基本的な傾向として2004～2005年までの増加傾向とその後の減少傾向を確認することができる。ただし，運転免許保有可能な若年層（16～24歳）については，2000年をピークとして急速に負傷者数が減少している。ピーク時には26万人超の負傷者が記録されていたが，2014年には10万人強まで減少している。また，死者数では最近の状況として過半数を占め

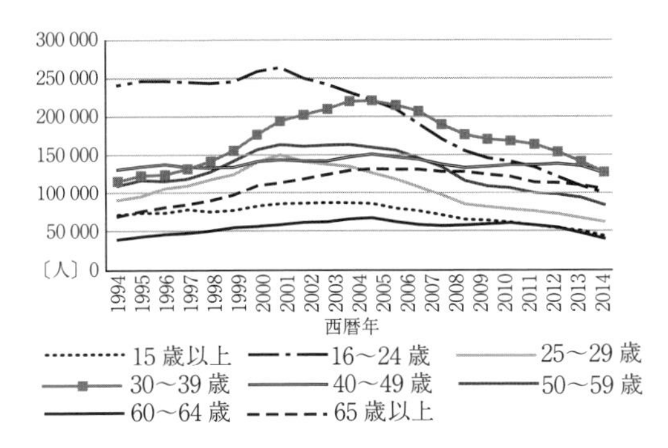

図 7.16　年齢階層別の負傷者数（1994～2014 年）

ている高齢層であるが，負傷者数については 2014 年時点で全年齢階層に占める比率が 15％弱にとどまっている。言い換えれば，事故に巻き込まれた際の高齢者の致死率は非常に高いといえる。負傷者については，30 歳代，40 歳代の占める比率が相対的に高く，各 18% を超えている。

〔3〕　状態別の事故発生状況

続いて，事故発生時の状態別の死者数および負傷者数に注目する。**図 7.17** は，1993～2014 年の状態別の死者数を示したものである。事故発生時の状態によらず，基本的には経年的に減少傾向にあるが，中でも自動車乗車中の死者数の減少は顕著である。1993 年時点で 5 000 名弱であった自動車乗車中の死者数は，2008 年時点で 1 700 名強にまで大きく減少し，2014 年時点では 1 300 名あまりとなっている。自動車乗車中の死者数の減少は，車両側の安全装備の充実，飲酒運転の厳罰化に代表される適切かつ厳格な取り締まり，高規格道路に代表される質の高い道路環境の実現等，交通安全に資する多くの取組みの成果の表れとも解釈できる。

一方，これまで自動車乗車中に次いで多数を占めていたのは，歩行中の事故による死者数であったが，2008 年以降は歩行中の死者数が自動車乗車中のそれ

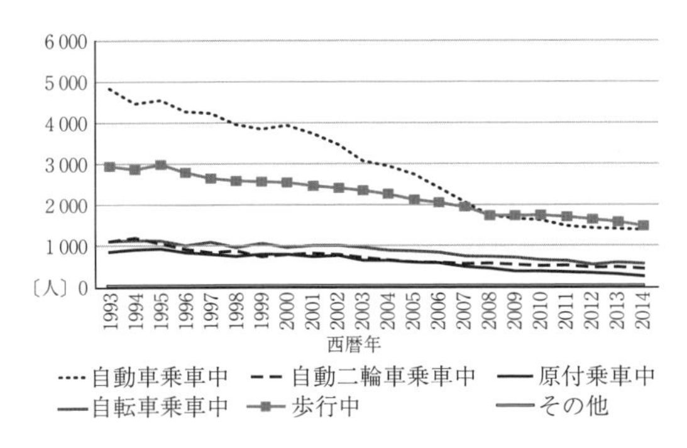

図 7.17　状態別の死者数（1993～2014 年）

よりも多くなる傾向にある。よって，今後は歩行者に対する安全対策のさらなる強化が求められるところである。

図 7.18 は，状態別の負傷者数の経年変化を表している。交通事故による負傷者数に関する特徴としては，自動車乗車中の事故による負傷者が突出している点，また，2005 年以降はその数も減少傾向にある点である。加えて，自転車乗車中の事故による負傷者数が，全体の 15% 強を占め自動車乗車中に次いで多い点も特徴的である。この点からも自転車に着目した安全対策の重要性を確認することができる。

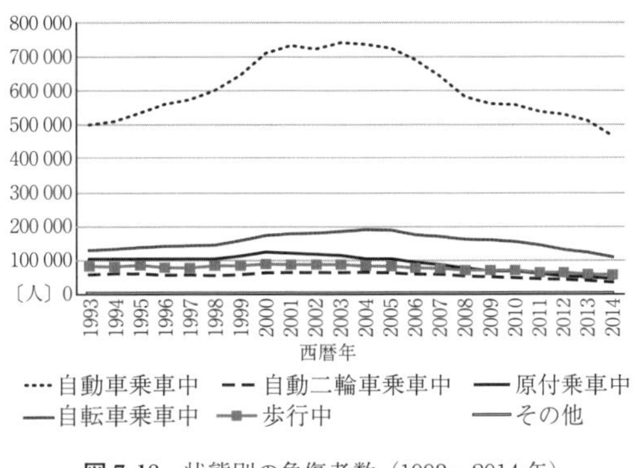

図 7.18　状態別の負傷者数（1993～2014 年）

7.5.2　交通事故対策の近年の取組み

〔1〕　第九次交通安全基本計画の概要

近年の交通事故対策を概括する上で，ここでは第九次交通安全基本計画を参照する[19]。第九次交通安全基本計画は 2011 ～ 2015 年度を対象期間として立案され，各種施策が実施されてきた。道路交通の分野においては，究極の目標として，交通事故のない社会を目指しつつ，現実的な取組みとして，段階的な削減を行う上で，2015 年度までに 24 時間死者数を 3 000 人以下とし，世界一安全な道路交通の実現を目指している。死傷者数については，70 万人以下とすることを目指している。

2010 年度の 24 時間死者数と 30 日以内の死者数の比率（1.18）を用いて，上記の 24 時間死者数を 30 日以内死者数に換算すると 3 500 人となる。この数値は**国際道路交通事故データベース**（The International Road Traffic and Accident Database, **IRTAD**）がデータを公表している 29 箇国中で，人口 10 万人当りの 30 日以内死者数に換算して，最も少ない数値に相当する。そのことを根拠として，上記数値目標が達成された場合，世界一安全な道路交通になるとしている。

第九次の計画において対策を策定するに当たり，経

済社会情勢および交通情勢を踏まえて，① 高齢者および子どもの安全確保，② 歩行者および自転車の安全確保，③ 生活道路および幹線道路における安全確保の各視点を設定した。① については，7.5.1 項で示したとおりに交通事故による高齢者の死傷者数の比率の増加からも明らかなように，重要な視点である。また，近年，歩行中の事故による死者数の比率が増加している点，および，負傷者に占める自転車乗車中の人の割合が，自動車乗車中に次いで多いこと等を踏まえると，② も重要な視点と考えることができる

第九次交通安全基本計画では，1）道路交通環境の整備，2）交通安全思想の普及徹底，3）安全運転の確保，4）車両の安全性の確保，5）道路交通秩序の維持，6）救助・救急活動の充実，7）損害賠償の適正化をはじめとした被害者支援の推進，8）研究開発および調査研究の充実の各取組みが盛り込まれた。ここでは，1），3），4）に関わる新規施策および新規事業について，特徴的なものを示しておく。

1）の道路交通環境の整備に関しては，国土交通省が主導する施策として「事故ゼロプラン（事故危険区間重点解消作戦）」の推進が盛り込まれ，2011 年度より実施されている [20]。これは，「選択と集中」，「市民参加・市民との協働」をキーワードとして，事故データや地方公共団体・地域住民からの指摘等に基づき事故危険区間を選定し，地域住民への注意喚起や事故要因に即した対策を重点的・集中的に講じることにより効率的・効果的な交通事故対策を推進するとともに，完了後はその効果を計測・評価し，マネジメントサイクルを機能させるものである。

警察庁では，生活道路における安全性向上を目的として，生活道路の最高速度を原則時速 30 km とする取組みを 2009 年 10 月から実施している。同時に地域の交通実態を踏まえて，最高速度，駐車および信号制御について重点的に見直す取組みも進めてきている。

3）の安全運転の確保に関しては，事故時等の情報収集を進め，交通安全教育および安全運転管理に活用することを目指し，ドライブレコーダーの普及に努めている。具体的には映像記録型ドライブレコーダーを活用した交通安全教育マニュアルの作成（警察庁，2009 年 3 月），ドライブレコーダー等の安全運転の確保に資する機器の普及促進のための補助制度の創設（国土交通省，2010 年度より）等が行われた。また，バス会社を始めとする自動車運送事業者に対する点呼時におけるアルコール検知器の使用義務付け等も行われた。

4）の車両の安全性の確保に関しては，2007 年度から実施済みの大型車用衝突被害軽減ブレーキに対する補助に加え，2010 年度からはふらつき警報も補助対象に追加し，とりわけ都市間の物流・人流を担う大型車自体の安全性向上を目指している。

〔2〕 高齢化の進展と事故対策

わが国が高齢社会であるといわれてすでに久しい。国立社会保障・人口問題研究所「日本の将来推計人口（2012 年 1 月推計）」における出生中位（死亡中位）推計を基に見てみると，総人口は 2010 年 1 億 2 806 万人から 2030（平成 42）年の 1 億 1 662 万人を経て，2048（平成 60）年には 9 913 万人まで減少し，さらに 2060（平成 72）年には 8 674 万人にまで減少すると見込まれている。一方，高齢人口（65 歳以上の人口）は，2010（平成 22）年の 2 948 万人（高齢化率 23.0 %）から，2042（平成 54）年には 3 878 万人とピークを迎え，その後は減少に転じ，2060（平成 72）年には 3 464 万人（高齢化率 39.9%）となると予測されている。

一方，自動車の普及および自動車依存型社会の進展に伴い，現在および将来の高齢者の多くが自動車の利用を継続する可能性が高まっている。地方部においては，道路運送法における規制緩和もあり，過去 10 年あまりにわたり多くの路線バスが廃止されてきている。自ら運転しないと，また家族・親族の送迎がないと自由に移動ができない高齢者が多くなってきており，その結果，7.5.1 項でも見たとおりに，高齢者が事故の加害者・被害者となり，死傷する割合も増えてきている。

高齢者が加害者となる事故を減らすためには，まず，安全運転に必要な知識などを得てもらい，さらに自らの身体的機能を正しく把握できるような条件を整えることが重要である。現在の運転免許制度の下では，「高齢者講習」および「講習予備検査（認知機能検査）」が実施されている。前者については，更新期間満了日の年齢が 70 歳以上の者が運転免許更新の際に義務付けられている講習であり，安全運転に必要な知識等に関する講義のほか，自動車等の運転指導や運転適性検査器材による指導が実施されている。運転適性検査器材には，動体視力検査器，夜間視力検査器および視野検査器が含まれる。

更新期間満了日における年齢が 75 歳以上の者については，上記の高齢者講習に加えて，運転免許証の更新期間が満了する日より前 6 箇月以内に講習予備検査を受けることも義務付けられている。講習予備検査は，高齢運転者各自に認知力・記憶力・判断力を確認してもらい，安全運転の継続を支援することを目的としたものである。

運転免許証は現代社会においては，有力な身分証明

書としての機能も有している。それがゆえに，身体能力の低下が顕著であるにもかかわらず高齢者が免許の更新を継続し，時として運転を行い不幸にして事故を引き起こす可能性も否めない。運転免許証は所有者本人の申請により，免許の取消しおよび返納が可能である。運転に不安を覚える高齢者に対して，運転免許証の返納を支援する一つの施策として，運転経歴証明書の交付が行われている。運転経歴証明書は，金融機関の窓口等で犯罪収益移転防止法の本人確認書類として使用することができ，身分証明書の機能を代替するものである。

高齢者に顕著な事故として，自動車専用道路の出口等から本線に進入し，通常の交通とは逆向きに走行し，対向車両と接触・衝突するような逆走に起因する交通事故（一般的に逆走問題と呼ばれる）が着目されている。逆走問題の大きな要因としては認知症を上げることができる。専門医の検診の結果，認知症と判断された場合は，運転免許の取消し，停止などの措置がとられることとなっているが，特に地方部においては，自動車は人々の生活の足となっているケースも多く，高齢者であるがゆえに自動車の利用を志向する可能性も高いと考えられる。運転免許の取消しや自主的な返納を促すことは，高齢者の交通事故の予防の観点からは有効ではあるが，その一方で，いかにして人々のモビリティーを確保するかという課題をより顕在化させることとなる。

道路管理者も近年では逆走問題対策には積極的に取り組んでいる[21]。逆走が発生しやすい場所として，高速道路の出口部，休憩施設の入口部があり，これらの箇所には矢印路面標示と注意喚起の案内板を組み合わせて設置し，正しい進行方向をわかりやすく教示する工夫などがなされている。先進的な逆走対策の例としては，GPSによる位置特定情報を活用した逆走報知ナビゲーションの開発・実用化，道路脇に設置したカメラ画像（CCTV画像）の解析による逆走検知と周辺車両への情報提供の試行等も進められてきている。

〔3〕 生活道路における取組み

近年，生活道路上を登校中の小学生が，速度超過の車両により死傷させられる事故が相次いでいる。第九次交通安全基本計画においても，上述のとおり一つの重要な視点として，生活道路における安全確保が提示されている。第九次基本計画が策定されるに先立ち，2009年3月には，「あんしん歩行エリア」を全国で582エリア指定し，都道府県公安委員会と道路管理者が連携して，面的かつ総合的な事故対策を実施してきている。あんしん歩行エリアは，人口集中地区であり，歩行者・自転車関連事故件数が12.65件/km^2・年以上の箇所について指定することとしている。2009年3月に定めた社会資本整備重点計画では，2012年までに対策実施箇所における歩行者・自転車死傷事故件数について約2割抑止という数値目標を掲げている。

これに関連して，具体的にはつぎの三つの施策を推進している。1）住宅地区内の速度規制，クランクやハンプ等の車両速度を抑制する構造を有する道路整備を面的に実施し，歩行者・自転車優先のゾーン形成を進める。2）歩道の整備や路肩の拡幅等により，ネットワークとしての歩行空間を確保し，歩行者・自転車・自動車の適切な分離や安全・安心な歩行空間の確保を図る。3）外周幹線道路の交通円滑化を図り，エリア内への通過車両を抑制するため，交差点の改良，信号機の高度化・改良等の施策を実施する。近年では，生活道路における速度規制を路線単位で指定する従来の方法に加えて，エリア単位で速度を指定できる「ゾーン30」が多く導入され，生活道路の安全性向上に効果を発揮するものと期待されている。

〔4〕 自転車事故の増加と対策

自転車は免許の取得も不要で子どもからお年寄りまで誰もが利用可能な軽車両であり，日本国内で約7 000万台の自転車が登録されている。特に近年の健康志向，環境意識の高まりなどもあり，自転車の良さが新たに見直される傾向にある。一方，全交通事故の中で自転車関連の事故は約2割を占めており，そのうち，自転車の運転者になんらかの法令違反が認められるケースが，3/5以上に上るとの報告もある。また，7.5.1項で示したとおりに，自転車乗車中の事故による負傷者数が，全体の15%強を占め自動車乗車中に次いで多いということもあり，自転車事故に焦点を当てた対策の重要性も高まっている。

わが国においては，1970年頃に「交通戦争」と呼ばれるほど交通事故が多発し，自転車対自動車事故対策として，多くの歩道で「自転車通行可」の指定がなされた。しかし近年では，歩行者と自転車が引き起こす事故も少なからずあり，死傷事故に至るケースも散見される。加えて，裁判所側が自転車運転者の過失を認め，被害者への多額の賠償金の支払いを命じるケースも見受けられる状況にある。そこで，自転車事故に関わる近年の対策として，2015年6月の自転車走行空間の整備と道路交通法の改正により，自転車通行可能な歩道を例外として残しつつも，自転車は車道走行とする原則の徹底が示された。また「自転車講習制度」が導入され，交通に危険を及ぼす違反行為を反復して行う運転者に対しては，自転車の運転による交通の危険を防止するための講習（自転車運転者講習）の受講が義務付けられた。

交通に危険を及ぼす違反行為としては，14 種類が示されており，その中でおもなものとしては，信号無視，一時不停止，酒酔い運転，歩道通行時の通行方法違反などが含まれている。仮に受講命令に違反した場合は，5 万円以下の罰金が課せられることもあり，罰則規定も明示的に盛り込まれている。

一方，安全な自転車走行空間を整備する上で，自動車と自転車，歩行者と自転車の錯綜をいかに減じるかが重要なポイントといえる。『自転車利用環境整備ガイドブック』（国土交通省 道路局 地方道・環境課，警察庁 交通局 交通規制課 2007 年 10 月発行）によれば，自転車は車両であり，車道通行が原則となっているため，まずは自転車道を基本として，自転車レーンを含めて車道における自転車走行空間の整備を検討する。種々の制約により，車道内における自転車走行空間の確保が困難な場合は，自転車歩行者道による整備を検討すべきとなっている。

現状を鑑みるに，自転車走行用の空間を確保するに至っていない区間が大多数であり，歩行者と自転車が空間を共有しているケースが多い。空間的な制約，財政面での制約などもあり，自転車走行空間の整備には時間を要するものと考えられる。環境面に優しい自転車が，歩行者と自転車が空間を共有する状況下で，いかに歩行者にも優しい交通モードとなり得るか，利用者への啓発，教育などの重要性もますます高まっているといえる。

7.5.3 道路安全監査の考え方とわが国における取組み

〔1〕 道路安全監査とは [22),23)]

道路安全監査（road safety audit）とは，より安全な道路づくりを目指し，イギリスにおいて提唱され，ヨーロッパをはじめとして多くの国で普及している制度であり，道路交通安全における予防工学的アプローチといえる。「新設，既存の別を問わず，道路設計案や交通運用案の有する交通安全上の潜在的な問題を独立的に評価する公式の制度」と考えられている。イギリスでは特に道路建設の計画段階において，安全面で評価を行い，なんらかの問題が予見される場合には，必要な対応を求める手続きを制度化している。交通省が 1990 年に道路安全監査実施のための基準と要項を定め，1991 年からは幹線道路と高速道路の計画に安全監査の実施を義務付けた。道路の完成まで 1）概略設計の完了，2）詳細設計の完了，3）工事の完了の 3 ステージで所定の手続きを行うことを求めている。オーストラリアでは，この 3 ステージに路線選定計画段階の検討と開通後の監査を含めて 5 段階での監査を実施している。道路交通安全向上のためには，道路の計画・設計段階から安全面の評価を行い，PDCA サイクルを回していくという点は，重要な考え方といえる。

〔2〕 交通安全をめぐる PDCA サイクル実施の取組み

わが国においては，道路の新設・改築に際しては，「道路構造令」に記載の技術基準に従うことが求められている。道路構造令においては，その技術基準を定めるに当たり，「自動車を安全かつ円滑に通行させる」ことを目標として，道路構造・線形に関わる要素を設定している。その意味で道路の設計段階でも安全面への配慮は一定なされているとはいえるが，上述のような道路安全監査制度が十分に確立されているとはいい難い点もある。

わが国においては，供用済みの道路を対象として，その安全性向上を図るための取組みが主としてなされてきている。例えば，第七次交通安全基本計画（2001 年 3 月中央交通安全対策会議決定）では，「道路交通の安全施策」の目標として 2005 年までに年間の 24 時間死者数を 8 466 人以下とすることを目標に掲げ，それを達成するための基本計画を示していた。このうち国土交通省が重要な役割を果たす交通事故の未然防止・被害軽減を目的とした諸施策は，① 事故多発地点緊急対策事業，② 事業用自動車の安全対策，③ 車両の安全基準の拡充・強化がある。

ここでは，この 3 施策の中で，道路インフラの改善を主とした，「事故多発地点緊急対策事業」について，説明を加えることとする [24)]。1996 年にスタートした事故多発地点緊急対策事業では，交通事故統合データ（1990〜1993 年）を用いて分析した結果，幹線道路延長（17 万 6 千キロ）の 9％に当たる 1 万 6 千キロの区間に，幹線道路の死傷事故（32 万 5 千件）のうち 4 割（13 万 1 千件）が集中しているなど，幹線道路の中でも特定の場所に事故が集中し，いわゆる事故多発地点が存在することが確認された。そのため，この事故多発地点を対象に集中的に対策を実施することが効果的であることを確認した。事故多発地点は，以下の 3 条件のいずれかに該当する箇所として，3 196 箇所（単路部 1 483 箇所，交差点部 1 713 箇所）を選定した。

① 死亡事故件数：死亡事故件数が 4 年間で 2 件以上発生している箇所

② 死傷事故件数：死傷事故件数が 4 年間で 24 件以上発生している箇所

③ 潜在的死亡事故件数：正面衝突，追突等の事故

類型に応じて換算した潜在的死亡事故件数が4年間で0.4件以上となる箇所

この結果を踏まえ，事故多発地点およびその周辺地域について道路管理者と交通管理者が連携しながら交差点改良，道路照明の設置，交通規制の見直し等の事故削減対策を集中的に実施してきた。事故多発地点緊急対策事業は，事故の実態分析に基づく，供用済み道路に対するPDCAサイクルの実施の一環であり，主として道路インフラの面を中心として，取り組まれてきたものと位置付けられる。

近年では，多種多様なデータの入手可能性が高まってきたこともあり，都市高速道路等を中心として，交通事故データを中心に据えた統合型のデータベースを構築し，これを核として道路交通安全面のPDCAサイクルを回していく動きもある。例えば，都市高速道路における交通安全性向上を目指して，事故多発地点に着目した即地的，ハード的な対策に加えて，幅広く安全性の向上に資する対策を見いだすため，事故原票データ，事故時の交通環境データ，道路構造データから成る統合型のデータベースを構築し，データマイニングを適用して，事故対策に向けた課題の抽出を試みているケースなどが見受けられる[25]。（宇野伸宏）

7.6 ITS 技 術

ITS（intelligent transport systems）は，車と道路を情報通信技術でネットワーク化し，円滑と安全を実現する技術の総称である。車と道路の情報化に関する萌芽的な技術開発は1970年代に端を発するが，ITSの言葉とコンセプトは，1994年の第1回ITS世界会議パリ大会で日欧米の三局が中心となって提案され，世界各国で技術開発と実用化に取り組まれてきた。本節では，ITS技術開発の変遷と，ITS技術を社会実装する際の事前評価に不可欠な交通シミュレーション技術を概観する。

7.6.1 ITS総論と20年の変遷

以下の経緯やITSの全体像，最新動向等は日本のITSを推進する民間団体「ITS Japan」の年次レポート[26]に詳しく整理されている。

関係省庁が1996年に策定した「高度道路交通システム（ITS）推進に関する全体構想」では，ITS開発9分野，21のサービスが設定され，2006年までの10年間を「ファーストステージ」と位置付けた上で，それぞれのサービスについて開発，実用化，普及のロードマップが示された。ファーストステージでの官民連携の下で，カーナビ，**VICS**（vehicle information and communication system, **道路交通情報通信システム**），**ETC**（electronic toll collection system, **自動料金収受システム**），**ASV**（advanced safety vehicle, **先進安全自動車**）等のITS個別要素技術の研究開発が積極的に取り組まれ，実用化，普及したことは日本のITSの成功事例とされる。

さらに，2004年に名古屋で開催されたITS世界会議を機に，続く10年間をITSの「セカンドステージ」と位置付け，ファーストステージの成果をさらに発展させて，「安全・安心」，「環境・効率」，「快適・利便」の観点から社会貢献に役立てることを目指した「ITSの指針」が取りまとめられた。この指針は，2006年に政府が策定した「IT新改革戦略」に反映され，「世界一安全な道路社会」を目指したインフラ協調安全運転支援システムの実用化プロジェクトが官民連携の下で取り組まれた。ここでは，いくつかの象徴的なプロジェクトを掲げておく。

① 警察庁が進める光ビーコンを通じた車両との双方向通信を活用する**UTMS**（universal traffic management system, **新交通管理システム**）

② 総務省が進める多様な無線メディアで人と自動車と道路をネットワーク化する**ユビキタスITS**（ubiquitous ITS）

③ 経済産業省が進める貨物車の隊列走行・自動運転技術開発と地球温暖化対策としてのITSによるCO_2排出量削減効果の可視化技術開発を核とした**エネルギーITS**（energy-saving ITS）

④ 国土交通省道路局が進める5.8 GHz帯**DSRC**（dedicated short range communication）によるITSスポットでドライバーへリアルタイムに安全情報等を提供する**スマートウェイ**（smartway）

⑤ 国土交通省自動車局が進める車車間通信で車両情報を交換し，安全運転を支援する**ASV**（advanced safety vehicle）

これらのプロジェクトは，日本ITS推進協議会の下で連携し合いながら，実用化に向けた大規模実証実験が2009年度から2010年度頃に実施され，一定の成功を収めている。

7.6.2 近年の新しい方向

ここでは，近年のITS技術開発の動向を以下の三つの視点でまとめる。

〔1〕 自動運転技術導入へ向けた取組み

自動運転の研究は，1950年代に遡るといわれているが，近年では1990年代後半からアメリカのカリフォルニアPATHや欧州CHAUFFEUR，日本のAHS等での取組みに続いて，アメリカのDARPA（国防高等研究計画局）による無人ロボット車を市街地で走行させるプロジェクト“Urban Challenge[27]”の華々しい成果に刺激を受け，2000年代後半から日欧米で熾烈な開発競争が始まっている。2014年にはアメリカのカリフォルニア州で自動運転車両の公道走行許可法案が可決されており，実際に数十台が公道でテスト走行を重ねている[28]。

国内でも2013年のITS世界会議東京大会での提言を受けて，2014年度より**戦略的イノベーション創造プログラム**（SIP）の下で，SIP-adus（Automated Driving for Universal Services）として，以下の研究開発テーマを中心に自動走行システムの実用化に取り組まれている。

① 自動走行システムの開発・実証
・地図情報高度化（ダイナミックマップ）の開発
・ITSによる先読み情報の生成技術の開発と実証実験
・センシング能力の向上技術開発と実証実験
・ドライバーモデルの生成技術の開発
・システムセキュリティの強化技術の開発
② 交通事故死者低減・渋滞低減のための基盤技術の整備
・交通事故死者低減効果見積り手法と国家共有データベースの構築
・ミクロ・マクロデータ解析とシミュレーション技術の開発
・地域交通 CO_2 排出量の可視化
③ 国際連携の構築
・国際的に開かれた研究開発環境の整備と国際標準化の推進
・自動走行システムの社会受容性の醸成
・国際パッケージ輸出体制の構築
④ 次世代都市交通への展開
・地域交通マネジメントの高度化
・次世代交通システムの開発
・アクセシビリティ（交通制約者対策）の改善と普及

前出の『ITS年次レポート』（2015年度版[26]）では，自動運転技術開発に関する特集が組まれており，SIP-adusの動向などが詳しく紹介されている。

〔2〕 交通ビッグデータ

「ビッグデータ」には厳密な定義はないが，暗黙に「人の活動全般に関わる行動履歴をデータ化したもの」として語られることが多い。このため，交通行動とビッグデータは密接な関係にあり，ビッグデータ活用の主要な分野として認識されている。

交通分野でのビッグデータでは，人・車の移動履歴である「プローブデータ」が代表的といえる。自動車に関しては，国内では2000年代前半に取り組まれた「IPCar実証実験」[29]での数百台規模でのフィールド実験を皮切りに，プローブデータ収集や分析，交通情報提供に関するさまざまな実証実験が取り組まれ，2003年にはプローブ交通情報を利用した世界初の商用テレマティクスサービス[30]が始まった。現在では自動車メーカーやカーナビメーカーだけでなく，携帯電話・スマートフォンのコンテンツプロバイダーなど，さまざまな業種がテレマティクスビジネスに参入しており，日々大量のプローブデータが収集されるようになった。

これまでのプローブデータは，区間の速度情報としてカーナビでの最短経路探索に利用されるほか，ヒヤリハット地図[31]や災害発生後の通行実績[32]等，動的なマップ情報を作成するために使われてきた。ここでは，交通情報提供サービスに関するビッグデータ活用例として，蓄積プローブ情報とリアルタイムのプローブ情報から，価値の高い異常渋滞情報を抽出する取組みを紹介する。

交通情報提供メディアには，大別すると，カーナビや携帯端末のようなパーソナルメディアと，テレビのようなマスメディアの２種類がある。もちろん，それぞれに一長一短があり，単純に優劣をつけるものではないが，パーソナルメディアでの推奨経路案内のような，すでに移動手段として自動車を選択したユーザーに対するサービスよりも，マスメディアを通した交通情報提供によって，出発前のユーザーに対して，移動手段や出発時刻を適切に選択してもらう「プレトリップ」サービスの方が，交通環境改善の面で大きなインパクトがある[33]ことはよく知られている。

マスメディアを通した交通情報提供サービスは，ある程度受け身でも情報が得られ，より多くの利用者が交通情報に触れることができるため，プレトリップサービスに適しているといえるが，反面，モニター解像度の制約のため，デフォルメした模式図でしか交通状況を示すことができず，交通状況の実態がつかみにくいことや，不特定多数の相手を想定した概況情報しか示せないことなど，いくつかの課題が指摘される。このようなマスメディアによる交通情報提供の課題を踏まえて，プローブ情報を基に，都市部を矩形に区切ったメッシュごとに，「流動指数」と「特異指数」の二つの指標で交通状態を表現する「トラフィックスコープ[34]」という情報提供サービスが提唱されている。

一つ目の指標である流動指数は，メッシュ内の交通流動が最も低下する飽和状態に対して，どの程度流れているかを定量化したものである。流動指数を求めるには，まず，蓄積プローブ情報から，メッシュ内の道路ネットワーク上を走行したすべてのプローブ情報を基に，**集計交通流特性式**（macroscopic fundamental diagram, **MFD**）[35)]（I 編 4 章）を同定する[36)]。MFD は一般に上に凸の関係で近似され，極大点が最も流動性の高い状態であり，そこからエリア集計密度がさらに増えると，流動性が低下する性質がある。ここでは，リアルタイムでこのメッシュを走行するプローブ情報から，集計交通量と集計密度を求めてプロットしたとき，その点が MFD の近似曲線に沿って，極大点にどのくらい近いかを求めて，流動指数としている。**図 7.19**（口絵 10 参照）は，メッシュ流動指数を 1 時間ごとに示したもので，赤い色のメッシュほど流動性が低く，青いほど流動性が高いことを意味している。

二つめの特異指数は，現在の交通流動状態が，統計的にどのくらいまれなものかを定量化したもので，各時点のメッシュ交通状態に関する確率密度関数に対して，その時点のメッシュ交通状態のエントロピー情報量を求めている。特異指数が高いほど，統計的にまれな状態にあるため，可視化の際はそのようなメッシュをハイライトして，利用者の目を引くことができる。

これまでの経験から，特異指数が高いメッシュ交通状態は，大規模な事故や災害，イベントのほか，気象条件や公共交通の障害等，人々の交通行動に影響する事象に関連して見られる[37)]ことがわかっている。**図 7.20**（口絵 11 参照）は，図 7.19 と同じ 2009 年 10 月 8 日（木）における，1 時間ごとのメッシュ流動指数と特異指数を色分け表示したもので，赤い色ほど統計的に特異であることを意味している。実は，この日は早朝に台風 18 号が関東地方を縦断し，朝の通勤ラッシュ時に鉄道その他の交通網が麻痺しており，おそらく普段より自動車を使って都心に向かう人が増えたためか，午前中に激しい混雑状況が都心部で発生している様子が図 7.19 からうかがえる。ただ，図 7.20 で同じ時間帯の特異指数を見れば，都心東部から東北部と南部の混雑は特異なレベルにあるが，都心西部のほうはそれほど特異ではないことが示されている。実際，この日は，東京西部方面の鉄道は比較的早い時間帯に運行が開始されたのに対して，東部・東北部・南部方面の鉄道は河川の橋梁部で強風のため午前中は運行休止となっていたことがわかっており，これらの方面からの交通量が増えたため，激しく渋滞していたと考えられる。

ビッグデータに関しては，しばしばその情報密度の低さが指摘されるが，これは大量の雑多なデータを，ある意図を持って処理することで「情報」とし，さらにその情報を必要とする人に届け，理解してもらって「知識」になるまでに，多くのプロセスを経る必要があることを示している。ここで紹介した特異事象の検出についても，まだまだ「情報」のレベルにとどまっており，特異な状況がどんな原因で生じたのか，これからどうなるのかといった「知識」のレベルまで達していない。今後は，インターネット上の多様なデータ

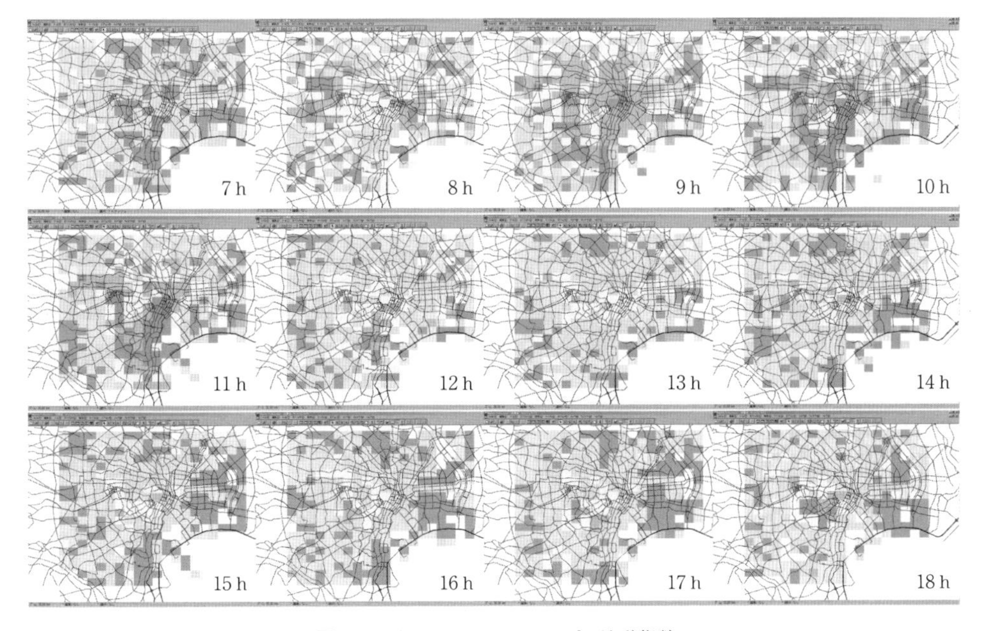

図 7.19 トラフィックスコープの流動指数

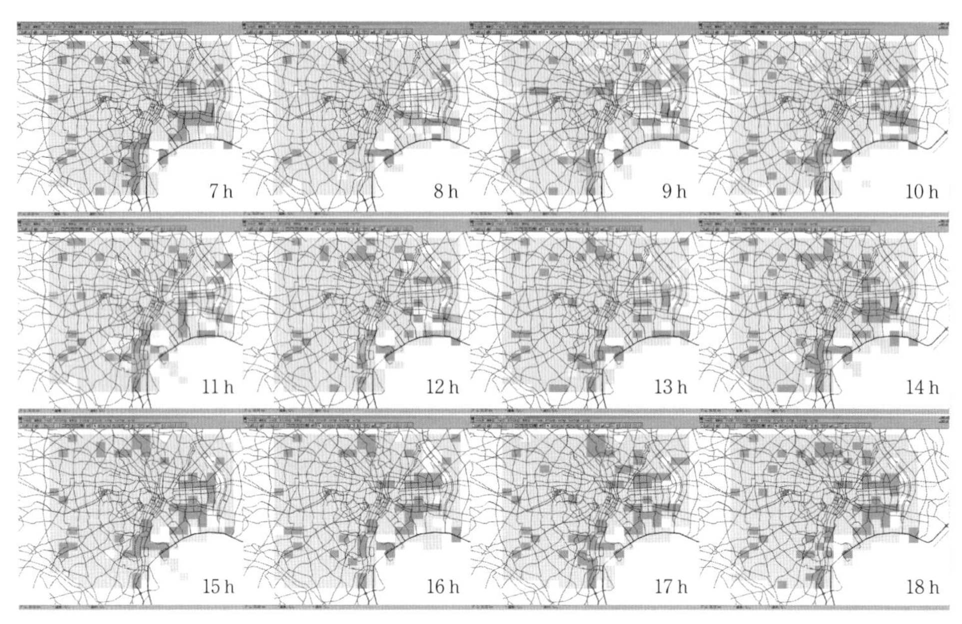

図7.20 トラフィックスコープの特異指数

との融合や，シミュレーションモデルとの同化といった観点から，状況理解や予測につながる技術開発に取り組まれる必要がある。

7.6.3 交通シミュレーション技術

〔1〕 交通シミュレーション開発の系譜

交通流シミュレーションのモデル開発の歴史を文献からひもとくと，その始まりは1960年代後半～1970年代初頭に見ることができる。イギリスでは，信号制御パラメーターの最適化を目的としたTRANSYT[38]や，ネットワークへの動的な交通量配分を主眼に置いたCONTRAM[39]，SATURN[40]といったモデルが，またアメリカではGM式追従走行モデル[41]に基づくNETSIM[42]といったパッケージソフトウェアが開発され，現在でも利用されている。

わが国での交通流シミュレーション開発の歴史もアメリカ，イギリスと同時期まで遡ることができ，東京大学生産技術研究所（東大生研）のブロック密度法[43]や，科学警察研究所のMICSTRAN・MACSTRAN[44]，DYTAM-I[45]などのモデルが開発されている。ただ，いずれもin-houseソフトウェアであり，残念なことに今日では使用されていない。

黎明（れいめい）期のモデルには，交通流動学理論（kinematic wave theory）の観点から，渋滞状況の再現性が厳密ではないものも見られるが[46]，1980年代～1990年初頭にかけては，東大生研のDESC[47]，AVENUE[48]，SOUND[49]，京都大学のBoxモデル[50]，海外ではCTM（cell-transmission model）[51]，INTEGRATION[52]，DYNASMART[53]といった，動学理論における交通流基本特性（fundamental diagram, FD）に従ったモデルが開発された。追従走行モデルに関する研究の進展[54]とも合わせると，交通流のモデリング技法としては，今日のシミュレーションで利用されている考え方が，この時期にほぼ出そろったといえる。

1990年代以降は，計算機の価格低下や性能向上を背景として，GUIを通したアニメーション機能やデータ入力・編集機能が充実したソフトウェアが数多く開発され，実用に供されるようになった。交通工学研究会による「交通シミュレーションクリアリングハウス[55]」に掲載されているモデルだけでも十数余を数えることができ，大学や大企業の研究者だけでなく行政機関やコンサルタント等の実務者にも使われる[56]までに普及した。

交通流シミュレーションの分類には，よくミクロモデル／マクロモデルという通念区分が使われる。これは，一般には「ミクロ＝追従走行モデル」，「マクロ＝流体近似の交通流基本特性（FD）モデル」という図式で理解されているが，近年ではマクロモデルに替わって，FDモデルをベースに，車種やOD（origin-destination）の情報を持たせた離散的な車両パケットを移動させる「メソモデル」が利用されるようになってきた。ただ，メソモデルについてはさまざまな粒度のものがあり，リンク単位で車両密度を適正に管理するが，その内部の違いまでは考慮しない“link-wised linear" モデルと，定常走行／停止のモード別にリンク内部の交通状態を区別する "state-wised linear" モデルという区分が提唱されている[57]。また，交通流モデルの基本原理のほか，車線変更挙動や経路選択挙動のモデル化の有無を考慮した区分[58]もある。

〔2〕 **モデル検証と標準化への取組み**

しかしながら，上述のような表層的な区分や，論文，技術資料を読むだけでは，シミュレーションモデルがどの程度の能力があるかを知ることは難しい。シミュレーションモデルがブラックボックス化していることへの危惧は早くから指摘[59]されており，ユーザーがどのようなモデルを使うべきか，その指針を示すことが喫緊の課題となっていた。

このような背景から，1990年代半ばに欧州の大学・研究機関を中心としたSMARTESTプロジェクト[60]が始まり，ITSの評価に適した標準的なモデル要件を提示した上で，複数のモデルを比較評価するといった動きが出てきた。同様の動きは，アメリカのNGSIMプロジェクト[61]でも見られる。

これら欧米での動きは，すでに市場にある特定のモデルを選定し推奨するといった，ビジネス面でも戦略的な狙いを持ったものである。これに対し，わが国では1990年代半ばから土木学会ワークショップ（WS3/WG5）[62]を通して，よりオープンな立場で標準化への取組みが始まった。これは，標準モデル検証プロセス[63]に沿った検証（**V**erification & **V**alidation）とその結果公開（**D**isclosure）を求める「VVDポリシー」を基本路線として，いわゆる手続き認証の形を目指すものである。その後，活動母体は交通工学研究会に移り「交通シミュレーションクリアリングハウス[55]」を通して，標準モデル検証プロセスのマニュアルや検証用ベンチマークデータセットの配布，モデル検証結果の公開等を行っている。

〔3〕 **応用技術の展開と課題**

現在，実務レベルで普及している交通流シミュレーションは，そのすべてが「渋滞による損失」を定量化するために使われているといってもよいだろう。ただ，シミュレーションへのニーズはこれにとどまるものではなく，以下のような分野への展開も期待される。

（1） **安全性の評価** 安全性の評価に関しては，まだ多くの課題が残されているものの，いくつかの取組みが見られる。一つは，ドライバーの認知ミス等に起因する事故の発生プロセスをモデル化して，直接的にシミュレートしようとするアプローチ[64]である。これらは，各種施策の事故削減効果を定性的に説明することはできるが，定量評価となると，非常に生起確率が低い事象をモンテカルロシミュレーションすることの是非と，直接観測が難しい人間のメンタルモデルを規定するパラメーターをどのように与えるかに課題があるものと考えられている。

二つめに，車両動線データを多数蓄積し，各データを得たときの状況（コンテキスト）と関連付けた上で，将来その状況が変化したときに動線の交錯等の危険性が高い事象がどのくらい増減するかを求めるアプローチ[65]がある。これは，事故発生を明示的にモデル化しない，いわゆるデータオリエンテッドなアプローチであり，直接観測できる量だけでシミュレーションが構築できるところに利点がある。しかしながら，ある特定の状況下で収集されたデータで，場所や時期が変わったときの可搬性（ポータビリティ）を完全に担保することには無理があり，結果を解釈・説明する際に，適用可能な範囲を限定するなどの配慮が求められる。

三つめは，ドライビングシミュレーターと組み合わせて，交通流シミュレーションで被験者車両の周辺環境を作りだし，仮想実験で安全性を評価するアプローチ[66]である。

（2） **環境インパクトの評価** 従前より，大気汚染や騒音等の公害対策の評価，あるいは近年の地球環境問題におけるCO_2削減のための施策評価で，交通流シミュレーションは活発に利用されていた。これらは，環境分野で研究・開発されてきた「環境評価モデル」へのインプットとして，交通流シミュレーションのアウトプットを利用するものだが，ここでは両者のミスマッチを指摘しておきたい。

環境評価モデルで最もよく利用されているのは，平均速度を説明変数として，指標の原単位を求める「マクロ推計モデル」である。このとき，どのくらいの空間規模で平均した速度を用いているか，留意する必要がある。例えば，騒音評価モデルとしてよく使われている日本音響学会モデル[67]は，地点速度の時間平均速度が説明変数になっている。これへの入力として適切な地点速度，もしくは比較的短い区間の通過速度の平均値は，容易にシミュレーションから出力できるので，比較的親和性の高い組合せといえる。

これに対し，自動車の燃費を推計する国土技術政策総合研究所（旧土木研究所）モデル[68]は，数～十数kmの比較的長い区間を走行するトリップの平均旅行速度を説明変数としているが，これにシミュレーションで出力される地点速度やリンク平均旅行速度を入力している事例が散見される。一般にリンクはトリップと比べると非常に短いので，同じ「平均速度」でもその内容は著しく異なることもあり，適切な使い方とはいえない。この場合は，車両を追跡してトリップ単位で平均旅行速度を求めるのが，本来の排出量推計モデルの考え方と整合すると考えられる。

環境評価モデルには，車両の瞬間速度や加減速から運動エネルギーを求め，エンジン燃焼マップでの状態を考慮するなど，精緻に指標を求める「ミクロ推計モデル」の開発[69]も盛んに行われている。しかしながら，ミクロ交通流シミュレーションで車両の微視的な加減速変動を現実的に再現することのたいへんさを考えれば，安易にこれらを組み合わせるだけでは十分ではなく，シミュレーションでの加減速挙動の再現性について，慎重な検証が求められる。

一方で，交通流シミュレーションで現実的に再現し得るのは，ある区間を通過する車両の走行状態を停止・発進・定常走行といったモードに分けたときの構成比くらいであるという認識に立ち，環境評価指標の推計モデルも，マクロとミクロの中間に位置付けられる方式[70]を用いる事例も報告されている。

（3）**通信技術の評価**　この分野での交通流シミュレーション利用は，文化の違いを反映してか，はっきりと二つの形態に分かれる。一つは，移動体通信方式の性能を精緻に評価するため，ns-2[71]やQualNet[72]等の電波伝播特性やアドホック通信プロトコルを微視的にモデル化した移動体通信シミュレーターと組み合わせて利用する形態である。この場合，交通流シミュレーションは「従」であり，「主」である通信シミュレーター側からライブラリー的に呼び出せることが期待されるが，ソフトウェア設計上の制約で容易ではない場合も多い。また，ミリ秒単位の世界を模擬する通信シミュレーターでは，現実的には高々数百台規模の（通信ノードとしての）車両しか扱えない[73]とされることから，相性の良い交通流シミュレーションの独自開発[74]や，既往シミュレーションの小規模ネットワークでの利用[75]等の例が見受けられる。

これとは逆に，交通流シミュレーションが「主」となり，通信シミュレーションを「従」として，規模性を求めるとともに，伝達する情報の交通流への影響評価を指向する形態[76]がある。評価シナリオによっては，数千～数万台の車両を通信ノードとして扱うことが求められるので，移動体通信方式の表層的な挙動を秒単位のオーダーで抽象化し，計算負荷を軽減した「表層モデル」が必要[77]となろう。このような表層モデルは，通信分野の専門家によって注意深く，かつ汎用的にデザインされるべきだと考えるが，交通分野の専門家とは興味の範疇が違うせいか適切なモデルやソフトウェアが見当たらず，今後に期待したい。

（4）**オンラインシミュレーションによる動的モニタリング**　オンラインシミュレーションとは，感知器等のデータをリアルタイムに収集し，現在の交通状態から計算を開始して，一定時間将来までの交通状況を予測し，情報提供や交通管制に利用するものである。1990年代後半に始まったアメリカのTrEPSプロジェクトで，DTA（Dynamic Traffic Assignment）技術の研究開発に着手し，Dynasmart-X[78]とDynaMIT[79]の二つのシステムが開発されたのが嚆矢である。

国内でも，阪神高速道路が京都大学と共同で開発したHEROINE[80]や，首都高速道路でのRISE[81]など，都市高速道路ネットワークを対象としたオンラインシミュレーション開発の例が見られる。これら都市高速道路を対象としたオンラインシミュレーションは，交通量感知器データを入力値に利用するものであるが，このほかにも感知器データが得られにくい一般道ネットワークを対象に，プローブデータを入力する「ナウキャストシミュレーション[82]」で，現在の交通状況を推定する技術も開発されている。

これらのオンラインシミュレーションは，時間・空間での広がりを持つ交通状態の「一部」を観測し，それを「モデル」に入力して初期状態を生成し，観測できない領域を含むすべての時空間領域での交通状態を推定する，広い意味での**データ同化**（data assimilation）と捉えることができ，この結果を用いて総時間損失などの社会インパクトや，CO_2排出量などの環境インパクトをリアルタイムでモニタリングできるようになると期待されている。　　　　　　　　（堀口良太）

引用・参考文献

1）日本道路協会：道路構造令の解説と運用（改訂版），pp.57～59，丸善（2004）
2）Transportation Research Board : Highway Capacity Manual 2010, TRB (2010)
3）Reports of the Steering Group and Working Group appointed by the Minister of Transport : TRAFFIC IN TOWNS-A study of the long term problems of traffic in urban areas-, p.44, Her Majesty's Stationery Office (1963)
4）越　正毅，桑原雅夫，赤羽弘和：高速道路のトンネル，サグにおける渋滞現象に関する研究，土木学会論文集，No.458，Ⅳ-18，pp.65～71（1993）
5）越　正毅，赤羽弘和，桑原雅夫：渋滞のメカニズムと対策，生産研究，Vol.41, No.10, pp.9～16 (1989)
6）割田　博，赤羽弘和，船岡直樹，岡村寛明，森田綽之：首都高速道路におけるキャパシティボールの抽出とその特性分析，第29回土木計画学研究・講演集（2004）
7）日下部貴彦，井料隆雅，朝倉康夫：日没時間帯の

交通流特性の分析，第 34 回土木計画学研究・講演集（2006）
8）大口 敬，赤羽弘和，山田芳嗣：高速道路交通流の臨界領域における事故率の検討，交通工学，Vol.39，No.3，pp.41～46（2004）
9）前田 忍，田中真一郎，森北一光，近田博之：東名岡崎地区暫定 3 車線運用による交通状況改善効果検証，第 32 回交通工学研究発表会論文集，pp.35～38（2012）
10）皆川聡一：ドイツアウトバーンにおける路肩の走行車線運用について，交通工学，Vol.41，増刊号，pp.65～69（2006）
11）交通工学研究会：改訂　平面交差の計画と設計　基礎編（第 3 版），交通工学研究会（2007）
12）交通工学研究会：改訂　交通信号の手引き，交通工学研究会（2006）
13）齋藤 威：ジレンマ回避制御方式の開発，科学警察研究所報告　交通編，Vol.32，No.2（1991）
14）Webster, F.V. : Traffic Signal Settings, Road Research Technical Paper, No.39, Her Majesty's Stationery Office, London（1958）
15）Hunt, P.B., Robertson, D.I., Bretherton, R.D., and Winton, R.I. : SCOOT－a traffic responsive method of coordinating signals, TRL Laboratory Report 1014（1981）
16）Sime, A.G. and Dobinson, K.W. : The Sydney Coordinated Adptive Traffic（SCAT）System Philosophy and Benefits, IEEE Transactions on Vehicular Technology, Vol.VT-29, No.2, pp.130～137（1980）
17）Mauro, V. : UTOPIA, Symposium Control, Computers, Communications in Transportation, Paris, pp.245～252（1990）
18）内閣府：平成 26 年交通安全白書，第 1 編，第 1 部，第 1 章　道路交通事故の動向（2014）
19）中央交通安全対策会議：交通安全基本計画－交通事故のない社会を目指して（2011）
20）国土交通省の Web ページ：交通事故対策の取組 http://www.mlit.go.jp/road/road/traffic/sesaku/torikumi.html（2015 年 11 月現在）
21）NEXCO 西日本の Web ページ：交通安全の取り組み http://corp.w-nexco.co.jp/effort/safety/road_safety/（2015 年 11 月現在）
22）西村 昴：道路安全監査の思想，交通科学，vol.26，No.1，pp.59～63（1997）
23）蓮花一己：欧州に見る交通安全対策の深め方，JAMAGAZINE，日本自動車工業会，2003 年 4 月号（2003）
24）国土交通省：道路交通の安全施策－幹線道路の事故多発地点対策及び自動車の安全対策等－平成 13 年度～平成 14 年度　プログラム評価書（2003）
25）例えば，小澤友記子，兒玉 崇，大藤武彦：阪神高速道路の事故要因分析と今後の事故削減に向けた課題，第 30 回交通工学研究発表会論文集（CD-ROM）（2010）
26）ITS Japan：日本の ITS，ITS 年次レポート 2015 年版，ITS Japan（2015）
27）DARPA Urban Challenge website : http://archive.darpa.mil/grandchallenge/（2015 年 6 月現在）
28）Gigazine 記事：http://gigazine.net/news/20150512-google-car-11-accident/（2015 年 6 月現在）
29）堀口良太：「IPCar 実証実験」におけるデータ処理技術について，交通工学，第 38 巻，4 号，pp.30～35（2003）
30）インターナビプレミアム WWW サイト：http://www.honda.co.jp/internavi/（2015 年 7 月現在）
31）中嶋康博，牧村和彦，益子輝男：ヒヤリハットデータを用いた道路，都市交通行政への活用，IBS 研究活動報告 2005，pp.81～86（2005）
32）ITS Japan 通行実績・通行止め情報サイト：http://www.its-jp.org/saigai/（2015 年 7 月現在）
33）味沢慎吾，吉井稔雄，桑原雅夫：道路交通需要の空間的・時間的分散による渋滞削減効果に関する研究，第 18 回交通工学研究発表会論文報告集，pp.13～16（1998）
34）Horiguchi, R., Iijima, M., and Hanabusa, H. : Traffic Information Provision Suitable for TV Broadcasting Based on Macroscopic Fundamental Diagram from Floating Car Data, Proceedings of 13th International IEEE Conference on Intelligent Transportation Systems, Madeira Island, Portugal, pp.19～22, September（2010）
35）Daganzo, C. F. : "Urban gridlock : macroscopic modeling and mitigation approaches," Transportation Research B 41, pp.49～62; "corrigendum" Transportation Research B 41, 379（2007）
36）Geroliminis, N. and Daganzo, C. F. : "Existence of urban-scale macroscopic fundamental diagrams: some experimental findings," Working paper, Volvo Center of Excellence on Future Urban Transport, Univ. of California, Berkeley（2007）
37）堀口良太：新しい交通情報のカタチ，アーバン・アドバンス，No.62，pp.30～35（2014.3）
38）Robertson, D. I. : TRANSYT : A Traffic Network Study Tool, Road Research Laboratory Report, LR253, Crowthorne（1969）
39）Leonard, D. R., et al. : A Traffic Assignment Model for Predicting Flows and Queues during Peak Periods, TRRL Laboratory Report 841（1978）
40）Bolland, J. D., et al. : SATURN : A Model for the Evaluation of Traffic Management Schemes, Institute for Transport Studies Working Paper 106, Leeds University（1979）
41）Herman, R., et al. : Traffic Dynamics : Analysis of Stability in Car Following, Operations Research, E. 17, pp.86～106（1958）
42）Van Aerde, M., et al. : Dynamic Integrated Freeway / Traffic Signal Networks: Problems and Proposed

Solutions, Transportation Research A, Vol.22A, No.6, pp.435 ~ 443 (1988)
43) 交通工学研究会：交通管制における交通状況予測手法に関する研究，交通工学研究会報告書（1971）
44) 池上慶一郎ほか：街路交通のシミュレーションモデル（MICSTRAN-I と MACSTRAN-I），科学警察研究所報告交通編 Vol.16，No.1，pp.1 ~ 16（1975）
45) 木戸伴雄ほか：街路網における経路探索・交通配分モデル（DYTAM-I），科学警察研究所報告交通編 Vol.19，No.1，pp.1 ~ 10（1978）
46) 小根山裕之ほか：交通流シミュレーションモデル「CONTRAM」の車両移動ロジックに関する分析，生産研究，第 46 巻，第 3 号，pp.54 ~ 57（1994）
47) 尾崎晴男：街路網信号制御の評価シミュレーションモデル（DESC），交通工学，Vol.24，No.6，pp.31 ~ 37（1989）
48) 堀口良太ほか：都市街路網の交通シミュレーター AVENUE－の開発，第 13 回交通工学研究発表会論文集，pp33 ~ 36（1993）
49) 吉井稔雄ほか：都市内高速道路における過飽和ネットワークシミュレーションモデルの開発，交通工学 Vol.30, No.1, pp.33 ~ 41（1995）
50) 飯田恭敬ほか：渋滞の延伸を考慮した動的交通流シミュレーション，土木計画学研究講演集 No.14（1），pp.301 ~ 308（1991）
51) Daganzo, C. F. : The cell transmission model : A dynamic representation of highway traffic consistent with the hydrodynamic theory, Transportation Research Part B, Vol.28 No.4, pp.269 ~ 287（1994）
52) Van Aerde, M., et al. : INTEGRATION: An Overview of Traffic Simulation Features, TRB Annual Meeting（1996）
53) Mahmassani, H. S., et al. : Dynamic Traffic Assignment and Simulation for Advanced Network Informatics（DYNASMART), the 2nd International Seminar on Urban Traffic Networks（1992）
54) 大口 敬：高速道路単路部渋滞発生解析－追従挙動モデルの整理と今後の展望－，土木学会論文集（2000）
55) 交通シミュレーションクリアリングハウス：http://www.jste.or.jp/sim/index.html（2016 年 6 月現在）
56) 堀口良太ほか：適用事例を通した交通シミュレーション利用実態の分析と利用促進への課題，土木学会論文集Ⅳ，Vol.709，No.Ⅳ-56，pp.61 ~ 69（2002）
57) 堀口良太：交通流シミュレーションの技術動向，自動車技術，Vol.64，No.3（2010.3）
58) 交通工学研究会編：交通シミュレーション適用のススメ，交通工学研究会（2004）
59) Algers, S., et al. : Review of Micro-Simulation Models. SMARTEST Project Report（2000）
60) Smartest web site：http://www.its.leeds.ac.uk/projects/smartest/（2016 年 6 月現在）
61) NGSIM Web site：http://www.ngsim.fhwa.dot.gov/（2016 年 6 月現在）
62) 吉井稔雄ほか：モデル検証用マニュアルの策定，第 37 回土木計画学シンポジウム論文集，pp.107 ~ 112（2001）
63) 交通工学研究会：交通流シミュレーションの標準検証プロセス（Verification マニュアル（案）），http://www.jste.or.jp/sim/manuals/VfyMan.pdf（2016 年 6 月現在）
64) 古川修ほか：交通シミュレータによる予防安全評価用ユニバーサルドライバモデルの開発，自動車研究 30（10），pp.579 ~ 582（2008）
65) Horiguchi, R., et al. : Traffic Simulation for an Expressway Toll Plaza Based on Successive Vehicle Tracking Data, Chapter 11 of Transport Simulation - Beyond Traditional Approaches, EPFL Press（2009）
66) Yamada, H., et al. : Applicability of AHS Service for Traffic Congestion in Sag Sections, Proceedings of 12th World Congress on Intelligent Transport Systems（2005）
67) 日本音響学会道路交通騒音調査研究委員会：道路交通騒音の予測モデル "ASJ RTN-Model 2008"，日本音響学会誌，Vol.65，No.4，pp.179 ~ 232（2009）
68) 大城 温ほか：自動車走行時の燃料消費率と二酸化炭素排出係数，土木技術資料，Vol.43，No.11，pp.50 ~ 55（2001）
69) 平井 洋ほか：大気質シミュレーションのための自動車排出量推計モデル，自動車技術，Vol.61，No.7（2007）
70) Oneyama, H., et al. : Estimation model of vehicle emission considering variation of running speed, Journal of the Eastern Asia Society for Transportation Studies, Vol.4, No.5, pp.105 ~ 117（2001）
71) ns-2 Web site : http://www.isi.edu/nsnam/ns/（2016 年 6 月現在）
72) QualNet Web site : http://www4.kke.co.jp/qualnet/（2016 年 6 月現在）
73) 機械システム振興協会：安全運転支援システムの通信系シミュレータに関するフィージビリティスタディ報告書（2009）
74) 吉岡顕ほか：ITS 通信アプリケーション評価用統合シミュレータの開発，DICOMO2007，pp.1762 ~ 1766（2007）
75) 新川 崇ほか：メッセージフェリーと車車間通信を併用した渋滞情報収集システムの情報伝播効率の改善，情報処理学会論文誌，Vol.49，No.1，pp.189 ~ 198（2008）
76) 堀口良太：センタレスプローブ情報処理アルゴリズムの開発，自動車研究，Vol.29，No.10，pp.539 ~ 542（2007）
77) 植原啓介：情報伝達アルゴリズムとその評価結果，自動車研究，Vol.29，No.10，pp.543 ~ 546（2007）
78) DYNASMART Web site : http://mctrans.ce.ufl.edu/featured/dynasmart/（2016 年 6 月現在）
79) DynaMIT Web site : http://mit.edu/its/dynamit.html（2016 年 6 月現在）

80) 大藤武彦ほか：交通管制システムにおけるオンライン・リアルタイム交通流シミュレーションの活用，第33回土木計画学研究発表会（春大会）講演論文集（2006）

81) 宗像恵子ほか：首都高速道路におけるリアルタイム予測シミュレーションの開発，第29回交通工学研究発表会論文集（2009）

82) Hanabusa, H., et al. : Development of the Nowcast Traffic Simulation System using Floating Car Data, Proceedings of 3rd International Conference on Models and Technologies for Intelligent Transport Systems, Dresden (2013)

8. 道路施設計画

8.1 道路網計画

道路は，われわれの暮らしに最も身近な存在であり，社会経済活動はすべて道路を介して営まれているといっても過言ではない。日常生活を支える重要なインフラである道路の計画に当たっては，都市の骨格形成はもとより重要な交通拠点との連絡性の確保，上位計画や他の施設計画等との整合を図ることが肝要である。

近年では，社会環境の変化や価値観の多様化等により，道路整備に対する要求や条件も厳しくなってきており，道路計画者はこれらの制約条件の中で道路網計画の考え方を明確に示すことが求められるようになってきている。

8

8.1.1 道路の計画・設計手順

〔1〕 道路網計画の要諦

道路計画の中にあって，道路網計画は最上流に位置し，道路ネットワーク全体で達成すべき目標を設定して策定すべきものである。高速道路のように国土の骨格を形成する道路から地域の生活基盤となる道路に至るまで，その目標や解決すべき課題によって対象とするエリアの規模や，適用する道路の種類等が異なる。

道路網計画の策定に当たっては，対象エリアにおける道路ネットワークとしての機能が十分に発揮されるよう，交通課題等の現状を踏まえ，当該地域の環境条件への配慮，鉄道駅・空港・港湾等の交通結節点との連結，災害時のリダンダンシーの確保，シビルミニマムの確保，国土計画や地域計画および都市計画等との関係等に十分配慮する必要がある。

〔2〕 道路計画・設計の進め方

道路計画は，高規格な高速道路から地先の市町村道に至るまで，道路の種類によって事業の進め方および手続きに多少の違いはあるが，一般的に，① 予備調査（道路網調査）に始まり，② 概略計画，③ 路線選定，④ 道路設計の流れで計画を策定する（**図 8.1** 参照）。

① 予備調査（道路網調査）：計画地域の経済状況や道路交通状況および計画上の制約条件を把握した上で，計画道路の実現可能性を検討する。なお，経済調査ではおもに人口，所得，事業所数，工業出荷額等を把握する。交通調査では，おもに断面交通量や OD 交通量等を把握する。技術調査では，自然条件・関連公共事業・環境条件・文化財・公共施設等のコントロールポイントを把握する。

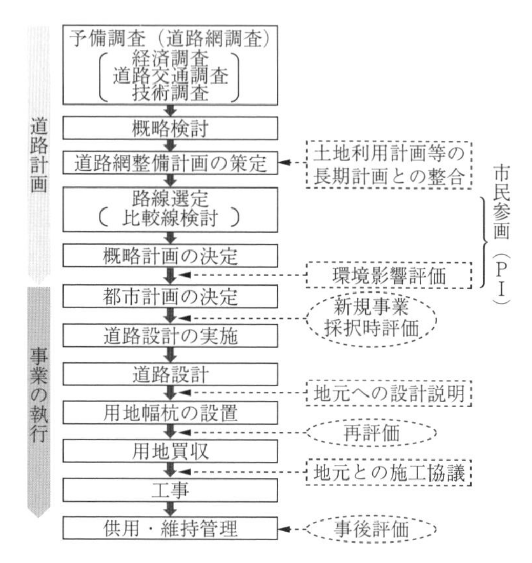

図 8.1 道路事業における道路計画・設計の位置付けと手順

② 概略計画：連絡する拠点や通過する地域等を概略的に示し，個別の路線計画の集合体である道路網の整備計画を立案する。高規格幹線道路網計画や広域道路整備基本計画等がこれに当たる。

③ 路線選定：②で策定された道路網計画のうち，優先度の高い区間から計画を具体化していく上で，基本となる区間単位の計画を立案する。

④ 道路設計：事業実施のための測量や設計を行い，事業費の算定や工程計画を勘案した事業計画のための実施設計を行う。

上記 ① 予備調査から ② 概略計画，③ 路線選定を経て都市計画が決定され，事業着手となる。事業着手後に現地測量を実施して ④ 道路設計から道路中心線を設定する。関係機関協議（周辺土地利用計画との調整，環境保全の具体的な対応，関連道路との接続方法等）を経て用地幅杭を設置し，用地取得，工事着手の手順を踏む。なお，② 概略計画から ④ 道路設計までの詳細は8.1.2項で後述する。④ 道路設計のうち，幾何構造設計に関する詳細は8.1.3項で後述する。

〔3〕 道路事業の手続き

道路計画の策定プロセスにおいて，近年では，透明性や客観性，合理性，公正性を確保するための**パブリックインボルブメント**（public involvement, **PI**）の導入や，限られた予算の中で効率的かつ重点的に対策を行うため客観的指標によって交通課題や事業成果を把握・整理し，これを再度計画に反映させる **PDCA**（plan → do → check → act）サイクルで道路事業を照査する行政マネジメントの導入が進んでいる。このように目標とするサービス水準を設定し，現状の課題を客観的データで明確化した上で，重点的かつ早急に対策すべき箇所から事業を実施し，短期計画から長期計画に至るまでの計画の体系化や，各計画を定期的に照査するプロセスの重要性が見直されている。

なお，事業化後においては，新規採択時および事業採択時から定められた期間を経過して未着工あるいは継続中の事業を対象に行う再評価時，完成後に行う事後評価時において，**費用便益比**（cost-benefit ratio, **B/C**）を含む客観的な評価指標を用いた事業評価分析が義務付けられている。

8.1.2 路 線 計 画

〔1〕 道路機能に応じた路線配置

（1） 道路の機能分類 道路の機能は**図8.2**に示すように，自動車や歩行者・自転車それぞれについての交通機能として，通行機能・アクセス機能・滞留機能があり，空間機能として，市街地形成機能，防災機能，環境機能，収容機能がある。

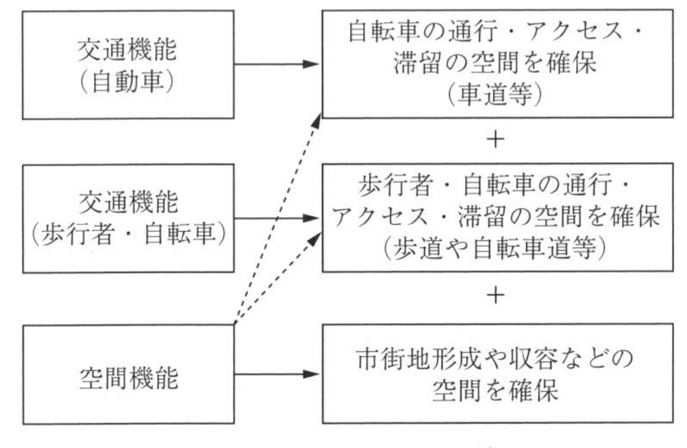

図8.2 道路の機能分類[1)]

道路は，拠点都市間あるいは地域間を連絡する都市間道路と，地域・都市内における域内交通に対応するための都市内道路とで，その主たる機能が異なる。

都市間道路は高速性・定時性といった通行機能が重視され，一般により長距離で幹線道路の機能を有する都市間道路ほど高速走行・大量輸送が求められる。一方で，山間部の集落相互を結ぶような都市間道路では，高速走行や大量輸送はそれほど重要ではなく，安全かつ円滑に往来できること，そして接続信頼性が高いことが重要となる。

都市内道路は通行機能に加えてアクセス機能，空間機能も重視される。都市の骨格を形成し，防災機能や環境機能等の空間機能を求められると同時に，高速・大量の通行機能も併せ持つ都市内の幹線道路では，沿道施設へのアクセス機能は限定的とすべきである。反対に，幹線道路以外の住区内道路は，空間機能と併せて沿道施設へのアクセス機能が重視されることから，通行機能は必要最小限に制約されるべきである。

（2） 路線配置計画 道路網計画の策定に当たっては，対象エリアにおける道路ネットワークとしての機能が十分に発揮できるように，道路の規格・構造等を決定することが重要である。この際，さまざまなレベルの道路網について道路の階層性や，上位計画・他の施設計画等との整合性を確保することが重要である。道路の階層性とは，例えば高規格な幹線道路と生活道路等，性質の大きく異なる道路どうしを直接連絡することは適切ではなく，道路の機能が近いものから段階的に接続するといった考え方である。

〔2〕 都市間道路の路線計画

（1） 概 略 計 画 構想段階は，道路の計画帯の選定や基本的な道路構造を概略的に決定する段階であり，縮尺1/50 000〜1/10 000のスケールの地形図上に考えられる路線をフリーハンドで描いて検討する。あらかじめ大まかな起終点を設定し，計画路線に求められる機能と将来交通量に応じた構造規格を定め，対象地域の社会経済的，地形・地質的条件を考慮して，所与の線形条件の下で実現性の高いいくつかの候補路線を選定する。この段階では，巨視的な判断が必要であり，周辺道路網の現状および将来計画との対応を十分把握するとともに，地域計画や都市計画，土地利用計画等，当該路線の計画に影響する関連情報を広範に収集して，計画に反映することが必要である。

（2） 路 線 選 定 概略計画において検討された候補路線について，さらに小スケールの1/5 000〜1/2 500の地形図を用いて，具体的な路線位置の選定を行う。この段階ではおもに平面線形に重点が置かれるが，等高線から概略の地盤高を縦断図に記入し，切盛状況や土量バランスに配慮した縦断線形についても概略で検討する。また，橋梁・トンネル等の構造型式も想定する。これを2〜3案の比較路線について実施し，以下の観点から各候補路線の優劣を比較検討する。

① 交通：渋滞解消，事故減少，走行時間短縮，災害時の防災機能向上，広域ネットワーク形成等

② 環境：騒音，大気汚染，地球温暖化，景観，生態系への影響，集落や公共公益施設への影響等

③ 土地利用・市街地整備：地域間交流，工業・農業農地利用への影響，市街地の防災性，沿道商業施設への影響等

④ 事業性：事業費，維持管理費，事業期間，施工性，用地取得の容易性等

なお，比較線の数は2〜3案とされることが多いが，一般には比較線の数が多いほどより良い解を得やすいため，できるだけ多くの比較線を検討することが望ましい。ただし，単に数を増やすのではなく，それぞれの比較線は，地域特性を踏まえた計画意図を持つことが重要である。

路線選定の段階では，コントロールポイントの情報精度も向上させ，地形条件や開発計画，地質，文化財等の資料等から詳細に設定することが必要である。おもなコントロールポイントを**表 8.1** に示す。

（3） 道路設計　路線選定による比較線検討の結果，選択された路線について都市計画決定されると，事業化の段階に入る。この段階では，現地測量を実施し，詳細なコントロールポイントを確認しながら，1 000〜1/500 の地形図上に実施設計を展開し，道路中心線を設定する。

つぎに，等高線を基に縦断図を作成し，縦断的な制約条件（河川，水路，鉄道，立体交差道路等のクリアランス等）との関係を確認するとともに，平面線形と縦断線形の調和・連続性等の観点から吟味する。さら

表 8.1　おもなコントロールポイント[2]

項目		一次コントロール	二次コントロール	備考
自然条件	地形	・山脈，山塊，渓谷	・峠，大切土，大盛土，長大切土法面	・長大トンネル，長大橋梁の位置決定
		・主要河川の架橋地点	・湖沼，池，中小河川	
	地質，土質	・大規模な地すべり地帯崩壊地帯	・軟弱地盤地帯，崖錐地帯，断層の方向	
	気象	・大規模雪崩地区，標高の高い濃霧多発地区および路面凍結予想地区	・吹きだまり，地吹雪，雪崩，強風の予想箇所	・標高 800 m 以上はできるだけ低位を選択
関連公共事業		・インターチェンジ位置と取付け道路との関係	・インターチェンジ付近の線形，交差箇所	・仮換地の期間が長い
		・重要な主要道路や鉄道との交差位置（改良，新設事業とも）	・農業構造改善事業，区画整理事業	
		・都市計画事業		
環境条件	社会環境	・学校，病院，老人ホーム，養護施設，住宅密集地	・集落，工場，工業団地	
	自然環境	・厚生自然環境保全地域	・自然環境保全地域	
		・自然環境保全特別地区	・国立公園特別地域第二，第三種および普通地域	
		・国立公園特別保護地区，特別地域第一種	・国定公園特別地域第二，第三種および普通地域	
		・国定公園特別保護地区，特別地域第一種	・県立公園，公園	
文化財等	文化財	・国宝，重要文化財	・文化財，社寺，仏閣	・有形文化財のうち，建造物のみ
	記念物	・特別名勝，特別史跡，特別天然記念物	・名勝，史跡，記念物	
公共施設		・空港，大規模鉄道駅，大規模港湾，電波受信施設，貯水池，大規模発電所等	・鉄道，道路，港湾，漁港，電波発信所施設，送電線	

8

に，横断図を作成して，土工量，構造物の位置・寸法等の条件を吟味する。

〔3〕 都市内道路の路線計画

都市内道路にあっても路線計画の基本的な考え方は，都市間道路と同様であり，① 予備調査（道路網調査），② 概略計画，③ 路線選定，④ 道路設計のプロセスを経て策定する。しかし，都市間道路に対して都市内道路ではアクセス機能や空間機能の重要性が高まることから，以下に都市内道路の路線計画における特徴を解説する。

（1） 道路の機能分類　都市内の既存道路ネットワークを構成する各路線・区間を，都市高速道路等の自動車専用道路，主要な幹線道路，幹線道路，市街地道路といった各階層に機能分類する。規格の高い階層の道路は通行機能に特化すべきであるのに対し，低い階層の道路はアクセス機能を重視すべき道路となる。通行機能とアクセス機能には相互に排他的な特徴があるため，1本の道路に両方の機能を持たせることは原則として適切ではない。しかし，わが国の既成市街地を勘案すると，当該路線を通行機能とアクセス機能のいずれかに特化することは難しいことから，各道路の階層や沿道立地条件に合わせて，道路の各機能間のバランスを図ることが重要である。

（2） 市街地との調和　都市内の道路計画においては，交通機能よりも空間機能の重要性が高まる。都市内の道路計画，特に道路の新設と拡幅は，人々の生活・行動パターンの変化をもたらし，長期的には都市内の市街地形成に影響を及ぼす。一方で，既成市街地を分断する可能性もあることから，保存すべき町割りに配慮した計画とすることも必要である。

〔4〕 交差道路の接続計画

（1） 接続方式選択の重要性　道路ネットワークの機能が十分発揮されるためには，道路の幾何構造はもとより，道路相互の交差接続方式に配慮することが重要である。例えば，長距離高速交通を処理する自動車専用道路では，フルアクセスコントロールするとともに，アクセス間隔に配慮する。都市内道路では，通行機能の要素が高い路線もあれば，短距離利用の生活交通に資するアクセス機能の要素の高い路線も混在する。都市内にあって通行機能の要素の高い路線を相互に接続する場合には，交差接続する位置を限定する，あるいは立体化することが必要である。一方で，アクセス機能の要素が高い道路では，単純な平面交差型式を基本とするとともに，通過交通型の幹線道路とは直接接続しないことが望ましい。このように，交差道路との接続方法の検討に当たっては，地域の交通計画を踏まえて，当該道路の機能，規格，交通量，交差間隔，さらには地形，沿道環境，土地利用状況等を勘案して決定することが必要である。

（2） 交差接続方式の分類　道路相互の交差接続方式は，一般に平面交差と立体交差に大別される。平面交差はさらに，信号交差点，環状交差点（以下，**ラウンドアバウト**（roundabout, **RAB**）という），無信号交差点に分類され，立体交差はさらに，単純立体交差，交差点立体交差，インターチェンジ（ジャンクション）に分類される。

平面交差は，三枝以上の道路が同一平面上で交差するものであり，交通量の大小に応じて信号処理の有無を決定する。交通量の多い交差点では方向別の通行権を明確にするため信号制御が必要となる。交通量の少ない交差点では信号制御しないケースが多いが，衝突事故の危険性の高い交差点や，五枝以上の複雑な交差点ではラウンドアバウトの採用が有効である。ラウンドアバウトとは，「環道交通流に優先権があり，かつ環道交通流は信号機や一時停止等により中断されない，円形の平面交差部の一方通行制御方式」のことをいう。ラウンドアバウトの標準的な構成要素を**図 8.3**に示し，各地における導入事例を**図 8.4**に示す。

ラウンドアバウトの長所には，以下のようなものが挙げられる。

① 安全性：速度抑制による交通事故の減少
② 円滑性：無信号による無駄な待ち時間の解消
③ 環境性：信号待ちの解消による CO_2 の削減

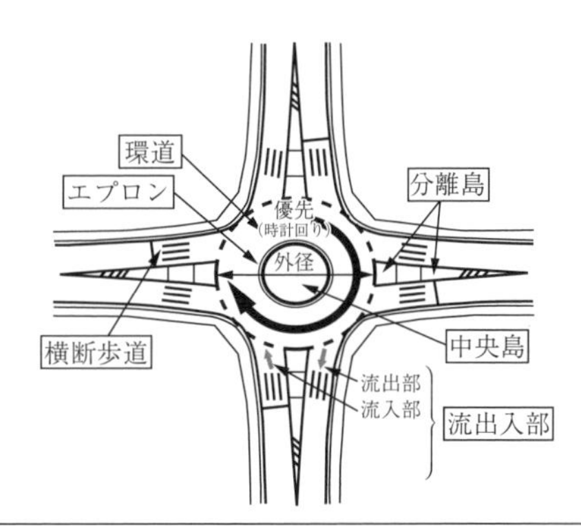

・環　　道：もっぱら車両の通行の用に供する部分のうち，環状を形成している部分をいう。
・中 央 島：環道における車両の安全かつ円滑な通行を確保するために，ラウンドアバウトの中央部に設ける島状の施設をいう。
・エプロン：環道のみでは通行困難な普通自動車またはセミトレーラー連結車が通行の用に供してもよい部分をいう。
・分 離 島：環道への流入または環道から流出する車両の分離，横断歩行者の安全性の確保等を行うために，環道の流出入部に設ける島状の施設をいう。

図 8.3　標準的なラウンドアバウトの構成要素[1)]

（a） 須坂市野辺町（写真提供：長野県警）

（b） 飯田市東和町（写真提供：長野県飯田市）

図 8.4 ラウンドアバウトの導入事例

④ 経済性：信号機の設置・維持管理費の削減

⑤ 自律性：災害時や停電時も自律的に機能

ラウンドアバウトには上記のような長所がある一方で，導入に当たってはつぎの点に十分留意することが必要である。

① ラウンドアバウトの交通容量は，一般的な平面信号交差点に比べて低いため，交通渋滞対策を目的とした導入には適さない。

② ラウンドアバウトの長所は，おもに自動車に対するものであり，歩行者・自転車に対しては，安全性の確保に十分注意を払うことが必要である。

立体交差は道路が交差接続する場合に，相互の交通流が同一平面内で交差しないように立体化するもので，交差部の交通容量や走行速度の低下を回避し，円滑な交差処理を行うこと，交差部における交通事故の減少を図ることを企図する。単純立体交差は道路が互いに立体的に交差するのみで，交差道路相互間の連絡路が交差地点の近傍にないものを指す。交差点立体交差は，主方向の右左折交通のみに対して，立体交差構造物に沿ってランプ（連絡路）を設け，平面交差により従道路と接続するものである。インターチェンジは，交差する道路相互を完全に立体交差化すると同時に，右左折交通をランプで交差道路に接続する。

8.1.3 道 路 の 設 計

〔1〕 道路構造の技術的基準

道路構造の技術的基準は，道路法第 30 条において政令で定めるよう規定しており，道路構造令はこの趣旨に沿って制定された政令である[1]。道路構造令で規定されている技術基準は，根幹的なもの，一般的なもの，行政上規定の必要なものなどにとどめられていると同時に，ある程度の運用幅を想定したものとなっている。これにより，当該道路の状況に応じた構造や経済的な構造の採用を可能とするものである。道路構造令の基準値を弾力的に運用しつつ，道路の機能に十分留意しながら適切な値を選定して設計することが求められる。ここでは，道路設計のうち幾何構造設計について，道路の横断面構成，平面および縦断線形設計を中心に解説する。

〔2〕 横断面の構成要素

道路の横断面はおもにつぎのような要素から構成される。① 車道，② 中央帯，③ 路肩，④ 停車帯（車道の一部），⑤ 歩道，⑥ 自転車道，⑦ 自転車歩行者道，⑧ 植樹帯，⑨ 副道，⑩ 軌道敷　等

道路の横断面構成を検討する際には，それぞれの道路で必要とされる交通機能や空間機能等当該道路が有すべき機能に応じて，必要な横断面構成要素を組み合わせて道路の横断面を形成する。一般に，交通機能はそれぞれの道路に必要な横断面構成要素の幅員を確保すればよく，総幅員はこれら構成要素の幅員により決定される。車線，路肩，中央帯といった横断面構成要素は，設計速度が高く計画交通量の多い路線ほど規格の高いものとなる。規格の高い構成要素とすることは，往復交通を分離することなどによって安全性の向上にも資する。一方，市街地形成や収容等の空間機能を確保するためには，必要な総幅員を確保する必要がある。前述の交通機能と併せて，当該道路で必要な道路の機能ができる限り充足するように調整し，総合的な判断によって総幅員と横断面構成要素の幅員を決定する必要がある。

〔3〕 線 形 設 計

道路線形は，平面線形と縦断線形で構成される。平面線形とは，道路の立体図形を上空から水平面に投影した図形の描く形状をいう。縦断線形は，平面線形の中心線に沿って縦断方向に鉛直曲面を設定し，この曲面上の水平な道のり方向に対して道路の中心線が鉛直方向に描く形状をいう。道路線形は，自動車の運動力

学的要求を満たしつつ，安全・円滑・快適な走行空間を提供することが肝要であるとともに，環境や風景と調和し，経済的にも妥当であることが必要である。また，道路線形は，道路幾何構造の中でもきわめて基本的かつ重要な設計要素である。線形設計に際して留意すべき一般的事項としては，つぎのようなものがある。

① 地形および地域の土地利用との調和
② 線形の連続性
③ 平面線形，縦断線形，および横断構成との調和
④ 線形の視覚的検討
⑤ 交通の安全性，円滑性，および快適性
⑥ 建設費および維持管理費等の経済性
⑦ 施工上の制約条件
⑧ 地質，地形，地物等の制約条件

（1） **平 面 線 形**　平面線形は直線，円曲線，緩和曲線によって構成される。直線は計画・設計・施工が簡単で，かつ運転者にとっても進行方向が明瞭であるというメリットがある一方，走行環境変化に乏しく，単調になりがちであることに注意が必要である。円曲線は計画・設計・施工が比較的簡単であり，地形に添わせた線形とすることで，運転者に進行方向の変化を自然に示すことができ，適度な刺激を与えることもできる。ただし，設計速度や前後の相対的な関係の中で，採用する曲線半径の大きさに配慮することが重要である。

直線と円曲線は，曲率が変化しないといった点で共通性がある。すなわち，直線と円曲線を直接接続すると曲率が不連続となり，曲線半径の比較的小さい区間では運転者に急激なハンドル操作をもたらす。そこで，車道の屈曲部には曲率が徐々に変化する緩和曲線を挿入することが望ましく，わが国では緩和曲線として一般に**クロソイド曲線**（clothoid curve）が用いられている。

クロソイド曲線は，距離（曲線長）に比例して曲率が一様に変化する曲線である。ハンドルの回転角と旋回曲率に比例関係があることを前提として，等速走行している運転者がハンドルを一定の角速度で回転させるとき，旋回曲率は走行距離に比例して一様に変化し，その車両の描く軌跡はクロソイド曲線に一致する。

ここで，等速走行時の t 秒後における曲率ゼロの点（直線区間の端）からの走行距離を $L(t)$，その地点における接円の曲線半径を $R(t)$ とすると，上記の関係は次式で表される。

$$\frac{1}{R(t)}=C\cdot L(t) \qquad (8.1)$$

さらに，定数 C を $1/A^2$ と置くことで

$$R(t)\cdot L(t)=A^2 \qquad (8.2)$$

となる。このとき A（単位：m）をクロソイドパラメーターという。円曲線において曲線半径 R が定まれば円の大きさが定まるように，クロソイドパラメーター A が定まると，クロソイド曲線の大きさが定まる。

平面線形設計に当たっては，直線と円曲線とクロソイド曲線の組合せを検討するとともに，つぎの点に留意することが必要である。

① 長い直線はできるだけ避けること
② 連続した円曲線相互の曲線半径の比を適切なものとすること
③ 緩和曲線は，前後の円曲線の半径とバランスしたものとすること
④ 同方向に屈曲する曲線の間に短い直線が入ること（ブロークンバックカーブ）を避ける
⑤ 長い直線の終端に曲線半径が小さい円曲線が入ることを避ける
⑥ 道路交角が小さい場合に曲線長が短い円曲線が入ることを避ける

（2） **縦 断 線 形**　縦断線形は，直線と円曲線によって構成される。縦断線形における円曲線は一般に縦断曲線という。縦断線形の設計に当たっては，まず地形条件や設計速度，交通容量等を考慮して縦断勾配を直線で設定し，次いで縦断勾配が変化する箇所に，自動車に対する衝撃緩和および視距確保を企図して縦断曲線（放物線）を挿入していく。縦断勾配に影響を受けるものとして，自動車の登坂性能と路面排水がある。特に余剰出力の少ないトラックは勾配がきつくなるに従って走行速度の低下が顕著となり，他車の走行阻害や交通錯綜につながり，ひいては道路の交通容量低下の原因となることから，縦断勾配は自動車の登坂性能に配慮することが重要である。

なお，縦断線形の設計に当たっては，以下に示すような縦断線形相互の組合せは避けることが望ましい。

① 同方向に屈曲する縦断曲線の間に短い直線が入ること（ブロークンバックカーブ）を避ける
② 短区間で凹凸を繰り返す縦断曲線になることを避ける
③ サグ部に必要以上に大きな縦断曲線を入れることを避ける

（3） **平面線形と縦断線形の組合せ**　道路の線形設計は，平面設計と縦断設計のそれぞれについて二次元的に検討した後，これらを組み合わせて三次元設計へと展開する（**図 8.5** 参照）。平面線形と縦断線形の

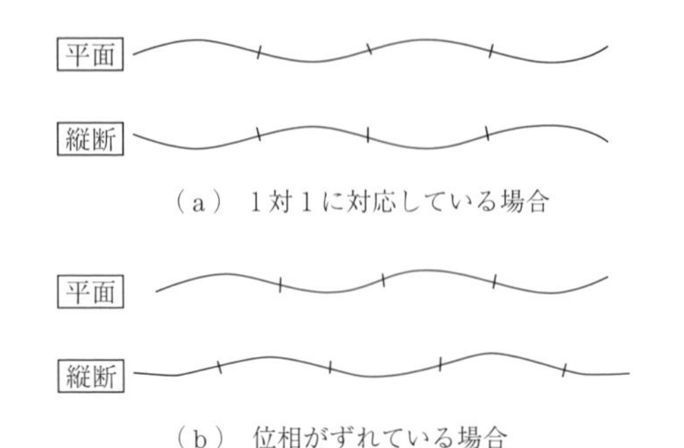

（a）1対1に対応している場合

（b）位相がずれている場合

図8.5　平面線形と縦断線形の調和[1)]

組合せに際しては，透視形態上の円滑性確保や排水性確保を考慮して，つぎの点に留意することが必要である。

① 平面曲線と縦断曲線の位相を合わせる。
② 平面曲線と縦断曲線との大きさの均衡を保つ。
③ 適当な合成勾配（縦断勾配と片勾配または横断勾配とを合成した勾配）の得られる線形の組合せを選ぶ。

そのほかの注意事項として，以下のような組合せを避けることも望ましい。

① 急な平面曲線と急な縦断勾配の組合せを避ける。
② 下り勾配で直線の先に急な平面曲線を接続することを避ける。
③ 凸型縦断曲線の頂部または凹型縦断曲線の底部に急な平面曲線を入れることを避ける。
④ 凸型縦断曲線の頂部または凹型縦断曲線の底部に，背向曲線の変曲点を配することを避ける。
⑤ 一つの平面曲線内で，縦断曲線が凹凸を繰り返すことを避ける。
⑥ 平面線形が長い直線となっている区間に凹型縦断曲線を入れることを避ける。

（4）**横断勾配**　路面の横断勾配は，第一に安全な走行性を確保すること，第二に路面に降った雨水を側溝または排水路に導くために必要なものである。

安全性の確保に関して，曲線区間において横断勾配を設けていない道路では，遠心力による路外逸脱のおそれがあることから，曲線半径の大きさに応じて適切な横断勾配を設定することが重要である。

路面排水に関して，排水性に着目すれば一般に横断勾配は大きい方がよいが，自動車のハンドル操作性の確保や，凍結路面や湿潤路面における横すべり防止のためには横断勾配は小さい方がよいため，併せ持って適切な値を採用することが必要である。

〔4〕視　距

視距（sight distance）とは，運転者から見通すことができる範囲を当該車線の中心線上の道のり距離として表したものである。視距には，制動停止のために必要な「制動停止視距」と，往復2車線道路で追越しに必要な「追越し視距」の2種類がある。

（1）**制動停止視距**　制動停止視距は，「設計速度に応じた走行速度で走行する車が，車線の中心線上1.2 mの高さから当該車線の中心線上にある高さ10 cmの障害物を発見して停止するのに必要な距離」として定義される。曲線部において切土法面の影響で視距が確保できない場合には，切土法面の後退・段切り・路肩拡幅等を行う。また，中央分離帯の防護柵・眩光防止網等の影響で視距が確保できない場合には中央分離帯の拡幅により視距を確保することが必要となる。

（2）**追越し視距**　追越し視距とは，「対向交通の下で安全な追越しを行うに必要な距離」と定義され，「全追越し視距」と「最小必要追越し視距」に区分される。全追越し視距とは，追越し車両が被追越し車両の後端に追いつき，追越しの動作を開始してから完了するまでに，追越し車両と対向車が走行する距離の和であり，最小必要追越し視距とは，追越し車両が対向車線に出た地点から追越しが完了するまでに，追越し車両と対向車が走行する距離の和である。道路設計に当たって，全区間に追越し視距を確保することは実質的に難しいことから，最低1分間走行するうち1回，やむを得ない場合でも3分間走行するうちに1回は追越し視距を確保した区間を設置することが望ましい。

8.1.4　高速道路の計画

〔1〕高規格幹線道路網計画の必要性

（1）**背景と計画策定経緯**　わが国の高速道路網は，1963年の名神高速道路（栗東～尼崎）開通を皮切りに，東名高速道路，中央自動車道と続き，著しいモータリゼーションの中，高度経済成長を支えてきた。農業・漁業産地から食卓に届く新鮮な食材の輸送，地域経済や雇用に寄与する工業団地の立地促進，レジャー観光の広域化と観光地振興，さらには国道・主要地方道等の道路網と一体化した救急医療，災害時の支援活動といった点でも，高速道路はわれわれの生活に欠かせないものとして重要な役割を担うに至り，「速さ」と「時間の正確」な効率的な輸送を可能とする質の高い道路ネットワークづくりが要請されてきた。また，地域の振興と活性化を図り，国土の均衡ある発展と活力ある経済・社会確立の基盤施設として，質の高い幹線道路ネットワークの拡充が要請されてきた。

（2） **高規格幹線道路網計画の方向性**[3]　上記の背景から，1977（昭和52）年の第三次全国総合開発計画では，全国的な幹線交通体系の長期構想として，既定の国土開発幹線自動車道を含む高規格幹線道路網の必要性が提唱された。さらに，1987（昭和62）年の第四次全国総合開発計画（四全総）では，21世紀に向け多極分散型の国土を形成するため，「交流ネットワーク」構想を推進する必要があるとされ，これを実現するため，全国一日交通圏の構築として，全国の主要都市間の移動に要する時間をおおむね3時間以内，地方都市から複数の高速交通機関へのアクセス時間をおおむね1時間以内で結ぶこと，交通網の安定性の確保として，大都市相互など国土の中枢部において複数ルート（多重系交通網）の形成，施設容量の不足による交通機能の低下や大規模な災害等の発生による交通途絶の防止等を図ることが必要であるとされた。

高規格幹線道路網の拡充は，交流ネットワーク構想を実現するための重要な施策とされ，「全国的な自動車交通網を構成する高規格幹線道路網については高速サービスの全国的な普及，主要拠点間の連結強化を目標とし，中枢・中核都市，地域の発展の核となる地方都市およびその周辺地域等からおおむね1時間程度で利用が可能となるよう，およそ14 000 kmで形成する」との方向性が示された。

なお，高規格幹線道路網の路線要件としては，既定の国土開発幹線自動車道等および本州四国連絡道路およびこれらと接続するもので，以下の六つの条件のいずれかに該当するものとされた。

① 拠点都市間の連絡路化：地域の発展の拠点となる地方の中心都市を効率的に連絡し，地域相互の交流の円滑化に資するもの

② 三大都市圏の環状軸の強化：大都市圏において，近郊地域を環状に連絡し，都市交通の円滑化と広域的な都市圏の形成に資するもの

③ 他の交通拠点との連携強化：重要な空港・港湾と高規格幹線道路を連絡し，自動車交通網と空路・海路の有機的結合に資するもの

④ 高速サービスの全国的普及：全国の都市，農村地区からおおむね1時間以内で到達し得るネットワークを形成するために必要なもので，全国にわたる高速交通サービスの進展に資するもの

⑤ 代替性のあるネットワークの形成：既定の国土開発幹線自動車道等の重要区間における代替ルートを形成するために必要なもので，災害の発生等に対し，高速交通システムの信頼性の向上に資するもの

⑥ 既定区間の混雑解消：既定の国土開発幹線自動車道等の混雑の著しい区間を解消するために必要なもので，高速交通サービスの改善に資するもの

（3） **四全総以降の動向**　四全総以降，1998（平成10）年に策定された「21世紀の国土のグランドデザイン」では，地域の自立の促進と美しい国土の創造を目指し，① 国民意識の大転換，② 地球時代，③ 人口減少・高齢化時代，④ 高度情報化社会の時代変化を捉え，太平洋ベルト地帯への一軸集中から東京一極集中へとつながってきたこれまでの方向から，西日本国土軸，北東国土軸，日本海国土軸，太平洋新国土軸の四つの国土軸が相互に連携することにより形成される多軸型の国土構造を目指すとされた。

さらに，2014（平成26）年に策定された「国土のグランドデザイン2050」では，対流促進型国土の形成地域を目指し，以下に示す時代の潮流と課題に対して，「コンパクト＋ネットワーク」による国土形成を掲げている。

① 急激な人口減少，少子化

② 異次元の高齢化の進展

③ 都市間競争の激化等グローバリゼーションの進展

④ 巨大災害の切迫，インフラの老朽化

⑤ 食料・水・エネルギーの制約，地球環境問題

⑥ ICTの劇的な進歩等技術革新の進展

上記のような課題に加え，わが国はさまざまな社会経済的制約条件に直面している。今後ますます厳しくなっていく制約条件下においても，国民の安全・安心を確保し，社会経済の活力を維持・増進していくためには，限られたインプットから，できるだけ多くのアウトプットを生み出すことが求められる。その鍵は，地域構造を「コンパクト＋ネットワーク」という考え方にある。これにより，「新しい集積」を形成し，効率性を高め，より大きな付加価値を生み出すような国土構造としていくこと，いわば国全体の生産性を高める国土構造を構築していくことが，新たな国土づくりの基本的な考え方として必要である。これらの課題に対する道路網計画にあって，高規格幹線道路はその中心的存在となるであろうと考える。

〔2〕 高速道路網計画の策定手順

高規格幹線道路は，高速道路と一般国道の自動車専用道路の両者で策定手順や手続きが異なる。高速道路は，国土開発幹線自動車道建設法（もしくは高速自動車国道法）において予定路線として路線名，起終点，主たる経過地が位置付けられ，この中から路線別に基本計画，続いて整備計画が策定される。基本計画では

建設路線の区間や主たる経過地，標準車線数，設計速度，道路等との主たる連結地，建設主体が定められ，整備計画では経過する市町村名，車線数，設計速度，連結位置および連結予定施設，工事に要する費用の概算額，その他必要な事項（施行主体）が定められ，これらは国土開発幹線自動車道建設会議において決定される。

一方，地域高規格道路は，広域道路整備基本計画において広域道路（交流促進型）として位置付けられたものの中から選定する。まず地域の要望を踏まえ，地域高規格道路としての要件を満足し，地域高規格道路として整備を進める妥当性・緊急性について基礎的な調査を進める「候補路線」を選定する。その中から路線要件・構造要件を満足し，路線内に調査の熟度や事業化の熟度が高い区間を有し，今後地域高規格道路として必要な調査を実施する路線を「計画路線」として指定する。さらに「計画路線」として指定されたもののうち，整備の優先度や調査の熟度，地域活性化への効果等を勘案し，ルート選定，整備手法の検討，都市計画，環境影響評価等の調査を進める「調査区間」と，事業着手に向け，都市計画決定手続き，環境影響評価手続き，予備設計等を進める「整備区間」を指定する。

〔3〕 有料道路制度

（1） 導入経緯と概要　道路の建設および管理は行政主体である国・地方公共団体の責任に属し，租税等一般財源を充当する公共事業として行われ，建設された道路は無料で一般交通の用に供されるのが通常である。これが道路無料公開の思想であり，産業革命以降資本主義が発展するとともに形成されてきた考え方である。しかし，欧米諸国に比べ大きく立ち遅れた道路事情と，厳しい財政事情の中にあって，限られた一般財源による公共事業費のみではとても増大する道路交通需要に対処することは困難であった。そこで，1952（昭和27）年に旧道路整備特別措置法が制定され，国・地方公共団体が道路を整備するに当たり，財源不足を補う方法として借入金を用い，完成した道路から通行料金を徴収してその返済に充てるという方式が認められることになった。これは有料道路制度を本格的に認めるものであり，揮発油税等の道路特定財源制度，道路整備緊急措置法に基づく道路整備五箇年計画と並んで道路整備事業の進展に大きく寄与することとなった。その後，1956（昭和31）年にそれまでの道路整備特別措置法が廃止され，新たな道路整備特別措置法が制定された。それと同時に日本道路公団が設立されて本格的な有料道路時代を迎えることになった。

なお，有料道路制度は，本来公共事業によって建設し無料で公開すべき道路について，財源不足による建設の遅延を避け，緊急に整備するために採用されている特別の措置であるから，その建設に要する費用の財源は，ほとんど借入金に頼っている。この借入金は，完成後の通行料金により償還される。

（2） 有料道路の種類　有料道路には，道路法上の道路として高速自動車国道，都市高速道路，一般有料道路（道路整備特別措置法に基づくもので有料の一般国道，都道府県道または市町村道），有料橋・有料渡船施設（道路法に基づくもの）がある。

（3） 通行料金の決定　通行料金の考え方は，道路法の対象となる有料道路と同法の対象とならない有料道路とで大分される。道路法の対象となる有料道路の場合，その公共性から利用者の負担は必要最低限とし，事業遂行による利潤を求めないのに対して，道路運送法上の一般自動車道の料金は，適正な利潤が認められている。

このうち，道路法の対象となる有料道路の料金を決定する場合は，「償還主義の原則」，「公正妥当主義の原則」，および「便益主義の原則」に則ることとされている。全国路線網に属する高速自動車国道および一般有料道路，地域路線網に属する首都高速道路，阪神高速道路および本州四国連絡高速道路ならびに指定都市高速道路にあっては，償還主義の原則として貸付料，管理費等の費用を，料金徴収期間内に償還できるよう料金を決定するとともに，公正妥当主義の原則として，他の交通機関の運賃との均衡，利用者の負担能力，車種間比率，便益等を総合的に勘案して，社会的に見て正当で合理的な料金を決定することになる。一方，一つの路線に属する一般有料道路および地方道路公社または道路管理者が管理する一般有料道路にあっては，償還主義の原則と併せて，便益主義の原則として，道路の通行・利用により通常受ける利益の限度を超えない範囲で決定することになる。

（4） 料金割引制度　2004（平成16）年に道路関係四公団民営化関係4法が成立し，2005（平成17）年に六つの高速道路株式会社と，独立行政法人日本高速道路保有・債務返済機構が発足，国土交通大臣が定めた暫定協定期間を経て，2006（平成18）年から民営化会社による本格的な高速道路事業がスタートした。これに伴い，新会社は民営化の帰結として道路を保有し，その建設・運営についてインセンティブを持つこととされたため，料金の性格については「適正な利潤」を含み，新会社の経営者が自主的に決定することが基本となったが，民営化後の料金については，これまでの料金水準を引き継ぎ，貸付料の支払いに支障を与えない範囲でさらに弾力的な料金設定を実施するものとされた。

高速道路の通行料金はこれまでも利用促進，地域振興あるいは障害者の自立支援等を目的として，さまざまな割引制度が適用されてきた。

上記の背景から近年ではこれらに加えて，料金割引社会実験や利便増進事業のスキームにより，**表 8.2** に示すように多種多様な割引制度が適用されてきている。

〔4〕 インターチェンジの計画

高速道路の構造的条件には，往復分離であることや，完全出入制限であること等が挙げられる。一般的に，完全出入制限された一般道路からの出入口を「インターチェンジ」といい，高速道路どうし（その他自動車専用道路も含む）を連結する交差部を「ジャンクション」という。ジャンクションは基本的に完全立体交差とするが，時に平面交差するケースも見られる。また，これらの交差接続する道路相互を連結する道路を「ランプ」という。ここでは，インターチェンジおよびランプの計画について解説する。

（1） インターチェンジの配置計画　インターチェンジは，交通条件，社会条件，自然条件等を総合的に勘案して計画する。まず，一般国道等重要な幹線道路との交差または近接地点や，高速道路利用勢力圏人口が十分な都市近郊，重要な港湾・空港・物流施設・観光地へアクセスする路線との交差または近接地点を基に，大まかな配置計画を立案し，隣接するインターチェンジとの相互関係の検討を加える。インターチェンジ設置間隔はできるだけ短く，出入口を多くして利用者の利便性を図り，交通需要を空間的に分散させることが望ましい。しかし，建設費や料金収受管理コストの観点から，インターチェンジが多くなりすぎることは好ましくない。そのため，わが国の都市間高速道路における平均設置間隔は 10 km 程度となっている。その他，接続道路および都市計画との関係性等の調整，さらに経済性と公共性の両面からの検討を加えて決定する。

（2） インターチェンジの型式選定　有料道路のインターチェンジの型式選定に当たっては，当該道路の料金体系を考慮して検討する必要がある。有料道路の料金体系は，一般に対距離料金制と均一料金制に大別される。

対距離料金制は，もっぱら都市間高速道路で採用され，料金徴収は原則としてインターチェンジ内で行

表 8.2　高速道路の料金割引制度の概要

名　称	概要（目的）	備　考
長距離逓減割引	長距離利用を促進させ，中・短距離利用交通と併せて高速道路の効率的利用促進	100 km を超え 200 km までの部分について 25%の割引，200 km を超える部分について 30%の割引
路線バス割引	高速道路上の公共交通システムの充実によって，沿道地域の人々へのサービス向上	高速道路に設置されたバスストップのうちおおむね 80%以上に停車する路線バスの通行料金について 30%の割引
障害者割引	障害者の社会生活における自立を支援	1979 年 6 月からすべての有料道路において導入，順次対象者の範囲を拡充　① 身体障害者手帳の交付を受けている身体障害者が自ら運転する場合，② 介護者が重度の身体障害者または重度の知的障害者を乗せて運転する場合において 50%以下の割引
ETC 導入に伴う各種割引	ETC 導入に伴って，さまざまな割引制度が順次適用 ① 深夜割引：高速道路の深夜利用を促進 ② 早朝夜間割引：大都市における高速道路の昼夜バランスを適正化 ③ 通勤割引：地方部の交通容量に余裕のある高速道路を有効活用 ④ 平日昼間割引：物流の効率化 ⑤ 平日夜間割引：夜間割引時間帯の拡大により，特に大型車の利用分散による混雑緩和，利用者の負担軽減 ⑥ 休日特別割引：新規の観光需要を喚起 ⑦ マイレージ割引：毎回の利用額に応じたポイントの蓄積を通じて，一般利用者に幅広く還元 ⑧ 休日バス割引：観光振興 ⑨ 大口・多頻度割引：別納割引に代わる新たな割引	

う。この場合，インターチェンジ料金徴収施設，管理事務所，積雪地域では雪氷分室等が併設されるため，大きな敷地面積を要するとともに，交通管理の便宜性，維持，管理に要する費用の経済性等についての検討を加えて型式の選定を行う必要がある。

均一料金制は，一般有料道路において広く採用されており，特に用地制約の大きい都市高速道路に多く見られる。対距離料金制のインターチェンジと比べて，比較的コンパクトに設置できることが特徴であり，都市高速道路においては単に「入口」,「出口」と呼ばれている。また，場合によっては区間均一料金とすることで，出入口では料金徴収を行わず，料金単位区間ごとに本線上で料金徴収を行う方法もある。

（3）**代表的な型式**　上記のとおり，均一料金制の下でインターチェンジの型式は限定的となることから，ここでは対距離料金制インターチェンジについて，通常適用される型式を三枝交差と四枝交差に区分して解説する。

① 三枝交差の代表的なインターチェンジ型式には，トランペット型とY型がある（**図8.6**参照）。これらの型式は料金所を1箇所に集約できる利点があるので，有料道路では最も適用性のある型式である。

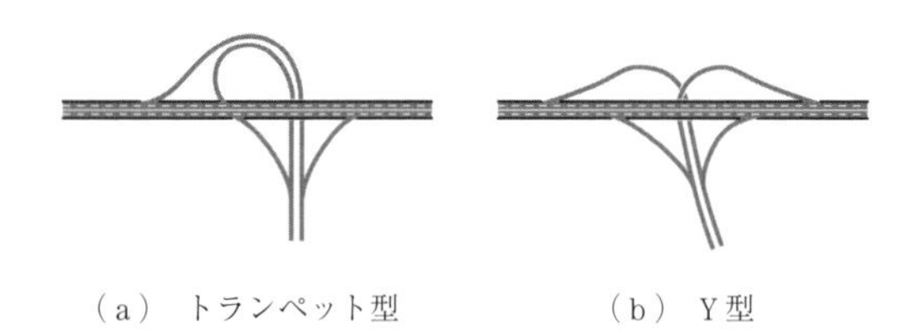

（a） トランペット型　　（b） Y型

図8.6　三枝交差の代表的なインターチェンジ型式

② 四枝交差の代表的なインターチェンジ型式には，ダイヤモンド型や不完全クローバー型がある。ダイヤモンド型はきわめて単純な形をしていることから，用地面積も少なく，ランプ上の余分な迂回も回避できる一方，料金所が4箇所に分散してしまう欠点がある。不完全クローバー型は，ダイヤモンド型に比べて用地面積は広いが，料金所を集約することできる。いずれも一般道路の交通量が多い地点では処理能力上の課題があるため，このような地点では三枝交差で紹介したトランペット型を組み合わせたダブルトランペット型の採用を検討する（**図8.7**参照）。

（4）**スマートインターチェンジ**　ETCの導入により，料金所の原則無人化やキャッシュレス化が実現したことで，インターチェンジのコンパクト化が可

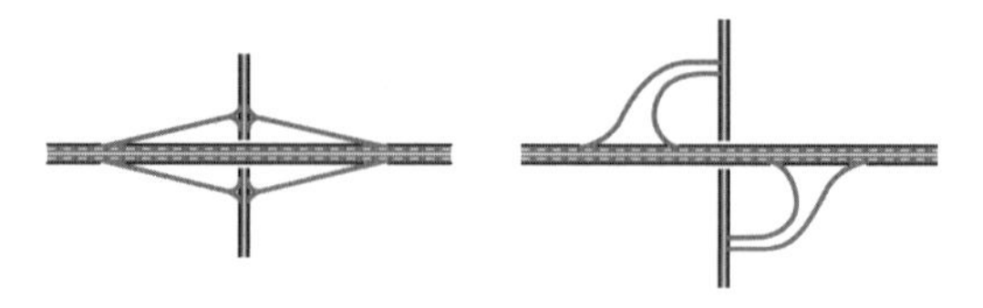

（a） ダイヤモンド型　　（b） 不完全クローバー型

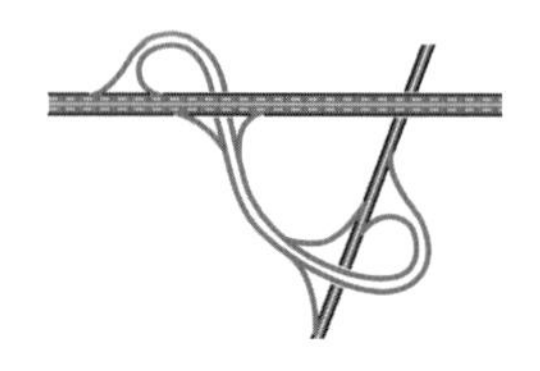

（c） ダブルトランペット型

図8.7　四枝交差の代表的なインターチェンジ型式

能になった。**図8.8**は，利用がETC車に限定することでETC専用車線を四つのランプ上に分散配置したダイヤモンド型で，本線直結式スマートインターチェンジの例である（整備事例が多いのはSA・PA接続型)。

（a） SA・PA接続型　　（b） 本線直結型

図8.8　スマートインターチェンジの設置事例[4)]

スマートインターチェンジを追加整備することにより，既設インターチェンジへの交通需要の空間的分散，交通需要の転換による一般道路の沿道環境や交通の安全性の改善，インターチェンジへのアクセス時間の短縮，災害のおそれのある一般道路区間の代替，地域イベント等地域活性化施策の効果が見込まれる。

〔5〕 休憩施設設計

完全アクセスコントロールされている高速道路では，連続高速走行の疲労と緊張を解きほぐし，また運転者の生理的欲求を満たし，あるいは自動車の給油に対する用を満足するために，休憩施設の設置が必要である。休憩施設の種類は，「サービスエリア」と「パーキングエリア」に大別される。サービスエリアは，運転者と自動車が必要とするサービスをほとんど満足する休憩施設をいい，駐車場，園地，トイレ（身体障害者対応を含む)，無料休憩所に加えて，食堂，給油所，売店等のサービス機能を備える。パーキングエリアは，運転者の生理的欲求を満たし，また疲労と

緊張を解くための必要最小限のサービス施設として，駐車場，園地，トイレおよび売店を備えた休憩施設をいう。

（1） **休憩施設の配置計画**　休憩施設配置に当たっては，当該路線の利用交通量やトリップ特性，連絡等施設との位置関係，路線近傍の都市の位置や規模，当該地点の線形および沿道地形条件，物資供給のための接続道路，景観上の配慮事項，建設費等を総合的に考慮する必要がある。例えば，大都市近傍の交通量が多い区間では，一般的に休憩施設の需要も多いので比較的規模の大きい休憩施設が必要となる。また，著名観光地近傍にあって，景勝地を眺められるような区間では，眺望に配慮することが望ましいし，業務トラックが高い比率を占める区間では，運転手の休憩のため駐車施設配置も重要となる。さらに，一つの休憩施設での許容能力を超える需要が想定される場合には，隣接施設との連携が必要となるケースもある。

なお，高速道路における休憩施設の設置間隔は，生理的要求を考慮して15～25 kmを標準とし，サービスエリアに限っていうと，諸外国の例や名神高速道路の経験から50 kmを標準として整備されてきている。

（2） **休憩施設の型式選定**　サービスエリアの型式は，分離式と集約式に大別される。分離式は，本線に沿って往復分離された車道ごとにそれぞれ駐車場を配置する型式であり，施設配置によって以下の五つに分類される（**図8.9**参照）。

（a） 外向型：駐車場が本線側に位置し，各施設（食堂，売店，無料休憩所，トイレ等）が本線から外側に配置された型式であり，最も基本的な型式である。休息に適した環境が休憩施設の外側に存在するような開けた眺望を持つ丘陵地に適している。

（b） 内向型：外向型とは反対に，駐車場が外側に位置し，各施設（食堂，売店，無料休憩所，トイレ等）が本線側に配置された形式である。周囲が市街地化されている，あるいは外側への眺望が開けていないような場合に採用される。この場合，施設を本線および駐車場より高く配置するなどして，利用者に眺望を楽しんでもらったり，本線との隔絶感を出す工夫が必要である。

（c） 本線上空型：内向型の変形であり，本線を挟んで向かい合って位置する食堂等の施設を本線上空に配置する型式である。高速道路利用者にとって，走行中のランドマークとして，また平坦部でのアクセントとして有効であるが，採用されることはきわめてまれである。

（d） 片側集約型：内向型の変形であり，駐車場や給油所，トイレは両側にそれぞれ配置されるが，食堂が片側にだけに配置される型式である。どちらかの敷地が狭小であるか，上下線別では食堂経営が採算に合わない場合等に採用される。

（e） 外向内向型：上下線で外向型と内向型を併用する型式である。本線の片方に景勝地が広がるなど，眺望が特定の方向に集約されるような場合に採用される。双方からの眺望が確保できるよう片方の休憩施設を高くする，あるいは互い違いにずらして配置する等の工夫が必要である。

集約式は，片側集約型と中央集約型に分類される。

（f） 片側集約型：本線の片側に上下両車道の駐車場を持つ型式である。本線の片方に景勝地が広がるなど，眺望が特定の方向に集約されるような場合に採用される。駐車場は上下線で分離されるが，食堂やトイレ等の施設は共有されることが多い。

（g） 中央集約型：上下両車道の中央に施設を集約する型式であるが，土地の狭小なわが国では適用の可能性はほとんどないといってよい。

（3） **無料区間での対応**　新直轄道路における無料区間では休憩施設の配置運用が困難な状況がある。そこで，インターチェンジに「道の駅」を併設することで，休憩施設設置に変える事例が多く見られるようになってきている。**図8.10**は，松江自動車道の事例である。

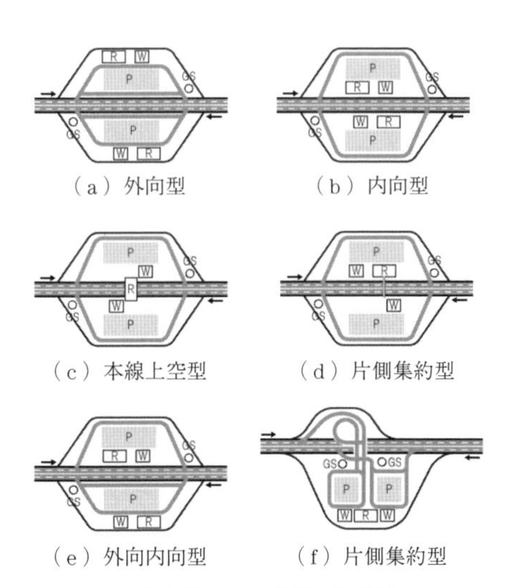

P：駐車場，GS：給油，修理所，
W：公衆便所（含売店），R：食堂

図8.9　サービスエリアの基本型式

図 8.10 「道の駅」の配置事例

8.1.5 歩行者・自転車道の計画

〔1〕 歩行空間・自転車走行空間の機能

歩道や自転車道の機能には，歩行者・自転車の通行機能やアクセス機能，滞留機能の交通機能に加え，空間機能がある。

（1） 交 通 機 能　歩行者空間は，1）高齢者や子供を含む歩行者が安全・円滑・快適に目的地まで移動できる通行機能，2）歩行者が歩道から沿道施設や車道に容易に接近できるアクセス機能，3）歩行者の信号待ちやバス・タクシー待ち，あるいは立ち話や休憩等の滞留機能を併せ持つ。このため，自動車交通と歩行者交通とを空間的に分離して安全性を確保したり，歩行者空間をバリアフリーな空間とすることなどが必要となる。また自転車走行空間も同様に，通行機能，アクセス機能，滞留機能を持つ。

（2） 空 間 機 能　道路には，各種の路上物件や地下埋設物が存在する。道路の本来的な機能に必要不可欠な道路標識・交通信号・道路照明等や，道路交通の機能を維持・向上させるための施設，道路を利用した集配や消防活動に必要な郵便ポスト・消火栓等の大半は，歩行者空間に設置される。電気・ガス，上下水道等，市民生活の維持や都市機能の保持に欠かせない各種供給処理施設は，道路ネットワークを利用して各戸へ接続することが必要であり，電柱は歩道に，上下水道の本管以外は歩道に埋設される。

さらに，植栽等良好な歩行空間を形成する施設も歩道に設置される。このように，歩行者空間は，都市活動やアメニティの維持のために各種の物件や施設によって多目的に利用されており，この点での歩行者空間の果たす空間機能としての役割も大きい。

〔2〕 歩行者・自転車・自動車分離の考え方

車道に対する歩行空間・自転車走行空間の形態に関しては，自転車交通が自動車よりも歩行者の交通の近い特質を持つわが国の特性を念頭に置いて検討することも重要である。この結果，歩行者と自転車が混在する空間では，歩行者の安全確保を第一に考えるべきである。よって，自転車と歩行者の交錯が発生するような道路では，歩行者と自転車を分離することが必要になる。このように自転車空間の計画は，自動車対自転車，歩行者対自転車の間で，交通全体の安全性と走行性を確保するといった観点から検討する必要がある。歩行者・自転車・自動車の分離の基本的な考え方を以下に示す。

① 歩行者の安全性を考慮し，歩行空間は車道等自動車が利用する空間と分離することを基本とする。

② 自転車の交通量が少ない場合には，自転車が自動車または歩行者と同一の空間を利用することはやむを得ないと考えられる。この場合，自動車の交通量が多く，自転車の車道走行が危険となる場合には，自転車は歩行者と同一の空間を共用する。

② 自転車の交通量が多い場合，自転車の車道走行は危険性が大きく，自転車と自動車を分離する必要がある。この場合，歩道部における歩行者と自転車の錯綜も考えられることから，歩行者と自転車および自動車を分離し，それぞれが通行する専用空間を設ける。

〔3〕 歩 道 の 計 画

（1） 歩道の構造と構成要素　歩道は沿道施設へのアクセス性が重要視されることから，できるだけ沿道市街地と地盤高を合わせると同時に，車道と歩道の境界を明確にすることが重要である。歩道の構造は，計画エリアの沿道立地条件や交通特性から導出される幅員条件によって，車道との段差を付けたマウンドアップ形式と車道との高低差を設けないフラット形式のいずれかを選択することになる。マウンドアップ形式の採用条件は，一般的に歩道幅員が広い場合に適している。しかし，マウンドアップ形式の場合，沿道出入りに対して歩道の切下げが必要になることから，切下げ間隔が短くなるようであればフラット形式を採用することになる。

（2） トリップ特性等に応じた配置　歩行者の移動範囲は，比較的限られた狭い範囲であり，自転車や自動車に比べて，ゆっくりとした速度で通行する。また，歩行行動は非常に自由度が高く，自動車が車線に沿って走行するように，歩行者が一定の通行幅を守って規則正しく歩行するということは少ない。歩行者は，思い思いの方向に歩き，蛇行し，交錯する。このような歩行者にとって重要なのは，単に通行の機能が保障されるということではなく，歩行者の人間的な欲求がどの程度まで充足されるかということである。言い換えれば，歩行者交通では交通容量という量的な限界ではなく，歩行者が交通流の中で享受し得るサービスの質が問題となる。例えば，通勤や通学は，成人層や学生等比較的均質な交通であり，周辺の道路交通事情や土地勘もあるのに対して，買い物や行事・催物等に伴う歩行者交通は，老若男女，子供連れ等，幅広い質の異なる層から構成され，群集行動にも不慣れで，周辺の地理にも不案内である。このように歩行者交通は，その目的や心理状態の違いが大きく，歩行者空間の状況に対する欲求の水準も相違することから，利用者の評価は自動車交通のそれよりも厳しいものとなる。よって，歩行者空間の計画に当たっては，自動車交通を対象とする従来の道路計画よりも，時間的・空間的に微視的な視点で検討する必要がある。

（3） **歩道計画時の留意点**　歩行者は，一般成人のみならず，高齢者や子供，身体障害者等さまざまである。特に，バリアフリー化を検討する場合において，移動空間の連続性を確保することがきわめて重要であり，歩道と沿道施設との連続性に配慮したネットワーク計画が重要となる。また，歩行者の行動特性として，できるだけ直線的な移動経路を選択しがちであることから，認識しやすく，遠回りにならない配置計画が重要である。例えば，高頻度な沿道施設と横断歩道の配置が悪いと乱横断を招き，交通安全上の問題が生じる。一方，地区交通計画のように面的整備が必要とされる場合の歩行者交通は，交通計画の重要な要素となる。自動車の走行速度や地区への流入交通量を考慮し，地区交通の特性と課題を踏まえた上で，コミュニティ道路として歩車共存を図るか，これに歩行者交通の動線の安全な確保を考慮する必要がある。

〔4〕 **自転車道の計画**

（1） **自転車交通の現状と課題**　道路交通の混雑によるバスや自家用車の利便性の低下，健康志向等を背景に，日常的交通手段としての自転車利用が増加している。また，いわゆるバイコロジー運動を一つの契機としてサイクリング道路の整備が進められ，レクリエーションとしての自転車利用も増加している。このような需要の急増に対して，駅前放置自転車の問題に見られるように，「自転車はどこを走るか」，「どこに置くか」という現実的かつ基本的な課題すらいまだ十分な解決策を持っていない。よって，自転車交通については多面的な検討が必要であり，以下のような配慮が必要である。

① 自転車は利用者および社会にとって利点の多い短距離交通手段であることから，自転車に都市交通における市民権を与える。

② 自転車を「弱者」とみなすのではなく，他の手段と平等な権利と責任を有するものとみなす。

③ 自転車交通をシステムとして捉え，利用者，ルール，交通施設という3要素について総合化された施策を行う。

（2） **自転車走行空間の計画**　都市内の自転車道の計画策定に当たっては，単に1区画の自転車交通の処理だけでなく，自転車の通行経路全体について安全が図られるように，自転車交通の動線に配慮して自転車道網が形成されるように留意する必要がある。さらに，沿道条件や交通量に応じた自転車道路タイプの選択，交差点やバス停留所部分等における安全確保が必要であり，自転車交通と歩行者交通の軋轢（あつれき）が生じないよう適切な幅員を確保するとともに，設置後は不法占用物件等により通行が妨げられないよう十分留意する必要がある。近年では，健康志向から通勤やサイクリング等，比較的長距離を高速で利用するケースも増加している。自転車道の計画に当たっては，地域の道路交通の特性や自転車交通量等を把握して課題を整理した上で，上位計画を踏まえ，安全，健康，環境，観光等地域のニーズに応じた自転車政策の基本方針・計画目標を定め，下記のような面的な自転車ネットワーク構成を検討する。

① 自転車利用の主要路線（公共交通施設，学校，商業等を結ぶ）

② 自転車と歩行者の錯綜，事故等の課題解決すべき路線

③ 積極的に自転車利用促進を進める路線（通勤路，観光地，サイクリング等）

④ 今後利用増加が見込まれる路線

⑤ 自転車専用空間を有する既存路線

⑥ ネットワークの連続性を確保するための路線

〔5〕 **道路空間の再配分**

自動車交通のみならず，歩行者，自転車利用者，公共交通利用者等の移動環境を改善し，魅力的な活動の場を提供するために限られた道路空間をどのように配分すべきかが課題となっている。郊外部では近年，バイパスや環状道路整備によって自動車交通の流れが変化し，旧道から通過交通が排除されることに伴って，旧道の低規格化とそれに応じた再整備の必要性が高まっている。さらに，都心部ではいまだ幹線道路の渋滞・混雑を回避するための抜け道利用が多いことか

ら，歩行者空間の安全性・快適性の確保の観点から，各交通手段に対する街路空間の再配分の必要性は高い。そのためには，① 新たに道路空間を確保して歩行者空間に割り当てること（都市空間全体を再配分）や，② 既存の道路空間内で歩行者交通に割り当てる空間を拡大すること（道路空間内の再配分）が挙げられる。わが国の歩行者空間が非常に狭小であることを考慮すると，① の方向で道路空間全体を拡大し，それに伴って歩行者空間を拡大していくことが望ましいが，これには長い期間と膨大な費用が必要となる。よって，① と ② の選択に関しては，対象地区の実情に応じて適切に判断すべきである。特に，歩行者の通行を優先すべき住居系地区等においては，コミュニティゾーンの採用を進める必要性もあろう。通過交通の排除，速度の抑制，路上駐車の適正化は，一般にソフト的手法である交通規制等とハード的手法である物理的デバイスを組み合わせて用いる。物理的手法の代表的なものとしては，「ハンプ」や「狭さく」，「シケイン」等があり，車両の進入を遮断する「ボラード」等の活用事例も増えてきている。

8.2 駅前広場の計画

駅前広場は，鉄道利用者のバス，車への乗換えなどのターミナル交通を処理する「交通空間」としての役割を持つ一方，買物客や待合せなどの人々の交流や都市景観を形作るなどの「環境空間」としての役割を担っており，これらに対応した施設を適切な内容と規模で計画される。また，駅前広場は都市形成，都市活動の根幹をなす都市施設の一つであり，まちづくりの一環として，駅本屋および周辺地域と一体的に計画・整備される。

具体的には，パークアンドライド，キスアンドライド，高速バスや路面電車の乗入れや荷さばき交通処理等の新しい交通形態への対応なども含め，駅周辺地区の拠点性向上に対する要請，都市の玄関口としての役割，都市景観への配慮，一体的・複合的・立体的または分散的利用等による都市空間の有効利用，バリアフリー社会への配慮などに対応できるように，駅の特性，都市の特性を踏まえて計画される。

8.2.1 駅前広場の計画

〔1〕 計 画 の 流 れ

駅前広場の計画策定に当たっては，都市の将来像，都市全体の総合交通計画や鉄道沿線地域全体における当該駅の位置付けを把握するとともに，駅前広場とその周辺の現況や将来計画などを踏まえ，当該駅前広場の問題点や計画課題を整理する。つぎに，駅前広場計画の基本方針として，駅前広場利用者の性格や求められるサービスレベルなどから，当該駅前広場の備えるべき機能や駅前広場と周辺の在り方について検討する。

基本方針を受けて，駅前広場の概略規模を全体施設配置計画と併せて検討し，さらに，広場内に設置を予定したおのおのの施設の配置，意匠などについて動線計画，施設配置計画，景観計画などを行い，駅前広場計画を策定する（**図 8.11** 参照）。

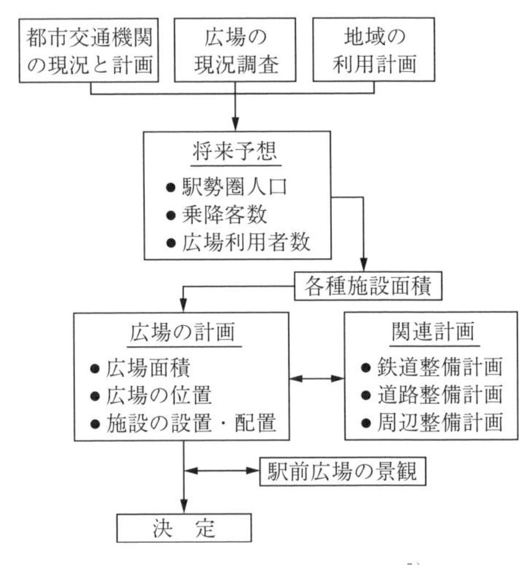

図 8.11　駅前広場計画の流れ[5)]

〔2〕 駅前広場計画策定の基本的考え方

駅前広場の計画では，駅前広場に必要な面積を算定し，さらに，施設を具体的に配置しながら計画を確定していくことが必要である。このための必要な面積の算定としては，従来，28 年式，48 年式等の算定式が用いられてきたが，1998 年に新たな『駅前広場計画指針』[6)]（1998 年 5 月建設省都市交通調査室）が出され，現在ではこれによって計画を策定することが一般的となっている。しかしながら，既存の駅前広場を改良する場合等については，28 年式，48 年式が既存計画の面積算定根拠となっていることから，これらの算定についても参考として把握しておくことが重要である。また，28 年式は駅前広場整備に関する鉄道事業者との協議（特に負担割合）にも用いられており，このためにも 28 年式による算定値を把握しておくことが必要となる。この 28 年式は戦後間もなく駅前広場研究委員会式として提案されたもので，広場利用人員，出入車両数等を鉄道乗降客数に変換して積み上げ，約 20% の余裕面積を加えて広場面積とする算定式である（**図 8.12** 参照）。

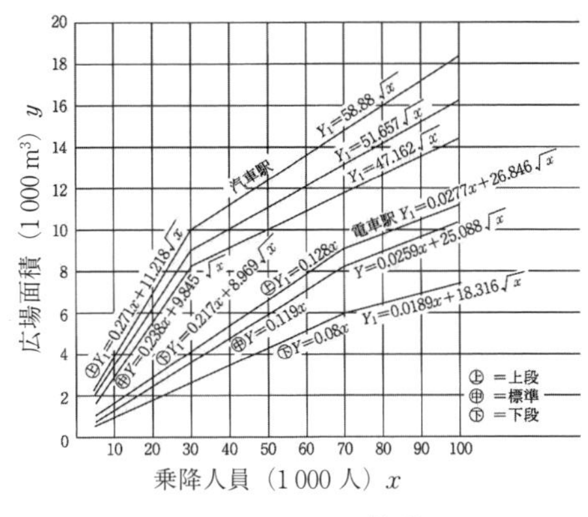

図 8.12　28 年式[7), 8)]

駅前広場面積を検討する際には，① 駅前広場利用者の予測を行った上で，② 交通空間機能のために確保すべき面積と環境空間機能のために確保すべき面積の総和として，「駅前広場基準面積」を求める。さらに，③ 駅前広場基準面積に対して，具体の交通空間や環境空間を構成する施設の配置計画等を検討する。この際，駅前広場の機能確保のためには，当該施設の配置条件によっては駅前広場を多層構造とする立体化を含めた検討を行い，必要な面積を確保することも考えられる。つぎに，④ 配置計画を踏まえて，必要な機能が十分に確保できるかどうかを評価する。場合によっては，⑤ 確保すべき機能や配置計画に見合うように駅前広場基準面積の拡大・縮小を図り，再度，配置計画などの見直しや検討を行い，駅前広場面積を設定していく必要がある。以上の検討手順に基づき，⑥ 最終的な駅前広場面積を確定する。

〔3〕 都市計画決定

広場を含む交通広場のうち，道路の一部を構成するものについては，都市計画法第 11 条第 1 項第 1 号で規定される「道路」に含めて都市計画決定される。具体的には，幹線街路（都市計画法施行規則第 7 条第 1 号）に接続する交通広場として，位置付けられる。これは，交通広場が幹線街路に接続して計画，整備されることが一般的であることによる。また，歩行者空間を中心とするものなどのそれ以外の交通広場については，その他の交通施設（都市計画法第 11 条第 1 項第 1 号）の「交通広場」として，都市計画決定することが望ましいとされている。

8.2.2　駅前広場の管理運営

駅前広場の管理運営については，基本的に「都市計画による駅前広場の造成に関する協定（建運協定）」等によるものとされており，管理協定については広場造成完了後，道路管理者と当該鉄道事業者の間で遅滞なく締結することとされている。この場合，道路管理者が管理する部分については，道路法に基づく「道路」とされ，鉄道事業者が管理する部分については，都市計画では「道路」として決定されていても，道路法の「道路」の区域とされないことが一般的である。

建運協定（1987 年）は，それまでの建設省と国鉄の申合せ（1972 年）を国鉄の分割民営化に際して見直したものである。さらに，JR 本州 3 社の完全民営化に伴って，当該 3 社が建運協定の対象外となったことから，3 社による「都市計画による駅前広場の造成に関する申合せ（2001 年）」が締結されている。また，民鉄についても，同様の申合せ（1975 年）が締結されている。

8.2.3　自 由 通 路 等

市街地が拡大し，駅周辺に都市機能が集積すると，これまで都市的土地利用がなされていなかった駅裏地区も市街化が進展する。一方，わが国の鉄道は，地平に整備されることが一般的であったために，都市内に多数の踏切が存置し，市街地が鉄道で分断されている。このため，幹線道路と鉄道の立体交差化が進められてきた。駅周辺は，各種の都市機能が集積することから，鉄道を横断する徒歩・自転車の交通需要も多い。連続立体交差事業によって鉄道を高架化または地下化する場合は，駅部においても歩行者，自転車の自由な往来が確保できる。しかしながら，連続立体交差事業は，一定の採択基準を満たすことが必要で，事業規模も大きいことから，事業箇所は限定的である。また，駅部において，幹線道路を立体交差させることは，駅前広場との接続が困難であることや構造物が大きくなることなどから，一般的に行われていない。このため，駅の両側を結ぶ自由通路の整備が行われている。

自由通路は，構造的には道路と建築物に大別される。法的に見ると，道路形状の自由通路であっても，道路法上の「道路」とされる場合と、道路認定を受けず道路法を適用しない場合がある。また，鉄道の用に供する駅施設のうちラッチ内の施設は，建築基準法の対象外であるため，鉄道事業法（軌道の場合は，軌道法）の適用を受ける。さらに，店舗等の鉄道施設以外の機能を併設したものについては，建築基準法の適用を受ける。自由通路は，駅前広場上のペデストリアンデッキや地下通路，駅周辺の建築物の通路等と一体的に計画整備されることもあり，自由通路等として扱う。

8.3 連続立体交差事業

鉄道と道路を立体交差化させる方式は，道路が鉄道を越える（オーバーパス），くぐる（アンダーパス）方式，いわゆる単独立体交差形式と鉄道の一定区間を高架化または地下化する方式（連続立体交差形式）がある。都市計画道路を整備する場合，一般的に単独立体交差形式で行われ，街路事業の工種では立体交差と呼ばれている。この単独立体交差形式は，特定の道路と鉄道の交差部に限定した立体交差方式であることから，土地利用が進んだ市街地においては，その整備効果等に限界がある場合がある。このため，踏切除去による交通円滑化と公共交通の強化，鉄道の高架化等と一体的な駅周辺の市街地整備連による都市の再生という目的から連続立体交差化が進められている。

8.3.1 創設時の考え方

1969年9月に「都市における道路と鉄道との連続立体交差化に関する協定」および「同細目協定」が運輸省と建設省の間で締結（以下，これらを「建運協定」という）された。この協定にいう連続立体交差化とは，「鉄道と幹線道路が2カ所以上において交差」し，「その交差する両端の幹線道路の中心間距離が350メートル以上ある鉄道区間について，鉄道と道路とを同時に3カ所以上において立体交差」し，「2カ所以上の踏切道を除却」することを目的として，鉄道の「施工基面を沿線の地表面から離隔して，既設線に相応する鉄道を建設すること」と定義されており，「既設線の連続立体交差化と同時に鉄道線路を増設することを含むもの」とされている。この定義に，最小限合致する連続立体交差化の概念図は，**図8.13**に示すとおりである。

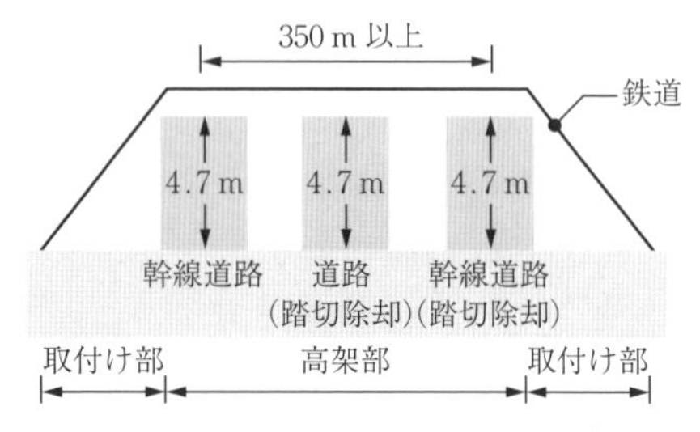

図8.13　連続立体交差化の概念図[5)]

8.3.2 現行採択基準

連続立体交差事業の採択基準は，1999年度までは後述する（1）基本形のみ（図8.13参照）を対象としてきたが，2000年度に（2）ボトルネック踏切の重点的除却の推進，（3）過度に連担した踏切の集中除去，（4）大規模改築立体道路の踏切みなし，（5）段階的鉄道高架化の支援を追加し，2005年3月に発生した東武伊勢崎線竹ノ塚駅付近の踏切事故を踏まえ，生活道路の「開かずの踏切」等の対策を推進する

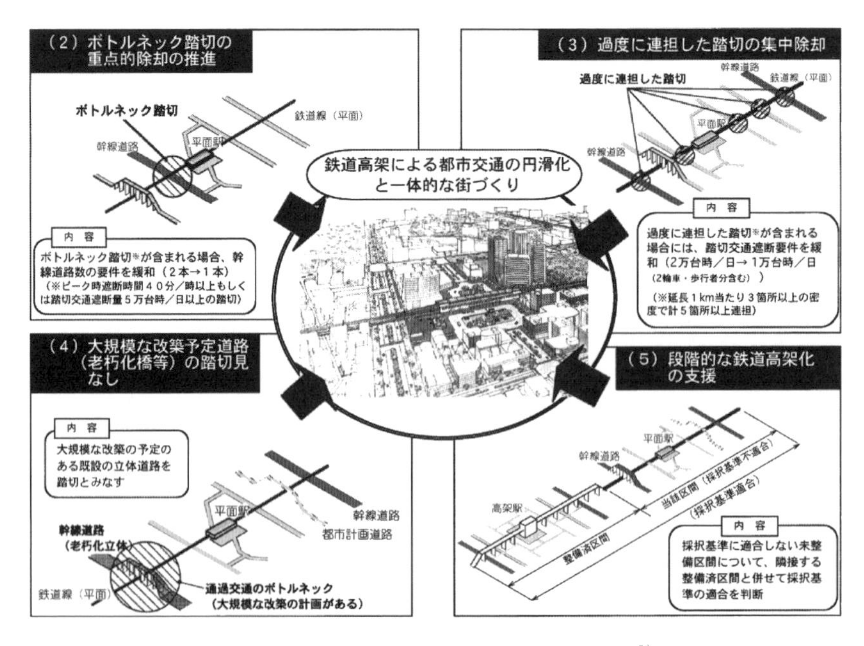

図8.14　連続立体交差事業の対象拡充のイメージ[5)]

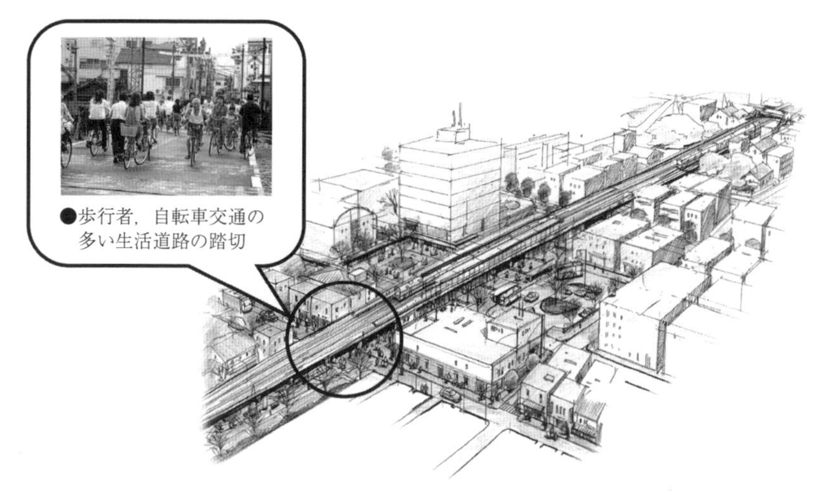

図 8.15　生活道路の歩行者ボトルネック[5)]

ため，現在，幹線道路の踏切を対象としている連続立体交差事業について，（6）歩行者や自転車交通の多い生活道路の踏切を除却する事業を対象とするよう採択基準の拡充を行った（**図 8.14**，**図 8.15** 参照）。

なお，（2）～（5）の採択基準の適用に当たっては，踏切道等総合対策事業実施要綱に基づく踏切道等総合対策プログラムが策定済み，もしくは策定されることが確実であるとともに，幹線道路の単独での立体交差による場合と比較し，二輪車，歩行者交通の円滑化に資する等，幹線道路周辺の踏切除却または平面道路の整備による便益が大きいものであることが必要である。

（1）　基　本　形

① 両端で 350 m 以上離れた幹線道路を 2 本以上含む

② 都市計画街路を含む道路と 3 箇所以上で立体交差

③ 2 箇所以上の踏切を除却

④ あらゆる 1 km の区間内の踏切における 5 年後の踏切交通遮断量[†1]の和が 2 万台時 / 日以上

⑤ まちづくりの上で効果があり，事業費が 10 億円以上

（2）　ボトルネック踏切の重点的除却の推進

① ボトルネック踏切[†2]が存在する幹線道路を 1 本含むとともに，踏切交通遮断量が 2 000 台（人）時 / 日以上（踏切交通遮断量には二輪車・歩行者を含む）の道路を含む

② 都市計画街路を含む道路 3 箇所以上で立体交差

③ あらゆる 1 km の区間内の踏切における 5 年後の踏切交通遮断量の和が 2 万台時 / 日以上

④ まちづくりの上で効果があり，事業費が 10 億円以上

（3）　過度に連担した踏切の集中除去

① 両端で 350 m 以上離れた幹線道路を 2 本以上含む

② 都市計画街路を含む道路と 3 箇所以上で立体交差

③ 1 km 当り 3 箇所以上の密度で合計 5 箇所以上の踏切を除却

④ あらゆる 1 km の区間内の踏切における 5 年後の踏切交通遮断量の和が 1 万台（人）時 / 日以上（踏切交通遮断量には二輪車・歩行者を含む）

⑤ まちづくりの上で効果があり，事業費が 10 億円以上

⑥ 当該区間に交差する未整備都市計画道路の整備を併せて行うもの

（4）　大規模改築立体道路の踏切みなし

① 両端で 350 m 以上離れた幹線道路を 2 本以上含む

② 都市計画街路を含む道路と 3 箇所以上で立体交差

③ 2 箇所以上の踏切を除却（踏切には大規模改築計画[†3]のある既設の立体交差道路を含む）

†1　踏切交通遮断量：当該踏切道における自動車（二輪のものを除く）の 1 日当りの交通量に 1 日当りの踏切遮断時間を乗じた値をいう。

†2　ボトルネック踏切：踏切交通遮断量 5 万台時 / 日以上もしくはピーク時遮断時間 40 分以上の踏切をいう。

†3　大規模改築計画：交差部の車線数の増加を伴う計画および道路法第 30 条の規定に基づく道路の構造の基準に適合しない構造となっており，これを解消する計画のことである。

④　あらゆる1 kmの区間内の踏切における5年後の踏切交通遮断量の和が2万台以上（踏切とみなす既設立体交差道路については交通量の1.5倍を踏切交通遮断量とする）

⑤　まちづくりの上で効果があり，事業費が10億円以上

（5）段階的鉄道高架化の支援　整備済み区間に隣接する区間（「延長区間」という）について，以下の要件に適合するとともに，整備済み区間と一体的に見て採択基準に適合するもの。

①　延長区間は，原則として整備済み区間の事業完了からおおむね10年以上経過していないもの

②　原則として，整備済み区間と一体的かつ同時に高架もしくは地下構造により都市計画決定されていること

（6）歩行者交通の多い生活道路の踏切への対応

①　歩行者ボトルネック踏切†が存在する生活道路（都市計画決定されていない市町村道）を1本含むとともに，踏切交通遮断量が2 000台（人）時 / 日以上（踏切交通遮断量には二輪車・歩行者を含む）の道路を含む

②　道路と3箇所以上で立体交差

③　あらゆる1 kmの区間内の踏切における5年後の踏切交通遮断量の和が2万台（人）時 / 日以上

④　まちづくりの上で効果があり，事業費が10億円以上

8.4　駐車場の計画

交通手段として自動車を活用する場合，目的地において駐車需要が必ず発生する。この需要に対応する交通施設が駐車場であり，交通処理という意味では，道路と同様に重要な施設である。モータリゼーションの進展によって，自動車交通量の増加とともに急増した駐車需要に駐車場の整備が追いつかなかったために，多数の路上駐車が発生し，これにより交通混雑に拍車がかかった。この対策として，無秩序な路上駐車を規制するとともに，駐車施設を整備する必要性が認識され，その後，さまざまな施策が展開されている。

8.4.1　駐車場整備の考え方

〔1〕駐車施設の種類

自動車を駐車する場所は，特定の自動車が専用的に使う駐車施設と不特定多数の自動車が使うことができる一般公共の用に供する駐車施設に分類される。さらに，一般公共の用に供する駐車施設は，道路外の施設および道路上の施設に分けることができる。また，その整備主体について，民間によるものと公共によるものがある。それらは，**図8.16**および**表8.3**のように分類される。

〔2〕駐車法の概要

駐車場法は，都市における自動車の駐車のための施設の整備に関し，必要な事項を定めることにより，道路交通の円滑化を図り，もって公衆の利便に資すると

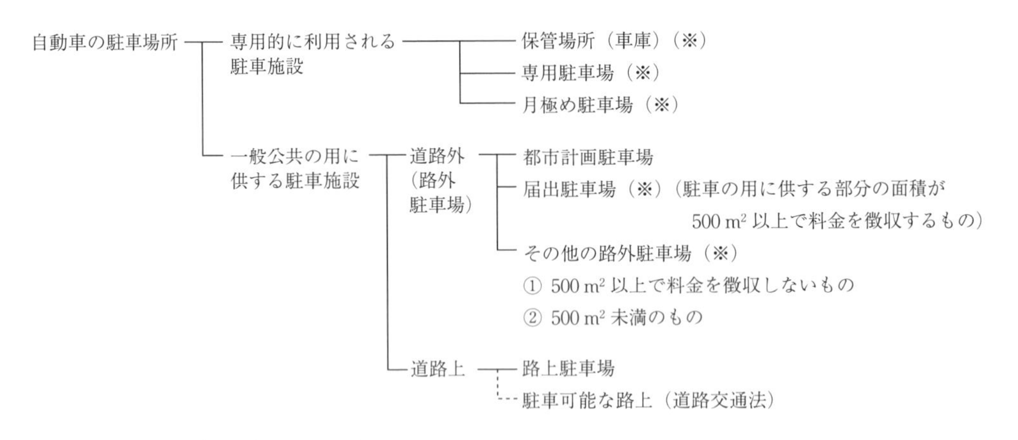

図8.16　自動車の駐車場所の分類[7)]

† 歩行者ボトルネック踏切：自動車，自転車および歩行者の踏切交通遮断量が5万台（人）時 / 日以上，かつ自転車と歩行者の踏切交通遮断量が2万台（人）時 / 日以上である踏切

表 8.3　自動車の駐車場所の対応需要と整備主体[7)]

駐車場所の分類			対応する駐車需要	整備主体
専用的に利用される駐車施設		保管場所（車庫）	・住宅，事業者などが保有する車両の保管場所	自動車保有者が確保する
		専用駐車場	・商業施設等の来客用 ・業務施設等の業務用	原因者
		月極駐車場	上記駐車需要を代行として受ける	民間駐車場事業者
一般公共の用に供する駐車施設	道路外（路外駐車場）	都市計画駐車場	・広く市民の自動車利用需要に対応 ・都市計画上，永続的に確保する必要のある基幹的な駐車場	整備されている都市計画駐車場の8割以上が第三セクターを含む公共による整備
		届出駐車場	・不特定多数の駐車需要	約8割が民間
		その他の路外駐車場	・上記駐車場の補完的な役割，最近はワンコインパーキングなどが多く見られる	民間
	道路上	路上駐車場	・短時間駐車需要を主体とする路外駐車場の整備が進むまでの暫定的な措置	道路管理者
		駐車可能な路上	・短時間駐車需要（道路交通法の「時間制限駐車区間」としてパーキングメーター，パーキングチケットが設置されている。その他「駐車禁止」規制がされていない路上。）	公安委員会

ともに，都市の機能の維持および増進に寄与することを目的としている。駐車場法が定める基本的な内容のうち，駐車場整備地区に関連するものは，① 駐車場整備地区の指定（第3条），② 駐車場整備計画の策定（第4条），③ 路上駐車場の設置（第5〜9条），④ 路外駐車場に関する都市計画の決定，整備（第10条），⑤ 駐車施設の附置義務（第20条）である。このほかに，駐車場法では，構造および設備の基準（第11条），駐車場の届出制度（第12〜16条）等が定められている。

8.4.2　駐車場計画の立て方

〔1〕　駐車施設整備等に関する計画・施策

駐車施設整備を総合的に推進するため，市町村は，市町村全域にわたる駐車施設整備に関する基本方針，駐車施設の整備推進方策等を内容とする「駐車施設整備に関する基本計画」を策定し，これに基づいて「駐車場整備地区」に関する都市計画を定める。「駐車施設整備に関する基本計画」において，駐車施設の整備を重点的に推進すべき地区として位置付けられた地区においては，「都市内駐車場整備計画調査」を実施し，駐車場整備の基本方針，駐車場整備に関する官民役割分担，公共的駐車場の必要量，駐車場有効利用方策等を内容とする「総合駐車場整備計画」を策定する。個別駐車場の都市計画決定や整備，駐車場有効利用方策等は，「総合駐車場整備計画」に基づいて総合的に推進することが必要となる。

〔2〕　都市内駐車場整備計画調査

駐車施設の整備を重点的に推進すべき地区ごとに，「都市内駐車場整備計画調査」を実施し，駐車需給の現況把握・将来予測を行い，駐車場整備の基本方針，公共的駐車場整備計画等を内容とする「総合駐車場整備計画」を策定する。都市内駐車場整備計画調査の基本的な調査フローを**図 8.17** に示す。

8.4.3　駐車場に関する都市計画の考え

「駐車場整備地区」を都市計画に定める場合は，都市計画法第8条第1項第8号に基づき，「地域地区」に関する都市計画として，位置，区域，面積を定める。また，自動車駐車場を都市計画に定める場合は，都市計画法第11条第1項第1号の「駐車場」として都市計画決定を行う。自動車駐車場に関する都市計画については，都市施設の種類，名称，位置および区域，面積および構造（地上および地下の階層）を定める。ただし，自動車駐車場で道路と一体としての機能を有すると認められるものについては，都市計画法第11条第1項第1号の「道路」に含めて都市計画決定することも考えられる。

8.5　自転車駐車場の計画

自転車は近距離移動における自由度が高く，買い物や通勤・通学の端末交通手段として重要な役割を果たしている。また，自転車は環境に優れた交通手段であり，環境意識や近年の健康志向の高まりから，自転車利用の促進が全国で積極的に展開されつつある。自転

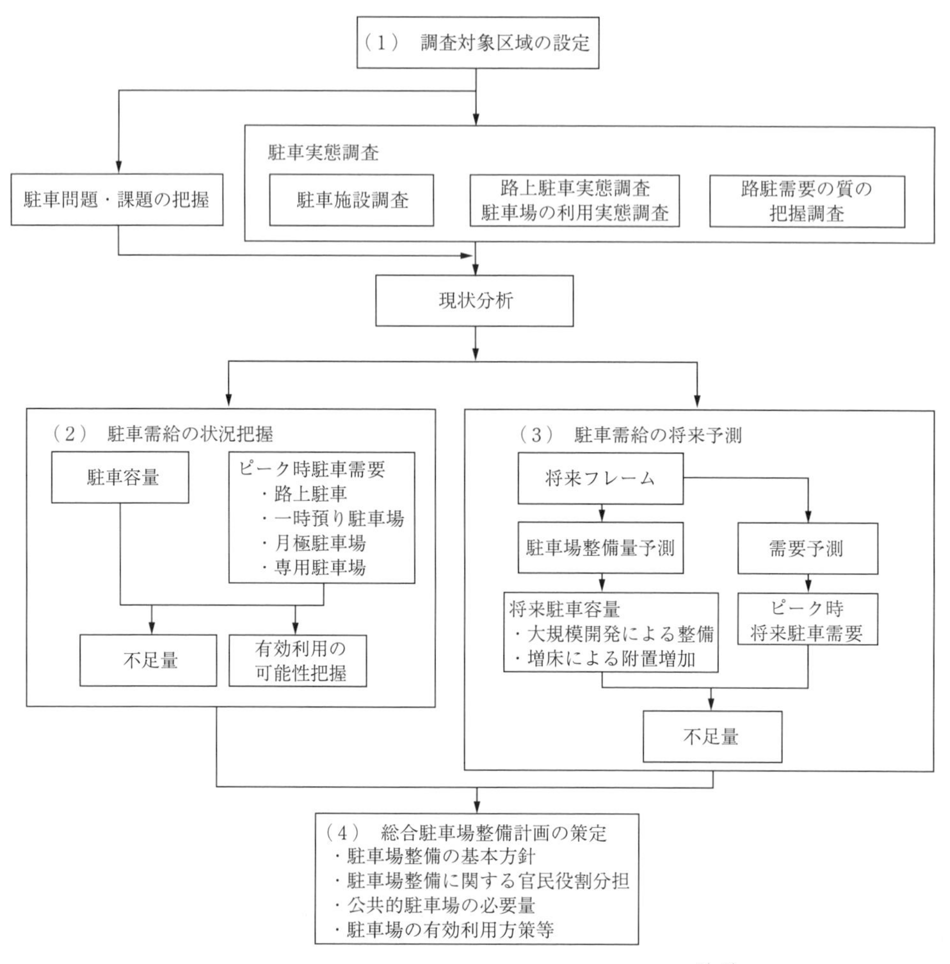

図 8.17　都市内駐車場整備計画調査の基本的な調査フロー[7),9)]

車走行空間と自転車駐車場を適切に配置し，自転車の利用を促進することにより得られる社会的効果は大きく，地球温暖化防止，交通渋滞の解消，公共交通機関の定時制確保，中心市街地の活性化等に大きく寄与する。

8.5.1　自転車駐車場整備の考え方

〔1〕　自転車駐車場の類型と整備主体

自転車駐車場は，目的施設に附置されるものと交通結節点周辺に整備されるものに大別される。目的施設に附置される自転車駐車場の多くは，当該施設の敷地内に設置される。大量の自転車需要を発生させる商業施設等に対しては，条例により附置義務を課すなどの対策が必要となる。商店街での買い物自転車は，目的地が一定しない巡回型であるため，共同駐車場として設置する場合もある。交通結節点周辺に整備されるものは，鉄道，バス等の公共交通機関の端末交通手段としての自転車駐車需要に対応するものである。また，通勤・通学目的が大部分を占める駅周辺の自転車駐車需要は，大量かつ長時間に及ぶため，規模の大きい自転車駐車場を設置する必要がある。

自転車駐車場は，公共が整備主体となるものと，民間が整備主体となるものに大別される。公共が整備主体となる自転車駐車場は，都市計画事業者または道路管理者が道路法上の道路付属物として整備するものと，地方公共団体が単独事業等により道路付属物以外の施設として整備するものに分類される。民間が整備主体となる自転車駐車場としては，鉄道事業者が駅周辺に整備するもの，商業施設事業者が当該施設の敷地内に整備するもの，民間駐輪場事業者が駅周辺に整備するもの等がある（**表 8.4** 参照）。

〔2〕　自転車法の概要

鉄道駅や商業施設周辺に発生する大量の放置自転車を解消するためには，適正規模の自転車駐車場を計画

表 8.4　自転車駐車場の整備主体と整備手法[7)]

種　別		整備主体	整備手法
公共	道路付属物	・都市計画事業者 （地方公共団体）	・自転車駐車場整備事業 ・街路事業　等
		・道路管理者 （地方公共団体）	・道路事業 ・特定交通安全施設等整備事業　等
	道路付属物以外	・地方公共団体	・自転車普及協会の補助事業 ・地方公共団体単独の事業　等
民間		・鉄道事業者 ・商業施設事業者 ・民間駐輪場事業者等	・自転車駐車場整備センターの補助（鉄道事業者） ・民間事業者単独の事業　等

的に整備するとともに，自転車法（自転車の安全利用の促進および自転車等の駐車対策の総合的推進に関する法律）に基づく附置義務条例の制定，放置自転車の撤去等を総合的に推進することが重要である。

自転車および原動機付き自転車の総合的な駐車対策を目的とする「自転車の安全利用の促進及び自転車等の駐車対策の総合的推進に関する法律」（以下「自転車法」という）には，放置自転車の撤去，保管，処分に関する規定（第6条），地方公共団体，道路管理者，鉄道事業者等の役割，附置義務条例に関する規定（第5条）が定められている。また，自転車法第7条において，自転車等の駐車対策に関する総合計画が位置付けられている。

8.5.2　自転車駐車場計画の立て方

〔1〕　計画策定手順

自転車駐車場の計画に当たっては，都市交通体系における自転車の役割を明確にした上で，交通結節点計画，自転車道ネットワーク計画，バス路線網計画等との整合に留意し，① 整備計画区域の設定，② 現況調査，③ 自転車駐車需要予測，④ 整備水準の決定，⑤ 公共自転車駐車場の建設計画の手順で実施される。

③ 自転車駐車需要予測においては，交通結節点における駐車需要特性と商業施設周辺の駐車需要特性が異なるため，各特性に応じた手法を選択する必要がある。

④ 整備水準の決定においては，現状の放置問題に対処するだけでなく，将来の駐車需要にも対応可能な水準とする必要があるが，駅周辺での適地不足，高額な整備費用から，需要に追随するだけではなく，放置禁止規制や有料制の導入等の自転車需要をコントロールする施策を併せて検討することが必要となる。

〔2〕　個別の公共自転車駐車場の整備計画

公共駐車場は，目的施設への主要動線上に配置することが望ましい。交通結節点および商業施設周辺の駐車需要特性に応じた配置とし，放置禁止区域の指定等，利用効率を向上させる方策も検討していくことが必要となる。また，自転車駐車場の計画に当たっては，将来の駐車需要を効率的に収容できる形式・構造を選択し，歩行者，自転車およびミニバイクが安全に入出庫できる動線計画を行うことが重要である。

〔3〕　関連計画との連携

（1）　自転車道ネットワークとの連携　安全で快適な自転車利用，拠点やレクリエーション施設などの主要拠点間の機能連絡，交通手段としての自転車への転換促進を目的に，自転車走行空間の確保と自転車道ネットワーク化が行われつつある。自転車駐車場整備との連携，一体的な整備が求められている。

（2）　レンタサイクルシステム，コミュニティサイクルシステムとの連携　レンタサイクルシステムは，自転車を不特定多数で共有し，自宅から駅へ向かう「順利用」と駅から職場，学校等に向かう「逆利用」を行うシステムである。このシステムを発展させ，隣接駅や公共施設，商業施設等にもサイクルポートを設置して，相互に自転車の乗捨てを可能にしたものがコミュニティサイクルシステムである。このシステムと連携した自転車駐車場の整備は，自転車の利用促進の役割と確保すべき自転車駐車場の総量を少なくする効果も期待できる。

8.5.3　自転車駐車場に関する都市計画の考え

自転車駐車場を都市計画に定める場合においては，自動車駐車場と同様に，都市計画法第11条第1項第1号の「駐車場」として都市計画決定を行う。自転車駐車場に関する都市計画については，都市施設の種類，名称，位置および区域，面積および構造（地上および地下の階層）を定める。ただし，自転車駐車場で道路と一体としての機能を有すると認められるものについては，都市計画法第11条第1項第1号の「道路」に含めて都市計画決定することも考えられる。

8.6　新交通システム等の計画

地下鉄および乗合バスは，都市における公共交通システムとして重要な役割を果たしている。地下鉄は建設費が大きいことから，導入できるのは大きな需要が見込める大都市に限られている。他方，バスは道路交通混雑の影響を直接受けると同時にバス自体が混雑の要因ともなる。また，輸送需要ないし輸送力と輸送距離，あるいは輸送時間と輸送距離の関係で，**図8.18**に示すように鉄道とバス等の交通手段では対応できない領域（トランスポーテーションギャップ）があるといわれている。これらのギャップを埋める交通システムとして，都市モノレールおよび新交通システムの整備が進められている。また，わが国では，一時都市交通手段として大きな役割を担っていた路面電車は，モータリゼーションの進展等に伴って数多くの路線が廃止されてきたが，欧米諸国での成功事例を参考に**LRT**（light rail transit）として，再び注目を集めている。

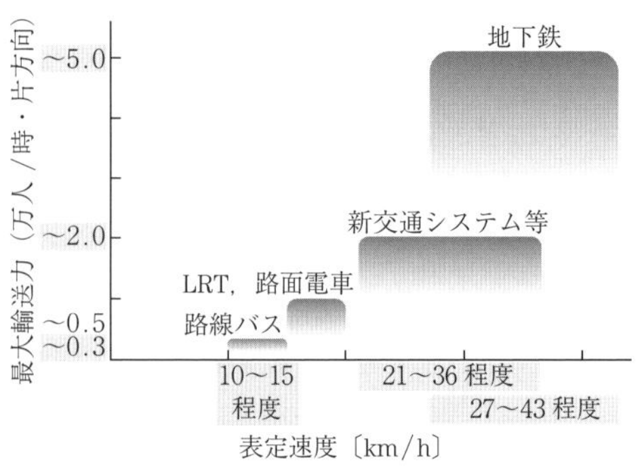

※表定速度は国内事例（実績値）を基に整理
※最大輸送力は国土交通省パンフレット「都市モノレール・新交通システム」（2001年4月）より引用

図8.18　輸送力と表定速度による公共交通の位置付け[5), 10)]

8.6.1　新交通システム等の概要

バスと鉄道の中間的な需要に対応する公共交通システムとして，都市モノレールと狭い意味での新交通システムおよびLRTが日本では整備されている。以下に，日本の各都市に導入された都市モノレールと新交通システム，今後拡大が期待されるLRTについて整理する。

〔1〕　都市モノレール

都市モノレールとは，1972年に制定された「都市モノレールの整備の促進に関する法律」第2条において，以下の四つの要件のすべてを満たすものと定義されている。

① 1本の軌道桁に跨座（こざ）し，または懸垂して走行する車両によって，人または貨物を運送する施設であること。

② 一般交通の用に供するものであること。

③ 軌道桁は主として道路法による道路に架設されるものであること。

④ その路線の大部分が都市計画区域内に存するものであること。

モノレール自体の歴史は古く，日本でも1951年に設置された豊島園のモノレール，1957年の上野動物園のモノレールなど遊園地や動物園で早くから利用されている。これらは，園内という限られた範囲での準公共的な利用のされ方であるが，本格的な公共交通システムとしても，1964年に開業した東京モノレールや1970年開業の湘南モノレールが上記法律制定以前から存在していた。これに対し上記法律は，都市における交通の円滑化を図り，もって公衆の利便の増進に寄与することを目的として制定され，1974年度には道路整備予算において，都市モノレールの建設のための支柱および桁等のいわゆるインフラストラクチャー部分を道路構造の一部として整備する制度がこの法律を根拠に確立された（**表8.5**参照）。

〔2〕　新交通システム

日本の新交通システムについては，法律上の明確な位置付けはないが，先の都市モノレールの定義の四つ

表8.5　事業化された都市モノレール一覧[5)]

路線名	当初開業年	区　間	建設延長〔km〕
北九州高速鉄道小倉線	1985年	小倉～企救丘	9.1
千葉都市モノレール1号線，2号線	1988年	千葉みなと～中央博物館・市民病院前，千葉～千城台	17.3
大阪高速鉄道大阪モノレール線，国際文化公園都市線	1990年	大阪空港～門真市，万博記念公園～東センター	30.8
多摩都市モノレール線	1998年	箱根ヶ崎～上北台～多摩センター	23.4
沖縄都市モノレール線	2003年	那覇空港～首里	13.1

の要素のうち ① をつぎのように読み替えるものとされている。すなわち，「ハードウェア，ソフトウェアのいずれかの面において既存の交通システムを改善するか，そのギャップを埋めるものであり，エレクトロニクスをはじめとする新しい技術を積極的に取り入れ，都市交通に対処し得るシステムによって人または貨物を輸送する施設であること」ということとなる（**表 8.6** 参照）。

〔3〕 ライトレールトランジット（LRT）

欧米において，数多くの新交通システムが開発されたにもかかわらず，実際の都市交通システムとしては，LRT を活用している場合が多い。1972 年にアメリカの **DOT**（Department of Transport）は，“Light Rail Transit Systems-a Definition and Evolution”と題するレポートを出し，ライトレールという考え方を示した。具体的には，ボストンとサンフランシスコで 1980 年に，フィラデルフィアとクリーブランドで 1982 年に，最新式の電車を投入することによって魅力ある市内電車とする試みがなされた。この新しい電車が標準的な LRV（light rail vehicle）と呼ばれ，さらにバファロー市では 1984 年に軌道を新設して **LRV** を走らせ，この方式が LRT と呼ばれた。また，欧州においては，市内電車を魅力ある乗り物とする努力が特に西ドイツにおいて続けられるようになった。これらの都市の中でドイツのカールスルーエでは，既存鉄道への路面電車車両の乗入れ（トラムトレインと呼ばれる）が 1992 年に始まり，その成功から他の都市にも拡大している。また，フランスのストラスブールでは，1994 年に斬新で洗練されたデザインの車両を導入し，広場などの整備と合わせて，まちのシンボルとなっている。これらの中にはさまざまな工夫がされているものがあり，その一つに路面走行という特徴を生かしたものとして，トランジットモールへの利用がある。トランジットモールとは路面電車やバス等の公共交通と歩行者空間とから成る街路で，欧米の多くの都市に存在する。

日本においても，1978 年から 1980 年にかけて日本鉄道技術協会を中心に LRV に相当する「軽快電車」と呼ばれる新型車両の開発が行われ，広島市や長崎市に導入された。2006 年 4 月には，わが国最初の LRT として，富山ライトレールが開業し，沿線を中心としたまちづくりが進められている。

8.6.2　事　業　制　度

〔1〕 新交通システム等の事業制度

現在，都市モノレールと新交通システム（以下，「都市モノレール等」という）とは，事業制度上まったく同じ扱いとなっている。道路上につくられる都市モノレール等は，都市計画法第 11 条に定める都市施設の「都市高速鉄道」に，その下部構造は，同じく都市施設の「道路」とされている。このため，都市計画事業として整備を行う場合は，都市高速鉄道および特殊街路としての都市計画決定が必要である。他方，運輸事業としては，軌道法に定める特許の申請から工事施行認可，開業のための認可等に至る一連の手続きが必要である。

〔2〕 路面電車の事業制度

わが国においては，モータリゼーションの進展に伴い，長く路線の廃止が続いていたが，都市部における公共交通機関の利用促進，中心市街地の活性化，地球環境や都市環境への負荷軽減，さらには，高齢者をはじめとする移動弱者（モビリティ選択の自由度が低い

表 8.6　事業化された新交通システム一覧[5)]

路線名	当初開業年	区　間	建設延長〔km〕
神戸新交通ポートアイランド線（ポートライナー）	1981 年	三宮～神戸空港	11.8
大阪市交通局南港ポートタウン線，ニュートラムテクノポート線	1981 年	住之江公園～中ふ頭～コスモスクエア	8.2
横浜新都市交通金沢シーサイドライン	1989 年	新杉田～金沢八景	11.0
神戸新交通六甲アイランド線（六甲ライナー）	1990 年	住吉～マリンパーク	4.5
桃花台新交通桃花台線（ピーチライナー）	1991 年（2006 年廃止）	小牧～桃花台東	7.4
広島高速交通広島新交通 1 号線（アストラムライン）	1994 年	本通～広域公園前	18.7
東京臨海新交通臨海線（ゆりかもめ）	1995 年	新橋～豊洲～勝どき	18.8
名古屋ガイドウェイバス志段味線	2001 年	大曽根～小幡緑地	6.8
愛知高速交通東部丘陵線（リニモ）	2005 年	藤が丘～八草	9.2
東京都交通局日暮里・舎人ライナー	2008 年	日暮里～見沼代親水公園	9.8

市民）の利便性確保に対応した人に優しい交通システムとして，路面電車の活性化や再生に対する期待が高まっている。特に最近では，超低床式車両や PTPS（公共車両優先システム）の導入等により従来の路面電車より高度なシステムを有する LRT（国土交通省では LRT を次世代型路面電車システムと称して導入を支援）の新設・延伸や既存路線におけるシステムの高度化などが検討されている。しかしながら，施設整備や運行に必要な経費を料金収入等で賄うことができる場合はまれであり，新たな路面電車の整備は，ほとんど着手されてこなかった。このため，道路整備として走行区間を整備する路面電車走行空間改築事業やレールや架線等の道路とならない施設整備を一般会計で補助する都市交通システム整備事業，車両（LRV）等を補助する LRT システム整備事業などの助成制度を創設してきている。その結果，2005 年度には，わが国初の本格的な LRT 導入となる富山ライトレールが整備されることとなった。

8.6.3 計画の立て方

都市モノレール等の導入に当たっては，都市交通体系のマスタープランの位置付けを踏まえ，都市モノレール等調査により，その導入必要性を明確にする。さらに，基本計画（導入ルート，駅および車両基地の位置，需要予測，システム機種選定，建設費，採算性），都市計画決定および特許取得の前提となる事業計画（平面縦断線形，駅および車両基地，事業主体，資金構成）を策定するとともに，交通結節点整備の計画，関連するまちづくりの計画を策定する。都市モノレール等の計画策定フローを**図 8.19** に示す。

8.6.4 都市計画の考え方

都市モノレール等整備に必要な都市計画としては，本体を「都市高速鉄道」として，都市モノレール等の桁，橋脚等，インフラストラクチャー部分を「特殊街路」（都市モノレール専用道等）として都市計画決定するとともに，都市モノレール等が導入される道路（関連街路）についても都市計画決定する。路面電車の延伸，新設に当たっては，路面電車が走行する路面

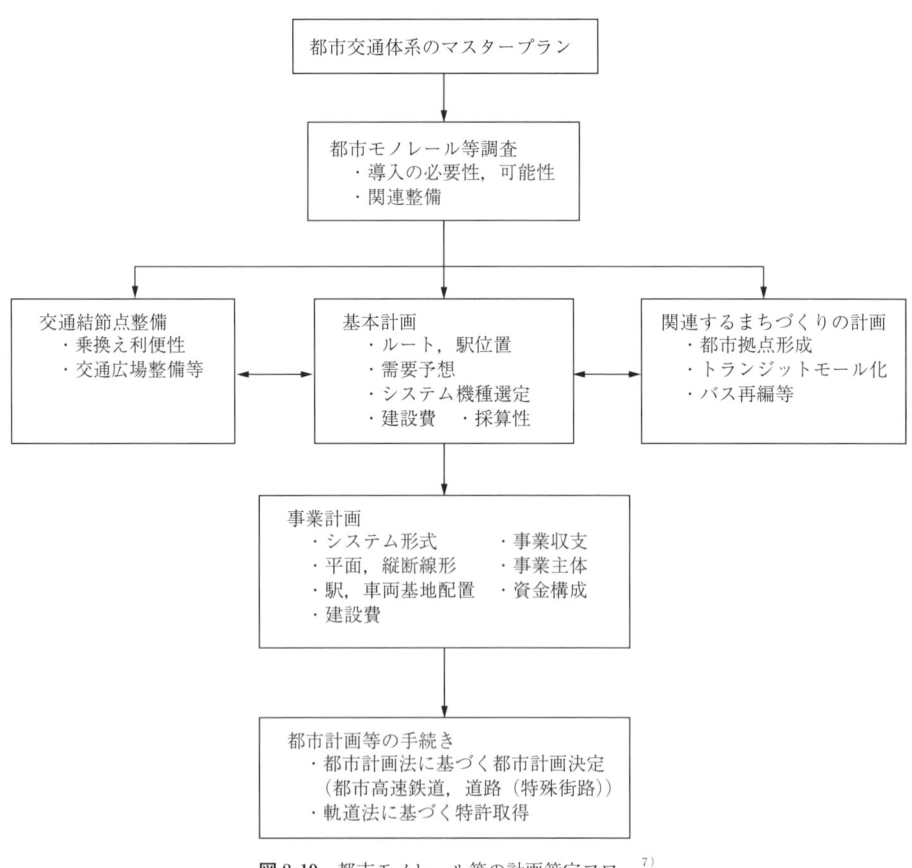

図 8.19　都市モノレール等の計画策定フロー[7)]

を道路事業，街路事業で整備する場合には，「特殊街路」（路面電車道）の都市計画決定が必要である。

（毛利雄一，野中康弘）

引用・参考文献

1） 日本道路協会編：道路構造令の解説と運用（2015）
2） 交通工学研究会：道路の計画と設計，技術書院（1992）
3） 日本道路協会編：道路の長期計画，（2014）
4） 国土交通省道路局 Web ページ：http://www.mlit.go.jp/road/sisaku/smart_ic/（2016年6月現在）
5） 土木学会土木計画学研究委員会：交通社会資本制度ー仕組みと課題ー，丸善（2010）
6） 建設省都市局都市交通調査室監修，日本交通計画協会編集：駅前広場計画指針ー新しい駅前広場計画の考え方，技報堂出版（1998）
7） 都市計画学会：新都市計画マニュアルⅡ［都市施設・公園緑地編］都市交通施設，丸善（2003）
8） 都市計画道路計画標準策定委員会編集：都市計画道路の計画標準，都市計画協会（1974）
9） 建設省都市局都市交通調査室・道路局道路経済調査室：都市内駐車場整備計画マニュアル（1988）
10） 国土交通省都市・地域整備局都市交通調査室：まちづくりと一体になったLRT導入計画ガイダンス，日本交通計画協会（2005）

9. 公共交通計画

9.1 公共交通システム

9.1.1 公共交通の定義

人々が移動するために利用する交通手段には，徒歩や自転車，自動車，鉄道，船舶，航空機などさまざまな種類のものがある。これらのうち，鉄道，軌道，乗合バス，タクシー，旅客船，旅客機など，社会一般の不特定多数の人々が利用することができ，かつ，その利用が平等に保障されている基本的な交通サービスを，一般に，**公共交通**（public transport）と呼んでいる。通常は，あらかじめ定められた運賃・料金を支払うことによって，交通サービスを利用することができるが，無料で交通サービスが提供される場合もある。

2006（平成18）年12月に，公共交通機関の旅客施設や車両，建築物などの構造・設備を改善することにより，移動や施設利用の利便性，安全性の向上を図ることを目的として施行された「高齢者，障害者等の移動等の円滑化の促進に関する法律」の第2条においても，公共交通事業者は，鉄道事業法による鉄道事業者，軌道法による軌道事業者，道路運送法による一般乗合旅客自動車運送事業者（路線バス事業者）および一般乗用旅客自動車運送事業者（ハイヤー・タクシー事業者），自動車ターミナル法によるバスターミナル事業を営む者，海上運送法による一般旅客定期航路事業を営む者，航空法による本邦航空運送事業者（旅客の運送を行うものに限る）と定義されており，わが国では，これらの交通事業者によって公共交通サービスが提供されている。

本章では，有料，無料を問わず，鉄道等の上記交通機関によって提供され，不特定多数の人々の平等な利用が保障されている交通サービスを公共交通とし，9.2節では**公共交通計画**(public transportation planning)策定のための交通調査，需要予測，計画評価手法について，9.3節ではおもに幹線鉄道および高速バスを対象として都市間の公共交通計画について，9.4節では大都市圏および地域における公共交通計画について，9.5節では公共交通計画における新たな取組みと今後の展望について，それぞれ述べることとする。

9

9.1.2 公共交通の種類と特性

交通手段には，移動目的，移動距離，輸送量などに応じて，自転車，バイク，自動車，鉄道，バス，新交通システム，タクシー，船舶，航空機など，多種多様なものが存在している。これらの交通手段は，運行頻度や移動速度，定時性，運休リスクなどが，それぞれ異なっており，通常，利用者は，こうした各交通手段の特性を踏まえて，利用する交通手段を選択している。

上記のような，各交通手段が有する特徴から，各交通手段が適用可能な交通需要領域が存在するといわれており，適用範囲が重なる交通手段は，通常その需要領域において，競争あるいは代替関係にある。また，鉄道駅や空港等までのアクセスや，それらから目的地までのイグレスに用いられるバス等の交通手段は，鉄道や航空とは異なる適用範囲を有しており，それらの交通手段と相互に補完関係にある。

図9.1は都市内交通における各交通手段の適用範囲を移動距離，利用者数を用いて表したものである。短距離の移動の場合，利用者数の多寡にかかわらず，大多数が徒歩による移動となるが，移動距離がある限界を超えると二輪車やバス，自動車などの交通手段が利用されるようになる。このように，都市内交通における各交通機関によるサービスは，すべての需要に対応しているのではなく，利用者数や移動距離，ならびに，輸送力や移動速度などの各交通手段の特性に応じて提供され，利用者は提供されている交通手段の中か

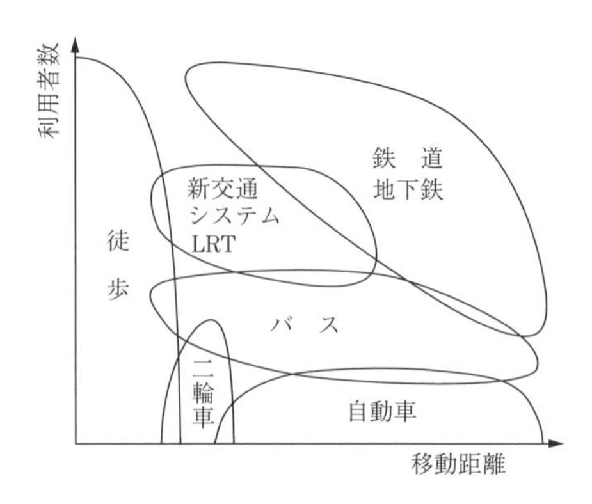

図9.1　都市内交通における各交通手段の適用範囲（文献1）を基に筆者作成）

ら移動目的等に合った交通手段を選択している。

同様に，**図 9.2** は都市間交通における交通機関分担率を移動距離ごとに示したものである。300 km 未満の移動では自動車による移動が約 8 割と非常に大きな割合を占めるが，500 〜 750 km 未満では，鉄道による移動が約 6 割と最も多くなっており，750 km 以上の移動においては，航空の割合が最も高くなっている。都市間交通においても，それぞれの交通手段が対応している需要領域はそれぞれ異なっており，運行頻度や移動速度など各交通手段の特性に応じて，各交通機関によってサービスが提供され，利用する交通手段が選択されている。

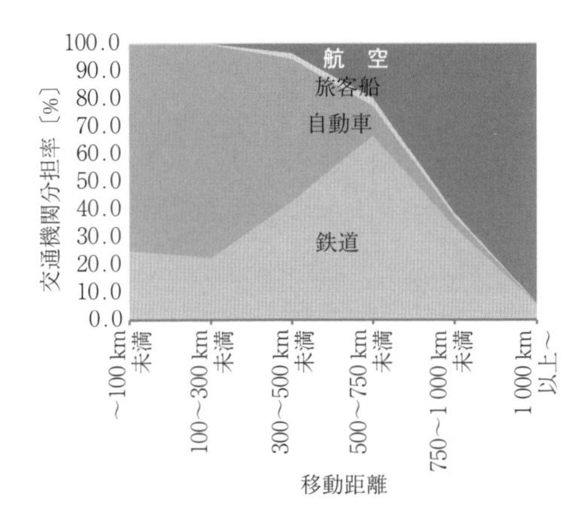

図 9.2　距離帯別都市間交通機関分担率（文献 2）を基に筆者作成）

公共交通計画を策定する際には，このような各交通手段の特性を踏まえた上で，利用者が求める適切な交通サービスの提供が可能となる交通機関，ないしは，それらの組合せや連携を検討することが重要である。

（松中亮治）

9.2　公共交通計画のための調査・需要予測・評価手法

9.2.1　交　通　調　査

〔1〕　関連統計の種類[3)]

公共交通計画のための交通調査とは，公共交通施策を計画・実施・改善するに当たって必要な検討に応じて，交通現象の特定部分を抽出し，客観的データを用いて把握する作業である。

わが国には，後述するパーソントリップ調査をはじめとする交通流動統計が存在するので，新たに調査を実施するよりも既存の統計資料を活用すべきかを含めて検討が必要である。さらに，交通計画には，交通統計以外にもさまざまな統計が必要となる。それらの統計のおもなものは，以下のとおりである。

（1）　**人口に関する統計**　　人口に関しては，居住地ベースの統計と就業地ベースの統計がある。

・居住地ベースの統計：人口数（性別，年齢別等），世帯数（構成員数別，所得別等），就業者数（産業別，職種別等）

・就業地ベースの統計：就業者数（産業別，職種別等）。これらのデータの大部分は，国勢調査（総理府統計局）から得ることができるが，そのほかにも人口，世帯については住民基本台帳（各地方自治体）を，また就業者については就業構造基本調査（総理府統計局）を利用することができる。

（2）　**経済に関する統計**

・事業所数（産業別，形態別，規模別等）

・従業員数（産業別，形態別，規模別等）

・出荷額および仕入額（産業別，規模別等）

・出荷量および仕入量（産業別，規模別等）

産業一般については，経済センサス，事業所・企業統計調査（総務省統計局）を利用できる。このほか，一次産業については農林業センサス，漁業センサス（農林水産省）が，二次産業については，工業統計調査，生産動態統計調査等（経済産業省）が，三次産業については，商業統計（経済産業省）が利用できる。

このほか，主要工場の新規立地状況については，工場立地動向調査（経済産業省）が利用できる。

（3）　**土地に関する統計**

・地形，面積に関するもの：土地利用面積（地目別等）

・価格に関するもの：地価（土地利用形態別等）

地形，面積に関するものは，土地利用図や航空写真等から，また地価に関しては，地価公示価格（国土交通省）や，実際の取引価格（市街地価格指数：日本不動産研究所等）等が利用できる。

（4）　**施設・建物に関する統計**

・施設に関するもの：施設量（施設別等），分布状況（施設別等），利用状況（施設別等），公共施設投資額（施設別等）

・建物に関するもの：面積，（用途別，構造別），建築動態（用途別，構造別等）

・住宅に関するもの：戸数（所有形態別，規模別等），価格（経年別，構造別等）

施設に関するものは，地方公共団体が実施している都市計画基礎調査や国土交通省が毎年出している都市計画現況調査から，建物に関するものは，各地方自治体の有する家屋課税台帳から，住宅に関するものは，総務省統計局が5年ごとに行っている住宅・土地統計調査等から求められる。このほか，毎年の建物の着工量は，建築着工統計調査，建設工事統計調査等（国土交通省）から求めることができる。

（5）　**家庭に関する統計**

・所得（世帯別，職業別等）
・消費額および消費量（世帯別，所得別，費目別等）
・交通への支出額（交通機関別等）
・交通のために使用する時間（目的別等）

所得や消費額，交通への支出額は，家計調査（総務省統計局）が利用でき，交通のために使用する時間は，社会生活基本調査（総務省統計局）がある。

（6）　**財政，国民経済に関する統計**

・交通への投資額（交通機関別等）
・所得（GNP，都道府県別等）

交通への投資額については，財務省主計局の出している国の予算，予算の説明，日本銀行の金融経済統計月報や各地方公共団体の出す決算書から求められる。

全体の所得勘定については，国民経済計算（内閣府）があり，産業間の相互取引については，行政官庁が5年ごとに作成している産業連関表が有効である。

〔2〕　**交通調査の方法**

公共交通計画のための交通調査を実施するに当たっては，どのような客観的データを計測すべきかを念頭に，調査を設計する必要がある。

ここでは，交通を行う主体（人もしくは物）に着目し，出発地，到着地，利用交通機関，所要時間等の交通の内容を把握する調査について，調査方法の留意点を述べる。

調査の実施方法としては，調査票を用いて回答してもらう方法と，GPSロガー等を用いて移動軌跡を観測する方法がある。

調査票に回答する方式の場合には，調査対象地域をゾーンと呼ぶ小さな地区に分割することが多い。多くの場合，町丁目といった行政区画境界で分割される。これはゾーンを定義しやすい，人口，所得といった社会・経済量についての統計が入手しやすいといった利点のためである。ゾーンの大きさは，検討目的を踏まえて，例えばバスに関する検討であれば，同一ゾーン内にバス停が複数存在しない方が望ましい。

調査期間は，人や物の交通の周期以上であることが必要である。人の交通は，通勤目的や通学目的の交通に典型的に見られるように，1日を周期とした交通が多いので，調査期間は1日であることが多い。しかし長距離交通を対象とする調査では，1箇月や1年間などの長期間をとることも必要となる。物の交通は，1日周期で運ばれるものもあれば，農産物のように年周期で運ばれるものもあるため，調査機関の設定が難しい。例えば1～3日程度の詳細な交通状況の調査と，年間合計の概略の調査を組み合わせて設定することが考えられる。

調査票は，誤りなく，また簡単に記入できるように工夫することが大切である。調査表の色，大きさ，紙質，形式等にも注意が必要である。調査の実施に際しては，調査マニュアルを用意し，調査員に対しては，訓練のための説明会を開くなど，十分に時間をかけることが必要である。

個々のデータに拡大係数を与えることにより母集団を推計する。拡大係数は，抽出率および属性別の回収率を考慮して設定する。

〔3〕　**おもな交通流動統計**

交通に関する統計は，出発地から到着地までの全移動を対象とした「純流動統計」と，交通機関ごとの移動を対象とした「総流動統計」の2種類に区分できる。

前者の考え方でつくられた統計としては，人の移動としたパーソントリップ調査や，大都市交通センサス（調査地域と交通機関が限定されている），全国幹線旅客純流動調査，国勢調査（交通目的が通勤・通学に限定されている）等がある。物の移動については，大都市圏において都市圏物資流動調査が，全国では全国貨物純流動調査（物流センサス）がある。

後者の交通機関ごとの移動を対象とした統計のおもなものは，鉄道については，鉄道輸送統計調査，都市交通年報，海運については，港湾調査，内航船舶輸送統計調査，航空については，航空輸送統計調査，航空旅客動態調査，航空貨物動態調査等，自動車については全国道路交通情勢調査（道路交通センサス），自動車輸送統計（陸運統計）がある。このほか，交通機関ごとの統計を基につくり出される統計（いわゆる二次統計）もある。その代表的なものが，都道府県間の人の移動についての旅客地域流動調査と，同じく都道府県間の物の移動についての地域貨物流動調査である。

（1）　**パーソントリップ調査**[4]　　**パーソントリップ調査**（person trip survey）としては，一定規模以上の都市圏を対象に総合的な都市交通マスタープランの策定を目的として都市の交通特性を把握する「都市圏パーソントリップ調査」と，都市規模と都市の交通特性との関係を明らかにすることをおもな目的とする「全国都市パーソントリップ調査」が実施されている。

都市圏パーソントリップ調査は，各都市圏ごとに実施されていることから，調査の時点がそろっておらず，都市圏間の交通特性を比較するには適切ではない。このため，全国の都市を都市規模別に分類し，都市における交通特性を把握するという観点から，「全国都市パーソントリップ調査」が1987（昭和62）年から実施されている。

1987年と1992年は，全国都市パーソントリップ予備調査との位置付けで，1987年調査は131都市，1992年調査は78都市を対象として，小サンプルの交通実態調査を平日，休日各1日について実施したものである。1999年には98都市を対象に，自治体を主体とする補助調査として全国都市パーソントリップ調査が本格的に実施された。なお，2005年調査からは国の直轄調査として実施されるようになり，「全国都市交通特性調査」に名称が改められている。

都市圏パーソントリップ調査は，1967年に広島都市圏で大規模に実施されて以来，地方中核都市（県庁所在地またはこれに準ずる都市）以上の規模の都市において，原則として10年に1回の割合で，その都市の5歳以上の居住者の日常的な交通行動を把握することを目的に行われている。

調査体系は，実際に行われる都市の抱える課題に応じて若干ずつ違うが，基本的には都市内に居住している人々の移動を把握するための家庭訪問調査，都市内の境界を横断する自動車や公共交通機関利用者を対象としたコードンライン調査，都市内に立地している宿泊施設利用者を対象とした宿泊者調査，および調査精度を検討するためのスクリーンライン調査から構成される。

調査されるおもな項目は，移動する人の属性に関する項目と，移動（トリップ）の属性に関する項目に分けられる。移動する人の属性に関する項目としては，① 居住地，② 世帯人数，③ 自動車の保有（使用可能）台数，④ 勤務（通学）先，⑤ 性別，⑥ 年齢，⑦ 職業，⑧ 運転免許の保有の有無，等がおもなものである。移動の属性に関する項目としては，① 発地，② 発施設，③ 発時刻，④ 着地，⑤ 着施設，⑥ 着時刻，⑦ 目的，⑧ 利用交通機関，⑨ 利用時間，⑩ 乗換え場所，⑪ 自動車利用の有無，⑫ 同乗車人数，⑬ 有料道路利用の有無，等がおもなものである。

調査結果は，概要がインターネットで公開されているとともに，トリップデータそのものも，使用申請することにより利用できる。

（2）　**大都市交通センサス**（metropolitan transportation census）　三大都市圏（東京都市圏，京阪神都市圏，中京都市圏）における公共交通機関の利用実態を把握し，公共交通機関整備の方向を検討するための資料として，公共交通機関利用者，および公共交通機関事業者を対象として5年ごとに行われている。

調査は，公共交通機関利用者を対象とした利用者調査と，交通事業者を対象とした事業所調査から構成されている。利用者調査は，① 鉄道定期券利用者調査，② バス・路面電車定期券利用者調査，③ 鉄道普通券調査，④ バス・路面電車OD調査（origin-destination survey，起終点調査）に分けられる。これらのうち，①，② は，10月末の1週間程度の間における定期券購入者の全員を対象とした調査である。③，④ は，10月または11月中の平日1日の利用者を対象として行われる。

定期券調査でのおもな調査項目は，① 居住地，② 勤務（通学）地，③ 定期券の種類，④ 居住地の出発時間，および勤務（通学）地の到着時間，⑤ 乗車駅・降車駅，⑥ 利用交通機関，⑦ 乗車時刻および降車時刻である。普通券調査では，利用者の乗車駅および降車駅が時間帯別に調べられる。

調査結果は，集計結果がインターネットで公開されているとともに，より詳細なデータも公共的な利用目的であれば，利用可能である。

（3）　**全国幹線旅客純流動調査**　わが国の幹線交通機関における旅客流動の実態を定量的かつ網羅的に把握することを目的として，幹線交通機関（航空，鉄道，幹線旅客船，幹線バス，乗用車等）を利用して都道府県を越える旅客流動を調査対象として，1990（平成2）年度に調査を開始して以来，5年ごとに行われている。

全国幹線旅客純流動調査では，通勤・通学以外の目的で，航空，新幹線等特急列車あるいは高速バス等幹線交通機関を利用する，日常生活圏を越える国内旅客流動を「幹線旅客純流動」と定義して調査対象としている。このため，つぎの五つの特性を持つ国内旅客流動が対象となっている。

① 航空，新幹線等特急列車あるいは高速バス等といった幹線交通機関を利用した旅客流動である。また，異なる幹線交通機関を乗り継いだ場合は，利用した交通機関の移動距離の長短にかかわらず，「① 航空，② 鉄道，③ 幹線旅客船，④ 幹線バス，⑤ 乗用車等」の順で代表交通機関としている。

② 実際の出発地から目的地への流動である。全国幹線旅客純流動調査は，純流動調査であり，交通機関の乗継ぎ状況によらず，実際の出発地から目的地までの純流動を対象としている。

③ 通勤・通学とその帰宅目的を除く旅客流動であり，調査対象となるおもな旅行目的は，出張等の仕事，観光，帰省である。

④　都道府県を越える旅客流動である。なお，首都圏，中京圏，近畿圏の大都市圏内の流動は，都道府県内の移動と同様のものとみなして，対象外とされている。

⑤　1日の旅客流動は平日1日・休日1日を対象とした旅客流動である。平日調査は，基本的に，各幹線交通機関別に特定の「水曜日」を，第4回（2005年度）より始められた休日調査は，特定の「日曜日」を調査日としている。

第5回調査では，乗用車等は2010年秋期，公共交通機関は2010年冬期の平日と休日の幹線交通機関利用者を対象にアンケートを実施した。

年間の旅客流動は，年度を対象とし，第1回（1990年度）調査から第3回（2005年度）調査までは，休日調査が実施されていないため，年間データは平日調査による平日1日データのみから母集団推計，第4回（2005年度）調査からは，平日調査に加え休日調査も実施しているため，平日1日データおよび休日1日データの両方のデータを基に年間の母集団推計をしている。

9.2.2　需　要　予　測

〔1〕概　　要

交通計画を定量的に検討するためには，交通量の需要を予測する必要がある。交通量需要予測は，第二次世界大戦後の北アメリカにおいて自動車が急速に普及したことを受け，これに対処した道路計画を立案する必要性に基づいて，1950年代中頃アメリカのDetroit都市圏において土地利用と交通の大規模な実態調査が行われ，両者の相互作用を考慮した科学的な交通計画策定の試みが初めて実施された。この調査計画に引き続いて1950年代後半に行われたChicago都市圏での計画では**CATS**（Chicago Area Transportation Study）と呼ばれる，高速道路と高速鉄道の計画を一元的に捉えた総合的交通計画が初めて策定された。この予測手法は，生成交通量，発生・集中交通量，分布交通量，分担交通量，配分交通量と，段階を経て予測するため**四段階推定法**（four-step estimation method）と呼ばれる。

1960年代はわが国も含めて先進諸国において乗用車が急激に増加し，四段階推定法に基づく交通計画が多くの都市圏で策定されたが，この調査計画を実施するのに膨大な費用，労力，時間を必要とするため，予測モデルの簡略化と新しい計画評価手法の必要性が高まってきた。そのような環境の下で非集計モデルと呼ばれる新しい予測モデルの開発が1970年代アメリカを中心に進められ，1980年代前半までにその体系が確立したといってよい。

〔2〕四段階推定法

（1）生成交通量（number of trips produced）

交通はそれ自体が目的で発生するものではなく，なんらかの目的を達成するために発生するものであるという観点から「交通は派生需要である」といわれることが多い。しかしながら，今日の経済活動においては，多くの財・サービスが派生需要であるから，交通の特性としては，派生需要であるという点よりも，特定の最終需要だけではなく，ほとんどすべての最終需要と関連がある点を強調すべきである。このため交通がどれだけ生成するのかを予測するためには，基本的な人口・経済指標が用いられる。具体的には常住地居住人口（夜間人口），常住地就学・就業人口，従業地従学・従業人口，工業出荷額，商品販売額，自動車保有台数，用途別土地面積等である。

過去のパーソントリップ調査のデータの蓄積の結果，1人当りのトリップ生成原単位は経年的に安定していることが知られており，個人を属性別に分ければ，より安定した原単位が得られるものと考えられる。このため，次式のように人口経済指標を変数とした重回帰モデルを用いて，生成交通量を予測する方法が広く採用されている。

$$\left.\begin{aligned} G_i &= a_0 + \sum\nolimits_k a_k X_{ik} \\ A_i &= b_0 + \sum\nolimits_k b_k X_{ik} \end{aligned}\right\} \tag{9.1}$$

ここで，G_i，A_iはゾーンiの発生，集中量，X_{ik}はゾーンiのk番目の人口経済指標，a_0，a_k，b_o，b_kはパラメーターである。

パラメーターは最小二乗法で求められる。式(9.1)はトリップ目的別に設定され，トリップ目的別に採用される人口経済指標は異なってくる。発生・集中別，トリップ目的別に最も適した説明変数を採用する必要がある。この重回帰モデルは交通需要予測モデルの中で高い適合度を示し，その変数となる人口経済指標も比較的容易に予測可能なので，現在では最も安定したモデルとして広く採用されている。

アメリカのChicagoやPittsburghのような初期の交通計画では，人口指標，面積指標の単位当りのトリップ生成量（原単位）を現況調査値から求めることにより，将来の人口指標，面積指標を乗じることによって，将来のトリップ生成量を推計する手法が採用された。

これは，用途別面積（床面積）を説明変数とした定数項を含まない重回帰モデルと考えることができる。用途別土地面積や床面積は，都市圏を対象とするような広域かつ長期的計画では，将来値の予測が困難である。しかしながら，用途別の土地利用や床面積が計画されている際には，人口指標よりも土地利用の方が予測精度を確保できる。この実務的な手法は，大規模開発地区関連交通計画マニュアル（国土交通省）にとりまとめられており，当該マニュアルは 1989（平成元）年 3 月に示されてから 4 回の改訂を経て，2014（平成26）年 6 月の改訂が最新である。

（2）**発生・集中交通量**（generated traffic volume, number of trips generated, number of trips attracted）

発生・集中量の予測は，前項で得られた人口・経済指標と生成交通量の関係式を用いて，計画対象地域の各ゾーンの発生量と集中量を求めるステップである。発生量は各ゾーンから発生するトリップ数であり，集中量は各ゾーンへ集中するトリップ数である。生成交通量の関係式に，代入すべき人口・経済関係の将来フレームについては，関連地域の都市計画あるいは地域計画ですでに定められている場合が多い。また，国立社会保障・人口問題研究所が市区町村別・性別・年齢階層別の将来人口推計結果をインターネットで公開しているので参考にするとよい。

計画対象地域全体のフレームに関する予測を踏まえて，交通計画に用いられるゾーンは一般に細かく，他の計画からそのまま転用できることはまれである。したがって，発生・集中交通量の予測ステップにおいて大きな比重を占める作業は，ゾーン別の人口指標を予測する作業といえる。用途別土地面積や床面積を各ゾーン別に独自に実測し，ゾーン別現況値を把握する必要がある。将来の予測値については土地利用計画に基づいて計画が定まっている場合は優先的に定量化し，残りについては過去のトレンドや現況値に基づいて各ゾーン別に案分して，計画者が定める必要がある。

広域的な人口構造の将来における変化は，いわゆる「すでに起こった未来」であり，経済動向の変化に比べれば必ず現れる変化といえる。しかしながら，ゾーン別の人口については開発計画の進捗に左右される面も大きく，必ずしも計画どおりに実現しない。将来予測値と整備後の実績値の乖離が大きいプロジェクトでは，前提とした開発が計画ほど進捗していないことが多い。このことを踏まえて，指摘しておくべき点が 2 点ある。1 点は，交通需要予測は将来の状況を単に推量するものではなく，計画者の意思・政策としての地域像を達成した場合に必要となる交通サービスのレベルを予測するものであるということ，2 点目は達成しようとする地域像が独りよがりで妥当性を欠いたものになっていないかの吟味の重要性である。

なお，コントロールトータルとして，各ゾーン別の人口・経済指標を用いて推計した発生・集中量の合計値と，対象地域全体の人口・経済指標を用いて推計した総発生交通量（生成交通量）の整合性を，検証・修正することが望ましい。コントロールトータルを実施すべき理由は，ゾーン別・目的別に区分した推計では発生・集中交通量の値が小さくなるために四捨五入の影響が無視できなくなることが挙げられる。

（3）**分布交通量**（distributed traffic volume, number of trips distributed）　分布交通とはゾーン間の交通の動きのことであり，先のステップで予測した各ゾーンの発生量および集中量を制約条件として，OD 分布を予測するステップである。

この際，ゾーン間の所要時間等の交通環境が将来においても現在とあまり大きく変化しないと見込まれる場合には，現在の OD 分布パターンが将来でも保持されると考えられる。この場合は，各ゾーンにおける将来の発生量と集中量の伸び率と現在のゾーン間交通量を用いて将来の分布交通量が求められる。この予測手法は現在パターン法と呼ばれ，平均成長率法[5)]，デトロイト法[6)]，Fratar 法[7)]等があるが，収束計算過程の収束速度が優れているため，現在では Fratar 法が採用されることが多い。

Fratar 法は，Fratar（フレーター）によって提案され，アメリカのオハイオ州 Cleverland において 1954 年初めて用いられた手法で，次式のように表される[7)]。

$$T_{ij} = t_{ij} F_i H_j \frac{(L_i + L_i)}{2} \tag{9.2}$$

$$F_i = \frac{G_i}{\sum_j t_{ij}}, \quad H_j = \frac{A_j}{\sum_i t_{ij}} \tag{9.3}$$

$$L_i = \frac{\sum_j t_{ij}}{\sum_j t_{ij} F_i}, \quad L_j = \frac{\sum_i t_{ij}}{\sum_i t_{ij} H_j} \tag{9.4}$$

ここに，T_{ij} はゾーン i-j 間の将来交通量，t_{ij} はゾーン i-j 間の現在交通量，F_i はゾーン i の発生量の伸び率，H_j はゾーン j の集中量の伸び率，G_i はゾーン i の将来の発生量，A_j はゾーン j の将来の集中量である。

L_i，L_j はロケーションファクターと呼ばれている。式（9.2）で求められた T_{ij} から発生量，集中量を求めると $\sum_j T_{ij}$，$\sum_i T_{ij}$ となるが，G_i，A_j と必ずしも一致しない。そこで，両者を一致させるためにつぎのような収束計算を行う必要がある。

$$T_{ij}^{(n+1)} = t_i F_i^{(n)} H_j^{(n)} \frac{\left(L_i^{(n)} + L_j^{(n)}\right)}{2} \tag{9.5}$$

9

$$F_i^{(n)} = \frac{G_i}{\sum_j T_{ij}^{(n)}}, \quad H_j^{(n)} = \frac{A_j}{\sum_i T_{ij}^{(n)}} \tag{9.6}$$

$$L_i^{(n)} = \frac{\sum_j T_{ij}^{(n)}}{\sum_j T_{ij}^{(n)} F_i^{(n)}}, \quad L_j^{(n)} = \frac{\sum_i T_{ij}^{(n)}}{\sum_i T_{ij}^{(n)} H_j^{(n)}} \tag{9.7}$$

ただし，n は収束回数で，この収束計算を続けて $F_i^{(n+1)}$ と $H_j^{(n+1)}$ が1.0に近付いたとき収束計算を終了する。

ゾーン間の所要時間等の交通環境が将来において現在と大きく変化し，将来の交通パターンが変化することが見込まれる場合に用いられる予測手法としては，重力モデル，オポチュニティモデル，エントロピーモデル等がある。

重力モデル（グラビティモデル）はNewtonの万有引力の法則のアナロジーとして提案されたもので，基本的なモデル式はつぎのように表される。

$$T_{ij} = kG_i^{\alpha} A_j^{\beta} f(D_{ij}) \tag{9.8}$$

ここで，T_{ij} はゾーン i-j 間の分布交通量，G_i はゾーン i の発生量，A_j はゾーン j の集中量，$f(D_{ij})$ はゾーン i-j 間の空間的隔たりを表す時間抵抗関数であり，D_{ij} はゾーン i-j 間の所要時間，一般化費用等で表される。k，α，β はパラメーターである。

$f(D_{ij})$ としては一般に次式が用いられている。

$$\left.\begin{array}{ll} ① & f(D_{ij}) = D_{ij}^{-\gamma} \\ ② & f(D_{ij}) = \exp(-bD_{ij}) \\ ③ & f(D_{ij}) = D_{ij}^{-\gamma}\exp(-bD_{ij}) \end{array}\right\} \begin{array}{l} \text{（べき乗型）} \\ \text{（指数型）} \\ \text{（ターナー型）} \end{array} \tag{9.9}$$

ここに，γ，b はパラメーターである。

式（9.8）のパラメーターを推計する際には一般に両辺の対数をとって，一次式に変換し最小二乗法で求められる。非線形の回帰手法で近似解を求めてもよい。

式（9.8）はそのほかにいろいろなタイプが工夫され，つぎのようなモデルも広く用いられている。

$$T_{ij} = k(G_i A_j)^{a} f(D_{ij}) \tag{9.10}$$

$$T_{ij} = kG_i A_j f(D_{ij}) \tag{9.11}$$

上式のいずれのモデルも，求めたゾーン間交通の発生・集中量はつぎの条件を満足しなければならない。

$$\textstyle\sum_j T_{ij} = G_i \quad \text{（発生側の制約条件）} \tag{9.12}$$

$$\textstyle\sum_i T_{ij} = A_j \quad \text{（集中側の制約条件）} \tag{9.13}$$

式（9.12）と式（9.13）と二つの制約条件を同時に満足するモデルを二重制約型のモデルという。まず発生側の条件を満足させるために，例えば式（9.11）を式（9.12）に代入すると次式が導かれる。

$$T_{ij} = G_i \frac{A_j f(D_{ij})}{\sum_j A_j f(D_{ij})} \tag{9.14}$$

これはVoorhees（ブーヒース）タイプのモデルと呼ばれているものである[8]。これにゾーン間の特殊な結び付きを示すゾーン間調整係数 K_{ij} を導入するとアメリカ連邦道路局（BPR）タイプと呼ばれるモデルになる[9]。

$$T_{ij} = G_i \frac{A_j K_{ij} f(D_{ij})}{\sum_j A_j K_{ij} f(D_{ij})} \tag{9.15}$$

式（9.15）は集中側の制約条件は満たさないので，集中側の制約条件を満たすためにはつぎのような収束計算が必要である。

$$A_j^{(n)} = A_j \frac{A_j}{\sum_i T_{ij}^{(n)}} \tag{9.16}$$

式（9.16）を式（9.15）に代入すると

$$T_{ij}^{(n+1)} = G_i \frac{A_j^{(n)} K_{ij} f(D_{ij})}{\sum_j A_j^{(n)} K_{ij} f(D_{ij})} \tag{9.17}$$

$A_j / A_j^{(n)}$ が1.0に近付けばこの収束計算は終了し，発生および集中側の制約条件を満足することになる。

将来においてゾーン間の所要時間が変化する場合の分布交通の予測において，ゾーン内々交通については，ゾーン内々の平均所要時間を推計（仮定）してゾーン間交通と同時に求める方法と，前述の分布モデルとは別個にゾーン内交通のみを求めるモデルを設定して求める方法がある。前者の例としてはゾーン内可住地面積を円で置き換え，その半径をゾーン内距離とする方法[10]や，隣接するすべてのゾーンまでのゾーン間距離の平均値の1/2をそのゾーン内距離とする方法[9]がある。ゾーン内々交通を別個に求める方法は，ゾーンの内々率を固定としたり，ゾーン面積の関数としたりする方法がある[11]。

（4）　分担交通量（OD volume by mode，**交通機関選択**）　各種交通機関の分担率を予測するステップであり，交通機関（手段）選択とも呼ばれている。交通機関分担の予測手順としては，分布交通の予測の前に行う場合と後に行う場合がある[12]。

分布交通の予測の前に交通機関分担を予測する場合は，交通機関の分担率を回帰分析や分担率曲線などを用いてゾーンの発生・集中量の機関分担を推計するモデルを構築する。説明変数には各ゾーンの自動車の保有率，平均所得，居住人口密度，都心からの距離，アクセシビリティ，トリップ目的等が用いられる。

分布交通の予測の後に交通機関分担を予測する場合は，ゾーン間の各交通機関のサービスレベルを変数としてゾーン間の各 OD ペア別に分担率を推計する。以下に，分担率曲線法，集計型ロジットモデル，犠牲量モデルについて述べる。

分担率曲線法は，交通機関の種類は多くあり，それらの分担率を一度に求めることは困難なので，交通機関を順次二つのグループに分けていくバイナリー方式が一般に用いられている。すなわち，全体の交通量を徒歩・二輪車とその他に分け，つぎに自動車利用者と公共交通利用者とに分け，つぎにバスと鉄道の利用者とに分けるというように，つぎつぎに 2 分割していく方法である。

徒歩・二輪車は目的地までの距離に大きく依存しているので，これらの分担率を求めるには横軸に距離，縦軸にその分担率を表した徒歩・二輪分担率曲線が用いられる。

自動車と公共交通の分割には，両者のゾーン間のサービスレベルを説明変数として一方の交通機関の分担率を表した分担率曲線が用いられる。その説明変数としては時間，コスト，一般化費用の比および差が一般に用いられる。この分担率曲線はトリップ目的別，自動車の保有・非保有世帯別にも作成できる。

鉄道とバスの分割も前記と同様に分担率曲線を作成して求めることができる。

集計型ロジットモデルとは，式 (9.18) のようなロジットモデルを用いて，各交通機関を分担率予測する手法であり，現在一般的に用いられている。

$$P_1=\frac{1}{1+\exp\left[-G(x)\right]} \tag{9.18}$$

$$G_{(x)}=a_0+\sum\nolimits_k a_k\left(X_{1k}-X_{2k}\right) \tag{9.19}$$

$$P_1+P_2=1 \tag{9.20}$$

ここで，P_1，P_2 は交通機関 1，2 の分担率，$G_{(x)}$ は交通機関 1 と 2 の効用差，X_{1k}，X_{2k} は交通機関 1 と 2 の k 番目のサービスレベル，a_0，a_k：パラメーターである。

犠牲量モデルは，損失（犠牲量）が最も少なくなるように交通機関を選択すると仮定したモデルである[13]。犠牲量の要因としては主として料金と所要時間とが考えられ，つぎのような式が用いられている。

$$S=c+dT \tag{9.21}$$

ここに，S は犠牲量〔円〕，c は料金〔円〕，T は所要時間〔min〕，d は時間価値〔円/min〕である。

いま，仮に 3 種の交通機関 1，2，3 が存在する場合，つぎのようなステップで予測する。

① ステップ 1：各 OD ペアごとに各交通機関の経路を設定する。

② ステップ 2：各 OD ペアごとに所要時間と料金（運賃）を求める。

③ ステップ 3：各交通機関の犠牲量 S_1，S_2，S_3 を求める。

④ ステップ 4：交通機関 1 と 2，交通機関 2 と 3 の犠牲量が等しくなる点 d_1，d_2 を求める。

⑤ ステップ 5：時間価値が d_1 より小さい人は交通機関 1，d_1 と d_2 の間の人は交通機関 2，d_2 より大きい人は交通機関 d_3 を選択する。

⑥ ステップ 6：時間価値 d は一定ではなく，個人によって異なるものであるから，分布形を仮定して，d_1，d_2 で区切られる面積が各機関の分担率 P_1，P_2，P_3 となり，$P_1+P_2+P_3=1$ である。

時間価値 d の分布形は一般に対数正規分布を仮定することが多い。

犠牲量モデルは同一ペアに 3 種以上の交通機関が存在しても，一度に分担率が求まるという利点を有するが，時間評価値の分布形の合理的な設定にまだ問題が残されている。

（5） **配分交通量**（assigned traffic volume，**経路選択**）　交通量配分は与えられた交通ネットワークに交通機関別 OD 表を割り当てるステップである。

自動車の配分交通量の予測では，分布交通量を分割して最短経路に配分し，リンク容量による速度低下を考慮して，最短経路を計算し直す分割実用配分や均衡配分が用いられることが多いが，公共交通の予測では東京圏における鉄道計画（運政審答申第 7 号 1985 年）の需要予測で用いられたことを契機として，非集計行動モデルが主流になってきている。

非集計行動モデルは，個人の交通行動をモデル化しているため論理性を有し，最近では鉄道需要予測の主流になってきている。

配分交通量（経路選択）予測方法には，大きく分類して「最短経路一括配分法」と「複数経路配分法」がある。「最短経路一括配分法」は，OD 間の鉄道経路を 1 経路のみ設定する方法である。このうち最もよく用いられる方法は，ダイクストラ法等により所要時間最短の経路に一括配分する方法である。この方法は，モデルが単純化されて非常にわかりやすいが，交通行動を観察してみると，同じ OD 間の移動であっても，ある者は A 路線を利用し，別のある者は B 路線を利用することがあるという現実を反映できていない。

「複数経路配分法」は，OD 間の鉄道経路を複数設定する方法である。近年までは「時間比配分法」やこれに費用を考慮した方法などが用いられてきた。しかしながら，経路選択要因には，所要時間や運賃のほか，乗換回数や運行本数等の影響が大きいことが昨今の意識調査等で判明してきている。このため，多くの要因から経路選択および経路分担率を得ることが可能な非集計行動モデルを用いた鉄道経路配分モデルの研究が活発となり，実用化されている。

〔3〕 土地利用モデル[14)～17)]

1960年代に入って交通モデルの発展と並行する形で，近代的な都市経済学が急速に発達した。当初の交通モデルは，交通と土地利用の相互作用は考慮していなかったが，交通施設の整備前後の航空写真や地図を比較すると実感できるように，交通施設の整備は沿線の土地利用に大きなインパクトを与えるため，この影響を予測する土地利用モデルが必要となった。これは都市を一つの制御可能なシステムと認識し，数学的モデルとして表現しようとするアプローチである。そして都市システムの認識の仕方に応じて，土地利用モデルは多様な系譜をたどることになった。

数式を使った定量的な**土地利用モデル**（land use model）の初期のものとしては，次式のように1959年Hansen（ハンセン）によって提案された住宅地の土地利用を予測するモデルが有名である[18)]。

$$N_i = N \frac{O_i AC_i}{\sum_i O_i AC_i} \qquad (9.22)$$

ただし

$$AC_i = \sum_j \frac{E_j}{D_{ij}^{\theta}} \qquad (9.23)$$

ここに，N_iはゾーンiの夜間人口の増加量，Nは都市圏全体の夜間人口の増加量，O_iはゾーンiの未開発利用地面積，E_jはゾーンjの従業人口等のアクティビティ量，D_{ij}はゾーンi-j間の所要時間，θはパラメーターである。

AC_iはゾーンiのアクセシビリティと呼ばれており，その値が大きいほどゾーンiの吸引力が大きくなり，各ゾーンの魅力度を示す指標として現在でも広く用いられている。

重回帰式を基本とした土地利用モデルも多く提案されている[19)]。このモデルは各ゾーンの社会人口経済指標を目的変数にとり，説明変数としては，① 都心からの所要時間，② 宅地面積，③ 利用可能未利用地面積，④ 基幹交通施設へのアクセス，⑤ 夜間人口，従業人口へのアクセシビリティ，⑥ 上下水道の整備状況，⑦ 用途地域制，⑧ 従業者数の基準年次の分布パターン等が用いられている。このタイプの代表的なモデルとしては，Hill（ヒル）らによって1960年提案されたEMPIRICモデルがあり，Boston都市圏を対象として，各ゾーンの夜間人口と従業者の将来予測に用いられた[20)]。重回帰（線形）モデルは，モデル構造が単純であり，予測結果が比較的安定しているために以降大規模モデルが数多く提案され，現実への適用が行われている。

Lowry（ローリー）はHansenによって提案されたアクセシビリティの概念を応用して，いわゆるローリーモデルと呼ばれる土地利用モデルの一つの体系をつくり上げた。このモデルはつぎに示す12本の方程式体系として構成されており[21)]，Pittsburghの総合開発計画に適用された。

a．土地利用部門

$$L_j = L_j^U + L_j^B + L_j^R + L_j^H \qquad (9.24)$$

b．地域産業部門

$$E(k) = a(k)N \qquad (9.25)$$

$$E_j(k) = b(k)\sum_{i=1}^{n}\left(\frac{c(k)N_i}{D_{ij}}\right) + d(k)E_j \qquad (9.26)$$

$$E(k) = \sum_{j=1}^{n} E_j(k) \qquad (9.27)$$

$$E_j = E_j^B + \sum_{k=1}^{m} E_j(k) \qquad (9.28)$$

$$L_j^R = \sum_{k=1}^{m} e(k)E_j(k) \qquad (9.29)$$

c．住宅部門

$$N = f\sum_{j=1}^{n} E_j \qquad (9.30)$$

$$N_j = g\sum_{i=1}^{n} \frac{E_i}{D_{ij}} \qquad (9.31)$$

$$N = \sum_{j=i}^{n} N_j \qquad (9.32)$$

d．制約条件

$$E_j(k) \geqq Z(k) \quad \text{or} \quad E_j(k) = 0 \qquad (9.33)$$

$$N_j \leqq Z_j^H L_j^H \qquad (9.34)$$

$$L_j^R \leqq L_j - L_j^U - L_j^B \qquad (9.35)$$

ここに，Lは土地面積，Eは従業者数，Nは夜間人口（世帯数），Dは2地点間の時間あるいは距離，Zは制約，Uは利用不可能用地，Bは基幹産業部門，Rは地域（非基幹）産業部門，Hは住宅部門，kは地域産業部門のk業種，mは地域産業部門の業種の数，i，jはゾーン番号，nはゾーンの数，$a(k)$は夜間人口1人当りの雇用率，$b(k)$は式（9.27）を満足させるための修正係数，$c(k)$，$d(k)$は重み係数，$e(k)$は従業者1人当りの面積，fは従業者1人当りの夜間人口，gは式（9.32）を満足させるための修正係数である。

このモデルは静態的な均衡モデルとして組み立てられており，基幹産業の従業者数と配置（ゾーン）を所与とし，ゾーン別夜間人口と宅地面積，地域産業の業種別従業人口とその用地面積が繰返し計算後の均衡解として求められるようになった。

ローリーモデルは，土地利用モデルの基本的構造を設定したという点で歴史的な意義を持っており，土地利用モデルの源流を形成したものである。**応用都市経済モデル**（computable urban economic model：以下CUEモデル）は，国土・都市・交通等の施策による都市構造への影響を分析・評価するために開発されたものであり，土地利用交通相互作用モデルにミクロ経済学的な基礎を導入したモデルである。モデルで想定している主体は家計，企業，地主であり，それぞれが効用（利潤）最大化行動を行い，土地市場および交通市場で決定される価格（地代，交通費用）によって財（土地面積，トリップ数）の消費・投入量が調整され，各ゾーンにおける土地市場とゾーン間を結ぶ交通市場が同時に均衡する多市場同時均衡モデルである。空間レベルは都市圏より小さな地域に適したものであるが，四段階推計も含めた交通モデルを包含するため，必然的に大規模かつ複雑な数値モデルとなる。

空間的応用一般均衡モデル（spatial computable general equilibrium model：以下SCGEモデル）は，財・生産要素の量と価格が市場均衡していることを仮定してモデル化し，交通の整備状況・サービス水準を空間的な経済取引（地域間交易）の費用として考慮したものである。現実社会が均衡状態にあるなどの仮定によって分析の実用化が図られている。空間レベルは地域間交易の対象となるような比較的大きなブロック間のモデル化に適している。経済均衡モデルは，さまざまな状況や条件における均衡解を比較（比較静学分析）することにより，政策や事業が社会経済に与える影響を分析可能であるという特徴を有する。

実用的な土地利用・交通モデルは大規模で複雑であり，その再現性や計算可能性に関する批判もあるが，都市構造と交通の関係性を考慮した政策評価の必要性等を背景に，近年，多くの国・地域で適用されている。例えばアメリカでは1990年代に制定された総合陸上交通効率化法（ISTEA）と21世紀交通公平化法（TEA21）において，各都市圏における土地利用と交通計画を一つのフレームとして統合することが要求されている。

9.2.3　交通計画の評価

〔1〕 概　　説

公共交通は，人や物を円滑に流動させることにより，社会的なニーズの多様化に対応しつつ，都市や地域における経済の発展に寄与し，しかも交通事故や公害がないことが必要である。そのため，最近では交通施設の新設や既存施設の有効利用策など，さまざまなプロジェクトの計画がされている。これらの施設は，交通施設の利用者や周辺住民に対する交通サービスの改善などの直接的な効果を及ぼすだけでなく，都市や地域の人口分布や産業構造を変化させるなど，間接的な種々の効果を及ぼす。そこで，これらの直接的，間接的な効果をできる限り正確に予測して，これを交通計画の立案に取り入れる必要がある。また，一般に複数の計画代替案を策定し，計画策定の段階で，その中から最善の案を選択するのが望ましい。その場合には各案の特徴と好ましさをできる限り明らかにするとともに，上述の多様な実施効果を総合的に比較考察することが必要となる。

交通計画を策定する場合には一般に種々の計画代替案を作成し，各案の特徴と好ましさを多面的に評価する必要がある。その際，評価の最終的な結果は，どのような評価主体を設定し，各主体についてどのような評価項目を考えるかに大きく依存する。交通計画に関係する評価主体として，利用者，運営者，周辺住民，地域社会，自治体・国家に分けて考えると，その特徴はつぎのようにまとめることができる。

① 利用者：鉄道，港湾，空港などの交通施設によって，直接的にサービスを受ける主体であり，旅客・荷主や運送業者，マイカードライバーや歩行者等がこれに相当する。

② 運営者：交通施設の建設や運営に関係する公共機関や民営企業であり，交通サービスを提供することに関わるすべての主体を表している。特に，採算性（単独事業として成立するか否か）は重要な評価視点であるが，採算性が確保できなくても社会的便益が正であれば，行政が費用を負担することにより社会全体としては望ましいことに留意が必要である。

③ 周辺住民：鉄道の沿線や道路の沿道に住み，これらの交通施設の建設や運営によって直接的な影響を受ける人々である。

④ 地域社会：交通施設の整備によって，経済・社会・環境的な効果を，一定のタイムラグを伴って間接的に受ける地域住民のグループである。ただし，上述の周辺住民は除くものとする。

⑤ 自治体や国家：①～④の内容を総合的に見る立場にあり，例えば，経済発展や地域格差の是正等の主として行政面から見た評価を検討する主体である。

〔2〕 費用便益分析[22]

費用便益分析（cost-benefit analysis）は，計画案の実施に要する「費用」と，それから得られる「便益」を貨幣換算して対比・評価し，その案を実施することの望ましさを検討する（I編5章5.2節「費用便益分

9

析」参照)。この方法は公共交通計画のみならず多様な公共事業計画の評価に際して多く使用されている評価手法である。「便益」は，需要予測モデルを用いて整備あり（with）ケースと整備なし（without）ケースを推計し，利用者の所要時間や非集計モデルにおける効用値の差に基づいて便益を算出するものである。

非集計モデルにおいてフリークエンシー，乗換え回数，バリアフリー変数（上下移動距離，エレベーター・エスカレーターの有無）等が変数に取り入れられている場合に，増便やバリアフリー化の便益についても定量的に算定可能である。

しかし，費用便益分析は経済面以外の社会面・環境面の要素の貨幣換算が困難という欠点がある。多様化した社会において，貨幣換算が困難な項目も考慮した多面的な評価の必要性が着目されてきている。

〔3〕 公共交通計画の評価の留意点

ここでは，ルート（路線），ダイヤ（時刻表），料金（運賃），乗換抵抗，快適性，定時性，バリアフリーなど公共交通特有の項目に関する評価の留意点について述べる。

（1） ルート（路線）　公共交通機関において，どのルートを運行するかは交通サービスの根幹である。交通手段の選択に大きな影響を及ぼす要素は，所要時間と料金（運賃）であるが，ルート（路線）の位置による所要時間と料金（運賃）に対する影響が大きいことからもルート（路線）の重要性を認識できる。鉄道の場合は，一度軌道を整備すればルート（路線）の変更や廃線も容易ではないため，なおさら慎重な検討が必要である。一方で鉄道の沿線に沿って市街地が形成されるように，長期的には需要を創出する要素となることも考慮すべきである。LRT を含めて軌道を整備する公共交通機関のルートは，路線案内図だけでなく一般的な地図にも記載される機会が多くなり，利用に際してのわかりやすさ向上にも寄与する。

（2） ダイヤ（時刻表）　所要時間は，乗車時間と待ち時間・乗換え時間に区分して考えることができる。ダイヤ（時刻表）によって定まるフリークエンシー（運行頻度）は，待ち時間・乗換え時間を規定する。利用者が時刻表を参照せず（覚えず）に行動している場合，バス停・駅への到着時間はランダム分布であると考えられ，その際待ち時間が短くなるのは，等間隔のダイヤである。この間隔を 5，6，10，12，15，20，30 といった 60 の約数にすると各時間帯の発車時刻をそろえることができるので利用者が覚えやすくなるという利点もあり，パターンダイヤと呼ばれている。

バス-鉄道の乗換えが生じるような交通結節点においては，両者の運行間隔をそろえる，もしくは低頻度の間隔を多頻度の間隔の倍数とすることにより相互の乗換え時間のばらつきの少ないダイヤとすることができる。

（3） 定 時 性　定時性が低く，ダイヤ（時刻表）に示された時刻どおりに到着できないことが多い場合は，利用者は予定到着時刻より余裕を持って行動することが必要となるため，定時性の確保は平均所要時間の短縮と同等の価値を有する。渋滞が発生すると所要時間の変動が大きい道路交通と比較すると，一般的に鉄道は定時性が高い。バスや LRT の路面交通においては，走行空間を専用化することにより定時性を確保することができる。

（4） 料金（運賃）　乗車区間に応じて，距離が長くなるほど高額になるように定められるのが一般的であるが，都市部のバスや延長の短い鉄道等では，乗車 1 回当りの運賃（均一運賃）のみが定められる場合もある。わが国では，バス-鉄道のようにモードが異なる場合や，交通事業者が異なる場合は乗継ぎごとに初乗り料金が加算されることが一般的であるが，公共交通はネットワークとして機能することや，自家用車利用者からの転換促進を考慮すると，初乗り料金が加算されない料金体系が望ましく，海外等では実施例も多い。

料金施策としては，定期券・回数券等による多頻度利用者の割引，観光等の特定利用者を想定した企画切符，地球環境問題対策などを目的とした行政による財源支援のある乗車券，乗車券の購入の煩わしさを解消する磁気カードや IC カードがある。

（5） 乗換え抵抗　初乗り料金の加算による料金（運賃）面での抵抗と，乗換え移動を伴うことによる物理（身体）面での抵抗が挙げられる。後者の物理（身体）面での抵抗軽減策としては，バスターミナルにおけるバス停の配置や，鉄道-LRT，LRT-バスの同一ホームでの対面乗換え，バリアフリー（後述）等が挙げられる。

バス交通においては，乗継ぎ料金の設定は，系統設定の考え方と連携して検討する必要がある。ニューヨークのバスは格子型（碁盤目）の街路を途中で曲がることなく直線移動することを基本とした系統で構成されている。このため系統間の乗継ぎが必要となることが頻出するため，2 時間以内の乗継ぎは無料としている。街区形状はニューヨークと同じく格子型（碁盤目）である京都市のバスは，乗換えなしで直達できることを優先し，非常に多様な系統で構成されており，乗継ぎごとに料金が加算される。

物理（身体）的な乗継ぎ抵抗が要因で，バスを利用せずに自家用車利用となるようであれば，京都市型の直達性を重視した系統体系が望ましい。しかしながら，利用者が物理（身体）的な乗継ぎ抵抗をいとわずに乗り継ぐ場合は，ニューヨーク型の乗継ぎ無料の簡素な系統の組合せが，事業者サイドの評価（輸送密度，車両当り運賃収入）においても，利用者サイドの評価（運行頻度，所要時間）においても，効率的である。

（6）　**バリアフリー**　高齢者や身体障害者を念頭に，公共交通利用に当たってのおもに物理的な障害となる段差等を解消する取組みや事物を表す。具体的には，スロープ・エレベーター・エスカレーター等の設置や，車両とバス停・ホーム等の段差解消といった手法がある。

（7）　**快　適　性**　個室居住空間に匹敵するプライベート空間とともに移動できる自家用車と比べると，着席さえもままならない公共交通の快適性は一般的に高いとはいい難い。言い換えると，公共交通の強みは，高速大量輸送，定時性，公共性（運転免許がなくても誰でも利用できる）である。とはいうものの公共交通において快適性はまったく考慮しなくてもよいというわけではない。例えば，優等列車の座席指定や観光バス等における着席の確保をはじめとして，乗り心地（バスと軌道系の比較）や，車窓の景色の享受（地下鉄と陸上交通の比較）といった観点が指摘できる。特にバス交通において，観光目的と生活（日常圏内の自由・業務）目的の交通が輻輳するような場合には，観光目的をターゲットとした料金は高額でも快適性が高い系統をサービスすることにより，両者の満足度の向上が期待できる。（東　徹）

9.3　都市間公共交通計画

都市間公共交通整備は大規模なインフラ整備を伴うことが多く，土木計画学における重要な計画対象となっている。都市間の公共交通としては，幹線鉄道，航空，船舶，高速バスがあるが，本節では主として幹線鉄道と高速バスについて説明する。

9.3.1　都市間公共交通計画の変遷

ここでは，わが国における幹線鉄道整備について概略を振り返るとともに，整備の目的や考え方について説明する。

〔1〕　戦前の鉄道整備計画

戦前の鉄道整備計画としては，明治初期に鉄道網が整備され始め，後期には民間資金なども活用しながら拡大し，大正期には支線網が拡大した。昭和時代に入ると後の新幹線計画につながる弾丸列車構想などもあったが，第二次世界大戦の影響で実現しなかった。

（1）　**人心一新を目指した鉄道網創成期**　明治期における幹線鉄道網整備の当初目的は，利便性向上や経済効果などを主目的としたものではなく，近代的な交通機関を導入することで人心を驚かせ，明治維新政府の支配権力を強化する手段の一つとして利用することにあった[23)]。新首都である東京と古都の京都の間に幹線鉄道を建設することで，中央集権制の強化に役立つと考えられていた。すなわち，初期の鉄道は必ずしも社会基盤という位置付けではなかった。

実際に鉄道が建設されると，鉄道はそれまでの徒歩と水運による交通に比べ，きわめて短時間に大量輸送を行い，しかも宿泊費等を含めても交通費が小さくなるという特徴があった。このため，社会的・経済的な影響は非常に大きく，例えば鉄道開業による上毛地域の繊維関連品の運搬ルートの変化なども指摘される[23)]など，殖産興業の一環としての役割を果たしたと考えられる。また，1877（明治10）年の西南戦争では，当時鉄道が開業していた区間がごく一部であったにもかかわらず，その輸送効率は大きなものであり，軍部に鉄道の有用性を認識させ，その後の鉄道網整備に少なからぬ影響を与えた[23)]。

建設は官設が基本だったが，政府に十分な資金がなかったため，民間資金による長大幹線鉄道の建設（日本鉄道による東北本線や常磐線の建設，山陽鉄道による山陽本線の建設など）も行われた。

（2）　**初の全国的幹線鉄道網計画**　明治後期には紡績部門における第一次産業革命や製鉄部門における第二次産業革命が起こったが，同時期に鉄道も路線網を急拡大させた[24)]。当時，産業と密接な関係にあった鉄道が営利事業として十分成立し，これに触発されて民間による鉄道の新規整備が進んだことが影響している。

この時期には軍事と経済の両面から，全国的な鉄道網整備が必要とされ，1892（明治25）年，鉄道敷設法が公布された。同法の下では，議会によって建設予定路線が決定された。予定路線は東京と各都道府県庁所在地，および軍事的に重要な地域を結ぶ路線とされ，事実上，わが国初の全国的幹線鉄道網計画となった。

その後，日清戦争や日露戦争を機に，輸送効率向上と運賃低減を目的として1906（明治39）年に鉄道国有法が公布され，幹線を構成する主要私鉄17路線が国有化されている。鉄道の敷設は基本的には鉄道敷設法によるが，産業部門の要請により鉄道敷設法の予定路線以外にも多数の路線が私設鉄道として建設され，炭鉱地帯と消費地を結ぶ路線なども発達した。

1916（大正5）年には鐵道院が鉄道発達過程をまとめるとともに，農林水産業，鉱工業，消費，商業，運輸通信業，人口分布，文化風俗，国際関係などへの各影響を調査し，ひたすら諸指標の数表を列挙して鉄道整備の影響を考察するという方法で初めて鉄道整備の網羅的な事後評価が行われている[25]。

（3） 予算確保だけで建設決定　1922（大正11）年に改正鉄道敷設法が公布されたが，旧法が幹線鉄道網の建設をおもな目的としていたのに対し，改正法は支線網の拡大に重点を置いた。旧法では個々の線区が法律に書き込まれていたため，建設決定には法改正が必要であったが，改正法では予算の決定だけで着工できるようになった。この方式は現在の新幹線整備においても踏襲されており，新幹線の予定路線は法律そのものには書き込まれずに別途定められており，着工は予算の決定により実施されている。

（4） 高速交通インフラの芽生え　1931（昭和6）年の満州事変後の国内外の情勢の悪化に伴い，交通を含む産業全体の統制が開始された。その後，1938（昭和13）年国家総動員法が公布されることで，交通もこの法律による統制下に入った。

この頃，同盟国のドイツでは1933（昭和8）年以降，アウトバーンの建設が進められていた。日本でも1940（昭和15）年，内務省により軍事輸送目的の自動車道路の調査が開始され，名神高速道路の一部区間については実施設計も行われた。また，1942（昭和17）年には政府の諮問機関である大東亜建設審議会が「大東亜交通基本政策」を答申し，この中で日本本土と大陸における輸送施設の規格統一が方針として含まれており，すでに鉄道省が着手していた東京-下関間の国際標準軌間による新幹線（弾丸列車計画）の建設が促進されることとなった。だが，これらの高速交通体系の整備は戦争の激化により，ともに実現には至らなかった。

（5） 弾丸列車計画について　戦前の弾丸列車計画（当時の表現では新幹線計画）は東海道本線および山陽本線に関して線増により以下の3点を効果として期待していた。

① 輸送力拡充による現在線の行詰り打開

② 東京-下関間の輸送時間短縮

③ 戦時および天災時の輸送冗長性の確保

計画に当たっては1932～1938（昭和7～13）年の輸送実績値を使用して最小二乗法で1939～1943年の輸送量を推定し，1944年以降は伸びが鈍化すると予想して1919～1928年の実績を基に同じく最小二乗法で推定が行われ，その結果と1943年度までの増加との中間をとって1944年度以降の増加とした。文献26）では推定方法に関して年次と輸送実績値以外の変数に相当する指標が登場しないので，これらだけから単回帰分析が行われたものと考えられる。この推計結果と1列車当りの輸送量から，列車回数が線路容量を上回る年次（輸送力が行き詰まる年次）が1945年前後であると推定された。

近年の新幹線計画においてもルート選定はしばしば大きな議論の対象となるが，弾丸列車計画では一定の基準を設定して全線にわたってルート案の比較が行われている。その評価基準は輸送的観点（発着旅客数や貨物量），社会事情的観点，現在線急行列車の停車駅（つまり当時の実績）であった。また，社会事情的観点の具体的な項目としては，人口，経済事情（生産力や海運移出入），政治事情（選挙区，議員数，官庁の分布状況），文化事情（大学や専門学校の設置状況），観光（観光地の状況），軍事（師団や旅団の司令部等の配置），交通事情（接続路線や後背勢力圏など）が考慮されている。まず，上記の各項目について東京-下関間の39都市を対象として人口，生産力，港湾力といった定量的項目については順位が，それ以外については「◎○△」といった重要度の評価が行われ，比較表にまとめられる。これらから両端都市を含めて人口規模を重視して10都市が第一次選定された。つぎにすでに選定された都市および近傍の都市を除き，順次第四次選定まで各項目を検討して都市が選定されている[26]。ただし，近代的な総合評価と違い，重み付けの大きさなどが設定されて評価値が計算されるようなものではない。

このように，戦前の社会基盤整備計画ではあるが，近年のより高度な需要予測や比較評価につながる手法が用いられつつあった。すなわち，最小二乗法を用いた需要予測は初歩的な時系列分析であり，各種項目を設定した「◎○△」評価は総合評価の原型ともいえる。

〔2〕 全国新幹線鉄道整備法と整備新幹線

戦後の東海道新幹線の成功を受けて新幹線の全国展開が始まり，全国新幹線鉄道整備法（全幹法）が制定されたが，低成長時代に入ったためその整備には困難が伴った。

（1） 全幹法成立まで　戦後復興期では基幹産業への傾斜生産方式がとられるとともに，鉄道も重点投資の対象になっている。また，1950（昭和25）年代は朝鮮戦争に伴う特需があるなど経済発展のスピードが早く，国内の輸送能力が問題となり始めた。1960年代には高度経済成長が始まり，当時の池田内閣による所得倍増計画などを背景とし，積極的な経済策が行われた。だが，地方部からの反発もあり，1962（昭和37）年には所得格差・地域格差の是正を目的とした全国総合開発計画（全総）が策定されるとともに，新産業都市や工業整備特別地域が全国に設置された。

全総時代には幹線鉄道の改良や新幹線建設が始まっている。1962年の北陸トンネル供用開始，1967年の上越線全線複線化，1968年の東北本線全線複線化，1969年の北陸本線全線複線化が実施されるとともに，1964年には東海道新幹線が開業し，高速新線建設という最も理想的な形での幹線改良が実施されている。全国的な優等列車の運転もこの時期（1960年代）である。さらに，1967年には山陽新幹線（岡山以東）も起工している。

このように，戦後の復興期から高度成長期を経て全幹法が成立するまでは，輸送需要の伸びに追従する形で幹線鉄道整備が行われていた。例えば，東海道新幹線の計画段階では，まず全国の定期旅客については15歳以上人口との相関関係より将来輸送量を推定するとともに，定期外旅客については人キロと国民所得との相関関係より輸送量を推定し，これらと東海道線の旅客輸送量との相関関係を求めて，1975年までの旅客輸送量を推定する。つぎに，高速道路へ移転する旅客を約10％と想定して将来の東海道線の需要量が算出され，1961～1962年頃には輸送力が行き詰まるものと推定されていた。このような検討の下に東海道に新規路線建設が必要との結論に至っている[27]。

上記の方法で計算された東海道線の将来輸送量については，新幹線駅間はすべて新幹線利用，乗換え1回の場合は100 km以上についてはすべて新幹線利用，50 km以上は半数が新幹線などと大ざっぱに設定して計算することで新幹線の利用者数を推計している。

（2）　全国新幹線鉄道整備法の基本的枠組み　全国新幹線鉄道整備法は1970（昭和45）年に制定されたが，同法では新幹線を「その主たる区間を列車が二百キロメートル毎時以上の高速度で走行できる幹線鉄道」と定義しており，新幹線が他国の高速鉄道の特徴と大きく異なるのは，この定義によるところが大きい。海外の高速鉄道としては例えば**TGV**（Train à Grande Vitesse）や**ICE**（Intercity-Express）が有名であるが，これらは高速走行可能な性能を持った列車を指したものであり，必ずしもその列車が高速運転をするかどうかは決まっておらず，運転速度は走行する路線の規格に依存している。一方，新幹線の場合は，車両が高速走行性能を有しているだけでなく，区間のほぼ全域にわたって高速走行できるように路線が設計されることを求めている。つまり，新幹線とは，線路と車両の総合システムのことを指している。

全幹法成立の時代背景としては，前年度に制定された新全国総合開発計画（新全総）の影響が大きい。新全総は1985年度を目標年度としており，新幹線の全国的整備や第2東海道新幹線などにも言及されている。ただし，この段階の路線網は，今日の基本計画線や整備計画線および営業線とは必ずしも一致しない区間がある[28]。

全幹法に基づくと，以下の点を考慮して基本計画線を設定する（第四条）ことになっている。

①　輸送の需要の動向
②　国土開発の重点的な方向
③　その他

また，全国新幹線鉄道整備法施行令第二条によると，基本計画を決定する際には以下の各項を調査しなければならず，ルートや運転速度等を想定する必要がある。

①　輸送需要量の見通し
②　時間短縮・輸送力増加による経済的効果
③　収支見通しおよび他鉄道の収支への影響

さらに，工事対象である整備計画となるためには，国土交通大臣が必要な調査の指示を行い（第五条），営業を行う法人及びその建設を行う法人を指名し（第六条），整備計画を決定する（第七条）。さらに財源等の着工環境が整うことにより，着工を指示（第八条）することで，実際の建設が始まる。

（3）　全幹法成立後の幹線鉄道整備　全幹法成立後も在来線の改良は続いた。新幹線については，山陽新幹線は全幹法成立（1970（昭和45）年）以前の着工であり，日本国有鉄道法に基づく線増である。一方で，東北・上越新幹線については形式的ではあるが全幹法に基づいて工事が開始（1971年）されている[29]。この時期の整備財源は鉄道債券の発行に依存しており，国鉄が主導できた反面，完全な利用者負担であるとともに，リスクを国鉄自身が引き受けていた。

1970年代初頭におけるニクソンショックや石油危機により高度経済成長は終焉（しゅうえん）し，全幹法に基づく整備5線（北海道，東北の盛岡以北，北陸，九州の鹿児島・長崎の各ルート）の着工は見送られた。これにより，東北・上越新幹線開業（1982年）および上野延伸（1985年）以降，当面の新幹線建設はなくなった。

また，この時期には空港のジェット化，高速道路建設，国道改良等が進行する反面，国鉄のサービス低下や運賃値上げなどにより客離れが生じて債務が増大し，1987年には国鉄は分割民営化された。

（4）　近年の幹線鉄道整備　第四次全国総合開発計画（四全総）（1987年）では，交流ネットワーク構想の下で多極分散型国土が目指され，全国1日交通圏の確立などが示されており，高速道路については約14 000 km の高規格幹線道路網が構想され，第十次道路整備五箇年計画に盛り込まれた。新幹線についても，北陸新幹線の高崎-軽井沢間が部分着工（1989年）された後，オリンピック開催決定を受けて1991年に軽井沢-長野間も着工され，1997年10月に高崎-長野間が開業している。新幹線の営業主体が民間会社となったため，不完全ながら上下分離の考え方が導入されており，整備費の半分程度が公的負担になった[30]。

1996年以降は，新規の新幹線は原則として公設民営となり，建設費は国2に対して地方1の割合で負担する公共事業方式となった。営業主体である旅客鉄道会社は，受益の範囲内でリース料を支払う形での負担となっており，事業のリスクが軽減されている[31]。ただし，国鉄時代に開通した各新幹線の譲渡収入，整備新幹線のリース料収入，および各旅客鉄道会社の支払う国税や地方税の一部を整備財源として還元する考え方に基づいており[32]，必ずしも純粋な意味での公的負担にはなっていない。財源が限られているので，整備に時間がかかる傾向にあるとともに，リニア新幹線のように社会的な効果が大きいことがわかっていても，この枠組みでの着工に至らない事態も生じている。

一方，在来線改良については幹線鉄道等活性化事業の制度（1987年）があるが，基本的には地元主導であり，補助率も低く，事業者負担もあるため，在来幹線の抜本的な改良は進んでいない。

9.3.2 諸外国の都市間公共交通計画

ここでは，海外における都市間公共交通計画について説明する。まず，全般的な動向について説明した後，日本に続いて高速鉄道整備を実施したフランス，ドイツの例，さらに，必ずしも高速新線建設に依存しない例としてスイスの政策についてそれぞれ説明する。

〔1〕 高速鉄道整備を取り巻く動向

日本の東海道新幹線の影響を受けて，フランスのTGV，ドイツのICEなどの高速鉄道が開発された。近年は環境に対する意識の高まりなどの背景があり，世界的に高速鉄道整備が行われるに至っている。

（1） 高速鉄道整備の世界的動向　日本では高速鉄道に対する一般的評価は「無駄な公共事業」，「高度成長期の亡霊」などの否定的な議論が多い[33]。しかし，近年は世界の高速鉄道整備が大きく進展し，各国での整備が進んだ。欧州各国のほかアジアの国々でも高速運転する路線が登場している。さらにアメリカですら高速鉄道に興味を示す時代となった。運転速度についても，200 km/h の時代から 300 ～ 350 km/h 運転の時代へと移り変わってきており，260 km/h の遅い新線を整備し続けている日本とは対照的である。

2000（平成12）年以降，世界各国で高速鉄道整備が急速に拡大してきた理由としては，下記のような点が挙げられる。

① 地球環境やエネルギー問題への対応
② 都市間交流の拡大による産業・経済の活性化
③ 安全なモビリティの実現
④ 生活の豊かさ・ゆとりの創出

日本に続いて高速鉄道を導入した国では，国内高速鉄道網のネットワーク化も進み，国内全国展開の段階にある。日本，フランス，ドイツにおいて高速列車サービスが提供されていない20万人以上の地方都市（除く大都市圏内）は，2011年現在でフランスの29都市の中ではオルレアンとクレルモンフェランのみ，ドイツの38都市の中ではケムニッツだけである。一方，日本では60都市中23都市が未整備であり，大差が生じている。このように，ドイツ，フランスでは高速鉄道サービスの全国的展開は「ほぼ完了」している。TGVの運転開始が1981年，ICEが1991年であることから，全国展開に要した期間はおおむね20～30年である[28]。

（2） 欧州横断運輸ネットワーク（The Trans-European Transport Networks, **TEN-T**）**の構築**　欧州における初期の幹線鉄道網計画は**国際鉄道連合**（Union Internationale des Chemins de fer, **UIC**）によるもので，1973（昭和48）年にヨーロッパの鉄道整備の総合計画として発表された。その後，高速鉄道網計画としては1985年以降UICの中のヨーロッパ鉄道共同体によって検討が開始され，1990年には「ECによるヨーロッパ高速鉄道網計画」が承認された。

同計画では2010年を目標年次として9 000 km の高速新線の建設，15 000 km の在来線の改良等を行うものであり，高速新線については300 km/h 運転を想定して基本設計が行われることになった。また，在来線の改良区間においても200 km/h 程度での運行が計画された[34]。

1993年にEUが発足すると，加盟国間の連帯および経済的結束等を図るための基盤整備として，輸送，電気通信およびエネルギーに関するTEN計画が定められた。高速鉄道網の整備がEU内の格差解消に有効であるとの観点から，TEN優先プロジェクトが1994年のEU閣僚理事会で採択され，その後の追加・改訂により2004年には30のプロジェクトが採択されている。

TEN 優先プロジェクトのうち道路，水運，空港，GPS 等のプロジェクトは計 8 であり，それ以外はすべて鉄道が関係するプロジェクトになっており，きわめて鉄道が重視されている。また，計画推進のために 1995 年には「TEN 計画の財政助成の承認の原則に関する規則」が定められており，財源的裏付けがされている[35]。

TEN 計画に基づく鉄道網は，全体で 94 000 km の規模であり，そのうち 20 000 km は 200 km/h 以上での運転に対応する。また，新線建設は 12 500 km，在来線改良は 12 300 km であり，目標年次は 2020 年である[36]。

〔2〕 欧州の幹線鉄道整備政策の例

ここでは，高速鉄道整備を主眼とする鉄道政策を実施しているフランス，ドイツの例，乗継ぎ利便性向上に重点を置いたスイスの例について説明する。

（1） フランスの高速鉄道整備　フランスでは現在，高速列車である **TGV** が運行されているが，TGV は市街地部では在来の鉄道線を走行し，郊外部で高速新線（**LGV**）を走行する形態になっており，日本のミニ新幹線に近いシステムである。在来線との直通運転が可能であることから，高速新線の部分開業であっても都市間の所要時間短縮に役立つだけではなく，新線の終点以遠についても利便性が向上する。

TGV 網の整備計画は 1966（昭和 41）年に**フランス国鉄**（Société Nationale des Chemins de fer Français, **SNCF**）による「新しい線路における鉄道の可能性についてのプロジェクト」に端を発し，1969 年に SNCF から政府に対して高速新線建設が提案された。1975 年にはパリ-リヨン間の新線のルートが決定され，1976 年着工，1981 年にパリ南東線の南部区間が部分開業し，1983 年に全通している。その後，1989 年には大西洋線がパリ-ルマン間で部分開業し，1990 年にはトゥールまで開業している。

TGV を全国の主要都市間に運行させるための最初のマスタープランは 1989 年に策定着手され，1992 年に TGV 網総合計画として政府で認可された。この総合計画策定時には既設線 700 km と工事線 560 km があったが，さらに**表 9.1** に示す八つの主要プロジェクトが示された[37),38]。

同計画では，2010 年までに高速新線を 3 442 km 建設し，既設線を含めて 4 700 km の高速鉄道網を構築するものであった[34]。

その後の SNCF の財政難を経て，1997 年には上下分離が行われ，インフラの整備と保有が**フランス鉄道線路事業公社**（Réseau Ferré de France, **RFF**），輸送事業が SNCF という役割分担となった。**図 9.3** は 2010 年時点におけるフランス国内の高速路線網計画である。2015 年までに前述の路線のほかにローヌ-アルプ線，地中海線，北線などが建設され，東ヨーロッパ線についても部分開業し，2016 年にはストラスブールまで達する見込みである。このほか，ライン-ローヌ線が部分開業中であるとともに，いくつかの区間で工事中である[35),39]。

これらの TGV 路線網を活用し，2013 年よりシャルル・ド・ゴール空港を結節点としてストラスブールやブリュッセルを含む 14 都市に対して TGV AIR サービスが開始されており，予約・発券が一体化されることで航空路線網と高速鉄道網が結合されつつある[40]。

表 9.1　マスタープランに示された 8 プロジェクト

プロジェクト名	延　長〔km〕	説　明
南ヨーロッパ線	647	パリ南東線の延伸部分
東線	460	パリからストラスブール方面
アキテーヌ-南ピレネー線	538	大西洋線延伸部分
アルプス横断線	252	伊仏国境の長大トンネルを含む
パリ連絡線南区間	49	大西洋線とパリ南東線の連絡線
ライン-ローヌ線	425	南ヨーロッパ線と組み合わせてドイツ-フランス-スペイン間のルートを形成
ブルターニュ線	156	大西洋線の西方への分岐線
大南部線	700	南仏の主要都市を連絡

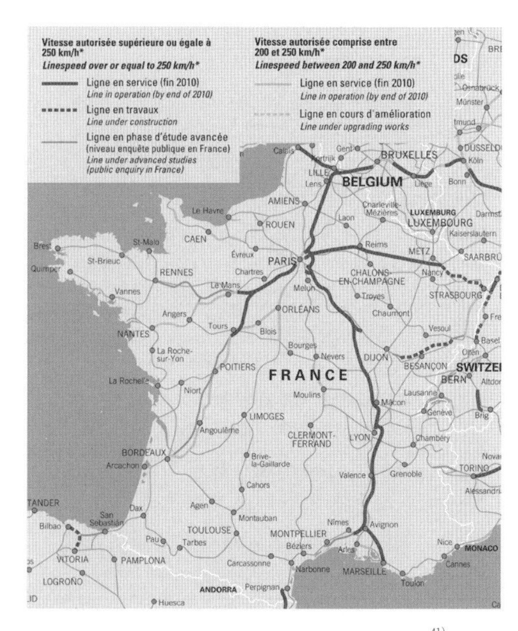

図 9.3　2010 年における LGV 路線網計画[41]

フランスの幹線鉄道計画では，つぎの七つの法定手続きが定められており[38]，この手続きに従ってプロジェクトが進行する。

・**Opening discussion（初期協議）**：中央政府やSNCF，沿線関係者などによる話し合いにより，初期提案がつくられる。国をまたぐ計画の場合は，大臣による政府間レベルの話し合いが持たれる。

・**Feasibility study（予備調査）**：提案内容が決まったら，需要予測，社会経済的影響，各種のルート案などの予備調査が行われる。

・**Preliminary engineering（予備設計）**：これらの調査検討は，政府やSNCFが意見公募の際に示す資料になる。

・**Public Enquiry（意見公募）**：提案内容に対する賛否の意見をあらゆる関係団体等から受け付ける。これはつぎの段階である公益宣言（DUP）へ進むためには必要不可欠である。DUPは例えば土地収用などの権力行使をすることがあるので，このプロセスはたいへん重要である。

・**Déclaration d'Utilité Publique（公益宣言，DUP）**：プロジェクトが公益にかなっており，実施することが適当であるとの法的な確認である。DUPが済めば，続けて数箇月以内にプロジェクト開始の合意がなされる。ただし，DUPは資金調達の問題を解決するものではない。

・**Detailed design（詳細設計）**：ルートや構造物，あるいは車両の詳細な仕様を詰める。

・**Government approval（政府の認可）**：SNCFが着工することを政府が公式に承認するものであり，この段階までに資金調達の問題は解決されている。

（2） ドイツの高速鉄道整備　ドイツでは日本の新幹線開業の翌年，ミュンヘンでの博覧会に合わせて高速対応の電気機関車を使用した200 km/h運転のデモンストレーションが行われるなどした。1968（昭和43）年には200 km/h運転の営業列車が運転開始されたが，インフラの水準が十分でなかったため，本格的な営業運転が開始できたのは1978年であった[34),42)]。

1973年の「第一次連邦交通路計画」において，他の輸送機関に対する競争力を確保するとの観点から，大戦後初めて新線建設を行うことが謳（うた）われた。同計画策定に当たって，1985～1990年代を目標年次としてつぎの各項目についての予測が必要とされ，輸送量の予測が国民総生産と個人消費が年率4.5％で増加，就業人口は1985年までに6％増加，労働時間はわずかに短縮という想定の下で行われた[43)]。

① 国民総生産，総人口，就業人口，個人消費等の社会経済指標とその地域分布
② 全輸送部門の輸送量と地域別輸送量
③ 国際的な輸送
④ 各モード間の分担

また，連邦の資金に対して最大の投資効果を得るために統一的な費用便益分析（西独では1968年以降，公共投資には費用便益分析が義務付けられている[44)]）によって鉄道・道路・内水路の投資効果を比較した実態調査に基づいて計画策定が行われている[45)]。

1973年以降，新線工事が開始されたが，当初計画では1 320 kmの線路改良と1 029 kmの新線建設が計画され，新線は1985年までに660 kmが建設される予定であった。その後計画が修正され，1990年までに以下の各区間が建設される予定となった。

① Mannheim-Stuttgart間（105 km，1973年着工）
② Rastatt-Offenburg間（40 km）
③ Hannover-Würzburg間（330 km，1976年着工）

これら区間では250 km/h運転に対応するため，最小曲線半径7 000 m，最急勾配12.5‰とされた[45)]。

これら着工された高速新線は1979年には一部区間が完成したが，以後，建設は停滞した。全区間完成は1991年であり，同年より最高速度250 km/h運転のICEが運行開始された[34),36),42)]。

第一次計画はその後「1985年連邦交通路計画」へと修正され，1985年以降，延長4 000 kmを目指した高速鉄道網整備が着手された。上述の2区間のほか，カールスルーエ-バーゼル間，ケルン-フランクフルト間，ニュルンベルク-インゴルシュタット間において，300 km/h対応の高速新線の建設もしくは200 km/h対応の在来線改良が開始された[34),42)]。1900年までに200 km/h運転対応を目指して1 819 kmの改良工事が予定され，具体的には以下の区間において線形改良や立体交差化，車内信号機設置などの対象となった[45)]。

① Hamburg-Münster間（280 km）
② Hannover-Dortmund（208 km）
③ Aschaffenburg-Gemunden間（52 km）
④ Hamburg-Hannover間（185 km）
⑤ Frankfurt-Mannheim間（80 km）
⑥ Würzburg-Augsburg間（240 km）

1992年には東西ドイツ統一後初の計画として「1992年連邦交通路計画」が策定され，2010年を目標年次としてICEが200 km/h以上で運転できる区間を3 200 kmとすることが目指された。また，国内東西間の輸送力強化を目的として，例えばフランクフルト-ベルリン間で高速新線の建設や在来線改良が開始

されている。

東西ドイツの統合後，1994年に東西の鉄道事業が**ドイツ鉄道**（Deutsche Bahn AG, **DBAG**）に引き継がれた。鉄道整備事業はDBAGの役割であるが，整備の際には連邦は無利子貸付金および補助金を交付することになっている。DBAGは1999年には持ち株会社へと移行し，現在，鉄道事業は旅行会社，近距離旅客輸送会社，鉄道貨物会社，インフラ事業会社，旅客駅会社に5分割されて引き継がれている[35]。

なお，ドイツにおいてもICE網を活用し，フランクフルト国際空港等を結節点として航空路線網と高速鉄道網が結合されつつある。一部のICEにはルフトハンザ航空の便名が付けられており，近距離航空便が列車に置き換えられている[46]。

（3）　スイスの幹線鉄道計画：Bahn 2000（Rail 2000）　スイスでは増加する自動車交通の代替として鉄道を位置付け，旧式の鉄道の近代化，37 kmと57 kmの二つの長大トンネル建設，騒音対策，ヨーロッパの高速鉄道網との接続，幹線鉄道ネットワークの改良などに対して，20年間にわたり300億スイスフラン（約2兆5 900億円）の投資を行った。スイスのGRP（Gross Regional Product，域内総生産）は4 310億フラン（約37.2兆円，2003年）であり，単年度の投資ではないが，300億フランはGRPの7.0%に相当する。財源は自動車重量税が全体の55%，付加価値税が20%，油税が10%で，返済を要する借入金は15%である[47]。

300億フランの鉄道投資の全体計画のうち，都市間鉄道サービスの向上を目指した構想をBahn 2000（**Rail 2000**）と呼び，目標は「より頻繁に，より速く，乗換えを少なく，より快適に」である。具体的には，旅行時間の短縮，乗継ぎ拠点での接続の改善，終日30分間隔の長距離列車運行などにより，新たな公共交通利用者を得ようとするものである。Bahn 2000が実施された結果，列車の運行キロ数は以前に比べて14%増加している。

1987年の国民投票の際のBahn 2000構想第1段階の施政方針案では，同構想に対して54億フラン（約4 660億円）を投じることが示されている。その後，物価上昇に合わせて74億フラン（約6 390億円）となっている。

乗継ぎの利便性を確保するため，高速走行対応車両とインフラに投資し，主要区間の所要時間が30分の倍数より若干短い時間で結ばれるように高速化を図った。列車は，毎時0分と30分（あるいは，毎時15分と45分）の少し前に乗継ぎ拠点駅へ到着し，相互の乗換えを可能とすることによって，全体の旅行時間の短縮が図られ，基本的にこのパターンが毎時繰り返される。

Bahn 2000の核心プロジェクトとしては，Bern-Olten間に延長45 km，200 km/h運転可能な高速新線を建設し，BernとZurichもしくはBaselとを1時間以内で結ぶものである。これにより，前述の拠点駅における乗継ぎシステムが実現可能となった。また，既存の車両への保安装置の追加導入や老朽化した車両の取替えなどの車両に対する投資も行われ，曲線の多い路線では振子式車両を導入し，所要時間短縮を実現している。

このほか，Bahn 2000とは別に山岳区間において250 km/h運転対応の長大トンネル（Gotthard Base Tunnel）を掘削し，2016年に開通した。これによりスイスの鉄道網をヨーロッパの国際高速鉄道ネットワークに組み込むとともに，アルプスの南北を貫く物流の動脈とする計画が進行している。

以上のように，高速新線の建設を主眼とした日本，フランス，ドイツなどの政策とは異なり，スイスでは最小限の投資で大きな効果を得ようとする政策が実施されている[48),49]。

9.3.3　都市間公共交通の現状と問題点・展望

本項では，わが国における都市間公共交通政策の現状と問題点について述べるとともに，海外の政策などを参考にしながら，今後の展望などについて述べる。

〔1〕整備新幹線と中央リニア新幹線

中央新幹線は1973（昭和48）年に基本計画が策定され，その後40年を経て整備計画線となった。あまりにも長い期間を要したため，社会基盤計画上の課題を生じている。また，整備新幹線の建設や在来線改良等の幹線鉄道整備についても課題があり，それらについても説明する。最後に，今後の幹線鉄道整備について展望を述べる。

（1）　中央新幹線計画の経緯　リニア中央新幹線構想については，まず中央新幹線が1973年に基本計画線となり，1974年以降2009年までに地質調査などの調査が行われた。2010年には交通政策審議会に対して諮問が行われたが，この時点ではすでに中央新幹線が事実上の超高速新幹線のルートであることが確定したものとして議論が開始されている。諮問内容は同審議会陸上交通分科会の鉄道部会に付託され[50]，具体的な審議は同部会の中央新幹線小委員会で審議され，その答申を受けて建設主体・営業主体の指名，および整備計画の決定（2011年）が行われた。

さて，新全総における初期の新幹線網整備の基本方針は，札幌−仙台−東京−大阪−福岡を結びながら「全国の地方中核都市と連結し，さらに，これらの都市の一次圏内のサブネットワークを介して，日本列島の全域にその効果を及ぼす」（第一部　国土総合開発の基本計画　第4計画の主要課題）ことである。したがって，新全総期間中に制定された全幹法に基づく路線網計画は，基本的には沿線開発が目的であると考えるのが順当であり，当初の250 km/h程度で運転することを想定していた中央新幹線計画は沿線開発目的である。一方，1980年までに東海道新幹線の輸送力が逼迫することが予想されたため，新全総にはすでに「第2東海道新幹線鉄道」の記述が見られるが，当初は全幹法では取り扱わず，東京–名古屋–大阪間を最小の駅数と最短時間で結ぶことを想定していた[51]。

これらの異なる目的を持った計画・構想が，1970年代以降の技術開発を背景に，四全総までには中央新幹線計画と磁気浮上式鉄道構想とが公式に統合されている。すなわち，1970年代初頭において沿線開発目的で決まった基本計画線と，東海道新幹線の超高速バイパス機能を持つようになった現在とでは路線の目的が変化している。

（2） **中央新幹線計画に見る全幹法の課題**　中央新幹線を超高速新幹線として整備する場合には全国的な影響が非常に大きいはずであるが，全幹法の手順に沿って目的変更後の全国的な影響を定量的かつ公式に再評価し，新たな役割を担うことに関する妥当性が検討された様子はなく，500 km/h運転の乗り物がどういったルートを経由すべきか，複数代替案について公式に検討された形跡はない。すなわち，基本計画が立案される段階で250 km/hの乗り物を前提として中央新幹線のルートが検討され，その段階で決まった一つのルートについて，40年近くの年月を経た後，500 km/h運転の場合について影響が検討された。全幹法第四条では，輸送需要の動向や国土開発の重点的な方向を考慮して基本計画を策定することになっており，需要予測の基礎となる運転速度の大幅な変更や整備目的の変更の場合には社会基盤整備計画上の常識として基本計画を再検討しなければならなかったはずであるが，行われることはなかった。

中央新幹線が従来型の200～300 km/h運転の新幹線として整備される場合は，現行の東海道新幹線と大きな差はないので，せいぜい中央新幹線計画の沿線に配慮して計画を遂行すればよい。だが，500 km/h運転のリニア新幹線は，東京–大阪間の所要時間を大幅に短縮するため影響はきわめて広範囲に及び，リニア新幹線沿線相互間の影響は全体のごく一部である[52),53]。審議会で公表された経済効果の試算結果においても地理的な直接の沿線以外であってもリニア新幹線経由の経路の分担率がかなり大きい都市が少なくない[54]。

本来は，影響が広範囲であることを考慮し，整備計画の策定前段階において，沿線に限定しない議論が必要であり，全幹法第三条の「新幹線鉄道の路線は，全国的な幹線鉄道網を形成するに足るものであるとともに…」という部分に照らしても，全国的な幹線鉄道網の一部であるという視点は不可欠であったが，審議会ではリニア中央新幹線建設促進期成同盟会加盟の府県のみが直接意見を述べるだけであり，それ以外の地域についてはパブリックコメントを提出する以外の公式な意見表明の方法がなかった。

リニア中央新幹線の建設目的としては，大規模地震発生時にも東西間の交通を確保することが重要である。だが，大規模地震の同時発生時には[55),56]，中央新幹線は名古屋付近においてかなり広範囲に震度6弱以上の地帯を通過する。特に，名古屋までの暫定開業状態では，乗継ぎ先の東海道新幹線が機能せずに東西間交通が途絶する可能性が高い。したがって，大地震発生時の東西間交通の確保は，東海道新幹線と中央新幹線だけでなく，北陸新幹線なども含めて対応を考慮すべきだが，現行の全幹法に基づく計画では，個別の路線の効果等については注意が払われるものの，幹線鉄道網構想全体の管理ができていない。

以上のように，全幹法に基づく計画過程において，以下のような課題が存在している。

① 基本計画の前提条件が変化しても，基本計画を再検討するシステムがない。

② 影響が広範囲に及ぶ場合においても，地理的・物理的な沿線にしか配慮が行われない。

③ 表面的な手続きさえ踏めば，社会条件変化があっても手続き段階を先に進められる。

④ 個別路線の建設効果等については注意が払われているが，路線網構想全体の管理ができない。

（3） **中央新幹線計画そのものの課題**　リニア中央新幹線の目的は東海道新幹線の機能を補完・向上させることである。現状の東海道新幹線の大都市圏間接続機能を担っているのは「のぞみ号」だが，同列車が結ぶ都市とリニア新幹線の経路は一致せず，三大都市圏の結節機能は不完全である。リニア新幹線開業後に提供される東海道新幹線および中央新幹線の輸送サービス内容によっては，都市間の時間的相対的位置関係を大きく変化させ，三大都市圏内であっても中央新幹線沿線都市と沿線外の都市との間で，利便性の大きな差が生じる。中長期的にはそれら都市の盛衰を大きく左右する可能性が高い[57),58]。

また，中央新幹線の東京–名古屋間については，東海地震等の被害を最小化する観点から太平洋側を避け，内陸部経由を採用することには一定の合理性がある[59]。しかしながら，名古屋-大阪間についてはルート選定の合理的な理由が説明されていない。名古屋以西のルート選定理由としては，当初の全幹法に基づく基本計画線としての中央新幹線の目的としての沿線開発が考えられるが，事業主体は「自己負担を前提とした東海道新幹線バイパス，すなわち中央新幹線の推進について」[50),60] という意思表明をしており，リニア新幹線の主たる目的は三大都市圏間の結節機能である。2011年5月の中央新幹線小委員会の答申では，中央新幹線整備の意義として三大都市圏の結節機能のつぎに三大都市圏以外の沿線地域に与える効果についても言及しているが，沿線開発は全幹法に基づく議論の下で付加された副次的な目的である。もし沿線開発がルートを左右しなければならないほどの最重要目的であるとするならば，それは全幹法に基づいて建設される他の整備新幹線と同じ目的ということになる。この場合，建設費用負担や並行在来線の問題など，一般的な整備新幹線の手順に従うのが地域間の公平性の観点から考えても適切であるが，そのような取扱いはされていない。

開業時期に関しては，リニア中央新幹線の名古屋以西開業は2045年と見込まれており，名古屋以東との差は18年である[59]。歴史的に見て，明治期の鉄道網構築期や戦後の高速交通網の整備期における交通利便性の地域間格差は，格差継続期間が20年程度であってもその後の地域発展に影響を与えていることがわかっている[57),58),61),62]。このことから，名古屋以西の開業が遅れると，大阪都市圏の衰退が明瞭になり国土構造が変化してしまう可能性を否定できない。開業が遅れる原因は事業資金の調達に起因しており[59),63]，現状のままでは民間株式会社の資金状況が大都市圏の盛衰に影響を与えかねない状況にある。

（4） 整備新幹線の建設スキームの経緯　新幹線の建設スキームについては，国鉄改革に合わせて整備と運営の上下分離が導入され，既設新幹線についても新幹線保有機構によるインフラの保有と，各旅客鉄道会社による運営という形態になった。保有機構については，将来的に線路使用料を財源とするプール制に基づいて，全国的な新幹線網整備に至る可能性が高かったという指摘がある[64]。その一方，鉄道会社の考え方は，リース方式ではインフラに関する減価償却ができないことや，永続的にリース料を払い続けることが経営に与える影響への懸念，安全性や効率性の観点などから上下一体経営が望ましいというものであり[64]，本州各社の株式上場に合わせて有償譲渡された。

（5） 整備新幹線に見る全幹法の課題　新幹線の建設資金の面では，全幹法成立当時は国鉄による鉄道債券発行という方法で資金調達するのが標準的であったため，同法には特段の記述はない。また，近年では公費建設し，開業後に鉄道会社がリース料を支払う方式になっているが，これについても全幹法そのものに規定されているわけではない。しかし，海外には（極端な例としては）建設財源について憲法に記されている国もあり[65]，わが国の幹線鉄道網整備においても現実的な期間内に十分な整備が行えるような安定的な財源確保が望まれる。そのためには，全幹法が目指す路線網整備は，何を目指しているのかを明確にし，誰が真の受益者かを明らかにする必要がある。

整備新幹線5線については，高崎-軽井沢間の着工（1989（平成元）年）以降，財源のめどがつくたびに細切れに着工されてきている。ところが，オリンピック開催に合わせて整備された高崎-長野間を除くと，輸送量の少ない[66] 東北新幹線盛岡以北や九州新幹線などで開業が早く，輸送量の多い北陸新幹線西部で遅い傾向にあり，北陸新幹線の敦賀以西についてはルートすら未定である。

一般的に費用便益分析等の評価を実施した場合，既設線の整備水準が高い区間ほど新幹線による時間短縮量が小さくなるために効果が小さく計測され，逆に既設線の水準が低いと効果が大きく計測される傾向にある。しかし，輸送量が多い区間における現況水準が高い原因は，そのような区間では鉄道サービスに対するニーズが高かったからである。ところが，現在の着工基準では上述の費用便益分析結果に見られるような経済合理性や事業者が良好な経営状態を維持できるかといった運営能力等が重視されており，それ以外の必要論，例えば，新たな圏域構造を形成できるであるとか，伝統的に結び付きが強くてニーズが高いであるとか，あるいは地域間のバランスであるとか，そういった視点に関しては参考的な情報にとどまっており，評価に組み込む一定の手順が確立していないこともある。

また工期に関しては，例えば八戸-新青森は着工後19年，富山-金沢間は暫定整備開始後23年，新函館-札幌間が着工後24年（見込み）と非常に長い[67]。しかし，比較的単純な便益計算[68] でも着工後は速やかに完成させることが経済的に有利であることがわかっているにもかかわらず，着工区間が分散する傾向にある。これは財源確保に課題が存在するとともに，着工に関する基本ルールが存在しないという課題でもある。

（6）　北陸新幹線の経路問題に見る全幹法の課題

整備新幹線5線のうち，北陸新幹線の敦賀−大阪間は唯一ルートが確定していない。北陸新幹線の基本計画は長野市と富山市付近を通るルートであり，1973（昭和48）年に整備計画が決定される際に小浜市付近を通ることが追加され，これが現行の基本案である[67]。

この案は政令指定都市である京都市を経由しないことから，敦賀から湖西線に沿って京都を経由して大阪に至る案や，敦賀から南進して米原で東海道新幹線に接続する案などが提案され，国土交通省の公式資料にも登場する状況にある[69]。全幹法に関する課題としては，現行の整備計画が閣議決定事項であるため決定済み事項化してしまっており，また全幹法には社会状況の変化に対応して計画を公式に見直すシステムが存在していないため，意思決定から年月を経てしまった内容であっても（不可能ではないが）見直しにくい。

また，小浜市付近を経過地としない案では滋賀県下を通過することになるが，滋賀県の北陸新幹線建設是非に関する意思にかかわらず，現行の建設スキームでは地元負担分の大半を滋賀県が担うことになる。一方で，大阪府などは受益があるにもかかわらず負担額が計算上ゼロになる。このように，現行の建設スキームのままでは正しく受益者負担にならないという課題がある。さらに，国鉄時代に建設された新幹線沿線と整備新幹線沿線とでは，明らかに後者の地元負担が大きく，経済力の小さな地方がより大きな負担を強いられるという逆進的な負担制度も課題である。

欧州の場合，整備と運営は上下分離されるとともに，オープンアクセスになっているが，わが国では，既設新幹線だけでなく，全幹法に基づく公設線であっても営業主体が固定化されている。新幹線鉄道網の広域性や独占的許認可事業であることを考慮すると，例えば北陸新幹線が米原で接続されて大阪まで直通運転する場合における米原−新大阪間のように，異事業者による同一インフラの共用に関する基本ルールが今後検討されてもよいのではないかと思われる。

（7）　暫定整備計画や在来線改良に関する課題

全幹法に基づく路線整備には，暫定整備という手法がある。通常のフル規格整備が難しい場合，線路の軌間を狭軌のまま建設して一時的に在来線列車を運行（新幹線鉄道規格新線：スーパー特急）させたり，逆に在来線を標準軌に改軌する方法（新幹線鉄道直通線：ミニ新幹線）により小型の新幹線電車を直通させたりする。これらの手法は整備計画の区間にのみ適用できるが，実際には早期の着工の見込みが小さい基本計画線の区間において積極的に活用する方が適切な整備手法と思われ，手法適用方法の再検討が必要である。なお，山形新幹線や秋田新幹線はミニ新幹線であるが，インフラとしての奥羽本線や田沢湖線は整備計画線ではないため，全幹法の対象外であった[70]。

さらに，狭軌線のまま複線化，電化，高速化などの改良を図る方法についても全幹法の対象外であり，同法の幹線鉄道整備手法はきわめて限定的である。

また，在来線の幹線については，高速交通体系の形成を促進することを目的として第三セクターが行う在来幹線鉄道の高速化に必要な施設整備の事業に対し，その費用の一部を補助する幹線鉄道等活性化事業費補助という補助制度が存在する。しかし，全幹法に基づく暫定整備や新線整備に比べて補助率が低く，事業者負担もあり，事業者の形態も限定されているため，この制度はあまり有効に機能していない。2011〜2015年度までの補助実績はゼロである[71]。

（8）　今後の幹線鉄道網整備に関する展望　わが国の幹線鉄道ネットワークは，その歴史的経緯から狭軌の在来線と国際標準軌の高速新線である新幹線から構成されているが，現状の全国新幹線鉄道整備法は基本的には高速新線の建設しか想定していない。欧州のTGVやICEの整備過程を見ると，国内幹線がすべて標準軌であることも関係しているが，高速新線整備と在来線改良が幹線鉄道整備として同列に扱われ，幹線鉄道網全体の利便性向上を実現させている。わが国においても高速新線と在来線を直通できるFGT（フリーゲージトレイン，軌間可変電車）車両が開発されつつあり，今後は高速新線整備と在来線改良の両方を取り扱える新しい幹線鉄道整備政策の登場が待たれるところである。

また，スイスの幹線鉄道整備では乗換えが発生することを容認しながらも，整備の視点を「速い」から「早い」へと転換することで，必ずしも高速新線整備に依存しない政策が実現している。新幹線と在来線とで鉄道システムの規格そのものが大きく異なるわが国では一考の価値のある政策である。

わが国では2013年に交通政策基本法が成立したが，これに基づいて策定された交通政策基本計画では，幹線鉄道網に関して地域間の交流の拡大と大規模災害発生時の機能低下抑制等を目指されており，新幹線ネットワークの整備推進や代替ルートの確保が実施されることになると考えられる。これらを実現するには整備財源が必要だが，わが国では幹線鉄道整備財源が限られており，高速鉄道網の全国展開が50年を経てもまだ完了しない状況にある。その一方で，交通整備財源について都市交通に目を向けると，都市鉄道や軌道等の整備において，自動車交通への好影響を理由に財源を引き出したり，都市計画上の影響を理由に財源を引き出したりすることに成功している。今後，幹線鉄道整備の受益者は直接の利用者以外には誰であるのかを明確にすることで，新たな財源手法を開発できる余地はあるのではないかと考えられる。

（9）　計画手法・方法論に関する問題点や展望

わが国の新幹線網計画は約40年前に策定された基本計画に沿って進められている。基本計画は頻繁に変更するような種類の計画ではないが，取り巻く社会環境が策定当時とは大きく変わる中で見直しがされてしかるべきであるものの，そのような仕組みが制度化されていない。また，幹線鉄道整備は都市交通整備に比べて非常に高価なインフラ整備であるとともに，その影響は非常に長期に及ぶという特徴がある。しかしながら現時点において数十年にわたるような超長期の影響を的確に表現できる実績のある定量評価手法がない。今後の評価手法に求められる要件としては，考慮し得る変数の多さや表現の精緻さだけでなく，長期分析における信頼性の向上といった方向性も考えられる。

〔2〕　高　速　バ　ス

（1）　高速バスサービスの成立　1963（昭和38）年の名神高速の一部区間開通以降，2012年春までに実延長8 050 kmの高速自動車国道が共用されている。1969年に東名高速が全通することで，すでに開通していた名神高速と併せて首都圏から近畿圏までの自動車移動において高速道路が利用できるようになった。この年から民間バス事業者12社が出資した東名急行バスおよび国鉄が高速バス事業を開始している[72),73)]。

1980年代には高速バスの旅客が大きく増加してきており，1982年から1987年までの5年間で，事業者数は40から78へ（1.95倍），高速バスの免許キロ数は1万6 330 kmから3万2 033 kmへ（1.96倍），輸送人員は2 446万人から4 017万人へ（1.64倍），それぞれ増加している[73)]。高速バス輸送の急成長の背景としては，高速道路網の充実により自動車の速度が向上しただけでなく，輸送単位が小さいために拠点間の直行便が提供できたので移動時間が短かったこと，確実な着席サービス，低廉な運賃，細かなニーズへの対応などがあった。

1989年には300 km以上の長距離バス路線は64路線に達していたが，そのうち10路線だけが完全な昼行路線であり，他は夜行便が運行されている路線であった[74)]。このように長距離高速バスが成長した背景の一側面として，夜間の非活動時間帯を使っての都市間移動サービスを効果的に提供できたことを指摘できる。

（2）　夜間移動　高速交通網が発達する以前は，夜間移動サービスの提供を行ってきたのは，おもに在来線の夜行寝台列車であったが，1970年代以降，新幹線の建設や航空路の充実により，都市間の非活動時間帯を使っての移動は新幹線もしくは航空による日帰り交通，あるいはこれらの移動と宿泊を組み合わせた行動に置換えが可能になった。しかし，新幹線や航空は必ずしも低廉な輸送手段ではなかったため，夜行列車のニーズをすべて置き換えることはできなかった。一方，高速夜行バスは運賃が夜行寝台列車よりも安く，寝台ではないが快適な着席サービスを提供できたため，新幹線や航空による移動とは異なる種類のサービス提供に成功した。また，夜行寝台列車は通勤通学輸送の時間帯に大都市圏の駅に発着できなかったため，便利な時間帯に移動するという点においても高速バスに劣る結果となった。

さらに，1980年代は国鉄の解体と民営化の時期に重なっており，JR発足後に一部の観光目的の夜行列車に対しては設備投資が行われたものの，多くの列車についてはサービス改善が不十分であった。この背景としては，車両の改善を行っても，運行距離が長いために複数社にまたがっての運行となり，必ずしも運賃収入が投資に見合うだけ増加するわけではないという構造的な問題もあった。欧州では在来線も上下分離されており，複数国にまたがるような夜行列車であっても1社による運行が可能であったこととは対照的である。

以上のような状況から，夜行列車は衰退するとともに，許認可申請が昼行便に比べて比較的簡便であったこともあり，夜行便の高速バスが発達する結果となった。

（3）　ツアーバスの発達と新制度への統合　高速道路を活用した路線バス事業とは別に，観光バスを使って高速道路を経由する2地点間の移動のみを主たる目的とする募集型企画旅行として運行される貸切バスを運行する形態の都市間バスサービスが開発された。もともとは1980年代に北海道で会員制バスとしてサービスが開始されたが，1986年に運輸省（現 国土交通省）の通達に基づいて貸切事業者による乗合許可が交付されるようになった[72)]。

その後，高速ツアーバスと称されるこのようなサービスは運賃が低廉であったために人気を博したが，事業の実施主体はツアーを募集した旅行会社であってバス会社ではないため，輸送の安全に対する責任の所在が不明確であるほか，決まったバス停がないために公道上での違法駐停車中に客扱いをするなどの問題もあった。特に2000（平成12）年の規制緩和以後，貸切バス事業では事業者数や車両数の増加により競争が活発化したが，同時にバス1台当り収入が低下したため，人件費等の切り詰めをせざるを得なくなり，運転者の過労運転が常態化するなどの安全上の問題を引き起こした[74]。

2007年の吹田市におけるスキーバスツアー事故や2012年の関越自動車道における高速ツアーバス事故など，長距離運転を行うバスの安全性とともに募集型企画旅行の在り方が大きな社会問題になった[75]。これらの出来事を反映して2013年8月からは高速ツアーバス事業と高速道路を使った乗合バス事業が統合されて「新高速乗合バス」という制度に一本化され，バス停設置（もしくはバスターミナルの確保）の義務化，最少催行人数を設定しない定期便化，客の集合具合の影響を受けない定時運行化などが実施されるとともに，バスの運行の委託元自身がバス事業免許を受けることが必要になり，安全確保の責任の所在が明確化された[76]。これに伴い，新制度への対応が困難であったいくつかの事業者は事業撤退した。

本項執筆時点では新制度の発足からあまり期間を経ていないので影響は明確ではないが，安全確保のために必要なコストが運賃に反映されるため，過度に低廉な運賃による輸送は減るものと予想される。

（4）　公共交通計画と高速バスの課題　　高速バス事業のインフラ部分は公共が提供する道路網であり，バスの運行そのものは民間による事業であるため，いわゆる上下分離された状態になっている。インフラ部分が道路であるので，鉄道とは異なり比較的オープンな環境で事業参入しやすい。

しかし，その一方で独自のインフラを持たないため，鉄道駅に相当するバスターミナルが不十分なことも多く，増便の制約になることがあるほか，客扱いの面でサービス水準が低くなりがち（発着場所がわかりにくい，待合所がない，悪天候への対応，運行に関する情報の得にくさなど）であるという課題がある。近年はインターネットが発達することで状況は好転してきているが，運行に関する情報（発着地，ルート，運行時刻等）が得にくかったり，予約発券の方法が各社不統一でわかりにくかったりするなど，改善の余地がある。

実際の運行の面でも，輸送単位が小さいために提供座席数が少なく，供給量の調整がしやすい反面，満席になりやすい。また，時季によっては渋滞などにより所要時間が不確実になることもある。夜行便の場合は客の生活リズムとは無関係に早着する場合もあるなどの課題も存在する。さらに，近年では少子化，高齢化に伴って十分な質と量の乗務員を確保できなくなりつつあり，安定した輸送と安全性の確保に課題を生じている。

公共交通計画の面から高速バスを見ると，インフラそのものは道路計画の中で整備され，それを利用する高速バス事業自体について公共が計画的にサービス提供をコントロールすることはなく，事業者が独自に事業を実施している状況にある。このため，他の交通機関との連携という点では，空港アクセス手段として位置付けられる比較的短い路線はあるものの，新幹線や在来線特急のフィーダーサービスといった役割を安定的に得るには至っていない。

さらに，今後の少子高齢化の進行に伴い，バスの運転者の確保が大きな課題になろうとしている。

（波床正敏）

9.4　都市・地域公共交通計画

9.4.1　大都市圏の公共交通計画

ここでは，わが国の大都市圏における公共交通計画の概要と変遷について述べる。

〔1〕　人口の都市集中

人口が都市に集中する一つの要因として，広義の**比較優位**（comparative advantage）が存在していることが挙げられる。すべての土地において天然資源や生産要素の差がなく，生産技術も同一であれば，どこで生産しても産出量（あるいは費用）が等しくなり，産業立地の集中は起こらない。しかし，現実には天然資源は不均一に分布しており，港湾や河川などの地理的要因は，動かせない生産要素であることから，ある特定の産業が立地する上で比較優位が存在している。特に産業革命後は，工業生産が重工業にシフトするとともに，それに伴う工場の大規模化により，封建領主から解放された農奴たちが労働力として都市に流入するようになり，人口の都市集中が顕著になった。

わが国では，明治になって政治や社会制度の近代化が図られたことに加え，工場制工業における労働力が都市に流入するようになった一方，第二次世界大戦後の高度経済成長期では，東京圏への人口集中が顕著になり，大都市圏における都市内（都市圏）公共交通網は，増加する市民の交通需要に対応することを目的として計画されてきたといえる。他方で，わが国の大都市圏では，大手民営鉄道事業者が自社の沿線に宅地開発を進め，居住と鉄道の双方の需要を誘発したケースもあり，国際的にも珍しい発展を遂げてきた側面を見逃すことはできない。

〔2〕　都市の成長と鉄道沿線開発

（1）　関東大震災以前の東京[77]　　明治以前のわが国では，徒歩が交通手段の主流であり，物資の輸送も水運が中心であった。しかし，明治期に入り，1872（明治5）年の銀座大火を受け，当時の政府は「市区改正（都市改造）の好機会」として，歩車道を区分した銀座通りの拡幅のほか，煉瓦家屋の建築などの事業を進め，1888年には，東京市区改正条例の公布に至った。これが，関東大震災以前の東京における街路事業の根幹となり，路面電車の開通（1903年）を見通した道路の拡幅や橋梁の掛け替えなどが行われた。

（2）**戦前の沿線開発（東急，阪急）**　一方で，わが国における大都市の外縁部では，大手民営鉄道事業者が自社路線の建設と併せ，住宅地開発を盛んに進めてきた。

例えば，大阪市[78),79)]では，20世紀に入り工業生産額が急増し，繊維工業を中心とした工業都市として，一時は東京市を超え，東洋一の人口となった。一方で，急速な工業化と人口流入による生活環境の悪化が懸念されるようになったが，当時の都市計画（市区改正）は東京市のみが対象であった。大阪市で都市計画調査が本格的に行われるようになったのは，都市改良計画調査会が1917（大正6）年に設置されてからであるが，1886年の時点で，大阪府区部会は市区改正計画を請う議決を全会一致で行っており，生活環境の改善は，地方政治レベルでも問題視されていたことになる。その結果，大阪市の外縁部には多くの郊外住宅地が生まれた。特に，1910年に開業した箕面有馬電気軌道（梅田-宝塚間，石橋-箕面間；現在の阪急電鉄）による池田室町住宅地開発（10.7 ha）は，わが国における大規模な郊外住宅地開発の先駆けとなった。同じく大阪-神戸間に先行して開業した阪神電鉄（神戸三宮-大阪出入橋間）でも，1909年に西宮で30戸の貸家経営を開始するなど，沿線で小規模に住宅を提供したが，箕面有馬電気軌道は，阪神電鉄と比較して沿線人口が少なかった。そのため，同社の専務取締役であった小林一三が沿線の住宅地開発やレジャー・文化施設を鉄道と一体に経営する手法を採り入れ，わが国の民鉄経営に影響を与えることになった。

一方，東京市区改正条例（1888年）により15区が制定された東京市[79),80)]でも，大阪市と同様に工業従事者の人口流入が著しかったが，20世紀に入り，後に同市へ編入される20区（これにより現在の特別区の範囲に相当する）の人口増加率が高くなり，飽和状態になりつつあった15区では受け止められない人口を周辺が吸収する構造ができつつあった。こうした中，当時の財界で指導的役割を果たしていた渋沢栄一は，東京府下荏原郡（現在の大田，目黒，世田谷区の一部）の地主有志から，荏原郡一円の開発計画を依頼され，イギリスの田園都市事業になぞらえた田園都市株式会社（現在の東急不動産）を設立した。同社は，1922年に洗足地区，1923年には現在の田園調布（大田区）と玉川田園調布（世田谷区）にあたる多摩川台地区の分譲を開始した。このうち，多摩川台地区は，パリの道路設計を参考に，駅前広場に集中する放射線の道路と環状の道路が交差するエトワール型の道路設計を採用し，幹線道路では幅員13 mを確保した。一方で，同社は鉄道部門として目黒蒲田電鉄株式会社（現在の東京急行電鉄）を創設し，多摩川台地区に関わって，1923年11月に目黒-蒲田間，1927年には大岡山-大井川間をそれぞれ開通させた。これらは，小林一三と当時の鉄道院監督局総務課長であった五島慶太の関与によるところが大きいとされ，田園都市株式会社が進めた郊外住宅地開発計画の一方で，東京市までのアクセスを確保するために，すでに認可を受けていた鉄道事業者との調整，統合を経て開業した点で，箕面有馬電気軌道の経緯とは異なる。

また，1923年9月に発生した関東大震災では東京市内や周辺地域に甚大な被害をもたらした。田園都市株式会社による住宅地開発は，ちょうどこの時期に重なっており，縁辺部の人口増加を加速させたが，被災した大学の郊外移転を契機とした，鉄道沿線の拠点開発の動きも見られるようになった。

（3）**都市域の拡大と鉄道計画**[77)]　第二次世界大戦後の東京は，人口増加と都市の外延化が急速に進んだ。東京都統計課（当時）[81)]が1947（昭和22）年11月に調査した結果，東京都内の従業者・通学者（282万4 367人）のうち，55.8%（157万6 755人）が居住地の区市郡内で従業，通学しており，かつ，移動手段も徒歩（あるいは自営業の場合を含む）であった。また，特別区以外に居住する従業者・通学者（40万2 303人）のうち，交通機関を利用するのは21.0%（8万4 363人）に過ぎなかった。しかし，1960年代になると東京都内の人口増加率と比較して，神奈川，埼玉，千葉各県の増加率が高くなる傾向に変化した。**表9.2**は，東京都市圏パーソントリップ調査における都心3区（千代田，中央，港の各区）への通勤トリップ数を示したものである。初回調査の1968年時点と比較して，1978年には，都心3区をはじめ23区内を起点とする通勤トリップ数が減少した一方で，神奈川県や埼玉県では5割，千葉県では倍以上に増加した。このように，東京都心外延部では，急速な人口増加に伴い，通勤交通の長距離化が進んだのである。

このことは，国鉄の通勤輸送にも変化をもたらした。中でも，1964年からの第三次長期計画では，首都圏における五つの放射状の通勤ルートを主体に，線路増設に重点を置いた輸送改善策（いわゆる「通勤五

表 9.2　都心３区への通勤トリップ数[77)]

年　次	東京都			神奈川県			千葉県	埼玉県
	都心３区	23 区 都心３区除く	市郡部	横浜市	川崎市	横浜・川崎 除く		
1968 年	78.8	702.0	134.8	86.0	35.2	49.0	103.3	131.8
1978 年	65.9	693.9	155.7	127.4	52.3	70.5	226.3	194.8
増加率〔%〕	−16	−1	16	48	49	44	119	48

〔注〕 単位：千トリップ

方面作戦」）が示された。これにより，東海道，中央，東北，常磐，総武の各線区において，幹線輸送と通勤輸送の線路を分離するほか，都心に直通する地下鉄への乗入れなどの輸送改善が図られた。

ところで，東京圏をはじめ，大阪圏，名古屋圏の大都市圏における鉄道網の整備計画は運輸省（当時）に設置された都市交通審議会，運輸政策審議会，それを継承した国土交通省の交通政策審議会が調査・審議し，関係大臣に答申した上で，具体の整備が進められてきた。これらの答申は，基本的に 15 ～ 20 年の計画期間が想定されており，五方面作戦が完了した 1980 年以降の東京圏における答申には，1985 年の運輸政策審議会答申第７号，2000 年の運輸政策審議会答申第 18 号の二つがある。

1985 年の答申第７号（東京圏における高速鉄道を中心とする交通網の整備に関する基本計画）は，東京都心部からおおむね半径 50 km の範囲を対象に，既設線の混雑緩和に重点を置く 2000 年を目標年次とした計画である。常磐新線（現在の「つくばエクスプレス」），東京 12 号線（現在の都営地下鉄大江戸線），東京 13 号線（現在の東京地下鉄副都心線）の建設など，29 路線，532 km の整備が適当であるとされた。

2000 年の答申第 18 号（東京圏における高速鉄道に関する基本計画について）では，2015 年を目標年次として，① 混雑の緩和，② 速達性の向上，③ 都市構造・機能の再編整備等への対応，④ 空港，新幹線等へのアクセス機能の強化，⑤ 交通サービスのバリアフリー化，シームレス化等の推進－を基本方針としている。本答申に基づく整備路線（34 路線）には，第７号答申には盛り込まれていない新交通システム「ゆりかもめ」や多摩都市モノレールの延伸についても記載された。また，2014 年には，交通政策審議会に諮問第 198 号（東京圏における今後の都市鉄道の在り方について）が示され，災害リスクの高まりや東京オリンピック・パラリンピック（2020 年）などの政策課題を踏まえた，新たな鉄道網整備計画の立案が進められ，2016 年４月に，2030 年頃を念頭とした「東京圏における今後の都市鉄道のあり方について（案）」が発表された。

大阪圏では，1958 年の都市交通審議会答申第３号を皮切りに鉄道整備が進められてきたが，1989 年の運輸政策審議会答申第 10 号（大阪圏における高速鉄道を中心とする交通網の整備に関する基本計画）では，第四次全国総合開発計画に示された東京一極集中の是正に加え，関西国際空港の開港など大規模プロジェクトへの対応などを念頭に，2005 年までに整備を要する路線（新設 36 路線，複線化 12 路線）が位置付けられた。しかし，以前の答申で示されていた片福連絡線（JR 東西線）など一部は開業，複線化しているが，同答申で新規に位置付けられた路線については，現在においても整備のめどが立っていない区間も少なくない。一方，同答申の後継となる計画は，2004 年の近畿地方交通審議会答申第８号（近畿圏における望ましい交通の在り方について）である。これまでの答申で示された鉄道網の計画にとどまらず，バス，タクシー，水上交通などのモードのほか，交通による環境負荷低減など，2015 年を目標年次として，近畿圏における総合的な交通施策の方向性を示している。

名古屋圏においても，1961 年の都市交通審議会答申第５号を最初に鉄道整備が進められてきたが，1992 年の運輸政策審議会答申第 12 号（名古屋圏における高速鉄道を中心とする交通網の整備に関する基本計画について）では，2008 年を目標として整備される路線が示された。このうち「中量軌道系の交通システムとして整備すべき路線」とされた志段味線は，日本初のガイドウェイバスとして 2001 年３月に開業したが，1991 年に開業し，延伸が計画された新交通システム桃花台線は，2006 年に全線廃止となった。こうした動きの中で，計画期間満了前の 2005 年３月には，中部地方交通審議会答申第９号（中部圏における今後の交通政策の在り方）が示された。2015 年を目標年次とする同答申では，対象地域を中部運輸局管内に拡大し，鉄軌道に限らず，バス，タクシーなど公共交通機関全般に及ぶ内容となった。そのため，従来の運輸政策審議会答申のような具体的な路線計画ではなく，地方圏における総合交通計画の色彩が強くなっている。

このように，わが国の大都市圏では，国の審議会答申に基づき鉄道整備が進められてきたが，交通需要の増加に対応した輸送力の強化により，円滑なモビリティを確保することに主眼が置かれてきた。しかし，わが国が高度成長社会から成熟社会へと移行してきた中で，都市内交通政策の目標も，量的な充足から質的な保証へと変化しつつある。近畿圏や中部圏における地方交通審議会の答申において，鉄道網の整備に限らず，公共交通全般を対象とした総合的な交通施策の方針を示したことは，こうした社会経済の変化に対応したものと考えられる。一方，東京圏においては，今日もなお人口の流入が続き，国の審議会答申に基づく鉄道網の整備が継続している。しかし，災害リスクへの対策や高齢社会に対応したバリアフリー整備の充実などが重要な政策課題として位置付けられるようになった。こうした都市内公共交通の質的な保証を公共交通事業者と国や地方公共団体がどのような責任分担に基づき担保していくかが肝要である。

また，都市圏における公共交通計画の策定においては，**パーソントリップ調査**（person trip survey）のほか，大都市交通センサスなど，「人の動き」に着目した調査の活用が有効であるが（詳細は9.2節参照），2010年に実施された近畿圏パーソントリップ調査では，移動困難状況に関する設問が追加されるなど，高齢社会の進展に則した調査方法も検討され始めている。

9.4.2　地域公共交通計画

地域公共交通（local public transport）は，地域内において，運転者が移動する者を輸送する交通機関であり，路線バスをはじめとして多様なモードが存在する。ここで，乗合バス事業に着目すると，わが国では，先に述べたイギリスやフランスとは異なり，乗合バス事業者による独立採算原則が原則とされてきた。事業者は，需給調整規制の下，事実上のエリア独占が認められてきたが，採算部門の収益により，不採算路線の維持を図ることが求められてきた。そのため，いわゆるコミュニティバスなどの例外を除き，地方自治体が「政策」として地域公共交通の確保・維持・改善に乗り出すケースは，最近に至るまで少数であった。しかし，わが国における乗合バスの輸送人員は，1968（昭和43）年度の年間101億人をピークに漸減傾向となり，2013年度は年間42億人弱にとどまっている。こうした中で，2002年の乗合バス事業の**規制緩和**（delegulation）を契機に，不採算路線をマネジメントする責務を地方自治体が負うことが求められるようになった。

〔1〕　さまざまな地域公共交通[82)]

地域公共交通には，さまざまなモードが存在しているが，各モードの適用範囲を単位時間当りの輸送密度（横軸）と利用者の特定性（縦軸）とに分けて示したものが**図9.4**である。

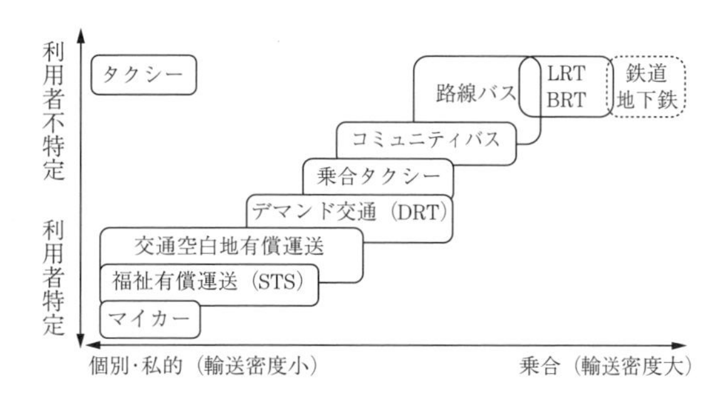

図9.4　さまざまな地域公共交通
（文献82）を基に筆者が作図）

まず，通常の路線バスよりも大量な輸送密度に対応したモードとして，**LRT**（light rail transit）がある。LRTは，軌道という専用走行空間を運行するが，地下鉄のような高速都市鉄道ほどの輸送力を持たず，停留所も細やかに設置することが可能である。わが国では，富山市の富山ライトレールが有名であるが，国際的に統一された定義があるわけではなく，広島電鉄宮島線や東急世田谷線なども同様の機能を有していると見ることもできる。ところで，バス交通は時刻表や運行経路を定めて運行される（定時定路線）のが特徴であるが，バス交通の範疇に含まれる交通モードは多様に存在する。**表9.3**はバス交通の多様な特徴について整理したものであるが，運行面に関しては，使用車両の定員や走行路によって特徴付けられる。運転者を含め，車両定員が11人未満である乗合輸送は，道路運送法の中で，一般の路線バスとは区別して扱われてきた経緯があり，乗合タクシーを表中に加えた。一方，走行路とは，バス交通の運行される道路空間が他の交通モード（乗用車等）とは切り離されている（専用走行空間），もしくは，他の交通モードに対して優先的に通行できるか否かに着目して整理している。**図9.5**は，カナダの首都オタワにあるバス専用走行空間「トランジットウェイ」の光景である。一見して，鉄道駅での乗降風景に思えるが，運行されているのは連節車両のバスであり，盛土の上につくられた専用走行路を時速100 kmにも及ぶ高速で走行する。こうしたバス

表 9.3　多様なバス交通[82)]

<table>
<tr><th colspan="2" rowspan="2">交通モード</th><th colspan="2">運行面</th><th>サービス面</th><th>運営面</th></tr>
<tr><th>車両定員</th><th>走行路</th><th>運行速度・頻度</th><th>運営主体</th></tr>
<tr><td rowspan="2">幹線バス</td><td>BRT</td><td rowspan="4">おもに 11 人以上</td><td>専用，優先</td><td>高速・多頻度</td><td rowspan="3">交通事業者</td></tr>
<tr><td></td><td rowspan="4">おもに一般</td><td>多頻度</td></tr>
<tr><td colspan="2">（一般の）路線バス</td><td rowspan="3">多様に設定
＊高速・多頻度ではない</td></tr>
<tr><td colspan="2">コミュニティバス</td><td>市町村等</td></tr>
<tr><td colspan="2">乗合タクシー</td><td>11 人未満</td><td>交通事業者
市町村等</td></tr>
</table>

図 9.5　オタワのトランジットウェイ（筆者撮影）

交通は，**BRT**（bus rapid transit）と称されるが，専用もしくは優先的な通行路を高速・多頻度で運行することが特徴であり，LRT にも匹敵する輸送力を確保することができる。わが国では，名古屋ガイドウェイバスのほか，鉄軌道の跡地を活用したバス専用走行空間の確保（鹿島電鉄，日立電鉄），東日本大震災被災地の一部専用走行空間によるローカル線の仮復旧（大船渡線，気仙沼線）などの BRT 事例がある。また，連接バス（藤沢市，岐阜市，町田市など）の運行をもって BRT と称されるケースもあるが，オタワのような高速走行を行うケースはなく，所要時間に影響する運賃支払方式も IC カードの活用例はあるものの，基本的には通常の路線バスと同様の方式であることから，基幹的な公共交通モードとしての BRT の機能が十分に発揮されているとはいえない。

つぎに，サービス面については，運行速度や頻度によって特徴付けられる。例えば，BRT のように，専用もしくは優先的な通行路が全体的に確保されていない場合でも，高頻度で運行されるバス交通は，幹線バスと特に称されることがある。また，運営面については，バス交通の運行経路や時刻表を設定する運営主体をどの主体が担っているかによって特徴付けられる。一般の路線バスは，交通事業者が運営と運行の双方の役割を担っているが，**コミュニティバス**（community bus）の場合は，市町村等が運営主体となり，交通事業者等に運行を委託するケースが一般的である。

最後に，**デマンド交通**（demand responsive transport, **DRT**）について述べておきたい。DRT は，利用者からの事前予約に基づき，運行経路やスケジュールを変化させて運行する交通モードであり，わが国では，人口希薄地域で導入されることが多い。しかし，DRT は，時刻表，運行経路，停留所のそれぞれについて，あらかじめ固定して運行するケースもあれば，すべてを自由に設定するタクシーと同様の運行を行う場合もあり，多様な形態が存在する。近年では，予約・配車システムが高度化かつ低廉化したことで，わが国では DRT の導入事例が増加しているが，地域特性を考慮せず安易にシステムの導入を進めてしまい，結果として多額の財政負担を強いられているケースも散見される。地域公共交通計画を立案する過程で，地域の交通需要とモードや運行方式との相性をよく検討することが肝要である。

〔2〕 わが国の地域公共交通計画

（1） 交通政策基本法の制定　2013（平成 25）年 12 月 4 日に，**交通政策基本法**（basic act on transport policy）が施行され，わが国の地域交通政策は，大きな転換点を迎えている。同法では，地方公共団体が「自然的経済的社会的諸条件に応じた施策を策定し，及び実施する責務を有する（第 9 条）」と位置付けられた一方，交通事業者等の責務（第 10 条）や国民等の役割（第 11 条）も定められ，こうした関係者が連携や協力に努める（第 12 条）こととされている。したがって，地域交通政策についても，地方行政が公共交通事業者や地域とのパートナーシップに基づき，政策を立案し，実践することが求められているわけだが，その必要性は乗合バス事業の規制緩和（2002 年）以降の地域公共交通制度においても，共通した認識として位置付けられてきた。2006 年 10 月の道路運送法改正で創設された地域公共交通会議は，総括原価方式によらない運賃設定（例えばワンコイン運賃）のほか，車両定員 11 人未満の小型車両を使用した運行，デマンド交通の導入など，地域特性に応じた乗合公共交通の運行の態様について協議するものである。それまでの一般乗合旅客自動車運送事業（道路運送法4条許可）は，定時定路線に限定されており，上記のような態様は，その例外として扱われてきた（道路運送法21条）。しかし，同会議で協議が調えられることを前提として，こうした態様も通常の一般乗合旅客自動車運送事業として認められるようになった。2007年には，わが国で初めての地域交通分野の政策法となる，地域公共交通活性化・再生法（以下，地域公共交通法）が施行され，地方公共団体は，地域公共交通網形成計画（2014年11月改正で改称。当時は地域公共交通総合連携計画）を策定することができるようになり，全国で600余りの計画が策定されている（2016年5月現在）。また，2015年2月に初めて公表された国の交通政策基本計画では「豊かな国民生活に資する使いやすい交通の実現」が基本的方針の一つに掲げられ，「自治体中心に，コンパクトシティ化等まちづくり施策と連携し，地域交通ネットワークを再構築する」,「地域の実情を踏まえた多様な交通サービスの展開を後押しする」といった地域公共交通に関する政策目標が示された。

こうした政策動向の中で，近年では，地域公共交通が地方行政における政策分野の一つとして捉えられるようになってきた。しかし，多くの計画は，自治体内のコミュニティバスやデマンド交通など，単体を対象にしたものであり，地域全体の公共交通網を見つめ直し，地域住民や来訪者に対して，どのような活動機会を提供するかといった，明確な「指針」や「目標」を持つ計画が求められている。一方，わが国の地方部や人口希薄の小規模集落では，依然として地域公共交通の利用者減少に歯止めがかからず，公共交通事業者の疲弊も目立つ状況にあることも課題である。

（2）　地域公共交通計画の考え方　地域公共交通計画には，大きく分けて「全体計画」と「個別事業計画」の2種類がある。全体計画は，市町村域（もしくは広域市町村圏）における地域交通政策の目標を設定した上で，地域公共交通の全体的なネットワークの構成方法とリスク分担を明確にすることが求められる。わが国では，地域公共交通法における地域公共交通網形成計画などが該当し，マスタープランとしても位置付けられる。一方，個別事業計画では，全体計画の流れを受けて，地域公共交通の再編や新規の導入を予定している地域を対象にした個別の運行計画（運行経路・時刻表の設定など）を立案することを目的とする。地域公共交通法における地域公共交通再編実施計画のほか，地域公共交通確保維持改善事業の関連計画が該当する。

このうち，重要なのは全体計画の策定である。地域交通政策は，一朝一夕で効果が発揮されるものではない。利用者数の多寡やネットワーク再編による収支率の改善という，公共交通単体のアウトプットは，数年のうちに結果が見えてくるであろう。しかし，地域交通政策では，公共交通網の形成をトリガーとして，地域住民や来訪者の活動機会の増進を図り，交流の機会を高めることが重要である。また，これにより，公共交通の沿線で人流が増加し，施設や住宅の立地という「投資」に結び付けば，地域内経済循環を高めることにもなる。こうしたアウトカムは，2014（平成26）年7月に公表された「国土のグランドデザイン2050」における「コンパクト＋ネットワーク」の国土づくりに寄与することが期待されるが，施策の効果は10年単位で評価されるべきものであり，地域交通政策の継続性を担保することが重要である。全体計画の策定は，そのための有効な手段となり得る。

それでは，全体計画の策定において留意すべき点とは何であろうか。第一に，計画区域内で提供される移動サービスの全体を見通すことである。地域公共交通は，ネットワークとして機能することで，市民の活動機会を広げることが可能になる。したがって，コミュニティバスやデマンド交通などの「単体」を対象とするだけでは，市民の交流機会を増進するアウトカムに結び付かない。他方で，乗合公共交通のほかにも，地域鉄道やタクシーも地域公共交通の範疇であるし，スクールバスや患者送迎バスといった非在来型輸送やSTサービスをはじめとした福祉交通も，日常生活に欠かせない移動を支えるという点では共通しており，これらの提供実態や在り方についても全体計画の対象とすることが望ましい。また，市民の交通は，必ずしも市町村内で完結しているわけではなく，多くの地域鉄道や路線バスが複数の市町村にまたがって運行されている点にも留意する必要がある。特に，人口規模の小さい市町村では，生活圏に即した複数の市町村のネットワークを一体に考慮することが必要である。

第二に，地域公共交通の課題を明確化し，政策目標と事業，評価を有機的に結び付けることである。公共交通需要の評価は，大都市圏では，パーソントリップ調査や大都市交通センサスなど，交通流動に関する調査（9.2節参照）の活用が有効であるが，路線バスは鉄道駅までの端末交通手段として利用される場合が多い点に留意する必要がある。一方，地方部では，通勤・通学や通院，買物などの主要な活動別に，目的地や交通の頻度，利用交通手段，活動時間帯などをアンケート調査で明らかにしようとすることが多い。しかし，回答者が高齢者に偏るケースも散見されることから，国勢調査の従業地・通学地集計や経済センサスなどの活用も検討したい。また，公共交通利用者の OD データを路線網の再編に活用することも有効である。特に近年では，地方都市の公共交通事業者にも，IC カードが普及しつつあることから，OD データの質や活用の可能性は格段に向上している。一方，地域公共交通の全体計画を策定するに当たり，地域公共交通網形成計画は法定任意計画であることから，地方行政が計画を立案しようとする動機は多様である。しかし「バス路線の廃止」といった外生的な課題が契機となることも多く，計画の理念や目標が設定されないまま，代替案のみが議論されるケースも散見される。また，現行の財政支援制度（例えば，地域公共交通確保維持改善事業）の多くは全体計画の策定が必須ではなく，個別事業計画の策定が先行し，全体計画は軽視されてしまいがちである。そのため，計画が立案された場合でも，多くの政策目標は，事業の実施有無（アウトプット）にとどまっている。地域公共交通の全体計画では，政策課題を明確にした上で，その解決に資する事業とそれによる成果指標（アウトカム）を定めることが重要であるが，評価手法と実施時期を全体計画の中で明示しておくことが望ましい。

第三に，地域公共交通のサービス水準を階層化することである。人口密度や施設の立地など地域条件が多様である中で，すべての地区を同一のサービス水準（例えば便数）で運行することは，効率的ではない上，公共交通需要に応えられない可能性がある。したがって，計画区域内で相対的に旺盛な需要が見込まれる区域や沿線と，それ以外の区域とに分け，サービス水準を設定することが望ましい。便数に着目して考えると，前者の区分では，計画区域内において相対的に高頻度なサービスの提供を目指す一方，後者の区分では，通勤・通学や買物，通院など，それぞれの活動目的を達成することができるダイヤを設定することが求められる。イギリスの地方部における LTP では，人口規模に応じて地域を区分し，活動目的別にその達成に資するバスの運行頻度の「目安」を整理したサービス水準マトリックスが存在しており，わが国でも，地方部や中山間地域を対象とした実証研究が試みられている[83]。また，地域公共交通のサービス水準を階層化することは，都市計画における「ゾーニング」と類似した発想であり，土地利用計画との連携を図る手掛かりとなる。富山市における LRT やバスの高頻度（60 便/日以上）運行区間を「軸」とした土地利用の再構築もこうした視点に基づいた計画事例であるといえよう。

最後に，市民の活動機会を広げるために，地域公共交通サービスを維持・確保する上でのリスクをどう分担するかを明確にする必要がある。わが国では，公共交通サービスは，事業者が提供するものであり，それが不採算であれば，国や地方行政が財政支援するという構図が基本となってきた。しかし，公共交通事業者の大半は民間企業である上，地方部を中心に多くの路線（サービス）が不採算である。そのため，市民の活動機会を広げるという政策目的を掲げた場合，企業としての合理的な行動との間にはギャップが存在し得る。したがって，地域公共交通サービスを誰が提供し，支えていくかの責任分担を全体計画の中で明確に定めることが必要である。このとき，先に述べたサービス水準を階層化する視点は，責任分担を定める一助になる。公共交通需要が旺盛な区域や沿線では，公共交通事業者の営業戦略が発揮しやすく，自律的なサービス提供を目指すことができる。もっとも，土地利用計画との連携により，施設や住宅の立地を促進しようとしている地区に対して，公共交通の積極的なサービス提供を行うことにより，立地の「呼び水」にするような場合もあり得る。いわば **TOD**（transport oriented development）の発想であるが，この場合は，地方行政における明確な政策目的が存在しており，公共交通サービスを充実されるための「投資」として財政支援を行うことになる。一方，それ以外の区域では公共交通事業者による自律的なサービス提供が困難になりやすい。したがって，市民の活動機会を維持，拡大する上で必要な公共交通サービスを確保することを目的として，地方行政が財政支援をすることが望ましい。しかし，今日では，地方財政が逼迫していくことに加え，地域公共交通が市民活動機会を支える「道具」であると考えれば，より多くの利用者が得られなければ，道具としての機能を発揮していないことになる。したがって，地域住民や地域団体が地域公共交通について考え，主体的に関わることのできる環境を創ることも自治体行政の役割である。

9.4.3 諸外国の公共交通計画

ここでは，近年のバス事業を中心としたイギリスとフランスにおける都市圏交通政策の概要と公共交通計画について整理する。

〔1〕 イギリスの公共交通計画

イギリス[84),85)]では，第二次世界大戦後間もない頃からモータリゼーションへの警告が鳴らされており，1963（昭和 38）年に出された**ブキャナンレポート：都市の自動車交通**（traffic in towns）では，自動車の普及により交通環境が劇的に変化し，環境と生活様式が深刻な影響を受けると記された。こうした中で，イギリスにおける都市内交通政策が動き出したのは，1974年に創設された**TPPs**（transport policies and programmes）という地方レベルの交通計画である。毎年，地方自治体は優先順位を設定し，**交通投資のための追加交付金**（transport supplementary grant）を中央政府に申請できるものであったが，事実上，道路投資がおもな対象となり，交通政策と土地利用計画との整合が図られない状態であった。

一方，イギリスのバス事業は，ロンドンとそれ以外のイングランド地域とで異なる事業制度の下にあった。保守党のサッチャー政権時代，ロンドンでは，1984年のロンドン地域交通法に基づき，翌年から一定のサービス条件の下，競争入札が行われて事業者が決定されるフランチャイズ制により運行が行われるようになった。また，ロンドン以外のイングランド地域では，1985年，交通法（Transport Act 1985）により，バス事業が自由化され，商業ベースの運行が中心となり，地方自治体は社会福祉ニーズに基づくサービスの提供を求める場合に補助金を拠出する仕組みとなった。

こうした中で，1997年には，労働党政権（ブレア首相）に交代し，1998年に交通白書（A New Deal for Transport）を公表，その2年後に2000年交通法（Transport Act 2000）が制定され，ロンドン以外の各地方自治体では先のTPPsに変わり，**ローカルトランスポートプラン**（Local Transport Plan, **LTP**）の策定が義務付けられるようになった。LTPは，単年度計画であったTPPsとは異なり，5年間の計画期間（2008年地域交通法（Local Transport Act 2008）で，計画期間が自由に設定できるよう改正）となった。また，地方自治体にとって将来の財政支出の確実性が担保されるようになったほか，公共交通や徒歩，二輪車の利用が推進されるようになり，中央政府（Department of Transport, **DfT**）からの財源についても，地方自治体が比較的自由に使途を決定できるようになった。ただし，LTPは，中央政府の政策やガイドライン（Planning Policy Guidance, **PPG**），地域単位のガイドラインである地域計画方針ガイダンス（Regional Planning Guidance, **RPG**）などと整合していることが求められている。LTPに定める事項については，DfTのガイドライン（Guidance）[86]に記されているが，現行の第三次計画（LTP3）では，経済成長や低炭素社会の実現のほか，**ソーシャルインクルージョン**（social inclusion）の拡大，安全・安心の確保やQOLの向上など，幅広い政策目標の下にLTPが策定されている。また，ガイドラインを踏まえ，各地方自治体は，具体的な成果指標をLTPに明示することが求められる。**表9.4**は，Lancashire CountyにおけるLTP3の成果指標を例示したものであるが，バスをはじめとした公共交通に加え，自転車や歩行者交通，道路の管理といった交通施策とLTPの政策目標とを具体的に結び付けられている上，3年ごとに評価（計画期間は10年）することが明確に定められている。

表9.4　Lancashire CountyにおけるLTP3の成果指標[87]

経済の成長や再生
例）・主要な就業エリアへの公共交通アクセスの確保 ・雇用の創出と保護 ・朝ピーク時間帯のマイル当り平均旅行時間の縮小
教育や雇用へのアクセス
例）・高等教育機関まで，公共交通や自転車，徒歩により40分以内で行ける16～19歳人口割合の増加
アクセシビリティ，QOL，福祉の向上
例）・商店やヘルスケアサービスにアクセスできる人口割合の増加
合理的で持続的な交通
例）・主要バスルートにおける定期旅客の増加 ・公共交通を利用する障害者数の増加 ・バスの定時性向上 ・主要ルートにおける自転車・歩行者交通の増加
社会資本の管理
例）・道路や歩道の状態に関する市民満足度の向上
炭素排出量の削減
例）・交通分野における1人当りの炭素排出量の削減

〔2〕 フランスの公共交通計画

フランス[84),88)]では，1981（昭和56）年の大統領選挙でミッテランが当選し，その後の総選挙で社会党を中心とする左派政権が誕生したが，交通に関わる公約を掲げていたことが契機となり，1982年に国内交通基本法（LOTI）が制定された。LOTIでは，国民が移動する権利（交通権）が規定されており，低所得者層も含め，すべての人が交通サービスを受けられないことを理由に，日常社会生活が侵害されないことを目指して国や地方自治体が努力しなければならないことを意図するものである。また，同法では，都市圏の交通計画である**PDU**（Plan de Déplacements Urbains）について定められ，1995年の改正で人口10万人以上の自治体で策定が義務付けられるようになった。PDUは，都市内における交通に関係した施設整備や運営の方針を定めた10年間の計画であるが，その財源は，地方自治体が自ら確保することが求められる。フランスでは，地方公共団体が鉄軌道やバスといった公共交通サービスを提供する責務を負うが，都市圏における公共交通の建設費や運営費などに充てることができる

交通負担金（versment transport）が存在している。これは，地方目的税として，地方自治体が域内の企業等における従業員の給与に対して課税できるものであり，使途の配分も各自治体の裁量で決定することができる。

また，2007年からのサルコジ政権下では，LOTI（の大部分）のほか交通政策関係の法律が統合した**交通法典**（Code des Transports）を2010年12月に発効したほか，2009年には，地球温暖化対策を重視した環境グルネル法が定められ，交通分野では，道路建設を原則凍結する一方，軌道系公共交通を拡充する計画が位置付けられた。

ストラスブール都市共同体（Communauté Urbaine de Strasbourg，現在のストラスブール・ユーロメトロポール）における現行のPDU[89]（2025年目標）では，自動車の利用削減が主要な目標となっており，公共交通や自転車の分担率向上のほか，自動車の総走行距離を30％削減することが数値目標に掲げられている。また，すべての交通モードにおける旅行時間の信頼性向上のほか，30分の身体的活動の推奨など，交通政策の目標を環境や健康に結び付けて考えられている。

9.4.4　福祉のまちづくりと交通

わが国では，第185回臨時国会（2013（平成25）年12月）において，「障害者の権利に関する条約」の締結が承認，2014年2月19日に効力が生じたことで，障害者政策は大きな転換点を迎えている。同条約では，障害者が困難に直面するのは，その人に障害があるからであり，それを克服するのは当事者や家族の責任だとする「医学モデル」ではなく，社会が「障害（障壁）」をつくっており，それを取り除くのは社会の責務だとする「社会モデル」の考え方に立脚している。そのため，まちづくりや地域交通政策においても，**ユニバーサルデザイン**（universal design）の推進や**アクセシビリティ**（accessibility）の確保が求められている。

〔1〕 バリアフリーとユニバーサルデザイン

ユニバーサルデザインに関連した概念として，**バリアフリー**（barrier free）がある。バリアフリーは，障害のある人が社会生活をしていく上で障壁（バリア）となるものを除去するという意味で，もともと住宅建築用語で登場し，段差等の物理的障壁の除去をいうことが多いが，より広く障害者の社会参加を困難にしている社会的，制度的，心理的なすべての障壁の除去という意味でも用いられる[90]。

しかし，障害の種類や程度は多様である上，怪我をすれば，誰もが一時的に移動困難となる可能性もある。また，知らない言語の土地に旅行した場合，案内サインや放送を理解できず，移動が制約されてしまうこともあるだろう。すなわち，すべての人が生活を営む上で，なんらかのバリアに直面することがあるとの視点に立ち，より多様な人にとって「使いやすい」デザインをつくり出す環境が必要である。ユニバーサルデザインは，こうした発想に基づいた概念であるといえよう。

ユニバーサルデザインは，アメリカの建築家・工業デザイナーであったロナルド・メイス教授が1970年代に提唱した概念であるが，同氏が所長を務めたノースカロライナ州立大学の「ユニバーサルデザインセンター」では，具体的なデザインに係る指針として，以下の七つの原則を提示している。

① 誰でも利用できるようにつくられており，かつ容易に入手できること
② 使う人の多様な好みや能力に合うようにつくられていること
③ 使う人の経験や能力に関係なく，わかりやすくつくられていること
④ 使う人の能力に関係なく，必要な情報がすぐに理解できること
⑤ 意図しない行動が危険につながらないデザインであること
⑥ 無理な姿勢をとらずに，少ない力でも楽に使用できること
⑦ アクセスしやすく，操作がしやすいスペースや大きさにすること

また，ユニバーサルデザインの具体的な実現手法については，以下の3点を挙げることができ，これらはインクルーシブな地域公共交通を実現する上で重要な視点となる。

① 多様な人やニーズに対応するために，より多くの選択肢を用意する
② 多くの人やニーズに共通した「ベース」を用意した上で，個別のニーズに対しては「オプション」を用意する
③ 多様な人やニーズに対応する，より汎用性の高いデザインを提供する

〔2〕 公共交通のユニバーサルデザイン

（1） バリアフリー法の制定とこれまで　高齢者や障害者などの移動円滑化に向けた取組みを振り返ると，1952（昭和27）年4月に国鉄が「身体障害者旅客運賃割引規程」を公示したことを契機に，民鉄や乗合バスにも身体障害者の運賃割引が行われるようになったが，当初は「経済的支援」に施策が限定されてき

た。こうした中で，各地で障害者による運動が繰り広げられ，1971年の道路交通法改正で車いすが歩行者に位置付けられるようになり，1973年には国鉄が車いすの単独乗車を認めるようになったが，今日に見られる公共交通のバリアフリー化に向けた総合的な取組みは，ほとんど見られなかった時代であった[91]。

しかし，1974年に開かれた国連環境会議で，建築設計者が**ミスターアベレージ**（Mr. Average）という実際に存在しない統計学上の「平均値」という架空な人物を対象にしてきたことに対する警鐘が鳴らされたことで，土木・建築分野の研究者や専門家がバリアフリーを意識する契機となった。公共交通分野では，1981年に示された運輸政策審議会答申「長期展望に基づく総合的な交通政策の基本方向」の中で初めて「交通弱者（現在は移動困難者）」という用語が明記された。それを受けて，1983年には「公共交通ターミナルにおける身体障害者用施設整備ガイドライン」が初めて作成され，1994年には「公共交通ターミナルにおける高齢者・障害者等のための施設整備ガイドライン」として改訂された。また，1990年には「心身障害者・高齢者のための公共交通機関の車両構造に関するモデルデザイン」が策定されるなど，公共交通のターミナルや車両などのバリアフリー化に向けた設計基準が1980～1990年代に相次いで示された。そして，これらを包括して，2000年11月には「高齢者，身体障害者等の公共交通機関を利用した移動の円滑化の促進に関する法律（交通バリアフリー法）」が施行され，鉄道駅を含むターミナルとその周辺地区のバリアフリー化を重点的に推進し，利用者数5 000人／日（現在は3 000人/日）以上の旅客施設（特定旅客施設）を有する市区町村では，基本構想の策定が推奨されるようになった。また，車両を含めたバリアフリー化の数値目標が示された。現在は，1994年に施行された「高齢者，身体障害者等が円滑に利用できる特定建築物の建築の促進に関する法律（ハートビル法）」と統合した「高齢者，障害者等の移動等の円滑化の促進に関する法律（バリアフリー法）」（2006年12月施行）に改正され，**表9.5**に示した整備目標に基づき，公共交通のバリアフリー化は確実に進んでいる。しかし，いくつかの政策課題が残されている。松原[92]は，交通バリアフリー法やバリアフリー法に定められた設計基準を例に「基準を守ることを目的にしてしまい，その基準の目的に目が行かないために，間違ったり，考慮が足りないことが起こっている」と指摘しているが，技術者のみならず当事者も気付き得なかったバリアやコンフリクトが存在する場合がある。「基準を満たしているから問題ない」という姿勢では，ユニバーサルデザインのまちづくりは実現できない。また，これまでのバリアフリーがハードを中心に進められてきた中で，情報や社会の在り方を含めたソフトと

表9.5 バリアフリー化整備目標（運輸分野のみ）

項目			現状	2020年度末までの目標
鉄道	鉄軌道駅		83.3%	利用者数3 000人/日以上を原則100%。その他，地域の実情と利用実態に応じて整備努力。
		ホームドア・可動式ホーム柵	583駅	優先的に整備する駅を検討し，地域の支援の下，可能な限り設置を促進。
	鉄軌道車両		59.5%	約70%
バス	バスターミナル		82.0%	利用者数3 000人/日以上を原則100%。その他，地域の実情と利用実態に応じて整備努力。
	乗合バス車両	ノンステップバス	43.9%	約70%（高速バス等の適用除外認定車両を除外）
		リフト付きバス等	3.9%	リフトもしくはスロープ付き車両を約25%（高速バス等の適用除外認定車両が対象）
船舶	旅客船ターミナル		87.5%	利用者数3 000人/日以上を原則100%。その他，地域の実情と利用実態に応じて整備努力。
	旅客船		28.6%	約50%。利用者数5 000人/日以上のターミナルに就航する船舶は原則100%。
航空	航空旅客ターミナル		84.8%	利用者数3 000人/日以上を原則100%。その他，地域の実情と利用実態に応じて整備努力。
	航空機		92.8%	約90%
タクシー	福祉タクシー車両		13 978台	約28 000台

〔注〕 現状は2013年度末のもの。旅客施設は段差解消済み施設の割合を記す。
国土交通省安心政策課[93]，国土交通省資料に基づき筆者作成。

どう結び付けていくかも課題となる。

（2） **地域福祉交通と ST サービス**[94]　路線バスなどの乗合交通を利用できない移動困難者のモビリティとして，**ST サービス**（special transport service, **STS**）の提供が重要である。STS は，高齢者，身体障害者等を個別もしくはそれに近い形で輸送するサービスであり，乗降等の介助と一体に提供される。しかし，わが国では，近年までボランティア団体や一部の交通事業者が零細に運営しているに過ぎなかった。2000（平成 12）年に施行された交通バリアフリー法でも，対象とされた「公共交通事業者等」には，タクシー（一般乗用旅客自動車運送事業者）が含まれず，整備目標も設定されなかった。そのため，衆参両院の附帯決議でその問題が指摘されるところとなり，現行のバリアフリー法では，タクシーも対象となり，福祉タクシーの整備目標が定められた（表 9.5 参照）。

一方，ボランティア団体等が自家用車を使用して移動困難者を送迎する形態は，2004 年に「福祉有償運送及び過疎地有償運送に係る道路運送法第 80 条第 1 項による許可の取扱いについて（ガイドライン）」が制定され，市町村が主宰（複数市町村の合同設置も可）する運営協議会で協議を整えることが求められるようになった。その後，2006 年の道路運送法改正で，自家用有償運送の一類型である福祉有償運送として制度化された（同法 78 条）。しかし，福祉有償運送を担う NPO 等は，2007 年 3 月時点で 2 266 団体 13 190 台であったが，2013 年 3 月には 2 405 団体 15 225 台と微増にとどまっている。その背景として，運送の対価が「タクシー運賃のおおむね 2 分の 1」を基準としていることが挙げられる。国土交通省の調査によれば，団体の平均収支率は 40.6％であるが，公的補助がほとんど得られないことから，介護サービス等の事業収入から内部補助している現状にある[95]。また，運営協議会がそもそも開催されない，関係法令や通達に定められていない独自の基準（ローカルルール）が存在し，協議が合意に至らない場合があるなどの課題がある。

こうした流れを受け，国土交通省では，2011 年 6 月に「自家用有償旅客運送制度の着実な取組みに向けての対応について」を通達（自交旅第 89 号）したが，こうした諸課題に対しては，主宰者はじめ構成員による制度の理解（現状では，地方行政の福祉部局が担当することが多い上，事務局を市町村の持ち回りで行うケースも散見）に加え，地域福祉交通の提供方策をタクシーも含め一体に議論できる仕組みが必要である。

（吉田　樹）

9.5　新たな取組みと今後の展望

わが国の多くの地方都市では，モータリゼーションの進展や都市の郊外化により，公共交通の利用者が減少し，それに伴い公共交通のサービスレベルが低下し，さらなる利用者の減少を招くという悪循環，いわゆる，負のスパイラルに陥っている。かつては，世界最高水準ともいわれた公共交通サービスを提供してきたわが国の公共交通事業であるが，現在では，その衰退が懸念されるに至っている。

しかしながら，人口減少・少子高齢化社会や地球環境問題に対応した持続可能な美しく魅力ある国土・都市を実現するためには，公共交通は必要不可欠な交通手段である。こうした状況を踏まえ，近年わが国においても，公共交通の負のスパイラルから脱却し，地域のモビリティを確保するための新たな取組みが実施されている。

また，近年の**情報通信技術**（information and communications technolog, **ICT**）の発展により，これまでは取得することがきわめて困難であった個々人の詳細かつ連続的な交通行動データをリアルタイムに比較的容易に取得・収集し，利用できるようになりつつある。公共交通計画の策定や評価においても，計画策定における**アカウンタビリティ**（accountability）や透明性確保などの観点から，こうした詳細な交通行動データを有効に活用した，より科学的・客観的な計画策定・評価が，今後よりいっそう求められるようになると考えられる。

9.5.1　公共交通の新たな整備・運営スキーム

〔1〕 上 下 分 離 方 式

交通施設（インフラ部分）の整備・管理と交通サービスの提供（運行・運営）を分離する**上下分離**（separation of infrastructure and operation）については，これまでも交通政策の分野において，特に鉄道を中心に，その政策的意義や課題等について多くの議論がなされてきており，1970 年代以降，欧米諸国を中心にいくつかの導入事例も見られる。

上下分離政策は，交通手段間の競争条件を平等化するという観点から通路費の公正な負担水準を論点とした，いわゆるイコールフッティングや環境問題に配慮した適切な交通手段への転換を促すモーダルシフトなどの交通調整のほか，交通施設（インフラ部分）の利用に対するオープンアクセスの導入による公正な競争の確保などを目的として導入が進められてきた[96]。

ヨーロッパにおいては，1991（平成 3）年に制定された欧州域内鉄道の発展に関する閣僚理事会指令(91/440/EEC）により，EU加盟国の鉄道に対して上下分離とオープンアクセスの実施が義務付けられた。これは，イコールフッティングを実現し，鉄道と他の交通機関との競争条件を平等化し，鉄道相互の競争を促すことによって他の交通機関との競争力を高めることを目的としたものである。

わが国においても，国鉄の分割・民営化に伴う1987（昭和62）年の鉄道事業法の施行により，鉄道事業における上下分離が法律上認められ，JR貨物が第2種鉄道事業者として，JR各社が保有する線路を使用し貨物列車を運行することとなった。しかし，上述のヨーロッパにおける導入事例とは異なり，この上下分離方式による貨物列車の運行は，交通市場におけるイコールフッティングの実現や公正な競争確保を目指したものではなかった。

わが国における鉄道の整備方式に関する基本的な考え方については，2000（平成12）年8月の運輸政策審議会答申第19号[97]において，政策的に特に重要なプロジェクトについて，第三セクターに対する補助等を通じた支援や民間鉄道事業者に対する支援方策の見直しだけでは整備が困難な場合には，公的主体等がインフラを整備し，運行は運行事業者が効率的に行う「上下分離方式」も，整備の方式として検討する必要があるとされている。同答申では，公的主体等が整備し運行事業者が運行する上下分離方式について，公的主体等が整備したインフラを運行事業者との契約等により有償で貸し付けることなどにより，最終的には，整備に要する資本費の全部または一部を運行事業者や利用者において負担する「償還型上下分離方式」と公的主体自らの財源によりインフラを整備・保有し，運行事業者に対して貸し付ける「公設型上下分離方式」の二つの方式に整理されている。

償還型上下分離方式は，2008（平成20）年10月に開業した京阪中之島線や2009（平成21）年3月に開業した阪神なんば線など，都市鉄道において適用されている。都市間鉄道については，2011（平成23）年3月に全線開通した九州新幹線（鹿児島ルート）や，2015（平成27）年3月に開業した北陸新幹線などの整備新幹線が，国や地方の公的負担により，鉄道・運輸機構が施設を建設・保有し，JRに貸し付け，JRは貸付料を支払い運行するという上下分離方式で整備されている。運行事業者であるJRは受益の範囲内で貸付料を支払っており，直接的に資本費の償還に用いられてはいないが，新たな整備新幹線の建設費用に充当されており，上記の償還型上下分離方式に近い考え方で整備されているといえる。

一方，公設型上下分離方式を適用し，新規路線を整備した例としては，2009（平成21）年12月に開業した富山地方鉄道都心線（環状線）が挙げられる。鉄道事業においては先述の鉄道事業法により，上下分離が認められていたが，軌道法にはそういった規定がなく，軌道法に基づく路面電車事業においては，上下分離方式を採用することができなかった。しかし，2007（平成19）年10月に施行された「地域公共交通の活性化及び再生に関する法律」によって，軌道にも上下分離方式が採用できるようになり，富山地方鉄道都心線（環状線）に初めて適用された。同事業は，公設民営の考え方に基づき，公共（富山市）が「軌道整備事業者」として軌道を整備するとともに車両を購入し，民間（富山地方鉄道）が「軌道運送事業者」として車両の運行を行うもので，双方が連携して事業が進められた[98]。

また，新規路線整備ではなく既存路線の運行継続や再生を目的として上下分離方式を採用した例も見られる。2002（平成14）年2月，東北新幹線（盛岡-八戸間）の開業に伴い，JRから経営分離され設立された青い森鉄道では，資本費負担を軽減し経営リスクを回避することにより，地域公共交通としての鉄道輸送サービスを継続することを目的とした上下分離方式が採用され，青森県が施設を保有・管理し，第三セクターの青い森鉄道が運行を担当することとなった。なお，鉄道施設の保守管理については，列車の運行に直接影響を与えるものであるため，2010（平成22）年12月の東北新幹線（八戸-新青森間）の開業後，鉄道施設の維持管理についても，青森県からの委託を受け，指定管理者として青い森鉄道が実施することとなった。

第三セクターの事業者ではなく，民間事業者の知恵・ノウハウ・資金等の活用により，旅客サービスの向上，利用客の増加や運輸外収入による収益増，コスト削減等を図り地域の鉄道を再生することを目的に，北近畿タンゴ鉄道および沿線自治体は，地域公共交通の活性化および再生に関する法律に基づく「鉄道事業再構築（上下分離）」の実施を目指し，2013（平成25）年10月に新たに運行会社となる民間事業者を募集した[99]。その結果，既存の鉄道事業者ではなく，高速バス事業者が新規に鉄道事業に参入することとなり，2015（平成27）年4月1日，京都丹後鉄道として運行を開始した。地方鉄道における新たなタイプのビジネスモデルとして，今後の展開が注目されている。

このように，近年，公共交通の分野においても，資本費などを公的主体が一定程度負担し，交通事業者等と協力し地域のモビリティを確保するための新たなスキームが構築され，実際に導入されるようになってきており，公共交通の負のスパイラルからの脱却を目指した取組みが進められている。

〔2〕 **多様な主体間の連携**

近年わが国において，既存の交通事業者だけではなく，多様な主体が参画することによって，新たにより利用者のニーズに合致した，魅力的な公共交通サービスの提供を試みた例がいくつか現れ始めている。

例えば，地域住民が主体となり，地域のモビリティを確保すべく，企業や地域住民からの協賛金や沿線自治会の各世帯からの負担金などを得つつ公共交通事業を運営している例（「生活バスよっかいち（四日市市）」，「醍醐コミュニティバス（京都市）」，「茅野山・早通地区住民バス（新潟市）」など）や，地域の商業者等が主体となり，地域の活性化を目指し，商店街と周辺大規模小売店舗が協調して地域公共サービスを提供している例（「まちバス（高松市）」），都市中心部の商業者が新たな組織を立ち上げ，その組織が運行主体となり，運行を市交通局に委託している例（「かわらまちよるバス（京都市）」，「ぎおんよるバス（京都市）」）なども見られる。また，既存交通事業者の撤退を契機に，地域住民の強い要望と行政の支援により新たな交通事業者を運行主体として，地域の鉄道を運行している例（「和歌山電鐵貴志川線（和歌山市・紀の川市）」）もある。

このように既存の交通事業者だけでなく，地域住民や地元の商業者など多様な主体が既存の交通事業者と協力・連携し，公共交通事業に参画することによって，新たな視点からさまざまなアイディア・工夫を取り入れ，利用者が必要とするサービスが提供されるようになりつつある。交通事業者や行政など既存の関連主体と新たに交通事業に参画する主体との連携・協調をいかに進めていくかが，これらの取組みの成否の決める重要な鍵といえる。

9.5.2 公共交通計画の今後

〔1〕 **関連計画との連携**

公共交通計画は，国土計画や都市計画など他の行政計画と密接な関係にあり，相互に連携し目標を達成する必要がある。

例えば，フランスでは，都市交通の基本的プランであり，都市圏の将来像とそれを実現するためのプロジェクト案などの将来計画が記述され，交通施設の整備・運営に対する指針として用いられる**都市圏交通計画**（Plan de Déplacements Urbains, **PDU**）が都市圏単位で策定されている。PDU は，2010（平成 22）年に**国内交通基本法**（Loi d'Orientation des Transports Intérieurs, **LOTI**）など交通関係法を統合して制定された**交通法典**（Code des Transports）[100] において，人口 10 万人以上の都市圏において策定が義務付けられ（第 L1214-3 条），土地利用の方向性が示されたマスタープランである**地域総合計画**（Schéme de Coherénce Terriorіqle, **SCOT**）や用途地域等が定められている**都市地域計画**（Plan Locale d'Urbanisme, **PLU**）との整合が求められている（第 L1214-7 条，第 L1214-4 条）。

ドイツにおいても，連邦政府によって策定される交通インフラ整備計画である**連邦交通路計画**（Bundesverkehrswegeplan）は，州政府によって策定される**地域計画**（Regionalplanung）と整合がとられている。また，都市内の土地利用計画であり，住宅地，工業地，交通施設，主要公共施設などの将来の土地利用の大綱を示す **F プラン**（Flächennutzungsplan），および，建築誘導プランであり，地区の道路，駐車場の位置，用途，高さ，容積率などを指定する **B プラン**（Bebauungsplan）についても，先述の地域計画と適合するよう連邦空間計画法に規定されており[101]，両者の整合が図られている。

わが国でも，2007（平成 19）年 7 月の社会資本整備審議会第二次答申[102] において，都市交通，市街地整備，土地利用，福祉など多様な分野の関係施策間の連携をいっそう強化し，行政機関と交通事業者等が一体となった「総力戦」が求められるとされるなど，こうした都市計画や土地利用計画と交通計画の連携の重要性が指摘されており，両者が連携し，一体的な計画を策定するための枠組みが構築されつつある。

2012（平成 24）年 12 月に施行された「都市の低炭素化の促進に関する法律（略称：エコまち法）」では，「都市機能の集約を図るための拠点となる地域の整備その他都市機能の配置の適正化に関する事項」とともに，「公共交通機関の利用の促進に関する事項」が計画記載事項とされており，都市機能の集約化と連携した公共交通機関の利用促進が図られる仕組みとなっている。さらに，2014（平成 26）年 8 月に施行された「改正都市再生特別措置法」では，立地適正化計画の策定や都市機能誘導区域，居住誘導区域の設定など，「コンパクトなまちづくり」と「公共交通によるネットワーク」の連携を進める具体的な手段が示されている。また，併せて「健康・医療・福祉のまちづくりの推進ガイドライン[103]」が策定されており，超高齢化社会の到来に対応し，都市計画のみならず健康・医療・福祉など他の関連分野との連携も視野に入れた公共交通計画の策定が求められている。

〔2〕 **客観データに基づいた科学的計画策定**

政策・計画のアカウンタビリティ，意思決定の透明性確保などの観点から，今後の公共交通計画においては，これまでにも増して客観的なデータに基づいた，より科学的な計画策定・評価が必要となる。

近年の情報通信技術の発展により，技術的には，詳細な移動経路や移動速度・時間などの公共交通利用者個々人の交通行動を連続的かつ自動的にリアルタイムにセンシングし把握することも可能となりつつある。

しかし，こうした詳細な交通行動データは，一部，計画策定等，交通分野への活用が見られるものの，その活用可能性や課題が調査・検討されている段階であり[104)]，計画策定やその評価において，十分活用されているとはいい難いのが現状である。

今後は，交通行動データを提供する側の公共交通利用者の同意を得るとともに，個人情報の保護を担保した上で，こうした膨大なデータを蓄積・分析し，その結果を計画策定やその評価に有効に利活用することが，ますます重要になると考えられる。

こうした交通行動データは，交通系ICカード，スマートフォン，ドライビングレコーダーなどのさまざまなデバイスによって，連続的かつ自動的にセンシングされ，大容量（volume），多頻度（velocity），多様性（variety）という特徴を有する。また，こうしたデータは，文字列や動画などの複数形式で生成された非構造化データであり，これまでのデータとは桁違いの量，かつ，まったく異なる質を有している。さらに，こうしたデバイスを用いることによって，デバイスを携帯している公共交通利用者自身の身体状況や搭載されている車両の燃費や走行路面の状況等，交通行動データ以外のさまざまなデータを併せてセンシングすることも可能である。

このような特性を持つ膨大なデータを公共交通の利用促進，計画策定やその評価に有効に利活用するためには，効率的に許容時間内に大量のデータを処理するための新たな方法論や分析・評価手法の開発が必要不可欠となる。また，こうした技術は，多量の個人情報を扱うこととなるため，開発に際しては，個人情報の秘匿機能やセキュリティの確保など，社会的受容性の高い技術の開発が求められる。

さらに，これらのデータから得られる情報は，相互に，あるいは，他のオープンデータや交通行動以外のセンシングデータ等と融合することによって，より利用価値の高い新たな情報を得ることが可能となる。しかしながら，これらのデータは一般的に，相互に利用可能な形態とはなっておらず，収集するデータを標準化し，複数のデータを融合するとともに，関係主体間が協調し，データを共有化するルールや仕組みづくりを進めていくことも今後の課題の一つであるといえる。

（松中亮治）

引用・参考文献

1）新谷洋二編著：都市交通計画　第2版，p.120，技報堂出版（2003）
2）国土交通省：旅客地域流動調査（2005）
3）総務庁統計局：Webページ
http://www.stat.go.jp/（2016年6月現在）
4）松原重昭：都市交通計画のたて方（Ⅲ）都市交通実態調査，交通工学，Vol.17，No.1（1982）
5）Brokke，G.E.：Evaluating trip forecasting methods with an electronic computer，HRB Bull.，No.203，pp.52～75（1958）
6）Bevis，H.W.：Forecasting zonal traffic volumes，Traffic Quarterly, Vol.10, pp.207～222, April（1956）
7）Fratar，T.J.：Vehicular trip distribution by successive approximations，Traffic Quarterly，Vol.8，pp.53～65，Jan.（1954）
8）Voorhees，A.M.：A general theory of traffic movement，Proc. of the Inst.of Traffic Engr.，pp.46～56（1955）
9）BPR：Calibrating & Testing a Gravity Model for Any Size Urban Area，U.S.Dept of Commerce（1965）
10）建設省都市局都市交通調査室：各都市圏の将来交通量推定法の対照，pp.26～27（1976）
11）建設省都市局都市交通調査室：将来交通量推定の概要，pp.89～94（1975）
12）Fertal，M.J., et al.：Modal Split，U.S.Dept of Commerce，Dec.，1966.（抄訳：広島都市交通研究会：交通機関別分担の実態とその計量，Tech. Rep.，No.7（1970））
13）坂下　昇：交通量配分の微視的理論について，高速道路，Vol.5，No.8，pp.16～22（1962）
14）青山吉隆：土地利用持モデルの歴史と概念，土木学会論文集，第347号/Ⅳ-1，pp.19～28（1984）
15）上田孝行，堤　盛人，：わが国における近年の土地利用モデルに関する統合フレームについて，土木学会論文集，第625号/Ⅳ-44, pp.65～78（1999）
16）上田孝行，堤　盛人，武藤慎一，山崎　清：わが国における応用都市経済モデル－特徴と発展経緯－，都市・交通研究会，ワーキングペーパーシリーズ，WP09-04（2009）
17）小池淳司，石倉智樹，堤　盛人：土木計画における経済均衡モデル研究の最新動向：応用一般均衡モデルと応用都市経済モデル，土木学会論文集D3，Vol.68，No.4，pp.285～290（2012）
18）Hansen，W.G.：Land use forecasting for transportation planning，HRB Bull.，No.253，pp.145～151（1960）
19）Irwin，N.A.：Review of existing land-use forecasting techniques，HRB Record，No.88，pp.182～216（1965）
20）Hill，D.M., et al.：Prototype development of statistical land-use prediction model for Greater

Boston Region, HRB Record, No. 114, pp.51 ～ 70（1966）
21） Lowry, I.S.：A Model of Metropolis, RAND Corporation（1964）
22） BPR：Guidelines for Trip Generation Analysis, U.S.DOT（1967）
23） 原田勝正：日本の鉄道, pp.26 ～ 34, pp.11 ～ 12, pp.143 ～ 144, 吉川弘文館（1991）
24） 野田正穂, 原田勝正, 青木栄一, 老川慶喜編：日本の鉄道成立と展開, pp.396 ～ 397, 日本経済評論社（1986）
25） 鐵道院編：本邦鐵道の社會及經濟に及ほせる影響, 上巻・中巻・下巻・附図, 鐵道院（1916）
26） 地田信也：弾丸列車計画, pp.44 ～ 126, 成山堂書店（2014）
27） 日本国有鉄道：東海道新幹線工事誌土木編, pp.5 ～ 42, 日本鉄道施設協会（1970）
28） 波床正敏, 中川 大：全国新幹線鉄道整備法に基づく幹線鉄道政策の今日的諸課題に関する考察, 土木学会論文集 D3, Vol.68, No.5, I_1045 ～ I_1060, 土木学会（2012）
29） 岡山 惇：東北・上越新幹線, pp.68 ～ 93, 中公新書, 中央公論社（1985）
30） 土木学会編：交通整備制度　仕組と課題, pp.18 ～ 59, 土木学会（1990）
31） 土木学会編：交通社会資本制度　仕組と課題, pp.33 ～ 91, 土木学会（2010）
32） 野沢太三：国会で活路を拓く　新幹線の軌跡と展望, pp.62 ～ 81, 創英社／三省堂書店（2010）
33） 2000 年 6 月 10 日朝日新聞社説, 2000 年 12 月 13 日日本経済新聞社説など
34） 住田俊介：世界の高速鉄道とスピードアップ（第四版）, pp.147 ～ 245, 日本鉄道図書（1999）
35） 盛山正仁：鉄道政策　鉄道への公的関与について, pp.35 ～ 51, 創英社／三省堂書店（2014）
36） European Commission：TRANS-EUROPEAN TRANSPORTATION NETWORK TEN-T priority axes and projects（2005）
37） Brian Perren 著（曽根悟監訳, 秋山芳弘・青木真美訳）：フランスの高速鉄道 TGV ハンドブック, 電気車研究会（1996）
38） Brian Perren：TGV Handbook Second Edition, Capital Transport（1998）
39） 波床正敏：パリ発着条件下でのフランス主要都市における滞在可能時間の変遷, 土木計画学研究講演集 50, CD-ROM, 土木学会（2014）
40） AIR FRANCE：AIR & RAIL CONNECTIONS, http://www.airfrance.com/LB/en/common/resainfovol/avion_train/reservation_avion_train_tgvair_airfrance.htm,（2015 年 6 月現在）
41） Réseau Ferré de France（フランス鉄道線路事業公社）：L'Europe de la Grande Vitesse（High Speed Europe）（2010）
42） 佐藤芳彦：世界の高速鉄道, pp.83 ～ 125, グランプリ出版（1998）
43） 小沢 功：西独の交通と整備計画, 運輸と経済, 第 34 巻, 第 9 号, pp.67 ～ 70（1974）
44） 運輸と経済企画室：日独交通政策シンポジウムを聞く, 運輸と経済, 第 37 巻, 第 11 号, pp.46 ～ 57（1977）
45） 脇谷康生：各国鉄道高速化への努力, 運輸と経済, 第 43 巻, 第 3 号, pp.68 ～ 79（1983）
46） ルフトハンザドイツ航空：Rail & Fly ドイツ鉄道（DB）で最終目的地まで http://www.lufthansa.co.jp/railfly/（2015 年 6 月現在）
47） 武内邦文：「スイスアルプス南北縦貫ゴッタルトベーストンネルの概要紹介」, 土木学会岩盤力学委員会ニュースレター No.1 http://www.jsce.or.jp/committee/rm/News/news1/gotthard.pdf（2015 年 6 月現在）
48） 波床正敏, 中川 大：幹線鉄道におけるハブシステム構築の効果と意義に関する研究－スイスの鉄道政策 Rail2000 の効果分析を踏まえて－, 都市計画論文集 No.41-3, pp.839 ～ 844, 日本都市計画学会（2006）
49） HATOKO Masatoshi, NAKAGAWA Dai：Comparative Analysis of Swiss and Japanese Trunk Railway Network Structures, 11th World Conference on Transport Research, WCTRS（2007）
50） 国土交通省鉄道局：中央新幹線について, 国土交通省交通政策審議会陸上交通分科会鉄道部会（第 7 回）配付資料, 2010 年 3 月 3 日.
51） 奥　猛, 京谷好泰, 佐貫利雄：超高速新幹線, 中公新書, 中央公論社（1971）
52） 超電導磁気浮上式鉄道実用技術評価委員会：今後の技術開発の方向性について（提言）, 2006 年 12 月 12 日 http://www.mlit.go.jp/common/ 000138312.pdf,（2012 年 2 月現在）
53） 国土交通省交通政策審議会鉄道部会議事要旨（第 1 回～第 7 回）, http://www.mlit.go.jp/policy/shingikai/s303_tetsudo01_past.html,（2012 年 2 月現在）
54） 第 9 回交通政策審議会陸上交通分科会鉄道部会中央新幹線小委員会：費用対効果分析等の調査結果について, 2010 年 10 月 20 日.
55） 愛知県：リニア中央新幹線計画に関する意見, 国土交通省交通政策審議会陸上交通分科会鉄道部会中央新幹線小委員会（第 5 回）配付資料, 2010 年 7 月 2 日 http://www.mlit.go.jp/common/ 000118153.pdf,（2012 年 2 月現在）
56） 中央防災会議：東南海・南海地震防災対策推進地域の指定基準について, 東南海, 南海地震等に関する専門調査会（第 14 回）配付資料, 2003 年 9 月 17 日 http://www.bousai.go.jp/jishin/chubou/nankai/14/siryou1.pdf（2012 年 2 月現在）
57） 中川 大, 波床正敏, 加藤義彦：交通網整備による都市間の交流可能性の変遷に関する研究, 土木学会論文集, No.482/IV-2, pp.47 ～ 56, 土木学会

(1994)
58) 中央新幹線沿線学者会議：リニア中央新幹線で日本は変わる，PHP 研究所（2001）
59) 東海旅客鉄道株式会社：超電導リニアによる中央新幹線の実現について，国土交通省交通政策審議会陸上交通分科会鉄道部会中央新幹線小委員会（第 3 回）配付資料，2010 年 5 月 10 日
60) 東海旅客鉄道株式会社：自己負担を前提とした東海道新幹線バイパス，即ち中央新幹線の推進について，2007 年 12 月 25 日
http://company.jr-central.co.jp/company/others/_pdf/info_01.pdf，（2012 年 2 月現在）
61) 天野光三，前田泰敬，三輪利英：第二版図説鉄道工学，丸善（2001）
62) 中川 大，西村嘉浩，波床正敏：鉄道整備が市町村人口の変遷に及ぼしてきた影響に関する実証的研究，土木計画学研究・論文集，Vol.11，pp.57 ～ 64，土木学会（1993）
63) 第 12 回交通政策審議会陸上交通分科会鉄道部会中央新幹線小委員会：東海旅客鉄道株式会社の財務的事業遂行能力の検証，2010 年 11 月 24 日
64) 葛西敬之：国鉄改革の真実，中央公論新社（2007）
65) 美根慶樹：スイス　歴史が生んだ異色の憲法，ミネルヴァ書房（2003）
66) 中川 大，波床正敏：整備新幹線評価論－先入観にとらわれずに科学的に評価しよう－，ピーテック出版部（2000）
67) 鉄道・運輸機構：整備新幹線の建設
http://www.jrtt.go.jp/02Business/Construction/const-seibi.html（2012 年 2 月現在）
68) 中川 大，波床正敏：利用者便益を考慮した整備新幹線の評価に関する研究，土木計画学研究・講演集，Vol.27，No.242（2003）
69) 国土交通省鉄道局：整備新幹線（未着工区間）等に関する検討経緯について，交通政策審議会陸上交通分科会鉄道部会整備新幹線小委員会（第 1 回）配付資料
http://www.mlit.go.jp/common/ 000189657.pdf，（2012 年 2 月現在）
70) ミニ新幹線執筆グループ：ミニ新幹線誕生物語，pp.3 ～ 15，成山堂書店（2003）
71) 鉄道・運輸機構：鉄道助成ガイドブック（助成編）
http://www.jrtt.go.jp/02Business/Aid/pdf/bookGuide.pdf（2015 年 9 月現在）
72) 寺田一薫：バス産業の規制緩和，pp.235 ～ 255，日本評論社（2002）
73) 山下邦勝（運輸省地域交通局自動車業務課長）：高速道路・幹線バスの発達と行政，鉄道ジャーナル 1989 年 9 月号，pp.66 ～ 69
74) 鈴木文彦：幹線バスの現状，鉄道ジャーナル 1989 年 9 月号，pp.56 ～ 65
75) バス事業のあり方検討会：「バス事業のあり方検討会」報告書～高速ツアーバス事故で揺らいだ安全への信頼を回復するために～
http://www.mlit.go.jp/common/000993615.pdf，（2015 年 6 月現在）
76) 国土交通省自動車局：「新高速乗合バス」について
http://www.mlit.go.jp/common/000219455.pdf（2012 年 7 月現在）
77) 吉田 樹：東京を中心とした都市構造と交通計画との関係，地学雑誌，Vol.123，No.2，pp.233 ～ 248，東京地学協会（2014）
78) 土井 勉，河内厚郎：鉄道沿線における郊外住宅地の開発と地域イメージの形成－阪急沿線の郊外住宅地開発と生活文化に着目して－，土木史研究，15，pp.1 ～ 13，土木学会（1995）
79) 花形道彦：民営鉄道による住宅地開発の構造－1910 年 ～ 1960 年－，土地総合研究，Vol.14，No.1，pp.13 ～ 25，都市総合研究所（2006）
80) 松原 淳，山川 仁：戦前の東京圏における民営鉄道による沿線開発と学園町の形成，日本土木史研究発表会論文集，6，pp.250 ～ 257，土木学会（1986）
81) 磯村英一：社会科学級文庫　都市の発達，pp.70 ～ 74，六三書院（1950）
82) 秋山哲男，吉田 樹，猪井博登，竹内龍介：生活支援の地域公共交通，学芸出版社（2009）
83) 谷本圭志，牧 修平：地方における公共交通サービスの供給水準に関する研究，運輸政策研究，Vol.11，No.4，pp.10 ～ 20（2009）
84) 板谷和也：英仏の都市公共交通政策に関する比較研究序論－首都と地方都市との関係を中心に－，運輸と経済，Vol.73，No.7，運輸調査局，pp.84 ～ 91（2013）
85) 加藤浩徳，村木美貴，高橋 清：英国の新たな交通計画体系構築に向けた試みとわが国への示唆，土木計画学研究・論文集，Vol.20，No.1，土木学会，pp.243 ～ 254（2003）
86) Department of Transport: Guidance on Local Transport Plans（2009）
87) Lancashire County Council: Local Transport Plan 2011-2021（2011）
88) 南聡一郎：フランス交通負担金の制度史と政策的含意，財政と公共政策，52，京都大学，pp.122 ～ 137（2012）
89) Communauté Urbaine de Strasbourg : Plan de Déplacements Urbains（PDU）de la Communauté Urbaine de Strasbourg（2011）
90) 障害者基本計画，p.37（2002）
91) 秋山哲男，中村実男：福祉のまちづくりと交通，総合都市研究 45，東京都立大学都市研究所，pp.21 ～ 28（1992）
92) 松原 淳：公共交通機関における基準を満たさない課題の研究，日本福祉のまちづくり学会全国大会表概要集，16，CD-ROM（2012）
93) 国土交通省総合政策局安心生活政策課：バリアフリー法に基づく取組の状況と今後の課題，都市計画，Vol.63，No.4，日本都市計画学会，pp.18 ～ 21（2014）
94) 吉田 樹：わが国における地域交通制度の変遷と今日的課題，都市計画，Vol.63，No.4，日本都市計画学会，pp.34 ～ 37（2014）

95) 地方分権改革有識者会議：地域交通部会報告書（自家用有償旅客運送関係等），pp.43 ～ 44（2013）
96) 藤井彌太郎監修，中条 潮，太田和博編：自由化時代の交通政策，東京大学出版会（2001）
97) 運輸政策審議会：中長期的な鉄道整備の基本方針及び鉄道整備の円滑化方策について ～新世紀の鉄道整備の具体化に向けて～（答申）（2001）
98) 富山市：富山市都市整備事業の概要 http://www.city.toyama.toyama.jp/toshiseibibu/toshiseisakika/kikaku/urbanimprovementproject.html（2012）
99) 北近畿タンゴ鉄道株式会社，京都府，兵庫県，福知山市，舞鶴市，宮津市，京丹後市，伊根町，与謝野町，豊岡市：北近畿タンゴ鉄道 運営事業募集要領（2013）
100) Legifrance（le service public de la diffusion du droit）Code des transports http://www.legifrance.gouv.fr/affichCode.do?cidTexte=LEGITEXT 000023086525（2015 年 4 月現在）
101) 国土交通省国土政策局 各国の国土政策の概要 http://www.mlit.go.jp/kokudokeikaku/international/spw/general/germany/index.html（2015 年 4 月 現在）
102) 社会資本整備審議会：新しい時代の都市計画はいかにあるべきか。（第二次答申）（2007）
103) 国土交通省都市局：健康・医療・福祉のまちづくりの推進ガイドライン（2014）
104) 国土交通省総合政策局情報政策本部：情報通信技術を活用した公共交通活性化に関する調査報告書（2014）

10. 空　港　計　画

10.1　概　　　論

空港（airport）は20世紀初頭のライト兄弟の初飛行の地である**ハフマン・プレーリー**（Huffman Prairie Field）を起源とするが，当初は郵便飛行や軍用のものであり，滑走路だけの簡素なものが多かった。ゆえに本格的な商用空港整備は史上初の商用ジェット機である**デ・ハビランド・コメット**（de Havilland DH 106 Comet）が就航した1950年代以降と考えてよいであろう。実際，イギリス最大の空港である**ロンドン・ヒースロー空港**（Heathrow Airport, LHR）は1953年にコメット就航に向けた新滑走路を設置し，本格的なジェット機時代到来に対応している。

このように空港（以降は商用空港にのみ話題を絞る）は商用ジェット機の登場とともに飛躍的にその重要性を増したといえる。特に，1969年にボーイング747（いわゆるジャンボ機）が登場して以降，**航空輸送**（air transport，aviation transport）は大量輸送の時代に突入した。航空輸送の特徴である速さに加え，より大量に，より遠くに貨客を輸送する役割が航空輸送に求められるようになった。それとともに空港の担う役割も単なる発着地から大きく変化し，空港の持つ機能も多様なものとなった。

一方で，空港の設置，運営はその規模の大きさ，社会的な役割の重要性からきわめて慎重にかつ確実に実施されることが求められる。かつては騒音問題で空港は「迷惑施設」の代表であり，また古くに設置された空港は都市内にあり拡張困難であることが多かったため，わが国をはじめとして複数の先進国で「空港の郊外化」を余儀なくされた時代が長くあった。しかし近年は経済のグローバル化に伴い，都市間の競争が国境を越えて行われるため，都市の強力な競争力となる空港の存在は再度脚光を浴びることとなった。わが国では2010年10月の羽田空港（正式名称は**東京国際空港**，Tokyo International Airport, **HND**）の再国際化に端を発する首都圏空港の強化がその代表であろう。今後はわが国の国際競争力をより強化する意味でも空港の競争力強化は急務であるといえる。

ここで重要な問題があることに気が付く。わが国では航空輸送は長らく「規制（あるいは保護）産業」であり，1970年代終わりに始まった「航空輸送の**規制緩和**」の流れにはつい最近まで乗っていなかった。特に，1990年代以降はアメリカ国内のみならず欧州などでも規制緩和・撤廃の流れに乗っており，世界的な規模で規制緩和が進み，「航空輸送は自由競争的に行われるもの」，というのが日本を除く先進国の共通認識であるといってよい状態であった。このため，わが国では航空政策のみならず空港の整備，運営もこの「世界的に見てイレギュラーな」規範の中にあったといってよい。遅ればせながらわが国では2010年10月にオープンスカイをようやく批准し，それに呼応するかのように国内の自由競争も促進する，という方針に大きく舵を切った。このように「本格派」として仕切り直してからの歴史が浅く，本節執筆時点（2015年3月）でもようやく世界標準に一歩近付いたというレベルに過ぎない。

今後の航空政策，ならびに空港計画を考える上で，空港計画に必要な世界標準の航空輸送の考え方とはどのようなものであり，また近年の航空輸送に関する理論，ならびに実務的課題の実情を知ることは世界の流れに大きく後れをとったわが国では重要であると強調して余りあるものである。

本章では上記のような問題意識に則（のっと）り，航空輸送に関わる基本的事項を整理するとともに，最新の研究の動向について概観することとする。　（竹林幹雄）

10.2　航空政策と空港計画の歴史[1)]

10.2.1　航空政策の歴史

航空政策の歴史は規制緩和の歴史といっても過言ではない。

1970年代半ばまで，航空産業は保護の必要な幼稚産業と位置付けられており，アメリカの国内市場では航空会社の新規参入が認められていなかった。日本でも，航空産業の保護育成と過当競争の抑制を目的に，1970（昭和45）年の閣議了解と1972（昭和47）年の運輸大臣通達により，日本航空は国際線と国内幹線，全日本空輸は国内幹線とローカル線，東亜国内航空は国内ローカル線と一部幹線と，3社の棲み分けが定められ，これを**45・47体制**と呼んだ。

国際航空輸送は，第二次世界大戦以降，シカゴ条約とバミューダ協定をモデルとしたシカゴ・バミューダ体制と呼ばれる二国間主義に基づき，その業務が遂行されている。これは，路線（乗入れ地点），運輸権（当事国間輸送，以遠権など），輸送力（使用機材，便数など），航空会社指定，運賃などの項目を政府が規定するものであり，制限的な仕組みである。また，国際線を運航する航空会社は，自国の法人・個人によって「**実質的所有**（substantial ownership）かつ**実効的支配**（effective control）」されなくてはならないという国籍要件もある。これらは，政府の管理による自国の利益保護の側面を多分に有したものである。

1970年代に入り，アメリカでは，航空会社の参入規制が高運賃化をもたらし，それによって生じる航空利用者の便益損失が問題視され始めた。その結果，航空会社間の競争促進などを主たる目的として，1978年に**航空規制緩和法**（Airline Deregulation Act）が施行された。これにより，安全性を損なうことなく競争によって運賃は下がり，航空輸送サービスの質も向上した。他の主要国でも，1980年から1990年代にかけて国内航空規制が緩和された。日本では1985年に45・47体制が廃止され，国営会社であった日本航空の民営化，参入規制緩和，運賃規制緩和などを経て，2000年に需給調整規制の撤廃を含む改正航空法が施行されるに至った。

国際航空輸送の規制緩和は**オープンスカイ政策**（open skies policy）によって進められている。これは，二国間主義に基づく制限を相互に撤廃し，航空会社が自由に各項目を定める仕組みであり，**航空自由化**（air transport liberalization）とも呼ばれている。アメリカが1992年に世界で初めてのオープンスカイ二国間協定をオランダと締結し，2015年7月までに世界117箇国・地域と同協定を締結済みである。日本は2010年からオープンスカイ二国間協定を結び始め，2015年7月時点で世界27箇国・地域と締結している。欧州では，域内各国の国内航空市場を一つの市場に統合する**欧州共通航空領域**（European Common Aviation Area）の形成を，1988年から10年かけて段階的に実施した。共通市場になって国籍要件の概念がEU加盟国全体に広げられ，加盟国の航空会社は，域内において第7の自由である他国間輸送や他国の国内輸送である**カボタージュ**（cabotage）も可能となっている。東南アジア諸国連合（ASEAN）加盟国間でも，無制限な第3，第4，第5の自由が実施可能となる**単一航空市場**（Single Aviation Market）が2016年に実現している。

以上のように，規制緩和・航空自由化の制度や仕組みはいくつかあるものの，その主目的はいずれも航空会社間の自由で公正な競争環境の形成と，それによって生じる航空利用者の便益向上にある。規制緩和・航空自由化は，ハブ・スポーク型ネットワークの運航形態の実現や**ローコストキャリア**（low-cost carriers, **LCC**）の登場と成長にも深く寄与しており，自由な参入環境下における航空会社間の競争の結果として運賃が低下し，サービス改善にもつながっている。

国際航空市場では，現在も制限の強い運航体制の国・地域が存在し，それぞれ固有の問題を抱えている。規制緩和・航空自由化は決して万能薬ではないものの，航空利用者の便益向上という形で社会厚生の向上に貢献してきた。今後，各国・地域の経済・政治状況に合わせて形を変えながらも，規制緩和・航空自由化の流れは確実に続くだろう。

10.2.2 日本の空港計画の歴史

空港計画は国によって大きく異なることから，本項では日本の空港計画の歴史について概観する。

第二次世界大戦後，1952年に民間航空輸送が再開されたとき，国内には七つしか飛行場がなかった。そのため，日本の空港計画は，新空港建設や滑走路延長を中心とする整備計画として進められた。**空港整備法**が1956年に施行され，設置管理者と整備費用負担を基準に，第一種空港（国際航空路線に必要な飛行場），第二種空港（主要な国内航空路線に必要な飛行場），第三種空港（地方的な航空輸送を確保するために必要な飛行場）に分類され，全国で空港整備が展開された。

1967年から1970年の第1次空港整備計画以降，**空港整備五箇年計画**として空港整備が進められ，2003年に終了する第7次計画までに全国各地に空港が整備された。この間，航空機のジェット化に合わせ，ジェット機対応のために滑走路延長も進められた。また，国際拠点空港として，1978年に成田国際空港，1994年に関西国際空港，2005年に中部国際空港がそれぞれ開港した。さらに，北海道や沖縄の遠隔地や離島にも，必要不可欠な交通手段として空港が整備された。2010年3月に新空港としては最後となる茨城空港が開港し，2015年7月現在，国内における民間航空輸送用の空港数は97となっている。

このように，日本では2000年代まで空港計画が整備計画として位置付けられていた。そのため，空港計画は財源問題と表裏一体でもあった。関西国際空港や中部国際空港の整備では民間資金も活用されている。十分な空港数が全国に整備された2010年代に入り，空港政策は整備から運営へと軸足を移している。首都圏の空港容量が十分ではない一方で，一部の地方空港は需要減による路線維持方策に苦心している。財源や

空港運営の動向については，10.5節「空港整備と運営」に場を移して詳述する。　（花岡伸也）

10.3　航空輸送市場分析の基本的視点

10.3.1　概　　要

空港計画の基本となるのは航空輸送市場に対する理解である。通常のインフラ計画と異なり，空港計画は港湾計画と同じく，最終需要者であるユーザー（旅客，荷主）とインフラ管理者との間に輸送事業者（carrier）が介在して市場が成立している。空港計画を考える上で，この輸送事業者の行動を的確に捉えることが重要である。

輸送事業者に関する分析が盛んに行われるようになったのは，航空輸送市場が自由化され始めた1978年前後からである。航空輸送はその商業輸送の成立以降一貫して保護産業であった。これは国防上の理由もあるものの，主として

1）　初期投資が非常に大きい。

2）　高い運賃負担力が利用者に要求される。

3）　運航においては特別なスキルが要求される。

という点から，脆弱な産業とみなされ，国民に十分なサービスを提供するためには，応分の保護が必要である，というのが世界的な共通認識であった。自由主義経済の旗手であるアメリカにおいてもこういった保護主義的な思想が1970年代までは主流であった。

しかし1970年代初頭においてすでに市場はある程度の規模に成長し，かつ輸送事業者である航空会社からも自由化を望む声が強くなった。その結果，1978年12月，カーター政権はアメリカ国内航空輸送市場において，乗入れ規制や運賃規制など，市場のおもだった規制を撤廃するいわゆる航空規制緩和法を実施した。これは規制を緩和・撤廃することによる社会的恩恵（厚生の増加）が大きいことを示す研究論文が多く発表されたことも実施に対して影響したと考えられる。例えば，最もよく知られた研究の一つであるPanzarによる研究[2),3)]では規制市場，自由化市場に関してつぎのような分析枠組みを用いて自由化の厚生に与える影響を論じている。すなわち，航空会社の目的を利潤最大化とした場合，規制下では価格規制下における最適な頻度と機材サイズを，自由競争下では航空会社間のNash均衡の概念を導入し，価格と頻度を同時決定するモデルを提案している。Panzarの提案した考え方（モデル化）は，現在まで続く航空旅客輸送市場の基本的な視点を提供するものである。

さて，航空規制緩和法実施以降，国内輸送はもとより国際輸送においても自由化を促進する流れとなり，特に1980年代末の東西冷戦終結により，欧州での自由化が加速し，その流れは2000年代に入ってオセアニア，アジアにまで波及することとなった。

これらの自由化の流れに対応（あるいは自由化が社会的に望まれる方向性であることを理論的に裏付ける）するために，主として経済学の分野（産業組織論，交通経済学）で航空輸送市場の分析は発達することとなった。以降は経済学の視点を中心に解説を行うが，範囲があまりに広範囲にわたるため土木計画に関連性が深いと考えられる部分に絞って紹介する。

10.3.2　航空輸送市場における競争

自由化が進展して以降，航空輸送市場の分析の中心は基本的に**航空会社**（airline）であり，**航空輸送産業**（airline industry）の構造分析がそのまま輸送市場分析として取り扱われることも少なくない。

航空輸送産業は初期投資の大きさ，輸送技術がきわめて高度であることなど，参入障壁が高いことから，伝統的に**寡占市場**（oligopoly market）として取り扱われることが普通であり，現代の経済学で仮定されることが多い「完全競争市場」とは性質を異にしていることに注意が必要である。アメリカ国内市場のように一つの市場に10社もの参入がある場合もあるが，多くは数社による限られた範囲での競争となる。このため，寡占市場の理論的枠組みを基礎として分析されるのが主流である。

寡占市場での基本的な考え方は「相手の行動に自己の行動が左右される」というものであり，この意味でゲーム論的な枠組みで分析されることが多い。換言すると，広い意味でのNash解を分析対象としているのである。

さて，最も一般的に仮定される構造は輸送量による競争を仮定する**クールノー型競争**（Cournot type competition），あるいは運賃など価格を直接的な競争手段とする**ベルトラン型競争**（Bertrand type competition）のいずれかである。前者は，価格が市場で供給される輸送量によって決定されるとするもので，後者は設定した価格に対して最適生産を行う，というものである。

市場が量的競争下にあるのか，あるいは価格競争下にあるのか，あるいは競争を排除した状況下（いわゆるカルテル）にあるのか，を判定することは，航空会社においても，また市場の適切な運営がなされているかどうかを政策立案者が知る上でも重要である。これを判断する一つの方法がBrander and Zhangによって発表された**コンダクトパラメーター**（conduct parameter）を用いた判定方法[4)]である。

Branderらの研究では，競争状態（複占市場）にあ

ると考えられる航空会社間で，自己の輸送規模が相手の輸送規模に与える影響（これがコンダクトパラメーターで表される）が−1の場合に価格競争，ゼロの場合に量的競争，1の場合にトラストであることが判定できる，と提案した。Branderらの提案した複占市場を対象としたコンダクトパラメーターの構造は以下のとおりである[4]。v^iを企業iのコンダクトパラメーターとし，pを市場価格，c^iを企業iの運航コスト，$\eta(X)$を需要Xの価格弾力性，s^iを企業iの市場でのシェアとすると，v^iは

$$v^i = \frac{\left(p - c^i\right)\eta(X)}{\left(ps^i\right)} - 1 \tag{10.1}$$

と示される。なお，運航コストに関しては各社の平均輸送距離と各市場の輸送距離との関係で変化すると考えて導出することを提案している。

Branderらの一連の研究で，競争形態がコンダクトパラメーターという量的指標で表現可能となった点で画期的であったといえよう。また，Oumら[5]はBranderらの方法を拡張し，航空会社の価格形成に着目してさまざまなスケールの市場でのコンパクトパラメーターを計測している。

10.3.3　規模の経済性と密度の経済性

航空輸送は巨大な装置産業であり，前項でも述べたように莫大（ばくだい）な初期投資が必要である。一方で，輸送を効率化することで利潤を増加させることができることもよく知られている。典型的なものは**規模の経済性**（economies of scale）である。

規模の経済性の一般的解釈は「生産規模の拡大に伴い単位費用が低減する」ことである。航空輸送市場に当てはめてみると，市場で最も多く投入されているボーイング737型（いわゆるナローボディ）よりもはるかに席数の多いボーイング777型で輸送する方が旅客1人マイル当りに換算した運航費用が低いことが知られており，繁忙市場での大型機材導入の航空会社側の動機を説明する場合によく登場する概念である。すなわち，規模の大きな市場で輸送するに当たっては，より運航費用の低い大型機を導入することの方が理にかなっているとするものである。

一方，競争の本質に輸送の**密度の経済性**（economies of density）とそれをもたらすネットワーク形状が与えている影響に焦点を当てた研究・分析方法論も時を同じくして登場してきた。Cavesら[6]では従来の輸送機材の大型化によるトータルコストの減少（いわゆる規模の経済性）ではなく，接続拠点を増加（すなわちネットワークの拡大）させることによる機材の**消席率**（load factor）の増加がもたらす経済性（これを密度の経済性としている）が大きく働いていることを示した。一方，Brueckerら[7]の研究では，ネットワークの構造的差異が競争構造に与える影響について理論的考察を行っている。ここではhub-spokes（HS），point-to-point（PP）といったネットワーク構造との関係を導入し，この構造の組合せによる独占，複占の生じる条件について検討している。さらにBruecknerら[8]の研究では，ネットワーク構造と密度の経済性の理論を組み合わせたアプローチを行い，HS型のネットワークにより強く密度の経済性が働くことを理論的に示した。

このように航空輸送ネットワークを構成する上で，規模あるいは密度の経済性を前提にした分析を行う，というのがすでに一般化していると考えてよい。

10.3.4　ネットワーク構成

航空会社は輸送ネットワークをなんらかの形で構成し，運航を行う。前項でも触れたように，このネットワーク構造が収益性に大きく影響することが自由化以降注目されるようになってきた。特に，ネットワークの構造に起因する外部性（後述）が収益性に大きく影響することが指摘されており，この外部性を明らかにすることが，航空規制緩和法以降に一般的になったHS型のネットワークの特性分析，果てはハブとなったノードの空間経済的な意味を見いだすために研究されるようになった。

ネットワークの形状に起因するさまざまな外部性，特に規模や密度の経済を扱った研究は，前出のBruecknerらの研究[7]が嚆矢（こうし）であるといえるが，それをさらに拡張し，競争の排除性に言及したのがZhang[9]の研究である。Zhangは，結合生産を持つHS型ネットワークで構成された市場の条件では，競争相手がベースとし，そこに参入が不可能なハブ空港（要塞型ハブFortress Hub）が存在し得ることを理論的に示した。Zhangの提案するモデルは，Bruecknerらの提案したモデルの発展型といえるものであり，複占市場下において，輸送量を操作変数とした航空会社の利潤最大化問題（Cournot型競争を前提とする）から，均衡解の状態を分析している。ここでは経由型輸送における価格のディスカウントという概念を導入している。

一方，HS型あるいはPP型のいずれを航空会社が採択するのか，またこれら形状の異なるネットワークを採用する航空会社間の競争の均衡解の特性について分析を行ったものにHendricksらの一連の研究[10)〜12)]を挙げることができる。Hendriksらもやはり輸送量

を操作変数とする航空会社の利潤最大化問題を定式化し，最適解（寡占市場の場合は均衡解）の特性について言及している。そして，HS 型と PP 型の採用には，リンクにおける（機材規模に起因する）規模の経済性が，ハブ空港における（接続性の向上による）規模の経済性を上回る場合に PP 型が採用されることを指摘した。加えて，PP 型と HS 型のネットワークを持つ航空会社どうしの競争では，HS 型どうしの競争が生じやすいことも指摘している。

また，Flores-Fillos[13] は HS 型と PP 型の特殊型である**フルコネクト型**（fully-connected）ネットワークでは航空会社の戦略が異なり，異なるネットワークを各航空会社が採用する均衡が存在することを示した。特に，フルコネクト型の方が相対的に運賃は高くなる傾向があることを理論的に示したことは注目に値する。Flores-Fillos の研究をさらに発展させ，Takebayashi[14] は運航費用の違いがネットワーク構成に影響することを，数値計算を通して明らかにした。特に Takebayashi の研究はいわゆる LCC と従来型のサービスを行う JAL/ANA などのフルサービスキャリアとの競争を考察する際の新しい視点を供給したものである。

10.3.5　LCC

2010 年以降わが国でも盛んに取り上げられることとなった LCC であるが，その発祥は 40 年以上も遡る。1970 年にダラス・ラブフィールド空港を拠点にサービスを開始したサウスウェスト航空（Southwest Airlines, WN）が LCC の始祖である。もっとも，WN が市場を大幅に拡大するようになるのは 1978 年の航空規制緩和法実施以降である。1990 年以降の欧州自由化以降は欧州でも爆発的な勢いで市場を拡大した。代表例は現在でも欧州 LCC の旗手であるアイルランドのライアン航空（Ryanair, FR）やイギリスのイージージェット（Easyjet, U2）を挙げることができる。

WN をひな型とする LCC の基本戦略は諸説あるものの，大まかには以下のとおりである。

1） 運航費用が低費用である。その結果運賃を低価格に置くことが可能となる
2） PP 型の輸送を基本とする。
3） 高いロードファクターを実現する。
4） 混雑空港は避け，郊外の比較的混雑の少ない空港を就航先とする。

1）に関しては LCC の語源であり，また本来の LCC の定義（低費用航空会社）となっているものである†。ここでは，パイロットやアテンダントに複数の役割を与えて人件費を抑えることに加え，機材を 737 など単一の機材構成にすることで整備費用を抑える，ということで実現している。また LCC の多くが採用しているいわゆる機内サービスを極力廃するといったノーフリルも運航費用削減方法の一つとして挙げることができる。2）に関しては空港間での直行路線の運行によるチケット発券が基本であることを意味している。なお，機材配備などの関係により，LCC といえどもそれぞれのベースに当たる空港を持ち，そこを起点にしてスケジュールを構成していることに注意が必要である。3）は，1）を実行していく上で必要な戦術である。すなわち，既存の航空会社に対抗して運航していく上で，低費用による低価格運賃は大きな武器になる。その結果薄利となるために，十分な利潤とするためには席数をより多く販売する（多売）を行う必要がある。ここでは 1 運航当りの収益性を高めるために高いロードファクターを実現する必要がある。あるいは高いロードファクターを実現するための低価格とも解釈できる。また既存他者のシェアを奪い取るために高頻度輸送を行うということもここに含めてもよいと考えられる。4）に関しては，近年はその傾向が弱まっているともいえるが，基本的には郊外空港，セカンダリー空港の利用が目立つ傾向にある。これにはつぎのような LCC 固有の問題に起因するものである。LCC は限られた機材で高い収益性を達成するために，機材の運行効率を極限にまで高めている。このため，機材繰りに余裕がなく，結果として遅延などに対して脆弱である。旅客の信用を得るためには遅延によるスケジュール変更やキャンセルはできるだけ避けなければならない。ゆえに，こういった心配の少ない郊外空港が選択される傾向が強かった。しかし，近年は競争の激しさが増し，集客力の高い都市部の空港への就航傾向が強くなっている。また，アジアの LCC は基本的に都市部の空港への就航を行っているため，これには当てはまらないものが多い。

LCC が市場に与える影響に関しては，膨大な研究蓄積がなされている。古典的な研究としては Windle ら[16]，Dresner ら[17] の研究を挙げることができる。これらは主として時系列データを用いた競争，特に価格への影響分析を行っているものである。また，Murakami による一連の研究ではアメリカ国内市場を中心に LCC と既存**フルサービスキャリア**（full service carrier, **FSC**）との競争における時間的変化など，

† 本項では村上[15] に従い LCC を「低費用で運航する航空会社」と定義し，その意味で用いている。ただし，一般的には LCC が結果として安価な航空運賃を提供していることが多いため，格安航空会社と意訳していることは否定しない。なお格安という意味で使用する語としては Low Fare Carrier（Budget Carrier）などがある。

LCCの市場への影響を包括的に分析している[18)〜21)]。中でもLCCとの価格競争に巻き込まれるFSCがそのまま競争を持続するものの，LCCの参入数が増えても競争の程度に影響しないこと，またLCCの参入は消費者余剰だけではなく，社会的余剰全体を押し上げるということを，実証分析を通じて明らかにしている点[19)]は，今後のわが国のLCC誘致を考える上で示唆に富む指摘である。また，航空輸送市場は寡占市場のため，複数の市場で同一の競争相手と競争することになる。こういった状態が継続すると次第に競争が緩和することが知られている。このような状態を**マルチマーケットコンタクト**（multi market contact, **MMC**[22)]）と呼び，反トラスト法が厳しく適用されるアメリカでは多くの市場で厳しく監視されている。Murakamiらは，このMMCの存在をアメリカの航空輸送データを用いて精査し，LCC参入下であってもMCCが存在し，かつその程度は参入するLCCの数によって異なることをいち早く指摘している[21)]。MMCはFSC間だけではなく，FSCとLCC間でも起こり得る，ということは今後の政策を考える上で非常に重要な指摘であり，MMCは真に効率的な市場を利用者に提供する上で，今後政策立案者が注視すべき項目といえる。

10.3.6　ま　と　め

本節では，空港計画を考えるために必要な基礎知識を，主として経済学の分野で発展してきた理論を中心に，土木計画に関連の深い部分に絞って解説を行った。なお，本節ではスペースの関係上，空港運営における課金制度や空港と航空会社の垂直的連携，航空会社間のアライアンスについては紹介することができなかった。これらについては，専門他書[23)]にその解説を求められたい。

なお，本節は当初村上英樹 神戸大学経営学研究科教授に執筆を依頼していましたが，村上先生の急逝により，竹林が執筆いたしました。ここに村上英樹先生のご冥福を心からお祈り申し上げます。

10.4　ネットワーク設計と空港計画

10.4.1　ネットワークと空港

航空輸送は**航空会社**（airline）が運航する**輸送ネットワーク**（service network）を通じて実施される。航空会社は通常私企業であるため，利潤を最大化することを目的としてネットワークを設計する。空港管理者（運営者）はこの航空会社が運航するネットワークをいかに自空港に誘致するか，によってその成否が左右されるといっても過言ではない。

かつて空港は地域独占性が強いインフラであり，背後地の需要の推移をトレンド分析などにより，空港計画そのものおよび施設の拡充が議論されてきた。「需要が供給に対して十分ではない」という観点からの整備であったといえる。これは，航空輸送が第二次世界大戦後に発達した新興産業であり，航空機の急速な発展により需要が急増する見込みがなされていたからと考えられる。しかし，特に1990年代以降，世界の航空輸送市場では規制緩和・撤廃あるいは**自由化**（liberalization）が**経済のグローバル化**（globalization）と同時進行し，空港計画は，すなわち輸送ネットワーク設計と表裏をなすようになってきた。自由な**乗換え**（transfer）や貨物の積替えを航空会社が実現できるようになり，その地点選択が経営戦略上重要となったためである。

本節では，以上のような認識の下で，輸送ネットワーク設計の基本概念を整理するとともに，空港計画の基本となる需要推計をネットワーク設計の観点から整理を試みる。

10.4.2　ハブ空港，ゲートウェイ

2010年10月の羽田空港再国際化を契機として，「ハブ空港」（hub airport）という用語が一般誌にも登場することは珍しくなくなった。これはハブ空港が設置されることによって，人や物の移動に大きな利点が生じるとの理解から注目されているものと理解される。これについては後述するが，一応正しく理解されているといってよい。しかし一方で，「羽田空港をハブ空港化する」というように，戦略的にハブ空港を「管理者側が」設定できるように理解されている節があるのは誤解があると筆者は考えている。ゆえに，論を進める最初として，ハブ空港に関する概念の整理を行うこととしたい。

まず，**図10.1**を見ていただきたい。これは日本航空（JAL）の2015年1月時点での国際線の輸送ネットワーク（部分）[24)]を示したものである。

マップ上でネットワークの中心となっている空港が**新東京国際空港**（いわゆる成田国際空港，NRT）である。JALは成田空港をハブとして運航を行っていることがわかる。しかし，成田空港をハブとして設定したのはJALであって，管理者側が指定して設定しているのではない。すなわち，「ハブ」の設置は航空会社によって行われるものであり，管理者側の意向でハブとして機能するわけではない。2014年にアメリカの**インテグレーテッドキャリア**（integrated carrier, インテグレーター）である**フェデラルエクスプレス**（Federal Express, **FedEx**）が**関西空港**（Kansai International

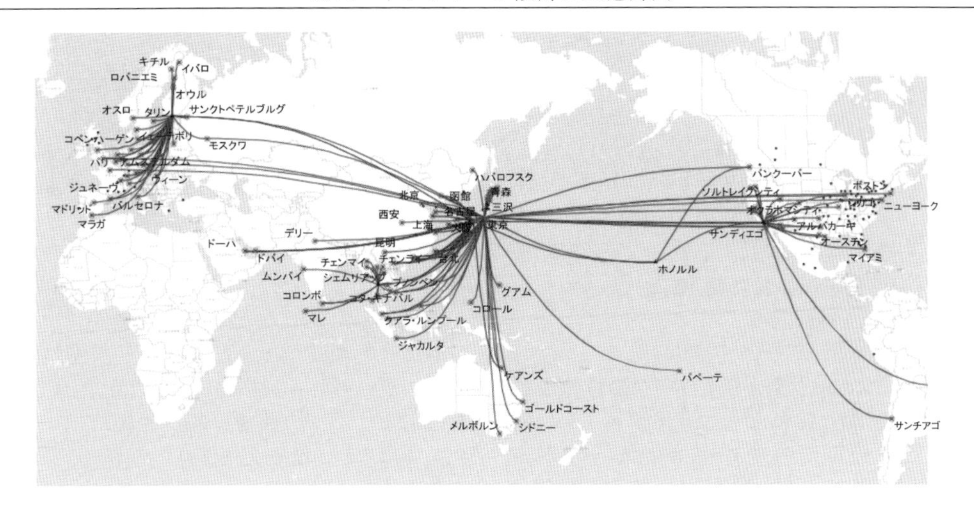

図 10.1　JAL のネットワーク

Airport, **KIX**）を自身の極東ハブとして位置付けたが，これは関西**空港の誘致活動**（airport sales）の結果である。あくまでもハブ設置の主導権は航空会社側にあることを最初に認識しておく必要があろう。

つぎにハブ空港の特徴であるが，前述のとおりネットワーク設計の中心として位置付けられている。すなわち，航空会社の運航スケジュールはハブ空港を中心に設計されることになる。一方，スポークにある空港はハブ空港からの行き先になる空港であり，ローカル空港の場合もあれば，他社がハブ空港として利用している空港の場合もある。ハブ・スポークという関係はあくまでもネットワーク設計上の相対的な位置付けであることに注意する必要がある。このハブ空港を中心として設計されたネットワークが**ハブ・スポーク型ネットワーク**（hub and spokes network）と呼ばれるものである。図 10.1 に見られるように典型的なハブ・スポーク型ネットワークはハブ空港から放射状に輸送ネットワークが運航される構造になっている。**表 10.1** は，おもな航空会社とそのハブ空港を示したものである。なお，表中の英文字は**国際航空運送協会**（International Air Transport Association, **IATA**）による**略式記号**（three letter code）である。

表に示すように，ハブ空港を一つだけ設定しているものと，複数設定しているものがあることに気が付く。エールフランス・KLM はもともと二つの会社であったものが**合併**（merge）された結果であるため，少々特殊ではある。一方，ユナイテッド航空をはじめとして大手のアメリカの航空会社[†]は複数のハブを設置し，広い範囲をカバーすることを行っている。ハブ・スポーク型ネットワークにおいては一つの空港に対して一つのハブ空港のみが対応する形式を**シングルアサインメント**（single assignment），複数のハブ空港が設置されるものを**マルチアサインメント**（multiple assignment）と呼んで区別している。ネットワーク設計では前者が基本であり，後者はハブの数は増えるほど複雑となる。

表 10.1　おもな航空会社とそのハブ空港

国　籍	航空会社	ハブ空港
日本	日本航空	新東京国際空港
イギリス	英国航空	ロンドン・ヒースロー空港（LHR）
フランス・オランダ	エールフランス KLM	パリ・ドゴール空港（CDG），アムステルダム・スキポール空港（AMS）
アメリカ	ユナイテッド航空	シカゴ・オヘア空港（ORD），ワシントン・ダレス空港（IAH），サンフランシスコ空港（SFO）
シンガポール	シンガポール航空	シンガポール・チャンギ空港（SIN）

さて，最後に**ゲートウェイ**（gateway）について説明しておこう。ゲートウェイはハブ空港の一種であるが，主として乗換え・積替えポイントの特性を示したものである。すなわち，大陸間輸送などの長距離輸送では通常大型機材（ボーイング B777 やエアバス A330 など）が投入される。こういった機材は，積載量は大きいものの（777 では貨物専用機の場合約 100 トン積載可能），運航費用が高い。逆に近距離輸送では輸送

† ユナイテッド航空やアメリカン航空，あるいは欧州の英国航空をはじめとする古参の航空会社はいわゆる規制緩和政策の前からあった会社ということで**レガシーキャリア**（legacy carriers）と呼ばれることもある。

頻度（便数）も重要となるので，大型機材よりもむしろ B737 や A320 といった小型機材で輸送する方が効率的であることも少なくない。このように長距離輸送と近距離輸送との結節点に位置し，機材の切替え（change of gauge）を行う空港をゲートウェイと呼ぶ。ゲートウェイでは必然的に乗換え（積替え）需要が生じることになり，多くの貨客を集めることができる。先の関西空港の事例は貨物輸送におけるゲートウェイ誘致の好例といえよう。

10.4.3　ハブ・スポーク型ネットワークの設計方法

ここでは簡単のためにシングルアサインメントの場合のみ示すこととしよう。Bryan and O'Kelly[25] に従って整数二次計画問題として定式化する。

【ハブ・スポーク型ネットワークデザイン問題】（O'Kelly[26]: Bryan and O'Kelly）[27]

Objective: $Y(Z)$

$$=\sum_i\sum_j W_{ij}\left(\sum_k Z_{ik}C_{ik}+\sum_m Z_{jm}C_{jm}+\alpha\sum_k\sum_m Z_{ik}Z_{jm}C_{km}\right)$$

$$\rightarrow \min' \tag{10.2}$$

Subject to

$$(n-p+1)Z_{kk}-\sum_i Z_{ik}\geqq 0,\qquad \forall k \tag{10.3}$$

$$\sum_k Z_{ik}=1,\qquad \forall i \tag{10.4}$$

$$\sum_k Z_{kk}=p \tag{10.5}$$

$$Z_{ik}\in\{0,1\},\qquad \forall i,k \tag{10.6}$$

ここで，n：ネットワークに接続する空港数，p：設置されるハブ空港の数（$p\leqq n$ である），α：ハブ空港間で運航される場合の費用低下割合（discount factor）で $0\leqq\alpha\leqq 1$ である，W_{ij}：空港ペア i-j 間でのフライト運行数（頻度），C_{ik}：空港ペア i-k 間での輸送にかかる単位費用，Z_{ik}：バイナリー変数であり，空港 i がハブ k と接続するのであれば 1 をとり，それ以外は 0 をとる。

式（10.2）は目的関数であり，（　）内はそれぞれハブ-スポーク間輸送の費用（第 1，第 2 項），ハブ間輸送の費用（第 3 項）である†。式（10.3）はハブとスポーク空港の関係を示しており，すべてのノードがハブ・スポーク型ネットワークに割り当てられることを表す。式（10.4）は 1 スポーク空港に対して 1 ハブ空港が割当て（assign）されることを表す。式（10.5）は制御変数 Z_{ik} に関する整数制約であり，通常バイナリー変数として取り扱われる。

† 通常，ネットワーク設計問題は運行費用の最小化を目的関数として採用する場合が多い。

さて，このようなネットワーク設計問題は残念ながらほとんどの問題が NP 困難クラスに属する。ゆえに，厳密解を求めることはきわめて難しいため，実務的に意味のある解を求めるためにはなんらかの近似解法による求解を行う必要がある（O'Kelly）。例えば Campbell が提案した貪欲法による求解方法（Campbell[28]）などが援用できる。

10.4.4　ネットワークと需要予測

さて，前項までで，航空会社と空港の関係を「ハブ・スポーク型ネットワークの設計」という視点から整理した。ハブの設置は基本的には「コストの最小化」であるが，航空会社は自らのネットワークの運用を効率化して収益最大を目指す，と考えるのが通常である。ゆえに設置されたハブをどのように有効に活用するかは，今度は収益最大化の視点から述べられるものである。ここで初めて「企業間の競争」という概念が登場する。

伝統的に航空輸送産業は「競争者の数が限定された中での競争」という意味で**寡占市場**（oligopoly）として認識されている。ゆえに，市場メカニズムの分析にはなんらかの形で寡占市場の理論が援用されることになる（これに関しては 10.2 節での解説に詳しいのでそちらを参考されることをお勧めする）。収益最大化のために航空会社が用いる手段は（ i ）運賃，（ ii ）運航頻度（便数），（iii）機材，（iv）スケジュール，などが考えられる。この中で実証分析，モデル分析ともに採用されるものとしては運賃が最も多い。また市場均衡を取り扱うため，**Nash 均衡**（Nash equilibrium）を仮定することが標準的に行われている。

需要の発露である旅客に関しては（ i ）運賃など輸送条件に対して弾力的に変化する（受動的）と（ ii ）輸送条件を明確に評価し自ら輸送経路などを選択する（能動的）の 2 種類に分析枠組みが大別される。（ i ）については計量経済分析に基づくモデルでは標準的に採用されるものである。「受動的」と銘打っているのは，経路選択などを行っているが，その結果としての路線需要を対象として分析するためであり，旅客の経路選択行動の詳細は問わない（正確には明示的には取り扱わない）とするものである。このため，基本的には運賃に関する需要の弾力性が重要視される傾向にあり，輸送量（需要）そのものに関わる頻度は明示的に取り扱われることは少ない。

他方，「能動的」と銘打った考え方に関しては，いわゆる「交通行動分析」の延長線上にある考え方であり，輸送（移動）経路の効用の多寡により経路の選択される度合いが異なる，としたものである。したがって，効用関数をベースとしたロジット型の経路選択モデルを仮定することが多い†。またロジット型のモデルを作成する場合でも，（ｉ）通常のフラットな多項ロジット，（ⅱ）ネスティッドロジット，（ⅲ）混雑などを取り入れた確率均衡配分型，に大別される。操作性の点から最も多く採用されてきたのは（ｉ）ではあるが，IIA 特性の排除の点から（ⅱ）を採用する研究も少なくない。ただし，（ⅱ）の場合はどのような順序でネスト化するのか，が重要となる。例えば，空港選択を上位に，航空会社選択を下位にする場合と，航空会社選択を上位に，空港選択を下位にする場合とでは，旅客の路線評価構造が大きく異なる。近年では **FFP**（frequent flyer program：いわゆるマイレージ）が一般化し，航空会社選択の優先順位も高くなっていると考えられる。このため，（ⅱ）を採用する場合はネストの設計に関して注意がいままで以上に必要であるといえる。（ⅲ）に関しては近年発達してきた考え方である。これは航空輸送では席数に限りがあるため，予約の段階で経路選択の可能性が確認できることに着目したものである。「満席の便に搭乗することはできない」ということを確率的利用者均衡配分の考え方を援用してモデル化したものである。なお，（ⅲ）に関しては単独で採用されることはなく，航空会社の競争モデルのサブモデルとして組み込まれることが通常である。

この節の最後として，空港での需要予測に用いられる「統合型モデル」について解説する。統合型モデルは供給者である航空会社の行動と需要者である旅客（あるいは荷主）の行動の双方を同時に考慮して空港計画の差異に必要とされる需要の予測に供される手法の総称である。すなわち，統合型モデルでは需要，供給双方が同時決定されるという意味で supply-demand interaction（供給-需要相互干渉型）の一種であるということができる。

まず，原初的な統合型モデルとしては需要に追随して頻度などが決まるモデル化手法が挙げられる。これは需要に対して供給側が弾力的に輸送量を変化させる，というものである。かつては，この方法論がわが国では主軸となっていたが，航空会社間の競争はモデルの構造上まったく取り扱うことはできない。ゆえに，航空会社間の競争の存在を仮定することが一般的となった今日の市場では，ほとんど取り上げられることはない。

一方，航空会社の行動が旅客の行動に影響する，というモデル化は，航空会社を上位に，旅客の行動を下位に据える，という 2 レベル構造をとることが一般的である。ここではさまざまな政策変数（例えば着陸料，スロット割当て，など）による影響を測ることができるとされている。ただし，一様にモデル構造が複雑なため，応用分析に際しては市場サイズを限定するなどいくつかの制限が付くことが多い。

以下に Adler[29]，Adler, et al.[30]，Takebayashi[14),31),32)] らで提案されているモデルの一般構造を紹介する。

〔１〕 **航空会社の行動**

航空会社 i は自己の利潤 π^i を最大化するために，運賃 $\boldsymbol{p}$，輸送頻度 $\boldsymbol{f}$ などの制御変数を制御する。経路の旅客数を $\boldsymbol{x}$ とし，運航に関わる費用関数を $c(\boldsymbol{f})$ で表すとすると

$$\text{Objective: } \max \pi^i(\boldsymbol{v}^i \cdot \boldsymbol{v}^{-i}) = \boldsymbol{px} - c(\boldsymbol{x}) \quad (10.7)$$

Subject to:

$$\boldsymbol{v}^i \leqq \boldsymbol{V}^i \quad (10.8)$$

and 旅客の行動

となる。ここで $-i$ はライバル会社の行動であり，最適化の時点ではライバルの行動は与件として扱われる。$\boldsymbol{v}$ は $\boldsymbol{p}$，$\boldsymbol{f}$ などを含む制御変数である。式（10.8）は制御変数に関わる制約で，例えばスロット制約などがこれに該当する。また，下位のモデルで旅客が自発的に混雑路線を避ける（路線容量を超えないようにするという意味）行動を仮定しない限り，航空会社が供給座席数を制御することになり，その制約は式（10.8）に反映されることになる。

さて，旅客数 $\boldsymbol{x}$ は航空会社の行動に応じて決定されることになり，つぎのように考えられることが多い。

〔２〕 **旅 客 の 行 動**

旅客は航空会社の示す運航条件（頻度，運賃など）を勘案して最も望ましい経路を選択するものと考える。ただし，通常旅客の嗜好（しこう）のばらつきも考慮してランダム効用理論を援用した配分モデルを採用することがいい。また，統合型モデルで行う場合，操作性の良さから通常のフラットな多項ロジットに準拠したモデリングがなされることが多い（Adler, et al.[33]，Kanafani and Ghobrial[34]）。

旅客が混雑を考慮する場合，すなわち座席予約可能の是非を考慮するとした場合，ボトルネック付き確率的利用者均衡配分と等価な構造となる（Zhou, et al.[32]; Takebayashi[14),31),32)]）。ここでは Takebayashi[14] で示されている定式化を紹介する。

† 無論，費用最小経路を選択する，という考え方に基づいた分析モデルも提案されてはいるが，実際の市場への応用研究を前提とする場合ではない。

$$\text{Objective: } \min \Gamma\left(x_k^{rs}\right) = \frac{1}{\theta}\sum_{rs\in\Omega}\sum_{k\in K^{rs}} x_k^{rs}\left(\ln x_k^{rs} - 1\right) + \sum_{rs\in\Omega}\sum_{k\in K^{rs}} u_k^{rs} x_k^{rs} \tag{10.9}$$

Subject to

$$\sum_{k\in K^{rs}} x_k^{rs} = X^{rs}, \quad \forall rs\in\Omega \tag{10.10}$$

$$x_{l^n} = \sum_{rs}\sum_{k} x_k^{rs}\delta_{l^n}^{rsk} \leqq s_{l^n} f_{l^n}, \quad \forall l^n \in I^n,\ n\in N \tag{10.11}$$

$$x_k^{rs} \geqq 0, \ \text{for } \forall k\in K^{rs} \text{ and } rs\in\Omega \tag{10.12}$$

ここで，θ は分散係数，x_k^{rs}，u_k^{rs} は OD ペア rs における k 番目経路の利用者数，およびその不効用（コストで示されるため），K^{rs} は経路集合，Ω は OD ペアの集合，l^n は航空会社 n（全部で N 社存在）が運営するリンク，$\delta_{l^n}^{rsk}$ は OD ペア rs における k 番目経路がリンク l^n を含む場合 1，それ以外はゼロとなる二値変数，s_{l^n}，f_{l^n} はリンクにおける機材容量と輸送頻度を表している。式（10.11）が経路選択に混雑の影響を反映していることを示す制約である。

この最適化問題の解はロジット型で求められることが知られており（Bell[35]），ロジット型の応用型として上位問題に組み込むという構造になる。

航空会社の競争を組み込んだ統合型モデルの解法に関しては，整数計画問題を組み込む，あるいは等価な変分不等式問題に変換するなどいくつかの非線形問題の最適化アルゴリズムを援用することが提案されているが，Nash 均衡を仮定しているため多くの研究では下位の唯一性は保証されていない。安定性のみを議論の対象としているためその点に注意が必要である。

（竹林幹雄）

10.5　空港整備と運営

10.5.1　日本の空港整備と財源

10.2.2 項で解説したとおり，日本の空港政策は運営の時代に入った。2003 年に，個別法に基づき整備されてきた道路，鉄道，港湾，下水道，河川，砂防などと同じく，空港も**社会資本整備重点計画**に含まれた。社会資本整備重点計画では，おもに整備量を指標としたアウトプットの考え方から計画期間における重点目標の達成というアウトカムの考え方に変わり，社会資本整備の「選択と集中」の基準を明確にすることとなった。第 1 次計画（2003〜2007 年）中の 2006 年に神戸空港と新北九州空港が開港し，全国的に空港の配置は概成した。空港整備法も 2008 年に**空港法**と改称され，空港の区分も**表 10.2** のように改められた[36]。

表 10.2　空港法における空港の区分

拠点空港（28）	国際航空輸送網または国内航空輸送網の拠点となる空港。
会社管理空港（4）	成田，関西，伊丹，中部の各空港。
国管理空港（19）	国が設置・管理。
特定地方管理空港（5）	国が設置し，地方公共団体が管理。
地方管理空港（54）	国際航空輸送網または国内航空輸送網を形成する上で重要な役割を果たす空港で，地方公共団体が設置・管理。
共用空港（8）	自衛隊または米軍の管理する飛行場で，民間定期便の利用が可能。

〔注〕 括弧内は空港数。

会社管理空港はそれぞれ個別法によって管理されている。地方管理空港は，市が管理する神戸空港を除き都道府県が設置管理者であり，また 54 空港のうち 34 空港は離島空港である。なお，表 10.2 の空港法では定められてはいないものの，コミューター航空等に用いられる空港がそのほかに七つあり，民間輸送用の空港数は合計で 97 空港ある。空港法になって第一種，第二種，第三種という区分から呼称は変わったが，実質的な設置者・管理者の位置付けは変わっていない。

第 1 次から 7 次までの空港整備五箇年計画は，1970 年施行の**空港整備特別会計法**で定められた財源により実施されてきた。主たる収入項目は，**着陸料**や**航行援助施設利用料**等による空港使用料等収入と，一般会計を経由する**航空機燃料税**である[1]。そのほかに，一般会計からの一般財源や，土地建物等の貸付料等の雑収入がある。2008 年度より，行政改革推進法の方針に従い治水，道路，港湾などの特別会計と統合され，社会資本整備事業特別会計**空港整備勘定**となった。さらに，社会資本整備事業特別会計は 2013 年度を最後に廃止され，空港整備勘定は経過勘定として自動車安全特別会計に統合されている。**図 10.2** に空港整備勘定の仕組みを示す（数字は 2015 年度の予算額）。空港整備特別会計も空港整備勘定に名称が変わったが，仕組みに大きな変化はない。

国内航空路線数は 1997 年の 275 路線をピークに減少しており，特に地方路線で減便や撤退が相次いでいる。そのため，1999 年より，当時の第三種空港（現地方管理空港）で着陸料や航行援助施設利用料の軽減措置が始められ，2015 年現在も続けられている。国管理空港・特定地方管理空港間の路線においても，一部の幹線を除いた地方路線を対象に，最大で 5 割引となる軽減措置が 2009 年から継続して実施されてい

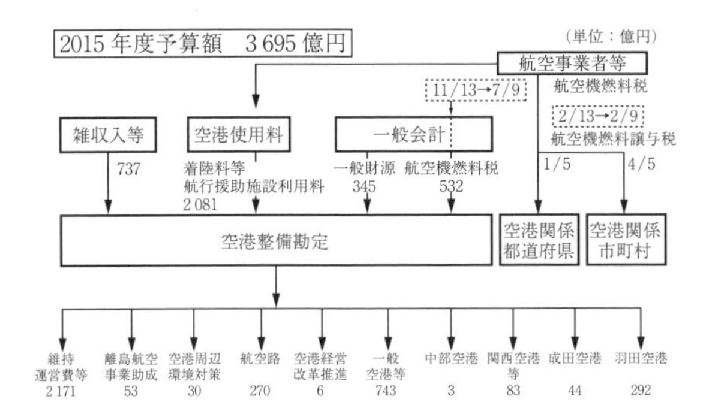

図 10.2 空港整備勘定の仕組み
(出典：国土交通省航空局，航空局関係予算決定概要（2015 年))

る。また，羽田空港を除いた国際線定期便・チャーター便や，羽田空港の深夜早朝の新規就航便・増便に対しても，着陸料軽減措置を実施中である。

航空機燃料税も 2011 年より特例措置として減税されており，1 キロリットル当り 26 000 円が 18 000 円となった。これに合わせ，税収の 9 分の 7 が空港整備勘定へ，残り 9 分の 2 が航空機燃料譲与税として空港に関係する地方自治体へそれぞれ配分されている。このように，おもに地方路線の維持を目的として，航空会社が負担する費用に対し減免措置がとられている。

図 10.3 に 2015 年度における空港整備勘定の歳入・歳出の内訳を示す。かつては空港整備が主たる支出項目であり，羽田空港再拡張事業実施中の 2006～2009 年時には空港整備事業が 60～65% を占め，維持運営費等は 25% 前後に過ぎなかった。しかし，2015 年は図 10.3 に示すとおり約 60% にも達しており，財務上も明確に整備から運営に移っていることがわかる。

10.5.2 空港運営手法

〔1〕 民営化の形態

空港だけでなく，道路，鉄道，港湾などの交通社会資本の整備・運営は伝統的に公共部門が担ってきたが，1980 年代より，民間部門が交通社会資本の新規整備と運営の両方に関わる**民営化**（privatization）が普及し始めた。

民営化の方式はさまざまであり，交通社会資本に対する新規整備，所有，運営・維持管理など，民営化の対象によって民間部門の関わり方が大きく異なる。民営化という呼称についても，例えば，公共が所有し民間が運営する民間委託は **PPP**（public private partnership）の一形態に過ぎず，民間の所有をもって民営化と呼ぶ議論もある[37]。また，公共部門が所有のまま商法上は会社として取り扱う**企業化**（corporatization）や，民営化や企業化を含めた営利事業に転換する**商業化**（commercialization）という概念もある。しかし，民営化の定義に立ち入ることは本項の役割を超えていることから，ここではおもに空港の所有と運営・維持管理の民営化に焦点を絞る。

ロンドンの複数空港を所有していた **BAA**（British Airport Authority）が 1987 年に民営化された。これが世界で最初の空港民営化の事例である[38]。以降，欧州を中心に世界各地の空港で民営化が進められている。空港民営化にはいくつかの形態がある。ここでは，Graham[38] の分類と解説に従い，その概要を整理する。

（1） 株 式 売 却

a）**株式公開**（share flotation） 空港の株式を，新規公開株として株式市場に上場する方法である。100% を上場した例は 1987 年の BAA のみであり，

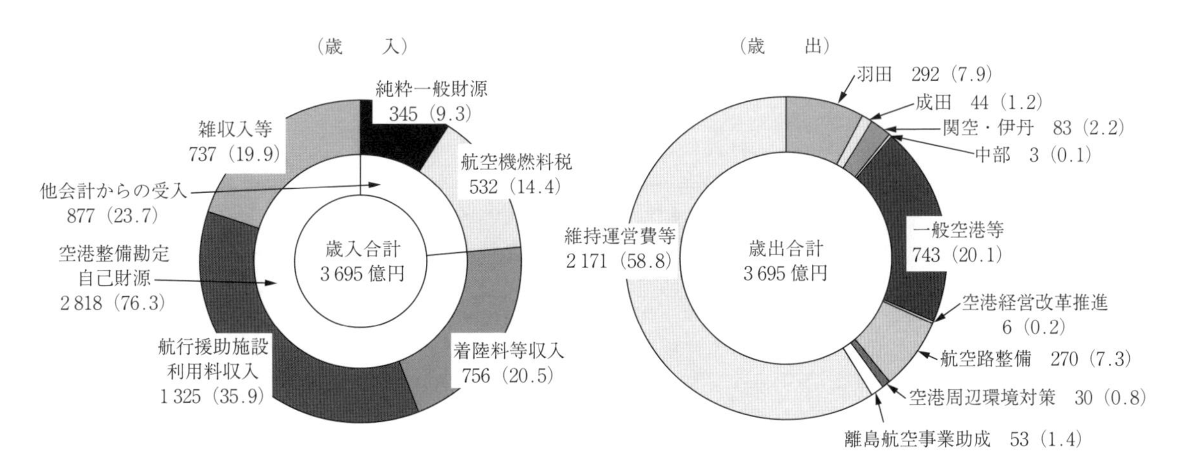

図 10.3 空港整備勘定の歳入・歳出の内訳
(出典：国土交通省航空局，航空局関係予算決定概要（2015))

50% 未満の部分的な上場が一般的である。空港の所有権が政府から民間に移るため，空港運営の経済的リスクや実質的な運営権が政府から株主に移ることになる。また，空港の設備投資や拡張に対する政府の財政的関与は確実に減少する。株式市場では，投資家により財務実績が厳しく評価されることから，空港会社には最低限の収益が求められる。よって，十分な需要のない空港の株式公開は難しい。

グローバル経済下で株式市場がより不安定になっている背景もあり，1990 年代から 2000 年代初頭にかけて実施されてきた株式公開による民営化は，近年減少しつつある。

b）トレードセール（trade sale）　空港の一部または全部の株式を，おもに競争入札を通じて提携企業やコンソーシアムに売却する方法である。長期リースもこれに含まれる。例えば，オーストラリアでは 50 年リースに 49 年延長オプションを付けた長期リースでコンソーシアムに譲渡されている。地方政府に所有されていたリバプール空港が，1990 年に British Aerospace に売却された事例が最初で，以後，先進国を中心にトレードセールによる民営化が実施されている。コンソーシアムは，空港運営オペレーター，エンジニアリング会社，銀行等によって構成され，既存の空港運営オペレーターが含まれることが多い。バーミンガム空港等の民営化に参画したダブリン空港公団のように，買収側が公共組織の場合もある。

トレードセールは，株式公開よりも高い価格で売却されることが多い。株式公開が現在の実績を評価しがちなのと比較して，トレードセールでは提携企業やコンソーシアムの将来性や**デューディリジェンス**（due diligence）を精査し，財務リスクを低く抑えられるからである。

（2）コンセッション　**コンセッション**（concession）と呼ばれる空港の**運営権**を，通常は 20～30 年の一定期間に，おもに競争入札によって企業やコンソーシアムに売却・リースする方法である。株式公開やトレードセールとは異なり，政府は所有権を維持している。**ROT**（rehabilitate, operate and transfer）や **RLT**（rehabilitate, lease or rent and transfer）もコンセッションの一種である。基本的には，運営権対価と年間使用料を政府に支払う形で契約する。標準的なサービスレベルの維持や，将来の航空需要増加に備えた投資・拡張についても事前に合意する。コンセッションの契約は複雑かつ取引費用が高くなりがちなことから，当初の政策目的を達成できるよう契約・制度設計には慎重さが求められる。1990 年代後半から南米諸国で始められ，以後，世界中で実施されている。日本もこの方法で空港民営化を進めている。

コンセッションの課題は，空港運営者となる企業・コンソーシアムと政府間のリスク配分である。多くの場合，空港運営者が運営や財務に伴う経済的リスクを負い，政府はテロや災害等の不可抗力や安全・治安に伴うリスクに責任を持つ。懸念されるのは，特にコンセッション期間の後半における，空港運営者による投資・拡張のインセンティブの欠如である。そのため，コンセッション契約期間の更新方法に工夫が必要となる。

（3）プロジェクトファイナンス（project finance）
空港の新規建設やターミナル建設など，比較的大規模な投資が必要なときに用いる方式である。おおむね 20～30 年の期間に空港を建設および運営し，その後，所有権が政府に返還される。コンセッションの一種ともいえるが，政府に対価を支払う必要はない。通常，建設と運営に関わる費用と経済的リスクを空港運営者が全面的に負う。**BOT**（build, operate and transfer）や **BLT**（build, lease and transfer）が代表的な方式であり，空港だけでなく，道路，鉄道，港湾など他の交通社会資本の新規整備においても用いられている。

（4）委託契約（management contract）　政府が所有権を持ち，通常 10～15 年程度の契約で委託企業が空港運営業務を担う。契約方法には，政府が企業に年間委託料を支払う場合と，企業が政府に収入の一部を支払う場合がある。投資の責任は政府が持ち，運営の経済的リスクは政府と委託企業で共有する。他の民営化手法に比べ政府にとっては実施しやすく，委託企業にとっては経営上のリスクが小さい方式である。

ICAO[39] が世界の 459 の空港を調査した結果，2007 年時点で 24% の空港がなんらかの形態で民営化しており，特にコンセッションと委託契約が多いことを明らかにした。また，World Bank の Private Participation in Infrastructure Database によると，開発途上国ではコンセッションが多く，さらに 1990～2010 年にかけて BOT を用いた新ターミナル建設がアジアや東欧で多く見られた[38]。株式売却は所有権の民間移転を伴い，運営者側の経済的リスクも相対的には高いことから，開発途上国だけでなく先進国でも近年は普及していないのが実情である。

〔2〕民営化の目的・問題点・成果

Graham[40] は，1980 年代後半から 2010 年までに国際学術誌で出版された空港民営化に関する学術論文を包括的にレビューし，空港民営化の目的，問題点，成果の分類を試みた。その概要を紹介する。

Graham[40] は，空港民営化の目的を**表 10.3** のように分類した。中でも ① と ② を主目的としている場合が

表 10.3 空港民営化の目的

① 運営効率性と財務実績の向上 (improve efficiency and financial performance)
② 新しい財源の必要性 (need to provide new source of investment)
③ サービスの質の向上 (improve quality of service)
④ 政府歳入の増加 (bring financial gains of state)
⑤ 運営構造の改善と事業多角化 (improve management structure and diversification)
⑥ 政府の管理・干渉の排除 (remove state control and interference)

多い。空港民営化開始当時のイギリスでは，民営化は政治的なイデオロギーにより実施された側面が強かった。近年は，世界的な傾向として，純粋に①や②を目的とする事例が増えている。

空港民営化の問題点として多くの論文で指摘されていたのは，独占という市場支配力の結果として生じる，空港使用料の値上げ，サービスの質の低下，投資の未実施などである。これらの解決にはなんらかの制度・規制が必要である。別の問題点は，民営化を空港単独あるいは複数空港一括のどちらで実施するべきかの判断である。例えば，ロンドンでは競争委員会の勧告に基づき，同一地域の複数空港一括運営は認められず，分割された[41]。そのほかに，空港を他国籍の企業に売却することによるセキュリティ上の懸念も指摘されている。

空港民営化の成果に対する評価は大きく分かれ，経営効率性が向上した場合と効率性には影響がなかった場合に二分されている。同じ空港のほぼ同じ期間を対象に計量分析したときでさえも，評価が分かれることがあった。さらに，当初，政府が示した空港民営化の目的に対し，実際の達成状況を評価した論文がほとんどないこともわかった。

Graham[40] の結論は，空港民営化評価の困難さを象徴している。すなわち，空港民営化によって生じる問題点は共通しているが，目的と成果については，一般的な結論を見いだすことがきわめて難しい（extremely difficult to generalize），というものである。空港民営化は世界各地で進められているものの，民営化による経営効率性向上の有無でさえ，まだ結論を出せる段階にはない。標準といえる民営化手法は定められておらず，国や時代によって異なる背景と目的に基づき実施されているのが実情である。民営化の安易な実施は慎むべきというメッセージとも受け取れる。

さて，世界最大の航空市場を有するアメリカでは，多くの空港が地方自治体によって運営されており，民営化されていない。ここでは，簡潔にその実情に触れておく。アメリカでは Airport Privatization Pilot Program（**APPP**）が 1997 年から実施されており，2014 年までに 10 空港が APPP に申請したが，実際に民営化されたのは 2 空港にとどまる[42]。これは APPP の制度的な問題もさることながら，アメリカには空港投資の資金調達手段として地方債があることや，伝統的に旅客ターミナルが航空会社によって運用されていることなど，財源が他国と大きく異なる状況も一因と考えられる。現在の空港財務システムは航空会社に利点があるため，航空会社が空港民営化に反対しているという指摘もある[43]。

〔3〕 グローバルオペレーター

さまざまな形態で空港民営化が進められる中，収益性の強化と収益源の多様化・リスク分散を主目的として，自国だけでなく海外の空港の投資や運営に参画する民間**グローバルオペレーター**が登場している[38),44]。母体が空港会社であるオペレーターが多く，その代表として，フランスの**パリ空港公団**（Aeroports de Paris），ドイツの**フラポート**（Fraport AG），オランダの**スキポールグループ**（Schiphol Group），スペインの**アエナ**（AENA）などが挙げられる。なお，国営会社であったアエナは 2015 年に株式公開している。そのほかに，建設業を主とするスペインの**アベルティス**（Abertis）や同じくスペインの**フェロビアル**（Ferrovial），金融業からはオーストラリアの**マッコーリー**（Macquarie）などがある。

国際展開の方式はさまざまであり，例えばフラポートは，① コンセッション等により主要株主として長期的運営，② 特定の空港施設の運営，③ グランドハンドリングや IT サービス等の空港関連サービス，と大別して三つの方法で他国の空港運営に関わっている。また，スキポールグループはスキポール空港の競争力強化のため，KLM と連携して国際ネットワークの充実を図っている。その一手段として，KLM と同じスカイチームメンバーであるデルタ航空のため，ニューヨークのジョン・F・ケネディ空港のターミナル 4 の建設に投資し，デュアルハブ連携を進めている[44]。

〔4〕 日本の空港民営化

日本の空港政策は 2000 年代後半から民営化に向けて動き始めた。空港整備特別会計（現空港整備勘定）はすべての国管理空港をプールしたものであり，空港別の収支は示されていなかったため，各空港の財務状況は不透明であった。加えて，国管理空港と地方管理空港では，航空系事業と呼ばれる滑走路，誘導路，エプロンなどの空港基本施設（**エアサイド**）は国や地方自治体が管理している一方，非航空系事業と呼ばれる空港ターミナルビル（**ランドサイド**）は第三セクターが運営している。これでは，個別の空港を単体として財務評価できないだけでなく，運営改善に取り組む体制作りも容易ではない。そのため，成田空港のような会社管理空港と同様の一体的な運営が求められていた。

これらの課題を踏まえ，国管理空港と共用空港を対象に，2008年からその2年前のエアサイドの空港別収支の試算結果が，条件別に公表されるようになった。ターミナルビルの財務諸表は，総務省がまとめている「第三セクター等の状況に関する調査結果」から入手可能なことから，空港個別の財務概況が把握できるようになった。ただし，エアサイドとランドサイドは一体化されていないため，会社管理空港と財務状況の単純比較はできない点に注意が必要である。

2011年に「空港運営のあり方に関する検討会」の報告書がまとめられ，「真に魅力ある空港の実現」と「国民負担の軽減」という方向性の下，四つの具体的方策（① 航空系事業と非航空系事業の経営一体化の推進，② 民間の知恵と資金の導入とプロの経営者による空港経営の実現，③ 空港経営に関する意見の公募と地域の視点の取込み，④ プロセス推進のための民間の専門的知識・経験の活用）が示された。これにより空港民営化の実施プロセスが具体化し，その手法として，航空系事業と非航空系事業を一体的に運営する権利（公共施設等運営権）を民間の運営主体に付与するコンセッションを用いることも明記された。

コンセッションの採用は**PFI**（Private Finance Initiative）法の改正と軌を一にしている。1999年にPFI法が成立した。日本におけるPFI導入の主目的は，政府の財政再建策の一つとして，社会資本の新規整備や更新投資に民間の財政負担を期待したところにある[45]。しかし，大規模な交通社会資本整備にPFIが適用されたのは，羽田空港再拡張に伴う国際線整備地区の旅客・貨物ターミナルやエプロンの整備事業に限られていた。これは他の多くのPFI事業で用いられているサービス購入型とは異なり，独立採算型である点も珍しかった。サービス購入型も，事業の効率性向上などにより公共部門の財政負担額が**VFM**（value for money）分は削減されるものの，PFI事業者にサービス購入料を支払う必要があり，長期的には政府の財政負担額削減は限定的なものにとどまる。そこで，独立採算型のPFI事業実施を積極的に進めることを目的に，コンセッション導入を主とする改正PFI法が2011年に成立した。

この法改正と連動し，同年に「関西国際空港及び大阪国際空港の一体的かつ効率的な設置及び管理に関する法律」が成立した。翌2012年に同法に基づき関西空港と伊丹空港の経営が統合され，新関西国際空港株式会社が設立された。さらに，2013年にはコンセッションによる空港民営化が可能となる「民間の能力を活用した国管理空港等の運営等に関する法律（**民活空港運営法**）」が成立した。これにより，国管理空港だけでなく地方管理空港にも民営化への道が示され，民間事業者が空港を一体的に運営可能な体制が整った。その第1号として，仙台空港の運営権者選定が2014年から進められた。運営事業優先交渉者選定には，競争入札ではなくさまざまな指標を用いた重み付き点数評価方法が用いられ，第一次と第二次の2度の審査を経て優先交渉者が選ばれた。2015年末時点で，関西2空港と仙台空港の運営者となるコンソーシアムは決定されており，両者とも2016年から運営を開始する。

静岡県の管理する静岡空港は，独自の手法で民間運営を実施している。2009年に開港した静岡空港は，富士山静岡空港株式会社がターミナルビルを建設・所有し，**指定管理者制度**により県の委託を受けてエアサイドとランドサイドを運用していた。2013年に，静岡県の主催した「先導的空港経営検討会議」の答申を受け，国際線旅客需要増により手狭となったターミナルビルの拡張のためターミナルビルを県が保有することとなり，翌年から県が空港を一体的に所有し，富士山静岡空港株式会社が引き続き指定管理制度により運用を担当している。しかし，同制度の効果は業務委託範囲内の費用抑制にとどまることから，より民間の裁量が高い別のスキームで運営権を民間委託する方法が検討されている。

空港単独ではなく，複数空港を一括して民営化することも可能である。一括運営している民間会社として，スペインのアエナ，タイの**AOT**（Airports of Thailand），メキシコの**Pacific Airport Group**などが挙げられる。イギリスでは多くの空港が複数一括運営会社に属しており，地方自治体が運営者の場合もある[46]。例えば，スコットランド北西部の11空港を一括運営している**Highland and Islands Airports Ltd**. は，スコットランド政府によって運営されている。野村，切通[46]は「一括運営の最大のメリットは，空港会社が航空会社に対して路線設定に関する交渉力を持つこと」と指摘しており，需要減少に悩む日本の地方空港および地方路線の生き残りを考える上で示唆的である。

日本の空港運営の最大の問題点は，エアサイドとランドサイドが一体的に運用されていない点にあることから，一体化と民営化を同時に進める必然性はない。例えば，一体化の実施後，地方自治体など公共部門による運営でも効率性の向上は可能であろう。また，委託契約など，コンセッションではない民営化手法を適用可能な法整備の検討も必要だろう。

何のために空港を民営化するのか，その目的を明確にし，つねに確認することが不可欠である。コンセッションに限らず，「真の」プロの経営者が空港運営事業に関わるかどうかが成否のカギを握る。需要の先細りからコンセッションによる民営化が難しい空港も多数ある。それらの空港をどのようにして財政的に維持管理していくのか，地方空港間を結ぶローカル路線の維持と合わせ，知恵と工夫が求められる。

（花岡伸也）

10.6　空港整備と都市地域経済

10.6.1　空港整備と航空需要予測

〔1〕　施設計画と航空需要予測

空港は，航空輸送という交通サービスを提供するために必要不可欠な社会基盤施設である。

航空輸送と空港の関係は，鉄道輸送システムと駅，海上輸送システムと港湾，などの輸送システムと同様であり，空港は人やモノの乗降・積卸に必要な施設としての役割を果たす。

空港の施設には，滑走路，エプロン，誘導路のような航空機の離発着に直接的に関わる施設と，ターミナルビルに代表される，旅客や貨物の流動に関わる施設がある。これらの施設整備を行うためには，空港がどのように利用されるかをあらかじめ想定し，そのスペックを検討することが求められる。

例えば，滑走路に関して，長距離路線を飛行する大型の航空機は，多くの燃料を搭載するため離陸時の重量が大きくなり，離陸のために長い滑走路長が必要となる。すなわち，空港の滑走路延長は，その空港での就航可能な路線を制約する条件となる。想定される航空路線に応じて，それに見合う滑走路の仕様が採用されなければならない。

滑走路以外の施設設計に関して，大型の航空機が主として利用する空港と，小型航空機が中心となる空港では，エプロンの舗装強度やターミナルビルのゲート形状に求められる仕様が異なることはいうまでもない。航空機材の種別に加えて，航空機の発着回数も，空港舗装等へ与えるダメージの大きさに直結する要因であり，空港施設の維持管理計画や安全確保において考慮されるべき重要な要素である。

このように，空港整備，特に空港施設の整備の計画においては，いかなる航空機がどれだけ発着するかという情報が要求される。航空機の発着回数を決定付ける最大の要因は，航空輸送を利用する旅客や貨物の需要の量であるので，空港整備の計画において，将来の航空**需要予測**（demand forecast）は不可欠ともいえる要素である。

〔2〕　政策評価と航空需要予測

先述のように，空港整備における施設計画において，航空需要の予測は重要な役割を果たす。これは，想定される将来航空需要に対して，需要量に見合う空港施設容量を確保するというコンセプトと，安全かつ円滑な空港運用を可能にするというコンセプトを持つものである。つまり，空港整備が実施されるという前提に立って，考慮される事柄である。

他方，空港整備プロジェクトの実施に当たっては，当該プロジェクトによってもたらされる効果が事業費に見合うかを判断する費用対効果分析が，事前評価として行われる。その中心的な手法である**費用便益分析**（cost benefit analysis）では，一般的には消費者余剰法によって便益が計測されることとなっており，空港整備事業の費用対効果分析マニュアルでも同手法が取り上げられている。

消費者余剰法による費用便益分析では，事業を実施した場合としなかった場合のそれぞれの状況を想定して，現在から将来の評価対象期間までの航空需要予測値を基に，空港整備事業の便益が計測される。このため，具体的な空港整備プロジェクトの計画においては，必ず航空需要予測が実施される。

10.6.2　航空需要予測の概要

航空需要予測の手法は，他の交通機関における交通需要予測と同様に，基本的には**四段階推定法**（four-step estimation method）が用いられる。一般的な航空需要予測では予測の対象を，国内航空旅客，国際航空旅客，国内航空貨物，国際航空貨物に分類し，それぞれに対して需要予測が行われる。いずれの対象についてもまったく同様の手法が適用されるのではなく，輸送の実態，利用可能なデータの制約などが考慮され，四段階推定法の一部の段階が省略されることもある[47]。

ここでは，空港計画において用いられる航空需要予測の中で最も詳細な構成となっている，国内航空旅客需要予測手法の概略について説明する。航空需要予測の特徴としては，幹線（ラインホール）移動における交通機関選択や航空経路選択に加えて，出発地から空港へのアクセス交通手段選択（および空港から最終到着地へのイグレス交通手段選択）が考慮される点が挙

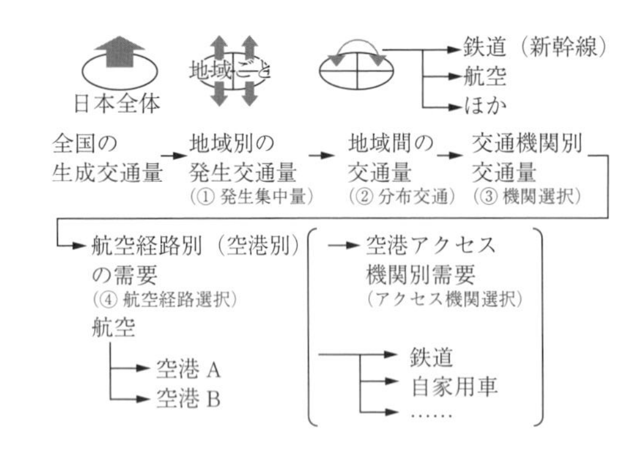

図 10.4　標準的な国内航空旅客需要予測手法

げられる（**図 10.4** 参照）。

将来需要予測において，目的年次における総交通旅客需要が，いわゆるコントロールトータルとして生成交通量予測モデルで推定される。国内航空旅客需要予測の場合では，日本全国の国内地域間交通需要の総量がコントロールトータルとなる。ここでは，旅客需要に影響すると考えられる要因の将来値を説明変数として，回帰的に将来旅客需要が産出される。例えば，目的年次における総人口，1 人当り GDP，交通利便性（アクセシビリティ指標）などが外生変数となる。

生成交通量モデルで得られたコントロールトータルを基に，四段階推定法の各段階に相当する部分モデルにおいて細分化された需要量が予測される。ここでも国内航空旅客の需要予測[47]を例に説明する。発生交通量の予測では，旅行目的別に発生交通量の地域別シェアが推定される。これをコントロールトータルに乗じることで，旅行目的別発生地別の旅客需要（発生交通量）が得られる。第 2 段階の分布交通量予測に相当する段階で，旅行先選択モデルが適用され，これと発生交通量を合わせることで，地域間の交通量すなわち **OD 旅客需要量**（OD passenger demand）が算出される。

交通機関選択，経路選択，およびアクセス交通機関選択を予測するための手法は，これらがほぼ同様の構造を持つため，階層化された離散選択モデルが適用されることが一般的である。近年では，非集計ネスティッドロジットモデルの利用が標準的[47]である。

以上の枠組みは，四段階推定法による需要予測手法として一般的なものであるが，航空需要予測においては路線ごとの便数と想定機材が，大きな役割を果たす。航空路線の便数は，航空経路選択において，航空経路の利便性指標となる変数として直接的に影響するばかりでなく，ログサム値により表されるアクセシビリティ指標として，上位階層の選択モデルにも影響を及ぼす。航空機材については，路線に投入される航空機材によって 1 便当りの座席数が異なるが，座席利用率が著しく低い，あるいは常時満席に近い状態で運航されることは考えにくい。したがって，路線需要規模に依存して，選択される航空機材が変わると考えられるが，空港の容量制約の度合いにも影響される。わが国の国内航空路線では，諸外国に比べて大型の航空機材が用いられているが，これは東京国際空港（以下，羽田空港と呼ぶ）に代表される主要空港の容量制約が影響している。路線の航空機材のサイズと需要量から，需要を満たす便数（運航頻度）が算出されるが，路線便数は航空輸送のサービスレベル変数として航空経路選択にも影響する。実務的な航空需要予測においては，このようなスパイラル関係も考慮し，航空機材（1 便当り旅客数）および運航頻度が矛盾なく調整されるような推定システムが導入される。この方法については，標準的なものは確立されておらず，ad-hoc な手法が採用される[1]ことがほとんどであり，航空需要予測手法における課題の一つとなっている。

10.6.3　空港整備と都市地域経済

空港整備あるいは空港機能の高度化は，これ単体では，航空輸送の技術的な効率化に寄与するのみであり，直接的に航空輸送以外の経済活動に影響するものではない。しかし，航空輸送サービスの効率化は，間接的な効果として，都市地域経済あるいは国民経済全体における，航空輸送以外の経済活動へも波及する。以下ではその例として，容量が逼迫した空港における空港整備により，空港容量制約が緩和された場合に想定される，都市地域経済への**間接効果**（indirect effects）が生じるメカニズムについて述べる。

航空輸送サービス産業の生産活動において，空港という社会資本が不可欠である以上，空港容量が逼迫しボトルネック化することによって，**生産効率性**（productivity）が低下することは不可避である。特にネットワークの中核をなす空港における容量制約は，効率的に生産量拡大が可能な地点における物理的な生産量制約となり，航空輸送サービス産業の成長を阻害する主要因となる。したがって，そのような空港における容量に余裕を持つこと自体が，経済学的な意味での生産効率性の向上をもたらすといえよう。

空港単体としての生産効率性を扱った研究としては，Gillen and Lall[48]に代表される **DEA**（data envelopment analysis）**手法**や，Hooper and Hensher[49]に代表される **TFP**（全要素生産性）**手法**が主であり，これまで多数の研究成果が蓄積されている。こうしたアプローチは，空港ごとのパフォーマンスを計測，比較することを目的としており，Forsyth[50)] において詳しくレビューされている。しかし，空港という社会基盤は航空輸送サービスを構成する一部の要素であり，空港単体（空港運営）の生産効率性は，航空輸送サービス全体の生産効率性とは等価ではない点に注意する必要がある。

航空輸送サービスは，さまざまな産業の生産活動において**派生需要**（derived demand）として中間投入的に利用されるため，この生産性の向上の効果は航空輸送サービス産業のみならず，あらゆる産業の経済活動に波及すると考えられる。その結果，都市地域経済レベルでの，場合によっては国民経済レベルでの，大きな効果がもたらされる可能性も期待される。したがって，都市地域経済への経済効果波及という観点から重要なのは，空港運営の生産効率性ではなく，航空輸送サービス全体の生産効率性である。

都市地域経済や国民経済への経済効果という観点から，例えば，Ueda, et al.[51)] や石倉ら[52)] では，わが国の国内航空輸送ネットワークの中心的空港である羽田空港の継続的な整備による容量拡大に注目し，その国民経済的な効果の評価が行われている。これらはいずれも，航空市場とその他市場を同時に，かつミクロ経済理論と整合的に扱った，**応用一般均衡モデル**（computable general equilibrium model）を用いた分析である。

Ueda, et al.[51)] では，羽田空港の再拡張事業により国内航空輸送サービス全体の生産効率性が向上したことを想定し，国内各地域に帰着する便益を推定している。すなわち，国内航空ネットワークのハブ的な役割を担う羽田空港の整備は，関東地域だけではなく，広く日本全体に効果をもたらすことが示された。

石倉ら[6)] は，空港の整備が航空輸送産業の生産効率性に及ぼす影響に着目し，その効果を定量推定した上で，国民経済に及ぶ経済効果，特に産業部門別の生産額変化について評価を行った。この研究では，羽田空港の容量に相当する国内線発着枠（スロット）と，航空輸送産業の生産効率性の関係を TFP アプローチにより推定している。この関係性の推定結果を利用し，過去の羽田空港の拡張事業と，第 4 滑走路整備（当時は未完成）を含む再拡張事業による効果について，試算が行われている。ここでの分析結果によると，羽田空港の容量拡大は，特に商業，通信・放送，運輸業，サービス等の産業部門において，生産額増加率の面で大きな効果をもたらすことが示されている。

航空輸送に限らず，交通サービスに対する需要は一般に派生需要であり，その財やサービスの消費自体を目的とする本源的需要とは性質が異なる。消費者の中には，航空機に乗る，という行為そのものが目的である旅行者もあり得るが，交通サービスへの消費全体から比べると，無視できるレベルの少数派であろう。都市間交通サービスが利用される背景には，移動や輸送を必要とする行動目的があり，私的なものでは観光や帰省，産業活動においてはさまざまな理由での出張業務などが挙げられる。空港整備がもたらす航空輸送サービスの生産効率性向上は，経済学的には，航空サービス利用の一般化費用の低下に寄与する。すなわち，より安く旅行することが可能となり，これが旅行需要の増加や，旅行支出の低減による他目的支出への機会増加をもたらし，都市地域経済への間接効果の源泉となるのである。　　　　　　　（石倉智樹）

10.7　空港設計と管制システム

10.7.1　航空交通システムの構成要素と特徴

空港の基本施設としては，**旅客ターミナルビル**（passenger terminal building）や**エプロン**（apron：駐機場），**誘導路**（taxiway）などさまざまあるが，航空機によって旅客や貨物を輸送するため，それらの乗降・積卸を地上で行う限り，空と地上をつなぐインターフェイスとしての**滑走路**（runway）は最も基本的，かつ一連の空港システムの中で容量上のボトルネックとなることが多いため重要な施設となる。空港の設計においては，滑走路の規模や配置等を検討することになるが，空とのインターフェイスであるため，滑走路を離着陸するための飛行経路の設計も同時に検討される必要があるとともに，飛行経路の設計や運用制約が滑走路の容量や周辺環境に大きな影響を与える。本節では滑走路の処理容量を中心に説明するが，その前に，空港の各施設をサブシステムとして含む航空交通システムの構成要素と特徴について簡単に整理したい。

まず，空港の施設としては大きく**ランドサイド**（landside）と**エアサイド**（airside）に分けられる。前者は旅客・貨物ターミナルビルや空港へのアクセス交通など旅客や貨物が利用する施設であり，後者はエプロン，誘導路，滑走路など航空機が利用する施設である。そして，航空機が空港のエアサイドを走行し，空域・航空路を飛行する際は，低高度を目視で飛行する**有視界飛行方式**（visual flight rules, **VFR**）などを除き，基本的に**航空管制官**（air traffic controller）の指示に従い，地上の航行援助無線施設や衛星からの電波を利用しながら飛行または走行を行う（**計器飛行方式**, instrument flight rules, **IFR**）。これは，高速で飛行する多数の航空機を視界の悪い雲の中などでも安全かつ効率的に飛行させるためであり，そのためのルール（航空機間の最低間隔など）が管制方式基準として国際的に決められている。国ごとにローカルルールも存在するが，国際的な運航であるため基本的なルールは国際標準として同一である。航空会社は管制機関から**航行援助サービス**（air navigation service）を受けて航空機を運航することになるので，旅客や貨物に対してはサービスプロバイダーである一方で，管制機関に対しては逆にユーザーの立場になる。例えば，遅延について考えると，旅客にとっては，サービスプロバイダーである航空会社が提供する固定的な時刻表からの遅延時間が問題となる。しかし，航空会社と管制機関の間の関係で見れば，航空会社が毎日管制機関に提出する各便の**飛行計画**（flight plan）からの遅延が問題となる。飛行計画はその日の気象条件や機材繰りに応じて毎日変更されるため，そこに記載される出発予定時刻や飛行予定経路が毎日同一とは限らない。管制機関はこの飛行計画を基に管制業務を行うが，単にレーダー等を見ながら飛行方法を指示するだけでなく，1990年代からアメリカを中心に**航空交通流管理**（air traffic flow management, **ATFM**）という需要と容量のバランス管理業務も行うようになってきた。これは，飛行計画等を基に数時間先までの各空港や空域における需要（航空機の交通量）を予測し，気象条件等によって変化する空港・空域容量に照らして需要超過が予測された場合に，需要をあるレベルまで制限する方法である。例えば，到着空港上空での空中待機時間の軽減を目的に，出発空港で離陸時刻を遅らせる方法が代表的である（出発時刻制御）。ATFMの実施に際しては，需要予測上は飛行計画の正確性や最新の状況への更新が重要であり，航空会社に正確な飛行計画を提出・更新させるためのインセンティブがATFMシステムの制度に組み込まれていることがある。空港（滑走路）や空域の容量予測においては，気象条件の不確実性や離着陸比率等の交通条件の扱いが重要となる。

10.7.2　空港における容量の定義と発着枠

容量（capacity）とは通常，ある施設の単位時間当りの処理能力（スループット：throughput）を指す。エアサイドとランドサイドから成る空港の容量としては，離着陸する航空機，旅客，手荷物，貨物等が，ある条件下で最大処理できる数として表現できる。旅客のサービス待ちのスペースや航空機の駐機スペースなど「収容能力」を指す場合が「静的（static）な容量」であるとすれば，単位時間当りの処理能力としてのスループットは「動的（dynamic）な容量」ともいえる。空港の計画や設計においては，駐機スペースの容量は静的な容量である一方で，1機当りの平均駐機時間を介せば動的なスループットとしても扱われる。

そのほかに，空港の計画と設計において容量上の重要な概念として，**極限容量**（ultimate capacity，または**飽和容量** saturation capacity）と**実用容量**（practical capacity）がある（Hockaday and Kanafani[53]）。道路交通の「可能交通容量」と「設計交通容量」と似た概念である。つまり，空港における極限容量とは，継続的な需要の存在下で一定時間に処理可能な最大数であり，実用容量はサービス水準があらかじめ決められた水準を満たす中で処理可能な最大数である。例えば，滑走路の容量では，通常，1機当りの平均遅延時間がサービス水準として使用され，それがある時間以下になる中での最大処理機数が実用容量となる。混雑空港では過度な混雑を避けるために，単位時間当りの**発着枠**（いわゆるスロット：slot）の上限数を決めて航空会社の発着機数を制限することが多い。この発着枠の上限数を決める根拠として実用容量が使われる。日本の発着枠の算定では平均遅延時間などのサービス水準を明示的に扱っていないが，欧州等の海外混雑空港では，各空港で許容可能な平均遅延時間を関係組織の間で決め（合意して），その条件を満たす容量，つまり発着枠上限を算定している例も多い。ここで使用する遅延時間とは，あくまで滑走路等の空港施設の容量に起因する遅延であり，航空会社の都合に起因する遅延は含まれず，航空会社の時刻表からの遅延でもない。例えば，イギリスのヒースロー空港では到着機が着陸順序待ちのために空中待機している時間を着陸の実用容量決定で考慮している。なお，ヒースロー空港では慢性的な容量不足に対して滑走路増設が困難な中で，後述する滑走路占有時間の短縮や着陸順序の最適化などの管制運用の工夫による処理容量拡大に取り組む一方で，これまでに複数回，許容遅延時間を緩和（大きく）することで実際の処理容量が変わらない中でも発着枠自体の拡大も実施してきている。

10.7.3　滑走路容量の算定方法

前述のとおり，航空機は航空管制官の指示に従い，航空機間の最低間隔等の管制ルールを順守して飛行している。したがって，滑走路容量の決定要因として管制ルールが主たる要因の一つとして挙げられる。そのほかにも，固定的な要因として滑走路本数やレイアウト，変動要因として気象条件や機材構成（大型機比率など），また管制の運用戦術（離着陸順序付けなど）が挙げられる。風向などの気象条件が変わると離着陸の方式や方向が変わるため，それに応じて滑走路全体の容量も変化することが多い。

まず，着陸専用の単一滑走路の容量を考える。以降で述べる容量は極限容量に対応していると考えられる。管制ルール上の制約条件としては，① 飛行中の航空機間の最低間隔を維持する，② 滑走路を同時に使用する航空機は1機のみとする，の2点である。

前者の条件①は連続する2機の機材サイズ（正確には最大離陸重量で決まる後方乱気流区分：Heavy, Medium, Small）の組合せにより，その間隔は変化する（**表 10.4** 参照）。大型機の翼下に作用する揚力が翼端で上に回り込むことで発生する翼端渦（後方乱気流）の影響により，大型機に後続する機は後続機が小型になるほど間隔を空ける必要がある。

表 10.4　連続2機の最低間隔（Heavy, Medium の例）

先行機／後続機	Heavy	Medium
Heavy	4 NM	5 NM
Medium	3 NM	3 NM

〔注〕 1 NM（海里）＝1 852 m。表中 3 NM はレーダー管制間隔，4, 5 NM が後方乱気流間隔。

条件②は航空機が滑走路進入端を通過してから接地走行し滑走路を離脱するまでの時間，つまり**滑走路占有時間**（runway occupancy time，**ROT**）が問題となる。通常，滑走路容量の算定は統計的方法を基にしており，連続する2機の離着陸機で先行機 i，後続機 j の処理時間間隔を t_{ij}，先行機 i，後続機 j の後方乱気流区分ごとの機材比率をそれぞれ p_i，p_j とすると，すべての区分の組合せにおける平均処理時間間隔は以下の式で求められる。

$$E\left(t_{ij}\right)=\sum_{ij}t_{ij}p_i p_j \tag{10.13}$$

ここで，処理時間間隔 t_{ij} は先行機の滑走路占有時間と飛行中の最低間隔の大きな方で決まり，かつ先行機の速度が後続機より大きい場合は滑走路に向けた最終進入経路の開始地点で最低間隔を確保することになるため（逆の場合は徐々に間隔が狭まるため滑走路端），以下の式で求められる。

$$t_{ij}=\begin{cases}\max\left[\mathrm{ROT}_i;\dfrac{\delta_{ij}}{\upsilon_j}\right]\text{for } \upsilon_i\leqq\upsilon_j\\[2ex] \dfrac{\delta_{ij}}{\upsilon_j}+\gamma\left(\dfrac{1}{\upsilon_j}-\dfrac{1}{\upsilon_i}\right)\text{for } \upsilon_i>\upsilon_j\end{cases} \tag{10.14}$$

ここで ROT_i は先行機の滑走路占有時間，δ_{ij} は先行機 i と後続機 j の最低間隔，υ は進入飛行速度，γ はすべての機が共通して通る最終進入経路の長さである。なお，最終進入以前は高度差（垂直間隔）で必要な間隔を維持することが多い。以上より計算される平均処理時間間隔から単位時間当りの平均処理機数，つまり着陸容量 C_a は

$$C_a=\frac{1}{E\left(t_{ij}\right)} \tag{10.15}$$

で求まる。実際には個々の機で速度や ROT はばらつくため，一定のバッファーを加えて容量を計算することになる。飛行間隔ではルール上の最低間隔にバッファーを考慮することになり，ROT では観測された確率分布を用いて条件②を違反する確率を一定以下（日本では0.5%）に抑えるようなバッファー時間を考えている。なお，想定した ROT よりも航空機間隔が小さくなる場合には着陸をやり直す方式（着陸復行）を行うだけで特に安全上の問題はないが，もう一度処理する必要があるため容量上のロスになる。日本では空港の狭隘（きょうあい）さや大型機が多いことなどから ROT が飛行最低間隔に比べて大きく，従来から ROT のみで着陸容量が決定されてきた経緯があるが，近年では滑走路からの高速離脱誘導路の整備や機材の小型化も進展したことで ROT も低下しているため，飛行間隔も同時に考慮した容量算定を行う必要性が高くなっている。

離陸専用滑走路の容量も基本的に着陸と同様の考え方で計算できるが，大きな相違点は離陸の場合は後続機が滑走路上で停止して待機できる点である。着陸の場合は空中で停止することができないため，航空機間隔にバッファーを考慮する必要があるが，離陸の場合は先行離陸機のその時々の速度や挙動に応じて離陸開始時刻を調整できる，つまり，ROT はバッファーなしの平均値で，飛行間隔は最低間隔で容量を計算できる。もう1点は，着陸の場合は基本的に直線進入または非直線でも同一経路を仮定するが，離陸経路は離陸直後に複数方位の経路を柔軟に設定できる。先行機と一定以上の方位差がある経路で後続機が離陸する場合，航空機間隔の短縮が可能であるため，離陸経路の連続性も容量に大きな影響を与える。

単一滑走路を離陸と着陸が共用するケース（mixed-mode。着陸もしくは離陸専用：segregated-mode）も同様の考え方であるが，表 10.4 に示した後方乱気流間隔の影響が緩和される。というのも後方乱気流は航空機が浮いているときにのみ問題となるため，離陸機の後方乱気流は着陸機に影響せず，逆もしかりである。したがって，通常，離着陸共用の場合の容量は着陸専用や離陸専用に比べて大きくなる。また，離着陸の比率によってもトータルの容量は変動する。

以上，単一滑走路を着陸専用，離陸専用，離着陸共用の場合の容量算定方法を紹介したが，いずれの場合

でも，機材の処理順序はfirst come first served(FCFS)，つまり確率的にランダムを仮定することが通常である。一方で，実際の管制運用においては，より効率的に離着陸を処理するために意図的・戦略的に順序付けを行うこともある。最も単純な例は離着陸共用のケースにおいて離陸と着陸を完全に交互に処理する順序付け（alternate tactics）である。前述のとおり離着陸間では後方乱気流の影響がないため，完全交互運用ではその影響を完全になくすことができ，処理容量が通常最大化する。実際には完全交互は困難であるが，連続離陸のケースの離陸方位の非連続化も含めて，可能な限り戦略的に順序付けを行っている混雑空港も実際に多く存在する。発着枠設定のための容量算定でどのような順序付けを仮定するかは，その順序付けの実現性・安定性が問題となるが，実際の運用においては，管制支援システムも活用した戦略的な離着陸順序付けが現在においても利用されている例があるとともに，航空交通システムの将来計画（日本の計画はCARATSと呼ばれる）でも効率的な離着陸処理に向けた順序付けの最適化が検討されている。

大規模な空港では複数滑走路を有することが多いが，管制運用上，複数滑走路が相互に従属関係にあることもしばしばである。空港設計においては離着陸の処理効率を上げるために複数滑走路間の従属性が極力ないように滑走路の配置や離着陸経路の設定を行う。例えば，平行滑走路の場合はその滑走路間の間隔が一定以上離れ（open parallel），かつ着陸復行経路も一定以上相互に分岐しているなどの条件を満たせば2本の滑走路を完全に独立運用でき，容量も最大化できる。しかし，空港用地の制約や騒音から見た飛行経路制約により独立運用ができない滑走路配置や飛行経路設定しかできないことも多い。その場合，相互従属性の影響分だけ滑走路容量は低下する。容量算定上は，複数滑走路を一つの系とみて，単一滑走路の場合と同様に連続する離着陸の種類の組合せごとの処理間隔を求め，その確率的な期待値から容量計算が可能である（例えばJanic[54)]）。現在の羽田空港のように4本の滑走路が複雑に従属運用される場合には解析的に容量を算定することが困難であるため，そのようなケースではシミュレーション手法による近似解を得ることになる（Hirata, et al[55)]）。

さて，現在，欧米や日本において航空交通システムの近代化計画が進行している（アメリカNextgen，欧州SESAR)。その中では航空機運航の時間管理を高度化し，空港への離着陸においてもその順序・間隔設定を戦略的に行うことで容量増加をするための方法論が検討されている。従来から関連した研究は多く存在し，例えばGilbo[56)]や平田[57)]では，離陸容量と着陸容量のトレードオフ関係を考慮した時間帯別の最適離着陸容量配分によるトータルの遅延時間最小化を検討している。航空機や管制システムの高度化に伴い，上記のような戦略的な航空交通流管理が実際の運用においても可能になりつつある。（平田輝満）

引用・参考文献

1）加藤一誠，引頭雄一，山内芳樹編著：空港経営と地域－航空・空港政策のフロンティア，成山堂書店（2014）

2）Panzar, J.C. : Regulation, deregulation and economic efficiency: the case of the CAB, American Economic Review, 70, pp.311～315（1980）

3）規制市場を分析したPanzarの方法論に関しては，つぎの文献の解説に詳しい。金本良嗣，山内弘隆：便数競争と規制の影響について，講座・規制と産業4，交通，第4章，pp.186～189

4）Brander, J.A. and Zhang, A. : Market Conduct in the Airline Industry, RAND Journal of Economics, Vol.21, No.4, pp.567～583.（1990）

5）Oum, T.H., Zhang, A., and Zhang, Y. : Inter-firm rivalry and firm-specific price elasticities in deregulated airline markets, Journal of Transport Economics and Policy, pp.171～192（1993）

6）Caves, D.W., Christensen, L.R., and Tretheway, M.W. : Economies of density versus economies of scale: why trunk and local service airline cost differ, RAND Journal of Economics, 15, pp.471～489（1984）

7）Brueckner, J.K. and Spiller, P.T. : Competition and mergers in airline networks, Journal of Industrial Organization 9, pp.323～342（1991）

8）Brueckner, J.K. and Spiller, P.T. : Economies of traffic density in the deregulated airline industy, Journal of Law and Economics, Vol. 37, pp.379～415（1994）

9）Zhang, A. : An analysis of fortress hubs in airline networks, Journal of Transport Economics and Policy 15, pp.293～307（1996）

10）Hendricks, K., Piccione, M., and Tan, G. : The economics of hubs: the case of monopoly, The Review of Economic Studies 62, pp.83～99（1995）

11）Hendricks, K., Piccione, M., and Tan, G. : Entry and exit in hub-spoke networks, RAND Journal of Economics 28, pp.291～303（1997）

12）Hendricks, K., Piccione, M., and Tan, G.,: Equilibria in networks, Econometrica 67, pp.1407～1434（1999）

13）Flores-Fillol, R. : Airline competition and network structure, Transportation Research B 43, pp.966～983（2009）

14）Takebayashi, M. : Network competition and the difference in operating cost: Model analysis,

Transportation Research E 57, pp.85～94（2013）
15） 村上英樹：低費用航空会社の市場効果の持続性：米国複占市場におけるケース，神戸大学経営学研究科ディスカッションペーパー 2005.9（2005）
16） Windle, R. and Dresner, M. : The short and long run effects of entry on U.S. domestic air routes, Transportation Journal, pp.14～25（1995）
17） Dresner, M., Lin, J.S.C., and Windle, R. : The impact of low-cost carriers on airport and route competition, Journal of Transport Economics and Policy, pp.309～328（1996）
18） Murakami, H. : Empirical analysis of inter-firm rivalry between Japanese full-Service and low-cost carriers, Pacific Economic Review, Vol.16, No.1, pp.103～119（2011）
19） Murakami, H. : Time effect of low-cost carrier entry and social welfare in US large air markets, Transportation Research Part E, Vol.47, No.3, pp.306～314（2011）
20） Murakami, H. and Asahi, R. : An empirical analysis of the effect of multimarket contacts on US air carriers' pricing behaviors, Singapore Economic Review, Vol.56, No.4, pp.593～600（2011）
21） Murakami, H. : Dynamic Effect of Low-Cost Entry on the Conduct Parameter: An Early-Stage Analysis of Southwest Airlines and America West Airlines", Modern Economy, 2013, Vol.4, No.4, pp.281～292（2013）
22） Zhou, L., Yu, C., and Dresner, M. : Multimarket contact, alliance, membership, and price in international airline markets, Transportation Research Part E 48, pp.555～565（2012）
23） 例えば，村上英樹ほか編著：航空の経済学，ミネルヴァ書房（2006）
24） JAL 運航マップ
http://jl.fltmaps.com/ja/japan（2015 年 1 月現在）
25） Bryan, D.L and O'Kelly, M.E. : Hub-and-spokes Networks in Air Tranportation: An Analytical Review, Journal of Regional Science, Vol. 39, No.2, pp.275～295（1999）
26） O'Kelly, M.E. : Quadratic Integer Program for General Hub Location, European Journal of Operational Research 32, pp.393～404（1987）
27） Campbell, J.F. : Hub Location and the P-hub Median Problem, Operations Research 44, No. 6, pp.923～935（1996）
28） 竹林幹雄：ネットワークデザインの定式化と解法，飯田敬恭監修「交通工学」第 9 章 4 節（2008）
29） Adler, N. : Competition in a deregulated air transportation market, Eur. J. Oper. Res., 129, pp.108～116（2001）
30） Adler, N., Pels, E., and Nash, C. : High-speed rail and air transport competition: game engineering as tool for cost-benefit analysis, Transport. Res. Part B 44, pp.812～833（2010）
31） Takebayashi, M. : Managing the multiple airport system by coordinating short/long-haul flights, Journal of Air Transport Management 22, pp.16～20（2012）
32） Takebayashi, M. : The Future Relations between Air and Rail Transport in the Island Country, Transportation Research A 62, pp.20～29（2014）
33） Kanafani, A. and Ghobrial, A. : Airline hubbing: some implications for airport economics, Transport. Res. Part A, Vol.19, No.1, pp.15～27（1985）
34） Zhou, J., Lam, W.H.K., and Heydecker, B. : The generalized Nash equilibrium model for oligopolistic transit market with elastic demand, Transport. Res. Part B 39, pp.519～544（2005）
35） Bell, M. : Stochastic User Equilibrium Assignment in Networks in Queues, Transportation Research, B 29, pp.125～137（1995）
36） 土木学会編：交通社会資本制度－仕組みと課題，土木学会（2010）
37） 山重慎二：所有形態と資金調達コスト－PFI・財投・民営化（5 章）「山内弘隆編著：運輸・交通インフラと民力活用－PPP/PFI のファイナンスとガバナンス」，慶応義塾大学出版会（2014）
38） Graham, A. : Managing Airports - An international perspective : 4th Edition, Routledge（2014）
39） ICAO : Ownership, Organization and Regulatory Practices of Airports and Air Navigation Services Providers 2007（2008）
40） Graham, A. : The objectives and outcomes of airport privatization, Research in Transportation Business & Management, Vol.1, No.1, pp.3～14（2011）
41） 石田哲也，野村宗訓：官民連携による交通インフラ改革，同文舘出版（2014）
42） GAO : Airport Privatization : Limited Interest despite FAA's Pilot Program, GAO-15-42（2014）
43） Mew, K. : The privatization of commercial airports in the United States, Public Works Management and Policy, Vol.5, No.2, pp.99～105（2000）
44） 中野宏幸：交通インフラ経営のグローバル競争戦略，日本評論社（2014）
45） 町田裕彦：日本における PFI 制度の歴史と現状（4 章）「山内弘隆編著：運輸・交通インフラと民力活用－PPP/PFI のファイナンスとガバナンス」，慶応義塾大学出版会（2014）
46） 野村宗訓，切通堅太郎：航空グローバル化と空港ビジネス－LCC 時代の政策と戦略，同文舘出版，（2010）
47） 国土交通省国土技術政策総合研究所：航空需要予測について
http://www.ysk.nilim.go.jp/kakubu/kukou/keikaku/juyou1.html（2016 年 6 月現在）
48） Gillen, D. and Lall, A. : Developing Measures of Airport Productivity and Performance: An Application of Data Envelopment Analysis, Transportation Research Pt. E, Vol.33, No.4, pp.261～273（1997）
49） Hooper, P. G. and Hensher, D. A. : Measuring Total

Factor Productivity of Airports – An Index Number Approach, Transportation Research Pt. E, Vol.33, No.4, pp.249～259（1997）

50）Forsyth, P. : Models of Airport Performance, in Hensher and Button ed. Handbook of Transport Modeling, Elsevier（2000）

51）Ueda, T., Koike, A., Yamaguchi, K., and Tsuchiya, K. : Spatial Benefit Incident Analysis of Airport Capacity Expansion, in Kanafani and Kuroda ed. Global Competition in Transportation Markets: Analysis And Policy Making, pp.165～196（2005）

52）石倉智樹，土谷和之：羽田空港の容量拡大による航空輸送の生産性への寄与とその経済効果，土木学会論文集，Vol.63, No.1, pp.36～44（2007）

53）Hockaday, S. L. M. and Kanafani, A. K. : Development in Airport Capacity Analysis, Transportation Research, Vol.8, pp.171～180（1974）

54）Janic, M. : Modelling the capacity of closely-spaced parallel runways using innovative approach procedures, Transportation Research Part C, 16, pp.704～730（2008）

55）Hirata, T., Shimizu, A., and Yai, T. : Runway Capacity Model for Multiple Crossing Runways and Impact of Tactical Sequencing -Case Study of Haneda Airport in Japan-，Asian Transport Studies，Vol.2, No.3, pp.295～308（2013）

56）Gilbo, E. P. : Airport Capacity: Representation, Estimation, Optimization, IEEE Transactions on Control Systems Technology, Vol. 1, No. 3, pp. 144～154（1993）

57）平田輝満：羽田空港の滑走路運用特性に起因した航空機遅延の軽減方策に関する研究，土木学会論文集D3（土木計画学），Vol.69，No.5，pp.I_869～I_880（2013）

11. 港　湾　計　画

11.1　港湾計画の概要

港湾（port and harbor）とは，海陸交通の接続場所として物流機能を中心とした空間に加え，産業機能や生活機能に関連する諸機能を有する，一定の**水域**（water area）と**陸域**（land area）を含む総合的空間である。物流機能としては，船舶の**航行**（navigation），**貨物の積卸し**（cargo loading and discharging），貨物の**保管**（storage），貨物の**背後圏輸送**（hinterland transport）等が行われるとともに，貿易業，海運・船舶代理店業，保険業などの諸活動が営まれる。産業機能としては，臨海部立地企業によって，必要な原材料の調達，製品の生産，製品搬出に関わる諸活動が営まれる。生活機能としては，**フェリー**（ferry）や**クルーズ船**（cruise ship），商業施設，アミューズメント施設等の利用があり，市民がやすらぎの時間を過ごす。わが国においては，一般に地方公共団体がなることの多い**港湾管理者**（port management body）は，水域と陸域を含む港湾空間において，物流，産業，生活に関わるこれら諸活動が効率的に営まれるよう，**港湾計画**（port plan）に照らしつつ，空間ゾーニングと土地利用規制等によって，これらの諸活動を適切に調整・誘導しなければならない。

11.1.1　港湾計画とは[1)]

港湾計画とは，一定の水域と陸域から成る港湾空間において，開発，利用および保全を行うに当たっての指針となる基本的な計画であり，通常，10 年から 15 年程度の将来を目標年次として，その港湾の開発，利用および保全の方針を明らかにするとともに，**取扱可能貨物量**（cargo handling capacity）などの能力，その能力に応じた**港湾施設**（port facility）の規模および配置等，さらに港湾の環境の整備および保全に関する事項を定めるものである。

港湾計画で定める具体的な事項は，大きく以下の 6 項目に分けられる。なお，それぞれの詳細項目や記載方法については，港湾計画の基本的な事項に関する基準を定める省令（以下「計画基準省令」）に，具体的に示されている。

① 港湾の開発，利用および保全，ならびに港湾に隣接する地域の保全の方針

② 港湾の取扱貨物量，船舶乗降旅客数その他の能力に関する事項

③ 港湾の能力に応ずる**水域施設**（waterways and basins），**係留施設**（mooring facilities）その他の港湾施設の規模および配置に関する事項

④ 港湾の環境の整備および保全に関する事項

⑤ 港湾の効率的な運営に関する事項

⑥ その他港湾の開発，利用および保全，ならびに港湾に隣接する地域の保全に関する重要事項

11.1.2　港湾計画の役割と意義[2)]

港湾計画の策定に当たっては，地域的な要請はもとより，港湾内に立地あるいは港湾を利用する民間企業からの要請についても，十分に踏まえる必要がある。さらに，**国際戦略港湾**（international container hub port），**国際拠点港湾**（international hub port）および**重要港湾**（major port）の場合，港湾の機能は，地域的なレベルにとどまらず，国の経済活動や全国的な交通体系に及ぼす影響も大きい。このため，全国的な物流・交通ネットワークと整合を図るという観点から，とりわけこれらの港湾における港湾計画は，国からの要請をも的確に反映したものとする必要がある。

港湾管理者や地元自治体関係者だけでなく，民間企業をはじめとする港湾利用者や，さらには国からの要請も踏まえ，所要の検討，調整および合意の上で策定された港湾計画は，その港湾に関わるすべての関係者が，開発，利用および保全を行う上で，共通の指針となる計画である。したがって，港湾計画には，つぎのような役割と意義がある。

第一は，港湾計画が，当該港湾に関する行政指針の基本とされることである。民間事業者らが，**港湾区域**（port area）または**臨港地区**（waterfront area）で諸活動を実施したり，施設を建設したりする場合，その行為が港湾計画に適合しているかどうかが，港湾管理者による許可の基準となる。

第二は，港湾施設の整備に関することである。国は，国際戦略港湾，国際拠点港湾および重要港湾において施設整備の負担金，補助金または交付金の拠出を判断する際に，港湾計画で定められた施設かどうかを判断基準としている。すなわち，これらの国費を使っ

て事業を実施するには，港湾計画に位置付けられた施設であることが必要条件である。

11.1.3　港湾計画の策定手続き

港湾計画の策定手続きは，**図 11.1** に示すように，港湾管理者が港湾計画を定め，また変更しようとするときは，地方港湾審議会の意見を聴き，その計画を国土交通大臣に提出（軽易な変更の場合を除く）することになっている。港湾計画の提出を受けた国土交通大臣は，交通政策審議会の意見を聴くとともに，提出された港湾計画が，「港湾の開発，利用及び保全並びに開発保全航路の開発に関する基本方針」[3]（以下「港湾の基本方針」）および計画基準省令に適合しているかについて，確認することになっている。

この仕組みを通じて，個別の港湾計画が国の利害に合致していること，またその役割が十分発揮できること，さらには広域的な整合がとれていることが担保されている。

11.1.4　港湾の基本方針

「港湾の基本方針」は，国の港湾行政の指針として，ならびに港湾管理者が個別の港湾計画を定める際の指針として，港湾法に基づき，国土交通大臣が定めるものである。

とりわけ，個別の港湾計画において，港湾相互間の連携を確保するため，「港湾機能の拠点的な配置と能力の強化」の各項目に対して，十分な配慮が求められる。

① 全国の港湾取扱貨物量の見通しは，個別の港湾計画が定める取扱可能貨物量の全国合計値が，将来において大幅な供給過剰に陥らないようにするための，コントロールトータルである。

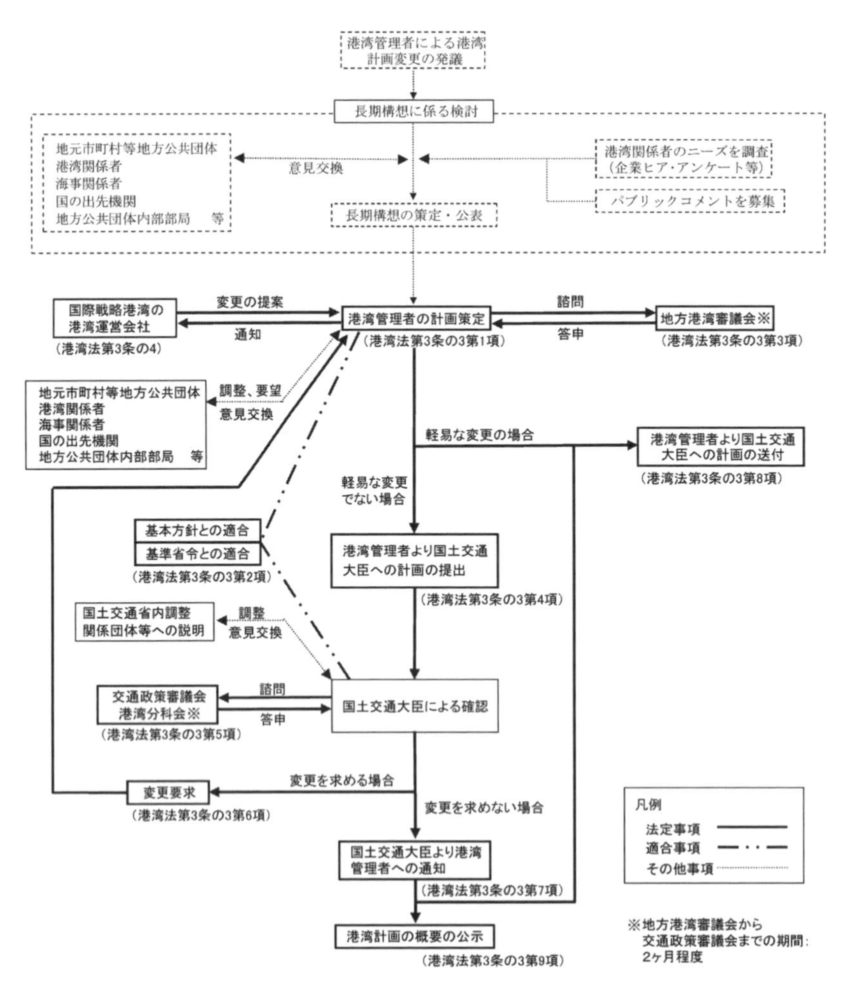

図 11.1　港湾計画の策定手続き

② **国際海上コンテナ輸送**（international maritime container shipping）網の拠点機能については，**コンテナ船**（containership）の大型化が進む欧米との**基幹航路**（trunk route）の維持・強化のために，広域からの貨物集約を想定する国際戦略港湾，さらに比較的小型のコンテナ船による多方面・多頻度サービスが求められる，アジアとの中近距離航路の充実を進めるそれ以外の港湾の機能分担に関する指針である。

③ **バルク貨物**（bulk cargo）等の輸送網の拠点機能については，産業の立地状況，資源の産出地・消費地の分布状況，エネルギー拠点の立地状況等に対応し，品目ごとに，陸上輸送や海上輸送の状況等を考慮して配置する際の指針である。

④ **複合一貫輸送網**（intermodal transport network）の拠点機能については，全国的な貨物の発生集中状況，航路が成立する需要規模，CO_2 排出量削減等を考慮するとともに，幹線道路網の整備状況を踏まえ，海上輸送と陸上輸送の物流全体での効率化が進められるような配置の指針である。

⑤ 地域の自立的発展を支える海上輸送網の拠点機能については，隣接する港湾間の距離や国土の形状，**離島**（remote island）であるかどうか等の地理的条件を考慮した配置の指針である。

⑥ 船舶の安全な避難機能を担う拠点機能については，小型船舶等が航行中に異常気象を察知した場合に安全に避難ができるように，全国に適切に配置するための指針である。

⑦ 大規模地震対策施設については，大規模な地震が発生した場合に，被災直後の緊急物資，避難者等を輸送するための機能を確保するべく，東海地震，東南海・南海地震等の大規模地震災害の切迫性，地理的条件，港湾の利用状況，緊急輸送道路網等の背後地へのアクセスの状況等を考慮して配置する。

このように，日本では，個別の港湾計画を策定する際に，港湾相互間の連携を確保するため，港湾機能の拠点的な配置と能力の強化のバランスをとる必要がある。

一方で，とりわけ成長の著しい開発途上国においては，港湾開発を急ぐあまり，経済成長が鈍化し供給過剰となるリスクに十分対応できていないケースが見受けられる。そういう意味で，日本の港湾計画策定の仕組みは，優れて全体最適を担保できるスキームであるといえる。

11.1.5　絶えざるフィードバック

経済活動のグローバル化に伴い，生産機能やロジスティクス機能の立地，操業，移転のサイクルが非常に短くなってきており，これら機能の立地，操業，移転に関わる事項に関しては，港湾計画上の位置付けやその手続きを迅速に行うニーズが著しく強まっている。このため，港湾計画策定後においても，港湾を利用する民間企業や地元自治体関係者の要請をいち早く取り込み，**絶えざるフィードバック**（continuous feedback）を行うことが肝要である。

一方で，港湾空間には，当該港湾が機能を開始したときからの歴史的な積み重ねにより，さまざまな施設，地形への変更，さらには文化的営みが蓄積されている。したがって，港湾計画とは，このような空間における開発，利用および保全に関する指針となる基本的な計画であることから，10 年から 15 年程度の将来を目標年次としてその方針を定めるにあたっては，それまでに当該空間に引き継がれてきた有形無形の財産を白紙に戻すのではなく，それらを空間的財産として受け入れつつ，そこに変更を加えていく作業となる。

すなわち，港湾計画の策定を「新規」と「改訂」に分ければ，上記のような事情により，必然的に，ほとんどのケースにおいて，「改訂」が積み重ねられていくことになる。このような状況は，国際的に見ても各国とも同様であり，表現方法は異なるものの，あらゆる港湾において，港湾計画を策定することとは，すなわち「絶えざるフィードバック」を行う作業であるといえる。（古市正彦）

11.2　港湾施設の配置計画

11.2.1　施設配置計画の基礎

〔1〕 基本的な考え方

港湾は，11.1 節でも述べたように，物流をはじめ，人流，産業，また最近では人が集う場といった多様な活動がなされる場である。港湾がこれらの機能を発揮できるためには，十分な規模の施設を適切に配置する必要がある。また，さまざまな活動のしやすさとともに，配置した施設を整備する際のコストや施工性に対しても，配慮が必要である。

配置の対象となるおもな施設等を**表 11.1** に示す。また，港湾内における施設等配置のイメージを**図 11.2** に示す。これらの施設等の配置についての原則として，藤野，川崎[4]は，以下の留意点・視点を挙げている。

① 同種のゾーンあるいは関係の深いゾーンは，可能な限りまとめるか，連絡が密となるよう配置す

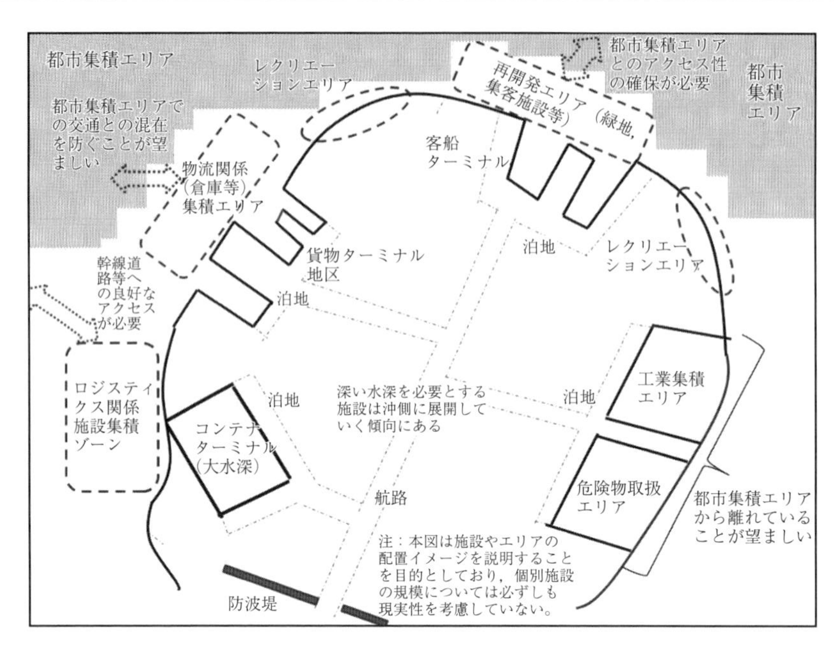

図 11.2　港湾内における施設等配置のイメージ図

表 11.1　配置の対象となるおもな施設等

配置の対象施設等	具体的な機能・役割等
水域施設	船舶が安全かつ円滑に航行・停泊できるための施設（航路，泊地等）
係留施設・ふ頭	船舶が安全に係留・荷役を行うことができまた貨物を効率的に取り扱うための施設
背後用地	物流関連施設や，臨海部における産業活動のための用地。近年では交流拠点としての役割も多くなっている。
危険物対応地域	原油や LNG また化学物質などを取り扱う施設・エリア
港湾内外の交通路	港湾内，港湾内外の交通を円滑化するための輸送路（道路・軌道系施設）
その他	風力発電施設 大規模地震等の災害に対応するための施設

る。

② 互いに隣接させることが望ましくないゾーンは，分離するか，あるいは緩和ゾーンを設ける。

③ 水際線を必要としないゾーンは，港湾空間の周縁部に配置する。

④ ゾーン間の機能的連絡を考慮する。

⑤ 景観について配慮する。

⑤ 隣接する水域，海岸等の利用との調整を図る。

⑥ 背後都市の土地利用との整合を図る。

⑦ 背後地域との便利なアクセス。

⑧ 自然条件の評価。

⑨ 環境条件の評価。

⑩ 当該空間の現在における利用との競合に対する評価。

すなわち，おのおのの施設等の機能性と並んで，異なる機能やゾーン間の整合をどう図るかという点も，配置において十分配慮されるべき点といえる。

なお，通常の港湾計画においては，施設の配置とともに，その規模も設定することとなる。その多くは，「港湾施設の技術上の基準と同解説」[5]（以下「技術基準」）等を参考にして，設定することができる。本項では，施設の配置とともに，規模の算定の考え方についても併せて述べる。

〔2〕 **各　　論**

（1） **水 域 施 設**　港湾の水域施設は，以下の条件を満たす必要がある。第一に，十分な**静穏度**（calmness）が保たれる必要がある。**停泊**（anchoring）中および**荷役**（にやく）（cargo handling）中の船舶の動揺は，荷役の効率に悪影響を及ぼすことになるためである。また荒天時においては，船舶に対して**避泊**（ship refuge）の空間を提供することになる。第二に，船舶の航行安全性が確保される必要がある。**防波堤**（breakwater）内の港湾内の水域は，比較的狭いエリアであるにもかかわらず，大小の船舶が混在して航行することが多い。近年では，船舶の大型化がこの傾向に拍車をかけている。船舶の港内での操船の実態を踏まえつつ，機能的に，かつ安全性に配慮しつつ，施設を配置することが必要である。

具体的に海側から見ていくと，まず配置対象となるのは防波堤である。防波堤は，外海からの波浪による影響を軽減し，港湾での静穏が確保される位置に設置される必要がある。一般的には，卓越する波向きの方向と防波堤が，互いに直角の向きに配置されるのが原則である。ただし，防波堤の延長と向きを考慮する際には，船舶の航行の容易性にも配慮することが望ましい。

つぎに**航路**（waterway，channel）は，港湾内の船舶の通行路であり，主要な船舶航行の動線として配置され，港湾の入り口から，港湾計画上の対象船舶が着岸する**岸壁**（quay wall）までの部分が，主要な航路となっている場合が多い。一般的には，操船の容易性を考慮すれば，航路の屈曲は避けられる傾向がある。

泊地（mooring basin，anchorage）は，港湾の停泊ないしは**回頭**（turning round）のために設けられる。回頭のためには一定の時間を要することから，回頭する船舶が他の船舶の航行を妨げないよう，やむを得ない場合を除いて，岸壁の前面など航路から外した位置にその水域を設定するのが通例である。このほか，停泊のための錨地があるが，長期間の停泊の場合もあることから，航路とは一定の距離を離した位置に置くのが通例である。

航路ないしは泊地の規模の算定においては，対象船舶を設定することが必要である。ここで，対象船舶とは，通常は，これらの水域施設の利用を実際に行う船舶のうち最大規模のものを指す。

図 11.3 に示すように，船舶の主要な諸元としては，全長（**船長**）（length over all，L_{oa}），**船幅**（breadth，B），ならびに**喫水**（draught，d）がある。技術基準では，航路や泊地の規模は，これらの諸元の関数として表現されている。

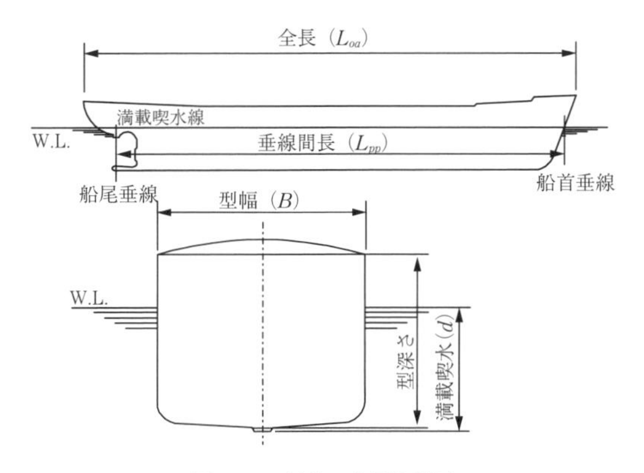

図 11.3　船舶の主要な諸元

例えば航路を例にとると，**表 11.2** に示すように，航路幅については，全長（L_{oa}）の 1 倍とすることが基本とされているものの，航路が長く行き会いが想定される場合には，両船の影響等を考慮し，より大きくとられる。また喫水については，航路航行中の船舶に対する条件（特にうねりの影響）を考慮し，航路**水深**（water depth）は，対象船舶の最大喫水の 1.1〜1.2 倍とすることとされている。うねりの影響が少ないと考えられる港湾内の航路については 1.1 倍でよい一方で，港湾外の航路については，うねりによる船底と海底の接触を防ぐため，より大きく航路水深をとる必要がある。

他の例として，船舶回頭のための回頭円泊地については，直径が全長（L_{oa}）の 3 倍とされている。ただし，タグボートやスラスターといった回頭のための補助的な装置を利用できる場合には，これを全長の 2 倍に減じることができるとされている。同泊地の水深については，これらの泊地は港湾内に整備されることが基本であるため，最大喫水の 1.1 倍とされている。

なおここで，満載喫水と最大喫水は違う概念であることに留意が必要である。例えば，定期的に入港する船舶の運航形態が固定化され，つねに積荷が空（**バラスト**：in ballast）の状態で入港するなど，入港時の喫水が特定できる場合には，その喫水を最大喫水と考えることができ，必ずしも満載喫水の数値で計画を行う必要はない。

また，利用者が限定される**専用岸壁**（dedicated berth）などでは，船社や荷主へのヒアリングによって船名が特定でき，これにより対象船舶の諸元がおのずと決まる場合もあれば，**公共岸壁**（public berth）などで不特定多数の船舶が利用する場合には，例えば「12 万トン級の貨物船」といったように，対象船舶の船種と規模が大まかに決められる場合もある。後者の場合には，世界中の就航船舶のデータを基に統計解析により得られた，標準的な船舶諸元（技術基準に掲載）を用いて，設定することが可能である。**表 11.3** にその一例を示す。

（2）　係 留 施 設　係留施設・**埠頭**（wharf，pier）については，まさに海側と陸側の物流活動のインターフェイスとなる港湾の基幹的な施設であることから，これら両者の視点で配置されることが必要である。

海側（船舶）から見れば，十分な水深が確保できる位置に設けることが必要である。港湾においては，通常，陸から沖の方向に向かって水深が深くなっていく。水域施設における水深確保のための**浚渫**（しゅんせつ）（dredge）は高コストとなりがちであり，これを軽減するため，特に大型船に対応する必要のある係留施設については，なるべく沖側に設けるのが通例である。実際に，各港湾の物流活動における中心的なふ頭は，歴史的に

表 11.2　水域施設の規模に関する技術基準の例（航路の場合）

対象施設	施設の主要な諸元	対象施設の規模
航路（幅） ＊対象船舶および航行環境を特定できない場合	航路幅（船舶が行き会う可能性のある航路）	以下の値を用いることができる。 ・対象船舶の全長の 1.5 倍（航路の距離が比較的長い場合） ・対象船舶の全長の 1.5 倍（対象船舶どうしが航路航行中に頻繁に行き会う場合） ・対象船舶の全長の 2.0 倍（対象船舶どうしが航路航行中に頻繁に行き会いかつ比較的航路が長い場合）
	航路幅（船舶が行き会う可能性がない航路）	対象船舶の全長の 0.5 倍以上の適切な幅とする。ただし，航路の幅員が対象船舶の全長を下回る場合には，船舶の航行を支援する施設の整備等の船舶の安全な航行を図るための十分な対策を検討する。
	航路水深	対象船舶の最大喫水以上の適切な深さとして，以下の値を用いることができる。 ・最大喫水の 1.1 倍（うねり等の波浪の影響が想定されない港内の航路） ・最大喫水の 1.15 倍（うねり等の波浪の影響が想定される港外等の航路） ・最大喫水の 1.2 倍（強いうねり等の波浪の影響が想定される外洋等の航路）
	屈曲部	航路の方向はできる限り直線とする。ただし，やむを得ず航路に屈曲部を設ける場合には，航路の中心線交角がおおむね 30 度を超えないものとする。

表 11.3　船舶の標準諸元（貨物船）[5)]

載貨重量トン数 DWT〔トン〕	全長 L_{oa}〔m〕	垂線間長 L_{pp}〔m〕	型幅 B〔m〕	満載喫水 d〔m〕
1 000	67	61	10.7	3.8
2 000	82	75	13.1	4.8
3 000	92	85	14.7	5.5
5 000	107	99	17.0	6.4
10 000	132	123	20.7	8.1
12 000	139	130	21.8	8.6
18 000	156	147	24.4	9.8
30 000	182	171	28.3	10.5
40 000	198	187	30.7	11.5
55 000	217	206	32.3	12.8
70 000	233	222	32.3	13.8
90 000	251	239	38.7	15.0
120 000	274	261	42.0	16.5
150 000	292	279	44.7	17.7

見ても，船舶の大型化等に伴って，陸から沖側に展開していく傾向にある。

他方，陸側の視点からいえば，埠頭で働く労働者の利便性や，埠頭で取り扱った貨物の背後地への輸送のアクセス性（周辺の基幹道路等との位置関係等）について，配慮する必要がある。

係留施設の規模についても，対象船舶ならびに船舶諸元を基にした算定の考え方が，技術基準に示されている。水域施設と同様に，1 バース当りの係留施設の長さは，船の全長に加えて前後の係留索の部分の長さを加味したものとして示され，また深さは最大喫水の 1.1 倍とされている。

係留施設の直背後には，荷さばき（荷役）やコンテナの蔵置（保管）を行うためのターミナルが整備される。その規模については，当該物流活動の特性に応じて十分に確保することが必要である。技術基準においては，**コンテナターミナル**（container terminal）を対象として，背後用地の規模を概算する手法が示されている。

（3）**土 地 利 用**　港湾においては，さまざまな活動が営まれることから，それらの機能が互いに齟齬をきたさないよう，一定のゾーニングないしは開発行為の許可を行うのが通例である。わが国では，港湾管理者が定めている臨港地区の分区が，これに当たる。実際にはさまざまなケースが存在するものの，以下に共通的な配慮事項の例を示す。

・工業的な利用のための土地については，周辺環境への影響（騒音や振動等）を勘案して，都市的な土地利用となっている地域から隔離することが原則である。また，大規模な用地を要する場合が多いことから，用地確保の容易性も勘案される必要がある。十分な用地がない場合には，水域施設への影響や周辺の自然環境等にも配慮しつつ，新規の用地開発が行われる。

・物流活動が行われる土地については，物流の効率性の観点から，十分な容量のある背後アクセス手段に近接していることが望まれる。他方，多くの大型車両が通行することになるため，騒音や振動といった影響も考慮されなければならない。わが国の港湾は，大都市と隣接する場合もあり，住居地域に大型車が頻繁に通行するという状況にならないよう，配慮が必要である。また，港湾内の**横持ち輸送**（ドレージ：drayage）をできるだけ減らすという観点からは，埠頭と近接していることが望ましい。

・近年では，集客力のある施設（マリーナ，緑地，水族館等）や，観光船・クルーズ船等の**旅客ターミナル**（passenger terminal）が整備される傾向にある。その際は，背後都市域との一体性や利用者の利便性に配慮した施設配置（例えば軌道系のアクセス手段を確保する等）が望ましい。なお，上述のように，船舶の大型化に伴い係留施設は沖側へ展開することが多いため，それらが移転した後の内港地区において，このような開発を行うケースが多くなっている。

・石油製品等の危険物を取り扱う施設・地域は，他の用地の地域からなるべく隔離することが必要である。このため，このような施設が沖合に展開される場合（**シーバース**：offshore terminal）もある。

（4）　**港湾内外の輸送路**　港湾に近接する主要な交通網に至るまでの輸送経路（背後アクセス）については，主要な貨物発生地区と主要な交通網の間に，十分な容量を有する道路（**臨港道路**：harbor road）を配置することとなる。大規模な貨物需要があり，道路のみで対応できない場合には，鉄道等の軌道系アクセスの導入を行うことで，輸送効率化や周辺環境への配慮が可能となる。また，港湾内においても，埠頭間での横持ち輸送など，物流・産業活動に起因する交通が発生することから，これを円滑化するための輸送手段を配置する必要がある。多くの港湾では，既存の埠頭間の連絡道路が，橋梁やトンネルといった形で配置されている。

（5）　**そ　の　他**　近年，風力発電のための施設（風車）が，港湾内に設置されるケースが増えている。既存の港湾の諸活動，特に船舶航行やプレジャーボート等の小型船の航行，荒天時の錨泊等にも配慮しつつ，適切な配置を行う必要がある。

また，最近では，大規模地震発生時の緊急輸送手段として海上輸送が活用されるケースもある。このために**耐震強化岸壁**（anti-quake reinforced quay wall）が整備されており，地域防災計画，特に緊急輸送ネットワークとの整合性や，背後への荷さばきスペースの十分な配置といった機能的な観点も考慮し，配置計画を立案する必要がある。

〔3〕　**お　わ　り　に**

11.1節でも述べたように，わが国の港湾整備においては，最近では，既存の港湾に対して新たな施設・機能を順次追加することが通例である。このため，上記で示した考え方のとおりに施設を配置できないことも多い。ここでは施設配置計画の基本的な考え方を示したが，港湾の所在する地形的な制約等の条件にも当然考慮する必要があるほか，既存の施設・土地利用の状況等も考慮しながら，柔軟に検討することが必要である。

他方で，海外においては新規に港湾を開発するという事例もあり，その際は，港湾は長期にわたって利用・開発されるものであり，将来的な拡張性・使いやすさといった要素も忘れてはならない。

（安部智久）

11.2.2　ターミナルオペレーション

本項では，港湾ターミナルにおける荷役オペレーションについて説明する。

〔1〕　**港湾ターミナルの役割**

「ターミナル」は，英語で終端，終点，末端等の意味を持ち，複合一貫輸送においては，ある一つの輸送モードの終点を意味する。ある貨物のドアツードア輸送の中で，ターミナルは，海上輸送と海上輸送，または海上輸送と陸上輸送を中継する役割を有する。

港湾の大きな役割は，異なる輸送手段の間で貨物を積み替える場所を提供することにある。港湾は，船舶が寄港し，他の船や鉄道，トラック等に貨物を受け渡す**結節点**（node）として，貨物輸送ネットワークの一部に位置づけられる。貨物は，種類によって荷姿が異なり，運ぶ船の種類（**船種**：vessel type）や港湾での荷役設備にも違いがある。**表 11.4** に貨物別の船の種類と荷役方法の例を示す。

一般雑貨を従来型の貨物船に積み込むには，船上のクレーンやデリックといった荷役装置を使う。**RORO 船**（RORO Ship）やフェリーでは，その前後にあるランプウェーから，トレーラーやフォークリフトによって貨物を積み込む。このような水平方向に行う荷役を**ロールオンロールオフ**（roll-on-roll-off，**RORO**）方式と呼ぶ。これに対し，コンテナをコンテナ専用船に荷役するには，多くの場合，岸壁に備え付けられた**岸壁クレーン**（quay crane，**QC**）を利用して，垂直方向で荷役が行われる。これを**リフトオンリフトオフ**（lift-on-lift-off，**LOLO**）方式と呼ぶ。貨物がばら物であって無包装の状態であるものを，ばら貨物，またはバルク貨物と呼ぶ。鉱石，石炭，穀物などがこれに相当し，岸壁近くのサイロ等に保管される。バルク貨物は，その種類ごとに，コンベヤー，ローダー，アンローダー等の，貨物の物理的な特長を生かした荷役設備を使う。**タンカー**（tanker）で輸送される貨物は，原油やガソリン等の液体貨物であり，船がタンク構造になっているのが特徴である。主として，船と陸とを

表 11.4　貨物の種類と荷役方法の例[6)]

貨物の種類	船　種	荷役方法
一般雑貨	一般貨物船（在来船），RORO 船・フェリー	船上にあるデリックやクレーン等の荷役装置を使って行う。RORO 方式では，トレーラー，フォークリフトが直接船倉内を出入りすることによって行う。
コンテナ貨物	コンテナ船，RORO 船	岸壁にある岸壁クレーンによって行う LOLO 方式が主流であるが，RORO 方式を用いるケースもある。
ばら積み貨物（バルク貨物）	ばら積み貨物船（ドライバルク船）	鉱石，石炭，穀物等をそのままの姿で扱い，陸上のローダー，アンローダーを利用して，流し込み・吸引などの荷役を行う。もっぱら専用ふ頭で行われる。
液体貨物	油槽船（タンカー）	原油，重油，ガソリン等を撒積するために船体はタンク構造になっている。危険物であるため，港湾の中心部から離れた所に荷役施設は建設される。
自動車	自動車専用船	自動車が直接船倉内を出入りすることによって行われる（RORO 方式）。

パイプライン（pipeline）で結合し，ポンプによる荷役が行われる。その他の専用船として，完成自動車を運ぶ**自動車専用船**（pure car carrier，**PCC**）があり，RORO 方式で荷役される。

〔2〕　コンテナターミナルと施設の概要

コンテナは，おもに雑貨を対象に，貨物の荷扱いをスムーズかつ効率的に行えるように考案された輸送容器である。これにより，雑貨貨物の荷姿が統一された。1960 年代のコンテナの出現によって，港湾における船舶の荷役時間は大きく短縮された一方で，港湾側においては，従来の一般雑貨貨物の取扱いとは異なる荷役設備が必要となり，大規模な投資が行われた。このコンテナ貨物を専門に扱う港湾施設を，コンテナターミナルと呼ぶ。

図 11.4 に，コンテナターミナルの代表的なレイアウト（神戸港のあるターミナルの例）を示す。図中①は，**バース**（berth）と呼ばれる船の停泊地であり，本来は岸壁に沿って船が着岸できる水域のことを指すものの，現在では②の岸壁部分と合わせてバースと呼ぶことが多い。③エプロンには，大型の QC が設置され，QC の移動や，QC とコンテナ搬送用ヤードトレーラーとの間のコンテナの受渡し等が行われる。④危険物庫では，危険物が入ったコンテナを集めて保管する。⑤は**コンテナヤード**（container yard，**CY**），またはマーシャリングヤードと呼ばれ，コンテナを一時的に保管するためのスペースである。⑥は，コンテナ用の電源設備を備えたエリアであり，**リーファーコンテナ**（冷凍冷蔵コンテナ，reefer container）の保管に利用される。⑦メンテナンスショップでは，コンテナやトレーラー等の荷役機器や搬送車両の補修，整備，点検等が行われる。⑧では，コンテナの洗浄を行う。⑨バンプールでは，**空コンテナ**（empty container）が保管される。⑩ゲートは，コンテナの搬出入を行うための外来トラックの出入口である。ゲートでは，コンテナ番号や貨物の種類などの登録，重量計測，コンテナの破損状態に関するチェックなどが行われる。⑪管理棟では，ターミナル内のすべての情報がコントロールされ，**ターミナルオペレーター**（terminal operator）もここに常駐し，船やコンテナの情報管理，荷役機器の作業割当てやスケジュール管理

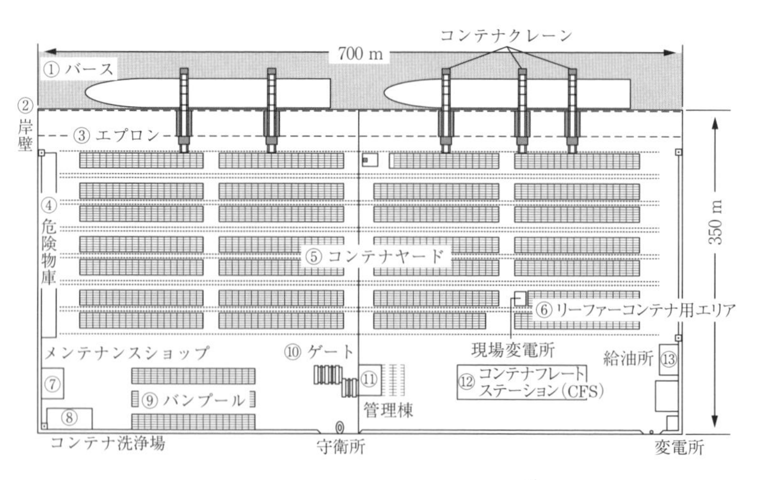

図 11.4　ターミナルレイアウトの例[7)]

等，ターミナルの頭脳としての役割を担っている。⑫ は，**コンテナフレートステーション**（container freight station，**CFS**）であり，**小口混載貨物**（less than container load，**LCL**）のコンテナ詰め（**バンニング**，vanning）や取出し（**デバンニング**，devanning）を行う。⑬ は，ターミナル内の荷役機器や搬送車両の給油所である。

そのほかに，図中に明記はされていないが，動植物検査場（検疫所）があり，動植物が輸入される場合に，それらの無害性を確認するための検査施設が設置されている。

〔3〕　コンテナターミナルでの荷役フロー

図 11.5 に示すコンテナ単位での輸出入処理の流れに沿って，コンテナターミナルでの荷役手順を説明する。輸入コンテナの場合は，図 11.5 の右向き矢印に従い，初めに船が到着し，ターミナルに一時保管され，内陸に搬出される。船から QC で陸揚げされたコンテナは，ヤードトレーラーに載せてコンテナヤードまで搬送される。コンテナヤードで一時保管され，その後，引取りに来た荷主またはその代理の物流業者の外来トラックが，最終目的地まで搬送する。

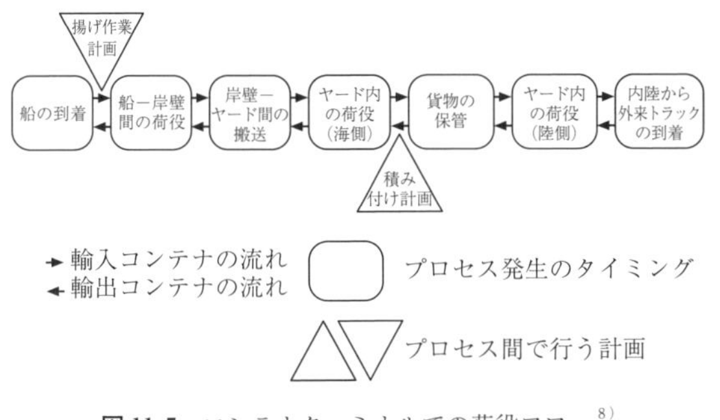

図 11.5　コンテナターミナルでの荷役フロー[8)]

輸出コンテナの場合は，図 11.5 における左向き矢印方向の処理となる。内陸の出発地から来るコンテナは，一般に，積載予定の船舶が到着する日の 1 週間程度前から搬入受付が開始され，前日に締め切られる。その間の任意のタイミングで到着するコンテナを，ヤード内の空きスペースのどこに置くかについて事前に計画し，到着順にコンテナを配置する。ヤードで待機するコンテナは，船が到着するまで保管され，到着後に**ヤードクレーン**（yard crane，**YC**）による荷役，ヤードトレーラーによる搬送，QC による船積み作業を経て，事前に計画された船内の格納位置に積み込まれる。

また**積替（トランシップ）コンテナ**（transshipped container）は，輸入コンテナと同じタイミングで船舶から卸され，ヤードに配置されるまでは輸入コンテナと同様に扱われる一方で，保管場所については，つぎに積み込む船のために用意された輸出用エリアとなる。

〔4〕　コンテナターミナルでの各種計画

図 11.6 に，コンテナターミナルでの貨物取扱いに関する各種計画の関係を示す（文献 9）を一部修正して使用）。縦軸は，計画期間の長さを示している。大まかにいえば，戦略（strategic）レベルは長期的計画，運用（operational）レベルは短期的な（おおむね 1 週間程度の）計画を対象としているものの，後者については中長期的な視点で立案される場合もあるため，計画期間は必ずしも限定されるものではなく，ユーザーの判断で運用されるものであることに注意が

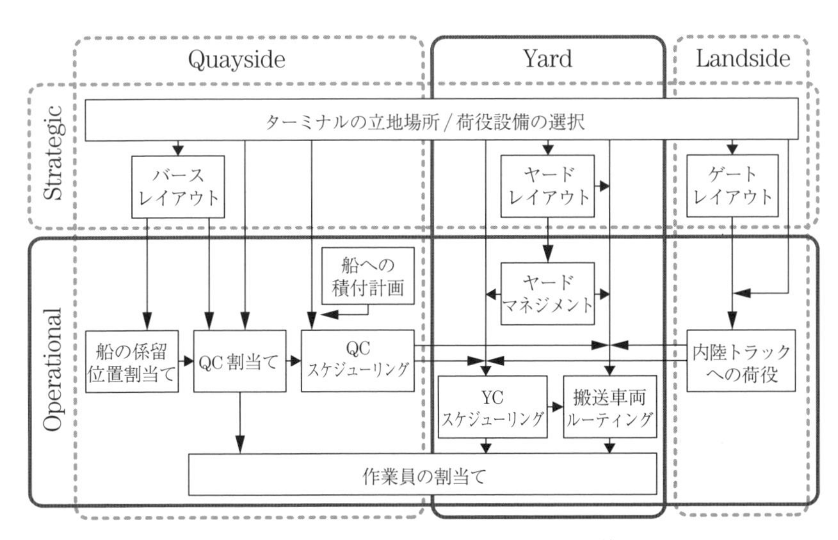

図 11.6　コンテナターミナルでの各種計画[9)]

必要である。また横軸は，左から岸壁側，ヤード内，陸側に分けられ，エリアごとにハードとソフトの計画が示されている。

戦略レベルで決定されるターミナルの立地場所やそこで使用される荷役設備は，一度運用が開始されると，簡単に変更はできない。したがって，決定の前に，寄港する船舶や貨物需要の将来的な変化などもある程度見通しておく必要がある。

バースレイアウト，ヤードレイアウトならびにゲートレイアウトは，ターミナルの立地状況や荷役設備に依存する。ターミナルの立地状況は，バースやヤードの形状に大きく影響し，日本国内の場合は水深を確保するために埋立地を利用することが多い一方で，海外の場合は，必ずしも外洋ではなく，河川に面した変則形状のターミナルも多く存在する。ゲートレイアウトについては，トラックの到着頻度に伴うゲート数の決定と，有人・無人を含めたトラックのイン・アウトの処理をどう扱うかを決定する必要がある。

つぎに，運用レベルに関する計画について述べる。内陸側では，内陸からやって来る外来トラックの荷役作業をスムーズに行う必要がある。トラックの到着頻度をパラメーターの一つとして，**実入りコンテナ**（loaded もしくは full container）や空コンテナの搬入・搬出に加え，これらのコンテナを積載する（または積載してきた）船舶の航路や寄港パターンも，荷役スケジュールに影響する。

ヤードにおける計画については，ヤードマネジメントと各種 YC のスケジューリング，搬送車両のルーティング計画がある。ヤードマネジメントは，コンテナ配置計画，ヤードアレンジメントなどと呼ばれることもあり，従来は，搬入されたコンテナを船に積載するまで保管する際に，どういう配置にすれば滞りなく荷役作業を行えるかという観点が重要視されていた。しかし最近では，トランシップコンテナの取扱いが多いターミナルも多く，船側からやって来るトランシップコンテナを対象に，どこに置けばつぎの船への接続がうまくいくかを検討するための計画も必要とされている。なお，輸入コンテナについては，荷主が引き取りにくるタイミングがまちまちであり，かつ事前にそのタイミングが不明であることが一般的なことから，最適配置計画を立てることが難しく，搬出作業に時間がかからなくて済む場所にまとめ置かれて処理されることが多い。

YC は，**タイヤ式門型クレーン**（rubber tyred gantry crane，**RTG**）や**レール式門型クレーン**（rail mounted gantry crane，**RMG**）に代表され，機器のタイプによって，コンテナブロックの規模や，ヤード内部のレイアウトも異なる。それぞれについて，決められた貨物量をさばくために必要な YC の台数や，各 YC の作業スケジュールを決定する。また近年では，世界各地の大規模港湾を中心に，**自動化ターミナル**（automated terminal）の導入が進んでいる。多くの自動化ターミナルでは，コンテナブロックの向き等により，有人の外来トラックと無人のヤードシャーシ（無人搬送車：AGV）の走行範囲が交錯しないように工夫されており，こうしたターミナルを前提とした，YC のスケジューリングも必要とされている。

搬送車両のルーティングについては，ヤードトレーラーや AGV に加え，荷役機器である**ストラドルキャリア**（straddle carrier，**SC**）も，それ自体がコンテナ搬送を行えることから，対象となる。所与の期間中に所与のコンテナ数をさばくために必要となる車両台数や，各車両の作業割当てを行う。

さらに，岸壁側荷役の計画については，船舶の係留位置決定，QC の割当てとスケジューリング，船への貨物積み付け計画がある。船舶の係留位置決定は，バーススケジューリングと呼ばれ，計画期間の長さ，係留位置の捉え方などでさまざまなタイプの研究事例があり，長期計画（年単位）はバーステンプレート問題，短期計画（1 週間程度）はバース割当て問題として取り扱われる。QC の割当てとスケジューリングでは，各船舶に割り当てる QC 数や，計画期間にやってくる複数の船舶を対象とした各 QC による作業順序の計画問題などが挙げられる。これらの問題は，船舶の係留位置にも関係するため，バーススケジューリングと組み合わせて定式化されるケースも多い。

本船の積み付け計画は，船の安定性を維持しつつ，余計な荷繰りが発生しないように，船内のどこにどのコンテナを積み付けるかを決定するものである。最近では，コンテナ船が巨大化していることから，より複雑な意思決定が必要となっている。　（西村悦子）

11.2.3 港湾における情報システム

製造業等における，原材料調達から部品製造・調達，製品製造・組立て，輸配送，販売までのサプライチェーン上で，港湾およびその周辺での貨物の輸送・荷役・保管等を担う港湾物流は，船社・船舶代理店・ターミナルオペレーター・荷主・海貨事業者・陸運事業者・フォワーダー・倉庫業者・通関業者・港湾管理者・税関等，多岐にわたる主体で構成されている。これらの主体が，相互に連携をとり，円滑に業務を遂行するためには，**情報技術**（information technology，**IT**）を活用した円滑な情報伝達，および関係者間での情報共有が必要不可欠である。

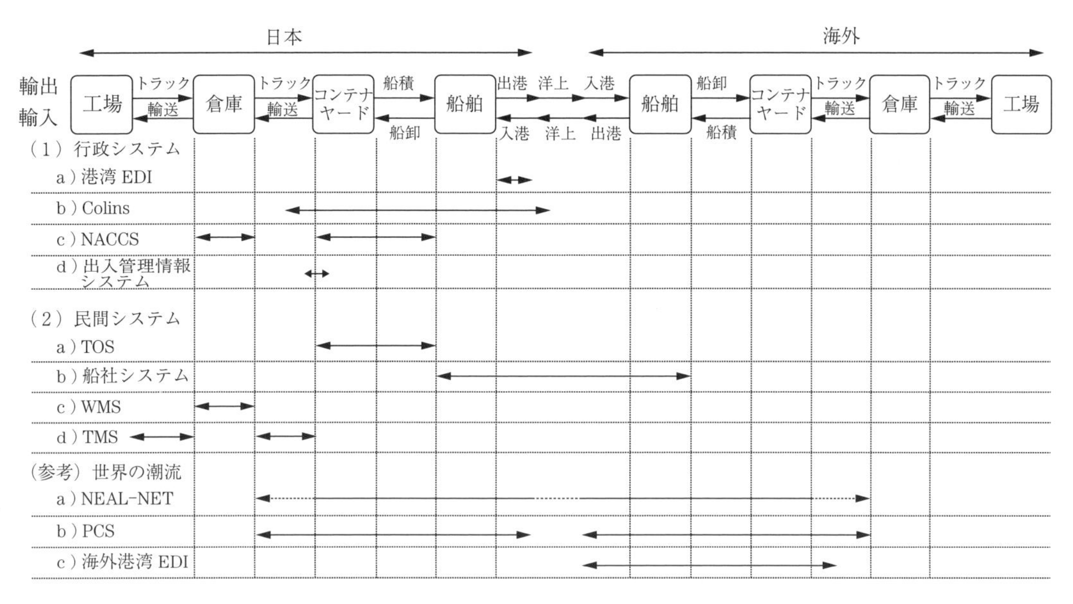

図 11.7 港湾物流に係る情報システムのサプライチェーンにおける位置付け（イメージ）

以下では，11.2.1 項および 11.2.2 項で述べた港湾施設の配置計画に関連し，これをソフト面で支える港湾物流情報システムについて，わが国や世界における現状や最近の動向，および今後の展望について述べる。なお，おのおののシステムのサプライチェーンにおける位置付けは，**図 11.7** を参照されたい。

〔1〕 わが国の港湾情報システムの現状

（1） 行政システム

a） 港湾 EDI 港湾 EDI（port electronic data interchange）は，船舶代理店や船社が，港湾管理者・港長等の行政機関に対して入出港届や係留施設使用届等の申請を行う際の，港湾行政手続きの処理システムである。さらに，わが国では，システム上で申請者が 1 回入力・送信することにより，複数の行政機関に対する手続きが可能となる**シングルウィンドウ**（single window）化を目指し，後述の NACCS と統合された，NACCS 港湾サブシステムとして運用されている。なお，国際戦略港湾等のわが国の大規模港湾管理者の中には，独自に港湾 EDI を構築し，NACCS 港湾サブシステムと相互に情報連携して，運用しているケースも見られる。

b） コンテナ物流情報サービス（container logistics information service，**Colins**） Colins は，国内主要港湾のコンテナ搬出可否情報，船舶動静情報，渋滞情報，ゲートオープン情報等のコンテナ物流情報を，ターミナルオペレーター，荷主，海貨事業者，陸運事業者等の港湾物流関係者の間で共有化するための Web サイトである。2010 年から，国土交通省により運用されている。

c） 輸出入・港湾関連情報処理システム（nippon automated cargo and port consolidated system，**NACCS**） NACCS は，入出港する船舶・航空機および輸出入される貨物について，行政手続き（税関手続き，港湾手続き，入国管理手続き，検疫手続き，貿易管理手続き，動植物検疫，食品衛生，医薬品手続き），および CY 搬出入業務など関連する民間業務手続きを，オンラインで処理するものである。

d） 出入管理情報システム 出入管理情報システムは，**PS**（port security）**カード**を用いて，重要港湾以上の港湾で一定以上の国際航海船舶の利用がある**重要国際埠頭施設**（important international terminal facilities）内に保安上の観点から設定された制限区域について，人の出入りを確実かつ円滑に管理するシステムである。

（2） 民間システム

a） ターミナルオペレーションシステム（terminal operation system，**TOS**） TOS は，11.2.2 項で述べたターミナルオペレーションを，効率的に実施するためのシステムである。おもな機能としては，寄港本船や取扱いコンテナの情報管理，コンテナのヤードからの搬出入管理，本船のコンテナ揚げ積み作業計画の策定，コンテナ蔵置計画の策定と蔵置，荷役機器への作業指示などがある[10)]。NACCS と連携し，CY 搬入確認などの税関手続きを自動で処理しているケースもある。

b）船社システム　船社システムは，各船社により導入・運営される，運航管理，船腹予約，コンテナの在庫管理，船積情報の管理等を行うシステムである。

c）倉庫管理システム（warehouse management system，**WMS**）　WMSは，各倉庫業者により導入・運営される，貨物の搬出・搬入管理や在庫検索等の，在庫管理全般を行うシステムである。

d）輸配送管理システム（transport management system，**TMS**）　TMSは，各陸運事業者により導入・運営される，おもに車両の運行管理や位置情報の把握，配送ルート計画の策定等を行うシステムである。

〔2〕港湾情報システムの展開に関する世界の潮流

（1）港湾物流情報の可視化に向けた国際連携

国際貨物を扱う荷主や物流事業者にとっては，国外における自社貨物の動きを含め，貨物の流れをサプライチェーン全体で把握するニーズも多い。そこで，日本・中国・韓国の3箇国政府により，各国の主要港湾におけるコンテナ物流情報を共有する，**北東アジア物流情報サービスネットワーク**（northeast asia logistics information service network，**NEAL-NET**）が構築され，参加港湾における船舶動静情報・コンテナ位置情報が，2014年より提供されている[11]。

（2）PCSの整備　〔1〕で見たように，行政・民間双方において，港湾物流に関係する情報システムは多数存在する一方で，システム間の連携や統合は十分とはいえない。そこで，欧州を中心に，**港湾コミュニティシステム**（port community system，**PCS**）と呼ばれる，港湾物流の効率化のための官民および民民の情報交換を可能とする，プラットフォームが整備されつつある[12]。

（3）港湾EDIの導入　海事分野を扱う国連機関である**国際海事機関**（International Maritime Organization，**IMO**）の**簡素化委員会**（Facilitation Committee，**FAL**）において，FAL条約加盟国に対して，港湾行政手続き処理システム（港湾EDI）の導入を義務化する，条約付属書の改正が2016年4月に行われた[13]。これを受け，発展途上国などのシステム未導入国から，先進国などのシステム既導入国に対して，導入支援の要請が増加することが予想される。

〔3〕今 後 の 展 望

多岐にわたる港湾物流の関係主体においては，〔1〕で述べたように，さまざまな情報システムの導入がおのおので進められている状況にある。一方で，各主体間の情報伝達・共有については，NACCSやColins等を介したシステム間の連携により一部では実施されているものの，不十分な点も散見される。例えば，多くのコンテナターミナルでは，CYへのコンテナ搬入に際し，紙による搬入票の持参を義務付けていたり，フォワーダーによっては，取得した船舶動静データを自社システムに手入力したりしているケースも見られる。業務の効率性を改善するために，今後は，国際的な連携も含め，NEAL-NETやPCSに見られるような，各システム間の連携を強化する動きが進むと思われる。

さらに港湾EDIについては，わが国はすでにミャンマーへの導入支援を行っているところであり[14]，IMO/FALの動きに合わせ，他国へのさらなる展開が期待される。また，ミャンマーの事例では，港湾EDI機能のみならず，官民および民民間の情報共有機能も加えられるなど，PCSとしての機能も含まれている。今後の海外展開に当たっては，狭義の港湾EDI機能のみならず，PCSの機能や国際的な連携も加えた，港湾物流全体の高度化に資するシステム設計が重要になってくるものと思われる。　（飯田純也）

11.3 港湾取扱量の予測

11.3.1 貨物量予測概論および必要なデータ

ここでは，港湾貨物量予測の概要および予測に当たり必要となる統計データについて述べる。

〔1〕港湾貨物量予測の概要

港湾の計画・整備を進めるに当たり，港湾貨物量の予測は，その基礎となる重要な項目の一つである。

わが国においては，重要港湾以上の港湾では，港湾法の規定により，10〜15年程度先を目標年次とする港湾計画を港湾管理者が定めることとされており，その中で，各港湾の取扱貨物量の将来値が推計される。また，これらの港湾計画を策定する際に適合すべき方針として定められた前出の「港湾の基本方針」においては，日本全体の10〜15年先の貨物量見通しが策定されている。さらに近年では，個別の港湾施設を整備する際に，新規事業評価や再評価を行うこととされており，その中で行われる費用便益分析においては，当該施設の供用開始後50年程度までの将来貨物量の推計が必要となっている。

このような港湾の基本方針や個別の港湾計画における貨物量見通しの検討に当たっては，指定統計である**港湾統計**（port statistics）で分類される81の品種別や，輸出入・移出入別に，貨物の動向分析や予測が行われるほか，コンテナ船・フェリー・RORO船等で輸送される貨物については，一般貨物と荷姿が異なり対応する港湾施設も異なることから，コンテナ貨物や**ユ**

ニットロード（unit load）貨物として，別途予測される。また，コンテナ貨物の予測については，他の貨物と同じトンベースだけでなく，コンテナ個数（実入り，空コンテナ別）や，**20 ft 換算コンテナ個数**（twenty-foot equivalent unit，**TEU**）ベースなどでも予測が行われる。さらに，国際海上コンテナにおいては，アジアや欧米などといった相手地域別に予測されることが多いほか，わが国発着のコンテナ貨物量の予測にとどまらず，わが国で積み替えられる外国発外国着トランシップ貨物の取扱いについても，予測の対象となることがある。

これらの予測においては，〔2〕に詳細を記載するとおり，分析の基礎となるデータや各種統計が必要不可欠である。またその際は，例えば貨物量の単位が重量による**メトリックトン**（metric tonnage，**MT**）か日本の港湾統計で用いられている**フレートトン**（freight tonnage，**FT**）か，また，コンテナであれば，個数かTEUか，あるいは実入りコンテナのみか空コンテナを含むかなど，予測の対象となる貨物や使用データの単位についても留意が必要である。

さらに，例えば海外の発展途上国などで貨物量予測等を実施する場合は，統計データなどの整備が不十分なため，予測の基礎となるデータや情報をいかに集めるかというところから始めなければならないケースも多い。

港湾貨物の流動は，産業活動や国民経済と密接に関係していることから，その予測に当たっては，わが国だけでなく相手国・地域の産業動向や社会経済情勢，海上輸送船舶の動向など，国内外の多岐にわたる基礎情報の収集・整理が必要である。また，貨物流動モデルによって港湾別の貨物量を予測する場合には，港湾間の海上輸送データだけでなく，港湾貨物の背後圏まで含めた貨物の真の生産地と到着地までの一連の流れを表す**純流動**（net flow）ベースの貨物輸送需要（OD貨物量）や，各ODペアにおける輸送経路別の輸送費用や時間，頻度などに関する輸送サービス水準に関するデータ等も必要となる。

港湾貨物量予測の手法については，11.3.2項で述べるとおり，過去のトレンドなどを基に推計する時系列予測や，関連する社会経済指標などとの相関分析により予測する方法などもあるものの，実務上のニーズとしてさまざまな政策変数を含むことが要請される場合も多く，単なる重回帰分析等で十分とは限らない。例えば，「港湾の基本方針」に記載される日本全体の港湾貨物量の将来見通しを予測するモデルにおいては，わが国や貿易相手国・地域の社会経済状況や産業構造，貿易動向などを踏まえ，将来の**国内総生産**（gross domestic product，**GDP**）や為替，経済連携等の状況によって，初めにわが国の将来貿易額を予測した上で，港湾貨物量の推計を行っている（**図 11.8** 参照）。

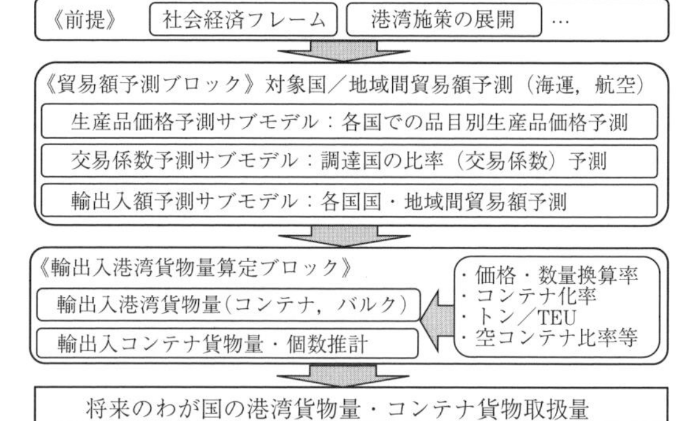

図 11.8 基本方針における貨物量予測モデルのフロー[15)]

（渡部富博）

〔2〕 港湾貨物量予測に必要なデータ

貨物量を予測し，プロジェクトを評価するためには，できる限り正確な現状の把握・分析が必要である。しかし，企業秘密の壁などから，旅客流動に比べても利用可能な物流関係の統計データ類は限られる上，特に国際物流においては，国によって物流およびデータ整備を取り巻く環境が大きく異なり，かつ，物流や交通を含む大半の分野において世界各国の統計データを統括し整合を図る組織・体制が存在しないことなどから，データには誤差が混在し得る。

貨物量データを取り扱うに当たっては，〔1〕でも述べたように，データ定義の確認が不可欠である。例えば，貨物のトン単位には，重量によるメトリックトンと運賃トンであるフレートトンが存在する。また，相手港（国）の定義では，当該船が貨物を船積・船卸する仕向・仕出港（国）と，貨物の起終点である最終船卸・最初船積港（国）の2種類があり，積み替えが頻繁に行われるコンテナ貨物では十分な注意が必要である。

国や公共機関（港湾協会等）によって発行される港湾貨物統計は，一般に入手しやすい。しかし，各機関が独自の形式で集計しており，データ定義もさまざまであるため，相互比較や，複数の統計を統合した活用には難がある。例えば，**図 11.9** に示すように，主要国間の相手国別貨物量について，単位や相手国の定義を合わせた上で，船積国側と船卸国側で比較しても，約2～3割の差がある[16)]。

海上輸送量については，一部で，海運同盟・協定が

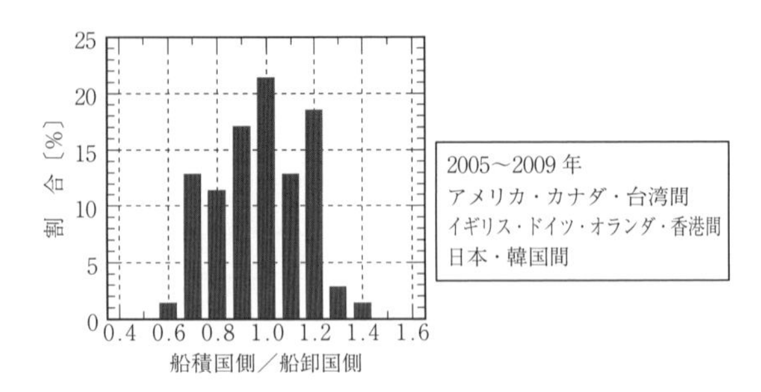

図 11.9　主要国間の相手国別港湾貨物量の精度[16]
（乖離の度合いによるヒストグラム）

とりまとめた数値が公表されている。**IADA**（Intra Asia Discussion Agreement）は，加盟船社によるアジア域内コンテナ取扱量を発表しており，CTS 社は **ELAA**（European Liner Affairs Association）加盟社のデータを基に，全世界の航路別コンテナ量を推計している。また，IHS 社などの民間企業により，上述のような各国・各業界で公表されているさまざまなデータベースを基に推計された，全世界を網羅したデータ（品種別・船種別の主要国・地域間貿易額または輸送量等）も提供されているものの，一般に高価であり，また，推計手順の詳細が公開されていないという課題もある。

コンテナ貨物の輸送経路（積み替えた港湾）を把握可能なデータは，アメリカ税関データをデータベース化した **PIERS**（Port Import/Export Reporting Service）や Zepol，わが国で 5 年に 1 回，1 箇月間実施される全国輸出入コンテナ貨物流動調査等がある。

民間海事コンサルタントである Clarkson や Drewry は，多くのレポートやデータを出版している。わが国では，コンテナ輸送は日本郵船調査グループ，バルク・タンカー貨物輸送は商船三井営業調査室が，それぞれ毎年レポートを出版している。

港湾貨物量の予測のためには，各港に寄港する船舶のサービスレベル（寄港頻度，船舶サイズ，航路等）に関する情報も必要となる。寄港船舶の情報については，国や港湾管理者による従来の入港船舶統計に加え，現在では，Lloyd's List Intelligence 社や IHS 社などにより，**船舶自動識別装置**（automatic identification system，**AIS**）が設置されている世界の全船舶を対象とした，船舶動静の履歴データが提供されている。ただし，これらのデータは船舶単位での寄港地リストが提供されるだけで，サービスの詳細まではわからない。そこで，コンテナ船については，MDS Transmodal 社やオーシャンコマースにより，サービス単位の情報（頻度，サイズ，寄港地等）が提供されている。

このような統計データ類により，多面的に把握・分析し，予測・評価につなげていくことが重要である。
（赤倉康寛）

11.3.2　港湾貨物量予測の基本的な考え方

港湾貨物は，コンテナのトランシップのように海上から海上へと積み替えられる貨物を除けば，基本的には当該港湾の勢力圏（背後圏）で発生・集中する貨物を取り扱うこととなるため，国内総生産（GDP）や**地域別国内総生産**（gross regional domestic product，**GRDP**）など，当該地域の経済活動の規模や内容と非常に関係が深い。

このため，当該港湾の背後圏を設定できれば，港湾貨物量の将来増加率は，その地域で予測される経済成長率や特定の産業の成長率の関数として，一次近似されることも多い。これを前提として，GDP 増加率に対する港湾貨物の増加率（**GDP 弾性値**：value of elasticity of GDP to port cargo）が議論になることもある（例：発展途上国では GDP 弾性値が 1 を上回ることが多い等）。

このように，港湾貨物量は当該地域経済の伸長に大きく影響を受けるということを前提として，港湾貨物量の一般的な予測手法を，交通需要予測の標準的な手法である四段階推定法にあてはめると，おおよそ以下および**図 11.10** に示す手順となろう。

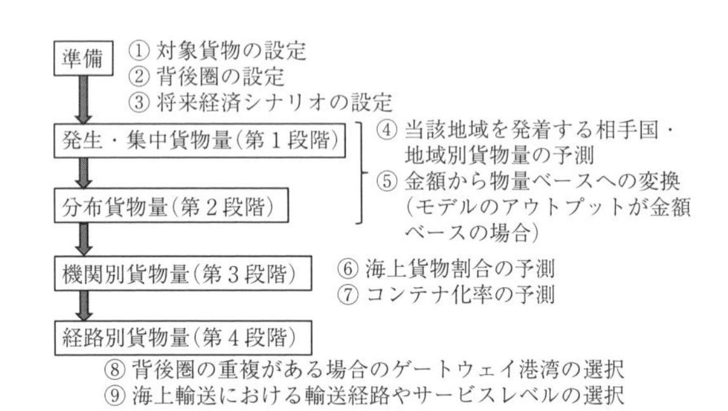

図 11.10　四段階推定法に即した港湾貨物量予測の一般的な手順

〔1〕 準　　備

① 対象貨物の設定（コンテナ，バルク，液体等）
② 背後圏の設定（他港との重複を想定するかどうかを含む）
③ 将来経済シナリオの設定（人口，GDP，産業構造，貿易政策等）

一般に，対象貨物によって，背後圏の広さは大きく異なる。特定の企業（群）に対するバルク貨物や液体貨物を専用的に扱うバースであれば，背後圏の大きさはほとんどゼロとみなせることもあり，この場合は背後圏の重複も存在しない。一方で，例えばコンテナ貨物については，各港の背後圏が広域となり（場合によっては国をまたぐこともある），当該背後圏地域の**ゲートウェイ港湾**（gateway port）となるべく，激しい港湾間競争が発生する場合もある。ゲートウェイ港湾競争の世界的な代表例として，欧州北海沿岸の諸港（オランダのロッテルダム港等）で構成される**ハンブルク・ルアーブルレンジ**（Hamburg–Le Havre range）が挙げられる[17]。

将来シナリオの設定については，以下の予測において入力変数となる指標の将来値（地域の将来 GDP など）については，あらかじめ入手または推計しておく必要がある。また，本来であれば，将来の産業構造の変化や，**自由貿易協定**（free trade agreement）を含む貿易・国際経済政策の変化についても，十分考慮した将来予測を行うべきと考えられる。しかしながら，一般に，これらの変数を内生化した（＝モデル内部で産業構造や貿易・経済政策の変化を記述する）モデルを構築することは，現時点では知見の蓄積が十分でなく現実的でないことから，これらの変数を与件（外生変数）として考慮したモデルを構築することになる。その場合は，産業構造や貿易政策の将来変化について，説得力（蓋然性）のあるシナリオを提示する必要がある。

〔2〕 第1段階（発生・集中貨物量）および第2段階（分布貨物量）の予測

④　当該地域を発着する相手国・地域別貨物量の予測

⑤　金額から物量ベースへの変換（モデルのアウトプットが金額ベースの場合）

第1段階（発生・集中貨物量）と第2段階（分布貨物量）を分けて予測する場合，第1段階の予測には，一般に，前述の GDP 弾性値が利用されることが多い。すなわち，当該地域における過去の GDP（GRDP）と発生・集中貨物量の実績から GDP 弾性値を求め，GDP の将来値を入力することで将来の貨物量を推計する。バリエーションとして，人口など他の社会経済変数も考慮した重回帰モデルを構築したり，当該地域の発展段階（例：高度成長時代には GDP 弾性値が大きくなる）を考慮する場合もある。またこの場合，第2段階の予測では，この段階のモデルとして一般的に用いられる重力モデルだけでなく，相手国等の情報が少ない場合には，例えば，現状の相手国・地域のシェア，あるいはなんらかの定性的な考察（今後 A 国とは経済的結び付きが強くなる等）によって想定した将来シェアに基づき，比例配分（案分）することなども行われている。

第1段階の予測を省略し，いきなり第2段階である相手国・地域別の貨物量を推計することも多い。この場合も，相手国別に GDP 弾性値を求めることなども行われているが，別の方法として，なんらかの経済（貿易）モデルによる推計も行われている。例えば，11.3.1 項の図 11.8 に示すように，わが国の港湾の基本方針においては，相手国・地域別の貿易額を予測する部分均衡モデルが利用されている。また，**GTAP モデル**（global trade analysis project model）[18] を代表とする既存の応用一般均衡モデルの利用や，独自の経済モデルの構築なども行われている。

これらの経済モデルを用いる場合の留意点として，通常は，モデル計算のアウトプットが金額ベースで得られるため，これを重量ベース（FT，MT，TEU 等）に変換する必要がある。この際，各国の貿易統計には金額（自国通貨表示，ドル表示等）だけでなく，重量単位の記載が含まれることもあるものの，品目により単位が異なる（トン，KG，件など）ことに注意が必要である。また，IHS 社の World Trade Service データのように，金額ベースと重量ベースの両者を含む各国間貿易データも市販されており，このようなデータベースから**重金換算係数**（weight / value ratio）を作成することも可能であるものの，こういった市販のデータベースは一般に高価であり，必ず入手できるとは限らない。このため，港湾統計などから現状の重量ベースの分布貨物量をあらかじめ別途作成・推計しておき，経済モデルのアウトプットについては，現状から予測対象年までの伸び率だけを利用する（経済モデルによって得られる金額ベースの伸び率を現状の重量ベースの分布貨物量に乗じる）という対応も，場合によっては考えられる。

〔3〕 第3段階（機関分担）の予測

⑥　当該地域を発着する相手国・地域別貨物量のうち海上貨物の占める割合の予測

⑦　同じく海上貨物のうちコンテナ貨物やバルク貨物の占める割合の予測

わが国発着の国際貨物においては，その地理的特性から，重量ベースでは 97％が海上貨物（残りは航空貨物）であることから，機関分担はあまり重視されないことも多い†。

一方で，従来コンテナで運ばれていなかったバルク貨物など（例：穀物，鉱石等）のコンテナ化は最近でも進んでおり，コンテナ貨物やバルク貨物の将来予測において，品目別の**コンテナ化率**（containerization rate）

† ただし，海上貨物と航空貨物の分担の現状に関する研究事例はいくつか存在する（例えば，文献 19），20））。

の将来値を予測する必要性は，依然として存在すると考えられる。コンテナ化率の将来値を予測する場合，基本的には，同品目における過去のトレンドの外挿や，コンテナ化が先行する他国・地域を参考に設定するのが一般的である。

内貿貨物の予測においては，海上輸送（内航輸送）と他モード（トラック，鉄道）の競合は十分考えられる。また，海上輸送においても，コンテナ，フェリー／RORO，在来船など，特徴の異なる船舶の利用が考えられる。わが国におけるこれらの輸送機関選択問題については，ロジットモデル[21)]や犠牲量モデル[22)]の適用例がある[†1]。

また，諸外国における国際貨物の輸送機関分担についても，ボリュームや品目が大きく異なることから，港湾貨物量の予測において，航空貨物との分担を明示的に考慮することはあまりないと考えられる[†2]。一方で，陸続きで他国と接する国々においては，わが国における内貿貨物と同様，国際貨物についても陸上輸送機関との選択問題は生じる。この場合，品目（おもに液体貨物）によっては，トラック・鉄道以外に，パイプラインという選択肢が存在することもある。

〔4〕　第4段階（経路選択）の予測

⑧　背後圏の重複がある場合のゲートウェイ港湾の選択

⑨　海上輸送における輸送経路やサービスレベルの選択

港湾貨物量の予測において経路選択モデルを適用する場面として，大きく分けて上に示した二つのケースが挙げられる。

はじめに，海上コンテナ貨物などで複数の港湾における背後圏の重複が見られる場合，おもに需要側である荷主の立場から，当該地域から各港湾までの陸上輸送機関のサービスレベル（時間，運賃，輸送頻度，混雑状況など）に加え，港湾のサービスレベル（リードタイム，利用料金，混雑状況など）や，各港湾の提供する海上輸送サービスの内容（航路別の頻度，運賃，時間等）も含めた選択モデルが構築される。わが国の国際海上貨物を対象とした適用例としては，犠牲量モデル[24)]，ロジットモデル[25)]，ネットワーク均衡配分モデル[26)]，荷主と船社の双方の行動を考慮した2段階モデル[27)～29)]などがある。これらのモデルの多くは，最終的には，ゲートウェイ港湾としての港湾間競争に着目し，港湾のサービスレベルを政策的に変化させた場合（施設投資や料金引下げ，リードタイムの短縮など）の，貨物流動パターンの変化を予測することを目的としている。

一方，供給側である運航船社の立場からのモデル構築を主眼とした，海上輸送における輸送経路等の選択モデルにもさまざまなバリエーションがある。船社は，港湾間の貨物輸送需要を所与として（場合によっては所与でないケースもある），当該輸送マーケットに参入するか否か，共同運航やスロットチャーターを行うか否かといった戦略（strategy）レベルの意思決定から，参入する場合の投入する船舶のサイズ，航行ルート，さらにコンテナなどの**定航船**（liner shipping）の場合は，頻度や他の寄港地，どこを積替港（トランシップ港）とするかといった戦術（tactics）レベル，さらには，各船への貨物の積み付け方法や航行速度の決定といった実行（operation）レベルまで，多くの要素について意思決定を行う必要がある。提案されるモデルは，評価対象となる要素によって異なる。これまでの研究例が多いのは，船舶サイズや寄港地を決定する戦術レベルのモデルや，最適な航行速度を求める実行レベルのモデルであり，多くのオペレーションズリサーチ的手法（整数計画法や，遺伝的アルゴリズムなどのメタヒューリスティクス解法）が適用されている。世界的に見れば，荷主側のモデルよりも研究例は豊富であり，レビュー論文も多い（レビュー論文の最近の例：文献30)～32)）。

海上輸送における選択問題のもう一つの観点として，船舶と貨物のどちらに着目するかという点が挙げられる[33)]。バルクや液体貨物においては，多くの場合満載か積荷なしかのいずれかであることから，船舶に**回送**（repositioning）問題が付随することを除けばどちらに着目しても大差ないものの，コンテナの場合は，コンテナ船が満載になることはほとんどなく，またコンテナは船舶を離れて背後輸送ネットワーク上も動き，さらに空の場合もあるなど，複雑な様相を呈する。これらをすべて統合して統一的に表現するモデルの構築は（現時点では）困難であり，なんらかの簡略化・割切りが必要となる。特に，ハブ港の成立可能性を検討する等のニーズに基づき，コンテナのトランシップ（積替え）を再現・予測するモデルを構築する場合には，船舶の配船（航路およびハブ港の決定）問題と，決定された航路上でのコンテナの流動の再現を分けて考えることが，ハブ港側も船社側もほとんど外部には情報を出さないという制約の中で，現実を近似的に捉えたモデルを構築するために，必要な姿勢と思

†1　なお，これらのモデルにおいては，利用港湾や高速道路利用区間が異なる選択肢も含まれており，以下で述べる第4段階も含めたモデルとなっている。

†2　ただし，国際経済学の分野を中心に，航空と海上輸送の分担実績から品目別の時間選好を推定するような研究は，Hummels and Schaur[23)]をはじめとして多く行われている。

われる[34]。

さらに，〔3〕で述べた内貿ユニットロード貨物のモデルと同様に，第3段階の機関選択としての背後輸送機関（道路，鉄道，内航水運等）の選択問題と，第4段階の経路選択（輸出入港湾や海上輸送ルート）問題を同時に考慮したネットワーク配分モデルの構築も試みられている[35),36)]。前者は中国および東南アジア地域の陸上（道路・鉄道）および海上輸送を対象に，後者は全世界の国際海上コンテナ輸送と中米4箇国の陸上輸送を対象とした，インターモーダル輸送ネットワーク上での配分問題を解いている。データの制約も厳しい中，やや強引なアプローチといえるかもしれないが，次項11.3.3でも多くの具体的事例を示すように，世界経済・貿易の緊密化やグローバル化が進展する中，国際海上輸送ネットワークを世界全体や地域全体で俯瞰して捉えた上で，インフラ改善施策などのインパクトを推計・予測する実務的ニーズはますます高まっているといえ，このようなモデルを構築することの必要性が増加していると思われる。（柴崎隆一）

11.3.3　貨物流動分析等に関する最近のトピックス

〔1〕　コンテナ船運航船社の戦略：船舶の大型化と合従連衡

コンテナ船が大型化するにつれ，海上輸送費用については**規模の経済**（economy of scale）が働くことで低下する一方，ターミナルでのハンドリング費用は逆に増大する（**図11.11**参照）[37)]。

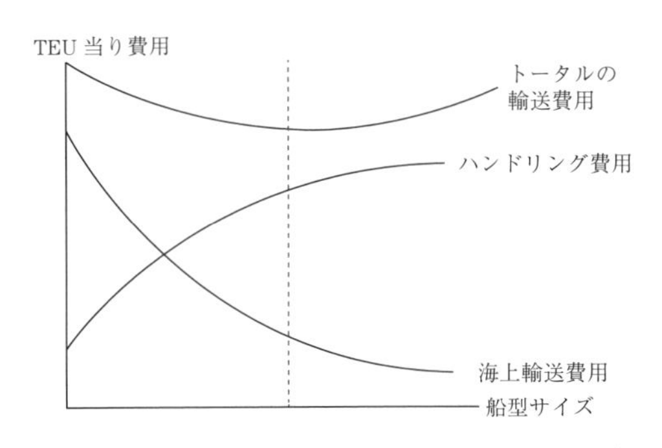

図11.11　海上輸送費用とハンドリング費用の関係[37)]

海上輸送費用における規模の経済は，大型化に伴う積載容量の増加程度に比べて船舶建造費や燃料費の増加程度が小さいことに加え，搭載エンジンの燃費改善や低速航行による燃料費の節減によっておもに達成される。さらに，燃料費低減効果は，海上輸送費用に占める燃料費の割合が大きい長距離航路において，より大きく発揮されることとなる。一方，ハンドリング費用の増大は，岸壁クレーンやヤードクレーンの増設や，巨大化したターミナルでの処理の複雑化に起因している。両者を踏まえ，トータルの輸送費用を最小にする最適船型が存在するという議論が従来行われてきた。

しかしながら，コンテナ船は，その登場以来，継続的かつ飛躍的に大型化しており，その最大船型（積載容量ベース）は，**図11.12**に示すように，1970年代末に3 000 TEU，1990年代に4 000 TEU，1997年にそれまでの2倍の8 000 TEU，2006年にはさらにその2倍弱の15 000 TEUとなった。そして2013年～2015年には，ついに**ULCSs**（ultra large container ships）と呼ばれる18 000～20 000 TEU級のコンテナ船が出現するに至っている。ULCSsは，スエズ運河とマラッカ海峡の両方を通過可能な**マラッカマックス**（Malacca-max）というサイズ（船長400 m，船幅60 m，喫水16 m）であり[38)]，スエズ運河とマラッカ海峡の通航条件に変更がない限り，このサイズが当面の最大コンテナ船型であり続けると考えられる。

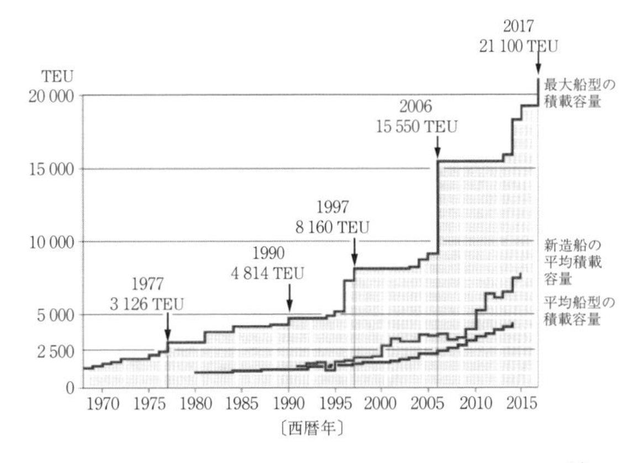

図11.12　コンテナ船大型化（積載容量ベース）の推移[37)]

さらに，ULCSsのアジア～欧州基幹航路就航により，かつての大型船が，相対的に航路距離の短い南北航路や域内航路などの地域航路に配転されるという**カスケード現象**（cascade effect）が発生している。

一方で，十分な貨物需要を寄港地で集約し，大型化したコンテナ船を満載にできなければ，規模の経済の恩恵を十分に享受することができない。実際に，2015年初頭には，コンテナ貨物輸送の需要と供給にインバランスが生じ，運賃が急落することとなった。その結果，供給力を絞るため，多くの船社は減便などによって船腹量の削減を図り，一時的にサービス水準の低下を招くこととなった。このようなコンテナ船の大型化に起因する課題は，上述のカスケード現象によって世界中の港湾に伝搬するという意味で，世界の多くの港湾で共通のものとなっている。

さらに，1ループ当り12隻のULCSsが必要なアジア～欧州基幹航路サービスを維持しつつ船腹量を調整する過程で，船社の合従連衡がいっそう進むこととなった。2013年にULCSsが登場して以来，アライアンスの再編が進み，2M（MSC，Maersk），O3（CMA-CGM，CSCL，UASC），G6（Hapag-Lloyd，ALP，MOL，OOCL，NYK，Hyundai），CKYHE（COSCO，K-Line，Yang Ming，Hanjin，Evergreen）の4大アライアンスへの再編が2015年にいったん整った。しかしながら，その後，CMA-CGMとAPL，さらにはCOSCOとCSCLという主要船社どうしの合併話の進展を受け，さらにアライアンスの再々編が進んだ。2016年5月時点では，2M，Ocean Alliance（CMA-CGM（CMA-CGMとAPLの統合会社），COSCO Container Lines（COSCOとCSCLの統合会社），Evergreen，OOCL），The Alliance（NYK，MOL，K-Line，Hapag-Lloyd，Yang Ming，Hanjin）の3大アライアンスに再々編されることが確実になっている。この時点で去就が明らかになっていないHyundaiおよびUASCも，近いうちにいずれかの3大アライアンスに組み込まれるものと考えられる。（古市正彦）

〔2〕 バルク貨物輸送の最近の話題

「ばら」の荷姿でバルクキャリア（ばら積み貨物船）に積み込まれるバルク貨物のうち，荷動きの多い石炭・鉄鉱石・穀物は**三大バルク貨物**（major bulk）と呼ばれる。

バルク貨物輸送は，産出地から消費地への片荷で，鉄鋼・電力等の個別企業による不定期輸送が中心である。その運賃水準は，**バルチック海運指数**（Baltic dry index，**BDI**）等により把握可能である。

バルクキャリアは，荷動き量の増加に合わせて大型化してきた。例えば，最大船型となる鉄鉱石輸送船の船型は，1980～1990年代は，瀬戸内海の製鉄所に入港可能なSetouchi-max（20万トン級）が主流であった（一部，ブラジル－欧州の大型船あり）ものの，2000年代以降は中国の鉄鋼業が全盛期に入り，ブラジルからの輸送のために40万トン級が出現した（**図11.13**参照）。輸送需要の増加は，船舶大型化による輸送コストの低減を導いてきた。

輸送コストは，〔1〕で述べたコンテナ船と同様に，船舶に係る船費と，燃料費や港費等の運航費から構成される。輸送の効率性は，全行程のコストを，輸送トン数で除したトン当りコストにより比較される。詳細は，文献39)，40）を参照されたい。

バルク貨物は，天然資源であるため，天候不順による生産量の低下や，積出港における能力不足による滞船の長期化といったリスクへの管理が必要とされる。そのため，品質や価格が許容できる範囲内で，なるべく多様な産出地を求める傾向がある。

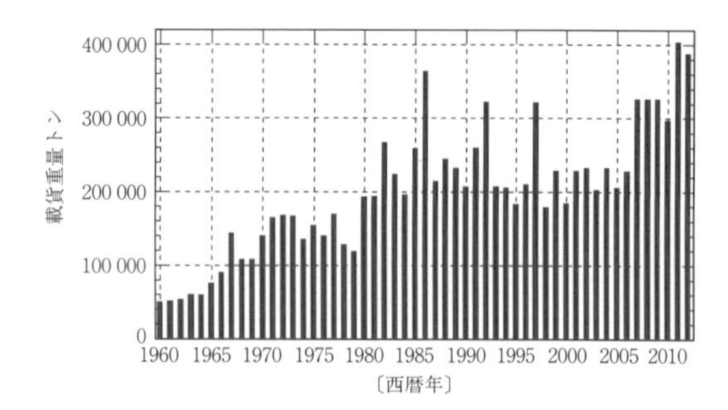

図11.13 バルクキャリアの大型化の動向（各年建造の最大船型）

かつてわが国は，世界最大のバルク貨物の荷主国であった。しかし，中国等新興国の資源需要の高まりにより，わが国への貨物量の割合は相対的に低下し，輸送効率にも差が生じてきている。ブラジルからの鉄鉱石輸送は30万トン級以上が中心であるが，わが国で満載入港可能なのは大分港のみである。わが国の穀物輸入港の多くは，拡張前のパナマ運河の喫水制限下で，かつ，全長225m以下のJapanamax用であり，パナマ運河拡張後に予想される船舶大型化には対応できていない[40]。このような状況を踏まえて，**国際バルク戦略港湾**（特定貨物輸入拠点港湾，Specific Cargo Import Hub Port）政策が進められており，限られた港湾で大型船を満載入港させ，複数港湾で荷揚げする効率的な輸送体系の構築を目指している。（赤倉康寛）

〔3〕 モード間競合と港湾

企業のプロダクトサイクルが貨物輸送市場と密接な関わりを持つことは，宮下[41]らによって指摘されている。これは，製品の生産において，イノベーション期から発展期を経て成熟するというサイクルの中で，段階に応じて輸送機関が選ばれるとするものである。開発段階の製品については，おもに航空輸送が卓越する傾向になる一方で，製品が一般化し大量に市場で消費され，性能の差別化が難しくなる製品（繊維，鉄鋼など）では海運が卓越する，と指摘されている。これに対して，Murakami and Matsuse[42]は，わが国の輸出入貨物を対象に輸出入関数を推定し，プロダクトサイクルとは関係なく航空と海運が競合する市場が存在することを指摘している。

一方，既存の海運市場では大きな存在ではなかったものの，企業の**サプライチェーンマネジメント**（supply chain management，**SCM**）の観点から，より無駄のない生産ラインを形成するために，海運における新たな輸送モード（フェリー，RORO 船）を利用するという現象が，わが国においても観察されるようになってきている。RORO 船や国際フェリーなど，フルコンテナ船以外を用いた海上輸送は，欧州では，バルト海や地中海を中心に，従来から盛んに利用されている。アジアでも，ASEAN 諸国（特にフィリピン，インドネシアといった島嶼国）や中国渤海エリアでの利用が盛んになってきており，シャーシの相互承認（〔4〕で詳述）などが行われている。わが国では，現在のところ，神戸発着の新鑑真号などの例を除けば，関釜フェリーなど北部九州を中心としたエリアに，その利用が限定されている。これは，地理的要因が大きく作用しているものと考えられるが，今後は，**日本海側拠点港湾**（hub port on the Sea of Japan）指定港の多くで国際 RORO 船の誘致を積極的に行うという提案がなされていることから，さらに利用が拡大すると考えられている。こういった現状の分析については，例えば藤原，江本[43]は，北九州を中心に SCM との関連を中心に行っている。また，岡，竹林[44]は，若狭湾を対象としたフェリー・RORO 船の新規参入の可能性について，北部九州発着を想定した場合とフルコストを比較している。

また，前述の生産ラインやプロダクトサイクルと海上輸送を関連付けた文脈に即せば，SCM が高度に発達した結果，**近海輸送**（short sea shipping，**SSS**）の効率性が，より重視されるようになったということもできるだろう。このような近海輸送における近年の特性について，Medda and Trujillo[45]は，構造的な特性分析に関する話題を中心に，包括的なレビューを行っている。（竹林幹雄）

〔4〕 わが国を取り巻く国際フェリー／RORO 船輸送の現状

国際フェリーや国際 RORO 船による貨物輸送は，コンテナ船による輸送に比べて船舶の航行スピードが速く，また港湾での貨物の荷役が，コンテナのようにガントリークレーンなどを使用する LOLO 方式ではなく，自走車両による RORO（水平移動）方式であることから，荷役が速くて効率的であるなどさまざまなメリットがあり，**図 11.14** に示すように，わが国と韓国・中国などとの間で複数の定期航路が就航している。

この国際フェリー／RORO 船で輸送されている貨物の背後圏や輸送貨物特性の分析例[46]によれば，例えば，博多港に就航している中国との国際 RORO 船の利用貨物の背後圏は，博多港におけるコンテナ船の中国航路利用貨物の背後圏よりも広く，近畿・関東地方などを発着地とする貨物も多い。また，コンテナ船輸

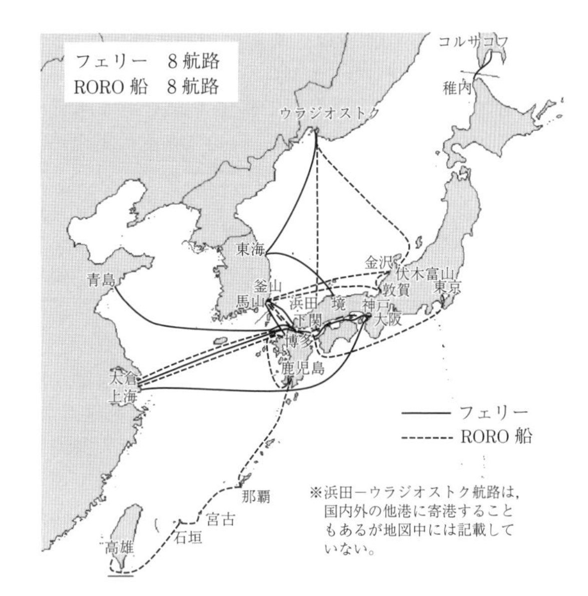

図 11.14　わが国の国際フェリー／RORO 航路（2014 年 12 月現在）

送貨物よりも貨物の単価が高いという結果も得られており，一般的に，単価の高い貨物の方が運賃負担力が高いと考えられることから，このような貨物が，コンテナ船より運賃は高くてもよりスピーディーな，国際フェリーや RORO 船を利用する傾向にあると推察される。

また近年では，さらに効率的な輸送を目指し，「シャーシの相互通行」への取組みが進められている。シャーシの相互通行とは，国際フェリー／RORO 船による輸送において，海上輸送に加え発着国双方の背後輸送についても，両国で通行が可能な共用のシャーシ（動力を持たない被牽引車両）を用いて行うものである（**図 11.15** 参照）。従来は，海上輸送部分では船舶専用のシャーシを，またそれぞれの国の背後輸送ではそれぞれの国で通行が可能なシャーシを用いて輸送されており，ドアツードアの輸送において，2 回のシャーシ交換が必要であったものが，共用シャーシの利用により交換を一切省略することで，輸送時間の短縮やコストの低減が期待できる。

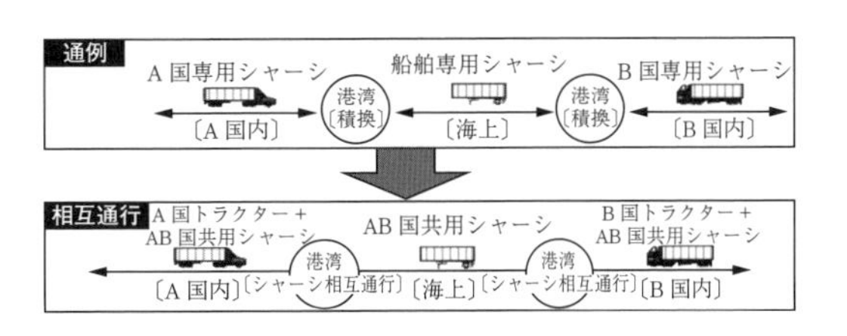

図 11.15　シャーシの相互通行のイメージ

シャーシの相互通行は，韓国と中国の間で2010年10月から開始された。また，日本と韓国との間についても，2012年7月に釜山で開催された第4回日中韓物流大臣会合において，シームレス物流の実現に向け，日韓でシャーシの相互通行に関わるパイロットプロジェクト実施に向けた協力を行うことなどを盛り込んだ共同声明が発表されたのを受け，同年10月から日本のシャーシの韓国国内の通行が，また2013年3月からは韓国のシャーシの日本国内通行が開始されている。まだ一部の貨物だけを対象としたパイロットプロジェクトという位置付けではあるものの，自動車部品の輸送などが実際に行われている。　（渡部富博）

〔5〕 世界の2大運河：スエズ運河とパナマ運河

現代の世界海運にとって最も重要といえる人工運河が，**スエズ運河**（Suez Canal）と**パナマ運河**（Panama Canal）である。両者とも，欧州～アジア～北米を結ぶ世界の主要航路沿いに位置し（**図11.16**参照），マラッカ海峡などとともに，地政学上重要な狭隘な海上水路として，**チョークポイント**（choke point）と呼ばれることもある。いずれも最近拡張工事が行われ，容量などの拡大が図られている。

（1） スエズ運河[47]　地中海／大西洋（欧州）とインド洋／太平洋（アジア）を最短で結ぶ全長約160kmの人工水路であり，フランス人であるレセップスの指揮により1869年に開通した。その後1956年にエジプトのナセル大統領により国有化され，現在はエジプト政府により管理・運営されている。

スエズ運河は，後述のパナマ運河と異なり海面式の運河であるため，通航可能な船舶のサイズ上限は，運河そのものの断面により決まる。現状において，世界のすべてのコンテナ船，（キャパシティベースで）95%以上のバルクキャリア，約2/3のタンカーが通航可能である。

水路は原則として一方通行であるが，途中数箇所で行き違いが可能である。船舶は，基本的に**船団**（convoy）を組み，明け方に両端を出発し，当日夕方頃に反対側へ抜けるというスケジュールとなっている。1日の最大通航可能船舶数（両方向合計）が84隻程度とされるのに対し，リーマンショック以降（2009年以降）の年間通航船舶数は17 000隻前後（1日平均50隻前後）で推移しており，容量にはまだ余裕がある。

2014年8月にエジプト政府により公表された「新スエズ運河構想」により，行き違い区間が約70km延長され（2015年8月竣工），航行所要時間が短縮された。ただしこの新運河は，容量や通航可能最大サイズを拡大するものではなく，アラブの春以降，経済的苦境にあるエジプトの経済対策的意味合いが強いと思われる。

（2） パナマ運河[48]　太平洋（北米西岸，アジア）と大西洋（北米東岸）を結ぶ全長約80kmの人工水路であり，スエズ運河を開通させたレセップスによる挫折を経て，アメリカにより1914年に開通した。以来，沿岸地域も含めアメリカ管轄下にあったものの，1999年にパナマ政府に全面的に返還され，現在はパナマ政府が管理・運営している。

パナマ運河は，スエズ運河より距離は短いものの，地形がやや複雑であることから，両側3段の**閘門**（こうもん）（lock）により，海抜26mの水路上を航行する。アメリカは，この閘門式運河を導入することにより運河を開

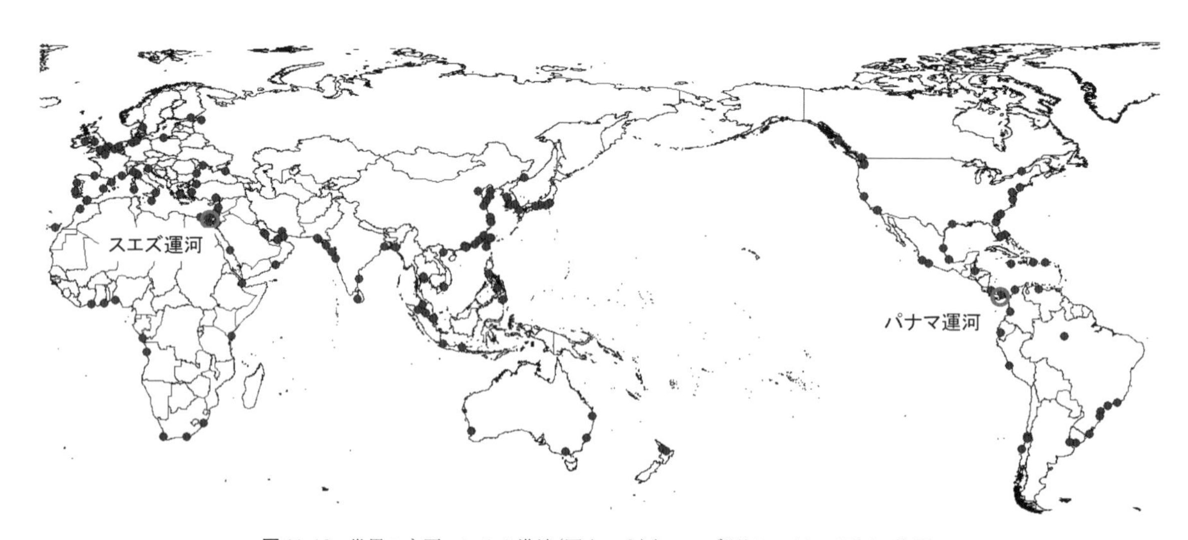

図11.16　世界の主要コンテナ港湾（図中の●）とスエズ運河・パナマ運河の位置

通させることができたものの，現在では，閘門のサイズおよび容量が運河航行の大きな制約となっている。

現状の閘門を航行可能な船舶のサイズ上限は，全幅32.3 m，全長294.1 m（コンテナ船の場合），喫水12.0 mであり，サイズが上限いっぱいな船舶を**パナマックス**（Panamax）船と呼ぶ。例えばコンテナ船の場合は4 500 TEU積み前後の船が相当し，現代のコンテナ輸送（特に基幹航路）においては，もはや比較的小さなサイズの船舶しか航行できない状況といえる。また，容量の制約も厳しく，両端の海上では頻繁に沖待ちが発生し，年間通航隻数も1970年代からほぼ頭打ちとなっている。

このような状況の解決のため，パナマ政府は，現在の2レーンの閘門に加え，新たに1レーン（第3閘門）を建設することを決め，2006年の国民投票での承認を経て，航路増深・拡幅など関連工事も含めて着手された。第3閘門のサイズは，幅55 m，長さ427 m，水深18.3 mであり，コンテナ船であれば13 000～14 000 TEU積み前後の船まで通航可能となる。当初は開通100周年の2014年完成を目標としていたものの，度重なる工期の延期を経て，2016年6月末に開業の運びとなった。第3閘門の供用開始後は，上で述べた大型船の航行や通航容量の拡大だけでなく，これまで航行実績のなかったLNG輸送船が航行し，アメリカ東部で産出されるシェールガスのわが国への海上輸送などへの活用も期待されている[49]。

なお，近隣国のニカラグアにおいても，全長約260 kmの**ニカラグア運河**（Nicaragua Canal）の計画があり，香港系企業によって一応建設の着手はされているものの，資金調達などの面からいって，現時点での実現性はあまり大きくないと思われる。

〔6〕 北 極 海 航 路[50]

近年，北極海域における海氷の減少を受け，当該海域を航行する，いわゆる**北極海航路**（Northern Sea Route, NSR）が注目されている。NSRという場合は，通常，北極海のロシア沿岸航路のうち，カラ・ゲートから東のベーリング海峡までの海域を指し，同じロシア沿岸航路でも西側の海域（バレンツ海）は，メキシコ湾暖流の影響を受けほぼ1年中氷が見られず，年間を通じて多くの船舶が航行している（**図11.17**参照）ことから，NSRの定義には含まれない。また，カナダ沿岸航路は**北西航路**（Northwest Passage）と呼ばれる。

北極海における海氷面積は，9月中旬頃が1年で最も小さく，3月頃が最も大きい。最も氷の少ない9月は，ロシア沿岸から完全に氷が消滅しており，氷のないエリアを通り極東地域まで船が行き交っている（図11.17（b）参照）。北極海航路の輸送量は，実はソ連時代末期の1987年がこれまでのピークであり，ソ連崩壊とともに急激に輸送量が減ったのが，2010年代に入ってからピーク時の半分程度の水準まで回復したという状況にある。ただしソ連時代はすべてソ連の内貿輸送であったのが，最近は外国籍船による国際トランジットも増えているという違いがある。

北極海航路利用のメリットは，これまでのところ，① 東アジア～欧州間国際貨物の海上輸送における航海距離の短縮（トランジット輸送に関するメリット），および ② 北極海域における資源開発の進展（交易の創出），の2点に大別される。国際トランジットにおける距離の短縮効果は，例えば上海～ロッテルダム間の航海距離は，スエズ運河経由だと10 200海里

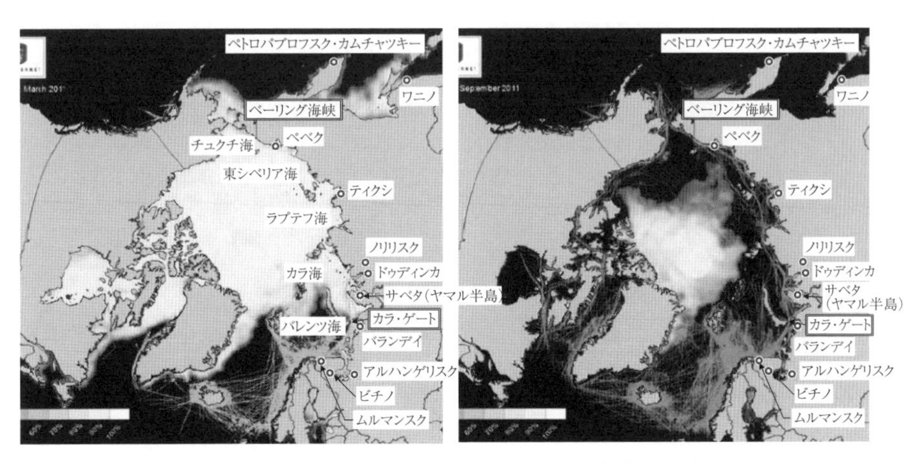

（a）2011年3月　（b）2011年9月

図11.17　北極海における海氷エリア（図中白色部分）と船舶航行軌跡[50]
（出典：Arctic Logistics Information Office, http://www.arctic-lio.com/nsr_transits に加筆）

であるのに対し，NSR 経由だと 7 700 海里と約 3/4 になり，効果は大きい。ただし，これまでのピークである 2013 年においても，NSR 経由のトランジット輸送は 71 航海（両端が北極圏域であるものも含む）であり，〔5〕に示したスエズ運河通航量には遠く及ばない。

一方，資源開発については，資源輸出で経済が成り立っているというロシアの事情もあり，ヤマル半島の天然ガス開発を筆頭に着々と進められており，2017 年以降に開始される予定のヤマル半島サベタ港からの LNG 輸送には，商船三井も**耐氷船**（ice-class vessel）を建造して参画する予定で，夏季には NSR 経由でアジアへの輸出も計画されている。

北極海航路の利用は，まだ多いといえる状況ではなく，また，当然ながら海氷状況に左右され，さらに輸送距離短縮による燃料費の節約効果や，世界他地域よりも高コストな資源開発の進捗が，いずれも資源・燃料価格に依存しており（高いほど利用や開発が促進される方向），耐氷船を先導する**砕氷船**（icebreaker）や港湾インフラの不足も指摘されるなど，不確実性も大きい。一方で，2010 年代に北極海航路が「再発見」されるきっかけの一つに，ロシアとノルウェーの間の国境係争が解決したことが挙げられるなど，政治状況にも左右される部分もある。このため，今後の東アジアとロシアの国際関係等も踏まえ，NSR 利用の将来動向を展望する必要がある。　（柴崎隆一）

〔7〕 わが国および周辺地域のクルーズ客船観光

近年のわが国におけるクルーズ市場は活況を呈している。観光庁により策定された「観光立国実現に向けたアクションプログラム」では，クルーズ船によるインバウンド観光客数の目標を 2020 年までに 100 万人と定めていたが，2015 年に過去最高の 111.6 万人となり，5 年前倒しで目標を達成した。

港湾別に見ると，九州・沖縄地域への寄港回数が増加し，その多くを外国船社が占めている（**表 11.5** 参照）。日本に寄港する外国船社が運航するクルーズ客船は，中国，香港，台湾，韓国を起終点や寄港地とする東シナ海航路を主力としており，九州・沖縄が地理的に有利なためである。さらに，中国を中心とするアジアのクルーズ人口は，2020 年には 380 万人に到達すると予測されており，2012 年の 130 万人から約 3 倍となる見込みである[51]。人口規模に対するクルーズ人口という視点から考えても，アメリカ，イギリス，オーストラリアなどのクルーズ先進国と比較してわが国およびアジアのクルーズ人口は少ないのが現状であり，中国経済の大幅な減速などの外的リスクが顕在化しない限りは，九州・沖縄を中心としたわが国のクルーズ市場は今後も成長していくものと思われる。

表 11.5　2015 年の港湾別寄港回数（速報値）[52]

	博多	長崎	那覇	石垣	横浜	神戸
寄港回数（全国順位）	259 (1)	131 (2)	115 (4)	84 (6)	125 (3)	97 (5)
対前年比〔%〕	125.2	74.7	43.8	15.1	−14.4	−3.0
外国船比率〔%〕	94.6	97.7	91.3	94.0	29.6	43.3

わが国のクルーズ客船の利用者は，個人属性別に若干の差異は存在するものの，一般的には，リピート率の高さ，年齢層の高さ，富裕層の多さ等の特徴を有している[53]。一方で，最近のわが国のクルーズ客船利用者の一般的な傾向として，低価格・短期クルーズが好まれており，中年や若者ほどその傾向は強くなる[54]。このため，プリンセスクルーズなどの外国船社は，低価格・短期間のカジュアルクラス（おおむね 3～7 泊，1 泊 70～200 ドル）に分類される，比較的手頃なビギナー向けクルーズ客船を（日本を含む）東シナ海航路へ積極的に投入している。このような航路は，わが国の中年・若者層と同様に，低価格・短期クルーズを好む傾向にある中国などアジア各国のクルーズ客船利用者をおもなターゲットにしている。さらに，わが国の利用者に対しては，邦船クルーズ各社が提供する既存のラグジュアリークラスの高価格・高サービスの客船（飛鳥Ⅱ，にっぽん丸，ぱしふぃっくびいなす）との差別化を図った戦略としての側面もある。わが国への寄港回数が増加しているカジュアル船は大型船が多く，大型船受入れのためのインフラ整備の重要性が増しているといえる。

クルーズ客船の場合は，世界最大のクルーズ船であるオアシス オブ ザ シーズでも満載喫水が 9.1 m であり，一般に貨物船のような深水港は必要とされていない一方で，マスト高が航行の制約となることがある。例えば東京港では，マスト高がレインボーブリッジの桁下高 52 m を超える船舶はこれをくぐることができず，近年寄港が増加しているダイヤモンド・プリンセス（マスト高 54 m）などの外国船社の大型船（おもにカジュアル船）は晴海客船ターミナルに接岸できない。このため，青海地区に新設予定の客船ターミナルは，レインボーブリッジの手前に建設されることとなった。

クルーズ客船利用者の短期間クルーズへの志向を受けて，クルーズ客船観光と航空機での移動を組み合わせた**フライ & クルーズ**（Fly & Cruise）が注目されている。フライ＆クルーズは，もともとクルーズの起終点港まで航空機で移動し，現地でクルーズ客船観光を行った後に航空機で戻る形態のトリップを指していた。しかし近年では，クルーズ客船観光の行程の一部を航空機によりショートカットする形態も登場している。このショートカット型のフライ&クルーズを導入することにより，総旅行期間の短縮が可能となり，若者やビギナー，クルーズ客船観光の未経験者を中心に，クルーズ客船の利用意向を向上させることができる[54]。

クルーズ客船は，寄港頻度はあまり高くないものの，一度寄港すれば，一定の経済波及効果を見込むことができる。税収（入港料，着岸使用料など）や代理店収入（タグボート代金，給油，給水，パイロット料など）だけでなく，寄港地で乗客が消費活動（観光や買い物）を行うことによる地域経済の活性化も期待できる。また，起終点港やフライ&クルーズの拠点港となれば，より大きな経済波及効果が期待できる。拠点港では，乗船客と下船客の入れ替えや食材の補給などのターンアラウンドが行われ，日中のみの寄港となることが多い途中寄港地と異なり，利用者の宿泊を伴うことなどが多いためである。さらに，一般的には，税収や代理店収入についても拠点港の方が高い。以上のような経済波及効果が見込めるため，各港湾による**ポートセールス**（port sales），CIQ（税関・入国審査・検疫手続き）の簡素化，ランドツアーの充実など，クルーズ客船の誘致が積極的に行われている状況にある。（川﨑智也）

11.4 港湾投資の経済分析

港湾投資は，他の交通関連社会資本と同様に，さまざまな形の経済効果をもたらす。それらの効果はまず，事業効果と施設効果に分類される。事業効果は，投資の**フロー効果**（flow effect）とも呼ばれるもので，投資すなわち建設事業そのものに起因する効果である。施設効果は，投資の**ストック効果**（stock effect）とも呼ばれるもので，施設の供用開始後に当該施設が利用されることに起因して発現する効果である。施設効果はさらに，直接的効果である**利用者効果**（user effect）と，間接的効果である**技術的外部効果**（technological externality）および**金銭的外部効果**（pecuniary externality）に分類される。

港湾投資による経済効果の推計には，おもに**産業連関分析**（input-output analysis），**応用一般均衡モデル**（computable general equilibrium model），**帰属付加価値モデル**（imputed value added model）が用いられる。これらの手法は，上記のさまざまな効果の推計に適用可能であり，中でも，事業効果の推計には産業連関分析，施設効果の推計には応用一般均衡モデルや帰属付加価値モデルが用いられることが多い。

11.4.1 事 業 効 果

国際海上コンテナターミナルや旅客ターミナルの整備といった港湾投資を行う場合，まずその投資資金の多くは，建設業に支払われることになる。投資主体による産業への支出と，それに対応する産業の生産を，事業効果における直接効果と呼ぶ。建設業は，請け負った建設事業の遂行のため，数多くの建設資材を，例えば金属製品製造業やコンクリート製品製造業から調達する。それらの産業は，求められる製品の製造のため，製鉄業やセメント製造業などから，原材料をそれぞれ調達する。さらにそれらの産業は，また別の産業からなんらかの財・サービスを購入し，またさらにそれが別の財・サービスの購入につながる。このように，投資需要が別の需要を連鎖的に誘発することにより，間接的にもたらされる効果を，一次波及効果と呼ぶ。

一次波及効果の推計には，おもに産業連関分析が用いられる。産業連関分析は，比較的簡便な行列計算により複雑な産業間取引構造を表現するものであり，**産業連関表**（input-output table）から得られる**逆行列係数**（inverse matrix coefficient）を用いることにより，投資需要がもたらす直接効果と一次波及効果の合計を求めることができる。世界全体への波及効果や国内への波及効果など，分析目的に応じてさまざまな逆行列係数が提案されており，中でも最もシンプルな逆行列は，単位行列から**投入係数**（technical coefficient）行列を減じたものの逆行列である。この逆行列を用いると，世界全体への波及効果を近似的に推計することができ，直接効果と一次波及効果による付加価値増加額の合計は，建設投資額に一致する。すなわち，少なくとも建設投資額と同額の付加価値増がもたらされると解釈できる。

産業連関表における付加価値は，労働の報酬である**雇用者所得**（compensation for employees），資本への支払である**資本減耗引当**（depreciation of fixed capital），企業の営業利潤等である**営業余剰**（operating surplus）などから構成される。このうち，直接効果と一次波及効果の合計としてもたらされた雇用者所得増加が喚起する，家計の消費増加に着目する。消費増加は，先と同様にさまざまな産業に波及効果をもたらすと考えることができる[55]。この波及効果を，二次波及効果と呼ぶ。これら直接効果，一次波及効果，二次波及効果の合計を**経済波及効果**（economic ripple effect）とする例が多い。

直接効果と一次波及効果による付加価値額の合計は，事業の種類によらず，建設投資額に依存して決まる。二次波及効果は，直接効果や一次波及効果よりも小さいため，事業効果としての経済波及効果については，事業の内容による差異はそれほど大きくない。事業効果は，建設投資によって確実に発生する経済効果ではあるものの，投資額が同じであれば事業内容によらず同じような値となるため，**機会費用**（opportunity cost）の観点から，費用対効果分析等の事業評価においては考慮されない。ただし，費用の負担と帰着する効果を地域別に考慮する場合には，産業連関分析により事業効果の推計を行う必要がある。

11.4.2 施設効果

〔1〕 利用者効果

国際海上コンテナターミナルや旅客ターミナルの整備といった港湾投資が行われると，海上輸送に関する費用や時間が削減されるなど，利用者にとっての利便性が向上する。その経済効果（利用者便益）を簡便に算出する方法としては，**消費者余剰**（consumer surplus）の概念を援用し，その増分を特定することによって求めることができる。消費者余剰の増分を求めるためには，本来は需要曲線が推定される必要がある。ただし整備有無の比較だけが目的であれば，整備有無それぞれの状況における一般化費用と需要量を与え，その間の需要曲線が直線であると仮定することにより，台形の面積を求めるだけの簡便な計算により，消費者余剰の増分を求めることができる。需要量の推計は，経済指標等を変数とした計量経済モデルや，ランダム効用理論などに基づく行動モデルなどのモデル分析により行われる。利用者が限定されている場合には，大口荷主へのヒアリングという直接的な方法が採用される。整備の有無による需要量の差を推計することが困難な場合は，その量を同じとしてもよい。その場合の利用者便益は，一般化費用の低下分に需要量を乗じたものとなる。

消費者余剰の概念を援用した方法において想定される需要曲線は，当該港湾を利用する輸送の需要のみを考慮したものである。現実には，輸送費用の低下が財価格の低下をもたらし，輸送需要の増加をもたらすことが考えられるものの，そのような影響については，上記の方法では考慮されていない。この問題への対応には，**一般均衡需要関数**（general equilibrium demand function）あるいは**補償需要関数**（compensated demand function, Hicksian demand function）の推定が必要になるものの，いずれも利用者の効用関数を特定するなどの困難を伴うため，現実には消費者余剰の概念を援用した手法による推計方法が用いられることが多い。もし補償需要関数の推定が可能であれば，**等価変分**（equivalent variation）や**補償変分**（compensating variation）を，利用者便益とみなすことができる。

利用者便益を発生ベースで捉えるならば，すべて当該港湾が立地する国内の利用者からの発生であると考えられる。一方，利用者便益を帰着ベースで捉える際には注意が必要である。特に国際海上コンテナターミナルなど，国際貨物のための施設を整備する場合，その利便性向上の恩恵を受けるのは，国内の荷主だけではない。輸送市場および財市場が競争的であるならば，輸送費用低下の便益は，その財の生産者と消費者の双方に帰着する。国際貨物の場合であれば，輸出側と輸入側の双方に便益が帰着することになり，その一方は必ず国外である。国際貨物ではなく国内（内貿）貨物や国内旅客のための施設についても，同様に，国内他地域に帰着する便益があることに留意が必要である。

〔2〕 技術的外部効果

技術的外部効果は，市場を介さずに，利用者以外の者にもたらされる効果である。例えば，新たな港湾施設の整備によってもたらされる近隣同種施設の混雑解消や直背後道路の混雑悪化，効率的な荷役の実現による二酸化炭素排出量の減少，取扱貨物量増加による近隣への騒音や振動の増加などがあり，交通や環境を中心に，さまざまな，かつ正負両面の効果がもたらされる。これらの効果は，いずれも需要に依存するものであるため，需要予測とともに，あるいは需要予測の後に推計されることが一般的である。

〔3〕 金銭的外部効果

金銭的外部効果は，市場を介して，利用者以外の者にもたらされる効果であり，一般に経済波及効果と呼ばれるものである。事業効果における一次波及効果や二次波及効果も，金銭的外部効果である。ここでは，施設効果における金銭的外部効果について説明する。

（1） 予測のためのモデル　新規事業採択時など，港湾投資の効果を事前に推計するには，応用一般均衡モデルが有用である。応用一般均衡モデルは，各産業の生産量，家計の消費量，各財の価格等を内生変数として構成されるモデルで，外生変数（操作変数）として，当該経済に影響を与え得る政策や技術変化を考慮することで，その効果を推計するものである。特に，地域間の輸送を明示的に扱う**多地域応用一般均衡モデル**（spatial computable general equilibrium model, multi-regional computable general equilibrium model）を利用すれば，港湾投資による輸送の効率化がもたらす効果を推計することができる。多地域応用一般均衡モデルは，需要と経済効果を同時に求めることができる点に特徴がある。

ただし，多くの従来の（地域間輸送に特段着目していない）多地域応用一般均衡モデルにおいて，地域間の輸送は，アイスバーグ型で表現される。すなわち，地域間輸送産業の技術や輸送サービスの生産構造を明示的に表現せず，各財の生産にかかる技術とその財の輸送にかかる技術が同じであるとの想定に基づいた表現となっている。このような想定は，関税政策や環境政策など，輸送と直接関係しない政策の効果を近似的に推計する際には大きな問題にはならないものの，輸送に直接関係する政策の分析においては，結果の解釈を困難にすることから，地域間輸送産業を明示的に表現したモデルが必要である。

地域間輸送産業の表現方法においては，二つの論点がある。一つめの論点は，地域間輸送産業が各地域に存在するものとするか，地域とは独立してただ一つ存在するものとみなすかである。地域による輸送サービスの差を考慮するためには，地域間輸送産業が各地域に存在するものとする必要があるものの，地域間輸送を発地側，着地側，他地域のいずれの地域間輸送産業が担うかを適切に想定する必要がある。地域間輸送市場がグローバルな競争にさらされており，地域による輸送サービスの差がないとみなせる場合には，地域間輸送産業が，地域とは独立してただ一つ存在するものと仮定することにより，モデルを簡略化できる。その場合には，地域間輸送産業の資本や労働の帰属を適切に考慮する必要がある。これについては，例えば，地域別の海運業の運航隻数や船員数を用いることができる。

二つめの論点は，**輸送活動量**（freight activity）の表現方法である。一般均衡モデルにおいて，各産業の生産関数で表現されるのは生産量である。輸送産業の生産量は，トンキロなど重量と距離の積で表される輸送活動量であると考えられる。これが輸送活動量需要と一致すると仮定するためには，各財それぞれの単位量あるいは単位重量当りの金額（単価）と地域間の距離を与える必要がある。各財の単価は，例えば，地域分割が国単位であり，地域間輸送がすなわち国際輸送であれば，国連が公表する貿易統計などから得られる輸出入国別品目別の貿易量および貿易額を用いて，与えることができる。

（2）　**事後評価のためのモデル**　　事後評価時など，港湾投資対象施設の投資前後の，産業別・品目別貨物量等の利用実績が得られる場合には，投資による利用貨物量増加分を特定することにより，貨物量増加による各産業の付加価値増加分を推計することができる。この効果は，貨物の荷主であり港湾の利用者でもある港湾依存産業と，港湾において貨物取扱いなどを行う港湾関連産業の両方に及ぶ。港湾施設の経済効果は，港湾依存産業と港湾関連産業にもたらされた経済効果の合計とする。このような考えに基づいて，港湾投資がもたらす付加価値の増分を推計する手法に帰属付加価値モデル[56)]があり，その推計は**図 11.18** および**図 11.19** に示す手順により，業種別に行われる。

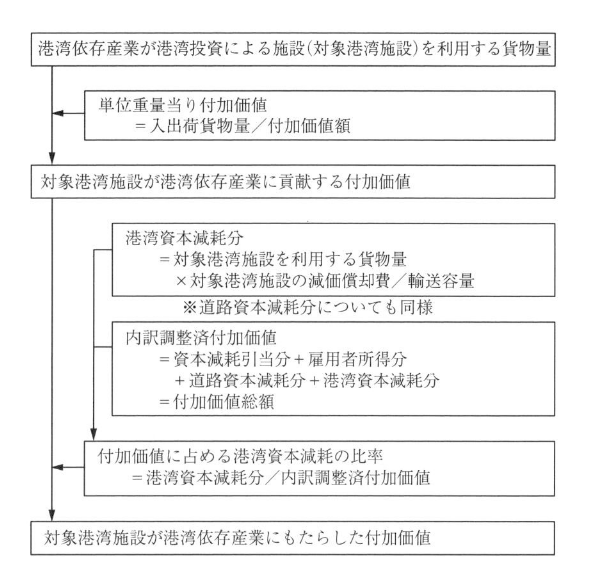

図 11.18　港湾施設がもたらす付加価値の推計フロー（港湾依存産業）

港湾依存産業にとっての経済効果は，その産業の入出荷貨物量と付加価値の関係から求まる。まず，各地域・各産業を対象に，付加価値を入出荷貨物量で除することにより，単位重量当りの付加価値額を求める。これに，各地域の各港湾依存産業が，評価対象となる当該港湾施設を利用した貨物量を乗じたものを，各地域の各港湾依存産業で発生した付加価値に対する，その港湾施設の貢献分とみなす。さらに，港湾依存産業における生産要素を，私的資本，労働，道路，港湾の四つと仮定し，道路や港湾においては，輸送容量と減価償却費から，単位輸送重量当りの資本減耗分を推計する。それに，対象港湾施設を利用した入出荷貨物量を乗じることで，対象港湾施設を利用した貨物による道路および港湾の資本減耗分が求まる。各地域各産業の資本減耗引当，雇用者所得，道路資本減耗分，港湾資本減耗分の四つについて，それらの相互の比率を固定したまま，それらの合計が上で求めた港湾施設の貢献分としての付加価値に一致するように，内訳を調整

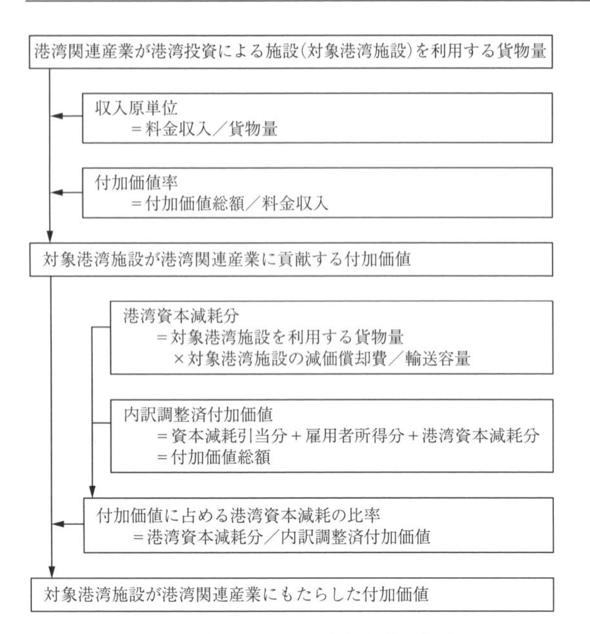

図 11.19　港湾施設がもたらす付加価値の推計フロー（港湾関連産業）

する。このようにして求めた港湾資本減耗分を，対象港湾施設が港湾依存産業にもたらした付加価値とみなし，その港湾施設の経済効果とする。なお，各地域・各産業の資本減耗引当と雇用者所得は，産業連関表から得られる。

港湾関連産業にとっての効果は，港湾施設利用貨物量と付加価値の関係から求まる。まず，各産業の収入原単位を求める。これは，料金が公開されていれば，それをそのまま収入原単位としてよい。取扱実績と収入額を公開している企業があれば，そこから求めた収入原単位を，その産業全体の平均値とみなす。それらがまったく公開されていない場合は，独自に調査を行うか，既往の文献等を参考にする。このようにして得られた収入原単位に，各産業の付加価値率を乗じることにより，単位貨物量当りの付加価値額が求まり，さらに利用貨物量を乗じることにより，港湾関連産業で発生した付加価値に対するその港湾施設の貢献分が求まる。港湾関連産業の場合は，生産要素を，私的資本，労働，港湾の三つと仮定する。港湾依存産業と同様に港湾の資本減耗分を求めた上で，各産業の資本減耗引当，雇用者所得，港湾資本減耗分の合計が，港湾施設の貢献分としての付加価値に一致するように調整する。このようにして求めた港湾資本減耗分を，対象港湾施設が港湾関連産業にもたらした付加価値とみなし，その港湾施設の経済効果とする。なお，産業によっては，利用貨物量ではなく，件数，人数，隻数などの他の指標によって収入原単位が定められるが，それらの指標も貨物量に比例して変化すると仮定できれば，換算は容易である。

帰属付加価値モデルを適用するためには，産業別・品目別の貨物量が得られている必要がある。それを投資前の段階で推計することが可能であれば，事後評価だけでなく，事前の経済効果予測にも帰属付加価値モデルを適用することができる。　　（石黒一彦）

11.5　港湾における防災

11.5.1　沿　岸　防　災

〔1〕 港湾・沿岸地域と災害

日本は，四つの主島と 9 848 の島嶼（とうしょ）から成る山地部が多い島国であり，人口や産業が臨海部に多く集まっている（**図 11.20** 参照）。そのため，日本の主要な都市の多くは，**津波**（tsunami），**高潮**（storm surge），**高波**（high wave）といった海からの危険と対峙しなければならない。また日本は，四つのプレートがぶつかり合う，地震や津波の発生しやすい場所でもある。日本の平野のほとんどが河川の流下土砂の堆積で形作られる一方で，長年の干拓や**埋立**（reclamation）によって，広大な土地が臨海部に造成されてきた。そのため，沿岸部平地の地盤は，地震動が増幅されやすく，また液状化が発生しやすい。

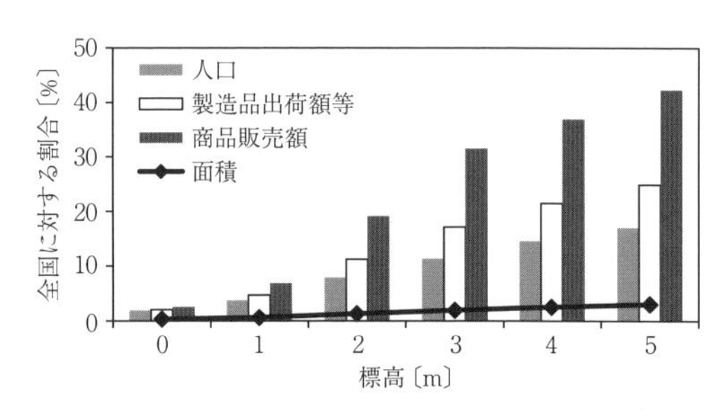

図 11.20　標高別の人口・経済指標の累積分布[57)]

本章で繰り返し述べてきたように，港湾は，物資や人の輸送・保管を担い，金属・機械・エネルギー・化学・木材・食料等の多数の事業所，再生・処分施設が立地し，商業・業務・レクリエーション機能等が立地する広大な空間である。こうした港湾は，背後都市の発展と密接につながって形成されてきたものであり，海岸に面するわが国の大都市臨海部は，ほぼすべて大規模な港湾になっている。

また港湾は，静穏な海域の確保と埋立による用地の拡大が容易な浅海域に立地してきたため，湾や入り江の奥部に位置している場合が多い。そうした場所は，強風による海水の吹き寄せによって大きな高潮が発生しやすく，また開口性の湾や入り江では，地形効果によって津波が増幅されやすい。

以上のように，港湾は，**海象災害**（oceanographic disaster）や地震災害を受けやすいことに加えて，港湾やその背後に，人口，資産，経済活動が多く集まっているため，それらを災害から守っていくことが，港湾分野における計画上の重要な課題の一つとなる。

〔2〕 **海岸線の管理**

全国の長い海岸線の中で，津波，高潮，高波，浸食等から，海岸線やその陸側の地域を防護する必要がある海岸を，**要保全海岸**（coast requiring protection）という。要保全海岸は，大まかに，港湾地区を港湾部局，漁港地区を漁港部局，干拓地の海岸線を農地部局，その他を河川部局が管理している。それらの延長割合は，2014年度版海岸統計[58]によれば，港湾が29%，漁港が22%，農地が11%，河川が36%である（**図11.21**参照）。わが国では，主要都市の臨海部の大部分が港湾地帯となっているため，要保全海岸が守っている人口の割合で見ると，港湾が約60%と高くなっている。

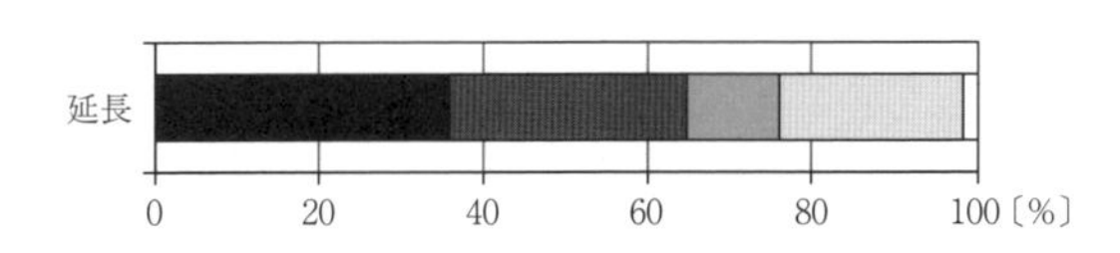

図11.21 管理部局別の要保全海岸延長割合[58]

〔3〕 **津　　波**

海底地形の大規模かつ急激な変化等によって海面が大きく変形し，それが伝搬したものが津波である。津波は，海の深くまで海水が動く運動エネルギーの大きい長周期の波であり，海岸付近では，波であると同時に強い流れとなる。口が開いていて奥に行くに従って狭くなる湾では，津波の波高が増大し，口が絞られていて内部が広い湾では，津波は小さくなる。

津波による災害は，津波の強い流れによる建造物等の破壊と浸水によるものである。沿岸部の地盤は，地震動を増幅しやすく，液状化を発生させやすいため，津波に先行する地震動によって，津波被害がより深刻になる場合が少なくない。

〔4〕 **高潮・高波**

高潮は，台風等による気圧低下による海面の吸い上げと，強風による海水の吹き寄せによって，海面が上昇する現象である。そのため，南に開いた湾の奥部で大きな高潮が発生しやすく，東京湾，伊勢湾，大阪湾，瀬戸内海および有明海の奥部が，代表的な発生地域である。高潮による災害は，高潮による海面の上昇に加えて，台風による高波が来襲することによって引き起こされる。他方，大きな高潮を引き起こす台風は風台風であり，高潮が大きな洪水と連動して生起することは基本的にはない。

化石燃料の使用によるCO_2の増加などによって，地球の温暖化が進んでいると考えられている。地球が温暖化すれば，海水温が上昇して海水が膨張するとともに，陸氷の融解が進み，海面が上昇する。それとともに，海面水温の上昇によって強い台風の発生が増加し，大きな高潮が発生する可能性が高まるとされている[59]。なお，日本で海面上昇や台風の大型化が進んでいるといえるかについては，これまでの観測記録からは明確でない[60]。

〔5〕 **港湾における災害の発生形態**

多くの港湾は都市に隣接するため，海象災害から市街地等を守るための**防護ライン**（defense line）が設定され，そのライン上に，**防潮壁**（seawall），**水門**（water gate），**陸閘**（land lock）などが整備されている。海象災害を受けたことがない地区では，防護ラインが設定されていない場合もある。

防潮施設（tide prevention facility）は，近年では，数十年に一度程度の津波や高潮から**堤内地**（landside area）を守る，という考え方で整備が進められている場合が多いものの，防潮施設の中には，高さや耐力にばらつきのある区間もある。防潮施設の能力を上回る海象現象に対しては，避難等によって安全を確保する必要がある。

港湾は，防潮施設の海側に広い陸域が存在し，多くの施設や事業所が立地し，そこに多くの人々が来訪・勤務・居住し，原材料・製品・資産が蔵置されている。そうした地域は，防潮施設で守られていないため，防波堤等によって波を低減する，漂流物を制止する施設を設ける，地盤面や床面を高くするなどの対策がとられる場合があるものの，基本的には，巨大とはいえない津波や高潮であっても浸水することになる。そのため，こういった**堤外地**（waterside land）では，避難等による安全確保の努力が，堤内地以上に重要である。

〔6〕 **浸水被害の推計**

事業評価などの際に行われる，港湾における海象災害の被害予測は，一般につぎのように行われる。波源や沖合での津波を想定し，水理計算を行って，港湾への津波の来襲波を求める。その来襲波を使って，陸域を含む港湾，およびその周辺エリアでの海水の流動を計算する。浸水域での水深と流速から，資産被害率を求める。業種別就業人口，常住人口に換算係数を乗じて資産を求め，また農地面積に単位面積当りの生産額を乗じて農業生産額を求め，それらに上記被害率を乗じて一般資産の被害額とする。それに公益比率を乗じて公益施設の被害とし，両者を合算して最終的な被害額とする。

高潮の場合には，台風の移動経路，中心気圧，強風半径を設定し，それを基に気圧場と風場を求め，そこから海水の流体運動を計算し，海面の吸い上げ，波浪と吹き寄せを計算する。それらの結果得られる浸水域の水深を基に被害率を求め，資産額にこれを乗じて被害額とする。資産額の求め方，公益施設の被害額の求め方は，津波の場合と同じである。

津波も高潮も，いくつかの状態に対して浸水被害額を求め，生起確率を重みにして平均をとり，期待被害額とする。港湾の事業評価では，通常，人命損失と事業所の生産低下は被害額に算入しない。避難がうまくいけば死亡者が減少するし，生産低下分は他の事業所の生産で代替される可能性があるため，それらを考慮しない控えめな推計としているためである。

〔7〕　津波・高潮からの安全性の確保

津波・高潮が堤内地に侵入するのを，防護ラインで止めることが基本となる。津波対策施設の場合には，先行する地震動によって防潮機能を減失しないように，耐震・液状化対策を適切に講じておく必要がある。防潮施設は，投資が社会に受け入れられるものでなければならず，限りなく大きな施設とすることはできない。そのため，防護ラインで防御できる津波・高潮の高さには限度があり，それを超えるものに対しては，各人の避難等によって安全を確保することが必要になる。

港湾の場合は，防波堤や埋立地が沖側に存在するため，それらによって，津波や波浪の大きさやエネルギーを一定程度低減することができる。それらの効果を加味して，防護ラインの防御水準を設定し，防潮施設を整備している。そのため，港湾の防潮施設の高さが河川の河口部の堤防よりも低くなっている場合が多く，そのような場合，大きな津波・高潮による大規模越流は，港湾の防潮施設から始まるということが多い。

大きな港湾は，広い堤外地を有する。堤外地は，〔5〕で述べたように，堤内地に比べて津波・高潮によって浸水しやすいため，防波堤の整備や高い地盤面の確保等により，浸水を低減させる工夫をするとともに，避難対策をしっかり講じておく必要がある。

2011年3月に発生した東日本大震災以降，防災対策として，最悪の事態を想定し，それに対して人命や致命的な社会影響を回避するという思想が，政府や社会に広まった。その思想は，津波であれば，理論的には隕石による数百mの高さの津波もあり得る中で，ややもすると情緒的に議論される傾向があり，社会にとって不幸な意思決定を導く可能性をはらんでいる。何を目標として最悪のケースを想定し，それに対しどこまで対策をとるのか，現実を踏まえ地に足のついた議論を行っていくことが必要である（**図11.22**参照）。

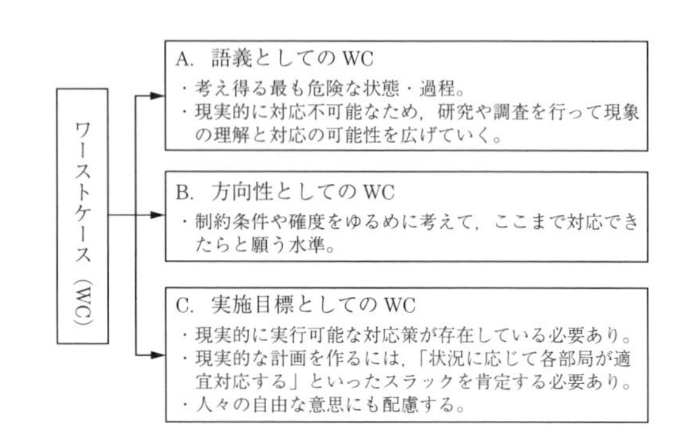

図11.22　ワーストケースの類型

わが国の厳しい財政状況下で大規模な災害に立ち向かうためには，完全な対応を前提にすると，大きな負担が生じ，さまざまな場面で実行困難になる。そのような場合，不完全を許容することによって，状況を改善できる新たな施策を展開できる可能性があり，それらをこれまで以上に進めていく必要がある。組織面では，ピラミッド型の組織にとらわれると膨大な組織が必要となるため，運営は難しいものの，ネットワーク型組織をこれまで以上に活用し，効率的かつ効果的な対応が可能となるように設計していく必要がある。リソースが大きく不足する状況では，あらゆる施策・組織から最大限に効力・能力を引き出していかなければならないという意識を，さまざまな分野・組織レベルで持つことが必要である。

〔8〕　地球温暖化による高潮リスクの増大

IPCC第五次評価報告書に示されている海面上昇量と気温上昇量の将来予測値を使って，全国の沿岸地域を多数の領域に分割してレベル湛水法で浸水計算を行い，それを基に浸水被害額を推計した。推計結果のうち，日本の高潮浸水による被害額の，2100年における全国分布と，2100年までの50年間隔の経年変化の予測結果の一例を，**図11.23**および**図11.24**に示す[61]。これらから，以下の示唆が得られる。

① 三大湾，瀬戸内海および有明・八代海地域で，相対的に浸水リスクが大きい。

② 浸水リスクが大きい地区は，有明・八代海では干拓地に，三大湾および瀬戸内海では，港湾部に

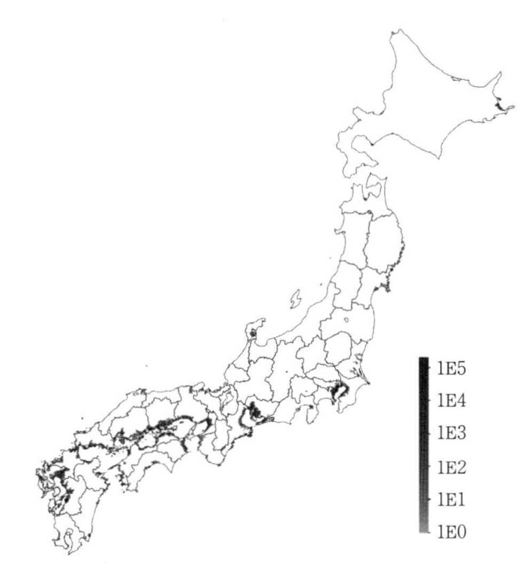

図 11.23 高潮浸水被害額マップの例[61)]

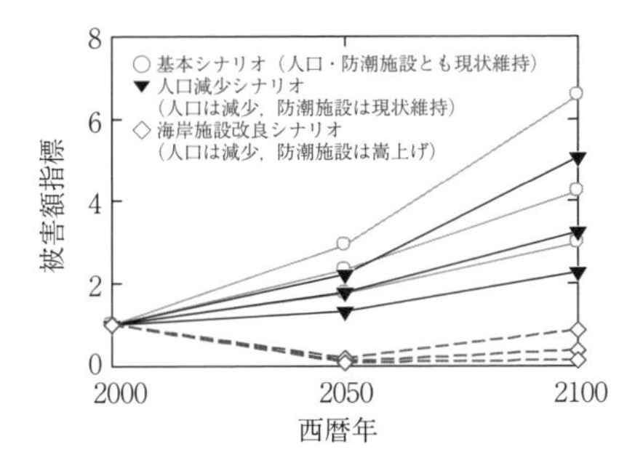

〔注〕 被害額指標は，2000 年の被害額に対する倍率である。各シナリオの三つの推計結果は，それぞれ（上から順に）気候変動予測の上限値，平均値，下限値を使って推計したものである。

図 11.24 高潮被害額指標の 100 年間の変化の例[61)]

多い。

③ 2000 年から 2100 年までの前半と後半における被害額指標の増加量は，最も厳しいケースを除き，大きくは違わない。漸進的な対応により，将来の高潮リスクに対処できる可能性がある。

④ 各地で人口減少が進むとき，浸水人口と浸水被害額の全国総計は，全国人口と同程度の割合で減少する。

これらの予測は，全国かつ半世紀単位の未来を対象としたものであり，不確実性が高い。具体的な浸水対策を検討する場合は，気候変動の進展を見極め，予測範囲や期間を絞るなどして，信頼性を高めた推計を行うことが必要である。　　　　　　　（鈴木　武）

11.5.2 港湾物流 BCP

ここでは，港湾における**機能継続計画**（business continuity plan，**BCP**）の考え方と，計画検討の手順や手法について説明する。

〔1〕 BCP の考え方と内容

BCP は，その作成主体が災害に遭っても存続できるように，あらかじめ災害に対する対応策を準備しておくための計画である。BCP は，自然災害や事故災害などの企業活動を取り巻くさまざまな経営リスクに対して，単なる復旧のための対応計画にとどまらず，災害後の顧客離れを最小限度にとどめ，企業を存続・維持するためのビジネス上のツールとして発展してきた。

BCP のために，国際標準化機構（ISO）が 2012 年に策定した国際規格 ISO22301 の構成を，**表 11.6** に示す。ISO22301 の目的は，あらゆる組織を対象として，経営の意思に沿う形で，事業継続能力を効果的・効率的に維持・向上させる**事業継続マネジメント**（business

表 11.6 ISO22301 の構成[61)]

序文	6 計画
0.1 一般	6.1 リスク及び機会に対処する活動
0.2 PDCA（Plan-Do-Check-Act）モデル	6.2 事業継続目的及びそれを達成するための計画
0.3 この規格における PDCA の構成要素	7 支援
1 適用範囲	7.1 資源
2 引用規格	7.2 力量
3 用語及び定義	7.3 認識
4 組織の状況	7.4 コミュニケーション
4.1 組織及びその状況の理解	7.5 文書化した情報
4.2 利害関係者のニーズ及び期待の理解	8 運用
4.3 BCMS の適用範囲の決定	8.1 運用の計画及び管理
4.4 BCMS	8.2 事業影響度分析及びリスクアセスメント
5 リーダーシップ	8.3 事業継続戦略
5.1 リーダーシップ及びコミットメント	8.4 事業継続手順の確立及び実施
5.2 経営者のコミットメント	8.5 演習及び試験の実施
5.3 方針	9 パフォーマンス評価
5.4 組織の役割，責任及び権限	9.1 監視，測定，分析及び評価
	9.2 内部監査

continuity management, **BCM**）**のための枠組**（business continuity management system, **BCMS**）を提供することとされている。

BCMSには，BCMの実施体制やリーダーシップの在り方，危機に直面した際の行動計画，事前準備の内容，BCMS運用に必要な分析結果や戦略，演習の計画，BCMSの質の向上のためのPDCAサイクルの仕組み作り等が含まれる。ISO22301では，BCMSの文書化，すなわちBCPの策定が，重要な事前準備の事項であるとされている[62)]。

また，BCMSの運用に当たって，ISO22301では，**事業影響度評価**（business impact analysis, **BIA**）および**リスクアセスメント**（risk assessment, **RA**）の実施が求められている。

企業の経営者にとって，災害とは，事業に必要な資源の全部もしくは一部が失われることを意味することから，BIAでは，事業に必要な資源を抽出するとともに，その相互関係を確認し，災害の発生時に企業活動の隘路（ボトルネック）となるおそれがある資源を特定することが使命とされている。

また，BIAには，重要な顧客を失い，それ以降の事業継続が困難とならないよう，災害による一時的な事業中断に対する顧客の受忍の限度を**最大機能停止時間**（maximum tolerable period of disruption, **MTPD**）として評価し，求められるサービスの提供に必要な資源の復旧内容，および復旧に充てることが可能な時間を求める役割もある。その中では，リスクの大小や機能復旧の困難の度合いにとらわれることなく，MTPDを評価し，文書化することが重要であるとされている[63)]。

一方，RAでは，事業の中断を引き起こすインシデントの発生の確からしさと，資源の被害の程度や復旧の困難度を評価する。ISO22301において，RAは，① **リスクの特定**（risk identification），② **リスクの体系的な分析**（risk analysis），③ 対応を必要とする**リスクの評価**（risk evaluation）から成るプロセスとして捉えられている。

BIAにより，長期にわたる事業の中断につながりかねない重要な資源が抽出されると，RAにおいてその脆弱性を評価し，これが顧客の受忍限度に照らして受け入れがたい場合は，なんらかの事前方策を講じる（リスク対応計画を策定する）必要が生じる。

〔2〕 わが国におけるBCP整備の枠組み

わが国における自然災害に対するBCPの指針としては，内閣府中央防災会議が，「民間と市場の力を活かした防災戦略の基本的提言」（2004年10月）にBCP策定の重要性を盛り込んだことを受けて，内閣府が2005年に公表した「事業継続ガイドライン」が挙げられる。

このガイドラインは，その後，2009年および2013年に改訂され，実用性の向上に向けて，① 平常時からの取組みとしてのBCMの必要性，② 幅広いリスクへの対応やサプライチェーン等の観点を踏まえる重要性，およびそれらに対応し得る柔軟な事業継続戦略の必要性，③ 経営者が関与することの重要性，等が明示された。

また，企業における情報セキュリティに関するBCPの指針としては，経済産業省が2005年に示した「事業継続計画策定ガイドライン」が挙げられる。このガイドラインでは，BIAの実施により，事業継続上の隘路を明らかにした上で，隘路解消のための事業の優先付けと実施を，経営上の判断としてBCPに定めることを推奨している。

〔3〕 港湾物流におけるBCP策定の意義と重要性

地震や津波等のハザード（災害外力）は，人為的に不可避な自然現象である。抜本的なリスク回避策をとろうとすると，ハザードの作用がない場所に，人口や資産，中枢機能等を移転する必要がある。しかしながら，海運と陸上交通網の結節点にあり，船舶の入出港や荷役が行われる港湾は，地震による液状化や津波被災のリスクが高い臨海部から離れることは不可能である。

そのため，港湾におけるこれまでの災害対策は，防波堤の建設や岸壁等物流施設の耐震強化，液状化対策の実施など，ハード的な観点からの災害脆弱性の低減策が中心であった。しかし，東日本大震災において，大地震や大津波がいったん発生すると，港湾機能の大幅な低下を免れることは困難であることが再認識された。このため，港湾の被災による物流機能の低下を前提とした，BCMの考え方が必要となっている。

2013年12月4日に国土強靭化基本法が成立し，港湾物流の分野においても，国際戦略港湾，国際拠点港湾，重要港湾において事業継続計画（**港湾BCP**）を策定することが決定された。またこれを受け，2014年には，港湾の事業継続ガイドライン（港湾BCPガイドライン）が，国土交通省から公表された。

港湾BCPでは，当該港湾が万一災害に遭っても，港湾利用者である荷主，船社等が恒久的に他港にシフトすることなく，当該港湾の利用が継続されることを目標として，① 港湾施設の耐震強化等による物流機能の頑健性強化，② 早期復旧体制の事前準備による早期の機能回復，③ 代替港湾機能の確保によるリダンダンシーの拡大，等の方策を検討することが重要である（**図11.25**参照）。

上記のような対策を的確に講じることで，災害による港湾物流機能の低下と回復のスピードが，港湾利用

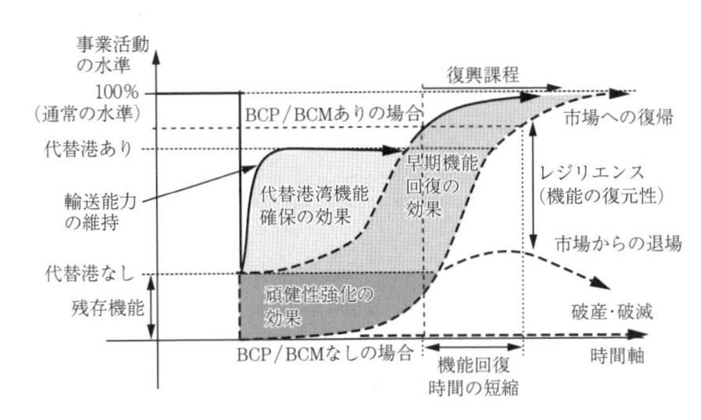

図 11.25　港湾物流における BCP の概念

者の受忍の範囲に収まれば，当該港湾の利用は，災害前と同程度まで回復できるものと期待される。すなわち，海運・港湾輸送市場に再び復帰するだけのレジリエンシー（災害に対する復元力）を有することによって，地域経済および社会の復興に寄与していくことができる。

〔4〕　港湾 BCP 分析・検討の手順と手法

前述したように，BCMS の運用に当たって，ISO22301 では BIA および RA の実施が推奨されており，実効性のある港湾 BCP を策定するためには，BIA や RA を核とする分析・検討の過程は欠かせない。**図 11.26** に，港湾BCP策定のための分析・検討の手順を示す。

図 11.26 に示す分析・検討手順において，最も重要なプロセスは以下の 3 点である。

① BIA によって，港湾運営上の重要資源を抽出するとともに，当該資源の他資源への依存関係を明らかにする。また RA によって，当該資源の災害脆弱性の評価や，復旧に要する期間を見積もる。

② RA の一環として，災害発生後の港湾利用企業等の被害や港湾利用の回復の度合いを推定し，これらを参照しつつ，MTPD を推定する。

③ RA から得られる，資源の復旧に要する期間や復旧の水準と，BIA から得られる，事業中断に関する顧客の受忍限度を比較し，顧客の要請に応えるための方策（リスク対応計画）を検討する。

上記分析を行うための具体的な手法としては，これまでの BCP 作成にも用いられてきた，業務フロー分析の手法[64]や，作業シートの適用[65]が有効であると考えられる。

港湾物流に関する業務フロー分析では，港湾物流の業務の流れを，仕事カードと IDEF0 の手法を用いた業務フロー図として表現する。IDEF0 は，企業・組織の業務プロセスを，機能（アクティビティ）という観点から階層化して表記するモデリング手法で，複雑な業務の流れを，単純な箱形の図形（仕事カード）と 4 種類の矢印で，体系的に表す。港湾における船舶の入出港や貨物取扱作業の 1 単位が 1 枚のカードで表現され，業務処理に必要な資源（人的資源，施設等）や制御（手続き等）を，カードごとにインプットするイメージで，業務の手順と必要資源を容易に記述し，抽出することができる[66]。

図 11.27 は，港湾物流への適用を念頭に置いた仕事カードのイメージ，**図 11.28** は，仕事カードを用いて

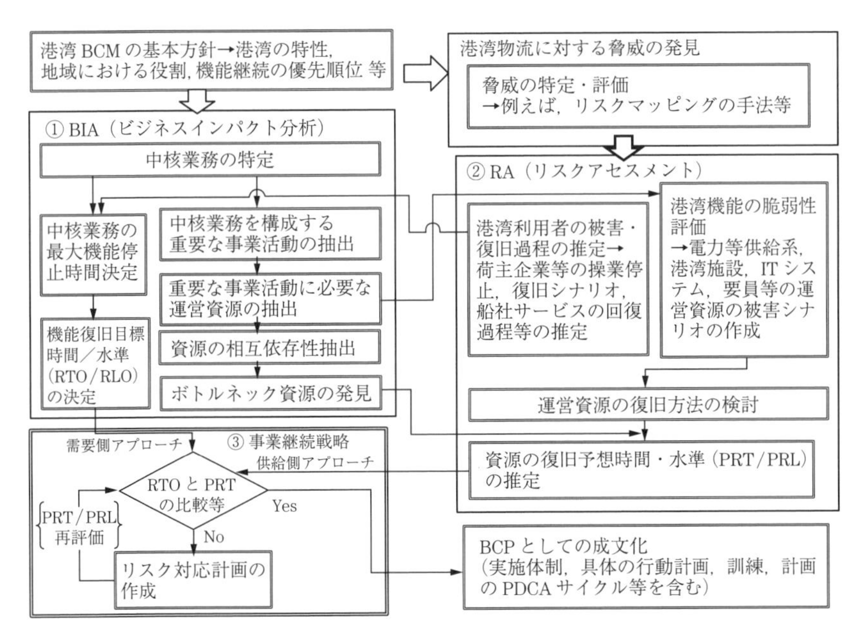

図 11.26　港湾 BCP 策定のための分析・検討の手順

作成した業務フロー図の一例である。また，これらの業務フロー図から必要な資源を抽出し，資源の分類・整理や，他の資源への依存関係の発見，業務再開上の隘路となる資源の発見などの作業を行う際，BIA 用にデザインされた作業シートを活用することによって，作業過程の可視化を図り，トレーサビリティを向上させることができる。

BIA 実施における詳細ステップと作業シートの関係を，**図 11.29** に示す。各ステップに，作業シート 1 枚が割り当てられている。このように，BIA や RA において，主要な作業ステップごとにあらかじめ作業シートを準備しておけば，分析作業者は，その手順に沿って容易に分析を進めることができる。また，分析作業の管理者は，その作業過程を容易に確認し，必要に応じて内容を修正することができる。

資源の抽出作業シートの作成例を，**表 11.7** に示す。作業シートは，関係者間での情報共有や意見交換，さらには，BCP の見直し等といった将来の作業の基礎資料ともなる。

〔5〕 港湾物流 BCP を検討する際の留意点

港湾等の公共インフラと，一般企業との BCP を考える上での大きな相違点は，① サービス提供の公平性，および ② 事業継続主体のガバナンス，であると

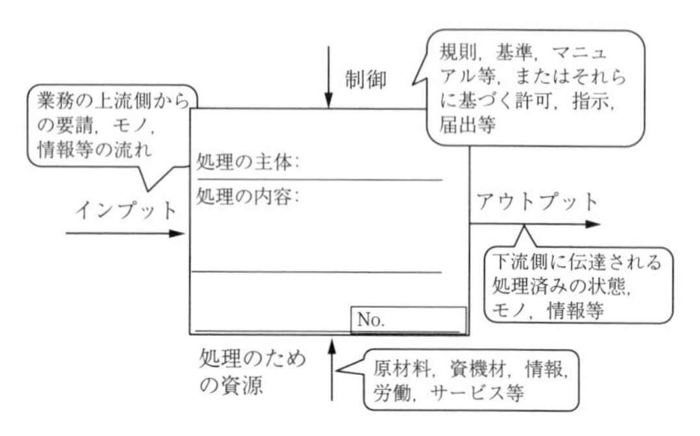

図 11.27　仕事カードのイメージ

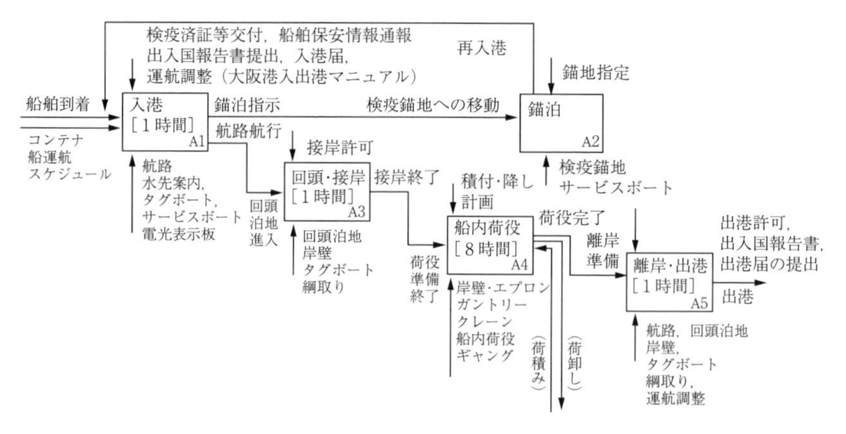

図 11.28　業務フロー図の作成例（コンテナ船入出港・荷役）

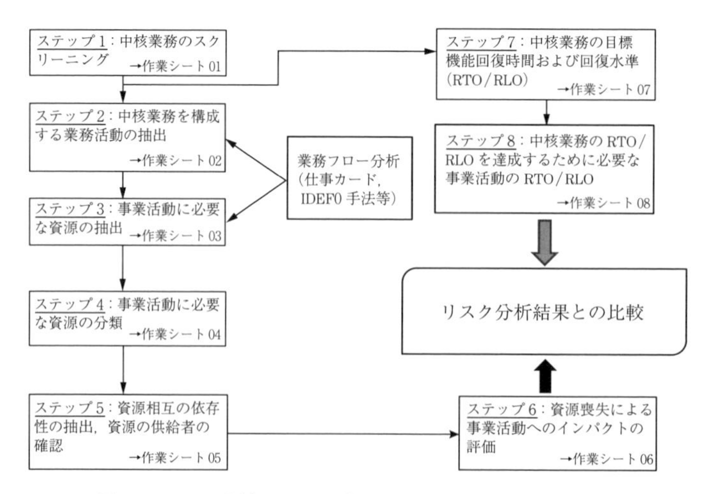

図 11.29　BIA 実施における詳細ステップと作業シートの関係

表 11.7 資源の抽出作業シートの作成例

事業活動		制 御	制御機関	業務資源	
				制御に必要な資源	事業活動に必要な資源
A1	コンテナ船の入港	無線検疫，入港届，危険物取扱届出…	検疫，入国管理局，海上保安部，税関，港湾管理者	税関・検疫・入管職員，埠頭管理事務所職員，海上保安部職員，入出港管理Iシステム，SeaNACCS，入国管理局庁舎，埠頭管理事務所，電力…	主航路，タグボート，水先案内人，ポートラジオ，電力，通信，燃料油
A2	錨泊	錨地指定	海上保安部	大阪海上保安監部職員，通信	検疫錨地，サービスボート，通信，燃料油
A3	コンテナ船回頭・接岸	接壁許可	ターミナルオペレーター，港運会社	ターミナルオペレーター職員，バースコーディネーター，ターミナルオペレーションシステム，電力，通信，水道…	回頭泊地，岸壁，港湾保安施設，タグボート，綱取作業員…

考えられる。

港湾のような公共インフラの運営においては，平時には利用者間の公平性が重視される一方で，BCM においては，災害発生時の限られた資源を有効に活用したい事業継続主体にとっての全体最適の視点が重要であり，利用者の目には，資源効率性の低い業務の切り捨てとも映りやすい。このため，災害時を想定した資源の振り向け先や復旧対象の優先順位付けについて，平常時に意思決定を行うことは，多くの関係者にとって心地いいものとはならず，BCP の円滑な検討を妨げることにつながる。

また，港湾においては，港湾管理者のほかに税関や検疫，入管，海上保安部等の港湾関係官署，港湾運送事業者等の港湾役務提供者等，官民にわたる複数の主体が物流を支えている。このことから，港湾においては，BCP が前提とする単一主体による管理（マネジメント）が成立しない。各主体は，異なる行動規範や利害関係の下にあるため，災害時にこれらをどうまとめ，協調的な行動をどう組織化するかという観点が重要となる。港湾においては，民間企業における BCP とは異なったリーダーシップと役割分担を念頭に置き，事業継続のための統治（ガバナンス）を目的とした BCP の作成が求められる。（小野憲司）

11.6 環 境 評 価

港湾の開発や整備を行えば，環境になんらかの影響が生じる。そうした変化を，人々の健康や，生活環境・自然環境などに支障が生じない範囲にとどめておく必要があり，それを実現するために，**環境アセスメント**（environmental impact assessment）が行われる。一方，港湾整備の一環として，干潟造成などの事業を実施すれば，環境が改善し，社会の快適さや豊かさが向上する。それらを公共事業として実施する場合には，しかるべき投資効果があるかを評価する必要があり，評価のために必要な環境財の便益を計測するため，**環境経済評価**（economic valuation for environment）が行われる。

11.6.1 環境アセスメント

港湾の開発・整備の際に行われる環境アセスメントは，大きく，計画アセスメントと事業アセスメントに分けられる。計画アセスメントは，港湾の開発，利用および保全に関する中期的な計画である，港湾計画を策定する過程の一環として行われる。事業アセスメントは，埋立等の事業に着手する前の段階で実施される。わが国では，法律に基づいて行われる環境アセスメントの中で，実質的な意味で計画アセスメントに該当するものは，港湾計画アセスメントだけであるといわれている。

環境アセスメントは，一般的に，「地形の改変，構造物の新設などを行う事業者が，事業を実施する前に，事業による環境への影響を調査し，予測し，評価し，それを基に，事業計画の変更や環境保全措置を検討する。それによってその事業計画を環境面でより良いものにしていくという仕組み」と捉えることができる。

環境アセスメントの手続きは，大きく分けて，環境状態の調査，事業が実施された場合の影響の予測，および予測結果の評価から成る。港湾事業において，一般的に評価対象と考えられる環境要素の分類は，大気・水・土壌環境，植物・動物・生態系，景観・自然とのふれあいの活動の場，および環境への負荷とされており，それらの分類の中から，事業の特性に応じて評価対象とする環境要素を選択し，調査・予測・評価を行う。環境影響評価法に基づいて行われる環境アセスメントの対象となる事業は，予算や許認可で国の関与のある，一定規模以上の土地の形状の変更，工作物の新設，およびその他これらに類する事業として，環境影響評価法で指定されている。各地方公共団体の条例では，法律で指定されていない民間事業や，より小規模な事業が，環境アセスメントの対象事業として指定されている[67]。

環境影響の予測・評価においては，さまざまな数値シミュレーションモデルが用いられる一方で，項目によっては，具体的な予測は行わず，改変規模が小さいから影響が少ないといった定性的な推定も行われる。評価については，事業者が，環境への影響が実行可能な範囲内で回避または低減されているかについて，見解を明らかにすることにより行われる。当該項目に関する基準値が定められている場合は，基準値との整合性を踏まえて評価を行うことになる。

事業者は，環境の調査，予測および評価を行い，事業の許認可部局に提出し，許認可部局は，環境部局の意見を聞いた上で，環境以外の事項を含む事業計画全体に対して，実施の許認可を行う。このように，事業者に環境アセスメントを義務付けることによって，事業者が環境に配慮し，環境への影響が効果的かつ効率的に低減されるというプロセスが組み込まれている。

11.6.2　環境経済評価

公共事業を実施する際は，事業評価が行われ，事業に要する費用に対して便益や経済効果が十分に得られなければ，基本的に実施は認められない。干潟のような環境財を整備する事業の場合，事業評価を行うために，環境財が持つ便益を把握することが必要になる。

環境財は，一般に，利用者を選択的に排除できないという**非排除性**（non-excludability）や，いくら利用しても財がなくならない**非競合性**（non-rivalness）を有するため，環境財を取引する市場が存在せず，価格がつくことがない。そのため，環境の潜在的な経済的価値を推定する方法が必要であり，港湾事業の事業評価では，おもに① **代替法**（replacement cost method, **RCM**），② **トラベルコスト法**（travel cost method, **TCM**），③ **仮想評価法**（contingent valuation method, **CVM**）が用いられる[68]。

例えば，干潟の水質浄化機能の便益を計測するような場合には，RCM が用いられる。下水処理場の運転により，干潟が汚濁物質を除去するのと同じだけ汚濁物質を除去するケースを想定し，その際に必要となる建設・運転費を干潟が節減したとみなし，これを干潟の水質浄化機能の便益とする。この方法は，論理が簡明であるとともに，推計者による差が比較的出にくいというメリットがある。しかしながら，評価したい機能を代替する財が都合よく存在するケースが限られることや，代替する財の費用想定の妥当性が明確でない場合がある，といった問題がある。

緑地整備等によって快適性が向上する便益を推定するような場合には，TCM が使われる。緑地等によって快適性が向上すれば，来訪者が増加する。TCM では，人々が費用を支払ってまで緑地等に来訪するのは，緑地等にそれだけの価値があるためとみなされる。そこで，緑地等の整備の前後における，来訪者の数や来訪に要する交通費用と時間価値を推計し，来訪に対する整備前後の限界費用関数を求め，それらの差から推計される消費者余剰の増分を緑地整備等によってもたらされる便益とする。この方法は，論理は簡明であるものの，時間価値の設定，複数目的旅行の取扱い，代替財の取扱いなどに課題があるとされている。

ここで，環境の価値には，**使用価値**（use value），**遺贈価値**（bequest value），**存在価値**（existence value）があるとされる（**表 11.8** 参照）。使用価値は自分が使うことによって得られる価値，遺贈価値は遺贈された者がそれによって得る価値，存在価値は存在するだけで価値があると考える価値である[68]。環境財の価値を，存在価値まで含めて計測できる方法は，上で挙げた 3 種類の方法の中では CVM だけである。

表 11.8　環境価値の分類

使用時点	自分が使用	人間が使用	存在するだけでよい
現在	使用価値	贈与価値	存在価値
未来	オプション価値	遺産価値	存在価値

対象とする環境財を代替する財，あるいは環境財を利用するための費用が不明な場合や，存在価値まで含めて便益を計測する場合などに，CVM が用いられる。CVM は，対象とする環境財の変化や環境状態の変化を想定し，その状態変化に対して，あるいは状態変化の実現または防止のために支払ってもよいと考える金額（**支払意思額**：willingness to pay）をアンケートによって調べ，これを基に，社会として支払ってもよいと考えられ得る金額の合計値を推定し，環境財の便益とみなす方法である。支払意思額の質問方法や，確率分布から代表値を推定する方法などによって，さまざまなバリエーションが存在する。また CVM は，アンケートの中で事業の内容を説明し，それを基に支払意思額を質問することになるため，多数の人々に事業について考えてもらう機会を提供する。さらに，アンケートを実施するだけで便益を推定することができ，しかもどのような環境財に対しても適用することがで

きるため，使い勝手の良い方法といえる。

一方で，標本の取り方，集計範囲の設定，回答者のバイアスや未回答者の意思把握の問題が指摘されるほか，架空の状態や行為を想定し，それらに対する支払意思額を回答するものであることから，実際に支払う場合とは金額が異なる可能性がある。そのため，港湾事業の事業評価においては，できる限りCVMを使わずに便益の推定を行い，ほかに実行可能な方法がないと考えられる場合にのみCVMを使用する，という方針がとられている。（鈴木　武）

引用・参考文献

1）日本港湾協会：港湾計画書作成ガイドライン（改訂版），p.1（2013）
2）日本港湾協会：港湾計画書作成ガイドライン（改訂版），pp.1～2（2013）
3）国土交通省港湾局：港湾の開発，利用及び保全並びに開発保全航路の開発に関する基本方針（2014）
4）藤野慎吾，川崎芳一：港湾計画，新体系土木工学81，pp.81～84，技報堂出版（1981）
5）国土交通省港湾局：港湾の施設の技術上の基準・同解説，日本港湾協会（2007）
6）西村悦子：第3章コンテナターミナル，国際海上コンテナ輸送概論（今井昭夫編著），pp.75～77，東海大学出版会（2009）
7）西村悦子：第3章コンテナターミナル，国際海上コンテナ輸送概論（今井昭夫編著），pp.80～82，東海大学出版会（2009）
8）西村悦子：港湾コンテナターミナルとスケジューリング問題，日本航海学会誌 NAVIGATION，pp.33～42（2015）
9）Bierwirth, C. and Meisel, F.：A survey of berth allocation and quay crane scheduling problems in container terminals, European Journal of Operational Research, Vol.202, pp.615～627（2010）
10）市村欣也：重量物運搬機械および物流システム製品，三井造船技報，第212号，pp.1～12（2014）
11）飯田純也，岩崎幹平，柴崎隆一，安倍智久，名越 豪：日中韓における港湾物流情報の連携・提供システム開発に関する技術的考察，国土技術政策総合研究所資料，No.865（2015）
12）International Port Community System Association（IPCSA）：How to develop a Port Community System，May 2015 http://www.epcsa.eu/downloads/publications（2016年5月現在）
13）International Maritime Organization：Facilitation Committee, 40th session 4-8 April 2016 http://www.imo.org/en/MediaCentre/MeetingSummaries/FAL/Pages/FAL-40th-session.aspx（2016年5月現在）
14）国際協力機構（JICA）：ミャンマー連邦共和国向け無償資金協力贈与契約の締結－港湾手続きの電子化による物流網の円滑化に向けた取り組みを支援－ http://www.jica.go.jp/press/2014/20150331_05.html（2016年6月現在）
15）国土交通省：交通政策審議会第40回港湾分科会資料2-2（2011年3月3日）
16）赤倉康寛，渡部富博：世界の国公式港湾貨物統計の精度向上に向けた一考察，国土技術政策総合研究所報告，No.50（2012）
17）Meersman, H., et al.：Port Competitiveness, Antwerp, De Boeck（2002）
18）Hertel, T. W.（eds.）：Global Trade Analysis: Modeling and Applications, New York, Cambridge University Press（1997）
19）石倉智樹，柴崎隆一，米本 清：輸送機関分担と単価に着目した国際貿易の品目間類似性および異質性に関する分析，国土技術政策総合研究所資料，No.422（2007）
20）柴崎隆一，神波泰夫，渡部大輔：東アジア～欧州間国際貨物の航空／海上輸送の分担に関する一考察，日本物流学会誌，Vol.24，pp.121～128（2016）
21）田中 淳，柴崎隆一，渡部富博：内貿ユニットロード貨物の輸送機関分担に関する分析，国土技術政策総合研究所資料，No.60（2003）
22）大和裕幸，山内康友：複数の輸送機関の競合区間における貨物輸送の分担率・採算性・輸送設計に関する研究，運輸政策研究，Vol.6，No.3，pp.9～16（2003）
23）Hummels, D. and Schaur, G.：Time as a trade barrier, The American Economic Review, Vol.103, No.7, pp.2935～2959（2013）
24）渡部富博，平井洋次，田中 淳，柴崎隆一，小島 肇：国際海上コンテナ貨物流動モデルと大水深ターミナル整備評価に関するシナリオ別分析，国土技術政策総合研究所研究報告，No.13（2003）
25）佐々木友子，渡部富博：国際フェリー・RORO船貨物流動に関わるロジットモデルの構築，国土技術政策総合研究所資料，No.817（2014）
26）家田 仁，柴崎隆一，内藤智樹：日本の国内輸送も組み込んだアジア圏国際コンテナ貨物流動モデル，土木計画学研究・論文集，No.16，pp.731～741（1999）
27）稲村 肇，中村匡宏，具 滋永：海上フィーダー輸送を考慮した外貿コンテナ貨物の需要予測モデル，土木学会論文集，No.562，pp.133～140（1997）
28）柴崎隆一，渡部富博，家田 仁：船社・荷主の最適行動を考慮した国際海上コンテナ輸送の大規模シミュレーション，土木学会論文集D3，Vol.4，No.67，pp.455～474（2011）
29）竹林幹雄，黒田勝彦，金井仁志，原 進悟：グローバル・アライアンス間の競争を考慮した国際コンテナ貨物輸送市場モデルの開発とその適用，土木学会論文集，No.800/VI-69，pp.51～66（2005）
30）Christiansen, M., Fagerholt, K., Nygreen, B., and Ronen, D.：Ship routing and scheduling: in the new

millennium, European Journal of Operational Research, No.228, pp.467～483（2013）
31） Meng, Q., Wang, S., Andersson, H., and Thun, K.：Containership routing and scheduling in liner shipping: overview and future research directions, Transportation Science, Vol.48, No.2, pp.265～280（2014）
32） Wang, S., Meng, Q., and Sun, Z.：Container routing in liner shipping, Transportation Research Part E, No.49, pp.1～7（2013）
33） Haralambides, H. E.：Structure and operations in the liner shipping industry, In: Hensher, D.A. and Button, K.J.（eds）Handbook of transport modelling（2nd ed.）, Oxford, Pergamon, pp.761～775（2008）
34） 柴崎隆一，東 俊夫，渡部富博，鳥海重喜：船舶寄港データベースに基づくコンテナ貨物配分モデルによる世界主要港湾のトランシップ貨物量の推計，土木計画学研究・講演集，No.47（2013）
35） Meng, Q. and Wang, X.：Intermodal hub-and-spoke network design: Incorporating multiple stakeholders and multi-type containers, Transportation Research Part B, Vol.45, pp.724～742（2011）
36） Shibasaki, R., Iijima, T., Kawakami, T., Kadono, T., and Shishido, T.：Network assignment model of integrating maritime and hinterland container shipping: application to Central America, Maritime Economics & Logistics（2017）
37） The Impact of Mega-Ships, OECD/ITF（2015）
38） Malacca-Max：The Ultimate Container Carrier, Wijnolst, N., et al., Delft University Press（1999）
39） 森 隆行：外航海運概論　七訂版，成山堂書店（2010）
40） 赤倉康寛，瀬間基広：我が国への三大バルク貨物輸送船の大型化に向けた考察，土木学会論文集D，Vol.66，No.3，pp.369～382（2010）
41） 宮下國夫：わが国のロジスティクス競争力，千倉書房（2011）
42） Murakami, H. and Matsuse, Y.：Dynamic Analysis of Product Lifecycle and Sea/Air Modal Choice: Evidence of Export from Japan, Asian Journal of Shipping and Logistics, Vol.30, No.3, pp.431～446（2014）
43） 藤原利久，江本伸哉：シームレス物流が切り開く東アジア新時代，西日本新聞社（2013）
44） 岡 秀幸，竹林幹雄：外航RORO船の就航可能性に関する検討，運輸政策研究（2015）
45） Medda, F. and Trujillo, L.：Short sea shipping: an analysis of its determinants, Maritime policy and Management, Vol.37, No.3, pp.285～303（2010）
46） 後藤修一，渡部富博，安部智久：国際フェリー・RORO船による海上輸送の特性に関する基礎的分析，第47回土木計画学研究発表会（春大会）（2013.6）
47） 柴崎隆一：エジプト・スエズ運河の現状と展望，運輸政策研究，No.15，vol.3，pp.64～67（2012）
48） 菅原淳子，柴崎隆一：パナマ運河拡張による米国インターモーダル輸送システムへの影響に関する一考察，海運経済研究，No.48，pp.83～92（2014）
49） 森本清二郎，本図宏子：LNG輸送の動向とパナマ運河拡張の影響，海運経済研究，No.49，pp.31～40（2015）
50） 柴崎隆一：北極海航路利用の現状と展望～トランジット輸送と資源輸送～，海運経済研究，No.49，pp.21～30（2015）
51） みなと総合研究財団（翻訳）：アジア・クルーズ産業白書2014年版，みなと総合研究財団（2014）
52） 国土交通省港湾局：2015年のクルーズ船の寄港実績等について（速報値），国土交通省港湾局（2016）
53） 柴崎隆一，荒牧 健，加藤澄恵，米本 清：クルーズ客船観光の特性と寄港地の魅力度評価の試み―クルーズ客船旅客を対象とした階層分析法の適用―，運輸政策研究，Vol.14，No.2，pp.2～13（2011）
54） 川崎智也，小更涼太，轟 朝幸，井口賢人：日本発着アジア近海航路を対象としたクルーズツアーの潜在的需要分析，土木計画学研究・講演集，No.53，CD-ROM（2016）
55） 安田秀穂：産業連関分析の実務（３），産業連関，Vol.13，No.3，pp.66～75（2005）
56） 稲村 肇：港湾経済効果分析―物流効果，帰属付加価値モデル―，土木学会論文集，Vol.359，pp.51～59（1985）
57） 鈴木 武：関東地方から九州地方にかけての高潮被害の温暖化による感度，国土技術政策総合研究所資料，No.547（2009）
58） 国土交通省水管理・国土保全局編：平成26年度版海岸統計，p.253（2014）
59） IPCC：IPCC第5次評価報告書第1作業部会報告書政策決定者向け要約，p.29（2013）
60） 気象庁：気候変動監視レポート2013，p.71（2014）
61） 鈴木 武：地球温暖化・人口変動・適応を考慮した高潮被害の全国予測，沿岸域学会誌，Vol.27，No.3，pp.63～73（2014）
62） International Organization for Standardization：Societal security ―Business continuity management systems ―Requirements, ISO 22301（2012）
63） 中島一郎，渡辺研司，櫻井三穂子，岡部紳一：ISO22301：2012事業継続マネジメントシステム要求事項の解説（Management System ISO SERIES），日本規格協会（2013）
64） 小松瑠実，林 春男，尾原正史，鮫島竜一，玉瀬充康，豊島幸司，木村玲欧，鈴木進吾：最大級の南海トラフ地震による津波を見据えたBIA及びRAに基づく浄水施設の事業継続戦略構築，自然災害科学，Vol.32，No.2，pp.183～205（2013）
65） 昆 正和：実践BCP策定マニュアル，オーム社（2009）
66） 池田龍彦監修，小野憲司編著，赤倉康寛，角 浩美：大規模災害時の港湾機能継続マネジメント，日本港湾協会（2016）
67） 環境影響評価制度研究会：環境アセスメントの最新知識，p.254，ぎょうせい（2006）
68） 大野栄治：環境経済評価の実務，p.182，勁草書房（2000）

12. まちづくり

12.1 土木計画学とまちづくり

12.1.1 まちづくりの「多様性」と本書での定義

まちづくりという言葉は，日本語として完全に定着し，広く使われる用語であるが，その意味内容は，使われる場面や使う人によってきわめて多様である。

本章の最後で詳述するように，従来の法定都市計画に対してソフトな試みを含む取組みをまちづくりと呼ぶことが最も一般的であるが，例えば，大規模・小規模の都市開発をまちづくりと呼ぶこともあるし，道路事業の対語としての面整備をまちづくりと呼ぶ場合もある。一方で，中心市街地活性化や商業振興等のソフトのみの取組みがまちづくりと呼ばれることもある。さらに，首長等がまちづくりという際には，福祉や教育などをすべて含んだ都市政策全般を指しているであろう。

このように多様な使われ方をするまちづくりという言葉であるが，本書においては，『土木計画学ハンドブック』という性格を踏まえ，一定程度のハードなインフラ整備を伴う取組みを対象とすることとする。ただし，例えば交通の分野における**交通需要マネジメント**（transportation demand management，**TDM**）や**モビリティ・マネジメント**（mobility management，**MM**）のような「インフラを作らないハード」もハード整備の一部と捉える。一方，後述するように，ハードなインフラ事業のみの都市開発事業に対するアンチテーゼとしてまちづくりという言葉が普及したことを踏まえると，本書においても，マネジメント等のソフトな取組みを含む取組みをまちづくりと定義することも妥当といえよう。

まちづくりが対象とする空間スケールについては，首長等が都市政策全般を指してまちづくりと呼ぶ場合を除けば，比較的小規模なスケールを対象とするものであることは，おおむね衆目の一致するところであろう。本書でも，そのようなスケールを対象とするハードおよびソフトな取組みをもってまちづくりと呼ぶこととする。

本書で扱うまちづくりのもう一つの重要な要件として，参加型の取組みであることを加えよう。法定都市計画の公告縦覧といった手続きを超えて住民らが積極的に関わる取組みをまちづくりと呼ぶことが多く，また，「自分たちのまちを自分たちで考えて作っていく」といった意気込みを込めた取組みの普及が，まちづくりという言葉の普及と重なっていると考えられるためである。

なお，ここでいう参加型の取組みは，大規模インフラ整備に関わる合意形成とはやや意味合いを異にしている。大規模インフラは，不特定多数のための最大幸福を実現することが求められることから，できる限り客観的な評価基準に基づき，透明なプロセスに基づいて最適な解を実現しようとするものである。まちづくりにおける参加も，客観性や透明性は当然求められるが，同時に，参加主体どうしの互いの納得も非常に重要となる。そのためにこそ，参加の手法や議論の場の設定が重要な意味を持つのである。

以上をまとめると，以下の三つの条件をすべて満たす取組みをまちづくりと定義することとする。

① ソフトな取組みとハードインフラの取組みの両方を含むこと。
② 比較的小規模な空間スケールであること
③ 参加型の取組みであること。

12.1.2 「まちづくり」の由来

まちづくりという言葉は，第二次世界大戦後，わが国のさまざまな分野で使われるようになったようであり[1)]，戦後復興期には，「蚊とハエのいないまちづくり」（1955 年）といった使用例も見られる。

まちづくりという言葉を理論化し，自ら実践した田村明氏は，市民の主体性に着目してまちづくりをつぎのように定義している。すなわち，「一定の地域に住む人々が，自分たちの生活を支え，便利に，より人間らしく生活していくための共同の場をいかにつくるかということ」[2)] をもってまちづくりとした。

田村氏がまさに指摘していたように，まちづくりが普及し始めた 1970 年代頃には，従来の法定都市計画に対するアンチテーゼとして，市民主体の取組みとしてまちづくりが脚光を浴びたといえる。ただ，道路等の都市施設整備がそれなりに整ってきた近年になると，都市インフラ再編後の都市空間利用の在り方を模索する動きとしてまちづくりが新たに脚光を浴びる場面が増えてきた。土木計画学の中で，まちづくりという言葉が頻繁に使われるようになったのもこの頃である。土木計画学自体が，参加型の取組みやソフトを含めた取組みに，守備範囲を拡大してきたことも見逃すことができない。

まちづくりは，「まちづくりセンター」といった形で行政の中でも完全に認知され，また，東京大学のまちづくり大学院に代表されるように学問の分野でも定着するに至っている。

なお，「**まちづくり**」の英訳については，日本滞在経験のある都市計画専門家 Sorensen[3] によると，「community building または town-making になる。また，政治的・社会的な意味合いが強い場合には，community development ともいえる」と述べている。

12.1.3　土木計画学とまちづくり

土木の分野では，ハード整備を中心としていた従来型の取組みに対して，場所性を明確にし，ソフトおよび参加を重視した取組みとして，「○○まちづくり」と称した取組みを進めることが各分野で定着している。

住民とともにソフト対策も含む減災等を考える「防災まちづくり」，さらに発災後の復興を住民とともに進める「復興まちづくり」，単なる都市施設整備の枠を超えた取組みを指す「公園まちづくり」，「河川（水辺）まちづくり」，「交通まちづくり」などは，すでにその道の専門家が多く育ち，組織の部署名にもなったりしている。さらには，「観光まちづくり」，「町並み保全型まちづくり」，「景観まちづくり」，「環境まちづくり」，「安全安心まちづくり」など，地域の特色を生かしたテーマを掲げたまちづくりも盛んに行われている。

都市計画の枠組みの中でも，地区計画はまちづくりそのものといえるし，近年盛んになってきたエリアマネジメント等も，まさしくまちづくりの一つということができる。

12.1.4　参加の理論と方法

文献4）によると，まちづくりとは，「モノとしての環境作りだけを目的とするのではなく，その創造過程におけるさまざまな相互学習とコミュニケーションによって育まれる，人と人，人と場所，人と社会との豊かな関係作りを目指」すものである。ここに，参加の意義が集約されているといえよう。

図 12.1 は，住民参加の分野で著名な，アーンスタインの「住民参加のはしご」である[5]。アーンスタインは，**あやつり**（manipulation）や**セラピー**（therapy）といった，見掛け上の，あるいはアリバイ作りとしての「参加」を強く戒めている。一方，わが国の行政が一般的に実施する**お知らせ**（informing），**意見聴取**（consultation）などについては，意思決定手続きの中での住民の位置付けが明確になっていない等の理由から，真の参加手法とは認めていない。その一方で，住

8．Citizen Control 住民によるコントロール	住民の力が生かされる住民参加 Degrees of Citizen Power
7．Delegated Power 委任されたパワー	
6．Partnership パートナーシップ	
5．Placation 懐柔	印としての住民参加 Degrees of Tokenism
4．Consultation 意見聴取	
3．Informing お知らせ	
2．Therapy セラピー	住民参加とはいえない Nonparticipation
1．Manipulation あやつり	

シェリー・アーンスタインによる「住民参加のはしご」

1）あやつり（Manipulation）
この段階では，参加者は協議会や委員会のメンバーとしてミーティングの席につかされるが，実際には決定権を持っている人が自分の意見にサポートを得ることを目的としたもの。形式として住民参加の形をとるが，実際には住民の意見を反映するというより自分たちの決定事項への説得を目的としていたり，住民参加をしましたということをいうための道具に利用する。

2）セラピー（Therapy）
住民参加をグループセラピーとして捉え，住民が抱いている不満の本質的原因をただすのではなく，感情をなだめることを目的としている。

3）お知らせ（Informing）
行政主体から住民への一方通行の情報伝達に終わり，住民からのフィードバックの機構や意見を述べる機会が与えられない場合。例えば，プランがほぼ決定した段階で通知が行われ，人々がその作成に有意義な影響を与えることができない場合。この例として見られるのがパンフレット，ポスターや表面的な公聴会など。

4）意見聴取（Consultation）
意見を聞くことは，何が起こっているかを知らせることと同時に，住民参加の第一歩として最も大切なことであるが，それが必ずしも生かされるという保証はなく行われる場合。例えば住民の意見を，アンケート調査やワークショップなどで聞くけれども，それがどのようにプランに反映されたかなどは知らされない。

5）懐柔（Placation）
この段階ではじめて本当の意味で，参加者が決定に関する力を持ち始める。しかし，まだそれがある程度に抑えられていたり，住民の意見の合法性や正当性の判断を権力者が保留している場合。

6）パートナーシップ（Partnership）
この段階では実際に，住民と権力者との間で決定に関するパワーが共有されている。例えば委員会などの組織の中で，責任が住民に分配されている場合。このような形になると，住民への協議なしの一方的な決定変更というのは難しくなる。

7）委任されたパワー（Delegated Power）
この段階では，住民の方により大きな決定権が与えられる。例えば組織の理事会や委員会などで，従来の権力者より住民の方が多数派となっている場合。こうなると意見の食い違いがあった場合，権力者の方から住民側に交渉をするようになる。

8）住民によるコントロール（Citizen Control）
住民がプログラムや組織の運営において自治権を持っている場合。アメリカでは，学校運営に関してこのような事例があったり，ある目的のもとに住民が自主的に設立したNPOがこの例である。

図 12.1　アーンスタインの「住民参加のはしご」[5]

表 12.1　市民と行政のコミュニケーション手法の分類[7)]

			形態別の分類		
			室内討議型	現場体験型	メディア型
			会議室等の屋内で関係者が集まり，討議や調査等を行う手法	実際の現場等に関係者が集まり，調査や点検等を行う手法	文書等の媒体を用いて情報交換を図る手法
取組み体制および議論の進め方			委員会・協議会・懇談会等 （会議形式やワークショップ形式など）		・掲示（ポスターなど） ・インターネット（HP など） ・個別配布（広報など）
目的別の分類	① 地区の課題を知る		・ヒヤリ地図の作成	・ヒヤリ点検（ヒヤリ地図） ・市民協働による調査（速度や交通量など）	・アンケート調査
	② 対策案を考える	計画案の作成	・計画案説明ツール（交通シミュレーション，CG，模型）を用いた説明	・見学会（先進事例視察等）	
		計画案の評価		・社会実験 ・立ち寄りブース	・アンケート調査
	③ 対策を実施する		・説明会 ・個別訪問	・市民協働による対策（ビラ配り，呼びかけなど）	・パンフレット，チラシ
	④ 課題の解決を確認する		・説明会	・現地確認 ・市民協働による効果調査	・アンケート調査

民自身が自治権まで有する**住民によるコントロール**（citizen control）を最上位に位置付けている。公共空間を舞台とするまちづくりにおいて，それが真に理想といえるのかどうかは，議論の余地があるといえよう。この「はしご」はむしろ，参加の現場に立つ専門家や行政担当者らが，これから用いようとしている参加の手法の意味や位置付けを考えるための一つの指針として重要な役割を持つものと考えるべきだろう。たしかに，参加の場における，行政，住民，専門家の役割分担の在り方は，つねに自問すべき重要な課題である。

参加のための具体的手法については，各分野でかなりの蓄積がなされ，手法に特化したマニュアル類も数多く出版されている（例えば文献 6 ）参照）。

表 12.1 は，おもに生活道路の安全対策を対象とする交通まちづくりにおける参加手法を，分類別に示したものである[7)]。交通シミュレーションなど，一部に交通まちづくり特有の手法も見られるが，ほとんどはまちづくり一般に共通する手法が掲げられている。

まず，参加の形態は，会議室等の室内で議論等を行う「室内討議型」，現場で行う「現場体験型」，および文書やネット等を使った情報交換を行う「メディア型」に大別される。それぞれ，目的や計画プロセスの段階に応じて適切な手法を適宜組み合わせて取組みを進めていくことになる。

参加型の取組みで最初にやるべきことは，集まって相談をする枠組みと場所を作ることである。会合の進め方は，フォーマルな雰囲気の会議形式より，インフォーマルな雰囲気の中で自由闊達な意見交換が行えるワークショップ形式が完全に定着した（**図 12.2** 参照）。

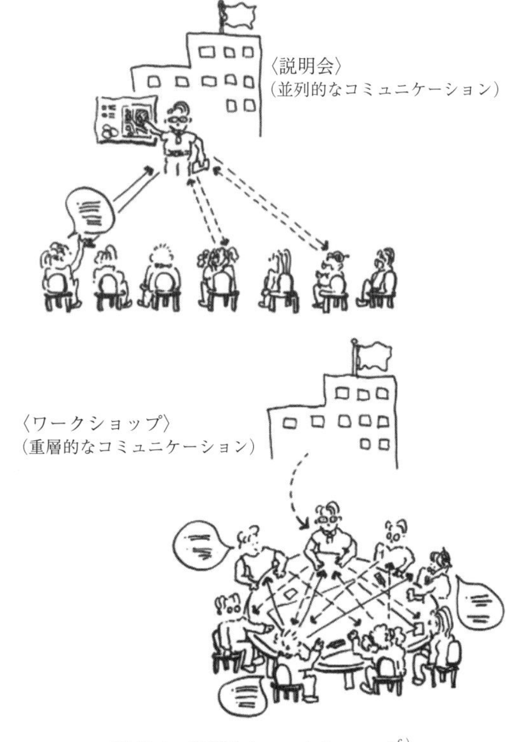

図 12.2　説明会とワークショップ[6)]

12.1.5 社 会 実 験

各種の参加手法の中で，わが国でとりわけ発展しているのが社会実験である。社会実験は，もともとは，demonstration project のような形で欧米で始まったものであるが，わが国においては，さらに多様な目的を付与した取組みとして定着した。特に交通まちづくりの分野では，もはや，社会実験を経ない取組みはまれであるといっても過言ではない（**図 12.3** 参照）。

（a） 鎌倉市パークアンドライド実験（1999 年）

（b） 川越市歩行者天国実験（2009 年）

図 12.3　交通まちづくりにおける社会実験

社会実験の多様な目的はつぎの 4 点にまとめられる[4]。

① 計画案の有効性を即地的に検証すること
② 計画案に対する住民・関係者の理解促進
③ 関係者からの意見収集（計画・設計へのフィードバック）
④ 合意形成の促進

社会実験も実験の一種であるから，案の検証が大きな目的（①）になることはいうまでもない。さらにそれを即地的に行うことが社会実験の最大の特徴である。それにより，住民をはじめとする関係者が，自然な形で案を体験することになり，結果として理解の促進につながる（②）。体験による説明力は，資料や口頭での説明力をはるかに上回るためである。体験した結果，案に対する意見や改善提案などが生まれやすくなり，結果として，計画・設計をブラッシュアップする機会となるのである（③）。それらの全体を通して，社会的な合意形成の促進が図られる（④）ことが，社会実験の大きな長所といえる。

12.1.6 土木計画学におけるまちづくりの意義

比較的小規模なエリアを対象とし，ソフト施策も含めながら参加型で進めていくまちづくりは，土木計画学においては，まだまだ新しい挑戦である。土木計画学の中でまちづくりが定着することの意義について考えてみよう。

まず，従来からの極小スケールないしソフト中心まちづくりの側から見ると，ハードインフラや客観的評価の技術と経験を有する土木計画者がまちづくりに関与することにより，ハードも含めた長期的，客観的かつ広域的な視点を加えることができ，まちづくりが，さらに本格的で継続的なものに進化できる可能性が広がるということができる。また，隣接地域との関係性や公平性等の課題にも，一定の答えを用意することができることが期待できる。

地域住民の立場から見ると，従来の「受容を強いられるインフラ」から「参加しともに作り上げるインフラ」へと，インフラ整備の意味を読み替える機会になることが期待されよう。

そして，土木計画学自体から見ると，社会や地域住民のニーズや要望を痛切に感じつつ，ハードやソフトをともに作り上げる喜びが感じられる取組みがまちづくりにほかならない。土木計画学に携わる者にとって，新たな生き甲斐をもたらす営為であるといえるのである。　　　　（久保田　尚）

12.2 交通計画とまちづくり

12.2.1 序　　論

本節では，交通計画のさまざまな場面において，まちづくりの視点がどのようにかかわっているのか，現状，課題，最新動向などをまとめながら，今後の在り方を論じる。具体的には，まず全体像を捉えるために，マスタープランと交通計画の関係におけるまちづくり的な視点を概観する。そのつぎに部門計画的な視点にもなるが，道路計画，公共交通計画そして駐車政策とまちづくりの関係を論じる。そして，人間中心のまちづくりの視点に立って，人々の交通行動の視点から交通とまちづくりの関係を整理した。

12.2.2 マスタープランと交通

ここでは，交通計画に関連するマスタープランとして都市マスタープランおよび都市交通マスタープランを取り上げ，交通との関係を概観する。

〔1〕　都市マスタープラン

わが国では，法定都市計画として都市マスタープランの策定が義務付けられている。都市によって構成や内容に差があるものの，おおむね，20年後のその都市のあるべき姿が描かれている。都市マスタープランでは，都市施設としての道路や鉄道駅についてはきちんと触れられるものの，都市活動を支えるべくどのように移動の機能が都市に確保されるべきかについては，触れられることはない。将来の道路網は設定されても，例えばそこにあるべきバスサービスは触れられない。また徒歩や自転車での移動がどのように改善されるのか，それらによって，日常の生活行動がどのように理想的なものになっていくのか，具体的には述べられていない。

これらのことについては，いくつかの理由が考えられる。都市交通が施設整備ベースで議論されてきたこと，マスタープランが，長期間かつマクロスケールの議論であるため，短期的な課題やミクロ的な課題に踏み込んでこなかったこと，などが大きな理由であろう。例えば，地域のモビリティ確保のためのバスサービスは，路線を決めて，運行事業者が決定すれば実現できるという意味で，短期間で実現する事業である。この種のものは，都市マスタープランでは触れられない。

都市マスタープランは法定都市計画の中に位置付けられるので，大きな変更を期待することは厳しいかもしれないが，整備構想のある施設のアクセシビリティや，居住者の日常的なモビリティの確保について，一定程度の方針を記すことを義務付けていくことが望ましいと思われる。

〔2〕　都市交通マスタープラン

都市交通のマスタープランは，法定の計画ではなく義務化もされていない。しかしながら，都市マスタープランの部門計画として，都市交通についてなんらかのマスタープランを策定している事例がある。

パーソントリップ調査を実施している都市で，その調査業務の最終年の成果物として都市交通マスタープランを策定する場合，鉄軌道導入やコミュニティバス導入を機会に策定する場合などさまざまであるが，多くの場合は，道路計画とバス輸送計画が中心になっている。

都市マスタープランの下位に位置するといいつつ，都市マスタープランの目標達成のための部門計画というよりは，都市マスタープランと矛盾のない範囲で，都市交通マスタープラン独自に目標を設定している傾向がある。

また，あくまで都市マスタープランの内容が与条件であり，それに基づいての交通のマスタープランということで，与えられた土地利用や都市活動の条件の中で，交通をどうすればよいかを解く位置付けである。すなわち，例えば，市街化区域外に総合病院を整備することで，そこへのアクセスバス路線を設定しなければならないとき，それがきわめて非効率で，市全体のバス路線運営上大きな問題になることが予想されたとしても，それを理由に，病院の建設位置や内容を見直すということにはならない。学術的にいうならば，土地利用と交通は相互関係にある領域といいつつ，都市交通マスタープランでは，一方通行（土地利用を受けた交通であって，交通計画に基づいた土地利用の見直しにはならないという意味）になっている。

パーソントリップを受けた都市交通マスタープランの考え方は，一般財団法人計量計画研究所のWebページ[8)]に詳しい。筆者がかかわった都市交通マスタープランの例としては，福祉無料バスを見直して新たにコミュニティバスを導入することを契機に策定された茨城県龍ケ崎市の例がWeb上で公開されている[9)]。

〔3〕　総合的な都市交通戦略の取組み

都市交通戦略については国土交通省のWebページ[10)]に具体的な説明が載っており，この説明に準拠する形で，すでに国内の多くの都市で交通戦略が策定されている。国土交通省都市局において認定されているものは国土交通省のWebページ上でリストアップされている[11)]。そもそも交通計画の分野で「戦略」という言葉が用いられるようになったのは，イギリスからの輸入である。その語源に戻るまでもなく，戦略は，計画の目標達成のための「戦略」であって，具体的に記述され，必要に応じて階層構造になっている目標を，どの順に，どのような方法で実現していくのか，現況の診断に基づき，関連主体との関係を明示してロードマップを示していくものである。交通手段ごとに課題や施策を羅列するものは，「戦略」という言葉にはふさわしくない。

都市の中にさまざまな交通手段があり，さまざまな移動ニーズや輸送ニーズがあって，それらの折り合いをつけていくこと，そこには，まちづくりとの深い連携が十分に考慮されていること，さらには，時間軸を踏まえて議論するのであれば，その都市のこれまでの歴史的な経緯とその中で培われた大切にすべきものを尊重し，かつ，目標が持続的に達成され，不確実な事象が発生した場合に随時見直し続ける，という時間軸上の位置付けも明確に示されなければならない。さらにいうならば，都市圏レベルのマクロなスケールでの課題と，都心部や郊外住宅地区の地区内といったミクロなスケールでの課題を，その連携を踏まえて取り上げることも必要である。

そういう意味では，わが国の現時点で策定されている多くの交通戦略は，本来の意味の戦略とはほど遠い。とはいえ，この交通戦略の策定によって，各都市で，各交通手段が，どのように改善されていくべきなのか，議論が活性化され，具体的な事業との連携が明確になり，集約的都市構造に向けてのつながりも明示されてきている点は，むしろ高く評価できる。

12.2.3　道路計画とまちづくり

道路計画という場合，高速道路の計画から地区内の歩行者道路の計画までさまざまな意味を含む。

高速道路（高速自動車国道や高規格道路）の計画，都市計画道路の計画，地区交通の計画のそれぞれの中身については別章節を参照されたい。本項では，まちづくりとの関係について，計画プロセスでの課題とそもそもの計画の考え方での課題の２点を述べる。

〔1〕　計画プロセスでの課題

それぞれの道路計画は，当然ながら土地利用計画と連動したものであり，かつ新規の建設においては，影響を受ける国民，住民との間の調整が大きな課題となる。住民参加による道路づくりの考え方が基本となるが，ここでは住民の定義および参加という行為の定義について考え方を関係主体間で共有する必要がある。近年では**パブリックインボルブメント**（public involvement，**PI**）という形で，計画段階から広域の関連主体に十分な質と量の情報を公開し，意見交換の場を用意し，そのプロセスを経て計画を策定していく手法が用いられることも増えてきた。国土交通省では，市民参画型道づくりとしてWebページに紹介している[12]。

地区スケールの道路交通については，コミュニティゾーンが制度化されて以降，コミュニティゾーン形成事業の制度を経て，地区住民の参画を中心とした計画プロセスが手法としては定着してきている[13]。

〔2〕　そもそもの計画の考え方

しかしながら，前記のように，幹線道路計画と地区内道路計画は別々に議論することには，本来的な問題がある。

地区内の道路では，安全性が大きな課題となる。具体的には，地区内の生活環境の向上の観点から，地区に用事のない，いわゆる通過交通の排除が重要な課題となる。いわゆる生活道路での交通事故を減らすべく，地区内に入りにくくする（地区入口部分にハンプや狭さくを導入するなど）ことや，地区内での自動車の走行速度を低下させること（ハンプやシケインなど）が頻繁に議論されるが，そもそも通過交通が多いのは，幹線道路ネットワークが不十分であることや，幹線道路上にボトルネックがあることが原因となっている場合が多い。

まちづくりの観点でも，通学路問題など生活道路の問題を扱う場合に，その地区内のことだけに注目されることが多いが，実際には，近隣の幹線道路や自動車専用道路の整備によって，当該地区を含む広域的な自動車交通の流れが変化して，地区内の通過交通が減少することは想像に難くない。

まちづくりの観点から，幹線道路の整備や改良は，間接的な影響があることを十分に熟知するべきである。

少し古い例では，首都圏で外かく環状道路の埼玉区間が整備された結果，沿道地区での狭隘道路の通過交通の減少，それに伴う交通事故の削減を達成されたことが知られている。

近年の例では，慢性的な道路渋滞を発生させるボトルネックとして知られていた横浜市戸塚区の国道１号線原宿交差点において，立体交差道路工事を実施し，その施設が供用開始になってから，同交差点を迂回するべく，抜け道として，近隣地区内の狭隘道路を走行する車両が減少したという報告もある（**図12.4**参照）[14]。

12.2.4　公共交通とまちづくり

ここでは，いわゆる公共交通の計画とまちづくりの関わりについて，交通結節点，都市内の幹線的な輸送システム，地区内の移動の支援システムに分けて論点を整理する。なお，公共交通の定義は幅広にはせず，都市交通計画で通常扱い得る，鉄軌道や路線バス等とする。カーシェアリングや自転車シェアリングは公共交通の一種とみなすが，詳細には取り上げない。

〔1〕　交 通 結 節 点

交通結節点は，都市交通の中で最も基本的な要素である。出発地から目的地まで徒歩で移動する場合以外は，必ず交通手段の組合せになる。自転車での移動も厳密には，徒歩＋自転車＋徒歩になる。自動車での移動も，徒歩＋自動車＋徒歩になる。パーソントリップ調査をはじめ多くの交通調査で，敷地内の徒歩移動は記録されないため，最初から最後まで自動車という言い方をするが，実際には，車庫まで歩き，駐車場所からまた歩く（例えば，大規模ショッピングセンターや大規模レジャー施設では駐車場内で相当の距離を歩くが，これは交通データには反映されていない）。結果として，駅だけではなく，バス停，駐輪場，駐車場も交通結節点として含めることになる。

これらの施設は，その規模にもよるが，利用者が多い場合には，まちづくりとの関係がとても重要となる。

12

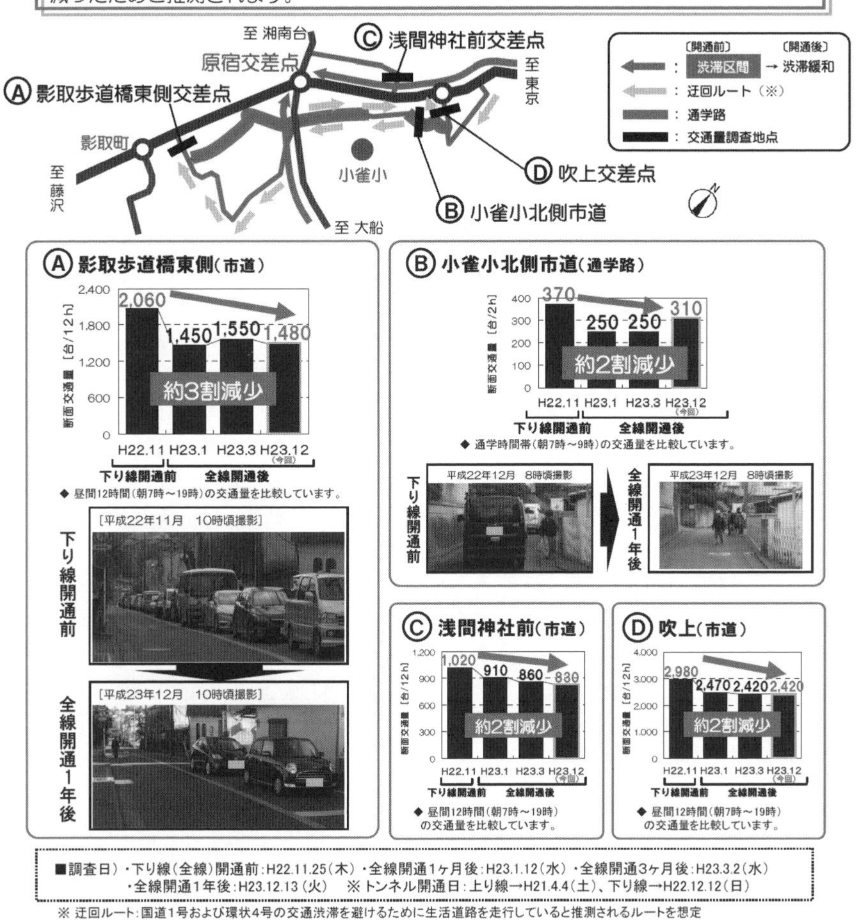

図 12.4　国道1号線原宿交差点改良効果（国土交通省関東地方整備局 Web ページ[14] より）

特に鉄道駅は，都市の玄関口である場合が多く，利用者数の多さも踏まえると，駅施設そのものおよび周辺地区との連携は重要となる。

近年，鉄道事業者が駅構内の商業機能を充実させる事例が多くなっており，駅ナカビジネスなどと称されている。以前よりあった駅施設に併設しているいわゆる駅ビルとは異なり，鉄道用地内で改札ラッチ内の施設は，建築や税制の面で通常の店舗よりも優遇されている面があり，単なる駅売店のスケールであれば問題がなかったものの，大規模になるにつれ，駅ビルや駅に隣接する商業地域での商業活動との間の確執が懸念される。

駅周辺地区については，そもそも，駅の改札からどれくらいの距離までを周辺地区として定義すべきか，という問題に直面する。実際には単純に半径○○ m で規定することは適切とはいえず，歩行者動線がどのように連続しているのかと連動して区域が規定されることになる。その規定された区域内で，商業施設や公共施設の配置などについて総合的に検討されることが望ましい。

公共施設と駅および周辺地区整備の連携は，古くからいわれている話であるが，実際には，県庁や市役所が，建替えに際して，むしろ駅から遠くに移転する事例が多い。病院や教育施設，文化施設に至っては，市街化調整区域でも立地が認められることがあって，より地価の安価な，すなわち交通の便の悪い場所に移転する。

ピーターカルソープが提唱して以降，**公共交通指向**

型開発（transit oriented development，**TOD**）という言葉はかなり普及してきているが，その解釈は，現在では多種多様になっている。オリジナルに戻ると，駅あるいは主要バスターミナルから半径数百 m 以内のところに，商業施設，公共施設，業務施設を集約させるとともに，多様な住戸形式の住宅を整備し，歩行環境をその地区内で充実させることが基本的な考え方である。公共施設は駅や主要バスターミナルに近接させるのが TOD の考え方である。例えばブラジル連邦のクリチバ市では，駅ではないが，市内の幹線 BRT の乗継ターミナルにほぼすべての区役所が隣接立地している。

より小規模な例では，地方都市のいわゆるローカル鉄道駅で，駅舎にコミック図書室や，英会話ボランティア学校の活動場所を提供する例（三重県，兵庫県等）や，バス停にポケットパークを設置する例（江戸川区や世田谷区）が知られている。

なお，交通計画の立場では，交通結節点整備でのまちづくりとの連携は，若干ややこしい問題を提起する。交通計画での需要予測では，各個人は，移動の費用と時間を勘案して，合理的な交通手段選択を行うことを前提としており，移動の所要時間は短いに越したことはないと考えている。シームレスな交通体系などという言葉に代表されるように，交通手段を乗り継ぐ場面では，スムーズでロスタイムのない乗継ぎが期待され，そういう施設整備が歓迎されていることになる。すなわち，乗継ぎの場面で，買い物などで時間を費やすことは，交通需要予測においては，選択されにくい行動として位置付けられる。非集計行動モデルでいえば，駅で時間を費やすことは不効用として計算されることになる。この部分についてなんらかの対応をしない限り，交通結節点の需要予測は難しいといわざるを得ない。

〔2〕 幹線的公共交通システム

ここでは，LRT と BRT を中心に，まちづくりとの関係を考察する。

LRT（light rail transit）は，近代化された路面電車と解釈されることが多い。車両寸法的には，従来の路面電車と大きくは変わらないものの，車両としての性能（加減速，乗り心地，節電等）が優れていること，必要に応じて，専用軌道や併用軌道を使い分けること，信用乗車方式など運賃システム面で工夫があること，自家用車やバスなど他の交通手段と連携していること，都心地区などで，トランジットモール等を含め，まちづくりと連携していること，の5点で，路面電車と差別化して理解することが望ましい。なお語源的には米語であって，欧州では，LRT というよりもトラムという方が通じやすい。

海外においては，ドイツの多くの都市のように，従来からあった路面電車を改良していくタイプのものと，フランスのストラスブールやアメリカのポートランドのように，新規に導入するタイプのものがある。特に後者では，システム設計の自由度が多いからか，大胆な設計例が多いように思われる。

著名な LRT 事例では，ほとんどといってよいほど，都心地区の歩行者空間充実や，自動車利用の抑制策（駐車場の見直しを含む）が実施されている。

一方，**BRT**（bus rapid transit）はバス高速輸送システムなどと訳されるが，必要に応じて専用道路，大容量車両，駅改札施設，車線規制や信号制御などを組み合わせて，定時性と速達性が高く，大量輸送も可能で，従来のバス路線のイメージを覆すシステムと理解するべきであろう。その様態は多様で，14 車線道路の真ん中 4 車線を専用道路化して，ピーク時に 10 秒間隔で 150 人乗りの連節バス車両を運行しているボゴタ（コロンビア）のトランスミレニオと呼ばれるシステムから，より小規模なバスシステムまで多様である。

途上国大都市では，鉄道建設財源のない中で，短期間で大容量輸送が可能なシステムを供用開始させるために BRT を選定している例が多い。そのルーツは，ブラジルのクリチバ市（1974 年）で，沿線に高層集合住宅建設を義務付けるなどさまざまな工夫をしている。バスシステムとしての大容量輸送に徹して世界的に注目を浴びたのがボゴタ市（1999 年）で，その後，さまざまな応用形態が，各地域の途上国大都市に展開していった。クリチバとボゴタでは，都心地区での歩行者専用区域導入や，郊外バスターミナルでの公共施設や商業施設の併設を積極的に行っているが，後続の都市でそこまで徹している例はない。

先進国の BRT 事例では，コストの面や，既存のバス路線ネットワークの活用連携の点から，LRT や地下鉄ではなく BRT としている例が多い。**国際公共交通連合**（union internationale des transports publics，**UITP**）では，クリチバやボゴタほどの輸送能力やインパクトを有しない事例は，**BHLS**（bus with high level of service）と称している。これらについては，幹線バス路線の機能高度化と位置付けることができ，地域のニーズとの連携がなされているといえる。

LRT と BRT は，時に徹底的な比較がなされるが，都市の文脈や財政的，制度的な制約によって機種は選定されているもので，学術的な論争を必要とするものではない。役割もおのずと異なっており，それぞれにおいて，まちづくりとの連携がなされているといえる。

〔3〕 **地区内移動支援**

地区スケールの移動支援では，中心市街地と郊外住宅地で若干異なるもののいくつかのメニューが存在する。そしてそれらは，地区のまちづくりと深く連携し得る。

前述のLRTや一部バス路線は，中心市街地の歩行者専用空間等を走行し，中心市街地の地区内の短距離移動の支援の役割を担っている。中心市街地への自家用車以外の交通手段による訪問者を増加させ，その訪問滞在時間を増加させ，その地区内での活動範囲を広域化させる結果，中心市街地で消費される金額の増加と，その恩恵の広域化を達成し得る。さらに，さまざまな人のさまざまな出会いの可能性を高める結果，都市の**創造性**（creativity）を高める効果もあるといえる。

なお，歩行者専用空間に公共交通を走行させるものを米語で**トランジットモール**（transit mall）と呼ぶ（欧州ではあまり通じない表現である）。この種の空間はアメリカでは，ミネアポリスやデンバー，ポートランド等が知られているが，欧州では多くの都市に存在する。トランジットモールのある中心市街地はほぼ間違いなくとても賑わっているが，これはトランジットモール単体の貢献ではないことにまず注意すべきである。また，多くの事例で，昔からの通りから自家用車を排除した結果，歩行者と公共交通だけの空間になったものか，新規にLRT等を導入する際に地区の歩行者専用規制を導入している。歩行者専用空間として成熟したところに，新たに公共交通を入れ込んだ事例は，少なくとも外国にはないことに注意する必要がある。

わが国では，1998年の浜松市での大規模な社会実験，1999年の，金沢市でのコミュニティバスの歩行者専用アーケード走行等，社会実験や小規模な実施の例があるが，交通規制標識に「トランジットモール」と明記したのは，那覇市の国際通り（日曜祝日日中だけでバスの頻度も少ない）だけである。道路関係の法律上の障壁はなく，今後の普及が期待される。

地区内の移動を支援するバスサービスも多様にある。わが国では，中心市街地の地区内，あるいは郊外住宅地区内を中心とした路線設定を行うものが増加し，小型の車両を用いるものや，税金を投入するものもある。コミュニティバスと呼ばれるものも少なくない。これらは，地区のニーズを基にして考案されるもので，まちづくりと連携している。

地区内の移動支援では，以上のほかに，車両のレンタルによるものがある。通常の乗用車，少し小さい電気自動車，自転車，電動車椅子などのレンタルシステムを中心市街地地区，あるいは郊外住宅地区に導入する例が増加しつつある。短時間で自動車を借りるものはカーシェアリングと呼ぶ。わが国では借りた場所と同じ地点に返却することを基本としているが，先行する諸外国の事例では，借りた場所と異なるところでの返却を前提とするものがほとんどである。自転車については，バイクシェアリングと呼ぶ。電動車椅子の場合には，ショップモビリティ，タウンモビリティと呼ばれる。現在は，わが国では，歩行者空間を走行する場合には最大で時速6 kmという制約があるが，セグウウェイなどの新しいパーソナルモビリティシステムがシェアリングシステムとして用いられることになる。

なお，この種のシステムについても，システムがあれば中心市街地が活性化する，郊外住宅地に活力が戻ると安易に考える向きがあるが，利用者層を明確にマーケティングする必要がある。例えばすべての人が個人の自転車を保有し，活用し，その走行も駐輪も問題になっていない地区では，自転車のシェアリングシステムのニーズは居住者には存在しない。カーシェアリングを便利にした結果，公共交通利用者が減少する事例もないわけではなく，手放しでは歓迎できない。

地区内移動支援については，今後，よりメニューが多様化する可能性があり，まちづくりへの貢献も大きく期待できるが，地区全体のさまざまな交通手段のバランスを考えて，計画を推進する必要がある。

12.2.5　駐車とまちづくり

〔1〕 **駐車政策の枠組み**

都市の交通手段の基本は歩行者であり，人流において優遇されるべきは，歩行者，公共交通，そして自転車であることは自明であるとはいえ，自家用車利用はそれなりの量を占め，物流においては，ほぼすべてが自動車でなされる。よって，その自動車利用での交通結節点でもある駐車場を含め，駐車については，都市交通計画で重視される項目といえる。

モータリゼーションが引き起こすさまざまな問題への対応として，自動車抑制という政策枠組みが示されることがあるが，抑制するべきは自動車の何なのかと突き詰めると，保有と走行と駐車の3種類に区分できる。自動車の購入に対してシンガポールのように制限をかける政策は，自動車保有抑制策になる。地区内の自動車進入に対して課金するロンドンやストックホルム，シンガポールなどの事例は，自動車走行抑制策である。走行に課金できない場合に，都心地区の駐車場の料金額を操作して需要を管理する施策として，**駐車**

課金（parking pricing）という施策もあり得る。都心内の駐車場を割高にし，フリンジパーキングをやや安価に，パークアンドライド駐車場を無料に，費用を一元管理し，料金収入も一元管理して配分する**広域駐車管理策**（area-wide parking management）も，この類型の一種といえる。

駐車は必ずしも駐車場だけでなされるわけではなく，路上に駐車する場合もある。駐車場の料金だけを政策的にコントロールしても，路上駐車の場合の利用者支払い費用を同じ土俵でコントロールできない場合には，駐車政策としては不完全といわざるを得ない。サンフランシスコなどのように，路上駐車と路外駐車，時間貸しの駐車と月極めの駐車を統合的に扱う政策枠組みが望ましい。

駐車の目的は，一時的に用を足すものから，荷さばき，車両の保管場所と多様である。駐車政策はこれらと連携することで，まちづくりとつながっていく。管理者の違いや，土地投機短期策など異なる政策枠組みの議論との差異などを克服して，交通結節機能の一つとしての駐車を，まちづくりと連動させて考える必要がある。

〔2〕 駐 車 場 整 備

駐車場整備については，整備地区として重視されている地区において，路上と路外，公営と民営，時間貸しと月極めなど役割分担を明確にして，その整備を行うべきである。附置義務条例は，日本のこれまでの歴史の中で，駐車場が不足しているという前提で企画された，最小提供量を示すものである。しかし，バケツがいくら大きくてもホースが小さければどうしようもないのと同じで，道路ネットワークの処理能力が足りない中で，駐車場ばかり建設するわけにもいかない。ましてや，自動車利用は見直そうという動きの中では，駐車場の量的拡大を推進するわけにもいかない。ポートランドのように都心地区全体での駐車場台数の上限値を設定するような政策が求められる。土地活用，空地有効利用としてのいわゆるコインパーキングについても，本来であれば，同じ枠組みで，量の管理の議論がなされるべきであろう。

12.2.6　交通のマネジメントとまちづくり

交通計画とまちづくりの議論をする中では，限られた道路空間の中で，安全を担保しつつ，混雑によって生じる諸問題をどのように解決していくかが課題となる。一時的に一部の場所で，とはいえ，需要量が供給能力を上回るわけで，新規に大規模な道路建設が期待できない中では，既存の道路施設を生かしながら，供給能力を向上させるか需要量を減らすかの選択を強いられる。一時期福岡市内などで散見できた，多車線道路の中央線変移（リバーシブルレーン）などは，供給能力の向上策で，アメリカでいうところの**交通システムマネジメント**（transportation system management, **TSM**）と区分できる。需要を減らすべく，移動者の交通行動を変更してもらう方策は一括して，**交通需要マネジメント**（travel（transportation）demand management, **TDM**）と呼ばれる。別途紹介されている MM は，自発的に交通行動の変容を促すという意味で，TDM とは区別される。イギリスで 1980 年代に注目されていた**包括的道路交通管理**（comprehensive traffic management, **CTM**）は，TSM と TDM を組み合わせて，歴史的な中心市街地において住民参加で折り合いをつけていく考え方といえる。

いずれにせよ，新規の道路建設が期待できない場面で，混雑問題の実態と原因メカニズムが関係主体間で共有されている場合には，マネジメントの発想を取り入れてまちづくりと連携させていくことが必要である。

すでにわが国で実践されている TDM や MM の取組みの多くも，中心市街地問題，観光地区問題などの中で，まちづくりと連携して実践されている。

（中村文彦）

12.3　交通工学とまちづくり

12.3.1　交通工学におけるまちづくりの意義

地区の交通安全対策を地域で考える事例など，まちづくりと交通工学が関係する場面は多く存在する。交通工学におけるまちづくりの意義としては，つぎのような利点が挙げられよう。第一には，まちづくりに参加する人々の視点を踏まえた整備を行うことができる，ということである。交通工学の専門家である技術者の視点に，利用者であるさまざまな主体の視点が加わることで，多様な利用者に配慮した，また地域固有の問題に対応した，安全性，快適性を高めた整備が期待される。つぎに，参加の場が，整備後の使い方を含めた周知の場となることも，まちづくりの意義といえよう。慎重に計画し，整備したものも，利用されなければ，また誤った方法で利用されていれば，その機能を発揮することはできない。まちづくりの場は，こうした状況を防ぐための，周知を担う役割も持つ。さらに，この，使い方について，まちづくりの場は地域が関わるきっかけをつくる機会にもなろう。このように，まちづくりは，交通工学的なハード対策と，ソフト対策をつなぐ役割を持つとも考えられる。次項より，交通工学とまちづくりの関係について，最近の傾向と今後の方向を，より具体的な項目に分けて見ていこう。

12.3.2　交通安全とまちづくり

まちづくりにおいて，交通安全は，主要な交通工学的テーマである。ここでは，まちづくりの中で，交通工学的な交通安全対策を実施する場合について述べる。

〔1〕　市民と行政が協働する安全対策

交通安全対策とまちづくりについては，市民と行政が連携して対策を推進していくためのプロセスと手法が，『生活道路のゾーン対策マニュアル』[7)] において紹介されている（**図 12.5** 参照）。

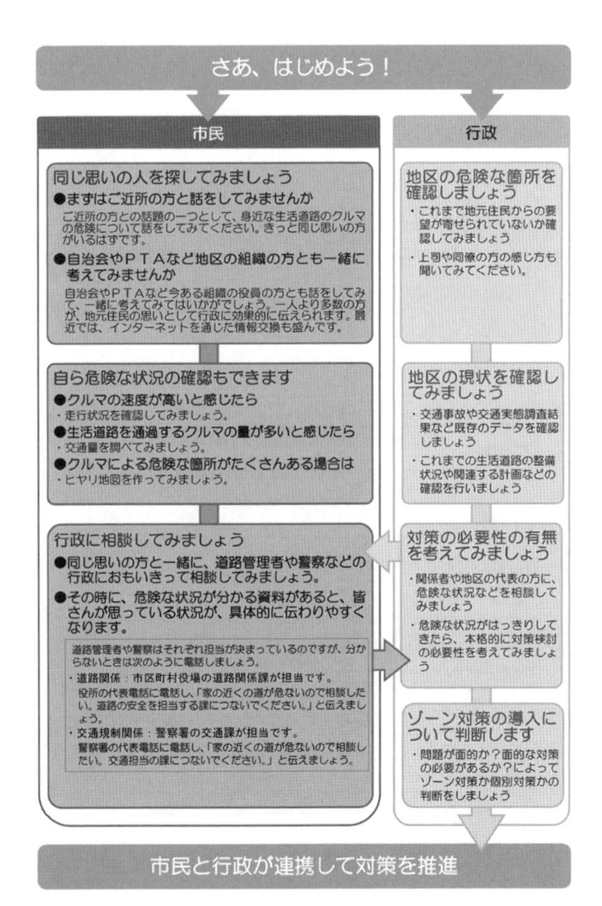

図 12.5　交通安全における市民と行政の連携
（出典：交通工学研究会，生活道路のゾーン対策マニュアル[7)]）

ここでは，市民，行政の双方について，地区の交通安全性について危険を感じたとき，どのように対策実施に進めていけばよいのか，そして，そのような対策を実施すべきかが説明されている。「ステップ0：ゾーン対策をはじめる」，「ステップ1：地区の課題を知る」，「ステップ2：対策案を考える」，「ステップ3：対策を実施する」，「ステップ4：課題の解決を確認する」という，四つのステップすべてにおいて，適切なコミュニケーション手法を選定して市民の考えを取り入れることの重要性が述べられている。すなわち，交通安全対策を交通工学的視点から検討するすべての段階で，市民の視点を取り入れることが重要である。

〔2〕　交通安全まちづくりと社会実験

上述のプロセスのうち，「対策案を考える」ステップにおいて，近年，社会実験を組み込む事例が増えている。どのような実験をするのか，社会実験の内容自体を住民参加で検討することで，内容の充実が期待されることはもちろんであるが，特定の参加の場にやってこない住民が「いつの間にかまちづくりに参加している状況を作る」[7)] ことが，社会実験の大きな意義である。現実社会で場所や時間を限定して施策を実施する，社会実験を通して，住民は日常の暮らしの中で対策案を体験することとなる。本格的な整備の前に，住民から，より正確な評価を得ることができることから，本格実施の判断や設計の修正等に生かすことができ，合意形成を進めるためのツールとしても役立つものである。

〔3〕　住民参加型交通安全対策

ここで，まちづくりと一体となった交通安全対策の事例について紹介する[15)]。埼玉県さいたま市大宮区に位置する，氷川神社への参道である氷川参道は，速度を出して通行する車両，および多くの路上駐車車両によって，歩行者が危険にさらされていた。そのような中，市では氷川参道の安全対策に取り組むこととし，歩行者優先の道路の整備に向けて，周辺の自治会や，市民団体とともに，検討を行った。住民参加による検討，および社会実験を経て，車道幅員をボラードにより縮小する対策が実施された。氷川参道では，祭が行われるときには山車が通行することから，ボラードは取り外しが可能になっている。

交通安全対策には，自動車にとっての利便性をはじめ，上記の例の祭の際の通行など，立場によって利害が異なることがある。こうしたことからも，多様な主体を含む住民参加のプロセスは，さまざまな視点から検討が行われることで，整備方針のバランス，および整備に向けた合意形成に貢献することが考えられる。

12.3.3　バリアフリーとまちづくり

〔1〕　多様な視点からバリアを見つける

まちづくりの中の交通工学的視点の２点めとして，

バリアフリーに関する整備について見ていく。いろいろな立場の人にとって，バリアのない整備を進めるためには，まちづくりの中で多様な視点を取り入れていくことが有効であると考えられる。障害を持った人の間でも，その程度や内容には違いがあり，バリアフリー施策の実施により，誰かへのバリアを解消することが，他の誰かへのバリアになることもあり得ることからも，参加による多様な視点から検討が必須である[16]。このような例の代表的なものとして，車椅子の利用や乳母車の利用がしやすいように，道路上の段差をなくすような整備が，視覚に障害のある人たちにとっては，歩車道の境界等が認識できないというバリアになってしまう，といったことが挙げられよう。こうした問題を解決するため，例えば，歩道の縁端構造については，さまざまな利用者にとっての利用しやすさのバランスをとるため，高さや形状にさまざまな工夫が行われている。このように，利用者の多様な意見が，まちづくりの中で生かされていくことで，交通工学の技術の発展も見込まれる。

また，バリアフリー整備における当事者の中には，まちづくりへの参加自体が難しい，という例が，他の施策と比較して多いことが予想される。どのような方法によれば，参加が可能になるのか，個々の事例に照らして，慎重な検討をすることが望まれる。

〔2〕 法に基づいた参加の推進

2006年に施行された「高齢者，障害者等の移動等の円滑化の促進に関する法律（バリアフリー新法）」では，バリアフリーの整備を進めていく上での留意点として，さまざまな段階での住民・当事者参加が挙げられている。具体的な参加の形としては，基本構想の作成プロセス等への参加が規定として盛り込まれており，基本構想の作成は，誰もが暮らしやすいまちづくりを進めることにつながるものとされる[17]。基本構想の作成に当たっては，国土交通省によるガイドライン[17]において，協議会への参加以外にも，作成プロセスに応じて住民参加の機会を確保することが必要であると示されており，以下の手法が例として挙げられている。

① 住民アンケート
② 関連団体等へのヒアリング
③ まち歩き（現地点検）とワークショップ
④ 基本構想説明会
⑤ パブリックコメント

これらの手法について，ガイドラインではさらに，複数の手法を組み合わせることにより，実施効果を高めることや，対象者に合わせた手法の選択が重要であるとされ，例として，点字によるアンケートや，介助者の方々へのヒアリングが紹介されている。

バリアフリー新法に基づき，交通バリアフリー基本構想の策定に当たって，各地で，住民参加によるまち歩き（バリアフリー点検）が実施されている。ワークショップ形式で実施されるバリアフリー点検は，まちづくりにおいてバリアフリー整備が位置付けられる一つの形であると考えられる。また，バリアフリー新法では，新たに，基本構想の作成，変更に関する提案制度が規定されている。こうした規定により，バリアフリーとまちづくりは，法的にもいっそう明確にその関係が示されたといえる。

〔3〕 住民参加の事例

上述したバリアフリー点検について，いくつかの都市の事例を紹介する。

仙台市では，交通バリアフリー基本構想の作成に関わる審議会において，障害者団体や福祉関係者が構成員として参加しており，また，基本構想の策定に当たって，市民参加として「交通バリアフリーワークショップ」，および「パブリックコメント」を実施している（**図12.6**参照）。ワークショップでは，現地でのバリアフリー点検，グループごとの検討を実施している（**図12.7**参照）。ワークショップの参加者は，学識経験者，市民団体代表，福祉団体代表，市民公募，道路管理者，公共交通事業者，仙台市関係課，コンサ

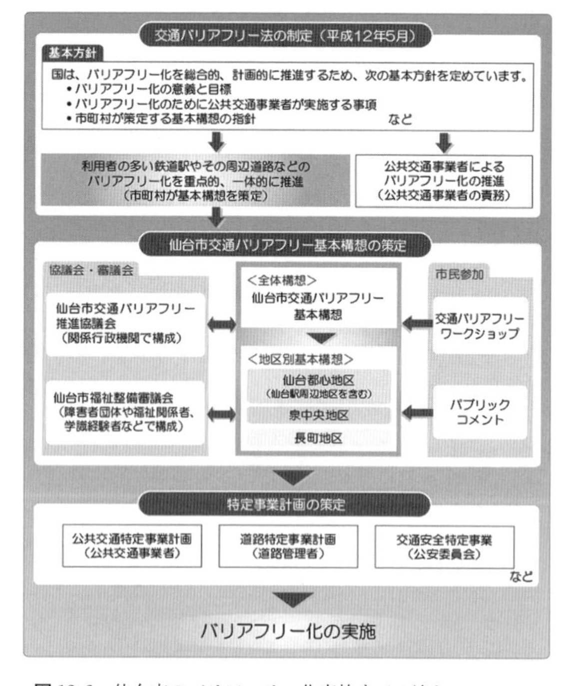

図12.6 仙台市のバリアフリー化実施までの流れ
（出典：仙台市交通バリアフリー基本構想概要[18]）

（a） 現地でのバリアフリー点検

（b） グループごとの検討

（c） 成果の発表

図 12.7 仙台市のバリアフリー基本構想作成における住民参加の様子
（出典：仙台市交通バリアフリー基本構想概要[18)]）

ルタントとなっており，高齢者，障害者，介助者の方を含んでいる[19)]。これらの検討により，放置自転車の問題や案内標識の不足など，課題の整理が行われている。

土浦市[20)]では，2009年3月にバリアフリー新法に基づく基本構想を策定しており，これは住民提案制度による全国初の事例[21)]となっている。市内の3駅周辺を重点整備地区とした基本構想となっており，策定に当たって，土浦市バリアフリー基本構想策定協議会，および，まち歩き点検ワークショップ等により，住民参加が行われた。まち歩き点検ワークショップでは，バリアの現状把握，高齢者・障害者等の当事者が抱える問題の共通認識を深めること，参加者からの問題点・改善点の提案を基本構想に生かすことを目的として，班ごとに決められたルートを点検する活動が行われた。参加者は，協議会委員，高齢者団体，障害者団体，地域住民，学識経験者等である。点検により，歩道の勾配が急な箇所がある，車椅子や視覚障害者の通行の妨げとなる障害物がある，駅のエレベーターが終電まで利用できない，といった問題など，さまざまな指摘が行われ，多様な視点からの問題点が整理されている。

以上のように，バリアフリー点検等，住民参加を伴う整備プロセスにより，効果的な整備が期待される。

12.3.4 自転車走行空間とまちづくり

〔1〕 住民参加と自転車走行空間

近年，自転車に関する注目がますます高まっており，2012年に，『安全で快適な自転車利用環境創出ガイドライン[22)]』が発行された以降，自転車走行空間の整備が各地で進んでいる。地域によって，自転車の利用者や利用目的，道路環境は異なっており，まちづくりの中で自転車走行空間の整備を行っていくことは，安全で快適な道路空間を整備する上で重要である。ここでは，住民参加型で自転車走行空間の計画，整備を行っている事例を紹介する。

〔2〕 まちづくりを通じた整備形態の検討

埼玉県の国道299号飯能市栄町地区で，2007年度に実施された住民参加による検討を経て整備された，自転車通行空間の事例を紹介する[23)]。当時本地区は，県内でも事故が多発している地域であり，中でも自転車の関わる事故が4割を占める状況であった。そのような中，県主催の交通安全ワークショップ（WS）が実施され，地元の幼稚園，小中学校の校長やPTA会長，自治会長，交通指導員，飯能県土整備事務所，飯能警察，飯能市など約40人が参加した。2007年9月から12月の間に，まち歩きによる点検，対策案の検討，対策案の合意形成という3回のWSを経て，対策が実施され，2008年3月には対策実施の報告を行う第4回のWSが実施された。

WSでは，自転車に関する安全対策が多く議論され，自動車，歩行者から分離された自転車の通行空間設置の要望が住民から出された。その結果，車道幅員，ゼブラ部分の縮小により自転車通行帯が整備された（**図 12.8** 参照）。一部の整備区間では，沿道の土地利用に関連して路上駐車の問題が指摘され，自転車通行帯と自動車の通行する車線の境界部に，ポストコーンが設置されることとなった。整備の事前事後の調査からは，整備後に，自転車の歩道通行の減少等，安全性の向上が見られている。住民参加による検討を通じて，道路の区間ごとの特性を踏まえた，きめ細かい整備形態の検討が行われた事例といえる。

〔3〕 参加による「使い方」への関わり

つぎに，まちづくりの活動の中で，自転車通行空間

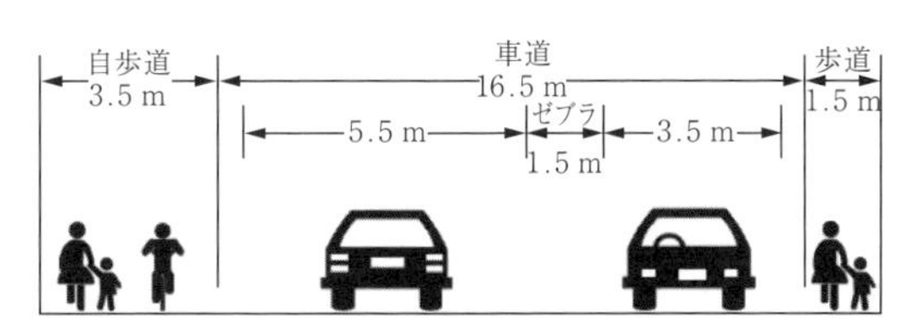

（a） 対策実施以前の道路断面

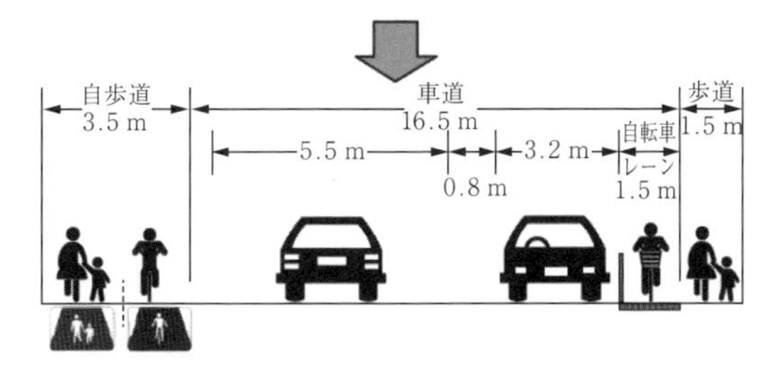

（b） 対策実施後の道路断面

図 12.8 飯能市国道299号の自転車通行空間整備
（出典：宮崎ら[23)]）

の使い方に，参加者が関わった事例を紹介する。埼玉県熊谷市において，国道17号の熊谷駅付近の区間，およびその周辺二つの道路を対象に，2009年，自転車通行空間設置の社会実験が実施された[24)]。当該地区には高校が多数あり，朝夕多くの高校生が自転車で通行する中で，歩道の歩行者が危険にさらされていた。こうした中，車道への自転車道の設置，および，自転車歩行者道内の通行場所の分離という社会実験が実施された。この社会実験に当たり，地元の高校と連携したWSが実施され，実験前には高校生の自転車利用の問題点を整理した。さらに実験中には，歩道を走っている自転車に対して自転車道を走行するよう促すため，高校生自身による朝の走行指導が実施された。社会実験終了後には高校生が「安全宣言」を作成し，継続的に自転車の交通安全に取り組んでいく下地が作られた。実験事後に高校生に実施したアンケートからは，約4割が自転車ルールを守るようになった，あるいは意識するようになった，と回答し，自転車利用のマナー意識の醸成につながったことが示唆された。

以上のように，自転車通行空間の整備に当たり，まちづくり活動の中で整備を行うことで，地域の実情に沿った整備や，整備された施設の利用に関する住民の積極的な関与が促進されることが期待される。

（小嶋　文）

12.4　市街地整備とまちづくり

現在の市街地の大部分は，戦災復興期から高度成長期にかけて整備されたといってよい。2014年都市計画現況調査[25)]によれば，国土の4%にすぎない市街化区域内の人口は8 871万人と総人口の7割を占めている。これらの量的な**市街地整備**（urban development and improvement）を達成したことは誇るべきものである。一方で，高度成長期の住環境悪化や自治意識の高まりを受けた住民参加の潮流や，その後の経済と人口構造の変化は，市街地整備の在り方そのものに大きな変更を求めているといってよい。

本節では，まちづくりの観点から市街地整備を概観し，事例を基に住民参加とハードとソフトのまちづくりの意義を示す。最後に，今後の市街地整備に関する諸文献を紹介する。

12.4.1　まちづくりにおける市街地整備

ここでいう市街地整備は，都市計画法で規定される狭義の市街地整備ではなく，複数の主体が関わる地区を対象とした市街地を実現するハードとソフトの一体的な取組みとして，広い範囲で捉えるものである。複数の主体が集まる市街地空間には，それにあった基盤施設と共用空間が必要となる。つまり，そこに公共性を組み込むこと（＝まちづくり）が求められる。

この広義の市街地整備の範囲を，『新・都市計画マニュアル市街地整備編』[26)]を参照しつつ，具体の整備手法を，事業手法，誘導手法，規制手法に分類し，関連付けると**表12.2**になる。

表12.2　3事業による市街地整備事業手法の分類

分　類	事業名称	内　容
事業手法	土地区画整理事業 新住宅市街地開発事業 工業団地造成事業 市街地再開発事業 新都市基盤整備事業 住宅街区整備事業	都市計画法第12条に基づく法定事業。都市拠点の形成や，中心市街地活性化・密集市街地解消等の都市課題の解消が目的。
	住宅市街地総合整備事業 住宅地区改良事業 防災街区整備事業 地域居住機能再生推進事業 街なみ環境整備事業 優良建築物等整備事業　等	住宅関係事業の要綱・要領に基づく。街なか居住や密集市街地の共同建て替え推進など，良質な住宅・市街地の形成が目的。
誘導手法	特定街区 高度利用地区 地区計画 都市再生特別地区　等	都市計画法による。公開空地や公共施設の提供を条件に容積率などを緩和する。
	総合設計制度	建築基準法による。公開空地による容積率の緩和。
規制手法	まちづくり条例 宅地開発要綱や開発指導要綱　等	都市計画法33条に基づく開発行為に対する条例・要綱で定められた基準。 建築基準法による。

事業手法は，直接事業を実施することを目的とした手法で，土地区画整理事業などの都市計画法第12条に定められた法定事業と，住宅市街地総合整備事業といった要綱要領等による事業に分けられる。この法定事業が，狭義の市街地整備事業に相当する。事業は都市計画マスタープランと整合する高い公共性が必要とされることから，行政が整備主体を担うことが多い。

誘導手法は，インセンティブにより市街地整備に公共性を持たせるよう整備計画を誘導する。インセンティブは，容積率や形態規制の緩和や，補助金の投入，税の減免等で与えられる。具体の手法としては，都市計画法による特定街区や高度利用地区，建築基準法による総合設計制度である。

規制手法は，行為の禁止や限定によって市街地整備をコントロールする。開発許可等の許可制度や建築確認制度がこれに当たる。個別の建設活動レベルで質の低下を防止する役割がある。

なお，ハード整備後の運営を考えるとソフト面の取組みが必要となるが，現状では多くがハード整備の範囲にとどまっており，一つの課題といえる。

12.4.2　ハードとソフトの市街地整備事例

高い公共性が組み込まれた質の高い市街地整備に着目すると，その後の住環境の維持・改善における住民の主体的な活動を見ることができる。こうした事例には高い公共性を制度的に担保するニュータウンや再開発地区ばかりでなく，民間が開発主体である事例も数多い[27)]。事例を参照しながら，市街地整備のハードとソフトのまちづくりを確認する。

〔1〕 先駆的な市街地開発事例

最初に，日本最初の郊外住宅地の事例といわれる池田室町住宅地を取り上げる（図12.9参照）。1910（明治43）年，小林一三の手掛けた箕面有馬電気軌道（現阪急鉄道）の私鉄沿線開発[28),29)]として鉄道開通と併せて竣工された。池田駅の北方に，中央の神社を取り囲む207区画の住宅敷地と，学校や病院，電信電話が整備され，道路と街路樹，電灯設備，溝渠下水，公園など，質の高いハードを持つ住宅地である。

一方，開発に合わせてここに住民組織が結成されたことも特筆すべき点である。この住民組織は，当初，電鉄関係者が結成した室町委員会を前身とし，居住者組織「室町会」へと継承される。電灯の維持，派出所の請願，下水ごみの処理など，住宅地住民が主体となる運営がなされた。また，いくつかの趣味の会が住民どうしのつながりを深めた。その思いは受け継がれ2005年には「池田室町住民憲章」が制定されている。

小林の私鉄沿線開発は，優れた事業性と公共交通推進の観点から後に高く評価され普及するが，開発された住宅地もハードとソフトの両面で先駆的であった。これについて柴田[29)]は，この住宅地が成熟するための「タネ」が誕生時に埋め込まれていたと指摘する。

さらに明治から昭和初期にかけて，東京にも多くの郊外住宅地が開発されたが，中でも新町住宅地や常盤台などで市民まちづくり団体が生まれ，良質な住宅地の継承や保全を目的に活動している。特に，渋沢栄一による田園調布（1923（大正12）年）は，現在に続く高級住宅地として格別の位置を占めているといってよい。藤森[30)]は，その理由を渋沢栄一の理想主義にあるとする。同心円の街区設計とその中心の駅舎，住商分離のゾーニング，低い生け垣による町並みルールなどの高い理想主義に共鳴した当時の社会的成功者が初期住民となり，住民相互のコミュニティが育ったことが大きい。

〔2〕 質の高い住宅地整備と住民活動

高度成長期以降の郊外における住宅系の市街地開発でも，質の高いハード整備と住民活動としてのソフトの組合せによるまちづくり事例は数多く見られる。

例えば，1980（昭和55）年の汐見台ニュータウンは，開発許可による民間開発だが，まちなみ保全の地区計画が定められ，多くの共有地（コモン）を持つ良

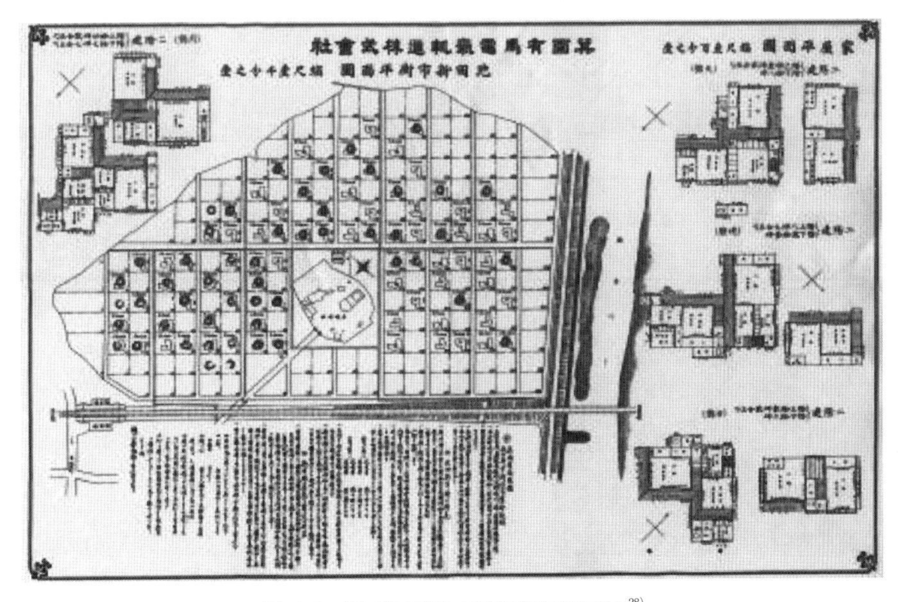

図12.9　池田新市街住宅販売用配置平面図[28)]

質な住宅地である。上川[31]によると，コモンの植栽の手入れは住民の手で行われ，コミュニティの醸成に役立っている。緑道は住民の多目的な利用（餅つき会，バザー会，花見会等）に生かされているという。

1994（平成6）年に整備された青葉台ぼんえるふは，宮脇檀の設計による歩車共存の道路・広場を持つ住宅地である（**図12.10**，**図12.11**参照）。地区計画と建築協定によりまちなみが保全されている。住民活動は，コモンの維持管理からまちづくり学習会へと広がっている。関川[32]によると，入居15年を経て，ライフステージの変化や，社会的な安全・安心へ意識の高まりを背景に，高齢化に向けたまちづくり調査を実施し，将来のまちづくり方針を策定したという。住民が主体的に住宅地の変化を捉え，生活環境を維持している。

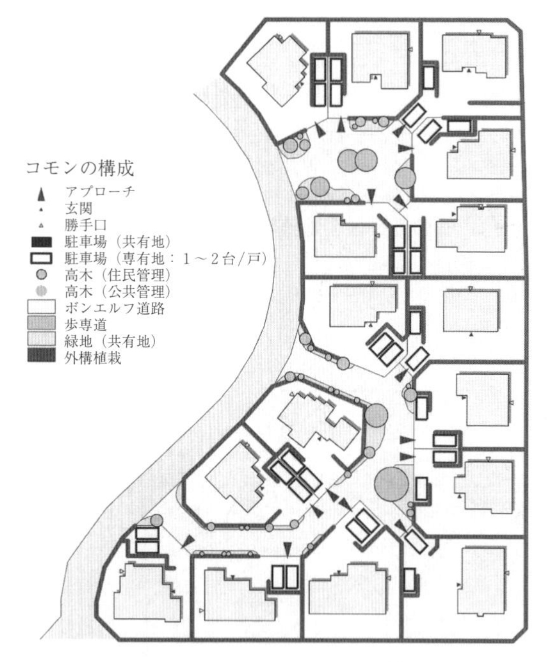

図12.10　青葉台ぼんえるふ[27]

図12.11　青葉台ぼんえるふのコモン

一方で，コモンにおける植栽等が，必ずしも住民活動を生み出すわけではない。むしろ維持管理が適切になされず，見通しの悪い場所や暗がりを生み出しているケースもある（**図12.12**参照）。住民が主体的に住環境保全に取り組むには，まず地区内のさまざまな住民どうしが集まり話し合う場が必要であろう。活動の方向性を定めるためには，地区の課題と目標を共有するまちあるきやワークショップなどの工夫も求められる。しかも，長期的に活動を持続させる組織づくり（協議会やNPO）も重要だろう。住民が自主的にこれらのハードルを越えることもあるが，集合住宅の管理組合のように開発者が住民組織を開発と同時に組み込む取組み（home owners association など）の普及に期待したい。

図12.12　維持管理が行き届いていない共有地の例

〔3〕 災害復興と市街地整備・まちづくり

つぎに災害復興の市街地整備事例から，ソフトとハードのまちづくりの在り方を確認したい。

1995（平成7）年の阪神・淡路大震災は，復興事業における地縁組織や人のつながりが重要視される大きなきっかけとなった。発災後の避難段階では，自治会がリーダー的役割を果たせないケースが多かったとの報告がある[33]。応急仮設住宅では，弱者優先の入居ルールが弱者に偏ったコミュニティを形成したとの指摘から，既存のコミュニティの維持が必要とされる[34]。また，仮換地指定93%を震災後3年強という早さで達成したT地区の調査でも，「地区内に戻っている」および「戻る見込みがある」世帯数が669世帯中350世帯（52%）にとどまったという[33]。大規模災害時には公助に加え共助・互助が重要な役割を果たすことから，その担い手となる住民組織や人のつながりが失われる問題は大きい。

また，土地区画整理事業等の復興事業と併せて新たにまちづくり協議会が設置された地区では，特に事業の合意形成をめぐる対立に悩むこととなった。また

「地区内に自宅が再建できた人から協議会に顔を出さなくなる」という声もあるという。減歩による公園等の公共空間が生まれる一方で，復興後の市街地の継続的なまちづくり活動には大きな困難が伴う状況がある。

一方，震災前から住民主体のまちづくりの先進であった真野地区[34]では，活動による人のつながりが，発災直後の消火・救助活動や，避難所運営などの生活支援となった。また復興計画も，以前より策定されていたまちづくり協定・地区計画を基に被災者が被災地に戻れる方向で地域の再生を一貫している。

もちろん復興によるハード整備は，地区の生活を再建する重要な役割を担うもので，特に被災した密集市街地をすみやかに改善し，つぎの被災に備える市街地を形成することの意義は大きい。とはいえハードとソフトのまちづくりの視点から考えると，復興がハードに偏重する事態は避けたい。真野地区の事例は，被災前の自治会やまちづくり協議会の継続した活動がハードとソフトの復興まちづくりの基礎となることを示している。被災する前からの継続した地区の防災訓練や事前復興計画づくりなどの防災活動と，活動の担い手となる住民が住み続けられるまちづくりが重要である。

12.4.3　住民参加の先進事例から学ぶ

これまでの事例では，ハード整備だけに偏らず，そこに住民が主体として関わることで，維持管理を通じた住民どうしの人のつながりを生むことや，災害復興のまちづくりにバランスをもたらすことを示している。

これらの断片的な知見について，木造密集市街地の防災まちづくりの先進である東京都世田谷区太子堂2･3丁目地区（以下，太子堂地区）の事例を掘り下げることで，断片をつなぎ，住民参加による総合的なまちづくりの広がりの重要性を示したい。

〔1〕　太子堂の修復型まちづくり

関東大震災後に，太子堂地区は急速に市街化し，さらに戦後復興期にも人口流入が進んだ結果，道路などの都市基盤が未整備のまま，木造賃貸住宅が建て詰まった密集市街地となった。

1980（昭和55）年，この木造密集市街地の問題を改善しようとした行政は，建物の不燃化，狭隘道路の拡幅整備，防災拠点としての公園・広場づくりの3点を課題に挙げ，密集市街地解消のハード整備を進めようとしたが，住民側から強い反対と行政批判が吹き出した。しかし，熱心な住民と行政との対話の積み重ねにより，住民主体のまちづくりと，ハードとソフトの総合的なまちづくりを前提とすることが，住民側のキーパーソンとなる梅津政之輔氏から提案され，結果として，修復型と呼ばれる事業手法と協議会を中心とした住民参加の仕組みが生み出された[35]。

この修復型まちづくりは，建替えや広場整備などの小さな事業を積み重ね，長い時間をかけて地区内の問題を少しずつ修復していく手法である。太子堂地区における修復型の整備メニューは，行き止まり解消やポケットパーク整備などの小規模な都市基盤整備や，木賃住宅の建替え促進，事業促進のための用地（まちづくり事業用地と呼ぶ）取得などである。事業手法としては，まず1983年，木造賃貸住宅地区総合整備事業（その後，密集事業となり現在の住市総となった）の第1号指定を受けた。その後，1985年には，世田谷区まちづくり条例に基づく「太子堂地区街づくり計画」が策定され，1990年には地区計画も策定され法的な拘束力が強化された。こうして，目指すまちづくりの目標と，それを実現する土地利用・道路公園等の施設・建築物等の形態規制が定められ，コミュニティを維持しながらハード整備を推進する事業の枠組みが生まれた。この実績を**図12.13**に示す。

もう一つの枠組みとして，計画や事業を住民参加で議論する「まちづくり協議会」がある。この協議会は，区のまちづくり条例に基づくまちづくりを検討する地区内唯一の組織である。地区内のまちづくりに関するさまざまな検討や話し合いをする場で，参加資格を問わない民主的な組織である。特に修復型まちづくりでは，地区内の事業の進捗や社会情勢の変化によって，問題も変化していく。計画の見直しも協議会の重要な検討事項である。

具体のポケットパークや緑道の整備における住民参加には，木下勇氏[36]（現，千葉大学大学院教授）がワークショップ方式を提唱し，全国に先駆けて導入された。地区計画等の策定には，協議会で検討し合意した内容をニュースとして全戸配布し，懇談会で質問や反対意見を吸い上げ，全員が合意するまで繰り返して合意を形成している。道路整備も拡幅のための用地取得が必要となるが，これには沿道住民による「沿道会議」を開催し，専門家を交えた話し合いの場，アンケートでの意向調査，行政による説明などにより，時間をかけて話し合いが進められている。

その後のまちづくりのテーマは地区の課題に即した多様性を持つことが特徴であり，防災に限定されたものではない。例えば，1990（平成2）年には「老後も住み続けられるまちづくり」をテーマにしたワークショップが開催され，これがきっかけとなり楽働クラブが発足し，ポケットパークやまちづくり事業用地の

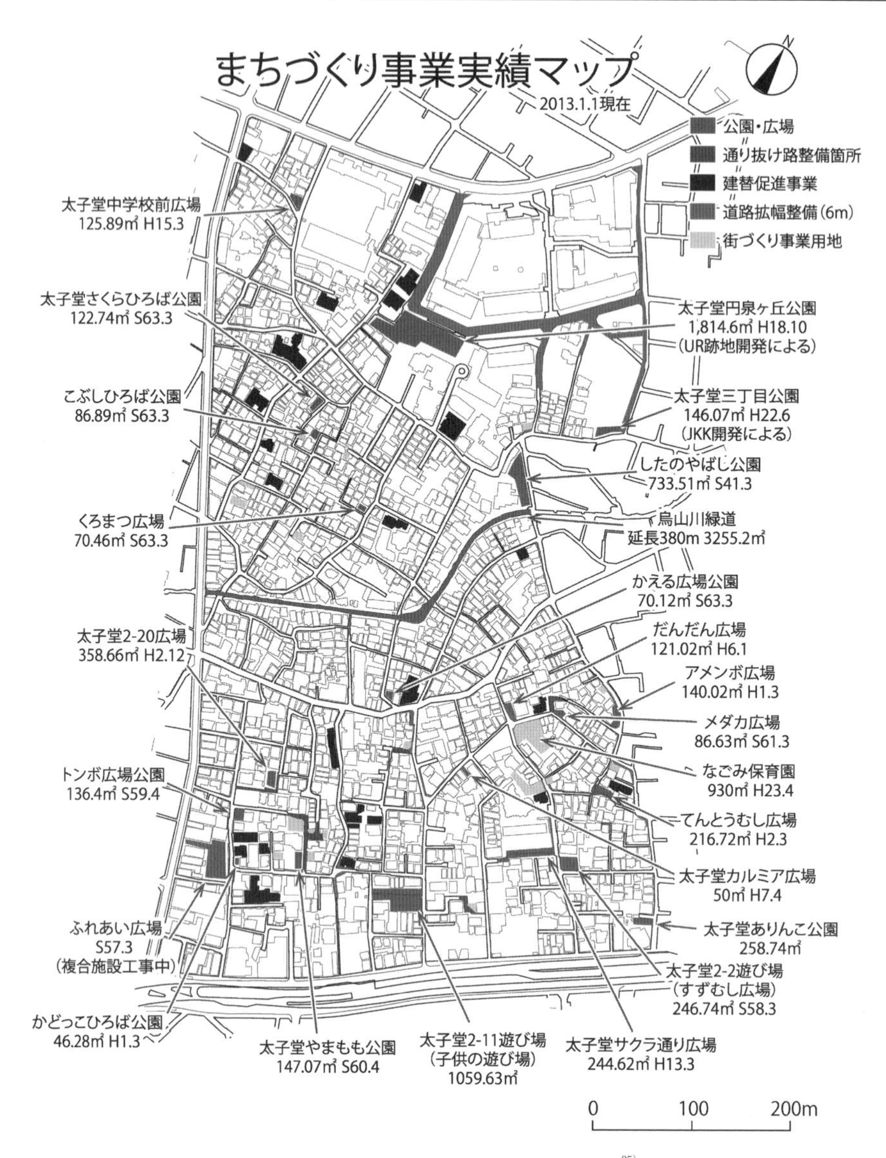

図 12.13　修復型まちづくりによる事業実績[35)]

花植や維持管理の担い手となっている。

2003（平成 15）年には，地区内に病院跡地開発と公社住宅建替えが決定し，通過交通の流入などの地区内道路への影響が懸念されるようになった。そこで，くらしのみちゾーンの指定を受け，外周道路の一方通行化とハンプ設置を実現している[37)]。

〔2〕 ハードとソフトが連携する意義

修復型まちづくりは，ハード整備にかかる時間の長さから批判を受けることがある。しかし，結果として多くの住民は，その場所に住み続けることができる。これが発災時の防災活動上の大きな意味を持つ。大規模な震災時には，同時多発的に起きる火災や家屋の倒壊，交通マヒが想定されることから，地区内の人々が消火，救助，非難といった防災活動を担わなければならない。

太子堂地区では，こうした問題意識から自治会や消防団による消火訓練はもちろん，学校を会場とし訓練と体験型防災教育が一体となったサバイバルキャンプと呼ばれるイベントを継続して実施している。

面的な市街地整備事業はハードの防災性能を高めるが，住民どうしのつながりを失いかねない。修復型まちづくりは，防災のハード整備だけでなく，防災のソフトである住民組織を維持し住民どうしのつながりを強める仕組みであり，ハードとソフトの両面から防災性能を維持し高める手法ともいえる。かかる時間を短くしつつ，ハード整備には多くの住民が住み続けられる手法を用いて，住民組織を維持できるよう，進めなくてはならない。市街地の防災性能は，一般に不燃領域率などのハード面を評価するが，これにソフトの防災性能を評価する手法を構築し，総合的に評価することも一案である。

〔3〕 新・旧住民の調和のまちづくり

ソフトのまちづくりは協議会に関連するものだけではない。太子堂地区の興りは古く，江戸期には三軒茶屋が大山参りの往来で賑わい，営農も盛んであった。現在でも，この地を代々にわたり引き継いできた住民がキーパーソンとなって，町会などの地縁組織が活発に活動している。例えば防災活動では，例えば夜間パトロールがあるが，これを季節や時間帯に応じた防犯パトロールへの変更や，パトロールへの子ども参加イベントにより新住民が町会活動に参加するきっかけづくりなど，各町会が工夫を凝らしている。また，太子堂にある7町会の防災担当部長らによる防犯マップが作成され，2013（平成25）年には防犯ガイド（**図12.14**参照）として全戸配布している。

一方で既存の地縁組織である町会と新たなまちづくり協議会とは，当初から反発する関係があったという[35]。端的にいえば，これは古くからの住民（旧住民）と震災以降に流入した住民（新住民）の対立であった。これに対して，太子堂地区では，まちづくり協議会の発足時に町会側と新住民側の両方が副会長とし会長を空席とするなど，両者が分断しないための互いの努力があるという。

実際に，まちづくりの現場における対立と対話の中で，緊張関係の中にも両者の重なり合う部分が生まれている。前出の梅津氏は「旧住民が共同体としての絆を守り，引き継いでいる良い面を学びながら，新しい都市型共同体の在り方を模索していく」ことの重要性を述べ，調和を意味する「和諧まちづくり」を提唱している。

旧住民と新住民の対立は，まちづくりの一般的なテーマであり，特に市街地整備では対立を避けられない。新旧住民の対立の理論は木下[38]の解説に詳しいが，こうした先進の事例と理論を参照し，新旧の住民をつなぐソフト的な取組みが重要である。

12.4.4 今後の市街地整備

これまでの市街地整備の諸制度は，経済成長と人口増加における開発圧力を背景に，誘導と規制により公共性を担保してきた。しかし，バブル経済後の事業環境の悪化は，公的資金の投入事例や破綻事例が見られるようになった。人口減少と少子高齢化も進展し，市街地整備の諸制度の前提が大きく変化してしまった。ここでは，今後の市街地整備を論ずるための諸文献を基に，市街地整備における住民参加やハードとソフトのまちづくりの今後を考える。

2012（平成24）年における社会資本整備審議会の答申[39]では，生活環境悪化や資産価値下落のリスク，行政側の都市存続への危機感を新たな市街地整備の背景的課題として，**公民連携**（public-private partnership, **PPP**）のエリアマネジメント活動の推進により，共有されたビジョン・目標を達成する新たな市街地整

図12.14 太子堂地区防犯まちづくりガイド
（出典：太子堂地区町会連合会 2013年1月発行）

備の在り方を示している。

特にこのエリアマネジメント活動は，モデルから普及への段階を迎えつつある。小林らによれば，**エリアマネジメント**（area management）は地域特性を生かし地域の価値を維持し高める手段であり，エリアマネジメントにおける地区単位の**社会関係資本**（social capital，**ソーシャルキャピタル**）の構築が重要である。この社会関係資本とは，地域に関わる人々による社会的組織によって高められる協調行動であり，ここでは，地権者・商業者・住民・開発業者・行政による連携を指す。これらは，地域特性や主体性を重視する点で，これまで論じてきた住民参加のまちづくりと方向性は大きく違わない。しかしながら，空間を管理するそれぞれが，主体性を持って連携しながら共通の目標に向かうことを目指すという点において，エリアマネジメントは官民の関係を前提とした住民参加の先にあるガバナンス（協治）を目指す必要があるだろう。

一方で，事業環境と財政の悪化に対して**リスクマネジメント**（risk management）が重要であり[40]事業性を重視した公民連携の事業方式の採用や低容積率の「身の丈再開発」などの小規模事業への移行が不可欠である。答申[39]にも，街区統合や公共施設再配置に対応できる小規模な区画整理等の事業手法や，地区計画と連動し長期的・段階的に市街地を修復する手法が提案されている。饗庭[41]は，スポンジ化する都市の孔に合う公共性を持った公民連携による小さな市街地整備手法を都市計画制度に組み込むことを提唱している。

最後に，具体の公民連携事業において市街地整備の公共性の担保はどう実現されるのだろうか。これに対して，馬場ら[42]は公共空間の新しいデザインの可能性を模索し，木下[43]はオガールプロジェクト等を事例に稼ぐインフラをつくる公民連携を推奨する。こうした新しい提案は，市街地整備の公共性と事業性がトレードオフではなく共存し高め合う可能性や，民間が経済合理性において公共性の高い市街地を開発する可能性を示している。長期的な事業の持続可能性に視野を広げ，公民連携を前提とした新しい仕組みをつくる必要がある。（寺内義典）

12.5 都市施設とまちづくり[44)〜48)]

12.5.1 都市施設のまちづくりにおける意義

都市はさまざまな活動が行われる場であり，そのためにはさまざまな施設が必要となる。**都市施設**（urban facilities）は円滑な都市活動を支え，都市生活者の利便性の向上，良好な都市環境を確保する上で必要な施設である。

〔1〕 都市施設の種類

一般的に都市施設という場合，都市計画法の都市施設を指すことが多い。この対象は，**表 12.3** にあるように，道路，公園，下水道などの社会基盤施設から，教育文化施設，医療施設等の生活サービスを支える公共公益施設を含む幅広い施設が含まれている。さらに広義に使われる場合は，上記以外の公共的な空間やライフライン，診療所や商業施設等の生活サービス施設，さらには業務や住宅施設等の施設を含んで用いられていることも多い。

表 12.3　都市施設の種類

交通施設	道路，都市高速鉄道，駐車場，自動車ターミナル等
公共空地	公園，緑地，広場，墓園等
供給施設または処理施設	水道，電気供給施設，ガス供給施設，下水道，汚物処理場，ごみ焼却場等
水路	河川，運河等
教育文化施設	学校，図書館，研究施設等
医療施設または社会福祉施設	病院，保育所等
その他	市場，と畜場または火葬場，一団地の住宅施設等

〔2〕 都市施設とまちづくり

都市の活動に必要な施設を適切に配置し提供することは，まちづくりにとっての基本である。都市施設は広域的な施設から地区レベルの施設まで存在しており，都市施設という観点からまちづくりの計画を考える上では，この両方の視点が重要である。例えば社会基盤施設であれば広域的な幹線道路網から街区内の区画道路網を総合的に計画することが必要であり，生活サービス施設であれば，広域的な医療施設から身の回りの診療所までを考慮する必要がある。

〔3〕 社会基盤施設としての都市施設

道路，公園，下水道などの社会基盤施設としての都市施設は，都市内における土地利用や，各都市施設相互の計画の調整を図りつつ，広域的な施設から地区レベルの施設まで，総合的，一体的に整備を進めることが必要である。このためには，長期的な視点から計画を定めて整備を展開することが必要であり，都市計画法による都市計画施設として整備が進められてきた。その種類や事業の特徴は，Ⅱ編 1.4.4 項「都市計画施設」の項を参照していただきたい。

このような都市施設は，公共団体等の各種事業主体により整備をされるが，実際には都市施設のすべてが都市計画に定められているわけではなく，特に，計画的な整備が求められている施設について都市計画制度を活用して整備をしている。これまで，都市計画法による都市計画施設としては，おもに道路，公園，下水道等が定められ，整備が進められてきた。道路については，別の章で扱われているので，ここでは公園・緑地，下水道について概要を記載する。

12.5.2　公園・緑地

〔1〕 公園・緑地の体系

公園緑地施策の適用対象は，都市におけるすべての土地，空間施設にわたる。この公園・緑地は，施設緑地と地域性緑地に大別される。

（1） **施設緑地**（facility green space）　権原を公的主体が所有・管理するなど，その永続性が担保されている緑地である。

（2） **地域制緑地**（green zoning）　行政が区域を指定し土地利用の制限を行う緑地であり，行政はその区域内の権原を有しないが，法律による地域指定や協定，条例等により一定の行為を禁止または制限することにより緑地の保全を行うものである。

〔2〕 都　市　公　園

代表的な施設緑地である**都市公園**（urban park）は，主として屋外において休息，鑑賞，散歩，遊戯，運動等のレクリエーションおよび大震災などの災害時の避難等の用に供することを目的とする公共空地である。

都市公園に関しては，地区レベルから広域的なレベルまで，求められる機能に応じて，街区公園，近隣公園，地区公園，総合公園，運動公園，広域公園および特殊公園があり，その目的や規模は**表 12.4** のとおりである。

〔3〕 緑　　　地

緑地（green space）は，自然的環境を有し，環境の保全，公害の緩和，災害の防止，景観の向上，緑道の用に供することを目的とする公共空地である。緑地は〔1〕で述べたように施設緑地と地域性緑地に分けられる。

（1） **施設緑地**（facility green space）　〔2〕で述べた都市公園以外には公共施設緑地と民間施設緑地がある。公共施設緑地は，公園に準ずる機能を持つ施設であり，運動場，グランド，墓園広場，緑道，河川緑地等がある。また，これ以外にも公共公益施設における植栽地等も公共施設緑地に含まれる。

民間施設緑地は，民有地であっても公開し，永続性の高いものであり，民間設置の動植物園や市民農園，公開している社寺境内地，協定等を結び解放している企業グランド等がある。

表 12.4　都市公園の種類

種　別	目　的	標準規模	配　置
街区公園	主として街区内に居住する者の利用に供する	0.25 ha	250 m
近隣公園	主として近隣に居住する者の利用に供する	2 ha	500 m
地区公園	主として徒歩圏域内に居住する者の利用に供する	4 ha	1 km
総合公園	主として一つの市町村の区域内に居住する者の休息，鑑賞，散歩，遊戯，運動等総合的な利用に供する	10 ha	市町村
運動公園	主として運動の用に供する	15 ha	市町村
広域公園	一つの市町村の区域を超える広域の区域を対象とし，休息，鑑賞，散歩，遊戯，運動等総合的な利用に供する	50 ha	広域の圏域
特殊公園	風致の享受，動物公園，植物公園，歴史公園，その他特殊な利用を目的とする公園		

（2） **地域制緑地**（green zoning）　一定の土地利用規制が適用された民間所有の緑地であり，規制の強い順に，特別緑地保全地区，緑地保全地域，市民緑地，緑地協定等の制度があり，広域的な緑地から身の回りの緑地まで保全が図られている（**表 12.5** 参照）。

表 12.5　地域制緑地の種類

法による地域等	特別緑地保全地区（都市緑地法） 緑地保全地域（都市緑地法） 緑化地域（都市緑地法） 風致地区（都市計画法） 生産緑地地区（生産緑地法） 近郊緑地保全区域（首都圏近郊緑地保全法ほか）等
法による契約・協定等	緑地協定（都市緑地法） 市民緑地（都市緑地法） 緑化施設整備計画認定緑化施設（都市緑地法） 市民農園（市民農園整備促進法）等
条例等によるもの	条例・要綱等による契約，協定等による緑地の保全地区や樹木の保存

〔4〕 公園緑地の計画

これらの公園・緑地を計画的に整備するため，マスタープランとして，緑の基本計画，都道府県広域緑地計画が存在しており，これに基づき配置計画を定めている。

（1） **緑の基本計画**（master plan for greenery）

都市緑地法第 4 条に規定する「緑地の保全および緑

化の推進を総合的かつ計画的に実施するための基本計画」のことであり，市町村が緑地の保全および緑化に関する指針を総合的に定めるものである。都市公園の整備や緑地保全地区の決定など都市計画による事業・制度のみならず，公共公益施設の緑化，民有地における緑地の保全や緑化，緑化意識の普及啓発等ソフト面も含めた総合的な計画となっている。

（2） **都道府県広域緑地計画**（prefectural plan for greenery）　一の市町村を越えた広域的な見地から，緑地の保全および緑化の目標，緑地の配置方針，緑地の保全および緑化の推進のための施策等を各都道府県が定めるものである。市町村が緑の基本計画を策定する際に，広域公園，河川緑地，緑地保全地域など広域的な緑地についての配置計画との円滑な調整が図られるよう，都道府県において策定を行うこととされている。

12.5.3 下　水　道

〔1〕 下水道の種類

下水道（sewerage）は，汚水処理，浸水対策，公共用水域の水質保全など多様な役割を担っている施設であり，下水を排除するために設けられる排水管渠，これに接続して下水を処理するための処理施設，補完するためのポンプ施設その他施設の総体となっている。

下水道法では，公共下水道，流域下水道，都市下水路の3種類の下水道がある。

（1） **公共下水道**（public sewerage system）　主として市街地における下水を排除し，または処理するために地方公共団体が管理する下水道で，終末処理場を有するものまたは流域下水道に接続するものであり，かつ，汚水を排除すべき排水施設の相当部分が暗渠である構造のものをいう。または，主として市街地における雨水のみを排除するために地方公共団体が管理する下水道で，河川その他の公共の水域もしくは海域に当該雨水を放流するものまたは流域下水道に接続するものをいう。公共下水道の設置・管理は，原則として市町村が行うが，2以上の市町村が受益し，かつ，関係市町村のみでは設置することが困難であると認められる場合には，関係市町村と協議して，都道府県がこれを行うことができる。

（2） **流域下水道**（regional sewerage system）

2以上の市町村の区域における下水を排除するものであり，かつ，終末処理場を有するものをいう。または，2以上の市町村の区域における雨水を排除するものであり，かつ，当該雨水の流量を調節するための施設を有するものをいう。流域下水道の設置・管理は，原則として都道府県が行うが，市町村も都道府県と協議してこれを行うことができる。市町村単位で実施するだけでなく，河川等の流域単位に基づく行政区域を越えた広域的な観点から計画立案し，実施することの必要性が強く認識されるようになったためである。

（3） **都市下水路**（urban storm drainage system）

主として市街地（公共下水道の排水区域外）において，もっぱら雨水排除を目的とするもので，終末処理場を有しないものをいう。

〔2〕 その他の汚水を処理する施設

前述した下水道法上の下水道と同様に，汚水を処理する施設としては，コミュニティプラントや農業集落排水事業，合併処理浄化槽等がある。

（1） **コミュニティプラント**（community wastewater treatment plant）　環境省が所管する地域し尿処理施設事業により市町村が設置し維持管理する生活排水施設であり，開発によって作られる住宅団地等に設置される。

（2） **農業集落排水事業**（rural sewerage project）

農業振興地域内の農業集落におけるし尿や生活排水等の汚水を収集・処理する汚水処理施設および雨水を排除する施設である。

（3） **合併処理浄化槽**（domestic wastewater treatment tank）　家庭のし尿と雑排水を合わせて処理する排水処理設備である。従来のし尿だけを処理する単独浄化層は，2000（平成12）年の浄化槽法改正により新設禁止となっている。

〔3〕 下水道の計画

下水道等の施設については，それぞれの施設の特徴を生かしつつ，連携して整備・管理を行うことが重要であり，地域ごとの特性を踏まえ，汚水処理施設全体として，計画的かつ効率的な整備・管理に努める必要がある。

このために将来的な目標を定めるためのマスタープランが定められており，流域別下水道整備総合計画，都道府県構想（効率的な汚水処理施設整備のための都道府県構想），下水道全体計画等があり，さらに浸水対策として浸水対策に関するマスタープラン，汚泥処理についてバイオソリッド利活用基本計画（下水汚泥処理総合計画）等がある。

（1） **流域別下水道整備総合計画**（comprehensive basin-wide planning of sewerage system）　下水道法に基づいて都道府県が作成する下水道整備に関する総合的な基本計画である。水質環境基準が定められた河川その他の公共の水域・海域について，水質環境基準を達成するために必要な下水道の整備に関する基本方針，区域，施設の配置，構造，能力等を定めることとされている。

（2） **都道府県構想**（prefectual plan of appropriate wastewater treatment）　市街地・農山漁村等を含めた市区町村全域で効率的な汚水処理施設の推進をするため，下水道事業，農業集落排水事業，合併処理浄化槽整備事業等の各種汚水処理施設の有する特性等を踏まえた効率的かつ適正な整備手法を選定するための構想として，都道府県が市町村の意見を反映した上で策定しているものである。1998年までにすべての都道府県において策定されており，その後適宜見直しが図られている。

（3） **下水道全体計画**（sewerage master plan）

各マスタープランに定められた目標等に基づき，将来的な下水道施設の配置計画を定めるものである。事業計画は，全体計画に定められた施設を段階的に設置するための計画であり，具体的には，全体計画のうち，5～7年の間で実施する予定の計画につき，あらかじめ事業計画を定め国土交通大臣または都道府県知事に協議等をしなければならないこととされている。

〔4〕 **下水道施設の構成**

下水道施設の構成として，排水施設（排水管，排水渠），処理施設（水処理施設，汚泥処理施設），補完施設（ポンプ施設等）があり，下水の排除方式として，分流式と合流式がある。

（1） **分流式下水道**（separate sewer system）

汚水と雨水を別々の管渠系統で排除するものである。合流式に比べて，雨天時に汚水を公共用水域に放流することがないので，水質汚濁防止上有利であり，また，在来の雨水排除施設を利用した場合は経済的にも有利であるが，新設する場合には不利となる。

（2） **合流式下水道**（combined sewer system）

汚水と雨水を同一の管渠系統で排除するもので，1本の管渠で汚濁対策と浸水対策をある程度同時に解決することが可能である。分流式に比べて施工が容易であり，また，小規模の降雨であればノンポイント対策にも対応可能であるが，雨天時に流下流量が晴天時の一定倍率以上になると，それを超過した流入水（汚水＋雨水）は公共用水域に直接放流される構造となっている（晴天時に堆積した汚濁物も降雨の初期に掃流されて公共用水域に流出する）。

わが国においては，古くから下水道の整備を始めた東京等の大都市は河川の下流部に位置しており，都市内の浸水防除と都市内の生活環境の改善を行うことが喫緊の課題であったため，合流式下水道が採用されていた。しかし，1970（昭和45）年に下水道法が改正され，下水道の役割として，公共用水域の水質保全が位置付けられ，それ以降の下水道は分流式が採用されるようになっている。なお，2003年に下水道法施行令が改正され，合流式下水道の水質改善が義務付けられた。

終末処理場（wastewater treatment plant）は，下水を最終的に処理して放流するために設けられる処理施設であり，水処理施設と汚泥処理施設から成る。水処理方法については，わが国の下水処理はほとんどが生物処理法である。生物処理法は，浮遊生物法と固着生物法（生物膜法）に分けられ，下水処理場の多くでは浮遊生物法（活性汚泥法等）を採用している。

12.5.4　都市施設の整備主体

都市施設はさまざまな主体によって整備される。一般的に道路，公園等の社会基盤施設は公共団体により整備されることが多いが，地権者や民間事業者により整備されることもある。ここでは公共団体以外により整備された社会基盤施設について述べる。

〔1〕 **市街地開発事業による都市施設の整備**

市街地開発事業（urban development project）は，公共団体のほか，組合や民間事業者が事業主体となり，地権者との協力の下，市街地を面的，計画的に開発整備する事業である。宅地の整備と一体となった公共施設の整備等が行われ，多くの都市施設が市街地開発事業により整備されてきた。詳細は1.4.5項「市街地開発事業」の項を参照していただきたい。

〔2〕 **その他民間による都市施設の整備**

市街地開発事業以外にも，日本の都市の中心部には民間の都市開発によって整備された公共的な通路や空地等が多数存在し，多くの歩行者の用に供されている。その多くは建築基準法による総合設計制度，都市計画法による特定街区，再開発等促進区，都市再生特別地区等の制度を活用したものであり，民間事業者の自由度の高い計画を可能とし，その開発の質を高めることに対して容積率の緩和等のインセンティブを付与することにより整備された（II編1.4.3項「土地利用計画」，1.4.7項「都市計画の新たな流れ」参照）。

このように民間より整備された施設を継続的に維持管理するための仕組みも整えられている。都市再生特別措置法の**都市再生整備歩行者経路協定**（urban renaissance pedestrian pathway agreement）は，このような施設の整備・管理に際し，費用分担や清掃・防犯活動の役割分担を明確にし，実行性を担保する制度であり，協定を結んでおくことにより，経営の悪化などにより土地所有者が変わってしまった場合でも，新たな所有者に歩行者経路を確保する義務が承継される。

また，直接民間が施設を整備している事例もある。

地下街（underground malls）は，民間の地下街会社等が駅前広場や道路などの公共用地の地下を占用し，地下通路と店舗を一体的に建設・管理し，店舗運営により建設資金を回収する仕組みにより整備された施設である。ターミナル駅周辺を中心に19都市，78箇所で存在し，その多くは，1950年代から1970年代に整備された。すでに8割以上の地下街が開設から30年以上経過しており，設備の老朽化等が進んでいることから，民間の地下街会社による適切な維持・修繕が必要となっており，支援制度等が設けられている。

12.5.5　生活サービス施設の提供と立地の誘導

〔1〕　生活サービス施設の提供と立地

都市で生活する上で，医療施設・社会福祉施設，教育文化施設，商業施設等の生活サービス施設の提供は重要であり，また，その立地はまちづくりにおいて大きな影響を与える。一方で，これらの施設は民間事業者等により設置されるものであり，これまでは建築の用途を規制し民間の開発をコントロールすることによりまちづくりが進められ，都市施設として行政が積極的に立地に関与することは少なかった。例えばこれまで病院を都市計画施設として決定したのは全国で16箇所，社会福祉施設は19箇所となっている（2014年3月現在）。

一方で，このような生活サービス施設の立地を考える上では，居住人口や交通サービスの提供との関連を考えていくことが重要である。すでに市街地の中においても商業施設が撤退し，いわゆる買い物難民というような問題が発生している。これらの施設が立地し持続的に維持されるためには，機能の種類に応じて，**図12.15**のような圏域人口が求められ，市街地において

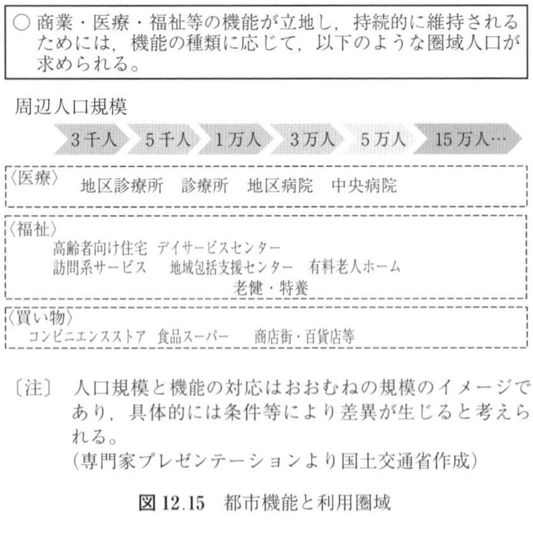

○ 商業・医療・福祉等の機能が立地し，持続的に維持されるためには，機能の種類に応じて，以下のような圏域人口が求められる。

周辺人口規模

3千人　5千人　1万人　3万人　5万人　15万人…

〈医療〉
地区診療所　診療所　地区病院　中央病院

〈福祉〉
高齢者向け住宅　デイサービスセンター
訪問系サービス　地域包括支援センター　有料老人ホーム
老健・特養

〈買い物〉
コンビニエンスストア　食品スーパー　商店街・百貨店等

〔注〕人口規模と機能の対応はおおむねの規模のイメージであり，具体的には条件等により差異が生じると考えられる。
（専門家プレゼンテーションより国土交通省作成）

図12.15　都市機能と利用圏域

一定の市街地の人口密度を維持していくことが必要となる。

また，自家用車を使用できない高齢者が今後増加していくことを考えると，公共交通等によりこれらの施設へのアクセスを確保していくことが必要である。

特に，人口が減少し，コンパクトシティを指向する都市が増加する中，都市構造の再編という視点から見ると，都市の基本的な構成要素であるこれらの民間施設の立地を計画上位置付けて誘導することが必要となっている。

〔2〕　生活サービス施設の立地の誘導

上記のような背景から，都市再生特別措置法が改正され，**立地適正化計画制度**（location optimization plan）が創設された。

この制度は，都市の拠点に立地する民間の生活サービス施設に対して能動的に働きかける誘導的手法である。市町村が策定する立地適正化計画において，都市機能誘導区域と都市機能誘導施設を定めることとしており，この計画に位置付けられた生活サービス施設は，届出勧告や容積率の緩和等による緩やかな開発コントロールを行うとともに，補助金，金融支援，税制優遇等によるインセンティブにより立地を誘導する方策が整えられている。当該制度は2014（平成26）年8月に施行され，2016年3月末現在で，276都市が策定する意向を表明している（Ⅱ編1.4.7項「都市計画の新たな流れ」参照）。

12.5.6　都市施設を活用したまちづくり

〔1〕　都市施設と都市景観

都市の空間は，自然空間や社会基盤施設，そして個々の建築物から構成されており，都市施設は都市環境や景観の観点からも重要な要素である。都市施設については，その景観についても配慮していくことが求められており，2004（平成16）年に**景観法**（Landscape Law）が制定され，景観計画・景観地区・景観重要建造物，景観重要公共施設等の仕組みが設けられている（Ⅱ編1.4.7項「都市計画の新たな流れ」参照）。

〔2〕　都市施設の空間の積極的活用

都市施設はさまざまな目的を持っており，例えば道路や河川は交通機能や防災機能という目的以外にも，都市のオープンスペースとなり，またにぎわいの空間ともなる施設である。近年，公共施設の空間利用のニーズの高まり，厳しい財政状況の中での維持管理の必要性から，公共的空間をにぎわい交流の創出の場として，積極的に活用する動きが進展している。

道路空間については，都市再生整備計画の区域内において道路管理者が指定した区域に設けられるオープ

ンカフェ，広告板等の占用許可基準の特例制度が2011（平成23）年に創設され，道路空間のオープン化，有効利用が図られている。

また，河川空間については，2004（平成16）年3月に国土交通省河川局長から，河川敷地占用許可準則の特例措置に関する通達が出され，河川局長が指定した区域において社会実験として，広場，イベント施設等（これらと一体をなす飲食店，オープンカフェ，広告板等）の占用が可能となった。これにより河川空間において営業活動を行う事業者等の利用が可能となり，広島市・大阪市においてオープンカフェ等の社会実験が行われた。さらに，2011（平成23）年に，この特例措置の一般化が行われ，全国において河川空間のオープン化が図られている。

公園においては，利用者へのサービス向上や公園の活性化を目的として，公園管理者以外の者が公園施設を設置または管理をすることができる設置管理許可制度が設けれ，民間事業者による飲食店・売店などの便益施設の設置および管理にも活用されている。そのほか，総合設計等による公開空地についても，自治体の条例により，オープンカフェ等地域のにぎわいづくりのための有効活用を進める動きが出てきている。

〔3〕　エリアマネジメントと活動主体

さらに，地域における良好な環境や地域の価値を維持・向上させるための住民・事業主，地権者等による主体的な取組みとして，**エリアマネジメント**（area management）がある。

エリアマネジメントの推進組織としては，町内会・自治会，NPO法人，商店街振興組合，まちづくり会社等がある。また取組み内容としては，地域の将来像・プランの策定，街並みの規制誘導，共有物（集会所等）・公共空間（公園等）の維持管理，居住環境（防犯・美化等）や地域活性化（地域の情報発信），空家空地等の活用促進，サービス提供，コミュニティ形成等のソフト活動等があり，行政との役割分担，支援，協働の下，価値ある地域形成活性化に取り組んでいる。

このような活動を行う主体を支援する仕組みとして，**都市再生推進法人**（urban renaissance promotion corporation）がある。これは，都市再生特別措置法に基づき，都市再生整備計画区域内におけるまちづくりを担う法人として，市町村が指定するものであり，まちづくり会社，NPO法人，社団法人，財団法人がなり得る。都市再生推進法人のおもな業務としては，まちなかのにぎわいや交流創出のための施設の整備や管理運営，都市開発事業の実施やその支援，まちづくりに関する専門家派遣，情報提供等であり，市町村は，まちづくりの新たな担い手として行政の補完的機能を担い得る団体を指定でき，公的位置付けを付与することにより，優良なまちづくりの担い手の積極的な活用を図る制度となっている。2011年の札幌大通まちづくり株式会社（札幌市）の指定以降，各地方自治体で指定がなされている。

また，**都市利便増進協定**（Agreement on Enhancing Urban Convenience）は，まちのにぎわいや憩いの空間を創出する広場等について，居住環境にも資するよう，地域住民が自主的な整備・管理を行うための協定制度である。

この制度は，**図12.16**のとおり，都市再生特別措置法に基づき，地域のまちづくりのルールを地域住民が自主的に定めるための協定制度で，地域のエリアマネジメントを継続的に取り組む際に活用することが期待されている。地域住民（地権者等）どうしが締結したものを市町村が認定することにより，良好な居住環境の確保や地域の活性化等，地域主体の公共的な取組みを促進するとともに，市町村と適切に役割分担を図りながら，まちづくりを促進することが可能となる。

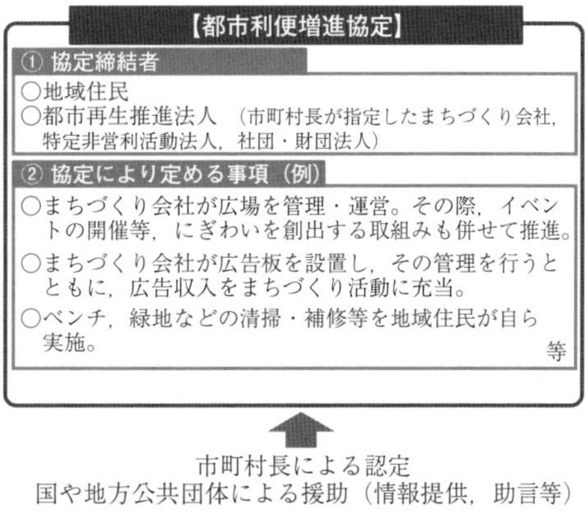

【都市利便増進協定】
① 協定締結者
○地域住民
○都市再生推進法人　（市町村長が指定したまちづくり会社，特定非営利活動法人，社団・財団法人）
② 協定により定める事項（例）
○まちづくり会社が広場を管理・運営。その際，イベントの開催等，にぎわいを創出する取組みも併せて推進。
○まちづくり会社が広告板を設置し，その管理を行うとともに，広告収入をまちづくり活動に充当。
○ベンチ，緑地などの清掃・補修等を地域住民が自ら実施。
等
市町村長による認定
国や地方公共団体による援助（情報提供，助言等）

図12.16　都市利便増進協定

（菊池雅彦）

12.6　都市計画・都市デザインとまちづくり[49)〜51)]

12.6.1　都市計画と都市デザインとまちづくり

ここでは，本節で用いる用語について説明した上で，都市計画・都市デザインとまちづくりとの関係を考察する。

〔1〕　都市計画とは

都市計画（urban planning）とは，都市の将来あるべき姿を想定し，そのために必要な規制，誘導，整備を行い，都市を適正に発展させようとする方法や手段のこととされている。一般にはより広い観点から都市空間や都市社会を改善・形成しようとする活動を総称して用いられる場合も多い。しかし，ここでは，都市デザインやまちづくりとの関係を明確にするために「法的制度としての都市計画」についてその基本的な性格を確認しておく。

都市計画法第3条では「国，地方公共団体及び住民の責務」として「国及び地方公共団体は都市の整備，開発その他都市計画の適切な遂行に努めなければならない」とされ，そして「都市の住民は国及び地方公共団体がこの法律の目的を達成するために行なう措置に協力し，良好な都市環境の形成に努めなければならない」と規定されている。ここに都市計画法に基づく法定都市計画の基本的な性格が示されている。法定都市計画とは行政の責任に基づく公的計画である。

〔2〕 都市デザインとは

都市デザインの類語として**アーバンデザイン**（urban design）がある。両者ともに複数の建築物・構築物・公共空間などで構成される都市空間を対象とし，より使いやすく美しい都市空間の形成を通し，都市を良くしていく行為を表す。法定都市計画では十分に対応できない都市空間のデザインを取り扱うもので，このうち特に行政が実施するものをこの分野に先進的に取り組んだ横浜市の都市デザイン行政に因んで都市デザインと称する場合がある。

〔3〕 まちづくりとは

まちづくりという言葉は，暮らしやすいまちとするための活動全般として使われるため，明確な定義なしにさまざまな文脈で使われることが多い。対象は人々の暮らしに関わる事柄全般に広がり，暮らしの主体の参加を特徴とする。本節では，より良い生活が送れるように，ハード・ソフト両面から都市の改善を図ろうとする活動全般として捉えることとする。

12.6.2 都市計画とまちづくり

〔1〕 法定都市計画とまちづくり

都市計画法に基づく**法定都市計画**（official/statutory urban/city plan）は土地利用の計画，都市施設の計画，市街地開発事業の計画という3本柱で構成され，具体的な地域の都市計画を決定する。

① 土地利用計画では将来市街地とすべき区域の設定と土地利用の用途を決定する。

② 都市施設の計画では道路，公園，上下水道，河川，教育文化施設，医療・福祉施設，市場・火葬場などの都市施設の計画を決定する。

③ 市街地開発事業では土地区画整理事業，新住宅市街地開発法，市街地再開発事業などの事業区域を決定する。

法定都市計画はその目的からして多くの場合，私権の制約を伴う。一度都市計画が決定されると具体的な土地の利用や建築行為などにさまざまな制約が加わることとなる。代表的なものとしては土地利用計画に伴う建築物その他の工作物に関する制限や道路などの都市計画施設の区域内での建築規制が挙げられる。

〔2〕 都市計画決定手続き

都市計画決定（city planning decision）は私権の制限を伴うため，都市計画を決定するに当たっては詳細な手続きが法定されている。都市計画法に定める手続きに沿って都市計画が決定されてはじめて効力が発揮される。

都市計画の決定権限は自治体にあり，広域・根幹的な計画は都道府県が定め，それ以外は市町村が定めることとなっている。都市計画決定とは，「都市計画の案の作成」から「都市計画の告示」に至るまでの決定手続き全体を指す。

都市計画決定の手続きは以下の3段階を踏む。

① 都市計画案の作成：都道府県または市町村が都市計画の案を作成しようとするときは，必要に応じて公聴会（都市計画法第16条）や説明会を開き住民の意見を反映させる措置を講じ，都市計画案を定める。

② 案の公告・縦覧・意見書の提出：当該都市計画案は理由書を添えて公告の日から2週間公衆の縦覧（都市計画法第17条）に供しなければならない。住民および利害関係者は案に対して意見書の提出（都市計画法第17条）をすることができる。

③ 都市計画の決定：都市計画は第三者機関である都市計画審議会の議を経て決定し，都市計画の告示（都市計画法第20条）を行う。

「都市計画の告示」により，都市計画が正式に効力を発生することとなる。このように制度としては住民の意見を聞き，第三者機関の議を経て，上部機関の承認を受け決定するという流れになっている。このほか，環境等に与える影響が大きいと予想される事業については，都市計画決定の前に環境アセスメントが義務付けられており，環境影響調査が行われる段階で，より詳細な住民意見を聞き，その結果を事業内容に反映させる仕組みとなっている。

しかし，実際の運用面では，当初の計画案がほぼそのまま承認されるケースがほとんどであった。理由としては都市計画の立案には科学性・合理性・経済性を満たす高度な技術処理が要求され，さまざまな条件をクリアした最良の（と思われる）計画を立案してきたことが挙げられる。さらに，計画のチェック機関として重要な役割を担うはずの都市計画審議会が十分な審議を行う時間も手間も準備されておらず形骸化していたこと，等が指摘されてきた。その結果，公聴会や住民の意見書提出の段階では，すべてが決定済みで意見を述べても計画に反映されることはないとの印象を与え，一度動き出したら止まらない計画，住民無視，寝耳に水，独善的，不当な利益誘導，政治の道具等々，行政都市計画への不振の一因となっていた。

法的規制は当然のこととして私権の制限を伴うことから，都市計画を巡るもめごとは古くからあった。しかし，行政都市計画と市民との対立という構図は，1960 年代から 1970 年代にかけて展開されたニューヨーク都市計画を巡るジェイコブス対モーゼスの闘いから始まる。ニューヨークの都市発展のために必要と考えられる大規模な都市開発プロジェクトを推進する行政計画に対し，「アメリカ大都市の死と生」の著者として名高いジェイン・ジェイコブスが都市の再開発に対して批判的な問題提起をし，行政計画の廃止を求める市民活動が活発化した。日本においても，空港建設や高速道路建設などに対する反対運動を経験してきた。

これらの反対運動の背景の一つとして，都市計画策定プロセスの不透明性が指摘されてきた。都市計画の内容は一般には都市計画決定段階で明らかにされるが，その計画がいつ，どこで，何のために，誰によって作られたのか，必ずしも明らかにされてこなかったことが法定都市計画に対する根強い不信感を植え付ける原因の一つとなっていた。

〔3〕　マスタープランの役割

そのような反省に立ち，1992 年に都市計画法が改正され，市町村は独自に「市町村の都市計画に関する基本的な方針」いわゆる市町村マスタープランを定めることになった。**マスタープラン**（master plan）とは長期的な見通しに立った都市の将来像を示し，それを実現するための整備方針を定めるものである。都市計画には土地利用計画，都市施設の計画，市街地開発事業など分野が多岐にわたり，分野別の計画や地区別の計画が個々に検討され，都市計画の全体像を理解することが容易ではなかった。マスタープランでは分野別の計画と地区別の計画を統括し，長期的な見通しに立った将来都市像を実現するために必要な都市計画全体に関わる基本的方針が示される。

〔4〕　構想段階での市民参加

マスタープランは策定する際に，「地区別に関係住民に対してあらかじめ原案を示し，十分に説明しつつ意見を求める」ことが国のガイドラインとして示された。これまで，都市計画決定の手続きに限られていた市民参加が都市計画の計画素案策定段階に拡大され，全国を対象とした市民参加の都市計画マスタープラン作りが始まった。

都市計画マスタープランは市町村が市町村の都市計画に関する基本的な方針を定めるもので，作成の方針として「都市づくりの具体性ある将来ビジョンを確立し，個別具体の都市計画の指針として地区別の将来のあるべき姿をより具体的に明示し，地域における都市づくりの課題とこれに対応した整備等の方針を明らかにする」ことと通達（改正当時の建設省都市局長）された。また，作成に当たっては「必ず住民の意見を反映させるために必要な措置を講ずるもの」とされており，有識者や住民代表などで構成される策定委員会の設置をはじめ，自治会等の各種団体の代表者から成る懇談会などから意見や提案を受ける体制がとられることとなった。

都市計画マスタープランの策定が導入されたことの意義は，大きく 2 点に要約される。

第一に，長期的な視点に立った都市の将来像や都市づくりの目標を明らかにしたことである。そして将来的に必要とされる都市計画の全体像を示すことにより，これまで部門別に示されていた都市計画の目的と内容が将来都市の全体像の中で位置付けられたことである。

第二に，将来的に必要となる都市計画を都市計画決定する以前に構想として事前に示すことができるようになったことである。

〔5〕　マスタープランの 2 層制

このようにスタートした都市計画マスタープランも市町村が市町村区域を対象とした計画の方針を定めることとなっているため，検討されるものは市町村区域内での将来都市像であり都市計画に限定された。都市計画マスタープランの初期の段階では，市町村区域外との整合が必ずしもとれていない事例が見られたり，特に幹線道路のような広域・根幹的な都市施設にあっては隣接する市町村の都市計画マスタープラン相互で整合がとれていない場合が見られた。市町村の都市活動はその区域内で独立し完結しているわけではなく，隣接する市町村や市町村群（都市圏）の一員として成立していることを考慮すれば，制度的な欠陥といわざるを得ない。

これまで広域的な観点からの都市計画は，都道府県が定める「市街化区域及び市街化調整区域の整備，開発又は保全の方針」が対応していたが，2000 年の都市計画法の改正で「都市計画区域の整備，開発及び保全の方針」が規定され，すべての都市計画区域には

「整備，開発及び保全の方針が，都市計画として定められることとなった。都市計画区域とは自然的及び社会的条件を勘案して「一体の都市として総合的に整備し，開発し，及び保全する必要がある区域として指定するものとする」（都市計画法第５条）とされ，実態としての都市域を指す。したがって市町村の行政区域とは異なり，複数の市町村にわたる場合もあり市町村の一部である場合もある。

この都市計画区域を対象に導入されたものが都市計画区域マスタープランと呼ばれるもので，当該都市計画区域を一体の都市として総合的に整備し，開発し，または保全することをめどとして定めることとされた。これによって都市計画区域内で定められる都市計画は，この都市計画区域マスタープランに即したものでなければならなくなった。マスタープランは市町村が定める都市計画マスタープラン（都市マス）と都道府県が定める都市計画区域マスタープラン（区域マス）の２層制となり，地区の都市計画と広域の都市計画との連携が保たれる制度が一応確立されることとなった。

〔6〕 まちづくりとの接点

全国を対象とした市民参加型の都市計画マスタープランづくりが始まると，ワークショップ方式などによる意欲的な取組み事例や創意工夫がいち早く全国に知れ渡り，競い合うように全国自治体のまちづくり行政に取り込まれることとなった。策定に当たっては，アンケートやパブリックコメントの実施，説明会や協議会の開催，イベントやワークショップの実施などいろいろな手法が試みられている。その結果，一般住民にはなじみの薄かった都市計画がわかりやすく説明され，計画実現に向け関係機関や住民の合意形成や参画を促す効果が期待された。

しかし，法定都市計画が描く将来都市像と市民が描く身近なまちづくりに関する関心との距離は大きく，必ずしもかみ合った協議とはなりにくい面が指摘される。まちづくりと行政との接点は，もっと身近な日照阻害や景観破壊を契機に盛り上がるまちづくり運動の場であったといえる。

12.6.3 都市デザインとまちづくり

〔1〕 都市空間の計画

日本の都市計画は土地利用や都市施設など都市の基幹となる計画を対象としており，都市空間の物的な構成に関する内容には立ち入っていない。特に個々の建築の形態やデザインについては都市計画や建築基準法に違反しない限りどのような建築物でも建設可能である。緩い土地利用規制の下で，敷地単位で建設が進むため建築のデザインコントロールが効かず地域環境や伝統的な景観・美観を軽視した住宅やビルなどの建築物・構築物が建てられてきた。各地で高層マンションの建設や景観を乱す建物，野外公告の氾濫などが問題視された。

地域の住環境や景観価値に対する住民意識も高まり，法定都市計画ではコントロールできない都市空間の計画やデザインが都市行政として注目されることとなった。

〔2〕 都市デザイン

アーバンデザインの重要性はアメリカで 1950 年代から指摘されており，ニューヨークやサンフランシスコなどの大都市を中心にアーバンデザインが展開された。日本においても横浜市が 1971 年に都市デザイン担当を設置し，都市デザイン行政に先駆的に取り組んできた。

当初は町並みや景観に配慮した建築行為を誘導するためのデザインガイドラインを行政が策定し，地区の景観形成や建築デザインの誘導，コントロールを実施し一定の成果を挙げてきた。都市デザイン行政が浸透するにつれ，具体的な地区を対象にまちづくり協定などを締結し建築物の高さ制限，建物の色彩，壁面線の後退，垣根やブロックの形態などきめ細かいデザインを指定し誘導するまちづくりを進める事例が増加していった。都市計画マスタープランへの住民参加とも相まって，このような身近な住環境や景観などのまちづくりへの一般市民の関心は高まっていった。各地で歴史的な景観や身近な環境資源の保全運動がまちづくり活動へと展開していった。

アーバンデザインの実施に当たっては行政が大きな役割を果たしてきたが，行政が主導する都市デザイン政策にとどまらず，官民の協働による都市デザイン手法へと発展されていった。歩道の拡幅などのインフラ整備と建築デザインの誘導を組み合わせて官民協働による都市デザインを進めた横浜馬車道商店街整備などがよく知られている。

〔3〕 協働のプロセス

まちづくり運動が盛んになるにつれ，法定都市計画においてもこのようなまちづくりの機運に対応するため，1980 年に地区レベルの良好な市街地環境を形成・保持するための地区計画制度が創設された。地区計画制度とは，住民に身近な地区レベルを対象に地区施設（細街路・小公園・緑地等）の配置および規模，建築物の用途・形態などの制限などを一体的かつ詳細に規定し，実現するための制度である。しかしこの制度を活用するためには，計画に関わる区域内の土地所有者および利害関係者の意見を求めて作成することとされており（都市計画法第16条第2項），法的に関係権利者の参加が義務付けられている。実質的な地区計画の案の作成には関係地権者と協議を重ねるプロセスが不可欠となる。2000年の法改正では，市町村の条例により地権者や住民が地区計画案を市町村に申し出ることが可能となった。各地区のまちづくりの方向性を明文化し，まちづくりのルールを策定するためのシステムが必要となり，自治体は住民の関与のための手続きを条例によって決めなければならなくなった。市内の特定地区を対象にまちづくり協議会を自治体が認定してまちづくりのルールを策定するというこれまでにない形のまちづくりがスタートした。都市計画や都市デザインの計画を説明し，関係者に理解を得る役割は従来行政が担ってきたが，まちづくり協議会方式では合意形成のプロセスが地域住民側に委ねられることになった。さらに2002年の法改正では「都市づくりに関する民間の構想や計画を住民参加のプロセスを経て，都市計画として受け止める柔軟な仕組みを構築する」として都市計画提案制度が創設された。

12.6.4　これからのまちづくり

〔1〕　都市計画への参加の意義と課題

都市計画においては，本格的な市民参加の以前においても，土地区画整理事業や市街地再開発事業などの市街地開発事業の分野では地権者の合意を得て事業を正式に都市計画と定める手続きが採られてきた。これらの市街地整備事業は利害関係者の全員合意を原則としており，地権者の反対があれば通常事業は成立しない。しかし，これまで計画された市街地の多くがこの市街地開発事業で整備されてきたことを考えると全員合意という厳しい原則がありながらも，そこには合意形成を促すメカニズムが有効に機能していたとみなすことができる。すなわち，まちづくりに関する共通の価値観なり共通の利害関係が存在していたのである。土地区画整理事業を例にとれば，事業が成立するためには地権者全員が自分の土地を出し合い道路や公園を作り，事業費を捻出することに合意し，整然とした街区を整備し公園のある街を作り上げたいという共通の価値観と，土地を出し合っても，それを補って余りある不動産価値の上昇が期待されたことが合意形成の背景として考えられる。しかし，今日の経済情勢下では地価の右肩上がりの上昇は期待できず，従来のメカニズムが機能し難い情勢になっている。

一方，住民主導のまちづくりにあっては，制度改革が進み，形としては住民主導のまちづくりの可能性がおおいに開かれた。さまざまな意見や問題を乗り越えて計画を立案し，その内容を理解し合意を形成するプロセスは住民側に委ねられたが，当該地域の住民が自らの意思でまちづくりを進めることが可能となった。

住環境の価値が地区の住民に共有され，地区住民間でまちづくりの方針について合意が得られれば，住民主導のまちづくりを進める道具立ては揃ったといえる。

〔2〕　ジェイコブス対モーゼスの対立を乗り越えて

行政計画と市民との対立の構図はジェイコブス対モーゼスの時代から大きく変わってきた。都市計画の分野については，すでに述べてきたとおりである。当節では触れてこなかったが古くから反対の矢面に立たされてきた幹線道路などの広域的な交通インフラ計画についても協議・調停の場が事業実施の段階から計画の初期段階に遡っており，そのための制度化が進められている（詳細は，Ⅰ編2.3.1項を参照のこと）。

制度や手続きの改良が進み，計画に対する制度や手続きの瑕疵（かし）に起因する不信感は払拭される可能性が見えてきたといえよう。

〔3〕　広域と地区の連携

都市計画の主体が国や都道府県からより身近な市町村に移り，それがさらに住民主体のまちづくりへと展開されてきたが，その反動として広域計画への関心が薄れている。市町村の都市計画にあっては，マスタープラン導入以来，都市の将来像や都市計画の全体像に触れる機会は増えてきているが，総論賛成・各論反対のジレンマを乗り越えることは容易ではない。より良い生活が送れるまちが成立するためには，当該自治体のみならず自治体が所属する広域圏の活力が前提となる。そのためには，身近な地区のまちづくりが成立する母体として市町村計画があり，その母体としての都道府県計画，さらには広域計画，国土計画へと関心の連鎖をつなぐことが肝要である。（大熊久夫）

引用・参考文献

1）　渡辺俊一，杉崎和久，伊藤若菜，小泉秀樹：用語「まちづくり」に関する文献研究（1945～1959），第32回日本都市計画学会学術研究論文集，pp.43～48（1997）
2）　田村　明：まちづくりの発想，岩波新書，岩波書店（1987）
3）　Sorensen, A.：The Making of Urban Japan: Cities and Planning from Edo to the Twenty First Century, Routledge, p.308（2002）
4）　太田勝敏編著，豊田都市交通研究所監修：新しい交通まちづくりの思想，コミュニティからのアプローチ，鹿島出版会（1998）
5）　浅海義治：住民参加のタイポロジー，地域開発298号（1989）（原著：Arnstein, S. R.：A Ladder of

Citizen Participation, AIP Journal (1969))
6) 世田谷まちづくりセンター：参加のデザイン道具箱 PART-3 ファシリテーショングラフィックとデザインゲーム (1998)
7) 交通工学研究会：生活道路のゾーン対策マニュアル，交通工学研究会 (2011)
8) 計量計画研究所の Web ページ：都市交通マスタープランの立案
http://www.ibs.or.jp/sites/default/files/3_ojt/PTkousyu2011_05.pdf (2016 年 5 月現在)
9) 茨城県龍ケ崎市の Web ページ：都市交通マスタープラン
http://www.city.ryugasaki.ibaraki.jp/procedure/2013081301681/ (2016 年 5 月現在)
10) 国土交通省の Web ページ：都市・地域総合交通戦略とは？
http://www.mlit.go.jp/common/001018987.pdf (2016 年 5 月現在)
11) 国土交通省の Web ページ：『都市・地域総合交通戦略』策定都市一覧
http://www.mlit.go.jp/toshi/toshi_gairo_fr_000014.html (2016 年 5 月現在)
12) 国土交通省の Web ページ：市民参画型道づくり
http://www.mlit.go.jp/road/pi/ (2016 年 5 月現在)
13) 道路空間高度化研究室の Web ページ：コミュニティ・ゾーン
http://www.nilim.go.jp/lab/gdg/past/intro/zone.htm (2016 年 5 月現在)
14) 国土交通省 関東地方整備局の Web ページ：原宿交差点立体化 トンネル全線開通（横浜市戸塚区）開通 1 年後の交通状況について
http://www.ktr.mlit.go.jp/ktr_content/content/000053443.pdf (2016 年 5 月現在)
15) 久保田尚，大口 敬，髙橋勝美：読んで学ぶ交通工学・交通計画，理工図書 (2010)
16) 三星昭宏，髙橋儀平，磯部友彦：建築・交通・まちづくりをつなぐ共生のユニバーサルデザイン，学芸出版社 (2014)
17) 国土交通省：バリアフリー基本構想作成に関するガイドブック (2008)
18) 仙台市：仙台市交通バリアフリー基本構想概要 (2005)
19) 仙台市：仙台駅周辺地区交通バリアフリー基本構想 (2003)
20) 土浦市：土浦市バリアフリー基本構想 (2009)
21) 土浦市：バリアフリーガイドブック～土浦市の取り組み～
22) 国土交通省，警察庁：安全で快適な自転車利用環境創出ガイドライン (2012)
23) 宮崎正典，小嶋 文，吉田雅俊，久保田尚，山﨑 進：ワークショップ方式で設置された自転車通行帯の効果に関する研究，土木計画学研究・講演集，Vol.38，CD-ROM (2008)
24) 宮崎正典，久保田尚：高校生との連携による自転車通行環境整備に関する研究－熊谷市中心市街地自転車道等社会実験を事例として，土木計画学研究・講演集，Vol.42，CD-ROM (2010)
25) 国土交通省：都市計画基礎調査 (2015)
26) 日本都市計画学会編：実務者のための新・都市計画マニュアル 市街地整備編，丸善，p.29 (2003)
27) 住宅生産振興財団編：住まいのまちなみを創る－工夫された住宅地・設計事例集 (2010)
28) 吉田高子：池田室町／池田，近代日本の郊外住宅地，p.315，鹿島出版会 (2000)
29) 柴田 健：100 年目の郊外住宅地，家とまちなみ 60，p.68，住宅生産振興財団 (2009)
30) 藤森照信編，山口 廣著：田園調布誕生期，郊外住宅地の系譜－東京の田園ユートピア，p.191，鹿島出版会 (1987)
31) 上川勇治：検証／有名住宅地 その後 2 汐見台ニュータウン，家とまちなみ 40，住宅生産振興財団編，p.12～17 (1999)
32) 関川進太郎：コモンの進化とガイドラインの活用 青葉台ぼんえるふ：家とまちなみ 60，住宅生産振興財団，pp.41～45 (2009)
33) 神戸市弁護士会：阪神・淡路大震災と応急仮設住宅－調査報告と提言－ (1997)
34) 岩崎信彦他：阪神・淡路大震災の社会学，第3巻，昭和堂 (1999)
35) 梅津政之輔：暮らしがあるからまちなのだ！－太子堂・住民参加のまちづくり，学芸出版社 (2015)
36) 木下 勇：ワークショップ－住民主体のまちづくりへの方法論，学芸出版社 (2007)
37) 桑沢秀美，井上赫郎：まちづくりの視点からの生活道路整備－世田谷区太子堂地区－，国際交通安全学会誌，Vol.33，No.2，pp.60～67 (2008)
38) 木下 勇：地域のガバナンスと都市計画，都市計画の理論－系譜と課題，学芸出版社，pp.220～243 (2007)
39) 今後の市街地整備制度のあり方に関する検討会：今後の市街地整備の目指すべき方向－市街地整備手法 制度の充実に向けて (2012)
40) 大西隆他：人口減少時代の都市計画－まちづくりの制度と戦略－，学芸出版社，p.97 (2011)
41) 饗庭 伸：都市をたたむ，花伝社 (2015)
42) 馬場正尊＋Open A：新しい公共空間のつくりかた，学芸出版社 (2015)
43) 木下 斉：稼ぐまちが地方を変える－誰も言わなかった10の鉄則，NHK出版新書，NHK出版 (2015)
44) 矢島 隆ほか編著：実用都市づくり用語辞典，山海堂 (2007)
45) 谷口 守：入門都市計画－都市の機能のまちづくりの考え方－，森北出版 (2014)
46) 公園緑地協会：平成 24 年度版 公園緑地マニュアル，公園緑地協会 (2012)
47) 国土交通省 Web ページ：水管理・国土保全－下水道の計画－下水道のしくみと種類
http://www.mlit.go.jp/mizukokudo/sewerage/index.html (2015 年 11 月現在)
48) 国土交通省都市局都市計画課：平成 26 年 (2014 年) 都市計画年報，丸井工文社 (2016)
49) アンソニー・フリント著，渡邉康彦訳：ジェイコ

ブス対モーゼスーニューヨーク都市計画をめぐる闘いー，鹿島出版会（2011）
50） 大熊久夫：まちづくりの合意形成と意思決定，住民合意形成システムの論点，月刊自治研，pp.28～p.35（2003.6）
51） 大熊久夫，合意形成手法に関する研究会編集：欧米の道づくりとパブリック・インボルブメントー海外事例に学ぶ道づくりの合意形成，第6章　これからの道づくりにむけて，ぎょうせい（2001）

13. 景　　観

13.1　景観分野の研究の概要と特色

13.1.1　土木工学における景観の始まり

〔1〕　景観工学の始まり[1]

国内外を問わず，人類が建設してきた都市やインフラストラクチャーに，われわれは風景との調和や人々に感動を与える視覚的演出効果を見いだすことができる。当時の計画者や建設者が何を考えていたかを知ることは困難であるが，結果的であれ意図的であれ，インフラの計画の成果が眺めとしても存在することは認識されていたと想像できる。しかし，眺め自体の操作技術がインフラの建設において必須の機能的要請として構造技術などと同様に取り扱われるようになるのは，20 世紀を待たねばならない。高速道路の計画と建設において，道路自体の見えの形が安全な運転にとって必須の考慮事項であり，エンジニアリングの対象となった。土木分野の景観研究のルーツはここにある。景観研究はインフラに付加価値を与えることを目的として出発したわけではない。

具体的には，日本初の高速道路である名神高速道路において，ドイツのアウトバーンで蓄積された高速道路の計画設計技術を参照し，またクサヘル・ドルシュらの技術者から直接指導を受けることによってスタートした。それ以降，土木工学における一分野としての**景観工学**（landscape engineering）（当初は風致工学と呼ばれた）は展開していく。それは戦前にすでに蓄積されていた風景論（志賀重昂『日本風景論』（1894 年））や観光活用と環境保護の両側面が意図された諸制度（『史跡名勝天然紀念物保護法』（1919 年），『国立公園法』（1931 年））なども踏まえながらも，眺めという環境の一側面をいかに客観的に扱い，操作するかを中心課題として，模索展開していった。

〔2〕　操作的景観論としての景観工学

「景観とは人間を取り巻く環境の眺め」という中村良夫による定義が土木における景観研究の基本的認識である[2]。景観とは主体が環境をおもに視覚によって捉えた現象であり，これを篠原修が**景観把握モデル**（description model of landscape）として記述し，あるシーンの眺めを，視点，視点場，視対象，対象場の 4 要素から成り立つとした（**図 13.1** 参照）。

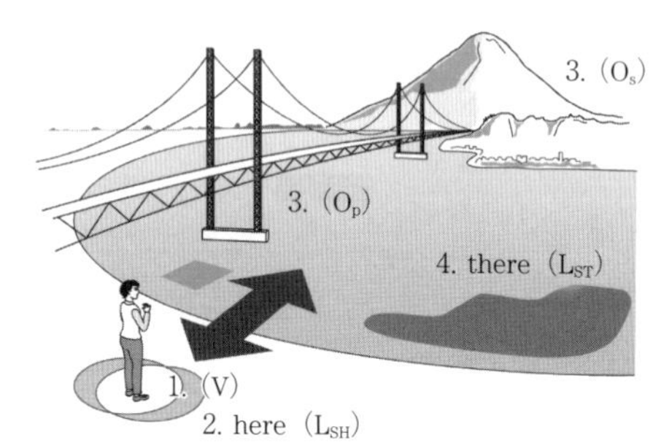

図 13.1　篠原による景観把握モデル（シーンの把握改良型）

これらの要素の操作によって眺めは計画・設計の対象となる。その際によりどころとなる知見を一つひとつ探っていくことが，景観工学研究の基本的スタンスである。高度成長期に急激に進んだインフラ建設，地域の開発によって，みるみる変化していく国土の眺めは土木技術者に破壊の不安と創造の期待という葛藤を強いた。そこから多様な問題意識に基づく景観工学の研究が展開していったが，つねにそこには，社会的要請に工学的に応えるための知見・技術の構築と，そもそも景観とは何か，人間にとっていかなる意味があるかという哲学的問いとが含まれている。

13.1.2　景観研究のミッション

〔1〕　社会の要請と景観研究のミッション

以上に述べた 1960 年代の研究の出発からすでに半世紀が経ち，その間に社会情勢と計画課題は大きく変化し，景観研究のミッション，研究者の関心も変化している。公害という環境問題からアメニティという語に代表される環境の豊かさへ，経済のグローバル化に伴う都市・地域間競争の中でのアイデンティティへの注目，地球環境問題や生態系保全の観点からの要請，人口減少と高齢社会に対応した新しい地域社会像への転換，といった社会の要請の多様化が起きている。また，1990 年代の**シビックデザイン**（civic design），2003 年の**美しい国づくり政策大綱**（Beautiful nation-building policy outline）など，国からも直接景観に関わるメッセージが何度か出されている。こうした展開の中で，景観研究が担ってきたミッションも多層化している。工学的問いと哲学的問いという振幅を保ちつつ，シーン景観の操作から地域景観の計画へ，対象の計画デザインから主体が認識する価値の把握へと広がっているのである。以下に，それら土木の景観研究が取り組んできたミッションを列記する。

〔2〕 **インフラの建設を通して良い眺めをつくる**

高速道路の計画設計における課題に端的に現れているように，インフラの建設によって文字どおり変化する環境の眺めをいかにより良いものとするか，その操作のための知見の蓄積は重要なミッションである。透視形態の予測，分析と評価を通して適切な眺めの保全と開発，インフラの形態操作，デザインを行うことを目的とする。

これは，狭義の機能性や経済性の観点から決定されるインフラ計画によって生じる景観影響を最小化する，新たな魅力を付与する，という問題設定の中で展開することが一般的であり，また中心的課題であった。つまり，景観形成を第一義としたインフラ計画の議論は，事実上ほとんど行われてこなかった，ということである。その中で，いざつくるとなった橋梁，街路，水辺といった対象を良いデザインとするための着眼点を整理したマニュアル類に対する社会的ニーズはつねに高い。『美しい橋のデザインマニュアル』（1982年）に始まり，通称景観設計三部作と呼ばれる『街路の景観設計』（1985年），『水辺の景観設計』（1988年），『港の景観設計』（1991年）は初期の成果である。その後対象構造物ごとの蓄積を経て，2003年の『美しい国づくり政策大綱』発表以降には，防護柵，道路，河川，海岸，港湾，砂防，航空標識などを対象としたデザインガイドラインが順次まとめられた。こうした具体のインフラの建設，整備を通したよい眺め，空間の実現というミッションは，土木の景観研究の原点であり続けている。

〔3〕 **眺めの評価システムの構築**

景観の評価システムの構築は最も需要の高い課題である。特に，ある視点から捉えられた環境の視覚像としての眺めの評価を客観的に行いたいという要請は，公共事業としての妥当性の根拠の提示という文脈からもつねにある。**環境影響評価**（environmental impact assessment）においては，法に基づくアセス施行以前から，環境評価の一項目として景観が位置付けられていた。そのため，対象開発行為による景観への影響を客観的に予測評価する方法として，代表視点場の抽出，予測される眺めのシミュレーション，対象物の可視・不可視，見えの大きさ（見込み角）などの指標を用いた定量・定性的評価の手順が構築されている。また，『美しい国づくり政策大綱』（2003年）以降には，『公共事業における景観アセスメント（景観評価）システム』が国土交通省より提示され，2007年より運用されている。

こうした制度の一翼を担うシステムの構築のほかにも，個別のインフラや空間ごとに，眺めの印象評価構造と評価指標を導出するための研究が数多くなされている。個人の好みや主観に依存するといわれることが多い景観やデザインに対して，共有可能な評価システムや論点を冷静に提示することがミッションである。

〔4〕 **景観体験の主体の理解**

景観という現象は眺める主体の存在によって生起する。その主体を視点位置と視点場という空間的指標によってのみ捉えるのではなく，眺めを体験したことによって生じる主体の心理現象を解明する。眺めの評価も主体の知覚や認識に基づくものであるが，眺める対象以上に眺める主体に関心を向け，理解することも景観研究のミッションである。それが個人と環境，社会と環境，個人と社会の関係を考え，ひいてはどのような社会と国土を形成していくかの基本的価値観を構築することにつながるためである。特に，個人や地域の**アイデンティティ**（identity）がゆらぎ，地域愛着や帰属意識が薄れてきたことによる社会の諸問題が危惧される中で，個人的な**原風景**（proto-landscape）や**生活景**（ordinary landscape）といった，美醜とは異なる観点からの景観の価値の模索が行われている。あるいは，観光やブランディングという文脈からも，人々が眺めを通じてどのような価値を見いだすかを深く理解することも必要である。こうした要請に対して，主体の内面に着目した景観の認識構造，景観体験の共有，態度や価値観との関係などに論理的に迫ることが，景観研究の今日的なミッションである。

〔5〕 **大地の環境計画としての地域景観計画**

景観という語はlandschaftの訳語として明治期に植物学者の三好学によってつくられたとされている。欧州におけるlandscapeの概念は，地理学的，植物生態学的側面が強く，視点と主体に重きを置く日本の景観概念とは相違がある。日本でも井出久登らは欧州のlandscape概念に沿った「景域」という語を用いようとしている。いずれにしても，大地の上の人間から眺められる景観の基本的特性は，地形と土地利用，植生などの地物の状態で決まるため，広域的な地域，国土計画の一環としての景観計画においては，環境の総合指標としての土地に関するデータの読取りとそれに基づいた計画論が必要となる。イアン・マグハークによる『デザイン・ウィズ・ネイチャー』（1969年）や**景観生態学**（landscape ecology）の方法論に則った地域景観計画技術の展開は，防災や国土保全，景観資源保全の観点からも重要である。前項のように主体の内面に問題意識が向かう一方で，人間を取り巻く環境自体の実態とそれに対する価値評価の分析と計画立案を，人々に了解される形で提示することも，大地の眺めを対象とする景観研究のミッションである。

〔6〕 **地域・国土の構想・計画の目標像を描く**

以上のように，景観研究はある視点からの眺めの操作にとどまらず，空間的にも概念的にもより広く，複合的な対象を扱っている。それは，そもそもいかなる地域，国土を築いていくかという構想，ビジョンを描き，文字どおり可視化することによって，その後の計画の指針を示すことにつながっていく。例えば，1990年代に盛んであった首都機能移転の議論においては，十分とはいえないものの新たな首都の景観的イメージが検討された。地形とそこに挿入されるインフラ，開発地のマスタープランによって形成される広域的な眺めの予測と評価は，規模の大小を問わず，国土，地域計画における重要な検討事項である。そのためには，見えの形や大きさの予測といった狭義の景観工学的知見のみならず，地域空間構想の可視化とそこで展開する生活のイメージのリアリティが重要となる。初期においても，特定の視点から捉えられたカメラ画像的シーンの予測，分析にとどまらない地域景観論は，樋口忠彦の『景観の構造』（1975年）による歴史的都市・集落のモデル化の先例があるが，景観法制定以降活発となった景観計画の策定においては，よりいっそう重要なミッションとなっている。地域の将来ビジョンを風景イメージとして表現した『軽井沢グランドデザイン』（2014年）はその先進的意欲作である（**図13.2**参照）[3]。どのような国土像，地域像を目標とすべきが自明ではないとき，また個別の計画構想を束ねて共有可能にしたいとき，景観分野の知見を生かしたビジョンドローイングが必要とされる。土地利用，産業振興，交通計画，居住政策，環境保全，観光振興などの多種多様な地域づくりの施策が統合され，一つのまとまった目標像に向かうための指針，共通項として，大地の上に展開し，目に見える景観を位置付けることができる。

図13.2　軽井沢グランドデザイン「軽井沢22世紀への羽ばたき」（出典：http://www.town.karuizawa.lg.jp/www/contents/1427959735599/index.html）

13.1.3　景観研究の手法

前項で述べたような社会的要請を意識しつつ，半世紀にわたって多様な景観研究が試行錯誤されてきた。以下には，どのような切り口，アプローチから何を明らかにしようとするのかという観点から，景観分野で蓄積されてきた研究の方法および手法についての整理を試みる。

〔1〕 **景観現象の記述手法の確立**

「人間を取り巻く環境の眺め」としての景観を研究対象とする際に，永遠の課題ともいえるのは，何によって景観を記述するのか，であろう。眺めを主体が捉えることによって生起する景観という現象はどのようなデータによって把握，記述できるのか。交通計画であれば移動する人や車の数，距離，速度で交通現象を捉えることができる。土地利用計画であれば利用の種別や地価が，そのほかにも人口，パーソントリップなど，もちろんこうした項目だけでは特定できないものの，対象を捉えるデータの概念が存在し，共有されている。では景観研究においては，まず，どのように景観現象を捉え，記述すればよいのか。それ自体が研究の一つの柱であった。現時点では，大まかに以下の四つの記述様態があり，それぞれで具体的な記述・分析手法の蓄積と模索が行われている。

（1） **透視形態としての景観**　景観といえば写真に映る眺めが一般的には想起されるように，ある視点から得られる**透視形態**（perspective view），すなわち**見えの形**（form of appearance）を景観として扱うものである。操作的景観論の立場から景観現象を篠原が景観把握モデルとして記述したことで，視覚像としての眺めの概念整理が行われた。つまり，撮影位置を視点とし，人間の視野に近い画角のレンズが捉えた画像を，最も客観的な眺めの視覚像，シーン景観とする。また視対象の大きさと視距離，視点との位置から計測される見込み角や仰角・俯角などの定量的指標を用いた分析，透視形態（見えの形）の構図分析などが行われた（**図13.3**参照）。景観シミュレーションにおいても，視点と視対象の距離，角度を適切に選ぶことで眺めを予測できるとした。初期の景観工学の最も大きな成果である。また，必ずしも透視形態に限定されない図などの視覚画像の見え方に関する知見，例えばゲシュタルト心理学などの知覚心理学的知見を，景観分

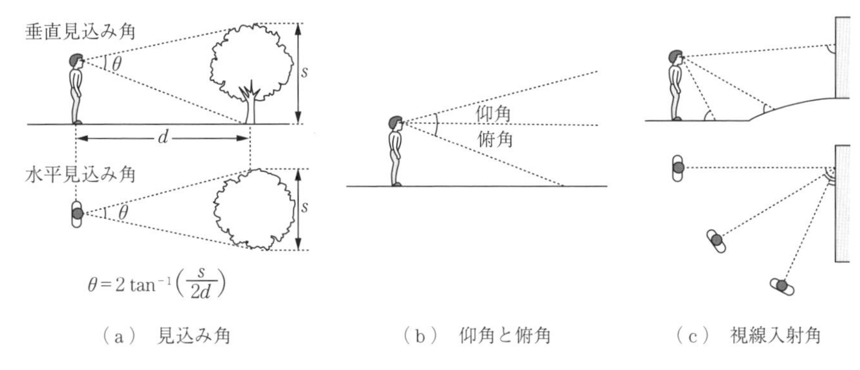

図 13.3　眺めの分析に用いられる基本的指標

野における眺めの理解に用いることも行われており，それは景観を視覚像として捉えているためである。なお，視点の連続的な移動によって得られるシークエンス景観についても，基本的には個々のシーン景観の順序のある集合として記述される。

（2）**視点を特定しない面的広がりの景観**　つぎに，ある一定の面的広がりを有した地区や地域の景観体験から総合的に得られる眺めの集合としての景観がある。篠原はこれを「場の景観」と呼んでいる。場の景観もシークエンス景観と同様に，個々のシーン景観の集合として捉えることができるが，それらから想起されるイメージとして一定の編集がなされたものと考えられる。そのため，視点を特定した純粋な視覚像およびその集合というよりも，つぎに述べる認識された景観に近い。ケビン・リンチの『都市のイメージ』（1960 年）においては，体験され，記憶された都市のイメージを記述するために，イメージを構成する五つの要素（path, edge, node, district, landmark）が示されており，面的広がりを有したイメージの記述の手法として定着し，地域景観の把握においても応用されている。「場の景観」は都市というよりももう少し小さいスケールの面的広がりに対する概念であり，リンチの district にとどまらずその中に多様な要素を内包する概念である。これら面的広がりの景観体験によって得られる総合的な景観については，イメージマップとして認識された結果を定性的に捉える手法はあるものの，それを構成する視対象に対しては，シーン景観のような記述・分析手法が必ずしも確立されているとはいえず，多様なアプローチがなされている。

（3）**意味・記号として認識された景観**　環境を眺めた主体が想起するイメージや意味の観点から景観現象を捉えようとする意味論，記号論的アプローチも，景観工学の初期から存在している。中村良夫による『土木空間の造形』（1967 年）は，明示的に**記号論**（semiotics）に基づいて，大地に挿入されるインフラの意味を読み解こうとした。上述のリンチの『都市のイメージ』で用いられたイメージマップによる把握，想起されるエレメントの収集などから，一人ひとりの認識（を構成する要素）を探ることは，地域景観の把握や，個別のインフラの位置付け把握などを目的として，多く行われている（13.3.1 項の太田川の事例も参照のこと）。さらに地名や場所の呼称，景観に関して記述されたテキスト，絵図などの表象から，人々によって捉えられ，意味付け，共有された景観を記述しようとするアプローチがある。なお，このように主体の内面に生起する現象として景観を捉えようとするには，知覚心理学において知覚，認知，認識といった段階性があるように，意味，記号的解釈に至る以前の知覚，認知的段階から，個人の価値に基づいた意味付け，さらに社会の規範などに影響を受けた評価，というように非常に多層的な構造を有する。ここではこれらをまとめて，主体の内面に生起する現象としての景観としているが，その段階によって具体的に導入される記述手法は異なる。

（4）**空間の物理的特性としての景観**　景観の特性は，視対象および対象場となる空間や環境の物理的特性それ自体によっても記述することができる。地形，街路パターン，土地利用の状態などの物理的特性とその視覚像の特性とが対応しているとみなすことができるためである。地理学的景観の概念ともいえるが，対象地域そのものの分類や特性把握というよりも，そこに立ち現れる透視形態の傾向や種別の把握を目的として，物理的特性の分析が行われる。地形においては，樋口忠彦の『景観の構造』（1975 年）で示された集落立地のモデルがある。街路パターンにおいては，槇文彦らの『見えかくれする都市』（1980 年）で示された街路構造と奥の概念，篠原による街路の格，さらには定量的に街路のネットワーク構造を分析したスペースシンタックスなど，街路の物理的特性の記述によって，そこを体験した際に得られる景観の特徴が論じられる。その他の景観的特質を記述する手法として，過去からの地形図から土地利用や街区形状などの変化の履歴を追う Historic Landscape Characterization は，time depth という指標から当該地の歴史的景観特性を記述し，植生，土壌，水環境などに注目する景観生態学は，生態的まとまりに基づく景観単位によってその特性や構造を記述する。

以上のように，そもそもどのように景観現象を捉えるか自体が多面的であり，そのことが景観研究の多様性と複雑性につながっている。この点を踏まえた上で，以降には，景観分野で見られる特徴的な方法と手法について列記する。

〔2〕 事例に学ぶ規範の探求

良い景観とは何かを探るための景観研究の方法として，規範となる伝統的景観，歴史的景観の特質を明らかにしようとするものがある。長い時間の中で人々に継承されてきた伝統的景観，歴史的事例は一定の評価がされていると考えるためである。借景庭園における山の仰角，神社の参道のシークエンス，城下町の街路構成などから直接的に良い景観の特質や演出手法を探る。また，名所図会のような人々に認識された景観の絵画的表象は分析対象としての有用性が高い。描かれた場所の特性，描かれている景観構成要素や構図，そこで展開している人々の行動，付記されたテキストといった複数の観点から，良い景観への知見を探ることができる。

また，眺めを意図して設計されたと考えられる施設や体験された眺めに対する文学などから，その具体的な視点から得られる視覚像と記述とを対応させることによって，見えたであろう視覚像と体験された景観との関係を探るという手法がある。特に山をおもな対象として，透視形態としての「見え方」を CG によって描き，それがどのような興味，価値観から眺められたかを呼称やエピソードなどのテキストから把握することで「見方」を読み取る[4]。この両者の関係を考察することで，ある地域や文化における景観現象をつかもうとすることで，どのように景観が捉えられてきたのかに規範を求めようとするものである。

このほかにも景観の規範を探る研究には，設計者の作品や文章，ある社会に共有された設計基準等から，それぞれの人物・時代の設計思想を読み取ろうとする研究，さらには人々の利用や行動から，よく利用されている，滞留時間が長いといった行動上の特徴を評価指標とした観察による研究などがあり，これらも良い景観に対する知見を事例に学ぶものである。

〔3〕 印象評価に関わる知覚・心理学的実験

環境を眺める主体の有する心理学的，人間工学的特性から，景観現象の解明や良い眺めの要件，さらには印象評価の特性を探ろうとする方法がある。まず，先述したように透視形態としての景観の記述と分析では，人の視野，眼球の動き，識別可能な大きさ，首の動きなど，知覚心理学や人間工学によって得られている知見を応用することで，生理的に見やすい眺めを示す景観ディスプレイ論がある。こうした既存の知見の応用としては，ゲシュタルト心理学からの図と地の概念，知覚や運動能力に根ざしたヒューマンスケールの概念と具体的な指標などが参照，導入された。

さらに，**心理実験**（psychological experiment）を用いて特定の刺激に対する反応や評価の測定を行い，要因間の分析を定量的に行うという方法で，視覚像の印象の把握と評価構造，指標を明らかにすることが，多種対象な視対象について行われている。**SD 法**（semantic differential method）と呼ばれる形容詞対から成る意味空間上の位置付けによって印象を把握しようとする手法は適用例も多く，分析方法も含めて定式化されている。知覚・心理学的実験は，条件を明確にして反応や評価に関わる要因を絞り込むことによって実施可能となる。そのことは景観という複合的，総合的な現象のごく限られた一側面を扱うにとどまるため，実務的要請に直接結び付けることは容易ではない。しかし，研究手法としての厳密性に根ざした実験成果から導かれた景観を体験する主体への理解は，景観に対する価値観や観点の構築の議論における意義と有用性がある。

〔4〕 予 測 と 可 視 化

高速道路の計画設計において道路線形の透視形態を予測，可視化したことに始まり，見えの形の予測と可視化自体が，土木の景観研究の一つの項目であった。コンピューターの劇的な性能向上によって，この行為はきわめて普遍的，容易になった。予測精度と可視化における再現性やリアリティの選択肢も大きく広がっている。また，地理情報に関するデータの電子化と精緻化，オープン化によって，地表の眺めの予測と可視化が新しい研究展開を可能としている。可視不可視領域，地形の見えの形などの透視形態としての景観記述，土地利用データなどからの物理的空間特性としての景観記述や変化の予測，さらには位置情報を伴った大量の画像やテキストからの意味の読取りなど，景観現象の記述手法に対する可能性の広がりが技術的高度化によってもたらされている。そのため実際の眺めに近い視覚的情報を大量にデータとして扱うことができるわけだが，同時にそこから主体が得ている情報や認

13

識の変動の幅も大きくなることが予測される。視覚的表現媒体の特質による主体の眺め方や評価への影響もいまだ明確にはなっておらず，今後取り組むべき課題といえる。

〔5〕 実 践 的 手 法

研究においては調査や分析から知見を見いだすというアプローチのみならず，計画策定や設計・デザインの実践を通してそこに生起した知見の記述や体系化を行うことも重要である。土木学会景観・デザイン委員会の編集する研究発表会・論文集では，そのスタート時の2005年にデザイン作品部門と計画・マネジメント部門を設けて，こうした実践的手法による研究を奨励してきた。どちらもその実践の当事者が，そこで得られた実践に内在する新しい解決・調整方法などのアイディアを，達成された成果とともに論理的に説明・解釈することを求めている。土木学会においては土木技術者実践論文集が2010年より刊行されており，そこでも実践に内在する知の体系化，評価のための論が模索されている[5)]。景観分野の研究者の多くが，実際のフィールドにおける計画策定，デザインに関与している実態からも，これら実践経験に根ざした独自の研究手法の概念確立とストックが期待される。

〔6〕 土木工学における景観研究の特質

本節では，土木工学分野における景観研究について，その概要と特色を把握するために，研究の起源と何を目指しているのかというミッション，そして，具体の研究の位置付けから見たテーマと方法の整理を試みた。景観とはあらゆる対象に対して生起し，かつその現象自体も多面的解釈が可能であるため，実にさまざまな研究が景観分野には存在する。一方，研究者の数は土木計画学分野においても相対的に少なく，多種多様な景観研究のそれぞれが，位置付けが整理されることのないままひとくくりにされ，体系化が進んできていない。こうした状況に対して，本節では景観分野の研究の意義と方法論における特色を確認するための一つの整理を試みたものである。当然これが唯一の整理ではなく，議論の出発点として参照されたい。

（佐々木葉）

13.2 景観まちづくり

まちづくりという語は一般に1970年代から用いられるようになったといわれているが，「景観まちづくり」という用語が一般化したのは，**景観法**（Landscape Act）の成立（2004年）以降，景観という語の社会的認知が進んでからである。本節では，13.1節に示した景観研究のミッションの一つ「地域・国土の構想・計画の目標像を描く」の実践として「景観まちづくり」を位置付け，そのアプローチや関係主体，歴史的経緯を踏まえた上で景観法の運用，景観まちづくりの展開について概説する

13.2.1 景観まちづくりのアプローチと主体

〔1〕 景観まちづくりのアプローチ

景観まちづくりのアプローチは，行政側から見てつぎの4点がある。第一に，景観計画策定やその運用の仕組みを検討する制度設計である。第二に，商業施設・マンション・住宅などの建築物や緑地など，地域の景観構成要素を直接操作する主体である民間事業者への規制・誘導である。第三に地域景観の骨格を作る道路や河川，港湾，公園などの公共事業による構造物・空間整備である。最後に，地域において景観まちづくりを本質的に担う住民を支援し，景観まちづくりに関する教育・普及・啓発を行うことである。

景観まちづくりはこうした多面的なアプローチを持つことから，一過性の活動や定常的な体制構築では対応することができない。例えば，地方公共団体が景観法に基づく景観計画を策定すると，建築物の届出や事前協議の仕組みを運用することが多い。景観まちづくりがうまく機能するには，こうした仕組みの成果をつねに確認しながら，官民が連携して地域や社会経済の状況に応じたまちづくり活動の内容を戦略的に検討し，実践する必要がある。

〔2〕 景観まちづくりの主体とその関係

景観まちづくりに関係する主体として，住民・民間事業者・行政（公共事業担当）・行政（景観担当）・専門家がある。景観まちづくりには，目的や理念の共有の下に自由な都市空間利用や経済活動の規制を伴う側面があるため，利害の対立が内在する（**表13.1**参照）。利害関係の調整のために景観法や景観条例に基づく届出・指導・勧告等の手段が用いられるが，場合によっては訴訟となる例もある。

13.2.2 景観法以前の状況

本項では景観まちづくりが生まれた背景を確認するために，歴史的経緯と景観に関するおもな運動や論争を紹介する。

〔1〕 歴 史 的 経 緯

わが国の景観に関連する法制度整備は「市街地建築物法」（1919年）および「都市計画法（旧法）」（1919年）における美観地区と風致地区制度の創設に始まった。美観地区とは建築物群による美観を目指すもので，風致地区とは都市における水や緑などの自然環境を含む良好な景観を保全することを目的とする。美観

表 13.1 景観まちづくりに関する主体とその関係

主体＼対象	住民	民間事業者	行政（公共事業担当）	行政（景観担当）	外部専門家
住民	保全と開発等，方針の違いによって利害が対立する場合がある。	●マンションや商業施設開発等で環境変化をもたらす要因として，反対運動等の対象となることがある。	景観の改変を伴う事業については反対運動等の対象となることがある一方，景観改善を伴う事業の場合は協働の対象となる。	景観に対する意識が希薄なうちはルール設定者。意識が高くなると地域の意向に基づいた制度運用者として適切な活動を期待する対象。	専門知見の提供者。反対運動等の場合には直接的支援者となる場合がある。景観まちづくり行政における指導助言等の専門家の活動は住民に伝わりにくい場合がある。
民間事業者	事業を円滑に進めるための説明対象。	同様の事業が先行している場合には前例となる。	公共事業実施の際には計画・設計段階の合意形成や維持管理において協働の対象となる。	●都市計画関連法令や開発許可制度等の中でできるだけ事業活動の利潤を最大化するためのハードル。	事業を円滑に進めるための説明・論破の対象。事業と景観まちづくりの方針が対立する場合には，助言指導に対する妥協点を探る対象。
行政（公共事業担当）	一般に事業の受益者あるいは近隣住民として，事業を円滑に進めるための説明対象となる。住民参加を伴う事業の場合は協働の対象となる。	公共事業実施の際には計画・設計段階の合意形成や維持管理において協働の対象となる。	他機関・他部署とは連携や調整がない場合が多い。景観まちづくりの展開においては総合的連携が必要。	●公共事業の実施にとっての新たなチェックとして忌避される場合がある一方，適切な公共事業としてのお墨付きとなる場合があり，行政内の位置付けにより関係は大きく変わる。	時間・予算に余裕があるプロジェクトでは専門家の助言を得る計画・設計が可能だが，施工や維持管理までの対応は難しい（13.3 節参照）。
行政（景観担当）	景観まちづくりの本質的担い手として，普及啓発および活動支援の対象。	●景観への影響が大きな建築物の施主・設計者としての指導対象。事業活動と景観保全創出の価値観対立が顕在化する場合がある。	●地域の骨格となる公共空間の計画設計維持管理について，本来はコントロールの対象だが，景観行政の位置付けが公共事業と並行する場合には調整が困難。	＼	景観まちづくりの運用上の方針や根拠の提供者。
外部専門家	専門性に基づく意見表明や他事例の紹介等を通じた支援・協働の対象。	景観審議会やアドバイザー等の公的立場を通じた指導助言の対象。	景観審議会やアドバイザー等の公的立場を通じた指導助言の対象。	専門性に基づく意見表明や他事例の紹介等を通じた支援・協働の対象。	異なる専門領域の連携により景観まちづくりの根拠となる知見を総合的に提供する。

〔注〕 ●：利害や方向性の違いにより対立やすれ違いが起こりやすい関係

地区の代表例として皇居周辺（東京）や御堂筋（大阪）があるが，全国6都市でしか指定されず，「景観法」（2004年）による景観地区制度の創設に伴って廃止された。風致地区は明治神宮周辺（東京）の指定を皮切りに，良好な都市内緑地や住宅地環境の保全のために数多くの地区に適用されている。

「建築基準法」（1950年）では建築協定制度が創設され，区域内の建築物の形態・意匠等に基準を設けられるようになった。「都市計画法」（1968年）では1980年に「地区計画」制度が創設され，地区の特性に応じて全国一律ではない基準を設けることが可能になった。地区計画により，地区の特性を踏まえた景観・環境保全を法定都市計画の一部として定めることができるようになった。

一方，高度経済成長期から1970年代にかけて，都市やその周辺での開発が進んだ。都市の骨格を作る空間構成の保全や，その要素となる空間に対する規制誘導は，都市計画法や建築基準法等を単純に運用するだけでは十分に拾い上げることはできなかった。このことに危機感を抱いた自治体の多くは独自条例や要綱等の制定等により景観行政を実施した。代表的なものに都市景観形成地域の指定を盛り込んだ「神戸市都市景観条例」(1978年)，都市デザイン担当（後の都市デザイン室，1971年設置）によりまちづくり事業の企画調整，公共施設のデザイン調整を行った横浜市のアーバンデザインがある。さらに規制緩和やバブル経済の影響により全国で開発が進んだ1990年代には多くの地方公共団体で景観まちづくりに関する条例が策定された。神奈川県真鶴町のまちづくり条例（通称『美の条例』(1993年)）は，パタン・ランゲージ手法[6]を援用した美の原則を掲げたことが特徴的である。ただし，この時期の景観条例は根拠法を持たない自主条例であり，これに基づく景観行政では財産権の制約に踏み込むことが難しく，強制力を持たないことが課題であった。景観行政が法的根拠を持つには『景観法』(2004年）まで待たなければならなかった。

〔2〕 都市美運動[7]

わが国の最初の都市景観に関する運動は，市街地建築物法や旧都市計画法の制定から間もない1920～1930年代，大正末期から昭和初期を中心に展開された。その主体は都市計画・建築・土木・造園・美術・文学等の分野から，官民問わず300人前後の会員を集めた**都市美協会**（society of civic art）であった。都市美協会は，関東大震災後の東京において，市民啓蒙イベントや「広告看板取締に関する建議書（1928年)」,「外濠風致保存に関する建議書（1929年)」などの建議運動を行い，また全国都市美協議会を開催した。類似する目標を掲げた団体が全国の都市で設立され，これらは都市美運動と総称された。都市美運動は20世紀初頭のアメリカで誕生した**シヴィックアート**（civic art）に影響を受けているが，わが国の近代都市に対する問題意識に基づいて提起された運動である。

都市美協会は，都市景観の混乱の原因を個々の構造物，建造物における美醜のレベルで解決するのではなく，都市全体の不調和の問題として扱った。また，都市の機能に着眼したわが国の都市計画に都市の美しさを並立させることで，快適で住みよい都市をつくることを理念とした。この点は現代の景観まちづくりにも通じる姿勢である。第二次世界大戦とその後の高度経済成長によりその運動は一時的に下火になったにせよ，近代大都市の成立以来，景観まちづくりの問題は一貫して都市問題の重要な課題であり続けている。人口減少期に入り，いかに効率的で快適にわが国の国土に住まうかが大きな課題となっている現代において，その重要性が増していることを指摘しておきたい。

〔3〕 景観に関するおもな論争

（1） 都市における美観論争　1963年の建築基準法改正による容積率制度導入以降，絶対高制限（百尺制限＝約31m）は廃止され，超高層ビルの建設が進んでいく。その際に大きな議論が起こったのが東京丸の内の東京海上火災ビル美観論争である。地上30階建て高さ127.8mの新築計画（1966年）に対し，地域のスカイラインが大きく乱れること，また，皇居前という立地と超高層ビルが相いれないとする論点から反対意見が示された。結果として地上25階建て高さ99.7mに計画変更され1974年に竣工した。この論争では民間事業者（建築主）と建築家（設計者),都市計画行政で，これに政治論争が加わっていくという構図であり，市民を含む論争にはならなかった。

東京海上火災ビルに先立つ1964年には京都タワー（高さ131m）の建設計画についても景観論争が起こっている。こちらは建築家や学者など，文化人中心の反対・賛成の表明が新聞紙上等で行われたが，やはり市民は論争の中心にはいなかった。

（2） 歴史的地区における町並み保存運動　京都，奈良，鎌倉などの古都においては，開発圧力の高まりに対抗して歴史的風土の保全を望む世論が形成された。鎌倉では鶴岡八幡宮近傍の御谷（おやつ）の開発に反対する市民や学者らが反対運動を展開し（御谷騒動，1964年)，事業者の開発断念，古都保存の団体設立に至った。各市でも同様の運動が行われ，「古都における歴史的風土の保存に関する特別措置法（古都保存法，1966年)」として結実する。また，妻籠（長野)，有松（愛知)，今井町（奈良）の町並み保存運動家を中心とした「町並み保存連盟」の結成（1974年）など，歴史的地区においては，景観論争が住民を主体としたものであることが特徴的である。

（3） 公共事業に関する景観論争　和歌山県の和歌の浦は万葉集に詠まれた水辺の景勝地であり，和歌の浦を望む視点場として石造アーチの不老橋（1851年建設）があった。利用客が増加していた片男波海水浴場へのアクセスなど，周辺の車両交通円滑化のために不老橋近傍に県道が計画され，不老橋の海側に新不老橋の計画が公表された（1988年)。歴史的景観を守るべきとする住民を中心とした「和歌の浦を考える会」による計画中止陳情や訴訟（和歌浦景観保全訴訟）の一方，建設推進を陳情する住民もあり，結果として不老橋の海側に新不老橋（あしべ橋）が建設され，不老橋から和歌の浦への眺望は失われた（1991年)。

ここでも歴史的景観喪失への危機感を抱いた住民を主体として論争が行われたが，文化財としての景観の価値を主張する住民と，交通改善と手続きの妥当性を主張する公共事業行政との間に隔たりが大きく，公共施設整備と地域景観保全の両立の議論にまでは踏み込まれていない。

（4） **景観利益の認定**　JR国立駅から南へ延びる大学通りは，並木のある大通りに低層の建築物が並ぶ良好な景観を形成していたが，大学通り沿道に18階建て高さ53mのマンションが計画された（1999年）。国立市景観条例に基づく行政指導や，住民による反対運動や建設差止訴訟，建築物の高さを20m以下とする内容を含む地区計画策定など，さまざまな運動が行われたが，2001年に14階建て高さ44mのマンションが完成した。マンションの建設に際し，反対住民による建造物撤去請求や，事業者による国立市への損害賠償など複数の訴訟が起こされた（国立マンション訴訟）。

最高裁まで争われた建造物撤去請求については，建築確認時点では国立市がこれらの景観を保護する方策を講じていなかったことなどを理由に，撤去そのものの請求は認められなかった。一方，**景観利益**（right to benefit from beautiful landscape）が法律上保護に値する利益として初めて認められた（2006年）。

国立マンション訴訟をめぐる景観論争は，住民，事業者，行政という景観行政におけるおもな主体がすべて現れている。景観法の成立，「景観まちづくり」という語の普及，そして最高裁による景観利益の認定がほぼ同時期に起こったことは，景観に対する認識が高まった2000年代の社会状況を反映したものと考えることができる。

13.2.3　景観法とその運用

〔1〕 景観法の制定

2003年に国土交通省は**美しい国づくり政策大綱**（policy outline for a beautiful country）を公表した。これに基づき，「景観法」（2004年）が制定された。景観法の制定直前には全国で500以上の地方公共団体が自主条例として景観条例を制定しており，景観に関する基本法制の必要性が高まっていたといえる。景観法は，景観を整備・保全するための基本理念や国民・事業者・行政の責務を明確化し，景観形成のための行為規制を行う仕組みや支援措置を創設したものである。景観行政を担う主体として「景観行政団体」が定められており，政令市・中核市・都道府県は自動的に景観行政団体となり，その他の市町村は都道府県知事との協議により景観行政団体になることができる。事実上，市町村の景観行政団体への移行により景観行政が推進されている。

〔2〕 景観法の特徴と課題

景観法では景観自体の定義をしておらず，標準的な景観計画を示すことも行われていない。良好な景観は地域が住民の意向を踏まえて決めるという完全な地方分権の仕組みとして景観法制が構築されている[8)]。具体的な手続きや基準も条例に委ねられている点が多く，地域の特性と実状に合わせて柔軟な運用が可能とされる。建築基準法が建築物の最低基準を定めるのに対して，景観法は良好な景観の保全・形成を促すための仕組みであり，良好な景観が地域に固有であることを前提としている。このことは建築基準法と都市計画法を中心に進められてきた時代のまちづくりとの違いとして注目すべきである。

一方，景観法の運用が軌道に乗るに従い，景観概念の矮小化を指摘する声もある[9)]。すなわち，景観を表面的なものとすること，景観法制度の用意した計画実現手段が目的化すること，景観行政が景観担当部署の所掌業務となり，本来景観行政が持つべき総合性が失われることなどである。

13.2.4　景観まちづくりの運用と展開

〔1〕 景観計画の運用

景観法により法的担保を持つ景観計画が実現したが，景観まちづくりにとって重要なのはその実効的運用である。

一般的な景観計画では届出対象行為が定められ，例えば民間事業者の建築計画に対して，専門家らによるアドバイザー会議が景観形成基準に即して指導や助言を行うことが多い。その内容として，良好な景観形成のために計画の見直しを迫る場合から，事業者にとって受け入れやすい緑化推進や色彩変更など軽微な修正を促す場合までさまざまな対応が考えられるが，その姿勢は景観行政団体によって差がある。

いずれの場合も，地域固有の景観を保全するためには，判断の必要がない一律のルールによるコントロールではなく，敷地や周辺の状況に応じた柔軟な対応が必要であり，その姿勢が景観計画の実効性に大きく影響する。景観計画の理念や目的を事前に明示しつつ，個別の計画・設計の議論にまで踏み込んで議論することを辞さない姿勢が必要となる。

〔2〕 景観まちづくりとデザインコントロール

個別性の高い計画・設計に対して，デザインコントロールを行うことは景観まちづくりを実現する上で不可欠である。ここでは，行政による公共事業のデザインコントロールと，住民自らによる住宅団地の景観維持活動について紹介する。

（1） **青梅市のデザインコントロール**　東京都青

梅市では，市が実施する公共事業について，年度当初に専門家会議を開催し，その年度に予定されている事業をまとめた中から景観協議の必要性のある事業を選定している。選定された事業については担当専門家を決定し，個別に必要なタイミングで相談・助言を受ける仕組みとなっている。事業選定の際には各部署の担当者が一堂に会することで，他の部署で実施される事業に対する共通認識を図り，行政の縦割りの中で事業が進められることを避ける狙いがある。また，この会議に市長または副市長が出席することにより景観協議の重要性が庁内に認識されている。

一般に公共事業は，上位計画等に基づいて担当部署がそれぞれ分掌する個別事業について計画・設計・施工を進めるケースが多かった。いわゆる縦割り行政である。縦割り行政による分業は，迅速に公共事業を実施する際には一定の成果を挙げたが，景観まちづくりのように空間の総合性を問われる場合には弊害の方が大きい。青梅市では，部署横断的な場の設定と，景観協議の内容共有によって，行政の内部でデザインコントロールを機能させている。

（2） 青葉台ぼんえるふの住民主体のデザインコントロール　一方，住民自らが住環境のデザインコントロールを実践している例もある。青葉台ぼんえるふ（北九州市）は建築家宮脇檀が設計した戸建住宅団地であり，コモンと呼ぶ緑豊かな共有地を取り囲む住宅群によりコミュニティが形成されている。この住宅団地を自主的・継続的に維持管理しているのが青葉台ぼんえるふ団地管理組合法人である。その活動はコモンの植栽管理・勉強会開催・建築協定締結や建物の色彩等のパンフレット作成など多岐にわたり，新規入居者への啓発活動も含んでいる。ライフステージ変化に伴うバリアフリー化やコモンの利用形態変化などにも対応し，入居から20年以上が経過しても使いやすく質の高い空間を主体的に維持している。

〔3〕 文化的景観の保全と景観まちづくり

文化財保護法の改正（2005年）により，保護すべき文化財の一類型として**文化的景観**（cultural landscape）が位置付けられた。文化的景観とは「地域における人々の生活又は生業及び当該地域の風土により形成された景観地で我が国民の生活又は生業の理解のために欠くことのできないもの」と規定されている。地形に応じて工夫された灌漑施設によって維持されてきた棚田の景観や，火山麓に広がる温泉資源の活用によって形成された温泉地の景観などが文化的景観の例として挙げられる。地形や地質，植生などその場に特有の風土の中で，人々が営んできた生活の全容が景観として現れたものが文化的景観である。

文化的景観のうち，景観法による景観計画区域または景観地区内にあり，保存計画等による保護措置があるものの中から，地方公共団体が申出に基づき文部科学大臣が選定したものが「重要文化的景観」として指定される。全国で50件の重要文化的景観が選定されている（2015年10月現在）。

重要文化的景観の保全手法として，まず保存管理計画の策定があり，これに基づき保存管理（都市計画法や景観法等による土地利用規制や行為規制，届出），整備・活用（重要な要素に対する修理・修景，公共事業や観光振興），行政・市民による運営・管理がある。

宇治市文化的景観保存管理計画では，地域住民にとっての文化的景観とは，自分自身を取り巻く環境財の一つであると述べている。そして，文化的景観が地域の風土・特性の中での生活・生業の結果としてあることを踏まえると，重要文化的景観という価値を含めて地域づくりを模索していくことは，文化的景観の維持に有効であるという。この点において，文化的景観の保全と景観まちづくりの立場は共通するものである。

〔4〕 景観まちづくりの特徴

西村幸夫は，景観が持つ一目瞭然さは多くの人々に対する訴求力を持つことから，景観からのまちづくりは間口が広いものの，その対象は道路や河川などの公共空間から私有地における民間建築物群，さらには遠景の山々の眺望などを含むことからその扱いはたいへん困難であると指摘している。その上で，都市の景観の品格は風景をどこまで公共のものとして受感できるかという市民の意識レベルにかかっており，そのためには長期にわたる官民あげての継続的努力が必要であるという[10]。この考えに基づけば，民間建築物に対する規制や公共構造物や空間の整備や維持は景観まちづくりの手段に過ぎない。景観まちづくりの目的は，市民・事業者・行政の地域に対する共通認識の醸成と，それによって維持される良好な環境の中での都市・地域活動の実現にあるといえる。

さらに，西村がいう景観の瞭然性は，都市開発・保全や社会基盤整備の結果である国土や都市の環境が，最終的には景観という形で人々に認識されることを示している。すなわち，景観とは国土や都市の環境に携わるすべての関係者にとっての成果ないしはアウトカムとして位置付けられる。市民・事業者・行政といった主体にかかわらず，また，制度や事業のどの段階でも，景観はつねに議論できる間口の広い主題である。それと同時に，良好な景観を実現するには成果としてできあがる空間を予測・評価しながら一貫性のある議論を行う必要がある。（福井恒明）

13.3　土木施設と空間のデザイン

本節は，13.1 節にて概説した景観研究のミッションの一つ「インフラの建設を通して良い眺めをつくる」の実践的な在り方（土木デザイン）について解説する。個別施設に対するデザインの留意点等については，さまざまなマニュアル類などの既往文献（前出）に譲り，本節では，デザインは色彩・材料・形態などの表面的意匠の操作のみではないという立場から，土木デザインの意義について，その対象が担うべき役割に基づき事例紹介を中心にまとめる。

13.3.1　土木デザインの位置付け

デザインが表面的意匠の操作にとどまらないとすれば，土木デザインとはいかなる行為であるのか。例えば「道路デザイン指針（案）」において，「道路デザインとは統合的な行為である。すなわち道路景観に対する配慮を道路の構想・計画・設計・施工，管理と分離して考えるのではなく一体のものと考えること」と述べている[11]。まず本項では，建設プロセス全般を見据えた**統合的行為**（integration）としての土木デザインについて，具体例から紹介する。

太田川デルタという立地特性を生かして，水辺の先進的な利活用を推進している広島市の「水の都ひろしま」構想の基盤は，戦災復興によって整備された河岸緑地にある。しかし，それら基盤施設の価値を再発見する契機となったのは，1983 年に竣工した太田川基町環境護岸である。この整備は全長 880 m の護岸整備であるが，材料の選択（太田川で産出される玉石による護岸など）や造形（寺勾配の緩やかな緑地，親水活動を象徴的に促す水制工の再現など）などの狭義の土木デザインという点でも優れた空間を実現しており，その特徴は，周辺の風景と呼応し，それらを引き立てる景観を創造しているということである[12]。このようなデザインが可能となったのは，まず「設計」以前に，ケビン・リンチが提唱した手法（前出）に基づいて，広島市の都市のイメージ調査を全般的に行い（**図 13.4** 参照），都市全体における対象地の位置付けを「構想・計画」において明確化したからである。すなわち，「設計」（空間の造形）に当たって，広島の都市景観の主役となるべき遠景の山並みに対する視点場や広島城の前景となることがこの場所のデザインにおいて最適であると，その位置付けに基づき了解されていたのである。景観を視点，視点場，主対象，対象場という要素に分解して理解する「景観把握モデル」（前出）のデザイン的意義は，この太田川の事例のように，操作対象以外の要素も踏まえて，総合的にデザインを検討できるという点にあるのである。

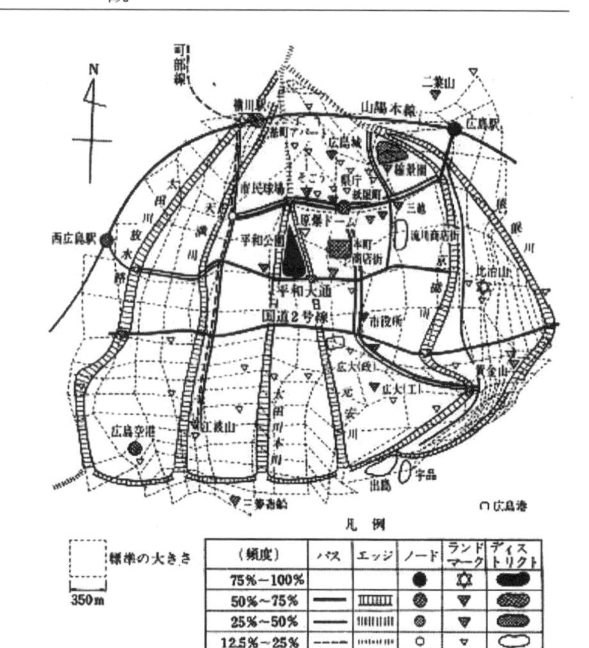

図 13.4　広島市の都市のイメージ[13]

一方，この空間の利活用は市民グループによって主体的に行われており，その一例として「ポップラ・ペアレンツ・クラブ」がある。整備以前の対象地は，戦災後に形成された木造密集住宅地であったが，その当時から生えていたポプラの木は整備に当たっても保存された。このポプラは，場所の履歴を表現するものとして，さらには，おおらかな緑地を空間的に引き締めるランドマークとして市民から愛されていたが，2004 年に広島市を襲った台風によって倒木してしまった。上述の市民グループは，そのポプラに愛着を持っていた市民たちがその再生を目的に立ち上げたものが母体となっている。彼らは河岸緑地でのイベント（**図 13.5** 参照）などを仕掛けると同時に河岸の清掃活動等も積極的に行っており，「設計」において行われた樹木保存の決定が，およそ 20 年後の「管理・利活用」

図 13.5　基町環境護岸でのイベント例（屋外上映会）

につながった好事例といえる。

以上の太田川基町環境護岸の事例に示されているように，優れた土木デザインとは，構想から利活用までの建設プロセス全般に向けて射程を広げた統合的行為であるということである。

13.3.2 土木デザインの目標と対象

篠原は，土木デザインの目標を「文明を大地に造形化して美しい風景を形成し，文化遺産として後世に残す」と定義している[14)]。ここで文明とは，構造力学や交通工学など，汎世界的に適用できる技術のことであり，文化とは，その地に住む人々や利用者によって共有される，地域にとって独自の価値と理解することができる。そう考えたとき，土木デザインの対象，すなわち文明を文化に転換し，大地に造形化されるものとはいかなるものであろうか。

土木施設とは，橋，道路，河川など多様な構造物の総称である。しかし，プロダクトデザインや建築デザインなどの近接領域と比較すると，土木施設は数haや数kmというサイズになることもあり，規模が大きく，公共性が高いことが特徴であるといえよう。しかしここで，その特徴について注意深く検討してみたい。例えば，デザインする橋梁がたとえ何kmにわたろうとも，その橋梁は連続した道路のあくまでも一部にすぎない。同様に，何百mにわたる河川緑地をデザインしようとも，何十kmの長さを持つ河川の一部であり，1本の河川すべてを統一的にデザインすることは，実際的には不可能である。また，そのような橋梁や河川も，都市や地域という広がりにおいては，個別の要素に過ぎないとも考えられる。このように，土木施設は単体として規模が大きいとしても，あくまで**部分**（parts）であり，そのデザインにおいては，直接的なデザイン対象とはならない連続する道路や河川，あるいは周辺のまちなみなど，デザイン対象と関連する**全体**（whole）に対する配慮が重要となるのである。

このような特徴から，デザインと計画の関係が導かれる。すなわち，土木施設を意義ある「部分」にするためには，その「部分」が，より広域な「全体」に明確に位置付けられなければならない。その位置付けを与えるのが計画である。一方，逆に考えてみると，「全体」的な計画は，広域的かつ理念的であるため，その恩恵を享受する市民にとっても，日常の暮らしの中で実感できるような対象とはならない。しかし，計画によって適切に位置付けられた「部分」としての施設や空間は，市民によって十分に触知可能なものとして表れるため，そのデザインが「全体」的な計画と市民をつなぐことが可能となるという点でも重要となるのである。

13.3.3 土木デザインの種類

「部分」としての土木施設は，構造物の種類とは別に，「全体」に対して担うべき役割によってもさまざまに異なってくる。そこで本項では，その役割を四つに分類し，それぞれのカテゴリーに対して，単一的なものと複合的なものの二つの事例を紹介しながら解説する。なお実例は，2001年に創設され2014年度までに約130件の授賞を行っている土木学会デザイン賞から選択する[15)]。

〔1〕 要素のデザイン

電柱，ガードレール，排水溝の蓋から河川の護岸ブロックまで，土木施設は実に多くの**要素**（elements）によって構成される。景観の悪化が議論されるとき，全体の景観や空間の質ではなく，例えば白いガードレールや電線など，これら「要素」の形状や色彩が問題となる場合が多い。すなわち，最も小さな「部分」として，これら「要素」のデザインも重要な土木デザインである。

国土交通省は「美しい国づくり政策大綱」（2003年）に基づき，2004年に「景観に配慮した防護柵の整備ガイドライン」を監修した。「アルミニウム合金製橋梁用ビーム型防護柵アスレール（2010年度奨励賞）」（**図13.6**参照）は，そのガイドラインに基づき，コストを抑えながら，構造的合理性（強度と重量のバランス），景観との融和性（色彩の選択），人との親和性（曲面の使用やボルトなどの処理），透過性（部材のスリム化）に配慮し，一般社団法人日本アルミニウム協会により開発された。このような製品はほかにも多数開発されており，工場で生産された二次製品が大量に設置されるわが国の景観において，このような汎用的な製品の開発は非常に有効である。

図13.6 景観に配慮した二次製品のデザイン例

一方，多様な「要素」を統一的なコンセプトでデザインした事例もある。「富山LRT」（**図13.7**参照）は，日本初の本格的LRTを対象としたトータルデザ

図 13.7　多様な要素を統一的にデザイン
（富山 LRT，富山市，2008 年度最優秀賞）

イン計画であり，車両，VI（ビジュアルアイデンティティ），駅舎，サインなど，多様な要素を総合的にデザインしたものである。2002 年より始まる富山市のコンパクトシティ政策において，この LRT は政策の基軸であり，この政策の重要性や有用性は，行政によって作成される計画の文言によってではなく，この取組みのように，美しく親しみやすい姿かたちによって市民に共有されていき，街のシンボルとなっていくのである。

〔2〕 顔のデザイン

例えば橋梁などの土木施設は，その規模や特異な形状によって，特別な意匠的配慮がなくても，誘目性の高い存在となる。あるいは駅前広場などの都市施設は，その機能性や立地特性によって市民の利用頻度が高く，人々に認知されやすい施設である。これらは，その地域や都市を代表する「部分」，その街の**顔**（representation）としての役割を必然的に担ってしまう。土木施設が有する，そのような「顔」的働きに自覚的なデザインを行うことも重要である。

「顔」としての役割を担いやすい橋梁の中でも，ここでは，「新豊橋」（**図 13.8** 参照）を紹介する。当橋梁は，都心郊外の工場跡地（約 20 ha）に整備された新しい街を既存市街地とつなぎ，隅田川をまたぐ橋である。その設計に当たっては，震災復興橋梁群を代表とする隅田川に架けられた橋梁の歴史的な系譜，高層

図 13.8　新しい街の顔となる橋梁
（新豊橋，東京都，2008 年度最優秀賞）

マンションで構成される新しい街という相反する文脈を調停しつつ，日常的な都市生活空間の中の道具としての橋，人のぬくもりや時代のメッセージを感じるような橋，時代の最先端や新しい発想を取り入れた橋，を目指して入念にデザイン検討が行われた。その結果，桁橋をアーチで補剛する構造によって形を洗練させた新たな橋梁形式を創出し，ヒューマンスケールな細部まで丁寧に仕上げられた，新しい街の「顔」として機能している。

一方，西鉄天神駅に隣接する「警固公園」（**図 13.9** 参照）は，既存公園のリニューアル整備である。既存の公園は，天神という街の中心に立地しつつも，施設の老朽化や見通しの悪さなどから犯罪が頻発する人通りの少ない公園であった。そのため，このリニューアルに当たっては，見通しを良くする防犯効果とともに周囲に広がる街の景観を園内の魅力として取り込む「防犯と景観の両立」を目指した整備が行われた。緩やかに窪んだ皿型のおおらかな空間の中を，広々とした直線の動線が貫通するこの公園は，行き交う人々，ベンチに座って憩う人々が互いを見守るという，大都市の中心に望まれる安全と交流の場となっている。また，公園のリニューアル後には，隣接する商業ビルが公園に面した外装をガラスに変更し集客数を増やすなど，周辺に対する経済的効果も挙げている。警固公園は駅前広場ではないが，その立地性から，歩行者などの遅い交通にとっての結節点として駅前広場のような機能を果たしている。このような場所が「顔」としての役割を担うためには，周辺のまちなみや利用する人々が主役となるデザインが有効である。

図 13.9　大都市の中心で安全と景観を両立
（警固公園，福岡市，2014 年度最優秀賞）

〔3〕 地のデザイン

土木施設や空間が，私たちの日々の暮らしを支える基盤であるとするならば，上述したような「顔」としての在り方以上に，暮らしの背景としての在り方が重要であろう。ゲシュタルト心理学（前出）においては，明快な形態を持って認識されるものを図として，

それを引き立てる背景を地として整理している。すなわち，暮らしを支える背景とは，その上で繰り広げられる暮らしそのものを「図」として浮き上がらせるような**地**（ground）として働くということである。

「和泉川／東山の水辺・関ヶ原の水辺」（**図 13.10** 参照）は，郊外住宅地を流れる中小河川の改修整備である。流域全体を対象としたまちづくり計画として立案・策定された「和泉川環境整備基本計画」（1987 年度）に基づき整備された。隣接する斜面林を取り込んだ，里を流れる小川のような景観や繊細なアースデザイン（地形処理）が特徴的な空間である。河川整備には「ふるさとの川整備事業」（建設省）を，斜面林保全には「ふれあいの樹林制度（緑地保全制度）」（横浜市緑政局）を適用するなど，さまざまな事業メニューを組み合わせた統合的事業である。無機的な空間となりやすい郊外地において，この整備によって創出された豊かで親しみやすい自然空間は貴重であり，周辺住民の散策などで日々にぎわっている。また，近接する住宅も川側を開放的なつくりにするなど，周辺のまちなみを変化させる要因ともなっている。このように良質な「地」のデザインは，人々の暮らしそのものを変えるという大きな影響を与えるのである。

図 13.10　人々の暮らし方を穏やかに変えた河川整備（和泉川，横浜市，2005 年度最優秀賞）

また，先に述べた「要素」や「顔」のデザインに比べ，暮らしの背景をつくる「地」のデザインは時間をかけて行われるべきである。その優れた事例の一つが「山形県金山町まちなみ整備」（**図 13.11** 参照）である。金山町におけるこの取組みは，「全町美化運動」（1963 年）に始まり，「街並み（景観）づくり 100 年運動」（1983 年），建設省における住宅計画の補助事業である HOPE 計画（1984），「金山町街並み景観条例」（1985 年）という一連の政策によって継続的に行われてきたものである。その結果，白壁と切り妻屋根を持つ在来工法で建てられた住宅（金山型住宅）を中心とした街並み整備が進められ，それらの住宅だけではなく，水と緑の散歩道，空き地を活用した広場や公園，特産の杉材を活用した屋根付き木橋などの整備にも展開してきた。これらの整備は，人々の暮らし方そのものを品格のある街の景観（すなわち「図」）として表しているのである。

図 13.11　暮らし方の表れとしてのまちなみ整備（山形県金山町，2007 年度最優秀賞）

〔4〕　まとまりのデザイン

以上に解説してきた「要素」，「顔」，「地」を組み合わせると，一つの**まとまり**（totality）が形成される。最後に，これらの「部分」の集合を統一的にデザイン（**トータルデザイン**（total design）という）した事例を紹介する。このカテゴリーは，「全体」としての計画を，できるだけ全体性をそのまま「まとまり」としてデザインすることを目指したものということができる。

門司港は，大陸との貿易や関門連絡船のターミナルとしてわが国有数の商業港であったが，戦後，それらは廃止され，街は急激にすたれていった。「門司港レトロ地区環境整備」は，門司港の再興を目指し，1989 年に始まった環境整備の総称である。計画論的に見た場合に最も優れている点は，埋め立てられる予定であった古い船溜まりを，市民に残された貴重な内水面であり，かつ，その水面の活用によって民間再開発を促進されるものとして位置付け直し，法定計画である港湾計画を変更して保存したことである。この船溜まりを基軸とし，歴史的港湾地区の表現として，街路灯などの「要素」や跳ね橋などの「顔」，道路や広場などの「地」が統一的にデザインされている（**図 13.12** 参照）。ただ注意すべきなのは，門司港レトロにおけるこれらのデザインが，歴史的港湾の表層的表現（例えば大正風の意匠など）ではなく，整備後も続いていく歴史に耐える素材の選択や造形の洗練によって行われていることである。また，門司港駅（国指定重要文化財）の駅前広場のデザインも注目に値する。ここでは，バスやタクシーなどの車両系交通機能は駅の東側に集約され，正面となる北側は，駅舎建築を引き立てる歩行者のみの広場として，イベントなどが自由に行われる場となっている。さらに，駅前広場から関門海

図 13.12　トータルデザインの先駆的事例
（門司港レトロ整備，北九州市，2001 年度最優秀賞）

峡への眺望を阻害していたビルは撤去され，サイン等の付属物に頼らずに，海への開放的な眺めによって人々を港湾地区へと自然と誘導する。このようにトータルデザインとは，すべての要素を統一的にデザインするということにとどまらず，縦割り行政などの障害を越えて，街を総合的にデザインしていくということである。

一方，「日向市駅および駅前周辺地区デザイン」（**図 13.13** 参照）は，定住人口の減少や商店街の衰退などに悩む地方都市において実現されたトータルデザイン事例である。検討（デザイン）対象となった事業は，日向市による土地区画整理事業および街なか交流拠点整備事業，宮崎県による連続立体交差事業，商業者による商業集積事業であり，整備された構造物は，高架橋，駅舎，駅前広場，街路，街路灯，ベンチなど，都市に必要な要素がほぼすべて網羅されている。それらは，土木技術者・設計家，建築家，プロダクトデザイナーなどの異なる職能を持つ専門家のコラボレーションによってデザインされた。デザインプロセスの中に，市民参加を積極的に取り込んだ成果もあり，街のにぎわいを支える空間の密度と開放感，市民一人ひとりが居場所を見つけることができる空間の多様性が実現されている。また，駅舎や街路灯などのストリートファニチャーに地元産の杉材が多く使用されていることも大きな特徴である。これは，わが国の産業的な課題である国産材木の新しい活用方法を模索するものである。このように，「まとまり」のデザインは，街の個性を創出するのみならず，普遍的かつ根本的な社会問題への解答を提示するという可能性も有しているのである。

図 13.13　地方都市の課題を総合的に解決することを目指した駅周辺デザイン
（日向市，2014 年度最優秀賞）

以上のように，土木施設と空間のデザインは，「全体」に対する「部分」として，その対象が担うべき役割に応じて多くの可能性を有しており，その可能性は，建設プロセス全般，あるいは他事業などにまで視野を広げた統合的な議論に基づいて実現されていくのである。（星野裕司）

13.4　風 景 の 再 生

なぜわれわれは景観を良くしようとするのか。あるいは，良くする必要があるのか。

もちろん，身の回りの環境をより快適に心地よく生きようとする本能の働きが，要因の一つに数えられよう。しかし人間は，客観的に見て快適で便利な環境やその美しさのみに価値を見いだすわけではない。例えばふるさとや原風景のように，特定の眺めの美的価値というよりは，人間が身の回りの環境に価値を見いだすその仕方そのものを，共有する場合がある。

ふるさとや原風景は，具体の眺めとしては，当事者以外の大多数にとってはほとんど価値がない。つまり，万人にとって価値のある公共的な景観とはいえない。しかし，誰もが自分の中に自分だけのふるさとや原風景を大切にしまいこんでいる。あるいは共同体として共有している。つまり，ある特定の環境の眺めではなく，視覚的体験を介した身近な環境への意味付けの仕方そのものが，普遍的であり公共的なのである。

したがって，われわれが環境を改変する際，改変後の環境の眺めが美的な客観性を得ているか，という視点だけでは足りない。改変後の環境が，上記のような個人や共同体による環境への意味付けの機会を豊かに宿しているかどうか，という視点も同様にきわめて重要になる。

上記のような，人間による主観的な意味付けを伴う環境の眺めや心象を，ここでは景観ではなく風景と呼んでおく。景観は，客体としての環境の眺めを記述する際には便利な概念であるが，人間による意味付けの場面に個別的に現れる環境の主観的な眺めやその価値を含意する場合には，風景という語がよりふさわしいからである。

本節では，上記の意味での風景が近代化以来危機に瀕してきた事実とその要因を整理した上で，現代の状況を確認し，風景を再生する意義と方法論について概説する。

13.4.1 環境の改変と風景の危機

〔1〕 環境の意味と風景の価値

どの時代でも，人間が社会生活を展開して身の回りの環境を改変する限り，風景もまた変化し続ける。そしてわれわれ人間は，風景という体験を通して，環境の意味を理解する。つまり風景は，それがわれわれにとってどのような意味を有する環境なのかを判断し，価値を見いだすことを助ける媒体としての機能を持つ。

したがって，ある環境の改変がわれわれにとって肯定的な意味を生むものであれば，その環境の眺めである風景も好ましいものとしてわれわれの目に映るであろうし，逆に環境の改変が矛盾を生めば，その矛盾はなんらかの風景の混乱として映し出されることになるだろう。つまり，ある環境の人間にとっての意味と，その環境の眺めであるところの風景の価値には密接な関連がある。環境が変化すれば，それに応じて風景の価値も揺らぐ。逆に風景の価値の揺らぎは，その環境の人間にとっての意味が，なんらかの意味で変化していることを示唆する。

〔2〕 近代化による環境改変と風景の危機

いわゆる近現代といわれる時代，特に急速に工業化が進み環境が激変した先進諸国において，建築，都市計画，地理，文学や哲学などさまざまな分野で風景（景観）が積極的に語られるようになったのは，偶然ではない。工業化による環境の改変は，水や大気の汚染に代表される公害，自然・生態系の損傷，都市空間の歴史的文脈の破壊，都市や郊外の均質化などの負の効果と，それに対する深刻な危機感をもたらした。風景（景観）論は，その反動として現れたといえる。すなわち，文明の力による激しい環境の変化を可能なかぎり制御して，人間が人間らしく生きられる環境を秩序立てて創造していこうとする価値観の提示と共有，あるいは方法論確立の試みの一つとしての意義を有していた。

例えば，近代の工業文明によって急速に，かつ激しく環境が変化していくことに対する危惧が，産業革命発祥の地であるイギリスでは，19 世紀後半におけるアメニティという概念の提示に現れた。また 1960～1970 年代のアメリカでは，建築家やランドスケープアーキテクトによって，ヒューマンスケールの都市空間の復権の必要性やそのための計画方法論，また，景観という上位概念の導入によって，機能主義的空間によって人間にとっての意味を見失って混乱している都市空間を救い出そうとする試論が提示された。地理学の分野では，モダニズムの建築や都市計画によって均質化が進む都市の在り方に対する批判として，場所論が勃興した（現象学的地理学）。これらに等しく共通しているのは，急速な工業化による環境の激変が，人間の実存を脅かしている，という問題意識である。

日本においては，特に 20 世紀の後半，高度経済成長期の終盤に，同様の問題意識を背景とする景観論が現れる。その一つが，土木工学分野における，中村良夫，樋口忠彦，篠原修などによる黎明期の景観工学である。例えば，中村良夫による『土木空間の造形』（前出）は，文明を象徴する土木のインフラストラクチャーが持つ，既存の環境を一変させる破壊的な力を，記号論の枠組みを用いて人間の論理に取り込もうとする試みであった。

日本において高度経済成長期は，高速道路やダムなど大規模な公共土木事業によって，都市部，郊外そして農山漁村部まで含めて，最も急進的かつ包括的に，環境が改変されていった時代である。それは，かつてないほど風景の価値が大きく揺らぎ，未曾有の危機に陥った時代でもあった。

13.4.2 現代における風景の危機

風景に対する危機意識は，その時代における環境の変化を反映する。本項では，現代における環境の変化がいかなる風景の問題を示唆しているかを整理して述べる。

〔1〕 現代における環境の変化

まず，現代においてどのような環境の変化，それによる問題が生じているか，顕著な例を示しておく。

（1） **都市と郊外**　中心市街地の空洞化，特に商店街の衰退の問題は，1990 年代にはすでに顕在化していたが，現在全国ほぼすべての都市に多かれ少なかれ共通して見られる現象である。昔ながらの駅前商店街はシャッター街と化し，市街には空き地や空き家が増えて，駐車場が虫食い状に分布するようになった。

一方郊外に目を移すと，土地利用規制の緩い郊外のバイパス沿いなどに，車利用者を対象とする大規模量販店やショッピングモールをはじめ，おもに車利用者を対象とする郊外型店舗がつぎつぎに立地し，中心市街地の閑散と対照をなすように，活況を呈するとともに，沿道景観の乱雑と均質化が目立つようになった。

これは，先進諸国の都市において程度の差はあれ共通して見られる現象であり，海外では対策として**コンパクトシティ**（compact city），**公共交通指向型開発**（transit oriented development，**TOD**）などの考え方が提唱されてきた。中心市街地を一定のスケールに保ち，特に徒歩で成立する生活圏として捉え，諸機能の集約，公共交通の整備，職住近接とコミュニティの再生などを組み合わせて持続可能な都市に再生しようとするもので，日本においては富山市などいくつかの都市で先駆的な実践がなされている。しかし，中心市街地だけでなく郊外を含めて，地域を一体的に再生するための理論や方法論は，まだ模索段階にある。

（2） **二次的自然環境**　田園部においては，農業従事者の減少と高齢化が進むにつれて，特に棚田や谷地田など小規模農地の耕作放棄が目立ち始めた。それと同時に，里山に代表される，生業とともにあった二次的な自然環境の荒廃が進んだ。農山漁村部では農業離れによる後継ぎ不在によって，生業としての農業の持続が多くの地域で困難になりつつある。また都市近郊においては，高度成長期の頃までは普通に見られた，雑木林や里山を伴う田畑と農家群の風景は希少となり，ミニ開発の新興宅地，駐車場，量販店，雑草地などがランダムに混在する状態を呈している。

山間地域の国土管理に重要な役割を担ってきた林業も，農業と同様の問題に直面している。施業が行き届かなくなった植林地の荒廃は，水源の涵養（かんよう）や山地表層の侵食防止などの機能低下の懸念を引き起こしている。

〔2〕 地域の共同体の変質と持続可能性

以上より，現代における風景の危機は，本質的に，地域の**持続可能性**（sustainability）の危機によって引き起こされている，ということができる。中心市街地のまちなみであれ，郊外や農山漁村部の田園風景であれ，その風景を生み出し維持してきた主体である土地や地域の共同体が，長期的トレンドとしての人口減少や少子高齢化，産業構造の変化などを背景に，持続困難な状態に陥っており，それに伴って当該風景も荒廃や消滅の危機に瀕しているのである。

したがって現代の風景の危機は，行政が主体となって解決できる問題でもなければ，個々の商店主や農家など個人の努力で解決できる問題でもない。人々が地域や土地を共有してともに生きる，共同体の在り方が問われる問題である。従来の地縁共同体の，環境を形成し維持する主体としての力を取り戻せるかどうかが，問われているのである。

高度経済成長期の終盤には，近代化の過程で徐々に進行した個人主義の浸透や核家族化によって，地域共同体の変質は潜在的に進行していた。その後交通・情報インフラの高度化による人と情報の流動，経済のグローバル化と地域経済の弱体化がその傾向を促進し，さらに21世紀になり人口減少と少子高齢化の局面に至ると，潜在的に進行していた問題が具体の環境の変化として急速に顕在化した，と考えられる。

すなわち，現代における風景の問題は，社会の構造の変化を本質に含んだ文明的課題である。構造物や建築物のデザインや形態のコントロールによる従来の方法論のみでは解決できない。環境を形成・維持する主体としての**地域共同体**（local community）をいかに再構築できるか，その取組みが不可欠になる。

〔3〕 東日本大震災がつきつけた課題

2011年3月11日に発生した東北地方太平洋沖地震により，東北地方の太平洋沿岸を大津波が襲い，人口減少と少子高齢化の進行によって実質的にはすでに空洞化していた多数の中小漁村集落が，広域にわたって壊滅した。これらの集落復興の現場は，前述した問題への具体の対応を，喫緊に強いられることとなった。

例えば阪神淡路大震災の場合は，構造物と建物の地震被害が深刻であったが，その本質は，都市の基盤や建造物の復興であった。重傷を負ったとはいえ神戸という都市の生命力は健在であり，したがって都市機能の復興が事実上の都市の復興を意味し得た。

しかし，東日本大震災の大津波で壊滅した多くの集落において，集落としての機能，換言すれば環境を形成し維持する主体としての力は，すでに被災以前に弱り始めていた。つまり今次の復興は，インフラなどの都市基盤とその機能を復興すれば足りるというわけではない。必要なのは，住民たちが生業を中心に日常を営める環境の再構築であり，そこには環境をつくり維持する主体としての共同体の復興が不可欠である。それは，復興後の風景が持続可能かどうか，という問題と表裏一体である。

13.4.3 風景再生の方法論

先述した風景の危機の根本は，共同体としての人のまとまりが環境をつくり維持する主体として力を失っている，もしくは共同体的なまとまりそのものが消失しかけている，という点に帰着する。

13.1.1項で述べているように，土木景観工学の当初の課題は，おもに橋や道路，河川，駅およびその周辺など，インフラの景観整備が中心であった。当時喫緊に求められたのは，インフラ整備による環境改変を，人間にとって望ましい景観に結び付けるための操作論であった。

しかし，現代における風景の持続可能性の衰えは，インフラの風景というよりはむしろ，住民の身の回りの日常の風景に現れる。つまり，その風景再生の中心となるべき主体は，第一に地域の住民すなわち地縁的な条件によって規定される共同体としての人のまとまりである必要がある。したがって，行政によるトップダウンではなく，**コミュニティディベロップメント**（community development）を意識したボトムアップ型のまちづくりによる方法を開発し，旧来の地縁共同体が担っていた環境の形成・維持機能を補完する，新たな主体のありようを見いだしていかなければならない。そして，その新たな主体の中心となるべきは，やはりその土地を生きる住民，またその地域を生きる市民でなければならない。

〔1〕 環境をつくり維持する主体としての市民

（1） 住民参加から住民主体へ　都市計画や公共施設整備に**住民参加**（public involvement）のプロセスが取り入れられて久しいが，住民参加という言葉が指し示す範囲は，各種審議会における市民委員のように，行政の主導性の強い公的な合意形成手続きの過程に関わるケースから，公園等の整備において企画構想段階から住民が主体的かつ能動的に関わっていくケースまでが含まれ，非常に幅広い。しかし，地域の共同体に環境をつくり風景を再生する主体としての働きを期待するという趣旨に照らせば，地域の住民はもちろん，一定の市民集団もしくはNPOに代表される自主組織が中心となって，**ワークショップ**（workshop）のように議論を重ねて価値を共有していく技法を用いながら，具体の環境の形成や維持に能動的に関与していくことが必要である。重要なのは住民や市民が参加することそれ自体ではなく，彼らが当事者意識を持って主体的に問題に向き合い，解決に向けて相互に協力することである。

（2） ローカルガバナンス　そのような主体の在り方を，**ローカルガバナンス**（local governance）という語で考察する例がある[16]。鳥越によれば，ローカルガバナンスとは「近隣から成るコミュニティだけでなく，市町村役場やNPO，企業・商店などの私的事業体，研究機関，個人的に関心のあるボランティアなどさまざまなアクター（主体）がそれぞれ自立性をもって関与し，ともに当該課題を解決していこう」とする考え方である。さらに鳥越は，上記の意味でのローカルガバナンスは日本の地域社会の現状に必ずしも適合しないように思えるため「市町村などの役場と地元コミュニティが中心の主体となり，それに他のアクターも加わるという二層構造」が現実的，と述べている。

このローカルガバナンスという概念が興味深いのは，旧来の保守的な地縁共同体とは異なりながらも，同様に地縁的な条件によってその形が定まる新たな共同体の在り方を具体的に例示している点である。

〔2〕 身近な公共空間の再生

どんな形であれ，地縁的な共同体の主体性を刺激してボトムアップ型のまちづくりを長期的に進めていく目標は，地域の自治力の回復もしくは向上にある。つまり，環境の形成と維持に対する市民の主体意識と，地域の運営に対する行政の当事者意識の双方を高め，両者が共働することによって地域の問題を自ら解決していく経験と能力を養うことである。

その際，身近な**公共空間**（public space）の景観形成やデザインは，まちづくりと組み合わせて適切に用いられるならば，市民の主体意識を刺激し地域の自治力回復に寄与する，重要な機能を果たすことが可能である。例えば

① 共同体単位で共有する身近な街路，広場，公園，小河川などの公共空間（パブリックスペース，コモンスペース）は，市民が当事者として議論しまちづくりの主体意識を喚起する格好の対象となる。

② 歴史的なまちなみや公共施設，地域を支えてきた歴史的土木構造物，里山に代表される二次的自然環境などを保全し，あるいは活用するための主体的な議論は，同様に，まちづくりに対する市民の主体意識を涵養する上で有効である。

〔3〕 主体性を取り戻すためのデザイン

参考になる先進的事例を二つ挙げておく。いずれも，行政職員と地元住民，NPOや協会などの団体，専門家などが役割を分担しながら協力し，身近な自然や公共空間を豊かな環境として創造した例である。

（1） 木野部海岸（青森県むつ市）　一見変哲のない海岸だが，人為の風景である（**図13.14**参照）。当初，海岸防護と海浜利用のための空間整備を目的として始まったプロジェクトであるが，県と住民で議論を重ねる過程で，もともと磯浜として地元の生活を支

地元のコミュニティが議論を重ねて，かつて生業とともにあった身近な海の風景を再生した。

図13.14　木野部海岸（青森県むつ市）

える漁場であり自然と触れ合う場所である，という当該環境の意味を取り戻すという目標に変更され，巨石を海にばらまいて消波施設にするとともに，多様な生物が棲息できる磯を復活させた。共同体がその土地を生きることの意味を，共同体が主体となって環境化したという点で，今後の風景再生の在り方に重要な示唆を与える事例である。

（2）源兵衛川（静岡県三島市）　高度経済成長の時代に見捨てられ，なかばごみ捨て場と化していたまちなかの小河川を，行政職員，企業，NPO，地元の市民団体が協力して，気持ちの良い水辺の散歩道とビオトープを備えた清流に，時間をかけてつくりかえた例である（**図13.15**参照）。いまや多くの市民や観光客が憩う，三島の町を代表する風景である。都市の公共空間に身近で親密な自然を取り戻すというテーマが，市民が身の回りの環境に関与しようとする主体性を刺激することを実地で示した，先進的事例である。

荒れていた水辺を都市の公共空間として再生し，市民が日常を共有する風景を生み出した。

図13.15　源兵衛川（静岡県三島市）

13.4.4　日常の風景の再生の意味

本節の終わりに，日常の風景の再生が持つ意味について述べておく。

日常の風景，すなわち身の回りの身近な風景は，公・共・私のうち共の範疇に位置付けられる環境の在り方に関わっている。現今日本の環境を眺めると，例えば高速交通網など国土スケールの公共基幹インフラと，個人住宅などの私的スケールの空間は，高度経済成長以来の50年で，質は向上したといえる。一方で，中心市街地のにぎわいや田園部の農村風景，近隣のまちなみなど，13.4.2項に述べた風景の危機の諸問題は，すべて「共」スケールの空間において現象している。

われわれ人間は，公的な空間（不特定大多数のための空間）や私的な空間（わたし一人のための空間）だけでなく，むしろ日常生活の多くを，おもに近隣や地域の人々で共有する空間（特定多数のための空間）で生きている。われわれの実存的な生は，その多くを共の空間に支えられている。それは，われわれの日々の生が豊かになるためには，共の空間の充実が欠かせないということにほかならない。そして，互いに助け合う共同体文化，ふるさとや原風景に代表される特定の土地に根ざして共有される風景の価値は，共のスケールで生まれるのである。

日常の風景の再生は，眺めとしての美的価値の獲得だけでなく，その土地を生きる意味を共同体として共有できる環境を再構築し，公という匿名性が支配する空間でも，私という共有不可能な孤独な空間でもない，人間の日々の豊かな生を実感できるための空間を創造し，獲得する試みにほかならない。

（中井　祐）

引用・参考文献

1）内山久雄監修，佐々木葉著：景観とデザイン（ゼロから学ぶ土木の基本シリーズ），オーム社（2015）
2）篠原　修編：景観用語事典増補改訂版，彰国社（2006）
3）軽井沢町：軽井沢グランドデザイン『軽井沢22世紀へのはばたき』
http://www.town.karuizawa.lg.jp/www/contents/1427959735599/index.html（2016年6月現在）
4）齋藤　潮：名山へのまなざし，講談社現代新書，講談社（2006）
5）小林潔司：土木工学における実践的研究：課題と方法，土木学会土木技術者実践論文集，Vol.1，pp.143〜155（2010）
6）C・アレグザンダーほか著，平田翰那訳：パタン・ランゲージ−環境設計の手引，鹿島出版会（1984）
7）中島直人：都市美運動　シヴィックアートの都市計画史，東京大学出版会（2009）
8）舟引敏明：景観法成立以降の景観行政の歩み，都市計画，No.309，pp.4〜9，日本都市計画学会（2014）
9）日本建築学会編：景観再考　景観からのゆたかな人間環境づくり宣言，鹿島出版会（2013）
10）西村幸夫：景観まちづくりの課題と景観法，季刊まちづくり，No.7，pp.12〜15，学芸出版社（2005）
11）道路環境研究所：道路のデザイン−道路デザイン指針（案）とその解説，大成出版社（2005）
12）建設省中部地方建設局シビックデザイン検討委員会：シビックデザイン−自然・都市・人々の暮らし，大成出版社（1997）

13）中村良夫，北村眞一：河川景観の研究および設計，土木学会論文集　399（II-10），pp.13～26（1988）
14）篠原　修：土木デザイン論，東京大学出版会（2003）
15）景観・デザイン委員会デザイン賞選考小委員会：土木学会デザイン賞作品選集（2001～2014）
http://www.jsce.or.jp/committee/lsd/prize/index.html（2016年6月現在）
16）中村良夫，鳥越皓之，早稲田大学公共政策研究所編：風景とローカル・ガバナンス，早稲田大学出版部（2014）

14. モビリティ・マネジメント

土木計画が担う「くにづくり」,「まちづくり」の構成要素には，どのようなものがあるであろうか？　例えば，国土・地域・都市計画を策定するべきであるし，河川，防災，環境，観光，道路，公共交通，空港，港湾，ロジスティクスなどさまざまな要素のインフラと制度を総合的に検討する必要があろう。これらの要素に適切に配慮することで，よりよいくにづくり，まちづくりにつながることは間違いない。── しかし，それだけでよいのであろうか ── 。著者は，上記の要素だけでは不十分だと考えている。その国，まちに住む人，働く人，遊ぶ人の立ち居振舞いが醜いものであったなら，それは「善いまち」とはいい難いからである。例えば，よい道路インフラが整備されていたとしても，それを使う人々が道に痰を吐き，大声で傍若無人に話しながら歩いていたら，あるいは若者がその道路にだらしなく座り込んでいたら，そのまちは美しくよいまちとはいえないであろう。そのまちにいる人々の振舞いが，表情や態度，服装を含めて美しく善いものであって初めて，よいまち，国となるのではなかろうか。

モビリティ・マネジメント（mobility management, **MM**）は，人々の振舞い（主として交通行動であるが，景観配慮や買い物場所選択や災害避難行動などにも応用されている）を社会的に望ましい方向に自発的に変容させるため，インフラ整備・まちづくり，金銭的インセンティブ・法的規制などと「コミュニケーション」・「教育」を組み合わせた交通施策の総称である。お金や法的強制力のみに頼らず，人々の道徳心・公共心の涵養を目指しており，その影響が他の社会的行動（例えば，ゴミ分別行動の促進，中心市街地衰退につながる消費行動の抑制）にもポジティブに働くことが期待されている。

本章では，この MM について社会的背景と定義，具体的な技術・方法論について述べるとともに，実務・研究における国内外の動向を紹介する。

14.1 MM の概要：社会的背景と定義

14.1.1 社会的背景～態度追従型計画から態度変容型計画へ

藤井[1]は，合理的な計画のためには人間行動の普遍性についての知識が不可欠であり，例えば，おもに経済学で開発され，多くの分野で応用されている代表的な行動仮説であるランダム効用理論といった人間行動の量的普遍性の存在に疑義を呈している（藤井）[2]。一方で，社会心理学，認知心理学，社会学，政治学などの分野で積み重ねられた人間行動の質的普遍性に関する知識を整理し，土木計画分野への応用可能性を整理している。

例えば，交通渋滞対策の一施策である**交通需要マネジメント**（transportation demand management, **TDM**）は，人々のクルマから公共交通や自転車といったより持続可能な交通手段への転換，出発時間帯や経路の変更などを促す施策である。従来のランダム効用理論に基づく交通行動分析では，運賃，速達性，利便性や快適性などの政策変数を操作することで，人々の交通行動が変化するとされている。確かにこれらの政策要因の変化は人々の行動変容の動機となり得るが，人間行動の質的普遍性に関連する研究では，動機を形成するだけで行動変容が生起するとは限らないことが示唆されている。具体的には，例えば，バス運賃を値下げするキャンペーンを行ったとしても（運賃の政策変数を操作），必ずしも皆がバスに乗るわけではない。クルマ利用の強い習慣を持つ人や，バスの乗り方を知らない人は，運賃が限りなく安くなったとしてもバスに乗らない可能性が高い。そのような場合は態度・行動変容研究の知見を応用し，習慣の解凍やバスの乗り方を丁寧に教えるコミュニケーションが不可欠となるであろう。

その上で，藤井[1]は市場理論から社会理論への転換の重要性を指摘し，人々の態度を与件とした態度追従型計画から，人々の社会的・公共的な意識・態度を喚起・醸成する**態度変容型計画**（attitude-modification planning）への転換が急務であることを主張している。これは，交通渋滞が起きているからそれを緩和するためにバイパスを作る，交通需要を低く抑えるためのマネジメントを行うなど，人々の態度・行動の帰結に追従し，対処するための計画から，人々の態度・行動を社会的に望ましい方向に自発的に変化することを促すための計画へのパラダイムシフトを意味している。

モビリティ・マネジメントは，まさにこのようなパ

ラダイムシフトを意図して発展してきた交通施策である。（谷口綾子）

14.1.2 MMの定義と目指すもの

〔1〕 MMとは何か？

「モビリティ・マネジメント」とは，文字どおり，モビリティ（交通）をマネジメント（改善）する取組みを意味する。つまり，それぞれの地の交通を，人と組織と社会の活力を通して，少しずつ「改善」していく取組みが，モビリティ・マネジメントである。

そもそも，さまざまな地での「交通」すなわち「モビリティ」は，実にさまざまな問題を抱えている。都市部を中心に，日本中の実に多くの道路が混雑している。地方都市では，鉄道やバスの利用者離れが進み，バスや鉄道の事業者の多くが深刻な経営難に陥っている。同時に，電車やバスの利用者離れと，それを促したクルマ利用の増進，すなわちモータリゼーションの展開は，それぞれの都市での人々の流れを「都心」から「郊外」へと様変わりさせた。結果，かつてにぎわいを見せた中心市街地は著しく衰弱し，都市の郊外化が進み，最終的には，地域経済，地域社会は根底から瓦解するほどの大きな被害がもたらされている。それは無論，地方自治体運営に深刻な打撃を与えることとなっている。かくして，いまや交通，モビリティの問題は，さまざまな地域における「まちづくり」における最も重要な課題となっている。モビリティ・マネジメント，MMとは，まさにこういう問題の改善を願う人々がいかに振る舞うべきなのかを指し示すものである。

ところで「MM」を具体的に実践する上でミソとなるのが，「マネジメント」という言葉を適切に理解することである。マネジメントとは，しばしば「管理」や「経営」などと訳されるが，本来の意味は，その両者の意味を含んでおり，「困難なことをなんとかやり遂げること」である。つまり，モビリティについてのさまざまな課題を，たとえそれがいま，さまざまな制約のためにどれだけ乗り越え困難であろうとも，どうにかこうにか，改善していこうとする行為である。すなわち，MMは，モビリティに関わる各種課題を乗り越えるために，いま，できることを着実に，そして，あきらめずに一つひとつ，持続的に続けていくこと，それ自体をいうものなのである。

さらに「マネジメント」という言葉のもう一つ重要な含意は，経営学の祖であるピーター・ドラッカーの著書『マネジメント』[4]でも明記されているように，その対象は，「人間組織」なのである。この点が，しばしば「無機的なシステム」を対象とする交通工学や交通政策と大きく異なる点である。

つまり，MMは，利用者，交通事業者，乗務員，ドライバー，さらには交通行政担当者といった，交通・モビリティに関わるあらゆる「人間組織」に着目し，その組織を構成する人々の「こころ」，「きもち」に配慮しつつ，それぞれの組織が，なんらかの形でのモビリティ改善という目標に到達すべく，小さなことから一つずつ，さまざまな努力を積み重ねていく取組みなのである。したがって，MMにおける主要なツールは「コミュニケーション」なのであり，それを通して，一人ひとりの意識や行動，あるいは組織的な意識や行動の変容を期するのがMMの最大の特徴となっているのである。

〔2〕 MM の 目 標

これまでの国内のモビリティ・マネジメント事例をとりまとめた書籍『モビリティをマネジメントする』（藤井・谷口・松村，2015）[3]によれば，典型的なMMとして以下の5種類が紹介されている。

① **交通まちづくりMM**：「公共交通の活性化を通した交通まちづくりを進めたい」という関係者が取り組むマネジメント

② **バス活性化MM**：「地方でバスを活性化したい」という関係者が取り組むマネジメント

③ **鉄道活性化MM**：「ローカル鉄道を活性化したい」という関係者が取り組むマネジメント

④ **MM教育**：「子供たちに交通の大切さを教えたい」という関係者が取り組むマネジメント

⑤ **TDMとしてのMM**：「道路の混雑をなんとかしたい」という関係者が取り組むマネジメント

これらの分類は，「目標ごと」のもので，したがってそれは必然的に，「どういう立場か」による分類になっている。バス活性化MMや鉄道活性化MMはバス・鉄道事業者が取り組むものだし，TDMとしてのMMは道路行政が主として取り組むものである。MM教育は，学校教育関係者，ならびに，それを進めようとする交通行政等が取り組むMMであり，交通まちづくりMMは，まちづくりに関わるあらゆる主体（市民，行政，事業者など）が取り組むものである。

〔3〕 MMを成功させるためには

こうした目標でそれぞれのマネジメントを展開していくために，絶対に欠くことができないのが，その目標を達成するに当たっての「ストーリー」，「成功物語」を主要な関係者の間で共有していくことである。何をどうやって改善し，つぎのステップはどういうもので，最終的に何を目指しているのか──そういったイメージが共有できれば，効果的なMMが持続的に展開していくことが可能となる。つぎに，そうした物

14

語を共有したメンバーどうしで，MM を展開していく中心組織を，なんらかの形で形成することが重要である。その組織は，既存組織のセクションという形でも，あるいは，複数組織を横断する緩やかなものでもいずれでもあり得るが，そうした「MM のエンジン」が形成されれば，おのずと MM は持続的に展開していくこととなる。（藤井　聡）

14.2　MM の技術・方法論

MM の技術や方法論は，心理学や社会心理学における「態度・行動変容研究」の知見を応用して開発されたものである。本節ではまず心理学の諸理論を応用した行動変容のプロセスモデルについて述べるとともに，実務的観点を含む MM の技術・方法論を概観する。

14.2.1　行動変容の基礎知識：プロセスモデル

態度・行動変容研究は，心理学における古典的分野の一つであり，例えば過度の飲酒や非行などの問題行動を改善するための処方的研究の一部としてさまざまな知見が積み重ねられてきた。近年は環境配慮行動を記述するモデル等にも応用されている（例えば，広瀬[5]）。

態度・行動変容の心理プロセスを記述するモデルは，これまでにさまざまなものが提案されているが，それらを概観し，頑健な知見をまとめたのが藤井[2]の提案するモデルである（**図 14.1** 参照）。

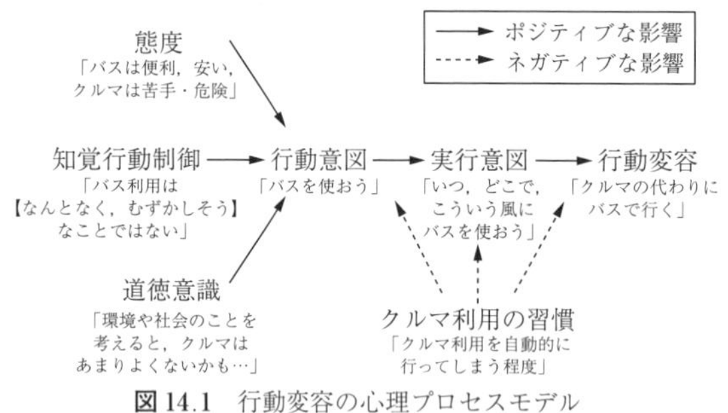

図 14.1　行動変容の心理プロセスモデル（藤井[2]）

例えば，クルマを使った移動の代わりにバスを使うようになる，という行動変容が生起するには，まず「行動意図」が鍵となる。「バスを使おう」と思わずして，バスを使うことはあり得ない。そして，この行動意図に影響を及ぼす要因として，代表的な三要因，**態度**（attitude），**知覚行動制御**（perceived behavioral control），**道徳意識**（moral obligation）を挙げている。態度とは，その行動や事物に対する一般的な感情，例えば嫌悪の情などの指標であり，知覚行動制御は目標となる行動を行う主観的難易度，つまり実際に難しいかどうかは別として，その行動をとることの主観的面倒さ，ややこしさの度合いである。道徳意識は，社会的規範に自らの行動を合致させようとする意識度合いの指標である。

現実には，「バスを使おう」と思ってすぐに「クルマの代わりにバスで行く」という行動変容を達成できる人はまれである。**行動意図**（behavioral intention）と行動の一致率が低いことは，広く知られている。例えば，禁煙しようと思ってすぐに禁煙できる人，ダイエットしようと思ってすぐにダイエットに成功する人はまれであろう。この行動意図と行動の乖離を埋めるための心理要因が**実行意図**（implementation intention）である。実行意図は，「いつ，どこで，こういうふうにバスを使おう」等，その**行動変容**（behavioral modification）を達成するための具体的想起の度合いの指標である。例えば，禁煙する際にも，「今日○○病院へ行って，禁煙ニコチンパッチを処方してもらって明日から禁煙しよう」等と具体的想起がないと達成は困難であろう。もう一つ，行動変容を阻害する大きな要因として**習慣**（habit）がある。習慣とは，ある行動を行う際の自動性の程度を意味する。例えば自動車利用の強い習慣を有する人は，外出する際，目的地までの距離や時間，荷物の有無，渋滞状況，天候などのさまざまな要因を吟味することなく，自動的にクルマを交通手段として選択してしまう。それゆえ，100 m 先のコンビニにも，G.W. で混雑する観光地にも，クルマで行くという不合理な行動をとることになる。

ここで，欧州やオーストラリアでは，情報提供やコミュニケーションの重要性を実務的・経験的に理解したコンサルタントや行政の主導で MM が実施されており，研究者はその効果の客観的計測をおもに担ってきた。これに対し，わが国の MM は研究者主導で導入され，上述のような心理プロセスモデルを理解した上で，行動変容の阻害要因を一つひとつ取り除く，あるいは緩和するための情報提供やコミュニケーションを行うのが特徴となっている。この心理プロセスモデルの各要因を活性化するための技術については，14.2.3 節に詳述する。

14.2.2　MM の成功を導く基本条件

MM は，人々の態度・行動変容を，インフラ整備や経済・法的政策のみならず，コミュニケーションをも活用して目指す交通施策である。しかしながら，コミュニケーションであればどのような内容でも効果があるとは限らない。例えば，一般の人々が高速道路を走行中「環境ロードプライシング実施中」という横断幕が陸橋に掛かっているのを目にして，そのメッセージの意味を理解することができるだろうか。高速道路会社はドライバーに何かを伝えたくて横断幕を取り付けたのだろうが，用語の意味のみならず，それによって何を伝えたいかが不明確であり，コミュニケーションは成立していない。よって，MMを「実務」として成功させるため，人々の行動変容を実際に導くためには一定の条件が不可欠である。以下に，土木学会編の『MMの手引き』（土木学会）[6] より抜粋して，その六つの基本条件，すなわち「個別性」，「丁重さ」，「二面性」，「わかりやすさ」，「適切な担当者」，「具体性」について述べる。

〔1〕 個　別　性

看板や横断幕等による安易なコミュニケーションの最大の欠点は，多くの人々がそれを無視する，という点である。大半の人がその存在に気が付かないばかりか，存在に気が付いたとしても，そのメッセージが「この私に向けられている」とは思わないだろう。「送り手ー受け手」の関係が適切に存在していない限り，すなわち「送り手が誰で，何の目的で，受け手の私にメッセージを送っているのか」が明確でない限り，受け手の意識や行動がメッセージによって変化することは難しい。

適切な「送り手ー受け手関係」を形成するための最も効果的な方法は，できるだけ「個別的」なコミュニケーションを心掛けることである。もちろん「個別的」なコミュニケーションは，受け手1人当りのコストが増大する。しかし，一定の予算を割いて，ある程度個別的なコミュニケーションを図らない限りは，十分な効果は見込めない。このトレード・オフ関係のバランスが，MMを交通施策として本格実施をする際に，最も重要なポイントといえる。

最も個別的で，最も効果的なコミュニケーションは，家庭訪問等によるフェイス トゥフェイスコミュニケーションであろう。例えば，オーストラリアのパース都市圏のTravel Smartプロジェクトでは，1世帯当り約8 000円の予算を費やして，カスタマイズした時刻表を作成し，電話・郵送・家庭訪問による複数回の接触を前提としたコミュニケーションプログラムを，十万世帯以上を対象に実施し，大きな成果を上げている。

ただし，郵便で2，3回の往復のやりとりをする形で，個別的なコミュニケーションを図る方法でも，フェイス トゥ フェイスと同程度の効果が得られることが知られている。この形式のプログラムは，国内外で広範に実施されており，一定の効果が報告されている[3),6),7)]。

例外的ではあるが，そのMMが目指す行動変容が容易に可能な被験者に対しては，必ずしも個別的なものではなく，非個別的なものでも効果は期待できる。例えば，普段から公共交通を頻繁に利用している人々に対しては，新聞やテレビなどの媒体を通じた非個別的なメッセージでも，一定の意識と行動の変容は期待できる。

ただし，一般に交通手段の行動変容は容易ではなく，集計的な効果を求めるなら，大規模，かつ，個別的なコミュニケーションが必要である。

〔2〕 丁　重　さ

コミュニケーションの成否に送り手の「丁重さ」が関わることは，ごく当然と思われるかもしれない。しかし，例えば市町村から封書が郵送されてくる場合，住所や氏名の脇に数字やバーコードが記載されていたり，料金後納郵便であったら「何かのお役所的な大量処理された通知かな？」と感じないだろうか。そこには，人々をID番号で管理する行政の論理を感じ（効率的な行政運営に大量処理が不可欠であることは論を俟たない），丁重さは感じないだろう。一方で，もし，市章入りの封筒に手書きで宛名があり，切手が貼ってあったら，「自分に当てられた大事な手紙かな？」と感じないだろうか。

郵送によるコミュニケーションを例としたが，これが対面コミュニケーションであっても，メッセージの送り手の服装や言葉遣いの丁重さで，受け手のそのプロジェクトに対する印象は大きく変わり得る。送り手ー受け手関係を適切に構築するためには，「丁重さ」が重要なのである。

〔3〕 わかりやすさ

コミュニケーションのすべての局面において，対象者への細やかな「心遣い」が不可欠である。例えば

・資料を封筒に挿入する順序
・一つの資料を見るときの，自然な視線の流れ
・冗長な文章を使っていないか，等

あらゆる側面において細心の注意を怠らないことが，MMを成功に導くためにきわめて重要である。特に，交通担当部署の行政職員や交通を専門とする研究者は，行政用語や専門用語を多用する傾向にあり，一般の人々には理解しづらい資料を作成してしまうこともある。率直に感想を述べてくれる専門外の人，例えば家族らに確認してもらうのも「わかりやすさ」を担保する一手段であろう。

〔4〕 **担当者の重要性**

「先方の事情に配慮」しつつ「わかりやすく」,「丁重に」コミュニケーションを図る，という種々の細かな「気遣い」を怠らず，適切なMMを実施するための最短経路は，適切な担当者を選定することである。この点は，MMが通常の交通施策とは異なり，対人コミュニケーションを中心とする施策である以上，避けがたいポイントとなる。つねに「送り手ー受け手」の適切な関係を心掛け，細かい配慮を怠らない担当者を選定することは，MMを成功させるために重要なポイントといえよう。

〔5〕 **二　面　性**

MMは，自動車利用の社会的・個人的なデメリットの存在に十分に気が付いていない人々を対象とするものである。そのような人々に，それらデメリットの存在を示しつつ，意識と行動の変化を促すコミュニケーションを行う以上は，その過程で被験者にある程度の「反発」（心理的リアクタンス；藤井[2]）が生じ得る。このとき，「クルマ利用は悪い行為です」,「自動車利用を削減しましょう」といった「一面的」なメッセージは避けなければならない。メッセージの受け手が「そうはいっても，こちらにも事情があるのだから…」とかたくなに自己正当化してしまう可能性があるからである。

この点に配慮するためには，自動車を利用している人々の「気持ち」を想像し，その人々にもそれなりの事情があり得ることを想定しつつ，メッセージを発することが肝要である。そのためには，標準的には，つぎのような流れでメッセージを構成することが得策である。

1）クルマ利用のメリットを簡潔に述べる
2）その上で，「クルマ利用のデメリット」を簡潔に，わかりやすく記述
3）可能な範囲でかしこいクルマの使い方をご検討いただきたい，という旨を記述

このように，自動車利用のメリットを示しつつ，デメリットを示す，という「二面的」なメッセージを行うことで，心理的な反発（リアクタンス）を緩和することが期待できる。

MMが必要とされる社会は，大多数の人々がクルマ好きで公共交通に好意的でないという可能性が高いため，二面的なコミュニケーションが，有効であるといえよう。

〔6〕 **具　体　性**

細心の注意を払って作成したメッセージを送ることで，受け手に「クルマを少しでも控えてみよう」という動機が生じたとしても，実際の交通行動変容が生ずるにはハードルが残されている。「具体的にどうすればよいのか」という情報がなければ行動は変容しない。図14.1に示した行動変容プロセスにおける行動意図（動機）が形成されていたとしても，「実行意図」が活性化されなければ行動変容は難しいのである。

具体的な情報を提供する方法としては，14.2.3項に述べるアドヴァイス法と行動プラン法の2種類の方法がある。

上述の〔1〕～〔6〕の六つの条件のうち，「丁重さ」,「わかりやすさ」,「適切な担当者」の三つの条件は，いかなるMMコミュニケーションを行う場合であっても満たさなければならない最低限に必要な条件であるが，「個別性」,「二面性」,「具体性」の三つについては，もし，先方が容易に行動を変容しやすい態度と行動様式を持っている場合には必ずしも必要とはされない。

なお，非個別的，非具体的なマスコミ等のコマーシャルなどは，それ単独で人々の意識と行動の変容を期待することは難しい。しかし，個別的，具体的，かつ丁重なメッセージで構成されたMMコミュニケーションの素地を整えるためのイメージ戦略として用いるなど，補足的コミュニケーションとして有用となることが期待できる。

14.2.3　MMの技術要素

国内外で実施されたMMでは，心理学やマーケティングの知見を応用したさまざまな技術が用いられている[3),6),7)]。本項では，中でも重要と考えられる（1）動機付け，（2）良質な代替手段情報の提供，（3）アドヴァイス／フィードバックの提供，（4）行動プランの策定依頼，（5）イメージ戦略，の五つの代表的技術要素について述べる。

〔1〕 **動　機　付　け**

自動車から他の持続可能な交通手段への転換を促すためには，「なぜ自動車利用を控えなければならないか」を理解してもらうことが不可欠である。「地球環境を考えてクルマを控えよう」,「健康のためにもっと歩こう」,「交通渋滞の原因にならないためにバスに乗ろう」等，何のために交通行動変容が求められているのかが腑に落ちてはじめて「クルマを控えよう」という行動意図が活性化するのである。

この**動機付け**（motivation）を適切に行うために，自動車の環境負荷の度合い，自動車利用と肥満度・費用・地域愛着・中心市街地衰退・子どものモラル等，さまざまな情報が用いられてきた。しかしこれらをすべて一度に提示することは，「たくさんありすぎてよ

くわからない」,「そんなにクルマを否定されても…」等と，情報の希釈性効果や心理的リアクタンスが危惧され，適切ではない。例えば，男子高校生と乳児のいる主婦では興味の対象が異なることは容易に予想できる。男子高校生には「公共交通で筋トレできます」，乳児のいる主婦には「お子さんの心身ともに健やかな成長のためには公共交通に乗せた方がよい」といった動機付け情報が効果的かもしれない。どのような属性の人々の行動変容を期待するのか，ターゲットを明確にし，ターゲットの興味を熟考して動機付けを行う必要がある。いわゆるマーケティングを公共政策として行うのである。例えば，図14.1の「道徳意識」の活性化を期待してクルマの環境負荷の動機付け情報を，「態度」の活性化を期待してクルマのコスト，事故，健康等の動機付け情報を提供することになる。

藤本ら[33]は，どのような人に，どのような動機付け情報が効果的か，14種類の動機付け情報と，どの程度心が動いたかを測定する「心の変化尺度」を用いて調査分析した結果を報告している。例えば，小学生以下の子どもがいる人は子どもの発達に関する動機付けが，子どものいない有職者は心が動きにくいが健康に関する動機付けが有効であることが示されている。また，クラスター分析の結果，比較的どのような動機付けにも心が動く「心柔らか群」とどの動機付けにも心が動かない「心頑（かたく）な群」が存在し，心頑な群は**BMI**（body mass index：肥満度の簡易指標）が高く，主観的幸福感が低く，家族や地域から疎外されている傾向も示されている。一般に心頑な群の態度・行動変容は困難であると考えられ，費用対効果の観点からもまずは心柔らか群をMMの対象とするべきであろう。心頑な群へは，MM単体での態度行動変容を期待するよりも，法的規制や経済的施策を組み合わせたアプローチが有効となる可能性がある。

〔2〕 良質な代替手段情報の提供

適切な動機付けにより，なぜクルマを控えなければならないかを理解したとしよう。しかし，これだけで行動変容できる人はまれである。なぜなら，図14.1に示したように，動機付けによる行動意図の活性化は行動変容の必要条件ではあるが，それだけでは不十分だからである。交通行動変容を成功させるには，実行意図の活性化が不可欠である。この実行意図活性化のためには，代替手段の具体的な情報，例えばバスや電車の路線図，時刻表，バス・電車の乗り方を詳述したパンフレット，ウォーキングマップ，サイクリングマップ等が必要となる。

これらはいわば「代替手段の説明書」である。機械に疎い人が初めて導入する電子機器（例えば，iPad）に，説明書がついていない状況を考えてほしい（実際に説明書はついていない）。電源の入れ方すらわからないのではないだろうか？同様に，公共交通に疎い人が初めてバスを使ってみようとして，路線図や時刻表，乗り方の具体的情報がなかったら，「やっぱり，何だかよくわからないからクルマで行こう」となることは容易に想像できるだろう。

しかし，大手バス事業者を除き，多くの地方路線バス事業者は，良質なバス路線図や時刻表を利用者に提供できていないのが現状である。過去何十年にもわたって利用者が減少し続けてきた地方のバス事業者には，バスの説明書たる路線図と時刻表を作成する余力すら，残されていないのかもしれない。バス事業者独自での作成が難しいなら，地域公共交通活性化は自治体の活性化にもつながるものであるから，自治体やNPOが支援し路線図・時刻表を整備することもあり得るだろう。実際，福井市や札幌市ではNPOがすべてのバス・電車事業者を網羅した良質な路線図を作成している。ただし，自治体主導でつくるバス路線図には，その自治体が運行するコミュニティバスのみが掲載され，民間バス路線を載せていない事例も存在する。民間バス事業者の優遇とみなされる可能性があるからであろうが，それは狭量の一言に尽きる。一般のバス利用者は，そのバスがどの事業者のバスなのかを意識せずに乗っていることも多く，地域公共交通のネットワークを考えるなら，その地域のバス・市電・鉄道など全路線を掲載すべきである。

ここで，「良質」な情報とはいかなるものか考えてみたい。バス路線図をカラフルにし，文字を大きくすれば良質の情報といえるのだろうか。答えは否だと筆者は思う。文字サイズを大きくすることにこだわるあまり，行間が狭くなり，かえって読みにくい書類を見たことはないだろうか。色を多用しすぎて，どの部分も自己主張し，ごちゃごちゃと見づらい資料もあるだろう。良質な情報とは，一言でいえば「使う人とTPOを具体的に想定し，掲載情報の種類，言葉，レイアウト，サイズ，折り方等を，その人の立場で徹底的に考え抜いた情報」であると筆者は考える。バス路線図・時刻表にしても，それを日々持ち歩くのか，壁に貼るのかによってサイズや掲載情報は異なってくる。ほかにも，ターゲットとなるMM対象者の属性や情報取得可能性に応じて，例えば高校生ならスマホのアプリ，高齢者なら紙媒体で文字サイズを大きめにするなど，媒体を選ぶことも重要である。

さらに効果的なのは「個別的」な代替手段の情報を提供することである。一人ひとりの居住地と職場や買い物先の場所を把握し，その人ごとにカスタマイズしたバス・鉄道の時刻表情報などを，MM 実施者が加工して提供する，という方法である。実際に，オーストラリアのパース都市圏では，一人ひとりにカスタマイズした時刻表を提供する MM を数万人規模で実施し，効果を上げている。

〔3〕 アドヴァイス／フィードバックの提供

代替手段の情報提供をするだけで実行意図が活性化し，行動変容に成功する人もいるが，それはよほどモチベーションと知的水準の高い人であろう。多くの人にとって，動機付けと情報提供だけで行動変容のハードルを超えることは難しい。このハードルを下げるための一手法が**アドヴァイス**（advice）法である。

アドヴァイス法とは，文字どおり，具体的な行動変容のアドヴァイスを提供する方法である。より効果的なのは，やはり，「個別的」なアドヴァイスを提供することである。例えば 2000 年に札幌で実施されたプロジェクト[8]では，対象者がつけた 7 日間の交通行動日記を世帯ごとに分析し，その特徴を整理しつつ個別のコメントを体系化・エキスパートシステム化したアドヴァイスを行っている。具体的なアドヴァイスは，例えば以下のようなものであった。「水曜日に 3 回短い自動車利用がありました。一度の自動車利用で複数の用事を済ますことを**トリップチェーン**（trip chain）といい，それぞれ単独で自動車を使うよりも排気ガスを減らすことができます。まとめて一度に行うか，誰かが出掛けるときにお願いすることはできないものでしょうか」，「1 週間に 1 度くらい，天気のよい日に公共交通で通勤してみませんか。例えば火曜日，あなたは車で会社に行き，仕事では 1 日中車を使いませんでしたね。あなたの小さな行動変化がまち全体に広がれば，札幌の空気はかなりきれいになるはずです。なにより，健康に良いですよ」。

このとき，〔2〕で述べた個別的な代替手段情報を併用して会社までの公共交通通勤方法を提示することで，アドヴァイスがより具体的になり，効果が増すだろう。

フィードバック（feedback）とは，MM 対象者の MM 実施前後の交通行動を比較し，行動変容効果を CO_2 排出量等に換算するなどして提供する方法である。例えばダイエットを試みるときに，ダイエット前の体重を量り，ダイエットに取り組んだあとにも体重を量って達成度を把握するだろう。同様に，行動変容効果を目に見える形で示すことで，その行動変容の継続が期待できる。このとき，対象者の直感的理解を促進するため，CO_2 排出量をキログラム，トンなどで提示するよりも，杉の木○本分の吸収量，などと目に見える形で結果をフィードバックすることが望ましい。

アドヴァイス法，フィードバック法の行動変容効果は実証されているが，これらは複数回の双方向コミュニケーションを前提とし，個別的な情報作成に時間と手間が掛かるため，相対的にコストがかさんでしまう。このことから，近年はつぎの〔4〕に述べる行動プラン法が多用されている。

〔4〕 行動プランの策定依頼

行動プラン（behavioral planning）法は，クルマの代替手段情報，例えば詳細で個別的な公共交通情報を対象者に提供した上で，その情報に基づいて「具体的に，どのように行動を変えればよいか」を検討してもらう方法である。この方法は，例えば医療福祉分野における生活習慣病対策の一環としても**アクションプラン**（action plan）として活用されており，態度・行動変容のための有効な方法として広く知られている。

行動プラン法では，対象者の作業量は上記アドヴァイス法よりも多いため，反応率（回収率）はアドヴァイス法よりも若干低下（1〜2 割程度）する点には留意が必要である。しかし

1）対象者が主体的に情報を検討するので，より詳細な情報を，対象者が理解することとなる
2）具体的な「行動プラン」を作成するので，より「実行意図」が強く形成される

という二つの理由より，より効果的に行動変容を導く方法であることが知られている（藤井[2]参照）。

MM の現場では，アンケートへの回答を要請するという形で対象者に行動プラン策定を要請することが多い。単に行動プラン策定を要請すると「行動プランを書いても書かなくても誰にもわからない」ため策定率が下がるが，アンケートは回収することが前提であるため，「誰かに見られるならちゃんと書く」効果で策定率の相対的向上が期待できる。ただし，せっかく策定した行動プランを「回収」してしまうと，それを対象者自身が参照することができないため，アンケート用紙は複写式にし，1 枚は提出，1 枚は手元に置いておいてもらうことが望ましい。このような複写式用紙を用いることは，医療福祉分野のアクションプランでも一般的であり，確立された技術となっている。

行動プランを記入する行動プラン票は，世帯用，事業所従業員用，小学生用など，さまざまなものが開発されており[6]，対象者の属性や期待される行動変容の移動目的などを勘案し，最適なものが使用される。

実際には，以下のような手順で行動プラン策定を要請することが多い。

1）〔1〕に述べた動機付けのための情報を提供した上で
2）どの程度クルマ利用の削減を目指すか，という

目標を記載してもらい

3）通勤，買い物，レジャーの三つの目的のそれぞれについて，「かしこいクルマの使い方」としてどのようなメニューがあるのかを提示して，そのメニューの中に，世帯の中で実行可能なものがあるか否かの検討を促し

4）3）が可能であるなら，具体的にどのようにするかの「行動プラン」の策定を要請する

というものである。ここで，上記1）の動機付けがなければ，行動プランを具体的に記述しようとする意図が十分に形成されない。また，2）のように「目標」を記述することで，行動を変えようという意識がより強固なものとなることが期待できる（一般に，コミットメント効果と呼ばれる；藤井[2]）。また，いきなり「行動プラン」の作成を要請するよりは，その導入として，3）を尋ねてから要請する方が被験者にとっては答えやすい。そして4）の具体的行動プランを策定する際に，〔2〕で述べた代替手段の情報，すなわちバス路線図や時刻表を活用してもらうこととなる。

行動プラン票には，適切な「記入例」を付けることも必要である。この記入例の中に，〔2〕に述べた公共交通情報や，〔3〕で用意したアドヴァイス情報等を参照するような教示を含めることができる。

いずれにしても，「行動プランを策定する」という行為は，ある程度の作業量，認知的付加を伴うものであるため，種々の配慮の下，できるだけ記入しやすいようなものにすることが肝要である。

〔5〕 イメージ戦略：代替手段へのポジティブな態度形成

欧州では，〔1〕～〔4〕に述べたMMの技術要素に加え，公共交通利用促進キャンペーン等によるイメージ戦略も積極的に実施されている。しかし，わが国ではキャンペーン等のソフト施策に公共事業の予算を割くことが近年特に難しいこともあり，実施事例は非常に少ないのが現状である。これは，キャンペーン等の広報活動の効果をそれ単体で抽出して定量的に把握することが困難であることも一因であろう。しかし，例えば食品や生活用品，自動車などさまざまな商品のマーケティングにおいては，その商品をPRし購入してもらうために大規模なキャンペーンが積極的に実施されており，その効果は商品売上げ等で確認されている。ここでは，イメージ戦略の重要性と展開可能性について述べる。

キャンペーン等のイメージ戦略の目的は，公共交通に対するポジティブな態度の形成を促すことである。一般に，電車やバスに対する「態度」は，自動車に対する「態度」よりもネガティブであることが知られている。このことは，少なくとも日本でモータリゼーションが始まった1960年代から，自動車会社がテレビ，ラジオ，新聞，雑誌等さまざまなメディアで自動車のメリット情報を宣伝してきたことと無縁ではないだろう。自動車に，人間が根源的に求める移動の快適性・利便性が備わっていることは論を俟たない。その上，自動車は自分で移動を制御する喜びや所有の喜び，ステイタスといった，自己実現の一つとして認識され得る魅力を有しているのである。

一方で，バスや電車などの公共交通においても，自動車と同様の魅力を求められると難しいものの，知り合いに偶然会って会話したり，移動中に読書ができることなども魅力の一つである。また，公共交通移動に伴う身体活動量は，自動車でのそれよりも多いことが知られており（例えば，文献9），10）），生活習慣病予防としても有効である。このように公共交通のメリットを強調し，広くPRすることで，電車やバスに対するポジティブな態度を形成する施策も，今後さらに重要になると思われる。実際，ウィーン市交通局では，すでに10年以上，市営公共交通の**エモーショナルキャンペーン**（emotional campaign）を続けている。媒体はおもにポスターや映像CMであるが，バスや路面電車を使った質の高い生活をイメージさせるのに一役買っている[11]。わが国の地方公共交通事業者の多くは利用者減に伴う経営難で疲弊しており，イメージ戦略に金銭的・認知的資源を割く余力が残されていないため，国や地方自治体の役割が相対的に大きくなっていくだろう。

さて，マーケティング分野の共通理解として，「その商品に対するポジティブな態度形成のみでは購入（行動変容）に至らない」，「最後の一押しは「口コミ」である」ともいわれている。モデルチェンジした自動車のキャンペーンをテレビ・ラジオ・新聞・雑誌・Webなどさまざまな媒体で大々的に実施し，「あの車欲しいな，いいな」と思わせることに成功したとしても，そのポジティブな態度は，身近な信頼できる人からの「あの車は壊れやすいらしい」との（真偽不明な）口コミでいともたやすく崩れ去るのである。公共交通利用促進のための口コミを政策的に誘発することはほぼ不可能であろうが，その代替となり得るのが地域の公共交通に関する「ニューズレター」である。コンテンツは，地域公共交通システムの改変周知や，バス運転手の紹介，コミュニティバスの導入経緯を物語風に連載，バスをはじめとした交通に関するコラム，地域の小中学校での取組み紹介，などさまざまなものが考えられる。実際に，龍ヶ崎市[12]や帯広市[13),14]の事例では，コミュニティバスに関するニューズレター

を市の広報誌に同梱して全戸配布し，好評を得ている。

また，公共交通に対するポジティブなイメージの形成には，その公共交通事業者が利用者を顧客と認識し，その声に耳を傾ける真摯な姿勢が重要となろう。利用者からの意見・要望に丁寧に対応することの効果は，ボローニャ市交通局[15]や龍ヶ崎市[12]，帯広市[3]の事例からも示されているのである。

14.2.4　代表的な MM プログラム：技術要素の組合せ例

本項では，前項までに述べた技術を組み合わせた事例について，いくつか紹介することとする。その前に，当然ではあるが，MM は単体でどんな交通問題にも効く万能薬ではない。特に，「なぜ自動車を控えなければならないのか，自分の行動変容を求められるのか」という動機付けが難しい場合，他の施策との併用が求められよう。**表 14.1** に記した事項を確認し，MM が有効か否かを判断すべきである。

表 14.1　MM の導入検討チェックリスト

チェック		項　目
□		実施主体は，誰か？ （交通事業者／自治体／国／NPO 等）
□		MM「動機付け」は可能か？
	▽	どんな動機付けが可能か？ （実施主体とも関連） 交通渋滞，環境，健康，コスト，モビリティ確保…
□		交通システムは不便すぎないか？
□		MM とパッケージできる他の施策はあるか？
	▽	あるとすれば，それは一体何か？
□		どのような具体的な代替手段情報を提供できるか？
	▽	良い公共交通路線図，徒歩マップ，時刻表等 なければ，それを作成可能か

さらに，MM は「マネジメント」のプロセスであることから，1）目標や 2）ターゲット（対象者），3）実施体制，そして目標を達成するための 4）手法の検討，5）目標達成度合いの検証，が不可欠である。1）目標は，例えば交通渋滞解消，バス利用促進，CO_2 排出量の削減等の政策目標を，いつまでに，どの程度達成しようとするかである。2）その目標に向けた「対象」の検討に際しては，例えば利用促進したい路線周辺の居住者，職場従業員，学校の生徒児童，その自治体への転入者，等を具体的に想定することとなる。3）実施体制については，○○市，△△協議会，など実施主体の名称の検討，ロゴやプロジェクト名などブランドの検討（例えば市民向けに「かしこいクルマの使い方を考えるプログラム」というプロジェクト名を用いる等），実務実施体制の検討（国，地方自治体，交通事業者，コンサルタント，NPO，学識経験者らがどのように連携するか）を行う必要がある。また，4）手法としては，14.2.3 項に述べた MM 技術をどのように組み合わせるか，ほかに組み合わせられる有効な施策はないか，等を検討する必要があるし，5）の目標達成度合いをどのような指標で評価するか，どう計測するか（14.2.5 項参照）も吟味しなければならない。

技術要素を組み合わせた一般的なプログラムは，**トラベル フィードバック プログラム**（travel feedback program，**TFP**）と呼ばれている。典型的な TFP は郵送でのコミュニケーションを主体とし，動機付け冊子・代替手段の路線図／時刻表・行動プラン策定を要請するコミュニケーションアンケートを配布し，交通行動変容を促すとともに，1～6 箇月後に再度アンケートへの回答を要請することで，効果計測と対象者への達成度フィードバックを行うものである。TFP はこれまでさまざまな地域・用途で実施されており，効果が実証されているが，TFP を用いない MM，例えば運転免許試験場における介入やラジオ番組を活用した MM，地域のフリーペーパーを活用した MM，そして学校 MM なども多数事例があり，その効果が報告されている。TFP を用いるか否かは，地域特性や課題設定により検討すべきである。

さて，このような検討を経て実施された MM 事例は全国に多数存在するが，代表的な事例について，「MM 技術の組合せ」という視点でいくつか紹介する。以下，都市圏 PT 調査の機会を活用した（1）福井都市圏の事例を詳述するとともに，（2）秦野市の学校 MM，（3）十勝バスのバス利用促進 MM，（4）松江都市圏の事業所対象の渋滞対策 MM，そして，（5）福岡県朝倉市甘木の買い物 MM について述べる。

〔1〕　福井都市圏の PT 調査活用 MM[7]

まず，福井都市圏において，2005 年の都市圏パーソントリップ（PT）調査を活用し大規模な MM を実施した事例を紹介する。福井県は世帯当りの自動車保有台数が全国 1 位となるなど，自動車依存傾向の高い県の一つである。福井都市圏 PT 調査の検討組織として，国・県・自治体・交通事業者・学識経験者で構成された福井都市圏総合都市交通計画委員会において，来るべき少子高齢化社会，人口減の社会では，一人ひとりの自動車依存傾向を緩和していくことが重要であることが確認された。この認識に基づき，PT調査におけるMM実施の目的として，以下の二つが設定されたのである。

（目的1）　PT調査結果を踏まえて策定する都市交通戦略において，MMをどのように戦略的に位置付けていくのかを検討する基礎資料を得る。

（目的2）　PT調査を，4万人以上もの県民と「コミュニケーション」を図る好機と捉え，この機会を通じて，交通に関する意識と行動の変容を促す。

目的1は都市圏PT調査の主たる目的であるが，目的2は，調査員による訪問調査であるPT調査をコミュニケーションの機会と捉えるもので，全国初の取組みであった。おもに目的2を達成するため，福井都市圏のPT調査では以下の二つの取組みを行った。

A：全回答者（約4万4千人）を対象とした自動車利用削減「行動プラン」策定依頼：PT調査票の活用

B：希望者約1万人を対象とした簡易TFP：付帯調査の活用

Aでは，PT調査の対象者全員に回答してもらう調査票（個人票）に，参加者の意識と行動の変容を促すための質問項目を挿入した。具体的には，**図14.2**に示すように，通常のPT調査票（個人票）の最後の部分に，「この調査票に記入した自動車を利用したトリップの中で，自動車でなくてもよかったトリップがあったかどうか」，「変更できるとしたら，どのようなイメージで変更するか」を尋ねる質問項目を挿入した。これは「行動プラン」策定を要請するもので，自らの自動車利用の変更可能性を考えてもらうための作業であった。普段，習慣的・無意識的に使っているクルマ利用が，本当にクルマでなくてもよかったのかどうかを「考える機会」を提供したのである。この問いの最後に，クルマ以外で移動することが環境と渋滞の問題解決のために重要であると指摘しつつ，「実際に，このプランを実行しようと思うかどうか」を尋ねている。

「クルマを控えましょう」という単純なメッセージでは反発を感ずるだけの人でも，このような質問をされて，回答している内に，クルマを控えることが実は可能であり，かつ，それが社会的に望ましいことなのだということを，素直に理解する可能性が生ずるのである。

この設問の結果，当日クルマを利用していたドライバーの約25％が，その日のクルマ利用をなんらかの形で削減できると回答した。この結果は，PT調査を通じて4万以上の人々にクルマ利用の抑制を呼びかけることを通じて，少なくとも1万人弱のドライバーに，その日のクルマ利用を削減する可能性を「具体的」に考える機会を提供できたことを意味している。

つぎに，Bの取組みでは，都市圏独自の調査項目の設定が可能な「付帯調査」の枠組みを活用し，希望者約1万人を対象とした簡易TFPを実施している。具体的には，PT調査票一式が入った封筒に，追加調査として「自動車の使い方を考えるアンケート調査」への参加希望を促す設問項目を挿入し，参加希望のあった世帯に対して各種メッセージや地図情報を送付しつつ，交通についての意識や行動の変容を促すための**コミュニケーションアンケート**（communicative questionnaire）（**図14.3**参照）を実施するという内容であった。

PT調査票の配布に際しては，より多くの人々にこの付帯調査（コミュニケーションアンケート）への参加を促すため，調査員に口頭で付帯調査への参加を促してもらった。その結果，回答者の約3割に当たる1万3千人（約4千世帯）から参加希望が得られた。なお，この取組みでは，TFPの効果を的確に把握するための比較対象とするため，参加希望者の一部（約3分の1）に対してあえてTFPを実施せず統制群とし，残りの約1万人（約3000世帯）を対象に簡易TFPを実施した。

さて，こうしてTFPの対象として選定された約3000世帯に対して，**図14.4**左上の封筒を郵送で送付した。この封筒には，図14.4右下のとおり，挨拶状と，動機付けとなる「かしこいクルマの使い方を考えるプログラム」の趣旨冊子，ならびに，クルマの代替手段情報として福井都市圏の公共交通マップとコミュニケーションアンケート票（行動プラン票：図14.3参照）が同封されている。

挨拶状には，先日，PT調査に協力していただいたことに対するお礼と，今回のアンケートに改めて協力していただきたい旨が記述されている。また，「かしこいクルマの使い方を考えるプログラム」の趣旨冊子は，環境や健康のことを考えた場合，必ずしもクルマばかりに依存しているライフスタイルが望ましいわけではない旨，ならびに，クルマと「かしこく」付き合うことを呼びかけるメッセージが含まれている。

さて，このコミュニケーションアンケートで最も重要なのが，図14.3に示したアンケート形式の行動プラン票である。この行動プラン票では，まず，何％くらいクルマ利用を減らし，公共交通利用を増やすのか，という「行動目標」を書いてもらう（goal setting）。その上で，通勤通学，買い物，休日レジャー，という三つの機会のそれぞれにおいて，「具体的に，どのよ

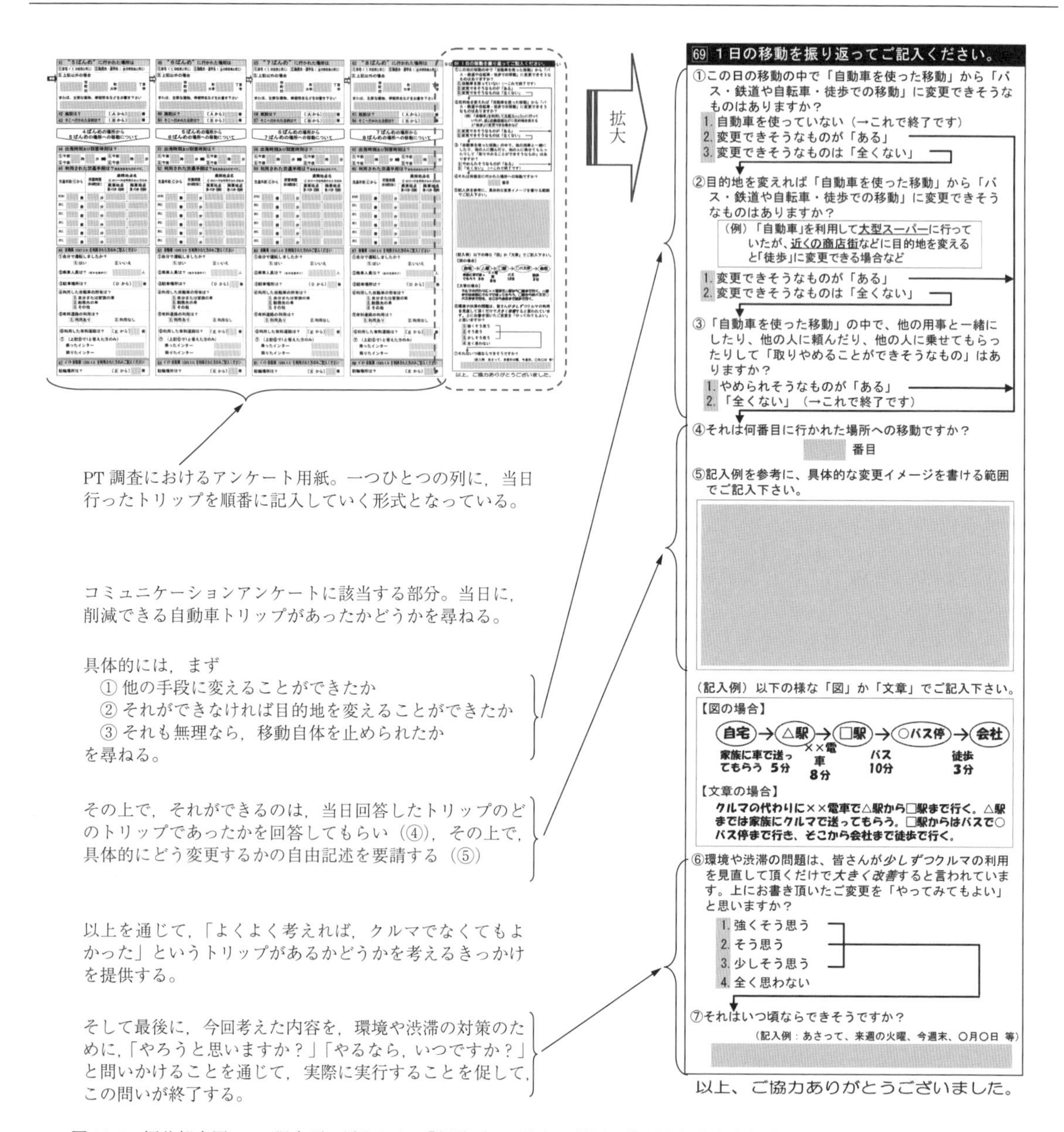

図 14.2　福井都市圏の PT 調査票に挿入した，「行動プラン法」の活用に基づく行動変容促進のためのコミュニケーションアンケート項目（以下，本項の図表は文献 7）より筆者の了解を得て転載したものである）

うにクルマ利用を減らすのか」という「行動プラン」を自由に考えてもらい，自由に記述してもらう。そして，その行動プランを考えてもらう過程で，同封の「動機付け冊子」や「公共交通地図」に目を通すように教示するのである。こうした教示をすることを通じて，提供した情報に，少しでもしっかりと目を通す機会を提供している。アンケートは以上であり，回答には，5〜10 分程度しかかからない。

この「コミュニケーションアンケート」の回収率は，約 43% であり，対象世帯の約半数から，行動を変えるための「行動目標」と「行動プラン」が寄せられたこととなる。この取組みの効果を，TFP の事前事後のデータで確認したところ，割合にして 12.3%，1 人 1 週間当り平均で約 1.2 回の自動車利用が削減したことが示された。

〔2〕 秦野市の小学生対象の学校 MM

神奈川県秦野市の学校 MM は，**交通需要マネジメント**（transportation demand management，**TDM**）の

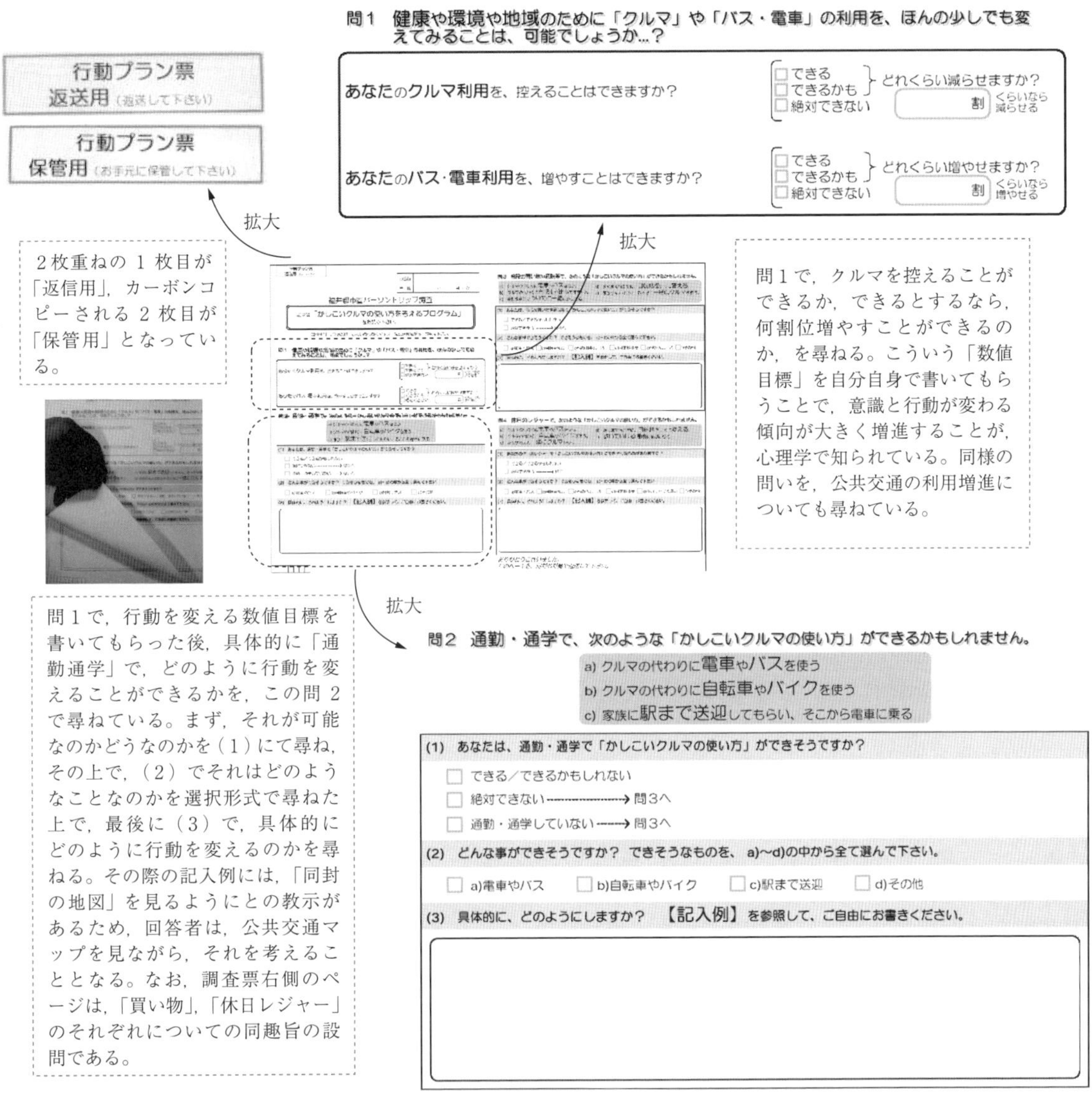

問1　健康や環境や地域のために「クルマ」や「バス・電車」の利用を、ほんの少しでも変えてみることは、可能でしょうか…？

あなたのクルマ利用を、控えることはできますか？　□できる　□できるかも　□絶対できない　どれくらい減らせますか？　割　くらいなら減らせる

あなたのバス・電車利用を、増やすことはできますか？　□できる　□できるかも　□絶対できない　どれくらい増やせますか？　割　くらいなら増やせる

行動プラン票　返送用（返送して下さい）

行動プラン票　保管用（お手元に保管して下さい）

拡大

2枚重ねの1枚目が「返信用」，カーボンコピーされる2枚目が「保管用」となっている。

問1で，クルマを控えることができるか，できるとするなら，何割位増やすことができるのか，を尋ねる。こういう「数値目標」を自分自身で書いてもらうことで，意識と行動が変わる傾向が大きく増進することが，心理学で知られている。同様の問いを，公共交通の利用増進についても尋ねている。

問1で，行動を変える数値目標を書いてもらった後，具体的に「通勤通学」で，どのように行動を変えることができるかを，この問2で尋ねている。まず，それが可能なのかどうなのかを（1）にて尋ね，その上で，（2）でそれはどのようなことなのかを選択形式で尋ねた上で，最後に（3）で，具体的にどのように行動を変えるのかを尋ねる。その際の記入例には，「同封の地図」を見るようにとの教示があるため，回答者は，公共交通マップを見ながら，それを考えることとなる。なお，調査票右側のページは，「買い物」，「休日レジャー」のそれぞれについての同趣旨の設問である。

問2　通勤・通学で、次のような「かしこいクルマの使い方」ができるかもしれません。

a) クルマの代わりに電車やバスを使う
b) クルマの代わりに自転車やバイクを使う
c) 家族に駅まで送迎してもらい、そこから電車に乗る

(1) あなたは、通勤・通学で「かしこいクルマの使い方」ができそうですか？
□できる／できるかもしれない
□絶対できない ------→ 問3へ
□通勤・通学していない ---→ 問3へ

(2) どんな事ができそうですか？　できそうなものを、a)～d)の中から全て選んで下さい。
□a)電車やバス　□b)自転車やバイク　□c)駅まで送迎　□d)その他

(3) 具体的に、どのようにしますか？　【記入例】を参照して、ご自由にお書きください。

図14.3　福井PTのTFPで活用された，コミュニケーションアンケート（行動プラン票）

一環として始まり，当初は「TDM教育」，現在は「交通スリム化教育」と呼称されている。対象は小学校5年生，社会科あるいは総合的な学習の時間を2コマ使う授業を毎年2～3校ずつ輪番で実施し，現在は市立小学校13校すべてで2巡目以上実施済みである。

授業の内容は，藤井・谷口[7)]や唐木・藤井編[16)]に詳しいが，1）動機付けとして，自動車のメリット・デメリットを子どもたちに考えさせた上で焦点を自動車の環境負荷に絞り，利便性と環境負荷を両軸とした葛藤体験を経て，2）市内の車移動を公共交通や徒歩による移動に転換する行動プランを策定し，その成果を発表し共有するというものである。使用する教材としては動機付けのための①全校共通のパワーポイント，②行動プラン票などが準備されており，行動プラン策定に用いる詳細な代替手段情報となる③バス時刻表・路線図は各小学校の立地に応じてカスタマイズされている。

学校MMの成否を決める最も重要なポイントは，児童の興味を引き付け，教員にとっても魅力的な教材の作成であろう。秦野市の学校MMでは，都市交通の専門家と教育の専門家が意見を交わしつつ，新たな工夫を盛り込んで教材を創りあげており，動機付けの

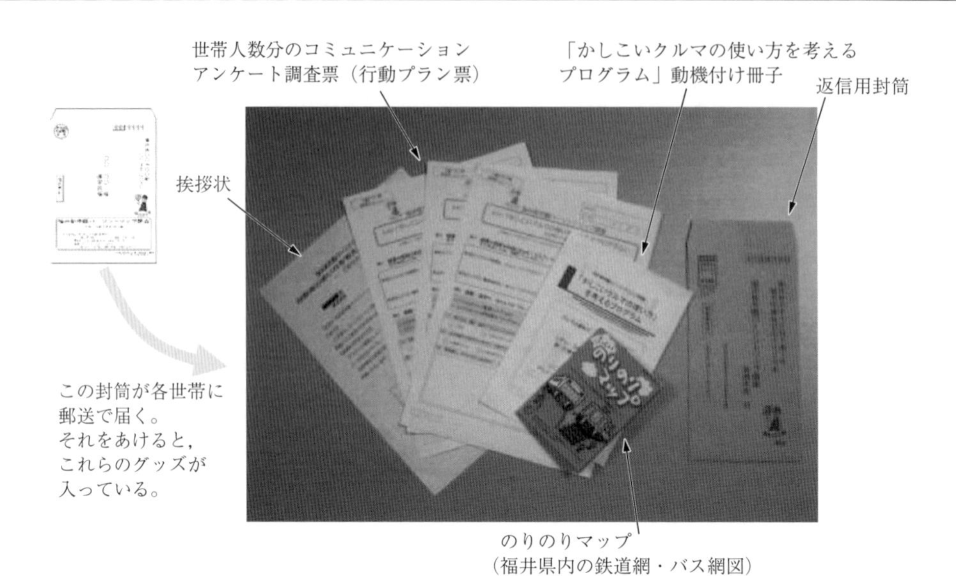

図 14.4　福井 PT 付帯調査で TFP 参加世帯に配布されたコミュニケーションキット一式

ための座学講義＋行動プラン策定作業という基本軸は維持しつつも，少しずつより良い形に変えてきた経緯がある。例えば，2004 年度のプレ授業の後，対象校 5 年担任と指導主事氏，コンサルタントを交えた反省会では，担任教諭より「ボリュームが多すぎる」，「運転をしない子どもたちは当事者じゃない。それなのにこの内容を教えてよいのか？」，「この授業に何の意味があるのか？」など，厳しい評価を受けている。そこでつぎの年，指導主事がプレ授業時の教材を児童が身を乗り出すような良質な教材にアレンジした（谷口ら）[17]。また，そのつぎの年度はゲスト講師であった学識経験者が高木氏に「子どもたちにジレンマを，葛藤を感じさせる内容を追加したい」と依頼し，「環境負荷低減」と「生活の利便性確保」を両端に置き，児童に自分の意見がこの両端のどこに位置するかを表明させ，その中間点を段階的に追加していく授業を高木氏が提案・実践している（谷口・浅見）[18]。その後，学識経験者が「健康」の動機付け（クルマにばかり乗っていると歩行量が少なくなり，不健康になる）を取り込み（糟谷ら）[19]，クイズ形式に改訂する，2013 年にはガリバーマップを活用した授業を試行するなど，動機付けの教材をより良いものにするため，PDCA のプロセスをまわす努力を続けているのである。

ほかにも，教材の質向上の工夫として，以下の四つが挙げられる。

（1）　対象学年の限定と標準化：秦野市では対象学年を 5 年生に絞り，標準的授業内容（座学の講義＋行動プラン策定作業）を規定している。これにより，「5 年生の 2 学期，自動車工業の単元のあとに交通スリム化教育がある」と小学校の現場教員に認識してもらうことに成功した。また，ターゲットを限定することで動機付けの内容や難易度調整も容易になっている。

（2）　小学校の立地に即した資料を個別に提供：座学の講義に用いるパワーポイント資料や行動プランを記入するワークシートは全校共通のものであるが，行動プラン策定に用いる路線図や所要時間・運賃表は小学校最寄りのバス停から，その小学校の児童に身近な行き先を想定して作成し，カスタマイズして提供している。これらは，児童が自らの移動を真剣に考え，実践につなげる一助となっている。

（3）　模範となる授業の DVD を当該年度の実施小学校に提供：授業イメージをつかんでもらうため，模範となる授業の DVD を実施小学校の 5 年生担任に提供している。これは教員の動機付けとしても有効であり，この DVD を事前に見てもらうことで，（4）の講習会もスムーズに進めることができている。

（4）　夏の教員向け講習会：2010 年度より，当該年度輪番の小学校 5 年生担任と，希望校の教員を対象とした講習会を 8 月に開催している。2014 年度は輪番の学校が 3 校，自主的に手を挙げた学校 4 校の計 7 校が講習会に参加している。この講習会は教員の動機付けと理解を深めるために設けられており，教員からも好評を得ている。

以上述べたように，秦野市では10年にわたり学校MMに取り組んできた結果，着実に学校現場に根付いてきている。市役所としての取組み姿勢も，この10年で変わってきている。例えば，当初，TDM実施計画の担当部署は都市計画課交通企画班であったのが，現在は公共交通推進課となっている。公共交通の推進につながるこの取組みの重要性が広く認識され，市役所組織の改変につながったといえるかもしれない。実際，保坂氏は「交通スリム化教育は，続けているうちに評価されるようになった」と語っている。教育部署での評価について，高木氏はこう語る。「交通スリム化教育は，教育委員会の行政評価にて外部審査員よりA評価をもらっている。また，自主的に授業をすると手を挙げている小学校が4校もあることは，教育現場からも支持されているのだと思う」。

行政組織の中の交通部署と教育部署の連携事例として，秦野市の事例は他都市にも応用できるさまざまな示唆を含んでいる。

〔3〕　十勝バスの路線バス利用促進MM[3),13),14)]

北海道東部の帯広市を中心にバス路線網を有する民間バス事業者，十勝バスは，2001年時点で1970年代のピーク時の約1/5に利用者が減少し，帯広市や国の支援を受けるものの，バス事業からの撤退をも検討するほどの状況にあった。

2003年，実証実験として運行開始されたデマンドバスとデマンドタクシーの利用促進として，1）「デマンド」の意味を説明するバス・タクシーPRチラシ（停留所地図付き），2）行動プランアンケート，3）デマンドバスお試しチケット，4）2箇月に1回発行されるニューズレターの技術を活用し，運行地域の世帯全員を対象としたMMが実施され，一定の効果を得ることができている[13),14)]。ただし，この取組みは帯広市役所，運輸支局，そしてコンサルタントが連携して行った行政主導の「実証実験」であった。

その後，実証実験を終えたデマンドバスは成功が確認できた一部区間で本格運用され，実証実験で連携した各主体が，帯広のモビリティを改善していくことを共通の目的とした「チーム」として形作られていく。帯広を中心とした十勝地区でさまざまなバス利用促進策が進められる契機となったのである。こうして2001年頃から行政主導で始められたMMは，官民連携で進められるようになり，当初「行政に付き合う」かのようなニュアンスでMMに参加していた十勝バスも，徐々に主体的に利用促進を展開していくようになる。

2008年，十勝バスは，社長のリーダーシップの下，「小さなことから始める」というコンセプトで，まずは一つのバス停をピックアップし，周辺の全世帯にそのバス停の時刻表と路線図を配布した。これにより，そのバス停利用者は周辺バス停に比べ増加したという。カスタマイズされた良質な公共交通情報は，それだけで行動変容効果を有するのである。

この成功体験を受け，翌2009年より社長を含む十勝バスの社員が沿線住民宅を訪問し，「なぜわが社のバスに乗っていただけないのか」を聞いてまわる家庭訪問の営業活動を開始した。その結果，社長以下，十勝バスの社員は「人々がバスを使わないのは，不便さが主要因ではなく，どうバスに乗ればよいのかわからず【不安】だからなのだ」ということに気付いたのである。公共交通事業者が「利用者を顧客と認識し，その声に耳を傾ける真摯な姿勢」を示すことで，バスに対するポジティブなイメージ形成を促したこと，それとほぼ同じタイミングで路線別・目的別の時刻表を作成し沿線に配布し，「バスの乗り方」をバスマップに掲載して路線運行地域の全世帯に配布するなど，MMの典型的な技術が応用されている。

このように十勝バスの利用促進の取組みは，戦略的営業として始められた当初は，他地域でも効果が検証された典型的／教科書的MM施策であった。しかし，自主的な取組みが進められるにつれ，社員が自発的にさまざまなアイディアを出すようになり，その独自の取組みがさらなる利用増をもたらしたのである。例えば定期券を保有する顧客を土日乗り放題にしたり，「日帰り路線バスパック」という観光施設とタイアップし路線バスのバスダイヤを用いつつ，割引運賃でサービスを提供するというアイディア商品を売り出したり，さまざまな取組みが試行され，成功を収めている。その結果，40年以上も減り続けた乗降客数が，増加に転じたのである。この利用者増は，営業成績の向上のみならず，「自分たちの努力でお客様が増えた」事実により，社員一人ひとりが自信を取り戻し，誇りを取り戻すことができたことにつながる大きな成果であったと報告されている。

〔4〕　松江都市圏における事業所対象の渋滞対策MM[3)]

松江都市圏では，2006年度，国道事務所による交通渋滞対策の一環として，市内中心部の行政職員を対象に，1）動機付け冊子，2）NPO作成のバスマップ，3）行動プラン策定アンケート，で構成されるMMを試行的に展開したが，当時，協力的な姿勢を示した職員はほとんどいなかった。

この反省を受けて，2007年度より，国道事務所担当者とコンサルタントが市内中心部の事業所を一軒一軒訪問し，“「できることから，できるペースで，できる人から」過度な自動車利用を抑制する”働きかけを行い，きめ細やかなコミュニケーションとサポートで「職場交通プラン」の策定支援を始めている。この事業所ごとの職場交通プランは「まつエコ宣言」と呼ばれ，初年度訪問した事業所の約7割が策定し，2008年度には松江市中心部の従業人口8万人の6%に相当する約4 500人が勤務する事業所で，職場交通プランが策定されるに至っている。この取組みのターゲットは「事業所」組織そのものであり，1）動機付け，として国道事務所職員とコンサルタントが各事業所の担当者と直接，密にコミュニケーションをとり自動車通勤抑制の必要性を語り，2）代替手段の情報提供として，さまざまな事業所の取組みを「取組み事例集」として提供し，3）事業所の行動プランとして「まつエコ宣言」を事業所ごとに策定する，という技術が用いられている。

さらに，事業所組織対象の取組みだけでなく，従業員一人ひとりを巻き込むイベントとして，2009年よりノーマイカーウィークが企画され，環境・健康・コスト・交通渋滞からエコ通勤のメリットを啓発する従業員向けの「動機付け冊子」も配布されている。これに合わせて，自動車通勤の代替手段として「電動アシスト付き自転車の貸出し施策」も同時実施された。このノーマイカーウィーク期間中，主要渋滞ポイントの交通量や渋滞長は減少し，地元マスメディアからも大きく取り上げられ，広く市民の関心を集めたのである。

このような機運が醸成されたことで，松江市役所では通勤制度を見直し，通勤距離6 km以内の自動車通勤を原則として認めないという方針を打ち出した。同様に職場の通勤ルールを変更する民間事業所や，従業員自ら完全に交通手段を転換する例も出始めたのである。これらの地道な取組みにより，通常時の自動車交通量は年々減少し，これまで減少傾向にあったバス利用者にも上昇の兆しが見られるとのことである。

〔5〕　朝倉市甘木の買い物行動変容MM[20]

最後に，人々の交通行動変容を期待するMMの応用事例として，中心市街地活性化を目的に，買い物先を郊外の大型ショッピングセンターから中心市街地の路面店に変容させることを試みた福岡県朝倉市甘木の取組みを紹介する。

この取組みは，甘木の中心部から半径約500 mの全居住世帯を対象とし，以下の三つのツールを配布するというものであった。すなわち，なぜ買い物先を変更したほうがよいかを説明し動機付けを行うための1）動機付け冊子（買い物行動の帰結に関する健康，環境，地域とのふれあい，地域経済の情報），代替手段となる中心市街地の店舗情報として2）店舗紹介冊子（地域の生産品と店舗），そして実行意図を活性化させるための3）コミュニケーションアンケート（冊子読了の有無，地域の店舗利用意図の程度，店舗までの道順の記入を要請），である。

このコミュニケーションから3～4箇月後の事後調査結果より，約3割の回答者が近所の店舗での買い物を意識するようになり，半数以上の回答者が近所の店舗での買い物を他者に勧めていたほか，店舗紹介冊子に掲載されていた店舗利用頻度が2倍以上に増加したという効果が報告されている[20]。

図14.1に述べた行動変容のプロセスモデルと14.2.3項に述べたMMのさまざまな技術要素は，交通行動のみならずさまざまな種類の行動変容に用いることができる。例えば景観配慮行動変容[21),22)]，災害避難行動変容[23～25)]などにも応用され，その効果が検証されている。

以上，本項では「MM技術の組合せ」という視点を中心にMM事例を紹介したが，実際には単に技術要素の組合せを吟味するだけでMMが成功するわけではない。さまざまなステークホルダーが何を思い，願って連携したか，どのようにして種々のハードルを乗り越えたか，定量的効果のみならず，どのような定性的効果が得られたか，などの方がむしろ重要な視点であろう。しかしながら，紙幅の関係上，本項で言及することが難しいため，この点については文献3）を参照されたい。（谷口綾子）

14.2.5　計画の効果計測と評価[26)]

MMのマネジメント（plan，do，check，action）において，各時点で実施する個々のMM施策の「評価」（check）は，1）当該地域のマネジメントを適切に展開する上でも，2）より効果的・効率的なMM技術の発展を期する上でも，きわめて重要である。本項では，モビリティ・マネジメントの効果計測および施策評価の基本的な考え方を述べる。

〔1〕　施策評価の基本的な考え方

（1）　施策評価方法の種類　施策効果を評価する最も基本的な考え方は，「with/without評価」の考え方である。すなわち，「当該施策があった場合」（with状態）と「当該施策がなかった場合」（without状態）のそれぞれの評価尺度の差（比）を施策の効果とみなす，というものである。

ここで，「当該施策があった場合」（with）の状態は，当該施策実施後の状況を直接測定すれば把握できるが，「当該施策がなかった場合」（without）の状態の測定方法には複数のものが考えられる。その相違によって，評価方法は以下の三つに分類される（**表14.2**参照）。

a）事前事後比較　「事前」をwithout状態，「事後」をwith状態とみなし，両者の差（比）を施策評価とみなす。この評価が正当化されるか否かは，「事前」をwithout状態とみなせるか否かにかかっている。すなわち，事前事後で指標が安定していることが保証される場合に限り，この方法は正当化できる。

b）事後対統制群比較　施策を実施する群（以下，施策群と呼称；with状態に対応）と施策を実施していない群（統制群；without状態に対応）の2群を意図的に創出し，事後における両者の差異（比）だけをもって「施策効果」とみなす。

c）事後対推定without比較　事後のwithout状態を「推定」し，これと，事後に実際に実現している状態（with状態）とを比較し，これを施策効果とみなす。原理的には，この方法を用いれば，すべての施策効果を評価できる。事後のwithout状態を推定する方法には，施策を実施する群（以下，施策群と呼称）と施策を実施していない群（統制群）の2群を意図的に創出した上で，両群の事前と事後の状態を測定する事前事後対統制群比較法と集計データを用いて，「季節変動」あるいは「地域変動」を特定し，それを用いて事後のwithout状態を推定する外生データによる事後対推定without比較法がある。

表14.2　施策評価の方法

評価方法		概　要
事前事後比較		MM実施前後の状態を測定し，その差を，MM効果とみなす。
事後対統制群比較		MMを実施する群（施策群）とMMを実施しない群（統制群）を設け，MM実施後の両者の状態を測定し，その両者の差をMM効果とみなす。
事後対推定without比較	事前事後対統制群比較法	MMを実施する群（施策群）とMMを実施しない群（統制群）を設け，MM実施前後の両者の状態を測定する。そして，(施策群事前値)×{(統制群事後平均値)／(統制群の事前平均値)}で得られる値（without状態）と施策群の事後値の差をMM効果とみなす。
	外生データによる事後対推定without比較法	MM実施前後の状態を測定する。一方で，MM実施前の値となんらかの外生データの両者を用いて，without状態を推定し，それと施策群の事後値の差をMM効果とみなす。

（2）　**評価の対象の分類**

評価の視点には，つぎのような分類がある。

a）「測定対象」による分類：集計的評価／非集計的評価　PDCAサイクルの初期段階におけるパイロット的取組みである場合には，非集計的評価を活用する。パイロット的なものではなく，対象が母集団に占める割合が一定割合以上（例えば，2，3割以上）となるような実務的取組みの場合には集計的評価を行う。ただし，その場合でも，非集計的評価でしかわからない尺度（例えば，心理的評価，CO_2評価）もあり，少なくとも一部の参加者データを用いた非集計的評価を行う。

b）「非集計的評価調査対象者の選定方法」による分類：MM内全数調査／MM内サンプル調査

非集計的評価のための調査を行う場合，その対象者の選定方法に応じて，MM内全数調査とMM内サンプル調査の2種類が考えられる。MM内全数調査とは，MMのコミュニケーションツールに評価のための調査項目を導入するものであり，MM参加者全員を評価のためのサンプルとみなす調査である。回収率／参加率の向上を目指して，簡便な調査を行うことが必要である。一方，MM内サンプル調査とは，MM参加者の中から，一部の参加者を抽出してMM効果評価のために行うものである。より精度の高い評価を目指し，一定の負担を伴うもののより精度の高い調査（日別行動記録形式・ダイアリー形式のアンケート調査，トリップメーター調査，プローブパーソン調査等）を行うことが得策である。

c）「測定期間」による分類：長期的評価／中期的評価／短期評価　短期的なものを行うことに加えて，少なくとも1年後をめどにした中長期的評価を行う。そのためにも，定常的予算確保を，初年度から念頭に置く必要がある。

d）「評価目的」による分類：自動車利用削減量の評価／代替手段利用増加量の評価（鉄道・バス・自転車・徒歩等）／CO_2削減量の評価／カロリー消費量増加量の評価／心理的評価　いずれの評価を行うかは，施策目標によって設定するのが望ましい。

〔2〕　**評価尺度**

（1）　**集計的評価**　集計的評価尺度には，公共交通旅客数や道路交通量，旅行速度等が考えられる。

（2）　**非集計的評価（行動尺度）**　行動尺度には，自動車の利用実態（総移動距離，トリップ数，台キロ，ほか），非自動車の利用実態（鉄道，バス，自転車，徒歩，等），CO_2排出量削減，カロリー消費量増加などが考えられる。

a）自動車の利用実態に関する指標　自動車の

利用実態を表す指標としては，個人ごとの自動車による移動距離を用いる方法や車両に着目して車両ごとの移動距離を用いる方法が考えられる。

b）　非自動車の利用実態に関する指標　　各個人の利用交通手段別移動時間が把握可能なデータ取得手法（プローブパーソン調査形式，アンケート調査形式等）を採用し，事前と事後の比較を行うことにより，個人別の公共交通・自転車・徒歩利用における移動時間・回数変化状況を算出する。

c）　CO_2 排出量に関する指標　　CO_2 排出量を算定する方法としては，個人ごとの自動車による移動距離や車両ごとの移動距離を用い，移動距離当りの CO_2 排出係数を適用して CO_2 排出量の算定を行う方法が考えられる。

d）　カロリー消費量に関する指標　　カロリー消費量を算定する方法としては，個人ごとの利用交通手段別移動時間を用い，移動時間当りのカロリー消費係数を適用してカロリー消費量の算定を行う方法が考えられる。

（3）　非集計的評価（心理尺度）　　心理尺度として，土木学会では，**図 14.5** の尺度を推奨しており，参照にされたい。　　（牧村和彦）

14.3　国内外の動向とこれからの方向性

MM は 1990 年代の後半から，欧州やオーストラリアの取組みを参照しつつ，国内に導入され，いまや日本全国に拡大発展を遂げた「コミュニケーション」を中心とした総合的な交通戦略である。本節では，まず，MM の先進国である欧州の動向を探るため，欧州における MM の情報交換の場である **ECOMM**（European Conference on Mobility Management）に焦点を当て，そこで近年取り上げられている主要な議論を紹介する[27),28)]。つぎに，日本版 ECOMM として 2006 年に発足した **JCOMM**（Japanese Conference on Mobility Management）における動向を参照しつつ，国内における今後の MM の方向性を探る。

14.3.1　欧州における MM

〔1〕　欧州における MM のプラットフォーム：EPOMM

EPOMM（European Platform on Mobility Management）は MM に取り組んでいる欧州の国々のネットワーク組織として，ブリュッセルに設置されている国際的な非営利団体である。当該組織は EPOMM に加盟する欧州各国の MM 責任者によって構成されており，主要な役割はつぎのとおりである。

【必須項目】

設問	全く思わない ← どちらとも言えない → とてもそう思う
「クルマにあまり頼らない ライフ・スタイル」 を目指そうと思いますか？	□　□　□　□　□

※分析方法は，「全く思わない」を 1，「とてもそう思う」を 5 として点数化し，その後に，通常，集計単位となるグループ毎の平均値をもってして評価。いかも同様。
※なお，これは心理学的には「自動車抑制行動についての行動意図」と呼ばれる尺度

【参考項目】

設問	全く思わない ← どちらとも言えない → とてもそう思う
「できるだけ，環境に優しい移動」 を心がけようとおもいますか？	□　□　□　□　□
「できるだけ，健康に良い移動」 を心がけようとおもいますか？	□　□　□　□　□
「できるだけ，安全に移動すること」 を心がけようとおもいますか？	□　□　□　□　□
「できるだけ，○○を利用しよう」 と思いますか？	□　□　□　□　□

※最後の設問の○○には，交通手段名（自転車・公共交通・バス・○○線　等）を挿入
※なお，これらはそれぞれ，環境配慮行動，健康配慮行動，安全配慮行動，各交通手段資料行動についての「行動意図」と呼ばれる尺度

図 14.5　心理尺度の推奨項目

① 環境にも，社会的にも経済的にも優しいモビリティの実現に向けたMMを促進すること。
② 欧州におけるMMを普及させ，さらに発展させること。
③ 欧州各国間における，MMに関する情報交換や技術の習得を支援すること。
④ 欧州における公共団体や中央政府からMMに関するアドヴァイスを求められた際に主要なパートナーとなること。

EPOMMの具体的な取組みとしては，最新かつ詳細なMM情報をニューズレター形式で提供すること，欧州，国，地域，地方におけるMMの水準を統一すべく，加盟国間の国家的なネットワークをサポートすること，トレーニングやワークショップを通じてMMのノウハウを開発し，伝達すること，そして，ECOMMの開催を通じて，世界レベルでのMMネットワークを形成することである。**図14.6**の網掛け部分はEPOMM加盟国を表しており，2015年現在，オーストリア，ベルギー，フィンランド，フランス，ドイツ，イタリア，オランダ，ノルウェー，ポルトガル，スウェーデン，イギリスが運営における中心的な役割を担っている。

図14.6　EPOMM加盟国

〔2〕 欧州におけるMM会議：ECOMM

ECOMMとは，欧州におけるMMに関する情報を交換し，知見・知識を広めることを目的とした会議である。1997年のアムステルダム会議に始まり，加盟各国の持ち回りで年1回開催されており，毎年，欧州各国から300～400名のMMの実務者や専門家が参加している（参加者の内訳は，例えば，2014年のフィレンツェ会議では，6割弱を民間が占め，そのほかは地方都市関係者が3割，政府関係者，大学関係者が各1割となっている）。ECOMMは開催地の特色を生かしたエクスカーション，基調講演，展示，50～80編の口頭発表，ワークショップ等から構成される3日間のイベントであり，毎回メインテーマ，サブトピックが設定されており，その時々のテーマに応じて幅広く集中的な情報交換が行われている。ECOMMの質の高い議論や継続的な改善はEPOMMによって管理されており，例えば，2010年のグラーツ会議では20枚のスライドを20秒ごとに切り替えながら，明快で魅力的なプレゼンテーションを行う“Pecha Kucha”と呼ばれるプレゼンテーション形式が試行され，翌年以降の会議でも採用されている。

〔3〕 近年のECOMMにおける議論の動向

近年のECOMMにおける議論の動向をEPOMMの公式サイトから参照する。欧州における自動車交通の抑制策は，都心部の流入規制やトランジットモール化などにより早くから実施されてきた。例えば，オランダでは，第二次全国交通輸送構造計画（SVV-Ⅱ）において，1986年から2010年にかけて自動車交通量が70%増となるとの予測を受け，環境問題・渋滞・事故の激化に対応するため交通量増加を半減させることを目標として，モビリティ抑制策が推進されており，その具体策の中で「モビリティ・マネジメント」施策として，人流・物流の削減のためのABC「適業適所」立地政策を含む種々のTDM施策が取り上げられている[29]。このような背景から，2008年頃までのECOMMでは，持続可能な交通需要マネジメントのためのMM手法・技法やそのプログラム化に関するテーマで議論されてきた。

その後，2009年のサンセバスチャン会議では，「MMの費用対効果と評価」をメインテーマとして，MMプログラム評価のためのガイドラインや，MMの標準的な評価について報告がなされた。またサブテーマには，自転車やレジャーなど，自動車抑制策にとどまらず，ライフスタイル全般にフォーカスされ始めた点が特徴である。

2010年のグラーツ会議では，「歴史的街区（historical centers）」，「再開発地区（new districts）」といったキーワードが現れ，都市の特性や規模に応じたMMの役割に関する議論や，世代にも焦点が当てられ，活動的な高齢者が増加する社会におけるMMの役割についても議論がなされた。

2011年のトゥールーズ会議では，世界的な金融危機を背景として，限りある財源の中で効率的なMMを推進すべく，MMの財源や費用対効果の観点から評価手法といったテーマで議論がなされた。例えば，同会議では，MMの過程を評価する手法として，スウェーデンの4都市（Lund，Umea，Varberg，Helsingborg）で行われたMMに対するMaxQという評価手法が紹介された。MaxQとはMMのプロセスを評価するシステムであり，① 理念（policy），② 戦略（strategy），③ 実施（implementation），④ モニタリングと評価（monitoring & evaluation）という四つの観点ごとに，2～4の要素を設け，要素ごとに10項目以下の質問が用意され，それらの質問に回答することで，プロセス評価ができる仕組みとなっている。

2012年のフランクフルト大会では，幅広いトピックが取り上げられているが，MMの新たな可能性として，e-モビリティに関する議論が盛んに行われた。ワークショップでは，若い家族への持続可能なライフスタイルの促進方法や，障がいを持つ人々の移動を支援する情報提供システムに関する議論がなされた。

2013年イェヴレ大会では「かしこいモビリティの選択」をキーワードに，カーシェアリングやカープーリング，情報技術の活用策等の議論が交わされた。

2014年のフィレンツェ大会のメインテーマは「生き生きとした公平で豊かなモビリティへの橋渡し」であり，近年の持続可能な都市モビリティ計画（sustainable urban mobility plan，SUMP）においていかにMMを位置付けていくか，というテーマでデンマークの都市計画の専門家による講演がなされた。そのほか，徒歩～都市中心部を超えて，市民参加，マルチモーダル交通情報への無料アクセスを確実にする方法，e-モビリティや都市物流といったトピックで議論が交わされた。

2015年ユトレヒト大会では，「移動する人々：成功のカギは利用者指向」をメインテーマとして，行動変容に至る心理的プロセスの検証や，職場交通におけるマイカー通勤削減に向けた一連の取組みの紹介のほか，自転車ユーザーが多い開催地の事情を反映してか，自転車の走行環境や利用促進に向けた議論が活発になされた。また展示ブースにおいては，パソコンやスマートフォンの画面上で簡単なアンケートに応えることで，自宅から学校までの「通学プラン」を作成できるMobility Schoolと呼ばれるアプリが紹介されるなど，ITを活用した取組みにも注目が集まっていた。

14.3.2　国内におけるMM

〔1〕　国内におけるMMの広がり

国内におけるMM施策の経緯を**表14.3**に示す。最初のMMの実務的な取組みは1999年の札幌におけるトラベルフィードバックプログラム（TFP）のパイロットテストといわれている。その後，2001年に国

表14.3　わが国のMM施策の経緯（2014年7月現在）

	1998	1999	2000	2001	2002	2003	2004	2005	2006	2007	2008	2009	2010	2011	2012	2013	2014	2015	2016
MM関連の出来事						実験的事例の蓄積													
							国土交通省の関与開始												
	●MM的施策が雑誌で紹介される									●事業所MMのマニュアル策定								●書籍『モビリティをマネジメントする』発刊（学芸出版社）	
		●札幌TFPパイロットテスト									●国土交通省エコ通勤プロジェクト開始								
			●札幌TFP日本初の本格実施								●MMの効果計測マニュアル策定								
			●阪神高速湾岸線のMM実験									●JCOMM一般社団法人化							
				●態度・行動変容研究にIATSSの研究助成										●書籍『モビリティ・マネジメント教育』発刊（東洋館出版社）					
						●土木学会：態度・行動変容研究WSの立上げ													
							●京都府交通需要マネジメント計画にMM推進が記載												
								●土木学会：WSが小委員会へ昇格							●JCOMM行政会員の設置				
								●書籍『MMの手引き』発刊（土木学会）											
								●交通エコモ財団「交通・環境学習」の推進開始											
									★第一回JCOMM（東京）					★第六回JCOMM（八戸）					★第十一回JCOMM（松山）
										★第二回JCOMM（札幌）					★第七回JCOMM（富山）				
											★第三回JCOMM（京都）					★第八回JCOMM（仙台）			
												★第四回JCOMM（大分）					★第九回JCOMM（帯広）		
													★第五回JCOMM（福山）					★第十回JCOMM（東京）	
		■国土交通省（旧建設省）社会実験プロジェクト開始								■地域公共交通の活性化および再生に関する法律施行				■生活交通サバイバル戦略事業化			■国土交通省環境行動計画（2014～2020）にMM掲載		
																	■改正地域公共交通の活性化および再生に関する法律成立		

〔注〕●：MM関連の動き　■：国の動き　★：日本モビリティ・マネジメント会議（JCOMM）

際交通安全学会（IATSS）内に態度行動変容に関する研究グループが設置され，2003年には土木学会内部に設置された研究グループに活動が引き継がれることとなる。2004年には国土交通省による「近畿地方交通審議会答申第8号」を契機としてMMが交通施策として明確に位置付けられることとなる[30]。その後，2006年にJCOMMが発足し，以後，着実に事例数が増加している。2010年11月までに報告されているMM実施都市は150件，事例数は累計479件に上る[31]。対象者別の推移を見ると，居住者MM，教育MMについては2001年以降現在まで緩やかに増加している一方，職場MMの報告件数は2008年を境に急増しており，2008年の国土交通省における「エコ通勤ポータルサイト」の開設が影響しているものと考えられる。

〔2〕　国内におけるMMのプラットフォーム：JCOMM

JCOMMは，2006年の東京開催以後，毎年全国各地に会場を移し，全国から国や地方自治体，大学，コンサルタント等から300名程度が参加している。第3回大会以降は行政，コンサルタント，学識に加え，交通事業者，民間，NPOからの参加者も増えており，国内におけるMMの裾野の広がりが見られる。発表テーマにも多様化が見られ，「渋滞緩和」や「環境負荷の軽減」といった交通政策課題への対応を目的とした取組みに加え，近年では，「買い物MM」や「健康増進MM」，「防災対策」といった，より市民生活に密接に関わる新たな分野においてもMMの可能性が見いだされつつある。

MMの効果としては，個々のプロジェクトにおいてさまざまな評価がなされているが，鈴木ら[32]が実施した居住者を対象とした31のTFP事例に基づく包括的な集計分析結果によると，自動車利用約19％減，公共交通利用約32％増という大きな成果が確認されている。

〔3〕　国内におけるMMの方向性

欧州と国内におけるMMの特徴に着目すると，国内においては，一部ハード施策とソフト施策を組み合わせた複合的なプロジェクトが展開されているものの，心理学の知見に基づくTFPをはじめとするソフト施策単独で実施されることも多い。一方，欧州では，ソフト，ハード施策を組み合わせて，より大きな枠組みで，キャンペーンを含む大規模なMMが展開されている。実際に，先に見たECOMM会議においても多くのプロジェクトが公共交通のネットワークの拡充や，自転車レーンの増設等のハード整備を伴うプロジェクトを展開している。こうした違いは，MMの導入の背景が両者で異なる（欧州はコンサルタント主導で提案され，日本では交通計画系の研究者主導で提案された）ことに加え，MMの予算規模の違いが影響しているものと考えられる。すなわち，欧州は，国家的施策としての大規模な予算付けがなされている一方，国内においては，公共交通活性化総合プログラム（2002～2009年度）や環境省のESTモデル事業（2004～2006年度）などの補助制度を活用した事例が多く，特に地方都市においては担当者の試行錯誤によって，補助金等を活用しながらプロジェクトが推進されているのが現状である。こうした課題を受け，2014年の国土交通省環境行動計画（2014～2020年）において，今後推進すべき環境政策の4分野の中に，低炭素社会を支えるライフスタイルへの変容を促す政策としてMMが位置付けられており，国内におけるMMの更なる発展が期待されるところである。

（宮川愛由）

14.4　これからの方向性

MMはこれまで，交通まちづくりやバスの利用促進，鉄道の利用促進といった側面で，MMというコンセプトがなければ生み出すことができなかったであろう，さまざまな効果を現実に生み出している。例えば，京都市では7年以上にわたる持続的なコミュニケーションの展開を通して，19万人の市民の行動を直接変容させ，都市圏の自動車分担率が最大で4%減少するという帰結が得られている。帯広の十勝バスではMMを通して，路線バス全体で約2割の利用者像が得られているし，明石市のコミュニティバスは，MMの取組みを通して42％もの利用者増を実現している。

すなわち，MMは着実に，人々の意識と行動を変え，それを通して，利用者数や分担率といった具体的に測定可能な尺度で明らかになるほどの効果が得られているのである。

こうした実情を受けたいま，今後のMMをどのように発展させていけばよいのか，その方向性と課題をここにとりまとめる。

〔1〕　MM成功物語の社会的共有によるMMの考え方の普及

第一のMMの課題は，こうしたMMの有効性が，交通関係者の間にいまだ広く知られていないところにある。交通の問題を，あくまでもシステム論の視点からのみ捉え，技術的，工学的な取組みを繰り返すことで，解決しようとする姿勢は，いまだあらゆる局面に広く浸透している。交通・モビリティは一面において

「無機質な物理現象」である以上，技術的，工学的な物事の捉え方が一面において不可欠であることは間違いない。

しかし，交通・モビリティは，もう一面において「有機的な社会現象」なのである。だから，人と人との交流，コミュニケーションを中軸とした「マネジメント」の姿勢は，各種の交通上の課題を解決するに当たって，必要不可欠なのである。こうしたものの見方がいまだ，多くの関係者の間に浸透してはいない。

そうした考え方の浸透において重要なのは，「MMの成功物語」を広く，関係者の間で共有していくことである。例えば，MM成功物語を多数とりまとめた書籍『モビリティをマネジメントする』（藤井，谷口，松村）[3] 等を通して，MMの考え方をさらに普及していくことが，現時点において涵養である。

〔2〕 モビリティ・マネージャーの高度化

MMにおいて，それを行おうとする者（いわゆる「モビリティ・マネージャー」）にとって何よりも重要なのは，「真剣さ」，「まじめさ」である。政治力や財政力があることはきわめて重要であることは論を俟たないものの，それにもまして重要なのは，人間どうしが交流する力，すなわち「コミュニケーション力」，「社交力」である。そして，適切なコミュニケーションや社交にとって大切なのが，対象とする人に「まじめに」，「真剣に」向き合うという姿勢なのである。いわゆるコミュニケーションスキルがない者でも，（行政官，事業者，利用者などの）コミュニケーションの対象者を真剣に，真摯に思いやる心があれば，そのコミュニケーションは対象者の心を動かし得る力を持つ（無論，受け手に心がなければ，動きようがないものではあるが）。

こうしたコミュニケーションの基本的姿勢を保った上で，過去のMMの成功事例を学び，基本的な技術や知見を身に付けた人物がいれば，その場その場の状況に合わせながら，MMを効果的に展開していくことができることとなる。

ついては，MMをより高度化していくためにも，こうした資質を身に付けたモビリティ・マネージャーをなんらかの形で発掘したり育成していくことが肝要である。

〔3〕 MM成功物語のさらなる蓄積

こうした良質なモビリティ・マネージャーは，秀逸なマネジメント事例を通して育成される。したがって，モビリティ・マネージャーの高度化と並行して，「MM成功物語のさらなる蓄積」が必要不可欠である。交通まちづくり，バス・鉄道利用促進，TDM，MM教育といったオーソドックスなMMについては，その展開を政府と学界で（JCOMM，日本モビリティ・マネジメント会議等の場を通して）支援していくことが肝要である。

〔4〕 MMをさまざまな領域に展開していく

こうした既存のMM事例が展開してきた領域にも，MMの考え方，つまり，無機的なシステムをターゲットとするのではなく，有機的な組織，あるいは，人物をターゲットとしてモビリティの問題を解決していこうとする考え方を適用していくことが必要である。例えば，都市内交通の「整備」それ自体の問題にMMの概念は必ずしも適用されてはいない。こうした取組みは，多分に「行政」さらには「政治」のプロセスに深く関わるものでもあるが，現実に巨大な公共投資を伴う都市内交通の「整備」に関わる人々（例えば，政治家や財務当局の官僚等）を対象として「マネジメント」を仕掛け，コミュニケーションと社交を中心として，整備を進める方向へと，対象者たちの意識の変容を促していくことは，現実に都市内交通整備が進められるためには，必要不可欠な取組みである。今後は，こうした「ハード整備プロセス」を促進させていくタイプのMMを展開していくことが求められており，これを全国で展開していくことで，全国のモビリティが目に見えて改善していくこととなろう。

同様の視点で，「都市間交通インフラ整備」，「国土軸形成」を促していくモビリティのマネジメントを推進し，その事例を蓄積していくことが求められている。さらには，「空港の利用の高度化」，「港湾の利用の高度化」等の領域のMMも考えられるであろう。

（藤井　聡）

引用・参考文献

1） 藤井 聡：土木計画のための社会的行動理論－態度追従型計画から態度変容型計画へ－，土木学会論文集，No.688/IV-53，pp.19～35（2001）

2） 藤井 聡：社会的ジレンマの処方箋～都市・交通・環境問題のための心理学～，ナカニシヤ出版（2003）

3） 藤井 聡，谷口綾子，松村暢彦：モビリティをマネジメントする－コミュニケーションによる交通戦略，学芸出版社（2015）

4） ピーター・ドラッカー著，上田惇生訳：マネジメント，ダイヤモンド社（2001）

5） 広瀬幸雄編：環境行動の社会心理学－環境に向き合う人間のこころと行動（シリーズ21世紀の社会心理学11巻），北大路書房（2008）

6） 土木学会編：モビリティ・マネジメント（MM）の手引き～自動車と公共交通の「かしこい」使い方を考えるプログラム～，土木学会（2005）

7） 藤井 聡，谷口綾子：モビリティ・マネジメント入

門－人と社会を中心に据えた新しい交通戦略－，学芸出版社（2008）

8）谷口綾子，原　文宏，村上勇一，高野伸栄：TDMを目的とした交通行動記録フィードバックプログラムに関する研究，土木計画学研究・論文集 Vol.18，pp.895～902（2001）

9）村田香織，室町泰徳：個人の通勤交通行動が健康状態に与える影響に関する研究，土木計画学研究・論文集，No.23，CD-ROM（2006）

10）許　欣，谷口綾子，石神孝裕，平田晋一：日本の子どもの交通行動の現状と経年変化，土木計画学研究・講演集（CD-ROM），Vol.50（2015）

11）谷口綾子，藤井　聡：公共交通利用促進のための“エモーショナル”なマーケティング戦略－ウィーン市交通局のモビリティ・マネジメント－，土木計画学研究・講演集（CD-ROM），Vol.33（2006）

12）谷口綾子，島田絹子，中村文彦，藤井　聡：龍ケ崎市におけるコミュニティ・バス利用促進モビリティ・マネジメントの効果分析－フォーカス・ポイントの相違が態度・行動変容効果に及ぼす影響－，土木学会論文集 D，Vol.64，No.1，pp.65～76（2008）

13）谷口綾子，原　文宏，藤井　聡：モビリティ・マネジメントによる公共交通利用促進とその定量効果の検証－帯広市のコミュニティバスを例として－，土木計画学研究・講演集（CD-ROM），Vol.30（2004）

14）谷口綾子，藤井　聡：公共交通利用促進のためのモビリティ・マネジメントの効果分析，土木学会論文集Ⅳ 62，No.1，pp.87～95（2006）

15）谷口綾子，藤井　聡：交通事業者におけるバス“利用者”から“顧客”への認識の変容：ボローニャ市交通局の事例とその含意，土木計画学研究・講演集（CD-ROM），Vol.31（2005）

16）唐木清志，藤井　聡編：モビリティ・マネジメント教育，東洋館出版社（2011）

17）谷口綾子，平石浩之，藤井　聡：学校教育モビリティ・マネジメントにおける簡易プログラム構築に向けた実証的研究－秦野市 TDM 推進計画における取り組み－，土木計画学研究・論文集，23，pp.163～170（2006）

18）谷口綾子，浅見知秀：交通問題をテーマとした学校教育プログラムにおける「葛藤」の効果，第43回都市計画論文集，pp.775～780（2008）

19）糟谷賢一，谷口綾子，石田東生：交通環境教育への健康問題追加による影響分析，土木学会論文集 H，Vol.3，pp.12～21（2011）

20）鈴木春菜，藤井　聡：買い物行動の態度・行動変容に向けたコミュニケーション施策～福岡県朝倉市における地産地消商業活性化の取組，土木計画学研究・発表会，Vol.38，和歌山大学（2008.11）

21）香川太郎，谷口綾子，藤井　聡：商店主の景観改善行動に対する態度変容に向けた心理的方略の研究，土木計画学研究・講演集（CD-ROM）Vol.37（2008）

22）天野真衣，谷口綾子，藤井　聡：社会実験を通じた自発的街路景観変容に関する研究～自由が丘しらかば通りを事例として～，景観・デザイン研究論文集，9，pp.73～82（2010）

23）谷口綾子，藤井　聡，柳田　穣，小山内信智，小嶋伸一，伊藤英之，清水武志：土砂災害の避難行動誘発のための説得的コミュニケーション・プログラムの開発と効果検証，土木計画学研究・講演集（CD-ROM）Vol.39（2009）

24）林真一郎，小山内信智，伊藤英之，谷口綾子，藤井　聡：土砂災害に対する住民の警戒避難行動促進のための働きかけ手法，土木技術資料，Vol.52，No.8，pp.14～17（2010）

25）谷口綾子，林真一郎，小山内信智，伊藤英之，藤井　聡，菊地　輝：土砂災害避難リスク・コミュニケーション・プログラムの行動誘発効果～鹿児島県さつま町の事例～，土木計画学研究・講演集（CD-ROM），Vol.44（2011）

26）土木学会土木計画学研究委員会 日本モビリティ・マネジメント会議（JCOMM）実行委員会：モビリティ・マネジメント施策評価のためのガイドライン（2010.01）
http://www.jcomm.or.jp/material/download/MM_evaluation_guideline.pdf（2016年6月現在）

27）欧州モビリティ・マネジメント会議（ECOMM）Webサイト：
http://www.epomm.eu/index.php?id=2632（2016年6月現在）

28）EPOMM brochure: European Conference on MobilityManagement-Managing mobility for a better future-

29）太田勝敏：交通需要マネジメント（TDM）の展開とモビリティ・マネジメント，IATSS Review，Vol.31，No.4，pp.31～37（2007）

30）藤井　聡：日本における「モビリティ・マネジメント」の展開について，IATSS Review，Vol.31，No.4，pp.278～285（2006）

31）安部信之介，鈴木春菜，榊原弘之：地方都市におけるモビリティ・マネジメントの継続状況と要因に関する研究，土木計画学研究・発表会，Vol.44（2011）

32）鈴木春菜，谷口綾子，藤井　聡：国内 TFP 事例の態度・行動変容効果についてのメタ分析，土木学会論文集 D，土木学会，Vol.62，No.4，pp.574～585（2006）

33）藤本　宣，谷口綾子，谷口　守，藤井　聡：モビリティ・マネジメントにおける動機付け情報の効果に関する研究，土木学会論文集 D3，Vol.72，No.5，pp.I_1321～I_1330（2016）

15. 空　間　情　報

15.1　序論－位置と高さの基準

土木計画学では，土地に付随する土地利用や地形などの情報，あるいは，交通分析に不可欠である移動情報などが重要な基盤となっている。これらの情報は，いずれも位置と関連付けられた情報，すなわち空間情報である。本章では，土木計画学で対象となる空間情報技術である衛星測位，写真測量，衛星リモートセンシング，GIS に関する原理の基礎的事項を解説する。

本節では，位置を記述するための基礎である位置と高さの基準を扱うが，その前に，本章全体の構成を示しておきたい。

多くの空間情報取得技術のうち，ここ 30 年において最も発展・普及し，かつおもに交通分野においても浸透したものが衛星測位による位置情報取得であろう。代表的な衛星測位システムであるアメリカの GPS に加え，ロシア，欧州，中国，日本などでも，独自の衛星測位システムが開発されている。これらの衛星測位システムは，総称して **GNSS**（global navigation satellite systems）と呼ばれる。これらの測位技術は，動的な位置情報を容易に取得することを可能とし，交通計画や交通工学などにおいても，GNSS で取得された人などの移動情報に基づいた分析が一般化してきた。そこで，15.2 節では衛星測位の原理とその応用について取り扱う。

点で位置情報を取得する衛星測位に対して，面的に位置情報を取得する手法として，写真測量が適用されてきた。写真測量では，空から，あるいは地上で撮影された画像を用い，立体視をベースに三次元計測を行う。また，近年では，レーザー計測による直接的な三次元計測も多く用いられる。例えば，景観分析などでも利用される地形などの面的計測に用いられている。15.3 節では，画像・レーザー計測を解説する。

また，電磁波を使った面的な状態調査手法として，リモートセンシングによる情報取得も一般に利用されている。航空機からの観測により，面的な情報取得が可能である。さらに観測範囲を広げるために，衛星からの観測も行われている。衛星からの観測データは，広範囲の観測域を持つことから，都市レベルの分析にも供されている。センサーもさまざまなものが開発され，周波数帯の増加，光学センサーのみならず，アクティブセンサーによる観測機会の増加といった傾向も見られる。15.4 節で，リモートセンシングに関して論ずる。

以上のとおり取得された情報は，位置情報と関連付けられている。この位置情報を頼りに，人口や経済活動などの社会経済に関する統計データも統合することができる。これらを実現する技術が GIS である。GIS は土木計画学でも通常に用いられるようになっている。GIS においては，データベース，および空間検索や計算幾何などの空間解析手法が重要であり，15.5 節において，GIS と空間解析に関して示す。

15.1.1　概　　説

空間情報として多様な情報の取得・分析・管理を行うためには，位置の基準が必要となる。この基準として，地球重心を原点にとった三次元直交座標である**測地座標系**（geodetic coordinate system）を用いる。世界共通に利用できるように，国際機関により定められたものを**世界測地系**（global geodetic reference system）と呼ぶ。また，地球の形状を近似した回転楕円体である**準拠楕円体**（reference ellipsoid）が定義される。準拠楕円体を導入することにより，平面位置および高さを，緯度・経度および**楕円体高**（ellipsoidal height）として求めることができる。世界測地系については，15.1.2 項で述べる。

ここで，日常的に用いられる**標高**（elevation）は，楕円体高とは異なることに注意を要する。わが国においては，東京湾平均海面を標高 0 m と定義している。高さの基準に関しては，15.1.3 項で解説する。

三次元座標で定義される地球上の位置に対して，地形図などでは平面的に表現する図法が必要となる。図法という用語には，緯度・経度から平面座標への数学的写像である投影法の意味と，平面座標表現のための約束事としての座標系の意味が含まれるが，ここでは，投影法の意味で図法という用語を用い，座標系という用語と区別する。よく用いられている図法として，**メルカトル図法**（Mercator projection）と**ガウス・クリューゲル図法**（Gauss-Krüger projection）がある。メルカトル図法は，Web 地図で利用されている図法である。また，わが国の地形図や地勢図をはじめ，世界的に用いられている図法が，ガウス・クリューゲル図法である。ガウス・クリューゲル図法に基づき，**UTM 座標系**（Universal Transverse Mercator coordinate system）や，**平面直角座標系**（plane-rectangular coordinate system）へと投影される。平面直角座標系では，二次元直交座標 X（北向きを正），Y（東向きを正）により平面位置を表現する。わが国においては，19 の平面直角座標系が定められている。図法に関しては，15.1.4 項で触れることとする。

空間情報を地形図として表現しているもののうち，わが国においては，長い間 1/25 000 地形図を基本図として整備・更新を行ってきた。現在では，地理空間情報活用推進基本法（2007 年）を受け，位置の基準となる**基盤地図情報**（fundamental geospatial data）をベースとした新たな基本図として，**電子国土基本図**（digital Japan basic map）が整備された。また，近年のディジタル化の流れに伴い，これらの情報は，「地理院地図」として，その他の情報と重ね合わせて，インターネット閲覧が可能である。わが国の地図体系については，15.1.5 項で紹介する。

15.1.2　世界測地系

地球上の位置を表すために，**測地系**（geodetic datum）が定義される。測地系においては，地球に固定された座標軸である**測地座標系**（geodetic coordinate system）と地球の形状を近似する回転楕円体である**地球楕円体**（earth ellipsoid）をセットで考えることが重要である。以前は，各国，あるいは各地域において測地系を定めていた（わが国では，日本測地系）。一方で，GNSS による全球での測位方式の普及など，世界共通の座標系を持つことのメリットが増加した。そのため，世界共通に利用可能なよう，国際機関により定められた**世界測地系**（global geodetic reference system）が採用されるようになった。

〔1〕　測地座標系

測地座標系には，地球重心を原点にとった三次元直交座標が用いられる。測地座標系では，地球の自転軸の北緯 90 度の方向を Z 軸に，経度 0 度の経線（グリニッジ子午線）と赤道の交わる方向を X 軸に，東経 90 度の方向に右手系をなすよう Y 軸をとる。わが国では，2002 年の測量法改正により世界測地系が導入され，世界測地系の一つである ITRF94（International Terrestrial Reference Frame 1994）が測地座標系として採用された。測地座標系は，複数の宇宙測地技術の観測結果に基づき，地球重心位置などが決められている。観測結果は，地殻変動などにより変化する。近年では，東北地方太平洋沖地震による地殻変動に伴い，測地座標系も改定された[1)]。

〔2〕　準拠楕円体

地球の形状としては，等重力ポテンシャル面のうち，平均海面とよく一致する**ジオイド**（geoid）を基準形状とみなすことができる。実際の海面はさまざまな力を受けてつねに変動しており，潮汐，波浪，海流などの影響を取り除いた仮想の静水面が平均海面である。このジオイドを近似した回転楕円体が地球楕円体である。地球楕円体のうち，その国や地域で採用されているものを，**準拠楕円体**（reference ellipsoid）と呼ぶ。わが国では，準拠楕円体として，GRS80（Geodetic Reference System 1980）を採用している。GRS80 は，赤道半径 a，極半径 b，および扁平率 $(a-b)/a$ で決められ，それぞれ

$$a = 6\,378.137\ \text{km}$$
$$b = 6\,356.752\ \text{km}$$
$$\frac{a-b}{a} = \frac{1}{298.25}$$

となっている。

〔3〕　位置の表現

準拠楕円体を測地座標系に固定することにより，地球上の緯度・経度を表現することができる（**図 15.1** 参照）。経度は，先に示したグリニッジ子午線を基準とし，ある地点を通る子午線までの角度である。グリニッジ子午線から東西 180 度に分け，それぞれ東経，西経として示す。また，緯度は，ある地点において準拠楕円体の法線が赤道面となす角度（測地緯度）である。赤道を緯度 0 度として南北に 90 度に分け，それぞれ北緯，南緯として示す。

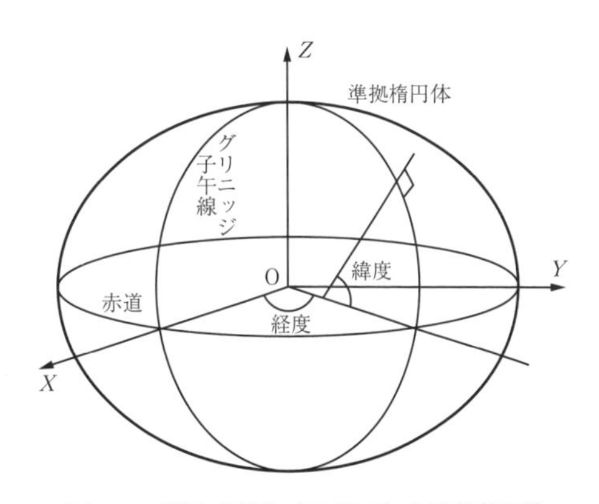

図 15.1　測地座標系（X, Y, Z）と準拠楕円体

これまでの説明のとおり，位置を記述するためには，どのような測地座標系と準拠楕円体を用いているかが重要である。当然のことながら，測地座標系と準拠楕円体が異なれば，同じ場所の座標が異なった値と

なるため注意が必要である。なお，わが国においては，測地成果2000（ITRF94，GRS80），測地成果2011（ITRF2008・ITRF94，GRS80）という用語を測量成果に適用し，用いている測地座標系と準拠楕円体などを併せて明確化している。

例えば**GPS**（global positioning system）に関しても，算出される座標値は，測地座標系と準拠楕円体に基づき表現される。GPSでは，測地座標系としてWGS84（World Geodetic System 1984），準拠楕円体としてWGS84を用いている。WGS84は，何度かの改定を経て，現在では，それぞれITRF94とGRS80とほぼ同一のものとして扱っても問題なく，実用上の違いはない。

なお，わが国において世界測地系を利用できるようにするためには，世界測地系の座標を持った原点や基準となる方位角が必要になる。わが国における緯度・経度の原点は，日本経緯度原点として，東京都港区麻布台二丁目十八番一地内に設置されている。原点数値は，測量法施行令により定められており，東経139度44分28秒8869，北緯35度39分29秒1572，原点方位角（真北を基準として右回りに測定した茨城県つくば市北郷一番地内つくば超長基線電波干渉計観測点金属標の十字の交点の方位角）は，32度20分46秒209である。この原点数値は，世界測地系の導入，さらに東北地方太平洋沖地震に伴い改正されたものである。

以上のとおり，測地座標系と地球楕円体に基づく座標を用いた測量を**測地的測量**（geodetic surveying）という。一方で，局所的に平面を仮定しても，必要精度が確保される場合には，地表の水平位置と基準平面からの高さによる**平面的測量**（plane surveying）も用いられる[2]。このとき用いられる平面直角座標系については後述する。

15.1.3　高さの基準

前項で説明した，測地座標系と準拠楕円体に基づけば，高さは，準拠楕円体からの法線方向の高さで表現できる。この高さを**楕円体高**（ellipsoidal height）と呼ぶ。一方で，測量法においては，高さの基準は**標高**（elevation）として定められている。標高は，楕円体高とは異なる。標高はジオイドからの鉛直方向の高さである（**図15.2**参照）。前述のとおり，ジオイドは，等重力ポテンシャル面のうち，平均海面とよく一致するものである。また，準拠楕円体からジオイドまでの高さをジオイド高と呼ぶ。一般に，標高＝楕円体高－ジオイド高で近似される。

GNSSで直接得られる高さは楕円体高であり，標高に変換するためには，ジオイド高が必要になる。

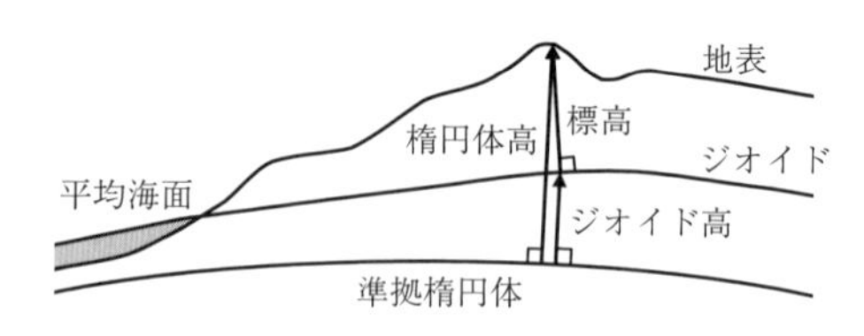

図15.2　標高，楕円体高，ジオイド高

GNSSの普及に伴い，楕円体高から標高への変換のため，例えば，「日本のジオイド2011」といった，精密なジオイドモデルも作成されている。

わが国においては，東京湾平均海面T.P.（Tokyo Peil）を標高0mと定義している。東京湾平均海面は，隅田川河口の霊岸島量水標の験潮記録6年3箇月分に基づき定められた。そして，離島などの一部を除き，全国の標高の原点として，日本水準原点が設置された。ただし，霊岸島量水標の位置は，必ずしも理想的な場所ではなかった。その後，神奈川県三浦市三崎町にある油壷験潮場における23年分の長期観測記録に基づき平均海面を算出し，そこからの水準原点の標高を検証した。その結果，妥当な値であることが確認された。さらに，霊岸島量水標に代わって，油壺験潮場が東京湾平均海面の基準となった。現在でも，油壷験潮場において，継続的に潮位観測を行い，水準原点の標高を定期的に確認している。

日本水準原点は，東京都千代田区永田町一丁目一番地内に設置されている。原点数値は，測量法施行令で，東京湾平均海面上24.3900mと定められている。これは，大正関東地震，東北地方太平洋沖地震に伴い改正された結果である。

高さの基準として，日本水準原点が設置される以前から，各主要河川に設けられた量水標によるものが用いられ，現在でも利用が続けられている。霊岸島量水標の験潮記録による基準もその一つであり，A.P.（Arakawa Peil）と呼ぶ。この基準は，A.P. 0mがほぼ干潮時の，A.P. 2mがほぼ満潮時の海面に対応するため，工事のための基準としては，都合の良いものであり，現在でもA.P.表記の例が見られる。なお，T.P.はA.P.上1.134mと定められている。

15.1.4　地形図の投影法

三次元座標で定義される地球上の位置に対して，地形図などを作成するためには，平面に投影する図法が必要になる。地形図への投影においては，角度，面積，距離のすべてを正しく表す投影法は存在しない。そのため，上記のいずれかを正しく表すために，正角図法，正積図法，正距図法などが提案されてきた。現在よく利用されているものに，メルカトル図法とガウス・クリューゲル図法がある[3]。両図法ともに，正角図法であり，また円筒図法の一種である。ガウス・クリューゲル図法に基づき，UTM座標系や，平面直角座標系へと投影される。

〔1〕 **メルカトル図法**

メルカトル図法（Mercator projection）では，円筒の軸が地球の自転軸と一致し，赤道において円筒と準拠楕円体が接する。この円筒を切り開いた平面に対して正角の条件を満足するように写像する図法である。この図法では，経線，緯線がそれぞれ平行な直線群で表される。航程線が直線となることから，これまでも，海図の標準的な図法として用いられてきた。

平行な経緯線群が直交することに加え，全世界が地図上でシームレスに表現できることから，Web地図での表示に利用されている。例えば，Google Mapsでは，ひずみの大きい高緯度地域を省略することにより，地図表示範囲において緯度・経度が正方形に変換されるようメルカトル図法を適用している。該当正方形に対応した地図画像を用いることにより表示を行っている。また，地図画像は複数の解像度のものを準備することにより，スムーズな拡大・縮小に対応している。後述する地理院地図においても同様に，メルカトル図法に基づき，世界測地系の緯度・経度を用いて正方形に変換し，「地理院タイル」として，地図画像を配信している。

〔2〕 **ガウス・クリューゲル図法**

メルカトル図法に対して，平面座標系の原点を含む子午線（基準子午線という）において円筒と準拠楕円体が接するようにしたものを横メルカトル図法という。横メルカトル図法の中でも特に重要となるものが，**ガウス・クリューゲル図法**（Gauss-Krüger projection）である。基準子午線上は長さの正しい直線として投影される。この図法では，まず準拠楕円体を一つの正角投影により平面に投影する。さらに，基準子午線が正距となるように平面から平面への等角写像変換を適用する。この等角写像変換のため，経緯線群は直交しない。また，基準子午線から東西に離れるほど，投影後の平面距離と準拠楕円体上の距離の比（縮尺係数）が大きくなるため，東西方向の範囲を限定する必要がある。

東西方向の範囲を限定し，ガウス・クリューゲル図法を適用するものが**UTM図法**（Universal Transverse Mercator projection）である。この図法は，経度180度から経度幅6度の帯状領域に分割し，各領域の中央の子午線を基準子午線として，ガウス・クリューゲル図法を適用するものである。また，全体的なひずみを小さくするために，基準子午線上の縮尺係数を0.999 6としている。UTM座標系の原点は基準子午線と赤道の交点となる。なお，座標値が負の値をとらないよう，横軸（東向き）に500 000 mを加え，縦軸（北向き）に関しては南半球の場合には10 000 000 mを加えた値を座標値とする。この図法・座標系は，わが国の1/10 000・1/25 000・1/50 000地形図や1/200 000地勢図をはじめ，世界的にも同程度の縮尺の地図に用いられている。

大縮尺地図など，局所的に平面と仮定してもよい場合には，**平面直角座標系**（plane-rectangular coordinate system）が用いられる。これも，ガウス・クリューゲル図法を適用して，緯度・経度から二次元直交座標に投影するものである。なお，この投影法に対しては，平面直角図法という名称が存在せず，図法と座標系の用語が混乱する一因となっている。平面直角座標系では，数学座標系と異なり，X軸は北向きを正とし，Y軸は東向きを正として平面位置を表現する。このX軸の方向は，その地点を通る子午線の北極方向を指す真北とはX軸上では一致するが，X軸から離れるほどずれが大きくなる。真北と区別するため，平面直角座標系のX軸方向を座北と呼ぶ。真北から時計回りに測った角度を方位角といい，座北などそれ以外の任意方向から測った角度を方向角という。

先に，平面を仮定してよい場合と記したが，この許容範囲としては，縮尺係数で0.999 9～1.000 1となっており，平面とみなして距離や角度を計測しても問題ないものとしている。わが国においては，19の平面直角座標系が定められており，適用範囲は行政区域で分けられている。1/2 500の都市計画基本図など，1/5 000以上の大縮尺地図に適用されている。

15.1.5 わが国の地図体系

〔1〕 **基　本　図**

まず，地図は一般図と主題図に分類される。一般図とは，地形，水系，交通路，集落など，地表の形態とそこに分布する事物を，縮尺に応じ平均的に描き表した地図であり，一方の主題図は，一般図などを基図として，地質，土地利用，人口，交通など特定の主題について詳しく表示した地図である。主題図には，土地利用図や土地条件図など多岐にわたるため，以降は，一般図に限定して話を進める。

一般図の代表的なものが地形図である。また，国の測量機関が，統一した図式により体系的に全国整備した最も大縮尺の地図を基本図という。これまでも，基本図として，地形図の整備が行われてきた。最新の地形図以外の過去に発行されたものを旧版地形図と呼ぶが，その利用価値も高いため，ここでは，基本図としての地形図の変遷を簡単に振り返る。基準点成果に基づく地形図整備は1886（明治19）年から開始されていたが，1892（明治25）年から縮尺を1/50 000に決定して基本図の整備が始められた。1924（大正13）年に離島の一部を除き国土全域を完成させ（全域整備完成は1930（昭和5）年），1949（昭和24）年から1/25 000地形図を新たな基本図として整備を開始した。1/25 000地形図も，1983（昭和58）年に全国整備が完了している。以来，わが国においては，長い間1/25 000地形図を基本図として更新を行ってきた。そして，1/25 000地形図を実測図として，そこから編集により1/50 000地形図が作成されることになった。なお，より小縮尺の地図は，基本的には編集図である。また，大都市中心に発行されている1/10 000地形図は，1/2 500都市計画基図を基に編集した地形図である。

〔2〕 **基盤地図情報と電子国土基本図**

GIS（geographic information system）の普及に伴い，地形図もディジタル化が進んだ。さらに，2007年の地理空間情報活用推進基本法を受け，**基盤地図情報**（fundamental geospatial data）の整備が進められた。基盤地図情報とは，電子地図上における全国の地物の位置基準であり，対象項目は国土交通省令で定める地図項目（13項目）としている。都市計画区域においては1/2 500縮尺相当，それ以外では1/25 000縮尺相当の地形図を全国シームレスに結合し，誰もがGISのベースマップとして使用できる共通の白地図として，インターネットにより無償で提供されるものである。

2009年には，基盤地図情報に，対象項目以外の土地の状況を表す情報（植生や構造物など）を統合した**電子国土基本図**（digital Japan basic map）が，従来の1/25 000地形図に替わり，わが国の基本図になった。電子国土基本図の全国整備も，2013年度に完了したところである。地図表示の上で，これまでの1/25 000地形図と電子国土基本図の相違は，おもに，以下のとおりである。紙地図時代では，判読性のために，重なって表示される地物を「真位置」から転位して表示していたものを，ディジタル化による表現方法の多様化から，真位置表示とすることになった。また，建物が密集している地区においては，旧来，建物は詳細に表現できないため，まとめて描く総描が行われていたが，これも個別の建物の表示に変更されることになった。

電子国土基本図は，ベクター形式（15.5節参照）で整備されている。しかしながら，誰もがベクターデータを利用可能とは限らない。そこで，電子国土基本図を基に，画像データである「電子地形図25000」が刊行されている。これは，地図のサイズ，位置，図式，色などをユーザーが指定することができるオンデマンド型の地形図である。

また，電子国土基本図は，ディジタル化により，更新・刊行が効率化され，地物などの変化により適宜修正し，随時提供されている。例えば，高速道路の供用日に，対象地物が電子国土基本図に反映され，その結果が随時，インターネットを通して閲覧できる。このサイトは「地理院地図」として公開され，さまざまな主題図情報や，空中写真，防災関連などの多様な情報とともに重ね合わせ表示が可能である。また，国土地理院が公開している，地理院地図をベースとした「地図・空中写真閲覧サービス」においては，旧版地形図や旧空中写真の閲覧もできる。　（布施孝志）

15.2　衛星測位の原理とその応用

15.2.1　GNSSの概説

GNSS（global navigation satellite systems，**全地球測位システム**）とは，人工衛星からの信号を使用して地上の現在位置を決定する衛星測位システムの総称である。**GPS**（global positioning system）はGNSSの一つであり，アメリカにより構築されているシステムである。そのほかにGLONASS（ロシア），Galileo（欧州），BeiDou（中国）が挙げられる。

GPSは1978年に初めての衛星が打ち上がり，1994年にシステム上の必要機数である24機が配置された（2015年12月現在での運用機数は31）。理論上は4機の衛星をつねに観測でき，安定的に位置情報を取得できる環境となった。加えて，GNSS受信機の小型・軽量化，操作性の向上などは，土木計画学の分野でも位置情報を利用した交通調査などを容易に実施できるようにした。容易に利用でき結果を得られる反面，利用環境に応じたシステムの選択（測位手法の選択）や測位誤差の解釈を的確に行う必要があるといえる。本項では，GNSSの利用に必要な最小限の基礎知識の提供を行うこととする。

衛星測位を利用する際に最も考慮しなければならないことは，利用目的ならびに要求精度に応じた測位方法の決定および実際の測位環境下における測位精度であろう。

測位方法として，単独測位と干渉測位に大別することができる。土木計画学の分野において交通調査等では単独測位を利用する場合が多いが，より精緻な測位を必要とする自動車走行挙動の把握等には，干渉測位が用いられる場合が多い。それぞれの測位方法と精度に関して，15.2.2項と15.2.3項で紹介することとする。

測位精度に関して，測位誤差が起こる原因と実際に測位する際に想定される誤差への対応を説明する。単独測位における測位原理を鑑みると測位誤差は本質的には「衛星軌道推定位置」，「擬似距離測定」，「衛星の幾何学的配置」に大きく影響されている。衛星の幾何学的配置による精度劣化を表す指標の一つとして，**DOP**（dilution of precision）が用いられる。詳細は15.2.2項で説明する。

これらの測位技術を用いた土木計画学における活用事例を15.2.4項で示す。15.2.5項では，さらなる活用に資するGNSS技術の今後の技術展開に関して紹介する。特に，日本独自の衛星システムである準天頂衛星システムと，GPSの単独利用ではなくGPSとGLONASSなど複数の衛星測位システムを組み合わせて測位を実施するマルチGNSSに関して紹介する。

15.2.2　単　独　測　位[4),5)]

〔1〕測　位　原　理

単独測位（point positioningまたはpseudo range positioning）の基本原理は，衛星から受信機までの距離を観測し，それを衛星からの半径として複数の球面の交点を求めて受信機の位置として決定する方法である。衛星からの距離を正確に観測するためには，衛星から発せられた電波が受信機に到達するまでに要した時間を観測し，電波の速度（光速）と掛け合わせることで求めることができる。

時間を正確に計測するには，衛星と受信機の時刻が正確に同期されている必要があるが，衛星は複数の原子時計による正確な時刻で発信された信号を受信機に送っている一方，受信機の時計は水晶時計であり，衛星の原子時計と比較して極端に精度が劣る。そのため，時間誤差δ_tにより距離に$s(=\delta_t c,\ c$：光速）の差が生じる。この誤差を含んで観測される距離のことを，誤差を持っている概略値であるという意味で**擬似距離**（pseudo range）と呼んでいる。よって，この時間誤差δ_tと受信機の三次元座標（x, y, z）の4変数が未知の変数となる。

式(15.1)は，左辺の擬似距離r_i，右辺の第1項で真の距離ρ_i，第2項で時間誤差δ_tによる距離$s(=\delta_t c)$を表している。なお，衛星iの位置（X_i，Y_i，Z_i）は衛星からの信号に含まれる軌道要素から比較的精度高く計算可能であり既知とすることができる。

$$r_i=\rho_i+s=\sqrt{(X_i-x)^2+(Y_i-y)^2+(Z_i-z)^2}+\delta_t c \tag{15.1}$$

擬似距離r_iは測定で得られた衛星電波の伝搬時間と光速から計算される距離であり，観測誤差を含む観測量である。そのため，未知量の（x，y，z，s）を最小二乗法により最確値として推計することになる。

ここで，最小二乗法による測位手法に関して簡単に記述する。まず，受信機の位置（x，y，z）と時間誤差による距離sを近似値と補正値の和で表せられるとする。

$$\left.\begin{aligned}x&=x'+\Delta x\\ y&=y'+\Delta y\\ z&=z'+\Delta z\\ s&=s'+\Delta s\end{aligned}\right\} \tag{15.2}$$

計算初期に近似値x'，y'，z'，s'の数量を仮定すると，補正値Δx，Δy，Δz，Δsが新たな未知量となる。式(15.1)は線形ではないので容易に解くことができないが，未知数を近似値と補正値の和で表し，補正量が微小であると仮定できるならば，近似値に関してテイラー展開することで，つぎの線形方程式を得ることができる。ただし，テイラー展開はここでは一次の項までで打ち切ることとする。

$$r_i=r_i'-\frac{\partial\rho_i}{\partial x}\Delta x-\frac{\partial\rho_i}{\partial y}\Delta y-\frac{\partial\rho_i}{\partial z}\Delta z-\Delta s \tag{15.3}$$

$$r_i=r_i'-\frac{x_i-x'}{r_i'}\Delta x-\frac{y_i-y'}{r_i'}\Delta y-\frac{z_i-z'}{r_i'}\Delta z-\Delta s \tag{15.4}$$

ここで，r_i'は衛星iまでの距離の近似とする。つぎに

$$\alpha_i=\frac{x_i-x'}{r_i'},\ \beta_i=\frac{y_i-y'}{r_i'},\ \gamma_i=\frac{z_i-z'}{r_i'} \tag{15.5}$$

とすると，これらは近似値の座標点から衛星に向けた方向余弦を表しているといえる。よって，擬似距離の補正量は

$$\Delta r_i=r_i-r_i'=\alpha_i\Delta x+\beta_i\Delta y+\gamma_i\Delta z+\Delta s \tag{15.6}$$

となる。4機の衛星から電波を観測したとして，行列で表現すると

$$\begin{pmatrix}\Delta r_1\\ \Delta r_2\\ \Delta r_3\\ \Delta r_4\end{pmatrix}=\begin{pmatrix}\alpha_1&\beta_1&\gamma_1&1\\ \alpha_2&\beta_2&\gamma_2&1\\ \alpha_3&\beta_3&\gamma_3&1\\ \alpha_4&\beta_4&\gamma_4&1\end{pmatrix}\begin{pmatrix}\Delta x\\ \Delta y\\ \Delta z\\ \Delta s\end{pmatrix} \tag{15.7}$$

と表され，またつぎのように表現できる。

$$\boldsymbol{R}=\boldsymbol{AX} \tag{15.8}$$

補正量$\boldsymbol{X}$は

$$\boldsymbol{X}=\boldsymbol{A}^{-1}\boldsymbol{R} \tag{15.9}$$

と表すことができる。この補正量を用いて計算した擬似距離の差Δr_iから新たな補正量$\boldsymbol{X}$を算出し，収束

するまで繰り返し計算を行う。この収束計算により受信機の位置（x, y, z）と時間誤差による距離 s を推計することができる。

〔2〕 測 位 精 度

測位精度への影響要因の中で，衛星軌道推定位置の誤差や衛星の原子時計の誤差は単独測位で得られる精度に対して比較的小さく，影響の度合いは少ないといえる。

もう一つの要因である衛星の幾何的な配置は単独測位の場合，大きな影響を与える場合がある。衛星の幾何的な配置は受信機から見て半円球状の天頂および水平方向で方位角が 120 度ずつ離れた位置に 3 機配置されているときに，理論的には最も高い精度が得られる。通常，地球上のどこでも最低 4 機以上の衛星からの信号を受信できるように設計されているが，つねに理想的な配置が得られる保証はない。また，高層ビルによって低仰角の衛星からの信号が遮断されることによって衛星の幾何配置が偏ることも想定される。**図 15.3** に地表から見上げた場合に周辺構造物を表した天空図と軌道要素から推定した衛星の軌跡の例を示した。このように遮蔽環境下では，衛星の幾何的配置が狭くなり精度の低下をもたらす原因の一つとなる。

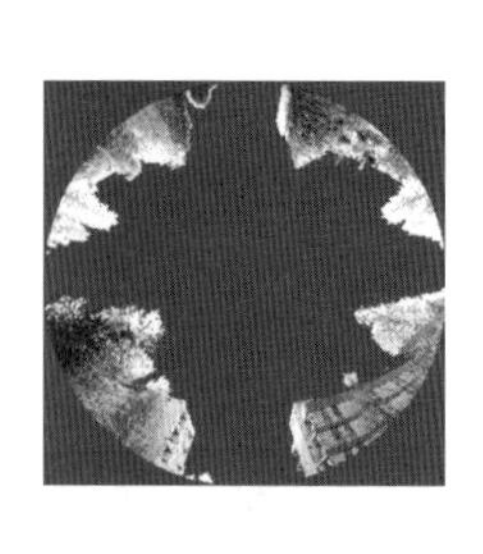

（a）

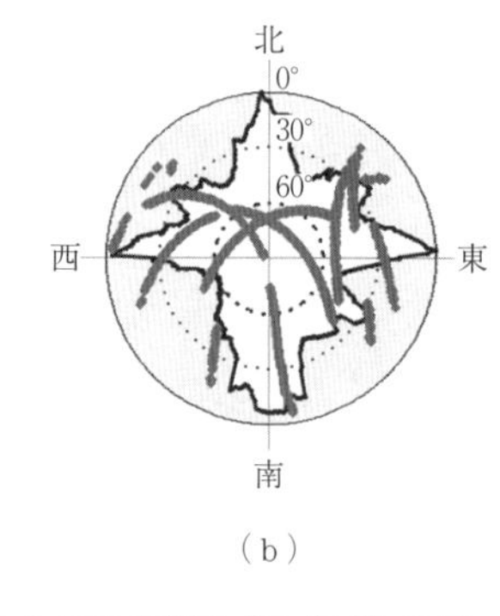

（b）

図 15.3　天空図（図（a））と GPS の軌跡（図（b））の例

もう一つの要因である擬似距離測定の精度に関しては，電離層遅延，対流圏遅延，マルチパスなどの要因が影響を与える。これらが観測誤差として擬似距離の観測に影響することとなる。測位原理を振り返ると，4 機の衛星から受信機への擬似距離を半径とした球面の交点が受信機の位置として推定される。その球面自体は擬似距離の観測誤差を含む層になるので，四つの層が形成する多面体の中に受信機の位置が定められることになる。衛星の幾何学的な配置によってその多面体の体積が変化し，その変化に応じて測位精度が変化することになる。よって，その体積が小さくなれば精度が向上することになる。この衛星の幾何学的な配置による精度の低下率を表す指標として，**幾何学的精度劣化率**（geometrical dilution of precision, **GDOP**）が用いられている。

この指標に関して導出過程を踏まえて説明する。最小二乗法による解（補正量）の精度は，解の分散で表される。誤差伝播の法則から補正量の分散は

$$\mathrm{Cov}(\boldsymbol{X}) = \boldsymbol{A}^{-1}\mathrm{Cov}(\boldsymbol{R})\left(\boldsymbol{A}^{-1}\right)^{T} \qquad (15.10)$$

と表される。ここで，擬似距離 $\boldsymbol{r}$ に一定の誤差 σ_0 があって相互に無相関のとき

$$\mathrm{Cov}(\boldsymbol{X}) = \sigma_0^{\,2}\boldsymbol{A}^{-1}\left(\boldsymbol{A}^{-1}\right)^{T} = \sigma_0^{\,2}\left(\boldsymbol{A}^{T}\boldsymbol{A}\right)^{-1} \qquad (15.11)$$

となる。簡単のため $\boldsymbol{Q} = \left(\boldsymbol{A}^{T}\boldsymbol{A}\right)^{-1}$ とすると

$$\boldsymbol{Q} = \left(\boldsymbol{A}^{T}\boldsymbol{A}\right)^{-1} = \begin{pmatrix} \sigma_{xx}^{\ 2} & \sigma_{xy}^{\ 2} & \sigma_{xz}^{\ 2} & \sigma_{xt}^{\ 2} \\ \sigma_{yx}^{\ 2} & \sigma_{yy}^{\ 2} & \sigma_{yz}^{\ 2} & \sigma_{yt}^{\ 2} \\ \sigma_{zx}^{\ 2} & \sigma_{zy}^{\ 2} & \sigma_{zz}^{\ 2} & \sigma_{zt}^{\ 2} \\ \sigma_{tx}^{\ 2} & \sigma_{ty}^{\ 2} & \sigma_{tz}^{\ 2} & \sigma_{tt}^{\ 2} \end{pmatrix} \qquad (15.12)$$

となる。この対角成分を測位精度の目安としてわかりやすくしたものが幾何学的な精度低下率 DOP であり，つぎのとおり表される。

$$\mathrm{GDOP} = \sqrt{\sigma_{xx}^{\ 2} + \sigma_{yy}^{\ 2} + \sigma_{zz}^{\ 2} + \sigma_{tt}^{\ 2}} \qquad (15.13)$$

GDOP を分割して，空間座標に関する部分と時計に関する部分を分けて

$$\mathrm{PDOP} = \sqrt{\sigma_{xx}^{\ 2} + \sigma_{yy}^{\ 2} + \sigma_{zz}^{\ 2}},\ \mathrm{TDOP} = \sigma_{tt} \qquad (15.14)$$

とする。また，これ以外に水平方向の精度劣化率を表す HDOP（horizontal DOP），上下方向の精度劣化率を表す VDOP（vertical DOP）などがある。

具体的に，DOP は式（15.7）の行列 $\boldsymbol{A}$ で表現されているので，観測地点から衛星への仰角と方位角により表すことができる。よって，測位時の 4 機の衛星の位置から DOP を事前に計算することができる。

先ほど述べたとおり，天頂に 1 機，および水平方向で方位角が 120 度ずつ離れた位置に 3 機配置されている場合が，DOP 値が最小になる。一般に DOP 値が少ないほど衛星の幾何配置が良好であり，位置推定精度は向上することになる。しかし，擬似距離に一定の誤差を仮定していることなどから，DOP 値がある値のときに位置推定精度を何 m と保証する指標ではないことに注意が必要である。

擬似距離の観測に直接影響する**マルチパス誤差**（multipath error）は衛星から送信された信号が地面や構造物に反射して受信機に届いてしまうことによる誤差である。本来であれば受信機に直接届く電波（直接波）ではなく反射して届いた反射波を利用して測位してしまうことによる誤差である。特に，トタン屋根

や看板など電波を反射しやすい構造物の近くでの測位には注意が必要である。ソフトウェアにおける対策とハードウェア上の対策がある。ソフトウェアにおいては，影響を受けやすい低仰角の衛星を利用しないことが基本であるが，反射した電波の信号強度が劣ることを利用して，利用する衛星を取捨選択し誤差を低減する対策もある。建物と衛星の軌跡が重複する位置にある衛星からは直接波を受信できないので，例えば，**図15.3**で建物がある位置から衛星信号を受信していればマルチパスの可能性があるとして，測位に用いる衛星から除去する対策をとることができる。

15.2.3 干　渉　測　位[4)~6)]

〔1〕 測　位　原　理

干渉測位（carrier phase relative positioning）は，二つの受信機で衛星から搬送波の位相の差を利用して測位する手法である。

搬送波はサイン波形で表され，その位相とは波の位相角のことである。位相の差とは，受信機で受信した衛星からの搬送波と受信機で生成した搬送波レプリカの二つの信号の差のことである。この位相差を用いた擬似距離の導出は，文献5）に譲るが，本項では基本的な原理を概説する。位相差により算出する擬似距離は衛星から受信機までの波数に波長を掛けた数値と時計誤差による誤差距離の和として表すことができる。**図15.4**に示すとおり，観測開始時（$t=0$）には観測開始時の波数の小数部分である位相角と観測開始後（$t=t_1$）には時刻の変化に伴う波数の変化（位相積算値）を受信機で観測することができる。この位相積算値に波長を掛ければ擬似距離を算出することができる。一方，衛星から受信機までいくつの波数が含まれているかを計測することはできない。波数を数え上げられない理由として，単独測位では衛星時計の時刻情報を含んだ信号コードを送信していたのに対して，干渉測位の位相にはそれが含まれないためである。観測開始時に観測できない波数の整数値部分のことを**整数値バイアス**（integer bias）と呼ぶ。整数値バイアスの決定方法，干渉測位における時計誤差に関しては本項〔2〕,〔3〕で述べることとする。

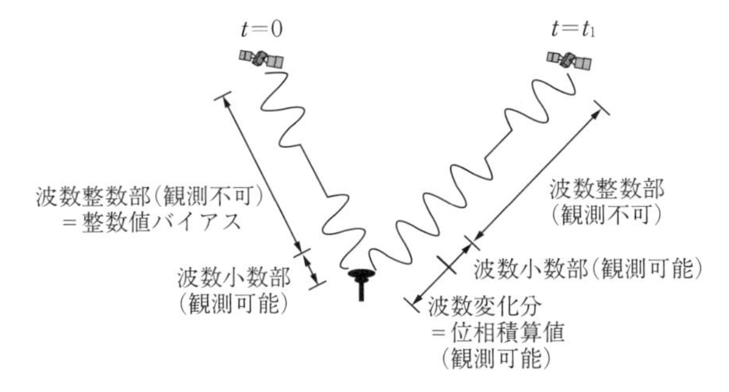

図15.4 干渉測位における波数測定

干渉測位に用いられる代表的な電波であるL1帯の波長は約19cmである。干渉測位用の受信機では，搬送波の位相を100分の1より短い周期で観測できるため，ミリメートル精度での測定が可能である。干渉測位で，この分解能で測定するには，単独測位では考慮しなかった衛星時計の精度も無視することができなくなる。干渉測位では，1機の衛星から二つの受信機への位相積算値の差（行路差）をとることで衛星時計の誤差を取り除く。つぎに，2機の衛星から二つの受信機への行路差の差を考慮することで，受信機時計の誤差を取り除く。

行路差の差と整数値バイアスとの差は二重位相差と呼ばれ，二重位相差は観測することができるので，整数値バイアスを決定できれば行路差の差を求めることができる。一方，行路差の差は，2機の受信機のうち1機の受信機の位置は既知とするので，もう一方の未知点の三次元座標を含む数学モデルで表すことができる。4機の衛星からの3個の組合せ（二重位相差）を用いて，三つの未知数を決定することができる。

〔2〕 干渉測位の種類

つぎに整数値バイアスを決定する方法（初期化）の違いにより，**スタティック測位**（static survey）や**キネマティック測位**（kinematic survey）などの方法に分類される。スタティック測位は未知点と整数値バイアスを同時に確定する方法である。確定方法の詳細は割愛するが，これは衛星の移動を利用した確定方法である。一般に1時間程度の長時間の観測を必要とするため，土木計画における移動体観測には応用が難しいであろう。

キネマティック測位は，スタティック測位で長時間の観測を必要とする点に対処した手法であり，観測地点での観測時間を数秒から1分程度に抑えて，移動しながら測位を効率良くできるようにした手法である。キネマティック測位は，測位終了後の後処理で計算を行う方法であるが，**リアルタイムキネマティック測位**（real time kinematic survey，**RTK測位**）は既知点の基準局データを，通信システムを介して未知点の移動局に伝送し，実時間で測位する方法である。整数値バイアスの確定方法として，複数の手法があるが，**OTF法**（on the fly calibration）は移動しながらでも任意の場所できわめて短時間で整数値バイアスを決定できる方法である。OTF法が導入される以前は，初期化するために既知点でのその座標を入力しなければならなかった。OTF 法により，既知点での初期化が必要なくなり，任意の点で可能となった。このことが，自動車で移動しながらの観測やトンネルなどで信号が遮られた後の測位を可能とさせ，飛躍的に利用可能性を拡大させた。ただし，スタティック測位のように長時間観測するのではなく整数値バイアスを最小二乗法で算出するため，移動する未知点に対して初期化には，観測する衛星数を５衛星以上利用できなければならない。

既知点は測量の成果による基準点を用いる場合と全国に約 1 300 点で配備されている電子基準点を用いる場合がある。電子基準点を既知点として，ネットワークを介して行う RTK 法のことを**ネットワーク型 RTK 法**（network-based RTK）と呼ぶ。しかし，ネットワークを介して得られる電子基準点と観測点との距離が長いと測位誤差が大きくなる場合がある。そこで複数の電子基準点に囲まれた範囲に，電子基準点の観測データを処理して仮想の基準点を作成することで，移動局との間で干渉測位を行うことで，誤差の発生を軽減できる。**VRS**（virtual reference station，仮想基準点）**方式**と **FKP**（Flächen Korrektur Parameter，面補正パラメーター）**方式**がある。

〔3〕 測 位 誤 差

干渉測位における整数値バイアスは，まず実数値として推定され，その後確定手法により整数値として確定される。整数値として確定した際の解を厳密解（フィックス解），確定できず実数値のままの解を非厳密解（フロート解）と呼ぶ。一般にフロート解の精度は 100 mm から数 m，フィックス解は 5 mm から 20 mm になる。フロート解も得られない場合は，単独測位解として 10 m 以上の精度で測位される場合もある。**表 15.1** に水平方向と鉛直方向の精度（フィックス解に相当）を示したが，鉛直方向は水平方向に対して２倍から３倍の誤差が発生することに注意が必要である。

これらの誤差は，観測時間が短い場合や衛星電波の受信状況が悪く，観測条件が十分でなかったことに起

表 15.1　測位方式の種類と精度

測位方式	名　称	精　度	おもな用途	概　説
単独測位		約 10 m	ナビゲーション 交通調査など	観測量は信号コード。受信機も衛星も同じタイミングでコードを生成しているので，受信機で受信した衛星からのコードと受信機のコードの違いにより，時間差を算出。三辺測量。
アシスト型測位		約 10 m	携帯電話	携帯電話のネットワークを介して，衛星の軌道データを送信して，計測開始時間の短縮を図る仕組み。
相対測位	ディファレンシャル測位	0.5〜2.0 m	船舶航行	既知の位置での GPS 測位結果を中波や FM 波で配信して，補正を行う。リアルタイムで計測できる。
相対測位・干渉測位	スタティック測位	水平：3 mm＋0.5 ppm×D 垂直：5 mm＋0.5 ppm×D	電子基準点 基準点測量	長時間観測を行い，衛星の時間的位置変化を基に整数値バイアスを決定する。数時間の観測が必要で後処理で計算される。静止観測に用いられる。
相対測位・干渉測位	リアルタイムキネマティック方式（RTK 法）	水平：8 mm＋1 ppm×D 垂直：15 mm＋1 ppm×D	測量 移動体高精度測位 建設機械管理制	観測開始時に搬送波波長の整数値 N（整数値バイアス）を決定し，通信を使って観測データを交換し即時解析を行う。リアルタイムで計測でき，移動観測に用いられる。
相対測位・干渉測位	ネットワーク型 RTK 法	数 cm	測量 移動体高精度測位 建設機械管理制御	電子基準点データから仮想基準点（VRS）をネットワークで得て干渉測位を行い，高精度測位できる。基準点を設置する必要がなく，あたかも単独測位を行っているかのように測位が可能である。移動観測に用いられる。

〔注〕 文献４）に著者が加筆。
＊単独測位は絶対位置の誤差，相対測位の精度は基準局から観測局までの基線の誤差を示す。
＊ ppm：100 万分の１を表すので，基線長 D が 1 km のときは 1 mm を表す。
＊精度は，各 GPS メーカーの公称精度を参考に試算。

因すると考えられる。解の種類も観測条件により，フロート解，フィックス解と変化する場合も多い。また，フィックス解が得られたとしても，電離層の影響やマルチパスの影響により解の値はつねに変動していることは理解しておく必要がある。

このように，干渉測位は基準局からの通信と衛星信号の受信状況によってその精度が大きく左右されるので，連続して受信できる環境で測位を行えるかどうかを確認して観測計画を策定することが必要である。最後に表15.1に測位方式の概説と精度に関して整理する。

15.2.4 土木計画学への応用

〔1〕 プローブ情報取得への利用

GNSSを利用した位置情報収集・提供サービスが，開発されてきている。車両の位置情報を基本情報として車両が持つ100以上のセンサーを活用して，車両の走行データを直接収集し，さまざまな交通情報を生成するシステムは**プローブ情報システム**（probe information system）と呼ばれている。近年は，民間が収集したプローブ情報を道路管理者が道路行政に反映させる動きが活発になっている。一方，車両の動きではなく人の動きを把握する調査の場合は，**プローブパーソン調査**（probe person survey）と呼ばれている。

プローブパーソン調査は，携帯電話・スマートフォンのGPSを利用して位置情報を取得し，移動目的や利用交通手段を利用者がアプリやWeb上で報告する仕組みである。人の動きを把握する上で課題であった屋内での測位も，さまざまな技術の開発により屋外，屋内をシームレスにまたいだ観測が可能となってきている。利用可能な技術として，**IMES**（indoor messaging system），**BLE**（bluetooth low energy）ビーコン，無線LANやRFIDを組み合わせる方法などがある。例えば，IMESはGPSと同じ電波を使っていることから，GPSが利用可能な受信機でソフトウェアが対応していれば利用可能である。ただし，屋内にGPS信号の送信機を設置するなど，インフラの整備と受信装置の普及やスマートフォンへの組込み技術が必要である点など課題がある。

BLEは数m単位の近接通信であり，GPSなどと比較して狭域の特定された範囲内で位置情報を受信機側に送信可能である。建物入り口や案内表示板の前で，その場所に応じた情報を提供することが可能である。また，RFIDやLEDの可視光通信を使う場合も追加の読取り装置が必要などの課題がある。

〔2〕 高精度測位データの利用

RTK法は20 mm程度の精度で移動体観測できることから，その高精度測位を利用して，車線逸脱の検知や一時停止支援などに向けた自動車の詳細な走行挙動の解析等に利用することが可能である。**図15.5**は，著者らがRTK-GPSを車両のルーフに取り付け，左カーブを走行させた場合の走行位置の頻度分布である。走行位置に加えて，加減速なども計測可能であるので，車両走行位置の詳細な解析に応用可能である。

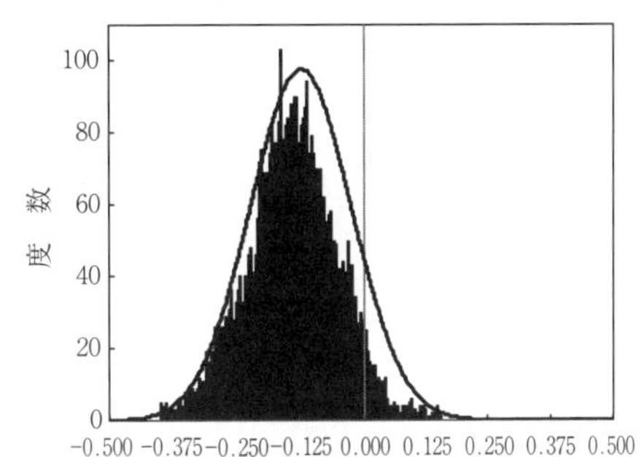

図15.5 左カーブにおける車線走行位置

単独測位では困難であったがRTK法により得られる精度の高い高さ情報を活用して，津波避難に対して高さ情報を持った防災ハザードマップを作成するなど，移動体観測だけでなくその他の応用も進んでいる。

15.2.5 GNSSの今後の展開

〔1〕 準天頂衛星システム

準天頂衛星システム（quasi-zenith satellite system, **QZSS**）は，その名のとおり日本の天頂付近に連続的に配置されるように設計された衛星システムであり，GPS信号を補完・補強する役割を担っている。天頂方向に衛星を確保することができ，衛星の配置改善に寄与することができるといえる。これにより，利用できない時間・場所を減少させることをGPS機能の補完と呼んでいる。また，準天頂衛星は補強信号を送信していることから，精度向上を目指すことをGPSの補強と呼んでいる。これは電子基準点データを基に作成された補強信号を用いており，サブメートル級からセンチメートル級の測位精度を可能にさせるものである。複数の補強システムが構築されているが，例えば，サブメートル級の補強信号を利用することで，測位精度は1 m程度に向上するとされているQZSSの利活用はさまざまな形で検討されている。

これまでのネットワーク型の測位システムは，携帯電話網を利用しているため，山間部などの通信不可地域では測位を行うことができなかった。準天頂衛星の補強信号は，天頂付近にある衛星から送られてくるので，上空視界を確保することができれば，受信することができ，その利用拡大性を大きく向上させるといえる。また，信号に災害情報などの緊急情報を付加して一斉に配信することも可能であり，スマートフォンユーザーが携帯電話網を介さず被害状況の把握や二次災害を防ぐための避難情報を取得することができるようになる。さらに，正確な位置情報を利用して，ETC に代わりゲートレスフリーフローを実現させ，課金する仕組みなどの検討もされている。また，離島における無人機による少量の貨物輸送システムへの活用が検討されている。

QZSS は現在 1 機で運用されており，1 機の衛星が日本の真上に滞在できる時間は 7 時間から 9 時間で，現時点ではすべての時間帯で QZSS による測位ができるわけではない。2010 年代後半をめどに 4 機体制となり 24 時間途切れることなく，補完・補強のサービスを受けられるようになる予定である。最終的には 7 機体制とすることで，つねに 4 機が日本上空で観測可能となり，GPS に依存しない持続可能な測位体制を目指している。

〔2〕 マルチ GNSS への対応

冒頭に述べたとおり，アメリカの GPS だけでなく，欧州，ロシアなどの GNSS の利用可能性が近年拡大している。衛星の総数は飛躍的に増えており，各衛星システムを組み合わせることで，効率よくかつ高精度での測位を実現することが可能である。複数のシステムを組み合わせることで精度の向上などを期待することができる。しかし現時点では，異なるシステムを組み合わせると，測位に必要な衛星数が増加することや解を得るための時間が増加するなどの課題もある[7]。　（石坂哲宏，佐田達典）

15.3　画像・レーザー計測

15.3.1　概　　説

地形や建造物などの三次元形状は，例えば，景観シミュレーションやハザードマップなどでの利用をはじめ，基盤の情報として重要なものである。一般的に，三次元形状の計測には**写真測量**（photogrammetry）が適用されてきた。写真測量は，画像を応用して被写体に関する情報を得る技術である。わが国の地形図も，昭和初期から写真測量により作成されてきた。特に，人間の近付きがたい場所でも観測でき，高い効率性を持つという特徴を有する。

画像は，地形図での表現である正射投影と異なり，**中心投影**（perspective projection）に基づくものである。中心投影においては，高さ，あるいは奥行の差が，画像上では平面的なずれとして表される。これを基に，三次元計測が可能となる。複数枚の画像から同一点を画像上で計測すれば，画像面上でのずれである**視差**（parallax）が観測される。これらの画像を**立体視**（stereoscopy）することにより，対象点の三次元座標を特定することが可能になる。このためには，カメラの位置と傾きがわかっていなくてはならない。撮影ごとに求めることになるカメラの位置と傾きを外部標定要素という。これに対し，カメラの画面距離や主点位置のずれ，レンズひずみなど，カメラ固有のパラメーターを内部標定要素という。これらの標定要素を求めることを**標定**（orientation）と呼ぶ。1 枚の画像に対する単写真標定のためには，画像と地上の座標間の幾何学的関係である**共線条件**（collinearity condition）に基づき，**後方交会法**（resection）を適用する。これらの基本的原理は動画像にも適用することが可能である。15.3.2 項で，画像計測の原理を解説する。

一方で，近年では，レーザー光を発射し，その反射波を計測することにより直接的に三次元計測を行う手法も広く利用されている。**レーザー**（light amplification by stimulated emission of radiation, **LASER**）は，誘導放射による光の増幅の一般名称である。増幅されたレーザーは，単一波長であり，位相が一致し，方向も一致するという特徴を有する。これらの特徴を利用し，発射波と反射波の時間差（タイムオブフライト方式），あるいは位相差（フェイズシフト方式）を計測することにより，センサーから対象物までの距離を計測する。フェイズシフト方式では，変調した複数のレーザー光の位相差から距離を計測する。専門的に用いられるものは，レーザー光を走査することにより面的に三次元計測を行うレーザースキャナーが通常である。一般的に用いられる 1 点までの距離を計測するレーザー距離計では，フェイズシフト方式のものが多い。15.3.3 項で，レーザー計測に触れる。

これらの三次元計測技術に基づき，以降の項で応用を示す。15.3.4 項では，レーザー計測による標高データと地形図を統合したデジタル標高地形図を示す。また，15.3.5 項では，動画像に対して写真測量を適用し，移動体解析を行う。特に，交通計画・交通工学での利用を考慮し，車両や人物の移動体認識手法に関して紹介する。

15.3.2　画像計測の原理

画像を用いて三次元計測を行うための技術が**写真測

量（photogrammetry）である。空から撮影した画像は，地物の高さの差が，画像上で平面的なずれとして表される。あるいは，地上で撮影した画像の場合には，奥行の差が平面的なずれとなる。これは，画像が**中心投影**（perspective projection）に基づくためである。中心投影とは，光線がレンズの中心（投影中心）で集まるように投影されるものである。地図など，光線を平行に投影する正射投影とは異なるものである。この平面的なずれに基づき三次元計測が可能となる。本項では，まず，平面的なずれの情報から，立体視に基づき三次元計測を行う原理を説明する。

〔1〕 用 語 の 定 義

最初に，以下の説明のため，写真測量で用いる用語の定義を行う（**図 15.6** 参照）。投影中心 O（X_0, Y_0, Z_0）であるカメラで，対象物 P（X, Y, Z）を撮影したとする。カメラの構造上は，画像面は，投影中心に対して対象物とは逆側に存在する。これを陰画面と呼ぶ。陰画面を投影中心に関して反転させた画面を陽画面と呼ぶ。陽画面と陰画面は数学的には等価であり，図の説明の容易さから，今後は陽画面を用いる。対象物 P は，画像上の点 p（x, y）に投影される。投影中心から画像への垂線の足を主点 n という。投影中心と主点の距離が画面距離 $-c$ である。また，三次元空間の座標を地上座標，画像上の二次元座標を写真座標と呼ぶ。

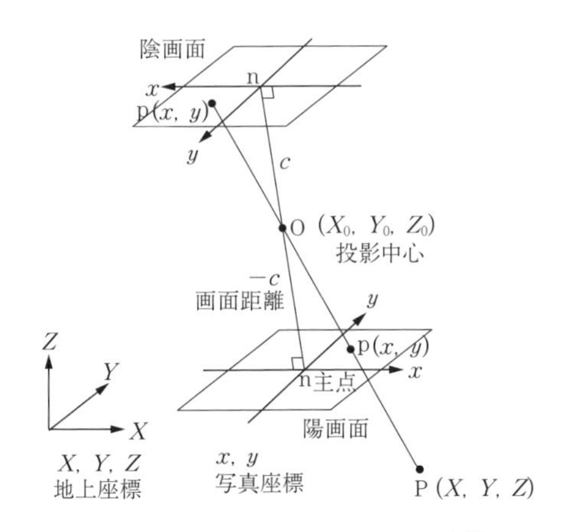

図 15.6　写真測量における用語の定義

〔2〕 三次元計測の原理

人間が立体感を感じることができるのは，左右それぞれの眼に入る光線の角度が異なるためである。この角度差は，網膜に写される像の位置ずれ量として知覚され，立体感を得ることができる。眼を画像に代替すれば，画像平面上のずれを計測して，**立体視**（stereoscopy）に基づき，三次元計測が可能になる。

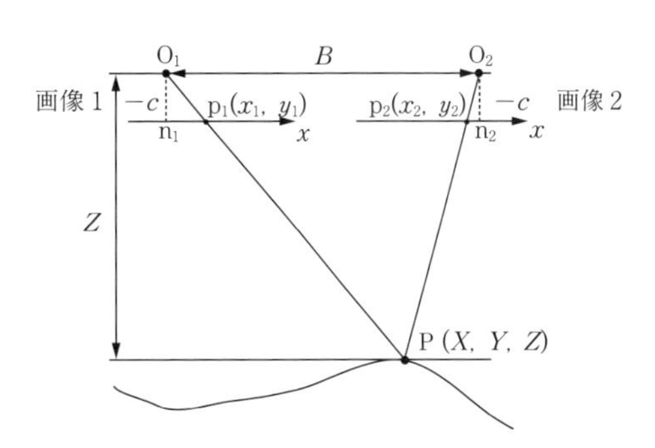

図 15.7　ステレオ画像による計測原理

いま，**図 15.7** のように 2 枚の画像（ステレオ画像）が，画像間距離 B（基線長）で平行撮影により得られたものとする（Y 座標は同一の平面で考える）。画面距離は共通で $-c$ である。両画像には，対象点 P が写され，それぞれ画像上で p_1, p_2 として観測されたとする。画像 1，2 間の投影点の位置ずれ $x_1-x_2=p$ を**視差**（parallax）という。幾何学的関係から，視差と三次元座標の関係は

$$\frac{Z}{-c}=\frac{X}{x_1}=\frac{X-B}{x_2}=\frac{B}{x_1-x_2}=\frac{B}{p},\ \frac{Z}{-c}=\frac{Y}{y_1}=\frac{Y}{y_2} \tag{15.15}$$

となる。この式から，三次元座標

$$X=\frac{B}{p}x_1=B+\frac{B}{p}x_2, Y=\frac{B}{p}y_1=\frac{B}{p}y_2, Z=-\frac{cB}{p} \tag{15.16}$$

を導くことができる。

視差と三次元座標の計測精度の関係は

$$\sigma_{XY}=\left(\frac{Z}{-c}\right)\sigma_p,\ \sigma_Z=\left(\frac{Z}{-c}\right)\left(\frac{Z}{B}\right)\sigma_p \tag{15.17}$$

で表すことができる。ここで，σ_{XY}, σ_Z は，それぞれ XY 座標，Z 座標の精度，σ_p は視差計測の精度である。高さや奥行といった Z 座標の精度向上のためには，基線長 B と対象物までの距離 Z の比（基線高度比 B/Z）を大きくすればよい。

〔3〕 共線条件と単写真標定

上記の例では，平行撮影により得られた画像を用いていたが，実際には，カメラは傾いて撮影される。カメラの傾きがわかっていれば，平行撮影に変換可能である。この変換を偏位修正という。さらに，三次元座標の計算において基線長を必要とすることから，カメラの位置も求めなくてはならない。これらのカメラの位置と傾きを外部標定要素という。外部標定要素は撮影ごとに求める必要がある。これに対し，カメラの画面距離や主点位置のずれ，レンズひずみなど，カメラ固有のパラメーターを内部標定要素という。これらの

標定要素を求めることが**標定**（orientation）である。ここでは，特に1枚の画像の標定要素を推定する単写真標定について解説する。なお，内部標定要素はキャリブレーションにより，対象物の撮影前に求めることができるため，内部標定要素は既知とし，外部標定要素のみを求めるものとする。

単写真標定のためには，写真座標と地上座標が満たすべき幾何学的関係である**共線条件**（collinearity condition）が重要になる。**図15.8**に示すとおり，対象物P_1，P_2，P_3を撮影し，画像投影点p_1，p_2，p_3が観測されたとする。共線条件とは，光の直進性に基づいた，「点P_1，投影中心O，画像投影像p_1は，同一直線上にある」という条件である。写真座標が地上座標に対して図のとおりに傾いていたとする。共線条件に従えば，写真座標と地上座標の関係は

$$\begin{bmatrix} X-X_0 \\ Y-Y_0 \\ Z-Z_0 \end{bmatrix} = \frac{1}{m} D \begin{bmatrix} x \\ y \\ -c \end{bmatrix} \tag{15.18}$$

と表すことができる。ここで，mは画像スケールであり，Dは対応する回転行列

$$D = \begin{bmatrix} l_1 & l_2 & l_3 \\ m_1 & m_2 & m_3 \\ n_1 & n_2 & n_3 \end{bmatrix} \tag{15.19}$$

を示す。式（15.15）を考慮すれば，式（15.18）より以下の共線条件式が導かれる。

$$x = -c\frac{l_1(X-X_0)+m_1(Y-Y_0)+n_1(Z-Z_0)}{l_3(X-X_0)+m_3(Y-Y_0)+n_3(Z-Z_0)}$$

$$y = -c\frac{l_2(X-X_0)+m_2(Y-Y_0)+n_2(Z-Z_0)}{l_3(X-X_0)+m_3(Y-Y_0)+n_3(Z-Z_0)} \tag{15.20}$$

つぎに，共線条件式に基づき，外部標定要素であるカメラの位置（X_0，Y_0，Z_0）と傾き（ω，φ，κ）（回転行列D）を求める。図中の対象物中の点P_1，P_2，P_3とその投影像p_1，p_2，p_3がつくる光線は，1点で交わらなければならない。すなわち，すべての点が共線条件を満足するように外部標定要素を決定する**後方交会法**（resection）を適用する。ここでは，写真座標と地上座標の両者とも既知である地上基準点を用いる。いま，未知パラメーターは六つの外部標定要素（X_0，Y_0，Z_0，ω，φ，κ）であり，一つの地上基準点当り二つの共線条件式が得られるため，少なくとも3点の地上基準点によって，外部標定要素を決定することが可能である。通常は，誤差を伴うため，4点以上用いて

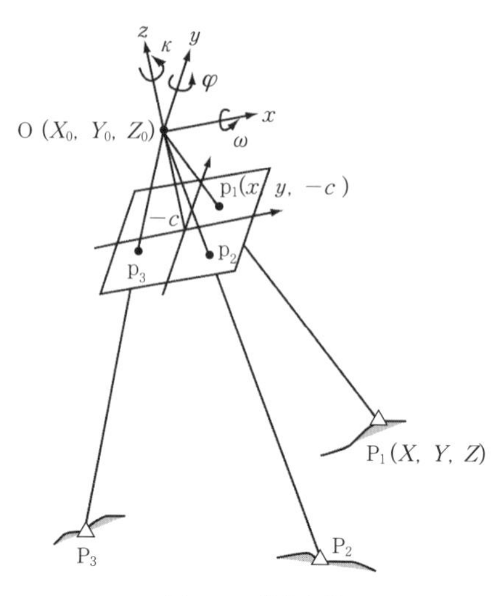

図15.8　共線条件

最小二乗法により求める。ただし，共線条件式は非線形であるため，非線形最小二乗法を適用する。そのため，単写真標定においては，初期値が必要となる。現在では，GNSSやIMU（慣性計測装置）などにより，初期値を取得することが可能である。

内部標定要素が未知の場合には，共線条件式において，写真座標（x，y）を未知パラメーターである主点位置のずれとレンズひずみの近似値（初期値）を考慮して補正し，画面距離$-c$を未知パラメーターとして扱えばよい。

複数枚の画像に同時に共線条件式を適用する**バンドル調整**（bundle adjustment）が用いられることも多い。バンドル調整では，使用する全画像の外部標定要素に加え，座標未知点の三次元座標も未知パラメーターとする。初期値としての未知点の三次元座標を，同点が写っている画像に再投影し，その写真座標と観測された写真座標の差（交会残差と呼ぶ）を算出する。交会残差の二乗和を最小化することにより，未知パラメーターの推定を行い，各パラメーターの更新を行う。

なお，複数画像における画像投影点の対応関係を求める手法であるマッチングなどの画像処理については，15.4節にゆずる。

〔4〕　共面条件と相互標定

〔3〕の共線条件は，写真座標と地上座標が満たすべき幾何学的関係であった。もう一つの重要な条件は，ある画像の写真座標ともう1枚の写真座標が満たすべき関係である**共面条件**（coplanarity condition）である。共面条件とは，「ステレオ画像において，投影中心2点，および共通の対象点の各画像への画像投

影点２点（パスポイント）が同一平面上にある」という条件である。

この共面条件を一組みのステレオ画像に適用し，二つのカメラ間の相対的な外部標定要素を求めることを相互標定という。いま，一方の画像の写真座標を任意座標系（モデル座標系という）として固定した場合，もう一方の画像の外部標定要素のうち，X 方向の位置は交会条件とは無関係である。そこで，この値を例えば１に固定すると，未知パラメーターは五つの外部標定要素（Y_0，Z_0，ω，φ，κ）となる。一つのパスポイント当り一つの共面条件式が得られるため，少なくとも５点のパスポイントによって，外部標定要素を決定することが可能である。通常は，誤差を伴うため，６点以上用いて最小二乗法により求める。共面条件式も非線形であるため，非線形最小二乗法を適用する。

相互標定結果から立体視を適用すれば，対象物と相似な三次元モデルを作成することが可能である。実スケールの三次元座標を求めるためには，地上基準点を用いて地上座標に変換する。これを絶対標定と呼ぶ。

15.3.3　レーザー計測

近年では，レーザー光を発射し，その反射波を計測することにより直接的に三次元計測を行う手法も広く利用されている。**レーザー**（light amplification by stimulated emission of radiation, **LASER**）は，誘導放射による光の増幅の一般名称である。計測用のレーザーでよく用いられる波長帯は 0.7 ～ 1.3 μm の近赤外領域である。

増幅されたレーザーは，単一波長であり，位相が一致し，方向も一致するという特徴を有する。この特徴を利用し，GNSS や IMU などで位置と姿勢がわかっているレーザーセンサから，計測対象にレーザー光を発射し，反射した光を受光盤で捉える。発射波と反射波の時間差や位相差を計測することにより，センサーから対象物までの距離を計測する。位相差を計測するフェイズシフト方式では，変調した複数のレーザー光の位相差から距離を計測する。位相を計測する場合には，波数（整数値）までは不明である。そのため，十分に周波数が低い（波長が長い）レーザー光により概略距離を算出し，より高周波数（波長が短い）のレーザー光により，距離測定の解像度を向上させる。なお，後述する５m メッシュ標高データ作成に用いられている航空レーザーの多くは，計測点の高さは 1 cm 単位で記録され，高さの精度は ±15 cm 程度である。

空中からの画像計測においては，レーザーを用いても，直接得られる高さのデータは，建造物や植物の高さを含んだものである。このような地物の高さを含んだ標高モデルを **DSM**（digital surface model）という。一方，地物の高さをフィルタリングにより除去し，地盤高を表現した標高モデルを **DTM**（digital terrain model）という。５m メッシュ標高データは，DTM の代表例である。

画像計測，レーザー以外にも，レーダーによる三次元計測も可能である。レーダーに関しては，15.4 節にゆずる。

15.3.4　デジタル標高地形図の作成

前項のレーザー計測技術により，詳細な地形データが作成されている。国土地理院が提供する５m メッシュ標高データは，航空レーザーにより取得されたデータから作成されたものである。現在では，基盤地図情報（15.1 節参照）の一部として，無償でインターネットからダウンロード可能である。

オリジナルのレーザ計測データは，地物の高さも含んだものである。DTM である５m メッシュ標高データを作成するために，フィルタリング処理を行う。１本のレーザー光において，反射波の反射強度が強い部分を，離散的に複数記録することができる。この反射強度が強い部分に，物体，あるいは地盤が存在すると仮定する。地上測量の成果なども参照し，この中から，地盤まで達していると推定される計測値のみを用いる。また，平面をメッシュに区切り，そのメッシュ内の三次元形状を多項式により回帰する。計測点が推定された多項式から閾値以上離れていた場合には，地物として判定し，その点を除外する。フィルタリング後は，その結果を目視によっても点検している。以上の処理で残った計測点を内挿補間することにより，メッシュ標高データを作成する。

従来公開されていた地形データのおもなものは，写真測量に基づき作成された 1/25 000 地形図の等高線から発生させた 50 m メッシュ標高データであった。５m メッシュという空間解像度の大幅な向上により，微地形を読み解くことがより容易になった。特に，都市域における地形表現力が格段に上がり，その利用価値も高い。例えば，ハザードマップへの利用など，自治体における利用も盛んである。また，詳細な地形解析への応用も見られる。近年の地形ブームにより，都市部の地形に関する多種の出版物が刊行されているが，その中でもよく利用されている。

この５m メッシュ標高データを陰影段彩図として表現し，1/25 000 地形図を重ね合わせた地形図が，「1：25 000 デジタル標高地形図」である（**図 15.9**，口絵 12 参照）。陰影段彩図とは，高い標高から低い標

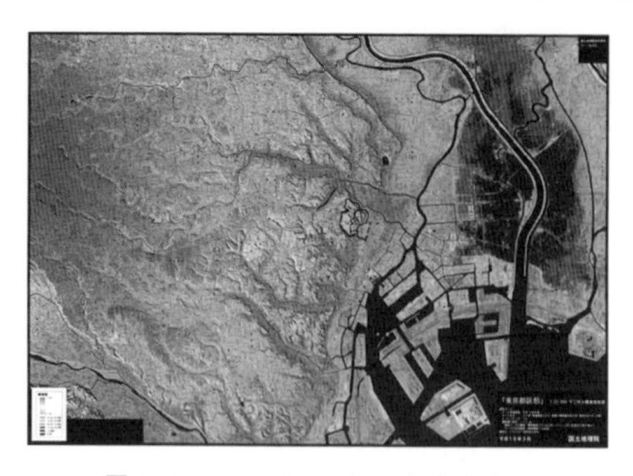

図 15.9　1：25 000 デジタル標高地形図
（出典：国土地理院[8]）

高までを，暖色系から寒色系へと連続的な色で表現したものに，一定方向からの光を当てた場合の陰影を加えたものである。デジタル標高地形図は，現在では，東京都区部，名古屋，濃尾平野西部，大阪，福岡，高知などで作成されている。

例えば，低地における地形把握においては，デジタル標高地形図を用いれば，その微地形情報から，自然堤防などの地形を読むことができる。国土管理の上でも，必要不可欠な地形図となっている。

15.3.5　移動体認識への応用

本項では，動画像に対して写真測量を適用し，特に車両や人物の移動体認識のための応用を紹介する。

交通渋滞，交通事故，交通環境負荷等に対する詳細分析に向け，定点における個別車両の詳細な移動履歴データが必要とされている。この要請に応える手段として，空中からのビデオカメラによる観測が考えられる。この動画像に対して，画像処理手法による画像上での車両の認識・追跡手法も開発されている[9]。

認識結果を交通現象分析などへ応用する際には，実空間座標での車両位置が必要となる。道路上のみを移動する車両の位置を求める問題として，単ビデオカメラによる車両の実空間での位置計測を行う。

動画像中でステレオ画像の関係にあるフレームを選択し，標定および立体視の原理を適用することにより，静止物体である対象道路の三次元計測が可能となる。つぎに，動画像の全フレームにおける道路部を先のステレオ画像の一方に幾何補正する。画像上での車両位置は，すでに認識されているため，その写真座標から道路上の座標を求めることにより，実空間での車両位置の計測が達成される。

以上の例では，対象物の認識後に，写真測量の原理に基づき，三次元計測を行うものであった。逆に，三次元計測結果は，対象物の認識に有用であると考えられる。つぎの例では，固定されたステレオビデオカメラにより，動画像と同時に得られる，各画素に対応する点の三次元座標を用いて，移動体を認識する例を示す。

ここでの対象は，人物の位置計測とする。人物挙動の詳細な把握は，公共空間などにおける設計などにも必要とされているものである。これまでも，ビデオカメラによる人物の動きの観測が行われてきた。しかしながら，動画像（色情報）のみを用いた画像処理手法では，人物相互の遮蔽（オクルージョン）が存在する場合の認識精度の低下という課題があった。ここに，三次元情報を利用すれば，個々人の抽出・追跡を実現できることが期待される。そこで，色情報と三次元情報を組み合わせて，人物認識・追跡を行う[10]。

前述のとおり，ここでは，各画素の色情報と，その画素に対応する実空間の三次元座標を利用する。ステレオビデオカメラは固定されているため，標定は終了しており，ステレオ画像の立体視により，この三次元座標が得られる。これらの観測情報から，人物位置（人物重心の三次元座標）を推定する。**図 15.10** に，色情報と三次元情報を用いた人物の認識・追跡結果を示す。図中の点と番号は，自動認識・追跡した人物位置を表している。

図 15.10　色情報と三次元情報を用いた人物の認識・追跡結果

以上のとおり，動画像に写真測量を適用し，認識・追跡アルゴリズムを併用することにより，交通分析の基礎情報となる，移動体の位置情報を取得することができ，効率的な調査への貢献が期待される。

（布施孝志）

15.4　リモートセンシング

15.4.1　概　　説

リモートセンシング（remote sensing）とは，非接触で対象物の電磁波の反射，放射特性を計測する技術を指す。リモートセンシングという言葉は 1960 年代にアメリカでつくられた技術用語で，1972年最初の地球観測衛星Landsatが打ち上げられてから急速に普及した。リモートセンシングによって取得された人工衛星画像や航空写真からは特定の地物の二次元空間での分布状況が，またそれらのステレオ画像から生成される三次元データからは三次元空間での分布状況が把握できる。

リモートセンシングで使用されるセンサーは，対象物から反射または放射される電磁波を検知し，それが画像化される。本節では**地理情報システム**（geographic information system, **GIS**）を用いた解析でリモートセンシング画像を使用する状況を念頭に置き，必要と思われる知識を紹介する。15.4.2項でリモートセンシングの概念を理解する上で必要な基礎知識を説明する。続いて15.4.3項でリモートセンシング画像を解析に使用するための処理過程を解説する。その後，15.4.4項で二次元主題図作成・地物抽出の原理を，15.4.5項で三次元データ生成の原理を説明する。本節では概要を紹介するにとどめるが，より詳細な説明は須﨑ら[11]を参照されたい。

15.4.2　基　礎　知　識

リモートセンシングでは広範囲を対象とするため，センサーを移動体（**プラットフォーム**：platform）に載せた観測が行われる。本節ではプラットフォームを**衛星**（satellite）に限定して話を進める。

〔1〕 軌 道 ・ 高 度

衛星では飛行する軌道があらかじめ計画されている。地球観測衛星の軌道は**太陽同期準回帰軌道**（sun synchronous semi-recurrent orbit）と**静止軌道**（geosynchronous orbit）に大別できる。前者は北極，南極の両極の近辺を通る約600～800 kmの高度の極軌道であり，衛星は1周約90～100分で周回する。後者は赤道上空の高度約36 000 kmの軌道で，衛星が地球の自転に同期して飛行することで地球からは静止しているように見える。

〔2〕 波　　　　長

土木計画学の分野で利用されるリモートセンシングでは，可視光線（約0.4～0.7 μm）から赤外線（約0.7 μm～1 mm）の範囲の波長と，マイクロ波（1 mm～1 m）の波長の電磁波が用いられる。前者の電磁波を利用するセンサーを**光学センサー**（optical sensor）と呼ぶ。

光学センサーでは単位時間，単位面積，単位立体角当りの放射エネルギーである**放射輝度**（radiance）が計測される。放射輝度は入射光のエネルギーによって大きく変動する。その変動を抑えるために入射光の放射輝度で基準化して得られる**反射率**（reflectance）が解析に用いられることが多い。横軸に観測波長を，縦軸に反射率を記した曲線を**分光反射率曲線**（spectral reflectance curve）と呼ぶ（**図15.11**参照）。対象物によって，また対象物の状態の違い（例えば含水率の違い）によって分光反射率曲線は変化する。例えば，植物は赤の波長帯で反射率が低く，近赤外の波長帯で反射率が高いことが知られている。

すべての波長帯で反射率を計測できれば対象物を識別できる可能性が高まるが，大掛かりで費用がかさむセンサーになってしまう。そのため，光学センサーは，物体の識別に有効といわれている特定の波長帯において計測する。この計測用に設定された波長帯を**バンド**（band）と呼ぶ。光学センサーでは一般的に，4から7程度のバンドが設計されていることが多いのに対し，100以上の多数の狭い波長帯で計測される**ハイパースペクトルセンサー**（hyper spectral sensor）というセンサーも運用されている。分光反射率をより細かく検知できるため物体の識別能力の向上が期待され，ハイパースペクトル画像のさまざまな実利用例が今後増えていくと予想される。

また，可視光線から赤外線の波長帯の電磁波は大気中の雲によって散乱されるため，光学センサーでは雲

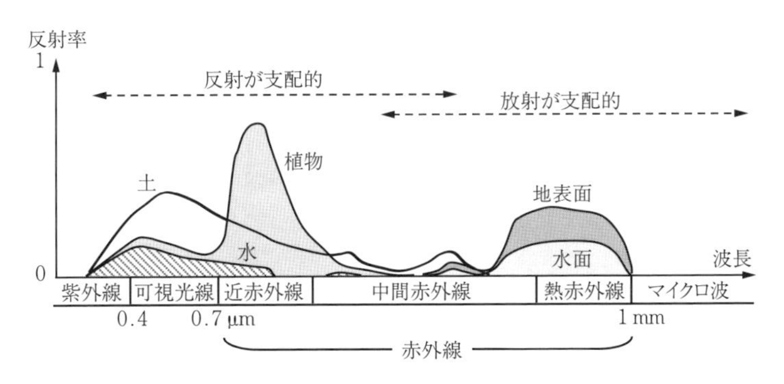

図15.11　代表的な土地被覆における分光反射率曲線

が存在すると地表面を観測できない。光学センサーは太陽光を源として計測するため，夜間の撮影は難しい。

一方，マイクロ波を出力して，地上の**散乱体**（scatterer）で散乱された**後方散乱**（backscatter）の強度と位相を計測して画像を生成するセンサーを**合成開口レーダー**（synthetic aperture radar, **SAR**）と呼ぶ。**レーダー**（radio detection and ranging : radar）は電波を使った検出と測距を行う技術を指すが，電波そのものを指して使われることもある。直下からの角度を意味する**オフナディア角**（off-nadir angle）が約20～40度の斜め下方向にマイクロ波が発射される。光学センサーと異なり，大半のSARでは単一の波長（または周波数）での計測が行われる。一般的にレーダーは雲を透過するため，夜間でも悪天候時でも計測が可能である点が光学センサーとの大きな違いの一つである。ちなみに，レーダー気象学という分野もあるように，マイクロ波が大気中の雨滴で散乱される性質を利用することで，レーダーは雨滴の存在を検出できる。

〔3〕 空 間 分 解 能

空間分解能とは識別可能な地物の大きさを反映する能力を指す。高い空間分解能を有する光学センサーでは数十cmから1m程度の解像度の画像が得られる。一般的に空間分解能が高いと，センサーが観測できる幅が狭くなる。そのため〔4〕で述べる時間分解能が低くなり，特定の地点を撮影した画像を取得する頻度が少なくなる。

SARの空間分解能は光学センサーのものと性質が大きく異なる。SARではレーダーの進行方向を**レンジ**（range）方向，レンジ方向に直交するセンサーの飛行方向を**アジマス**（azimuth）方向と呼ぶ。レンジ方向に走査することで一次元のデータが得られ，それをアジマス方向に飛行しながら繰り返すことで二次元の画像が生成される。高い空間分解能を達成するために，レンジ方向にはパルス圧縮と呼ばれる技術が，アジマス方向には仮想的に大きなアンテナで観測したように同一地点を観測したデータを統合するアジマス圧縮が適用される。ここで述べられている圧縮は，情報量を減らすような圧縮という意味ではなく，特定の地点が含まれるデータを畳み込んで合成する処理を指す。このような処理で生成された画像を合成開口レーダー画像と呼ぶ。圧縮前は数kmから十数kmと低い解像度の画像であるが，圧縮後は数mから十数mの高い解像度を持つ画像が生成される。

〔4〕 時 間 分 解 能

時間分解能は観測される時間間隔を表し，観測間隔が短いと時間分解能が高いといわれる。一般的に衛星リモートセンシングでは，数日から数十日で完全に同じ軌道に戻り，この日数を**回帰日数**（recurrence period）と呼ぶ。観測幅が狭い高空間分解能センサーでは，この回帰日数と同じ間隔で同一地点を撮影できる。一方，空間分解能が低いセンサーでは観測幅が大きく，センサーから見た角度は変動するものの同一地点を毎日観測できる。例えば，**米国航空宇宙局**（National Aeronautics and Space Administration, **NASA**）の**MODIS**（Moderate Resolution Imaging Spectroradiometer）[12]はTerraとAquaという二つの衛星に搭載されている光学センサーである。前者は10：30頃，後者は13：30頃に観測するよう設計されている。MODIS画像の解像度は250m，500m，1kmと決して高くはないものの，毎日昼夜合わせて複数回観測する高い時間分解能に魅力がある。NASAのWebサイト[12]ではMODISの種々のプロダクトがダウンロードでき，土木計画学の観点では，大気補正済み反射率，地表面温度，植生指数等のプロダクトが利用価値が高いと思われる。

一般的に衛星の飛行軌道は固定されているが，災害時等に視線方向を変更できるセンサーもある。この機能により本来の時間分解能よりも高い頻度で特定地域を集中的に観測できる。

15.4.3 解析に必要な補正や処理

衛星リモートセンシングでは広範囲を対象とするため，また地球の自転の影響を受けるため，画像に幾何学的なひずみが生じる。また異なる時期に計測された画像を比較する際には，大気状態の違いの影響を除去しなければならない。本項では，そのような補正や処理を説明する。

〔1〕 物 理 量 変 換

衛星画像には，例えば0から255までの離散的な数値である**DN**（digital number）が記録されている。光学画像では，センサー固有の変換係数を適用して**放射輝度**や，さらに入射光に対する反射光の割合を意味する**反射率**へ変換できる。SAR画像では，DNに変換係数を適用して対数化し，後方散乱係数を生成できる。15.4.4項で述べる二次元主題図作成の際にDNを用いても処理できるが，DN自体は意味がないため，放射輝度や反射率といった物理量に変換してから処理が行われることが多い。

〔2〕 大 気 補 正

光学画像では雲が存在すると写ってしまい，その下の地表面が観測できない。可視光線から赤外線の波長では，電磁波は大気分子やエアロゾルによって吸収や散乱される。水蒸気や窒素，オゾン等の大気分子の粒径は波長に比べて短く，大気分子による散乱は波長の4乗に反比例する**レイリー散乱**（Rayleigh scattering）と呼ばれる。そのため，可視光線の中では赤や緑のバンドより青のバンドでの散乱の影響が強くなる。一方，霧等の水滴や大気中のゴミ等のエアロゾルの粒径は電磁波の波長よりも大きいため，**ミー散乱**（Mie scattering）という波長依存性が小さい散乱が生じる。これらの大気による吸収，散乱成分を除去するために，散乱過程を考慮した大気補正処理が行われる。例えば，画像撮影日時や対象地点の緯度，経度，気候タイプ等のパラメーターを利用者が入力することで，あらかじめ用意された大気モデルを通して大気による吸収，散乱成分が計算される。その影響を除去することで，衛星画像から直接得られる大気上端の反射率から，地上での反射率を推定できる。

また厳密な大気補正ではないものの，光学画像では大気の影響を緩和するために**コンポジット処理**（compositing）が適用されることがある。コンポジット処理とは，特定の目的のために，一定期間内に取得された複数枚の画像を合成して1枚の画像を生成する処理を指す。光学画像のコンポジット処理では，一般的に大気の影響を受けると反射率が低下する現象を利用して，雲の影響が最小のときに最高の反射率が観測されると仮定する。例えば1箇月単位でコンポジット処理する場合に，ある画素における1箇月内での最高の反射率を採用して画像を生成する。このようにして各画素の反射率を決定することで，例えば熱帯モンスーン地域でも雲がほとんどない画像が生成できる。その反面，画素ごとに違う日の観測データが記録されていることになる。また，当該期間内で土地被覆に大きな変動が生じないという仮定が前提となっている。そのため，8～10日間と短い期間でコンポジットすることもある。

一方，SAR画像では雲の影響を受けにくいと述べたが，15.4.5項〔2〕で述べる干渉処理を応用して，数mm程度の高精度で地盤変動を推定する場合には大気補正が必要となる。高精度推定では2枚の画像から算出される位相差が重要になり，電磁波の伝播の遅延は無視できなくなる。そのため，大気の水蒸気量を見積もった位相の補正が行われることもある。

〔3〕 幾　何　補　正

受信信号から生成される衛星画像は幾何学的にひずんでおり，GIS上で他の画像やデータと重ね合わせて解析するには，**幾何補正**（geometric correction）が必要である。単に画像間で位置を合わせる場合と，特定の地図座標系と投影法に合わせる場合に大別できる。前者では基準となる画像を決めて，幾何補正する画像との間で共通して写る地物である**GCP**（ground control point）を自動あるいは手動で複数取得する。一連のGCPを用いて投影変換係数を決定し，基準となる画像の形状に合わせた画像が得られる。射影変換式やそれから派生した変換式が用いられることが多い。

特定の地図座標系に合わせる幾何補正の処理を述べる。衛星画像を入手すると，画像本体のファイル以外に，衛星画像の画素ごとの緯度，経度を算出できる補助データが記述されたファイルが含まれている。このデータを読み取ることで衛星画像を特定の座標系に自動的に変換できる。ただし，この場合でも既存の他の画像やデータと重ね合わせると，幾何学的なずれが残っていることが多い。そのため，厳密に重ね合わせをする場合には，GCPを取得した精密な幾何補正を実施することが多い。

衛星画像の1シーンは数十kmから百数十kmの幅の領域に限られることが多い。より広範囲を網羅する画像を生成するには**モザイク処理**（mosaicking）と呼ばれる複数シーンの画像を接合して処理を行う。各シーンは一部分が重なるように撮影されており，GCP検出と同様に対応する地点が検出される。**図15.12**にインドシナ半島における多数のLandsat TM画像をモザイク処理した結果を示す。

図15.12　インドシナ半島におけるモザイク処理したLandsat TM画像[13]

〔4〕 パンシャープン処理

15.4.2項〔2〕で述べたように，光学センサーには可視光線から赤外線の波長帯において複数のバンドが設計されている。そのような細かいバンドとは異なり，例えば可視光線全体を計測するパンクロマチックというバンドが設けられているセンサーもある。一般的に，パンクロマチックバンドは波長帯域が広いため**SN比**（signal-to-noise ratio）が高くなり，高い空間分解能を期待できる。例えば，2014年に打ち上げられた商業衛星WorldView-3では，青，緑，赤，近赤外等のマルチスペクトルバンド画像では1.24 mの解像度である一方，0.45～0.8 μmの波長帯を観測するパンクロマチックバンド画像は0.31 mの高い解像度を有する。

パンシャープン処理（pansharpening）と呼ばれる画像処理の技術を通して，パンクロマチックバンドの解像度を有するマルチスペクトルバンドのカラー画像が生成される。以下，その手順の概略を述べる。もともとのマルチスペクトルバンドから3バンドを選び，RGB画像を生成する。RGB画像からhue（色相），saturation（彩度），intensity（明度）で構成されるHSI画像へ変換する。このintensityをパンクロマチックバンド画像に置き換えて，HSI画像からRGB画像へ逆変換する。この結果，パンクロマチックバンド画像の解像度を有する，視覚的に効果のあるカラー画像が得られる。**図15.13**（口絵13参照）に商業衛星Quickbirdのパンシャープン画像を示す。Quickbird画像は青，緑，赤，近赤外のマルチスペクトルバンドは2.0 mの解像度，パンクロマチックバンドは0.5 mの解像度を有する。

15.4.4　二次元主題図作成・地物抽出の原理

リモートセンシング画像から二次元の主題図を生成するために，特徴空間をなんらかの分類基準に基づき分割し，比較的等質な画素のグループにラベルを付ける分類という処理が行われる。主題図を作成するにはこの分類という処理が欠かせない。

リモートセンシング画像からは**土地被覆**（land cover）別に分類できる。一方，土木計画学の分野では，人間の利用形態という観点から整理される**土地利用**（land use）別での主題図が求められるかもしれない。例えば，空港を例に挙げると，空港自体はアスファルト舗装の道路やコンクリート製の建物等の人工構造物と，草地，裸地，場合によっては樹林帯のような非人工構造物から構成される。コンピューターを通してリモートセンシング画像から直接分類されるのは，コンクリート構造物，草地，樹林帯のような土地被覆である。複数の土地被覆の集合体である土地利用を生成するには，土地利用を定義した上で高度な処理が求められる。本項執筆時点では土地利用を高精度に自動生成できるアルゴリズムは存在しない。よって，土地利用図が必要な場合には，後述する手順にならって利用者が先に土地被覆図を生成し，その後，土地利用図へ編集する必要がある。

分類手法は，大別して事前に指定するデータの有無と，分類する単位の二つの観点から整理できる。まず前者では，分類あるいは抽出の際に対象とする典型的な土地被覆や地物を，利用者が指定することがある。指定されたデータは**教師データ**（training data）と呼ばれる。分類手法は教師付き分類と教師なし分類に分けられる。教師付き分類では，与えられた分類クラスを代表する部分を画像からサンプリングして教師データとし，それらから，母集団の特徴を推定する。教師なし分類では，特徴の類似した画素等を自動的にグループ化し，それらから特徴が推定される。教師付き分類手法には**最尤分類法**（maximum likelihood classifier），教師なし分類手法には**クラスタリング**（clustering）が代表例として挙げられる。

一方，分類単位という観点では，分類手法は画素単独のデータのみを利用する**画素単位の分類手法**（pixel-based classifier）と，対象画素の一定範囲の周囲を含めたデータを利用する**オブジェクト単位の分類手法**

（a）東京都墨田区におけるQuickbird パンクロマチック画像（解像度0.5 m）

（b）マルチスペクトル画像（解像度2.0 m）

（c）パンシャープン画像（解像度0.5 m）

図15.13　パンシャープン処理で生成された画像（図（a）～（c）は250 m×250 mの範囲）

(object-based classifier) に分けられる。オブジェクト単位の分類手法の一つである**領域分割** (segmentation) は，画素周辺の一定範囲における輝度値や反射率，場合によっては形状も含めた同質性を判定する。画素単位の分類手法よりも誤差や局所的な陰影，例えば屋根の部分的な輝度値の違い等にも頑健に同一クラスを生成できる。領域分割によって多少の誤抽出も発生するものの，例えば建物だけを抽出することもでき，効率的に衛星画像を処理する手法として種々の分野で利用されている。**図 15.14** に航空写真への適用例ではあるが，領域分割の結果を示す。

（a） 航空写真（0.5 m 解像度）

（b） 領域分割結果（150 m × 150 m の範囲）

図 15.14 京都市東山区における領域分割結果

15.4.5 三次元データ生成の原理

三次元データを生成する原理は光学画像と SAR 画像で大きく異なる。本項では光学画像と SAR 画像での三次元データ生成方法の違いを強調しつつ説明する。

〔1〕 光 学 画 像

写真測量と同じ原理で，重複して撮影された 2 枚以上の写真に共通して撮影されている点を特定することで，三次元データを復元できる。ここでは，**宇宙航空研究開発機構** (Japan Aerospace Exploration Agency, **JAXA**) が打ち上げた **ALOS** (Advanced Land Observing Satellite) 衛星に搭載された **PRISM** (Panchromatic Remote-sensing Instrument for Stereo Mapping) を例に取り上げて，処理の大まかな手順を示す。2006 年から 2011 年まで運用された PRISM は観測幅 35 km，地上分解能 2.5 m（直下視）で前方，直下，後方の 3 方向を観測しながら飛行し，数秒間で特定の地域を 3 方向から観測した画像群（トリプレット：triplet）が提供されている。以下，この PRISM のトリプレット画像から三次元データを復元する流れを説明する。

① 地上座標が既知の基準点 1 点を使って，RPC モデル適用時に必要となるバイアス項を決定

② 特定の地物を 3 枚の画像中で検出し，画像座標を決定（ステレオマッチング）

③ 三つの画像座標と各画像の RPC モデルを用いて，地上座標を推定

④ 3 枚の画像が重複する範囲に②，③を繰り返して三次元データを持つ画像を生成

写真測量では，実空間上の点と投影中心，CCD 等の像面上の点は同一直線上に存在するという条件，**共線条件** (collinearity condition) を仮定する。実際にはカメラ内部のレンズひずみ等のために共線条件が満たされず，**内部標定** (interior orientation) という処理を通して，共線条件が満足されるようにセンサーに関係するパラメーターが調整される。

ステレオ撮影された衛星光学画像を用いた三次元データ復元の現在の主流は，共線条件の概念を発展させた**有理多項式モデル** (rational polynomial camera (RPC) model) を用いる手法である。RPC モデルは特定の点の緯度，経度，楕円体高を与えることで二次元画像上に投影される座標を推定する。緯度 φ，経度 λ，楕円体高 h に対し正規化された緯度 φ_n，経度 λ_n，楕円体高 h_n が式 (15.21) で，また画像座標 u，v に対し正規化画像座標 u_n，v_n が式 (15.22) で定義されるとする。

$$\varphi_n = \frac{\varphi - \varphi_0}{\varphi_s},\ \lambda_n = \frac{\lambda - \lambda_0}{\lambda_s},\ h_n = \frac{h - h_0}{h_s} \quad (15.21)$$

$$u_n = \frac{u - u_0}{u_s},\ v_n = \frac{v - v_0}{v_s} \quad (15.22)$$

ここで各変数に対し，s，0 の下付きはスケール項，オフセット項を意味する。式 (15.21)，(15.22) を用いて，RPC モデルは式 (15.23) で表現される。

$$u_n = \frac{f_1(\varphi_n, \lambda_n, h_n)}{f_2(\varphi_n, \lambda_n, h_n)},\ v_n = \frac{f_3(\varphi_n, \lambda_n, h_n)}{f_4(\varphi_n, \lambda_n, h_n)} \quad (15.23)$$

$f_i(\varphi_n, \lambda_n, h_n)$ は，高々三次の項から構成される多項式で 20 の係数を持つ。式 (15.23) 全体で 80 個に上る係数は GPS とスタートラッカーを用いて推定される衛星の姿勢と軌道情報から計算され，これらは衛星画像販売元から提供される。

RPC モデルを用いて三次元座標を推定すると，衛星の位置や姿勢という**外部標定** (exterior orientation) **要素**の誤差に基づくバイアス項が含まれることが知られている。そのため，① で既知の基準点を用いてバイアス項を決定する。

② のステレオマッチングでは種々の手法が提唱されているが，最も基本的な方法の一つが**面積相関法** (area-based matching) である。2 枚の画像おのおのにおいて一定の大きさを持つ窓を配置し，窓枠の範囲

に含まれる画素の輝度値から両者の類似度を計算し，最も類似度の高い画素を選ぶ。③ では，ここで得られた画像座標と，RPC モデルから推定される画像座標との残差の二乗和を最小化して地上座標を推定する。

2 枚の画像を取得したときの撮影位置間の距離を**基線長**（baseline length）と呼ぶ。左右から物を見ることで対象物までの距離が特定しやすいように，光学画像では基線長が一定値以上であることが望まれる。基線長が短いと，推定高さの精度が低下する。

〔2〕 SAR　画　像

SAR 画像では，ほぼ同じ位置，同じオフナディア角で撮影した 2 枚の画像を**干渉処理**（interferometry）することで**干渉縞**（interferogram）画像を作成し，対象物の相対的な高さを推定する。**図 15.15** に示すように，レーダーは異なる時期に M（Master），S（Slave）の二つの位置で観測を行うものとする。衛星 SAR 画像を用いた干渉処理では，一つのアンテナで繰り返し観測された 2 枚の画像を利用することが多い。基線長 B（数百 m〜1 km 程度）に比べてセンサー–対象物間の距離 R は大きいので（約 700〜800 km），二つの入射角は等しいと仮定できる。三次元データの復元に焦点を当てるため，2 時期の間には有意な地盤変動は生じないと仮定して話を進める。

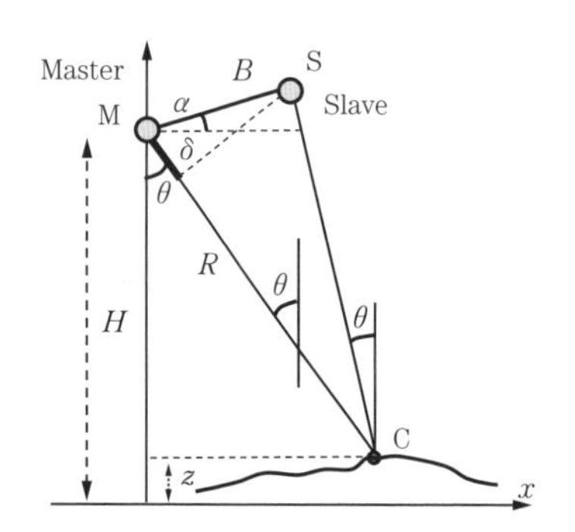

図 15.15　SAR 画像を用いた地物の高さ推定

以下，干渉処理の大まかな手順を示す。

① 2 枚の画像の相対位置合せ（coregistration）
② 特定画素における位相差の計算
③ 位相差から基準面での位相差を除去
④ 位相差のアンラッピング
⑤ ④ の位相差から基準面からの相対高を計算
⑥ 2 枚の画像が重複する範囲に ⑤ を繰り返して三次元データを持つ画像を生成

まず ① では 2 枚のうち片方の画像を固定し，もう片方の画像の位置を合わせる。画像の付属データを用いて位置合せすることも可能であり，自動処理する商用ソフトウェアも提供されている。

以下，② 以降の処理を述べていく。特定の地点に対するレーダーからの二つの距離の差（光路長差）は，レーダーと対象物間の往復を考えると図 15.15 に示す距離 δ の 2 倍である。光路長差に対応する位相差 ϕ は，基線長 B，波長 λ を用いて，式 (15.24) で示される。

$$\phi = 2 \cdot \frac{2\pi}{\lambda}\delta = \frac{4\pi}{\lambda}B\sin(\theta-\alpha) \tag{15.24}$$

一方，図 15.15 から，基準面からの特定地点の標高 z，マスター画像撮影時のレーダーの飛行高度 H，R との間には，式 (15.25) の関係式が成り立つ。

$$z = H - R\cos\theta \tag{15.25}$$

ϕ は H と R を変数に持つ関数と考えて，式 (15.26) の関係式を導ける。

$$d\phi = \frac{\partial\phi}{\partial R}dR + \frac{\partial\phi}{\partial z}dz \tag{15.26}$$

式 (15.26) の右辺第 1 項は軌道縞による位相の変動分，第 2 項は地形縞による位相の変動分を表す。衛星の軌道情報から理論的に計算できる軌道縞を差し引くことで，第 1 項を差し引くことができる。第 2 項に着目すると

$$\frac{\partial\phi}{\partial z} = \frac{\partial\phi}{\partial\theta}\frac{\partial\theta}{\partial z} = \frac{4\pi B\cos(\theta-\alpha)}{\lambda R\sin\theta} = \frac{4\pi B_\perp}{\lambda R\sin\theta} \tag{15.27}$$

と変形できる。ここで $B_\perp = B\cos(\theta-\alpha)$ とし，垂直基線長と呼ぶ。式 (15.27) は位相の変化量と高さの変化量の関係を示している。ある基準面のある地点との相対的な位相差を $\Delta\phi$，高度差を Δz とすると，式 (15.27) から

$$\Delta z = \frac{\lambda R\sin\theta}{4\pi B_\perp}\Delta\phi \tag{15.28}$$

が得られる。つまり，③ で特定の基準面上の地点との相対的な位相差を計算した後で，式 (15.28) に示すように 2 地点間の相対高さ Δz を 2 点間の位相差 $\Delta\phi$ から推定できる。

しかし式 (15.28) の $\Delta\phi$ は本来の位相差とは限らない。SAR では反射波の強度と位相が記録されるが，位相は $-\pi$ から π の範囲で表現されている。この変換を**ラッピング**（wrapping）と呼び，ラップされた位相から元の位相を復元する処理を**アンラッピング**（unwrapping）と呼ぶ。したがって，高さの推定の前に ④ のアンラッピングが必要になる。ただし，正確な位相を復元できればセンサーと対象物間の距離を推定できるが，実際にはアンラッピングの際に誤差が含まれてしまう。

最後に，SARの今後の展望を述べる。SAR画像では，干渉処理技術の向上に加えて，この十数年間は**多偏波SAR**（polarimetric SAR）の技術の進展が目覚ましい。電磁波は電界と磁界が互いに直交して進行しているが，電界が含まれる面を偏波面と呼ぶ。単偏波SARでは，例えば垂直偏波で入射したマイクロ波の反射波の垂直偏波成分を計測する。一方，多偏波SARは入射波に垂直偏波・水平偏波を用い，反射波の垂直偏波・水平偏波成分を計測し，最大4通りの組合せの散乱データが得られる。そのため散乱体を識別できる可能性が高まる。代表的な受信信号処理手法として，地表面での表面散乱，2回散乱（地面と建物の壁面との反射等），体積散乱等の物理的な特徴の異なる散乱に分解する4成分分解手法が挙げられる。都市で発生する散乱は複雑であるため困難な点もあるものの，都市内の二次元，三次元建物分布も推定できる可能性も示唆されており，今後の発展に期待が寄せられている。（須﨑純一）

15.5 GISと空間解析

15.5.1 概説

土木計画の策定過程では，前節までに示した空間情報技術を通して取得した地形や土地被覆，土地利用などを表す自然・都市環境データに加え，人口構成や世帯所得分布，産業の経済活動などを表す社会経済データを勘案して，地域の現状を分析・把握し，その将来像を議論することが求められる。

地域分析に必要な情報の大半は，空間的位置との関連性を有する空間情報である。空間情報は，実空間上に存在する**実体**（entity）を**空間データモデル**（spatial data model）に基づき抽象化したものである。この空間情報を，空間的な位置を鍵に統合的に管理し，空間的近接性を考慮した分析やその結果の共有・可視化などを通して，地域の自然環境や社会経済状況の分析できる環境を提供する情報システムが，**地理情報システム**（geographic information system, **GIS**）である[14]。

GISの特徴は，空間的位置に基づく情報管理にある。位置表現には，平面位置のみでも二次元が必要で，一次元の識別子による管理に比べ複雑である。さらに，線や面による抽象化が必要な実体は，多数の頂点座標による表現が必要である。そのため空間的位置に基づく管理はデータ量が多く，その解析は計算負荷が大きいため，効率的な情報の管理や処理が不可欠となる。そこで，本節では，GISによる空間情報の効率的な管理・分析を支える要素技術を解説する。

15.5.2項では，空間データモデル[15]について説明する。まず，空間データモデルは，実体の空間的な位置や形状を表す幾何学的属性の表現方法により，二つに大別できる。一方は，実体を空間上の離散的事象と捉えて**地物**（feature）として抽象化するモデルで，その位置や形状を点・線・面などの**空間オブジェクト**（spatial object）を用いて**ベクター形式**（vector format）で表現する。他方は，実体を空間上の連続的事象と捉え，すべての地点に属性値を対応させた**フィールド**（field）として抽象化するモデルで，格子領域などの小領域への空間分割を通してフィールドを近似した**ラスター形式**（raster format）で表現する。さらに，地物に基づいて抽象化するベクター形式の空間データモデルは，各空間オブジェクトを地物として管理する**レイヤーモデル**（layer model）と，複数の空間オブジェクトから地物を定義して管理する**オブジェクトモデル**（object model）に分類できる。

つぎに15.5.3項では，空間情報の管理や処理の効率化を図る**空間データベース**（spatial database）を説明する。まず，レイヤーモデルに対応した**関係データベース**（relational database）と，オブジェクトモデルに対応した**オブジェクトデータベース**（object database）を紹介する。その後，**空間データベース管理システム**（spatial database management system, **spatial DBMS**）上で，空間的位置に基づく検索を効率化する仕組みである**空間索引**（spatial index）と，地物間の近接・交差・内包の判定などの空間解析処理を，空間DBMSに要求する**空間クエリー**（spatial query）について記す。

最後に15.5.4項では，要求された空間解析処理を効率的に実行する**計算幾何**（computer geometry）のアルゴリズムについて説明する[16]。アルゴリズムの効率性の評価基準である**計算量・計算複雑度**（computational complexity）を示した後，空間解析の例題を用いて，効率的なアルゴリズムの利用による空間解析の効率化について解説する。

15.5.2 空間データモデル

〔1〕 幾何学的属性の表現

前述のように，実体を離散的事象と考える地物に基づく抽象化ではベクター形式，実態を連続的事象と考えるフィールドに基づく抽象化ではラスター形式で幾何学的属性を表現する。また，地形を表す標高値は連続的事象とみなせるが，ベクター形式の一種である**不規則三角形網**（triangulated irregular network, **TIN**）による表現も使用される。

これら空間情報のデータ表現に用いられる3種類の幾何学的属性の表現方法について説明する。

（1）ベクター形式　ベクター形式とは，実体の属性のうち，空間的な位置や形状など幾何学的属性を点・線・面などの**空間オブジェクト**（spatial object）で抽象化し，その頂点座標を記録して表すデータ形式である（**図 15.16**（a）参照）。地物は，幾何学的属性とその他の属性を連結したデータとして表現される。なお，点・線・面のいずれの空間オブジェクトによる表現が適切かは，情報の使用目的や分析・表現の空間縮尺に依存する。例えば，都市の位置を表す空間情報は，全世界を対象とした分析では点，都市圏を対象とする分析では面で表現するのが適切であろう。

また，空間オブジェクト間の隣接関係や接続関係など，空間的な関連性を表す**位相**（topology）を，明示的に表現できるベクター形式のデータモデルが考案されている。位相を表現できるデータモデルを用いると，例えば，交差点を点，交差点間の道路区間を線で表し，線が点を介して接続する位相構造を記録して道路網を表現することや，土地の筆界を面で表し，境界線や境界線上の点が複数の面に共有されている関係を記録して，筆界の隣接関係を表現することができる。

（2）ラスター形式　ラスター形式は，矩形領域を同じ形状の矩形格子に分割し，矩形領域の端点座標，縦横方向の格子数・間隔，各格子の属性値を記録するデータである（図 15.16（b）参照）。標高や土地利用など，領域内の任意地点に関するデータを取得可能な事象の表現に適している。また，格子状の地域分割に基づき集計された，国勢調査や経済センサスなどの地域メッシュ統計も，ラスター形式で表現できる。

ラスター形式は格子点座標を記録する必要がないため，特に広領域を覆う高解像度のデータではデータ量を圧縮できる。また，同一の格子設定に基づく複数データを用いた分析は容易に実行できる。しかし，格子位置や間隔が異なるデータの分析には支障が多い。

また，空間解像度を部分的に変えられないことも限界である。例えば，細かい起伏が連続する山地と滑らかな地形の平地を含む地域の標高を記録する場合，ラスター形式では，地域的に過剰あるいは過小な空間解像度でデータを作成せざるを得ない。

（3）不規則三角形網　不規則三角形網では，ベクター形式を用いて空間上で連続的な事象を表す。属性値が与えられた点と，それらの点を母点として構成した三角網の面から成る。点以外の場所の属性値は，その場所を内包する三角形の3頂点の属性値を，座標を用いて線形補間した値とする（図 15.16（c）参照）。

不規則に分布する母点を基準に作成する三角網は，通常，三角網の最小の内角を最大化するドローネ三角網を用いて構築する。ただし，地形を表現する場合，ある2点を結ぶ線が尾根線や谷線に当たることが既知なら，その線が三角網の辺となるように三角網を構成すると，実地形に近い抽象化が可能になる。

TIN では点の配置を調整できるため，ラスター形式とは異なり，空間解像度を部分的に調整することが可能である。ただし，同水準の空間解像度でデータを作成すると，TIN はラスター形式に比べてデータ量が大きいため，情報管理や分析の計算負荷が増大する。

〔2〕ベクター形式の空間データモデル

地物に基づく実体の抽象化を行うベクター形式では，レイヤーモデルとオブジェクトモデルの2種類の空間データモデルが用いられる。

（1）レイヤーモデル　レイヤーモデルとは，地物の幾何学的属性を空間オブジェクトで表し，幾何学的属性以外の属性をそれぞれの空間オブジェクトに関連付けて表現するデータモデルである。

ここで，道路網をレイヤーモデルで表すため，「道路区間」と「交差点」を地物と考え抽象化する場合を考えよう。「道路区間」の位置や形状などの幾何学的属性を線の空間オブジェクトで，地物「交差点」の位置を点の空間オブジェクトで表した上で，道路区間の車線数や交差点の名称など，幾何学的属性以外の属性は，それぞれの地物の各空間オブジェクトと関連付けて記録する。

この二つのデータを空間的位置に基づいて層状に重

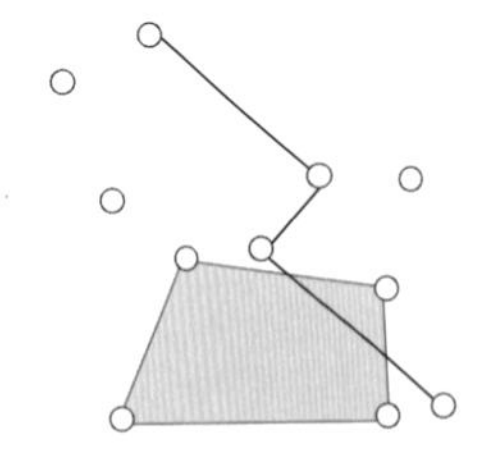

（a）ベクター形式

77	73	70	70	74
91	84	83	73	77
76	114	125	132	89
65	104	137	123	85
65	76	102	83	85

（b）ラスター形式

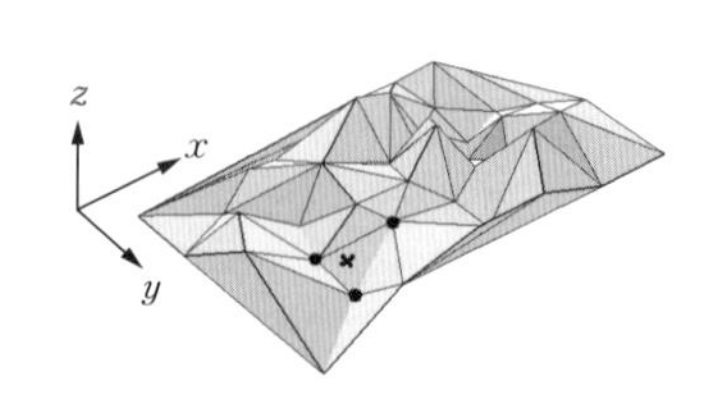

（c）TIN

図 15.16　空間データ形式

ね合わせると，道路網構造の情報が得られるが，レイヤーモデルでは「道路区間」と「交差点」の関係を明示的に記述できない。もちろん，「道路区間」属性として端点の交差点 ID を記録し，「交差点」属性として接続する「道路区間」の ID を記録すると，道路網の位相構造を表現はできるが，それらの属性を活用した問合せ手順は，レイヤーモデルでは記述できない。また，複数の道路区間がつながって一つの道路路線を形成することを表現するためには，道路区間の属性として共通の路線 ID を付加しなければならない。

（2） **オブジェクトモデル**　オブジェクトモデルとは，オブジェクト指向の枠組みに基づき，複数の空間オブジェクトやそれらの組合せで構成される地物を，空間オブジェクト・地物間の関係やその関係を利用した情報処理手順と合わせて記述できる空間データモデルである。クラスと呼ばれるオブジェクト内に空間オブジェクトや地物を定義し，クラス間には階層構造などの関係を定義する。

オブジェクトモデルで道路網を表現する例について，クラスの関係を**図 15.17** に示す。ここでは，「道路網」の下位クラスとして「路線」や「交差点」を，さらに「路線」の下位クラスとして「道路区間」を定義し，道路区間の幾何学的属性として，線の空間オブジェクトを用いて表す「区間」を定義する。「路線」属性として「名称」を定義すると，「路線」の下位クラスの「道路区間」に継承されるため，「道路区間」の検索に路線名称を用いることができ，レイヤーモデルとは異なり「路線」と「道路区間」の関係を明示的に記述できる。また，オブジェクトモデルでは，「道路区間」の端点が「交差点」という関係を明示的に記述でき，その関係を利用して「交差点」を介して接続する「道路区間」の検索手順も記述できる。

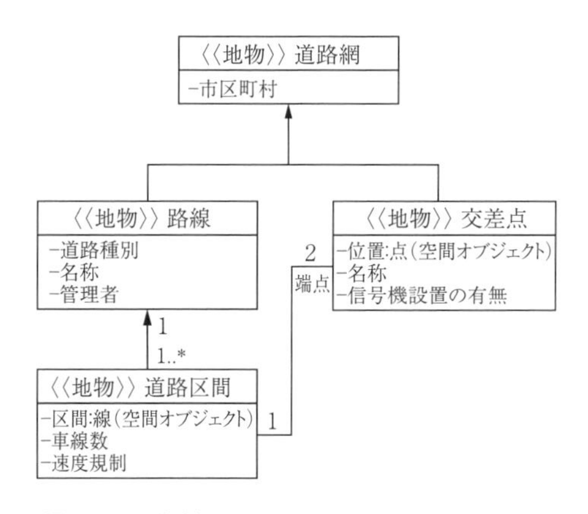

図 15.17　道路網のオブジェクトモデルのクラス図

15.5.3 データベースと空間解析

GIS では一般に，**データベース管理システム**（data base management system, **DBMS**）を用いて空間データを管理する。DBMS を用いるおもな利点を以下に示す。

① ハードディスクなど二次記憶装置を用いたデータ管理を DBMS に任せて効率化し，データの物理的格納状態を知らずに利用できる。

② 大規模データに対しても，高速にデータの追加・削除・更新や検索・利用ができる。

③ データに索引を容易に構築することができ，データ検索を高速化できる。

④ データベースへの問合せ言語であるクエリーを用いて複雑な検索・分析条件を簡潔に記述でき，索引を利用して効率的に処理できる。

空間データを扱えるよう拡張された**空間データベース管理システム**（spatial database management system, **spatial DBMS**）は，空間データの管理や利用の効率化に大きく寄与している。本項は，まず空間データモデルで紹介したデータ構造に対応した関係データベースとオブジェクトデータベースを説明した後，空間 DBMS を用いた空間データ処理のうち，空間的位置に基づく検索である空間検索を効率化する空間索引と，空間 DBMS への問合せ言語である空間クエリーを紹介する。

〔1〕 **関係データベースとオブジェクトデータベース**

関係データベース（relational database）は，二次元の表形式の構造でデータを記録するデータベースである。一部のデータ項目を鍵に，複数の表を結合する操作が用意されており，この表結合操作を通じて，データ利用者は，複雑なデータを用いた検索処理を実行できる。関係データベースは，空間データの管理に限らず，現在，最も一般的に利用されているデータベースである。

レイヤーモデルによって作成された空間データは，関係データベースで管理される。ただし，前述のように，複数の空間データ間の相互関係を明示的に記述することはできない。複数の空間データの関係が複雑になれば，表形式のデータとして記録することが煩雑な作業となる上，その関係を利用した検索などの操作も複雑な処理が要求される。

一方，**オブジェクトデータベース**（object database）は，階層構造などクラス間の関係を定義できるデータベースである。クラス間の関係を踏まえたデータ問合せ手順を定義することも可能で，複雑な構造を持つ空間データに関する分析が容易となる。オブジェクト指向のソフトウェアとの親和性も高い。

〔2〕 空　間　索　引

索引とは，データベースに格納されているデータの検索処理を効率化するための情報および仕組みである。**空間索引**（spatial index）は，ある場所に最も近い地物やある領域内に存在する地物を見つける空間検索処理の効率化を図る。

空間検索は，GIS上で最も高頻度に実行される情報処理の一つである。画面出力のような単純処理においても出力範囲の座標指定に基づき地物が検索され，地物間の交差判定などのより複雑な空間解析においても，答えの候補となる地物を絞り込む前処理に利用される。そのため空間検索の効率化は，GISの情報処理を高速化する上でたいへん重要である。

空間索引のおもな手法として，格子，四分木，kd木，R木などが挙げられる（**図15.18**参照）。なお，R木以外は，点で表されたデータに限定的に用いられる。

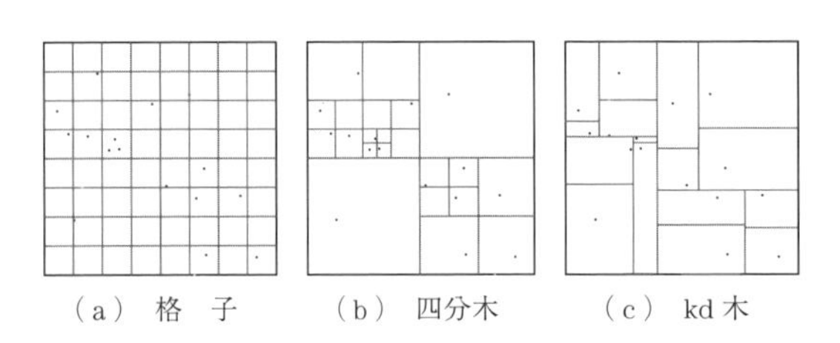
（a） 格　子　（b） 四分木　（c） kd木

図15.18　空間索引

まず，格子による空間索引は，ある領域を同じ大きさ・形状の部分領域に分割し，各部分領域に関して地物の一覧情報を整備する。なお，空間索引には，矩形格子だけではなく，三角・六角格子なども用いられる。適切な大きさの格子が構築されていると，任意地点の近隣や任意領域の内側にある地物の検索を効率化できる。ただし，部分領域の大きさはすべて等しく設定するため，地物の空間分布が偏在する場合は，検索効率化につながらない。

地物の空間分布の不均一性を考慮し，地物が多く存在する領域を細分化した索引を作成する方法として，四分木やkd木が提案されている。

四分木を用いた空間索引は，ある矩形領域を同じ大きさ・形の4領域に分割する操作を再帰的に繰り返し，地物が含まれる部分領域を示す索引を木構造のデータとして作成する。空間分布が疎なら木は浅く検索が早くなり，密なら木は深く検索が遅くなる。

kd木を用いた空間索引は，分割後の領域内の地物数が等しくなるよう分割する操作を縦横交互に再帰的に繰り返し，地物が含まれる部分領域を示す索引を木構造のデータとして作成する。深さ一定の平衡木を作成できるため，空間分布の粗密に伴う検索速度の不均衡を解決できる。しかし，地物の追加や削除に応じて木構造を変更できないため，データ更新に対して平衡木を保てない。

一方，R木は，データ更新にも対応して平衡木を作成でき，線や面など大きさを持つ地物にも適用できる空間索引で，多くの空間DBMSで採用されている。地物の存在領域を最小外接矩形（**図15.19**参照）で指定し，索引を作成する。検索では，条件に合う最小外接矩形を抽出した後，地物の詳細形状を利用して検索条件を満たすかの最終判定を行う。

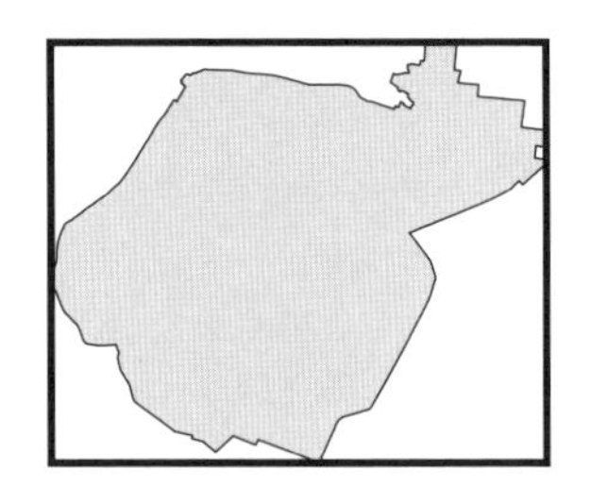

図15.19　最小外接矩形

図15.20にR木の例を示す。最下層の葉ノードに記録されたr1～r10は，地物の最小外接矩形を表す。内部ノードは，下位階層の子ノードへの参照と，その子ノードの最小外接矩形をすべて包含する最小外接矩形（R1～R6）を持つ。R木の各ノードから出る枝の数は可変で，図の例では最大3である。

新たな最小外接矩形をR木に挿入する場合，内部ノードの外接矩形を使い，近い最小外接矩形が同じ葉ノードに属するように調整する。枝に空きがない場合には，内部ノードの分割を行ってR木を再構成する。

R木を用いると，上位階層の最小外接矩形から探索条件を確認すると探索範囲を限定できるため，空間検索を効率的に実行できる。

〔3〕 空間クエリー

空間クエリー（spatial query）とは，空間解析処理を空間DBMSに要求する問合せ言語である。主要な空間解析処理を関数化し，複数の空間解析処理を組み合わせなければならない複雑な分析を，簡潔なクエリーの記述で実行できる環境を提供する。空間クエリーの代表として，空間演算子，空間データ関数，空間結合を紹介する。

なお，空間クエリーによって要求される空間解析処理については，次項で説明する。

（1） **空間演算子**　数値に対する等号・不等号

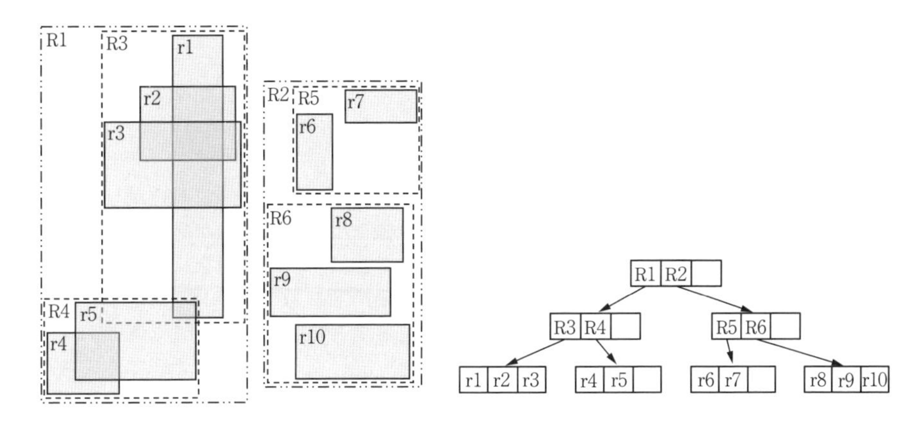

図 15.20 R 木による空間索引

や，文字列に対する一致・不一致を返す like などの二項演算子を，空間データ処理に拡張したものである。交差 intersects や内包 includes など，空間的位置関係に基づく真偽判定を行う二項演算子も空間演算子である。

（2） **空間データ関数** 地物の幾何的性質を返す関数である。空間演算子としても記述できる関数（例えば，交差 intersects（地物 1，地物 2））に加え，線の長さ length（線），面の面積 area（面）や重心 centroid（面）を返す単項関数，地物間の距離 distance（地物 1，地物 2），地物から一定距離内の範囲 buffer（地物，距離），二つの地物（面）の共通部分 intersect（面 1，面 2）などを返す多項関数が用意されている。

（3） **空間結合** 複数の異なる空間データを，交差・内包・近接などで表される空間的近接関係を基に結合する操作である。

例えば【位置を点で表した［店］データと，位置を面で表した［町丁目］データの人口属性を用い，各店から 1 km 以内の範囲と重なる町丁目の人口を集計する】処理は，空間結合である。この処理は，空間演算子や空間データ関数を用いると簡潔に記述できる。多くの DBMS で採用されているデータベース問合せ言語 SQL の書式に従うと，店舗と人口集計結果の対応表を出力する空間クエリーは下記で記述できる。

```
select[店].ID, sum([町丁目].人口)from
[店],[町丁目]where intersects(buffer([店].
位置,1 km),[町丁目].位置)group by[店].ID
```

さて，この処理を効率化する工夫として「店舗から遠い町丁目については交差判定しない」ことが考えられる。店を中心とした半径 1 km の円の最小外接矩形を設定し，町丁目の空間索引を活用して最小外接矩形が交差する町丁目のみを抽出すると，解析対象を大きく限定できる。空間 DBMS は，空間索引の利用可能性を踏まえ，空間クエリーの処理を自動的に最適化する機能を有しており，空間解析の操作性の向上や高速化に大きく寄与している。

15.5.4 計算幾何と空間解析

本項は，空間解析処理時間に影響を与える，空間演算子や空間データ関数として定義された情報処理の効率化について説明する。

幾何学的形状を表すデータの情報処理手法は，長年，**計算幾何**（computer geometry）分野で議論され，効率的なアルゴリズムが多数提案されてきた。これらのアルゴリズムは GIS に実装され，大規模な空間データを用いた空間解析の実行可能性が向上している。

以下では，アルゴリズムの効率性評価基準である**計算量・計算複雑度**（computational complexity）を説明した後，計算幾何アルゴリズムを用いて GIS の空間解析が効率化されていることを確認する。

〔1〕 アルゴリズムの性能評価

アルゴリズムの性能は，入力データの大きさと計算時間や記憶領域量など計算資源量との関係を表す，計算量で評価する。ここでは，数列を昇順に並べる整列（ソート）問題に対するアルゴリズムを計算時間で評価する場合を例に，計算量を説明する。

バブルソートは，数列中の隣接する数値を比較して，順序が逆なら入れ替える操作を不要になるまで繰り返す，単純なアルゴリズムである。n 個の数値から成る数列を入力する場合，数列がもともと昇順なら $n-1$ 回の比較で確認が完了する。しかし，入力数列が降順なら，結果出力までに $n(n-1)/2$ 回の比較・入替えが必要になる。このようにバブルソートは，入力数列の性質に依存して計算時間が大きく異なる。通常，アルゴリズムの計算量は最悪計算時間で評価し，

入力の大きさ n の最大次数で表す。バブルソートの場合，計算量はオーダー n^2 であるといい，$O(n^2)$ と標記する。

なお，整列問題にはより効率的なアルゴリズムが数多く提案されている。例えば，マージソートは，2 本の昇順に並んだ数列を結合（マージ）する際に，各列の最小値を比較して小さい値を新たな数列に追加する，マージ操作を利用する整列アルゴリズムである。1 回のマージ操作は，数値の総数 n に比例した計算時間で実行可能である。入力数列を二つの値から成る多数の数列に分割して整列した後，2 本ずつ数列を組にしてマージ操作を階層的に行うマージソートのアルゴリズムは，n 個の数値に対して $\log n$ の階層のマージ操作で整列できるため，計算量は $O(n \log n)$ となる。

なお，同じオーダーの計算量を持つアルゴリズムにも優劣があり，実装や並列処理環境の有無などによっても計算時間は大きく異なるため，計算量はアルゴリズムの絶対的評価を行うものではない。しかし，計算量のオーダーが大きいアルゴリズムは，大規模な入力データへの適用可能性が乏しいことを確認できるように，実用可能性を推し量る重要な情報である。

〔2〕 空間解析の効率化

GIS における空間解析において用いられる，幾何的位置や形状を用いた問題を解くアルゴリズムを紹介し，効率的な解法の意味について考える。

（1） 点位置決定問題　行政区域のように，ある一定領域が複数の領域に分割された面に対して，質問点がどの面の内側に位置するかを判定する問題である（**図 15.21** 参照）。GIS で面データを表示し，マウスのクリックで面を指定して属性情報を閲覧する操作に相当する。

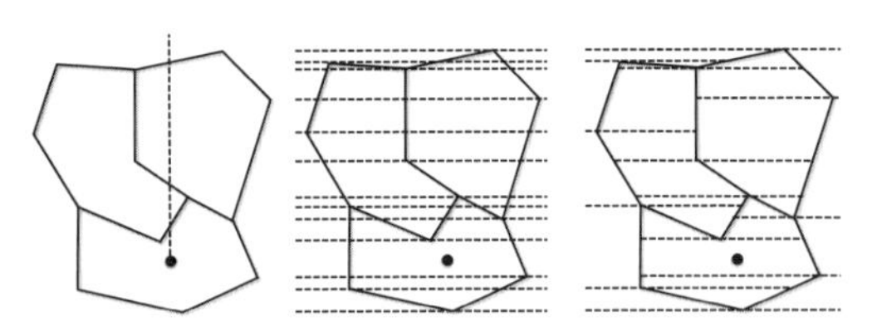

図 15.21　点位置決定問題

まず，問題を効率的に解くための前処理を行わない場合，点位置決定問題を解くには，質問点から鉛直方向に延ばした半直線と面の辺の交差回数を数え，奇数回交差する面を見つけなければならない（図 15.21（a）参照）。面の頂点数（辺数）が入力の大きさで，この計算量は $O(n)$ となる。

この検索を効率化するため，面の各頂点から水平線を引き，領域をスラブに分割する。つぎに，スラブ内を交差する辺の水平方向座標を記録したデータを作成する（図 15.21（b）参照）。このデータの作成には，$O(n^2 \log n)$ の計算時間を要する。しかし，このデータを用意しておくと，質問点が与えられたときに，鉛直座標を用いて質問点があるスラブを二分探索で検索し，つぎに，スラブ内を交差する辺の水平座標を用いた二分探索および辺の上下判定を行えば，質問点が位置する面を検索できる。この処理は $O(\log n)$ の計算時間で実行できるが，前処理で作成されるデータが多いという問題を抱える。そこで，面ごとに，頂点を通る水平線と辺で囲まれた領域に分割した台形地図（図 15.21（c）参照）と呼ばれるより効率的なデータを作成して対応する。

（2） ボロノイ図作成問題　空間領域に配置された複数の母点に対して，領域内の任意の点がどの母点に最も近いかを表すように領域を分割した結果をボロノイ図という（**図 15.22**（a）参照）。この作成問題は，駅の位置が与えられたときに，駅勢圏を表す領域に地域を分割する問題に相当する。

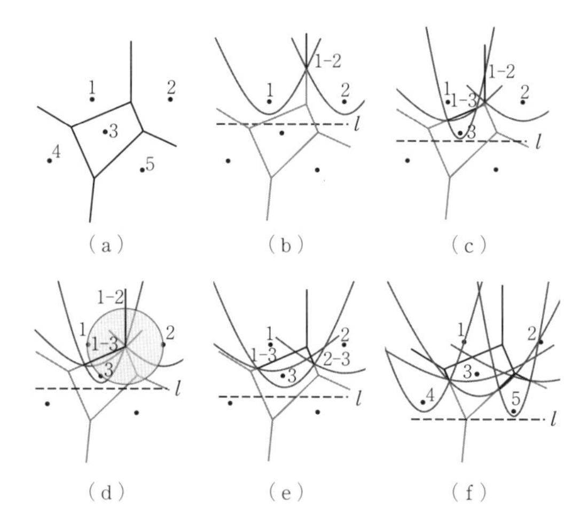

図 15.22　ボロノイ図作成問題

ボロノイ図の作成では，評価基準となる距離を定める必要があるが，ここではユークリッド距離を基準に分析する場合を考える。各母点に対応した領域をボロノイ面，その境界線をボロノイ辺，ボロノイ辺の交点をボロノイ頂点と呼ぶ。なお，ボロノイ辺は，それを境に接するボロノイ面の母点を結んだ辺の垂直二等分線，ボロノイ頂点は 3 点以上の母点からの等距離にある点である。なお，隣接するボロノイ面の母点を辺で結んでできる三角網は，TIN によく使用されるドローネ三角網であり，両者は双対性がある。

ここで，ボロノイ図の効率的な作成法として知られる，Fortuneのアルゴリズムの概要を示す。このアルゴリズムは，ボロノイ辺上の点が以下の手順で発見できることを利用する。

水平線を設定し，その上側にある母点に関して，母点を焦点，水平線を準線とする放物線を描く。このとき，水平線に最も近い放物線の交点はボロノイ辺上の点となる。図15.22（b）では母点1・2を焦点とする放物線が1点で交わるが，この交点は準線に下ろした垂線の長さが二つの母点からの距離と等しい点なので，ボロノイ辺上の点であることがわかる。水平線以下の母点までの距離は必ず垂線より長いため，水平線上の点だけを確認すればよいことも明らかである。

この性質を用いると，水平線を上から下に走査（図15.22（b）～（f）参照）し，順番に母点を加えて放物線の交点を探せば，ボロノイ図を構成できることがわかる。また，3本以上のボロノイ辺が交差しボロノイ頂点を作るのは，3点以上の母点が同一円周上にあり，他の母点が円内に含まれない（図15.22（d）参照）場合に限られるため，走査過程で，ボロノイ辺を構成する母点の組合せについてのみ，上記の条件を満たすか確認すれば，ボロノイ頂点の有無を確認できる。

以上より，母点を鉛直座標の降順に並べた後，順番に母点を追加し放物線の交点を調べてボロノイ辺を構成する母点の組合せを確認し，ボロノイ頂点の有無を調べる操作を行えば，ボロノイ図を構成できることがわかる。このアルゴリズムの計算時間は$O(n \log n)$であることが知られており，多くの母点が与えられても，実行可能な時間でボロノイ図を得ることができる。　（井上　亮）

引用・参考文献

1）小門研亮：近年の国家基準点体系の動向と今後，写真測量とリモートセンシング，Vol.54，No.2，pp.101～106（2015）

2）中村英夫，清水英範：測量学，技報堂出版（2000）

3）政春尋志：地図投影法－地理空間情報の技報，朝倉書店（2011）

4）清水英範，佐田達典ほか：講座シリーズ「GPSと情報化施工」，地盤工学会誌，Vol.10，No.10～15（2005）

5）佐田達典：GPS測量技術，オーム社（2012）

6）土屋　淳，辻　宏道：新・やさしいGPS測量，日本測量協会，pp.90～97（2001）

7）池田隆博，佐田達典：静止時の高精度測位におけるGPSとGLONASSを用いた衛星選択効果に関する研究，土木学会論文集F3（土木情報学），Vol.69，pp. I_98～ I_109（2014）

8）国土地理院Webページ：http://www1.gsi.go.jp/geowww/Laser_HP/digital_image.html（2015年11月現在）

9）布施孝志，清水英範，前田　亮：高度撮影時系列画像を用いた車両動体認識手法の構築，土木学会論文集，IV-60，No.737，pp.159～173（2003）

10）布施孝志，中西　航：歩行者挙動モデルを統合した人物自動追跡手法の構築，土木学会論文集D3，Vol.68，No.2，pp.92～104（2012）

11）須﨑純一，畑山満則：空間情報学，土木・環境系コアテキストシリーズE-5，コロナ社（2013）

12）Moderate Resolution Imaging Spectroradiometer（MODIS），Earthdata, EOSDIS, NASA https://earthdata. nasa.gov/earth-observation-data/near-real-time/download-nrt-data/modis-nrt（2015年10月現在）

13）須﨑純一，柴崎亮介，岩男弘毅：時系列低空間分解能画像からの情報を活用した複数シーンの高空間分解能画像分類，写真測量とリモートセンシング，Vol.40，No.5，pp.4～16（2001）

14）浅見泰司ほか編：地理情報科学　GISスタンダード，古今書院（2015）

15）碓井照子：GIS研究の系譜と位相空間概念，人文地理，Vol.47，No.6，pp.42～64（1995）

16）de Berg, M., et al.：Computational Geometry, Algorithms and Applications, Berlin: Springer.（1997）（浅野哲夫訳：コンピュータ・ジオメトリ－計算幾何学：アルゴリズムと応用－，近代科学社（2000））

16. ロジスティクス

16.1 ロジスティクスとは

16.1.1 物流やサプライチェーンとの違い

土木計画学や交通工学における物流研究はしばしば，**貨物輸送**（freight transport）や**物資流動**（goods movement）の研究であって，物流の研究ではないといわれる。なぜなら，**物的流通**（physical distribution）の略称としての物流とは，「**輸送**（transport），**保管**（storage and deposit），**荷役**（loading and unloading），**包装**（packaging and wrapping），**流通加工**（processing and assembling），**情報**（information）の複数の機能から構成される，流通の過程において商取引に伴い生じる現象」だからである。土木計画学や交通工学が対象とする物流では，輸送に力点が置かれるが，一方で，その背後にある，もしくは，それに付随して行われる，保管，荷役，包装，流通加工，情報の諸活動が，少なからず捨象されている。

ロジスティクスは，物流の発展的概念である。それゆえ，まずは，物的流通の略称としての物流について，その各機能を整理する。

〔1〕 物 流 の 機 能

適量の商品や物資を適時に適確に輸送するためには，輸送量を時間的に調整する機能が必要であり（保管），商品や物資の積みおろしを正確に迅速に行う必要があり（荷役），品質を損なわないことが不可欠である（包装）。市場競争における優位性を確保するためには，商品に付加価値を生み出すことも求められており，付加価値づけを目的とした包装や，流通過程で生産機能を付随すること（流通加工）が重視されてきている。これらの多機能性は，情報技術の発展により可能となってきた。それゆえ，物流は，本質的に，輸送を含む多機能から構成される。物流の諸機能をまとめると，**表 16.1** のようになる。

なお，物流効率化とは，物流の単一機能，もしくは，複数機能に注目し，費用や利潤などの観点から，その改善，あるいは，最適化を行うことを称したものである。

〔2〕 サプライチェーン

ロジスティクスを理解するには，サプライチェーンの理解も不可欠である。**図 16.1** が示すように，物流はサプライチェーン上の各所で生じる。ここに，**サプライチェーン**（supply chain, **SC**）とは，「原材料の調達から最終消費に至るまでの，多段階にわたる商品や物資の一連の流れ，および，それに関わる主体の連鎖」を指す。最近では，環境意識の向上や持続型社会への希求に呼応して，商品や物資の流れは，消費を終点とする考え方から，廃棄やリサイクルまで視野に入れられるようになってきている。したがって，サプライチェーンも，消費以降の廃棄やリサイクルまで含まれる場合がある（静脈物流，あるいは，リバースロジスティクスとも呼ばれる）。

サプライチェーン上では，調達，生産，販売，消費，廃棄・リサイクルに関わる複数の主体が，上流から下流へと，時に下流からリサイクルやリユースの形で上流へと，複雑に結合して，ネットワークを構成する。このネットワークのことを，**サプライチェーンネットワーク**（supply chain network, **SCN**）と呼ぶ。費用，利潤，あるいは，顧客価値（顧客が企業にもたらす価値）などの観点から，サプライチェーンネットワークを最適に形成すること，あるいは，それらの観点から既存のサプライチェーンネットワークを改善することが，**サプライチェーンマネジメント**（supply chain management, **SCM**）である。

〔3〕 ロジスティクス

最近では，物流よりも**ロジスティクス**（logistics）という用語が繁用されている。ロジスティクスの由来は，**兵站**（へいたん）（military logistics）にあるとされる。すなわち，物資の配給や兵員の展開など，戦場で作戦を実行する部隊の移動と活動を効果的に支援することである。第二次世界大戦の後，兵站にならって，全体を俯瞰してマネジメントすることが，物流の概念に加味されるようになった。したがって，ロジスティクスとは，「サプライチェーンの各所で生じる物流を全体的に俯瞰すること，ないしは，それらを俯瞰して，費用や利潤など，なんらかの観点から物流を効率化すること」である。いわば，物流の包括的概念がロジスティクスである。ロジスティクスという言葉の誕生には，製造業者，卸売業者，あるいは，小売業者が，サプライチェーンを自社のみの局所的領域ではなく，上下流の関連他社も含めて広範に見渡すことにより，結果的に自社の物流が，より効率化されることが関係してい

表 16.1　物流の諸機能

輸　送	• 中・長距離の輸送：線的な移動であり，トラフィック機能を担い，主として1起点から1終点までを移動する。 • 集配（集荷と配送）：短距離の輸送であり，面的な移動である。集荷は，アクセス機能を担い，主として多対1である（多数の訪問先を訪問して一つの終点に帰還する）。配送は，イグレス機能を担い，主として1対多である（一つの起点を出発して，多数の訪問先を訪問する）。 ✧ 一般に，中・長距離の輸送の後に配送される，もしくは，集荷の後に中・長距離の輸送が行われることになる。集配と輸送を併せたこれら一連の移動は，輸配送と総称される。 ✧ 物流拠点内での運搬，もしくは，貨物車両の駐停車場所から訪問先までの集配を「横持ち」といい，ビルなどの多層階の構造物内での集配を「縦持ち」ということがある。これら横持ちと縦持ちも，輸送の一種とみなすことができる。
保　管	• 貯蔵：長時間で，比較的大量に保持する。 • 保管：短時間で，比較的小量を保持する。
荷　役	• 積み込み：商品や物資を輸送手段に運び入れることである。保管，包装や流通加工から輸送へとつなぐための作業である。 • 荷おろし：商品や物資を輸送手段から運び出すことである。輸送から，保管，荷役や流通加工へとつなぐための作業である。 ✧ 積み込みと荷おろし以外に，置き換え，積み替えや，物流拠点内での横持ちや縦持ちも，荷役の一部とみなすこともある。 ✧ 物資や商品が物流拠点に出入りするときに必要となる作業である，検品，仕分け，棚入れなどの入庫作業と，ピッキング（取り出し），仕分け，配分などの出庫作業も，荷役の一部とみなすこともある。
包　装	• 工業包装：輸送や保管における，商品や物資の品質維持のための包装である。 • 商業包装：商品を販売するために付加価値づけを目的とした包装である。マーケティングのための包装ともいえる。個装が主となる。
流通加工	• 施設内作業：商品や物資が物流拠点に出入りするときに必要となる作業である。検品，仕分け，棚入れなどの入庫作業と，ピッキング（取り出し），仕分け，配分などの出庫作業がある。 • 生産加工：商品の生産を補助するものであり，組み立て，スライス，切断，寸法合せなどが相当する。 • 販促加工：商品そのものを生産するわけではなく，付加価値を高めるための加工であり，値付け，詰め合わせ，ユニット化，セット化などが相当する。
情　報	• 物流情報：商品や物資そのものに付属する情報である。輸配送，入出庫，在庫などの各時点における数量管理（貨物追跡含む）と，温度，湿度，作業（自動仕分け，デジタルピッキングも含む）などに関する品質管理がある。 • 商流情報：受発注や決済などの金融情報のことである。 • 交通情報：所要時間や通行止めなど，輸配送に必要な情報である。

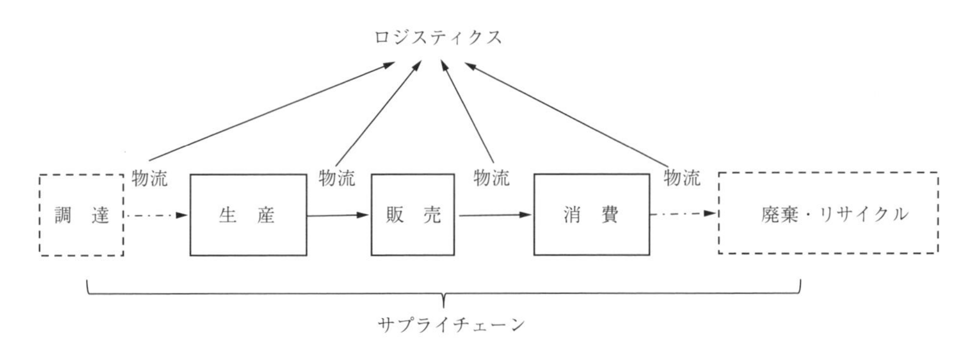

図 16.1　物流，ロジスティクス，サプライチェーンの関係

る。

物流を包括的に広範に眺めれば眺めるほど，物流効率化に際して，輸送だけの単一機能ではなく，輸送に付随して行われる荷役の効率化が無視できず，輸送の発生集中源となる生産拠点や物流拠点の適切な立地が重視され，物流拠点で行われる保管，荷役，包装，流通加工の効率性が重要となる。それゆえ，ロジスティクスにおいては，輸送以外の物流機能，すなわち，保管，荷役，包装，流通加工の重要性が増大し，効率化に向けての情報機能の必要性も高まる。

物流に関して，限定領域や単一機能の「局所最適」から，全体領域や複数機能の「全体最適」を図るのが，ロジスティクスである。それゆえ，ロジスティクスにおいては，物流において以上に，輸送の背後にある諸機能や，それら機能を適正に発揮させるための拠点配置にも力点が置かれることになる。

費用や利潤など，企業側の営利面から，ロジスティクスの効率化を図ることが**ビジネスロジスティクス**（business logistics）である。サプライチェーンマネジメントにおいて，物流部分を切り出し，その効率化に着目したものが，ビジネスロジスティクスといえる。一方，環境負荷，エネルギー消費，交通渋滞，交通安全などの社会的な影響の観点から，ロジスティクスの効率化を図ることが，**ソーシャルロジスティクス**（social logistics）[1]，あるいは，**シティロジスティクス**（city logistics）[2] である。ソーシャルロジスティクスやシティロジスティクスは，ときにビジネスロジスティクスと齟齬（そご）することも考えられるが，両者が目指すものは，本質的には，必ずしもビジネスロジスティクスと相反するものではなく，社会にも企業にも利益がもたらされるようなロジスティクスである。言い換えれば，ビジネスロジスティクスに社会的な影響が加味されたような，社会面でもビジネス面でも win-win を目指すものが，ソーシャルロジスティクスであり，シティロジスティクスである。

上述のように，物流，サプライチェーン，ロジスティクスには相違点があるものの，これまでは，研究と実務の双方において，それらの定義が明確に意識されずに，しばしば，単に物流と称されてきた。例えば，物流施策や物流研究などの用語が，その事例である。本章では，混乱を避けるために，これまで物流を冠して使用されてきた用語については，それにロジスティクスとしての含意が本当はあろうとも，そのまま物流という用語を使用する。

16.1.2　土木計画学におけるロジスティクス

前項で示した各用語の定義からも明らかなように，土木計画学で取り扱うロジスティクスは，ビジネスロジスティクスではなく，ソーシャルロジスティクスであり，シティロジスティクスである。また，ロジスティクスは，物流よりもいっそう，輸送以外の物流機能に着目する必要があるので，それらの機能が適正に発揮されるために，物流拠点や生産拠点の立地も重視される。

〔1〕 土地利用や交通とロジスティクス

一般的に，都市計画や地域計画において検討される二大要素は，土地利用と交通であり，両者は相互に影響を及ぼす[3]。当然ながら，旅客と同様に貨物も（人流と同様に物流も），都市や地域の土地利用と交通に関係が深い。貨物のための施設，いわゆる，**物流拠点**や**物流施設**には，港湾，空港，鉄道駅，トラックターミナル，倉庫，流通センター，加工センター，集配センター，配送センター，デポなどがある。ここに，**トラックターミナル**（truck terminal）は，中・長距離の輸送間，ないしは，中・長距離輸送と都市内集配の間において，貨物の積み替えを行うための施設である。加工センターは，流通加工を行う施設である。また，**デポ**（depot）は，都心部における狭い領域（端末物流）を受け持つ集配送拠点であり，集荷用もしくは配送用の貨物を一時保管する施設である。

物流拠点と物流施設には，相違に関して明確な定義はないが，倉庫や積み替えターミナルのような物流施設が集約されたものを物流拠点と呼んで，物流施設と区別することがある。いうなれば，小規模な物流関連施設が物流施設であり，その集合体で大型のものが物流拠点である。ただし，両者の規模の境界が明確ではなく，どの程度の集約度が境界かもはっきりしない。そのため本章では，物流拠点や物流施設を，物流拠点としてまとめて称する。

物流拠点によっては，輸送や荷役などの少数の限定的機能から成るものもあれば，保管，流通加工や包装なども含む複合機能のものもある。いずれにおいても，物流拠点は，貨物交通の発生源および集中源となる。貨物のための交通路には，道路，線路，航路，空路がある。これら交通路で構成される交通ネットワーク上の要衝に物流拠点が立地する傾向にあることから[4),5)]，交通ネットワークの構成が，貨物に関する土地利用を変化させる。

物流拠点は，そこから貨物車が発生・集中するために，その近隣では，騒音，交通事故，違法駐停車などの問題が生じる可能性があり，近隣の住民や商業施設の利用者にとっては迷惑施設となり得る。したがって，物流拠点と居住地の混在は，騒音，環境悪化，交通事故などの問題の起因となる。このことは，土地利用の不整合問題といわれる。土地利用の不整合の原因は多様であり，必ずしも物流拠点だけが，問題の根源であるわけではない。例えば，大都市圏の港湾に近い臨海部は，古くから物流拠点の適所であるが，最近では，この地区に大型商業施設や高層マンションが建てられることも多い。あるいは，郊外ゆえにトラックターミナルや倉庫などの物流拠点の適所であったところに，居住地の郊外化が進展し，物流拠点が結果的に居住地に飲み込まれてしまった事例もある。

これらの問題が解決されないままに，物流拠点の立地傾向が，時代とともに，変貌している。わが国の物流拠点の立地傾向として，倉庫をはじめとした物流拠点が，郊外に立地して大型化している。その傾向を支える要因の一つとして，物流拠点を専門に開発，所有，運営し，関連サービスを提供する不動産会社（物流不動産業者）が世界的に進出していることが挙げられる。わが国でも，物流不動産業者が所有する郊外や臨海部の大型物流拠点の賃貸利用が増加している。このような大型物流拠点の特徴の一つが，複数の階数を持つ多層性である。すなわち，複数のテナントが入居可能なように，各階に貨物車が直接乗り入れられるようなランプウェイが設置されている。保管機能が中心で，少数の貨物車を対象とした，従来の貯蔵型の物流拠点と比較して，このような賃貸型の大型物流拠点は，流通型の物流拠点と称されるように，多数の貨物車が出入り可能となる。多数の貨物車の起終点となるため，立地場所によっては，土地利用の不整合が生じる可能性がある。

このように，貨物に関する土地利用を概観すれば，不整合の問題が解消されないままに，利用傾向に新たな特徴が見られつつある。総括すれば，これまでのわが国の都市計画や地域計画において，貨物のための土地利用計画は，熟慮されてこなかったといえる。

つぎに，交通面に着目する。**表 16.2** は，わが国の国内貨物輸送トン数における機関分担率[6]を，自動車，鉄道，海運，航空に分けて示したものである。同様に，輸送トンキロについて示したものが**表 16.3** である[6]。なお，輸送トン数は，輸送貨物の重量の合計であり，距離の概念が含まれていないので，必ずしも輸送活動の総量を表すものとはいえない。一方，輸送トンキロは，輸送貨物の重量にそれぞれの貨物の輸送距離（キロ：km）を乗じたものであるので，貨物輸送における交通ネットワーク上の負荷を考慮できる。

1990 年から 2010 年の 20 年間において，輸送トン数と輸送トンキロのいずれにおいても，割合に大きな変化は見られない。輸送トン数で見れば，自動車による貨物輸送が卓越している。重量単位の観点からは，わが国の国内貨物輸送は，貨物車によって担われているといえる。一方，トンキロで見れば，自動車の割合は 50～60％にとどまり，海運が約 40％を，鉄道が 4～5％を占める。航空においても，輸送トン数と比較して，輸送トンキロでは，割合が増加する。

図 16.2 は，輸送距離の相違に着目して，貨物輸送トン数における機関分担率を，自動車，鉄道，海運について示したものである[7]。輸送距離が大きくなるにつれて，自動車の割合が減少し，海運の割合が増加し，鉄道が微増している。長距離になればなるほど，海運や鉄道が利用されるので，輸送トン数の場合と比較して輸送トンキロの方が，機関分担率において海運や鉄道の割合が高くなる。一方で，短距離輸送が卓越する都市内集配送においては，そのほとんどすべてが，貨物車によって担われていることになる。

表 16.2　わが国の国内貨物輸送における機関分担率（輸送トン数，単位：％）

年	自動車	鉄　道	内航海運	航　空
1990	90.2	1.3	8.5	0.0
1995	90.6	1.2	8.3	0.0
2000	90.6	0.9	8.4	0.0
2005	91.2	1.0	7.8	0.0
2010	91.8	0.9	7.3	0.0

〔注〕 国土交通省 Web ページ「貨物の輸送機関別輸送量・分担率の推移」より[6]

表 16.3　わが国の国内貨物輸送における機関分担率（輸送トンキロ，単位：％）

年	自動車	鉄　道	内航海運	航　空
1990	50.2	5.0	44.7	0.1
1995	52.7	4.5	42.6	0.2
2000	54.2	3.8	41.8	0.2
2005	58.7	4.0	37.1	0.2
2010	54.9	4.6	40.3	0.2

〔注〕 国土交通省 Web ページ「貨物の輸送機関別輸送量・分担率の推移」より[6]

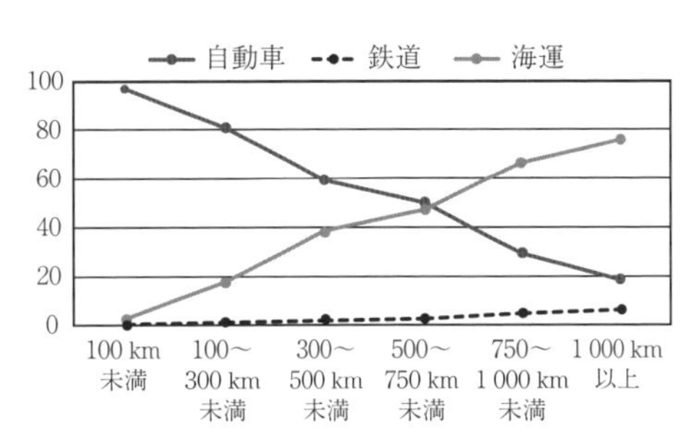

図 16.2　わが国の国内貨物輸送における輸送距離帯別機関分担率（2007 年，輸送トン数，単位：％）
＊国土交通省 Web ページ「距離帯別輸送機関分担率の推移」より[7]

貨物車への依存構造が，土地利用だけでなく，交通においても，物流に起因する社会的問題を生み出している。代表的な問題に，交通混雑，エネルギー消費，環境負荷がある。交通混雑による，輸配送の長時間化は，輸送サービスレベルの低下につながるだけでなく，物流費用の増大をもたらしている。大型貨物車の幹線道路利用は，沿道住民に対して，騒音，振動，排気ガスによる大気汚染の発生源となっている。その典型的な例が国道43号線訴訟である。

都心部での貨物車による高密度な集配送は，荷さばき用の駐停車スペースの不足と相まって，違法駐停車の問題を生じさせている。さらに，違法駐停車は，交通混雑や交通事故の遠因ともなっている。図16.2が示すように，中・長距離の貨物輸送においても，少なからず貨物車が利用されており，貨物車は，鉄道や船舶と比較して，環境負荷量の原単位が大きいことから，環境負荷増大の要因となっている。貨物車による貨物輸送は道路ネットワークに支えられているので，道路への貨物輸送の過度な依存は，災害時の道路ネットワークの容量低下や途絶により，物流機能の急激な低下をもたらす。換言すれば，特定の輸送手段への過度な依存は，物流ネットワークやサプライチェーンネットワークの脆弱性にもつながる。また，最近では，貨物車利用には，高齢化や労働環境問題に起因する，ドライバー不足の問題も発生している。

土地利用や交通に関連するこれらの問題と，物資や商品の消費なしに生活できないことを併せて考えれば，都市や地域の土地利用計画や交通計画には，旅客と同程度に，貨物も考慮されるべきであるといえよう。

〔2〕 わが国の物流政策

わが国の物流政策は，貨物車の中・長距離の輸送ネットワークの形成が顕著になった高度成長期の「流通業務市街地の整備に関する法律（**流市法**）」に始まる。流市法は，1966年に交付され，大都市の人口や機能の集中に伴う都心の物流拠点の郊外移転を図るものであった。その代表的な物流拠点が，トラックターミナルであり，流通業務団地である。石油危機を経て安定成長期を迎えた1974年には，流市法による郊外型の大型物流拠点を補完するために，運輸政策審議会において，都市内の小型の物流拠点整備の必要性が示された。

1990年代になると，多頻度小口配送が卓越し始める。それに対応するために，1993年には，流市法が一部改正されて，流通業務団地への入居基準が緩和された。また，1994年には，駐車場法が一部改正されて，大規模建築物における荷さばき駐車場の附置義務が定められた。1998年には，大規模小売店舗立地法（大店法）の制定により，大規模小売店舗に搬出入する貨物車の駐車施設，すなわち，荷さばき施設の設置が義務化された。

2000年代に入ると，環境対策が喫緊の課題となり，2005年に公布・施行された「流通業務の総合化及び効率化の促進に関する法律（**物流総合効率化法**，あるいは，**物効法**）」において，物流費用の削減や環境負荷の低減等を図る事業に対して，計画認定や支援措置などが定められた。2005年に改正された「エネルギー使用の合理化に関する法律（改正省エネ法）」では，一定規模以上の荷主と物流業者に対して，省エネルギー計画の策定とエネルギー使用量の定期報告が義務化された。2006年に施行された「道路交通法の一部を改正する法律」では，貨物車の駐車違反車両に対する取締り強化が図られた。

現在，物流拠点の立地に関連するわが国の法制度には，都市計画法，流市法，物流総合効率化法，建築基準法，倉庫業法，自動車ターミナル法がある。自動車ターミナル法におけるトラックターミナルは，特別積合せ貨物（特積み貨物）を輸配送する貨物車のみに利用が認められ，ターミナル内の施設も特別積合せ貨物に関係するものに制限される。

〔3〕 総合物流施策大綱

わが国では，政府における物流施策や物流行政の指針を示し，関係省庁が連携して，総合的で一体的な取組みの推進を図るために，1997年から4年ごとに総合物流施策大綱が閣議決定されている。総合物流施策大綱には，わが国の物流における問題点や課題，および，その対策が網羅的に記されている。**表16.4**には，最新版の総合物流施策大綱である，総合物流施策大綱（2013～2017年）の概要が示されている。表16.4から，わが国の，国際，地域間（ないしは，都市間），都市内（端末やラストマイルも含む。なお，これらの空間的に分類した物流の特徴については，「〔4〕おもな物流施策」を参照されたい）の各領域での物流における問題点と課題，すなわち，〔1〕で述べたような土地利用と交通に関する問題点が見て取れる。

1997年から始まった総合物流施策大綱を継続的に見ていくと，直面している問題の複雑さや解決の困難さ，社会・経済情勢の変化や，それに呼応した流通システムの変化のために，その時点での課題が解決する前に，新たな問題が付加されて，対処すべき問題が累積されていることがわかる。この累積された状況こそが，わが国のロジスティクスに関わる諸問題への対策の現状であり，土木計画学においてロジスティクスの分野が必須とされている理由でもある。

〔4〕 おもな物流施策

国内外のおもな物流施策を概観し，主要な施策を整理して列挙する。**表16.5**には，地域間（都市間）と都市内（端末）に，ノードとリンクに，それぞれ分類して，施策が挙げられている。

物資や商品の移動は本質的に，物流拠点と輸送路から成る，換言すれば，ノードとリンクから成るネット

表 16.4　総合物流施策大綱（2013～2017 年）の概要

産業活動と国民生活を支える効率的な物流の実現に向けた取組み	わが国の物流システムの国際展開促進	• わが国の物流システムが海外展開するための環境整備 • わが国の物流システムの海外展開に対する支援 • 物流情報サービスネットワークのアジア地域への展開 • 途上国税関の貿易関連制度と環境の近代化や高度化
	わが国の立地競争力強化に向けた物流インフラなどの整備と有効活用	• 船舶の大型化に対応した港湾機能の強化，港湾の効率的かつ一体的な運営，および，港湾インフラの効率向上 • コンテナターミナル周辺における渋滞解消と，コンテナターミナルゲートオープン時間の延長 • 船舶の大型化に対応した港湾施設の整備，岸壁や荷役機械等の整備に対する支援，潮位差利用による入出港の弾力化や夜間入港の制約要因の解消 • 貨物情報の充実と活用促進 • 高規格幹線道路網の整備と，既存の高速道路ネットワークの有効活用 • 航空物流の利便性向上 • 効率的な国内・国際複合一貫輸送（インターモーダル輸送）の実現 • アジア圏の海上輸送の効率化 • 鉄道や内航海運の活用促進と輸送力強化のための基盤整備 • 資源の有効活用に向けた，静脈物流拠点整備と関連制度の改善 • 通関関係書類の電子化やペーパーレス化の促進
	荷主・物流業者の連携による物流の効率化と事業の構造改善	• 物流効率低下の改善に向けた，製造，卸売，小売業者と物流業者による協議促進，責任やコストの明確化，異業種間を含めた共同輸配送の推進 • 非効率な物流を招く慣行の是正 • 物流事業における構造改善 • 鉄道輸送システムの改善と，貨物鉄道の利用促進 • 3PL（サードパーティーロジスティクス）事業者の育成と振興 • 臨海部の物流拠点の更新と機能強化，物流拠点の高速道路や港湾の周辺への立地促進，トラックターミナルの高機能化 • ばら積み貨物の共同配船 • 車両の大型化に向けた環境整備と，安全性優良事業所（G マーク）の認定取得の促進
	国民生活の維持・発展を支える物流	• 品質管理のためのコールドチェーンシステムの整備 • 食品物流の効率低下につながる取引慣行などの改善 • 都市部の複合ビルにおける館内および周辺の物流マネジメント • 買い物弱者問題の解決に向けた情報交流ネットワークの構築 • 条件不利地域における輸送ネットワークの確保と維持
	物流を支える人材の確保・育成	• トラック運転者の確保，若年の優秀な船員の確保と育成 • 資格制度の改善と充実 • 中小の物流業者における人材育成 • 荷主側の物流関連の人材育成 • 国民への物流に関する知識の普及と啓発
さらなる環境負荷の低減に向けた取組み		• 省エネ法の取組み促進とさらなる活用 • 道路ネットワークの整備，ITS を活用した官民連携による貨物車交通マネジメント，貨物車に適した道路構造の確保や道路の通行に関連する重量規制の見直し • 鉄道や内航船舶へのモーダルシフトの推進 • 荷主間，物流業者間，荷主と物流業者間の連携による輸配送の共同化 • 各輸送手段の省エネ化と低公害化，物流拠点の低炭素化，荷主による省エネ対策や少量多頻度輸送の抑制，および，自営転換の促進 • 倉庫などの物流拠点における CO_2 排出量の削減と冷媒の脱フロン化

表 16.4（つづき）

安全・安心の確保に向けた取組み	物流における災害対策	• 物流拠点における地震・津波対策，道路啓開や航路啓開の応急復旧計画等の事前準備，緊急輸送道路の沿道建築物の耐震化 • 災害に強い輸送ネットワーク（物流ネットワーク）の構築に向けた広域連携体制の確立，緊急輸送活動に船舶を活用するための環境整備 • 災害時の支援物資の所在情報を捕捉した適時適切な物資供給，支援物資の広域的な受入拠点として物流業者の拠点のリスト化，地方公共団体と物流業者間の役割分担や協力協定の締結 • 物流業者の**事業継続計画**（business continuity plan, BCP）策定の支援 • 非常時に物流機能を維持できるエネルギー供給システムの構築 • 港湾や航路の地震・津波対策，コンビナート港湾における地震・津波対策と関係者間の連携強化 • 食品物流の維持と早期回復に向けた事業者間の協力・連携体制の構築 • 卸売市場の耐震化と，救援物資の集配拠点としての物流拠点整備
	社会資本の適切な維持管理・利用	• 40 フィート背高コンテナや 45 フィートコンテナの積載貨物車の経路指定 • 特殊車両（特車）の通行条件の検討
	セキュリティ確保と物流効率化の両立	• AEO（authorized economic operator）事業者における輸出入手続きの簡素化 • 新 KS/RA（特定荷主／特定航空貨物利用運送事業者等）制度における効率的な検査制度の確立
	輸送の安全・保安の確保	• 先進安全自動車（advanced safety vehicle, ASV）技術を活用した大型貨物車の車両安全対策，国際海上コンテナの陸上輸送における安全対策，物流業者による運輸安全マネジメントの継続的実施 • 交通安全施設の整備 • 安定的な国際海上輸送の確保に向けた取組みの推進 • 海賊対策の強化 • 港湾施設の出入管理の高度化 • 海上コンテナ貨物に係る出港前報告制度の円滑な導入と適切な運用 • 海上交通センターの機能向上

ワーク構造（物流ネットワーク）を有する。輸送路においては，自動車，鉄道，船舶，航空機などの**輸送手段**（**輸送機関**）（transport mode）ごとの交通ネットワークが存在するので，ノード，リンクとモードから成るネットワーク構造ともみなせるが，本章では，ノードとリンクに分類して，物流施策を網羅する。なお，ここで取り上げる施策には，実施されたものだけでなく，計画時点で検討されたもの，社会実験にとどまったものも含まれる。

また，これまで，物流ネットワークは，空間上では，国際，地域間（都市間），都市内（端末）に分類されてきた。本章では，地域間（都市間）と都市内（端末）を対象とし，国際物流に関する施策については，II 編 10 章「空港計画」や II 編 11 章「港湾計画」の章を参照されたい。

地域間物流（**都市間物流**）（interregional (inter-city) logistics (freight transport, goods movement)）は，複数の都道府県や，異なる都市圏にある都市にわたる物流であり，物流の輸送機能でいえば，表 16.1 の中・長距離の輸送に相当し，基本的には線的移動で，1 起点から 1 終点までを移動することが多い。利用される交通手段は，自動車，鉄道，船舶，航空機であり，リンクに相当する輸送路は，道路，線路，航路，航空路である。ノードに相当する物流拠点としては，港湾，空港，鉄道駅，トラックターミナル，倉庫など，大型で都市の外縁部に立地するものが多い。

都市内物流（urban logistics (freight transport, goods movement)）は，一つの都市圏よりも小さい範囲内での物流である。線的移動で 1 起点から 1 終点までを移動するものも含まれるが，表 16.1 に示した輸送機能においては，主として集配を担い，短距離の面的移動である。利用される交通手段としては，自動車が卓越し，リンクに相当する輸送路も，道路が主となる。ノードに相当する物流拠点としては，倉庫，集配センター，配送センター，デポなど，都市内に位置する中・小型の拠点が中心となる。ただし，港湾，空港，鉄道駅，トラックターミナルなどの大型拠点も都市圏内に立地して，地域間と都市内の物流を連結することから，これら大型の物流拠点も，都市内物流のノードとみなされることがある。

表 16.5　おもな物流施策

	ノード	リンク
地域間物流	• ハード施策 ➢ 物流拠点の整備 ✧ 港湾，空港，鉄道駅，流通業務団地やトラックターミナルなどの新規整備や容量拡張 ✧ インターモーダルターミナルの新規整備など ➢ ETC を活用したスマートインターチェンジの設置 • ソフト施策 ➢ 物流拠点の集約化 ✧ 流通業務団地やトラックターミナルなどの利用 ➢ 物流拠点の立地誘導 ✧ 高速道路のインターチェンジ付近など	• ハード施策 ➢ マルチモーダル交通ネットワークの整備 ➢ 港湾や空港へのアクセス道路整備 ➢ 港湾や空港と連結する鉄道整備 ➢ 道路の高規格化 ➢ 貨物車専用道路の整備 ➢ 重さ指定道路（最大 25 トン）や高さ指定道路（制限値 4.1 メートル）の不連続区間の解消 • ソフト施策 ➢ モーダルシフト ✧ 貨物車から鉄道や船舶へ ➢ 貨物車専用車線の設定 ➢ 大型貨物車の走行経路指定 ➢ 共同輸送の実施 ✧ 帰り荷斡旋システムも含む ➢ アウトソーシングの推進による輸送の集約化 ➢ 高速道路の料金割引 ➢ 情報提供による経路誘導 ✧ 交通渋滞情報，交通事故情報，走行可能経路情報，最短経路情報など ➢ 貨物車運行診断システムの開発・提供 ✧ 車載ユニットや IC カードなどの利用
都市内物流	• ハード施策 ➢ 物流拠点の整備 ✧ 共同集配センターや共同配送用の積み替え拠点など ➢ 路上荷さばき施設の整備 ✧ 貨物車用パーキングメーターやトラックベイなど ➢ 路外荷さばき施設の整備 ✧ 貨物車用駐車場，複数高層ビルの地下駐車場共同化，ポケットローディングなど ➢ 貨物用エレベーターの設置 ✧ 地下街やビルなどにおいて ➢ 集配ボックスや配送ボックスの設置 ✧ マンション，ビル，コンビニエンスストアーなど • ソフト施策 ➢ 物流拠点の集約化 ✧ 共同集配センターや共同配送デポなどの利用 ➢ 物流拠点の立地規制 ➢ 工業用地の物流利用 ➢ 荷さばき時間帯の設定 ➢ 荷さばき時間帯の規制 ➢ 荷さばき駐車場の附置義務化 ✧ 逆に，附置義務の緩和に伴う賦課金徴収 ➢ 荷さばき駐停車の貨物車への優先化 ✧ 荷さばきが集中する時間などにおいて ➢ 荷さばき駐停車場所の共同利用 ➢ 荷さばき駐停車場所の案内・予約システムの開発・提供 ➢ 物流拠点整備への補助金や低利融資	• ハード施策 ➢ 混雑地域を迂回するための道路整備 ✧ 環状道路やバイパスなど ➢ 大型貨物車の右左折不可能な交差点の改良 ➢ 新物流システム ✧ 地下物流，カプセル輸送など ➢ 人流と物流の動線分離 ✧ 商業施設や鉄道駅などにおいて ➢ 貨物車の自動運転システム • ソフト施策 ➢ 貨物車専用車線の設定 ➢ 大型貨物車の走行経路指定 ➢ 共同集配や共同配送の実施 ✧ ビルやマンションにおける建物内共同配送も含む ➢ 時間帯別貨物車走行規制 ✧ 積載率による特定地区への流入規制，集配時間帯の規制も含む ➢ 都心部流入に対する課金 ➢ アウトソーシングによる集配の集約化 ➢ 台車による集配 ➢ 自転車やバイクによる集配 ➢ 低公害車導入の際の補助金や減税 ➢ 情報提供による経路誘導 ✧ 交通渋滞情報，交通事故情報，走行可能経路情報，最短経路情報など ➢ 貨物車運行診断システムの開発・提供 ✧ 車載ユニットや IC カードなどの利用 ➢ 求車と求荷のマッチングシステムの開発・提供 ✧ 帰り荷斡旋システムなど

配送センターのような都市内の集配拠点から荷さばきのための駐停車場所までの物流，もしくは，都市内の集配拠点からデポまでの物流を**地区物流**，荷さばきのための駐停車場所から最終的な届け先までの物流を**端末物流**として，区別することがある。表16.1に示した横持ちや縦持ちも，端末物流に含まれる。荷さばきのための駐停車場所の不足や，都心部での交通渋滞が原因で，デポから荷さばきのための駐停車場所までの物流，および，端末物流の区間では，距離の割には多大な費用を要することが多く，物流業者にとっては効率化の懸案事項となっている。それゆえ，この部分の物流を**ラストマイル物流**（last-mile logistics（distribution）），あるいは**ラストワンマイル物流**（last-one-mile logistics（distribution））と呼ぶことがある。

物流施策は大別すると，**ハード施策**と呼ばれる，ｉ）社会基盤施設を供給する施策と，**ソフト施策**と呼ばれる，ⅱ）ロジスティクスの活動に関するルールや慣例の変更を目的とした，運用面，あるいは，経済面の施策，ⅲ）都市計画や地域計画との整合性を図るための規制や誘導施策に分類できる。

地域間物流の代表的な施策は，複数の輸送手段の円滑で切れ目のない連携に資するような，物流拠点や交通ネットワークの整備である。複数の輸送手段が利用可能な交通ネットワークを**マルチモーダル**（multimodal）な交通ネットワークという。また，マルチモーダル交通ネットワーク上での起終点間を，複数の輸送手段を乗り継いで運ぶ輸送形態を**インターモーダル輸送**（**複合一貫輸送**ともいう（intermodal freight transport（logistics）））と呼ぶ。充実したマルチモーダル交通ネットワークがあってこそ，円滑で切れ目のないインターモーダル輸送が可能となる。

インターモーダル輸送の例として，例えばアメリカでは，ロサンゼルス港やロングビーチ港において，船舶で輸送された国際コンテナ貨物が鉄道やトレーラーに積み替えられて，全米各地に輸送されている。このように，国際物流は，国間を船舶や航空機で輸送するので，本質的にインターモーダルの特性を有する。また，欧州では，河川舟運や鉄道輸送と貨物車での輸送を組み合わせるインターモーダル輸送も行われている。フランスでは，パリ郊外のランジスにインターモーダル物流拠点が開設されており，道路，空港，鉄道が有機的に結ばれている。わが国の場合，インターモーダル輸送に資するマルチモーダル交通ネットワークの整備が十分とはいえず，港湾や空港へのアクセス道路整備や，港湾や空港と連結する鉄道整備が課題の一つとなっている。また，東日本大震災での救援物資輸送においては，道路に過度に依存した輸送形態から，船舶や鉄道を交えたインターモーダル輸送への転換，および，そのためのマルチモーダル交通ネットワーク整備の必要性が再認識されている。

マルチモーダル交通ネットワーク上での輸送手段の転換が，**モーダルシフト**（modal shift）である。環境負荷の軽減やエネルギー消費の抑制に向けて，貨物車から鉄道や船舶への転換が，以前から世界的に課題となっている。代替輸送手段の利用可能性，すなわち，マルチモーダル交通ネットワークの充足度は一般的に，都市内物流よりも地域間物流の方が高いので，モーダルシフトは，地域間物流における有効策の一つとして位置づけられる。

地域間物流を担う大型貨物車は，人口密集地である市街地内を走行しないことが望ましい。そのための物流施策として，流通業務団地やトラックターミナルの整備などによる拠点の集約化や，高速道路のインターチェンジ付近などへの物流拠点の立地誘導が挙げられる。〔2〕で述べた流市法や物流総合効率化法の制定・施行は，これらに寄与するものである。

都市内物流の代表的な施策は，**共同化**（cooperation, consolidation）である。リンクでの共同化が，複数の荷主や物流業者による集配送の共同化，すなわち，**共同集配送**（cooperative freight transport（pickup and delivery, distribution））である。顧客から荷物を預かる集荷よりも配送の方が，実現可能性が高いことから，配送の共同化，すなわち，**共同配送**（cooperative（joint）delivery）が，より典型的である。都市内共同配送は，複数の荷主や物流業者の貨物を配送センターやデポなどの物流拠点で積み合わせて配送することである。都市内共同配送の導入事例として，わが国の福岡天神地区，熊本市中心市街地，さいたま新都心，横浜市元町，イギリスのバース，ドイツのカッセル，オランダのグリーンシティやビネンスタットサービス（Binnenstadservice）といった物流システムなどがある。

建物内共同配送は，端末物流の共同配送であり，建物内に設置された荷さばき施設で貨物を階別や顧客別に仕分けして，建物内の届け先にまとめて配送することである。その性質上，建物内共同配送は，ノードでの縦方向への（縦持ち）共同化とみなすこともできる。わが国の新宿の摩天楼スタッフ便，幕張ワールドビジネスガーデン，丸の内ビルなどが，建物内共同配送の導入事例である。

ノード部での共同化としては，荷さばき駐停車施設の設置とその共同利用，例えば，共同荷さばき場が代表的である。路外の共同荷さばき場の代表例として，高松市や東京都練馬区のポケットローディングが挙げられる。**ポケットローディング**は，貨物の積みおろしを行う路外の小駐車スペースに設置された，跳ね板式のタイヤロック駐車自動管理装置のことである。建物内の共同荷さばき場としては，ビル内の共同荷さばき場が代表的であり，新丸の内ビルや東京ミッドタウンが例として挙げられる。路上の共同荷さばき場としては，荷さばき用パーキングメーターやトラックベイなどが代表的であり，世界的に導入事例が見られるが，わが国では，金沢市，東京都中央区，大阪市中央区，広島市中心部，福岡市天神地区などでの導入が見られる。

大型車の走行経路指定も，都市内物流の代表的な施策である。ニューヨークでは，比較的大型の貨物車に対して走行経路を指定（トラックルート）している。この方策は，一種の走行規制としても位置づけられる。通過貨物車用と地域内貨物車用の2種類のルートがあり，通過貨物車には比較的高規格の道路が割り当てられている。また，イギリスのロンドンでは，平日の夜間と早朝，および，週末は，大型貨物車の市街地走行が禁止されているとともに，通行できる経路が指定されている。

都市内物流に関するハード整備については，わが国では，環状道路の整備が代表的である。東京外かく環状道路や東海環状自動車道が，代表例に相当する。環状道路整備は，都心部に起終点を持たない貨物車の都心部流入を防ぐことにつながる。さらに，放射・環状道路ネットワークが完成することにより，一般的には2地点間の経路数が飛躍的に増大することから，環状道路整備は，発災時のリダンダンシー確保にも大きな効果を発揮する。また，環状道路の整備は，貨物車交通の整序化に寄与するだけでなく，物流拠点の立地も誘導する。特に，貨物車の利便性が高い，環状の高速道路のインターチェンジ付近に，物流拠点が立地する傾向が見られる。わが国では，例えば，首都圏中央連絡自動車道や，東海環状自動車道の整備に伴い，生産拠点とともに物流拠点が，その沿道に進出している。

16.2 ロジスティクスモデル

16.2.1 モデルの位置づけと役割

ロジスティクスや物流に関する研究は，学際的な研究領域であり，土木計画学や交通工学だけでなく，商学，経営学，数理工学，生産工学，管理工学，情報工学の分野において，積極的に行われてきた。**図16.3**は，物流研究に取り組んできたこれらの学術分野が，どのような研究に主として従事してきたかについて，「現象・行動記述－最適化」軸と，「帰納－演繹」軸で分類したものである。

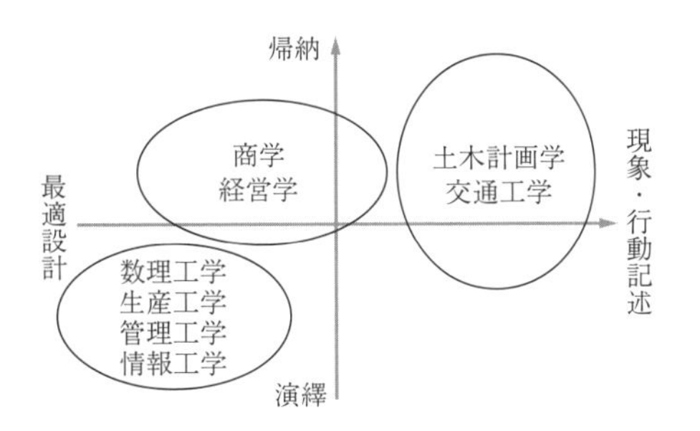

図16.3 ロジスティクスや物流の研究に取り組む学術分野とその分類

現象・行動記述（description）とは，「現状がどうなっているかを推察，ないしは，再現し，将来的にどうなりそうかを予測する」ものである。一方，**最適化**（optimization）とは，「現状ないしは将来時点において，企業や企業体にとって最も好ましい状態を提示する」ものである。ここでいう最適化とは，単に計算手法として最適化計算が使われていることを指すのではなく，研究目的が最適状態の提示であることを指す。実際，現象・行動記述のための手法，例えば，汎用的な手法である回帰分析や離散選択モデルにおいても，最小二乗法や最尤推定法といった最適化計算手法が実装されている。最適化計算が行われているからといって，必ずしも最適化を目指した研究ではないことに留意されたい。

「帰納－演繹」軸にある**演繹**（deduction）とは，「一般的で普遍的な前提から結論を得る論理展開の方法」のことである。換言すれば，理論指向のロジスティクス研究や物流研究が，演繹に相当する。一方，**帰納**（induction）は，演繹ではない，すなわち，「データや事例を基にして，一般的な結論を導出する」ような，データ指向の研究を指す。

過去20年を振り返ってみれば，土木計画学や交通工学におけるロジスティクス研究や物流研究の主たる内容[8]は，国際，地域間（都市間），都市内（端末）の各領域での，貨物交通や物資流動に関する需要推定（現況推定と将来需要予測）や最適化であった。その多くの場合において，なんらかの数理的アプローチを援用したモデルが用いられた。土木計画学や交通工学で開発・適用されるモデルでは，理論から演繹するよりはむしろ，データや事例から帰納するアプローチに力点が置かれてきた。なお，ここでいう**モデル**（model）とは，「システムやプロセスを単純化した，計算を行うための道具」のことである。

しかし，ロジスティクスや物流のモデル化に関する研究蓄積は，土木計画学や交通工学よりも，数理工学，生産工学，管理工学，情報工学の分野が圧倒的に上回る。それゆえ，ロジスティクスモデルといえば一般に，これらの分野で開発されてきたモデルを指すことが多い。したがって，本章でも，それらのモデルをロジスティクスモデルと呼ぶ（土木計画学や交通工学におけるモデルは，16.3節を参照されたい）。ロジスティクスモデルの特徴は，企業や企業体のロジスティクスシステムや，そこに含まれるなんらかの物流機能を最適化するために，**数理最適化**（mathematical optimization）が用いられることにある。数理最適化は，最適化を図る数理的アプローチの総称である。ロジスティクスモデルに関する研究は，**オペレーションズリサーチ**（operations research, **OR**）の主要な研究領域の一つであり，図16.3においては，「最適設計—演繹」領域に位置する。

16.2.2 代表的なモデル

ロジスティクスモデル[9]の中で，土木計画学や交通工学と関連性の高いモデル，すなわち，土地利用や交通と関連の深いモデルは，**配送計画問題**（もしくは，**運搬経路問題**，配車配送計画問題）（vehicle routing problem, **VRP**）[10]に属するモデルと，**施設配置問題**（facility location problem, **FLP**）[11]に属するモデルである。なお，これら以外の代表的なロジスティクスモデルには，在庫モデルや経済発注量モデルなど[9),12),13)]がある。

〔1〕 配送計画問題

配送計画問題は，「複数の貨物車を保有していると想定し，各貨物車が，一つの物流拠点を出発して，複数の訪問先を巡回して物資や商品を輸配送し，再び物流拠点に戻ってくるときに，最も費用が小さくなるように，各貨物車の訪問先の割り当てと，その訪問順序を求める問題」である。このような，複数の訪問先を巡回する輸配送は，宅配のような都市内配送が典型的である。したがって，一般的には，配送計画問題における物流拠点はデポと称され，訪問先は顧客と呼ばれる。顧客は配送時間を指定することが多い。貨物車が顧客から到着を認められている時間帯を時間枠（time window）と呼び，配送計画問題において考慮されることが多くなってきている。

配送計画問題の定式化の一例として，時間枠付きの配送計画問題の定式化を以下に示す。

$$\min \sum_{k \in K} \sum_{(i,j) \in A} c_{ij} x_{ijk} \tag{16.1}$$

subject to

$$\sum_{k \in K} \sum_{j \in V} x_{ijk} = 1, \quad \forall i \in C \tag{16.2}$$

$$\sum_{i \in C} d_i \sum_{j \in V} x_{ijk} \leqq q_k, \quad \forall k \in K \tag{16.3}$$

$$\sum_{j \in V} x_{0jk} = 1, \quad \forall k \in K \tag{16.4}$$

$$\sum_{i \in V} x_{ihk} - \sum_{j \in V} x_{hjk} = 0, \quad \forall h \in C, \forall k \in K \tag{16.5}$$

$$\sum_{i \in V} x_{i0k} = 1, \quad \forall k \in K \tag{16.6}$$

$$s_{ik} + t_{ij} - s_{jk} \leqq (1 - x_{ijk}) M, \quad \forall (i,j) \in A, \forall k \in K \tag{16.7}$$

$$a_i \leqq s_{ik} \leqq b_i, \quad \forall i \in V, \forall k \in K \tag{16.8}$$

$$x_{ijk} \in \{0,1\}, \quad \forall (i,j) \in A, \forall k \in K \tag{16.9}$$

ここで

- k ：貨物車の識別番号
- i, j, h ：グラフ上のノードの番号（0の場合はデポであり，ノードは顧客かデポのいずれかに相当する）
- K ：貨物車の集合
- A ：デポ–顧客間と顧客–顧客間から成るアークの集合
- V ：デポと顧客から成るノードの集合
- C ：顧客のノード集合
- c_{ij} ：ij 間の配送に要する費用
- x_{ijk} ：ij 間の配送に貨物車 k が使われる場合は1，そうでない場合は0の離散変数（決定変数）
- d_i ：ノード i での貨物量
- q_k ：貨物車 k の容量制約
- s_{ik} ：貨物車 k の顧客 i での到着時刻（決定変数）
- t_{ij} ：ij 間の移動に要する時間と顧客 i で費やす時間の和
- M ：大きな値をとる定数
- a_i ：顧客 i での最早到着可能時刻
- b_i ：顧客 i での最遅到着可能時刻

である。

式（16.1）は，配送に要する費用の最小化が目的であることを表している。OR分野では，費用には距離が代用されることが多い。制約条件（16.2）は，いずれの顧客においても，貨物車の訪問回数が1回となるようにするための条件である。制約条件（16.3）は，貨物車の積載量を車両容量以下に抑制するためのものである。制約条件（16.4）～（16.6）により，いずれの貨物車もデポを出発してデポに帰還することになり，ある顧客に到着した貨物車は，つぎにその顧客から出発することになる。制約条件（16.7）は，到着時間に関する条件であり，i から j へと移動する貨物車は，i に到着するよりも前に j には到着できないことになる。制約条件（16.8）は，時間枠に相当する。制約条件（16.9）は，決定変数が0か1かをとることを表している。

配送計画問題は，代表的な組合せ最適化問題の一つである。そのうち，時間枠付きの配送計画問題は，離散変数の x_{ijk} と，連続変数の s_{ik} から成る混合整数計画問題である。いずれにしても，NP困難であることから，大規模な問題例に対して，配送計画問題の厳密な最適解を求めることは現実的にきわめて困難である。したがって，単純な時間枠や顧客数が小さい場合には，厳密解法が適用可能であるが，複雑な時間枠や顧客数が大きい場合には，近似解法やメタヒューリスティクスを適用することになる（厳密解法，近似解法，メタヒューリスティクス，NP困難については，I編3.1節「システムズアナリシス」を参照されたい）。

時間枠以外にも，配送計画問題は，集荷と配送の双方を同時に考慮する場合や，配送途中に追加的な配送依頼がある場合などについて，さまざまな拡張が試みられている。また，配送計画問題は，その特性を勘案すれば，郵便の集配，廃棄物の輸配送，バスのスケジューリングなどに応用可能である。

〔2〕 施設配置問題

施設配置問題は，空間上で対象物を最適点に配置する問題の総称である。最適化の対象となる施設は多岐に及ぶが，当然ながら，物流拠点の最適配置問題も施設配置問題に属する。施設配置問題の基本構成要素は，需要点と施設候補地である。需要点は空間上の任意の位置にあり，一定のなんらかの需要があると仮定する。物流拠点の場合，基本的に貨物需要である。施設候補地は連続型か離散型かに分類される。連続型では，施設候補地は空間上の任意の点である。一方，離散型では，施設候補地は空間上に分散した有限個の点となる。施設の利用者は，需要点上に存在し，なんらかの行動基準に従って施設を選択する。物流拠点の場合，利用者は，荷主，物流業者，あるいは，貨物車となる。利用者の行動に応じて，配置の意思決定者は，複数の施設候補地の中から，目的関数を最大もしくは最小にする，最適な配置を選択する。物流拠点の場合，流通業務団地や公共トラックターミナルであれば，意思決定者は行政機関であり，民間の配送センターやデポであれば，その所有者である荷主や物流業者となる。

施設配置問題における数理的アプローチは，施設配置モデルと称される。対象空間における施設候補地の設定の相違によって，施設配置モデルは，連続立地モデル，ネットワーク立地モデル，離散立地モデルの三つに分類できる。

連続立地モデルでは，施設候補地は空間上の任意の地点であるので，施設候補地は無限個である。また，利用者が施設まで直線で移動するものと仮定される。連続立地モデルの多くは非線形計画問題として定式化できる。基本的な連続立地モデルとして，ミニサム問題（ウェーバー問題ともいう）とミニマックス問題がある。ミニサム問題は，需要点上の利用者と施設間の距離を求め，その総和を最小にするように，配置が決定される。ミニマックス問題では，最も遠い需要点までの距離が最小となるように，施設の配置が決められる。

ネットワーク立地モデルでは，施設候補地は，ネットワーク上のノード，もしくは，リンク上の任意の点に限られるが，連続立地モデルと同じく，施設候補地は無限個になる。物流拠点の場合，ネットワークは，例えば，交通ネットワークである。利用者はネットワーク上を最短経路で移動するものと仮定する。利用者が直線上ではなく交通ネットワーク上を移動する点で，ネットワーク立地モデルは，連続立地モデルよりも現実的である。基本的なネットワーク立地モデルとして，ミニサム問題とミニマックス問題がある。それらの意味するところは，連続立地モデルと同じであるが，ネットワーク立地モデルに属するミニサム問題はメディアン問題と呼ばれ，ミニマックス問題はセンター問題と呼ばれる。

離散立地モデルでは，施設候補地が有限個である。基本的に，需要点と施設候補地間の移動費用が既知の条件下において，複数個の施設の最適配置が求められる。物流拠点を整備する際には，施設候補地が限定されるような状況が十分に考えられるので，交通ネットワークが与件の離散立地モデルが，最も実用的であるといえる。基本的な離散立地モデルには，被覆問題，センター問題，メディアン問題，容量制約なし施設配置問題（uncapacitated facility location problem, UFLP）などがある。UFLPでは，施設の建設費用と施設利用者の移動費用の和が最小化される。施設配置問題の定式化の一例として，物流拠点を対象とした場合のUFLPの定式化を以下に示す。

$$\min \sum_{i\in I}\sum_{j\in J} c_{ij}x_{ij} + \sum_{i\in I} f_i y_i \qquad (16.10)$$

subject to

$$\sum_{i\in I} x_{ij} = 1, \qquad \forall j \in J \qquad (16.11)$$

$$x_{ij} \leqq y_i, \qquad \forall i \in I, \forall j \in J \qquad (16.12)$$

$$x_{ij} \geqq 0, \quad \forall i \in I, \forall j \in J \qquad (16.13)$$

$$y_i \in \{0,1\}, \quad \forall i \in I \qquad (16.14)$$

ここで

i ：物流拠点の候補地
j ：貨物の需要点（ゾーン）
I ：物流拠点の候補地集合
J ：貨物の需要点の集合
c_{ij}：ij 間の輸配送に要する費用
x_{ij}：ij 間の輸送量（決定変数）
f_i ：物流拠点の候補地 i の施設費用
y_i ：候補地 i に物流拠点が立地する場合には 1，立地しない場合には 0 をとる 0-1 変数（決定変数）

である。

式(16.10) は，第 1 項が輸配送費用，第 2 項が物流拠点の建設費用であり，費用最小化を目的とすることを表している。制約条件（16.11）は，各需要点の貨物需要は，必ず満たされることを表している。制約条件（16.12）は，立地した物流拠点からのみ，貨物の輸配送が行われるようにするものである。制約条件(16.13) は，決定変数 x_{ij} の非負条件であり，制約条件（16.14）は，決定変数 y_i が 0 か 1 かをとることを表している。

離散立地モデルは，組合せ最適化問題，ないしは，混合整数計画問題に相当する。UFLP の場合は，混合整数計画問題である。離散立地モデルは，配送計画問題と同様に，組合せ数が小さい場合には，厳密解法が適用可能であるが，組合せ数が大きい場合には，近似解法やメタヒューリスティクスの適用が必要となる。

16.2.3　土木計画学における適用上の留意点

配送計画問題や施設配置問題を含むロジスティクスモデルは，そもそも最適化モデルである。すなわち，「現状よりも良くなること，その中でも最も良くなる」ように意図して設計されたモデルである。現状よりも良くなることがロジスティクスモデルの設計思想であるがゆえに，「現状がどうなっているかを推察・再現する」という現象・行動記述とは，本質的に相反する。当然ながら，ロジスティクスモデルは，将来的にどうあるべきかを示すものであって，「将来的にどうなりそうか」を予測するものではない。

したがって，ロジスティクスモデルは，そのままでは，「現象・行動記述には使えない」のである。換言すれば，そのままでは，「記述モデルとして使用できない」のである。ロジスティクスモデルの誤用として，例えば，都市内の貨物車の配送を「記述」するために，配送計画問題を援用することが挙げられる。施策効果分析のためのなんらかのシミュレーションの中で，貨物車の行動を記述する必要があり，そのために配送計画問題が組み込まれることがあるが，これも誤りである。現象・行動記述においても，例えば，離散選択モデルに用いられる効用最大化のように，一種の数理最適化が適用されることがあるが，同じ数理最適化でも，ロジスティクスモデルの場合には，現状よりも良くするために数理最適化が適用されているのである。現象・行動記述のためのモデルと，ロジスティクスモデルとでは，根本的な設計思想が違うために，使用する局面に十分な注意を払う必要がある。

配送計画問題や施設配置問題は，最適な状態を示す場合に有効である。土木計画学や交通工学において，施設配置問題は，費用だけでなく，交通混雑，エネルギー消費，環境負荷などを考慮した上で，どこに物流拠点が立地すべきか，あるいは，立地を誘導すべきかを検討する場合に有用となる。当然ながら，学校，公園や図書館などの，ロジスティクスや物流以外の社会基盤施設の配置の際にも，施設配置問題は有効な計算ツールとなり得る。土木計画学や交通工学において，配送計画問題がそのまま活用できるのは，例えば「今後，物流業者が配送距離を最小化するような配送を実現させたとしたら，配送距離の削減は，交通混雑，環境負荷やエネルギー消費の抑制につながるので，物流業者にとっても，社会にとっても win-win である」ことを示したいような場合である。むしろ現時点では，配送計画問題は，そこで培われた計算技術を，廃棄物や危険物の輸配送や，バスのスケジューリングなどに援用することに価値があるものと考えられる。

16.3　土木計画指向のモデル

16.3.1　モデルの位置づけと役割

16.2 節で述べたように，土木計画学や交通工学において，ロジスティクスや物流に関する主たる研究領域は，国際，地域間（都市間），都市内（端末）の各空間における，貨物交通や物資流動に関する需要推定や最適化であった。それらを遂行するために，なんらかの数理的アプローチを援用したモデルが開発・適用されてきた。中でも，調査データを基にした，貨物交通や物資流動の需要推定が卓越した領域であったので，ロジスティクスや物流の研究における土木計画学や交通工学は，図 16.3 においては，「現象・行動記述－帰納」領域に主として位置するものと考えられる。

表 16.6 は，土木計画学や交通工学においてこれまで開発・適用されてきた，ロジスティクスや物流に関

するモデル[8),14),15)]を，地域間（都市間）と都市内（端末）の空間領域，および，現象・行動記述と最適化の研究目的に分類して整理したものである。数理的アプローチを援用したモデルの適用を含めれば，多くの研究がモデルと関係する。例えば，回帰分析を行っている研究は，回帰分析が誤差の二乗和を最小にする点で，数理的アプローチを活用していることになる。

表16.6では，モデルの対象領域や内容が列挙されているが，そこに示された対象領域（表中の•が該当する）は，数理的アプローチを援用したモデルをまったく適用しない形式の研究においても，主たる研究対象であった。また，表16.6において，現象・行動記述，あるいは，最適化に属する研究項目数を見ると，最適化に関する研究も多いかのように見受けられる

表16.6 土木計画学や交通工学で開発・適用されてきたロジスティクスや物流のモデル

	現象・行動記述	最適化
地域間 （都市間）	• 物資流動量の推定 ➢ 発生・集中量，分布量の推定 ✧ 重回帰モデル ✧ 重力モデル ✧ エントロピー最大化モデル ✧ 成長率モデル ✧ 犠牲量モデル ✧ 産業連関分析 ✧ 応用一般均衡分析 ✧ サプライチェーンネットワーク均衡モデル ✧ 輸送手段分担・配分統合モデル ➢ 輸送手段分担，経路交通量の推定 ✧ 離散選択モデル ✓ ロットサイズの考慮 ✓ ロットサイズと手段選択の考慮 ✧ 離散－連続モデル ✓ ロットサイズの考慮 ✧ 数量化モデル ✧ 利用者均衡配分モデル ✧ 分割配分モデル ✧ 交通シミュレーション ✧ 輸送手段分担・配分統合モデル • 貨物交通量と物資流動量の転換 ➢ 転換率モデル ➢ 重回帰モデル • 自家用と営業用の貨物車転換 ➢ 離散選択モデル • 港湾貨物の発生・集中量推定 ➢ 重回帰分析 ➢ 応用一般均衡分析 ➢ 業者別の港湾選択モデル ✧ 離散選択モデル ➢ 荷主の港湾選択モデル ✧ 離散選択モデル ✧ 犠牲量モデル	• 貨物交通ネットワークの最適設計 ➢ 連続型ネットワーク設計モデル ➢ 離散型ネットワーク設計モデル ✧ マルチモーダル交通ネットワークの考慮 ✧ 組合せ最適化 • インターモーダル輸送の最適設計モデル ➢ 線形計画モデル ➢ シミュレーションモデル ➢ 組合せ最適化 • 危険物輸送 ➢ リスク最小化モデル ✧ 組合せ最適化 ➢ 多目的最適化 ✧ 配送計画やリスクの考慮 ✧ 組合せ最適化 • 港湾ターミナル施設の最適規模・配置 ➢ クレーンの最適配置 ✧ 動的計画法 ✧ 組合せ最適化 ➢ 船舶のバースへの最適割り当てモデル ➢ コンテナ埠頭の荷役容量の適正化 ✧ 待ち行列理論 • 救援物資輸送 ➢ 配送拠点と中継拠点の最適配置モデル ✧ 組合せ最適化
都市内 （端末）	• 物資流動量の推計 ➢ 発生・集中量，分布量の推定 ✧ 重回帰分析 ✧ 重力モデル ✧ エントロピー最大化モデル ✧ 成長率モデル ✧ 離散選択モデル ✓ 荷主の行動の考慮	• 物流拠点の最適規模・配置 ➢ 立地－配送計画問題に基づくモデル ➢ 配送計画問題に基づくモデル ➢ 待ち行列理論 ➢ 組合せ最適化 ➢ 多目的最適化 ✧ 組合せ最適化 ✧ 交通混雑費用や交通量配分の考慮

表 16.6（つづき）

	現象・行動記述	最適化
都市内 （端末）	✧ ミクロシミュレーション ✓ 発生・集中，ゾーン選択，流通経路選択 ✓ 空車と実車の区別 ✧ 輸送手段分担・配分統合モデル ✧ 貨物車と乗用車の同時推定モデル • 都市内貨物車交通量の需要推定 ➢ 発生・集中量推定 ✧ 重回帰モデル ✧ 集配活動推定モデル ✓ 重回帰モデル ➢ 分布量推定 ✧ 重回帰モデル ✧ 重力モデル ✧ エントロピー最大化モデル ✧ 空間と時間の離散選択モデル ➢ 輸送手段分担，経路交通量の推定 ✧ 離散選択モデル ✓ 直送と中継施設での積替えの考慮 ✧ 利用者均衡配分モデル ✧ 分割配分モデル ✧ 交通シミュレーション ✓ ツアーの考慮 ✧ 重複率最大化モデル ➢ 発生・集中，分布，配分統合モデル ✧ ツアーの考慮 ✧ ツアー連鎖の考慮 ➢ ツアーやツアー連鎖の推定モデル ✧ 離散選択モデル ✧ 利潤最大化モデル ✧ シミュレーションモデル ✓ プローブデータの利用 ➢ 物資流動量から貨物車交通量への変換モデル ✧ 変換率モデル ✧ 積載率モデル ✧ 空車を考慮した関数モデル ✧ ツアーを考慮したモデル • 車種選択モデル ➢ 回帰モデル ➢ 離散選択モデル ✧ 物流業者と車種の同時選択 • 自家用－営業用貨物車転換 ➢ 離散選択モデル ✧ 保有期間選択の考慮 • 都市圏の物流拠点立地 ➢ 回帰モデル ➢ 離散選択モデル • 地区内の荷さばき施設の需要推定 ➢ シミュレーションモデル • 共同集配送（共同配送）の成立要因 ➢ 集配送シミュレーションモデル ✧ 物流業者やドライバーの費用最小化 ➢ 共分散構造分析	✧ 都市間－都市内の階層性の考慮 • 救援物資の輸配送 ➢ 配送計画問題に基づくモデル ✧ 所要時間の最小化 ✧ 車両配分と配送経路の最適化 • 地区内の荷さばき施設の最適配置 ➢ 路上荷さばき施設配置 ✧ 組合せ最適化 ✓ 貨物車とそれ以外の車両の駐停車行動の考慮 • 集配経路の最適化 ➢ 配送計画問題に基づくモデル ✧ 所要時間の不確実性の考慮 ✧ e コマースの考慮 ✧ 環境負荷の考慮 ✧ 時間枠緩和の効果 ➢ 配送計画問題に基づくシミュレーション ✧ 交通シミュレーションとの融合

が，研究の数そのものは，現象・行動記述に属するものが最適化に属するものを大幅に上回る。なお，国際物流に関するモデルについては，Ⅱ編10章「空港計画」やⅡ編11章「港湾計画」の章を参照されたい。

貨物交通や物資流動の需要推定の特徴として，旅客交通や旅客流動の需要推定のために開発されてきた四段階推定法（発生・集中，分布，手段分担，配分）が活用されてきたことが挙げられる。それゆえ，四段階推定法の各段階で適用されてきた，回帰モデルや重力モデルなどの集計モデル，あるいは，ロジットモデルをはじめとする離散選択モデルといった数理的アプローチが活用されてきた。最近では，集計モデルや非集計モデルを組み合わせて，発生・集中，分布，手段分担，経路選択，配分を包括的に推定するようなシミュレーションモデルの開発が盛んになりつつある。集計モデル，非集計モデル，シミュレーションモデルのいずれにおいても，多くの場合，モデルの説明変数や被説明変数に，ロジスティクスや物流らしい変数，例えば，ロット（貨物）サイズ，貨物車の車種，配送する訪問先の数などが含め入れられる。しかし，包含される変数には，表16.1の物流機能でいえば，輸送に関するものが多く，保管や流通加工などの機能は，ほとんど考慮されていない。また，ロジスティクスやサプライチェーンを明示的に考慮したモデルもきわめて少ない。

貨物交通の需要推定に関するモデルは，**トリップベース**（trip-based）か，**貨物ベース**（commodity-based）かに分類することができる。トリップベースは，**車両ベース**（vehicle-based），あるいは，対象がトラックに限定される場合には**トラックベース**（truck-based）と呼ばれることもある。トリップベースのモデルの特徴は，貨物交通のトリップを直接推定することにある。地域間の貨物交通を対象にする場合には，複数の輸送手段のトリップが対象となるが，都市内では貨物車の単一手段のトリップが対象となることが多いので，貨物車の車種が考慮されることもある。

特に都市内においては，**図16.4**に示すように，1台の貨物車が，デポや配送センターのような物流拠点を出発して，複数の訪問先を訪問し，物流拠点に戻ってくるような，巡回型の集配を行うことが多い。最近は，このような巡回に注目したモデルも登場しており，それらは，**トリップ連鎖型**（trip-chaining），あるいは，**ツアーベース**（tour-based）のモデルと呼ばれる。さらに，図16.4に見られるように，1台の貨物車が複数の巡回を行うことがある。複数の巡回を考慮したモデルは**ツアー連鎖型**（tour-chaining）のモデルと称される。

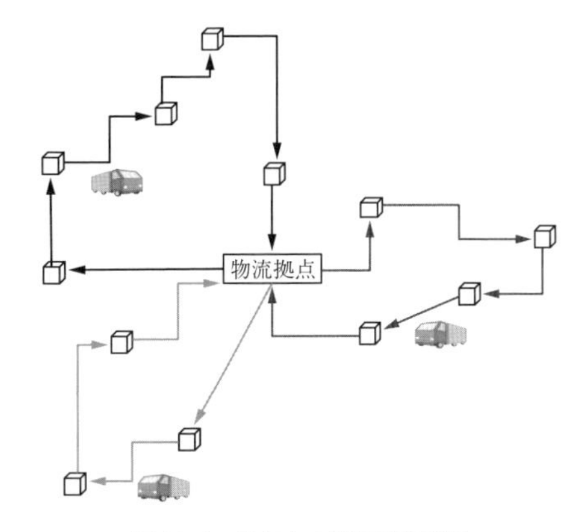

図16.4　都市内の巡回型集配送

一方，貨物ベースのモデルは，いったん物資流動量を推定し，その後になんらかの手法を用いて，物資流動量を貨物交通量やトリップに変換する。貨物ベースのモデルは，物資流動の需要推定を行ってから，その結果を貨物交通量やトリップの推定に利用しているともみなせる。

最近では，単純なトリップベースのモデルより，貨物ベースのモデルが開発・適用されることが多い。なぜなら，貨物ベースのモデルを使った方が，トリップ推定の柔軟性が高いからである。例えば，あるOD間に貨物需要があって，貨物車が1トリップで輸送している場合，モーダルシフトが実現すると「貨物車→鉄道→貨物車」の3トリップに変わることがあり得るが，トリップベースのモデルを使うと，貨物車の1トリップは，基本的には，他の輸送手段の1トリップにしか変換できない。

表16.6における最適化研究については，物流拠点の最適配置に関する研究が代表的であり，ロジスティクスモデルの施設配置問題で培われてきた手法が活用されてきた。拠点内の施設の規模が拠点の配置に影響を及ぼすので，最適配置と最適規模が同時に決定されるモデルも見られる。また，インターモーダル輸送や危険物輸送なども含む，貨物交通ネットワークの最適設計に関する研究も，近年盛んになってきている。コンピューターの性能の向上に伴い，近似解法やメタヒューリスティクス（近似解法やメタヒューリスティクスについては，Ⅰ編3.1節「システムズアナリシス」を参照されたい）の使用が容易になっていることから，組合せ最適化問題に帰着する離散型の貨物交通ネットワークの最適設計研究が多くなってきている。ORの分野では，災害時の救援物資輸配送に対して，配送計画問題の適用が盛んになってきており，土木計画学や交通工学の分野でも同様の取組みが試みられ始

めている。

端末物流に関する研究は，ラストマイル物流と呼ばれて，近年特に重視されてきたにもかかわらず，それほど行われていない。その主たる要因は，端末物流に関する定期的で詳細な調査が実施されていないことが挙げられる。

16.3.2　関　連　調　査

土木計画学や交通工学で開発・適用されてきたロジスティクスや物流のモデルは，その多くが「現象・行動記述－帰納」領域に属する。帰納型のモデルの特徴は，演繹型と比べて，データ指向が強いことである。データは，モデルの入力値となるだけでなく，モデルの中身を規定する。すなわち，データに応じてモデル化が行われる。それゆえ，「現象・行動記述－帰納」型のモデルには，実際にどのような調査が行われているかが深く関係する。

表 16.7 は，わが国の地域間の貨物輸送や物資流動

表 16.7　わが国のおもな物流調査（地域間）

	全国貨物純流動調査（物流センサス）	貨物地域流動調査	航空貨物動態調査	内航船舶輸送統計調査
最新調査年度	2015 年	2013 年	2013 年	毎月実施
調査間隔	5 年周期	毎年	2 年周期	毎月
対象地域	全国	全国	全国	全国
調査対象	貨物流動（3 日間，年間）	貨物流動（年間）	貨物流動（1 日）	貨物流動（月間）
対象とする流動	純流動	総流動	純流動	純流動
抽出および調査内容	• 鉱業，製造業，卸売業，倉庫業を対象に，事業所統計などから抽出された事業所に調査 • 3 日間流動調査 ➢ 調査項目 出荷件数，品目，荷受人業種，届先地，重量，輸配送経路（利用手段や利用拠点を含む），代表輸送手段の選択理由，高速道路使用の有無，到着日時指定の有無，出荷時刻，所要時間，輸配送費用など • 年間輸送傾向調査 ➢ 調査項目 品類別出入荷重量，輸送手段利用割合，出荷先地域別重量割合など	• 各種統計調査を組み合わせて作成 ➢ 鉄道…日本貨物鉄道（JR 貨物）の地域流動データ 車扱貨物やコンテナ貨物で日本貨物鉄道が輸送したもの ➢ 自動車…自動車輸送統計 営業用と自家用の貨物車で輸送された全貨物が対象で，フェリーで輸送された自動車の積荷も含む ➢ 海運…港湾統計 仕出港が海上である貨物や，フェリーにより輸送された貨物車やその積荷は含まれない	• 全国の貨物取扱店所で荷主から受託したすべての国内航空発送貨物を対象とする ➢ 対象事業者 定期航空運送事業者，二地点間輸送を行う不定期航空運送事業者（航空会社），航空貨物に係る利用運送事業者（混載業者），航空貨物代理店 ➢ 調査項目 取扱区分（小口扱，混載扱，宅配便），荷送人や荷受人の所在地，輸送便名，発着空港，品目名，個数，重量，集荷・持込時間帯，危険物輸送に関する手続き	• 内航海運業法で規定される内航運送を営み，総トン数 20 トン以上の船舶を使用する事業者から無作為に抽出 ➢ 調査項目 船舶の属性，用途，貨物の品名とその重量，輸送区間，輸送距離，航海距離，燃料の種類，消費量
調査形式	• オンラインまたは郵送調査	• 各種調査に依存する	• 郵送調査	• オンラインまたは郵送調査
調査精度サンプル数	• 全国の約 6.7 万事業所（2010 年調査時） ➢ 約 2.1 万事業所から回収	• 各種調査に依存する	• 航空会社 16 社，混載業者 59 社，代理店 8 社，調査件数約 14 万件（2013 年調査時）	• 768 事業者のうち，188 事業者を抽出（2014 年 11 月 調査時）

に関する代表的な調査，いわゆる「物流調査」について，その概要を示したものである。地域間を対象とした物流調査には，複数の輸送手段を対象とした全国貨物純流動調査（物流センサス）や貨物地域流動調査，航空に限定した航空貨物動態調査や，内航船舶に限定した内航船舶輸送統計がある。

〔1〕　わが国のおもな物流調査

物流センサスは，貨物（物資）の起点から終点までの流動（純流動）を把握するための調査である。流動の途中での積み替えも把握される。出荷荷主側から貨物の動きを捉えた統計調査としては，わが国で全国一斉に行われているただ一つの調査であり，1970年から5年ごとに実施されてきた。その最大の特徴は，純流動データであること，および，貨物流動が複数の輸送手段を経由する場合でも，起終点間の詳細な経路，例えば，鉄道貨物駅，港湾，空港や高速道路の利用の有無が把握できることである。

貨物地域流動調査は，鉄道，自動車，海運の各輸送手段別に，調査年次における地域間の輸送状況を明らかにするものであり，1963年以降，毎年公表されている。日本貨物鉄道（JR貨物）の地域流動データ，自動車輸送統計月報，港湾統計の各種統計を利用した総流動データである。

航空貨物動態調査は，国内航空貨物の全国における流動実態について，貨物の内容や流動パターンなどを明らかにして，純流動を把握するものである。1978年以降，毎年実施されている。秋期1日の調査であるため，年間の流動実態のすべてが反映されてはいないが，国内航空貨物の純流動が経年的かつ全国的に捉えられている。内航海運を利用した貨物輸送については，内航船舶輸送統計があり，純流動を把握するために，1963年から実施されている。

つぎに，わが国の都市内の物流調査について整理したものが，**表16.8**である。**全国道路・街路交通情勢調査**（**道路交通センサス**）と，東京，京阪神（近畿），中京の各都市圏における**都市圏物資流動調査**が，わが国のおもな都市内物流調査である。

道路交通センサスは，1928年以降，全国的な規模で実施されている調査であり，道路の状況，断面交通量，および，旅行速度の調査を行う一般交通量調査と，自動車の運行状況などを調査する自動車起終点調査の2種類の調査から構成される。一般交通量調査では，高速道路から都道府県道までの全路線，および，指定市の市道の一部を対象に，各調査区間の延長，幅員，車線数，半日あるいは1日の方向別通過交通量，最も混雑している時間帯の旅行速度などが計測される。

自動車起終点調査（自動車OD調査）は，自動車交通の出発地，目的地，移動目的，1日の移動状況などを調べる調査である。貨物車については，車両の1日の動きに加えて，貨物の積載状況（品目や重量）が調査される。道路交通センサスは，道路交通全体を調査対象としているので，都市内交通およびロジスティクスや物流に限定した調査ではないが，自動車起終点調査において貨物車のトリップの起終点が把握されることから，わが国の物流調査の一つに数えられる。

都市圏物流調査は，都市圏において，どのような物が，どれだけ，どこからどこへ移動しているかという，物の動きから見た交通実態を把握することを目的として始められた調査である。図16.2に示したように，都市内では貨物車の短距離の集配送が卓越しており，交通混雑や環境負荷などの原因となっている。大都市圏では，特にその傾向が強いことから，必要な対策を講じるために，都市圏の貨物交通や物資の流動を把握する必要性が生じたのである。いずれの都市圏においても，貨物交通に関する調査項目は，おおむね物流センサスに類似する。16.1.2項で述べた土地利用に関する問題，および，多数の物流拠点が築30年以上を経過して，建替時期を迎えたことから，近年の都市圏物流調査では，物流拠点の立地の現状や将来動向も主要な調査項目となっている。東京都市圏では1972年から，京阪神都市圏では1975年から，中京都市圏では1980年から，約10年周期で調査が実施されている。

〔2〕　総流動と純流動

貨物交通や物資流動の需要推定モデルを開発するに際して，上述のようななんらかの調査データが利用されることが多い。調査が**総流動**を対象としているか，**純流動**を対象としているかは，モデル化に大きな影響を及ぼす。

図16.5は，総流動と純流動の相違，および，対応する物流調査を示したものである。図16.5に見られるように，例えば，「工場→鉄道駅→鉄道駅→倉庫」

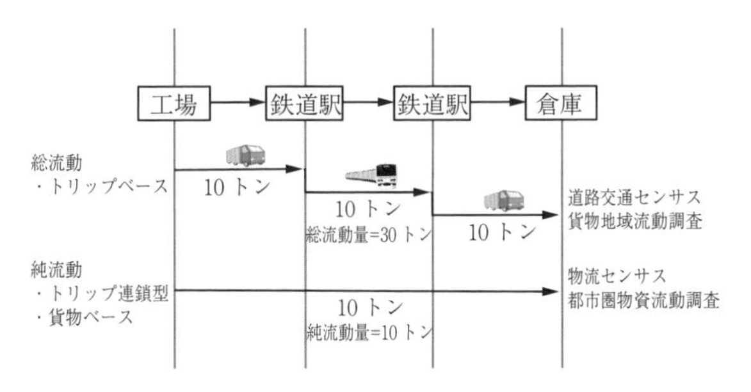

図16.5　総流動と純流動の相違，および各種調査の特性

表 16.8 わが国のおもな物流調査（都市内）

	自動車起終点調査（全国道路・街路交通情勢調査（道路交通センサス））	東京都市圏物資流動調査	京阪神都市圏（近畿圏）物資流動調査	中京都市圏物資流動調査
最新調査年度	2015年	2013年	2015年	2007年
調査間隔	5年周期	10年周期	10年周期	10年周期
対象地域	全国	東京都市圏	京阪神都市圏（近畿圏）	中京都市圏
調査対象	貨物車の運行（1日）	貨物流動（1日）	貨物流動（1日）	貨物流動（1日）
対象とする流動	総流動	純流動	純流動	純流動
抽出および調査内容	• 観測地点を通過する貨物車（路側OD調査），高速道路を利用した1トリップの移動（高速OD調査），および，各都道府県のトラック協会を通じた物流事業所（オーナーインタビューOD調査）に調査 ➢ 調査項目 出発地（出発拠点），出発時刻，目的地（目的拠点），到着時刻，駐車場所，移動目的，移動距離，車種，乗車人員，品目，積載重量など	• 事業所統計から無作為に抽出された事業所に調査 • 事業所機能調査 ➢ 調査項目 立地理由，品目，搬出入地，在庫情報，搬出入する貨物車台数と積載重量，時間指定の有無，指定時間帯の割合，平均積載率など • 企業意向調査 ➢ 調査項目 事業所の現況，必要な機能，防災に関する取組みなど • 貨物車走行実態調査 ➢ 調査項目 発着地，走行経路，交通量など • 地区物流調査 ➢ 調査項目 調査対象地区内の貨物車の走行経路，駐車場所，横持ちなど	• 事業所統計から無作為に抽出された事業所，および，京阪神都市圏（近畿圏）に事業所を有する売上高上位企業に調査 • 実態アンケート調査 ➢ 調査項目 事業所の概要，発着する平均貨物量，発着する平均貨物車台数 • 意向アンケート調査 ➢ 調査項目 現在の事業所（物流拠点）の立地評価，高速道路の利用状況と利用意向，立地移転のニーズ，道路整備ニーズなど • 企業アンケート調査 ➢ 調査項目 物流システムの現況と今後の見通し，物流拠点の立地意向，物流施策へのニーズなど	• 事業所統計から無作為に抽出された事業所に調査 • 物流の実態に関する調査 ➢ 調査項目 事業所の規模，立地条件，取扱貨物の特性など • 事業所の意向に関する調査 ➢ 調査項目 立地上の問題点，物流拠点の立地意向，物流施策へのニーズなど • 貨物車ルート調査 ➢ 調査項目 走行経路，待機場所，走行上の問題点など • 荷さばき実態調査 ➢ 調査項目 荷さばき状況，荷さばき施設の設置状況，物流施策へのニーズなど
調査形式	• 訪問調査もしくは郵送調査，オンラインも可能	• 訪問調査，郵送調査，オンラインも可能	• 訪問調査，郵送調査，オンラインも可能	• 訪問調査，郵送調査，オンラインも可能
調査精度サンプル数	• オーナーインタビューOD調査では，営業用車類（ハイヤー，タクシー，貸切バス，小型貨物車，普通貨物車，特殊車）約15.3万台（2010年調査時） ➢ 約1.3万台から回収	• 約14万事業所（2013年調査時） ➢ 約4.4万事業所から回収	• 約5.8万事業所，約2.7千社の企業（2005年調査時） ➢ 約1.1万事業所，および，約6百社から回収	• 物流の実態に関する調査が約1.3万事業所，事業所の意向に関する調査が約1.5万事業所，貨物車ルート調査が122事業所，荷さばき実態調査が約3.9千件（2007年調査時） ➢ 物流の実態に関する調査が約3千事業所から，事業所の意向に関する調査が約3千事業所から，貨物車ルート調査が863ルート，荷さばき実態調査が約1.6千件，それぞれ回収

という3トリップを要する貨物の流動があり，それぞれのトリップに貨物車もしくは鉄道が使われるものとする。このとき，道路交通センサスや貨物地域流動調査では，それぞれのトリップを調査するので，トリップを貨物量に変換したときに，発生・集中貨物量が各トリップ10トンの総計30トンとなり，流動する貨物の総量，すなわち，総流動が30トンと推計されてしまう。一方，物流センサスや都市圏物資流動調査では，貨物の起終点を調査するので，同じ3トリップでも，発生・集中貨物量自体は10トンであり，「純」流動を見ているがゆえに，そこで流動する貨物の総量は10トンと推計できる。

このような調査特性に従えば，道路交通センサスや貨物地域流動調査のデータは，トリップベースのモデルに使用されることになり，物流センサスや都市圏物資流動調査のデータは，貨物ベースのモデルに利用できる。物流センサスは，純流動上で使用される輸送手段のつながり（図16.5の「貨物車→鉄道→貨物車」）も調査するので，トリップ連鎖型のモデルにも利用可能である。純流動データを基にした貨物ベースのモデルには，16.3.1項で述べたようなトリップ推定の柔軟性が高くなるという利点もある。

16.4 今 後 の 展 開

16.4.1 モデリングの方向性

歴史を遡ると，20世紀初頭のマーケティング思想の創成期に，Shaw[16]が，物的流通の重要性を最初に述べたとされる。その後，Clark[17]が物的流通を，マーケティングの一機能として明確に位置づけた。1963年には，アメリカで，全米物流管理協議会（The National Council of Physical Distribution Management）が設立されている。16.1.1項で述べたように，兵站に影響を受けて，1950年代に，物流の概念がロジスティクスへと発展し，サプライチェーンの各所で行われている物流に，戦略的視点が加えられた。Ballou[18]は，ロジスティクスの新しさは，関連する活動の結合的マネジメントの概念にあるとしている。こうした流れの中，1985年には，全米物流管理協議会が，ロジスティクス管理協議会（The Council of Logistics Management）に名称を変更した。1982年には，Oliver and Webber[19]が，製造から消費に至る商品流動の効率化をサプライチェーンマネジメントと定義した。サプライチェーンマネジメントはその後，企業，組織，機能のネットワーク化に焦点が当てられ，機動的なサプライチェーン（agile supply chain）やリーンサプライチェーン（lean supply chain）などの概念が登場し，全体最適化の強調を経て，企業の重要な長期的戦略の一つ[20]とされるまでになる。ロジスティクス管理協議会は，2005年から，サプライチェーンマネジメント専門家協会（The Council of Supply Chain Management Professionals）へと変わっている。

歴史が意味するところは，物流がロジスティクスへ，ロジスティクスがサプライチェーンマネジメントへと，拡張・発展してきたことである。歴史に即して考えれば，土木計画学や交通工学のモデル化研究においても，サプライチェーンの各所で行われる物流を俯瞰したモデル，すなわち，**ロジスティクスネットワークベース**（logistics-network-based）のモデルへと拡張・発展されるべきである。さらには，サプライチェーン全般を見渡した，**サプライチェーンネットワークベース**（supply chain-network-based）のモデルへと進化することが望ましい。ロジスティクスネットワークベースやサプライチェーンネットワークベースのモデル化の必要性の提唱[21]や取組み事例[14),21]が，近年見られつつある。

ロジスティクスネットワークベースやサプライチェーンネットワークベースの研究においては，**流通経路**（distribution channel）の考慮が肝要である。流通経路とは，ロジスティクスネットワークベースでは，「工場→倉庫→店舗→住宅」のような物流拠点を含む施設の経路であり，「輸送→荷役→保管→荷役→輸送」のような機能の経路である。また，サプライチェーンネットワークベースでは，「製造業者→卸売業者→小売業者→消費市場」のような取引主体の経路である。

流通経路を考慮すれば，モデル化の対象空間が，必然的に広範になる。したがって，国際，地域間（都市間），都市内（端末）の各空間領域のモデルの統合，ないしは，広範な空間領域を対象としたモデル化にも着手されるべきである。ロジスティクスやサプライチェーンは，流通経路が業種，業態や品目によって異なる可能性が高いので，業種，業態や品目を考慮したモデルや，アウトソーシングなどの新たな業態を考慮したモデルの登場も望まれる。

ロジスティクス指向のモデル化について追記すれば，輸送の単機能に着目したモデルから，表16.1に示した輸送以外の複数機能との関係性を考慮したモデルへの発展も必要である。サプライチェーンが機動的に，かつ，リーン（無駄を排して徹底的に効率化を図る）になるに従って，保管機能，すなわち，在庫管理の重要性が増大している。それゆえ，貨物交通や物資流動の需要推定や，物流拠点の立地推定において，在庫メカニズムや在庫費用を組み込むことが期待されるとともに，在庫メカニズムや在庫費用の精緻な推定が必要となる。例えば，近年，物流拠点の集約化と大型化が進展しているが，この一要因には，在庫費用の削減効果があるとみなされている。在庫費用を組み込むことは，物流に要する費用が，より一般化されることにつながる。物流費用の一般化に向けては，貨物の時間価値の推定も課題となる。また，輸送と保管のような複数機能を考慮する場合には，機能間で時間の長さが整合しないことが考えられるので，時間軸を明示的に考慮したモデル，いわゆる動的モデル（dynamic model）の構築も有用となるだろう。

16.4.2 調査の方向性

16.3.1項で述べたように，土木計画学や交通工学で行われてきたロジスティクスや物流の研究では，旅客交通や旅客流動の研究で蓄積されてきた手法が援用されることが多い。このことは，ロジスティクスや物流の研究において，手法が不足しているわけではないことを意味する。また，16.4.1項に示したロジスティクス指向やサプライチェーン指向のように，物流に固有な手法へとモデルが変わりつつある。むしろ不足気味なのは，モデル化を支えるデータであり，それを獲得するための調査である。データが施策の効果分析に供されることを期待するのであれば，そして，効果分析にはなんらかのモデルが使用されるのであれば，データによってモデルが規定されるので，どのような調査を行ってどのようなデータをとるかが重要になる。

サプライチェーンネットワーク上の各主体の生産，流通，消費，それに付随して行われる取引の派生需要として，貨物交通や物資流動が発生する。したがって，サプライチェーンネットワーク上での各主体の意思決定メカニズムを明らかにせずして，貨物交通や物資流動の発生メカニズムを的確に把握することは難しい。このことは，今後の調査設計において，大切な視点である。仮に，調達，生産，消費といったサプライチェーン上での活動を捨象して，物流活動のみに焦点が当てられるにしても，全体俯瞰での意思決定が包含されたり，輸送以外の物流機能が明示される，ロジスティクス指向の調査設計がなされるべきである。

図16.5から明らかなように，道路交通センサスや貨物地域流動調査のデータよりも，物流センサスのデータの方が，純流動である点，および，流通経路が示されている点で，よりロジスティクス指向であるといえる。物流センサスは，経年的な純流動を捉えた，優れたデータである。しかし，サプライチェーンネットワーク全般を捉える調査ではなく，得られるデータは，サプライチェーンネットワーク上の一部を抜き出したものになる。そのような限定性に留意して使用するとしても，物流センサスのデータには，つぎのような課題が，まだ残されている。その一つは，国際輸送や端末輸送が必ずしも含まれていないので，真の起終点ではないデータが含まれることである。つぎに，貨物交通の経路選択には物流業者の意思決定も関係するが，物流業者の意思決定解明につながるデータは収集されていないことである。また，物流センサスのデータを用いてモデル化を行う場合，意思決定者が事業所になるが，必ずしも事業所ごとに物流の意思決定が行われているわけではない。さらに，事業所が意思決定を行っていると仮定しても，取り扱う物資全体ではなく，個々の物資の流動ごとに事業所が意思決定しているかという疑問が残る。

情報通信技術の向上により，ビッグデータの時代を迎えている。図16.4に示したように，都市内の貨物交通の行動解明には，ツアーやツアー連鎖を捉えたデータ収集が必要となるが，都市圏物資流動調査でこのようなデータが捕捉されているわけではない。また，当然ながら，配送計画問題の援用で，解明できるものでもない（16.2.3項参照）。そのため，例えばプローブカーを利用して，ツアーやツアー連鎖に関するビッグデータを収集する事例が見られる。このようなビッグデータは，貨物車交通の時空間上の軌跡を詳細に記録する点で有益であるが，行動理由や行動メカニズムに関しては，何も情報を与えないので，そのための調査を別途行わなければならない。この例のように，一般的にビッグデータは，広範で大量の記録を基にした現象把握には有効であるが，現象の背後にある要因把握には向いていない。要因を把握して，意思決定メカニズムが解明できなければ，例えば，ビッグデータを用いて「生鮮品を輸送する貨物車が高速道路を利用する可能性が高い」ことがわかっても，「新規の高速道路路線の開設によって，その路線をどのくらいの貨物車が走行するか？」について，定量的な答えが出るわけではない。交通計画においては，定量的な答えを必要とされることが多いので，ビッグデータと付随して，メカニズム解明の調査が行われる必要がある。貨物交通に関するビッグデータは，現在のところは，現象把握に有用であり，パターン認識で済む程度のものについては予測可能であるが，現象の説明力に乏しいために，因果関係の構成や意思決定メカニズムの把握には向いていないといえる。

因果関係の構成や意思決定メカニズムの把握に向けては，ロジスティクス指向やサプライチェーンネットワーク指向の調査が有用である。先述のように，モデル化の流れが「トリップベース→貨物ベース→ロジスティクスベース→サプライチェーンベース」であることに即せば，データ収集の流れも「貨物交通データ→貨物データ→ロジスティクス指向のデータ→サプライチェーン指向のデータ」となるべきであろう。Tavasszy, et al.[21] は，ロジスティクスやサプライチェーン指向の荷主調査（shipper surveys）が，モデル開発の進展をもたらし，先進的な施策の導入を可能にするとし，フランスやスウェーデンではそのような気風が見られると述べている。

一方で，彼らは，そのような調査の実施が難しいことも指摘している[21]。調査内容が，対象企業にとって秘匿性の高いことが，その主要因である。そのようなデータを民間企業から引き出すためには，5年おきや10年おきの調査時だけの付合いでは難しい。また，民間企業であるがゆえに，データ開示へのインセンティブも必要となろう。高速道路会社や貨物鉄道会社が荷主企業に対して，交通ネットワークを有効活用したビジネス提案を行うことによって，継続的な付合いとインセンティブの創発が可能になるかもしれない。物流調査の設計は，ロジスティクスや物流において，公的機関と民間企業がいかにして連携するか，すなわち，**官民連携**（public private partnerships, **PPP**）の在り方を再考することにつながる。

因果関係の構成や意思決定メカニズムの把握のための調査は，表16.7や表16.8に示した調査の本調査に付随して，追加調査のような形式で，協力的な企業に限定して実施するのも一案である。しかし，近年の公的機関の調査費は削減傾向にあり，これまでの調査内容を踏襲するだけで予算が一杯になるのが現状である。これまでと同じ項目を計測することは，調査内容の継続性確保につながり，経年的変化を明らかにするためにも外せない。このような状況を打破するには，「どのような調査が必要で，それがどのようなモデル化をもたらし，それによりどのような施策効果分析が可能となるのか」を明示していく必要がある。このようなデータ収集の重要性については，物流施策大綱においても，いっそう取り上げられるべきであろう。

従来型の輸送機能に注視したデータを取り続けるにおいても，課題が残されている。生産システムの国際化や物流業者のグローバルロジスティクス化に代表されるように，商品の移動が国際的で広範になってきている。それゆえ，国際⇔地域間・都市間⇔都市内⇔端末（ラストマイル）を連携させた，空間的に連続なデータの収集が必要である。国際的で広範なデータをとるには，国家間の連携はもちろんのこと，国内の省庁連携や，公的機関と民間企業の官民連携も必要になる。

16.4.3　計画の方向性

地域，都市，地区の土地利用計画や交通計画において，ロジスティクスや物流に関して不足していることは，つぎの三つの事項である。① 計画の段階で物流を明示的に考慮すること，すなわち，地域，都市，端末の物流計画をあらかじめ策定しておくこと（「事前の計画」），② 問題が生じたときに，対策を決定して講じるための枠組みをあらかじめ設けておくこと（「対応のための枠組み」），③ 対策が有効に作用することの道筋を明確にする（「作用の道筋」）ことである。

〔1〕 事 前 の 計 画

都市や地区の将来像をスケッチするときに，貨物交通や物流拠点は描画されないことが，事前の計画不足をよく表している。実際，例えば地下街を整備する場合，旅客用のエレベーターは設置されても，貨物用のエレベーターは設置されなかったり，来客用の駐車場は設けられても，貨物車用の駐停車施設は整備されなかったりする。その結果，違法な駐停車や荷さばき場所を探すうろつき車両が発生したり，駐停車後の横持ち・縦持ちの導線が旅客の導線と錯綜したりする。それゆえ，計画段階で，旅客の導線と同じ重要度で，貨物の導線も検討されるべきである。貨物の導線についていえば，都市部における貨物車と乗用車の混在，港湾や空港へのアクセス道路の不足，重さ指定道路や高さ指定道路の不連続，大型貨物車の右左折不可能な交差点なども，計画時点での検討不足が一因であると考えられる。

物流拠点に関しても同様の課題がある。例えば，環状の高速道路が郊外に整備されると，その近傍の物流拠点の立地需要が高まるが，そのエリアは，市街化調整区域である場合が多く，自治体による物流施設立地に関わるガイドラインが不可欠である。このことは，物流拠点の立地誘導には，事前の計画性が肝要であることを示唆している。また，準工業地区が典型的であるように，物流拠点と住宅の混在地区が存在するが，混在を避けるような土地利用計画の策定が必要である。

事前の物流計画には，速度も求められる。16.1.2項で述べたように，既存の物流問題が解決しないままに，ネットショッピングや**BtoC-EC**（**B2C-EC**, business to consumer-electronic commerce）のような新形態の登場や，少子高齢化に伴う人材不足など，新たな課題への対応が迫られている。物流計画には，迅速性が欠かせないのである。

物流計画をあらかじめ策定しておくことは，災害時についても喫緊の課題である。救援物資のロジスティクスの重要性が，東日本大震災においても再確認された。県や市町村における救援物資の集積場所については，集積場所の確保，集積場所を起終点とする輸配送計画，集積場所での在庫管理や搬出入量管理の大切さが浮き彫りになった。また，発災から3日間の混乱期，発災3日目から1箇月の間の救援期，1箇月以降の復興期のそれぞれで，救援物資輸配送の在り方が異なることも確認されている。

東日本大震災では，貨物車の燃油不足に起因して，鉄道や内航海運を含んだマルチモーダル輸送の重要性も瞭然となった。このことは，マルチモーダル輸送ネットワークが，国土強靱化に寄与することも含意している。しかし，マルチモーダル輸送ネットワークは災害時に突如として機能するものではなく，平常時から有効利用していなければ，緊急時に有効には機能しない。したがって，事前に平常時から，マルチモードが機能するように，地域間の貨物輸送ネットワーク計画を立てておかねばならない。

〔2〕 対応のための枠組み

都市や地区において問題が生じて，それに対してなんらかの対策を講じる場合，ロジスティクスや物流には，多数の利害関係者が存在することを念頭に置く必要がある。発生した問題に対して選定された対策には，利害関係者間のコンフリクトが含まれることが多い。それを調整するためには，継続的な協議の枠組み（**プラットフォーム**）（platform）を設けることが重要になる。イギリスの地区計画における**FQP**（freight quality partnership(s)）が，その好例である。FQPは，物流業者，行政，荷主，住民，環境団体，他関連団体による協議会である。地区が目指すまちの将来像の実現に向け，これら関係者が協議の場，すなわち，プラットフォームを設けて協働し，地域住民の意見を踏まえた上で，関係者が自主的に取り組むことを目的とする。その基本方針は，すべての利害関係者間で問題点を共有すること，各利害関係者が解決策を提示すること，他地区の解決事例（ベストプラクティス）を参照することである。

FQPはもともと，1996年に，イギリスの貨物輸送協会によって，アバディーン，バーミンガム，チェスター，サウサンプトンで先行的に始められた。1999年にイギリスの交通省が，報告書「Sustainable Distribution」において，FQPの実施を推奨した。報告書には，「物流には，経済効率と環境改善の両立」が必要であり，そのためには，「サプライチェーン指向のアプローチ」が有用であることが示されている。その報告書に基づき，2000年に英国の各地方は，地方交通計画において，貨物交通対策を含めることになるとともに，中央政府の指針として，FQPの設立が明記された。ロンドン交通局では，「London Freight Plan」と並んで，「London's FQPs」が設置されている。ロンドンにおける混雑税の導入も，FQPと関係している。現在，ロンドンでは，中央，東部，西部，南部，北部の5地域のFQPがあり，大型貨物車の走行経路案内や，視認性に優れた標識の設置などが行われている。

EUから資金提供されている都市内物流プログラム（BEST Urban Freight Solutions, BESTUFS）や交通プログラム（CIty-VITAlity-Sustainability, CIVITAS）においても，このようなプラットフォームを通じた利害関係者の協働の重要性が指摘されている。CIVITASでは，欧州諸都市での試みを通じて，物流に関する諸問題は，一朝一夕には解決しないので，プラットフォームを継続的に設けることが肝要と述べられている。このことは，施策の即時性や即効性を求め過ぎずに，地に足の着いた手順で対策を検討・実施することが必要であることを示唆している。利害関係者を置き去りにした対策は，実現性と実効性に乏しくなる。一方で，利害関係者のプラットフォームを作っただけでは，議論が発散するだけに終わり，総論賛成各論反対の状態に陥ることもあり得る。このような状態を回避するためには，利害関係者への心理的方略について検討することも，今後の課題となろう。

〔3〕 作用の裏付け

表16.4や表16.5が示すように，地域間や都市内のそれぞれの空間領域において，多様な物流施策が提案・検討されてきた。しかし，いずれの施策についても，それが有効に作用するという道筋が見えなければ，実現には至らず，単なる提案のみに終わりかねない。実際，わが国では，地域間ではモーダルシフトが，都市内や端末では共同集配送が，それぞれ鍵となる物流施策であるとされてきた。しかし，モーダルシフトは思うように進まず，共同集配送も実現事例が少ない。施策の効果の大きさは明白であるが，「どうすればそれらが実現するのか」という道筋が見えてこないからである。どうすれば，物流業者が輸送手段を貨物車から鉄道や船舶に転換するか，どうすれば物流業者が自社の集配貨物を他社に預けるのか，その道筋がはっきりしないのである。この点については，情報通信技術を用いた物流施策も同様の課題を抱えている。どうすれば情報通信システムを荷主や物流業者が導入するのかを検討しなければ，情報通信技術が有する大いなる可能性が，現実のものとならない。有効な対策

であれば，義務化するのも一案であるが，それとて，業界，住民，国民に義務化が受容される道筋を見いださなければならない。

道筋を見いだすためには，問題の本質を把握することも大切である。例えば，複数の小型貨物車が1台の大型貨物車に転換されれば，貨物車台数の削減につながるが，その実現に向けての根幹は，道路の高規格化にあったりする。わが国の道路は耐荷重が小さいので，走行可能な貨物車の総重量の最大値が小さくならざるを得ない。それゆえ，小型貨物車から大型貨物車に積み替える利点が小さくなり，積み替えのための物流拠点整備も進まない。貨物車台数の削減を図る上では，港湾，空港，貨物鉄道駅，トラックターミナル，大規模生産拠点など，貨物の発着量が大きな地点を結ぶ道路の高規格化，すなわち，耐荷重が大きく大型貨物車が走行可能な道路とすることが鍵を握るのである。

対策が有効に作用するかを見極めるために，あらかじめ社会実験を行うことも有効である。しかし，例えば，共同荷さばき駐車場の社会実験時に利用料金を無料にすることは，実際に共用する場合に有料であるのなら，意味を持たないであろう。無料と有料では利用者の反応が異なるので，その施策が将来的に有効に作用するか否かが，実験を通じて見えてこないからである。また，対策の即時性と即効性を示したいがゆえに，対策の将来的な作用の道筋よりも，実験の成功が重視されることもある。実験のための実験にならずに，対策の将来的な実現と有効作用こそが第一義とされなければならない。そのためには，失敗する社会実験があってもよい。失敗が成功の「基」になればよいからである。　　　　　（山田忠史，兵藤哲朗）

引用・参考文献

1）苦瀬博仁：ロジスティクス概論－基礎から学ぶシステムと経営－，白桃書房（2014）
2）Taniguchi, E., Thompson, R.G., Yamada, T., and van Duin, R.：City Logistics －Network Modelling and Intelligent Transport Systems, Elsevier（2001）
3）苦瀬博仁監修：物流からみた道路交通計画，大成出版社（2014）
4）兵藤哲朗：東京都市圏物資流動調査で見る物流拠点立地，交通工学，Vol.49, No.2, pp.33～38（2014）
5）田中康仁，小谷通泰，原田亜紀子：近畿圏におけるトラック事業所の空間分布特性の分析と立地モデルの作成，土木計画学研究・論文集，Vol.20, pp.673～679（2003）
6）国土交通省 Web ページ：貨物の輸送機関別輸送量・分担率の推移 http://www.mlit.go.jp/statistics/details/etsudo_list.html（2015年12月現在）
7）国土交通省 Web ページ：距離帯別輸送機関分担率の推移 http://www.mlit.go.jp/k-toukei/17/17x0excel.html（2015年12月現在）
8）土木学会　日本土木史編集特別委員会：第3部第7章「交通計画・交通工学」，7.7「物流・ロジスティクス」，土木学会（印刷中）
9）久保幹雄：サプライチェーン最適化ハンドブック，朝倉書店（2007）
10）Toth, P. and Vigo, D.：The Vehicle Routing Problem, Society for Industrial and Applied Mathematics（2001）
11）Drezner, Z. and Hamacher, H.W.：Facility Location : Applications and Theory, Springer（2002）
12）Tiexin, C., Jingbo, Y., and Tao, G：Inventory modeling in supply chain management: A review, Proceedings of 4th International Conference on Wireless Communications, Networking and Mobile Computing, Dalian, China, pp.1～4（2008）
13）Syntetos, A.A., Boylan, J.E., and Disney, S.M.：Forecasting for inventory planning: A 50-year review, Journal of the Operational Research Society, 60, pp.149～160（2009）
14）Chow, J.Y.J, Yang, C.H., and Regan, A.C.：State-of-the art of freight forecast modeling: Lessons learned and the road ahead, Transportation, 37, pp.1011～1030（2010）
15）Comi, A., Site, P.D., Filippi, F., and Nuzzolo, A.：Urban freight transport demand modelling: A State of the Art, European Transport, 51, pp.1～17（2012）
16）Shaw, A. W.：Some problems in market distribution, The Quarterly Journal of Economics（August）, pp.703～765（1912）
17）Clark, F. E.：Principles of Marketing, Macmillan, NY（1922）
18）Ballou, R. H.：Basic Business Logistics, Prentice-Hall, NJ（1978）
19）Oliver, R.K. and Webber, M.D.：Supply Chain Management－Logistics Catches Up with Strategy－, In M. Christopher Ed., Logistics: The Strategic Issues, Chapman & Hall, London（1982）
20）Mentzer, J., de Witt, W., Keebler, J., Min, S., Nix, N., and Smith, C.：Defining supply chain management, Journal of Business Logistics, Vol.22, No.2, pp.1～25（2001）
21）Tavasszy, L.A., Ruijgrok, K., and Davydenko, I.：Incorporating logistics in freight transport demand models: State-of-the-art and research opportunities, Transport Reviews, Vol. 32, No.2, pp.203～219（2012）

17. 公共資産管理・アセットマネジメント

17.1 公共資産管理

高度成長期以降に整備した社会資本が今後急速に老朽化することを踏まえて，これまでに蓄積してきた**インフラストラクチャー**（infrastructure）（以下，インフラと呼ぶ）の資産をどのように維持・活用していくかという観点がますます重要になる。国土交通省の推計によると，今後の投資総額の伸びが2010年度以降対前年度比±0%で，維持管理・更新に従来どおりの費用の支出を継続すると仮定すると，2037年度には維持管理・更新費が投資総額を上回ると報告されている[1)]。そういった状況の中，国土交通省では省を挙げて老朽化対策に取り組むため，2013年を「社会資本メンテナンス元年」と位置付け，国土交通大臣を議長とする「社会資本の老朽化対策会議」を設置し，老朽化対策の全体像を今後3箇年にわたる「社会資本の維持管理・更新に関し当面講ずべき措置」としてとりまとめ，総合的・横断的な取組みを推進している[2)]。また，土木学会においても，社会インフラ維持管理・更新の重点課題特別委員会を立ち上げて，高齢化した社会インフラの維持管理・更新の課題に組織的かつ体系的に取り組み，その成果をとりまとめている[3)]。

このようにインフラをはじめとした公共資産を適切に管理していく方法論の開発は非常に重要な課題であり，これまでに多くの研究・実践が行われてきた。それらの取組みは，個別施設の劣化を分析するミクロレベルのものと，所有する資産全体を以下に管理するかというマクロレベルのものとに分類される。橋梁，トンネル，空港といった個別の施設の劣化をどのように食い止め，長寿命化を図るのかといったミクロレベルの取組みが重要であることはいうに及ばない。その一方で，個別インフラ資産の劣化を把握した上で，インフラ資産の持つ機能を最も効果的に発揮させるために，国や地方公共団体のすべてのインフラ資産を管理する方法論の開発が求められている。すなわち，ライフサイクル費用の低減を達成し得る望ましいインフラの維持補修戦略や，インフラのサービス水準を維持するために必要となる維持補修予算を求めるためのマクロレベルの戦略が必要となる。インフラの管理者が直面する意思決定問題を，「維持補修の必要性」に関する議論から，「優先順位の決定」に関する問題に置き換えられることができ，このことがマクロレベルにおける**アセットマネジメント**（asset management）システムを導入することの利点である。

図17.1にインフラを対象としたアセットマネジメントシステムの概要を示している。アセットマネジメントは，インフラの劣化過程とそれに応じた維持管理業務を長期的にモニタリングし，評価することによってその効果が計測される。そのため，アセットマネジメントの**PDCAサイクル**（PDCA cycle）に従って，順次その効果を検証し改善するための方法を取り入れたマネジメントシステムの開発と運用が必要となる。そのために，インフラ資産管理を適切に実施するためには，日常点検や補修の記録などを格納するデータマネジメントシステムと，日常的な舗装の維持管理業務のパフォーマンスを計測し改善するための評価ツールとしてのロジックモデルとから構成される統合システムが必要となる[4)]。

以降では，この統合的アセットマネジメントシステムの各構成要素を説明する。すなわち，インフラ資産の管理水準の設定の基本的な考え方とロジックモデルの活用（17.2節参照），インフラ資産管理の方法論であるインフラ会計（17.3節参照），資産管理を行う上で必要となるデータ入手の方法論（17.4節参照），個別のインフラ施設の劣化予測の方法論（17.5節参照），についてそれぞれ紹介する。

17.2 ロジックモデルとサービス水準

17.2.1 サービス水準の設定

インフラの管理を行っている多くの組織では人員削減の傾向にある一方で，構造物の老朽化，苦情の増加，現場での業務量の増加等といった事態が生じており，これまで以上に効率的な執行体制の構築により，限られた予算や職員といった制約下で所定のサービス水準を保つことが重要な課題となっている。この課題を克服する上で必要なことは，住民などステークホルダーが求めているサービス水準を具体的に把握することであり，このことはアセットマネジメントの成果を事業レベルで評価する手法が必要であることを示している。

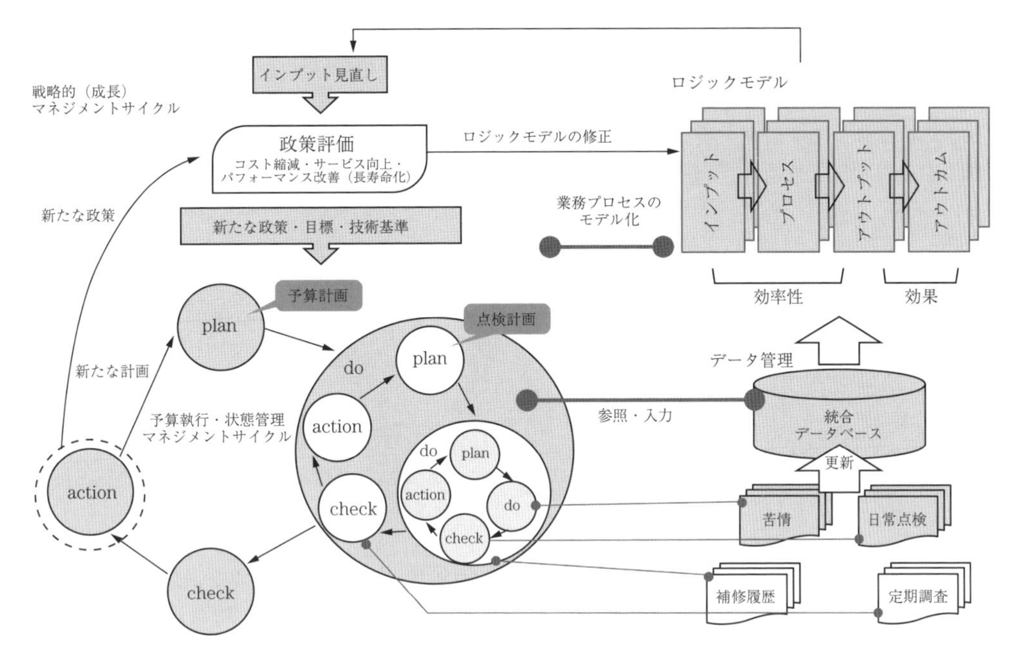

図 17.1　アセットマネジメントシステムの概要

多くのインフラ管理主体において，インフラ資産の修繕需要を推計する試みがなされている。しかし，インフラ資産の合理的な修繕ルールが考慮されていないものが多く，インフラ修繕の予算水準がインフラ全体の**ライフサイクル費用**（lifecycle cost）に及ぼす影響を考慮できないという限界を有している。また，仮に修繕のための財源が不足した場合，インフラ資産のサービス水準が将来どの程度低下するのかを明確にできないという問題点がある。

インフラ資産のサービス水準を長期的に持続するためには，将来時点に必要となる修繕投資のための予算に関する会計情報を適切に管理することが必要である。修繕予算の短期的な変動を許しても，長期的には安定的な修繕投資財源を確保し得る管理会計システムを確立することが必要である。インフラ資産のサービス水準を維持するための修繕が十分に実施されたかを評価するとともに，サービス水準を維持するために必要な財源を自律的に調達するための会計情報を提供することが重要となる。具体的なインフラ資産を対象とした会計情報作成については，17.2.3 項において説明する。

インフラの管理水準が設定されると，つぎにその管理水準をいかに効率的に達成できるかを考える必要がある。そのための有力なツールが次項で示す**ロジックモデル**（logic model）である。

17.2.2　ロジックモデル

図 17.1 に示したアセットマネジメントにおける PDCA サイクルは，マネジメント実践の中で課題や問題点を発見し，それを解決するためにアセットマネジメント技術の改善を図るとともに，必要であればアセットマネジメントシステム自体を再編成することを目的とする。多様な主体がさまざまな役割を持つ組織において，この PDCA サイクルを効果的に機能させるためには，組織内に分散化されたアセットマネジメント技術の集約化が必要であり，そのための有力なツールとしてロジックモデルがある。

新行政マネジメント（new public management, **NPM**）理論によれば，すべての施策・事業には，必ずその活動によってどのような成果が生み出されるのかという論理・道筋の仮説が存在する。ロジックモデルは，最終的な成果を設定し，それを実現するために具体的にどのような中間的な成果を必要とし，またそのような成果を得るためにはどのようなデータ収集を行う必要があるのかを体系的に明示するためのツールである。ロジックモデルは NPM 理論を支援する基本的ルールとして定着しており，行財政改革の実践の中で適用されてきた実績を持っている[5]。

ロジックモデルの形式的な特徴としては，1）実際の日常業務から最終的な成果に至るまでの過程を 1 本もしくは複数の線によってつなげること，2）成果の段階を複数段階に分けて提示すること，が挙げられる。成果の段階とは，具体的な活動から最終的な成果に至るまでの中間段階にどのようなことが起こり得るかの検討事項に該当する。それらの特徴をもって，ブラックボックスになりがちな施策・事業の成果導出過程を明示化することがロジックモデル構築の目的となる。つまり，ロジックモデルを作成することの最大の利点は，業務プログラムの立案者，実施者，管理者，評価者，住民，利害関係者等のさまざまな主体が，本格的な政策論争を行い，導き出した共通認識を具現化できるところにあるといえる。

ロジックモデルの基本構成は，図17.1の右上に示されている。ロジックモデルは，組織が実施するアセットマネジメントの目標，手段体系を表している。PDCAサイクルにおけるパフォーマンス評価において，問題点や課題が発見されれば，ロジックモデルに含まれている目標や手段の内容を修正していく。このようなロジックモデルの修正を通じてPDCAサイクルが機能する。

その一方で，多種多様な主体がインフラの管理に携わっている組織においては，異なる観点からロジックモデルを活用することができる。すなわち，多様な主体がインフラの管理に関わる組織において，まとまりに欠ける部分的最適化を通じて実施されてきた維持補修を，組織全体としてのアセットマネジメントに改善するための思考フレームの道具となり得る。具体的には，組織内のさまざまな場所に分散保有されているインフラ資産の故障や劣化状態，アセットマネジメントの実績に関わるデータをその種類や内容に着目して，ロジックモデルに従って分類・整理することができる。こういった作業を通じて，組織におけるアセットマネジメントの成熟度や組織内のアンバランスの実態を把握し，継続的改善につなげていくことができる。

17.3 インフラ会計

17.3.1 インフラ会計の意義

インフラ会計（infrastructure accounting）はマクロレベルのアセットマネジメントを実施する上で重要な機能の一つである。アセットマネジメントのための予算計画を策定し，インフラの維持補修のためのアクションプログラムを機能させようとすれば，そのガバナンスを確保するためにインフラ会計が必ず必要となる[6)]。

アセットマネジメントの基本的な階層構造は，図17.1の左下の図のように整理できる。図中の小さいサイクルほど，短い期間で回転するサイクルに対応している。最も内側のサイクルでは，各年度の修繕予算の下で，補修箇所に優先順位を付け，修繕事業を実施する。中位の補修サイクルでは，新たに得られた点検結果等に基づいて，例えば将来5箇年程度の中期的な予算計画や戦略的な補修計画を立案することが重要となる。最も外側のサイクルでは，長期的な視点からインフラのサービス水準やそのための予算水準を決定する。

アセットマネジメントでは，予算過程の中で修繕予算額が決定されるため，つねに計画どおりの予算額を確保できる保証はない。しかし，ある年度における修繕実績は将来年度における修繕需要に影響を及ぼす。インフラのサービス水準を持続的に維持するためには，インフラの資産価額を評価するとともに，将来に繰り越された修繕需要を評価する管理会計情報が必要となる。

インフラ資産管理の会計情報を整備することは，インフラ管理者にとっての**アカウンタビリティ**（accountability）を示す上でも重要となる。管理する資産をいかに維持し，その能力を発揮させるかという組織目的の実現状況の把握のため，資産の保有・稼働状況を体系的に把握・表記するための基本ツールとしての役割を果たすことができる。具体的には，年度の予算・決算情報から把握できる金銭的情報と，整備・運襟・管理に関する事業統計における物理量との整合性をとったり，管理主体によるインフラへの支出が新規整備なのか，維持・更新作業なのか，大規模更新なのかといった仕分けを行ったりすることができるようになる。対象となるインフラ資産に対して一定のサービス水準を維持することを目的とした上で，適切な維持管理業務や将来の更新投資の必要性などを，利用者に対して説得力を持つ形で説明するためには，工学的見地と併せて財務・会計情報の集積と開示が重要である。

17.3.2 インフラ会計システムの構成

アセットマネジメントを推進する上で構築するインフラ会計システムは 1）対象となるインフラ資産価額と会計年度における資産（もしくは負債）の変化を記録する管理会計システムと，2）会計年度における執行予算に基づいて試算の修繕戦略を決定する管理システムにより構成される。管理会計システムは a）インフラの劣化状態を記録する台帳システムと，b）インフラの資産価額とその変化を記述する管理会計で構成される。一方，管理システムは，a）インフラの劣化過程を推定する劣化予測システム，b）劣化水準の予測値に基づいて修繕の優先順位を決定する修繕箇所選定システム，c）修繕予算を決定し，各会計年度において修繕予算を検討するための基礎情報を提供する修

17

繕戦略システムにより構成される。

台帳システムは対象インフラの管理台帳をデータベース化したものである。台帳システムには各インフラに関する技術的状況，過去の修繕実績，過去の点検実績，点検時に観測された劣化水準が記録される。さらに，実地点検による劣化水準の新しい観測値，修繕工事の実績情報が得られるたびに，台帳システムに記載されている情報が逐次更新される。

管理会計は，会計年度におけるインフラの資産価額，修繕需要の評価結果とその経年的履歴を記述するものである。管理会計には当該会計年度における管理するインフラ全体のサービス水準と資産状況が記載されるとともに，個別インフラの会計情報が全体にわたって集計化され，管理会計情報が作成される。インフラ機能劣化は不確実なプロセスであり，将来時点の劣化水準を確定的に予測することは不可能である。したがって，実地点検による観測値が得られれば，新しい評価値に基づいて各インフラの資産管理情報が見直される。

一方，管理システムは管理会計情報に基づいて，年度内に修繕が必要となるインフラをリストアップするとともに修繕区間の優先順位を設定するシステムである。当該年度の予算制約が与えられれば，当該年度に実施される修繕対象箇所が選定される。修繕結果に基づいて管理会計が更新される。

17.3.3 インフラ資産評価

本来，インフラ会計は地方自治体の管理会計システムを構成するサブシステムとして位置付けられるべきものである。インフラ会計は対象とするインフラの効率的なアセットマネジメントに資することを目的とするものではあるが，単に各会計年度における予算の効率的配分のための情報を提供するのではなく，過去のインフラ整備の結果として実現した当該会計年度のインフラの資産価額を評価し，将来の修繕計画を合理的に作成するための管理会計情報を管理する。したがって，インフラ会計ではインフラ資産の時価評価を通じて当該インフラの修繕需要を的確に把握することを目的とした発生主義による会計処理が必要となる。

インフラ会計を構築するためには，インフラの資産価額を適切に評価する方法論が必要であるが，その開発についてはいまだ発展途上である。海外に目を向けると欧米を中心に，**国際財務報告基準**（International Financial Reporting Standards，**IFSR**）と連携した資産評価の**国際評価基準**（International Valuation Standards，**IVS**）の作成が進められている。そこでは，公正価値に基づく会計アプローチに基づき，資産評価の方法として，1）費用法，2）マーケット法，3）インカム法，の三つが提案されている[7)]。今後わが国においても，適切なインフラストラクチャーの資産評価の方法論が開発されることが求められる。

インフラ会計は，管理者がインフラのサービス水準を一定水準以上に保つための予算管理を目的とするものであり，ライフサイクルに対応した費用の発生を的確に認識・評価をすることが課題となる。インフラのライフサイクルに応じて多様な費用が発生するが，ここではすでに供用されたインフラの運営者の立場から，インフラ資産のもたらすサービス機能を所与の水準に保つために必要となる修繕費に着目する。

一般に，企業会計における固定資産の貸借対照表計上額はその資産の取得に要した原始取得価額（取得原価）により決定される。貸借対照表では次年度繰越額が算定され，取得原価（または年初貸借対照表価額）との差額が費用として計上される。しかし，一つの資産に対して一つの評価額のみが決定されるわけではない。資産評価の方法は，1）資産の取得に要する支出額を基礎として決定するのか，あるいは，保有資産の売却によって得られる収入額を基礎として決定するのか，2）過去の価額を基礎とするのか，現在の価額を基礎とするのか，あるいは，将来の（予想される）価額を基礎として決定するのかに応じて**表 17.1** に示す四つの概念に分類できる。インフラの修繕予算の管理を目的とする管理会計システムは，インフラ管理主体の修繕投資能力を適切に評価することを目的としているため，再調達価額を用いることが望ましい。

表 17.1 資産評価の方法

	過去の価額	現在の価額	将来の価額
支出額	取得原価	再調達価額	−
収入額	−	正味実現可能価額	割引現在価値

インフラのアセットマネジメントを実施するためには，インフラのサービス水準を工学的に検査し，併せて各会計年度において「現実に支出された維持補修支出額」と「工学的に設定したサービス水準を維持するために必要となる修繕費」に基づいて，インフラのサービス水準が適切に維持されているかどうかを貸借対照表上に明記できるような管理会計を構築することが求められる。

管理会計方式としては，1）更新会計，2）減価償却会計，3）繰延維持補修会計という三つがある。このうち，繰延維持補修会計では資産利用に関わる費用が，当該資産を維持するために費やされるべき見積り額によって決定される。それ以外の会計方式では工学検討を踏まえた修繕計画に関わる情報が会計諸表の中に記載されないという欠点がある。したがって，インフラ資産の管理会計としては繰延維持補修会計方式を採用することが望ましい。

図 17.2 には，フローとストックのバランスを表現するために，会計諸表における貸借対照表と損益計算書を統合した残高試算表のイメージを示している。残高試算表は会計年度の期末で決算のために作成される。なお，同図ではインフラ会計と関連する部分のみ記述しており，それ以外の会計情報を省略している。

借方	貸方
資産の部 固定資産　S 繰延維持補修引当金　ΔD	負債の部 繰延不足維持補修引当金　B
	資本の部
費用の部 繰延維持補修引当金繰入額　A 不足維持補修引当金繰入額　E	収益の部

図 17.2　残高試算表

繰延維持補修会計では，長期的な資産管理計画に基づいて維持補修費総額を算出するとともに，その費用総額を各年度に割り振る。工学的検討を通じて適切な修繕時期と修繕費を算出することにより，各年度における維持補修引当金繰入額 A を費用の部に繰り入れる。当該期に実際に支出された維持補修支出額費 C が維持補修引当金繰入額を超過している（$C-A>0$ が成立する）場合，前期の負債の部の繰延維持補修引当金 D を $C-A$ だけ取り崩す。

なお，あるインフラの修繕に関する繰延維持補修引当金を $\overline{D}$ とすれば，今期の期末の繰延維持補修引当金は $D=\overline{D}-C+A$ と計上される。逆に補修を繰り延べたことにより，当該区間の舗装が劣化し，再調達価額を算定する際に想定した最適工法より，大規模修繕が必要になった場合を考えよう。このとき，大規模修繕のために必要となる修繕費と最適工法による修繕費の差額を追加維持補修費として定義する。さらに，当該年度に発生した追加維持補修費相当額を不足維持補修引当金繰入額 E として費用の部に繰り入れる。その上で，当該年度に，大規模修繕のために追加維持補修支出額 F が支出されれば $E-F$ を繰延不足維持補修引当金 B に繰り入れる。すなわち，前年度期末の繰延不足維持補修引当金を $\overline{B}$ とすれば，今期末の繰延不足維持補修引当金は $B=\overline{B}+E-F$ となる。

インフラの資産価額は取得原価，あるいは再調達価額で評価される。繰延維持補修会計では，インフラの劣化による資産価額の減少分が繰延維持補修引当金，および繰延不足維持補修引当金として管理会計上に現れ，各会計年度におけるインフラの資産水準を評価することが可能となる。　（松島格也）

17.4 データ収集

17.4.1 アセットマネジメントの俯瞰的進展状況

社会基盤施設ごとに，アセットマネジメントの進展状況の概要を俯瞰的に考察してみる。**図 17.3** は京都大学・大津宏康教授が 2004 年に提示した図を著者が現時点の状況を踏まえて修正したものである[8)]。陸上競技のトラックを模擬した周回上に舗装，下水道，橋梁，上水道，地盤構造物が位置付けられている。舗装分野が先頭を走っており，その後に下水道分野，橋梁分野と続く。地盤構造物分野はスタート地点を出て間もない。著者が書き加えたものは下水道と上水道であって，舗装，橋梁，地盤構造物の相対的な位置関係は 2004 年と変化していないのが特徴である。すなわち，舗装分野がアセットマネジメントにおいてつねにフロントランナーである。この背景について述べることを通して，アセットマネジメントを実践するために必要なデータとその収集方法の本質について説明する。

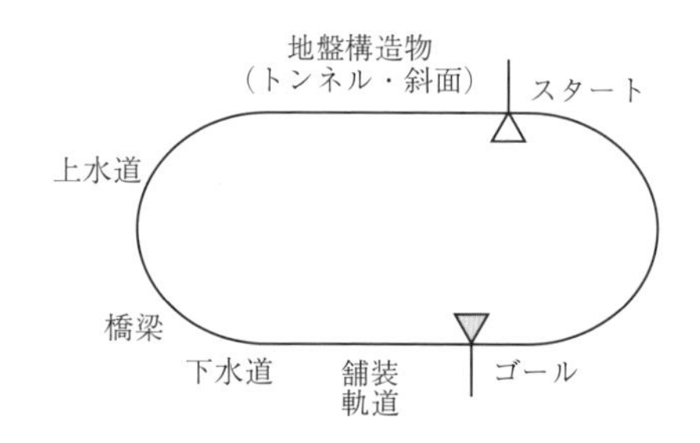

図 17.3　社会基盤施設の俯瞰的進展状況（文献 8）の図を一部修正）

現在のアセットマネジメントは 17.5 節で詳述するように，実際の点検・調査データを活用した劣化予測技術を核とする方法論で構成されている。舗装分野は，そのような点検・調査データに基づくアセットマネジメントという観点においては，理想的なモニタリングシステムが実用化されている。これがアセットマネジメント分野において舗装をフロントランナーとして位置付けている最大の要因である。具体的には，舗装路面の損傷指標となるひび割れ，わだち掘れ，平坦性（IRI）という 3 指標を計測する路面性状調査車の開発が大きい。一般的に社会基盤施設の点検や調査にモニタリングシステムを導入する目的は，ヒト（技術者）では計測することが難しいなんらかの物理量を計測するためであることが少なくない。しかし，路面性状調査車はヒトでも直接計測することが可能なひび割れ率，わだち掘れ量，IRIを計測しているに過ぎない。ただし，その計測を通常走行状態（高速道路では80 km/h）で，かつ空間的かつ連続的に実施している。このような効率的なモニタリングに加え，同時にデータ収集も効率的に行っている。つまり，多数のモニタリングシステムを分散的に配置するのではなく，1台の路面性状調査車が移動しながらデータも回収していく仕組みが構築されている。例えば1億円の予算があるときに，100万円のモニタリングシステムを100箇所に配置するのではなく，1億円のモニタリングシステム1台を開発し，それが移動しながら社会基盤施設の状態をモニタリングして同時にデータを収集するという発想である。社会基盤施設の寿命と比較して，モニタリングシステムは短命である。社会基盤施設の管理のために導入したモニタリングシステムの管理の方に手間がかかるという類の話はよく耳にする。その点，路面性状調査車の場合には，調査車に不具合が生じたとしても，その1台を修理すればよい。また，センサー等の性能が格段に向上し，現行のセンサーが陳腐化したとしても，その調査車1台のセンサーを交換すれば機能向上を図ることができる。実際に舗装分野では，このようにして収集された路面性状調査データが他の社会基盤施設と比較して桁違いに多い。通常のアセットマネジメントでは多くとも数千から数万の点検データが集まる程度であるが，舗装の場合には百万データを超えることもある。このような豊富な点検データが舗装のアセットマネジメントの実用化を大きく進める原動力となっていることは疑う余地がない。また，図17.3では舗装と同じ位置に軌道を位置付けた。軌道管理においても，軌道検測車が路面性状調査車よりも以前に実用化され，軌道狂いや高低差が計測されている。したがって，データ収集の効率性とデータ量という観点において本来であれば，軌道が舗装よりも先に，あるいは舗装と同程度に位置付けられてもよいはずなのだが，現状では獲得したデータの分析が十分になされていないように見受けられる。また，近年ではトンネル覆工コンクリートのひび割れ計測が路面性状調査車と同一のコンセプトで自動化されている。数年後に改めて同じ図を描くときには舗装と同じトップ集団に加わっている可能性もある。

つぎに，舗装分野と橋梁分野の相違について述べる。上述のとおり，舗装分野は路面性状調査車の開発により，すべての道路区間を（状態が良い道路区間も悪い道路区間も）対象にデータを収集して蓄積している。一方で，橋梁分野では目視点検を通して，損傷・劣化が進展している部材についてはその状態を記録しているが，全部材に対する点検結果が残されているわけではない。これは橋梁の目視点検が舗装の路面性状調査のようにシステム化できてないことが要因である。もちろん，橋梁は舗装と異なり，多数の部材が複雑に組み合わさった構造物であり，それらを総合的に評価しなければならない。また，アクセス自体が困難な部材も数多い。したがって，さまざまな制約がある中で，橋梁の目視点検は損傷・劣化を検出することを第一義的な目的にせざるを得ない。しかし，この目的だけでは，目視点検を実施すればするほど，損傷・劣化が検出され，補修や更新のための費用が増加していくだけである。すなわち，点検を実施することに何のインセンティブも働かない。一般的なメンテナンスとマネジメントの相違はこの点にある。目視点検の第一目的を踏まえつつも，点検はマネジメントの原動力となる情報を収集する行為であると位置付け，可能な限りすべての部材（損傷・劣化がある部材はもちろんのこと，健全な部材も）に対する点検を実施し，データを収集・蓄積する必要がある。十分な点検データが蓄積され，それにより劣化予測とライフサイクル費用分析が精緻化されれば，その結果として導き出される最適補修計画を実施することにより，場合によっては数億円単位の予算削減効果（点検を実施することによる支出を上回る予算削減効果）が期待できることになる。点検を損傷・劣化を検出するだけの手段と位置付けるか，マネジメントのための情報収集手段でもあると位置付けるか，でアセットマネジメントの進展状況は大きく異なる。

上下水道のアセットマネジメントはISO 55000シリーズが施行されたことに加え，社会基盤施設および関連技術の海外輸出を見据えた際にしばしば第一候補として挙がることから，研究や実用化が急速に進展している。また，独立採算方式を採用している企業体もあり，現状のインフラマネジメントでは検討が十分になされていない会計学的な観点（管理会計，インフラ会計など）を包括したようなマネジメントにまで踏み込んでいる事例[9)]も存在する。また，下水道は上水道に比べて，管径が大きいことから管路の点検データが蓄積されている。これらを総合的に勘案すると，下水道分野はすでに橋梁分野よりもアセットマネジメントが進展していると考えられる。一方で上水道の管路は供用を停止しての点検が難しいこともあり，下水道分野に遅れをとっている。上水道に限らず，社会基盤施設によっては観測したい箇所が見えない，あるいはアクセスできない事例が少なくない。そのような場合には，着目した損傷に対する直接的なデータでなくとも，それらと関連性の高いと考えられるデータを収集することも一案である。

17.4.2　データとマネジメント要素技術

〔1〕　データ指向型劣化予測モデル

アセットマネジメントの研究開発では最先端を走る舗装分野であっても，そのマネジメントシステムが実務においても稼働しているとはいい難い。その理由は，**劣化予測モデル**（deterioration forecasting model）を動かすために要求されるインプットデータが実務では獲得できないデータであることが多いからである。劣化予測に必要なインプットデータと実務で獲得できる情報が整合的でない。いくら精度が高い予測モデルであったとしても，この点が解決できなければ，実務での使用は困難である。マルコフ劣化ハザードモデル[10)]に代表される統計的劣化予測手法はデータ指向型劣化予測モデルであることを強く意識している。路面性状調査で獲得できるひび割れ，わだち掘れ，平坦性に対して，それぞれの管理目標値を設定し，管理目標値までを5段階，あるいは6段階程度に分割し，離散的な健全度情報に変換して，劣化予測を実施する。予測に必要な情報は路面性状調査データと劣化に影響を及ぼすと考えられる要因データ（ほとんどが台帳に保存されているデータ）だけであるから，通常の路面性状調査業務を行うだけで劣化予測が可能となる。統計分析であるから，調査データが蓄積すればするほど，劣化予測の精度は高まる。調査・点検でどのようなデータを獲得することができて，それを出発点として予測モデルを開発するという姿勢が必要である。ちなみに，多段階の健全度で評価されるような点検データにはマルコフ劣化ハザードモデル，2値で評価されるような点検データにはワイブル劣化ハザードモデル[11)]，特定エリアに存在する損傷・劣化の個数に対してはポアソン発生モデル[12)]というように，収集されるデータタイプに応じた劣化予測手法が求められる。

〔2〕　オブジェクト指向型意思決定モデル

構造物管理者によって**意思決定**（decision making）の目的（最終的なアウトプット）は多様に異なる。例えば，舗装マネジメントの初期の目的はライフサイクル費用最小化を達成するような維持補修計画を立案することであるが，そこから派生する形で，ひび割れ率何％を管理目標値とするか，路面性状調査の周期を何年にするか等，現場レベルの意思決定を支援するようなアウトプットが求められることもある。一方で，舗装の維持補修に関する中長期的な計画，大規模老朽化対策の立案など，本社レベルの意思決定に必要なアウトプットが求められることもある。このように舗装マネジメントにおいては，意思決定プロセスが階層的な構造となっていることに留意しなければならない。ただし，これらを網羅的にシステムに組み込んでおくことは不可能である。また，ボトムアップ方式で，今後必要となる予算計画を作成する際の武器としてマネジメントシステムを使用するのか，あるいはトップダウン方式で予算が決められた際の防衛手段として使用するのか，によっても計算過程が同じであっても，アウトプットの見せ方が異なる。このような多様なアウトプットを意識した意思決定モデルを構築する必要があり，管理者個々の実情に応じて，マネジメントシステムに組み入れる必要がある。したがって，オブジェクト指向型意思決定モデルには，カスタマイズ戦略が重要である。データ指向型劣化予測モデルでは，実務で収集できるデータがどのようなものであるかを把握した上でモデル開発を実施する必要があるが，データが決まれば，劣化予測モデルは普遍的（再現的）に適用可能である。しかし，意思決定モデルにおいては専門性が問われる。構造物管理者は，マネジメントシステムに期待するアウトプットを明確に提示できるようにしなければならない。

〔3〕　マネジメント指向型データベース

現状の**データベース**（data base）は，実務の作業ごとに別々に構築され，データが蓄積されている。例えば，道路台帳データベース，点検・調査データベース，補修データベースなどである。マルコフ劣化ハザードモデルを用いるか，用いないかは別にせよ，アセットマネジメントを行うためには，これらのデータベースから横断的に情報を取得する必要がある。例えば，ある特定キロポストの道路区間の過去2回の路面性状調査データを調べたときに，ひび割れ率が改善していたとする。その際には，オーバーレイ等が実施されていた可能性が高いので，補修履歴を確認する必要がある。このときに補修履歴が整備されていないと，補修によるひび割れ率の回復であるのか，測定誤差による見掛け上の回復であるのかの判断がつかない。また，補修が実施された場合であっても，補修工法が明記されていなければ，表層のみの打ち換えなのか，全層打ち換えなのかの判断がつかない（これによりライフサイクル費用算出の精度が低下する）。さらに，補修前後の調査データの有無が予測精度を高める上で不可欠なことは，マネジメントを行った技術者であれば誰でも理解しているが，残念ながら補修の直前と直後に路面性状調査が実施されることはまれである。マネジメントの観点からどのような情報を収集し残すべきかを検討して，マネジメントの観点から望ましいデータベースの構成を考えなければならない。

17.4.3 点検ビッグデータとアセットマネジメント

データの量と質という観点からアセットマネジメントについて今後の技術開発の方向性も含めて整理する。**図 17.4** は，データの量と質の観点から意思決定の領域を 4 分類した概念図である。縦軸にとったデータの質に関しては，構造物管理者による最終的な意思決定を支援する情報の質を表す。データの質は，構造物に対する点検技術を高度化させ，収集データそのものの質を高めることで実現可能であり，また従来どおりの**点検データ**（inspection data）であっても分析技術を高度化させることで高めることも可能である。同図において，当初はデータの質が低く，データ量も少ない不完全スモールデータ領域において意思決定を余儀なくされる。ビッグデータ以前の確率論や統計学は不完全スモールデータを対象として，そこから有益な情報（質の高い情報）を抽出することを目的に研究開発がなされてきた。このとき，不完全スモールデータ領域からの技術開発は二つの方向性がある。一つは完全スモールデータ領域，もう一つは不完全ビッグデータ領域を目指す方向性である。ビッグデータの概念が浸透する以前は，往々にしてスモールデータ領域でデータの質を上げる，すなわち完全スモールデータ領域を目指す技術開発が実施されてきた。土木工学に限らず，「意思決定に用いる情報は量こそ少ないが，精度が高くて因果関係がはっきりしている[13]」という方向性を指向する際には，新しいデータを取得する必要が生じ，ソフトウェア技術よりもハードウェア技術の開発が優先される。実際に，社会基盤施設のアセットマネジメント分野では非破壊検査技術やモニタリング関連のセンサー技術が急速に進展してきた。これらは詳細点検技術という形で実用化され，損傷が著しい構造物に対する補修の要否，補修工法の選択という意思決定に有用な情報を提供している。しかし，詳細点検は費用や時間面での制約が大きく，適用は限定される。特定の社会基盤施設に対する具体的な補修・補強を検討する**メンテナンス**（maintenance，**維持管理工学**）の発展には寄与してきたが，すべての社会基盤施設を対象に意思決定を行うアセットマネジメントに適用することは困難である。一方，不完全ビッグデータ領域に関しても，1）既存のセンサー類の汎用化と低価格化が進んだこと，2）センサーネットワーク技術が進展したこと，が当該領域への移行を後押しした。いずれにせよ，領域間を移行するためには革新的なハードウェア技術の開発が不可欠である。

ビッグデータが対象とする不完全ビッグデータ領域は，データの量が増加しているのであって，情報の質が高度化しているのではない点に留意が必要である。不完全スモールデータ領域では，情報量と統計分析手法の高度化はトレードオフの関係にあることは事実である。ビッグデータ領域ではスモールデータ領域で蓄積した知見や研究成果を踏まえて，統計分析手法を高度化させることにより，同じデータであっても，より高度な情報（実務に有益な情報）を抽出することが可能となる。したがって，ビッグデータ領域においても，スモールデータ領域で開発された統計分析手法が不要となるわけではない。不完全データを扱う限り，統計分析手法の高度化を進展させ，質の高い情報（実務においてより有益な情報）を抽出することが重要となる。実際に，複雑な確率モデルによる劣化事象のモデリング技術が進展している。もちろん，これらの定式化は従来でも十分可能であった。しかし，実際の点検データを用いた推計を可能としたのは，ビッグデータ概念の普及と，ベイズ推定を中心とする近代統計学の発展である。

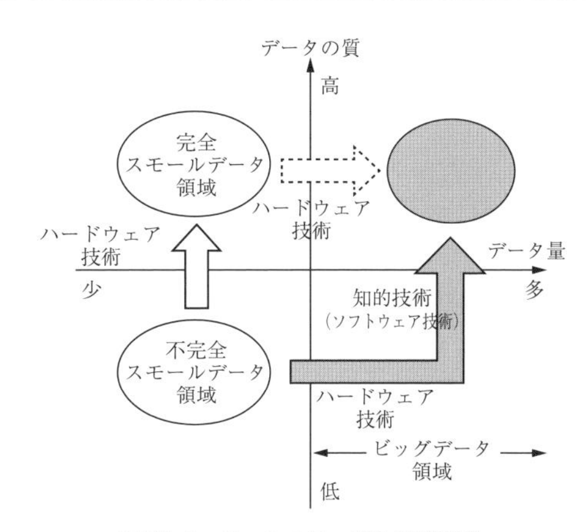

図 17.4 データの量・質と技術開発

ビッグデータに関する一般的な概念に基づけば，目視点検による社会基盤施設の点検データは，データ量という意味において必ずしもビッグデータの範疇に属さないかもしれない。しかしながら，17.4.1 項で述べたように，舗装では路面性状調査車による点検・調査が実用化されている。両分野に共通している点は，新規データの取得ではなく，既存データの効率的な取得のための点検技術を開発したことである。さらに点在する構造物ごとにセンサーを設置し，モニタリングシステムを構築すると，個々のシステムの費用や管理の負担が大きくなってしまうだけでなく，データ回収のためのネットワークの規模も大きくなる。路面性状調査車および軌道検測車は点検システムを移動させ，点検とデータ回収を同時に実施している。このようなモニタリング技術を導入することにより，点検データ量が今後爆発的に増加していくことが予想される。アセットマネジメントにおける意思決定では，高品質な情報を取得するためのハードウェア技術は必要なく，現在蓄積されている膨大な点検データ（ビッグデータ）を分析するためのソフトウェア技術（知的技術）が必要なのである。

17.4.4　収集データの実務的活用

従来のアセットマネジメントにおいては，社会基盤施設の永続的な使用を前提に**ライフサイクル費用**（life cycle cost）最小化を目指した最適補修施策が検討されてきた。一方で，高速道路などでは，社会基盤施設の大規模補修・更新が検討され始めている。今後国道や県道，さらにはさまざまな社会基盤施設に関しても，大規模補修や更新が検討されることになろう。社会基盤施設の老朽化対策は管理対象となるすべての構造物を対象に計画を立案しなければならない。ひどく損傷した一部の社会基盤施設を公開するだけでは説明責任を果たしたことにはならない。少なくとも，現時点におけるすべての社会基盤施設の健全性を評価して，劣化を予測し，その結果に基づき，さらには予算制約や優先順位を勘案した上でライフサイクル費用が最小となるような補修・更新計画を立案していくことが重要である。このようなアセットマネジメントを通して，補修・更新計画の妥当性を広く訴えかけることが説明責任を果たす第一歩となる。したがって，社会基盤施設のアセットマネジメントを実践していく上で，その原動力となるのは点検によって得られるビッグデータであると考える。とりわけ高速道路では社会基盤施設に対する膨大な点検データが蓄積されつつある。一つひとつの点検データは単独ではそれほど有用な情報をもたらさない。しかし，点検ビッグデータという過去の財産を丁寧に分析することによって，将来に対する知見（補修・更新計画）を獲得することができる。また，点検ビッグデータから知見獲得に至るまでの意思決定プロセスを視覚化することが客観的かつ透明性のある説明責任を果たすことに直結する。社会基盤施設によっては点検自体が困難なものもあるために，どうしても新しい点検技術の開発に目が向きがちである。もちろん，それはそれで必要ではあるが，来年，再来年に実用化し得るものではない。むしろ，現時点においては，いま存在する点検データに基づくアセットマネジメントの方法論を開発することが重要である。

17.5　劣化予測

17.5.1　統計的劣化予測とマネジメント曲線

劣化予測手法には大別すると，力学的手法と統計的手法がある。力学的手法は，模型実験などを通して，劣化・損傷のメカニズムを解明した上で理論的検討，あるいは経験則に基づいて予測式を導出する手法である。一方，統計的手法は膨大な量の目視点検データの背後に存在する統計的規則性を記述する手法である。したがって，力学的手法は特定の社会基盤施設や部材を対象とするミクロな視点での劣化予測には有利であり，統計的手法はその反対に社会基盤施設全体を対象とするマクロな劣化予測に有利である。力学的手法と統計的手法のいずれをアセットマネジメントの劣化予測手法として採用するかは，当然ながらその最終目的に大きく依存する。しかしながら，力学的手法は対象とする劣化・損傷ごとに必要となる情報や予測式が異なること，必要となる情報の取得が通常の点検業務に組み入れられていないことから実践上不利であることは否めない。これとは対照的に，統計的手法は，すべての社会基盤施設に目視点検が義務付けられていること，目視点検結果が離散的な健全度として評価されているならば，対象となる社会基盤施設や劣化・損傷が変化しても劣化予測手法（例えば，マルコフ連鎖モデル）が不変であることから実務との整合性は高い。

目視点検データ（visual inspection data）に基づく統計的手法に関しては，1点だけ事前に留意しておくべき事項がある。それは，後述するように，劣化予測曲線の縦軸が目視点検結果（健全度）となることである。目視点検は点検者の経験的，主観的判断により，社会基盤施設の表面状態から社会基盤施設の健全度を評価するものである。したがって，力学的手法のように，耐荷力や耐久性などの物理的性能を把握できるわけではない。力学的手法のアウトプットをパフォーマンス曲線と呼ぶとしても，統計的手法のアウトプットは決してパフォーマンスを表現しているわけではない。ここで大事な点は，目視点検は社会基盤施設の物理的性能を表現していないが，目視点検結果と補修工法・タイミングが連動していることが多く，補修工法やタイミングを決定するための情報を直接提供していることである（そもそも目視点検の健全度は補修時期を見定めるために設定されている）。したがって，アセットマネジメントにおける劣化予測の目的がライフサイクル費用評価における投資タイミングの決定にあるならば，目視点検結果を評価軸に劣化予測を行う統計的手法の方が実務とは整合的である。パフォーマンス曲線と比較して述べるならば，統計的手法のアウトプットは，「マネジメントの対象となる劣化過程に関する平均値的情報」を与えるマネジメント曲線とでもいうべき性質を備えている。

17.5.2 マルコフ劣化ハザードモデルの変遷

〔1〕 劣化予測モデルの変遷

統計的劣化予測においては，劣化の進展を離散的な健全度で評価した点検データ（多段階の健全度データ）が多く用いられる。このような統計的劣化予測手法の中でも，複数の指数ハザードモデルの多重化によってマルコフ推移確率を表現した多段階指数ハザードモデル（以下，**マルコフ劣化ハザードモデル**（Markov deterioration hazard model））[10] の開発を契機として，非集計的なマルコフ推移確率の推定法が確立され，健全度評価に基づいた劣化予測の精度が大幅に向上した。統計的手法による劣化予測結果を用いて，ライフサイクル費用評価や点検・補修・更新戦略の策定の合理化[14] が可能になった。**図 17.5** に，マルコフ劣化ハザードモデルをベースとした統計的劣化予測モデルを整理している。2005 年のマルコフ劣化ハザードモデルの開発以降，同モデルに基づく先端的な統計的劣化予測モデルが開発されている。これらのモデル開発の変遷を，ここでは三つのフェーズ（「データ制約の解消」，「ミクロな単位での劣化評価」，「複合的劣化予測・複数種類の指標による多元評価」）に着目し整理する。なお，社会基盤施設に対する点検データは，上述した多段階の健全度データのほかに，健全度を 2 値

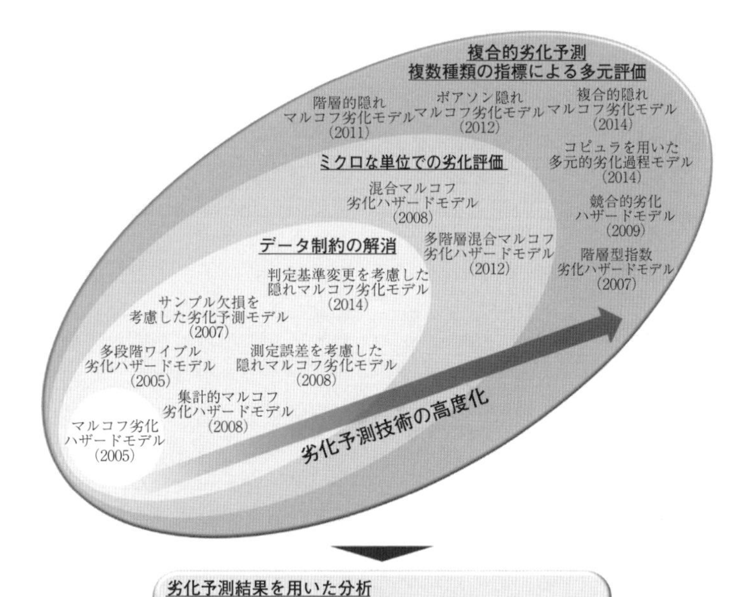

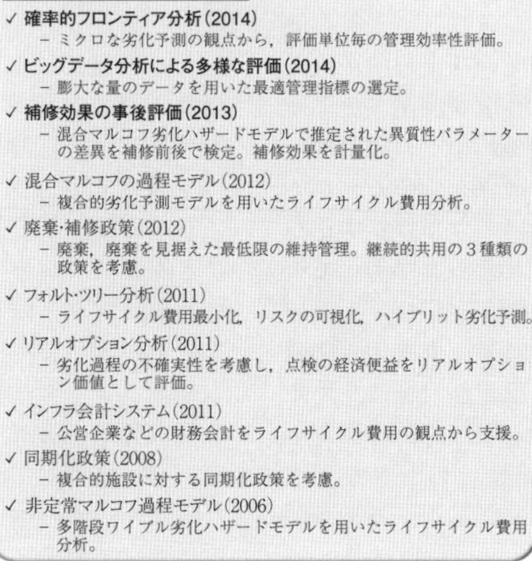

図 17.5 マルコフ劣化ハザードモデルの変遷

評価する場合や，損傷や不具合の発生個数を評価する場合があり，それぞれワイブル劣化ハザードモデル[11]やポワソン発生モデル[12]で表現される。

〔２〕　**データ制約の解消**

第１フェーズとして「データ制約の解消」を目的としたモデルの発展が挙げられる。これは点検の役割として，社会基盤施設の損傷・劣化の検出が重視され，アセットマネジメントを稼働するための情報収集手段という認識が希薄であることが要因である。以下，この観点からのモデル開発の事例を時系列的に提示する。小林ら[15]は，補修による点検データのサンプル欠損問題（補修を実施することによって，健全度が低下した社会基盤施設に関する点検データを獲得することができないという問題）に対して，マルコフ劣化ハザードモデルの尤度関数に補正係数を乗ずることにより，理論的な健全度分布と実測サンプル数の乖離を修正し，マルコフ劣化ハザードモデルを推定する方法論を開発している。堀ら[16]は，社会基盤施設の健全度が相対頻度としてのみ獲得されているような場合に，点検データサンプル内の点検間隔の不均一性を許容できるというマルコフ劣化ハザードモデルの利点を保持しつつ，マルコフ推移確率を推定するための集計的マルコフ劣化ハザードモデルを定式化している。青木ら[17]は，高速道路付帯施設のような比較的寿命の短い施設では劣化過程のマルコフ性が成立しない可能性を指摘し，複数のワイブル劣化ハザードモデルを用いて，劣化過程の時間依存性を考慮できる多段階ワイブル劣化ハザードモデルを定式化した。小林ら[18]は，獲得された健全度に測定誤差が介在する場合に，真の健全度と実際に観測された健全度間の誤差を確率モデルで表現し，真の健全度における劣化過程を表現するマルコフ劣化ハザードモデルを推定するための隠れマルコフ劣化モデルを提案している。さらに，水谷らは点検データの獲得期間内に，健全度の判定基準が改正され，異なる基準で判定された健全度が混在するようなデータベースに対して，改正前の基準での健全度と改正後の基準での健全度間の対応関係を確率モデルで表現し，最新の基準の健全度におけるマルコフ劣化ハザードモデルを推定するための隠れマルコフ劣化モデルも提案している[19]。これらの劣化予測モデルの推定手法に関しても，マルコフ劣化ハザードモデル開発当時の最尤推定法に加え，ベイズ推定法（特に，マルコフ連鎖モンテカルロ（MCMC）法[20]）による推定手法も開発されている[21]。ベイズ推定法のおもな利点として，１）経験的な情報を事前分布としてモデルの推定に利用することができる点，２）未知パラメーターを事後分布として推定できるため推定結果の信頼性評価が可能となる点が挙げられる。さらに，隠れマルコフ劣化モデルは，尤度関数が高次の非線形多項式となり，１階の最適化条件が非常に多くの解を有しているために，最尤推定法を用いて解くのは現実的ではない。このような問題を回避するために，尤度関数の完備化操作を内包したベイズ推定法が開発されており，ベイズ推定法の開発が統計的劣化予測モデルの発展を支えている。

〔３〕　**ミクロな単位での劣化評価**

マルコフ劣化ハザードモデルでは，劣化速度を規定するハザード率に劣化に影響を及ぼす要因（特性変数）を内包させることで条件の相違に応じた劣化予測を行うことが可能である。しかし，同モデルでは，管理対象となる社会基盤施設グループの平均的（マクロ）な劣化予測を行っているに過ぎない。一方，混合マルコフ劣化ハザードモデル[22]の開発により，個々の社会基盤施設間に潜在する劣化過程の異質性を考慮した，「ミクロな単位での劣化評価」が可能となった。ここでは，これを統計的劣化予測モデルの発展過程の第２フェーズと位置付ける。社会基盤施設の劣化過程は，たとえ同一の特性変数（交通量や構造条件など）を有する場合でも，定量的に観測できない要因，あるいは，そもそも不可観測である要因により，多様に異なる。これらの要因に起因した劣化過程の差異を第２フェーズ以降では異質性と呼ぶ。混合マルコフ劣化ハザードモデルでは，実際の維持管理体制に合わせた評価単位（例えば，路線単位，管理事務所単位，施設単位など）で異質性を評価するための異質性パラメーターが推定される。つまり，実際の評価単位ごとにマルコフ推移確率や期待寿命を推定することができる。これらの結果を用いて，重点監視部材の抽出や，各評価単位での点検・補修施策の最適化を行うことが可能となっている。なお，混合マルコフ劣化ハザードモデルの概要は17.5.5項を参照されたい。また，混合マルコフ劣化ハザードモデルの推定手法に関しても，モデル開発当時の段階的最尤推定法に加え，階層ベイズ推定法も開発されている[23]。階層ベイズ推定においては，異質性パラメーターの分布を特定化することなくモデルを推定することができる。さらに異質性パラメーターの事前分布の分散を規定するパラメーターをハイパーパラメーターとして設定してすべての未知パラメーターを同時推定することで，異質性の過分散問題を緩和することが可能となり，異質性パラメーターの推定精度を向上させることが可能となった。また，階層ベイズ推定を用いて，劣化予測モデル内のすべての未知パラメーターを同時推定することにより，膨大な未知パラメーターを含む劣化予測モデルの開発，推定も可能となった。例えば，異質性パラメーターを階層的に設定した多階層混合マルコフ劣化ハザードモデルが開発され，階層的な評価単位（例えば，路線単位と個々の施設単位の組合せ）における劣化過程の異質性を単一のモデルで同時に推定することも可能となった[24]。

〔4〕 複合的劣化予測・複数種類の指標による多元評価

上述の劣化予測モデルでは，すべて単一種類の劣化指標のみを対象として劣化予測を行うことを想定していた。しかし，社会基盤施設の劣化過程は，現実には多元的な指標を用いて評価されることも少なくない。ここでは，このように社会基盤施設の劣化過程を多元的に評価するためのモデルや，以下で説明する複合的な劣化過程を表現するためのモデルを，統計的劣化予測モデルの発展過程の第3フェーズ「複合的劣化予測・複数種類の指標による多元評価」と位置付ける。例えば，道路舗装に対しては，ひび割れ率，わだち掘れ量，ポットホール発生個数，**IRI**（international roughness index，**国際ラフネス指数**）などを，橋梁に対しては，ひび割れ，剥離・剥落数，遊離石灰，漏水などを用いて劣化が総合的に評価され，点検・補修の計画が立案される。さらには，単一種類の劣化指標がさらに細分化される場合もあり，例えば，道路舗装のひび割れは，縦ひび割れ，横ひび割れ，面ひび割れの3種類に大別される。貝戸ら[25]は，このような舗装ひび割れの劣化過程を詳述するために，各ひび割れの健全度推移を表現するマルコフ劣化ハザードモデルに，ひび割れの種類間の推移過程を表現する指数ハザードモデルを内包した階層型指数劣化ハザードモデルを開発している。林ら[26]は，最も劣化の進展したひび割れの種類とその健全度のみが各点検時点において観測されているような点検データベースを用いて，3種類のひび割れそれぞれの劣化過程を表す3種類のマルコフ劣化ハザードモデルを推定するための競合的劣化ハザードモデルを開発している。一方で，実際の社会基盤施設の劣化過程に着目すると，複数の劣化指標，あるいは劣化事象が互いに作用し合い，複合的に劣化が進展する場合も少なくない。このような複合的な劣化過程に対しては，異なる劣化事象間の関係性を考慮したような劣化予測モデルも開発されている。小林ら[27]は，高速道路の舗装構造において，基層以下の耐荷力の低下に伴い，路面の性能も低下していくような複合的劣化過程を非定常マルコフ過程を有する階層的隠れマルコフ劣化モデルとしてモデル化している。さらに，基層以下の耐荷力の低下過程と路面の性能の低下過程が相互に影響を及ぼし合うような，複合的隠れマルコフ劣化モデルも開発されている[28]。また，Nam ら[29]は，舗装の路面の性能低下に伴い，ポットホールの発生個数が増加していくような複合的劣化過程を，ポアソン隠れマルコフ劣化モデルとしてモデル化している。これらの隠れマルコフ劣化モデルにおける複合的劣化過程では，対象とする複数の劣化事象の劣化速度の変化に比較的明らかな相関関係が存在するような場合を想定していた。しかし，数ある劣化事象の中には，劣化事象そのものの間ではなく，第3の要因に起因して，同一の社会基盤施設において複数の劣化事象の劣化速度が増加，あるいは減少し，結果的に劣化事象間に相関関係が存在するような場合も考えられる。このような複合的劣化過程に対しては，それらの第3の要因を異質性とみなした混合マルコフ劣化ハザードモデルを各劣化事象に対して定義し，さらに，各劣化事象の異質性間の相関関係をコピュラを用いて同時分布として表現した，多元的劣化過程モデルも開発されている[30]。

このように，マルコフ劣化ハザードモデルの開発以降，さまざまな先端的な劣化予測モデルが開発されている。図17.5で表現したように，「複合的劣化予測・複数種類の指標による多元評価」フェーズには「ミクロな単位での劣化評価」と「データ制約の解消」の考え方が含まれ，「ミクロな単位での劣化評価」フェーズには「データ制約の解消」の考え方が内包されている点が統計的劣化予測モデルの発展過程の一つの特徴である。なお，図17.5では，多段階の健全度データを対象とした手法のみを取り上げているが，時系列データを用いて社会基盤施設の劣化予測を行うための統計的方法論[31]も，近年，数多く開発されている。

17.5.3 マルコフ劣化ハザードモデルの概要

マルコフ劣化ハザードモデルは汎用性の高い統計的劣化予測モデルである。詳細は文献10）に譲るが，多段階の指数ハザード関数（以下，ハザード率）$\theta_i=(i=1,\cdots,J-1)$を用いて，点検間隔$z$の間で健全度が$i$から$j(j\geqq i)$に推移するマルコフ推移確率$\pi_{ij}(i=1,\cdots,J;j=\mathrm{i},\cdots,J)$を

$$\pi_{ij}(z)=\sum_{m=i}^{j}\prod_{s=i}^{m-1}\frac{\theta_s}{\theta_s-\theta_m}\prod_{s=m}^{j-1}\frac{\theta_s}{\theta_{s+1}-\theta_m}\exp(-\theta_m z)$$
$$(i=1,\cdots,J-1;j=i,\cdots,J) \qquad (17.1)$$

と定義する。ただし，表記上の規則として

$$\begin{cases}\displaystyle\prod_{s=i}^{m-1}\frac{\theta_s}{\theta_s-\theta_m}=1 & (m=i\text{のとき})\\ \displaystyle\prod_{s=m}^{j-1}\frac{\theta_s}{\theta_{s+1}-\theta_m}=1 & (m=j\text{のとき})\end{cases} \qquad (17.2)$$

を与える。上式は複雑な式となっているが，ハザード

率 $\theta_i=(i=1,\cdots,J-1)$ と点検間隔 z の２変数で構成されている。点検間隔 z は既知情報であるために，ハザード率を推定すれば，マルコフ推移確率を完全に算出することができる。目視点検データを用いたハザード率（未知パラメーター）の推定の詳細も文献10）に譲るが，任意のサンプル k に関して，ハザード率を推定するために必要となる情報 Ξ^k は，総サンプル数を K としたときに

$$\Xi^k=\{(i^k,j^k),z^k,x^k\}$$
$$=(\text{健全度ペア, 点検間隔, 特性変数}) \quad (17.3)$$

となる。ここで (i^k,j^k) はサンプル k に対する２回の目視点検データ（健全度ペア）であり，推定のためには同一の社会基盤施設に対して少なくとも２回の目視点検を実施する必要がある。また，健全度 (i^k,j^k) と点検間隔 z^k は目視点検を通して獲得することができる既知情報である。一方で特性変数 x^k は，劣化過程に影響を及ぼす要因を考慮するために導入されるパラメーターであり，要因が複数存在する場合にはベクトルとなる。例えば，構造条件や環境条件が社会基盤施設の劣化過程に影響を及ぼすと考えられる場合には，これらの変動により劣化予測結果がどの程度変動するかを分析することが可能である。特性変数には，大型車交通量や気温等の定量的な変数だけでなく，構造形式や部材形式などの定性的な変数も考慮することができる。さらに，考慮した変数の中で，いずれの変数が劣化過程に真に影響を及ぼすかの判断，あるいは採用された要因の影響力に関する順位についても，各種の検定統計量により評価することができる。特性変数の評価には，台帳等に記載されている情報を活用することが可能であり，特性変数を獲得するために別途点検を行う必要はない。したがって，劣化予測を行うために要求されるデータは目視点検データと台帳データのみであり，実務データときわめて整合的であることが理解できる。

任意のサンプル k に関して獲得できる情報を改めて $\overline{\Xi}^k=\{(\overline{i}^k,\overline{j}^k),\overline{z}^k,\overline{x}^k\}$ と記述する。ただし，記号「－」は実測値であることを示す。ここで，式(17.1)より明らかなようにマルコフ推移確率は，各健全度におけるサンプル k のハザード率 θ_i^k と点検間隔 $\overline{z}^k$ に依存する。さらに，ハザード率は社会基盤施設の特性ベクトル $\overline{x}^k$ によりサンプル個々に設定される。このことを明示的に表すために推移確率 π_{ij} を目視点検による実測データ $(\overline{z}^k,\overline{x}^k)$ と未知パラメーター $\theta=(\theta_1,\cdots,\theta_{J-1})$ の関数として $\pi_{ij}(\overline{z}^k,\overline{x}^k:\theta)$ と表す。いま，K 個の社会基盤施設の劣化過程が互いに独立であると仮定すれば，全点検サンプルの劣化推移の同時生起確率密度を表す対数尤度を

$$\ln\left[L(\theta)\right]=\sum_{i=1}^{J-1}\sum_{j=i}^{J}\sum_{k=1}^{K}\overline{\delta}_{ij}^k\ln\left[\pi_{ij}\left(\overline{z}^k,\ \overline{x}^k:\theta\right)\right] \quad (17.4)$$

と表すことができる。式中，$\overline{\delta}_{ij}^k$ はダミー変数であり

$$\overline{\delta}_{ij}^k=\begin{cases}1 & \text{1回目の健全度が}i,\ \text{2回目が}j\text{のとき}\\ 0 & \text{それ以外のとき}\end{cases} \quad (17.5)$$

を意味する。したがって，$\overline{\delta}_{ij}^k,\overline{z}^k,\overline{x}^k$ はすべて確定値であり，対数尤度関数は未知パラメーター θ の関数となっていることが理解できる。ここで，対数尤度関数を最大にするようなパラメーター θ の最尤推定値は

$$\frac{\partial\ln\left[L(\hat{\theta})\right]}{\partial\theta_i}=0 \quad (17.6)$$

を同時に満足するような $\hat{\theta}$ として与えられる。このとき最適化条件は連立非線形方程式となり，ニュートン法を基本とする逐次反復法を用いて解くことができる。

17.5.4　劣化予測結果を用いた分析

上述のマルコフ劣化ハザードモデルを基軸とした多様な劣化予測モデルを用いることにより，社会基盤施設の劣化過程を表現するマルコフ推移確率を推定することができる。推定されたマルコフ推移確率をマルコフ決定モデルに適用することにより，所与の点検・更新政策に対するライフサイクル費用やリスク管理指標（例えば，健全度がⅠになる確率など）を計量化することができる。なお，点検・更新政策は，点検間隔や更新間隔，予防保全政策か事後保全政策かなどの組合せにより構成される。点検・更新政策を変化させる感度分析により，リスク管理水準を与件としたときに，ライフサイクル費用を最小化するような最適点検・更新政策を求めることが可能となる[32]。なお，社会基盤施設のライフサイクル費用評価を行うためのマルコフ過程については3.1.2項を参照されたい。

図17.5の下部には，劣化予測結果を用いて行われる分析を列挙している。これらの分析は，マルコフ決定モデルに基づく分析（図17.5下部に細字で示した項目）とそれ以外の分析（図17.5下部に太字で示した項目）に区分することができる。まず，マルコフ決定モデルに基づく分析に関しては，劣化予測モデルの高度化に応じて，用いるマルコフ決定モデルも変化し，多段階ワイブル劣化ハザードモデルの時間依存的なマルコフ推移確率を用いた，非定常マルコフ過程モデル[33]や，階層的隠れマルコフ劣化モデルの複数の非定常マルコフ推移確率を用いた混合マルコフ過程モ

デル[32]などが開発されている。さらに，複数の種類の施設で構成された複合的施設に対して，それらの点検・更新タイミングの同期化政策を考慮した，最適同期化政策も開発されている[34]。また，単にライフサイクル費用とリスク管理指標を求めることにとどまらず，マルコフ決定モデルをインフラ会計システム[35]やフォルト・ツリー分析に組み込んだ方法論[36]や，リアルオプション分析と併用し，点検行為の経済分析を定量化したモデル[37]や，社会基盤施設の廃棄政策を考慮した，最適廃棄・補修モデル[38]も開発されている。一方で，近年の統計的劣化予測モデルの高度化やアセットマネジメントの考え方の浸透に伴い，マルコフ推移確率以外の劣化予測結果を用いた分析手法も提案されるようになってきている。例えば，混合マルコフ劣化ハザードモデルの異質性パラメーターを補修前後で別個に設定し，階層ベイズ推定におけるそれらの事後分布の差異を仮説検定することにより，補修効果を定量的に事後評価するための方法論[39]や，管理事業体ごとの施設の劣化過程の差異を管理効率性とみなし，定量的に評価するための確率的フロンティア分析[40]が提案されている。さらには，近年，社会基盤施設の点検データはビッグデータと称されはじめ，膨大なデータを用いることにより道路舗装の最適な管理指標を決定した事例も存在する[41]。このように，従来のマルコフ決定モデルを用いた分析に加え，劣化予測モデルの高度化に付随し，それらの劣化予測結果を用いた分析手法の多様化が顕著となっている。

17.5.5　混合マルコフ劣化ハザードモデル

マルコフ劣化ハザードモデルに基づく先端的な統計的劣化予測モデルの一例として，混合マルコフ劣化ハザードモデルを取り上げる。マルコフ劣化ハザードモデルの開発により，観測期間長が異なる点検データを用いてマルコフ推移確率を非集計的に推定することが可能になった。さらに，劣化速度を表すハザード率に内包される特性変数では表現しきれない要因（不可観測要因）の影響を確率変数で表現したような混合マルコフ劣化ハザードモデルが提案された。**図 17.6** には，混合マルコフ劣化ハザードモデルを用いた劣化予測事例を示した。ハザードモデルを用いてマルコフ推移確率を推定する際には，図 17.6 に示すように，ある点検時点での施設の健全度（事前健全度），つぎの点検時点での健全度（事後健全度），それらの点検間隔の 3 種類の情報が健全度ペアサンプルとして最低限必要な情報となる。施設の健全度は，同図に示すような離散的なレーティングにより評価される。また，交通量や構造条件を特性変数として考慮することが可能

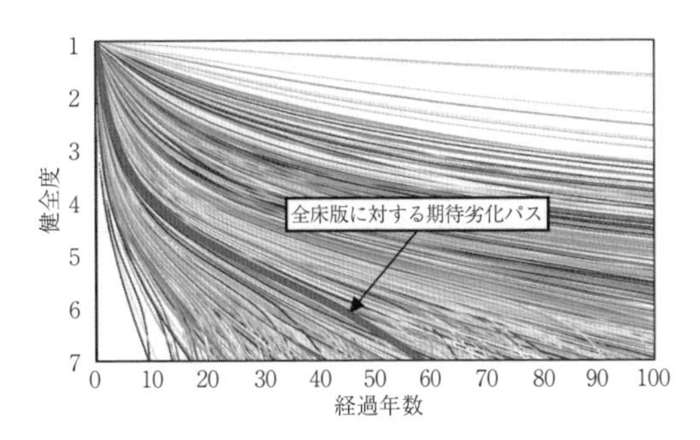

図 17.6　混合マルコフ劣化ハザードモデルの適用

となる。さらに，混合マルコフ劣化ハザードモデルでは，劣化速度を表す混合ハザード率が異質性パラメーターと健全度別標準ハザード率を用いて

混合ハザード率

＝異質性パラメーター×健全度別標準ハザード率

と表現される。混合マルコフ劣化ハザードモデルでは，現実の施設の維持管理体制に応じた任意の評価単位において施設の劣化過程を推定することができる。図 17.6 には，橋梁の床版の劣化予測を床版単位で行った結果を期待劣化パスとして示している。同図から，おのおのの床版の期待寿命は，最短で 10 年程度，最長で 100 年以上と，多様に異なることが見てとれる。このように，実際の評価単位に合わせた劣化予測を行うことで，各評価単位で維持管理政策を最適化することが可能となり，結果として，ライフサイクル費用の低減，あるいはリスクの低下が実現される。さらに，これらの評価単位は，劣化予測を行う管理者の立場によって臨機応変に変化されるべきであり，例えば，図 17.6 に示した個々の床版単位のような比較的細かい単位の場合には，個々の床版のライフサイクル費用を算出することと比べ，比較的劣化速度の大きい重点監視床版を抽出するといった，短期的政策に主眼が置かれている。一方で，管理事務所単位や路線単位といった，比較的大きな評価単位を採用した場合には，各評価単位での予算計画といった中・長期的戦略に対して，劣化予測結果は有用な情報を提供することができる。　（貝戸清之）

17.6　国際規格と海外展開

アセットマネジメントの国際規格である ISO 55000 シリーズが，2014 年 1 月に施行された。要求事項を含む，すなわち認証機関による第三者認証の対象となる本規格の発行は，規格が与える潜在的な影響力の大きさから，アセットマネジメントに関わるさまざまなステークホルダーからの大きな関心を呼んでいる。す

でに国内外で規格の認証取得が進むとともに，関連する技術のデファクト標準化競争が始まっている。

以下，本節では今後のアセットマネジメントの方向性に大きな影響を与えると考えられる，ISO 55000 シリーズの規格策定の経緯，概要と，わが国の海外展開の可能性について述べる。

17.6.1　アセットマネジメントの国際規格化

国際標準化機構（International Organization for Standardization，**ISO**）において，アセットマネジメントの国際規格化が提案されたのは 2009 年のことである。提案を行ったのは**英国規格協会**（British Standards Institution，**BSI**）で，BSI がイギリスの**アセットマネジメント研究所**（The Institute of Asset Management，**IAM**）に委託して作成した**公開仕様書 PAS 55**（**PAS**，Publicly Available Specification）が提案のベースとなっている。PAS 55 は，物的アセットを対象としたアセットマネジメント規格で，物的アセットの最適マネジメントのための規格である PAS 55-1 と，PA 55-1 を適用するためのガイドラインである PAS 55-2 の 2 部構成となっている。

BSI の提案を受けて ISO にアセットマネジメントの**プロジェクト委員会 PC251**（**PC**，Project Committee）が発足し，2010 年 6 月にロンドンで開催された準備会合を含めて合計 6 回の全体会議が開催された。会議を進める中で，PAS 55 は物的アセットを対象としているが，策定する規格は物的アセットに限らず，すべてのアセットを対象とすることが決定した。さらに，ISO のマネジメントシステム規格のための**合同技術調整グループ**（Joint Technical Coordinating Group，**JTCC**）によってマネジメントシステムの整合化が図られ，すべてのマネジメントシステム規格に共通の**上位構造**（high level structure，**HLS**），共通テキスト（要求事項）および共通用語・定義が開発されている状況を踏まえ，策定している ISO 55000 シリーズもこの上位構造，共通テキストおよび共通用語・定義に従うとの方針が決定し，規格の全面的な書直し作業が行われた。数度にわたる規格のドラフティング，メンバー国による投票，意見の提出とその結果の反映を経て，2013 年 12 月に最終国際規格案（Final Draft International Standard，**FDIS**）に対する投票の結果，所定の賛成票を得て，2014 年 1 月に，ISO 55000「アセットマネジメント－概要，原則及び用語」，ISO 55001「アセットマネジメント－マネジメントシステム－要求事項」，および ISO 55002「アセットマネジメント－マネジメントシステム－ISO 55001 の適用のためのガイドライン」の 3 編からなる ISO 55000 シリーズが発行された。

なお，ISO 55002 については，他の二つの規格と比べて内容の協議に十分な時間がとられていないとして，2014 年 3 月にはスウェーデンの代表団から早急な見直しについての提案があった。これを受けて事務局が参加国への意見聴取や今後の活動についての可能性の検討を行い，PC 251 を，規格が策定されたら原則として解散されるプロジェクト委員会（PC）から，常設の**専門委員会**（Technical Committee，**TC**）へと移行し，通常の見直し時期である 5 年後を待たずに ISO 55002 の改訂作業を実施することが決定した。この改訂作業は，2015 年後半から 3 年程度をかけて実施される見込みである。

17.6.2　ISO 55000 シリーズの概要

ISO 55000 シリーズは，ISO 55000「アセットマネジメント－概要，原則及び用語」，ISO 55001「アセットマネジメント－マネジメントシステム－要求事項」，および ISO 55002「アセットマネジメント－マネジメントシステム－ISO 55001 の適用のためのガイドライン」の 3 編から成る。ISO 9000 シリーズ（品質マネジメントシステム）や ISO 14000 シリーズ（環境マネジメントシステム）と同じ，マネジメントシステム規格である。認証の対象となるのは，要求事項である ISO 55001 であるが，用語については ISO 55000 を参照することとなっており，また ISO 55000 では ISO 55001 の要求するアセットマネジメントシステムについての概要も記載されているため，相互に関係の深い内容となっている。ISO 55002 は，ISO 55001 を適用するためのガイドラインであり，必ずしもそれを満足する必要はないが，具体事例や推奨事項等が ISO 55001 の要求事項に沿ってまとめられており，ISO 55001 を解釈する際の一助となるであろう。なお，ISO 55000 シリーズの詳細な解説については，別途解説書[42]やユーザーズガイド等[43)～45)]が発行されているので，それらを参照されたい。ここでは，最低限必要と思われるコンセプトについて述べる。

ISO 55000 では，**アセットマネジメント**（asset management）は「アセットからの価値を実現化する組織の調整された活動」と定義されている（ISO 55000 3.3.1）。「価値の実現化は，通常，コスト，リスク，機会及びパフォーマンスの便益のバランスをとることを含む。」とされる（ISO 55000 3.3.1　注記 1）。すなわち，ISO 55000 シリーズでは，アセットマネジメントとは，アセットのコストやリスク，パフォーマンスを最適化するような活動であり，その活動は組織の中で部署ごとにばらばらに行われるのではなく，組織全体を通じて統一された方針，計画に従って実施されるべきものであるということである。

また，アセットマネジメントシステムは，「アセットマネジメントの方針及びアセットマネジメントの目標を確立する機能をもつアセットマネジメントのためのマネジメントシステム」（ISO 55000 3.4.3），マネジメントシステムは「方針，目標及びその目標を達成するためのプロセスを確立するための，相互に関連する，又は相互に作用する組織の一連の要素」（ISO 55000 3.4.2）と定義されている。つまり，アセットマネジメントシステムとは，組織がアセットマネジメントの方針に従ってアセットマネジメントを実施し，その目標を達成させるためのプロセスを確実に決定・実施するための仕組みであり，しかもその仕組みは組織の中で一貫したものでなければならない。この定義は，ISOのマネジメントシステムの共通構造に従ったものであるため，抽象的で簡単には理解できないであろう。そこで具体的なアセットマネジメントシステムの要素について，**図 17.7** に示す。

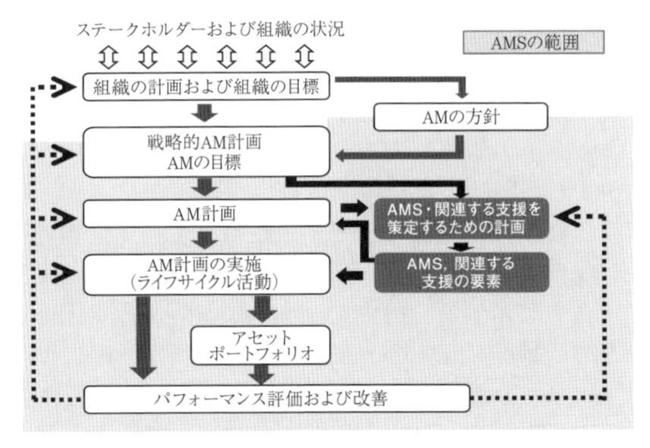

AM：アセットマネジメント
AMS：アセットマネジメントシステム
図 17.7　アセットマネジメントシステムの重要な要素間の関係[44)]

図 17.7 は，アセットマネジメントシステムの重要な要素間の関係を示した図である。図の中では三つの重要な流れが示されている。

一つめは，ステークホルダーおよび組織の状況をよく理解した上で組織の計画と組織の目標を立て，その計画・目標からアセットマネジメントの方針，アセットマネジメントの目標を立て，それを基にアセットマネジメント計画を策定，実施し，さらにアセットおよびアセットマネジメントのパフォーマンスを評価，改善するというトップダウンの流れである。アセットマネジメントの方針は，組織の目標を，アセットマネジメントを通じて達成するための原則を示すものであり，アセットマネジメントに対するトップの明確な意図であるといってよい。また，**戦略的アセットマネジメント計画**（strategic asset management plan，**SAMP**）は，アセットマネジメントの方針とアセットマネジメントの目標をつなぐもので，トップの意思であるアセットマネジメントの方針を，アセットマネジメントの目標へと落とし込むための枠組みを提供するものである。これによって，アセットマネジメントによって実現されるであろうアセットマネジメントの目標が策定され，それをさらに具体化して個々のアセットマネジメント計画が立てられる。計画策定の際には，測定可能な目標とその計測時期を明確にすることにより，アセットおよびアセットマネジメントのパフォーマンス評価，そして改善へとつなげることが可能になる。

二つめは，アセットマネジメントの目標および計画に対して，アセットマネジメントシステムや関連する「支援」を計画，提供する流れである。「支援」とは，資源，力量，認識，コミュニケーション，情報に関する要求事項，文書化した情報といったものから成り，アセットマネジメント計画を計画どおりに実行するために必要とされるものである。組織は，策定した計画を実施し，設定した目標を達成するためにどのような支援が必要かを決定し，実際に利用可能な資源とのギャップを分析しなければならない。利用可能な資源が不足する場合には優先度を付けて資源配分するとともに，必要な資源が提供されるような措置をとることが求められる。支援の各要素が，どのように計画され，提供されているかは，アセットマネジメントの成否に直接影響を与えるものであり，マネジメントシステムの有効性を測る尺度にもなるであろう。

三つめは，パフォーマンス評価の結果をトップにフィードバックし，継続的な改善へとつなげるボトムアップの流れである。わが国では，現場レベルにおいてはさまざまな要素技術や工夫された手順を用いて高度な維持管理を行っていることが多く，日々の維持管理活動における PDCA サイクルも比較的機能しているといってよいであろう。しかしながら，その結果がトップに適切にフィードバックされ，組織全体の改善につながっている例はまだ少ないのではないか。ISO を取り入れてボトムアップの流れを機能させることによって，現場で得られた知見を組織全体で共有し，組織全体の改善につなげることが可能である。このことは，ISO の思想が決してわが国従来のマネジメントと相いれないものではないということも示している。むしろ，わが国のマネジメントに不足している部分を補うものと解釈すべきであろう。ISO は，欧米流のトップダウン型のマネジメント思想であり，わが国の経営には馴染まないというイメージがあるかもしれないが，わが国においても，さまざまな形でマネジメントサイクルは回っており，その手順を見直し，より効率的なサイクルへと編集し直すために，ISO は有用な指針を与えてくれる。

また，ISO 55000 シリーズは物的アセットのみならずすべてのアセットを対象としていること，ISO のマネジメントシステム規格に共通の上位構造に従っていることから，土木分野のアセットマネジメントを実践する際に通常行う手順，すなわちインフラ資産の状態や健全性の評価，劣化予測とライフサイクルコストの算定に基づく補修の優先順位・投資計画の決定，などといった技術的な事柄については何も触れられていない。このことは図 17.7 を見ても理解できるだろう。もちろん，規格がこういったことを要求していないというわけではなく，どのような技術を用いてアセットの価値を最大化し，それによって組織の目標を達成するかというのは，組織が決定するもの，というのが ISO のスタンスであり，そのため具体的なアセットマネジメントの技術については規定されていないのである。

前節までで述べた，管理水準の設定，インフラ会計，データ収集や劣化予測等は，要求事項の中では箇条 6「計画」，箇条 7「支援」，箇条 8「運用」および箇条 9「パフォーマンス評価」といった箇所を満たすためのツールと捉えることができる。箇条 4「組織の状況」と箇条 5「リーダーシップ」は，ISO のマネジメントシステム規格に共通の箇条であるが，わが国の工学分野におけるアセットマネジメントではほとんど扱われてこなかった部分である。わが国のアセットマネジメント技術を武器に海外展開を進めるために，避けて通れない課題となるであろう。

17.6.3　海外展開の可能性と課題

2014 年 1 月に ISO 55000 シリーズが発行されて以来，ISO 55001 の認証取得の動きが広がり，2015 年 6 月までの約 1 年半の間に，国内で 10 件，海外で 18 件の認証取得事例が出てきている。発行された当初は，下水道や上水道等の水道分野での認証取得事例が多かったが，最近では電力や道路等，水道以外の分野での認証取得も増えてきている。

ISO に限ったことではないが，インフラ資産の状態を把握し，最適な管理を行う，すなわちアセットマネジメントを実践するためには，それを支援する情報システム（ソフトウェア）が欠かせない。いまのところ，認証を取得した組織は，ISO 55000 シリーズが発行される前からこのような情報システムを組織内で構築，運用していた組織が多いと考えられるが，今後は，このような情報システムも，ISO 55000 シリーズの影響を受け，ISO 55001 の要求事項に適合しないシステムは市場から排斥されていくであろう。情報システムだけではなく，メンテナンス技術についても同様である。ISO 55000 シリーズで規定されるアセットマネジメントシステムの中に容易に組み入れられるような技術・技術群の方が，そうではない技術よりも受け入れられやすいことは想像に難くない。すでに述べたように，ISO 55000 シリーズでは，具体的な要素技術については規定されておらず，また，いまあるアセットマネジメントシステムと相反するものでもないため，現在使用されている技術のうち特定のものを排除するようなことはあまり考えられないが，今後の規格の運用によって，採用される技術に一定の傾向が現れてくるかもしれない。そうなるとそのような技術の市場優位性は高まり，デファクト標準化が進む。アセットマネジメントをパッケージとして売り込むような場合には，それによってどれだけ効率的に資産を運用できるのかという技術的な優位性だけでなく，その技術群が ISO の要求事項にも沿うものであり，その技術群によって組織が無用な負担を負うことなく，ISO 55001 の要求事項を満たすことができるということを示せることが重要になるであろう。

ISO の影響は，規格の認証やコンサルティング，関連する要素技術だけにとどまらない。現在，世界ではインフラ資産や公共サービスの運営・維持管理に民間の活力を利用する，**PPP**（public private partnership）や **PFI**（private finance initiative）の流れが活発になってきているが，このような民間委託に対して，ISO 55000 シリーズが活用される可能性が考えられている。すなわち，サービス提供者（受託事業者）が資産を効率的に運営・維持管理し，**VFM**（value for money）を高める能力を持っていることの証左として，ISO 55001 の認証を取得していることをアピールする，あるいはサービス提供者に対して ISO 55001 の認証取得を義務付ける，というような可能性が考えられるのである。また別の方法として，PPP や PFI で事業を受託する事業者に求められる「性能」を，ISO 55001 の要求事項の達成度合いで測るという方法もある。PPP/PFI では事業者の創意工夫を生かすために，要求される成果を「仕様」ではなく「性能」で規定するのが一般的で，適切な要求性能の設定が事業の成否を分ける重要なポイントの一つであるが，その設定は必ずしも簡単なものではない。そこで，アセットマネジメントの業務を PPP/PFI で実施する際に，ISO 55001 の要求事項に基づいたアセットマネジメントの成熟度を測定する方法を開発しておき，その成熟度を契約上の要求性能として用いるという方法が考えられるのである。イギリスでは実際に，**英国道路公社**（Highways England）が，高速道路の維持管理業務のアウトソーシングに対して，IAM が開発した，PAS 55 に基づく成熟度評価法を活用し，サービス提供者に対して契約後 6 箇月以内に成熟度レベル 2，3 年以内にレベル 3 を達成することを要求している[46]。

このように，ISO 55000 シリーズの影響は，国内だけではなく，わが国の海外展開においてもさまざまな分野に広がる可能性を持っている。規格そのものは，抽象的で包括的な表現が多く，実際の手順（how）を規定するものではないため，この規格だけで実際にアセットマネジメントシステムを構築するのは難しい。そのため，規格をどのように解釈し，どのような技術を用いてどのように運用していくか，今後の流れによってさまざまなデファクト標準が発生するであろう。わが国の保有する高い技術が，世界のアセットマネジメント市場で評価，活用されるためにも，この流れと反することなく，流れを作っていけるようになること，そのために，ISO 55000 シリーズが戦略的に活用される事が望まれる。　　（小林潔司，大島都江）

引用・参考文献

1）国土交通省：平成 23 年度国土交通白書（2012）
2）国土交通省：平成 25 年度国土交通白書（2014）
3）土木学会・社会インフラ維持管理・更新の重点課題検討特別委員会「社会インフラメンテナンス学」テキストブック編集小委員会編：社会インフラメンテナンス学Ⅰ総論編Ⅱ工学編，土木学会（2015）
4）小林潔司，田村敬一 編：実践インフラ資産のアセットマネジメントの方法，理工図書（2015）
5）大住莊四郎：ニューパブリック・マネジメント，日本評論社（1999）
6）江尻 良，西口志浩，小林潔司：インフラストラクチャ会計の課題と展望，土木学会論文集，No.7，pp.15～32（2004）
7）Machinery and Technical Specialties Committee of the American Society of Appraisers, Valuing Machinery and Equipment：The Fundamentals of Appraising Machinery and Technical Assets 3rd edition,American Society of Appraisers, Washington, D.C.（2011）
8）大津宏康：アセットマネジメント概論（2），Summer School 2004 建設マネジメントを考える，建設マネジメント勉強会，pp.19～22（2004）
9）堀 倫裕，鶴田岳志，貝戸清之，小林潔司：下水処理施設の維持管理会計システム，土木学会論文集 F4，Vol.67，No.1，pp.33～52（2011）
10）津田尚胤，貝戸清之，青木一也，小林潔司：橋梁劣化予測のためのマルコフ推移確率の推定，土木学会論文集，No.801/I-73，pp.69～82（2005）
11）青木一也，山本浩司，小林潔司：劣化予測のためのハザードモデルの推計，土木学会論文集，No.791/VI-67，pp.111～124（2005）
12）貝戸清之，小林潔司，加藤俊昌，生田紀子：道路施設の巡回頻度と障害物発生リスク，土木学会論文集 F，Vol.63，No.1，pp.16～34（2007）
13）Schonberger, V. M. and Cukier, K.（斎藤栄一郎訳）：ビッグデータの正体，講談社（2013）
14）貝戸清之，保田敬一，小林潔司，大和田慶：平均費用法に基づいた橋梁部材の最適補修戦略，土木学会論文集，No.801/I-73，pp.83～96（2005）
15）小林潔司，熊田一彦，佐藤正和，岩崎洋一郎，青木一也：サンプル欠損を考慮した舗装劣化予測モデル，土木学会論文集 F，Vol.63，No.1，pp.1～15（2007）
16）堀 倫裕，小濱健吾，貝戸清之，小林潔司：下水道処理施設の最適点検・補修モデル，土木計画学研究・論文集，Vol.25，No.1，pp.213～224（2008）
17）青木一也，山本浩司，津田尚胤，小林潔司：多段階ワイブル劣化ハザードモデル，土木学会論文集，No.798/VI-68，pp.125～136（2005）
18）小林潔司，貝戸清之，林 秀和：測定誤差を考慮した隠れマルコフ劣化モデル，土木学会論文集 D，Vol.64，No.3，pp.493～512（2008）
19）水谷大二郎，貝戸清之，小林潔司，秀島栄三，山田洋太，平川恵士：判定基準変更を考慮した隠れマルコフ劣化ハザードモデル，土木学会論文集 D3，Vol.71，No.2，pp.70～89（2015）
20）例えば，和合 肇：ベイズ計量経済分析，マルコフ連鎖モンテカルロ法とその応用，東洋経済新報社（2005）
21）貝戸清之，小林潔司：マルコフ劣化ハザードモデルのベイズ推定，土木学会論文集 A，Vol.63，No.2，pp.336～355（2007）
22）小濱健吾，岡田貢一，貝戸清之，小林潔司：劣化ハザード率評価とベンチマーキング，土木学会論文集 A，Vol.64，No.4，pp.857～874（2008）
23）貝戸清之，小林潔司，青木一也，松岡弘大：混合マルコフ劣化ハザードモデルの階層ベイズ推計，土木学会論文集 D3，Vol.68，No.4，pp.255～271（2012）
24）水谷大二郎，金川昌弘，坂井康人，貝戸清之，小林潔司：ベンチマーク分析と重点監視部材の抽出，第 45 回土木計画学研究・講演集，土木学会，京都大学，CD-ROM，No.353（2012）
25）貝戸清之，熊田一彦，林 秀和，小林潔司：階層型指数劣化ハザードモデルによる舗装ひび割れ過程のモデル化，土木学会論文集 F，Vol.63，No.3，pp.386～402（2007）
26）林 秀和，貝戸清之，熊田一彦，小林潔司：競合的劣化ハザードモデル：舗装ひび割れ過程への適用，土木学会論文集 D，Vol.65，No.2，pp.143～162（2009）
27）小林潔司，貝戸清之，江口利幸，大井 明，起塚亮輔：舗装構造の階層的隠れマルコフ劣化モデル，

土木学会論文集D3, Vol.67, No.4, pp.422～440 (2011)
28) 小林潔司, 貝戸清之, 大井 明, Thao, N. D., 北浦直樹：データ欠損を考慮した複合的隠れマルコフ舗装劣化モデルの推計, 土木学会論文集E1, Vol.71, No.2, pp.63～80 (2015)
29) Nam, L. T., 貝戸清之, 小林潔司, 起塚亮輔：ポアソン隠れマルコフ劣化モデルによる舗装劣化過程のモデル化, 土木学会論文集F4, Vol.68, No.2, pp.62～79 (2012)
30) 水谷大二郎, 小濱健吾, 貝戸清之, 小林潔司：社会基盤施設の多元的劣化過程モデル, 土木学会論文集D3, Vol.72, No.1, pp.34～51 (2016)
31) 小林潔司, 貝戸清之, 松岡弘大, 坂井康人：時系列モニタリングデータ活用のための長期劣化進行モデリング, 土木学会論文集F4, Vol.70, No.3, pp.91～108 (2014)
32) 小林潔司, 江口利幸, 大井 明, 青木一也, 貝戸清之, 松村泰典：舗装構造の最適補修更新モデル, 土木学会論文集E1, Vol.68, No.2, pp.54～68 (2012)
33) 青木一也, 山本浩司, 小林潔司：時間依存型劣化過程を有するシステムの集計的最適点検・補修モデル, 土木学会論文集F, Vol.62, No.2, pp240～257 (2006)
34) 織田澤利守, 山本浩司, 青木一也, 小林潔司：道路付帯施設の最適補修同期化政策, 土木学会論文集F, Vol.64, No.2, pp.200～217 (2008)
35) 堀 倫裕, 鶴田岳志, 貝戸清之, 小林潔司：下水処理施設の維持管理会計システム, 土木学会論文集F4, Vol.67, No.1, pp.33～52 (2011)
36) 貝戸清之, 金治英貞, 小林 寛, 間嶋信博, 大石秀雄, 松岡弘大：目視点検データを用いたフォルト・ツリー分析に基づく長大橋の最適点検政策の決定手法, 土木学会論文集F4, Vol.67, No.2, pp.74～91 (2011)
37) 小林潔司, 江口利幸, 大井 明, 青木一也, 貝戸清之：劣化過程の不確実性を考慮した路面性状調査の最適実施方策, 土木学会論文集E1, Vol.67, No.2, pp.75～90 (2011)
38) 小濱健吾, 貝戸清之, 青木一也, 小林潔司, 福田泰樹：劣化過程を考慮した最適廃棄・補修モデル, 土木学会論文集F4, Vol.68, No.3, pp.141～156 (2012)
39) 水谷大二郎, 貝戸清之, 小林潔司：階層ベイズ法による補修効果の事後評価, 土木学会論文集F4, Vol.69, No.3, pp.204～221 (2013)
40) 小林潔司, 貝戸清之, 小濱健吾, 早矢仕廉太郎, 深谷 渉：事業体効率性評価のための確率的劣化ハザードフロンティア分析, 土木学会論文集D3, Vol.72, No.2, pp.173～190 (2016)
41) 宮崎文平, 加藤寛之, 小濱健吾, 貝戸清之, 風戸崇之, 田中克則：膨大な路面性状調査データに基づく舗装補修施策の評価法の提案, 土木学会論文集F4, Vol.71, No.3, pp.142～161 (2015)
42) ISO 55001 要求事項の解説編集委員会編：ISO 55001:2014 アセットマネジメントシステム　要求事項の解説, 日本規格協会 (2015)
43) 例えば, 下水道分野における ISO 55001 適用ユーザーズガイド検討委員会：下水道分野における ISO 55001 適用ユーザーズガイド (案) (2015)
44) 日本規格協会：ISO 55000:2014 アセットマネジメント－概要, 原則及び用語, 英和対訳版 (2014)
45) 小林潔司, 田村敬一, 藤木 修：国際標準型アセットマネジメントの方法, 日刊建設工業新聞社 (2016)
46) Highways Agency：Procurement – Asset Support Contract, Annex 25 – Integrated Asset Management (2011)

18. プロジェクトマネジメント

18.1 プロジェクトマネジメント概論

18.1.1 プロジェクトという実施形態

インフラストラクチャーの多くは**プロジェクト**（project）と呼ばれる実施形態を通して供給される。プロジェクトとは，「独自の製品（product），サービス，成果物（results）を創造するための有期性の（temporary）業務」[1)]であり，特に社会基盤分野においては，おのおのの達成が集合的にインフラストラクチャーを実現するような，合目的的な作業工程の体系である。日本語では通常，**事業**または**プロジェクト**として用いられる。

インフラストラクチャーは工場で大量生産される工業製品とは製造のプロセスが異なり，整備の目的や施設・構造物の仕様，置かれている自然条件や社会条件等が一つひとつ異なるという意味において，固有性を持つ。また，インフラストラクチャーの整備は社会のさまざまな目標を特定の時期までに実現する計画の手段であると位置付けられることから，その業務は通常有期性を持つ。この二つの特質により，インフラストラクチャーがプロジェクトという形態をとることには必然的な理由がある。

プロジェクトという実施形態は，古くにはエジプトのピラミッド，現代においては情報システム開発や宇宙開発に至るまで，さまざまな分野で多くの事例が見られるだけでなく，現在も業務遂行や経営のための有効なモデルとして普及している。このことは，ある有期性を持った固有の目的を達成するために，一連の作業工程を重層的に文節化して理解し，現状と目標との差異を組織の各単位が省察的（reflective）に評価し続けることによって管理運営を行うことが効果的かつ効率的であったことを示唆する。**プロジェクトマネジメント**（project management）とはまさにこの営みを指す。

古来，大規模なプロジェクトにおいてでさえ（あるいはそれがゆえに），プロジェクトマネジメントの営みの多くは暗黙知たる「仕事のやり方」として経験的に継承されてきた。社会の近代化を経て，従来の兵站（logistics），財務・会計，人事管理等の伝統的手法だけでは対処が困難なほどにプロジェクトの管理運営に関する問題が複雑化し，ともすれば属人的な知恵の領域とされてきたプロジェクトマネジメントの知見を一般化して共有する必要が生じた。プロジェクトの管理運営に関するこれらの伝統的手法に，近現代の管理工学やシステム科学の知見を導入することによって，かつての暗黙知や経験知を形式知として統合した体系が現在の理論・実践分野としてのプロジェクトマネジメントである。

18.1.2 プロジェクトマネジメントの対象

代表的なプロジェクトマネジメントの知識体系としては，**PMI**（Project Management Institute）による**PMBOK**（project management body of knowledge）[1)]がある。PMBOKはプロジェクトの遂行のために管理すべき要素として，下記の10個の知識領域を挙げている。

（1）スコープ　プロジェクトの目標と管理すべき対象の範囲を指す。スコープの決定は，プロジェクトの「始まり」と「終わり」を含めた，構成要素の定義を意味する。プロジェクトのスコープはしばしば変化し，また関係者によって認識が異なることもあるので，スコープそれ自体がマネジメントの対象となる。

（2）時　　間　プロジェクトは有期性を持つために，その構成要素たる一連の作業工程は自作業に掛かる時間，作業を開始できる時期，完了させなければいけない期限，他の作業工程との時間的依存関係等を適切に把握し，管理しなければいけない。これを一般に**工程管理**（schedule control，project scheduling）と呼ぶ。

（3）コ ス ト　プロジェクトの経済性を確保するためには，その事業費を適切に管理する必要がある。プロジェクトの遂行に掛かる**費用**（cost）は，契約金額等の制約によって規定される費用の最大許容値「**予算**（budget）」と対比される。第一義的には，コスト管理とは各工程に掛かる費用の日々の変動を考慮しつつ，その集積を事業の予算制約内に収めるための活動である。

（4）品　　質　橋梁，トンネルなどに例示されるプロジェクトの最終成果物が，仕様で規定された物理的機能を供用期間にわたり発揮しているか，あるいは計画目標で規定されたサービスを当該施設が十分に提供しているか否かによって評価されるプロジェクトの属性である。品質は例えば社会基盤施設を最終的に製作する施工段階のみによるものではなく，計画・設計段階を含めたあらゆる作業工程の結果に依存している。したがって，**品質管理**（quality control）はプロジェクトの最終成果物のみならず，すべての工程の成果について実施することが必要となる。

（5）**人的資源**　プロジェクトの遂行に必要な人員の確保および各作業単位や役割への割当てを指す。実施形態としてのプロジェクトの特徴は，組織体制の固有性と流動性にもある。後述するステークホルダーとその協力形態は，社会基盤プロジェクトにおいてもきわめて多様である。事業の遂行に当たっては，事業全体を指揮する**プロジェクトマネージャー**（project manager）の確保や，組織図・要員マネジメント計画の作成にとどまらず，組織単位内の動機付け，知識と経験の伝承を通じた要員の育成等も**人的資源管理**（human resource management）の範疇とされる。

（6）**コミュニケーション**　プロジェクトに参画する主体が相互に情報を交換する際の媒体・方法等に関する取決めや，そのプロセスを効率的かつ生産的にするための取組みを指す。インフラストラクチャーのプロジェクトにおいては，事業者とユーザーとの間で，発注者と受注者との間で，技術者と技能者との間で，各組織単位の成員間で，それぞれコミュニケーションが行われている。時に自らの情報や意図を伝える相手が誰なのかがわからなくなったときにどう対処すればよいのか。例えば施工経験のない国において相手国政府に設計変更の正当性を伝えるためには，契約上，組織体制上で定められた意思伝達ラインとは別の主体に働きかける必要があるかもしれない。そのような事態が生じないために，事前にどんなコミュニケーション上の準備や工夫が可能なのか。これらがコミュニケーションマネジメントの課題に挙げられる。

（7）**リスク**　およそすべてのプロジェクトには不確実性が伴う。不確実性の程度や種類もプロジェクトによって異なり，インフラストラクチャーのプロジェクトにも後述する特有のリスクがある。リスクを確率論的に事象の深刻さと発生確率の積とみなして，その値によりつつ対処方法の優先順位付けを行う考え方もある。さらに，構造物の瑕疵担保責任に見られるように，特定の主体があるリスク事象についてより良く管理できると合意できる場合には，その主体が当該事象に責任を持つという，**リスク分担**（risk sharing）の考え方も普及している。

（8）**調達**　プロジェクトの遂行に必要な財やサービスを導入することを意味し，多くは契約という取引形態によって実現される。インフラストラクチャーのプロジェクトでは，ステークホルダーの関係性に起因する調達の重層性が顕著である。すなわち，国・地方公共団体等の公共工事発注者は請負契約によって建設工事の成果物を調達する。発注者と請負契約を結んだ元請企業は，工事の一部を一次下請企業に発注し，一次下請企業は二次下請企業に発注し，というプロセスが続く。このような**重層下請構造**（multi-tier subcontracting system）は他業種の供給連鎖（supply chain）と比較しても特徴的な振舞いを見せることがある。こういった形態の採否も含め，各主体にとって，または全体のプロジェクトにとってどのような調達の仕組みとプロセスが望ましいかを考えるのが調達マネジメントである。

（9）**ステークホルダー**　プロジェクトになんらかの利害を有しており，意思決定や他の行動を通してプロジェクトに影響を与えられる主体や，プロジェクトから正負の影響を被る主体を総じて**ステークホルダー**（stakeholder）と呼ぶ。インフラストラクチャーのプロジェクトにおける主要なステークホルダーを下記に挙げる。

① ユーザー（住民／市民，企業，占用者等）
② 事業者／管理者（政府，地方公共団体，公益法人，特殊会社等）
③ 施行者（建設企業，建設関連企業等）
④ 測量・調査・設計者（エンジニアー）（コンサルタント）
⑤ 関与者（非営利団体，非政府団体，第三者機関等）

公共性が高く，社会的影響の大きいインフラストラクチャーを整備する過程には，きわめて多くのステークホルダーが関与することになる。多数のステークホルダー間で当然に存在する利害や認識や価値観の不一致に対して，主体間の理解と信頼を深め，差異を認めつつも組織としての合意を形成する取組みが必要となる。

（10）**統合管理**　上述した（1）～（9）の知識領域はしばしば相互にトレードオフの関係に陥る。工事の完成が遅延するリスクを極力抑えようとすれば，必然的にコストが上昇する。短期的な調達の経済合理性を重視して工事の外注化を進めれば，組織内部の人材が有していた技術が伝承されなくなり，長期的には技術競争力を失う。これらの相反する要素のバランスを決定し，プロジェクトの一部の工程が部分最適を図ることによって全体の最適化を阻害するような誘因を取り除くための取組みを統合管理という。

18.1.3　インフラストラクチャーのプロジェクトマネジメント

PMBOKの一般化されたプロジェクトマネジメント体系は上述のとおり，そのままインフラストラクチャー事業の文脈に適用することが可能である。一方，インフラストラクチャーのプロジェクトには，その対象がインフラストラクチャーであることによる特質と，実施形態がプロジェクトであることによる特質の双方によって，主として下記に例示されるような独自の制約と特徴が見られる。

（1）**公共性**　インフラストラクチャーの多くは公共財の性質を有しており，その供給量や仕様が市場を通して決定される私的財とは伝統的に供給プロセスが異なる。プロジェクトマネジメントの観点からは，このことは多数のステークホルダーによって，プロジェクトの目標であるインフラストラクチャーの供給の是非，サービス水準，整備方法等のあらゆる重要事項について，大規模な合意形成が必要であることを意味する。この合意形成が社会的意思決定を伴うことに加え，プロジェクトの上流段階に上るほど事業内容の抽象度は必然的に高くなるので，事業構想や基本計画の策定は通常（民間企業の施工者等ではなく）事業者が主体となって行う。これは，例えば情報システム開発においてシステム開発の実装を担う企業がシステムの要件整理や業務の定義付けを上流段階から自ら行うプロセスと対照的である。

また，インフラストラクチャーの事業実施段階においても，調達方式において民間部門とは多くの違いがある。公共部門の調達を**公共調達**（public procurement）というが，世界的にも公共調達には法令やガイドラインによって透明性や公正な競争の確保のため多くの条件が課せられている。公共工事の施工者が原則として入札によって決定されるのもこの仕組みによる。

（2）**リスク構造**　インフラストラクチャーのプロジェクトにはいくつかの特徴的なリスクがある。

- 多くのステークホルダーが関与するために，初期の事業構想段階から実施段階に至る過程でしばしば大きな計画変更が生じる。しかしプロジェクトの実施結果の一部は不可逆的である。
- 事業対象地の自然条件や技術基準がさまざまに異なるために，仕様や設計の固有性が大きい。さらに，事業実施中にも気象や自然災害等の制御不可能な事象により設計変更の必要性が生じる。
- 仕様や設計の判断に必要なリスク情報の内，地盤情報，劣化予測等，いくつかの重要な指標は技術的，経済的な理由で十分に獲得できない。
- 供用段階においては，需要の過大または過小評価による事業収入予測の誤りが生じ得る。長期間にわたる供用期間全体の需要予測には大きな不確実性が伴う。同様に，施設の疲労劣化等に伴う維持管理費用についても，長期にわたる評価予測については不確実性を伴う。
- 上記のような大きなリスクが顕在化した際，あらかじめ想定または約束された財政負担や技術的措置の履行を義務付ける体制自体が時として保証されていない。

インフラストラクチャーのプロジェクトでは，これらの自然条件と社会条件が複雑に関係し合ったリスク構造に系統的に対処するための多くの仕組みが発達している。18.3節で詳細を述べる。

（3）**組織形態とステークホルダー関係**　インフラストラクチャーのプロジェクト形態もまた他分野と比較して特徴的である。典型的な日本の公共事業においては，事業の実施主体は国，地方自治体，特殊会社等の**発注者**（project owner）と**受注者**（contractor）との二者関係によって捉えられるので二者構造と呼ばれる。他方，海外の事業においては発注者の代理人たるコンサルタントが**エンジニア**（the engineer）として発注業務支援や施工監理を担い，典型的な契約はこれら三者によってなされると捉えられているので三者構造と呼ばれている。いずれの場合でも，契約形態によって規定されるステークホルダー間の関係性は事業の実施過程に大きな影響を及ぼす。どの主体がどの意思決定に関する権限を有しており，結果の責任を負うのか。この関係性のモデルがインフラストラクチャーのプロジェクトにおいてはすでに標準化しているといえる。

受発注者間を含む実施主体の関係性については，上記の典型的な請負契約に加え，近年では新たな契約方式，事業実施方式が世界的に普及しつつある。これらの試みは，プロジェクトを統括する体制を設計するという意味で，**プロジェクトガバナンス**（project governance）という概念で捉えられる[2),3)]。18.5節で詳述するCM方式やPFI/PPPといった新たな契約方式は，主体間の投資，資源配分，リスク管理に関する誘因を大きく変え，新たなリスク分担の体制を築く契機となっている。

18.1.4　プロジェクトサイクル

インフラストラクチャーのプロジェクトを構成する一連の段階は，下記のように文節化することができる[4)]。

（1） **事業評価・新事業構想（プロジェクトの発掘）** 社会のニーズを把握し，国家計画，マスタープラン，プログラム等上位計画の目標を参照し，現状のインフラストラクチャーに係るサービス水準や，計画・進行中の他の関連事業との関係との整合性を図りつつ，新規事業の発掘，既存インフラストラクチャーの廃棄・新設，補修等プロジェクトの基本方針を決定する。

（2） **調査・計画（プロジェクトの形成）** プロジェクトが技術的に実施可能かどうか，社会的に受容されるかどうか，等を判断するための調査を実施する。この段階には合意形成過程や環境影響評価手続き等，環境社会配慮の取組みを含む。特に海外プロジェクトでは，この段階の調査を**フィージビリティ調査**（feasibility study）と呼ぶ。フィージビリティー調査の結果，実施可能と評価された事業についてはその内容を基本計画とし，関係機関との協議調整や資金提供機関の審査等を経て実施段階に移行する。この段階をプロジェクトの形成段階と呼ぶこともある。

（3） **設計（プロジェクトの実施）** 設計は実際に製造するインフラストラクチャーの仕様を決定するという点において重要である。一般に，プロジェクトの総費用の大部分を占めるのは施工費用だが，その施工費用を決めるのは設計である。設計の業務はその段階によって基本設計，概略設計，予備設計，詳細設計等に分類される。国内の公共事業の場合，発注者（事業者）からの業務委託契約を通して設計専業者（建設コンサルタント）が設計業務を担当するのが一般的である。

（4） **入札／契約（プロジェクトの実施）** 発注者は，設計段階で作成された図面，仕様書，条件書等の入札図書に基づき，各業務に必要な数量と単価の設定を行うことによって，工事費用の見積を行う。ここで決定された価格は契約金額の参照点となり，国内の公共事業においては契約金額の上限値となることが特徴で，これを**予定価格**（ceiling price）と呼ぶ。

工事を担当する施工者は多くの場合入札によって決定される。入札方式によって入札参加者の制限の有無，選定の基準（価格競争のみ，または技術的側面を加味した総合評価等），等が異なる（18.4節参照）が，入札を経て選定された施工者と諸条件について双方の合意に達した場合，工事請負契約が交わされる。

（5） **施工および施工監理（プロジェクトの実施）** 施工者は契約で定められた仕様，工期，契約金額等を条件として，工事目的物（インフラストラクチャー）の作成を行う。施工はその費用，投入資源，要員等において，プロジェクト全体に占める割合が最も大きい業務である。施工者が管理すべき事項は多岐にわたり，それゆえに多くのマネジメント手法が確立している。これを総称して（狭義の）**コンストラクションマネジメント**（construction management）という（広義には建設分野のプロジェクトマネジメント全体を指すこともある）。おもなコンストラクションマネジメントの業務としては，施工計画，工程管理，原価管理，品質管理，安全衛生管理，環境管理等が挙げられる。

工事の発注者またはその代理人（エンジニア）は工事の進捗（出来高）や成果物の品質を検査・確認するために施工監理を行う。土木構造物の品質は完成後に直接検査できる項目が限られているため，工事の途中においても業務プロセスの検査が行われる。この点は，受発注者間にある情報の非対称性の観点からしばしば論じられる。

（6） **運営・維持管理** 完成したインフラストラクチャーは供用に付される。事業者は当初目標とされた機能やサービス水準が適切に提供されている状態を供用期間にわたり維持するために運営・維持管理のさまざまな業務を行う。これらの業務には，インフラストラクチャーが当初想定した社会目標を達成しているかどうかを分析し，問題が生じていれば適切な改善を行う**事後評価**（post-project appraisals）も含まれる。供用段階の後期においては，施設・構造物の老朽化が進むにつれて維持管理に必要な費用が増加するので，インフラストラクチャーのライフサイクル全般にわたる戦略的な維持補修投資や，複数の施設を全体として最適化するアセットマネジメント（17章参照）の概念が用いられる。

以上の①から⑥のプロセスは，その完了がただちに新たなプロジェクトの開始を意味するので，循環的なサイクルを形成する。これを**プロジェクトサイクル**（project cycle）と呼ぶ。プロジェクトは，各段階の部分最適ではなく，全体が目的合理的に運営されなければいけないという点において，プロジェクトサイクル自体もまたマネジメントの対象である（project cycle management）。プロジェクトサイクルの各段階に責任を負う主体は誰が望ましいのかを考え，相互協調の誘因を与える体制を設計するプロジェクトガバナンスの試みもまたその一例といえる。 （堀田昌英）

18.2 プロジェクトマネジメントの工程[5)〜9)]

18.2.1 プロジェクトマネジメントライフサイクル

18.1.2項で述べたように，PMBOKではスコープ，時間，コスト，品質，人的資源，コミュニケーション，リスク，調達，ステークホルダー，統合管理という10の知識領域とともに，プロジェクトを時間軸で整理したものとして，立上げ，計画，実行，監視・コントロール，終結という五つのプロセス群を提示している。**図18.1**[5] はうまくいったプロジェクトと，うまくいかないプロジェクトを対比して描いたものである。うまくいかないプロジェクトでは，全体をあまり検討せず，とりあえずできることから始めてしまう。そのうち，何かの不都合が生じ，作業は中断する。検討の後，改めて作業は開始されるが，後戻りできない点 **PONR**（point of no return）まで来るに至り，多くの問題を抱えながら，期限に間に合わせるため，全力で作業を行い，何とかプロジェクトを終えるが，きちんとした振り返りも行われず，つぎのプロジェクトでも同じようなライフサイクルを繰り返すことになる。うまくいくプロジェクトではそのプロジェクトがうまくいくだけでなく，つぎにも教訓が生かされることになる。

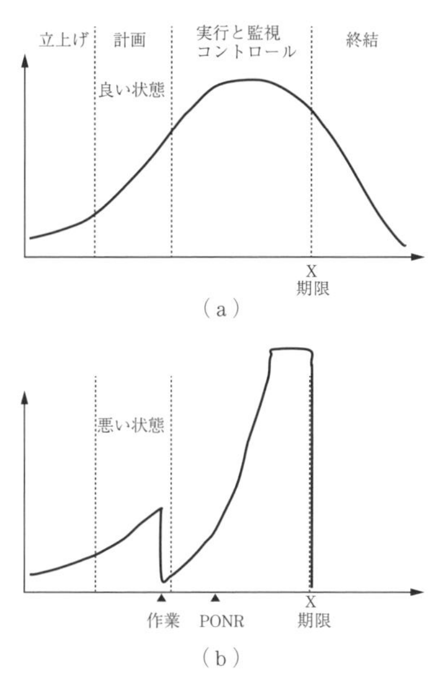

図18.1 プロジェクトのサイクル

18.2.2 プロジェクトマネジメントの工程

〔1〕 目標の明確化

市場の要求，ビジネスニーズ，顧客要求，技術の進歩，法的要求，社会的ニーズの諸要素を踏まえ，真のニーズを把握し，最終の成果物を決定する。さらに，完了・成功の判断基準，仕様，利益，品質の基準，制約条件，リスクなどを検討の上，「誰が」，「何を」，「なぜ」，「いつまでに」，「いくらの予算内」等のポイントについて，文章で表し，関係者間での合意を図る。目標の明確化においては，**SMART**，すなわち，具体化（specific），測定可能なもの（measurable），行動を示す言葉で表す（action），現実性（realistic），期限（time）の諸要素が重要といわれる。

〔2〕 作業過程の分解

作業分解図（work breakdown structure，**WBS**）とは，プロジェクト目標を達成し，必要な成果物を生成するために，プロジェクトチームが実行する作業を階層的に分解したものである（**図18.2**参照）。作業の洗い出しは重要で，見落としは大きな支障となるので，プロジェクトマネージャーのみならず，プロジェクトチームの協力の下，作成する。プロジェクトを上位から順に分解していき，最下位に位置する作業をワークパッケージという。ワークパッケージに時間とコストが割り振られ，監視・追跡ができるものである。WBSの作成の際には，作業の順序付けや所要期間，予算の見積もりは行わず，これは後の工程で行う。なお，「8/80のルール」として，1日（8時間）に満た

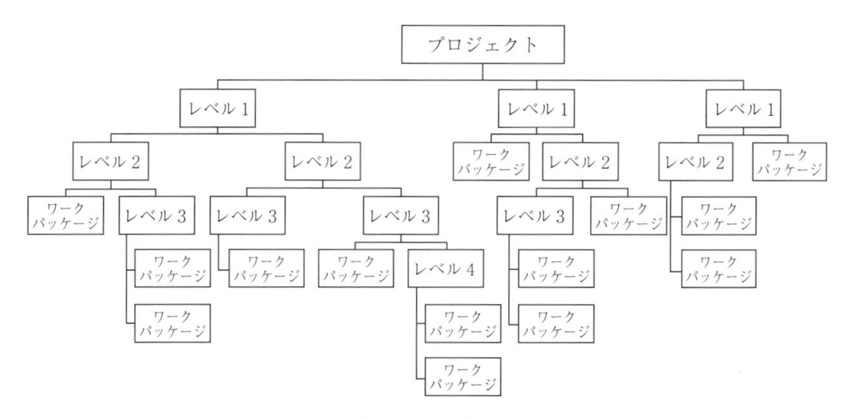

図18.2 WBS図

ない時間で完了する作業は小さすぎるので他の作業との組合せを考え，逆に2週間（80時間）を超えるものは，大きすぎるので，細分割を行うとされる。

〔3〕 作業分担と所要期間の設定

作成したWBSに基づいて，個々の作業ごとにどのようなスキルや経験がいるのかを検討し，各作業の担当者を決める。担当者には必ず，作業ごと責任者を1人定め，作業の実行とコミュニケーションを責任者に集中させる。

つぎに，作業完了に要する期間を見積もる。作業は投入する資源によって所要期間が変わる可変時間作業と，投入資源によって所要期間が変化しない固定時間作業に分けられる。所要期間の見積もりに当たっては，過去の単位量当りのデータから，作業の難易度等の特殊性を踏まえて，設定するほか，楽観値・最可能値・悲観値の三点を見積もり，その平均値等から定める方法もある。

〔4〕 ネットワーク図の作成

作業には，ある作業が完了しなければ開始できない作業や，同時に並行して進められるものなど互いの依存関係が存在する。依存関係には以下のものが存在する。

（1） **終了・開始型**（finish to start，**FS**）　対象作業が終了してから，その作業を開始するもの。最もポピュラーな依存関係である。

（2） **終了・終了型**（finish to finish，**FF**）　対象作業が終了したら，その作業を終了するもの。

（3） **開始・開始型**（start to start，**SS**）　対象作業が開始したら，その作業が開始するもの。

（4） **開始・終了型**（start to finish，**SF**）　対象作業が開始したら，その作業が終了するもの。

また，ネットワーク図として，用いられる**アローダイアグラム**（arrow diagram）には，作業を矢印で表す**AOA**（activity on arrow）方式と，ノードを作業とする**AON**（activity on node）方式がある（**図18.3**参照）。**クリティカルパス**（critical path）や所要期間等を手計算で求める場合はAOAによるものが容易であるが，アローダイアグラムそのものを書くにはAONの方が容易であり，プロジェクト管理ツールとして用いられることが多い，Microsoft Project[10]では，AONを採用している。

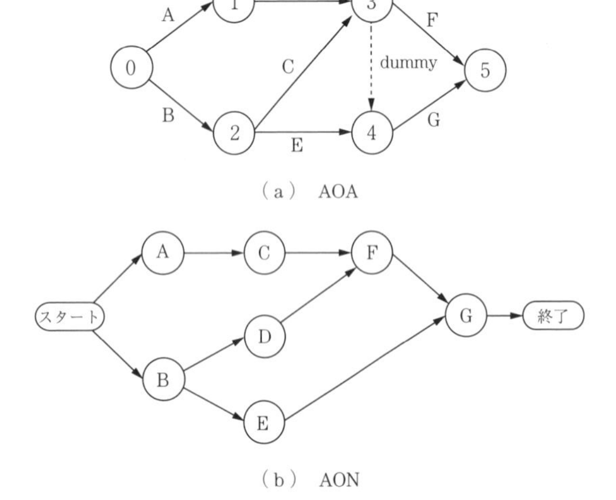

図18.3　ネットワーク

〔5〕 クリティカルパス分析とスケジュール計画の策定

クリティカルパスとは，プロジェクトの開始から終了までに最も長い時間を要する経路のことであり，このパス上の作業に遅れが生じると，全プロジェクト完了の遅れにつながり，プロジェクトコンロール上，鍵となるものである。後に解説する**PERT**（project evaluation and review technique）を用いて，分析を行い，プロジェクト全体の所要期間，各作業の最早開始・終了時刻，最遅開始・終了時刻，余裕時間（float）等を求める。

つぎに，**ガントチャート**（gantt chart）を用いて，各作業のスケジュールを記述し，クリティカルパスや**マイルストーン**（milestone）といわれるプロジェクトを実施する上で重要な期日のコントロールを行う（**図18.4**参照）。

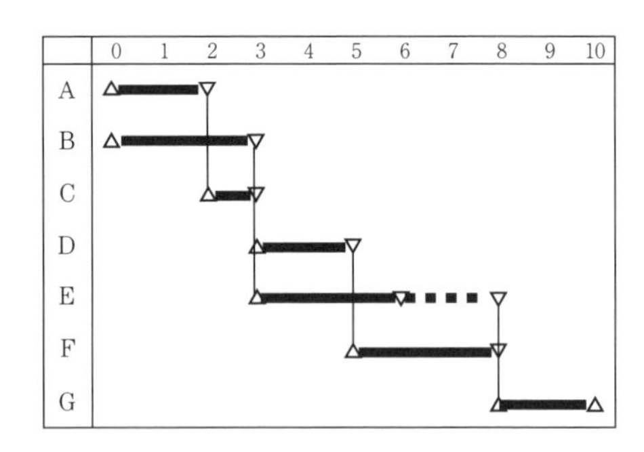

図18.4　ガントチャート

〔6〕 作業負荷のコントロール

スケジュール計画策定の後，作業担当者の負荷のコントロールを行う。まず，作業担当者の負荷量をガントチャートや**ヒストグラム**（histogram）を用いて，視覚化する。負荷量は担当者個人の作業量を所要期間で割り，単位時間当りの%で表す。各負荷が大きすぎる場合や少なすぎる場合は**負荷の平準化**（resource leveling）を行う。平準化を行うには以下の対応を行う。

① 資源を追加投入できる時期に作業を移動する。
② 作業の実施期間を延長，分割を行う。
③ 資源の投入を増やす，あるいはより生産性の高い資源に変更する。
④ 作業の外注を行う。
⑤ プロジェクト期限の延長や予算の増額を交渉する。

〔7〕 **予算コントロール**

予算計画の策定に当たっては，プロジェクトが必要とする費目を決定する。費目にはプロジェクトだけにかかる直接費用と，多くのプロジェクトで共有する間接費用がある。間接費用はなんらかの方法でプロジェクトに配分し，適切な費目で予算に織り込む必要がある。直接費用としては，人件費，設備費，原材料費，装置費，出張費，外注費，マーケティング・広告費がある。また，間接費用としては施設費，一般管理費等がある。経費項目を決定後，予算額を振り分け，各期の予算額と累計額をまとめた予算表を作成し，グラフにまとめる。

また，スケジュールと予算を一元的に把握する手法として**アーンドバリューマネジメント**（earned value management，**EVM**）がある。この手法は，以下の諸元を管理するものである（**図 18.5** 参照）。

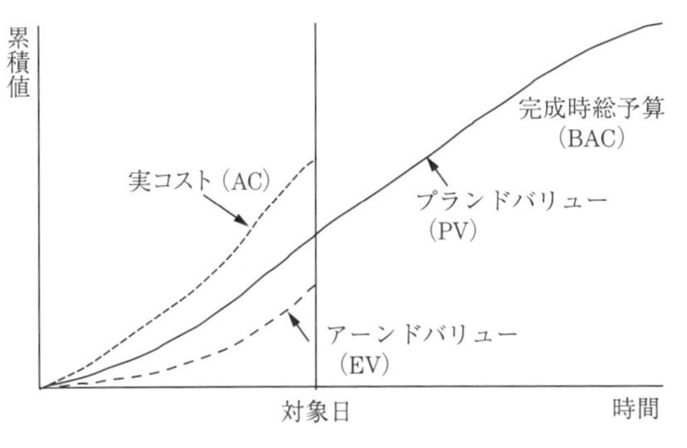

図 18.5 アーンドバリュー概念図

（1） **アーンドバリュー**（earned value，**EV**）
その時点までに実施した作業を予算額で表したもの。

（2） **プランドバリュー**（planned value，**PV**）
その時点までに計画された作業に割り当てられた予算額。完成時の値を**完成時総予算**（budget at completion，**BAC**）という。

（3） **実コスト**（actual cost，**AC**） その時点までに実際に支出された費用。

（4） **スケジュール差異**（schedule variance，**SV**）
SV＝EV－PV
＋なら早めの進捗，－なら遅れ，0なら予定どおり。

（5） **コスト差異**（**CV**：cost variance） CV＝EV－AC
＋値なら予算アンダー，－なら予算オーバー，0なら予算どおり。

（6） **スケジュール効率指数**（**SPI**：schedule performance index） SPI＝EV/PV
1.0を超えているなら早めの進捗，1.0未満なら遅れ，1.0なら予定どおり。

（7） **コスト効率指数**（**CPI**：cost performance index） CPI＝EV/AC
1.0を超えているなら予算アンダー，1.0未満なら予算オーバー，1.0なら予定どおり。

〔8〕 **リスクコントロール**

プロジェクトリスクとは，発生が不確実な事象または状態であり，もし発生した場合，スコープ，スケジュール，コスト，および品質などのプロジェクト目標にプラスあるいはマイナスの影響を及ぼすものである。これらのリスクに適切に準備を行えば，不確実な影響からのプロジェクトへの悪影響を削減することができる。リスクのコントロールに当たっては，リスク事象をリストアップし，「発生の確率」とプロジェクトへの「影響度」によって，分類を行う。この分類に従い，発生確率大・プロジェクトでの影響大であるリスク事象に対してはリスク事象の発生を未然に防ぐための予防対策およびリスク事象が実際に発生したときにその影響を削減するための発生時対策を講ずる。これに対し，発生確率小・プロジェクトでの影響大であれば，発生時対策は講ずるものとする。また，発生時対策に当たっては，これを発動するトリガーポイントも定めておくことが重要である（**図 18.6** 参照）。

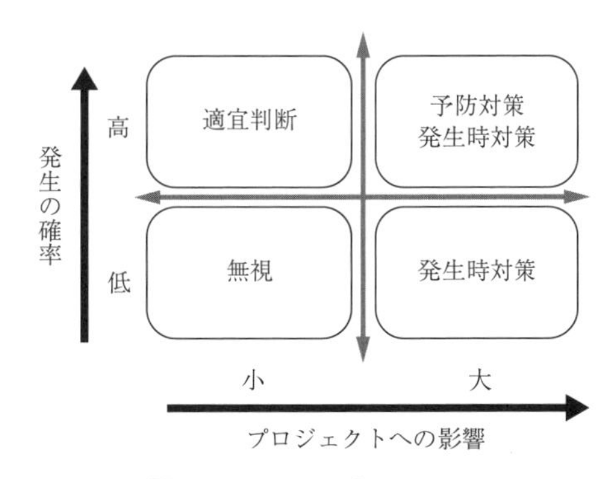

図 18.6 リスクマトリックス

〔9〕 **進捗のコントロール**

プロジェクトの進捗のコントロールに当たっては，コントロールする項目を選定し，その範囲を定め，データ収集の方法を決める。つぎに実績と計画の値を比べ，差異の有無，その程度を検討し，差異の大きさが許容範囲を超える場合はその影響を分析する。影響の分析は表面的にとどまらず，「真の原因」を明らかにするようにする。解明した原因については，再発の防止に努め，必要に応じて是正措置をとる。

〔10〕 振り返り

プロジェクトの終了時には，プロジェクトマネジメントの最後のステップとして，**振り返り**（reviewing）を行う。立上げ，計画，実行と監視コントロール段階まで起こったことに関するデータを収集し，プロジェクトチームで振り返りのミーティングを開催し，目標の達成度を評価するとともに，成功，失敗双方について，つぎのプロジェクトにつながる教訓を導き出す。また，それらを文章に残し，記録として保管を行う。

（高野伸栄）

18.2.3 工程管理手法

〔1〕 工程管理の目的

建設プロジェクトの成否は，品質，時間，費用の3要素で評価される。このうち，完成物の仕様が確定すれば，品質に関して妥協できない。一方，時間と費用は密接に関連しており，経済的効率性の観点からも，プロジェクト工程の計画を合理的に策定することが求められる。

建設プロジェクトは，通常，多くの**作業**（activity, task）によって構成される。実際の建設プロジェクトでは，その規模が大きくなれば，おびただしい数の作業が存在する。これらの作業に関しては，作業Aが完了しないと他の作業Bにとりかかれないといったように，順序関係が存在する。建設プロジェクトにおいて，合理的な工程計画を立案するためには，作業間の相互関係を体系的なシステムとしてモデル化し，最適工程を導出するアルゴリズムが必要となる。こうした目的を満足するために開発されたのが，本項で解説する **PERT**（project evaluation and review technique）と **CPM**（critical path method）である。

PERTとCPMともに，建設プロジェクト全体の仕事を作業という構成単位に分解し，ネットワークとして概念化し，グラフ理論を援用したモデリング手法により，プロジェクトの工程を表現するという点において共通している。そのため，PERTやCPMは**ネットワークプランニング**（network planning）手法とも呼ばれる[11]。ただし，PERTとCPMはもともと独立して開発され，PERTによる分析目的が最も効率的なタスクの手順と最短工期を同定することであるのに対して，CPMによる分析目的は，費用の合理化が関心事項である。すなわち，二つの手法は分析目的の違いにあるといえる。

こうした工程管理手法は，建設プロジェクトの工程計画策定を主眼として開発された。一方で，工程に関わる問題は，プロジェクトが実際に工期どおり終了しなかった場合には工事完成後にも関心事項となる。プロジェクトが工期どおりに終了せず遅延した場合，それが誰の責任によって，どれだけの遅延がもたらされたかが争われる。発注者側の責任により引き起こされた遅延であれば，受注者は**工期の延長**（extension of time）を請求する権利を有する。一方，請負者側の責任により引き起こされた遅延であれば，受注者は請負者に対して，損害賠償を請求する権利を有する。こうした損害賠償は，1日当りの額が契約内で**約定損害賠償**（liquidated damage）として規定される。遅延に伴う責任の分担を確定するためには，遅延が生じた因果関係を特定化する必要がある。このように，遅延の発生メカニズムを明らかにする分析は，**遅延分析**（delay analysis）と呼ばれる。PERTやCPMは，遅延分析のためのツールとしても用いられる。

〔2〕 工程のネットワーク表現

合理的な工程計画の立案のためには，作業間の相互関係をシステムとして表現する必要がある。ここで紹介するPERTおよびCPMでは，作業の相互関係をノードと矢印により構成されるネットワークとして表現する。**表18.1**は，プロジェクトを構成する作業のリストと各作業の所要日数および順序関係に関する情報を示している。先行作業とは，当該作業を開始するまでに完了しておく必要がある作業である。以上の情報を用いて，工程は，**図18.7**に示す**アローダイアグラム**（arrow diagram）と呼ばれるネットワークとして表現できる。矢印は作業を表している。ノードは結合点と呼ばれ，当該ノードに向かう矢印の作業が完了した状態を表している。また，点線の矢印はダミー作業（dummy activity）と呼ばれるものであり，実際に存在する作業ではなく，順序関係を表現するために便宜的に用いられる。アローダイアグラムの作成方法

表18.1 各作業の所要日数と順序関係

作業	所要日数	先行作業
a1	5	なし
a2	6	なし
a3	3	a1
a4	5	a1，a3
a5	4	a2，a3
a6	5	a2，a3，a4
a7	4	a5

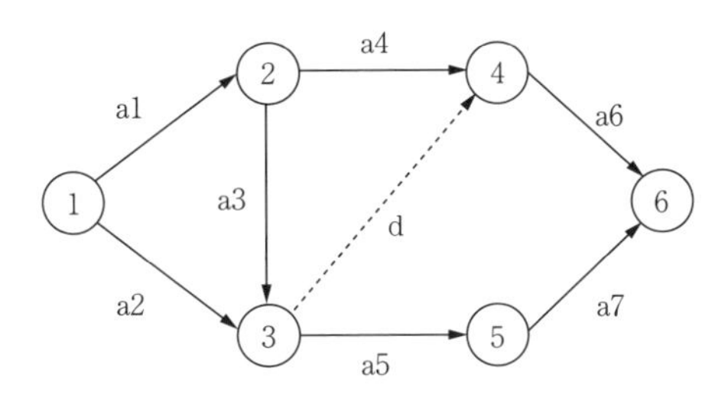

図 18.7　アローダイアグラム（AOA 方式）

は，紙面の都合上，既出文献 11)〜13）に譲る。

〔3〕 PERT

（1） PERT による分析目的　PERT は 1950 年代，アメリカ水軍により，対艦弾道ミサイル開発プロジェクトの合理的な工程計画策定のために開発された[14]。PERT は，工期を最短にするような合理的な工程の導出を目的とする手法である。また，PERT を用いて，どの作業が遅れると工期に影響するか，工期を守るためには，各作業にどの程度の遅れが許されるだろうかといった工程管理上，重要な情報も得られる。以下では，アローダイアグラムに基づき，PERT の具体的な計算方法について概説する。

（2） 最早結合点時刻の算定　PERT では，各ノードに到達する時刻が重要な情報となる。あるノード i の最早結合点時刻 t_i^E とは，プロジェクト開始時刻を 0 としたときに，ノード i に到達できる最も早い時刻であり，つぎのように定義される。

$$t_i^E = \begin{cases} 0 & \text{if } i = 1 \\ \max\limits_{k \in \Omega_i^E} t_k^E + D_{ki} & \text{if } i \geqq 2 \end{cases}$$

ここで，Ω_i^E は，ノード i に結合する作業の起点となるノードをすべて含む集合であり，D_{ki} はノード k からノード i に至る作業に要する所要時間である。

上記の工程例において，各ノードの最早結合点時刻は，以下のように計算できる。

$$t_1^E = 0$$
$$t_2^E = D_{12} = 5$$
$$t_3^E = \max\left[t_2^E + D_{23}, t_1^E + D_{13}\right] = 8$$
$$t_4^E = \max\left[t_2^E + D_{24}, t_3^E + D_{34}\right] = 10$$
$$t_5^E = t_3^E + D_{35} = 12$$
$$t_6^E = \max\left[t_4^E + D_{46}, t_5^E + D_{56}\right] = 16$$

（3） 最遅結合点時刻の算定　あるノード i の最遅結合点時刻 t_i^L とは，最短工期を守るためにノード i まで到達しておくべき最も遅い時刻であり，つぎのように定義される。

$$t_i^L = \begin{cases} 0 & \text{if } i = N \\ \min\limits_{k \in \Omega_i^L} t_k^L + D_{ik} & \text{if } 1 \leqq i \leqq N-1 \end{cases}$$

ここで，Ω_i^L は，ノード i を起点とする作業（矢印）が結合するノードすべてを含む集合であり，D_{ik} はノード i からノード k に至る作業に要する所要時間である。

図 18.7 の例題では，各ノードの最遅結合点時刻は，以下のように計算できる。

$$t_6^D = 16$$
$$t_5^D = t_6^D - D_{56} = 12$$
$$t_4^D = t_6^D - D_{46} = 11$$
$$t_3^D = \min\left[t_5^D - D_{35}, t_4^D - D_{34}\right] = 8$$
$$t_2^D = \min\left[t_4^D - D_{24}, t_3^D - D_{23}\right] = 5$$
$$t_1^D = \min\left[t_3^D - D_{13}, t_2^D - D_{12}\right] = 0$$

こうして，**図 18.8** のように，各ノードにおける最早結合点時刻と最遅結合点時刻を得ることができる。

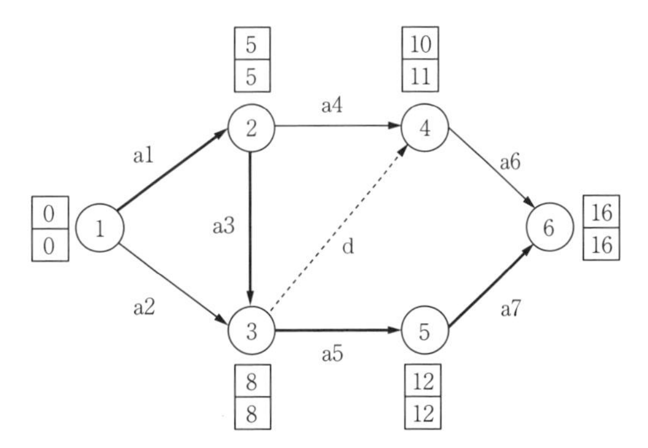

※太線はクリティカルパスを示す。また，各ノードに付された数字の上段には最早結合点時刻を，下段には最遅結合点時刻を記している。

図 18.8　最早結合点時刻と最遅結合点時刻

（4） クリティカルパス　図 18.8 で最早結合点時刻と最遅結合点時刻が一致するノードに着目しよう。このようなノードを起点とする作業を仮に最早結合点時刻（＝最遅結合点時刻）よりも遅い時刻に開始すれば，その定義から必然的に最短工期を守ることができなくなる。

最早結合点時刻と最遅結合点時刻が一致するノードを結ぶ作業をつなぐと開始ノードから終点ノードを結ぶパス（①→②→③→⑤→⑥）が得られる。このようにして得られるパスは，**クリティカルパス**（critical path）と呼ばれる。クリティカルパス上にある作業（a1，a3，a5，a7）で遅れが生じると最短工期で完了できない。

クリティカルパスは，建設プロジェクトの工程管理においてきわめて重要な情報である。クリティカルパス上にある作業の遅延は即，プロジェクト全体の工期の遅れにつながるため，遅延が生じないようにより重点的な管理が求められる。

（5） **フロート**　クリティカルパス上にない作業（a2，a4，a6）については，作業が遅れてもすぐに最短工期に影響を及ぼすことはない。例えば，作業a4は6日目から作業を開始し11日目までに完成すればよく，最短工期で完成することが条件であれば6日以内に終わらせれば問題ない。作業a4の所要日数が5日であれば，1日の余裕時間が存在する。こうして定義される余裕時間は，トータルフロート（total float）と呼ばれ，ノードiとノードjを結ぶ作業のトータルフロートTF_{ij}はつぎのように定義される。

$$TF_{ij}=t_j^L-t_i^E-D_{ij}$$

また，他の作業の最早開始時刻に影響を及ぼさない余裕時間は**フリーフロート**（free float）と呼ばれる。ノードiとノードjを結ぶ作業のトータルフロートFF_{ij}は

$$FF_{ij}=t_j^E-t_i^E-D_{ij}$$

と定義され，必ず$TF_{ij}≧FF_{ij}$が成り立つ。

〔4〕 **CPM**

（1） **費用勾配**　実際の建設工事では，完成時期を早めたり，工期の遅れを取り戻すために，追加的に費用を支払い，作業時間を短縮することがある。CPMは，費用効率的な工期の短縮方法を見いだすための分析手法である。

それぞれの作業について所要時間を1日短縮するために必要となる追加的な費用を**費用勾配**と呼ぶ。**表18.2**には，例題を対象として，各作業の費用勾配と短縮可能日数を示している。CPMでは，工期を短縮が必要な場合に，どの作業から優先的に短縮すべきかを導く。

表18.2　費用勾配と可能短縮日数

作　業	費用勾配〔万円／日〕	可能短縮日数
a1	2	2
a2	2	2
a3	3	1
a4	4	1
a5	1	1
a6	2	3
a7	3	1

（2） **短縮断面**　プロジェクト工期を短縮するためには，クリティカルパス上の作業時間を短縮する必要がある。ただし，ある作業の時間を短くすれば，その他の作業の余裕時間（フロート）も短くなるかもしれない。また，工期短縮のためには，他の作業の時間も同時に短縮する必要があるかもしれない。

ある作業を短縮して工期を短縮する上で，他の作業に及ぼす影響を考えるため，始点を含むパートと終点を含むパートを分断する断面（短縮断面）に着目する。工期を短くするためには，ある短縮断面上のすべての作業に対して与えられる時間を短縮する必要がある。例題では，**図18.9**に示すように，七つの短縮断面が存在する。例えば，断面1に着目しよう。作業a1の日数を1日短縮する場合を考えよう。このとき，ノード③の最早結合点時刻は7日目となる。したがって，断面1上にあるもう一つの作業a2のフリーフロートは，当初の2日から1日に短縮される。このように，ある作業時間の短縮は，その他の作業のフリーフロートに影響を及ぼす。フリーフロートに関する情報を整理するために，**図18.10**のように，各作業のフリーフロートに関する情報を整理する。三角形の上段には，各作業の標準時間D_{ij}の下でのフリーフロート$FF_{ij}=t_j^E-t_i^E-D_{ij}$を記しており，下段の三角形

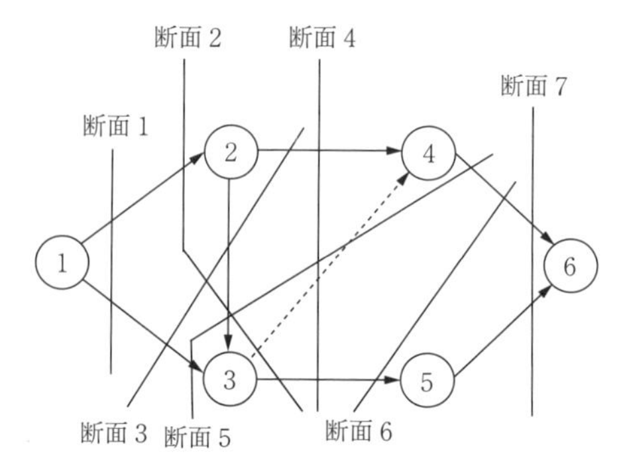

図18.9　短縮断面

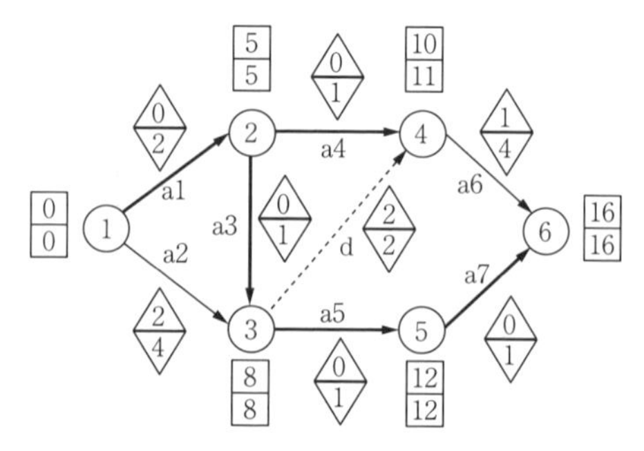

図18.10　各作業のフリーフロート

には作業時間を短縮した際の特急時間 d_{ij} の下でのフリーフロート $FF_{ij}=t_j^E-t_i^E-d_{ij}$ を記している。なお，図 18.10 では，標準時間の下でのフリーフロートが 0 となる作業を太線矢印で示している。

（3） 工期短縮方法の計算アルゴリズム　CPM の計算では，最も安価な費用勾配の短縮断面上の作業の所要時間を短縮するというプロセスを繰り返す。例題を用いて，短縮断面の費用勾配の計算方法を説明しよう。

（第 1 ラウンド）

断面 1 において，工期を 1 日短縮するためには，フリーフロートが 0 となる作業 a1 を 1 日短縮する必要がある。このとき，追加費用 2 万円の追加費用が発生する。作業 a2 はフリーフロートが 2 日あるため，作業日数を短縮する必要はない。ただし，フリーフロートは 1 日減少し，1 日となる。こうして，断面 1 の費用勾配は 2 万円/日と計算できる。断面上の作業に対して，フリーフロートが 0 日のものについては，追加費用が発生する一方，それ以外の作業については，追加費用は発生せず，フリーフロートが減少する。他の断面の費用勾配も同様の考え方に従い，計算できる。ただし，断面 2 では，作業 a3 の矢印が，終点ノードが含まれるグループから始点ノードが含まれるグループへと向かっている。断面 2 において作業 a2 を 1 日短縮すれば，作業 a3 は 1 日早く作業を開始できるため，フリーフロートが 1 日増えることになる。一般的に，短縮断面上で，終点ノードが含まれるグループから始点ノードが含まれるグループへ矢印が向かう作業については，当該断面での時間短縮は，フリーフロートを増加にほかならない。以上の方法に従って，各断面での費用勾配を計算すると，以下のようになる。

断面 1：2 万円/日（作業 a1 を短縮）
断面 2：2+1=3 万円/日（作業 a1，a5 を短縮）
断面 3：3+4=7 万円/日（作業 a3，a4 を短縮）
断面 4：4+1=5 万円/日（作業 a4，a5 を短縮）
断面 5：3 万円/日（作業 a3 を短縮）
断面 6：1 万円/日（作業 a5 を短縮）
断面 7：3 万円/日（作業 a7 を短縮）

最も費用勾配が小さい断面は断面 6 となる。したがって，まず作業 a5 を短縮するのが最も効率的となる。このとき，断面 6 上にある作業 a6 のフリーフロートは 1 日であり，作業 a5 の可能短縮日数も 1 日なので，短縮日数は 1 日である。すなわち，第 1 ラウンドでは，作業 a5 を 1 日短縮，追加費用は 1 万円で工期は 1 日短縮される。その結果，各作業のフリーフロートは**図 18.11** となる。

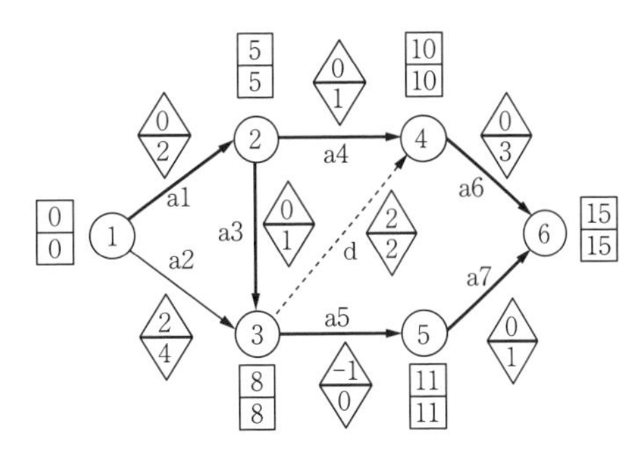

図 18.11　第 1 ラウンド後のフリーフロート

（第 2 ラウンド）

図 18.11 を基に，第 2 ラウンドとして上記と同様の計算を行う。ただし，作業 a5 の特急時間のフリーフロートが 0 となっている。これは，作業 a5 はこれ以上，追加費用を支払っても短縮できないことを示している。したがって，作業 a5 を含む短縮断面（断面 2，4，6）を候補から排除する。各断面の費用勾配を計算すると

断面 1：2 万円/日（作業 a1 を短縮）
断面 3：3+4=7 万円/日（作業 a3，a4 を短縮）
断面 5：3+2=5 万円/日（作業 a3，a6 を短縮）
断面 7：2+3=5 万円/日（作業 a6，a7 を短縮）

となる。断面 1 の費用勾配が最小となり，作業 a1 を短縮するのが最も効率的となる。このとき，作業 a2 のフリーフロートが 2 日であり，作業 a1 の可能短縮日数も 2 日なので，短縮日数は 2 日である。すなわち，第 2 ラウンドでは，作業 a1 を 2 日短縮，追加費用は 4 万円で工期は 2 日短縮される。その結果，各作業のフリーフロートは**図 18.12** となる。

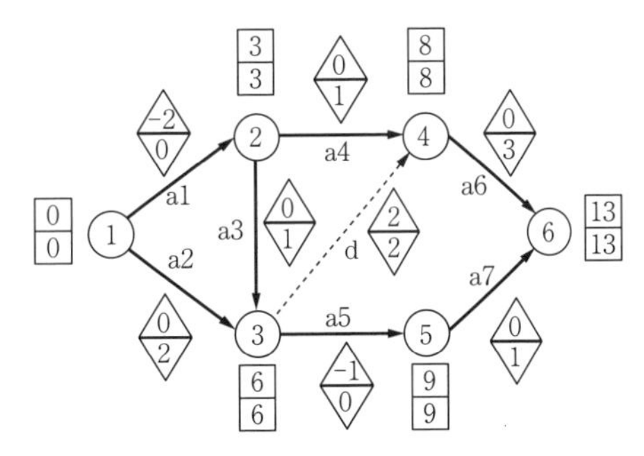

図 18.12　第 2 ラウンド後のフリーフロート

（第 3 ラウンド）

図 18.12 に基づき，これ以上短縮不可能な作業 a1 と a5 を含む断面（断面 1，2，4，6）を除く断面の費用勾配を計算する。

断面 3：2+3+4=9 万円/日
（作業 a2，a3，a4 を短縮）

断面 5：2+3+2=7 万円/日

（作業 a2，a3，a6 を短縮）

断面 7：2+3=5 万円/日（作業 a6，a7 を短縮）

断面 7 の費用勾配が最小であり，作業 a7 の可能短縮日数が 1 日なので，短縮日数は 1 日である。すなわち，第 3 ラウンドでは，作業 a6 と a7 を 1 日短縮し，追加費用は 5 万円で工期は 1 日短縮される。その結果，各作業のフリーフロートは**図 18.13** となる。

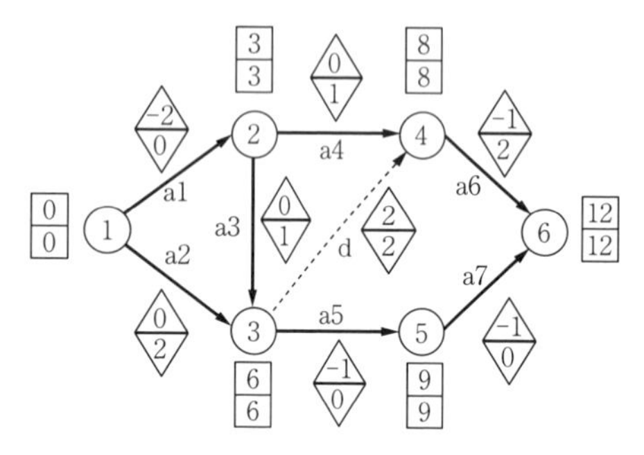

図 18.13　第 3 ラウンド後のフリーフロート

（**第 4 ラウンド**）

図 18.13 に基づき，これ以上短縮不可能な作業 a1，a5，a7 を含む断面（断面 1，2，4，6，7）を除く断面の費用勾配を計算する。

断面 3：2+3+4=9 万円/日

（作業 a2，a3，a4 を短縮）

断面 5：2+3+2=7 万円/日

（作業 a2，a3，a6 を短縮）

断面 5 の費用勾配が最小であり，作業 a3 の可能短縮日数が 1 日なので，短縮日数は 1 日である。すなわち，第 4 ラウンドでは，作業 a2，a3，a6 を 1 日短縮し，追加費用は 7 万円で工期は 1 日短縮される。その結果，各作業のフリーフロートは**図 18.14** となる。図 18.14 では，すべての断面に短縮不可能な作業が含まれるため，これ以上の工期短縮は不可能であり，CPM 計算は終了である。

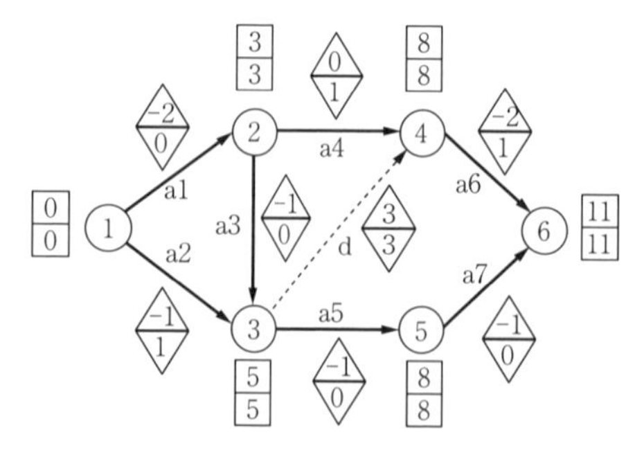

図 18.14　第 4 ラウンド後のフリーフロート

（4）**プロジェクト費用曲線**　第 1 ラウンドから第 4 ラウンドまでの工期短縮日数と追加費用をグラフに表すと，**図 18.15** のような曲線を得る。このように，CPM 計算の結果は，工期と追加費用の関係を示す曲線として整理でき，この曲線を**プロジェクト費用曲線**と呼ぶ。

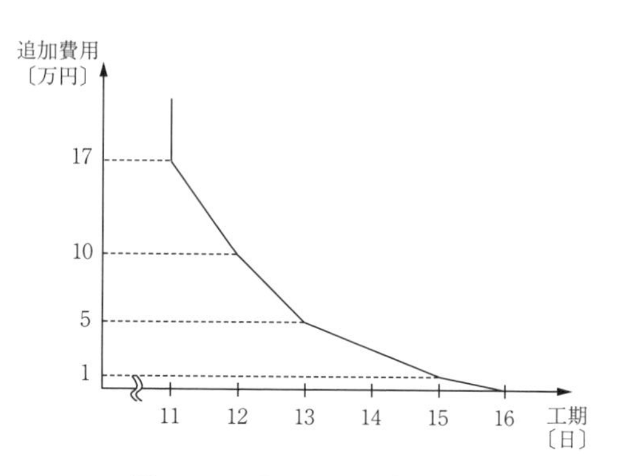

図 18.15　プロジェクト費用曲線

（大西正光）

18.3　建設プロジェクトにおける マネジメントシステム

建設プロジェクト（construction project）は，一般に社会基盤および生産基盤施設の建設にかかわるもので，国家的な大規模プロジェクトから身近なプロジェクトまで多種多様なものがある。厳しい自然・社会条件下で実施される建設プロジェクトでは，プロジェクトの管理者は天候，労務，地質等の複雑かつ不確実な環境条件を把握しながら，工期遅延，コスト変動，品質低下等のリスクを管理し，プロジェクトを円滑に進めていく必要がある [15]。

建設プロジェクトにおけるマネジメントシステムとは，「方針および目標を定めて，その目標を達成するための仕組み」のことをいう。本来は組織独自に定めた内容で実施するものであるが，国際標準規格（ISO 規格）の要求事項のおもなものとして，「マネジメントシステムの運用は，PDCA サイクルを回して継続的に改善すること」が求められている [16]。本節では，建設プロジェクトのマネジメントシステムの主要な内容である「品質マネジメントシステム」，「環境マネジメントシステム」，「労働安全衛生マネジメントシステム」，「リスクマネジメントシステム」，ならびに CSR の一環としての事業継続への備えの重要性の高まりから,「事業継続計画（BCP)」について概観する。

18.3.1　品質マネジメントシステム

品質マネジメントシステム（quality management system, **QMS**）とは，企業が顧客の要求事項および適用される法令や規制の要求事項を満たした製品等を一貫して提供できる能力を有することを実証し，さらには顧客の要求事項および法令や規制の要求事項に適合することで顧客満足の向上を目指すための仕組みの構築を目指すものである[16]。

わが国では，多くの社会資本としての構造物が建設され，蓄積されている。今後わが国が高齢化社会を迎える中で，持続的発展可能な社会を実現するためには，社会資本と位置付けられる構造物が，その建設目的を長期にわたって満足し得るように建設され維持されることの重要性が高まっている。

〔1〕　わが国における品質管理の取組み

構造物における品質の確保とその品質保証に対する社会的ニーズの高まりとともに，品質確保に対する発注者や建設企業等の関係機関の責任が大きくなってきている。この問題に対しては，1980年代に取組みが強化された**全社的品質管理**（total quality control, **TQC**）が多くの企業で行われ，1990年代に入ってからは，ISO 9001等に基づいて企業単位で品質マネジメントシステムを構築し，それをベースに製品や業務に関する品質保証が急速に普及してきている。例えば，コンクリートの塩害や中性化等の劣化によるひび割れ，コールドジョイントの不適切な処置等の不具合など，材料・施工法に起因する問題だけでなく，機能上の問題等がある。

〔2〕　国際規格（ISO 9000シリーズ）

ISO 9000シリーズは，1987年にISOによって発行された品質管理および品質保証のための一連の規格である。その特徴は，すべての組織が，業態・形態・規模に関係なく品質マネジメントシステムを効率的に実施できるようにしたところにある。この中でISO 9001は，品質マネジメントの要求事項を規定したものである。

2004年9月に国土交通省から出された通達では，ISO 9000ファミリーにより受注者が自主的な品質管理業務を行っている現場での発注者の検査等は，一部省略できることが確認されている[16]。

〔3〕　品質マネジメントシステム（QMS）

建設企業は，営業・企画から設計，購買，施工およびアフターケアの各プロセスにおいて，顧客の要求品質・法的要求事項を的確に把握し，顧客が満足する建造物とサービスを提供するため品質マネジメントシステム（QMS）を確立し，品質マニュアルおよび関連要領に文書化している。企業は，これらの文書に基づきQMSを運用し維持するだけでなく，QMSの有効性を継続的に改善するため，建築物の設計，工事監理および施工，土木構造物の設計および施工に適用している。

18.3.2　環境マネジメントシステム

組織（企業）は，その事業活動に伴う環境への影響・負荷の低減を社会的な責任として強く要請されている。そうした中，各企業は，法令（水質・騒音・振動・大気汚染・土壌汚染の関連法）による環境保全や汚染予防の規制遵守という条件の下で，独自の特色を提示しつつ環境経営を自らの経営戦略に取り入れている。

そこで，温室効果ガスや建設廃棄物を削減し環境保全を進めるために，計画（plan）・実行（do）・チェック（check）・是正措置（action）のサイクル（**PDCAサイクル**）という一連の運営活動が求められ，このための組織の実施体制，手続き等の運営管理の仕組みが「環境マネジメントシステム」であり，企業等が環境問題に総合的に取り組むための枠組みである。有名なものとしては，1993年にEUが策定した，**エコマネジメント監査スキーム**（Eco Management and Audit Scheme, **EMAS**）や**国際標準化機構**（International Organization for Standardization, **ISO**）によって1996年に成立したISO 14001がある[16]。土木学会では，1994年3月に「土木学会地球環境行動計画－アジェンダ21／土木学会」を策定し，土木分野における地球環境保全に向けた行動計画を提示してきている。

〔1〕　国際規格（ISO 14000シリーズ）

深刻な地球環境問題に関する認識を背景として，1996年にISOにより定められたISO 14000シリーズと呼ばれる一連の**環境マネジメントシステム**（environmental management system, **EMS**）が作成された。ISO 14001は，環境マネジメントシステムの仕様（管理運営形態）を定めた規格であり，この要求事項に沿って具体的な環境保全活動やその水準を組織が自主的に定めることになっている。ただし，特定の環境パフォーマンス（達成度）基準については要求していない[17]。

ISO 14001の基本的な仕組みは，以下のとおりである。

① 環境方針を策定し事業活動の環境へ与える影響の内容を特定し，法的その他の要求事項を確認

② 目的および目標を設定し行動プログラムを作成

③ 実施と文書管理，内部環境監査，不適合の是正

と予防措置

④　経営層による見直し

以上からも明らかなように，PDCAサイクルによる継続的改善が求められる。

〔2〕 エコアクション21

エコアクション21（eco-action 21，**EA21**）は，日本独自の環境マネジメントシステムであり，ISO14001の取得が経済的，人材的に困難な中小企業のために環境省が主導して1996年に作られた。運営管理の仕組みは，ISOと同様にPDCAサイクルを実施するが，ISOと比べて以下の特徴を有する。

①　環境への取組みを事業者が選定するのでなく，二酸化炭素排出量，廃棄物排出量，総排水量を必須として規定

②　ISOの審査，認証，登録費用が安価に設定

③　環境活動レポートの作成と公表を義務付け

以上のように，ISO 14001やエコアクション21の認証取得により，企業活動における環境負荷の低減，社員の環境意識の向上，企業としてのイメージアップの向上などが期待できるだけでなく，環境に配慮した技術開発により自然と共生する社会づくりを目指した環境保全対策に積極的に取り組む企業も出てきている。

〔3〕 土壌環境リスク

ここ数年，市街地における工場跡地の再開発・売却等，土壌・地下水汚染問題が顕在化し，その実態が明らかになってきている。環境省調査によると，土壌環境基準を超過した汚染判明事例数は2012（平成24）年度で906件となっている[18]。

企業にとって，土壌・地下水汚染問題は大きな経済的リスクであり，汚染が発覚した場合には，第三者に対する損害賠償責任など，企業経営に影響を及ぼすことも十分に考えられる。また，2010年4月に改正された土壌汚染対策法では，自然由来の重金属等も対象となるように法改正が行われ[18]，岩石等に由来する重金属に関する対応が求められるなど，作業に伴う二次的な環境リスクに対する適切な対応も求められている。

〔4〕 ISO 9001 および ISO 14001 の改正

2015年9月にISO 9001品質マネジメントシステムおよびISO14001環境マネジメントシステムが，改正されている。今回の改正ポイントは，おもに両規格の構成の共通化，システムの有効性に対する経営トップの説明責任，システムの事業プロセスへの統合，リスクに基づく計画・対応および成果が重視されたことにある。この結果，QMSとEMSの統合が容易になっている。

品質環境マネジメントシステム（QEMS）の全体像の事例を**図18.16**に示す。

QEMSは，以下の三つのプロセスで構成されている。

①　品質環境方針管理プロセス：計画プロセス・点検評価プロセス・改善プロセスで構成される品質

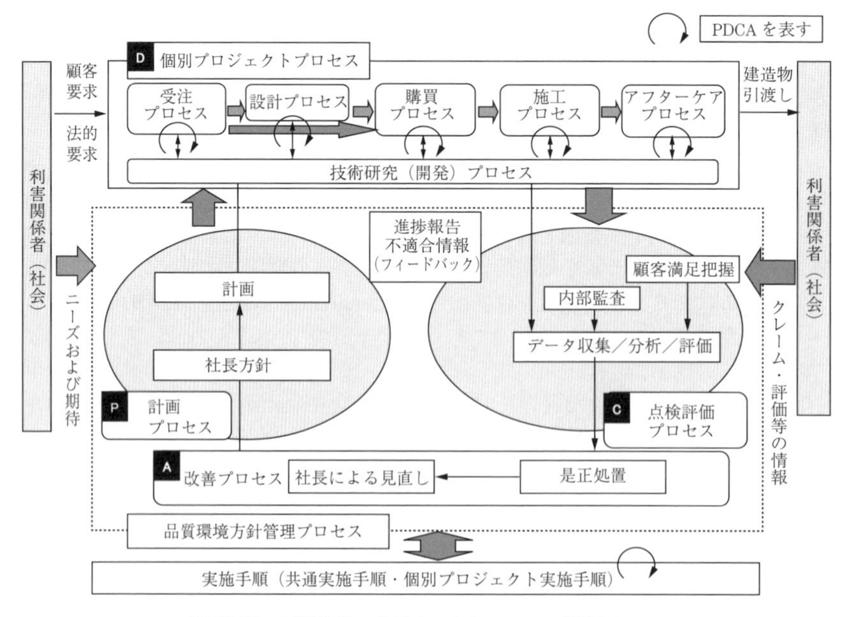

図18.16　品質環境マネジメントシステムの概念図
（提供：株式会社熊谷組品質環境マニュアル）

環境に関する管理のプロセス

② 個別プロジェクトプロセス：建造物やサービスを実現するために実施される一連のプロセスおよび手順

③ 実施手順：上記のプロセスを実施するためにツールとして必要な手順

18.3.3 労働安全衛生マネジメントシステム

安全衛生管理活動における重要な取組み事項を，確実かつ効果的に実施し，自主・自立的に安全衛生水準の向上を目指していくためには，リスクアセスメントの実施を柱とした「労働安全衛生マネジメントシステム」を導入し，改善を図りながら継続して運用していくことが必要になる。

唯一の国際的な基準としてILO（国際労働機関）において**労働安全衛生マネジメントシステム**（occupational safety and health management system, **OSHMS**）に関するガイドラインが策定されている。わが国においても，厚生労働省から「労働安全衛生マネジメントシステムに関する指針（OSHMS指針）」（平成11年労働省告示第53号，平成18年改正）がILOのガイドラインに準拠し，公表されている[16)]。

〔1〕 OSHMSガイドラインの目的

OSHMSガイドラインは，事業者が労働者の協力の下に店社と作業所（建設事業所）が一体となって，「計画－実施－評価－改善（PDCAサイクル）」という一連の過程を定めて，継続的な安全衛生管理を自主的に進めることにより，労働災害の防止と労働者の健康増進，さらに進んで快適な職場環境を形成し，事業場の安全衛生水準の向上を図ることを目的としている。

〔2〕 ガイドラインの特徴と実施事項

OSHMSガイドラインでは，細部について決められた方法や順序は定められていないが，自社事業場の安全衛生管理活動の現状を確認し，その現状に合わせて取り組むべき事項を決め，できるところから構築していく必要がある。OSHMSの特長は，以下のようにまとめられる。

① 経営トップによる安全衛生方針の表明により，安全衛生を経営と一体化する仕組みが組み込まれ，全社的な安全衛生管理が推進される。

② 危険性または有害性の調査を行い，その結果に基づいて労働者の危険または健康障害を防止するために必要な措置を採用する（OSHMSの中核）。

③ 「PDCAサイクル」を通じて安全衛生計画に基づく安全衛生管理を自主的・継続的に実施する。

上記から，OSHMSが効果的に運用されれば，安全衛生目標の達成を通じて事業場全体の安全衛生水準がスパイラル状に向上することが期待できるとともに，各種手順等も明文化することとされており，安全衛生管理のノウハウが適切に継承されることに役立つだけでなく，OSHMSに従って行った措置の実施については，その記録を保存することも非常に重要である。

労働安全衛生マネジメントシステムの特長は，**図18.17**のようにまとめられる。

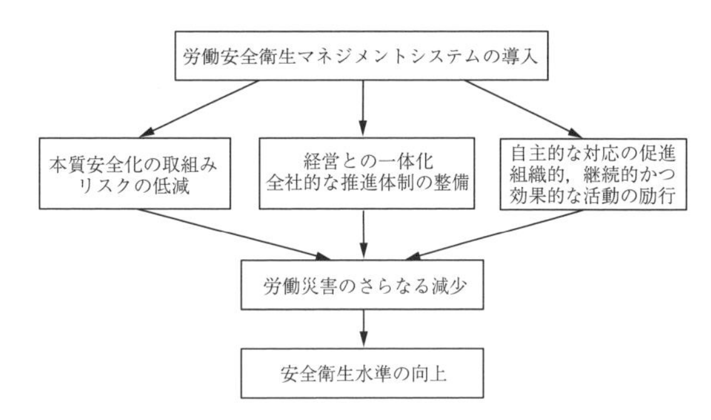

図18.17 労働安全衛生マネジメントシステムの特長

OSHMS指針を基にした具体的な実施事項等は，以下のように整理される。

① 事業者が安全衛生方針を表明する。

② 建設物，設備，原材料，作業方法等の危険性または有害性などを調査し，その結果を踏まえ，労働者の危険または健康障害を防止するために必要な措置を決定する。

③ 安全衛生方針に基づき，安全衛生目標を設定する。

④ ②と③等に基づき，安全衛生管理計画を作成する。

⑤ 安全衛生管理計画を適切，かつ継続的に実施する。

⑥ 安全衛生管理計画の実施状況等の日常的な点検および改善を行う。

⑦ 定期的にシステムを監査し，見直しおよび改善を行う。

⑧ ①～⑦を繰り返して，継続的に実施する

このように，労働災害防止をするためには，OSHMSを有機的に運用することが重要である。システムを理解し，安全衛生管理計画に沿って運用されているかをチェックするために，内部安全衛生監査員によるシステム監査が必要となってくる。この客観的な評価を継続的に実施することで，事業場における安全衛生の向上を図ることが可能となる。

18.3.4 リスクマネジメントシステム

建設産業は，社会基盤の整備や民間市場の事業ニー

ズに対して，高品質な構造物（製品）の完成を通して社会への貢献を行ってきている。社会やエンドユーザーからの評価・信頼を獲得し，自らの努力により企業利益を創出し，将来的にも企業が存続し継続的に発展する必要がある。このため，顧客満足に立脚した企業価値の向上が，経営上の必須の条件となってきている。

一方で，建設産業の収益基盤である建設プロジェクトは，建設物である構造物の計画，構造物の建設，その維持管理，廃棄という一連の流れがある。プロジェクト完了までの長期間には多様な工種および多様な事象が関係するため，さまざまな不確定要素が多数存在する。例えば，自然災害や工事事故，複雑な地質等の施工条件や工事サイト周辺環境，なんらかの事件との関わり，社内組織や従業員個人などの違法行為や逸脱行為などが挙げられる。これらの不確定要素は，そのプロジェクトの工期やコストに対して多大な影響を与えるだけでなく，企業に対する世間の評判による信用やブランドの毀損につながることが考えられる。

企業が，社会からの期待に応え，信頼を得るためには，さまざまなリスクへの対応が求められている。

〔1〕 リスクマネジメントのサイクル

リスクマネジメント（risk management）の目的は，リスクによる「影響」を可能な限り抑制し，限られた資源を有効に活用することでプロジェクトの目標を効率的に達成することにある[19]。ここで，リスクマネジメントとは，プロジェクト全体に関連する，「危険性又は有害性の特定」，「リスクの把握」，「そのリスクのコントロール」，「リスクの回避や分散およびリスクによる損害や損失の予防や低減措置内容の決定」までの管理や対処方法の検討である。

事業担当者等のプロジェクトへの参画者は，プロジェクト初期段階に行われる検討会等において，当該プロジェクトの不確定要素，すなわちすべてのリスクの抽出，おのおののリスクに対する分析や調査，認識された個々のリスクへの対処方法などの検討を行う。

当該リスクへの対応策として基本的に取り得る手法は，「1. 保有」，「2. 削減」，「3. 回避」，「4. 移転」の4種類となる。対応策を抽出する技術者の過去の経験や現場の状況，周辺の社会的条件等，事業環境に関わる要因を十分に勘案して，実現性の高い対策であればできるだけ多く抽出する必要がある。

〔2〕 リスクアセスメント

ここでは，建設工事における労働災害の未然防止を目的としたリスクアセスメントの考え方を概観する。

労働安全衛生法第28条の2において，リスクアセスメント（危険性又は有害性等の調査）および実施事項は，事業者の行うべき措置として規定されている。建設現場におけるリスクアセスメントは，作業の中の危険性等を特定することから始めるため，できる限り前段階（上流側）で実施することが重要である。リスクマネジメントの各ステップに即して実施し，低減対策等の実施内容を次期工事への情報として残しておく必要がある。建設工事に付随するリスクの種類，評価実施時期等の体系は，**図18.18**に示すとおりである[20]。

検討会等の段階で認識されたすべてのリスクについて，そのリスクの重要度等を定量化する。定量化すべ

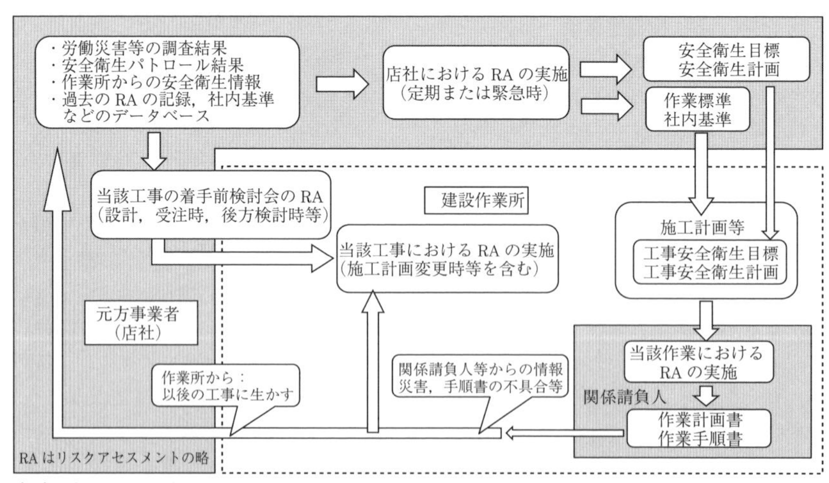

〔注〕 矢印は，実施結果をつぎのステップに反映させていることを意味しており，手順を表しているものではない。

図18.18 店社および作業所におけるリスクアセスメントの体系[20]

き項目はリスクの発生の可能性（発生確率）やリスクが発生した場合の影響の大きさなどであるが，プロジェクトの個々の現場においては，現場状況の物理的特性や社会的環境などさまざまな要因が現場ごとに異なるために，過去の他地域の事例が参考になりにくい場合もある。そこでリスクの定量化に当たっては，影響度をプロジェクトに関与する人々の知識や経験を基に，おおよそのランキング（おおむね3段階，例えば，「高い」，「中程度」，「低い」など）で評価する方法がとられている[19]。

〔3〕 コンプライアンス

建設工事を円滑に進めていくためには，建設業法・労働関連法・労働安全衛生関連法・環境基本法・建設リサイクル法・公害防止関連法などの基本ガイドラインがある。コントラクターとしての責任については，これらの法令などに基づいたものでなければならない。特に公共工事においては，「公共工事の入札及び契約の適正化の促進に関する法律」や「公共工事の品質確保の促進に関する法律（品確法）」なども関連することになる。経営のリスク回避のためには，企業統治の強化やコンプライアンスの徹底など，企業の内部統制が有効に機能することを高めていく必要がある。したがって，標準化した管理対象として全社的なガイドラインを整備することが求められ，全社員を対象としたコンプライアンスプログラムの策定，実行度の定期的な確認と指導および研修などを組織的に行っていくことが必要である。

18.3.5　事業継続計画

2011年3月11日に発生した東日本大震災は，想定を超える甚大な被害をもたらしただけでなく，電力や燃料不足の発生やサプライチェーンの途絶など，企業の事業継続に深刻な打撃を与えた。わが国のほとんどの企業や行政機関では，この震災による甚大な被害を想定しておらず，事業継続上，深刻な打撃を受けている。政府や産業界は，発生が懸念されている南海トラフの巨大地雲や首都直下地震などを念頭に，大震災の教訓を生かして有効な対策の実施と**事業継続計画**（business continuity plan，**BCP**）および**事業継続マネジメント**（business continuity management，**BCM**）の普及を図ることが喫緊の課題となっている[21]。

建設企業では，首都直下地震等の突発的な事象においても，企業の重要業務，例えば，大規模災害時のインフラ復旧工事や顧客企業等の被災状況の確認・応急復旧への対応が目標時間までに実施できるような体制の構築を行っている。また，主要業務が継続できるように，首都直下地震への対応では「首都圏版BCP」を策定し，国土交通省による「災害時の基礎的事業継続力認定制度」の認定を受けている企業もある。さらには，BCPの実効性を維持・向上させるために，全社的な危機管理委員会を常設し，PDCAサイクルに基づいたBCP活動の年度計画の策定，訓練計画や研修などを通じて防災体制のレベルアップを図っている。

（永田尚人）

18.4　契約入札制度

18.4.1　わが国の公共工事入札制度[22]

〔1〕 建設業許可

図18.19は，わが国の公共工事の入札に課せられている四つのスクリーニングを示したものである。建設工事（公共工事のみならず民間工事も含む）を受注しようとする会社は工事内容に応じて，建設業法に基づき**建設業許可**（contractor's license）を受ける必要がある（請負代金の額が500万円以上の場合：ただし，建築一式工事にあっては，1件の請負代金の額が1 500万円以上または木造住宅工事であって延べ面積が150平方メートル以上の場合）。

許可要件としては 1）許可を受けようとする建設業に関して経営業務の管理責任者としての経験を有すること。2）営業所ごとに許可を受けようとする建設業に関して，一定の資格または経験を有した者（＝専任技術者）を設置すること。3）請負契約の締結やその履行に際して不正または不誠実な行為をするおそれがないこと。4）許可を受けるべき建設業者としての最低限度の財産的基礎等があることの四つの要件が求められる。許可業種はいわゆる**ゼネコン**（general contractor）と呼ばれる総合建設工事会社が取得する土木工事一式，建築工事一式のほか，専門工事会社がその工種によって取得する大工工事，左官工事，とび・土工・コンクリート工事，石工事，屋根工事，電気工事，管工事，タイル・れんが・ブロック工事，鋼構造物工事，鉄筋工事，ほ装工事，しゅんせつ工事，板金工事，ガラス工事，塗装工事，防水工事，内装仕上工事，機械器具設置工事，熱絶縁工事，電気通信工事，造園工事，さく井工事，建具工事，水道施設工事，消防施設工事，清掃施設工事，解体工事業の計29種類があり，許可業種ごとに必要とされる技術者の資格要件が定められている。

なお，許可の区分は「二以上の都道府県の区域内に営業所を設けて営業する場合は国土交通大臣許可，一の都道府県の区域内にのみ営業所を設けて営業する場合は都道府県知事許可」と区分が分かれる。さらに，発注者から直接請け負った1件の建設工事で，下請契

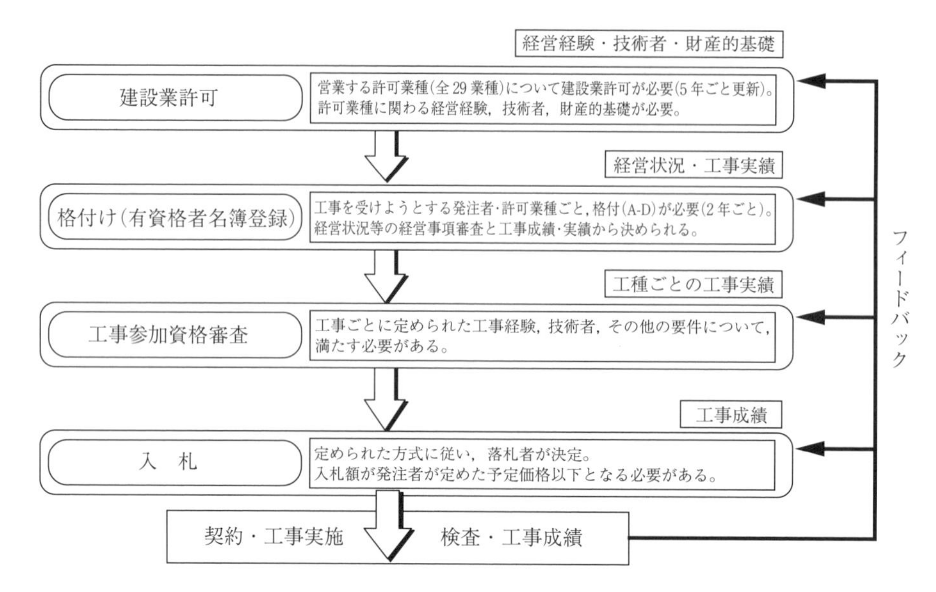

図 18.19　公共工事入札のフロー

約の合計金額が3 000万円（建築一式工事については4 500万円）以上となる場合には特定建設業許可が必要となる。

〔2〕 **公共工事の受注のための資格審査**

公共工事を受注しようとする建設会社には，公共工事実績や会社としての健全性がよりいっそう求められることから，建設業の許可に加えて，発注者ごとの過去の工事実績や成績から成る**技術評価点**（technical evaluation score）と経営規模・状況，技術職員数，労働福祉，法令遵守，建設機械保有等からなる**経営事項審査点**（business evaluation score）の合計によって発注者・工事種別ごとに審査を行い，等級区分（格付け）を付し，有資格者名簿登録がなされる（通常A～Dランク・2年ごと）（**表 18.3** 参照）。

表 18.3　2015～2016年度国土交通省関東地方整備局等級区分別総合点数[23)]

等級区分	総合点数（技術評価点＋経営事項評価点）	予定価格
A	3 000点以上	7億2 000万円以上
B	3 000点未満～ 2 600点以上	3億円以上 7億2 000万円未満
C	2 600点未満～ 1 600点以上	6 000万円以上3億円未満
D	1 600点未満	6 000万円未満

さらに，一般土木工事のように，河川工事，土工工事等，工事内容が広範にわたる工種では，工事ごとに，さらに細かな工事参加資格が設定される。求める実績としては，工事種類・規模に加え，積雪寒冷地等の特殊条件や施工場所等，工事ごと発注者の判断により，条件が付与される。しかし，これらの条件を満たす参加企業が少ないと競争性が低下するおそれがあるため，競争性が保たれる一定数以上の企業が満足するかどうかの確認が必要となる。

〔3〕 **公共工事における入札制度**

公共工事の入札は，国は会計法，地方自治体は地方自治法の規定に従う。会計法および地方自治法によれば，入札は原則として参加を希望するすべての者が参加できる 1）**一般競争入札**（open bidding）によるものとされている。一方，一般競争入札を行うことが不利と認められる場合には発注者があらかじめ指名した者のみが参加できる 2）**指名競争入札**（designated bidding）が，災害復旧工事等緊急性が求められる工事や特殊な工事で相手方が特定されるような工事では，競争なしに特定の者を選定し契約する 3）**随意契約**（negotiated contract）が認められている。

一般競争においても建設業許可，格付け，工事参加資格審査のスクリーニングを経ての参加となるものの，一番安い入札額を提示した者が契約者となるので，工事品質の面での懸念があることから，1994年以前はほとんどの公共工事において，指名競争入札が用いられていた。しかし，1993年に起こった中央・地方政界における汚職事件により，入札の透明性が強く求められることになり，指名競争入札の閉鎖性が問題とされ，まずは大規模公共工事について，一般競争入札で実施されることとなった。現在においては，国，都道府県等の公共工事において，一部を除き，一般競争入札が採用されている。

また，入札に伴う交通費や時間を削減するための効率化の促進と入札者どうしが顔を合わせることを防ぐ等の不正の防止を目指し，インターネットを介した電子入札が導入され，現在では，都道府県，政令市，一部の市町村において電子入札において入札が行われている。

公共事業における入札はあらかじめ発注者が積算した予定価格を上限とし，それを下回るものでなければ無効とされる。一方，ダンピングを防止するため，最低制限価格や調査基準価格という下限価格を設けている場合も多い。従来は，この上限下限の間で一番安い札を入れた者が落札者となる自動落札方式をとっていたが，近年では価格のみではなく，技術者資格，工事成績，技術提案等の技術評価と価格を合わせた総合評価方式が用いられている。

わが国の公共事業は1995年をピークに減少を続け，2010年度は約半分まで減少した。このため，受注のための競争が厳しくなり，いわゆるダンピングによる入札が生じ，事故の発生や工事品質の低下に懸念が生じることとなった。これらを背景として，2005年4月に「公共工事の品質確保の促進に関する法律」（通称「品確法」）が施行された。本法においては公共工事の品質を「経済性に配慮しつつ価格以外の多様な要素をも考慮し，価格および品質が総合的に優れた内容の契約がなされることにより，確保されなければならない」とされ，このための方策として**総合評価落札方式**（comprehensive evaluation bidding system）の適用が進められた。

その後，数度の見直しが行われ，入札方式は施工能力の評価と技術提案の二極化に見直され，2013年3月に出された国土交通省による公共工事の標準として定められた「国土交通省直轄工事における総合評価落札方式の運用ガイドライン」[24] によると，**表18.4**に示すように工事の規模や工事難易度，技術提案の範囲等に応じて6種類の方式が定められている。

表18.5は施工能力評価型Ⅰ型，**表18.6**は技術提案評価型S型（WTO対象工事）の評価項目と配点を示したものである。施工能力評価型Ⅰ型においては，技術的工夫の余地が小さく技術提案を求めて評価する必要がない工事において，企業の能力等（当該企業の施工実績，工事成績，表彰等），技術者の能力等（当該技術者の施工実績，工事成績，表彰等），施工計画および技術者の理解度を審査・評価する。

評価としては，以下の式で求められる評価値が最大の受注者を落札者とする。なお，施工体制評価点とは低価格入札による工事品質の低下を防ぐために導入されたもので，発注者が設定する調査基準価格以上の入札者に点（30点）を与えることにより，実質的にこ

表18.4 総合評価落札方式類型（国土交通省直轄工事における総合評価落札方式の運用ガイドライン2013年3月）

	施工能力評価型		技術提案評価型			
	Ⅱ型	Ⅰ型	S型	AⅢ型	AⅡ型	AⅠ型
摘要工事	企業が，発注者の示す仕様に基づき，適切で確実な施工を行う能力を有しているかを，企業・技術者の能力等で確認する工事	企業が，発注者の示す仕様に基づき，適切で確実な施工を行う能力を有しているかを，施工計画を求めて確認する工事	施工上の特定の課題等に関して，施工上の工夫等に関わる提案を求めて総合的なコストの縮減や品質の向上等を図る場合	部分的な設計変更を含む工事目的物に対する提案，高度な施工技術等により社会的便益の相当程度の向上を期待する場合	有力な構造・工法が複数あり，技術提案で最適案を選定する場合	通常の構造・工法では制約条件を満足できない場合
提案内容	求めない（実績で評価）	施工計画	施工上の工夫等に関わる提案	部分的な設計変更や高度な施工技術等に関わる提案	施工方法に加え，工事目的物そのものに関わる提案	
評価方法	—	可・不可の2段階で審査	点数化			
ヒアリング	実施しない	必要に応じて実施（施工計画で代替することも可）	WTO対象工事は必須，それ以外は必要に応じて実施	必須		
段階選抜	実施しない	ヒアリングの適用に際し必要に応じて試行的に実施*	必要に応じて試行的に実施			
予定価格	標準案に基づき作成		標準案に基づき作成	技術提案に基づき作成		

〔注〕 * 当面は実施しない。

表 18.5　施工能力評価型Ｉ型評価項目・配点表（国土交通省直轄工事における総合評価落札方式の運用ガイドライン 2013 年 3 月）

評価項目				評価基準	配点		
総合評価	企業の能力等	① 過去 15 年間の同種工事実績		より同種性の高い工事（※ 1）の実績あり	8 点	8 点	20 点
				同種性が認められる工事（※ 2）の実績あり	0 点		
		② 同じ工種区分の 2 年間の平均成績		80 点以上	8 点	8 点	
				75 点以上 80 点未満	5 点		
				70 点以上 75 点未満	2 点		
				70 点未満	0 点		
		③ 表彰（同じ工種区分の過去 2 年間の工事を対象）		表彰あり	4 点	4 点	
				表彰なし	0 点		
	技術者の能力等	④ 過去 15 年間の同種工事実績	同種性・立場	より同種性の高い工事において，監理（主任）技術者として従事	8 点	8 点	20 点
				より同種性の高い工事において，現場代理人あるいは担当技術者として従事，または，同種性が認められる工事において，監理（主任）技術者として従事	4 点		
				同種性が認められる工事において，現場代理人あるいは担当技術者として従事	0 点		
		⑤ 同じ工種区分の 4 年間の平均成績		80 点以上	8 点	8 点	
				75 点以上 80 点未満	5 点		
				70 点以上 75 点未満	2 点		
				70 点未満	0 点		
		⑥ 表彰（同じ工種区分の過去 4 年間の工事を対象）		表彰あり	4 点	4 点	
				表彰なし	0 点		
		⑦ 監理能力（ヒアリング）		十分な監理能力が確認できる	×1.0	④ の点数に乗じる	
				一定の監理能力が期待できる	×0.5		
				上記以外	×0.0		
	⑧ 施工計画			施工計画が適切に記載されている	可	不可の場合，不合格	
				施工計画が不適切である	不可		
	⑨ 配置予定技術者の施工計画に対する理解度（ヒアリング）			施工計画の説明が適切である	可	不可の場合，⑧ の評価結果にかかわらず不合格	
				施工計画の説明が不適切である	不可		

〔注〕　加算点＝①＋②＋③＋（④×⑦）＋⑤＋⑥

※ 1：競争参加資格要件の同種性に加え，構造形式，規模・寸法，使用機材，架設工法，設計条件等についてさらなる同種性が認められる工事

※ 2：競争参加資格要件と同等の同種性が認められる工事

れが下限価格となる。

$$評価値=\frac{基本点(100点)+加算点+施工体制評価点}{入札価格}$$

〔4〕　入札・契約保証

（1）　入札保証制度　　入札保証金は落札者となった業者が，後日契約を結ばなかった場合，再度入札等発注者が被る等損失に備える保証金である。会計法，地方自治法上においては，入札に際し，入札参加者に入札金額の 5％以上の保証金等を納めさせることができるとされている。しかし，これまでは落札辞退となるケースがきわめて少なかったことから，この保証金をすべて免除して運用してきた。しかし，一般競争入札の拡大に伴う不良不適格業者の参入や経営力に比べ，過度な入札参加の増大の可能性を踏まえ，2006 年より，一定額以上の工事に入札保証を課すこととした。入札保証手段としては，① 入札保証金，② 国債その他の有価証券，③ 金融機関の入札保証，④ 損害保険会社の入札保証保険，⑤ 金融機関・保証事業会社の契約保証の予約（このうち，③～⑤ を**入札ボンド**（bid bond）という）がある。

（2）　契約（履行）保証制度　　受注者が受注者側の理由により，契約内容を履行できなくなった場合は，発注者は残工事を調べ，再積算を行い，入札を行わなければならない。これに要する金銭的保証とし

表 18.6 技術提案評価型 S 型（WTO 対象工事）評価項目・配点表（国土交通省直轄工事における総合評価落札方式の運用ガイドライン 2013 年 3 月）

段階選抜 評価項目			評価基準	配 点		
① 企業の能力等	過去 15 年間の同種工事実績	同種性（※ 1）	より同種性の高い工事（※ 2）の実績あり	9 点	9 点	15 点
			同種性が認められる工事（※ 3）の実績あり	0 点		
		発注者評価（※ 4）	高評価（※ 5）	6 点	6 点	
			平均的評価（※ 6）	3 点		
			低評価（※ 7）	0 点		
② 技術者の能力等	過去 15 年間の同種工事実績（最大 3 件）	同種性・立場（1 件当り）（※ 1）	より同種性の高い工事において，監理（主任）技術者として従事	3 点	9 点（3 点×3 件）	15 点
			より同種性の高い工事において，現場代理人あるいは担当技術者として従事，または，同種性が認められる工事において，監理（主任）技術者として従事	1 点		
			同種性が認められる工事において，現場代理人あるいは担当技術者として従事	0 点		
		発注者評価（1 件当り）	高評価	2 点	6 点（2 点×3 件）	
			平均的評価	1 点		
			低評価	0 点		

〔注〕 WTO 対象工事において段階選抜方式を試行的に実施する場合において，海外実績と国内実績を同等に評価する方法の案である。
※ 1：企業・技術者の同種工事実績については，定型様式にて提出させる
※ 2：競争参加資格要件の同種性に加え，構造形式，規模・寸法，使用機材，架設工法，設計条件等についてさらなる同種性が認められる工事
※ 3：競争参加資格要件と同等の同種性が認められる工事
※ 4：同種実績の発注者に 3 段階で評価を依頼
※ 5：国交省直轄の成績評定の場合，78 点以上
※ 6：国交省直轄の成績評定の場合，74 点以上 78 点未満
※ 7：国交省直轄の成績評定の場合，74 点未満

総合評価 評価項目	評価基準	配 点		
③ 技術提案	高い効果が期待できる	12 点	12 点（×5 提案）	60 点
	効果が期待できる	6 点		
	一般的事項のみの記載となっている	0 点		
④ 技術提案に対する理解度（ヒアリング）	提案を十分に理解している	×1.0	③ の点数に乗じる	
	提案を理解している	×0.5		
	上記以外	×0.0		

〔注〕 WTO 対象工事においては，総合評価は技術提案，ヒアリングおよび施工体制（選択）だけを評価項目とすることを原則とする。なお，WTO 対象工事において上記 ①，② を総合評価で評価する試行工事について，今後検討する。
加算点＝③×④

て，会計法，地方自治法では契約金額の 10% 以上の契約保証金や他の確実な担保を求めることができるとされている。しかし，1993 年頃までは工事完成保証人を選定することによって，この保証が免除されていた。工事完成保証人は契約後受注者が選定し，発注者の承諾を得て，工事を完成できない場合に，工事完成保証人が受注者に代わって工事完成の義務を負うというものである。しかし，本来競争環境にあるべき他社が対価なしに保証を行うことの不自然さや，談合を助長する可能性の指摘を踏まえ，廃止されることになった。以降，契約に際し，① 契約保証金，② 国債その他の有価証券，③ 金融機関の保証，④ 前払保証事業会社の保証，⑤ 履行保証保険，⑥ 公共工事履行保証証券のうち，一つを受注者が契約の保証として，納めることとなっている。なお，③〜⑥ は**履行ボンド**（performance bond）といわれ，ボンド発行の際に，

金融機関等が工事履行能力に関して審査を行うため，不良・不適格業者の排除に資するものとなる。

〔5〕 建設工事標準請負契約約款[25)]

建設工事の請負契約は，契約の当事者の合意によって成立するものであるが，特に民間工事の場合には当事者間の専門能力が片寄っている等の理由により，契約条件が一方に有利に定められるという片務性の問題が生じ，建設業の健全な発展と建設工事の施工の適正化を妨げるおそれがある。このため，建設業法において，法律自体に請負契約の適正化のための規定を置くとともに，中央建設業審議会が当事者間の具体的な権利義務の内容を定める標準請負契約約款を作成し，その実施を当事者に勧告している。中央建設業審議会は，標準約款に関しては，公共工事用として公共工事標準請負契約約款，民間工事用として民間建設工事標準請負契約約款（甲）および（乙）ならびに下請工事用として建設工事標準下請契約約款を作成し，その実施の勧告を行っている。公共工事標準請負契約約款は，国，地方公共団体等のみならず，電力，ガス，鉄道，電気通信等の民間企業の工事についても用いることができるように作成されている。

〔6〕 建設工事紛争審査会[26)]

建設工事の請負契約に関する紛争は，その内容に技術的な事項を多く含むこと，請負契約に関するさまざまな慣行が存在すること等から，解決が容易でないことが多く，住宅の瑕疵の補修や，工事代金の支払い等，早期解決を図る必要が大きい。そこで，建設業法に基づき，**建設工事紛争審査会**（Committee for Adjustment of Construction Work Disputes）が，国土交通省および各都道府県に設置されている。当事者のどちらかが大臣許可の建設業者である場合や，異なる都道府県知事許可の業者間の場合に国土交通省に設置された中央建設工事紛争審査会が，その他の場合には，都道府県建設工事紛争審査会において，審査がなされる。手続きの種類には，「あっせん」，「調停」，「仲裁」の3種類があり，申請者は，事件の内容，解決の難しさ，緊急性などにより，いずれの手続きによるかを選択して申請を行う。「あっせん」，「調停」または「仲裁」の申請書が審査会に提出されると，法律，建築，土木等の専門家の中から担当委員が指名され，担当委員は，当事者双方の主張を聞き，原則として，当事者双方から提出された証拠を基にして紛争の解決を図ることになる。

なお，本審査会は，「工事請負契約」の解釈または実施をめぐる紛争の処理だけを行い，不動産の売買契約に関する紛争，建物の設計監理契約に関する紛争，雇用契約に関する紛争などは，取り扱わない。また，注文者と元請負人の間，元請負人と下請負人の間，一次下請負人と二次下請負人の間など契約の直接の当事者となっている者の間の紛争のみを対象として，直接の契約関係にない元請・孫請間の紛争，近隣住民の方と工事の請負人の間で工事騒音が問題となっている紛争なども取り扱わない。 （高野伸栄）

18.4.2 海外の契約制度[27)]

〔1〕 ヨーロッパ

わが国が明治憲法制定と同時に会計法を制定（1989年）した際に参考としたフランス，イタリアおよびベルギーの会計法は，いずれも公告による競争を原則とし，随意契約の例外規定を設けていた。しかし，これらの国に限らず多くの先進国では，主として第二次世界大戦後，**最低価格の入札**（lowest price tender）を落札とする方法を緩和し，裁量的な手続きの下で**最も経済的に有利な札**（most economically advantageous tender）を落札とする方法が，より頻繁に使われるようになった。最近では，**費用に対する価値**（value for money）の最大化を実現するという考えの下に入札契約制度の見直しが進んでいる。

EU加盟国は，EU指令に整合した国内法の整備が求められる。2004年に制定されたEU公共調達指令（2004/18/EC）では，関心を有する者が誰でも入札できる**公開方式**（open procedure），または参加意思を表明した者のうち契約当局により招請された者だけが入札できる**制限方式**（restrictive procedure）を用いることとし，別に定める特定の場合には**競争的対話**（competitive dialogue）や**交渉方式**（negotiated procedure）を用いることができると規定されている。

2014年にはEU調達指令が改正され，新たに**交渉付き競争方式**（competitive procedure with negotiation）が定められた。この方式は，発注者の裁量を大幅に増やすことによって，発注者が有用と考える場合にはほとんどすべての契約において交渉を導入することができるものである。

〔2〕 アメリカ

アメリカについても，連邦および州レベルのいずれにおいても，ヨーロッパと同様に，裁量的な手続きの下で費用に対する価値の最大化を実現するという考えの下に入札契約制度の見直しが進んでいる。

連邦政府機関全般に適用する**連邦調達規則**（Federal Acquisition Regulation）においては，調達方法を大きく**封印入札**（sealed bidding）と**交渉契約**（contracting by negotiation）に分けている。封印入札は，わが国の一般競争入札やEUの公開方式に相当するものである。一方の交渉契約はさらに細分化され，わが国の随意契約に相当する**単独調達**（sole source acquisition）のほか**ベストバリュー方式**（best value continuum），**オーラルプレゼンテーション**（oral presentation）に分けられる。

〔3〕 **そ　の　他**

海外では，わが国の会計法令のように予定価格の上限拘束の下で最低価格の入札者が自動的に落札することを原則とする仕組みを設けている国はほとんど見られない。しかし，韓国や台湾は，日本の影響下にあった歴史的経緯から，わが国と類似の予定価格の上限拘束を設けている。

韓国では，国の契約について規定している『国家契約法』では，公開競争を原則としており，必要な場合には資格要件を定める制限付き競争とするか，または業者を指名する指名式競争とするか，ないしは交渉契約を行うことができるとしている。予定価格の上限拘束については，大統領令に規定を設けているが，予定価格を設定しなくてよい場合を認めており，大型工事の設計施工の一括入札などには予定価格の上限拘束を適用していない。

台湾では，『政府調達法』において，予定価格を定める場合は，入札書類に示した資格要件を満たす入札者で予定価格を上限として最低価格の入札をしたものを落札者とするとしている。しかし，予定価格の設定が困難な場合，総合評価により落札者を決定する場合，または少額の調達の場合は予定価格を設定しなくてよいとしている。　（木下誠也）

18.5　新たな調達制度の展開

18.5.1　伝統的な公共調達制度の特徴と限界

より効率的かつ効果的にインフラ施設および公共サービスを調達するために，伝統的な調達制度とは異なる方式の新たな制度の適用が積極的に試みられている。多様な形態の調達制度が生まれてきた背景を明らかにするため，まず伝統的な調達制度の特徴と限界を明らかにしておこう。

〔1〕 **伝統的な公共調達制度の概要**

インフラ施設整備を伴う公共サービスの提供に係る一義的責任は公共主体が負う。したがって，公共主体は，当該サービス提供の企画，計画から設計，建設，維持管理運営まで，プロジェクトのライフサイクル全体の責任者としての役割を果たす。特に，実際にインフラ整備プロジェクトの実施が確定して以降は，設計，建設，維持管理・運営という三つの段階に区別できる。設計段階では，インフラ施設の詳細設計が必要となる。建設段階では，インフラ施設の完成物が必要となる。維持管理段階では，施設の維持管理工事が必要となる。伝統的な公共調達制度では，公共主体は各段階で必要な成果物を民間事業者から調達する。こうして，公共主体は，各段階での必要な成果物に係る業務発注の**発注者**として位置付けられる。すなわち，伝統的な公共調達制度では，**図 18.20** に示すように，公共主体はインフラ施設のライフサイクルにおけるサプライチェーン全体業務の発注者となる。各段階の成果物は，発注者と受注者という二者関係の契約に基づき調達される。また，設計業界，建設業界，O&M 業界のように，各段階での仕事を受託する個別の業界が確立している点が特徴的である。

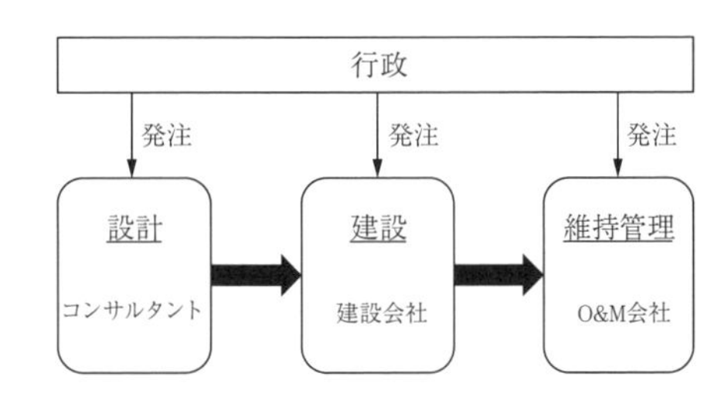

図 18.20　伝統的な公共調達制度の仕組み

〔2〕 **インハウスエンジニア**

発注者と受注者という二者関係において，発注者の仕事は，各段階で受注者である民間事業者に対して，どのような成果品を要求するのかを定義することにある。また，発注者は成果品が要求事項に従っているかどうかの確認，契約期間中にも，取り決められた工期内に完了するように民間事業者を監督し，必要に応じて契約内容を調整する責任を負う。発注者としての以上のような責任を果たすためには，技術者としての高度な知識が要求される。伝統的な調達方式では，発注者である公共主体，すなわち行政組織の内部に，高度な技術者が存在することを前提としている。このような行政内部の技術者は，**インハウスエンジニア**（in-house engineer）と呼ばれる。

インハウスエンジニアには，各段階での受注者の仕事を正確に評価する能力が求められる。また，土木工事では，自然を相手にするという性質上，しばしば予期しない事態が生じる。このとき，インハウスエンジニアが主導的な役割を果たし，契約内容が変更される。したがって，インハウスエンジニアは，土木技術者としての工学的知識とともに事業を適切にマネジメントできる素養が必要とされる。

〔3〕 **伝統的調達方式の限界**

インフラ開発の進展とともに，行政組織の職員は，事業実施の妥当性に関する評価や既存地権者との合意形成といった事業プロセスの上流段階での仕事に時間が大きく費やされるようになった。そのため，発注者における土木系職員も工事の監督，マネジメント業務において主導的立場を果たすことが時間的，能力的に難しくなりつつある。その結果，行政組織内の高度な技術者としてのインハウスエンジニアが不足し，その存在を前提としてきた伝統的な調達方式はその機能に限界を露呈しつつある。

こうした背景から，近年では伝統的な調達方式とは異なるさまざまな調達方式が試みられている。そのため，新たな調達方式に共通する点は，伝統的な調達方式と比較して，民間事業者が果たす役割を拡大する流れである。民間事業者に対する役割の拡大の仕方によって，異なる調達方式が提案されていると解釈できる。

以下では，伝統的な調達方式とは異なる方式のうち，CM方式とPFI/PPP方式について概説する。

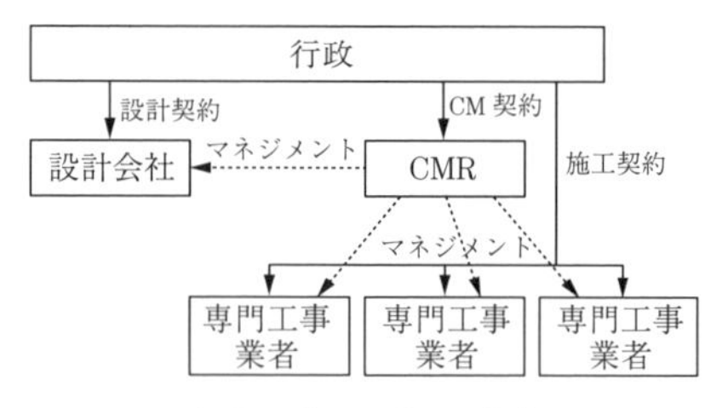

（a）　ピュア型CM方式

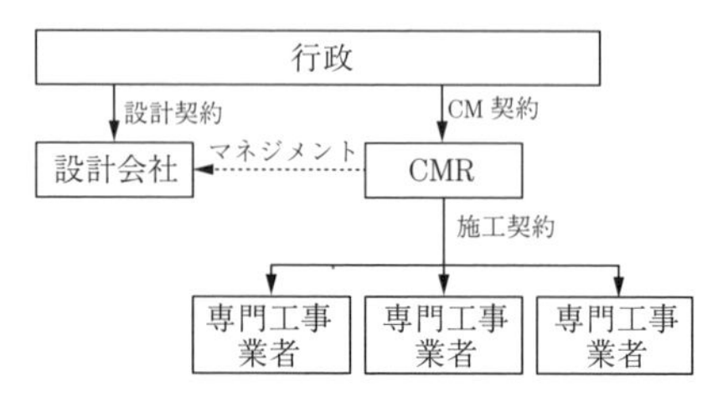

（b）　アットリスク型CM方式

図18.21　CM方式（文献28）に基づく）

18.5.2　CM　方　式

■　CM方式の概要

CM（construction management）方式とは，1960年代にアメリカで始まった建設生産・管理システムである。アメリカにおいても，発注組織内に技術者が存在しない場合，専門的知識を要する発注者としての業務をアウトソーシングにより調達する仕組みとしてCM方式が生み出された。わが国でも，インハウスエンジニアの不足を背景として，すでにアメリカで用いられているCM方式を活用する機運が高まった。

CM方式では，伝統的な調達制度において発注者が行ってきた業務のうち，工事の監督や検査といったエンジニアとしての素養が求められる現場業務を**CMR**（**コンストラクションマネージャー**）と呼ばれる第三者に委託する。CMRは，発注者の補助者・代行者として技術的中立性を保ちながら，設計の検討，工事発注方式の検討，工程管理，コスト管理などの各種マネジメント業務を行う。

アメリカにおけるCM方式は，CMRが負う責務の違いに応じて，「ピュア型CM方式」と「アットリスク型CM方式」に大別できる。（**図18.21**参照）。

両方式とも，発注者はCMRとCM契約を締結する。CM契約では，CMRの発注者に対する義務とともに，発注者からCMRに支払われる報酬（CM報酬）が規定される。設計段階において，CMRは発注者と設計契約を締結した設計会社の業務を監理するマネジメント業務を行う。一方，ピュア型CM方式とアットリスク型CM方式の形式的な違いは，施工段階においてCMRが専門工事業者と直接，施工契約を締結するかどうかにある。

ピュア型CM方式では，施工契約は発注者である行政主体と専門工事業者の間で締結される。したがって，施工契約における発注者としての契約義務は行政主体が負う。CMRは施工契約上の契約義務を負わず，専門工事業者を監理（マネジメント）する責務を負う。完成物を伴わない委託契約は，民法における典型契約の「委任」であり，受託者は善良なる管理者としての義務（**善管注意義務**）を負う。CMRは善管注意義務を果たす限りにおいて，施工契約上で生じる可能性がある工事費の追加支払い等のリスクを負うことはない。

一方，CMRが直接，施工契約の発注者となるアットリスク型CM方式では，CMRが施工契約上の発注者であるため，工事費の追加的な支払いのリスクも含めて，CMRが負うことになる。したがって，CMRは，まさに発注者としてのリスクを負って（at risk），監理業務を実施する。

CM方式は，前節で指摘したインハウスエンジニアの不足へ対処するための代替的方式である。CM方式は，インハウスエンジニアの確保に苦しむ地方自治体において，その有効性が注目されている。特に，東日本大震災の震災復興事業は，短期間に膨大な事業量となり，特に伝統的な調達方式の限界が露呈しており，CM方式の適用事例が多い。

わが国では，特に発注者がインハウスエンジニアとしての役割を果たすことが困難になってきたという背景からCM方式が用いられるようになった。特に，こうした適用目的を明示的に示す場合，わが国では「発注者支援型 CM 方式」と呼ぶ。

18.5.3　PFI/PPP

〔1〕　わが国における PFI/PPP の概要

わが国では，1999 年に「民間資金等の活用による公共施設等の整備等の促進に関する法律」（通称 PFI 法）の施行を契機として，**PFI**（private finance initiative）方式が導入された。PFI 法の第 1 条では，「民間の資金，経営能力及び技術的能力を活用した公共施設等の整備等の促進を図るための措置を講ずる等」とあり，わが国では，

・民間資金の活用

・民間の経営能力，技術的能力の活用

の要件を満たす事業方式を PFI 方式と呼称している。

わが国の PFI 方式では，**SPC**（special purpose company）と呼ばれる特別目的会社が形式的に設立される。SPC は，当該事業のサービスを提供することだけを目的として設立される株式会社である。SPC の設立に当たり，事業を遂行する上での技術能力および経営能力を有する企業がスポンサーとなり出資を行い，金融機関が融資を行う。スポンサー企業および金融機関にとってのリターンは，当該事業からのキャッシュフローのみであり，こうしたファイナンスの方法は，**プロジェクトファイナンス**（project finance）と呼ばれる。また，仮に，事業からのキャッシュフローが不足し，金融機関への返済が困難になった場合でも，金融機関がスポンサー企業に対して不足額を遡及できないとき，こうした融資方法は**ノンリコースローン**（non-recourse loan）と呼ばれる。

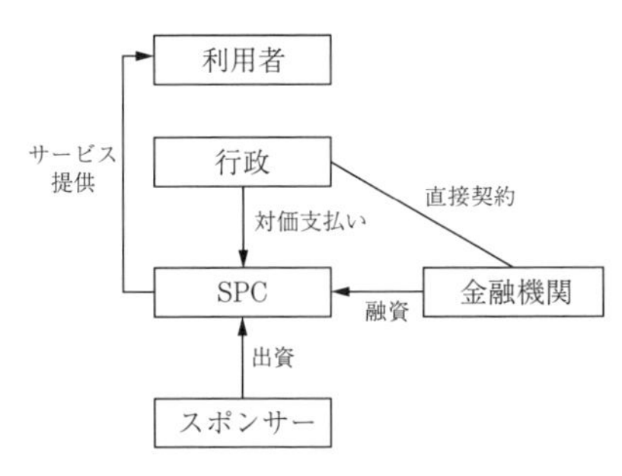

（a）　サービス購入型

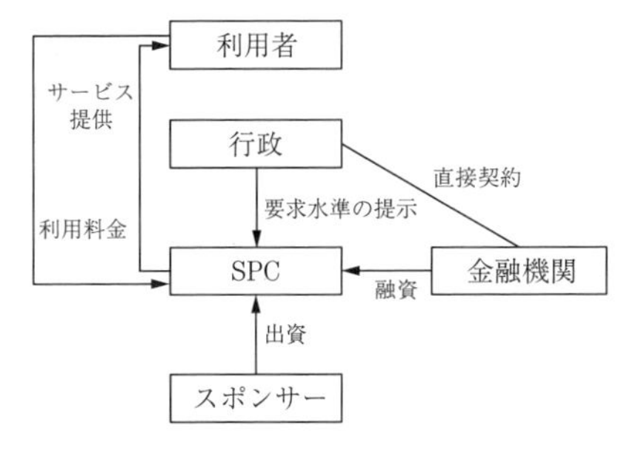

（b）　独立採算型

図 18.22　PFI の類型

PFI 方式は，キャッシュフローの源泉の違いに応じて，**図 18.22** に示すような三つのスキームに分類できる。公共サービス購入型は，行政が SPC に対して要求するサービス水準を規定し，SPC により提供される公共サービスに対する対価を行政が支払う。サービス利用者の金銭的負担はない。一方，独立採算型では，行政がサービス水準を規定する一方，公共サービスの利用者自身が SPC に対して利用料金を支払う。このとき，行政による金銭的負担はない。最後に，ジョイントベンチャー型は，公共サービス購入型と独立採算型を混合させたものであり，利用者は利用料金を支払い，行政も SPC に対してサービス対価を支払う。

〔2〕　PFI/PPP の定義を巡る整理

ところで，PFI の呼称は，イギリスにおいて初めて用いられたものである。イギリスでは，PFI は公共主体が民間事業者に対して，サービス対価あるいは**シャドートール**[†]（shadow toll）を支払う特定の事業スキームを指して用いられる。したがって，イギリスで用いられる PFI の定義とわが国における PFI の定義は厳密には異なることに注意したい。すなわち，わが国で独立採算型やジョイントベンチャー型と呼ばれるスキームは，イギリスにおいて PFI とは呼ばれない。イギリスでは，利用者からの料金回収を伴うスキームは**コンセッション**（concession）と呼ばれる。PFI に関する国際的な議論を行う場では，PFI の定義が各国固有の文脈で行われていることも少なくなく注意が求められる。

なお，PFI とは別に **PPP**（public-private partnership）という用語が存在する。イギリス流の定義では，PPP は PFI やコンセッションといった，より民間事業者の役割を拡大させたさまざまな事業スキームに対する包括的な呼称である。しかし，わが国の PFI は，そもそも民間資金の活用と民間の技術力，経営能力を活用する包括的な措置に対して定義されており，PFI と PPP は同義の意味で用いられている場合もある。以下では，国際的な標準であるイギリス流の定義に従い，PFI および PPP という用語を用いる。

〔3〕　PPP の本質的意義

以上では，日本およびイギリスにおける PFI/PPP

† シャドートールとは，通行量などサービス需要に応じて公共主体が民間事業者に対して対価を支払う方式である。

に関する形式的なスキームについて説明した。以下では，PPPによって実現しようとする目的から，PPPが具備すべき機能を考えよう。

仮に，高度な技術力を発揮し，設計の工夫により施工性を高め建設工事を効率化できる，あるいは建設段階での工夫や努力により，維持管理費用を削減できるとしよう。伝統的な調達方式では，設計，建設，維持管理を行う主体がすべて異なる。したがって，設計業者は建設工事の効率化を実現するような設計上の工夫をするモチベーションはないであろう。建設業者にとっても，伝統的な調達方式では維持管理費用がいくらかかるかに関しては無関心であり，維持管理費用を削減するような施工上の努力を行うモチベーションはない。PPPでは，設計から維持管理運営段階までSPCという単一の民間事業者に対して一括して委託する。一元的委託により，SPCは自らの設計上の工夫を建設費用分の削減額として自ら回収することができるし，建設段階での努力も同様に，維持管理運営段階での費用削減を通じて回収できる。すなわち，設計から維持管理運営までの一括委託は，民間事業者に対して，ライフサイクル全体を通じた効率性を向上に対するインセンティブを与える。こうしたインセンティブは，伝統的な調達方式では民間事業者に対して与えられず，PPPによって事業の効率化が実現できるとする最も重要なメカニズムである。

したがって，PPPの本質的意義は，ライフサイクル全体を通じた一括委託を行い，民間事業者のインセンティブを通じてVFM†を向上することにある。

PFIという用語の中に，private financeが含まれるために，インフラ整備に民間資金を用いることがPFIの要件とされることも少なくない。しかし，民間資金を用いるのは，民間事業者が建設段階から運営段階まで一元的に金銭的リスクを負い，ライフサイクル全体のVFMを向上させるインセンティブを与えるために必要な仕組みである。したがって，民間資金の活用は，それ自体が目的ではなく，ライフサイクル全体での効率化インセンティブを民間事業者に与えるための手段に過ぎない。

〔4〕 イギリスにおけるPFIを巡る問題

イギリスはPFI発祥の地であり，多くの先駆的事業を実施してきた。イギリスでは，PFI適用の可否に関するスクリーニングの基準はVFMの向上とガイドラインで明記されている。したがって，PFIの適用に当たっては，実際にVFM向上の効果が得られるかどうかの詳細な分析が行われる。

イギリスにおけるPFIは行政によるサービス対価支払いが原則である。PFI事業において，行政は要求水準を満たすサービスが提供される限り，SPCに対して，おおむね20〜30年とされる事業期間を通じて，サービス対価を支払い続ける義務を負う。このように，PFI事業において行政が負う長期にわたる支払い義務は，財務上負債と同様の効果を持つ。

しかし，イギリスの公会計ルールでは，PFI事業において行政が負う長期に及ぶ支払い義務の額は，負債としてカウントしていない[29)]。PFIは，行政がインフラ整備のための資金調達を行う際のオフバランスの手段として用いられていると指摘された。実際，このような指摘がなされた後，イギリスにおけるPFIの実施件数は減少傾向に転じ，少なからずオフバランス効果を動機とした事業が実施されていたことがわかる。

このように，PFI事業債務のオフバランスを目的とした事業では，行政が必ずしもVFM向上を意図しておらず，PFI適用の妥当性が疑われることとなる。PFIの適切なガバナンスのためには，行政がサービス対価を支払うスキームでは，公会計ルールも併せて整備しておく必要がある。

〔5〕 わが国におけるPFIを巡る課題

わが国でPFIを採用している多くの事業が**BTO**（build-transfer-operation）方式により行われている。BTO方式とは，施設完成後，運営開始前の段階で施設の所有権を民間事業者から行政に移転する。そのため，運営開始以前に施設部分に対する対価が確定する。

上述のとおり，民間事業者がライフサイクル全体を通じた効率性を向上するインセンティブを与えるためには，設計あるいは建設段階での追加的努力・投資が維持管理運営段階の費用削減という形で反映される仕組みが必要である。そのため，PFIにおけるサービス対価の支払い方法は，**ユニタリーペイメント**（unitary payment）と呼ばれる方式が望ましい。SPCの支出は，**建設部分に要する支出**（capital expenditure，**capex**と呼ばれる）と**運営部分に要する支出**（operation expenditure，**opex**と呼ばれる）に分けることができる。ユニタリーペイメント方式では，これらの二つのうち，いずれの支出に対する対価であるかを区別せず，一体的に支払われる。

しかし，BTO方式では，維持管理運営段階以前に，capex部分に対する対価が確定してしまうために，民間事業者のライフサイクル全体の効率性を向上するインセンティブを通じた効果が十分に引き出せる形にはなっていない。

---
† VFMとはvalue for moneyの略語であり，1単位のmoney（お金）に対するvalue（価値）を意味し，プロジェクトの効率性の指標とされる。

PFI方式は，適切なルールの下では，事業のVFMを理論的には向上できる可能性がある。しかし，実際にVFMが向上するかどうかは，適用される事業特性にも依存する。PFI方式の適用が進んだ現在，実証研究を通じて，PFI方式と親和性が高い事業特性に関する知見を蓄積していく必要があろう。　（大西正光）

引用・参考文献

1）Project Management Institute : A Guide to Project Management Body of Knowledge, 5th ed., Project Management Institute（2013）
2）Too, E. G. and Weaver, P.E. : The management of project management : A conceptual framework for project governance, International Journal of Project Management, Vol.32, No.8, pp.1382～1394（2014）
3）Pitsis, S., Sankaran, S., Gudergan, S., and Clegg, S. R.T. : Governing projects under complexity: theory and practice in project management, International Journal of Project Management, Vol.32, No.8, pp.1285～1290（2014）
4）堀田昌英，小澤一雅編：社会基盤マネジメント，技報堂出版（2015）
5）中島秀隆：改訂第3版PMプロジェクト・マネジメント，日本能率協会マネジメントセンター（2007）
6）プロジェクトマネジメント知識体系ガイド－（PMBOKガイド）第5版，Project Management Institute, Inc.（2013）
7）G・マイケル・キャンベル著，中島秀隆訳：世界一わかりやすいプロジェクトマネジメント第4版，総合法令出版（2015）
8）斉藤和邦：図解入門よくわかる最新PMBOK第5版の基本，秀和システム（2013）
9）広兼 修：プロジェクトマネジメント標準PMBOK入門　PMBOK第5版対応版，オーム社（2014）
10）マイクロソフトのWebページ：Microsoft Project https://www.microsoft.com/ja-jp/project/（2016年7月現在）
11）吉川和広：土木計画学－計画の手順と手法－，森北出版（1975）
12）飯田恭敬編著：土木計画システム分析－最適化編，森北出版（1991）
13）藤井 聡：土木計画学－公共選択の社会科学，学芸出版社（2008）
14）Waldron, A. J. : Fundamentals of Project Planning and Control, 2nd Edition（1963）（鹿島出版会訳：新しい工程管理－PERT・CPMの理論と実際，鹿島出版会（1964）
15）新井宗亮，古阪秀三ほか：超高層集合住宅におけるプロジェクトライフサイクルにおけるリスクマネジメントシステムの開発，日本建築学会計画系論文集，No.602, pp.151～158（2006）
16）全国建設研修センター：監理技術者必携改訂版，第3章3.3，pp.147～153（2014）
17）中野牧子，馬奈木俊介：環境マネジメントシステムの導入が生産性に与える影響，環境科学会誌，Vol.19，No.5，pp.385～395（2006）
18）環境省：平成26年版　環境・循環型社会・生物多様性白書，第2部第4章大気環境，水環境，土壌環境等の保全，pp.278～279（2014）
19）土木学会　建設マネジメント委員会インフラPFI研究小委員会：道路事業におけるリスクマネジメントマニュアル（Ver. 1.0）（2010）
20）建設業労働災害防止協会：リスクアセスメント建設業版マニュアルのあらまし（2010）
21）丸谷浩明：東日本大震災の教訓を踏まえた事業継続計画（BCP）改善への提言，土木学会論文集F6，Vol.6，No.2，pp.1_1～1_10（2011）
22）堀田昌英，小澤一雅編：社会基盤マネジメント論 5.2.2入札・提案・見積引合，pp.204～211，技報堂出版（2015）
23）国土交通省関東地方整備局Webページ：入札契約 http://www.ktr.mlit.go.jp/nyuusatu/nyuusatu00001384.html（2016年6月現在）
24）国土交通省大臣官房地方課大臣官房技術調査課：国土交通省直轄工事における総合評価落札方式の運用ガイドライン（2013年3月） http://www.mlit.go.jp/common/000996238.pdf（2016年6月現在）
25）国土交通省Webページ：建設工事標準請負契約約款について http://www.mlit.go.jp/totikensangyo/const/1_6_bt_000092.html（2016年6月現在）
26）国土交通省Webページ：建設工事紛争審査会 http://www.mlit.go.jp/totikensangyo/const/totikensangyo_const_mn1_000101.html（2016年6月現在）
27）木下誠也：公共調達研究，pp.84～101，日刊建設工業新聞社（2012）
28）国土交通省：米国におけるCM方式活用状況調査報告書（2008）
29）Winch, G., Onishi, M., and Schmidt, S. : Taking Stock of PPP and PFI Around the World, Certified Accountants Educational Trust for the Association of Chartered Certified Accountants（2012）

索　　引

本索引は五十音，アルファベット，数字の順に記載した。
本文中で訳語の付いた学術用語は，索引中も訳語を併記した。

【か】

【き】

【く】

【け】

【こ】

【さ】

【し】

【す】

【せ】

【そ】

【た】

【ち】

【な】

【に】

【ね】

【の】

【は】

【ひ】

【ふ】

【ほ】

【ま】

【ゆ】

【よ】

【ら】

【り】

【る】

【れ】

【ろ】

【わ】

【A】

【B】

【C】

【D】

【E】

【S】

【T】

【U】

【V】

【W】

【Y】

【Z】

【数字】

土木計画学ハンドブック
Handbook of Infrastructure Planning and Management

2017年3月31日　初版第1刷発行

検印省略

編　　者　土木学会
　　　　　土木計画学ハンドブック
　　　　　編集委員会
発 行 者　株式会社　コ ロ ナ 社
　　　　　代 表 者　牛 来 真 也
印 刷 所　萩 原 印 刷 株 式 会 社
製 本 所　牧 製 本 印 刷 株 式 会 社

112-0011　東京都文京区千石4-46-10
発行所　株式会社　**コ ロ ナ 社**
CORONA PUBLISHING CO., LTD.
Tokyo Japan
振替 00140-8-14844・電話(03)3941-3131(代)
ホームページ　http://www.coronasha.co.jp

ISBN 978-4-339-05252-7　C3051　Printed in Japan　(横尾)